贵州地道特色药材规范化
生产技术与基地建设

杨小翔　冉懋雄　赵　致　编著

科学出版社

北　京

内 容 简 介

全书分上下两篇。上篇总论 10 章，主要介绍贵州中药材生产基地建设与发展、中药材规范化种养关键技术与现代生物技术应用、药材合理采收与初加工、质量标准与质量监控技术等。下篇各论 6 章，对 70 多种贵州地道特色药材的植（动）物来源与适宜性分区、规范化种养与药材采收初加工等关键技术、药材质量检控与产业化发展等进行分析讨论。书末有附录与索引等。

本书内容丰富，资料翔实，图文并茂，较全面阐述和总结了贵州近几十年中药材规范化生产与基地建设经验，具体展现了贵州中药材产业发展风貌。

本书适合中药材规范化生产及其基地建设、中药材生产经营管理等人员阅读，可供中药资源、规范种养、质量检控、科研教学、中药材 GAP 培训和医药院校师生等参考使用。

图书在版编目（CIP）数据

贵州地道特色药材规范化生产技术与基地建设 / 杨小翔，冉懋雄，赵致
编著. —北京：科学出版社，2020.4

ISBN 978-7-03-059981-0

Ⅰ.①贵⋯　Ⅱ.①杨⋯　②冉⋯　③赵⋯　Ⅲ.①药用植物－栽培技术－贵州　Ⅳ.①S567

中国版本图书馆 CIP 数据核字（2018）第 287733 号

责任编辑：莫永国　孟　锐 / 责任校对：彭　映
责任印制：罗　科 / 封面设计：墨创文化

科学出版社 出版
北京东黄城根北街 16 号
邮政编码：100717
http://www.sciencep.com
四川煤田地质制图印刷厂 印刷
科学出版社发行　各地新华书店经销
*
2020 年 4 月第 一 版　开本：787×1092　1/16
2020 年 4 月第一次印刷　印张：113 3/4
字数：2 690 000
定价：980.00 元
（如有印装质量问题，我社负责调换）

《贵州地道特色药材规范化生产技术与基地建设》
编著委员会名单

顾　　问：刘远坤　黄璐琦　陈士林　叶　滔

主　　编：杨小翔　冉懋雄　赵　致

副主编：乙　引　何顺志　魏升华　王华磊　杨相波

编著人员（按姓氏笔画排序）：

乙　引	马　俊	王　沁	王文渊	王井洪	王华磊
王利平	王尚华	王国虎	王新村	王德甫	韦小丽
邓　炜	史　蕙	冉光伦	冉孝琴	冉懋雄	兰才武
叶世芸	田维秋	宁培洋	龙明文	冯　果	冯中宝
龙静艳	朱国胜	吕　享	孙庆文	孙长生	安斯扬
刘　玲	刘　海	刘红昌	刘贤锋	刘继平	江维克
任庭周	伍　庆	危必路	杜庭武	宋　彪	李　云
李　忠	李　娟	李向东	李青风	李晓飞	李杨胜
李金玲	李家勇	李朝婵	李龙进	严福林	杨　琳
杨　梅	杨玉兰	杨孝明	杨家林	杨相波	杨通静
吴明开	沈家国	邹　涛	何顺志	岑万文	陇光国
苏　桢	郁建新	张　林	张文龙	张习敏	张明生
张金霞	张丽艳	张丽娜	张翔宇	张国学	张简荣
陈　华	陈　培	陈　凯	陈兰宁	陈忠权	陈昭鹏
陈娅娅	陈道军	陈德斌	陈松树	茅向军	罗　君
罗　鸣	罗夫来	罗启发	罗春丽	罗琳栋	罗富宇
周　宁	周定生	周厚琼	郑建立	赵　君	赵　致
赵力克	胡成刚	胡庭坤	贺　勇	桂　阳	袁　双

唐　勇　唐成林　涂伟波　夏　文　徐　波　徐文芬

敖茂宏　黄　筑　黄　敏　黄万兵　黄明进　黄琼珠

黄德志　曹国藩　屠伦健　龚光禄　龚辽尹　彭锦斌

温玉波　覃亮基　曾令祥　熊　亮　熊汇江　廖晓康

滕　焱　谭济苍　潘东来　潘朝泉　魏升华

审　稿：郭巧生　林亚平

序　一

"中医药是打开中华文明宝库的钥匙"。贵州山清水秀土净，是全国中药材重要产区，是中药材资源大省，"黔地无闲草，遍地生灵药"。

中医药是贵州着力打造的"五张名片"之一。近年来，贵州把中药材产业作为生态文明建设先行行业、产业化扶贫重点产业、"大健康"发展首要产业和新医药工业依托产业来培育，加快把中药材资源优势转化为产业优势和经济优势，全省中药材产业不断发展壮大，在种植规模、产品质量、品牌打造等方面取得重要进展，为推动农业结构调整、促进农民稳定增收、加快同步小康步伐作出了重大贡献，成为我省贫困地区实现生态美、百姓富有机统一的现实有效产业之一。截至2015年底，全省中药材种植及保护抚育面积达到527万亩，产量220万吨，其中单品种种植规模上万亩的品种达到48个，单品万吨以上中药材品种达到33个，单品亿元以上中药材品种达到25个，太子参、石斛、天麻、杜仲、薏苡、刺梨等面积、产量居全国前列。带动163万农民进行中药材种植。

大健康是大产业，大健康是大财富，大健康是大机遇。加快发展大健康产业是省委、省政府作出的重大决策部署。中药材是我国独具特色的卫生资源、经济资源、科技资源、文化资源和生态资源，是中医药事业传承和发展的物质基础，是大健康产业的"第一车间"。质量一直是我省中药材的优势，规范化中药材生产是保证中药质量的首要环节。在推进中药材产业健康发展过程中，我省始终坚持"产业发展生态化，生态建设产业化"的理念，充分利用贵州生态保存良好的优势，推广立体高效的"林药套种""果药套种""药药套种""林下仿野生种植"等种植模式，打造优质、高效、高标准的中药材基地；始终坚持加快建设无公害、绿色、有机中药材产品和地理标识认证，加大标准化认证、原产地认证和标识保护力度，以标准建设占领市场，争取发展主导权；始终坚持科技创新提升我省中药材品牌竞争力，突出抓好品种更新、品质提升、品牌创建等"三品提升"，强化资金支撑、人才支撑、科技支撑等"三个支撑"；始终坚持加强中药材原料基地的空气、土壤、水质等外部环境检测，严格投入品使用监管，严禁剧毒、高毒、高残留农药流入，既要注重产量，也要注重质量和含量，从源头上规范中药材生产各环节及至全过程，确保中药材的真实、安全、有效和质量可控与稳定，真正实现中药规范化、标准化、规模化、品牌化与现代化。

　　《贵州地道特色药材规范化生产技术与基地建设》由贵州省扶贫开发办公室组织贵州省长期从事中药材种植及基地建设研究的专家、学者历经 3 年多时间完成，全面展示了贵州中药材（含民族药药材）产业的发展面貌，总结了近几十年来中药材规范化生产技术与基地建设的经验，资料翔实，内容丰富，图文并茂，深入浅出，融传统方法与现代技术为一体，注重理论与实践的统一，具有显著知识性、实用性和可操作性等特点。该书的出版，对于适应"大健康"产业发展新形势的需要，促进贵州中药材生态产业的发展，推进贵州省脱贫攻坚进程、加快与全国同步小康步伐，必将有所裨益。

　　　　　　　　　　　　　　　　　　　　　　　贵州省人民政府副省长

　　　　　　　　　　　　　　　　　　　　　　　二〇一六年八月于贵阳

序　二

由贵州省扶贫开发领导小组办公室组织编写的《贵州地道特色药材规范化生产技术与基地建设》，系统总结了贵州近几十年来中药材规范化生产技术与基地建设经验，较全面地介绍了作为道地药材之乡的贵州为推进精准扶贫开发、提高生态农业综合效益所取得的重大成果。

纵观全书，具有如下五大特点：一是中药学与农学、林学、地理学、气象学、环境科学等多学科交叉合作的成果。二是从中药材生产实际出发，所选种植（养殖）药材精当。其选编药材不仅是贵州，也是全国所需的道地、名贵、大宗、常用药材；既多是贵州乃至我国中医临床常用配方药材、中药工业及"大健康"产业生产所需的重要原料，又有苗药为代表的贵州特色民族药材和亟须野生变家种的珍稀濒危药材。三是本书内容丰富且繁简得当，在突出中药材种植（养殖）基本知识、关键技术、生产加工、储运养护的同时，对医药法规、质量标准、质量监控、基地建设与生产质量管理等均予介绍。并在取材上依靠科学性，强调先进性，注重知识性，突出区域性，重在实用性，力求内容全面系统，深入浅出，简繁得当，并特别突出了规范化生产全过程的关键技术。四是在编写上不但注重吸收各地中药材保护抚育、可持续利用及种植（养殖）的成果与经验，还结合中药材生产实践，总结了贵州中药材规范化生产研究与 GAP 基地建设等方面的新成果和新经验。五是本书编著者既有科研院校、生产企业，又有来自基层第一线的科技人员，不少还是从事中药材规范化生产的一线工作者，使该书实践意义突出。

中药材是中药（民族药）产业及其相关产业发展的基础，是中药饮片、中成药及保健品等"大健康"产业的源头，是命脉，是关键。规范化中药材生产是保证中药质量的首要环节，只有抓好源头，紧抓命脉，以中药材质量为核心，规范其生产各环节及至全过程，才能从源头上保证中药材的真实、安全、有效和稳定，才能真正实现中药规范化、标准化、规模化、品牌化与现代化。而本书的编著出版，将更好适应当代社会与"大健康"产业发展的需要，将有力促进中药现代化及贵州中药材生态产业的发展，既利于贵州保住青山绿水，又利于赢得金山银山，对促进贵州扶贫开发及提高生态农业综合效益均具有现实的指导意义。

适逢该书出版之际，在为贵州中药材规范化生产与基地建设获取显著成效而欣慰的同时,也期望有更多更好更新的研究成果能更好而及时地应用于中药材规范化与基地建设的生产实践中去,为促进贵州山区精准扶贫、为"健康中国"、为广大人民防病治病和保健康复做出贡献。在该书付梓面世之际,爰书之以为序。

中国工程院院士

中国中医科学院　常务副院长

二〇一六年八月于北京

前　言

在贵州省委、省政府高度重视下，贵州中药材产业取得长足发展。为较全面总结我省多年来中药材规范化生产与基地建设的经验，展现贵州中药材产业发展风貌，由贵州省扶贫开发领导小组办公室牵头，组织有关部门和专家历经了 3 年多的努力，编著完成了《贵州地道特色药材规范化生产技术与基地建设》。

贵州是名扬中外的著名地道药材之乡。近年来，贵州中药材产业顺应时代发展潮流，依托独特气候和生物资源优势，以超常规的速度发展，取得了可喜成绩。截至 2015 年底，全省中药材种植面积（含野生保护抚育和石漠化治理）达到 527 万亩，中药材产量达到 219 万吨，实现总产值 128 亿元。实践证明，中药材产业是贵州贫困地区调结构、促增收、保生态、精准扶贫的最现实、最有效的产业之一，是充满希望的朝阳产业。

贵州省委、省政府高度重视中医药产业发展，将其定位为贵州特色优势产业"五张名片"之一来打造。特别是"十二五"以来，省委、省政府每年都召开全省中药材产业发展推进大会，对全省中药材产业发展进行部署，并提出把大健康产业作为大数据产业的姊妹篇和新的经济增长点来谋划打造。根据"十三五"规划，贵州省委、省政府提出到 2020 年中药材种植面积达到 800 万亩，总产值达到 240 亿元以上的新目标。正是在这样大好形势下，我们编著出版了《贵州地道特色药材规范化生产技术与基地建设》。

本书分上下两篇，上篇总论 10 章，下篇各论 6 章。在本书编著过程中，特别注意突出如下 4 大特点：一是把握中药学与农学、林学等多学科的紧密结合，较全面介绍了中药资源与保护抚育、中药材区划与药材生产基地合理选建、中药材种植与养殖、药材合理采收与初加工、中药材质量标准与检测、中药材规范化生产基地建设与 GAP 认证检查等有关基本理论、基本知识与关键技术，是多学科紧密结合的结晶。二是从中药材生产实际出发，所选品种不仅是贵州，也是全国所需的地道、名贵、大宗、常用及特色药材；既包含贵州乃至我国中医临床常用药材、中药与大健康产业所需的重要原料，又有以贵州苗药为代表的特色民族药材或急需野变家的珍稀濒危药材，尤其重视发展贵州"十大地道药材"（天麻、杜仲、石斛、半夏、何首乌、吴茱萸、续断、钩藤、黄柏、白及）、"六大苗药"（淫羊藿、艾纳香、吉祥草、头花蓼、山银花、刺梨），以及中药与大健康产业的原料药材、林下种养与石漠化山地种植药材的基地建设与产业化发展。三是重在突出生产关键技术与实用性，在取材上首重科学性，强调先进性，突出区域性，重在实用性，力求内容全面系统，表述深入浅出，篇章简繁得当，并突出规范化生产全过程的关键技术与基地建设；在编写上不但注意利用与吸收前人和各地中药材生产的成果与经验，还特别注意结合各编著者所从事药材种养的科学研究与生产实践，总结反映了不少贵州中药材规范化生产研究与GAP 基地建设等方面的新成果新经验。四是本书编著者既有来自科研院校、生产企业的专家，又有来自基层第一线的科技人员，且注意老中青的紧密结合，携手共进。

在本书编著过程中，得到了贵州省有关政府部门和科研院校的大力支持，得到了贵州省有关领导、专家和企业、基层等 100 多位同志的鼎力相助。特别是本书的执行主编贵州省中医药研究院中药研究所冉懋雄研究员、贵州大学农学院赵致教授，他们治学严谨、农药结合，认真负责，在全书策划、统修总纂、提携后学、沾溉益人等方面倾注了大量心血，并将他们数十年从事中药农业、中药民族药研究开发的成果和经验融入本书予以交流。承蒙贵州省刘远坤副省长、中国中医科学院黄璐琦院士为本书写序，承蒙南京农业大学郭巧生教授、贵州省食品药品监督管理局林亚平教授为本书审稿。本书还参阅了同行过去或最近发表的论著与成果，吸收了国内中医药民族医药界或相关学界的新成果和新技术等。在此，一并表示衷心感谢！

编著委员会的全体同志，虽为实现本书编著目的而努力勤奋工作，但由于水平有限，时间仓促，其疏漏乃至谬误难免。为此，特请有关领导、医药与相关学界同仁及广大读者，不吝赐教，予以批评指正。

杨小翔

二〇一六年八月于贵阳

目　　录

上篇　总　　论

上篇　总　　论

第一章　贵州中药材生产与基地建设发展

贵州复杂而多宜性突出的自然环境，孕育了极其丰富的中药资源；贵州中药材生产应用历史悠久，是举世闻名的地道药材之乡，乃我国四大著名地道药材产区之一。近几十年来，贵州中药材生产与基地建设发展迅速，贵州省委、省政府已将中药产业确定为重点扶持的贵州优势特色支柱产业。

第一节　贵州自然资源与社会经济资源

中药资源主要包括植物资源、动物资源和矿物资源，是自然资源的重要组成部分；既是独立存在的，又与其周围环境及社会发展有着密切关系。研究中药资源及其合理开发利用，除研究中药资源自身特点外，还必须研究其所在自然环境与社会经济环境。

一、贵州自然资源

（一）地形地貌

贵州地貌属于我国西南部高原山地，境内地势西部高，中部稍低，自中部向北、东、南三面倾斜，是高耸于四川盆地和广西盆地之间的一个强烈岩溶化的山原山区。贵州高原山地居多，素有"地无三里平"之说。全省地貌结构为东西三级阶梯，南北两面为斜坡地带，西部海拔 1500～2800m，中部海拔 1000m 左右，东、南、北边缘河谷地带 500m 左右，平均海拔约 1100m。贵州境内山脉众多，重峦叠嶂，绵延纵横，山高谷深。贵州西部为高耸的乌蒙山脉，赫章县珠市乡韭菜坪海拔 2900.6m，为贵州境内最高点；北部有大娄山，自西向东北斜贯北境，渝黔要隘娄山关海拔 1444m；中南部苗岭横亘，主峰雷公山海拔 2178m；东北境有武陵山，由湘蜿蜒入黔，主峰梵净山海拔 2572m；而黔东南州的黎平县地坪乡水口河出省界处，海拔 147.8m，为境内最低点。

贵州地形地貌复杂，可概括分为高原、山地、丘陵和盆地 4 种基本类型。贵州地形形态多样，山丘广布，地势崎岖，切割强烈，高程悬殊，河流纵横；地貌类型复杂，地貌区域差异显著，岩溶地貌分布广泛。高原和山地占全省总面积的 87%，丘陵占 10%，盆地占 3%，是全国唯一无平原支撑的省份。贵州西部为黔西北高原，系云南高原向东延伸的一部分，海拔多在 2000～2400m，高原面保存较为完整，地面起伏平缓，为高原丘陵地貌景观；中部为黔中高原，系贵州高原主体，多数地面起伏不大，丘陵盆地分布广泛，为海拔 1000～1200m 和 1200～1400m 两级剥夷面组成的高原丘陵盆地地貌景观；黔西北高原与黔中高原之间，即赫章县妈姑以东，盘州民主、晴隆县中营至织金县以那架一线以西，系黔西北高原与黔中高原的过渡地带，大部地区为高中山或低中山地貌景观；东部为黔东高原，系贵州高原与湘西丘陵的过渡地带，海拔多在 800m 以下，地面起伏较大，大部分为低山丘陵景观；南北边缘因受贵州高原南北分流的河系切割而地面崎岖破碎，以致黔北为中山河谷地貌景观，黔南为低山河谷和低山丘陵地貌景观。贵州的岩溶地貌发育非常典型，喀斯特地貌面积 109 084km²，占全省国土总面积的 61.9%；境内岩溶分布范围广泛，形态类型齐全，地域分布明显，构成一种特殊的岩溶生态系统。

（二）非生物资源

1. 土地资源

贵州全省土地总面积 176 167km²，约占全国土地总面积的 1.8%，居全国各省（自治区、直辖市）的第 16 位。

贵州地处亚热带高原山区，自然条件十分复杂，土地资源主要有以下主要特点：一是山地多而丘陵盆地少。在全省土地总面积中，海拔大于 500m、相对高差大于 200m 的山地面积约占 87%（其中，海拔大于 1800m 的高中山面积占 6.6%；海拔 1200～1800m 的中山面积占 23.7%；海拔 800～1200m 的低山面积占 36.1%；海拔 500～800m 的低山面积占 20.6%）；相对高差小于 200m 的丘陵（包括海拔小于 500m 的典型丘陵和高原丘陵）面积占 10%；盆地面积约占 3%。二是土地类型复杂。在地形地貌、土壤、气候等复杂自然条件影响下，形成了极为复杂多样、表征土地自然综合性的土地类型。例如，黔中地区就有山地、高丘地、低丘地、岗台地、平坝地、河谷地、洼地和水域等 8 个土地类、22 个土地型及 77 个土地亚型。三是土地资源垂直分布明显。在贵州土壤、气候、生物等地带性水平分布与垂直分布双重影响下，贵州土地资源形成了垂直分布明显的突出特点，这为我省"立体农业"、中药资源的丰富多样提供了极为良好的自然基础。四是林牧地分布存在较为显著差异，如黔东南州是我省主要林区，其森林覆盖率高，2013 年 8 月经省林业厅审核确认，2012 年黔东南州森林覆盖率为 63.44%，而黔西南州、六盘水市和毕节市森林覆盖率却相对较低；全省牧草地分布以黔东南州、黔南州、遵义市及毕节市面积较大，黔西南州、铜仁市及安顺市次之，六盘水市及贵阳市最低。目前，土地资源尚存在不合理利用现象，如耕地保护不力、植被破坏、水土流失及工业"三废"污染等。

2. 气候资源

贵州地处中亚热带中部，主要受东南季风影响，气候属亚热带高原山地型湿润季风气候，具有温暖湿润，冬无严寒，夏无酷暑，光热水同期的基本气候特征。同时，立体气候明显，垂直差异显著，各地年平均气温在 8～20℃，大部分地区在 15℃ 左右，年降水量为 850～1600mm，多在 1000～1300mm，多数地区无霜期为 210～350 天，一般在 270 天左右。

在我国气候区划中，以贵州中部为主的广大地区划入北亚热带，西北部划入暖温带，北、东部划入中亚热带，南部红水河等河谷划入南亚热带。从气候带来看，以日平均气温≥10℃ 期间的活动积温作指标，将贵州划分为 5 个气候带：中温带（包括梵净山海拔 2200m 以上和乌蒙山山区海拔 2200m 以上地带，日平均气温≥10℃ 期间的活动积温在 2200℃ 以下）、暖温带（包括梵净山海拔 1400～2000m、乌蒙山区毕节市东部海拔 1700～2400m 和毕节市西部海拔 1900～2400m 地带，日平均气温≥10℃ 期间的活动积温 2200～

3500℃）、北亚热带（包括黔中地区等贵州高原主体部分，日平均气温≥10℃期间的活动
积温 3500～4700℃）、中亚热带（包括赤水河、芙蓉江、乌江东北段、锦江、舞阳河、清
水江、都柳江和红水河流域河谷地带，日平均气温≥10℃期间的活动积温 4700～6000℃）、
南亚热带（包括红水河、南北盘江东段、罗甸海拔 500m 以下、册亨中段及望谟海拔 600m
以下、兴义西段海拔 800～900m 地区，日平均气温≥10℃的初日在 2 月下旬，终日在 12
月下旬，长达 290 多天）。由于贵州地貌类型复杂，地势高低悬殊，东西部湿度又有不同，
故气候类型多种多样。根据热量带和水分带，全省可分为 12 种气候类型，下予简介：
①山地温带夏湿冬干气候类型：位于贵州西部山地，海拔 2600m 以上地段；气候特点为
天气寒冷，干湿交替。几无农业，但适合某些药用植（动）物生长。②山地温带湿润气候
类型：位于贵州东部山地，海拔 2100m 以上地段；气候特点为寒冷，湿润。几无农业，
但适合某些药用植（动）物生长。③山地暖温带夏湿冬干气候类型：主要位于贵州西部、
西南部山地，如龙头大山、鸡冠山、韭菜坪、梅花山等海拔 2100～2600m 地段；气候特
点为冷凉，夏湿冬干。几无农业，但适合某些药用植（动）物生长。④山地暖温带湿润气
候类型：主要位于贵州东北、东南部山地，如梵净山、雷公山、宽阔水等海拔 1800～2100m
地段；气候特点为冷凉，湿润。因山高坡陡，几无农业，但适合某些药用植（动）物生长，
特色药材资源丰富。⑤山地凉亚热带夏湿冬干气候类型：主要位于贵州西部及西南部山地，
如龙头大山、鸡冠山、韭菜坪、梅花山等海拔 1600～2100m 地段；气候特点为温凉，干
湿交替。多数地区无农业，但适合不少药用植（动）物生长，特色药材资源丰富。⑥山地
凉亚热带湿润气候类型：主要位于如梵净山、雷公山、宽阔水等海拔 1400～1800m 地段；
气候特点为气温较低，冬长夏短，多阴雨，湿度大。适合农业及药用植（动）物生长，药
材资源丰富。⑦高原凉亚热带夏湿冬干气候类型：主要位于如牛栏江、横江、赤水河、六
冲河、三岔河、北盘江上游的分水岭地带，包括威宁县中部、东部和赫章县西部等高原面
保持完整的地区；气候特点为气温较低，年温差小，太阳辐射强，日照时数较多，日温差
大，干湿交替明显，冬春干旱严重。适合农业及药用植（动）物生长，药材资源较丰富。
⑧山原亚热带夏湿冬干气候类型：主要位于贵州西部高原以东及以南，赫章—六枝—罗甸
一线以西海拔 1000～1900m 的山原地区；气候具有明显过渡性特征，热量状况类似于黔
中地区，水分条件类似于滇东地区，冬长夏短，干湿交替明显。适合农业及药用植（动）
物生长，药材资源较丰富。⑨山原亚热带湿润气候类型：主要位于贵州西部高原以东及以
南，赫章—六枝—罗甸一线以东（除其边缘河谷以外）的广大山原地区；气候特点为春暖
迟，秋凉早，夏季短而湿润，冬季长而阴冷，全年阴雨多，湿度大，为贵州气候的典型而
标准代表地带。适合农业及药用植（动）物生长，药材资源丰富。⑩河谷亚热带湿润气候
类型：主要位于贵州东南部都柳江、清水江、舞阳河，东北部乌江、锦江、赤水河等主支
流海拔 700m 以下的河谷地区；气候特点为夏季热，年湿润度大，为贵州热量与水分条件
均较佳的地带。适合农业及药用植（动）物生长，药材资源丰富。⑪河谷亚热带夏湿冬干
气候类型：位于贵州西南部南北盘江、红水河及其支流海拔 600～900m 的河谷地区；气
候特点为全年暖热，夏湿冬干，无霜期长，为贵州热量丰富、生长季较长的地带。适合农
业及药用植（动）物生长，药材资源丰富。⑫河谷暖亚热带夏湿冬干气候类型：主要位于
南北盘江、红水河及其支流海拔 600m 以下的河谷地区；气候特点为春暖早，秋凉迟，夏

炎热，冬温暖，无霜期长，干湿交替明显，为贵州热量最丰富、生长季最长的地带。适合农业及药用植（动）物生长，药材资源丰富。

从上述气候带和气候类型分布可见，我省境内不论从北到南，由东到西，还是从高原边缘河谷到高原面，从高原面到高原面上山地，在气候上均有垂直差异，真乃"十里不同天""山高一丈，水冷三尺"。在这般优良气候条件下孕育着无比丰富的中药资源，适合多种中药材生存繁衍，既适合寒凉温带中药材生长发育，也适合亚热带或南亚热带中药材的驯化栽培与养殖。

3. 水资源

贵州水资源丰富，其总储量约为全国水资源总储量 27 890 亿 m³ 的 3.9%，在全国各省（自治区、直辖市）中占第 9 位。贵州河流以乌蒙山—苗岭为分水岭，分属于长江水系和珠江水系。北部的赤水河、乌江及东部的锦江、清水江属长江水系；南部的南盘江、北盘江、红水河、都柳江属珠江水系。长江水系约占全省面积的 65.7%，珠江水系约占全省面积的 34.5%。我省河流北入长江，南下珠江，东到沅水，是与华东、华南、华中等地联系的水上通道。全省河长大于 10km 或流域面积大于 20km² 的河流共有 984 条，河网密度为 0.71km/km²，东密西稀；主要河流有乌江、六冲河、清水江、赤水河、北盘江、红水河及都柳江，其流域面积均在 1 万 km² 以上；全省江、河、湖、库水域面积 1845km²，约占全省面积的 1%。

贵州河流多发源于西部，受地貌及构造地质条件制约而从西向南、北、东三个方向呈扇形放射，迂回曲折，下流出省。如长江水系的乌江发源于威宁县的香炉山，流经毕节、大方、黔西、织金、息烽、思南、沿河等市县，由重庆市的涪陵汇入长江，干流全长 1037km，贵州境内 875km，总流域面积为 8.79 万 km²，贵州部分为 6.68 万 km²，年径流量 376 亿 m³。主要支流有六冲河、猫跳河、湘江、洪渡河、芙蓉江。又如珠江水系的南盘江位于西江上游，发源于云南省沾益县交界处三江口后，沿省界东流至望谟县的蔗香注入北盘江；蔗香以下称红水河。南盘江流域面积为 5.7 万 km²，我省境内部分 0.784 万 km²，年径流量为 52 亿 m³。

贵州各地降水量为 800～1700mm，多年平均降水量 1179mm；贵州地下水资源量 259.95 亿 m³，是地表水资源的一部分。我省水资源主要由天然降水补给，省内河流均系雨源型河流，由雨水补给河流水量。河水主要来源于地面径流（约占 3/4），其次为地下水补给（约占 1/4）。全省水资源多年平均总量为 1035 亿 m³，一般枯水年为 900 亿 m³、特枯年为 735 亿 m³；水能资源蕴藏量为 1874.5 万 kW，可开发水资源为 1683 万 kW。贵州地表水、地下水水质良好，但由于受岩石成分影响，总硬度多大于 80mg/L，pH 一般大于 7。我省江、河、湖、库不仅在水电、交通、灌溉等方面发挥了水资源的巨大作用，而且还形成了美不胜收的旅游景区，诸如亚洲著名的黄果树瀑布，绚丽多姿的荔波小七孔、贵阳花溪、安顺龙宫及舞阳河、赤水河等，打造了无比美丽的"多彩贵州"。我省水资源为贵州丰富中药资源与中药材生产提供了基本条件；在热量条件基本满足的情况下，水分是药用动植物的命脉，是决定其生长发育的重要因子之一。

4. 矿产资源

贵州矿产资源丰富，种类繁多，分布广泛，门类齐全，储量丰富，且成矿地质条件好，是我国著名的矿产资源大省。截至 2002 年年底，全省已发现矿产 110 多种，其中有 76 种探明了储量，有多种保有储量居于全国前列。贵州的矿产资源在全国占优势地位的，有汞、铝、磷、煤、锰、重晶石、黄金、铅、锌、锑等众多品种。贵州汞、铝、磷、煤、锑矿产资源，在全国的优势地位突出，业内人士对其早有"五朵金花"之誉称。贵州汞、重晶石、化肥用砂岩、冶金用砂岩、饰面用辉绿岩、砖瓦用砂岩等资源量居全国第 1 位；铝土矿、磷、稀土等资源量居全国第 2 位；镁、锰、镓等资源量居全国第 3 位。如煤矿不仅储量大，而且煤种齐全，煤质优良，分布集中，素有"江南煤海"之称；其保有储量达490 多亿吨。铝土矿质佳量大，保有储量为 4.24 亿吨，集中分布在黔中、黔北两大片区，占全国总量的 1/5。磷矿储量 26.95 亿吨，占全国总量的 40% 以上，我省以丰富的磷矿资源为依托，现已建成全国最重要的磷矿石及磷化工基地，长期以来向国内 20 多个省（自治区、直辖市）提供优质产品，对中国化肥工业发展有着非常重要的作用。重晶石储量为全国的 1/3。贵州金、硫铁矿在国内占有重要地位，如金矿储量居全国第 12 位，是中国新崛起的黄金生产基地。

稀有分散元素有铌、钽、锗、镓、铟、镍、铼、硒，探明的黑色金属有铁、钒、钛等数种，重稀土金属矿也有发现。化学矿如硫铁砂、电石用石灰石、白云石、硅石、砷等，在全国也占有较重要的地位。现探明的建筑材料及其他非金属矿有 26 种，其中有水晶、石棉、石膏、方解石、砂岩、石英、页岩、高岭土、陶瓷土、黏土、辉绿岩、大理石等。

我省丰富的矿产资源，不仅是冶金、化工等工业的重要原料，也是重要的矿物药资源，其中如朱砂、水银、雄黄、硫黄、石膏等在国内外都早享盛名。

（三）生物资源

生物物种资源是再生资源，包括所有具一定经济价值的植物、动物及微生物；生物物种资源是人类生存和社会发展的基础，是国民经济可持续发展的战略性资源。生物物种资源的拥有和开发利用程度，已成为衡量一个国家综合国力和可持续发展能力的重要指标之一。下面以贵州植物资源为重点对贵州生物资源作简述。

1. 植物资源

贵州植物资源丰富，类型多样，种类繁多。"植被"是指某地区植物群落的总体；根据植物群落形成方式的不同，我省植被可划分为自然植被和人工（栽培）植被两大类，同时贵州植被尚具有水平分布和垂直分布规律。

1）贵州自然植被

贵州野生植物种类繁多，植物区系复杂。据有关文献记载，贵州植物种类的丰富程度与全国各省（自治区、直辖市）比较，仅次于云南、四川（含现已直辖的重庆市）、广东等省，居于前列，见表 1-1。

表 1-1　贵州主要维管束植物统计与全国比较

类别、科属、种类	科			属			种		
	全国	贵州	贵州占全国的比例/%	全国	贵州	贵州占全国的比例/%	全国	贵州	贵州占全国的比例/%
蕨类植物	62	53	89.5	222	139	62.9	2600	642	24.7
裸子植物	10	10	100.0	34	28	64.7	193	64	32.6
被子植物	291	187	64.3	2946	1376	46.7	24 357	4887	20.1
合计	363	250	68.8	3202	1543	48.3	27 150	5593	20.6

注：①本表引自贵州中药普查办公室、贵州中药研究所编（冉懋雄总纂、王国栋统审），《贵州中药资源》（中国医药科技出版社，1992）；②若按何顺志、徐文芬主编，《贵州中草药资源研究》（贵州科技出版社，2007）所载，贵州全省维管束植物共有 269 科，1655 属，6225 种（变种）计，贵州省所占比例更高。

　　贵州种子植物区系的地理成分十分复杂，全国 15 个不同地理成分均不同程度具有。植物区系以热带-亚热带性质的地理成分占明显优势，其分布类型所含的科、属、种最多，科数约占总科数的 72.5%（不包括世界分布的科）；属数约占总属数的 54.9%（不包括世界分布的属）。如泛热带分布式的科如禾本科、豆科、大戟科、茜草科、菊科、旋花科、马鞭科等所含属所占比重，禾本科最多共达 30 个属；热带亚洲分布式的科如苦苣苔科、天南星科、樟科、防己科、五加科、金粟兰科、萝摩科等也占有很大比重。此外，热带-亚热带性质的其他分布式，如旧世界热带分布式、热带亚洲至热带非洲分布式、热带亚洲至热带大洋洲分布式、热带亚洲至热带美洲间断分布式等在贵州省亦有不同程度的分布，从而使贵州省野生植物具有明显亚热带特性的植物区系特点。

　　贵州自然植被既有中国亚热带型的地带性植被常绿阔叶林，又有近热带性质的沟谷季雨林、山地季雨林；既有寒温性亚高山针叶林，又有暖性同地针叶林；既有大面积次生落叶阔叶林，又有分布极为局限的珍稀名贵落叶林。贵州代表性植被是石灰岩常绿阔叶林及野生藤刺灌丛，并以灌丛草坡为主。但因受到人为活动的严重干扰和破坏，其原生植被现仅分布于梵净山、雷公山、宽阔水、茂兰、秒椤、月亮山、麻阳河等自然保护区的原始亚热带常绿林内。

　　贵州自然植被还可划分为三个系列：一是酸性土植被。其具明显地带性特点，主要植被为阔叶林（包括常绿阔叶林和落叶阔叶林）、针叶林、竹林、灌丛及灌草丛等。二是钙质土植被（又名石灰岩植被或岩溶植被）。其具类型多样及分布广泛的特征（贵州省约有 70% 以上面积有碳酸盐类岩石分布，因此钙质土分布极为广泛），主要植被为钙质土针叶林、钙质土阔叶林、钙质土灌丛及灌草丛等。三是水生植被及沼泽植被。其具植被面积较小及类型不多的特点，水生植被主要为以水葱、灯心草、菖蒲为主的挺水植物群落，浮萍等为主的浮水植物群落，金鱼草等为主的沉水植物群落。沼泽植被主要有以沼生植物为主构成的隐域性植被；但贵州省仅有少数地方有沼泽植被发育，其中以雷公山（雷公坪）的泥炭藓沼泽和梵净山（九龙池）的大金发藓沼泽最为典型。

　　2）贵州栽培植被

　　栽培植被（人工植被）是劳动人民在长期生产斗争中，利用自然与改造自然，促使农业生产发展到稳定阶段的产物。经营栽培植被的目的在于通过人工栽培措施，提高植物光合作用的效能，将太阳能转化为生物化学潜能，从而在一定的单位土地面积上获得尽可能多的物质产品。栽培植被和自然植被一样，栽培植被也必须在一定的生态地理环境下形成，它有一定的结构与外貌，植物个体和群体与生态环境相互关系的规律都是一致的。

贵州栽培植被（人工植被）可分为农田植被、经济林及果木林植被。农田植被分为旱地植被与水田植被，以"稻麦（油）"等组合农田植被最为重要。旱地植被，以玉米、小麦或油菜为主的，广泛分布于全省各地；以燕麦、荞麦、马铃薯为主的，仅分布于西部高海拔地区。水田植被，以水稻、麦或油菜为主的，广泛分布于全省各地。经济作物以油菜、烟草、麻类等为主，经济林中以油桐、茶、油茶、漆树、乌桕、核桃、板栗、五倍子等为主，果木林中以梨、桃、苹果、柿、杏、刺梨、柑橘、蓝莓等最为重要。贵州农作物植物品种丰富，栽培的粮食作物、油料作物、纤维植物和其他经济作物近 600 个品种。药用植物栽培也是我省重要经济作物，下面还将专述。

3）贵州植被分布规律

由于受到地形、气候、土壤、生物等自然因素及人为因素的综合影响，贵州植被地理分布错综复杂，植被区域各具特色，具有水平分布和垂直分布规律。在我省南北方向上，因受热量条件的制约而表现出纬度地带性规律；在东西方向上，因受水分条件的制约而表现出经度地带性规律；在垂直方向上，因受水、热条件及其他环境条件的综合影响，表现出垂直地带性规律；此外，由于地表组成的物质、地形、地势等因素的不同影响，又表现出非地带性分布规律。

在水平分布上，贵州省植被从南到北、从东到西呈逐渐过渡性特征。南部发育为南亚热带的常绿阔叶林；中、北部发育为典型的中亚热带性的植被常绿阔叶林，以及次生的针叶林、落叶阔叶林、常绿落叶阔叶混交林等，表现出较明显的纬度地带性分布规律；而中、东部由于受太平洋东南季风影响，具有亚热带湿润季风气候特征，发育为湿润性（偏湿性）中亚热带常绿阔叶林及次生针叶林；西部接近云南高原的面上，气候具有明显干、湿性交替特征，其植被则发育为半湿润性（偏干性）的常绿阔叶林及次生针叶林，表现出经度地带性分布规律。

在垂直分布上，因贵州省部分高大山体造成相对高差较大，以致形成明显而复杂的垂直植被带谱。如梵净山从山麓到山顶相对高差近 2000m，大致可划分为 4 个植被带：海拔 1400m 以下的常绿阔叶林带；海拔 1400～2100m 的常绿落叶阔叶混交林带；海拔 2100～2350m 的高山针叶林带；海拔 2350m 以上的亚高山矮材灌丛甸带。

贵州植被类型复杂多样，为多种不同生物有机体生长发育提供了必要而优越的环境条件，形成了植物种类繁多而丰富的植物资源，为药用植物生长发育、药用动物栖息繁衍都提供了良好条件，为中药资源的保护抚育、研究开发与可持续利用奠定了良好基础。

2. 动物资源

贵州动物资源也极丰富并别具特色。贵州西部地区的动物区系与云南东北部的动物区系极为相似；南部河谷地区的动物区系具有华南动物区系特点；中部、东部及北部的动物区系与华中的动物区系几乎一致。全省野生动物资源 1000 余种，仅脊椎动物就占全国的

21%；尚有大鲵、鳖、鱼等水生动物。我省珍稀动物列为国家一级保护动物的有黔金丝猴、黑叶猴、华南虎、云豹、豹、白鹳、黑鹤、黑颈鹤、中华秋沙鸭、金雕、白肩雕、白尾海雕、白头鹤、蟒等 14 种，占全国同类动物总数的 13%；列为国家二级保护动物的有 69 种，主要有穿山甲、黑熊、水獭、大灵猫、小灵猫、林麝、红腹雨雉、白冠长尾雉、红腹锦鸡等，占全国同类动物总数的 25.7%。另外，还有原生动物及害虫等，特别是相当丰富的农作物（含药用植物）的天敌资源亟待研发利用。

二、贵州社会资源与经济资源

（一）社会资源

1. 贵州行政区划

贵州省简称"黔"或"贵"，位于我国西南的东南部，地理坐标介于东经 103°36′～109°35′、北纬 24°37′～29°13′之间，东毗湖南、南邻广西、西连云南、北接四川和重庆市；东西长 570km，南北宽 510km，全省国土总面积 176 167km²，占我国国土面积的 1.8%；素有"宜林山国"，近有"多彩贵州"之称。

截至 2017 年底，贵州省辖 6 个地级市（贵阳市、遵义市、安顺市、六盘水市、毕节市、铜仁市）、3 个自治州（黔西南布依族苗族自治州、黔东南苗族侗族自治州、黔南布依族苗族自治州），以及 9 个县级市、15 个市辖区、52 个县、11 个自治县、1 个特区。

2. 贵州历史沿革

贵州建省于明代永乐十一年（公元 1413 年），虽仅 600 余载，但贵州历史可追溯得更远。贵州是古人类发祥地之一，发现了不少远古人类化石和远古文化遗存。据考古，中国南方主要的旧石器时代文化遗址，多在贵州境内发现。春秋时期，当时在今贵州境内有牂牁古国，并与中原交往。战国时，贵州属于楚国的黔中郡，地域面积在今贵州沿河至榕江以东，其中包括铜仁市和黔东南州部分县。秦始皇统一中国后，贵州分属巴郡、蜀郡、黔中郡和象郡管辖。西汉初年，贵州分属益州刺史部犍为郡和牂牁郡。犍为郡管辖今贵州北部、四川南部、重庆南部的大部分地区；牂牁郡管辖今贵州南部及周边地区。西汉中晚期，贵州北部大部分地区划入牂牁郡管辖，牂牁郡领 14 县。三国时蜀国牂牁郡治且兰（今贵州凯里西北），领 7 县（且兰、毋敛、广谈、鳖县、平邑、夜郎、谈指）。唐朝曾在此设黔中道，建黔州郡，设黔州都督府。唐代贵州境内出现了几个对后来产生深远影响的地方土司政权。如在唐宋时代，随大理国崛起，彝族部落开始越过乌蒙山，在今天贵州地区广泛发展。他们在唐末已形成较大的独立政权，被称为"大鬼主罗殿王"。宋末，贵州中部有"罗氏鬼国"，或称为"罗施鬼国"，依附于宋；南部则有"罗殿国"，依附于大理。

"贵州"之名，始于宋朝。公元 974 年，土著首领普贵以其控制的矩州归顺于宋；宋朝在敕书中有"惟尔贵州，远在要荒"一语，这是贵州之名的最早记载（此外还一说：贵州的名称源自"罗氏鬼国"，因为"鬼"不好听，才转音为"贵"；我国彝族的先民曾被称为"罗罗"或"罗苏"）。元朝至元十六年（公元 1279 年）置八番罗甸宣慰司；至元十九年（公元 1282 年），设顺元等路军民宣慰司。至元二十九年（公元 1292 年），顺元、八番两宣慰合并，设八番顺元宣慰司都元帅府于贵阳；后又以乌江上游的鸭池河为界分为水东、水西，水西由安姓土司统治，水东由宋姓土司统治。至明初，彝族土司管辖今贵州省除遵义、铜仁、黔东南之外的大部分地区。

明朝永乐十一年（公元 1413 年）设置贵州承宣布政使，首次正式建制为省级军事机构，以贵州为省名；废思州宣慰司与思南宣慰司，保留水东土司与水西土司，同属贵州布政司管辖。清沿明治，设府、州、厅、县。清雍正五年（公元 1727 年），将四川属遵义府，广西属荔波及红水河、南盘江以北地区，湖广属平溪、天柱，划归贵州管辖；将贵州属永宁州划为四川管辖。中华民国时期，几经更替，至 1948 年全省设 1 个直辖区（一市 10 县：贵阳市及贵筑、安顺、惠水、龙里、修文、开阳、贵定、平坝、清镇、息烽），6 个行政督察区、1397 个乡镇、12 940 个保。1949 年中华人民共和国成立后，1950 年设 1 个市（贵阳）、8 个专区、79 个县、1 个专辖市。1958～1959 年撤并了一部分专县，全省划分为 4 个专区、2 个自治州、49 个县、3 个专辖市、3 个自治县。60 年代、70 年代全省行政区划历经变化，1983 年 5 月将各公社改建为乡镇；1984 年全省划分为 2 个市（贵阳、六盘水）、4 个地区（遵义、铜仁、安顺、毕节）、3 个自治州（黔东南、黔南、黔西南）、4 个地辖市（遵义、安顺、都匀、凯里）、66 个县、7 个自治县、4 个特区、5 个市辖区、541 个区、3170 个乡、84 个区级镇、359 个民族乡。

总之，贵州历史悠久，其发展进程总离不开一个"黔"字，代代相同，直至贵州建省；这也是贵州简称"黔"之由来。

3. 贵州民族与人口

贵州省是一个多民族共居的省份。全省共有民族 46 个，其中世居民族有汉族、苗族、布依族、侗族、土家族、彝族、仡佬族、水族、回族、白族、瑶族、壮族、畲族、毛南族、满族、蒙古族、仫佬族、羌族等 18 个民族。据第六次全国人口普查（2011 年 4 月 28 日国家统计局发布），我国总人口为 1 339 724 852 人，与 2000 年第五次全国人口普查相比，十年增加 7390 万人，增长 5.84%，年平均增长 0.57%。贵州省常住人口为 34 746 468 人，同第五次人口普查相比，减少了 501 227 人，减少 1.42%。常住人口中，汉族人口为 22 198 485 人，占 63.89%；各少数民族人口为 12 547 983 人，占 36.11%。少数民族人口总量在全国排第 4 位，其中以苗族最多，达 397 万人，居全国之首；其次为布依族 251 万人、土家族 144 万人、侗族 143 万人、彝族 83 万人等。按全省少数民族数量多少分布排序，其依次为黔东南州（273 万）、铜仁市（217 万）、黔南州（180 万）、毕节市（172 万）、黔西南州（111 万）、安顺市（83 万）、六盘水市（74 万）、贵阳市（73 万）、遵义市（72 万）。千百年来，各民族和睦相处，共同创造了多姿多彩的贵州文化。

据统计，2014 年末贵州全省常住人口 3508.04 万人，比上年末增加 5.82 万人。按城乡分，城镇人口 1403.57 万人，增加 78.68 万人；乡村人口 2104.47 万人，减少 72.86 万人。城镇人口占年末常住人口比重为 40.01%，比上年提高 2.18 个百分点。按性别分，男性人口 1817.91 万人，女性人口 1690.13 万人。全省人口出生率 12.98‰，比上年下降 0.07 个千分点；人口死亡率 7.18‰，提高 0.03 个千分点；人口自然增长率 5.80‰，下降 0.1 个千分点。(摘自《2014 年贵州省国民经济和社会发展统计公报》,2015 年 3 月 23 日贵州统计信息网。)

(二)经济资源

1. 贵州经济社会蓬勃发展

中华人民共和国成立前,贵州省生产水平低下,经济地位很低,物质技术基础十分薄弱。中华人民共和国成立后,贵州经济社会有了较快发展,在 20 世纪 60 年代三线建设时期进行了大规模的基本建设,为贵州经济社会发展奠定了基础。特别是 1978 年党的十一届三中全会改革开放以来,贵州经济社会更是突飞猛进。1950~1984 年,贵州全省完成基本建设投资 191.17 亿元,其中生产性投资完成 154.82 亿元,非生产性投资完成 36.35 亿元。1984 年,全省固定先后建成投资或支付使用的项目有 9237 个,新增固定资产 128 亿元,相当于 1952 年全省固定资产原值的 632.6 倍。1984 年,贵州省生产总值 179.87 亿元(按当年价格计算,增长速度按可比价格计算,下同),比 1952 年增长 6.2 倍,增长平均每年 7.2%;工农业总产值达到 134.93 亿元,比 1952 年增长 6.8 倍,增长平均每年 6.6%;国民收入达到 94.51 亿元,比 1952 年增长 4.7 倍,平均每年增长 5.6%;人均国民收入由 1952 年的 55.6 元增长到 1984 年的 324 元,比 1952 年增长 4.8 倍,平均每年增长 5.7%。

在 1984 年基础上,贵州经济社会又得到进一步蓬勃发展。如 2007 年全省实现地区生产总值 2620.65 亿元,按可比价格计算,比上年增长 11.6%,是自 1988 年以来增长最快的一年;全省人均地区生产总值已达 4128 元,城镇居民人均可支配收入为 7320 元,比上年实际增长 11.5%,农民人均纯收入为 2190 元,比上年实际增长 6.5%。其中,进口完成 6.96 亿美元,增长 54.2%;出口完成 7.62 亿美元,增长 41.2%。又如 2009 年全省实现地区生产总值 4470 亿元,与 2008 年相比同比增长 11%,但仍处于中国较低水平,全省经济总量只相当于重庆市的 1/2。

在党中央、国务院坚强领导下,中共贵州省委、省人民政府团结带领全省各族人民,坚定不移贯彻落实党的十九大精神,各项工作扎实推进,经济社会发展取得显著成绩。例如,2014 年全省地区生产总值 9251.01 亿元,比上年增长 10.8%。其中,第一产业增加值 1275.45 亿元,增长 6.6%;第二产业增加值 3847.06 亿元,增长 12.3%;第三产业增加值 4128.50 亿元,增长 10.4%。全省人均地区生产总值 26 393 元(按当年平均汇率折算为 4295 美元)。全省第一产业、第二产业和第三产业增加值占地区生产总值的比重分别为 13.8%、41.6% 和 44.6%。与 2013 年相比,第一产业、第二产业比重分别提高 0.9 个和 1.1 个百分点,第三产业比重下降 2.0 个百分点。(摘自《2014 年贵州省国民经济和社会发展统计公报》,2015 年 3 月 23 日贵州统计信息网。)

2. 贵州农业经济

贵州省具有"立体气候"的特点,在发展农、林、牧、副、渔相结合的"立体农业"生产和农业经济上已取得良好成效,1978 年改革开放后的成效更为显著。如 1984 年贵州全省农业总产值为 61.59 亿元,比 1949 年增加了 2.3 倍,每年递增 3.5%。农业经济结构也发生了可喜变化。如 1984 年与 1980 年相比，种植业比重由 63.8%下降到 55.2%，而林、牧、副、渔产值比重由 36.2%上升到 44.8%。

近 30 多年来，贵州省农业在 1984 年基础上一直持续发展。2014 年，贵州全省全年种植增加值为 867.07 亿元，比上年增长 8.1%。主要农作物种植面积保持增长。其中，粮食作物种植面积 313.84 万 hm²，比上年增长 0.6%；油料作物种植面积 58.19 万 hm²，增长 3.8%；茶叶种植面积 37.35 万 hm²，增长 19.2%。全年粮食产量 1138.50 万吨，为近 5 年最高水平，比上年增长 10.5%。中药材、茶叶、油菜籽、蔬菜、水果等经济作物产量增长较快，如中药材产量由 2013 年的 24.80 万吨增长为 36.06 万吨，比上年增长 45.4%。（摘自《2014 年贵州省国民经济和社会发展统计公报》，2015 年 3 月 23 日贵州统计信息网。）

贵州宜林、宜牧地广阔，为发展农业经济提供了极其良好条件。全省林业用地 761.8 万 hm²，占全省国土总面积的 43.25%，是全省农业利用面积最大的地类，比耕地面积大 59%；牧草地 168.1 万 hm²，占土地总面积的 9.45%；园地 9.97 万 hm²。此 3 项加起来为 939.87 万 hm²，占全省总土地面积的 53.27%，比耕地面积大 97%。未利用土地 272 万 hm²，占全省土地总面积的 15.44%，其中荒草地 56.79 万 hm²，有林业、牧业利用价值，以上 4 项加在一起为 996.66 万 hm²，占贵州省土地面积的 58.62%，是耕地的 1.09 倍。贵州植物资源有森林、草地、农作物品种、药用植物、野生经济植物和珍稀植物等 6 类。截至 2014 年年底，全省森林面积达 1.295 亿亩，森林覆盖率达 49%；天然草地 428.67hm²，优良牧草资源 2500 余种，饲养的主要畜品种有 30 多种，这些都是发展我省农业经济及农业综合开发的重要资源和极其难得的条件。以贵州地道特色药材规范化生产及基地建设为重点的中药农业，也是贵州农业经济的突出优势与重要内容之一。

贵州省农村生态旅游资源也极为丰富，这也是发展贵州省农业经济及农业综合开发的重要资源和极其难得的良好条件。贵州被誉为全国的"公园省"，岩溶地貌区占全省面积的 73%，优美的喀斯特风光和茂密森林，特别是黔东南州的东南各林区县森林覆盖率在 50%以上，使其有山皆绿，有水皆清；有丰富的民族风情和古朴的农耕文化；宜人的气候使贵州成为南方炎热夏季中的凉岛，贵阳以西是良好的避暑胜地，六盘水市誉称"中国凉都"。全省有雷公山、梵净山等各种类型自然保护区 116 个，其中国家级自然保护区 5 个；全省建成风景名胜区 53 个，其中国家级 8 个，省级 40 个；已建成森林公园 47 个，其中国家级森林公园 15 个，省级森林公园 21 个，县级森林公园 11 个。我省自然保护区面积 87.96 万 hm²，风景名胜区面积 88.34 万 hm²，森林公园 17.35 万 hm²，其总计面积占全省总面积的 10.99%。近年来，城镇周边和公路沿线近城市段发展起来的休闲农家乐，为当地农民致富带来了新的门路。

贵州是我国较重要自然灾害发生最少的地区。贵州冬无严寒，夏无酷暑，无台风危害，无沙尘暴侵袭，无特大的旱灾，又无特大的洪灾。贵州无灾害性的大地震，尤其贵阳的地层很稳定，又远离地层断裂带。从对人的舒适程度来看，贵州无西北的干热风，无长江中下游梅雨季节的闷人天气，也无青藏高原和云南、甘肃、新疆的强紫外线。许多全国著名的地方疾病（如克山病、血吸虫等），我省几无发生。震惊全国的非典型肺炎和高致病性禽流感，贵州也未波及（2003 年全国未受非典侵扰的 5 个省份，即为贵州、云南、青海、西藏、新疆）。贵州还处于南方富硒带上，发展富硒食品，发展有机食品具有环境质量优势，也可说我国西部地区的一种后发优势。

2014 年，贵州省着力重点推进了"五个 100 工程"。其具体内容为重点打造 100 个产业园区、100 个高效农业示范园区、100 个旅游景区、100 个示范小城镇、100 个城市综合体，在 2013 年基础上有了极大发展。这是贵州省委、省人民政府作出的一项重大决策和重点打造的建设工程，是贵州后发赶超、同步小康的战略支撑点和发展增长点，是推动发展的大平台、政府工作的大擂台。要更好发挥山地特色和比较优势，突出园区产业培育重点，优化品种、提高品质、打造品牌，丰富产业内容，延长产业链条，扩大园区产业规模。积极引导农业种养大户、专业合作社、龙头企业等参与园区建设，以推进各类生产要素向园区聚集配置，加强园区基础设施和综合服务能力建设，将现代高效农业示范园区建设与小康建设、美丽乡村建设等工作任务有机结合起来，着力突出园区规划的前瞻性、建设的科学性、发展的持续性，形成以工促农、以城带乡、工农互惠、城乡一体的新型工农城乡关系，切实加大扶贫力度，实施分类指导，产业扶贫，生态扶贫，真正做到"雪中送炭"，让广大农民平等参与现代化进程、共同分享现代化成果。要更好打造贵州"五张名片"（烟、酒、茶、多彩贵州旅游和中药材产业），开拓园区农产品市场，运用传统和现代流通方式，扩大农产品市场占有率，并以点带面，典型引路，推动农业示范园区建设的健康发展。

3. 贵州工业经济

中华人民共和国成立前贵州工业经济极其落后，1949 年全省工业总产值仅为 1.65 亿元，占工农业总产值的 14.1%。经过近 30 年的发展，1984 年，贵州全省工业总产值已达 73.35 亿元，比 1949 年增长 48.5 倍，平均每年增长 11.8%（按可比价格计算，下同）。其中，轻工业产值 27.66 亿元，比 1949 年增长 18.5 倍，平均每年增长 8.9%；重工业产值 45.69 亿元，比 1949 年增长 142.4 倍，平均每年增长 15.2%。全省工业企业已发展到 8602 个，其中轻工业企业 4834 个，重工业企业 3764 个；职工总数 78.5 万人，工程技术人员 3.3 万人，占 4.2%；已建成由煤炭、电力、冶金、化工、建材、机械、电子、酿酒、卷烟、制茶、制糖、纺织、造纸等产业部门所组成的，并具一定规模、门类比较齐全、有发展潜力的工业基础。

特别是 20 世纪 60 年代中期的"大三线"建设以来，贵州省已建立了极具实力的国防科技工业，已经形成以航空工业（011 基地）、航天工业（061 基地）、军用电子工业（083 基地）三大科研生产基地为主体，包括部分核工业、兵器、军需，以及由配套企业构成的军民结合型的国防科研生产体系。经过多年艰苦奋斗，贵州省工业经济发展取得了显著成绩，在能源、烟酒、优势原材料、装备制造、特色食品、民族制药、军工等方面打下了良好基础，工业已成为拉动贵州经济增长的主要动力。

近几年来，贵州工业经济发展更为快速，成效显著。例如，2013 年贵州省规模以上工业实现主营业务收入 6878.40 亿元，比上年增长 16.2%，利润总额 477.33 亿元，下降 0.5%。工业园区年主营业务收入 500 万元及以上企业共有 2250 个，完成工业增加值 1533.48 亿元，比上年增长 18.7%；实现主营业务收入 4358.34 亿元，比上年增长 19.0%，利润总额 358.43 亿元，比上年增长 13.7%。全年全部工业增加值 2686.52 亿元，比上年增长 13.1%。规模以上工业（统计口径为年主营业务收入 2000 万元及以上工业企业）增加值 2531.92

亿元,比上年增长 13.6%。按经济类型分,国有企业增加值 724.16 亿元,比上年增长 7.4%;集体企业增加值 8.72 亿元,比上年增长 13.2%;股份制企业增加值 1354.78 亿元,比上年增长 16.3%;外商及港澳台投资企业增加值 44.65 亿元,比上年增长 11.5%。从主要行业看,煤炭、酒的制造、医药制造业及烟草等重点行业继续平稳较快增长;计算机、通信设备和其他电子设备制造业等新兴行业呈现快速发展态势。全省规模以上工业实现主营业务收入 6878.40 亿元,比上年增长 16.2%,利润总额 477.33 亿元,下降 0.5%。全省工业园区年主营业务收入 500 万元及以上企业共有 2250 个,完成工业增加值 1533.48 亿元,比上年增长 18.7%;实现主营业务收入 4358.34 亿元,比上年增长 19.0%,利润总额 358.43 亿元,比上年增长 13.7%。(摘自《2014 年贵州省国民经济和社会发展统计公报》,2013 年 3 月 17 日贵州统计信息网。)

2014 年,贵州省工业继续保持较快增长。全年规模以上工业增加值 3117.60 亿元,比上年增长 11.3%。按经济类型分,国有企业增加值 737.96 亿元,比上年增长 7.1%;集体企业增加值 3.89 亿元,下降 16.5%;股份制企业增加值 1917.08 亿元,增长 14.1%;外商及港澳台投资企业增加值 75.05 亿元,增长 12.7%。主要工业行业增长较快,19 个重点监测的工业行业中,18 个保持增长,11 个增长达到两位数。酒、饮料和精制茶制造业,煤炭开采和洗选业,烟草制品业,电力、热力生产和供应业等重点行业增长稳定,分别比上年增长 13.7%、8.8%、8.8% 和 6.6%。非金属矿物制品业,计算机、通信设备和其他电子设备制造业等新兴行业呈现快速发展态势,分别比上年增长 23.6% 和 20.7%。医药制造业达 85.0 亿元,比上年增长 9.1%,见表 1-2。在全省规模以上工业统计的产品中,产量增长的有 165 种,占产品总数的比重为 63.5%。其中,铝材、平板玻璃、多色印刷品、饮料酒、中成药等增长较快,分别比上年增长 99.0%、65.6%、52.8%、32.5% 和 19.4%。(摘自《2014 年贵州省国民经济和社会发展统计公报》,2015 年 3 月 23 日贵州统计信息网。)

表 1-2 2014 年规模以上工业分行业增加值及其增长速度

指标名称	绝对值/亿元	比上年增长/%
煤炭开采和洗选业	676.28	8.8
酒、饮料和精制茶制造业	676.85	13.7
其中:酒的制造	572.92	13.0
烟草制品业	302.19	8.8
其中:卷烟制造	301.19	9.1
化学原料和化学制品制造业	141.46	10.0
医药制造业	85.0	9.1
非金属矿物制品业	195.56	23.6
黑色金属冶炼和压延加工业	79.42	6.7
有色金属冶炼和压延加工业	140.12	14.8
计算机、通信和其他电子设备制造业	20.73	20.7
电力、热力生产和供应业	340.17	6.6

注:摘自《2014 年贵州省国民经济和社会发展统计公报》(2015 年 3 月 23 日贵州统计信息网);中成药增长 7.68 万吨,比上年增长 19.4%。

近几十年来，贵州省交通运输、金融财贸、商业流通、电信通信、科技教育、医药卫生、乡镇企业等各行各业虽然都在改革开放、社会主义现代化、市场化及新型城镇化的进程中，正在健全城乡发展一体化体制机制，正在奋力推进贵州经济社会持续健康发展。但是，我们也应清醒地认识到，贵州经济社会发展同全国相比，同东部省份相比，仍显得落后。贵州发展的差距在工业，而潜力也在工业，希望也在工业。我们应进一步坚持稳中求进的工作总基调，着力稳增长、调结构、促改革，切实推进贵州经济社会发展，全面推进贵州社会主义经济建设、政治建设、文化建设、社会建设、生态文明建设，以同步建成小康社会，实现中华民族伟大复兴的中国梦。

第二节　贵州中药材生产应用历史与基地建设发展

一、中国传统医药体系与贵州中药材生产应用历史

（一）中国传统医药体系与中药分类特点

1. 世界传统医药与中国传统医药体系

医药是人类与生俱来的需求，全世界各民族都有医药创造与医药积累的历史。在人类历史的长河中，由于各民族性（含文化、宗教、风俗等）、地域性（含居住地域、自然环境等）和传统性（含民族历史、人文条件等）不同，全世界各民族在与大自然和谐共生的历史发展进程中，在特有的文化背景下，都各自积累了丰富而各有异同的医药经验，创造了别具特色的民族传统医药体系。各民族的传统医药源于各族人民的智慧，直接为本民族人民（也间接为他民族人民）的健康服务，为各民族的保健康复和繁衍昌盛做出了贡献。

世界传统医药体系大致可以分为"四大体系"：中国传统医药体系、尤纳尼（希腊-阿拉伯）传统医药体系、吠陀（印度）传统医药体系、玛雅-阿兹台卡传统医药体系。但作为实体而存在的，现仅有我们伟大祖国的中国传统医药体系和印度传统医药体系。特别是由我们中华民族在长期与疾病斗争实践中所形成的中国传统医药体系，在世界四大传统医药体系中，经受了时间考验，不像其他传统医药体系已走向或逐步走向消亡，反而以其简、便、廉、验的特点继续为中华民族和其他民族的医疗保健服务。

中国传统医药体系，为中华民族的医疗保健及繁衍昌盛做出了卓越贡献，并走过了数千年的光辉历程。即使现代医药已覆盖全球，古老的中国传统医药仍以其独特优势显示出强大的生命力。尤其在崇尚自然、回归自然的今天，"中医中药热"又悄然兴起，引起全世界人们的高度重视。2002年世界卫生组织（WHO）通过的《2002～2005年传统医学战略》中明确指出："传统医学是传统中医学、印度医学及阿拉伯医学等传统医学系统以及多种形式民间疗法的统称"。并指出"传统医学疗法包括药物疗法（如使用草药、动物器官或矿物）和非药物疗法（在基本不使用药物的情况下进行，比如针刺疗法、手法疗法及精神治疗）"。

与其他科学一样，传统医药科学来源于人类社会实践和物质生活的需要，是各民族的智慧结晶。具体而言，是指一个民族在其生存环境中，与疾病做斗争所产生和形成的医药理论、技术技能与物质世代积累的总和。民族医药具有鲜明的继承性和地域性，世界各民

族的医药均有其传统特色和地域特色，民族医药经政权统一管辖，形成具有政治地理色彩的"祖国医药"。我国是一个由 56 个民族组成的多民族国家，各民族都在长期与疾病的斗争实践中，积累了大量的民族医药经验，共同构建了极具特色而伟大的中国传统医药科学。中国传统医药科学是我国各族人民在漫长的历史进程中，在各自特有的文化背景下，所创造的别具特色的医疗保健体系；中国传统医药科学是反映中华民族对生命、健康和疾病的认识，具有独特理论和技术方法的医药学体系。中国传统医药不仅是我国和世界医药科学的重要组成部分，而且是我国优秀传统文化的重要内容，并成为世界优秀文化的独一无二之瑰宝。

中国传统医药体系有广义和狭义两种含义。广义的中国传统医药体系，是指中国所有的医药在内，即中华各族人民共同创造的所有传统医药；狭义的中华传统医药体系，是指中国汉族人民创造的传统医药。长期以来，人们业已习惯于将"中医药"等同于"汉族医药"，其实不然，中医药学是总结汉民族医药学的传统医药学，并与藏、满、蒙、回、苗、彝、傣、土家族等各民族医药学相互渗透，相互影响。中国各民族医药之间通过吸收、引入他族医药经验，不断丰富、完善提高自己，并成功地将哲学和医学紧密结合，形成了以整体观念为特点、脏腑经络为核心、辨证论治为诊疗手段的东方传统医药之独特体系。

2. 中药基本概念及其分类特点

中药，是在中国传统医药学理论指导下用以防病治病、增进人体健康的中国传统药物；是中华民族对自然资源创造性开发与利用的结果；是融合我国各族人民与疾病做斗争所形成的传统药物并经世代积累的总和。狭义的"中药"概念，系指我国汉民族传统医药学理论指导下，用以防病治病、增进人体健康的中国传统药物；广义的"中药"概念，系指在我国汉、藏、满、蒙、回、苗、彝、傣、土家等各民族传统医药学理论指导下，用以防病治病、增进人体健康的中国传统药物，其涵盖传统中药（traditionoal chinese medicins，TCM）、民族药（ethnic medicies）及引进的植物药（phytomedicies）等。本书以下所称之"中药"，系指广义的"中药"概念，即包括传统汉民族药和藏、满、蒙、回、苗、彝、傣、土家等各民族药。

中药，系指植物、动物和矿物等自然界中存在的有药理活性的天然产物及其初加工品和制成品；其商品分为中药材、中药饮片和中成药三大部分。中药材，简称"药材"，系指采收后依法产地初加工而得的中药原药材；中药饮片，简称"饮片"或"咀片"，系指将中药材经依法炮制加工而得的供配方使用的炮制品；中成药，简称"成药"，系指按有关质量规定，以一定配方和工艺生产并供医生或病家直接使用的中药成品。

中药资源，系指以中华传统医药学理论为指导，用于防治疾病、保健康复的天然药物资源。按其自然属性中药资源可分为植物药资源、动物药资源和矿物药资源，其均系可供人类直接或间接应用并来源于自然界的物质。广义的中药资源，应包括种植和养殖的人工资源（药用植物和药用动物）及矿物资源（药用矿物），以及利用现代生物技术或化学等新技术新方法，繁育培养或人工生产的药用植（动）物个体和有效物质。中药及中药资源横亘于有机界和无机界，跻居于植、动、矿物界与人工制造之间，但以植物资源与动物资源（皆属生物资源）为主，矿物资源（非生物资源）为辅。生物资源属于再生性资源；非生物资源属于非再生性资源。本书将重点讨论贵州药用植物种植与个别药用动物养殖的规范化生产关键技术及其基地建设；药用矿物及其资源，暂不予讨论。

中药资源来源复杂，品类繁多。其分类方法很多，一般常用的有生物系统分类法、药用部位分类法、性味功能分类法、药物化学成分分类法等。按生物系统分类，药用植物和药用动物，按门、纲、目、科、属、种加以区分，以表明药用植动物在系统分类学中的位置，及其彼此间的系统分类关系；按药用部位分类，药用植物乃根据用药部位的不同，将植物药分为根及根茎类、全草类、皮类、叶类、花类、果实及种子类、藤木类等；按性味功能分类，乃以中医药理论为基础，按药物性味功能及效用共性加以区分，一般可分为解表药类、清热药类、泻下药类、祛风药类、理气药类、止血药类、活血化瘀药类、平肝熄风类等；按药物化学成分分类，乃据药物所含主要化学成分或有效成分的类别而分类，如植物药一般可分为挥发油类、有机酸类、苷类、生物碱类、酚类及鞣酸类、萜类、糖类、氨基酸及蛋白质类等。

中药资源虽分布面广，性质各异，在其物种间的形态结构、生理机能与生态环境等方面有着千差万别，但其均以自然资源为物质基础，自然属性分属于植物、动物、矿物三大范畴。因此，中药资源均具有地域性、再生性、有限性及可解体性、复杂性及分散性、多用性、国际性等特点。目前，中药材除了供中医临床配方用外，还大量用于中成药、中药提取物、保健品、食品、兽药、日用品等"大健康"产业。我们应高度把握中药资源的地域性、再生性等特点，做好中药材生产适宜性生态区划，因地制宜，分区布局，切实把握其地道性与地域差异，在不同区域发展优势品种，搞好贵州地道特色中药材规范化生产与基地建设，以获取更佳社会经济效益与生态效益。

（二）贵州中药材生产发展历史

1. 中华人民共和国成立前的中药材生产

贵州中药材的生产与应用，在史书上早有记载。例如，明弘治年间编写的《贵州图经新志》中记载有菖蒲、前胡、山药、木姜子等常用中药。明嘉靖年间编写的《贵州通志》，更对贵州中药材作了较详记载，如益母草、木通、木瓜、紫苏、半夏、莱菔子等。贵州中药材中不少品种质优量大，驰名中外，特别是铜仁市的万山朱砂、毕节市的大方天麻，早在宋代就被列为上贡佳品。《大定府志》（大定即今大方）方物篇药类记载的贡品就有天麻、杜仲、麝香等10余种。

贵州中药材种植养殖的历史，可上溯到明、清时代以至更早，但大量发展还是在中华人民共和国成立之后。例如有关中药种植，《毕节府志》有记载：康熙二十六年，大定县就种植有红花、白术、杜仲、桃、李、杏等，并对每个品种栽培技术有较详记述。清光绪年间《水城厅采访录》对牡丹、厚朴、莲子等中药栽培也有较详记述。关于我省的药材销售，据历史文献记载，贵州地产中药材如天麻、天冬、龙胆、桔梗、马槟榔、木蝴蝶等，新中国成立前经四川宜宾、重庆等地集散，销往全国各地。又如吴茱萸、天花粉、冰球子、何首乌、续断、金银花、钩藤、通草、黄柏等，中华人民共和国成立前也常在湖南、江浙一带集散，销往全国。桃仁、枳壳、瓜蒌、杜仲、半夏等还经天津、广州集散，销往全国各地乃至海外。

2. 改革开放前中药材的生产发展

20 世纪 50 年代初期，中药材曾由贸易公司、供销社、土产公司兼营，后由药材公司专营，国家统购统销，统一制价，统一销往国内外。1957 年以前，我省药材收购主要靠野生资源，其中有杜仲、黄柏、龙胆、天冬、吴茱萸、石斛、白及、何首乌、桃仁、常山、马槟榔、黑节草等 10 多种，在 1954～1955 年产量均居全国首位。而栽培品种仅有白芍、吴茱萸、当归、川芎、生地、泽泻、山药、红花、白芷、紫苏、玄参、丹皮、枳壳、银耳等 10 多种，面积总共才几十亩。1957 年以后，在党和政府重视下，加大力度扶持中药材生产，才使药材生产迅速得到发展，栽培品种通过野生驯化和省外引种等方法发展到了 40 多种，所增加品种主要有黄连、潞党参、黄芪、人参、三七、玄参、栀子、云木香、菊花、元胡、砂仁、连翘、大力子、茯苓、金银花、附子、怀牛膝、桔梗、厚朴、木瓜、乌梅、石斛、鱼腥草、艾纳香等。早在 1958 年就建立的贵州遵义杜仲林场、湄潭白芍药材场等，在国内占有重要地位。到 1977 年全省药材种植面积已增加到上万亩，形成名特优势和一定规模的则有杜仲、五倍子、黄柏、厚朴、天麻、吴茱萸、石斛、茯苓、白芍及潞党参、云木香等，并有 20 多种家种商品药材除供自销外，尚有调供省外的能力。有些引种药材（如潞党参、云木香、阳春砂仁等）的生产，满足了本省需要，改变了过去依赖外省调入的状况。1958～1978 年，全省建立了杜仲、黄柏、厚朴、金银花、茯苓、白芍等 28 种商品药材生产基地。如已建成 5 万～30 万株的杜仲生产基地 180 多个；5 万株以上的黄柏生产基地 36 个；其他常用品种如厚朴、茯苓、桔梗、金银花、山药、黄连、怀牛膝、白术、菊花等的种植面积及产量均有大幅度增长。1976 年，家种药材产值达 540 万元，占当年中药材总产值 30.44%。

1978 年以后，药材种植收购放开，出现了许多药材种植的专业村、专业户，以及个体承包的药材种植农场。20 世纪 80 年代中后期，尤以天麻、茯苓、杜仲、黄柏、厚朴等的种植发展较快，如贵阳市乌当区百宜乡 1985 年的天麻产量超 50 000 千克；锦屏县 11 家专业户种天麻 16 000 窝；大方县、德江县、普安县等地的天麻种植也发展到历史最高水平；黎平县、锦屏县生产的茯苓 1984 年达 25 万千克。全省杜仲、黄柏、厚朴借发展"三木"药材之机有了更大发展。其他各种中药收购额和销售额也继续增长，到 1983 年，全省中药行业的 85 个省、地、县药材公司均为盈利单位。

3. "九五"至"十五"中药材的生产发展

"九五"期间，我省中药材种植面积约达 50 万亩。中药材家种品种在原有 40 余种基础上，又增加了近 40 种（如淫羊藿、半夏、太子参、天冬、黄精、百合、瓜蒌、姜黄、射干、玉竹、毛慈菇、喜树、丹参、头花蓼、芦荟、薯蓣、玫瑰、浙贝母、北板蓝根、前胡、柴胡、白及、灵芝、草乌、知母、猫爪草、大果木姜子、金铁锁、倒提壶等），共约 80 种。特别是 2000 年实施中药现代化后，我省建立了有一定规模并按照《中药材生产质量管理规范（GAP）》（试行）进行规范化生产基地建设，规模在 1 万亩以上的主要有杜仲、黄柏、厚朴、金银花、五倍子、太子参、银杏、鱼腥草、缬草、花椒等；5000 亩以上的主要有天麻、艾纳香、龙胆、喜树、桔梗、丹参、山苍子、薏苡、百合、前胡、桑白皮、生姜、乌梅、山药等；1000 亩以上的主要有半夏、石斛、天冬、黄精、板蓝根、淫羊藿、头花蓼、玄参、白术、白芍、玉竹、茯苓、洛龙党参、枳壳、木瓜、吴茱萸、天花粉、何首乌、草乌、赤小豆等。全省中药材种植面积达 80 万亩以上，具有名贵、道地、特色等竞争优势并具一定种植规模的主要有杜仲、天麻、石斛、半夏、黄柏、茯苓、洛龙党参、艾纳香、天冬、吴茱萸、山慈菇等；具有产业链优势与生态、经济效益均佳的主要有杜仲、天麻、黄柏、艾纳香、喜树、淫羊藿、头花蓼、山银花（含黄褐毛忍冬和灰毡毛忍冬等）、女贞子及山苍子等。据不完全统计，2000 年我省中药材产量 5400 吨，药材销售总额 28 000 万元（其中家种药材 19 000 万元，野生药材 9000 万元）；省内年销售量 510 吨，销售额 10 300 万元，省外 7400 吨，16 700 万元，国外 320 吨，690 万元；省内部分制药企业所用天麻、杜仲、桔梗、淫羊藿等部分原料药材约 13 800 多吨，其中天麻约 300 吨。

中药材生产的快速发展直接拉动了全省中药工业的发展，以中药民族药为代表的贵州医药产业已成长为贵州后续支柱产业。实践证明，中药民族药产业是一项朝阳产业，也是一项富民工程。在全省上下的共同努力下，贵州中药材产业一定会再上一个新台阶，成为我省贫困群众增收致富的重要渠道，成为生态建设的重要支撑，成为我省经济发展的重要增长极。

二、贵州中药材生产基地建设与产业化发展

（一）贵州中药材生产基地建设与蓬勃发展

中药产业是传统产业与现代产业相结合，及其一、二、三产业融为一体的新兴中药业。中药业的第一产业，是以产业化经营和规范化生产（GAP）为特色的中药农业；第二产业，是以统一炮制规范、统一质量标准为特色的中药饮片工业和以现代化制药技术设备与规范化（GMP）为特色的中成药工业；第三产业，是适合于市场经济的以总代理、总经销和连锁经营（GSP）为特色的中药商业。

贵州省中药材生产的发展，是与农业、林业等发展紧密结合的。例如，始建于 1958 年的遵义杜仲林场，至今仍有上万亩的杜仲林。贵州省杜仲主要分布于遵义市的播州、湄潭、正安、凤冈、仁怀、习水、务川等地（播州区杜仲种植面积则达 30 万亩），约占全省杜仲种植量的 60% 以上。20 世纪 80 年代中后期在发展"三木"药材的号召下，全省杜仲、黄柏、厚朴发展总面积超过 100 万亩。由于这些木本药材生产周期长，砍伐和种植一直在交替进行，因此，现存的面积中成龄树木所占比例小，大部分需采取护林、抚育措施。此外，我省大部分地区气候、生态、地域环境适宜天麻的生长，而且天麻人工栽培技术与经验日臻完善，部分药材公司以及产区农民已掌握了天麻无性繁殖栽培技术，如大方、德江、乌当、印江、道真、正安、务川、普安、纳雍等地均有大面积栽培天麻的历史。

特别是施秉县，自 1993 年以来太子参异地引种栽培与基地建设获得成功，经省药检所测定，太子参药材符合《中国药典》要求。该县药材种植已成为替代烤烟种植的新经济支柱，其产值已远远超过烤烟。1999 年全县药材种植与基地建设面积已达 1 万亩，其中太子参 6000 亩，其他引种栽培的品种主要有射干、玉竹、白芷、生地、浙贝母、玄参、北板蓝根、丹参、元胡、白术等，其种植面积较上年增长 150%，鲜药总产量达 3240 吨

（其中太子参 1800 吨），按亩均收入 3000 元计，已创产值 3000 万元。该县中药材生产经过探索、起步和发展三个阶段，现已与上海市药材公司、深圳三九制药集团等中药企业及国内各大药市建立了良好合作关系，终于走出了一条产业化的路子，逐步形成其产业格局，成为施秉县继烤烟之后的一个新兴产业。

2005 年以来，太子参规范化种植、组培脱毒快繁与关键技术研究，以及太子参与何首乌、头花蓼相继通过国家 GAP 认证，并享有全省乃至全国"一县三基地通过国家中药材 GAP 认证"之殊荣。随着施秉太子参、何首乌、头花蓼等药材的技术创新及其生产的不断发展，现已逐渐创立了"施秉太子参"等中药民族药品牌，形成了以施秉、黄平县为主，辐射带动全省 7 个地区 16 个县（市）发展太子参等中药民族药材种植的新局面。"十一五"施秉太子参的生产技术推广应用，已累计带动了全省 54 256 户农户种植，其总面积达 235 800 亩，创总产值 6.8768 亿元。2010 年，仅施秉、黄平两县的中药材种植户中，就催生了 26 个百万富翁。

贵州省委、省政府于 2008、2011、2013、2014、2015 年先后在施秉、赫章、都匀、铜仁、安顺等县、市连续召开了全省中药材产业发展现场会和推进会，有力推进了贵州全省中药产业的蓬勃发展。2012 年，国务院出台了《关于进一步促进贵州经济社会又好又快发展的若干意见》（国发〔2012〕2 号），明确要求贵州"积极推进中药现代化，大力发展中成药和民族药"。贵州省委、省政府把民族药业列为"十二五"重点发展的产业和"十大扶贫产业"，并着力打造具有鲜明贵州特点的"烟、酒、茶、药、食品"五张名片之一，从资金、土地、人才等要素保障方面给予大力支持。2012 年，省委办公厅、省政府办公厅又出台了《关于完善体制机制加快推进中药材产业化中药现代化发展的意见》，全面建立了"研发、种植、加工、监管"四位一体的工作机制，其中省中药材产业种植办公室设在省扶贫办，负责牵头做好中药材种植和市场建设，为加快发展提供了强有力支撑。省政府批复实施了《贵州省中药材产业发展扶贫规划（2012～2015 年）》，出台了《关于加快民族药业和特色食品产业发展的意见》。这是我省十大扶贫产业中首个以省政府名义批复的产业规划和政策性文件。省政府已明确："从 2012 年起，每年从省级现代农业特色优势产业发展资金中安排 1 亿元和中央补助的财政专项扶贫发展资金中安排 0.7 亿元以上用于支持中药材业发展"，这是对中药材生产发展极大的支持。2012 年省政府安排了财政扶贫资金 1.63 亿元，发展中药材生产扶贫项目 42 个，带动贫困农户 7.5 万户。

在省委、省政府高度重视和大力支持下，在省扶贫办具体领导和各相关部门相互协调下，在大力加强贵州中药材品牌建设和科技支撑同步强化的情况下，2012 年，贵州中药材种植面积（含野生保护抚育和石漠化治理）首次突破 300 万亩，达到 375.29 万亩，位居全国前列。全省中药材种植面积较 2011 年的 287 万亩，增幅达 30.90%。其中以毕节市和贵阳市增幅最大，分别达到 228% 和 116%。重点发展的天麻、太子参、钩藤等 27 个贵州地道中药材品种，当年新增种植面积 50 万亩。全省中药材种植辐射带动农户 214 万人，人均增收 1000 元左右，中药材产业日益成为农民脱贫增收致富的重要渠道。区域发展和园区建设也同步优化。2012 年，贵州明确乌当、赤水、关岭、玉屏、施秉、黄平、剑河等 37 个县为中药材产业发展重点县，通过竞争择优强力推进贵州太子参、杜仲等地道中药材发展，品种与规模发展跃上新台阶。全省当年中药材种植品种达到 134 种，种植面积上万亩的品种发展到 33 个，同比增加 3 个。其中如山银花、杜仲种植面积突破 30 万亩，薏苡、生姜、厚朴种植面积突破 20 万亩。单品面积上万亩的品种多连片种植，分布相对集中，聚集效应突出，规模优势逐渐凸显。贵州省委、省人民政府明确建设的 32 个省级现代高效农业示范园区中，有 3 个是以中药材生产为主导产业的扶贫园区，并同步建设多个非省级中药材扶贫产业园区。在发展中，现代高效中药材扶贫园区的"发动机"和"火车头"作用日益显现，我省中药材产业发展极为迅速，已取得可喜成效。

例如，据贵州省扶贫开发领导小组发布的《贵州省中药材产业发展报告（2012）》，截至 2012 年 12 月，全省中药材种植及保护抚育上万亩的山银花、太子参等品种达到 33 种，全省中药材种植总面积达 375.29 万亩，较 2011 年的 287 万亩增幅达 30.90%；全省中药材种植的总产量为 125.68 万吨，总产值 125.05 亿元；2012 年安排财政扶贫资金 1.63 亿元，发展中药材种植扶贫项目 42 个；中药材种植带动农户 214 万人。据《贵州省中药材产业发展报告（2014）》，截至 2014 年 12 月，全省中药材种植及保护抚育上万亩的山银花、太子参等品种达到 39 种，较 2012 年增加 6 种，全省中药材种植总面积达 458.84 万亩（其中人工种植面积 382.83 万亩，保护抚育面积 76.01 万亩），较 2012 年的 375.29 万亩增幅达 22.3%；总产量为 165.05 万吨，较 2012 年的 125.68 万吨增幅达 31.3%；总产值达 161.67 亿元，较 2012 年的 125.05 亿元增幅达 29.3%。2013 年中药材产业扶贫专项资金共投入 2.74 亿元，实施中药材产业扶贫项目 70 个；全省中药材产业带动能力进一步增强，中药材扶贫效益进一步提高，中药材种植带动农户由 2012 年的 214 万人增加到 338.39 万人，其中贫困人口 111.23 万人，中药材项目区实现人均收入 4778 元；中药材种植已成为贵州重要的富民产业。山银花、花椒、刺梨等种植，继 2012 年用于改善黔西南、黔中等石漠化山地的治理，既利于保住绿水青山，又利于抓好金山银山，取得了很好的生态效益。

2014 年，我省中药材产业继续增长，全省种植规模实现新突破。据《贵州省中药材产业发展报告（2014）》，截至 2014 年 12 月，全省中药材种植及保护抚育总面积突破 500 万亩达到 511.28 万亩（其中人工种植面积 493.98 万亩，保护抚育面积 17.30 万亩），提前完成了《贵州省中药材产业扶贫规划（2012—2015）》确定的目标任务，较 2013 年的 458.84 万亩，增加了 52.44 万亩，增幅达 11.43%；全省中药材总产量 155.25 万吨，实现产值 120.12 亿元。其中，我省中药材种子种苗繁育面积达到 20.29 万亩，是 2013 年的 2.41 倍（其中繁育面积千亩以上的中药材品种 32 个，较 2013 年增加 19 个品种；种子种苗繁育面积万亩以上的中药材品种有生姜、钩藤、党参等 6 个）；种植及保护抚育面积上万亩的中药材品种达到 47 个，较 2013 年增加 8 个（其总面积达到 494.46 万亩，占全部种植面积的 96.71%，总产量 148.64 万吨，实现产值 115.33 亿元）。2014 年，我省园区建设实现新突破，园区的产业带动作用不断凸显，成为加快产业发展的新引擎。贵州省中药材产业园区发展迅速，截至 2014 年年底，省级中药材产业园区有 12 个，共种植中药材 33.79 万亩，中药材种植带动农户 22.34 万人，其中贫困人口 13.09 万人；园区中药材初加工产业稳步发展，中药材初加工比例不断提高，2014 年中药材初加工实现产值达 4.24 亿元。2014 年，我省中药材产业的扶贫和带动效应也在不断增强，中药材种植覆盖农户 226.29 万人，其中贫困人口 98.07 万人，占 43.34%。中药材种植已成我省贫困人口增产增收、山区生态保护和中药民族药产业持续发展的支撑产业。

2015 年，贵州省中药材种植规模仍在持续稳步增长。全省中药材人工种植及野生保护抚育总面积达到 546.83 万亩，比上年增长 6.9%。其中，草本类（人工种植及野生保护抚育）267.24 万亩，木本类 279.59 万亩。总面积上 10 万亩的有刺梨、山（金）银花、杜仲、花椒、太子参等 17 个品种，比上年增加 3 个。全省中药材人工种植及野生保护抚育总产量 181.04 万吨，比上年增长 16.6%。其中，草本类（含干鲜品及野生采集量）166.52 万吨，木本类（含鲜品）14.51 万吨。2015 年，全省中药材人工种植及野生保护抚育总产值为 127.20 亿元，比上年增长 6.0%。其中，草本类 108.18 亿元，木本类 19.03 亿元。全省中药材种子种苗基地面积达到 21.11 万亩，比上年增长 4.0%，实现销售收入 13.66 亿元，比上年增长 12.2%。截至 2015 年底，全省共有 29 个品种获得国家地理标志产品保护，其中六枝龙胆草和水城小黄姜 2 个品种为 2015 年新获得国家地理标志产品保护。同时，我省把中药材列入全省十大扶贫产业之一，作为贫困地区群众增收致富的富民产业和我省发展大健康医药产业的重要内容来抓，2015 年，中药材种植覆盖农户 163.22 万人，其中贫困人口 65.63 万人，种植区农户人均收入 4614 元。

在我省"五张名片"的打造发展中，中药材生态产业已成为发展生态农业、提高生态农业综合效益、发展贵州医药产业与大健康产业的战略性产业；其在促进贵州后发赶超，与全国同步实现小康中起到了重要作用。现我省已有何首乌、太子参、头花蓼、淫羊藿和金钗石斛 5 个品种通过国家中药材 GAP 认证并公告，还正在继续加强中药材质量标准体系和安全体系的建设；还有赤水金钗石斛、大方天麻、德江天麻、连环砂仁、顶坛花椒、织金竹荪、正安野木瓜、剑河钩藤和威宁党参等也先后获得地理标志产品保护，品牌建设取得可喜成绩。目前，省扶贫、发展改革、财政、经信、科技、商务、林业等部门正在进一步加强配合，形成合力，正在共同推进贵州中药材产业的不断发展。

（二）贵州中药材产业化与发展前景

经多年发展，我省医药产业已形成中药材种植（养殖）、中药饮片、中成药、化学原料药及制剂、生物制品、医疗器械、药用包装材料和卫生材料等 7 大门类。全省医药工业企业已达 254 户，医药高新技术企业 36 户，建立医药科研平台 38 个。重点企业发展迅速，逐步形成以贵州益佰、神奇、同济堂、信邦、百灵等龙头骨干企业为代表的中药现代化产业集群，带动作用日益增强。贵州现有药品批准文号 2265 个（含以苗药为代表的民族药品），已有药品生产企业的 500 多条生产线（车间）通过 GMP 认证。中药民族药已有 27 个剂型共 650 个制剂品种，其中具有独立知识产权的民族药品种 154 个。仙灵骨葆胶囊、抗妇炎胶囊、艾迪注射液、银杏达莫注射液、咳速停糖浆、银杏叶片等 12 个民族药品种销售收入超过亿元；拥有益佰、百灵、同济堂、神奇等 7 个中国驰名商标，以苗药为主的"黔药"品牌效应逐渐凸显。贵州医药产业园区已初具雏形，先后建成了乌当、花溪、清镇、修文、息烽、红花岗、龙里、惠水等 8 个医药工业园区，入驻企业达到 70 余户，产业集聚效益逐步显现。据贵州省人民政府新闻办召开发布会时发布的《2016 贵州省中药民族药产业统计公报》（下同），我省医药工业的蓬勃发展，充分体现了贵州中药材产业化的无限发展潜力与广阔前景。例如，2012 年，贵州省医药工业实现总产值 240 亿元，同比增长 14.8%；实现工业增加值 57 亿元，同比增长 5.6%；完成中成药产量 6.5 万吨，同比增长 17%。特色医药产业龙头企业发展迅速，集群化发展效应初显。贵州现有药品生产企业 175 家，其中中药民族药制药企业 164 家，上市公司 5 家。益佰、百灵、神奇 3 家企业跻身全国中成药工业企业 50 强，28 家企业进入全国中药制药企业 500 强，7 家进入全省百强企业。信邦、同济堂等骨干企业快速发展。

2013 年，贵州医药工业总产值 295 亿元，占全省工业的 3.7%，同比增长 28.5%。医药工业增加值 62 亿元，占全省工业的 2.5%，拉动全省工业增长 0.3 个百分点，近 3 年年均增速 9.7%。2011～2013 年累计完成投资 100 亿元，年均增速 55.8%，是十大产业工业投资增速最快的行业。我省现有的 155 家药品生产企业中，益佰、百灵、景峰、神奇、信邦、维康、健兴、威门药业等 14 家企业进入全国制药工业 500 强。2013 年产值亿元以上企业有 46 户，5 亿元以上企业有 11 户，10 亿元以上企业有 6 户（益佰、百灵、健兴、同济堂、维康、景峰），上市企业 5 户（贵州益佰、贵州百灵、贵州信邦、贵州汉方、贵州神奇），占全省 21 户上市企业的 23%。医药企业主要分布在贵阳、遵义和黔南，3 个地区医药产业占全省比重为 89%。中药非无菌制剂企业占全省企业总数的 65.8%。资产总额 500 万元以上企业 109 家，2000 万以上企业 81 家。特别是以苗药为代表的民族药工业发展喜人，苗药品牌特色突出。我省具有自主知识产权的民族药（苗药）独家品种 154 个，占全省药品品种总数的 16%。2013 年，全省苗药销售产值达到 150 亿元，超过全国藏药、维药、蒙药三大民族药之和，是全国销售额最大的民族药。

2014 年，贵州省纳入统计的医药企业 168 家，共实现工业产值 371.40 亿元，比上年增长 23.2%。其中，中成药工业总产值占比 74.0%，达 274.92 亿元。2014 年我省医药行业工业销售产值 327.81 亿元，比上年增长 28.6%；其中在单品种销售上，销售收入上亿元的有艾迪注射液、参芪葡萄糖注射液、仙灵骨葆胶囊、丹参川芎嗪注射液、肺力咳合剂等 47 个品种，比上年增加 11 个，超 5 亿元的品种有 8 个，超 10 亿元的品种有 2 个。2014 年我省医药行业主营业务收入实现 304.15 亿元，比上年增长 34.7%；已有规模以上（年主营业务收入 2000 万元以上）制药企业 106 家，比上年增加 12 家。其中，主营业务收入超过 1 亿元的医药企业 49 家，超过 5 亿元的 15 家，超过 10 亿元的有 7 家。我省已在贵阳、遵义、黔南以及大方等地建成 6 个医药园区，园区共入驻企业 79 家，实现工业总产值 189.20 亿元，占全省医药工业总产值的 50.9%。2014 年我省 168 家医药企业和 25 家中药领域科研院所、大专院校获得科技项目经费 6.08 亿元，比上年增长 22.6%。同时在中药民族药产业领域共建有省级以上重点实验室、工程（技术）研究中心、企业技术中心等创新平台和机构 59 个，比上年新增 8 个。其中，新增国家级工程技术研究中心 1 个，新增国家地方联合工程研究中心（工程实验室）1 个，新增省级工程技术研究中心 2 个，新增省级工程研究中心（工程实验室）4 个。

2015 年，全省有医药企业 175 家，比上年增加 7 家。其中，规模以上企业（年主营业务收入 2000 万元及以上）115 家，比上年增加 9 家。从工业总产值看，2015 年全行业实现工业总产值 381.30 亿元，比上年增长 2.7%。其中，中成药工业总产值 324.65 亿元，占全省医药工业总产值的 85.1%。从单品种销售额看，参芪葡萄糖注射液、艾迪注射液、仙灵骨葆胶囊、肺力咳合剂、丹参川芎嗪注射液等 45 个药品销售收入上亿元。全省中药民族药全产业链产值，从 2010 年的 357.97 亿元增加到 2015 年的 741.35 亿元，年均增幅达 17%以上。全省苗药销售产值从 2010 年的 100 亿元，增加到 2015 年的 200 亿元以上，产值实现翻番，并超过了全国藏药、维药、蒙药三大民族药之和，是全国销售额最大的民族药。全省已建成医药园区 6 个，主要分布在贵阳、遵义、黔南。截至 2015 年底，园区入驻企业 79 家，占全省医药企业 175 家的 45.1%，实现工业产值 213.55 亿元，占全省医药工业总产值的 56.0%。全省 175 家医药企业和 25 家中药领域科研院所、大专院校，科技项目经费支出 6.66 亿元，比上年增长 9.5%。全省中药民族药产业领域专利申请受理数 833 件，其中，发明专利 454 件，占受理总量的 54.5%；实用新型 106 件；外观设计 273 件。专利授权数 762 件，比上年增加 121 件。全省中药民族药产业领域共建有省级以上重点实验室、工程（技术）研究中心、企业技术中心等创新平台和机构 64 个，比上年增加 5 个。其中，新增省级重点实验室（含省部共建）2 个，新增省级工程技术研究中心 1 个，新增省级企业技术中心 2 个。

特别是自 2014 年 3 月省委、省政府提出要将医药产业和大数据产业发展作为“姊妹篇”来谋篇布局，给我省中药材产业发展注入了新的活力和强大动力。贵州发展中药材产业符合习总书记关于贵州既要守住绿水青山，又要保住金山银山“两条底线”的重要指示，我们应切实而牢固地树立“绿水青山就是金山银山”的思想，坚持以开放倒逼改革，以改革促进开放，大力推进数字化大健康产业的尽快形成和蓬勃发展。2014 年 8 月省政府又编制和出台了《贵州省新医药产业发展规划（2014—2017 年）》和《关于加快推进新医药产业发展的指导意见》，要坚定不移地实施品种、品质、品牌战略，坚持“突出优势、特色发展”“科技兴药、创新发展”“招商引资、借力发展”“行业整合、聚集发展”，以扩大总量、优化结构为主线，以打造大企业、培育大品种为目标，走特色化、精准化发展之路，聚焦龙头企业、知名品牌、高新品种和制造环节，大力发展中药民族药为主的医药产业和大健康医药产业。规划到 2017 年，全省新医药产业总产值将突破 800 亿元，中药材产值达 200 亿元，要形成医药大集团与医药大品种，要形成 100 亿元医药大集团 1 个以上，50 亿元医药集团 1 个以上，20 亿元医药企业 10 个以上，10 亿元医药企业 10 个以上；培育 20 亿元医药大品种 3 个，10 亿元医药大品种 10 个，5 亿元级医药大品种 30 个，1 亿元医药大品种 40 个。并将中药材种植（养殖）与扶贫相结合，结合品种生长适应性和新医药产业原料需求，重点发展天麻、太子参、刺梨等 18 个地道特色药材大品种，打造规范种（养）与良种繁育基地，实现万亩连片、规模发展，加快建设医药物流园区、产地市场，促进药材资源就地转化，并加大科技投入，依托科技创新，以进一步助推贵州卫生事业与医药产业的蓬勃发展。

我们坚信，只有增强政治意识、大局意识、核心意识、看齐意识，自觉在思想上政治上行动上同以习近平同志为核心的党中央保持高度一致，始终成为中国特色社会主义事业的坚强领导核心，必将为在全新起点上开创更高的治国理政境界，发挥不可估量的作用，必将有力指导、引领和推动治国理政的伟大实践不断向纵深推进。我们坚信，在党中央、国务院和中央国家有关部委的高度重视下，在社会各界和兄弟省份的大力支持下，在省委省政府高度重视和大力支持下，按照省政府《贵州省新医药产业发展规划（2014—2017 年）》和《关于加快推进新医药产业发展的指导意见》，2015 年，贵州中药材产业实现“双 500”目标（即种植面积达到 500 万亩，实现民族医药总产值 500 亿元以上），建成 3 个中药材交易市场，重点发展中药材品种 23 个，择优鼓励发展中药材品种 27 个；培育 10 个在全国有影响的地道、大宗、常用、特色药材品种。贵州中药材产业将在精准扶贫、大健康产业发展中大放异彩，将在贵州省新医药产业与经济社会发展中发挥作用，将在贵州"科学发展、后发赶超、同步小康"的伟大实践中取得更大更新成绩，贵州中药产业与大健康医药产业发展前景无比广阔。

主要参考文献

包骏，冉懋雄. 1999. 贵州苗族医药研究与开发[M]. 贵阳：贵州科技出版社.

贵州省中药资源普查办公室，贵州省中药研究所. 1992. 贵州中药资源[M]. 北京：中国医药科技出版社：10：50-88.

何顺志，徐文芬. 2007. 贵州中草药资源研究[M]. 贵阳：贵州科技出版社.

李永新. 2015. 贵州省·省情·时政·热点[M]. 北京：人民日报出版社.

熊康宁，黎平，等. 2002. 喀斯特石漠化的遥感—GIS典型研究——以贵州为例[M]. 北京：地质出版社.

中共贵州省委教育工作委员会，贵州省教育厅，等. 2009. 贵州省情教程[M]. 2版. 北京：清华大学出版社.

《贵州国土资源》编辑委员会. 1987. 贵州国土资源[M]. 贵阳：贵州人民出版社.

《贵州省情》编辑委员会. 2014. 贵州省情[M]. 贵阳：贵州人民出版社.

（冉懋雄　彭锦斌　田维秋　邹　涛）

第二章　药用植物种质资源与生物学特性

第一节　种质资源概述

一、种质资源的基本概念及其重要性

（一）种质资源的基本概念

种质资源（germplasm resources）为携带种质的载体，具有遗传潜能性和个体的全部遗传物质。种质资源又称遗传资源，也指选育生物新品种的基础材料，包括作物的栽培种、野生种和濒危稀有种的繁殖材料，以及利用上述繁殖材料人工创造的各种遗传材料，其形态包括果实、籽粒、苗、根、茎、叶、花、组织、细胞核 DNA、DNA 片段及基因等物质材料。因此，种质资源是提高中药材质量的关键和源头，种质的优劣对中药的产量和质量有决定性的作用。种质资源是在漫长的历史过程中，由自然演化和人工创造而形成的一种重要的自然资源，它积累了由自然和人工引起的极其丰富的遗传变异，即蕴藏着各种性状的遗传基因。它是人类用以选育新品种和发展农业生产的物质基础，也是进行生物学研究的重要材料，是极其宝贵的自然财富。

药用植物种质资源是指药用植物的"种性"，并将遗传信息从亲代传递给后代的遗传物质的总体。包括原种的综合体（种群）、群体、家系、基因型和决定特定性状的遗传物质，以及用于遗传改良的各类种质材料，如选择的、杂交的、引进的、诱变的以及生物工程创新的种质资源材料。药用植物种质资源是中医药事业发展的物质基础、中药材生产的源头，是优质中药材形成的物质基础。种质的优劣直接影响药材的质量，进而影响临床用药疗效。因此，药用植物种质资源作为持续、稳定地保证人民健康需求的物质保障，已成为国家的重要战略性资源。

随着现代科学的发展，科学家已经将世界上大部分植物有用的基因收集起来，储存在一个仓库中，这个仓库称之为"基因库"，通俗的名称叫"种质库"，用以保存种质资源。库内有先进的保温隔湿结构和空调仪器，常年保持着低温干燥环境，减缓种子新陈代谢，延长种子寿命，使种子在几年乃至近百年仍不丧失原有的遗传性和发芽能力。有了"种质库"，科学家索取任何育种材料都会得心应手，可以直接应用于杂交育种工作，培育所需的有用的新品种或新物种。

（二）种质资源的分类特点及其用途

药用植物种质资源根据来源和性质，可以分为本地种质资源、外地引种种质资源、野生种质资源、人工创造的种质资源。其主要特点与用途如下。

1. 本地药用植物种质资源

（1）主要特点：本地药用植物种质资源包括古老的地方品种和当地长期推广种植的改

良品种。其特点：一是对本地区自然条件具有高度的适应性。在这一类品种资源中，地方品种在本地栽培历史长，经过了长期的自然选择和人工选择，对本地区自然条件具有高度的适应性，对当地不利的气候、土壤因素以及病虫害有较高的抵抗能力和忍耐能力，有的还具有一些特殊用途。二是具有遗传多样性。在遗传上，其群体多是一些混合体，具有遗传多样性。

（2）主要用途：系统选择和人工诱变的材料，杂交育种亲本。本地药用植物种质资源可作为提供优良基因的载体，在杂交育种中可作为一个亲本加以利用；长期推广种植的改良品种，其产量和品质均优于地方品种，能够适应新的生产条件和先进的农业技术措施，优良性状比较多，可作为系统选择和人工诱变的材料，作为杂交育种的亲本。

2. 外地药用植物种质资源

（1）主要特点：外地药用植物种质资源包括国外或外地引入的种质资源。其特点为具有本地种质资源不同的遗传性状。外地种质资源分别来自不同的生态区域，带着不同地区的风土特点，具有不同的遗传性状，其中有不少性状都是本地种质资源欠缺的。

（2）主要用途：试验后直接用于当地生产，外地种质资源引入本地区后，通过观察和试验，能适应的可直接用于当地生产；可作为系统育种的基础材料，采用系统育种的方法，培育成新的品种；可作为杂交育种的亲本材料，外地种质资源与本地种质资源在一些性状上具有互补性，可将外地品种资源作为杂交育种的一个亲本加以利用；可作为 R 系，利用地理差异和血缘距离，R 系与当地育成的 A 系配组 F_1 代，产生杂种优势。

3. 野生药用植物种质资源

（1）主要特点：野生药用植物种质资源包括栽培种的近缘野生种及其他野生种。其特点为具有高度遗传复杂性、高度抗逆性。野生种是在自然条件下，经过长期自然选择的产物，野生种具有高度的遗传复杂性，在不同种质之间具有高度的异质性，具有一般栽培种所不具备的一些重要性状，如抗逆性、适应性、抗病性、雄性不育性及独特的品质。

（2）主要用途：可作为特异基因供体，通过远缘杂交、基因工程技术将某些性状导入栽培种；可驯化成新的栽培作物，如药用植物木瓜等；可杂交产生异源多倍体，创造新物种；可提供药用植物细胞质雄性不育性及恢复系。

4. 人工创造的药用植物种质资源

（1）主要特点：人工创造的药用植物种质资源是指在育种工作中，通过各种方法，如杂交、诱变等，产生的各种突变体、育成品系、基因标记材料、引变的多倍体材料、非整倍体材料、属间或种间杂种等育种材料。其特点为具有特殊的遗传变异。尽管不具备优良的综合性状，在生产上没有直接利用价值，但可能携带一些特殊性状，是培育新品种或进行有关理论研究的宝贵材料，如航天育种材料等。

（2）主要用途：可作为培育新品种的原始材料；亦可用于有关理论研究的材料，如利用突变体研究基因定位等。

（三）种质资源的重要性和必要性

1. 种质资源的重要性

（1）种质资源是药用植物育种工作的物质基础。育种成效的大小，很大程度上取决于掌握种质资源的数量多少和对其性状表现及遗传规律的研究深度。种质资源是在长期自然选择和人工选择过程中形成的，它们携带着各种各样的基因，是品种选育和生物学理论研究不可缺少的基本材料来源。如果没有种质资源，药用植物育种工作就成为"无米之炊"。筛选和确定育种的原始材料是育种的基础工作。

（2）药用植物育种工作的突破性进展取决于关键性基因资源的发现和利用。国内外育种工作实践表明，一个特殊种质资源的发现和利用，往往能推动作物育种工作取得举世瞩目的成就，品种培育的突破性进展，往往都是由于找到了具有关键性基因的种质资源。

（3）种质资源是不断发展新的药物类型的主要来源。通过搜集大量的野生资源，通过人工驯化，可以不断发展新的药物类型。

2. 发掘、收集、保存种质资源的必要性

（1）育种目标的需要。人民生活水平日益提高，对药材良种提出了越来越高的要求，要达到这些新的育种目标，就需要更多、更好的品种资源。

（2）保护资源的需要。人口的剧增和科学技术的迅速发展，造成了许多种质的迅速消失，使大量物种濒临灭绝的边缘，因此必须采取紧急有效的措施来发掘、收集和保护这些资源。

（3）避免遗传基础贫乏的需要。良种的大面积推广，使许多具有独特抗逆性和其他特点的地方品种逐渐被淘汰，而导致不少改良品种的遗传单一化。这种遗传多样化的大幅度减少和品种的单一化，增加了对严重病虫害抵抗能力的遗传脆弱性。一旦发生新的病害或寄生物，会产生新的适应性，而使药用植物失去抵抗力。

二、种质资源调查保存、研究创新与评价

药用植物种质资源的开发与利用主要包括以下内容：药用植物种质资源的调查、收集、整理、保存，以及药用植物种质资源的研究创新和评价等。

（一）药用植物种质资源的调查

药用植物种质资源的调查收集很有必要，由于历代本草记载、地区用药名称和使用习惯的不同，类同品、代用品和民间用药不断出现，药用植物的同名异物、品种混乱普遍存在。同时，在长期栽培之后，许多品种种质退化，抗性降低，遗传单一，质量下降，因此有必要对现有药用植物进行种质资源调查，从源头提高药材质量。相关的研究应该在中药普查的基础上，建立药用植物资源等级划分，有重点地对现有药用

植物进行分级对待，同时建立濒危药物预警系统，重点收集道地药材的野生种质资源。种质资源的调查包括调查该区域内药用植物种类、蕴藏量和分布等或者该药用植物种质资源的分布等。

在药用植物资源调查方面，传统调查主要依靠收藏标本、野外观察记录、手工统计绘制等方法，传统方法的缺点是工作量大，难以反映植物多样性和环境因子在多维空间上的内在联系，缺乏对药用植物保护和开发的有效评估，已不能适应药用植物种质资源保护研究和中医药产业发展的需要。

新兴的调查法借助于地理信息系统法和计算机技术等。地理信息系统技术（GIS）是采集、存储、显示、分析和管理地表某一区域与空间和地理分布有关的数据的计算机系统，是分析和处理地理数据的通用技术。GIS在资源调查方面具有一定优势，但由于药用植物种类繁多、分布零散、形态和生境各异，因而该技术不能直接应用于药用植物资源的调查研究，目前处于资源调查的尝试性研究阶段。基于计算机的信息处理功能，有学者建立了药用植物资源数据库来实现对药用植物资源的管理。其优点是可以快速、方便地检索和查询有关药用植物的相关信息（如名称、形态特征、地理分布、生态环境、图谱、采制、药用成分等），利用 Internet/Intranet 技术实现药用植物资源信息的共享，为开发、利用和保护药用植物资源提供参考信息和理论依据。

（二）药用植物种质资源的收集和整理

药用植物种质资源的收集和整理包括种质资源的收集，考察收集到的种质资源的生物学特征、形态学特征以及遗传学特征等。

1. 种质资源收集和整理的重要性

种质资源收集和整理是种质资源工作的基础，没有资源的收集和整理工作，其他工作就无从谈起。种质资源收集和整理的重要性在于：要实现新的育种目标就必须要有更丰富的种质资源，要避免新品种遗传基础贫乏就必须利用更多的种质资源，促进宝贵资源的发掘和保护，为满足人类发展需要必须不断发展新的类型。

2. 收集途径

种质资源的收集途径有考察收集、征集和交换。考察收集，是指由国家主动组织的大型考察收集；征集，是在国内外、省内外发信征集；交换，指各育种单位间开展品种资源交流，互通有无，是目前育种单位间品种资源交流的主要形式。

3. 收集和整理工作要点

（1）正确取样：在田间收集品种资源时，应采取正确的取样策略，即由近及远以尽可能少的样本获得尽可能丰富的遗传性变异。取样地点应尽可能多，使取样地点能充分代表该作物或野生种分布地区的环境条件。

（2）及时准确记载：收集来的材料，要及时准确地进行记载。记载的主要内容包括材料名称、原产地、征集地点和日期、原产地的自然特点、生产条件和栽培要点，以及主要的特征特性。

（3）归类整理：应及时进行整理归类，并登记编号。

（三）药用植物种质资源的保存

1. 种质资源保存的特点及要求

收集到的种质资源，经整理、归类后，必须妥善保存，以供研究和长期利用，妥善保存是种质资源工作的关键。种质资源保存不同于其他资源保存，中药材种质资源是有生命的资源，种质资源保存必须保持其继续繁殖所需要的生活力。

因此，种质资源保存应达到以下目标：维持一定的样本数量；保持各样本的生活力；保持原有的遗传变异度。

2. 种质资源保存的方式

种质资源保存的方式，按保存的地理位置分为原地保存和异地保存。原地保存是在原来的生态环境条件下就地保存，自我繁殖种质资源。一般野生种质资源采用这种方式保存，如建立自然保护区、天然公园等。异地保存是将种子或植株保存于该种质资源原产地以外的地区，这种保存可采用植物园、种质园、种质库、试管保存以及现代生物技术等形式。种质资源的保存，除资源材料本身的保存外，还应包括种质资源的各种资料，每一份种质资源材料应有一份档案，档案中记录有编号、名称、来源、研究鉴定年度和结果。档案资料输入电子计算机储存，建立数据库，以便于资料检索和进行有关的分类、遗传研究。

3. 种质资源保存的具体方法

种质资源的保存方法可分为种植保存、贮藏保存、试管保存和基因文库技术等。

（1）种植保存：种植保存是将种质资源的种子在田间种植，进行自我繁殖。为了保持种质资源的种子或无性繁殖器官的生活力，并不断补充其数量。资源材料必须每隔一定时间播种一次，即当发芽率下降到50%时必须种植一次。

种植保存应按集中和分散保存的原则，分为原地种植保存和迁地种植保存。原地种植保存，是在种质资源原生态条件下进行种植保存的方式。对来自自然条件悬殊地区的种质资源，可分别在不同生态地点异地种植保存。各类野生资源的迁地种植保存，是将种子或植株种植于该种质资源原产地以外的地区进行保存。这种保存可采用植物园、资源圃等形式进行种植保存。

种植保存的技术要点：一是种植条件与原产地相似。种植保存时，每种种质资源的种植条件（包括气候、土壤等）尽可能与原产地相似，以减少由于生态条件的改变而引起的变异和自然选择的影响。二是做好隔离保纯工作。在种植过程中应尽可能避免或减少天然杂交和人为混杂。播种和收获时取样要有代表性以免因抽样而造成遗传漂移，尽可能地保持原品种或类型的遗传特点和群体结构。

（2）贮藏保存：对于数量繁多的种质资源，如果年年都要种植保存，不但土地、人力、物力有很大限制，而且往往由于人为的差错、天然杂交、生态条件的改变和世代交替、取样偏差等原因，引起遗传变异或导致某些材料的原有基因丢失，因此品种资源的贮藏保存极为重要。贮藏保存是用控制贮藏条件（主要是温度和湿度）的方法来长期保持品种资源种子的生活力。

长期贮藏保存种子生活力的技术关键是低温和干燥，通过控制种子周围环境中的温度、湿度，迫使种子处于代谢作用的最低限度。

贮藏保存种质资源采用种质资源库保存。种质资源库分为三种：长期库，温度控制在-20～-10℃，相对湿度控制在30%，入库种子含水量5%～6%，种子存放在真空包装的铝盒中。长期库可保持种子寿命30～50年，甚至百年以上。中期库，温度控制在0～5℃，相对湿度45%，入库种子含水量8%～9%，种子放在密闭的铝盒或玻璃容器中。贮藏在中期库的种子，寿命可达25年。短期库，温度为15～20℃，相对湿度50%左右，种子含水量低于12%，种子容器不严格要求。在短期库中，种子寿命为2～5年。

（3）试管保存：植物体的每个细胞，在遗传上都是全能的，含有发育所必需的全部遗传信息。试管保存具有占用空间小、成本低等优点。目前，作为保存种质资源的细胞或组织培养物，有愈伤组织、悬浮细胞、幼芽生长点、花粉、花药、体细胞、原生质体、幼胚、组织块等。对组织或细胞培养物试管保存的一般方法，做定期的继代培养和重复转移。近年发展起来的超低温冷冻保存，可在-196～-20℃的冷冻条件下对培养物实现长期保存。

（4）基因文库技术：基因文库技术是近年发展起来的长期、安全保存种质资源的有效方法。这一技术是用人工的方法，从植物中抽取大分子量的DNA，用限制性内切酶把抽取的DNA切成许多DNA片段；再通过一系列的复杂步骤，把这些DNA片段连接在载体上（质粒）；然后再通过载体把该DNA片段转移到繁殖速度快的大肠杆菌中去，通过大肠杆菌的无性繁殖，产生大量的生物体中的单拷贝基因。当我们需要某个基因时，可通过某种方法去"钩取"获得。因此，建立某一物种的基因文库，不仅可以长期保存该物种的遗传资源，而且还可以通过反复的培养繁殖、筛选来获得各种基因。

（四）药用植物种质资源的研究和创新

目前，国内对药用植物种质资源的研究主要集中在人参、地黄、红花等少数几个药用植物上，还未开始对多数常用药用植物进行种质资源的研究。

1. 研究方法

药用植物种质资源的研究是一个由简单到复杂的研究过程。先是做表型研究，主要研究内容是性状、产量、品质和抗性；随后要深入到每个性状遗传规律和遗传物质基础的研究，并应多学科协作攻关，由种质资源工作者与其他学科工作者协作进行深入研究。

2. 研究内容

主要进行如下研究：

（1）遗传多样性的研究：建立核心种质。

（2）分类学性状的研究：对种质材料主要器官的形状、大小、数量、色泽及附属物等主要外部形态特征进行比较分析，确定其分类地位及材料间的亲缘关系。

（3）生物学特性的研究：在自然环境或人工控制环境中，测试环境条件、物候期和植物生长发育习性。通过分析三者之间的关系，了解种质材料的生长发育规律、生育周期及其对温、光、水、气、土、矿物质营养等的要求，以及物候期，如萌芽期、展叶期、落叶期、初花期、盛花期、末花期、种子成熟期等。

（4）抗逆性与适应性的研究：在有控制的诱发条件下进行田间考察和鉴定，筛选出抗寒、抗旱、抗病虫等种质资源，并考察其对不同环境条件和栽培方法的适应能力。

（5）经济性状的研究：进行有效成分的分析与评价，挖掘其利用价值。

（6）分子生物学研究：重要性状的分子机理；分子标记辅助育种。

3. 创新研究

创新研究通过对品种资源分类、特征特性鉴定、细胞学研究、遗传性状评价，全面深化对种质资源的了解，利用一切最佳的方法为作物育种工作提供新的育种材料。在深入研究的基础上要积极开展种质资源的创新研究，其内容包括创造新作物、新类型以及在良好的遗传背景中导入或诱发个别优异基因。

创新研究的主要途径是远缘杂交、近缘杂交、人工诱变等。目前，应用生物技术创造新的种质资源，已显示出巨大的优越性和有效性，如体细胞无性系变异和突变体筛选技术、染色体组工程技术、转基因技术等。

（五）种质资源的评价与发展前景

1. 种质资源的评价

种质资源的评价主要包括药用植物种质资源的生长评价、抗病性评价及抗逆性评价等。

（1）种质资源生长评价：目的是为培育药用植物新品种提供依据，为新品种的科学栽培管理提供依据。研究的内容有：①单株生产力评价。在适宜种植密度条件下，对植株收获部位的特征特性进行评价（如人参、地黄根的形状、大小、分布状态和重量等）；对多部位入药的植物药逐一评价；对多次收获的植物要进行多年评价。②产量、质量评价。③药用部位的产量评价。对纯度、药效成分和物理性状（形状、色泽、气味、质地、大小等）进行评价。

（2）抗病性鉴定评价：①自然鉴定：一般情况下，抗病性鉴定可以在田间自然条件下直接鉴定。自然鉴定能够反映出植物在当地条件下对各种病害的真实抗性。②诱发鉴定：对某些不经常发生的病害，可以人工模拟发病条件，通过人工接种来诱导植物发病。③鉴定研究的调查记载：调查记载的内容主要包括发病初始期、发病株率、发病级别（严重度）、发病高峰期、发病速率、当年气候特点等。根据调查结果统计发病株率、病情指数、病害损失等进行抗性鉴定。研究时，为了提高鉴定结果的可比性，必须设置抗病对照和感病对照。

（3）抗逆性评价研究：主要研究内容有抗虫性评价、抗旱性评价、抗寒性评价、抗盐碱性评价和其他性状的评价。

2. 种质资源的利用前景

对种质资源的利用是药用植物种质资源研究工作的最终目的。其利用包括直接利用和间接利用，前者，即寻找到优异种质资源后，直接采种，繁殖推广；后者则包括将采集到的种质资源通过组培、基因导入、杂交等选育手段得到优良品种（系），继而推广。

（1）直接利用：引进后的品种、品系等，通过引种试验，如有利用价值，即可在生产上直接利用，往往会收到可观的效益。这种方式从收集到见效，过渡时间短，因而影响较大。

（2）间接利用：对于远缘种属材料，要通过加工、改造、选择之后，才能用于驯化栽培，或用作杂交亲本和诱变材料，从而培育出新作物或新品种。

我国在药用植物种质资源的研究工作中取得了很大的成绩。从全国范围看，药用植物资源的家底基本摸清，但由于缺乏全面的组织协调，目的要求不一，致使各地药用植物资源研究成果水平相差很大。今后应着重以下几方面的研究：一是有组织有计划地继续开展野生药用植物种质资源调查鉴定工作，从分子水平对某些具有重要应用价值的野生药用植物进行基因型的研究。二是建立全国或地区的药用植物种质资源数据库，为今后的研究和开发利用提供方便。三是结合生物技术开展药用植物种质收集和保存工作，特别是有关珍稀药用植物的种质保存研究等。

第二节　生物学特性与药材优质丰产相关性

一、生物学特性的基本概念、研究内容及其重要性

（一）生物学特性的基本概念

生物学特性是植物生长发育的内在因素，决定着植物的基本性质，是植物栽培的基本依据。环境条件是影响植物生长发育的重要生态因子，不同的环境条件对药用植物的生长发育及产量和有效成分有重要的影响。因此，药用植物的品质与产量在一定程度上与环境条件和种属的生理特点关系密切。药用植物种类繁多，生物学特性各异，所以栽培方法复杂多样。在中药材的生产过程中，具体栽培措施的制定，需要依据各种药用植物的生物学特性来进行。

（二）生物学特性的研究内容及其重要性

1. 药用植物的生长发育规律

植物的生长发育是一个极其复杂的过程，它在各种物质代谢的基础上，表现为种子发芽、生根、长叶、植物体长大成熟、开花、结果，最后衰老、死亡。通常认为，生长是植物体积的增大，它主要是通过细胞分裂和伸长来完成的；而发育则是在整个生活史中，植物体的构造和机能从简单到复杂的变化过程，它的表现就是细胞、组织和器官的分化。高

等植物生长发育的特点是：由种子萌发到形成幼苗，在其生活史的各个阶段总在不断地形成新的器官，是一个开放系统；植物生长到一定阶段，光、温度等条件调控着植物由营养生长转向生殖发育；在一定外界条件刺激下，植物细胞表现出高度的全能性；固着在土壤中的植物必须对复杂的环境变化做出多种反应。植物的一生始于受精卵的形成，受精卵形成就意味着新一代生命的开始。在以后的生长过程中，无论是营养生长还是生殖生长，时刻都受到各种内外因子的影响和调控。

2. 药用植物的生命周期

药用植物的生命周期是指从繁殖开始，经幼年、青年、成年、老年，直至个体生命结束为止的全部过程。药用植物不论是木本还是草本，自生命开始到生命终结，都要历经几个不同的生长发育阶段，但各个生长发育阶段的长短及其对环境条件的要求因植物种类不同而异。任何一个植物体，生长活动开始后，首先是植物体的地上、地下部分开始旺盛生长，即枝干和根系的生长点逐渐远离根颈向外生长，植物体增高生长很快。随着年龄的增长和生理上的变化，增高生长逐渐缓慢，转向开花结实，最后逐渐衰老，潜伏芽大量萌发，开始更新。

药用植物的种类多，寿命差异很大。下面分别就木本植物和草本植物进行介绍。

（1）木本药用植物的生命周期：木本药用植物寿命可达几十年甚至上百年，其个体的生命周期因其起源不同而分为两类，一类是由种子开始的个体，另一类是由营养器官繁殖后开始生命活动的个体。由种子开始的个体其生命周期及栽培措施如下。

①出苗期：从播种开始，至种子发芽时为止。出苗期的长短因植物而异，有些植物种子成熟后，只要有适宜的条件就能发芽；有些植物的种子成熟后，即使给予适宜的条件也不能立即发芽，而必须经过一段时间的休眠或处理后才能发芽。

②幼苗期：从种子发芽到植株迅速生长前为止。幼苗期是植物地上、地下部分进行旺盛的离心生长的时期。植株在高度、冠幅、根系长度和根幅方面生长很快，体内逐渐积累起大量的营养物质，为营养生长转向生殖生长打下基础。生长迅速的植物幼苗期短，生长缓慢的植物幼年期长。但是，通过改善环境条件，可以缩短幼年期。植株在幼年期对环境适应性最强，遗传特性尚未稳定，可塑性较大，是定向育种的有利时期。

③速生期：从植株加速高生长到高生长速度开始下降为止。此时植株生长最快，生命力旺盛，速生的树木已形成树冠，并继续进行营养生长。植株年年开花和结实，但数量较少，遗传性状已渐趋稳定，有机体可塑性已经大为降低。在栽植养护过程中，应给予良好的环境条件，加强肥水管理，使植株一直保持旺盛的生命力，迅速扩大树冠，增加叶面积，加强树体内营养物质积累。

④壮年期：从生长势自然减慢到树冠外缘小枝出现干枯时为止。壮年期植物不论是根系还是树冠都已扩大到最大限度，植株各方面已经成熟，植株粗大，花、果数量多，性状已经完全稳定，并充分反映出品种的固有性状。植株对不良环境的抗性较强，遗传保守性最强，不易改变。在壮年期的后期，骨干枝离心生长停止，离心秃裸现象较严重，树冠顶部和主枝先端出现枯梢，根系先端也干枯死亡。

⑤衰老期：从树木生长发育明显衰退到死亡为止。植株长势逐年下降，花枝大量衰老死亡，开花、结实量减少，品质低下，树冠及根系体积缩小，出现向心更新现象，即树冠内常发生大量的徒长枝，主枝上出现大的更新枝，对不良环境抵抗力差，易感染病虫害。

（2）草本药用植物的生命周期：一、二年生草本药用植物的生命周期很短，在一年或二年中完成，一生经过出苗期、幼苗期、成熟期、衰老期等生长发育阶段。

多年生草本药用植物，一生也需经过出苗期、幼苗期、青年期、壮年期和衰老期。以上几个生长发育时期，并没有明显界限，各个时期的长短受各种植物本身系统发育特性及环境条件限制。

不同药用植物生长特点不同，即使同一种植物在不同的生态环境下的生长发育也有一定的差异。药用植物因种类不同，生长发育时期的划分、各生育时期的生长发育特点就不相同。如黄连在移栽的第 2 年就可开花结实，但其种子数量少、不饱满、发芽率低，消耗大量的光合产物，移栽第 4 年生产的种子不仅数量多，而且成熟一致，发芽率高。

在生产中，具体栽培措施的制定，应以植物的生物学特性为基础。如一年生或多年生块根类、根茎类、鳞茎类药材，在生长前期以促进幼苗生长为主，在生长中期以促进分枝、分蘖发生为主，在生长后期主要促进光合产物向地下运输。如川麦冬的药用部位是块根，在当年 9 月和次年 3 月是块根迅速增重时期，在生产中应在这两个时期采取措施促进根的生长。药用植物的器官在其生长中有各自的生理功能，不同器官的生长发育特点及其对中药材质量和产量的影响不同。不同的中药材有不同的药用部位，优质高效的中药材必须根据药用部位器官的生长特点、生产目的采取不同的管理措施。

3. 药用植物繁殖特性

药用植物栽培上将用于生产的繁殖材料统称为种子。一部分是真正意义上的由胚珠受精后发育而成的种子，如白芷、补骨脂等；另一类是采用无性繁殖的根或茎，如半夏、附子、川芎等。药用植物生产上品种不同，其繁殖所用的种子也不同。

有许多药用植物品种既可采用有性繁殖又可采用无性繁殖。对于具体的品种，应在繁殖特性研究的基础上选择最佳繁殖方式。如白芷生产上采用种子繁殖，早期抽薹的白芷能正常开花结实，其种子虽然能正常发芽，但种子播种后植株的早期抽薹率很高，因此不能用该种子作种，应专门培育种子。半夏既可用有性繁殖，又可用无性繁殖。有性繁殖是用其佛焰苞所结的种子播种，播种后两年以上才能作为商品药材。无性繁殖可用其珠芽或块茎繁殖。以珠芽作种的，在一个生长周期内也很少能长成商品药材。生产上主要采用块茎繁殖，选用直径 0.5～1cm 的块茎繁殖，既能节约种子用量又能获得较高的产量。药用植物规范化基地建设中繁殖特性研究的主要内容是繁殖方法、培育优质种源技术以及种子贮藏方法等。

4. 药用植物生育期

药用植物栽培上通常将繁殖材料出苗到商品采收之间的时期称作生育期，将不同生育阶段称作生育时期。不同药用植物品种的生育期和生育时期不同，同一品种在不同的生态环境下其生育期、生育时期的长短、起始时间等都有一定差异。各个生育时期药用植物生长发育的特点不同,因此规范化栽培应按照药用植物各生长发育时期的生长发育特点制定管理措施。

药用植物品种不同,其生长发育时期的划分、各生育时期的生长发育特点就不同,其操作规程的制定也应有明显差异。如对一年生或越年生的根类、根茎类或鳞茎类药材,其生长前期的生产管理以提苗、促进幼苗生长为主;生产中期以促进分枝、分蘖发生生长为主;后期主要促进光合产物向地下部分运输,因此各个时期的生产管理措施是有显著区别的。总的来讲有一般的规律性,但具体品种应有其特殊性,如川麦冬生产采收的器官是块根,块根的发生在一季麦冬中有两个时期,即栽种当年的 9 月和翌年 2 月底 3 月初,这两个时期的生产管理措施应以促进块根发生为主,在操作规程制定中要突出促进块根发生的管理技术。

5. 药用植物器官的生长特点

药用植物的器官在其发育中有各自的生理功能,不同器官的生长发育特点及其对药用植物质量与产量的影响不同。不同的药用植物以不同部位入药,有的药用植物多个器官入药,如枸杞、栝楼、金银花等。优质高效的药用植物生产必须根据药用植物器官生长特点、生产目的采取不同的生产管理措施。

药用植物特别是多年生药用植物的同一器官在不同的生育时期的作用和对优质高产的影响有差异。如黄连在移栽的第二年就能开花结实,但其种子的数量少,不饱满,发芽率低,消耗大量的光合产物;移栽第四年所结种子数量多,成熟度一致,发芽率高,同样要消耗大量的光合产物。附子生产分种源培育和商品药材生产两个阶段,生产的目的都是培育块根,但培育种源以培育大小适中、数量较多的中等大小块根为目的;而商品药材生产阶段以培育个大的块根为生产目标,在生产管理中还要修掉多余的块根,只留两个较大的块根。

6. 药用植物营养特性

营养特性研究在药用植物生物学特性研究中占有重要地位。药用植物进行人工种植后,其生长的环境条件或多或少地与野生条件存在差异,只有通过种植措施才能满足其优质高产需要。在生态环境基本满足药用植物生长发育的前提下,营养是影响药用植物优质高产的重要因素。无性繁殖的药材生产全过程都是进行营养生长,各时期营养条件对产量和质量有较大影响;有性繁殖为主的药材,促进其营养生长也是获得优质高产的主要措施。

药用植物品种不同,其营养生长的特性也不同。多年生药材各生长年限的营养特点相差不大,如以皮入药的杜仲、黄柏、厚朴、肉桂等生长年限长,栽种许多年后才采收,苗期要求适当提高氮素营养以促进枝干生长,封林以后各年度施肥都要求氮、磷、钾平衡施用。而每年都采收的多年生药材,其营养特点虽然表现为年度间差异不大,但生长前期要求平衡施用氮、磷、钾,以促进开花结实和提高产品质量,如山茱萸、吴茱萸、金银花、辛夷等每年的施肥管理则是春季适当增加氮肥用量,夏季增加磷钾肥用量,秋冬季节施用土杂肥,以培肥土壤、改善土壤结构。而一年生药材在各个时期的营养特性差异大,且不同营养时期的时间间隔短,如麦冬栽种的当年有接近 9 个月的生长期,且冬季不倒苗,仍然保持较慢的生长，第二年生长只有 3 个月左右的时间，其营养物质吸收有两个较快的时期，在这两个时期应加强施肥管理，秋季施肥仍以速效肥为主，第二年春季施肥对提高产量有较大作用。同是越年生药材，川芎栽种当年和第二年生长时间的长短相近，但在冬季有一个倒苗过程，春季生长快，根据其营养特性，越冬管理重施土杂肥培土，春季一般不用施肥，即使施肥用量也少，否则会造成茎叶生长过旺影响块茎膨大。

7. 药用植物干物质与有效成分积累

药用植物产量的形成实质上是通过光合作用形成的有机物质储存到产品器官的过程。中药材干物质积累特征研究的主要内容是中药材产量构成因素的研究。虽然中药材的品种和药用部位不同，但单位面积产量都是由单位面积植株数量和单株产量构成，所以植株个体物质积累的研究是对药用植物产量形成研究的基础。植物个体营养生长与生殖生长，地上部生长与地下部生长具有一定矛盾的生长关系，同时，植物器官之间、个体与群体之间的生长相互促进又相互制约。药用植物的器官生长同其他植物生长一样也具有同伸关系，即在同一时间内某些器官有规律地生长或伸长。在生产中可通过调节这种关系来使药材获得高产。如金银花生产的目的是促进植物花枝的生长，但金银花的生物学性质决定它往往是枝条越长，节间越短，节越少，因此在金银花品种选择上要首选培育节间短、单位长度节数多的品种，也可在栽培中采取措施控制枝条的生长，或通过修剪促进短枝的发生和生长。人参、三七、白芍、牡丹、黄连等多年生地下部入药植物，栽培中可采用摘除花蕾的方法减少养分消耗，提高产量和质量，并通过管理措施调节地上部和地下部的生长，促进干物质运往地下。

药用植物栽培的目标是获得最高的有效成分和产量，以及最低的有害物质含量。中药材有效成分的积累和药材生长时期有密切关系，在不同的生长发育阶段药材的有效成分含量各不相同。

二、药用植物生物学特性与药材优质丰产相关性

（一）生长发育与药材优质丰产相关性

1. 药用植物优质丰产的内涵

药用植物的优质丰产是指产品中药材的质量，直接关系到中药的质量及其临床疗效。评价药用植物的品质，一般采用两种指标：一是化学成分，主要指药用成分或活性成分的多少，以及有害物质如化学农药、有毒金属元素的含量等；二是物理指标，主要是指产品的外观性状，如色泽（整体外观与断面）、质地、大小、整齐度和形状等。

药用植物品质和产量内因是遗传因素，即药用植物的品种特性，它决定了中药品种的基本品质。药用植物品质形成的实质，取决于植物体的某种代谢途径。而植物体内的代谢活动都是在酶的控制下进行的，也就是说，由植物个体通过调节遗传信息的转录和转译过程，以酶的合成来决定其代谢途径与能力。

中药材的品质和产量都是通过药用植物适宜的生长发育和代谢活动等生理生化过程而实现的。现代药学研究表明，许多植物药的药理作用与其所含的次生代谢物质有关。这

类药用植物在人工种植时，其产量取决于初生代谢产物的积累，而其质量就取决于次生代谢产物的积累，植物的次生代谢是保持其药材质量及有效性的基础。一些植物不论环境如何，都会合成、积累次生代谢物质。

药用植物的生长发育按其固有的遗传信息的表达程序进行，每一种植物都有其独特的生物发育节律，植物遗传差异是造成其品质变化的内因。药用植物的色泽、形状、体积、质地及气味等质量要求，是鉴别药材品质的重要方面。其质量优劣，是由不同药用植物种类、品种的遗传性所决定的。

2. 植物药材品质的指标

（1）化学成分：药用植物产品中的功效是由所含的有效成分或叫活性成分作用的结果。有效成分含量、各种成分的比例等，是衡量药用植物产品质量的主要指标。中药防病治病的物质基础是其所含化学成分，目前已明确的药用化学成分种类有：糖类、苷类、木质素类、萜类、挥发油、鞣质类、生物碱类、氨基酸、多肽、蛋白质和酶、脂类、有机酸类、树脂类、植物色素类及无机成分等。除了以上介绍的生药主要活性成分类型外，还有一些其他类成分，如芳香族化合物和一些无机微量成分等。

（2）外源性有害物质：药用植物产品中的外源性有害物质，主要为种植或产地加工过程中所残留或污染的农药残留物、重金属、二氧化硫与黄曲霉毒素等。栽培药用植物有时需使用农药，虽然药用器官禁用，但也应检查有无化学农药残留。残留物超过规定者，应禁止作为药材。

（3）色泽：色泽是药材的外观性状之一，每种药材都有自己的色泽特征。许多药材本身含有天然色素成分（如五味子、枸杞子、黄柏、紫草、红花及藏红花等），有些药效成分本身带有一定的色泽特征（如小檗碱、蒽苷、黄酮苷、花色苷及某些挥发油等）。从此种意义来说，色泽是某些药效成分的外在表现形式或特征。

（4）质地：药材的质地既包括质地构成，如肉质、木质、纤维质、革质和油质等，又包括药材的硬韧度，如体轻、质实、质坚、质硬、质韧、质柔韧（润）及质脆等。

3. 影响药用植物药材质量的内部因子

药用植物品质和产量是由不同药用植物种类、品种的遗传性所决定的。例如在不同产地与品种上，内蒙古梁外、巴盟等地所产的甘草色枣红，有光泽，皮细，体重，质坚实，粉性足，断面光滑而味甜，质量佳；而新疆阿克苏、库尔勒等地所产的胀果甘草（ *G. inflata* Bat.）色淡棕褐色或灰褐色，几乎无光泽，皮粗糙，木质纤维较多，质地坚硬，粉性差，味先甜而后苦，质量较次。

药用植物遗传物质的影响。每一种植物都有其独特的生物发育节律，植物遗传差异是造成其品质变化的内因。基因类型不变，药用植物化学成分则相对保持不变；反之，植物化学成分亦发生改变。如金银花为忍冬科忍冬属植物的花蕾，我国忍冬属植物分布有 98 种，其中有十多种植物的花蕾作为金银花用，含有绿原酸、异绿原酸、木樨草素、忍冬苷及肌醇等多种有效成分，但由于药用植物的种类不同，其有效成分的形成、组成和转化、积累各不相同。

药用植物不同器官与组织的影响。药用植物的有效成分主要在其供药用的器官与组织中形成、转化或积累，药用植物的药效成分主要存在于药用部位。因此，不同药用植物的不同药用部位表现出不同的有效成分积累规律。如薄荷是以唇形科薄荷属多种植物干燥地上部分入药的，其主要有效成分是薄荷醇、薄荷酮、胡椒酮等挥发油，以及木樨草素、圣草酚等黄酮类成分；但栽培薄荷类植物是以获得薄荷醇型（或薄荷醇+薄荷酮型）为主，即以获得其精油为主。

（二）环境因子与药材优质丰产相关性

影响药用植物品质和产量的关键因素是环境因素，包括气候因素中的温度、光照等和土壤因素中的养分、水分等。在栽培过程中，只要根据中药材的特殊性，采用一定的技术手段，改善特定生理生化过程的所需条件（光、热、水、土、肥、风等环境因子或其他因子），人们就能最大限度地实现中药材栽培的目标，以提高中药材的质量和产量。

药材的药效成分种类、比例、含量等都受环境条件的影响，也可说是特定的地形地貌、气候、土壤等生态环境条件或胁迫条件会影响次生代谢及其产物积累。有些药用植物的生境独特，我国虽然幅员广大，完全相同的生境不多，这可能就是药材地道性的成因之一。环境因子与药材优质丰产的相关性，则主要体现在以下诸方面。

1. 地形地貌

海拔、坡度、坡向等都影响到当地气温、太阳辐射、湿度等因子的变化。如海拔升高引起太阳辐射增强、气温下降和雨量分布变化。药用植物的分布，也就随着海拔的升高，而出现明显的成层现象，一般喜温的植物达到一定高度逐渐被耐寒植物所代替，从而形成垂直分布带。海拔不仅影响植物的形态和分布，而且可以影响到植物有效成分含量的变化。

坡度和坡向与药用植物的种植也有很大关系，如黄连喜冷凉气候，但是山高谷深，有寒风吹袭，易造成冻害，因此要选东北向和西北向坡缓又避风的地段。如选阳坡种植，早春气温回升，嫩叶也发得早，由于早春气温不稳定，若遇寒流突然降温，嫩叶常受冻害。大地形中选择有利于药物生长的小地形十分重要。

2. 温度

植物的生长过程存在着生长的最低温度、最适温度和最高温度即三基点温度。温度直接影响植物体内各种酶的活性，从而影响植物的代谢，即合成和分解的过程。在最适温度时，各种酶最能协调地完成植物体的代谢过程，最利于生长，当温度低于或高于最适温度时，酶活性受到部分抑制，当温度低于最低温度或高于最高温度时，酶的活性受到强烈的抑制，同时高温和低温对植物的细胞产生直接的破坏，使蛋白质变性，植物致死。不同类的药用植物对温度的要求各不相同。如亚热带药用植物砂仁，喜高温，生长适温为22～23℃；吉林人参，性耐寒，在冬季-40℃的严寒条件下，不致冻死，仍能保持生命力。一般药用植物在低于0℃时不能生长，在0℃以上时，生长随温度的增高而加快，高于35℃生长逐渐停止，甚至死亡，故生长的最适温度为25℃左右。

温度影响光合作用和呼吸作用，但呼吸作用更易受温度的影响。低温对于一年生冬性植物的开花有促进作用，即春化作用。此外，许多药用植物种子的萌发需要低温处理，有的甚至需要两种或两种以上的温度交替作用才能萌发，如西洋参的种子需要经过较高的温度完成形态后熟，再经过低温完成生理后熟才能发芽。因此，在生产上多采用低温沙藏、遮阴、培土覆盖等措施来满足药用植物在不同生长时期对温度的要求。

根据植物生长习性及原产地不同，可将植物分为热带、亚热带、温带和寒带植物等4大类。

（1）热带植物：我国热带植物分布在台湾、海南及广东、广西、云南的南部热带地区。这些地区最冷月平均气温在16℃以上，极端最低温度不低于5℃，全年无霜雪。热带药用植物有：砂仁、肉豆蔻、胖大海、槟榔、古柯、丁香、安息香等。这些药用植物喜高温，当气温降到0℃或0℃以下时，就要遭受冻害，甚至死亡。

（2）亚热带植物：我国的亚热带植物大多分布在华中、东南和西南各省的亚热带地区。这些地区的最冷月平均气温在0～16℃，全年霜雪很少。亚热带药用植物如三七、厚朴等，喜温暖，耐轻微的霜冻。

（3）温带植物：我国温带植物多分布在热带、亚热带以北的广大地区。这些地区最冷月平均温度在0℃以上，也有-25℃以下的，如黑龙江地区。这些地区的药用植物种类很多，它们喜温和至冷凉气候，一般能耐霜冻和寒冷。其中如玄参、川芎、红花、地黄、浙贝母和延胡索等喜温和气候；而人参、黄连、大黄、当归等则要求冷凉气候。

（4）寒带植物：我国无寒带地区，仅西部地区有高寒山区，常年积雪，这些地区有雪莲花生长。

3. 水分

在植物生命活动中，水分最重要。水是植物细胞原生质的重要成分，水分在植物体中含量最丰富，据测定占植物体总重量的80%～90%。水分过多或过少，对植物生长发育均不利，严重时造成死亡。水分在植物生命活动中是必需的，是植物生长的重要环境因子之一，影响着植物形态结构、生理生化代谢及地理分布范围。不同水分状况下，植物体内的生理生化过程会受到不同程度的影响，从而会影响植物体内的次生代谢过程，进而影响有效成分的积累。

不同种类的药用植物，对水分的要求也各不相同，分为旱生植物和水生植物。旱生药用植物具有发达的根系或有良好的"旱生结构"，适宜在地势高少雨的地区栽培。如仙人掌、沙棘、甘草、黄芪、天门东、芦荟、龙舌兰、景天科、百合科的药用植物；水生药用植物因输导组织简单，根的吸收能力很弱，宜在水田或池塘中生长，这类药用植物一般不能离开水生环境。如莲藕、芡实、泽泻、浮萍等。湿生药用植物抗旱能力较差，缺水就影响其生长发育，适宜在沼泽、河滩、低洼地、山谷湿地、潮湿地区的林下等潮湿的环境里生长，如泽泻、薏苡等。中生药用植物在干旱情况下容易枯萎，在水分多时又易发生涝害，因此，在栽培这类药用植物时，注意适当排灌能有效地提高药材的产量和质量，大多数药用植物都属此类，如白芷、白术、红花、地黄、山药、丹参、浙贝、桔梗、延胡索等。

在干旱胁迫下，植物组织中次生代谢物的浓度常常上升，包括生氰苷、其他硫化物、萜类化合物、生物碱、单宁和有机酸。药用植物有机成分中的大多数有效成分主要是次生代谢的产物，次生产物的合成需要相当多的代谢酶参与，控制这些酶的基因遗传变异及其控制的代谢过程直接影响药材的质量和疗效。植物在不同生育阶段生物量的积累对水分亏缺的敏感性、后效性不同；在某些发育期，减少土壤水分，诱导轻度至中度水分胁迫，可避免植株旺长，改变植株体内水分和养分的分配，促使同化物从营养器官向产量形成器官转移。

4. 光照

光照是绿色植物生命活动的能量来源，是绿色植物进行光合作用不可缺少的条件。只有在光照的条件下，植物才能正常生长发育。光照条件包括光照强度、光质、光照时间等。

光质和光强不仅影响植物的初生代谢过程，而且会影响许多植物的次生代谢过程。植物的形态建成即生长和分化的功能，受到光的控制。红光促进茎的伸长，蓝紫光能使茎粗壮，紫外光对植物的生长具有抑制作用。绿色植物通过光合作用制造有机物，经过植物体内的运输和转化产生各级代谢产物，因此，光照对有效成分的形成和积累是必需的。

（1）光照对药用植物的生态作用：由于各种药用植物在它们的系统发育过程中，长期处在不同的光照条件下，而形成对各种不同光照强度的适应性。所以根据不同种类的药用植物对光照强度的要求不同，将植物分为三类。

①喜光植物（阳性植物）：喜光药用植物在阳光充足的条件下，才能使枝条生长充实，茎秆粗壮，叶片肥厚，干物质积累较多。若光照不足，则茎秆细长，生长不良，叶片嫩黄，容易倒伏，影响药材的产量和质量。如薄荷、菊花、山药、川芎、丹参、白芍、防风、延胡索、地黄、黄芪、红花、决明子、北沙参、芍药等为喜光药用植物。

②喜阴植物（阴性植物）：喜阴药用植物不能耐受强烈的日光直射，喜欢有遮阴的环境。因此，人工栽培必须搭设棚架来调节荫蔽度，才能使其正常生长发育。如人参、西洋参、黄连、三七、玉竹等。栽培这类喜阴药用植物需要人工搭棚遮阴或种在林下荫蔽处。

③中性植物：前两种植物的中间类型，在光照良好或稍有荫蔽的条件下都可生长，不至于受到特别损伤，如北五味子、党参、贝母、郁金、百合、白姜、白术、厚朴、天门冬、款冬花、麦冬等属中性药用植物。

（2）药用植物对光照的反应：许多植物的花芽分化、开花结实、种子萌发、地下贮藏器官的发育、休眠与落叶等，与白昼和黑夜持续时间的长短有显著的相关性。植物对自然界昼夜长短规律性变化的反应即光周期现象。根据植物开花对日照长度的反应，又可分为长日照植物、短日照植物、中日照植物。

①长日照植物：在长于一定日照长度（临界日长）下开花或促进开花，而在较短的日照下不开花或延迟开花，如小茴香、栀子、除虫菊等。长日照的北方植物如果生长在南方的短日照条件下，常常会早熟或因温度不合适而不能开花。

②短日照植物：在短于一定日照长度（临界日长）下促进开花，而在较长的日照下不

开花，如紫苏、地黄等。将短日照的南方植物在北方生长，其营养期增长，往往要到深秋短日来临时才能开花，因而易受低温的危害。

③中日照植物：对光照长短没有严格的要求，如掌叶半夏、红花等。

植物的这些特性在引种栽培中有着重要的意义，药用植物栽培必须根据光周期的特点制定相应的栽培措施。

（3）光饱和点与光补偿点：光强对不同药用植物的有效成分的积累作用是不同的，有的起促进作用，也有的起抑制作用，因此可以通过控制光强来提高药用植物有效成分的含量。同种药用植物在不同的生长发育阶段对光照强度的要求也不同。如北五味子、党参、玉竹等在幼苗期间怕强光照射。掌握药用植物对光照强度的要求特点在生产中有重要实践意义。

①光饱和点：在一定光照强度下植物的光合速度随光照强度的增加而增加。但光照强度超过一定范围以后，光合速度减缓，当达到某一光照强度时，光合速度不随光强的增加而加速，达到一个稳定的值，这时的光照强度称为光饱和点。

②光补偿点：如果光强度减弱，光合速度将随之减缓，待到光强度降到某一程度时，光合强度与呼吸强度相等。光合作用是吸收二氧化碳制造有机物质，而呼吸作用是放出二氧化碳，消耗有机物质，当吸收的二氧化碳与呼出的二氧化碳达到动态平衡时，即制造养料与消耗养料相等，达动态平衡时的光照强度称为光补偿点。植物只有在光补偿点以上时才能积累干物质。在种植时，要根据不同药用植物的光照习性合理调光，使光强不大于光饱和点，不低于光补偿点。

（4）药用植物的合理密植与立体栽培：合理密植和立体栽培都是人类为提高光能利用率所采取的重要措施。所谓"光能利用率"是指植物所消耗的光能与照射到叶面的总光能之比。

合理密植要求是在保证植物正常生长范围内，叶面积大小与产量高低成正相关，因此要使单位面积产量高就应当保证有足够的叶面积，但是叶面积也不宜过大。如果超过一定范围，使叶片互相遮阴，反而会降低总叶片的平均光合作用率。密植程度可以用叶面积系数和叶片的角度来决定。

①叶面积系数：即田间植物群体总叶面积与土地面积的比值。植物种类和生育期不同，最适宜的叶面积系数也不相同。生产上常根据植物整个生育过程中叶面积系数的动态分析，来决定适宜的播种量和栽植密度。

②叶片角度：为了提高作物群体光能利用率，不仅要有一个最适叶面积，而且还要有适宜的叶片角度及方向。如叶子是垂直分布还是水平排列对光合作用有重要关系，因为叶片的配置方式直接影响叶片的受光量，如果叶面积虽大，但配制方式不好，彼此遮阴，也就不能充分利用光能而影响产量。

③密植贵在合理：密植不是种植株数越多越好，相反密植超过了限度，反而会减产，甚至颗粒无收。不同的植物种植的密度是不同的，体形细长的可适当密一些，如薏苡、荆芥要比芍药密一些。即使同一植物，由于栽培目的不同，密度也应不同。一般收获营养体的要比收获果实、种子的适当密一些。同一植物在不同的地区，由于气候、土壤、水、肥等条件不同，栽培的密度也应有差别。如牛膝采用宽行短株距密植，植株个体及整个群体

均生长良好，从而达到高产目的。总之，要因时、因地制宜，根据植物特性和栽培的需要来确定密度。

光照作为生态因子之一，同样存在着对植物生长发育和有效成分的形成与积累影响不完全一致的情况，并且有些植物在不同生长发育期对光照条件要求不同，如黄连"前期喜阴，后期喜光"的现象，西洋参春季的透光度应比高温的夏季的透光度稍大为宜。在引种或大量栽培时为寻求产量与质量的最佳结合，应注意选择适宜的光照条件，这在中药的规范化生产管理中有重要的意义。

5. 土壤

土壤是植物赖以生存的物质基础，土壤的结构、pH、肥力、水分等与植物生长密切相关。植物的根系与土壤有极大的接触面，在植物和土壤之间进行着频繁的物质交换，彼此有着强烈的影响，因此土壤是影响植物的生长代谢，从而影响其内在化学成分的重要生态因子。

一般药用植物适宜在有机质含量高，团粒结构，保水、保肥性能好，中性或微酸性的土壤上生长。土壤的质地与土壤中的水分、空气和温度状况密切相关，直接或间接地影响着植物的生长发育和质量。根据土壤质地可把土壤分为砂土、壤土和黏土三大类。如以根部、茎叶、花、果实入药的药用植物，种在地势平坦干燥，土层深厚，土质疏松肥沃，含有机质较多，理化性质好，保水保肥、排灌方便的土壤为宜。适宜黏土的药用植物如泽泻、黑三棱；适宜壤土的如人参、川芎、白术；而砂土一般质地过分疏松、缺乏有机质，蒸发量大，保水性能差，只宜种植川贝母、阳春砂、北沙参、莨菪、王不留行等中药。瘠薄黏重、缺乏有机质、通透性很差的土壤，可以种植杜仲、黄柏等木本药材。土壤是药用植物生长和发育的场所和基础，其最基本的特性是具有肥力，因此能源源不断地供给植物生长所需的水分、养分和空气等营养物质。

土壤酸碱度是土壤重要的化学性质，是土壤各种化学性质的综合反映。大多数药用植物喜在中性或微酸、微碱性土壤中生长；但少数药用植物，如厚朴、栀子、肉桂等喜在酸性土中生长；枸杞、麻黄、薏苡、酸枣、甘草等则宜在碱性土中生长。

植物从土壤中所摄取的无机元素中有 13 种对任何植物的正常生长发育都是不可缺少的，其中大量元素有 7 种（氮、磷、钾、硫、钙、镁和铁）和微量元素 6 种（锰、锌、钼、硼、铜和钴），这些元素的吸收与植物的代谢紧密相关。因此，无机元素在药用植物有效成分的形成中起着极其重要的作用。土壤中的含盐量也影响到药用植物的次生代谢成分。

6. 施肥

施肥是提高植物产量和质量的重要栽培措施之一。但长期以来，我国中药材人工栽培方面一直沿用农作物的栽培方法，缺乏系统的栽培理论基础，特别是生产技术和栽培技术落后，施肥技术有许多空白。

药用植物生长在有机质和速效养分含量很低的贫瘠土壤中，严重影响其高产稳产。许多研究结果表明，一般农作物的种植施肥方法不适用于药用植物栽培，施肥不合理将抑制药用植物的生长发育和有效成分的积累。研究适合药用植物生长发育的土壤条件和施肥技术，是中药材产业现代化发展的基础。因此，研究药用植物生长发育规律和肥料与生长及有效成分积累的关系，据此确定施肥的最佳用量、营养元素的最佳配比和最佳施肥时期，并根据研究结果进一步开发出相应的药用植物专用肥料，形成规范化的生产体系，是实现中药现代化的重要内容，对提高我国药用植物的栽培水平和扩大国际市场份额具有深远的意义。

不同药用植物体内各种有效成分的合成和积累，具有不同的代谢规律，不同种类的肥料对其影响也不尽相同，在进行施肥提高药材产量的同时，必须确保药材有效成分的较高含量以及药效组分的稳定。如氮肥对生物碱的合成和积累有一定的促进作用，而对其他有效成分如黄酮类化合物、绿原酸却有抑制作用。这样，在设计配方施肥时，就要考虑不同有效成分的合成和积累规律。所施肥料的种类、数量和时期，应以提高或保证有效成分的一定含量为原则。通过施肥来实现药用植物养分的平衡供应对药材的品质起着决定性的作用。施用矿质和有机肥料，可以起到改善药材品质的作用，也可能起反作用——降低药材的品质。

一般说来，当土壤养分供应从"缺乏"到"适量"时，通常能改善药用植物的品质；从"适量"增加到"过量"时，可能降低药材的品质，而且造成环境的污染和原料的浪费。药用植物施肥方面的研究很多，但由于药材品种的繁多，每一种药材的不同品种间又有一定的差异，造成了施肥对药材品质和产量的影响不一致，甚至相反的结果。

7. 空气和风

地球的引力作用使地球周围积聚了 $2000\sim3000km$ 厚的完整空气层，称为"大气"或"大气圈"。其由干净空气、水气和各种悬浮的固态杂质微粒所组成。空气的组成成分一般为 O_2、CO_2、N_2 及工业生产所排出的废气。O_2 和 N_2 是地球生物呼吸和制造营养的源泉，是维持生命必不可少的。植物的生长发育是一个非常活跃的生命活动，需要旺盛的呼吸作用提供大量能源；O_2 是植物呼吸作用的要素，空气中的 O_2 浓度对植物呼吸速率影响很大，当浓度降到20%以下时，植物的茎、叶等呼吸速率则开始下降；当浓度降到5%以下时，植物的茎、叶等呼吸速率则急剧下降；缺 O_2 时，植物呼吸便完全停止。空气中的 CO_2 浓度对植物光合效应影响也很大，因为 CO_2 是植物光合作用起始物质。但空气中的 CO_2 含量很低，仅占0.03%，远远低于让植物光合效应充分展现的需要水平。一般来说，如能增加 CO_2 浓度至0.1%时，植物光合效率则将明显提高，生产上对植物采取人工补给 CO_2 的措施，便称为"CO_2 施肥"，可有效提高植物光合效率。但将植物长期置于 CO_2 大于0.1%的环境中，也会招致植物气孔关闭而影响气体交换，降低对 CO_2 的利用率等。因此，空气对植物生长亦有影响。尽管不同植物对环境大气环境污染反应不一，有的敏感，有的具较强抗污染性，但我们在药用植物栽培与中药材 GAP 基地建设中，对大气环境因子应予注意。

风是空气的运动形式，在同一水平上，因空气压的差异引起空气在水平方向上的流动而形成风。风对药用植物生长发育的影响是多方面的，它是决定地面热量与水分运转的因素，有的风对植物起着直接的影响，如台风、海陆风、山风与谷风等。

风媒花植物要依靠微风来进行传粉。很多植物的果实和种子依靠风来传播，以达到繁殖后代或扩大繁殖地区的目的。微风对防止轻微的霜冻有利。风的直接害处是损伤或折断植物的枝叶，造成落花、落果，使植物倒伏。在播种时如风大，种子就不易均匀地撒下，出苗即疏密不匀。风的间接害处是改变空气的温度和湿度，能使土壤干燥，地温降低，细土被吹走等，这些都对药用植物生长不利。控制和防避风的危害对水土保持或营造防风林、设置风障和架设棚架支柱等以战胜风害，充分利用风的有利作用对于药用植物栽培，优质丰产有着重要意义。

8. 其他

除了上述地理因素和气候因素对药材优质丰产的影响外，生物因子对中药材也有重要影响。在生物因子中，包括了植物、动物和微生物对药材优质丰产的不利影响，主要是杂草的竞争作用及所种植药用植物的化感自毒作用两方面。杂草竞争作用，详见本书病虫草害的综合防治等有关章节；植物的化感自毒作用，详见本书耕作制度等有关章节。植物对中药材的有利影响，主要是指中药材与其他作物之间的间混套作，亦请详见耕作制度等有关章节。

动物根据对药材优质丰产的影响，主要分为有益的动物和有害的动物。有益的动物主要是指一些有益的昆虫，如蜜蜂可以帮助传粉，利用天敌昆虫防治害虫；有害的动物主要指一些对药用植物有危害的昆虫及鼠类等，请详见病虫草害的综合防治等有关章节。微生物对药材优质丰产的影响，也包括有利和有害两个方面。微生物对药材的有利影响，目前主要的研究有：具有固氮作用的根瘤菌类，能够与植物根系形成的互惠共生体的菌根菌类，能够帮助兰科植物完成生长发育的兰科共生菌类，以及能够防治中药材病虫害的菌类。例如，与豆科植物共生的固氮菌；丛枝菌根通过大量伸展到土壤中的菌丝体吸收土壤中的矿质营养和水分，并将它们输送到植物根内供植物吸收利用，并影响植物的次生代谢过程，导致植物的次生代谢产物发生变化。又如天麻在种子萌发阶段需消化紫萁小菇等萌发菌，以获得营养而发芽；发芽后的原球茎分化出营养繁殖茎，又必须被蜜环菌侵染，建立共生营养关系，才能正常生长；而蜜环菌在天麻种子萌发阶段又抑制种子发芽。再如，可应用木霉菌制剂防治人参、西洋参等的根病，利用细菌、真菌、病毒等昆虫病原微生物防治害虫等。至于微生物对药材优质丰产的不利影响，主要是指能够侵入植物体导致发生传染性病害的真菌、细菌、病毒等，详见病虫草害的综合防治等有关章节。

主要参考文献

陈士林，肖培根. 2006. 中药资源可持续利用导论[M]. 北京：中国医药科技出版社.

黄璐琦，王永炎. 2008. 药用植物种质资源研究[M]. 上海：上海科学技术出版社.

卢新雄，曹永生. 2001. 作物种质资源保存现状与展望[J]. 中国农业科技导报，3（3）：43-47.

冉懋雄，周厚琼. 1999. 现代中药栽培养殖加工手册[M]. 北京：中国中医药出版社.

任跃英. 2011. 药用植物遗传育种学[M]. 北京：中国农业出版社.

沈国舫. 2001. 森林培育学[M]. 北京：中国林业出版社.

萧凤回，郭巧生. 2008. 药用植物育种学[M]. 北京：中国林业出版社.

徐良. 2010. 药用植物创新育种学[M]. 北京：中国医药科技出版社.

（乙　引　李朝婵　张习敏　伍　庆　王华磊）

第三章　中药资源调查、保护抚育与可持续利用

第一节　中药资源调查与贵州中药资源

一、中药资源调查目的意义与历史回顾

（一）中药资源与中药资源学的基本概念

1. 中药资源的基本概念

中药资源（Chinese herbal medicine resources）从传统意义上讲，是指在一定空间范围内用于防病治病的中药材资源。随着时间的推移，其包含的药材种类范围也在不断扩大，现在通常泛指作为传统中药、民族药及民间草药等使用的植物、菌物、动物、矿物资源及其蕴藏量的总和，亦称"中华民族药资源"，简称"中药资源"，也就是指中国自然资源中存在的一切可用于防病治病的生物种类和矿物质。即包括植物药资源（含菌物药资源）、动物药资源和矿物药资源，前二者合称为生物药资源，属于可更新资源（renewable resources），后者称为非生物药资源，属于不可更新资源（non-renewable resources）。中药资源具有整体性、地域性、再生性（除矿物药外）、多用性及人文性特点。

（1）整体性：构成中药资源的各类生物（动植物药）或非生物（矿物药）既是自成体系的集体（或集合），其同类成员之间形成一个密不可分的群体或整体，又是自然物质世界的一个组成部分，与周围环境有着极为紧密的联系。无论是药用生物（动、植物药），还是药用非生物（矿物药），都具有自然资源的整体性，任何一部分资源的改变，都会影响到其他资源的存在，进而影响到整个自然资源系统。

（2）地域性：中药资源的形成和分布，具有一定的地域分布规律。其空间分布是不均衡的，某种中药资源一般常相对集中于一些特定地域（区域）之内，并与其所分布的自然环境条件有着不可分割的关系。在自然条件下，中药资源常以一定的质与量存在于一定时（间）空（间）之中，并随时间及空间（地域或区域）的变化而形成多样性之分布特征。在一定空间（地域或区域）里，某种资源的密度大、数量多而质量好，则易于开发利用；相反，在一定空间（地域或区域）里，某种资源密度小、数量少而质量差，则难于开发利用。中药资源的密度、数量和质量受地域自然条件制约的同时，也受社会经济条件的影响，中药资源的开发利用与生产技术条件也会形成地域之间的差异。

（3）再生性：药用植物（含药用菌物）及药用动物类中药资源种群，是中药资源的主体，均具有可自我繁衍的特性，其群体或个体在一定条件下均可实现种群个体的更替或个体的再生。这两类中药资源属于可再生资源，而药用矿物类中药资源不具有自我繁衍的能力，属于非再生资源。药用植物（含药用菌物）及药用动物类中药资源所具有的可再生性，有自然更新（natural renewal）及可人为扩大繁殖能力的人工更新（artificial renewal）两类。前者为自然繁衍和世代更替的特性；后者为根据其生物学特性，辅以科学的人工技术促进

其繁衍和世代更替的特性。但是，药用动植物资源的再生、增殖、换代、补偿等更新能力，不是无限制的，而是有一定限度的，从而在一定地域或某个时段可致其稀缺性。因此，利用药用动植物资源必须合理掌握其再生性之特性，要有效保持其不断再生更新能力，切勿超出物种的再生更新承受能力，避免影响生物种群繁育更新，以免种群个体数量减少，更要严防物种灭绝。从药用动植物资源的可再生性来看，必须科学保护抚育，合理种植养殖、研究开发与综合利用，方能保障其可持续利用与发展。

（4）多用性：许多中药资源往往具有多种用途，可用于不同领域或具有不同功用，这就是中药资源的多用性特点。中药资源的多用性，主要表现在某一药用资源所具有的多功能、多用途、多效能与多效益等方面；以其不同组织、不同器官、不同部位等所含不同有效成分，及其不同药理活性而可用于医药、化工、食品、保健、日化，乃至环保、生态、农林、园艺等，更好地满足社会多方位、多目标的需求，以便获取更佳社会效益、经济效益与生态效益。

（5）人文性：中药资源是中国人民长期与自然及疾病做斗争的过程中利用自然资源的经验总结。因而中药资源既有中药本身的物质基础，又有如何使用的经验基础，是十分珍贵的无形资产，需要认真地整理、总结和发展。随着社会的不断发展，一方面由于人类过度或不合理利用，中药资源逐渐枯竭甚至消失（解体性）；另一方面由于保护得当，药用动、植物物种通过繁衍再生，资源得到发展和扩大（再生性）。为了使资源能够可持续地利用，应当采取一切有效措施，防止资源解体，促进资源再生。这也是中药资源有限性和可解体性的表现，但可通过社会人文作用，切实加强中药资源保护、抚育与种植养殖，以促使有限中药资源更好为人类永续利用。同时，有些中药资源分布广泛，在同一气候带不同国家均有分布与应用，已具有国际性的中药资源，随着人类回归自然、中医药热在全球的兴起，我国每年向国外出口大量中药（包括中药材、中药饮片、中药保健品、中药提取物及中成药），也进口不少药材及有关制品，这既体现了天然药物及其加工品的国际性，也体现了我国中药资源的人文性。因此，对中药资源的研究开发与利用，既要立足国内，也要面向国外，了解世界各国特别是邻近国家及地区对中药资源的研究应用进展，对中药的需求现状和市场前景，以更好合理研发利用中药资源，促进可持续发展。

总之，我们要充分认识中药资源的多种特性与优劣势，并合理而有效研发、利用和管理；还要认真研究分析中药资源与相关学科如农学、林学、生物学、地理学、气象学、化学、药理学、生态学、环境科学及经济学等有关理论与知识，更好充实和发展中药资源学，更好为中药产业与"大健康"产业的发展服务。

2. 中药资源学的基本概念

中药资源学（Resource Science of Chinese Medicinal Materials）是研究中药资源种类、数量、地理分布、时（间）空（间）变化、合理开发利用和科学管理的一门学科。其目的是在研究中药资源分布规律的基础上，运用经济效益的优化技术，合理安排中药资源采（捕）收、加工和综合利用等，使社会效益、经济效益及生态效益协调发展，为人民医药卫生保健事业和医药工业、"大健康"产业不断提供质优量足的中药材原料。

中药资源学是十分重要的综合性自然科学，是在生物分类学、生态学、地理学、生物化学、天然药物化学和中医药学等学科基础上发展起来的一门多学科、跨学科并兼有管理科学性质的新兴学科。其研究对象为药用动物、药用植物及药用矿物，重点是研究药用动物及药用植物。动、植物有自身的生长发育规律，其繁殖与生长又依赖各式各样的生态环境，环境养育生物，生物改造环境。中药资源的质与量，与其生态环境和系统发育密切相关，此乃中药资源学研究与开发的基点。

中药资源学的范围和主要任务为：调查研究中药资源的种类（区系）、数量、分布及其动态规律；中药资源的合理开发与综合利用，积极为人类健康服务；研究中药资源的动态规律，积极开展中药资源保护抚育与发掘种质资源，研究"地道药材"特点、实质及其形成的种质因素和外界因素，提出科学经营与管理方法；积极扩大与寻找中药新品种、新资源，积极从古本草、多来源中药材、民族药材、地方习用药材及其不同药用部位挖掘、开发、扩大与寻找新资源。

（二）中药资源调查及其目的意义

中药资源调查是指对具有药用价值的动物、植物和矿物资源进行调查，是对国家或地区的中药资源种类、分布规律和蕴藏量的调研、考察和测算等工作，对于进一步开发、利用和保护野生中药资源具有重要意义。

我国中药资源应用历史悠久，源远流长，对中华民族的生存繁衍、兴旺发达起了巨大作用。中药资源是中国人民防治疾病、保健康复的物质基础，具有很高的实用价值和丰富的科学内涵，是祖国医药学宝库的重要组成部分。中药资源的合理研究开发和应用，既是人民卫生保健事业的需要，也是社会主义经济发展与生态建设的需要，具有明显的社会效益、经济效益和生态效益。

对于一个地区的中药资源调查，应该做全面性的综合考察，摸清该地区中药的种类、分布及蕴藏概况。此外还应根据不同目的和要求，进行单项深入的调查与研究。如为了提供医药原料进行的中药采收期、采收方法及蕴藏量的调查；为了引种驯化、扩大药源进行的生物学、生态学、物候学及分布规律的调查；为了寻找新资源、新品种进行专业性的调查等。

中药资源普查，"功在当代，利于千秋"。神农尝百草著《神农本草经》，孙思邈著《本草经集注》，李时珍著《本草纲目》，莫不是踏遍高山大川，深入民间草泽，历艰辛，访渔樵，亲田野，问农桑，皆以中药资源调查为基础而得大成，并有力推进了中华文化及中医药和民族医药事业的创新与发展。

（三）中药资源调查历史回顾

新中国成立以来，中药资源已历经多次调查；就规模与影响力而言，全国中药资源普查在 20 世纪 60～80 年代经历 3 次，即现称第一、二、三次全国中药资源普查。其中，尤以国务院发文，国家经济委员会牵头，由中国药材（系统）公司等承担的第三次全国中药资源普查规模最大，调查内容较为深入而广泛。

第一次调查为 1958～1962 年，中国医学科学院药物研究所肖培根教授根据卫生部要求组织开展的调查。1959 年，制订了《卫生部普查野生药源方案》，于 1960 年 3 月 11 日发出《关于普查野生药源的通知》，提出普查以常用中药为主。参加人员 38 人，历时 2 年，主要调查全国重要药用植物，调查组采集标本达 50 000 份，对全国近 500 种常用中药，从原植物、生药、成分、炮制和效用等方面进行了系统总结。并于 1959 年开始先后出版了《中药志》（四卷），收载中药材 500 多种，成为中华人民共和国成立后我国首部有关中药资源的学术专著。

第二次调查在 1969～1972 年。1965 年 6 月 26 日，毛泽东主席对医药卫生工作发出"把医疗卫生工作的重点放到农村去"的重要指示（"六·二六"指示）。1966 年全国各省（自治区、直辖市）开始了一场轰轰烈烈的群众性中草药运动；1970 年 1 月 19 日《人民日报》发表了《中西医结合，开展群众性的中草药运动——关于农村医疗卫生制度的讨论（二十五）》的文章，把大搞中草药运动推向高潮。此次运动成果主要是为各地编写了大量《中草药手册》，对当地的中草药从动植矿物形态到主治功能进行了系统总结，普及了中草药知识并有力推动了我国医药卫生事业的发展。在此基础上，编撰出版了《全国中草药汇编》《中药大辞典》等著作。贵州在全省中草药调查与群众运动中，编写了《贵州草药》（两册，贵州人民出版社出版）、《贵州战备中草药》、《贵州中草药制剂》等，并在贵阳市展览馆（时称"红展馆"）举办了"贵州中草药及新医药疗法"为主题的大型展览。

第三次调查在 1983～1987 年。1982 年 12 月，国务院第 45 次常务会议提出"对全国中药资源进行系统地调查研究，制订发展规划"的要求，国家经委、国家中医药管理局、农牧渔业部、卫生部等相关部局联合发出《关于下达全国中药资源普查方案的通知》，决定对全国中药资源进行普查，并由中国药材公司和全国中药资源普查办公室实施。此次普查有 4 万多人参加，对全国 80%以上的国土进行了全面系统调查，基本摸清了全国各省（自治区、直辖市）及所属地（州、市、县）的中药资源；历尽艰辛，实地调查，采集了标本约 200 万份，取得了大量第一手资料。再经 8 年多时间对全国中药资源资料进行归纳整理、研究分析与潜心编纂，于 1995 年由科学出版社正式出版了《中国中药资源丛书》（包括《中国中药资源》《中国中药区划》《中国常用中药材》《中国中药资源志要》《中国药材资源地图集》《中国民间单验方》等 6 部），确认我国中药资源有 12 807 种，其中药用植物 11 146 种（含种下单位），药用动物 1581 种（含种下单位），药用矿物 80 种，野生药材总蕴藏量为 850 万吨，家种药材年产量达 30 多万吨。首次研究总结了我国中药资源分布规律，对全国中药进行了分区布局，填补了中国中药区划空白；又首次以地图形式反映了全国和各省（自治区、直辖市）的主要药材分布，以及全国 126 种常用药材的数量分布；选编了 2 万多个民间单验方，反映了我国各族人民丰富的用药经验，为研究开发中药资源开辟了新的领域。

为了全面掌握我国中医药事业发展基本现状，国家中医药管理局于 2010 年 5 月正式启动第四次中药资源普查试点工作，历经前期论证方案准备、调查组织实施、数据整理核查和报告纂写论证 4 个阶段，现我国正在较全面开展第四次全国中药资源普查。贵州省第四次中药资源普查已于 2014 年正式启动。

二、中药资源调查方法与主要内容

（一）中药资源调查前准备

中药资源调查前准备包括组织准备、人员准备、物资准备和技术准备。

1. 组织准备

为了充分调动和整合各参加单位的资源和信息优势，保障调查任务的顺利完成，必须采用严密组织系统开展工作。通常应在各级主管部门设立调查领导小组和办公室，由上一级主管领导负责，各部门分管领导为成员，下设办公室，以主管部门管理人员为成员，负责协调部门间的工作；组织相关专业专家组成专家组，负责调查的技术方案制定、审核，开展技术培训指导；技术人员组成技术组，制订调查实施方案，解决各调查队在野外调查和室内资料处理中的技术问题，如调查方法、路线、样地设置、标本处理及鉴定、技术报告编写等；根据调查内容、任务或覆盖区域设立调查队，以调查内容或区域设立子课题，负责具体野外调查和室内工作任务，调查队应在领导小组办公室的领导和专家组指导下，严格按照审定的调查计划和方案，规范地开展调查工作。

2. 人员准备

外业调查前，应该明确调查人员，进行岗位责任教育，并对调查小组成员进行技术培训。培训内容包括中药学、生态学、分类学和中药资源调查相关知识、测定仪器野外使用方法等，使各子课题参加人员熟悉调查方法和技术标准，提高目测、实测和使用仪器测量的能力，掌握相关表格的填报与数据的处理方法。

3. 物资准备

物资准备包括仪器设备准备、生活和安全物资准备。

（1）仪器设备准备：根据调查研究内容进行仪器设备的准备和调试工作，质量合格方可使用。

（2）生活和安全物资准备：为保证调查工作顺利完成，要根据野外调查实际需要，做好生活物资和健康保健方面的准备工作。

4. 技术准备

技术准备包括文献调查资料准备、技术方案准备。

（1）资料准备：查阅和收集有关资料，如调查地区中药资源资料，包括地区有关生态系统、植被、植物群落资料及地方药物志等；地图资料包括小比例尺地图、植被图、土壤图、农业和林业等部门区划图。

（2）技术方案准备：根据调查手册要求和调查目的，制定外业调查技术方案、调查路线和调查方法，编写调查实施细则（标准），依据技术方案要求，制定各种记录表格，编制工作日程表。

（二）中药资源野外调查基本方法

野生中药材资源调查的方法主要有访问调查、路线调查和野外样地调查，目前引进了3S技术和计算机数据库等现代技术方法。

1. 访问调查

访问调查就是邀请有经验的药农、收购员等座谈讨论，并参照历年资料和调查所得到的印象作估计，这种方法虽然不够精确，但是值得参考。如蔡金腾等对贵州省火棘资源产量进行研究时利用进行调查的 34 个县、市火棘鲜果年收购量去估计全省的火棘产量。这一方法往往是采用其他调查方法时必须同时考虑的。

2. 路线调查

路线调查是对调查地区或区域进行全面概括了解的过程，一般通过在有代表性的调查区中，选择地形变化大、植被类型多、植物生长旺盛的地段设置踏查路线进行线路调查，目的在于对调查地区中药资源分布范围、气候特征、地形地貌、植被类型、土壤类型以及中药资源种类和分布规律进行全面了解。

3. 样地调查

（1）代表区域确定：代表区域指植被丰富、药用植物资源集中分布的区域。常根据中药资源和环境特征进行调查代表区域划分，即采用（关键样方）抽样法确定。具体如下：①通过查阅文献、走访调查，结合历史经验，明确各区域（乡镇）内中药资源种类数量及分布。②分析植被类型图、土地利用分类图，获取当地植被分布信息。土地利用分类图可从县国土局协调获取，植被图从县国土局或林业局协调获取，也可通过遥感影像直接获取。③选取植被分布多，中药资源种类多、分布密集的区域作为野外调查的代表区域。④根据代表区域分布、植被图、土地利用分类图来计算代表区域总面积。

（2）样带的设置：样带指在一定地区内按照环境因子或人为活动梯度设置的具有一定长度和宽度的带状区域，其中包括一定的定位观测和野外实验地点，为调查人员实际调查过的区域。

在代表区域内进行样带设置，包括调查线路和样带设计两部分内容。①调查线路设置。根据各代表区域间和区域内的交通情况，代表区域和乡镇的分布，将各个代表区域进行连线，安排野外调查行程。道路和乡镇村的分布可从当地的交通图上获取，以保障出行安全。②样带设置。在代表区域内，依据中药资源分布、种类和数量多少，植被类型和抽样要求，参考交通可达性，进行样带设置。要求样带的选择要有代表性，样带须涵盖代表区域内所有植被类型。

（3）样地设置：样地是指在样带上为了进行野生药用植物调查，根据系统抽样法限定的地段及范围。在预先设定好的调查样带上，依据植被类型、可达性、地形和地势，按等间距进行样地设置。地形和地势图可通过县国土局协调获取，也可通过 DEM 数据获取。要求调查区域内样地之间距离通常应大于 1km，每个样地至少调查 5 套样方，应记录每个样地和样地内 5 套样方的地理位置和生态环境信息。除了方形样地外，也可设置样线等其他类型。

（4）样方设置：样方是指在样地内根据随机抽样法、系统抽样法或分层抽样法，选择用于调查野生药用植物群落结构和种群数量而设置的取样地块。按照固定的距离均匀地设置样方称系统抽样法；将要调查的区域分成大小均匀的若干部分，随机选出一定数量的、占有一定位置的样方，称随机抽样法；将调查区域人为地根据自然界线或生态学的标准，分成若干个小的区域，再在小的区域内进行随机或系统抽样，即分层抽样法。可在样地内采用分层和随机抽样法进行样方设置。在样地内根据中药资源的数量和分布，随机设置 5 套样方，设置形式有锯齿形、一字形、十字形，如图 3-1。

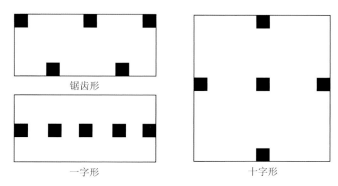

图 3-1　样地内样方套等距法设置

每套样方有 6 个不同大小的样方，其中包括：1 个 10m×10m 主要用于调查乔木的样方；1 个 5m×5m 主要用于调查灌木的样方；4 个 2m×2m 主要用于调查草本的样方。每套样方内的 6 个样方采用固定编号，其中 10m×10m 样方的编号为 1，5m×5m 样方的编号为 2，2m×2m 样方的编号为 3、4、5、6，6 个样方的位置如图 3-2。

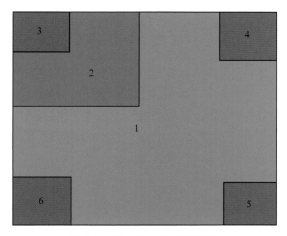

图 3-2　样方套内样方的设置

（三）中药资源调查主要内容

中药资源调查内容主要包括区域内自然和社会经济环境调查、中药资源生态环境调查、中药资源种类及分布调查、中药资源蕴藏量调查、中药资源保护抚育与更新调查。

1. 自然和社会经济环境调查

自然和社会经济环境调查指对调查区域的自然资源、社会资源和经济资源进行调查，分析各类相关资源与中药产业的关系。

（1）自然资源：通过资料查阅及走访，调查区域的地理位置、地貌、土地资源、土壤资源、气候资源、水资源、生物资源及矿物资源，对其利用和保护状况进行了解。

（2）社会资源：调查内容包括区域内人口、民族、行政区划情况，劳动力资源情况，科学技术、教育、文化发展情况，医药、卫生发展情况等。

（3）经济资源：调查内容包括区域内国民经济发展情况，农业、工业、商业、交通运输业、邮电通信业、乡镇企业、旅游业等的发展状况。

2. 中药资源生态环境调查

中药资源生态环境调查的内容包括区域所在地理位置、地形地势、气候（包括温度、降水量、湿度、风）、土壤、植被（包括植物群落名称、多度或密度、盖度和郁闭度、频度等）。

3. 中药资源种类及分布调查

中药资源种类及分布调查包括资料收集、野外调查采集标本和样品采集、化学成分的检验及标本鉴定、编写药用植物资源名录等。资料收集包括古代文献调查和现代文献调查，主要调查所实施品种的用药历史沿革、价格变化以及影响资源变化的各种因素等。标本及样品的采集应注意其代表性和典型性，不同药用部位采集时期和方法应不同。标本和样品除就地进行初步鉴定和研究外，还必须采集足够数量的标本和样品，供实验室进行深入的分类、生药、化学、药理等研究。药用植物资源名录应根据调查鉴定结果编写，每种物种应包括中文名、俗名、拉丁学名、生境、分布、花果期、药用部位、功效等部分。

4. 中药资源蕴藏量调查

药材蕴藏量是指某种药用动植物资源在一定的时间和区域范围内的自然蓄积量，分为总蕴藏量和可利用蕴藏量。药材蕴藏量的测算，主要包括分布面积的测算和单位面积蕴藏量的测算，分布面积的确定是蕴藏量测算的第一要素，单位面积蕴藏量的测算为第二要素。而生长年限，是测定资源蕴藏量另一重要因素。

（1）有关中药资源量的相关术语：

单体产量：是指一株（只）药用植（动）物资源，可供药用的平均产量。

经济量：是指药用动植物在一定时期和区域内具有经济效益的那部分蕴藏量。但只包括达到采收标准和质量规格要求的那部分量，不包括幼年、病株和未达到采收标准和质量规格要求的那部分量。

年允收量：是指在一年内允许采收的量，即不影响其自然更新和保证永续利用的采收量。

最大持续产量：是指在正常自然更新时所允许采收的最大产量。

资源再生率：是指某种药用动植物资源再生量和资源利用量之间的比值。

（2）药用植物蕴藏量的调查：

对于分布区域比较集中的品种如续断、苦参、坚龙胆等，采用直接测量法较为合适；对于有些分布广泛，而又十分零散的中药，则采用间接测量法，即利用大比例植被图、土壤类型图、草场类型图等资料，按照所要调查的品种的生态类型来推定分布面积。该方法要求资料齐全，药材分布区的生态类型比较清楚，有专业技术人员参加，没有相应资料如植被图或林相图，则只能按各种植物群落分布位置、分布规律用推测的方法绘出植被图，或利用相关资料绘成植被图。单位面积储量常用抽样调查的方法。

按不同的植物群落设置样地，进行样地调查估算资源储量，经常采用的是样方法，即利用样株法或投影盖度法估算出单位面积药材的蕴藏量。样方法是指通过调查若干样方计数全部个体，然后将其平均数推广，来估计种群总体数量的方法。主要包括选择县域内代表区域、样带设置、样地设置和样方设置4个阶段。即在调查范围内按不同方向选择几条具有代表性的线路，沿着线路，在有代表性的区域内选择调查样地，在样地内根据生态环境的不同（包括各种地形、海拔、坡度、坡向等）按一定方式设置样方，在样方内利用样株法或投影盖度法估算出单位面积药材的蕴藏量。样株法是根据某种药用植物在样地面积内的平均株数及重量，转换成每公顷单位面积储量，该法适用于木本植物、单株生长的灌木和大的或稀疏的草本植物，如杜仲、黄柏、朱砂根、重楼等。投影盖度法是通过计算某种药用植物在样地上所覆盖面积（投影盖度）的比例，挖取一定面积上的全部药材并计算出1%盖度上药材的重量，最后求出所有样地的投影盖度和1%盖度药材重量的均值，转换成每公顷单位面积产量，该方法适用于成植丛的灌木或草本植物，即适用于很难分出单株体的植物，如头花蓼、三颗针、淫羊藿等。对于动物则往往是在样方内直接计算或估算出个数，最后推算出单位面积个数。植物类药最后根据公式：蕴藏量=面积×单位面积蕴藏量，在面积和单位面积蕴藏量确定的情况下，就可以计算出总蕴藏量。对于动物类药，是利用公式：总量=面积×单位面积个数，求出总数量。

蕴藏量的调查过程包括资料收集、野外样地调查、内业整理及综合估算。

①资料收集：要充分掌握被调查地区的地形、土壤、气候、植被和农业、林业、牧业等有关资料，并以此为依据制定切实可行的调查路线和调查方案。

②样地调查：药用植物野外调查的方法有现场调查、路线调查和样地调查。样地调查是在调查范围内选择不同的地段，按不同的植被群落设置样地，在样地内做细致的调查研究。样地的选择可采用典型的抽样法（非随机取样法、主观取样法）、随机抽样法、系统抽取样法（机械抽样法）。样地的类型有样方、样条、样标、记名样方、面积样方。样方数目不得少于30个，药用植物样方面积一般为：乔木类10m×10m或5m×5m，灌木类4m×4m或2m×2m，草本类2m×2m或1m×1m，样方数量不低于分布面积的1%~2%。样方产量的计算方法可采用投影盖度法与样株法。

③内业整理：是对野外实地调查取得的原始数据、资料、标本进行系统的整理并分析研究药材的历史资料和数据。

④综合估算：一方面要计算区域内的总蕴藏量，另一方面分析药材的正常年生长量与年收购量的大体比率，估算可利用的蕴藏量。结合两种蕴藏量，以及参照当地人员所提供的资料进行综合分析，确定比较可靠的野生蕴藏量。

（3）药用动物蕴藏量的测定：

①动物药材蕴藏量的调查方法：主要有路线统计法、样方统计法、样地轰赶法、标记重捕法、航天调查法、固定水域抱对数量统计法和捕尽法。

②野生药用动物资源调查：主要包括内容如下：生态环境和生活习性的调查，如栖息环境调查、食性调查、行为调查；药用动物种类、种群数量及其他动物种类调查；野生动物药材产量调查，药材产量=单个动物药量×种群密度×总面积；药用动物资源消长调查。

③养殖药用动物资源调查：包括人工养殖环境调查、饲养管理技术调查、种群数量与药材产量调查和动物药材的入药部位、采收时期与生产加工方法。

5. 中药资源更新调查

中药资源更新调查是以静态样方调查资料为依据，选择具有典型药用植物资源特征的样地进行的动态调查。它主要包括自然更新调查和人工更新调查。

（1）自然更新调查：野生药用植物资源自然更新调查主要采用固定样方调查。固定样方应在选定的样地上设置，数目不少于 30 个。样方面积和静态调查时选用的样方面积应一致。自然更新分为地下器官更新调查和地上器官更新调查。

①药用植物资源地下器官更新调查：主要是通过定期挖掘法和间接观察法来调查药用植物其根及地下茎的每年增长量。在固定样方进行地下器官自然更新调查时，可根据种群密度和年龄组成来制定采挖限度。

②地上器官更新调查：首先要调查药用植物资源的生活型、生长发育规律，然后调查它的投影盖度和伴生植物。调查要逐年连续进行，一般应包括单位面积药材产量、苗数及苗的高度等。地上器官的更新调查还包括生态因子的影响，以确定最适采收期。生态调查一般采用带状横断面调查法。这种方法是在含有该种植物的群落地区，选一个长 210m、宽 10m 的带状区，设 21 个小区，分别调查每个小区土壤的 pH、坡度、坡向、坡位和照度，然后分析这些生态因子对植物生长发育和药材产量的影响。

（2）人工更新调查：应在采收后的迹地上进行药用植物资源的人工更新。选择所调查品种药用植物适宜的生长地段进行人工播种或栽植，然后进行观察记载。人工更新的地块也可称样方。草本植物每个样方的面积为 $1m^2$，灌木为 $4m^2$，乔木为 $100m^2$。样方的试验记录包括：样方面积、群落类型、海拔、坡向、坡度、土壤、照度和伴生植物。在样方上进行播种或移栽幼苗后，应逐年记录其生长发育情况，特别要调查样方内苗的增长数目，并定期测量它们的增长量，以及达到采收标准的年限。通过数年的观察后即可提出人工更新的年限和恢复资源的技术措施。

（四）现代资源环境信息技术在中药资源调查的应用

1. 现代资源环境信息技术的研究范畴与特点

空间技术是空间信息分析的关键技术。而遥感（RS）、全球定位系统（GPS）和地理信息系统（GIS）三者集成的"3S"技术，是空间信息分析的核心技术。

（1）遥感（RS）：是指不直接接触被研究的目标，感测目标的特征信息（一般是电磁波的反射、辐射和发射辐射），经过传输、处理，从中提取人们感兴趣的信息。

（2）全球定位系统（GPS）：是当今最具优势的空间定位系统，具有全天候、自动化、多功能、抗干扰的特点，它可以解决传统定位方法精度低、工作量大、复位难的问题。

（3）地理信息系统（GIS）：是目前空间信息管理和分析的最强大的工具，以地理空间数据库为基础，在计算机软、硬件的支持下，对有关空间数据按地理坐标或空间位置进行预处理、输入、存储、检索、运算、分析、显示、更新和提供应用、研究，并处理各种空间关系的技术系统，除了用于大面积的资源调查数据的处理，还可以用于分析局部的生态环境，进行生态环境如土地适宜性，最佳生境特征的评价，在中药资源调查数据的处理与分析中已引进这一工具。

"3S"技术已发展到成熟应用阶段，在信息获取、信息处理、信息应用方面具有突出优势，在国防、交通、农业、矿产、地质等领域得到广泛应用，并在资源监测和保护、灾害预警和监测及环境保护等诸多领域显现出巨大的优势和潜力。利用遥感技术（RS）可以大大提高工作效率和精度，全球定位系统（GPS）可用于经度、纬度和海拔高度的精确定位，地理信息系统（GIS）则可以作为支持，对获得的数据进行处理，从而最终为生态环境分析、规划与设计服务。

2. 现代资源环境信息技术在中药资源调查的应用

在采用传统调查方法获得药用植物部分分布区特征的基础上，利用"3S"技术对药用植物资源进行蕴藏量的估算以及分布区的区划，并建立相应的模式。利用"3S"技术，选择特定的时相，提取药用植物信息。提取方法有：一是采用植被指数、波段比值分析、主成分分析、K-T变换、药用植物影像知识识别等方法，利用药用植物与其他植被及地物光谱特征的差异，生长发育分布等方面的差异，突出和增强药用植物光谱信息或相关的间接特征，从而识别和提取药用植物，进而确定其分布和面积；二是采用野外 GPS 调查点，利用非监督或监督分类或者二者相结合的方法对遥感图像进行分类，确定药用植物的分布范围和面积，运用 RS 和 GPS 提取中药材遥感信息，可以研究中药材的长势、生物量等，对于野生中药材，还可以研究其所处群落的植被类型甚至伴生植物。"3S"技术用于在群落中占绝对优势的成片存在的乔木、灌木类中药资源动态监测技术成熟，如杜仲、麻黄、甘草、苦豆草、松树、三尖杉等。而对于林下资源或稀有资源的监测，如黄连、贝母、冬虫夏草、苍术等，则需要结合实地调查摸索新的思路和方法。

三、中药资源调查内业工作

内业整理是对野外调查获取的中药资源实物、数据和资料进行分析整理的过程。内业工作包括：①标本和样品整理与鉴定；②实地调查表整理及数据统计处理；③调查区域药材样品的检测分析；④中药资源调查报告的编写。①、②部分工作一般应该在驻地或就近居民点进行，在整理过程中如发现有资料、数据、标本等遗漏，应就近弥补。经过整理和再次补充，所有资料、数据、标本等应符合要求，为最后总结工作奠定基础。③、④部分工作一般应该在实验室等条件充分的地点进行。

（一）调查区域内收集资料的整理

调查区域内收集资料主要有：①主要调查所实施品种的用药历史沿革、价格变化以及影响资源变化的各种因素等资料；②植物资源资料，包括地区有关生态系统、植被、植物群落资料及地方植物志等；③地图资料包括小比例尺地图、植被图、土壤图、农业和林业等部门区划图；④走访调查获取的资料，如野生资源走访调查表、栽培资源走访调查表、企业资源利用现状走访调查表、市场销售走访调查表、社会环境走访调查表等。对相关资料进行归类整理，汇总、分析、补缺，如文献查阅与资料所需原始文献的复印件，价格变化应附上距药材主产区最近的1～2个药材市场，近2～3年有明确来源的价格数据，生态环境和市场调查的所有调查者实地工作照片等。

（二）调查区域样方数据的整理汇总

样方数据主要有：①调查野生品种及其生态环境；②资源蕴藏量、年允收量；③野生药材质量状况等情况；④相应的调查表、标本、照片及其他影像资料等；⑤栽培品种及其栽培历史、栽培技术、栽培基地、农艺性状、单位面积产量、栽培面积（当年实际种植面积）、留存面积（多年生药材实际留存面积）、年产量（不包括外地流入量）、年需求量、年收购量（不包括外地流入量）、病虫害及农药使用污染情况、药材质量状况等，以及相应的调查表、标本、照片及其他影像资料等。对收集到的资料进行归类整理，汇总、统计分析。

1. 调查野生品种及其生态环境

生态环境包括地理分布、气候条件、土壤条件、群落类型及特征、占有面积以及在群落中的地位，如建群种、优势种、伴生种、偶见种等。

2. 资源蕴藏量

某种药用植物的蕴藏量与该植物在某地区占有的总面积及单位面积上的产量有关，即

$$蕴藏量=单位面积产量×总面积$$

可采用估算法计算一个地区药用植物的总面积。即首先了解所调查的药用植物在哪些群落中有分布，然后计算这些群落的总面积，一般是根据植被图来统计总面积。我国各省区多有详细的植被图或林相图，保存在各地政府部门，可供查阅参考。具体的方法是用透明方格片套在植被图上，计算出各个植物群落的面积，最后把所求得的各个面积相加，就是该种药用植物在该地区所占有的面积。现在也有一些图形扫描的软件，将植被图或林相图存入计算机，用相关软件来计算总面积。不同类型药用植物资源蕴藏量的计算方法有所不同。

（1）乔木和灌木类药用植物药用部位蕴藏量：

①树皮：从砍断的植株上剥下树皮，把它们分类，然后在新鲜或风干状态时称其重量，并确定其干鲜比。如果树皮的称重在新鲜状态下进行，那么按干鲜比计算其风干状态时的重量。

②根：建议按照根类药材的规格进行采挖，来测定干重和鲜重及干鲜比。

根的蕴藏量通常按重量或体积单位来计算。由于把所有的根挖取出来十分困难，因此必须预先确定其挖出的比例并进行计算，以提高其准确性。计算通常分3种情况：根系全部挖取；根系部分挖取；确定土壤所占重量。

按体积重量进行分类，测定体积可借助于木材比重计，在风干后进行称重。在不能冲

洗的情况下，消除土壤可利用干燥法，在称重量时，除去少量黏附在根系上的土壤重量。如果根系范围很大，可掘出部分根系并确定其重量，然后进行适当的计算。如可按层确定根在土壤的分布程度，即将一定大小、不同深度的土壤标本中所有的根取出（洗净），其后把根分类并确定其重量或体积。

③叶：在选定的样方中可按年龄类别选择某些典型树种，把叶片全部或部分剪下，把剪下的叶片可按树冠的部分进行分类，称其新鲜或干燥状态下的重量。根据部分称重（一般500g），确定干鲜比以供今后计算从一株树上取得叶片样品的产量在风干时的蕴藏量。确定样方（植物群落的预定类型）上要调查的植物年龄类群关系以后，就可算出单位面积叶蕴藏量。

④花：应根据需要计算花或整个花序的蕴藏量。预先设置样地，样地范围根据植被性状而定，在样地中设置若干样方，把一个样方中所有花或花序点数，剪下称其鲜重和风干重量，同时计算干鲜比。

⑤果实、种子：计算生长在密集植物群落中的乔木或灌木的果实和种子，以设置样方的方法为最佳。同样，样方的面积范围由植被性状来确定，同时结合地被植物学的一般计算标准，在选定的样方上挑选若干典型的乔木或灌木，尽可能地收获所有成熟果实。不能完全收获时，只能用目测来确定留在树上的果实数，对剪下的部分果实称重，称取鲜重和风干重量，并计算其干鲜比。

（2）草本和半灌木药用植物资源的蕴藏量：确定草本和半灌木药用植物资源的蕴藏量时，应根据其经济价值或可利用部分，确定采收部位，然后加以计算。不同种类药用植物的分布及蕴藏量，其统计方法可加以改变。

①少量药用植物资源在群落中分散分布时数量的计算：在自然界中有两种情况：第一种为调查的药用植物分布量少，且混生于其他植物中；第二种为调查的药用植物能很好地从其他植物中分出，容易统计，可以在大面积上进行统计。

第一种情况下，应设置样方来计算植物的数量和质量。在不同的植物群落中，做面积为 $0.5\sim1m^2$ 的样方 10～20 个，每个样方中，所有被研究的药用植物资源都要加以统计。对发育良好、发育中等和发育不好的成年植株分别统计，同时确定他们的发育阶段和平均高度，幼年的植株可单独统计（这些植株当年尚不能利用），这样可确定单位面积中不同大小（或不同年龄）的植株数量。从上面的每个样方中，选出 5～50 株（较大的植物 5～10 株，小的植物、幼苗、当年生的植物不少于 20 株）植物进行挖掘或切割。全部可利用的植物，就连根挖出，只是某一部分可以利用的植物，就只取可利用部分。所有收集的植物（或植物的一部分）一定要尽快按照不同类群分别称其鲜重和风干重量。从得到的数字中就可确定一株（或部分）的重量，然后按照每公顷植物的数量，即可确定该种植物的储藏量。

当某种植物能很好地从周围的植物中分出，并为星散分布时，按照植物发育和年龄的类别来统计，并计算其对比关系。样方大小为 100～200m²，样方最好用正方形或长方形。如果在地图划分线中包括几个群落，那么在每一个群落的范围内都要设置这样的样方。在大多数情况下，设一次重复，但对于分布稀少的药用植物（在 30～100m² 中有一株植物），则要在不同的大小为 100～200m² 的样方中进行 3～10 次。在计算区的范围内，所有植物都在根部切断或由植物上摘下个别部分，把它们按状态和年龄分类，加以统计并称其鲜重和风干重量，同时计算其百分比关系。

②大量分布的药用植物计算：在森林和平原地区，多年生和一年生草本药用植物大多分布密度较大，它们蕴藏量的计算，采用以下方法。

首先确定药用植物资源所在群落类型，再进一步在每一群落的不同点上，在中草层中，设定不少于 10 个 1m² 样方，然后在离地面 5～6cm 处割下这些植物。如果土壤表面平坦，植物长年较茂盛且盖度较大时，可用 2～4m² 的样方，重复 5 次，并将其割取。从样方所割取的植物（总的）在鲜的状态下称其重量，然后从中选出中等的样品作分析用，其重量应不少于 1m² 植物的重量。中等样品选取方法：把植物排成薄层，从不同的地方取出样品（不少于 10 个样品），称其重量，称后取出药用植物，并分别称重，或分成数份，轮流分别称量。第二步把植物在风干的状态下进行称量。按照得到的数字，统计每公顷的药材蕴藏量。

3. 年允收量

年允收量计算的关键是其更新周期。了解了更新周期，才能准确地计算年允收量。苏联波里索娃（H. A. Борисова），提出了下列年允收量计算公式：

$$R = \frac{T_1}{T_1 + T_2} P$$

式中，R 为年允收量，吨；P 为经济量，吨；T_1 为可采收年限；T_2 为该植物的更新周期；$T_1 + T_2$ 为采收周期。

例如：经过调查某地区淫羊藿的经济量为 50 吨，可采收年限为 1 年，更新周期为 3 年，则年允收量为 12.5 吨。

更新周期主要通过更新调查获得。目前由于对绝大多数野生药用植物更新周期尚未进行调查，因此可以使用下列公式计算：

年允收量=经济量×比率

比率的经验数据：茎叶类药材为 0.3～0.4，根和根茎类为 0.1，花果类为 0.5。年允收量也可采用下列公式计算：

$$允收量 = \frac{药材蕴藏量}{采收周期}$$

不同药用植物的采收周期因入药部位和植物自身生长特性的不同而不同。在计算某种野生药用植物资源的年允收量时，对地下部分和全株入药的植物，可以相应于药用植物栽培周期的 2 倍为采收周期。此公式计算的年允收量为最大值，实际采收时，应低于理论值才能保证野生药用植物资源的永续利用。

（三）调查区域标本的制作与鉴定

采集制作每种药用植物腊叶标本（带花或果实），一般需采集 3～5 份，标本应来自不同的样方，采集记录必须完整，标明采集人、采集地（以村为单位）、生境、海拔、别名、用途等。对调查采集的标本应及时整理，包括记录、号牌的规范，标本的修剪、压制、整形、干燥、消毒、装订。制作好的标本应及时鉴定，一般标本由专业技术人员鉴定，疑难标本送请国（省）内专科属的专家鉴定，并按规范粘贴鉴定标签。

（四）调查区域药材样品及检测分析

1. 样品及样品资料的整理

调查地所产的药材样品，样品量为普通药材干重 500g，贵重药材干重 20～50g。样品应及时整理，按照不同品种药材的特点，进行拣选、去杂、加工干燥、包装，并妥善保存，防止混杂、串味、受潮、霉变、虫蛀等。每一份药材记录并标注清楚编号、产地、采收日期、采集人等信息，并提供相应的数码照片，注意拍摄形态上不同的药材。

2. 样品的检测分析

药材样品处理好后，应及时送分析实验室检测，根据药典或相关标准规定进行检测分析。自检或送检应认真填写送检单及检测报告，为资源调查总结提供分析评价的基础参数。

（五）中药资源调查报告的编写

中药资源调查报告是对调查区域中药资源状况的全面总结，其报告内容及撰写格式如下（供参考）：

贵州省××州（市）××县（区）中药资源调查报告

1. 前言：对调查报告的来源，调查项目的背景、意义，参加调查的单位和人员等进行介绍。

2. 调查区域自然、社会经济概述：自然资源、社会资源和经济资源状况简介。

3. 调查区域中药资源现状分析：通过文献资料、现场调查等，分析调查区域内原有中药资源品种及其基源（包括科名、中文名、拉丁学名和药用部位）、功效（按照国家药品标准进行描述）、全国分布区（详细介绍调查品种野生资源和栽培资源在全国的分布地区，明确至省、市、县，地道药材可至乡镇）、濒危等级（以国家有关权威部门颁布的名录为准）、野生和栽培状况、资源使用情况、存在的问题等。

4. 调查区域中药资源综合评价：通过调查，对区域内中药资源种类、资源的分布、新资源、资源蕴藏量、重点品种及质量等进行分析评价。

5. 调查区域中药资源保护抚育与开发利用意见及建议：根据调查分析结果，提出保护抚育和开发利用的品种、方法、途径及具体措施。

6. 区域中药资源调查工作总结：总结调查工作取得的成果、经验、教训，及存在的问题。

7. 附件：调查工作的支撑材料，如新资源标本鉴定报告、原植物照片、质量检测报告、工作图片等原始资料。

四、贵州中药资源综述

贵州地处云贵高原东部，境内多高山河谷，地势起伏较大，全省西高东低，西部最高海拔 2900m，南部最低河谷仅 137m，平均海拔约 1000m。地形地貌深度切割，气候垂直差异明显，生态环境复杂，自然植被类型多样，植物种类繁多，境内既含有丰富的温带植物成分，也含有丰富的热带植物成分，因此中药资源十分丰富。据 1983～1987 年全省中药资源普查及于 1992 年出版的《贵州中药资源》所述，贵州有中药资源 4290 种，居全国第四位。2003 年贵阳中医学院承担了贵州省中药现代化重大项目"贵州中药资源种类、分布的修订与增补研究"，在 1983 年全省中药资源普查的基础上，充分利用普查的标本、原始第一手资料，再结合近 10 年来研究成果，深入中药普查空白点，采集药用植物标本 1 万余份，通过鉴定及对原普查鉴定有误的标本进行审订，于 2007 年出版了《贵州中草药资源研究》，对贵州中草药资源种类及分布进行了较全面的研究，确认贵州现有中草药资源 4802 种，其中植物药 4419 种，动物药 301 种，矿物药 82 种，并对贵州部分主要品种进行了初步量化，提出了开发利用建议。

（一）贵州中药资源种类与分布

贵州中药材资源根据历史、开发利用现状等特点分为珍稀名贵药材、地道药材、种植（养殖）药材、大宗药材、贵州民族药材及其他类型，其种类和分布见表 3-1。

1. 珍稀名贵药材与分布

珍稀名贵药材是指在贵州有分布，十分稀有并具有较高药用价值的中药材，全省约 49 种，其中珍稀濒危药用资源 38 种。其代表品种有：乌天麻、竹节参、狭叶竹节参、珠子参、羽叶三七、金钗石斛、铁皮石斛、梵净山石斛、翅茎绞股蓝、峨参、云南翠雀花、狭叶瓶尔小草、贵州八角莲、金铁锁、湖北贝母、红豆杉、南方红豆杉、昆明山海棠、平伐重楼、扇脉杓兰、金线兰、蛹虫草、麝香、牛黄、穿山甲等。

2. 地道药材及分布

地道药材是指主产地在贵州，质优、药用价值较高并在国内外有一定地位影响的中药材，全省近 50 种。其代表品种有：天麻、石斛、杜仲、厚朴、吴茱萸、半夏、南沙参、毛慈菇、白及、黄柏、天冬、首乌、银花、淫羊藿、五倍子、黔党参、桔梗、射干、黄精、艾纳香、千张纸、头花蓼、金果榄、穿山甲、水蛭、斑蝥、朱砂、水银、雄黄等。

3. 种植（养殖）药材及分布

种植（养殖）药材是指贵州野生变家种、引种成功并具有一定生产规模及产量的中药材，全省近 200 种。其代表品种有：天麻、杜仲、厚朴、半夏、淫羊藿、四季红、艾纳香、丹参、太子参、黄精、天冬、党参、吴茱萸、银花、白术、桔梗、黄连、黄柏、续断、淫羊藿、钩藤、南沙参、石斛、菘蓝、葛根、生姜、毛慈菇、冰球子、白及、米槁、岩桂、灵芝、茯苓、血人参、川乌、何首乌、大力子、瓜蒌、南板蓝、射干、玉竹、百合、白花前胡、银杏、喜树、薯蓣、鱼腥草、薏苡仁、芦荟、乌骨鸡、鹿、乌梢蛇等。

4. 大宗常用药材及分布

大宗药材是指贵州省分布较广、产量较大，其经济效益较高的中药材，全省约有 180 种。其代表品种有：续断、龙胆草、天门冬、葛根、大青叶、银花、桔梗、白芍、瓜蒌、首乌、独脚莲、益母草、南板蓝根、板蓝根、百合、淫羊藿、南沙参、白及、玉竹、黄精、半夏、头花蓼、牛蒡、苍耳子、夜交藤、女贞子、钩藤、夏枯草、前胡、天南星、苦楝子、茜草、地榆、蒲公英、土茯苓、苦参、蜘蛛香、栀子、车前草、百两金、石菖蒲、桑寄生、十大功劳、木通、山楂、石松等。

5. 民族药材及分布

贵州民族药材是指以苗族医药理论为指导使用的中草药，据《贵州省中药材、民族药材质量标准》2003 版收载，省内有少数民族药材 246 种。其代表品种有：吉祥草（观音草）、米槁、黑骨藤、倒提壶、岩陀、虎耳草、水金凤、艾纳香、八爪金龙、金铁锁、头花蓼、重楼、马蹄金、土大黄、飞龙掌血、云实、一支箭、一朵云、九龙盘、连钱草、阴行草、红姨妈菜、灯盏细辛、朱砂莲、血水草、血三七、对叶莲、追风伞、四块瓦、水冬瓜、元宝草、落新妇、接骨木、骚羊古等。

6. 其他

其他还包括特有种药用植物和其他经济价值的中药材。

（1）特有种药用植物：是指目前在贵州省境内有分布并具有药用价值，而我国其他地区乃至世界各地无分布的物种。其代表种类有：银背叶党参、梵净山小檗、梵净山冠唇花、贵州柴胡、疣点开口箭、梵净山紫苑、短茎淫羊藿、威宁翠雀花、黔蒲儿根、贵州柴胡、贵州地黄连、长苞景天、大方栝楼、三苞小柴胡、贵州白前、长苞景天、绥阳雪里见、贵州石仙桃、贵州鹿蹄草、花溪娃儿藤、兴仁金线兰、贵阳鹿蹄草、贵州囊吾、贵州金丝桃等。

（2）其他具有经济价值药材：是指既有药用价值，又有其他重要经济价值的中药材。其代表品种有：银杏、五倍子、山药、土茯苓、女贞子、鱼腥草、蜘蛛香、魔芋、木姜子、山苍子、百合、硫磺、石膏等。

表 3-1 贵州省中药资源品种及分布

州、市	珍稀名贵药材	大宗药材	地道药材	栽培（养殖）药材
贵阳市	天麻、杜仲、白及、八角莲、重楼等	天麻、苦参、续断、地榆、山银花、前胡、杜仲、半夏、头花蓼、天冬、白术、川牛膝、射干、鱼腥草、丹参、白薇、白及、白茅根、贯众、岩乌头、菖蒲、桔梗等	天麻、杜仲、黄柏、前胡、白及、白茅根、鱼腥草、半夏、头花蓼、南沙参、天冬、黄精、续断等	天麻、杜仲、前胡、山银花、黄柏、白术、头花蓼、鱼腥草、瓜蒌、丹参、桔梗、续断、白及、太子参等
铜仁市	天麻、黄连、厚朴、凹叶厚朴、竹节参、珠子参、峨参、杜仲、湖北贝母等	吴茱萸、半夏、杜仲、金银花、何首乌、黄连、天冬、麦冬、百合、丹参、木瓜、桃仁、杏仁、枳壳、枳实、陈皮、南沙参、百部、栀钩藤、瓜蒌、骨碎补、茵陈、独活、石菖蒲、白及、白芍、朱砂、雄黄等	吴茱萸、半夏、杜仲、山银花、何首乌、白及、天冬、麦冬、栀子、钩藤、石菖蒲、木瓜、桃仁、杏仁、枳壳、朱砂、雄黄等	吴茱萸、半夏、杜仲、金银花、何首乌、百合、丹参、木瓜、桃仁、杏仁、枳壳、枳实、银杏、太子参、白术、栀子、瓜蒌、射干等
黔东南州	冰球子、杜仲、天麻、黄连、厚朴、凹叶厚朴、竹节参、天冬、马鞭石斛、铁皮石斛、昆明山海棠、蛹虫草等	茯苓、何首乌、天冬、南沙参、淫羊藿、钩藤、山慈菇、桔梗、吴茱萸、太子参、头花蓼、百合、山药、龙胆、白及、枳实、黄柏、厚朴、官桂、菊花、黄精、前胡、续断、骨碎补、淡竹叶、香附子、黄药子、天花粉、樟脑等	茯苓、何首乌、天冬、淫羊藿、钩藤、山慈菇、黄精、前胡、骨碎补、淡竹叶、草珊瑚、山苍子、冰球子、毛慈菇、太子参、头花蓼、蛹虫草等	杜仲、天麻、天冬、太子参、头花蓼、钩藤、茯苓、桔梗、金银花、何首乌、白及、枳实、黄柏、厚朴、淫羊藿、丹参、玉竹、重楼、昆明山海棠等
黔南州	杜仲、天麻、黄连、厚朴、竹节参、木蝴蝶、天冬、贵州八角莲、重楼、马鞭石斛、铁皮石斛、狗脊等	何首乌、艾纳香、桔梗、马槟榔、木蝴蝶、天冬、龙胆、通草、百部、乌梅、乌桕、鸡血藤、百合、瓜蒌、白及、决明子、南沙参、官桂、米槁、拳参、钩藤、夜交藤、山乌龟、淫羊藿、狗脊、山豆根、苦参、果上叶、刺梨等	何首乌、艾纳香、米槁、狗脊、山豆根、苦参、果上叶、马槟榔、木蝴蝶、天冬、鸡血藤、狗脊、百部、乌梅、山乌龟、刺梨等	何首乌、艾纳香、桔梗、铁皮石斛、米槁、杜仲、厚朴、黄柏、续断、刺梨等

续表

州、市	珍稀名贵药材	大宗药材	地道药材	栽培（养殖）药材
黔西南州	环草石斛、铁皮石斛、黄草石斛、金钗石斛、马鞭石斛、木蝴蝶、灵芝等	石斛、杜仲、苏木、儿茶、天冬、厚朴、黄柏、山银花、龙胆、何首乌、倒提壶、拳参、通草、桔梗、半夏、陈皮、葛根、前胡、佛手、木蝴蝶、黄药子、大牛膝、黄精、紫草、白薇、天南星、益母草、白及、薏苡仁、百部、姜黄、郁金、果上叶、山乌龟、地不容、山豆根、夜交藤、雄黄等	石斛、杜仲、苏木、儿茶、刺梨、何首乌、天冬、厚朴、黄柏、山银花、龙胆、倒提壶、木蝴蝶、黄药子、灵芝、大牛膝、黄精、姜黄、郁金、果上叶、山乌龟、地不容、山豆根等	石斛、杜仲、白及、灵芝、薏苡仁、姜黄、郁金、艾纳香、山银花、厚朴、黄柏、三七、桔梗、前胡、山豆根、葛根、佛手、岩桂、乌骨鸡等
毕节市	金铁锁、猪苓、狭叶竹节参、竹节参、珠子参、滇重楼、狭叶重楼、毛慈菇、云南翠雀花、天麻、杜仲、厚朴等	天麻、杜仲、五倍子、天冬、厚朴、黄柏、党参、半夏、龙胆、乌梅、续断、川牛膝、何首乌、天南星、桃仁、杏仁、黄精、茯苓、猪苓、金铁锁、木瓜、秦艽、射干、草乌、麦冬、火麻仁、木姜子、重楼、金果榄、云木香、地不容、刺梨、牛黄等	天麻、半夏、杜仲、五倍子、天冬、厚朴、黄柏、党参、龙胆、乌梅、续断、天南星、苦参、桃仁、杏仁、茯苓、猪苓、金铁锁、桔梗、前胡、独活、草乌、重楼等	天麻、半夏、杜仲、五倍子、天冬、厚朴、黄柏、党参、续断、天南星、苦参、葛根、桔梗、前胡、山银花、桃仁、杏仁、头花蓼、火麻仁、刺梨、乌梢蛇等
遵义市	天麻、杜仲、黄柏、黄连、厚朴、凹叶厚朴、金钗石斛、天冬、猪苓、竹节参、珠子参等	杜仲、天麻、金银花、天冬、半夏、黄柏、厚朴、桔梗、五倍子、黄精、黄连、党参、续断、石斛、吴茱萸、栀子、陈皮、南沙参、百部、白芍、红花、决明子、白芷、木瓜、山慈菇、草乌、天花粉、猪牙皂、玄参、官桂、麦冬、雷丸、银耳、刺梨、九香虫等	杜仲、天麻、金银花、天冬、党参、半夏、黄柏、厚朴、石斛、吴茱萸、玄参、官桂、麦冬、雷丸、白及等	杜仲、天麻、金银花、党参、半夏、黄柏、厚朴、石斛、吴茱萸、玄参、官桂、麦冬、白及、苦参、木瓜、刺梨等
安顺市	白及、重楼、石斛等	山药、杜仲、黄柏、厚朴、龙胆、天冬、白术、桔梗、丹参、瓜蒌、头花蓼、金银花、山豆根、薏苡仁、续断、桃仁、何首乌、佩兰、黄精、天花粉、扶芳藤、瓜子金、太子参、重楼、拳参、紫菀、南沙参、绞股蓝、白及、吉祥草、虎耳草、陈皮、补骨脂、射干、岩豇豆、石斛、果上叶、马兜铃、牛黄等	山药、杜仲、黄柏、黄精、天花粉、重楼、拳参、黄精、天花粉、扶芳藤、瓜子金、山豆根、薏苡仁、桔梗、头花蓼、吉祥草、虎耳草、绞股蓝等	山药、杜仲、黄柏、吉祥草、虎耳草、绞股蓝、山豆根、薏苡仁、丹参、白术、桔梗、山银花、芍药、牡丹、石斛、重楼、扶芳藤、头花蓼、蛹虫草等
六盘水市	狭叶竹节参、竹节参、珠子参、羽叶三七、滇重楼、云南翠雀花、天麻、杜仲等	杜仲、厚朴、防己、龙胆、乌梅、续断、川牛膝、丹参、黄柏、枳壳、百部、山楂、拳参、黄芩、半夏、党参、枳实、头花蓼、黄精、钩藤、天冬、天麻、白药子、南沙参、重楼、升麻、马尾黄连、金荞麦、刺梨等	天冬、天麻、续断、头花蓼、云南翠雀花、白药子、重楼、升麻、马尾黄连、金荞麦、南沙参、吉祥草、黄柏、桔梗、银杏、杜仲、黄精等	天麻、续断、头花蓼、丹参、黄柏、枳壳、杜仲、吉祥草、皂荚、丹参、白术、牛蒡子、桔梗、太子参、刺梨、银杏、乌骨鸡、鹿等

（二）贵州中药资源产（藏）量

1. 野生药材的藏量

据 20 世纪 80 年代中期贵州省中药资源普查,全省野生植物药材资源藏量约 196 万吨,其中常用的 320 种植物药材的野生产藏量约 18 万吨。近年来,随着贵州中药民族药产业的发展,对药材资源的需求不断增加,野生资源已不能满足需求,其蕴藏量日益减少。许多需求量大的品种已用栽培药材做原料,如天麻、艾纳香、头花蓼、石斛、白及、茯苓、灵芝、吉祥草（观音草）、前胡等。

2. 种植药材产量

据贵州省扶贫开发领导小组发布的《贵州省中药材产业发展报告（2014 年）》，截至 2014 年 12 月，贵州全省种植的天麻、杜仲、黄柏、厚朴、太子参、半夏、山银花等中药材总产量为 155.25 万吨，毕节市以 26.89 万吨位居第一，占全省中药材总产量的 17.32%。全省中药材产值达到 120.12 亿元，毕节市以 24.51 亿元位居第一，占全省中药材总产值的 20.39%。

（三）重要药材简介及其评价

由于贵州独特优越的生态环境和气候条件，不少野生和栽培药材质量好，产量高，驰名国内外。贵州地道药材有：天麻、杜仲、黄柏、厚朴、半夏、吴茱萸、石斛、天冬、茯苓、艾纳香（艾片）、白及、龙胆、桔梗、何首乌、续断、钩藤、黔党、山银花等。贵州产药材并有竞争力的有：杜仲、黄柏、何首乌、钩藤、艾纳香（艾片）、续断、山银花、龙胆、射干、葛根、地榆等。出口的品种有：杜仲、天麻、厚朴、天冬、艾纳香（艾片）、瓜蒌、半夏、钩藤、白及、何首乌、桔梗、龙胆、桃仁、天南星等。例如：

1. 天麻

天麻为常用中药材，国内主产区有四川、贵州、陕西等省。因贵州天麻个大、肥厚、质坚，而誉称"贵天麻"，在日本享有"天麻佳品出贵州"之美誉。大方天麻个大，一级品比例大，质量好，其有效成分天麻素等含量高，市场竞争力强。目前，贵州大方县、德江县、雷山县等正按国家 GAP 要求建设天麻生产基地。

2. 半夏

半夏在海拔 2500m 以下的地区均有广泛分布，野生半夏在贵州各县区市均有分布。贵州半夏素以质优驰名中外，20 世纪 70 年代出口日本曾享有免检权，大方圆珠半夏于 2013 年通过了国家质量检验检疫局原产地标志保护。目前，赫章、大方、威宁县等地都在进行半夏种植与生产基地建设。赫章县河镇乡是我省人工种植半夏较早的乡镇，迄今已有 20 多年种植历史，种植农户逐年增多，规模逐步扩大，产品常年销往江浙一带，甚至远销到日本、韩国等地。

3. 石斛

石斛为多年生附生兰科植物，药用石斛有金钗石斛、铁皮石斛、环草石斛等。国内主产区有云南、浙江、贵州、四川等。贵州石斛主要分布在南部紧靠南盘江、北盘江、红水河及其主要支流沿河两岸海拔高度 600m 以下的地区及北部赤水河、习水河的下游沿河两岸，海拔一般不超过 500m 的低热河谷地带。贵州历来是我国石斛地道药材主产区，以赤水金钗石斛、兴义环草石斛最为著名，目前在省重大专项和国家科技支撑等项目支持下，赤水、兴义等地开展了规范化种植技术研究与 GAP 基地建设。赤水金钗石斛 GAP 基地 2013 年已通过国家食品药品监督局现场认证。

4. 艾纳香

艾纳香是贵州十大苗药之一，也是贵州省重点发展的民族药材之一，为提取天然冰片的主要原料。贵州艾纳香人工种植虽已有 100 多年的历史。2012 年 3 月，国家质检总局批准对罗甸艾纳香实施地理标志产品保护，罗甸艾纳香被列为国家科技部重大攻关项目"贵州地道中药材 GAP 试验示范基地建设"品种之一。艾纳香叶片是提制艾粉的原料，再经提炼后可制得天然冰片，副产品为冰片油，常用于治疗中风、痰厥、高热等症，广为临床应用，也是目前重点开发的保健品及日化品等的重要原料，其价格日益攀升，市场供不应求。目前，艾纳香的优良种源选育、扩繁技术已基本解决，我省罗甸、独山、册亨、黎平等地都在进行艾纳香栽培。

5. 桔梗

桔梗为常用大宗药食两用药材，其分布较广，主产区有内蒙古、山东、安徽、四川、贵州等。东北的辽宁、吉林主要以食用的甜桔梗为主，出口朝鲜、韩国，药用的苦桔梗主产于贵州、四川等省。我省土壤、气候都宜于桔梗生长，桔梗历来是我省大宗外销主流品种之一，很有发展潜力。目前，桔梗种植技术成熟，在我省各地均有种植，尤以安顺市的西秀区、关岭县、普定县产量最大，质量也最佳。

上述有关品种及杜仲、黄柏、厚朴、何首乌、太子参、钩藤、续断、山银花、龙胆、射干等重要药材，详见本书各论。

（四）贵州中药资源开发历史与现状

1. 开发历史与现状

贵州省中药资源开发利用的历史，可追溯至明代弘治年间编纂的《贵阳图经新志》，其记载了菖蒲、前胡、山药、桔梗、蛇含、木姜子等中药；嘉靖年间的《贵州通志》，更为详尽地记载了银杏、枇杷、紫苏、薄荷、稀莶、苍耳、瓜蒌、商陆、荆芥、牛膝、半夏、乌头、桔梗、黄精、苦参、贯众、马鞭草、车前子、草决明、何首乌、木通、厚朴、石斛、麦冬、天冬、夏枯草、百合等 130 余种药材。清代康熙年间的《贵州通志》（第十二卷）记载了木姜子等 14 种中药，道光年间《贵阳府志》（第四十卷）记载了 60 余种。民国时期的《贵阳乡土地理》中除记载药用植物外，还对部分地产药材作了描述。新中国建立后，在 20 世纪 50 年代出版了不少贵州中药民族药专著，如杨济秋编著的《贵州民间方药集》记载了不少民间草药与验方；姜守忠编著的《贵州蕈类植物》记载了灵芝、茯苓等药用真菌等；著名学者侯学煜的《贵州及邻近地区的蕨类植物生态环境的初步观察》对贵州的蕨类资源的分布，生境作了描述和记载。

中药材的引种栽培方面，中华人民共和国成立前虽有人工栽培，但品种少，规模甚小。中华人民共和国成立后，20 世纪 50 年代建立的省、州、县药材公司均设有生产科专管药材种植（养殖）等工作；50 年代中后期，贵阳市羊艾农场、湄潭县黄家坝药材种植场先后种植白芍、杜仲、黄柏、厚朴及引种三七、人参、牡丹、白术、黄连等药材，并提供了药材商品。此外，开阳、修文、息烽、清镇、绥阳、威宁、大方等县药材公司引进的山茱萸、太子参、潞党参、红花等家种成功，对野生的天麻、半夏、山银花（以灰毡毛忍冬及黄褐毛忍冬为主）、何首乌、黄精、苦参、麦冬、龙胆、续断等药材家种成功。

在中药材的深加工方面，早在清朝康熙年间，遵义板桥的人和堂药店，就开始生产"化凤丹"；贵阳同济堂药店也生产一些膏、丹、丸、散。1938 年在贵阳组建的贵州最早的中成药厂——贵阳德昌祥制药厂，生产有男用补天素、妇科再造丸、杜仲降压片等多种产品，销往全国各地，至今仍畅销不衰。

随着对中药资源调查的深入，特别是 20 世纪 80 年代中期的全省中药资源普查，从品种、分布、产（藏）量、区划布局、研发与购销等多方面都做了较为系统而详尽的调查，并在充分掌握第一手资料的基础上，进一步整理研究出版了贵州省首部较系统反映贵州中药资源全貌的《贵州中药资源》专著（中国医药科技出版社，1992 年），记载了贵州中药资源 4290 种，其中植物药 3924 种，动物药 289 种，矿物药 77 种，测算出全省中药资源蕴藏量 6300 万吨，居全国第四位，并首次研究建立了贵州中药区划，提出了贵州中药资源发展战略与规划。2003～2005 年，何顺志等对全省中草药资源进行了增补调查，于 2009 年出版了《贵州中草药资源研究》，记载了贵州中草药资源 4802 种。

20 世纪 90 年代，贵州省又先后出版了《苗族药物集》（陆科闵，1988 年）、《苗族医药学》（陈德媛，罗廷发等，1997 年）、《水族医药学》（王厚安，1997 年）、《贵州苗族医药研究与开发》（包骏，冉懋雄，1999 年）等专著。近 10 年来贵州省先后发表中药资源、栽培、制剂、化学、药理、临床等方面的论文近 800 余篇，对贵州的中药品种、分布、生境、功效、栽培及研发应用等作了介绍，也对贵州中药资源的开发利用作出了显著贡献。近年来，贵州中药产业蓬勃发展，主要体现在中药材栽培（养殖）、中药制药工业及中药新药研制等 3 个方面，下面仅以中药材栽培（养殖）为重点予以简述。

中药材栽培（养殖）方面，20 世纪末期科研成果及成果推广都得到了较大的发展。例如，先后引种了西洋参、太子参、三七、潞党参、红花等，并且天麻、半夏、金钗石斛、环草石斛、铁皮石斛、何首乌、头花蓼、头花蓼、黄精、天冬、山银花（以灰毡毛忍冬及黄褐毛忍冬为主）、续断等药材实现了野生变家种。省植物园还成功引种了 300 余种蕨类植物，其中有 1/3 的种类可以药用，有的种类除药用外还具有很高的观赏价值，如扇蕨、桫椤、翠云草等。在栽培方面，天麻、杜仲、五倍子、鱼腥草、魔芋、芦荟等药材都得到了快速发展，有的已形成规模，经济效益十分显著。中药材是一种特殊商品，货紧价扬；盲目发展时则价降伤农。20 世纪 90 年中期，贵州省的中药种植与全国一样降温，盲目大规模种植的杜仲、厚朴、五倍子、桔梗等，供大于求，给药农带来了较大的损失。另外，我省不少地区曾先后开展了乌梢蛇、斑蝥、水蛭、乌骨鸡、梅花鹿及大鲵等药用动物养殖并取得成功。

为了保证中药材质量的安全有效、稳定可控，2002 年 4 月国家药品监督管理局颁发了《中药材生产质量管理规范（GAP）》（试行）。自 2004 年以来，我省何首乌、太子参、头花蓼、淫羊藿（巫山淫羊藿）及石斛（金钗石斛）规范化种植与 GAP 基地，已先后通过了国家食品药品监督管理局的现场认证检查并公告。目前，我省的天麻、昆明山海棠、续断、吉祥草、吴茱萸、丹参、钩藤、杜仲、桔梗等规范化种植与 GAP 基地正在建设中。

2. 主要存在问题与对策措施

（1）主要存在的问题：

①研究开发和综合利用不够：贵州中草药资源 4802 种，实际开发利用的种类不到 10%，约 90% 的中草药未被开发利用。原因之一为中药工业生产企业对贵州的中草药资源认识不够，如咽特佳含片的主要药材原料冬凌草（碎米桠），厂家历来均从省外购进，而我省的贵阳、凤冈、印江、瓮安、铜仁等地均产，贵州生态环境完全适于大面积栽培。其二为宣传的力度不够，地道药材如天麻、半夏、黔党、天冬、龙胆、天花粉、茯苓等优势正在丧失。其三为科技开发与综合利用要进一步加强，如金银花及山银花均为忍冬属植物，全国忍冬属植物近 100 种，贵州有 20 余种。金银花（忍冬）及山银花（黄褐毛忍冬、灰毡毛忍冬）现均已收入国家药典，均为法定品种。我省山银花（以黄褐毛忍冬、灰毡毛忍冬为主）不仅在石漠化治理上生态效益显著，而且其有效成分如绿原酸含量比忍冬高 1 倍左右，很有发展前途。但其在保健品等"大健康"产品的研发、绿原酸提取物及综合利用等方面，还需进一步加强科技开发与大力推广应用，以求获取更佳效益。

②不少中药材种植（养殖）还未很好步入市场化发展轨道：主要表现在对特色资源重视不够，未以市场为导向，有盲目发展倾向。有的不重视合理采收与产地加工，导致质量差，效益上不去。

③不少中药资源遭到不同程度的破坏：近 20 年来，随着中药民族药产业的快速发展，由于不注意对中草药资源的保护和繁育，乱采滥挖，导致中草药产量和质量下降。野生的天麻、黄连、石斛、杜仲、竹节人参、八角莲、红禾麻、黑骨藤、血人参、虎耳草、岩陀、白及、重楼、金铁锁等，现在原产地几乎采不到。产量较大的野生何首乌、黄精、天冬、钩藤、半夏、续断、淫羊藿等也受到严重威胁。

④中药工业经济结构粗放：经过多年的发展，贵州中药工业虽取得了很大进步，但规模小，效益低，科技含量不够。在贵州 164 家中药民族药企业中，部分企业品种规格少，系列化、标准化、配套能力差，自动化水平低，质量检测装备滞后；剂型单一，近 80% 是通常的片剂、胶囊剂、滴丸、针剂、缓释剂等，现代剂型少。在治疗范围上，存在雷同和重复现象。

（2）对策措施：

①注重野生药材资源的保护性开发：贵州野生植物药材资源藏量约 196 万吨，常用的 320 种植物药材的野生产藏量约 18 万吨，所占比例不到 10%。贵州中草药资源有 4802 种，开发利用的有约 350 种，所占比例也不到 10%。可见贵州中药资源开发利用的空间仍然很大。但要吸取以往掠夺式采挖导致资源被破坏和某些药材品种濒于灭绝的教训，切实做到保护资源、用抚结合、合理开发，确保贵州野生药材资源的永续利用。

②加强地道药材、具有竞争力的药材、民族药材的规范化种植基地建设：首先做好已有何首乌、太子参、头花蓼、石斛、淫羊藿等规范化种植与 GAP 基地的巩固，进一步鼓励和扶持新建基地，完善管理体系和质量保证体系，为继续发展积累经验。其次是根据资源优势和市场需求，做好基地建设的规划和布局，提前做好理论和技术储备。

③做好长线品种的发展工作：贵州的气候、土壤条件适合多种木本药材生长，杜仲、

黄柏、吴茱萸、厚朴、乌梅是贵州传统的药材，以质量优越在国内外享有盛誉，吴茱萸产量居全国首位。桃仁、木瓜、喜树、枳壳、栀子、银杏、川楝子、木蝴蝶、辛夷、官桂等也能提供相当数量的商品。结合植树造林、退耕还林、农业产业结构调整、GAP 基地建设，发展优质木本药材生产，为此，研究合理的以短养长技术模式是关键。

④开发别具特色的"小三类"品种和民族药品种："小三类"品种是不属国家统管的地方品种，基本来源于野生，贵州是此类品种的著名产区。此类品种能出口的有白藤、地榆、夏枯草、天南星等，供应国内的有独角莲、山豆根、乌头、小玉竹、土茯苓、黄药子、白茅根、百部、白及、石韦、鹿衔草、九香虫、斑蝥等。同时，具有较好产业化基础的民族药品种如黑骨藤、透骨香、刺梨、红禾麻、吉祥草、头花蓼、虎耳草、血人参等重点开发的对象，"小三类"品种和民族药品种既是"贵药"的传统，更是"贵药"的特色。

⑤保护贵州的生物多样性：贵州的生物多样性是一个涵盖自然条件、生态环境、物种结构的大系统，是中药资源的种质多样性和遗传多样性的物质基础。这个系统已受到不同程度的破坏，这种状况不能再持续下去。研究贵州生物多样性的现状，实施生物多样性保护项目，是促进贵州中药现代化可持续发展的重要保证之一。

⑥建立贵州药用植物种质资源库：由于贵州具有世界上最大的岩溶面积，占总土地面积的 62%，而且石漠化极其严重，现每年还不断增加，如此脆弱的环境使得生物多样性锐减。加之，经济落后、人口密度大、乱垦滥伐、乱砍乱挖、放火烧山、毁林造田，工业"三废"污染，更使生态环境破坏极为严重，动植物的栖息地迅速缩小，不少动植物趋于濒危灭绝边缘。有些药用植物的野生资源现已枯竭，如石斛，天麻等。如果不迅速对我省的药用植物种质资源加以保护，那么我们将可能永远失去它们。所以建立贵州药用植物种质资源库，保护药用植物的种质资源是非常必要的。

第二节　贵州的民族药调查研究与发展

一、贵州民族医药研究发展现状

贵州是一个多民族聚居的省份，全省少数民族人口约 1460 万，占全省总人口的 38%，拥有民族成分 54 个，世居少数民族 17 个，包括有苗、布依、水、仡佬、土家、侗、彝、毛南等民族。其中以苗族人口最多，达 490 多万，占全国苗族总人口的 49%以上；布依族人口 247 万，约占全国布依族总人口的 97%；水族人口 36 万，约占全国水族总人口的 97%；仡佬族人口 55 万，约占全国仡佬族总人口的 96%；侗族人口 140 多万，约占全国侗族人口的 55%，以上几个民族在全国所占的比重较大，同时贵州少数民族个数在全国仅次于云南省。

由于贵州地处偏僻，古代被称为"蛮荒之地"，诸葛亮《出师表》中提到"五月渡泸，深入不毛"，可见当时贵州境内荒无人烟的情况。至清朝乾隆元年前，现在的黔东南部分地区还未入"官籍"，视为生界，也就是还未统一到中国的版图中来，有"蛮不入境，汉不入峒"之禁令，仅仅作为流放之地。但也正是这样的原因，长期以来贵州的各民族都保留了自身独特的文化，而民族医药正是民族文化中的一朵绚烂奇葩。

以苗医药为代表的贵州民族医药，由于立方简明，病症针对性强，多一方一药，一药一方，且喜用鲜药，药效有保证，以"简、便、效、廉、奇"著称。民族医药中许多特殊的发现、特殊的经验、特殊的视角、特殊的思维和方法，非常值得借鉴和深入研究，也因此成为人类追求健康、养生、预防保健等方面的热点。我省民族医药起步晚，起点低，需要依靠国家及地方政策的大力帮扶。尤其是贵州少数民族大多存在有语言但无本民族文字的先天不足，民族医药的传承依靠口口相授，在传承过程中又有"传男不传女，传内不传外"的保守思想，其发展的艰难更是可想而知。在过去，不要说民族医药，就连中医药的发展都经历了不少的坎坷与曲折。由于使用的药物多为植物药，因此古代的医药研究被称为"本草学"，如明代李时珍的《本草纲目》、清代吴其濬的《植物名实图考》等专著。随着西医西药的传入，为了区别本国医药与传入医药，才有了中医药之称，由于医疗理论、手段、方法的不同，中医药作为经验医学，其发展的步伐明显落后于西医药，以至于民国时期，几度有中医药的废立之争，直至中华人民共和国成立后，才确立了中医药的地位。民族医药的发展则更晚，20 世纪 50～60 年代，一直使用的名称是中医药、民间医药，而民族医药的真正出现，是在 20 世纪 70 年代末改革开放以后。1982 年颁布的《中华人民共和国宪法》规定："国家发展医疗卫生事业，发展现代医药和我国传统医药"。1984年国务院办公厅转发卫生部、国家民族事务委员会《关于加强全国民族医药工作的几点意见》的通知中指出："民族医药是祖国医药学宝库的重要组成部分，发展民族医药事业，不但是各族人民健康的需要，而且对增进民族团结、促进民族地区经济、文化事业的发展，建设具有中国特色的社会主义医疗卫生事业有着十分重要的意义"。1997 年中共中央、国务院《关于卫生改革与发展的决定》中指出："各民族医药是中华民族传统医药的组成部分，要努力发掘、整理、总结、提高，充分发挥其保护各民族人民健康的作用"。2002年，中共中央、国务院《关于进一步加强农村卫生工作的决定》指出："要认真发掘、整理和推广民族医药技术"。

贵州省在推动和发展民族医药事业方面走在了全国的前列。早在20世纪50～60年代，由于国际环境险恶，国家大力推行中草药资源战备调查，原贵州省中医研究所开展了大量民族医药调研，收集、整理了不少各民族医药经验方、药物，出版了《贵州民间药物》（第一、二集，1959 年）、《贵州草药》（1972 年）、《贵州中草药名录》（1984 年）、《苗族医药学》（1992 年）等专著；原贵州省中药研究所通过全省中药资源普查研究，出版的《贵州中药资源》（1992 年）也收载有苗族等民族药。从 1984 年起，以国家政策为导向，在贵州省委、省政府领导和关怀下，以贵阳中医学院（原贵州省中医研究所、原贵州省中药研究所于 2000 年合并为贵州省中医药研究院；贵州省中医药研究院 2000 年又合并至贵阳中医学院）、黔东南州民族医药研究所为主的研究单位对贵州省多个少数民族医药开展了调查研究，贵阳中医学院先后完成了苗族（1984～1992 年，2004～2006 年），水族（1991～1997 年），布依族（1991～1994 年，1997～2000 年），仡佬族（1998～2001 年），土家族（2001～2005 年），毛南族（2002～2005 年）等民族的医药调查，出版了相关民族的医药专著，发表了大量论文，并获得了各级各类的成果奖励。如以黔东南州民族医药研究所为主的研究单位完成了侗族（1988～2011 年）医药调研，出版了专著，并获得各级各类成果奖励。

贵州以苗族医药为重点的主要少数民族医药的调研，充实了祖国传统医药宝库，填补了数千年民族医药文化文字记载的空白，推进了民族团结与和谐，有着划时代的意义。通过调查、挖掘所获得的第一手资料，经过整理、研究，形成理、法、方、药一整套完整的民族医学，对传承和发扬民族医药起到了积极作用，也为民族医药今后的提升和创新发展奠定了良好基础。

二、贵州民族医药调查研究方法

民族医药属于经验医学的范畴。过去，贵州世居少数民族多数无本民族文字，只是通过口传心授、师带徒的方式传承，且较为保守，加上民族医药大多分散流传于民间，民族医师多数以务农为主，使民族医药的调查和收集存在一定的难度，民族医药存在失传之虞。

为此，我们首先要对该民族的政治、文化、人口分布、语言、民间文学和风俗习惯等有文字记载的资料进行收集、查阅、整理，以便充分了解和掌握其人文历史，为调研工作做好前期准备。然后对收集的资料进行分析，并制订较为科学、合理的实施步骤和方法，归结为：①调查中注意"六性"，即新颖性、合理性、科学性、先进性、应用性、可持续性；②设计可行的调查方案；③设计项目的具体实施办法，包括预调查（先期了解）、原始资料的搜集、资料的分类和存档；④资料整理、数据统计、结果分析、工作总结等。

从1984年起，我省先后对苗、侗、布依、水、亿佬、土家、毛南等世居民族的医药进行了调研。在调研中，采用了医药学研究中普遍使用的现况调查法（也称横断面调查）中的非全面调查方式，选取分类典型进行具体调查。即在一个特殊的时间内，对一个县（有时为一个乡）的民族医师（因其常外出务工）通过县卫生局或县民委发给个人问卷调查表，通过调查表中姓名、职业、年龄、从医年龄、祖传（或跟师或自学）、擅长（治疗疾病方面）等因素了解民族医师的基本情况，然后进行归纳分析，选出各个层次的代表，在统一的时间内召开座谈会（民族医在10名以上），或找出较有代表的民族医进行个别访问。

调查中，采取"点、线、面"相结合的原则，既反映民族医药的全貌，突出重点，又兼顾与民族医药相关的历史、语言、文化、习俗、地域等情况，制订相应的调查路线。

实地调查时，对民族医师使用的单验方、药物、治病的范围、治病的方法等进行逐一询问，所述药物与现今药物名是否是同一物，以及用量，使用禁忌，使用方法等都记录下来。

调查结束，进行资料整理时，对所获取的资料除了真实、原始地反映民族医药的现状外，还对民族医的年龄、性别、地区差异、医病范围、药物使用等情况进行数据统计，力争从多个角度全面反映民族医药的状况。

民族医药是各民族为了生存，在与自然的长期斗争中积累而来，在流传过程中，后人通过自身努力，将前人的经验运用于实践，反复摸索，形成为我所用的知识。在调查研究中，不仅要掌握各民族使用的医药学，而且对其有关医药的历史、习俗、语言、口头文学等内容也要有所了解，才能在真正意义上掌握民族医药的脉络。

三、贵州主要少数民族医药调查研究

（一）苗族医药调查研究

苗族是一个发源于中国的国际性民族，根据2011年全国第六次人口普查数据，我国

苗族人口达到 1000 万，苗族人口总数位居全国少数民族第四位，在国外的苗族人口有二三百万。在贵州省内，苗族也是人口最多、分布最广泛的少数民族，全省苗族人口 490 多万，主要分布于贵州省东南部及中西部广大地区，主要聚居在黔东南苗族侗族自治州、黔南布依族苗族自治州、铜仁市以及毕节、安顺、六盘水、贵阳、遵义等地市。

1984 年，由原贵州省民族事务委员会出资，原贵州省中医研究所民族医药研究室承担了对苗族医药的调研，在 6 年左右的时间里，走访了上百位苗族医师，足迹踏遍省内苗族各主要聚居区以及湖南湘西土家族苗族自治州，从医理、治疗方法、经验方、药物等方面对苗族医药进行了较为全面的调查研究，并于 1992 年出版了《苗族医药学》一书。该书的问世，为贵州省民族药产业的发展奠定了坚实的物质基础，为贵州省以苗医药为代表的民族药产业在全国民族医药行业形成一枝独秀的局面可以说是居功至伟。

贵州省少数民族众多，同时又有着山川秀丽、生物多样性突出、药物资源丰富的优势，随着国家对民族医药地位的肯定，贵州省委、省政府高瞻远瞩，因势利导地推出民族医药产业。在过去研究的基础上，原贵州省药品监督管理局集结贵州省医药行业的专家，通过整理研究，出版了《贵州苗族医药研究与开发》（1999 年）一书，对已形成贵州省地方标准的民族药制剂及使用的药材进行了审定与再评价。该举措使 2002 年 154 种载入贵州地方标准的苗药上升为国家标准，制药企业受益，也极大地推动了民族药产业的发展。

经过 20 多年的发展，以苗药为代表的民族药产业在"十一五"期间成为贵州省的六大支柱产业之一；"十二五"期间是十大支柱产业之一，以及贵州省的"五张名片"之一，形成种植（养殖）、药材加工、药品生产与销售完整的产业链，从业人员达数百万的规模。但随着产业发展的不断深入，"药强医弱"的情况严重阻碍了产业发展。民族医药作为经验医学，"医"与"药"是密不可分的一个整体，由于过去对民族医药基础理论的研究不够细致，特别是理论研究不够系统化，使药物研发得不到相应的理论支撑。为此，2003 年，在贵州省科技厅的资助下，开展了贵州省中药现代化重大基础理论研究项目——"苗医药理论的系统研究"，于 2004～2006 年开展调查研究。课题组先后前往省外的广西融水苗族自治县、湖南湘西土家族苗族自治州、云南文山壮族苗族自治州、重庆秀山土家族苗族自治县、重庆彭水苗族土家族自治县等地，以及省内的六盘水、凯里、雷山、台江、毕节、镇宁、关岭、花溪高坡等地，对苗族主要聚居地区的苗族医师开展了调研，收集到一批珍贵的手稿及文献，通过挖掘、整理、研究形成了《中国苗医学》初稿，发表了上百篇相关论文，出版了《苗医基础》《苗语》《苗药学》《苗药资源学》《苗族文化》《苗族医药发展史》6 本一套的苗药专业（方向）本科教材，本项目还获得了 2008 年贵州省科技进步二等奖。

研究表明，苗族医药有着悠久的历史，汉文记载的苗族古歌中就有"药王药王，身明晶亮，穿山越谷，行走如常，披星戴月，身在四方"。西汉刘向的《说苑辨物》中称：吾闻古之医者曰苗父，苗父之为医者也，行医于乡里。《神农本草经》记载的药物"有 100 多种与苗药同名同义"（《湘西苗药汇编》）。明代李时珍《本草纲目》第一册有 15 种、第二册有 27 种苗族药物记载，其中的菖蒲条引宋代苏颂的话："黔蜀蛮人常将随行，以治卒患心痛。其生蛮谷中尤佳，入家移植者也堪用，但干后辛香不及蛮人持来者，此皆医方所用菖蒲也"。清代吴其睿《植物名实图考》也记载了不少苗药，如"白及根，苗妇取以浣衣，……白及为补肺要药"。

苗医认为气、血、水是构成人体的基本物质。生病,外为水毒、气毒、火毒所犯,内有情感、信念所动,亦因劳累损伤所致。辩证分类上有两纲(冷病、热病),五经(冷、热、半边、快、慢);病分三十六症、七十二疾,合称一百单八症。苗医诊疗也有着自身的特色。如望诊,中医只看头发,苗医还认为眉毛不乱而光泽正常,病不重;眉毛散乱,皱眉时眉不举,汗毛直立则说明病重。指纹诊:中、苗医都用在小儿疾病上,苗医看大拇指颜色,黑为失水,红为受惊,绿色为损伤。指甲诊:多用妇科,按住妇女的中、小指甲,放开后淡红色者为口干舌燥,黄色者为月经紊乱。苗医诊断以望、脉二诊为主,望可知其表,脉可知其里,表里结合。苗医治法以"冷病热治""热病冷治"为两大治法。采用内治法和外治法,其中外治法特别丰富,包括放血疗法、刮治法、爆灯火疗法、气角疗法、滚蛋疗法、发泡疗法、佩戴药疗法、熏蒸疗法、抹酒火疗法、烧药火疗法、针挑疗法、外洗法、外敷法、拍击疗法、体育疗法、热烫疗法、精神疗法。

苗医使用药物分冷药、热药两大类,所用药物达 2000 种之多,常用约 400 种。代表药物主要有大血藤、小血藤、毛青杠、八爪金龙、蜡梅根、见血飞、海桐皮、小冬瓜根皮、钩藤根、接骨木、白龙须、骨碎补、香樟根、一支箭、铁筷子、八角莲、大(小)马蹄金、马鞭草、杠板归、抱石莲、三角枫、鱼怪、蚯蚓粪、老鹳嘴等。

(二)水族医药调查研究

水族主要聚居于贵州省南部及东南部地区的三都水族自治县、独山县、荔波县、都匀市、榕江县、雷山县、从江县、丹寨县、福泉市等,广西区的融安、南丹、宜山、环江、河池、都安、来宾,云南省曲靖市富源县古敢水族乡、江西省吉安、吉水等均有少量水族人居住。水族总人口 36 万,贵州占全国水族总人口的 97%。

原贵州省中医研究所民族医药研究室于 1991 年承担了经国家中医药管理局批准的"水族医药调查研究"课题,至 1997 年出版《水族医药》一书,整理、编撰、完成了医史、基础理论和治疗方法,收集常用药物 182 种,单验方 395 个。

水族医师在医疗实践中比较注重医技,病症分型较简单,以望诊、问诊为主,擅治妇科病、骨折、风湿等,用药喜鲜用,少有炮制。水族医药方剂多单方或小复方,常用的代表药物有双肾草、山螺蛳、棕榈嫩尖、芙蓉根、反背红、仙桃草、甲鱼血、秤杆菜根、血当归、茶树根、水冬瓜根皮、野葡萄根、水蛭、杉树皮、细叶泽兰、韭菜根、螃蟹、散血飞根皮、岩五加、青杠子等。

(三)布依族医药调查研究

贵州省布依族人口共有 247 万人,占全国布依族人口的 97%,主要聚居在黔南、黔西南两个布依族苗族自治州及安顺、六盘水及贵阳市郊等地,此外其他地区也有少数布依族居住。云南、四川、广西等省(区)也有布依族散居。

布依族医药的研究历史较长,从 1991 年起由原贵州省民族事务委员会资助,原贵州省中医研究所民族医药研究室承担了布依族医药调查任务,历时 4 年,以黔南州的都匀、罗甸,黔西南州的贞丰、册亨、望谟,以及六枝郎岱等布依族主要聚居区为重点,调查、走访近百名布依族医师,收集整理 300 多个经验方,常用药物 100 多种,从理、法、方、药等方面对布依族医药进行了较为全面的调研。该项目所取得的成果获得 1996 年贵州省卫生科技进步一等奖。1998～2002 年，原贵州省中医研究所民族医药研究室开展了对布依族医药的补充调查，调查重点是布依族语言、医史、药物资源等，并依据两次布依族医药调查所获得的资料，在国家中医药管理局、贵州省科技出版基金的资助下，于 2003 年编撰出版了《布依族医药》一书，该书从医药史、医理、药物、经验方等方面对布依族医药进行了阐述。通过对布依族医药的全面调查、挖掘和整理，以名为"布依族医药的传承与保护研究"成果获得 2012 年贵州省科技进步二等奖，《布依族医药》专著获得 2014 年首届中国民族医药学会一等奖。

布依族医师重医技，医理简略，有"一百单八症"，分为"七十二惊风，三十六癀"，但不如苗医有完整具体的称谓，兼内、外治，尤擅外治骨伤等疾患，用药多单方或小复方，喜鲜用。药物资源有 1000 多种，常用药约 200 种。代表药有石斛、岩豇豆、果上叶、苦楝子、马槟榔、芭蕉心、地棕根、五香血藤、半边莲、鸭脚板、万丈深、万年粑、白龙须根、水辣蓼根、接骨木、美人蕉根、散血草、野花椒根、竹根七等。

（四）仡佬族医药调查研究

全国仡佬族共有人口 58 万人，贵州省聚集了 96.43% 的仡佬族人口，少数散居于云南和广西，另外在越南有 1845 人。贵州仡佬族聚居地主要为务川仡佬族苗族自治县和道真仡佬族苗族自治县，其余分布于贵阳、六盘水、遵义和铜仁、毕节、安顺、黔西南等地区。

仡佬族医药调查于 1998 年在原贵州省民族事务委员会立项，还先后获得过原贵州省中医研究所、贵阳中医学院、国家中医药管理局资助进行调查研究。仡佬族医师亦农亦医，均有极具个人特点的行医专科专病方向，除对症下药外，常使用刮痧、扎瓦针、拔火罐、敷贴等外治疗法。常用治疗药物 200 多种，药物使用无准确剂量，常视年龄、身体强弱而定。仡佬族特色疗法，如熏治疗法：将药物置于刚熄灭的杂草灰上，进行熏治，达到治病目的。具体操作是，在黄土地上挖可容一人大小的坑，内放杂草，点燃，待灭，泼上童便，再撒上配制好的药粉（乌梢蛇 2～3 条，炕干研粉，乌头半斤研粉），病人睡药粉上，进行熏治。适应证：治疗手脚颤抖。又如小儿推拿法：手法有推、摩、揉、按、散，包括水底捞月法、引水上天河法、天门入虎口法、打马过天河法、二龙戏珠法、凤凰展翅法、运土入水法、飞经走气法。病机：小儿脏腑娇嫩，形气未定，故对某些疾病抵抗力差，疾病表现为"易虚易实""易寒易热"等病理。仡佬医师通过望神色、形态、苗窍、指纹等观察脏腑寒、热、虚、实，诊断疾病。治疗中，推法可疏泄积滞，宣化壅塞；摩法可安神缓痛，散滞解郁；揉法可活血散结，软坚止痛。

（五）土家族医药调查研究

土家族是中国历史悠久的民族，主要居住在云贵高原东端余脉的大娄山、武陵山及大巴山方圆 10 万余平方公里区域，分布于湘、鄂、黔、渝毗连的武陵山区。土家族共有 800 余万人，其人口数仅次于汉、壮、满、回、苗、维而列为第七大民族。贵州省有土家族人口 140 多万，占全国土家族总人口的 17.5%。

土家族医药调研始于 1993 年，当时在贵州省卫生厅、省民委支持下成立了"贵州省土家族医药调查研究科研课题组",调研范围包括黔、湘、鄂、渝四省市土家族聚居区,历时十多年,对土家族医药进行了深入调查研究,获得了许多原始的第一手资料。2003年,在贵州省民委、省卫生厅和贵阳中医学院的关怀下,贵阳中医学院民族医药研究所成立了《土家族医药》编辑委员会,对收集、整理的资料进行了认真归纳和总结,于 2006年出版了《土家族医药》。该书从土家族医药发展简史、医学基础理论、医学临床症治、常用土家族药物、学术价值和开发前景展望等方面作了论述和介绍。

土家族医药以"三元论"为基础,认为人的生命是天、地、水之元气化生的世间最精灵、智慧的生命,水是人体物质基础,地是人体活动场所,天是人体活动空间。"三元"即天元、地元、水元,人体中的脑、心、肺居上为天,脾、胃居中为地,肝、肾居下为水。三元论提出"以阳统阴","阳盛则壮,阴盛则老",同时也提出三元体架、三元脏器、三元孔窍、三元物质的医学理论和药物的"三元性"理论。

土家族医师认为人体患病的机理为三元受损,五毒侵袭,气滞血亏,其治疗则为培元补元、保元纳元和赶风赶气、赶水赶湿、赶火赶毒、排毒清毒。土家族特色疗法,如踩油火疗法,又称犁上水法,是用烧热的热油拍打按揉病变部位或穴位。具体操作是用铧口尖(犁尖)一只,放在火中烧红,取出将桐油或菜油喷洒在犁尖上,油当即起火,迅速用此火油拍打揉按患部,每次 5~10 分钟,每日 1 次。或者医者将桐油或菜油煎沸,用手在冷水中浸泡后取出,迅速伸入热油锅中摸油,在患者疼痛部位或穴位上拍打按揉,每次 5~10 分钟,一日 1 次。以上疗法的适应证主要为四肢骨节冷痛、风湿麻木、偏瘫、肩关节痛、颈椎关节痛、腹冷痛、小儿下肢瘫痪等症。该疗法特点为疗法神秘神效,有"杂技疗法"之称。但使用该疗法必须有师传,否则不能得心应手。又如荨麻螫刺疗法,是利用荨麻属植物(民间称活麻)的螫毛直接触及刺激患者病变部位(阿是穴)和经络穴位,使之产生双向调节刺激感应,以达到疏通经络、防病治病的目的。荨麻全草含多种维生素、鞣质,茎皮螫毛含蚁酸、丁酸、醋酸、酪酸以及含氮的有刺激波作用的酸性物质和酵素。荨麻螫毛触到人体皮肤,刺针尖扎皮肤,其管内的酸性物质随即注入人体皮肤内,使人体有触电似的感觉,刺激波能持续 25 小时以上。荨麻疗法正是利用刺激波疏通经络、激活酶活性,提高人体免疫力,激发人体内在潜能,产生"子午针灸"样开穴时辰针刺的神奇疗效。

(六)侗族医药调查研究

侗族人口总数为 296 万人,主要居住在贵州、湖南和广西的交界处,湖北省恩施州也有部分侗族。侗族在贵州省主要分布于东南部,属暖温带气候,全省侗族人口 140 多万,约占全国侗族总人口的 55%,主要分布在黔东南苗族侗族自治州及铜仁地区的玉屏、江口、铜仁、石阡、松桃及万山特区。

侗族医药调查研究始于 1988 年,谌铁民等对 8 本侗医手抄本所载的病症、药物、医方等进行整理,出版了《湖南侗族医药研究》一书。该书从侗族医药发展、侗医对疾病的认识、侗药医方及疗法等方面对侗族医药进行了总结。黔东南州民族医药研究所的陆科闵于 1992 年编纂出版《侗族医药》一书,阐述了侗族医药医理及方药等;2011 年,龙运光、萧成纹等又编纂出版了《中国侗族医药》一书,书中较为详细地介绍了侗族医药在不同历史时期的发展过程，总结了侗族医药的理论体系，阐释了侗族医药天、地、气、水、人五位一体的核心学术思想和问病、望诊、摸审、切脉诊疗方法，收集了大量侗族医药民间秘方验方。

总体来说，侗族医药医理与医技伴生，但医技重于医理，医理较为朴素简单，诊法重望诊与问诊，病症分独猡症、痧症、惊症及大毒、外伤等，擅治痧症、跌打、风湿等。药物分冷药、热药两种，又分酸涩、苦、辣、香、淡、甜六味和热、凉、收、散、退、补六性，用药多喜鲜用。侗医所用药物有 1000 余种，常用者约 300 种，主要为植物药。代表药物有千里光、一枝黄花、八角枫、七叶一枝花、半边莲、大血藤、马尾松、水杨梅、毛血藤、金樱子、木姜子、白花蛇舌草、土党参、茯苓、蛇莓等。

（七）毛南族医药调查研究

毛南族是我国人口较少的少数民族，主要分布在广西壮族自治区和贵州省。据 2000 年的人口普查统计，全国毛南族人口约有 10.72 万人，广西壮族自治区西北部的环江、南丹、河池、宜州以及都安等地的毛南族人，占 7.25 万，其中环江县是全国唯一的毛南族自治县，有 5.74 万人，占全国毛南族总人口的 50%以上；贵州省南部的平塘、惠水、独山等县毛南族人占 3.47 万。

毛南族医药调查是从 2002 年起由贵阳中医学院院内立项，先后得到国家中医药管理局、贵州省科技厅科技专项资金的资助，历时 4 年，至 2006 年完成《毛南族医药》一书。该书从毛南族医药史、医药基本理论、药物、单验方等方面对毛南族医药进行了较为全面的阐述。毛南族医师对春时病温、夏时病热、秋时病凉、冬时病寒的认识颇为深刻，认为四时之病得之于天时，现之于人体，人体感病为时病，时病生而正气损，故须按四时五运六气分而治之，识时令、治时病、用适方，才不会仅以表象辨病，延误诊治。毛南族特色疾病诊断法有：形态诊断法，如寒湿成痹，症现行动不便，掌常痉挛收缩并不停抖动者，因其手挛缩如鹰爪，故诊断为"老鹰惊"；眼睛感染而发红者称为"火丹眼"等。动作情态诊断法：毛南族民间医师诊病时对能行走者往往嘱其行走数步，以辨其病情缓急轻重。对生病在床者，躁动不安为"热症"；卷缩不语为"冷症"；眼睑、口唇、指端颤动者为风动之先兆；行动迟缓、手足无力为"弱症"；反应呆滞、气促音微为"危症"。这种以病人动作姿态神情作为诊断依据的方法，是毛南族医学体系中"经验医学"的典型体现，经验丰富的医师一般都善用此法。毛南族使用的药物达 1000 余种，常用品种有近 200 种。使用药物多为鲜用，现采现用，少有贮藏，对一些季节性强或生长环境特殊而不易采集的药物，则自己栽培和养殖。

贵州省独特的区域环境和多民族聚居形成了各具特色的原生态民族文化，也造就了民族医药发展的沃土。受益于不断倾斜的国家民族政策，广大民族医药工作者不畏艰难、呕心沥血，做了大量基础性，同时也极具创造性的工作。在省委省政府、各级职能部门的鼎力支持和帮助下，民族医药作为贵州最具魅力的民族文化之一，犹如一朵文化之花，在馥郁芳香后迅速结出经济之果，贵州民族医药产业就势而生，从 20 世纪 90 年代初的零起步，每年以 20%以上的速度增长，成为贵州后发赶超的动力和支柱。随着贵州以民族医药为核心的大健康产业的不断发展，对贵州各民族独具特色医药文化的挖掘工作也将不断继续和深入，民族的就是世界的，有理由相信，我省民族医药的发展在人类追求健康的道路上必将成为一座源源不绝的宝库，为人类的发展贡献自己的力量。

第三节　贵州中药资源保护抚育与可持续利用

一、中药资源保护抚育

（一）中药资源保护抚育基本概念

中药资源保护抚育是指保护药用动物、药用植物和药用矿物及与其密切相关的自然生态环境和生态系统，以保证中药资源的可持续利用和药用动植物的生物多样性，挽救珍稀濒危的药用动植物物种。目前，中药资源保护抚育的重点是对药用动植物野生资源的保护抚育。即根据动植物的生长特性及对环境条件的要求，在其原生或相类似的环境中人为或自然增加其种群数量，使其资源能为人们采（捕）集利用，并能继续保持群落平衡的一种药材生产的方式。该方式也适于半野生的药用动植物，如天麻、石斛、金铁锁、淫羊藿等。

（二）中药资源保护抚育的目的意义

中药资源保护抚育具有深远的意义，它有利于生物多样性与生态环境的保护，有利于种质资源的保护和药材质量的提高，有利于实现中药资源可持续利用，促进中药产业化的发展。

（三）中药资源保护抚育发展现状及存在问题

1. 中药资源保护抚育发展现状

我国药用的动植物和矿物资源约 12 807 种，其中植物药 11 146 种，约占总数的 87%，动物药 1581 种，约占 12%，矿物药 80 种，约占 1%。随着人类健康事业的发展，近 10 年来人们对天然植物药的需求量剧增，中药资源的社会需求不断增长，给药用动植物资源带来严重危机。加上世界各国也把天然药物作为创制新药的重要研究对象，更导致中草药市场不断扩大。据统计，世界中药材年销售额已达 400 亿美元，而且每年以 20%～30%的速度增长，但我国年出口销售额仅约 6 亿美元，仅占世界中药材年销售额的 4%。这给中药材的开发利用提供了更为广阔的空间与机遇，同时经济利益的驱动也给自然环境和资源造成了巨大的压力和浪费。因此，合理开发利用和保护中药资源，实现可持续利用已成为当今的一大课题。

随着我国中药产业的快速发展，国际市场中药和相关产业对药用植物提取物贸易需求量，以及野生药用植物的需求量猛增，诱发过度采挖和利用野生药用植物资源，野生药用植物无论产量还是蕴藏量呈逐年下降趋势，许多重要的野生药用植物已经成为和正在成为濒危植物。据统计，我国现有中药产品原料 70%以上依赖野生药用植物，自然生态药用植物资源面临巨大压力和严峻挑战，有 168 种药用植物被列入了中国珍稀濒危保护植物名录，30 多种药材因野生资源量稀少处于濒临灭绝边缘。由于野生药用资源的日益减少，全国经常使用的 500 余种药用植物每年有 20%短缺。就贵州省而言，以金钗石斛、杜仲、天麻、重楼、蛹虫草、淫羊藿、白及、杠板归、金铁锁、虎耳草、山豆根、头花蓼、吉祥草等为代表的中药民族药材，随着中药产业化的推进，其野生资源已远远不能满足需求。如金钗石斛是国际公约二类保护植物，收载于《中国药典》之中，贵州省赤水市是其主产地和适宜生长区。由于它的适宜生长区域有限，加之人们无限制采挖，赤水野生金钗石斛已面临濒危境地，目前已建立规范化种植及保护抚育基地。

为了保护资源，在各级政府部门的大力支持下，贵州省加强了市场管理和资源管理，建立了野生中药材民族药材资源保护区，开展金钗石斛、淫羊藿、白及、杠板归、金铁锁、虎耳草、瓜子金、山豆根、头花蓼、吉祥草、云南翠雀花、血人参、红禾麻、黑骨藤、小花清风藤等野生药材变家种及野生保护抚育的研究，建立了丹参（松桃县、石阡县、修文县）、银杏（松桃县、普定县）、桔梗（关岭县、普定县）、头花蓼（施秉县、乌当区、织金县、普定县、玉屏县）、吉祥草（紫云县、修文县、六枝特区）、山银花（绥阳县、道真县、金沙县、黔西县、安龙县、紫云县等）、杜仲（遵义县、西秀区等）、黄柏（息烽县、西秀区、织金县、六枝特区等）、续断（龙里县、修文县、七星关区、织金县、威宁县）等药材种植基地，建立了金钗石斛（赤水市、习水县）、淫羊藿（修文县、雷山县）、白及（清镇市、正安县、锦屏县）、杠板归（乌当区、黔西县、大方县、七星关区）、金铁锁（威宁县）等药材保护抚育基地，技术研究也取得了重大成果。

2. 中药资源保护抚育存在问题及措施

正确处理好资源保护与合理利用之间的关系，是世界各国关注的焦点问题。贵州中药资源保护抚育工作取得了一些进展，但尚存在诸如管理部门不协调、法律法规不一致、市场需求与导向不一致、企业管理欠规范等问题。野生动植物资源的行政主管部门为农业和林业部门，而经营和使用的主管部门为发展改革委、卫计委等部门，保护管理部门与经营使用主管部门形成统一的机制是相关法律法规贯彻执行的关键；中药材经营企业的经营活动常出现符合国家药品生产经营法规，但却违反野生动植物保护法规的情况。有关法规的相互矛盾使中医药生产和经营企业无所适从，因此必须加强立法机构的协调统一，提高相关法规的可操作性，解决保护与合理利用的法律瓶颈问题；在市场需求与发展导向上，应根据不同品种的特点，科学合理制定规划，对长线、中线和短线品种合理布局，把经济效益、社会效益和生态效益结合起来通盘考虑；在生产经营过程中应加强技术研究及提高规范化管理水平，鼓励和支持规范化生产和管理技术研究及规模化、规范化基地建设，尤其是针对大宗、地道药材和珍稀濒危药材品种的种、养基地和保护抚育基地建设，提升其设施、技术和管理水平，以解决中药材产量和质量问题。

二、中药资源保护抚育的方法

中药资源保护抚育的方法主要有封禁抚育、轮采抚育、人工管理和仿野生栽培。

（一）封禁

1. 定义

封禁即指封山育药方法，是利用药用动植物的更新能力，在自然条件适宜的山区，实行定期封山，禁止垦荒、放牧、砍柴、狩猎等人为的破坏活动，以恢复药用动植物资源的一种保护抚育方式。根据实际情况可分为"全封"（较长时间内禁止一切人为活动）和"半封"（季节性的采收）。这是一种投资少、见效快的育药方式。

2. 封山育药必须具备一定条件

封禁区域是有保护抚育的药用动植物种类分布，具有天然繁种能力且分布均匀的药用动植物成熟个体，有分布较均匀的药用动植物幼体，分布有珍贵、稀有药用动植物种，且有抚育前途的地块及人工更新困难的高山陡坡、岩石裸露地，经过封育可望恢复药用动植物密度和蕴藏量的地块。

3. 封禁方式

封山育药可采取全封、半封方式。全封是指在封育期间，禁止采伐、砍伐、放牧、割草、狩猎和其他一切不利于动植物生长繁育的人为活动，如金钗石斛、金铁锁等，封育年限根据采收年限确定，一般 3～5 年，有的可达 8～10 年。半封是指在药用动植物主要生长季节实施封禁；其他季节，在不影响种群恢复，严格保护目的品种幼苗的前提下，组织群众有计划、有组织地进行采收等经营活动，如龙胆、续断等。

4. 举例

如金铁锁的全封抚育，先在威宁调查其分布情况，开展其生物学特性研究，确定金铁锁分布区的种群密度及采收年限，然后在小海镇、雪山镇、迤哪镇等选择其适生环境进行保护抚育。其做法为：①建立组织机构，制定规划和封山公约。在充分考虑当地山坡权属和群众副业生产及开展多种经营需要的基础上，制定金铁锁封山育药规划，划定封山范围，明确权益以及封禁年限和采收的方法，同时订立护药公约和奖惩制度。②对于当地交通相对闭塞、多为石灰岩陡坡灌丛地带，可采用"全封"模式；对于缓坡草丛，由于当地群众有割草、放牧需求，可采用半封形式。③以封为主，封育结合。封育过程中，清除抑制金铁锁生长发育的杂草、灌木；对种群密度低的区域在雨季进行补种。④封山后如发生大面积的病虫害，应及时进行防治，并注意防止火烧坡。⑤采收应在金铁锁封育 5～6 年后进行，于秋末组织群众进行轮采，挖大留小。

（二）轮采抚育

1. 定义

轮采抚育即"轮封"（定期分片轮封轮采），是指将整个封育区划片分段，实行轮流封育。在不影响药用动植物种群密度的前提下，划出一定范围，供群众采收药材等，其余地区实行全封或半封。轮封间隔期根据其资源的自然更新周期确定，2～3 年或 3～5 年不等，如金铁锁、白及、山慈菇等药用植物。此法能较好地照顾和解决群众当前利益和生产生活上的实际需要。

2. 轮采抚育方法

如冰球子的轮采抚育，在雷山县方祥乡陡寨抚育地，在对其生物学特性研究的基础上，确定其在分布区的种群密度及采收年限，将抚育地沿山坡坡向纵向划分为若干条块，每条宽 5～10m，长度依草坡。每年秋季倒苗前割除杂草，间隔条块采挖区内的较大的冰球子植株的地下假鳞茎加工成药材，注意小的假鳞茎应栽回，以利于翌年种群的恢复。

（三）人工管理

1. 定义

人工管理指对野生药材资源，实行保护、繁育、利用并重的方针，即动物药材猎捕与饲养相结合，草本药材采挖与培育相结合，木本药材利用与营造相结合进行保护抚育，以扩大其药源，发展药材生产，实现药材资源的永续利用的方法。此方法主要用于国家和省重点保护抚育珍稀、濒危和需求量大的野生药用动物、野生植物资源。如野生天麻、石斛、白及、杜仲、淫羊藿、龙胆等。

2. 人工管理方法

中药材资源人工管理的保护抚育方法，主要有人工补种、移密补稀、施肥锄草、科学合理采收等，如示例淫羊藿、黄柏、杜仲、坚龙胆等。

3. 举例

2009 年，在经历了近 10 年的调查和试验研究后，贵州同济堂制药集团公司在雷山县等地建立的淫羊藿规范化种植与野生保护抚育基地（图 3-3），通过了国家药品食品监督管理局的现场检查认证并公告。雷山县淫羊藿以人工管理保护抚育为主。野生保护抚育基地面积达 30 000 多亩。其人工管理抚育包括：①开展淫羊藿资源、生物学特性、种苗繁育技术、采收加工技术等基础研究，形成相关的规范化生产技术和管理规程，进行推广、培训；②县级政府及主管部门在野生淫羊藿药材资源集中和有保护价值的地域，建立其野生药材资源保护区；③抚育环境的半封禁，协调县、乡（镇）、村政府及相关部门建立封山育药规章制度和村规民约；④由经营企业建立采种和育苗基地，培育淫羊藿种子种苗，聘用药农作为临时工人进行人工补种、移密补稀、施肥锄草等，并长期聘用管理人员进行林下抚育点的管理；⑤根据淫羊藿的采收年限及更新周期，确定淫羊藿采收期及采收方法，采用轮换采割法，轮换期限为 2 年，采割期为每年 9 月上旬到 10 月下旬；⑥规定采收方法为"茎叶采割法"，严禁采挖根茎及采割幼苗。

图 3-3　雷山林下淫羊藿保护抚育基地（雷山县，2009.6.3）

（四）仿野生栽培

1. 定义

将人工培植或驯养的药用动植物，人为地放在野外自然生长，称为仿野生，包含种子繁育和扩增需要人工进行，然后再回归自然环境，人为地给动植物在野外营造自然生长的环境。在野外适生环境中，需要人工看护，人为控制的关键条件要满足动植物主要生产指标达到野生动植物的标准。将人工培植的药用植物，人为地放在野生环境中栽种，任其自然生长，即药用植物仿野生栽培。

2. 仿野生栽培的方法

仿野生栽培主要有仿野生林下栽培法、山坡草地仿野生栽培法等。如采用天麻仿野生林下栽培方式，因地制宜选择野生天麻生长的林地，在林下分散做小畦种植天麻，不破坏生态环境，实现天麻近野生品的优质，促进天麻生产的可持续发展。

3. 举例

贵州天麻为地道特色药材之一，目前在大方县、赫章县、德江县、播州区、道真县、石阡县、雷山县、关岭县、普安县、盘州、水城县等均有较大面积天麻仿野生栽培。如图 3-4 所示为大方县天麻仿野生规范化种植基地。

图 3-4　天麻仿野生规范化种植基地（大方县，2011.5.21）

天麻仿野生栽培关键技术环节，主要包括：

（1）培养优质菌材和菌种的制备：种植天麻所用菌材必须密布生长旺盛的菌索；栽培天麻所用三级菌种，必须是无杂菌污染的优质菌种。

（2）选种：选无病虫害、无损伤、颜色正常、新鲜健壮的白麻块茎做种。

（3）种麻用量：主要根据天麻初生块茎的大小，种植密度而定，用有性繁殖一年生块茎（零代种）做种，因其大小不同，每平方米种麻用量为 400～600g。用无性繁殖的初生块茎（白麻）做种，每平方米为 500～800g。

（4）种植时间：在大方县，每年霜降后采挖天麻时到翌年 3 月均可种植，此期间天麻处于休眠期。

（5）种植方法：林下穴栽，在保证不破坏生态环境的前提下，在林间分散做小畦种天麻。穴长 1m，宽 0.5m，深 15～20cm，种植天麻时先将穴底挖松，铺腐殖质土约 3cm，平铺一层砍有鱼鳞口的树枝段，再放菌材，菌材两侧、两端相间距离 6～10cm，用腐殖质土填实树枝段间空隙，然后天麻靠菌材种植，种麻间距离 10～15cm，在种麻间放入树枝段，盖腐殖质土 15cm，最后盖枯枝落叶保温保湿。

（6）田间管理：①覆盖免耕：天麻栽种完毕，在穴上面用树叶和草覆盖，保温保湿，防冻和抑制杂草生长，防止土壤板结，有利土壤透气。②防旱：及时浇水保湿，防止干旱。③防涝：开好排水沟，防止积水，特别是雨季注意排水防涝。④注意安全：专人看管，护林防火、防盗、防践踏。

（7）主要病虫害及防治：主要病害有霉菌等杂菌感染、天麻黑腐病、天麻锈腐病、蜜环菌病理侵染等。虫害主要有蛴螬、蚜虫、蚂蚁等。另外尚有野猪、地鼠等咬食天麻。其防治方法见各论"天麻"有关项下。

主要参考文献

包骏，冉懋雄. 1999. 贵州苗族医药研究与开发[M]. 贵阳：贵州科技出版社.

陈德媛，等. 1992. 苗族医药学[M]. 贵阳：贵州民族出版社.

陈士林，张本刚，等. 2005. 全国中药资源普查方案设计[J]. 中国中药杂志，（16）30：1229-1232.

杜江. 2007. 苗医基础[M]. 北京：中医古籍出版社.

贵州省地方志编纂委员会. 2002. 贵州省志·民族志[M]. 贵阳：贵州民族出版社.

郭兰萍，黄璐琦，等. 2005. "3S"技术在中药资源可持续利用中的应用[J]. 中国中药杂志，30（18）：1397-1399.

何顺志，徐文芬，黄敏等. 2007. 贵州中草药资源研究[M]. 贵阳：贵州科技出版社.

胡成刚. 2007. 苗药资源学[M]. 北京：中医古籍出版社.

龙运光，萧成纹，等. 2011. 中国侗族医药[M]. 北京：中医古籍出版社.

潘炉台，等. 2003. 布依族医药[M]. 贵阳：贵州民族出版社.

冉懋雄. 2007. 论中药资源保护抚育的内涵特点与可持续利用[J]. 中国现代中药，9（10）：4-6.

孙济平. 2006. 毛南族医药[M]. 贵阳：贵州民族出版社.

王厚安. 1997. 水族医药[M]. 贵阳：贵州民族出版社.

邬伦，刘瑜，等. 2001. 地理信息系统——原理、方法和应用[M]. 北京：科学出版社.

尹春梅，王良信. 2010. 中药资源调查的历史及展望[J]. 现代药物与临床，25（4）：272-276.

赵俊华，等. 2003. 仡佬族医药[M]. 贵阳：贵州民族出版社.

钟国跃，秦松云，等. 2008. 中药资源物种动态监测方法研究[J]. 中国中药杂志，33（21）：2570-2573.

周荣汉. 1993. 中药资源学[M]. 北京：中国医药科技出版社.

周应群，陈士林，等. 2008. 低空遥感技术在中药资源可持续利用种的应用探讨[J]. 中国中药杂志，33（8）：977-978.

朱国豪，等. 2006. 土家族医药[M]. 贵阳：贵州民族出版社.

《中国中药资源丛书》编委会. 1995. 中国中药资源[M]. 北京：科学出版社.

《中国中药资源丛书》编委会. 1995. 中国中药区划[M]. 北京：科学出版社.

（魏升华　何顺志　孙庆文　胡成刚　冉懋雄）

第四章　中药区划与中药材生产基地合理选建

"区划"（regionalization）是"区域划分"的简称，是在充分认识地域特点和地域差异规律的基础上，按照科学分类系统将客观存在千差万别的地域，划分为不同等级的特定区域，从而更好认识自然环境和经济社会环境，以便人们按照空间的一致性和差异性规律来进行合理布局与区域划分。

第一节　中药区划与药材地道性

一、中药区划基本概念与目的意义

（一）中药区划基本概念

"区划"乃以分区划片为手段，研究影响不同地区或区域品种优质高产的因素，并在对区域差异性与相似性深入研究与认识的基础上，区别差异性，归纳相似性，以形成符合客观发展规律的区域划分体系，达到因地制宜地发展生产、抚育与开发资源之目的。

"中药区划"是中药业的生产布局区划。中药区划是以中药生产及其自然资源与中药生产地域系统为研究对象，从自然、经济、技术角度，在对中药生态环境、区域分布、历史成因、时空（间）变化、区域分布规律以及与中药质和量相关因素等方面综合研究的基础上，按照地域区间差异性和区内相似性，本着因地制宜、扬长避短地发展中药生产，合理开发利用与保护中药资源的原则而进行分区划片，以研究建立中药区划。

中药材生产和中药资源保护抚育与农业生产具有共同特点，故又可称为"中药农业"，属大农业范畴。因此，"中药区划"是农业专业区划之一，是综合农业区划的重要组成部分。中药区划应以自然区划（包括植被区划、农业气候区划、土壤区划等专业区划）为基础，应与农业区划（包括种植业区划、畜牧业区划、林业区划及渔业区划等专业区划）和综合农业区划相协调，所以研究制定中药区划时，还应参考综合农业区划及其专业区划进行分区划片。应全面而综合地评价经深入调查而得的各区域中药材生产及其自然资源的优势与劣势，探讨区域开发的总体设想、结构调整与合理布局，认识其主要矛盾、障碍因素及发展潜力，以便多元化多层次地发展中药材生产，合理保护抚育与开发利用中药资源。

（二）中药区划目的意义

"中药区划"之目的，旨在分析中药资源与中药材生产的地域分异规律，揭示明确各区域开发中药资源和发展中药生产的优势，为因地制宜地调整中药材生产结构和布局，正确地选建中药材生产基地或优质药材商品生产基地，为逐步实现中药材区域化、规范化、标准化、专业化、规模化生产提供科学依据。由于中药区划是"农业区划"的组成部分，既属于农业的部门区划，又是具有综合特点的专业区划，所以对于农业产业化结构调整、农民增收及农村经济发展有着重要促进作用。随着科学发展与生产需要，中药区划与中药区划系统的研究与建立,对于因地制宜地发展中药材生产及合理开发利用与保护抚育,以及促进《中药材生产质量管理规范(试行)》(GAP)与中药资源可持续利用的全面实施都有着重要的现实意义和深远的历史意义。

中药区划的灵魂,具有地域性、综合性及宏观性三大特征,其目的与任务概括起来是:正确评价各地域中药资源特点及其优势,为合理布局中药材生产、保护抚育与研究开发中药资源提供科学依据;深入开展中药生产适宜性、地道药材相关性与生态环境相关性等研究,为发展中药材生产、合理引种驯化及变野生资源为家种家养提供科学依据;揭示各地域中药资源与中药材生产的区域性特点,以因地制宜,合理布局,切实增强与规划中药材生产的科学性;研究分析与确定不同区域中药材生产的发展方向与途径,为加强中药材生产宏观指导与管理,为编制中药材生产与中药产业发展规划提供科学依据。

在中药区划的研究建立过程中,应充分体现"首在调查,贵在综合,重在协作,功在实用"的区划过程。这是发展中国社会主义中医药事业和人类保健康复防病治病的需要,是祖国医药学继往开来和对中华人民共和国成立以来中药材生产实践经验教训认真总结的迫切需要,是中药材规范化种植(养殖)与GAP生产基地建设,中药资源合理开发利用与中药资源可持续利用的迫切需要,这也充分体现了与时俱进和科学发展观。

通过中药区划,中药规范化种植(养殖)与规范化生产基地建设及中药资源可持续利用的有机结合,将更有利于按市场机制配置中药生产与流通,利于市场预测,利于分区规划、分类指导及分级实施,以更好按照自然规律与经济规律办事,更好保护中药资源与合理开发利用,增添与丰富中药学科的科学内涵。通过上述内容的有机结合,还可更加了解各区域的中药生产与中药资源特色,更加丰富地道药材的科学内涵,以生态学与社会经济相结合的方法深入研究地道药材,深入研究中药品种,既增强中药资源永续利用的责任感,也丰富与发展中药品种新理论,更有利于提高中药产业的科技水平。

通过中药区划,中药规范化种植(养殖)、规范化生产基地建设与中药现代化、生物多样性保护、生态环境建设的密切结合,有利于中药材产业发展的整体架构,联手合作,统筹规划,分期实施,以更好为政府决策、为社会经济发展提供科学依据。这样深入开展中药材生产区域化的调查与研究,深入研究种群及群落的生态环境和演替规律,以及地道药材与地理因子、生态因子等形成因素的相关性等,将成为探索中药区域分异规律、中药区划、地道药材相关分析与深化研究的重要途径和手段,并将更客观地推进中药材规范化种植(养殖)与生产基地建设,将更利于中药资源的区域开发与生产发展,利于实现生态、社会经济的良性循环,维持和发展生态系统平衡,以获取更佳社会经济效益与生态效益。

二、药材地道性与中药区划相关性

(一)地道药材的基本概念与形成发展

中国"地道药材(geo-aurthentic crude drugs)",亦可称"道地药材",是指我国传统中药材中,经人们长期医疗实践证明为质量优、临床疗效高、地域性强的一类常用中药材,具有特定种质、特定产区、特定生产技术与产地加工方法或产销途径,与原产地域产品和特定文化概念有着紧密联系。地道药材系一古老而通俗、内涵丰富而科学的特殊概念,其集地理、质量、经济、文化概念于一身，乃中国几千年悠久文明史及中医中药发展史所形成的特有概念。

我国应用中医药防病治病历史悠久，经验丰富，可追溯到 4000 年前的殷商时期。殷墟出土的甲骨文，记载了 40 种病症，并有用鱼、枣、艾治病的卜辞，同时出现了第一个"药"字。《尔雅》的《释草》《释木》是古代全面阐述植物名实的著作，其收载植物有 320 多种；《尔雅》的成书年代，至少要比我国东汉时成书的第一部药学专著《神农本草经》还要早 300 年以上，而《神农本草经》中所收载的 254 种植物类药物中，绝大部分早已收载于《尔雅》的植物品种之内。地道药材的概念则最早见于《神农本草经》，其有"采造时月、生熟、土地所出、真伪、陈新，并各有法"之说。举世公认的"地道药材"的形成与发展，关键在于具有优良品种遗传基因这一内在因素，能保存、选择优良品种；这既与当地气候、水质、土壤、生态环境等地理因子和生态因子密切相关，也与当地种植（养殖）加工技术、应用历史、流通经营、传统习俗等社会经济和人文环境因素关系密切。

中药生产及其自然资源与自然条件、社会经济条件的相关性，与生态环境、地质背景和区域分异等规律的认识与利用，是有着较长渐进历程的。例如，对于我国动植物分布、生态环境及地域分异规律的认识，早在两千年前的古老典籍里则有记述。如《尚书·禹贡》将我国领土分为"九州"（冀、兖、青、徐、扬、荆、豫、梁、雍州），并按"州"分别记述其土壤、物候、农产、交通、田赋等，这既是我国也是世界最古老的"自然区划"。《周礼·地官》所载的"以土会之法，辨五地之物生"，是最早有关区域适应性的论述，应据土壤之别而合理选择适宜的作物种植。《淮南子·主术》所载的"草木未落，斧斤不得入山林"，是最早提出的保护森林、保护生态环境的有效措施。《神农本草经》指出的"土地所出，真伪新陈，并各有法"，更明确强调中药材应区分产地，讲求地道的重要性。其后，陶弘景亦明确指出："诸药所生，皆有境界"（《本草注集注》）。孙思邈强调："药必依土地，所以治十得九"（《备急千金要方》）。《唐本草》也明确指出："窃以动植形生，因方舛性，春秋变节，感气殊功。离其本土，则质同而效异。"宋代寇宗奭《本草衍义》序例指出："凡用药必须择土地所宜者，则药力具，用药有据。"金代名医李杲《用药法象》强调："凡诸草木昆虫，产之有地……失其地，则性味少异。"明代陈嘉谟《本草蒙筌》进一步指出："产地南北相殊，药力大小悬隔""地胜药灵"。李时珍的地道药材观点也极明确："性从地变，质与物迁，……沧击能盐，阿井能胶，……将行药势，独不择夫水哉？"特别是明代刘文泰总撰的《本草品汇精要》，还在各收载药材项下专列"道地"栏目以述其地道产区；从此"道地药材"或"地道药材"不仅成为中药业专用名词，并逐步演进成为评说人事"地道"与否的社会用语。……这些记述都充分说明，我们祖先很早以前就意识到按照生态规律发展中药材生产的重要性，特定生态环境条件与种养加工技术是保证药材质量及临床疗效的重要外在因素，其与药材品种遗传基因相辅相成，用药必须选择地道药材。

从生物学角度来看，地道药材的形成发展应是基因型和环境相互作用的产物。目前，对地道药材的研究方法多是按照产地环境因子与地道药材的相关性而进行的。中药材产地的气候、土壤和水质是地道药材适宜性评价的主要指标。早在 19 世纪达尔文就发现乌头（*Aconitum napellus*）生长在寒冷气候条件下无毒，而生长在温暖气候条件下的地中海地区则变为有毒。此外，研究表明气候生态型、生物共栖生态型、土壤生态型与中药材品质之间存在密切关系，且植物生态型是地道药材形成的生物学实质。光照、温度、水分、空气是构成气候条件的主要因子，与地道药材的生长发育、药效和品质唇齿相关。例如，通过对吉林省西洋参栽培产地的生态环境进行分析，确立了以1月份平均温度、年空气相对湿度、无霜期为栽培西洋参气候生态因子数字模型，可将西洋参气候生态分为最适宜区、适宜区、尚适宜区和可试种区。光照条件的强弱对药用植物的药效也会产生很大影响，研究表明：在全日照下穿心莲花蕾期内总内酯含量较遮阴条件下的高10%～20%。水分也是药用植物生长发育不可缺少的环境因子，不同植物对水分的需要量和对水质的要求不同，这决定了物种的分布范围。如我国南方的水质多为酸性，北方多为碱性，故南方多为喜酸性植物，北方多为喜碱性植物。又如薄荷从苗期至成熟期都需要较高的空气湿度，但到开花期则需要较干燥的气候条件，若阴雨连绵或久雨初晴，都可以使薄荷药效成分的含量下降至正常量的3/4。在药用昆虫方面，通过在不同含水量的土壤中饲养斑蝥幼虫观察而知，土壤含水量的高低直接影响其幼虫寻食、入土及生长发育。含水量17%～20%时，幼虫生长发育较好，含水过高或过低都不利于幼虫生长；其死亡率、入土深度、斑蝥成虫个体大小亦因含水量不同而异。再如艾叶中挥发油含量，产于地道产区湖北蕲春的"蕲艾"为0.83%，而产于河南和四川的只有"蕲艾"的一半；蕲艾中Ca、Mg、Al、Ni含量较高，川产艾中Co、Cr、Se、Fe、Zn含量较高，而豫产艾叶中除Cu含量较高外，其余元素含量均较低。这也充分说明，地道药材与中药材生态适宜性、中药材区域性的密切关系；地道药材的产生决定于其自然生长环境，如土壤、水质、气候、日照、雨量、生物分布等，其中尤以土壤成分的影响最大，有关研究表明，同种药用植物在不同产地，由于土壤元素含量的差异，药效会有明显的差别，这则与中药区划直接相关。而地道药材的产地适宜性概念与普通生物的概念，又不是完全相同的。因为地道药材的活性成分，有些是在正常发育条件下产生的，有些却可能是在胁迫（逆境）条件下产生和积累的。例如，银杏叶最适宜生长发育环境并非其黄酮类化合物积累的最适环境，而在次适宜环境下生长的银杏叶，黄酮积累却较多。换言之，有些药材生长发育的适宜条件和次生代谢产物积累并不一定是平行的。因此，以地道药材为研究对象，开展产地适宜性研究，是中药资源生态学研究的一个重点而极富特色的研究领域。

以上既充分体现了我国"地道药材"形成与发展的漫长历程，也充分体现了我国传统中药材的地道性、特殊性和继承性，并反映出中药材生产的产地适宜性、区域性与中药区划的相关性，也反映出中药区划的萌芽与客观存在的基础。

（二）地道药材与中药区划的相关性

中国中药业"地道药材"的出现与形成，集中显示了中药材产地适宜性与中药区划的特点。从某种意义上讲，中国历代本草对地道药材的记述，正是朴素而原始、生动而实用的中药区划，是我们祖先以中药材为对象进行地域分异规律研究与认识的成果。至今，诸如"川广云贵，南北浙怀，秦陕甘青"等地所产的地道药材，以及关东帮、京通卫帮、川汉帮等"十三邦"和安国、漳树、亳州、成都等"四大药市"，仍为中药"脊梁"，在中药市场占有举足轻重的地位。实践证明，地道药材反映出的科学内涵与中药区划、中药材生产、中药材规范化与GAP基地均有着紧密的内在联系；研究中药区划与实施中药材生产、中药材 GAP 及中药资源可持续利用，以地道药材为主体的研究方法与遵循原则是切实可行的。这也是对以地道药材为主体中药品种理论的深入研究，是对中药生产合理布局和中药资源开发利用、保护抚育与可持续利用客观规律的生动反映。

通过中药区划，强化了中药品种质量意识与产地生态环境意识的相关性，强化了"因地制宜，适地适种"观念，有利于加深对中药生产与环境统一性的认识，也有利于中药材规范化种植 GAP 生产基地建设与中药资源的保护抚育。中药材规范化种植（养殖）与其GAP 生产基地建设，必须和中药资源的区域开发、生产发展及其保护抚育紧密结合，协调发展，绝不能以浪费资源、恶化环境、牺牲生态效益为代价，必须考虑整体利益和长远利益，实现生态、社会经济的良性循环，维持和发展生态系统平衡。过去，"南药北移，北药南栽"，强调"就地生产，就地供应"，虽取得了一定成效，缓解了部分紧缺药材供应，但出现了一些地道药材品质下降，布局分散，市场冲突，以及违背客观规律等问题。例如南药盲目北栽大多失败，20 世纪 60 年代浙东南平原曾引种砂仁等十多种南药，结果均因气候不适而枉费人财物力；北药南栽虽易成活，但大多质量差而影响疗效，20 世纪70 年代广东曾大量引种茯苓、地黄、山药、党参、川芎等均告失败，教训深刻。

随着科学技术的发展，现代生物学、生态学、地学、农学、气象学、环境科学等的新技术新方法已广泛融入和影响中药材栽培（养殖）的研究和发展，并正在逐步解决以前遗留下来的难题以及新出现的问题。生物技术在中药学中的应用将是 21 世纪中药学研究最富活力和前景的领域之一，生物技术在中药材生产中的应用可望取得重大突破和巨大效益。"地道药材"的复杂性表现为物种的种质、动植物性别、家野、部位、年龄、营养和食性（动物来源）、生理代谢过程、栽培驯化技术、采收期和产地加工等一系列自然地理环境和社会技术进步对药材质量的综合影响，其系统表现则在其中药区划相关性上。若以单品种产地适宜性区划为主要研究对象来看，单品种产地适宜性研究是整个地道药材产地适宜性研究的基础。可本着以"品种为中心"的原则，从地道药材产区的大气环境、土壤状况、水文水质及质量产量相关性等方面进行定量分析和环境评价。例如，应用野外调查与室内分析相结合的方法，对地道药材款冬花的种植历史、地理分布、生长气候、水文地质、成土母质等成土条件、土壤剖面特征等进行调查和研究，发现灰包土是最适宜种植款冬花的土壤，其次为黄灰包土。又如，通过不同土壤类型、土壤背景值对三七种植区域的分析结果表明，不同土壤类型三七皂苷含量有明显差异，而土壤微量元素对三七皂苷含量无直接影响，这与不同产地三七的生态环境观察和微量元素研究的结果较为一致。据此，从自然条件的适宜性、技术条件的可行性和经济条件的合理性，特别是从地道药材生产的历史性与可行性等实际出发，可充分体现中药材生产与中药资源地域分异规律、地道药材与地道产区特色，为最终实现地道药材综合自然区划和多品种产地适宜性研究奠定了基础，以更好研究建立中药区划。

若以药用植物生理生态学研究为基础来指导地道药材的产地适宜性区划，地道药材产地适宜性研究所取得的进步和成果则更显得非常重要和宝贵。但地道药材产地适宜性研究须兼顾其内因和外因两个方面：内因要研究其种质特性及生理特性，如定量揭示其与药材品质、产量、药效等方面的复杂关系；外因则要研究地道药材产地诸多生态因子，如气候、土壤、水质等因素的科学系统及其复杂相关性，并据此进行地道药材产地环境生态建设和适应性区划，并需综合考虑与地道药材产地适宜性发展相关的诸多因素。例如，对河南、山东等 4 个金银花地道产地和 1 个非地道产地的土壤元素、有机质、主要药效成分含量和生态因子相关性研究的结果表明，4 个地道产地在地理位置、土壤类型、气候区划等方面具有共性，地道和非地道产地金银花药材中主要药效成分含量差异显著。又如"川药"、"云药"、"贵药"、"广药"、"南药"，以及"秦药"、"怀药"等的不同区域，与中国植物区系分区和中国植被分区均十分吻合，这也充分显示了地道药材与中药区划的紧密相关性。

近年来，国内外从 DNA 分子水平上来研究中药材地道性也取得了长足进展，应用 DNA 技术，可以判断地道药材种下变异及产地平移等问题。例如，利用 RAPD（随机扩增的 DNA 多态性分析）对丹参主要群居的遗传关系及药材的地道性分析研究结果表明，山东和河南产丹参也可认为是地道药材。中药材分子标识育种、利用转基因植物生产活性物质、组织细胞培养等先进技术，也推动了地道药材产地适宜性研究领域的进一步发展。特别是随着建立在聚类分析、模糊数学上的数值区划方法的应用，促使中药材产地生态适宜性评价这个难题，也逐步得到解决。过去，中药材产地生态适宜性评价主要是靠经验定性判断，因此其结论往往因人而异，当影响因素增多时更难免不产生片面性。随着应用数学的发展，数值分类、模糊数学和灰色系统等方法，在中药材产地适宜性分析与中药区划的应用中，数值分类这一客观且可重现的定量研究方法，能使我们从大量的原始资料中进行归纳分析，并成为定量研究的重要手段，从而可在很大程度上弥补定性方法之不足。例如，陈士林、肖小河等曾根据药用植物的地理分布，运用计算机以组平均法聚类分析研究中药区划，将全国分为 4 个区和 8 个亚区，并对各区和亚区的生态环境条件、植物区系和植被特征作了阐述。此外，根据模糊集合论（fuzzy sets）还分别建立了乌头和附子 5 个生态气候要素的隶属函数模型，对四川省乌头和附子产地气候条件的生态适宜性进行了综合评价，将四川划分为 3 个乌头不同适宜区和 4 个附子不同适宜区，并运用该方法定量区划了 15 种川产地道药材的气候生态适宜性，运用聚类分析方法，将国产乌头属划分为 4 个分布区。

以上所述，充分体现了中药材生长发育及药效成分与其环境的高度适宜性，进一步说明了地道药材与中药区划的紧密相关性；传统地道产区中药材的药效作用，从中医理论角度看是其全部活性组分的综合效应。在对中药材适宜区分析和中药区划相关性的研究中，还进一步表明中药材产地的适宜性分析，是中药材生产区域合理划分的前提；特别是地道药材与中药区划的相关性，为中国中药区划的研究建立提供了坚实的客观基础和理论依据。

第二节　中国中药区划研究建立与前瞻

历史和实践证明，早在我国上古三代（夏商周）、春秋战国、秦汉隋唐，以及宋元明清，有关中药资源、中药材生产与其生态环境、分布区域及药材加工、流通应用等方面，都有着极为密切相关性并具良好客观基础。特别是新中国成立与改革开放以来，随着我国医药卫生事业和现代科技的发展，以植（动）物药为主的中药资源与中药材生产发展实践表明，地道药材为主体所反映出的科学内涵与中药区划，与中药材规范化及其 GAP 基地建设均有紧密内在联系，并促使其蓬勃发展。赋存于地壳和生物圈中的中药资源及其生产，与各种自然资源及其生产一样，都有着时间上的继承性与空间分布上的地域性，我们应当结合实际，与时俱进，以道地药材为重点进行中药区划的研究与建立。

一、中国中药区划的研究建立

（一）中药区划原则与依据

中药区划是发展中药生产及合理开发抚育中药资源的重要基础。其基本方法与主要内容是在祖国医药理论指导下，充分运用中医药学、本草学、生态学、生物分类学、农业区划学、气象学、地质学、矿物学与系统工程学等有关学科的理论和方法，研究中药资源的分布规律及其动态变化，以及开发护育的有效途径与措施；研究中药生产的合理布局及其结构调整，以及客观经济规律和中药生产布局规律的关系与制约；研究中药（特别是地道药材）的生态适宜区与生产适宜区，以及中药区域分布和区域特征的形成与发展；研究中药区划与自然区划、农业区划等相关区划的相关性；研究中药产业发展规划和相关产业发展规划的关系等。

中药区划不仅要考虑各地的自然生态指标，也要考虑对中药资源开发利用与中药生产有直接影响的社会经济指标。应以自然区划（包括植被区划、农业气候区划、土地区划等）为基础，也应同农业区划（包括种植业区划、畜牧业区划、林业及渔业区划等）和综合农业区划相协调，还应与各省（自治区、直辖市）级中药区划互相衔接，并保持县（市、区、旗）级行政区。

中药区划必须遵循下述 6 大基本原则与依据：中药材生产条件的相对一致性；中药材生产特点的相对一致性；中药材生产发展方向、途径、措施的相对一致性；中药区划与农业区划相协调；不同等级中药区划相衔接；保持一定行政区划单元的完整性。

根据上述原则依据，在 20 世纪 80～90 年代全国中药资源普查基础上，我国各省（自治区、直辖市）、地（州、市、盟）、县（市、区、旗）都进行了中药区划，这为全国中药区划奠定了坚实基础。在此基础上，全国中药资源普查办公室组织中药、区划等部门的专业人员，按照中药区划的研究范畴，从分析影响中药资源分布和开发利用的自然条件与社会条件入手，以地道药材为主，选择具有明显区域分布特色的植、动、矿物类代表药材，深入地进行适宜区分析，注意突出区划的地域性、综合性、宏观性三大特征，正确处理历史与现状、区划与规划、中药区划与农业区划及行政区划等关系，综合考虑所有相关因素，进行了别具特色的中国中药区划的研究与建立。

（二）中药区划分区系统与命名

"中药区划"采用二级分区系统：一级区主要反映各中药区的不同自然、经济条件和中药资源开发利用、中药生产的主要地域差异，在同一级区内，又根据中药资源优势种类、组合特征、生产发展方向与途径的不同划分二级区。在划分出的中药区中，一级区主要代表药材品种的产量或蕴藏量应占全国 70%以上，二级区的应占全国 50%以上，代表品种的地道药材产区亦应位于该中药区范围之内。

"中药区划"的一级区、二级区均按三段命名法命名，一级区为地理方位＋热量带＋药材发展方向；二级区为地理位置＋地貌类型＋优势中药资源品种名称（地理位置＋地貌类型，通常采用地理简称来代替）。

依照上述分区系统与命名，将"中国中药区划"的分区系统共划分为 9 个一级区和 28 个二级区，并命名为：

Ⅰ东北寒温带、中温带野生、家生中药区

　　Ⅰ₁大兴安岭山地赤芍、防风、满山红、熊胆区

　　Ⅰ₂小兴安岭、长白山山地人参、黄柏、五味子、细辛、鹿茸、蛤士蟆区

Ⅱ华北暖温带家生、野生中药区

　　Ⅱ₁黄淮海辽平原金银花、地黄、白芍、牛膝、酸枣仁、槐米、北沙参、板蓝根、全蝎区

　　Ⅱ₂黄土高原党参、连翘、大黄、沙棘、龙骨区

Ⅲ华东北亚热带、中亚热带家生、野生中药区

　　Ⅲ₁钱塘江、长江下游山地平原浙贝母、延胡索、菊花、白术、西红花、蟾酥、珍珠、蕲蛇区

　　Ⅲ₂江南低山丘陵厚朴、辛夷、郁金、玄参、泽泻、莲子、金钱白花蛇区

　　Ⅲ₃江淮丘陵山地茯苓、辛夷、山茱萸、猫爪草、蜈蚣区

　　Ⅲ₄长江中游丘陵平原及湖泊牡丹皮、枳壳、龟甲、鳖甲区

Ⅳ西南北亚热带、中亚热带野生、家生中药区

　　Ⅳ₁秦巴山地、汉中盆地当归、天麻、杜仲、独活区

　　Ⅳ₂川黔湘鄂山原山地黄连、杜仲、黄柏、厚朴、吴茱萸、茯苓、款冬花、木香、朱砂区

　　Ⅳ₃滇黔桂山原丘陵三七、石斛、木蝴蝶、穿山甲区

　　Ⅳ₄四川盆地川芎、麦冬、附子、郁金、白芷、白芍、枳壳、泽泻、红花区

　　Ⅳ₅云贵高原黄连、木香、茯苓、天麻、半夏、川牛膝、续断、龙胆区

　　Ⅳ₆横断山脉、东喜马拉雅山南麓川贝母、当归、大黄、羌活、重楼、麝香区

Ⅴ华南南亚热带、北热带家生、野生中药区

　　Ⅴ₁岭南沿海、台湾北部山地丘陵砂仁、巴戟天、化橘红、广藿香、安息香、血竭、蛤蚧、穿山甲区

　　Ⅴ₂雷州半岛、海南岛、台湾南部山地丘陵槟榔、益智、高良姜、白豆蔻、樟脑区

　　Ⅴ₃滇西南山原砂仁、苏木、儿茶、千年健区

Ⅵ内蒙古中温带野生中药区

　　Ⅵ₁松嫩及西辽河平原防风、桔梗、黄芩、麻黄、甘草、龙胆区

　　Ⅵ₂阴山山地及坝上高原黄芪、黄芩、远志、知母、郁李仁区

　　Ⅵ₃内蒙古高原赤芍、黄芪、地榆、草乌区

Ⅶ西北中温带、暖温带野生中药区

Ⅶ₁阿尔泰、天山山地及准噶尔盆地伊贝母、红花、阿魏、雪荷花、马鹿茸区

Ⅶ₂塔里木、柴达木盆地及阿拉善、西鄂尔多斯高原甘草、麻黄、枸杞子、肉苁蓉、锁阳、紫草区

Ⅶ₃祁连山山地秦艽、羌活、麝香、马鹿茸区

Ⅷ青藏高原野生中药区

Ⅷ₁川青藏高山峡谷冬虫夏草、川贝母、大黄、羌活、甘松、藏茵陈、麝香区

Ⅷ₂雅鲁藏布江中游山原坡地胡黄连、山茱萸、绿绒蒿、角蒿区

Ⅷ₃羌塘高原马勃、冬虫夏草、雪莲花、熊胆、鹿角区

Ⅸ海洋中药区

Ⅸ₁渤海、黄海、东海昆布、海藻、石决明、海螵蛸、牡蛎区

Ⅸ₂南海海马、珍珠母、浮海石、贝齿、玳瑁区

二、中国中药区划简述

（一）东北寒温带、中温带野生、家生中药区

本区包括大兴安岭、小兴安岭和长白山地，经济比较发达。中药资源 1000 多种，多为野生，蕴藏丰富，如人参、黄柏、桔梗、牛蒡子、苍术、五味子等蕴藏量占全国的70%以上；人参、鹿茸、细辛、蛤蟆油等地道药材质优量大；常年收购的大宗药材有 200多种；中成药工业发展迅速，人参、刺五加、菌类药材的深度开发收到显著效益，开发潜力很大。

本区划分为 2 个二级区：①小兴安岭及长白山人参、黄柏、五味子、细辛、鹿茸、蛤士蟆区；②大兴安岭山地赤芍、防风、满山红、熊胆区。

本区中药资源的主要特点与资源可持续利用状况是：①野生资源丰富而量大，人参、刺五加、北五味子、鹿茸、熊胆、蛤蟆油等珍稀特产及地道药材品种多；②中药资源开发利用历史悠久，人参、鹿茸等加工技术精良，现代中药工业发展也甚为迅猛；③中药资源可持续利用优势以人参、鹿茸等珍稀特产及地道药材品种为主，尤其是大小兴安岭及长白山野生资源的保护抚育应予高度重视与重点保护。

（二）华北暖温带家生、野生中药区

本区包括华北平原、太行山区和黄土高原，工业基础雄厚，交通四通八达。中药资源1000～1500 种，家野兼有，并以家种药材生产水平较高，近 100 种家种药材中有 30 种年产量占全国的 50%～70%；"四大怀药"等地道药材及安国、禹县、亳州等药市均誉满海内外；中成药工业发达，有大、中型中成药企业 150 家（占全国的 20%），生产的名牌获奖产品占全国的一半。

本区划分为 2 个二级区：①黄淮海辽平原金银花、地黄、白芍、牛膝、酸枣仁、槐米、北沙参、板蓝根、全蝎区；②黄土高原党参、连翘、大黄、沙棘、龙骨区。

本区中药资源的主要特点与资源可持续利用状况是：①金银花、板蓝根、白附子及"四大怀药"等地道药材品种多，家种药材水平较高，在国内占有重要地位；②中药科技和中

药工商业发达，生产发展基础好，后劲大；③有以发展传统家种大宗地道药材为主，以北药为特色为重点的中药资源可持续利用的优势，亟须加强生态环境与生物多样性保护，栽树种草，防止沙化，促使其中药资源的可持续利用。

（三）华东北亚热带、中亚热带家生、野生中药区

本区包括伏牛山－大别山山地、长江中下游和江南丘陵山地，经济发达，进出口贸易活跃，交通发达。中药资源 3000 多种；家种药材品种年产量占全国 50%～70% 的有 60 多种；"浙八味"、苏薄荷、建泽泻等地道药材及樟树、宁波等药材集散地历史悠久，上海、武汉为中华人民共和国成立后的药材贸易中心；中成药工业发达，重点中成药企业 20 多家，其工业总产值占全国重点中成药企业的 30% 以上。

本区划分为 4 个二级区：①钱塘江、长江下游山地平原浙贝母、延胡索、菊花、蟾酥、珍珠、蕲蛇区；②江南低山丘陵厚朴、辛夷、郁金、泽泻、玄参、莲子、金钱白花蛇区；③江淮丘陵山地茯苓、辛夷、山茱萸、猫爪草、蜈蚣区；④长江中游丘陵平原及湖泊牡丹皮、枳壳、龟甲、鳖甲区。

本区中药资源的主要特点与资源可持续利用状况是：①以"浙八味"、苏薄荷、建泽泻、泰和乌鸡等家种家养、地道药材品种多，种养技术水平高并善经营；②中药科技和中药工商业发达，生产发展基础好，开发前景广阔；③野生中药资源亟待保护，要发挥科技、经济发达有利条件，在建设商品药材与 GAP 基地的同时，要认真抓好霍山石斛、茯苓、茅苍术、蕲蛇等珍稀名贵地道中药资源的可持续利用。

（四）西南北亚热带、中亚热带野生、家生中药区

本区包括秦岭山地、四川盆地和云贵高原，社会经济虽较为落后，但资源极为丰富。中药资源 5000 多种，居全国之首；野生药材蕴藏量占全国 50% 以上的品种有 40 多种，占 80% 以上的有 20 多种；家种药材年产量占全国 50% 以上的品种有 30 多种，占 80% 以上的有 10 多种；川、云、贵、甘、陕的地道药材及大宗药材，如川贝母、川附子、黄连、川芎、天麻、三七、杜仲、冬虫夏草、当归、黄芪、党参、麝香等驰名中外，并有丰富的民族药与民间药；中成药工业亦有所发展，三七、天麻、杜仲等深度开发前景广阔。

本区划分为 6 个二级区：①秦巴山地、汉中盆地当归、天麻、杜仲、独活区；②川黔湘鄂山原山地黄连、杜仲、黄柏、厚朴、吴茱萸、茯苓、款冬花、木香、朱砂区；③滇黔桂山原丘陵三七、石斛、木蝴蝶、穿山甲区；④四川盆地川芎、麦冬、附子、郁金、白芷、白芍、枳壳、泽泻、红花区；⑤云贵高原黄连、木香、茯苓、天麻、半夏、川牛膝、续断、龙胆区；⑥横断山脉、东喜马拉雅山南麓川贝母、当归、大黄、羌活、重楼、麝香区。

本区中药资源的主要特点与资源可持续利用状况是：①三七、天麻、杜仲、川贝母、重楼、麝香、冬虫夏草等珍稀名贵、地道、大宗、特色家野生中药资源特别丰富，品种多样，品质优良；②川、云、贵、藏、陕等地道药材饮誉海内外，家种药材历史悠久，社会经济与科技条件也在逐年改善；③民族众多，民族医药丰富，藏、苗、彝、傣等民族药各

具特色，开发潜力极大；④以麝、熊、穿山甲、川贝母、冬虫夏草、石斛、野黄连、野茯苓等珍稀名贵、地道特色中药资源及绮丽多彩的民族药为重点，切实加强保护抚育与可持续利用。

（五）华南南亚热带、热带家生、野生中药区

本区包括岭南丘陵山地、雷州半岛、海南岛、台湾岛及滇西南山原。华南沿海地区经济发达，其他地区较为落后。中药资源 4500 种以上，多为南亚热带及热带品种；有砂仁、巴戟天、槟榔、益智、广藿香、化橘红、高良姜、蛤蚧等地道药材；中成药工业以广州最为发达，并在海南岛等地，建成"南药"生产基地。

本区划分为 3 个二级区：①岭南沿海、台湾北部山地丘陵砂仁、巴戟天、化橘红、广藿香、安息香、血竭、蛤蚧、穿山甲区；②雷州半岛、海南岛、台湾南部山地丘陵槟榔、益智、高良姜、白豆蔻、樟脑区；③滇西南山原砂仁、苏木、儿茶、千年健区。

本区中药资源的主要特点与资源可持续利用状况是：①以化橘红、广藿香、砂仁、巴戟天、血竭、槟榔、益智、高良姜、白豆蔻、儿茶、千年健、蛤蚧等地道药材或南药为特色的中药资源丰富；②中成药与特色药业发展迅速，并有邻近港澳及东南亚各国等区域优势，利于中药产业与大健康产业的发展；③发挥区域优势及地理优势，充分发展傣药、壮药等民族药，要切实发挥南药生产及热带药用植物品种多而独特的优势；④切实保护抚育南药及热带药用动植物资源与建立野生动植物保护区，加强特色地道中药资源的可持续利用。

（六）内蒙古中温带野生中药区

本区包括阴山山地、内蒙古高原和东北平原，经济较为落后，畜牧业比较发达。中药资源 1000 多种，野生药材占 80%，以黄芩、黄芪、知母、赤芍、甘草、麻黄、防风等为代表种；民族药以蒙药为主，专用蒙药达 260 多种；中成药厂 40 多家，发展也较迅速；野生资源抚育与开发均待加强。

本区划分为 3 个二级区：①松嫩及西辽河平原防风、桔梗、黄芩、麻黄、甘草、龙胆区；②阴山山地及坝上高原黄芪、黄芩、远志、知母、郁李仁区；③内蒙古高原赤芍、黄芪、地榆、草乌区。

本区中药资源的主要特点与资源可持续利用状况是：①甘草、麻黄、防风、龙胆、黄芩等喜阳光、耐寒、抗干旱的药用植物资源丰富而别具特色，质优量大；②野生药材品种较多，但随着生态环境破坏等因素的影响，甘草、麻黄等野生资源亟待加强保护抚育与适度开发利用；③蒙药为代表的民族药尚需加强研究开发，并与切实保护相结合；④加强甘草、麻黄、防风等野变家与 GAP 基地建设，切实加强环境保护与资源保护，实现资源可持续利用与发展。

（七）西北中温带、暖温带野生中药区

本区包括新疆和青海、宁夏、内蒙古的部分荒漠草原区域，经济较为落后，是

中国畜牧业生产基地。中药资源 2000 多种，野生品种蕴藏量大，但分布不均匀；特产药材如甘草蕴藏量占全国第一位，麻黄蕴藏量占全国第二位，肉苁蓉、锁阳、枸杞子、紫草、马鹿茸等均为优势品种；民族药以维药、蒙药及藏药为主，开发潜力极大。

本区划分为 3 个二级区：①阿尔泰、天山山地及准噶尔盆地伊贝母、红花、阿魏、雪荷花、马鹿茸区；②塔里木、柴达木盆地及阿拉善、西鄂尔多斯高原甘草、麻黄、枸杞子、肉苁蓉、锁阳、紫草区；③祁连山山地秦艽、羌活、麝香、马鹿茸区。

本区中药资源的主要特点与资源可持续利用状况是：①中药资源种类虽较少，但甘草、麻黄、锁阳、枸杞子、紫草、马鹿茸等地道、特色资源蕴藏量大；②阿里红、雪荷花等维药，角蒿、沙冬青等蒙药及秦艽、羌活、冬虫夏草等中藏药丰富地道；③亟待建立甘草、麻黄、锁阳、肉苁蓉、马鹿茸等野生资源保护抚育区和加强其深度研究与保护开发；④亟待加强科技人才培养与民族药的深度研究、合理开发资源以保证可持续利用。

（八）青藏高原野生中药区

本区包括青藏高原大部，属高寒气候类型，经济落后，交通不便，资源利用程度低。中药资源 1000 多种，全部野生，蕴藏丰富，如甘松、大黄、冬虫夏草、鹿茸、麝香等蕴藏量占全国的 60%～80%；民族药以藏药为主，藏药资源及高原特有品种待开发利用。

本区划分为 3 个二级区：①川青藏高山峡谷冬虫夏草、川贝母、大黄、羌活、甘松、藏茵陈、麝香区；②雅鲁藏布江中游山原坡地胡黄连、山茱萸、绿绒蒿、角蒿区；③羌塘高原马勃、冬虫夏草、雪莲花、熊胆、鹿角区。

本区中药资源的主要特点与资源可持续利用状况是：①以冬虫夏草、川贝母、大黄、羌活、甘松、藏茵陈、绿绒蒿、胡黄连、马勃、麝香、熊胆等为代表的珍稀名贵、地道特色资源丰富而量大；②藏药资源及高原特有品种不但品种多，资源丰富，而且待开发利用的潜力特别强，市场前景极为广阔；③亟待建立珍稀濒危、特色地道野生动植药与中藏药自然保护区，切实加强其资源的保护抚育与资源可持续利用；④亟待加强科技人才培养与以藏药为主的民族药、高原特有药物资源的深度研究、合理开发和可持续利用。

（九）海洋中药区

本区包括渤海、黄海、东海和南海海域。海洋中药资源 500 多种，主要有海马、珍珠、瓦楞子、石决明、牡蛎、昆布、海藻、海螵蛸、珍珠母、玳瑁、浮海石等，海洋药用途广，开发潜力极大。

本区划分为 2 个二级区：①渤海、黄海、东海昆布、海藻、石决明、海螵蛸、牡蛎区；②南海海马、珍珠母、浮海石、贝齿、玳瑁区。

本区中药资源的主要特点与资源可持续利用状况是：①蕴藏着极其丰富并待合理开发的海洋药物资源；②亟待加强海洋药物科技人才的培养与合理开发利用研究；③亟待加强

以海马、珍珠、海龙、牡蛎、珊瑚、海浮石等为代表的海洋动植矿物药的系统研究、合理开发及其生态环境的有效保护与海洋药物资源的可持续利用。

【附】中国各省（市）中药区划的分区系统与命名

1. 北京市中药区划的分区系统与命名

Ⅰ 西部和北部山地药材区
Ⅱ 东部、南部平原药材区

2. 天津市中药区划的分区系统与命名

Ⅰ 北部山地野生药材区
Ⅱ 中部平原药材种植区
Ⅲ 东部滨海滩涂药材种植区

3. 河北省中药区划的分区系统与命名

Ⅰ 坝上高原野生药材区
Ⅱ 燕山山地丘陵野生药材区
Ⅲ 冀西北山间盆地野生药材区
Ⅳ 太行山山地丘陵野生药材区
Ⅴ 燕山山麓平原家种药材区
Ⅵ 太行山山麓平原家种药材区
Ⅶ 低平原家种、野生药材区
Ⅷ 滨海平原野生药材区

4. 山西省中药区划的分区系统与命名

Ⅰ 北部干旱草原黄芪、麻黄地道药材区
Ⅱ 黄土高原半干旱森林草原甘草、酸枣仁药材区
Ⅲ 吕梁山西部、黄河沿岸党参、地黄、山药、连翘区

5. 内蒙古自治区中药区划的分区系统与命名

Ⅰ 山地森林药材区
Ⅱ 丘陵平原家生、野生药材区
Ⅲ 高原草原药材区
Ⅳ 高原荒漠药材区
Ⅴ 阿拉善西部胡杨、柽柳药材区

6. 辽宁省中药区划的分区系统与命名

Ⅰ 辽东人参、细辛、鹿茸、五味子地道药材区
Ⅱ 辽西北低山丘陵与沙地甘草、麻黄、黄芩药材区

Ⅲ辽西南酸枣、苍术、黄芩、远志、桔梗及水产药材区

7. 吉林省中药区划的分区系统与命名

Ⅰ东部长白山珍稀地道药材区
Ⅱ中部丘陵台地（平原）大宗药材区
Ⅲ西部平原蒲黄、甘草、防风生产区

8. 黑龙江省中药区划的分区系统与命名

Ⅰ大小兴安岭药材区
Ⅱ张广才岭、老爷岭药材区
Ⅲ三江（兴凯）平原药材区
Ⅳ松嫩平原药材区

9. 上海市中药区划的分区系统与命名

Ⅰ江中沙岛大宗药材发展区
Ⅱ金、奉、南野生药材区
Ⅲ近郊及市区药材开发区
Ⅳ西部低洼水生、湿生药材区

10. 江苏省中药区划的分区系统与命名

Ⅰ宁镇杨低山丘陵地道药材区
Ⅱ太湖流域"四小"药材区
Ⅲ沿海滩涂家、野生药材区
Ⅳ中部水网地区水生、湿生药材区
Ⅴ徐淮平原家种药材区

11. 浙江省中药区划的分区系统与命名

Ⅰ浙北、浙西北平原、丘陵山地花果类药材区
Ⅱ浙中丘陵盆地家、野生药材区
Ⅲ浙南山地木本药材及南药药材区
Ⅳ浙东沿海鳞茎类、块茎类药材区

12. 安徽省中药区划的分区系统与命名

Ⅰ淮北平原家种药材区
Ⅱ江淮丘陵岗地家、野生药材区
Ⅲ皖西山地森林动、植物药材区
Ⅳ沿江丘陵湖泊平原药材区
Ⅴ皖南丘陵山地动、植物药材区

13. 福建省中药区划的分区系统与命名

Ⅰ闽西北低山盆谷野生药材区
Ⅱ闽中中低山野生药材区
Ⅲ闽东沿海丘陵盆地药材区
Ⅳ闽东南沿海平原丘陵家种、海洋药材区
Ⅴ闽南沿海南药、海洋药材区
Ⅵ闽西南中低山盆谷野生药材区

14. 江西省中药区划的分区系统与命名

Ⅰ赣北部阳湖平原药材区
Ⅱ赣西北丘陵山地药材区
Ⅲ赣东北山地丘陵药材区
Ⅳ赣中丘陵山地药材区
Ⅴ赣南山地丘陵药材区

15. 山东省中药区划的分区系统与命名

Ⅰ胶东低山、丘陵家、野、海产药材区
Ⅱ渤海平原家种、野生药材区
Ⅲ鲁西鲁北平原家种、野生药材区
Ⅳ湖东平原、洼地、丘陵家种、野生、水产药材区
Ⅴ临郊家种水产药材区
Ⅵ鲁中南中低山、丘陵家种、野生药材区

16. 河南省中药区划的分区系统与命名

Ⅰ豫北太行山山楂、党参、酸枣仁区
Ⅱ豫北、豫东北黄河平原"怀药"、红花、金银花药材区
Ⅲ豫东南淮北平原白芍、白芷、半夏、天南星巩固发展区
Ⅳ豫南大别山、桐柏山区茯苓、桔梗、猫爪草、栀子发展区
Ⅴ豫西南盆地麦冬、延胡索、射干种植区
Ⅵ豫西伏牛山区山茱萸、辛夷、丹参、柴胡发展区
Ⅶ豫西丘陵密银花、款冬花恢复发展区

17. 湖北省中药区划的分区系统与命名

Ⅰ鄂西北山地麝香、黄连、杜仲区
Ⅱ鄂北岗地麦冬、半夏、丹参区
Ⅲ鄂中丘陵蜈蚣、桔梗、酸枣仁区
Ⅳ鄂东北低山丘陵茯苓、桔梗、菊花区

Ⅴ鄂西南山地黄连、贝母、厚朴、党参区

Ⅵ汉江平原龟甲、鳖甲、半夏、蟾酥区

Ⅶ鄂东南低山栀子、枳壳、黄柏区

18. 湖南省中药区划的分区系统与命名

Ⅰ湘西武陵山地杜仲、木瓜药材区

Ⅱ湘北洞庭湖平原龟、鳖、芡、莲水生药材区

Ⅲ湘西雪峰山地茯苓、天麻药材区

Ⅳ湘中长衡岗地丘陵栀子、玉竹、牡丹皮药材区

Ⅴ湘东罗霄山地丘陵白术、白芷药材区

Ⅵ湘南南岭丘陵山地厚朴、黄柏药材区

19. 广东省（含海南省）中药区划的分区系统与命名

Ⅰ粤北、粤东山地、丘陵药材区

Ⅱ粤东南丘陵台地药材区

Ⅲ珠江三角洲药材区

Ⅳ粤西丘陵山地药材区

Ⅴ雷州半岛和海南岛热带药材区

Ⅵ南海海产药材区

20. 广西壮族自治区中药区划的分区系统与命名

Ⅰ桂东北药材区

Ⅱ桂西北药材区

Ⅲ桂中药材区

Ⅳ桂西南药材区

Ⅴ桂东南药材区

21. 四川省（含重庆市）中药区划的分区系统与命名

Ⅰ盆地家种药材区

Ⅱ盆周山地家、野生药材区

Ⅲ川西南山地野生家种药材区

Ⅳ川西高山峡谷野生家种药材区

Ⅴ川西北高原野生药材区

22. 贵州省中药区划的分区系统与命名

Ⅰ黔东北低山丘陵吴茱萸、朱砂、金银花、五倍子、枳壳、栀子中药区

Ⅱ黔东南低中山陵茯苓、山药、穿山甲、桔梗、黄柏中药区

Ⅲ黔南山原山地河谷石斛、三七、艾纳香、通草、乌梅、砂仁中药区

Ⅳ黔西高原山地厚朴、半夏、党参、龙胆、枳壳、黄芩中药区
Ⅴ黔西北中山山地丘陵天麻、杜仲、半夏、龙胆、猪苓中药区
Ⅵ黔北山原山地杜仲、黄柏、厚朴、天麻、金银花、续断、五倍子中药区
Ⅶ黔中山原山地麝香、天麻、山药、鱼腥草中药区

23. 云南省中药区划的分区系统与命名

Ⅰ滇西北高原寒温带云木香、当归、冬虫夏草、麝香药材区
Ⅱ滇东北高原天麻、一枝蒿及木本药材区
Ⅲ滇西中山盆地防风、黄芩、红花、附子药材区
Ⅳ滇中高原盆地家种药材区
Ⅴ滇东南岩溶三七、八角茴香、砂仁、草果药材区
Ⅵ滇南中山宽谷黄草、龙胆及南药诃子等野生药材区
Ⅶ滇南边缘中低山南药区
Ⅷ中北部低热河谷南药区

24. 西藏自治区中药区划的分区系统与命名

Ⅰ藏东北药材区
Ⅱ藏东南、喜马拉雅山南麓药材区
Ⅲ雅鲁藏布江中游与藏南药材区
Ⅳ羌塘高原药材区

25. 陕西省中药区划的分区系统与命名

Ⅰ陕北黄土高原药材区
Ⅱ关中平原药材区
Ⅲ秦巴山地药材区
Ⅳ太白山中药资源特别保护区
Ⅵ紫阳富硒药材特别开发区

26. 甘肃省中药区划的分区系统与命名

Ⅰ陇南山地当归、纹党、红芪、贝母发展区
Ⅱ陇东黄土高原甘草、柴胡、款冬花发展区
Ⅲ陇中黄土高原党参、款冬花、半夏生产区
Ⅳ甘南高原秦艽、羌活、马鹿、牛黄保护区
Ⅴ河西走廊甘草、麻黄保护生产区

27. 青海省中药区划的分区系统与命名

Ⅰ东部黄土高原野生、家种植物药材区
Ⅱ青海湖环湖野生、家养家种动、植物药材区
Ⅲ柴达木盆地野生兼家种植物药材区

Ⅳ青南高原野生动、植物药材区

28. 宁夏回族自治区中药区划的分区系统与命名

Ⅰ六盘山半阴湿药材区

Ⅱ西海固半干旱黄土丘陵药材区

Ⅲ盐池、同心干旱低缓丘陵药材区

Ⅳ贺兰山林区药材区

Ⅴ宁夏平原药材区

29. 新疆维吾尔自治区中药区划的分区系统与命名

Ⅰ北疆东北部贝母、阿魏、马鹿及家种家养药材区

Ⅱ北疆中东部野生、栽培药材区

Ⅲ南疆西、北部甘草、紫草、阿魏、罗布麻药材区

Ⅳ南疆东南部肉苁蓉及民族药区

30. 台湾地区中药区划的分区系统与命名

Ⅰ台湾北部、中部药材区

Ⅱ台湾南部药材区

三、贵州中药区划简述

20 世纪 80～90 年代，贵州在全省中药资源普查基础上，各地（州、市）、县（市、区、特区）都进行了中药区划的研究建立，这为贵州全省中药区划的研究建立奠定了坚实基础。在此基础上，贵州中药区划得以研究建立。

贵州中药区划，共分为 7 个一级中药区和 18 个中药亚区（二级区）。贵州省中药区划的分区系统及命名等概况分述如下：

（一）黔东北低山丘陵吴茱萸、朱砂、金银花、五倍子、枳壳、栀子中药区

本区含 3 个亚区：①铜仁—万山朱砂、吴茱萸、麦冬区；②松桃—印江吴茱萸、白术、五倍子、金银花、枳壳区；③沿河—思南吴茱萸、天麻、天冬、栀子、雄黄区。

本区含铜仁地区等 13 县（特区）。中药以植物药吴茱萸、金银花、五倍子、麦冬及矿物药朱砂、雄黄等为优势，有梵净山天然药园，适于家种、野生药材结合发展中药生产，重点发展品种可为吴茱萸、杜仲、黄柏、厚朴、金银花、五倍子、麦冬、天麻、天冬等。

（二）黔东南低中山陵茯苓、山药、穿山甲、桔梗、黄柏中药区

本区含 2 个亚区：①锦屏—黎平茯苓、穿山甲、山药区；②凯里—雷山桔梗、毛慈菇、冰球子、麦冬、黄柏、三尖杉区。

本区以黔东南州为主，含 13 县。中药以植物药茯苓、山药、桔梗、厚朴、毛慈菇等及动物药穿山甲等为优势，有雷公山等天然药园，适于家种、野生结合发展中药生产，重

点发展品种可为茯苓、淫羊藿、毛慈菇、何首乌、厚朴、杜仲、黄柏、太子参、钩藤、山苍子、桔梗、穿山甲等。

（三）黔南山原山地河谷石斛、三七、艾纳香、通草、乌梅、砂仁中药区

本区含 3 个亚区：①平塘—独山艾纳香、南沙参、乌梅、仙茅、桔梗区；②罗甸—望谟艾纳香、三七、砂仁、通草、木蝴蝶区；③兴义—贞丰石斛、何首乌、灵芝、黄精、白及、姜黄区。

本区含黔南、黔西南部分地区的 14 县。中药以植物药石斛、南沙参、天冬、艾纳香、杜仲等及动物药麝香为优势，并适于发展砂仁等南药；重点品种可发展石斛、艾纳香、黄褐毛忍冬、三七、杜仲、黄柏、厚朴、麝香等。

（四）黔西高原山地厚朴、半夏、党参、龙胆、枳壳、黄芩中药区

本区含 2 个亚区：①威宁金铁锁、党参、半夏区；②六盘水半夏、厚朴、龙胆、黄芩区。

本区含威宁及六盘水市共 3 县 1 特区。中药以植物药金铁锁、党参、半夏、厚朴、龙胆、枳壳、黄芩等为优势，适于家种、野生结合发展中药生产，重点品种可发展金铁锁、半夏、党参、天麻、龙胆等。

（五）黔西北中山山地丘陵天麻、杜仲、半夏、龙胆、猪苓中药区

本区含 2 个亚区：①毕节—赫章半夏、云木香、川牛膝、龙胆、天麻、猪苓区；②金沙—黔西杜仲、石斛、金银花、五倍子、泽泻区。

本区含毕节地区等地的 7 县、86 区、702 乡，总面积为 20 511km^2。中药以植物药天麻、半夏、云木香、黄精、杜仲、黄柏等及动物药牛黄、麝香为优势，适于家种、野生结合发展中药生产；重点发展天麻、半夏、杜仲、黄柏、龙胆、天冬、五倍子、黄精、牛黄、麝香等。

（六）黔北山原山地杜仲、黄柏、厚朴、天麻、金银花、续断、五倍子中药区

本区含 4 个亚区：①赤水—习水金钗石斛、厚朴、黄柏、五倍子区；②遵义—桐梓杜仲、天麻、续断、金银花区；③绥阳—道真金银花、天冬、白及、五倍子区；④湄潭—余庆杜仲、黄柏、天冬、吴茱萸区。

本区含遵义市的 13 个县（市）。中药以植物药杜仲、黄柏、厚朴、天麻、五倍子、天冬、金银花（灰毡毛忍冬为主）、续断、半夏、白芍、玄参、黄精、白及、吴茱萸、百合、党参（洛龙党参）等为优势，适于家种、野生结合发展中药生产，重点发展杜仲、金钗石斛、黄柏、厚朴、天麻、天冬、黄精、白及、吴茱萸、续断、金银花（灰毡毛忍冬）、五倍子、半夏、白芍、玄参、党参（洛龙党参）、桔梗、丹参等。

（七）黔中山原山地麝香、天麻、山药、鱼腥草中药区

本区含 2 个亚区：①贵阳—惠水麝香、天麻、草血竭、鱼腥草、南沙参区；②安顺—开阳山药、杜仲、山茱萸、桔梗、五倍子区。

　　本区含贵阳市及安顺等地，中药以植物药天麻、杜仲、南沙参、鱼腥草、山药及动物药麝香等为优势，适于家种、野生结合发展中药生产；重点发展天麻、杜仲、山药、麝香等。

　　近十多年来，为了推进贵州中药现代化及中药产业、贵州中药材规范化生产与 GAP 基地的健康发展，"十五"至"十二五"期间，贵州省中医药现代化科技产业协调领导小组、省扶贫办公室等部门牵头，会同有关部门与专家研究制订的《贵州省中药现代化科技产业发展规划》、《贵州省中药材规范化生产基地建设规划》、《贵州省特色农业发展规划》及《贵州省中药材产业扶贫发展规划》等，都根据贵州中药材生产适宜性分析与中药区划，结合我省经济社会条件与中药材生产发展的实际，对贵州中药材规范化生产与 GAP 基地建设进行了区域化布局。这些发展规划提出了黔北—黔东北中药材生产区、黔西—黔西北中药材生产区、黔西南—黔南中药材生产区、黔东南及黔中中药材生产区等重点药材生产区的分区布局；明确规定了中药材规范化种植（养殖）品种与 GAP 生产基地建设的选择依据和基本要求。基地建设要有贵州地道、名贵、珍稀或常用、大宗、特色药材与发展基础；有符合 GAP 规定要求的较为完整而可行的基地建设实施方案；有以企业为主体、市场为导向、科技为支撑，政府引导，带动农民增收，形成"公司＋基地＋专业合作社或大户"等有效运作模式等。贵州省规划在黔北（遵义、湄潭等）、黔西北（大方、威宁等）、黔东南（施秉、雷山等）、黔南（都匀、独山等）、黔东（德江、松桃等）、黔中（修文、安顺等）、黔西南（兴义、安龙等）等地，重点建设"中药材规范化生产 GAP 基地"，引导、鼓励重点发展天麻、杜仲、石斛（金钗石斛、铁皮石斛、环草石斛、马鞭石斛等）、半夏、太子参、何首乌、丹参、淫羊藿、续断、钩藤、吴茱萸、艾纳香、头花蓼、山银花、金银花、黄柏、天冬、黄精、桔梗、白及等中药材。这为全省中药材生产逐步实现区域化布局、规范化生产、科学化发展、标准化控制、产业化经营、行业化管理奠定了良好基础。

四、中国中药区划价值与前瞻

　　"中国中药区划"充分吸收自然区划、农业区划等区划研究与建立的经验，运用生态学观点，以地道药材为主体开展中药区域特征研究，以研究生态与经济相结合的方法对中药资源品种适宜区进行分析，以全国各省（自治区、直辖市）、地（州、市、盟）、县（市、特区、旗）中药资源普查资料为基础进行区域综合对比分析与合理分区划片，以商品药材生产基地建设及合理布局为重点研究中药资源保护抚育、合理开发与发展战略，从而保证了中药区划的科学性、实用性和创新性，首次研究与建立了"中国中药区划"，填补了全国农业区划体系和中药业的一项空白，是一个创举。这是中医药学、农学、生态学、地理学、生物学、植物学、动物学、矿物学等多学科及中药业、农业、区划、经济等多部门协作研究的成果，也是全国中药资源普查的成果。中药区划与"中国中药区划"的研究建立过程，充分体现了"首在调查，贵在综合，重在协作，功在实用"的区划过程。这是发展我国社会主义中医药事业和人类保健康复的需要，也是对祖国医药学继往开来和对中华人民共和国成立以来中药材生产实践经验与教训认真总结的成果。

　　"中国中药区划"按照我国自然、经济技术条件和中药资源分布特点，将我国中药材生产的总体布局分为野生药材保护抚育区与中药材生产区：野生药材保护抚育区，重点提高资源合理保护抚育力度，切实护育珍稀濒危资源，合理提高资源转化率和深加工能力；中药材生产区，重点布局在基础条件较好的地道、大宗、常用药材生产区，其基本方针是巩固老产区，根据市场需要拓展新的适宜新产区。"南药"生产区，重点布局在海南、西双版纳等地，发展国产"南药"，提高质与量；海洋药物生产区，应将发展远洋捕捞与近海种养生产相结合，以提高海洋药物商品率与生产开发水平。又如，在中药材商品基地建设上，根据"中国中药区划"可提出重点发展"十大中药材生产基地"：长白山人参、细辛等生产基地，重点发展人参、细辛、平贝母、桔梗等品种；黄淮海辽平原白芍、枸杞子、地黄等生产基地，重点发展"四大怀药"枸杞子、丹参、板蓝根等品种；黄土高原党参、大黄等生产基地；华东沿海、丘陵山地"浙八味"、厚朴等生产基地；伏牛山—大别山茯苓、山茱萸等生产基地；长江中下游丘陵平原牡丹皮、枳壳等生产基地；川鄂湘黔山原山地—云贵高原黄连、杜仲、黄柏、天麻、三七、云木香、吴茱萸等生产基地；四川盆地川芎、麦冬、附子、黄连、泽泻、白芍等川产地道药材生产基地；秦岭山地、汉中盆地杜仲、天麻、当归等生产基地；华南岭南沿海、西双版纳、海南"南药"生产基地。同时，结合国家及各地自然生态保护区，在新疆、内蒙古、黑龙江、甘肃、青海、四川、云南、贵州等地建立甘草、麝香、冬虫夏草、川贝母、穿山甲等药材保护抚育区。

　　通过中药区划，有利于加深对中药材生产与环境统一性的认识，强化中药材质量意识与生态意识的相关性，强化中药材"因地制宜，适地适种"的观念；通过中药区划，可以了解各区域中药资源特点及演变趋势，增强确保中药资源永续利用的责任感；通过中药区划，可以明确区域中药资源合理利用和中药材生产的发展方向、重点品种，为正确选建优质药材商品基地，逐步实现区域化、专业化生产提供科学依据。开展中药区划，也有利于按市场机制配置中药材生产和流通，搞好市场需求预测，加强宏观调控，做到分区规划、分类指导、有效实施，以更好按照自然规律、经济规律办事。中国中药区划，给中药学科增添了丰富的科学内涵，它不论在地道药材、中药区划认识等中药理论或学科建设上，还是在中药生产实践方面，都发挥了日益显著的促进作用。

　　20世纪80年代以来，自《地道药材与生态型的相关性》（陈士林，1988年）、《中国道地药材》（胡世林等，1989年）、《论道地药材的系统研究》（肖小河等，1991年）、《试论中药区划与中药区划学的研究建立与发展》（冉懋雄，1992年）、《中国中药区划的研究与建立》（冉懋雄等，1995年）、《中药区划认识论》（冉懋雄，1997年）等有关地道药材、中药区划的研究成果与论著的发表，地道药材与中药区划相关性、中国中药区划的研究与建立引起人们高度关注，有力促进了中药区划的研究发展。笔者在深入实践研究基础上，结合我国中药材生产发展的需要，于20世纪90年代中期，率先提出了"中药区划认识论"和"中药区划学"的研究建立与发展方向，强调了科学技术进步、学科发展对生产力应起到的重要作用。这引起了中医药界的高度重视与好评，认为这是继谢宗万研究员提出的"中药品种新理论"后，对中药新理论研究的又一重要专论研究成果，对中药新理论认识与新学科建设，对中药材生产合理布局、规范发展与中药材 GAP 基地建设都有着重要意义，并为中国中药区域化生产与中药材生态适宜性区划奠定了良好基础。

特别是随着地理信息系统（geographical information system，GIS）、遥感（remote sensing，RS）、全球定位系统（global positioning system，GPS）技术（以下通称为"3S技术"）对地观测等空间技术的发展及气候资料数据库的完善，生物适生地分析已实现了计算机化，中药材产地适宜性评价与中药材产地生态适宜性区划已得到进一步的发展。GIS 技术应用到中药材产地适宜性评价中，可大大提高中药材产地适宜分析的定量化和可视化，可有效保持其评价的科学性、地道性和准确性。在具体进行中药材产地适宜性分析中，中国医学科学院药用植物研究所陈士林组织的科研团队以药用植物为主，选取具地道、名贵、大宗、常用、特色并具地域性、代表性的药材，如人参、三七、甘草、关黄柏、五味子、枸杞、麻黄、黄芪、黄芩、丹参、党参、当归、金银花、地黄、山药、板蓝根、川芎、黄连、杜仲、黄柏、天麻、半夏、石斛、川贝母、黄精、天冬、吴茱萸、西红花、浙贝母、麦冬、太子参、厚朴、泽泻、郁金、莪术、穿心莲、广藿香、化橘红、肉豆蔻、阳春砂仁等共 150 多种，以中药材分布具有明显地理特性，中药材生长与其生长环境密切相关的重要生态因子值（如温度、湿度、降水量、日照度等），进行其生态适宜性数值分析、数值区划与生产布局，并对中药材适宜区分析研究的关键技术进行了探索与讨论。在上述基础上，研究团队切实开展了中药材因地制宜合理布局研究，进一步研究与建立了"中国中药数值区划"，并出版了《中国药材产地生态适宜性区划》（陈士林等主编，冉懋雄等主审，科学出版社 2011 年 6月），见图 4-1。

图 4-1　中国药材产地生态适宜性区划

中国药材产地生态适宜性区划的研究与建立，更有力推进了中药区划指标体系的确定及综合定量研究评价，给中药材产地生态适宜性与适宜区分析和中药区划带来了新的发展动力。这样，更利于对以地道药材为代表的中药材进行更深层次的本质性研究，更利于定量科学在中药区划领域的研究和深化，有力推进了中药区划和中药科学的更好发展，这也充分展现了中药区划以及这门新兴学科——"中药区划学"的广阔前景。

第三节　中药材生产基地选建原则与合理选择

在《中药材生产质量管理规范（试行）》（GAP）第二章"产地生态环境"中，明确规定中药材生产应按中药材产地适宜性优化原则，因地制宜，合理布局。这既充分体现了中药材产地与地道药材、中药区划紧密结合的相关性，也充分显示了中药材规范化生产、中药材 GAP 基地选建原则与合理选择的重要性和必要性。

一、中药材生产基地的选建原则

前已论及，中药资源与中药材生产具有很强的地域性与继承性，运用生态学观点，以地道药材为主体开展中药材区域特征研究与生产区域化，以生态与社会经济相结合的研究方法对中药资源及中药材生产的品种适宜区进行分析，合理分区划片，揭示了中药资源与中药材生产的地域分异规律，提出了"地道药材与中药区划相关性"、"中药区划认识论"及其"中药区划学"等，并与地道药材、中药区划、中药材 GAP 及中药资源可持续利用有机结合与实施，已取得举世瞩目的可喜成效。这既为"中药区划"与"中国中药区划"的研究与成功建立奠定了实践基础，也为广泛而较深入进行中药材规范化种植（养殖）与GAP 基地的选择和合理选建提供了原则依据。归纳起来，其原则依据主要体现在下述 3个方面。

（一）区划（地域）布局原则

中药材生产基地的地理位置可用行政区域或经纬度表示，无论动、植、矿，"诸药所生，皆有境界。"特别是以动植物为主中药材的生活环境，都直接与空气、水、土壤、光照等生态因子关系密切，并直接影响其种群的发生、发展、时空分布以及质量与产量。这就直接决定了中药材生产的区划（地域）布局，当某一区域的生态环境与某一生物所需生境和习性相匹配时，则适合其生长发育，生存繁衍而成为分布区域中心或适生区域。这也是我们研究与强调地道药材与中药区划，认真研究中药材的生态适宜区域与非适宜区域的原因，我们应当在中药材生态最适宜区域或适宜区域合理布局，并选建其生产基地。

但也应注意，某些植物药材在其活性成分积累过程中，并不是在正常生长发育适生环境下产生的，而是在非适生的逆境中胁迫条件下积累（如前节所述的银杏黄酮，乃在其次适生环境生长中积累较丰）。因此，在中药材生产基地选择时除应研究其区域适生性外，尚应分析研究产地区域与其活性成分的积累动态关系，以全面评价，准确选建中药材生产基地。

（二）安全生产原则

中药材生产基地选择，不仅要分析影响中药资源分布、中药材生产的自然条件与适生环境，还要特别从中药材这一特殊商品的安全性出发，必须首先保证用药安全，确保所选基地生产药材不受污染不致有害。因此，生产基地选择应将中药材安全生产列为极其重要的原则，除中药材生产基地的自然条件与适生环境外，还要从其社会经济条件入手，深入调查其历史变化、人为因素、环境污染与是否无节制施用化肥农药或是否为生物疫区等有不安全生产因素存在，以确保其生产药材达到国家规定的安全指标，确保人民用药安全有效。

（三）操作可行原则

中药材生产是有目的的社会生产行为，其生产基地选择既要求有适宜而优越的自然环境，讲求"地胜药灵"，而且也要求应具良好社会经济环境，以利于中药材生产的操作可行性，达到预期生产目标。因此，亦应将中药材生产基地的操作可行列为极其重要的原则，要对拟选的生产基地之社会、经济、交通、水电、电信、教育、文化、卫生、习俗等进行深入调查，并特别要注意调查当地药材生产应用历史、群众生产加工药材经验与积极性，以及当地党政重视支持与医药企业投资建设药材生产基地等，以全面综合分析和保证中药材生产基地的可操作性和良性发展，以促进广大农民脱贫致富，促进山区经济发展。

二、中药材生产基地的合理选择

（一）基地合理选择的主要程序

1. 组织考察

中药材生产基地的选择是指在中药材生产基地选建之初，通过对基地生态环境的调查和现场考察研究，并对基地环境质量现状做出合理判断的过程。其考察研究由中药材生产单位（企业）生产技术部、质量管理部或委托单位的有关技术人员组成考察组，深入拟选地域现场，切实按照中药材产地适宜性优化原则，以及因地制宜、合理布局要求，认真而细致地进行其地域性、安全性、可操作性等调查研究，做好勘察记录和调查报告，提出分析评价与选择意见或建议。

2. 考察内容

根据中药材 GAP 产地环境质量的有关规定要求，对拟选建的中药材生产与 GAP 基地环境调查和现场考察研究的主要内容有：①地貌、气象、土壤、水文、植被等自然环境特征；②大气、水和土壤等有关检（监）测原始资料；③农业耕作制度及作物栽培等情况（如近 3 年来农药、化肥使用与作物间套轮作等）；④历史、人文、交通、通信等社会经济条件的调查和周围环境污染（如工业污染源、交通污染源、生活污染源等）及地方病调查等。

3. 标准要求

①大气条件：选择的基地及周围不得有大气污染，特别是上风口不得有污染源（如化工厂、钢铁厂、水泥厂等），不得有有毒有害气体排放，也不得有烟尘和粉尘等。基地距主干公路线应在 50～100m。经检（监）测，大气条件应符合国家《环境空气质量标准》（GB3095—2012）一或二级质量标准。②土壤条件：基地周围无金属或非金属矿山，无人为有害污染，无有害农药残留，土壤肥力符合中药材生产要求，并以肥沃、疏松、保水保肥、耕作层较厚的土壤为佳。经检（监）测，土壤元素背景值在正常范围内，土壤环境质量应符合国家《土壤环境质量农用地土壤污染风险管控标准（试行）》（GB15618—

2018）规定。③水质条件：基地应位于地表水、地下水的上游，应避开某些因地质形成原因而致使水中有害物质（如氟等）超标的地区。有可供灌溉的水源及设施，生产用水不得含有机污染，不得含重金属和有毒有害物质（如汞、铅、铬、镉、酚、苯、氰等），并要远离对水源造成污染的工厂及矿山等。经检（监）测，水质应符合国家《农田灌溉水质量标准》（GB5084－2005）或生活饮用水质量标准的标准要求。④气候条件：应适合拟生产中药材品种的生长发育，并符合生态环境有关要求。

4. 采样记录

凡满足上述选择条件的拟选地域，按有关大气、土壤、水等有关标准规定的方法采样，并作好采样记录（应附采样布点图等）。由有环境质量检测资质的单位依法检（监）测，并对拟选基地环境质量作出综合评价报告。

5. 签署协议

以上各项考察工作完成，并经中药材生产单位（公司）对已满足要求的选建基地作出决定后，再由公司与专业合作社或农民大户签订有关协议或合同（如土地租赁、药材购销协议或合同）等，然后方予进行基地建造。

6. 归档保存

对上述中药材生产基地考察工作的有关资料，如基地现场考察记录、基地环境质量检（监）测采样记录及其检（监）测评价报告，以及有关协议或合同等均应按有关规定归档保存，并由专人严加管理。

（二）基地良好环境的保护措施

为了继续保持中药材生产基地良好的生态环境，还应在中药材生产基地建设与生产过程中，注意采取以下主要保护措施：

（1）严禁在基地周围建设有"三废"污染的各类项目与设施，确保基地周围5公里以内无污染源，切实保证基地环境不被污染。

（2）严格按照中药材GAP要求进行生产质量管理，加强基地对药材GAP绿色基地的标准追求，强化生态农业，正确使用农用化学物质，采取综合措施防治病虫草害，继承我国传统农业生产精华，维护良好的生态农业环境。

（3）加大宣传力度，提高基地区域的全民环境意识，注重基地区域内及其周围生态环境保护与建设，自觉保护基地及其周围的生态环境，使整个区域形成良性循环的生态系统。

（4）加强基地环境质量动态监测，及时发现、控制环境污染。每年对基地灌溉用水检（监）测1次，每4年对土壤检（监）测1次；对基地大气环境质量亦应注意动态监测。

（5）基地有关党政部门要切实加强基地环境质量的监管，基地企业负责人、生产技术部、质量管理部和专业合作社等有关人员要落实对基地生态环境保护的责任，要切实加强中药材GAP基地与绿色中药材基地的建设发展。

实践证明，地道药材反映出的科学内涵与中药区划、中药材GAP有着紧密的内在联系，研究中药区划、建立中国中药区划与实施中药材 GAP，以地道药材为主体的研究方法和遵循原则切实可行，中药材生产基地选建原则及合理选择十分重要，这是在中药研究领域具有创新性的继往开来之举，也是我国全面科学地实施中药材种植（养殖）与 GAP 基地建设之关键。

主要参考文献

陈士林，等.2011. 中国药材产地生态适宜性区划[M]. 北京：科学出版社.

陈士林，苏钢强，邹健强，等.2005. 中国中药资源可持续利用体系构建[J]. 中国中药杂志，30（15）：17.

段金廒，钱士辉，袁昌齐，等.2004. 江苏省中药资源区划研究[J]. 江苏中医药，25（2）：5-7.

贵州中药资源普查办公室，贵州中药研究所.1992. 贵州中药资源（第 1 版）[M]. 北京：中国医药出版社.

黄璐琦，张瑞贤.1997. "道地药材"的生物学探讨[J]. 中国药学杂志，9（32）：563-565.

黄璐琦，郭兰萍.2007. 中药资源生态学研究[M]. 上海：上海科学技术出版社.

江灏，钱宗武，译注.1990. 今古文尚书全译[M]. 贵阳：贵州人民出版社.

明·刘文泰，等.1982. 本草品汇精要[M]. 北京：人民卫生出版社.

全国农业区划委员会.1981. 中国综合农业区划[M]. 北京：农业出版社.

冉懋雄.1992. 试论中药区划与中药区划学的研究建立与发展（上、下）[J]. 中药材，15（1）：40；15（2）：40.

冉懋雄.1997. 道地药材区划研究.[M]. 北京：中医古籍出版社.

冉懋雄.2004. 中药区划认识论[J]. 中国中药杂志，22（4）：201.

冉懋雄，邓炜.1995. 论贵州中药资源区域分布与区划[J]. 中国中药杂志，20（10）：579.

冉懋雄，张惠源，金德升，等.1995. 中国中药区划的研究与建立[J]. 中国中药杂志，21（9）：518.

唐·孙思邈.1955. 备急千金要方[M]. 北京：人民卫生出版社影印（北京刻本）.

陶曙红，吴凤锷.2005. 生态环境对药用植物有效成分的影响[J]. 天然产物研究与开发，15（2）：174-177.

吴征镒.1983. 中国自然地理——植物地理[M]. 北京：科学出版社.

西汉·刘安，等.1995. 淮南子全译[M]. 许匡一译注. 贵阳：贵州人民出版社：522.

朱寿东，张小东，黄璐琦，等.2014. 中药材区划 20 年——从单品种区划到区域区划[J]. 中国现代中药，16（2）：91-95.

《中国中药资源丛书》编委会.1995. 中国中药区划[M]. 北京：科学出版社.

（冉懋雄　周厚琼　邓　炜　冯中宝）

第五章　中药材规范化种植与养殖关键技术

在药用植物与药用动物的中药材生产中，必须树立"药以种为本，种以质为先"的理念，抓好种质这个根本。有了优良的种质资源，才能为良种选育、优良种源的获得与良种繁育及规范化生产打下坚实基础。在良种与良法基础上，方能更好而充分地发挥良种潜在的遗传增益，真正实现中药材生产的优质高产。因此，我们必须切实加强中药材规范化种植与养殖关键技术的研究及实施。本章特以药用植物为重点，对药用植物种植和药用动物养殖的关键技术加以介绍。

第一节　药用植物良种繁育关键技术

一、药用植物无性繁殖

无性繁殖是指不经生殖细胞的融合，而直接由母体的部分器官与组织发育成为子代的繁殖方法。对药用植物而言，无性繁殖通常是指利用药用植物的根、茎、叶等营养器官，经扦插、压条、分株、组织培养等方式培育新个体的繁殖方法。无性繁殖因具有可保持母本的优良特性、生长速度快等优点而被广泛应用于药用植物种苗繁育。常见的繁殖方式有分株繁殖、扦插繁殖、压条繁殖、嫁接繁殖、组织培养等多种繁殖方式。近年来，随着植物生长调节剂的广泛使用和植物组织培养技术的逐步完善与提高，无性繁殖现已经发展成为药用植物种苗（特别是珍稀名贵、一般繁殖方法难于繁育的药用植物）最为重要的繁殖方式。下面就药用植物常见的无性繁殖方式进行阐述。

（一）分株繁殖

分株繁殖是指利用蘖芽、球茎、根茎、鳞茎、珠芽等营养器官可繁育成为植物个体的特性，将其从母株上切割下来，培育成为独立植株的繁殖方法，是药用植物最为常用的无性繁殖方式之一。例如，何首乌、地黄、山药等药用植物可以其块根为繁殖器官，通过将其切割为含芽或芽眼的小块，每个独立的小块都可以繁育一个完整的个体，即利用块根进行无性繁殖；天南星、半夏、大蒜、贝母、百合、番红花等因其鳞茎或球茎四周常发生小鳞茎、小球茎，因此其可以鳞（球）茎繁殖，即利用鳞（球）茎进行无性繁殖；款冬、薄荷、甘草等可以利用根茎进行繁殖，将横走的根茎按一定长度或节数分割成含3～5个芽的小段，每段都可以发育成为一个独立的植株，该繁殖方式即为利用根茎的无性繁殖；玄参、芍药、牡丹等多年生宿根药用植物，可在地上部分枯萎后、萌芽前将宿根挖出地面，按芽的强弱与多少，将其分为若干小块进行繁殖，即分根繁殖；半夏、山药、百合、黄独等药用植物不仅可利用块根进行无性繁殖，还可以利用着生于叶腋的珠芽进行繁殖，即珠芽繁殖。

分株繁殖是药用植物繁殖最为常见的繁殖方式之一，利用分株进行繁殖的时间多集中于休眠期。利用块茎和块根分割为繁殖材料时，应在其切割后先晾晒 1～2 日，使创口稍干，或拌草木灰、多菌灵等，加强伤口愈合，减少腐烂。利用球茎、鳞茎类为繁殖材料时，应使芽头向上。芍药、牡丹等分根繁殖植物在分根时，要尽量避免伤根，在栽种时要求根部舒展，栽种以后要覆土、压实，并浇上充足水分，避免干燥。

（二）扦插繁殖

扦插繁殖即取植株营养器官的一部分，插入疏松润湿的土壤或细沙中，利用其再生能力，使之生根抽枝，发育成为新植株的繁殖方式。其中，用作扦插的材料叫作插穗，依据所选择插穗的不同，可将其分为枝插、根插和叶插 3 种。

1. 枝插

枝插又分为光枝插、带叶插、单芽插等。光枝插多用于落叶木本，在冬季落叶后，选取当年生枝条，剪成 10～15cm 长的小段，用绳捆好，倒埋于湿沙中越冬，第二年春季取出扦插，入沙深度不超过插穗长度的 2/3。如夹竹桃、月季、石榴都可用这种方法。带叶插多用于一般植物的生长季节或常绿植物，采用当年生枝条，剪成 7～12cm 的段（长度因花卉而定），带叶扦插，但在扦插时要把插入沙中部分的叶子剪去，上面只留 1～4 片叶子，最好随剪随插，以利成活。如月季、桂花、石榴等可使用该方法。单芽插又叫短穗扦插，为了充分利用材料，只剪取一叶一芽做短插穗，插穗长度 1～3cm 为宜。扦插时，将枝条和叶柄插入沙中，叶片完整地留在地面，如桂花等可利用该方法。

2. 根插

有些植物枝条生根困难，但其根部却容易生出不定芽，如贴梗海棠。在晚秋季节，把植物根部剪成 10～15cm 长的小段，用湿沙贮藏，第二年春季插入苗床，约一个月后即可生根萌芽。

3. 叶插

有些药用植物的叶片容易生根，并产生不定芽，如秋海棠、虎耳草、落地生根、石莲花等，可剪取叶片进行扦插繁殖。扦插秋海棠叶片时，先在叶背面的叶脉处用小刀切些横口，以产生愈合组织而生根，然后把叶柄插入苗床中，而叶片平铺在沙面上，并盖上一小块玻璃，以帮助叶片紧贴沙面，待叶片不再离开沙面时，再拿去玻璃片。没有叶柄的（如石莲花），将叶片基部浅插在苗床沙面里，会逐步成为新株。

在扦插繁殖中，扦插条件、扦插方法和扦插时期是影响扦插成活率最为重要的因素。

（三）压条繁殖

压条繁殖是以正在发育的枝条为繁殖器官，通过用保水物质（如苔藓）包裹枝条，创造黑暗和湿润的生根条件，待其生根后与母株割离，使其成为新的植株的繁殖方法。与扦插繁殖一样，压条繁殖是利用植物器官的再生能力来进行繁殖的。该方法多用于扦插一些难以生根的药用植物，或一些根叶较多的木本药用植物。压条繁殖时，为了促进叶和枝条产生的糖类、生长素等其他有机物在压条处积聚，以促进压条生根，多进行环状剥皮，并在环剥部位涂以生长素等促进生根。压条繁殖法具有操作方便、成活率高、压后不需要特殊管理等优点，是发展木本药用植物等最为常用的繁殖方法。依据压条部位的高低不同，可将压条繁殖分为地面压条和空中压条两种。

1. 地面压条

因过老或过嫩的枝条不易生根，地面压条多选用一年生或二年生健壮的新枝为压条。选好压条以后，先在母株旁边挖一小沟，沟的长短、深浅依枝条而定。小沟壁靠近母株的一面要挖成垂直面，这样便于枝条直立伸出地面。进行压条的时候，先对埋入沟中部分的树皮进行环割或拧劈，以促进生根，覆土时应踏实，使枝梢露出地面。当根系形成，枝条上端长出枝叶的时候，可将压条从母株上切断，移栽后进行常规管理即可。

2. 空中压条

凡是枝条较硬，不易弯曲，或植株过分高大，无法采用地面压条的时候，即可采用空中压条法。压条时，先准备好一个与压条部位等高的凳子或木架，再把装土的花盆等容器置于木凳上，以备利用。空中压条的基本方法与地面压条法相同。为防止枝条弹出盆外，覆土后应充分压实，上面再压砖等重物。压条后 1～3 个月生根，生根后切离母株，单独栽培。压条的时间以春季为最好，若植株生长旺盛，6～7 月也可进行。

（四）嫁接繁殖

嫁接繁殖指将一株植物上的枝条或芽等（接穗），接到另一株带有根系的植物（砧木）上，使它们愈合生长在一起而成为一个统一的新个体。常用嫁接繁殖的药用植物有罗汉果、胖大海、猕猴桃、辛夷、枳壳等。依据接穗的不同，分为枝接、芽接两大类。

1. 枝接

枝接指以母树枝条的一段（枝上须有 1～3 个芽）为接穗，将其基部削成与砧木切口易于密接的削面，然后插入砧木的切口中，并予绑扎，使之密接愈合。注意砧穗形成层对体吻合，并绑缚覆土，使之结合成活为新植株。枝接一般在树木萌发的早春进行，因此时砧木和接穗组织充实，温度和湿度也有利于形成层的旺盛分裂。

2. 芽接

芽接是从枝上削取一芽，略带或不带木质部，插入砧木上的切口中，并予绑扎，使之密接愈合。芽接宜选择生长缓慢期进行，因此时形成层细胞还很活跃，接芽的组织也已充实。当年嫁接愈合，翌年春季发芽成苗，非常适宜。嫁接过早，接芽当年萌发，冬季不能木质化，易受冻；嫁接过晚，砧木皮不易剥离。气候条件对嫁接也有影响，形成层和愈伤组织需在一定温度下才能活动，空气湿度接近饱和时对愈合最适宜，在室外嫁接，更要注意天气条件。

（五）组织培养繁殖

依据植物细胞具有全能性的理论，植物组织培养（tissue culture of plant）是指应用无菌操作培养植物的离体器官（如根尖、茎尖、叶片、花、子房等）、组织（如髓部细胞、花粉、胚乳等）或细胞（如大孢子、小孢子、原生质体等），在无菌条件下，通过愈伤组织的诱导、不定芽的诱导、不定根的发生，在人工控制条件下进行生长和发育，使其最终发育成为完整植株的过程，该技术称为"组织培养技术"，亦可称为"组培快繁技术"。依据其培养对象的不同，常将其分为愈伤培养、器官培养、植株培养、单细胞培养和原生质体培养等，其中愈伤培养、器官培养和植株培养是药用植物进行种苗繁育最为常用的繁殖方法。

利用组织培养技术进行药用植株无性繁殖，具有成本低、效率高、生产周期短、性状整齐一致等优点，特别适宜于某些种子繁殖慢、繁殖效率低、难繁殖的药用植物。现在组织培养技术已经成功应用于石斛（金钗石斛、铁皮石斛、环草石斛等）、白及、红景天、西洋参、金线莲、三七、天麻、半夏、桔梗、丹参、地黄、绞股蓝、山慈菇、金铁锁、麻黄、银杏、肉苁蓉、黄芪、五味子、何首乌等多种药用植物。利用组织培养技术对石斛、桔梗、丹参等药用植物进行无性繁殖，不仅解决了中药材生产中供种不足、病害严重等问题，还为药用植物的良种繁育与推广、加速育种进程等奠定了基础。有关中药组织培养的基本知识与实用技术，可参阅《中药组织培养实用技术》（冉懋雄，2004 年）、《地道珍稀名贵药材石斛》（廖晓康，冉懋雄，2014 年）等专著。

二、药用植物有性繁殖

（一）种子采收

1. 采收时间

用于有性繁殖的药用植物种子一般成熟后才可以采收。判断种子的成熟通常从外观的形态进行，主要包括种子的颜色、大小、硬度、光泽等方面。有的植物种子成熟后果实或种皮颜色会发生改变，如百尾参，在种子没有成熟时果实为绿色，较硬，里面的种子较软，当成熟时，果实变为褐色，果皮较软，而里面的种子变硬。

2. 采收方法

采收的方法一般根据植物种子特征不同采用不同的方法。有的可以只采收种子，有的可以连果实一块采收，还有的可以连植株一块采收然后进行清选脱粒，常用的主要有摘采法、割采法、套袋法等。对于大粒且成熟后不易脱落的种子可采用摘采法，对于小粒的种子或种子量大且分散的植物一般采用割采法，成熟后易脱落的种子可采用套袋法。

3. 种子调制

种子采收时一般采收的是果实，处理果实及把种子从果实中取出的过程和处置方法称为种子的调制。调制主要是为了保证种子的质量，适宜播种和贮藏，调制的步骤一般包括：干燥、脱粒、去杂等。干果类种子一般脱粒较为容易，可先将果实晒干或阴干，然后破碎果皮，取出种子；肉质果类的种子一般可采取手搓漂洗的方法取出种子，也可等肉质果皮变干后进行揉搓过筛进行脱粒。去杂方法比较多，根据种子的类型不同，宜采取不同的去杂方法，如筛选、水选、风选、挑拣等。种子干燥一般可晒干，对有些特殊种子，曝晒容易导致种子活力下降，可采取阴干或晾干的方法干燥。

（二）种子寿命与贮藏

1. 种子寿命

种子寿命，是指种子在一定的环境条件下所能保持生活力的期限。所谓的生活力就是指种子能够发芽的潜在能力。不同药用植物的种子寿命差异极大，有的种子寿命极长，如莲子；有的寿命很短，如天麻种子。一般根据在"最适贮藏条件"下，根据其种子寿命的长短分为3类：短命种子（种子寿命小于3年）、中命种子（种子寿命3～15年）、长命种子（种子寿命大于15年）。种子寿命长可减少繁种次数，降低成本，并且可以进行长时间的贮藏，有利于种质资源的保存，种子寿命短则相反。

种子寿命的长短既受本身遗传因素影响，又与外界环境条件密切相关。遗传因素包括种子种皮结构、种子中的化学成分、种子的物理特性、种子的贮藏特性等。一般种皮坚硬、致密，很难透水透气的种子，种子寿命较长，反之则较短；含油量高的种子容易发生酸化，寿命较短，含淀粉多的种子寿命则较长；种子的大小、完整性、吸附性等物理性状也影响种子的寿命。外界环境条件对种子寿命影响是多方面的，既包括贮藏时的环境条件，又包括种子发育时的环境条件。贮藏环境条件主要包括温度、湿度、气体及有害生物等。一般贮藏温度较低、湿度较低、空间氧气较少、种子不带有害生物时，种子寿命较长；种子发育环境就是指种子在母株上生长发育时的环境，除温度、湿度、气体外，还包括光照条件、土壤条件等，一般适宜生长的环境中形成的种子粒大饱满、活力高、寿命长。

2. 种子贮藏

种子寿命的延长与种子贮藏的条件密切相关，其中最主要的影响因素是温度、水分和通气状况，这三个因素又相互影响，相互制约。水分既包括种子含水量，又有环境的湿度。种子含水量对种子生理代谢和贮藏安全性具有重大意义。对大多数种子来说，充分干燥是延长种子寿命的基本条件，但顽拗型种子较为特殊，种子含水量低于某一水分临界值时种子便失去活力。贮藏温度是影响种子新陈代谢的因素之一。种子在低温条件下，呼吸作用非常微弱，种子胚细胞能长期保持生活力。但若低温伴随种子游离水分存在时，种子因受冻而死亡。贮藏环境温湿度受大气温湿度变化的影响，而贮藏温湿度又影响种子温度和种子水分。因此，种子贮藏仓库宜选择吸湿性小和导热性差的建筑材料。当种子温湿度变化发生异常时，应采取必要措施进行处理，防止种子变质。通气状况也影响种子贮藏，如果种子长期贮藏在通气条件下，空气中的氧气会促进种子的代谢活动，水汽增加种子含水量，导致其生命活动变得旺盛，很快将丧失活力。一般来讲，正常干燥种子在密闭条件下贮藏较为适宜。

选择种子的贮藏方法要考虑经济效益、贮藏设施性能、贮藏地区气候条件、贮藏种子的特性及价值、计划贮藏年限等因素。常用的贮藏方法有普通贮藏法、密封贮藏法、真空贮藏法、超低温贮藏及顽拗型种子贮藏法。

普通贮藏法是将种子装入麻袋、布袋或木箱等透气的容器中，然后贮藏在仓库里，仓库不需要安装特殊的降温除湿设施，根据实际情况进行开门窗通风或关闭门窗，保持库内低温低湿条件。该法简单经济，适合贮藏大批量的普通生产用种。为保障贮藏良好，种子采收后要有清选、分级、干燥、入库、登记、定期检查检验、防鼠、防虫、防霉等一系列的管理工作程序。

密封贮藏法是将种子干燥到符合密封要求的含水量标准，再用不透气的容器密封起来进行贮藏的方法。这种方法在一定温度条件下能较长时间地保持种子活力，主要是控制了氧气供给，杜绝了湿度对种子含水量的影响，从而保证了种子处于较低的新陈代谢状态。

真空贮藏法是将充分干燥的种子密封在真空容器内，使种子不受外界湿度影响，通过抑制种子呼吸、强迫种子休眠，来延长种子寿命。真空贮藏要求种子含水量较低，一般在4%以下。

超低温贮藏法是将种子置入超低温（液氮−196℃）状态，降低种子代谢，达到长时间保存的目的。

顽拗型种子贮藏法是针对顽拗型种子的特点，采取相应的防干、防萌发、保持含氧量等措施，来进行贮藏的方法。

（三）种子品质检验

种子品质检验就是应用科学、先进和标准的方法对种子优劣进行细致的检验、分析、鉴定、判断，评定其种用价值的一门科学技术。种子品质检验可分为田间检验和室内检验两部分。田间检验是在药用植物生育期间进行，到田间取样分析鉴定，检验种子真实性、纯度、感染病虫害情况及生长发育状况。室内检验是种子收获后，通过扦样，检验种子真实性、净度、发芽率、千粒重、含水量等指标。种子检验的程序一般包括扦样、检测和结果报告。

1. 扦样

扦样是指利用专门的器具，按照规定的方法，由合格的扦样员对种子批量进行取样的工作。扦样目的是获得能代表种子批次的送验样品，扦样的正确与否会直接影响种子检验结果的正确性。扦样前扦样员应了解种子堆装混合、贮藏过程中有关种子的情况。然后参考农作物种子检验规程国家标准划分种子批次，并编号。被扦的种子批次应在扦样前混合均匀，使其一致。扦样时应按照国家标准，根据种子批量确定扦样袋数和扦样数量，此时得到的样品为初次样品；若样品基本均匀一致，则可将其合并成为混合样品。从混合样品中分出一部分规定数量的种子送到种子检验机构检验用的样品称为送验样品。将送验样品利用专门工具，按照规定方法分取用来试验的样品称为试验样品。

2. 检测

检测的内容包括种子的真实性和品种纯度鉴定、净度分析、发芽率试验、水分测定及生活力测定。

真实性和品种纯度鉴定是根据国家标准规定方法，利用形态学、细胞遗传学、解剖学、物理学、生理学、化学和生物化学、分子生物学等方面的技术方法，将不同品种区分开。品种纯度用百分率表示。

$$品种纯度(\%)=\frac{[供检种子粒数（幼苗数）-异品种种子粒数（幼苗数）]}{供检种子粒数（幼苗数）}\times100\%$$

种子净度分析应根据国家标准规定方法，从试验样品中分出净种子、其他植物种子和杂质 3 种组分，并计算 3 种组分的质量百分率，同时测定其他植物种子的种类和含量。

净种子质量百分率（%）=净种子质量/供检种子质量×100%

其他植物种子质量百分率（%）=其他植物种子质量/供检种子质量×100%

杂质质量百分率（%）=杂质质量/供检种子质量×100%

净度分析结果应保留 1 位小数，各种组分的百分率总和必须为 100%。若送验样品中有与供检种子在大小或质量上明显不同且严重影响结果的混杂物，如土块、小石块或小粒种子中混有大粒种子等，应先挑出这些重型混杂物并称重，再将重型混杂物分离为其他植物种子和杂质。

种子发芽试验是指在实验室条件下，给予种子发芽适宜的条件，在规定的时间内，统计长成正常幼苗数、不正常幼苗数、硬实数、新鲜不发芽种子数及死种子数，并计算各自所占供验种子百分率。

种子水分测定指按规定程序将种子样品烘干，用失去重量占供验样品原始重量的百分率表示。测定种子水分的供验样品应采取一些措施尽量防止水分丧失。

种子生活力测定指利用生物化学的方法，测定种子发芽的潜在能力或种胚具有的生命力。常用方法有四唑染色法、靛红染色法、剥胚法及荧光法等。

3. 结果报告

检验结果应按照国家规定的格式如实认真填报。

（四）种子休眠

种子的休眠是指具有生活力的种子在适宜的发芽条件下仍不能萌发的现象。种子休眠分为原初休眠和二次休眠。原初休眠指种子在成熟中后期自然形成的在一定时期内不萌发的特性，又称自发休眠。二次休眠指原来无休眠或通过了休眠的种子，因不良环境因素重新陷入休眠，又称次生休眠。种子休眠又有深浅之分，以休眠时间的长短区分，休眠时间长为深休眠，休眠时间短为浅休眠。

1. 种子休眠原因

归纳起来主要有以下情况：第一，种皮障碍，包括种皮不透水，种皮透气性差，或者种皮坚硬存在机械阻碍作用；第二，胚后熟，包括胚的形态没有发育完全，胚在生理状态上没有成熟；第三，种子内存在抑制萌发物质，主要包括醇醛类物质、有机酸类、酚类物质等；第四，不良环境条件引起的二次休眠。

2. 防止种子休眠措施

防止种子休眠的措施主要有：第一，种皮障碍引起的休眠主要采用人工破坏或去除种皮等；第二，胚后熟种子一般通过低温处理、变温处理、高温处理或者光照处理等促进种子完成胚后熟；第三，由萌发抑制物质引起的休眠可采用化学试剂进行处理，常用的试剂有赤霉素、氢氧化钾、氢氧化钠、过氧化氢、乙烯利、硝酸钾、氢氰酸等，也可通过温汤浸种将抑制物质浸除；第四，对不良环境条件引起的二次休眠要及时地改变环境条件，使其适宜种子萌发。

需要引起注意的是，药用植物的种子休眠往往是多个休眠原因综合造成的，因此在生产实践中需要采取综合的措施来解除其种子休眠。

（五）播种前种子处理

播种前种子处理，是指播种前人为地对种子采取一系列措施的总称。其目的是筛选优良种子，促进种子萌发，为种子萌发提供营养，进行苗前锻炼，防治病虫害等。采取的手段多种多样，主要分为物理方法和化学方法。物理方法包括精选、晒种、温汤浸种、层积、电场处理、磁场处理、电磁波及射线处理等；化学方法包括植物生长调节剂处理、微量元素处理、农药处理等。种子处理方法分为三类：普通种子处理、种子包衣和种子引发。

普通种子处理主要指晒种、温汤浸种、药剂浸（拌）种、肥料浸拌种、射线照射种子。

种子包衣分为两种：一种是种子丸化，是指利用黏着剂，将杀菌剂、杀虫剂、染料、填充剂等非种子物质黏着在种子外面，常做成在大小和形状上没有明显差异的球形单粒种子单位，主要适用于小粒药用植物种子；另一种是种子包膜，是指利用成膜剂，将杀菌剂、杀虫剂、微肥、染料等非种子物质包裹在种子外面，形成一层薄膜，经包膜后，成为基本上保持原来种子形状的种子单位，适用于大粒和中粒种子。

种子引发又称渗透调节，通过控制种子的吸水作用至一定水平，即允许预发芽的代谢作用进行，但防止胚根的伸出，控制种子缓慢吸水使其停留在萌发吸胀的第二阶段，使种子处在细胞膜、细胞器、DNA 的修复、酶活化准备发芽的代谢状态。种子引发分为液体引发和滚筒引发。液体引发是以溶质为引发剂，种子置于湿润的滤纸上或浸于溶液中，通过控制溶液的水势来调节种子吸水量的方法。滚筒引发是先将种子放置在铝制滚筒内，然后喷入水汽，转动滚筒，控制种子吸水过程，吸水完成后种子在滚筒内停留一段时间保证充分吸湿，再取出吸湿种子用空气流风干。

（六）播种

播种是指根据药用植物种类、特性、种植制度、栽培方式及其对环境条件的要求，选用适宜的播种期、播种量和播种方法，用手工或机具将种子播到一定深度的土层内的综合农事作业。

1. 播种期确定

播种期要根据种子萌发特性、当地降水、气温条件及当地耕作制度综合考虑后确定。播种过早，若温度低，土壤含水量高，易发生烂种现象；播种过迟，植物生长时间缩短，不利于干物质积累和产量形成。

2. 播种密度

播种密度一般以播种量来衡量。播种量指单位面积上播种的种子重量,通常以 kg/hm² 表示。播种量过少,虽然单株生产力高,但总株数不足,很难高产;播种量过多,不仅幼苗生长细弱,浪费种子,间苗、定苗费工,而且也不可能高产。应根据种子千粒重、发芽率、育苗或直播等确定适当播种量。

3. 播种深度

播种深度要综合考虑种子大小、种子顶土能力、土壤状况后确定。播种过深,延迟出苗,幼苗瘦弱,根茎或胚轴伸长,根系不发达;播种过浅,表土易干,不能顺利发芽,造成缺苗断垄。一般干旱地区、砂土地、土壤水分不足,以及大粒种子播种宜深;黏质土壤、土壤水分充足的地块、小粒种子、子叶出土的种子,播种宜浅。

4. 播种方式

播种方式主要有撒播、条播和穴播。撒播即将种子均匀地撒于田地表面,撒播方法简便省工省时,但种子不易分布均匀,覆土深浅不一。条播即将种子成行地播入土层中,具播种深度较一致特点,种子在行内分布较均匀,便于田间管理操作。穴播又称点播,即在播行上每隔一定距离开穴播种,点播能保证株距和密度,有利于节省种子,便于间苗、中耕,但对整地和种子质量的要求较高。

三、药用植物良种繁育

(一)良种繁育的意义及任务

良种繁育和推广是提高药用植物产量和品质,保证育种成果和长期发挥良种优势的重要措施,其任务主要是大量繁殖和推广良种,保持品种的纯度和种性。

(二)良种退化原因及防止方法

良种在大量繁殖和栽培过程中,或从播种到储运等过程中,因某一个或多个环节失误会造成机械混杂,或天然杂交引起的生物学混杂,以及由于自然突变等原因,致使品种纯度降低,即良种退化。

1. 良种退化原因

良种退化是指良种投入生产使用后,经过一段时间常会发生混入同种植物的其他品种的种子或因别的因素影响,而失掉原有的优良遗传性状的现象。良种退化后,不仅丧失了原品种的特征、特性,而且产量降低、品质变差。良种退化的根本原因是缺乏完善的良种繁育制度,如未采取防止混杂、退化的有效措施,对已发生的退化不注意去杂去劣,以及未进行正确的选择和合理的栽培等。良种退化主要由下述 7 个方面的原因造成:

(1)机械混杂:在良种生产的某些环节(如种苗处理、播种、收获、运输、脱粒、贮藏等)中,由于生产者不严格遵守良种生产的相关规则,人为地造成机械混杂。此外,不同种类的药用植物连作时，前茬自然落地的种子又萌发，或使用未充分腐熟的农家肥中带有的种子又萌发，都可以造成机械混杂。机械混杂后，还容易造成生物学混杂，进一步加剧良种的退化。

（2）生物学混杂：生物学混杂是指有性繁殖的药用植物在开花期间，由于不同品种间或种间发生了天然杂交而造成的混杂。生物学混杂导致品种变异，种性改变，造成良种退化。各种植物都能发生生物学混杂，其中以异花授粉植物最为普遍。

（3）自然突变和品种遗传性变异：在自然条件下，各种植物都会发生自然突变，包括性细胞突变和体细胞突变。自然突变中多数是不利的，从而造成良种退化。品种自身遗传基础贫乏或品种已衰老，都可能造成品种发生变异和退化。

（4）长期无性繁殖和近亲繁殖：无性繁殖植物的后代是其前代营养体的继续，若植物长期进行无性繁殖，因得不到新的基因，植株得不到复壮的机会，从而致使良种生活力下降。一些植物因长期近亲繁殖，导致基因贫乏，不利隐性基因纯化，也会造成品种退化。

（5）留种不科学：药材生产者在选择留种时，由于不了解选择方向或没掌握被选择品种的特点，进行了不正确的选择，不能严格去杂去劣。很多药用植物产品收获部位与繁殖器官是一致的。如太子参的根茎、天麻的块茎等，生产者只顾出售产品，而忽视留种，往往将大的、好的作产品出售，剩下次的、小的留种；或有籽就留，留了就种，随便留种，不知选种，从而造成种性降低，品种退化。

（6）病毒感染：一些无性繁殖植物，常受到病毒的感染，破坏了生理上的协调性，甚至会引起某些遗传物质的变异。如果留种时不严格选择，用带有病毒的材料进行繁殖，也会引起品种退化。

（7）外界条件和栽培技术不适宜：品种的优良性状在一定的外界条件和栽培条件下才能充分表现出来，特别是那些利于人类而不利于植物本身生存繁殖的性状很易变劣，如不注意就会引起品种退化。

2. 防止良种退化、提高种性的技术措施

要防止良种退化变劣，保证种子的品质，就必须进行品种更新，对于已混杂、退化的要进行提纯复壮。根据良种混杂、退化的原因，在栽培技术措施和管理方面，要做好以下5个方面的工作。

（1）严防机械混杂：合理安排轮作，一般不重茬；进行选种、浸种、拌种等预处理时应保证容器干净，以防其他品种种子残留；播种时按品种分区进行，设好隔离区；不同品种要单收、单晒、单放，并均应附上标签。

（2）防止生物学混杂：设置隔离区防止自然杂交。虽然药用植物种植比较分散，空间隔离较容易，但对于一些虫媒植物和风媒植物还是比较困难。隔离区的设置，既要考虑植物传粉的特点，又要研究昆虫、风向等自然因子。对于比较珍贵的种子，可以采用套袋隔离、温室隔离和网罩隔离等方式防止生物学混杂。当品种比较多的时候，还可以采用时间隔离，即将不易发生自然杂交的几个品种，同年或同月采种；易发生自然杂交的几个品种，则不同年或不同月采种。

（3）科学留种：对种子田除应加强田间管理外，还要经常去杂、去劣，选择具有该品种典型特征、特性的植株留种。对收获的种子还应再精选一次，以保证种子品质。去杂主要是针对遗传变异而言，拔除非本品种特性的植株。去劣主要是拔除那些发育不良、有病的退化植株。为保持种性，可先进行优良单株选择，然后混合收种，即混合选择，进而可以起到提纯复壮作用。

（4）改变生育条件和栽培条件，以提高种性：改变生长发育条件和栽培条件，使品种在最佳条件下生长，使其优良性状充分表现出来。此外，由于长期在同一地区生长，会受到一些不利因素的限制，如土壤肥力、类型、病虫害等。如改变一下或调节播种期，一季变两季，改变土壤条件等都可在一定程度上提高种性。

（5）建立完善的良种繁育制度：我国自 2002 年颁布《中药材生产质量管理规范（GAP）》（试行）和 2003 年颁布《中药材生产质量管理规范（GAP）认证管理办法》（试行）、《中药材生产质量管理规范（GAP）认证检查评定标准》（试行）以来，我国药用植物良种繁育体系已基本形成，但各中药材产区的发展速度参差不齐，其中浙江中药材产区良种繁育体系的建设走在了全国的前列。贵州于 2008 年成立了中药材审定委员会，建立了相应的良种繁育制度。但由于中药材种类繁多，其良种繁育起步较水稻、玉米等大田作物晚，良种繁育制度有待进一步完善，亟待逐步向品种布局区域化、种子生产专业化、加工机械化和质量标准化，以地道药材产区为单位组织统一供种的"四化一供"方向发展。

①品种审定制度：某单位或个人育成或引进某一新品种后，必须经一定的权威机构组织的品种审定委员会的审定，根据品种区域试验、生产试验结果，确定该品种能否推广和推广地区。

②良种繁育制度：良种繁育要有明确的单位，同时需建立种子圃。根据品种的繁殖系数和需要的数量，可分级生产。即建立原原种（指由育种者育出的种子，是育种单位向生产单位提供的纯度、品质最高的种子）种子田和原种种子田。这一任务一般由选育单位、研究机构和农业院校来完成。种子田可由生产单位建立，但要与一般生产田分开，由有专业知识的人员负责，要建立种子生产档案，加强田间管理，加强选择工作，以确保种子品质。

③种子检验和种子检疫制度：在种子生产出来以后，还必须通过检验这一环节，以保证种子品质。从外地引进、调进的种子或寄出的种子必须进行植物检疫工作，这样既促进种子生产，又保护种子生产，是一项利国利民的措施。

（三）良种繁育的主要程序

为延长药用植物良种种性在生产中的使用寿命，并源源不断地供应生产，要有科学的繁育程序。良种繁育全过程概括起来为：选种圃单选→株行圃分行→株系圃比较→原种圃混繁→生产繁殖原种→种子田→大田生产。

1. 原种生产

原种指育成品种的原始种子或由生产原种的单位生产出来的与该品种原有性状一致的种子，其有 3 个标准：

（1）性状典型一致，主要特征、特性符合原品种的典型性，株间整齐一致，纯度高，一般纯度不小于99%。

（2）与原有品种比较，由原种生长成的植株其生长势、抗逆性和生产力等都不降低，或略有提高。

（3）种子品质好，籽粒发育好，成熟充分，饱满一致，发芽率高，无杂草及霉烂种子，不带检疫病虫害。

原种是繁殖良种的基础材料，对纯度、典型性、生活力等方面均有严格的要求。目前，药用植物原种生产仍借鉴大田粮食作物原种生产的"三圃法"，其一般程序是：在选择圃选优良单株→在株行圃进行对优良株行比较鉴定→在株系圃选择优良株系比较试验→在原种圃优系混合生产原种（图5-1）。

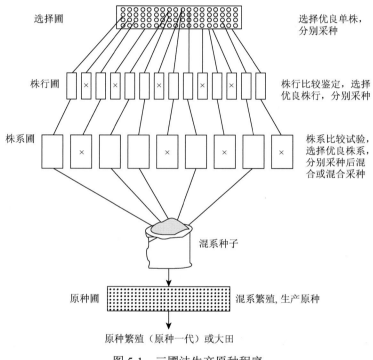

图5-1　三圃法生产原种程序

2. 原种繁殖

生产的原种往往不够种子田用种，需要进一步繁殖，以扩大原种种子数量，此时一定要设置隔离区，以防混杂，据繁殖次数的不同相应可得到原种一代、原种二代（图5-2）。

图5-2　原种繁殖程序

3. 种子田繁殖大田用种

在种子田将原种进一步扩大繁殖，以供大田生产用种，由于种子田生产大田用种要进行多年繁殖，故每年都留适当的优良植株以供下一年种子田用种，以免每年需要原种，而大部分种子经去杂去劣后就直接用于大田生产（图5-3）。

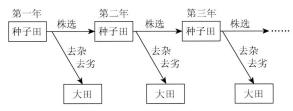

图 5-3　种子田繁殖大田用种程序

（四）加速良种繁殖的方法

为了使品种尽快地在生产上发挥作用，必须加速繁殖过程，特别是品种刚刚育成的最初阶段，种子数量尚少时，要充分利用现有繁殖材料，尽量提高繁殖系数。可采用以下 5 种方法加速药用植物良种繁殖。

1. 育苗移栽法

新品种刚育成时，种苗很少，要珍惜每粒种子，可采用育苗移栽法，尤其是小粒种子，不要直播，以保证一粒一苗。

2. 稀播稀植法

稀播稀植不仅可以扩大植物营养面积，促进植株生长健壮，而且可以提高繁殖系数，获得品质高的种子。

3. 有性繁殖和无性繁殖相结合

对既可有性繁殖又可无性繁殖的植物，一定要挖掘它的所有潜力，除了一般的扦插和分蘖移栽外，有的植物还可用育芽扦插，用珠芽、气生鳞茎等繁殖。

4. 组织培养法

一小段植株的茎、叶通过组织培养的方法可育成上万株小苗，用该法进行无性快繁是一条提高繁殖系数的有效途径。

5. 异地或异季加代法

对于有些生长期较短、对日照要求又不太严格的药用植物，可利用我国幅员辽阔、地势复杂及气候多样等有利条件，进行异地或异季加代，一年可繁育多代，从而达到加速繁殖种子的目的。该法成本较高，一般多限于繁育新育成的品种或珍贵品种。

第二节　药用植物规范化种植关键技术

一、药用植物种植土壤耕作制度

（一）种植制度

种植制度是指一个地区或生产单位的药用植物组成、配置、熟制与种植方式的综合。种植制度包括确定种什么植物，各种多少，种在哪里，即药用植物布局问题；复种或休闲问题；采用什么样的种植方式，即净作、间作、套作或移栽；不同生长季节或不同年份药用植物的种植顺序如何安排，即轮作或连作问题等。

1. 净作与间、套作

（1）净作与间、套作的概念。净作又称单作，是指在同一块田地上一个完整的生育期内只种植一种药用植物的种植方式。人参、西洋参、当归、郁金、菊花、莲子等多采用净作。

间作是指在同一田地上于同一生长期内，分行或分带相间种植两种或两种以上植物的种植方式。如玉米间种贝母、穿心莲、菘蓝、补骨脂、半夏、黄精、绞股蓝等。

套作是指在前季植物生长后期的株行间播种或移栽后季植物的种植方式，又叫套种。如甘蔗地上套种白术、丹参、沙参、玉竹等。

（2）间、套作的技术原理。

①选择适宜的植物种类和搭配品种：在考虑品种搭配时，选择高秆与矮秆、垂直叶与水平叶、圆叶与尖叶、深根与浅根植物搭配；选择喜光与耐阴、喜温与喜凉等植物搭配。

②建立合理的密度和田间结构：通常情况下主要植物应占较大比例，其密度可接近单作时的密度，次要植物占较小比例，密度小于单作，总的密度要适当，既要通风透光良好，又要尽可能提高叶面积指数。

③采用相应的栽培管理措施：一般情况下，必须实行精耕细作，合理增施肥料和科学灌水，根据栽培植物品种特性和种植方式调整播期，搞好间苗定苗、中耕除草等共处期的管理工作。

（3）间、套作类型。

①粮、药与菜、药间作：一类是在作物、蔬菜中间作药用植物，如玉米‖麦冬（芝麻、桔梗、山药、细辛、贝母、川乌）。另一类是在药用植物中间作其他作物，如芍药（牡丹、山茱萸、枸杞）‖豌豆（大蒜、菠菜、莴苣、芝麻）。

②果、药间作：幼龄果树可间种红花、菘蓝、地黄、防风、苍术、穿心莲、知母、百合、长春花等；成龄果树可间种喜阴矮秆药用植物，如辛夷、福寿草等。

③林、药间作：幼树阶段可间种龙胆、桔梗、柴胡、防风、穿心莲、苍术、补骨脂、地黄、当归、北沙参、藿香等，成林阶段可间种人参、西洋参、黄连、三七、细辛、天南星、淫羊藿、刺五加、石斛、砂仁、草果、豆蔻、天麻等。

④棉、药套作：以棉为主的套作区，在棉田可套种红花、芥子、王不留行、茛菪等。

⑤玉米与药用植物套作：以玉米为主的套作，有玉米套种半夏、郁金、川乌等。

2. 轮作与连作

（1）轮作与连作概念。轮作是在同一田地上有顺序地轮换种植不同植物的栽培方式；连作是指在同一田地上连年种植相同植物的种植方式。而在同一田地上采用同一种复种方式称为复种连作。

（2）轮作。目前，在栽培的药用植物中，根类占 70%左右，并且存在着一个突出问题，即绝大多数根类药材"忌"连作。连作的结果是药材品质和产量均大幅度下降。

①减轻药用植物病虫草害：连续种植同种药用植物，病菌害虫侵染源就会增多，发病率增高、受害加重。药用植物中，大蒜、黄连等根系分泌物有一定抑菌作用，细辛、续随子等有驱虫作用，把它们作为易感病、遭虫害的药用植物的前作，可以减少甚至避免病虫害发生。

②协调、改善和合理地利用茬口：合理搭配不同类型的药用植物，就可少施肥、少投入，使其良好生长。如根及根茎类入药的药用植物，需钾较多；叶及全草入药的药用植物，需氮、磷较多；黄芪、甘草、红花、薏苡、山茱萸、枸杞等药用植物根系入土较深；而贝母、半夏、延胡索、孩儿参等入土较浅。

③合理利用农业资源：应合理利用农业资源，经济有效地提高药用植物产量。根据药用植物的生理生态特性，在轮作中前后植物搭配，茬口紧密衔接，既有利于充分利用各种资源，又能错开农忙季节，做到不误农时和精细耕作。

（3）连作。

①不同药用植物对连作的反应：忌连作的药用植物，以玄参科的地黄、薯蓣科的山药等为典型代表。这类植物需要间隔五六年以上才能再种植。耐短期连作的药用植物菊花、菘蓝等植物在连作二三年内受害较轻。耐连作的药用植物，有莲子、贝母、牛膝、平贝母等植物。

②连作应用的必要性：由于社会需要决定连作，资源利用决定连作，为了充分利用当地优势资源，不可避免地出现最适宜药用植物的连作应用；经济效益决定连作，有些不耐连作的药用植物由于种植的经济效益高，也免不了连作；栽培植物结构决定连作，重要的药用植物必然出现单一化现象。

③连作应用的可能性：某些药用植物耐连作特性允许连作；新技术推广应用允许连作，采用先进的植保技术，可有效地减轻病虫草的危害，合理的水肥管理可以减轻土壤毒素。

3. 复种

（1）复种的概念：复种是指在同一田地上一年内接连种植两季或两季以上药用植物的种植方式。

复种方法有两种，可在上茬植物收获后，直接播种下茬植物，也可在上茬植物收获前，将下茬植物套种在其株、行间（套作）。

（2）复种的条件：生产中，是否可以复种，能够复种到什么程度，与以下条件密切相关。

①热量条件：热量条件是决定能否复种的首要条件。一般≥10℃的天数超过 180 天，或者≥10℃的有效积温超过 3600℃的地方才可能复种。

②水分条件：热量条件决定复种的可能性，水分和其他条件决定复种的可行性，而水分条件是决定可行性的关键。在没有灌溉条件的地方降水量大于 800mm 才能复种。

③地力与肥料条件：在光、热、水条件满足的情况下，地力条件往往就成为复种产量高低的主要影响因素，而且需要增施肥料才能保证多种多收。

④劳力、畜力和机械化条件：自然条件相同时，当地生产条件、社会经济条件则是决定复种的主要依据。

⑤技术条件：除了上述自然、经济条件外，还必须有一套相适应的耕作栽培技术，以克服季节与劳力的矛盾，平衡各作物间热能、水分、肥料等的关系。

（3）药用植物的主要复种方式：单独药用植物复种的方式少见，一般都结合粮食作物、蔬菜等进行复种，常把药用植物作为一种作物搭配在复种组合之内。

（二）药用植物种植土壤耕作技术

土壤耕作是农业生产最基本的农业技术措施。它对改善土壤环境，调节土壤中水、肥、气、热等肥力因素之间的矛盾，充分发挥土地的增产潜力起着主要作用。

1. 土壤耕作的技术原理

（1）土壤耕作与土壤、气候、植物关系。气候条件的变化直接影响土壤结构变化，从而影响植物根系的生长发育。研究和掌握当地当时气候、作物、土壤之间的关系，采取相应的土壤耕作措施，合理地调节土壤内部的生态平衡，促进药用植物的根系和地上部分的生长发育，达到药用植物的稳产、高产和全面持续增产是土壤耕作的最基本要求。

（2）土壤耕作任务。

①创造和维持良好耕层构造：土壤过松，通透性强，但保持水分和养分的能力差，不利于药用植物生长；土壤过于紧实，容重加大，通透性差，影响土壤微生物的活动和养分的有效化，根系伸展受阻，影响药用植物尤其是深根性药用植物的良好生长。

②创造深厚耕层和适宜播床：耕作层的深度通常为 15～25cm，在条件容许的情况下尽量加深耕作层。在播种前，土壤耕作的任务是精细整地，为播种和种子的萌发出苗创造适宜的土壤环境。一般要求播种区地面平整，土壤松散，无大土块，表土层上虚下实，使种子能够与土壤紧密接触。

③翻埋残茬和绿肥混合土肥：播种前在地表常存在前作的残茬、秸秆和绿肥以及其他肥料，需要通过耕作，将它们翻入土中，通过土壤微生物的活动，促使其分解，并通过翻地、旋耕等土壤耕作，将肥料与土壤混合，使土肥相融，调节耕层养分状况。

④防除杂草和病虫害：药用植物收获后，翻耕可以将残茬和杂草以及表土的害虫虫卵、病菌孢子翻入下层土内，使之窒息，也可以将躲藏在表土内的地下害虫翻到地表，经曝晒或冰冻而消灭。同时，将地表的杂草种子翻入土中，将原来在土层中的杂草种子翻到疏松、水分适宜的土表，促进杂草种子发芽，再采用相应的措施去除。此外，药用植物生长发育期间的中耕，也是防除杂草的主要措施。

（3）土壤耕性与耕作质量：农田土壤耕作质量的好坏，主要取决于土壤特性、耕作机具与操作技术三方面。研究和掌握有关土壤特性，确定宜耕期，采取正确的耕作措施，是土壤耕作质量的保证。一般太干或太湿的土壤都不适宜耕作。

2. 土壤耕作措施及其作用

根据对土壤耕层影响范围及消耗动力，可将耕作措施分为土壤基本耕作和表土耕作两大类型。土壤基本耕作是影响全耕作层的耕作措施，对土壤的各种性状有较深远影响；表土耕作一般在基本耕作基础上进行，往往作为土壤基本耕作的辅助性措施，主要影响表土层。

（1）土壤基本耕作：土壤的基本耕作措施包括耕翻、深松和旋耕三种方法。

（2）表土耕作措施：表土耕作是用农机具改善 0～10cm 的耕层土壤状况的措施，主要包括耙地、镇压、开沟、作畦、起垄、筑埂、中耕、培土等作业。

（3）土壤耕作的主要作用：增加土壤孔隙度，利于接纳和蓄积雨水；改善通气状况，供给根系空气，促进好气性微生物活动；促使有机质矿化为速效养分。

3. 抗旱保墒土壤耕作

（1）拦水增墒：采用沟垄、坑田、深翻、带状间作及水平防冲沟等耕作方法，就地拦蓄全部或部分天然降水，增加土壤水分。

（2）增肥蓄墒：半干旱半湿润地区的土壤比较瘠薄，容易板结和跑墒，需要增施大量肥料，以有机肥为主（包括绿肥），结合施用氮、磷、钾化肥，改善土壤性状和结构，提高土壤肥力和蓄水保墒能力。

（3）抗旱播种：一般利用夏秋雨水较多时节，重点抓伏秋深翻，蓄积大量降水，采用耙糖保墒、镇压提墒、适时抢墒等抗旱播种方法，务必使其全苗。

（4）选用抗旱作物：适当的抗旱作物及其优良品种可以有效地提高有限土壤水分的利用率，确保增加药用植物产量。

（5）合理灌溉：尽可能利用各种水源，注意切实加强合理灌溉。

（6）减少水分蒸发：利用地膜和其他覆盖物增加地面覆盖，减少土壤耕作次数，减少水分蒸发。

4. 坡地土壤耕作

坡地土壤可以通过"坡改梯"工程改变坡度和坡长，也可以通过改良土壤改变通透性和结构性，可以采取带状种植、等高耕作、沟垄种植、增加牧草比例、多种密植作物、实行间套作等措施。

二、草本药用植物种植

（一）间苗、定苗与补苗

1. 间苗与定苗

间苗是将种植密度下调的一种苗期田间管理措施。间苗目的是为药用植物生长提供较多的空间和光热等环境条件，使苗生长健壮，另外还可以起到防止病虫害发生的作用。播种出苗后需及时间苗，除去过密、瘦弱和有病虫的幼苗，选留生长健壮的苗株。间苗宜早不宜迟。过迟间苗，幼苗生长过密会引起光照和养分不足，通风不良，造成植株细弱，易遭病虫害；苗大根深，间苗困难，也易伤害附近植株。大田直播间苗一般进行 2～3 次。生产上将最后一次间苗称为定苗。

2. 补苗

补苗是将种植密度上调的一种苗期田间管理措施。补苗目的是充分利用土地空间和光热资源，另外补苗还能防止缺苗地方生长杂草。播种后出苗少、出苗不整齐，或出苗后遭受病虫害，都会造成缺苗，为保证苗齐、苗全，稳定及提高产量和品质，必须及时补种和补苗。大田补苗与间苗同时，即从间苗中选生长健壮的幼苗稍带土进行补栽。补苗最好选阴天后或晴天傍晚进行，并浇足定根水，保证成活。

（二）中耕除草与培土

1. 中耕

中耕是药用植物在生育期间对土壤进行的表土耕作。中耕可以减少地表蒸发，改善土壤的透水性及通气性，为大量吸收降水及加强土壤微生物活动创造良好条件，促进土壤有机质分解，增加土壤肥力。中耕还能清除杂草，减少病虫危害。中耕深度视药用植物地下部分生长情况而定，一般是 4～6cm。对于浅根药用植物来说，其根系主要分布于土壤表层，中耕宜浅；而对于深根药用植物，如牛膝、白芷、芍药、黄芪等主根长，入土深，中耕可适当深些。中耕次数应根据当地气候、土壤和植物生长情况而定。幼苗阶段杂草最易滋生，土壤也易板结，中耕除草次数宜多；成苗阶段，枝叶生长茂密，中耕除草次数宜少，以免损伤植株。天气干旱，土壤黏重，应多中耕；雨后或灌水后应及时中耕，避免土壤板结。

2. 除草

杂草与药用植物竞争光热及空间等资源，同时也是病虫滋生和蔓延的场所，对药用植物生长极为不利，必须及时清除。杂草既可以采用人工拔除的方法去除，也可以通过机械工具去除，还可以利用化学除草剂去除。人工拔除适用于草不多的情况，优点是可以将杂草连根除掉，防止杂草再生，缺点就是速度慢，劳动力成本高。机械除草与化学除草的优点是效率高、劳动力成本低。机械除草是采用深松犁等工具进行除草，化学除草是采用化学除草剂代替人工进行除草的一种方法。机械除草在除草同时容易误除药用植物，而且与药用植物生长在一起的无法除去，化学除草则一般具有选择性，使用不当也会对药用植物造成伤害，导致药材农药残留含量增加，影响药材品质，长期使用除草剂还会导致土壤生产力下降。

3. 培土

培土就是将土壤覆在药用植物植株的根近处的一种田间管理措施。培土有保护植物越冬（如菊花）、过夏（如浙贝母），提高产量和品质（如黄连、射干等），保护芽头（如玄参），促进珠芽生长（如半夏）、多结花蕾（如款冬），防止倒伏，避免根部外露及减少土壤水分蒸发等作用。培土时间视不同药用植物而异。1～2 年生草本药用植物培土结合中耕除草进行；多年生草本和木本药用植物，培土一般在入冬前结合浇防冻水进行。培土厚度也是因药用植物生长发育差异、培土的目的、当地气候条件等而变化。

（三）灌溉与排水

灌溉与排水是调节植物对水分的需求的重要措施。灌溉和排水要根据药用植物种类、生长发育时期、土壤质地和结构等因素综合考虑。耐旱植物长成后一般不需要灌溉。而喜湿的药用植物则需水分较多，要保持土壤湿润。植物的苗期根系分布浅，抗旱能力弱，要多次少灌；封行以后植株正处在旺盛生长阶段，根系深入土层需水量多，而这时正值酷暑炎热高温天气，植株蒸腾和土壤蒸发量大，可采用少次多量，灌水要足。花期及时灌水，可防止落花，并促进授粉和受精。花芽分化前和分化阶段以及果期在不造成落果的情况下土壤可适当偏湿一些，接近成熟期应停止灌水。土壤质地和土壤结构不同，土壤吸水和保水性能也有差异，故灌排水时也要考虑土壤质地和结构。

1. 灌溉

灌溉应尽量在早晨、傍晚进行，可以减少水分蒸发，避免土温发生急剧变化而影响植株生长。灌水的方法很多，有沟灌、浇灌、喷灌和滴灌等。常用的是沟灌和浇灌，沟灌节省劳力，床面不会板结。浇灌能省水，灌溉均匀。喷灌是把灌溉水喷到空中成为细小水滴再落到地面，像阵雨一样的灌溉方法，优点是节约用水，土地不平也能均匀灌溉，可保持土壤结构，减少田间沟渠，提高土地利用率，省力高效，除供水外还可喷药、施肥、调节小气候等。滴灌是一种直接供给过滤水（和肥料）到园地表层或深层的灌溉方式，其优点是可给根系连续供水，而不破坏土壤结构，土壤水分状况较稳定，更省水、省工。喷灌和滴灌的缺点是一次性投入较大。

2. 排水

当地下水位高、土壤潮湿，以及雨季雨量集中，田间有积水时，应及时清沟排水，以减少植株根部病害，防止烂根，改善土壤通气条件，促进植株生长。排水方式主要有明沟排水和暗管排水。明沟排水是国内外传统的排水方法，即在地面挖敞开的沟排水，主要排地表径流。若挖得深，也可兼排过高的地下水。暗管排水是在地下埋暗管或其他材料，形成地下排水系统，将地下水降到要求的高度。

（四）植株调整

植株调整就是通过一定的措施作用于植物的有关器官，以控制营养生长、生殖生长，并协调其相互关系的一项田间管理技术。通过植株调整可以避免徒长，减少损耗，利于通风透光，提高光能利用率，减少机械损伤，减轻病虫害，提高结实率，促进早熟，并能减少个体占有的空间，增加单位面积株数，获得优质高产高效益。

1. 矮化

矮化就是通过一定措施如半逆境胁迫，喷施生长调节剂等，使植株生长缓慢，起到降低株高的目的。矮化可增加抵抗倒伏的能力，并且可以增加单位面积的株数，获得高产。

2. 打顶

打顶又称摘心，是指摘除生长点的操作。对于侧蔓结果为主的果实类药用植物来讲，如罗汉果、栝楼等，应在主蔓长出不久即进行摘心，目的是促使其早分枝，早开雌花。

3. 割藤

割藤就是将藤本植物的藤蔓割去一部分的操作。对于以根和根茎为入药部位的藤本植物，如何首乌、党参等，割藤可以控制地上部的生长，促进地下部的生长，利于通风透光，获得高产。

4. 摘叶

在植株生长期间摘除病叶、老叶、黄叶，有利于植株下部通风透光，减轻病害的发生和蔓延，减少养分消耗，促进植株良好发育。摘叶，一般摘除的是下部无法进行光合作用的老叶。摘叶时要从叶柄部位摘除，不要直接劈，避免伤害到茎秆。摘除的病叶要及时地运至地外进行无害处理，避免病害的传染。

5. 疏花

对于以营养器官为产品的药用植物，应及早除去花器，以减少养分消耗，促进产品器官形成；以较大型果实为产品的药用植物，选留少数优质幼果，除去其余花果，靠集中营养、提高单果质量、改善品质来增加效益。

6. 修根与亮根

对于以根或根皮入药的药用植物，为了促进根的生长，提高产量，经常对药用植物根做一些人为的管理，如附子的修根，芍药与牡丹的亮根。附子修根是提高附子质量的主要措施，操作时先去尽脚叶，只留植株上部叶片。去脚叶要横摘，不要顺茎秆向下扯，以免伤口大，损伤植株。然后用特制的附子铲将植株旁泥土刨开，露出块根；再用手指把较小的块根剥去，只露母根两边较大的侧生块根各一个。芍药生长两年后，每年在清明节前后，将其根部的土扒开，使根露出一半晾晒，此法俗称"亮根"，晾5～7天，再培土壅根，这不仅能起到提高地温、杀虫灭菌的作用，而且能促进主根生长，提高产量。

7. 搭架

对于藤本或茎秆柔弱的药用植物，为了促进其更好地生长或留种，常采用辅助搭建支架的管理措施，如何首乌、金银花等。搭架可就地取材，使用树枝、竹竿或水泥桩均可，根据药用植物的生长特性,可以搭篱笆架,也可以搭棚架、"人"字架或锥形架,如栝楼常采用棚架,何首乌采用"人"字架或锥形架,在山区栽山银花采用拱形水泥桩架等。

(五)人工授粉

人工授粉是用人工方法把花粉传送到柱头上以提高结实率的一项技术措施。对于一些以果实和种子入药的药用植物,人工授粉是增产的一项重要措施,对于用种子繁殖的药用植物,人工授粉可增加种子田的单产,提高种子的质量。

1. 授粉方法

人工授粉所选择的必须是活力高的花粉,采集到的花粉要注意贮藏好,或者随采随用。人工辅助授粉及人工授粉方法因植物而有不同。如:薏苡,采用绳子振动植株上部,使花粉飞扬,以便于传粉;砂仁,采用抹粉法(用手指抹下花粉涂入柱头孔中)和推拉法(用手指推或拉雄蕊,使花粉擦入柱头孔中);天麻,则用小镊子将花粉块夹放在柱头上。不同植物由于其生长发育的差异,各有其最适授粉方法,必须正确掌握,才能取得较好的效果。

2. 授粉时间

授粉时间由于各种植物的开花授粉习性不同,也有差异,有些是在花朵开放后即可授粉,有些则需要等一段时间才可授粉,授粉时间以柱头上有分泌黏液为最佳授粉期,一般选择晴天上午 10:00 后,下午 4:00 前进行。低温及干热风等不良天气会直接影响人工授粉的效果,气温在 18~25℃ 的晴天上午授粉效果最好;气温低于 15℃ 授粉效果不理想;授粉后 2h 内遇雨,需要重新授粉。

(六)覆盖与遮阴

1. 覆盖

覆盖是利用草类、树叶、秸秆、厩肥、草木灰或塑料薄膜等撒铺于畦面或植株上,覆盖可以调节土壤温度、湿度,防止杂草滋生和表土板结。有些药用植物如荆芥、紫苏、柴胡等种子细小,播种时不便覆土,或覆土较薄,土表易干燥,影响出苗。有些种子发芽时间较长,土壤湿度变化大,也影响出苗。因此,它们在播种后,须随即盖草,以保持土壤湿润,防止土壤板结,促使种子早发芽,出苗齐全。对于野生抚育的药用植物来说,由于抚育土地水源等条件差,在抚育时,就地刈割杂草、树枝,铺在定植点周围,保持土壤湿润,提高抚育的成功率。白色地膜覆盖,可达到保墒抗旱、保温防寒的目的,黑色地膜覆盖还可以起到防除杂草的作用。覆盖厚度因覆盖植物的种类、覆盖时间及覆盖目的差异较大,需灵活掌握,结合实际需要运用。

2. 遮阴

遮阴是在喜阴的药用植物栽培地上设置荫棚或遮蔽物,来调节栽培地的光照、地表温度、土壤水分的一项栽培管理措施。如重楼、万寿竹、黄精等喜阴湿、怕强光，如不人为创造阴湿环境条件，它们就生长不好，甚至死亡。目前遮阴方法主要有搭设荫棚、栽种遮阴树种或作物。由于阴生植物对光的反应不同，要求遮光度也不一样，应根据药用植物种类及其生长发育期的不同，调节透光度。利用遮阴树种或作物遮阴时需控制好遮阴树种和作物的密度，掌握好冠层的荫蔽度。

（七）逆境管理

1. 抗旱

农业上干旱根据发生的原因一般可分为土壤干旱、大气干旱和生理干旱。由于土壤耕层水分含量少，作为根系难以吸收到足够的水分补偿蒸腾消耗，使植物体内水分失去平衡而不能正常生长发育，此为土壤干旱。由于大气蒸发使植物蒸腾过快，根系从土壤吸收的水分难以补偿，为大气干旱。由于土壤环境不良而使植物生理活动发生障碍，体内水分失衡，为生理干旱，如根系缺氧、土壤溶液浓度过高、土壤冰冻等。

对于干旱，通常采用的措施有减少土壤水分蒸发，如覆盖薄膜或干草秸秆等，中耕松土切断土壤毛细管；减少植物蒸腾的措施有喷施抗蒸腾剂来抑制植物气孔开放，减少水分丧失，也可适当地去掉部分叶片减少蒸腾。对于生理干旱采取的措施主要是改良土壤环境，如提高地温，多使用有机肥增加土壤孔隙度，降低地下水位来降低土壤溶液浓度。

2. 抗涝

涝害是指由于田间水分过多出现积水，或者并未积水但突然水分长期处于饱和状态，使植物根系缺氧，生长发育不良，另外如果短时间内降水过多，地表径流也易对有坡度的田地造成冲击危害。发生涝害时一般常用的方法是深挖排水沟，使过多的水分尽快排走，对于坡地种植时要按与坡交叉方向起厢或开沟，及早预防。另外，对于块根及根茎类药用植物为防止腐烂，也可在排水的同时进行亮根。

3. 抗冷与防冻

农业上将 0℃以上的低温下生物受到的伤害或不利影响称为冷害，将 0℃以下强烈的低温下生物受到的伤害称为冻害。冷害可造成药用植物生长发育延迟，甚至停滞，使植株生理机能紊乱，抗病能力下降，导致减产或绝收。在播种期遇到冷害易发生烂种，具有春化作用的药用植物遇冷害还会提前开花抽薹。冻害可导致药用植物植株细胞结冰，破坏细胞的结构，引起植株死亡。冷害和冻害以预防为主，在冷害和冻害前采取保温措施，提高地温和气温。常用的方法有覆盖白色地膜、覆盖干稻草等保温增温，增施有机肥和磷钾肥增强抗逆性，提高植物细胞液浓度，防止结冰。

4. 抗热

热害通常指高温天气引起的植物生长发育周期缩短，提前倒苗成熟而导致的减产等不利影响。热害一般又与干旱或强光照结合起来，形成干热风或日灼。干热风是指高温、低湿和风三因子复合作用导致植物蒸腾加速，植株体内缺水，造成灾害。日灼是由于强烈太阳辐射，加之温度过高，造成叶片或果实形成斑痕等不良现象。一般通过浇水、覆盖、遮阴等措施来降低局部气温从而达到抗热效果，另外喷施植物生长调节剂也会提高植物的抗热能力。

三、木本药用植物种植

（一）适生环境选择

木本药用植物的适生环境选择是从整体生境中选择各种木本中药材适宜的局部生态环境，如海拔、小气候、土壤类型、小地貌如坡度、坡向、坡位等。这些生态因子可以单独对木本药材起作用，也可以是几个因子综合作用于木本药用植物，从而影响木本药材的生长发育，影响药材的产量和品质。因此，选择适宜木本药用植物的适生环境非常重要。

1. 地形条件

地形条件包括海拔、坡度、坡向、坡位和地形外貌等。随着海拔的增高，太阳的直射光增多，辐射强度加大，温度降低。雨量的分布则随高度的增加而增加，但到一定高度又逐渐减少。在高海拔地区，紫外线、光照辐射强和昼夜温差大等因素，对药材的形态及有效成分含量都有一定影响。海拔对药材的生长发育过程也会产生影响，不同的木本药用植物对海拔要求不同。例如，杜仲分布海拔为300～1300m，最适宜生长海拔为1100m以下；厚朴分布海拔为500～1500m，适宜分布海拔为500～1000m等。

在同一海拔不同的坡向，以及同一坡向不同坡度，由于所受辐射热量不同，温度和水分状况也不相同。不同的药用植物在整个生长发育期内，对光照、温度和水分的要求不同，在不同的地势分布着不同种类的植物。一般喜强光照、耐高温的药用植物生长在低海拔的阳坡，耐阴、喜阴凉的种类生长在阴坡。坡向和坡度与药用植物栽培种植有很大的关系，应根据每种植物的特性，认真选择地块。

2. 气候条件

气候条件主要包括光照、温度、水分和空气等，这些因子相互影响和作用，就形成了某一地区的特定气候条件。不同药用植物树种对气候条件的要求不同。例如，杜仲喜光，宜生长在温和湿润的环境，有较强的耐寒能力，但在荫蔽条件下则生长不良；檀香在南方气温年变幅6～35℃地区能正常生长，但不耐低温；丁香喜高温、潮湿、静风、温差小的环境，要求绝对低温不能低于6℃，但幼龄期较喜阴。因此，应掌握不同木本药用植物的生长发育规律和适生范围，选择适宜的气候条件种植。

3. 土壤条件

土壤是木本药用植物生长的基地，生长发育所需要的水分、养分绝大部分是由土壤供给，土壤的酸碱性、水分、温度、土壤质地和结构都与药用植物的质量及产量密切相关。

不同药用植物对土壤的要求不同，但不管药用植物以什么部位入药，总的趋势是喜地势平坦、土层深厚、疏松肥沃、理化性状好、酸碱度适中、保水保肥、排灌方便的土壤条件。应根据木本药用植物的树种特性选择适宜土壤，并根据土壤实际情况因地制宜改良土壤。

砂质土壤疏松，透水透气性好，但保水保肥性差，蒸发量大、土温变化剧烈，可通过增施有机肥，或种植绿肥和豆科植物逐步改良土壤；瘠薄黏重的土壤一般缺乏有机质，通透性差，植株扎根困难，可通过增施有机肥、深翻来改良。壤土介于砂质土和黏土之间，其土质疏松、耕作容易、通透性良好，又有很强的保水保肥能力，有机质在土壤中易于分解，是栽植木本药用植物的理想土壤。

种植和发展木本药用植物，必须了解树种对土壤条件的需求，了解土壤特性，在选择适宜土壤的基础上合理耕作，因地制宜进行土壤管理，提高土壤肥力，促进中药材丰产优质。

（二）林地整理

木本药用植物栽培必须实行集约经营管理，对林地整理要求很严格。林地整理包括造林地清理和整地两道工序。药用植物造林地清理可从两个层面考虑，营造喜光、生长快的树种可采用全面清理的方式进行，多采用劈山炼山，但易造成水土流失，应用时应有坡长和坡度的限制。如营造耐荫、生长慢的药用植物树种宜采取带状清理或块状清理方式，带间适当保留一些植被，为栽植幼苗创造庇荫环境，待苗木适应造林环境，不需要遮阴后砍除。在贵州山区由于很多地方坡度较大，宜采用带状整地和块状整地，不提倡全面整地和全面挖取树兜翻耕方式。坡度在 $10°$ 以上，必须梯土整地，以减缓坡度，在坡度陡、地势复杂的山沟、山腰、"四旁"以及岩石裸露的地方，采用鱼鳞坑或穴状整地。整地时间多在春季和秋冬，整地规格因树种不同而不同，如杜仲一般为 $70cm×70cm×70cm$，厚朴为 $40cm×40cm×30cm$，具体应视不同药用植物树种苗木大小而定。

（三）栽植时间和栽植技术

选择恰当的栽植时间是确保栽植成活的关键。适宜的栽植季节应该是温度适宜、土壤含水量较高、空气湿度较大，符合树种的生物学特性，遭受自然灾害的可能性较小。适宜的植苗造林季节，从理论上讲，应该是苗木地上部分生理活动较弱，而根系生理活动较强的时段。一般来说，落叶药用植物树种从秋季落叶到翌春发芽前、常绿树种自进入休眠到翌年抽新梢前这一段时间均可栽植。贵州适宜的栽植时间一般从 11 月到翌年 3 月初。在冬季干旱、春季干旱严重，雨季明显的地区，利用雨季栽植效果良好。如贵州的黔西南地区春旱严重，也常在雨季造林。雨季栽植成功的关键是掌握雨情，避开晴天并加强苗木保护。一般在下过 1～2 场透雨后，出现连阴雨天为最佳造林时机。切忌栽后等雨。

药用植物树种栽培多采用植苗造林，可分为裸根苗栽植和容器苗栽植两类，要求必须用国标或地标规定的合格苗造林。

栽植前为确保栽植成活率，应做好苗木保护与处理。苗木保护与处理的目的在于保持苗木体内的水分平衡，尽可能减少造林后苗木根系失水，缩短造林后根系恢复时间。地上部分处理措施有适当剪除枝叶、喷洒蒸腾抑制剂；根系处理措施有浸水、修根、蘸泥浆、蘸保水剂、蘸激素或其他制剂、接种菌根菌等。

木本药用植物均采用穴植法。栽植深度根据树种特性、气候和土壤条件、栽植季节等确定。一般情况下，栽植深度应在原根颈处以上 3cm 左右，以保证栽植后的土壤经自然沉降后，原土印与地面基本持平。土壤湿润地区在保证根系不外露的情况下宜浅栽，干旱地区宜深栽；黏重的土壤宜浅，砂质土壤宜深；秋栽宜深。要求"穴大、坑深、苗正、根舒（不窝根）、踩实"，在条件好的地方，随挖坑随栽植是比较好的方式，可以节约成本、有效保持土壤水分。

（四）林地土壤管理

"三分栽种，七分管护"，药用植物林地土壤管理的根本任务，在于创造优越的环境条件，以满足林木对水、肥、气、光、热的要求，使之迅速成长，提高造林成活率和保存率，并达到速生、丰产、优质的目的。

1. 松土除草

松土除草的目的是减少土壤水分的蒸发散失，改善土壤的通气性、透水性和保水性，排除杂草和灌木对水分和光照的竞争，有利于幼树成活与生长。松土除草的年限应根据中药材树种特性、立地条件、栽植密度和经营强度而定。一般定植后到郁闭前如未间作，每年春夏之交应中耕除草一次；如间作，则每次为间作作物翻地时，可在药用林木旁锄土，深 7～10cm，郁闭后，每隔 3～4 年，在夏季中耕一次，将杂草翻入土中，增加土壤肥力。

2. 灌溉与排水

南方木本中药材栽培一般不考虑灌溉问题。但在冬春干旱严重地区、缺水的喀斯特地区，灌溉成为木本中药材林地管理的一项重要措施。在土壤干旱的情况下，灌溉可以迅速改变林木生理状况，维持较高的光合和蒸腾速率，促进干物质的生产和积累，提高林木生长量。林地是否需要灌溉从土壤水分状况和林木对水分的反应来判断。灌溉方法可采取引水灌溉、蓄水池提水浇灌等方法。

在多雨季节或低洼地造林，可采用高垄、高台等整地方法造林，修挖排水沟等进行排水。

3. 林农（牧）间作

林农（牧）间作就是利用未郁闭幼林株行间空隙栽种农作物或经济作物、牧草，结合对农作物的抚育管理，同时对木本药材进行抚育管理。林农（牧）间作应以抚育药材幼林为主，间种作物为辅，要注意间种作物的选择和间种方式。要根据木本药材树种特性和年龄、立地条件等选择间种作物。如厚朴生长发育较慢，林间空隙较大，可与禾本科作物、豆类、观赏作物间作，既可以增加收益，又利于林木的管理。枸杞定植后的 1～3 年，树冠小，株行间空地面积大，可以种豆类、蔬菜类、瓜类和其他草本类药材，但以间作豆类为好，不宜种植高秆类粮食作物，因为高秆类粮食作物需水肥多，且遮光，不利于枸杞生长。从立地条件看，在土壤水分充足的林地上可选择小麦、蔬菜；在干旱地区选玉米、土豆等作物。在土壤贫瘠地区可选择豆类、牧草及其他绿肥植物；在土壤疏松的砂质土壤上可选择花生、薯类等。

4. 林地施肥

施肥具有增加土壤肥力，改善林木生长环境、养分状况的良好作用，通过施肥可以加快药用植物幼林生长，提高林分生长量，促进药用植物树种丰产、优质。

木本药用植物林地施肥具体应视土壤肥瘠状况、中药材自身的需肥特性以及药用部位的不同而定。大多数木本中药材都喜肥，宜选择肥力条件好的立地造林。栽植时应施足底肥。底肥以腐熟农家肥和磷肥为主，栽植前可穴施 10～20kg 腐熟农家肥+0.5kg 钙镁磷肥或过磷酸钙，然后回填土盖住肥料，再栽植树苗。定植后 1～3 年内应加强追肥，每年施肥 1～2 次为宜，于春秋季中耕除草后进行，秋季以农家肥为主，每亩施堆肥或厩肥 1000～1500kg，春季中耕除草后施过磷酸钙和尿素，施后覆土。采取穴施或环状沟施，如土壤过酸，可兼施石灰，每亩约 15kg。具体到不同的树种，适宜施肥量和施肥时间应通过试验确定，本着先试验后推广的原则进行。

不同药用植物的药用部位不同，在施肥时应有所侧重。以枝、皮、叶入药的木本药用植物，施肥要有利于枝、皮、叶产量的增加，应多施尿素、复合肥、农家肥等肥料，施肥量随着树龄的增加而增加；以花、果入药的药用植物，在花果前期则应多施有助于花、果发育的肥料。如辛夷以花入药，枸杞以果入药，有条件的可在开花期和幼果期增施叶面肥，不但能减少落花落果现象，提高坐果率，而且能增加果重，提高果实的品质。花期喷生长调节剂和微量元素溶液，如硼肥也能有效提高坐果率。

（五）密度控制

合理的栽植密度可协调木本药用植物个体对光、热、水和土壤养分空间的需求，确保每个个体都有适宜的生长空间。因此，加强木本药用植物密度管理十分必要。栽植时应确定合理的初植密度，初植密度的大小与药用植物树种的喜光性、速生性、树冠特征、根系特征、干形和分枝特点等一系列生物学特性有关。一般喜光而速生的树种宜稀，耐阴而初期生长较慢的宜密；树冠宽阔而且根系庞大的宜稀，树冠狭窄而且根系紧凑的宜密。如肉桂树冠庞大，喜光，肥沃土地上多采用稀植，密度 4m×4m 或 5m×5m；杜仲喜光，冠幅相对较小，主根性强，栽植密度较大，一般 1.5m×2m，2m×2m 或 2m×3m。

经营目的不同，栽植密度也不同，如杜仲等以剥皮为主的乔木林，株行距 2.5～3m，以采叶为主的矮林株行距 1.5～2m。经营方式不同，密度也不相同。如辛夷，营造纯林时，可采用小冠密植法，415 株/hm²，以农作物为主的间作类型，栽植以 30～45 株/hm² 为宜，以辛夷为主的间作类型，以 270～300 株/hm² 为宜。

随着林木年龄的增长，木本药用植物冠幅逐渐扩大，应根据需要适时调节密度。调节的原则是去密留疏，去劣留优，通过合理的疏伐调整密度。

（六）树体管理

树体管理是木本药用植物优质丰产的关键措施之一。正确的整枝修剪可以调节整个个体与群体结构，更有效地利用光，改善光照条件，提高光能利用率；还可协调植物体各部分、器官之间的平衡等。整枝修剪的主要作用是调节其生长与结果的关系，使之按照栽培所需要的方向发展。木本药用植物的树体管理方法与利用方式有关。

1. 乔木类药用植物

（1）以果实入药的乔木类药用植物，如吴茱萸、木瓜、佛手等，幼年植株一般宜轻剪，以培育成一定的株型，使形成一定的主枝、副枝、侧枝，保持适当的距离和角度，促使早成型、早结实。成年植株的修剪应维持树势健壮和各部分之间的相对平衡，使每年都有强壮充实的营养枝和结果枝，并使两种枝条保持适当的比例，提高结实能力，还可控制树体高度；而衰老植株应着重老枝更新，以恢复其生长和结实能力。

（2）以树皮入药的乔木类药用植物，如杜仲、黄柏、厚朴等，应注意培养其粗壮的主干，剪去幼树下部的下垂枝、成龄树多余的萌蘖枝、病虫枝、过密纤弱枝，促使主干挺直粗壮、通风透光。

2. 灌木类药用植物

灌木类药用植物如玫瑰、连翘等植株的修剪，宜将植物高度降低成矮秆，可使多发新枝，尤其是连翘，更应注意修剪去徒长枝，促使多开花、结果，以提高产量。

整枝修剪的时期一般分为休眠期修剪（冬季修剪）和生长期修剪（夏季修剪）。落叶木本植物冬季修剪一般在休眠期，以冬前为宜；常绿木本植物以冬后春初萌动前为宜。冬季修剪主要修剪主、侧枝，剪去病虫枝、纤弱枝等；夏季修剪主要除赘芽、摘梢和摘心等。

（七）木本药用植物保护

1. 幼林保护

幼林要防止牲畜破坏，最好实施封山保护。阔叶树幼林的保护包括防治病虫害、预防火灾，防除寒害、冻拔、雪折和日灼等危害。

2. 防寒冻

低温能使药用植物受到不同程度的伤害，甚至引起死亡。不同程度的低温下，植物受害情况亦有不同。防寒冻害可采取覆盖、包扎、培土等措施。

3. 病虫害防治

中药材是人们用于防病、治病的特殊商品，在中药材病虫害防治各项措施的应用中，要做到既控制病虫的危害，又不降低药材的品质，避免农药残留及其他污染对中药材的破坏。从减少污染、保证药材品质的角度出发，木本药用植物应把营林措施、防治病虫害、防灾放在首位。包括：①进行合理的轮作和间作；②通过深耕一方面促进根系发育，增强植物的抗病能力，另一面破坏蛰伏在土内休眠的害虫巢穴和病菌越冬的场所，直接消灭病原生物和害虫；③及时松土除草、清洁田园，结合修剪将病虫残体和枯枝落叶烧毁或深埋，可以大大减轻翌年病虫为害的程度；④合理施肥能促进药用植物生长发育，增强其抵抗力和被病虫为害后的恢复能力；⑤选育和利用抗病虫品种，增强对病虫的抵抗能力。此外，也可以采取生物防治、物理机械防治和化学防治等技术措施。

（八）木本药用植物更新

可根据实际情况采取更新方式。萌芽能力强的树种，如杜仲可在采伐后利用根桩萌芽更新。更新后加强管理，很快又可以培育成林。萌芽能力弱的木本药材树种则要求采后或衰老后重新造林。

四、真菌类药材培育

药用真菌是可用作医药的，或具有治疗、保健作用的一类真菌的总称。贵州药用真菌资源丰富。其中，如茯苓、灵芝、雷丸、猪苓、竹荪等 400 余种真菌已被广泛应用，有的已人工种植。

（一）药用真菌生长发育的营养条件

碳（C）源、氮（N）源、无机盐、植物生长调节剂是药用真菌生长发育所必需的营养成分，除此之外，药用真菌对水分、光照、酸碱度、氧气浓度也有一定的要求，且不同种类的药用真菌对营养的要求不一样，甚至同种药用真菌，在不同的发育阶段，对营养的要求也有所差异。

1. 碳（C）源

C 是药用真菌细胞生长和新陈代谢活动所必需的一种重要的营养元素，它不仅是构成细胞骨架的主要物质，也是生命活动必需的能量来源。药用真菌不能利用二氧化碳、碳酸盐等无机碳为碳源，只能利用有机碳为碳源，如纤维素、半纤维素、木质素、淀粉、有机酸类、醇类以及各种糖等，其中葡萄糖和蔗糖等可溶性糖类易于被真菌吸收利用，为速效碳源；不溶性的纤维素、半纤维素、木质素、淀粉需诱导形成相应的酶才能被利用，为迟效碳源。在实际生产中，只有将速效碳源和迟效碳源结合使用，才有助于促进真菌持续快速生长。

2. 氮（N）源

N 是构成药用真菌蛋白质、核酸和酶类的主要元素，甚至在细胞壁中的几丁质多糖中也含有 N。因此，氮素同碳素一样，对药用真菌而言是一种必不可少的营养元素。药用真菌可以吸收利用各种无机氮和有机氮，但不能直接利用空气中的氮。常用的有机氮有蛋白质、肽、氨基酸、酵母膏、蛋白胨、牛肉膏、尿素、饼肥、麦麸、米糠、黄豆粉、玉米粉、畜禽粪便等。无机氮主要包括铵盐和硝酸盐，在菌丝生长发育阶段以硝酸盐较好。在药用真菌生产上常用有机氮作为氮源，因为有机氮能维持菌丝体的旺盛生长；而无机氮作为唯一氮源时，菌丝体生长较慢，菌丝不扭结、不产生子实体与菌核。所以，培养基中的氮源一定要有选择，并合理配制，一般来说，菌丝生长的最适氮浓度为 0.016%～0.064%。麦麸和米糠因为来源广泛、使用方便、价格低廉，成为栽培各种药用真菌最常用的氮源。

药用真菌在吸收利用碳和氮营养时，还需要合适的碳氮比（C/N）。C/N 过高，菌丝成熟早、出菇早，但品质差、药效低；C/N 过低，菌丝生长浓密，但出菇晚。一般来说，在菌丝生长阶段需要氮源的浓度较高，C/N 以 20：1 为好；子实体或菌核生长阶段后对氮素需要降低，C/N 以 30：1～40：1 为宜。

3. 无机盐

无机盐是药用真菌维持生命活动不可或缺的营养物质之一，包括磷（P）、钾（K）、硫（S）、钠（Na）、钙（Ca）、镁（Mg）等宏量元素和铁（Fe）、钴（Co）、锰（Mn）、铜（Cu）、锌（Zn）、钼（Mo）、硼（B）等微量元素。它们在药用真菌体内参与许多化学反应，还可以作为酶和辅酶的组成部分，或维持酶的活性，是酶的激活剂。在配制培养基的过程中可以适当添加相应的大量元素，浓度以 100～500mg/L 为宜。微量元素需要量较小，仅为千分之几毫克，且广泛存在于水、木屑、棉籽壳、秸秆、麦麸、畜禽粪便等培养料中，除非在液体培养基中有特殊要求，一般栽培培养不需要另外补充。

4. 维生素

维生素是组成各种酶的活性成分，其中以 B 族维生素和维生素 H 对药用真菌影响最大，维生素 B_1（硫胺素）、维生素 B_2（核黄素）是药用真菌必需的生长素，缺乏时，菌丝发育受阻，甚至不能出菇或形成菌核，浓度一般为 0.01～0.1mg/L。

5. 植物生长调节剂

植物生长调节剂是一类能够控制植物生长、发育和衰老的物质，主要有吲哚乙酸（IAA）、吲哚丁酸（IBA）、萘乙酸（NAA）、2,4-二氯苯氧乙酸（2,4-D）、赤霉素（GA3）、激动素（KT）、脱落酸（ABA）、乙烯（ETH）、油菜素内酯（BR）、6-苄基腺嘌呤（6-BA）、三十烷醇等。近年来，大量研究表明，NAA、KT、GA、IBA 和三十烷醇，对菌丝生长和原基分化有促进作用，可单一或混合使用，但使用浓度不当时，则会产生相反的结果。因此，在使用调节剂时应该慎重，除特殊要求外，一般情况下不需要添加植物生长调节剂。

6. 酸碱度

酸碱度主要影响菌体内的酶活性、细胞膜的渗透性以及对金属离子的吸收能力等。大多数药用真菌都适宜在偏酸的环境中生长，适合菌丝生长的 pH 在 3～8，以 5～6.5 为宜，木腐菌的最适 pH 在 4.5～5.5。培养基灭菌后和菌丝生长期间培养料的 pH 会变化，在生产上配置培养基时一般需要加入 0.5%～1.5%的磷酸二氢钾或磷酸氢二钾作为培养基 pH 缓冲物，以保证菌丝在相对稳定的 pH 环境中生长。

7. 温度和光照

同所有生物一样，药用真菌生长发育只能在一定的温度范围内进行。不同的药用真菌其最适生长温度不同，甚至同一种真菌从孢子萌发、菌丝生长到子实体的形成，其最适温度范围也有差异。一般情况下，菌丝的最适生长温度为 23～25℃，子实体分化则需要有 3～7℃的降温幅度刺激。子实体发育的最适温度比菌丝生长的最适温度低，比子实体分化的最适温度高。

大多数药用真菌生长不需要直射的光线，菌丝在黑暗下生长更旺盛，子实体的分化和生长需要一定的散射光。

8. 水分和湿度

水分是细胞的重要组成部分，生命活动均必须在有水的条件下才能进行。药用真菌菌丝生长的基质最适含水量为 60%～65%，空气湿度为 70%～80%，子实体分化与生长发育的最适空气湿度为 80%～95%。

9. 氧气

药用真菌是好氧型的，氧和二氧化碳是影响药用真菌生长发育的重要生态因子。药用真菌不能直接利用二氧化碳，其呼吸作用是吸收氧气，放出二氧化碳。菌丝体的生长对高浓度的二氧化碳表现较为敏感，现代研究表明，药用真菌发育最适宜的二氧化碳浓度为 0.03%～0.3%，部分木腐菌可以更高。

（二）菌种的分离与培养

菌种生产是药用真菌子实体或菌核栽培、菌丝体发酵生产的第一道工序，又称种子制备，基本步骤包括：菌种分离、原种扩繁和栽培种生产。

1. 菌种分离

药用真菌的菌种来自孢子、菌体组织或生长基质。经过分离培养、提纯获得纯菌种，此过程叫作菌种分离。分离工作要根据药用真菌的特性，从分离方法、培养基的种类、培养条件的控制等方面综合考虑。纯菌种分离方法很多，因分离材料不同，可分为组织分离（子实体、菌核或菌索组织）、孢子分离（单孢或多孢）和寄生（菇木等）分离等三种方法。

（1）组织分离法：组织分离法是指通过药用真菌菌体组织分离提纯菌丝的方法。选取新鲜、个大、壮实、中龄、无病虫害的子实体（或菌核、菌索）作为分离材料。子实体，取其菌盖或菌柄组织；菌核，取其全部（如麦角）或部分（如茯苓、猪苓等）菌核；菌索，取其部分根状菌索（如蜜环菌）。然后，用 75%乙醇溶液表面消毒 2min 后用无菌水漂洗数次，洗净残留的药液，再切成小块放入盛有 PDA 培养基的试管或培养皿上，24～26℃培养 5～7 天，在分离的菌体组织周围出现白色菌丝时，及时将菌种移至斜面试管培养基上，24～26℃下培养 7～10 天，即得纯菌种。所得的纯菌种保藏或直接扩大培养。

（2）孢子分离法：孢子分离法是利用药用真菌的孢子，在适宜的培养基上萌发长成菌丝体以获得纯菌种的一种方法。它可分为多孢子分离法和单孢子分离法。目前，生产上常用的是多孢子分离法。其步骤如下：选择个大、肉厚、饱满、味浓和色鲜的子实体作为分离材料，采用褶上涂抹法、孢子印上采集法或空中孢子捕捉法采集孢子，在显微镜下挑取大而饱满的孢子进行培养。其中褶上涂抹法是将接种钩插入褶片之间，轻轻地抹取子实层上尚未弹射的孢子，接种于培养基上；孢子印上采集法是取已灭菌的载玻片、试纸或黑布，置于新鲜、未开伞或未开裂的子实体菌褶的下方，24h后，孢子落下，形成孢子印，然后用接种环或玻璃蘸取孢子，接种于平面或斜面培养基上，恒温培养，即得纯菌种；空中孢子捕捉法是指孢子大量弹射时，在子实体周围可呈现"孢子旋风"或"孢子云"等随气流飘动的大量孢子，采集时，在孢子云飘动的上方倒放琼脂平板，使孢子附在培养基上，盖好培养皿，进行恒温培养。

（3）寄主分离法：对于木腐真菌，可以从其寄主椴木上分离出菌丝作菌种，或直接作原种和栽培种。操作方法是选用菌丝生长旺盛、短龄的椴木，锯一小段，在无菌室用0.1%升汞溶液洗涤1～2min，然后取带有菌丝的椴木一小片，接入母种试管的斜面中央（或盛有培养基的培养皿中央），25℃恒温培育，待菌丝蔓延到培养基表面后，挑取新生的健壮菌丝移植到另外的母种试管中培育。采用此法培育的菌种，有时会带来其他共生菌类，而不能得到很纯的菌种，因此必须多接种几支，以便萌发后作进一步的分离，得到纯的菌种。

菌种分离中常用的培养基为PDA培养基和PDA综合培养基，菌种分离后多需要出菇鉴定，通常采用瓶栽法、袋栽法、箱栽法、椴木栽培法等进行栽培试验（小试、复试、中试、示范），进行各项生理和栽培性状的测试、检验和评价，选育出优良品种。再按照UPOV植物新品种保护的原则和现有菌类种性研究的报道，进行种性测试，主要包括形态、生理、栽培、商品、遗传等五个方面。

2. 原种、栽培种生产

原种和栽培种在生产工艺上是基本一致的，一般包括配料、装瓶（袋）、灭菌、接种、培养等生产流程。

（1）培养基的种类与配方：

①木屑培养基：阔叶树木屑78%、米糠（或麦麸）20%、蔗糖1%、碳酸钙（或者石膏粉）1%。料∶水=1∶1.5～1∶1.3。此培养基适合于各种木腐药用真菌的菌种生产。

②棉籽壳培养基：棉籽壳88%、碳酸钙（或石膏粉）2%、麦麸（或米糠）10%。料∶水=1∶2.0～1∶1.7。此培养基适合于各种木腐、草腐等药用真菌的菌种生产。

③甘蔗渣培养基：甘蔗渣79%、米糠（或麦麸）20%、碳酸钙（或石膏粉）1%。料∶水=1∶2.0～1∶1.1。此培养基适合于木、土腐药用真菌菌种的生产。

④枝条培养基：枝条（或楔形、梯形木块）10kg、红糖0.4kg、米糠（或麦麸）2kg、水适量。此培养基适合于茯苓等菌种的生产。

⑤玉米粉培养基：玉米粉18%～20%、水1000mL，煮沸，pH 5.5～6.5。此培养基适合于蜜环菌和假蜜环菌培养。

（2）培养基制作与灭菌：依据待培养的药用真菌种类差异，按照不同C源、N源、植物生长调节剂、酸碱值，配置好培养基，培养基配制后，需经灭菌以后才可用于药用真菌培养。

培养基灭菌有高压蒸汽与常压蒸汽灭菌两种，其中高压蒸汽灭菌是指在121℃、0.14MPa下保持1.5～2h；常压蒸汽灭菌是指在100℃左右，常压保持8～10h。

①接种：每支试管可接5～8瓶原种，每瓶原种可接60～80袋栽培种。

②培养：药用真菌菌丝在18～28℃均能生长，在最适培养温度23～26℃条件下，避

光培养 12h 后，菌种即可恢复生长开始萌发；2～3 天后，接种块上菌丝逐渐伸入培养基内；7～10 天后有的菌种有红褐色、褐色或黄色分泌物出现，有的会分化形成原基，均可用于生产，20～50 天即可长满。原种菌龄不宜太长，栽培种也不能过于老化，原种老化后将形成一层厚菌皮，活力显著下降，还会增加后期污染的可能性。

（三）菌种的保藏

在药用真菌菌种生产与保藏过程中，一个优良菌株常常会因为内在和外在的因素，其性状不断地发生变异，引起衰退。因此，在菌种的保藏过程中，除了使其不死亡绝种外，还要尽量保持菌种原有的优良生产性能。不论何种保藏方法，原则上要创造一个特定环境条件，使其处于休眠状态。常用的保藏方法有以下几种。

1. 斜面低温保藏法

斜面低温保藏是利用低温对微生物生命活动抑制作用的原理进行保藏，具体做法是：将菌种接种在斜面培养基上，待菌丝充分生长后，放进温度为4℃的冰箱内保藏，每隔3～4 个月继代一次。该保藏方法保藏时间短，继代次数多，菌种易退化，是一种最简便、最普通的保藏方法。

2. 蒸馏水保藏法

只需将待保藏的菌丝体悬浮在蒸馏水中密封即可。该保藏法是最简单直接的一种保藏方法，一般可1～2 年转接一次。

3. 矿油保藏法

取石蜡油 100mL，装入 250mL 的三角瓶中，塞上棉塞，121℃灭菌 1h，60℃烘烤使水分蒸发，然后用无菌吸管将石蜡油注入要保藏的菌种斜面试管内，使菌种与空气隔绝，直立放置于低温干燥处保存。可2～3 年转接一次，ACCC 采用此法保藏的香菇菌株 20 年后仍全部存活。

4. 液氮超低温保藏法

将菌种密封在有保护剂的安瓿管内，保护剂一般用 10%（体积分数）甘油蒸馏水溶液或 10%二甲基亚砜蒸馏水溶液。然后，置入慢速冻结器内，以 1℃/min 降温至-40℃，再以 10℃/min 降温至-90℃，并立即放入液氮罐中保藏。

5. 滤纸条保藏法

取白色或黑色滤纸，切成 0.5cm×2cm～0.5cm×3cm 的纸条，平铺在培养皿内，灭菌烘干，然后放入孢子采集器内让孢子弹射到滤纸条上，最后将附有孢子的滤纸条放入装有几粒干燥剂的保藏试管内，2～10℃下保藏。

6. 固体保藏法

采用小麦、麸皮、米糠、高粱等原料与一定比例的水做成固体形状培养基，灭菌后接入菌种，经培养成无混杂菌种。然后置于干燥、阴凉、通风处保存，注意保持环境清洁，做好防霉、防螨工作。在室温下用木屑、木块或谷粒保存菌种，也能收到较为理想的效果。

7. 砂土保藏法

砂土保藏是将药用真菌孢子保藏在干燥的无菌砂土中，由于砂土干燥和缺乏营养，加上土粒还有一定的保护作用，保藏时间可达数年乃至数十年之久。

（四）菌种的衰退与复壮

1. 菌种的衰退

菌种在生产保藏过程中经多次无性繁殖和受培养条件的影响，接菌后出现菌丝纤弱、长速缓慢、不均一、菌落稀疏、有颜色变化、菇香味变淡、拟拮抗、子实体变形变小，甚至无法分化出子实体等衰退现象，这对生产极为不利。

2. 菌种的复壮

菌种的复壮是指为了保持菌种的优良性状，针对菌种衰退的原因，调整培养条件和保藏方法，使菌种保持原有的优良性状。对已经衰退的菌株可以采取以下提纯复壮措施：

（1）边缘脱毒法：采用此法能获得纯的菌株，具体方法是，将菌种转接到平板培养基上，菌丝萌发后，挑取边缘菌丝转接到另一个平板上，如此重复2～3次，直到长出的菌落浓密、菌丝粗壮为止。

（2）更替培养基传代培养：经常更换培养基，如蛋白胨培养基、马铃薯综合培养基、麦麸培养基三者可交替使用，采用此法可以使菌株的某些优良性状在不同的培养基上表达出来。

（3）子实体诱导法：通过诱导子实体的发生，或在生产上每年选择个体大、生长正常、健壮无病虫害的子实体进行组织分离或孢子分离，再从中选优去劣并扩大培养。

（五）药用真菌的人工栽培及管理

药用真菌人工栽培，因真菌的种类、营养类型、环境条件及栽培料的不同有多种多样的方式。主要有椴木栽培和代料栽培两种。

1. 椴木栽培

椴木栽培是模拟野生药用真菌生长的一种培养方法，以原木为材料，人工接种，适用于林区。如茯苓、猪苓、灵芝等可采用椴木栽培。其工艺流程包括场地的选择、椴木的准备、接种、管理、病虫害防治与采收加工等。

（1）栽培场地的选择：药用真菌的生长，需要一定的外界环境条件，因此，根据药用真菌不同的栽培习性，选择不同的栽培场地。如灵芝、银耳等要选半山腰、有适当的树木遮阴、背风、湿度大、经常有云雾的地方。茯苓喜温暖、通风和干燥的环境，土壤以砂性较强的酸性土为宜，并要求有一定的坡度以利排水，尤以背风向阳的南坡为好。猪苓宜选择凉爽干燥和朝阳山坡、土壤湿度保持在30%～50%、富含腐殖质的砂壤土的地方栽培。

（2）椴木的选择与准备：

①椴木树种的选择：椴木树种的选择应因真菌种类不同而异。例如，茯苓需要松树作椴木；灵芝、银耳需要栎树、枫杨、柳树、悬铃木等树种作椴木；而栽培木耳、香菇，用作椴木的树种更广泛，如壳斗科、桦木科及金缕梅科的阔叶树是理想对象，主要有麻栎、栓皮栎、槲栎、桦木、枫香、榛和槭等。上述药用真菌栽培，除茯苓用松树外，其他都不能用松、杉、樟树等树种作椴木，这些树含有松脂、醇、芳香类物质等杀菌物质。

②椴木的准备：砍伐季节，茯苓宜在秋冬，灵芝、银耳则在春季当树木吐出新芽时为好。这是因为前者树木处在休眠状态，贮藏的养料最为丰富，树皮与木质部结合得也最为紧密。后者在树木抽芽时砍伐，所截成的椴木死亡快，可提高接种后成活率。砍伐后按整材要求，进行去枝、锯段、削皮、灭菌及堆土等。

（3）接种：根据真菌的生物学特性，选择适宜的接种时间。为减少杂菌污染，可根据菌丝生长的最低温度适当提早接种时期。接种提早可根据椴木大小和气温变化灵活掌握。接种密度做到稀不浪费林木资源，密不影响菌体发育。如树径粗的接种口应密一点，树径细小的可稀一点；木质硬的密一点，木质软的稀一点；气温低的地区密一点，气温高的地区稀一点。同时，接种时还要注意椴木的湿度，过干、过湿对发菌都不利。接种应选阴天进行。

（4）管理：栽培场地要保持清洁，防止杂菌侵染。在栽培期间，根据所栽培的药用真菌对光照、温度、湿度等的要求，通过搭棚遮阴、加温、降温、喷水等方法进行调节。

（5）采收：由于种类不同，从接种到收获所需的时间以及收获的次数不同。如银耳接种后40天即可陆续采收多次，采收时间持续数月。灵芝接种后4个月即可收获，一年可收2～3次。但茯苓、猪苓等椴木栽培，一年只能收获1次。

2. 代料栽培（袋料栽培）

代料栽培是利用各种农林废弃物或农副副产品，如木屑、秸秆、甘蔗渣、麦麸、米糠、棉籽壳、豆饼粉等为主要原料，添加一定比例的辅料，制成合成的或半合成的培养基或培养料装入塑料袋来代替传统的椴木栽培。

（1）工艺流程：菌种准备（母种→原种→栽培种）→备料→配料→装袋→灭菌→接种→菌丝培养→出菇管理→采收→加工。

（2）技术要点：

①栽培材料：主要材料是阔叶树的木屑和农业废料，如棉籽壳、玉米芯、甘蔗渣等。首先考虑适宜的培养基配方。木屑的粗细（粒度）要适宜，细木屑会降低培养料的空隙度，使菌丝生长缓慢，推迟菌丝成熟的时间；木屑过粗造成培养料的水分难以保持，很容易干燥。所以，木屑粗细要适度，必要时粗细搭配好。辅料为棉籽壳、玉米芯粉、麦麸、米糠等，要新鲜，不能变质、腐败。

②栽培方式：有瓶栽、袋栽、箱栽、菌柱栽培、床栽、阳畦床栽及室内层架式床栽等。以袋栽为例，就有横式、竖式、吊式、柱式及塔积式袋栽等栽培方法。出菇方式又可分为袋口出菇、袋身打孔出菇、脱袋出菇、脱袋压块出菇及菌块埋土出菇等。

③栽培场所：有条件可用专业菇房，也可以将清洁、通风、明亮的房子改为栽培场所，使用前必须消毒。

④栽培与管理：要按生产季节安排，做好母种、原种和栽培种的准备。培养基按常规配制与灭菌，发菌阶段一般在 20～24℃培养，培养室的温度超过 30℃时菌丝生长会受到影响。在南方，应注意菌丝体成熟阶段和越夏的管理，因为夏天气温超过 30℃时，对菌丝生长发育和代谢影响较大，必须根据品种各生长发育阶段的要求控制好温度、湿度、光线等。在从菌丝扭结到子实体形成阶段，温度要适当调低，注意培养室的通风、透气，提高相对湿度和保持室内有一定的散射光，以促进子实体的形成。

⑤采收与加工：采收时应去除残留的泥土和培养基，按产品质量标准进行加工。

第三节　药用植物需肥规律与合理施肥技术

一、药用植物营养

药用植物营养是施肥的理论基础。合理施肥应按照药用营养的原理和药用植物营养特性，结合气候、土壤和栽培技术等因素综合考虑。也就是说，施肥要把药用植物内在的代谢作用和外界的环境条件结合起来，作为一个整体，运用现代科学，辩证地研究它们相互间的关系，从而找出合理的理论及其技术措施，以便指导生产，发展生产。

（一）药用植物的营养成分

药用植物的组成颇为复杂,新鲜植物体一般含水量为 75%～95%,干物质含量为 5%～25%，并因植物的年龄、部位、器官不同而有差异。药用植物种类和品种的差别，以及气候条件、土壤肥力、栽培技术等的不同，都会影响药用植物的营养成分。

药用植物必需的营养元素对生长发育是不可缺少的，如缺少某种营养元素，植物就不能完成生活史；必需营养元素的功能不能由其他营养元素所代替，缺少该种元素后，植物会表现出特有的症状；必需营养元素直接参与植物新陈代谢作用，对植物起着直接的营养作用，例如酶的组成成分或参与酶促反应。

到目前为止，国内外公认的高等植物必需营养元素有 17 种。它们是碳（C）、氢（H）、氧（O）、氮（N）、磷（P）、钾（K）、钙（Ca）、镁（Mg）、硫（S）、铁（Fe）、锰（Mn）、锌（Zn）、铜（Cu）、钼（Mo）、硼（B）、氯（Cl）、镍（Ni）。

除了药用植物必需的营养元素外，其他的则是非必需营养元素。在非必需营养元素中，有一些元素对特定植株的生长发育有益，或为某些种类植物所必需，这些元素称为有益元素。如藜科植物需要钠，豆科植物需要钴，蕨类植物和茶树需要铝，紫云英、黄芪和黄芪属的其他品种需要硒等。只是限于目前的科学技术水平，尚未证实它们是植物普遍所必需的。

（二）药用植物对养分的吸收

药用植物主要通过根部吸收养分，也可以通过叶部吸收。无论是根部吸收还是叶部吸收，养分都会通过原生质膜，原生质膜是包围在原生质体外表面的一层具有选择性的透性膜。

1. 药用植物根部对养分的吸收

1）根对无机养分的吸收

药用植物根系吸收养分是一个复杂的过程，养分离子从土壤转入植物体内包括两个过程，即养分离子向根迁移和根对养分离子的吸收。

养分离子向根部迁移，一般有三个途径：截获、扩散和质流。截获是植物根在土壤中伸长并与其紧密接触，使根释放出 H^+ 和 HCO_3^- 与土壤胶体上的阴离子和阳离子直接交换而被根系吸收的过程，靠截获吸收的养分是很少的。扩散是由于根系吸收养分而使根圈附近和离根较远处的离子浓度存在浓度梯度而引起土壤中养分移动，植物细胞与周围之间的气体交换也是通过扩散完成的。质流是因植物蒸腾、根系吸水引起水流中所携带的溶质由土壤向根的运动，这种方式养分迁移的距离比较长，是土壤养分向根表移动的主要方式。

通过以上三种迁移方式使养分离子向根表富集被植物吸收，磷以扩散为主，氮、钙、镁以质流为主，其中钙、镁也可以通过截获方式被吸收；钾在高浓度时以质流为主，低浓度时以扩散为主；铜、铁、锰、锌主要是扩散；硼以质流和扩散各占一半；钼含量低时以扩散为主，含量高时以质流为主。截获、质流和扩散三种方式同时存在并且互相作用。

经质流、扩散、截获三种方式，养分离子到达根系表面，但还没有送入细胞。养分物质进入植物体内是一个复杂的过程。然而植物营养仍然以无机态离子占绝大多数，特别是离子态养分的正负电荷，它们进入细胞的机制与分子态养分不同。植物对无机养分的吸收开始时很快，大约在 30min 内完成，然后则缓慢地吸收。另一个特点是阳离子的吸收速率比阴离子快。目前人们认为在植物吸收的最初阶段，速度快是被动吸收的过程，而达到平稳后则是主动吸收过程。

被动吸收是植物根系内外养分离子沿电化学势梯度扩散和杜南平衡的结果。它不需要直接供应生物代谢能量。养分离子由浓度高和电位高的根系土壤扩散到根系里，不需要消耗能量，吸收速度也比较快。

养分离子通过质流、扩散和截获都能进入根部。首先进入根细胞的"自由空间"，即根部的细胞壁与细胞膜之间的空间。由于细胞壁的主要成分是果胶酸，解离后带负电荷，因而进入的阳离子多而阴离子少，很快在短时间内达到内外溶液平衡。当外部浓度改变时，内部的离子还可以扩散出去，因此对所吸收的养分无选择性。

被动吸收的另一种方式是离子交换。离子交换的方式有两种：一种方式是根系与土壤溶液之间的离子交换，另一种方式是根系表面与黏粒表面间的离子交换。由于根的呼吸产生碳酸，碳酸解离为 H^+ 和 HCO_3^-，这些离子被吸附在原生质膜表面，其中最多的是 H^+。吸收在根细胞表面的 H^+ 可以与土壤溶液中的阳离子交换，也可以直接与土壤黏粒表面吸附的阳离子交换而被动吸收。当植物根表与土粒紧密接触时，离子可以不通过液相进行交换，也称接触交换或截获，无论是固相与液相交换还是固相与固相交换，通常是由根表的 H^+ 和 HCO_3^- 与环境中养分离子进行交换来实现的。

养分离子要从自由空间逆浓度梯度渗过细胞膜进入各细胞器，植物对养分离子吸收具有选择性，需要消耗生物代谢能量，这种现象称为主动吸收。

被动吸收和主动吸收是两个连续的过程，被动吸收是主动吸收的前奏。适当提高土壤中养分离子的浓度，即在植物生长旺盛时期施用肥料，将有助于提高肥料的增产效益。

2）根对有机养分的吸收

药用植物根系不仅能够吸收无机养分，也能吸收有机养分。无机养分一般是离子态，有机养分是分子态，植物所能吸收的有机态养分只能是少量的有机态分子，如氨基酸、糖类、磷脂类、生长素和维生素等小分子有机化合物，不是所有的有机养分都能被根系吸收。

根系对分子态养分的吸收不同于离子态养分。一般来说，分子比离子透性更快。分子态养分不带电荷，它必须经过细胞膜上大小不等的微孔才能透过。一般认为，脂溶性化合物比较容易透过膜，脂溶性越强，越容易透过。有机分子的大小也是影响植物吸收的重要因素，小分子容易透过膜，大分子较难透过膜，即使是脂溶性大分子也不容易透过膜。这种不消耗能量，分子直接进入细胞的过程属于被动吸收。

根对有机养分的吸收既有被动吸收，又有主动吸收。吸收是由细胞膜上的透过酶作为载体，将养分运入细胞膜内，需要消耗能量，并且具有选择性，这种属于主动吸收。植物对大分子有机养分的吸收可能是"胞饮作用"，细胞进行"胞饮"时，原生质膜先内陷，把许多大分子有机养分包裹起来形成胞饮体水囊泡，水囊泡逐渐向细胞内移动，而后进入细胞质中，最后胞饮体小囊泡破坏解体，有机养分进入细胞质中。"胞饮作用"是一种需要能量的过程，植物细胞内不经常发生，只是在特殊情况下，如吸收大分子有机养分时，植物细胞才发生胞饮作用。

2. 药用植物叶部对养分的吸收

植物除了根系吸收养分外，还能通过叶片等地上部分吸收养分，这种营养方式称为植物叶部营养或根外营养。

研究表明，水生植物的叶片是吸收矿质养分的重要部位。而陆生植物叶表皮细胞的外壁上有蜡质层和角质层，蜡质层疏水性强，水分及其溶于水的无机离子通过蜡质层上的间隙到达角质层，因其有微细孔道（外质连丝），是叶片吸收养分的通道。当溶液经过角质层孔道到达细胞壁后，还要进一步经由细胞壁中的外质连丝到达原生质膜。养分跨膜过程与根系类似。

与根部施肥相比，叶部施肥是一种见效快、效率高的施肥方式。叶面喷施肥料还可以防止土壤对养分的固定，这对铜、铁、锰、锌等微量元素肥料的施用十分有利。另外，叶部施肥在一些特殊情况下，如根系吸收能力下降、土壤干旱、土壤施肥困难等情况下是一种有效的补肥方式。但是叶面喷施往往肥效较短暂，需多次喷施，每次施肥量有限。因此，根外营养不能代替根部营养，只能用于解决一些特殊的植物营养问题。

水生植物和生长在潮湿环境中的植物，蜡质层薄，吸收养分容易；而旱生植物的叶片蜡质层厚，吸收养分较困难。双子叶植物叶面积大，叶片角质层薄，养分较易穿过；而单子叶植物的叶片小，角质层厚，养分不易被吸收。与大田作物相比，温室大棚里的作物，叶片娇嫩，角质层少。因此，对旱生植物和单子叶植物，应适当增加养分浓度和喷施次数。

植物叶片对不同种类矿质元素的吸收速率是不同的。叶片对氮素的吸收速率依次是：尿素＞硝酸盐＞铵盐；对钾肥的吸收速率为：$KCl > KNO_3 > KH_2PO_4$。在一定的范围内，适当提高养分浓度有利于养分吸收。但是，养分浓度一定要因植物种类、生长的环境条件、养分种类、施肥目的而定。浓度过高会烧叶伤根，这在幼苗期更易发生。

养分溶液在叶片上的附着时间越长，越有利于养分吸收。如果给溶液中加入表面活性剂，就可延长溶液在叶片上的附着时间。

喷施时间一般选择上午露水干后，或下午太阳落山前，或者是无风的阴天为好。下大雨前，或烈日下，或大风时不要喷施。

（三）影响药用植物吸收养分的因素

1. 土壤养分浓度

药用植物对土壤中某种离子的吸收速率，取决于该离子在土壤中的浓度。在低浓度范围内，随着土壤中养分浓度的升高，养分吸收速率以一种渐近曲线的方式上升。在高浓度范围内，钾的吸收以渐近线的方式增加，但是离子吸收的选择性降低，对代谢抑制剂不是很敏感，而伴随离子及蒸腾速率对离子的吸收速率则影响较大。

为了保证植物整个生育阶段的养分供应，土壤溶液中的养分浓度必须维持在一个适宜于植物生长的水平。因此，养分有效性不仅与某一时刻土壤溶液中养分浓度有关，而且与土壤维持这一适宜浓度的能力有关，这个能力被称为土壤养分的缓冲能力。

土壤养分的强度因素、容量因素和缓冲能力反映了土壤的保肥性和供肥性。

2. 光照与温度

光照对根系吸收矿质养分一般没有直接影响，但是可以通过影响蒸腾作用和光合作用，间接地影响根系对养分的吸收和运输。如在光照情况下，蒸腾作用强，养分通过质流作用到达根表的数量多，有利于养分吸收。较强的光合作用有利于 NO_3^- 的吸收与同化。

温度对根系吸收养分的影响，首先表现在温度对根系的生长和根系活力有很大的影响。而根系吸收养分与根系活力密切相关。一般在 6～38℃ 的范围内，养分吸收随温度升高而加快。土壤温度低于 10℃，或高于 40℃，根系吸收的养分明显降低。植物种类不同，适宜的温度范围也不同。

3. 土壤水分与通气性

水是根系生长的必要条件之一，养分的稀释、迁移和被植物吸收等无不与土壤水分有密切关系。土壤含水适宜时，土壤中养分的扩散速率就高，从而能提高养分的有效性。在干旱地区，采取保墒措施可增加根部对养分的吸收。

植物吸收养分与供养情况有密切关系。根系进行有氧呼吸，取得吸收养分的能量，养分的吸收量才显著增加。许多植物在淹水的条件下不能进行有氧呼吸，环境中的养分不能被吸收利用。这说明养分的吸收利用与能量供应有密切关系。

4. 土壤酸碱性（pH）

介质 pH 的高低，直接影响根系对阴、阳离子的吸收。在酸性反应中植物吸收阴离子多，而在碱性反应中吸收阳离子多。根细胞表面蛋白质是两性胶体，可以同时解离出阴离子和阳离子。大多数蛋白质的等电点在酸性，pH 为 6 左右，在酸性反应时（介质＜蛋白质等电点），由于浓度增加，抑制了蛋白质分子中羧基的解离，但却增加了氨基的解离。在这种情况下，蛋白质分子以带正电荷为主，故能多吸收外界溶液中的阴离子，如果外界溶液 pH 超过蛋白质的等电点（pH＞6），呈碱性反应，这时蛋白质增加对羧基的解离，而抑制氨基的解离，蛋白质分子带负电荷，因此吸收阳离子多。

土壤 pH 还会影响土壤养分的有效性。铁盐的溶解度是随酸度的增强而提高的。在 pH＜5 的强酸性土壤中，游离铁数量增多，甚至使植物因铁过多而发生毒害。碱性土壤中（pH＞7.5），植物又会因铁的有效性降低而呈现缺铁现象。土壤 pH 对磷的有效性的影响也非常明显。酸性条件下，磷酸多呈 $H_2PO_4^-$ 形态存在，pH 逐渐提高，离子的 HPO_4^- 数量不断增加，因而使磷的有效性降低。但酸度太强，土壤中游离铁、铝增多，它们与 $H_2PO_4^-$ 形成难溶性的磷酸铁、铝盐，也会使磷的有效性降低。一般情况下，土壤中氮、钾、钙、镁、硫和钼在中性-微酸性条件下有效含量较高；铁、锰、铜、锌、钴在酸性土壤中有效含量较高；而磷和硼则在中性条件下有效含量较高，过酸过碱都会大大降低其有效性。

5. 营养介质中离子间的相互作用

离子间的相互作用包括离子间的拮抗作用和协同作用。离子间的拮抗作用是指在溶液中某一离子存在能抑制另一离子吸收的现象。离子间的拮抗作用主要表现在对离子的选择性吸收上，主要由离子的种类和浓度所决定。阳离子和阳离子、阴离子和阴离子在质膜上存在竞争和对抗。常见的离子之间的对抗关系有：K^+ 与 Cs^+、Rb^+；Mg^{2+} 与 Ca^{2+}、Na^+；NH_4^+ 与 Ca^{2+}、K^+；NO_3^- 与 $H_2PO_4^-$、Cl^-；Ca^{2+} 存在下，K^+ 影响 Na^+ 的吸收等。

离子间的这种对抗关系在指导施肥上有很大帮助。在酸性土壤中，氮肥用量不宜过大。因为 NH_4^+ 浓度较高时，植物吸收 Ca^{2+} 困难；在碱性土壤中 Na^+ 多是危害，施用石膏可减少 Na^+ 的吸收，但 K^+ 浓度增加，影响 Mg^{2+} 的吸收；施用 NO_3^- 氮肥时，应该重视施用磷肥，在砂土地施肥更应注意离子间的相互作用。

离子间的协同作用，是指介质中某一离子的存在能促进植物对另一离子的吸收或运转的作用，主要表现在阴离子与阳离子、阳离子与阳离子之间。常见的离子之间的协同关系有：Ca^{2+} 存在下促进 K^+、NH_4^+ 的吸收；NO_3^-、SO_4^{2-} 与 $H_2PO_4^-$ 能促进阳离子的吸收，如 K^+、Ca^{2+}、Mg^{2+} 等，因为细胞膜是保持电荷中性的，阴离子吸收过多时必须要有其他阳离子来补充电荷，从而促进大量阳离子的吸收；不施氮肥，Ca^{2+} 能促进磷的吸收；施氮量高时，Ca^{2+} 促进 K^+ 吸收；NH_4^+ 存在有助于 HPO_4^{2-} 的吸收，所以磷酸二铵肥料效果很好。

离子间相互作用的原因有的还不十分清楚。在生产实践中考虑离子间的相互关系，是充分发挥有利因素、克服不利因素的途径。这不仅是合理施肥的要求，也是降低成本、提高肥效的有力措施。

二、药用植物需肥规律

（一）矿质营养与植物生长

1. 养分效应曲线

矿质养分供应状况对植物的生长发育和产量形成有重要的调节作用。这种作用可用养分效应曲线来做一般性描述，见图5-4。在第一区段内，养分供应不足，生长率最大，再增加养分供应对植物生长量并无影响，这一区段称为养分适宜区，在第三区段内，养分供应过剩，生长率随着养分供应量的增加而明显下降，称为养分中毒区。

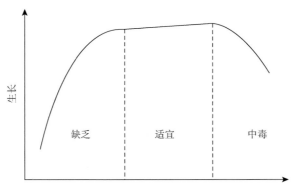

图 5-4　养分供应与植物生长的关系

在达到最高产量之前，随着矿质养分供应量的增加，作物的生长率和产量以报酬递减率的形式增加。增加养分供应量会相应地提高作物产量，养分施用量越大，单位养分增产量却越小。单一矿质养分的效应曲线为渐近线，当一种矿质养分的供应量增加到超过植物生长的最大需要量时，其他矿质养分就可能变成限制因子。图5-5是氮、磷和微量元素营养的产量效应曲线。由图5-5可以看出，三条效应曲线的斜率各不相同。

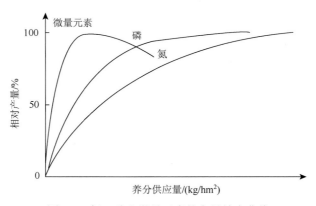

图 5-5　氮、磷和微量元素的产量效应曲线

2. 影响养分效应的因素

很多因素都会影响养分效应的高低，在相同的土壤类型、水分管理及其他栽培措施条件

下，养分的平衡状况对养分效应高低有明显作用。当一种养分供应过剩时，可能会造成其他养分的缺乏或中毒，而导致减产。例如，单纯大量施用氮肥会破坏植物体内激素的平衡，使植物的生长受到严重的影响，配合施用磷钾肥则能使植物生长得到改善。因此，在养分缺乏的土壤中，要想提高作物产量，不能只考虑一种养分的供应情况，而应考虑各种养分的平衡供应。

对于多数作物来说，产量和质量是同等重要的。最好的品质和最好的产量所要求的最适养分供应量不一定是同步的。从图 5-6 中可见，最好的品质常常是在达到最高产量之前或之后获得的，只有当二者同步时，要求的养分供应量才能一样。曲线①描述了菠菜中硝酸盐和糖用甜菜中的蔗糖随施氮量增加的积累过程；曲线②、③分别反映了谷类作物和饲料作物的蛋白质含量随施氮量增加的变化，以及饲料作物中某些矿质元素（如镁和钠）的含量随施肥量增加的变化趋势。

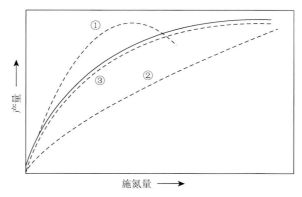

图 5-6 作物收获物产量和品质效应曲线示意图

注：---产量；——品质。

（二）植物各生育期的营养特性

1. 植物营养期

植物从种子到种子的一世代间，一般要经历不同生育阶段。在这些生育阶段中，除前期种子自体营养阶段和后期根部停止吸收养分阶段外，其他生育阶段中都要通过根系从土壤中吸收养分。植物吸收养分的阶段称为植物的营养期。

植物营养期中有不同的营养阶段，每个阶段又有其吸收特点，主要表现为对营养元素的种类、数量和比例等方面有不同的要求。植物不同生育期吸收养分是有阶段性的。各种植物吸收养分的具体数量不同，但是，不同生育期养分吸收状况与植株干物质累积的趋势是一致的。

在植物营养期中，对养分的要求，有两个极其重要的时期，一是植物营养临界期，另一个是植物营养最大效率期。如能及时满足这两个重要时期对养分的需求，定能显著地提高植物产量。

2. 植物营养临界期

植物营养临界期是植物对养分浓度非常敏感的时期，多在生长前期。这时植物对养分的需要量在绝对数量上并不特别多，但要求很迫切，如某种营养元素缺乏或过剩时对以后生长发育和产量影响特别大，以致在后期即使大量补给或减少这种养分亦难以纠正。

一般来说，植物生长初期对外界环境条件比较敏感，此时如养分供应不足，不仅会影响植物生长，还会明显地反映在产量上。

大多数植物磷的营养临界期都在幼苗期。植物幼苗期一般正是由种子自体营养转向土壤营养的转折时期。此时种子贮藏的磷素已近于耗尽，急需从土壤中获得磷素营养来补充。此时植物根系尚未伸展，吸收营养能力较差，所以往往在苗期容易表现缺磷。在农业生产上常以水溶性磷肥作种肥，可获显著的效果。

植物氮的营养临界期比磷营养临界期稍后一些，一般在营养生长过渡到生殖生长的时期。

有关植物钾营养临界期，目前资料很少，因为钾在植物体内流动性大，有高度被再利用的能力，一般不易判断。

3. 植物营养最大效率期

植物营养最大效率期是指植物需要养分最多，且施肥能获得植物生产最大效率的时期。植物营养最大效率期往往在植物生长最旺盛的时期，这时植物吸收养分的绝对量和相对量都最多。如能及时满足作物对养分的需要，增产效果非常显著。因此，为争取植物高产，应及时施用肥料来补充养分。植物各种营养元素的最大效率期不一，如一年生何首乌生长初期，氮素营养效果较好，而在块根膨大时，则磷钾效果较好。了解植物营养最大效率期，可以指导合理施肥，特别是肥料的施用时期。

应该指出，植物营养虽有其阶段性和关键时期，但也不可忽视植物吸收养分的连续性和不同时期吸收土壤养分与肥料养分的比例。任何一种植物，除了营养临界期和最大效率期外，在各个生育阶段中适当供给养分仍是必要的。因此，在施肥实践中，应施足基肥，重视种肥和适时追肥，才能为植物丰产创造良好的营养条件。

多年生木本植物的营养状况与一年生植物有所不同。一般树木生长发育时期可以分为幼苗期、结果（种子）前期、结果（种子）期和衰老期。幼苗期根系尚不发达，不能忍受高浓度养分的影响，对氮肥反应比较敏感，氮肥过多，易出现抑制根系生长的现象。磷肥能促进根系生长和植株发育，定植以后到结果之间是营养体生长旺盛和发展树冠的时期，此时需要养分数量多，三要素养分（氮、磷、钾）应充分供给，以便树冠迅速形成。进入结果（种子）期以后，树木处于一边生长、一边结果（种子）的状况，对养分的需要量较大，此时充分供给养分是保证稳产的重要因素。衰老时期应当以促进树木更新为主，为促进抽出粗壮的枝条，应加强氮素营养供给。因此，树木生长后期氮肥不宜多施。当生长停止后，枝条成熟，准备越冬，此时需要较多磷、钾养分而不需要过多的氮素，以利于积累糖分，安全越冬。

（三）矿质营养与药用植物品质的关系

1. 氮素与药用植物品质的关系

植物体内与品质有关的含氮化合物有蛋白质、必需氨基酸、酰胺和环氮化合物（叶绿素 A、维生素 B 和生物碱类等）、NO_3^-、NO_2^- 等。

蛋白质是一些药用植物的重要质量指标。增施氮肥能提高药用植物蛋白质含量。籽粒中蛋白质的积累主要是营养器官中氮化物再利用的结果，后期根外追施尿素或硝酸铵，对籽粒蛋白质含量有明显的促进作用，而且尿素的作用优于硝酸铵。因为尿素既能供应氮素，又是一种生理活性物质，根外追施尿素可以促进光合作用，提高蛋白酶的活性，有利于促进叶片蛋白的分解和含氮物质向籽粒部分转移。

人体必需的氨基酸有缬氨酸、苏氨酸、苯丙氨酸、亮氨酸、蛋氨酸、色氨酸、异亮氨酸和赖氨酸，其含量也是作物的主要品质指标。这些氨基酸是人体和动物体自身无法合成的，只有由植物产品提供，适当供氮能明显提高产品中必需氨基酸的含量，而过量施用氮时，必需氨基酸的含量却反而减少。人和动物如果缺乏必需氨基酸，就会产生一系列代谢障碍，并导致疾病。

通过施肥能够提高蛋白质的含量，但是很少能够影响蛋白质的组成，因为蛋白质组成主要受遗传基因控制。但施氮能改变植株的某些营养成分。例如，当供氮从不足到适量时，植株中胡萝卜素和叶绿素含量随施氮量的增加而提高；供氮稍过量时，籽粒中维生素 B 含量增加，而维生素 C 含量却会减少。氮肥还会影响含油类植物、含糖类植物的品质。

植物产品中的 NO_3^- 和 NO_2^- 含量是近年来引人注意的重要品质指标之一。NO_3^- 在人体内可还原成 NO_2^-，这种物质过量能导致人体高铁血红蛋白症，引起血液输氧能力下降。NO_2^- 盐可与次级胺结合，转化形成一类具有致癌作用的亚硝酸胺类化合物。氮肥施用量过多是造成叶类植物体硝酸盐含量大幅度增加的主要原因。

2. 磷肥与植物品质的关系

与植物产品品质有关的磷化物有无机磷酸盐、磷酸酯、植酸、磷蛋白和核蛋白等。适量的磷肥对作物品质有如下主要作用。

（1）提高产品中总磷量：植物农产品中总磷量与动物、人类营养健康关系密切，如饲料中含磷量达 0.17%～0.25%时才能满足动物的需要，含磷量不足会降低母牛的繁殖力。P/Ca 对人类健康的重要性远远超过了 P 和 Ca 单独的作用。

（2）增加药用植物绿色部分的粗蛋白含量：磷能促进叶片中蛋白质的合成，抑制叶片中含氮化合物向籽粒的运输。磷还能促进植物生长，提高产量，从而对氮产生稀释效应。因此，只有氮磷比例恰当，才可提高籽粒中蛋白质含量。

（3）促进蔗糖、淀粉和脂肪的合成：磷能提高蛋白质合成速率，而提高蔗糖和淀粉合成速率的作用更大；作物缺磷时，淀粉和蔗糖含量相对降低，但谷类作物后期施磷过量，对淀粉合成不利。

（4）改善植物外观及味道：充足的磷肥可使植物获得较大的块根或块茎，磷肥供应不足时，则形成较小的块根或块茎。磷肥还能提高植物含糖量，改善其酸度，使得外观更光滑、漂亮。

3. 钾肥与植物品质的关系

（1）改善植物产品的品质：钾可增加植物籽粒中蛋白质含量，提高籽粒中胱氨酸、蛋氨酸、络氨酸和色氨酸等人体必需氨基酸的含量。

（2）促进豆科作物根系生长：钾可使豆科作物根瘤数增多，固氮作用增强，从而提高籽粒中蛋白质含量。

（3）其他：钾有利于蔗糖、淀粉和脂肪的积累，改善叶片颜色、光泽度等。

4. 钙、镁、硫与植物品质的关系

（1）钙：钙既是细胞膜的组分，又是果胶质的组分。缺钙瓜果类植物会出现脐腐病、苦痘病和水心病等，极大地影响产品品质。施钙可增加牧草的含钙量，提高其对牲畜的营养价值，还可增加农产品的可贮性。此外，钙元素是人类食品中明显不足的元素，施钙对提高植物含钙量、促进人体健康也极其重要。

（2）镁：镁的含量也是作物的一个重要的品质标准。饲用牧草镁含量不足时可导致饲养动物缺镁症，引起动物痉挛病，人类饮食中镁不足则会导致缺镁综合征，出现过敏、困乏、疲劳、脚冷、全身酸痛等症状。施镁肥可提高植物产品的含镁量，还可提高叶绿素、胡萝卜素和碳水化合物含量，防治人畜缺镁症。

（3）硫：硫是合成含硫氨基酸如胱氨酸、半胱氨酸和甲硫氨酸所必需的元素。缺硫会降低蛋白质的生物学价值和食用价值。如洋葱和十字花科植物体内次生代谢物质芥子油、葱油等的合成也需要硫，因此，施硫可增加这些植物产品的香味，改善其品质。

5. 微量元素与植物品质的关系

许多微量元素是植物、人和动物体都必需的，作物中微量元素含量也是重要的产品品质指标。微量元素影响着植物体内许多重要的代谢过程，但它同时又是易于对植物产生毒害等不良影响的元素，因此，微量元素的供应必须适度。

（1）铁：植物体内80%的铁在叶绿体中，可见植物缺铁会影响叶绿素的合成，进而影响植物光合作用。铁与核酸、蛋白质代谢有关，铁缺乏还将影响糖、有机酸、维生素等的代谢。

（2）锰：施用锰肥可提高胡萝卜素、维生素 C 等的含量，可防止裂子及提高种子含油量等。

（3）铜：铜对于提高植物产品蛋白质含量、改善品质、增加与蛋白质有关物质的含量都有积极作用。

（4）锌：缺锌时生长素和色氨酸的含量下降，使植物成熟期推迟，从而影响作物品质。另外，锌与植物氮代谢有密切关系，缺锌使细胞内 RNA 和核糖体的含量降低，导致蛋白质形成受到抑制。

（5）硼：硼充足时，能促进植物体内糖的运输，改善植物各器官有机物质的供应，提高作物的结实率和坐果率。缺硼会抑制核酸的生物合成，进而影响蛋白质的合成。植株缺硼出现"花而不实""穗而不实""蕾而不花"等现象。

硼影响酚类化合物和木质素的生物合成，缺硼往往引起植株体内酚类化合物——绿原酸、咖啡酸的积累，这些酚化合物的积累，使组织坏死，最终造成植株死亡。缺硼组织中酚类化合物的积累，也会引起木质素的积累。这是由于酚类化合物的积累抑制了吲哚乙酸

（IAA）氧化酶系统的结果。在正常组织中，硼能与酚类化合物络合，从而保护 IAA 氧化酶系统，使 IAA 正常分解，防止积累过多。

（6）钼：缺钼土壤上施钼肥可增加种子的含钼量，提高植物蛋白质含量，改善其品质。

6. 矿质营养与种子活力和品质的关系

籽粒中养分的缺失会降低种子的活力和后代抗养分胁迫的潜力。种子中养分储存得越多，其活力越大，种子萌发能力越强，幼苗生长也越茁壮。养分的缺乏会影响种子中其他物质的化学组成，间接地影响种子的活力。这种间接影响往往是通过对种皮结构、种子饱实率和激素水平的影响造成的。氮能提高母体生殖细胞数量，从而提高种子产量，但氮过多又会延迟成熟，降低种子活力。含钾量低会导致种子不仅发芽率低，而且降低种子活力和缩短种子寿命。缺锌延迟种子成熟，缺硼使种子出现"空心病"和"腐心病"，缺锰出现"裂子病"，这些都会严重影响种子的活力和品质。

三、合理施肥技术

（一）合理施肥的基本原理

随着农业科学的日益发展，许多关于植物营养与施肥方面有规律性的东西不断被揭示出来。诸如养分归还学说、最小养分律、报酬递减率以及因子综合作用律等。这些规律正确地反映了施肥实践中客观存在的事实，对于配方施肥技术的产生和发展起到了重要的指导作用。

1. 养分归还学说

养分归还学说是李比希首先提出的，论述了植物、土壤和肥料中营养物质的变化及其相互关系，较为系统地阐述了元素平衡理论和补偿学说。

李比希把农业看作是人类和自然之间物质交换的基础。也就是由植物从土壤和大气中所吸收同化的营养物质，被人类和动物所摄取，经过动、植物本身和动物排泄的腐败分解过程，再重新返回到大地或大气中，这样从土地取走的东西就应该加以归还。李比希所说的"归还"是在生物循环的基础上，通过人为施肥对土壤养分亏损的一种积极的补偿。养分归还学说的基本内容：随着作物的收获，必然要从土壤中带走某些营养物质，从而使土壤肥力下降，要维持一定的产量水平，必须恢复土壤肥力。李比希明确指出，土壤肥力是保证作物产量的基础。不恢复和提高土壤肥力，想仅仅靠某一技术，是不可能持续高产的。土壤肥力的恢复，根本方法在于施肥，通过施肥归还土壤中带走的营养物质，特别是那些土壤中相对含量少而消耗量大的营养物质。施用化肥恢复土壤肥力的同时，也要充分地施用厩肥、人粪尿等有机肥料。

养分归还学说作为施肥的基本原则无疑是正确的，这是建立在生物循环基础上的积极恢复地力，保证作物稳定增产的理论。土壤是个巨大的养分库，但并不是取之不尽的，为保持土壤有足够的养分供应容量和强度，保持土壤养分的输出与输入间的平衡，必须通过施肥这一措施实现，同时，提高和培肥地力也必须通过施肥来实现。

2. 最小养分律

最小养分律是植物为了生长发育需要吸收各种养分,但是决定植物产量的却是土壤中那个相对含量最小的有效植物生长因素,产量也在一定限度内随着这个因素的增减而相对变化。因而若无视这个限制因素的存在,即使继续增加其他营养成分也难以再提高植物的产量。

决定植物产量的是土壤中某种对作物需要来说相对含量最少,而非绝对含量最少的养分。最小养分不是固定不变的,而是随着条件改变而变化的,尤其是随着作物产量水平和化肥供应数量而变的。当一种最小养分得到满足后,另一种养分元素就可能成为新的最小养分,继续增加最小养分以外其他养分,不但难以提高产量,而且还会降低施肥的经济效益。

3. 报酬递减率

从一定土地上所得到的报酬随着向该土地投入的劳动和资本量的增大而有所增加,但随着投入的单位劳动和资本的增加,报酬的增加却在逐渐减少,称为报酬递减率。

在其他技术条件相对稳定的前提下,随着施肥量的逐次增加,药用植物产量也随之增加,但增产量却随着施肥量的增加而呈递减趋势。如果一切条件都符合理想的话,药用植物将会产生某种最高产量,相反,只要有任何主要因素缺乏时,产量便会相应地减少。

4. 因子综合作用律

合理施肥是药用植物增产的综合因子(如水分、养分、光照、温度、空气、品种、耕作等)中起作用的重要因子之一。丰产不仅需要解决影响药用植物生长和提高产量的某种限制因子,其中自然包括养分因子中最小养分,而且只有外界环境条件足以保证药用植物正常生长和健壮发育的前提下,才能充分发挥施肥的最大增产作用,收到最高的经济效益。因此,施肥的增产效应必然受因子综合作用律的影响。

因子综合作用律:药用植物丰产是影响作物生长发育的各种因子,如水分、养分、光照、温度、空气、品种以及耕作条件等综合作用的结果,其中必然有一个起主导作用的限制因子,产量也在一定程度上受该种限制因子的制约。

为了充分发挥肥料的增产作用和提高肥料的经济效益,一方面,施肥措施必须与其他农业技术措施密切配合,另一方面,各种肥料养分之间的配合施用,也应该因地制宜地加以综合运用。

土壤水分与施肥效果关系密切,当土壤含水量不足时,由于水分直接抑制了作物的正常生长和发育,光合作用减弱,干物质生产减少,肥料养分的利用率降低,因而施肥难以发挥应有的增产效果。随着土壤含水状况的改善,由于作物长势的增强,吸收养分能力的提高,植物体内干物质增多,从而大大提高了施肥的增产效果,尤其是在大量施肥的情况下,更应该重视土壤含水量的调节,只有这样才能充分发挥施肥的增产潜力。

养分之间的相互作用效应分为三种情况:正相互作用效应,当药用植物对两种养分同时施用的增产效应大于对每种养分单独施用时的增产效应之和时,就可以说这两种养分之间具有明显的正相互作用效应;没有互相作用效应,如果药用植物对两种养分同时施用的增产效应等于对每种养分单独施用时的增产效应之和时,就可以说这两种养分之间没有相互作用效应;负相互作用效应,如果药用植物对两种养分同时施用的增产效应小于对每种养分单独施用时的增产效应之和时, 就可以说这两种养分之间具有负相互作用效应。

总之,在施肥实践中,利用养分之间的相互作用效应是经济合理施肥的重要原理之一。因为这一措施具有在不增加施肥量的前提下,提高肥料利用率和获得肥料最大经济效益的显著特点。因此在农业发达的国家中,今后争取药用植物高产的途径,很大程度上将取决于利用养分之间的相互作用效应,其中包括养分之间正相互作用以及养分与生产措施(如优良品种、灌溉、防治杂草和防治病虫害等)之间的相互作用效应等。

(二)施肥技术

1. 肥料种类与施肥方法

常用的肥料主要是无机肥料和有机肥料,无机肥料即化学肥料,有机肥料包括厩肥、堆沤肥、绿肥等。

有机肥料与化学肥料相比,各有特点。有机肥料含有机质多,可显著改良土壤结构,提高土壤生物活性和土壤养分有效性,而化学肥料只能提供给植物矿质养分,一般无改土作用;有机肥料含有多种养分,有完全肥料之称,而化学肥料养分种类比较单一;有机肥料养分含量低,尤其是肥料中氮的当年利用率(30%左右)低,施用量大,需要较多的劳动力和较高运输成本;有机肥料所含养分多数为有机态,供肥时间长,供应量少,属缓效性肥,而化学肥料肥效快,供应数量多,能够及时满足植物生长需要,但肥效不能持久;有机肥料既能促进植物生长,又能保水保肥,而化学肥料养分浓度大,容易挥发、淋失或被土壤固定,降低肥料利用率。

有机肥料和化学肥料各有优势,田间施肥时,在养分需求与供应平衡的基础上,应坚持有机肥料与无机肥料相结合;坚持大量元素与中量元素、微量元素相结合;坚持基肥与追肥相结合;坚持施肥与其他措施相结合。

2. 肥料施用量

不同植物、同一植物不同生长环境对肥料需要量均不同,不同季节、不同土壤状况肥料的利用率差异较大,这里以配方施肥技术介绍肥料施用量。

配方施肥的技术方法有很多,目前在我国推广应用的配方施肥技术有养分平衡配方施肥法、土壤肥力指标法、植物营养诊断法、肥料效应函数法等,根据目前生产实践,主要介绍养分平衡法配方施肥技术。

养分平衡配方施肥法是根据计划产量需肥量与土壤供肥量之差计算施肥量。

施肥量(kg/hm²)=[计划产量需肥量(kg/hm²)−土壤供肥量(kg/hm²)]/[肥料中有效养分含量(%)×肥料利用率(%)]

式中,肥量是指 N、P_2O_5、K_2O 含量,计算施肥量需要作物计划产量指标、单位经济产量吸收的养分量、土壤供肥量、肥料利用率和肥料有效养分含量等五大参数。

(1)药用植物计划产量指标:计划产量亦称目标产量,是施肥欲达目标之一。计划产量指标拟定的恰当与否,是关系到所确定的施肥量是否经济合理的关键所在。计划产量指标定得太低，往往不能发挥土壤生产潜力；指标定得过高，即使通过施肥达到预定目标，但经济效益往往很低，甚至出现亏损。

药用植物产量的高低是各种因素综合作用的结果，就其中养分这个因素来说，药用植物从土壤中吸收养分量占吸收量的 60%～70%，所以产量的高低主要取决于土壤的基础肥力水平，若土壤的基础肥力水平高，提出的计划产量指标就可以高，相反就得低些。绝不能在低肥力的瘦地上提出很高的计划产量指标。

（2）药用植物单位经济产量吸收的养分量：所谓药用植物单位经济产量吸收的养分量是指每生产一个单位（如百千克）经济产量吸收了多少养分。在药用植物成熟期，将茎叶籽粒收集起来，分别称重和分析养分含量，并计算出各部位的养分绝对量，然后累加得到每公顷吸收的养分总量，再除以每公顷经济产量，所得的商就是该药用植物的单位经济产量吸收的养分量。一般用百千克经济产量吸收的 N、P_2O_5、K_2O 来表示。

（3）土壤供肥量：根据养分平衡法原理，土壤供肥量以田间不施该种养分肥料区的药用植物吸收量表示，称为生物法。即

土壤供肥量（kg/hm^2）=无该肥料区产量/100×100kg 籽实的需养分量。

（4）肥料利用率：任何一种肥料施入土壤后，能被当季药用植物吸收利用的只是其中一部分，余者通过淋溶和挥发损失，或被土壤固定成不可利用的形态，这是一种普遍现象。肥料利用率是指当季药用植物从所施肥料中吸收的养分占施入肥料总养分量的百分数。肥料利用率不是恒值，因作物种类、土壤肥力、气候条件和农艺措施而异，也在很大程度上取决于肥料用量、施用方法和施用时期。

（5）肥料有效养分含量：在养分平衡配方施肥法中，肥料中有效养分含量是个重要的参数。常用化学肥料的有效养分含量在肥料包装袋上均有标识。

用养分平衡配方施肥法计算施肥量的方法如下：

施肥量（kg/hm^2）=［计划产量需肥量（kg/hm^2）−土壤有效养分测定值（mg/kg）×0.15×校正系数］／［肥料中养分含量（%）×肥料利用率（%）］

应用养分平衡配方施肥法计算施肥量是很方便的，但要做到符合生产实际情况也不太容易，其中一个很重要的问题是公式中土壤有效养分校正系数和肥料利用率参数是个变量，是因土壤、植物以及各种栽培条件而变化的数值。在配方施肥过程中如果不看条件盲目搬用他人数据，就会得出不切实际的肥料用量来。因此，为把测土配方施肥工作做得更好，各地必须有自己的一套参数。

第四节　药用植物有害生物安全防控技术

药用植物在生长发育过程中会遇到各种各样的挑战和威胁，任何影响植物健康生长发育的因素都有可能影响其产量与品质，从而影响它的利用价值。各种有害生物的侵袭与破坏，可能导致药用植物不能正常生长与发育，严重时可导致死亡。药用植物种类繁多，有害生物种类也多，为害严重，损失很大。如人参有 40 余种侵染性病害，常发生的有 20多种；太子参主要病虫害有 10 余种；白术主要病虫害有 10 余种。因病害一般损失为 20%，严重时可达 80%，甚至绝收。

一、药用植物有害生物基本概念及安全防控的重要性

（一）有害生物的基本概念

药用植物有害生物，是指在一定条件下，对药用植物生产产生危害的生物，是导致栽培药用植物受到重大损害的生物。包括各种害虫、病原微生物（真菌、细菌、病毒、线虫）和寄生性种子植物（菟丝子、槲寄生、桑寄生、列当）等。田间杂草因具有对栽培植物的侵害性，往往也包括在内。

（二）有害生物安全防控的重要性

中药材是贵州省极具优势的特色产业。有害生物的严重发生是影响中药材产业健康发展的主要障碍之一。当前，药用植物有害生物的防治以化学药剂防治为主，但化学药剂远远不能满足生产上的需求。药用植物有害生物防治中普遍存在盲目使用高毒、高残留农药，或施药种类不对症，或施用次数过多、剂量过大，或使用时期不当、方法不合理等现象，最终导致防治效果不理想、农药残留超标，严重影响了国际市场信誉及产业效益。解决这一严重问题的有效途径是明确中药材生产上有害生物防控的有效药剂种类和科学使用方法，提出有害生物防控关键技术，合理规范使用农药，提高防控效果，减少化学农药使用。

二、药用植物病害基础知识

（一）植物病害的概念及症状

1. 植物病害的概念

植物病害是指植物在其生长过程中受到寄生生物侵害或不良环境影响，在生理、细胞和组织结构上表现出一系列病理变化的过程，导致外部形态不正常，引起产量降低、品质变劣或生态环境遭到破坏的现象。

植物病害是植物与病原在外界环境条件下相互斗争并导致植物生病的结果。因此，影响植物病害发生的基本因素是病原、感病植物和环境条件。

2. 植物病害的症状类型

植物发生病害均有一定的病理变化过程。无论是侵染性病害或非侵染性病害，先是在受害部位发生一些外部观察不到的生理变化，然后在受害部位的细胞和组织内部发生变化，最后发展到从外部可以观察到的变化。因此，植物病害表现的症状，是植物内部发生一系列复杂病理变化的结果。

症状是植物生病后的不正常表现。其中，寄主植物本身的不正常表现称为病状，病原物在植物发病部位的特征性表现称为病征。

植物病害的症状主要分为：变色、坏死、腐烂、萎蔫、畸形等。

植物病征主要表现有：粉状物（包括锈粉、白粉、黑粉和白锈）、霉状物（霜霉、绵霉、霉层）、点状物（暗褐色至褐色，针尖至米粒大小）、颗粒状物（多褐色，像老鼠粪状）、脓状物（脓状黏液、呈露珠状）。

（二）植物病害的主要病原

能够引起植物病害的病原种类很多，依据性质不同可分为两大类，即生物因素和非生物因素。由非生物因素导致的病害称为非侵染性病害，又称生理性病害，包括各种物理因素和化学因素。植物侵染性病害是由生物因素的侵染引起的，主要是病原生物的侵染。引起侵染性病害的病原称为病原生物或病原物。病原物种类很多，主要有真菌、细菌、病毒、线虫和寄生性种子植物。

1. 植物病原真菌

真菌是一类营养体，通常为丝状体，少数是卵圆形单细胞。真菌的菌丝体一般是分散的，但有时密集形成菌组织，即由菌丝体组织形成的结构比较疏松的疏丝组织和比较致密的拟薄壁组织。有的真菌的菌组织还可以形成菌核、子座和菌索等变态类型。真菌大多通过产生各种类型孢子进行繁殖，为真核微生物。真菌种类繁多，广泛存在于水、土壤、空气以及各种物体上。

植物病原真菌是指那些能寄生在植物上并能引起植物病害的真菌，是植物病害最重要的生物病原之一，已记载的植物病原真菌有 8000 多种。在植物病害中，真菌引起的病害数量最多，约占传染性病害的 80%，属第一大病原。每种植物上都有几种至几十种真菌病害。药用植物上常见的霜霉病、白粉病、锈病、黑粉病等都是由真菌引起的。历史上大流行的植物病害多数是真菌引起的。

2. 植物病原原核生物

原核生物是一类没有真正细胞核、DNA 游离于细胞质中的单细胞微生物。原核生物包括细菌、放线菌，以及无细胞壁的菌原体等。

原核生物病害主要发现在高等的被子植物上，无论是大田作物还是果树、蔬菜都有一种或几种细菌病害，禾本科、豆科和茄科作物上的细菌性病害比较多，有的作物可以发生3～4 种细菌性病害。药用植物中细菌病害种类较少，为害严重的有人参细菌性软腐病和浙贝母软腐病等，它们都是由欧文氏杆菌属（*Erwinia*）的细菌引起的。据报道，有 60 多种为植物病原物，引起植物病害的种类在侵染性病害中仅次于真菌和病毒。

3. 植物病原病毒

病毒是一种由核酸、蛋白质或复合体构成的，具有繁殖能力和传染性并寄生在其他生物体上的非细胞形态的分子生物。病毒是严格寄生性的专性寄生物，根据寄主的不同，病毒分为植物病毒、动物病毒和噬菌体。

植物病毒是仅次于真菌的一类重要植物病原，主要发生在禾本科、茄科、豆科、十字花科和葫芦科等植物上。生产上危害较大的植物病毒有烟草花叶病毒（TMV）、黄瓜花叶病毒（CMV）、马铃薯病毒（PVY）、玉米矮花叶病毒等。药用植物病毒病非常普遍，但鉴定工作做得不多。常见的药用植物病毒病如太子参病毒病、半夏病毒病、地黄黄斑病、人参病毒病、薄荷病毒病、天南星病毒病等，都是药用植物栽培过程中亟待解决的问题。

如太子参病毒病田间发病率高达 100%，平均可达 90%，可导致减产 26.36%～39.0%，目前尚无有效防治方法。白术、桔梗、百合等感染黄瓜花叶病毒病（CMV）也越发加重。

4. 植物病原线虫

线虫（nematode），又称蠕虫（helmith），是一类两侧对称的原体腔低等无脊椎动物，通常生活在土壤、淡水和海水中，有些可寄生在人、动物和植物体内，引起病害。为害植物的称为植物病原线虫或植物寄生线虫，简称植物线虫。植物受线虫为害后所表现的症状与一般病害症状相似，习惯上把寄生线虫作为病原物来研究，因此常称为线虫病。为害药用植物的重要病原线虫有根结线虫属（*Meloiclogyne*），如贵州的白术、板蓝根根结线虫较重。有 50 多种药用植物（人参、川芎、罗汉果等）易受到根结线虫的为害，须根形成根结，影响产量和质量。另外还有胞囊线虫属（*Heterodern*）引起地黄胞囊线虫病等。

5. 寄生性种子植物

为害药用植物的寄生性种子植物主要是菟丝子科（Cuscutaceae）（可为害菊花、白术、丹参等），其次是列当科（Orobanchaceae）（为害黄连）、桑寄生科（Loranthaceae）（为害木本药材）等。

（三）药用植物侵染性病害的发生和流行

1. 病害侵染过程

病原物的侵染过程也叫病程，是指病原物在寄主植物的感病部位从接触开始，在适宜条件下侵入植物，并在植物体内繁殖或扩展，发生致病作用，显示出病害症状的过程，也是植物个体遭受病原物侵染后的发病过程。病原物的侵染是一个连续的过程，受病原物、寄主植物和环境因素的影响，而环境因素又包括物理、化学和生物等因素。侵染过程一般分为 4 个时期，即接触期、侵入期、潜育期和发病期，但各个时期并无绝对界限。

2. 病害的侵染循环

侵染循环（infection cycle）又称病害循环（disease cycle），是指病害从前一个生长季节开始发病，到下一个生长季节再度发病的过程。侵染性病害循环主要包括三个环节，即病原物的越冬和越夏、初侵染和再侵染、病原物的传播。侵染循环是病害防治研究的中心问题，因为病害防治措施主要是根据其侵染循环的特点而制定的。

（1）病原物的越冬（over wintering）和越夏（over summering）。寄主植物收获或休眠后，病原物的存活方式和存活场所以及如何成为下一个生长季节的初侵染来源问题称为越冬和越夏。病原物的越冬和越夏与寄主植物的生长季节关系密切。如果寄主植物休眠在冬季，称为越冬；如果是在夏季，则称为越夏。但是，大部分病原物在冬季休眠，冬季的气温低，不利于病原物的生长发育，因此，病原物的越冬问题就显得突出。

（2）病原物的初侵染（primary infection）与再侵染（second infection）。越冬或越夏的病原物在生长季节中首次引起寄主植物发病的过程称为初侵染。同一个生长季节内，受到初侵染的植物发病以后，由产生的孢子或其他繁殖体传播后引起的侵染称为再侵染。只有初侵染的病害一个生长季节只发生一次，一般当年不易流行成灾，但可逐年加重。再侵染一个生长季节可以发生多次，发生次数多少取决于寄主植物生长的环境条件，特别是温度和湿度。多数药用植物病害都有再侵染，如龙胆草斑枯病、人参黑斑病、枸杞炭疽病等，如果环境条件对病害发生有利，病害扩大蔓延迅速，容易造成田间流行，如果环境条件不适宜，则病害发展缓慢，再侵染的次数就少。

（3）病原物的传播（transmission）。越冬或越夏后的病原物，必须从其越冬、越夏的场所传播到可以侵染的植物上，才引起植物病害。病原物从越冬、越夏场所向寄主植物感病点或从寄主植物的一个感病点向另一个感病点的空间移动，称为病原物的传播。大多数病原物的传播方式是依靠外界动力而被动传播的，其主要传播途径有气流（风力）传播、雨水传播、生物介体传播和人为传播。

3. 传染性病害的流行

植物病害的流行是植物群体发病的现象。植物病害在较短时间内突然大面积严重发生从而造成重大损失的过程称为病害的流行。农业生态系统中植物病害的消长是受各种因素制约的，植物病害的流行受到寄主植物群体、病原物群体、环境条件和人类活动等诸多方面因素的影响，这些因素的相互作用决定了病害流行的强度和广度。

根据病害流行学特点不同，可分为积年流行病害（polyetic disease）和单年流行病害（monoetic disease）两类。积年流行病害，是指在病害循环中只有初侵染而无再侵染或者虽有再侵染，但作用很小的病害。此类病害多为种传或土传的全株性或系统性病害，在一个生长季节中菌量增长幅度虽然不大，但能够逐年积累，稳定增长，若干年后将导致较大的流行，因而也称单循环病害，如薏苡黑穗病、人参根结线虫病等。另一类是单年流行病害，是指在一个生长季节中病原物能够连续繁殖多代，从而发生多次再侵染的病害，也称多循环病害，例如人参黑斑病、人参疫病、太子参叶斑病、细辛叶枯病、细辛锈病、五味子白粉病等气流和水流传播的病害。

三、药用植物有害昆虫基础知识

药用植物种类多，地理分布广，害虫种类十分繁杂。随着药用植物种植面积扩大和连年种植，害虫有越发加重的趋势。药用植物以根、茎、叶、花、果或全株入药，各个器官都可能有害虫取食，直接或间接导致药材产量和品质下降。如，安徽白芍是我国著名的地产药材，受华北大黑鳃金龟为害，田间受害株率可达70%；贵州省施秉县太子参基地，蛴螬为害重的田块有 8 头/m²；中药材在储藏过程中还会受到多种仓库害虫为害。事实表明，做好药用植物害虫的防治工作，在药用植物的生产和开发利用中具有重要的地位和意义。

（一）昆虫形态与功能

昆虫属于节肢动物门（Arthropoda）的昆虫纲（Insecta）。昆虫种类繁多，已知有100多万种，占动物界的1/3以上。昆虫形态多样，这种多样性是昆虫长期演化过程中对复杂多变的外界环境适应的结果。昆虫因种类不同，身体构造差异很大，但有共同特征，即昆虫纲的特征：体分为头、胸、腹 3 个体段；头部有 1 对触角，1 对复眼，有的还有 1～3 个单眼；胸部有 3 对胸足，多数的中后胸各有 1 对翅；腹部由 10 节左右组成，末端有外生殖器。

1. 昆虫头部

昆虫的头部是昆虫体躯的第一个体段，以膜质的颈部与胸部相连。头部生有触角、眼和口器等器官，是昆虫感觉和取食的中心。

昆虫的触角一般有 1 对，着生在额的两侧。触角的形状随着昆虫种类而异，主要类型有：线状（蝗虫）、刚毛状（叶蝉）、锤状（长角蛉）、膝状（象甲）、锯齿状（叩头甲）、鳃叶状（金龟子）和羽毛状（小地老虎雄虫）等。触角有触觉、嗅觉的功能，蚊类的触角还有听觉的作用。

昆虫的眼分为单眼和复眼。复眼是由许多小眼组成的，物体可在昆虫的复眼内成像，原尾目等低等昆虫、穴居及寄生种类的复眼退化或消失。单眼只能辨别光线的强弱和方向。

口器是昆虫的取食器官，也称取食器。昆虫的食性分化十分复杂，形成了多种口器类型。适宜取食固体食物的口器需要嚼碎固体食物的构造，这种类型的口器称为咀嚼式口器。这类口器由上唇、上颚、下颚、下唇和舌组成，昆虫利用上颚可以切咬和磨碎固体食物。适宜取食液体食物的口器需要将液体食物吸入消化道的构造，这种为吸收式口器。这类口器又分为刺吸式（如蚜虫、蝉类的口器）、虹吸式（蛾、蝶成虫的口器）、刮吸式（蝇类的口器）等，其中刺吸式口器的上颚和下颚演化成了 4 根口针，插入寄主植物后可形成食物道和唾液道，吮吸汁液，并将唾液注入寄主体内。

2. 昆虫胸部

昆虫的胸部是体躯的第二体段，由前胸、中胸和后胸组成。每一胸节都由四块骨板组成，在背面的叫作背板，两侧的叫作侧板，腹面的叫作腹板。每一胸节上着生 1 对足，即前足、中足和后足。大多数有翅亚纲昆虫的中、后、胸各有 1 对翅膀，分别称为前翅和后翅。

昆虫的胸足是体躯上最典型的附肢，由基节、转节、腿节、胫节和前跗节组成。在长期的演化过程中，不同昆虫的足发生了很大的变化：蝼蛄的前足呈开掘足，适合在地下挖土凿道；螳螂的前足为捕捉足，胫节形似折刀，方便于捕捉其他昆虫；蝗虫的后足为跳跃足；蜜蜂的后足为携粉足等。

昆虫翅的功能主要是飞行，它为昆虫的觅食、寻偶、扩大分布和避敌等提供了方便，扩大了昆虫的活动与分布范围，对昆虫的生活有重要意义。翅的生成使昆虫在多方面获得优越的竞争能力，为昆虫纲成为最繁荣的生物类群的重要条件。

在各种昆虫中，翅的构造与质地因昆虫种类而异。一般以后翅为主要飞行器官的昆虫其后翅较大，前翅常硬化，起保护作用，如金龟子、天牛的前翅称鞘翅；椿象的前翅基部革质，端部为膜质，称为半鞘翅；蝶、蛾的后翅膜质，但翅面上覆盖着鳞毛，称为鳞翅；蝗虫、螽斯革质化的前翅覆盖在后翅上，称为覆翅；蝇、蚊的后翅则退化为平衡棒，除在飞行时起平衡作用外，还有感应声波的功能。翅的构造与质地是昆虫分类的重要依据。

3. 昆虫腹部

腹部是昆虫的第三个体段，通常由 10～11 节组成，是内脏活动和生殖的中心。腹部一般呈椭圆形或扁圆形，但有的呈细杆状、球形、基部细长如柄、平扁或立扁。腹部只有背板和腹板，没有侧板，但有柔软、富有弹性的侧膜。各腹节之间有柔软的节间膜相连，因此整个腹部的伸缩性很大，这对昆虫的呼吸很有帮助，同时对体内容纳大量的卵、卵的发育和产卵也有积极的作用。腹部末端有尾须和外生殖器。

尾须通常是一对须状突起。尾须在低等昆虫（如部分无翅亚纲和有翅亚纲的蜉蝣目、蜻蜓目和直翅目等）中普遍存在，并且形态和构造变化很大。尾须上有许多感觉毛，是感觉器官。

外生殖器是交配和产卵的器官。雌性的外生殖器称为产卵器，由产卵瓣构成，产卵器的构造、形状和功能常随昆虫的种类不同而不同，如螽斯的产卵瓣呈刀状；蝗虫的内产卵瓣退化为小突起，背腹产卵瓣粗短，闭合成锥状，产卵时借助 2 对瓣的张合动作，把腹部插入土中产卵；蜜蜂的毒刺是由腹产卵瓣和内产卵瓣特化而成的，内连毒腺，成为御敌的工具，已经失去产卵的能力；有些具有产卵器的昆虫，产卵时用产卵器刺破植物组织将卵产入，给植物造成很大的伤害，如蝉、叶蝉和飞虱等。

雄性的外生殖器称为交配器。交配器构造复杂，在各类昆虫中变化很大。交配器主要包括将精子送入雌性的阳具和交配时挟持雌性的抱握器。

（二）昆虫繁殖和发育

1. 昆虫繁殖

在自然界，昆虫个体的性别有 3 种情况，即雌性、雄性及雌雄同体。在复杂的生态环境中，昆虫经过长期的适应也呈现出多样的繁殖方式，主要有两性生殖、孤雌生殖、胎生和幼体生殖、多胚胎生殖。

两性生殖是昆虫最常见的生殖方式，即必须经过雌雄两性交配，精子与卵子结合后，由雌虫将受精卵排出体外并发育成一个新个体的生殖方式。

孤雌生殖又称单性生殖，是指卵不经过受精就能发育成新的个体的生殖方式。

胎生是昆虫纲较为常见的一种生殖方式，即昆虫的胚胎发育是在母体内完成，自母体产出后代幼体。幼体生殖常与孤雌生殖及胎生有关，是指昆虫母体尚未达到成虫阶段，卵巢就已经发育成熟，并能进行生殖。

多胚胎生殖是指 1 个卵发育过程中能分裂为 2 个以上的胚胎，每个胚胎均能发育成 1 个子代的生殖方式。

2. 昆虫发育

昆虫的个体发育可分为 3 个连续的阶段，即胚前发育——生殖细胞在亲代体内的发生与形成过程；胚胎发育——从受精卵开始卵裂到发育成幼体的过程；胚后发育——从幼体孵化开始发育到成虫性成熟的过程。

（1）卵期：对于卵生的绝大多数昆虫来说，卵是个体发育的第一个虫态。卵期的发育亦即个体发育的胚胎发育阶段。卵的大小一般与虫体的大小及产卵量有关，大多数长 1.5～2.5mm，卵的形态变化较大，多数卵初产时呈乳白色或淡黄色，以后颜色逐渐加深，到近孵化时变得更深。昆虫的产卵方式多种多样，有的单粒或几粒散产，有的多粒聚集产在一起形成卵块，有的将卵产在植物叶片表面，有的产在植物组织中。

（2）幼虫期：昆虫的幼体从卵内孵化出来到发育为蛹（全变态类）或成虫（不完全变态类）所经历的时期，称为幼虫期或若虫期。幼虫或者若虫是昆虫个体发育过程中最主要的一个时期，主要表现为昆虫通过大量取食，获得营养，完成虫体的不断长大，因此大多数植物害虫的危害期多在幼虫期。

（3）蛹期：蛹是完全变态昆虫由幼虫转变为成虫过程中所经过的一个特有虫态。末龄幼虫脱最后一次皮变为蛹的过程叫作化蛹。蛹的抗逆性一般较强，且多有保护物或隐藏于隐蔽场所，所以多数昆虫常以蛹作为度过不良环境或季节的虫态，如越冬等。

（4）成虫期：成虫是昆虫个体发育的最后一个虫态。昆虫发育到成虫期，雌雄性别已经分化明显，性腺逐渐成熟，并具有生殖能力，所以成虫期是完成生殖和使种群得以繁衍的阶段，其一切生命活动都是围绕着生殖而展开的。

（三）昆虫生活习性

昆虫的习性包括昆虫的活动和行为，是昆虫的生物学特性的重要组成部分。习性是种或种群的生物学特性，不是一切昆虫共同具有的习性，但某一些（类）昆虫会共有某些习性，如天牛科的幼虫均有蛀干习性，夜蛾类的昆虫一般有夜间出来活动的习性等。昆虫的种类繁多，所表现出的行为非常复杂。

1. 昼夜节律

昼夜节律是指昆虫的活动与自然界中昼夜变化规律相吻合的节律。绝大多数昆虫的活动，如交配、产卵、飞翔、取食等均有它的昼夜节律，这是种的个体特点，是有利于昆虫种的生存和繁衍的生活习性。

2. 趋性

趋性是指昆虫对外界因子刺激产生定向活动的现象。根据反应的方向，可分为正趋性和负趋性。刺激物多种多样，如光、热、化学物质等，根据刺激源的性质，昆虫的趋性主要有趋光性、趋化性、趋温性、趋湿性等。

3. 食性

食性是指取食的习性。不同种类昆虫取食食物的种类和范围不同，同种昆虫的不同虫态有时也有很大差异，昆虫的多样性与食性的分化是分不开的。根据所取食物的性质，可将昆虫分为植食性、肉食性、腐食性和杂食性等几个类别。

4. 群集性

昆虫的群集性是指同种昆虫的大量个体高密度地聚集在一起生活的习性。根据群集时间的长短，又可分为临时性群集和永久性群集两类。临时性群集是指昆虫仅在某一虫态或某一阶段内群集在一起，过后就分散开，如美国白蛾的低龄幼虫群集生活，高龄分开。永久性群集是指昆虫的整个生育期或者终生聚集在一起，如蜜蜂。

5. 迁移性

迁移是昆虫种群的行为之一，主要是指在一定的环境条件下，昆虫从出发地迁出或从外地迁入的行为活动。昆虫的迁移主要包括扩散和迁飞两种现象。扩散是昆虫个体在一定时间内发生空间变化的现象，如觅食、寻偶、避敌或由风力、水力、动物或人类活动引起昆虫的空间变化。迁飞是指某种昆虫成群而有规律地从一个发生地长距离转移到另一个发生地的现象，是物种在长期进化过程中形成的适应性生态对策。许多重要的农业害虫都有迁飞特性，如东亚飞蝗、黏虫、小地老虎、甜菜夜蛾、稻纵卷叶螟等，昆虫的迁飞有助于其生活史的延续和物种的繁衍。

6. 假死性

假死性是昆虫受到某种刺激时，立刻表现为身体蜷曲，静止不动，或从原停留处跌落下来呈"死亡"状态，稍停片刻又恢复正常活动的现象。许多昆虫都具有假死性，如鞘翅目的金龟子、象甲、叶甲等。有些鳞翅目的幼虫也具有假死性，如小地老虎、黏虫、斜纹夜蛾等。假死性是昆虫逃避敌害的一种有效方式。

7. 拟态和保护色

拟态是一种生物模拟另一种生物或环境中其他物体的姿态从而保护自己的现象。拟态广泛存在于昆虫中，可发生在卵、幼虫（若虫）、蛹和成虫不同阶段。拟态昆虫所模拟的对象可以是生物或者周围物体的形状、颜色、化学成分、声音及行为等，但常见的是同时模拟模型的形与色。如竹节虫形似竹枝，许多枯叶蛾成虫的体色和体形与枯叶极为相似。

保护色是指一些昆虫具有与其生活环境的背景相似的颜色，以躲避天敌的视线而保护自己，如栖息在树干上翅色灰暗的蛾类，生活在绿色植物上的蚱蜢等。

（四）虫害的发生与环境条件的关系

昆虫的生长发育、繁殖和数量变动都受环境条件的制约。环境条件主要包括气候因素、土壤因素、生物因素等。

1. 气候因素

气候因素包括温度、湿度和降水、光、农田小气候等。这些因素可以直接或间接影响昆虫，既是昆虫生长发育、繁殖、活动必需的生态条件，也是昆虫种群发生发展的自然控制因子。

（1）温度：温度直接影响昆虫的代谢速率、生长发育、繁殖及其他生命活动，是气候因素中对昆虫影响最大的因素。昆虫是变温动物，保持和调节体温的能力不强，体温主要取决于外界环境温度。

（2）湿度和降水：湿度与昆虫体内水分平衡、繁殖和活动有关，也可直接影响昆虫的生长发育。湿度过高或过低均可影响昆虫的生长发育、繁殖和存活。降水对昆虫种群数量动态的影响十分显著，降水可影响湿度和土壤含水量，对昆虫尤其是一些与土壤直接相关的昆虫数量影响很大；降水可直接阻碍昆虫活动，而大雨对小型昆虫如蚜虫、叶螨、蓟马以及一些昆虫的卵和初孵幼虫等有机械冲刷致死的作用。

（3）光：太阳光的辐射热对昆虫体温有很大影响。光的波长、照度和光周期对昆虫的行为、趋性、滞育等生命活动均有重要影响。光的照度主要影响昆虫的昼夜节律和行为，如交尾、产卵、取食、栖息、迁飞等。许多昆虫的地理分布、形态特征、年生活史、滞育特性、行为等都与光周期的变化有密切关系。许多昆虫都有不同程度的趋光性，并对光的波长有选择性，如一些昆虫对 330～400nm 的紫外光有强的趋性，利用昆虫的这种特性，常采用波长为 360～400nm 的黑光灯诱集昆虫，效果比白炽灯要好。

（4）农田小气候：农田小气候是药用植物及昆虫生存场所近地面 1.5m 大气层的气候，对昆虫的生长发育有着重要影响。小气候是在一定的气候背景下形成的，同时受到地面性质和覆盖状况的影响。因此小气候既有当地气候的基本特点，又具有明显的垂直梯度。一般白天农田作物层上层温、湿度与大气层中相似，但向下温度逐渐下降，而湿度逐渐提高。农田进行施肥、灌溉等农事活动对温、湿、光、风等气候要素有明显的影响，从而影响到该气候环境对昆虫的生长发育、繁殖和存活数量。

2. 土壤因素

昆虫与土壤的关系十分密切。绝大多数昆虫生活史或多或少都与土壤有联系。有的终生生活在土壤里，有的则是某一个或几个发育阶段生活在土壤中。因此，土壤的生态环境，如温度、湿度、理化性质等均对昆虫的生命活动有重要影响。

3. 生物因素

生物因素是指环境中的所有生物，包括异种和同种的个体。生物因素对某种昆虫所产生的直接或间接影响，主要表现在营养联系上，如种间和种类竞争、共生、共栖等。其中食物和天敌因素是生物因素中两个最重要的因素。昆虫具有选择最适宜食物的能力，植物的次生物质、颜色、物理性状等对昆虫选择食物和是否继续取食产生作用，作物的种植方式和栽培制度也影响昆虫食物的质和量。昆虫在生长发育过程中常受到天敌生物的捕食或寄生。天敌种类很多，主要有昆虫病原微生物、天敌昆虫和其他食虫动物三大类，是害虫种群数量的重要抑制者和调节者。

四、病虫害的综合防控技术

（一）药用植物病虫害的发生特点

植物病虫害的发生、发展与流行取决于寄主、病原、虫源及环境因素四者之间的相互关系。药用植物本身的栽培技术、生物学特性和要求的生态条件有其特殊性，决定了药用植物病虫害的发生和一般农作物相比，有其自身特点，主要表现在以下几个方面。

1. 道地药材病虫害发生危害严重

由于长期自然选择的结果，适应于该地区环境条件及相应寄主植物的病原、虫源必然逐年累积，往往严重危害这些道地药材。如人参锈腐病，这种病原菌是东北森林土壤中的习居真菌，它的生长发育所需的条件与人参生长发育所需的条件相吻合，因此成了人参的重要病害，也是老参地利用的最大障碍。还有宁夏枸杞的蚜虫、负泥虫，云南三七的根腐病等。

2. 害虫种类复杂，单食性和寡食性害虫相对较多

药用植物生长周期较长，有一年生、几年生，害虫种类繁多。由于各种药用植物本身含有它特殊的化学成分，这也决定了某些特殊害虫喜食这些植物或趋向于在这些植物上产卵，因此药用植物上单食性和寡食性害虫相对较多。例如白术籽虫、金银花尺蠖、山茱萸蛀果蛾、射干钻心虫、栝楼透翅蛾、黄芪籽蜂等，它们只食一种或几种近缘植物。

3. 药用植物地下部病虫危害严重

许多药用植物的根、块根和鳞茎等地下部分极易遭受土壤中的病原菌及害虫的危害，导致减产和药材品质下降。由于地下部病虫害防治难度很大，往往经济损失惨重，历来是植物病虫害防治中的老大难问题。如人参锈腐病、根腐病和立枯病、贝母腐烂病、地黄线虫病等。地下害虫种类很多，如蝼蛄、金针虫等分布广泛，因植物根部被害后造成伤口，导致病菌侵入，更加剧地下部病害的发生和蔓延。

4. 无性繁殖材料是病虫害初侵染的重要来源

应用无性繁殖材料（如根、茎、叶）来繁殖新个体在药用植物栽培中占有很重要的地位。由于这些繁殖材料基本都是药用植物的根、块根、鳞茎等地下部分，常携带大量的病菌、虫卵，所以无性繁殖材料是病虫害初侵染的重要来源，也是病虫害传播的一个重要途径，而当今种子种苗频繁调运，更加速了病虫传播蔓延。

因此，在生产中建立无病留种田，精选健壮种苗，适当的种子、种苗处理及严格区域间检疫工作是十分必要的。

（二）药用植物病虫害的诊断与综合防治

1. 病害诊断

药用植物感病后，在外部形态上常呈现一定症状。各种侵染性病害都有一定的症状，其类型有如下几种：

（1）变色：细胞内色素发生改变。

（2）斑点：局部细胞坏死。

（3）腐烂：多由细菌或真菌寄生所引起。可分为干腐、湿腐、软腐、根腐、茎基腐、果腐等。

（4）萎蔫：根据受害部位不同，萎蔫有的是全株性的，有的是局部性的。萎蔫除生理原因（缺水、涝、营养失调等），多数由真菌、细菌等引起。

（5）畸形：植物由于受病毒、线虫、真菌、细菌等病原物寄生的刺激，细胞数目增多，生长过度，称为增生型或刺激型，或生长发育受到抑制，称为矮缩型或抑制型，都可以引起畸形。

2. 虫害诊断

药用植物害虫种类繁多，主要有鞘翅目、直翅目、鳞翅目、半翅目、同翅目、膜翅目等，另外还有软体动物和螨类。

鞘翅目口器均为咀嚼式。前翅革质合起来可盖住腹部和后翅，厚且坚硬，后翅膜质。身体肥，触角有 10～11 节，主要有蛴螬、金针虫、象甲等。

直翅目口器为标准的咀嚼式，有两对翅膀，后翅膜质扇状，翅脉多呈直线。体征多数为大中型。直翅目昆虫有蝼蛄、蟋蟀、蝗虫等。

鳞翅目为虹吸式口器，翅上披一层鳞毛，两对翅上由不同颜色的鳞毛组成复杂的花纹。鳞翅目主要种类有地老虎、斜纹夜蛾、黏虫等。

半翅目口器为刺吸式，着生在头的前部。翅两对，前翅基部革质坚硬，端部膜质透明柔软，两翅平伏于身体背面，体腹面有臭腺。主要种类有细毛蝽、稻绿蝽、赤须蝽、绿盲蝽等，大多数属植食性昆虫。成幼虫刺吸寄主叶片、茎秆的汁液。禾草受害后，叶片变黄，植株萎缩。若新叶受害，则不能正常生长，甚至造成枯萎死亡。

同翅目口器为刺吸式。两对翅，前翅质地均匀，休息时翅放在身体上呈屋脊状。身体有腺体，可分泌蜡丝或蜡粉。危害常见的有蚜虫、叶蝉、粉虱和介壳虫等。它们群集叶背及茎秆上刺吸汁液，使寄主生长发育不良。叶片受害后出现褪绿变黑后转褐色，有的出现畸形蜷缩，甚至全叶枯死。

膜翅目口器为咀嚼式，包括各种蜂类和蚂蚁。该目昆虫翅均为膜质，翅上有各种图案和脉纹。主要种类有麦叶蜂等。

双翅目包括各种蝇、蚊等。该目昆虫只有一对翅，前翅膜质，后翅退化成平衡棒。主要种类有麦秆蝇、三叶斑潜蝇等。

缨翅目口器为刺吸式。该目昆虫体形微小，狭长略扁。两对翅狭长，翅缘有长的状缘毛，脉纹只有两条，主要有蓟马。

软体动物是一类无脊椎动物，属软体动物类。其特征是身体可分为头、足、内脏囊三部分。头部发达，有两对可翻转缩入的触角，前对触角小，具嗅觉功能，后对触角大，其顶端各有一只眼，雌雄同体。常见的有蜗牛等。

螨类特征是体形微小，红色，其形状圆形或椭圆形，无头、胸、腹之分。无翅，有足 4 对，少数只有 2 对。主要种类有麦圆叶爪螨等。

3. 病虫害综合防治

目前，药用植物病虫害的防治研究工作明显滞后于中药材产业发展的需要。因此应在病虫害种类、发生及流行规律和防治基础上，尽快制定各种药用植物无害化栽培标准，研究安全防治技术，改变单一使用化学农药的观念。药用植物病虫害的防治应采取综合防治的策略，即从生物与环境的整体观点出发，本着预防为主的指导思想和安全、有效、经济、简便的原则，因地制宜，合理运用农业的、生物的、化学的、物理的方法及其他有效的生态手段，把病虫害的危害控制在经济阈值以下，以达到提高经济效益、生态效益和社会效益的目的。

有害生物防治按照其作用原理和应用技术，可分为五大类，即植物检疫、农业防治、生物防治、物理防治和化学防治。

（1）植物检疫：植物检疫就是依据国家法规，对调出和调入的植物及其产品等进行检验和处理，以防止有传播危险性的病、虫、草害传播，是一种强制性的防治措施。

（2）农业防治：农业防治即是在农田生态系统中，利用和改进耕作栽培技术，调节有害生物、寄主及环境之间的关系，创造有利于作物的生长发育，而不利于病、虫、鼠、草生长发展的环境条件，从而控制有害生物的发生和危害，保护农业生产，是有害生物综合防治的基础措施。它包括：合理轮作和间套作、深耕细作、清洁田园、合理施肥、选育和推广抗病虫品种等。

（3）生物防治：生物防治是指利用有益生物及其代谢产物防治有害生物的方法。生物防治有对人畜和天敌安全、无残毒、不污染环境、效果持久等特点，目前主要是利用以虫治虫、以菌治虫和以菌制菌的方法。如利用苏云金杆菌防治鳞翅目幼虫，利用白僵菌防治蚜虫和鳞翅目幼虫等；以木霉菌制剂防治土传病害等；还可用植物源农药，如苦参碱制剂、烟碱制剂等防治病虫害。

（4）物理防治：物理防治是指利用各种物理因子、人工或器械清除、抑制、钝化或杀死有害生物的方法。包括捕杀、诱杀、拒避、阻隔和汰除、趋性利用、温湿度利用、热力处理等。

（5）化学防治：化学防治是指利用化学农药防治病虫害的方法，其优点是作用快、效果好、应用方便，能在短期内消灭或控制有害生物大发生，受地区性或季节性限制比较小。但化学防治存在明显的缺点，如长期使用，病虫害易产生抗药性，同时杀伤天敌，有些农药毒性较大、有农药残留，污染环境，影响人畜健康。化学农药使用应遵守国家颁布的农药安全使用施行标准及有关规定，严格禁止使用剧毒、高毒、高残留或者具有三致（致癌、致畸、致突变）的农药。

中药材是人们用于防病、治病的特殊商品，药用植物栽培除要求一定的产量外，更要注重药材的品质。因此在药用植物病虫害防治的各种措施中，要做到既能控制病虫的危害，又要不降低中药材的品质，避免农药残留及其他污染物对中药材的污染。

五、药用植物草害与安全防控技术

杂草是指生长在有碍于人类生存和活动的场地中的植物，一般是非栽培的野生植物或对人类无作用的植物。其生物学特性表现为：传播方式多，繁殖与再生力强，生活周期一般都比作物短，成熟的种子随熟随落，抗逆性强，光合作用效率高等。

中药材种植过程中，田间杂草是一个让药农头痛的问题。使用除草剂当然是个好方法，但是，中药材不同于其他大田农作物，除草剂施用不当，不仅不能增产，还会伤害药材植株。

（一）杂草主要类群及危害

药田常见的杂草主要有稗、狗尾草、画眉草、马唐草、牛筋草、看麦娘、白茅、反枝苋、马齿苋、小鸡冠、蓼藜、猪毛菜、独行菜、荠菜、水花生、灰灰菜、大籽蒿和田旋花等。

农药田杂草的主要危害为：与药用植物争夺养料、水分、阳光和空间，妨碍田间通风透光，从而降低药用植物的产量和质量；许多杂草是致病微生物和害虫的中间寄主或寄宿地，会导致病、虫害的发生。此外，有的杂草的种子或花粉含有毒素，能使人畜中毒。

（二）杂草防治技术

在杂草的防治过程中，针对不同的杂草应根据其不同的性质采用不同的方法进行防治，选用化学药剂除草，不仅省钱省工，而且比较彻底，能收到较好的防除效果。在中药材的栽培过程中，常会由于杂草的生长而影响药材的产量和质量，人工清除药田杂草则费力费时，而且难以保证除草质量。目前，真正能在药材生产中大量使用的除草剂并不多，大部分仍处于试验阶段。

有文献报道，黑色地膜的遮光率达到 80%～90%，能有效抑制杂草的光合作用，阻碍杂草的生长。王华磊等（2013）研究了覆盖黑色地膜与无色地膜对何首乌生长及其田间杂草防控效果的影响。结果表明：覆盖黑色地膜对何首乌田间双子叶杂草防控效果达到73.78%，覆盖无色地膜对何首乌田间双子叶杂草防控效果达到 47.02%。覆盖黑色地膜和无色地膜的小区中均没有发现单子叶杂草，不覆盖地膜的对照区有 13.91%的单子叶杂草。覆盖黑色地膜和无色地膜的藤鲜重和最大块根鲜重均比不覆盖地膜要高。这说明覆盖黑色地膜能有效防控杂草种子的萌发和杂草生长，无色地膜也具有一定的防草效果。覆盖地膜对何首乌藤鲜重和最大块根生长无影响。

根据现有的生产实践经验，杂草的防治主要是药材播种前、播后苗前、出苗后的三阶段除草法。

1. 药材播种前除草法

药材播种前是除草最重要的时期，应争取一次施药保证药材在整个生长期不受杂草危害，可选用的药剂有48%氟乐灵乳油和50%乙草胺乳油。48%氟乐灵乳油能有效防除一年生、靠种子繁殖的禾本科杂草，如马唐草、牛筋草等，也可防除小粒种子的阔叶草，其田间持效期为 2～3 个月。

2. 药材播后苗前除草法

药材播后苗前除草可用 20%克无踪水剂和41%农达水剂。对播种后需 10～30 天才出苗的药材如防风、柴胡等，每亩用 20%克无踪水剂 150～250mL 兑水 25～30kg，或用 41%农达水剂 150～200mL 兑水 30～40kg，在杂草见绿而药材尚未出苗前喷洒，除掉杂草。药材出苗后绝不能使用这两种药剂除草，以免杀死药苗。

3. 药材出苗后除草法

药材出苗后除草可选用 6%克草星乳油和 8%高效盖草能。6%克草星乳油对一年生禾本科杂草和阔叶草都有很好的防治效果,对多年生杂草亦有明显的抑制作用。每亩用6%克草星乳油 70～80mL 兑水 30～40kg,在杂草平均高度 5cm 以下时喷施。8%高效盖草能施药适期长,杀草谱广,能有效防除牛筋草、马唐草、狗尾草、狗牙根、白茅根等杂草。一般每亩用该药剂 25～30mL 兑水 20～30kg,以扇形喷头于杂草 3～6 叶期作茎叶喷雾处理。高效盖草对板蓝根、白术等阔叶药材无影响,但对禾本科类药材如薏苡等有危害。

第五节　药用动物规范化养殖关键技术

一、药用动物养殖基本概念、悠久历史与蓬勃发展

(一)药用动物养殖的基本概念与重要意义

药用动物,指其身体的全体或局部(含脏器等)可供药用的动物,它们所产生的药物即称为动物药或动物药材。其入药部位一般分为两大类:一类是全身入药,如地龙、全蝎等;另一类是局部入药。后一类又可分为以器官入药,如熊胆;以组织入药,如龟甲;以分泌物入药,如麝香;以衍生物入药,如鹿茸;以排泄物入药,如五灵脂;以病理产物入药,如牛黄;以药用动物组织器官及分泌物等为原料加工的,如蟾酥、阿胶、鹿角胶、龟甲胶等。

药用动物养殖,是根据不同种类(物种)药用动物的生物学特征及生存环境要求,创造药用动物在人工条件下生存适宜的环境条件,通过相应的饲养管理、繁殖、培育等技术手段繁衍与自己性状相似的后代,并获取为人类健康、防病治病的动物药材的过程。其核心就是繁衍后代——繁殖。

在野生药用动物日渐减少,有的甚至濒临灭绝,而动物药用量日增的情况下,参照《中药材生产质量管理规范(GAP)》(试行)进行其规范化养殖及药材生产质量管理,以达到动物药材优质高产,对人们防治疾病、保健康复及社会经济发展均具有十分重要的意义。

(二)药用动物养殖的悠久历史与蓬勃发展

从我国药用动物的应用发展历史看,先是对野生药用动物捕收,经简单初加工炮制后应用,再逐步对药用动物进行人工养殖。我国有关药用动物的研究发展,在近现代自然科学及相关分支学科如生物学、生态学等促进下与日俱进,发展迅速。特别是中华人民共和国成立后,药用动物养殖得到更好发展,药用动物养殖学科及其养殖行业已基本形成。在药用动物资源调查、生境、食性、天敌、人工迁移放养与野生变家养等方面都做了大量工作,取得了丰硕成果,编写出版了不少专著,如《中国药用动物志》(《中国药用动物志》协作组,1979～1983)、《中国药用海洋生物》(海军后勤部卫生部等,1977)、《中国动物药》(邓明鲁、高士贤,1981)、《药用动物养殖学》(白庆余,1988)、《药用动物学》(万

德光、吴家荣，1993）、《贵州药用动物》（李德俊，1993）、《中国动物药志》（高士贤，1996）、《现代中药栽培养殖与加工手册》（冉懋雄、周厚琼，1999）、《常用药用动物养殖与加工技术（千乡万村书库）》（冉懋雄、周厚琼，1999）、《药用动物养殖》（王天益，2000）、《中国药用动物养殖与开发》（冉懋雄、周厚琼，2002）、《药用经济动物疾病诊疗与处方手册》（刘永旺，2009）、《巧配特种经济动物饲料》（赵昌廷、刘芳美，2011）等。

人工捕捉、药用动物生物多样性及其生长栖息地生态环境破坏等多种原因，导致如林麝、黑熊、马鹿、大小灵猫、中国林蛙、蛤蚧、穿山甲、蛇类等 40 个种类的药用动物资源显著减少。其中，麝香资源比 20 世纪 50 年代减少 70%，虎、犀牛等物种濒危，近 30 种动物药已影响了市场供应，虎骨、犀角等已列入禁用，在贸易和利用上受到相应的管制和限制。为保护野生药用动物资源，国家颁布了《中华人民共和国野生动物保护法》等。

为保护野生药用动物资源和适应人民用药需要，我国大力开展了药用动物养殖工作，现人工养殖的药用动物已达 60 多种。如鹿茸，在我国各省区已建有养鹿场，家养鹿所产鹿茸等动物药占市场供应量的 80% 以上。又如麝香，1958 年在四川等地开始驯养并人工活体取香，该法比野外猎杀取香产量可提高 5 倍；陕西省镇坪县养麝实验场等研究推广了家庭养殖林麝技术，可减少疾病，降低饲养成本，提高经济效益；安徽省佛子岭养麝场等开展了林麝人工授精、原麝与林麝杂交研究，并获成效；浙江等进行了人工养殖灵猫与活体取香成功并已推广。目前，如鹿、麝、熊、蜜蜂、乌骨鸡、蛇（蕲蛇等）、林蛙、蟾蜍、蛤蚧、地鳖虫、水蛭等养殖与人工生产技术均有所突破，如活熊取胆、河蚌取珠，以及国家一类中药新药"体外培育牛黄"已开始产业化生产。

在药用动物的引种与驯化、饲料供给与饲养、繁殖与育种等方面已获较好成效。药用动物野生变家养的过程为引种、驯化、饲养、繁殖、育种，家养比野生条件下自由生活要复杂得多，但通过生境、食性、天敌的深入研究查清，则为其放养或家养的基本要求奠定了坚实基础。对野生药用动物生境加强保护，建立自然保护区既利于动物复壮，又利于发展人工迁移优势种，如梅花鹿现引种到沿海各省均已成功。饲料是能提供饲养动物所需养分、保证健康、促进生长和生产且在合理使用下不发生有害作用的可食物质。随着药用动物养殖业与工业化生产的发展，充分发挥动物生产潜力，不能仅靠天然饲料及其所提供的养分，添加剂预混饲料、浓缩饲料、全价饲料、配合饲料及精饲料补充料等，尤在药用动物工业化养殖中广为应用。其既利于缓解动物与人类对粮食的竞争，又利于最大限度地提高饲料转化率，提高饲养效率及降低饲养成本。在饲料供给技术方面，如鱼、鸟、兽类动物饲料的研究，已达到科学配比、颗粒化，特别是添加剂、加速生长的高速饲料等研究上也取得进展。在饲养技术方面，如已取得乌骨鸡等克服就巢性以提高产蛋量；土鳖虫、蝎、龟、鳖等温室饲养，打破休眠以加速生长发育；鱼类与龟类等混养以增加经济效益；以食物链为基础的土鳖虫-钳蝎系列养殖、多层笼养鸟和网箱养鱼的高密度机械化养殖等亦取得成功，特别是禽类、兽类饲料中的自动化应用（如自动饮水、自动冲洗笼具、自动喂食及自动清粪便污物等），对其规范化集约化规模化养殖与产品质量产量提高均有重要作用。在海洋药用动物的饲养上，也有不少创新。在繁殖与育种技术方面，如外源激素调整内分泌失调，电刺激采精，发情和妊娠鉴定仪器的研制，超数排卵、发情同期化，人工授精以至胚胎切割、移植等的研究应用，以及根据良种繁育不同目的，在提纯复壮和杂交选育等方面亦有可喜成就。

有关药用动物资源研究开发与利用，生物技术与生物制药应用发展，动物代用品寻找研究、动物药化学及活性成分研究应用，以及动物生化制药、现代生物技术与基因工程应用发展，更加有力地促进了药用动物养殖的蓬勃发展及其产业化。同时，在珍稀濒危动物代用品如水牛角代犀角，豹骨、狗骨代虎骨，麝鼠香代麝香，山羊角代羚羊角，鹿皮胶代驴皮胶（阿胶）等，以及人工合成麝香、人工合成牛黄等研究应用都已取得可喜成效或不同程度的进展。特别是活麝取香、人工培育牛黄、活熊取胆、河蚌育珠、鹿茸细胞培养、麝香腺细胞培养已进入生物工程水平等。

但是，目前药用动物养殖中还存在不少问题。如在养殖品种与生产量上，远远不能适应医药市场与临床需求，而且缺口极大（如麝香、蟾酥及斑蝥、水蛭等）；不少药用动物野生变家养有关基础研究与应用亟待深入，尚有不少空白（如穿山甲、中国林蛙等）；养殖技术规范化、饲料标准化与有效配比及合理应用差距还较大（如各时期的规范养殖与优良饲料配方、高产饲料与特殊营养配方、活饵生产及其代替饲料研制应用等）；养殖场所、养殖机械以及新技术新方法的研究应用等均亟待加强。

贵州药用动物资源丰富，经调查共有 301 种。其中属国家一级保护动物的有黔金丝猴、黑叶猴、华南虎、云豹、豹、蟒等 14 种，占全国同类动物总数的 13%；二级国家保护动物的有穿山甲、黑熊、水獭、大灵猫、林麝、大鲵等 69 种，占全国同类动物总数的 25.7%。主要动物药有猴骨、蕲蛇、乌梢蛇、银环蛇、眼镜蛇、蝮蛇、竹叶青、水獭肝、鳖甲、龟甲、乌骨鸡、九香虫、土鳖虫、斑蝥、地龙、水蛭等，但均以野生为主；曾有珍稀名贵的动物药如虎骨、豹骨、熊胆、麝香、穿山甲等已难寻觅。贵州药用动物养殖很少，养殖的蕲蛇、乌梢蛇、斑蝥、水蛭等远远不能满足贵州制药企业生产和市场所需。可喜的是，现贵州信邦、贵州盛世龙方制药公司等正在加强水蛭、斑蝥、乌梢蛇等养殖；大鲵养殖、人工培育牛黄等也取得可喜进展。

动物药临床应用广泛而功效卓著，药用濒危野生动物保护已刻不容缓。具有显效性、特需性、广泛性、群众性、紧缺性和开拓性等特点的药用动物养殖，在中成药、保健品、化妆品等"大健康"产业蓬勃发展的今天，其研发潜力极大，发展前景广阔。我们应高度重视，切实加强药用动物养殖与大力发展，以更好保证人民用药需要并获取更佳社会效益与经济效益。

二、药用动物药用功效与临床应用

我国医药学历来认为，动物药属"血肉有情之品"，应用于人体更容易产生"同气相求"之效。特别是某些来源于高等动物的动物药，所含化学成分常与人体中某些物质相似，因而可直接改善和调节人体的生理功能，疗效显著。据不完全统计，我国历代 11 万个中医名方中，含犀角的有 2366 方，含牛黄的有 1846 方，含穿山甲的有 616 方，含麝香的有 527 方，含熊胆的有 396 方，含羚羊角的有 157 方。现代研究与临床实践证明，动物药药理活性较强，疗效独特，应用广泛，研发前景广阔。其功能与效用既有其广度深度，又有其独到之处。

（一）用于微生物感染疾患的动物药

用于微生物感染疾患的动物药，多具有清热解毒、消炎镇痛、攻毒散结、消肿祛瘀及去腐生肌等功效，内用外治皆宜。如蜈蚣，具有息风镇痉、通络止痛、攻毒散结功能；可用于肝风内动、痉挛抽搐、小儿惊风、中风口眼歪斜、半身不遂、破伤风、风湿顽痹、偏正头痛、疮疡、瘰疬、蛇虫咬伤等。蜂房，具攻毒杀虫、祛风止痛功能；可用于疮疡肿毒、乳痈、瘰疬、皮肤顽癣、鹅掌风、牙痛、风湿痹痛等。猪胆粉，具有清热润燥、止咳平喘、解毒功能；可用于顿咳、哮喘、热病燥渴、目赤、喉痹、黄疸、泄泻、痢疾、便秘、痈疮肿毒等。熊胆，具有清热解毒、止痉、明目功能；可用于热毒疮痈、痔疮肿痛、肝热生风、惊风、癫痫、子痫、目赤肿痛、翳障、黄疸、腹痛、下痢等。蛇蜕，具有祛风、定惊、退翳、解毒功能；可用于小儿惊风、抽搐痉挛、翳障、喉痹、疔肿、皮肤瘙痒等。

（二）用于心脑血管疾病的动物药

用于心脑血管疾病的动物药，多具强心、降血、降血脂、扩张冠状动脉、抗心律失常、抗心肌缺血、抗凝血、抗血栓等药理作用，多为有活血化瘀、开窍醒神、破血逐瘀等功效的动物药。如水蛭，具有破血通经、逐瘀消症功能；可用于血瘀经闭、症瘕痞块、中风偏瘫、跌扑损伤等。蟾酥，具有解毒、止痛、开窍醒神功能；可用于痈疽疔疮、咽喉肿痛、中暑神昏、痧胀腹痛吐泻等。壁虎，具有祛风定惊、解毒散结功能；可用于中风不遂、惊痫抽搐、瘰疬、恶疮、噎膈反胃等。僵蚕，具有息风止痉、祛风止痛、化痰散结功能；可用于肝风夹痰、惊痫抽搐、小儿急惊、破伤风、中风口眼歪斜、风热头痛、目赤咽痛、风疹瘙痒、发颐痄腮等。僵蛹，具有祛风止痉、化痰散结功能；可用于惊痫抽搐、中风口眼歪斜、咽喉肿痛、咳嗽痰多、发颐痄腮等。蕲蛇，具有祛风、通络、止痉功能；可用于风湿顽痹、麻木拘挛、中风口眼歪斜、半身不遂、抽搐痉挛、破伤风、麻风疥癣等。蝮蛇，具有祛风、攻毒、镇痛功能；其药效成分蝮蛇毒抗凝酶能使血浆纤维蛋白原、血小板数量、黏附率和聚集功能、血液黏度和血脂均明显下降，从而达到去纤、溶纤、抗凝、溶栓、改善微循环、增加血液供应及促进组织修复等功效。麝香，具有开窍醒神、活血通经、消肿止痛功能；可用于热病神昏、中风痰厥、气郁暴厥、中恶昏迷、经闭、症瘕、难产死胎、胸痹心痛、心腹暴痛、跌扑伤痛、痹痛麻木、痈肿瘰疬、咽喉肿痛等。

（三）用于神经系统疾病的动物药

用于神经系统疾病的动物药，多具镇静、催眠、解热、镇痛及抗惊厥功能，或多为养心安神、平肝息风、养精神、定魂魄等功效的动物药。如地龙，具有清热定惊、通络、平喘、利尿功能；可用于高热神昏、惊痫抽搐、头痛眩晕、关节痹痛、肢体麻木、半身不遂、肺热喘咳、水肿尿少等。羚羊角，具有平肝息风、清肝明目、散血解毒功能；可用于肝风内动、惊痫抽搐、妊娠子痫、高热痉厥、癫痫发狂、头痛眩晕、目赤翳障、温毒发斑、痈肿疮毒等。全蝎，具有息风镇痉、通络止痛、攻毒散结功能；可用于肝风内动、痉挛抽搐、小儿惊风、中风口眼歪斜、半身不遂、破伤风、风湿顽痹、偏正头痛、疮疡、瘰疬等。乌梢蛇，具有祛风、通络、止痉功能；可用于风湿顽痹、麻木拘挛、中风口眼歪斜、半身不遂、抽搐痉挛、破伤风、麻风、疥癣等。牛黄及体外培育牛黄，具有清心、豁痰、开窍、凉肝、息风、解毒功能；可用于热病神昏、中风痰迷、惊痫抽搐、癫痫发狂、咽喉肿痛、口舌生疮、痈肿疔疮等。

（四）用于抗肿瘤、抗衰老等其他疾患的动物药

用于抗肿瘤、抗衰老及治疗血液系统、呼吸系统疾病等其他多种疾患的动物药还有很多，如斑蝥，具有破血逐瘀、散结消癥、攻毒蚀疮功能；可用于癥瘕、经闭、顽癣、瘰疬、赘疣、痈疽不溃、恶疮死肌。穿山甲，具有活血消癥、通经下乳、消肿排脓、搜风通络功能；可用于经闭癥瘕、乳汁不通、痈肿疮毒、风湿痹痛、中风瘫痪、麻木拘挛等。阿胶，具有补血滋阴、润燥、止血功能；可用于血虚萎黄、眩晕心悸、肌痿无力、心烦不眠、虚风内动、肺燥咳嗽、劳嗽咯血、吐血尿血、便血崩漏、妊娠胎漏等。蛤蚧，具有补肺益肾、纳气定喘、助阳益精功能；可用于肺肾不足、虚喘气促、劳嗽咯血、阳痿、遗精等。蛤蟆油，具有补肾益精、养阴润肺功能；可用于病后体弱、神疲乏力、心悸失眠、盗汗、痨嗽咯血等。鹿茸，具有壮肾阳、益精血、强筋骨、调冲任、托疮毒功能；可用于肾阳不足、精血亏虚、阳痿滑精、宫冷不孕、羸瘦、神疲、畏寒、眩晕、耳鸣、耳聋、腰脊冷痛、筋骨痿软、崩漏带下、阴疽不敛等。鹿角，具有温肾阳、强筋骨、行血消肿功能；可用于肾阳不足、阳痿遗精、腰脊冷痛、阴疽疮疡、乳痈初起、瘀血肿痛等。鹿角胶，具有温补肝肾、益精养血功能；可用于肝肾不足所致的腰膝酸冷、阳痿遗精、虚劳羸瘦、崩漏下血、便血尿血、阴疽肿痛等。蜂蜜，具有补中、润燥、止痛、解毒功能；可用于脘腹虚痛、肺燥干咳、肠燥便秘、解乌头类药毒；外用生肌敛疮，可治疗疮疡不敛、水火烫伤等。蜂胶，具有内服补虚弱、化浊脂、止消渴功能；内服用于体虚早衰、高脂血、消渴症等；外用解毒消肿、收敛生肌等，可治疗皮肤皲裂、烧烫伤等。龟甲胶，具有滋阴、养血、止血功能；可用于阴虚潮热、骨蒸盗汗、腰膝酸软、血虚萎黄、崩漏带下等。鳖甲，具有滋阴潜阳、退热除蒸、软坚散结功能；可用于阴虚发热、骨蒸劳热、阴虚阳亢、头晕目眩、虚风内动、手足瘛疭、经闭、癥瘕、久疟疟母等。海龙，具有温肾壮阳、散结消肿功能；可用于肾阳不足、阳痿遗精、癥瘕积聚、瘰疬痰核、跌扑损伤；外治痈肿疔疮等。海马，具有温肾壮阳、散结消肿功能；可用于肾阳不足、阳痿、遗尿、肾虚作喘、癥瘕积聚、跌扑损伤；外治痈肿疔疮等。海螵蛸，具有收敛止血、涩精止带、制酸止痛、收湿敛疮功能；可用于吐血衄血、崩漏便血、遗精滑精、赤白带下、胃痛吞酸；外治损伤出血、湿疹湿疮、溃疡不敛等。蝉蜕，具有疏散风热、利咽、透疹、明目退翳、解痉功能；可用于风热感冒、咽痛音哑、麻疹不透、风疹瘙痒、目赤翳障、惊风抽搐、破伤风等。虻虫，具有破血消癥、逐瘀通经功能；可用于癥瘕积聚、蓄血、血瘀经闭、跌扑伤痛等功能。

从上可见，动物药的效用十分广泛，每种动物药都可能有多种功效与用途。例如，蜈蚣除用于微生物感染疾患外，还具抗肿瘤、抗凝血、抗惊厥等效用；水蛭除用于心脑血管系统疾病外，还可用于治疗肺心病、肾病综合征及终止妊娠等；地龙除用于神经系统疾患

外，还可用于治疗慢性气管炎、百日咳、高血压、血栓性疾病等；斑蝥除用于治疗或预防肿瘤疾患外，还可用于抗病毒、抗风湿及治疗神经痛、神经性皮炎等疾病。动物药在临床医疗防治疾病上具有重要作用。

三、药用动物的生活习性与习性调查

动物是生物的一大类，与植物、微生物共同组成生物体。凡是生物赖以生存的环境中，能够影响生物的环境条件均称之为生态因子。其包括动物与植物、动物与动物、动物与微生物等之间关系的生物因子和动物与温度、湿度、光照等之间关系的非生物因子。在自然界中，各种生态因子是相互联系、相互制约的，应维持其生态平衡。药用动物与所有动物一样，是其对生活环境条件长期相适应的结果，也是其生理适应的结果，从而，使不同药用动物形成了不同的生活习性。在进行药用动物养殖前，必须认真调查研究与掌握其不同生活习性，以有利于药用动物的顺利养殖。药用动物的习性调查研究内容很多，但应以与药用动物养殖关系最为密切的生境、食性及行为活动为重点，进行其习性调查。

药用动物生境调查，在整个习性调查中处于重要基础地位，其目的在于了解动物在野生状态下对生存条件的要求。其调查主要内容为：药用动物分布区域栖息环境及范围、海拔地貌及气候条件、自然景观及主要植被类型、同类动物分布状况及动物群落分析等。药用动物食性调查，是在生境调查基础上，旨在通过观察、分析、记录药用动物在野外觅食的活动规律，以研究确定其食物种类、营养成分及结构等。药用动物行为调查，是观察、分析、记录药用动物在野外的生态活动、社群结构及行为特征等，其主要内容为：药用动物日常活动与季节活动规律、交配季节与行为活动、单独活动或社群结构等。其目的在于为制定药用动物人工养殖的日周期、年周期饲养管理制度，为人工养殖技术规程的不断完善等提供科学依据。

四、药用动物养殖特点与规范化养殖关键技术

（一）药用动物的养殖特点

在药用动物养殖的研究与生产实践中，应注意如下药用动物养殖的 4 大特点。

1. 遵循"原地复壮"

发展地道特色药材是中药材生产的一项重要原则，动物药生产亦应遵循。各种药用动物在长期的物种进化过程中，能够通过自然选择、生存竞争，保存种族并繁衍后裔，这正是该物种适应环境、"适者生存"的表现。药用动物的个体和群体，均有其最适环境；环境条件与其形态结构、生理机能种、遗传性状等有着密切关系。特别是珍稀名贵药用动物原种和生存等环境的保护极其重要，必须遵循"原地复壮"原则加以保护和繁育，严禁超限掠夺，以防产量下降。

2. 合理"引种放养"

引种是对药用动物的人工迁移，是野生药用动物变为家养的第一个重要环节。其包括

药用动物习性调查、捕捉、检疫、运输与迁移等一系列引种放养过程。在这一过程中，必须对放养环境进行深入调查研究，加以充分论证，合理引种放养，以确保引入的药用动物在新的环境能顺利成为优势种，从而获得较高生产量等成效，以达药用动物养殖投资少、见效快及收益大之目的。

3. 正确"变野生为家养"

目前人工饲养的药用动物，多为野生或半驯化的动物，其养殖即为"野生变家养"过程。这一过程，涉及药用动物适宜生活环境创设、食物（优良饲料、水等）供应、场舍建造、疾病防治以及合理管理等养殖全生产过程。这正是药用动物药用养殖之关键，必须抓好"野生变家养"的"引种→驯化→饲养→繁殖→育种"五个关键环节。动物行为与生产性能存在着极为密切关系，可按人们意愿与要求，通过引种与驯化，特别是定向驯化而控制药用动物的行为，以提高其生产性能，获得优质高产。

4. 切实"保护种源"

目前，地球上被科学描述过的生物物种约有 140 万种，其中昆虫约 75 万种，脊椎动物 4 万多种，高等植物约 25 万种，其他为无椎动物、真菌及微生物。由于生态环境恶化与人为因素，不少物种灭绝趋势日益严重。我国濒危动植物已达 1400 种，其中被列入珍稀濒危保护名录的野生药用动物则达 162 种。我们要加强生物多样性保护，特别是珍稀濒危野生药用动物及具有药用价值的动物物种，应严格贯彻执行《中华人民共和国野生动物保护法》等有关野生药用动物保护法规，将保护、发展与合理利用相结合，采用有效措施，更好地以生产性保护手段，切实发展药用动物养殖业。

我们应遵照中药材 GAP 有关规定，"根据药用动物生存环境、食物、行为特点及对环境的适应能力等，确定相应的养殖方式和方法，制定养殖规程和管理制度"等要求，应在药用动物分类鉴定、习性调查与其养殖特点等基础上，结合实际切实进行药用动物的引种与驯化、规范化养殖与加强管理。

（二）药用动物的引种与驯化

1. 引种

药用动物的引种，是指外地或野生优良的药用动物引进当地养殖，直接推广或作为育种材料的全过程。这是药用动物养殖关键技术的重要环节，对于利用野生动物资源，保护抚育珍稀濒危药用动物，利用与改造野生药用动物，更好为人类健康服务等方面具有重要意义。

鉴于自然环境对于药用动物特性有着持久和多种影响，因此在药用动物引种时应千万慎重，严防盲目。切实做到正确选择动物良种，注意考虑其抗寒、耐热、耐粗饲、耐粗放及抗病力强等能力，既要具药用价值和育种价值，也要具优良适应性。同时，还要慎重优选个体，注意其品种特性、谱系、体质外形、健康与发育状况、有无有害基因和传染病，以及注意雌雄比例、年龄等。为了保证较高繁殖率与驯化效果，还要注意选择健壮年青的，并以幼龄药用动物为主进行驯化和养殖。在引种药用动物的捕捉中，要严防对其机体损伤，也要尽量注意减少精神损害。同时对引种的药用动物,还必须经检疫部门严格检疫合格后,方能进入驯化家养。

2. 驯化

药用动物的驯化,是指通过创造新环境,并对动物的行为控制和管理,从而满足被驯化药用动物的生活条件,达到人工饲养目的之全过程。对野生动物的驯化,是人类利用自然资源的一种特殊手段,旨在通过对药用动物的驯化,以达药用动物的顺利再生产与优质高产。

目前,人工饲养的药用动物多为野生或半野生的动物,不能生搬硬套家畜、家禽等高度驯化程度的饲养方式和方法,应科学地创造性创设药用动物生存的良好驯化环境。其驯化基本途径及方法为:利用幼龄药用动物可塑性强的特点,进行早期发育阶段的有效驯化;紧密结合药用动物以单体或群体驯化饲养有利的实际,合理对药用动物进行单体或群体的直接驯化;利用药用动物同种或异种个体之间的驯化差异,以驯化程度较高的个体,带领驯化程度较低或未驯化的幼龄个体,利用"仿随学习"行为特点,对药用动物进行间接的有效驯化。同时,在驯化过程中,还要注意人工营造或模拟野生环境,提供充足食物与食性训练;注意减少敌害,控制环境,合理打破休眠期或克服就巢性,或改变刺激发情、排卵和缩短胚胎潜伏期等,促使药用动物对新环境条件的适应,以提高其驯化效果;注意采取措施,改变野生药用动物多营独居生活的习性,使其"群性"形成,以利药用动物的人工饲养管理及有效驯化。

(三)药用动物的饲养方式与饲料供给

1. 饲养方式

药用动物养殖的饲养方式大体可分为散放饲养和控制饲养两大类。散放饲养是我国多年来沿用的传统饲养方式,尤其是个体饲养多予采用,其又分为全散放和半散放饲养类型。全散放型的放养区内,无论地势、气候,还是植被、动物群落等条件均适宜该药用动物野生环境,利于该动物饲养与发展,无影响种群发展敌害,却为限制该动物扩散的天然屏障,能将其活动范围局限在一定区域内,并基本上处于野生状态下散养,故又称之为"自然散养"。半散放型的放养区比全散放型小,将药用动物基本置于野生环境下,但其饲养密度比全散放型大。一般是在限制饲养动物水平扩散的天然屏障基础上,配合适当人工隔离(如土木围墙或铁丝网等),并适当补充人工食料(如精料及水等)和有计划地采取措施,改善其生活环境,清除敌害,保证其正常繁育和养殖发展。

控制饲养是将药用动物基本置于人工环境下进行养殖。其养区较小,密度较大,单产较高,投资也较散放饲养大。养殖无脊椎药用动物,一般无须分群,主要注意控制其密度;养殖高等脊椎药用动物,在初引进时必须单个笼(圈)养,经过一定时间后再合理群养。控制饲养对自然环境的气候和食料等可人工控制及补充,具有较大饲养独立性。但其要求养殖的药用动物驯化程度较高,养殖技术要求也较高,应予认真研究与实践。例如,药用动物的生产期与植物一样受到自然气候的密切影响,为了获取优质高产,延长其生产期是一种有效措施。若以人工补充光照、温度和湿度等非生物因子,在研究和生产上采用"单因子强化法"（如单独增加光照、温度或湿度等因素，其他都与自然环境一样），或"人工气候综合强化法"（如人工气候室、气候棚舍等），根据动物不同阶段的生理要求，给予稳定的最佳气候条件，则有利于达到预期目的。

2. 饲料供给

药用动物人工饲养的关键在于对不同养殖对象，能适时适宜适量供给其不同饲料，以维持动物生命，供给能量，调节生理功能，促进动物的生长发育和繁殖等。不同药用动物都有其特殊食性，在食物性质上有肉食性、草食性、杂食性之分；在食物范围上有广食性、狭食性之分。而且动物食性不是一成不变的，很多药用动物在野生环境下，其食性可因不同季节、不同生长发育阶段等而异。因此，可根据野生药用动物的食性特异性和相对性，在人工养殖中综合考察所供给饲料的作用、组成、配比、调供与饲喂方式等。而在这一系列工作中，正确认识与处理"食物链"对药用动物养殖业与规范化养殖则有着重要指导意义。

在自然界中，每种动物并不是只吃一种食物，因此形成一个复杂的食物链网。分解者也是异养生物，主要是各种细菌和真菌，也包括某些原生动物及腐食性动物，如食枯木的甲虫、白蚁，以及蚯蚓和一些软体动物等。它们把复杂的动植物残体分解为简单的化合物，最后分解成无机物归还到环境中去，被生产者再利用。分解者在物质循环和能量流动中具有重要的意义，因为大约有 90%的陆地初级生产量都必须经过分解者的作用而归还给大地，再经过传递作用输送给绿色植物进行光合作用。所以分解者又可称为还原者。总体看来，每一个生态系统中，虽都有着很多食物链网，极其复杂而交错，但植物是动物食物的根本来源，一切动物都直接或间接地依靠植物而生存。因此，药用动物养殖中，应在充分认识与掌握动物食性基础上，根据其营养要求及摄食方式，在食物链指导下对药用动物的饲料种类组成、饲料加工调制、饲养工具配备，以及饲料调供、饲喂方法、饲养制度的建立等方面均应认真研究，以期获得药用动物的最佳饲料组合和饲料供给，并在饲养实践中不断研究改进与完善，以全面而切实地做好药用动物的饲料供给工作。

药用动物饲料的种类很多，组成复杂，按其来源、性质和营养特性，一般分为植物性饲料、动物性饲料、矿物性饲料及添加剂饲料四大类，其目的均是提供水分、矿物质、蛋白质、脂肪和碳水化合物等 5 类营养物质。植物性饲料主要有青绿茎叶为主的青绿饲料及青贮饲料（又分由粗纤维含量高的干草、茎秆、秕壳等组成的粗饲料和由粮油加工副产品或某些粮食等组成的精饲料）等。动物性饲料主要为鱼、肉类加工副产品（主要有肉粉、肉骨粉、血粉等）及其他动物加工饲料，其富含蛋白质（一般为 60%~80%，其中必需氨基酸也较为完全）、钙磷充足、比例合适、利用率高，并是维生素 D 等的重要来源。矿物性饲料主要有食盐（含钠、氯及碘化食盐）、石灰石粉（含天然碳酸钙等）、贝壳粉（含钙、磷等），以及骨粉、蛋壳粉、白垩粉及石膏粉等，其用量很少，应粉碎后与精饲料充分拌匀后饲用。添加剂饲料，包括营养物添加剂和生长促进剂。前者有维生素（如维生素 B_1、B_2、C、D、K 等）添加剂、微量元素（如铁、锌、铜、钴、锰、硒等）添加剂及氨基酸添加剂；后者有抗生素、激素、酶等生长促进剂，具有刺激药用动物生长，提高饲料利用率和增进动物健康等作用，亦可根据需要适当配给。如某些氨基酸为添加剂，对改进动物毛绒、肉蛋质量及各种动物药产品质量均具有明显效果。同时，在药用动物饲养中，必须注意水的合理供给。药用动物给水的时间、次数、质量等，对其各种生理过程都有直接影响，而且通过给水也能促使摄取维生素、矿物质及各种微量元素等。生产实践证明，天然水的成分对很多动物药的质量都有明显影响，是地道药材形成的重要因素，也是人类影响动物的一种手段。从动物对水分的摄取来看，以通过采食青绿多汁的新鲜饲料而吸收水分（结合水）和通过对营养成分的分解而同时获取水分（结晶水）最为理想；但也必须注意结合季节、气温、湿度等实际合理供水。

在药用动物规范化养殖中，我们应按照"根据药用动物的季节活动、昼夜活动规律及不同生长周期和生理特点，科学配制饲料，定时定量投喂。适时适量地补充精料、维生素、矿物质及其他必要的添加剂，不得添加激素、类激素等添加剂。饲料及添加剂应无污染"和"药用动物养殖应视季节、气温、通气等情况，确定给水的时间及次数。草食动物应尽可能通过多食青绿多汁的饲料补充水分"等中药材 GAP 有关规定，对药用动物养殖进行合理饲料供给。至于药用动物饲料合理配给的具体方案（包括适宜饲料标准的选择、饲料经济原则的确定、配合日粮的饲料组成及其日供量、适口性、多样性等），应结合具体养殖的药用动物及其养殖方式、养殖密度、养殖环境等实际研究设计，制订其效果检查和必要措施等，并在不断实践中注意观察、综合分析，及时研究总结与调整饲料配给方案，以使其营养配比、配合日粮等饲料供给和整个饲养水平更加符合不同药用动物养殖的需要。

（四）药用动物的繁殖与育种

研究动物的繁殖规律和繁殖技术，可有效提高动物的繁殖率与繁殖质量。药用动物与其他动物一样，受环境因素与其生活条件的明显影响。以鹿、麝等哺乳类药用动物为例，当其生活条件不能满足基本要求（如冬季严酷恶劣自然条件及食物严重匮乏等影响）时，往往会出现性腺发育不良、发情和配种能力下降，不能受精或受精率降低，胚胎不能着床，胚胎吸收或流产，产后哺乳不足和后代生活衰弱等。所以，可通过深入研究生殖生态学来更好指导药用动物的繁殖与育种。

1. 繁殖

一个理想的具优良繁殖力的药用动物与其他动物一样，应有健康、活力旺盛、母性好、繁殖力强的特点。在繁殖过程中，既要重视自身遗传因素，又要重视其环境因素，这两个因素是决定动物特性的关键。动物受遗传支持的一些特性，如身躯大小、生长速度及体形等，可通过选育手段获得；而另一些特性，如动物活力旺衰、受孕率高低、乳汁分泌多少等，则受到其环境因素的直接影响，仅凭选育是不易改变的。

环境因素对动物繁殖有直接或间接的影响，环境因素的改变具有季节性。药用动物与其他动物一样，其活动规律有着明显季节性。如每当春季来临，昆虫从越冬的卵中孵化或从蛹中羽化而出；有冬眠性的动物开始苏醒；迁徙鸟类和洄游鱼类开始回归。其他如哺乳类等大多数动物，也各有其适宜的季节性繁殖期。

在影响药用动物繁殖的环境因素中，以光照、温度及食物为最重要之三因素。光照能促进动物的各种生理活动，季节性生殖周期活动更是其主要内容。春夏配种的动物，是由于日照增长而刺激其生殖机能的结果，如昆虫类、鸟类、食虫兽类和食肉兽类以及一部分草食兽类则属此种类型，故常称之为"长日照动物"；秋冬配种的动物，是因日照缩短而促进其生殖机能的，如鹿、麝等野生反刍兽类则属此种类型，故常称之为"短日照动物"。一般完全变态的昆虫，在其生活史经过卵→幼虫→蛹→成虫4个阶段，其中由蛹羽化为成虫的阶段，便是受光周期控制或影响的。有些昆虫若是以卵或蛹来过冬的，则只有到春天才进行孵化。若人工控制光照改变，则可诱使春季动情的动物，提前于冬季配种。另外，光照变化还因纬度改变而不同，从而可使不同纬度地带的同一动物，其生殖周期不同。温度的季节变化也可影响动物的生殖活动，如昆虫的交配、产卵及发育；哺乳类动物的阴囊有特殊热调节能力，一般较体温低4～7℃，这有利于精子的生成和活力的保持等。食物与动物生殖也关系密切，不论肉食性、草食性或杂食性动物，其繁殖时都在每年食物条件最优越的时期，此时有利于动物觅食、交配、产仔、育幼等，以维持其种族的生存繁衍。

2. 育种

药用动物育种，主要研究如何运用生物学的基本原理与方法，特别是如何以遗传学、繁殖学及发生学等理论和方法来改良动物的遗传性状，培育出更能适应人类各方面需求的高产类群、新品系或新品种。

目前，我国药用动物育种的发展，可大体归纳为下述4种情况：已培育成功了一些优良品种，如乌骨鸡、蜜蜂等；已发现一些优良野生种群并进行了引种驯化，如长白山地区的哈士蟆（中国林蛙），体大油多，内蒙古阿尔山的马鹿种群，鹿茸特大等；已培育一些优良种群，如吉林双阳鹿、龙潭山鹿和东丰兰杠鹿等；对大多数的药用动物仅作初步驯养，与其野生型无明显差异。

在药用动物的科学育种工作中，除了合理选种和选配的作用外，对于子代的后天培育也非常重要，其基因型的表现（如生活力、抗病力、生育力等）可因后天营养条件等而变化。因此，在育种过程中还应特别注意掌握药用动物基因型、环境型及表现型三者之间的关系，以切实搞好药用动物的科学育种工作。

（五）药用动物的疾病防治与防疫

1. 疾病分类与致病因素

药用动物饲养过程中的疾病繁多，其常见疾病分类如下：一是按疾病发生原因分为传染病、寄生虫病和非传染病3类。传染病系指致病微生物（如细菌、真菌、放线菌、螺旋体、立克次体、支原体及病毒等）侵入机体，并进行繁殖所引起的疾病；寄生虫病系指寄生虫寄生在药用动物的体表或体内，与动物争夺营养或致毒等所引起的疾病；非传染病系指由一般性致病刺激物的作用或某些营养缺乏等所引起的疾病。二是按常见疾病主要分为消化系统疾病、呼吸系统疾病、内分泌系统疾病、泌尿系统疾病、生殖系统疾病、神经系统疾病等。三是按治疗疾病方法常分为内科疾病、外科疾病、传染病、寄生虫病、皮肤病及产科疾病等。

药用动物疾病致病因素的研究中，探明疾病发生原因，对认识疾病、防治疾病有着重要意义。一般而论，致病因素分为体内因素和体外因素两大类。其致病内因最为关键，因任何疾病的发生都必须分析其疾病影响的大小，致病毒力的强弱，但最主要还取决于药用动物机体抵抗力的强弱。若致病因素侵入体内，机体抵抗力较强，则不易致病；反之，则易致病。对致病外因也应高度重视，如温度、湿度变化等物理因素；酸碱度、空气中有害气体成分等化学因素；争斗、意外伤害等机械因素；饲养中糖类、脂肪、维生素等营养缺乏或配调不当的营养因素；微生物、寄生虫等各种致病的感染因素等均是常见致病外因。同时，药用动物的不同种类、不同个体因素，也与疾病的发生有着密切关系。

2. 疾病防治原则与防疫

药用动物常见疾病的防治，是养殖工作的重要环节。其疾病防治应严格贯彻以"预防为主""防重于治"原则，应定期接种疫苗，合理划分药用动物养殖区，对群饲药用动物要有适当密度，应根据养殖计划和育种需要，确定动物群的组成、结构与适时周转。如发现患病动物，应及时隔离，传染病患动物应处死，火化或深埋。对药用动物发生疾病的病原、病因、症状、病变及诊断方法等应认真分析，然后针对疾病采取有效治疗措施并合理处方用药。

在药用动物疾病防治中，还应特别注意传染病的流行特点（散发性、局部性、季节性及流行性等）和传播危害程度；在此基础上采取综合防疫措施，以查明和消灭传染病源，切断病原体的传染途径，以提高疫病的抵抗力。同时，还应注意养殖药用动物的健康检查，随时观察其食欲、粪型、精神状态、被毛营养状态等，注意及早发现疾病，并根据不同情况而采取有效措施进行切实防治，以防患于未然。

（六）药用动物的饲养制度与管理

在药用动物规范化养殖过程中，有关饲养制度的建立与饲养管理实施乃是其养殖关键技术的重要环节，必须紧紧结合不同药用动物养殖的实际，严格药用动物饲养制度的建立与管理，并切实处理好有关注意事宜。

1. 饲养制度

药用动物养殖是一个新兴而重要的特殊养殖业，必须建立健全合理而完善的饲养制度，必须根据养殖药用动物的种类、特性、设备等实际条件来综合考虑与研究制定。首先，养殖人员应严格选择，必须是掌握药用动物基本知识，热爱动物，忠于职守，并经一定训练合格者。其次应当创设与养殖动物相适应的设施条件，建立健全切合实际的养殖操作规程（Standard Operating Procedure，SOP），并严格监督执行。在具体制定饲养制度与操作规程时，要根据各种动物的季节活动和昼夜活动规律来确定。药用动物在野生状态下繁殖，生长发育、蜕皮、换毛和休眠等周期性季节的活动规律，是划分每年生产期的基本依据；其在野生状态下的摄食、饮水、排泄等周期性的昼夜活动规律，是建立每天饲喂制度的重要依据；在制定饲养管理制度时，还应充分考虑如何提高饲养管理者的劳动生产率，发挥人的主观能动性。如药用动物在野生状态下，多为夜出性活动或晨昏活动，而人的社会性活动却是白天进行的。所以在制定每天的饲喂制度时，适当改变饲喂时间与驯养是必要的，以利生产实施。再者还要注意饲料质量与配比供给饲料，以及提高饲养设备利用率与降低成本等问题，建立健全有关制度，严格药用动物养殖全生产过程的生产管理与质量管理。

2. 饲养管理

在药用动物饲养管理技术上，必须特别注意防止逃逸、防止自残和冬眠处理等有关管理事宜。

防止逃逸，无论是散放饲养或控制饲养都是要特别注意的。散放饲养时，由于生活条件优于相邻环境，则能主动吸引药用动物居于该区域内而一般不易逃失；但控制饲养时，则会由于药用动物密度大等多种原因而易致逃逸，这必须依赖人工屏障或制造适宜环境来加以控制。如养殖水生动物可用陆地为屏障，陆生动物可以水为屏障，鸟类用笼网控制，兽类用笼圈或围墙铁栅控制等。控制养殖的环境一定要符合和满足所饲养药用动物的生活要求。如草食性药用动物圈养时，除有效防逃设施外，还要有荫棚（最好利用攀缘植物）或于圈内植树（对树干要有保护措施），并有供其睡眠休息的处所；肉食性药用动物笼养时，一般多以封闭式笼养，以防逃逸及他虞，但其铁网网眼、铁栏栅栅距都应合适并注意安全。穴居药用动物可垒假山，造洞穴，并应设造卧室与相应的活动场地。从垂直攀附能力来看，如幼年两栖类药用动物的攀附能力，一般高于其成年时，故可按其不同发育阶段，用不同性质和不同造价的围墙进行分群隔离饲养（隔离范围小，造价相对较低）。另外，国外已有利用蛇类看守粮库和贵重物品库，以防鼠害；利用鱼类惧怕白色的特性，而在捕捞上形成"白板赶鱼法"来解决动物逃逸等，亦可借鉴与参考应用。

防止自残，药用动物自相残害现象是一种自然生态规律的反映。其表现为甲动物嚼食乙动物（如蛇、蛙等常会大吃小，兽类以强凌弱，有些动物还爱吃卵等），或通过争斗使一方或双方致残。这些现象不仅表现在肉食性药用动物中，草食性药用动物也同样出现。产生上述现象的原因是非常复杂的，如食物和饮水缺乏，或居住空间不足，或环境不够安静，或外激素的干扰以及性活动期体内的生理变化等。例如，群饲药用动物要掌握适当密度及防止饥饿；肉食兽类要防止产后食崽；蛇类主要是成年期出现自残，宜予分养；哈士蟆自残多出现于蝌蚪期，要适当投给动物性饲料；乌骨鸡等相互争斗，多因占领区引起；草食性兽类争斗，多因争偶而发生等。应据其自残现象，针对其自残原因而采取相应措施加强饲养管理，以防止或减轻自残。

冬眠处理，两栖纲和爬行纲等变温药用动物都有冬眠习性，能否使其很好度过冬眠，也是药用动物养殖的技术关键之一。在临近动物冬眠时，要投足饲料，使其积极进食，积累能量（形成脂肪层等）以最佳状态进入冬眠。同时在快要进入冬眠前，尚应再作一次检查，将受伤、染病或瘦弱者淘汰作药用或他用。药用动物的冬眠地，应选择在饲养场地朝南向或朝东南向的干燥地带，挖好一个凹窝，堆放适量砖石并砌成多个洞穴（其一般离地面 $0.3 \sim 1.0m$，视地区不同而异，南方可浅些，北方应深些；洞穴大小及数量视动物大小、数量而定），内垫适量干土等，并在其地面留一些出入口以便药用动物自行进出。冬眠期间应避免北风吹入洞穴，要求湿度适中，并以阳光照射到的地点为佳（必要时可用土将洞口稍加封闭）。如果是在室内养殖，将门窗关闭，在其圈内堆放些碎土、干草之类或木板、砖石等并做成适宜缝隙的洞穴即可。在南方，如室温稍高于药用动物入眠温度时，可导致其冬眠不深，甚至出穴活动。遇此情况，则应设法降温而使其进入冬眠。因为冬眠不深的药用动物，外出活动消耗能量，但又不进食，则可造成其体质变得衰弱，次年出蛰时则可常因过度衰弱而死亡。药用动物经冬眠后，在惊蛰前后气温回升时，应将堵塞的洞口及时扒开，以利出蛰；同时做好药用动物养殖准备，以利出蛰生长发育。

　　另外，有关药用动物养殖必须坚持"预防为主"地防治疾病的问题，前已述及。但对药用动物养殖环境应随时保持清洁卫生，建立严格消毒制度，选用适当消毒剂对药用动物的生活场所、设备等进行定期消毒，切实加强出入药用动物养殖场所人员的卫生管理等工作，以确保药用动物养殖安全与优质高产。

　　至于鹿（梅花鹿、马鹿）、麝（林麝、马麝、原麝）、灵猫、赛加羚羊、熊、穿山甲、水獭、水貂、麝鼠、乌骨鸡、蛇（乌梢蛇、金钱白花蛇、蕲蛇、蝮蛇）、蛤蚧、龟、鳖、哈士蟆、蟾蜍、海马、蚂蚁、斑蝥、蜜蜂、土鳖虫、蝎、蜈蚣、珍珠贝、牡蛎、水蛭、地龙等重要药用动物的具体养殖技术与管理，本书仅收载专述乌梢蛇、班蝥、水蛭，请参阅前述药用动物养殖专著或有关文献资料。

主要参考文献

白庆余. 1988. 药用动物养殖学[M]. 北京：农业出版社.

邓明鲁，高士贤. 1981. 中国动物药[M]. 长春：吉林科学技术出版社.

高士贤. 1996. 中国动物药志[M]. 长春：吉林科学技术出版社.

关连珠. 2001. 土壤肥料学[M]. 北京：中国农业出版社.

郭巧生. 2009. 药用植物栽培学[M]. 北京：高等教育出版社.

海军后勤卫生部，等. 1977. 中国药用海洋生物[M]. 上海：上海人民出版社.

韩雅莉，谭竹钧. 1999. 药用动物养殖大全[M]. 北京：中国农业出版社.

韩雅莉，谭竹钧. 2004. 药用动物养殖大全[M]. 北京：中国农业出版社.

黄建国. 2008. 植物营养学[M]. 北京：中国林业出版社.

李德俊. 1993. 贵州药用动物[M]. 贵阳：贵州科技出版社.

刘永旺. 2009. 经济动物疾病诊疗与处方手册[M]. 北京：化学工业出版社.

陆景陵. 2000. 植物营养学[M]. 北京：中国农业大学出版社.

陆欣. 2001. 土壤肥料学[M]. 北京：中国农业大学出版社.

祁承经，汤庚国. 2015. 树木学 南方本[M]. 北京：中国林业出版社.

强胜. 2011. 杂草学[M]. 北京：中国农业出版社.

冉懋雄，周厚琼. 1999. 常用药用动物养殖与加工技术（千乡万村书库）[M]. 贵阳：贵州科技出版社.

冉懋雄，周厚琼. 2002. 中国药用动物养殖与开发[M]. 贵阳：贵州科技出版社.

田义新. 2013. 药用植物栽培学[M]. 北京：中国农业出版社.

万德光，吴家荣. 1993. 药用动物学[M]. 上海：上海科学技术出版社.

王贺祥. 2010. 食用菌栽培学[M]. 北京：中国农业大学出版社.

王建林. 2013. 高级耕作学[M]. 北京：中国农业大学出版社.

王天益. 2000. 药用动物养殖[M]. 成都：四川科学技术出版社.

魏书琴，陈日曌，赵春莉. 2013. 药用植物保护学（上）[M]. 长春：吉林大学出版社.

曾令祥. 2007. 贵州地道中药材病虫害识别与防治[M]. 贵阳：贵州科技出版社.

赵昌廷，刘芳美. 2011. 巧配特种经济动物饲料[M]. 北京：化学工业出版社.

浙江农业大学. 1999. 植物营养与肥料[M]. 北京：中国农业出版社.

《中国药用动物志》协作组. 1983. 中国药用动物志（一、二册）[M]. 天津：天津科学技术出版社.

（赵　致　韦小丽　王华磊　刘红昌　李金玲　罗春丽

李　忠　曹国藩　周厚琼　冉懋雄）

第六章　现代生物技术与设施农业技术在中药材种植中的应用

第一节　现代生物技术基本概念及其发展概况

一、现代生物技术的基本概念

生物技术（biotechnology），也称生物工程（bioengineering），不完全是一门新兴学科，它包括传统生物技术和现代生物技术两部分。传统的生物技术是指旧有的制造酱、醋、酒、面包、奶酪、酸奶及其他食品的传统工艺；现代生物技术则是指 20 世纪 70 年代末 80 年代初发展起来的一门集生物学、医学、工程学、数学、计算机科学、电子学等多学科互相渗透的综合性学科。具体地说，现代生物技术是以现代生命科学为基础，以基因工程为核心，结合先进的工程技术手段和其他基础学科的科学原理，按照预先的设计改造生物体或加工生物原料，为人类生产出所需产品或达到某种目的的新技术（新兴学科）。现代生物技术包括基因工程、蛋白质工程、酶工程、细胞工程和发酵工程等五个领域，这些工程技术相互联系、相互渗透。

生物技术是 21 世纪科技发展最富魅力的高新技术，被许多国家确定为增长国力和经济实力的关键性技术而受到高度重视，已列入当今世界七大高科技领域之一。伴随着人类基因组计划取得划时代的成果、基因组学和蛋白质组学的诞生以及生物信息学的迅速发展，生物技术可望以更快的速度腾飞，必将在世界科技与经济发展中起到支柱作用，并对世界政治、经济、军事和人类生活等方面产生巨大影响。目前，生物技术已广泛应用于农业、工业、医药、食品、能源、环保、国防等领域，为世界面临的资源、环境和人类健康等问题的解决提供了美好的前景。

（一）基因工程

基因工程（gene engineering）是 20 世纪 70 年代以后兴起的一门新技术，其主要原理是采用人工方法把生物的遗传物质（DNA）分离出来，在体外进行切割、拼接和重组，然后将重组了的 DNA 导入某种宿主细胞或个体，从而改变它们的遗传特性，或使新的遗传信息在新的宿主细胞或个体中大量表达，以获得基因产物（多肽或蛋白质）。这种创造新生物并给予新生物以特殊功能的过程就称为基因工程，也称 DNA 重组技术。

从本质上讲，基因工程强调的是外源 DNA 分子的重新组合被引入到一种新的宿主生物中进行繁殖。这种 DNA 分子的新组合是按照工程学方法进行设计和操作的。这就赋予基因工程跨越天然物种屏障的能力，克服了固有的生物物种间的限制，提高了定向创造新物种的可能性，这是基因工程的最大特点。

（二）蛋白质工程

蛋白质工程（protein engineering）是指以蛋白质的分子结构及其生物功能的关系为基础，通过化学、物理和分子生物学等手段对编码该蛋白质的基因进行有目的的改造和修饰，获得性能比自然界中存在的蛋白质更优良、更符合人类需要的新型蛋白质的技术。

蛋白质工程一般需要经过以下步骤：①分离纯化需要改造的目的蛋白；②对目的蛋白进行氨基酸测定、X射线晶体衍射分析、核磁共振分析等一系列测试，获取有关靶蛋白的尽可能多的信息；③设计核酸引物或探针，从cDNA文库或基因组文库中获取编码蛋白的基因序列；④设计对靶蛋白进行改造的方案；⑤对基因序列进行改造；⑥将经过改造的基因片段插入适当的表达载体，并加以表达；⑦分离、纯化表达产物并对其进行功能检测。

显然，对靶蛋白的结构与功能关系的认识程度是蛋白质工程进行的关键。最理想的情况是能够准确知道氨基酸的改变可能会引起的蛋白质结构、功能上的变化，因而可以根据不同的目的进行氨基酸的改造。但在大多数情况下，对靶蛋白的结构和功能不是很清楚，因此对蛋白质的改造就有很大的困难。近年来蛋白质工程的研究对象主要集中在酶蛋白分子。

（三）酶工程

酶工程（enzyme engineering）是指将酶或者微生物细胞、动植物细胞或细胞器等在一定的生物反应装置中构成生物反应器，利用酶所具有的生物催化功能，借助工程手段将相应的原料转化成有用物质并应用于人类生活，或分解有害废物的一门科学技术。生物反应器是生物催化剂和反应设备结合在一起的一种装置，是生物催化剂生产生物产品的关键设备。酶工程的应用主要集中于食品工业、轻工业和医药工业等领域。

酶工程的主要任务是：通过预先设计，经过人工操作控制而获得大量所需要的酶，并采用各种方法使酶发挥其最大的催化功能。即利用酶的特定功能，借助工程学手段为人们提供产品或分解有害物质。

（四）细胞工程

细胞工程（cell engineering）是指以细胞为基本单位，在体外条件下进行培养、繁殖，或人为地使细胞某些生物学特性按人们的意愿发生改变，从而达到改良生物种质和创造新品种，加速繁育动植物个体，或获得某种有用物质的技术过程。

细胞工程以细胞融合技术为基础，人们可以根据需要，经过科学设计，在细胞水平上改造生物的遗传物质。细胞水平的生命活动，关系到分子水平上的各种生物大分子和个体水平上的各种器官系统的综合生命活动。目前，细胞工程涉及的主要技术有：动植物组织和细胞培养技术、细胞融合技术、细胞器移植和细胞重组技术、体外受精技术、染色体工程技术、DNA重组技术和基因转移技术等。

（五）发酵工程

发酵工程（fermentation engineering）是指利用微生物生长速度快、生长条件简单以及代谢过程特殊等特点，通过现代化工程技术手段为人类生产有用生物产品的技术。换言之，发酵工程是采用现代发酵设备，使用经优选的细胞或经现代生物技术改造的菌株进行扩大培养和控制性发酵，获得工业化生产预定的产品。发酵工程包括菌株筛选和工程菌构建、细胞大规模培养、发酵罐或生物反应器准备、菌体及产物收获等环节。

应该指出的是，上述五项生物工程技术并非各自独立，它们彼此之间是互相联系、互相渗透的，其中基因工程是核心技术，它能带动其他技术的发展。比如通过基因工程对细菌或细胞改造后获得的"工程菌"或细胞，都必须分别通过发酵工程或细胞工程来生产有用物质；又如，通过基因工程技术对酶进行改造以增加酶的产量、酶的稳定性以及提高酶的催化效率等。

二、现代生物技术在中药材生产中的应用概况

我国中药资源丰富，历史悠久，但这一优势在竞争激烈的国际医药市场上却没有得到充分体现，在出口及基础研究领域落后于日本、韩国等国家。中药材原料生产与质量标准化，是我国中药现代化的最大"瓶颈"。要改变这种局面，争得世界传统药物市场的一席之地，针对控制标准不科学、生产管理不规范、药物作用机理和毒理作用不明确以及新药有效成分的筛选缺乏科学性等弊端，将现代生物技术与中药产业发展有机结合，定能加快中药现代化进程。目前，现代生物技术在中药材生产中的应用主要表现在以下几个方面。

（一）中药材鉴定

中药材鉴定学研究的内容主要涉及中药材及其基原的鉴定，包括鉴定方法和鉴定标准，有些鉴定方法可以沿用到饮片、提取物和中成药。中药材的准确鉴定是中医药事业运行和发展的基本环节，一直备受关注。常用于中药材鉴定的现代生物技术手段主要有：①DNA标记技术，它是近年来发展起来的一组可以检测出大量DNA位点差异性的分子生物学新技术，因其电泳谱带千变万化，如同人的指纹一样富于鉴别性，故而又被称为指纹图谱技术，如限制性片段长度多态性（RFLP）、扩增片段长度多态性（AFLP）、随机扩增多态性DNA（RAPD）、简单重复序列（SSR）、内部简单重复序列（ISSR）、单核苷酸多态性（SNP）等标记技术；②蛋白质标记技术，是利用中药材中蛋白质的物理、化学性质的不同而进行的一组差异鉴定技术，如抗血清鉴定技术、蛋白质电泳技术、同工酶鉴定技术和质谱鉴定技术；③基因芯片技术，以其快速、高效、灵敏、经济、平行化、自动化等特点，逐渐成为中药材种质分类鉴定、中药材假冒伪劣识别的高新技术。

（二）中药材质量控制

中药材是中药研究开发的基础，如若原料药材的质量没有保障，随后的研究和开发也就成为无本之木，其药品质量标准的制定也就失去了意义。中药材的质量控制主要包括两个方面，一是药材基原的控制，目的是解决药材真伪问题；二是中药材的有效物质（药效成分），即具有药用价值的主要次生代谢产物的含量控制，其积累主要与其合成关键酶基

因的表达及其表达量有关。现代生物技术是中药材质量控制的有力工具,如实时定量 PCR 技术可有效检测主要药效成分合成关键酶基因的表达量,主要药效成分化学指纹可以客观地反映中药材的品质优劣。

（三）中药材原料生产

我国的中药材主要包括植物、动物和矿物,其中植物药材占绝大多数（87%）,约 383 科 233 属 11 020 种。盲目地过度采挖,加之生态环境日益恶化,致使天然的药用生物资源日渐稀少,不少物种已濒临资源枯竭。随着人类对天然药物需求的增加,中药材的规范化、规模化人工种养已成为必然趋势。现代生物技术在原料药材生产上也发挥着越来越重要的作用,如 DNA 分子标记技术在中药材品种选育,组织培养技术在药用植物种苗组培快繁等方面的应用等。

本章对药用植物种质资源遗传多样性及现代设施农业技术在中药材种植中的应用,以下将分列专节予以介绍;至于植物组织培养技术在中药材生产等方面的应用,已日趋广泛使用,为适应基层需要,本书还将另立专章予以较详介绍。

第二节　生物种质资源遗传多样性在中药材生产上的应用

一、生物种质资源遗传多样性的基本概念

种质是亲代通过生殖细胞或体细胞遗传给后代的遗传物质,同一物种的各种种质总称为该物种的种质资源,种质资源具备一定的遗传物质并表达一定的遗传性状,也称为遗传资源或基因资源。而遗传多样性是生物多样性的基本组成部分,是生态多样性和物种多样性的基础,通常被认为是种内不同群体间和一个群体内不同个体间遗传变异的总和,它源于染色体和 DNA 的变异,亦称基因多样性。遗传多样性的表现形式是多层次的,可以从形态特征、细胞学特征、生理特征、基因位点及 DNA 序列等不同方面来体现,其中 DNA 多样性是遗传多样性的本质。通常,遗传多样性最直接的表现形式就是遗传变异水平的高低。然而,对任何一个物种来说,个体的生命是短暂的、有限的,而由个体构成的种群或种群系统（宗、亚种、种）在自然界中具有其特定的分布格局,在时间上连续不断,是进化的基本单位。因此,遗传多样性不仅包括变异水平的高低,而且包括变异的分布格局,即种群的遗传结构。种群遗传结构上的差异是遗传多样性的重要体现,一个物种的进化潜力和抵御不良环境的能力既取决于种内遗传变异的大小,也有赖于种群的遗传结构。

二、种质资源遗传多样性在中药材生产上的重要意义

药用植物资源开发是一项旨在防病治病、提高人类健康水平的科学事业。近年来,随着人类生活水平的不断改善和全球范围"回归大自然"呼声的日益高涨,国内外出现了药用植物资源开发热。药用植物除被更有效地用作中药材或提供制药原料外,也被广泛用于保健食品、饮料、调味剂、香料、化妆品、植物性农药、禽畜用药等诸多新领域。开展药用植物种质资源遗传多样性研究,具有多方面的重要意义。

（一）种质资源遗传多样性是植物药材种质基因资源利用的基础

植物种内所有个体的所有遗传性状的基因构成了该物种的基因库，其中可能蕴藏着丰富的已知或未知的有用基因，如控制高产、抗逆等优良性状的基因和控制有效成分代谢途径、代谢速率的基因。种质资源遗传多样性的研究将为评估基因资源的开发前景提供重要信息。众所周知，基因通过转录和翻译代谢酶来调控化合物的合成，最终决定中药的药性和疗效。次生代谢物的合成需要相当多的代谢酶（包括同工酶）基因参与，这些基因的遗传变异直接影响药材的功效。此外，许许多多控制生长发育的基因和遗传变异也间接影响药材的成分和功效。目前已有不少调控次生物质代谢的关键酶基因被研究，如苯丙烷类代谢酶系催化的代谢反应，是目前了解最清楚的植物次生代谢物合成途径，其中许多酶基因已被克隆，黄酮、木质素、水杨酸等均由此途径合成，该合成途径的关键酶是苯丙氨酸解氨酶、肉桂酸-4-羟化酶和4-香豆酸 CoA 连接酶。此外，对药用植物优良性状基因的研究也日益受到重视，基因的多态性为发现这类基因提供了线索，在定位这些基因时又要借助更多连锁基因作桥梁，经过连锁分析、染色体行走和跳跃找到目的基因，这一切都要求对药用植物基因多态性有更多的认识。然而令人担忧的是，在人类远未充分利用这些基因资源之前，其载体（即种质资源）正在遭受严重破坏，甚至面临丧失的威胁。因此，在健全和有效实施资源保护法律法规的同时，加速药用植物种质资源遗传多样性的研究已成为一项刻不容缓的工作。

（二）种质资源遗传多样性是植物药材种质鉴定的基础

遗传多样性是种内所有生物个体全部基因和染色体变异的总和。种下的遗传分化即基因或染色体的变异有不同的表现形式，既有不同结构水平的遗传多样性（如生物体的形态结构、染色体的核型、DNA 的碱基等差异），又有生理、生化、生长发育等不同功能上的遗传多样性。依据变异的大小和遗传关系，可将种质资源划分成变种（variant）、变型（form）和化学宗（chemical race），或农家类型（landing race）、品种（variety）、品系（line）等。例如，我国的樟树 Cinnamomum camphora （L.）Presl 可划分成主含樟脑的本樟、主含黄油素的油樟和主含芳香樟醇的芳樟等多个化学型，但它们的形态并无区别。另外，有效成分含量或比例的多少，可作为评价药材质量和筛选核心种质的主要依据。现代生物技术的发展，使我们有能力进一步区分分类等级以下的种质资源，可检测到居群之间甚至个体之间细微的遗传差异，这就为我们科学鉴定和有效利用种质资源创造了有利条件。

（三）种质资源遗传多样性是植物药材引种栽培与资源保护的基础

种质资源有效成分的遗传变异是影响药材产量和品质的重要因素。为使中药材优质丰产和安全可靠，在栽培或引种之前，首先必须在众多种质资源中筛选出最有用的遗传种质，以便在消耗同等数量物资的情况下获得更多的有效产品。例如，对著名的抗癌植物红豆杉属的种质资源研究表明，世界上该属有 11 种（含中国 4 种 1 变种），种下又有许多地理品种（仅欧洲红豆杉就有不少于 40 个地理品种）和栽培种，有效成分紫杉醇在树皮中的含量仅有 0.01%。美国科技工作者在广泛调查的基础上，发现从北美红豆杉天然杂交种中筛选出的曼地亚红豆杉，其紫杉醇含量为 0.014%，并具有生长迅速等特点，于是被大规模引种栽培。另一方面，从资源保护的角度来看，对濒危药用植物进行有效的迁地保护，必须保留尽可能多的遗传多样性，因为植物种质资源的遗传多样性包含其居群的遗传结构。因此，在引种之前，对该种野生药用植物居群遗传结构的深入研究，可为采样策略的制定提供科学依据和量化指标。总之，无论对种质资源进行开发利用还是有效保护，均须进行遗传多样性的系统研究和综合比较。迄今为止，我国约有 300 种常用中药材已进行过引种栽培，但仍有许多野生药材和列入保护名单的濒危药用植物有待引种，一些存在问题的品种也面临重新引种的任务，这些都要求我们加强种质资源遗传多样性研究。

（四）种质资源遗传多样性是植物药材育种的基础

药用植物的优良种质为中药材生产提供了巨大潜力，许多疗效显著的"地道药材"的形成在某种意义上应归功于"地方品种"的作用。"高含量育种"是中药材（药用植物）育种的主要目的和特色，任何一个植物药材新品种的培育都是在原有的药用植物资源基础上通过选择、杂交、回交、诱变等方法修饰、加工、改良后培育出来的，即种质资源是育种的基础。近年来，由中国农科院特产所选育成功的人参新品种，即是对人参的天然变异类型"黄果"进行系统选择纯化后得到的；由第二军医大学乔传卓教授培育的板蓝根高产优质新品种，是利用染色体加倍技术从优选的材料中诱导出多倍体植株，再经两代单株选育后培育成功的；贵州昌昊中药发展有限公司培育的太子参新品种"黔太子参 1 号"则是采用组培脱毒技术获得的。另一方面，植物遗传多样性的研究特别是分子多态性的研究是遗传图谱构建、基因定位和分离及标记辅助选择技术应用的基础。我国药用植物的育种已具有初步基础，许多药材如薄荷、红花、枸杞、地黄、贝母、山药、菘蓝、大麻、薏苡、石斛、金银花、杜仲等已形成地方优良品种，但更多的药材正面临艰巨的育种任务。

三、种质资源遗传多样性的研究方法简介

对遗传多样性的系统研究始于 19 世纪，达尔文在《物种起源》中用大量资料和证据揭示出生物界普遍存在变异现象，并发现大部分变异有遗传特点，他把这种可遗传的变异称为多样性。孟德尔遗传定律的重新发现、摩尔根染色体遗传学及后来发展的细胞遗传学的诞生，为群体遗传理论的发现奠定了基础并提供了科学的实验证据，充分证实了在自然界中确实存在大量的遗传变异。随着生物学理论和技术的不断进步，以及实验条件和方法的不断改进，检测遗传多样性的方法日益成熟和多样化，可从不同的角度和层次来揭示物种的变异。遗传标记（genetic markers）是研究物种遗传多样性的主要方法，其发展经历了形态学标记（morphological markers）、细胞学标记（cytological markers）、生物化学标记（biochemical markers）和分子标记（molecular markers）四个主要阶段。

（一）形态学标记

形态学标记是与目标性状紧密连锁、表型上可识别的等位基因突变体，即植物的外部特征特性。典型的形态学标记用肉眼即可识别和观察，如株高、叶形、叶色、果实颜色、形状、种子性状等。广义的形态学标记还包括借助简单测试即可识别的性状，如生理特性、

生殖特性、抗病虫性等。从形态学或表型性状上来检测遗传变异是最古老也是最简便易行的方法，通常所利用的表型性状有两类，一类是符合孟德尔遗传定律的单基因性状，如质量性状、稀有突变等；另一类是由多基因决定的数量性状。由于自然界中单基因性状较少，作为遗传标记，主要是用于一些农作物、林木、园艺作物及其野生近缘种的遗传多样性研究，而且多用于研究交配系统、基因流和选择等进化因素；而数量性状的变异则大量存在，对其进行研究同样能分析居群或个体的遗传变异，并且结合数量遗传学的方法来研究数量性状的遗传变异，通过特定的杂交试验和后代测定能分析性状在亲本与子代间的传递规律，并将影响变异的遗传因素同环境因素区分开来，从而确定遗传因素在性状变异中的相对重要性，并能分析遗传和环境的交互作用，甚至可以估算控制数量性状的多基因位点数目。

形态学标记已被广泛应用于遗传图谱构建、品种演化与分布历史推测、种质资源遗传多样性分析、种质资源分类与鉴定、杂交亲本选配与核心种质构建等研究中。

虽然用形态学标记研究遗传多样性具有简便、易行、快速等特点，但由于表型性状是基因型与环境共同作用的结果，往往因环境因素的影响而发生变化，有时表型性状的变异并不能真实反映遗传变异；同时，形态标记数量有限，观测标准容易受到观测者的主观判断影响。因此，要更加准确、全面地了解物种的遗传多样性，仅仅依赖形态标记是远远不够的，还必须结合其他标记技术，进行更深层次的研究。

（二）细胞学标记

细胞学标记主要是染色体的核型和带型分析。染色体是遗传物质的载体，是基因的携带者。与形态学变异不同，染色体的变异必然会导致遗传变异的发生，是生物遗传变异的重要来源。研究表明，在任何生物的天然居群中，都存在或大或小的染色体变异。染色体变异主要表现为染色体组型特征的变异，包括染色体数目的变异（整倍性或非整倍性）和染色体结构的变异（缺失、易位、倒位、重复等），染色体的形态（着丝点位置）、缢痕和随体等核型特征也是多样性的来源。染色体分带指借助于一套特殊的处理程序，使染色体显现出深浅不同的带纹，常见染色体带型有 C 带、G 带、R 带、Q 带等。在植物中，染色体的多倍性现象广泛存在，约 7%的双子叶植物有多倍现象。

细胞学标记直观、稳定，克服了形态标记易受环境条件影响的缺点。随着染色体技术的发展，如细胞原位杂交技术的应用，在染色体水平上将揭示出更加丰富的遗传多样性。然而，有些物种忍受染色体结构和数目变异的能力较差而难以获得相应的标记材料，某些物种虽有标记材料，但常常伴随着标记对生物有害的表型效应，使观测和鉴定比较困难，而且大多数染色体的细胞学标记数目有限，导致该技术在较低分类阶元的应用受到限制。

（三）生物化学标记

生物化学标记（简称"生化标记"）是指利用植物代谢过程中具有特殊意义的生化成分或产物进行品种鉴定和遗传多样性研究的技术。许多生物大分子或生物化合物都具有作为遗传标记的潜力，一些次生代谢物如香精油、类黄酮、糖苷类、类萜等均可以作为遗传标记来评价遗传多样性，但由于分离和检测这些分子的技术和手段比较复杂，很难适应大群体的常规检测，因而在实际研究中，用次生代谢物作为遗传标记的很少。与此相反，许多蛋白质（包括非酶蛋白和酶蛋白）分子数量丰富、分析简单快速，能更好地反映遗传多样性，是比较理想的遗传标记。在非酶蛋白中，用得比较多的是种子贮藏蛋白；在酶蛋白中，则多用同工酶。同工酶是指具有相同催化功能而结构及理化性质不同的一类酶，其结构的差异来自基因类型的差异，其电泳酶谱的多态性可能是由不同的基因引起的，也可能是由同一基因座位上的不同等位基因引起的，后者特称为等位酶。

同工酶标记是 20 世纪 60 年代兴起的一门标记技术，广泛应用于种群遗传结构与交配系统的研究，以及种群内与种群间等位基因频率的估测以及品种鉴定等方面。

同工酶在生物界普遍存在，并以共显性方式表达，几乎不受环境因素的影响，表现出相对稳定性，但是同工酶是基因表达的产物，具有组织特异性，易受发育阶段的影响。同工酶标记只能检测编码蛋白的基因位点，不能检测非结构基因位点，加上能够利用的具有多态性的同工酶种类有限，并且每种酶检测的位点数目较少，多态性不高，因此在多数情况下，同工酶标记没有 DNA 标记敏感，其多态性也没有 DNA 标记高。

（四）分子标记

DNA 分子标记是以个体间核苷酸序列差异为基础的遗传标记，是 DNA 水平上遗传变异的直接反映，能更准确地揭示种、变种、品种、品系乃至无性系间的差异。根据所依赖的技术手段的不同，DNA 分子标记可分为三大类：第一类是以杂交技术为基础的分子标记，如限制性片段长度多态性（restriction fragment length polymorphism，RFLP）标记、数目可变串联重复多态性（variable number of tandem repeats，VNTR）标记；第二类是基于 PCR 技术的分子标记，如随机扩增多态性 DNA（random amplified polymorphism DNA，RAPD）标记、任意 PCR（arbitrary primed PCR，AP-PCR）标记、DNA 指纹（DNA amplified fingerprints，DAF）标记、序列特征化扩增区域（sequence-characterized amplified regions，SCAR）标记、扩增片段长度多态性（amplified fragment length polymorphism，AFLP）标记、简单重复序列（simple sequence repeats，SSR）标记、内部简单重复序列（inter-simple sequence repeat，ISSR）标记等；第三类是基于测序和 DNA 芯片技术的分子标记，如表达序列标签（expressed sequence tags，EST）标记和单核苷酸多态性（single nucleotide polymorphism，SNP）标记等。随着分子生物学研究的重心逐渐从结构基因组学向功能基因组学转变，高等植物的分子标记也开始由过去基于基因组 DNA 随机开发的、位置不确定的 DNA 标记向代表转录谱和其他编码序列的分子标记以及具有相应功能的功能标记发展。Andersen 和 Bberstedt 根据分子标记的发展过程定义了相应的 3 种类型的分子标记，即随机 DNA 标记（random DNA marker，RDM）、基因靶向标记（gene targeted marker，GTM）和功能标记（functional marker，FM）。RDM 指的是来自于基因组中随机的多态性位点的标记；GTM 是来自于基因转录区多态性位点的标记；FM 也是来自基因转录区的多态性位点，但它的多态性能造成所在基因编码的表型性状的变异。

自 20 世纪 90 年代以来，DNA 分子标记一直是生命科学领域活跃发展的一种生物技术，不仅应用广泛，而且新的分子标记种类不断涌现，各种类型的标记层次特点不同，都有各自的优势和局限性。理想的 DNA 分子标记应具备以下特点：①遗传多样性高；②共显性遗传；③在基因组中大量存在且分布均匀；④表现为"中性"，对目标性状表达无不良影响，与不良性状无必然连锁；⑤稳定性、重现性高；⑥信息量大，分析效率高；⑦检测手段简单快捷，易于实现自动化；⑧开发成本和使用成本低。但是迄今为止，没有一种标记能完全满足上述特性。因此，在具体的研究中，应该根据所分析材料的遗传背景、研究状况、实验目的以及实验条件来选用最合适的标记技术，或同时采用几种方法进行，以便多层次、多角度、更全面、更准确地揭示物种或种群的遗传多样性水平。随着分子生物学的发展和生物技术的不断完善，相信越来越多的分子标记技术将被开发，为人类揭开生命之谜提供更有效的工具。

四、种质资源遗传多样性在中药材生产上的应用

种质资源遗传多样性为生物亲缘关系研究、种质资源评价、DNA 指纹图谱构建、生物群落演替和生物物种保护研究等提供了科学的遗传信息，也为中药材生产提供了物质基础。

（一）亲缘关系比较与种质评价

物种亲缘关系研究是生物系统学的重要内容，是指运用形态学、解剖学、细胞生物学和分子生物学等方法比较分析种间或种内关系的远近。传统的形态学方法鉴定亲缘关系受主观和客观的影响较大，现代分子生物学的发展为其提供了简便、可靠的技术。亲缘关系研究不仅能为阐述生物进化问题提供依据，也可为建立生物分类系统、保护遗传多样性和种质资源的合理利用提供有价值的资料。

我国疆土辽阔，地质地貌复杂，南北气候差异大，这种特殊的自然环境孕育了丰富的生物种质资源，尤其是形成了中药材种质资源遗传多样性。运用 DNA 指纹图谱技术、基因芯片技术、光谱和色谱技术等能科学而有效地进行中药材亲缘关系研究和种质资源评价，对中药材溯根正源有着重要的意义。

（二）指纹图谱构建与种质改良

种质资源遗传多样性，集中体现在 DNA 多样性上，由此导致其遗传性状上的差异，特别是中药材化学成分上的差异，从而为中药指纹图谱的构建提供了物质基础。中药指纹图谱是指某些中药材或中药制剂经适当处理后，通过一定分析手段得到的能够标示其化学特征的色谱图或光谱图。中药指纹图谱是一种综合的、可量化的鉴定手段，它是建立在中药化学成分系统研究的基础上，主要用于评价中药材以及中药制剂半成品质量的真实性、优良性和稳定性，"整体性"和"模糊性"为其显著特点。指纹图谱可分为三大类：①光谱指纹图谱，如 UV、IR、NIRS 和荧光光谱指纹图谱；②色谱指纹图谱，如 TLC、HPLC、GC 等；③利用现代分子生物学技术而建立的生物分子指纹图谱，即利用 DNA 分子差异构建而成，能从本质上探索生物遗传物质的变异，可以科学地区别地道药材与其他品种的差异。

通过遗传多样性研究，可以获得中药材种质进化的相关信息，同时也可发现其优良基因（如抗旱、抗虫、抗病毒基因），再通过基因工程手段，将优良基因导入靶物种体内，实现人工改良中药材种质，增强其生存能力，从而使其优质丰产。

（三）生态环境影响与群落演替

由于自然因素或人为选种等原因，种群在长期的进化中会发生种群隔离，有遗传意义的种群隔离会形成新的物种，产生遗传分化。例如，因地壳运动造成本来生长在一个板块上的物种彼此分开，首先形成地理隔离，再随着时间推移而使遗传突变不断积累，最终导致生殖隔离，形成新的物种。因为种子或花粉的传播、生境的改变、人为引种、选种等均可能形成隔离、遗传漂变等，进而导致物种自身的生存环境发生改变，形成新的分布格局。物种在生境中会受环境的影响并与群落中的其他种群对共同资源产生竞争，竞争力的强弱决定了其个体的生长发育和种群数量的增长，甚至导致优胜劣汰，从而决定群落中优势物种。所以，物种在受生境影响的同时，也不同程度地影响了生境，在决定优势物种或优胜劣汰的过程中也表现出了群落更替演变规律。

植物群落演替既指植被在裸地上的形成和建立过程的原生演替，亦包括植被在受到内外干扰后的恢复或重建的次生演替过程。植物群落演替主要表现为不同物种的相互替代而导致植物群落在组成、结构和功能等方面发生变化，这些变化与植物对不同演替阶段环境的生理适应机制是分不开的。生态环境的改变，是群落演替的外部因素，生物遗传多样性研究，可以从本质上揭示生态环境改变与群落演替的关系。植物群落演替早期和后期的生理生态环境有着显著差异，以光照为例，不同演替阶段入射到土壤表面的光在光强和光质上都有很大的差别，演替早期光照强且富含红光，演替后期光照弱且富含远红光。因此在演替早期，植被阳光充足，种子的萌发需要强光才能萌发；而演替后期，种子的萌发甚至无须光照就可以发芽。可见，在群落演替过程中，生态环境是重要的影响因素，最后将导致遗传上发生变化。对药用植物种质资源遗传多样性进行研究，有助于了解其群落演替的变化过程。

（四）濒危机制研究与物种保护

物种多样性体现了生物资源的丰富性和生物与环境的复杂关系，而随着自然环境的恶化、人类活动的影响、生物本身的退化导致生物多样性丧失，特别是人类活动的影响，如资源的过度使用、生境的破坏等。对濒危物种遗传多样性和群体遗传结构的研究是揭示其适应潜力的基础，也可为进一步探讨濒危物种的濒危机制、制定相应的保护措施提供科学依据。

近年来，有关保护遗传学的研究主要集中在以下两个方面：①小种群内的遗传漂变和近交。种群越小遗传漂变的影响越显著，漂变也将显著改变种群的遗传结构；近交通过近交衰退和杂合度丧失而影响个体适合度。②遗传多样性与种群生存力。有效种群大小为500个个体的种群就足以维持种群内数量性状的遗传变异，以及种群对未来环境变化的适应能力。遗传多样性的丧失，是危及生物物种灭亡的一大原因，而自交不亲和基因的丧失和种间杂交导致的遗传同化则是危及种群生存的又一杀手。生物多样性保护的首要任务是物种的保护。

第三节 现代设施农业技术在中药材种植中的应用

一、现代设施农业技术的基本概念

现代设施农业技术是集农业工程技术、生物工程技术和环境工程技术为一体,跨部门多学科的一项先进的现代农业系统工程技术。它是在外界气候不适合的季节,通过设施装备及环境调节,为农作物营造较为适宜的生长环境,形成早熟、高产、优质、高效的集约化农业生产方式。它利用了自动化、机械化、农业电子智能化等高技术,使温度、湿度、光照和营养等组合的综合环境自动控制,以达到作物生长所需的最佳条件,生产作业程序自动化和机械化,达到科学配置和利用资源的目的。自动化和智能化等高科技的应用,使栽培环境不受自然条件的影响,使农业现代化生产成为现实。

科学技术是推动现代设施农业发展的根本动力,生物技术、信息技术、能源技术、新材料技术等高新技术在设施农业中的综合应用,使设施农业成为技术高度密集的产业,向大型化、机械化、自动化和信息化方向发展,从而有力地促进了现代农业的可持续发展。

二、现代设施农业技术在中药材栽培中的应用

中药材主要用于防病治病,所以不仅要求产品的外观性状好,更要求内在品质高。中药材有效成分含量的高低受多方面因素的影响,如受药用植物生物学特性、栽培技术、栽培年限、采收部位、采收期、加工方法、贮藏条件以及环境因素等的影响,其中与栽培技术有着更为密切的关系。从中药材的栽种到采收各环节所采取的栽培措施均可能影响药用成分的含量,而现代设施栽培技术能有效地解决这些复杂问题。

(一)地膜覆盖栽培技术

地膜覆盖栽培技术是指将专用塑料薄膜贴盖于栽培地表面,以促进植物生长的技术。地膜覆盖栽培技术兴起于20世纪70年代,并且迅速在欧美、日本等国家得到普及。20世纪80年代以后,大多数发展中国家应用地膜覆盖的农田面积和种植范围不断扩大。应用地膜覆盖栽培技术可以使喜温药用植物向北推移种植2~4个纬度,即延长无霜期10~15天,提高旱地水分利用率30%~50%。此外,为配合地膜覆盖栽培技术而研制出的各种型号的覆盖农业装备也相继问世。地膜覆盖栽培具有增温、保水、保肥、改善土壤理化性质、提高土壤肥力、抑制杂草生长、减轻病害的作用,在连续降雨的情况下还有降低湿度的功能,从而促进植株生长发育,提早开花结果,增加产量,减少劳动力成本等。

(二)温室栽培技术

温室栽培技术是指用保暖、加温、透光等设备(如冷床、温床、温室等)和相应的技术措施,保护喜温植物御寒、御冬或促使生长和提前开花结果等的技术。药用植物温室栽培主要包括塑料大棚栽培和现代玻璃房栽培两类。玻璃房温室可以自动控制

室内的温度、湿度、灌溉、通风、二氧化碳浓度和光照，但能源消耗大、成本高，因此一些国家大力研究节能技术，如室内采用保温帘、双层玻璃、多层覆盖和利用太阳能等技术措施。

（三）无土栽培技术

无土栽培是指不用自然土壤，而利用含有植物生长发育所必需的元素的营养液来提供营养，并使植物能够正常完成整个生命周期的栽培技术。它具有产量高、品质好、商品价值高、节水、节肥、省工、病虫害少、无连作障碍、生产过程可实现无害化、充分利用土地资源、实现农业生产的现代化等众多优点，发展前景广阔。

目前，中药材种植方式几乎仅限于土壤栽培，将无土栽培技术应用于中药材生产具有实际意义。一方面，无土栽培有助于了解中药材的营养需求；另一方面，无土栽培更有利于中药材高产优质、绿色安全。

（四）植物工厂化栽培技术

药用植物工厂化栽培是一种崭新的生产模式，它依托设施园艺学、环境控制学、生物技术、计算机科学等学科基础，借助于工程手段以提高药材产量和品质，是一种知识与技术密集的集约型生产方式。中药材的传统栽培方式存在诸多不足，如种苗质量不稳定、环境条件不易控制、繁殖周期长等，而采用先进的控制和栽培技术进行工厂化栽培，可使中药材在人为可控的环境条件下繁殖生长，不受季节、土地等自然因素的制约，易于实现中药材的优质和高产。药用植物的工厂化栽培技术不仅对我国药用植物野生资源的保护有着重要意义，还能克服露地栽培的弊端，缩短栽培周期，有着巨大的商业前景。

药用植物工厂化栽培有以下优点：①可以根据特定药用植物模拟其特殊的生长环境和营养需求，保证其药用有效成分的含量，以达到生产地道药材的目的，从而保证药材质量；②生长环境易于调节，病虫害少，可以不使用农药，药材产品无公害；③工厂化栽培可提供药用植物生长的适宜环境，植株生长快速，药材产量高；④药材种苗工厂化生产，可为药材大面积生产提供充足的优质种苗，从而降低育苗成本，避免育苗风险；⑤药用植物工厂化栽培，可实现统一播种、统一移植、统一栽培、统一管理、统一收获、统一加工等工厂化生产流程，从而保证药材质量，以形成自己的品牌，提高药材在国内外市场上的竞争力。

第四节　贵州中药材高效农业示范园区建设与发展

一、贵州中药材高效农业示范园区建设的重要性

建设贵州省中药材高效农业示范园区，是做大中药材产业规模、提升中药材产业水平、促进药农增收、推动特色经济发展的"推进器"，是传统农业向现代农业转型升级和提质增效的有效载体，是当前及今后一个时期贵州省中药农业工作的重要内容。中药材高效农业示范园区可以最大限度地丰富中药农业的功能，使药材产品和产前、产中、产后整个过

程均能产生经济社会效益，提高药材产品附加值，增加药农收入，引入人文关怀，促进新农村建设，并逐步推动农业发展方式的根本转变。

中药材高效农业示范园区一般具有生产、生活和生态三大功能。生产功能就是经济功能，通过以立足本地资源为基础，以市场为导向，以科技为支撑，以效益为中心，实现企业有利润、农民得收入、财政得税收。生活功能就是社会功能，一方面通过园区展示最新的农业科技成果、最先进的农业管理经验、最具活力的农业经营方式；另一方面通过辐射扩散作用，促进产品、资本、技术、人才、信息的流动，把经济动力和创新成果传导到广大周边地区，带动整个区域甚至全省农村经济的发展。生态功能就是环境功能，园区本身具有的科学性、知识性、趣味性和可参与性，只要略加配套包装，就可成为很好的生态旅游观光产品，而且投资省、见效快、风险低、可塑性强，既可观光，又可参与，既可品尝，又可带产品，具有其他旅游不可比拟的独特魅力。因此，切实抓紧抓好我省中药材高效农业示范园区的建设具有重要意义。

二、贵州省中药材高效农业示范园区建设的蓬勃发展

近年来，贵州省中药材高效农业示范园区建设有了长足的发展。截至 2013 年年底，贵州省已建立了施秉县牛大场中药材现代高效示范园区、毕节市七星关区阿普屯现代中药材示范园区、独山县现代农业示范园区等特色农业示范园区；2014 年又新增了六枝特区北部库区中药材生态农业示范园区、罗甸艾纳香农业科技示范园区等中药材高效农业示范园区。这些中药材产业园区各有特点，对有效带动贵州中药材产业健康发展均起到了积极作用。

（一）基础设施建设

各中药材产业园区坚持把配套设施建设摆在园区建设的突出位置。在配套基础设施方面，园区新建成主干道、机耕道等；在生产性设施方面，新增了智能化大棚、生产性大棚、中药材加工厂、质量检测中心、组培工厂等；在服务设施方面，新建成小型气候自动观测站、病虫害检测防治点等。这些基础设施为园区道路通畅、灌溉便利、用电便捷提供了保障，为园区快速发展创造了条件。

（二）主导品种与品牌建设

各中药材产业园区选择适合园区生长、具有区域特色、经济效益高的品种作为园区的主导品种，通过推进产业化良种繁育基地、规范化种植基地建设，加快推进品种、品质建设工作，大部分园区已建成初具规模的品种繁育基地。其中，如施秉牛大场中药材现代高效示范园区以特色中药材太子参为主打品种，建立了规范化种植与 GAP 基地，现已成为我国知名太子参主产区之一；赤水金钗石斛示范园区形成了国内最大的石斛原料药材生产基地，建立了金钗石斛仿野生规范化种植与 GAP 基地，于 2014 年获得国家中药材 GAP 认证并公告；绥阳县小关金银花山区特色农业示范园区；剑河县钩藤产业示范园区形成了钩藤核心种植示范区和钩藤种植精品示范点等。

2013～2014 年，贵州省省级扶贫中药材现代高效农业示范园区见表 6-1。

表 6-1　贵州省省级扶贫中药材现代高效农业示范园区一览表

序号	市、州	园区名称	主导产业	建园年度	2014 年全省排名
1		赤水市金钗石斛扶贫示范园区	中药材	2013	30
2	遵义市	绥阳县小关金银花山区特色农业扶贫示范园区	中药材	2013	18
3		道真仡佬族苗族自治县特色中药材产业科技扶贫示范园区	中药材	2014	131
4	六盘水市	六枝特区北部库区生态农业扶贫示范园区	中药材	2014	78
5	毕节市	七星关区阿普屯现代中药材扶贫示范园区	中药材	2013	50
6		金沙县中药材产业扶贫示范园区	中药材	2014	144
7	铜仁市	松桃县长兴百合产业扶贫示范园区	中药材	2013	52
8		剑河县钩藤产业扶贫示范园区	中药材	2013	162
9	黔东南州	黎平县天香谷芳疗植物现代农业扶贫园区	中药材	2014	68
10		施秉县牛大场中药材现代高效扶贫示范园区	中药材	2013	29
11	黔南州	独山县现代农业扶贫示范园区	药、果	2013	42
12		罗甸县现代高效农业扶贫示范园区	菜、果、药	2013	75

（三）园区建设初见成效

经过近几年的建设，贵州省中药材产业示范园区已初步显示出示范带动作用，各园区均取得了较好成绩，并有效推动中药材产业成为贵州省增长快、效益好、老百姓得到实惠多的重要富民生态产业。2013 年，10 个中药材产业园区共计种植中药材 307 860 亩，产量 98 550 吨，产值 317 158 万元，园区涉及药农共计 367 824 人，中药材种植带动农民 235 331 人，园区人均收入达到 8653.4 元，较好实现了园区以点带面、辐射帮扶的作用。

2014 年，贵州省中药材园区发展迅速，多地建设中药材产业园区，园区的产业带动作用不断凸显，截至 2014 年年底，贵州省中药材产业园区有 12 个，共计种植中药材约 33.80 万亩，中药材种植带动农民约 22.34 万人，其中贫困人口约 13.09 万人。园区中药材初加工产业初步发展，中药材初加工比例不断提高，2014 年中药材初加工实现产值约 4.24 亿元，见表 6-2。

表 6-2　贵州中药材高效农业示范园区的发展与效益

序号	园区名称	种植面积/亩	带动农民/人	带动扶贫对象/人	中药材加工率/%	中药材加工总产值/万元
1	施秉县牛大场中药材现代高效扶贫示范园区	18 180	16 300	4 500	30	3 190.00
2	七星关区阿普屯现代中药材扶贫示范园区	27 950	14 815	10 983	85	3 398.00
3	剑河县钩藤产业扶贫示范园区	93 000	24 191	5 262	13.5	2 765.00
4	绥阳县小关金银花山区特色农业科技扶贫示范园区	22 000	20 000	5 000	90	9 500.00
5	赤水市金钗石斛扶贫示范园区	17 390	20 000	5 000	—	—
6	黎平县天香谷芳疗植物现代农业扶贫园区	3 940	7 724	1 500	100	200.00
7	罗甸县现代高效农业扶贫示范园区	21 500	2 356	1 468	70	4 669.00

续表

序号	园区名称	种植面积/亩	带动农民/人	带动扶贫对象/人	中药材加工率/%	中药材加工总产值/万元
8	道真仡佬族苗族自治县特色中药材产业科技扶贫示范园	39 590	3 568	1 678	10	156.00
9	六枝特区北部库区生态农业扶贫示范园区	14 500	16 325	6 325	12	—
10	金沙县中药材产业扶贫示范园区	15 000	4 298	1 725	—	—
11	松桃县长兴百合产业扶贫示范园区	30 000	69 856	68 541	98.5	15 508.40
12	独山县现代农业扶贫示范园区	35 000	24 000	18 880	87	3 000.00
	合计	337 960	223 433	130 862	—	42 386.40

注：本表引自贵州省扶贫开发领导小组办公室《贵州省中药材产业发展报告（2014年）》（2015年8月）。

【附】贵州省中药材高效农业示范园区的建设与蓬勃发展简介

1. 贵州施秉县牛大场中药材现代高效扶贫示范园区

本园区属贵州省"5个100工程"，又是全省32个重点现代高效农业示范园区。2014年，园区完成中药材示范基地种植面积18 180亩，主要品种太子参种植面积15 700亩，其他品种完成种植面积2480亩；完成中药百草园50亩；建成种子种苗繁育区350亩；累计引进、推广种植的中药材品种有63个，获得授权的发明专利有11项，园区企业获得国家、省部级科研项目18项。本园区内有农民1.63万人参加种植中药材，其中贫困人口4500人，中药材总产量达0.16万吨，总产值1.33亿元，人均收入10 233元，帮助贫困农户1105人实现脱贫。

截至2014年年底，园区已引进贵州三泓药业股份有限公司、贵州徽贵药业有限公司、贵州省施秉县大富祥药业有限公司等5家中药材生产加工企业入驻园区。同时还有牛大场中药材协会、健民中药材农民专业合作社、牛大场中药材种植农民专业合作社等13家合作社参与园区建设。

2. 贵州七星关区阿普屯现代中药材扶贫示范园区

本园区是贵州省"5个100工程"的省级重点现代高效农业示范园区。2014年，园区累计完成中药材种植27950亩，辐射带动全区种植中药材3.6万余亩。园区中药材总产量达0.4805万吨，总产值25 950万元。总销售收入20 132万元，总销售利润13 390万元。园区年人均纯收入9000元，带动农民从业人数约1.48万人，其中贫困人口约1.10万人。

截至2014年年底，园区已引进九方药业有限责任公司、内蒙古蒙正药业股份有限公司、重庆兆德投资有限公司等3家中药材生产加工企业入驻园区。入驻中药材种植农民专业合作社9个，签订招商引资项目3个，签约资金61 185万元。

3. 贵州剑河县钩藤产业扶贫示范园区

本园区2014年投入扶贫专项资金600万元，在全县12个乡镇规划种植钩藤1.6万亩，园区内中药材种植面积9.3万亩。本园区农业人口数量4.6万人，其中扶贫对象数量2.32

万人。园区通过中药材种植带动农民约 2.42 万人，带动农户比率为 52.63%。带动扶贫对象 5262 人，带动扶贫对象比率为 22.65%；参加合作组织农户比率 6.4%；园区内中药材加工率为 13.5%，实现加工产值 2765 万元。

截至 2014 年年底，园区积极开展招商引资工作，取得了显著成效。先后与贵州金藤苗王生物医药股份有限公司、剑河县天然植物油有限责任公司、广东兄创生态农业科技开发有限公司等四家企业签订了投资协议，签约资金 58 800 万元，目前到位资金 26 800 万元；园区现入驻企业有贵州金藤苗王公司、剑河县老蔡食品公司等 8 家农业企业（其中规模以上企业 5 家，省级以上重点龙头企业 2 家），其中投产 8 家，达产 4 家。

4. 贵州绥阳县小关金银花山区特色农业科技扶贫示范园区

本园区是贵州省"5 个 100 工程"的省级重点现代高效农业示范园区，2014 年，园区种植山（金）银花 2.2 万亩。中药材种植带动农民 2 万人，其中贫困人口 5000 人，2014 年度园区中药材加工总产值达 9500 万元。

截至 2014 年年底，本园区成功创办了全国首家金银花主题创业园、产业园，成功收购了中国金银花交易网，成功在北京举办了首届中国金银花论坛，成功与贵州百灵集团和遵义医学院签订了战略合作协议。郎笑笑、实心人等金银花产品成功上市，中华老字号老谢氏金银花蛋糕、菲律宾金银花日化等一批围绕金银花产品研发的知名企业入驻产业园建设，极大地提升了绥阳金银花的知名度和影响力。

5. 贵州赤水市金钗石斛扶贫示范园区

本园区包括长期镇、官渡镇、长沙镇、旺隆镇、复兴镇、丙安乡 6 个乡镇 18 个村，国土面积 27.3 万亩。2014 年，本园区在复兴、旺隆、长沙、长期、官渡、丙安等乡镇种植金钗石斛约 1.74 万亩，建成原生态金钗石斛基地 2300 亩，完成进程路、观光便道、水池管网等基础设施建设。通过中药材种植带动农户 2 万人，其中贫困人口 5000 人。

截至 2014 年年底，本园区坚持示范引领，以扶贫园区为抓手，大力发展石斛映像乡村旅游产业，提升石斛扶贫产业园区的示范带动作用，使园区示范作用大大提高，辐射带动了周边农户发展乡村旅游。园区推行由园区建立龙头企业或专业合作社与基地农户签订生产销售和物资供应合同，积极探索"订单农业"生产经营模式，带动了基地农户生产管理水平的提升。

6. 贵州黎平县天香谷芳疗植物现代农业扶贫园区

本园区 2014 年完成了中药材示范基地种植面积 3940 亩基地建设，主要有艾纳香 2500 亩、米槁 1400 亩，其他名贵中药材品种（薰衣草、柠檬、洋甘菊等）完成 40 亩。中药材百草园项目基础配套设施基本完成建设。本园区总体规划已由省农科院编制完成，并报省扶贫办审核通过。2014 年，本园区基础设施和重点建设项目取得突破性进展，园区投资 1863 万元，修建道路 27.8km，实现"天香谷"景区与厦蓉高速、肇兴景区、地坪风雨桥互联互通；民族文化体验中心、芳香走廊、肇兴"今宕宫"旅游综合体、百香苗圃建设等项目均已按既定目标完成。

截至 2014 年年底，本园区中药材总产量达 200 吨，总产值 895 万元。总销售收入 442.8 万元，总销售利润 55 万元。带动农民从业人数 7724 人，其中带动扶贫对象 1500 人。园区内中药材加工率为 100%，实现加工产值 200 万元。园区已入驻企业如贵州宏宇药业股份公司，签约资金 4600 万元。

7. 贵州罗甸县现代高效农业扶贫示范园区

本园区 2014 年中药材种植面积 2.15 万亩，投入资金 400 万元，实施艾纳香、火龙果提质增效与产业发展项目，其中投资 120 万元发展艾纳香 1500 亩；投资 80 万元用于艾纳香提质增效。

截至 2014 年年底，本园区中药材种植带动农民 2356 人，其中贫困人口 1468 人。2014 年度园区中药材初加工比例达到 70%，实现总产值达 4699 万元。

8. 贵州道真仡佬族苗族自治县特色中药材产业科技示范园区

本园区 2014 年建设累计完成投资 1.5 亿元，完成中药材基地种植约 3.95 万亩，其中玄参 15 000 亩、党参 6500 亩、金银花 5000 亩、红豆杉 4500 亩、天麻 90 亩、其他中药材 8500 亩。园区主体中入驻的企业 4 家，全部投产，农民专业合作社 5 家，已全部达产。

截至 2014 年年底，本园区中药材种植带动农户 3568 人，其中贫困人口 1678 人。2014 年度园区中药材初加工比例为 10%，实现总产值 156 万元。

9. 贵州六枝特区北部库区生态农业示范园区

本园区已建成温室育苗大棚 150 个，PC 连栋大棚 3628m^2，用于铁皮石斛种植。建成组培实验室 4000m^2 培育中药材苗木，可实现每月出苗 160 万株，年出木本药材苗 1000 万株。建有 6m×30m 的单体大棚 100 个，已种植黄柏、太子参等中药材。有贵州康众医药发展有限公司、六枝道地种养殖农民专业合作社等企业和合作社入驻。

截至 2014 年年底，本园区中药材种植面积达到 1.45 万亩，中药材种植带动农民 16 325 人，其中贫困人口 6325 人。

10. 贵州金沙县中药材产业示范园区

本园区位于金沙县茶园、沙土两乡（镇），主导产业为药用牡丹种植及加工和铁皮石斛种植、研究，规划到 2017 年全部建成投产。2014 年，园区中药材种植面积 1.5 万亩，其中已种植牡丹 8500 亩，加工厂及综合服务中心进入平场阶段；铁皮石斛种植已完成投资 650 万元，流转土地 1200 亩，完成园区生产便道、机耕道及土地平场工作，大棚采购工作已经完成待安装。园区中药材种植带动农民 4298 人，其中贫困人口 1725 人。

截至 2014 年年底，本园区已入驻企业 3 家，专业合作社 10 家，家庭农场 1 家。配备农技人员 30 名，培训农业从业人员 3000 人，商品化率达 90% 以上，招商引资项目 2 个，实施项目 1 个，计划投资 3.8 亿元，完成投资 1.52 亿元，累计完成投资 1.7 亿元；农业总产值达 1 亿元，直接销售收入 8560 万元，总销售利润 2471 万元。

11. 贵州松桃县长兴百合扶贫示范园区

本园区为省"5 个 100 工程"之一，规划面积 6 万亩。2014 年本园区中药材种植面积 3 万亩。建成快速育苗大棚 3850 亩；园区中药材种植带动农民约 6.98 万人，其中贫困人口约 6.85 万人。2014 年度园区中药材初加工比例为 98.5%，实现总产值约 1.55 亿元。

截至 2014 年年底，本园区已引进贵州恒霸药业、贵州信邦药业、贵州多伦农业开发有限公司、贵州健神农业科技发展有限公司、贵州武陵农业科技开发有限公司等多家知名企业落户，企业涉及中药材组培育苗、中药材种植和中药材加工。园区入驻省级农业产业化（扶贫）重点龙头企业 3 家、市级重点（扶贫）龙头企业 5 家，有专业合作社 27 家。

12. 贵州独山县现代农业扶贫示范园区

本园区是贵州省"5 个 100 工程"重点打造的 32 个现代高效农业园区之一，是贵州省重点打造的 37 个重点药材生产县之一，也是全省 34 个重点现代农业扶贫产业园区之一。2014 年本园区中药材种植面积 3.5 万亩。建成鸟巢温室大棚 1.3 万 m^2，完成 2000 万 m^2 的铁皮石斛无菌组培室，年可产优质石斛种苗 1000 万瓶。建设 1000 亩铁皮石斛集约化种植连栋大棚，完成仿野生种植 2000 亩。

截至 2014 年年底，本园区已引进入驻企业有贵州绿健神农股份有限公司、贵州济生农业科技有限公司、贵州远志佳明科技发展有限公司、贵州独山柳业食用菌有限公司、贵州省独山县惠农食用菌等 15 家中药材生产加工企业。入驻中药材种植农民专业合作社 36 个。签订招商引资项目 18 个，签约资金 11.15 亿元。本园区中药材总产量达 1510 吨，总产值 48 000 万元。总销售收入 36 000 万元，总销售利润 19 200 万元。园区年人均纯收入 15 800 元，带动农民从业人数 2.4 万人以上，其中贫困人口约 1.89 万人。

注：上述简介资料引自贵州省扶贫开发领导小组办公室《贵州省中药材产业发展报告（2014 年）》（2015 年 8 月）。

三、贵州中药材高效农业示范园区发展存在的问题与对策

（一）存在问题

中药材高效农业示范园区建设，构建了提高贵州省中药材产业创新能力的平台，为中药材产业整体发展水平的提升提供了技术支撑。但是，在园区建设发展过程中也存在一定问题。

（1）主导产业不突出。部分园区建设面积小，生产区域分散，品种多而杂，这些情况将造成园区主导产业不突出，产品规模上不去，产量上不去，产品质量不能保证，生产成本不断增加，难以满足市场的需求，园区经济效益和社会效益均受到影响。

（2）建设状况不平衡。个别园区管理机构较薄弱，建设速度较缓慢，建设质量不理想，加之基础条件彼此不同，发展环境条件相去较远等因素，故园区建设进度参差不齐，建设效果差距较大。

（3）设施条件不够好。各园区农技装备普遍不足，仅有少量大棚、喷灌设施等，农业机械化程度较低，规范化程度不高，从业者的素质技能有待提升，现代农业各要素组装不够。

（二）发展对策

各园区应充分利用协作单位的人才、技术、信息等优势，不断增加新的内容，逐步扩大规模，努力提高水平，把中药材产业园区建设成为新技术研究基地、优良品种繁育基地、种植模式示范基地、技术人才培养基地、对外宣传样板基地，以此推动贵州省中药材产业沿着科学、优质、高效的轨道快速发展。

（1）加大园区投入。建议省、市、县财政设立中药材产业园区发展专项资金，集中力量扶持省级重点园区，对非重点园区也应在项目上给予支持。完善有关投融资优惠政策，吸引省内外科技企业、社会团体和个人入园，以股份、独资、合作等形式进行资金投入，建立多元化园区投融资体制。加强引导广大农户以土地、劳动力、资金、技术等各种生产要素以及承包、入股等形式参与园区建设，搭建产业融资平台，加大招商引资力度，撬动金融资本投入，带动社会资本输入，努力做强产业。

（2）强化科技支撑。各园区应深化农技推广体系改革，加强产业与前沿技术对接，加大农业科技研发力度，大力引进推广新品种、新技术，加强品质品种品牌建设，建立服务园区发展专家人才库，建立"一个园区、一个主体、一位专家、一套方案"的科技指导服务机制。加强以农技推广、有害生物防控、农产品质量监管"三位一体"基层农业公共服务体系建设。加强园区人才需求信息建设，引进园区急需专业技术、经营管理人才。

（3）创新运行机制。积极引进现代企业制度，实行企业化运作，明确投资主体，建立灵活高效的园区建设体制。依托农业专家、科研院所技术优势，吸引各类企业和投资主体在园区建立基地、兴办项目。加快培育壮大农民合作社，提高农民参与中药材示范园区的组织化程度。鼓励和扶持返乡创业人员和农技人员进园区创业兴业。积极探索园区生产经营模式，通过现有科技成果及技术在园区建设过程中进行组装配套，实行标准化生产、企业化管理，不断提高园区综合经济效益。

（4）强化招商引资。用现代金融理念调动社会资本投资中药材高效农业示范园区建设，形成资源招商、品牌引商、人气聚商的招商引资大环境，吸引企业、科研单位和社会力量参与投资建设。通过招商引资，引进外来投资者，特别是战略投资者和实力雄厚的大公司，引入贵州参与园区建设；同时也要依靠内动力发展农业产业，鼓励省内龙头企业、农民合作社等经营主体兴办中药材产业园区，充分调动广大干部群众参与建设中药材产业园区的积极性，增加社会投入。

（5）加强品牌建设。强化树立特色品牌引领贵州省中药材高效农业示范园区发展的理念，依托龙头企业在资金、技术、信息、市场和经营管理等方面的优势，制定实施企业品牌发展规划，建立品牌中药材产业基地，开发品牌产品，积极帮助企业做好品牌的宣传策划，促进品牌中药材产品输出，扩大名牌中药材产品的知名度。

主要参考文献

郭巧生. 2009. 药用植物栽培学[M]. 北京：高等教育出版社.

黄璐琦. 2000. 分子生药学[M]. 北京：北京大学医学出版社.

冉懋雄，周厚琼. 1999. 现代中药栽培养殖与加工手册[M]. 北京：中国中医药出版社.

陶兴无，刘志国，田俊，等. 2007. 生物工程概论[M]. 北京：化学工业出版社.

王树进. 2011. 农业园区规划设计[M]. 北京：中国中医药出版社.

夏海武，陈庆榆. 2008. 植物生物技术[M]. 合肥：合肥工业大学出版社.

张明生. 2013. 贵州主要中药材规范化种植技术[M]. 北京：科学出版社.

张乃明. 2006. 设施农业理论与实践[M]. 北京：化学工业出版社.

张献龙. 2012. 植物生物技术（第二版）[M]. 北京：科学出版社.

（张明生　吕　享　彭锦斌　田维秋）

第七章　植物组织培养技术在中药材生产中的应用

第一节　植物组织培养技术的基本概念与常用术语

一、植物组织培养的基本概念与重要意义

植物组织培养（tissue culture of plant）是指应用无菌操作培养植物的离体器官、组织或细胞，使其在人工控制条件下进行离体快繁生长和发育的技术；或要言之，是基于植物细胞全能性理论发展起来的一项现代生物技术。广义的植物组织培养又叫"离体培养"，是指从植物体分离出符合需要的组织、器官、细胞或原生质体等，通过无菌操作将其接种于含有各种营养物质和植物生长调节物质的培养基上进行培养，以获得再生的完整植株或生产具有经济价值的其他产品的技术，包括组织培养、器官培养、胚胎培养、细胞培养、原生质体培养等。狭义的植物组织培养快繁亦称"组培快繁"，是指用植物各部分组织，如形成层、薄壁组织、叶肉组织、胚乳等进行培养获得再生植株，也指在培养过程中从各器官上产生愈伤组织的培养，愈伤组织再经过再分化形成再生植株。

而动物细胞与组织培养（cell and tissue culture）是指用无菌方法将动物体内细胞或组织取出，模拟体内的生理环境，在体外进行培养，使离体细胞或组织生存、生长并维持结构和功能的一门技术，是动物细胞工程的基础。它与植物组织培养不同，故本章所述的植物组织培养技术在中药材生产中的应用，不涉及中药材的动物药材，只限于植物药材的组织培养离体快繁生长和发育。

植物组织培养也是生物工程技术中的一个极其重要的环节，它的发展大大促进了生物科学许多基础学科的发展。植物组织培养技术是生物技术的重要组成部分，在生产实践及基因工程、遗传转化等研究中有重要应用前景。植物脱毒及离体快繁，花药培养与单倍体育种，幼胚培养与试管授精，抗性突变体的筛选与体细胞无性系变异，植物产品的工厂化生产等方面的研究和应用，均必须借助植物组织培养技术的基本程序和方法。

众所周知，植物体内的各种组织或细胞，在正常情况下是受各组织或细胞之间的相互作用和影响而彼此制约的。所以采用原体植物来研究器官的发生或形成的机理及其生理变化等诸多问题是非常困难的。但植物组织培养技术，能将植物体的一个器官、一种组织或单个细胞从植物体取出后，在离体环境（如玻璃容器等）并在供给适当营养物质的条件下，使其得以继续生存或发展。这样，组织培养技术则在相当程度上克服了上述困难。一方面，因为组织培养所用的材料是离体的，减少了植物体其他部分的干扰；另一方面，它又是在人为操纵的预知的控制条件之下，影响组织或细胞活动的因素相对较为简单而可控。从而我们便可有意识地去选择或设置一些能引起某种生理生化变化的因素进行处理，以便探索离体培养下组织或细胞的发展变化规律，以及研究植物器官或组织形态建成的机理。因此，组织培养技术可作为利用原体植物进行研究时的一种理想的补充与可行的有效手段，对于细胞学、生理学、遗传学、生物化学等研究也是一个十分有力的武器。不仅如此，植物组

织培养技术不但在研究探索植物学的基本理论问题上已成为一种重要手段,而且在应用上也逐渐表现出了它的巨大潜力。随着生物技术的发展,植物组织培养现已发展成为主要由植物细胞培养技术和以再生成苗为目的的植物组织培养技术所组成的植物细胞工程。植物细胞工程是生物技术中较易实施的技术,其取材方便,设备可简可繁,投资可大可小,利用生产食用菌的消毒、接种设备,利用自然或人工控制的光、温条件即可进行。植物组织培养的研究开发与实践,已展现出植物药材组织培养技术的广阔前景,具有重要的社会效益、经济效益与生态效益,其在中药现代化与中药产业发展上有着重要意义。

二、植物组织培养的常用术语

在植物组织培养的研究与应用中,常接触到不少有关现代生物技术的术语。下面选择部分常用的术语进行简要介绍,以便更好地在中药组织培养中应用。

生物技术:指利用生物有机体或其组成部分发展新产品或新工艺的一种技术体系。生物技术的另一种表述是应用生物科学的理论、方法和技术,按照人们设计的蓝图,改良和加工生物或用生物及其制备物作为加工原料,以提供生物制品为人类社会服务的综合性科学技术。1982年经济合作与发展组织对生物技术的定义是:应用自然科学及工程学的原理,依靠微生物、动物、植物体作为反应器,对物料进行加工以提供产品来为社会服务的技术。生物技术包括基因工程、细胞工程、酶工程和发酵工程及其衍生技术和产品。

细胞全能性:指在离体培养下,植物的体细胞或性细胞被诱导发生器官分化和再生为具有与母体植株相同遗传信息的植株的能力。也就是说,细胞的全能性,即指细胞经分裂和分化后,仍具有形成其完整有机体等的潜能或特性。

外植体:指一般用于发生一个培养无性系的植物或器官的切段。当进行继代培养,将培养组织切开移入新的培养基时,这样的一种切段(或分割的部分)也可称之为外植体。

愈伤组织:指能够重复细胞分裂的植物细胞群。也就是从植物各种器官的外植体增殖而形成的一种无特定结构和功能的细胞团。一般情况下,植物的离体培养都是让其发育成完整的植株,但是也有例外,有时只需要用到其愈伤组织即可。

克隆化:指从相似成分的混合物中分离能繁殖的单个成分并进行分别繁殖的过程。

诱导:指在小分子(诱导物)存在时酶的合成速度增加的现象。

维管结节:指在愈伤组织培养中,在愈伤组织内出现的一种由维管组织细胞所组成的细胞团。

有性杂交:指通过相对交配型的单倍体核融合,进行遗传物质重组的过程。

无性繁殖系:指由同一个外植体反复进行继代培养后所得一系列的无性繁殖后代,即无性繁殖系。在细胞培养中,由单细胞形成的无性系则可称之为"单细胞无性系"。

器官发生:指在组织培养或悬浮培养中,由培养物形成芽或形成根的现象。

胚状体:亦称不定胚,系指培养过程中由外植体或愈伤组织产生的与正常受精卵发育方式类似的胚胎结构现象。根据其发育阶段不同也可采用正常合子胚胚胎发育各时期中的常用术语,如原胚、球形胚、心形胚、鱼雷形胚胶等来描述。

培养基:指营养物质的混合物。

培养物:指细胞群体。

纯培养物：指只含有一种生物的培养物。

染色体：指细胞核内载有基因的线状结构。

质粒：指染色体不连锁的可稳定遗传的 DNA 分子。

原生质体：指除去细胞壁后的微生物或植物细胞，形状为球形。

代谢物：指生化活动的产物。

筛选：指从大群体中分离特定生物或代谢物的选择性过程。

分化：指导致细胞或组织形成不同结构并引起功能或潜在发育方式改变的一种过程。

脱分化：指已分化的细胞在一定因素作用下，重新恢复分裂机能并改变原来的发展方向而沿着一条新途径的发育过程。在脱分化过程中，细胞失去其原有的结构和功能而形成一种新的组织（如愈伤组织等）。

再分化：指脱分化的细胞团或组织经重新分化而产生出新的具有特定结构和功能的组织或器官的一种现象（如由愈伤组织形成根、芽或胚状体等）。

胚胎培养：指成熟或未成熟的胚的离体培养。

器官培养：这是一个较为广泛的概念，指包括来自根尖、茎尖、叶原基、花器官的各部分原基或成熟的花器官的各部分以及未成熟果实的离体培养。

茎尖培养：指较小的仅带几个叶原基或少量幼叶的茎端部分的培养。通常用 1～10mm 大小的茎尖外植体来加速植物的无性系繁殖。在采用"茎尖培养"这一名词的同时，也有不恰当地与"分生组织培养"或"生长点培养"等术语混同起来的。由于真正的顶端分生组织或生长点只是茎尖中很小的一部分，在茎尖中其高度也不超过 0.1mm，这样的外植体是很难取得的；即使取得，其培养的成活率很低且生长十分缓慢。所以在概念上要把茎尖培养与生长点培养严格分开，不应混用。

悬浮培养：主要是指在液体培养基中，培养保持良好分散状态的单个细胞和小的细胞集聚体。由于它们的状态还没有达到形成一个组织的水平，故有时也称之为细胞培养。细胞培养这一术语也适用于指进行单个细胞（至少在开始培养时与别的细胞没有物理上的接触）生长的各种试验。目前，除了原生质体的悬浮培养外，似乎还没有一种理想的完全由单个细胞组成的悬浮培养。

继代培养：指由最初的外植体上切下新增殖的组织，继续转入新的培养基的培养。按照类似的方式，外植体可以经过连续多代的培养。

发酵培养：亦称发酵工程，指始用于微生物，发展到用于高等动、植物细胞，提供适宜的发酵条件，使之生产出特定产品的技术。目前，药用植物发酵培养的基本技术已经比较成熟，人们已经不仅仅满足于培养基的筛选、植物生长调节剂的配比、碳源和氮源的考察以及培养温度和光照等对培养物生长和次生代谢物合成影响的研究。

第二节　植物组织培养的理论基础与基本知识

一、植物组织培养的理论依据与基础

植物组织培养的创立和发展的理论依据与基础，是细胞全能性。细胞全能性是指细胞携带着某种生物的一套完整基因组，并具有产生该种生物完整个体的能力。但处于整体中不同部位的生活细胞，受到整体对其的控制，某些基因受到阻遏而不予表达，只能使另一些基因发挥作用。故完整植株中不同部位的生活细胞，只表现一定的形态及生理功能。当植物的器官组织与完整植株分离之后，就不再受完整植株对它们的控制。若供给外植体以合适的营养和生长调节物质，这些外植体在离体条件下则可分裂生长，先行脱分化，然后再分化为完整的再生植株，这充分证明了生物细胞所具有的全能性。尽管动物细胞在离体条件下的可分裂生长较难实施，但 1998 年美国科学家用老鼠体细胞克隆老鼠的成功，开创了动物体细胞可通过形态发生途径而获得再生个体的先河，也证明动物细胞同样具有全能性。

　　植物组织培养如图 7-1 所示，组织培养的理论依据与基础——细胞全能性的实现及利用如图 7-2 所示。

　　从图 7-2 中可见，细胞全能性的实现与利用有 A、B、C 三个循环，其中 A 循环表示生命周期，它包括了孢子体和配子体的世代交替。植物经常用无性繁殖法保持遗传的稳定性，且通常是幼年型植株比成年型植株更容易繁殖。B 循环表示细胞周期，即细胞所决定的核质周期，核质的相互作用、DNA 进行复制、转录 RNA 并翻译为蛋白质，使细胞全能性形成和保持。C 循环表示组织培养周期，是组织或细胞与供体失去联系，处于离体与无菌的条件下，靠人工营养及激素等条件进行代谢，使细胞处于异养状态。在这种情况下，一个分生组织可通过下述三个途径来实现细胞的全能性：一是由分生组织直接分生芽而达到快速繁殖的目的，这种情况下极少发生体细胞无性系变异；二是由分生组织形成愈伤

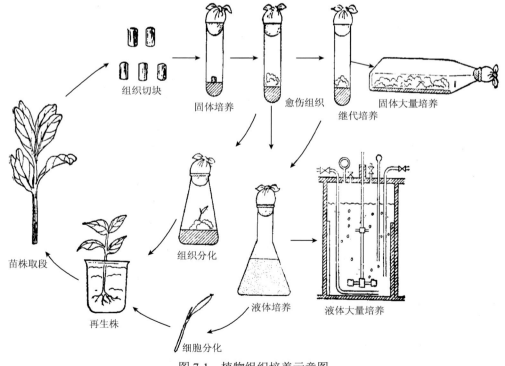

　　　　　　　　　　　　　图 7-1　植物组织培养示意图

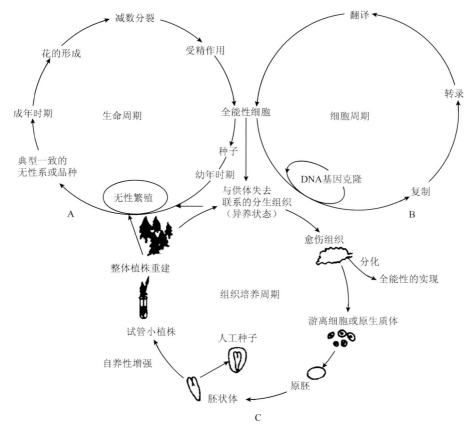

图 7-2　细胞全能性的实现与利用

（参考 Durzan，1980、1984a、1984b；Watada 等，1984；Chaleff 和 Roy，1984 绘制）

组织，经过分化实现细胞的全能性；三是游离细胞或原生质体形成胚状体，由胚状体直接重建完整植株，或制成人工种子后再重建植株，此阶段自养性明显加强。同时，B 循环细胞周期也可与 C 循环组织培养周期相结合，繁殖具有特殊有益于遗传性状的个体，然后进入 A 循环生命周期。还可以设想，用重组 DNA 技术可直接将异种 DNA 引入培养中的细胞或原生质体，并在整体植株中表达。可以预期，细胞全能性的进一步开发和利用，可望创造更多的新品种，并在改良现有品种的过程中，大大地节约空间和时间。

近十多年来，植物组织培养更加迅速发展，在大多数国家和地区都已普及。经过各国科学家的辛勤探索，植物组织培养已达到了很高的水平。这项技术已在科学研究和生产上开辟了令人振奋的多个新领域，在生产上广泛应用，成为举世瞩目的生物技术之一。在发展和应用这一技术上，各国竞相投资，已在快速繁殖、去除病毒、加速育种进程、次生代谢产物生产和种质资源的保存等方面，取得了巨大的经济效益、社会效益与生态效益。

二、植物组织培养的内容、分类与培养技术

纵观植物组织培养的全过程，其内容与分类，可根据培养材料及其培养方式进行概括，见图 7-3。

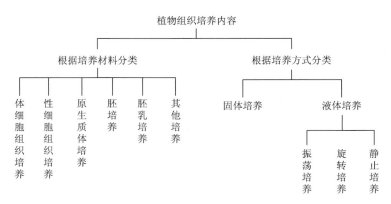

图 7-3　植物组织培养的内容与分类

按照上述植物组织培养全过程的内容与分类,下面仅对体细胞组织培养和性细胞组织培养技术相关的基本知识予以简述。

(一)体细胞组织培养

植物的体细胞组成的器官都是二倍体组织,如根、茎、芽、叶,花中的花瓣、花托、花丝、果皮、果肉、种皮。在实际应用中,以芽培养、叶培养、茎尖培养和茎培养比较广泛和有较大的经济效益。同一材料,不同试验室可用不同的配方达到共同的结果。体细胞组织培养的途径可归纳为两条(图 7-4):外植体为芽或具潜伏芽的大多是第一条途径;其他外植体走第二条途径,即经过愈伤组织或胚状体成苗的途径。

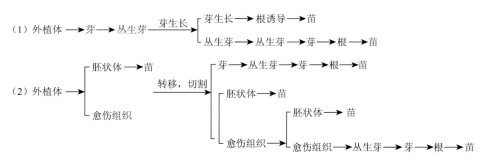

图 7-4　体细胞组织培养的成苗途径

胚状体是类似于胚的结构和功能的组织,它们的发育类似合子胚,可脱离愈伤组织在无激素培养基上独立萌发成苗,其形成芽和根是一致的。而愈伤组织成苗,茎芽和根是在愈伤组织的不同部位分别独立形成的,没有共同的维管束,形成的时间不一致。胚状体成苗数目多,速度快,结构完整。下面重点对愈伤组织培养等培养技术加以介绍。

1. 愈伤组织培养

(1)愈伤组织培养的基本概念与重要性:愈伤组织培养是指对植物各种器官或组织增殖而成的细胞团的培养。利用愈伤组织培养,在理论上可以阐明植物细胞的全能性和形态发育的可塑性，还可以诱导产生不定芽或胚状体而形成完整的再生植株（或称再生苗、试管苗）。

愈伤组织（callus）是植物各器官的外植体增殖而形成的一种无特定结构和功能的细胞团。而所谓外植体，一般是指用于发生一个培养无性系的植物或器官的切段。当进行继代培养，将培养组织切开移入新的培养基时，这样的一种切段或分割的部分便称之为外植体。愈伤组织则是在人工培养基上由外植体脱分化（dedifferentiation）长出来的一团无序生长的薄壁细胞，经过诱导有的能再分化成芽、根或完整植株。

组织培养材料主要是用愈伤组织，即利用受伤组织切口表面的一种脱分化的植物细胞块，除此之外，还有冠瘿肿瘤组织（由根癌病农杆菌引起）、病毒肿瘤组织（病毒感染所致）。此外，在选择材料时还应考虑到需要的次生物质在全植物中的合成部位，如果选材和培养方法适当，则可达到预期的目的。

（2）愈伤组织培养的条件：一般认为，愈伤组织培养成败的关键不在于植物材料即外植体的来源，而在于诱发愈伤组织的培养条件。因为植物体是一个有高度结构的多细胞系统，植物体中的不同组织及组成组织的不同细胞，都以高度的协调方式发挥作用。

一个有结构的器官或组织如根、茎或叶等，当将它与其母体分离所得的外植体，培养在含有植物生长调节剂如吲哚乙酸（IAA）、吲哚丁酸（IBA）、萘乙酸（NAA）、2, 4-D（2, 4-十二氯苯氧乙酸）、激动素（KT）、6-苄基氨基嘌呤（6-BA）或另一些嘌呤衍生物的培养基上时，外植体则可能转变为一种能迅速增殖的细胞团，即得该外植体增殖而形成的愈伤组织。在目前所试验的各种外植体材料中，几乎都能成功地从多种植物体诱发产生愈伤组织；也可以说，所有的多细胞植物均有诱导产生愈伤组织的潜在可能性。其诱发的重要条件，是加入了植物生长调节剂等培养因素。通常情况下，生长素和细胞分裂素对保持愈伤组织的高速生长非常必要，特别是当细胞分裂素与生长素联用时，其能强烈刺激愈伤组织的形成。常用生长素有：IAA、NAA 和 2, 4-D，一般使用浓度为 0.01~10mg/L；最常用细胞分裂素有 KT、6-BA，一般使用浓度为 0.1~10mg/L。

（3）愈伤组织培养的分期：以一块外植体成长为一团愈伤组织，大致要经历起动期、分裂期和形成期三个时期。

①起动期：是指细胞准备进行分裂的时期。外植体上已分化的活细胞在外源激素的作用下，将通过重新恢复分裂机能并改变原来发展方向而沿着一条新的途径发育的脱分化过程，从而起动进入分裂和形成愈伤组织；此起动期则是愈伤组织形成的起点。此时期外观上虽看不到外植体有多大变化，但细胞内都发生了激烈变化，如 RNA 含量增加、细胞核变大等。

②分裂期：是指细胞进入分裂的时期。其特征是外层细胞出现分裂，RNA 含量最高，细胞核最大时则标志细胞分裂进入最旺盛的时期。随着培养组织不断生长和细胞分裂，不久即形成愈伤组织并开始转入分化新的结构。

③形成期：是指细胞进入形成愈伤组织的时期。其特征是紧接分裂末期，细胞趋于稳定，细胞分裂已从分裂期的以组织的周缘细胞为主转为向较内部的组织形成。

但是，这样在形态学上所划分的上述三个时期，实际上它们的界限并不十分严格。特别是在分裂期和形成期之间，它们往往可以同时在一块外植体上出现而成一种无特定结构和功能的细胞团，即愈伤组织。在愈伤组织培养物中，细胞的分裂常常是以无规则的方式发生与进行的，并产生无明显形态或极性的无结构组织团。然而在某些实验条件下，从愈伤组织可再分化而产生苗或根的分生组织甚至是胚状体；继而由这些有结构的组织而发育成为完整的再生植株。这一现象充分说明，通过植物组织培养的研究应用，可有力阐明植物细胞的全能性，具有由单细胞再生而成为一株完整植株的潜在能力。即植物细胞携带有一个完整的基因组并具产生完整植株的能力，同时可见其形态变化的可塑性。所以，这种经脱分化以后再形成器官原基的过程，对于探索植物组织分化和器官建成具有重要意义。

2. 器官培养的基本概念与重要性

器官培养是指对植物根、茎尖、叶、花及幼小果实的无菌培养。在组织培养研究范畴中，器官培养不但研究最多，而且在应用上卓有成效。如根端的离体培养是研究生物合成的一种有效手段；茎尖培养（为较小的仅带有几个叶原基或少量幼叶的茎端部分的培养）通常用 1～10mm 大小的茎尖作外植体来进行植物的无性系繁殖，具有加速繁殖和去除病毒等优点。

器官培养的特点之一是保持了培养器官所具有的特征性结构，能在离体与整体情况相比较下，考察在离体下单个器官的特点与功能及其与外源激素反应的相互关系，从而能更深入地了解器官功能与器官间的相关性，以及探讨有关器官分化与形态建成等问题，以便更好地认识植物生命活动规律，达到控制和利用之目的。

器官培养中，一般指的是根、茎尖和叶的培养，将其归类于体细胞组织培养；而将花、幼小果实等属胚胎学范围的归类于性细胞组织培养。下面仅对根、茎尖培养和叶培养予以介绍。

（1）根培养。

离体根的培养具有生长迅速、代谢活跃及在已知条件下可据需要增减培养基中的成分等优点，所以多用来探索植物根系的生理及其代谢活动。如研究植物根系碳和氮素的代谢、无机营养的需要、维生素的合成与作用、生物碱的合成与作用等。一般来说，整体植物所必需的有关宏量元素和微量元素也是离体根生长所必需的。

进行离体根的组织培养时，第一步应获得遗传性一致的材料。为此，首先要建立起获得大量无性系的方法。其过程一般是先将培养种子用 70%酒精消毒，再用饱和漂白粉消毒，无菌水洗数次后将种子放入培养皿中的湿滤纸上，置于培养箱暗培养，直至胚根长出至 30～40mm，切取 10mm 长的根尖无菌操作接种于适宜培养基中 25℃培养，直至长出侧根，取侧根切取根尖 10mm 做新的培养材料，依法再行扩大培养。通过这种由单个直根衍生而来并经继代培养的根材料，它们为保持遗传性一致特点的培养物，故可称之为离体根的无性系。然后，可利用这些离体根的无性系进行其他有关实验研究。

（2）茎尖培养。

茎尖培养也具有繁殖迅速、方法简便及容易保持植株优良性状和去除病毒等优点。一般来说，带有叶原基的茎尖易于培养，小到 50～100μm 的生长点则较难培养，成苗更难。在用体细胞培养培育无病毒苗的研究中，特别是茎尖培养去病毒的作用更具实用价值。因为世界上受病毒危害的植物很多，如水稻、马铃薯及中药材地黄等，均可因病毒侵染而使品质变劣且严重影响产量。而病毒在患病的植株上分布不均，老的组织和器官含病毒较多，幼嫩及未成熟的组织和器官含病毒量较低。茎尖生长点是植物最年轻、细胞分裂最活跃的部分，所以它通常是几乎不含病毒或很少含病毒的。据此特点，茎尖中的生长点培养就成为能有效去除植物病毒获取植株复壮的重要方法。下面对植物脱病毒培养技术予以介绍。

①通过茎尖组织培养脱毒：由于植株顶端分生组织一般是无病毒的，可先将供体置于25～30℃环境下，1～2周后，再置于37℃±1℃环境下，28天左右后再取0.2～0.5mm的茎尖接种，一般接种材料带1～2个叶原基培养效率较高，先形成愈伤组织再分化成丛生芽和新植株。另外，不论何种外植体，只要通过愈伤组织或种子幼苗组织成苗的都有脱毒效果，但易发生形态变异。

茎尖组织培养脱病毒程序示意图，见图7-5。

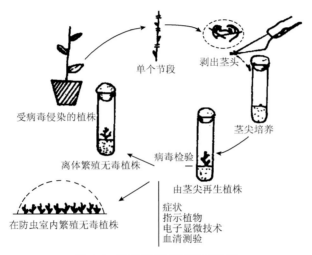

图7-5 茎尖脱病毒程序示意图

随着脱毒技术的发展，现在还发明了热疗法脱毒，以使获得无病毒植株更加可靠。这是因为在高于正常的适宜温度下，植物组织的很多病毒可被部分地或完全地钝化，但却不伤害植物。热处理可通过热水或热空气进行，热水处理对休眠芽效果较好，热空气处理对活跃生长的茎尖效果较好。具体热处理脱毒方法是：把旺盛生长的植物置于35～40℃的热疗室中，处理时间的长短可由几分钟到数周不等，要根据植物及植物病毒特点而定。如麝香石竹植株在38℃下连续处理2个月，则可消除其茎尖内的所有病毒。但在热空气处理时，最初几天空气温度应逐步增高，直到达到要求的温度为止；有的要采取高、低温交替处理。在处理期间应当保持适当的湿度和光照，如前面提到的对麝香石竹进行脱毒热处理时相对湿度必须保持在85%～95%。同时，对进行热处理的植株还须先进行缩剪，增加植物中碳水化合物的储备，以增强其忍受热处理的能力。

在热疗法的基础上，用茎尖组织培养可以将病毒消除得更加干净。有些不能进行热处理的，仅用茎尖培养也能达到消除病毒的目的。通过茎尖组织培养，不但可以脱毒，而且可以大量繁殖脱毒苗。利用茎尖进行培养时，供体植株如能用植物多功能特效营养素（如保花壮果营养素 SPNE-2）喷施，并定期喷施杀菌剂和抗生素等，则更有利于消除病毒和提高培养率。在剖取茎尖时，由于所取材料要小于 1000μm 才有利于去除病毒，因此要在解剖镜下进行。用消过毒的镊子和解剖针在无菌条下，将叶片和叶原基剥掉后接种在培养基上，诱导繁殖成无病毒苗。茎尖培养为减少变异，一般不通过愈伤组织成苗，而是使其出芽生根。茎尖培养在光照条件下进行效果比暗培养好（不同植物对光照的需求有差异）。培养温度一般在 25℃左右。

不论是茎尖还是其他组织，在取材时都要注意在植物生长最旺盛时期取最活跃生长的组织培养，成功率才高。

②通过愈伤组织培养脱毒：大量研究证明，由感染病毒的植株取材进行组织培养所成的愈伤组织分离出来的单个细胞中，50%以上不带病毒。其原因可能是：细胞增殖迅速，抑制了病毒的复制速度；有些细胞通过突变获得了抗病毒的特性；病毒在植物组织中分布不均匀等。

通过愈伤组织培养脱毒的植株其特点是变异大，为育种工作提供了丰富的供选育材料。但是由于其遗传上的不稳定性，不能保持母株的优良特性，因此要根据实际情况和需求决定用不用这种方法脱毒。

③脱毒效果的检验：经过脱毒培养所获得的脱毒苗是否真正脱毒，还必须进行检验，且必须经过至少 18 个月的若干次检验，才能将确定无毒的植株在生产上推广使用。检验的方法有汁液感染法、叶片嫁接法、血清测验法和电镜观察法等。如汁液感染法，简单易行。其操作程序是从受检植株上取下叶片称取重量，置于 0.1mol/L 磷酸钠缓冲液中（所取缓冲液的毫升数和叶片克重相等），用碾钵将叶片碾碎成汁液，然后在指示植物的叶片上撒少许 600 号金刚砂，再将上述受检脱毒苗的汁液涂于其上并适当用力摩擦，以使指示植物叶表面受侵染（指示植物是对某种或某些特定病毒非常敏感的植物，要根据被检植物病毒来选择指示植物。如马铃薯病毒的指示植物有千日红、辣椒、豇豆、曼陀罗等），但又不要损伤叶片，大约 5min 后，用水轻轻洗去接种叶片上的残余汁液。将上述接种过的指示植物放置在和其他植物隔离的室或罩内，经过 6～8 天或数周后观察，若受检植株有病毒，指示植物就会有症状表现；若无症状，就说明受检脱毒苗未带病毒。

④无毒原种的保存：经过脱毒的无毒植株应种植在温室或防虫罩内灭过菌的土壤中，或种植在田间的隔离区内保存，以防再度感染。也可通过组织培养进行繁殖和保存，无须占用土地，几平方米面积所保存的无毒植株，则相当于几十公顷土地种植的数目，但需要一定的技术和设备投入，而且需不断继代培养并防止材料变异等。

⑤脱毒植物的应用：目前，多采用较大一点的生长点（0.1～0.2mm，带 1～2 个叶原基）并结合使用热处理或抗病毒药剂（如 25%次氯酸钠液等）的方法经茎尖培养以去除病毒。经过脱毒的植物具有生长快，生活力强，花大、花多、颜色丰富，扦插易生根，成活力高，质量好，产量高等特点。

茎尖脱毒技术在植物药材生产上的应用有地黄、太子参、百合等，并取得成效。

（3）叶培养。

叶培养是因植物叶片具有很强再生能力，经表面消毒的叶片（尤其是幼叶）接种于适宜培养基上则可进行正常生长发育，进而诱导出愈伤组织或培养再生植株。

由叶片发生不定芽的植物以蕨类为多，双子叶植物次之，单子叶植物最少。如某些兰科植物成熟植株和实生苗的叶尖端，很易形成愈伤组织及由愈伤组织再分化成苗。又如双子叶植物中的爵床科、秋海棠科、玄参科、茄科植物的叶亦有很强的再生能力，它们的叶组织在离体培养下可直接形成芽、根、胚状体或愈伤组织，也可从愈伤组织再分化出胚状体或茎、叶和根。

叶脉（维管束部分）在叶切片再生中的作用也很明显，不少植物叶外植体，常从叶柄或叶脉的切口形成愈伤组织及分化成苗。另外，还有大蒜的贮藏叶及水仙的鳞片叶直接或经愈伤组织再生出球状体或小鳞茎而培育成再生植株。总之，通过叶片离体培养的方法来进行植株再生，也是加速扩大繁殖优良植株的一项有效措施。

（二）性细胞组织培养

植物性细胞组织培养主要是花药培养和胚珠等胚胎培养。

1. 花药培养

花药培养是指利用花粉具有单套染色体的特点，诱导产生单倍体（haploid）植株进行育种，可缩短育种周期获得纯系的培养。花药是花的雄性器官。贮藏于花药中的花粉，由于是花粉母细胞经早期减数分裂所形成的，所以它的染色体数目与胚囊中卵细胞的情况一样，只为母本植物细胞染色体数目的一半，故是单倍的。花药培养的重要意义在于能使花药内花粉（小孢子）发育形成单倍体植株。

单倍体植株指的是具有配子体染色体组的植株。自然界的单倍体一般是通过孤雌生殖过程产生，即由未受精卵发育成胚，胚再发育成植株。在极少数的情况下可由胚珠内雄核发育而成。因为单倍体只有一套基因，不论是显性还是隐性基因在单倍体中都可得到表现，在遗传学研究上，特别是对隐性基因研究有重要意义。单倍体通过加倍就可得到纯合的可育的二倍体（diploid），不论是显性还是隐性的优良性状都可得到表现和选育，在育种上有重要意义。常规育种工作通过田间种植，从分离的后代中要获得纯合二倍体，至少要5～6代及以上，而花药培养获得单倍体再加倍，则可以一代获得。在花药培养中还会出现三倍体、四倍体、多倍体、非整倍体及其他突变体性状，为育种提供了丰富的选择材料。单倍体还可用于克服远缘杂交的不亲和性，尤其是多倍体植物。在细胞培养技术中，培养单倍体可方便地进行有益物质突变基因的筛选。

天然的单倍体在自然界中很难发生，为获得单倍体，人们做了大量的工作，1964年前，人们使用过的方法有远缘杂交、延迟授粉、激素处理、激温处理、照射花粉授粉等方法，都收效甚微。直至1964年后，两位印度学者Guha和Maheshwari由南洋金花花药培养获得了大量花粉植株以后，单倍体培养才在世界上迅速发展。由于花药培养获得单倍体较单纯培养花粉粒成功率高，花药壁对花粉胚发育有重要作用，而花药的数量比胚珠大得多，来源和取材相对容易方便，因此花药培养已成为单倍体育种的重点。现在，单倍体选育的品种不断诞生，产生了很大的经济效益，这方面我国学者取得了极大的成就。粗略统计，全世界已有52属2000多种植物获得了单倍体植株，其中大约有1/4首先是在中国得到的。故国际上现已公认，单倍体研究虽起源于印度，而单倍体应用于育种却在中国；就单倍体育种而言，我国在世界上处于国际领先地位。

2. 胚胎培养

胚胎培养是指成熟的或未成熟的胚的培养，为组织培养中的一个重要领域，包括胚培养、胚珠和子房培养、胚乳培养等。

（1）胚培养：胚培养主要是对比较小且未成熟的胚进行培养，研究胚胎发生以及影响胚生长的因素，特别是所需要的有机营养成分。一个正常植物的胚胎发生过程，是一个从合子进行第一次分裂开始，由未分化到分化直至分生组织形成、幼胚建立的连续渐进变化的过程。在这个过程中，胚由只能吸收营养时期过渡到可以制造营养时期。如在受精后，处于分裂阶段的受精卵和胚，一般由消耗胚乳的营养而发育起来。显然，对不同发育阶段的胚进行培养则要求不同的培养条件（即要求不同培养基及其附加成分等）。

成熟的胚，一般指子叶期以后至发育完全的胚。在种子植物中，成熟胚在较为简单的只含宏量元素的无机盐和糖的培养基上就可萌发生长。所以对成熟胚的离体培养，大多是利用这种技术来研究成熟胚萌发时胚与胚乳的关系、子叶在吸收营养和幼苗初期的作用，以及成熟胚生长发育过程中的形态建成和各种生长物质对它的影响等。

但随着组织培养技术的不断改进，现离体胚培养的重点已由成熟胚转向比较小的未成熟的幼胚培养。对于未成熟的幼胚，所用培养基的成分较为复杂，除了一般的无机盐外还需要加入微量元素、维生素、氨基酸或一些天然物质如酵母提取物、椰子汁等，同时还受到渗透压、pH、温度及所加植物激素的影响。

（2）胚珠和子房培养：通过组织培养方法在人工控制条件下，研究胚珠和子房的形态发生，培养已传粉或未传粉的胚珠和子房，是研究植物生殖生理学十分有意义的方法，为进行试管授精和诱导单倍体植株的一个重要途径。同时，胚珠和子原培养在理论上也为了解花和各器官部分的相互关系，以及受精卵和早期分裂阶段的行为等授精生物学问题提供了方便。

作为胚珠和子房培养的进一步应用，试管授精可以说是一个新的实验体系。它的主要原理是将未授粉的胚珠或子房与花粉一起放在培养基上生长，使胚珠在试管中与萌发的花粉相遇而完成受精作用。

（3）胚乳培养：胚乳培养是研究胚乳功能、胚乳与胚乳的关系，以及获得无籽结实的三倍体植株的有效手段。由于胚乳在被子植物中是双受精的产物，当雄配子进入胚囊时，它由两个极核和一个雄配子融合而形成的胚乳核发育而成，所以在倍性上大多属于三倍体组织。

在胚乳培养中，未成熟或成熟的胚乳组织，正像植物的其他一些组织一样具有潜在的形态发生能力，给予适宜条件其"细胞全能性"则会很好地表现出来。在影响胚乳细胞起动的各因素中，以植物激素的作用最为明显。其他物理或化学因素亦有很大影响。

三、药用植物的离体培养与细胞培养

自从 White 和 Gautheret 在 1939 年用实验方法建立了植物组织和器官人工无菌培养技术以来，经过半个多世纪的努力，目前植物细胞和组织培养技术已发展成为一门精细的实验科学，在选材消毒、接种培养、诱导筛选、继代保存、分离鉴定和工业化生产等方面已经建立了一套标准的操作程序。植物细胞培养与基因工程成为生物技术的两个重要的支撑点。同时，医药用天然化合物主要来源于动植物，尤其是药用植物体含有很多药用活性成分，从植物中

提取药效成分与创制新药在疾病防治和医药产业发展等方面起到了相当重要的作用。但由于植物药需求量大，过度采挖或生态恶化，有些资源已甚匮乏，出现资源枯竭现象。因此，通过工业化及其产业化手段，以发展药用植物组培快繁或药效成分的生产，现已受到格外重视。

（一）药用植物的离体培养

药用植物离体培养快速繁殖技术，是目前比较成熟的一项技术。其利用植物细胞的全能性，诱导器官分化，繁殖大量无性系试管苗，使植物种苗实现工业化生产，可广泛用于药用植物栽培、育种、良种繁育等领域，具有繁殖量大、速度快和减少病毒等优点，对药材质量和产量都非常有益。

自 1960 年采用组织培养技术对兰花茎尖分生组织进行离体培养，建立无性繁殖系并诱导分化成完整的再生植株以来，现能进行离体分化成植株的植物有 1000 多种，能快速繁殖的有数百种，能规模化和商业化生产的也有近百种。到目前为止，已有 100 多种药用植物经过离体培养获得试管植株。其中有不少是传统植物药材，尤对植物药材中珍稀名贵品种的保存、繁殖和纯化更具理论意义和现实意义。

总之，植物细胞只要有完整的膜系统，即使是高度成熟和分化的细胞，也能保持恢复到分生状态的能力。在植物细胞全能性的作用下，外植体在离体培养过程中，可以通过各种不同途径形成再生植株。我国学者罗士韦根据植物组织培养离体分化过程的差异，将植物离体再分化过程分为原球茎发生型、胚状体发生型、芽增殖型、器官发生型及无菌短枝型 5 类，并指出了不同类型的繁殖途径（图 7-6）。

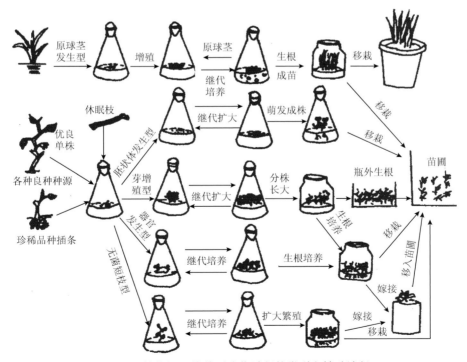

图 7-6　植物组织培养再分化过程的类型和繁殖途径

（二）药用植物的细胞培养

实验表明，药用植物愈伤组织培养物中也含有药用活性成分，所以最初人们利用植物愈伤组织培养来提取活性物质，但因愈伤组织培养物生长缓慢，合成次生代谢物质的能力低且不稳定，所以真正进入工业化生产成功的例子还很少。而细胞培养是将游离的细胞悬浮在液体培养基中进行培养的一种方法。悬浮细胞培养时细胞增殖速度比愈伤组织快得多，并且适合于大规模培养。我国科学工作者现已研究建立了人参、三七、长春花、三尖杉、丹参等药用植物的液体培养系统。特别是中国药科大学进行的人参 10L 大规模培养，并对其培养细胞进行了化学成分和药理活性比较分析，结果与种植人参无明显差异，目前已作为美容保健品投放市场，这是我国药用植物细胞培养生产药效成分产业化及中药生物技术产品第一个商品化的典型例证。例如，在对药用植物细胞培养代谢产物发酵生产和毛状根培养生产药效成分等方面，许多药用植物及传统药材的有效成分多是次生代谢产物，因此利用培养细胞代谢产物的研究也是传统药材生物技术应用较早的一个方面。目前，已对上百种药用植物进行了组织或细胞培养研究，从中已分离出 600多种代谢产物，其中 40 多种化合物在数量上超过或等于原植物，为通过细胞培养技术工业化生产代谢产物奠定了基础。对许多药用植物已研究探索建立了毛状根培养系统，如人参、长春花、紫草、颠茄、莨菪、曼陀罗、丹参、黄连、红豆杉、黄芪、青蒿、异叶乌头、商陆、红花、钝叶决明、金鸡纳、胡萝卜、毛地黄、金荞麦、光果甘草、绞股蓝、西洋参、罂粟、桔梗、萝芙木、茜草、缬草等。应用毛状根培养生产的次生代谢产物现已有生物碱类（如吲哚类生物碱、喹啉生物碱、莨菪烷生物碱、喹嗪烷生物碱）、苷类（如人参皂苷、甜菜苷等）、黄酮类、醌类（如紫草宁等）以及蛋白质（如天花粉蛋白）等。

总之，利用大规模植物组织细胞培养技术进行植物繁殖是继试管繁殖后又一个十分有用的培养技术。自 1981 年报道矮牵牛发酵罐繁殖后，现已取得很大进展。目前，使用的发酵罐有两大类，即机械搅拌式发酵罐，如旋转鼓式、旋转过滤器式、空气吹动式、气泡柱式、气升式；非搅拌发酵罐，如气相式、氧透膜通气式、交叉通气式等。如甜菊茎的500L 大规模培养，结果表明，在 25℃，光照强度 2000lx，15L/min 通气量的培养条件下，每批培养小植物数量可达 20 万株。又如从生物反应器中培养青蒿小植物而生产萜类化合物等，为传统植物药材的大规模培养提供了先例。

四、植物组织培养技术在植物药材生产中的应用

目前，植物组织培养技术与植物药材的生产应用，可从下述几个主要方面加强结合，以求更佳效益。特别是在植物药材种苗快繁的生产应用上，在当前广大农村药材生产与规范化 GAP 基地建设中更具重要现实意义。

（一）植物组织培养技术在植物药材生产中的主要应用范围

1. 用于名贵稀缺或急需良种的繁殖

一些珍稀濒危或新选育或新引进的名贵稀缺良种，由于生产实际需求的苗木往往多而

急，用常规繁殖速度慢，短时间无法满足需求，因此应采用组织培养繁殖来解决。如石斛（金钗石斛、铁皮石斛、环草石斛）、白及、重楼、金铁锁、金线莲、丽江山慈菇等。

2. 用于茎尖脱毒及无病毒苗木的繁殖

利用茎尖培养或热处理后再培养，经检测无毒后再试管加快繁殖，可获大量无病毒苗木，这是消除植物病毒最有效的方法，也是组织培养试管育苗用于生产最有成效的又一方面。有关植物药材种苗快繁的生产应用，下面还将介绍。

3. 用于自然界无法用种子繁殖或难以保持后代一致的三倍体、单倍体及基因工程植株的快速繁殖

这是植物组织培养试管育苗用于生产最有效的又一方面。特别是在植物基因工程中通过转基因，使供体和外植体获得目的基因，再通过植物组织培养使其大量增殖而获得转基因植物。所以该技术被认为是很有前景的生物技术，因为它不需要发酵罐那样高的投资，也不像动物细胞培养那样需要昂贵的培养条件。如组织培养后代超雄性石刁柏的快速繁殖、药用植物霍山石斛的快速繁殖等。

4. 用于种质资源保存的试管育苗及交换

利用试管育苗保存植物种质资源，具有体积小、保存数量多、条件可控制、避免病虫害再度感染、避免种质退化、节省人力和土地以及便于国家和地区间的转移与交换等优点。特别是对一些无性繁殖的植物和脱毒品种，市场一旦需要则可大量繁殖。如国际马铃薯中心专门负责马铃薯种质的试管育苗保存与国际性交换。德国许多植物组织培养室已成为种质保存和繁育中心。我国近十多年来此项技术亦有长足发展，可用低温和超低温方法保存种质，特别是对珍稀名贵濒危中药资源及地道传统药材的种质保存和品质改良。

5. 用于生产有用次生代谢产物

植物组织培养和细胞培养工厂化生产有用次生代谢产物研究，现已取得可喜进展。如工厂化生产紫草宁及其衍生物，系通过紫草培养基而获得成功的，效益显著。我国在这方面研究与应用也获得长足进展，亟待加强其工厂化产业化，以提高社会效益与经济效益。

（二）植物组织培养技术在植物药材种苗快繁中的生产应用

在药用植物离体培养中，除了植物细胞的大量培养外，其余大都涉及再生植株（试管苗）的培养育成。而药用植物的再生培育与一般植物还有所不同，培养育成的药用植物尚需注意其药效成分是否符合药品质量标准的有关规定。

试管苗快速繁殖技术可广泛用于植物药材栽培、育种、良种繁育及种质保存等领域，具有繁殖量大、速度快和脱除病毒等优点。药用植物人工栽培中，有些物种自然繁殖困难，或种苗培育周期长，如名贵药材人参、黄连、重楼、白及、山慈菇等；有的繁殖系数低，耗种量大，如半夏、川贝母、番红花等；有的可因病毒危害而种质退化，影响产量与质量，如地黄、太子参等；有的野生资源少，生长缓慢，如霍山石斛、铁皮石斛等；有的因种苗奇缺，影响扩大生产，如白木香、血竭等。为很好地解决上述问题，可通过植物组织培养

技术进行快速繁殖、品种改良、种质保存等来实现。目前，经离体培养研发应用的试管苗已达上百种，常用的中药材也近 100 种，如人参、三七、西洋参、石斛、天麻、白及、太子参、半夏、地黄、刺五加、大黄、山药、川芎、重楼、长春花、红豆杉、丹参、川贝母、浙贝母、甘草、红花、白芷、银杏、延胡索、赤芍、连翘、何首乌、黄精、乌头、罗布麻、枸杞、绞股蓝、柴胡、党参、黄柏、黄连、黄芪、紫草、雷公藤、广藿香、龙胆、玉竹、玄参、菘蓝、山茱萸、毛地黄、麦冬、桔梗、西红花、巴戟天、盾叶薯蓣、芦荟、百合、白木香、冬虫夏草等。

有关药用植物组织培养与试管苗快速繁殖技术，现在贵州珍稀名贵、重要常用中药材如石斛（金钗石斛、铁皮石斛、环草石斛等）、山慈菇、白及、半夏、太子参、重楼等研究与生产应用中，已取得可喜进展。

第三节　植物组织培养的设备设施与基本技术

一、植物组织培养的常用设备设施与有关基本操作

（一）植物组织培养的常用实验设备与设施

植物组织培养所需实验设备与设施，应据不同的研究目的而定。一般说来，凡用于微生物实验室、化学实验室及细胞培养实验室等的实验设备、仪器和器皿与设施，大多可用于植物组织培养工作。其主要实验设备有清洗设备、消毒设备、培养基原料配制与贮藏设备、培养容器、无菌操作设备及培养室设备等。一般应设清洗室、培养基配制室、灭菌室、接种室（无菌操作室）、培养室、化学实验室、细胞学实验室及炼苗室等，应根据植物组织培养对象与规模等需要因地制宜地设置。

在整个培养过程中，保证无菌操作和无菌培养更是其关键，应当紧紧抓住这两个关键技术环节，从实际出发逐步创造条件开展工作。现仅择要介绍其准备室、接种室（无菌操作室）的基本实验设备与设施。

1. 准备室

准备室主要完成器皿洗涤，培养基配制、分装、包扎、高压灭菌等环节，同时兼顾试管苗出瓶、清洗与整理等工作。其房间面积大小可据工作量决定，一般要求不低于 $20m^2$，并要求明亮，通风。如果房间较多，可将试管苗出瓶与培养器皿的洗涤单分出在另一间室内进行。生产条件下，本室的工作可由 1~2 名熟练工人承担。本室的主要设备及用具，一般应备有：

（1）电冰箱：用以储存易变质、易分解药品及各种母液。

（2）高压灭菌锅：手提式高压灭菌锅具方便、快捷优点，但连续大规模使用效率不高。如年产百万株苗者，则应选大型卧式高压灭菌锅。

（3）配合灭菌锅的电炉或煤气炉：手提式灭菌锅宜配用 2~2.5kW 的电炉。

（4）不锈钢锅：最适合用的是电饭锅，煮制琼脂培养基很合适，也可用铝锅。配用1500W 或 2000W 电炉，安装闸刀式开关，比较方便、安全和耐用。

（5）洗涤用水槽：水槽应较大，最好是内衬白瓷砖的水泥槽，为防止培养皿碰坏，可铺一活动的橡胶板。附有上下水道。

（6）大型工作台：1～2 张。

（7）玻璃橱：用以放置药品、培养瓶等物品。

（8）干燥箱（小、中型）：1 个，用于棉塞、器皿等的干热灭菌及烘干。在烘烤棉塞等易燃物品时，应有专人守候，防止着火。

（9）无离子水发生器或蒸馏水发生器：1 套。

（10）半导体小型酸度测定仪或其他酸度计、pH 计：实际在生产条件下用精密 pH 试纸测试和调整 pH 也可。

（11）天平：称量 500g、感量 0.1g 普通天平 1 架，称量 100g 或 200g、感量 0.01g 工业天平 1 架。

（12）培养器皿：工作中使用大量的培养容器，主要根据培养物的生长情况来选用适当形状和大小的容器，以工作方便为原则，并没有太严格的要求。如各种规格的试管，通常以口径 20～30mm，长度以 100mm、150mm、200mm 的平底试管较为常用。容量 50～300mL 的三角烧瓶也较常用。培养器皿尚可选用瓶口宽大、操作较方便的，如 0.5L 容量的水果罐头玻璃瓶等代用。

有报告指出，钠玻璃瓶对某些植物组织有毒性，尤其是在多次高压灭菌后使用，因此，在做研究工作时要采用硼硅酸盐玻璃瓶或硬质玻璃瓶。目前，国外已逐渐改用耐高温的聚丙烯塑料容器，通常使用一次即弃去（即所谓 take away container），既节省洗涤人工，又提高效率。在我国，用于组织培养的塑料制品研制工作已引起有关部门的重视，新产品陆续面市。塑料容器大多有理想的使用效果，质轻，透明，不易破碎，多为平底长方盒形，不但培养的植株数多，而且能一层层地叠摞起来，节约空间。容器的数量取决于生产规模，主要是无菌操作工人人数、每天工作数量和所生产的植物需要培养的天数，即培养周期。

（13）分装培养基的器具：简单而又方便的方法是在医疗器械商店里买"下口杯"，又叫"吊桶"，在下口管上套一段软胶管，加一弹簧夹即可。下口杯还用于培养基煮好后确定其体积。考虑到培养基在定容时的温度多在 80～90℃ 及以上，因此确定的体积应高于它在常温（20℃）时的体积。这个环节的数量关系，各个实验室几乎都靠估计来补充培养基在煮制过程中蒸发掉的水分，一般 1000mL 的热培养基，定容为 1100mL，这在培养基冷却到室温时则接近 1000mL。

（14）试剂瓶、移液管、量筒、烧杯、容量瓶：各适宜规格品适量，以满足需要。

（15）其他：例如，各式洗瓶刷、胶手套和线手套，用于洗涤和拿取高压灭菌后热的培养瓶等。大型的塑料篮，洗涤后或未洗的培养容器应比较集中地堆放起来，避免占地太多，影响工作。其余物品可视工作需要而添置。

2. 接种室（无菌操作室）

接种室，又称无菌操作室，是进行无菌工作的场所，如进行材料的消毒接种、无菌材料的继代、丛生苗的增殖或切割嫩茎插植生根等。这是植物组织培养研究或生产工作中最关键的部分，关系到培养物的污染率、接种工作效率等重要指标，要求地面、天花板及四壁尽可能光洁，不易积染灰尘，易于采取各种清洁和消毒措施。可采用水磨石地面或水磨石砌块地面，白瓷砖墙面或防菌漆墙面，防菌漆天花板板面等结构。如只放置1台超净台，无菌操作室的面积为 $7\sim8m^2$，2台超净台面积 $10\sim12m^2$ 即可。

接种室必须清洁明亮，在适当的位置吊装紫外线灭菌灯 $1\sim2$ 盏，用以经常照射灭菌，使室内保持良好的无菌或低密度有菌状态。并应安置空气温度调节器（即空调机），在使用时开启机器，使室温保持在 26℃左右，这样就可以在工作时或不工作时都把无菌室的门窗紧闭，保持与外界相对隔绝的状态。无菌室应配置拉门，以减少空气流动，尽量减少与外界空气对流，减少尘埃与微生物侵入。加之经常采用消毒措施，就可达到较高的无菌水平，以利安全操作，提高工作的质量与效率。

接种室外应有更衣间、洗手间、缓冲间，墙上应设衣帽钩，门边应设鞋柜等设施。并要有一个洗手池，上面安置一小搁架，用以放置烧杯、采回的材料等物。进入无菌接种室前要更衣换鞋、洗手及处理从外界采回准备消毒培养的材料等。缓冲间应安装紫外线灯，用以灭菌。缓冲间面积一般约 $2m^2$ 即可。

接种室内的主要设备有超净工作台、放置待接种培养瓶的搁架等。植物组织培养接种室示意图与离体培养超净工作台，见图 7-7（供参考）。

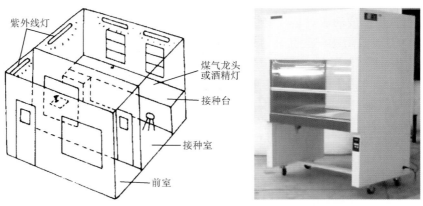

图 7-7 植物组织培养接种室示意图与离体培养超净工作台

（二）植物组织培养工厂化育苗的常用设备与设施

组织培养工厂化育苗所需设备与设施，与上述组织培养实验室的实验设备与设施要求基本相同，要保证整个组培快繁过程达到无菌培养与无污染，并应据生产规模与实际条件而设计及建设。一般说来，大多由植物组织培养车间、智能温室、日光温室及苗圃等组成，现予简介。

1. 植物组织培养车间

植物组织培养车间（以下简称"组培车间"）面积据生产规模而设计。根据组培室的工作特点，组培室应由更衣间、试剂药品间、洗涤间、培养基制作消毒间、培养基贮备间、缓冲间、紫外消毒间、接种间、培养室及资料室、办公室等构成。组培车间主要配置仪器设备与设施，见表 7-1（供参考）。

表 7-1　组培车间的主要配置仪器设备与设施（供参考）

序号	名称	技术参数	数量	备注
1	卧式圆形灭菌器	YXQMY21\6001R 电加热	1	上海医用核子
2	标准净化工作台	SW-CJ-2F 双面	4	江苏
3	电子分析天平	Arl40-200GlMG	1	美国
4	托盘扭力天平	10mg～100g	1	—
5	便携式酸度计	H18314	1	北京
6	柜式空调	5P 380V	2	海尔
7	干燥箱	+10-300	1	上海
8	不锈钢热蒸馏水器	10/H 7.5kW	1	上海
9	可调移液器	20μm-5mL	3	德国
10	配套枪头	—	10	江苏
11	枪头盖	—	4	德国
12	定时器	—	4	—
13	可调电炉	3kW	1	—
14	六联电炉	1kW	1	—
15	手提高压消毒器	低水自控	1	上海医用核子
16	温湿度计	272	4	上海
17	实物解剖显微镜	XTL-1	1	北京
18	磁力电热搅拌器	RCT	1	德国
19	超声加湿器	—	1	深圳
20	推车	—	1	—
21	针头滤器	1000 个/包	1	美国
22	紫外线灯	—	2	上海
23	微电脑光照培养箱	LRH-250-J1	1	广东
24	电冰箱	175L	2	广州
25	培养架	120cm×50cm×310cm	80 套	云南
26	育苗管	直径 4cm，长度 13.5cm	40 万个	云南
27	育苗管架	40cm×53cm	2000 个	云南
28	育苗袋	—	40 万个	云南
29	洗瓶机	—	1 台	广州
30	分装机	—	1 台	广州
31	空气清新器	多维 W-C	5 台	上海
32	接种用具	—	一批	上海
33	分析器皿	—	一批	上海
34	各种试剂	—	一批	上海

另外，还应备有边实验台、超净工作台、药品柜、器皿柜、鞋衣柜、不锈钢培养架、自动温控系统、红外灯、紫外线灯，以及其他检测仪器设施等。

2. 智能温室

智能温室规模据生产规模与需要而设计。其主要特点是通过水帘、风机、喷淋、二氧化碳、天窗、内外遮阳等设施，使温度、湿度、光照、通风性等植物培养环境因子实现全自动控制，水、肥等也实现自动输送。

智能温室主体结构为双层充气膜覆盖、四中空 PC 板温室，主骨架为轻型钢结构，每栋温室顶部以智能温室中心为轴通过专用开窗电机、齿轮、齿条将顶窗开启，顶窗宽度约占温室面积的 50%。温室设 3.0m×2.5m 铝合金聚酯中空板推拉门一副，门板为厚度 8mm 的聚碳酸酯中空板，上部滚轮导轨，位置在西侧边中间一跨。温室四周为圈梁，内部采用独立基础或全部为独立基础，温室外围覆盖材料距柱底有适宜的距离，此缝隙最后用水泥砂浆砌砖密封，屋面排水采用单端排水，雨槽坡度为 5‰，雨槽端部设外径为 φ110mm 的 PVC 落水管，内遮阳系统（钢缆传动）：夏季遮阳幕能反射部分阳光，并使阳光漫射进入温室，均匀照射培养植物，保护植物免遭强光灼伤，同时使温室温度下降 4~6℃；通过选用不同的幕布，可形成不同的遮阳率，满足不同植物对阳光的需求；冬季夜间，内遮阳保温系统可以有效地阻止红外线外逸，减少地面辐射热流失，减少加热能源消耗。苗床具有移动式苗床特点。另有湿帘降温系统、加热系统、补光系统、CO_2 补气系统、环流风机及计算机综合控制系统和配电系统（图 7-8，供参考）。

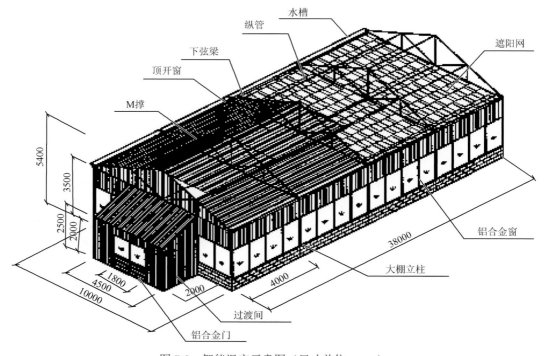

图 7-8 智能温室示意图（尺寸单位：mm）

有关智能温室的设备性能与使用操作等从略，详见有关资料或与经销商等联系。

3. 日光温室

日光温室面积据生产规模与需要而设计。其主要特点为充分利用太阳能对植物药材适宜品种进行育苗及经组培的幼苗进行炼苗（图7-9，供参考）。

有关日光温室的设备性能与使用操作等从略，详见有关资料或与经销商等联系。

另外，尚可结合实际建立简易可行、经济实用的日光温室。

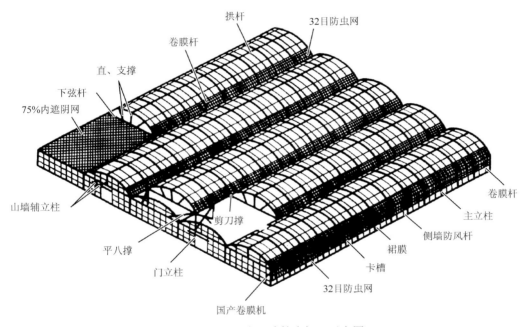

图 7-9　日光温室（连栋大棚）示意图

4. 苗圃及其他设备设施

苗圃规模面积据生产规模与需要而设计。结合中药材组织培养良种苗繁育等需要，由种质资源（原种）圃、采穗圃或繁殖圃（包括育苗区、无性及孢子繁殖区和培育大苗区）等构成。

有关自动化灌溉系统（含喷灌、滴灌及施肥装置）、育苗生产线或机具（如针式或滚筒式播种机生产线等），以及植物细胞悬浮培养、发酵培养生产线或机具（如摇床、转床、自旋式培养及连续培养生产线或装置等）等设备与设施从略，详见有关资料或与经销商等联系。

（三）植物组织培养的有关基本操作

有了设计良好的实验室、生产厂和基本设备与设施之后，就应当认真学习组织培养及培养发酵工程等操作技术，并在实际工作中经过反复练习而熟练掌握。其操作技术虽多是手工操作方法，但是应该知道操作的原理与技术要领，以保证工作质量，提高效率。下面对植物组织培养有关的基本操作技术、基本原理、基本要求等加以介绍。

1. 洗涤

植物组织培养最重要的，也是最基本的要求，就是各项操作都应从无毒害、无污染的培养环境来考虑。培养过程中最经常、最大量的工作之一，就是洗涤培养瓶及其他常用器皿。在清洗器皿处应有较大的水池，水池一般都是用水泥制作，白瓷砖砌内外表面，池底另放一张橡胶垫，以减少器皿破损。自来水龙头宜采用三孔鹅颈式的，用水方便，并在需要时可加装抽滤器。下水道应畅通，以免妨碍工作。除水池外，还需辅助以若干盆与桶等器具。

最常用的洗涤助剂就是家庭用的洗衣粉及肥皂两种，另还可备适量去污粉。如果冷的洗衣粉水效力欠佳，可以增加浓度或适当加热后洗涤，这样可处理许多清洗中的问题。没必要使用铬酸-硫酸洗液，因为使用这种洗液要十分小心，而且效率也不高，并经常污损腐蚀衣物。

洗瓶时先将玻璃瓶等被洗物放在清水中泡一会儿，然后在水龙头下涮去瓶内外污物，沥干水，再泡入适当浓度的洗衣粉水中，用瓶刷沿瓶壁上下刷动和呈圆周旋转两个方向刷洗。瓶外也要刷到，不要留下未刷到之处。刷后放到水龙头下用流水冲刷多次，要彻底冲去洗衣粉残留物。要求洗好的瓶子应透明锃亮，内外壁水膜均一，不挂水珠，即表示无污迹存在。通常不需再用纯化水（如蒸馏水等）涮一遍，直接放入洁净的大果菜篮中，再置搁架上沥晾水汽，这可能是最省事、最节约又少占空间的办法。也可制作晾洗架，将玻璃瓶倒放在孔格中或挂在小木棍上，这样洗后要摆一遍瓶子，用时再收一次瓶子。急等使用的瓶可以用烘箱烘干。烘时缓慢升温，温度也无须太高。新买进的瓶子也可按上述方法处理。

移液管之类的玻璃仪器，可用橡皮吸球（洗耳球）和热洗衣粉水吸洗，再放于水龙头下流水冲净，垂直放置晾干。带刻度的计量玻璃仪器不宜烘烤，以免玻璃变形，影响计量的准确度。如洗后急等使用，只要用95%酒精吸弃数次后，即可使用。

2. 灭菌

（1）灭菌与无菌操作在植物组织培养中的重要性：植物组织培养技术工作者，必须高度重视灭菌与无菌操作在植物组织培养中的重要性，首先牢固地建立无菌操作与"有菌"和"无菌"的观念，必须准确无误地认识和了解哪些东西是有菌的，哪些东西及其一部分是无菌的，否则在组培快繁工作中出了问题，也不知道毛病出在哪一个环节上。

①有菌的范围：凡是暴露在（未经处理的）空气中的物体，曾经接触过自然水源的物体，至少它的表面，毫无例外都是有菌的。它的内部在未经证实之前，也应以有菌物品看待。以此来看，即使是前面所说的无菌室，未经仔细处理的大多数地方，都是有菌的。超净工作台的表面也是有菌的；所有的培养容器无论洗得多么干净，也是有菌的；简单煮沸过的培养基是有菌的；人体的整个外表面和与外界相连通的内表面，如整个消化道、呼吸道的内表面等都是有菌的；我们使用的刀、镊、剪等工具在未经处理之前，都是有菌的。

我们所指的菌，包括细菌、真菌、放线菌、藻类及其他微生物，这些东西很小，肉眼是根本看不见的，在条件适宜时它们则大量滋生，这时便能看到它们的集合体或形成的菌落、飘散的孢子等。

菌的特点是无孔不入，在自然条件下忍耐力强，生活条件要求简单，繁殖能力极强，不采用适当的方法很难除灭它。但是它们也有自身的弱点，我们就采用适当的办法消灭它们，这些方法我们就叫作灭菌或消毒。

②无菌的范围：经过高温灼烧或蒸煮过后的物体，或经其他物理或化学灭菌方法处理过后的物体，是无菌的。当然，这些方法必须已经证明是有效的，并且严格实施才能达到无菌状态。高层大气、岩石的内部、健康的动物和植物不与内外部表面接触的组织内部很可能是无菌的。强酸强碱、化学灭菌剂等表面和内部是无菌的。从上可见，在地球表面，无菌世界要比有菌世界小得多，是有限的、相对的，而且通常是不能自动外延的。

③常用的灭菌方法：可分为物理方法和化学方法两大类。物理方法如干热（烘烤和灼烧）、湿热（蒸煮或加压蒸煮）、射线处理、超声波、微波处理、过滤流体（空气、溶液）、离心沉淀、清洗和大量无菌水冲洗等技术措施。化学方法如使用灭菌剂升汞、福尔马林、过氧化氢、来苏儿、高锰酸钾、漂白粉、次氯酸钠、抗菌药物、酒精等进行灭菌。这些方法和药剂要根据工作中的不同材料、不同目的而适当选用。

植物组织培养对无菌条件的要求是非常严格的，甚至超过微生物的培养要求。这是因为培养基含有丰富的营养，稍不小心易引起杂菌污染。由于杂菌繁殖极快，同时还分泌对植物组织有毒的代谢产物，以致造成植物组织死亡或失去使用价值。下面对植物组织培养常用的培养基灭菌等的具体操作技术及注意问题择要介绍。

（2）培养基的灭菌：培养基在制备过程中带有各种杂菌，分装后应立即灭菌，至少应在 24h 之内完成灭菌工序。继代培养更换下来的瓶子和生根苗种植后剩下的瓶子，其中的旧培养基都极易引起污染，应及时清洗，不让杂菌滋生，传播扩展，危及其他。

新制备分装好的培养基，常规方法是放入高压蒸汽灭菌锅内加热、加压灭菌。在锅内因密闭而使蒸汽压力上升，并因压力上升而使水的沸点升高。在 0.1034MPa（1.0kg/cm^2）的压力下，锅内温度就能达到 121℃。在 121℃的蒸汽温度下可以很快杀死各种细菌及它们高度耐热的芽孢，这些芽孢在 100℃的沸水中能生存好几个小时。一般少量的液体只要 20min 就能达到彻底灭菌，如果灭菌的液体量大，就应适当延长灭菌的时间。特别要指出的是，只有完全排除锅内的空气，使锅内全部是蒸汽的情况下，0.1034MPa（1.0kg/cm^2）的压力才对应 121℃，否则灭菌便不能彻底。灭菌的功效主要是靠温度，而不是压力。

高压灭菌锅有大型卧式、中型立式、小型手提式等多种型号，可按工作规模与要求选用。大型效率高，小型的方便灵活。使用前应仔细阅读说明书，按要求操作。一般使用时应先检查有无裂缝破损，盖子是否严密等，如无问题，先在锅内加水，加水量应按说明书上要求，通常加到与锅底的支架平齐（手提式和立式）。加水后即可加热，将内锅放入，在内锅里放入要灭菌的容器。如果是试管应事先捆扎好以免散乱倒下，使培养基沾污棉塞。如全部为试管，可先在锅内四壁隔上防潮用牛皮纸，再装好试管，这样密集装入，上面应留有 30%的空间，不可装得太满，否则因压力与湿度不对应，造成灭菌不彻底。如三角瓶等间隙较大，可以多放一点。装好后上面放几层牛皮纸或纱布、毛巾等，防止水蒸气从盖顶冷凝滴下或淌下打湿棉塞。然后盖上盖子，双手同时将成对角线的螺栓拧上，但不要一次拧紧，等全部螺栓拧好后，再逐个拧紧，以避免盖子偏斜漏气。

高压蒸汽灭菌锅的放气、加压有几种不同的做法，目的都是使锅内物体均匀升温，排净空气，使压力与温度的关系相对应，保证灭菌彻底。现介绍如下，可任选一种使用。①打开放气阀（安全阀总是关闭的），煮沸15min后再关闭；②打开放气阀煮沸至大量热蒸汽喷出再关闭；③先关闭放气阀，待压力上升到0.0519MPa（0.5kg/cm²）以上时，打开放气阀放出空气再关闭。关阀后几分钟压力表针便开始移动，记住达到所需压力时间。培养基常规灭菌要求0.103MPa（1.0kg/cm²），这时锅内可达121℃，按不同要求维持压力15～40min，即可切断电源，并缓慢放出蒸汽。但应注意不使压力降低太快，以免引起激烈的减压沸腾，使容器中的液体四溢，培养基沾污棉塞、瓶口等造成污染。当压力逐渐降至零后才能打开盖子，开盖后拿掉防潮物，使湿热蒸汽趁热散去。不可久不放气，让压力锅自行冷却，这样易将棉塞等闷得太湿，引起后来长霉污染。如果是栽培介质如蛭石、珍珠岩、土壤等的消毒则可冷却后再开启无妨。这时锅内呈负压，盖子打不开。只要将放气阀开启，空气进入，内外压力平衡，盖子则很易打开。

高压蒸汽灭菌压力与蒸汽温度以及排气的关系，见表7-2、表7-3。

表7-2 蒸汽压力与蒸汽温度的关系

蒸汽压力（大气压）	高压表上所指的气压		蒸汽温度	
	kg/cm²	MPa	摄氏/℃	华氏/°F
1.00	0.00	0	100.0	212
1.25	0.25	0.0259	107.0	224
1.50	0.50	0.0519	112.0	234
1.75	0.75	0.0778	115.0	240
2.00	1.00	0.1034	121.0	250
2.50	1.50	0.1551	128.0	262
3.00	2.00	0.2068	134.0	274

表7-3 高压蒸汽灭菌压力、温度与排气的关系

蒸汽温度/℃ 压力/MPa	空气排除量				
	完全排除	2/3排除	1/2排除	1/3排除	未排除
0.0345	109	100	94	90	72
0.0689	115	109	105	100	90
0.1034	121	115	112	109	100
0.1379	126	121	118	115	109
0.1724	130	126	124	121	115

由于被灭菌玻璃容器的体积不同，或瓶壁的厚度不同，所以灭菌的时间也要适当考虑。对高压蒸汽灭菌后不会变质的物品，如无菌水、栽培介质、接种用瓷碟、器械、纱布、棉塞等，可以延长灭菌时间或提高压力。只有当培养基要求比较严格，既要保证灭菌彻底，又要防止培养基中的成分变质或效力降低时，不能随意延长时间和增加压力。琼脂在长时间灭菌后凝固力会下降，甚至可致不凝固。另外，在灭菌工作中还应注意高压锅内放置物

品的总数量等因素与灭菌时间及灭菌效果的影响等。如容器体积较大，放置的数量很少，则可减少灭菌时间，实验表明，2L 以内的液体只要 40min 就能彻底灭菌。

培养基高压蒸汽灭菌所必需的最少时间，见表 7-4。

表 7-4　培养基高压蒸汽灭菌所必需的最少时间

容器的体积/mL	在 121℃下灭菌所必需的最少时间/min
20～50	15
75～150	20
250～500	25
1000	30
1500	35
2000	40

资料来源：据 Biondi 和 Thorpe，1981。

（3）不耐热物质灭菌：一些生长因子，如赤霉素（GA）、玉米素、脱落酸、尿素和某些维生素是不耐热的，不能采用高压蒸汽灭菌，通常采用过滤灭菌方法处理。先将除去不耐热物质的培养基其他成分经高压灭菌后放置于无菌场所，当其冷却至 40℃左右，琼脂将要凝结之前，加入经过滤灭菌的各种不耐热成分的溶液，然后混匀放置，待冷凉备用即可。在培养瓶数量很多的情况下，这一操作很麻烦。如果是液体培养基，没有凝固这个问题，则可在冷却到室温后再立即加入。

防细菌滤膜的孔径小于或等于 0.4μm。过滤灭菌的原理是溶液通过滤膜时，细菌的细胞和孢子等因大于滤膜孔径而被阻隔滤除。滤膜的吸附作用力也不容忽视，往往小于滤膜孔径的细菌等也可被吸附而不能透过。在需要过滤灭菌的液体量大时，常使用抽滤装置。液量小时可用注射过滤器，它由注射器、滤器（可更换）、持着部分和针管等几部分组成。注射器不必先经高压灭菌，而后面几部分要预先用铝箔或牛皮纸等包扎好，最好放在有螺旋盖的玻璃罐中，经高压灭菌，滤器灭菌不应超过 121℃。由于注射过滤灭菌器小巧、方便、实用，在液量大时多用几套这种装置（也可适当重复使用），也能顺利完成液体灭菌操作。在使用前，应按无菌操作要求将注射过滤灭菌器的几个部分装配在一起，把吸有需要过滤灭菌溶液的注射器插入细菌过滤器与之相配合的插接口，推压注射器活塞杆，将溶液压过滤膜，从针管部分滴出的溶液即为无菌溶液。而滤膜不能阻挡病毒粒子通过。不过，在一般情况下，人工配制的溶液不会含有使植物致病的病毒。但在更严格的实验研究中，这一点仍不容忽视。毫无疑问，过滤过的溶液要按无菌操作要求尽快加入培养基中，以免重新遭到污染。假如需经过滤灭菌的溶液带有沉淀物，那么在过滤灭菌之前可用 3 号垂熔玻璃滤器预先予以去除，这样可以减少细菌滤膜微孔被堵塞的现象发生。

（4）器皿及耐热用具灭菌：玻璃器皿及耐热用具等多采用干热灭菌。干热灭菌是利用烘箱加热到 100～180℃的温度来杀灭微生物。由于在干热的条件下，细菌的营养细胞的抗热性大为提高，接近芽孢的抗热水平，通常采用 170℃持续 90min 来灭菌。干热灭菌的物品要预先洗净并干燥，再妥善包扎，以免灭菌后取用时重新污染。加热时应逐步升温，达到预定温度后记录时间。烘箱内放置物品的量不宜过多，以免妨碍热对流与穿透。到规定时间后切断电源，必须等待充分冷凉后才能打开烘箱，以免玻璃器皿因骤冷而收缩不均匀造成破裂，也防止强烈的冷热对流使冷空气被吸入包扎层内引起污染。干热灭菌的包扎用纸应经过选取，一般的报纸在经受 180℃的高温（烘箱内有的地方还会更高）后往往变焦或黄脆，只是勉强应付使用，并不理想。另外，由于干热灭菌能源消耗大，费时间，这一方法并不常用，尽可能用高压灭菌来取代它。如进行快速繁殖可以完全不用干热灭菌。

塑料制品有些可耐一次高压灭菌，有的可以重复高压灭菌多次。一种商品名为 Teflon FEP 的塑料制品甚至可以进行干热灭菌。

（5）无菌操作器械灭菌：用于无菌操作的器械多采用灼烧灭菌，在准备做无菌操作时，把解剖刀、镊子、剪刀等浸入95%酒精中，用之前取出在酒精灯或本生灯焰上灼烧灭菌，然后架放在灭过菌的支架上，放凉后立即使用。通常，刀、镊子等都备两把，轮流灼烧使用。

（6）布制品灭菌：如布（线）手套、帽子、套袖、工作服、口罩等布制品采用高压灭菌，洗净晾干，用牛皮纸包好，再装入牛皮纸口袋中，经高压灭菌 20～30min（121℃）后取出放置于无菌室备用。

（7）桌面、墙面、乳胶手套灭菌：可用 70%酒精反复涂擦作表面灭菌。1%石炭酸等亦可。参见无菌室的灭菌措施。

（8）植物材料表面灭菌：最初从外界或室内选取的植物材料，都不同程度地带有各种微生物，这些污染源一旦带入培养瓶中，便会造成培养基污染，通常都只好丢弃。因此，采集用于培养的植物材料，都必须经过仔细的表面灭菌处理。把处理好的材料经无菌操作后放置到培养基上，这一过程叫作接种（inoculate，这个名词也是从微生物学中引用来的），接种的植物材料叫作外植体（explant）。采来的植物材料除去不用的部分，将需要的部分仔细清洗干净，如用适当的刷子、画笔等刷洗，硬的材料可用刀刮。清洗时，应先把材料切割到适当大小，视清洁程度而异，置自来水龙头下流水冲洗，易漂浮或细小的材料可用尼龙丝网袋、塑料纱窗或铜丝网笼扎住，置烧杯中冲洗。这对污染严重者特别有用，可以有效地提高其接种后的得率。

刷洗、冲洗是材料处理的第一步。第二步是用洗衣粉水或肥皂水浸洗并搅动，洗衣粉可按每 100mL 水加 1～2 角匙的量配制，即浓度较高为好。这是进一步减少污染的处理。大约浸搅 5min，然后再用自来水冲净洗衣粉水。第三步是材料的表面灭菌，要在超净台或接种箱内操作。将一干净烧杯（大小视材料多少而定）或广口瓶内、外表面用 70%酒精棉球擦拭作表面灭菌，放一个经同样处理的玻璃棒，置于超净台（已开机 10min 以上）或已灭菌的接种箱内，再把处理好的植物材料置入，同时应准备好消毒溶液、无菌水、待用培养基等。工作人员换上洁净的工作衣帽，严防头发散落尘屑。用肥皂洗手至肘部，用洁净毛巾擦干，戴或不戴乳胶手套，用 70%酒精棉擦手。坐到超净台前，附近应放有座钟或表，把沥干水的植物材料转放到消毒过的烧杯或广口瓶中，看好时间，倒入消毒溶液，加消毒助剂吐温-80（Tween-80）数滴，在持续消毒的时间内不时用玻璃棒轻轻搅动或盖上广口瓶盖轻轻摇动，以促进植物材料各部分与消毒溶液充分接触，驱除气泡，使消毒彻底。在快到预定时间之前 1～2min，即开始把消毒溶液倒入另一准备好的大烧杯中，要注意勿使材料倒出。倾净后立即倒入无菌水，轻搅涮洗。表面灭菌的时间是以倒入消毒溶液开始，到倒入无菌水时为止，加以记录，以便今后比较消毒效果，积累经验。无菌水涮洗每次 3min 左右，视采用的消毒溶液种类不同，涮洗的次数变动范围为 3~10 次。涮洗完毕，植物材料的表面灭菌即已完成，这时的材料就可进行接种。为什么要用无菌水涮呢？这是因为各种消毒剂不但能杀灭微生物，也能杀伤植物细胞，所以消毒的时间要考虑选定，消毒后又要尽量将消毒剂对植物的影响减小到最低限度。

植物材料的表面灭菌剂有多种，在不同的情况下选用其中一两种即可。例如次氯酸钠或次氯酸钙在大多数情况下都能获得令人满意的灭菌效果。如用次氯酸钠 2%左右溶液，灭菌 10~30min，对许多植物组织灭菌效果都很好而实用。

近年来，已发展到使用两种甚至两种以上的灭菌剂来处理外植体。多数人提倡在倒入正式的灭菌剂之前，用 70%酒精作短暂灭菌，一般在 10~30s，这在材料较多时颇难掌握，70%酒精穿透力强，也很易杀伤植物细胞。在做此项处理时，应预先准备好，操作者动作要麻利，酒精倾出后，立即倒入无菌水，也可用 70%酒精处理 10s 左右，向其中倒入大量无菌水，使酒精浓度降低，再做进一步处理。有一些特殊的材料，如果实、花蕾、包有苞片及苞叶等的孕穗、多层鳞片的休眠芽等，主要取用内部的材料，也可只用 70%酒精（处理稍长的时间）处理。处理完的材料放在无菌条件下，待酒精挥发后再剥除外层，取内部材料供用。另外，异丙醇也可用于表面灭菌，但不能用甲醇。也有用 95%酒精处理，并灼烧表面的处理方式。主要看材料适合哪种方式，工作经验越丰富，越能灵活运用，较快地获得多量的无菌外植体。

材料灭菌操作是组织培养技术的关键操作之一，掌握不好，则易引起接种污染，导致组织培养失败。实际工作中，要根据植物材料对灭菌剂的敏感性来选用不同的药剂，以确定适宜的处理时间和水洗的次数。如次氯酸钠和次氯酸钙都是利用分解产生氯气来杀菌，故灭菌时用广口瓶加盖或带螺旋盖的其他广口器皿较好。过氧化氢是分解中释放原子态氧来杀菌。这三种药剂残留的影响较小，灭菌后用无菌水涮洗 3~4 次即可。而用升汞溶液灭菌的材料，因升汞的残毒较难去除，应当用无菌水涮洗 8~10 次，每次不少于 3min，以尽量去除残毒。

用洗衣粉浸洗过的材料，可以除去轻度附着在上面的污物，除去脂质性的物质，便于灭菌溶液的直接接触。酒精除灭菌作用外，也能使材料表面被伤害。近年来普遍提倡在灭菌溶液中添加吐温-80 或 Triton X。这些是表面活性剂，主要作用是使药剂更易于展布，更容易浸润到要灭菌的材料表面，因此加用吐温后灭菌剂活力大为提高，但对材料的伤害也在增加，应仔细斟酌吐温的用量和灭菌的时间。吐温的用量，还没有严格规定，一般加量约为灭菌溶液的 0.5%，通常每 100mL 灭菌液加 1~15 滴不等（15 滴时约与 0.5%的量相接近）。每个工作者应自行摸索出适宜的量与时间，以后每次做表面灭菌时就会心中有数。多加吐温灭菌效果好，时间则应缩短。不同植物、部位、组织年龄及环境状况等清洁程度不同，灭菌时间也应不同，注意合理选定。

另外尚应特别注意的是，灭菌溶液要充分浸没材料，宁可多用些灭菌液，切勿勉强在一个体积偏小的容器里灭菌很多材料。否则，污染会大幅度增加。

3. 无菌操作

上述已经谈到了无菌操作的一些环节，现将常用于植物组织培养工作中的无菌操作程序再简要而连贯地归纳介绍如下。

（1）外植体的表面灭菌：将初步洗涤及切割好的植物材料放入广口瓶或带螺旋盖的瓶中，置超净台上，看好时间并记录，倒入加有表面活性剂的灭菌液，盖上瓶盖，并轻摇数次。到预定时间后，立即开盖倒出灭菌液（在预备的大烧杯或瓷杯中）。

（2）外植体的洗涤预处理：立即倒入无菌水，盖上瓶盖，轻摇，2～3min 后将水倒出，再加适量无菌水，如上法反复涮洗 3～4 次或 8～10 次，最后沥去水分，用灼烧放凉的镊子将灭好菌的材料放置在灭过菌的纱布上。小纱布包应有 4 层厚度，可多预备几包。

（3）外植体的灭菌处理：通常将小纱布包放在灭过菌的小瓷碟上，上面再放材料，然后一手拿解剖刀，一手拿镊子，使材料在纱布上吸干，并进行适当的切割；有时，也可将材料在灭菌前全部切好。注意：刀和镊子每使用片刻就应擦干净放入 95% 的酒精中，待灼烧放凉备用。常以两把刀和镊子交换使用，可提高工作效率，并防止连续（也称为交叉）污染的发生。如镊子夹了没有消毒好的材料，再夹其他材料，就易造成污染。又如刀或镊子碰到台面、管（瓶）的外壁、棉塞、包头纸，以及手拿刀镊的部位过近、未能充分灼烧、连续使用过久等，都易引起交叉污染。经常灼烧操作器械便可减少这种污染，即便污染也是一个个独立发生的，不会连续成片地污染。材料洗净吸干水分也有防止连续污染的意义。

（4）外植体的植入接种：用上述灼烧消毒过的器械，将切割好的外植体插植到培养基表面上的过程，则称为外植的植入接种。其具体操作与注意事项：左手拿试管或其他培养瓶，解开，拿走包头纸，将试管几乎水平拿着，靠近酒精灯焰，将管口外部在灯焰上燎数秒钟，因为气流影响，管口并不能灼烧灭菌（否则棉塞已烧坏），只是将灰尘、杂菌等固定在原处，此时用右手小指和无名指配合手掌将棉塞在灯焰附近慢慢拔出，以免空气迅速向管内冲击，引起管口灰尘等冲入，造成污染。棉塞始终拿在手上，这时再将管口在灯焰上旋转，使充分灼烧灭菌，主要注意管口附近，包括管口内表面，然后用右手（棉塞还在手上）大、食、中指拿镊子夹一块外植体送入管内，轻轻插入培养基上，镊子灼烧后放回架上，再轻轻塞上棉塞，换右手大、食、中指再拿住棉塞，这时将管口及棉塞均在灯焰上灼燎数秒，灼燎时均应旋转，避免烧坏，塞好棉塞，包上包头纸，便完成了一管的接种操作，接着再做第二管，如此一直做到外植体全部接完。

操作时要注意棉塞不能乱放，手拿的部分限于棉塞膨大的上半部分，塞入管内的那一段始终悬空，并不要碰到其他任何物体。如果是螺盖或薄膜，则应妥为解下，放置在灭过菌的表面上，放置处应随时用酒精棉团涂擦灭菌。总之，要仔细理解并牢固建立"无菌"的概念，处处严格执行无菌操作。

4. 培养容器封口物的种类及制作

棉塞是最早使用并一直延续至今仍可用于植物组织培养和微生物培养的封口物。棉塞用不脱脂的普通优质棉花制作，它有不吸水、能有效地防止微生物污染、使用方便、耐反复多次使用、通气性好、价廉、材料的来源广等优点，是我国目前应用较广的封口物。但它也有缺点，如制作比较费工，外界湿度大时易出现部分棉塞污染，外界湿度小时培养基的水分外逸较快，遮光等，但稍加补救并不致造成大的问题。近几年来，较多使用耐高温塑料制的连盒带盖的培养容器，用玻璃制品时有玻璃封盖或耐高温塑料盖，或铝箔手压成形封口，也有用耐高温塑膜包扎封口的。这些物品也有较理想的使用效果，多由工厂生产，市售提供，无须自行制作，节省工时，效率高。另外，还有单位采用几层硫酸纸或其他纸包扎瓶口的做法，也有用耐高温塑料薄膜的。现在供食用菌固体培养基袋装后高压灭菌的"菌膜"（即聚丙烯薄膜）已大量供应市场，可按瓶口大小裁切成块（一般用双层），包扎在瓶口上。这可根据情况选用。

二、植物组织培养的培养基组成与常用植物生长调节剂

（一）植物组织培养的培养基组成及其重要性

植物组织培养获得成功的又一重要技术关键，是正确而合理地使用其培养基。对生长而言，培养基的组成是一个极其重要的决定因素。不同植物要求不同培养基，应在对培养基进行充分分析、比较、试验研究后，选择符合试验材料的合适培养基开展药用植物组织培养工作。因此，可以说植物组织培养的研究发展史，是紧密结合与伴随研制应用培养基的发展史。

目前，植物组织培养中所用的培养基，通常由无机营养物、碳源和能源、维生素、生长调节剂和有机附加物等 5 类物质组成。下面对植物组织培养基常用的这 5 类组成物质，作一概要介绍。

1. 无机营养物

无机营养物包括宏量元素和微量元素。宏量元素中，除碳（C）、氢（H）、氧（O）外，就是氮（N）。氮（N）通常用硝态氮或铵态氮，在培养中多用硝态氮，也有将硝态氮和铵态氮混合使用。磷（P）、硫（S）常用其磷酸盐或硫酸盐。钾（K）是主要的阳离子，钙（Ca）、钠（Na）、镁（Mg）需要量较少。宏量元素的配比率大多还是沿用培养整体植物的 Knop 溶液的配方修改而成。在一般情况下，营养培养基中至少要含有各为 25 毫克分子（mM）的硝基盐和钾盐。铵的含量超过 8mM 时，通常对培养基有毒害作用，但对常规的愈伤组织培养和细胞悬浮培养，硝酸盐加上铵的浓度可提高到 60mM。Ca、S、Mg 的浓度一般为 1～3mM。所需的钠、氯化物则由钙盐、磷酸盐或微量营养物提供。微量元素主要包括碘（I）、硼（B）、锰（Mn）、锌（Zn）、钼（Mo）、铜（Cu）、钴（Co）、铁（Fe），其中碘（I）可能不是必需的。

2. 碳源和能源

大多数植物细胞对蔗糖的需要范围为 2%～4%（有的可高达 7%，乃至 15%）。糖源除作培养基的碳源和能源外，可能还有其他作用。蔗糖也能用葡萄糖或果糖代替，但其他糖类均不够理想。肌醇可能并非必需的，但其在培养基中均用了较高浓度，这可能与它有促进愈伤组织生长的作用关系密切。

3. 维生素

在各种维生素中，盐酸硫胺素（B_1）可能是必需的；而烟酸和盐酸吡哆辛（B_6）对生长只有促进作用。

4. 生长调节剂

生长调节剂一般包括植物激素和植物生长调节剂，是培养基中不可缺少的组成部分，后文将予专述。

5. 有机附加物及其他

培养基中应包含某些氨基酸，如甘氨酸。另外如水解酪蛋白也在组织培养中常用，其为一种具有多种氨基酸的混合物，尤在分化培养基中加入一定量时，可明显促进胚胎发生和多胚性出现。同时，某些氨基酸是一些有用次生产物的前体物，如苯丙氨酸、鸟氨酸等为莨菪类生物碱生物合成的前体物，当其加入培养基中，则可明显地增加这类次生物质在组织培养物中的含量与产量。另外，尚可在培养基中加入一些天然附加成分，如椰子乳、酵母提取物、番茄汁、大豆粉等，其使用浓度分别为10%、0.5%、5%～10%、0.1%～0.5%。它们对愈伤组织的诱导和维持，以及促进生长和次生物质的形成与积累均是有益的。但这些天然附加物成分复杂，难以保持重复一致，故在应用时应予注意。在制作固体培养基时，通常加入琼脂，使培养基凝固成为固体培养基。培养基制作中还应使用氢氧化钾（或氢氧化钠）及盐酸调整 pH，以达其合适酸碱度之目的。

植物组织培养基常用的宏量元素、微量元素等化合物（或椰乳等成分）及其分子式、分子量，见表 7-5。

表 7-5　植物组织培养基常用化合物（或成分）及其分子式、分子量一览

类别	化合物	分子式	分子量
宏量元素	硝酸铵	NH_4NO_3	80
	硫酸铵	$(NH_4)_2SO_4$	132
	二水氯化钙	$CaCl_2 \cdot 2H_2O$	147
	硝酸钙	$Ca(NO_3)_2$	164
	硫酸镁	$MgSO_4$	120
	氯化钾	KCl	74
	硝酸钾	KNO_3	101
	磷酸二氢钾	KH_2PO_4	136
	磷酸二氢钠	NaH_2PO_4	124
微量元素	硼酸	H_3BO_3	62
	氯化钴	$CoCl_2$	130
	硫酸铜	$CuSO_4$	160
	硫酸锰	$MnSO_4$	151
	碘化钾	KI	166
	钼酸钠	Na_2MoO_4	206
	硫酸锌	$ZnSO_4$	161
	硫酸亚铁	$FeSO_4$	152
	乙二胺四乙酸二钠	$Na_2EDTA \cdot 2H_2O$	372
	乙二胺四乙酸铁钠	$FeNa \cdot EDTA$	367
糖和糖醇	果糖	$C_6H_{12}O_6$	180
	葡萄糖	$C_6H_{12}O_6$	180
	甘露醇	$C_6H_{14}O_6$	182
	山梨醇	$C_6H_{14}O_6$	182
	蔗糖	$C_{12}H_{22}O_{11}$	342

续表

类别	化合物	分子式	分子量
维生素和氨基酸	维生素 C	$C_6H_8O_6$	176
	维生素 H（生物素）	$C_{10}H_{16}N_2O_3S$	244
	泛酸钙（VB$_5$ 钙盐）	$(C_9H_{16}NO_5)_2Ca$	477
	维生素 B$_{12}$	$C_{63}H_{88}CoN_{14}O_{14}P$	1358
	L-盐酸半胱氨酸	$C_3H_7NO_2S \cdot HCl$	158
	叶酸（VB$_C$，VM）	$C_{19}H_{19}N_7O_6$	441
	肌醇	$C_6H_{12}O_6$	180
	烟酸（VB$_3$）	$C_6H_5NO_2$	123
	盐酸吡哆醇（VB$_6$）	$C_8H_{11}NO_3 \cdot HCl$	206
	盐酸硫胺素（VB$_1$）	$C_{12}H_{17}Cl\,N_4OS \cdot HCl$	337
	甘氨酸	$C_2H_5NO_2$	75
	L-谷氨酸	$C_5H_{10}N_2O_3$	146
其他	秋水仙素（秋水仙碱）	$C_{22}H_{25}NO_6$	339
	间苯三酚	$C_6H_6O_3$	126
	椰乳（CM）		
	椰子水（CW）		
	水解酪蛋白（CH）		
	水解乳蛋白（CL）		
	酵母抽提物（YE）		

注：植物生长调节剂未列，详见下文专述。

（二）植物组织培养的常用植物生长调节剂

随着科技进步与离体培养技术的实践，现对于植物的营养要求已有了不少新的认识，已改进了有的培养基，或发现了新的植物激素或生长调节剂和新的有益成分，并应用于培养基之中，这均使植物组织培养得到迅速发展，取得越来越多的成效。中药组织培养更是新的工作，更需不断研究与探索。下面对植物组织培养基的基本概念及其重要性与优越性、常用植物生长调节剂的种类、性质与生理作用，以及其浓度表示、配制方法与使用浓度、浓度筛选等加以概要介绍。

1. 植物激素与植物生长调节剂的基本概念及其重要性与优越性

植物激素系指植物体在正常生长发育中，除所需的水分、矿物质元素等无机营养和碳水化合物、脂肪、蛋白质等有机营养之外，尚需的并具特殊生理作用的活性物质。但植物激素与植物生长调节剂是人们经常容易混淆的概念。植物激素是指在植物体内含量甚微但生理活性很强的一些特殊的有机物，它对植物的生长、开花、结实及各种生理生化活动有明显的调控作用。而植物生长调节剂是指人工合成的，其功能类似于植物激素的生理活性物质。

植物激素这一类活性物质，是植物自身的代谢产物，在植物体一定部位上产生后，运输到其他相关部位使用并发生生理效应。在植物生长发育过程中，植物激素需要量一般甚微，但它是植物体新陈代谢过程中绝对不可缺少的重要物质。无论是植物的生长、发育，还是细胞分裂、分化、DNA 复制与转录和基因表达等一系列重要生命活动，无不受到植物激素的控制。因此，植物激素在中药生产中具有极其重要的地位，应用相当广泛。特别是近十年来，随着植物激素与植物生长调节剂研究的不断深入，各种剂型植物生长调节剂的生产与中药栽培的应用，对药材生产技术的改进、对药材质量与产量的提高等方面都发挥了重要作用。既可在中药材大田栽培生产上，有效地调节药用植物的生长与发育，增加产量，提高品质，以及解决其他许多栽培措施不能解决的问题，也可在组织培养、快速繁殖、无土栽培和工厂化育苗与生产药物有效成分等技术上发挥作用，成为植物组织器官分化、形态建成等环节调控必不可少的物质；特别在遗传工程和保质育种上，植物激素的作用已深入到核酸与蛋白质代谢，其可使染色体变化、倍性变异及性别转变等，是改变遗传性和引起变异的重要手段之一。植物激素与植物生长调节剂在中药材生产优质高产与中药组织培养等方面，越来越展示出重要性与优越性。

正由于天然植物激素在植物体内存在甚微（每千克植物组织中一般仅含几微克），而植物激素研究与应用又日益活跃，需要量日益增加，为进一步有效地控制植物的生命活动，人工合成外源性植物激素，即植物生长调节剂应运而生，发展迅速。例如，自从发现植物激素吲哚乙酸以后，人们模拟天然植物激素研制了许多促进生长和抑制或延缓生长的物质。这些物质的来源广泛，可供工业生产，且具化学性质稳定、价格低廉等优点。目前，农业生产与中药生产等领域应用的植物激素绝大多数为人工合成的化合物。此类化合物在植物体内虽不存在，但却有调节植物生长发育作用，故除被称为"植物生长调节剂"外，又被称为"生长刺激素"或"外源激素"。现据国际统计资料认为，化肥、农药和生长调节剂是当今农业化工的三大支柱，这也表明，世界发达国家大农业的勃兴与植物激素的研究开发及应用密切相关。

2. 常用植物生长调节剂的种类、性质与生理作用

目前，公认的植物内源激素共分为 5 类，即生长素、赤霉素、细胞分裂素、脱落酸和乙烯。此外，并在高等植物中发现了第一个甾体类植物生长调节物质油菜素内酯，又称之为"第六激素"。而人工合成的植物外源激素并用于生产的植物生长调节剂，在生理上和生化上已大大超过了原来天然植物激素的范围。植物生长调节剂不但品种繁多，而且已发现了很多合成的有机化合物，其中包括环状结构和开链结构的化合物均具有植物激素活性。根据植物激素对植物体的生理功能来分类，植物生长调节剂主要有三大功能：促进植物生长、抑制植物生长、延缓植物生长。现按此分类对其常用生长调节剂的性质与生理作用等作一简要介绍。

（1）常用植物生长促进剂：凡是促进细胞分裂、分化和延长促进植物营养器官的生长和生殖器官发育的化合物都属于植物生长促进剂。但应注意的是生长促进剂在一定条件下，也会产生抑制功能。主要的常用植物生长促进剂见表7-6。

表 7-6　常用植物生长促进剂

名称（别名）	英文缩写	分子式与分子量	主要理化性质	主要生理作用
吲哚乙酸（生长素）	IAA	分子式：$C_{10}H_9NO_2$；分子量：175.19	熔点 164～165℃；易溶于热水、乙醇、乙醚、丙酮；微溶于冷水、氯仿	在一定浓度下能促进植物生长，在一定浓度下则起抑制作用。能影响细胞分裂、细胞伸长和细胞分化，也影响营养器官和生殖器官的生长、成熟和衰老。可促进雌花形成、单性结实、子房壁生长、细胞分裂、维管束分化、光合产物分配、叶片扩大、茎伸长、叶片脱落、形成层活动、伤口愈合、种子发芽，能促进顶端优势，提高坐果率和果实生长，促进根的形成。也可抑制花朵脱落、侧枝生长、块根形成、叶片衰老

续表

名称（别名）	英文缩写	分子式与分子量	主要理化性质	主要生理作用
赤霉素（赤霉素类有几十种，赤霉酸为其中一种，活性最高，应用最广）	GA，GA₃	分子式：$C_{19}H_{22}O_6$；分子量：346.38	熔点：233～237℃；易溶于甲醇、乙醇、丙醇，溶于乙酸乙酯、碳酸氢钠和醋酸钠水溶液，微溶于水及乙醚	广泛分布于低等和高等植物中，在根、顶芽、幼叶及正在发芽的种子中合成。主要生理作用：促进细胞分裂、细胞伸长、叶片扩大，促进茎延长和侧枝生长，促进抽薹，促进雄花形成，打破休眠，促进种子发芽，促进单性结实、果实生长，提高植物结果率。赤霉素亦可抑制果实成熟和侧芽休眠，抑制衰老，抑制植物块茎形成，抑制生根
乙烯		分子式：C_2H_4；分子量：28.5	溶于醇、苯、乙醚，微溶于水	广泛存在于植物体中，许多果实释放乙烯，顶端含量最多。主要生理作用：促进衰老，增加乳汁排泌，诱导开花，抑制性别发育
乙烯利（Ethrel，α-氯乙基磷酸）		分子式：$C_2H_6ClO_3P$；分子量：l44.5	熔点 74～75℃；纯品为长针状无色结晶，制剂为 40%棕黄色黏稠强酸性液体。易溶于水、乙醇、乙醚，常温乙烯。pH 为 4.0 以上会分解释放出乙烯	被植物吸收后，由于植物细胞液的 pH 在 4.0 以上，所以乙烯会被释放出来，引起植物生理变化（在常温 pH 3 以下比较稳定，几乎不释放出乙烯；pH 4.0 以上会分解释放出乙烯，释放速度随 pH 的升高而加快）。其主要生理作用：促进不定根形成，促进茎增粗，解除休眠，促进开花和果实成熟衰老，促进叶片和果实脱落。它能抑制某些植物开花，抑制茎和根的伸长
激动素（动力精）	KT、KN、KIN	分子式：$C_{10}H_9N_5O$；分子量：215.2	熔点 265～266℃；纯品为白色固体，不溶于水，能溶于强酸、强碱及冰醋酸	为外源性细胞分裂素，能打破顶端优势，促进侧芽发育，增强蛋白质合成，防止叶绿素分解，抑制叶片衰老与保绿。主要用于植物组织培养，促进细胞分裂和调节细胞分化，诱导胚状体和不定芽、侧芽形成，还显著改变其他激素的作用，调节胚乳细胞形成，明显增加粒重。也可用于延缓衰老和果蔬保鲜
玉米素（Zeatin）	ZT、ZN、ZEA	分子式：$C_{10}H_{13}N_5O$；分子量：219.25	溶于稀酸、稀碱	广泛存在于植物各器官中，为植物内源性细胞分裂素。主要作用是刺激细胞分裂，延迟叶片衰老，促进侧芽发育
吲哚丁酸	IBA	分子式：$C_{12}H_{13}NO_2$，分子量：203.23	熔点 123～125℃；溶于醇、醚和丙酮，不溶于水、氯仿	为外源植物激素。促进插枝生根，作用较强
萘乙酸（通常用 α-萘乙酸）	NAA	分子式：$C_{12}H_{10}O_2$；分子量：186.2	α-乙乙酸纯品为无色针状结晶，熔点 134.5～135.5℃；易溶于乙醇、丙酮、氯仿、乙醚、苯和醋酸等，见光易变色，易潮解	萘乙酸分为 α 型和 β 型，α 型的活力比 β 型强。能防止落花落果，诱导开花，促进早熟和增产等。高浓度 NAA 具抑制植物生长的特点，可延长农作物贮藏器官的休眠期，使其耐贮藏，避免丧失市场价值。能诱导愈伤组织、生根或配合细胞分裂素促进芽生长
油菜素内酯	BR	分子式：$C_{28}H_{48}O_6$；分子量：480.00	熔点 274～275℃；溶于甲醇、乙醇等有机溶媒	从油菜等花粉中提取的甾体物质。广泛存在于高等植物的花粉、未成熟种子、茎及叶中。使细胞壁松弛，促进细胞伸长和分裂，促进生长，促进光合作用，调节光合产物的分配，提高抗逆性，抑制不定根的形成
2，4，-二氯苯氧乙酸（2,4-滴）	2，4-D	分子式：$C_8H_6O_3Cl_2$；分子量：221	熔点 141℃，溶于甲醇、乙醇、丙酮、苯等有机溶媒，在常温下性质稳定	为外源植物激素。防止果实脱落，诱导愈伤组织生长等。但对双子叶植物有毒杀作用，可用作单子叶植物的除草剂
防落素（对氯苯氧乙酸）	PCPA（4-CPA）	分子式：$C_8H_7O_3Cl$；分子量：186.6	熔点 157～158℃。纯品为白色结晶，微溶于水，易溶于醇、酯等有机溶剂，性质稳定	促进植物生长，防止落花落果，加速果实发育，形成无子果实，提早成熟，增加产量和改善品质

名称（别名）	英文缩写	分子式与分子量	主要理化性质	主要生理作用
6-苄基氨基嘌呤（6-苄基腺嘌呤）	6-BA（BA、BAD）	分子式：$C_{12}H_{11}N_5$；分子量：225.2	熔点 230～232℃；纯品为白色针状结晶。难溶于水，可溶于碱性或酸性溶液，在酸、碱溶液中稳定	促进细胞分裂、诱导植物组织分化，常用于植物组织培养，生产上用于提高结果率，促进果实生长和蔬菜保鲜；作用与激动素相似，但活性高于激动素
三十烷醇（含30 个碳原子长链的饱和脂肪酸）	TRIA	分子式：$C_{30}H_{62}O_9$；分子量：438	熔点 86.5～87.5℃；纯品为白色鳞片状结晶，几乎不溶于水，能溶于乙醚、氯仿、二氯甲烷及热苯中。对光、空气、热及碱均稳定	广泛地存在于许多植物蜡如糠蜡和虫蜡（如蜂蜡）中。能促进植物光合作用，改善氮营养，增强抗逆性
石油助长剂（以石油及其加工残渣等为原料，经过加工处理后制成）		所含植物生长调节物质主要是环烷酸钠或环烷酸钾；剂型是40%水剂。环烷酸钠的分子式为 $C_6H_9O_2Na$；分子量 136.13	工业品为红褐色透明液体，不燃烧，不挥发，易溶于水，pH 7.5～8.5，遇酸则变质失效	能促进植物光合作用和对肥料的吸收，促进种子发芽，提高产量。植物组织培养在培养基中，常添加石油助长剂以诱导芽的分化，使用浓度一般在 5mg/L 以下

（2）常用植物生长抑制剂：凡是抑制植物细胞分裂，抑制顶端分生组织细胞的伸长和分化，破坏顶端优势，影响发育的化合物都属于植物生长抑制剂。主要的常用植物生长抑制剂见表 7-7。

表 7-7　常用植物生长抑制剂

名称（别名）	英文缩写	分子式与分子量	主要理化性质	主要生理作用
脱落酸	ABA	分子式：$C_{15}H_{20}O_4$；分子量：264.31	熔点 160～161℃；弱酸性，易溶于碱性溶液、氯仿、丙酮、乙酸乙酯、甲醇、乙醇，难溶于水及苯	能抑制由生长素、细胞分裂素和赤霉素诱导的一些过程。促进离层形成，能促进植物叶片脱落，诱导种子和芽休眠，抑制种子发芽和侧芽生长，提高抗逆性
顺丁烯二酸酰肼（马来酰肼、青鲜素）	MH	分子式：$C_4H_4O_2N_2$；分子量：112.9	熔点 296～298℃；纯品白色结晶，难溶于水，热水易溶，微溶于热乙醇	外源植物激素。防止块茎、鳞茎出芽，防止花蕾抽薹（如三七等）。抑制鳞茎和在贮藏期的发芽，控制烟草侧芽的生长
三碘苯甲醇（2, 3, 5-三碘苯甲酸）	TIBA	分子式：$C_7H_3O_2I_3$；分子量：500.92	熔点 224～226℃；纯品为白色粉末，不溶于水，易溶于乙醇、乙醚、苯、甲苯	抑制茎部顶端生长，促进腋芽萌发，使植株矮化，分枝多，增加开花数和结实数。在植物组织培养中也可用它来作培养基的添加成分
整形素[2-氯-9-羟芴-（9）-羧酸甲酯]		分子式：$C_{15}H_{11}O_3Cl$，分子量：274.7	熔点 152℃。纯品为无色结晶，微溶于水，可溶于乙醇、丙酮等	抑制顶端分生组织，使植株矮化，促进侧芽发生。常用于木本植物，使植株发育成矮小灌木。还能刺激花及果实脱落。常用剂型为 10%乳油和 2.5%水剂
茉莉酸[3-氧-2-（2'-戊烯基）环戊烯乙酸]	JA		从茉莉属等植物的茎、叶中分离出来的	抑制幼苗生长，诱导气孔关闭，促进叶片衰老和脱落。其生理功能类似脱落酸（ABA），但价格低于脱落酸，因此常代替脱落酸广泛应用于农业生产中

（3）常用植物生长延缓剂：凡是可使细胞延长变慢，节间缩短而不减少细胞数目和节间数目，使植株变矮，但不影响顶端分生组织的生长，不破坏顶端优势，不影响叶片的发育和叶片数目，一般也不影响花的发育的化合物都属于植物生长延缓剂。主要的常用植物生长延缓剂见表 7-8。

表 7-8 常用植物生长延缓剂

名称（别名）	英文缩写	分子式与分子量	主要理化性质	主要生理作用
矮壮素（2-氯乙基三甲基氯化铵、氯化氯代胆碱）	CCC	分子式：$C_5H_{13}Cl_2N$；分子量：158.07	纯品为白色结晶，易溶于水，在中性或酸性介质中稳定，在碱性介质中不太稳定，和碱混合加热会分解失效	能抑制赤霉素的生物合成，抑制细胞伸长而不抑制细胞分裂，抑制茎部生长而不抑制性器官发育。使植物矮化、茎粗、叶色加深，增强植物抗倒伏、抗旱、抗盐等抗逆能力。矮壮素不易被土壤所固定，也不易被土壤微生物分解，所以可直接施于土壤。常用剂型为 50%水剂，97%粉剂
皮克斯（缩节胺、助壮素）	Pix	分子式：$C_7H_{18}Cl\ N$；分子量：151.7	纯品为白色结晶，易溶于水。在土壤中容易分解，半衰期约为2周	能抑制赤霉素的生物合成，抑制细胞伸长。可使植株矮化，提高同化能力，促进成熟，增加产量。剂型为 40%和 97%粉剂，25%水剂。其作用类似于矮壮素
比久（N-二甲胺基玻璃酸胺酸）	B₉（B₉₉₅）	分子式：$C_6H_{12}N_2O_2$；分子量：160	纯品为白色结晶，工业品为浅灰色粉末，微臭，不挥发。在25℃时的溶解度：水中10%，甲醇中5%，丙酮中2.5%	能抑制贝壳杉烯酸的合成，所以也抑制赤霉素的合成。它的主要作用是使植株矮化，枝条生长缓慢，可代替人工整枝，使叶绿而厚，增强抗逆性，促进果实着色和延长贮藏期等。在植物体内较稳定，易被土壤固定或被土壤微生物分解，在土壤中稳定，残效期达 1～2 年，必须慎用
多效唑（氯丁唑）	PP₃₃₃	分子式：$C_{15}H_{20}N_3OCl$；分子量：293.5	纯品为白色结晶，工业品为淡黄色的 15%可湿性粉剂。溶解度：水中 35mg/kg，甲醇中15%，丙酮中 11%，二甲苯中 6%。性质稳定，有低毒	能抑制赤霉素的生物合成，减缓植物细胞的分裂和伸长，抑制茎秆伸长，促进植株矮化和植株健壮。其抑制能力较矮壮素和比久更强。还有抑菌、杀菌作用。多效唑在我国推广面积很大，应用很广泛。但在作物体内有残效，尤其要注意使用浓度不能太高，使用次数不能太多
优康唑（烯效唑、高效唑）	S-3307	分子式：$C_{15}H_{18}ClN_3O$；分子量：291.5	纯品为白色结晶。微溶于水，可溶于丙酮、甲醇、氯仿、乙酸乙酯等有机溶剂	能抑制赤霉素的生物合成，主要抑制细胞伸长，抑制效果强烈。土施效果比喷施效果好。可使植株矮化抗倒伏，提高产量。另外，还有除杂草和杀黑粉菌、青霉菌等的作用

3. 植物生长调节剂溶液的浓度表示、配制方法与使用浓度

（1）植物生长调节剂溶液的浓度表示与配制方法：植物生长调节剂溶液的浓度表示及配制方法常用的有下面两种：

①以 mg/L 表示植物生长调节剂溶液的浓度：mg/L 表示每升（L）溶液所含溶质的毫克（mg）数。过去常用的 ppm 或 ppm（parts per million，10^{-6}，百万分之几）计量单位，现已废除；现在绝大多数植物生长调节剂溶液的浓度是采用 mg/L 表示的。其配制方法为：将配制的溶液，按其溶质在每升溶液中所需毫克数及所配制溶液的总量，称取溶质的总重，再将溶质用能将其溶解的适宜溶剂全部溶解后，加水到欲配溶液的总量中即得。

例如：配制 30mg/L 的防落素溶液 15L，其溶质（防落素）总量应称取 30mg×15=450mg。

根据防落素易溶于乙醇的特点，用适量乙醇作溶剂将其充分溶解后，再加水到总体积 15L 即得。

②以 mol/L 表示植物生长调节剂溶液的浓度：mol/L 为摩尔浓度，系指 1 升（L）溶液中所含某溶质的摩尔（mol）数。即

摩尔浓度（mol/L）=溶质的克分子数/1L 溶液

植物生长调节剂（粉剂）配制成 mol/L（摩尔浓度）表示的溶液的方法，以下例说明。

例如：欲配制 500mL 的 0.5mol/L 的矮壮素溶液。就是指 1000mL 溶液中含矮壮素 0.5mol。矮壮素的克分子量为 158.08g，1 克分子量的溶质即为含有 1 克分子数的溶质。设配制 500mL 0.5mol/L 矮壮素溶液所需矮壮素的克分子数为 X，则可列方程：

$$1000 ： 500=0.5 ： X,$$

$$X=0.5 \times 500/1000=0.25 （mol）$$

$$158.08 \times 0.25=39.52 （g）$$

由于矮壮素易溶于水，称取 39.52g 矮壮素，先用适量的水充分溶解后再加水到总体积 1000mL，即得 0.5mol/L 的矮壮素溶液。

植物生长调节剂（粉剂）配制成摩尔浓度的计算通用公式为：设欲配制的溶液体积为已知的 V，配制的摩尔浓度为 M，溶质的克分子量已知为 W，配制 V 体积所需溶质的克分子量为未知的 x，则为

$$1000 ： V=M ： x,$$

$$x=VM/1000$$

配制 V 体积 M 摩尔浓度所需溶质的量为未知的 y，故

$$y=xW$$

按求出的 y 量称取溶质，用能溶解它的溶剂使其全部溶解后，再加水到总体积 V，即可配制成所需摩尔浓度及所需体积的 mol/L（摩尔浓度）溶液。

另外，尚可用体积分数或质量分数等表示植物生长调节剂的浓度。

（2）使用浓度与浓度筛选：在植物组织培养实际工作中，不但要了解、掌握植物生长调节剂的种类及其性质，以及不同植物生长调节剂的溶解、配制方法和溶液浓度表示，还须了解、掌握其合理使用浓度范围与使用浓度筛选，并根据生产实际需要解决的问题选用植物生长调节剂，才能在实际生产上有效应用。前人的配制、使用方法和使用浓度为我们提供了宝贵的参照依据，可以前人的使用浓度为基准，设计浓度梯度，在生产实践中进行筛选，寻求最佳方案。其浓度筛选最好从低到高逐渐进行，在效果好的前提下，浓度低者为好，其成本既低、安全系数又高。浓度高不但成本高，而且往往会产生副作用。因此在选择生产调节剂的种类及使用浓度时，要谨慎地循序渐进地进行筛选。

下述植物生长调节剂的使用与其浓度范围可供参考。在中药组织培养与快速繁殖中，通常加入培养基的植物生长调节剂有两类：一类是生长素，常用的有 2,4-二氯氧苯乙酸（2,4-D）、萘乙酸（NAA）、吲哚乙酸（IAA）、吲哚丁酸（IBA）等；另一类是细胞分裂素，常用的有激动素（KT）、6-苄基嘌呤（6-BA）、玉米素（ZT）等。2,4-D 适宜浓度为 $10^{-7} \sim 10^{-5}$mol/L；IAA 为 $10^{-10} \sim 10^{-5}$mol/L，以 $1 \sim 10$mg/L 为最通用。NAA 的适宜浓度范围比前二者均高。通常情况下，只用 2,4-D（$10^{-7} \sim 10^{-5}$mol/L）则可成功地诱导产生愈伤组织。若

将 2, 4-D 与一种细胞分裂素合用则效果更佳。在细胞分裂素中，KT 与 6-BA 使用最普遍，对愈伤组织生长均有促进作用，其适宜浓度为 $10^{-7} \sim 10^{-6}$ mol/L。诱导外植体分化植株时，用 NAA 与一种细胞分裂素合用可能更好。2, 4-D 诱导细胞分裂虽较好，但其趋向于抑制植物的形态发生，故在分化培养基中一般很少用（但其对禾本科及某些单子叶植物培养却有较好的器官分化效果）。常用植物生长调节剂的浓度换算，见表 7-9、表 7-10、表 7-11。

表 7-9　常用植物生长调节剂的浓度换算

种类	分子式	分子量	摩尔质量/(g/mol)	mg/L	μmol/L
萘乙酸（NAA）	$C_{12}H_{10}O_2$	186.20	186.20	0.1862	5.371
吲哚乙酸（生长素）（IAA）	$C_{10}H_9NO_2$	175.19	175.19	0.1752	5.708
吲哚丁酸（IBA）	$C_{12}H_{13}NO_2$	203.23	203.23	0.2032	4.921
赤霉素（GA、GA$_3$）	$C_{19}H_{22}O_6$	346.38	346.38	0.3464	2.887
2, 4-氯苯氧乙酸（2, 4-D）	$C_8H_9O_3Cl_2$	221.04	221.04	0.2210	4.524
6-苄基氨基嘌呤（6-BA、BA）	$C_{12}H_{11}N_5$	225.25	225.25	0.2253	4.349
激动素（动力精）（KT、KN、KIN）	$C_{10}H_9N_5O$	215.20	215.20	0.2152	4.647
玉米素（Zeatin）（ZT、ZN、ZEA）	$C_{19}H_{13}N_5O$	219.25	219.25	0.2193	4.552

表 7-10　常用植物生长调节剂的 mg/L 和 mol/L 浓度换算

mg/L	（$\times 10^{-6}$mol/L）							
	NAA	2, 4-D	IAA	IBA	6-BA	KT	ZT	GA$_3$
1	5.371	4.524	5.708	4.921	4.439	4.647	4.547	2.887
2	10.741	9.048	11.417	9.842	8.879	9.293	9.094	5.774
3	16.112	13.572	17.125	14.763	13.318	13.940	13.641	8.661
4	21.483	18.096	22.834	19.684	17.757	18.586	18.188	11.548
5	26.853	22.620	28.542	24.605	22.197	23.231	22.735	14.435
6	32.223	27.144	34.250	29.526	26.636	27.880	27.282	17.323
7	37.594	31.668	39.959	34.447	31.075	32.526	31.829	20.210
8	42.965	36.193	45.667	39.368	35.515	37.173	36.376	23.097
9	48.339	40.717	51.376	44.289	39.954	41.820	40.923	25.984
分子量	186.20	221.04	175.18	203.18	225.26	215.21	219.00	346.37

注：10^{-6}mol/L=10^{-3}mmol/L=1μmol/L。

表 7-11　常用植物生长调节剂的 mol/L 和 mg/L 浓度换算

（$\times 10^{-6}$mol/L）	mg/L							
	NAA	2, 4-D	IAA	IBA	6-BA	KT	ZT	GA$_3$
1	0.1862	0.2210	0.1752	0.2032	0.2253	0.2152	0.2197	0.3464
2	0.3724	0.4421	0.3504	0.4064	0.4505	0.4304	0.4394	0.6927
3	0.5586	0.6631	0.5255	0.6094	0.6758	0.6456	0.6591	1.0391
4	0.7448	0.8842	0.7007	0.8128	0.9010	0.8608	0.8788	1.3855
5	0.9310	1.1052	0.8759	1.0160	1.1263	1.0761	1.0985	1.7619

续表

(×10⁻⁶mol/L)	mg/L							
	NAA	2, 4-D	IAA	IBA	6-BA	KT	ZT	GA₃
6	1.1172	1.3262	1.0511	1.2192	1.3516	1.2913	1.3182	2.0782
7	1.3034	1.5473	1.2263	1.4224	1.5768	1.5063	1.5379	2.4246
8	1.4896	1.7683	1.4014	1.6256	1.8021	1.7217	1.7576	2.7710
9	1.6758	1.9894	1.5766	1.8288	2.0273	1.9369	1.9773	3.1173

三、植物组织培养的培养基配制与常用培养基

（一）培养基的配制及其消毒保存

1. 培养基用药品与培养基用水

培养基用的药品和水质纯度应保证符合相关规定要求。实际工作中，应尽量选用分析纯（A.R.）的化学药品，如不能购得，化学纯（C.P.）的也可代用。这在研究、摸索没有成功的植物材料时很重要。化学药品主要是无机盐，在成本中占的比重很小，选用优质药品在经济上不会有很大的影响，而劣质药品常会使研究延误或失败。但在大量成批生产时可考虑试用纯度稍低的化学纯药品。原则是对培养物没有毒害，不影响其正常生长。培养基用的植物生长调节剂物质在应用前，最好再重结晶。蛋白质水解物应用酶水解，这样可使氨基酸更好地在自然状态下保存。

培养基用水应加考究。在研究工作中应选用重蒸馏水或蒸馏水等纯化水，亦可用无离子水。工厂化大量生产时，可考虑用来源方便的水源，原则是无毒害，水质较软，配制培养基不会产生沉淀（包括经高压灭菌后不沉淀）。在农村可试用洁净泉水或井水配制成培养基，试用几种植物在其上生长 3～4 代（4～6 个月），如无显著影响，便可扩大应用。

2. 培养基贮备液的配制

在中药组织培养工作中，配制培养基是日常工作，为简便起见，配制培养基最方便的方法是将配方中的药品一次称量，先制备成一系列的浓溶液作贮备，供一段时间使用，在临用时稀释则可，这种浓溶液就称之为贮备液或母液（stock solution）。

制备时，可按药品种类和性质分别配制，单独保存或几种混合保存。一般是：宏量元素可比使用液浓度高 10～100 倍，微量元素等可高 200～1000 倍。但贮备液若浓度过高或不恰当地混合，均可引起沉淀，影响培养效果，应予特别注意。例如，在配制各种矿物质盐溶液时，应注意加入的先后次序，如必须将钙盐和硫酸盐或磷酸盐错开，以免形成硫酸钙或磷酸钙的沉淀，最好是以一定量水分别溶解后，再按培养基的排列顺序加入，最后加水至配制量。微量元素由于用量小，可将其高浓度溶液与宏量元素溶液等储存于冰箱中备用。维生素宜每种分别配制成 0.2～1.0mg/L 的浓度，置于量瓶中冰箱储存备用。铁盐亦应单独配制，其配制法为：取 5.75g 硫酸亚铁（FeSO₄·7H₂O）、5.45g 乙二胺四乙酸二钠（Na-EDTA）溶于 1000mL 水中，混匀备用。植物生长调节剂配制时，应据其性质与要求分别依前述方法配制（如 2, 4-D、NAA 和 IAA 等生长素类，称量后先以少量 95%乙醇溶

化，再用水稀释配制成所需量；细胞分裂素类则应先以少量 0.5mol/L 或 1.0mol/L 的盐酸溶解，再用水加至配制量）。如用叶酸，则以少量稀氨水溶解，然后再用水稀释至所需浓度。如用生物素（维生素 H），则以水直接溶解配制成所需浓度即可。

3. 培养基的配制、高压灭菌与保存

培养基的配制过程一般是：

（1）先在洁净的不锈钢锅里放入约 750mL 蒸馏水，加入所需要的琼脂和糖，最好能在水浴锅里将琼脂熔化，如果直接加热应不停地搅拌，防止在锅底烧焦或沸腾溢出。

（2）将各种贮备液按所需量分别以移液管吸取并混合，并按需要加入植物激素和其他欲加入的物质。

（3）加蒸馏水将最终体积调整到 1L。但应当预先测试一下，在接近沸腾的时候 1L 培养基所占的体积和在锅内壁上处的位置，最好能做一刻度为记号，或用下口杯等定容积。

（4）充分混合均匀以后，用盐酸或氢氧化钠溶液调节 pH 至所需要的酸碱度（一般为 pH 5.5～5.8），调整 pH 可用精密 pH 试纸或酸度计。然后复核一遍各物品是否已加好，如无遗漏、差错，进行分装。

（5）趁热将培养基倒入下口杯中，通过下口橡皮管上的弹簧夹控制，将培养基分装入培养容器（如试管、三角瓶、培养皿、细胞微室培养器皿或罐头瓶等）中，按容器的大小和培养要求放入适当量的培养基即得。分装时，注意不要把培养基黏附到瓶口或管口接近的内壁上，以免今后引起污染。分装中还应不时搅动下口杯中的培养基，否则先后分装的各瓶培养基凝固能力不同。若需配成液体培养液，则不需加入琼脂，依配方制成并分装于培养容器中即可。然后，再严加棉塞并用牛皮纸或纱布严密包扎即可。

（6）将包扎好的培养基放入高压灭菌器内，依法灭菌后取出，放置于室温（最适温度为 10℃）储存备用。灭菌后的培养基一般应在 1～2 周内用完，短时间可存放于室温条件，如不能尽快用完，最好应存放于 4℃条件下。如需加入过滤灭菌的药品，应在高压灭菌后，培养基凝固之前加入，并轻摇使其均匀。为此，培养基的装入量和过滤灭菌后的物质都需要事先计算好，定量加入，混合均匀备用。

（二）常用培养基配方及其特点

培养基选择直接关系到植物组织培养的成功与失败。不同培养基其特点不尽相同，了解与分析不同培养基的特点，不仅便于主动地选择合适培养基，而且可在研究组织培养中，以此为起点去进一步发展新的培养基或摸索某些组织或细胞培养中所特需的植物激素等成分，更好推进植物组织培养的发展。下面仅介绍常用的 MS 培养基、改良怀特培养基的配方，并简要分析其特点。

1. MS 培养基

硫酸铵[$(NH_4)_2SO_4$]	1650.0（mg/L，下同）
硝酸钾（KNO_3）	1900.0
磷酸二氢钾（KH_2PO_4）	170.0

硫酸镁（$MgSO_4 \cdot 7H_2O$）	370.0
氯化钙（$CaCl_2 \cdot 2H_2O$）	440.0
硫酸亚铁贮备液（制法如上述）	5.0（mL）
碘化钾（KI）	0.83
钼酸钠（$NaMoO_4 \cdot 2H_2O$）	0.25
硫酸铜（$CuSO_4 \cdot 5H2O$）	0.025
氯化钴（$CoCl_2 \cdot 6H_2O$）	0.025
硫酸锰（$MnSO_4 \cdot H_2O$）	22.3
硫酸锌（$ZnSO_4 \cdot 7H_2O$）	8.6
硼酸（H_3BO_3）	6.2
甘氨酸	2.0
盐酸硫胺素	0.4
盐酸吡哆辛	0.5
烟酸	0.5
肌醇	100.0
蔗糖	30 000.0
琼脂	10 000.0

（pH5.8）

MS 培养基是 1962 年穆拉希吉（T. Murashige）和斯科克（F. Skoog）为培养烟草材料而设计的。该培养基在固体培养条件下诱导愈伤组织，在液体培养条件下作细胞悬浮培养，以及用于胚、茎尖、茎段和花药等的培养和形态发生研究方面都获得了显著成效。MS 培养基中无机养分的数量和比例均较为合适，足以满足很多植物细胞在营养和生理上的需要。故此，在一般情况下，无须在培养基中再加入酪朊水解物、酵母提取物或椰子乳等有机附加成分。与其他培养基的基本成分相比，MS 培养基的硝酸盐、钾和铵的含量均高，这也是它的显著特点。MS 培养基在植物组织培养中应用极为广泛，最为常用。

2. 改良怀特培养基

硝酸钾（KNO_3）	80.0（mg/L，下同）
硝酸钙 [$Ca(NO_3)_2 \cdot 4H_2O$]	300.0
硫酸镁（$MgSO_4 \cdot 7H_2O$）	720.0
硫酸钠（Na_2SO_4）	200.0
氯化钾（KCl）	65.0
磷酸二氢钠（$NaH_2PO_4 \cdot 4H_2O$）	16.5
硫酸铁 [$Fe_2(SO_4)_3$]	2.5
硫酸锰（$MnSO_4 \cdot H_2O$）	7.0
硫酸锌（$ZnSO_4 \cdot 7H_2O$）	3.0
硼酸（H_3BO_3）	1.5

硫酸铜（$CuSO_4 \cdot 5H_2O$）	0.001
氧化钼（MoO_3）	0.0001
甘氨酸	3.0
盐酸硫胺素	0.1
盐酸吡哆辛	0.1
烟酸	0.3
肌醇	100.0
蔗糖	20 000.0
琼脂	10 000.0

（pH 5.6）

怀特（White）培养基与 MS 培养基相比，是无机盐浓度较低的培养基，但其应用范围也十分广泛，在胚胎培养或一般组织培养中均较常用并有很好的效果。

其他如 B_5 培养基（Gamborg 等，1968）、N_6 培养基（北京植物研究所、黑龙江农业科学院，1974）等培养基的配方还有很多，它们可根据研究对象的特点或研究者的要求而研究设计与制定，此从略，可参阅有关资料。从总的趋势来看，现用的培养基均具有采用高浓度无机盐的倾向；在氮的应用上，不少是采用硝态氮和铵态氮的混合或只用硝态氮；微量元素研究得较少；大多数配方都具有基本上接近于 MS 培养基配方等特点。目前，培养基的研究正在随着科技的不断发展而发展，将有力地促进中药等天然药物组织培养向前发展。

四、植物组织培养的接种培养与提高效益措施

（一）植物组织培养的接种与培养

植物组织培养的接种是按无菌操作法进行，其有关基本操作技术与注意问题前已作了介绍。必须建立严格的无菌观念、严格的规章制度、一丝不苟的科学作风与无菌操作，这是植物组织培养成败的关键。

植物组织培养的方式可分为固体培养和液体培养两大类。液体培养又分为振荡培养、旋转培养和静止培养。培养条件的主要环境因素是光照和温度。固体培养在试管、培养皿或玻璃瓶等的固体培养基上，接种消毒处理后的外植体即可培养。液体培养的振荡培养方式，又有连续浸没和定期浸没两种，前者通过搅动或振动培养液而使组织悬浮于培养基中，以造成良好的通气条件。小量振荡培养时，可采用磁力搅拌器，其转速可为 250 转/分钟（r/min）；较大量时，可采用往复式摇床或旋转式摇床，振动速可为 50～100r/min。在植物组织培养中，定期浸没振荡液体培养的仪器多采用转床，可使培养的组织块定期交替地浸没在液体里及暴露在空气中，这样就更有利于培养基的充分混合及组织块的气体交换，有利于提高培养效果。培养的光照要求多为 1000～4000lx，光源则以荧光白炽灯为多，或用自然光源。温度一般保持在 23～28℃，但有些品种对温度有其特殊要求，应具体品种具体对待。

为了进一步了解药用植物细胞或组织在其离体条件下的发生、发展和变化过程，以及

这一过程与形态、生化、药效等方面的发生发展的相互关系，尚有必要更深入地进行有关细胞学和组织化学等的观察与研究，以进一步了解与掌握在离体条件下各种因素对器官发生的影响等，以更好地进行组织培养和快速繁殖。

（二）降低植物组织培养成本与提高效益的措施

1. 充分利用自然光照培养

植物组织培养需要光照条件，其生长过程中不但利用糖和有机物质进行自养代谢，而且还要利用光进行光合作用的自养作用。因此不需要强光，一般培养放在 1000lx 以上的光照强度下植物则可正常生长。如在房内窗户附近的光强度便已满足。以前国内外的组织培养室都是全封闭的，靠人工光照和空调来满足试管育菌对光照和温度的要求，这样培养室耗电量很大。而采用自然光（将培养室的窗户朝南朝北开并加大，东西两面不能开窗，以免阳光直射，温度过高）培养，不但能降低耗电量，而且试管苗比人工光照的生长苗壮。通过核算，耗电主要是人工光照和控温，电费占整个成本的 50% 左右。因此，若充分利用自然光培养，则可大大降低成本，提高效益。

2. 合理利用液体培养基

培养基是组织培养的主要成本。分析培养基的成分，有些化学试剂如激素 NAA 等，价格虽高但用量极少而花钱不多，主要花钱的是用量大而贵的固定剂琼脂。若用石花菜、蛭石、淀粉等作代用品，效果总比不上琼脂。若采用液体培养与固体培养交替进行，结果则很理想，既降低了成本又提高了芽团分化和生长速度。因为液体培养时试管苗生长较快，枝叶茂盛，但幼芽分化较少，而固体培养时腋芽和不定芽分化得较多，两者交替应用则可取长补短，加速试管苗的增殖。

3. 合理改进培养基成分与应用培养瓶

不同植物对培养基的营养成分及激素种类与酸碱度等要求不同，应通过具体实验研究与中试来确定、改进。一般来说，通过调节培养基成分来控制试管苗生产的质和量时，要求试管值增殖率达 5 倍以上，即要求一瓶试管苗培养 1 个月左右能转 5 瓶以上，才符合工厂化生产要求。在工厂化生产时，应通过对比试验，合理简化可简化培养基的成分。如用土豆汁、麦芽提取物等代替有机成分；用自来水、井水代替蒸馏水；用食用蔗糖代替化学试剂蔗糖等。培养瓶可用玻璃罐头瓶，用能耐高温消毒的聚丙烯薄膜封口，其透光好，易操作，成本低。同时应注意充分利用设备，降低器皿消耗，提高劳动效率，搞好组织管理等，这也是降低成本、提高效益的重要因素，千万不可忽视。

4. 提高外植体接种成功率与切实减少培养过程污染

正确合理应用与处理外植体是非常重要的措施，直接关系到繁殖效率。据经验介绍，可直接从健康植株上取芽后消毒接种，不用流水冲或洗芽，因为用水冲洗时各类细菌反而容易通过伤口或导管而渗进茎尖，消毒不易彻底，其往往是接种失败的主要原因。消毒时加入适量盐酸的 0.1%升汞效果较好，加入盐酸能提高其消毒杀菌能力，消毒后应以无菌水多冲几遍，尽量减少升汞残毒，以利外植体生长和分化。

同时，要切实减少培养过程的污染。若培养过程中污染率高，即降低了繁殖效率。因为细菌和真菌在培养基中繁殖很快，并且分泌毒素，直接危害试管苗，因此克服杂菌污染是提高繁殖率的关键。必须保证清洁环境，有严格而熟练的操作技术，无菌苗转接过程中尽量减少瓶外时间，经常检查消除污染菌及污染瓶塞等，要一丝不苟，严防污染。

5. 确保试管苗质量与提高试管苗移栽成活率

技术成熟、产品可靠，是试管育苗繁殖产业化、商品化的根本。前已述及，离体再生植株品种已成百上千，但能否进行大量繁殖须通过中间试验，认真实践来检验确定。如每月繁殖系数、生根率、移栽成活率等是否符合生产要求，工艺流程与操作是否合理可行，良种能否保持原来特性，退化及玻璃化能否有效解决和防止等，都必须加以认真考察，不能盲目投入生产。应当汲取国内外都曾发生过的试管育苗繁殖的苗木，不能保持原品种特性，甚至无生产应用价值的教训。特别是植物药材试管苗，更应严格按药用要求考察其产品的质量。

试管苗繁殖的目的是要增加出苗率，其关键是从试管苗移栽后长成商品苗这一环节。如何提高其移栽成活率，则直接影响其效益。首先应注意试管苗质量的提高，即要培养生长健壮、根系发育良好的试管苗。如试验表明，在生根培养基中用高浓度的 2,4-D 和 NAA 时，往往会形成鸡爪根，不易成活；若用低浓度的 IAA 或 IBA 时，可直接从茎的基部诱导出 3～5 条根，根生长正常，它的维管束与茎输导组织相连，移苗易成活。其次，还应注意移栽时节与温度，春天温室温度在 20～25℃，移苗容易成活；夏季温度过高、湿度过大而冬季又温度过低都难成活。所以工厂化试管苗繁殖千万要与季节相吻合，春秋两季是移栽试管苗的大好季节。可在夏季休整、检查清理试管苗，做好保种准备，在秋冬季进行试管继代扩繁，到早春则开始移栽，以保证有计划有节奏地生产。同时，在移栽前要进行"炼苗"，并要精心管理，以提高移栽成活率。植物组织培养试管苗的炼苗与移栽过程，见图 7-10。

五、植物组织培养的外植体褐变及其防止措施

在植物组织培养初期，其外植体出现的褐变现象，常是诱导脱分化及再生芽形成的重大障碍。外植体褐变可使植物组织培养难以进行，甚至造成培养失败，故防止外植体褐变是植物组织培养中不可忽视的技术关键。

（一）外植体褐变与褐变的影响因素

植物组织中的多酚氧化酶被激活后，可使细胞代谢发生变化，酚类物质被氧化后则产生醌类物质，此物质为棕褐色，此类物质可逐渐扩散到培养基中抑制其他酶的活性，毒害整个外植体组织，这就是外植体褐变。

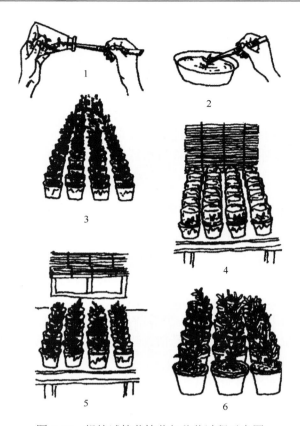

图 7-10　组培试管苗炼苗与移栽过程示意图

1. 取出试管苗；2. 漂洗根部黏附的琼脂；3. 移入蛋壳盆等器皿；4. 广口瓶罩住保温；5、6. 移栽成活的试管苗

　　影响外植体褐变的因素很多，极为复杂。随着植物种类、基因型、外植体的部位及生理状态、培养基成分与外植体培养过程的转移时间等不同，其褐变的产生与程度也不相同。例如，在植物组织培养中，有的品种难以成功，有的品种却容易培养。外植体发生褐变的难易程度也有着明显差异，其原因之一是酚类物质的含量及多酚氧化酶的活性有所差异，这是植物不同种类、不同基因型等所决定的。例如，栗的组织培养中发生褐变，其产生的酚类物质有两种类型，一种是水解型的，另一种是缩合型的。当其外植体生理状态不同，接种后褐变的程度也不同，若用幼年型的材料为外植体培养，因其含醌类物质较少而褐变较轻；若用成年型的材料为外植体培养则相反。同时还与取芽为培养外植体的时间和部位关系密切，若在 1 月下旬取芽培养则醌类物质形成少，而在 5～6 月取芽培养则褐变严重；若取第 1～4 个芽培养，其褐变也严重。再如棕榈科植物的外植体，在无机盐浓度过高的培养基中培养时则引起褐变。培养中植物激素使用不当，也容易褐变，如 6-BA 有刺激多酚氧化酶活性提高的作用，易致褐变。培养时，外植体材料转移时间过长，也会引起褐变。培养条件不适宜，温度过高或光照过强，也会促使多酚氧化酶活性提高，加速被培养的外植体褐变。这些现象，在培养过程中是可经常遇见的。由此可见外植体褐变影响因素的复杂性，也说明了防止其褐变的重要性。

（二）防止外植体褐变的技术措施

防止外植体褐变必须采取综合措施。从选择适宜外植体到整个组织培养的全过程，都应严加注意，控制好每个操作环节。许多成功经验表明，选择适宜的外植体并建立最佳的培养条件，是防止外植体褐变的最主要最有效的手段。外植体材料应有较强的分生能力，在最适宜的细胞脱分化与再分化的培养条件下，使外植体处于旺盛的生长状态，分生能力强的类型细胞大量增殖，酚类物质的氧化就会受到抑制，褐变则大大减轻。在植物组织培养条件的许多因子中，最关键的是必须有适宜的无机盐成分、蔗糖浓度与激素水平，并有适宜的温度与光照。若在黑暗条件下进行初始培养或在强光（如150lx）条件下进行1～6周初芽培养，则可抑制酚类物质氧化，防止外植体褐变。对于一些易褐变的外植体材料，还可采用连续转移培养方法防止外植体褐变。如在无刺黑莓的茎尖培养中，接种1～2天后转入新鲜的培养基中，或继后每1～2天转移1次，连续7天后便可控制其外植体褐变。在培养基中加入抗氧化剂，或用抗氧化剂、吸附剂等对外植体进行预处理或预培养，也可有效防止外植体褐变。

常用的抗氧化剂有：抗坏血酸、聚乙烯吡咯烷酮（polyvinyl pyrrolidone，PVP）和牛血清白蛋白等。如在茎尖培养中，将抗坏血酸、半胱氨酸和硫脲适量加入液体培养基中，对多酚氧化酶的活性有抑制作用。

常用的吸附剂有：活性炭（0.1%～0.5%），对酚类氧化物有明显抑制作用。如在棕榈科植物油棕（*Elaeis guineensis* Jacq.）的叶培养时，用6%蔗糖加0.25%活性炭溶液预处理其外植体，则可有效减轻其叶片的褐变。

预培养防止外植体褐变的效果也很满意。例如，在核桃（*Juglans regia* L.）的组织培养中，将所取外植体（子叶、胚及茎尖，特别是茎尖）经流水冲洗后，先置于冰箱5℃±2℃低温处理12～24h，消毒后先接种在只含有蔗糖的琼脂培养基中培养5～7天，使组织中的酚类物质先充分渗入到预培养基中，再取出外植体用0.1%漂白粉溶液浸泡10min，再依法接种到适宜的培养基（如MS培养基等）中即可。这样经预培养可有效防止外植体褐变，使外植体正常生长与分化，利于植物组织培养。

六、植物组织培养与种质资源保存技术

组织培养保存种质的优越性与重要性，以及种质资源保存技术，现已引起人们高度重视与深入研究，下面仅概要介绍利用植物组织培养等技术措施，进行植物种质资源保存的有关技术与方法。

（一）抑制细胞生长保存种质资源

在植物组织培养中，通常可采用控制培养基成分和培养温度等条件，使其细胞生长速度受到抑制而达到保存种质资源的目的。例如，在培养基中加入生长抑制剂（如脱落酸等）或加入一些具有细胞渗透效应的成分（如甘露醇、山梨醇及矮壮素等），对保存组织有十分明显的效果。马铃薯用1.25mg/L脱落酸加6%蔗糖在10℃下每年继代培养1次，或在甘露醇4%加蔗糖0.5%的培养中6个月转移1次，均能有效地保存其组织。又如，采用高

浓度激动素、高浓度赤霉素和低浓度糖的培养基，在 20～22℃下能将木薯培养基有效地保存 2 年以上。

应用低温及降低空气压力与氧气含量，也能抑制细胞生长速度，这是一种简易而可行的技术措施。例如，葡萄茎尖培养在 9℃条件下保存，每年只继代培养 1 次，则能很好地保持茎尖的分生能力。苹果茎尖培养在 1～4℃下保存 1 年亦未失去生长能力，而且如此贮藏 2000 个试管茎尖培养基，只需要 1 个 280L 的普通冰箱即可。但如果栽种 2000 株苹果，至少需要 1000 亩以上的土地。一般规律是，凡温带作物培养物在 0～5℃保存即可，而热带作物可在 15～20℃下保存。同时，降低空气压力与降低氧气含量，也是一种抑制细胞培养物生长，进行种质保存的有效方法。

（二）超低温保存种质资源

将植物细胞或组织培养物等保存在−196℃的液氮中，进行超低温保存可有效地保存种质资源。在其保存过程中，细胞的代谢活动完全停止，排除了储存期间产生遗传变异的可能性，并能很好地保持其形态发生的潜能。超低温保存种质的这一过程，一般分为以下几个步骤。

1. 材料的准备与预培养

如用芽作材料，则以冬芽为好，其细胞中水分少；如用愈伤组织或悬浮细胞作材料，则应进行预培养；如用胚胎作材料，则应选早期胚胎，因其细胞分裂旺盛。预培养的作用是为了提高分裂细胞的比例，因分裂细胞或原生质体的内含物稠密，耐低温张力强，适于冷冻保存。同时，通过预培养可减少细胞内自由水的含量，因含水量低的组织比含水量高的组织再生力强。愈伤组织细胞分裂的旺盛期，一般培养 9～12 天；悬浮培养物细胞分裂旺盛期，一般是在自开始培养的 5～7 天。经预培养或准备好优质材料，则可供下一步的处理。

2. 低温保护剂处理

采用低温保护剂的目的，在于防止细胞从冷冻至融化过程中因脱水而受到的损伤，以提高细胞的存活率和再生能力，并可减少培养液的水分子，使其黏度增加，从而可使冰冻时结晶速度减慢。常用的低温保护剂有二甲亚砜（dimethyl sulfoxide，DMSO）、水解蛋白、脯氨酸、聚乙二醇、甘油、蔗糖等。一般来说，采用复合成分冰冻保护剂比单一成分冰冻保护剂好，如用 2.5%DMSO、10%聚乙二醇（分子量 6000）、5%蔗糖及 0.3%氯化钙的复合液作植物愈伤组织的超低温储存冰冻保护剂，存活率可达 90%以上乃至 100%。DMSO可阻抑细胞内冰晶的形成；聚乙二醇能在细胞外延缓冰晶增长的速度；蔗糖和葡萄糖可保护细胞膜；钙离子能稳定细胞膜体系，故愈伤组织经超低温储存后，仍具有极高存活率。

3. 冰冻保存

冰冻保存的方法有快速冷冻法和慢速分步冷冻法两种。前者的优点是不会破坏冰冻细胞的细胞器和细胞膜。因为快速冷冻时外界水溶液也快速结冰，这样，细胞内的自由水扩散到外界溶液中的结晶冰表面，可使细胞内的水分减少，从而使细胞内不至于结冰，所以这一过程也可称为细胞的保护性脱水。例如木薯分生组织一般均采用本法冰冻保存，即将木薯茎尖在培养基中进行 4～6 天预培养，再将茎尖移入 4mL 灭过菌的安瓿中，装入 0.5mL 含 5%DMSO 的冷冻液体培养基，火焰封口后将安瓿迅速放入液氮罐中，贮藏 1h 解冻再培养，仍有 30%～40%分生组织生长；若用 10%甘油加 5%蔗糖作冷冻液体培养基如上法快速冷冻贮藏，解冻后培养形成小植株的茎尖可达 13%，其 8%的茎尖有愈伤组织及根的形成。但快速冷冻保存法尚不能对所有植物适宜，故有些植物需采用慢速分步冷冻保存法。

慢速分步冷冻保存法是将植物培养冷冻材料先进行低温锻炼，即须经设计的低温梯度一步步地进行低温冷冻锻炼。这样，在冷冻过程中则可让水分自细胞内流出，增加了细胞外部冰的形成，从而减少了细胞内的水分，避免了可使细胞致死的细胞内结冰，然后再依上法在液氮罐中冰冻保存。例如植物的分生组织（如茎尖等）在含 5%DMSO 培养基中预培养 48h，再将其置于 5%DMSO 培养基中以每分钟降低 0.48℃ 的速度冰冻，一直降到 -40℃，然后再浸入液氮中超低温保存，贮藏 8 周后解冻再培养，结果 95%的植株再生，并大量增生嫩枝，成活率达 35%。

4. 融化

冷冻材料的融化一般是在无菌条件下，直接将植物组织培养冷冻材料放入无菌的 37～40℃ 温水中迅速融化为宜。若融化太慢容易重结晶，甚至造成细胞器和细胞膜损伤，使细胞死亡。但有的植物材料，如有些木本植物的冬芽则需在 0℃ 低温下慢速解冻融化，使水分慢慢渗入细胞之中才获良效。这可能是因其冬芽在冬季慢速冰冻过程中，细胞内的水分已到细胞之外，慢速融化可避免冲击而不致破坏细胞膜。

5. 存活率、受害程度与再生能力的评价

超低温保存种质的效果，可采用其存活率、受害程度与再生能力加以评价。经冷冻保存储存的植物培养物在融化后，按常规方法进行培养，则可依其培养结果进行评价。对组织培养物存活估价及冷冻受害程度估价可采用下述两法估价：一是 Widholm（1948 年）设计的二醋酸荧光素染色法（fluorescein diacetate，简称 FDA 法），染色后用紫外光显微镜进行观察，凡具有活性的植物组织细胞则能着色并产生荧光；二是三苯四唑氯化物线粒体活力测定法（tyiphenyl-tetrazolium chloride，简称 TTC 法），活细胞线粒体可导致三苯四唑氯化物减少，从而可形成一种不溶于水但溶于乙醇的红色化合物——Formazam，因此可用分光光度法对其含量进行测定而间接估计植物受害程度。不过，从实际生产与应用的观点来看，对组织培养物再生能力评价的最终标准，仍应以常规培养的结果、再生植株移栽成活率的高低来加以评价，这样才具有真正意义，上述估价法所观测的结果仅供参考。

第四节　植物组织培养在中药现代化与中药产业发展中的前景展望

当今世界，植物组织培养技术正在飞速发展。目前，植物组织培养技术在中药科研与生产中的实际应用，主要是药用植物组培快繁育种与组培发酵产生药效成分等方面。据有

关报道统计，现通过植物组织培养能再生的植物种类已达 130 科 1500 种以上，一些国家和地区的观赏植物、无性繁殖作物和果树有 40%～80%甚至全部种苗、种薯都是由组织培养繁殖提供，植物组织培养技术比较成熟，设备比较简单，经济效益可观，是发展中国家农林生产十分重要的技术手段。更可喜的是，药用植物发酵培养研究已向规模化、产业化迈进，细胞培养生产前体物质并与化学合成相结合的方法将有望实现工业化。

植物组织培养技术的研究开发与应用，为现代生物技术开辟了一条别具特色之路。随着生物技术的不断进步，我国药用植物组织培养与细胞培养已取得长足发展。药用植物组织培养技术不仅对我国中药资源和生物多样性的保护与持续利用有着重要意义，而且能克服大田生产的多种不足，可快速培育试管苗和生产药效成分与有效部位。我国许多珍稀名贵地道传统中药如人参、雪莲、石斛、藏红花、冬虫夏草及许多专控药材如甘草、麻黄、肉苁蓉等，都值得我们去培养，去研究，去开发，去创新，去建立我国的自主知识产权。相信经过努力，切实发展中药组织培养技术生产药物这一新兴产业，将有力推进中药现代化、医药卫生事业与贵州省新医药产业、大健康产业的不断发展，将获取更佳社会效益、经济效益与生态效益，其发展潜力极大，生产应用前景无比广阔。

主要参考文献

包雪声，顺庆生，王新生，等. 2012. 霍山石斛[M]. 上海：上海交通大学出版社.

崔德才，徐培文. 2003. 植物组织培养与工厂化育苗[M]. 北京：化学工业出版社.

高文远，贾伟. 2005. 药用植物大规模组织培养[M]. 北京：化学工业出版社.

胡凯，何颖，祝顺琴，等. 2003. 红豆杉细胞悬浮培养生产紫杉醇研究进展[J]. 天然产物研究与开发，14（5）：471-479.

廖晓康，冉懋雄. 2014. 地道珍稀名贵药材石斛[M]. 贵阳：贵州科技出版社.

刘骅，张治国. 1998. 铁皮石斛试管苗壮苗培养基的研究[J]. 中国中药杂志，23（11）：654-656.

罗建平，查学强，姜绍通. 2003. 药用霍山石斛原球茎的液体悬浮培养[J]. 中国中药杂志，28（7）：611-613.

马小军，肖培根. 1998. 种质资源遗传多样性在药用植物开发中的重要意义[J]. 中国中药杂志，23（10）：579.

马玉芳，许继宏. 2003. 丽江山慈菇的组织培养及育种技术研究[J]. 中草药，34（5）：82-84.

潘瑞炽. 2000. 植物组织培养[M]. 上海：上海科学技术出版社.

冉懋雄. 2002. 名贵中药材绿色栽培技术丛书：石斛[M]. 北京：科学技术文献出版社.

冉懋雄. 2004. 中药组织培养实用技术[M]. 北京：科学技术文献出版社.

孙天洲，杨玉珍. 2002. 脱毒与快繁技术[J]. 农业科技，3：15-17.

徐红，刘峻，王峥涛，等. 2001. 鼓槌石斛组织培养研究[J]. 中国中药杂志，26（6）：378-380.

杨显志，邵华，周成，等. 2002. 生物技术在药用石斛研究中的应用[J]. 中草药，2002，33（2）：176-179.

乙引，等. 2009. 金钗石斛研究[M]. 北京：电子工业出版社.

张治国，等. 2006. 名贵中药——铁皮石斛[M]. 上海：科学技术文献出版社.

赵沛基，沈月毛，彭丽萍，等. 2003. 云南红豆杉离休胚的培养[J]. 植物生理学通讯，39（4）：327-329.

朱至清. 2003. 植物细胞工程[M]. 北京：化学工业出版社.

《石斛兰——资源·生产·应用》编委会. 2009. 石斛兰——资源·生产·应用[M]. 北京：中国林业出版社.

（冉懋雄　周厚琼　叶世芸　陈娅娅　冉孝琴）

第八章　中药材合理采收、初加工、包装与储藏运输

药材合理采收、初加工及合理包装储运是直接关系到药材质量和产量的重要因素，是中药材生产中的关键技术之一。本章将以种植药用植物为重点，对其合理采收、初加工、包装及储藏运输加以介绍。

第一节　中药材合理采收

一、中药材合理采收的基本概念与重要意义

药用植物或药用动物生长发育到一定阶段，当药用部位或器官达到药用要求时，在适宜的时间内，采取相应技术措施，将其从野生生长地或种植田间、养殖场所收集并运回的收获过程，称为药用植物或药用动物药材的采收或捕收（以下通称采收）。

如药用植物或药用动物的种植或养殖产地适宜，生长发育良好，采收合理适宜，则药材质与量均佳；反之则将直接影响其质量和产量，也将直接影响其社会经济效益与生态效益。我国历代医药学家及广大药农都极为重视中药材的合理采收，在长期实践中积累了许多宝贵经验。例如，早在汉代成书的我国第一部药学专著《神农本草经》则载："药有……采造时月，生熟土地，所出真伪陈新，并各有法。"梁代陶弘景的《本草经集注》又云："凡采药时月……其根物多以二月、八月采者，谓春初津润始萌，未冲枝叶，势力淳浓也。至秋枝叶干枯，津润归流于下，今即事验之，春宁宜早，秋宁宜晚，花实茎叶各随其成熟耳。"唐代医家孙思邈的《千金翼方》称："凡药，皆须采之有时日；……不依时采之，则与凡草无别，徒弃助用，终无益也。"金元"四大医家"之一李东垣的《用药法象》亦云："根叶花实，采之有时，失其时则性味不全。"明代陈嘉谟的《本草蒙筌》又载："实收已熟，味纯；叶采新生，力倍"等。民间亦有"当季是药，过季是草""春为茵陈夏为蒿，秋季拔来当柴烧"等适时采药谚语。这些都充分体现了中药材合理采收的重要意义。

二、中药材合理采收的常用方法与要求

（一）中药材合理采收与质量产量相关性

中药材采收的合理适宜与否，主要体现在采收的时间性和技术性方面。其时间性主要指采收年限和采收月份等采收期的合理确定；技术性主要指采收药用部位和采收方法等的合理确定。这均与中药材的质量产量密切相关，相辅相成，绝不可孤立地看待。它们对中药材的形态特征、组织结构、药效成分、性味功效等质量以及生物量（产量）都有影响。因为中药材的优质高产与药用植物及药用动物生长发育过程的药效物质的形成和积累密切相关，也就是依赖于对中药材生长发育及其采收时间、药用部位、采收方法等的合理把

握，使其质量符合或超过有关质量标准规定的药用要求，而且其生物量积累也相对较高，这样方可有效实现中药材优质高产。

药用植物或药用动物的药用部位及器官（包括分泌物等）的成熟，与其药用生物生理的成熟，是两个不同的概念。前者是以符合药用要求为标准，而后者是以能延续其生命为标准，所以两者往往是可能同步或不同步达到其目的的。如金银花、山银花、款冬花、辛夷花等均以花蕾入药，其开花时的花虽达生理成熟，但反而不堪入药。药用部位及器官（包括分泌物等）的成熟与否，其外部标志较易判断；而内在质量因素如浸出物、药效成分等的积累动态是否达到药用标准却较难判断。但是，可通过长期生产实践，或经实验研究并结合临床观察与传统经验，发现其生长发育与形态等方面所呈现的一定特征，研究与判断其药用部位及器官的成熟程度和生物量（产量）积累动态，以更好积累中药材采收与质量产量相关性和总结经验，研究确定中药材的合理采收期。

（二）中药材适时采收的基本原则

在我国医药与中药材生产长期实践中，人们对于药用植物或药用动物药用部位及器官（包括分泌物等）的成熟程度和中药材适时采（捕）收标志，积累了极其丰富而宝贵的经验，总结出了具有明显季节性并有实用性的中药材合理适时采（捕）收的基本原则。正如我国民间流传的采药歌或谚语所云："含苞待放采花朵，树皮多在春夏剥；秋末初春挖根茎，全草药材夏季割；色青采叶最为好，成熟前后采硕果""春采茵陈夏采蒿，知母黄芩全年刨；九月中旬菊花采，十月上山采连翘"等。这些都十分朴素而真实地反映了中药材适时采收的传统经验，是中药材采（捕）收值得遵循的基本原则，并应进一步认真研究发展。下面对中药材合理适时采（捕）收的基本原则，予以简介。

1. 植物药材适时采收的基本原则

（1）根和根茎类药材的适时采收：这类药材多是草本植物，且有一年生、二年生或多年生者。其多在秋冬季植物地上部分枯萎时或初春发芽前或刚露芽时采收最为适宜。因这时药用植物已完成了年生育周期，进入了冬眠状态，根和根茎生长充实，积累贮藏的各种营养物质或药效成分最丰富，药材质量产量最高。例如天麻于冬季至翌年春前未出苗时采收的为"冬麻"，体实色亮，质量为佳，天麻素等药效成分高，而春后出苗采收的"春麻"，体轻色暗，质量较差，天麻素等药效成也较低；丹参于秋末采收的丹参酮等含量，较其他季节采收的高 2~3 倍；石菖蒲于冬季采收的挥发油等含量，比夏季采收的高。又如桔梗、葛根、党参、天花粉等也均宜在秋末春初采收。

但也有例外，如半夏、太子参、浙贝母、玄胡索等生长期较短，地上部分枯萎较早，其地上部分虽枯萎，而地下部分的各种营养物质或药效成分却仍很活跃，正值增长期，故如半夏、太子参宜在夏末或秋初采收；浙贝母、玄胡索宜在初夏或夏季采收。

（2）全草类药材的适时采收：这类药材也多是草本植物的地上部分或带根全草，其一般多在花蕾将开的花前叶盛期或正当花朵初开的枝叶繁茂全盛期采收最为适宜。因这时药用植物生长正进入旺盛阶段，药效成分含量高，生物量及折干率亦较高。若在现蕾前，植物组织幼嫩，营养物质尚在不断积累时采收，其药材品质、产量均较低；若在花盛期或果期，其植株体内营养物质已被大量消耗，此时采收的药材品质、产量均有所下降。如益母草、淡竹叶、穿心莲、薄荷、青蒿、荆芥、紫苏、藿香等，均宜在生长旺盛、植株健壮、枝叶繁茂及营养充沛的花蕾将放或花开初期采收。

但也有例外，如茵陈、白头翁须在幼苗期采收，显蕾前采收则为次品，甚至不堪入药；蒲公英宜于初花期或果熟期采收；石韦一年四季均可采收药用等。

（3）叶和花类药材的适时采收：这类药材也多是草本植物药材。叶类药材宜在植物枝叶繁茂、色泽青绿的花前叶盛期或正当花朵盛开期采收最为适宜。因这时植物光合作用旺盛，分批采叶对植株生长影响不大，且可保证其药材品质及产量。若花前期，其叶片尚在生长，营养物质及药效成分积累较少；若花后期，其叶片生长又停滞，质地苍老，营养物质及药效成分亦将下降。如荷叶，当荷花含苞欲放或盛开时采收，其颜色绿，质地厚，气清香，质量佳。但叶类药材的生物量及药效成分的积累，不仅随其生长发育产生变化，有的还要受到季节、气候等因素的影响，甚至一天内都有不同变化，如银杏叶、薄荷叶等；有的叶类药材一年各季均可采收，如枇杷叶、侧柏叶等；有的叶类药材可与其主产药材的采收期同时采收，如三七叶、人参叶、紫苏叶等；有个别叶类药材甚至还必须经霜后方能采收，如霜桑叶。

花类植物药材多宜在含苞待放或花苞初放时采收。因这时花的香气未逸散，药效成分含量高，并多宜于晴天清晨分批采集。但花类植物药材的采收，也因植物种类和具体药用部位不同而有所差异。大多数花类药材如金银花、山银花、辛夷花、厚朴花、合欢花等，多在春夏季采收；少数花类药材如菊花等在秋季采收；而款冬花、蜡梅花等却宜于冬季采收。以花蕾、花朵、花序、柱头、花粉或雄蕊入药的花类植物药材采收时，应注意花的色泽及发育程度，因为花的色泽及发育程度乃是花的质与量发生变化的重要标志。如以花蕾入药的金银花、山银花等，须于花蕾期及时采收，若在花蕾膨大变白时采收，测定其同种同朵数的花蕾与开放花之重量和绿原酸含量，结果均以花蕾的重量重而绿原酸含量高。以花朵入药的月季、芙蓉、蜡梅花等，宜于花初放时采收，若花盛开时采收，其花瓣易散开、脱落、破碎，且色泽、香气均不佳。又如红花初放时，花呈浅黄色，所含药效成分为新红花苷及微量红花苷；花呈深黄色时，含红花苷；花橘红色时，含红花苷及红花醌苷。红花采收期于北方为6～7月，南方为5～6月，其采收标志以花冠顶端由黄变红为宜，质与量俱佳。若过早采收则花嫩色淡，若过晚采收则花带黑色而不鲜，其质与量俱受影响。以花序、柱头、花粉或雄蕊入药的蒲黄、西红花等，则宜花盛开时采收；但也有少数花类药材须在花开放后期采收，如洋金花在花开放后期生物碱含量才高，质量方佳。

（4）果实和种子类药材的适时采收：果实类药材一般均在已经充分长成或完全成熟时采收。因这时果实所积累的淀粉、脂肪等营养成分及生物碱、苷类、有机酸等药效成分，尚未用于种子供应有性繁殖营养的消耗，从而此时的果实类药材品质好且产量高。但其采收期，尚应随植物种类和药用要求而异。一般干果多于果实停止增大、果壳变硬、颜色褪绿而呈固有色泽时（7～10月）采收，如薏苡、连翘、马兜铃、巴豆、使君子及阳春砂仁等；若以幼果入药的，则于未成熟时（5～10月）采收，如枳实、乌梅等；若以绿熟果实入药的，则于果实不再增大并开始褪绿时（7～9月）采收，如枳壳、栝楼、木瓜、青皮、香橼、佛手等；若以完整果实入药的，则多于果实成熟时（8月开始）采收，如枸杞子、山茱萸、五味子、陈皮、龙眼、枣等。

种子类药材一般在果皮褪绿呈完全成熟色泽，种子干物质已经停止生长，达到一定硬度并呈现固有色泽时采收，如决明子、白扁豆、王不留行等。但种子类药材的采收期还应因播种期、气候条件与入药使用等差异而有所不同。如春播和多年采收的赤小豆、地肤子、决明子、望江南等，宜于8～10月采收；秋播二年采收的续随子、白芥子、葶苈子、王不留行等，宜于5～7月采收；入药使用种子一部分的龙眼肉（假种皮）、肉豆蔻（种仁）、莲子芯（胚）等，则宜于其果实或种子成熟时采收。另外，果实外果皮易爆裂的种子则应随熟随采。

（5）皮类药材的适时采收：皮类药材一般宜在清明到夏至间采剥茎皮，或在秋末冬初采挖根后收取根皮。尤其是前者如杜仲、黄柏、厚朴、秦皮、川楝皮等多年生木本药用植物，应在春末夏初树木处于年生长阶段初期采剥，因此时正值植物体内水分、养分输送旺盛，形成细胞分裂快，皮部营养和树皮内液汁增多，植株的浆液开始移动，皮部与木质部易于分离剥取，伤口也易于愈合，故一般茎皮药材多在春、夏之交采剥（可环剥、半环剥、条状剥等）。

但也有例外，如肉桂则宜于寒露前采剥，因此时肉桂皮含油量最为丰富。而如牡丹皮、远志、昆明山海棠等根皮类药材，则须待其年生育周期的后期方能采收，若采收过早根皮的生物量及药效成分积累则受到影响。

（6）茎藤木类药材的适时采收：茎木类药材如苏木（心材）、木通等，一般多在秋冬落叶后或春初萌芽前采收，因此时植物体的营养物质及药效成分大都在树干茎本贮藏。而藤木类药材如钩藤、鸡血藤等，则宜在植物生长旺盛的花前期或盛花期采收，因此时植物从根部吸收的养分或制造的特殊物质，通过茎的输导组织向上输送，叶光合作用制造的营养物质及药效成分由茎向下运送积累储存，其藤木含营养物质及药效成分则最为丰富。若系木质藤本植物如忍冬藤、络石藤等，宜于在全株枯萎后或秋冬至早春前采收；若系草质藤本植物如首乌藤（夜交藤）、银花藤等，宜于开花前或果熟期后采收。

（7）菌、藻、地衣类和孢粉类药材的适时采收：这类药材的采收，随不同植物和采收部位等不同而各自不一。如茯苓宜在立秋后采收，质量较好；马勃宜在子实体刚进入成熟期及时采收，若过迟则子实体破溃，孢子飞散；麦角宜在寄主（黑麦等）收割前采收，其生物碱等药效成分含量方高。

（8）树脂和液汁类药材的适时采收：这类药材的采收，亦随不同植物和采收部位等不同而各自不一。如血竭，若从龙血树中提取时，则取其木质部含紫红色树脂部分，粉碎后分别用乙醇和乙醚提取，浓缩后即得血红色的血竭粗制品或精制品；若从麒麟竭中提取时，则取其成熟果实，置蒸笼内蒸后使树脂渗出，或将果实充分晒干，置笼中加贝壳强力振摇，松脆的树脂即脱落，筛去果实鳞片杂质，用布包好置热水中使软化成团，取出放冷即得。又如芦荟全年皆可割取，将割取的芦荟叶片排列于木槽两侧，使液汁经木槽流入容器，然后置锅内加热蒸发浓缩至稠膏状，再取出倾入定型容器中，逐渐冷却凝固即得。

2. 动物药材适时捕收的基本原则

药用动物的捕捉采收，应据其生长习性、活动规律并结合其药用部位与捕收目的（药用或引种驯化养殖等）而采取有效措施进行合理而适时捕收。但由于药用动物种类繁多，生长习性及活动规律各异，因此不同药用动物的捕收时间、捕收方法等各不相同。下面仅对其药用时合理捕收的基本原则予以简介。

（1）全身入药的动物药材：如昆虫类药材，必须掌握其孵化发育活动季节。以卵鞘入药的如桑螵蛸，宜在9月至翌年早春2月捕收，过时其虫卵孵化为成虫则影响药效。有翅昆虫如九香虫、斑蝥等，宜在春、夏或秋季清晨露水未干时捕收，并及时用沸水烫死。环节动物如地龙，生活在有机质丰富、湿润的土壤中，一般宜于7～10月捕收。节肢动物如蜈蚣，宜在春末至夏初时捕收，此时蜈蚣结束冬眠不久，刚刚开始活动，大部分移到地面浅层或地面，活动迟缓，易于捕捉；同时蜈蚣尚未进食或进食较少，捕捉后加工的商品药材质量好并利贮藏保管。爬行动物如乌梢蛇、蕲蛇等，其活动与季节气温关系密切，头年11月至翌年4月为其入洞冬眠期，5月开始出洞且白天一般不出来，多在晚上（19:00～22:00）外出，于水田梗、沟塘边和房前屋后等处活动寻食，因此乌梢蛇、蕲蛇等宜于夏、秋晚间捕捉。对于全身入药的动物药材，一般均在其活动期捕收，如蛤蚧宜于5～9月捕收；水蛭宜在夏、秋季捕收；海马宜于每年8～9月捕收，此时海马个体较大，干鲜比高。

（2）组织或器官入药的动物药材：如鹿茸须在清明后40～50天锯取头茬茸，采后50～60天锯取二茬茸，三茬茸宜于7月下旬采集1次。锯茸时应迅速将茸锯下，伤口即敷上止血药。鳖宜在夏季（6～8月）捕收，龟以秋季捕收为好，然后及时依法加工即得鳖甲或龟甲药材。

如以动物肝、胆等器官入药的，多主张现采现用，或采集后立即加工为药材贮藏备用。如水獭肝为水獭的肝脏，全年均可采集。蛇胆为乌梢蛇、金钱白花蛇等蛇类含胆汁的胆囊，宜于夏秋季现捕现采。狗鞭（亦名狗肾）为雄性黄犬（或各色家犬）的阴茎和睾丸，全年均可采集。

（3）分泌物、排泄物入药的动物药材：如雄麝以3～7岁为产香旺期，每年5～7月为分泌盛期，一般历时3～9天（有时可达14天以上），盛期后1～2月香囊内的麝香质量最好，因此，每年秋末冬初或冬末春初宜于进行人工取香。大灵猫或小灵猫全年均可活体取香，其喜在饲养箱侧壁或通道边突出处涂擦分泌物（即灵猫香），应及时采集。蟾蜍宜在4～9月捕收，其高峰期为6～7月，蟾蜍捕捉后应及时采集其浆液依法制成蟾酥，或制成干蟾、蟾皮。夜明砂为蝙蝠的排泄物粪便，全年可采，但以夏季为宜。五灵脂为鼯鼠的粪便，全年可采，但以春季采得者为宜。望月砂为华南兔等野兔的粪便，全年可采，但以9～11月为宜。

（4）生理或病理产物、动物制品入药的动物药材：如牛黄、马宝等动物生理、病理产物，可根据生长发育习性采集，或在宰杀牛、马时发现获取。又如以驴皮熬胶——阿胶，宜在每年冬至以后冷天采集驴皮熬制。

（三）中药材合理采收期的研究确定

前已述及，中药材采收的合理适宜与否，主要体现在采收的时间性和技术性上。其时间性主要指采收年限和采收月份等采收期的合理确定；技术性主要指采收药用部位和采收方法等的合理确定。这均与中药材的质量产量密切相关，相辅相成，绝不可孤立地看待。中药材采收期即包括其采收年限和采收月份等采收时间。就药用植物而言，药用植物的采收年限和采收月份等采收时间，是指其从播种或栽植到采收所经历的年数和月份乃至日、时等具体采收时间。采收年限的长短，一般取决于下述"三因素"：一是植物本身特性。如系木本或草本植物，一般而言，木本植物比草本植物采收年限长，草本植物多与其生命周期一致。二是环境条件影响。如同一药用植物可因南北气候或海拔差异而采收年限不同（如红花在北方多为一年采收，而南方二年采收；三角叶黄连，即雅连，在海拔2000m以上种植需5年以上采收，而海拔1700～1800m种植则4年采收）。三是中药材药用品质要求。如据其药用部位需要，有的药用植物采收年限可短于该植物的生命周期（如川芎、附子、麦冬、白芷、姜等多年生植物，而其药用部位的采收却为1～2年）。在中药材生产中，根据药用植物栽培的特点，药用植物的采收年限可分为一年采收（播种后当年采收者，多为一年生草本，少为多年生草本或灌木，如薏苡、荆芥、头花蓼等春季播种，当年秋冬采收）、二年采收（播种后次年采收者，一般实际生长期多为不足2周年的草本，如白术、党参、当归等春、夏、秋季播种，次年冬季采收）、多年采收（播种后3年以上采收者，为多年生以上草本或木本，如三七、百合、云木香等3年采收；黄连、牡丹、人参等4～7年采收；杜仲、黄柏、厚朴等10年以上采收）及连年采收（播种后能连续采收多年，多为以花、叶或果实、种子等入药者，如金银花、山银花、银杏、山茱萸、栝楼等）。

　　我国药用植物及药用动物种类多，分布广，各地气候、环境、种植（养殖）技术等又有一定差异，同一中药材在不同地区的采收期也很难统一。前述中药材合理适时采（捕）收的基本原则，是确定中药材经济的重要依据。但其合理性仅是以生物成熟程度并结合传统经验而确定的，特别还需从中药材质量与产量相关性、药效成分和生物量（产量）积累动态与其生长发育相结合地深入探索，以进一步研究确定其合理适时的采收期（包括采收年限和采收月份等采收时间）。

　　研究与实践证明，药用植物药效成分与产量在植株生长发育过程中都各有其显著的高峰期。有的两个高峰期是一致的（如金银花的花蕾期所含药效成分绿原酸最多，其产量也高）；有的两个高峰却不是一致的（如槐的花蕾时比花开放时所含药效成分芦丁高10%，而产量却比槐花低；知母根茎含杧果苷以4月为最高，达1.26%，而10月含量仅为0.89%，但产量又以10月为最高），这就需综合平衡，全面考量确定其合理采收的时间及方法等。

　　特别是在药用植物规范化种植研究的生长发育过程中，可通过定点（同一生态环境、同一生产条件）、定时（同一生活期，如同一年限药用植物的不同生长期、花期、果期、果后期等）采集药材样品（在采样的同时，进行必要的样方测产），对药用植物的药用部位进行其性状、水分、浸出物及药效成分（指标成分）的含量对比检测分析，以研究探索其质量、生物量（产量）与生长发育的动态积累规律，进而研究确定其药材合理采收期。也就是要将药用植物不同生长发育阶段的药效成分和物质积累（即质量与产量）动态变化这两个指标，进一步结合起来加以研究，以确定中药材合理采收期。当药用部位产量变化不大，药效成分在该药用植物生长发育阶段有一高峰期，此高峰期则为最适采收期。如前述的金银花花蕾期时，其药效成分绿原酸与产量两个高峰期是一致的，故宜将金银花合理采收期确定为在其花蕾期。当药用部位产量与药效成分含量高峰期不一致时，则宜以药用部位的药效成分总量最大值为合理采收期，即

药效成分总量=中药材产量/单位面积×药效成分含量（%）

　　然后再利用绘制药效成分含量与产量曲线图,由两曲线图的相交点直接确定其合理采收期。例如,经检测薄荷花蕾期的挥发油含量最高,而薄荷叶产量的高峰期却在其花后期。如以薄荷油含量或薄荷叶产量为纵坐标,以薄荷不同生长发育期为横坐标作图,则得两个曲线图(见图 8-1);再将两个曲线图中的含量高峰与产量高峰以同一坐标高度表示,两曲线交点之对应点(图 8-2 中的 *A* 点),即为薄荷合理适时采收期。

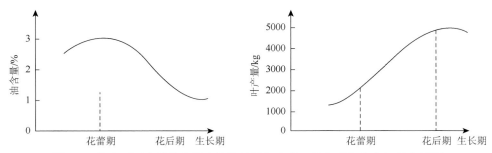

图 8-1　薄荷不同生长发育期含挥发油量与产量(单位面积为亩)的曲线图

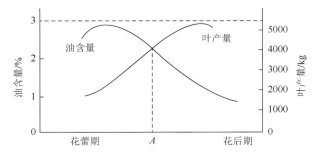

图 8-2　薄荷叶合理适宜采收期(单位面积为亩)的曲线图

引自:任德权,周荣汉. 中药材生产质量管理规范(GAP)指南. 北京:中国农业出版社,2003:103.

　　但在确定中药材合理适宜采收期时,一定要从中药材这一特殊商品必须以质量为核心出发而全面考虑。有的中药材除有效成分外,尚含有毒成分,应对这两者含量与其产量高低予以综合考虑。必须坚持在优先选择有效成分含量高、毒性成分低的前提下,适当兼顾产量的原则而确定其采收期。例如,经研究检测发现抗慢性气管炎中药材照山白(*Rhododendron micranthum* Turcz.)叶中的有效成分为总黄酮,毒性成分为梫木毒素(andromedotoxin Ⅰ),两者均与照山白生长季节关系密切:照山白于 6、7、8 月生长旺盛,叶产量最高,但总黄酮含量却最低,而梫木毒素含量最高;5 月或 9、10 月叶产量虽稍低,但总黄酮含量仍较高,梫木毒素含量却较低(表 8-1)。

表 8-1　照山白不同生长发育期的总黄酮及梫木毒素含量变化比较表

成分	1 月	2 月	3 月	4 月	5 月	6 月	7 月	8 月	9 月	10 月	11 月	12 月
A	2.52	2.69	2.73	2.26	2.51	2.02	2.00	1.72	2.08	2.21	2.24	2.74
B	0.03	0.03	0.03	0.03	0.02	0.06	0.06	0.06	0.03	0.03	0.02	0.03

注:A 表示总黄酮含量(%),B 表示梫木毒素含量(%);

引自:么厉,程惠珍,等. 中药材规范化种植(养殖)技术指南. 北京:中国农业出版社,2006:116.

根据上述确定采收期原则并结合研究检测结果，中药材照山白的合理采收期应选择 5 月或 9、10 月最为适宜。

（四）中药材合理采收的常用方法

在中药材合理适宜采收期确定的基础上，还必须注意不同药材、不同药用部位的合理采收方法及其有关要求。下面以植物药材为重点加以介绍。

1. 挖掘法

本法主要用于收获根或地下茎。挖掘时要选择适宜时机与土壤含水量，若土壤过湿或过干，不但不利于采挖，而且费力费时，还易损伤地下药用部分，降低中药材质与量，且若加工干燥不及时，易引起霉烂变质，如太子参、半夏、天麻、党参、何首乌等。

2. 收割法

本法主要用于全草、花、果实及种子等的采收，且多用于成熟较一致的草本药用植物。可根据不同药用植物及药用部位的具体情况，或齐地割下全株，或只割取其花序或果穗。有的全草类一年两收或多收的药用植物，第一、二次收割时应留茬，以利萌发新的植株，提高下次的产量，如头花蓼、淫羊藿、艾纳香、益母草、薄荷、瞿麦等。而对待花、果实及种子等的收割，应因不同品种与需要具体对待。

3. 采摘法

本法主要用于成熟不一致的花、果实及种子等的采收。因其成熟不一，只能以人工分期分批采摘，以确保其质与量；并应注意保护植株，不要损伤未成熟者，以免影响其继续生长发育，也不要遗漏，以免其过熟脱落或枯萎、衰老变质等。如金银花、山银花、吴茱萸、刺梨、菊花等。另外，对有些果实、种子等个体较大或枝条质脆易断，其成熟虽较一致但不易采用击落法采收者，也可采用本法采收，如栀子、枳壳、连翘、佛手、龙眼及香橼等。

4. 击落法

本法主要用于树体较高大，以人工采摘较困难的木本或藤本药用植物果实、种子的采收。但对用竹竿等器械击落易致严重损伤者，在击落时宜于其植株下铺上草垫和置以布围等物，以减轻损伤和方便收集，同时还应尽量减少对植物体的损伤或其他危害。如米槁、川楝子（果实）、乌梅等。

5. 剥离法

本法主要用于以树皮或根皮入药的药材采收。

（1）树皮剥离法：本法分为伐树剥皮法、伐枝剥皮法及活树剥皮法，主要用于乔木树皮剥离，如杜仲、黄柏、厚朴、川楝皮、肉桂等。

伐树剥皮及伐枝剥皮法一般系将树砍伐后，先按规定长度要求剥下树干基部的树皮。

其长度为 60～100cm，宽度依树围而定。其剥离方法为：先按规定长度用利刃（如嫁接刀，下同）上下环状切割树皮后，再从上圈切口垂直纵切至下圈切口，并用刀从纵切口处左右拨动，以使树皮与木质部有效分离；亦可将伐下的树干一节节地依上法剥离树皮。被砍伐的树枝，亦可依上法将其树枝的皮剥离供用，此则为伐枝剥皮法。但在伐枝剥皮法中，对轮伐大树或经修剪形成矮主干树型者则不必砍伐，可有计划地轮伐其部分树枝，依上法将其树枝皮剥离即可。

活树剥皮法又可分为环状活树剥皮和非环状活树剥皮。前者可简称为环状剥皮法或环剥法，特点是在活树干上用利刃进行环状剥下树皮，其环宽须适宜，依树围而定。后者可简称为带状剥皮法或带剥法，特点是在活树干上用利刃进行上下交错地带状剥下树皮；其条长一般为 60～100cm，带宽须适宜，依树围而定（一般不超过树围的 50%）。

上述两者的剥离技术关键均在于：

①选择树干直径 10cm 以上的植株为剥离对象，要生长正常，枝叶繁茂，叶色深绿，树皮表面皮孔较多，并无病虫害。

②选择适宜的剥离季节和天气条件，以夏初阴天为宜，此时树干形成层活动能力旺盛，树皮易剥；并在剥皮后可由残存的形成层细胞和恢复了分裂能力的木质部细胞分生新细胞而产生愈伤组织，以促使新的再生皮形成与生长。

③剥皮时，用力不能过猛，手和工具勿触伤剥面，切口斜度 45°～60°为宜，切口深度要适当，以能切断树皮又不割伤形成层、韧皮部和木质部为度。

④剥皮后，注意剥面保护，防止污染，剥面可喷以 100‰的吲哚乙酸（IAA）液等以促进愈伤组织形成，提高愈合率，促进再生皮的生长等。

（2）根皮剥离法：本法可用于乔木、灌木或草本根的根皮剥离，如杜仲、黄柏、厚朴、桑白皮、昆明山海棠、牡丹皮等。对杜仲、黄柏、厚朴等林木伐树不留茬（桩）者，可掘取根部剥皮入药。其剥皮方法与树皮剥离法相似，只是其皮的长、宽度依树根实际情况而定，往往长短不一。对桑白皮、昆明山海棠、牡丹皮灌木或草本根的剥离，与树皮剥离法略有差异：一是用刀顺根纵切根皮，以使根皮剥离；二是用木棒轻轻捶打根部，以使根皮与其木质部分离，然后再抽去或剔除木质部即得。

6. 割伤法

本法主要用于树脂类药材的采收，常采用割伤树干收集树脂，如松香、白胶香、阿魏、安息香等。一般是以利刃在树干上适宜位置割切"▽"形伤口，让树脂从伤口渗出，流入其下端安放的容器中，收集起来再经加工处理即得。亦可以割伤果实，使其脂汁渗出并收集处理即得，如血竭、鸦片等。

三、中药材合理采收的注意问题

中药材采收过程中，应注意妥善处理以下中药材合理采收的主要问题。

第一，要注意中药材合理适宜采收期、采收方法与不同生产区域所产生的影响，要认真研究与处理好采收期和地道特色药材生产区域的关系。因为中药材历来都讲求地道特色，地道药材出自别具特色的地道产区，这是特定中药材生产区域有其独特生态环境、规范生产技术及采收、产地加工等相互作用而形成的。因此，对于同一药用生物在不同生产区域生长发育，其采收期、采收方法等可能有所差异。如太子参从江苏、福建引种于贵州省施秉等地，由于贵州引种地的海拔、气候等与原产地差异，以至其地上枯萎期延后，采收时间有所推迟。

第二，要注意处理好中药材合理适宜采收期、采收方法及采收次数与质量产量和资源保护的关系。必须在传统经验基础上结合现代研究成果，特别要认真研究确定贵州地道药材的合理采收期、采收方法及采收次数，以更好保证中药材优质高产，保护贵州中药资源及其可持续利用。如别具贵州特色的苗药头花蓼，经研究与实践表明，头花蓼药材一年可采收 2 次（于 8～9 月第一次采收，11 月霜降前第二次采收），可将其作为头花蓼药材的合理采收期。

第三，要注意处理好中药材合理采收与多种兼顾共赢的关系。对同一药用生物体有多个部位入药时，要兼顾与处理好各不同药用部位的适宜采收期，以防顾此失彼（如杜仲叶与杜仲皮等）；要兼顾与处理好果实、种子等繁殖器官的成熟期，以更好保护种质资源（如天麻有性繁殖与块茎繁殖等），并兼顾非药用部位的综合利用，注意加强非药用部位的综合利用研究与开发，以充分利用资源，提升效益。

第四，要注意切实加强中药材合理采收的有关安排与生产质量管理。如一般要求在采收前 15～20 天，对待采收药材种植地必须停止使用任何农药，以避免农药污染。采收前 3 天要停止灌溉，以利采收与初加工干燥。采收前 1 天应清除采收药材种植地的杂草异物，以利采收与质量保证。采收时，要合理选用采收方法与采收器具、机械及贮运容器，应保持清洁，避免污染。在采收过程中应去除异物、杂草和非药用部分，并要特别注意剔除腐烂变质、有毒物质等混入。若采挖药材属地下部分，应认真清除泥土，避免药材酸不溶性灰分等超标。还要注意保持采收药材的完整性，以免影响药材的品质和商品规格等级。采收后，要及时将药材运放在无虫鼠害和禽畜的清洁、通风、干燥、避雨处，并及时认真做好各项采收记录（包括采收药材品名、药用部位、采收年限、采收月日、采收方法、采收量或样方测产等）和复核、安全等工作。

最后，还要特别强调，应切实做好采收药材的批号确定与管理。按照同一生产种源或品种、同一产地（相邻成片）、同一生活期、同一采收时间采收的新鲜药材为同一个批号。其批号采用"生产基地代号＋种源或代号＋年/月/批次"等为原则制定。根据上述基本原则，规定批号表示法为：左起为生产种源或品种汉语拼音（首字）；第 1～4 位为生产年份，第 5～8 位为采收月日代码，最后的大写字母为干燥方法，其中"Y"表示阴干，"S"表示晒干，"H"表示烘干。我们应清醒地认识到，在中药材生产上，过去对于合理采收、初加工及其包装储运多重视与研究不够，无严格的产地、采收及初加工时间与方法、批号、质量合格证及包装工号等标志。因此，我们应当对此格外重视，要认识其重要性与迫切性，要从中药材合理采收这一环节开始建立批号制等生产质量管理，并贯穿到下面即将介绍的中药材合理初加工及包装储运中去，以建立严密的中药材采收、初加工、批号、包装与贮运管理制度并有效实施。

第二节　中药材合理初加工与包装

一、中药材合理初加工的基本概念与重要意义

中药材采收后，除如鲜石斛、鲜芦根等少数供鲜用外，绝大多数药材均需在产地进行初步处理。凡在采收后及时对中药材药用部位进行拣选、修整、清洁及干燥等适宜初步加工的过程，则称之为"初加工"或"产地加工"（按照《中药材生产质量管理规范》，将其称为"初加工"，下同）。这是中国医药学进步与社会发展的结果，上古先民用药均为鲜品，现采现用，但单靠鲜品供药用已不适应医药的实际需要，于是便开始将鲜药晒干或阴（晾）干后储存备用，这便逐步发展成为中药材生产加工中的关键技术之一。

中药材初加工（primary processing），系指药用部位收获至形成商品药材而进行的药材初步处理和干燥等产地加工的全过程，是中药材生产与品质形成的重要环节。我国长期的药材生产实践和经验积累形成了独具特色、内容丰富的药材加工方法和技术体系。中药材初加工历史悠久，源流渊远，最早见于《神农本草经》："阴干、曝干、采造时日、生熟土地所出"。《千金翼方》亦载："夫药采取不知时节，不以阴干曝干，虽有药名，终无药实"。《新修本草》中有大黄"二月、八月采根，火干"。《本草纲目》载有"凡采得玄参后，须用蒲草重重相隔，入甑蒸两伏时，晒干用。勿犯铜器，饵之噎人喉，丧人目"等。

中药材从采收到供医药应用，需经若干不同的处理加工过程，被笼统称为中药材"加工炮制"或"炮制加工"。但中药材"加工"与"炮制"乃不同概念，二者的目的意义、任务、方法、时间、地点等均有较大差别。中药材初加工旨在使药材入药部位除去杂质并干燥，以符合药材（或称原药材）商品规格，保证药材质量，利于药材包装、储存及运输，并应在中药材采收后于产地及时初加工，其属中药材 GAP 管理范畴；而中药材炮制旨在遵照中医药传统理论，按照医疗、配方及制剂等不同要求，采用一定工艺规程与不同方法生产为中药饮片，其属 GMP 管理范畴（详见有关中药炮制等文献资料，此从略）。

中药材品种繁多，药用部位多样，根据药材形、色、气味、质地及所含药效成分等不同，其初加工要求、任务则各不相同。一般而论，中药材初加工应达到形体完整，含水分适度，色泽好，香气散失少，不变异味（有的药材如黄精、玄参、生地等须加工变味者例外）及药效成分与生物量破坏少等要求。为此，中药材初加工应完成以下主要任务：一是清除非药用部位、杂质、泥沙、烂坏变质等，取得纯净药材；二是按照《中国药典》或有关标准（均现行版）规定，初加工成符合规定的原药材；三是剔除有毒物质等非药用不良物混入，保证药效成分不受破坏；四是确保干燥符合有关标准（均现行版）规定要求，合理包装成件，以利贮藏与运输；五是严格按照有关规定要求，做好中药材初加工全生产过程的各项记录（如初加工时间与方法、数量、批号、质量合格证及包装工号等标志）与生产质量管理，这对于保证中药材质量，建好中药材产业具有重要意义。

二、中药材合理初加工的常用方法与要求

中药材初加工方法多样，往往因药材类别、来源不同或同一药材因产地不同，其初加

工方法则多种多样，并直接与中药材所含有关药效成分密切相关。若按药用植物、药用动物及药用矿物不同类别、不同来源及不同产地药材等来讨论，其初加工所涉及的内容那就更加复杂。以植物药材初加工而论，可将其分为拣选、洗涤、去皮、修整、蒸、煮、烫、漂、浸、熏硫、发汗、鲜切、干燥及揉搓等法。下面仅对植物药材常用初加工方法，以干燥为重点予以概要介绍。至于有关动物药材及矿物药材的初加工方法，及其初加工与药效成分的相关性等，此从略，请参阅有关文献资料。

（一）拣选与洗涤

1. 拣选

拣选又称清选，是指清除药材杂质，进行初步分级，以利于分别洗涤、干燥等操作过程，是中药材初加工十分重要的基本操作。通过人工或工具进行剔除、挑选、风选、水选等操作，以清除药材采收时混入的非药用部分等杂质。例如，根与根茎类药材的去泥沙、污垢、残留根基等；鳞茎类药材的去须根、残留茎基等；全草类药材的去非药用部分（若用地上部分还需去根及根基等）；花类药材的去残留花梗、花萼等非药用部分；叶类药材的去叶柄、叶鞘等非药用部分（有的叶类药材，如枇杷叶尚需去毛）；果实、种子类药材以风选去果皮、果柄、残叶及不成熟种子等（有的种子类药材，还可用水选法去除泥沙及干瘪种子或其他杂物等）。

另外，有的药用部位又是繁殖材料者，还要在清选时注意将作繁殖材料者分开，并妥善处理。

2. 洗涤

洗涤是指以符合饮用标准要求的清洁水（如河水、井水、自来水等），洗除药材表面泥沙、污垢与部分粗皮、须根等的操作过程。洗涤时，应将拣选并初步分级的药材，分别置于清洁无污染的塑料筐或竹篓等容器内在流水中清洗，并要注意合理洗涤方法、时间等的正确掌握，以免影响药材洗涤效果，或者造成其药效成分流失。

（二）修整与去皮

1. 修整

修整是指运用修剪、切削、整形等法，去除非药用及不符合药材商品规格的部分，或者使药材整齐，以便分级、捆扎及包装的过程。修整工艺应根据药材商品规格、质量要求来制定。有的药材如需趁鲜剪切芦头、侧根等，则在干燥前进行，而有的药材如需剔除残根、芽苞或切削不平等在干燥后完成。

2. 去皮

去皮是指对果实、种子或根、根茎类药材，去除果皮、种皮、根皮等表皮，以使药材表面光洁，内部水分易于向外渗出而加速干燥等操作过程。去皮的要求要力达外表光滑，无粗糙感，厚薄一致，并应去净外皮。

去皮方法有手工去皮法、工具去皮法、机械去皮法及化学去皮法之分。手工去皮法，只适于产量小且无法采用工具或机械去皮的药材,如形状不规则的根及皮类药材(如桔梗、白芍、杜仲、黄柏等);或者需趁鲜而易于去皮且效率高的药材(如陈皮等)。工具去皮法,多用于干燥后或干燥过程中的药材(如黄连等),将药材置于如竹制撞笼、木桶、麻袋等传统工具中,再用人力不摇动、推送使药材互相冲撞、摩擦而去皮去根须等。机械去皮法,多适于产量大、形状规则的药材(如半夏等),其一般使用小型搅拌机或专用机械去皮,具有工效高、成本低及避免中毒等优点。化学去皮法,是采用适宜浓度石灰、烧碱等化学药剂,腐蚀药材表皮以达去皮目的。如以石灰水浸渍半夏,可使表皮易于脱落等。但此法目前很少使用,因为化学药剂易污染药材。

对于果实、种子类药材可先将果实晒干后,再去壳取出种子(如车前子、菟丝子等);亦可先去壳取出种子后再晒干(如杏仁、白果等)。但有的药材也可不去壳,将果实和种子一起晒干(如豆蔻、草果等)。另外,有的药材尚须去节(如麻黄等)、去核(如山楂等)等处理。

(三)蒸、煮、烫

蒸、煮、烫是指在药材干燥前,将鲜药材于蒸汽或沸水中进行不同时间热处理等操作过程。其目的在于驱逐药材中的空气,破坏氧化酶,阻止氧化,避免药材变色;减少药材药效成分损失,保证药材性味不致发生质的变化;促使药材细胞中原生质细胞凝固,产生质壁分离,利于水分蒸发,以便干燥迅速;通过高温破坏或降低药材中的有毒物质,或使一些酶类失去活性而不致分解药材的药效成分,或杀死虫卵,或不致剥皮抽心;有的药材经熟制后,能起到滋润作用;有的药材所含淀粉经糊化后,能增强其角质样透明状等。

蒸的具体操作,是将药材盛于笼屉或甑中置沸水锅上加热,利用蒸汽加热处理。其蒸的时间长短依其处理目的而定。若以干燥为目的,则应以蒸透心,蒸汽直透笼(或甑)顶为度,如天麻、天冬等;若以除去毒性为目的,则其蒸的时间宜长,如附片需蒸12~18h。

煮、烫的具体操作,是将药材置沸水煮熟或熟透心的热处理,其煮、烫的时间亦依处理目的而定。一般来说,煮比烫的时间要长。烫在贵州省等西南地区民间又习称之为"潦",即在沸水中适当潦一潦,便可达迅速干燥目的。而煮、烫是否熟透心的判断,可从沸水中捞取一两支药材,向其吹气,如外表迅速"干燥"者则表示熟透心;若吹气后其外表仍潮湿而"干燥"很慢者,则表示未熟透心,需再继续适当煮或烫。

(四)漂浸与熏硫

1. 漂浸

漂浸是指将药材在水中进行的漂洗或浸渍等操作过程。其目的均系为了减除药材毒性或不良气味,或抑制氧化酶活动,以免药材氧化变色等。一般来说,漂比浸的时间要短,需勤换水;浸需时较长,有时尚需加入一定辅料(如白芍浸渍时加入玉米或豌豆粉浆,以有效抑制氧化变色)。

在漂、浸过程中,要随时注意药材在形、色、味等方面的变化,要掌握好漂浸时间，换水要勤而清洁；要注意辅料的用量和添换时机等，以免浸液发臭而引起药材霉变等变化。

2. 熏硫

熏硫是指在药材干燥前所进行的硫黄熏蒸等操作过程。其目的系利用硫黄熏蒸时所产生的二氧化硫，以达加速药材干燥及洁白等目的，并有防霉、杀虫等作用（这与药材贮藏期间的熏硫多为防止霉变等目的不同），如白芷、山药等。但有的药材是在近干燥时熏硫，如天麻、川贝母等。

在药材熏硫时，必须注意硫黄用量和硫黄的燃烧完全（硫黄燃点在230℃以上，故在硫黄燃烧时应加辅助燃料以促使燃烧完全），以防升华硫黄颗粒残留在药材上影响质量，应对药材熏硫法控制使用，应严格残硫检测，严防残硫超标。

（五）发汗与鲜切

1. 发汗

发汗是指鲜药材或其半干燥后，停止加温，而将药材堆积密闭使之发热；亦将药材微煮或蒸后堆焖起来发热，使药材内部水分向外蒸发，变软、变色、增加香味。当堆内空气含水量达到饱和，遇堆外低温，水气则凝结成水珠附于药材的表面，如人体出汗，故对这一初加工的操作过程习称为"发汗"。

发汗是中药材初加工常用而独特的工艺，能有效地克服药材干燥过程中常产生的结壳现象，可促使药材内外干燥一致，加快其干燥速度，并能使某些挥发油渗出，化学成分发生变化，可使药材干燥更显得油润、光泽，或使其香气更为浓烈。如厚朴、玄参等必须通过发汗，才能具有特殊色泽；川芎、白术等经发汗才易使其内外干燥一致，光泽好而油润。

在发汗方法上，一般分为普通发汗法和加温发汗法。普通发汗法是将鲜药材或半干燥药材（如大黄等）堆积一处，再用草席或麻袋等物覆盖任其发热；亦有将药材（如薄荷等）于白天晒（晾）干，晚上如上法堆积发汗，以达发汗目的。此法简便，应用广泛。加温发汗法是将鲜药材或半干燥药材加温后堆积密闭使之发汗。其加温方法有用沸水烫淋数遍加温（如杜仲等），再堆积密闭使之发汗，此习称"发水汗"；亦有用柴草将药材烤热加温后，垫草一层，再相间铺上药材和草，最后盖草密闭使之发汗（如茯苓等），此习称"发火汗"。在具体发汗操作中，要注意掌握好发汗的时间和次数。一般情况下，鲜药材、含水量高的肉质根或地下根茎类药材发汗时间宜稍长，次数可增加。气温高季节，发汗时间宜短，以免发生霉烂变质；反之，气温低季节，发汗时间宜稍长，并注意检查，要发汗适度，严防沤烂质变。而半干燥或基本干燥的药材，一般发汗1次即可。

2. 鲜切

鲜切又称切制，是指对一些较大的根及根茎类鲜药材趁鲜切制成片状或块状等操作过程。其目的在于以利药材发汗、干燥等，如大黄、何首乌等，但此法不适于含挥发油的鲜药应用。鲜切除人工手切外，还多应用剁刀式或旋转式切药机等机械切制。

（六）干燥与揉搓

1. 干燥

干燥是指对药材中所含水分进行有效蒸发等操作过程。其目的在于使新鲜药材中的大量水分及时除去，以避免药材发霉、虫蛀及其药效成分的分解破坏，并有利于药材贮藏，更好保证药材质量。干燥是中药材初加工中最为重要的关键技术环节，除药材鲜用外，绝大多数药材都必须进行干燥处理。

（1）干燥原理：新鲜药材的水分含量一般为60%～90%，肉质根、肉质茎的水分可高达90%以上。鲜药材中的水分主要呈游离状态、胶体状态及化合状态；前两种状态与药材的干燥过程最为密切相关。游离水容易借毛细管作用向内或向外移动，药材干燥时很快就被蒸发；胶体态水多与蛋白质、淀粉牢固地结合，干燥时，游离水蒸发后才会逐渐被排除；化合态水是与药材中有关成分相结合的水，最为稳定，干燥时不会被排除，也不会被微生物所利用，它和其他物质共同保留于药材中。药材干燥过程是其水分向外扩散，使水分从药材表面有效蒸发的过程；大部分水分蒸发后，干燥速度就决定于水分的内扩散速度。因此，干燥过程中是水分从内部向表面移动，以保持药材各部水分平衡的过程，水分内扩散与水分外扩散的配合是否平衡，是药材干燥技术应掌握的关键。

一般情况下，上述两种扩散作用的速度是不会相等的。干燥过程中，水分外扩散速度过快，内部水向外移动，跟不上则会使药材表面过度干燥而结成硬壳，结壳后反而不利水分向外扩散蒸发，如延长干燥时间，反使药材品质降低。由于药材内部含水量较高，水气压力大，则会压溃较软部的组织，从而使药材表面破溃。特别是肉质根、地下茎及果实类药材，干燥初期温度过高，或者持续高温干燥，则最易产生结壳现象。这种药材由于干燥不匀，储存时很容易产生霉变。因此，这是药材干燥时特别应予注意的。当药材中水分减少到一定程度后，内部可被蒸发的水分逐渐减少，蒸发速度也逐渐减慢，而干燥热空气除继续使其水分蒸发外，也使药材品温升高；当药材表面和其内部水分达到平衡时，同时药材品温上升至与外界干燥空气温度相等时，水分的蒸发也就停止，药材则达到干燥。

（2）干燥标准：药材干燥的标准因不同药材品种而异，但其基本原则是相同的，应以药材贮藏期间不发生变质霉变为准；都应达到《中国药典》及有关标准（现行版）对各药材含水量（水分）所规定的一定要求。如《中国药典》（2015年版一部）规定天麻水分不得超过15.0%，天冬水分不得超过16.0%，杜仲叶水分不得超过15.0%，杠板归水分不得超过13.0%，吴茱萸水分不得超过15.0%等。

（3）干燥方法：一般说来，药材干燥的理想方法是要求干得快，干得透，干燥的温度不致破坏药材所含成分，并能保持其原有色泽。《中国药典》（2015年一部）"凡例"对药材初加工的干燥方法原则规定为：晒干、阴干、烘干均可；不宜用较高温度烘干的，则用晒干或低温干燥（一般不超过60℃）；烘干、晒干均不适宜的，用阴干或晾干；少数药材需要短时间干燥，则用"曝晒"或"及时干燥"。而具体干燥方法的应用，可因气候条件、药材品种与药用部位的不同而异，按采用热源不同可将干燥方法分为自然干燥法和人工干燥法。

自然干燥法，是利用太阳辐射热、热风、干燥空气等自然热源使鲜湿药材所含水分蒸发达到干燥程度的方法；自然干燥法又依其太阳辐射热的强度和放置场地，可分为晒干、阴干及晾干。利用阳光直接曝晒的干燥法称为晒干，最为简单而经济。但含挥发性成分及受日光照射易变色变质的药材，或在烈日曝晒后易裂变的药材，均不宜采用本法干燥。而将药材铺放于通风良好的室内或棚内进行自然干燥的方法，则称为阴干。其避免日光直接照射，利用水分在空气中的自然蒸发而干燥。此法主要适宜于含挥发性成分的花类、叶类及全草类药材，或含水量少，或已曝晒至五六成干且不宜继续曝晒药材的干燥。晾干则是将药材悬挂在树枝上、屋檐下或特制晾架上等适宜处，利用干风、热风进行自然干燥，故此法亦称风干；其主要适用于气候干燥、多风的地区或季节。自然干燥过程中，要注意天气变化，勤于翻动，以利干燥；当大部分水分蒸发，药材干燥程度五成以上时，一般应进行短期回软或发汗、揉搓等处理，以促使药材内外干燥一致等。

人工干燥法，是利用人工加温并以相应设施进行药材干燥的方法。现一般采用煤、木炭、蒸汽、电力等热力进行烘烤干燥。按其加温设施的特点，本法常可采用火炕烘烤干燥（利用煤、木炭热能）、排管式干燥（利用蒸汽热能）、隧道干式干燥（利用热风热能），以及电烘箱、太阳能干燥室、红外与远红外干燥、微波干燥和冷冻干燥设备等。一般温度以 50～60℃ 为宜，此温度对药材所含药效成分一般无多大影响，却能很好抑制酶的活性（酶的最适温度一般为 20～40℃）。对于含维生素 C 丰富的果实类药材，可用 70～90℃ 温度，以迅速干燥，但不宜用于如薄荷、荆芥、杏仁等含挥发油或需保留酶活性的药材干燥。

近几年来，太阳能、红外线、微波等在中药材干燥等方面的应用发展甚为迅速，特别有利于节能环保。例如，太阳能是由内部氢原子发生聚变释放出巨大核能而产生的热能，是来自太阳的辐射能量。现代太阳热能科技将阳光聚合，并运用其能量产生热水、蒸汽和电力。除了运用适当的科技来收集太阳能外，建筑物亦可利用太阳的光和热能，方法是在设计时加入合适的装备（如巨型的向南窗户或使用能吸收及慢慢释放太阳热力的建筑材料等）。将太阳能干燥器、太阳房、太阳能温室等用于药材干燥，具有普遍、无害、长久等特点，开发利用太阳能不会污染环境，是最清洁而最强大的能源之一。又如红外线是利用一种可见光和微波之间的波长为 0.75～1000μm 的电磁波，其具有强大的能量，能深入生物组织，可使组织升温；当物体吸收特定波长的红外线后，则可产生自发的热效应。由于这种热效应产生于物体内部，所以能有效地加热物体，并且加热迅速，干燥效果好，不影响药材品质。再如，微波是频率大于 300MHz和波长短于 1μm 的高频交流电，其加热形式主要为感应和介质加热，具有加热时间短、加热均匀，较易自行控制，劳动强度小，并具灭菌效果佳等优点。从上可见，应用现代新技术、新方法和机械设备进行中药材干燥，确有能有效提高药材质量、减轻劳动度及降低成本等优点。

（4）干燥鉴别：药材干燥结果是否达到其规定要求，《中国药典》及有关标准规定可用烘干法、甲苯法及减压干燥法等检测，以检测药材水分是否达到规定要求。而实际工作中，对于药材干燥与否及其干燥程度，传统经验鉴别仍非常快捷而重要。常用经验鉴别法有：观察药材断面色泽是否一致，中心与外层有无明显分界线，若色泽不一致，有明显分界线，则表示药材内部未干透或未干燥；敲击药材声响是否清脆响亮，若闷声不响则表示药材未干透或未干燥（但有些含糖分较高的药材干燥后声响并不清脆，应采用他法鉴别）；药材质地软硬，以牙咬或用手折费力而硬脆，则表示药材干燥，质地柔软则尚未干透或未干燥；果实、种子类药材，若用牙咬、手掐感到很硬、有阻力或有清脆声，则表示药材干透或干燥，反之，有黏牙、质软及湿润感，则表示未干透或未干燥；全草、茎或叶、花类药材，若用手折、搓揉易于碎断或易成粉末，则表示药材干透或干燥，反之。

2. 搓揉

搓揉是指对一些药材（如党参、天冬、玉竹、麦冬等）在干燥过程中所出现的易于皮肉分离或空枯等现象进行搓揉处理的初加工，以达油润、饱满及柔软等目的。

三、中药材合理初加工的注意问题

在中药材合理初加工过程中，必须注意以下几个主要问题：一是合理选建药材初加工的场所。既要选择周围环境无污染源，又要在生产基地就地设置；既要适应初加工规模需要，又要宽敞明亮、通风良好、干燥洁净；必须有与初加工品种、数量相适应的生产设施和人员，要有足够的空间与生产工艺流程需要的合理布局，应合理安置水电设施和有关设备。如场内要设置防雨、防晒（除晒场外）、防尘及除湿等设备，并应有防鼠防虫及防禽畜等设施等。

二是合理选用初加工方法。要尽量按照中药材传统方法进行初加工，合理选用初加工方法；如有改动，应进行有关试验研究并提供充分试验依据，证明所应用方法不影响初加工药材的质与量。

三是切实防止污染。初加工过程中，特别要注意防止药材初加工过程中的水制污染和熏制污染。防止水制污染，既要求其药材初加工用水洁净无害，水质符合有关规定要求，又要合理应用水洗方法及控制浸洗时间等，不致直接影响药材质量。防止熏制污染，要以防止熏硫为重，否则可致残硫超标和砷污染，如用硫黄熏金银花虽至洁白，但经检测其含砷量可达 $50\sim300\mu g/g$，并且试验发现 4h 后与熏前相比，金银花含砷量明显增加。

四是切实加强管理。要注意初加工药材必须按照有关分级标准，加以分级加工，依法操作并控制好温度、湿度与时间等；所用工具、设备等应洁净无污染，应在规定时间完成药材初加工（如干燥等）操作，若属较长时间加工设备，应挂上"正在使用"标签，使用完毕后应依法及时清理、晾干或烘干，以备下一次使用，若设备不正常，应及时挂上"请勿使用"标签，并立即请求维修；初加工人员应具有相关中药材基本知识，经培训合格上岗，应身体健康，定期体检，患有传染病、皮肤病或外伤性疾病等不得从事初加工作业，并应在初加工过程中保持个人卫生，戴上干净手套和口罩，现场负责人应随时进行检查和监督；初加工后要做好被初加工药材品名、产地、规格、批号、数量、操作人、使用设备、时间、天气等记录，并切实做好初加工清场、消防及保安检查等工作。

第三节　中药材合理包装

一、中药材合理包装的基本概念与重要意义

　　包装是为在流通过程中保护产品，方便储运，促进销售，按一定技术方法而采用的容器、材料及辅助物等的总体名称。也就是说，包装是在生产流通过程中，为了保护产品，方便储运，便于流通而选用保护性、装饰性的包装材料或适宜容器，并借助适当的技术手段进行包装作业，以达到规定数量和质量的操作活动过程。包装是医药产业的重要组成部分，直接接触药品（含中药材）这一特殊商品的包装材料等，并构成其商品的基本要素，对这一特殊商品的质量和用药安全有着重要影响。具有良好包装的中药材才能保证在其整个商品流通过程中，其品质和数量不受损失。因此，包装是中药材生产与流通的重要组成部分，关系到保证药材质量与商品安全，关系到药材贮运、养护、流通、应用各个环节。我们必须对中药材包装的重要性有充分认识，切实改善目前对药材包装不甚重视及较为落后的面貌。

　　由于历史原因及种种客观因素，长期以来中药材包装简陋，包装材料性能较差，包装质量不高与管理不力，造成药材从初加工至贮运养护等过程中，出现了药材散漏、丢失、变色、霉变、占用仓容面积大、堆码保管困难，以及耗损大、费用高、劳动强度大等问题，不利于保障药材质量安全、有效、稳定与商品安全。因此，加强中药材合理包装，规范中药材包装材料及包装工序，搞好中药材合理包装全过程各项工作，是实施中药材规范化生产与 GAP 的重要环节之一。中药材合理包装是一项不可忽视的重要工作，其直接关系到中药质量与数量，关系到社会效益与经济效益。应当对中药材合理包装加以高度重视，采取有效措施，改变中药产业中这一薄弱环节。中药材合理包装，对于中药材质量的保障及商品安全，对于药材储存、运输、装卸及识别、计量等都有着重要意义。

二、中药材合理包装的重要作用与要求

（一）中药材包装的重要作用

　　中药材合理包装的重要作用，主要体现在如下 5 个方面。

　　（1）利于中药材的品质保护。包装具有密封、隔热、隔湿、避光等性能，有利于中药材质量的保护。若中药材包装不具备上述性能或性能不良，则会使药材品质在储存、运输与流通中，受到日光、空气、温度、湿度等自然环境因素和禽畜、虫鼠、霉菌等的侵害，造成药材不同程度变色、破损、潮解、黏结、泛油、生霉、腐烂及虫蛀等。

　　（2）利于中药材的数量管理。包装具有保存一定药材数量的作用。如包装对中药材的容纳，没有数量、时间、质量等要求，则不能起到或利于药材数量、时限及质量控制等的有效管理，因此，对药材包装不但应具适用性，而且更需具备牢固性、耐久性，以及便于计数、点验和数量管理等。

　　（3）利于中药材的运输管理。中药材包装后才利于进入贮藏与流通领域，其包装

好坏关系着装、卸、运等环节。若包装的质量高、性能好、牢固、结实、体积小、规格一致、标志明显，则既利于运输及其管理，也能少占运输吨位，节省费用，提高效益。

（4）利于中药材的储存养护管理。中药材包装质量好，不仅利于运输及其管理，也利于中药材的储存养护管理，以便药材堆码、计量、发货出仓、转仓倒垛、盘点清仓以及检查养护等。相反，若未合理包装或包装质量不规范，则不利其操作及管理，如破损或养护不力，既影响药材质量，还会增加整理、倒换包装等繁重工作，影响储存养护，降低经济效益。

（5）利于中药材的经营管理。中药材包装质量好坏，还直接影响其经营及管理，包装质量好，可以避免或减缓药材质变，降低商品消耗，减少报损浪费，节省保管费用等。同时，若其包装实现规格化、标准化以及商品美化等要求，则能更好取得购销信誉，提高经营成效。

（二）中药材包装的规定与要求

我国现行《中华人民共和国药品管理法》第五十二条明确规定："直接接触药品的包装材料和容器，必须符合药用要求，符合保障人体健康、安全的标准，并由药品监督管理部门在审批药品时一并审批。"第五十三条又明确规定："药品包装必须适合药品质量的要求，方便储存、运输和医疗使用。发运中药材必须有包装。在每件包装上，必须注明品名、产地、日期、调出单位，并附有质量合格的标志。"

上述国家标准和规范的制定、颁布与实施，为中药材合理包装提供了法定依据，我们应按国家的有关规定要求，结合贵州地道特色药材特点与实际，研究确定各中药材品种相适应的合理包装，切实加强中药材合理包装工作。

（三）中药材包装的分类与要求

随着中药材生产发展、购销业务扩大与时代进步，中药材包装可按包装材料性质和流通领域范围进行分类，并提出相应的要求。

1. 按包装材料性质分类与要求

现常用的包装材料主要有塑料制品（如塑料编织袋、塑料袋等）、纸制品（如纸板箱、纸盒等）、竹制品（如竹篓、竹箱等）、木制品（如木板箱、木桶等）、藤制品（如藤箱、藤筐等）、纺织制品（如麻袋、布袋等）、金属制品（如铁箱、铝盒等）和其他制品（如苇草制品、玻璃制品等）。在选用上述各类包装时，都必须考虑其包装材料的性质（如透气性、避光性等）、耐磨力、承压力，还要考虑包装的形态、结构、容积、标志等，使之适合各种药材的特性。并特别要以保证中药材质量和商品安全为重中之重，对于传统包装的继承或改进，也要对药材质量与商品安全全面考虑，必须以质量第一，切忌只图降低成本劣质包装或不顾成本而追求包装的所谓"豪华""时尚"。

2. 按流通领域范围分类与要求

现常有贮运包装和销售包装之分。运输包装主要用以保证药材商品在贮运养护过程中的安全与有效，要适应搬运装与保管需要。这类包装从产地加工到流通环节，据各类药材性质与贮运养护保管要求选用。如整体包装的塑料编织袋、纸箱、木箱、竹篓、藤筐等，这种包装又常称之为"外包装"。而在销售包装上，常包括"内包装"和"中包装"。内包装是直接用来盛装药材商品的包装用品；中包装是一定数量的内包装之外再加上相适应的包装，以利保护药材品质，保证商品质量，便于零售计量、点验、售出与携带等。

根据上述中药材包装的分类与要求，以袋装、箱装、筐装为主，结合药用部位提出如下初加工的药材包装举例，以供参考。

（1）根及根茎类药材：

①袋装：天麻、白芍、太子参、半夏、天南星、何首乌、黄连（也可筐装）、山慈菇、白芷、白术、白及、天冬、黄精、射干、玉竹、丹参、续断、龙胆、独活、山豆根、苍术、山药、天花粉、百合、玄参、仙茅、干姜、板蓝根、南沙参、南板蓝根、草乌、狗脊、生地、川芎、泽泻、姜黄、延胡索、甘遂、巴戟天、川牛膝、黄芪、金果榄、莪术、高良姜、云木香、麦冬、大黄（也可筐装）、甘草、葛根、防己、乌药、薤白、香附、附子、川乌、白药子、商陆、狼毒、远志等。

②箱装：三七、西洋参、人参、牡丹皮、党参、怀牛膝等。

③筐装：桔梗、赤芍、当归、藁本、羌活、秦艽、白前、生姜、威灵仙、防风、百部、茅根、山豆根、苦参、黄芩、地丹皮、紫草、柴胡、石菖蒲、紫菀、甘松、白薇、升麻、五加皮、白藓皮、生姜、芦根等。

（2）全草类药材：

①袋装：益母草、头花蓼、淫羊藿、艾纳香、茵陈、荆芥、薄荷、紫苏、灯芯草、谷精草、石韦、白花蛇舌草、藿香、泽兰、佩兰、通草、香薷、伸筋草、仙鹤草、鱼腥草、金钱草、蒲公英、海藻、昆布等。

②箱装：金钗石斛、铁皮石斛、鼓槌石斛、环草石斛等。

（3）花、叶类药材：

①袋装：金银花、山银花、红花、凤仙花、厚朴花、辛夷花、玫瑰花、月季花、代代花、菊花、槐花、杜仲叶、枇杷叶、大青叶、桑叶、艾叶、淡竹叶、荷叶、薄荷叶、紫苏叶等。

②箱装：西红花、三七花、款冬花等。

（4）皮、藤木类药材：

①袋装：杜仲、厚朴、黄柏、秦皮、桑白皮、陈皮、合欢皮、海桐皮、钩藤、鸡血藤、首乌藤、忍冬藤等。

②箱装：沉香、桂皮等。

（5）果实、种子类药材：

①袋装：薏苡、吴茱萸、米槁、乌梅、刺梨、山苍子、金樱子、山桃仁、川楝子、栀

子、山楂、瓜蒌仁、草决明、连翘、莱菔子、地肤子、酸枣仁、莲子、蛇床子、女贞子、花椒、车前子、枳壳、枳实、胖大海、南五味子等。

②箱装：枸杞子、化橘红等。

（6）菌类及其他类药材：

①袋装：茯苓（也可箱装）、灵芝（也可箱装）、猪苓、五倍子、海金砂等。

②箱装：冰片、艾片、薄荷脑、樟脑、马勃、银耳等。

（四）中药材的打包捆扎与要求

中药材包装时，可采用人工或机械打包捆扎，以使轻泡药材能在不影响质量的前提下压缩成包，并使包件达合理紧实程度要求。避免包件不规范不标准，克服轻泡药材散乱而致包容占用过大等流弊，以提升运输载重量，减少浪费，节省费用，提高效益。

药材机械压缩打包，应根据不同药材特点而进行压缩、打包与捆扎成件，并要求达到包装规格化、标准化。如山银花、杜仲叶、头花蓼等花、叶或全草类药材，其受压性较好，称之为"中性"品类药材，打包成型后其包型其本不变；独活、牛膝等糖油性重的根茎类药材，其受压打成包后无回松力，称之为"软性"品类药材；益母草、鸡血藤等药材，其抗压性强，回松力大，称之为"抗性"品类药材。在压缩打包时，应据各类不同药材的特性与其实际，分别对待，采取相应措施，以使药材的成型包件扁平方正（谓之"衣箱型"，切忌成为"龟背形""斧头形"等），美观整齐。因此，对压缩打包、捆扎成型机具的构造、性能，以及包装前药材质量、包装方法等，应当认真检查与合理选择。特别要注意打包前的药材要严格检查，控制其质量，无泥沙杂物，严禁超过安全水分标准，并要求装入药材净重准确。要合理选用打包机，合理选择打包压力（一般不宜低于15吨），要求货箱开关灵活，关扣牢固，货箱上下压板及备用板的板形必须呈圆凸形，并使装入货箱的药材两边填实，四角贴紧，中间空松持平，均匀平放，以使压缩打包的机械下压时边角紧实，避免包件出现"龟背形"或"斧头形"，在打包机压缩打包脱机回松后，能有效保持其扁平方正，成为"衣箱型"。

在采用人工筐篓包装时，必须据药材特性而采用合适的捆扎型式。一般多捆扎为"十字型"、"井字型"或"纵横交叉型"等，亦要求捆扎包装前严格检查与控制药材质量，装量净重要准确，装物要贴实，切忌捆扎不牢。

中药材压缩打包捆扎所用物料应符合有关规定要求，应根据包装药材特性合理使用。例如"全包"，是指对药材进行"全包全缝全捆"袋包，并外多加竹夹包装（如荆芥等）。"夹包"，是指对药材只进行上下两面袋包，并多以竹夹包装（如桑白皮等）。至于捆扎绳索，宜用棕、麻质绳或塑料带、铁丝等，并符合有关规定要求。

（五）中药材的特殊包装与要求

特殊中药材一般分为细贵药材、毒麻药材、易燃药材及鲜用药材等类别。与一般药材相比，细贵药材，是指我国中药材之珍品，其功效显著，药源稀缺，价格昂贵的药材（如野山参、冬虫夏草、西红花、麝香、蛤蟆油及蛤蚧等）；毒性、麻醉药材，是指药性剧烈，储藏运输或应用不当极易引起严重伤害事故，甚至危及生命，或引发犯罪等社会治安问题的药材（如砒石、川乌、马钱子、半夏及罂粟壳等）；易燃药材，是指在热和光的适宜条件下，当达到本身燃点后则会引起燃烧的药材（如硫黄、干漆、生松香及海金沙藤等）；鲜用药材，是指在中药配伍时鲜用，为区别于其他中药材在临床应用的一种独特方式（如鲜石斛、鲜生地、鲜藿香、鲜芦根、鲜茅根、鲜荷叶及生姜等）。

上述特殊中药材应予特殊包装，以适应其储藏运输与应用的需要和管理。细贵药材，应从商品价值和功效价值之双重意义出发，进行其"内包装"及"外包装"的精密设计，要设计出既适宜临床应用，又适宜储运养护的特殊包装，以防包件破损后而致药材受害，但其"外包装"不应标明品名，以策商品安全等。毒麻药材及易燃药材，均应按其不同性质设计相适宜的特殊包装；并应按照有关规定（如国务院发布的《医疗用毒性药品管理办法》第六条规定："毒性药品的包装容器上必须印有毒药标志"，《药品经营质量管理规范实施细则》第二十九条规定："特殊管理药品、外用药品包装的标签或说明书上有规定的标识和警示说明"）在包装特定位置，印制或粘贴有毒药、麻醉或易燃等明显标志、加封，以引起储藏、运输与使用各环节工作人员的注意。鲜用药材，由于含水量高、易腐烂，又因受到保鲜方法和包装形式的局限，其不宜长期保管，现鲜用药材商品流通很少。若需保鲜短期供用，则多用砂藏、冷藏、罐藏、生物保鲜等法，以保持一定湿度保管。既要注意避免过于干燥而枯死，也要注意防止过于潮湿而腐烂，冬季还要注意防冻冰结。

对于出口中药材的包装，除应注重其外观和内在质量应保证符合相应要求外，还应研究与制定符合国际药材市场的中药材合理包装，以更好开拓国际市场。

另外，如鸡内金、银耳等药材，因其质脆而易碎，在包装储运中则宜采用坚固箱（盒）等包装及相应措施，以防破损。

（六）中药材包装的标识与要求

中药材包装在贮运流通领域内，为便于贮藏、运输、装卸、堆码、交接、养护等过程的商品安全与质量保证，必须切实加强中药材包装的标识工作。

中药材包装的标识，即指中药材包装的标志或标记。这是根据所包装商品药材的特性，在其包装上用文字标明的一定记号。这种标记一般都是印刷或书写在其外包装上。商品标记的主要内容为：药材品名、规格、计量单位、数量、等级等。重量和体积的标记主要用以表示包装件之毛重、净重、皮重和长度、宽度、高度及其体积等。或者根据所包装商品药材的主要性质和贮运、装卸、堆码等的安全要求，以及理货分存的需要，文字和图像相结合标明一定记号。这种标志常分为指示标志和危险标志。指示标志包括运输、装卸中提示，保管人员如何进行安全操作的标志，以及用以表示商品的主要性质或商品药材的堆放、开启等方法的标志；危险标志为危险性的标志和危险品的理化性能及其危险程度的标志。

例如，中药材的运输包装标志是准确标明反映中药材商品性质及作业要求的图示标志，应符合国家标准的规定。收发货标志应按国家标准 GB6388—1986 规定办理；包装储运指示标志应按国家标准 GB191—2000 规定办理。在每件药材包装上，必须附有质量合格的标志。运输包装标志应依法制作，并应放在包装件显而易见的部位，以利搬运、堆码等操作。制作标志的颜料应具有耐热、耐晒、耐磨等性能，以避免在储运过程中发生褪色、脱落等现象，造成标识模糊不明，导致药材发生混淆或辨别不清等。运输货签上应具有运输号码、品名、发货件数、发货站和到货达站、发货和收货单位等标志。不能印刷包装标志的容器，应选择适当部位，以拴挂不易脱落的货签等标志。袋装的包装件货签，应粘贴或拴挂在包装件的两端；压缩打包的包装件货签，亦应粘贴或拴挂在包装件的两端；瓦楞纸箱的包装件货签，应粘贴或拴挂在瓦楞纸箱的指定部位等。同时，为了方便中药材堆码转运，在同一包装上必须制作两个相同的标志，以便储运人员在一面无法看到或模糊不清时，可从另一面清晰辨认。

第四节　中药材合理储藏养护与运输

一、中药材合理储藏养护与运输的基本概念与重要意义

商品储藏，是指商品在生产、流通领域中的暂时停泊和存放的整体过程。其以保证商品流通和再生产过程的需要为限度。商品储存通过自身的不断循环，充分发挥协调商品产、销矛盾的功能，而成为促进商品流通以至整个社会再生产的不可缺少的重要条件。而所谓商品合理运输，是指在有利于商流业务开展的条件下，按照商品的特点和合理流向，充分利用各种运输方式，选择合理的运输路线和运输工具，以最短的里程、最少的环节、最快的速度和最小的劳动消耗，安全优质地完成商品运输任务。商品养护，是指商品在储存过程中所进行的保养和维护。从广义上说，商品从离开生产领域而未进入消费领域之前这段时间的保养与维护工作，都称为商品养护。

中药材包装后，必须经过储藏养护与运输的过程，方能到达广大消费者手中。在此过程中，因受周围环境和自然条件等因素影响，中药材常会发生霉烂、虫蛀、变色、泛油等现象，导致药材变质，影响或失去疗效。中药材合理储藏养护与运输是其生产与流通应用中非常重要的组分，是保障中药材质与量必不可缺的技术和管理关键环节之一。重视中药材合理储运养护，与重视中药材生产同等重要。随着我国中药材生产发展与规范管理，加强中药材的合理储运养护，改善合理储运养护条件与有效实施，则显得尤为重要，对于中药材产业发展具有十分重要的意义。对中药材储藏养护与运输切实加强管理，以保证中药材应有品质和数量，确保药材商品安全。

二、中药材合理储藏养护

（一）影响中药材的质变因素

中药材储藏期间，受到多种因素的影响。其影响中药材质变的因素，总体看可分为内在和外在因素。

内在影响因素，主要指药材所含的化学成分和水分等；外在影响因素，主要指空气、温度、湿度、日光、微生物及昆虫等。例如，含生物碱类药材，长时间与空气、日光接触后，部分生物碱会发生氧化、分解而变质；含油脂类药材，经与空气中的氧和水分长时接

触，并在日光及高温影响下会发生酸败，产生臭气或其他难以接受的气味；含挥发油类药材，气温升高时则会使挥发油挥散损失等。

特别是温度、湿度是影响药材质量极为重要的因素，其不仅可引起药材的理化变化，而且对微生物及害虫等生长繁殖的影响极大。当温度越高，相对湿度越小，药材则愈易干缩；温度越低，相对湿度越大，药材则越易吸潮。当外界空气的水蒸气压较大时，水蒸气就会逐渐扩散到药材中去，有时还会凝结成水，从而使药材受潮，受潮药材则极易生霉。日光对微生物及昆虫的活动亦有很大影响，若采用日光曝晒药材则可将其杀灭或消除。但在日光直射下，如苷类、维生素等药效成分则会分解，某些色素会被破坏（如黄柏的黄色变淡；大黄由黄色迅速变为红棕色；玫瑰花变为棕色等）。

危害中药材的害虫也很多，常将中药材仓储过程中危害药材的害虫称为"药材仓虫"。而药材仓虫与危害其他种类商品的仓虫相比，有其自身的特殊性和复杂性。据调查，药材仓虫约有五十多种，以甲虫类为数最多，其次为蛾类和螨类。中药材所含淀粉、蛋白质、脂肪、糖类等，都是药材仓虫的良好食料，当温度、湿度等条件适宜时，药材（例如党参、薏苡仁、白芷、白芍、桔梗、山药、栝楼、莲子、甘草等）就会成为药材仓虫滋生蔓延的场所。

（二）中药材储藏养护的常见质变

1. 发霉

发霉是一种常见的自然现象。因大气中存在着很多霉菌孢子，若散落在中药材上，当温度、湿度等条件适宜时，则会萌发菌丝，分泌出酶来溶蚀药材的内部组织，并促使其药效成分发生变化，失去药用价值。贵州属我国长江以南地区，温度高而湿度大的时间长，极易致中药材发霉。霉菌喜温喜湿，而且还耗氧。发生霉变不仅与环境温度有关，而且与自身含水量及空气含水量密切相关。据研究，不同物品发生霉变对温湿条件要求不一。如当粮库温度在 20～35℃、相对湿度≥85%时，粮食就易发霉。而对除食品类外的其他大部分商品而言，当温度<30℃、相对湿度<80%，则不易发生霉变。实践还表明，发霉药材即使经处理将霉除去，也会使药材色泽变黯，气味变薄，并带有霉味，影响药材质量。发霉是中药材储藏养护过程中最常见而危害最大的质变现象之一。

2. 虫蛀

虫蛀是指药材仓虫蛀蚀药材所产生的现象。虫蛀后，有的药材可被蛀成蛀洞，有的甚至被完全毁坏为蛀粉或被蛀成空壳。药材仓虫主要是来自中药材采收等过程中被污染，或在初加工干燥时未能将药材仓虫的虫卵彻底消灭而被带入仓储处，或储藏容器与储藏处本身不够清洁，其内有害虫附存，或在药材储存过程中有害虫从外界带入等。药材虫蛀后，因虫体及其排泄物的污染，药材组织遭破坏，重量减轻，害虫在其生活过程中所分泌的水分等物及其所产生的热量，可促使药材产生发霉、变色、变味等质变，从而影响药材质量。虫蛀也是中药材储藏养护过程中最常见且危害最大的质变现象之一。

3. 变色

变色是指药材原天然色泽发生异常变化的现象。各种药材都有其固有的色泽，是鉴别药材质量的主要标志之一。变色原因多种，有的是因药材本身所含化学成分结构中有酚羟基，在酶的作用下，经过氧化、聚合作用形成了有颜色的大分子化合物，于是可使药材颜色发生变化或色泽加深，如含羟基蒽醌类、鞣质类药材则易于变色；有的是因药材储存过久或虫蛀发霉，以及经常日晒也会氧化变色；有的是因药材干燥温度过高而变色；有的是因某些药材初加工或储存养护过程中用硫黄熏蒸时，所产生的二氧化硫遇水生成亚硫酸，具有还原作用，从而使药材变色。变色也是中药材储藏养护过程中最常见且危害极大的质变现象之一。

4. 泛油

泛油又称"走油"，是指药材所含挥发油、油脂、糖类等成分，因受热或受潮而在其药材表面出现油状物质和返软、发黏、颜色变深、发出油败气味等现象。药材泛油是一种酸败变质现象，能影响中药材疗效，甚至可产生不良反应。中药材泛油的原因很多，有的是因高湿时，药材所含油脂往外溢出引起，如含油脂较多的桃仁、杏仁等；有的是因储存过久，药材所含某些成分自然变质引起，如天冬、玉竹等；有的是因所含油脂或挥发油或糖类物高，受潮返软而走油，如黄精、当归、柏子仁等。泛油也是中药材储藏养护过程中最常见且危害极大的质变现象之一。

5. 气味散失

气味散失是指药材固有气味在外界因素影响下，或储存过久而气味散发失去，或气味变淡等现象。中药材的气味，特别是芳香性药材（如艾片、樟脑、荆芥、薄荷、细辛等）的气味，是各种挥发性组分等所固有的，而这些组成成分大多是其防治疾病的主要药效物质。气味散失也是中药材储藏养护过程中最常见且危害极大的质变现象之一。

6. 其他变异

有的药材，可因储存过久而致其药效成分自然分解或发生化学变化，如贯众、火麻仁、鸡冠花等；有的药材，可因与干燥空气接触日久逐渐脱水，使其所含结晶水风化而变成粉末状态（即"风化"），如硼砂、芒硝等；有的药材，可因湿热气候影响而吸收潮湿空气中的水分，造成其外部慢慢溶化而变成液体状态（即"潮解"），如青盐、秋石等；有的低熔点固体树脂类或胶类药材，可因潮湿而造成其发生结块粘连，如乳香、没药、阿魏；有的鲜药材或含水量高的药材，可因不当储藏保管而发生腐烂等，如鲜石斛、鲜芦根、鲜生地等。

（三）中药材储藏养护的质变防治

中药材储藏养护保管是一项复杂而技术性较强的工作，有关中药材储藏养护保管过程中出现的质变防治非常重要。千百年来，祖国传统医药与广大劳动人民对药材储存养护的质变防治有着丰富经验，传统方法很多，并具经济、有效、简易而可行等优点，仍是目前中药材储藏养护保管与质变防治工作中有着实用价值与综合防治作用的重要方法，下面予以简述。

1. 霉变的常用防治方法

预防药材发霉变质的方法很多，最基本且重要的是清洁卫生养护法。从药材采收、初加工、包装到收购、入库、储藏、调运等各个场所和所接触的器材、用具、设施等，都必须保持清洁卫生；仓库必须创造既通风又密闭，既控温、防潮又利降温、降湿等储藏条件，并经常翻堆倒垛、松包敞晾，经常保持仓库周围及仓坪洁净，以杜绝污染源，彻底控制传播。必要时，方可采用安全药剂熏抑制霉菌法等。

若药材发生霉变，尚不严重的药材可据其性质与发霉程度，一般可采用撞刷法、淘洗法、醋洗法和油擦法等处理。如撞刷法是先将药材晾晒或烘干透后，再放入撞笼或麻袋、布袋内来回摇晃，通过相互撞击摩擦而将风霉去掉。若为长条状等不宜撞击的药材，则于晾晒或烘干透后用刷子等物将风霉除去。淘洗法用水洗时要快，不能久泡；醋洗法不能沾水；油擦法只能用食用植物油搓擦，除去霉迹。但上述除霉法，只能起到除去风霉，而不能完全挽回药材质量上的损失，故仍应以预防药材霉变为重。

2. 虫蛀的常用防治方法

预防药材发霉变质的方法亦很多，但最基本且重要的仍是上述的清洁卫生养护法。因为虫蛀之源——害虫的滋生条件，如所需的一定温度、湿度和喜阴暗、肮脏、不通风等，只有切实抓好上述清洁卫生养护法的落实，保持药材仓储环境卫生与环境消毒方为上策。特别是在每年春天气温上升至15℃以上时，趁越冬害虫刚一露头呼吸时就对有关药材初加工、储运养护等环境（包括仓库、货场药材垛下、走道、仓顶及一切建筑物角落、砖石缝隙、器材用具等）进行彻底清洁与消毒。这样每消灭1头害虫，就等于消灭其几代之成效。同时，还应注意随时恶化害虫生活环境，创造有利于药材储存运输养护的条件。

若仓储发生药材虫蛀，可采用密封法防治。因为在密封条件下，药材自身、微生物及仓虫休眠体的呼吸受到抑制，又逐渐消耗密封环境中的氧气，使二氧化碳的含量增加，隔阻了外界湿气的进入，并有避光及降低温度的作用，从而能有效地防治药材仓虫，以有效防止虫蛀。传统密封法是使用泥头、熔蜡等将盛有药材的缸、罈、瓶、箱、桶等容器密封，或以地窖密封之。也可在传统密封法基础上，对储藏性能较好的仓库等进行密封防虫蛀。现代新技术的密封法，可采用塑料罩帐密封药材堆垛，或用适宜材料与工艺改造药材仓库或新建密封库，以适应大批量药材储藏养护需要。但对于使用密封防治的药材，必须未生虫、发霉（若曾有轻微虫害、霉变发生须预先妥善处理）并确保其在安全水分以内，或经密封并加上其他防潮措施后才能密封，以达预期目的。同时，还可采用对抗驱虫法（如用樟脑、山苍子、吴茱萸、花椒、大蒜、白酒、冰片等与适宜药材同贮）、低温防治法（害虫一般在环境温度–4～8℃进入冬眠状态，低于–4℃可致死）、高温防治法（害虫一般在环境温度40～45℃停止发育、繁殖，45～48℃可呈热昏迷状态，48～52℃可致死）、吸潮防治法（如用石灰、氧化钙等吸湿剂或空气去湿机械吸潮）、化学防治法（如用硫黄、氯化苦、磷化铝等化学药剂，应特别注意有关残毒、公害、抗性和人员健康影响等）防治虫蛀。

3. 变色的常用防治方法

对易变色药材宜选择干燥、阴凉、避光等储存条件进行储藏养护，并加强必要的"专库专储、易变先出、先进先出"管理，以及适宜温度湿度、防止受潮、阳光直射等综合措施防治变色。

4. 泛油的常用防治方法

药材泛油虽然决定于药材内在因素，但外在因素是促使走油的条件，应严格控制其外在因素（如温度、湿度对走油影响最大）以预防走油。要以保持低温低湿环境和减少药材与空气接触为基本防治措施，并可适当结合密封、吸潮、晾晒、烘烤、熏蒸、热蒸、炒炙等法防治泛油。

5. 气味散失的常用防治方法

药材气味散失也与外因如环境温度增高、湿度增大或药材受潮等密切相关，应以减少和控制药材挥发散失，以及营造低温、低湿、避光环境等综合措施，并可适当结合采用密封、吸潮等法防治气味散失。

6. 其他质变的常用防治方法

其他易致药材风化、潮解、溶化、粘连及腐烂等质变，可针对其质变因，多采用密封、吸潮、晾晒、通风、冷藏等法并结合实际加以防治。

总之，中药材合理储藏养护方法必须从具体品种出发，紧密结合实际与社会经济等客观条件，通过以药材药效（指标）成分与储藏养护环境因素相关性的实验研究，以研究确定不同药材、不同环境的合理储藏养护与防治质变的方法。

（四）中药材仓储养护与管理要求

1. 仓储类型与技术要求

中药材储藏养护的重要实施基础是各种必备仓储设施。中药材合理储藏养护的实施，必须依赖于按照药材性质与产供销实际需要，切实建立与中药材产业发展相适应的必备仓储设施，并达到其技术要求。根据中药材储藏养护传统经验与中药材生产发展实际，目前中药材仓储类型可据其闭露形式的不同，一般分为露天库（货场）、半露天库（货棚）、平面库、立体库、地库和密闭库；也可据其应用要求的不同，一般分为普通库、专用库（又可分为凉阴库、冷藏库、毒麻药材库、特殊药材库、细贵药材库等）等。如露天库、半露天库一般仅作临时的堆放或装卸，或作短期储存用，而密闭库却具不受气候影响、不受储存品种限制等优点。

但不论何种类型的中药材仓储及其必备设施，都应符合中药材储藏养护的技术要求。首先，在中药材仓储库房及相关建筑的规划设计、选址规模和建筑要求上，要符合现代中药产业发展与生产实际需要的要求，应地基坚实，高燥平坦，交通方便，运输通畅，防火防污，供水充足，排水通畅，电力保障及环境安全等。为了达到坚固实用、经济质优目的，建筑材料、仓库地面、房柱仓顶、墙壁门窗、通风照明，以及通风、防湿、控温、防虫、防鼠和防污染等方面，要符合国家医药管理等部门的有关规定，如具体建库要求可参照《药品经营质量管理规范》（GSP）实施细则和《中药商业企业二级仓库标准和验收细则（试行）》的有关规定设计建设。在性能与库容及其必备设施上，则要求仓库的地板和墙壁应是隔热、防湿的，以保持库房室内干燥，减少库内温度变化；要求仓库通风性能良好，以散发药材自身产生的热量，其亦为保持控温干燥、防潮防虫等的重要条件。并要具备有关空调机、抽风机、抽湿机、温度计、干湿计，以及叉车、堆码机、拖车、牵引车、衡器、电脑等仓储养护管理设备、消防安全设备和安保防护设备等。另外，还可建造高架仓库等现代化仓储，并配备符合现代企业管理的有关设施，以实现定位储藏、机械装卸、合理养护、严格保管和电子化仓储养护作业与仓储经济管理等。

2. 养护控制与管理要求

中药材储藏过程中的养护控制与管理要求，应主要注意如下两个方面的工作。一是中药材在储藏中的水分控制与管理。药材水分的含量测定和控制，是中药材储藏养护过程中对药材质量检测及监控的主要指标；在仓储管理中正确有效地控制药材水分，可基本解决中药材在储藏养护过程中出现的霉烂变质等问题。由于各地气候、环境的仓储条件有所不同，在一般条件下，温度与水分成反比。中药材安全水分的具体控制，应在遵循《中国药典》及有关标准的水分规定基础上，结合实际研究各种药材安全水分的控制限度。二是中药材在储藏中的虫害控制与管理。据调查鉴定，我国药材仓虫多达 2 纲 14 目 200 多种，因而对种类繁多的药材仓虫杀灭，对药材虫害防治难度甚大。对于不同药材的虫害控制，必须在掌握各药材特性，应用有效方法，紧密结合实际地在药材采收、初加工、包装至仓储管理的全过程中，全面加强虫害的控制与管理。既要合理应用简易快捷、有效可行的传统方法与经验（如自然干燥法、草木灰或木炭储存法、石灰储存法、多层不同材质袋装法及适量硫黄熏蒸法等），又要合理应用现代法新技术与新设施（如气调养护法、气幕防潮法、辐射灭菌法等）。

在合理应用中药材储藏养护适宜方法与有关新方法新技术的同时，更要切实加强仓储养护的严格管理。商品保管，是指商品在储藏期间，要切实保持其数量准确；而商品养护，是指商品在储藏期间，要采取必要管理制度与保护措施以确保商品质量。保管与养护，两者在商品进入仓库之日起须齐头并进，不可偏废。中药材储藏养护是中药材仓库工作的核心，必须遵从"安全储存，科学养护，保证质量，降低消耗，收发迅速，避免事故"的原则，按照中药材 GAP、GSP 等有关规定，从实际出发合理制定与严格执行中药材有关规章制度，以确保中药材安全有效，质量稳定，更好为人类防病治病、保健康复服务。

（五）特殊中药材的储藏养护与管理

药材根据其特殊性质，可分为毒麻药材、易燃药材、细贵药材、盐腌药材、鲜活药材等类型。毒麻药材具有使用和保管的危险性，易燃药材具有引发火灾的可能性，细贵药材具有高昂的经济责任性，盐腌药材具有品质变化的危险性，鲜活药材具有保持鲜活的时间性等。应根据特殊中药材的特性，并结合前述的有关中药材储藏养护过程中的常见质变、质变防治方法及其管理要求进行储藏养护与管理。

例如，生乌头、生附子、生草头、生马钱子、生天南星、生半夏、生狼毒、生藤黄、生千金子及罂粟壳、麻黄等毒麻药材，应结合其来源、性质、主要质变与质变主因，以及储藏量大小、储藏养护环境等全面考虑和实施保管。除按照国家有关规定要求，建立相应管理制度、配备完善消防安全设备和安保防护设施等进行严加专管外，凡数量较大的毒麻药材则可采用密封法、吸潮法、低温法等养护，并用密闭库、冷冻库、气调库等进行保管。又如，生松香、樟脑、海金沙藤、火硝、干漆、硫黄等易燃药材，亦应同上处理，遵照有关法规严格制度并严加专管。特别是其专管库应在仓储安全区内专设，应远离火源、电源，并设专人负责管理；对不同易燃药材采取必要特殊措施保管。例如，严防海金砂堆垛过高过密、通风散热不良且库温过高而引起自燃；严防干漆、火硝堆垛受到重压，或遭阳光直射而引起燃烧等。再如盐苁蓉、盐附子、全蝎等盐腌药材，因经盐腌或盐水煮过，干燥后其外表易结晶而起盐霜，当受潮后则易吸湿盐霜溶化，以致易变软、发霉或腐烂。因此，盐腌药材不宜久贮，不能与其他同储药材接近，应以缸、罈、罐等容器密封并专储于阴凉干燥处等。

（六）中药材储藏养护新技术与新进展

我国医药历史悠久，中药材传统储藏养护经验丰富。近几十年来，我国中药材储藏养护与保管发展迅速，成效显著。在其储藏养护新技术与新进展方面，大致经历了如下三个阶段的发展变化：一是继承与优化传统储藏养护技术阶段，如密封储存法、石灰吸潮干燥法、硫黄熏蒸法等的广泛应用与优化；二是储藏养护规范管理、进一步优化传统储藏养护技术与新方法新技术的研究应用阶段，如以化学药剂代替硫黄熏蒸，实现了大面积的防虫治虫，并较普遍开展了储藏养护规范化规模化建设、实施专用库保管、仓储温湿度管理，以及远红外加热、微波干燥、除氧封存、辐射防霉、气调养护及气幕防潮等现代仓储养护新技术的研究应用；三是现代中药材储藏养护技术新发展阶段，如传统储藏养护技术与上述新技术、新方法和新设施研究应用的进一步紧密结合，电子计算机与控制技术的研究应用推广等，并不断向专业化、规范化、自动化、电子化方向发展。

至于远红外加热、微波干燥、除氧封存、辐射防霉、气调养护及气幕防潮等现代中药材仓储养护新技术的基本知识与研究应用，请参阅《现代中药栽培养殖与加工手册》等有关文献资料，此从略。

三、中药材合理运输

（一）中药材运输特点与要求

中药材运输具有品种繁多、区域分布广、商品规格复杂、交易量大、各品种交易数量不等、运输环节多、环境差异大及运输方式复杂等特点，真乃"一品销天下""同品异地多"，这给中药材运输带来了极大压力。贵州为我国"云贵川广，地道药材"四大中药材主产区之一；特别是我省的"小三类药材"（所谓"小三类药材"为中药行业术语，是指中医配方必需、市场必供但销量却不大，并以野生为主的药材）以其种类多、销全国而优势突出。我们应严格按照中药材 GAP、GSP 有关规定，从中药材运输特点出发，本着中药材"安全、及时、准确、经济"运输原则，根据《合同法》和有关规定，中药材发货单位、交通运输部门、收货单位本着自愿、平等、互利和有奖有罚的原则签订"中药材运输合同"，强化商品运输的责任意识与责任约束，选择合理的运输路线与运输方式（陆运、水运、航运），尽可能减少运输环节、避免运输损失、好中求快而快中求省地将中药材安全便捷地运达商品目的地。例如，以现代运输方式陆运（铁路、公路）进行中药材批量运输时，可用装载和运输药材的集装箱、车厢等运载容器和车辆等工具运输，并要求其运载车辆及运载容器应清洁无污染、通气性好、干燥防潮，防雨防晒或防冻（有的相反，却需冷冻）运输，且应不与其他有毒、有害、易串味的物品混装混运，以免交叉污染。

（二）中药材运输标记与标志

中药材是一类品种多、易变异、具特定药效的特殊商品；在其运输过程中，更应受到时效性和安全性的限制。因此，在加强中药材运输责任的同时，还必须按照有关规定要求，切实做好中药材运输标记与标志工作。

中药材运输的标识，主要体现为中药材运输包装上的有关运输标记与标志，其包括收货发货标记和包装储运的指示标志。诸如中药材品名（贵重品可不书写品名，以商品经营目录的统一编号代替）、产地、规格、内装数量、重量、体积、批号、生产单位、到站（港）、收货与发货单位，以及怕冷、怕热、易碎等特殊标志。如毒麻、细贵、易燃、易爆炸、易腐蚀等特殊药材，应按有关规定采取相应有效措施，严防人身伤害、盗窃、燃烧、爆炸等事故在运输过程中发生，以确保中药材商品的安全。

主要参考文献

巢志茂，何波. 1999. 瓜蒌的产地烘蒸加工[J]. 中药材，22（4）：186-187.

户进，张玉芳，等. 2001. 金荞麦采收 SOP 的研究[J]. 基层中药杂志，1（1）：40-42.

李向高. 1996. 药材加工学[M]. 北京：中国农业出版社.

刘青，刘卫东，冉懋雄. 2013. 地道特色药材杠板归[M]. 贵阳：贵州科技出版社.

吕奎宏. 1991. 桶式气调养护中药材的研究[J]. 中药材，14（1）：33-35.

冉懋雄，周厚琼. 1999. 现代中药栽培养与加工手册[M]. 北京：中国中医药出版社.

冉懋雄，郭建民. 2002. 现代中药炮制手册[M]. 北京：中国中医药出版社.

魏升华，王新村，冉懋雄. 2014. 地道特色药材续断[M]. 贵阳：贵州科技出版社.

武孔云，冉懋雄. 2001. 中药栽培学[M]. 贵阳：贵州科技出版社.

谢宗万. 2001. 中药材采收适时适度，以优质高产可持续利用为准则论[J]. 中国中药杂志，26（3）：452-454.

张兴国，程方叙，王义明，等. 2002. 丹参采收加工技术（SOP）的研究[J]. 基层中药杂志，2（4）：39-43.

朱圣和. 1990. 中国药材商品学[M]. 北京：人民卫生出版社.

（冉懋雄　李向东　叶世芸）

第九章　中药材质量标准与质量监控技术

经第九届全国人民代表大会常务委员会第二十次会议于2001年2月28日修订通过、颁布的《中华人民共和国药品管理法》（2001年12月1日起施行，以下简称《药品管理法》）明确规定："药品，是指用于预防、治疗、诊断人的疾病，有目的地调节人的生理机能并规定有适应证或者功能主治、用法和用量的物质，包括中药材、中药饮片、中成药、化学原料药及其制剂、抗生素、生化药品、放射性药品、血清、疫苗、血液制品和诊断药品等。"该法指出"国家发展现代药和传统药，充分发挥其在预防、医疗和保健中的作用"（第三条），并明确规定"药品必须符合国家药品标准"（第三十二条）、"药品监督管理部门有权按照法律、行政法规的规定对报经其审批的药品研制和药品的生产、经营以及医疗机构使用药品的事项进行监督检查，有关单位和个人不得拒绝和隐瞒"（第六十三条）。为了保障人民健康，保证药品安全有效、稳定可控，本章特以中药材为重点，对其质量标准与质量监控技术有关问题加以介绍。

第一节　中药材质量标准监控的重要意义、标准制定、发展历程、技术要求与发展方向

一、中药材真伪优劣辨识与质量标准监控的重要意义

中药材是防病治病、保健康复，关乎人类生命安全的特殊商品，是祖国传统中医防治疾病的主要武器。其真伪优劣，关系到人民用药的安全有效，因此，辨识检测与监控中药材的真伪优劣是一切生产、营销、应用、研究至关重要的第一步，是保证中药材质量达到安全性、有效性这一基本要素的关键。

我们祖先早在远古就将中药材的辨识作为本草原始、古代医药之起源。正如伟大史学家司马迁的名著《史记》所载："神农氏以赭鞭鞭草木，始尝百草，始有医药。"在远古，我们祖先过着如《淮南子·修务训》所述的"古者，民茹草饮水，采树木之实，食蠃蚌之肉"的采集和渔猎生活，"时多疾病毒伤之害"。他们对疾患处理（医疗），最早用的是其生产劳动的简单工具，如磨制的石块、骨角或蚌壳之类。如在旧石器时代晚期（距今1万～2万年前）的山顶洞人，不仅用石针、骨针缝衣，也用这些针砭做医疗工具，正如《说文解字》释"砭"字所云："砭，以石刺病也。"

随着社会发展，人类便凭借求生的本能，选择生活必需物质来治病，从而则有"医食同源"及"药食同源"之说。如《韩非子·五蠹》有云："上古之世……民食果蓏、蚌蛤、腥臊恶臭，而伤害腹胃，民多疾病。"《山海经·北山经》又载："河罗之鱼……食之已痈"等，均是对先民生活与医疗关系的真实写照。在传统文化典籍中记载的医药起源与传说更是不少，如《帝王世纪》（晋·皇甫谧撰）载：伏羲氏"造书契，以代结绳之政，画八卦以通神明之德，以类万物之情，所以六气、六腑、六脏、五行、阴阳、四时、水火、升降，

得以有象，可病之理，得以类推，……炎黄因斯，乃尝味百药而制九针，以拯夭枉焉。"
《通鉴外纪》（宋·刘恕撰）尚云："民有疾病，未有药石，炎帝始味草木之滋。尝一日而
遇七十毒，神而化之，遂作方书，以疗民疾，而医道立矣。"《淮南子·修务训》亦详记述：
"……神农乃始教民播种五谷，相土地宜、燥湿肥境高下，尝百草之滋味、水泉之甘苦，
令民知所辟就。当此之时，一日而遇七十毒。"由此医药方兴焉。这些生动而形象的记述，
都概括了先民初始医药活动及认知识别药物的实践过程。特别是我国第一部本草著作《神
农本草经》更明确指出："药有酸、咸、甘、苦、辛五味，又有寒、热、温、凉四气，有
毒、无毒，阴干、曝干，采造时月，生熟土地所出，真伪新陈，并各有法。药之不同，性
味功能自然各异，不可不察也。"

我国从史前口头流传、远古传说及有关典籍记述，到历代本草与医药专著均对中药质
量高度重视。从先秦《黄帝内经》《神农本草经》，魏晋《名医别录》《本草经集注》，唐代
《新修本草》（此为我国，也为世界上第一部由国家颁布的国家药典，亦名《唐本草》）、明
代李时珍《本草纲目》，到今之《中国药典》《中华本草》等医药法典和各种专著，无不对
中药的质量标准、真伪优劣、识辨鉴定、检测监控等予以高度重视与一以贯之，并纳入国
家法定管理。我国《药品管理法》明确规定的"药品必须符合国家药品标准"，则庄严
地体现了国家药品标准的法定性，使国家药品标准成为我国唯一的药品质量法定标准。
其又明确规定："药品生产企业必须对其生产的药品进行质量检验；不符合国家药品标
准或者不按照省、自治区、直辖市人民政府药品监督管理部门制定的中药饮片炮制规范
炮制的，不得出厂"（第十二条）、"药品经营企业销售中药材，必须标明产地"（第十九
条）等。这都体现了中药材、中药饮片等药品质量标准、真伪辨识、优劣鉴别及质量监
控的重要意义。

加强中药材、中药饮片等特殊商品的质量标准、真伪优劣辨识与质量监控，以及质
量管理体系的建立与实施，由药品监督管理部门设置或者确定的药品检验机构，承担依
法实施药品质量监督检查所需的药品检验工作。这既是保证人民安全有效用药，保障人民
健康的客观需要，也是历史赋予的责任。因为我国中药材应用历史悠久，品种繁多，产地
不一，炮制方法多样，规格复杂，且常用药材历来多取之于野生药材，随着人们生活水平
提高和医疗保健需要，中药材需求日增，为扩大药源，保障供给，人工栽培药材亦日益增
加。同时，我国地域广阔，南北差异明显，各地应用习惯有异，药名称谓不同，加之别名
多、类同品、代用品、习用品等不断在民间药用中涌现，以及同科同属药材外形相似，缺
乏多种而有效的鉴别指标加以甄别，致使同物异名、同名异物、相互混用、名不符实等现
象较为普遍。例如"蛇床乱蘼芜，荠苨乱人参，杜衡乱细辛"等，自古以来就存在着某些
药材品种混乱的现象，并直接影响临床用药的安全有效。对此，历代医药学家高度重视，
在多家古本草中对中药材品种也予以鉴别，提醒注意。如宋代寇宗奭《本草衍义》云："杜
衡用根，似细辛，但根色白，叶如马蹄之下，市者往往乱细辛，须如此别之。……况细辛
惟出华州者良，杜衡其色黄白，拳局而脆，干则作团。"又如明代李时珍《本草纲目》曰：
"杜衡之乱细辛，则根苗功用皆仿佛，乃弥近而大乱也，不可不审。"

对于中药材质量混乱更难容忍者，尤有某些不法药商药贩，为了获利而有意以次充好、
以劣充优、染色掺假、以假乱真、制假售假；越是珍稀、名贵、紧缺药材，如冬虫夏草、

三七、人参、天麻、西红花、西洋参、羚羊角、牛黄、麝香、乳香及血竭等，更是昧着良心采取灌铅加铁、掺沙掺杂等法增重，甚至以面粉等物仿制冬虫夏草等名贵药材、以提取浸膏等药效成分制成药用后的药渣，再晒干修整复形等恶劣手段制假售假，加之管理疏漏，以致严重扰乱中药材市场，无法保证中药材质量，无法保障中医药临床疗效，甚至可危及人民生命。

从上可见，为继承发扬祖国医药学遗产，澄清中药混乱，必须切实加强中药材质量检测与管理监控，高度认识中药材真伪优劣辨识检测与质量标准研究制定的必要性和重要性，以保障人民用药安全有效，避免干扰中医药事业发展，以确保中药产业源头这"第一车间"——中药材的真实、安全、有效、优质、稳定和可控，确保中医临床用药、中成药及"大健康"相关产品的安全性、有效性、稳定性与可控性。

二、我国药品标准制定及其发展历程

（一）我国药品标准的基本概念与标准制定

药品标准是对药品名称、生产处方、生产工艺、检验方法、功用和规格等所作的技术规定。由国家政府制定并颁布的药品标准，即为国家药品标准，系国家站在公众立场为保证药品质量而规定的药品所必须达到的安全有效等最基本的技术要求。国家药品标准应收载功效确切、副作用较小、质量较稳定的常用药物和制剂，并规定其质量标准、制备要求和检验方法等，以作为药品生产、供应、检验和使用的依据；为确保检验数据的真实可靠，必须严格按照国家药品标准进行检验。国家药品标准属于强制性标准，凡能达到国家药品标准要求的药品，则意味着该药品质量基本符合国家对其安全性、有效性或质量可控性、稳定性的要求；否则就不符合国家药品标准，不符合法定要求，不予认可，不得作为药品销售或使用。一个国家的药品标准与药典编制，在一定程度上反映了这个国家的药品研究、生产、医疗保健和科技水平。

2001 年以前，我国国家药品标准分为三级，即《中国药典》、《中华人民共和国卫生部药品标准》（简称《部颁标准》）或《中华人民共和国药品监督管理局药品标准》（简称《局颁标准》）和各省、自治区、直辖市的《药品标准》（简称《地方药品标准》）。其中，《中国药典》和《部颁标准》或《局颁标准》属国家药品标准，由国家有关行政主管部门统一组织制定和颁布，并具有统一遵循的特征。地方《药品标准》则由各省、自治区、直辖市省级有关行政管理部门组织制定和批准施行，是辖区内药品所遵循的质量标准。2002 年以后，国家中医药管理局实施"地标升国标"行动，将地方药品标准中符合要求的升格为国家标准，各省、自治区、直辖市只保留药材标准。国家有关行政管理部门颁布实施的药品质量标准，不仅是国家对药品质量实施监督管理、保证人民用药安全有效的法定技术依据，而且还起着指导、统一药品生产、销售、使用，促进对外贸易的重要作用。

我国国家药品标准属法定药品标准，是药品质量检验与监督管理的法定依据；药品生产企业可研究制订高于国家药品法定标准的质量标准，此标准为企业内控质量标准，以确保企业生产药品更好地达到国家药品法定标准与提高市场竞争能力。

（二）我国国家级药品标准的发展历程

总体来看，我国国家级药品标准的发展历程可分为如下三大阶段。

第一阶段：我国乃至全世界第一部国家级药品标准法典——《新修本草》的编修与颁布施行。

我国历来重视药品标准，早在唐代显庆二年（657 年），唐政府就组织苏敬等以陶弘景的《本草经集注》（约 600 年）为基础，开始编修《新修本草》，于显庆四年（659 年）完成，并作为国家法定标准与颁布施行。全书图文并茂，总计 54 卷（目录 1 卷，正文 20 卷；药图 25 卷，目录 1 卷；图经 7 卷），收载中药材 850 种，为我国乃至世界上的第一部全国性药品标准法典。该书比欧洲于 1438 年出版的地区性药典、原认为是世界第一部之《佛罗伦萨药典》（*Valerius Cordus*）还要早近 900 年。其较多药物基原考证及较丰富临床用药经验等，均赢得了中外医药者尊崇。

第二阶段：中华人民共和国成立前国家级药品标准法典——《中华药典》的编修与颁布施行。

辛亥革命推翻封建王朝后，于中华民国十九年，国民政府组织编纂并颁发了第一部具现代意义的《中华药典》（第一版，1930 年）。中华民国的建立，结束了两千多年的封建君主统治，但是我国仍未改变半封建半殖民地的社会性质。加之当时国家连年战争，社会动荡，经济衰退，致使中国科技发展缓慢而不平衡，远远落后于欧美、日本等，失去了 16 世纪以前中国在世界科技上的普遍领先地位。当时，在西方科技文化大量涌入的情况下，出现了中西药并存的局面。与此相应，社会和医药界对传统的中国医药逐渐有了"中医""中药"之称，现代西方医药也因此逐渐被称为"西医""西药"。由于国民党政府采取废止中医的政策，阻碍了中医药的发展，因而引发了中医药界的普遍抗争。

在《中华药典》问世前，曾有《美国药典》（第 9 版，1923 年翻译出版）、《英国药典》（1927 年翻译出版）流行，而无自己国家药典，几经全国医药学界及各界国人多次呼吁，仍困难重重。直至 1929 年 1 月中华民国才开始成立药典编纂委员会，由时任卫生部部长刘瑞恒任总编纂，聘严智钟、孟目的、於达望、薛宜琪和陈璞等为编纂，并限期完成。当时，该药典实以 1926 年美国药典为蓝本，并参考各种文献经 8 个月的工作编出初稿，再经审校于 1930 年 5 月公布。全书正文 763 页，书前有序言和凡例；共收载药物 708 种，以西药为主，中药收载较少，仅收载 60 多种，且以"生药"之名收载之（当时按日本等多将中药称为"生药"；生药是药品的一大类，为来源于天然的、未经加工或只经简单加工的植物、动物和矿物类药材的总称）；另有附表、索引（中文、拉丁文索引）及英、德别名等，见图 9-1。

《中华药典》出版后，引起了医药各界关注与热烈讨论，对其谬误和不足之处纷纷提出修正意见。当时中医药虽几遭厄运，多方受压，但医药界学者如章次公、余云岫、赵燏黄、徐伯鉴、薛愚、刘宝善、陈邦贤、周太炎、李承祜、楼之岑、黄鸣驹、陈克恢、张毅、张昌绍、周金黄、金理文、顾学裘、周梦白、范行睢、黄胜白、雷兴翰、林修灏、李兴隆、谢成科、肖卓殷、刘寿文等先后在本草学、中药学、化学、药检、药剂及药理等方面努力研究探索，对洋金花、延胡索、黄连、常山、槟榔、鸦胆子、益母草、乌头、川芎、当归等 100 余种中药进行了化学成分、药理或临床等研究，并有所发展，其中如以陈克恢对麻黄化学与药理的研究较为深入，引起了国内外的高度重视，可惜于《中华药典》中均未得以充分反映。

图 9-1　《中华药典》（1930 年 5 月第一版）

第三阶段：中华人民共和国成立后国家级药品标准法典——《中华人民共和国药典》的编修与颁布施行。

1949 年 10 月 1 日，中华人民共和国成立后，党和政府十分关怀人民的医药卫生保健工作，十分重视广大群众的用药安全，特别对祖国医学，对人民防治疾病与保健康的作用高度重视。毛泽东主席先后发出"团结新老中西各部分医药卫生工作人员，组成巩固的统一战线，为开展伟大的人民卫生工作而奋斗""中国医药学是一个伟大的宝库，应当努力发掘，加以提高"的指示，大力推进了祖国医药学与中药材质量标准等医药卫生工作的蓬勃发展。中华人民共和国成立后便开始筹建药典委员会，并将国家药典工作纳入了保障人民健康的重要工作。

《中华人民共和国药典》（简称《中国药典》）是我国药品标准的法典，由国家药典委员会编纂，经国务院同意由国家卫生部和国家食品药品监督管理局颁布施行，具有法律的约束力。从 1953 年后，《中国药典》按照每 5～10 年进行审议修订改版一次的原则（除 1966 年由于"文化大革命"动乱影响，药典委员会工作陷于停顿外），迄今已出版的《中国药典》有 1953 年版、1963 年版、1977 年版、1985 年版、1990 年版、1995 年版、2000 年版、2005 年版、2010 年版及 2015 年版。并根据需要还出版了《中国药典》增补本，还编制出版了《药品红外光谱集》《临床用药须知》《中药彩色图集》《中药薄层色谱彩色图集》《中国药品通用名称》和英文版《中国药典》等标准方面的配套丛书。

中华人民共和国成立后的近 70 年来，《中国药典》修订改版与质量标准的发展，大致又可分为如下 3 个发展阶段：

1.《中国药典》第一发展阶段（1953～1963 年，第一版至第二版）

（1）《中国药典》（1953 年，第一版）：1949 年 11 月，卫生部召集在京有关医药专家研讨了编纂药典问题。1950 年 1 月，卫生部从上海调药学专家孟目的教授负责组建中国药典编纂委员会和处理日常工作的干事会，筹划编制新中国药典。1950 年 4 月，在上海召开药典工作座谈会，讨论药典的收载品种原则和建议收载的品种，并根据卫生部指示，提出新中国药典要结合国情，编出一部具有民族化、科学化、大众化的药典。随后，卫生部聘请药典委员 49 人，分设名词、化学药、制剂、植物药、生物制品、动物药、药理、剂量 8 个小组，另聘请通讯委员 35 人，成立了第一届中国药典编纂委员会，卫生部部长李德全担任主任委员。

第一部《中国药典》（1953 年版），共收载药品 531 种。其中，化学药 215 种，植物药与油脂类 65 种，动物药 13 种，抗生素 2 种，生物制品 25 种，各类制剂 211 种；由卫生部编印发行。新中国药典与旧中国药典迥然不同，努力体现了民族化、科学化与大众化。但 1953 年版药典的中药质量标准，基本是参考国外药典制定的，品种只收载了大黄等几十种国际通用生药，无专属性鉴别，缺乏定量指标。

（2）《中国药典》（1963 年，第二版）：针对 1953 年版药典未收载广大人民习用中药的缺陷，为突出中药质量标准的地位和特色，委员会组织有关省市的中医药专家，根据传统中医药的理论和经验，起草中药材和中药成方（即中成药）的标准，将符合条件的中药材及中成药收载到药典中。该版药典分为一、二部，共收载药品 1310 种。一部收载中药材 446 种和中药成方制剂 197 种；二部收载化学药品 667 种。为体现中药特色，增收了外观形态经验鉴别、性味、功能与主治、用法与用量、炮制等项目。

2.《中国药典》第二发展阶段（1977 年，第三版）

1966～1976 年"文化大革命"中，在贯彻执行毛泽东主席"六·二六"指示，"把医疗卫生工作的重点放到农村去"的同时，大力开展了全国性第二次中草药资源调查与"采种制用中草药"群众运动。在此背景下，编修与颁布施行了《中国药典》（1977 年，第三版）。该版药典分为 2 部，共收集药品 1925 种。其中，一部收载中草药材（包括少数民族药材）、中草药提取物、植物油脂以及一些单味药材制剂等 882 种，成方制剂（包括少数民族药成方）270 种，共 1152 种；二部收载化学药品、生物制品等 773 种。在中药质量标准中，大量收载了显微鉴别，比以外观形态经验鉴别前进了一大步。

3.《中国药典》第三阶段（1985～2015 年，第四至第十版）

（1）《中国药典》（1985 年版，第四版）：该版药典分为 2 部，共收载药品 1489 种。其中，一部收载中药材、植物油脂及单味制剂 506 种，中药成方 207 种，共 713 种；二部收载化学药品、生物制品等 776 种。1987 年 11 月出版《中国药典》1985 年版增补本，新增品种 23 种，修订品种 172 种、附录 21 项。1988 年 10 月，第一部英文版《中国药典》1985 年版正式出版，同年还出版了《药典二部注释选编》。1985 年 7 月 1 日《中华人民共和国药品管理法》正式施行，该法规定"药品必须符合国家药品标准或者省、自治区、直辖市药品标准"，明确"国务院卫生行政部门颁布的《中华人民共和国药典》和药品标准为国家药品标准"，"国务院卫生行政部门的药典委员会，负责组织国家药品标准的制定和修订"，进一步确定了药品标准的法定性质和药典委员会的任务。

（2）《中国药典》（1990 年版，第五版）：该版药典分为 2 部，共收载药品 1751 种。其中，一部收载 784 种，中药材、植物油脂等 509 种，中药成方及单味制剂 275 种；二部收载化学药品、生物制品等 967 种。与 1985 年版药典收载品种相比，一部新增 80 种，二部新增 213 种（含 1985 年版药典一部移入的 5 种）；删去 25 种（一部 3 种，二部 22 种）；对药品名称，根据实际情况作了适当修订。药典二部品种项下规定的"作用与用途"和"用法与用量"，分别改为"类别"和"剂量"。另组织编著《临床用药须知》一书，以指导临床用药。有关品种的红外光吸收图谱，收入《药品红外光谱集》另行出版，该版药典附录内不再刊印。

（3）《中国药典》（1995 年版，第六版）：该版药典分为 2 部，共收载药品 2375 种。其中，一部收载 920 种，中药材、植物油脂等 522 种，中药成方及单味制剂 398 种，一部新增品种 142 种；二部收载 1455 种，包括化学药、抗生素、生化药、放射性药品、生物制品及辅料等。《中国药典》1995 年版一部新增品种 142 种，二部药品外文名称改用英文名，取消拉丁名；中文名称只收载药品法定通用名称，不再列副名。另编制出版《药品红外光谱集》第一卷（1995 年版），《临床用药须知》一书经修订，随《中国药典》1995 年版同时出版，经卫生部批准，其中的"适应证"和"剂量"部分作为药政和生产部门宣传使用及管理药品的依据。

（4）《中国药典》（2000 年版，第七版）：该版药典分为 2 部，共收载药品 2691 种。其中，一部收载 992 种，二部收载 1699 种。一、二两部共新增品种 399 种，修订品种 562 种。本版药典的附录作了较大幅度的改进和提高，一部新增附录 10 个，修订附录 31 个；二部新增附录 27 个，修订附录 32 个。二部附录中首次收载了药品标准分析方法验证要求等 6 项指导原则，对统一、规范药品标准试验方法起到指导作用。现代分析技术在这版药典中得到进一步扩大应用。

（5）《中国药典》（2005 年版，第八版）：该版药典分为 3 部，共收载药品 3214 种。其中新增 525 种，修订 1032 种。一部收载 1146 种，其中新增 154 种、修订 453 种；二部收载 1967 种，其中新增 327 种、修订 522 种；三部收载 101 种，其中新增 44 种、修订 57 种。该版药典附录亦有较大幅度调整。一部收载附录 98 个，其中新增 12 个、修订 48 个，删除 1 个；二部收载附录 137 个，其中新增 13 个、修订 65 个、删除 1 个；三部收载附录 140 个。二、三部共同采用的附录分别在各部中予以收载，并进行了协调统一。

该版药典对药品的安全性问题更加重视。药典一部增加了有害元素测定法和中药注射剂安全性检查法应用指导原则。药典二部增加了药品杂质分析指导原则、正电子类和锝[^{99m}Tc]放射性药品质量监控指导原则；有 126 个静脉注射剂增订了不溶性微粒检查，增修订细菌内毒素检查的品种达 112 种；残留溶剂测定法中引入国际已协调统一的有关残留溶剂的限度要求，并有 24 种原料药增订了残留溶剂检查。药典三部增订了逆转录酶活性检查法、人血白蛋白铝残留量测定法等。该版药典结合我国医药工业的现状和临床用药的实际情况，将原《澄明度检查细则和判断标准》修订为"可见异物检查法"，以加强注射剂等药品的用药安全。该版药典根据中医药理论，对收载的中成药标准项下的〔功能与主治〕进行了科学规范。该版药典三部源于《中国生物制品规程》。自 1951 年以来，该规程已有六版颁布执行，分别为 1951 年及 1952 年修订版、1959 年版、1979 年版、1990 年版及 1993 年版（诊断制品类）、1995 年版、2000 年版及 2002 年版增补本。2002 年还翻译出版了第一部英文版《中国生物制品规程》（2000 年版）。

（6）《中国药典》（2010 年版，第九版）：该版药典分为 3 部，共收载药品 4567 种，新增 1386 种。其中，一部收载药材和饮片、植物油脂和提取物、成方制剂和单味制剂等，共计 2165 种，其中新增 1019 种（包括 439 个饮片标准）、修订 634 种；二部收载化学药品、抗生素、生化药品、放射性药品以及药用辅料等，品种共计 2271 种，其中新增 330 种、修订 1500 种；三部收载生物制品，共计 131 种，其中新增 37 种、修订 94 种，见图 9-2。

图 9-2　《中华人民共和国药典》（2010 年版一、二、三部）

该版药典收载品种有较大幅度的增加，收载品种基本覆盖了国家基本药物目录品种范围；其收载品种的新增幅度和修订幅度均为前述历版药典最高。对于部分标准不完善、多年无生产、临床不良反应多的药品，也加大调整力度，2005 年版收载而该版药典未收载的品种共计 36 种。该版药典现代分析技术得到进一步扩大应用。除在附录中扩大收载成熟的新技术方法外，品种正文中进一步扩大了对新技术的应用。如附录中新增离子色谱法、核磁共振波谱法、拉曼光谱法指导原则等。中药品种中采用了液相色谱-质谱联用、DNA 分子鉴定、薄层-生物自显影技术等方法，以提高分析灵敏度和专属性，解决常规分析方法无法解决的问题。化药品种中采用了分离效能更高的离子色谱法和毛细管电泳法；总有机碳测定法和电导率测定法被用于纯化水、注射用水等标准中。生物制品部分品种采用了体外方法替代动物试验用于生物制品活性/效价测定，采用灵敏度更高的病毒灭活验证方法等。药品的安全性保障得到进一步加强。除在凡例和附录中加强安全性检查总体要求外，还在品种正文标准中增加或完善了安全性检查项目。如凡例中规定所有来源于人或动物的供注射用的原料药均增订"制法要求"。制剂通则中规定，眼用制剂按无菌制剂要求；橡胶膏剂首次提出卫生学要求；滴眼剂和静脉输液增订渗透压摩尔浓度检查项等。附录中新增溶血与凝聚检查法、抑菌剂效力检查法指导原则等。药典一部对中药注射剂增加重金属和有害元素限度标准；对用药时间长、儿童常用的品种增加重金属和有害元素检查，对易霉变的桃仁、杏仁等新增黄曲霉毒素检测。药典二部加强了对有关物质、高聚物等的监控；扩大对残留溶剂、抑菌剂与抗氧剂、渗透压、细菌内毒素、无菌等的监控。药典三部严格监控了生物制品生产过程中抗生素的使用，对添加防腐剂进行了限制，并加强对残留溶剂、杂质、内毒素残留等监控要求。一、二、三部共同采用的附录分别在各部中予以收载，并尽可能做到统一协调、求同存异。

该版药典对药品质量可控性、有效性的技术保障得到进一步提升。除在附录中新增和修订相关的检查方法和指导原则外，在品种正文标准中也增加或完善了有效性检查项目。如新增电感耦合等离子体原子发射光谱法、离子色谱法，修订原子吸收光谱法、重金属检查法等，组成较完整的监控重金属和有害元素的检测方法体系。药典一部大幅度增加符合中药特点的专属性鉴别，除矿物药外均有专属性强的薄层鉴别方法，并建立了与质量直接相关能体现有效活性的专属性检测方法。药典二部中含量测定或效价测定采用了专属性更强的液相色谱法；大部分口服固体制剂增订了溶出度检查项目；含量均匀度检查项目的适用范围进一步扩大至部分规格为 25mg 的品种。药典三部对原材料质量要求更加严格，对检测项目及方法的确定更加科学合理。

该版药典积极推进自主创新，技术创新，所收载药品标准内容更趋科学规范合理，并积极参与国际协调。如根据中医学理论和中药成分复杂的特点，建立了能反映中药整体特性的色谱指纹图谱方法，以保证质量的稳定、均一。药典一部还规范和修订中药材拉丁名；明确入药者均为饮片，从标准收载体例上明确了【性味与归经】、【功能与主治】、【用法与用量】为饮片的属性。同时，积极引入国际协调组织在药品杂质监控、无菌检查法等方面的要求和限度。为适应药品监督管理的需要，制剂通则中新增了药用辅料总体要求；可见异物检查法中进一步规定抽样要求、检测次数和时限；不溶性微粒检查法中进一步统一了操作方法等。

该版药典还特别体现了对野生资源保护与中药可持续发展的理念，参照与珍稀濒危中药资源保护相关的国际公约及协议，不再新增收濒危野生药材，积极引导人工种养紧缺药材资源的发展。该版药典还积极倡导绿色标准，力求采用毒害小、污染少、有利于节约资源、保护环境、简便实用的检测方法。例如，石斛项下明确规定本品为兰科植物金钗石斛（*Dendrobium nobile* Lindl.）、鼓槌石斛（*Dendrobium chrysotoxum* Lindl.）或流苏石斛（*Dendrobium fimbriatum* Hook.）的栽培品及其同属植物近似种的新鲜或干燥茎，并将铁皮石斛单列。同时，在此期间还完成了《中国药典》2005 年版增补本、《药品红外光谱集》（第四卷）、《临床用药须知》（中药材和饮片第一版、中成药第二版、化学药第五版）、《中药材显微鉴别彩色图鉴》及《中药材薄层色谱彩色图集》（第一册、第二册）的编制。

另外，在编制该版药典的过程中，还编纂出版了《中华人民共和国药典中药材及原植物彩色图鉴》（以下简称《药典图鉴》）。该书系由国家药典委员会与中国医学科学院药用植物研究所通力合作，组织专家共同编著完成的，填补了《中国药典》（一部）无基源形态描述的空白。《药典图鉴》为中英文对译本，该图鉴以《中国药典》（2010 年版一部）为蓝本，收载以植物为基源的药材约 530 种，精选了专家们在长期野外考察中，在植物拍摄、凭证标本采集、药材制作和凭证标本鉴定、药材拍摄等过程中获得的，包括原植物生长环境、花果枝、鉴别特征部位、新鲜药材部位、原药材及药材切面彩色照片共计 2300 余幅，真实、准确地反映了原植物生长环境、原植物形态、药材形状，突出基源植物的鉴定特点。《药典图鉴》对我国从事药品检验、教学、科研以及药材、饮片、中成药生产、供应、使用和国际贸易等方面的机构和有关人员具有极高的参考价值，是一部不可多得的工具书。

（7）《中国药典》（2015 年版，第十版）：国家食品药品监督管理总局于 2015 年 6 月 5 日发布公告（2015 年第 67 号），根据《中华人民共和国药品管理法》，《中国药典》（2015 年版）

经第十届药典委员会执委会全体会议审议通过，由国家食品药品监督管理总局批准颁布，自2015年12月1日起实施。该版药典收载品种总计5608种，比2010年版药典新增1082种；由一部、二部、三部和四部（中药、化学、生物制品、辅料附录）构成，见图9-3。

图9-3 《中华人民共和国药典》（2015年版一、二、三部及四部）

该版药典的第一个重要变化是将一部、二部、三部的附录进行了整合，增设为药典第四部，使药典分类更加清晰明确。其一部收载药材和饮片、植物油脂和提取物、成方制剂和单味制剂等，品种共计2598种，其中新增440种、修订517种，不收载7种；二部收载化学药品、抗生素、生化药品以及放射性药品等，品种共计2603种，其中新增492种、修订415种，不收载28种。三部收载生物制品137种，其中新增13种、修订105种，不收载6种。为解决长期以来各部药典检测方法重复收录，方法间不协调、不统一、不规范的问题，该药典对各部药典共性附录进行整合，将原附录更名为通则，包括制剂通则、检定方法、标准物质、试剂试药和指导原则。重新建立规范的编码体系，并首次将通则、药用辅料单独作为《中国药典》四部。四部收载通则总计317个，其中制剂通则38个、检验方法240个、指导原则30个、标准物质和试液试药相关通则9个；药用辅料270种，其中新增137种、修订97种，不收载2种。

从总体看，该版药典收载品种的安全性、有效性以及质量控制水平又有了新的提高，基本实现了"化学药、生物药达到或接近国际标准，中药主导国际标准"的总目标。其提升变化与总体水平主要体现在下述7个方面：

一是该版药典收载品种显著增加。进一步扩大了收载品种的范围，基本实现了国家基本药物目录品种生物制品全覆盖，中药、化学药覆盖率达到90%以上。对部分标准不完善、多年无生产、临床不良反应多、剂型不合理的品种加大调整力度，该药典不再收载2010年版药典品种共计43种。

二是药典标准体系更加完善。将过去药典各部附录进行整合，归为该版药典四部。完善了以凡例为总体要求、通则为基本规定、正文为具体要求的药典标准体系。首次收载"国家药品标准物质制备"、"药包材通用要求"以及"药用玻璃材料和容器"等指导原则，形成了涵盖原料药及其制剂、药用辅料、药包材、标准物质等更加全面、系统、规范的药典标准体系。

三是现代分析技术的扩大应用。该版药典在保留常规检测方法的基础上，进一步扩大了对新技术、新方法的应用，以提高检测的灵敏度、专属性和稳定性。采用液相色谱法-串联质谱法、分子生物学检测技术、高效液相色谱-电感耦合等离子体质谱法等用于中药的质量控制。采用超临界流体色谱法、临界点色谱法、粉末 X 射线衍射法等用于化药的质量控制。采用毛细管电泳分析测定重组单克隆抗体产品分子大小异构体，采用高效液相色谱法测定抗毒素抗血清制品分子大小分布等。在检测技术储备方面，建立了中药材 DNA 条形码分子鉴定法、色素测定法、中药中真菌毒素测定法、近红外分光光度法、基于基因芯片的药物评价技术等指导方法。

四是药品安全性保障进一步提高。完善了"药材和饮片检定通则"、"炮制通则"和"药用辅料通则"；新增"国家药品标准物质通则""生物制品生产用原材料及辅料质量控制规程""人用疫苗总论""人用重组单克隆抗体制品总论"等，增订了微粒制剂、药品晶型研究及晶型质量控制、中药有害残留物限量制定等相关指导原则。一部制定了中药材及饮片中二氧化硫残留量限度标准，建立了珍珠、海藻等海洋类药物标准中有害元素限度标准，制定了人参、西洋参标准中有机氯等 16 种农药残留的检查，对柏子仁等 14 味易受黄曲霉毒素感染药材及饮片增加了"黄曲霉毒素"检查项目和限度标准。二部进一步加强了对有关物质的控制，增强了对方法的系统适用性要求，同时还增加了约 500 个杂质的结构信息；增加对手性杂质的控制，静脉输液及滴眼液等增加渗透压摩尔浓度的检测，增加对注射剂与滴眼剂中抑菌剂的控制要求等。三部加强了对生物制品生产用原材料及辅料的质量控制，规范防腐剂的使用，加强残留溶剂的控制；增加疫苗产品渗透压摩尔浓度测定，增订毒种种子批全基因序列测定，严格细菌内毒素检查限度。

五是药品有效性控制进一步完善。对检测方法进行了全面增修订。一部部分中药材增加了专属性的显微鉴别检查、特征氨基酸含量测定等；在丹参等 30 多个标准中建立了特征图谱。二部采用离子色谱法检测硫酸盐或盐酸盐原料药中的酸根离子含量；采用专属性更强、准确度更高的方法测定制剂含量；增修订溶出度和释放度检查法，加强对口服固体制剂和缓控释制剂有效性的控制。

六是药用辅料标准水平显著提高。该版药典收载药用辅料更加系列化、多规格化，以满足制剂生产的需求，增订可供注射用等级辅料 21 种。加强了药用辅料安全性控制，如增加残留溶剂等控制要求。更加注重对辅料功能性的控制，如增订多孔性、粉末细度、粉末流动、比表面积、黏度等检查项，并强化药用辅料标准适用性研究的要求。

七是进一步强化药典标准导向作用。该版药典通过对品种的遴选和调整、先进检测方法的收载、技术指导原则的制定等，强化对药品质量控制的导向作用；同时，紧跟国际药品质量控制和标准发展的趋势，兼顾我国药品生产的实际状况，在检查项目和限度设置方面，既要保障公众用药的安全性，又要满足公众用药的可及性，从而引导我国制药工业健康科学发展。

该版药典继续秉承保护野生资源和自然环境，坚持中药可持续发展，倡导绿色标准的理念，不再新增处方中含豹骨、羚羊角、龙骨、龙齿等濒危物种或化石的中成药品种；提倡检测试剂中具有毒性溶剂的替代使用，如取消含苯和汞试剂的使用，以减少对环境的污染及对实验人员的危害。

在编制该版药典的过程中，还完成了《中国药典》2010年版第一、二、三增补本，《红外光谱集》（第五卷），《中国药品通用名称》，《国家药品标准工作手册》（第四版），《中国药典注释》的编制和修订工作，组织开展了《中国药典》2015年版英文版、《临床用药须知》2015年版的编制工作。

2015年版《中国药典》的颁布实施，充分体现了我国的用药水平、制药水平和监管水平的提升。因此，我国还要不断加强药典标准工作，发挥其引领和规范作用，要认真做好2020年版药典的规划工作，使2020年版药典水平再上新台阶。

（三）我国部级、局级和地方药品标准的发展历程

1.《中华人民共和国卫生部药品标准》

《中华人民共和国卫生部药品标准》简称《部颁标准》，由原卫生部颁布，属国家标准。其收载的品种应是疗效较好、在国内广泛使用，准备今后过渡到《中国药典》的品种；或国内多处生产，需由国家有关行政主管部门制定统一的质量标准以共同遵守的品种。我国原卫生部共颁布了63册药品标准，包括中药成方制剂20册、化学药品标准6册、新药转正标准15册以及中药保护品种分册、藏药分册、维药分册、蒙药分册、抗生素分册等。

例如，为确保我国常用进口药材的质量，原卫生部授权广州等各口岸药品检验所，负责对进口药材进行检验，积累了大量的数据和资料，其中44种经原卫生部审定批准，汇编为《进口药材暂行标准》，于1957年作为进口药材检验的法定标准发布试行。此后，选择其中较成熟的31个品种，对其质量标准再行修订完善，汇编成《中华人民共和国卫生部进口药材标准》于1986年发布施行。又如为澄清中药材品种混乱，1987年卫生部责成中国药品生物制品检定所牵头，组织各省、自治区、直辖市药品检验所，对全国药材二级站所经营的中药材品种进行调查和鉴定。除《中国药典》收载的品种外，对其他来源清楚，疗效确切，经营与使用地区较多的品种，本着"一名一物"原则，分期分批制订部颁标准。第一批共收载了101种，汇编成《中华人民共和国卫生部药品标准·中药材》（第一册），于1991年12月10日颁布。

2.《中华人民共和国国家药品监督管理局药品标准》

《中华人民共和国国家药品监督管理局药品标准》简称《局颁标准》，是国家药品监督管理局（2003年9月更名为国家食品药品监督管理局）成立后颁布的药品标准，属国家标准。随着我国药品监督管理体制的变化，自2000年起，我国药品监督的职责由国家卫生部划归国家药品监督管理局。我国《药品管理法》第五条规定，国务院药品监督管理部门主管全国药品监督管理工作。国家药品监督管理局因此成为药品监管的执法主体，负责制订和出版国家药品标准。至2005年，国家（食品）药品监督管理局已颁布新药转正标准第16～48册，化学药品地方标准上升国家标准共16册，中成药地方标准上升国家标准共14册。局颁标准与部颁标准收载品种的原则基本一致。

例如，在原有《中华人民共和国卫生部进口药材标准》的基础上，由中国药品生物制品检定所牵头，组织10个口岸药品检验所对进口药材标准进行了全面修订，编写了《儿茶等43种进口药材标准》，2004年6月国家药品监督管理局正式颁布实施。

3. 地方药品标准

地方药品标准是指除《中国药典》及《部颁标准》或《局颁标准》已收载的品种外，我国各省、自治区、直辖市另行颁布所经营、使用的中药材、饮片等的药品质量标准。地方药品标准由各省、自治区、直辖市省级有关行政管理部门组织制定和批准施行，是辖区内药品所遵循的药品质量标准。这是由于我国地域、历史和文化的原因，不同地区存在着地区性民间习用的药材、饮片等，为确保其质量和安全，根据《药品管理法》有关规定，地区性民间习用药品同样应加强管理而制定的。《药品管理法》第十条还明确规定，中药饮片必须按照国家药品标准炮制；国家药品标准没有规定的，"必须按照省、自治区、直辖市人民政府药品监督管理部门制定的炮制规范炮制。省、自治区、直辖市人民政府药品监督管理部门制定的炮制规范应当报国务院药品监督管理部门备案"。我国已有四川、贵州、云南、陕西、江苏、福建、广东、广西等 20 多个省、自治区、直辖市颁布了各自的地方药品标准。例如，贵州省近 30 年来，已先后编制发布或出版发布并实施了《贵州省药品质量标准》(1983 年版)、《贵州省中药材质量标准》(1988 年版)、《贵州省药品质量标准》(1989 年版)、《贵州省药品质量标准》(1995 年版)(以上由贵州省卫生厅编)及《贵州省中药材、民族药材质量标准》(2003 年版)、《贵州省中药饮片炮制规范》(2005 年版)(以上由贵州省药品监督管理局编)等。目前，贵州省食药监局正遵照国家食品药品监督管理总局《关于加强地方药材标准管理有关事宜的通知》(食药监办药化管[2015]9 号)文件精神要求，组织省有关部门与专家进行新版《贵州省中药材、民族药材质量标准》及《贵州省中药饮片炮制规范》的修订编制工作。

三、中药材质量标准研究制定与技术要求

中药包括中药材、中药饮片、中药提取物、中成药和以中药材为主要原料生产的"大健康"产业产品如保健品等，有着独特标准体系，也是我国药品标准体系的重要组成部分。现特按照目前我国国家药品标准、中药材、中药饮片、中药制剂质量标准研究，以及国家有关药品质量标准工作、中药新药研究和新药审批办法等规定与技术要求，并以中药材(含民族药材，下同)为重点，将其质量标准的研究制定的基本原则、技术要求与主要内容等相关知识，予以概要介绍。

(一)中药材质量标准研究制定的基本原则

1. 标准化与规范化原则

研究制定质量标准时，应严格按照《中国药典》和国家有关药品标准研究的技术要求与指导原则，以实现中药材质量标准的标准化与规范化。所有的试验研究设计、方法、过程与条件及其有关记录、研究报告，以及质量标准和起草说明等文本的总结与编写，均必须切实做到标准化与规范化。例如，用于鉴别、限量检查和含量测定的方法均需经过方法学验证；薄层色谱法要重点规范实验条件与方法，如薄层板的标准和规格等；高效液相色谱法、气相色谱法要进行系统适应性实验；对照药材要制定标准薄层色谱图；完成质量标

准研究后，要按照《国家药品标准工作手册》，规范质量标准和起草说明的研究编制，必须完整而准确地进行各有关项目描述和项目内容等编写。

2. 质量安全性与可控性原则

一般认为，中药材的本质是必须具有明确的药效（或称药效谱），所含化学成分或组分群及各成分的比例相对稳定。对其最重要的或共有成分整体稳定性和均一性的评价，就是其可行性质量标准。具体进行研究编制中，应重点注意从下述 4 个方面增强其质量标准的可控性。一是应特别重视有毒成分或可引发强烈副作用，对人体（或牲畜、环境有害等）不良成分的检测，以期质量安全。二是应注意分析方法的专属性。分析方法的专属性，是指在样品中存在干扰物质的情况下，分析方法能准确、专一地测定待测药物的能力。由于中药材组成复杂、成分繁多，更应注意检测方法的专属性。提高检测方法的专属性，首先应淘汰如试管反应等专属性不强的鉴别方法，要通过采用先进的分析技术和科学检测手段，研究制定出专属性较强的检测项目。同时，也要注意检测中所采用对照物质的专属性。三是应注意选定待测成分的理化稳定性。对选定的待测成分，除应尽可能反映药材或成药的功能与主治外，其理化性质还应在制备和储存过程中变化不大，以期稳定可控。四是应尽可能建立相对完善的检测项目及具体指标，力求全面地反映该产品的质量并实现有效监控。

3. 提高准确性与完善性原则

提高中药材质量标准的准确性和反映其品质完善性，是有效监控中药材质量标准的根本和关键。随着时代进步与现代科学的发展，中药材质量标准的准确性和反映其品质完善性方面正在与时俱进，不断提升。我们应从下述方面进行不断努力与提高。一是特别注意与完善安全性控制指标。在拟定质量标准时，要大力加强对重金属等有害元素、农药残留量、SO_2 及黄曲霉毒素 B_1 等微生物限度检查的方法学研究，扩大测定品种的数量和项目。如重金属检测可分别对铅、镉、汞、砷、铜等进行定量和限量检验；农药残留量除检测有机氯外，还应检测有机磷等。特别是中药材的含毒性成分，还要建立提高和完善其检查方法及限量指标等。

在中药材具体检测中，对多来源的中药材品种，应在加强相关基础研究的基础上，尽可能实现一物一名，避免中药材长期存在的同物异名、异物同名等多来源现象；应逐步由中药材指标性成分检测向对活性成分或活性成分群进行检测的研究过渡，由单一成分测定向多成分测定的转化；应遵照中医药理论的整体观念，尽可能将多成分的定量测定和中药材指纹图谱分析结合起来，力求建立整体的、综合性的质量监控体系，逐步构建符合中药民族药特点的质量标准模式；应建立健全检测方法和各项指标，完善质量标准，尽可能建立杂质、灰分（酸不溶性灰分）、水分等纯度检查项目，完善鉴别、检查、浸出物、含量测定等指标；应规范性味、归经、功能与主治的表述，加强病机与病征的联系，对中医药术语的名词、主证（症）与次证（症）的排列等均应规范化，民族药也应建立相应的质量标准；应按照药品研究的技术要求，开展安全性和有效性等研究，中药材和饮片用量要符合中医临床医疗实际情况，并应开展不同产地、不同采收期、不同初加工、不同炮制方法及炮制前后药性变化等研究，以建立提高中药材质量标准的准确性与完善性。

4. 科学合理与先进实用性原则

结合现代科学研究的深入和发展，随着药物分析技术和国内经济社会的进步，薄层扫描仪、高效液相色谱仪、气相色谱仪、液相色谱-质谱联用、DNA 分子鉴定、薄层-生物自显影技术等，因提高了分析灵敏度和专属性，解决了常规分析方法无法解决的问题。现代大型精密仪器，已在我国药品检验中得到普遍应用，逐步成为我国中药材等中药、民族药检测技术的常规仪器，并能较好地解决中药、民族药成分复杂、干扰因素多、难以用常规方法定性定量的问题，由此奠定了国内外药典中仪器分析比重逐渐提高的基础。

在制定中药质量标准时，应针对生产、流通、使用各环节影响药品质量的因素，科学合理地规定检测项目，以加强药品内在质量的监控。检验方法、技术的选择应考虑"准确、灵敏、简便、快捷"，同时要在充分体现中国药品标准特色的前提下，尽可能向现代分析技术靠拢，尽可能采用国外标准中的先进技术和方法，使中药质量标准能起到推动药品质量提高，促进择优发展的作用。同时，科学性、合理性、先进性要与国情、发展水平和可行性结合，在保证药品质量标准科学可控的基础上，应尽可能采用普及程度高的分析仪器，尽可能采用经济实用、简便易行、准确度高、限制因素较少的成熟方法，如显微鉴别法、薄层色谱法。要注意克服和防止一味追求采用所谓"高、精、尖"技术的现象，宽严适度，使制定出来的中药质量标准符合生产、流通、使用各环节的实际，保证产品质量稳定和不断提高。

（二）中药质量标准研究制定的技术要求

我国法定中药材质量标准的主要项目包括名称、汉语拼音、药材拉丁名、来源、性状、鉴别、检查、浸出物、含量测定、炮制、性味与归经、功能与主治、用法与用量、注意及贮藏等；中药饮片质量标准的主要项目包括名称、汉语拼音、来源、加工炮制、成品性状、鉴别、检查、浸出物、含量测定、性味与归经、功能与主治、用法与用量、处方应付、注意及贮藏等；中药制剂（中成药等）质量标准的主要项目包括名称、处方、制法、性状、鉴别、检查、浸出物、含量测定、功能与主治、用法与用量、注意、规格、贮藏等。中药材质量标准的中药材名称、来源、性状及鉴别，为反映药材来源和质量真实性的主要检测指标，即真伪鉴别指标；检查（含水分、灰分、酸不溶性成分、重金属等有害物质、农药残留量等）、含量测定等为反映药材药效质量的程度、安全性相关物质限量的主要检测指标，即优劣评价指标。

研究制定中药质量标准应结合中药品种的具体实际，科学规范而合理地设置项目，使其质量标准尽可能真实全面地反映中药的内在质量，以达到更好更有效地辨识与监控中药真伪优劣的技术要求。中药材质量标准的主要项目、研究内容、技术要求、标准编写及其起草说明规定如下。

1. 名称

名称系指中药材的中文名、汉语拼音、拉丁名。传统中药材名称一般均来源于历代本草记载的名称或全国多数地区习用名称，且以之为中文正名，必要时可列其最常用别名（常有文献名、地方名、商品名及处方常用名等）为副名于括号内。对于中药的法定名称，应力求明确、简短、科学，不易混淆，切忌夸大、混同或容易误解，并应避免一物多名或一方多名等，应严格按照"中药命名原则与技术要求"进行命名。对于中药材的命名原则与技术要求，特举例具体说明。

（1）中文名：一般采用传统名称、大多习用名称及植（动、矿）物常用名称，并多以形态、颜色、产地、药用部位等结合进行命名。例如，以形态结合命名的钩藤、木蝴蝶等；以颜色结合命名的紫草、黄芩等；以气味结合命名的降香、黄连等；以药用部位结合命名的牡丹皮、水獭肝等；以产地结合命名的川贝母、黔党参等；以生长特性结合命名的半夏、四季青等；以功能效用结合命名的益母草、伸筋草等；以人工方法结合命名的培育牛黄、人工麝香等；以译音结合命名的阿片、西洋参等。

民族药材名称的正名，应采用历代常用名或现代习用名；民族药正名应采用该民族主要聚居区民族医习名汉文音译名，必要时用括号加注副名，并注明汉语近似译音名以进一步明示。如苗族药材头花蓼，苗族药正名"Dlob dongd xok"，近似汉文音译名"梭洞学"，副名用括号注明（四季红）。

（2）汉语拼音：应按照中国文字改革委员会的规定拼音，第一个字母须大写，并注意药材拼音习惯。如黄精的汉语拼音：Huang jing 等。

（3）拉丁名：一般规则为"药用部位名+属名"。如同一植物品种项下，有多个药用部位的，部位与部位间，用"et"连接；有多个不同属的，属名与属名间，用"seu"连接。其拉丁名先写药用部位，用第一格；后写药名，用第二格；如有形容词，则列于最后。拉丁名所有单词的字母，均应大写。

也就是说，药材拉丁名一般用药用部位名（第一格）＋属名（第二格）（包括同属多来源的品种）；若同属有多个不同药材可能造成药材拉丁名混淆的，则在属名之后再加上种加词（第二格）。即为：药用部位名（第一格）＋属名（第二格）＋种加词（第二格），药用部位名、属名、种加词间用空格分隔。例如，黄精拉丁名：RHIZOMA POLYGONATI。

常见药用部位的拉丁名有：

根（包括块根）：RADIX，如党参；

根茎（包括块茎）：RHIZOMA，如山药；

鳞茎：BULBUS，如百合；

茎（包括藤茎）：CAULIS，如忍冬藤；

全草（包括全株或不带根的地上部分）：HERBA，如头花蓼；

枝条：RAMULUS，如钩藤；

枝梢（包括带叶嫩枝）：CACUMEN，如侧柏叶；

髓：MEDULLA，如灯芯草；

叶柄：PETIOLUS，如棕榈；

叶：FOLIUM，如荷叶；

花（包括花蕾、初开花）：FLOS，如山银花；

花穗（包括果穗）：SPICA，如夏枯草；

柱头：STIGMA，如玉米须；

花粉：POLLEN，如松花粉；

雄蕊：STAMEN，如莲须；

果实：FRUCTUS，如山楂；

果皮：PERICARPIUM，如陈皮；

外果皮：EXOCARPIUM，如冬瓜皮；

果核：NUX，如薏仁；

宿萼：CALYX，如柿蒂；

种子（包括种皮、种仁）：SEMEN，如核桃仁；

树皮（包括干皮、茎皮、枝皮、根皮）：CORTEX，如杜仲；

棘刺：SPINA，如皂角刺；

木材或心材：LIGNUM，如沉香；

树脂：RESINA，如枫香脂；

分泌物：CONCRETIO，如天竺黄；

子实体：LASIOSPHAERA，如马勃；

贝壳：CONCHA，如瓦楞子；

角：CORNU，如水牛角；

油（包括脂肪油、挥发油）：OLEUM，如牡荆油等。

另外，中药提取物、成方制剂和单味制剂名称不设拉丁名。

编写中药材质量标准时，中文名称、汉语拼音、药材拉丁名各占一行，居中。并应在质量标准起草说明中，对其编制依据一一加以说明。

2. 来源

来源系指中药材的原植物（动物、矿物）来源。植（动）物药材的来源应包括该药材原植（动）物的中文名科名、种名、拉丁学名、药用部位；矿物药材的来源应包括该药材的类、族、矿石名或岩石名、主要成分，以及其采收季节和产地加工（或称初加工）等。中药材名称及其来源是区别此药材非彼药材的重要依据。在中药材质量标准及其起草说明编写时，对于"来源"一般应按下述要求进行。

（1）原植（动、矿）物与鉴定：中药材的原植（动、矿）物需经有关单位与从事植（动、矿）物分类学的专家鉴定，确定原植（动）物的科名、中文名及拉丁学名或矿物的中文名及拉丁名。编写时，拉丁学名中的属名及种加词均用第一格，属名及命名人的首字母应大写；属名、种加词用斜体书写；命名人等用正体书写。

（2）药用部位与采收加工：中药材的药用部位是指植（动、矿）物经产地加工后，可供药用的某一部分或全部。中药材一般应固定其产地，合理选择布局。药用部位、采收季节和产地加工，应保证药材质量的最适采收季节和产地加工方法，并应经有关质量与产量（定时定点采样检测与样方测产）对比研究试验后确定。

编写中药材质量标准时，不分列小标题，内容简明扼要。例如黄精："本品为百合科植物滇黄精（*Polygonatum kingianum* Coll. et Hemsl.）、黄精（*Polygonatum sibiricum* Red.）或多花黄精（*Polygonatum cyrtonema* Hua）的干燥根茎。按形状不同，习称'大黄精''鸡头黄精''姜形黄精'。春、秋二季采挖，除去须根，洗净，置沸水中略烫或蒸至透心，干燥"。

3. 性状

性状系指用眼观、手摸、口尝等方法感知中药材的宏观特征，包括中药材的形状、大小、颜色、表面特征、质地、断面颜色、断面特征、气、味等。近年来，还有些品种增加了溶解性、相对密度、折光率、熔点和沸点等物理常数归入性状项下。来源于动植物及矿物等的中药材，其性状特征虽然多为客观的感官特征，但也包含了药材生物特征信息，以及其内在化学成分等相关性信息。因此，应注意了解和掌握性状变异规律，尽量利用那些在遗传上稳定而又不易受环境因素影响发生变异的性状（如花、果、种子构造，花序或叶序、毛被类型等）。同时，中药材由于来源、产地加工不同，其性状各有特点，中药材的大小、色泽变化往往又与其质量有很大关系。所以，中药材的性状特征是初步鉴定其真伪或优劣的重要依据。在中药材质量标准及其起草说明编写时，对于药材"性状"一般应按下述要求进行检验。

（1）形态与大小：性状的"形态"，是指对药材外形的描述。药材的形态与药用部位有关，一般比较固定。若来源中既规定了完整药材，又规定了产地加工片（段、块）的，可先描述完整药材，再描述产地加工片（段、块）。只规定了产地加工片（段、块）的，可不描述完整药材。一般的，形状较典型的用"形"，类似的用"状"，必要时可用"×形×状"。形容词一般用长、宽、狭等。

性状的"大小"，是指药材的长短、粗细、厚薄。规定大小时应测量较多的样品，根据有代表性且常见的大小描述。一般写为"××～××cm"，不足1cm的用"mm"。叶及花类药材一般用长、宽；根茎、茎、果实类用长、直径；鳞茎一般用直径；种子类一般用长、宽或长、直径。

（2）色泽与表面特征：性状的"色泽"，是指药材的颜色和光泽。药材的色泽是衡量药材质量好坏、质量变化与否的重要指标。如质量好的黄连，其断面应为红黄色等。色泽的描述包括表面色泽和断面色泽的描述。应注意药材颜色往往不是单一颜色，而是复合颜色，或同种药材的色泽会略有不同，因此可描述为"××色或××色""××色至××色"，如"深红棕色至暗褐色"。一般将质量好的色泽置前描述；两种色调组合描述的，应以后一种色调为主，如黄棕色是以棕色为主。色泽描述时，应避免使用可能产生不同理解的术语，如"青色""土色"等。

性状的表面特征，是指药材表面的有关特征，是光滑还是粗糙，有无皱纹、皮孔或毛茸等。如骨碎补"表面密被深棕色至暗棕色的小鳞片，柔软如毛，经火燎者呈棕褐色或暗褐色，两侧及上表面均具凸起或凹下的圆形叶痕，少数有叶柄残基及须根残留"。

（3）质地与断面：性状的"质地"，是指药材的软硬、坚韧、松脆、粉性等特征。常用术语有体重质坚硬，脆，松脆，质韧，质柔软，体轻质松软，质柔韧有黏性，角质，肉质，富糖性，油润等。

性状的"断面"，是指药材折断时的难易程度、现象和形态。如易折断或不易折断。不易折断的，可切断或破碎后观察并描述断面特征、颜色。注意折断时有无粉尘飞扬，观察断面特征是否平坦或是否显纤维性、颗粒性、裂片状、层状剥离、粗糙疏松、角质样、胶质样，是否富粉性、油性，是否具光泽等。根及根茎类和茎类还应观察皮部与木部的比例、维管束的排列形状、射线的分布、油室等。

（4）气与味："气"指药材的嗅觉。含挥发油的药材，一般会有特殊的香气或臭气。气不明显的药材，可切碎、搓揉后嗅之，如透骨香；或热水浸泡、点燃后嗅之，如沉香。气不明显时，一般描述为"气微"。性状的"味"，是指药材的味觉。味不应与中医药传统理论中的"四气五味"等同起来。因为中药材性味的观察方法，主要是运用感官来鉴别的。如用眼看（较细小的可借助于扩大镜或解剖镜）、手摸、鼻闻、口尝等法。药材的味与所含成分有关，因此也是质量指标之一。口尝时应注意：舌尖部只对甜味敏感，近舌根部对苦味敏感，所以口尝时要取少量在口里咀嚼约 1min，使舌头的各部分都接触到药味，同时还应注意取样的代表性。对有强烈刺激性和毒性的药材，要注意防止中毒。而中医药传统理论中的"四气五味"，一般是指中药的"性味"，是指药物在机体所发生作用的反映，不是以口尝其味道而确定，是经中医临床实践验证的。故中药材的性味功效，与药材实际性状及味道不一定相符，如葛根味辛，是从其具发散风热而反推葛根为味辛，实际上用口尝是尝不出葛根辛味的。

4. 鉴别

鉴别系指用直观或简易试验的方法、组织细胞特征显微观察的方法、物理或化学试验的方法、色谱分离加理化检识的方法或光吸收特征的方法，对中药材进行真伪鉴别。与之对应的鉴别方法为经验鉴别、显微鉴别、一般理化鉴别、色谱鉴别或光谱鉴别。例如，显微鉴别中横切面、表面观及粉末鉴别，均指经过一定方法制备后，在显微镜下观察的特征；理化鉴别包括物理或化学、光谱、色谱等鉴别方法。在中药材质量标准及其起草说明编写时，对于药材"鉴别"一般应按下述要求进行。

（1）色谱鉴别：色谱鉴别是利用薄层色谱、气相色谱或液相色谱对中药材进行真伪鉴别的手段。薄层色谱鉴别可在同一块层析板上容纳多个样品，反映多种信息（斑点、色泽、R_f 值等），具有分离和鉴定的双重作用，只要一些特征斑点（甚至是未知成分）具再现性，则可作为确认依据，因此较适合于天然药物中特征成分的鉴别。气相色谱适用于含挥发性成分的鉴别，一般结合含量测定进行。而液相色谱目前直接用于中药材鉴别的为数极少，只有在其他手段无法鉴别时选择使用。液相色谱的指纹图谱作为较复杂、较细微的色谱鉴别，可提供较丰富的特征信息，甚至可给出中药材种间的区别特征，但研究难度大，须在深入研究并有足够样本量、充分代表性，实验可重现时方可选用，目前尚多用作内控方法。

（2）鉴别注意：在色谱鉴别时，除应注意提高试验的重现性、可操作性及分离度，注意系统适用性试验如温度、相对湿度、实验器材、耐用性等研究外，还应注意通过设置阴性对照和阳性对照，选择至少两种不同的溶剂系统，来证实方法的专属性和可靠性。此外，阳性对照中除采用化学对照品外，更提倡同时使用对照药材，以体现更多的信息。

在质量标准正文编写时，色谱鉴别一般应先描述其方法过程及条件，再写应符合的规定。其书写格式、用词应参照《中国药典》一部的类似项目。在起草说明中，应说明鉴别对象的选择依据、方法的原理、试验条件的选定（如薄层色谱法的吸附剂、展开剂、显色剂的选定等）、方法学考察结果、鉴别标准的设定等。并提供全部试验研究资料，包括：显微鉴别组织、粉末易察见的特征及其组织简图（墨线图）或显微照片（注明扩大倍数），必要时应用组织详图或粉末特征图（墨线图）表示有特征的部位；理化鉴别的依据和试验结果；色谱或光谱鉴别试验可选择的条件和图谱（原图复印件）及薄层色谱的彩色照片或彩色扫描图等。并应注意将实验研究中的方法及数据，无论成功与否，均应予以详细说明。

5. 检查

检查系指对药材中可能掺入的一些杂质以及与药品质量有关的内容进行检查。检查是保证药材质量的重要项目之一。检查的内容主要有：杂质、水分、总灰分、酸不溶性灰分、酸败度、膨胀度、重金属、农药残留量、水中不溶物、吸收度、色度，以及有关的毒性成分等。其规定的各项是指药材在生产、产地加工、贮藏等过程中可能含有并需要监控的物质或物理参数，包括安全性、有效性、均一性与纯度等。在中药材质量标准及其起草说明编写时，对于药材"检查"一般应按下述要求进行。

（1）杂质检查：应按《中国药典》附录杂质检查法检查。为了更好保证药材质量，有的药材还应注意控制药用部分的比例，并需作出其药用比例的规定。例如，薄荷中叶的比例不得少于 30%；山茱萸中果核、果梗不得超过 3%等。

（2）灰分检查：又分为总灰分及酸不溶性灰分，这对测定药材品质很重要。应根据药材的具体情况，规定其检查项目。如易夹杂泥沙的药材、经初加工处理或炮制也不易除去泥沙的药材，应规定总灰分。同一药材来源不同，其总灰分含量也会悬殊，因此需要对多个产地（或多个购进地）的产品进行测定后，再制订出总灰分限度。对生理灰分高且差异大的药材，应规定其酸不溶性灰分。

（3）水分检查：水分是影响药材质量的重要因素之一。其限度的制订应充分考虑南北气候和温湿度差异，以及药材包装、贮运的实际等，并经试验与实践而制定。

（4）酸败度检查：酸败度是指含油脂类药材在贮藏过程中与空气、光线接触而发生的复杂化学变化。酸败会产生特异刺激臭味（俗称哈喇味）——因产生低分子醛、酮和游离脂肪酸所致，从而影响药材的感观和内在质量。

《中国药典》（2010 年版第一增补本 P260）规定，酸败度测定是测定酸值、羰基值和过氧化值。酸败度检查通过测定酸值、羰基值及过氧化值，反映和控制含油脂类药材的酸败程度。同时应注意，酸败度的检查要与药材外观性状或与经验鉴别相结合，一般酸值、羰基值或过氧化值与药材泛油程度有明显相关性的才能制定其酸败度限度。

2015 年后应按《中国药典》（2015 年版第四部）收载的"2303 酸败度测定法"（P203）规定的方法进行检测。

（5）重金属、砷盐与农药残留检查：重金属离子有多种，如铅、镉、汞、铜等。重金属、砷盐与农药残留是指有的药材在种植或加工等过程中，可能会受到环境等因素的影响，从而造成药材因富集重金属、砷盐与农药残留而影响其质量。因此，应按《中国药典》或中华人民共和国商务部发布的《药用植物及制剂外经贸绿色行业标准》（WM/T2—2004）等有关规定进行重金属、砷盐与农药残留量的检查。重金属及砷盐限量为：重金属总量应小于等于 20.0mg/kg；铅（Pb）应小于等于 5.0mg/kg；镉（Cd）应小于等于 0.3mg/kg；汞（Hg）应小于等于 0.2mg/kg；铜（Cu）应小于等于 20.0mg/kg；砷（As）应小于等于 2.0mg/kg。农药残留限量为：六六六（BHC）应小于等于 0.1mg/kg；DDT 应小于等于 0.1mg/kg；五氯硝基苯（PCNB）应小于等于 0.1mg/kg；艾氏剂（Aldrin）应小于等于 0.02mg/kg。有的药材还应根据其种植过程中所施用的不同农药（特别是高毒、高残留农药）而进行农药残留量的限度检查与研究。

（6）微生物检查：微生物检查应按照《中国药典》或中华人民共和国商务部发布的《药用植物及制剂外经贸绿色行业标准》（WM/T2—2004）等有关规定执行。微生物限量单位为个/克或个/毫升，其限（幅）度参照有关标准与生产实际而制定。如黄曲霉素限量为：黄曲霉毒素 B_1（Aflatoxin）应小于等于 5μg/kg（暂定）。

（7）有毒物质及其检查：有的药材因寄生于有毒植物而产生有害物质，亦须加以检查。例如，桑寄生寄生于夹竹桃者，会有明显的强心苷反应，故应检查强心苷，以控制有毒夹竹桃寄生的混入；寄生于马桑的桑寄生，则应检查有毒成分印度防己毒素，以控制马桑寄生的混入。其他如膨胀度、吸收度、色度等则按照《中国药典》规定依法进行限度检查。

（8）注意问题：在检查试验研究中，凡规定有限度指标的品种，研究制订其质量标准时，要有足够的有代表性的数据，一般需至少累积 10 批以上样品数据，并应注意参考国内外资料，提出切实可行的限度指标，以利实用可行。

在质量标准"检查"正文与起草说明编写时，一般应先描述方法过程及条件，再写应符合的规定，其书写格式、用词应参照《中国药典》一部的类似项目进行规范编订。

6. 浸出物

浸出物系指用水或其他溶剂浸出药材中的可溶性物质并进行量的检测和评价。某些药材确实无法建立含量测定项，但如能证明浸出物指标并可有效区别药材质量优劣的，则建立浸出物测定项，以在一定程度上说明和控制药材质量。在中药材质量标准及其起草说明编写时，对于药材"浸出物"一般应按下述要求进行。

（1）浸出物制定目的：某些中药材若确实无法建立其含量测定项时，如能证明浸出物指标能有效区别药材质量优劣，则应建立浸出物量的测定。但测定浸出物时，必须具有其针对性和质量监控意义。

（2）注意问题：在浸出物试验研究中，应结合用药习惯、药材质地及已知化学成分类别等选择适宜的溶剂，或采用"鉴别"项下的提取溶剂，参照《中国药典》附录浸出物测定的要求进行试验研究与测定。一般应采用不同溶剂进行比较研究，以确定适宜的浸出溶剂。例如，某药材既含水溶性有效成分又含脂溶性有效成分，可分别考虑用水、甲醇或乙醇作溶剂，测定其浸出物量；再经比较后，在标准正文中收入较为适宜的浸出物。近年来，通过药效学指标与不同溶剂浸出物量间关系的研究，确定浸出物量的测定是一种较为科学合理的方法。

在质量标准"浸出物"正文与起草说明编写时，一般应先描述"浸出物"试验研究方法过程及条件，再写应符合的规定，其书写格式、用词应参照《中国药典》一部的类似项目进行规范编订。特别是起草说明中，必须提供溶剂选择的依据，测定方法研究的试验资料和确定该浸出物限量指标的依据。必须在累积足够多的实测数据（至少应有 10 批样品20 个数据）基础上，方可制订浸出物量的限（幅）度指标，并以药材的干品计算。

7. 含量

含量系指对药材中与有效性、安全性有关的物质进行量的测定并评价，是反映中药材内在质量和产品稳定性的重要项目。也就是说，含量测定是对药材有效性、安全性有关物质进行测定并评价的项目。在中药材含量测定试验研究时，必须以中医药理论为指导，结合现代科学研究手段和结果，择其具生理活性的主要化学成分作为指标性成分，测定并评价药物的内在质量、商品质量和产品稳定性；其对中药材安全、有效稳定与可控具有重要意义。

（1）技术要求：中药材含量测定必须遵循如下技术要求，中药材进行含量测定试验研究，应根据其安全性、有效性，选择适当的测定对象。例如，有效成分清楚的药材，可直接针对其有效成分定量；大类成分清楚的，如总黄酮、总生物碱、总皂苷等，可针对其大类成分的总量进行含量测定，含挥发油成分的，可对其挥发油进行含量测定；若建立化学成分含量测定有困难的，可研究建立其相应的图谱测定或生物测定等其他方法进行质量监控；中药材含量限（幅）度指标，必须经充分试验检测，根据其足够的实测数据而合理研究制订；在试验研究中，无论是引用《中国药典》或文献收载的相同成分的测定方法，还是自行研究建立的新方法，都必须进行完善的方法学验证实验研究，在试验研究中，含量测定所用的对照品，必须符合"质量标准用对照品研究的技术要求"。

（2）方法学选择与验证：中药材含量测定方法很多，常用的如经典分析方法（容量法、重量法）、分光光度法（包括比色法）、气相色谱法、高效液相色谱法、薄层－分光光度法、薄层扫描法、其他理化检测法以及生物测定法等，应根据中药材所含有关化学成分的性质、方法的原理等进行选择。

在中药材含量测定方法验证时，一般需经如下考察验证：

①提取条件：如采用的溶剂、提取方法及其条件等，均应一一考察验证。

②分离、纯化方法及测定条件：用以排除干扰物质的具体说明（特别是采用液相色谱分析方法更应注意分离、纯化，以提高分析准确性并保护色谱柱等），以及测定条件如分光光度法（包括比色法）中最大吸收波长的选择，液相色谱法中固定相、流动相、测定波长、内标物的选择，薄层扫描法中层析与扫描条件的选择等。

③线性关系及范围：如分光光度法（包括比色法）一般需制备标准曲线，用以确定取样量并计算含量；色谱法则采用对照品比较法、外标或内标法测定；薄层扫描法，由于中药成分复杂，在有限展距内斑点较多，内标物的选择和插入均比较困难，因此常用外标法，但首先也应进行线性关系考察。其考察内容应包括：样品浓度与峰面积或（峰高）是否呈线性关系；线性范围，即适用的样品点样或进样量的确定；直线是否通过原点，以确定是以单水平校正法还是二水平校正法（即一点法或二点法）测定并计算。

标准曲线（线性）的相关系数，即 r 值要求在 0.999 以上；薄层扫描法可在 0.995 以上。并应在起草说明中，附其标准曲线图和说明线性范围。

④方法稳定性：目的是选定最佳测定时间范围。无论采用何种方法进行含量测定，均应对供试品的响应值（如吸光度、峰面积等）的稳定性进行考察。一般可选数个时间间隔点，分别测定，比较测得结果，判断其稳定情况，确定适当的测定时限。

⑤测定（或操作）精密度：分光光度法、液相或气相色谱法中，对同一供试品溶液重复进行测定，重复测定次数不少于 6 次，所得测定（或操作）精密度的相对标准偏差（RSD）

应小于 2%。薄层扫描法则应进行同板及异板多个同量斑点的扫描测定（一般每块薄层板应有 6 个以上相同点样量的斑点，考察至少 3 块板），所得测定（或操作）精密度的相对标准偏差（RSD）应小于 5%。

⑥重复性：按拟定的含量测定方法，取同一批样品至少 6 份，从制备样品开始到进行测定并计算 RSD，一般要求 RSD 应小于 2%，应根据样品含量高低和含量测定方法的繁简确定，含量很低时可不大于 3%。

⑦准确性：中药材含量测定的准确性一般采用回收率试验验证，且多采用加样回收，即于已知被测成分含量的药材中，再精密加入一定量的被测定成分纯品，依法测定，用实测值减去原样品中被测成分量值后，除以加入的纯品量，计算得回收率。须注意纯品的加入量与取样量中被测成分之和必须在标准曲线的线性范围之内。纯品加入量与样品量可在 1∶1 左右。回收率试验至少应进行 6 次平行试验（n=6），每组加入被测成分纯品量相同。或设计 3 个不同浓度，用 9 个测定结果进行评价，一般中间浓度加入量与所取供试品含量之比控制在 1∶1 左右。后者则可进一步验证测定方法的范围在多少更为适合。一般地，回收率要求在 95%～105%，其 RSD 应小于 3%。

⑧样品测定与含量限（幅）度确定：为证明所研究建立测定方法的应用可行性，至少应测定 3 批或 3 批以上样品。药品标准中含量限（幅）度的制定，可根据传统鉴别经验，将药材样品依质量优劣顺序排列，如所测成分含量高低与之呈相应变化，则把质次但仍可药用者的含量取为含量限（幅）度。如无传统鉴别经验或测得值与经验鉴定不相关，则可根据样品检测的实际情况而规定其暂行限（幅）度。但必须注意留有余地，以利于标准切实可行。还必须强调，制定中药材含量限（幅）度，应以足够的、具代表性的样品测定数据为基础，因此，申报生产用质量标准时，必须在已经累积了至少 10 批样品或更多批样的测定数据基础上，对其实用可行性严格考量后，方予确定。

规定中药含量限（幅）度，可以用幅度，也可用限度。前者同时规定上、下限，即规定含量范围；后者则只规定下限或者只规定上限，即只规定不少于××或不多于××。例如，《中国药典》（2015 年版一部）规定黄连所含生物碱，按干燥品计算，以盐酸小檗碱计，含小檗碱（$C_{20}H_{17}NO_4$）不得少于 5.5%，表小檗碱（$C_{20}H_{17}NO_4$）不得少于 0.80%，黄连碱（$C_{19}H_{13}NO_4$）不得少于 1.6%，巴马汀（$C_{21}H_{21}NO_4$）不得少于 1.5%。其含量的限（幅）度，均应在确保药物成分对临床是安全、疗效是稳定的前提下来确定。特别是剧毒药必须规定其幅度，如《中国药典》（2015 年版一部）规定马钱子所含生物碱，按干燥品计算，含士的宁（$C_{21}H_{22}N_2O_2$）应为 1.20%～2.20%，马钱子碱（$C_{23}H_{26}N_2O_4$）不得少于 0.80%。

在质量标准"含量测定"正文与起草说明编写时，必须按《中国药典》及《国家药品标准工作手册》现行版的有关规定书写，操作步骤叙述应准确，术语和计量单位等应规范。一般应先写测定方法及测定条件等，再写应符合的含量限（幅）度规定，其书写格式、用词应参照《中国药典》一部的含量测定项目。在起草说明编写时，还要特别强调的是，所有试验及其资料，包括不成熟或失败的试验及其资料，以及未载入正文中的试验方法、项目及其未载入理由，均应详细列入起草说明，以便审查实验设计是否合理，确定是主观原因或是客观原因，以便决定是否需要提出进一步试验的要求等。

总之，上述各项检测方法具体操作规程，应详见最新版《中国药典》（一部）附录及中国药品生物制品检验所编写的《中国药品检验标准操作规程》等。特别是在进行质量标准研究制订中，如果属于新增标准或修订了已有的标准，应同时提供起草说明。对制定质量标准中各个项目的理由，规定各项目指标的依据、技术条件和注意事项等应详细加以说明，尤其是鉴别试验、杂质定量或限度检查，以及有效成分或指标成分的含量测定等测试方法，都应按照"中药质量标准分析方法验证指导原则"作必要的验证试验，并应详细记载于起草或修订说明中。在质量标准研究编制与起草说明中，既要有理论依据，又要有实践工作的详尽总结及实验数据。详细技术要求可参阅国家药典委员会编辑的《药品标准工作手册》等相关书籍和有关资料。

8. 性味与归经、功能与主治、用法与用量、贮藏、注意等

性味与归经、功能与主治、用法与用量、贮藏与注意等项目，应以中医药理论为指导，紧密结合中医临床实践，并紧密结合实际及现代科研成果而研究制定，以策中药的正确合理应用与安全有效。例如，"性味与归经"之"性"系指药性，包括寒、热、温、凉 4 种药性；"味"系指药味，包括辛、甘、酸、苦、咸等。"归经"系指药物的主要作用部位，如归心、肝、脾、肺、肾、胃经等。"功能与主治"系指药物的主要功效和临床主治病症。"用法与用量"之"用法"系指药物的使用方法，如口服、外用等；"用量"系指一日服用剂量。"贮藏"系说明药物的贮藏方法和贮藏条件等。"注意"系主要说明药物临床使用中应注意的问题，如禁忌证和慎用情况等。

四、中药材质量检验的基本程序与要求

（一）药品质量检验与质量保证系统

《中华人民共和国药品管理法》（2001 年修订）第六条明确规定："药品监督管理部门设置或者确定的药品检验机构，承担依法实施药品审批和药品质量监督检查所需的药品检验工作。"第十二条又明确规定："药品生产企业必须对其生产的药品进行质量检验；不符合国家药品标准或者不按照省、自治区、直辖市人民政府药品监督管理部门制定的中药饮片炮制规范炮制的，不得出厂。"

《中华人民共和国药品管理法实施条例》（2003 年修订）第二条也明确规定："企业应当建立药品质量管理体系。该体系应当涵盖影响药品质量的所有因素，包括确保药品质量符合预定用途的有组织、有计划的全部活动。"第八条又明确规定："质量保证是质量管理体系的一部分。企业必须建立质量保证系统，同时建立完整的文件体系，以保证系统有效运行。"第九条更进一步提出：质量保证系统应当确保"采购和使用的原辅料和包装材料正确无误""严格按照规程进行生产、检查、检验和复核""每批产品经质量受权人批准后方可放行""在储存、发运和随后的各种操作过程中有保证药品质量的适当措施""按照自检操作规程，定期检查评估质量保证系统的有效性和适用性"等要求，以更好按照自检操作规程，定期检查评估质量保证系统的有效性和适用性。

我们应当按照上述有关药品质量检验与质量保证系统的要求，切实加强与做好中药材的质量检验与质量保证工作。

（二）中药材质量检验的基本程序与留样

药品检验工作必须遵循适当的程序和方法。法定药品检验机构和药品生产企业，都必须切实遵循药品检验工作的基本程序，包括样品的接收、登记、流转、检验、记录、检验报告书写及审核发出等过程。

1. 样品接收、登记、流转

供检样品的收检统一由业务技术管理科（室）办理，其他科（室）或个人不得擅自接收。收检的样品要求检验目的明确、包装完整、标签批号清楚、来源确切。中药材应注明产地或调出单位及其批号。样品数量一般为一次全项检验用量的 3 倍。如有特殊情况，提供样品的单位须书面说明原因，酌情减量。特殊管理的药品（医疗用毒性药品、麻醉药品、精神药品、放射性药品等）、贵重药品应由双方当面核对名称、批号、数量等并经双方签封后方可收检。符合收检条件的样品，由业务技术管理科（室）统一编号、登记，填写检验卡，连同样品和资料送到有关检验科（室）签收。如样品检测项目涉及两个或两个以上科（室）时，一般由主检科（室）分送有关资料和样品到协检科（室）。

2. 检验及检验记录、检验报告书写

检验科（室）接受样品后，首先核对样品与检验卡是否相符，如有问题应及时退回业务技术管理科（室）。核对后应作样品登记。样品应由具备相应专业技术职称并获得上岗资格的人员检验。见习期人员、进修或实习人员不得出具检验报告。检验者接受样品后，首先对检验卡与样品中的品名、批号、生产或配制单位、检验依据、检验项目、包装、规格、数量、编号等进行核对，确认无误后，按照质量标准或有关方法及标准操作规程（standard operating procedure，SOP）进行检验，并按要求记录。

对于检验结果不合格的项目或结果处于边缘的项目，除另有规定外，一般应予复试。复试应由检验人员申述理由，查找原因，经科（室）主任同意后方可进行，必要时室主任可指定他人进行复试。在检验过程中，认为需要增减项目或改变检验依据及方法时，经室主任、业务技术科（室）主任、主管领导确定后方可进行。

检验过程中，检验人员应按原始记录书写要求及时如实记录，严禁事先记录、事后补记或转抄，并逐项填写检验卡的有关项目作为检验报告底稿。

3. 检验报告审核发出

检验卡和原始记录经核对人员逐项核对，由室主任全面审核签名后，送交业务技术科（室）审核。若是由协检科（室）检验的项目，应由协检科（室）核对、审核后，将协检卡、原始记录连同剩余样品交主检科（室），最后由主检科（室）合成检验卡（或检验报告底稿）发到业务科（发出的检验报告应附原始记录），由业务技术管理科（室）审查，送领导（药品检验所长或企业领导人）或主管业务领导（药品检验所副所长或企业分管质量领导人）核签后，检验报告方可打印发出。

4. 留样

凡接收检验的样品必须留样，留样由业务技术管理科（室）负责。留样数量不得少于

一次检验量。检验科（室）的剩余样品由检验人员填写留样条，注明数量和留样日期，签封后随检验卡交科（室）主任，经审核后随检验卡交业务技术管理科（室），与原留样一起入库保存［易腐败、霉变、挥发及开封后无保留价值的剩余样品，在检验卡上注明情况，经科（室）主任签字同意后可不保留样品］。另外，毒性药品、麻醉药品、精神药品、放射性药品的留样及剩余样品，其保管、调用、销毁均应按照国家特殊药品管理规定办理。

留样室的设备设施应符合样品规定的储存条件。留样保留时间，视留样目的与实际需要另行规定。科（室）如因工作需要调用留样期内的样品，由使用人提出申请，说明用途，经室主任同意、业务技术管理科（室）主任批准后方可调用并做好登记。调用后的剩余样品必须退回，并按要求重新签封交回留样室。留样期满的样品，由保管人列出清单，经业务技术科（室）主任审查，主管领导（药品检验所长或企业领导人）或主管业务领导（药品检验所副所长或企业分管质量领导人）批准后，经两人以上处理，并登记处理方法、日期、处理人签字存档。

（三）中药材质量检验的基本要求与检验报告

1. 药品检验标准

前已述及，药品标准是国家对药品的质量规格、检验方法、生产工艺等所作的技术规定，是药品生产、经营、使用、管理单位共同遵守的法定依据。《药品管理法》规定的国家药品标准是指《中国药典》和国家药品行政主管部门颁布的部（局）药品标准或各省（自治区、直辖市）药品标准（地方标准）。为确保检验数据的真实可靠，必须严格按照国家药品标准进行检验。亦可按照高于国家药品标准的企业内控质量标准进行检验，以确保药品质量，提高企业竞争能力。

2. 药品检验标准操作规程

为规范检验操作，检验室首先需制定各项检验的标准操作规程（SOP），SOP 需写明操作程序，其内容要明确、详细、易于掌握。需制定 SOP 的项目主要有：仪器与设备的使用；通用的药品检验技术与方法；专用的药品检验技术与方法；样品的抽取、处置、传送和储存方法；动物及动物室的管理；试剂及试药溶液的配制与管理；其他。各项检验的SOP，应存放于各有关实验场所。

3. 质量检验记录

检验记录是出具检验报告的依据，是进行科学研究和技术总结的原始资料。在检验过程中，需客观真实地做好原始检验记录。原始检验记录的基本要求如下：

（1）检验人员在检验前，应注意检品标签与所填检验卡的内容是否相符，逐一查对检品的编号、品名、规格、批号和有效期，生产单位或产地，检验目的和收检日期，以及样品的数量和封装情况等。并将样品的编号与品名记录于检验记录纸上。

（2）检验记录中，应先写明检验的依据。凡按中国药典、部（局）级药品标准、省级药材或饮片标准、企业内控药品标准或国外药典检验者，应列出标准名称、版本和页数。

（3）原始检验记录应采用统一印制的活页记录纸和各类专用检验记录表格，并用蓝黑墨水或碳素笔书写（显微绘图原可用铅笔绘制，现已不准许用铅笔绘图，必须用蓝黑墨水或碳素笔绘制）。凡用微机打印的数据与图谱，应剪贴于记录上的适宜处，并有操作者签名。如系用热敏纸打印的数据，为防止日久褪色难以识别，应以蓝黑墨水或碳素笔将主要数据记录于记录纸上。

（4）检验过程中，可按检验顺序依次记录各检验项目，内容包括：项目名称；检验日期；操作方法（如系完全按照检验依据中所载方法，可简略扼要叙述；但若稍有修改，则应全部记录所改变的部分），实验条件（如实验温度，仪器名称型号和校正情况等），观察到的现象（不要照抄标准，而应简要记录检验过程中观察到的真实情况，反常现象应详细记录并鲜明标出，以便进一步研究）；实验数据，计算（注意有效数字和数值的修约及其运算）和结果判断等。

特别提示：所有记录均应及时、完整，严禁事后补记或转抄。如发现记录有误，可用单线划去并保持原有的字迹可辨，不得擦抹涂改，并应在修改处签名或盖章，以示负责。检验或试验结果，无论成败（包括必要的复试），均应详细记录、保存。对废弃的数据或失败的实验，应及时分析其可能的原因，并在原始记录上注明。

（5）检验中使用的标准品或对照品，应记录其来源、批号和使用前的处理；用于含量（或效价）测定的，应注明其含量（或效价）和干燥失重（或水分）。

（6）每个检验项目均应写明标准中规定的限度或范围，根据检验结果作出各单个项目的结论（符合规定或不符合规定），并签署检验者的姓名。

（7）整个检验工作完成之后，检验人员应将检验记录逐页顺序编号，对本检品作出明确的结论并签名。

（8）检验人员签名后，必须经校验人员对所采用的检验标准、内容的完整与齐全，以及计算结果判断无误等进行认真校核并签名，然后再经部门负责人审核签名后，依照有关规定再审核、批准签发检验报告。

4. 质量检验报告

检验报告的表头设计，应尽可能涵盖该药品的各种信息。例如：药品名称、批号、规格、生产单位、包装、有效期、检验目的、检验依据、收检日期、报告日期等。表头之下首行横向列出"检验项目""标准规定""检验结果"3个栏目。

"检验项目"栏下的书写要求是：按质量标准列出【性状】、【鉴别】、【检查】与【含量测定】等大项目，每一个大项目下所包含的具体检验项目名称和排列顺序，应按质量标准上的顺序书写。

"标准规定"栏下的书写要求是：按质量标准内容书写，并尽量用简洁清晰的文字表达，有明确数值要求的应列出数值。

"检验结果"栏下的书写要求是：检验合格的写"符合规定"，必要时可按实况描述，有明确数值要求的应写出检测数据。检验不合格的写"不符合规定"，必要时写出不符合标准规定之处，再加写"不符合规定"，有明确数值要求的应写出检测数据。检验报告的结论部分内容应包括检验依据、检验结论及检验员、检验部门负责人（如科室主任等）的签章。

检验报告应存档。经质量检验，不合格的中药材不得出厂（场）和销售，并将处理的情况向主管部门报告。

五、中药标准与质量监控的技术进步及其发展方向

随着科学技术的进步和中医药的发展，中药标准、质量监控与评价方法也在不断完善与发展。从"神农尝百草，一日而遇七十毒"到以药材的形态、性状、气味及一些简单的理化反应现象来判断药材品质的真伪优劣的方法，直至现今通过现代科学技术手段的应用，利用植物学、动物学、矿物学、天然药物化学、分析化学以及毒理学、药效学等相关学科的研究手段，中药标准、质量监控与评价方法有了质的飞跃。特别是近几十年的研究发展，国内外药学工作者在不同程度上已经对几百种常用中药材的来源、产地、性状、显微特征、化学成分以及药理、药效等方面进行了较系统的研究，并对一些品种中的化学成分进行了分离和鉴定。这些研究成果充实了常用中药材品质评价方法的科学依据，使中药材的真伪鉴别和优劣评价有了很大的提高。同时，有效地澄清了不少中药材品种的混乱现象，极大地促进了我国药典及其他药品标准的完善与发展，有力地推进了中药材质量标准及其控制技术的不断提升。而中药材质量标准与监控的发展，不仅亟待中药材质量标准提升发展，亟待现代分析检测技术的进步与广泛应用，而且还亟待对中药材及其制品本质的认识提高，以及现代药品管理法律法规的不断完善与有力实施，这正是中药标准、质量监控、标准提升与评价方法的发展方向，以期达到切实保证人民用药安全有效与稳定可控之目的。

（一）中药标准与质量监控的发展，亟待不断加强提高对中药的本质认识与标准提升

中医药学对中药材药性、品质的评价有定性的，也有定量的，而它们之间的界限是模糊的。随着对中药材药性、功能主治等认识的深入，一些同名中药材逐渐被分成两种或两种以上的药材另立标准。例如，"术"，分成苍术和白术；"木香"，有木香、土木香和川木香；"芍药"，分成赤芍与白芍等。此外，部分不同基源的药材在性状和气味上明显不同，中医药学却并不将其分成两种中药材使用。这种中药材基源的有限多元性产生的主要原因是疗效相近，其次是相近的亲缘关系或含有相似的化学成分。例如，淫羊藿、柴胡、苍术、龙胆等，中医药学对这些品种的中药材药性、质量的了解和掌握部分地还停留在定性或半定量的水平上。随着现代科学的发展，对一些多来源的中药材不同物种之间化学成分、药理与功能主治等方面研究和了解的深入，一些品种被分成了两种药材，如五味子和南五味子、黄柏和关黄柏、山豆根（广豆根）和北豆根、金银花和山银花等。这些都说明中医药学对中药药性和质量差别的认识是从定性向定量方向发展的。中医药学在不断地发展着，对中药材品种将进一步进行细化、合理化、科学化。《中国药典》（2000 年版一部）对粉葛和野葛的含量测定项有不同标准（野葛的葛根素含量比粉葛高 8 倍），这就是中药材品种不断细化的又一实例；而且这种发展在 2005 年版、2010 年版及 2015 年版《中国药典》，乃至在未来每 5 年进行修订改版的《中国药典》等国家药品标准中，还将随着时代进步与科技发展而不断提升。

从总体看，2015 年版《中国药典》收载品种的安全性、有效性以及质量监控水平又有

了新的提高，药品标准在不断提升，基本实现了"化学药、生物药达到或接近国际标准，中药主导国际标准"的总目标。尽管如此，中药质量标准无论是在品种数量上，还是在质量标准指标或内容上，还不能真正达到有效地监控中药质量的安全有效及稳定可控之目的。我们还需认真面对一些现实问题。例如，首先是中药标准的整体水平还是较低，某些标准尚存在检测方法落后，专属性不强，不能准确测定药效成分、不能真实反映杂质含量等问题，标准老化问题还是较为突出。其次，药品标准淘汰机制尚不健全，药品及其标准还"只生不死"，迫切需要建立科学规范的药品及其标准淘汰机制。再次，还存在药品生产企业提高药品标准的能力和内在动力不足，我国尚未很好建立统一、动态、高效的药品标准信息平台等问题。《中国药典》等国家药品标准及企业内控质量标准，还需不断进步与提升，以更好适应我国医药卫生事业与"大健康"产业发展的需要，更好走向世界与走向未来。

（二）中药标准与质量监控的发展，亟待现代分析检测技术的不断进步与广泛应用

21 世纪以来，《中国药典》2000 年版一部收载的 534 种中药材，有显微鉴别 329 种；理化鉴别 256 种；薄层鉴别 228 种；水分 49 种；杂质 24 种；膨胀度 3 种；总灰分 89 种；酸不溶性灰分 28 种；其他检测 63 种；浸出物 58 种；含量测定 170 余种；仍有近一半的中药材品种除具性状等形态学特征外，均没有或缺乏专属性的检测方法，不易与同科同属的类似植物相区别，尤其是动物和矿物药材。由于这些中药材研究基础薄弱，技术空白较多，涉及学科交叉，建立或完善质量标准难度大；如此种种严重影响了中药材本身及其制剂的质量评价及临床应用的安全、有效、可控和稳定。

《中国药典》2005 年版一部则收载了 1146 种，其中新增 154 种、修订 453 种。该药典附录已有较大幅度调整，如药典一部收载附录 98 个，其中新增 12 个、修订 48 个，删除 1 个；该版药典一部还增加了有害元素测定法和中药注射剂安全性检查法应用指导原则。《中国药典》2010 年版一部共收载药材和饮片、植物油脂和提取物、成方制剂和单味制剂等，共计 2165 种，其中新增 1019 种（包括 439 个饮片标准）、修订 634 种。

2015 年版药典由一部、二部、三部和四部构成，收载品种总计 5608 种，其中新增 1082 种。2015 年版药典一部收载药材和饮片、植物油脂和提取物、成方制剂和单味制剂等品种共计 2598 种，其中新增 440 种，修订 517 种。特别是现代分析技术还得到进一步扩大应用，如在中药品种中采用了液相色谱-质谱联用、DNA 分子鉴定、薄层-生物自显影技术等方法，以提高分析灵敏度和专属性，解决常规分析方法无法解决的问题。在中药资源保护上，还加强了对野生资源保护与中药的可持续发展，参照与珍稀濒危中药资源保护相关的国际公约及协议，不再新增收濒危野生药材，积极引导人工种养紧缺药材资源的发展。还积极倡导绿色标准，力求采用毒害小、污染少、有利于节约资源、保护环境、简便实用的检测方法。

上述 3 版药典的修订出版，充分体现了我国中药材质量标准监控技术的进步与发展方向；随着现代科学技术的发展，有很多的新技术、新方法在不断引入中药质量监控研究和应用中，在不断丰富中药质量监控手段。如 2015 年版《中国药典》还新增收载"基于基因芯片的药物评价技术指导原则""中药材 DNA 条形码分子鉴定法"等。基于基因芯片的药物评价技术，是将基因芯片技术用于药物安全性和有效性评价的原理、定义、主要技

术指标和待测样品的要求、样品图谱的制作及分析方法引入药品质量监控,利用药物基因组学(pharmacogenomics,又称基因组药物学或基因组药理学,是药理学的一个分支),在基因组学的基础上,通过将基因表达或单核苷酸的多态性与药物的疗效或毒性联系起来,研究药物如何由于遗传变异而产生不同的作用;其旨在规范基于基因芯片技术的药物安全性、有效性的评价,为该类研究的实验设计、方法学建立等过程和测定方法的适用范围提供指导性的原则要求。中药材 DNA 条形码分子鉴定法是用于中药材(包括药材及部分药材饮片)及基原物种的鉴定。DNA 条形码分子鉴定法是利用基因组中一段公认的、相对较短的 DNA 序列来进行物种鉴定的一种分子生物学技术,是传统形态鉴别方法的有效补充;其旨在利用生物分子相互间的特异识别作用进行生物信号处理之目的。这对于开展中药生物大分子成分——多糖、多肽、蛋白、核酸等分析检测方法的研究,拓宽质量标准检测的成分类别范围,对于质量评价方法的提高均有重要意义。

实践证明,在药品质量标准中,运用新的检测技术和方法是突破难点,是提高分析检测专属性的重要途径。例如,高效液相色谱因具有快速灵敏、精密度高、重现性好的优点,而在中药研究及质量监控中广泛使用。但紫外检测器仅限于测定具有紫外吸收特征的成分,在中药检验中受到限制。近年来,二极管阵列检测器已普遍应用,可快速提供检测物的 UV 光谱,测定色谱峰的纯度。又如,蒸发光散射检测器(ELSD)的应用弥补了紫外检测器的不足,ELSD 是一种通用型的检测器,适用于所有非挥发性组分的检测,与 HPLC 联用,具有分离效率高、检测范围广的优势,大大拓宽了 HPLC 的应用范围,可用于测定中药中树脂、糖类、苷类、氨基酸、脂类及大分子有机酸等成分。相信随着我国药品质量标准的不断提升与科学发展,将更好推进中国药品标准国际化战略的进程,将更好面向国内、国际市场,使《中国药典》和中国药品标准成为具有影响力和竞争力的国际化标准,以更好跻身于国际先进标准之列。

(三)中药标准与质量监控的发展,亟待政府引导、企业主体、市场导向与社会共举

未来药品标准的发展,亟待更好建立"政府引导、企业主体、市场导向、社会共举"的药品标准工作格局。政府的宏观管理地位,决定了对药品标准化领域及中药质量监控发展的引导作用。政府作为决策者提出并实施国家药品标准化战略,作为管理者支持制定涉及国家安全、公众健康以及医药产业发展和国家竞争力的药品标准,均对药品标准提升有重大影响;政府作为推动者组织有关力量将我国标准推向国际舞台,并争取在国际标准中更多地反映我国技术,作为指导者引导药品行业协会研究制定行业标准,作为协调者综合协调国家药物政策、贸易政策、技术政策、知识产权政策和标准政策,作为服务者通过优惠政策或资金支持,均可有效鼓励技术创新和促进科研成果转化为药品标准。

药品标准化领域及中药质量监控的发展,必须适应市场和企业的需求,使企业成为标准化活动的主体。企业要建立《中国药典》等国家药品标准不是"最高标准",而是"门槛标准",企业的生产标准只许高于此标准,决不允许低于该标准的理念;要以"开门建标准"的思路来满足药品生产需求,以符合国际规范、符合目前药品生产规律、符合创新要求;要根据企业自身定位,积极开展本企业的标准化活动,在采纳和吸收国际标准和国家标准的基

础上，形成既有自身技术特点，又有竞争力的标准；要积极从事本行业的标准制修订工作，争取成为主导者，代表企业或行业积极参与国家标准的制修订工作，并成为主要力量和贡献者；要积极争取参与国际标准的制修订活动，凭借自身的技术能力和对国际标准化工作的熟悉与了解，影响国际标准的制定，使其内容向更加公平的方向发展；要使企业成为药品标准编制和实施的主要力量，成为药品标准化人才、队伍、技术、资金的主要来源。

药品标准化领域及中药质量监控的发展，还必须以市场为导向，充分利用市场的作用，提高药品标准的市场适应性；要充分体现药品标准从市场中来，到市场中去，还药品标准在市场经济环境中自愿性的属性。明确药品标准的制定和应用应是一种市场行为，也是应用者的自愿行为，而不是政府的行政性行为。在市场经济的条件下，要使药品标准体系建设有利于促进市场经济发展，有利于建立统一的市场秩序。通过药品标准化战略的实施，从标准化角度促进我国市场经济的改革和完善。

药品标准化领域及中药质量监控的发展等标准化工作，属于社会公益事业，亟待社会共举，应当更多地调动地方乃至全社会的力量（包括资金、技术和人员）支持和参与药品标准的研究制定。要充分发挥药品检验机构、高等院校和科研院所的作用，深入开展前瞻性、全局性和关键性课题研究及分析技术攻关，加强药品标准化战略研究和技术咨询服务。要充分利用媒体广泛介绍药品标准化知识，宣传工作进展及成果，以加快推进国家药品标准形成机制改革的进程，形成"有进有出、有增有减"的新格局；加快建立国家药品标准信息化平台建设，统一规范国家药品标准信息，实现药品标准的查询、检索、发布、分析、研究、维护的自动化与网络化。

（四）中药标准与质量监控的发展，亟待现代药品管理法律法规的不断完善与有力实施

从某种意义上说，若无中药材质量控制标准，便没有真正市场准入标准，生产饮片或中成药所用原料药材及其产品的质量则得不到保证，有关法律法规也不能得到严格执行。因此，切实加强现代药品管理相关法律法规的完善与实施，才能有力促进中药材质量标准的发展。为此，国务院6部委早已联合下发的《中药现代化发展纲要》（2002年）明确指出，要制订和完善现代中药标准和规范，要运用先进的科学技术手段，加强中药质量监控技术的研究，建立和完善中药种植（养殖）、研究开发、生产、销售的标准和规范，保证中药产品安全有效、质量可控，是战略目标之一。在标准化建设方面，明确提出：加强中药材规范化种植研究，完善和建立中药材的质量标准及有害物质限量标准，全面提高中药材的质量。规范中药研究、开发、生产和流通过程，不断提高中药行业的标准化水平。

为了贯彻落实《中共中央、国务院关于深化医药卫生体制改革的意见》、《国务院关于促进健康服务业发展的若干意见》和《国务院关于扶持和促进中医药事业发展的若干意见》，满足广大人民群众日益增长的医疗保健需求，促进中医药事业繁荣进步，工业和信息化部、中医药局、国家发展改革委、科技部、财政部、环境保护部、农业部、商务部、卫生计生委、食品药品监管总局、林业局、保监会，已研究制定了《中药材保护和发展规划》（2015～2020年），面对我国中医药事业所呈现的蓬勃发展态势，中药工业的快速发展，对中药材的保障水平和可持续发展提出了新的要求。特别提出要坚持保障供给与确保

产品质量相结合，发展中药材产业既要解决供求矛盾，实现供需总体平衡，保持价格基本稳定，更要强化"质量第一"的观念，提高规范化标准化水平，确保产品质量和使用安全。要求中药材质量标准及检测监管体系、生产质量管理规范体系更要加完善，要建立质量追溯体系，产品质量安全水平要大幅提升；专业市场运营要规范有序，电子商务和现代物流要快速发展；监管法规体系要日臻完善，依法促保、依法促用的发展环境要得到优化。要坚持市场主导与政府引导相结合，充分发挥市场配置资源的决定性作用，突出企业的主体地位，壮大现代中药农林企业，也要发挥政府引导作用，加大政策资金支持，加强中药材生产服务体系建设，以解决制药产业发展的共性和重大问题。

国务院药品监督管理部门依据《中华人民共和国药品管理法》第三十二条的规定组织设立"中华人民共和国药典委员会"以来，药典委员会一般每5年换届一次，从第一届（1950年4月）到第十届（2010年12月），委员从44名增加到348名，专业委员会（组）从8个增加到23个。药典委员全部都是来自检验机构、科研机构、高等院校、医疗机构、生产企业、管理机构的专家和学者，具有广泛的代表性。第十届药典委员会仅两院院士委员就达28名。药典委员会依据《中华人民共和国药品管理法》及有关法律法规的规定，负责国家药品标准的制定和修订。我国药典编制工作始终坚持公开、公平、公正的原则，第十届药典委员会常设机构还首次将 ISO9001 质量管理体系引入药典编制全过程管理，通过持续改进和完善药典委员会的管理制度、规范药典编制工作程序，为保证药典编制工作质量保驾护航。

"质量可控、准确灵敏、简便实用"是药品标准制定的原则。"质量可控"是药品标准的目标性原则，由于人们对事物的认知是一个不断发展的过程，检测技术也是一个不断完善、发展的渐进性过程。中药材质量控制标准的研究与建立，必须要坚持中医药理论和特点，设立的项目和检测方法还应切实可行，要符合中国国情，更应具有高度的科学水平和依据，使国际、国内药学工作者理解和接受。

为实现"质量可控"，药品标准的建立应充分考虑药品在来源、生产、流通（包括贮运）及使用等各个环节对药品质量的影响，进而有针对性地规定检测项目，建立相应的检测方法，以反映药材质量真实情况。"准确灵敏"则是检测方法选用的科学性原则。检测方法应保证被测药品的专属性，尽可能使检测值接近药品质量真实状况值，最大限度减小各种偏差等，即通常所说的检测方法科学、严谨，检测结果重现、唯一。"简便实用"是药品标准制定的合理性原则。即无必要制定操作烦琐、费用高昂的检测方法去监控不重要的或用简单方法即可实现的检测项目。因此，药品标准制定时，应综合考虑上述的目标性原则、科学性原则与合理性原则，才能保证国家药品标准的严肃性、权威性、有效性和可操作性。这既是中药材质量标准提升与质量监控的发展方向，也是中药材质量监控技术的基本要求，并在此基础上得到现代药品管理相关法律法规的不断完善与有效实施，才能真正有力地促进中药材质量标准与质量监控的不断发展。

特别是全国人大于 2016 年 12 月 25 日又正式发布了《中华人民共和国中医药法》，提出为了继承和弘扬中医药（即中国传统医药，是我国各民族医药的统称），保障和促进中医药事业发展，保护人民健康而制定该法。我们相信，随着《中华人民共和国中医药法》的立法，现代药品管理法律法规的完善与有力实施，将有力保障和促进中药标准与质量监控的发展，将有力保障和促进我国医药事业的不断发展，对人类保健康复做出更大更新贡献。

第二节　中药农药、重金属及有害元素、二氧化硫残留量与黄曲霉毒素的检测技术

一、中药质量安全保障的重要意义

中药是中医药事业发展的核心物质基础。近年来，在国家一系列扶持政策的指引下，中医药事业取得了长足发展，对优质中药材的需求持续大幅增长。然而，在中药材的生产过程中，由于对土壤选择不严，以及长期施用农药、化肥和除草剂等，加之对农药的盲目选择，对"熏硫"选用二氧化硫的使用时间和剂量等不合理或未达到技术要求，导致一些中药材出现农药、重金属及有害元素、二氧化硫残留，以及黄曲霉毒素的严重超标，品质下降，直接影响了中药材的安全有效及国际市场竞争力。因此，切实加强中药材、饮片及制剂中的农药、重金属及有害元素、二氧化硫残留和黄曲霉毒素的检测，对于中药材质量安全保障与人民健康有着极其重要的现实意义。

为进一步加强中药的质量监控，根据国家食品药品监督管理局的部署和安排，经国家药典委员会组织有关单位和专家对黄曲霉毒素、重金属及有害元素、农药残留量等有害物质的监控方法、限度值以及重点品种进行试验研究，在 2010 年版《中国药典》的基础上，按照中药有害残留物限量制定等相关指导原则，2015 年版《中国药典》进一步增加了中药的安全性指标监控项目。例如，《中国药典》2015 年版一部制定了中药材及饮片中二氧化硫残留量限度标准，建立了珍珠、海藻等海洋类药物标准中有害元素限度标准，制定了人参、西洋参标准中有机氯等 16 种农药残留检查，对柏子仁等 14 味易受黄曲霉毒素感染的药材及饮片增加了"黄曲霉毒素"检查项目和限度标准。

二、中药农药残留量的检测技术

（一）概述

农药残留是农药使用后一个时期内没有被分解而残留于中药材、土壤、水体、大气中的微量农药原体、有毒代谢物、降解物和杂质的总称。农药被喷洒于药材后 10%~20% 洒落于土壤、大气和水中，同时药材通过根和叶的吸收将环境中的农药再转移到药材中，成为不可避免的客观农药残留。除此之外，生产者不严格按照农药安全使用准则的要求进行生产，使用违禁农药或使用量和安全期掌握不好等导致农药残留问题。长期接触残留农药会引发慢性中毒，导致"三致"（致癌、致畸、致突变）。

残留有农药的土壤、水、动植物样品的分析，是一项对复杂混合物中痕量组分的分析技术，只有在精细的微量操作手段和高灵敏度的检测技术下才能实现。气相色谱和高效液相色谱由于色谱技术兼具对复杂样品的分离和测定功能且对大多数农药残留样品的检测结果准确、重现性好，从 20 世纪 70 年代以来，一直是农药残留样品的主要检测手段。近年来，像毛细管电泳、同位素示踪技术、直接光谱分析技术和免疫分析方法等一些新的分

析、检测技术逐渐运用到农药残留样品检测中。特别是免疫分析方法，它是基于抗原抗体特异性识别与结合反应的分析方法，是临床免疫方法在分析化学领域的延伸，具有高选择性、高灵敏度和快速的优点，与仪器分析法对样品的前处理要求相比，要简便得多，与气相色谱、液相色谱同列为农药残留检测的三大支柱技术。

（二）常用检测法

由于农药残留样品的特殊性，样品的前处理一般有溶剂提取、浓缩，液-液、液-固分离净化等，随着新技术、新材料的运用出现了固相萃取、固相微萃取、超临界萃取、基质固相分散、微波萃取和膜萃取等方法。

农药残留检测方法，现常用的有气相色谱及高效液相色谱检测法。

1. 气相色谱法

气相色谱法具有灵敏度高、分离效能高、选择性高、分析速度快以及应用范围广等特点，是当今农药残留检测工作中应用最多、最广泛、技术最成熟的一种方法，可对有机氯、有机磷、多氯联苯、拟除虫菊酯、杀菌剂、除草剂和杀螨剂等类农药进行分析。例如，应用柱层析净化技术和毛细管气相色谱法，并采取程序升温模式和不分流进样方式在 ECD 检测器上，同时测定福建省柘荣县产太子参中联苯菊酯、毒死蜱等农药多残留组分。亦有应用含30%丙酮的乙腈提取，用正己烷进行液-液分离，提取液用 Florisil（弗罗里硅土）柱净化，采用中国科学院兰州化学物理研究所的农残Ⅱ号毛细管柱分离，用 GC-ECD 同时检测中草药中 11 种有机氯农药和 8 种拟除虫菊酯农药的残留量。还有采用凝胶渗透色谱（GPC）和 Florisil 小柱，通过气相色谱/离子阱质谱（GC/MS）离子技术，同时对 107 种农药进行分析等。

2. 高效液相色谱法

高效液相色谱法适合分离检测不易气化、受热易分解或失去活性的离子型农药、强极性农药及其代谢物（如氨基甲酸酯类农药），有效弥补了气相色谱技术的不足，是农药残留定性、定量分析的有效手段。还有用丙酮提取，经凝胶渗透色谱净化，通过柱后衍生和荧光检测器对中药中 13 种 N-甲基氨基甲酸酯农药残留进行分析。亦有采用混合溶剂提取，经 Florisil 及中性氧化铝柱层析净化后，再经 Florisil 小柱进一步净化及相转移，进入 HyperOSD2C18 柱分析，检测黄芪中有机氮农药涕灭威、呋喃丹、西维因、甲霜灵的残留等。

《中国药典》2015 年版四部通则规定的农药残留量测定法，共收载有 4 法，第一法为有机氯类农药残留量测定法-色谱法；第二法为有机磷类农药残留量测定法-色谱法；第三法为拟除虫菊酯类农药残留量测定法-色谱法；第四法为农药多残留量测定法-质谱法。可根据具体品种规定，依法检测则可。2015 年版《中国药典》采用气相色谱-串联质谱法的色谱及液相色谱-串联质谱法进行农药残留量的检测，已公示气相色谱-质谱法测定 76 种农药残留量和液相色谱-质谱法测定 155 种农药残留量的测定法。这表明采用专属性更强的色谱-质谱联用技术，可测定中药中的多种农药残留量，以更好监控质量。

（三）应用实例

检验名称：甘草药材（供样单位：贵州特色制药有限公司；批号：111101）。检验项目：有机农药残留量检测。收检日期：2012 年 2 月 10 日。检验依据与方法：按《中国药典》（2010 年版一部）附录Ⅸ Q 农药残留量测定法检测。检验结果：六六六（总 BHC）符合规定；滴滴涕（总 DDT）符合规定；五氯硝基苯（PCNB）符合规定（标准规定：六六六不得过千万分之二；滴滴涕不得过千万分之二；五氯硝基苯不得过千万分之一。见图谱等，略）。检验结论：本品按《中国药典》（2010 年版一部）检验上述项目，结果符合规定。报告日期：2012 年 6 月 18 日。检验单位：贵州省食品药品检验所。

三、重金属及有害元素残留量的检测技术

（一）概述

重金属及有害元素污染指由铅、镉、砷、汞、铜等金属或其化合物造成的环境污染。它与其他有机化合物的污染不同，不能通过自然界本身物理的、化学的或生物的方式净化，使其有害性降低或解除，其污染具有不可逆性。重金属在人体的一些器官中易富集。如日本的骨痛病事件就是农民长期饮用含镉之水，食用含镉之米，使镉在体内积存，最终导致骨痛病。

在中药材中重金属及有害元素残留量的检测时，其样品的前处理，主要有干法消化、湿式消解法、高压密封溶样法微波消解等。干法消化是首先将样品炭化，然后高温灰化，冷却后稀酸溶解灰分并定量。湿式消解法是采用单一或混合强酸，在适度加温下，将样品中的有机成分氧化破坏，金属化合物转变为离子状态。对于难消化的中药材，也可以把两种消化方法结合起来，如先进行干法消化，再将灰化残渣用湿法消化法进行处理，以提高消化效果。高压密封溶样法是将样品置于聚四氟乙烯内罐中，加入硝酸、过氧化氢等，密封后于 120～140℃保持 3～4h，最终达到消解样品的一种方法。微波消解技术是指利用微波加热封闭容器中的消解液和试样，从而在高温增压条件下使各种样品快速溶解的湿法消化。微波加热，酸用量少、省电、省时、污染小，逐渐成为一种常规的样品处理手段。

（二）常用检测法

重金属总量以前常用硫代乙酰胺或硫化钠显色反应比色法测定。有害元素砷过去常用古蔡法或二乙基二硫代氨基甲酸银法测定。随着现代分析仪器的不断发展与进步，近年来，重金属和有害元素测定方法通常用原子吸收光谱法、原子发射光谱法、原子荧光光谱法、电感耦合等离子发射光谱-质谱联用法等。

1. 紫外分光光度法

本法是利用重金属元素与试剂反应，显色后，在紫外光区利用朗伯比尔定律的原理来测定重金属的含量。例如，有报道利用本法测定了元胡生品与醋制品中重金属残留量；测定了板蓝根冲剂等中药制剂中砷残留量；并对枸杞、川贝母、甘草、丹参等 6 种中药材中的重金属残留量进行分析。

2. 原子吸收光谱法

本法适用于测定中药中重金属及有害元素铅、镉、砷、汞、铜等。原子吸收光谱法的测量对象是呈原子状态的金属元素和部分非金属元素,系由待测元素灯发出的特征谱线通过供试品经原子化产生原子蒸气时,被蒸气中待测元素的基态原子所吸收,通过测定辐射光强度减弱的程度,求出供试品中待测元素的含量。有报道利用冷原子吸收法测定了六味地黄丸、乌鸡白凤丸、大活络丹中汞的含量;又有报道以 2%磷酸二氢铵和 1%硝酸镁为基体改进剂,采用石墨炉原子吸收法对 23 种中药材中铅的残留量进行了研究。

3. 电感耦合等离子发射光谱-质谱联用法

本法是将电感耦合等离子发射光谱作为电离源,使用合适的接口技术将其与质谱仪联结起来的一种检测方法,不仅检测灵敏度高、选择性好,并且可以定性、定量检测同时进行。电感耦合等离子发射光谱-质谱联用法测量的是离子质谱,可提供 3～250amu 每一个原子质量单位的信息。因此,本法除了元素含量测定外,还可测定放射性核素含量。有报道利用微波消解,以 In 作为内标,补偿基体效应采用 ICP-MS 对 4 种中药材中砷、汞、铅、镉进行分析;另有报道从消解体系、酸用量、消解程序等几方面对微波消解条件进行了优化,建立了微波消解技术 ICP-MS 法,测定了根及根茎类中药材中的铬、锰、镍、钴、铜、锌、砷、硒、钼、镉和铅 11 种微量元素,可为同类中药材参考。

《中国药典》2015 年版四部通则规定的铅、镉、砷、汞、铜测定法,共收载有两法,一法为原子吸收分光光度法,二法为电感耦合等离子体质谱法;砷和汞元素形态及其价态测定法,收载的亦为电感耦合等离子体质谱法。可根据具体品种规定,依法检测则可。尤其是电感耦合等离子体质谱法,即高效液相色谱-电感耦合等离子体质谱联用法(简称HPLC-ICP-MS 法),是以高效液相色谱(HPLC)作为分离工具分离元素的不同形态,以电感耦合等离子体质谱(ICP-MS)作为检测器,在线检测元素不同形态的一种方法。供试品中元素的各待测形态通过高效液相色谱进行分离,随流动相引入电感耦合等离子体质谱系统进行检测,根据元素各形态液相色谱保留时间的差别确定元素形态分析次序;电感耦合等离子体质谱检测待测元素各形态的信号变化,根据色谱图的保留时间确定样品中是否含有某种元素形态(定性分析),以色谱峰面积或峰高确定样品中相应元素形态的含量(定量分析)。高效液相色谱-电感耦合等离子体质谱联用法还可用于硒、锑、铅、锡、铬、溴、碘等元素的形态分析。

(三)应用实例

检品名称:甘草药材(供样单位:贵州特色制药有限公司;批号:111101)。检测项目:重金属及有害元素残留限量检测。收检日期:2012 年 2 月 10 日。检验依据与方法:按《中国药典》(2010 年版一部)附录ⅨB 铅、镉、砷、汞、铜测定法检测。检验结果:铅符合规定;镉符合规定;砷符合规定;汞符合规定;铜符合规定(标准规定:铅不得超过百万分之五;镉不得超过千万分之三;砷不得超过百万分之二;汞不得超过千万分之二;铜不得超过百万分之二十。见图谱等,略)。检验结论:本品按《中国药典》(2010 年版一部）检验上述项目，结果符合规定。报告日期：2012 年 6 月 18 日。检验单位：贵州省食品药品检验所。

四、二氧化硫残留量的检测技术

（一）概述

二氧化硫类物质主要包括二氧化硫、亚硫酸、硫黄、亚硫酸盐、亚硫酸氢盐、焦亚硫酸盐、低亚硫酸盐等。其中，二氧化硫是最重要的一种。二氧化硫、硫黄等常被用作中药材等的漂白剂、防腐剂和抗氧化剂。在中药材初加工或贮藏等环节往往存在不合理使用二氧化硫而致残留。近年来，二氧化硫超量使用及滥用情况越来越严重，其残留也越发严重。由于二氧化硫超量会对人体健康造成严重危害，许多国家已对食品及中药材中的二氧化硫的使用和残留量有一系列的标准要求，以防止因二氧化硫超量而危害人体健康。例如，我国《食品添加剂使用卫生标准》中对二氧化硫类物质的适用范围和最大使用量均作出了明确规定，均以二氧化硫残留量计算限制其最大使用量。

中药材及饮片不同于食品，其摄入量相对较少，且经硫黄熏蒸后的中药材及中药饮片中残留的挥发性二氧化硫，经过药材储存等环节，残留量会进一步降低。且使用硫黄熏蒸是一些中药材（如山药、天麻、半夏等）产地初加工过程中的一种习用方法，旨在防霉、防腐和干燥等。目前尚无简便易行而有效的替代方法，因此现阶段对中药材及其饮片中二氧化硫残留量监控宜分级限定。为保证中药质量和安全有效，国家药典委员会在 2003 年就立项对中药材及饮片中的二氧化硫残留量测定方法和限量进行研究，其测定方法在 2005 年版《中国药典》增补本中开始收载，并一直在积累限量标准的研究数据。

近年来，为保证二氧化硫残留限量标准制定的科学性，在国家食品药品监督管理局组织下，由国家药典委员会多次召集来自药品监管、药品检验、行业协会、科研院校、饮片生产企业的药典委员、专家及饮片生产、质量检验的工作人员对中药材硫黄熏蒸、中药材及饮片二氧化硫残留量检测进行专题研究和论证。参照世界卫生组织（WHO）、国际食品法典委员会（CAC）、联合国粮食及农业组织（FAO）等国际组织的相关规定。如 FAO/WHO 联合食品添加剂专家委员会（JECFA）对二氧化硫类物质作为食品添加剂的危险性评估为：以二氧化硫计，每日允许摄入量（ADI）为 0～0.7mg/kg 体重，即一个 60kg 体重的成人，每天二氧化硫的摄入量不超过 42mg。草药及香料中亚硫酸盐残留量"以二氧化硫计不得超过 150mg/kg"等，并根据中国食品药品检定研究院等单位的长期研究及监测数据，制订了中药材及饮片中二氧化硫残留限量标准。例如，国家药典委员会自 2011 年 6 月 10 日起面向社会公开征求意见，规定山药、牛膝、粉葛等 11 种传统习用硫黄熏蒸的中药材及其饮片，二氧化硫残留不得超过 400mg/kg；其他中药材及其饮片的二氧化硫残留量不得超过 150mg/kg。上述限量标准均在世界卫生组织（WHO）认可的安全标准范围内。

中药材加工过程中，硫黄熏蒸法虽是传统习用的简便、易行方法，硫黄燃烧生成的二氧化硫气体可以杀死药材内的害虫，抑制细菌、霉菌的活性，形成的亚硫酸盐类物质具有抗氧化作用，有利于中药材加工贮藏，亚硫酸盐可作为抗氧化剂适度添加到食品或存在于药材中，但硫黄过度熏蒸药材可能存在潜在安全风险，因此仍需对二氧化硫设定残留限值以防止滥用。2010 年版《中国药典》第二增补本则首次对二氧化硫残留限量标准作出了明确规定：中药材及饮片（矿物来源的中药材除外）中亚硫酸盐残留量（以二氧化硫计，下同）不得超过 150mg/kg，山药、牛膝、粉葛、天冬、天麻、天花粉、白及、白芍、白术、党参等 10 种中药材及饮片中亚硫酸盐残留量不得超过 400mg/kg。

为防止中药材初加工过程中滥用或者过度使用硫黄熏蒸，保证中药质量和安全有效，国家食品药品监督管理局尚继续组织制订了中药材及其饮片二氧化硫残留限量标准，2015 年版《中国药典》对中药材及其饮片中二氧化硫残留量监控的分级限定还予以进一步明确。总之，对于中药材的二氧化硫残留量加强研究与检测，对人民健康具有重要意义，我们应予以高度重视与严格把握。

（二）常用检测法

二氧化硫残留量可采用酸碱滴定法、气相色谱法或离子色谱法，测定经硫黄熏蒸处理过的药材或饮片中二氧化硫的残留量。

1. 酸碱滴定法

本法系将中药材以水蒸气蒸馏法进行处理，样品中的亚硫酸盐系列物质加酸处理后转化为二氧化硫，随水蒸气蒸馏，并被过氧化氢吸收、将其氧化为硫酸根离子，采用酸碱滴定法测定，最后折算二氧化硫计算结果。

测定仪器装置如图 9-4 所示。A 为 1000mL 两颈圆底烧瓶；B 为竖式回流冷凝管；C 为带刻度分液漏斗；D 为连接氮气流入口；E 为二氧化硫气体导出口。另外，尚需配磁力搅拌器、电热套、氮气源及气体流量计。

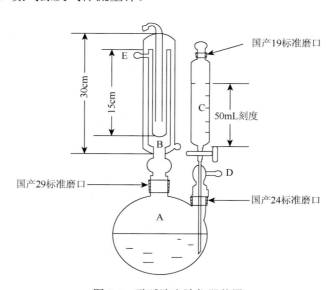

图 9-4　酸碱滴定法仪器装置

测定法：取药材或饮片细粉约 10g（如二氧化硫残留量较高，超过 1000mg/kg，可适当减少取样量，但应不少于 5g），精密称定，置于两颈圆底烧瓶中，加水 300～400mL。

打开与自来水连接的回流冷凝管开关给水，将冷凝管的上端 E 口处连接一橡胶导气管置于 250mL 锥形瓶底部。锥形瓶内加入 20mL 的 3%过氧化氢溶液作为吸收液（橡胶导气管的末端应在吸收液液面以下），并置于磁力搅拌器上不断搅拌。开通氮气，使用流量计调节气体流量至约 0.2L/min。打开分液漏斗 C 的活塞，使盐酸溶液（6mol/L）10mL 流入蒸馏瓶，立即加热两颈烧瓶内的溶液至沸，并保持微沸。烧瓶内的水沸腾 1.5h 后，停止加热，放冷，转移至 100mL 容量瓶中，定容，摇匀，放置 1h 后，亚硫酸盐生成的硫酸用标准氢氧化钠溶液（0.01mol/L）滴定。在吸收液中加入甲基红指示剂（2.5mg/mL）3 滴，用 0.01mol/L NaOH 滴定，至黄色持续时间 20s 不褪，并将滴定的结果用空白实验校正。

照下式计算：

$$供试品中二氧化硫残留量（\mu g/g）=32.03 \times VB \times M \times 1000/m$$

式中，32.03 为二氧化硫的毫克当量重量；VB 为摩尔浓度中达到终点所需氢氧化钠的体积，mL；M 为氢氧化钠溶液摩尔浓度，mol/L；1000 为单位转化，毫克当量转为微克当量；m 为药材称样量，g。

2. 气相色谱法

本法系用气相色谱法（通则 0521）测定药材及饮片中的二氧化硫残留量。

色谱条件与系统适用性试验：以 Agilent GS-GASPRO 为固定相的毛细管柱（柱长 30m，柱内径 0.32mm）或等效柱，热导检测器，检测器温度为 250℃。程序升温：初始 50℃，保持 2min，以每分钟 20℃升至 200℃，保持 2min。进样口温度为 200℃，载气为氦气，流速为每分钟 2.0mL。顶空进样，采用气密针模式（气密针温度为 105℃）的顶空进样，顶空瓶的平衡温度为 80℃（其中白芍的平衡温度设为 100℃），平衡时间均为 10min。

对照品溶液的制备：精密称取亚硫酸钠对照品 500mg，置 10mL 量瓶中，加入含 0.5%甘露醇和 0.1%乙二胺四乙酸二钠的混合溶液溶解，并稀释至刻度，摇匀，制成每 1mL 含亚硫酸钠 50.0mg 的对照品储备液。分别精密量取对照品储备液 0.1mL、0.2mL、0.4mL、1mL、2mL，置 10mL 量瓶中，用含 0.5%甘露醇和 0.1%乙二胺四乙酸二钠的溶液分别稀释成每 1mL 含亚硫酸钠 0.5mg、1mg、2mg、5mg、10mg 的对照品工作溶液。

分别准确称取 1g 氯化钠和 1g 固体石蜡（熔点 52～56℃）于 20mL 顶空进样瓶中，精密加入 2mol/L 盐酸溶液 2mL，将顶空瓶置于 60℃水浴中，待固体石蜡全部溶解后取出，放冷至室温使固体石蜡凝固密封于酸液层之上（必要时用空气吹去瓶壁上冷凝的酸雾，分别精密量取上述 0.5mg/mL、1mg/mL、2mg/mL、5mg/mL、10mg/mL 的对照品工作溶液各 100μL 置于石蜡层上方，密封，即得）。

供试品溶液的制备：分别准确称取 1g 氯化钠和 1g 固体石蜡（熔点 52～56℃）于 20mL 顶空进样瓶中，精密加入 2mol/L 盐酸溶液 2mL，将顶空瓶置于 60℃水浴中，待固体石蜡全部溶解后取出，放冷至室温使固体石蜡重新凝固，取样品细粉约 0.2g，精密称定，置于石蜡层上方，密封，即得。

测定法：分别精密吸取经平衡后的对照品和供试品顶空瓶气体 1mL，注入气相色谱仪，记录色谱图，按外标标准曲线法定量，测得结果乘以 0.5079，即为二氧化硫含量。

3. 离子色谱法

本法系将中药材以水蒸气蒸馏法进行处理，样品中的亚硫酸盐系列物质加酸处理后转化为二氧化硫，随水蒸气蒸馏，并被过氧化氢吸收、氧化为硫酸根离子后，采用离子色谱法检测，并计算药材及饮片中的二氧化硫残留量即得。（详见《中国药典》2015 年版四部通则二氧化硫残留量测定法）

《中国药典》2015 年版四部通则规定的二氧化硫残留量测定法，共收载有 3 法，即收载了上述的酸碱滴定法、气相色谱法及离子色谱法。可根据具体品种规定，选择适宜方法依法检测则可。但鉴于二氧化硫在样品中的不均匀性和随时间挥发的特点，二氧化硫残留量的检测结果不予复验。

（三）应用实例

检品名称：天麻药材（供样单位：雷山县质量技术监督局；样品来源与产地：雷山县方祥乡世章天麻种植基地；批号：20121015，二号样品）。检验项目：二氧化硫等残留量检测。收检日期：2013 年 8 月 30 日。检验依据与方法：参照《中国药典》（2010 年版一部）附录如IXU 二氧化硫残留量测定法等检测。检验结果：二氧化硫 0.0064mg/g；砷未检出（最低检出限度为 0.009 083mg/kg）；汞 0.001mg/kg；镉 0.159mg/kg；铅 0.576mg/kg（见图谱等，略）。检验结论：本品参照《中国药典》（2010 年版一部）检验上述项目，结果见上。报告日期：2013 年 11 月 19 日。检验单位：贵州省食品药品检验所。

五、中药材黄曲霉毒素的检测技术

（一）概述

黄曲霉毒素（AFT）是一类化学结构类似的化合物，均为二氢呋喃香豆素的衍生物。黄曲霉毒素是主要由黄曲霉（*Aspergillus flavus*）、寄生曲霉（*Aspergillus parasiticus*）产生的次生代谢产物。

我国中药材种类繁多，种植地区广泛，多数药材在生产、加工、贮藏、运输的过程中，由于条件和技术简陋，很容易发生霉变而感染黄曲霉毒素，在湿热地区出现黄曲霉毒素的概率较高。霉变一方面会使中药有效成分含量降低，甚至失效，另一方面又会产生对人体有害的霉菌毒素，其中以黄曲霉毒素在药材和食品中存在较其他类广泛。黄曲霉毒素是一种毒性极强的剧毒物质，其危害性在于对人及动物肝脏组织有破坏作用，严重时可导致肝癌甚至死亡。在天然污染的农作物中以黄曲霉毒素 B_1 最为多见，其毒性和致癌性也最强，1993 年被世界卫生组织的癌症研究机构划定为一类致癌物质，具有很强的毒性和致癌性。其主要为黄曲霉和寄生曲霉的代谢产物，是一类结构相似的化合物。其基本化学结构都有二呋喃和香豆素（氧杂萘邻酮），在紫外线照射下，都能发出荧光，主要有 B_1、B_2、G_1、G_2、M_1、M_2、P_1、Q、H_1、GM、B_{2a} 和毒醇等；如在紫外线下，黄曲霉毒素 B_1、B_2 发蓝色荧光，黄曲霉毒素 G_1、G_2 发绿色荧光。其中，黄曲霉毒素 B_1 的毒性及致癌性最强。黄曲霉毒素的相对分子量为 312～346，难溶于水，易溶于油、甲醇、丙酮和氯仿等有机溶剂，但不溶于石油醚、己烷和乙醚。一般在中性溶液中较稳定，在强酸性溶液中稍有分解，在 pH 9~10 的碱溶液中分解迅速。其纯品为无色结晶，耐高温。黄曲霉毒素 B_1 的分解温度为 268℃，紫外线对低浓度黄曲霉毒素有一定的破坏性。

在当今社会，药品安全越来越受到人们的重视，人们对中药材及其制剂中黄曲霉毒素残留量的关注度也不断提高。目前，黄曲霉毒素的检测方法主要有薄层色谱法、高效液相色谱法、免疫化学分析法、液相色谱-质谱联用法等。现报道的受黄曲霉毒素污染可能性较大的中药材品种有神曲、淡豆豉、陈皮、麦冬、桃仁、当归、山药、山茱萸、酸枣仁、杏仁、薏苡、胖大海、僵蚕等药材。《中国药典》2010 年版收载测定黄曲霉毒素的药材有陈皮、胖大海、桃仁、酸枣仁、僵蚕。《中国药典》2010 年版一部收载了"黄曲霉毒素测定法"，为通用检测方法，采用 HPLC-碘化学试剂柱后衍生-荧光检测器测定。2013 年 9 月出版的《中国药典》第二增补本增加了光化学衍生法。随着对黄曲霉毒素危害研究的深入及现代检测手段的提升，《中国药典》2015 年版已增收高效液相色谱-质谱法，将对中药材、饮片及制剂中的黄曲霉毒素（以黄曲霉毒素 B_1、黄曲霉毒素 B_2、黄曲霉毒素 G_1 和黄曲霉毒素 G_2 总量计）进行测定。

（二）常用检测法

中药黄曲霉毒素可用薄层色谱法、免疫化学分析法、免疫亲和柱-荧光分光光度法及高效液相色谱法等测定。

1. 薄层色谱法

本法的原理是将样品经过提取、净化后，适量点于硅胶薄层板上，展开后，在紫外线灯下与对照品的色谱点距对照，目测或荧光扫描检测，是一种半定量的分析技术。

2. 免疫化学分析方法

本法是利用具有高度专一性的单克隆抗体或多克隆抗体设计的黄曲霉毒素的免疫分析方法，通常包括放射免疫分析方法，酶联免疫法和免疫层析法，它们均可以对黄曲霉毒素进行定量测定。

（1）免疫亲和柱-荧光分光光度法：免疫亲和柱法和酶联免疫吸附法虽然都可达到简便效果，但酶联免疫吸附法仅能检测单一毒素（如黄曲霉毒素 B_1）含量，而且易出现假阳性结果，难以控制。免疫亲和柱法（包括荧光光度法和 HPLC 法）却能达到既定量准确又快速简便的要求。免疫亲和柱的使用可以避免传统 TLC 和 HPLC 的缺点，同时免疫亲和柱与 TLC 和 HPLC 法结合可以大大提高工作效率，也能提高灵敏度和准确度。

黄曲霉毒素免疫亲和柱-荧光光度计法是以单克隆免疫亲和柱为分离手段，用荧光计紫外线灯作为检测工具的快速分析方法。它克服了 TLC 和 HPLC 法在操作过程中使用剧毒的真菌毒素作为标定标准物和在样品预处理过程中使用多种有毒、异味的有机溶剂毒害操作人员和污染环境的缺点，同时黄曲霉毒素免疫亲和柱-荧光光度计法分析速度快。

（2）酶联免疫吸附法：酶联免疫吸附法的基本原理是将已知的抗体或抗原结合在某种固相载体上，并保持其免疫活性。测定时，将待检标本和酶标抗原或抗体按不同步骤与固相载体表面吸附的抗体或抗原发生反应，用洗涤的方法分离抗原、抗体复合物和游离成分，然后加入酶，底物催化显色，进行定性或定量测定。有报道利用酶联免疫吸附法测定部分种子果实类黄曲霉毒素 B_1 的含量。

3. 高效液相色谱法-质谱联用法

本法与传统的高效液相色谱法相比，液相色谱更加快速，有效缩短了检验时间。而快速液相色谱-串联质谱法，同时在色谱（保留时间定性）及质谱（待测物特征离子定性）的双重选择下，可完全排除干扰，定性结果准确可靠。比如用带荧光检测器的 UPLC 在流动相为同体积的乙腈和甲醇：水（36：64），流速为 0.4mL/min，C18 色谱柱的条件下 4min 内可完成 G_2、G_1、B_2、B_1 的检测。有报道对中药样品经 70%甲醇提取、免疫亲和柱净化，岛津 Shim-pack XR-ODS 色谱柱，用甲醇-乙腈（1：1）和水为流动相，梯度洗脱，ESI+扫描，多反应监测（MRM），测定了中药中 4 种黄曲霉毒素含量。亦有报道经有机溶剂提取及免疫亲和柱净化后，以高效液相色谱-串联三重四极杆质谱建立中药桃仁中黄曲霉毒素 G_2、G_1、B_2、B_1 的 HPLC-MS/MS 测定方法。

《中国药典》2015 年版四部通则规定的黄曲霉毒素测定法，共收载有两法。第一法系用高效液相色谱法测定药材、饮片及制剂中的黄曲霉毒素（以黄曲霉毒素 B_1、黄曲霉毒素 B_2、黄曲霉毒素 G_1 和黄曲霉毒素 G_2 总量计，除另有规定外）；第二法系用高效液相色谱-串联质谱法测定药材、饮片及制剂中的黄曲霉毒素（以黄曲霉毒素 B_1、黄曲霉毒素 B_2、黄曲霉毒素 G_1 和黄曲霉毒素 G_2 总量计，除另有规定外）。可根据具体品种规定，依法检测则可。注意：本检测实验应有相应的安全、防护措施，并不得污染环境；检测残留有黄曲霉毒素的废液或废渣的玻璃器皿，应置于专用储存容器（装有 10%次氯酸钠溶液）内，浸泡 24h 以上，再用清水将玻璃器皿冲洗干净；当测定结果超出限度时，可采用第二法进行确认。

（三）应用实例

检品名称：陈皮饮片（供样单位：贵州信邦制药股份有限公司；样品来源：贵州同济堂中药饮片有限公司；批号：130801）。检验项目：黄曲霉毒素 B_1 检测。收检日期：2013 年 11 月 6 日。检验依据与方法：按《中国药典》（2010 年版一部）附录ⅨⅤ 黄曲霉毒素测定法检测。检验结果：符合规定（标准规定每 1000g 含黄曲霉毒素 B_1 不得过 5μg，含黄曲霉毒素 G_2、黄曲霉毒素 B_2 和黄曲霉毒素 B_1 总量不得过 10μg，见图谱等，略）。检验结论：本品按《中国药典》（2010 年版一部）检验上述项目，结果符合规定。报告日期：2013 年 11 月 26 日。检验单位：贵州省食品药品检验所。

第三节　中药材指纹图谱分析技术

一、概述

指纹（fingerprint）概念起源于法医学，人的指纹鉴定始于 19 世纪末 20 世纪初的犯罪学（criminology）和法医学。人的指纹基本有拱形、环形和螺纹形 3 种模式，即指纹所具有的共同特性。但每一个人的指纹在微小的细节构造上又各有不同，从共性特征中找出这些"绝对不同"之处，就形成了指纹的"绝对唯一性（absolute uniqueness）"。这种"唯一"的指纹就形成了每个人的特征。法医学要解决的问题是在共性（基本指纹模式）中寻找犯罪嫌疑人指纹的"唯一"特征。指纹鉴定一般要经过分析、比较、评价和校验过程。由于基因学的发展，近代将指纹分析的概念结合生物技术延伸到 DNA，又称脱氧核糖核酸，是染色体的主要化学成分，同时也是组成基因的材料，有时也称为"遗传微粒"。因为在繁殖过程中，父代把它们自己 DNA 的一部分复制传递到子代中，从而完成性状的传播。DNA 分子的功能是储存决定物种性状的几乎所有蛋白质等的全部遗传信息。指纹分析和 DNA 指纹图谱分析的主要任务是"鉴别"和"鉴定"。生物样品的 DNA 指纹图谱分析根据目的不同既强调个体的唯一性，也可侧重于整个物种的唯一性。

中药指纹图谱分析借用法医学"指纹鉴定"的概念，但又不同于常规意义的"指纹"含义。指纹图谱（图像）不强调个体的绝对唯一性，而强调同一药材群体的相似性，即物种群体内的唯一性。相似性是通过图谱的整体性和模糊性来体现的。整体性强调的是比较图谱特征的"完整面貌"，而不是将其"肢解"，这样才能在不同环境的样品图谱中搜索和提取与该药材指纹图谱整体"面貌"相关的特征，加以鉴别。模糊性强调的是对照样品与待测样品指纹图谱的相似性，而不是完全相同。所以说指纹特征的整体性和模糊性是中药指纹图谱（图像）分析的最基本的属性。这种属性是来源于中药作为天然产物本身的不确定性，以及次生代谢产物受环境、采收加工及贮藏等影响带来的变异，所以指纹图谱分析强调准确的辨认，而不是精密的计算，比较图谱强调的是相似，而不是相同。

中药指纹图谱不同于传统的鉴别之处在于它不是从一个"点"，而是从一个二维的"面"（一个在特定条件下的完整图谱的整体特征信息）来鉴别真伪。同时在定量操作的前提下，得到的"量"方面的信息还可以估量待测样品之间总体"量"的差别，从而从"量"的角度给以动态的质量评价。通过建立中药指纹图谱，可以全面反映中药所含内在化学成分的种类和数量，进而反映中药内在质量的均一性和稳定性。

2000 年国家药品监督管理局颁发了《中药注射剂指纹图谱研究的技术要求（暂行）》（国药管注〔2000〕348 号），中药指纹图谱的研究成为当前我国中药基础研究的重要领域与热点。中药指纹图谱研究是使用多学科交叉、综合技术手段对复杂物质组成体系质量稳定性进行评价的检测方法，是一种符合中药特色的质量监控模式。

二、中药材指纹图谱的分类与要求

（一）中药材指纹图谱的分类

中药材指纹图谱按测定手段又可分为中药材化学指纹图谱和中药材 DNA 指纹图谱。目前，中药材指纹图谱已在中药材品种鉴定、品质评价、资源开发、中药材 GAP 基地建设、优良种质资源筛选及药材道地性研究等方面得到了越来越广泛的应用。

中药材化学指纹图谱，是指测定中药材所含各种化学成分（次生代谢产物），所建立的指纹图谱。虽然化学成分是次生代谢产物，但因受生物环境、生长年限和采收加工等诸多因素的影响，同一物种的不同个体所含化学成分，仍然存在较为明显的差异。不过，植物的代谢具有遗传性，作为同一物种的个体在化学成分上也具有相似性，其代谢产物的分布和趋势通过化学成分分析总会发现有共性可循，从而形成一个物种群体的共性化学特征，可以用化学成分的谱图来建立指纹图谱，成为质量监控的目标。所以，中药材化学指纹图谱对监控中药材质量具有更直接、更重要的意义。通常所说的中药材指纹图谱，多是指中药材化学指纹图谱，其有关基本知识与方法等，以下将予以介绍。

中药材 DNA 指纹图谱，主要是测定各种中药材的 DNA 图谱。由于每个物种基因的唯一性和遗传性，中药材 DNA 指纹图谱可用于对中药材的种属鉴定、植（动）物分类研究和品质研究，与现有的中药材鉴别方法相比，具有准确性高、重现性好等特点。有关中药材 DNA 指纹图谱有关基本知识与方法等，限于篇幅则不再介绍，请参阅有关文献。

（二）中药材指纹图谱的要求

中药材指纹图谱应满足特征性、重现性和可操作性的要求。中药材指纹图谱一定要能体现该中药材的特征，也可称为专属性或唯一性。当用一张指纹图谱不足以表现其全部特征，可以用几张指纹图谱来表现中药的各个不同侧面的特征，从而构成其全貌，但对其中的每一张图谱仍应有其特征性的要求。

中药材指纹图谱主要是用来表现、监控中药的化学成分群的整体，故要有较好的重现性。即同一样品，同一操作条件下，结果的重复性要好，在规定条件下应能再现共有峰数目、位置等指纹特征，其误差应在允许的范围内。中药这样的复杂体系，基本特性之一是复杂性，其中包含了不确定度和一定的模糊性。这些问题和重现性的概念不同，可以在指纹图谱的数据处理（如相似度的判断）中采用适当的方法予以解决。

中药材指纹图谱的可操作性系指针对不同用途，选用不同分析方法来达到不同的要求。如对于中药鉴定和质量监控应考虑生产企业和药检部门常规配备的仪器设备来建立相应的方法，一般以高效液相色谱、气相色谱和光谱为主。对于用指纹图谱来进行配伍理论或新药开发研究，特别是化学成分和药理、药效相关性研究，就应考虑采用联用技术，如GC-MS（气相色谱-质谱联用）、HPLC-MS（高效液相色谱-质谱联用）等方法，获取大量信息，更有利于得到明确的结果。

三、中药材指纹图谱的构建方法

中药材指纹图谱技术是随现代分析技术的发展而诞生的，所涉及的方法多种多样，常用的有色谱法、光谱法、质谱法及各种方法的联用，其中色谱技术是主流。尤其是高效液相色谱法、薄层色谱法、气相色谱法是公认的 3 种常规指纹图谱分析手段。

（一）色 谱 法

1. 高效液相色谱法（HPLC）

高效液相色谱法具有分离效率高、选择性高、分析速度快、检测灵敏度高、流动相选择范围广、色谱柱可反复使用等特点，应用范围广泛，约 80% 的有机化合物可应用，目前已成为构建中药材指纹图谱的首选方法。高效液相色谱法用于中药材成分的定性定量分析，可根据待测成分选用不同类型的检测器，如运用二极管阵列检测器，可得到三维时间-色谱-光谱图，提供关于色谱分离、定性、定量的丰富信息，适用于在紫外光区有吸收的复杂成分体系的分析；对于没有紫外吸收的化合物，可选用荧光检测器、蒸发光散射检测器、电化学检测器、示差折光检测器以及质谱检测器等。

2. 薄层色谱法（TLC）

薄层色谱法具有快速、经济、操作简便、适用范围广、展开剂组成灵活多样等特点，为常用构建中药材指纹图谱的方法。薄层色谱是一种平面色谱，不同于柱色谱的是多了色彩这一可比"参数"，可以提供直观形象的可见光或荧光图像，形象生动，易于辨认，还可进一步配合色谱扫描或数码处理得到不同层次轮廓图谱和相应的积分数据，加大了信息量，从而提高了综合分析能力，比较适合中药材指纹图谱分析。

3. 气相色谱法（GC）

气相色谱法具有分离效能高、选择性高、分析速度快、样品用量少、检测器可选性较大等特点，应用范围广，约 20%的有机化合物可应用。主要适用于挥发性成分或通过衍生化后能够气化的成分的定性定量分析，所得的色谱轮廓，其重现性好，分辨率较高，稳定性较好，特别适用于含挥发性成分中药的指纹图谱的研究和应用。随着顶空气相色谱、裂解气相色谱、气相色谱-质谱-计算机联用等新方法、新技术的研究发展，目前气相色谱法已成为构建中药材挥发性成分指纹图谱的首选方法。

4. 高效毛细管电泳法（HPCE）

高效毛细管电泳法具有分离效率高、分析速度快、分离模式多、毛细管清洗容易、仪器维修简单、可直接分析水溶液等特点，应用范围广，几乎能分析所有的化合物，小到无机离子、大到蛋白质和高分子聚合物，目前已用于中药材所含生物碱类、黄酮类、酚酸类、醌类、香豆素类及皂苷类等药效成分的分析。高效毛细管电泳法作为构建中药材指纹图谱的方法，不足之处在于它的重现性不如高效液相色谱法，方法的标准化比较困难。

5. 高速逆流色谱法（HSCCC）

高速逆流色谱法是当前国际流行的新型的液-液分配技术。是利用多层次螺旋管同步行星式离心运动，在短时间内实现样品在互不相溶的两相溶剂系统中的高效分配，从而实现样品分离。该方法应用范围广，由于溶剂系统的组成与配比可以是无限多的，理论上适用于任何极性范围样品的分离，所以在分离天然产物方面有其独到之处。该技术对样品的预处理要求低，只需简单的提取，可实现梯度操作和反相操作，亦能重复进样，回收率高。目前主要用于中草药有效成分的分离分析。近几年来，随着仪器和方法的改进，将高速逆流色谱与质谱联用，在中药化学成分的分离制备中具有广泛的应用前景，在中药质量分析监控研究中，有望用于指纹图谱研究。

（二）光谱法

1. 红外光谱法（IR）

红外光谱是药材中各种成分红外光谱的叠加，是药材整体本质的反映，可用于中药材真伪的快速鉴别。图谱分析主要着眼于所测得的红外光谱的轮廓特征（全谱图形）的比较，不用将各主要吸收峰归宿，只要在所扫描的波数范围内比较吸收峰的波数、同一波数吸收峰的形状和强度、"指纹区"面貌等方面的差异即可。然而红外光谱也存在自身的局限性，由于红外光谱是由分子的振动-转动跃迁引起的，因此确定红外光谱指纹图谱的专属性和特征性有较大困难。

近年来，近红外光谱结合化学计量法进行中药材指纹图谱的研究应用越来越多，与红外光谱法比较具有如下特点：样品无须处理，可直接分析，操作简便快速，通常 30s 即可获得分析图谱；高效、经济、分析成本低，完成一次样品光谱采集，即可实现多项性能指标的测定。

2. 紫外光谱法（UV）

紫外吸收光谱是药材中多种成分特征吸收光谱叠加而成的复合谱，在一定条件下，中药多成分的复杂组合也有一定规律性，从而在紫外叠加光谱上显示出一定的特异性和稳定性，可用于中药的真伪鉴别。对于有相似的紫外光谱难以区分或者亲缘关系相近的中药材，可采用导数光谱法或紫外光谱谱线组法提高辨别能力。紫外光谱谱线组法是根据植物化学成分系统提取分离方法，采用不同极性的代表性溶剂分别提取，如采用水、无水乙醇、三氯甲烷和石油醚 4 种溶剂可以获得不同极性提取物的一组紫外光谱图，丰富的信息量增强了鉴别的可靠性，提高了信息的特征性和整体性。

紫外光谱法具有简单、快速、样品用量少等特点，但该方法测定时由于中药材多种成分相互干扰和吸收峰叠加，提供的信息量较少，特征性不强，因此紫外光谱通常与高效液相色谱、高效毛细管电泳等技术联用，首先经色谱手段将化合物分离，再鉴别其光谱特征。

3. X 射线衍射法（XRD）

X 射线衍射法分为单晶 X 衍射法与粉末 X 衍射法，是研究物质的物相和晶体结构的主要方法。如果该物质是一混合物，则所得衍射图是该混合物各组分衍射效应的叠加。只要这一混合物的组成是恒定的，其衍射图就可以作为该混合物的特征图谱。由于各种中药材的组成成分各不相同，它们的衍射图谱便各有特征性。

X 衍射图指纹图谱具有指纹性强、简便快速、图谱信息量大、图谱稳定可靠等特点，适合用于中药材指纹图谱的构建，特别是动物类和矿物类药材的快速鉴定与辨别研究。粉末 X 衍射 Fourier 谱分析法是在将衍射信息进行傅里叶变换的基础上，找出 X 衍射图谱的拓扑规律，建立较为简单且能反映中药整体结构特征的 X 衍射 Fourier 指纹图谱。

（三）波谱法

1. 质谱法（MS）

质谱是利用离子化技术，将化合物变成带电荷离子，按照离子的质量对电荷的比值（即质荷比 m/z）大小依次排列形成的图谱。质谱法具有灵敏度高、样品用量小、分析速度快及应用范围广等特点。质谱能提供分子量、分子式和碎片元素组成等信息，可用于物质的鉴别和化合物的结构解析，也是选择性较高的定量分析方法之一。

中药特征提取物置于质谱仪中进行电子轰击裂解为不同的碎片，不同中药所含成分不同，所得质谱图显示的分子离子基峰及进一步的裂解碎片峰（m/z）亦不同，指纹性较强，可用于中药的鉴别。

2. 核磁共振波谱法（NMR）

核磁共振波谱是在外磁场作用下，用波长 10～100m 的无线电频率区域的电磁波照射分子，具有磁性的原子核（氢谱中为氢原子，碳谱中为各碳原子）在强磁场及辐照频率作用下产生核磁共振时核的能级变化以形成的图谱。利用核磁共振波谱可进行化合物结构鉴定、定性和定量分析。

氢核磁共振（^{1}HNMR）技术分析所得的 ^{1}H-NMR 图谱，不仅具有高度的重现性和特征性，更主要是易于解析和进一步分析研究。在规范的提取分离条件下，中药材的 ^{1}H-NMR 图谱与药材品种间存在着严格的对应关系，具有高度的特征性，且重现性好，适用于中药材的鉴别和化学成分研究，这种图谱称为中药 ^{1}HNMR 指纹图谱。

（四）多维多信息指纹图谱

由于中药及其复方制剂成分复杂，往往单用一种测定方法或条件无法建立较完善的指纹图谱，即不能全面准确地反映出中药的内在质量。采用色谱联用技术建立多维多信息特征指纹图谱，可较好地解决如何体现中药及其复方制剂的整体性和复杂性的难题。

所谓多维，即采用多种分析仪器联用的模式来测定指纹图谱，各谱图间相互补充，可对复杂供试品有更清晰完整的认识。目前最常用的是高效液相色谱（或毛细管电泳）/二极管阵列检测器/质谱/质谱联用方式所得的多维指纹图谱。它包括了用高效液相色谱（或毛细管电泳）所得的色谱峰图（各个成分的保留值）；二极管阵列检测器所得的在线紫外光谱图；一级质谱图（各个成分的质量）和二极质谱图（某成分的特征碎片）。所谓多信息，即指中药及其复方制剂的特征谱包括化学信息和药效信息。多维多信息特征谱的建立既能较系统、较完整地解决中药及其复方制剂质量的难题，又为中药研究中缺乏标准品的难题提供了一种新的解决途径。随着高效液相色谱-核磁共振谱联用的快速发展，不用取得纯品，直接用多种色谱联用技术就能确认混合物中各化学成分的结构是完全可实现的。

四、中药材指纹图谱的研究程序、方法与评价

中药材指纹图谱研究主要程序包括：样品采集、方法建立、数据分析、样品评价和方法检验。样品采集是采集足够多能反映样品质量的标本，以保证供试品的代表性和均一性；方法建立是指选取适当的方法建立指纹图谱并进行考察；数据分析是对所得数据进行处理，找出共性和不同点，确定评价指标；样品评价是指按所确定指标对样品进行品质评价；方法检验是指在方法确立后的一段长时间内对更多未知样品进行检验，进一步考察方法的可行性和实用性。

（一）样品收集

样品收集是研究指纹图谱最初的也是最关键的步骤，由于不可能对一个药材的所有样本进行试验，而且生长环境、栽培条件、采收加工与储存等对药材次生代谢产物（药效成分）有影响，所以收集的样品必须要有真实性和足够的代表性。因此，要求收集量应不少

于 10 批，且各批次之间应是相互独立的样品，取样量应不少于 3 次检验量，并留有足够的观察样品。由于收集药材样品受主观和客观的条件限制，实际上收集样品数越多越好，包括不同产地、不同采收时间及不同物候条件下的样品，可使得到的指纹图谱更具生物统计学意义，进而保证指纹图谱的可重复性。

（二）供试品溶液制备

根据中药材中所含化学成分的理化性质和检测方法的要求，制备时应对不同的提取溶剂、提取方法、分离纯化方法等进行考察，选择适宜的方法制备供试品溶液。制备方法必须确保中药中的主要化学成分或有效成分在指纹图谱中得以体现。供试品溶液制备过程中的每一步骤，均应规范化操作，所有批次供试品溶液制备过程都必须保持一致，以保证样品分析具有良好的精密度、正确性、重现性，以及样品间的可比性。

1. 取样

按照《中国药典》2010 年版中规定的中药材的取样方法，以保证取样的代表性和均一性。地上部分的药材，取样 0.5～1kg，分别称量茎、叶、花、果的大致比例并做记录；果实类药材，实际应用时去除种子的，供试样品也应除去种子，并做记录。如果药材表观质量不均匀（如大小不一、肥瘦不等、粗细不匀等），应注意供试品取样的代表性，必要时应做比较试验，以考察所含成分有无显著差异，供实际应用参考。

2. 称样

应按照常规要求，将选取的样品适当粉碎后混合均匀，再从中称取试验所需的数量，一般称取供试品与选取样品的比例为 1∶10，即称取 1g 供试品，应在混合均匀的 10g 选取的样品中称取。由于指纹图谱需要提供量化的信息，供试品要求精密称定。

3. 制备

供试品溶液制备应在定量操作的前提下进行，最终制备的供试品溶液应能适应所选测定方法的需要，尽量使药材中的成分较多地在色谱图中反映出来，并达到较好的分离。

4. 定溶

供试品溶液最终应用适宜的溶剂溶于标定容量的容器中，制成标示浓度的供试品溶液（g/mL 或 mg/mL）。

5. 放置

一般要求供试品溶液尽量新鲜配制，如连续试验需要，供试品溶液应在避光、低温、密闭容器条件下短期放置，一般不超过 2 周，溶液不稳定的，一般不超过 48h。

6. 标签

供试品溶液须注明编号或批号，应与取样的药材编号一致，或有明确的关联，以保证数据的可追溯。

（三）对照品（参照物）

1. 对照品（参照物）选择

制定指纹图谱标准常需要使用对照品（参照物），以确定图谱中的参照峰的位置和丰度。参照物一般选取容易获取的 1 个或 1 个以上的主要药效成分或指标成分，主要用于考察指纹图谱的稳定程度和重现性，并有助于色谱的辨认。在与临床药效未能取得确切关联的情形下，参照物起着辨认和评价色谱指纹图谱特征的指引作用，它并不等同于含量测定的对照品。

指纹图谱一般比较复杂，采用加入内标物作为图谱参照峰不容易实现，因此应慎重考虑选用内标物的必要性和可能性，如情况需要，又有可能，也可考虑选择适当的内标物。对照品（参照物）应说明名称、来源和纯度。如果没有合适对照品也可选指纹图谱中的稳定的色谱峰作为参照峰，说明其色谱行为和有关数据，并应尽可能阐明其化学结构及化学名称。

2. 对照品（参照物）溶液的制备

根据对照品的性质和检测要求，参照供试品溶液制备的方法，精密称取对照品（参照物），采用适宜的方法和溶剂制成标示浓度的参照物溶液（g/mL 或 mg/mL）。

（四）研究方法选择

中药材指纹图谱研究方法的选择，包括指纹图谱试验方法和试验条件的优选，是通过比较试验，从中选取相对简单易行、实用性强的方法和条件，获取足以代表该中药材特征的指纹图谱，以满足指纹图谱的专属性、重现性和可操作性的要求，并须经过方法学验证。

通常指纹图谱获取技术首选色谱方法，其中高效液相色谱法适用范围广，对含生物碱、蒽醌、黄酮、有机酸、酚类、木脂素等成分的中药均可采用。主要是因为可根据具体检测对象选择相适宜的色谱条件。色谱条件主要包括色谱柱、流动相、洗脱方式、检测器、检测波长及柱温等的优化选择。要建立最佳色谱条件使中药材供试品中所含成分尽可能地获得分离，即分得的色谱峰越多越好，使中药的内在特性都显现出来，且要有量化的概念，即在定量操作的条件下所得到的指纹图谱在整体特征上可以作半定量的比较，以表达供试品个体之间指纹图谱在"量"方面的总体差异程度，为药材指纹图谱评价及其品质鉴定提供足够的信息。

（五）方法学验证

中药材指纹图谱实验方法验证的目的，是考察和证明采用的指纹图谱测定方法具有可靠性和重复性，是否符合指纹图谱测定的要求。考察的项目与一般的分析方法验证一样，评价指标可以图谱的重合性和相似度来进行；也可采用《中药注射剂指纹图谱实验研究技术指南（试行）的要求》的方法，测定相关峰的峰面积比值和相对保留时间的相对标准偏差来进行评判。

1. 专属性试验

中药材指纹图谱方法的专属性，是指指纹图谱的测定方法对中药样品特征的分析鉴定能力。专属性试验应根据用药的有效部位所包含的成分群，进行分离方法和检测手段的选择。常用的色谱方法均可以满足分析的要求，一般认为大多数成分均有响应并能达到较好分离的条件下，用典型的色谱图来证明其专属性，并尽可能在图谱上指认出可确定的成分。

2. 系统准确度试验

以高效液相色谱法为例，除了需要考察泵的流速准确度和重现性、梯度的准确性及梯度滞后情况，进样器进样体积精密度，柱温监控的稳定性，检测器具有的基线噪声和波长准确性的重现等指标外，对样品在分析系统中的残留情况和对基线的影响也应着重考察，可以通过对连续测定同一样品的总响应值的变异进行评估，相对标准偏差应有一定范围。在上述仪器系统属性认定后，还需要对色谱分离情况进行考察，包括峰纯度情况、峰的再现程度、峰形变化描述等，有条件还可以进行低分辨质谱的测定，以保证峰的准确性。此外，准确性的测定还需参考质量标准的其他相关内容，特别是指标成分的定量，用以综合考察方法的准确性。同时，分离程度会直接影响方法的准确性，将分析体系中最难分离物质对的分离和总分离效应指标引入系统适应性中，会有助于提高评估系统的准确性。

3. 精密度试验

精密度试验主要考察仪器的精密度。取同一供试品，连续进样 5 次以上，考察色谱峰的相对保留时间、峰面积比值的一致性。在指纹图谱中规定共有峰面积比值的各色谱峰，其峰面积比值的相对标准偏差 RSD 不得大于 3%，各色谱峰的相对保留时间应在平均保留时间±1min 内。或用"中药指纹图谱相似度计算软件"计算，相似度应大于 0.9。

4. 重复性试验

重复性试验主要考察实验方法的重复性。取同一批号的样品 5 份以上，分别按照选定的提取分离方法制备供试品溶液，并在选定的色谱条件下进行检测，考察色谱峰的相对保留时间、峰面积比值的一致性。在指纹图谱中规定共有峰面积比值的各色谱峰，其峰面积比值的相对标准偏差 RSD 不得大于 3%，各色谱峰的相对保留时间应在平均保留时间±1min 内。或用"中药指纹图谱相似度计算软件"计算，相似度应大于 0.9。

5. 测定范围试验

中药指纹图谱的测定范围是样品中被分析成分的较高浓度（量）和较低浓度（量）的一个区间，其概念与一般定量分析方法的线性范围不同，是指相对响应值的同比变化范围，即各个峰相对响应值与样品总体浓度值（按称样量计算）所处的可测范围。由于中药成分复杂，在一定情况下各化学成分的响应程度是不同的，甚至差别较大，不可能在同一测定范围内，这就是实际测定中误差的来源之一。消除的方式可考虑选择适合的响应条件，或者将特大峰不列入计算，再将各化学成分响应分为高中低三档进行评价。总之，中药指纹图谱的测定范围在实际中应引起注意。

6. 稳定性试验

稳定性试验主要考察供试品的稳定性。取同一供试品，分别在不同时间（0h、1h、2h、4h、8h、12h、24h、36h、48h）检测，考察色谱峰的相对保留时间、峰面积比值的一致性，确定检测时间。或用"中药指纹图谱相似度计算软件"计算相似度，以不同设置时间测定图谱相似度结果大于 0.9 确定检测时间。

7. 耐用性试验

不同条件下分析同一样品所得测试结果的变化程度，是中药指纹图谱测定方法耐受环境变化的显示。在实际验证中首先需要考虑各个实验室不同温湿度（即不同实验环境）、不同分析人员、不同厂家或同一厂家不同规格仪器、不同品牌同一填料或同一厂家不同批号的色谱柱、不同厂家试剂等的影响；其次需要考虑方法本身的参数波动如流动相组成、流速、柱温、波长变异、展开剂比例等的影响。

（六）指纹图谱建立

根据足够样品数（10 批次以上）测试结果所给出的峰数、峰值（积分值）和峰位（保留时间）等相关参数，确定共有指纹峰（相对保留时间、峰面积比值），选取特征指纹峰群（色谱峰组合），制定指纹图谱。采用阿拉伯数字标示共有峰，用"S"标示参照物峰。实验中，应记录 2h 的色谱图，以考察 1h 以后的色谱峰情况。

中药材指纹图谱必须具有充分的代表性和专属性，要对不同产地、不同等级规格或不同采收季节等的代表性样品进行分析比较，从中归纳出中药材共有的、峰面积相对稳定的色谱峰作为特征指纹峰。所选取特征指纹峰群必须具备专属性。对于多来源的中药材，必须考察品种间的特异性。

（七）指纹图谱分析评价

早期的中药指纹图谱的评价方法，主要是采用一些色谱峰的评价参数，如共有峰、n 强峰、重叠率、特征峰检出率、特征指纹的相似率与差异率等进行指纹图谱分析评价。这些方法在中药指纹图谱研究的初期为大多数研究人员所采用，使用手工计算即可完成，在一定程度上反映样品间的差异和共性，但这种评价方法无法包含指纹图谱中的全部色谱峰。作为指纹图谱的早期数据处理，有一定的科学和应用意义，为使用数字描述指纹图谱研究样品之间的共性和差异奠定了基础。目前，主要是应用相似度分析、主成分分析、聚类分析、人工神经网络等计算机技术，进行解析、识别图谱信息以及图谱相似度评价，以建立可行、实用的中药指纹图谱量化评价标准。

1. 相似度评价

相似度作为中药指纹图谱评价指标，改变了过去以图谱上某个峰进行评价的方法，而是将图谱中所有峰（或者所有信号点）作为一个向量来处理，系统地运用数字化表征图谱，提高了指纹图谱的信息利用率，全面反映指纹图谱之间的共性和个性差异，科学有效地评价了图谱的一致性。同时，使用客观参数反映图谱间差异，改变了只能用像和不像的直观描述图谱的状态。相似度评价目前被认为是中药指纹图谱技术的有效方法，符合中药指纹图谱整体性和模糊性的基本属性。

（1）相似度计算方法与原理：相似度分析中常有以欧氏距离测度、夹角余弦测度、相关系数测度、指数相似系数测度和相似性比测度来计算中药材供试品的相似度。以相关系数、夹角余弦、指数相似系数、相似性比为测度的相似度，都是特征变量上变化模式的相似性，在中药材真伪鉴别上提供供试品间亲疏程度的相似性是有优势的。而欧氏距离为测度的相似度是反映特征变量值上大小差异的供试品间亲疏程度的相似性，在中药材质量监控中有优势。

欧氏距离：相似性反映研究对象之间的亲疏程度，可用距离测度来量度，最普遍应用的是欧氏距离，又称为二阶 Minkowski 度量。

$$d_{ir} = \sqrt{\sum_{k=1}^{m} (X_{ik} - X_{rk})^2}$$

式中，X_{ik} 代表第 i 个供试品第 k 个特征变量（$k=1, 2, \cdots, m$）；X_{rk} 代表共有模式均值向量第 k 个特征变量（$k=1, 2, \cdots, m$）。

欧氏距离计算中用平方运算代替了绝对值距离中的绝对值，运算更为方便，更能突出大的特征变量值影响。欧氏距离侧重于特征变量值的大小差异，而不考虑特征变量的变化模式，即没有考虑特征变量之间的变化模式的相似性，另有不足之处是与变量单位有关。

相关系数：皮尔逊相关系数即简单相关系数，它最初用来测度变量之间的相关程度，而后来在聚类分析中用它来测度供试品之间的相似程度。在指纹图谱中以相关系数测度的相似度为

$$r_{ir} = \frac{\sum_{k=1}^{m} (X_{ik} - \overline{X}_i)(X_{rk} - \overline{X}_r)}{\sqrt{\sum_{k=1}^{m} (X_{ik} - \overline{X}_i)^2 (X_{rk} - \overline{X}_r)^2}}$$

式中，X_{ik} 代表第 i 个供试品第 k 个特征变量的值；$\overline{X}_i$ 代表第 i 个供试品所有变量的均值；X_{rk} 代表共有模式第 k 个特征变量的值；$\overline{X}_r$ 代表共有模式所有变量的均值。

相关系数与变量单位无关，对各特征变量值上的大小不敏感，忽略了变量值大小之间的差异，变量值的大小差异对特征变量的变化模式影响不大，它是测度供试品间在特征变量的变化模式上相似形状的相似性，又称为形状测度，是鉴别中药材供试品真伪，提供定性信息的相似度。

夹角余弦：受到几何学中相似形的启发而在多维空间向量夹角的基础上，计算供试品指纹图谱特征向量与共有模式向量之间的夹角余弦相似度，它是指纹图谱特征变量上变化模式的相似度，可以提供中药供试品鉴别真伪相似性的信息。

$$r_{ir} = \frac{\sum\limits_{k=1}^{m} X_{ik} \cdot X_{rk}}{\sqrt{\left(\sum\limits_{k=1}^{m} X_{ik}^2\right)\left(\sum\limits_{k=1}^{m} X_{rk}^2\right)}}$$

指数相似系数：同时考虑共有模式的均值向量和标准差向量，可采用指数相似系数测度的相似度。它是指纹图谱特征变量上变化模式的相似度。

$$C_{ir} = \frac{1}{m}\sum\limits_{k=1}^{m} e^{-\frac{3}{4}\frac{(X_{ik}-X_{rk})^2}{S_{rk}^2}}$$

相似性比：相似性比测度的相似度，它是指纹图谱特征变量上变化模式的相似度。相似性比数学概念简单，处理过程简便快速。

$$C_{ir} = \frac{\sum\limits_{k=1}^{m} X_{ik} \cdot X_{rk}}{\sum\limits_{k=1}^{m} X_{ik}^2 + \sum\limits_{k=1}^{m} X_{rk}^2 - \sum\limits_{k=1}^{m} X_{ik} \cdot \sum\limits_{k=1}^{m} X_{rk}}$$

（2）相似度评价软件：相似度大多是借助国家药典委员会推荐的"中药指纹图谱计算机辅助相似度评价软件"来计算，即"中药指纹图谱鉴别分析系统（The Fingerprint Analysis System of Chinese Medicine）"与"计算机辅助相似性评价系统（Computer Aided Similarity Evaluation）"。这两个相似度计算软件均采用了模糊信息分析法，相似度计算方法为夹角余弦法，即每个色谱指纹图谱都可以看作一组对应保留时间下的峰面积或谱图数据点的数值，可将这组数值看作多维空间中的向量，使两个指纹图谱间相似性的问题转化为多维空间的两个向量的相似性问题，利用 $\cos\theta$ 值来定量表征指纹图谱间的相似性。$\cos\theta$ 越接近 1 则说明两个向量越相似。

假如色谱指纹图谱中有 N 个谱峰，则可用 N 维矢量空间表示。若对照指纹图谱用 $X_0 = [X_{01}, X_{02}, \cdots, X_{0N}]$ 表示，其中 X_{0i} 为第 i 峰面积值，待测指纹图谱用 $X = [X_1, X_2, \cdots, X_N]$ 表示。用 N 维矢量空间中两点表示对照指纹图谱和待测指纹图谱，根据两点间夹角的余弦函数计算指纹图谱间相似度，作出整体相似度评价。如：

$$S(x_0, x) = \frac{\sum\limits_{i=1}^{N} x_{0i} \cdot x_i}{\left(\sqrt{\sum\limits_{i=1}^{N} x_{0i}^2} \sqrt{\sum\limits_{i=1}^{N} x_i^2}\right)}$$

除个别品种外，一般中药材指纹图谱相似度计算结果为 0.9～1.0（或以 90～100 表示）为符合要求。相似度小于 0.9，但直观比较难以否定的中药材供试品，可进一步采用化学模式识别方法（如主成分分析）作进一步评价。

"中药指纹图谱计算机辅助相似度评价软件"具体操作如下：首先导入建立共有模式的多批具有统计意义的样本（.txt 文件、.csv 文件），数据预处理和色谱图的缩放比较；峰位（保留时间）校正和谱峰自动匹配；指纹图谱相似度计算。经反复删除、添加样本，得到共有模式图形及数据，建立共有模式模板。然后在工作站中生成相似度计算软件所需的供试样本（.txt 文件、.csv 文件），再分别应用相似度计算软件进行处理。

"中药指纹图谱鉴别分析系统"操作步骤：数据导入（.txt 文件），数据预处理和色谱图的缩放比较，峰位（保留时间）校正和谱峰自动匹配；指纹图谱相似度计算；结果输出和报表打印。

"计算机辅助相似性评价系统"操作步骤：载入数据（.csv 文件），数据前处理，包括数据压缩、数据平移，谱峰识别、谱峰匹配，计算相似度；对某个成分量上的区别，可采用主成分分析作进一步评价。

2. 主成分分析

其原理实际上是将色谱数据矩阵的奇异值分解为两个正交矩阵（U，V）和对角矩阵（S）的乘积，即得 3 个数值的乘积，取其中 2 个数值作为投影图的纵横坐标，另一数值即为落在投影图上的投影点。根据投影点位置的不同，可以判别图谱中主成分变化的规律。即总量较低的样本它在主成分投影图中处于最左端，随着在主成分投影图中的样本点从左往右移动时，整个色谱指纹图谱中总峰面积也在不断提高。"主成分投影图"包括二维图和三维图。

3. 聚类分析

聚类分析又称为模糊信息分析，是根据一定的对象进行分类，其基本思路是用"相似度"来衡量样品间的亲疏程度，并以此来实现分类。通常相似度大的样本归为一类，相似度小的样本归为不同类。对于不同中药材样品其色谱指纹图谱经计算机快速辨识处理可依据样品批与批之间的相似度，确定中药材样品批间的稳定性。其基本步骤如下：

（1）计算样品之间的相似度，并将其构成模糊相似关系矩阵 R。在有 m 个已量化的指纹特征组成的 m 维空间中，可用多种方法定义样品之间的相似度，如相关系数法、最大最小法、算术平均最小法、几何平均最小法、绝对指数法、广义夹角余弦法、马氏距离法、欧氏距离法等。

（2）用上述方法建立起来的模糊相似关系矩阵 R，只有自反性和对称性，而没有传递性，需要将模糊相似关系矩阵 R 改为模糊等价关系矩阵 R'，再进行分类。

（3）取一定 M 值作为等价矩阵的截矩阵，依据取值的不同得到动态聚类谱系图。

五、应用实例

现以贵州地道药材黔党参 HPLC 特征图谱研究为例进行概要介绍。

（一）仪器与材料

1. 仪器

Agilent 1100 型高效液相色谱仪，安捷伦液相色谱系统化学工作站（美国安捷伦公司）；

AG135 型电子天平（瑞士 Mettler-Toledo 公司）；KQ-500DE 型数控超声波清洗器（昆山市超声仪器有限公司）；中药色谱指纹图谱相似度评价系统 2004A 版、2004B 版（国家药典委员会，以下简称指纹图谱软件）；SPSS 18.0 主成分分析软件。

2. 试药及供试样品

党参炔苷对照品（购于江西本草天工科技有限责任公司，纯度＞98%），乙腈为色谱纯，甲醇、乙醇、磷酸均为分析纯，水为重蒸水。

所有实验样品均由笔者于 2011 年 3～4 月到贵州水城等产地采集，并经贵阳中医学院何顺志教授准确鉴定为管花党参（*Codonopsis tubulosa* Kom.）。鲜品采回后，洗净，切片，于 60℃烘箱中干燥后，粉碎过 40 目筛，置干燥器中备用。

（二）实验方法与结果

1. 色谱条件

色谱柱为 Agilent ZORBAX SB-C$_{18}$（150mm×4.6mm，5μm）；流动相 A 为乙腈，B 为 0.4%磷酸水溶液，按 0～15min（A：0.5%→5%），15～35min（A：5%→6%），35～60min（A：6%→12%），60～80min（A：12%→15%），80～100min（A：15%→16%），100～120min（A：16%→19%），120～140min（A：19%→21%），140～185min（A：21%→70%），185～190min（A：70%→80%）进行梯度洗脱，流速为 1.0mL·min^{-1}；检测波长：270nm；柱温：30℃；进样体积：10μL。

2. 参照物溶液的制备

精密称取置于五氧化二磷干燥器中放置 24h 的党参炔苷对照品适量，加甲醇溶解并制成每 1mL 含党参炔苷 0.25mg 的溶液，备用。

3. 供试品溶液的制备

取样品粉末约 5g，精密称定，置 100mL 具塞锥形瓶中，加 70%乙醇超声提取（功率 100W，频率 50Hz）3 次（30mL，30mL，30mL），每次 30min，过滤，合并滤液，蒸干。残渣用甲醇溶解，转移至 5mL 容量瓶中，加甲醇定容至刻度，摇匀，滤过，取续滤液，用 0.45μm 有机微孔滤膜过滤，即得。

4. 方法学考察

（1）精密度试验：取同一药材粉末（水城勺米乡鱼塘村磨石沟）约 5g，精密称定，按供试品溶液制备方法制备供试品溶液，按上述色谱条件连续进样 5 次，所得图谱导入指纹图谱软件（2004A 版）进行分析，相似度计算结果均大于 0.991，表明仪器精密度良好。

（2）重复性试验：取同一药材粉末（水城勺米乡鱼塘村磨石沟）6 份，每份约 5g，精密称定，分别按供试品溶液制备方法制备供试品溶液，按上述色谱条件测定，所得图谱导入指纹图谱软件（2004A 版）进行分析，相似度计算结果均大于 0.997，表明本法测定的重现性良好。

（3）稳定性试验：取同一药材粉末（水城匀米乡鱼塘村磨石沟）约 5g，精密称定，按供试品溶液制备方法制备供试品溶液，分别于 0、3h、6h、9h、15h、24h、48h 依法测定，所得图谱导入指纹图谱软件（2004A 版）进行分析，相似度计算结果均大于 0.989，表明供试品溶液测定在 48h 内保持稳定。

（4）图谱信息采集时间考察：取同一药材粉末（水城匀米乡鱼塘村磨石沟）1 份，约 5g，精密称定，按供试品溶液制备方法制备供试品溶液，测定其 230min 的 HPLC 图，发现在 190min 后样品不出峰，故确定图谱信息采集时间为 190min。结果见图 9-5。

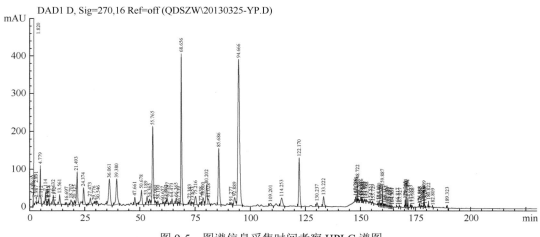

图 9-5　　图谱信息采集时间考察 HPLC 谱图

5. 样品测定

将 17 批黔党参药材样品分别按供试品溶液制备方法制备供试品溶液，取空白溶剂、党参炔苷对照品溶液及供试品溶液，分别注入液相色谱仪，按上述色谱条件测定，记录 190min 的色谱图，即得。

6. 特征指纹峰的确定

根据 17 批黔党参药材的 HPLC 图谱的测定结果，共分离出 100 多个色谱峰，对其峰数、峰值（积分值）、峰位（相对保留时间）及色谱峰的紫外扫描光谱图等相关参数进行分析比较，分析确定其中 15 个峰为共有特征峰。根据党参炔苷对照品与黔党参药材样品的 HPLC 色谱图对应色谱峰的保留时间及 UV 光谱图比较，确认 12 号峰为党参炔苷峰，且达到了基线分离，峰信号较强，故设定 12 号峰为参照峰（S）。以 12 号峰为参照峰分别计算 17 批黔党参药材 15 个特征峰的相对保留时间及峰面积比值。结果见图 9-6、图 9-7。

17 批黔党参药材中 15 个特征指纹峰的相对保留时间计算结果表、17 批黔党参药材中 15 个对特征指纹峰的峰面积结果表、17 批黔党参药材中 15 个特征指纹峰的峰面积比值计算结果计划表略。

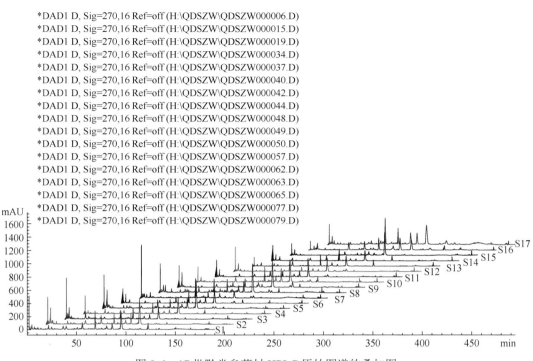

图 9-6 17 批黔党参药材 HPLC 原始图谱的叠加图

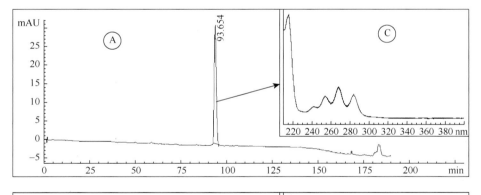

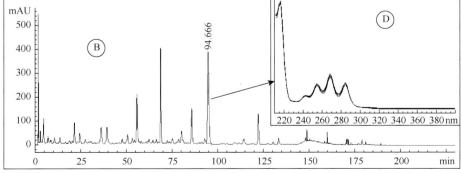

图 9-7 党参炔苷对照品溶液与供试品溶液 HPLC 图谱和 UV 吸收曲线

（A 为对照品溶液色谱图；B 为供试品溶液色谱图；C 为党参炔苷色谱峰的吸收曲线；D 为供试品中与党参炔苷色谱峰保留时间一致色谱峰的吸收曲线）

7. 相似度计算结果

将 17 批黔党参药材样品的 HPLC 图谱导入指纹图谱软件（2004A 版），设定 S_1 为参照谱，采用多点校正，时间窗宽度为 0.1，对照图谱生成方法为中位数法，相似度计算评价结果表明，17 批黔党参药材样品中除 S_5、S_7、S_9、S_{12}、S_{15}、S_{16}、S_{17} 外，其他各批样品相似度均大于 0.90，相关性较好。结果见表 9-1。

表 9-1　17 批黔党参药材 HPLC 特征图谱相似度评价计算结果

样品编号	产地	相似度
S_1	水城县勺米乡鱼塘村磨石沟	1.000
S_2	水城县纸厂乡花红树	0.923
S_3	水城县双戛乡大麻窝	0.906
S_4	水城县玉舍乡戛哥坪	0.977
S_5	水城县坪寨乡普联村	0.893
S_6	威宁梅花山镇梅花村四组	0.940
S_7	威宁黑石镇	0.616
S_8	水城县纸厂乡	0.913
S_9	清镇站街镇小河村大湾处	0.894
S_{10}	水城县钟山区月照乡独山村	0.927
S_{11}	威宁二屯镇艾家坪村圆菁脚	0.903
S_{12}	织金	0.862
S_{13}	威宁马摆大山山脚农户家	0.917
S_{14}	威宁小海镇	0.940
S_{15}	贵阳狗场	0.860
S_{16}	威宁黑石镇岩格新村马摆大山山顶	0.807
S_{17}	贵州省兴义市普安县	0.870

8. 主成分分析结果

由于将 17 批黔党参药材样品的 HPLC 图谱导入指纹图谱软件（2004A 版）进行相似度评价结果，6 批样品的相似度均小于 0.9，难以进行直观比较，故本实验又采用主成分分析方法进行其相关性分析，分别以 17 批黔党参药材样品的 15 个特征峰的峰面积比值、峰面积经数据标准化处理后组成数据矩阵进行主成分分析，比较两种分析结果的差异。

（1）峰面积比值的主成分分析：将峰面积比值数据导入 SPSS18.0 主成分分析软件，提取 3 个主成分或 2 个主成分达到降维分析的目的，结果显示选择提取前 3 个成分的累积贡献率为 95%，提取前 2 个成分的累积贡献率为 91%，均满足累积贡献率达到 80%～85%及以上的原则，其余 15 个成分只占 8%，说明前 2 个成分就可以解释总方差的绝大部分。其结果见图 9-8。

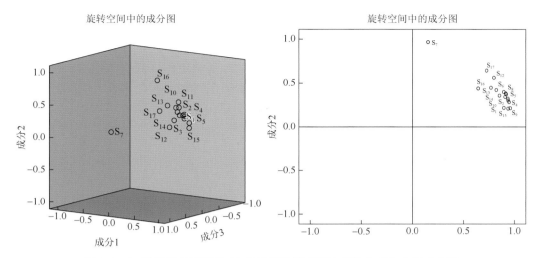

图 9-8　17 批黔党参药材的 15 个特征峰峰面积比值的主成分分析成分图

由图 9-8 可见，以峰面积比值进行主成分分析，不论是提取 3 个主成分还是提取 2 个主成分，除 S_7 距离最远以外，S_{12}、S_{16}、S_{17} 次之，其余 13 批样品均聚在一起，具有较好的相关性。

（2）峰面积标准化处理后主成分分析：由于 17 批黔党参药材的 15 个特征峰峰面积的差异很大，峰面积大的成分的作用将大于峰面积小的成分，影响主成分分析结果的准确判断，所以需要将峰面积经标准化处理后进行主成分分析，标准化处理按照公式

$$S_i = \sqrt{\dfrac{\sum\limits_{i=1}^{n}(X_{ij} - \overline{X}_i)}{n-1}}, Z_{ij} = \dfrac{X_{ij} - \overline{X}_i}{S_i}$$

计算，得到峰面积标准化结果（列表略）。

将上述峰面积标准化结果数据导入 SPSS18.0 主成分分析软件，提取 3 个主成分或 2 个主成分达到降维分析的目的，结果显示选择提取前 3 个成分的累积贡献率为 95%，提取前 2 个成分的累积贡献率为 92%，均满足累积贡献率达到 80%～85% 及以上的原则，其余 15 个成分只占 8%，说明前 2 个成分就可以解释总方差的绝大部分。由图 9-8 可见，以峰面积经标准化处理后进行主成分分析，不论是提取 3 个主成分还是提取 2 个主成分，除 S_6、S_7 距离最远以外，S_{12}、S_{16}、S_{17} 次之，其余 12 批样品均聚在一起，具有较好的相关性。

（三）结论与讨论

1. 初步建立黔党参药材对照特征图谱

相似度计算软件采用的是模糊信息分析法，相似度计算方法为夹角余弦法。主成分分析是将大量的测定数据（变量）降维，在尽可能不损失信息或者少损失信息的情况下，将多个变量减少为少数几个潜在的主成分，这几个主成分可以高度地概括大量数据中的信息，这样，既减少了变量个数，又同样能再现变量之间的内在联系，还可消除相互重叠的信息部分。本实验将中药色谱指纹图谱相似度评价系统（2004A 版）

相似度评价结果，与化学识别模式方法主成分分析结果进行综合分析，得知 17 批黔党参药材样品中 $S_1 \sim S_5$、$S_8 \sim S_{11}$、$S_{13} \sim S_{15}$ 12 个产地的黔党参药材相聚为一体，相关性较好，成为主体区域，而 S_6、S_7、S_{12}、S_{16}、S_{17} 远离该主体区域，与它们的相关性较差，说明这几批药材受产地、野生生长年限的不确定性等因素的影响，其指纹图谱差异较明显。将相关性较好的 12 个产地的黔党参药材的 HPLC 图谱，导入中药色谱指纹图谱相似度评价系统（2004A），初步构建黔党参药材的 HPLC 对照特征图谱 R，结果见图 9-9。

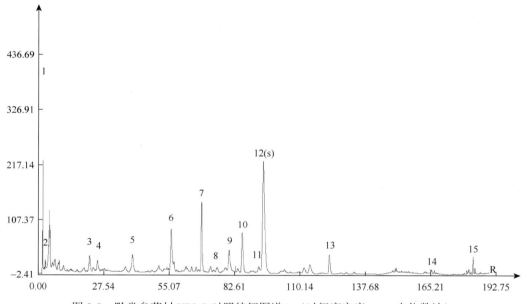

图 9-9　黔党参药材 HPLC 对照特征图谱 R（时间窗宽度 0.1，中位数法）

2. 对照特征图谱的专属性评价

本实验将于市场购买的同属其他党参药材党参[*Codonopsis pilosula*（Franch.）Nannf.]、川党参（*Codonopsis tangshen* Oliv.），照上述方法制备供试液依法测定其 HPLC 图谱，分别导入指纹图谱软件（2004B 版）进行分析，与黔党参对照特征图谱 R 比较，其相似度评价计算结果分别为党参 0.103、川党参 0.665，同属其他党参药材与黔党参的对照特征图谱相似度均小于 0.9，表明它们之间的化学成分差异较大，所建立的黔党参药材对照特征图谱具有较强的专属性，能有效鉴别黔党参与同属其他党参药材，结果见图 9-10。

3. 与薄层色谱鉴别的比较

因 S_{13} 与 S_{14} 号样品量未做薄层色谱鉴别，在薄层色谱鉴别图 9-11、图 9-12 中，$S_1 \sim S_{12}$ 号样品，分别对应的是 3、1、2、4、5、6、8、9、10、11、12、17 号样品色谱位置，$S_{15} \sim S_{17}$ 对应的是 15、18、16 号样品色谱位置。根据中药色谱指纹图谱相似度评价系统（2004A 版）相似度评价结果，与主成分分析结果进行综合分析，得知 17 批黔党参药材样品中 $S_1 \sim S_5$、$S_8 \sim S_{11}$、$S_{13} \sim S_{15}$ 12 个产地的黔党参药材相聚为一体，相关性较好，而 S_6、S_7、S_{12}、S_{16}、

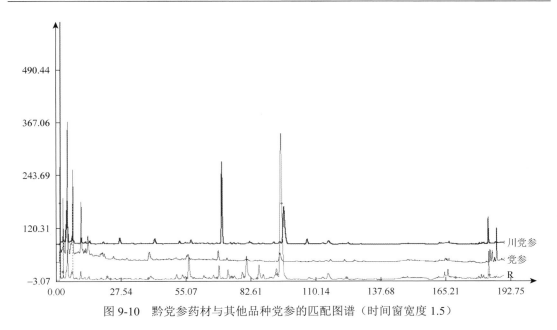

图 9-10　黔党参药材与其他品种党参的匹配图谱（时间窗宽度 1.5）

S17 远离该主体区域，与它们的相关性较差，在薄层色谱图中，相聚在一起的 12 个产地的黔党参药材在相同的位置，都出现了相同颜色的斑点。远离主体区域的 5 个产地的黔党参药材中，其中 S6 对应的 6 号样品、S7 对应的 8 号样品在色谱图中与 12 个产地的黔党参药材斑点情况相一致，S12 对应的 17 号样品在色谱带顶端无浅紫色斑点，S16 对应的 18 号样品在色谱图中一个明显亮绿色的特有斑点，S17 对应的 16 号样品色谱在党参炔苷斑点上面没有出现橙红色斑点。

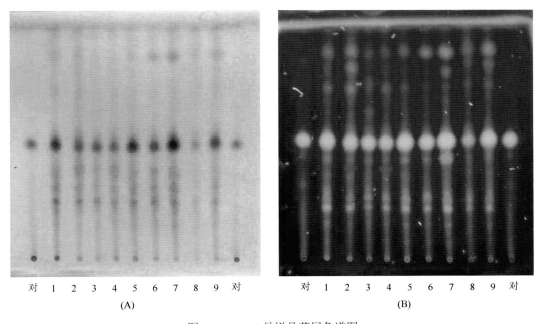

图 9-11　1～9 号样品薄层色谱图

（A：日光下检视；B：紫外线灯 365nm 下检视）

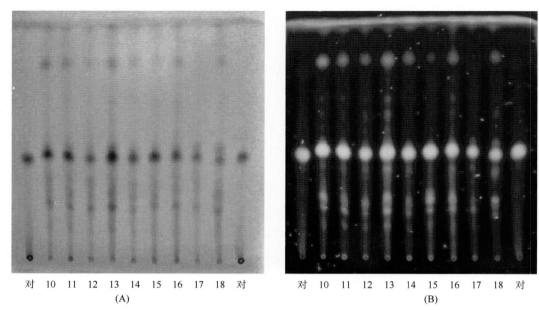

图 9-12　10～18 号样品薄层色谱图

（A：日光下检视；B：紫外线灯 365nm 下检视）

4. 供试品溶液制备方法的优化

本试验对提取方法、提取溶剂、提取时间进行比较实验以及供试品称样量考察，以分离得到的色谱峰信号较强，个数较多且分离较好，对供试品溶液制备方法进行优化。

5. 色谱条件的优化

本实验在参考文献的基础上，采用二极管阵列检测器比较了不同波长下的色谱峰检测情况，对不同品牌 C_{18} 色谱柱，流动相组成、梯度比例及流速，柱温以及进样量，以分离得到的色谱峰信号较强，个数较多且分离较好，进行优化选择。

第四节　中药材质量保障追溯体系建设与质量监控

一、中药材质量保障追溯体系的基本概念与重要意义

中药材质量保障追溯体系，是指对中药材从种植（养殖）、采收与初加工、质检、包装、储藏、养护与运输，到中药饮片、中成药等中药工业及保健品等"大健康"产业相关制品生产全过程，进行质量保障追溯与质量监督管理的整个工作体系。

中药材质量保障追溯体系，必须依托有效的生产质量管理体系的建立，对中药材生产（含现代设施中药农业）及中药工业与"大健康"产业生产全过程的各个环节进行实时监控管理；从源头上全面监控中药材的质量，分析影响药材生产或其整个产业链制品质量的潜在缺陷，以便对可能造成其潜在缺陷的不稳定因素、人为因素或其他因素等加以监控，不断提高其质量保障与追溯能力，使中药材符合国家有关质量标准规定要求，以抓好源头，

建好"第一车间"，达到"安全、有效、稳定、可控"之目的，确保人民用药安全有效，切实保证中药材产业化的健康发展。

二、中药材质量保障追溯体系的建设与质量监控

（一）中药材质量保障追溯体系建设与实施

中药材的质量来自它的整个生产过程，只有其质量得到切实保证与提高，以中药材为原料制成的中成药等中药工业及保健品等"大健康"产业相关制品的内在质量才能真正得到根本保证。因此，应首先明确中药材生产全过程质量保障追溯体系建设实施与生产质量监控的目标任务及重要意义；明确其管理机构与职责制度，在开始进行中药材规范化生产与基地建设时，则应将中药材质量保障追溯体系建设纳入其重要工作范围；应切实研究建立中药材规范化种植（养殖）、采收、初加工、质检、包装、储运养护等生产全过程，以及药材产销后的质量保障追溯体系。也就是说，要从中药材规范化生产与基地选建环境质量检（监）测评价、良种繁育与组培快繁、规范化（养殖）研究与试验示范基地和示范推广基地建设，到中药材合理采收、初加工、质检、包装、储运养护等生产全过程，以及营销、中成药与"大健康"产业制品生产全过程切实加强质量监控与质量保障追溯体系建设，其涉及中药材 GAP、GSP 及 GMP 有关规定要求。但中药材生产，应以中药材 GAP 为主进行其全面而系统的质量追溯体系建设与质量监控；中药材经营、中药材深加工制品生产全过程的质量保障追溯体系建设与质量监控，按 GSP 及 GMP 有关规定执行。

因此，必须严格依照中药材 GAP 规定要求，切实加强中药材质量保障追溯体系建设实施与生产质量监控的生产管理、质量管理和文件管理，要全面研究确定中药材质量追踪范围与服务网络，切实抓好中药材质量保障追溯体系管理。要求加强针对中药材种植（养殖）、采收、初加工、质检、包装、储运养护等生产全过程各个环节的质量监管，统一编制中药材生产批号，每批基地生产的中药材产品必须检测，要逐项填写相关记录和出具质检报告（每年应送当地食品药品检验所依法复核），不合格产品不得出厂（场），并按照中药材稳定性要求依法对基地生产的中药材产品进行留样观察与检（监）测，其时间应延续至中药材采收（收购）后 3 年，要确保中药材达到其有关质量标准的规定要求。

有关中药材质量保障追溯体系建设实施与生产质量监控的主要追溯内容与方法是：中药材基地环境要求与合理选择、环境质量检（监）测评价与质量保障追踪；中药材种子等繁殖材料及种子种苗标准的质量监控评价与质量追踪；中药材种植全过程的质量监控，主要包括良种繁育与定植移栽、规范化种植与林下仿野生栽培、田间管理（主要包括中耕除草、合理排灌、合理施肥、病虫害防治以及化肥、农药的监控应用）等全生产过程的质量监控评价与质量追踪；中药材合理采收、合理初加工及生产批号的监控评价与质量追踪；中药材质量检验、合理包装及贮运养护的质量监控评价与质量追踪；中药材调运发货（出库）过程和营销使用的质量监控评价与质量追踪（包括用户意见与追溯调查等）。至于中药材营销、使用等过程的质量监控与质量保障追溯等，应按 GSP、GMP 规定要求进行，此从略。

为了保证中药材及其以之为主要原料的制成品生产经营质量保障追溯体系的建设，可切实按照图 9-13、图 9-14 实施流程开展其质量保障追溯体系的建设与实施。

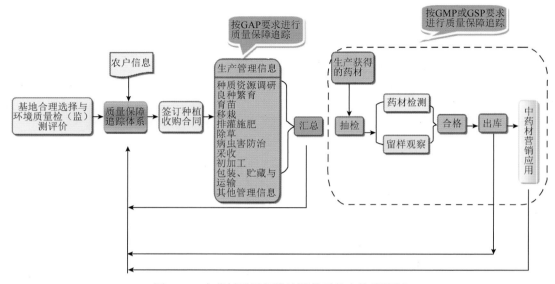

图 9-13　中药材质量保障追溯体系的实施流程图

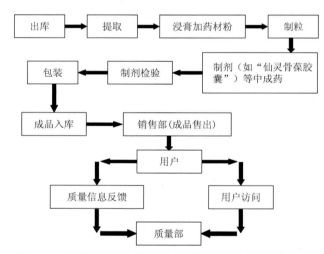

图 9-14　中药材及其制剂质量保障追溯体系的实施流程图

注：以中药材淫羊藿为主要原料生产的中成药"仙灵骨葆胶囊"为例。

（二）中药材留样观察与质量监控

　　中药材留样观察品应以商品药材相同的包装，在公司质检部的留样室进行留样观察，并按常规留样考察和重点留样考察两种方式，依法进行其药材留样质量观察监控。

　　在留样中，每年随机选择 1 批或数批中药材作重点留样，其余批次药材作常规留样质量观察监控。其重点留样药材按现行国家标准或企业内控质量标准考察，其检测项目如性状、鉴别、检查（水分、总灰分等）、浸出物、含量测定等，按其质量标准依法检验，考查周期为 3 个月、6 个月、9 个月、12 个月、18 个月、24 个月、36 个月；常规留样考查周期为 3 个月、6 个月、9 个月、12 个月、18 个月、24 个月、36 个月，其中 12 个月、24 个月、36 个月做的检测项目依法全检外，其余时间的检测项目仅为性状、水分、浸出物等。

至于药材制剂成品销售信息化管理与质量追溯，应遵照国家进一步加强药品质量监督管理与质量追溯体系的要求，严格执行国家食品药品监督管理局有关"基药"电子监管相关规定要求，应积极建立从监控原料药材种植、进厂、生产加工、流通销售，到药品质量、安全、追溯的药品生产全过程电子监管链条的药品信息管理系统，以实现药品制作企业、政府部门、流通企业、公众等多方共同对药品全程透明化监管。即基于物联网应用的电子监管码（每件产品的电子监管码具有唯一性，做到"一件一码"，好像商品的身份证，简称"监管码"；是我国政府对产品实施电子监管的每件产品所赋予的标识），可以实现对产品生产、流通、消费等全程监管，实现产品真假判断、质量追溯、召回管理与全程追溯等功能而有效监控管理，见图 9-15。

图 9-15　中国药品电子监管网

总之，中药是防治疾病与保健康复的特殊商品；中药必须符合国家有关质量标准，必须达到"安全、有效、稳定、可控"之规定要求。中药材与其他药品一样，其质量来自它的整个生产过程，只有进行规范化生产才能得到质量稳定、均一而可控的中药材产品。只有中药材的质量得到切实保证与提高，中药饮片、中药成药与相关产品的内在质量，中药深度研究开发与"大健康"产业、中药现代化与国际化才能得到根本保证。同时，还要特别注重市场动态，警惕伤农，真正做到坚持市场为导向、企业为主体、质量为核心地发展贵州中药民族药产业。因此，笔者特提出在贵州省中药农业基地建设中，必须将质量研究、标准提升、质量检（监）测与质量评价，将建立质量监督管理与追溯服务保障服务体系，作为极其重要的环节来切实抓紧抓好。毋庸讳言，在这方面贵州省还是比较薄弱的，亟待从机构设立、监管制度、人员配置、设施配备，以及质检技术、留样观察与追踪服务等方面全方位地切实强化，从中药材生产源头到产品加工与售后服务等各个环节，建立完善追溯管理体系，全方位地进行质量追溯管理，全面实施政府对产品安全责任的主体追究，企业对产品安全责任的全面管理，真正提升全面质量和维护品牌形象的管理水平。笔者还特别建议，当前在贵州天麻、石斛、杜仲、太子参、何首乌、淫羊藿、头花蓼、艾纳香、观音草等知名中药民族药产业发展中，应将加强中药材规范化生产与质量保障监控服务体系建设工作作为重中之重；各级药监局、中药办等相关部门与相关生产经营企业将此管理作为日常工作、政绩考核与生产经营等的重要内容,以切实保障人民用药安全有效,切实促进贵州中药民族药产业的健康发展。

主要参考文献

蔡宝昌. 2012. 中药制剂分析[M]. 第 2 版. 北京: 高等教育出版社: 23-45.

陈浩, 梁沛, 胡斌, 等. 2002. 电感耦合等离子体原子发射光谱/质谱法在中药微量元素及形态分析中的应用[J]. 光谱学与光谱分析, 6: 66-69.

陈建民, 张雪辉, 杨美华, 等. 2006. 中药中黄曲霉毒素检测概况[J]. 中草药, 3: 43-46.

冯秀琼, 汤庆勇. 2001. 中草药中 14 种有机磷农药残留量同时测定——微波辅助提取法[J]. 农药学学报, 3 (3): 45-52.

傅若农. 2000. 色谱分析概论[M]. 北京: 化学工业出版社.

栗建明, 李纯, 顾利红, 等. 2012. 快速液相色谱-串联质谱法测定果实类药材中的黄曲霉毒素[J]. 中国药学杂志, 1: 47-49.

梁沛, 陈浩, 胡斌, 等. 2002. 电感耦合等离子体质谱测定中草药中痕量稀土元素的研究[J]. 分析科学学报, 3: 89-92.

梁祈, 魏雪芳. 2000. 中药材黄芪中有机氯农药残留量的液相色谱检验方法[J]. 分析测试学报, 19 (2): 25-28.

林亚平, 鲍家科. 2008. 中药民族药质量标准专论[M]. 贵阳: 贵州科技出版社.

刘维屏. 2006. 农药环境化学[M]. 北京: 化学工业出版社.

刘作新, 高军侠. 2004. 黄曲霉毒素的检测方法研究进展 (综述) [J]. 安徽农业大学学报, 2: 47-49.

罗国安, 梁琼麟, 王义明. 2009. 中药色谱指纹图谱质量评价、质量监控与新药研发[M]. 北京: 化学工业出版社: 10.

冉懋雄. 2013. 贵州产太子参、何首乌等中药材规范化生产与质量监控的探讨[J]. 中国现代中药杂志, 15 (9): 783-786.

石玲玲. 2013. 贵州道地药材黔党参的质量监控研究及栽培繁殖技术初探[D]. 贵阳: 贵阳中医学院.

孙磊, 金红宇, 田金改, 等. 2010. 凝胶渗透色谱-柱后衍生高效液相色谱法测定中药材中 13 种 N-甲基氨基甲酸酯农药残留[J]. 药物分析杂志, 4: 63-65.

孙庆文, 王悦云, 徐文芬, 等. 2013. 道地药材黔党参的 HPLC 指纹图谱研究[J]. 中国药房, 24 (7): 628-630.

万益群, 鄢爱平, 谢明勇. 2005. 中草药中有机氯农药和拟除虫菊酯农药残留量的测定[J]. 分析化学, 5: 24-26.

汪正范. 2000. 色谱定性与定量[M]. 北京: 化学工业出版社.

王宝琴, 周富荣. 2000. 中药标准化回顾[J]. 中成药, 22 (1): 22.

王北婴. 1995. 中药新药研制与申报[M]. 北京: 中国中医药出版社.

王少敏, 许勇, 毛丹, 等. 2011. HPLC-MS/MS 法测定中药桃仁中黄曲霉毒素 G_2、G_1、B_2、B_1[J]. 药物分析杂志, 5: 32-36.

王艳泽, 王英锋, 施燕支, 等. 2006. 微波消解 ICP-MS 法测定根和根茎类生药中 11 种微量元素[J]. 光谱学与光谱分析, 12: 15-18.

温慧敏, 陈晓辉, 董婷霞, 等. 2006. ICP-MS 法测定 4 种中药材中重金属含量[J]. 中国中药杂志, 6: 169-173.

肖崇厚. 2002. 中药化学[M]. 上海: 上海科学技术出版社.

谢培山. 2005. 中药色谱指纹图谱[M]. 北京: 人民卫生出版社.

张俊清, 刘明生, 邢福桑, 等. 2003. 近年来中药材农药残留的研究概况[J]. 中国药学杂志, 1: 7-9.

赵燕燕, 孙启时. 2000. 中药中重金属和农药残留的研究[J]. 药学实践杂志, 5: 272-274.

周海钧. 2000. 药品注册的国际技术要求 (质量部分) [M]. 北京: 人民卫生出版社.

《国内外药品标准对比分析手册》编委会. 2003. 国内外药品标准对比分析手册[M]. 北京: 化学工业出版社.

《中华人民共和国药品管理法》(中华人民共和国主席令第四十五号, 2001 年 2 月 28 日发布, 2001 年 12 月 1 日起施行).

(冉懋雄　史　蕙　茅向军　周厚琼　徐文芬　黄　敏

伍　庆　罗　君　叶世芸　李向东)

第十章　中药材规范化生产基地建设与 GAP 认证检查

为了中药材"安全、有效、稳定、可控"与优质高产，满足医疗保健、中成药、保健品等"大健康"产业用药需要，通过对中药材生产质量规范管理，以促进中药材生产规范化、标准化和现代化，更好地走出国门，走向世界，特依照原国家药品监督管理局《中药材生产质量管理规范（试行）》（good agricultural practice for Chinese crude drugs，GAP）的规定要求，并结合笔者多年从事中药材规范化生产研究与 GAP 基地建设的实践，以及有关中药研究的新成果新进展，对中药材规范化生产与 GAP 基地建设的目标任务、组织管理、营运机制与生产质量管理体系，及其实施方案和标准操作规程（standard operating procedure，SOP）的研究编制，以及中药材 GAP 基地认证申报、认证检查与实施发展等加以讨论，以供参考。

第一节　目标任务、组织管理、营运机制与生产质量管理体系

一、目标任务

依照原国家药品监督管理局《中药材生产质量管理规范（试行）》（以下简称"中药材 GAP"）及有关规定要求，进行贵州地道特色药材保护抚育、规范化种植（养殖）与生产基地建设，以达到国家中药材 GAP 的要求。同时，达到科技部与贵州省科技厅等有关研究项目或课题的目标任务要求。

中药材 GAP 是中药材生产和质量管理的基本准则，适用于中药材生产企业生产中药材（含植物药、动物药）的全过程。生产企业应运用规范化管理和质量监控手段，保护野生中药材资源和生态环境，坚持"最大持续产量"原则，实现资源的可持续利用。中药材 GAP 要以质量为核心进行其规范生产与 GAP 基地建设，并在其生产全过程中大力推行中药材规范化标准化，严格控制中药材种植（养殖）、采（捕）收、初加工和包装贮运等环节可能导致的农药、有害物质（重金属、有害元素等）、微生物及异物的污染与混杂，以获得符合《中国药典》及有关企业内控质量标准规定的中药材产品；也就是指按照 GAP 规范化生产的中药材，并经过专门机构认定和符合 GAP 规定的中药材产品，可称之为"GAP 中药材产品"。其含义主要包括三大基本内容：一是指在生态环境质量符合中药材 GAP 规定标准的产地生产的；二是指在生产全过程中不使用超限量有害化学物质的；三是指按照中药材 GAP 要求规范化种植（养殖）、初加工、包装、储运养护和经质量检测符合有关规定标准，并经专门机构认定的中药材产品。

二、组织管理

为了保证中药材规范化生产与 GAP 基地建设的顺利完成，主持单位与省内外有关科研院所应共同成立"中药材规范生产与 GAP 基地建设"领导小组，并下设有关专门机构

（如"中药材规范化生产与 GAP 基地建设办公室""中药材规范化生产与 GAP 基地建设专家组"等）负责中药材规范化生产与 GAP 基地建设的组织管理和有关具体工作。

三、营运机制

中药材规范化生产与 GAP 基地建设应以政府为引导、市场为导向、企业为主体、科技为支撑、经济为纽带，采用"农场式""公司＋专业合作社＋药农大户"等适宜营运模式进行中药材规范化生产与 GAP 基地建设，以形成并逐步圆满实现"科研、生产、营销"三位一体的中药材生产规范化、标准化、产业化、规模化与品牌化。

四、生产质量管理体系

为了促使中药材规范化生产与 GAP 基地建设达到上述目标任务，使之发展成为"GAP 中药材产品"，应依照中药材 GAP 规定要求，合理规划布局，建立中药材保护、抚育与生产基地，进行中药材种质优选、良种繁育及优质种苗基地建设，规范中药材种植（养殖）试验示范与示范推广，合理采收、初加工及包装与储运养护，研究提升中药材质量标准，建立中药材质量保障追溯监控体系，研究制订中药材科学、合理及实用可行的标准操作规程（SOP），并认真贯彻实施，以确保所产中药材达到"GAP 中药材产品"标准要求。中药材规范化生产质量管理体系建设示意图，见图 10-1。

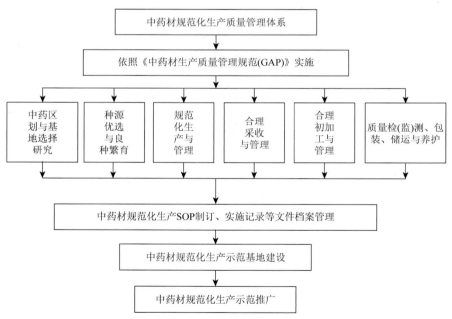

图 10-1　中药材规范化生产质量管理体系建设示意图

第二节　中药材规范化生产与基地建设实施方案的研究编制

一、指导思想

中药材规范化生产与 GAP 基地建设实施方案的研究制订，对于中药材保护抚育、规范化种植（养殖）研究与生产基地建设，以及中药材生产标准操作规程（SOP）制订实施等都具有重要意义。我们要从其有关目标要求、工作内容、方式方法及实施步骤等方面予以全面策划，并特别要突出实施方案的规范性、可操作性等特点。要对中药材规范化生产与 GAP 基地建设作出全面、具体而又明确的部署安排；对其目标任务、组织机构、方法步骤、关键技术、保障措施、资金保障与督促检查等各个环节都应具体明确，切实可行，并要落实到具体实施阶段、完成时间、负责人与参加人等方面。只有这样来研究编制中药材规范化生产与 GAP 基地建设实施方案，切实加强领导，落实责任，全面策划，精心组织，周密部署，认真实施与稳步推进，才能有效地完成中药材规范化生产与 GAP 基地建设并达预期目标。

二、实施方案的研究编制与思考

我们应秉承上述研究编制实施方案的指导思想，结合有关中药材生产的新进展新成果与贵州实际，进行贵州地道特色药材规范化生产与 GAP 基地建设实施方案的研究编制。下面以植物药材规范化种植与 GAP 基地建设为重点，对其总体设计和有关专项实施方案的研究编制与思考予以探讨。

（一）实施方案总体设计的研究编制与思考

1. 实施方案的总体设计

依照原国家药品监督管理局《中药材生产质量管理规范（试行）》、《中药材生产质量管理规范认证管理办法（试行）》、《中药材 GAP 认证检查评定标准（试行）》及中华人民共和国商务部发布的《药用植物及制剂外经贸绿色行业标准（WM/T2—2004）》等规定要求，并结合其生物学特性、规范化种植关键技术研究与生产基地建设实施要求及贵州实际，来全面思考与进行其实施方案总体设计的研究编制。

在中药材规范化生产与 GAP 基地建设实施方案总体设计的具体编制中，必须遵循如下六大原则：

（1）必须严格遵循中药材 GAP 规定要求的原则：坚持中药材规范化生产研究、生产基地建设与有关科技项目或课题紧密结合，通过科学研究与不断实践，结合中药材生产科技创新与产业发展，并认真总结传统经验与当地药农经验而进行中药材规范化生产与 GAP 基地建设实施方案总体设计的研究编制。

（2）必须坚持质量优先，突出药材质量第一的原则：严密控制影响中药材生产质量的各种因子，规范药材各生产环节乃至全过程，以及中药材规范化生产与 GAP 基地建设与有关研究工作，都是为了药材"安全、有效、稳定、可控"之最终目的。

（3）必须坚持科学、真实的原则：中药材规范化生产与 GAP 基地建设及其整个研究过程都应建立在科学设计、科学实施的基础上，以确保其所有结论、数据、规程、标准的真实性和可操作性。

（4）必须坚持紧密依托科技支撑的原则：鼓励有关中药材生产新成果、新技术、新方法的应用，促使中药材生产研究与 GAP 基地建设全过程科技含量不断提高。

（5）必须坚持紧密结合生产实际的原则：要切实研究建立中药材生产与 GAP 基地建

设全过程各关键环节的标准操作规程（SOP），建立和完善中药材生产的质量检验监督与质量保障追溯体系。

（6）必须坚持切实加强生产管理、质量管理与文件管理的原则：要切实研究建立中药材生产与 GAP 基地建设全过程的生产管理、质量管理与文件管理制度，建立和完善中药材的生产质量管理体系和文件档案管理体系，以确保中药材规范化生产与 GAP 基地建设的顺利完成并达预期目的。

2. 实施方案的核心内容

我们应深刻认识到中药材规范化生产与 GAP 基地建设的关键，就在于如何解决中药材优质高产与其规范化生产全过程的有关关键问题：如中药材产地环境质量检（监）测与评价，应达中药材 GAP 对大气、土壤、水质环境质量的规定；种质和繁殖材料的正确鉴定，良种繁育与种质资源优质化；优良种植关键技术的研究实施；合理采收与初加工、包装、储藏、运输与质量检测监督以及质量保障追溯体系的建设管理等。并应深入研究探索中药材规范化生产全过程与 GAP 基地建设的生产管理、质量管理和文件管理。

在中药材规范化生产与 GAP 基地建设实施方案的研究编制中，应当将上述有关关键技术作为核心内容加以研究与编制。具体来说，首先，应按照中药材产地适宜性优化原则，因地制宜，合理布局，选定和建立中药材规范化生产与 GAP 基地，使其种植区域的环境条件与中药材的生物学生态学特性相适应；其次，应准确鉴定种植对象——物种或品种，以确保中药材规范化种植与 GAP 基地所生产药材的真实；再次，应切实解决中药材生产全过程的关键技术，较系统开展其生长发育特性与环境因子、病虫害发生规律与防治、合理采收期与药材优质高产、合理初加工与包装及其贮藏运输，以及质量检验监督与质量保障追溯体系等研究和有效实施，全面制订并掌握有效实施其生产、质量管理与文件管理，为中药材规范化生产与 GAP 基地建设及其标准操作规程（SOP）的研究制订提供科学依据。

（二）专项实施方案的研究编制与思考

为了保证中药材规范化生产与 GAP 基地建设的顺利实施与其预期目标的实现，专项实施方案应根据上述总体设计研究编制必须遵循的六大原则与有关核心内容，并在本书总论有关章节所述内容的基础上，紧密结合实际地编制。为此，我们特对如何具体编制中药材规范化生产与 GAP 基地建设的专项实施方案，提出如下重点设置的"中药资源调查与生产适宜区分析"等 10 个专项实施方案，并对其具体研究编制时应予特别重视与思考的问题进一步加以讨论。

1. "中药资源调查与生产适宜区分析"专项实施方案的研究编制与思考

中药资源是指在一定地区或范围内分布的各种药用植物、动物和矿物及其蕴藏量的总和。广义的中药资源还包括人工栽培养殖和利用生物技术繁殖的药用植物和动物及其产生的有效物质。

在进行中药资源调查时，应对我国不同产地、不同生境的中药资源进行调查与生产适宜区分析研究。其目的在于为建立中药材保护抚育、种质资源异地种植保存基地、良种繁育基地、规范化生产研究与 GAP 基地建设提供科学依据。其调查内容具体来说，应重点调查中药材野生、家种资源分布与适宜生境、蕴藏量与产量、中药材生产应用历史与发展状况等（如近几年中药材人工种植发展面积、产量、质量、可供中药材数量、年产销售量和销售价格等），特别是对该调查区域适于发展中药材的条件与面积，最佳适宜面积及其分布、专业合作社或药农等急需解决的问题与建议等，均应注意调查收集。

在调查范围上，应以贵州省及周边省（自治区、直辖市）为重点进行调研。在调研方法上，主要采用文献查阅和实地考察法，与老药工和老中医、药农及种植大户等座谈，并以乡镇为单位进行统计分析。在调查时，要对各调查点中药材的生态环境、生物多样性、生长特性与适宜发展区域等进行实地调查，采集植物标本及土样等进行标本（蜡叶标本、浸渍标本、药材标本）制作与物种鉴定，并做好有关记录（包括图表、照片及音像等）。

随着社会发展、科技进步、电子技术与信息技术以及航天技术的迅猛发展，以其为基础的"3S"技术——遥感（remote sensing，RS）、地理信息系统（geographical information system，GIS）及全球定位系统（global position system，GPS），以其宏观性、实时性的特点在农业、林业以及草场等自然资源的资源量以及长势监测方面，应用得越来越广泛。中药资源作为自然资源的一种，与上述几种自然资源具有很大共性，完全可以借鉴农业和林业上的经验，开展中药资源之药用植物的分布区域、产量或生物量等调查。在"3S"中，GPS 和 RS 分别用于获取点、面空间信息或监测其变化，GIS 用于空间数据的存贮、分析和处理。三者功能上存在明显的互补性，在实践中人们渐渐认识到只有将它们集成在一个统一的平台中，其各自的优势才能得到充分发挥。

根据上述中药资源调研与考察结果，再结合中药材生物学特性和对环境的要求，以及中药材分布与生产发展等情况，进而对中药材生产适宜区进行分析，并确定其最适宜区、适宜区与不适宜区。然后再根据上述调查研究与分析结果，写出调查研究报告，并为中药资源保护抚育与中药材产业发展规划，以及中药材资源异地种植保存规划布局等提出有关设想和建议。

注意：有关中药资源调查或观察记录，一般应包括记录簿和记录表。记录簿，应由公司统一编码下发，并应严格按照原始记录规定要求及时观察并记录（含照片、音像等）。记录表应由研究编制者结合该专项实施方案的实际需要而提出其所用表格，并仅供参考；其具体内容还可根据实际工作需要修改，或增删或重拟。下述各专项实施方案均应编制其记录簿和有关记录表。

2."中药材规范化基地合理选择与基地环境质量检（监）测评价"专项实施方案的研究编制与思考

根据中药材生物学和生态学原理，生长于不同生态环境中的同种植物在长期的趋异适应中，往往可形成其体内生理生化特性与形态特征上具有一定差异的不同生态型和居群，这样则可使同一基源的药用植物在不同产地，可出现其药效成分在种类和数量上的差异。为此，中药材生产基地的调研与选择，在上述中药材资源调查与生产适宜区分析研究基础上，必须依照药用植物的地理学原理，研究中药材质量与其相关生态因子的关系，并综合考虑各地中药资源及中药材生产应用历史、药材地道性、自然条件（包括适宜地形地貌、海拔、土壤、气候等）、社会经济条件（包括党政重视、社会经济发展良好、农民有药材生产经验和积极性等）等因素，充分揭示中药资源与中药材生产的地域分异规律，明确各区域开发中药资源和发展中药材生产的优势，对中药进行科学而合理可行的区划。因此，中药区划对优质中药材规范化生产区域与基地选择具有十分重要的作用，这是中药材生产，保证药材质量，发展药材基地的基础，也是保证药材规范化生产与优质高产的关键。

在研究编制中，对中药材规范化生产与 GAP 基地建设的选择，必须认识到这是通过调查研究及实地考察，并做出合理判断的过程。中药材规范化生产与 GAP 基地的选择，应当按照中药材 GAP 关于产地环境生态的要求，对其生产基地环境进行如下主要内容的实地调研与考察：

（1）基地自然环境调查：地形地貌、海拔、气候、水土、植被等是否符合种植药用植物生物学和生态学的有关要求，并选择大气、水质、土壤符合中药材 GAP 要求的地域为生产基地。

（2）基地环境质量检（监）测评价：所选基地环境质量，应符合中药材 GAP 规定要求。其检（监）测评价主要包括大气、土壤和水（地表水或地下水）。空气质量应符合国家《环境空气质量标准》（GB3095－2012）一级或二级质量标准；土壤环境质量应符合国家《土壤环境质量农用地土壤污染风险管控标准》（试行）（GB15618－2018）规定；水质应符合国家《农田灌溉水质量标准》（GB5084－2005）或生活饮用水质量标准的标准要求。

（3）基地及其周围自然污染源调查：主要调研考察地质等因素所形成的有害物质的水源、金属和非金属矿源等自然污染源。要求基地周围不得有污染。

（4）基地社会经济环境调查：主要调研考察社会经济发展、中药资源生产应用与中药材产销历史、人群及地方病、工业污染源（以污染物种类、数量和途径等为重点）与农业污染源（以化肥、农药的使用种类、数量、时间，以及污水来源、污水量和主要污染物的种类、浓度、灌溉面积与次数等为重点）、交通污染源与生活污染源（如城镇、医院、垃圾坑等）等。

根据上述调研考察结果，再结合种植药用植物生物学特性和对生态环境的要求，以及中药材生产发展的需要等而选择确定其生产基地。特别还应对中药材规范化生产与 GAP 基地建设的经营机制与营运模式（如农场式或公司＋专业合作社等）、科技支撑与产业链、市场依托与生产规模等加以充分考虑，并切实履行基地选择程序，全面综合分析中药材规范化生产与 GAP 基地建设的可操作性等而合理选建。同时，为了继续保持中药材生产基地良好的生态环境，还应在中药材生产基地建设与生产过程中，采取有效措施保护基地的良好环境，以切实推进中药材规范化生产与 GAP 基地建设，促进农民脱贫致富及山区经济发展。

3. "中药资源保护与抚育（含种源地）基地建设"专项实施方案的研究编制与思考

中药资源物种是药用植、动物与环境形成的生态复合体以及与此相关的各种生态过程的总和，其包括生态系统、物种和基因等。物种多样性是人类赖以生存的条件，是经济社会可持续发展的基础。在"中药材资源保护与抚育（含种源地）基地建设"专项实施方案编制时，不但要认识中药材资源保护与抚育是两个不同却紧密相关的概念，而且还必须将中药材生产的种源地（或称"原种地"）纳入重要保护抚育范畴，以确保其种质优良。

中药资源保护是指保护药用植物、药用动物和药用矿物及与其密切相关的自然生态环境和生态系统，以保证中药资源的可持续利用和药用植、动物的生物多样性，挽救珍稀濒危的药用植、动物物种。而中药资源抚育是指根据药用植物、药用动物生长特性及其对生态环境条件的要求，在其原生或相类似的环境中，人为或自然地增加种群数量，使其资源量达到能为人们采集利用，并能保持群落结构稳定，提高可持续利用资源数量的一种中药资源再生方式。

中药资源保护抚育对野生药用植、动物资源的有效保护，特别是对于珍稀濒危药用植、动物资源的保护具有重要作用，它能够提供高品质的地道野生药材，解决了当前中药材生产面临的药材质量差、资源濒危和生态环境恶化等问题，可节约耕地，利于发展林下经济，对实现生态环境保护、资源再生和可持续利用及中药材优质生产具有重要意义。为了更好地发挥贵州中药材的特色和优势，确保中药资源的可持续利用，应积极开展中药资源保护与抚育关键技术及有效措施的研究，为贵州省中药材保护与抚育基地建设提供科学依据。

中药材保护基地的主要实施内容与方法是：深入中药资源分布区域调查；开展中药资源生长环境质量分析与研究评价；加强中药材生长发育与质量动态观测；开展中药资源封山育林保护；研究制订保护野生药材资源、生态环境和持续利用的实施方案等。

中药材抚育基地（含种源地）的主要实施内容与方法是：开展中药资源野生抚育模式比较研究，对封禁、人工管理、补种、轮采等抚育更新方法与效果进行分析；开展中药资源种群增加繁殖方法的观测研究；开展中药资源种群生长过程的观测研究；开展中药资源种群可持续更新利用观测研究；开展中药资源生物群落动态平衡保持观测研究；开展中药材合理轮收方法、轮收季节和允收量等观测研究，确定中药材最大允收量等。

在对中药资源调查与适宜区分析、合理选建规范化生产基地的基础上，选建中药材保护抚育区，再按其自然分布、种群密度、环境状况等情况，确定将中药材较为连片分布且较密集的地带作为中药材资源保护抚育基地；并在其抚育基地内经有关中药材质量与产量等对比研究，选定一定区域作为"种源地"加以重点保护与抚育，以确保其种质优良。

在具体编制中，还应高度重视和认识生物多样性与中药资源保护抚育的重要性和紧迫性。现生物多样性与中药资源保护抚育以及中药材生产应用已发展成为关系到中医药生存与发展的大事。当前，中药材除了供医院中医处方应用外，还大量用于中成药、保健品、中药提取物、食品添加剂、日化品等产业，每年消耗量巨大，野生中药资源破坏日益严重，而有限资源又未有效利用，存在浪费等。我们要建立资源危机意识，合理利用中药资源要从源头抓起，要将中药资源列入国家战略资源，要倡导从中药资源保护、抚育、种养、采猎、加工、储运、检验和交易等产业链抓起，切实加速其规范化和集约化生产，以"产业化为纵，集约化为横"地研究及解决中药资源问题。还要认识到中药资源保护有利于生物多样性保护，要深切认识中药资源保护与生物多样性保护的内涵。必须在深入了解某种或某些种类生物生长发育规律、自然资源状况及更新规律基础上，大力倡导如贵州省赤水市金钗石斛等林下种植，发展林下经济。并根据中药资源自然更新规律，实施自然更新和人工更新、制订有关法律法规和管理制度等，以促使其种质资源真正得到可持续发展与永续利用。同时，为了更有利于中药资源的保护与抚育，还宜将中药资源保护抚育基地与国家或省市级自然保护区相结合地进行建立建设。

4. "中药种质资源异地种植保存基地建设"专项实施方案的研究编制与思考

种质（germplasm）是指决定生物种性，并将其丰富的遗传信息从亲代传递给后代的遗传物质总体。种质乃生命的实质；是决定生物性状遗传并将遗传从亲代传递给后代的遗传物质，在遗传学上称为基因（gene）。种质资源（germplasm resources）为携带种质的载体；其可以是一个植株或某个器官，具有遗传潜能性，具有个体的全部遗传物资。种质是决定生物品质的内在因素；种质资源是能够繁殖后代并保持稳定遗传性状的植、动物材料的统称，如孢子、种子及供繁殖用的细胞和组织。各种药材不同的性味功能，表示其所含药效成分不同，并均与其不同种质密切相关。

从遗传学观点看，种质资源也称遗传资源。对某一物种而言，种质资源是包括栽培品种（类型）、野生种、近缘野生种在内的所有可利用的遗传材料，它与当今国际上生物多样性概念中的种内遗传多样性是相对应的。生态环境的改变，使一些野生药用植物失去自然栖息地；它们所携带的种质资源正面临严重破坏甚至灭绝的威胁。再者，人们在中药材野生变家种、驯化时往往只注意到选择其优质丰产，而忽视其抗病、抗虫等抗逆特性。当一个优良品种迅速推广时，虽携带良好种质基因，但生产上经济价值不高，或目前尚未经过充分评价的品种被其他品种所取代而灭绝，从而可造成种质资源流失。同时，栽培品种遗传一致性的倾向，也增加了植物对流行病虫害潜在的遗传脆弱性，使进一步改良品种所需的广泛而多样化的遗传基础继续缩小。因此，中药种质资源的调查、收集和保存也是中药资源保护的重要措施。

通过现代生物学及基因工程等新技术新方法对中药种质资源（特别是核心种质）的研究，还可达到如下目标：确定中药材遗传资源的分布中心，探索各个分布中心遗传资源的变异特点；形成有鲜明特点的中药核心种质理论体系，建立一套中药材遗传资源核心种质收集、保存、鉴定与评价的方法体系；建立中药资源核心种质优异及基因的评价理论和方法。在上述基础上，可建成独具特色的中药资源核心种质库。从上足见，中药种质资源收集、保存、鉴定评价的重要性与迫切性。

中药种质资源的收集、保存、鉴定评价，现已引起人们高度重视。因其所涉及的中药资源生物多样性不仅现在是人们医药保健的物质保障，而且也是将来中药资源可持续发展的物质基础。故此，对中药种质资源的收集、保存、鉴定评价，对中药生物多样性的保护乃"事在当代，利于千秋"的大事。而其保护措施主要分为"就地保护"（in situ conservation）和"迁地保护"（ex situ conservation）两种形式。就地保护，就是建立保护区，同时对自然保护区进行建设和有效管理，从而使生物多样性得到切实的人为保护。迁地保护，就是通过将野生植、动物从原产地迁移到条件良好的人工环境中去进行有效保护的一种方式（如建立药用植物园、动物园和异地家种家养基地等）。对药用植、动物进行引种驯化、迁地保护，既是有效的保护措施，有效保存了中药种质资源，也可对其生物学和生态学特性等进行研究。我们现在研究编制的"中药材种质资源异地种植保存基地建设"专项实施方案，是对中药材种质资源进行引种驯化的迁地保护。

药用植物种质资源异地种植保存基地（简称"种质资源圃"），要在中药资源调查基础上对其进行建设与研究。经合理选择与建立种质资源圃后，通过对不同产地、不同物种或同一物种的种质资源自然生长与环境相关性等观察研究，或对不同产地、不同物种或同一物种的生物学特性、遗传学特性、多指标化学成分及指纹图谱等研究，以研究观察其生物学和生态学特性等，进而研究探索其优质种源。也可通过种质资源圃进行提纯复壮、优良种源筛选等较为系统而完整的生长发育等观察研究，以更好地研究其生物学特性与优质种质资源，为培育优良种源、良种繁育及规范化种植打下基础。

5. "中药材良种繁育关键技术研究及其基地建设"专项实施方案的研究编制与思考

为推进中药材规范化种植的实施，必须切实加强中药材良种繁育关键技术研究及其基地建设，加强遗传育种等基础研究。在"中药材良种繁育关键技术研究及其基地建设"专项实施方案编制时，应在上述中药材种质资源收集、保存、鉴定与评价，中药材种质资源异地种植保存基地建设的基础上进行，也可视实际情况，对现有栽培类型在收集、整理和科学评价的基础上，通过提纯复壮、系统选育或单株选育、混合选择等措施培育优良品种应用于生产，并建立良种繁育制度。在研究编制中，还应加强与鼓励充分利用现代生物技术进行新品种的培育。

我们应深刻认识到，优良品种的选育和繁育是提高中药材质量、产量及其稳定的重要措施，也是发展中药材规范化生产的一项基本建设。而单有新品种的选育，无大量高质量的良种供给推广应用，新品种就不可能在生产上发挥其应有的作用。因此，良种繁育是品种选育工作的继续，也是品种选育工作的一个重要组成部分。种子种苗的质量最能体现农业生产的科技水平，因此中药材种子种苗也是中药材生产的基础，只有采用性状稳定、质量优良的种子、种苗，并结合规范化种植关键技术，才能生产出优质而高产的中药材。故在本专项实施方案编制时，应特别重视其药材种子种苗质量标准及其检验规程的研究制订。

中药材种子质量标准包括品种标准、种子分级标准和原种生产操作规程。种子检验规程，主要包括品种品质（主要包括符合生产发展需要和适合当地栽培、产量和药效成分含量均较高而稳定、抵抗病虫害和不良环境条件抗逆性强等）和播种品质（主要包括种子成熟度、种子净度、生活力、含水量、千粒重、不带病菌害虫及发芽率测定等）两大内容。在其具体编制时，应根据种植研究的中药材种类，参照"农作物种子检验规程"国家标准，研究与制订中药材种子种苗质量标准和检验规程。

在本专项实施方案的研究编制时，还应紧密结合中药材优良品种选育、良种繁育和当地实际，重点安排并抓紧抓好下述 3 个重要环节：

（1）中药材种子繁殖技术的研究：由于目前药用植物常采用的是常规无性繁殖法，其繁殖系数低，优质种苗的来源与供应已制约了中药材的规模化发展。因此，在本专项实施方案研究编制时，可将药用植物有性（种子）繁殖技术列为重要研究内容。其具体研究编制应结合药用植物种子种苗特性及贵州实际，采用或参照农业上成熟的种子繁育技术和方法进行其研究与编制。一般应包括：药用植物种子合理采集、处理、贮藏与寿命等研究；种子特性、种子检验与种子质量标准等研究制订；良种繁育基地建设、种子育苗关键技术等研究；种子繁殖种苗质量标准研究与制订等。特别要以贵州地道特色药材为重点，将中药材种子繁殖的影响因素及其关键技术等列为重点试验研究内容。例如，种子繁殖用种株的合理选择；种子质量标准的研究制订；种子繁育基质的合理选择；种子繁殖育苗时间等种繁育苗关键技术的试验研究；种子繁殖种苗质量标准的研究制订等。

（2）中药材良种繁育基地的建设：药用植物的繁殖和育苗方法对中药材的质与量均有重要影响，应在中药材规范化生产与 GAP 基地合理选建基础上，根据中药材的种质资源研究与优质品种选择及其繁殖特点等，进行中药材良种繁育基地的建设。特别要做好药用植物有性（种子）繁殖及其育苗基地的建设或育苗移栽等研究与实施，并应安排与进行有关科学的对比试验研究，从中优选出最适宜的繁育技术和育苗方法，以便更好地用于中药材良种繁育实际。

（3）中药材良种繁育新技术新方法的研究应用：在本专项实施方案编制时，还应注意紧密结合有关中药材良种繁育新技术新方法的应用。比如优良种质研究与选择，中药材种质是中药材生产过程中的重要生产资料，中药材规范化生产与品种化至关重要。因此，在研究制订实施方案时，我们要认识到传统意义上的中药材产区之原植物，因未经有目的而严格的选择和系统研究，它只能算是一个品种的雏形，只有通过选育或现代生物技术手段，才可能培育出真正具有相应科学指标的优良品种。故应将中药材种质资源及其品种研究，以及中药材无性系快速繁殖材料的研究与实施列为重要内容，并应努力进行如下几方面的研究：中药材种质资源的收集、活标本和种子的保存；同地种植并进行生物学性状观察、种质鉴定及亲缘关系分析；研究各种质间分化状况及品质差异；各种质生物学、抗逆性、产量、种子检验检疫及药学品质评价；种质纯化和优选、新品种培育及品种改良、遗传基因分析和种质保存技术研究等。在对中药材种质深入研究与评价基础上，选择其优质品种作为中药材规范化生产基地种植品种的基源。

特别是经研究发现，生物遗传信息不随个体的发育阶段的变化而变化，同一个体的不同组织器官都具有相同的遗传信息。生物种属特异性的遗传信息也不会因新鲜活体或干枯样本而发生生物差异。现代生物学遗传多样性等研究分析鉴定方法，就是基于生物种属特异性和遗传稳定性而设计出的，是可精确识别不同中药种质资源的有效方法。这为中药材分子鉴定提供了新思路新方法，对中药种质资源的研究与良种繁育选择将有重要推进作用。这也值得我们在本专项实施方案研究编制时借鉴、学习与思考。

6. "中药材规范化种植关键技术研究与生产基地建设"专项实施方案的研究编制与思考

本专项实施方案研究编制时，首先要认识到药用植物生长发育过程中受环境因素的影响较大，栽培中的粗放管理，可导致病虫害及其防治问题十分突出，将成为影响药用植物产量和中药材质量的重要因素。开展中药材规范化种植（含现代设施中药农业，下同）与 GAP 基地建设，是保证中药材优质、高产、无公害的重要措施。

本专项实施方案研究编制时，必须开展中药材规范化种植研究，掌握中药材生长发育、田间管理等关键技术，研究、编制、建立中药材规范化种植生产全过程的各项标准操作规程（SOP），保障中药材产业健康和可持续发展等作为重点编制内容，并应紧密结合本地实际重点安排与抓好下述 4 个重要环节：

（1）中药材优质无公害、规范化栽培：优质无公害中药材规范化生产是一种全新的生产体系及系统工程，它绝不同于传统农业和传统中药材种植，而是综合运用现代科学技术和吸收传统农业、传统中药种植加工业的精华，并实行其生产全过程的生产管理、质量控制与系统管理而形成的一种科学的生产模式。这也是本专项实施方案研究编制的核心与关键，应予高度重视，应紧密结合实际加以研究与编制。

（2）中药材种植关键技术与生产质量管理：在中药材生产中，人工因素如选地整地、中耕除草、施肥灌溉、耕作制度、病虫害防治，以及植物激素与农药的合理应用等种植关键技术与其生产质量管理等，对于药用植物生长发育的影响是极其显著的，对其药效成分与产量等也有重要作用。因此，在本专项实施方案编制中，必须突出如何认真进行中药材栽培技术的研究与严格生产管理等，并应将其作为中药材规范化基地建设的核心内容加以研究与实施，有的还需安排有关对比试验研究并要求认真总结实践，以既切实提升中药材试验示范生产措施所产生的效果和经济效益，又减少盲目采取某些措施所产生的浪费。这当中尤其要将优质无公害生产作为重中之重，各种规范化生产技术与生产管理措施要着重避免或控制有害物质的投放与危害，切实减少对中药材和环境的污染，逐步建立和实现其生态系统的良性循环，并使中药材规范化生产基地真正形成可持续发展的综合能力，以获更佳经济效益、社会效益和生态效益。

（3）中药材林下规范化种植与生产基地建设：对中药材林下种植关键技术研究，要重点安排如下主要研究试验：栽种方式试验、移栽密度试验、遮阴试验、水分管理试验、追肥试验、病虫害防治技术研究等。并应按照中药材 GAP 规定要求，结合本地实际进行中药材规范化生产与 GAP 基地建设，除上述中药材基地环境质量检（监）测评价应符合中药材 GAP 要求外，其主要内容为：中药材基地规划设计与合理布局（含平面分区布局图），中药材基地设计与施工，中药材种植关键技术各种试验研究总结与示范推广，中药材生产管理，质量管理与文件档案管理（含有关记录、照片、音像等）。

（4）中药材病虫草害调查与综合防治：植物病虫害的发生、发展与流行取决于寄主、病原和虫原、草害及与环境因素之间的相互关系。中药材本身的栽培技术、生物学特性和要求的生态条件有其特殊性，因此也决定了中药材病虫草害的发生和一般农作物相比，有它自己的特点，如地下病虫害较多就是一个比较突出的问题。故在本专项实施方案编制中，应特别重视与结合当地实际，加强中药材病虫草害调查与综合防治工作。

首先，我们应正视现在中药材生产中，农药安全使用法规既不甚健全又存在滥用农药较为严重的现实。目前，我国中药材生产在农药安全使用方面较缺乏相应的法规，仅在1982 年颁布的《农药安全使用规定》和《农药管理条例》（2017 年修订）中原则性提出："剧毒、高毒农药不得用于蔬菜、瓜果、茶叶和中草药材"，而在生产 A 级绿色食品可限制性使用的化学农药种类、毒性分级、允许的最终残留限量、最后一次施药距采收间隔期及使用方法中，在对 59 种杀虫、杀螨、杀菌和除草剂及 130 余种次作物的相关规定中，没有一种中药材列入其中；在农业部农药检定所制定的《农药残留试验准则》中，提到了

17 类 91 种供试作物，均为粮食、果类和蔬菜，在中草药一项之下，仅写道"可参照以上作物视情况而定"；《农药合理使用准则》（GB/T8321.1—10）对几十种农作物病虫害防治的农药安全使用进行了规定，但其中也没有一种中药材；在 2000 年登记的 1703 个农药中，没有一个农药在中药材应用上登记。严格讲，未在中药材上登记的农药，是不被允许在中药材上使用的，因此，农药在中药材生产中如何使用，安全性如何，皆无据可循。

目前，在中药材生产中乱施滥用农药现象较为严重。现中药材种植者绝大多数为农民，受文化水平和人员素质乃至经济利益的影响，他们当中的大多数人缺乏基本的植保知识和常识，一看到有虫就想到打药，对农药的选择标准只考虑一是有效，二是价钱便宜，很少考虑农药毒性对药材质量及土壤等所造成的影响。药材产区药农使用高毒农药防治中药材的病虫害较为普遍，且使用方法多不规范，随意加大用药浓度或使用高毒高残留农药等。长此下去，造成的后果将十分严重。经调查，乱施滥用农药常见的危害，一是农药在中药材中的残留严重，农药残留量超过允许标准可直接损害人体健康，妨碍中药走向国际市场；二是环境污染加剧，造成土壤、水、大气的农药污染，破坏生态平衡；三是长期高浓度、大剂量、不合理使用农药，病虫的抗药性迅速增加，导致其防治难度越来越大，用药成本也越来越高，并可形成恶性循环等。

因此，在本专项实施方案编制中，尤须突出对中药材主要病虫害种类、生活习性、发生规律及危害程度（如受害率、感病率、病情指数等）调查，以及主要病虫草害的有效防治措施研究与研究制订病虫草害综合防治方案等。特别要深刻认识到，中药材病虫草害的防治必须坚持"预防为主，综合防治"原则。综合防治（integrated pest management，IPM）是对有害生物进行科学管理的体系。综合防治必须从农业生态总体出发，根据有害生物和环境之间的关系，充分发挥自然控制因素的作用，因地制宜地协调应用必要的措施，将有害生物控制在其经济受害允许水平以下，以获得最佳的经济、生态和社会效益。也就是说，综合防治应从生物与环境的整体观点出发，本着预防为主的指导思想和安全、有效、经济、简便的原则，因地制宜，合理运用农业的、生物的、物理的、化学的方法及其他有效的生态手段，将病虫草害的危害控制在经济阈值以下，以达到提高经济效益、生态效益和社会效益的目的。在中药材病虫、草害防治的各项措施的应用中，要做到既控制病虫草害的危害，又要不降低中药材质量，避免农药残留及其他污染物对中药材的污染。应重点加强综合防治和生物防治为主的无污染新技术的研究应用。

在中药材规范化种植的综合防治方案研究编制时，应坚持"预防为主，综合防治"与本着防治效果明显和减少污染的原则，根据调查研究情况，制订病虫草害综合防治方案，针对对中药材生产影响严重的病虫草害开展专题研究和防治。生产过程中的病虫草害发生后，应根据其危害程度研究制订防治方案，如果危害较轻，可以不采取药物防治。如果需要进行药物防治，则根据《农药管理条例》要求选择适宜的农药种类进行防治，即在必须使用化学农药时，应选择高效、低毒、低残留的农药合理使用，并应把农药使用量控制到最低水平，并应对防治效果及对所使用农药的有关残留毒害（包括对种植药材及对其土壤等环境的危害）进行检测。在农业防治时，于萌芽前，修剪枯枝和弱枝，将受害枝叶剪除，清除被害枝叶，集中烧毁。冬春期间结合积肥，铲除田边、沟边、塘边杂草，清除枯枝落叶，并进行集中烧毁。在生物防治时，要利用中药材基地生态环境的有益生物或选用抗生素防治病虫害。在物理防治时，可用温度、光、醋、电磁波、超声波等物理方法防治病虫害，也可进行人工捕杀，并对受害枝叶进行集中处理（烧毁或挖土深埋）。

　　总之，中药材病虫草害及其防治，是植物保护科学领域中近二十多年来发展起来的一个年轻的分支。中药材是祖国医药宝库中的一个重要组成部分，其栽培历史较久，因此有关病虫草害的研究，和其他国家相比，我国做得比较多且富有成效。但其毕竟还是一个新发展起来的分支学科，和水稻、小麦等农作物相比，防治工作做得还不多，有关法规又欠健全，科学资料积累较少，生产实践尚缺乏经验，尚存在不少问题。因此，我们在本专项实施方案中要特别对此引起重视，要切实加强与编制中药材病虫害草无公害防治技术研究，并积极用于生产实践，以更好总结经验，提高效益。

7. "中药材合理采收、初加工及其包装、贮藏与运输"专项实施方案的研究编制与思考

　　合理采收、初加工及其包装、贮藏、运输是中药材规范化生产与 GAP 基地建设的重要环节之一。而在中药材生产上，过去对于合理采收、初加工及其包装储运多重视与研究不够。比如在包装与贮运上，中药材的包装和使用材料都较为落后与简陋，多用麻袋、竹筐或柳条筐等包装，多无严格的产地、采收及初加工时间、批号、质量合格证及包装工号等标识，贮运条件也较差。因此，在中药材规范化生产与 GAP 基地建设中，对此要格外重视，要认识到药材合理采收、初加工、包装储运及建立批号制等管理，以及加强中药材质量追溯监管的重要性与迫切性。即以合理包装而言，其目的是为了在药材贮运流通过程中，更好地保护药材，方便运输，便于贮藏，促进营销，切实地保证药材质量及避免二次污染等，应对其包装材料的安全性、合法性、稳定性、可降解性、可重复利用性，以及包装的合理选择、批号制定和储藏、运输、养护等加以全面研究，建立严密的中药材采收、初加工、批号、包装与储运养护管理制度并有效实施，以确保中药材质量，把好中药工业及大健康产业"第一车间"的生产质量关。

　　药用植物体内药效成分的形成和积累，是植物代谢过程的结果，与其生长、发育密切相关。其生长发育期的长短与采收时间、采收方法及初加工等，都直接影响着中药材的质量与产量。因此，应对中药材合理采收与初加工予以认真研究，要据其单位面积产量及产品质量（含外观性状和内在药效成分积累等），并参考传统采收经验、初加工技术等因素来研究确定采收期（含年限、季节、月份、日时等采收时间）、采收方法，以及采收后的初加工等；有的还需进行对比实验研究，并对传统采收及初加工经验加以认真总结提高。特别是对中药材的传统加工经验更要珍视和认真总结，要严格控制采收及初加工过程中可能带来的各种影响产品质量的不利因素、二次污染或对环境造成污染等危害，并应及时做好记录与清场等。

　　在本专项实施方案研究编制时，应根据不同中药材合理采收、初加工及其包装、储运养护的要求，结合中药材生产（含现代设施中药农业）实际，充分运用现代科技手段，并在中药材传统采收、初加工、包装、储藏、运输经验的基础上，进行有关试验对比研究。例如，通过对中药材药效（指标）成分动态积累规律的研究，即定时定点采集样品（相同环境，样方测产）进行其外观性状、浸出物、主要药效（指标）成分含量等对比检测分析，并结合样方测产结果，以选择确定合理采收期与采收方法。又如通过对不同初加工方法，

对不同包装、不同储藏方法的药材采样，分别进行其外观性状、浸出物、主要药效（指标）成分含量等对比检测分析，以选择确定合理初加工方法及其合理包装、储运养护。同时，还应按照中药材采收、初加工及其包装、储运养护的有关管理规定要求，进行生产质量管理与日常管理，并将其有关研究内容与结果纳入本专项实施方案的研究编制之中。

8. "中药材质量标准提升及其企业内控质量标准研究制订及指纹图谱研究" 专项实施方案的研究编制与思考

中药是防治疾病与保健康复的特殊商品，中药必须符合国家有关质量标准规定，必须达到"安全、有效、稳定、可控"要求。而中药材是中药饮片、中成药、保健品等"大健康"产业的重要原料与物质基础，中药材属于药品，在其质量标准研究与监督管理上具有药品的共性要求。中药材与其他药品一样，其质量来自它的整个生产过程，只有规范化生产才能得到质量稳定、均一、可控的中药材产品。只有紧紧抓好优质高产中药材生产这个源头，中药材的质量才能得到保证与提高，"大健康"产业相关产品的内在质量才能得以提升，中药深度研究开发与中药现代化、国际化才能得到根本保证。因此，在中药材规范化生产基地建设中，必须将质量标准研究、质量检测与监督管理作为极其重要的环节来抓紧抓好。在中药材规范化种植生产基地建设中，应当建立质量管理部门及与其相适应的人员队伍、场所和仪器设备等，严格按照中药材 GAP 要求进行中药材生产全过程的全面生产质量管理与检测监控等工作，并可与科研院所、中成药及其保健品等相关制品生产企业和临床应用等单位协作，结合实际需要开展其生产全过程与生产质量管理相关性等方面的深入研究，以更好地指导中药材规范化生产与示范推广应用。从上可见，本专项实施方案研究编制，对于以质量为核心的中药材规范化生产与 GAP 基地建设具有极其重要的现实意义。

因此，在编制本专项实施方案时，应依照上述要求，加强质量标准研究，应在《中国药典》（现行版）中药材质量标准基础上，紧密结合实际地对中药材质量进行系统研究，并进行其质量标准提升与企业内控质量标准的研究制订等。在本专项实施方案研究编制中，应具体设置下述主要内容：对不同产地中药材（含野生、野生变家生、引种药材）、不同生长发育期（如花期、果期、果后期等）中药材样品定点（相同环境，必要时样方测产，下同）中药材进行其外观性状、鉴别、水分、灰分、重金属、农药残留量、二氧化硫残留量、黄曲霉毒素、浸出物，及其药效（指标）成分的对比检测分析等研究；在《中国药典》（现行版）或有关地方标准收载的中药材质量标准基础上，进行中药材质量标准提升研究，并进一步研究制订企业内控质量标准（包括商品药材标规格）及起草说明；以中药材规范化生产基地的药材为重点，对不同产地中药材（含野生、野生变家生、引种栽培药材）进行指纹图谱研究等。中药材质量标准提升、企业内控质量标准研究制订与指纹图谱研究是保证中药材优质、稳定、可控的重要内容。

为了确保上述中药材研究的科学性、真实性与可比性，在研究编制本专项实施方案时，还应特别规定其正确取样方法与有关要求。如在不同中药材质量对比检测分析等研究时，应选择相同环境、相同生长年限、生长正常的植株定点取样（鲜品或不超过 60℃干燥的干品），并在取样点进行样方测产，以进一步对比研究其质量与产量的相关性，探索掌握其优质高产关系。

在编制本专项实施方案时，还要特别注意中药材 GAP 基地建设与生产全过程的品质保证与品质控制管理：即应切实加强有关"QA"与"QC"的有效实施管理。"QA"，为"quality assurance"的简称，意即品质保证；"QC"，为"quality control"的简称，意即品质控制。在一个实验室或项目团队中，均存在着 QA 和 QC 两种角色。它们的区别在于：QA 需要全面掌握实验室或项目（如中药材 GAP 基地生产，下同）工作的全过程，由熟悉实验室或参与项目所涉及技术的人员来担任；QC 则既可以由熟悉实验设计的人员，也可以由熟悉实验测试的人员来担任。QA 活动应贯穿实验室或项目生产质量运行的全过程；QC 活动则一般设置在实验室或项目运行的特定阶段，在不同的控制点可能扮演不同的角色。因此，称职 QA 的跟踪和报告实验室或项目运行中的发现（findings），只是其工作职责的基础部分，其更富有价值的工作，应是为实验室或项目全过程提供生产质量的监控及支持。称职的 QC，主要工作是提供正确的检测数据，更重要的是能发现和报告产品的缺陷等。故在编制本专项实施方案时，要将 QA 与 QC 人员及其有效实施管理等纳入重要编制内容，以确保中药材 GAP 基地建设与生产全过程的品质保证和控制。

9. "中药材质量保障追溯体系建设实施与生产质量监控"专项实施方案的研究编制与思考

中药材质量保障追溯体系，必须依托有效的生产质量管理体系的建立，对中药农业（含现代设施中药材生产）、中药工业及"大健康"产业生产全过程的各个环节进行实时监控与管理。

在本专项实施方案研究编制时，我们应切实研究建立中药材规范化种植（养殖）、采收、初加工、质检、包装、储运养护等生产全过程，以及药材产销后的质量保障追溯体系。也就是说，本专项实施方案的具体研究编制，要从中药材规范化生产与基地选建环境质量检（监）测评价、良种繁育与组培快繁、规范化种植（养殖）研究与基地建设，到中药材合理采（捕）收、初加工、质检、包装、储运养护等生产全过程，以及药材营销、中药工业及"大健康"产业制品生产全过程的质量监控与质量保障追溯体系等各个环节，其涉及中药材 GAP、GSP 及 GMP 有关规定要求，但本专项实施方案以中药材 GAP 为主进行其全面而系统的具体研究与编制。这是本专项实施方案研究编制过程中，我们应当狠抓紧扣的核心，应合理研究编制中药材质量保障追溯体系建设及其生产质量监控的主要追溯内容，并制定其有效措施。

在本专项实施方案研究编制时，还要明确规定在中药材质量保障追溯体系建设实施中，要按规定进行留样观察并依法检测。要定期或不定期进行生产质量检查监察，并要求质量保障监控管理部门，每年应定期或不定期地写出中药材质量保障追溯体系与生产质量监控的总结报告或质量动态，向有关领导报告及向有关部门通报。

10. "中药材规范化生产全过程的生产管理、质量管理与文件管理"专项实施方案的研究编制与思考

在本专项实施方案研究编制时，我们应深刻认识到，中药材规范化生产与 GAP 基地的生产管理、质量管理与文件档案管理的建立与实施,这不仅是为了达到中药材 GAP 认证要求,更是为了中药材生产、质量的监控与追溯,以更好地研究总结与加强中药材生产全过程的生产质量管理,确保中药材质量的安全、有效、稳定与可控。这对于中药材规范化生产与 GAP 基地建设,建好中药产业"第一车间"与促进社会经济发展都具有重要意义。

中药材 GAP 实施、中药材规范化生产与 GAP 基地建设,是一项系统工程。其能较有效地研究解决我国中药材生产长期存在的如种质不清、生产不规范、农药残留量超标、质量不稳定与可追溯性不强等问题。在中药材规范化种植(养殖)与 GAP 基地建设中,除抓紧抓好有关应注意解决的生产技术与质量等问题外,还需研究编制其生产管理、质量管理与文件管理,以及各项标准操作规程(SOP)等有关资料。严格按照中药材 GAP 要求详细记录其生产全过程与有关资料等(如种质资源、繁殖材料、试验研究与生产、质量管理记录等),建立健全组织管理、生产管理、质量管理及文件管理的有关规章制度和岗位职责等,并进行严格管理,以备中药材 GAP 基地建设及其研究与实施等有关资料的溯源和备查。

因此,在本专项实施方案研究编制中,首先应按照中药材 GAP 生产管理、质量管理、文件管理要求编制与实施,并须达到系统性、完整性、严密性、适应性、动态性、可追溯性。编制与实施中,应结合中药材规范化生产实际与档案管理工作经验,对中药材规范化生产与 GAP 建设的全过程,编制其相应的生产管理、质量管理、文件管理的技术标准(TS)、标准管理规程(SMP)、标准操作规程(SOP)及生产、质量、记录(表格、图像等)文件档案等。并应在上述基础上进一步研究与建立"中药材规范化生产管理、质量管理与文件管理系统"(简称"中药材 GAP 生产质量文件管理系统")。

在本专项实施方案研究编制中,中药材规范化生产与 GAP 基地建设生产全过程的所有文件档案资料,可按其生产管理、质量管理、文件管理和记录管理分成 4 大类进行具体编制,并在上述 4 大类之下,又分为生产管理制度、质量管理制度、文件管理制度、岗位职责、质量标准、标准操作规程、设备管理、物料管理、卫生管理、生产管理记录、质量管理记录、文件档案管理记录等若干分支。然后,将每类文件资料依类分别归档并以文件盒或文件袋装存,再编制其相应的文件总目录与分目录(例如,每盒或每袋文件资料内的第 1 页,为该文件盒或文件袋内资料的相应目录等),并贴上相应的标签,以便查阅。

为了规范、统一文件格式,在本专项实施方案研究编制中,还应研究编制与建立中药材 GAP 基地文件系统标准管理规程,应规定文件的文头、正文、文件代号(编号)、分类编码,以及页面编排、字体、印刷格式和文件档案管理的基本准则等。并应规定各类文件应有的统一一本格式,形成文件档案管理系统与整理归档保管程序等。

总之,建立健全与正确使用各类文件资料是中药材 GAP 极其重要的一项基础工作,是中药材生产管理和质量管理的重要依据。只有这样才能有力保证中药材 GAP 生产全过程的规范化与标准化,才能有力促使其整个文件档案资料管理达到系统性、完整性、严密性、适应性、动态性及可追溯性之目的和要求。因此,对本专项实施方案要高度重视,要按照中药材 GAP 规定要求并结合实际认真研究编制。

第三节 中药材规范化生产标准操作规程的研究编制

一、基本概念与目的意义

（一）基本概念

《中药材生产质量管理规范（GAP）》（试行）的研究制订与发布实施，是国家从立法上将中药材纳入规范化、标准化管理，是促进中药农业产业化、现代化的重要举措。中药材 GAP 为其整个生产过程，提出了应予遵循的基本准则。中药材生产基地必须依照 GAP 要求，根据生产的药材品种、环境要求、技术状态、经济实力等实际，研究制订切实可行、达到中药材 GAP 要求的生产技术、操作方法和生产质量管理的有效措施等，则称之为中药材的标准操作规程（standard operating procedure，SOP）。

中药材 GAP 与 SOP，两者是既有联系又有区别的。中药材 GAP 的制订与发布是国家和政府行为；它为中药材规范化种植（养殖）与 GAP 基地建设提出了应当遵循的准则，其对所有中药材规范化种植（养殖）与 GAP 基地的要求都是一致的。各中药材规范化种植（养殖）与 GAP 基地都应按照中药材 GAP 的统一要求，根据各自生产品种、适宜种植（养殖）区域、技术状态、科技实力等，研究制订其切实可行的实施方案并有效施行。而中药材 SOP 是企业行为；它是根据各自生产品种的实际，通过科学的实验设计、试验研究、分析论证，系统研究总结其规范化种植（养殖）、合理采（捕）收、合理初加工及包装储运等关键技术，并在中药材传统生产技术及经验（特别是地道特色药材产区的生产加工技术及经验）等的基础上，经生产实践而形成的具有科学性、实用性、有效性和严密性的中药材 SOP。中药材规范化种植（养殖）与 GAP 基地建设生产全过程的各项 SOP 的研究制订，是生产企业与相关科研部门协作研究的成果和财富。

（二）目的意义

在依照中药材 GAP 规范化种植（养殖）、采收、初加工、包装、储运养护等生产全过程中，一定要明确认识中药材 GAP 与 SOP 之间的关系。中药材 GAP 是药材生产质量管理规范，适用于中药材生产的全过程，以及生产质量管理的各关键环节。而中药材 SOP，是一套可供追究责任的生产质量保障体系，是实施中药材 GAP 的方法和管理；它是在符合 GAP 指导原则下制订的规范细则。可以这样说，中药材 GAP 是由若干个中药材 SOP 组成的。其既可是综合的 SOP，也可是某一专项的 SOP，关键在于如何对其科学研究制订与把握。中药材规范化种植（养殖）GAP 生产基地建设与其 SOP 的研究制订，是将中药材规范化种植（养殖）已取得的研究成果与传统经验紧密结合的产物。

在中药材规范化生产与 GAP 基地建设实践中，其 SOP 研究制订过程还将会遇到不少新的问题，这些问题又将是其新的研究项目或课题。我们对此要高度重视，认真对待，应将其作为实施中药材规范化生产与 GAP 基地建设的深入研究内容。

二、标准操作规程的研究制订

中药材 GAP 与 SOP，应按照上述有关要求与方法进行研究制订与实施。本章上节有关中药材规范化生产与 GAP 基地建设专项实施方案的具体设置研究，将为建立中药材规范化生产全过程的生产质量管理及其有关 SOP 制订提供科学依据。但由于当前在中药材 SOP 的研究制订与实施上，各地正在结合实际研究摸索，尚无统一的研究与制订方法、无有关标准与指南，更无成熟的中药材 SOP 先例可循，下面仅对当前应研究制订与实施的中药材 SOP，予以原则性的简要介绍，以供中药材生产全过程中各 SOP 的研究制订参考。

中药材规范化生产与 GAP 建设是一项系统工程，有着诸多技术环节，必须多学科协作，相互配套，联合攻关，特别应在中药材生产的基础研究（如种质资源和优良品种选育研究等）、保证中药材质与量的关键技术（如规范化种植关键技术及合理采收与初加工研究等）及生产安全、有效、优质中药材的关键措施（如降低农药残留量和重金属量等）等方面有所前进，有所突破，有所创新。因此，在按照中药材 GAP 要求，进行研究制订中药材规范化生产与 GAP 基地建设各项 SOP 时，应将现代农作物模式化生产试验设计，切实而有效地引入中药材 SOP 的研究制订中，并结合传统技术与经验进行研究制订。

例如，在中药材保护抚育基地、种质资源异地种植保存与良种繁育技术研究及其基地建设标准操作规程的研究制订时，可参照前述的"中药材保护抚育基地（含种源地）建设"及"中药材种质资源异地种植保存基地建设与研究"专项实施方案进行研究制订。如研究制订中药材保护抚育（含种源地）、种质资源圃与良种繁育基地选择等 SOP；种子繁殖或种质采集时间、成熟程度与采集方法、干燥方法、种子鉴定（主要包括种子颜色、形状、大小等形态特征描述，以及净度、含水量、千粒重、发芽率、发芽势、生活力测定、病虫害及生物学特征等）、种子储存、种子预处理等 SOP；种子育苗播种前苗床准备、种子预处理方法、播种方法、播种深度、覆土厚度、播种量、育苗密度、覆盖保墒、遮阴、水肥管理及病虫害防治等 SOP；无性繁殖材料与种苗培育方法等 SOP；优良种源、良种选育与提纯复壮等 SOP。

又如，在制订中药材规范化种植研究及其基地建设标准操作规程时，可参照前述的"中药材规范化种植关键技术研究与生产基地建设"专项实施方案进行研究制订。如研究制订中药材规范化种植关键技术的有关 SOP，原则上要从整地、基肥、移栽、间苗、定苗、补苗、中耕除草、水肥管理（主要包括施肥、灌溉、排水等）、培土、整形与修枝、翻蔸、人工授粉、遮阴、防霜、覆盖，以及病害、虫害及其综合防治等各个环节，应据中药材实际需要对上述内容具体化，并在进行必要的对比实验观察研究基础上，再对其各项生产关键技术与监督管理分别研究制订其 SOP。特别是水肥管理和病虫草害防治 SOP，更要高度重视，应着重从优质无公害及高产上加大研究力度，研究制订其 SOP。如合理施肥 SOP研究制订时，由于不同中药材使用的药用部位各不相同，植物的生育期、器官生长发育特性、营养元素含量及其变化规律、干物质积累特点、地上地下药用部位关系、需肥种类与需肥量、施肥时间与方法等都对中药材的质量、产量有不同影响，因此，必须对其土壤的肥力状况进行监测，以便了解土壤的肥力等实际情况，进而开展需肥特性及配方施肥等试验研究（其试验研究方法可采用单因素随机分组进行试验研究；若有条件最好以正交试验或二次正交回归旋转组合设计进行田间试验等），以建立科学合理的肥料种类、使用方法、使用量及使用时间的最佳组合。然后，在上述研究试验基础上，再紧密结合传统经验与生产实际，研究制订其合理施肥 SOP 并实施。

再如，在中药材合理采收、初加工及其合理包装、贮运养护标准操作规程时，可参照前述的"中药材合理采收、初加工及其贮藏与运输"专项实施方案进行研究制订。如研究制订中药材合理采收 SOP（主要包括采收年限、采收季节、采收月份及采收方法、采收工具、采收后的药材在田间的摆放或装入的容器等）；合理初加工 SOP（主要包括初加工方法与时间、加工工具与设备、干燥方法与设备、干燥温度与时间等）；中药材合理包装与贮运养护 SOP（主要包括合理包装、贮藏、运输等各个环节）。上述有关合理采收、初加工等 SOP 的研究制订，均应运用现代科学技术，结合传统经验并经对比试验等对其关键技术进行研究，然后再分别制订其合理采收、初加工等 SOP。

前已述及，在有关中药材质量标准提升研究等专项实施方案研究与编制中，具体设置的不同产地、不同生长发育期中药材，以及药材质量标准提升与指纹图谱研究等的试验研究，都可为建立中药材企业内控质量标准、中药材规范化种植（养殖）基地建设生产全过程质量管理及其有关 SOP 的研究制订提供科学依据。因此，可据上述有关研究结果，结合生产实际和质量保障追溯监控的重要环节研究制订其 SOP。如种苗取样 SOP、种子种苗检验 SOP、中药材取样 SOP、中药材检验 SOP、有机肥检验 SOP、留样观察监测 SOP 等。

总之，各生产企业在中药材规范化生产与 GAP 基地建设中，要以质量为核心，对质量相关的关键技术及生产质量管理等措施，均要在总结前人研究成果与实践经验的基础上，切实做好科学实验设计，精心试验研究，做好完整原始记录和实验总结分析，并在此基础上进行操作规程（SOP）及其起草说明的编制。同时，操作规程（SOP）及其起草说明是中药材 GAP 认证检查与审评的重要依据，也是实际操作的基本依据，因此要将其作为中药材 GAP 技术人员、管理人员以及生产人员（包括广大药农）的基本而重要的培训内容之一。

三、标准操作规程的审定、批准与施行

经研究制订的中药材标准操作规程（SOP）应分为正文和起草说明两个部分。正文部分是中药材标准操作规程（SOP）研究试验的结论性成果，规范化、标准化的操作程序，在标准操作规程中不需要任何解释与说明；起草说明部分则是对中药材 SOP 的解释与说明，以试验研究的数据和分析来说明制订其操作规程的合理性和科学性，以利于付诸实施。

由于中药材规范化与 GAP 基地建设生产全过程的各项标准操作规程的研究制订是企业行为，其多是生产企业与相关科研部门共同协作研究的成果和财富，因此，中药材规范化生产与 GAP 基地建设标准操作规程研究编写完成后，应由该研究编制的企业，组织该企业有关部门（如生产技术部、质量监管部等）或相关科研协作部门共同论证修订，再经该企业有关领导或总农艺师审定批准后正式施行（试行）；试行中若需修订，应再经论证、审核与批准施行。

第四节　中药材 GAP 认证检查、评定标准与实施进展

1998 年 11 月，天然药物资源专业委员会在海口召开第三届学术研讨会，国家药品监督管理局任德权副局长提出研究编制与实施"中药材生产质量管理规范（GAP）"，并成立了以中国药科大学周荣汉教授为组长的中药材 GAP 起草专家组，开展了中药材 GAP 调研及起草工作。经过 4 年多的努力，《中药材生产质量管理规范（GAP）（试行）》于 2002 年 3 月 18 日通过国家药品监督管理局审查，4 月发布并于 6 月 1 日正式实施。笔者有幸参加了此项工作，到了全国有关中药材 GAP 基地调研考察及参加认证，并参与了省内外多个 GAP 基地的工作实践。笔者深深感到，在现代农业与中医药学蓬勃发展的背景下，在中药材规范化生产与 GAP 基地建设中，中药材产品安全和质量乃是第一位的。中药材 GAP 是从源头上控制中药饮片、中成药及保健药品、保健食品的质量，并和国际接轨，以达到药材"真实、优质、稳定、可控"的目的。其旨在规范中药材生产全过程，以质量为核心，切实加强生产管理、质量管理与文件管理，促进中药材生产规范化、标准化、集约化、规模化与产业化，并切实做好药材生产质量的可追溯性与质量保障监控体系建设等。下面将简要介绍中药材 GAP 基地的认证工作程序、评定标准、认证检查与我国中药材 GAP 的实施和蓬勃发展，以供参考。

一、中药材 GAP 认证工作程序与评定标准

（一）中药材 GAP 认证工作程序

根据《中华人民共和国药品管理法》及《药品管理法实施条例》的有关规定，为加强中药材生产监督管理，规范中药材生产，保证中药材质量，促进中药产业与相关产业的发展，国家药品监督管理局于 2002 年 4 月颁布了《中药材生产质量管理规范（试行）》（简称中药材 GAP；2002 年 6 月 1 日起施行）。国家食品药品监督管理局于 2003 年 9 月又颁布了《中药材生产质量管理规范认证管理办法（试行）》和《中药材 GAP 认证检查评定标准（试行）》（2003 年 11 月 1 日起施行），开展了中药材 GAP 认证申报与现场认证检查工作。

《中药材生产质量管理规范认证管理办法（试行）》规定国家食品药品监督管理总局负责全国中药材 GAP 认证工作；负责中药材 GAP 认证检查评定标准及相关文件的制定、修订工作；负责中药材 GAP 认证检查员的培训、考核和聘任等管理工作，并由国家食品药品监督管理总局药品认证管理中心承担中药材 GAP 认证现场检查等具体工作。

中药材 GAP 认证的申请，是由中药材生产企业申报。申报后，各省、自治区、直辖市食品药品监督管理局负责本行政区域内中药材生产企业的 GAP 认证申报资料初审，并负责对通过中药材 GAP 认证企业的日常监督管理工作。

国家食品药品监督管理总局对各省、自治区、直辖市食品药品监督管理局初审合格的中药材 GAP 认证资料进行形式审查（必要时可请专家论证），符合要求的予以受理并转国家食品药品监督管理总局认证中心再进行认证现场检查。

中药材 GAP 认证现场检查工作，由国家食品药品监督管理总局认证中心负责组织与具体进行。其认证现场检查组成员的选派应遵循本行政区域内回避原则，一般由 3～5 名检查员组成。根据检查工作需要，可临时聘任有关专家担任检查员。省、自治区、直辖市食品药品监督管理局可选派 1 名负责中药材生产监督管理的人员作为观察员，联络、协调检查有关事宜。

经国家食品药品监督管理总局认证中心组织的检查组，对申报的中药材 GAP 基地的生产质量管理进行现场认证，检查合格者，再由国家食品药品监督管理总局组织审查，符合规定要求者予以中药材 GAP 认证检查公告。

（二）中药材 GAP 认证评定标准

根据《中药材生产质量管理规范（试行）》制定的《中药材 GAP 认证检查评定标准（试行）》，认证检查项目共 104 项，其关键项目（条款号前加"*"）19 项，一般项目 85 项。其中，植物药认证检查项目 78 项，其关键项目 15 项，一般项目 63 项。

关键项目不合格则称为严重缺陷，一般项目不合格则称为一般缺陷。根据申请认证品种确定相应的检查项目。中药材 GAP 认证检查结果评定，见表 10-1。

表 10-1　中药材 GAP 认证检查结果评定

项目		结果
严重缺陷	一般缺陷	通过 GAP 认证
0	≤20%	通过 GAP 认证
0	>20%	不能通过 GAP 认证
≥1 项	0	不能通过 GAP 认证

二、中药材 GAP 认证申报与认证实践

（一）中药材 GAP 认证申报与要求

中药材生产企业申报的中药材 GAP 认证品种，至少要完成一个生产周期。申报中药材 GAP 认证时，中药材生产企业要按规定要求填写《中药材 GAP 认证申请表》（一式二份），并向所在省、自治区、直辖市食品药品监督管理局提交以下资料：《营业执照》（复印件）；申报中药材 GAP 生产企业概况，包括组织形式并附组织机构图（注明各部门名称及职责）、运营机制、人员结构，企业负责人、生产和质量部门负责人背景（包括专业、学历和经历）、人员培训情况等资料；申报中药材的种植（养殖）历史和规模、产地生态环境、产地生态环境检测报告（包括土壤、灌溉水、大气环境）；野生资源分布与保护抚育、品种（物种）来源鉴定报告和中药材动植物生长习性资料；种质资源与良种繁育（含种源）基地建设；种植（养殖）流程图及关键技术控制点；适宜采收时间（采收年限、采收期）及确定依据；法定或企业内控质量标准（包括药材商品规格、质量标准依据及起草说明等）、取样方法与质量检测报告书、历年来质量检测评价与质量追溯保障监控资料；中药材生产管理、质量管理文件目录；企业实施中药材 GAP 自查情况总结资料等。

（二）中药材 GAP 认证检查与实践

自 2002 年国家药品监督管理局正式发布实施 GAP 以来，我国中药材生产已进入以中药材规范化生产与 GAP 基地建设为特点的崭新发展阶段。据不完全统计，现全国中药材种植面积约达 6000 万亩（含野生抚育），在 600 多种常用中药材中，近 300 种已经开展人工种植或养殖；近 20 年来已有近百种野生中药材人工种植（养殖）成功。现参与中药材规范化生产与 GAP 基地建设的有 200 多个企业单位、100 多个品种。2003 年 11 月 1 日起，国家食品药品监督管理总局正式受理中药材 GAP 认证申请，并组织认证现场检查等工作。从此，我国中药材 GAP 认证实施与现场检查工作全面展开。截至 2015 年 12 月 31 日，国家食品药品监督管理总局对已通过中药材 GAP 认证的基地及品种，先后分为 24 批公告了 197 家/次 GAP基地，涉及中药材品种达 150 多种，见表 10-2；其基地分布在 26 个省（自治区、直辖市）。

表 10-2　2004～2015 年我国中药材 GAP 基地认证并公告统计表

认证年份	公告次数	认证基地/家（次）	认证品种数	复认证基地数
2004	2	18	15	0
2005	1	8	8	0
2006	2	21	21	0
2007	1	2	2	0
2008	1	4	4	0
2009	1	10	9	3
2010	2	11	11	6
2011	4	17	12	4
2012	5	11	10	4
2013	2	12	10	2
2014	1	38	31	7
2015	2	45	44	3
总计	24	197	154	28

注：①据国家食品药品监督管理总局中药材 GAP 认证公告等资料统计编制（表 10-3～表 10-5，图 10-2，同）；
②本表及图 10-2、图 10-3，计入的数量含重复认证的企业基地和品种数（含重复品种）。

自中药材 GAP 实施认证以来，我国中药材 GAP 基地建设形成了以人参、丹参、山茱萸、三七、板蓝根、金银花等地道、名贵、大宗、常用药材为重点，并有天津天士力、北京同仁堂、河南宛西、云南白药、广药白云山、四川新荷花等企业，以及吉林、四川、云南、贵州、陕西、山东、河南、浙江、湖北、新疆、宁夏、福建等省、自治区的企业开展了中药材规范化生产与 GAP 基地建设。不同中药生产企业将目光集中到自己或市场所需的药材，各自开展了相关中药材规范化生产研究与 GAP 基地建设，通过了国家认证并公告。其中，2014 年通过认证与公告的中药材 GAP 基地和企业则有 30 多家，是最多的一年。而且，有的中药材 GAP 基地企业，还按照中药材 GAP 规定，于有效期 5 年后又进行二次认证（复认证），如至 2014 年年底止，我国经二次认证并公告的有人参、三七、丹参、山茱萸等 26 个 GAP 基地。特别是随着国家对安全有效用药，对中药注射液再评价，以及要求中药注射剂原料必须有固定产地或有 GAP 基地等政策的实施和管理力度的加强，中药注射剂生产企业对其中药注射剂原料药材 GAP 基地建设与申报认证都高度重视并十分积极。如 2010～2011 年 GAP 认证公告的 32 家企业、23 种药材基地中，可用于中药注射剂的原料药材基地有 21 个、12 种药材，如丹参、银杏、红花、灯盏花、苦参、麦冬、附子、黄芪、人参、地黄、三七、穿心莲等。2012～2013 年认证公告的 21 家企业药材基地中，可用于注射剂的中药材 GAP 基地达 16 家，有地黄 2 家、丹参 2 家；薏苡仁、金银花、川芎、红花、银杏叶、五味子、板蓝根、人参、三七、菊花、地黄、玄参各 1 家。

　　十多年来我国中药材 GAP 基地建设与认证的实践表明，我国所开展的中药材 GAP 基地建设，都是中医临床、医药工业及大健康产业应用广泛的名贵地道药材、大宗常用或药食两用药材和部分民族药材，都涉及人民用药安全有效、稳定可控，是适应中医药事业、中药工业及大健康产业发展的迫切需要。同时，这些中药材均有悠久的生产应用历史及较好的研究基础，其人工种植（养殖）技术比较成熟，能较顺利地开展规范化生产管理与质量管理，并可获得显著经济社会效益与生态效益。这充分体现了中药材 GAP 实施的重要性、必要性和可行性，也充分体现了中药材 GAP 的发展方向与重大意义。

　　例如，2004～2014 年我国中药材 GAP 认证并公告的药材基地数量、品种、分类等情况，见图 10-2、图 10-3 及表 10-3～表 10-5。

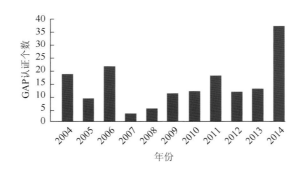

图 10-2　2004～2014 年各年度我国中药材 GAP 认证并公告数量比较图

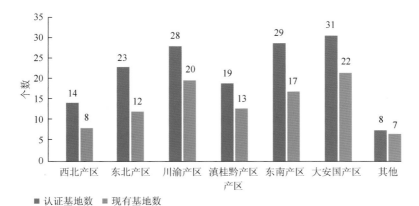

图 10-3　2004～2014 年我国中药材主产区 GAP 认证并公告数量比较图

注：①东南产区，主要指华东、华南的江苏、上海、浙江、福建及广东等省市的基地；②大安国产区，主要指河北安国周围的河北、河南、山东及山西的基地。

表 10-3　　2004～2014 年我国中药材 GAP 基地认证并公告的药材分类与主要品种表

类别	数量/种	品种名
非中国药典	2	绞股蓝、头花蓼、美洲大蠊
药食两用 （卫监法〔2002〕51 号）	9	白芷、广藿香、金银花、桔梗、菊花、山药、薏苡仁、鱼腥草、栀子
可用于保健食品原料 （卫监法〔2002〕51 号）	24	川芎、当归、丹参、党参、地黄、红花、黄芪、绞股蓝、菊花、麦冬、牡丹皮、平贝母、人参、三七、山茱萸、太子参、天麻、铁皮石斛、五味子、西洋参、银杏叶、淫羊藿、云木香、泽泻
可用于中药注射剂原料 （据中药注射液名单及其质量标准统计）	33	白芷、板蓝根、川芎、穿心莲、丹参、当归、党参、灯盏花、地黄、附子、广藿香、红花、黄芪、黄芩、金银花、菊花、苦参、龙胆、麦冬、牡丹皮、青蒿、人参、三七、铁皮石斛、五味子、温莪术、玄参、延胡索、薏苡仁、鱼腥草、银杏叶、淫羊藿、栀子

表 10-4　　2004～2014 年我国中药材 GAP 基地部分复认证并公告的品种和企业表

品种名称	公司	初认证时间	复认证时间
人参	北京同仁堂吉林人参有限责任公司	2004.3.16	2010.11.12
	吉林省宏久和善堂人参有限公司	2007.12.29	2013.1.11
丹参	陕西天士力植物药业有限责任公司	2004.3.16	2010.11.12
三七	云南持安呐三七产业股份有限公司	2004.3.16	2010.11.12
	云南白药集团文山七花有限责任公司	2005.6.22	2011.4.28
山茱萸	南阳张仲景山茱萸有限责任公司	2004.3.16	2009.12.30
	北京同仁堂南阳山茱萸有限公司	2006.2.26	2014.5.23
	北京同仁堂浙江中药材有限公司	2004.2.29	2014.5.23
鱼腥草	雅安三九中药材科技产业化有限公司	2004.3.16	2009.12.30
板蓝根	北京同仁堂河北中药材科技开发有限公司	2006.2.26	2014.5.23
板蓝根	大庆白云山和记埔板蓝根科技有限公司	2008.12.22	2014.5.23（收购庆阳经贸）
麦冬	雅安三九中药材科技产业化有限公司	2004.12.29	2010.11.12
罂粟	甘肃省农垦集团有限责任公司	2004.12.29	2009.12.30
穿心莲	清远白云山穿心莲技术开发有限公司	2004.12.29	2010.11.24
灯盏花	红河千山生物工程有限公司	2004.12.29	2010.11.12
薏苡仁	浙江康莱特集团有限公司	2005.6.22	2012.5.7
铁皮石斛	浙江省天台县中药药物研究所	2005.6.22	2011.4.28
荆芥	北京同仁堂河北中药材科技开发有限公司	2006.2.26	2014.5.23
川芎	四川新绿色药业科技发展股份有限公司	2006.2.26	2012.8.17
银杏叶	江苏银杏生化集团股份有限公司	2006.2.26	2011.10.11
龙胆	辽宁嘉运药业有限公司	2006.12.25	2014.5.23（原天瑞绿色公司）
玄参	湖北恩施硒都科技园有限公司	2006.12.25	2011.4.28
山药	南阳张仲景中药材发展有限责任公司	2006.12.25	2012.2.29
地黄	南阳张仲景中药材发展有限责任公司	2006.12.25	2012.2.29
头花蓼	贵州威门药业股份有限公司	2006.12.25	2013.1.11
附子	雅安三九中药材科技产业化有限公司	2008.12.22	2014.5.23

注：按规定中药材 GAP 初次认证后 5 年，应进行第二次认证，即复认证（下同）。

表 10-5　2004～2014 年我国中药材 GAP 基地复认证并公告达到 3 个以上的中药材品种表

品种名称	通过认证并公告基地数	复认证并公告基地数
人参	10	2
丹参	8	1
山茱萸	7	3
三七	6	2
板蓝根	6	2
麦冬	5	1
石斛	5	1
附子	5	1
金银花	5	0
红花	5	0
黄芪	4	0
玄参	4	1
鱼腥草	3	1
黄连	3	0
川芎	3	1
银杏叶	3	1
当归	3	0
贝母	3	0
合计	88	17

注：未进行复认证的基地，有的可能是还未达 5 年期限规定者，有的系逾期未进行第二次认证者。

　　贵州中药材 GAP 基地建设与认证实施同全国一样，也取得了可喜进展。2004～2014年，已有贵州信邦、贵州威门、贵州同济堂制药及赤水市信天中药产业开发公司的何首乌、太子参、头花蓼、淫羊藿（巫山淫羊藿）、石斛（金钗石斛）GAP 基地，先后通过了国家食品药品监督管理总局的认证与公告，见表 10-6。

表 10-6　2004～2014 年贵州省中药材 GAP 基地认证情况一览表

序号	名称	企业名称	注册地址	种植区域	认证现场检查时间	公告时间
1	何首乌	贵州省黔东南州信邦中药饮片有限责任公司	贵州省凯里市204 信箱（原凯旋厂内）	贵州省施秉县牛大场镇；从江洛香镇、贯洞镇；岑巩县老鹰岩农场；锦屏县启蒙镇、铜鼓镇、敦寨镇；凯里市旁海镇	2004.9	2005.6.2（第 3号公告）
2	太子参	贵州省黔东南州信邦中药饮片有限责任公司江中太子参分公司	贵州省凯里市204 信箱（原凯旋厂内）	贵州省施秉县牛大场镇、马溪乡、白垛乡；黄平县一碗水乡；雷山县方祥乡；凯里市旁海镇	2004.9	2005.6.22（第 3号公告）
3	头花蓼	贵州威门药业有限公司	贵州省贵阳国家高新区	贵州省施秉县牛大场镇、城关镇、杨柳塘镇、双井镇；贵阳市乌当区	2005.11	2006.12.25（第 5 号公告）

续表

序号	名称	企业名称	注册地址	种植区域	认证现场检查时间	公告时间
4	淫羊藿（巫山淫羊藿）	贵州同济堂制药有限公司	贵阳小河区西南环线 269 号	贵州省修文县龙场镇；龙里县龙山镇莲花村、湾寨乡红岩村；雷山县丹江镇固鲁村	2009.10	2009.12.30.（第 8 号公告）
5	石斛（金钗石斛）	赤水市信天中药产业开发有限公司	贵州省赤水市延安路	赤水市旺隆镇新春村、旺隆镇红花村、旺隆镇鸭岭村、长期镇五七村	2013.4	2014.5.23（第 22 号公告）

注：头花蓼 GAP 已于 2013 年 1 月复认证并公告（第 20 号）。

三、中药材 GAP 认证实施成效与存在问题及建议

（一）中药材 GAP 认证实施成效

国家食品药品监督管理总局制定、颁布并实施中药材 GAP 后，在政府积极引导，企业积极参与，专家积极指导下，我国中药材 GAP 认证实施已取得了举世瞩目的成效。其主要表现在：

（1）有力提升了我国药品管理的国际形象，促进了国家各部委局和地方政府对中药材规范化生产与 GAP 基地建设的支持，更有效保证了中药材的"真实、优质、稳定、可控"，有利于中药产业"第一车间"的建设与持续健康发展。

（2）调动了医药企业、广大药农和相关高等院校、科研院所的积极性，促进了"产学研"结合，有利于农业产业结构调整，为地域经济发展、山区农民增收和社会主义新农村建设做出了贡献。

（3）推进了中药材生产的规范化、标准化和集约化，利于药材优质高产与稳定提高，促进了中药产品品牌树立，利于中药材生产营运和流通方式的改善，推进了中成药及保健品等大健康产业的发展。

（4）促进了生物多样性与生态建设，有利于中药资源可持续利用与可持续发展战略的实施。

（5）促进了中药农业人才队伍建设，有利于中药农业技术进步，培养了一批从事中药材规范化生产与 GAP 基地建设的人才，有力推进了中药农业学科的发展。

（二）中药材规范化生产与 GAP 认证存在问题及建议

我国中药材 GAP 认证实施虽已取得可喜进展和较为显著的成效，但在中药材规范化生产与 GAP 基地建设和认证实施过程中也存在不少问题，面临严峻挑战并急需解决。现结合贵州实际及笔者体会，对其主要存在问题、发展前景提出如下看法与建议。

1. 中药材规范化生产与 GAP 认证存在问题

（1）中药野生资源量锐减与野生变家种还未很好研究解决：中药资源破坏严重，野生资源量锐减；而野生变家种还未很好研究解决。生态环境恶化，中药材需求日益增加，给我国自然环境和资源造成了巨大压力。而我国中药资源的现状不清，1983 年开始的全国中药资源普查，迄今已相隔 30 多年。在这期间经历了计划经济向市场经济的转变，中药

材生产收购统计工作长期中断，生产经营处于自发无序状态，已造成实际上严重的家底不清。又由于政府主管部门缺乏较准确的基础数据与切实可行的规划布局引导中药材生产发展等原因，从而出现了不少无序自发生产与盲目发展等问题。

贵州省也是如此，虽是举世闻名的"川广云贵，地道药材"之乡，但中成药生产，特别是以苗药为代表的民族药成方制剂，其使用的原料药材绝大多数依赖于野生资源；野生中药资源是贵州省发展中药民族药产业与中药现代化的基础。而素以野生"小三类药材"著称并以此为优势的贵州，现在野生中草药资源破坏很严重，储藏量普遍存在下降趋势，如石斛、天麻、毛慈菇、珠子参、金铁锁、三颗针等野生药材已极难寻觅。野生中药资源保护、抚育的基础研究薄弱，保护、抚育的有效措施与管理及其优质生产较难施行。加之GAP 药材生产成本相对较高却优质不优价等问题难以解决，故中药民族药资源的保护抚育与中药材生产的成效极难显现。

目前，中药材野生变家种等问题也多未很好研究解决，更难以规范化标准化种植（养殖），而且还有不少野生民族药材尚未按有关规定立项研究上升为国家标准。如据调研统计，贵州省中成药、民族药成方制剂使用的原料药材有 478 种，其中，227 种为非国家药典标准品种（仅在 2003 年版《贵州省中药材、民族药材质量标准》收载）。而上述 227种贵州地方标准药材品种中，除极少数品种（如淫羊藿、头花蓼、观音草、艾纳香、大果木姜子等）开始进行"野变家"研究或种植研究外，其余的近 200 种（如黑骨藤、岩豇豆、果上叶、八爪金龙、对坐叶、一枝黄花、朱砂莲、千里光、山栀茶等）几无"野变家"研究与种植，全靠野生资源提供原料生产。特别是许多具贵州特色、产量较大，并有较好研究与开发基础的地方标准药材，都面临生物多样性破坏日趋严重、野生变家种与保护抚育研究不够，以及市场无序竞争与管理无力等问题，这必将严重影响我省乃至整个医药产业及大健康产业的持续发展。

（2）中药材生产与基地建设还多处于小农经济状态与商品市场化亟待提升：我国中药材生产长期都处于小农经济状态，中药材生产与基地建设甚为零星分散，旧观念束缚了广大农民的思想，落后生产方式与习惯难以改变。在中药材种植与生产基地建设中，尚存在多头管理、各行其是、分散经营等现象，与市场和企业之间的联结也比较松散，有的还未完全形成利益共享、风险共担的产业化经营协调机制。同时，尚未实现优质优价，供求对接还滞后，中药工业与中药农业的合作机制和模式尚未很好形成，工业反哺农业渠道亟待通畅。

在推行中药材规范化生产与 GAP 基地建设，在政府＋公司＋专业合作社等中药材GAP 生产模式营运中，鉴于我国农村经济水平的限制和发展不平衡，对中药材规范化生产与 GAP 要求有的还不能很好地长期坚持及认真落实，还缺乏有力的产业化协调机制与有效管理。甚至还有中药材 GAP 要求与 SOP 操作规程难以得到群众自觉响应和严格认真执行等现象的出现，诸如中药材生产与 GAP 基地的生产计划、生产日志、生长记录及人员培训考核等，有的也不能很好坚持，不能认真按 GAP 规范要求严格执行等。

因此，我们应当切实加强中药材规范化生产与 GAP 基地建设，克服有关 GAP 要求与SOP 只能作为实验研究和试验示范生产，无法在规模化基地上全面而认真落实的现象。要切实加强基地统一规范要求，加强技术培训，将中药材 GAP 要求与 SOP 落到实处，要切实加强中药材规范化 GAP 生产全过程的质量可追溯性体系建设，要建立适应于中药材行业与企业自身品牌信誉建设的溯源体系，有效把控质量，做到来源可知，去向可查，过程可控，责任可究；这正是保证中药材优质高产与实施中药材 GAP 的重要内容。在具体实施过程中，我们应从实际出发，要切实保护好我们的种质资源与生产关键技术的知识产权等，不能随意盲从，趋利避害。

（3）中药材生产关键技术亟待深入研究与切实解决：中药材生产与其规范化、集约化、标准化是一项涉及中医药学、农学、生物学、生态学、环境科学与管理科学等多学科的系统工程；中药材质量取决于整个生产全过程的生产管理与质量管理，只有规范化生产，才能得到质量稳定、可控的药材。中药材生产，必须在保证其疗效的前提下求精求量，切实加强"中药材生产全过程"的关键技术研究与系统管理。以植物药为例，就是要从种源、播种经过植物不同生长、发育阶段到采收、初加工至形成商品药材等全生产过程，其涉及面广，影响因子多。由于中药材生产与 GAP 基地建设内容广泛，涉及多学科多部门，而我们的基地现大多都缺乏中药材生产专门人才，科技含量普遍较低。尤其是既有医药知识又有药材种植（养殖）技术的高层次人才更为稀缺，致使有关中药材生物特性与生态环境适应性等生产共性技术与关键技术、药材生产产量与质量相关性等研究均较为薄弱，有关珍稀名贵药材、地道药材与特色民族药材的有效保护、抚育、"野变家"与有效生产等均较为滞后，与 GAP 技术规范要求尚存在不小差距。

特别是中药种质资源保护与良种选育、种子种苗检测与标准、生产共性技术与关键技术（如病虫害发生与防治、平衡施肥与专用肥、合理采收与产地加工等）、药材优质高产等方面的问题，确实亟待加强研究与切实解决。特别是我国中药材种子种苗尚处于一种自产自销的原始生产状态，现所种植的近 200 种大宗常用、地道特色药材，其种源还停留在使用农家品种或混杂群体阶段，绝大多数中药材种子种苗还没有法定质量标准，经培育并审定或鉴定的中药材品种仅有人参、地黄、枸杞、红花等极少品种。中药材良种对于药材质量与产量改善的贡献率极低，与我国主要农作物品种的选种繁育等研究相比差距甚远，如水稻、玉米、油菜等的良种覆盖率已达 85%以上，常规种子和杂交种子均基本实现了专业化生产，并形成了很有特色的种子种苗的独立产业。因此，我们应当正视现实，要进一步加大中药材研究力度，加大科技投入，尽快切实解决。

（4）中药农业特色与优势还未真正形成：近十多年来，中药工业发展很快，但中药农业与中药饮片生产却相对较为落后。从生产形态上看，中药农业基本上还是以千家万户经营为主，规范化、集约化程度较低，落后的生产方式影响了中药农业的技术进步。中药产业发展不平衡，中药材市场亟待加强整顿，培育中药材生产龙头企业与种植大户还不够，还未真正形成中药农业产业的特色与优势。

上已述及，中药材规范化生产与 GAP 基地建设的目的，在于稳定中药材的质量和产量，旨在切实加强中药材生产全过程的生产质量管理与可追溯性，达到药材质量的安全、有效、稳定与可控，实现"药材好，药才好"的目的。而我国中药材生产技术与管理均落后于农业，培育中药材生产龙头企业与种植大户还不够，还未真正形成中药农业的特色与产业优势。中药材质量标准不少还停留在外观检测水平，药材质量还难以达到优质高产与稳定可控。中药材重金属含量、农药残留超标等问题有的也很突出。业内外人士不禁发出感叹："中医不灵"之根源在于"中药不灵"。这些都是影响中药现代化和中药产业发展的"瓶颈"。如贵州历来就有"小三类药材"、种质资源丰富优势，而少有或几乎无大品种乃至能左右中药材市场的品种优势；即使贵州天麻、杜仲之类著名地道药材也面临陕西、湖北、四川等的竞争，未形成像云南三七及四川川芎等中药材那样的地域品牌特色与优势，也少有品种成为地区或县域经济的支柱，更没有"一县一品"或"一县多品"地做出特色，做大做强。

面对加快绿色发展与产业转型、推进社会和谐与包容性发展、修复自然生态与治理环境的生态文明建设，以及中药现代化、中药材 GAP 实施的难得机遇，我国各地上至各级党政部门，下至基层农村，都将中药材生产发展作为调整农村产业结构、扶贫开发、退耕还林还药、林下经济、发展地方经济及富民富县的重要举措。要尽快加强中药农业龙头企业（包括专业合作社）与种植大户的培育，更好克服与解决盲目快上或盲目扩大种植面积而造成"药多价降，药贱伤农"之忧。目前，中药材市场亟待加强整顿，中药材生产与中药材市场信息还不灵，还不能有效引导生产，药材价格波动大，药材市场大起大落的现象时有发生。加之中药材规范化生产与政策配套支持尚存在一些亟待研究与落实的问题，造成优质药材不优价，存在不合理价格竞争；另一方面又有不少企业生产所需的原料药材严重短缺，致使企业和药农两方面的积极性都受挫等。这些问题，都亟待我们高度重视与切实解决。

2. 对发展中药材规范化生产与 GAP 认证的几点建议

（1）继续认真学习中药材 GAP，积极稳妥推进中药材 GAP 基地建设。中药材 GAP 是一项全新工作，政策性、技术性和社会性都很强。我们必须继续认真学习 GAP，积极稳妥推进中药材 GAP；要更好认识中药材 GAP 这项全新工作，以更好更快地促进中药材规范化生产与 GAP 基地的有效实施。并要从思想深处真正认识其重大意义，其绝非权宜之计，必须全面而准确地认识理解 GAP，认识 GAP 实施的复杂性、艰巨性和长期性，决不能一蹴而就。

（2）研究制订中药材生产与 GAP 基地规划布局，防止建设盲目发展。中药材生产与 GAP 基地建设应当按照产地适宜区优化原则，合理布局而选定和建立。实践证明，地道药材反映出的科学内涵与中药区划、中药材 GAP 有着紧密的内在联系，研究中药区划与实施中药材 GAP，以地道特色药材为主体的研究方法和遵循原则切实可行，这是在中药研究领域具有创新性的继往开来之举，也是我国全面科学地实施中药材生产与 GAP 基地建设的关键。

各地（或以各省、市牵头）要在更深入开展中药材生产区域化的调查与研究基础上，遵循"地域性、安全性、可操作性"原则，通过深入调研，研究制订切实可行的中药材生产与 GAP 基地建设发展规划，以更好更快地推进中药材 GAP 基地建设的健康发展。

（3）进一步加强产学研相结合，强化科技支撑引领作用。要切实研究中药材生产关键技术，提高中药材生产水平，做到在优质基础上高产，在高产基础上优质。建议由各地科技部门和农业部门牵头，药监、经贸等部门参与，组织有关专家对中药种质资源与良种选育、中药材生产区划与分区布局等进行深入研究及科学评价，并将对中药材生产有重大影响的基础性研究作为指令性计划与任务，组织产学研的科技人员联合攻关。

尤其要以质量第一、生产第一的观点，更全面更深入地探索与研究地道药材的标准化和现代化，赋予这一古老的传统中药材特定种质、特定产区、特定生产技术或加工方法新的或量化的科学内涵，以更好阐明其与中药区划、中药材生产共性关键技术与中药材 GAP 的科学性、相关性和实用性。切实将地道药材、中药区划与中药材 GAP 基地建设，纳入现代中药资源学和资源可持续发展研究与实践的重要内容。要更深入研究探索其与天然产物化学结构类型、生物有效（指标）成分或部位的动态积累等的相关性，以更好地推进中药材规范化生产与 GAP 基地建设的深化发展，和中药材 GAP 的实施。

（4）充分发挥中药材生产企业和专业合作社的作用，更好促进中药材生产与 GAP 基地建设发展。建议各地要进一步加强培育扶持中药材生产企业与有丰富中药材生产经验的药农大户，更好开展中药材规范化生产与 GAP 基地建设，充分发挥中药材生产企业和专业合作社的作用，促进中药材生产的规范化、集约化、标准化、产业化、规模化与品牌化。这也是建设社会主义新农村、发展山区经济、增加农民收入与脱贫致富奔小康的有效途径。

例如，在我省各级党政及有关部门支持下，贵州信邦、贵州威门等企业与药农大户在施秉县建立了中药材生产基地，2001 年起相继在牛大场镇等主要药材种植区成立了中药材种植协会；2006 年又进一步发展成为施秉中药材种植专业合作社，由药农大户、全国劳模张代金同志带领广大药农进行太子参、头花蓼等中药材种植与 GAP 基地建设，并专门负责中药材发展过程中的生产、市场与信息等相关服务工作，以更好学习、传播科学种药，更好保障广大种植药材农户经济效益的实现。在中药材 GAP 基地建设中，还特别注意培育药农大户与广大药农散户的"结对子"，切实为群众解决生产中的具体困难，走产学研相结合之路，并已取得显著社会经济效益。施秉县现已成为贵州省内外闻名的药材种植大县。如其中药材种植发展最好的牛大场镇的 5000 多户农户中，就有 3000 多户种植中药材，形成了以太子参、何首乌、头花蓼等为主导产品的中药材生产基地，种植面积达 3 万余亩。其中，如太子参占全国 1/3 的市场份额，成为我国新兴的太子参药材基地。施秉县已涌现了不少因种植中药材而致富的 10 万元乃至 100 万元的药农大户，有的已提前进入了小康。施秉中药材生产与 GAP 基地，有太子参、何首乌、头花蓼通过中药材 GAP 认证，并有力促进了中药材生产的规范化、标准化、集约化、产业化、规模化与品牌化。这样，既促进了农村经济发展，又提高了农民商品经营水平和带领广大农民致富奔小康的能力。这是我省发展中药材生产，促进山区经济发展与农民增收奔小康的一个典型，为社会主义新农村建设与县域经济发展都做出了可喜贡献。

（5）进一步研究修订《中药材 GAP 认证管理办法》和《中药材 GAP 检查评定标准》，以利于中药材 GAP 认证检查。建议在认真总结近十多年来实施中药材 GAP 与认证检查工作的经验教训基础上，进一步坚持实施与搞好中药材 GAP 工作。组织有关专业人员与管理人员认真总结经验，进一步研究修订《中药材 GAP 认证管理办法》和《中药材 GAP 检查评定标准》，研究编制《中药材 GAP 检查评定标准》细则，并按药用植物（含药用菌类）、药用动物等分类分目说明其具体检查评定标准与有关指标，乃至将其改为备案制并切实加强企业的主体责任等。编制野生资源保护抚育与规范化生产相结合的中药材 GAP

检查评定标准，切实做好中药材规范种养。要进一步加强引导与服务意识，从实际出发，有的品种（特别是地域性强的药材或民族药材等）认证，建议可由各省（自治区、直辖市）食品药品监督管理局负责组织现场检查，再报国家食品药品监督管理局备案、审定与公告，或者将中药材 GAP 认证制改为备案制。

中药材 GAP 检查组必须严格按照规定的现场检查方案，自主地对企业实施中药材 GAP 的情况进行检查。检查员应由具有中药材生产实践经验的药学、农学、生物学和药检、药监管理等多学科的专家组成，尤其要注意中药材生产的地域性与品种的特殊性，以选派适宜的检查员。建议对通过现场认证检查并获公告的中药材 GAP 基地，定期或不定期由省（自治区、直辖市）食品药品监督管理局负责组织医药、农林、科技等方面的专业人员进行监管等工作。国家和省（自治区、直辖市）食品药品监督管理局等管理部门应进一步加强中药材市场管理与整顿，加强中药材 GAP 宣传，打造中药材 GAP 品牌，出台有利于中药材 GAP 基地发展的优惠政策，对通过中药材 GAP 的药材基地和产品，给予统一标志，并推行药材优质优价，以有利于中药材生产与 GAP 基地建设的持续健康发展，以达到国家实施中药材 GAP 的目的。这是为了规范中药材生产全过程，从源头上控制中药饮片、中成药及保健药品、保健食品等的质量，真正实现中药材的"真实、优质、稳定、可控"，并和国际接轨。

四、中药材规范化生产与 GAP 认证发展前景

中药资源、中药材生产与中药材 GAP 具有强烈的地域性与继承性，要充分运用生态学观点，以地道特色药材为主体开展中药材区域特征研究与中药材生产区域化，以研究生态与社会经济相结合的方法对中药资源及中药材生产的品种适宜区进行分析，合理分区划片，揭示中药资源与中药材生产的地域分异规律，并与中药资源保护抚育、中药材种植（养殖）与 GAP 基地建设有机结合及全面实施。这是在我们伟大祖国医药科学长期实践基础上，与现代科学及医药法制管理有机结合的成功范例，是我们伟大祖国医药科学这一古老而又新兴领域的可喜成果，具有科学性、实用性和创新性，它赋予了我国中药研究与生产领域继往开来的更大推动力和引导力，并将对中药产业的可持续发展，对中药现代化及祖国医药的伟大复兴起到积极推进作用。世界"回归自然"热潮、中医药和大健康产业蓬勃发展的今天，从现代农业与现代中医药的视角，我们要将政府、市场、科技、企业、学者等各种优势资源加以科学合理地整合，以切实改变中药材种植行业当前还处于以散户种植为主的自然经济落后经营模式，更要深入探索中药材生产与 GAP 基地建设的科技创新、组织创新、机制创新、流程创新，以及如何建立激励机制、风险基金、风险防范与风险共担，以促使中药材规范化生产朝着 GAP 认证及"品牌、文化、责任、利益"同体建设的方向发展。国家倡导的中药材 GAP 基地建设与种养规范，正体现了中药材规范化、标准化、集约化、产业化、规模化、品牌化生产的现代理念；尽管目前国家对中药材 GAP 认证还未像 GMP、GSP 那样强制实施，但其已逐步为业界与社会普遍接受并得到重视。

特别可喜的是，在中国中医科学院张伯礼院士、国家食品药品监督管理总局原副局长任德权大力倡导与有关中药企业、科研院所和业内专家响应支持下，经多年的努力筹备，全国"中药材基地共建共享联盟盟员大会暨中药材基地共建共享论坛"于 2013 年 5 月在

云南昆明和 2014 年 10 在河南南阳相继召开。这是经国家中药材 GAP 认证基地专家推荐，旨在本着通过聚集优质、优势中药农业基地企业，探索建立中药材基地共建共享战略合作新机制，构建新型中药工农业长期稳定合作共赢新体系而建立的，以达在市场经济体制政策发展新形势下，齐心协力，以工促农，工农互惠，努力构建集约化、专业化、组织化、社会化相结合的新型中药农业生产经营体系，以更好更切实地推进我国中药材规范化生产与 GAP 基地发展的目的。中药材基地共建共享联盟已有云南白药集团、中国药材集团、河南宛西制药、天津天士力、上海华宇、广东广药、四川新荷花、贵州昌昊公司（集团）等多个上规模上档次的中药材基地，有三七、人参、黄芩、山茱萸、丹参、川芎、半夏、何首乌等多种地道药材。还正式成立了以任德权原副局长为主席、张伯礼院士为专家委员会主任委员，以及肖培根院士、周荣汉、黄璐琦、陈士林、段金廒、程惠珍、冉懋雄、肖小河、钱忠直、王文全、张永清、魏建和、郭巧生、张辉等教授为专家委员会委员的中药材基地共建共享联盟组织，正在定期不定期、多种形式地开展中药材生产与 GAP 基地共建共享学术交流，以期通过一批又一批中药材基地共建共享基地企业的联盟，逐步形成我国中药农业的百强群体，并在中药材 GAP 的有效实施中，更好保证药材产品质量的安全有效与稳定可控，切实建好我国中药工业及大健康产业的"第一车间"。

近年来，国家食品药品监督管理总局，为加强中药材管理，出台了诸多政策。如 2013 年经国务院同意，联合国家工业和信息化部、农业部等 8 部局发布了《关于进一步加强中药材管理的通知》（食药监〔2013〕208 号），对充分认识加强中药材管理的重要性、强化中药材管理措施及加强组织保障等有关工作提出了具体要求。《通知》指出："中药材是中医药的重要组成部分。加强中药材管理、保障中药材质量安全，对于维护公众健康，促进中药材持续健康发展、推动中医药事业繁荣壮大，具有重要意义。"《通知》对中药材产业全链条的各环节管理提出了"加强中药材种植养殖管理"、"加强中药材产地初加工管理"、"加强中药材专业市场管理"、"加强中药饮片生产经营管理"及"促进中药材产业健康发展"等具体要求。更进一步明确了地方政府的责任，要严厉打击制假售假等各类违法违规行为，要求各地坚决清退不符合要求的生产经营者，严惩违法犯罪行为，并严格监督检查，对管理措施不到位、市场秩序混乱、质量问题严重的地方，依纪依法追究相关责任人责任。《关于进一步加强中药材管理的通知》的出台与贯彻执行，将有力推动我国中药材规范化生产与 GAP 认证实施，对保证中药材质量，保障中药用药安全有效，对我国中医药事业的健康发展将发挥重要作用。2016 年 12 月，为了继承和弘扬祖国中医药，保障和促进中医药事业发展，保护人民健康，全国人大发布了《中华人民共和国中医药法》；2014 年 8 月，贵州省编制和出台了《贵州省新医药产业发展规划（2014—2017 年）》和《关于加快推进新医药产业发展的指导意见》。

特别是 2015 年 4 月，国务院办公厅转发了工业和信息部、中医药局等 12 部局编制的《中药材保护和发展规划（2015—2020 年）》，对当前和今后一个时期我国中药材资源保护和中药材产业发展进行了全面部署。这是我国第一个关于中药材保护和发展的国家级规划。《规划》指出，中药材是中医药事业传承和发展的物质基础，是关系国计民生的战略性资源。保护和发展中药材，对于深化医药卫生体制改革、提高人民健康水平，对于发展战略性新兴产业、增加农民收入、促进生态文明建设，具有十分重要的意义。《规划》

提出，以发展促保护、以保护谋发展，坚持市场主导与政府引导相结合、资源保护与产业发展相结合、提高产量与提升质量相结合的基本原则，力争到 2020 年，中药材资源保护与监测体系基本完善，濒危中药材供需矛盾有效缓解，常用中药材生产稳步发展；中药材科技水平大幅提升，质量持续提高；中药材现代生产流通体系初步建成，产品供应充足，市场价格稳定，中药材保护和发展水平显著提高。《规划》还特别明确提出要实施优质中药材生产工程，建设濒危稀缺中药材种植养殖基地、大宗优质中药材生产基地、中药材良种繁育基地，发展中药材产区经济；实施中药材技术创新行动，强化中药材基础研究，继承创新传统中药材生产技术，突破濒危稀缺中药材繁育技术，发展中药材现代化生产技术，加强中药材综合开发利用；实施中药材生产组织创新工程，培育现代中药材生产企业，推进中药材基地共建共享，提高中药材生产组织化水平；构建中药材质量保障体系，提高和完善中药材标准，完善中药材生产、经营质量管理规范和中药材质量检验检测体系，建立覆盖主要中药材品种的全过程追溯体系等。

2013 年，国家食品药品监督管理总局根据国务院进一步简政放权的要求，向国务院请示取消中药材 GAP 认证事宜，并建议加大中药材 GAP 事中事后监管。2016 年 2 月 3 日，国务院发布《关于取消 13 项国务院部门行政许可事项的决定》（国发〔2016〕10 号），决定取消中药材 GAP 认证。2016 年 3 月 17 日，国家食品药品监督管理总局根据国务院文件要求，为进一步做好中药材 GAP 监督实施工作，发布了公告（2016 年第 72 号文件），将继续做好取消认证后中药材 GAP 的监督实施工作，对中药材 GAP 实施备案管理，具体办法另行制定。要求已经通过认证的中药材生产企业应继续按照中药材 GAP 规定，切实加强全过程质量管理，保证持续合规。食品药品监督管理部门要加强中药材 GAP 的监督检查，发现问题依法依规处理，保证中药材质量。国家食品药品监督管理总局将会同有关部门积极推进实施中药材 GAP 制度，制订完善相关配套政策措施，促进中药材规范化、规模化、产业化发展。同时，经有关部门、行业协会、中药材种养企业、中成药生产企业及业内专家多次专题研讨中药材 GAP 实施工作与备案管理，笔者有幸又参加这一工作。经讨论，一致认为中药材 GAP 备案管理模式是可行的，要切实做好备案办法修订与备案管理。国家食品药品监督管理总局，在 2015 年已实施的中药提取物备案管理的基础上，结合中药材生产的自身特点，通过几年来调研、分析及总结，总局药化监管司经综合各方意见，起草形成了《中药材规范化生产备案管理办法》（送审稿，2016 年 11 月），现正在进一步听取各方面意见，《中药材规范化生产备案管理办法》必将正式施行。中药材规范化生产与中药材 GAP 必将更好推行，必将更好促进我国中药产业的蓬勃发展。

2016 年 2 月 26 日，国务院又发布了《中医药发展战略规划纲要（2016—2030 年）》（以下简称《纲要》），这是继 2009 年 4 月出台《关于扶持和促进中医药事业发展的若干意见》近 7 年后，国务院又一次就中医药工作进行全面部署。《纲要》提出两个阶段性目标：到 2020 年，实现人人基本享有中医服务，中医医疗、保健、科研、教育、产业、文化各领域得到全面协调发展，中医药标准化、信息化、产业化、现代化水平不断提高。中药工业总产值占医药工业总产值的 30%以上，中医药产业成为国民经济重要支柱之一。中医药对外交流合作更加广泛，符合中医药发展规律的法律体系、标准体系、监督体系和政策体系基本建立，中医药管理体制更加健全。到 2030 年，中医药服务领域实现全覆盖，中医药健康服务能力显著增强，对经济社会发展和人民群众健康保障的贡献率更加突出。要大力发展中医养生保健服务，促进中医药与健康养老、旅游产业等融合发展。扎实推进中医药继承，加强中医药理论方法继承、中医药传统知识保护与技术挖掘，强化中医药师承教育。着力推进中医药创新，健全中医药协同创新体系，完善中医药科研评价体系。要全面提升中药产业发展水平，加强中药资源保护利用，推进中药材规范化种植养殖，促进中药工业转型升级，构建现代中药材流通体系等。《纲要》还明确提出要发展中医药文化产业，繁荣发展中医药文化，推动中医药与文化产业融合发展，探索将中医药文化纳入文化产业发展规划。创作一批承载中医药文化的创意产品和文化精品，培育一批知名品牌和企业，提升中医药与文化产业融合发展水平。特别是随着《中华人民共和国中医药法》的颁布实施，并与贯彻落实《"健康中国 2030"规划纲要》《中医药发展战略规划纲要（2016—2030 年）》紧密结合，将不断提高中医药法治建设，依法履行扶持和规范中医药事业发展的自觉性和主动性，将全面、系统规范中医药服务、中药保护与发展、中医药人才培养、中医药科学研究和中医药传承与文化传播，进一步激发中医药发展新活力，增强发展新动能，拓展发展新空间，保障中医药事业持续健康科学发展，全面提升中药产业与大健康产业的发展水平。

我们相信，我国中药材规范化生产与 GAP 基地建设、中药材种养规范与 GAP 实施，以及我国中医药事业与大健康产业的发展前景十分广阔，将更有利于适应人们对中医药不断增加的需求，将更好推进中医药文化产业的发展，为中药更好更快地走向优质化、标准化、现代化、品牌化与国际化，为中医药事业与大健康产业可持续稳定发展，为人类防治疾病与保健康复做出更大更新的贡献，中医药将迎来大好春天。

主要参考文献

陈君，程惠珍，陈士林. 2005. 中药材生产中的农药安全问题[J]. 食品药品发展与监管，（2）：33-34.

陈士林，魏建和，黄林芳，等. 2004. 中药材野生抚育的理论与实践探讨[J]. 中国中药杂志，29（12）：1123-1126.

程惠珍，丁万隆，陈君. 2003. 生物防治技术在绿色中药材生产中的应用研究[J]. 中国中药杂志，28（8）：693-695.

国家食品药品监督管理总局. 中药材 GAP 检查公告（2004 年 3 月～2015 年 7 月）.

蒋传光，刘峰华，梁宗锁. 2014. 丹参 GAP 基地的实践[M]. 北京：中国医药科技出版社.

梁斌，张丽艳，冉懋雄. 2014. 中国苗药头花蓼[M]. 北京：中国中医药出版社.

廖晓康，冉懋雄. 2014. 地道珍稀名贵药材石斛[M]. 贵阳：贵州科技出版社.

冉懋雄. 2000. 对发展我国中药材生产的思考与建议[J]. 中国医药经贸，1：44-47.

冉懋雄. 2001. 推进贵州中药现代化的设想与建议[J]. 中药材，3：203-205.

冉懋雄. 2002. 名贵中药材绿色栽培技术丛书：杜仲、石斛、三七、天冬、半夏、吴茱萸、茯苓、黄连、川芎、附子等名贵道地药材[M]. 北京：科学技术文献出版社.

冉懋雄. 2002. 蓬勃发展的贵州中药材生产与 GAP 生产基地建设[J]. 中国医学生物技术应用杂志，3：242-245.

冉懋雄. 2003. 黄柏 GAP 生产示范基地建设及其 SOP 制订[J]. 中药研究与信息，2：20-25.

冉懋雄. 2004. 推进中药现代化建设，加快贵州中药产业发展[J]. 贵州农业科学，32（1）：73-76.

冉懋雄. 2010. 贵州苗药研究评价与中药现代化[J]. 中药材，33（2）：163-165.

冉懋雄，等. 2002. 贵州淫羊藿野生资源与规范化种植及其保护抚育研究[J]. 中国医学生物技术应用杂志，3：136-139.

冉懋雄，等. 2002. 淫羊藿规范化种植与保护抚育标准操作规程（SOP）[J]. 中药研究与信息，9：17.

冉懋雄，等. 2002. 中药材杜仲、石斛、淫羊藿规范化种植研究与示范基地建设[J]. 中药研究与实践，3：12.

冉懋雄，等. 2004. 贵州产淫羊藿资源与质量考察研究[J]. 现代中药研究与实践，18（1）：29-32.

冉懋雄，等. 2010. 论我国西部地区中药、民族药产业化建设与可持续发展[J]. 中国现代中药，12（1）：15-18.

冉懋雄，等. 2010. 云南龙陵紫皮石斛产业发展的思考与建议[J]. 中国现代中药，12（2）：11-13.

冉懋雄，等. 2012. 中国药用石斛标准研究与应用[M]. 成都：四川科学技术出版社.

任德权，周荣汉. 2003. 中药材生产质量管理规范（GAP）实施指南[M]. 北京：中国农业出版社.

孙君社，郑志安，张秀清，等. 2013. 现代道地中药材种植模式及基地合作创新探索[J]. 中国农业科技导报，15（3）：57-63.

魏建和，陈士林，郭巧生. 2004. 中国实施 GAP 现状及发展探析[J]. 中药研究与信息，6（9）：4.

魏建和，屠鹏飞，李刚，等. 2015. 我国中药农业现状分析与发展趋势思考[J]. 中国现代中药，（17）：94-98.

夏天睿，张昭，张本刚，等. 2005. 稀有濒危常用中药材保护现状评述[J]. 世界科学技术，7（6）：115.

张恩迪，郑汉臣. 2000. 中国濒危野生药用动植物资源的保护[M]. 上海：第二军医大学出版社.

张永萍，冉懋雄. 2013. 贵州省杜仲产业技术路线图[M]. 贵阳：贵州科技出版社.

周荣汉，等. 2008. 中国药材 GAP 进展（第一辑）[M]. 南京：东南大学出版社.

周荣汉. 2012. 浅谈传统中药生产与现代农业革命[J]. 中国现代中药，12（14）：22.

周欣，赵超，陈华国，等. 2014. 南方喀斯特地区特色药用植物研究——以贵州 10 种中药质量控制研究为例[M]. 北京：科学出版社.

《中药材生产质量管理规范（试行）》（国家医药管理局 2002 年 4 月 2 日发布，6 月 1 日实施）.

（冉懋雄　周厚琼　王尚华　杨相波　王新村　冯中宝）

下篇　各　论

第一章　根及根茎类药材

1　山　药

Shanyao

DIOSCOREAE RHIZOMA

【概述】

山药原植物为薯蓣科植物薯蓣 *Dioscorea opposita* Thunb.，药用部位为干燥根茎。别名：王芋、薯药、白苕、九黄姜、野白薯等。山药为历版《中华人民共和国药典》（以下简称《中国药典》）所收载。《中国药典》（2015 年版）称：山药味甘，性平。归脾、肺、肾经。具有补脾养胃、生津益肺、补肾涩精功能；用于治疗脾虚食少、久泻不止、肺虚喘咳、肾虚遗精、带下、尿频、虚热消渴。麸炒山药补脾健胃，用于脾虚食少、泄泻便溏、白带过多。山药又是常用苗药，苗药名："Det ghab lib fanb"（近似汉译音："豆嘎里访"），性冷，味苦，入热经药；主治热痢、泄泻、黄疸、黄白带下、疮疡肿毒。

山药以"薯蓣"之名始见于《山海经》。山药药用历史悠久，我国第一部药学专著《神农本草经》（该书是既知中国最早的药学著作。原书 4 卷，著者不详，书名乃根据神农氏尝百草，始创医药的上古传说而托名所定的。其具体成书并非一时，经历了口头经验传播、逐成文字粗坯、再编纂为全书的过程；据考证此书撰年约经历了公元前 4 世纪至公元前 3 世纪战国时期至公元 23 年之渐进历程）则予始载，列为上品，称山药一名山芋，秦、楚名玉延，郑、越名土薯，齐、鲁名山羊。味甘，温，无毒。治伤中，补虚羸，除寒热邪气，补中，益气力，长肌肉。久服耳目聪明，轻身、不饥、延年。生山谷。此后，历代诸家本草及有关典籍对山药均予录述和阐发。例如，《名医别录》云："薯蓣生嵩高山谷"。南北朝梁代《本草经集注》载：山药"近道处处有之……，掘取食之以充粮"。宋代《图经本草》云："近汴洛人种之"。明代《本草品汇精要》"道地"专项下明确指出：山药"今河南者佳"。明代伟大医药学家李时珍名著《本草纲目》，将山药列入菜部，称其益肾气，健脾胃，止泄泻，化痰涎，润皮毛。明代嘉靖年间，铁棍山药则被朝廷规定为贡品。民国初期，山药曾参加了美国旧金山"巴拿马太平洋万国博览会"和南洋马尼拉博览会。

山药食药两用历史悠久，我国第一部，也是世界上第一部国家药典——唐代的《新修本草》（公元 659 年，后人又称之为《唐本草》）则载："薯蓣，日干捣细筛为粉，食之大美，且愈疾而补。此有两种：一者白而且佳；一者青黑，味亦不美。蜀道者尤良。"唐代孟诜的《食疗本草》亦载山药不但可食，而且能"治头疼，利丈夫，助阴力"。尤以"怀山药"最为著名。"怀山药"系指主产于古怀庆府今河南省焦作市的温县、武陟、沁阳、博爱、修武、孟州等县（市）的山药。其"怀"字来源于地名，在沁河下游地区，《禹贡》

称之"潭怀"；北魏以后称为"怀川"；元、明、清三代称为"怀庆"。因山药盛产于古怀庆，且以质优量大而誉称地道药材"怀山药"。古怀庆在 3000 多年前的夏代时期，就以野山药入药与食用；商周之后，山药逐步变为家种；自明清以来，便逐渐形成其以河南温县、武陟、沁阳、博爱等地为主的地道药材，并有着悠久的生产应用历史。综上可见，山药生产应用历史悠久，是我国传统名药，又是自古以来的食药两用名品，已列入《卫生部关于进一步规范保健食品原料管理的通知》（2002 年 2 月 28 日）的"既是食品又是药品的物品名单"中。山药是我国中医传统常用大宗食药两用药材，也是贵州著名而常用的地道特色药材。

【形态特征】

山药为多年生缠绕草本。块茎肉质肥厚，略呈圆柱形，垂直生长，长可达 1m，直径 2～7cm，外皮灰褐色，生有须根。茎细长，蔓性，通常带紫色，有棱，光滑无毛。叶对生或 3 叶轮生，叶腋间常生珠芽（又名零余子）；叶片形状多变化，三角状卵形至三角状广卵形，长 3.5～7cm，宽 2～4.5cm，通常耳状 3 裂，中央裂片先端渐尖，两侧裂片呈圆耳状，基部戟状心形，两面均光滑无毛；叶脉 7～9 条基出；叶柄细长，长 1.5～3.5cm。花单性，雌雄异株；花极小，黄绿色，成穗状花序。雄花序直立，2 至数个聚生于叶腋，花轴多数成曲折状；花小，近于无柄，苞片三角状卵形；花被片 6，椭圆形，先端钝；雄蕊 6，花丝很短。雌花序下垂，每花的基部各有 2 枚大小不等的苞片，苞片广卵形，先端长渐尖；花被片 6；子房下位，长椭圆形，3 室，柱头 3 裂。蒴果有 3 翅，果翅长几等于宽。种子扁卵圆形，有阔翅。花期 7～8 月。果期 9～10 月。山药植物形态见图 1-1。

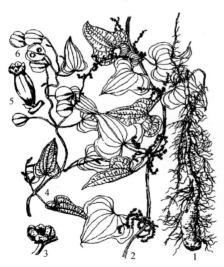

（1. 块状茎；2. 雄枝；3. 雄花；4. 果枝；5. 雌枝；6. 果实剖开示种子）

图 1-1　山药植物形态图

（墨线图引自中国药材公司编著，《中国常用中药材》，科学出版社，1995）

本植物的藤（山药藤）、叶腋间的珠芽（零余子）亦供药用。

【生物学特性】

一、生长发育习性

山药从栽种到根茎收获，可分如下 4 个时期。

（一）发芽期

从山药种栽的休眠芽萌发到出苗归发芽期，经 30～40 天。在发芽过程中，由芽顶向上抽生芽条，由芽基部向下发企根茎。与此同时，于芽基内部从各个分散着的维管束外围细胞发生根原基，继而根原基穿出表皮，逐渐形成主要吸收根系。当根茎长约 13cm 时，芽条便破土而出。

（二）发棵期

从芽条出土到现蕾并开始发生气生茎为发棵期。芽条出土后迅速伸长，展放幼叶，与此同时，芽基部的主要吸收根系继续向土层深处延展，根茎周围也不断发生不定侧根。此期历时共约 60 天，生长以茎叶为主，根茎生长极微。

（三）根茎生长盛期

从现蕾到茎叶生长基本稳定，约 60 天，为根茎生长盛期。此期茎叶与根茎的生长都最为旺盛，但生长中心在根茎，根茎干重的 85%以上是在这段时间形成的。

（四）枯萎采收期

10 月以后茎叶逐渐枯黄衰萎，即可进行采收。

二、生态环境要求

（一）温度

山药喜阳光充足、温暖气候，野生于山区向阳的地方；喜肥怕涝，耐寒，在北方稍行覆盖可以越冬。生长最适温度为 25～28℃。根茎极耐寒，在土壤冻结的条件下也能露地越冬。山药发芽的适宜温度为 15℃；根茎的生长在 20～24℃最快，20℃以下生长缓慢。

（二）光照

山药耐阴，但根茎积累养分时仍需强光。山药不宜与玉米等高秆作物邻作。

（三）水

在山药发芽期土壤应保持湿润、疏松透气，以利山药发芽和扎根。出苗后根茎生长前期需要水分不多，以利根系深入土层和根茎形成。7～9 月山药地下根茎迅速膨大期间，要及时排除田间积水，土壤含水量过高，易患根腐病，影响产量和质量。

（四）土壤

由于山药是一种深根性植物，适宜在土层深厚、排水良好、疏松肥沃的砂质壤土及向阳而地势较高、排水良好的沙质土壤中生长。土壤酸碱度以中性最好，若土壤为酸性，易生支根和根瘤，影响根的产量和质量；过碱，其根部不能充分向下生长。低洼地、盐碱地不宜种植。因此，在我国南部地区栽培，于较酸性土壤上应施适量石灰，以中和土壤酸度。黏土易使山药根茎须根多，根痕大，形不正，易生扁头和分杈。种过山药的地块，土壤中线虫病较严重，连作会影响质量、产量，不能连作，应间隔 3～5 年，宜与玉米、小麦等禾本科作物轮作。

（五）肥

山药喜肥耐旱。种植前要施足底肥，尤需施足充分腐熟的农家肥，以改善土壤结构，保持土壤疏松，增加土壤通透性。肥料必须充分腐熟并与土壤掺和均匀使用，否则根茎先端的柔嫩组织一旦触及生粪或粪团，会引起分杈，甚至因脱水而发生坏死。生长前期宜供给速效氮肥，以利茎叶生长；生长后期除适当供给氮肥以保持茎叶不衰外，还需增施磷肥、钾肥，以利根茎膨大。

【资源分布与适宜区分析】

一、资源调查与分布

经调查，我国大部分地区都有山药资源分布并适宜种植。山药主要分布于华北、西南、西北、华东和华中等地区。主产于河南的温县、孟州、武陟、博爱、沁阳，河北的安国、安平、定兴、永年，山西的平遥、曲沃、汾阳、平陆、太谷，贵州的安顺、贵阳、金沙、道真、思南，广西的陆川、博白、桂平、平南、浦北，广东的信宜、电白、吴川、潮阳，以及四川、云南、陕西、湖南、湖北、江苏、浙江等地。我国山药南北各地均有野生或栽培，现以栽培为主。据文献记载，山药最适宜生产区域的主要生态因子范围为：≥10℃积温 3116.8～8161.6℃；年平均气温 15.7～26.6℃；1 月平均气温-6.0～14.3℃；1 月最低气温-11.3℃；7 月平均气温 22.3～28.3℃；7 月最高气温 33.2℃；年平均相对湿度 59.7%～79.7%；年平均日照时数 1408～2598h；年平均降水量 482～1666mm；土壤类型以棕壤、红壤、赤红壤、黄壤、潮土、褐土等为主。凡符合上述生态环境、自然条件，又具发展药材社会经济条件，并有山药药材种植与加工经验的主要分布区域，则为山药生产适宜区。

二、贵州资源分布与适宜区分析

贵州全省均有山药资源分布，是我国山药主产区之一。贵州省山药种植最适宜区为黔中、黔北、黔东、黔东南、黔南、黔西北等地，如安顺市的西秀、普定、紫云、关岭、镇宁、普定等地，并以安顺市等地山药质优量大；贵阳市的开阳、修文、清镇等地；黔北的遵义、桐梓、习水、赤水、正安、道真等地；黔东南的黄平、施秉、凯里、雷山、丹寨、锦屏、天柱等地；黔南的都匀、龙里、福泉、贵定、长顺、三都、独山、荔波、平塘等地；

黔西北的赫章、盘州、水城、织金、黔西、金沙等地。特别是贵州安顺所产山药最具特色。

山药是贵州省当今发展高效农业、促进农民增收、别具特色的食药两用药材。"安顺山药"种植历史悠久，主产于安顺市西秀、平坝、普定等县（区）的有关乡镇，属白山药品种，素享"南方小人参"誉称。西秀区旧州、刘官乡所产的山药，具皮薄、肉质嫩、口感好、个体粗细匀称等特点。

除上述山药种植最适宜区和省内高海拔、寒冷山区不适宜区外，贵州省其他各县市（区）凡符合山药生长习性与生态环境要求的区域均为其适宜区。

【生产基地合理选择与基地环境质量检（监）测评价】

一、生产基地合理选择

按照山药生产适宜区优化原则与其生长发育特性要求，并遵循适于山药生长地域性、安全性和可操作性的原则，在贵州省山药最适宜区选择无污染源（如矿山、化工厂等），空气、土壤、水源达中药材生产质量管理规范和有关规定要求，并有良好自然条件和社会经济环境（如当地党政高度重视与大力支持，当地群众有种植药材积极性及经验，有良好经济状况和投资环境，有较好交通、供水、动力、通信、治安等条件）的地区进行山药规范化生产基地建设。如安顺市西秀区旧州、刘官乡等地已建立了山药规范化生产基地。

安顺市平均海拔为 1102～1694m，立体气候和生物多样性明显，属典型的高原型湿润亚热带季风气候，雨量充沛，年平均降水量 1360mm，平均气温 14℃。历史最高气温 34.3℃，最低气温–7.6℃，年平均相对湿度 80%，年平均风速 2.4m/s，冬无严寒，夏无酷暑，气候宜人，夏季气温格外舒适，气候舒适期达 8 个月。境内植被属中亚热带针阔叶混交林带，按贵州省植被区分，境内石灰岩植被多为次生林和人工林，属石灰岩山原常绿栎林、常绿落叶混交林。安顺市西秀区位于贵州省中西部腹地，东距省会贵阳市 90km，素有"黔之腹、滇之喉、粤蜀之唇齿""扼锁滇黔"之称，是中原各地与滇缅之间的商品集散中心。安顺市西秀区旧州、刘官乡等地种植山药历史悠久，尤其以"旧州山药"为上，最为地道而中外驰名。其优等品长 100cm（含芽头长），直径 4～7cm，外观呈金黄色，肉质白嫩，味道鲜美，富含药效成分及营养成分，乃滋阴健身、养颜美容之佳品。贵州安顺市西秀区旧州山药规范化种植基地见图 1-2。

图 1-2　贵州安顺市西秀区旧州山药规范化种植基地

二、生产基地环境质量检（监）测与评价

按照中药材生产质量管理规范和有关规定要求，经具资质的环境检（监）测单位，依法对基地的大气、水质、土壤进行采样、检（监）测与评价的结果，其环境质量均应符合国家中药材有关标准规定。（本书以下各中药材品种皆同，故下略。）

【种植关键技术研究与推广应用】

一、种质资源保护抚育

经对山药产区种质资源调查，目前主要栽培品种有铁棍山药、太谷山药等。这两个品种间存在较大的生物学特性和植物形态差异。例如，铁棍山药茎蔓右旋，细长，具棱，光滑无毛，通常为绿色或绿色略带紫条纹。叶片浅绿色，较薄，戟形，先端尖锐，叶腋间着生零余子，体小，量少，深褐色。根茎圆柱状，尖锐多呈杵状，一般长 30～40cm，直径 2～3cm；表面黄褐色，毛孔稀疏、浅，须根较细。未膨大根茎细长，断面极白，致密，无黏液丝。该品种植株生长势较弱，产量较低，每亩产鲜山药 700～1000kg，折干率高，约 30%。而太谷山药茎蔓右旋，紫色或紫红色。叶片深绿色，厚，卵状三角形至宽卵形或戟形，叶腋间着生零余子（俗称"山药蛋"），体大，量多，形状不规则，褐色。根茎圆柱形，较粗，一般长 60～70cm，直径 5～6cm；表面褐色，较厚，毛孔密、深，须根较粗，未膨大根茎较粗，断面色白，较细腻，黏液质多，质脆易折。该品种植株生长势强，每亩产鲜山药可达 2500kg 以上，折干率较高，约 20%。实验研究结果表明，太谷山药抗自由基活性不及铁棍山药。

除《中国药典》收载的山药外，地方习用品主要有参薯（*Dioscorea alata* L.）、黏山药（*Dioscorea hemsleyi* Prain et Burkill，又名白山药）、野山药（*Dioscorea nipponica* Thunb.，又名日本薯蓣）等。其野生分布于浙江、福建、台湾、湖北、湖南、江西、广东、广西、四川、贵州、云南、西藏等地；我国西南及南部地区亦有栽培。

对《中国药典》收载的山药物种和上述山药种质资源，均应采用封禁、补种等措施对其进行抚育，有效保护山药种质资源，以求永续利用。

二、良种繁育关键技术

山药主要采用芦头繁殖和珠芽（零余子）繁殖。

（一）芦头繁殖法

每年 10 月将地下根挖出，将山药上部芦头 15～25cm 折下，于日光下略晒，使其水分蒸发，经过日晒 2～3 天，伤口愈合，放入室内或室外挖坑贮藏。坑的深度及盖土厚度以不使芦头受冻为度（坑深以 40cm 为宜，盖土 6cm，天冷时覆土至 10cm）。保持湿润。翌年 4 月（清明至谷雨）取出，在畦内按行距 30～45cm、株距 18～20cm 开沟栽种，将芦头顺序平放于沟内，盖土。

（二）珠芽繁殖法

每年 4 月中旬将上年秋天采收的珠芽（零余子）从坑中取出，稍晒，即可进行栽种，按行距 30cm，株距 10～15cm，沟深 6cm 开沟，将珠芽放入沟内，覆土 6cm，约 1 个月左右的时间可出芽。田间管理：出苗后，应设支架，以使茎蔓向上生长，支架材料不限，竹竿、秫秸秆及树枝均可。在 5～8 月，应分次追肥，以粪水及厩肥为主，可结合浇水施用或撒布于根旁。浇水后遇雨，土壤过湿，会使根部向下生长而形成叉根。因此，雨季应注意排水防涝，浇水要适量。若浇水过多容易引发病害，使早期落叶，影响山药的质量与产量。

（三）制备种薯

1. 山药种薯

首先使用山药豆制备一次种薯，然后连续 3 年左右使用山药段子作为种薯，可有效防止山药种薯的退化。

2. 山药块茎

按株距 3cm 播种，翌年秋天可收获长 20～30cm 的山药块茎，用整个块茎做种薯。

3. 山药段子

山药段子是指山药块茎上端有芽的节，在收获山药时从块茎上截取长 20cm、重 50g 左右的段子。播前晒晾，以使伤口愈合，然后层积存放，存放时要注意防冻。

三、规范化种植关键技术

山药除主要采用上述芦头繁殖和珠芽（零余子）繁殖进行规范化种植外，在山药种植经验基础上，还可采用"塑料套管种植法"种植山药。因为传统法种植山药，容易出现多毛、表皮粗糙、弯曲和分杈等现象，会影响山药的产量和商品性。而采用塑料套管栽培技术新法种植山药，不仅可解决上述问题，提高山药商品性，而且山药伤损数量可大幅度减少。该法具有产量高、质量好、省工省时、收获方便和一次投资可多次使用等优点。下面对山药规范化种植关键技术予以重点介绍。

（一）种植前准备

1. 选地

按照山药生物学特性及中药材产地环境相关要求，在经检测符合环境质量要求的基地，选择土层深厚、肥沃和地下水位在 1m 以下的沙壤土地块栽培山药为佳。

2. 选择适宜品种

选择丰产抗病，以及形状和表皮特征优良的长柱形山药品种，其块茎长度在 1m 以上。

3. 加工塑料套管

选用内径 6～7cm 的硬塑料管，用手锯锯成长 1m 的小段，并纵剖一刀，将管分为两半，然后在塑料管的一端距端口 20cm 处向端口斜切，将端口切成半圆形。再于塑料管的另一端至中间部位，用手钻或电钻打孔，孔径为 1cm，间距 3cm，每排 6 个孔，共 4 排。这样加工成的塑料套管可以使用 6～8 年。

4. 挖沟埋套管

一般在 4 月份土壤解冻后，挖山药沟，沟宽 30～40cm，深 50～60cm，间距 60cm。挖时要分层取土，以便回填。填平沟底，将塑料套管按 30cm 间距均匀摆放，使切口一端向上，再回填土层 15cm 厚，边踏实，边把塑料套管按 60° 的斜度排成一排，上端平齐，高出地面 10cm。然后再回填土层 10～15cm，踏实后填入一半熟土不要踏踩，之后每亩施入充分腐熟的优质有机肥 4000kg，把施入的有机肥和土混匀后，再用熟土将山药沟填平。

5. 整畦标记

每两行山药做一个平畦，畦宽 1.4～1.5m。做畦前，每亩施入充分腐熟的优质有机肥 2000kg，深翻后整平畦面。在畦的两端、塑料套管的行线上做标记，以便播种时查找塑料套管。

（二）适时播种

1. 选种

要求种薯色泽鲜艳，顶芽饱满，块茎粗壮，瘤稀，根毛少，无病虫害，不腐烂，未受冻，重 150g 左右。用山药段子播种要求其直径为 3cm 以上，长度为 15～20cm。

2. 催芽

播种前 15～20 天，取出层积存放的山药段子，放在 25～28℃ 的环境中培沙 3～6cm 催芽。催芽时可使用阳畦或小拱棚，阳畦或小拱棚要始终密闭保温。当山药幼芽从沙中露出时即可播种。

3. 播期

山药不耐霜冻，因此播种时期要以终霜后为宜，一般在 3 月中下旬至 4 月中旬播种。

4. 播种

先用锄头沿标记行线开沟，沟深 8～10cm，找到塑料套管，再将种薯水平摆放在塑料套管切口的上方，然后浇水，水渗完后，先把湿土覆盖在种薯上，再覆盖一层干土，等水浸润透干土后，再用干土将种植的山药沟覆平。

（三）田间管理

1. 中耕

中耕不仅可以保墒，还可以提高地温，促进山药苗出土。播种后要及时中耕 1～2 次，出土后为防止滋生杂草，仍要进行 2～3 次浅中耕。中耕时，距离山药近的地方要浅，离山药远的地方要深。随着山药的长大，中耕时宜远离山药。

2. 搭架

当山药茎蔓长至 30cm 长时，要搭"人"字架，架高 1.5～2.0m，并且要牢固，以防被风吹倒。要及时引蔓上架，一般不摘除侧枝，但要及时摘除不作留种用的气生茎，因为气生茎数量过多会影响山药块茎的膨大。

3. 浇水

当山药茎蔓长到 1m 左右时浇第一次水。此次浇水不宜过早，否则会延缓根系生长。水量宜小，不宜大水漫灌。7～10 天后浇第二次水，水量可大些。以后的浇水要保持土壤见干见湿。当主蔓长到架顶，植株底部开始产生侧枝时，要保持土壤湿润。

4. 追肥

一般在第二次或第三次浇水时进行第一次追肥，每亩追施尿素 10kg。在山药豆开始膨大时进行第二次追肥，每亩追施硫酸钾复合肥 30kg。在山药豆长成，有的山药豆开始脱落时进行第三次追肥，每亩追施硫酸钾复合肥 20kg。

山药种植与搭架以及山药藤与叶腋间的珠芽（零余子）分别见图 1-3、图 1-4。

图 1-3　山药种植与搭架

图 1-4　山药藤与叶腋间的珠芽（零余子）

（四）主要病虫害防治

1. 主要病害防治

（1）炭疽病：病原为真菌中半知菌类盘圆孢属黑盘孢菌，其主要为害茎、叶。发病初期在叶脉上产生褐色小斑，病斑逐渐扩大后呈黑褐色，中部褐色，并有不规则轮纹，上面着生小黑点。茎基部常出现深褐色水渍状病斑，造成枯茎落叶。天气潮湿时病部可产生粉红色黏状物，即病原分生孢子堆。病原菌以菌丝在病株或残体上越冬，翌年在适宜条件下，分生孢子借风或水传播侵染，并能引起多次侵染。当夏季温度在 25～30℃、相对湿度大于 80%时，则发病严重。

防治方法：搞好田间清洁，及时清除枯枝残叶并烧毁，防止病原菌传播；栽种前用 1：1：150 波尔多液浸种 5～10min；发病期以 50%退菌特可湿性粉剂 800～1000 倍液喷洒，7 天 1 次，连续 2～3 次即可。

（2）褐斑病：病原为半知菌类中柱盘孢属黑盘菌，主要为害叶。发病初期在下部叶片上产生黄色或黄白色病斑，病斑边缘变褐色，微突出，中部淡褐色，散生黑色小粒点，即分生孢子盘，发病严重时叶片枯死。菌丝或分生孢子盘附于受害部位越冬，翌年随风、水传播侵染，并能引起多次循环侵染，高温多湿易感染发病。

防治方法：清除病枝残叶并烧毁，用 1：1：120 波尔多液防治；也可用 50%托布津可湿性粉剂 500～800 倍液喷洒，7～10 天 1 次，连续 2～3 次。

（3）白锈病：天气炎热、土壤水分过大、通风不良的情况下易发生。发病时叶片先出现黄色斑点，叶背有一层白色粉末，逐渐变成黑点，最后叶片枯萎死亡。

防治方法：及时清除枯枝残叶并烧毁或深埋；也可用 1：500 多菌灵或 1：1：120 波尔多液喷洒，7～10 天 1 次，连续 3～4 次。

2. 主要虫害防治

山药主要虫害有蛴螬、地老虎、黑肉虫等。

防治方法：蛴螬、地老虎可用 90%敌百虫原药制成 1：100 或用 50%锌硫磷 50g，拌鲜草 5kg，制成毒饵诱杀；黑肉虫可用乐果乳剂或杀虫脒毒杀。

上述山药良种繁育与规范化种植关键技术，可于其生产适宜区内，并结合实际因地制宜地进行推广应用。

【药材合理采收、初加工、储藏养护与运输】

一、药材合理采收与批号制定

（一）合理采收

冬季山药地上茎叶枯萎后采挖。用芦头栽种的当年收获，用零余子种植的要在第 2 年收获。一般在 12 月至翌年 2 月采收。采收方法：采收前拆除支架，割去茎藤，于垅（畦）的一端开始顺行深挖，利用工具自山药沟的一侧挖坑，先清除山药周围泥土，防止损伤山药根茎，再用手缓慢将山药挖取出来，小心装框即可，见图 1-5。

图 1-5　山药采收

（二）批号制定

同一种源、同一生产基地相邻地块、同一采收时间采收的新鲜药材，并经同一产地加工法所产出的药材初加工品为同一个批号。其批号以"种源代号+生产基地代号+年/月/批次"表示（本书以下各中药材品种皆同，故下略）。

二、合理初加工与包装

（一）合理初加工

采挖出后，去净泥土，折下芦头贮藏作种外，其余部分既可鲜用，又可经初加工为商品药材。贵州安顺市西秀区山药规范化基地所初加工产品称"旧州山药"，见图 1-6。

山药药材商品一般分为毛山药、光山药及山药片 3 种，见图 1-7。其产地加工方法为：将山药除去杂质，洗净，去粗皮毛，晒干或烘干，即为毛山药；将山药除去杂质，洗净，用竹刀（或瓷片、玻璃片）刮去外皮，用布揩去黏液，再选择肥大顺直的干净山药，用清水浸匀，浸至无干心，闷透，切齐两端，用木板搓成圆柱状，晒干，打光，即为光山药；将山药除去杂质，洗净，除去外皮和须根，分开大小个，泡润至透（或趁鲜），切厚片，呈类圆形，表面类白色或淡黄白色，质脆，易折断，断面类白色，富粉性，干燥，即得净山药片。

图 1-6　安顺山药喜获丰收及其产品"旧州山药"（2014 年）

毛山药

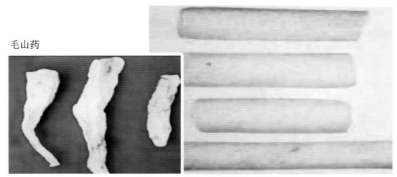

光山药

山药片

图 1-7　山药药材

（二）合理包装

山药除鲜品供用外，干燥山药药材则以无毒无污染材料严密包装。在包装前，应检查山药药材是否充分干燥、有无杂质及其他异物，所用包装应符合药用包装标准，并在每件包装上注明品名、规格、等级、毛重、净重、产地、批号、执行标准、生产单位、包装日期及工号等，并应有质量合格的标志。

三、合理储藏养护与运输

（一）合理储藏养护

山药应储存于干燥通风处，温度30℃以下，相对湿度65%～75%。商品安全水分14%～15%。本品易生霉，变色，虫蛀。采收时，若未充分干燥，在贮藏或运输中易感染霉菌，受潮后可致生霉。

贮藏前，还应严格进行入库质量检查，防止受潮或染霉品掺入。平时应保持环境干燥、整洁。定期检查，发现吸潮或初霉品，应及时通风晾晒。高温高湿季节前，必要时可密封使其自然降氧或抽氧充氮进行养护。

（二）合理运输

山药药材在批量运输中，严禁与有毒货物混装并有规范完整运输标识。运输车厢不得有油污与受潮霉变。

【药材质量标准、质量检测与监控】

一、药材商品规格与质量检测

（一）药材商品规格

山药药材以无外皮、黑斑、虫蛀、霉变，条粗，色黄白，质坚实，粉性足，断面白色者为佳品。其商品规格分为以下规格等级。

1. 毛山药

一等：干货，呈长条形，弯曲稍扁，有顺皱抽沟及少数须根痕，表面黄白色或棕黄色，粉性足，味淡，长 15cm，中部围粗 10cm 以上，无破裂、空心、牛筋、杂质、虫蛀、霉变。

二等：干货，呈长条形，弯曲稍扁，有顺皱抽沟及少数须根痕，表面黄白色或棕黄色，粉性足，味淡，长 10cm，中部围粗 6cm 以上，其余同一等。

三等：干货，呈长条形，弯曲稍扁，有顺皱抽沟及少数须根痕，表面黄白色或棕黄色，粉性足，味淡，长 7cm，中部围粗 3cm 以上，其余同一等。

2. 光山药

一等：干货，呈圆柱形，条匀挺直，光滑圆润，两头平齐，内外均为白色至浅黄色，质坚实，粉性足，味淡，长 15cm，直径 2.3cm 以上。

二等：干货，呈圆柱形，条匀挺直，光滑圆润，两头平齐，内外均为白色至浅黄色，质坚实，粉性足，味淡，长 13cm，直径 1.7cm 以上，其余同一等。

三等：干货，呈圆柱形，条匀挺直，光滑圆润，两头平齐，内外均为白色至浅黄色，质坚实，粉性足，味淡，长 10cm，直径 1cm 以上，其余同一等。

四等：干货，呈圆柱形，条匀挺直，光滑圆润，两头平齐，内外均为白色至浅黄色，质坚实，粉性足，味淡，直径 0.8cm 以上，长短不分，间有碎块，其余同一等。

【注】

（1）本书药材商品质量要求与评价，系参照江苏新医学院编纂《中药大辞典》（上海科学技术出版社，1977 年），中国药材公司编著《中国常用中药材》（科学出版社，1995 年），冉懋雄、周厚琼主编《现代中药栽培养殖与加工手册》（中国中医药出版社，1999 年）及张贵君主编《中药材及饮片原色图鉴》（黑龙江科学技术出版社，2002 年）等文献，并结合实际与经验而编制的，仅供参考。

（2）本书药材商品规格分级质量标准，系据 1984 年 3 月国家医药管理局、卫生部制订颁布的《七十六种药材商品规格标准》（国药联材字〔84〕第 72 号文"附件"），中国药材公司编著《中国常用中药材》（科学出版社，1995 年），朱圣和主编《现代中药商品学》（人民卫生出版社，2006 年）等文献，并结合实际与经验而编制的，仅供参考。

（3）药材商品规格分级与质量标准要求，若生产企业（包括种植养殖与加工企业）为更好保证药材质量与竞争力，本书所提出的标准可供企业制定"企业内控质量标准"参考。

本书以下各中药材品种的药材商品质量要求与评价、商品规格分级质量标准，均参考以上文献并结合实际制定，故下略。

（二）药材质量检测

按照《中国药典》（2015 年版一部）山药药材质量标准进行检测。

1. 来源

本品为薯蓣科植物薯蓣 *Dioscorea opposita* Thunb. 的干燥根茎。冬季茎叶枯萎后采挖，切去根头，洗净，除去外皮和须根，干燥，习称"毛山药"；或除去外皮，趁鲜切厚片，干燥，称为"山药片"；也有选择肥大顺直的干燥山药，置清水中，浸至无干心，闷透，切齐两端，用木板搓成圆柱状，晒干，打光，习称"光山药"。

2. 性状

（1）毛山药：本品略呈圆柱形，弯曲而稍扁，长 15～30cm，直径 1.5～6cm。表面黄白色或棕黄色，有纵沟、纵皱纹及须根痕，偶有浅棕色外皮残留。体重，质坚实，不易折断，断面白色，粉性。气微，味淡、微酸，嚼之发黏。

（2）山药片：为不规则的厚片，皱缩不平，切面白色或黄白色，质坚、脆，粉性。气微，味淡、微酸。

（3）光山药：呈圆柱形，两端平齐，长 9～18cm，直径 1.5～3cm，表面光滑，白色或黄白色。

3. 鉴别

（1）显微鉴别：本品粉末类白色。淀粉粒单粒扁卵形、三角状卵形、类圆形或矩圆形，直径 8～35μm，脐点点状、"人"字状、"十"字状或短缝状，可见层纹。复粒稀少，由 2～3 分粒组成。草酸钙针晶束存在于黏液细胞中，长约至 240μm，针晶粗 2～5μm。具缘纹孔导管、网纹导管、螺纹导管及环纹导管直径 12～48μm。

（2）薄层色谱鉴别：取本品粉末 5g，加二氯甲烷 30mL，加热回流 2h，滤过，滤液蒸干，残渣加二氯甲烷 1mL 使其溶解，作为供试品溶液。另取山药对照药材 5g，同法制成对照药材溶液。照薄层色谱法（《中国药典》2015 年版四部通则 0502）试验，吸取上述两种溶液各 4μL，分别点于同一硅胶 G 薄层板上，以乙酸乙酯-甲醇-浓氨试液（9：1：0.5）为展开剂，展开，取出，晾干，喷以 10%磷钼酸乙醇溶液，在 105℃加热至斑点显色清晰。供试品色谱中，在与对照药材色谱相应的位置上，显相同颜色的斑点。

4. 检查

（1）水分：

毛山药和光山药：照水分测定法（《中国药典》2015 年版四部通则 0832）测定，不得超过 16.0%。

山药片：照水分测定法（《中国药典》2015 年版四部通则 0832 第二法）测定，不得超过 12.0%。

（2）总灰分：

毛山药和光山药：照总灰分测定法（《中国药典》2015 年版四部通则 2302）测定，不得超过 4.0%。

山药片：照总灰分测定法（《中国药典》2015 年版四部通则 0832）测定，不得超过 5.0%。

（3）二氧化硫残留量：

照二氧化硫残留量测定法（《中国药典》2015 年版四部通则 2331）测定，毛山药和光山药不得超过 400mg/kg；山药片不得超过 10mg/kg。

5. 浸出物

照水溶性浸出物测定法项下的热浸法（《中国药典》2015 年版四部通则 2201 项下冷浸法）测定，毛山药和光山药不得少于 7.0%；山药片不得少于 10.0%。

【注】根据中药材出口或特殊需要，可研究制订中药材重金属、有机氯类农药残留量及微生物等有害残留物限度的企业内控质量标准。其研究制订、检测方法等可按照《中国药典》2015 年版四部《中药有害残留物限量制定》（9302）或有关通则进行；其限度标准可按照《药用植物及制剂外经贸绿色行业标准（WM/T2—2004）》。例如：

（1）重金属及砷盐限量：

重金属总量：应小于等于 20.0mg/kg。

铅（Pb）：应小于等于 5.0mg/kg。

镉（Cd）：应小于等于 0.3mg/kg。

汞（Hg）：应小于等于 0.2mg/kg。

铜（Cu）：应小于等于 20.0mg/kg。

砷（As）：应小于等于 2.0mg/kg。

（2）农药残留限量：

六六六（BHC）：应小于等于 0.1mg/kg。

DDT：应小于等于 0.1mg/kg。

五氯硝基苯（PCNB）：应小于等于 0.1mg/kg。

艾氏剂（Aldrin）：应小于等于 0.02mg/kg。

（3）微生物限度：

黄曲霉毒素 B_1：应小于等于 5μg/kg（暂定）。

大肠菌群：每 1g 应小于 100 个。

活螨：不得检出活螨。

本书以下各中药材本项下皆同，故下略。

二、药材质量标准提升研究与企业内控质量标准制定

为了更好保证药材质量，应以不同产地、不同生境条件等的山药药材为研究对象，研究分析其性状特征、鉴别、水分、总灰分、浸出物、重金属、农药残留量、药效指标成分（如山药碱）等（必要时还可增加黄曲霉毒素等），在现行《中国药典》质量标准的基础上，进行山药质量标准的提升研究，并制订其企业内控质量标准（本书以下各中药材本项下皆同，故下略）。

三、药材留样观察与质量监控

中药材与其他药品一样，其质量来自它的整个生产过程。只有规范化生产才能得到质量稳定、均一而可控的中药材产品。只有中药材的质量得到切实保证与提高，中药饮片、中成药与相关产品的内在质量，中药深度研究开发与"大健康"产业，中药现代化与国际化才能得到根本保证。同时还必须将质量研究、标准提升、质量检（监）测与质量评价，以及建立质量监督管理与追溯保障体系，作为极其重要的环节来切实抓好。因此，应以山药药材商品相同的包装，在公司质检部的留样室进行留样观察，按常规留样考察和重点留样考察两种方式，依法进行其药材留样质量观察监控。并按照以质量为核心加强山药规范化种植、采收、初加工、质检、储藏养护及运输等生产全过程的生产管理和质量管理，以切实加强质量的追溯监控（本书以下各中药材本项下皆同，故下略）。

【药材生产发展现状与市场前景展望】

一、生产发展现状与主要存在问题

贵州省山药家种历史悠久，各地群众有着山药栽培及加工的丰富经验。特别是改革开放以来，以山药为主要原料生产中成药及保健品等大健康产业的企业日益兴起，在山药规范化种植、研究开发及深加工等方面都有较大发展。这给贵州山药产业，特别是安顺山药规范化、标准化、规模化种植、研发与深加工提供了许多有益的经验，也积累了不少可借鉴的教训。近年来，贵州省山药种植发展迅速，据《贵州省中药材产业发展报告》统计，

2013 年全省山药种植面积 1.68 万亩，总产量达 45289.00t，总产值达 43276.80 万元。2014年全省山药的种植面积 1.73 万亩，保护抚育面积 0.05 万亩，总产量 1.96 万吨，总产值 14566.66 万元。其中，以安顺市西秀、普定等种植面积最大，亩产约 1500kg（鲜品），年产 1 万 t 左右。具有一定规模的山药龙头企业中，有的已进行了山药规范化种植与示范基地建设，其包括了种质资源圃、良种繁育基地（包括山药良种选育）、规范化种植试验示范与示范推广基地等。例如，贵州华泰绿色食品有限公司等以"公司＋专业合作社或大户（农户）"或订单农业模式大力发展安顺山药生产，进行了具有一定规模的规范化山药种植试验示范基地建设与示范推广。这为贵州山药产业的发展奠定了坚实而良好的原料基础。

但是，贵州省山药产业尚处于发展阶段，还未做大做强，还存在不少问题。例如，亟待切实加强山药产业的人才培养与人才引进；进一步依靠现代科技来研究解决山药生产的优质高产问题；有效加强山药生产质量管理的规范化与标准化；有效加强山药产品的深度开发与产业化、品牌化；切实解决山药产业融资渠道狭窄的困境等，以更好走向市场。

二、市场需求与前景展望

现代化学研究表明，山药块茎含有薯蓣皂苷元（0.012%）、多巴胺、山药碱、多酚氧化酶、尿囊素、止权素Ⅱ，以及糖蛋白（水解得赖氨酸、组氨酸、精氨酸、天冬氨酸、苏氨酸、丝氨酸、谷氨酸、脯氨酸、甘氨酸、丙氨酸、缬氨酸、亮氨酸、异亮氨酸、酪氨酸、苯丙氨酸、蛋氨酸和胱氨酸等），还含有具降血糖作用的多糖，并含有甘露糖、葡萄糖和半乳糖（按摩尔比 6.45∶1∶1.26 构成的山药多糖），尚含钡、铍、铈、钴、铬、铜、镓、镧、锂、锰、铌、镍、磷、锶、钍、钛、钒、钇、镱、锌、锆以及钠、氧化钾、氧化铝、氧化铁、氧化钙、氧化镁等无机元素或无机化合物。根茎含多巴胺、儿茶酚胺及胆甾醇、麦角甾醇、菜油甾醇、豆甾醇、β-谷甾醇。黏液中含植酸、甘露多糖。亦有研究表明，黏液含多糖（40%）、蛋白质（2%）、磷（3%）和灰分（24%）。多糖主要由甘露糖（80%）和半乳糖、木糖、果糖及葡萄糖等组成。

山药珠芽（零余子）含 5 种分配性植物生长调节剂，命名为山药素Ⅰ、Ⅱ、Ⅲ、Ⅳ、Ⅴ，还含止权素、多巴胺和多种甾醇（胆甾烷醇、甲基胆甾烷醇等）。同属植物日本薯蓣块茎含三萜皂苷、尿囊素、胆碱、17 种氨基酸（与山药块茎所含的自由氨基酸比较，缺 γ-氨基丁酸）及无机元素、无机化合物（与山药块茎所含的无机化合物比较，缺镧）。另外，还含降血糖活性的日本薯蓣多糖 A、B、C、D、E、F。

贵州省安顺产山药不仅外观呈金黄色，质地白嫩，味道鲜美，而且经现代化学研究表明，其富含碳水化合物、蛋白质、氨基酸（人体所需的 8 种必需氨基酸，安顺山药均含有）、皂苷、胆碱、维生素、黏液质、淀粉等药用及营养成分。安顺山药与我国部分主产地山药化学成分的对比，见表 1-1～表 1-4。

表 1-1　安顺山药与我国部分产地山药的氨基酸含量对比表　（鲜重 mg/100g）

序号	氨基酸	安顺山药	安顺参薯	北京山药	上海山药	全国山药代表值
1	天门冬氨酸	249.52	329.78	210.00	102.00	150.00
2	丝氨酸	100.28	200.87	139.00	102.00	121.00
3	谷氨酸	221.54	398.73	336.00	227.00	307.00

续表

序号	氨基酸	安顺山药	安顺参薯	北京山药	上海山药	全国山药代表值
4	丙氨酸	109.60	137.91	100.00	73.00	87.00
5	甘氨酸	81.62	110.93	6.30	45.00	55.00
6	苏氨酸*	76.96	101.93	68.00	57.00	57.00
7	缬氨酸*	88.62	140.91	76.00	57.00	67.00
8	蛋氨酸*	72.29	62.96	23.00	—	23.00
9	亮氨酸*	135.26	242.84	120.00	—	120.00
10	苯丙氨酸*	118.93	197.87	75.00	38.00	57.00
11	组氨酸**	53.64	50.97	32.00	24.00	28.00
12	赖氨酸*	125.93	107.93	84.00	43.00	64.00
13	色氨酸*	48.97	47.97	35.00	23.00	29.00
14	异亮氨酸*	81.62	146.90	78.00	—	78.00
15	酪氨酸	60.63	74.95	55.00	38.00	47.00
16	γ-氨基丁酸	41.98	47.97	—	—	—
17	精氨酸	356.80	356.76	—	178.00	178.00
18	脯氨酸	—	86.94	40.00	23.00	32.00
19	胱氨酸	—	—	27.00	23.00	32.00
20	总必需氨基酸	748.58	1049.31	559.00	218.00	495.00
21	总氨基酸	2024.19	2845.12	1504.30	1053.00	1532.00

注：（1）*为人体必需氨基酸，**为婴儿必需氨基酸。（2）本表资料由贵州华泰绿色食品有限公司提供，表1-2~表1-4同。

表1-2　安顺山药与我国部分产地山药的主要成分含量对比表　（鲜重 g/100g）

序号	名称	可食部	水分	蛋白质	淀粉	灰分
1	安顺山药	82.2	76.68	3.37	15.58	0.7
2	安顺参薯	88.0	70.02	5.54	16.47	0.78
3	北京山药	82.0	80.70	2.20	15.90	0.7
4	上海山药	88.0	87.4	1.80	9.30	0.60
5	济南山药	77.0	84.40	1.80	12.20	0.60
6	全国山药代表值	83.0	84.40	1.90	11.60	0.70

表1-3　安顺山药与我国部分产地山药的主要矿物质元素含量表　（鲜重 mg/g）

序号	名称	K	Na	Ca	Mg	Fe	Mn	Zn	Cu	P	Se*	Co	B
1	安顺山药	121.63	29.53	4.90	11.88	0.39	—	0.15	0.10	39.64	1.77	—	0.87
2	安顺参薯	186.11	80.92	14.25	25.56	0.93	0.65	0.47	0.15	54.38	5.93	0.02	0.66
3	北京山药	181.00	26.50	8.00	19.00	0.30	0.12	0.28	0.15	57.00	1.13	—	—
4	上海山药	199.00	4.60	16.00	17.00	—	0.07	0.24	0.13	29.00	0.18	—	—
5	济南山药	142.00	36.50	6.00	25.00	0.30	0.03	0.32	0.07	28.00	0.21	—	—
6	全国山药代表值	123.00	18.60	16.00	20.00	0.30	0.12	0.27	0.24	34.00	0.55	—	—

注：*示其计量单位为鲜重 μg/100g。

表 1-4 安顺山药所含部分酶与皂苷、胆碱的含量检测结果表

序号	成分	安顺山药	安顺参薯
1	α-淀粉酶/[mg 麦芽糖/(g·Fw·5min)]	2.10	3.85
2	β-淀粉酶/[mg 麦芽糖/(g·Fw·5min)]	12.34	12.65
3	多酚氧化酶/[氧化 VCμg 分子数/(g·Fw·min)]	56.84	10.23
4	皂苷/%	0.01	0.63
5	胆碱/(mg/100g)	8.00	26.83

上述对比研究分析结果表明,贵州安顺参薯所含的固形物含量较高,而水分含量较低,营养成分含量明显高于其他主产地山药。安顺参薯富含 Fe、Zn、Mn 等元素。同时,安顺山药和安顺参薯还具有皮薄、可食部高、多酚氧化酶活性低,以及加热煮制中不易糊汤、不塌陷,具有极其良好的加工特性。这为安顺山药、安顺参薯深入研发奠定了坚实而良好的原料基础。

现代药效学研究表明,山药具有降血糖、增强免疫力、抗氧化、耐缺氧、调节机体对非特异刺激反应,以及滋补、助消化、止泻、祛痰等药理作用。并经实验证明山药对家蚕寿命及生长发育有明显影响。即选当天采摘的新鲜桑叶,称量后用 20%的山药水煎液浸泡顷刻取出,阴干。每天喂饲 3 次,随着家蚕生长发育、龄期增长逐渐添加桑叶的饲量。每隔 4 天测量家蚕身长、体重各 1 次。结果显示山药可显著延长家蚕龄期,且家蚕身长、体重较对照组增加缓慢,食桑叶量亦减少。实验表明,山药具有延寿、减肥作用。

山药临床药用历史悠久,临床疗效满意。除早在《神农本草经》《名医别录》《本草纲目》等中均有大量临床应用记述外,历代医家对山药临床应用也有不少独到见解与经验。《本草正》载:"山药,能健脾补虚,滋精固肾,治诸虚百损,疗五劳七伤。第其气轻性缓,非堪专任,故补脾肺必主参、术,补肾水必君萸、地,涩带浊须破故同研,固遗泄伏菟丝相济。诸丸固本丸药,亦宜捣末为糊。总之性味柔弱,但可用力佐使。"《本草求真》载:"山药,本属食物,古人用入汤剂,谓其补脾益气除热。然气虽温而却平,为补脾肺之阴,是以能润皮毛、长肌肉,不似黄芪性温能补肺阳,白术苦燥能补脾阳也。且其性涩,能治遗精不禁,味甘兼咸,又能益肾强阴,故六味地黄丸用此以佐地黄。"现代临床应用山药亦十分广泛,并有不少新发现新成果。例如,常用于治疗糖尿病(以黄芪、葛根、山药、炒苍术、粉白术、玄参、天花粉、茯苓等伍用),具滋燥降糖效能,疗效满意;治疗肺结核(以白及、百部、山药、荆芥、黄精、党参、茯苓等伍用),经 6 月服用可使体重增加,症状减轻,X 线检查转阴;治疗肝炎、肝硬化(以山药、黄芪、党参、当归、蚕沙等伍用),经治可使病人恢复支链氨基酸/芳香族氨基酸(支/芳)比值至正常值;治疗神经衰弱(以当归、茯苓、山药等伍用),经治能改善睡眠,增加食欲,增强体质,疾病日减;治疗溃疡性口腔炎(以单味山药配冰糖适量),一般服用 2 次后则可获效;治疗婴幼儿腹泻(以单味山药粉加水加热熬成粥状),于奶前或饭前服用(每次 5～10g,一日 3 次,疗程 3 天)则疗效满意等。

山药营养丰富,食药两用应用历史悠久,其历来皆为人们舌尖美味、桌上佳品。

现代研究表明，山药富含黏液蛋白、淀粉酶、皂苷、胆碱、淀粉、糖类、蛋白质和氨基酸、维生素 C 等多种营养成分，尤为病后康复食补之佳品。山药不仅含有大家平常认为的淀粉食物，还富含蛋白质、无机盐和多种维生素（如维生素 B_1、维生素 B_2、烟酸、抗坏血酸、胡萝卜素）等营养物质，还含有多量纤维素以及胆碱、黏液质等成分。其干品的蛋白质是大米的 2 倍，B 族维生素的含量更是大米的数倍，矿物质钾也极其丰富，高于绝大部分蔬菜。山药具有健脾益胃、滋肾益精、益肺止咳、降低血糖、延年益寿及减肥健美六大主要营养作用。例如，由于山药含有黏液蛋白，其具降低血糖作用，可用于治疗糖尿病，是糖尿病人的食疗佳品。有研究发现，山药在内的多种薯类食品都有利于控制血糖，可降低外源葡萄糖或肾上腺素引起的实验小鼠的血糖和血脂升高。同时也有研究发现，糖尿病人食用山药可以帮助降低胰岛素抵抗，改善外周组织对血糖的利用；食物中添加山药粉和莲子粉可改善糖尿病人乏力、饥饿、多尿等症状，对血胆固醇也会有改变。当然，山药的降糖效果并不能与降糖药媲美，也不能完全替代胰岛素，只能作为一种辅助的膳食治疗措施。又如因山药几乎不含脂肪，所含黏液蛋白能预防心血管系统的脂肪沉积，防止动脉硬化。食用山药还能增加人体 T 淋巴细胞，增强免疫功能，延缓细胞衰老。同时，还因山药含有大量黏液蛋白、维生素及微量元素，能有效阻止血脂在血管壁的沉淀，预防心血管疾病。山药又可提高免疫细胞增殖能力，延缓胸腺衰老。经测定表明，山药多糖能清除多种自由基，提高体内抗氧化酶系统活性，减少氧化产物含量。山药的黏液蛋白可提高免疫功能，改善心血管机能，而山药中所含有的脱氢表雄酮也具有强化免疫功能、提高记忆力、益志安神、镇静安眠、延缓骨骼肌肉老化、预防动脉硬化等多种延缓衰老作用，从而可取得延年益寿功效，从而有力证明"常食山药，延年益寿"的说法是科学的。另外，由于山药富含多种生理活性成分，包括山药多糖、黏液蛋白、皂苷、尿囊素、脱氢表雄酮等。特别是山药中的黏多糖物质与矿物质相结合，还可形成骨质，使软骨具有一定弹性。山药既可健康瘦身，又可使肤色更好，对人体有特殊的健美作用，并能预防心血管系统的脂肪沉积，保持血管的弹性，防止动脉粥样硬化的过早发生，减少皮下脂肪沉积，避免出现肥胖。其含有丰富的维生素和矿物质，所含热量又相对较低，所以山药具有很好的减肥健美等功效。

在《卫生部关于进一步规范保健食品原料管理的通知》（2002 年）中，规定山药为一种食药兼用中药材，列为"既是食品又是药品的物品名单"之内。山药不仅具有补肺、固肾、益精的营养价值，而且可用于骨折愈合，局部麻醉，降低胆固醇，预防冠心病，改善糖尿病症状等；在民间多作食用，其营养价值居菜蔬之首，深受人们的欢迎。在食品工业上，山药还常用于加工浓缩汁、罐头、果脯、饮料等，特别是制成的山药粉为老少咸宜的营养补品。同时，山药又是传统出口商品，在国际市场上久负盛名。因此，山药在食疗上，既适合一般人群食用，又适合不同亚健康人群食用。其既适合体质虚弱、乏力、肺虚久咳、痰多喘咳、腰膝酸软、糖尿病、食欲不振、久泻久痢之人常服；又因质润兼涩、补而不腻，具有健脾益肺、补肾固精、养阴生津的功效，适合脾虚泄泻、食少倦怠、虚劳羸瘦、肺虚咳喘、气短自汗、肾虚遗精、小便频数、腰膝酸软、眩晕耳鸣、带下、消渴之人常服。在食用时，多去皮鲜炒，或晒干煎汤、煮粥。去皮食用，以免产生麻、刺等异常口感。鲜品多用于虚劳咳嗽及消渴病，补阴生津也宜生用；炒熟食用可治脾胃、肾气亏虚，健脾止泻宜炒用（根据炮制方法的不同，可分为炒山药、麸炒山药、土炒山药、蜜麸炒山药）。山药药膳花样极多，食疗品点不下数百种之巨。例如：

山药芝麻汤圆。菜系及功效：甜品/点心，骨质疏松食谱。主料：糯米500g，山药（干）50g，黑芝麻30g。工艺：煮。口味：甜。

山药参枣糯米饭。菜系及功效：甜品/点心，骨质疏松食谱。主料：糯米250g，山药（干）15g，党参10g，枣（干）50g。工艺：蒸。口味：甜。

番茄山药粥。菜系及功效：高血压食疗、调脾养胃、气血双补及夏季养生食谱。主料：大米100g，山药（干）20g，番茄100g，山楂（干）10g。工艺：煮。口味：酸甜。

山药薏米芡实粥。菜系及功效：美味粥汤。主料：大米100g，山药（鲜）300g，薏米50g，芡实40g。工艺：煮。口味：微甜或微咸。

四神汤。菜系及功效：美味粥汤，消水肿、利尿、美容、清热去火食谱。主料：猪肠半副，猪肚半副，山药25g，薏仁40g，茯苓15g，芡实15g，莲子25g。工艺：煮。口味：微咸。等等。

以上可见，山药在中成药、保健品、大健康产业以及药膳等方面应用均极为广泛，市场需求量极大，亟待大力发展以安顺山药为重点的规范化种植、初加工以及研究开发、深度加工与市场营销这一系统工程。要以政府为引导、企业为主体、市场为导向、科技为支撑，切实加强产学研的紧密结合，充分发挥各方面的推进作用。要积极探索贵州山药产业龙头企业与专业合作社的发展与营运模式，充分发挥其在企业和政府之间的桥梁作用，维护广大药农与企业的合法权益，强化有关山药产业中介服务机构的建设，积极开展以科技服务、技术转让、信息咨询、人才培训、对外交流等为主要内容的中介服务。要鼓励和支持贵州山药产业龙头企业积极根据生产和市场的需要，采取走出去、请进来的方式，主动与省内外大中型中药制药及大健康产业的相关企业、国内外商家建立稳定合作关系，以切实推进贵州山药产业的健康发展。我们相信，随着我国人民生活水平的提高和社会老龄化，以及"回归自然"绿色浪潮的到来，贵州山药产业的发展潜力将越来越大，市场发展前景极为广阔。

主要参考文献

姜芳婷，李明静，史会齐，等. 1999. 水溶性山药多糖对小鼠的抗衰老作用[J]. 药学进展，15（3）：47-49.

姜芳婷，李明静，史会齐，等. 2004. 山药及其同属植物参薯中多糖含量的测定[J]. 化学研究，15（3）：47-49.

孔晓朵，白新鹏. 2009. 山药的活性成分及生理功能研究进展[J]. 安徽农业科学，37（12）：5979-5981.

李锋涛，陈毓. 2008. 山药的研究进展[J]. 海峡药学，20（10）：91-92.

李明静，史会齐，等. 2004. 山药的研究[J]. 河南大学学报（医学科学版），23（2）：4-6.

楼之岑，秦波. 1999. 常用中药材品种整理和质量研究（第二册）[M]. 北京：中国协和医科大学联合出版社.

苗申. 1997. 怀山药多糖的抗氧化研究作用[J]. 中国医药学报，12（2）：22-23.

潘朝曦. 2001. 中国药膳[M]. 上海：上海科学普及出版社.

施宽敏，王爱华，善春婷，等. 2008. 山药常见病害的发生与防治[J].安徽农学通报，（2）：59-61.

覃浚佳，周芳，王健和，等. 2003. 褐苞薯蓣对去势小鼠和肾阳虚小鼠的影响[J]. 中医药学刊，21（12）：1993-1995.

谢兴源. 2009. 山药的主要成分及应用价值[J]. 现代农业科技，（6）：76-78.

徐增莱，汪琼，赵猛，等. 2007. 淮山药多糖的免疫调节作用研究[J]. 时珍国医国药，18（5）：1040-1041.

詹彤，陶靖，王淑和. 2004. 山药及其同属植物参薯中多糖含量的测定[J]. 化学研究，15（3）：47-49.

张重义，谢彩侠，黄晓书，等. 2003. 怀山药道地产区与非道地产区药材质量比较[J]. 现代中药研究与实践，17（1）：19-21.

郑晗，龚千峰，张的凤. 2007. 山药[J]. 食品与药品，11（9）：74-76.

（冉懋雄　黄　敏　周厚琼）

2　山　慈　菇

Shancigu

CREMASTRAE PSEUDOBULBUS

【概述】

山慈菇原植物为兰科植物杜鹃兰 *Cremastra appendiculata*（D. Don）Makino、独蒜兰 *Pleione bulbocodioides*（Franch.）Rolfe 或云南独蒜兰 *Pleione yunnanensis* Rolfe。前者习称"毛慈菇"；后二者习称"冰球子"。别名：朝天一柱香、鬼头蒜、三道箍、斩龙剑、扣子七、泥宾子、十三九子不离母等。以干燥假鳞茎入药。《中国药典》1995 年版后各版均予收载，2015 年版《中国药典》称：山慈菇味甘、微辛，性凉。归肝、脾经。具有清热解毒，化痰散结功能。用于治疗痈肿疔毒、瘰疬痰核、蛇虫咬伤、癥瘕痞块。山慈菇又为常用苗药，苗药名："Bid yox nbeat"（近似汉译音："比摇扁"），味甘、微辛，性寒，小毒。入热经药。具有清热解毒、消肿散结功能。主治痈疽恶疮、小儿疳积、瘰疬结核、咽痛喉痹、蛇虫咬伤、无名肿毒、跌扑损伤、皮肤皲裂，以及肺脓疡、肝硬化、食道癌、宫颈癌等，在苗族地区广泛应用，如贵州雷公山地区有很多民族医师把冰球子作为治胃癌的良药之一。

山慈菇作为传统中药材有着悠久的应用历史。山慈菇之名，首见于唐代陈藏器的《本草拾遗》："山慈菇，有小毒，生山中湿地，叶似车前，根姆似慈菇"。据此可知，山慈菇叶形与车前草属 *Plantago* L. 的叶子相似，即为宽卵形至宽椭圆形，纵向叶脉，而根与慈菇 *Sagittaria trifolia* L. 的球茎相似，生境为山间水分充足的湿地，并由此得名"山慈菇"。据谢宗万考证唐代陈藏器《本草拾遗》记载的山慈菇应是杜鹃兰。其后各种主要本草均有记载，但不甚一致。山慈菇是贵州地道特色药材。

【形态特征】

杜鹃兰：地生草本。假鳞茎聚生，卵球形或近球形，长 1.5～3cm，直径 1～3cm，密接，有关节，外被撕裂成纤维状的残存鞘。顶生 1 叶，很少具 2 叶，少有花先于叶者；叶片狭椭圆形、近椭圆形或倒披针状狭椭圆形，长 18～45cm，宽 4～8cm，先端渐尖，基部收窄为柄；叶柄长 7～17cm，下半部常为残存的鞘所包蔽。花葶从假鳞茎上部节上发出，近直立，通常高出叶外，长 27～70cm；总状花序长 5～25cm，具 5～22 朵花；花苞片披针形至卵状披针形，长 3～12mm；花梗和子房长 3～9mm；花常偏向花序一侧，多少下垂，不完全开放，狭钟形，萼片与花瓣淡黄略带紫红色，唇瓣白色并有紫色斑；

花苞片狭披针形，等长于或短于花梗（连子房）；花被片呈筒状，先端略开展；萼片和花瓣近相等，倒披针形，长 2～3cm，中上部宽 3.5～5mm，先端急尖；侧萼片略斜歪；唇瓣与花瓣近等长，线形，基部浅囊状，两侧边缘略向上反折，前端扩大并为 3 裂，侧裂片近线形，长 4～5mm，宽约 1mm；中裂片卵形至狭长圆形，长 6～8mm，宽 3～5mm，基部在两枚侧裂片之间具 1 枚肉质突起；肉质突起大小变化甚大，上面有时有疣状小突起；蕊柱纤细，长 2.5～3cm，宽 1～1.3cm。花期 4～6 月，果期 9～11 月。杜鹃兰植物形态见图 2-1。

（1. 带假球茎的植株；2. 花枝；3. 花）

图 2-1　杜鹃兰植物形态图

（墨线图引自任仁安主编，《中药鉴定学》，上海科学技术出版社，1986）

独蒜兰：半附生草本。假鳞茎，卵形至卵状圆锥形，上端有明显的颈，全长 1～2.5cm，直径 1～2cm，绿色、白色或紫红色，是储存养分和水分的地方，假鳞茎之间通常由根状茎相连接；顶端具 1 枚叶，罕见 2 枚叶。叶在花期极幼嫩或未长出，长成后狭椭圆状披针形或近倒披针形，纸质，长 10～25cm，宽 2～6cm，先端渐尖，基部渐狭成柄，抱花葶；叶柄长 2～6.5cm。花葶从无叶的老假鳞茎基部发出，直立，长 7～20cm，下半部包藏在 3 枚膜质的圆筒状鞘内，顶端具 1 花，偶见 2 花；花苞片线状长圆形，长 2～4cm，先端钝；花梗和子房长 1～2.5cm；花淡紫色至粉红色，唇瓣上具有深色斑；中萼片近倒披针形，长 3.5～4cm，宽 7～9mm，先端急尖或钝；侧萼片稍斜歪，狭椭圆形或长圆状倒披针形，常近等长于并稍宽于中萼片；花瓣倒披针形，稍斜歪，长 3.5～5cm，宽 4～7mm；唇瓣轮廓为倒卵形或宽倒卵形，长 3.5～4.5cm，宽 3～4cm，不明显 3 裂，上部边缘撕裂状，基部楔形并多少贴生于蕊柱上，上面通常具 3～5 条波状或近直的褶片；褶片啮蚀状，高达 1～1.5mm，向基部渐狭直至消失；中央褶片常较短而宽，有时不存在；蕊柱长 2.7～4cm，多少弧曲，两侧具翅；翅自中部以下甚狭，向上渐宽，在顶端围绕蕊柱，宽达 6～7mm，有不规则齿缺；蒴果长圆形，长约 3cm 左右；种子细小，呈粉末状，量多。花期 4～6 月，果期 9～10 月。独蒜兰植物形态见图 2-2。

云南独蒜兰：地生或附生草本。假鳞茎，卵形、狭卵形或圆锥形，上端有明显的长颈，全长 1.5～3cm，直径 1～2cm，绿色，顶端具 1 枚叶，偶见 2 枚叶。叶在花期极幼嫩或未长出，长成后披针形至狭椭圆形，纸质，长 6.5～25cm，宽 1～3.5cm，先端渐尖或近急尖，基部渐狭成柄；叶柄长 1～6cm。花葶从无叶的老假鳞茎基部发出，直立，长 10～20cm，基部有数枚膜质筒状鞘，顶端具 1 花，罕见 2 花；花苞片倒卵形或倒卵状长圆形，草质或膜质，长 2～3cm，宽 5～8mm，明显短于花梗和子房；花梗和子房长 3～4.5cm；花淡紫色、粉红色或有时近白色，唇瓣上具有紫色或深红色斑；中萼片狭椭圆状倒披针形，长 3.5～4cm，宽 6～8mm，先端钝；侧萼片长圆状披针形或椭圆状披针形，多少偏斜，常近等长于并稍宽于中萼片，先端钝；花瓣线状倒披针形，展开，长 3.5～4cm，宽 5～7mm，先端钝，基部明显楔形；唇瓣近宽倒卵形，长 3～4cm，宽 2.5～3cm，明显或不明显 3 裂，先端微缺，边缘具不规则缺刻或多少呈撕裂状，上面通常具 2～5 条褶片自基部延伸至中裂片基部；褶片近全缘或略呈波状并有细微缺刻；蕊柱长 1.8～2.3cm，多少弧曲，两侧具宽翅；翅自中部以下甚狭，向上渐宽，在顶端围绕蕊柱，宽达 5～6mm，有不规则齿缺；花紫红色至粉红色，唇瓣色泽常略浅于花瓣，上面有许多紫红色或褐色斑点；蒴果纺锤状圆柱形，长 2.5～3cm，宽约 1.2cm，黑褐色。花期 4～5 月，果期 9～10 月。云南独蒜兰植物形态见图 2-3。

图 2-2　独蒜兰植物形态图　　　　图 2-3　云南独蒜兰植物形态图

（墨线图均引自中国科学院植物研究所主编，《中国高等植物图鉴》，第五册，科学出版社，1976）

【生物学特性】

一、生长发育习性

杜鹃兰的种子小，没有胚乳，自然状态下很难萌发，从种子萌发至形成光合作用能力的幼苗期间，完全依赖共生菌根真菌提供营养。和独蒜兰不同，杜鹃兰常年长有一片叶子，有些老叶会在冬季干枯脱落，翌年 2～3 月再长出一片新叶。两年或三年生以上大球基部抽生花芽，4～5 月开花，由下至上渐开，为异花授粉植物，因花的特殊构造，必须靠昆虫或人工辅助授粉才能结实。果实 7 月下旬后渐熟。一般每个球茎每年只能产生 1～2 个新球茎。

独蒜兰为多年生草本植物，它的种子亦细小，自然条件下很难萌发，其繁殖方式以假鳞茎自然分株为主。栽种宜在秋后地上部分倒苗至翌年早春 2 月份假鳞茎上的新芽和根未萌发时进行。独蒜兰的根系比较浅，为肉质须根系，而且根系在当年完成其生活史，春季长出，秋冬干枯死亡，不同于常见的兰科植物。一般先花后叶，两年或三年生以上大球才能开花，开花多集中在 3～4 月，4～5 月开始长叶，5～6 月叶片快速生长，进入 7 月以后叶片生长渐缓，球茎开始膨大，8～9 月球茎生长快速，10 月以后假鳞茎上的叶片陆续干枯脱落，根系枯死，球茎进入休眠，第二年春天重新发芽生长，随着新球茎长大，老球腐烂，一般每个球茎每年能产生 1～3 个新球茎。

二、生态环境要求

杜鹃兰喜冷凉阴湿的环境，野生于林下或沿溪谷湿润处。海拔 500～2900m 处均有分布。宜栽于疏松透气、腐殖质含量丰富的土壤。耐阴，适宜生长在空气湿度较大的林下荫蔽处。

独蒜兰原产温带和亚热带高海拔地区。野生于林下和林缘多石地上或苔藓覆盖的岩石上，也见于草坡稍荫蔽的砾石地上。其喜凉爽、通风的半阴环境，难以忍受阳光直射，夏季生长期最好遮阳。较耐寒，冬季休眠，越冬最低温度-10℃以上，春季萌发新芽。宜栽于疏松、透气、排水良好的蕨根、水苔或腐殖土中；不宜在盐碱性大、土质过黏及低洼之地种植。其生态幅度较广，广布于海拔 630～3000m 的山林中，尤在海拔 1500m 左右的植被丰富、气候湿润的山林中生长较好。

【资源分布与适宜区分析】

一、资源调查与分布

杜鹃兰广布于秦岭以南各省区，野生于海拔 500～2900m 的林下或沿溪谷湿润处。主要分布于贵州、四川、云南、西藏、山西南部、陕西南部、甘肃南部，以及江苏、安徽、浙江、江西、台湾、河南、湖北、湖南、广东北部。

独蒜兰广布于长江以南各省区海拔 630～3000m 的阔叶林下，腐殖质丰富、多石的土壤上或苔藓覆盖的岩石上和裸露的树干上。主要分布在贵州、云南、四川、西藏。

云南独蒜兰生于海拔 1100～2800m 的林下或沟谷及路旁有泥土的石壁上。主要分布于云南、贵州、四川西部、西藏。

二、贵州资源分布与适宜区分析

（一）贵州山慈菇资源分布

杜鹃兰分布于贵州海拔 800～1280m 的林下或沟边湿地。主产于贵州雷公山、石阡、贵定、普定、安龙等地。

独蒜兰分布于贵州海拔 630～2900m 的阔叶林下及腐殖质丰富地带。主产于贵州雷公山、黄平、榕江、贵定、兴仁、贞丰、安龙、望谟、贵阳、梵净山、盘州、纳雍等地。

云南独蒜兰分布于贵州海拔 1100～2800m 的林下或沟谷地带。主产于贵州雷公山、梵净山、贵阳、紫云、盘州、贞丰、安龙、望谟、威宁、纳雍等地。

（二）贵州适宜区分析

贵州省山慈菇最适宜区为黔东南雷公山区域如雷山县、剑河县等地。该区属中亚热带季风湿润气候区，气候温和，雨量充沛，年平均气温 15℃左右，相对湿度 80%左右，平均降水量 1200～1500mm，土壤以 pH 为 4.5～6.5 的微酸性黄壤为主，腐殖质丰富，疏松透气，比较适合山慈菇的生长。

除上述生产最适宜区外，贵州省其他各县市（区）凡符合山慈菇生长习性与生态环境要求的区域均为其生产适宜区。

【生产基地合理选择与基地环境质量检（监）测评价】

一、生产基地合理选择与基地条件

按照山慈菇生产适宜区优化原则与生长发育特性要求，选择其最适宜区或适宜区中具良好社会经济条件的地区建立规范化生产基地。例如，在地处雷公山区的雷山县方祥乡等地，贵州昌昊中药公司与当地合作建立了山慈菇规范化生产基地（图 2-4）。该基地具有山慈菇整个生长发育过程所需的自然条件，而且当地党政大力支持，广大群众有种植山慈菇等药材的传统习惯与积极性，该区域与所建基地远离城镇及公路干线，无污染源，空气清新，环境幽美，是贵州省乃至我国山慈菇分布与人工种植的重要区域之一。

图 2-4　贵州雷山县方祥乡等地建立的山慈菇规范化生产基地

二、基地环境质量检（监）测评价（略）

【种植关键技术研究与推广应用】

一、种质资源保护抚育

在贵州省山慈菇生产最适宜区的黔东南雷公山、梵净山等区域，经有目的有意识地选择山慈菇生态适应性强的地带（如雷山县、剑河县、江口县、印江县等地），与雷公山、梵净山自然保护区紧密结合，采用封禁、补种等措施对山慈菇进行保护与抚育，有效保护山慈菇种质资源，以求永续利用。

二、良种繁育关键技术

山慈菇对生境要求较高，而且产量不高，所以人工栽培的较少。目前，独蒜兰尚有人工栽培，而杜鹃兰人工栽培技术更难，基本上没有人种植。下面重点介绍独蒜兰的关键种植技术。

独蒜兰传统育苗方法有有性（种子）繁殖和无性（块茎）繁殖两种。自然状态下，如独蒜兰种子很难萌发，一般可通过室内无菌培养进行种子萌发，但是室内培养组培苗成本较高，由于炼苗关键技术尚未完全突破，大田移栽成活率较低。目前生产上以假鳞茎分株繁殖为主，无性繁殖方法简单，群众易于掌握和接受。

秋季 10～11 月或早春 2～3 月，用二齿耙小心从基地里挖取独蒜兰假鳞茎，抖去泥土，选取健芽多、芽饱满粗壮、无机械损伤、无病虫害的种球。种球采集后放在房屋中的通风干燥处存放，最好随挖随种，不宜久放。种前先将种球进行大、中、小分级。播种方式采用条播或穴播，行距 10～15cm，株距 5～8cm。穴播每穴种 3～5 个，球间距离 7～10cm。大球茎播种密度可小些，小球茎适当密些。播种深度 4～5cm，覆土不宜太深，以盖住假鳞茎 1～2cm 为宜。秋季播种可以覆盖地膜或茅草以防冻保湿，翌年春天出苗时再揭开。

三、规范化种植关键技术

（一）选地整地

选择海拔 1000m 以上的山坡或林下空旷平地（平地要注意防止积水）、水源方便、周围无遮蔽物、阳光充足地块。清除选好地块内的杂草和树木,并用火烧尽,翻入土中作底肥。底肥施草木灰 100~150kg/亩,过磷酸钙 50kg,用锄头适当松表土并与肥料混匀,打碎土块,捡去石块、宿根及其他杂物。整平耙细,做成 1~1.5m 宽的厢面,高 5~7cm,厢面要整平,厢间留 40~50cm 宽的作业道,厢面土壤疏松。

(二)移栽定植

移栽时间为秋季 10~11 月或早春 2~3 月。种前先将球茎进行大、中、小分级。大球:直径 3cm 以上;中球:直径 2~3cm;小球:直径 2cm 以下。播种方式采用条播或穴播,行距 10~15cm,株距 5~8cm。穴播每穴种 3~5 个,球间距离 7~10cm。大球茎播种密度可小些,小球茎适当密些。播种深度 4~5cm,覆土不宜太深,以盖住假鳞茎 1~2cm 为宜。秋季播种可以覆盖地膜或茅草以防冻保湿,翌年春天出苗前揭开。

(三)田间管理

1. 除草浇水

要求早除草,全年视情况除草 3~5 次,用手拔草或用镰刀割草亦可,除草要轻,避免把独蒜兰根刨出。视表土发白则立即浇水,总之要求少浇、勤浇,保持土壤含水量在65%左右。暴雨后或连续多天下雨,应及时挖沟排除低洼地的积水,以防水分过多,引起假鳞茎腐烂及病害发生。

2. 遮阴

5 月下旬进行遮阴,选取透光率 30%左右的遮阳网(遮光率 70%左右),用高约 1m 木棍或竹竿,垂直栽入土中 20~30cm,每隔 2m1 根,用绳子将遮阳网绑在木棍或竹竿上。如果是仿野生栽培,也可用伴生植物如茅草、蕨菜等杂草进行遮阴,6 月以后便不再除草或者稍微割草,留一定数量的杂草进行自然遮阴。

(四)合理施肥

根据独蒜兰的生长发育情况,结合土壤肥力等进行合理施肥。独蒜兰为比较耐瘠薄的药用植物,生长年限较长(2 年以上),追肥对提高产量是必要的,原则是以基肥为主,追肥为辅。前期施基肥,中期(6~9 月)根外追肥,后期不施肥。基肥以草木灰、磷肥为主,辅之磷酸二氢钾根外追肥。7 月以后叶片生长速度渐缓,球茎开始膨大,此时叶面喷施磷酸二氢钾可促进叶片生长和球茎膨大,有助于提高产量。可每隔 2 周喷施 1 次,连续 3~4 次。

(五)病虫害防治

在遵循"预防为主,综合防治"的原则下,坚持"早发现、早防治,治早治小治了",选择高效低毒低残留的农药对症下药地进行主要病虫害防治。

1. 根腐病

(1)症状:为害根茎。染病根茎从尾部开始腐烂,根茎表皮颜色黑褐色,腐烂部位变软,病植株叶片萎蔫,甚至枯死。

（2）病原：镰刀菌（*Fusarium*）、腐霉属（*Pythium*）、疫霉属（*Phytophthora*）、丝核属（*Rhizoctonia*）等真菌。

（3）发病规律：田间湿度大、气温高及根茎有创伤，易遭受病原物感染。5～8 月为发病期。地下害虫为害可加重该病发生。

（4）防治方法：及时防治线虫等地下害虫的为害。发病初期用 50%多菌灵可湿性粉剂 1000 倍液灌施病穴。

2. 褐斑病

（1）症状：主要为害叶片。一般先从叶片边缘开始产生病斑，严重时病斑连成片，导致叶片枯死。病斑边缘明显，黄褐色至褐色，中央灰褐色至暗褐色。病斑上有黑色粉末，即为病原菌的分生孢子梗。

（2）病原：尾孢菌 *Cercospora insulana* Sacc，属一种半知菌亚门真菌 *Cercospora phellodendricola* F. x. Chao et P. K. Chi。

（3）发病规律：该病全年都可发生，但以高温高湿的多雨炎热夏季为害最重。高温高湿、光照不足、通风不良、连作等均有利于病害发生。病菌以菌丝体在病枝叶上或土壤中越冬。翌春条件适宜时产生分生孢子进行初侵染和再侵染。

（4）防治方法：冬前对枯枝落叶进行烧毁，减少翌年初侵染源；发病初期喷洒 70%甲基托布津 1000 倍液或 50%多菌灵可湿性粉剂 800 倍液、1∶1∶160 波尔多液。

3. 小地老虎

小地老虎又称黑土蚕、地蚕等，属鳞翅目，夜蛾科，学名：*Agrotis ypsilon* Rottemberg。

（1）症状：以幼虫为害，是常见的地下害虫。幼虫在 3 龄以前昼夜活动，多群集在叶或茎上为害；3 龄以后分散活动，白天潜伏土表层，夜间出土为害咬断幼苗的根或咬食未出土的幼苗，常常将咬断的幼苗拖入穴中，使整株死亡，造成缺苗断垄。

（2）发生规律：幼虫在贵州省每年发生代数 4～5 代，第一代幼虫 4～5 月为害药材幼苗。成虫白天潜伏于土缝、杂草丛或其他隐蔽处，晚上取食、交尾，具强烈的趋化性。幼虫共 6 龄，高龄幼虫 1 夜可咬断多株幼苗。灌区及低洼地、杂草丛生、耕作粗放的田块受害严重。田间杂草如小蓟、小旋花、黎、铁苋菜等幼苗上有大量卵和低龄幼虫，可随时转移为害药材幼苗。

（3）防治方法：及时铲除田间杂草，消灭卵及低龄幼虫；高龄幼虫期每天早晨检查，发现新萎蔫的幼苗可扒开表土捕杀幼虫。药剂防治：选用 50%辛硫磷乳油 800 倍液、90%敌百虫晶体 600～800 倍液、20%速灭杀丁乳油或 2.5%溴氰菊酯 2000 倍液喷雾；或每公顷用 50%辛硫磷乳油 4000mL，拌湿润细土 10kg 做成毒土；或每公顷用 90%敌百虫晶体 3kg 加适量水拌炒香的棉籽饼 60kg（或用青草）做成毒饵，于傍晚顺行撒施于幼苗根际。

4. 线虫

线虫又称蠕虫，种类繁多，属线虫动物门（Nematoda）。

（1）症状：线虫寄生于叶片会使叶片出现黄色或褐色斑块，引起坏死、枯萎；寄生于根部者，使根部出现串珠状结节或小瘤，大如珍珠或小米，瘤中白色圆形粒状物就是雌雄线虫虫体和它们的卵，称为根结线虫病。

（2）发生规律：线虫主要是以成虫、卵在病株残体上或以幼虫在土壤中越冬，在无寄主的条件下也能够存活 3 年。在相对较好的环境中，卵可在几个小时内形成 1 龄幼虫。2 龄幼虫非常活跃，从寄主植物根尖幼嫩处侵入，口针分泌的唾液诱导被害细胞过度增大，形成根瘤。雌雄成虫交配后，产卵于虫体后部的角质卵囊内，数量可达 100～300 粒。下一生长季节来临后，卵囊中的卵可孵化发育，2 龄后离开土壤进入土壤再次侵染为害。

（3）防治方法：防治线虫首先要清除病原，轻者剪去部分病根或病叶，再放到 50℃ 热水中浸泡 10min，可杀死线虫而不伤寄主；重者应拔除、烧毁病株。根结线虫病多分布在 3～9cm 表土层，深耕土壤可减少为害。根结线虫好气性，而且晒土后土壤干燥疏松，播前深耕深翻 20cm 以上，把可能存在的线虫翻到土壤深处，可减轻为害。

上述山慈菇良种繁育与规范化种植关键技术，可于山慈菇生产适宜区内，并结合实际因地制宜地进行推广应用。

【药材合理采收、初加工、储藏养护与运输】

一、合理采收与批号制定

（一）合理采收

一般栽后 2～3 年采挖，选择秋冬季采挖。

（二）批号制定（略）

二、合理初加工与包装

将采挖的山慈菇除去茎叶、须根，洗净泥沙，置沸水锅上蒸至透心，取出摊开晒干或烘干（图 2-5）。将干燥山慈菇按 40～50kg 打包装袋，用无毒无污染材料严密包装。在包装前应检查是否充分干燥、有无杂质及其他异物，所用包装应符合药用包装标准，并在每件包装上注明品名、规格、等级、毛重、净重、产地、批号、执行标准、生产单位、包装日期及工号等，并应有质量合格的标志。

图 2-5　山慈菇药材（左：鲜品；右：干品）

三、合理储藏养护与运输

（一）合理储藏养护

山慈菇应储存于干燥通风处。贮藏前，应严格入库质量检查，防止受潮或染霉品掺入。平时应保持环境干燥、整洁。定期检查，发现吸潮或初霉品，应及时通风晾晒，虫蛀严重时用较大剂量磷化铝（9～12g/m³）或溴甲烷（50～60g/m³）熏杀。高温高湿季节前，必要时可密封使其自然降氧或抽氧充氮进行养护。

（二）合理运输

山慈菇药材在批量运输中，严禁与有毒货物混装并有规范完整运输标识。运输车厢不得有油污与受潮霉变。

【药材质量标准、质量检测与监控】

一、药材商品规格与质量检测

（一）药材商品规格

山慈菇药材以无杂质、霉变、虫蛀，身干，带表皮者浅棕色，光滑，质坚硬，难折断，断面灰白色或黄白色或浅黄色，略呈角质半透明者为佳品。其商品规格为统货，现暂未分级。

（二）药材质量检测

按照《中国药典》（2015 年版一部）山慈菇药材质量标准进行检测。

1. 来源

山慈菇为兰科植物杜鹃兰 *Cremastra appendiculata*（D. Don）Makino、独蒜兰 *Pleione bulbocodioides*（Franch.）Rolfe 或云南独蒜兰 *Pleione yunnanensis* Rolfe 的干燥假鳞茎。前者习称"毛慈菇"，后二者习称"冰球子"。夏、秋二季采挖，除去地上部分及泥沙，分开大小置沸水锅中蒸煮至透心，干燥。

2. 性状

毛慈菇：呈不规则扁球形或圆锥形，顶端渐突起，基部有须根痕。长 1.8～3cm，膨大部直径 1～2cm。表面黄棕色或棕褐色，有纵皱纹或纵沟，中部有 2～3 条微突起的环节，节上有鳞片叶干枯腐烂后留下的丝状纤维。质坚硬，难折断，断面灰白色或黄白色，略呈角质。气微，味淡，带黏性。

冰球子：呈圆锥形，瓶颈状或不规则团块，直径 1～2cm，高 1.5～2.5cm。顶端渐尖，尖端断头处呈盘状，基部膨大且圆平，中央凹入，有 1～2 条环节，多偏向一侧。撞去外皮者表面黄白色，带表皮者浅棕色，光滑，有不规则皱纹。断面浅黄色，角质半透明。

3. 鉴别

毛慈菇：本品横切面最外层为一层扁平的表皮细胞，其内有 2～3 列厚壁细胞，浅黄色，再向内为大的类圆形薄壁细胞，含黏液质，并含淀粉粒。近表皮处的薄壁细胞中含有草酸钙针晶束，长 70～150μm。维管束散在，外韧型。

冰球子：本品横切面，表皮细胞切向延长，淀粉粒存在于较小的薄壁细胞中，维管束鞘纤维半月形，偶有两半月形。

二、药材质量标准提升研究与企业内控质量标准制定（略）

三、药材留样观察与质量监控（略）

【药材研究开发与市场前景展望】

一、生产发展现状与主要存在问题

山慈菇为传统名贵中药材及民族民间常用药材，贵州的山慈菇产量约占全国的 2/3，贵州已将其列入重点地道药材生产质量管理规范试验示范研究对象，并取得了一定成果。目前，全省山慈菇种植面积约 0.1 万亩，在雷山、台江等地已建设有山慈菇规范化生产基地和仿野生栽培基地。贵州省山慈菇生产虽已取得较好成效，但其规范化标准化尚需深入研究与实践。

由于山慈菇用种子播种有性繁殖较难，块茎无性繁殖系数低，种源问题一直没能得到有效解决，市场上的山慈菇主要源于野生资源。因其价格高，资源匮乏，临床上代用、混用情况严重。

二、市场需求与前景展望

山慈菇是贵州立体环境、气候所形成的独特的道地中药材，有着悠久的应用历史。早在宋代王璆的《是斋百一选方》载：山慈菇、麝香、千金子霜、雄黄、红芽大戟、朱砂、五倍子以治痈疽恶疮、汤火蛇虫犬兽所伤，时行瘟疫，山岚瘴气，喉闭喉风，久病劳瘵及解菌蕈菰子。《本草再新》亦载："治烦热痰火，疮疔瘰痘，瘰疬结核，杀诸虫毒。"现代研究表明，山慈菇全草含杜鹃兰素Ⅰ和Ⅱ；种子、球茎、叶、茎含秋水仙碱、角秋水仙碱、β-光秋水仙碱及 N-甲酸-N-去乙酰秋水仙碱等多种生物碱。山慈菇常与其他中药配伍，在中医临床上的应用形式大多数为复方制剂，如山慈菇复方制剂、紫金锭等。山慈菇广泛应用于治疗疔疮疖肿、瘰疬结核、蛇虫咬伤等症，近年来发现其对胃癌、乳腺癌、口腔癌、食管癌、甲状腺癌等恶性肿瘤及甲状腺囊肿、淋巴结核、乳腺增生、前列腺增生等也有疗效，尤为世人关注。此外，还有一些涉及山慈菇的专利，胸腺素β-10 增强剂还可用于治疗哮喘、痤疮、白血病等。

山慈菇的茎和叶也可以单独作为药物使用，如宋代《证类本草》记载，山慈菇的叶捣成膏状，和蜜搅匀贴在创口上可以治疗乳房肿块等。《本草纲目》记载，山慈菇的花捣碎成散用水煎服，可以治疗血淋、膀胱及阴茎涩痛。其综合开发利用也值得深入研究与开发。

总之，山慈菇可用于多种疾病的治疗，具有很高的临床应用价值。但由于山慈菇繁殖困难，加上人类长期无节制地采挖以及阴湿的森林生境被破坏，其栖息地面积逐渐缩小，资源濒临灭绝，难以满足市场需求，因而其价格逐年上涨，山慈菇药材市场价格从 2000 年的 12 元/kg，到 2013 年曾一度涨为 400 元/kg，市场一直供不应求。发展山慈菇产业，前景较好。山慈菇人工高质高产栽培技术、组织培养及有性繁殖解决其种源问题，将成为今后的研究重点。

主要参考文献

邝其忠，张本刚. 2008. "山慈菇"的本草考证[J]. 植物分类学报，46（5）：785-798.

董海玲，郭顺星，王春兰，等. 2007. 山慈菇的化学成分和药理作用研究进展[J]. 中草药，38（11）：1734-1738.

刘仲健. 2006. 中国兰属植物[M]. 北京：科学出版社：309-319.

增川典古. 1997. 国外医学（中医中药分册）[M]. 北京：中国中医研究院图书情报研究所，19（6）：49.

中国科学院《中国植物志》编辑委员会. 1999. 中国植物志[M]. 北京：科学出版社：165，366-380.

中国科学院植物研究所. 2005. 中国高等植物图鉴[M]. 北京：科学出版社：440，445，565，687，688.

Fan R L，Zhang Q W. 1991. Clinical use of Zjinding[J]. Chin Tradit Pat Med（中成药），18（11）：22-23.

Pan W G. 2002. Leukemia treating granule used to replace chemotherapy and marrow transplantation：CN，l348818[P]. 2002-05-15.

Qu X. 2005. Traditional Chinese medicine for treating acne：CN，1621082[P]. 2005-06-01.

Saito N. 2006. Thymosin 10 expression enhancers（machine translation）：JP，2006199609[P]. 2006-08-03.

Xu X D. 2005. An external application ointment for treating cough with asthma and its preparation：CN，1583115[P]. 2005-02-23.

（张丽娜　朱国胜）

3　山　豆　根

Shandougen

SOPHORAE TONKINENSIS RADIX ET RHIZOMA

【概述】

山豆根原植物为豆科植物越南槐 *Sophora tonkinensis* Gagnep.，别名：山大豆根、黄结、广豆根、苦豆根、柔枝槐等。以干燥根和根茎入药。历版《中国药典》均予收载。山豆根的植物学名文献上常用异名 *Sophora subprostrata* Chun et T. Chen，因其 1958 年正式发表时比 *Sophora tonkinensis* Gagnep.（1914 年）晚许多年，故 *Sophora subprostrata* Chun et T. Chen，*Sophora tomentosa* Drak.，*Cephalostigmaton tonkinensis*（Gagnep.）Yakovl.均为异名，《中国药典》引用标准的学名为 *Sophora tonkinensis* Gagnep.。《中国药典》2015 年版称：山豆根味苦、性寒，有毒。具有清热解毒、消肿利咽功能。用于治疗火毒蕴结、乳蛾喉痹、咽喉肿痛、齿龈肿痛、口舌生疮。

山豆根始见于《开宝本草》。苏颂《本草图经》："山豆根生剑南山谷，今广西亦有，以忠、万州佳。苗蔓如豆，根以此为名。叶青，经冬凋谢，八月采根用……。广南者如小槐，高尺余。"观其附图与现今所药用《中国药典》2015 年版收载的山豆根，因主产于广西而习称广豆根。山豆根用药历史悠久，是中医临床和中成药常用药材，是临床常用的传统中药，也是贵州地道特色药材。

【形态特征】

越南槐为纤细小灌木，直立或平卧，高 1～2m。根圆柱状，少分枝，根皮黄褐色。小枝绿色，密被灰色短柔毛。奇数羽状复叶，叶柄被灰色毛；小叶 11～15，革质，椭圆形，矩形或倒卵形，长 3～4cm，先端急尖，基部圆或微心形，上面无毛，下面被银色绒毛，后脱落；小叶柄被灰色毛，圆锥花序顶生，长 8～13cm；花萼钟状，长 3～4mm，萼齿短三角形，长 3～4mm，宽 2mm，花冠淡黄色，长 10～12mm，旗瓣圆形，径约 4mm。具短爪，翼瓣具耳，耳有尖头，龙骨瓣连爪长 6.5mm；雄蕊 10，分离；子房被柔毛，花柱光滑，柱头具刷状毛，胚珠 4 颗。荚果常扭转，长 3.5～4cm，被毛，1～3 节，革质，开裂。种子 1 至数粒，黑色，光亮。椭圆形，长约 8mm，种脐小。花期 5～6 月，果期 7～8 月。越南槐植物形态见图 3-1。

（1. 花枝；2. 根；3. 花）

图 3-1 越南槐植物形态图

（墨线图引自中科院植物研究所主编，《中国高等植物图鉴》，第五册，科学出版社，1976）

【生物学特性】

一、生长发育习性

（一）营养生长特性

据在紫云试验基地（海拔 1125m）观察，春季直接播种后，经 15～20 天即出苗，第 25 天左右为出苗盛期。出苗后约 6 个月生长缓慢。深秋播种的山豆根，从真叶产生至开花，其营养生长期需约 18 个月，第三年 5 月开花前植株高度可达 100cm 以上。

（二）生殖生长特性

春季播种的山豆根，经营养生长，于翌年 5 月下旬在枝顶形成花芽，进入生殖生长期。花枝由多个总状花序形成圆锥状花序，花序轴上产生花芽，逐渐形成花蕾。每个总状花序上形成 20～40 朵小花。小花开放后，经过 25～35 天，于 7 月至 8 月由下向上渐次形成链珠状黄绿色的荚果，荚果未成熟时为绿色，成熟时为黄绿色至黄色，易开裂。

二、生态环境要求

山豆根多生长在石灰岩山区的山坡灌丛，一般海拔 500～1400m，通常见于阳光充足的山顶或山坡。其有关生态环境的具体要求如下。

温湿度：山豆根生长的气候条件主要为中亚热带和南亚热带湿润气候，温暖湿润的气候条件更适宜其生长。在贵州，年平均温度 15.3℃以上，≥10℃年积温为 3900℃以上，无霜期 280 天以上，年平均降水量 1000mm 以上的区域均能生长。

光照：野生山豆根在向阳的石灰岩的山坡灌丛、岩石缝均有生长，其分布区年平均日照时数 1450h 以上，其药材在阳坡地生长的质量优良。

土壤：对土壤选择不严，但以疏松肥沃的弱酸性到弱碱性土为宜。在低山山地红壤、中山山地红壤、黄红壤、黑色石灰土中均能生长，其土壤 pH 为 6.0～7.5。

水：山豆根耐旱。在年降水量 1000mm 以上的山谷或山坡的灌丛、草坡地中均能良好生长。

【资源分布与适宜区分析】

一、资源调查与分布

据文献记载，商品山豆根（广豆根）的原植物有越南槐 *Sophora tonkinensis* Gagnep. 及其变种多叶越南槐 *Sophora tonkinensis* Gagnep. var. *polyphylla* S.Z.Huang et Z.C.Zhou。越南槐主要分布于贵州、云南、广西、广东、江西等，在越南北部也有分布。多叶越南槐主要分布于广西。另外，在贵州西南部有紫花越南槐 *Sophora tonkinensis* Gagnep. var. *purpurescens* C.Y.Ma。

越南槐的地理分布主要是在我国广西的西南部至西北部以及贵州和云南的东南部，横跨北纬 22°21′～26°6′，东经 103°20′～108°45′的地区。多分布在石灰岩山区，一般海拔 500～1400m 的地方，主要生长于山坡灌丛、岩山石缝，如在广西罗城、南丹、凤山、乐业、田林等县，贵州的黔南、黔西南和黔中地区的县区。伴生植物中木本植物主要有黄皮树、木姜子、桦槁、构树、鸡桑、马桑、悬钩子、栽秧泡、茸毛木蓝、小花清风藤、甜果藤、山橙、西南杭子梢等，草本植物有何首乌、苦参、半夏、山珠南星、象鼻南星、小蓟、马蓝、岩白菜、白茅、肾蕨、凤尾蕨、狗脊等。

二、贵州资源分布与适宜区分析

经调查，山豆根野生资源主要分布在贵州南部的罗甸、平塘、独山、都匀、惠水、三都、长顺，中部的紫云、关岭、西秀、镇宁，西南部的兴义、安龙、册亨、望谟、兴仁、贞丰等县（市、区），但主要集中在罗甸、平塘、惠水、长顺、紫云、镇宁、册亨、安龙和兴义等海拔 500～1400m 的石灰岩山地区域，土壤多为黑色石灰土、黄色石灰土，pH 为 6.0～7.5。其气候温暖湿润，一月平均气温 3.7℃ 以上，7 月平均气温 23～27℃，极端最低气温 −7～0℃，≥10℃ 的积温 3900℃ 以上，降水量 1000mm 以上，适宜山豆根的种植或抚育，现已在紫云（猫营镇）、安龙（坡脚乡）、兴义（泥凼镇）等地进行了山豆根人工栽培与保护抚育。上述各地均为山豆根最适宜区。

除上述山豆根最适宜区外，贵州省其他各县（市、区）凡符合山豆根生长习性与生态环境要求的区域均为其适宜区。

【生产基地合理选择与基地环境质量检（监）测评价】

一、生产基地合理选择与基地条件

根据山豆根生长发育特性要求，选择其最适宜区地道产地建立规范化种植或抚育基地，例如，在贵州省安顺市紫云县猫营镇龙场村选建的山豆根种植试验示范基地（图 3-2）（以下简称"紫云山豆根基地"）和兴义市泥凼镇建立的保护抚育基地。猫营镇龙场村种植基地距紫云县城 30km，基地海拔 1125～1200m，气候属于中亚热带季风湿润气候，年平均气温为 15.6℃，年均降水量 1430mm，成土母岩主要为石灰岩，土壤以黄壤和黑色石灰土为主。地带性植被为常绿-落叶阔叶混交林，主要树种有臭樱、白杨、刺槐、枫香、丝栗、栎类、鸡桑、构树及悬钩子属植物等；该基地生境内的野生药用植物主要有苦参、川续断、黄褐毛忍冬、何首乌、短葶飞蓬、白及、头花蓼、南沙参、对叶百部、天冬、黄精、鱼腥草、吉祥草、白茅根、瓜子金等。当地党政对山豆根生产基地建设高度重视，交通、通信等社会经济条件良好，当地农民有采集野生药材加工销售的传统习惯。该基地远离城镇及公路干线，空气清新，水为山泉，周围 10km 内无污染源。

图 3-2　贵州紫云县猫营镇山豆根种植基地

二、基地环境质量检（监）测与评价（略）

【种植关键技术研究与推广应用】

一、种质资源保护抚育

山豆根的野生资源多生长在石灰岩山坡草灌丛中。其地带性植被为常绿和落叶阔叶混交林，主要植物有臭樱、桦槁、木姜子、火棘、倒卵叶悬钩子、马桑、鸡桑、斑茅、白茅、贯众、蜈蚣蕨、凤尾蕨等。目前，山豆根栽培尚处于初期阶段，主要为收集野生资源建立采种（或采穗）基地繁育种苗，尚未形成优良的栽培品种。应对山豆根种质资源采用封禁、补种等措施进行保护与抚育，有效保护山豆根种质资源，以求永续利用。

二、良种繁育关键技术

山豆根可采用种子繁殖、扦插繁殖和分株繁殖，以下主要介绍种子繁殖。

（一）种子来源、鉴定与采集保存

1. 种子来源与鉴定

山豆根为多年生木质藤本植物。秋播第 3 年可正常开花结实，选择 3 年以上植株作采种母株集中管理，采种地应与生产基地充分隔离，避免生物混杂。山豆根种子主要于贵州紫云和兴义种植基地采集。采种基地山豆根原植物，经贵州省中医药研究院中药研究所何顺志研究员鉴定为豆科槐属 *Sophora* 植物越南槐 *Sophora tonkinensis* Gagnep.。

2. 采种圃的建设

选择与生产基地充分隔离的缓坡地，如灌木丛中砍伐出的石灰岩缓山坡，根据生产规模确定采种圃面积，并建围栏，清除周边野生的山豆根植株。将其地深耕 15～25cm，做成宽 50～70cm 的垄，垄沟宽 40cm，深 10～15cm。每亩使用 2000kg 腐熟的农家肥或 50kg复合肥作底肥，用选育出的山豆根种子育苗或扦插进行栽种。种植密度结合坡地环境而定，通常株距 50～60cm。按净作计算，每亩种植约 2000 株。定植后应加强采种地的管理，苗期及时除杂草，去除混杂和病弱植株。

3. 种子采集与保存

二年生的山豆根，4 月上旬开始孕蕾开花，5 月为盛花期，直至 7 月仍有花开，8～10月为果实形成期。10 月后果实由青绿色逐渐变为淡黄色，此时其种子为黑色，即应采摘下果实，否则果实开裂弹出种子。采用人工采摘方法分批采收果皮变淡黄色的成熟果实，可采收到 11 月上旬。此法采收的山豆根种子饱满，呈椭球形或卵形，长约 8mm，种脐小，种皮黑色，有光泽。果实采回后摊放于干燥通风处阴干使荚果开裂，抖出种子，除去果荚等杂质，晾至含水量低于 12%，装入布袋或麻袋于通风干燥处保存，其间注意防潮。山豆根种子千粒重约 166.5g。

（二）种子发芽特性

山豆根果实为荚果，果实呈链珠状，具 1～3（5）节，先端具长喙，基部具长子房柄，果皮表面为灰绿色或灰黄绿色，表面具灰茸毛（图 3-3）。荚果开裂后弹出的种子为椭球形或卵形，长约 8mm，种脐小，种皮黑色，有光泽，种子由种皮、胚组成，两片子叶肉质肥厚。种子千粒重约 166.5g。种子无休眠特性，当种子吸收相当于自重 45%的水分，地温达 12℃以上后即开始萌发。其最适宜萌发温度为 20～25℃，播种后 15～20 天出苗。

图 3-3　山豆根果实（紫云栽培，2013 年）

春季播种的山豆根当年生长期约 210 天，在霜降后进入休眠期，次年春季长出新梢。在贵州的紫云县猫营镇试验研究基地（海拔约 1125m）过冬后翌年 3 月中旬萌出新梢，随着气温回升迅速生长。

（三）种子品质检定与种子质量标准制订

1. 种子品质检定

扦样依法对山豆根种子进行品质检定，主要有：官能检定、成熟度测定、净度测定、生活力测定、水分测定、千粒重测定、病虫害检验、色泽检验等。同时，尚应依法进行种子发芽率、发芽势及种子适用率等测定与计算。例如，紫云试验基地和兴义抚育基地春播育苗用山豆根种子品质检定的结果，见表 3-1。

表 3-1　山豆根种子品质的主要检定结果

外观形状	成熟度/%	净度/%	生活力/%	检测代表样重/kg
呈椭球形或卵形，长 6～8mm，种脐小，种皮黑色，有光泽	95	98	96	10.0
含水量/%	千粒重/g	发芽率/%	病虫感染度/%	
11.0	160.2	94	0	

2. 种子质量鉴别

山豆根优劣种子主要鉴别特征，见表 3-2。

表 3-2　山豆根优劣种子主要鉴别特征

种子类别	主要外观鉴别特征
成熟新种子	种皮黑色，有光泽，椭球形或卵形，饱满新鲜，子叶饱满均匀，白色
早采种子	种皮浅黑色，干瘪，子叶不饱满
隔年种子	种皮灰黑色，无光泽，干皱，子叶浅灰色，有虫蛀
发霉种	闻着有霉味，黑褐色，少光亮，子叶浅灰色

3. 种子标准制定

经试验研究，将山豆根种子分为三级种子标准（试行），见表 3-3。

表 3-3　山豆根种子（瘦果）分级表（试行）

项目	一级种子	二级种子	三级种子
成熟度（%）不低于	95	90	85
净度（%）不低于	95	90	90
生活力（%）不低于	95	90	85
含水量（%）不高于	12	12	12
发芽率（%）不低于	95	90	80
千粒重（g）不低于	160	145	130
外观形状	呈椭球形或卵形，长 6~8mm，种脐小，种皮黑色，有光泽，无虫蛀、霉变		

（四）种子育苗与苗期管理

目前，山豆根主要采用苗床育苗。

1. 播种时间

可采用秋播和春播。秋播在 10~11 月采收种子，晾晒干后即可进行；春播时间在 2 月下旬至 3 月中旬。

2. 播种方法

先将种子用温水催芽露白后，在苗床上按株行距 10cm，条幅 5cm 进行条播，条沟深 3~4cm，覆土约 3cm。出苗后注意适当遮阴，控制光照 60% 左右，当苗高 10cm 以上移栽。另外，也可采用营养袋育苗。山豆根种子育苗见图 3-4。

图 3-4　山豆根种子育苗

3. 扦插育苗

以生长健壮、无病虫害的植株为采穗株，在 3 月或 10 月中旬，剪取直径 0.5～1.0cm 的一年生枝条，取中下段截成长约 20cm 的有 2 个以上节的枝段，将插条的下部插入 150mg/L 吲哚丁酸（IBA）溶液浸泡 4～5h，取出后扦插于备好的洁净河沙或珍珠岩为基质的苗床上，采用开沟方式，株行距约 15cm，沟深约 15cm，插条倾斜 30°～45°，覆盖基质后浇透水。

4. 苗期管理

（1）保湿防涝：经常浇水，保持苗床湿润，雨季注意排水，防止积水。

（2）除草施肥：苗期除草 2～3 次，同时施肥 2～3 次，以薄施氮肥为主。每亩每次施腐熟农家水肥 1000kg 或尿素 10kg 兑水淋施。

三、规范化种植关键技术

（一）选地整地与移栽定植

1. 选地整地

山豆根种植地可选择海拔 1200m 以下的石灰岩山区，周边 10km 无工矿企业和主干公路，前作为玉米等禾本科植物，也可在黄檗等幼林地进行套作。

山豆根主要生长于石灰岩山坡草灌丛，以排水良好、腐殖质较丰富的土壤为佳。在贵州紫云县猫营镇基地和兴义市泥凼镇种植基地以石灰岩山地发育的黑色石灰土、黄色石灰土为主，土壤 pH 为 5.5～7.0，均生长良好。

移栽前 10～15 天进行整地，清除杂草，深耕土地 15～25cm。按行距 40cm、株距 40cm 挖穴，穴长、深、宽为 20cm×15cm×15cm，每穴施入厩肥、堆肥、草木灰混合肥 2～3kg，肥土拌匀后，即可种植。也可利用在坡度较大的山地割除草灌丛后免耕挖穴栽种。

2. 移栽定植

每穴栽种移栽苗 1 株。苗根自然伸展开，覆土过根茎，向上轻提苗，然后稍压实覆土，浇足定根水。耕地每亩栽种约 4500 株，石灰岩山坡旮旯地每亩 2000～3000 株。

（二）田间管理

1. 中耕、除草

每年 3～4 月、7～8 月和 11 月各浅中耕除草一次。幼苗期可在畦面铺上稻草或蕨草。坡地免耕穴栽可割去周边草灌丛，覆盖于穴上。

2. 灌排水

缓苗期应保持土壤湿润，遇旱要及时灌水。雨季做好排水工作。

3. 施肥

配合中耕除草进行施肥，每年施 2 次复合肥。幼苗生长期平均每株约 10g，第二年后平均每株约 20g，均匀撒施于植株旁的地面，施后培土。

（三）主要病虫害防治

主要病虫害防治按照"农业防治、物理防治、生物防治为主，化学防治为辅"的无害化控制原则进行。

常见病害为根腐病和白绢病，虫害为蛀茎螟、豆荚螟、红蜘蛛和蚧壳虫。

1. 根腐病

根腐病可造成根部腐烂，地上部分萎蔫，植株死亡。夏、秋季为严重发生期。

防治方法：发病初期以百菌清或甲基托布津兑水 500～800 倍连续灌根 2～3 次。

2. 白绢病

白绢病主要为害茎基部和根部，受害部纵裂变褐，后期腐烂。主要在夏季高温高湿季节发生。

防治方法：发病初期以多菌灵或脱菌特兑水 500～800 倍灌根或喷雾，连续使用 2～3 次。

3. 蛀茎螟

蛀茎螟以幼虫钻蛀茎部及枝条，造成内部完全中空，最后地上部分全部枯死。受害株地面会发现有白色长条形排出物。

防治方法：在 4～6 月虫卵期及幼龄期以乐斯本或乙酯甲胺磷兑水 800 倍喷雾或从蛀口灌入。

4. 豆荚螟

豆荚螟幼虫在干旱时在荚果内取食幼嫩种子，使荚果萎蔫干扁不能形成种子。

防治方法：在孕蕾开花期用敌百虫或辛硫磷兑水 800～1200 倍喷雾。

5. 红蜘蛛

红蜘蛛全年均可发生，在植株叶片背面刺吸为害，使叶片正面出现不规则褪绿变成白色小斑，严重影响光合作用。

防治方法：发病初期用乐果或吡虫啉 1200～1500 倍喷雾。

6. 蚧壳虫

蚧壳虫全年均可发生，集中在山豆根植株的幼嫩部位刺吸为害，使嫩叶卷缩畸形。

防治方法：用敌敌畏或吡虫啉兑水 1200～1500 倍喷雾。

上述山豆根良种繁育与规范化种植关键技术，可于山豆根生产适宜区内，并结合实际因地制宜地进行推广应用。

【药材合理采收、初加工、储藏养护与运输】

一、合理采收与批号制定

（一）合理采收

1. 采收时间

种植 3～4 年后采收。一般于秋季 10 月下旬至 11 月中旬采收。

2. 采收方法

将根部挖出，用枝剪除去地上部分，保留根和根茎，如图 3-5 所示。地上部分枝条也可进行扦插育苗。

图 3-5　山豆根药材采收

（二）批号制定（略）

二、合理初加工与包装

（一）合理初加工

根茎挖出运回后，须趁鲜在产地及时初加工。洗净泥土后晒干水汽，切为 0.5cm 厚的斜片，晒干或烘干。

（二）合理包装

干燥药材切片常用的包装材料有无毒无污染布袋、细密麻袋、塑料编织袋（聚酯袋）、无毒聚氯乙烯袋等。装袋后袋口应缝牢，药材袋封口要严紧。包件大小应符合规定的国家食品药品监督管理总局制定的标准件尺寸。标志、合格证等标识应清晰并按要求粘贴牢固清晰。并在每件包装上注明品名、规格、等级、毛重、净重、产地、批号、执行标准、生产单位、包装日期及工号等，并应有质量合格的标志。

三、合理储藏养护与运输

（一）合理储藏养护

包装后的山豆根药材，需要一段时间的贮藏，常用的贮藏方法为防潮贮藏法，为防止山豆根药材在贮藏过程中出现霉烂、虫蛀、变色、返潮等现象，要派专人对贮藏室内药材定期抽检，保证其应有质量。

（二）合理运输

中药材的运输是药材流通的重要环节，应保证运输工具清洁干燥无污染，运输过程中还要做好防雨、防潮，确保安全送达生产加工及仓储车间。

【药材质量标准、质量检测与监控】

一、药材商品规格与质量检测

（一）药材商品规格

山豆根药材以无杂质、霉变、虫蛀，身干，根条长圆柱形，质坚硬，难折断，断面皮部浅棕色，木部淡黄色，有豆腥气，味极苦者为佳品。其药材商品规格为统货，现暂未分级。

（二）药材质量检测

按照《中国药典》（2015 年版一部）山豆根药材质量标准进行检测。

1. 来源

山豆根为豆科植物越南槐 *Sophora tonkinensis* Gagnep.的干燥根和根茎。秋季采挖，除去杂质，洗净，干燥。

2. 性状

根茎呈不规则的结节状，顶端常残存茎基，其下着生根数条。根呈长圆柱形，常有分枝，长短不等，直径 0.7～1.5cm。表面棕色至棕褐色，有不规则的纵皱纹及横长皮孔样突起。质坚硬，难折断，断面皮部浅棕色，木部淡黄色。有豆腥气，味极苦。

3. 鉴别

（1）显微鉴别：本品横切面，木栓层为数列至十数列细胞。栓内层外侧的 1～2 列细胞含草酸钙方晶，断续形成含晶细胞环，含晶细胞的壁木质化增厚。栓内层与韧皮部均散有纤维束。形成层成环。木质部发达，射线宽 1～8 列细胞；导管类圆形，大多单个散在，或

2 至数个相聚，有的含黄棕色物；木纤维成束散在。薄壁细胞含淀粉粒，少数含方晶。

（2）薄层色谱鉴别：取粗粉约 0.5g，加三氯甲烷 10mL，浓氨试液 0.2mL，振摇 15min，滤过，滤液蒸干，残渣加三氯甲烷 0.5mL 使其溶解，作为供试品溶液。另取苦参碱对照品、氧化苦参碱对照品，加三氯甲烷制成每 1mL 各含 1mg 的混合溶液，作为对照品溶液。照薄层色谱法（《中国药典》2015 年版四部通则 5202）试验，吸取供试品溶液 1～2μL、对照品溶液 4～6μL，分别点于同一硅胶 G 薄层板上，以三氯甲烷-甲醇-浓氨试液（4：1：0.1）为展开剂，展开，取出，晾干，喷以稀碘化铋钾试液。供试品色谱中，在与对照品色谱相应的位置上，显相同的橙黄色斑点。

4. 检查

（1）水分：

照水分测定法（《中国药典》2015 年版四部通则 0832）测定，不得超过 10.0%。

（2）总灰分：

照总灰分测定法（《中国药典》2015 年版四部通则 2302）测定，不得超过 6.0%。

5. 含量测定

照高效液相色谱法（《中国药典》2015 年版四部通则 0512）测定。

色谱条件与系统适用性试验：以氨基键合硅胶为填充剂；以乙腈-异丙醇-3%磷酸溶液（80：5：15）为流动相；检测波长为 210nm。理论板数按氧化苦参碱峰计，应不低于 4000。

对照品溶液的制备：取苦参碱对照品、氧化苦参碱对照品适量，精密称定，加流动相分别制成每 1mL 含苦参碱 20μg，氧化苦参碱 150μg 的混合溶液，即得。

供试品溶液的制备：取本品粉末（过三号筛）约 0.5g，精密称定，置具塞锥形瓶中，精密加入三氯甲烷-甲醇-浓氨试液（40：10：1）混合溶液 50mL，密塞，称定重量，放置 30min，超声波处理（功率 250W，频率 40kHz）30min，再称定重量，用三氯甲烷-甲醇-浓氨试液（40：10：1）混合溶液补足减失的重量，摇匀，滤过，精密量取续滤液 10mL，40℃减压回收溶剂至干，残渣加甲醇适量使其溶解，转移至 10mL 量瓶中，加甲醇至刻度，摇匀，滤过，取续滤液，即得。

测定法：分别精密吸取对照品溶液与供试品溶液各 5μL，注入液相色谱仪，测定，即得。

本品按干燥品计算，含苦参碱（$C_{15}H_{24}N_2O$）和氧化苦参碱（$C_{15}H_{24}N_2O_2$）的总量不得少于 0.70%。

二、药材质量标准提升研究与企业内控质量标准制定（略）

三、药材留样观察与质量监控（略）

【药材研究开发与市场前景展望】

一、生产发展现状与主要存在问题

山豆根过去为纯野生资源，以广西资源分布最多，其次在贵州黔西南、黔东南、安顺等地以及云南东部有少量野生资源分布，其余地方少有分布。正因山豆根近年市场行情的利好，刺激产地商家积极宣传，从而吸引了外地农户种植山豆根。如今的种植区域已经从广西的靖西、那坡、东兴、河池等地扩散到云南西双版纳傣族自治州、贵州安顺等。

作为多年生的山豆根，从下种到采挖至少需要 3 年，其特殊的生存环境要求以及生长周期长等因素制约其规模化种植，因此目前在广西、云南、贵州等地，并未形成大规模种植，而是农户自发分散种植。同时，由于山豆根野外生长环境要求苛刻，只适应于石灰岩山地或岩石缝中，因此生长缓慢，资源更新率低，种苗繁育困难。早在 20 世纪八九十年代，如在广西靖西、那坡就有一些药农对山上的小苗进行引种，但由于对山豆根的生物学特性及生长发育规律未掌握而没有成功。2000 年后经对山豆根组织培养快速繁殖展开攻关研究，采用多种繁育方法基本解决了种苗问题，在山豆根野生变家种研究方面取得突破。但目前如广西等地的山豆根人工种植，还处于示范和推广阶段，基本上未形成大面积种植。

二、市场需求与前景展望

现代研究表明，山豆根根部含有多种生物碱，主含苦参碱（matrine）、氧化苦参碱（Oxymatrine）、N-甲基金雀花碱（N-methylcytisine）、安那吉碱（anagyrine）、广豆根素（sophoranone）、环广豆根素（sophoranochromene）、广豆根酮（sophoradin）、紫檀素（pterocarpine）、高丽槐素（maackiain）等。其中的苦参碱、氧化苦参碱等具有抗癌和抗霉菌作用。山豆根为临床常用中药，具有清热解毒、消肿利咽功效，常用于治疗火毒蕴结、咽喉肿痛、齿龈肿痛、肺热咳嗽、湿热黄疸、湿热带下以及钩端螺旋体病等症。更因近年研究得出该药具有抑制乙肝病毒 DNA 合成复制作用，所以被广泛用于治疗乙型肝炎。如今临床常用其治疗湿热黄疸、湿热带下，以及钩端螺旋体病、心律失常、膀胱癌、喉癌、恶性葡萄胎等病症。但其所含的苦参碱和金雀花碱等生物碱也具有毒性，如山豆根中毒可引起亚急性基底节坏死性脑病等，对此我们应予以高度重视。

山豆根又是医药工业的常用原料，目前市场常见的含有山豆根的产品有治疗肝炎的"肝炎灵注射液"；治疗咽喉肿痛的如"桂林西瓜霜"、贵州三力制药公司的"开喉剑喷雾剂"、广东陈李济生产的喉疾灵；抗病毒的"抗病毒颗粒"，以及四川光大制药生产的抗病毒口服液等。此外，国外已有制药企业从我国进口山豆根原材料以及提取物，满足抗肿瘤药物的投料需求，这已成为近年支撑山豆根市场需求的主力。经调查，山豆根年总需求量已超过 1000t 以上。而山豆根分布狭窄，主产于广西的西南部至西北部，广东、云南和贵州中部、南部和西南部等地。但由于销量的增加，市场需求不断扩大，常出现供不应求的局面。自 2010 年以来，山豆根的行情持续上涨，一是因肆意过度的采挖致使山豆根野生资源的生长难以恢复；二是近年市场多方需求的递增所致。2013 年迎来一波疯狂的上涨，各地纷纷出现供应缺货，野生统货价顺势飙升到 110 元/kg 的历史高位，涨幅高达 70%。因此，为保护山豆根野生资源和解决用药紧缺，山豆根的保护抚育和人工栽培已成为当务之急。

目前，高处不胜寒的山豆根行情在 2014 年产新前，让广大市场商家停手冷静观望，行情随之小幅回调到 100 元附近。但近年来山豆根不断上涨的行情，必然促使农民进行大量毁灭性采挖，导致采挖过度，野生资源严重枯竭，也刺激了人们种植山豆根的热情，催生了山豆根种子的行情上扬。据产地种子供应商反映，2013 年山豆根种子产地售价已经涨至 2400 元/kg，2014 年则涨至 2560 元/kg。在药市低迷购销的前提下，2015 年种子行情依然坚挺，致使一些种植户只种不挖，专门留着采种出售，这又进一步引发山豆根药材更加供不应求。如今产地、市场库存不丰，经营商家多采取随购随销，很少有人愿意压货。商家一致认同：山豆根在高价企稳已有多年，其市场紧缺还将持续，价格还将上扬，市场前景看好，须切实加强山豆根的野生资源保护抚育与人工种植的生产发展。

主要参考文献

陈介. 1992. 山豆根属（豆科）植物订正兼论"华莱士线"[J]. 植物分类学报，30（1）：43-56.

丁凤荣，卢炜，邱世翠. 2002. 山豆根体外抑菌作用研究[J]. 时珍国医国药，13（6）：33.

何明焕，邱荣梁，戴保安，等. 1981. 广豆根抗癌成分苦参碱注射剂的研究[J].中成药研究，3：36.

黄多术，等. 2005. 山豆根临床应用现状[J].中国中医药信息杂志，12（9）：856.

李凯，杨任民，范玉新. 1995. 山豆根中毒引起亚急性基底节坏死性脑病 2 例报告[J].中国中西医结合杂志，15（16）：514.

林雪. 2002. 服过量山豆根煎剂致严重不良反应 1 例[J].中国中药杂志，27（7）：559.

凌征柱. 2008. 山豆根栽培及其化学成分与药理研究概况[J]. 时珍国医国药，19（7）：1783.

凌征柱，蓝祖栽. 2011. 山豆根种植基地环境质量评价—土壤和灌溉水质量[J]. 现代中药研究与实践，25（3）：10-12.

凌征柱，覃文流，赵维合，等. 2005. 山豆根扦插繁殖[J]. 中药材，28（9）：750.

尤荣开. 1997. 山豆根中毒 15 例报道[J].临床荟萃，12（13）：613.

（魏升华　冉懋雄）

4　天　麻

Tianma

GASTRODIAE RHIZOMA

【概述】

天麻原植物为兰科植物天麻 *Gastrodia elata* Bl.。别名：赤箭、离母、鬼督邮、独摇芝、神草、定风草、御风草、石箭、山萝卜和水洋芋等。以干燥块茎入药，《中国药典》历版均予收载。《中国药典》（2015 年版一部）称：天麻性平，味甘。归肝经。具有息风止痉、平抑肝阳、祛风通络功能；用于治疗小儿惊风、癫痫抽搐、破伤风、头痛眩晕、手足不遂、肢体麻木、风湿痹痛。天麻又为常用苗药，苗药名："Ghok wouf hind"（近似汉译音："高丘日"），性冷，味苦，入热经。具有息风止痉、平肝、定惊、祛风通络功能。主治急慢惊风、抽搐拘挛、破伤风、眩晕、头痛、半身不遂、肢麻、风湿痹痛。天麻还是贵州水族、云南景颇族、白族、哈尼族及蒙古族等的常用民族药，在民族地区广泛用于治疗神经性头痛及其他神经性痛、神经系统疾病、面肌痉挛、癫痫、脑外伤综合征、小儿惊风、破伤风、高血压及风湿疼痛等症。

天麻药用历史悠久，以"赤箭"之名始载于《神农本草经》，被列为上品。其后《吴普本草》、《抱朴子》、《药性论》、《图经本草》、《开宝本草》和《本草纲目》等都有记载。如《本草纲目》云："赤箭辛，温，无毒。杀鬼精物，蛊毒恶气。久服益气力，长阴肥健，轻身增年。消痈肿，下支满，寒疝下血。天麻：主诸风湿痹，四肢拘挛，小儿风痫惊气，利腰膝，强筋力，久服益气，轻身长年。治冷气痹，瘫痪不随，语多恍惚，善惊失志。助阳气，补五劳七伤，开窍，通血脉。服食无忌。治风虚眩运头痛”。天麻是中医临床常用中药，是贵州著名地道名贵药材，特别就其品质而论，贵州天麻尤佳。日本药学家难波恒雄（1931—2004，日本和汉药研究所所长，北京大学医学部客座教授）早在其专著《汉方药入门》中称“天麻佳品出贵州”。我国的医药权威著作《中华本草》在天麻项下也特称：“以贵州产质量较好，销全国，并出口。”贵州天麻系我国久负盛名的珍稀名贵地道药材。

【形态特征】

一、天麻形态特征

天麻为兰科天麻属多年生与真菌共生的非自养型植物。植株高 30～100cm，有时可达 2m；根状茎肥厚，块茎状，椭圆形至近哑铃形，肉质，长 8～12cm，直径 3～5（～7）cm，有时更大，具较密的节，节上被许多三角状宽卵形的鞘。茎直立，橙黄色、黄色、灰棕色或蓝绿色，无绿叶，下部被数枚膜质鞘。总状花序长 5～30（～50）cm，通常具 30～50 朵花；花苞片长圆状披针形，长 1～1.5cm，膜质；花梗和子房长 7～12mm，略短于花苞片；花扭转，橙黄、淡黄、蓝绿或黄白色，近直立；萼片和花瓣合生成的花被筒长约 1cm，直径 5～7mm，近斜卵状圆筒形，顶端具 5 枚裂片，但前方亦具两枚侧萼片，合生处的裂口深达 5mm，筒的基部向前方凸出；外轮裂片（萼片离生部分）卵状三角形，先端钝；内轮裂片（花瓣离生部分）近长圆形，较小；唇瓣长圆状卵圆形，长 6～7mm，宽 3～4mm，3 裂，基部贴生于蕊柱足末端与花被筒内壁上并有一对肉质胼胝体，上部离生，上面具乳突，边缘有不规则短流苏；蕊柱长 5～7mm，有短的蕊柱足。蒴果倒卵状椭圆形，长 1.4～1.8cm，宽 8～9mm。花果期 5～7 月。天麻植物形态见图 4-1。

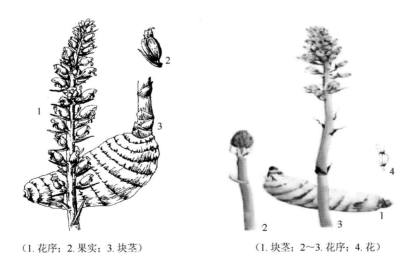

（1. 花序；2. 果实；3. 块茎）　　　　　（1. 块茎；2～3. 花序；4. 花）

图 4-1　天麻植物形态图

（墨线图引自中国中药资源丛书编委会，《中国常用中药材》，科学出版社，1995）

二、蜜环菌的形态特征

蜜环菌（*Armillaria mellea*）是一种兼性寄生真菌，其子实体黏性，颜色似蜜，菌柄有环，故称"蜜环菌"。蜜环菌主要由菌丝体和子实体两大部分组成。菌丝体以菌丝和菌索两种形态存在。作为天麻营养源的蜜环菌主要为高卢蜜环菌族，包括 *A.gallica*、*A.cepistipes*、*A.calvescens*、*A.sinapina*、*A. singular*、*A. jazoensis*、*A. nabsnona*、NABS Ⅹ、*A. luteopileata* 等 9 个种。它们主要营腐生或弱寄生生活。

菌丝体：蜜环菌的营养体是丝状体，称作菌丝（hypha），菌丝分枝交错形成菌丝体（mycelium），是蜜环菌的基本结构。初生菌丝乳白色，后逐渐加深呈淡红褐色。菌丝可无限生长，直径 3～5μm，有分隔，由多细胞组成，隔膜是由细胞壁向内作环状生长而形成，当中有小孔。蜜环菌菌丝超微结构有薄的细胞壁，具有典型的桶孔隔膜，隔膜壁的中部围绕中心膜孔有一个琵琶桶形的膨大，两边有膜状结构覆盖，称作隔孔帽，是由内质网变化而来，隔孔帽上有大小不等的孔。菌丝能在暗处发出荧光。

菌索：菌索（rhizomorph）是由无数菌丝结合在一起的根状物，是单个菌丝失去了独立性而构成的复杂组织，显示出高度的功能分化。在自然界分布的蜜环菌菌索，多生长在土壤中、树根或木段的外皮及木质部与韧皮部接触的部位，直径一般 1～2mm，有的稍细，有的粗壮菌索直径可达 5～6mm。幼嫩的菌索为棕红色，生长点为白色，有光泽，菌索衰老后，颜色变成黑褐色至黑色，表面失去光泽，老化的菌索成为空壳，失去再生能力。菌索能在暗处发出荧光。高卢蜜环菌族根状菌索比较薄，单轴分枝，杆状，大多数生物种在土壤中产生发达的网状菌索。

子实体：蜜环菌的子实体（fruiting body）夏末秋初在湿度较大的条件下产生。蜜环菌的各种子实体外形相似，多丛生于老树根基部或周围，也能寄生于活树桩上。子实体的高度平均为 10cm 左右，菌柄的基部与根状菌索相连，菌柄高度一般为 60～120mm。菌盖直径 40～80mm，呈蜜黄色，肉质，卵圆形或半球形至中央稍突起平展，伞状，表面中央有多数暗褐色毛鳞，边缘有放射状条纹。菌柄长圆柱形，纤维质呈海绵状，中空，中上部近菌盖处有一双环或单环痕或不明显，基部膨大。菌褶贴生至延生，呈辐射状，白色，老熟时变暗。孢子无色，椭圆形，光滑，大小 8μm×（4～6）μm，孢子印白色。高卢蜜环菌族具有基部膨大的菌柄和丝膜状的菌环，担子基部具有锁状联合，生活史基本上为双倍体-双核体类型。

三、小菇属萌发菌的形态特征

小菇属（*Mycena*）真菌多腐生于落叶上，对纤维素有强烈的分解能力，是最有效的天麻种子萌发菌。

紫萁小菇（*Mycena osmundicola*）菌丝白色，显微镜下无色透明，有分隔；子实体散生或丛生；菌盖直径 0.15～0.5cm，发育前期半球形，灰色，密布白色鳞片，后平展，中部微凸，灰褐色，边缘不规则，白色，甚薄，柔软，无味无臭；菌盖表细胞球形或宽椭圆形，有刺疣（13～19）μm×（9～15）μm；菌褶白色，稀疏，9～32 片，离生，放射状排列，不等长；褶缘密布具刺疣、梨形囊状体，（23～31）μm×（9～11）μm；菌柄中生直立，长 0.8～3.1cm，粗 0.6mm，中空，圆柱形，上部白色，基部褐色，稀疏散布白色鳞片，基部着生在密布丛毛的圆盘基上；柄表细胞长形具刺疣。孢子无色，光滑，椭圆形，有微淀粉反应，（7～8）μm×（5～6）μm。紫萁小菇植物形态见图 4-2。

石斛小菇（*Mycena dendrobii*）子实体 5～22mm 高，单生，菌盖直径 3～6mm，钟形

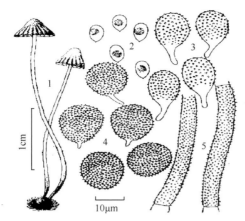

（1.紫萁小菇子实体；2.孢子；3.褶边囊状体；4.盖表细胞；5.柄表细胞）

图 4-2　紫萁小菇植物形态图（徐锦堂等，1989）

或伞形。菌盖表面具有浅沟状半透明条纹和稀疏白色鳞片。菌盖褐色、黑灰色或浅灰褐色。菌褶微弯曲生或直生，12～14 片与菌柄相连，延生，光滑，白色。菌柄（3～9）mm×（0.5～1.0）mm，近透明，密被柔毛，基部着生在密布丛毛的白色圆盘基上。担子（17.5～25）μm×（5～7.5）μm，棒状，着生四个担孢子。担孢子（5.00～6.25）μm×（3.25～5.00）μm，卵形，方椭圆形，光滑，有微淀粉反应。褶边囊状体（15.50～25.00）μm×（7.25～10.00）μm，倒梨形至不规则棒形，密被大量的疣或柱形赘疣。无侧生囊状体。层状菌髓在梅尔泽试剂中呈粉红褐色至红褐色。菌盖皮层菌丝细胞细小或稍膨大，分枝，被 1.25～3.75μm 长的短柱形赘疣。柄生囊状体 38.75～81.25μm 长，基部 3.5～4.0μm 宽，有隔，向顶端逐渐变尖，单生至分枝，曲折至扭结。菌柄菌丝在梅尔泽试剂中呈淡粉红褐色。具有锁状联合，但不易找到。石斛小菇植物形态见图 4-3。

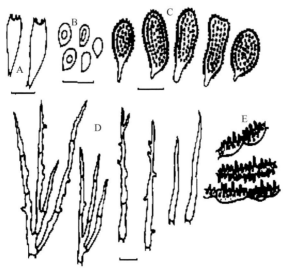

（A.担子；B.孢子；C.褶边囊状体；D.柄生囊状体；E.菌盖皮层菌丝；标尺＝10μm）

图 4-3　石斛小菇植物形态图（郭顺星等，1999）

【生物学特性】

一、天麻的生物学特性

（一）天麻生长发育习性

1. 有性繁殖种子萌发形成原球茎

天麻种子细小，无胚乳，成熟的胚只有数十个细胞，胚细胞含有的多糖和脂肪等营养物质，不足以提供种子萌发的营养，吸水膨胀萌动的种子，被萌发菌侵染，通过消化萌发菌获得营养，种胚逐渐长大，突破种皮而萌发，并进一步生长发育成原球茎。播种时间6～7月，形成原球茎时间7～8月，种子萌发至形成原球茎需要40天左右。

2. 原球茎生长发育形成营养繁殖茎

种胚突破皮生长发育成原球茎，8～9月，进行第一次无性繁殖，分化生长出具有节的营养繁殖茎。如有蜜环菌及时侵染，营养繁殖茎就很短；如没有蜜环菌侵染，营养繁殖茎进一步伸长呈细长的豆芽状，顶端形成小米麻，节处可以发出侧芽，萌发菌已远不能满足天麻无性繁殖对营养的需要，入冬前营养茎变成深褐色，逐渐死亡。

3. 营养繁殖茎生长发育形成白麻、米麻和箭麻

蜜环菌以菌索或菌丝形态大多数侵入营养繁殖茎，少数侵入原球茎。被蜜环菌侵染的营养繁殖茎粗短，一般0.5～1cm长。营养繁殖茎消化蜜环菌获得营养，顶端分化出白麻，侧芽可分化生长出白麻和米麻。11月，白麻长可达6～7cm，直径可达1.5～2.0cm，重7～8g。播种当年，以白麻和米麻越冬。

翌年早春2～3月土壤温度升高到6～8℃，蜜环菌开始生长，与白麻接触，萌生出分枝侵入白麻。4～5月，当气温升高至12～15℃时，白麻顶生长锥开始萌动生芽，如被蜜环菌侵染建立营养关系，则可分化生长出1～1.5cm长短粗的营养繁殖茎，营养繁殖茎顶端分化出具有顶芽的箭麻，并可发出数个到几十个侧芽。如接不上蜜环菌，营养繁殖茎长如豆芽状，新生麻比原母麻还小，并逐渐消亡。11月后，原白麻逐渐衰老，成为蜜环菌良好的培养基，体内充满蜜环菌菌索，白麻逐渐中空腐烂，称为母麻。播种第二年，以箭麻、白麻或米麻越冬。

4. 箭麻抽茎、开花与结实

越冬的白麻、米麻继续进行无性繁殖。箭麻经过0～5℃40～60天的越冬后，于第3年气温达到15～20℃时开花，抽茎、开花、结实，整个过程历时2个月左右，寒冷的山区开花周期一般延长至半个月左右，每朵花花期7～8天。野生环境下，低海拔区域一般4～5月抽茎，5～6月开花授粉，6～7月种子成熟；高海拔区域一般5～6月抽茎，6～7月开花授粉，7～8月种子成熟。生产中，由于人工控制，低海拔区域一般3～4月抽茎，4～5月开花授粉，5～6月种子成熟；高海拔区域一般4～5月抽茎，5～6月开花授粉，6～

7 月种子成熟，生产中，天麻抽茎、开花、结实一般比野生环境下早 1 个月。同一海拔，阴暗处的天麻比向阳处的天麻抽茎、开花、结实一般晚 10～20 天，乌天麻和绿天麻一般比红天麻抽茎、开花、结实晚。天麻的花序为总状花序，长 10～30cm，一般形成 40～60 朵花，花的多少与箭麻的大小有关，大箭麻花茎可高达 2m 以上，花多达 80～100 朵。天麻开花顺序由下向上，果实的成熟顺序以同样的方式，花人工授粉的最佳时间为每日上午的 10:00 前和下午 18:00 以后，花授粉至种子成熟一般 20 天左右，种子开裂前 1 天（约授粉后第 19 天）为种子活力最高期，蒴果开裂后种子活力大大降低。花序顶端花往往发育不正常，花和果小，种子质量差；花序中部的花芽饱满，花和果大，种子的质量好；花序下部的花芽中等大小，果中等，种子质量中等。生产中常去掉顶端和下部质量差的花，以提高中部种子的质量。

（二）天麻生长环境要求

天麻喜凉爽而湿润的气候环境，怕旱、怕冻、怕高温、怕积水。

1. 温度

一般年平均温度 3～13℃，生育期温度在 15～27℃，气温升至 6℃以上时蜜环菌开始生长；升到 12～15℃及以上时天麻开始萌动生长或抽茎出土；气温达 16～20℃时现蕾；19℃时开花结实；19～22℃时种子成熟；18～26℃时蜜环菌和天麻块茎生长最快；低于 12℃或高于 30℃，蜜环菌生长受到抑制，天麻生长缓慢；温度降到 10℃以下天麻停止生长，进入休眠期。种麻要经过 30～50 天 3～5℃的低温处理，才能通过休眠阶段，正常生长；箭麻要经过 50～70 天 3～5℃的低温处理，才能通过休眠阶段，顺利抽薹开花。

2. 湿度

一般天麻适宜生长区年降水量 1000～1500mm，空气相对湿度 70%～90%，土壤或其他栽培基质一般含水量在 40%～60%，含水量低于 40%或高于 65%时，不利于天麻块茎生长发育。

3. 土壤

天麻适生于腐殖质丰富、团粒结构好、疏松透气、保水排水性好的微酸性砂质壤土，黏重的黄泥土、白黏土、盐碱土均不利天麻生长。

二、蜜环菌的生物学特性

（一）蜜环菌生长发育习性

蜜环菌是一种兼性寄生菌，以腐生为主，兼营寄生生活。由于蜜环菌具有腐生特性，经常腐生在林间倒木、死树、枯枝及落叶上，同时它又能分解木质素及纤维素为营养，将这些物质转变为腐殖质，大大增加了森林土壤肥力，也断绝了一些森林害虫孳生和越冬的场所。

1. 生长发育特性

蜜环菌在自然界中常以菌丝体和子实体两种形式存在。菌丝体是由菌丝分枝交错形成，是此菌的基本结构。菌丝体又分菌丝和菌索，初生菌丝乳白色，显微镜下观察无色透明，有分隔；菌索是由无数菌丝结合在一起的根状物，幼嫩时为棕红色，有白色生长点，衰老时为黑褐色至黑色，无再生力。子实体伞状丛生，菌盖肉质，扁半球形至平展，后下凹，直径 3～11cm，蜜黄色至近白色，或淡黄褐色至浅红褐色，表面多布以小鳞片，老熟时边缘常具有平行的纵条纹，菌肉白色至近白色，菌褶与菌柄贴生至延生，淡肉红色，菌柄中生圆柱形，蜜黄色，长 4～12cm，直径 0.5～1.5cm，柄上有上位双环，有的已脱落，故叫蜜环菌。孢子球形或椭圆形，无色透明。秋冬季节低温、高湿环境下形成子实体，子实体成熟后释放孢子于地面，在温湿度适宜条件下萌发出初生菌丝，进而转为次生菌丝和菌索。菌索表面有鞘包着，是蜜环菌适应不良环境的特殊结构，菌索有很多分枝，向周围蔓延生长，寻找营养，故它在林间分布广泛。

2. 菌材适应性

蜜环菌能生长在 600 多种植物上，但以木本植物中的阔叶林为好，壳斗科的板栗、茅栗、锥栗、栓皮栎、青岗、白栎、槲栎等有很好的亲和力，这些树木最适宜蜜环菌生长，竹、水冬瓜、野樱桃和法国梧桐也适合蜜环菌生长。蜜环菌营以腐生为主的兼性寄生，既能在死的树桩、树根、枯枝落叶上营腐生生活，又能在活的树体上营寄生生活。凡有野生天麻分布地区的腐朽阔叶树和竹上，都能找到野生的蜜环菌。

3. 天麻亲和性

天麻与蜜环菌的关系，既是共生关系，又是寄生和反寄生的关系。起初，当菌材上的蜜环菌菌丝侵入块茎后，先吸收天麻营养，后又被天麻块茎消化吸收，形成天麻对蜜环菌的寄生关系。后当天麻衰老或环境条件不良时，蜜环菌又侵入天麻块茎，吸收其中营养，最后消亡，这时形成蜜环菌对天麻的寄生关系。但实质上是互惠互利和相互对抗的共生关系。

4. 发光特性

菌丝和幼嫩菌索在黑暗处能发光，蜜环菌在氧气充足、温度为 25℃左右时发光强，其发光特性可作为观测蜜环菌菌种和菌材质量的依据。

（二）蜜环菌生长环境要求

1. 温度

蜜环菌菌丝体生长的温度范围为 6～30℃，6～8℃开始生长，20～25℃生长最快，低于 20℃或高于 25℃生长不良，超过 30℃就停止生长。随着温度升高，生长速度加快，达到最适温度时生长速度最快，温度如果再上升，生长速度开始减慢，接近 30℃时，生长速度则显著下降或停止生长。

2. 湿度

蜜环菌适宜多雨湿润的土壤，其生长要求空气相对湿度为70%～90%，土壤含水量为60%左右。

3. 光照

蜜环菌生长一般不需要光线，光照对蜜环菌生长有抑制作用。在完全黑暗的条件下培养菌材或栽培天麻时，蜜环菌菌索生长势健壮，保持幼嫩阶段的时间也较长。而暴露在日光下带菌索的木段，即使给予湿润条件，也很难保持幼嫩新鲜，菌索老化速度加快，再生能力减弱。

4. 氧气

蜜环菌又是一种好氧性真菌，在厌氧条件下生长不良。

5. 土壤酸碱度

蜜环菌以 pH5.0～6.0 最适宜，pH 低于 4.2 时，生长受抑制。

三、小菇属萌发菌生物学特性

（一）萌发菌生长发育特性

1. 生长发育特性

萌发菌整个生长发育阶段包括菌丝和子实体两个阶段，但目前很难在室外找到其子实体，室内诱导形成子实体也较难。将感染了紫萁小菇的菌叶，置培养皿中保湿在海绵上，在 25℃恒温培养 40 天左右，在白色菌丝丛中分化菌蕾，2～3 天后发育成菌蕾，3～6 天后菌盖平展，菌柄伸长，子实体发育成熟。小菇属几种萌发菌的菌落、菌丝形态特征相似，菌落规则，菌丝白，气生菌丝发达，索状联合明显，菌丝生长旺盛，以石斛小菇生长最快。

2. 基质适应性

小菇属真菌多腐生在高山林间落叶上，对纤维素有很强的分解能力，地面上的枯枝朽叶，感染这类真菌而被分解可侵入天麻种子使其萌发，故小菇属萌发菌主要营腐生生活，兼性寄生。木屑与麦麸皮体积比为 3：1 的培养基适合萌发菌生长，适宜的基础培养基配比为磷酸氢二钾 0.5g、磷酸二氢钾 1g、硫酸镁 2.5g、葡萄糖 20g、麦麸 30g、维生素 $B_1$10mg、蒸馏水 1000mL。

3. 天麻亲和性

紫萁小菇等真菌，也是弱寄生菌，它们只能由天麻种子柄状细胞侵入胚。还没有观察到可由天麻发芽的原球茎和营养繁殖茎及小米麻、白麻侵入天麻块茎，当蜜环菌侵入原球茎分化出的营养繁殖茎后紫萁小菇和蜜环菌可同时存在于同一个营养繁殖茎中，逐渐被蜜环菌代替，它不会侵入天麻各类块茎造成病害，不是天麻无性繁殖块茎的致病菌。

4. 发光特性

紫萁小菇等一类真菌是发光菌，在暗室培养常常可以看到微弱的荧光，但其光强度不及蜜环菌，如果污染杂菌，荧光会逐渐减弱至消失。

（二）萌发菌生长环境要求

1. 温度

萌发菌在 15～30℃温度内均能生长。以 25℃菌丝生长最快，低于 20℃或高于 25℃菌丝生长速度减慢。

2. 湿度

一般适宜含水量为基物重量的 100%～200%，含水量过高，萌发菌生长速度减慢，甚至停止生长。

3. 氧气

萌发菌好氧，主要分布在林间透气性较好的枯枝落叶层和表层土壤中。在透气性良好的条件下生长较好，在培养过程中发现，如果培养料装压得太紧，就会影响到这类菌的生长，使其生长速度延缓，延长培养时间。

4. pH

在培养过程中 pH 向酸性方向变化，中性及偏酸性条件均利于小菇属真菌菌丝生长，但以 pH5.0～5.5 最适宜，碱性条件不利于菌丝生长。

【资源分布与适宜区分析】

一、资源调查与分布

经调查，天麻在海拔 1000～2000m 的青冈、桦树、盐肤木、栎等林下，以阴湿、凉爽、腐殖质较厚及营养丰富的环境生长良好。其主要分布于贵州、云南、西藏、四川、重庆、陕西、河南、河北、甘肃、安徽、江西、湖北、湖南、辽宁、吉林等省（自治区、直辖市）。现天麻野生资源极少，多人工栽培。尤以贵州、云南、湖北、安徽、陕西、甘肃、四川、重庆等地为主产区。据文献记载（陈士林等，2011 年），天麻最适生产区域的主要生态因子范围为：≥10℃积温 1897.6～6634.3℃；年平均气温 9.4～25.4℃；1月平均气温-17.5～21.8℃；1 月最低气温-24.5℃；7 月平均气温 14.9～26.0℃；7 月最高气温 30.8℃；年平均相对湿度 59.6%～85.7%；年平均日照时数 1082～2547h；年平均降水量 522～1405mm；土壤类型以赤红壤、黄壤、黄棕壤、棕壤、暗棕壤等为主。符合上述生态环境、自然条件，又具发展药材社会经济条件，并有天麻等药材种植与加工经验的主要分布区域，则为天麻生产适宜区。

二、贵州资源分布与适宜区分析

经调查，贵州天麻分布在海拔 1000～2000m，其中 1500m 为贵州天麻的集中分布区，以青冈、野樱桃、桦树、牛奶子、盐肤木、马桑、栎、蕨类、苔藓等林下阴湿、腐殖质较厚、蜜环菌丰富、气候凉爽湿润、土质疏松、排水良好和肥沃并呈微酸性的砂质壤土或腐殖质土的环境为佳。这些环境为天麻蜜环菌生长创造了良好环境，提供了丰富营养。

贵州天麻的最适宜区为黔西北、黔西和黔西南的大方、七星关、威宁、赫章、织金、纳雍、金沙、黔西、水城、盘州、晴隆、普安等县（市、区）的乌蒙山区域；黔北的习水、正安、道真、湄潭、务川、遵义、绥阳、桐梓等县市的大娄山区域；黔东北的德江、江口、印江、沿河、石阡、余庆、施秉、黄平、瓮安等县的梵净山及佛顶山区域；黔中的乌当、开阳、息烽、贵定、龙里、惠水、都匀、独山等黔中山原山地区域；黔东南的雷山、台江、剑河、榕江等县的雷公山和九万大山为中心的苗岭区域。

除上述大方、德江等天麻最适宜区和册亨、望谟、罗甸、荔波、黎平、榕江、从江、锦屏、天柱、铜仁、赤水等低海拔及低热河谷区域不适宜区外，贵州省其余各县（市、区）凡符合天麻生长习性与生态环境要求的区域均为其适宜区。

【生产基地合理选择与基地环境质量检（监）测评价】

一、生产基地合理选择与基地条件

按照天麻生长适宜区优化原则与其生长发育特性要求，选择其最适宜区或适宜区并具良好社会经济条件的地区建立规范化生产基地。贵州宜选夏季气温较凉爽，最高气温一般不超过 30℃，冬季至少保证有 2～3 个月平均气温 5℃ 以下的低温期以保证天麻顺利经过冬季低温处理的区域。海拔 1000～1400m 宜生产种麻，海拔 1400～2000m 宜生产商品麻，红天麻宜选择海拔 1000～1500m 区域，乌天麻宜选择海拔 1500～2000m 的区域。例如，在贵州省毕节市大方县羊场镇穿岩村建立了大方天麻仿野生种植基地（图 4-4），其平均海拔 1760m，年平均气温 12.8℃，年平均降水量 1100.0mm，年平均相对湿度 80%，年平均日照时数 1138h，无霜期 270 天。常年生长植物有桦木、板栗、杜鹃、山茶、杉、松、马桑、野樱桃、白杨、盐肤木、猕猴桃、箭竹、蕨类等。其独特的自然条件下，野生天麻零星分布生长，且有逐年增多的趋势。

图 4-4　贵州大方县羊场镇天麻仿野生种植基地

二、基地环境质量检（监）测与评价（略）

【种植关键技术研究与推广应用】

一、种质资源保护抚育

在贵州省天麻生产最适宜区的黔西北、黔西、黔东、黔东南、黔中等乌蒙山、梵净山、雷公山等区域，经有目的有意识地选择天麻生态适应性强的地带（如大方县、德江县、印江县、雷山县等地）与有关自然保护区紧密结合，采用封禁、补种等措施对天麻进行保护与抚育，有效保护天麻种质资源，以求永续利用。

二、良种繁育关键技术

（一）"两菌一种"良种选择

1. 种源选择

在贵州，天麻经主产区药农的长期生产实践与自然选择，已筛选出多种天麻栽培类型，如红天麻、乌天麻、绿天麻、黄天麻及杂交天麻等。其中，红天麻种植面积最大；其次为杂交天麻和乌天麻；绿天麻和黄天麻种植稀少。经检测，乌天麻品质最好，乌红杂交天麻次之，绿天麻和红乌杂交天麻介于乌天麻和红天麻之间。红天麻、乌天麻的花穗及其蒴果见图4-5。

红天麻花穗及其蒴果　　　　　　　　　　乌天麻花穗及其蒴果

图 4-5　红天麻、乌天麻的花穗及其蒴果

（1）红天麻：又称红秆天麻。我国长江流域诸省，东北、西南及日本朝鲜、俄罗斯远东地区都有分布，野生红天麻主要分布在海拔800～1500m的山区。花橙红色，幼时微带淡绿色，花葶橙红色，植株高1.5m左右。成体球茎常呈长椭圆形，淡黄色，大者长达20cm，粗达5～6cm，含水量为78%～86%，最大单重达1kg，一般4.5～5.5kg可加工1kg干商品，节数多，干商品纵皱纹多且明显，红天麻具生长快、适应性强、耐旱力强、产量高等特点，其量可达10kg/m²以上。目前我国大部分地区栽培者多为此品种，也是贵州栽培面积及产量最大的品种。但其未经系统选育出品种，多数用不同植株杂交，导致种源混乱。

（2）乌天麻：又称乌秆天麻、铁秆天麻。其野生资源主要分布在海拔1500m以上的高山区，东北长白山和西南诸省的高海拔区有分布。贵州主要分布在乌蒙山、雷公山、大娄山、武陵山、黔中山原山地等海拔1500m以上区域。乌天麻块茎灰褐色，带有明显的白色纵条斑，花黄绿色，果实有棱，间隔淡黄绿与褐色条纹，为上粗下细的倒圆锥形，块茎短柱形，前端有明显的肩，淡黄色，最大可达1kg，含水量一般70%以内，有的仅为60%，一般3.5～4.5kg可加工干品1kg，商品天麻坚实，外观品质佳，节数少皱纹也少且不明显，为所有天麻中折干率最高的优质栽培种源。乌天麻多于云南东北部及西北部、四川与贵州西部栽培，尤以云南昭通乌天麻目前种植面积最大。目前，贵州省西部由于乱引外地红天麻和杂交麻，导致本地乌天麻种植面积严重萎缩，只有毕节市大方县、赫章县、威宁县及黔东南州雷山县、台江县等有少量种植，没有系统选育出品种，多数用不同植株杂交，导致种源混乱。

（3）绿天麻：又称绿秆天麻。其野生资源我国主要分布于西南及东北诸省，朝鲜和日本均罕见。绿天麻植株高1～1.5m，花茎黄绿至蓝绿色，花黄色，果卵圆形绿色，块茎圆锥形，节较密，鳞片发达，含水量70%左右，介于红天麻与乌天麻之间。一般4～5kg可加工干品1kg。其种子发芽率及繁殖率均高，是驯化后我国西南及东北地区的珍稀栽培种源。但绿天麻常与乌天麻混生。贵州大方、德江等还有少量混杂种植，不同植株差异大，还未经系统选育出遗传稳定品种。

（4）黄天麻：野生资源主要分布于四川省和贵州西部。植株矮小、瘦弱，出土芽苞鳞片橙红色，花茎橙黄色或淡褐色，花冠米黄色。块茎较细小，分生能力极差，一般为单个生长，偶有3～5个一窝。

（5）杂交天麻：目前主要为鄂天麻1号（即乌红天麻，以云南乌天麻F4自交系为母本，宜昌红天麻F2自交系为父本杂交培育而成）和鄂天麻2号（即红乌天麻，以宜昌红天麻F2自交系为母本，云南乌天麻F4自交系为父本杂交培育而成）。鄂天麻1号在贵州西部有一定栽培，但由于各地种源生产体系不健全，导致杂交天麻种麻生产过程中随意杂交，遗传背景复杂。

①鄂天麻1号：适宜在海拔1200m以上地区栽培。平均箭麻单重250～350g，最高产量可达8kg/m²。花茎淡灰色，花淡绿色，果实有棱，呈倒圆锥形。块茎短粗、椭圆形，含水量约76%左右。其外观性状与药用质量均较好，但分生力差，不耐旱。

②鄂天麻2号：适宜在海拔500～2000m地区栽培。平均箭麻单重250～350g，产量最高达12kg/m²甚至以上。花茎灰红色，花淡黄色，果实椭圆形。暗红色块茎肥大、粗壮、长椭圆形至长圆柱形，含水量80%左右。具有生长快、适应性广、分生力强、耐旱、外观性状形态和药用质量好等特性。

2. 蜜环菌选用

中国已发现 14 个蜜环菌生物种，如芥黄蜜环菌（CBS A）*Armillaria sinapina*，高卢蜜环菌（CBS B）*A. gallica*，黄盖蜜环菌（CBS C）*A. luteopileata*，奥氏蜜环菌（CBS D）*A. ostoya*，科赫宁蜜环菌（CBS G）*A.korhonenii*，蜜环菌（CBS K）。

但与蜜环菌亲和性高的主要为高卢蜜环菌（CBS B）*A. gallica*。高卢蜜环菌菌索粗壮、发达，生长迅速，无寄生性，有利于天麻的栽培生产。高卢蜜环菌在日本、北美和欧洲均有分布。我国分布在长白山和小兴安岭地区，8 月下旬以后出现子实体，是东北地区最早出现的种类。菌柄较细，基部稍膨大，俗称"草菇"，形态基本与芥黄蜜环菌相似，但与芥黄蜜环菌不同的是无寄生性。此外，高卢蜜环菌菌束细密，生长势中等，有利于种子繁殖培养米麻。

优良蜜环菌菌丝和菌束生长快，生长势强，菌束粗壮，棕红色，菌束内菌丝色白，分枝多，抗干旱和污染力强，对酸耐性强，荧光强，不易退化，易与天麻结合，对菌材的转化率高，天麻产量高，品质好。目前，应用较广的为中国医学科学院筛选出的从韩国分离的 A9 菌株，贵州省现代中药材研究所选育的 GZA46（保藏编号 CCTCC M 2015005）菌株为高卢蜜环菌族，对乌天麻、红天麻和绿天麻都有良好的亲和性，已申请专利保护并在贵州各地进行推广应用。

目前，市场上主要的蜜环菌可以大致归为四大类：第一大类为 A. m0010、洋县 M-8、蜜 0903、A. m0005、宁强 A9-1、蜜环菌 A9 和 A. m0006，菌索及菌丝生长最快，菌索生长很旺盛，颜色较深，几乎没有白色的菌丝；第二大类为 A. m0007、A. m0004 和 A. m0008，菌索及菌丝生长较旺盛，菌索呈白色，易弯曲，有明显的白色菌丝；第三大类为蜜金乡和蜜三明，菌索颜色深，生长较弱，初期有少量白色菌丝，后期变褐；第四大类为 A. m0001，有菌丝和菌索，但都生长很慢，后期菌丝也变褐。

3. 萌发菌选用

天麻种子萌发菌属小菇属，主要为紫萁小菇（*Mycena osmundicola*）、兰小菇（*M. orchicola*）、石斛小菇（*M. dendrobii*）、开唇兰小菇（*M. anoectochila*）。紫萁小菇用于天麻生产较早，石斛小菇伴播天麻种子发芽率最高，其他小菇，如开唇兰小菇和兰小菇尽管可以促进种子萌发，但由于效果差，在生产中未被采用。优良萌发菌菌丝生长速度快、培养基含水量和温度适应范围宽而容易培养，抗逆性强不易污染和退化，天麻种子萌发率高，形成的原球茎多，种麻的产量高而且稳定。目前，应用较广的为紫萁小菇和石斛小菇。

（1）紫萁小菇：菌丝半透明，镜下观察无色透明，有分隔。子实体散生或丛生。菌盖发育前期呈半球形，后平展，灰褐色。菌褶白色，离生，放射状排列。菌柄长 0.3～3.1cm，粗 0.6cm。孢子无色光滑椭圆形。

（2）石斛小菇：菌丝白色，子实体高 5～22mm，单生。菌盖直径 3～6mm，帽状或伞状。菌褶近直生，光滑，白色。菌柄中生，细长，中空，（3～19）mm×（0.5～1）mm。担子棒状，（17.5～22）μm×（5～7.5）μm，4 孢，无色。孢子椭圆形。

（二）萌发菌、蜜环菌培养

天麻的繁殖方法有两种，即有性繁殖和无性繁殖方法。有性繁殖种子播种需要与小菇属等萌发菌和蜜环菌两种菌共生获取营养，通过有性繁殖可以提纯复壮，获得优良零代种麻，也可以通过有性繁殖直接获得一代种麻和商品箭麻；无性繁殖用零代或一代种麻做种，只需与蜜环菌共生而获得营养，通过无性繁殖可以当年收获箭麻，也可以生产一代种麻或二代种麻。生产上一般不用三代种，三代种一般退化比较严重。培养生产萌发菌种和蜜环菌种是天麻繁殖的重要方面。

1. 萌发菌、蜜环菌一级菌种（母种）培养

1）分离材料的选择与收集

（1）蜜环菌分离材料。

菌索：可在林间树桩和枯树根等处采集棕红色的菌索，用靠近白色生长点生活力强的幼嫩部位作为分离材料。

子实体：可在秋冬多雨季节，采收新鲜、形态完整、健壮、无病虫为害、将要成熟的子实体。

天麻块茎：可于4～6月采集着生蜜环菌较多的天麻块茎。

（2）萌发菌分离材料：采用尼龙网种子袋原生地播种收集原球茎、其他兰科植物的菌根、野外采集小菇属真菌子实体。

用以上材料分离培养菌种，可用于萌发菌和蜜环菌提纯复壮。

2）分离技术

（1）马铃薯葡萄糖琼脂（potato dextrose agar，PDA）培养基制备：去皮马铃薯200g切片，加1000mL水煮沸30min，用纱布过滤，取滤液，向滤液中加入琼脂20g，加热溶化，加入葡萄糖20g混匀、补水至1000mL，pH自然，然后将培养基趁热分装试管，经高压灭菌（1.5kg/cm^2）30min。取出后按25°斜度放置冷却后接种。

（2）消毒灭菌：接种室灭菌，按每平方米用量计算：40%的甲醛溶液8mL，高锰酸钾5g进行熏蒸。先关闭窗户，取甲醛溶液装入容器中，再放入高锰酸钾，人随之离开接种室，关闭房门，熏蒸1h即可。熏蒸后应隔1天使用。

接种时，先将各种器具放入接种室内，开启紫外线灯灭菌30min后即可工作。超净工作台或接种箱开启紫外线灯灭菌30min后，再进行操作。

（3）分离方法。

组织分离：将蜜环菌菌索、天麻块茎、天麻原球茎或兰科植物的根分别用水洗净表面泥土，然后切取需要的部分组织，用无菌水冲洗3次，放入0.1%升汞溶液浸泡1min，再用无菌水冲洗3次，洗去残存的药液，置于无菌培养皿内。将菌索等材料分别剪成1cm长的小段或小块，在青霉素液（20μg/mL）中浸片刻，用灭菌滤纸吸去表面附着水液，然后接种于斜面培养基上，置25℃恒温培养，3～7天，开始分别长出白色菌丝和菌索。分离子实体时，用无菌水冲洗消毒残存药液后，用灭菌滤纸吸净水珠，再用解剖刀从菌盖中纵向剖开子实体，在菌柄及菌盖交界处取其米粒大小的一块组织置于PDA培养基上培养。

孢子分离：将开伞的子实体截去菌柄的下半部，用 70% 的酒精在菌盖表面及菌柄部分进行揩擦消毒，然后菌褶向下插在孢子收集装置的支架上。将支架放于无菌培养皿中，用钟罩或大烧杯罩住以收集孢子。孢子落于皿内后，用接种针挑取少许，接于斜面培养基上培养。

3）菌种纯化培养

对培养基上最初分离出的菌种，再进行提纯培养以得到优良菌种，称作纯化。萌发菌选用菌落生长速度较为一致的菌丝体，用消毒的接种铲连同培养基一起切取菌丝，转移到新的培养基上培养，重复转接可获纯菌种。蜜环菌在培养基上接种点处刚产生菌索分枝时，选择其中生长旺盛而幼嫩的菌索，用接种铲截取长 2～3mm 移入斜面培养基上，在 25℃ 恒温下培养，菌索长满培养基后即为纯化的一级菌种。

2. 萌发菌、蜜环菌二级菌种（原种）培养

（1）萌发菌二级菌种培养：培养基成分为青冈、桦树等阔叶树的木屑 70%，麸皮或米糠 26%，蔗糖 1%，石膏粉 1%，磷酸二氢钾 1.5%，硫酸镁 0.5%，加水适量。将以上成分充分拌匀，用手捏培养基可滴水为度，然后装瓶，在瓶中心打直径 1cm 的圆孔，深达培养基 2/3 处。盖好瓶盖，高压（1.5kg/cm^2）蒸汽灭菌 1h，冷却后接种。在接种室内，将菌丝连同约蚕豆大小的母种，接于培养基的圆孔中，一支母种可接原种 5 瓶左右，盖好瓶盖后置 25℃ 培养室培养。

（2）蜜环菌二级菌种培养：培养基成分为阔叶树锯木屑 3 份、麦麸 1 份及小树枝段，水适量。制作时，先将手指粗的树枝截成长 1.5cm 小段，在水中浸泡 12h 充分吸水，然后与锯木屑、麦麸拌匀，加水湿透，装入 500mL 广口瓶中，每瓶装入树枝 50～60 段，以瓶容量的 4/5 为宜，再加水少量，盖瓶后高压（1.5kg/cm^2）灭菌 1h，冷却后接入母种，置于 25℃ 恒温培养，30～45 天蜜环菌菌丝和菌索可长满全瓶。

3. 萌发菌、蜜环菌三级菌种（栽培种）培养

（1）萌发菌三级菌种培养：取壳斗科植物落叶 70%、木屑 10%、麦麸 15%、硫酸镁 0.5%、磷酸二氢钾 1.5%、尿素 1%、蔗糖 1%、石膏 1%，水适量。经拌匀后装瓶，高压（1.5kg/cm^2）蒸汽灭菌 1h，冷却后接入二级菌种，盖好瓶盖，移入培养室培养。

（2）蜜环菌三级种培养：培养料和培养方法与二级菌种培养相同。在高压灭菌冷却后，每瓶接入二级树枝菌种 1～2 段，在 25℃ 恒温培养 30～45 天，蜜环菌菌丝和菌索可长满全瓶，可用于培养菌枝和菌材。

4. 菌种保藏

（1）一级菌种保藏：利用低温对微生物生命活动有抑制作用的原理，当一级菌种长满试管后，用牛皮纸包扎好，放入 0～4℃ 的冰箱中，每隔 4～6 个月转管培养 1 次。使用时，应从冰箱中取出先经适应常温后再转管培养，否则转管不易成活。

（2）二、三级菌种保藏：二、三级菌种可在冷凉、干燥、清洁的室内保藏，室温宜控制在 0～6℃，因蜜环菌在 7～8℃ 可缓慢生长，保藏期 2～3 个月。

5. 蜜环菌菌枝培养

菌枝皮薄、木质嫩、蜜环菌易浸染、生长快的菌枝是培养菌床和菌材的优质菌种。

（1）菌种准备：应选用人工培养的三级菌种，或野生蜜环菌菌索，或蜜环菌优质菌材做菌种。

（2）树种选择：多种阔叶树种的树枝可用于培养菌枝，但以壳斗科树种及桦树等的树枝最好。

（3）培养时间：应根据需要，一般应在菌材培养期之前 2 个月进行。

（4）培养方法：选择直径 1～2cm 的树枝，斜砍成长 3～4cm 的小段。挖宽 1m、深 30cm，长根据地势而定的坑，坑底先铺 1cm 厚湿润树叶，然后摆一层树枝，再放入菌种，在菌种上再摆一层树枝，盖一薄层沙土，以覆盖填满树枝间空隙为度。可依次堆放 8～10 层，盖 10cm 厚沙土，再盖一层树叶保温保湿。一般 2 个月可培养好菌枝种。

贵州百里杜鹃乌蒙菌业天麻种源基地及德江县天麻育种场种源基地分别见图4-6、图4-7。

图 4-6　贵州百里杜鹃乌蒙菌业天麻种源基地

图 4-7　贵州德江县天麻育种场种源基地

三、规范化种植关键技术

（一）选地整地

1. 选地

应选择排水良好且不易干旱，有良好水源，团粒结构好，微酸性砂质壤土、砂砾土、沙土或腐殖质土。不宜选择黄泥土、白黏土和盐碱土。一些开荒种过庄稼又撂荒的二荒土，不适宜培养菌材，但可用来栽培天麻。栽过天麻的窝需休闲 4～5 年后才可栽天麻，但也可以采用未栽过天麻的土壤换掉老窝中的土壤连续栽培天麻。坡度以 5°～10°的缓坡地或沟谷地为好，山脊及大森林的深处不宜。

2. 整地

天麻栽培不以"亩"为单位，而是以"窝"或"穴"、"窖"为单位。其栽培场地可据实际布置选"窝"，栽培地可不一定连接成片，可根据小地形进行栽培整地。整地时，应砍掉地面上过密的杂树、竹林、杂草，挖掉大块石头，把土表渣滓清除干净，直接挖穴栽种，陡坡的地方可稍整理成小梯田或鱼鳞坑，开穴栽培，穴底稍加挖平，也应有一定的斜度，便于排水。雨水多的地方，栽培场不宜过平，应保持一定的坡度，有利于排水。挖坑深 15～20cm，坑宽 50cm，长 1m，长度也可以根据地形来确定。

（二）培植菌材

1. 菌种准备

菌枝是培养菌材最好的菌种。选择菌枝表面附着棕红色、幼嫩、有白色生长点、无杂菌污染的做菌种。也可用培养好的优质菌材做菌种。

2. 树种选择

应根据当地林木资源选用适宜蜜环菌生长的树种，壳斗科、桦木科、大风子科、蔷薇科、豆科等不含芳香油脂的树种均可栽种天麻。首选树种为壳斗科树种，因蜜环菌与壳斗科树种有良好亲和力，其树材质坚，耐腐性强，树皮肥厚不易脱落。其次为蔷薇科或桦木科树种，其易染菌且生长快，培养时间短，也是培养蜜环菌材的好树种。

3. 培养时间

应选择在秋、冬季至春初培养菌材，在秋末至春初砍伐的树木中含有较多的碳水化合物，树皮与木质部不易分离，有利蜜环菌生长，有些树种于春季又可萌发新枝。立冬至惊蛰砍树断筒后 20～30 天下窖培菌。6～10 月可边砍边下窖培菌。用于冬栽的菌材在 9 月之前培菌，用于春栽的菌材在 9～10 月培菌，用于有性繁殖的菌材，海拔 1000m 以上者 9～10 月培菌，1000m 以下者在 2～3 月或者 9～10 月培菌。

4. 菌材准备

直径 5～10cm 的木材，断筒长度 20cm；若树木直径在 10cm 以上，应将木段劈成 2～4 块，在木段的一面或两面每隔 3～4cm 砍一个鱼鳞口，深度至木质部为度。直径 5cm 以下的细枝，斜砍成 6～10cm 长的短枝。

5. 培养场地选择

培养场地应选择在天麻种植场地附近，以减少菌材搬运，应选择坡度小于 20°且向阳的山地，以土层深厚、疏松透气、排水良好的砂壤土，且有灌溉水源的地方为宜。

6. 菌材培养方法

培养方法有多种，现以窖培法为例。挖窖宽 1m，深 30cm，长根据地势而定。将窖底挖松整平，铺一层 1cm 厚的树叶，平放一层树木段，如是干木段应提前一天用水浸泡 24h，在树木段之间放入菌枝 4～5 根，洒一些清水，浇湿树木段和树叶，然后用沙土或腐殖土填满树木段间空隙，并略高于树木段为宜。再放入第二层树木段，树木段间放入菌枝后，如上法盖一层土。如此依次放置多层，盖土厚 10cm，略高于地面，最后覆盖树叶保温保湿。

7. 菌材培养的管理

（1）调节湿度：应保持菌材窖内填充物及树木段适宜含水量，一般控制在 50% 左右。并应注意勤检查，根据培养窖内湿度变化进行浇水和排水。

（2）调节温度：蜜环菌索在 6～26℃ 生长，超过 25℃ 生长不良，超过 30℃ 生长受抑制，同时杂菌易繁殖。20～25℃ 温度最适宜蜜环菌生长。在春秋低温季节，可覆盖塑料薄膜提高窖内温度。培养窖上盖枯枝落叶或草可以保温保湿。

8. 菌材质量

菌材上蜜环菌菌索应均匀分布，无杂菌感染。菌索生长粗壮、旺盛、有弹性，菌索尖端生长点呈黄白色，无黑色空软的老化菌。菌床和菌材上无害虫。

（三）有性繁殖栽培（商品麻生产）

天麻有性繁殖即种子繁殖，即利用箭麻开花、授粉获得的成熟的种子，与萌发菌共生萌发获得原球茎，进一步发育成营养繁殖茎，再与蜜环菌共生，生长发育成米麻和白麻的过程。但近年来贵州各主要天麻产区，都采用一次播种，经 1.5 年直接收获箭麻和种麻。

1. 原种（良种及杂交种）生产

生产天麻原种或杂交种，应建立种质资源圃、原种圃或杂交区。原种或第一代杂交种由专职繁育机构或繁育基地经营，以保证种性的纯度和稳定。所繁育的原种应具有该品种的典型特性，纯度则要求达到表 4-1 的规定。

表 4-1　天麻种麻质量标准（王绍柏等，2002）

项目名称	级别	生产时间	净度	色泽形态	个/0.5kg	长度/cm
有性或杂交种	零代种	6～18 个月	99.5%无病虫害	色泽新鲜淡黄色、形态饱满、无创伤	20～100	2～8
无性种麻	一代种	二年	98.0%无病虫害斑痕	色泽新鲜淡黄色、形态饱满、无创伤	20～100	2～8
	二代种	三年	96%无病虫害斑痕	色泽新鲜淡黄色、形态饱满、无创伤	30～80	4～7

种麻的有性繁殖有性种自交不超过 F$_4$ 代，种麻繁育程序如下：

2. 箭麻的采挖和选择

箭麻采挖时间宜晚不宜早，立冬后才能采挖。选择箭麻，特别要注意选无病虫害、形体周正饱满、箭芽发育正常、重量达 100～150g 的次生块茎。

3. 箭麻的保存

箭麻储存在室内或室外，在地上铺湿润细沙（或自然土）5～10cm，摆上种麻，间隔 1～2cm，一层沙一层箭麻，层间沙厚 1～2cm，共放 3～4 层，表层覆沙 10cm 左右。室外要盖薄膜防雨，但须注意隔 15 天左右检查一次，并适当浇水，保持沙层湿润即可。温度宜 0～5℃，最高不超过 10℃，处理时间不得少于 60 天。

4. 箭麻移栽及管理

建造温室或温棚，根据繁殖数量多少，建造简易塑料温棚或具有调控温度、湿度、光照装置的温室培养种子。在棚内或温室内作畦，厢宽 60～100cm，长不限，厢间留 40～50cm 作人行授粉道，箭麻摆放在畦内，株距 15～20cm，再覆盖 10～15cm 细沙，花茎芽一端靠近畦边。如在室外，需注意设置防风措施，或用竹竿或木桩插于箭麻两侧，以防抽薹长高及开花结果时被风刮倒伏。箭麻从种植到开花结果种子成熟需两个月时间，故种麻应在播种期前两个月种植。移栽后应保持棚内或温室内温度 20～25℃，相对湿度 80% 左右，光照 70%，畦内沙床水分含量 45%～50%，环境通风透气、洁净，防鼠害和虫害。

5. 授粉及采果

（1）摘顶：现蕾初期，花序展开可见顶端花蕾时，摘去 5～10 个花蕾，减少养分消耗，利壮果。

（2）人工授粉：天麻花现蕾后 3～4 天开花，清晨 4～6 时开花较多，上午次之，中午及下午开花较少。天麻开花后 24h 内授粉均有效，但应提倡及早授粉。授粉时用左手无名指和小指固定花序，拇指和食指捏住花朵，右手拿小镊子或细竹签将唇瓣稍加压平，拨开蕊柱顶端的药帽，拈取花粉块移置于蕊柱基部的柱头上，并轻压使花粉紧密黏在柱头上，有利花粉萌发。每天授粉后挂标签记录花朵授粉的时间，以便掌握种子采收时间。天麻授粉的空气湿度宜在 70%～80%。

（3）种子采收：天麻授粉后，如气温在 25℃ 左右，一般 20 天果实成熟，应采嫩果及将要开裂果的种子播种，其发芽率较高。掰开果实种子已散开，乳白色，为最适采收期。授粉后第 17～19 天，或用手捏果实有微软的感觉，或观察果实 6 条纵缝线稍微突起，但未开裂，都为适宜采收期的特征。天麻种子宜随采随播。

6. 播种准备

选择气候凉爽、潮湿的环境，疏松肥沃、透气透水性好的土壤，有灌溉水源的地方做菌床。在播种前两个月做好菌床，宽 1m，深 20cm，长度根据地势确定，每平方米用菌材 10kg，新段木 10kg，用腐殖质土培养。先将床底挖松，铺 3cm 厚的腐殖质土，将菌材与新段木相间搭配平放，盖土填满空隙，再如法放第二层，最后盖土 8cm。在播种前 5～7 天准备好萌发菌种，按每平方米用 2 袋准备。同时选青冈、桦木等阔叶树的树枝，砍成长 4～5cm、粗 1～2cm 的树枝段，每平方米用量 1～2kg。在播种前准备杂树落叶，按 2～3kg/m² 计算，在播种前 1～2 天用水浸泡 10h 以上，沥去明水备用。用高 10cm、直径 5cm 的塑料杯，将底面锯掉，然后用纱布盖严即成。

7. 播种

（1）菌叶拌种：播种前先将萌发菌三级种 2 袋，从菌种袋中取出，放入清洁的拌种盆中，将菌叶撕开成单张。采收的天麻嫩果和将裂果 16 个，将种子抖出装入播种筒撒在菌叶上，同时用手翻动菌叶，将种子均匀拌在菌叶上，并分成两份。撒种与拌种工作应两人分工合作，免得湿手粘去种子。防止风吹失种子。

（2）菌床播种：播种时挖开菌床，取出菌材，耙平床底，先铺一薄层浸泡过的湿落叶，厚度 2～3cm（压实厚度 1cm），然后将分好的菌叶用 1 份撒在落叶上，按原样摆好下层菌材，菌材间留 3～4cm 距离，盖土至菌材平，再铺湿落叶，撒另一份拌种菌叶，放菌材后覆土 5～6cm，床顶盖一层树叶保湿。同时开好排水沟。

（3）畦播：即菌枝、树枝、种子、菌叶播种，挖畦长 2～4m，宽 1m，深 20cm，将畦底土壤挖松整平，铺一层水泡透并切碎的青冈树落叶，撒拌种菌叶一份，平放一层树枝段，树枝段间放入蜜环菌三级种，盖湿润腐殖质土填满树枝段间空隙，然后用同法播第二层，盖腐殖质土 10cm，最后盖一层枯枝落叶，保温保湿。

（四）无性繁殖栽培（商品麻生产）

无性繁殖是用地下块茎进行天麻繁殖，原球茎、米麻和白麻都可以进行无性繁殖，这些地下块茎与蜜环菌形成共生后，即生长发育形成新的米麻、白麻和箭麻，原球茎和米麻一般当年不能得到箭麻，白麻可以当年得到箭麻。

商品麻栽培既可以采用林下仿野生栽培，也可以采用规范化连片种植。天麻仿野生林下种植方式，可因地制宜选择野生天麻生长的林地，在林下分散做小畦种植天麻，此种植方式不破坏生态环境，可保证仿野生天麻品质和可持续发展。规范化连片种植便于管理和条件控制，有助于产量和质量的稳定。

1. 可种植面积确定

森林覆盖率达 50% 以上的地区，郁闭度 0.6 以上，按 5%～8% 的间伐量或按每亩种植天麻 40～50m² 或利用枝杈生产天麻，森林可持续利用。

2. 培养优质菌材和菌种

为了获得天麻的高产，种植天麻前，必须培养好菌材或三级菌种。种植天麻所用菌材必须密布生长旺盛的菌索；栽培天麻所用三级菌种，必须是无污染的优质菌种。

3. 选种

选用有性天麻种和杂交天麻种的零代种或无性天麻种的一代、二代良种，要求无病虫害，无损伤，颜色淡黄色，体形短粗，新鲜健壮。

4. 种麻破眠处理

初春 2～3 月栽天麻，米麻和白麻需贮藏于 0～5℃30 天以上，破除休眠。秋冬 10 月下旬至 11 月下旬栽不需要进行破眠处理。

5. 种麻用量

种麻用量主要根据天麻初生块茎的大小、种植密度而定，用有性繁殖半年生块茎（零代种）做种，因其大小不同，每平方米种麻用量为 400～600g。用无性繁殖的初生块茎做种，每平方米为 500～800g。

6. 种植时间

11 月至次年 3 月，气温 0～15℃的天麻休眠期，均可栽培。

7. 栽培层次与深度

无论是固定菌床还是移动菌床均栽一层为宜，菌床深 15～20cm。低海拔可略深一点，高海拔可略浅一点。

8. 种植方法

林下仿野生种植，在保证不破坏生态环境的前提下，在林间分散做小穴种天麻。穴长 1m，宽 0.5m，深 15cm，种植天麻时先将穴底挖松，铺腐殖质土 3cm，然后将已经培养好的菌材平铺在穴底，菌材之间留出 3cm 左右的空隙，摆放好菌材后用腐殖质土将菌材之间的空隙填实，并露出菌材 1/3 在上面。然后将准备好的天麻种摆放在穴里，天麻种摆放时尽量靠近菌材摆放，在菌材两端必须要放天麻种，天麻种每隔 10cm 左右放一个，穴的四周适当多放一点。

9. 覆土

天麻种摆放好以后及时以腐殖质土覆盖。覆土深度 10cm 左右（如果没有腐殖质土用沙土也可以）。覆土后在最上一层需要覆盖落叶、茅草、稻草、玉米秸秆等进行遮阴。海拔低的地方可根据情况搭荫棚防高温和保湿。

（五）田间管理

1. 温度调控

冬季和初春要适当加大覆土深度，并用覆盖物保温。窖内 10cm 以下土层温度维持在 0～5℃，7～9 月要用覆盖物或搭阴棚，将土层温度控制在 26℃以下，不超过 28℃。

2. 水分管理

12月至次年3月控湿防冻，土壤含水量30%，见墒即可。4～6月增水促长，土壤含水量60%～70%，手握成团，落地能散。7～8月降湿降温，土壤含水量60%左右。9～10月控水抑菌，土壤含水量50%左右，手握稍成团，再轻捏能散。11月，土壤含水量30%左右，干爽松散。

3. 除草松土

5～9月天麻地沟或窖面的草长到15～20cm时，应及时除草松土，土壤稍板结的，待雨过天晴时拔根除草，土壤疏松的亦可拔可割。

（六）主要病虫害防治

1. 霉菌（杂菌）污染

天麻栽培过程若受霉菌（杂菌）感染，常造成"烂窖"，导致天麻栽培的失败。感染天麻的霉菌（杂菌）种类较多，常见有木霉（*Trichoderma* sp.）、根霉（*Rhizopus* sp.）、青霉（*Penicillium* sp.）、毛霉（*Mucor* sp.）等。霉菌（杂菌）污染的症状表现为在菌材或天麻表面呈片状或点状分布，部分发黏并有霉菌味，菌丝白色或其他颜色，最终影响蜜环菌生长，引起天麻块茎腐烂。

防治方法：①培养菌材时，应选用未腐朽、无霉菌的新鲜木材培养菌棒，并尽可能缩短培养时间。如果发现菌棒上有杂菌，轻者刮掉，晒1～2日，重者废弃。②检查所用麻种，凡碰伤、霉烂的麻种都要废弃。③检查生产用蜜环菌，凡有霉（杂）菌污染的菌种都要废弃。④天麻穴不宜过大、过深，每穴培养的菌材数量控制在30根左右。⑤填充物要填实，切不可留有空隙。加强温、湿、气的管理。控制穴内湿度，可以减少霉菌发生，是防止杂菌感染的最好的栽培方法。⑥加大蜜环菌用量，形成蜜环菌生长优势，抑制杂菌生长。⑦推广天麻有性繁殖技术，提高天麻的抗逆性。

2. 块茎腐烂病（又称腐烂病、烂窖）

症状表现为受害天麻块茎部分或全部腐烂。块茎腐烂病由多种病原菌为害引起。病原菌不同其症状表现亦不同。

（1）黑腐病：患病天麻块茎受害点变黑，严重者腐烂。轻度受害块茎加工后仍有黑斑，食之有苦味。

（2）褐腐病：染病块茎皮部呈褐腐病变，中心腐烂，有异臭。

（3）锈腐病：染病块茎皮部呈锈腐病变，天麻横切面中柱层出现小黑斑。

防治方法：①选择有性繁殖的米麻（或白麻）作生产用种，提高天麻种的抗病性和抗逆性。②选地要适当，最好选曾有野生天麻生长的地区为栽培场地。地势低洼，或土质黏重、通透性不良的地块多发此病，选地时应注意避开。③选择个体完整、无破损，颜色黄白而新鲜、健壮、无病虫害的有性和杂交繁殖的一、二代米、白麻种，不用或少用无性种麻作种麻，采挖和运输时不要碰伤和日晒。④选用干净、无杂菌的腐殖质土、树叶、锯屑等做培养料，最好应进行堆积、消毒、晾晒处理，把内部的虫、蛹及杂菌杀死，减少为害，并填满、填实，不留空隙。⑤加强窖场管理，做好防旱、防涝，保持窖内湿度稳定，提供蜜环菌生长和天麻生长的最佳条件。⑥天麻播种至收获的全生长过程中，若发现有块茎腐烂病发生，要适时提早收获加工成商品麻，以减少损失。⑦轮作，栽培过一季天麻的地方4～5年后才能重新栽培天麻。

3. 蜜环菌病理性侵染

受害天麻表皮层溃烂，颜色变黑，有时微凹陷，与黑腐症状相似。区别点：受蜜环菌病理性侵染为害引起的天麻块茎腐烂体内充满蜜环菌菌索；由镰刀菌侵染引起的黑腐无菌索。蜜环菌病理性侵染为害严重时，能造成窖内天麻"烂窖"，发生"化解消失"现象。

防治方法：①选择排水较好的砂壤及腐殖质土栽培天麻，促进天麻旺盛生长，提高抵抗力。②雨季应挖好排水沟，尤其是容易积水的地块和平地更应注意排除积水。③9月下旬至10月上旬雨水大时，应注意排水，同时应经常检查，发现有天麻被蜜环菌病理性侵染为害，则考虑提前收获。更不能延长至春季翻栽。

4. 日灼病（生理性病害）

天麻抽茎开花后，由于未搭建荫棚，在向阳的一面茎秆受强光照射而变黑，在雨天，易受霉菌侵染而倒伏死亡。

防治方法：在抽茎前搭好荫棚。

5. 花茎黑茎病

花茎黑茎病主要为害天麻有性繁殖花茎。花茎受害通常由近地面基部开始，初呈黑褐或黑色不规则病斑，后形成环状黑茎向上扩展，严重时病部缢缩易折断。纵剖病茎，可见髓部呈黑褐色坏死。染病早的花茎刚出土即死亡。

防治方法：①选择周围病害发生少的场地作天麻有性繁殖栽培场，场地使用前要进行消毒杀虫处理。②选用健全无病天麻块茎进行有性繁殖，不用带有黑腐病的块茎作有性繁殖种。③发病期，选用50%多菌灵可湿性粉剂600～700倍液，或70%代森锰锌干悬粉500倍液，或75%百菌清可湿性粉剂600倍液，或60%防霉宝2号水溶性粉剂800～1000倍液等药剂喷施或涂茎。

6. 蝼蛄

常见有非洲蝼蛄（*Gryllotalpa africana*）和华北蝼蛄（*Gryllotalpa unispina* Saussure）。蝼蛄为多食性害虫，以成虫或若虫在天麻表土层下开掘横隧道，嚼食天麻块茎，使与天麻接触的菌索断裂，破坏天麻与蜜环菌的关系。

防治方法：①利用蝼蛄趋光性强的特性，在有电源的地方，设置黑光灯诱杀成虫。②采用毒饵诱杀的方法。用90%敌百虫0.15kg兑水成30倍液，可拌成毒谷或毒饵。将5kg麦麸、豆饼、棉籽饼炒香，凉后拌药，制成毒饵。选择无风闷热的傍晚，将毒谷或毒饵撒在天麻窖表面蝼蛄活动的隧道处作诱饵毒杀。

7. 蛴螬

蛴螬是金龟子的幼虫。蛴螬为多食性害虫，以幼虫在天麻窝内咬食天麻块茎成空洞，并在菌材上蛀洞越冬，毁坏菌材。

防治方法：①成虫具有趋光性，可设置黑光灯诱杀。②栽培时可用防治成虫的母土撒于栽种天麻的穴中，覆一层土后再栽天麻，以防止药害。③在幼虫发生量大的地块，用90%敌百虫稀释成800倍液，或用700～1000倍50%辛硫磷乳油，在窝内浇灌，都可起到杀虫效果。

8. 介壳虫

常见有粉蚧（*Pseudococcus* sp.）。粉蚧群集天麻块茎，使天麻块色加深，严重时块茎瘦小甚至停止生长，有时粉蚧也群居在菌材上。

防治方法：粉蚧防治较难，主要采取隔离消灭措施，因粉蚧群集在土壤中，难以用药剂防治，但其一般以穴为单位为害，传播有限，天麻采收时若发现块茎或菌材上有粉蚧，则应将该穴的天麻单独采收，不可用该穴的白麻、米麻做种用。严重时可将菌棒放在原穴中加油焚烧，杜绝蔓延。

9. 蚜虫

为害天麻的蚜虫有多种，常见的有麦二叉蚜（*Schizaphis graminum*）、麦长管蚜（*Macrosiphum avenae*）、桃蚜（*Myzus persicae*）等。以成虫及若虫群集于天麻地上花茎及嫩花穗上刺吸汁液，被害株生长停滞，植株矮小，变畸形，花穗弯曲，果实瘦小，影响开花结实，严重时枯死。

防治方法：①消灭越冬虫源，清除附近杂草，进行彻底清园。②蚜虫为害期喷洒10%吡虫啉4000～6000倍液，或40%乐果1200倍液，或灭蚜松乳剂1500倍液等药剂喷雾。

10. 伪叶甲

伪叶甲（*Lagria* sp.）成虫为害天麻果实，5～6月天麻结果期在果实上蛀孔为害，影响种子产量。

防治方法：伪叶甲虫口数量不多，每日早晚捕捉能起到很好的防治效果。

11. 白蚁

主要有黑翅土白蚁（*Odontotermes* sp.）、粗颚土白蚁、黄翅大白蚁、黄胸散白蚁和家白蚁，其中以黑翅土白蚁最为凶狠。其为害速度快、程度深、范围广。

防治方法：①挖巢清场法。在种植前，以种植场地的中央为圆心，以白蚁最大为害距离为半径，寻找并挖掘所有白蚁巢穴。②毒土隔离法。在天麻种植区域边缘挖掘深100cm、宽30cm的深沟，将氯制剂（或煤焦油）与防腐油按1∶1的比例配制成混合剂，浇土混填，以达到阻止白蚁进犯的目的。③坑埋诱杀法。在有白蚁活动的地方挖掘土坑，填放包裹毒饵（用灭蚁灵500g，加玉米粉、松木屑各500g混匀制成的毒饵），诱杀白蚁；或将适量白矾拌入食物中（食物对白蚁的诱导力必须高于培养基质菌丝对白蚁的诱导力），然后置于白蚁经常出入处，白蚁食后还会将剩余食物搬进洞内，其余白蚁吃后会相继中毒死亡；或待诱来白蚁后，用灭蚁粉、灭蚁王、灭蚁膏等杀灭种植区域内的白蚁。④趋光诱杀法。利用白蚁的趋光性在白蚁分飞的 4～7 月里，每天早、晚在有白蚁的地方设置诱蛾灯，诱杀分飞的白蚁有翅成虫。

12. 鼠害

为害天麻的鼠类有鼢鼠、地老鼠或田鼠等。鼠类咬食天麻的块茎，在土中掘洞破坏蜜环菌与天麻的连接，影响天麻的生长，甚至导致天麻植株死亡。

防治方法：①人工捕捉，在天麻栽培地四周挖深沟，防止鼠进入天麻菌窖。②施药毒杀，可用 0.005%溴敌隆或 0.005%氯鼠酮或 0.02%绿亨鼠克毒饵，加水适量稀释后拌入新鲜大米、小麦等放在麻窖附近毒杀。

（七）选种留种

1. 米麻和白麻选种留种

（1）米麻和白麻的采收及选种留种：

①采挖时间：有性繁殖 5～6 月播种，在当年 11 月至第二年 3 月前休眠期间可采挖白麻和米麻种，7～8 月以后播种，一般播种后到第二年 11 月至第三年 3 月前休眠期间采挖，既可收获箭麻，又可收获白麻和米麻。无性繁殖 11 月至第二年 3 月休眠期间进行，采挖时间为第二年 11 月至第三年 3 月休眠期间，可以收获米麻、白麻和箭麻。天麻的米麻和白麻宜现挖现种。

②采挖方法：先清除地上的杂草或覆盖物，再挖去覆盖天麻的土层，揭开菌材，即可现出天麻。将天麻从窖内逐个取出，分别将箭麻、白麻、米麻盛装。在采收天麻时，要尽量轻取轻放，尽可能地避免损伤天麻，以保证留种天麻的质量。

③白麻和米麻选择：选择新鲜、个体完整、无畸形、无病虫害的健壮白麻、米麻块茎。

④种麻包装：种麻边采边装箱，轻拿轻放。外包装用纸箱的，内包装用聚乙烯塑料膜垫箱壁，塑料膜用打孔器按 2cm×2cm 的间距扎孔，以利通风透气，并用苔藓为填充物或用比较湿润的锯木屑，其含水量一般为 20%～30%。每箱装 10～15kg 为宜。用竹篾筐的，以装 15～20kg 为宜，筐内用编织袋垫壁，装筐方法同上。箱、筐均要求洁净，无霉烂痕迹，所用编织袋及塑料膜必须清洁、卫生、无毒。

⑤运输：运输途中时间不超过 10 天，环境温度保持在 0～10℃，切勿高堆重压。箱、筐装在运输过程中，要避免酸碱及有害气体，严防日晒雨淋，存放地点要求干燥、通风，避免霉变。

（2）米麻和白麻的越冬保藏：种麻及箭麻如不能及时栽种，要及时冬贮到翌年春栽，贮藏的过程中要注意防止冻害，又要保证实现破除休眠的低温处理。一般 4 月以前，10cm 地温不超过 15℃，种麻可以直接贮藏于常温下，如地温高于 15℃，则应将种麻移到地下室或凉爽的地方。目前，其主要有室内贮藏和室外贮藏两种方法。

①室内贮藏法。室内箱贮：在箱底铺 5cm 厚培养料或 10cm 的沙土，培养料用锯末 2 份和沙子 1 份混合而成，湿度保持在 40%～50%，沙子的湿度为 18%左右。在培养料和沙子上轻放平摆一层白麻或米麻，均匀放置，以互不接触为度，不要堆积，再覆盖培养料 1～2cm 或撒沙土 2～3cm，依次摆第二层麻种，如此层放数层，堆放厚度不超过 30cm，上面

再盖 6～8cm 沙土，最外面用湿润碎草或落叶覆盖保湿。最上层麻种距离箱顶 5～7cm，覆盖培养料至箱口平，每层麻种距箱壁有 5cm。把麻种箱放在 3～5℃的房间内，距墙壁50cm。室内槽贮：在室内墙角下挖槽冬贮，挖槽大小根据麻种多少而定，一般深 1m，宽1m，长 1.2m，槽内温度保持在 1～5℃。一般用腐殖质土，或用锯末 1 份和沙 1 份混合做成培养料，一层麻种一层培养料，每层可放麻种 4kg，最后覆盖 10cm 厚的培养料。

②室外窖贮法：室外窖藏，要选择背风向阳、地下水位低、看管方便的地方挖窖。根据麻种量安排挖窖的规格，窖的深度一定要挖到冻层下 30～40cm，窖底要有 15°坡度。窖底铺 7～10cm 厚的培养料，然后分层摆放麻种，上层麻种覆盖培养料 20cm。窖棚压好后，在窖中央扎秫秸把，粗 20～30cm，以利窖内透气和调节窖内温度。在窖的四周挖好排水沟。要注意检查窖内温、湿度，温度保持在 3～5℃为好。窖内湿度要保持在 30%～40%。

2. 箭麻选种留种

（1）箭麻的采收及选种留种：

①采挖时间：有性繁殖 7～8 月以后播种，到第二年 11 月至第三年 3 月前休眠期间采挖，可收获箭麻。无性繁殖 11 月至第二年 3 月休眠期间进行，采挖时间为第二年 11 月至第三年 3 月休眠期间，可以收获箭麻。箭麻宜现挖现种进行有性繁殖。贵州高海拔地区 6月上旬天麻花茎刚出土时，采挖野生天麻移栽至种子园培育种子，一般中海拔地区 3 月中旬箭麻顶芽萌动时进行移栽。

②采挖方法：同白麻和米麻的包装方法。

③种麻选择：应选择个体较大、无病虫害、无机械损伤的健壮箭麻做种，其重量一般为 100～150g，以 200～300g 为佳，这种箭麻贮藏的营养物丰富，生活力强，开花多，坐果率较高。

④种麻包装：同白麻和米麻的包装方法。

⑤运输：同白麻和米麻的运输方法。

（2）箭麻的越冬保藏：冬季地下 5cm 处地温不低于 0℃的地区，在 10～11 月可进行冬栽，可以在冬季收获时将选好的箭麻立即栽种；也可将箭麻妥善贮藏在室内，至次年春季栽种，贮藏方法同白麻和米麻。冬季地下 5cm 处地温低于 0℃的地区，不宜冬栽，需进行室内贮藏，室内贮藏的温度控制在 3～5℃。

贵州大方县天麻规范化种植基地及德江县仿野生天麻规范化种植基地情况分别见图4-8、图4-9。

人工授粉

野外有性繁殖育种

大棚有性繁殖育种

农户进行仿野生天麻栽培　　　　　农户采收种植天麻　　　　　向农户回收的天麻

图 4-8　贵州大方县天麻规范化种植基地

图 4-9　贵州德江县仿野生天麻规范化种植基地

上述天麻良种繁育与规范化种植关键技术，可于其生产适宜区内，并结合实际因地制宜地进行推广应用。

【药材合理采收、初加工与储运养护】

一、合理采收与批号制定

（一）合理采收

1. 采收时间

天麻在营养生长期，主要靠同化蜜环菌为营养，其碳水化合物在块茎内薄壁细胞中不断积累，从而块茎不断长大至发出花茎芽。进入生殖生长阶段，块茎细胞内碳水化合物颗粒的积累达到最高峰，此时是采收最佳时期。符合《中国药典》规定的"立冬后至次年清明前"采挖。海拔 1200m 以下的地方于立冬左右采挖天麻，海拔 1200m 以上的地方在霜降左右采挖。采挖时间应在天晴土爽之时，忌雨天或雨天过后的 1～2 天内采挖。冬季立冬后采收加工的称为"冬麻"，春季天麻抽薹后采收加工的天麻称为"春麻"，"冬麻"的质量一般比"春麻"好。

2. 采收方法

（1）采挖：先清除地上的杂草或覆盖物，再挖去覆盖天麻的土层，挖出菌棒，取出箭麻、白麻和米麻，轻拿轻放，分级收获，以避免人为机械损伤。

（2）装框：采收准备时，需准备三类筐或箱。一类专装留作有性繁殖的箭麻；一类用来装留作无性繁殖用的白麻和米麻；另一类用来装用于加工的商品箭麻。

（3）采后清理：及时清理菌材，发现感染杂菌的菌材及时集中深埋。可再利用的菌材应速加利用。腐烂过度的菌材，可风干作柴烧，或埋入土中。

（二）批号制定（略）

二、合理初加工与包装

（一）合理初加工

天麻采收后，应及时初加工，一般2天之内加工为宜。因用于初加工的商品麻比较鲜嫩，含水量高，长时间堆放会引起腐烂、变质。

1. 分级

天麻的大小及完好程度直接影响到蒸煮时间和干燥速率。应根据天麻块茎的大小分级后加工。150g以上为一等，70～150g为二等，70g以下为三等，一些挖破的箭麻和白麻，以及受病虫害为害、切去受害部分的统归于等外品。

2. 清洗

分级后的天麻分别用水冲洗干净，可在水盆中刷洗，以洗净泥土为原则。当天洗当天加工处理，来不及加工的先不要洗。

3. 蒸煮

将天麻按不同等级分别蒸煮，量少可以分级蒸，量多时用水煮，蒸制时以天麻蒸透心为原则，一般按照不同的等级蒸制时间控制在10～20min。

4. 烘干

蒸后晾干水汽的天麻块茎放入烘箱或烘房中烘烤，烘烤的同时要通风。初始温度控制在40℃左右，当天麻表面干燥后从烘房里取出放入室内自然回汗处理使块茎内的水分慢慢析出到表面，然后再次进烘房烘烤，温度不能过高，以免出现空壳现象。经多次回汗和烘烤处理直至天麻烘干。贵州大方县天麻药材见图4-10。

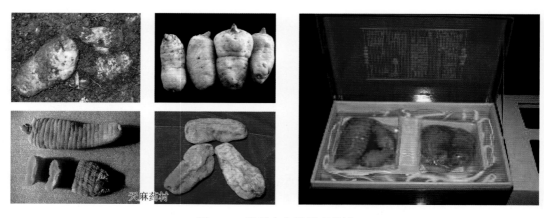

图 4-10　贵州大方县天麻药材

（二）合理包装

将干燥天麻，按规格要求用无毒无污染材料严密包装。在包装前应检查所用包装是否符合药用包装标准，再次检查天麻是否充分干燥、有无杂质及其他异物，清理包装场地，检查包装器材（袋、盒、箱）应是清洁干燥的、无污染的、新的、不易破损的，以保证贮藏和运输使用过程中的质量。包装一级、二级天麻干品用聚乙烯塑料袋按 0.5kg 袋装封口，然后用纸箱或聚乙烯袋按 15～20kg 装一箱或装一袋。三级、四级天麻用聚乙烯塑料袋按 20～25kg 装袋封口或封箱。包装时必须有标签注明药材品名、规格、等级、毛重、净重、产地、采收日期、采收单位、批号、执行标准、生产单位、包装日期及工号、调出日期、注意事项等，并附有质量合格标志。

三、合理储藏养护与运输

（一）合理储藏养护

干燥天麻应储存于干燥通风、避光处或仓库，温度 28℃以下，相对湿度 70%～75%。本品易生霉、虫蛀。初加工时，若未充分干燥，在贮藏（或运输）中易感染霉菌，受潮后可见霉斑。因此贮藏前，还应严格入库质量检查，防止受潮或染霉品掺入。贮藏时严防日晒雨淋，最好有空调及除湿设备，地面为混凝土，并具有防鼠、防虫设施，避免酸碱及有害气体侵入箱（袋）内。天麻包装应存放在货架上，与墙壁保持足够距离，并定期检查、翻垛，发现吸潮或初霉品或虫蛀，应及时进行通风晾晒等处理。

鲜品天麻应依法冷库贮藏养护。

（二）合理运输

天麻批量运输时，运输工具须干燥清洁，不应与其他有毒、有害物质混装。运输容器应具有较好的通气性。严防日晒雨淋，以保持干燥，遇阴天应严密防潮。避免酸碱及有害气体侵入箱（袋）内。

【药材质量标准、质量检测与监控】

一、药材商品规格与质量检测

（一）药材商品规格

天麻药材以无杂质、霉变、虫蛀，身干，个大坚实，色黄白，断面半透明，无空心者为佳品。其药材商品规格分为4个等级。

一等：干货，块茎呈长椭圆形，扁缩弯曲，去净粗栓皮，具横环纹，顶端有残留茎基或红黄色的枯芽，末端有圆盘状的凹脐形疤，表面黄白色，断面角质，牙白色，较平坦。味甘微辛。平均单体重38g以上，每千克26个以内，无空心、枯炕、杂质、虫蛀和霉变。

二等：干货，块茎呈长椭圆形，扁缩弯曲，去净粗栓皮，具横环纹，顶端有残留茎基或红黄色的枯芽，末端有圆盘状的凹脐形疤，表面黄白色，半透明，体结实，断面角质，牙白色。味甘微辛。平均单体重22g以上，每千克46个以内。无空心、枯炕、杂质、虫蛀和霉变。

三等：干货，块茎呈长椭圆形，扁缩弯曲，去净粗栓皮，具横环纹，顶端有残留茎基或红黄色的枯芽，末端有圆盘状的凹脐形疤，表面黄白或黄褐色，半透明，断面角质，牙白色或棕黄色。平均单体重11g以上，每千克90个以内，大小均匀。稍空心，无霉变、枯炕、杂质、虫蛀和霉变。

四等：干货，单体平均重8g以下，每千克90个以上，凡不合一、二、三等的空心、碎块及未去皮者均属此等。无芦茎、杂质、虫蛀和霉变。

（二）药材质量标准

按照《中国药典》（2015年版一部）天麻药材质量标准进行检测。

1. 来源

本品为兰科植物天麻 *Gastrodia elata* Bl. 的干燥块茎。立冬后至次年清明前采挖，立即洗净，蒸透，敞开低温干燥。

2. 性状

本品呈椭圆形或长条形，略扁，皱缩而稍弯曲，长3～15cm，宽1.5～6cm，厚0.5～2cm，表面黄白色至黄棕色，有纵皱纹及由潜伏芽排列而成的横环纹多轮，有时可见棕褐色菌索。顶端有红棕色至深棕色鹦嘴状的芽或残留茎基；另一端有圆脐形疤痕。质坚硬，不易折断，断面较平坦，黄白色至淡棕色，角质样。气微，味甘。

3. 鉴别

（1）显微鉴别：本品横切面，表皮有残留，下皮由2～3列切向延长的栓化细胞组成。皮层为10数列多角形细胞，有的含草酸钙针晶束。较老块茎皮层与下皮相接处有2～3列椭圆形厚壁细胞，木质化，纹孔明显。中柱占绝大部分，有小型号周韧维管束散在。薄壁细胞亦含草酸钙针晶束。

粉末黄白色至黄棕色。厚壁细胞椭圆形或类多角形，直径 70～180μm，壁厚 3～8μm，木质化，纹孔明显。草酸钙针晶成束或散在，长 25～75（93）μm。用醋酸甘油水装片观察含糊化多糖类物的薄壁细胞无色，有的细胞可见长卵形、长椭圆形或类圆形颗粒，遇碘液显棕色或淡棕紫色。螺纹导管、网纹导管及环纹导管直径 8～30μm。

（2）薄层色谱鉴别：①取本品粉末 0.5g，加 70%甲醇 5mL，超声波处理 30min，滤过，取滤液作为供试品溶液。另取天麻对照药材 0.5g，同法制成对照药材溶液。再取天麻素对照品，加甲醇制成每 1mL 含 1mg 的溶液，作为对照品溶液。照薄层色谱法（《中国药典》2015 年版四部通则 0502）试验，吸取供试品溶液 10μL，对照药材溶液及对照品溶液各 5μL，分别点于同一硅胶 G 薄层板上，以乙酸乙酯-甲醇-水（9：1：0.2）为展开剂，展开，取出，晾干，喷以 10%磷钼酸乙醇溶液，在 105℃加热至斑点显色清晰。供试品色谱中，在与对照药材色谱和对照品色谱相应的位置上，显相同颜色的斑点。

②取对羟基苯甲醇对照品，加乙醇制成每 1mL 含 1mg 的溶液，作为对照品溶液。照薄层色谱法（《中国药典》2015 年版四部通则 0502）试验，吸取上述鉴别①项下供试品溶液 10μL、对照药材溶液及上述对照品溶液各 5μL，分别点于同一硅胶 G 薄层板上，以石油醚（60～90℃）-乙酸乙酯（1：1）为展开剂，展开，取出，晾干，喷以 10%磷钼酸乙醇溶液，在 105℃加热至斑点显色清晰。供试品色谱中，在与对照药材色谱和对照品色谱相应的位置上，显相同颜色的斑点。

4. 检查

（1）水分：照水分测定法（《中国药典》2015 年版四部通则 0832）测定，不得超过 15.0%。

（2）总灰分：照总灰分测定法（《中国药典》2015 年版四部通则 2302）测定，不得超过 4.5%。

（3）二氧化硫残留量：照二氧化硫残留量测定法（《中国药典》2015 年版四部通则 2331）测定，不得超过 400mg/kg。

5. 浸出物

照醇溶性浸出物测定法（《中国药典》2015 年版四部通则 2201）下的热浸法测定，用稀乙醇作溶剂，不得少于 15.0%。

6. 含量测定

照高效液相色谱法（《中国药典》2015 年版四部通则 0512）测定。

色谱条件与系统适用性试验：用十八烷基硅烷键合硅胶为填充剂；以乙腈-0.05%磷酸溶液（3：97）为流动相；检测波长为 220nm。理论板数按天麻素峰计，应不低于 5000。

对照品溶液的制备：取天麻素对照品、对羟基苯甲醇对照品适量，精密称定，加乙腈-水（3：97）混合溶液制成每 1mL 含天麻素 50μg、对羟基苯甲醇 25μg 的混合溶液，即得。

供试品溶液的制备：取本品粉末（过三号筛）约 2g，精密称定，置具塞锥形瓶中，精密加入稀乙醇 50mL，称定重量，超声波处理（功率 120W，频率 40kHz）30min，放冷，再称定重量，用稀乙醇补足减失的重量，滤过，精密量取续滤液 10mL，浓缩至近干、无醇味，残渣加乙腈-水（3∶97）混合溶液溶解，转移至 25mL 量瓶中，用乙腈-水（3∶97）混合溶液稀释至刻度，摇匀，滤过，取续滤液，即得。

测定法：分别精密吸取对照品溶液与供试品溶液各 5μL，注入液相色谱仪，测定，即得。本品按干燥品计，含天麻素（$C_{13}H_{18}O_7$）和对羟基苯甲醇（$C_7H_8O_2$）的总量不得少于 0.25%。

二、药材质量标准提升研究与企业内控质量标准制定（略）

三、药材留样观察与质量监控（略）

【药材研究开发与市场前景展望】

一、生产发展现状与主要存在问题

（一）天麻生产发展现状

20 世纪 60 年代天麻野生变家种成功后，天麻产量大增，其商品主产地为贵州、陕西、四川、云南、湖北、安徽、湖南等地。贵州天麻虽然是地道药材，颇有名气，但在"十一五"及之前，种植面积不足 30 万 m^2，常年产量不到 1000t，市场份额比较小。"十二五"以来，由于天麻品质下降、菌材供应不足等原因，陕西、安徽、湖南等地种植规模受限。同时，由于气候优良、政策支持，贵州、云南和湖北三省天麻种植规模在逐年扩大。

以贵州大方县和德江县为代表的贵州天麻种植面积快速扩大，扩张到遵义、雷山等地。贵州各天麻主产区，技术和管理水平正在不断提高，形成了以政府为引导，龙头企业和天麻种植专业合作社为主体，科研院所为技术支撑，广大农民积极参与的"政产学研用"相结合的天麻种植业。据贵州省扶贫办《贵州省中药材产业发展报告》统计，2013 年，全省天麻种植面积 8.28 万亩，保护抚育面积 3.94 万亩；总产量 1.63 万 t，总产值 148847.28 万元。2014 年，全省天麻种植面积 9.75 万亩，保护抚育面积 0.87 万亩；总产量 1.76 万 t，总产值 109408.72 万元，已取得显著社会效益、经济效益与扶贫效益。其中大方约为 150 余万 m^2，覆盖 34 个乡镇，惠及林农 5126 户 17882 人；德江县天麻种植面积已达 100 余万 m^2，覆盖全县 10 余个乡镇，共有骨干技术人员 40 余人，带动林农 3133 户 10967 人。其他如百里杜鹃、雷山、普安、遵义、习水、开阳、沿河等地，合计 50 余万 m^2。可以预见，贵州天麻因其规模的扩大及其地道性名声与质量优良，在市场对于质量要求越来越高的趋势下，市场份额将不断增加。

（二）天麻生产主要存在问题

1. 没有自己的天麻"两菌一种"，育种较落后，急待加强

贵州天麻原本是乌天麻，但在产业发展过程中，由于经济效益好，广大农户积极性高，"两菌一种"供应不上，导致大规模地从外地引种，引进的种对贵州道地天麻"两菌一种"形成了较大的冲击，导致本地道地的种源逐渐退出了贵州的天麻生产。目前，贵州天麻主产区以红天麻为主，道地的乌天麻只有大方、百里杜鹃和雷公山区域有少量种植。所用的蜜环菌还主要是中国医学科学院药用植物研究所选育的 Am9，萌发菌也是中国医学科学院药用植物研究所选育的石斛小菇和紫萁小菇。对贵州道地的乌天麻及其高亲和性的萌发菌和蜜环菌的保护和开发，亟待加强。

2. 新技术研究与应用较落后，有待加强

贵州各大主产区还是采用传统的天麻种植方法，这些种植方法主要有以下问题：一是蜜环菌菌棒培养质量不稳定，风险较大；二是菌材的利用率低，导致资源浪费；三是栽培管理上应对近年来的干旱等灾害性气候的技术措施欠缺，导致天麻产量不稳定。

3. 产地初加工和相关设备研究较落后

产地初加工一直是省内外各产区关心的事，其中含硫天麻是天麻产业发展的顽固疾症，很多较大的天麻产地初加工公司，都因为含硫天麻导致销售不出去而破产，导致 2013 年天麻加工客商大减而重创昭通乌天麻产业。除含硫外，加工过程为了色感好，有的还加入漂白剂等化学物质，也严重影响了天麻的品质。其实这些都归因于目前没有能保持天麻加工品质的相关加工设备。

4. 天麻保健食品和化学药品开发滞后

截至 2014 年，全国已开发出获得健字号天麻保健食品 30 个，贵州只有 1 个，但值得注意的是，大方九龙公司和德江洋山河公司有 3 个健字号产品进入审批程序。全国获得 125 个国药准字号以天麻素或蜜环菌提取物为主要成分的化学药物，而贵州省没有一个此类产品。应立足于天麻资源优势，加强天麻保健食品和化学药品开发，为贵州天麻产业的发展迎来一个新的增长点。

二、市场需求与前景展望

现代研究表明，天麻含有天麻苷（天麻素）、天麻醚苷、对羟基苯甲醇、对羟基苯甲醇香草醛、柠檬酸甲酯、胡萝卜苷、琥珀酸及多种微量元素等药效成分。现代药理实验证实，天麻有镇静、抗惊厥、镇痛、抗炎作用；能增加脑血流量，降低脑血管阻力，轻度收缩脑血管，增加冠状血管流量，能降低血压，减慢心率，对心肌缺血有保护作用；能增强抗缺氧能力；有增强机体非特异性免疫和细胞免疫，延缓衰老及抑制口炎病毒等药理作用。天麻诸多功效，使得天麻广泛应用于制药业。

据不完全统计，国内每年需天麻约 2 万 t，其中约 0.8 万 t 为制药行业、医疗系统消耗。2014 年，全国有 100 多个厂家生产天麻制剂，以天麻为首的准字号中成药品种共达 418 个，其中贵州 11 个制药企业拥有名称中含"天麻"的 13 个国药准字号批文。如全天麻胶囊（贵州益康制药有限公司、贵州盛世龙方制药股份有限公司）、复方天麻胶囊（贵州拜特制药有限公司）、天麻丸（贵州顺健制药有限公司）、复方天麻片（贵州联盛药业有限公司、贵州百灵企业集团制药股份有限公司）、天麻头风灵胶囊（贵州益佰制药股份有限公司）、强力天麻杜仲胶囊（贵州宏宇药业有限公司、贵州三力制药有限责任公司）、天麻灵

芝合剂（贵州汉方药业有限公司）、复方天麻颗粒（贵州百灵企业集团制药股份有限公司、贵州科辉制药有限责任公司）等。其中如"全天麻胶囊""天麻头风灵胶囊""强力天麻杜仲胶囊""天麻灵芝口服液"等都是中成药大品种，其年产值均超亿元。

天麻又属国家规定可用于保健食品的原料用品。因此，不仅在医药，而且在"大健康"产业发展上，天麻保健品产业也是具有研究开发潜力的。其可用于开发天麻药膳系列、天麻茶、天麻糖、天麻蜜饯、天麻饮品等保健食品。截至 2014 年，我国已获得健字号的天麻保健食品共 30 个，贵州只有 1 个［贵阳高新瑞得科技开发有限公司东嫒牌天麻保健胶囊，卫食健字（2002）第 0112 号］。目前，保健食品主要为天麻胶囊类、含片类、天麻酒类、口服液类、膏类等。天麻还有开发为化妆品的，贵州瑞得高科公司就以天麻为原料，成功开发出具有美白、祛斑和抗皱的护肤品，扩大了天麻的应用范围。此外，以天麻素和蜜环菌为原料的天麻化学药品共 125 个准字号产品，贵州 1 个都没有。随着天麻功能被人们广泛接受，天麻、天麻素和蜜环菌相关的药品和保健品的研究与开发将进一步加强，天麻的市场需求将进一步扩大，发展天麻产业前景广阔，这为贵州天麻制药和保健品业带来了广阔的市场。

在药政管理对于药品的可靠性和有效性要求越来越高的形势下，制药企业与天麻市场对于天麻质量的要求将随之提高，劣质天麻的淘汰、优质天麻的崛起将是可以预见的结果。"贵州天麻"虽然质优而颇有名气，但其市场份额比较小，陕西、湖北、安徽、湖南等天麻存在质量不如贵州且产地菌材供应不足等问题，导致种植规模在逐年缩小，贵州天麻市场份额呈现逐年增加的趋势。贵州大方天麻和德江天麻获得国家"地理保护产品"标志，"中国天麻之乡"的美誉又给贵州天麻加上一道光环，贵州天麻的市场优势是显而易见的。当前天麻市场上绝大多数是红天麻，乌天麻相对于其他变型来说，外形好，品质优异，折干率高，只分布于高海拔区域，可见在贵州高海拔地区发展乌天麻具有独特的竞争优势和广阔的市场前景。

主要参考文献

郭顺星，范黎，曹文芩，等.1999. 菌根真菌一新种——石斛小菇[J]. 菌物系统，18（2）：141-144.

黄年来，林志彬，陈国良，等.2010. 中国食药用菌学[M]. 上海：上海科学技术文献出版社.

刘贵周，蔡传涛，文平，等.[2012-08-01]. 一种天麻仿野生有性繁殖栽培方法：102612964A[P].

王绍柏，余昌俊，许启新，等.2002. 天麻生产技术规程[J]. 中药材，03.

徐锦堂.1993. 中国天麻栽培学[M]. 北京：北京医科大学中国协和医科大学联合出版社.

徐锦堂，郭顺星.1989. 供给天麻种子萌发营养的真菌——紫萁小菇[J]. 真菌学报，8（3）：221-226.

袁崇文，刘智，袁玉清，等.2002. 中国天麻[M]. 贵阳：贵州科技出版社.

曾令祥.2003. 天麻主要病虫害及防治技术[J]. 贵州农业科学，31（5）：54-56.

赵俊，赵杰.2007. 中国蜜环菌的种类及其在天麻栽培中的应用[J]. 食用菌学报，14（1）：67-72.

中国科学院中国植物志编辑委员会.1999. 中国植物志第 18 卷[M].北京：科学出版社.

周铉，杨兴华，梁汉兴，等.1987. 天麻形态学[M]. 北京：科学出版社.

（朱国胜　桂　阳　涂伟波　黄万兵　杨通静　冉懋雄）

5 天　冬

Tiandong

ASPARAGI RADIX

【概述】

天冬原植物为百合科植物天冬 *Asparagus cochinchinensis*（Lour.）Merr.。别名：天门冬、天冬草、武竹、满冬、浣草、多儿母、儿多母苦等。历史上有过颠勒、颠棘、天棘、管松、大当门根、无不愈、万岁藤等一系列异名。以干燥块根入药，历版《中国药典》均予收载。《中国药典》（2015 年版）称：天冬性寒，味甘、微苦。归肺、肾经。具有养阴润燥、清肺生津功能。用于治疗肺燥干咳、顿咳痰黏、腰膝酸痛、骨蒸潮热、内热消渴、热病津伤、咽干口渴、肠燥便秘等症。天冬又是常用苗药，苗药名："Zend jab ngol hvuk"（近似汉译音："正加欧确"），味苦、微甜，性冷，入热经药。具有滋阴、润燥、清肺、降火功能。主治阴虚发热、咳嗽止血、肺痿、肺痈、咽喉肿痛、消渴、便秘等。在苗族地区广泛用于治疗肺燥干咳、虚劳咳嗽、津伤口喝、心烦失眠、内热消渴、肠燥便秘、咽喉痛、九子疡、疝气及跌打损伤等症。

天冬药用历史悠久，以天冬之名始载于《神农本草经》，被列于上品，并谓："主诸暴风湿偏痹，强骨髓，杀三虫，去伏尸。久服，轻身益气延年。"其后历代本草均予收载，如陶弘景于《本草经集注》中，引《桐君采药录》曰："天冬：叶有刺，蔓生，五月花白，十月实黑，根连数十枚。""门冬蒸剥去皮，食之甚甘美，止饥，虽暴干，犹脂润难捣，必须切薄暴于日中或火烘之也。"葛洪名著《抱朴子》载："天门冬：生高地，根短味甜气香者上，其生水侧下地者，叶细似蕴而微黄，根长而味多苦，气臭者下。"唐代《新修本草》曰："天冬有二种，苗有刺而涩者，无刺而滑者，俱是门冬。"宋代《本草衍义》亦载："天门冬、麦门冬之类，虽曰去心，但以水渍漉使周润渗入肌，俟软，缓缓擘取，不可浸出脂液。其不知者，乃以汤浸一、二时，柔即柔矣，然气味都尽，用之不效，乃曰药不神，其可得乎？"明代李时珍《本草纲目》云："此草蔓茂而功同麦门冬，故曰天门冬"。从上可见古人对天冬植物来源、药材加工与应用等方面的认识是很精确的。天冬是中医临床常用的滋阴润燥要药，也是贵州著名地道药材。

【形态特征】

天冬为多年生常绿攀缘状亚灌木，全株无毛。块根长纺锤形，肉质，簇生。茎细长，常扭曲，多分枝（分枝具棱或狭翅），不能直立，长 1～2m；叶状枝 2～4 枚簇生叶腋，线形、扁平或由于中脉龙骨状而略成锐三角形，稍镰刀状，长 1～3cm，宽 1～2mm。主茎叶退化为鳞片，鳞状叶常变为下弯的短刺，分枝上的刺较短或不明显。花 1～3 朵簇生叶腋，淡绿色、黄白色或白色，单性，雌雄异株，雌雄花比例为 1：2～1：3，花梗长 2～6mm，中部具关节，关节以下宿存，花被 6 片，长 2.5～3.0mm；雄蕊 6 枚，花丝不贴生于花被片上，花药卵形，长约 0.7mm；雌花与雄花大小相似，具 6 枚退化雄蕊，雌蕊 1 枚，子房 3 室；浆果球形，直径 6～7mm，熟时红色，种子 1 粒。花期 5～6 月，果期 8～10 月。天冬植物形态见图 5-1。

图 5-1　天冬植物形态图

（墨线图引自中国中药资源丛书编委会，《中国常用中药材》，科学出版社，1995）

【生物学特性】

一、生长发育习性

天冬种子萌发，先露出初生根，随即伸长增粗，并从茎部另发不定根，长 8～13cm。此后在根先端膨大形成块根，同时在块根的顶端，伸出不定根和须根进行吸收作用，根的生长过程缓慢。植株每年发根两次（春季和秋季），每次发根与植株萌芽的时间相同，可在萌芽期追肥，以促进根的生长而增产。

天冬地下茎（芦头）呈节盘状，大小随年龄增加而增大，每年长 1～2 节，抽芽两次，发育形成地上部分（蔓）。从芽露出到叶状枝展开，需 45～55 天，这时生长迅速。芦头发兜力强，一株 4 年生芦头可产生 30 多个芽，幼芽损坏或经强光照射枯萎后，可重新萌芽。早春抽芽后 4～6 周呈现花蕾，从花蕾露出到开花 10～20 天。授粉后子房膨大形成幼果，从开花到果熟，需 4～5 个月。种子千粒重 45～55g（2 万粒/kg 左右），一般无休眠期。一般贮藏条件下天冬种子寿命在 1 年左右。天冬第一、第二年生长缓慢，第三年起生长迅速，块根增多、膨大，5 年以后块根增长不大。所以，天冬药材的适宜采收时间是栽种后 4～5 年。

二、生态环境要求

天冬自然分布于海拔 300～1200m 的阴湿山林、山坡草丛、丘陵灌木丛，忌高温，不耐严寒，适生于夏季凉爽，冬季温暖，年平均温度在 18～20℃，无霜期在 180 天以上的地区；为半阴性植物，畏强光，春秋透光度在 50%～70%，夏季以 30%～40% 为宜；喜阴湿，忌干旱，在年降水量 1300mm 左右，空气相对湿度 80% 以上，土层深厚、质地疏松、肥沃湿润、排水良好的中性至微酸性腐殖土或砂质壤土，且土壤含水量在 25%～30% 的条件下生长良好。

【资源分布与适宜区分析】

一、资源调查与分布

天冬野生资源广泛分布于东亚及我国华东、华南、华中、西南、中南、台湾等地。主要分布于贵州、四川、重庆、云南、广西、广东、湖南、湖北等省（自治区、直辖市），河南、山西、安徽、陕西、甘肃、青海、江苏、浙江、江西亦有分布。主产于贵州（下专述），四川盐源、喜德、木里、巴塘、邻水、内江、安岳，重庆的酉阳、彭水、秀山、黔江、开县、武隆、涪陵，云南的巍山、宾川、丽江、宁蒗，广东的连州、高州、翁源、阳山、信宜，广西的凌云、田林、天峨、环江、天等、阳朔、灌阳、灵川、象州、来宾、浦北、灵山、富川、贺州、贵港，湖北的郧西、恩施、利川、咸丰、来凤、郧阳、房县、枝城、当阳、崇阳、阳新、咸宁、红安，湖南的东安、江华、永州、祁阳、桂阳、永兴、石门、张家界、永顺、慈利、桃源、新宁、城步，安徽的青阳、泾县、六安、全椒、舒城、南陵、金寨、霍山等地。特别是贵州、四川、重庆天冬，以条大肥壮、黄白色光亮，量大质优而在国内外久享盛誉。

二、贵州资源分布与适宜区分析

贵州省大部分地区气候温和，冬无严寒，夏无酷暑，光照不强，雨量充沛，适于天冬生长，使其成为贵州的主要地道药材之一，商品销往全国各地并出口。天冬野生资源几乎在贵州全省均有分布，尤其主要分布于湄潭、凤岗、遵义、务川、正安、道真、余庆、绥阳、仁怀、赤水、习水、黔西、大方、金沙、织金、威宁、水城、盘州、普安、望谟、安龙、都匀、独山、平塘、龙里、惠水、紫云、清镇、榕江、沿河、德江等地，其中凤冈、湄潭、遵义、务川、正安、道真、余庆、绥阳等地区是天冬的最适宜区。

除上述天冬最适宜区外，贵州省其他各县（市、区）凡符合天冬生长习性与生态环境要求的区域均为天冬适宜区。

【生产基地合理选择与基地环境质量检（监）测评价】

一、生产基地合理选择与基地条件

天冬为半阴性植物，性喜温暖湿润气候，野生于阴湿山林、山坡、山洼、山谷草丛、丘陵灌木丛。栽培于丘陵、山地，要求土层深厚、质地疏松、肥沃湿润、排水良好的腐殖土或砂质壤土。天冬的块根发达，入土深达50cm，栽种时以深厚、肥沃、富含腐殖质、排水良好的中性至微酸性壤土或砂质壤土较好，重黏土、瘠薄土及排水不良的地方不宜栽培。忌强光直射，应适度荫蔽或与高秆作物、林木或其他药材间作。贵州省天冬传统的人工种植历史悠久，21世纪初便开始根据天冬生长发育特性要求，选择天冬最适宜区地道产地如遵义市凤冈县，建立其规范化种植与试验示范基地，并已研究形成技术较为成熟的"粮-药间套"等天冬种植模式，生产发展优势突出，见图5-2。

图 5-2　贵州凤冈县天冬规范化生产基地

二、生产基地环境质量检（监）测与评价（略）

【种植关键技术研究与推广应用】

一、种质资源保护抚育与良种繁育关键技术

（一）种质资源保护抚育

在贵州省天冬最适宜区，经有目的有意识地选择天冬生态适应性强的地带，如黔北的凤冈、湄潭、遵义、正安、务川，以及黔东、黔东南、黔西北、黔西南等地，采用封禁、补种等措施对天冬进行保护与抚育，有效保护天冬种质资源，以求永续利用。

（二）良种繁育关键技术

天冬可通过种子繁殖、分株繁殖和小块根繁殖，生产上主要采用分株繁殖。

1. 分株繁殖

冬、春两季均可进行，但以冬植产量为高。冬植宜在冬至前后，春植宜在立春至惊蛰期间进行。

将野生或家种天冬整兜挖出，选取根头大、芽头粗壮且幼芽多的健壮母株用利刀分割成几簇，每簇带有 2 个以上芽和 3～5 个小块根（多余的径粗 1.3cm 以上，二、三年生大块根可剪下作药材）。分株切口要小，并抹上石灰以防感染。将选好的种苗按每 50 簇捆成 1 把，置于阴凉处待种。于 10 月或春季萌芽前，在整好的畦面上按行距 50cm、株距 30cm 开穴，穴深约 17cm，每穴施土杂肥约 1kg，栽苗 1 簇，将块根向四周摆匀，以免成束而妨碍生长，然后盖细土压实，再覆土略过芦头（天冬宜浅植，不能覆土过深），淋水保持土壤湿润。此法常与药材采收结合进行，边采收边分株，不使分株苗干燥，并及时栽种，每亩可栽苗约 4500 簇。

天冬块根数量随栽培年限不断增多，一般两年生植株有块根 150～200 个，四年生植株有块根 350～600 个。

2. 种子繁殖

（1）种子处理：每年的 9～10 月，天冬果实由绿色变成黄色或红色（图 5-3）、种子成黑色时采收果实并堆积发酵，稍腐后在流水中搓去果肉，选取粒大、饱满、乌润发亮的种子即刻播种（秋播），不能晒干或风干。若春播，可将种子与湿沙按 1∶3 混拌均匀于 5～10℃阴凉条件下保存（需一直保持沙土湿润）。播种前将贮藏种子从沙中筛出，置于较大的面盆内加入 1% 的洗衣粉水，用麻袋片揉搓种子以搓去外种皮黑色部分，直至种子变为白色后捞出、洗净，晾干种子表面水分，待播。

图 5-3　天冬果实

（2）播种时期：分为春播和秋播，秋播宜在 9 月中旬至 10 月中旬进行，春播在 3 月下旬进行。秋播种子发芽率高，但占地时间长，管理费工；春播种子发芽率有所降低，但占地时间短，管理方便。

（3）播种方法：天冬育苗地应选择海拔稍低、温湿度适宜、土质疏松且腐殖质含量较高、有天然或人工设置的荫蔽条件的地方。播种时畦面按沟距 20～25cm 开横沟，沟深 5～7cm，播幅 6～10cm，种距 3～5cm，每亩用种子 7～10kg。播后覆盖堆肥或草木灰，再盖细土 2～3cm，浇透水后在畦面上盖稻草保温保湿。在气温 17～22℃、土壤湿润的条件下，播种后 5～7d 萌发，发芽率 30%～60%，15～20d 出苗，出苗后及时清除盖草。

（4）苗期管理：幼苗阶段需搭棚遮阴，也可在畦间种植玉米等高秆作物遮阴，或选择30% 左右荫蔽度的林地育苗，并经常保持土壤湿润。经常拔除杂草，拔草时注意勿将幼苗随草拔出或拔松幼苗根际土壤。天冬幼苗生长缓慢，在苗期一年内应施肥 2～3 次，第一次于苗高 3cm 左右进行，第二次和第三次分别于夏季及初秋进行，每次每亩施用稀薄人畜粪水 1000～1500kg 或尿素 5～10kg，施肥前或暴雨后土面板结时均需浅锄松土 1 次。

（5）定植：一年以后的幼苗即可定植，一般育苗 1 亩可移栽 9～10 亩。通常在 10 月或春季萌芽前，幼苗高 10～12cm 时带土定植，起苗时依大小分级（块根过少或无块根苗，需留在育苗地内再培育 1 年）。按行距 50cm、株距 25cm 开穴，每穴栽植幼苗 1 丛，将块根向四周摆匀，然后盖细土压实，再浇定根水。

初植天冬，可在畦面两边套种玉米、蚕豆等短期作物，以充分利用土地，增加收入（以短养长），并可起到为天冬初期生长遮阴的作用。以"天冬-玉米"套作为例，3 月下旬用分株苗或一年生种子苗移栽，移栽前开厢做畦，厢宽 90cm，厢间距 20cm，每厢栽植天冬2 行，按行距×株距=35cm×25cm 的规格打"丁"字形错窝，窝深 20cm，密度约 4000株/亩，施足基肥，栽入种苗后随即施清淡粪水 500kg/亩。在厢与厢之间种植 1 行玉米（玉米每窝栽单株，株距 30cm）。第三年以后一般不再间套作。

3. 块根繁殖

在冬、春收获天冬时，摘下带根蒂的小块根作繁殖材料，育苗移栽。育苗时，在整好的畦上，按行距 26cm 开横沟，深 12～15cm，将带蒂小块根斜放沟中（根蒂朝上），每隔 6～10cm 放 1 根，盖土与畦面齐平，要不现根蒂，浇水保持土壤湿润。春栽的 15～20d 可长出新苗，加强中耕除草、追肥等管理，当年便长出新块根，培育 1 年即可移栽。

上述 3 种繁殖方式各具特色：分株繁殖速度快，生产周期短，在大面积种植且植株丛生材料充足时采用，是目前生产上广泛采用的繁殖方式；种子繁殖形成的种苗较为一致，但繁殖速度慢，适于在要求均一控制各因素的试验研究中采用；小块根繁殖能充分利用采收时留下的不能作药材的细小块根，可在大面积种植而又缺乏种栽时采用。

二、规范化种植关键技术

（一）选地与整地

在贵州种植天冬，宜选择海拔 800～1300m 并有一定荫蔽度的坡地，土壤条件为土层深厚、肥沃、pH 近中性的砂壤土或腐殖土。可在稀疏混交林或阔叶林下种植，也可在农田与玉米等高秆作物套作。

于冬季深翻土地 30cm，去除石块、草根、杂树枝等，每亩施腐熟厩肥 2500～3500kg，饼肥 100kg，过磷酸钙 50kg，翻入土中作基肥，整平耙细后，做成宽 120cm、高 20cm 的高畦。然后依繁殖方法的不同，依法进行定植。

（二）中耕除草与培土

每年至少进行 3 次，第一次在 3～4 月，第二次在 6～7 月，第三次在 9～10 月。中耕宜浅，入土 5～7cm，切不可过深，以免伤根。特别在暴雨后要及时培土，以防块根露出地面晒死，或造成块根成空泡状而减产。

（三）追肥

每年在化冻萌芽前，每亩施厩肥 2500～3000kg，用齿锄划土，使粪土均匀混合，6 月下旬或 7 月上旬可追施稀粪水 1 次或每亩沟施复合肥 10kg，覆土后浇水。并在施农家肥基础上，每年再以 3000kg/亩农家肥或 80kg/亩有机-无机复混肥作追肥，分别在 5 月中旬、7 月下旬和 10 月中旬分 3 次追施，第 2 次施肥量占总追肥量的 40%，其余两次各占 30%。每次施肥前先中耕松土、除草 1 次。

（四）灌溉与排水

天冬喜阴湿，忌干旱。一般在栽植后 2 周内如遇干旱，需抗旱保苗 1～2 次，其余时间不需灌水。雨季要注意清沟排水，以防积水烂根。

（五）间套作与搭架遮阴

天冬生长期间忌强光直射，尤其在幼苗期，一经烈日照射，茎梢会枯萎甚至死亡。因此，在栽种时应适度荫蔽或与高秆作物、林木、农作物及其他药材间套作。例如，在种植地与青菜、玉米等作物套作等。

天冬移栽当年，茎蔓尚不甚长，可以不搭架。从第二年起生长迅速，当茎蔓长50cm左右时，应设立支架或支柱使茎蔓攀缘生长，避免相互缠绕扭结在一起，以利其光合作用及块根膨大，亦便于田间管理与间套作，见图5-4。

（六）修剪与开花结果

天冬生长2年后，会出现叶状枝生长过密及病枝、枯枝现象，应适当修剪疏枝，并于秋末或早春剪掉部分老枝，以利新枝萌发生长与开花结果，见图5-5。

图5-4　贵州凤冈县天冬规范化种植的套作与搭架

图5-5　贵州凤冈县天冬规范化种植的生长发育与开花结果

（七）主要病虫害防治

1. 根腐病

根腐病为害天冬块根。发病初期，先从 1 条块根的尾端烂起，逐渐向根头部发展，最后整条块根内成浆糊状；发病 1 个月后，整条块根变成黑色空泡状。地上植株会随着病情加重，茎蔓萎蔫枯黄而死亡。此病多因土壤过于潮湿、积水，或是中耕除草碰伤块根、地下虫害咬伤块根感染所致。

防治方法：做好排水工作，防止土壤过于潮湿；在病株周围撒些生石灰粉；用 50%甲基托布津 1000 倍液喷施病株或灌施病区。

2. 茎枯病

茎枯病为害天冬茎枝。病斑在茎枝上发生，病枝有黑色溃状斑点，严重时整枝干枯死亡。

防治方法：清洁园地，减少菌源；发病重时可施 75%百菌清 600 倍液，或 80%代森锌 600～800 倍液，或 70%甲基托布津 1000 倍液。

3. 红蜘蛛（短须螨）

红蜘蛛为害叶和嫩茎，5～6 月发生。受害叶主脉及叶柄褐变，叶背现紫褐色突起斑，叶片失去光泽，后期叶柄霉烂，造成严重落叶。

防治方法：冬季清园，将枯枝落叶深埋或烧毁；点片发生时，及时喷洒 15%灭螨灵乳油 3500 倍液，或 20%灭净菊酯乳油 1000 倍液，或 73%克螨特乳油 2000 倍液，或 20%灭扫利乳油 4000 倍液，每周 1 次，连续 2～3 次。

4. 蚜虫

蚜虫成虫、若虫在嫩蔓及芽芯上吸取汁液，致使整株藤蔓萎缩。

防治方法：田间挂黄板涂黏虫胶诱集有翅蚜虫，或距地面 20cm 架黄色盆，内装 0.1%肥皂水或洗衣粉水诱杀有翅蚜虫；在田间铺设银灰色膜或挂拉银灰色膜条驱避蚜虫；蚜虫发生期可选用 10%吡虫啉 4000～6000 倍液，或 50%抗蚜威（辟蚜雾）可湿性粉剂 2000～3000 倍液，或 2.5%保得乳油 2000～3000 倍液，2.5%天王星乳油 2000～3000 倍液，或 10%氯氰菊酯乳油 2500～3000 倍液等药剂喷雾；对虫害严重植株，可割除其全部藤蔓并施下肥料，20 天左右便可发出新芽藤。

上述天冬良种繁育与规范化种植关键技术，可用于天冬生产适宜区内，并结合实际因地制宜地进行推广应用。

【药材合理采收、初加工与储运养护】

一、合理采收与批号制定

（一）合理采收

于 11 月至翌年早春 2 月，将天冬茎蔓在离地面 7cm 左右处割断，离植株 30cm 处破土下锄，再往纵深扩展，挖起整窝块根，抖去泥土，去除须根，摘下符合药用标准的块根，直径 1.5cm 以上的粗块根作药，留母根及小块根作种用。

一般定植 3～5 年收获，适宜采收期为种植后 4 年。3 年收获每亩鲜块根 1800～3500kg，按加工折干率 15%～25%计，每亩干货 450～500kg，4 年收获者可加倍。

（二）批号制定（略）

二、合理初加工与包装

（一）合理初加工

将天冬块根反复淘洗去净泥沙，按大小依次倒入沸水锅里煮或蒸至透心皮裂（10～15min）时捞出，投入凉水中稍加冷却后趁热用竹签（禁用金属器械）或手将内外两层皮一次性剥净。再按每 100kg 块根用 2kg 白矾（研成细末）的比例，加入适量清水充分拌匀，把去皮的天冬块根浸入白矾水中（以淹过块根为度），轻轻搅动，浸漂 10～15min 后捞出，放在干净的晒席里晾干或烘干即可（为防变色，晒时应用竹帘或白纸盖上）。在煮蒸过程中，注意不能过熟或过生，过熟糖汁泄出，不易干燥；过生，干后不透明，影响质量。天冬药材见图 5-6。

图 5-6　天冬药材

（二）合理包装

天冬肉质，黏性大，极易受潮，如装在竹笼、麻袋、草包内就会发黏、变色、发霉。应将晒干或烘干的药材回潮变软后装入洁净、干燥、内衬防潮纸的木箱或纸箱或塑料袋内，平铺压实以防潮气侵入。在包装箱的醒目部位印上商标、品名、等级、毛重、净重、产地、批号、包装日期、包装工号、生产单位、保质期等标记，并附质量合格的标志。

三、合理储藏养护与运输

（一）合理储藏养护

将干燥的天冬药材分级包装后，置于阴凉、通风、透光、干燥、清洁、无异味的专用库房的货架上，货架与墙壁、地面保持20cm的距离，以达到防潮、防霉变、防虫蛀的效果。

（二）合理运输

运输工具必须清洁、干燥、无异味、无污染。运输过程中注意防雨、防潮、防曝晒、防污染。严禁将可能与天冬发生污染的其他货物混装运输，上下货时禁止用带钩工具和乱抛乱扔。运载容器应具有较好的通气性，以保持干燥。阴雨天应严密防潮。

【药材质量标准、质量检测与监控】

一、药材商品规格与质量检测

（一）药材商品规格

天冬药材以无芦头，无未蒸煮透白心，无霉变、虫蛀、焦枯，无黑糊且身干、根条肥大、色黄白，有糖质、油润半透明、质坚稍脆者为佳品。天冬药材商品按根条粗细分为如下3等。

一等：块根长纺锤形，中部直径1.2cm以上，硬皮去净，表面黄白色，半透明，断面中央有白色中柱。

二等：中部直径0.8cm以上，间有未剥净硬皮，但不得超过5%。

三等：中部直径0.5cm以上，表面及断面红棕色或红褐色，稍有未去净硬皮，但不得超过15%。

（二）药材质量检测

按照《中国药典》（2015年版一部）天冬药材质量标准进行检测。

1. 来源

本品为百合科植物天冬 *Asparagus cochinchinensis*（Lour.）Merr.的干燥块根。秋、冬二季采挖，洗净，除去茎基和须根，置沸水中煮或蒸至透心，趁热除去外皮，洗净，干燥。

2. 性状

本品呈长纺锤形，略弯曲，长 5～18cm，直径 0.5～2cm。表面黄白色至淡黄棕色，半透明，光滑或具深浅不等的纵皱纹，偶有残存的灰棕色外皮。质硬或柔润，有黏性，断面角质样，中柱黄白色。气微，味甜、微苦。

3. 鉴别

本品横切面：根被有时残存。皮层宽广，外侧有石细胞散在或断续排列成环，石细胞浅黄棕色，长条形、长椭圆形或类圆形，直径 32～110μm，壁厚，纹孔和孔沟极细密；黏液细胞散在，草酸钙针晶束存在于椭圆形黏液细胞中，针晶长 40～99μm。内皮层明显。中柱韧皮部束和木质部束各 31～135 个，相互间隔排列，少数导管深入至髓部，髓细胞亦含草酸钙针晶束。

4. 检查

（1）水分：照水分测定法（《中国药典》2015 年版四部通则 0832）测定，不得超过 16.0%。

（2）总灰分：照总灰分测定法（《中国药典》2015 年版四部通则 2302）测定，不得超过 5.0%。

（3）二氧化硫残留量：照二氧化硫残留量测定法（《中国药典》2015 年版四部通则 2331）测定，不得超过 400mg/kg。

5. 浸出物

照醇溶性浸出物测定法（《中国药典》2015 年版四部通则 2201）下热浸法测定，用稀乙醇作溶剂，不得少于 80.0%。

二、药材质量标准提升研究与企业内控质量标准制定（略）

三、药材留样观察与质量监控（略）

【药材生产发展现状与市场前景展望】

一、天冬生产发展现状与主要存在问题

天冬原以野生供应市场为主，20 世纪 50 年代，我国天冬药材的年收购量约 300t，60～70 年代年收购量达 600 多吨，其中贵州、四川、湖北、湖南的年收购量则为 370 余吨，占全国的 60%以上。80 年代后，随着生态环境日益恶化，天冬野生资源日趋减少。此后，国家将天冬列为重点保护野生药材资源，并大力开展天冬野生变家种研究，这意味着采集天冬野生药材解决其药源的历史将逐渐终结。但天冬家种面积还不大，其市场还处于紧缺状态；有关天冬家种关键技术与产地加工技术，尚须进一步研究提高。

二、天冬市场需求与前景展望

现代研究表明，天冬含有多种氨基酸、天门冬素、β-谷甾醇、甾体皂苷、多种低聚

糖、糠醛衍生物等药效成分。天冬特别富含氨基酸类，主要为天冬酰胺，其次还有甘氨酸、苏氨酸、脯氨酸、丝氨酸等多达 19 种氨基酸。天冬还含有多糖蛋白、葡萄糖、β-谷甾醇、5-甲氧基甲基糠醛、正-三十二碳酸、棕榈酸 9-二十七碳烯、雅姆皂苷元、萨尔萨皂苷元等。经对天冬乙醇成分分析表明，从中提炼出了薯蓣皂苷元-3-O-β-D-吡喃葡萄糖苷，26-O-β-D-吡喃葡萄糖基-呋甾-3β，26-O-β-D-吡喃葡萄糖基呋甾-3β、26-二醇-22-甲氧基-3-O-α-L-吡喃鼠李糖 O-β-D-基吡喃葡萄糖苷等。天冬药材药理作用研究表明，其药理活性主要包括对心血管系统的影响（如保护心肌、稳定血压等）、对肝功能的影响（如天冬氨酸钾镁的退黄作用、改善肝功能等）、对代谢的影响（如降低胆固醇、降低血糖等）、抗炎抑菌、祛痰止咳、升高血细胞、扩张宫颈引产作用、增强网状内皮系统吞噬功能和延长抗体存在时间，以及抗肿瘤、抗衰老等，并能使肌肤艳丽，保持青春活力。特别是抗肿瘤、抗衰老及降糖功效等，更引起人们关注。如近年来研究发现，天冬水提取物能抑制酒精诱导肿瘤坏死因子 a（TNF-a）的分泌，并且有剂量依赖性，天冬水提取物（$1\sim100\mu g\cdot mL^{-1}$）也能抑制酒精和 TNF-a 诱导的细胞毒性，并且还发现天冬水提取物能抑制 TNF-a 诱导的人肝癌 $HepG_2$ 细胞凋亡。我国学者研究也发现，天冬中提取的皂苷元-3-O-β-D-吡喃葡萄糖苷具有抗肿瘤活性，在浓度分别为 $4\sim10mol/L$ 和 $6\sim10mol/L$，对 MDA-MB-46872h 的抑制率分别高达 99.7%和 99.4%，对 HL-6048h 的抑制率分别为 99.9%和 43.7%。对 $HepG_2$ 细胞毒性作用和荷瘤小鼠免疫功能的影响研究表明，每天给予天门冬提取物 $10g\cdot kg^{-1}$ 体重和 $20g\cdot kg^{-1}$ 体重，对 Hep 细胞生长抑制率分别为 33.7%和 71.2%。在抗衰老上，以小白鼠作为研究对象，将天冬水提取液注入衰老期小白鼠血清，观察血清中 NO（一氧化氮）、NOS（一氧化氮合酶）和 LPF（肝组织中脂褐素）变化，结果发现血清中 NO、NOS 含量普遍增高，而 LPF 含量则下降，这说明天冬水提取液能起较为明显的抗氧化、延缓衰老的作用。研究还发现，天冬醇提取液也能明显提高小白鼠组织中 NOS、SOD 的活性，增加 NO 含量，降低 LPO（过氧化脂质）含量。在降糖上，对天冬与降糖功效之间关系的研究发现，罹患糖尿病的小白鼠在服用天冬降糖胶囊后，24h 后检查发现小白鼠血糖水平明显降低，且高胰淀粉酶有所升高，这说明天冬能在一定程度上降低糖尿病白鼠的血糖水平，并对胰岛损伤起到保护作用。此外，天冬还具有镇咳祛痰功效，通过增加呼吸道中酚红排泌量来达到减轻或消除哮喘发作等。同时，贵阳医学院等还研究发现，贵州省产苗药地冬与天冬均具良好镇咳、祛痰、平喘作用，并对荷瘤小鼠具有抑瘤活性。

目前，天冬在抗肿瘤、降血糖、抗炎症、延缓衰老及镇咳、祛痰、平喘等方面的显著药效已引起人们高度重视，经临床观察其疗效确切，这给临床上如治疗乳腺增生、抑制肿瘤病变、消炎止咳以及降血压降血糖、抗炎症、延缓衰老等奠定了基础。现临床界对天冬的研究已经从起初的有效部位挖掘深入到了有效成分的提取，与此同时还完成了对药效的实验验证转入机理探究，确定了天冬的有效成分为氨基酸系列和多糖等人体具备和需要的化合物，这些化合物对抑制和治疗人体病变起着独特的作用。天冬又为药食两用植物，历代野生品，药用有余时，多制蜜饯食用。天冬是适用范围广、药效独特的中药材，还是我国传统出口的大宗药材之一，主要出口日本、新加坡、马来西亚、泰国、缅甸等国家。从上可见，天冬的产业化发展，在中医药、中药材产业和"大健康"产业上均有极大的研究开发潜力，市场前景极为广阔。

主要参考文献

费曜. 2004. 天冬规范化种植（GAP）研究[J].成都中医药大学硕士论文.

李敏，费曜，王琦. 2003. 天冬药材的薄层层析研究[J]. 世界科学技术·中医药现代化，5（5）：45-47.

罗俊，龙庆德. 1998. 地冬与天冬的镇咳、祛痰及平喘作用比较[J]. 贵阳医学院学报，23（2）：132.

罗俊，龙庆德. 2000. 地冬与天冬对荷瘤小鼠的抑瘤作用[J]. 贵阳医学院学报，25（1）：15.

秦新民. 1984. 天门冬的栽培要点[J]. 中草药，15（12）：39.

曲凤玉，等. 1999. 天门冬对 D-半乳糖衰老模型小鼠红细胞膜、肝细胞膜 MDA 影响的实验研究[J]. 中草药，11（10）：763.

舒思洁，舒慧. 2008. 脂糖舒对糖尿病大鼠凝血功能和血液流变学异常的改善作用[J].时珍国医国药，19（4）：840.

余伯阴，等. 2001. 天冬类药材中洋菝葜皂苷元的含量测定[J]. 中药材，24（8）：577-578.

张明发，沈雅琴. 2007. 天冬药理作用研究进展[J]. 上海医药，（6）：266-269.

中国科学院《中国植物志》编辑委员会. 1978. 中国植物志（第 15 卷）[M]. 北京：科学出版社.

（张明生　冉懋雄）

6　太　子　参

Taizishen

PSEUDOSTELLARIAE RADIX

【概述】

太子参的原植物为石竹科植物孩儿参 *Pseudostellaria heterophylla*（Miq.）Pax ex Pax et Hoffm.，别名：孩儿参、童参、四叶参、米参等。以干燥块根入药，《中国药典》历版均予收载。《中国药典》（2015 年版一部）称：太子参味甘、微苦，性平；归脾、肺经。具有益气健脾、生津润肺功能。用于治疗脾虚体倦、食欲不振、病后虚弱、气阴不足、自汗口渴、肺燥干咳。

太子参之名始载于清代吴洛仪的《本草从新》，云：（太子参）"大补元气，虽甚细如条参，短紧坚实，而有芦纹，其力不下大参"。但究属何指，不甚明确。其后赵学敏的《本草纲目拾遗》等也予收载，均指其为五加科植物 *Panax ginseng* C.A.Mey. 之小者，虽有滋补功用，但其力却较薄，并非本品。如《本草纲目拾遗》引《百草镜》云："太子参即辽参之小者，非别种也，乃苏州参行从参包中拣出短小者名此以售客，味甘苦功同辽参"。因此，石竹科植物太子参的入药始于何时，尚不清楚。不过，太子参药用的传说却历史悠久。早在春秋时期，则以其治疗郑国太子儿时体弱多病之躯而奏奇效，认为该药既有参类之性，又非峻补之品，遂得美名"太子参"而流传至今。

太子参是我国中医临床常用中药，是益气补脾、强壮健胃之品，尤治小儿出虚汗者为佳。太子参人工栽培已有近百年历史，20 世纪 90 年代初期方引入贵州省施秉县人工种植成功并大面积生产。贵州现已成为我国太子参著名主产区之一。

【形态特征】

　　多年生宿根草本，高 15～20cm。块根长纺锤形，白色，稍带灰黄，四周疏生须根。茎直立，单生（不分枝），被 2 列短毛；下部带紫色，近方形，上部绿色，圆柱形，有明显膨大的节。单叶对生，由下往上依次增大；茎下部叶常 1～2 对，叶片倒披针形，顶端钝尖，基部渐狭呈长柄状，全缘；上部叶 2～3 对，叶片宽卵形或菱状卵形，长 3～6cm，宽 2～20mm，顶端渐尖，基部渐狭，上面无毛，下面沿脉疏生柔毛；在茎顶的叶最大，通常两对密接成 4 叶轮生状，长 4～9cm，宽 2～4.5cm，边缘略呈波状。花二型：近地面的花小，为闭锁花（闭花受精太子花），花梗短，紫色，有短柔毛，萼片 4 片，疏生多细胞毛，背面紫色，边缘白色而呈薄膜质，无花瓣；茎顶的花较大而开放（开花受精花）1～3 朵，腋生或呈聚伞花序，花梗细，长 1～4cm，被短柔毛，花时直立，花后下垂，萼片 5 片，狭披针形，绿色，长约 5mm，顶端渐尖，外面及边缘疏生柔毛，花瓣 5 片，白色，长圆形或倒卵形，长 7～8mm，顶端 2 浅裂，雄蕊 10 枚，短于花瓣，子房卵形，花柱 3 枚，微长于雄蕊，柱头头状。蒴果宽卵形（近球形），含少数种子，顶端不裂或 3 瓣裂。种子褐色，扁圆形或长圆状肾形，长约 1.5mm，具疣状凸起，千粒重约 16.5g。花期 4～7 月，果期 7～8 月。太子参植物形态见图 6-1。

（1. 植株；2. 茎顶花；3. 闭锁花）

图 6-1　太子参植物形态图

（墨线图引自中国中药资源丛书编委会，《中国常用中药材》，科学出版社，1995）

【生物学特性】

一、生长发育习性

（一）营养生长习性

1. 萌芽期

从霜降前后栽种起到次年幼苗出土为止，此阶段因温度较低而生长缓慢。气温逐渐下降到 15℃ 以下（地温 10℃）时，种参即缓慢发芽、生根，经过越冬，次年幼苗出土。

2. 旺长期

2 月初出苗后，植株生长逐渐加快，并进入现蕾、开花、结果等发育过程。此阶段地上部形成分枝，叶亦增大、增多，植株干重增加；地下茎逐节发根、伸长、膨大，块根数量增多，干重增加。到芒种时植株生长量达最高峰。

3. 块根膨大期

从 4 月中旬开始，不定根数量、长度、直径均显著增加，至 6 月中旬进入休眠期为止，这是形成块根产量的主要时期。

4. 休眠期

从芒种以后植株大量叶片枯黄脱落，到夏至时植株枯死，种参腐烂，新参在土壤中彼此散开，进入休眠越夏阶段。此阶段是收获季节，同时亦是留种越夏的关键时期。

（二）开花结果习性

采用无性繁殖的太子参，2 月初出苗后，即进入现蕾、开花、结果等发育过程。经观察，太子参在贵州省施秉县生长的花期为 4～7 月，果期为 7～8 月。

二、生态环境要求

地形地貌：太子参野生于平均海拔 500m 的低中山及丘陵山坡林下和岩石缝中。经实践，在贵州省其种植区域以中山丘陵地带，平均海拔 600～1000m 为宜。

温度：太子参适宜温和湿润的气候，在 10～20℃ 气温下生长旺盛，怕炎夏高温，气温超过 30℃ 时植株生长停止。宜选择 ≥0℃ 积温 5600℃、≥10℃ 积温 4000～4800℃ 的区域，年平均温 14.5℃，最低月平均温 3.9℃，最热平均温 24.2℃，冬季最低温度 -3.9℃，无霜期 286 天左右的区域。

光照：太子参在自然条件下，多生长于杂木林下的阴湿山坡，忌强光。宜选择年平均太阳辐射总量 85cal/cm^2 左右，年平均日照时数 1200h 左右的区域。

水：太子参喜湿润，但水分也不能过多，一旦积水，极容易发生根腐病或其他病害。宜选择年降水量 1200mm 左右，全年 75% 降水量集中于春、夏两季的区域。

土壤：喜疏松肥沃、排水良好的砂质壤土。选择土质疏松肥沃、富含腐殖质的砂质壤土，pH 6～7.5，耕作层厚 30cm 左右，地块略带倾斜（斜度 <35°）的土壤进行种植。

【资源分布与适宜区分析】

一、资源调查与分布

经调查，石竹科孩儿参属植物全世界约有 10 种，分布于亚洲东部的中国、朝鲜、日本等地。我国孩儿参属植物有 10 种，主要分布于青藏高原、中南、华东、华北、东北等地区。该属唯有孩儿参的根作太子参药用。野生太子参主要分布于我国黑龙江、吉林、辽宁、内蒙古、河北、陕西、山东、西藏、河南、湖北、湖南、江苏、安徽、浙江、江西、福建、四川等省区；生于海拔 800～2700m 的山谷林下阴湿处。

二、贵州资源分布与适宜区分析

太子参于 20 世纪 90 年代引种到施秉，经过 20 多年的发展，已发展到以黔东南为主，辐射于黔南、遵义、铜仁、安顺、贵阳等地。如施秉、黄平、丹寨、瓮安、余庆、开阳等地都有大面积栽培。

经实践表明，太子参在贵州省的生产最适宜区为黔东南的施秉、黄平、雷山、麻江、丹寨等地，黔南的瓮安、福泉、都匀、贵定等地，黔北的遵义、务川、余庆、湄潭等地，黔东的碧江、江口、德江等地。以上各地不但具有太子参整个生长发育过程中所需的自然条件，而且当地党政重视，广大群众积累了较丰富的太子参栽培及加工技术经验，所以在该区域所种植的太子参质量较好，产量较大。

除上述生产最适宜区外，贵州省其他各县市（区）凡符合太子参生长习性与生态环境要求的区域均为其生产适宜区。

【生产基地合理选择与基地环境质量检（监）测评价】

一、生产基地合理选择与基地条件

按照太子参生产适宜区优化原则与其生长发育特性要求，选择其最适宜区或适宜区并具良好社会经济条件的地区建立规范化生产基地。例如，施秉牛大场镇太子参基地位于清水江舞阳河中游北岸，属于低山丘陵山区（图 6-2）。东经 107°52′～108°05′，北纬 27°07′～27°15′，海拔 960m，属于亚热带季风气候，气候温暖湿润，年平均气温 14.6℃，最热的 7 月平均气温 24.2℃，最冷的 1 月平均气温 3.9℃，年有效积温 5364.1℃。无霜期 280 天/年。雨水充足，年降水量 1200mm，年平均日照时数 1195h，年平均太阳辐射总量为 84.44cal/cm^2。耕地主要为黄壤土，土壤肥沃疏松。经取 0～30cm 耕作层土壤检测：pH 为 5.2，有机质为 3.5%，全氮为 2.5g/kg，碱解氮为 230.5mg/kg，有效磷为 4.99mg/kg，速效钾为 33.9mg/kg，非常适合太子参的规范化种植。

图 6-2　贵州省施秉县牛大场镇太子参规范化种植研究与 GAP 示范基地

二、基地环境质量检（监）测与评价（略）

【种植关键技术研究与推广应用】

一、种质资源保护抚育

20 世纪 90 年代以来，我们对太子参种质资源，特别是经过引种到黔东南开展人工种植的优良太子参类型进行了系统研究，建立了太子参种质资源圃，最大限度保证太子参的种质资源，以求永续利用。

二、良种繁育关键技术

太子参可采用种子繁殖，也可采用无性繁殖（如种参繁殖、组培快繁等）育种，下面予以概要介绍。

（一）种参繁殖

1. 种参来源

来源于石竹科植物孩儿参 *Pseudostellaria heterophylla*（Miq.）Pax ex Pax et Hoffm.。

2. 采收贮藏

贮藏采用就地贮藏或选择沙藏。其中，沙藏的步骤为：将选好的种参置于背阴或凉爽处沙藏，即先在地上铺 5～10cm 厚湿沙，放一层种参后，再盖 5～10cm 湿沙，在湿沙上再排放一层参根，连续排放 4～5 层参根和湿沙。天旱时，需每隔 4～5 天洒水一次；下雨时，上面要盖席。每隔 20～30 天翻动一次。

3. 块根繁殖

（1）种参选择：在太子参留种地内边采收边选种参，将芽头完整、参体肥大、整齐无伤、无病虫害的块根留作种用。选好的种参需要理齐存放，以利栽种。

（2）种参贮藏：将选好的种参置于背阴或凉爽处沙藏，即先在地上铺 5～10cm 厚湿沙，放一层种参后，再盖 5～10cm 湿沙，在湿沙上再排放一层参根，连续排放 4～5 层参根和湿沙。天旱时需每隔 4～5 天洒水一次；下雨时上面要盖席；每隔 20～30 天翻动一次。

（3）栽种时期：在 10 月上旬（寒露）至地面封冻之前均可栽种，但以 10 月下旬前栽种为宜，过迟则种参因气温逐渐下降而开始萌芽，栽种时易碰伤芽头，影响出苗。气温低而土地封冻后，则不便操作。

（4）栽种方法：太子参地下茎节数的多少不受栽种深度影响，但节间长短却因深浅不同而差异较大。浅栽的地下茎部短而茎节密集，并近于地面，新参的生长都集中在表土层，块根体形小而相互交织，产品难以达到要求；若过于深栽，则节间距离太大，块根虽大但发根少，产量低。因此，掌握适宜深度是太子参种植中的重要一环。

①平栽（睡栽）法：在畦面上开设直行条沟，沟深 7～10cm，向沟内撒入腐熟基肥并稍加细土覆盖，将种参平卧摆入条沟中，种参与种参头尾相接，株距 5～7cm。接着按行

距（沟距）13～15cm 再开一条沟，将开沟的泥土覆盖前一沟，再行摆种。依此类推，最后将畦面整理成弓背形。每亩用种量 30～40kg。

②竖栽（斜栽）法：在畦面上开设直行条沟，沟深 13cm，将种参斜排于沟的外测边，芽头朝上离畦面 7cm，株距 5～7cm，要求芽头位置一律平齐，习称"上齐下不齐"。然后按行距（沟距）13～15cm 开第二沟，将后一沟的土覆盖前一沟，再行摆种，依此类推，栽后将畦面整成弓背形。每亩用种量 30～40kg。

（二）种子繁殖

太子参蒴果成熟后极易开裂撒出种子，不易人工采种，通常利用果实成熟后种子自行脱落入土繁殖，就地培育幼苗。对采收后的太子参地加以管理，待翌年春 4 月上旬种子发芽出苗，当苗长出 4～6 枚叶片时选阴雨天或傍晚定植，并搭设临时荫棚（幼苗成活后拆去荫棚），加强田间管理（间苗、施肥、排灌、防治病虫害等）。或在 5 月上旬套种黄豆保苗，待黄豆收获后，秋季挖取种苗移栽。

若要收集太子参种子，则在 5～6 月当果实将要成熟前，连果柄一起剪下，置室内通风干燥处晾干，脱粒、净选后，立即进行沙藏（将 1 份种子与 2～3 份清洁河沙混拌均匀，沙的湿度以手握之成团，松开即散为度。然后用塑料袋装好，敞口置于 5℃冰箱内贮藏，至秋季或翌年春季播种），以确保种子发芽。播种时按行距 15～20cm、深 1cm 在苗床上开横沟，将催芽籽粒播入沟内，覆土 1cm 左右，浇水，盖草保湿，约 15 天左右出苗。太子参的果实（蒴果）与种子见图 6-3。

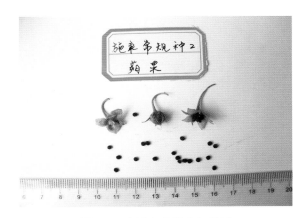

图 6-3　太子参的果实与种子

（三）组培快繁

以太子参茎尖、茎段、芽头等为外植体，经无菌处理后接种于诱导培养基上，培养 30 天左右诱导出丛生芽后进行增殖培养。当增殖数量达到所需量后进行生根培养，35 天左右苗高达 5cm，有 4～8 条根时于大棚进行炼苗移栽，以形成"原原种"。"原原种"经大田种植获得"原种"，"原种"进一步通过大田种植生产出一级种，即得太子参"商品种"。

贵州昌昊中药发展公司 2002 年以来，采用"一次混合选择法"选育而成的新品系——"黔太子参 1 号"，是 2011 年 11 月被贵州省农作物品种审定委员会评审通过并公告的贵州省首个中药材新品种。该新品种是经一种太子参脱毒组培繁育方法（其包含外植体选择、诱导培养、病毒检测、增殖培养、生根培养、炼苗移栽、脱毒块根扩繁等步骤），大量繁殖脱毒组培苗，生产脱毒太子参（原原种）、一代种、二代扩繁种（生产种）等而得。该新品种在 2009～2010 年贵州省内区域试验中，每亩种植面积鲜品产量 387.84kg，比对照 1 和对照 2 分别增产 34.22%和 26.57%，经检测质量符合《中国药典》（2010 年版一部）标准规定，可生产符合国家药典规定的太子参干品 115kg 以上。其为在贵州山区（海拔 750～1700m）大田生产提供了优良太子参种参，具有品质优良，抗旱、抗病能力强等优点，可达优质高产的目的，见图 6-4。

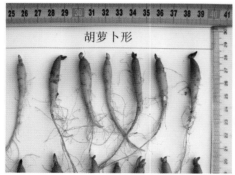

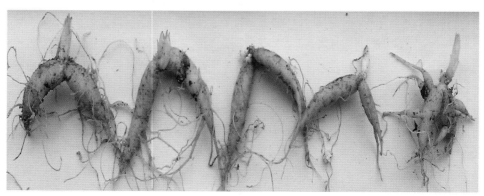

图 6-4　太子参的组培苗繁殖及种参长势

（四）种参标准研究制定

经试验研究，将太子参种参分为三级种参标准（试行），见表 6-1。

表 6-1　太子参块根分级表（试行）

项目	一级参根	二级参根	三级参根
净度/%	≥85	80～85	<80
参根直径/mm	≥4.0	3.0～4.0	<3.0
带芽率/%	≥85	75～85	<75
健根率/%	>90	85～90	<85
百粒重/g	≥45	35～45	<35
其他	具有正常块根的色泽、气味，无病斑，不变软		

三、规范化种植关键技术

（一）选地整地

1. 选地

选择土质疏松肥沃、富含腐殖质的砂质壤土，pH 6～7.5，耕作层厚 30cm 左右，地块略带倾斜（斜度<35°），种植地周围 10km 以内无"三废"污染源（工矿企业、垃圾场等）。坡地以朝北、向东为宜。排水不良的低洼积水地、盐碱地、砂土、重黏土均不宜选用。太子参不宜重茬，种植 2～3 年应轮作 1 次。前茬忌茄科植物，以甘薯、蔬菜、豆类、禾本科作物为好。

2. 整地

一般在早秋作物收获后（最好在"霜期"前后），将土地翻耕，播种前结合基肥施用再翻耕一次（太子参根系分布较浅，绝大部分都分布在表土耕作层中，故需翻耕、整细耕作层）。按肥源情况施足基肥，一般每亩用腐熟的厩肥、人畜粪等混合肥 3000kg 和过磷酸钙 30kg，捣细撒匀后再行耕耙、整细土壤，除净草根、石块等杂物，用 50%多菌灵可湿性粉剂 800 倍液或 50%辛硫磷乳油 800 倍液喷洒土表消毒。做宽 1.3m、高 25cm 的畦，畦长依地形而定，畦沟宽 30cm，畦面保持弓背形。

（二）移栽定植

1. 平栽（睡栽）法

在畦面上开设直行条沟，沟深 7～10cm，向沟内撒入腐熟基肥并稍加细土覆盖，将种参平卧摆入条沟中，种参与种参头尾相接，株距 5～7cm。接着按行距（沟距）13～15cm 再开一条沟，将开沟的泥土覆盖前一沟，再行摆种。依此类推，最后将畦面整理成弓背形。每亩用种量 30～40kg。

2. 竖栽（斜栽）法

在畦面上开设直行条沟，沟深 13cm，将种参斜排于沟的外侧边，芽头朝上离畦面 7cm，株距 5～7cm，要求芽头位置一律平齐，习称"上齐下不齐"。然后按行距（沟距）13～15cm 开第二沟，将后一沟的土覆盖前一沟，再行摆种，依此类推，栽后将畦面整成弓背形。每亩用种量 30～40kg。

（三）田间管理

1. 中耕除草

太子参幼苗出土时，生长缓慢，越冬杂草繁生，可用小锄浅锄 1 次，其余时间均宜手拔，见草就除。拔出的杂草需集中堆放，晒干、焚烧作草木灰，或经充分腐熟作农家肥。5 月上旬后，植株早已封行，除了拔除大草外，可停止除草，以免影响植株生长。

2. 合理施肥

太子参生长期短（4～5 个月），枝叶柔嫩，不耐浓肥，需施足基肥以满足植株正常生长发育的需要。基肥一般在翻耕土地时施入，或直接施于条栽的沟内，但应注意肥料与种参不能直接接触（薄土盖肥），否则易使种参霉烂。追肥以迟效肥为主，如猪厩肥、垃圾堆肥、人粪尿、草木灰、禽粪等，但必须经发酵腐熟后才能使用。在土地肥沃、基肥充足、植株生长良好时，可不必追肥。对缺肥的种植地，早期植株茎叶呈现黄瘦时（3 月）应追肥 1～2 次，可浇施兑水的稀薄人粪尿（1∶5）或 10kg/亩硫酸铵，以促进植株生长。在 4 至 6 月中旬块根膨大期，可按 5～10kg/亩追施一次稀淡的氮、磷、钾复合肥，以提高药材产量。

3. 及时培土

早春出苗后或第一次追肥完毕，边整理畦沟，边将畦边倒塌的细土铲至畦面，以利发根和块根生长。培土厚度为 1～1.5cm，注意不要损伤参苗茎叶。

4. 适时排灌

在有灌溉条件的地方，种植后若遇干旱，可浇水 1～2 次。在干旱少雨季节，应注意灌溉，保持畦面湿润，促进发根和植株生长。夏天干旱，可于早晚灌溉，切勿在阳光曝晒时进行。太子参怕涝，一旦积水便发生腐烂死亡，故必须保持畦沟畅通，同时检查畦面是否平整（若不平整，应覆土）。

（四）主要病虫害防治

在遵循"预防为主，综合防治"的原则下，坚持"早发现、早防治，治早治小治了"，选择高效低毒低残留的农药对症下药地进行太子参主要病虫害防治。

1. 主要病害与防治

（1）病毒病（太子参花叶病）：病害全株。染病叶常表现为花叶、斑驳花叶、皱缩、扭曲畸变并有向上卷曲趋向。病株矮小，块根小，根数明显减少，严重者整株死亡。

防治方法：选用无病毒病的种根留种；及时灭杀传毒虫媒；发病症状出现时若需施药防治，可选用磷酸二氢钾喷施以促叶片转绿、舒展，减轻为害；或选用 20%毒克星可湿性粉剂 500 倍液，或 0.5%抗毒剂 1 号水剂 250～300 倍液，或 20%病毒宁水溶性粉剂 500 倍液等喷施。

（2）根腐病：为害太子参根部。发病初期，先由须根变褐腐烂，逐渐向主根蔓延。主根发病严重时全根腐烂。7～8 月高温高湿天气发病严重。田间积水，烂根死亡严重。

防治方法：栽种前，块根用 25%多菌灵 200 倍液浸种 10min，晾干后下种；收获后彻底清理枯枝残体，集中烧毁；发病期可选用 50%多菌灵，或 50%甲基托布津 1000 倍液，或 75%百菌清可湿性粉剂 500 倍液等药剂灌施，实行轮作。

（3）斑点病（叶斑病）：为害太子参叶片。染病叶病斑褐色，圆形或不规则形，直径为 0.3～2.0cm。后期病斑中央灰白色，其上产生颗粒状小黑点（分生孢子器），小黑点排列呈轮纹状。病斑潮湿时形成褐色腐烂，干燥时呈水渍状穿孔，严重时叶片枯萎，植株死亡。4～5 月易发生。

防治方法：收获后彻底清理枯枝残体，集中烧毁；发病期可选用 1∶1∶100 波尔多液，或 80%的代森锰锌 800 倍液，或 40%福星 EC 8000 倍液等药剂喷施。

（4）斑枯病：为害太子参叶片。染病叶片一般多从叶缘开始发生，渐扩展到全叶。发病初期叶面出现褪色斑点，中间出现灰白色坏死层症状。成型病斑有明显的灰白色枯死层症状，重者叶片上形成许多病斑，多个病斑愈合引起叶枯死。植株成叶发病较重，幼嫩新叶发病较轻。

防治方法：注意清洁田园，加强管理提高植株抗病力；发病期可选用 70%代森锰锌可湿性粉剂 500 倍液，或 75%百菌清可湿性粉剂 500～600 倍液，或 58%甲霜灵·锰锌可湿性粉剂 500 倍液，或 64%杀毒矾可湿性粉剂 500 倍液等药剂喷施。

2. 主要虫害与防治

（1）蛴螬：蛴螬是金龟子的幼虫，主要活动在土壤内，为害太子参根部。夏季多雨、土壤湿度大、施用未腐熟厩肥较多的土壤发生严重。

防治方法：施用腐熟有机肥，以防止招引成虫产卵；人工捕杀，在田间出现蛴螬为害时，挖出被害植株根际附近的幼虫；施用毒土，每亩用 90%晶体敌百虫 100～150g，或 50%辛硫磷乳油 100g，拌细土 15～20kg 做成毒土；用 1500 倍辛硫磷溶液浇植株根部，也有较好的防治效果。

（2）小地老虎：一种多食性地下害虫，常从地面咬断幼苗并拖入洞内继续咬食，或咬食未出土的幼芽，造成断苗缺株。一般 4 月下旬至 5 月上中旬易发生，苗期太子参受害较重。

防治方法：3～4 月清除参地周围的杂草和枯枝落叶，消灭越冬幼虫和蛹；清晨日出之前检查参地，若发现新被害苗附近土面有小孔，立即挖土捕杀幼虫；4～5 月小地老虎开始为害时，可用 90%敌百虫 1000 倍液浇穴。

（3）蝼蛄：常见有非洲蝼蛄和华北蝼蛄两种。成虫和若虫在参田表土层开掘隧道，嚼食太子参块根，将块根吃成孔洞或缺刻。

防治方法：毒饵防治，将 5kg 谷秕子煮成半熟，或将 5kg 麦麸、饼、棉籽饼等炒香后拌药（用 90%敌百虫 150g 兑水成 30 倍液）制成毒饵，选择无风闷热的晚上，将毒饵撒在蝼蛄活动的隧道处。灯光诱杀，利用蝼蛄趋光性强的特性，设置黑光灯诱杀成虫。

贵州省凯里市水寨太子参规范化种植基地种植的太子参——黔太子参 1 号的生长情况，见图 6-5。

图 6-5　贵州省凯里市水寨黔太子参 1 号规范化种植基地（2011～2012 年）

上述太子参良种繁育与规范化种植关键技术，可于太子参生产适宜区内，并结合实际因地制宜地进行推广应用。

【药材合理采收、初加工与储运养护】

一、合理采收与批号制定

（一）合理采收

1. 采收时间

除留种地外，太子参收获时期为 7 月上旬，选晴天进行。

2. 采收方法

用四齿钉耙沿厢面横切面往下挖 13～20cm 深，挖出的太子参块根，除去泥土和地上部分，装入清洁的筐内，运至存放处。

（二）批号制定（略）

二、合理初加与包装

（一）合理初加工

除去茎叶、草根和病参、破参等杂质待初加工。太子参产地初加工通常有生品直接晒干和烫制晒干两种方法，并宜在晴天进行。

1. 生品晒干

将刚采收的鲜太子参用水洗净，薄摊于晒场或晒席上，于日光下曝晒至干足为止，此法加工的参即称生晒参。目前，更多采用的做法是：将鲜参洗净，晒至六七成干时堆放起来，稍使回汗再晒干。晒干过程中不断揉搓，以搓去参根上的不定根，使参根光滑无毛。晒至参体含水量为10%～13%时进行风选（用风扇或木制风簸等），将参须、尘土、细草等吹净。生晒参成品的光泽度较烫参差，质稍硬，惟味较烫参浓厚。但该成品贮藏较烫参易被虫蛀。

2. 烫制晒干

将刚采收的鲜太子参放在透风室内摊晾1～2天，使根部稍稍失水发软。用清水洗净，略微沥干后，放入100℃沸水锅中浸烫1～3min（不断上下翻动），烫后即刻滤出水面（浸烫时间不宜过长，否则会发黄变质，以指甲顺利掐入参身为准），立即摊放在水泥晒场或晒席上曝晒，晒至干脆为止。干燥后的参根装入箩筐，轻轻振摇，撞去参须即成商品。此法加工的参，习称"烫参"。烫参面光洁色泽好（淡黄色），质地较柔软。该成品不易被虫蛀，见图6-6。

图6-6　太子参药材（贵州施秉牛大场及凯里水寨基地）

（二）合理包装

将干燥太子参药材，按40kg包装，用无毒、无污染材料严密包装。在包装前应检查是否充分干燥、有无杂质及其他异物，所用包装应符合药用包装标准，并在每件包装上注明品名、规格、等级、毛重、净重、产地、批号、执行标准、生产单位、包装日期及工号等，并应有质量合格的标志。

三、合理储藏养护与运输

（一）合理储藏养护

太子参药材需存放于清洁、阴凉、干燥、通风、无异味的专用仓库中，并具有防潮、防虫设施。温度控制在 25～30℃，相对湿度在 65%～75%。贮藏期间应保持环境清洁，发现受潮及轻度霉变、虫蛀的要及时处理。

（二）合理运输

运输工具应清洁卫生，不得与有害、有毒、有异味的物品混运。装卸时应轻拿轻放，运输时应防止日晒、雨淋、受潮。

【药材质量标准、质量检测与监控】

一、药材商品规格与质量检测

（一）药材商品规格

太子参药材以无粗皮、细根、须根、虫蛀、霉变、焦枯，半透明，大小均匀，断面粉白色，色微黄者为佳。其商品规格分为以下 3 个规格等级。

大统：干品，每 50g 不得过 260 条，无霉变，无虫蛀。

中统：干品，每 50g 不得过 350 条，无霉变，无虫蛀。

选货：干品，每 50g 为 90～180 条，无霉变，无虫蛀。

（二）药材质量检测

按照《中国药典》（2015 年版一部）太子参药材质量标准进行检测。夏季茎叶大部分枯萎时采挖，洗净，除去须根，置沸水中略烫后晒干或直接晒干。

1. 来源

本品为石竹科植物孩儿参 *Pseudostellaria heterophylla*（Miq.）Pax ex Pax et Hoffm. 的干燥块根。

2. 性状

本品呈细长纺锤形或细长条形，稍弯曲，长 3～10cm，直径 0.2～0.6cm。表面灰黄色至黄棕色，较光滑，微有纵皱纹，凹陷处有须根痕。顶端有茎痕。质硬而脆，断面较平坦，周边淡黄棕色，中心淡黄白色，角质样。气微，味微甘。

3. 鉴别

（1）显微鉴别：本品横切面，木栓层为 2～4 列类方形细胞。栓内层薄，仅数列薄壁细胞，切向延长。韧皮部窄，射线宽广。形成层成环。木质部占根的大部分，导管稀疏排列成放射状，初生木质部 3～4 原型。薄壁细胞充满淀粉粒，有的薄壁细胞中可见草酸钙簇晶。

（2）薄层色谱鉴别：取本品粉末 1g，加甲醇 10mL，温浸，振摇 30min，滤过，滤液浓缩至 1mL，作为供试品溶液。另取太子参对照药材 1g，同法制成对照药材溶液。照《中国药典》2010 年版一部薄层色谱法（《中国药典》2015 年版四部通则 0502）试验，吸取上述两种溶液各 1μL，分别点于同一硅胶 G 薄层板上，以正丁醇-冰醋酸-水（4：1：1）为展开剂，置用展开剂预饱和 15min 的展开缸内，展开，取出，晾干，喷以 0.2%茚三酮乙醇溶液，在 105℃加热至斑点显色清晰。供试品色谱中，在与对照药材色谱相应的位置上，显相同颜色的斑点。

4. 检查

（1）水分：照《中国药典》2010 年版一部水分测定法（《中国药典》2015 年版四部通则 0832）测定，不得超过 14.0%。

（2）总灰分：照《中国药典》2010 年版一部灰分测定法（《中国药典》2015 年版四部通则 2302）测定，不得超过 4.0%。

5. 浸出物

照《中国药典》2010 年版一部水溶性浸出物测定法（《中国药典》2015 年版四部通则 2201）项下的冷浸法测定，不得少于 25.0%。

二、药材质量标准提升研究与企业内控质量标准制定（略）

三、药材留样观察与质量监控（略）

【药材生产发展现状与市场前景展望】

一、生产发展现状与主要存在问题

20 世纪 90 年代初期，贵州省黔东南州施秉县开始太子参的引种与规范化种植探索性工作，经过引种、驯化、繁育、种植等一系列试验，异地太子参终于在贵州施秉安家落户、繁衍生息，之后逐步辐射到施秉周边及其他地、州、县（市）。

"十五"以来，在国家和省州县党政与有关职能部门的关心支持下，形成了政府大力推动，以市场为导向、科技为支撑、企业和药农为主体、协会和合作社为纽带，产、供、销一体化的产业发展机制，大力开展了太子参规范化基地建设全生产过程关键技术的研究，获得了多项研究成果，建立起支撑其稳步推进的技术体系。

通过政府、企业、协会、农民专业合作社、种植大户和科研院校的紧密结合，大面积推广生产，现贵州、福建和安徽已成为太子参商品药材的主要产区。据贵州省扶贫办《贵州省中药材产业发展报告》统计，2013 年，全省太子参种植面积达 40.91 万亩，保护抚育面积 0.05 万亩；总产量达 105134.23t，总产值达 213903.2 万元。2014 年，全省太子参种植面积达 28.29 万亩，保护抚育面积 0.32 万亩；总产量达 6.52 万 t，总产值达 136654.43 万元。目前，贵州太子参已经形成了一定品牌效应，其种植面积、年产量等指标均位居全国之首，并育成了新品种"黔太子参 1 号"，"国内领先的太子参生产技术，助推贵州施秉太子参成为我省中药材产业发展的标杆"获得贵州省"十一五"农业科技十大成就（事件）奖。

贵州省太子参生产虽已取得较好成效，但其规范化、标准化尚需深化与实践，特别须在提高质量与产量、产业链延伸与综合开发利用等方面深入研究，狠下功夫。同时，由于太子参为一年生药材，种植后当年即可采收，经济效益能尽快实现，所以农民生产积极性较高，从而导致其产量能立即提升，造成供需失衡，影响产品价格。因此，政府及有关企业应做好种植引导，按市场规律与需要稳定发展生产，并进一步在生产质量管理与质量标准等方面深入研究。

二、市场需求与前景展望

现代研究表明，太子参主要化学成分为苷类、糖类、氨基酸、磷脂类、环肽类、挥发油、甾醇类及微量元素（Fe、Cu、Zn、Cr、Ni、Co、Sr、Mn、Pb）等。具有增强肌体"适应原"样作用及 SOD 样作用，并能抗疲劳、抗应激、抗病毒、增强免疫、降低血脂、延缓衰老、健脑强精和防止脑血管疾病等。太子参药材作为中成药的主要原料，在药品方面运用得非常广泛。太子参为中医界与民间公认补益中药，其化学成分及药理活性也越来越被人们所重视；其保健品研发虽刚刚起步，但近年来已利用太子参研发了不少营养保健食品及功能食品。

在 2009 年以前，太子参价格一直保持在 20 元/kg 左右平稳运行，直到 2009 年下半年，随着产新量不足、库存消耗等的影响，太子参价格节节攀升，年底便升至 50～60 元/kg。2010 年，受药市大牛市及天气原因的影响，太子参行情走高的步伐继续加快，到 2010 年底，其价格竟冲高至 400 元/kg，成为中药材市场万众瞩目的明星。高价太子参，极大刺激了产区农户的种植积极性，2011～2013 年太子参的产量增加，这期间该品价格虽有下跌，但多是小幅缓慢下跌，太子参价格整体仍处于高位。直到 2014 年春节过后，该品价格才跌至 40 元/kg 左右，货源走销缓慢。

2012～2013 年太子参产区产量均已过万吨之高；2013 年 11 月太子参种植时，各产区种植面积方有不同程度的减种。经产地调查，福建太子参减种 2/3 左右，贵州减种 1/3 左右，安徽减种 1 成左右；2014 年全国种植太子参面积又有所下降。后市分析表示，太子参经过 3 年多的高价运行，现在市场及产地库存量较大。虽然 2013 年各产地均有不同幅度的减种，但对于库存量仍大的太子参来说，对其行情并没有实质性影响，短期内太子参低迷的行情还将持续。

可喜的是，近年来太子参功能性药品、保健品、化妆品等不断开发问世，如枣参合剂、复方太子参口服液、太子参胶囊、太子宝、真空膨化太子参系列产品以及太子参的提取液在化妆品中的应用等。太子参在"大健康"产业发展中，研发潜力极大，市场前景广阔。

主要参考文献

黄冬寿.2009. 柘荣钩太子参规范化生产操作规程（SOP）[J]. 中国现代中药，11（9）：15-17.

康传志，周涛，江维克，等.2014. 我国太子参栽培资源现状及药材品质的探讨[J].中国现代中药，16（7）：542-545.

林光美.2004. 太子参研究进展[J]. 中国野生植物资源，23（6）：15-17.

刘训红，谈献和，曾艳萍，等.2008. 不同产地太子参的质量比较研究[J]. 现代中药研究与实践，22（2）：36-38.

彭华胜，刘文哲，胡正海，等.2009. 栽培太子参块根中皂苷的化学定位及其含量变化[J]. 分子细胞生物学报，42（1）：1-10.

冉懋雄.2013. 贵州产太子参、何首乌等中药材规范化生产与质量监控的探讨[J]. 中国现代中药，15（9）：783-785.

沈祥春，彭佼，李淑芳，等.2010. 太子参正丁醇提取部位对大鼠急性心肌梗死诱发心肺损伤的保护作用[J]. 中华中医药杂志，25（5）：666-675.

宋建平，曾艳萍，刘训红，等.2008. HPLC-ELSD 测定不同产地太子参中多糖的含量[J].上海中医药杂志，42（10）：77-79.

吴锦忠，陈体强，秦路平，等.2008. 太子参挥发油化学成分研究[J]. 天然产物研究与开发，20：458-460.

伍庆，夏品华，刘燕，等.2008. 贵州太子参基地土壤和药材中重金属及有机氯农药残留的研究[J]. 安徽农业科学，36（28）：1245-1248.

夏伦祝，徐先祥，张睿，等.2009. 太子参对糖尿病大鼠糖、脂代谢的影响[J]. 中国药业，18（9）：17-18.

熊何健，庞杰，谢主兴.2009. 太子参提取物体外抗氧化活性研究[J]. 南开大学学报（自然科学版），42（6）：37-41.

晏春耕.2008. 药用植物太子参的研究及应用[J]. 现代中药研究与实践，22（2）：61-63.

中国科学院中国植物志编辑委员会.1999. 中国植物志，第七十一卷，第一分册[M]. 北京科学技术出版社：256.

（兰才武 冉懋雄 贺定翔 屠伦健）

7 丹 参

Danshen

SALVIAE MILTIORRHIZAE RADIX ET RHIZOMA

【概述】

　　丹参的原植物为唇形科植物丹参 *Salvia miltiorrhiza* Bunge.。别名：郄蝉草、木羊乳、赤参、血根、红根、血参根、山丹参、奔马草、紫丹参、血山根、川丹参等。以干燥根和根茎入药。《中国药典》历版均予收载。《中国药典》（2015 年版一部）称：丹参味苦，性微寒。归心、肝经。具有活血祛瘀，通经止痛，清心除烦，凉血消痈功能。用于治疗胸痹心痛，脘腹胁痛，癥瘕积聚，热痹疼痛，心烦不眠，月经不调，痛经经闭，疮疡肿痛。

　　丹参药用历史悠久，以"丹参"之名始载于《神农本草经》，被列为上品。称其"一名郄蝉草。味苦，微寒，无毒。治心腹邪气，肠鸣幽幽如走水，寒热积聚，破症，除瘕，止烦满，益气。生川谷。"以后历代本草均予收载，如《吴普本草》载：丹参"茎华小，方如苴（即白苏），有毛，根赤，四月华紫，三月五月采根，阴干。"并言其"治心腹痛。"《名医别录》称其："久服利人。"并言"生桐柏山及泰山。"《本草图经》亦载丹参："二月生苗，高一尺许，茎干方棱，青色。叶生相对，如薄荷而有毛，三月开花，红紫色，似苏花。根赤，大如指，长亦尺余，一苗数根。"《本草纲目》尚云丹参："处处山中有之，一枝五叶，叶如野苏而尖，青色，皱皮。小花成穗如蛾形，中有细子，其根皮丹而肉紫。"综观诸家本草所述,丹参主要形态特征均与今用唇形科丹参 *Salvia miltiorrhiza* Bunge.

一致，并早有"治心腹邪气""治心腹痛""破症""除瘕"等功效之认知与临床效用。丹参确系我国中医主治心腹邪气的传统圣药，是现代临床治疗心脑血管等疾病的骨干药材，也是贵州知名大宗常用地道特色药材。

【植物形态】

丹参为多年生直立草本。根肥厚，肉质，外面朱红色，内面白色，长 5～15cm，直径 4～14mm，疏生支根。茎直立，高 40～80cm，四棱形，具槽，密被长柔毛，多分枝。叶常为奇数羽状复叶，叶柄长 1.3～7.5cm，密被向下长柔毛，小叶 3～5（7），长 1.5～8cm，宽 1～4cm，卵圆形或椭圆状卵圆形或宽披针形，先端锐尖或渐尖，基部圆形或偏斜，边缘具圆齿，草质，两面被疏柔毛，下面较密，小叶柄长 2～14mm，与叶轴密被长柔毛。轮伞花序 6 花或多花，下部者疏离，上部者密集，组成长 4.5～17cm 具长梗的顶生或腋生总状花序；苞片披针形，先端渐尖，基部楔形，全缘，上面无毛，下面略被疏柔毛，比花梗长或短；花梗长 3～4mm，花序轴密被长柔毛或具腺长柔毛。花萼钟形，带紫色，长约 1.1cm，花后稍增大，外面被疏长柔毛及具腺长柔毛，具缘毛，内面中部密被白色长硬毛，具 11 脉，二唇形，上唇全缘，三角形，长约 4mm，宽约 8mm，先端具 3 个小尖头，侧脉外缘具狭翅，下唇与上唇近等长，深裂成 2 齿，齿三角形，先端渐尖。花冠紫蓝色，长 2～2.7mm，外被具腺短柔毛，尤以上唇为密，内面离冠筒基部 2～3mm 有斜生不完全小疏柔毛毛环，冠筒外伸，比冠檐短，基部宽 2mm，向上渐宽，至喉部宽达 8mm，冠檐二唇形，上唇长 12～15mm，镰刀状，向上竖立，先端微缺，下唇短于上唇，3 裂，中裂片长 5mm，宽达 10mm，先端二裂，裂片顶端具不整齐的尖齿，侧裂片短，顶端圆形，宽约 3mm。能育雄蕊 2，伸至上唇片，花丝长 3.5～4mm，药隔长 17～20mm，中部关节处略被小疏柔毛，上臂十分伸长，长 14～17mm，下臂短而增粗，药室不育，顶端联合。退化雄蕊线形，长约 4mm。花柱远外伸，长达 40mm，先端不相等 2 裂，后裂片极短，前裂片线形。花盘前方稍膨大。小坚果黑色，椭圆形，长约 3.2cm，直径 1.5mm。花期 4～8 月，花后见果。丹参植物形态见图 7-1。

（1. 丹参地上部分；2. 丹参地下部分；3. 雄花；4. 雌花；5. 花序）

图 7-1　丹参植物形态图

（墨线图引自中国科学院中国植物志编委会，《中国植物志》，第 66 册，科学出版社，1978）

【生物学特性】

一、生长发育习性

丹参为双子叶植物唇形科鼠尾草属多年生直立草本植物,其自然生长是多年生宿根性草本。丹参抗寒力较强,初次霜冻后叶仍可保持青绿。于秋末冬季(10月底至11月初),当平均气温 10℃以下时,丹参地上部分便开始枯萎;入冬(11月初至1月初),当温度降至−5℃时,茎叶在短期内仍能经受得住低温;当最低温度至−15℃左右时,丹参在最大冻土深 40cm 左右便可安全越冬。

翌年初春(2月下旬至3月,当5cm 土层地温达到10℃时),丹参留地宿根或实生苗开始萌发返青;切根繁殖者4月上旬开始萌发出土;育苗移栽第一个快速增长期多出现在返青后的30～70天,此后有一段缓静止期;再在140～200天又出现第二个生长高峰期,直到丹参进入采收期前均一直保持较快速增长趋势。

丹参根系生长数量的变化,与其生长发育阶段密切相关。丹参从返青至现蕾约需 2个月左右,并开始形成种子。此时需要大量营养,从而促使其生长中心向繁殖器官生长转移,营养生长则稍受抑制;待约80天丹参种子成熟后,其植株的生长又从繁殖生长转向营养生长,其叶片、茎枝的营养物质又转向根的生长发育,7～10月为丹参根的迅速增长期。一般来说3～5月为丹参茎叶生长旺季,4月开始长茎秆,4～6月枝叶茂盛,陆续开花结果,7月之后根生长迅速,7～8月茎秆中部以下叶子部分脱落,果后花序梗自行枯萎,花序基部及其下面一节的腋芽萌动并长出侧枝和新叶,同时基生叶又丛生,此时新枝新叶能加强植物的光合作用,有利于根的生长。立冬后,植株生长逐渐趋于停止。丹参根在受伤或折断后能产生不定芽与不定根,故在生产上广泛采用根段育苗,这是提高丹参产量的有效方法。

丹参根中,丹参酮类有效成分在皮部含量高,在木质部中的含量极少。但其皮越厚丹参酮含量越低,因此丹参酮类成分主要分布在根的表面。其中,隐丹参酮集中分布在根表皮,含量比皮层或中柱高 10～40 倍,细根的含量比粗根约高 1 倍。因此,栽培上应采取相应的措施促使丹参根系表面积增大,增加根系的分支,增加细根量,以增加丹参酮类成分的含量。

二、生态环境要求

丹参喜气候温和、光照充足、空气湿润、土壤肥沃。在自然条件下,丹参野生于海拔500m 以上的低山坡地、林边、路旁、河边等比较湿润而光照充足之地。在栽培条件下,若种子萌发和幼苗阶段遇高温干旱,会影响发芽率,可使幼苗生长停滞甚至造成死苗;若秋季遇持续干旱,会影响根部发育,降低产量。

丹参怕涝,在地势低洼、排水不良的土地上栽培,会造成叶黄根烂。经观察,一般在18～22℃情况下,并保持一定湿度,丹参种子约 2 周左右则可出苗。丹参根段一般在地温15～17℃开始萌发不定芽与根,一般 1 周左右发新根,20 天左右发不定芽,且根条的上段一般比下段发芽生根早。丹参一般以 3～5 月为茎叶生长旺季,4 月开始长茎秆,4～6

月枝叶茂盛，陆续开花结果，这一时期的气温、相对湿度最适于丹参地上部分的生长，为营养生长和生殖生长的旺盛期，7 月之后根生长迅速，7～8 月茎秆中部以下叶子部分或全部脱落，果后花序梗自行枯萎，花序基部及其下面一节的腋芽萌动，并长出侧枝和新叶。同时基生叶又丛生，此时新枝新叶能加强植物的光合作用，有利于丹参根的生长。8 月中、下旬，丹参根系加速分支、膨大，是参根生长发育的增长最盛期。此时，尤应增加根系营养供给，并应防止积水烂根。

丹参对土壤要求不严格，土壤酸碱度适应性较广，中性、微酸、微碱均可，但最适宜在肥沃的砂质土壤上生长。人工栽培以选择土层深厚，质地疏松的壤土或砂质壤土为宜。过黏或过砂的土壤不宜种植。尤在丹参生育期若光照不足，气温较低，其幼苗生长慢，植株发育不良。而在年均气温为 17.1℃，平均相对湿度为 77% 的条件下，丹参则生长发育良好。

综上可见，丹参分布广，适应性强，野生于林缘坡地、沟边草丛、路旁等阳光充足、空气湿度大、较湿润的地方。丹参喜温和气候，较耐寒，一般冬季根可耐受−15℃以上的低温。丹参根部发达，长度可达 60～80cm，怕旱又忌涝，对土壤要求不严，一般土壤均能生长，土壤酸碱度以微酸性到微碱性为宜，尤以地势向阳、土层深厚、中等肥沃、排水良好的砂质壤土为好。忌在排水不良的低洼地种植。

【资源分布与适宜区分析】

一、资源调查与分布

丹参广泛分布于热带、亚热带和温带。中国约有 83 种、25 个变种、9 个变型，广泛分布于我国华北、华东、中南、西北、西南等地，尤以西南为最多。在我国辽宁、河北、山西、陕西、甘肃、山东、江苏、安徽、河南、湖北、湖南、浙江、四川、重庆、贵州、云南、西藏等省（自治区、直辖市），约 500 多个县（市、区）均有分布，其中以山东平邑、莒县，江苏射阳，河南嵩县、灵宝、卢氏，陕西洛南，河北安国、抚宁，浙江绍兴、三门，四川中江、巴中及安徽部分地区产量大。

丹参适应性强，野生主要分布于山东、河南、河北、山西、陕西、甘肃、湖北、湖南、贵州、四川、云南、江西、广西、广东、福建等省区；家种主要分布于山东（如莒县、平邑、沂水、栖霞、莱阳、日照等）、陕西（如洛南、商州、山阳、丹凤、汉中等）、四川（如中江、盐源、宣汉、成都、万源、通江等）、河南（如卢氏、方城、西峡、嵩县、洛宁等）、河北（如安国、抚宁、迁西、平泉、易县等）、贵州（下详）、云南（如宁蒗、丽江、永胜等）、安徽（如亳州、太和、六安、金寨、东至、寿县等）、浙江（如嵊州、三门、宁海等）、上海（如崇明等）、江苏（如射阳、兴化、高邮、句容等）、湖北（如英山、罗田、随州、蕲春等）、辽宁（如大连、普兰店、盖县、锦西、兴城等）、甘肃（如康县、和政等）等。

二、贵州资源分布与适宜区分析

丹参在贵州全省均有分布，野生于山野向阳处，主要分布于黔北、黔东、黔中、黔南、黔西北、黔东南、黔西南等地，如遵义、湄潭、凤冈、务川、七星关、金沙、大方、黔西、思南、印江、石阡、松桃、黄平、荔波、兴义、兴仁等。家种主要分布于黔北、黔东、黔中等地，如铜仁市的松桃、石阡，贵阳市的修文等。贵州尚有滇丹参（云南鼠尾草）*Salvia yunnanensis* C.H.Wright，主要野生于草地、林缘及疏林干燥地上，主要分布于黔西南的安龙、兴义、兴仁等县市。

贵州属于亚热带季风气候，东半部在全年湿润的东南季风区内，西半部处于无明显的干湿季之分的东南季风区向干湿西南季风区的过渡地带。贵州大部分地区最低平均气温在4～10℃，最高平均气温在22～26℃，常年降水量都超过1100mm。地带性土壤属中亚热带常绿阔叶林红壤—黄壤地带。中部及东部广大地区为湿润性常绿阔叶林带，以黄壤为主；西南部为偏干性常绿阔叶林带，以红壤为主；西北部为具北亚热带成分的常绿阔叶林带，多为黄棕壤。贵州省地形、气候、土壤等生态环境多适宜丹参生长，尤其是贵州北部、东部、中部及东南部等丹参适生地带，均为丹参最适宜区。

除上述丹参最适宜区外，贵州省其他各县（市、区）凡符合丹参生长习性与生态环境要求的区域均为其适宜区。

【生产基地合理选择与基地环境质量检（监）测评价】

一、生产基地合理选择与基地条件

按照丹参适宜区优化原则与其生长发育特性要求，选择其最适宜区或适宜区并具良好社会经济条件的地区建立规范化生产基地。近几年来，贵州景诚、信邦、德昌祥等制药企业为保证其生产的中成药原料药材质量，建好"第一车间"，均先后在贵阳市的修文及铜仁市的石阡、松桃等地，选择海拔适宜、气候温和、光照充足、空气湿润、土壤肥沃、土层深厚、排水良好的地带建立丹参规范化生产基地。例如，贵州景诚制药公司在贵阳市修文县六屯镇都堡村建设的丹参规范化种植试验示范基地，其核心基地面积已达800亩，同时在修文县六屯镇、久长镇、六广镇、扎佐镇、小箐乡和龙场镇等地推广种植达8000亩。该丹参规范化种植基地位于贵阳市北部，距贵阳市区62km，海拔1200～1400m。属于亚热带季风温湿气候区，年平均气温13.4～14℃，年总积温量4500～5600℃，≥10℃的有效积温4000～5000℃，无霜期265天；有春迟、夏短、秋早、冬长特点；年日照时数1350h，全年日照百分率25%～30%，年降水量1200～1300mm，以4～9月降水量较多，占全年降水量的80%左右，相对湿度83%。成土母岩主要为石灰岩，土壤以黄壤和石灰土为主。地带性植被为常绿落叶阔叶混交林，主要树种有马尾松、华山松、杉、柏、官桂、丝栗、枫香、栎类等；药用植物如桔梗分布很广，还有天麻、杜仲、黄柏、红豆杉、淫羊藿、天冬、金樱子、南沙参、黄精、地榆等，见图7-2。又如，贵州信邦制药公司2012年开始在铜仁市石阡县、松桃县、碧江区建立丹参引种栽培与规范化生产基地建设，每年种植面积共5000亩以上。其中以石阡县为主要种植区，2014年石阡实际种植面积达4548亩。石阡丹参核心基地位于佛顶山脚下坪山乡，地处东经108°13′04″，北纬27°23′22″；海拔在650～802m；平均气温16.8℃，年平均降水量1120mm，无霜期295天，气候适宜。基地距思剑（思南—剑河）高速公路3km，离石阡县城15km，交通便捷。基地主要辐射邻近的五德镇、中坝镇、枫香乡等。目前，已建成丹参良种繁育、试验示范基地及初加工基地，见图7-3。同时，信邦公司与江苏省中医院在铜仁市碧江区共同成立了从事中药饮片生产的"贵州同德药业有限公司"，其一期生产线25000m²已建成并于2015年正式投产，初步形成了丹参等药材的产业链发展。

图 7-2　贵州景诚制药有限公司修文县丹参规范化种植基地

图 7-3　贵州信邦制药公司石阡县丹参规范化种植基地

二、基地环境质量检（监）测与评价（略）

【种植关键技术研究与推广应用】

一、种质资源与保护抚育

贵州种植丹参的种源，主要以引种外地丹参种源为主，其中以引种山东莒县等地丹参种源为最多，其次引种地有陕西商洛丹参、河南方城丹参、四川中江丹参等。经过对多地引种丹参种植的丹参药材进行质量分析研究，发现以引种山东丹参种植的药材丹参酮类和丹酚酸B含量均较高。如贵州景诚制药公司引种山东莒县丹参种植的药材，其丹参酮类和丹酚酸B含量分别达到0.69%和8.9%〔均高于2010年版《中国药典》（增补版）规定丹参酮类≥0.25%、丹酚酸B≥3.0%的要求〕。信邦公司2012年和2013年从上述产地引种的丹参，经检测含量均符合《中国药典》标准,其中以山东莒县和河南方城含量较高,丹参酮类分别达 0.60%和 0.54%,丹酚酸 B 分别达 9.1%和 7.1%,亦均符合并高于《中国药典》标准。

至于贵州野生丹参资源的保护抚育与野生变家种等工作,应在贵州省丹参生态最适宜区,经有目的有意识地选择其生长适宜地带,采用封禁、补种等措施对丹参进行保护与抚育,或野生变家种等研究,有效保护种质资源,以求永续利用。

二、优良种源与良种繁育关键技术

丹参多采用种子繁殖,育苗移栽;也可采用无性繁殖育苗,如地上茎扦插繁殖、种根繁殖或芦头(根茎)繁殖等。以下对丹参种子繁殖予以重点介绍,并对丹参无性繁殖与丹参优良品种提纯复壮予以简介。

(一)种质资源采集与建圃

种质资源的收集是进行中药材良种选育的第一个步骤。如收集山东莒县、河北安国、河南方城、四川中江、陕西商洛、江苏射阳等地的丹参种源。我省近几年也有大面积栽培,也可收集其种质资源。再选择适宜地对不同产地收集的丹参种源,进行丹参种质资源异地种植保存圃(简称"丹参种质资源圃")建设。并依法通过对种植保存的丹参种质资源药材产量、质量和农艺性状表现的研究评价,以期筛选出质量好、产量高的丹参新品种。

收集丹参种质资源及其种质资源异地种植保存圃建设,是丹参良种繁育与规范化生产基地建设的重要一步。

(二)原种圃建设与采种

1. 原种圃建设

(1)单株选择:按照丹参种植方法种植丹参 1000 株,四周设置保护行,整个生长期间进行去杂、去劣、去弱,淘汰病虫害和形态变异植株。收获时,将生长发育优良、无病虫害并具有典型根茎形态的单株单藏,并对每个单株进行其产量与质量(如浸出物、有效成分丹参酮Ⅱ及丹酚酸 B 等)检测。根据单株产量和质量等进行综合评分,淘汰综合评分低的单株,选留下的单株用于下一年度的株行圃播种。

(2)株行圃:从留下的单株中选单株种 5~15 株作为一个株系,生育期间进行多次观察,严格淘汰病毒株和低产劣株系,选留优良高产株系。

(3)株系圃:对选留的株系进行鉴定比较,严格淘汰劣株系,入选优质高产、生长整齐一致、无退化症状的株系,混合后用作下季的原种圃。

(4)原种圃:株系圃选留出来的株系在苗期、开花期及收获前要多次严格拔除病、杂、劣株,留下的即为原种。其中 1/5 的原种用于繁育下一年度的原种,4/5 的原种用于繁育生产用良种。

2. 种子采集

丹参种子从 5 月底到 6 月初开始陆续成熟。因丹参花序为无限花序,由下而上一次开花结实。下面的种子先成熟要及时采收。采收时如果留种面积很小可分期分批采收,即先将花序下部几朵花萼连同成熟种子一起采下，而将上部未成熟的各节留到以后采收；如果留种面积较大，可在花序上有 2/3 的花萼褪绿转黄而又未全部干枯时将整个花序剪下再舍弃顶端幼嫩部分，留用中下部成熟种子。即当丹参果穗的 2/3 果壳变枯黄时，用剪刀剪下果穗（用手折或手拔会造成茎叶严重损伤），去掉果穗顶端未成熟的 1/3 部分后捆扎成束，置通风处晾 3～5 天，及时脱粒（晾放时间过长会降低发芽率）。然后对种子进行净选，净选是为了去掉种子中的秕粒、杂草种子、病虫粒、破损粒以及其他杂质，使种子纯净，萌发整齐。由于丹参种子较小，常选择筛网孔大小适宜的筛子，将杂质和不合格的种子筛除，再用簸箕将种子阵阵抛起风净，去除杂物、瘪粒等后，晒干即可。

（三）种子贮藏与鉴定

应采用干藏法。将干燥丹参种子装入布袋，放入阴凉、干燥处保存。但丹参种子在储存过程中，种子活力（如发芽率等）将随储存时间增加而降低，隔年陈种活力显著下降（发芽率仅 10% 左右），在生产上无实际意义。因此，生产上必须用当年采收并经检定合格的种子。

目前，贵州丹参规范化种植基地的种子，主要采集自贵州丹参规范化种植基地的种子田（如修文、松桃、石阡等丹参规范化种植基地的种子田）。例如，贵州锦诚制药公司修文县六屯镇丹参基地种子田的丹参，经鉴定为唇形科植物丹参 *Salvia miltiorrhiza* Bunge.。贵州锦诚制药公司修文县丹参规范化种植良种繁育基地，见图 7-4。贵州信邦制药公司已在石阡县建设了丹参良种繁育基地 1200 亩，每年可提供丹参种苗 12000 万株（按实际育苗面积 600 亩计算），可供推广种植 1.7 万亩以上。贵州信邦制药公司石阡县丹参规范化种植良种繁育基地与丹参种子，见图 7-5。

图 7-4　贵州景诚制药有限公司修文县丹参药材良种繁育基地的种子田

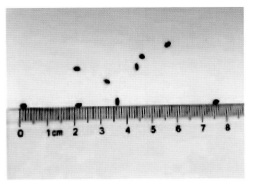

图 7-5　贵州信邦制药公司石阡县丹参药材良种繁育基地的种子田与丹参种子

（四）种子品质检定与质量标准制订

1. 种子品质检定

依法扦样并对丹参种子进行品质检验。其主要品质检验项目有：官能检定、成熟度测定、净度测定、生活力测定、水分测定、千粒重测定、病虫害检验等。同时，尚应依法进行种子发芽率、发芽势及种子适用率等测定与计算。

经检验表明，丹参种子形态为小坚果三菱状长卵圆形或椭圆形，长 2.5～3.3mm，宽 1.3～2.0mm。表面黑色或茶褐色，质地坚韧，有光泽，种皮表面有黏液层包被，为黄灰色糠秕状蜡质层覆盖，内有油性子叶 2 枚。背面稍平，腹面隆起成脊，圆钝，近基部两侧收缩凹陷。果脐着生腹面纵脊下方，近圆形，边缘隆起，密布灰白色蜡质斑。在 18～22℃温度下，15 天左右出苗，出苗率 70%～80%，而隔年种子发芽率极低。例如，贵州景诚制药有限公司修文县六屯镇丹参基地，8 月秋播育苗用的丹参种子品质检验结果，见表 7-1。

表 7-1　丹参种子品质的主要检验结果

外观形状	成熟度/%	净度/%	生活力/%	检测代表样重/kg
椭圆形	87	96	94	1.5
含水量/%	千粒重/g	发芽率/%	病虫感染度/%	
12.8	1.86	73	0.2	

2. 种子质量鉴别

丹参优劣种子外观性状的主要鉴别特征，见表 7-2。

表 7-2　丹参优劣种子主要鉴别特征

种子类别	主要外观鉴别特征
成熟新种	果皮黑色或黑棕色，有光泽。果实饱满新鲜
早采种	果皮青绿色、青褐色或青黄色，缺乏光泽，种仁不饱满
隔年种	果皮褐色，无光泽，种仁干瘪，胚乳为浅黑色至黑色
发霉种	闻着有霉味，果皮黑褐色，少光亮，种仁部分霉变，呈黑色或黑褐色

3. 种子质量标准制订

经试验研究，丹参种子可分为 2 个等级标准。

一等：种子饱满、均匀、黑色，贮藏时间不超过 1 个月，千粒重不小于 1.6g，饱满粒不低于 85%，生活力不低于 85%，发芽率不低于 70%，净度不低于 95%，含水量不高于 11%。

二等：种子饱满、均匀、灰黑色，低温下贮藏时间在 1 个月至半年之间，千粒重不小于 1.4g，饱满粒不低于 75%，生活力不低于 75%，发芽率不低于 65%，净度不低于 95%，含水量不高于 11%。

在生产上，应优先选用种子饱满、无病虫害的丹参 1 级种子，当 1 级种子不够用时，方选用 2 级种子。

（五）种子繁殖育苗关键技术

1. 苗圃选择与苗床准备

（1）苗圃选择：选择阳光充足、离水源较近、地势平坦、排水良好，地下水位不超过 1.5m，耕作土层一般不少于 30cm，土壤比较肥沃的微酸性或微碱性的砂质壤土。要求前一年栽种作物为禾本科植物如小麦、玉米或休闲地，前茬种植花生、蔬菜和丹参的地块不能作为育苗田，地点最好选在基地范围内。

（2）苗床准备：在翻耕后、整地前，施充分腐熟农家肥 1500～2000kg/亩，磷复合肥 10～15kg/亩，或按 50kg/亩的量均匀施复合肥（含磷、钾量偏高的最好，如史丹利复合肥），然后把地整平、表土碎细。翻耕深 30cm 以上。耙细，整平，清除石块杂草。顺坡起厢有利于排水，宽度可参考遮阳网的尺寸，便于播种、除草、浇水等。一般厢面宽 1.2m，厢间距 0.3～0.5m（综合考虑操作通道空间）及深 20cm 的排水沟。苗床消毒：苗床深翻后，用生石灰 75kg 加硫酸铜配成波尔多液消毒杀虫（如地老虎等）。

2. 种子选择与播种育苗

（1）种子选择：播种前，应选择当年新采收的品质优良丹参一级种子或二级种子（若系从外地调入丹参种子，应依法检疫合格；若需用等外丹参种子，应适当增加播种量），或用新高脂膜稀释液拌种，以更好驱避地下害虫，隔离病毒感染，不影响萌发吸胀功能，尚可加强种子呼吸强度，提高种子发芽率。

（2）播种育苗：播种时间应在种子收获后及时播种育苗。一般于 6 月底或 7 月初播种。一般每亩地用种量为 5～7kg，将种子与 2～3 倍细土混匀以后，均匀撒播在苗床上，再用扫帚或铁锹拍打，务必使种子和土壤充分接触，盖上遮阳网或用稻麦草等盖严至不露土为度（稻麦草等盖厚度以 2～3cm 为宜），然后再立即浇透墒水，以保持足够的湿度。特别注意：丹参种子在播入苗地之前绝不能沾水，否则会黏成一团，不便均匀播撒种子。为了均匀播种，尚宜先测算每厢的面积，然后按每亩有多少厢而应播多少的种子，均分其每厢播种量，如此将每亩播种量按其所分的厢数而均分称量，每厢 1 份种子，分称为若干份，再依法播撒于各厢。这样，能更好更直观地控制其播种的均匀性。

播种后，每1～2天浇灌1次，保持苗床地表湿润。要做到每天检查苗床1次，观察苗床墒情和出芽情况，如遇天旱可在覆盖物上再适度喷洒清水，以保持苗床湿润。一般播种后第4天开始出苗，15天苗基本出齐。当株高6～10cm时开始间苗，在小苗长出第2片新叶子时，或当出苗开始返青时，于傍晚或阴雨天逐渐多次揭去覆盖物（注意：覆盖物揭得太迟会将苗捂黄或捂死）。8月上、中旬，若因缺肥种苗瘦弱时，可结合灌溉或雨天施尿素约5kg/亩。

研究与实践证明，丹参种子最外层有黏液层，在普通显微镜下观测其黏液层厚度为0.02μm左右；当其与水接触后，黏液层即迅速吸水膨胀，在种皮表面则出现一层无色透明胶状物质，并迅速覆盖整个种子，使种子成为近圆形的透明颗粒，其体积也随之增加2～3倍，这是由于丹参种子最外层的黏液层吸水膨胀后所形成的。研究还发现，将丹参种子吸水24h，在室温20℃下自然脱水，结果其吸水与脱水过程虽几乎为完全相反的过程，但具有前期吸水速率比脱水过程快的特性（经测定，在2h内其吸水量可达总吸水量的86%，而此时的脱水量仅为总吸水量的48%。此后，从2～10h为一个缓慢脱水过程，至14h后丹参种子方恢复至原来干重）。上述丹参种子吸水快与脱水相对较慢的特性，是丹参种子在长期自然条件下，经过生存适应而形成的。这一特性，保留了丹参快速吸水并通过其种皮表面黏液层而有效地保持水分的优良作用。这不仅对于丹参抵抗干旱等不良环境有利，而且当种子遇水后，种皮表面黏液层的黏液则会与周围土壤泥沙黏附，利于种子更好地从土壤中吸收水分，利于促进萌发，克服丹参种子萌发率较低问题，而且发现其黏液中的有些化学活性物质，还有利于丹参幼苗生长。

3. 苗期管理与种苗出圃

（1）苗期管理：由于丹参幼苗根系小而浅，一般在地表1cm内，故必须保证丹参从播种至出苗约15天内其地表湿润，给幼苗正常生长提供充足的水分。一般种子出芽1个月后，丹参种苗的根系已入地2cm左右，比较耐干旱，可以根据情况延长浇水周期。如苗过密应间苗，保持苗株距为5cm左右。应切实加强苗期管理，要及时除草，有草即除，在杂草刚长出来时就用手拔除则不伤种苗根，以防荒苗。一般不用再施肥，让苗依靠底肥生长，但8月上中旬若苗瘦弱时，则应结合灌溉或雨天后适时施入少量尿素（5kg/亩以下）或适量肥水（腐熟人粪尿或沼液），并应严防病虫害发生，以促进丹参种苗健壮生长。

（2）种苗出圃：一般来说，丹参种子育苗的生长期为16个月。丹参种苗一般在移栽前进行起苗，并随起随栽。起苗后，应立即于荫蔽无风处选苗分级，剔除不合格苗，尤要注意剔除色泽异常、烂根弱苗及有病虫害苗。每100棵苗用稻草等扎成1把，再用通风、干净筐或袋等物妥善包装，以利运至丹参基地种植。从起苗出圃运输到基地移栽种植，应当不超过48h，并越短越好，以免烧苗等他虞，不利丹参种苗移栽成活生长。

丹参种苗宜选叶片深绿色、根长20～30cm、根直径0.4～0.8cm、分芽数5～10个的无病虫害健壮优质种苗。一般1亩丹参种苗田，可供10～12亩大田移栽种植。丹参移栽种苗的质量分级标准（试行），见表7-3。

表 7-3　丹参种苗质量分级标准（试行）

等级	根长/cm	根直径/cm	分芽数/个
1	19～28	1.0～1.5	≥8
2	12～18	0.7～0.9	≥5
3	5～11	0.4～0.6	≥3

（六）无性繁殖技术

丹参无性繁殖器官，主要有根、芦头、地上茎、叶柄、叶片等部位。用根、芦头作繁殖材料的，分别称为"根繁殖"和"芦头繁殖"；用地上茎作扦插繁殖材料进行繁殖的称为"扦插繁殖"；而叶柄、叶片等部位，一般很难直接作为繁殖材料在大田中进行繁殖，其多作为组织培养法繁殖的外植体来使用，因而称之为"组织培养繁殖"。

不同无性繁殖方法，其方法各异。据有关文献介绍，如采用"根繁殖"法，可于丹参"收获时，选留植株生长健壮、根发育充实、无病虫害的丹参不挖，待栽种时随挖随栽。作种的根条，宜选用直径 1cm 左右、粗壮、充实、色泽鲜红、无腐烂的 1 年生侧根，不宜选用空心的老根和生长不良的细根。分根栽植多在早春 2～3 月进行，将选好的根条切成 5～6cm 长的根段，在准备好的栽植地上，按行株距（30～40）cm×（25～30）cm，开深 3～5cm 的穴，每穴施放适量厩肥或土杂肥或浇施人畜粪水，将根段直立栽植，大头朝上，小头朝下，不可倒置，每穴栽种 1～2 段，覆土 2～3cm，稍压实即可。每亩需根 50～60kg"（冉懋雄等，1999）；亦可"将选好的根条折成 4～6cm 长的根段，边折边栽，根条向上，每穴 1～2 段，……据生产实践证明，用根头尾做种栽出苗早，中段出苗迟，因此要分别栽种。木质化的母根种栽，萌发力差，产量低，不宜采用"（肖培根等，2001 年）。上述有关文献的记述，均可结合实际参考应用。

其外，如芦头繁殖，应选择根茎直径不小于 1cm，顶端有宿芽 3～5 个或有茎痕，上部紫棕色或棕黑色，下部紫红色，无破损，无病虫害感染的丹参，并应在选择好后用剪刀剪或用利刀切成带有 1.5～2.5cm 长的繁殖材料依法栽种。又如扦插繁殖，应选取生长健壮、无病的丹参枝条齐地剪下，切成 13～16cm 长的小段，下部切口要靠近茎节部位，呈马蹄形，再依法将插条斜插于苗床，15～20 天即可从最下部的茎节处长出新根。至于以丹参叶柄、叶片等为外植体的组织培养繁育技术，现已取得不断发展。如在 MS 附加 6-BA2mg/L 的培养基上，可形成丛生苗，丛生苗切下再在 1/2MS 培养基上可长出根，发育成完整植株，再移栽到大棚苗床炼苗，开始保持棚内温度 25～30℃，以后慢慢降低温度，直到和大田外界相同的条件，然后可依法移栽到大田。

目前，丹参生产上虽以有性（种子）繁殖为主，但丹参无性繁殖，能保持其母体优良性状，可缩短生长期，并具有一定繁殖系数（如地上茎每株可扦插成苗 10～20 株，繁殖系数约 1∶20）等优点。特别是采用组织培养法，由于可以利用丹参叶柄、叶片等易得愈伤组织而可顺利组培扩大其繁殖数量。加之丹参无性繁殖技术日益成熟，繁殖材料均易获得，故在生产上可根据实际需要而灵活选用，以满足丹参生产发展需要。更值得注意的是，采用丹参组织培养繁殖法繁育，对于丹参种质资源、良种选育研究，以及丹参种子缺乏，丹参根条和芦头等繁殖系数较低与繁殖材料数量较少等问题的解决，均有重要现实意义。

（七）优良品种提纯复壮与良种培育技术

"种"是农业优质高产的重要措施之一。一个优良品种，种植几年以后，由于机械混杂、自然串花等原因，往往会由纯变杂，由优变劣，这是一种自然现象，即"二年不选种，好种变孬种"。如果不及时做好提纯复壮工作，必将丧失其优良种性，从而影响质量，造成减产，影响其社会经济价值。中药材良种选育和繁育是提高药材优质高产与稳定的重要措施，也是中药材规范化生产基地建设的一项基本而无比重要的工作。若单有新品种选育，而无大量高质量的优良种子与优良品种提纯复壮，没有优良种子供推广应用，即使有优良新品种也不可能在生产上更好发挥作用。

丹参生产过程中，无论有性（种子）繁殖或采用分根、芦头等无性繁殖，都会发生种质退化现象。因此，对于丹参原有品种应当进行优良品种提纯复壮，以求其种性得到提高，使原种生产走向良性循环轨道。故在丹参种植中，优良品种提纯复壮是其良种选育和繁育的继续，是丹参种质工作的一个重要部分，也是确保其质量与产量的关键措施之一。只有通过丹参种质保存选育、良种繁育、提纯复壮及防止丹参品种混杂退化等措施，方能促使丹参原有品种的种性得到提高，方能促使丹参种植优质高产与稳定。从丹参优良品种提纯复壮来看，"提纯"是对混杂而言，是手段；"复壮"是对退化而言，是目的。"提纯复壮"就是对混杂退化的丹参，经过人工的选择，再结合良法栽培防止混杂退化，恢复纯性，提高优良种性，使其在生产上更好地发挥优质高产与稳定作用的过程。对于丹参提纯复壮则需根据丹参发生混杂退化变化等特点，并结合实际地发挥人的主观能动性，以使其由"杂"变为"纯"，由"劣"变为"优"，朝着我们需要的方向发展，达到优质高产目的。为此，提出如下丹参优良品种提纯复壮、注意防止混杂退化、保存优良种质及良种培育等技术措施，以供参考。

1. 单株比较优选提纯复壮

在丹参花果期，到留种田根据丹参的特征、特性进行优选。即选择植株健壮、生长繁茂、结实性好、特征性强、生育期一致、抗病力较强的典型优良单株（穗）挂牌编号作初选；在种子成熟期前2～3天，对初选单株（穗）再行筛选挂牌编号；种子采收时对经筛选的单株（穗），收取其主轴中、下部成熟度高，颗粒饱满者，并根据种子量的需要，决定选取收获数量。然后依法对获选单株（穗）的药材样方进行测产及质量检测，并将选获单株（穗）再复选1次后，对入选种子单晒单藏，种子检定分级，供丹参种子田用。

同时，在优选丹参单株中，于采收期或其他适宜时期，按丹参不同无性繁殖优质种栽要求，选取根、芦头、地上茎等无性繁殖材料供用。如选择根系粗细适中、数量多、长短均匀整齐、表面色泽红润等质优产高单株作丹参留种田的繁殖材料（下述株间比较与混合比较优选提纯复壮同，从略）。

2. 株间比较优选提纯复壮

将上述单株优选法优选丹参单株所得的种子，分别在种子田中种植，每株种子种 1

个小区（面积一般为 20～30cm²，各小区土壤肥力、种植密度、田间管理等措施完全平行一致），然后分别在丹参苗期、分蘖期、花果期和成熟期进行多次去杂去劣并观察记录。如苗期除杂去劣：凡发现株型、株高、叶型、颜色等方面与丹参典型性状有明显差异的，一律清除（应拔除变异、混杂植株及感染病虫害植株等，并集中烧毁，下同）。花果期去杂去劣：这是除杂保纯的关键期，此期最易识别杂株和去除杂株，还可防止杂株的串粉，须逐行逐株观察记录与去杂去劣。凡发现植株发育进度、株型、株高、枝叶、花果及颜色等与丹参典型性状有明显不同的单株，则应及时一律清除。后期去杂去劣：即丹参到收获前这段时间的除杂，凡发现丹参开闭花时间、花器构造、果实熟期特征等与丹参典型性状有明显不同的单株，则应及时一律清除。经丹参株间比较，将当选的具有植株健壮、生长繁茂等特征或典型性状，生长整齐，抗病力较强的各小区单株（穗）编号，然后依法对各小区获选单株（穗）的药材样方进行测产及质量检测，并将选获单株（穗）再复选 1 次后，再对入选种子单晒单藏，种子检定分级，将其混合供种子田或繁殖田用。

3. 混合比较优选提纯复壮

上述经第 2 年株间比较优选试验所得的混合种子，可在种子田中种植，作为混合比较优选试验的种子用，再进一步深入研究，以更好提纯复壮，以得到更优良的丹参种子；也可在繁殖田中种植，作为生产原种用。在繁殖田生产原种用扩大种植时，应在隔离条件好、病虫害少的田块里种植，一个株间比较优选种子应连片种植，附近的田块也应种植同一株间比较优选种子。并切实加强田间管理，以减少天然杂交和机械混杂。同上株间比较优选法进行除杂去劣，并应及时一律清除。同上法优选编号并将入选种子单晒单藏，种子检定分级，将其种子作为下年大田生产用种。

4. 防止优良品种混杂退化

在丹参生产上，要充分认识到优良品种提纯复壮绝非一蹴而就。防杂保纯和提纯复壮，是为保证生产用种种性与纯度而采用的不同良种繁育技术。在丹参种植过程中，要注意发现丹参是否有抗性、丰产性下降及品质变劣等退化现象；要不断地进行提纯复壮处理，以得到相对纯化、生命力强、无混杂退化的优良品种；要定期或不定期提纯、去劣去杂，将具有原品种典型性状的植株保留，而将杂、劣株全部拔除；要保证种根及芦头达到质量标准要求，不用病苗，以免影响种子和种栽质量。还要充分认识到，提纯复壮是在品种已经发生混杂之后，使其恢复丹参原有优良种性的补救办法，一般适用于混杂程度较轻的品种；而对于严重混杂退化的，则必须从原种繁育做起，要注意从混杂退化的良种中选择典型的丹参单株或单穗，恢复和提高其纯度和种性，使之达到原种标准。

5. 保存优良种质资源与良种培育

丹参规范化生产基地，应采用一级种子田制。大田生产用种，应全部采用种子田提供的优质原种。在丹参生产中，应注意优良种质保存资源，推广应用优良品种。如无性繁殖，在丹参采挖收获时应选取健壮、无病虫害的植株剪下粗根做药用，而将直径为 0.4～0.5cm 粗的根连芦头带心叶、色红、无病虫的一年生侧根部为种栽大田用。大棵丹参可按芽与根的自然生长状况分割几株，然后种植。种根贮藏时可挖宽 1～1.2m，深 25～30cm 的沟畦，将种根一排一排地呈 45°角斜摆放，每摆放一排盖一层湿砂，每隔 1m 长在中间放一把玉米秆，高度与畦相平，最后上面再盖 1～2cm 厚的湿砂，湿砂上盖麦草或塑料薄膜，每半个月检查一次，以防过湿或过干。

　　丹参优良品种选育可采用生物育种技术的系统培育（单株选、混合选）、诱变育种、杂交育种、染色体倍性育种、基因工程育种等技术。下面仅简介染色体倍性育种的多倍体育种和"太空育种"（其他育种技术见有关专著）。如多倍体育种，有研究报道表明，以丹参为材料在组织培养条件下，利用添加秋水仙碱处理进行丹参多倍体诱发可得到同源四倍体。对四倍体试管苗进行移栽及田间农艺性状初步鉴定和主要化学成分测定，发现所获四倍体植株均不同程度地表现出多倍体植株的典型特征，主要化学成分含量亦大多高于原植株。经连续 3 年 3 代繁殖的田间农艺性状观察，已鉴定确认的多倍体株系均表现出明显的多倍体特征，优选出生长旺盛、田间性状好、遗传性稳定、整齐一致的优良品系，如 61-2-2 表现为生长势旺、叶较宽大、叶片粗糙皱折、较厚、茎较粗呈淡紫色、育性低（部分不育）、根系较旺分枝多、呈紫红色。进一步研究发现，多倍体品系根部药材质量均有较大幅度提高，多个品系的丹参酮含量高于对照品种，其中优良品系如 61-2-2 根部产量比原常规品种高出 50%～70%，有效成分高出 70%～100%。经田间品试验与评价，可获得优质高产的丹参优良新品种。

　　"太空育种"又称"航天育种"或"空间育种"。其主要是通过强辐射、微重力和地球地面无法模拟的太空特殊环境（高真空、宇宙高能离子辐射、宇宙磁场、高洁净）等太空综合环境因素，诱变丹参种子的基因变异，再返回地球地面种植，其具有益的变异多、变幅大、稳定快、抗病力强及优质高产等优点。如有报道，利用我国返地式卫星搭载丹参种子，落地后田间种植观测的结果表明，航天搭载可提高种子出苗率，促进幼苗生长发育；植株开花期可提前 1 周左右；可降低植株单株结实率，增加单株结实籽粒重；显著提高种子千粒重及地上茎分支数和主果穗长度，可显著提高丹参根鲜重等明显诱变的生物学效应。又如陕西天士力植物药业公司以太空育种培育的"天丹一号"，与商洛丹参、山东丹参、河南丹参、山西丹参、白花丹参等对比研究的结果表明，在丹参种植环境适应性、综合农艺性状、抗逆性、抗病虫害及优质、高产、稳产等主要育种目标方面，均居首位。如产量达 301kg/亩，丹参酮类达 0.48%，丹酚酸 B 达 7.5%（均高于 2010 年版《中国药典》丹参药材丹参酮类 0.20%及丹酚酸 B 3.0%的规定），丹参素为 2.0%。太空育种技术为丹参种质的改良和品种选育提供了新的途径。为了加速丹参优良品种选育的进度，目前在杂交育种、多倍体育种、航天育种及基因工程育种等方面均已取得可喜进展，但对这些育种方式的采用需要慎重。丹参药材作为特殊商品，生产中必须贯彻质量第一的原则，而丹参药材质量是一个复杂问题，严格讲目前尚无真正合理的评价方法与标准。在这种情况下，良种选育不宜倡导使其遗传特性改变过大的方式。除非作为工业原料用于提取某种成分，否则不能仅以活性成分含量作为评价药材质量的唯一指标。同时，任何一个良种都有其适应环境，离开此环境，其优良特性往往无法体现。因此，丹参良种选育还需要注意产地适宜性的研究，明确新品种的最佳推广区域，不能盲目引种。

三、规范化种植关键技术

（一）选地整地

宜选择地势较高、土层疏松、灌溉方便的地块种植。山地，宜选向阳的低山坡，坡度不宜太大。前茬栽种作物为禾本科植物如小麦、玉米等，或花生、土豆等地块或休闲地为好。整地前应清除大田四周杂草及将地表清理干净，杂草应远离田间集中烧毁或作沤肥。结合整地，每亩施入腐熟厩肥或堆肥 2500～3000kg，过磷酸钙 50kg，均匀翻入土中作基肥。如所选地块属根结线虫等病害多发区，还应结合整地做好土壤处理，每亩施入 3%辛硫磷颗粒 3kg，撒于地面，翻入土中，进行土壤消毒；或者用 50%辛硫磷乳油 3～3.75kg，加 10 倍水稀释成 30～37.5kg，喷洒在 375～450kg 的细土上，拌均匀，使药液充分吸附在细土上，制成"毒土"，结合整地均匀撒在地面，再翻入土中；或将此"毒土"顺垄撒施在丹参苗附近，如能在雨前施下，效果更佳。因丹参根深，入土约 33cm 以上，故在前作收获之后，宜深翻土壤 35cm 以上。然后，再耙细土面，栽前起垄，垄宽 0.8～1.2m，高25～30cm，垄间距 25cm。大田四周还应开好宽 40cm、深 40cm 的排水沟，以利排水。

（二）移栽定植

1. 种子繁殖的移栽定植

丹参秋季种苗移栽在 10 月下旬至 11 月上旬（寒露至霜降之间）进行；春栽在 3 月初进行。种子育苗移栽定植时，应选无病虫害、健壮优质种苗（根径为 4～8cm），并须用镰刀对种苗进行断根处理，留根长 10cm 左右。对前茬种植蔬菜、土豆、花生或丹参的地块，移栽时要对种苗进行药剂处理。其方法是：优选无病虫害的丹参苗，栽前用 50%多菌灵或70%甲基托布津 800 倍液蘸根处理 10min，晾干后移栽，以有效地控制根腐等病菌的侵染。

移栽时，按照株行距 20×（25～30）cm（视土壤肥力而定，肥力强者株行距宜大），在垄面开穴，穴深以种苗根能伸直为宜。每穴栽入幼苗 1～2 株，将种苗垂直立于穴中，培土、压实压紧，覆土至微露新芽即可。每亩栽 7000～8000 株。移栽定植后，应及时浇定根水，切忌漫灌。

在生产上还可于 7～8 月采收丹参种子后，随采随行种子直播或于 3 月直播，并可采取条播或穴播方式播种。条播：在备好的垄上按行距 20×（25～30）cm 开沟，沟深 1～3cm，将合格种子均匀播入沟内，覆土 1～2cm，以盖住种子为度，轻轻荡平（因种子细小，盖土宜浅）。穴播：按行距 25～35cm、株距 20～30cm 挖穴，穴内播种 4～8 粒，覆土 2～3cm。浇水，覆盖稻草或地薄膜保湿。一般来说，苗高 6～10cm 时须间苗。每亩用种量 0.5kg。

2. 无性繁殖的移栽定植

（1）根繁殖：在生产上，丹参根繁殖用的种根一般都留在地里，栽种时随挖随栽。选择直径 0.3cm 左右、粗壮色红、无病虫害的一年生侧根于 2～3 月栽种。也可在 10～11 月丹参收获时选种栽植。按行距 30～45cm、株距 25～30cm 穴栽，穴深 3～4cm，施猪粪尿等农家肥，每亩 1500～2000kg。栽时将选好的根条折成 4～6cm 长的根段，边折边栽，根条向上，每穴栽 1～2 段。栽后随即覆土，一般厚度为 1～2cm。据生产实践，用根的头尾作种出苗早，中段出苗迟，因此，要分别栽种，便于田间管理。木质化的母根作种栽，萌发力差，产量低，不宜采用。分根栽种要注意防冻，可盖稻草或地膜保暖。

（2）芦头繁殖：在生产上，丹参芦头繁殖用的芦头一般亦留在地里，采收挖丹参根时，选择生长健壮、无病虫害的植株，粗根供药用。将直径 0.6cm 左右的细根连同根基上的芦头切下，留长 2～2.5cm 的芦头作种栽。按行距 30～45cm、株距 25～30cm、深 3cm 挖穴，每穴 1～2 株，芦头向上，浇水。挖穴栽种与上述分根繁殖法相同。

（3）扦插繁殖：一般 4～5 月，取生长健壮的丹参地上茎，剪成 10～15cm 的小段，剪除下部叶片，上部叶片剪去 1/2 或保留 2～3 片叶，供作种栽（或称插条）并随剪随插。在已做好的垄上，按行距 20～25cm 开斜浅沟，然后按株距 10cm 将插条顺沟斜插入沟中，插条入土 1/2～2/3。顺沟培土压实，插完一沟，依法再插另一沟。扦插完毕后要浇透水、遮阴，保持土壤湿润。一般 20 天左右便可生根，待再生根长至 3cm 左右，即可依法移栽定植于大田，成活率可达 90%以上。也有的将劈下带根的株条直接栽种，注意遮阴浇水等管理，成活率也较高。

（三）田间管理

1. 查苗补苗

在移栽定植后，注意查苗，发现缺苗则及时补苗。一般在 5 月上旬以前，对缺苗地块进行检查，如出苗、成活率低于 85%的，则要抓紧时间补苗。补苗方法为：首先选择与移栽时质量一致的种苗（或种栽），时间选择在晴天的下午 3 点以后补栽；如作补种用的种苗已经出苗或抽薹，则需剪去抽薹部分，只留 1～2 片单叶即可；移栽后需浇透定根水与加强遮阴等管理。

2. 中耕除草

一般中耕除草 3 次：4 月幼苗高 8～12cm 时进行第 1 次，用手拔除，勿伤幼苗；5～6 月上旬花前后，用锄头进行第 2 次；7～8 月进行第 3 次。平时做到有草就除，封垄后停止中耕。除草要及时，若不及时除草，会造成荒苗，可导致严重减产或死苗。

3. 适时排灌

丹参怕旱怕涝，干旱植株生长不良，过涝又易致根腐病等为害，均直接影响丹参药材优质高产。故丹参基地内应具有良好水源与取水条件及设施，有条件的基地可配备喷灌或滴灌等设施，注意适时灌溉与排水等管理。尤其在 5～7 月，是丹参生长的茂盛期，需水量较大，如遇干旱，土壤墒情缺水时，更应注意及时浇水灌溉。同时，丹参基地也要有良好排水条件，种植地四周要有与畦沟连接的通畅排水沟，随时都要保持通畅。特别是连续阴雨天气发生洪涝灾害或土壤出现积水时，更应注意及时排水与防洪等管理。在丹参根系增重最快的时期（8 月中旬至 10 月中旬），这一时期营养水分充足与否对其品质产量影响很大，更应注意加强田间管理，防止干旱、积水、缺肥和草荒等。

4. 摘蕾控苗

除留种子田块外,其余地块均应打蕾。丹参定植成活后将陆续抽薹开花,为便于养分集中于根部生长,除留种地外,应一律剪除花薹,摘蕾控苗。一般于 4~5 月,在丹参主轴上和侧枝上有蕾芽出现时应立即剪掉蕾芽,以后应随时剪除(并应将蕾芽花枝清除出田间),以促进根的发育。摘蕾使用的剪刀必须清洁卫生,无污染。并最好在花薹刚抽出 2cm 时,及时把抽出的花薹摘掉,时间宜早不宜迟,更不要等花开了再剪除。摘除花蕾时还必须用手持剪仔细剪除,切勿损伤茎叶。经研究试验表明,在施肥、整地、播种、追肥、浇水等措施完全相同的情况下,剪除花蕾比不剪花蕾的鲜根增产达 12.9%~18.8%,干根增产 20%~22%。实践表明,丹参花薹要摘得早,摘得勤,以抑制生殖生长,减少养分消耗,促进根部生长发育,这是丹参增产的重要措施。

(四)合理施肥

1. 丹参生长发育与营养元素的相关性

经研究发现,丹参不同生长发育期的需肥特性不同,应据其不同时期的需肥特性进行合理施肥技术的研究。

(1)氮肥:氮肥所含的氮素是蛋白质的基础物质,又是构成叶绿素的重要成分。氮素具有促进丹参营养生长、提高光合效能的作用,当缺氮时,地上部分生长细弱,叶片小而薄并易黄化。但氮素过多,易引起枝叶旺盛,对丹参根的生长不利。

(2)磷肥:磷肥所含的磷是构成细胞核的主要成分,又是构成核酸、磷脂、维生素和辅酶的主要物质。磷直接参与呼吸作用、糖发酵过程,参与蛋白质、脂肪的代谢过程,与光合作用有直接关系。磷可提高丹参的可溶性糖含量,促进地上部分发育,增强抗性。缺磷时枝叶生长受阻,丹参叶片变小,早期落叶,产量下降。磷肥在施足氮肥的基础上才能发挥作用,如磷过多易发生缺铜缺铁症。

(3)钾肥:钾肥是多种酶的活化剂,蛋白质的合成都需要大量钾。钾能增强光合作用,促进枝叶成熟,增强抗性,提高种子千粒重及产量。钾缺乏会造成枝叶代谢紊乱,蛋白质合成受阻,新梢细弱,叶绿素被破坏,叶边缘枯焦下卷而枯死。若钾过多,会影响镁、铁、锌的吸收,使丹参叶脉黄化。

(4)钙肥:钙肥所含的钙能保持细胞膜、细胞壁的稳定形成,中和酸性,增强抗旱能力,平衡生理活动和消除土壤中有害离子。缺钙可使丹参新梢嫩叶脉失绿,甚至叶片组织坏死,枝叶枯死。过酸土壤、砂质土壤、有机质含量过多的土壤都可能缺钙,但钙过量会影响铁的吸收。

2. 丹参的合理追肥

追肥是在丹参进入正常生长阶段后,为弥补土壤肥力的不足而采取的施肥措施。一般与中耕除草相结合进行追肥,即结合 3 月、5 月、8 月进行除草时施追肥,并应于阴天或晴天上午或者下午 4 点钟后进行施肥。

第 1 次追肥,宜以氮肥为主,在 3 月中旬丹参返青时结合灌水施提苗肥,每亩施尿素

5kg，或每亩腐熟农家肥 250kg 加复合肥 8～10kg，或使用适量肥饼、过磷酸钙、硝酸钾等，稀释后在行间开沟（沟深 3～5cm）浇施，然后再覆土至平即可。第 2 次追肥，宜喷施叶面肥，并配施磷、钾肥（如使用肥饼、硝酸钾、过磷酸钙等），4 月底至 5 月中旬，不留种的地块可在剪过第 1 次花序后施；留种的地块可在开花初期施，每亩喷施叶面肥肥液 5～10kg，或每亩施饼肥 50kg，或每亩撒施尿素 5～10kg、硫酸钾 10～15kg、过磷酸钙 10～15kg。第 3 次追肥，在 8 月中旬至 9 月上旬，正值丹参旺盛生长期，根部迅速伸长膨大，宜重施磷、钾肥，以促进根系生长，每亩施复合肥 10～15kg，或每亩施肥饼 50～70kg、过磷酸钙 40kg。或每亩腐熟农家肥 400kg 加 10kg 复合肥稀释到 2500kg 进行行间开沟浇施；亦可在植株旁挖窝施，施后覆土。另还有研究表明，微量元素可提高丹参的产量和有效成分含量，如施锰肥有利于丹参酮及丹参素的累积。因此，在丹参生长发育旺盛期，尚可施加适量的微肥。

3. 丹参合理施肥的注意事项

丹参合理施肥的主要注意事项，一是应根据丹参生长发育与前述氮（N）、磷（P）、钾（K）、钙（Ca）等主要营养元素的相关性，并结合土壤肥力本底调查结果，施用肥料应按照无公害中药材生产的原则进行丹参的合理施肥。严禁使用城市生活垃圾、工业垃圾及医院的垃圾和粪便。如丹参在移栽时作基肥的氮肥不能施用太多，否则将会影响其成活，即使成活，苗期也会出现烧苗症状。又如有研究报道称，从增加产量的角度来说，N∶P=1∶1 时产量可提高 1 倍；从提高丹参素及总丹参酮的含量上来说，N∶P∶K=1∶2.5∶2 时，可使丹参素和总丹参酮的含量分别提高 25%和 20%。中期可施用适量的氮肥，有利于茎叶的生长，并为丹参后期根系的生长发育提供光合产物。二是丹参施肥应以基肥为主，追肥为辅。所施用的农家肥必须经过充分腐熟无害化处理，应达到无公害卫生标准。三是农家肥要用就地制备的熟厩肥、熟堆肥、熟绿肥、熟饼肥、熟秸秆沤肥、熟沼液肥以及草木灰等，基地要设有沤粪池，做好秸秆、杂草、绿肥还田。四是应选用符合有关标准，并经研究允许使用的化肥种类和适宜用量。五是要严格做好肥料管理、储存，以及做好合理施肥时间、浓度、方法和观察记录等。至于丹参专用肥或平衡施肥，必须经研究后再依法合理使用。

（五）连作与轮作

实践表明，重茬连作对丹参生长发育及药材产量质量均有较大影响。重茬地种植的丹参，地上部分植株生长弱小，株高降低，主茎变细，冠幅减小，光和利用率及土地利用率均降低。尤在地上部分旺盛生长的 6～9 月，重茬连作丹参植株的枯苗率大幅度上升。就药材质量而言，重茬 2 年丹参药材中，其活性成分的含量均受到不同程度的影响。因此，丹参应实行轮作，同一地块种植丹参不宜超过 2 年，最好与禾本科作物如玉米、小麦等轮作。

（六）主要病虫害防治

在遵循"预防为主，综合防治"的原则下，坚持"早发现、早防治，治早治小治了"，选择高效低毒低残留的农药对症下药地进行丹参病虫害防治。禁止使用剧毒、高毒、高残留或者具有三致（致癌、致畸、致突变）的农药。采收前一个月内禁止使用任何农药。

1. 根腐病

（1）为害症状：植株发病初期，先由须根或支根变褐腐烂，逐渐向主根蔓延。主根发病严重时全根腐烂，外皮变成黑色，随着根部腐烂程度的加剧，地上茎叶自下而上枯萎，最终全株蔫死。拔出病株，可见主根上部和茎秆下部分变黑色，病部稍凹陷，纵剖病根，维管束呈褐色。

（2）传染途径：病菌可在病残体和土壤中越冬，可存活 10 年以上。病菌生长最适温度 27～29℃，但温度达 15～20℃时最易发病。因此，土壤病残体就成了初侵染源，病菌通过雨水、灌溉水等传播蔓延，从伤口侵入为害。6～7 月为发病高峰期。该病是典型的高温高湿病害，尤在土壤含水量高、土质黏重低洼地及连作地发病严重。

（3）防治方法：①农业防治：合理轮作可抑制土壤病原菌的积累，特别是与葱蒜类蔬菜轮作效果更好，加强栽培管理，增施磷钾肥，提高植株的抗病能力，封行前及时中耕除草，并结合松土用木霉制剂每平方米 10～15g 撒施，采用高畦深沟栽培，防止积水，避免大水漫灌，发现病株及时拔除，栽种前浸种根。②药剂防治：发病期用 50%多菌灵 800倍液或 70%甲基托布津 1000 倍液灌根，每株灌液量 250mL，7～10 天再灌 1 次，连续 2～3 次；也可用 70%甲基托布津 500 倍液，或 75%百菌清 600 倍液，每隔 10 天喷 1 次，连喷 2～3 次。

2. 叶斑病

（1）为害症状：5 月初发生，6～7 月发病严重。主要为害叶片，多从老叶上开始发病，发病初期叶片出现深褐色病斑，近圆形或不规则形，后逐渐融合成大斑，边缘青绿色，界限不太明显，中间深褐色，严重时叶片病斑汇合连片后枯死。

（2）传染途径：病原为半知菌亚门真菌。其主要以分生孢子器、菌丝体在土壤中的病残体上越冬，或寄生在杂草上越冬，为翌年提供初侵染源。翌春由于气温回升而使病菌开始生长发育，孢子器内分生孢子逐渐成熟，便借助风和雨水而传播。病菌孢子从寄主叶片的气孔侵入，在细胞间蔓延与寄主建立寄生关系，从而致使再侵染传播病原，造成丹参叶斑病蔓延。

（3）防治方法：①农业防治：优选抗病良种；实行轮作，同一地块种植丹参应不超过 2 年；清洁田园，丹参收获后将枯枝残体及时清理出田间，集中烧毁；施足充分腐熟的农家肥作基肥，增施磷钾肥，或于叶面上喷施 0.3%磷酸二氢钾，以提高丹参的抗病力；发病时，应立即摘去发病的叶子，并集中绕毁以减少传染源。②药剂防治：发病初期每亩用50%可湿性多菌灵粉剂配成 800～1000 倍的溶液喷洒叶面，7～10 日 1 次，连续喷 2～3次；用 300～400 倍的 EM 复合菌液，叶面喷雾 1～2 次。

3. 根结线虫病

（1）为害症状：由于根结线虫的寄生，丹参根部生长出许多瘤状物，致使植株生长矮小，发育缓慢，叶片退绿，逐渐变黄，最后全株枯死。拔起病株，须根上有许多虫瘿状的瘤，用针挑开，肉眼可见白色小点，此为雌线虫，瘤的外面黏着的土粒难以抖落。

（2）传染途径：根结线虫寄生于植物上的线虫肉眼看不到，虫体细小，长度不超过1～2mm，宽度为30～50μm。为害的根瘤用针向外挑开，肉眼可见半透明白色粒状物，直径约0.7mm，此为雌线虫。在显微镜下，压破粒状物，可见大量线状物，头尾尖的即是线虫，为害丹参根。

（3）防治方法：①农业防治：忌连作并实行轮作，同一地块种植丹参应不超过2年，最好与禾本科作物如玉米、小麦等轮作；整地前每亩用98%必速杀7～10kg，与土壤混拌均匀撒施，4～5天后整地，1～2天后即可移栽；或结合整地进行土壤处理，每亩拌施辛硫磷2～3kg，撒于地面，翻入土中，进行土壤消毒；或整地时，每亩用5%克线磷10kg沟施翻入土中，也可随生长季节浇水1～2次，每亩2kg。②药剂防治：发病时，每亩施用米乐尔颗粒3kg沟施，或用40%辛硫磷乳油稀释20倍灌根。

4. 蛴螬

（1）为害症状：蛴螬5～6月大量发生，全年为害。蛴螬在地下咬食丹参植株的根茎，使植株逐渐萎蔫、枯死，严重时造成缺苗断垄。

（2）生活习性：蛴螬每年发生一代，以幼虫和成虫在地下几十厘米深的土层中越冬。蛴螬始终在地下活动，与土壤温湿度关系密切，当10cm土温达5℃时开始上升至表土层，13～18℃时活动最盛，23℃以上则潜入深土中。表土层含水量10%～20%有利卵和幼虫的发育。在夏季多雨、土壤湿度大、生荒地以及施用未充分腐熟的厩肥时，为害严重。

（3）防治方法：①农业防治：精耕细作，深耕多耙，合理轮作倒茬，合理施肥和灌水，都可降低虫口密度，减轻为害；结合整地，深耕土地进行人工捕杀，并施用充分腐熟的厩肥作基肥。②药剂防治：每亩用5%辛硫磷颗粒剂1～1.5kg与细土混匀后撒施；大量发生时用50%的辛硫磷乳剂稀释成1000～1500倍液或90%敌百虫1000倍液浇根，每窝50～100mL；或者用90%晶体敌百虫0.5kg，加2.5～5kg温水与敌百虫化匀，喷在50kg碾碎炒香的油渣上，搅拌均匀后做成毒饵，在傍晚撒在行间或丹参幼苗根际附近，隔一定距离撒一小堆，每亩毒饵用量15～20kg；黑光灯诱杀成虫。

5. 金针虫

（1）为害症状：金针虫5～8月大量发生，全年为害。金针虫将丹参植株的根部咬食成凹凸不平的空洞或咬断，使植株逐渐枯萎，严重者枯死。在夏季干旱少雨、生荒地以及施用未充分腐熟的厩肥时，为害严重。

（2）生活习性：金针虫以老熟幼虫和成虫在土中越冬。3月下旬至4月中旬为活动盛期，白天潜伏于表土内，夜间交配产卵，雄虫善飞，有趋光性。5月上旬幼虫孵化，在食料充足的情况下，当年体长可达15mm以上。老熟幼虫在16～20mm深的土层内作土室化蛹。3月中下旬10cm深土温达6～7℃时，幼虫开始活动，土温达15.1～16.6℃时为害最烈，10月下旬以后随土温降低而下潜，冬季潜入27～33cm深的土中越冬。

（3）防治方法：同蛴螬的防治。

6. 银纹夜蛾

（1）为害症状：以银纹夜蛾幼虫取食丹参叶片，咬成孔洞或缺刻，严重时，可将叶片吃光。

（2）生活习性：银纹夜蛾每年发生 5 代，第 2 代幼虫于 6～7 月开始为害丹参叶，以 7 月下旬至 8 月中旬为害最为严重。

（3）防治方法：①农业防治：清洁田园，收获后及时清理田间残枝病叶并集中烧毁，消灭越冬虫源；栽培地悬挂黑光灯或糖醋液诱杀成虫。②药剂防治：7～8 月，在第二、第三代幼虫低龄期，可喷 90% 敌百虫 1000 倍液，7 天喷 1 次，连续 2～3 次；或用苏云金杆菌，每次每亩用 250mL，兑水 50～75kg，进行叶面喷雾；也可每亩用 25% 灭幼脲 3 号 10g，加水稀释成 2000～2500 倍液常规喷雾；或者可用 1.8% 阿维菌素乳油 3000 倍液均匀喷雾。

上述丹参良种繁育与规范化种植关键技术，可于其生产适宜区内，并结合实际因地制宜地进行推广应用。

【药材合理采收、初加工与储运养护】

一、合理采收与批号制定

（一）合理采收

经研究与实践表明，丹参在大田栽种生长 1 年或 1 年以上，于 11 月下旬地上部分全部枯萎后，进行丹参药材采收最为适宜。采收时，选择晴天土壤稍干时，距地面 5cm 处割去丹参地上茎叶，按照丹参垄栽方向，分垄挖出丹参全根，小心刨去根部泥土。在采挖过程中，切忌折断和损伤丹参根条，并将挖出的丹参置原地晒至根上泥土稍干燥，剪去秆茎、芦头等地上部分，除去沙土（禁用水洗）。腐烂丹参、肿瘤丹参、虫蚀丹参根条不得入药。并避免清理后的药材与地面土壤和有害物质接触，要保持清洁，避免污染。然后，将初步处理的丹参装在清洁的竹筐或周转箱中，运回进行初加工。为提高工作效率，降低生产成本，尚可研制丹参药材采挖机械进行采收。

（二）批号制定（略）

二、合理初加工与包装

（一）合理初加工

将采收的丹参净制，仔细剔除杂质、异物以及丹参非根条部分，并将上述非根条部分运出场外集中处理。在遮阴、通风、低湿、防雨的环境条件下自然干燥，加工干燥的丹参仍要禁止水洗。将丹参再次去杂清理后，置于晾筛内铺平，厚度不超过 5cm，做到厚度均匀。晾筛置于风干架上，风干架空间间距不得小于 25cm。晾晒至 5～6 成干根条变软时，进一步去除芦头、尾根、须根和泥沙，继续风干至自然含水量＜13%为止。再进一步除净细根、须根及附着的泥土等杂质后，即得丹参商品药材，见图 7-6。

图 7-6　丹参药材

（二）合理包装

干燥丹参药材，应按规格严密包装。在包装前，每批药材包装应有记录，应检查是否充分干燥、有无杂质及其他异物，所用包装应是无毒无污染的包装材料。如以纸箱包装丹参药材，纸箱包装规格为每箱 25kg，编织袋包装规格为每袋 50kg。干燥后经检验合格的产品应立即进行包装，称重装袋封口打包，包装外相应部位贴上标签，在每件包装标签上注明品名、规格、等级、毛重、净重、产地、批号、执行标准、生产单位、包装日期及工号等。然后堆放于临时库房内，待运入库。

三、合理储藏养护与运输

（一）合理储藏养护

丹参药材易生霉、虫蛀。初加工时，若未充分干燥，在贮藏（或运输）中易感染霉菌，受潮后可见霉斑。因此贮藏前，还应严格入库质量检查，防止受潮或染霉品掺入。将干燥丹参商品药材，存放在清洁、干燥、阴凉、通风、无异味、防虫防鼠的仓库中，货架与墙壁、地面保持 50cm 的距离。仓库内温度控制在 25℃以下，相对湿度≤70%。储藏期间，应定期检查仓储情况，发现受潮、温度过高等异常情况，应及时翻垛、摊晾、通风散热、降温。虫蛀严重时，应及时以安全化学药剂熏杀灭虫。为害丹参药材的仓储害虫有烟草甲、赤拟谷盗、锯谷盗、土耳其扁谷盗、褐蕈甲等，进行化学药剂处理所选用的药剂应符合相关标准要求。

（二）合理运输

丹参商品药材批量运输时，不应与其他有毒、有害、易串味物品混装。运载容器应具有较好的通气性，应保持干燥，并有防潮防害等措施。

【药材质量标准、质量检测与监控】

一、药材商品规格与质量检测

（一）药材商品规格

丹参药材以无杂质、芦头、霉变、虫蛀，身干，外皮色紫红，质坚实，无断碎条者为佳品；外皮脱落、色灰褐色者则质次。其药材商品规格分为 3 个等级。

一级：干货，呈长圆柱形，顺直，表面红棕色没有脱落，有纵皱纹，质坚实，外皮紧贴不易剥落，断面灰黄色或黄棕色，菊花纹理明显。气微，味甜微苦涩。为特制加工的选装整枝，长 10cm，中部直径不低于 1.2cm。无芦头、碎节、虫蛀、霉变、杂质。

二级：干货，呈长圆柱形，偶有分枝，表面红棕色，有纵皱纹，质坚实，外皮紧贴不易剥落，断面灰黄色或黄棕色，菊花纹理明显。气微，味甜微苦涩。多为整枝，头尾齐全，主根上中部直径在 1cm 以上。无芦头、碎节、虫蛀、霉变、杂质。

三级：干货，呈长圆柱形，偶有分枝，表面红棕色或紫红色，有纵皱纹，质坚实，外皮紧贴不易剥落，断面灰黄色或黄棕色，菊花纹理明显。气微，味甜微苦涩。主根上中部直径 1cm 以下，但不得低于 0.4cm，有单枝和撞断的碎节。无芦头、虫蛀、霉变、杂质。

（二）药材质量检测

按照《中国药典》（2015 年版一部）丹参药材质量标准进行检测。

1. 来源

唇形科植物丹参 *Salvia miltiorrhiza* Bunge. 的干燥根和根茎。春、秋二季采挖，除去泥沙，干燥。

2. 性状

本品根茎短粗，顶端有时残留茎基。根数条，长圆柱形，略弯曲，有的分枝并具须状细根，长 10~20cm，直径 0.3~1cm。表面棕红色或暗棕红色，粗糙，具纵皱纹。老根外皮疏松，多显紫棕色，常呈鳞片状剥落。质硬而脆，断面疏松，有裂隙或略平整而致密，皮部棕红色，木部灰黄色或紫褐色，导管束黄白色，呈放射状排列。气微，味微苦涩。

栽培品较粗壮，直径 0.5~1.5cm。表面红棕色，具纵皱纹，外皮紧贴不易剥落。质坚实，断面较平整，略呈角质样。

3. 鉴别

（1）显微鉴别：本品粉末红棕色。石细胞类圆形、类三角形、类长方形或不规则形，也有延长呈纤维状，边缘不平整，直径 14~70μm，长可达 257μm，孔沟明显，有的胞腔内含黄棕色物。木纤维多为纤维管胞，长梭形，末端斜尖或钝圆，直径 12~27μm，具缘纹孔点状，纹孔斜裂缝状或十字形，孔沟稀疏。网纹导管和具缘纹孔导管直径 11~60μm。

（2）薄层色谱鉴别：取本品药材粉末 1g，加乙醇 5mL，超声波处理 15min，离心，取上清液作为供试品溶液。另取丹参对照药材 1g，同法制成对照药材溶液。再取丹参酮 II$_A$ 对照品、丹酚酸 B 对照品，加乙醇制成每 1mL 分别含 0.5mg 和 1.5mg 的混合溶液，作为对照品溶液。照薄层色谱法（《中国药典》2015 年版四部通则 0502）试验，吸取上述三种溶液各 5μL，分别点于同一硅胶 G 薄层板上，使成条状，以三氯甲烷-甲苯-乙酸乙酯-甲醇-甲酸（6∶4∶8∶1∶4）为展开剂，展开，展至约 4cm，取出，晾干，再以石油醚（60～90℃）-乙酸乙酯（4∶1）为展开剂，展开，展至约 8cm，取出，晾干，分别在日光及紫外线灯（365nm）下检视。供试品色谱中，在与对照药材色谱和对照品色谱相应的位置上，显相同颜色的斑点或荧光斑点。

4. 检查

（1）水分：照水分测定法（《中国药典》2015 年版四部通则 0832 第二法）测定，不得超过 13.0%。

（2）总灰分：照总灰分测定法（《中国药典》2015 年版四部通则 2302）测定，不得超过 10.0%。

（3）酸不溶灰分：照总灰分测定法（《中国药典》2015 年版四部通则 2302）测定，不得超过 3.0%。

（4）重金属及有害物质：照铅、镉、砷、汞、铜测定法（《中国药典》2015 年版四部通则 2321 原子吸收分光光度法或电感耦合等离子体质谱法）测定，铅不得超过 5mg/kg，镉不得超过 0.3mg/kg，砷不得超过 2mg/kg，汞不得超过 0.2mg/kg，铜不得超过 20mg/kg。

5. 浸出物

水溶性浸出物：照水溶性浸出物测定法（《中国药典》2015 年版四部通则 2201）项下的冷浸法测定，不得少于 35.0%。

醇溶性浸出物：照醇溶性浸出物测定法（《中国药典》2015 年版四部通则 2201）项下的热浸法测定，用乙醇作溶剂，不得少于 15.0%。

6. 含量测定

（1）丹参酮类：照高效液相色谱法（《中国药典》2015 年版四部通则 0512）测定。

色谱条件与系统适用性试验：以十八烷基硅烷键合硅胶为填充剂；以乙腈为流动相 A；以 0.02%磷酸溶液为流动相 B，按表 7-4 中的规定进行梯度洗脱；柱温为 20℃，检测波长为 270nm。理论板数按丹参酮 II$_A$ 峰计算应不低于 60 000。

表 7-4　梯度洗脱参数表

时间/min	流动相 A	流动相 B
0～6	61	39
6～20	61→90	39→10
20～20.5	90→61	10→39
20.5～25	61	39

对照品溶液的制备：取丹参酮 II$_A$ 对照品适量，精密称定，置棕色量瓶中，加甲醇制

成每 1mL 含 20μg 的溶液，即得。

供试品溶液的制备：取本品粉末（过三号筛）约 0.3g，精密称定，置具塞锥形瓶中，精密加入甲醇 50mL，密塞，称定重量，超声波（功率 140W，频率 42kHz）处理 30min，放冷，再称定重量，用甲醇补足减失的重量，摇匀，滤过，取续滤液，即得。

测定法：分别精密吸取对照品溶液与供试品溶液各 10μL，注入液相色谱仪，测定，以丹参酮 II_A 对照品为参照以其相应的峰为 S 峰，计算隐丹参酮、丹参酮 I 的相对保留时间，其相对保留时间应在规定值的 ±5% 范围之内。相对保留时间及校正因子见表 7-5。

表 7-5　相对保留时间及校正因子

待测成分（峰）	相对保留时间	校正因子
隐丹参酮	0.75	1.18
丹参酮 I	0.79	1.30
丹参酮 II_A	1.00	1.00

以丹参酮 II_A 的峰面积为对照，分别乘以校正因子，计算隐丹参酮、丹参酮 I、丹参酮 II_A 的含量。

本品按干燥品计算，含丹参酮 II_A（$C_{19}H_{18}O_3$）、隐丹参酮（$C_{19}H_{20}O_3$）和丹参酮 I（$C_{18}H_{12}O_3$）的总量不得少于 0.25%。

（2）丹酚酸 B：照高效液相色谱法（《中国药典》2015 年版四部通则 0512）测定。

色谱条件与系统适用性试验：以十八烷基硅烷键合硅胶为填充剂，以乙腈-0.1%磷酸溶液（22∶78）为流动相，柱温为 20℃，流速为每分钟 1.2mL，检测波长为 286nm。理论板数按丹酚酸 B 峰计算应不低于 6000。

对照品溶液的制备：取丹酚酸 B 对照品适量，精密称定，加甲醇-水（8∶2）混合溶液制成每 1mL 含 0.10mg 的溶液，即得。

供试品溶液的制备：取本品粉末（过三号筛）约 0.15g，精密称定，置具塞锥形瓶中，精密加入甲醇-水（8∶2）混合溶液 50mL，密塞，称定重量，超声波处理（功率 140W，频率 42kHz）30min，放冷，再称定重量，用甲醇-水（8∶2）混合溶液补足减失的重量，摇匀，滤过，精密量取续滤液 5mL，移至 10mL 量瓶中，加甲醇-水（8∶2）混合溶液稀释至刻度，摇匀，滤过，取续滤液，即得。

测定法：分别精密吸取对照品溶液与供试品溶液各 10μL，注入液相色谱仪，测定，即得。

本品按干燥品计算，含丹酚酸 B（$C_{36}H_{30}O_{16}$）不得少于 3.0%。

二、药材质量标准提升研究与企业内控质量标准制定（略）

三、药材留样观察与质量监控（略）

【药材研究开发与市场前景展望】

一、生产发展现状与主要存在问题

丹参适应性强，我国适宜种植丹参的区域较多，尤以山东产区占有种植面积比例较大而质优。近几年来，贵州省也在大力发展丹参药材种植基地建设。据贵州省扶贫办《贵州省中药材产业发展报告》统计，2013 年，全省丹参种植面积达 2.80 万亩，保护抚育面积 0.18 万亩，总产量达 7689.20t，总产值达 3611.08 万元。2014 年，全省丹参种植面积达 5.96 万亩，总产量达 35800.00t，总产值达 26773.75 万元。其中，以贵州景诚制药及贵州信邦制药有限公司种植规模较大，效益显著。如贵州景诚制药公司，2013 年在修文县各乡镇种植分别达六屯镇 3870 亩、久长镇 4 亩、扎佐镇 664 亩、六广镇 1036 亩、小箐乡 2007.6 亩、龙场镇 418.4 亩，共达 8000 余亩。2014 年丹参药材干品产量共计 1600 余吨，创造产值达 2880 万元，人均增收 1220 余元，向上海景峰制药公司生产的注射液提供了丹参优质原料 1500t。贵州景诚制药公司，还在 2014 年 11 月下旬采收的修文丹参试验基地（为山东莒县引种丹参种苗）进行药材测产，丹参亩产可达 500kg（栽种生长 5 个月）。该公司丹参药材，又经贵州省食品药品检验所检测（2015 年 4 月 24 日报告），结果完全符合《中国药典》规定，且其所含丹酚酸 B 达 8.8%，丹参酮类达 0.80%（阴干干燥），均超过 2010 年版《中国药典》质量标准规定。该公司丹参种植经济效益显著，每亩可达 4000 元。

又如贵州信邦制药公司，2013 年开始已在贵州铜仁市石阡、松桃、碧江等地累计推广种植丹参共达 13000 余亩。2014 年在石阡县种植 4585 亩，其中，坪山乡 1100 亩，五德镇 880 亩，中坝镇 800 亩，龙井镇 205 亩，坪地场乡 300 亩，石固乡 400 亩，本庄镇900 亩；在碧江区坝黄镇推广种植 800 亩；松桃长兴镇推广种植 300 亩。为信邦益心舒胶囊和贵州同德药业有限公司饮片生产提供优质原料 600t。2013 年 11 月信邦中坝试验基地丹参测产亩产鲜品 1700kg，含量检测丹酚酸 B 达 9.1%，丹参酮类达 0.60%，亩产值达 4250元，效益较为显著，农民积极性较高。

但贵州省丹参药材种植业在发展中仍存在不少问题。特别表现在丹参种植的规范化、规模化程度上，与山东、陕西等省还有很大差距。目前，贵州省丹参种植面积虽在不断增加，有些地方也形成了一定的连片种植，但丹参种植现主要由小户散户构成，丹参种植的规范化与规模化均存在不少问题。特别是在丹参良种化与规范化生产上，长期以来丹参种源多靠从山东等地引种或为药农自行留种，没有进行较为系统的种源优质化与本土化研究。至于究竟何种丹参或何地引种最适合贵州种植、引种或野变家栽培关键技术、质量与产量对比等规范化生产的系统研究和评价等均未很好进行。因此，优选确定最适宜贵州生态环境种植的丹参种质资源及规范化种植，使其优质高产、稳定可控这一至关贵州丹参产业发展的重要问题，均尚未很好研究，更未解决，进而致使贵州产丹参满足不了贵州制药企业的需要，贵州省制药企业每年均需从省外购进丹参药材作生产原料（据统计称，贵州省每年外购丹参药材高达 5000t 左右，而如丹参主产省山东每年自用丹参药材的量，不足其全省所产丹参药材量的 10%，其余均外销各地），这是我们应予高度重视与尽快解决的重要问题。

二、市场需求与前景展望

现代研究表明，丹参的主要药效成分可分为两类：脂溶性丹参酮类（脂溶性二萜醌类）和水溶性酚酸类。脂溶性丹参酮类成分包括丹参酮（tanshinone）Ⅰ、ⅡA、ⅡB、Ⅴ、Ⅵ，隐丹参酮（cryptotanshinone），异丹参酮（isotanshinone）Ⅰ、Ⅱ、ⅡB，异隐丹参酮（isocryptotanshinone）等。水溶性酚酸类主要有丹酚酸（salvianolic acid）A、B、C、D、E、F、G，迷迭香酸（rosmarinic acid），紫草酸B（lithospermic acid B），丹参素（salvianic acid A），原儿茶酸（protocatechuic acid），原儿茶醛（protocatechualdehyde）和咖啡酸（caffeic acid）等。丹参还含黄酮类、三萜类和甾醇等成分。丹参脂溶性成分具有抗菌、抗炎、治疗冠心病等疗效；水溶性酚酸类具有改善微循环、抑制血小板凝聚、减少心肌损伤和抗氧化等作用。丹参主要药效成分如丹参酮，不但是强壮性通经剂，具有祛瘀、生新、活血、调经等效用，是妇科要药，主治子宫出血、月经不调、血瘀、腹痛、经痛、经闭等，而且对治疗冠心病等心脑血管系统疾患有良好效果。现代药理研究及临床实验证明，丹参对心血管系统、血液系统的作用十分显著，以丹参为主的多种复方制剂被临床广泛用于冠心病、心绞痛、心肌梗死等疾病的治疗。此外，丹参还用于治疗神经性衰弱失眠、关节痛、贫血、乳腺炎、淋巴腺炎、关节炎、疮疖痛肿、丹毒、急慢性肝炎、肾盂肾炎、跌打损伤、晚期血吸虫病肝脾肿大、癫痫等。由于丹参疗效显著，其用量则不断增大，现已成为中药材市场供销两旺的大宗商品。据不完全统计，我国现有应用丹参为原料的中成药厂250余家，生产注射剂、滴丸、片剂等十多种剂型，有丹参注射剂、丹参滴丸等100多种丹参产品，销售产值达几百亿元。早在20世纪90年代，丹参的年需求量则达7000t左右，近年来丹参需求量已达上万吨。随着我国心脑血管疾病患者的增多，丹参的需求量还将越来越大，而且药材及其制剂还是我国最重要出口商品。贵州制药企业的不少主打大品种产品以丹参为主要原料，如贵州景峰制药的参芎葡萄糖注射液、心脑宁胶囊，德昌祥药业的复方丹参片、妇科再造丸，贵州信邦制药的益心舒胶囊、护肝宁片，贵州百灵制药的银丹心脑通软胶囊等产品对丹参药材的需求量也在逐年增大。2014年，贵州省丹参需求量以景峰集团为最大，仅景峰制药旗下以丹参为主要原料生产的参芎葡萄糖注射液，在国内生产的同种产品中，市场占有率排名第一，心脑血管中药注射剂类排名第七。2013年单品种销售收入达13亿元，上缴国家税收2亿元，2014年销售收入达16亿元，丹参药材需用量约2000t。《贵州省新医药产业发展规划（2014—2017年）》将景峰制药（含景诚制药等）、信邦制药（含科开医药等）等纳入20亿元级企业培育对象，将参芎葡萄糖注射液纳入20亿元级大品种培育对象。

特别值得注意与高兴的是，2015年5月27日，上海《解放日报》解放网讯（记者陈玺撼）报道："由于丹参是治疗心脑血管疾病的常用中药材，目前全国药用需求量在2万t以上。因此，上海医药今天宣布，旗下华宇公司投资500万元设立山东丹参产地公司。新设公司将主要负责丹参种植、收购、加工等业务，为上海医药以丹参作为原料的针剂、口服剂及饮片的供应提供保障"。我们相信，未来有关丹参种质资源、资源品种特性、遗传多样性、新品种选育、不同产地及各地野生与栽培品种间质量对比、规范化栽培关键技术，以及化学、药理、临床和新药新产品等方面的研究开发，将不断取得更大更新进展，其研究开发潜力极大，丹参药材市场前景极为广阔。

主要参考文献

柴瑞震. 2003. 丹参的药理研究近况[J]. 中国中医药科技，10（6）：390-392.

陈天玲,毕昌琼,肖雪,等.2015. 贵州松桃产丹参水溶性成分指纹图谱及多指标成分同时定量研究[J]. 中药材,38(3):536-539.

单成钢,张教洪,王光超,等.2013. 丹参种子特性研究[J]. 中国现代中药,15(8):680-683.

高山林,朱丹妮,蔡朝晖,等.1995. 丹参四倍体优良新品系61-2-22的选育与鉴定[J].中国中药杂志,20(6):333-335.

葛婷,郑云枫,崔健,等.2014. 丹参地上部分糖类成分的动态变化[J]. 中国现代中药,16(12):989-991.

弓建华.2012. 隐丹参酮抗肿瘤作用的研究进展[J]. 广东医学院学报,30(1):87-89.

蒋传中,刘峰华,梁宗锁.2014. 丹参GAP基地的实践[M]. 北京:中国医药科技出版社.

蒋海强,于鹏飞,刘玉红,等.2013. 野生丹参地上部分化学成分提取分离与鉴定[J]. 山东中医药大学学报,37(12):166-167.

李欣,杜俊蓉,白波,等.2008. 丹参酮ⅡA抑制大鼠血管平滑肌细胞增殖及其机制研究[J].中国中药杂志,33(17):2146-2150.

李钰娜.2009. 丹参酮ⅡA对肺缺血再灌注损伤大鼠的保护作用[J].长治医学院学报,23(4):257-259.

潘勇军,李晓勇,杨光田. 2009. 丹参酮ⅡA对增殖的大鼠血管平滑肌细胞中钙调神经磷酸酶活性的影响[J].中国中西医结合
　　杂志,29(2):133-135.

孙学刚,贾玉华,张丽丽. 2002. 丹参酮ⅡA对大鼠缺氧及正常心肌细胞内钙、膜电位和线粒体膜电位的影响[J].中国中医药
　　信息杂志,9(9):212-213.

王晨,李佳,张永清.2012. 丹参种质资源与优良品种选育研究进展[J]. 中国现代中药,14(4):37-42.

杨黎彬,刘少静,魏彩霞,等.2011. 丹参地上部分脂溶性成分研究[J]. 儿科药学杂志,17(4):7-9.

杨蓉,常亮,金鑫,等.2015. 复方丹参滴丸对冠心病患者C反应蛋白及细胞间黏附分子-1水平的影响[J].中药材,38(1):
　　197-199.

于海波,徐长庆,单宏丽,等.2002. 丹参酮ⅡA对大鼠心室肌细胞膜钾电流的影响[J].哈尔滨医科大学学报,36(2):112-114.

张洁,曾晓荣,杨艳,等. 2000. 丹参酮ⅡA磺酸钠对原代培养猪冠脉平滑肌ATP敏感钾通道、钙激活钾通道的影响[J].泸州
　　医学院学报,23(3):177-179.

郑俊修.2006. 丹参地上部分丹参酮ⅡA及隐丹参酮的含量测定[J]. 华北国防医药,18(1):66-67.

中国科学院中国植物志编辑委员会.1978. 中国植物志.第六十六卷[M]. 北京:科学出版社.

朱丹妮,高山林,卞云云,等.2001. 丹参四倍体优良品系有效成分的含量测定及药理学试验[J]. 植物资源与环境学报,
　　10(2):7-10.

（冉懋雄　罗琳栋　王文渊　赵　君）

8　玉　竹

Yuzhu

POLYGONATI ODORATI RHIZOMA

【概述】

玉竹原植物为百合科植物玉竹 *Polygonatum odoratum*（Mill.）Druce。别名：女萎、萎蕤、山玉竹、竹节黄、黄脚鸡等。以干燥根茎入药。《中国药典》历版均予收载。《中国药典》（2015年版一部）称：玉竹味甘，性微寒。归肺、胃经。具有养阴润燥、生津止渴功能。用于肺胃阴伤，燥热咳嗽，咽干口渴，内热消渴。玉竹又是常用苗药，苗药名："Reib luax ghaid"（近似汉译音："锐龚罗"），味甜、淡，性微寒，入热经药。具有益气健脾、养阴润肺、活血舒筋功能。主治产后虚弱、小儿疳积、阴虚咳嗽、多汗、肿痛、风湿疼痛、腰痛等。在苗族地区广泛用于治疗产后虚弱、月经过多、虚劳咳嗽、遗精腰痛、夜

间多尿、血虚气虚、发热自汗等症。

　　玉竹药用历史悠久，以"女萎"之名，始载于《神农本草经》，被列为上品。早在战国至西汉年间成书的我国第一部综合性分类词典《尔雅》就以"委萎"名收载，郭璞注云："叶似竹，大者如箭竿，有节，叶狭长，而表白里青，根大如指，长一二尺，可啖。"玉竹于诸家本草与中医药典籍多予记述，如梁代陶弘景《本草经集注》云：玉竹"根似黄精而小异。"明代李时珍《本草纲目》载：玉竹"其根横生似黄精，黄白色，性柔多须，最难燥。其叶如竹，两两相值。"综上可见，古今所用玉竹原植物是基本一致的。玉竹是贵州传统食药两用的地道特色药材。

【形态特征】

　　玉竹为多年生草本。根茎横走，肉质，黄白色，直径 0.5～1.4cm，密生多数细小须根。茎单一，自一边倾斜，高 20～60cm，光滑无毛，具棱。叶互生于茎的中部以上，具 7～12 叶，无柄；叶片略带革质，叶片椭圆形至卵状长圆形，长 5～12cm，宽 2～3cm；先端尖或急尖，基部楔形，全缘，上面绿色，下面淡粉白色，叶脉隆起，平滑或具乳头状突起。花腋生，通常着花 1～3 朵簇生，花梗俯垂，总花梗长 1～1.5cm，无苞片或有线状披针形苞片；花被筒状，全长 13～20mm，黄绿色至白色，先端 6 裂，裂片卵圆形或广卵形，长约 3mm，常带绿色；雄蕊 6，着生在花被的中部，花丝扁平，丝状，近平滑至具乳头状突起，花药狭长圆形，黄色；子房长 3～4mm，花柱长 10～14mm。浆果球形，直径 7～10mm，成熟时蓝黑色。花期 4～6 月，果期 7～9 月。玉竹植物形态见图 8-1。

（1. 着花植株；2. 花剖开示雄蕊和雌蕊；3. 果实）

图 8-1　玉竹植物形态图

（墨线图引自中国中药资源丛书编委会，《中国常用中药材》，科学出版社，1995）

　　另有同科同属植物小玉竹 *Polygonatum humile Fisch. ex* Maxim.等，主产东北、华北及贵州等地，亦可药用，但非《中国药典》收载品种。

【生物学特性】

一、生长发育习性

玉竹属多年生宿根性植物，地下茎横生，有时略斜向地面。地下茎尖端粗壮，每年春季顶芽分化，向上突出地面，形成茎。第一年分化 1～3 个芽呈鸡爪形（一个主根茎和两个侧根茎）向前生长，形成新生的地下根茎；第二年生长 1 个或 3 个芽。其分生的芽数并不是每年均以 3 的倍数增殖延续下去，最多的可达 5～6 个，有的只有 1 个芽。地上茎枯死后，在地下根茎留下一个圆盘形茎痕。玉竹地上茎单一，不分支，每年从新的地下茎顶芽萌发新的地上部分，一般为一芽一茎。3～5 月地下部分生长缓慢，6～9 月地下部分生长加快，玉竹地上部分植株，向其地下根茎生长方向略呈倾斜生长；9～11 月地上部分枯萎，地下部分宿根越冬。玉竹生长可为食药两用的时间，一般为 3 年。

二、生态环境要求

玉竹喜温暖、湿润，耐寒，喜光但忌强光照射，有一定耐阴性；喜湿润但又怕渍水。玉竹多生于山野林下、灌丛阴湿处或石隙间，或林间及林缘。玉竹以在土层深厚、排水良好的黄砂壤或红壤等地生长较好，太黏或过于疏松的土壤，或地势低洼、易积水、湿度过大、地势过高的地方均不宜生长。其土壤酸碱度以微酸性、中性为宜。玉竹地下茎发芽最低温度为 8℃，适宜温度为 10～15℃；现蕾开花温度为 18～22℃；地下茎生长适宜温度为 19～25℃。玉竹还是喜肥作物，宜在土壤肥沃，有机质含量高的地带种植，并要求氮、磷、钾肥应合理配比施用。

【资源分布与适宜区分析】

一、资源调查与分布

经调查，玉竹野生资源在我国南北均有分布。主要分布于西南、华中、华东、东北等地，四川、重庆、贵州、云南、湖南、湖北、江西、安徽、浙江、江苏、山东、河南、河北、吉林、山西、辽宁、黑龙江、陕西、甘肃等地。其中，尤以四川、贵州、湖南、湖北、江西、广西等地为主产区。人工种植以湖南（如新邵、邵东、隆回、邵阳、耒阳等）、江苏（如宜兴、南通等）、浙江（如磐安、东阳等）等地为主。

据文献如《中国药材产地生态适宜性区划》（陈士林等，2011 年）记载，玉竹最适宜区域的主要生态因子范围为：≥10℃积温 1233.6～60003.0℃；年平均气温 3.7～23.9℃；1 月平均气温-30.4～8.4℃；1 月最低气温-35.5℃；7 月平均气温 15.9～29.1℃；7 月最高气温 33.9℃；年平均相对湿度 48.6%～81.1%；年平均日照时数 1148～2033h；年平均降水量 320～1556mm；土壤类型以红壤、棕壤、黄棕壤、黄壤、褐土等为主。符合上述生态环境、自然条件，又具备发展药材社会经济条件，并有玉竹等药材种植与加工经验的分布区域，如我国西南、华中、华东等地则为玉竹生产最适宜区或适宜区。

二、贵州资源分布与适宜区分析

经调查，贵州玉竹资源几乎全省均有分布，并主要分布于黔北（如湄潭、凤冈、务川、道真、正安、遵义、绥阳、习水、赤水等）、黔东南（如黄平、施秉、岑巩、凯里、雷山、锦屏等）、黔东北（如印江、江口、玉屏、松桃等）、黔南（如都匀、平塘、荔波、龙里等）、黔中（如开阳、清镇、紫云等）、黔西北（如赫章、大方、水城等）、黔西南（如安龙、兴仁、兴义等）。如遵义市湄潭、凤冈、务川、道真、正安、播州、绥阳等地，位于贵州北部，地处云贵高原向湖南丘陵和四川盆地过渡的斜坡地带，地貌以山地丘陵为主，海拔一般为 1000～1500m。属于中亚热带高原湿润季风区，气候特点是：四季分明，雨热同季，无霜期长，多云寡照，≥0℃年活动积温 5500～6070℃，平均气温 12.6～13.1℃，年降水量 1000～1300mm。土壤类型以黄壤土和黄色石灰土为主，多为微酸性、土层深厚而肥沃的砂质壤土，当地农业生产较发达，当地有种植玉竹等药材的习惯和经验。上述各地均为玉竹最适宜区。

除上述生产最适宜区外，贵州省其他各县（市、区）凡符合玉竹生长习性与生态环境要求的区域均为其生产适宜区。

【生产基地合理选择与基地环境质量检（监）测评价】

一、生产基地合理选择与基地条件

按照玉竹生产适宜区优化原则与其生长发育特性要求，选择其最适宜区或适宜区并具良好社会经济条件的地区建立规范化生产基地。例如，湄潭县平均海拔 927.7m，属中亚热带季风湿润气候，四季分明，气候平和，多年平均气温 14.9℃，最低的 1 月为 3.8℃，最热的 7 月为 25.1℃，极端最低气温为-7.8℃，极端最高气温为 37.4℃。年无霜期为 284天，年日照时数 1163h，日照百分率为 26%，年总辐射量 3488MJ/m²，为全国太阳辐射较低的地区之一。多年平均降水量为 1137mm。土壤类型为黄壤，微酸性，土层深厚，肥沃疏松。基地尚应远离城镇，周围无污染源。贵州湄潭县玉竹林下种植基地见图 8-2。

图 8-2　贵州湄潭县玉竹林下种植基地

二、生产基地环境质量检（监）测与评价（略）

【种植关键技术与推广应用】

一、种质资源保护抚育

20 世纪 80 年代以来，对玉竹种质资源进行了调查，有的地区对玉竹经过长期的人工栽培和选育，产生了一些高产的品种和类型，如湖南的"猪屎尾参""木尾参"，广东的"大竹""中竹""油竹"。这些家种玉竹较野生玉竹在形态、产量等方面发生了较大的变异，质量亦佳。但由于玉竹属多年生药材且以根茎药用，市场需求逐年增高，滥采乱挖严重，玉竹野生资源日趋减少。应切实加强贵州野生玉竹种质资源的保护抚育工作，并进一步大力开展玉竹人工种植及优良种源研究，以求玉竹的永续利用。

二、良种繁育关键技术

玉竹采用无性繁殖（如根茎繁殖）为主，也可种子繁殖。由于玉竹根茎繁殖遗传性较为稳定，能确保优质丰产，且生长期也较种子繁殖短，故目前玉竹在生产上都采用根茎繁殖。

一般情况下，在我国南方于秋季（8～10 月）玉竹收获时，选择玉竹植株茎秆粗壮的进行采挖，供作种茎选用。选择肥壮、黄白色、无虫害、无病斑、无麻点、无损伤、顶芽饱满、须根多、个重 1.5g 以上的有芽根状茎作种茎。在玉竹地下根状茎挖出后，将符合上述要求的种茎，当天即切下或掰下其顶芽和侧芽后，备栽种用。玉竹种茎若当天有未用完的，可摊放于室内阴凉处，2～3 天内用。同时，尚应对玉竹种茎做好消毒等处理。

在玉竹良种繁育过程中，应特别注意优选连续留蔸生长 3 年的植株，收获其根状茎作种茎用，更应注意玉竹优良种质或品种的筛选。例如，湖南省新邵县栽培的玉竹，有猪屎尾竹、同尾竹和姜尾竹 3 个品种。经栽培对比研究表明，猪屎尾竹根状茎粗壮，节间距较短，色黄亮光泽，产量最高，栽种 2 周年一般每亩可产鲜玉竹 4000kg 左右，最高可达5000kg；而同尾竹根状茎较细，节间距较长，姜尾竹表面可见有瘤状突起侧芽，两者产量均较猪屎尾竹低。故该县种植玉竹多选用猪屎尾竹品种。

三、规范化种植关键技术

（一）选地整地

玉竹的种植地，宜选背风向阳、排水良好、土壤肥沃疏松、耕层深厚且坡度较小的黄、红砂壤地块；忌在土黏质重、瘠薄、地势低洼而易积水的地带栽培。也可在杜仲、黄柏等疏林下或林缘种植。忌连作，以防止病虫害发生。前作以玉米、花生为佳，最好是豆科植物。

选地后，若是生荒地，则于冬季翻犁过冬；若为熟地，则于前作秋季采收后翻犁备用。应先施入腐熟有机肥作基肥，每亩 2000～2500kg，均匀地撒于地面上，再将土深翻 30cm，并让烈日曝晒。栽种前，再翻耕，耙碎，整平，并宜作高畦，一般按南北向做成畦宽 1.5～2m，畦距 50cm，沟深 30cm，畦长视地形与方便作业而定。

（二）栽种定植

栽种定植时间可于秋季（10～11月上旬），亦可于春季（2～3月上旬）。选择阴天或晴天栽植，种植密度一般在畦面按35cm×（14～16）cm株行距，沟深8～10cm，每亩用种茎1300～1400株。栽种时，将玉竹种茎芽头向上并朝同一方向排放好后，覆盖适量腐熟干肥（猪牛粪或土杂肥），再将开另一行沟的土盖上，稍压实即可。在冬季，为防冻害和虫咬，尚应以稻草等将栽种玉竹的畦面覆盖。玉竹种茎与种植见图8-3。

图8-3　玉竹种茎与种植

玉竹在种茎排放时，有"双排并栽"和"单排密栽"两种方式：

1. 双排并栽

将玉竹种茎在横沟内摆成"八"字形，其芽一行向左，另一行向右，放置于横沟中排放好后依上法栽种。注意：在畦两边的玉竹种茎芽头，应向畦内为好，以免玉竹长出畦外。

2. 单排密栽

将玉竹种茎在横沟内顺摆成单行，将芽头一左一右地排放好后依上法栽种。其优点是玉竹植株长出土面后发展平衡，易受阳光照射，促进光合作用，有利于生长发育。

在贵州，玉竹于秋季栽种后，一般在翌年3月左右萌芽，其发芽适温为10～15℃，但从萌芽至出苗生长缓慢；5～6月，其茎叶生长迅速，4月底至5月初可抽蕾开花，抽蕾开花适温为18～22℃；7月后，气温逐渐升高，玉竹根状茎与地上部分均迅速生长，根状茎增粗适温为19～25℃；8～9月，果熟。而北方地区则相应推迟一段时间。

（三）中耕除草

玉竹种茎栽种的当年，还要保持土壤湿润。到翌年春天，玉竹拱土出芽，进入幼苗期，杂草生长相对较快，此时应及时浅中耕和人工除草。切勿伤及种基和小芽，否则易致种茎腐烂或伤苗。雨后或土壤过湿不宜除草，一般每年分别于4月、6月及8月共除草3次即可。

（四）追肥培土

玉竹耐肥性强，肥料三要素中氮、磷、钾都能显著影响其产量与质量。玉竹中耕除草应与追肥、培土相结合，一般于出苗后至出苗盛期，施用苗期肥，每亩可撒施复合肥约25kg，以促进其茎叶生长。于6月中旬玉竹花落后，施用促根肥，每亩可施腐熟堆肥或土杂肥400～500kg，或每亩施尿素5～10kg，或饼肥40～50kg，也可施较浓的人畜粪水，以利玉竹植株及根状茎生长。同时，还要以富含腐殖质的土壤进行培土，要覆盖玉竹植株基部，并可将除下的杂草等平铺于玉竹植株根茎四周空隙土面，以达防杂草及保温保湿作用，以利其安全越冬。

（五）抗旱防涝

因玉竹忌积水，故应在雨季到来以前，注意疏通畦沟，以利排水，并应随时做到玉竹地与畦沟无积水。如遇干旱天气时，应据实情及时浇水抗旱。

（六）主要病虫害防治

1. 主要病害防治

玉竹一般病虫害较少，主要易发生玉竹根腐病、黑斑病和灰霉病等。

（1）根腐病：多发生在高温多湿季节，使玉竹叶柄基部变成褐色，地下根部局部变褐或腐烂，甚至造成植株基部烂尽或叶片枯死根茎腐烂。

防治方法：应选取无病害玉竹种茎，并做好种茎消毒；注意田间排除积水；发病初期可用波尔多液每隔7～10天选晴天喷施1次，连续喷施3次；或用50%多菌灵1000倍液，或70%甲基托布津1000倍液喷施玉竹茎基部；用70%甲基托布津1000倍液，或25%甲基立枯灵1000倍液灌病穴，以防蔓延。如已发生根腐病，应立即拔除病株烧毁，并用石灰液消毒病穴，以防蔓延。

（2）黑斑病：多于5～6月发生，主要为害叶片和茎秆，逐渐向叶茎蔓延，有时其叶片上产生水渍状、黑色或白色等不同颜色的病斑。严重时，其病斑可连成一片，甚至导致玉竹全株茎叶发黄枯死。

防治方法：彻底清除病叶、病株残余物，加强栽培管理，可有效地减轻病害；疏通水道，降低湿度，严防积水；发病期喷洒1∶1∶100波尔多液，或用65%代森锰锌可湿性粉剂500～600倍液，或75%百菌清可湿性粉剂700～800倍液等进行根茎消毒处理。

（3）灰霉病：多于4月中旬发生，主要为害花蕾与叶片，严重时可使其茎部受害。

防治方法：及时消除落花和枯叶；以50%多菌灵1000倍液及1∶1∶100波尔多液交替喷洒等法防治。

2. 主要虫害防治

（1）蛴螬、地老虎：主要为害玉竹幼苗，钻洞咬食地下根茎，破坏根部组织，以致倒苗死亡。

防治方法：每亩用2.5%敌百虫粉2～2.5kg，加细土75kg拌匀后，沿玉竹行开沟撒施防治蛴螬，亦可同法防治地老虎，或者加大敌百虫粉用量，如以2.5%敌百虫粉2～2.5kg

与细土 20kg 拌匀后同上法防治，尚可用 90%敌百虫 1000～1500 倍液浇注玉竹根部周围土壤，或者人工捕杀处理。

（2）蛴螬：主要为害玉竹根茎，咬食嫩茎芽，最后导致倒苗死亡。

防治方法：疏通水道，降低湿度，严防积水；于玉竹茎秆基部撒施石灰；或者人工捕杀处理。

上述玉竹良种繁育与规范化种植关键技术，可于玉竹生产适宜区内，并结合实际因地制宜地进行推广应用。

【药材合理采收、初加工、储藏养护与运输】

一、合理采收与批号制定

（一）合理采收

一般于栽种第 3 年采收，于秋季选择晴天收获。先齐地割去茎叶，然后再用小锄细心地将其地下根状茎挖出，除去泥土及杂质，摊晒，切勿伤损或折断根状茎。

（二）批号制定（略）

二、合理初加工与包装

（一）合理初加工

将采挖的玉竹药材去掉泥土和杂质，摊晒。再采用传统脱毛（须根）或特制脱毛机脱去须根、泥沙，并揉搓去净粗皮。再将玉竹药材按长短、粗细挑选分级晒（晾）干。若遇连绵阴雨天时，可在 80℃以下烘干。玉竹药材以色黄或金黄为佳，要防止揉搓加工过度，否则色泽变深，甚至变黑，影响质量。玉竹药材见图 8-4。

图 8-4　玉竹药材（左：鲜品；右：干品）

（二）合理包装

干燥玉竹，可按 50kg 打包，用无毒无污染材料严密包装。在包装前应检查是否充分干燥、有无杂质及其他异物，所用包装应符合药用包装标准，并在每件包装上注明品名、规格、等级、毛重、净重、产地、批号、执行标准、生产单位、包装日期及工号等，并应有质量合格的标志。

三、合理储藏养护与运输

（一）合理储藏养护

玉竹应储存于干燥通风处，温度30℃以下，相对湿度65%～75%。商品安全水分15%～16%。本品易生霉、泛油或虫蛀。采收时，若内侧未充分干燥，在储藏或运输中易感染霉菌，受潮后可见霉斑。储藏前，还应严格入库质量检查，防止受潮或染霉品掺入。平时应保持环境干燥、整洁。定期翻垛检查，发现吸潮或初霉泛油品，应及时通风晾晒，可用明矾水洗净并迅速烘干或晒干。同时，尚应防止鼠害及加强日常养护管理。

（二）合理运输

玉竹药材在批量运输中，严禁与有毒货物混装并有规范完整运输标识，运输车厢不得有油污与受潮霉变，并应具有良好防晒、防雨及防潮等措施。

【药材质量标准、质量检测与监控】

一、药材商品规格与质量检测

（一）药材商品规格

玉竹药材以无粗皮、须根、虫蛀、霉变、焦枯，条长肥壮，色黄白，质体软，富糖性，味清甜，半透明者为佳品。其商品规格分为以下4个规格等级。

一级：干货。长10cm以上。每千克不超过60根（单独枝条），无黑色油条根。

二级：干货。长6.7cm以上。每千克不超过100根（单独枝条），无黑色油条根。

三级：干货。长3.3cm以上。每千克不超过200根（单独枝条）。

等外级：干货。长短不论，色泽不佳，但无粗皮，无霉变，无虫蛀，无农药残留超标，无枯焦。

（二）药材质量检测

按照《中国药典》（2015年版一部）玉竹药材质量标准进行检测。

1. 来源

本品为百合科植物玉竹 *Polygonatum odoratum* （Mill.）Druce 的干燥根茎。秋季采挖，除去须根，洗净，晒至柔软后，反复揉搓、晾晒至无硬心，晒干；或蒸透后，揉至半透明，晒干。

2. 性状

本品呈长圆柱形，略扁，少有分枝，长4～18cm，直径0.3～1.6cm。表面黄白色或淡黄棕色，半透明，具纵皱纹和微隆起的环节，有白色圆点状的须根痕和圆盘状茎痕。质硬而脆或稍软，易折断，断面角质样或显颗粒性。气微，味甘，嚼之发黏。

3. 鉴别

本品横切面：表皮细胞扁圆形或扁长方形，外壁稍厚，角质化。薄壁组织中散有多数黏液细胞，直径 80～140μm，内含草酸钙针晶束。维管束外韧型，稀有周木型，散列。

4. 检查

（1）水分：照水分测定法（《中国药典》2015 年版四部通则 0832 第二法）测定，不得超过 16.0%。

（2）总灰分：照总灰分测定法（《中国药典》2015 年版四部通则 2302）测定，不得超过 3.0%。

5. 浸出物

照醇溶性浸出物测定法（《中国药典》2015 年版四部通则 2201）项下热浸法测定，用 70%乙醇作溶剂，不得少于 50.0%。

6. 含量测定

对照品溶液的制备：取无水葡萄糖对照品适量，精密称定，加水制成每 1mL 含无水葡萄糖 0.6mg 的溶液，即得。

标准曲线的制备：精密量取对照品溶液 1.0mL、1.5mL、2.0mL、2.5mL、3.0mL，分别置于 50mL 量瓶中，加水至刻度，摇匀。精密量取上述各溶液 2mL，置具塞试管中，分别加 4%苯酚溶液 1mL，混匀，迅速加入硫酸 7.0mL，摇匀，于 40℃水浴中保温 30min，取出，置冰水浴中 5min，取出，以相应试剂为空白，照紫外-可见分光光度法（《中国药典》2015 年版四部通则 0401），在 490nm 的波长处测定吸光度，以吸光度为纵坐标，浓度为横坐标，绘制标准曲线。

测定法：取本品粗粉约 1g，精密称定，置圆底烧瓶中，加水 100mL，加热回流 1h，用脱脂棉滤过，如上重复提取 1 次，两次滤液合并，浓缩至适量，转移至 100mL 量瓶中，加水至刻度，摇匀，精密量取 2mL，加乙醇 10mL，搅拌，离心，取沉淀加水溶解，置 50mL 量瓶中，并稀释至刻度，摇匀，精密量取 2mL，照标准曲线的制备项下的方法，自"加 4%苯酚溶液 lm"起，依法测定吸光度，从标准曲线上读出供试品溶液中无水葡萄糖的重量（mg），计算，即得。

本品按干燥品计算，含玉竹多糖以葡萄糖（$C_6H_{12}O_6$）计，不得少于 6.0%。

二、药材质量标准提升研究与企业内控质量标准（略）

三、药材留样观察与质量监控（略）

【药材生产发展现状与市场前景展望】

一、生产发展现状与主要存在问题

贵州具有种植玉竹的良好自然条件与生产应用历史，并具有良好的群众基础。十多年来，贵州省玉竹种植已有一定发展，并有所成效。但由于玉竹家种年限较长，药农种植积极性不高，其优质高产关键技术还有待深入研究，以致玉竹种植面积不大；与在玉竹野生变家种及优良种源研究等方面，均已取得较好成效的湖南省等相比，贵州省相对滞后，差距较大。玉竹现仍以野生品供应市场为主，市场价格起落较大，尚须加强野生变家种与规范化种植基地建设，以更好满足用药需求。

二、市场需求与前景展望

玉竹是我国著名传统药材、中医临床常用中药。如明代李时珍的名著《本草纲目》云："萎蕤，性平，味甘，柔润可食。改朱肱《南阳活人书》治风温自汗身重，语言难出，用萎蕤汤以之为君药。予每用治虚劳寒热、痁疟及一切不足之症，用代参、芪，不寒不燥，大有殊功。不止于去风热湿毒而已，此昔所未阐者也。"现仍为中医临床治疗肺胃阴伤，燥热咳嗽，虚劳寒热，内热消渴要药。

现代研究表明，玉竹含有多种有效成分，如玉竹黏多糖、玉竹果聚糖等多糖类；铃兰苦苷、铃兰苷、黄精螺甾醇等甾体皂苷类；白屈菜酸、双氯高异黄酮等黄酮与异黄酮类，以及生物碱、氨基酸、微量元素等。玉竹具有降血糖、保护胰岛细胞、降血脂、抗动脉粥样硬化、增强学习记忆、耐缺氧、抗氧化、抗衰老、抗肿瘤、抗肝损伤、抗内毒素及抗疲劳等药理作用。临床上在治疗Ⅱ型糖尿、高血脂症、慢性萎缩性胃炎及心血管系统疾病与抗癌、防老抗衰等方面都有较理想疗效。而且玉竹还是国家规定的药食两用药材，玉竹尚是传统出口商品，主要出口日本、新加坡、马来西亚、泰国、缅甸等十多个国家。从以上足见，玉竹的产业化发展，在中医药、中药材产业和大健康产业上均有极大研究开发潜力，其产业化和市场前景均极为广阔。

主要参考文献

毕武，周佳民，黄艳宁，等.2014.湖南地区玉竹根腐病病原鉴定及其生物学特性研究[J].中国现代中药，16（2）：133-137.

季峰，魏贤勇，刘广龙，等.2006.玉竹多糖降血糖作用的实验研究[J].江苏中医药，（9）：70-71.

蒋智林，拜如霞，桂富荣，等.2012.玉竹药理功效及其开发利用研究进展[J].特产研究，3：73-75.

李大庆，夏忠敏，张忠民.2004.贵州玉竹主要病虫种类调查及防治技术[J].植物医生，17（5）：18-19.

梁海霞，李焕德.2008.玉竹药理活性研究进展[J].中南药学，6（3）：342-344.

刘塔斯，肖冰梅，余惠旻，等.2001.玉竹、黄精·药用动植物种养加工技术[M].北京：中国中医药出版社.

晏春耕，曹瑞芳.2006.玉竹的研究进展与开发利用[J].中国现代中药，9（4）：33-35.

张新春，王洪学，王研革，等.2011.玉竹人工高产栽培及开发利用[J].中国林副特产，6：49-52.

邹坤，陈勇.2011.玉竹根腐病的发生与防治[J].湖南人文科技学院学报，2：42-44.

（邓　炜　冯中宝　冉懋雄）

9　龙　胆

Longdan

GENTIANAE RADIX ET RHIZOMA

【概述】

龙胆原植物为龙胆科植物条叶龙胆 *Gentiana manshurica* Kitag.、龙胆 *Gentiana scabra*

Bunge.、三花龙胆 *Gentiana triflora* Pall.或滇龙胆 *Gentiana rigescens* Franch.。别名：陵游、龙胆草、苦草、云龙胆、川龙胆、青鱼胆、粗糙龙胆等。前3种习称"龙胆"，后1种习称"坚龙胆""云龙胆"。以干燥根和根茎入药。《中国药典》历版均予收载。《中国药典》（2015年版一部）称：龙胆味苦，性寒。归肝、胆经。具有清热燥湿，泻肝胆火功能。用于治疗湿热黄疸、阴肿阴痒、带下、湿疹瘙痒、肝火目赤、耳鸣耳聋、胁痛口苦、强中、惊风抽搐。其同科植物红花龙胆 *Gentiana rhodantha* Franch.还是常用苗药，苗药名："Jab juf saix"（近似汉译音："加架山"）。味苦，性冷，归肝、胆经。具有清热燥湿、解毒泻火、止咳功能。主治湿热黄疸、肺热咳嗽、小便不利等。在苗族地区广泛用于治疗急性黄疸型肝炎、风热咳嗽、百日咳、咳嗽、痰中带血、淋症血尿、倒胆、蛔虫、风湿、喉火等症。

　　龙胆始载于东汉《神农本草经》，被列为中品，并称："龙胆味苦寒。主骨间寒热，惊痫邪气，续绝伤，定五脏，杀蛊毒。久服益智不忘，轻身耐老。一名陵游。"其后诸家本草多予收载，如《本草图经》谓："龙胆，宿根黄白色，下抽根十余本，类牛膝。直上生苗，高尺余。四月生叶，似柳叶而细。茎如小竹枝。七月开花如牵牛花，花作铃铎形，青碧色。冬后结子。苗便枯。二月、八月、十一月、十二月采根阴干。浙中又有山龙胆草，味苦涩，取根细锉，取生姜自然汁浸一宿去其性，焙干，捣，水煎一钱匕，温服之，治四肢疼痛。采无时候，叶经霜雪不雕，此同类而别种也。"《本草经疏》记有"草龙胆味既大苦，性复大寒，纯阴之药也，虽能除实热，胃虚血少之人不可轻试。空腹饵之令人溺不禁，以其太苦则下泄太甚故也。"龙胆药用历史悠久，是中医临床及中药工业常用大宗药材，也是贵州地道药材。

【形态特征】

　　滇龙胆：又称坚龙胆、云龙胆、川龙胆等。为多年生草本，高10～50cm，单生或簇生，花期无基生叶；茎直立，不分枝，常带紫红色，略粗糙。茎生叶下部稀疏，上部密，椭圆形或阔椭圆形，长约4cm，宽约1.5cm，全缘，顶端钝，具凸尖，基部渐狭。花数朵簇生枝顶或单生于上部叶腋，长约3cm，紫红色或蓝色，无柄；萼漏斗状，裂片椭圆形，二大三小，具软骨质边；花冠管状，裂片三角形，顶端急尖，具绿色斑点褶；褶三角形，全缘或裂，淡蓝色，短于花冠裂片；雄蕊5枚，子房椭圆形，具柄。果实长椭圆形，内藏；种子多数，细小，无翅，褐色，表面蜂窝状。花期9～10月，果期10～11月。

　　龙胆：又名粗糙龙胆等，为多年生草本。全株绿色稍带紫色。高30～60cm，根茎短，簇生多数黄白色横纹的细长根，茎直立，单一粗糙。叶对生，基部叶甚少，中部与上部的叶卵形或卵状披针形，长2.5～8cm，宽0.4～3.5cm，叶缘及叶背主脉粗糙，基部抱茎，主脉3～5条，花常2～5朵簇生于茎顶及上部叶腋；苞片披针形，萼钟形，先端5裂；花冠深蓝色，钟形，5裂，裂片之间有褶状三角形副冠片，雄蕊5，雌蕊1；蒴果长圆形，种子多数，有翅表面具细网状。花期9～10月，果期10月。

　　条叶龙胆：又名东北龙胆、山龙胆、水龙胆等，为多年生草本。高20～50cm，全体无毛。花冠裂片先端尖，雄蕊着生于花冠筒下部12～13间；叶披针形至线形，叶缘及主脉光滑，见图9-1。

三花龙胆：又名关龙胆、山龙胆等，为多年生草本。高30～50cm，全体光滑，无毛。雄蕊着生于花冠筒下13处，叶线状披针形。

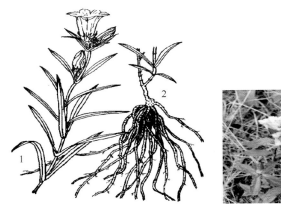

1. 着花植株；2. 植株下段及根

图 9-1　条叶龙胆植物形态图

（墨线图引自中国中药资源丛书编委会，《中国常用中药材》，科学出版社，1995）

另有同科同属植物如红花龙胆 *Gentiana rhodantha* Franch.（主产于贵州、云南及湖南等地）、黄花龙胆 *Gentiana flavomaculate* Hayata（主产于甘肃、四川及青海等地）等，亦可药用，但非《中国药典》收载品种。

【生物学特性】

一、生长发育习性

据在贵阳（海拔1070m）和六枝特区堕却乡长箐基地（海拔1700m）的试验观察，滇龙胆种子早春播种后，于3月下旬开始萌发，4～6月为幼苗期，生长缓慢，7～10月为植株基生叶生长盛期，当年生苗只有基生叶，可形成2～4条长约5cm的须根。一年生龙胆苗耐寒，冬季不倒苗。第二年3月抽茎，至4月下旬茎高可达10cm，具2～3条茎，5～9月为营养生长旺盛期，二年生植株的花期为9～10月，每株开花数12～15朵，10月为果期，11月份果实渐脱落，植株地上部分倒苗。多年生坚龙胆地下根茎具有横走的特性，其地下根茎可延长，在节上产生须根。在人工栽培和抚育条件下，第3年3月初萌动返青，4～8月为营养生长旺盛期，每株抽出8～10条茎长成簇状，芦头上有多枚休眠芽，其平均每株须根15～20条，平均长15～18cm，花期为9～10月，平均每株开花数25～30朵，10～12月为果期，12月果实渐枯萎脱落并部分倒苗。

二、生态环境要求

滇龙胆在海拔低于1000m或者高于3000m的灌丛草坡或常绿阔叶林中极少分布，多分布于山间盆地及河谷山地海拔 1300～2700m 的松栎混交林和灌草丛中。随着生态环境的垂直变化，滇龙胆表现出明显的生态适应特征。高海拔郁闭度较小的区域，滇龙胆植株矮小，分枝、叶数较少，叶片小而厚，叶色黄绿，叶肉栅栏组织明显；低海拔（1400m 以下）郁闭度较大的区域，滇龙胆植株较高，分枝较多，叶数多，叶片大而薄，叶色淡绿，叶肉海绵组织较明显。

据调查，如贵州发展滇龙胆种植（抚育）的六枝特区、大方县、修文县、龙里县、独山县等地，大都是在海拔 1300m 以上的地带，属农业气候层划分中的暖温层（≥10℃的积温 3000～4000℃，一月平均气温-1～6℃，7 月平均气温 18～25℃，极端最低气温-2～-7℃），其气候温凉多云雾，适宜发展滇龙胆生产。滇龙胆生长环境的具体要求是：

温湿度：年平均温度 6.6～20℃，≥10℃年积温为 3000～5500℃，无霜期 210～300天，空气相对湿度 80%，海拔 1000～3500m，生长于山谷或山坡的混生阔叶林和灌丛、草坡地中。

光照：年平均日照 1200～1500h。滇龙胆幼苗喜阴凉，成年喜光，在高海拔强烈的阳光和空旷的恶劣环境中也能生长。

土壤：在河谷平坝冲积土、河谷阶地赤红壤、低山山地红壤、中山山地红壤、黄红壤、高山山地棕壤地带均能生长，在细沙性瘠薄土壤地带也能生长，但在土层深厚、肥沃、腐殖质含量较多、排水性好、保湿性良、既不怕干旱又不怕水涝的微酸性土壤中生长最佳。

水：滇龙胆喜肥水，肥水充足，生长最佳，肥水不足，生长不良；水分过多，根系生长良，地上部分生长迟缓。尤其幼苗最忌强光、高温和干旱。以年降水量为 1000～1800mm、阴雨天较多、雨水较均匀、水热同季为佳。

【资源分布与适宜区分析】

一、资源调查与分布

经调查，龙胆科龙胆属植物种类较多，全国共 230 余种，其中作为中药使用的有 9种；而《中国药典》历版收载的仅 4 种。即龙胆、条叶龙胆、三花龙胆和滇龙胆，主要分布于黑龙江、内蒙古、吉林、辽宁、河北、山东、江苏、安徽、浙江、福建、江西、湖南、湖北、四川、重庆、贵州、广西等省地亦有分布。滇龙胆主要分布于云南、贵州、四川、重庆、湖南、湖北、广西等省（自治区、直辖市），其地上部分及根均可入药，具有较高的药用价值。据谢贤明等调查，滇龙胆主要分布于云南和四川西南部金沙江水系的安宁河、雅砻江流域，位于青藏高原东南缘、横断山脉北段的攀枝花、西昌、米易、会东、会理、德昌、盐边等市县是滇龙胆主要分布地带。本书以滇龙胆为重点予以介绍如下。

二、贵州资源分布与适宜区分析

（一）贵州分布

经调查，滇龙胆在贵州全省均有分布，主要分布于黔北、黔东、黔西北、黔中及黔东南等地。

滇龙胆在贵州海拔 800m 以上的区域均有分布，如西部和西北部的六盘水市、毕节市和中部的贵阳市、安顺市的各县区，南部黔南州的独山、龙里、贵定等，其中产藏量最大的有六枝特区、盘州、水城、威宁、赫章、大方等，区域内多为高中山灌丛草坡，日照较少，雾日多，气候凉爽湿润，最高海拔为赫章县珠市乡的韭菜坪（海拔 2901m）。贵州的滇龙胆主产区为六盘水市、毕节市、贵阳市、安顺市等地。如盘州、六枝、水城、威宁、赫章、七星关、纳雍、织金、大方、黔西、金沙、修文、息烽、乌当、惠水、龙里、独山、普定、关岭、紫云、普安、松桃、印江、施秉、雷山、黄平等地都有野生资源。在六枝、盘州、威宁、大方等有人工栽培（抚育），现面积最大的基地在六枝特区。

（二）贵州适宜区分析

贵州滇龙胆的最适宜区为：黔西北和西部山原山地如盘州、水城、六枝、威宁、赫章、纳雍、大方、织金、黔西等地，黔东北山原山地如石阡等地，黔东南山原地如雷山、施秉、台江等地，以及黔中山原山地的修文、息烽、普定、关岭、紫云、普安等。以上各地均具有滇龙胆在整个生长发育过程中所需的自然条件，在该区所收购的野生滇龙胆质量较好、产量较大。

除上述滇龙胆最适宜区外，贵州省其他各县（市、区）凡符合滇龙胆生长习性与生态环境要求的区域均为其适宜区。

【生产基地合理选择与基地环境质量检（监）测评价】

一、生产基地合理选择与基地条件

按照滇龙胆生产适宜区优化原则与其生长发育特性要求，选择其最适宜区或适宜区并具良好社会经济条件的地区建立规范化生产基地。例如，在贵州省六盘水市六枝特区堕却乡长箐村军马场选建的滇龙胆规范化种植（抚育）试验示范基地（以下简称"六枝龙胆基地"），位于距六枝特区县城 35km 的堕却乡长箐村，海拔 1650～1750m，气候属于中亚热带季风湿润气候，年平均气温为 10～15℃，极端最高气温 36.5℃，极端最低气温–7.6℃，≥10℃积温 3400～5000℃，年无霜期 270～290 天，年降水量 1300～1400mm，年均相对湿度 80%。成土母岩主要为石灰岩和砂岩，土壤以黄壤和黑色石灰土为主。地带性植被为落叶阔叶和针叶混交林，主要树种有秃叶黄皮树、枫香、丝栗、马尾松、柳杉、华山松、栎类等。该基地生境内的药用药材除滇龙胆外，主要有续断、白及、绥草、瓶尔小草、南沙参、桔梗、天冬、黄精、鱼腥草等。

六枝滇龙胆基地原建于 2007 年，现在其原建试验基地基础上，建立了龙胆规范化种植（抚育）试验示范基地 1000 亩，其中采种区 30 亩，仿野生抚育试验区 170 亩，抚育示范区 800 亩，尚专建有平寨抚育推广区 3000 亩。

六枝龙胆基地属六枝特区农业产业园区的一部分。六枝特区和堕却乡党政对滇龙胆基地规范化生产基地建设高度重视，交通、通信等社会经济条件良好，当地广大农民有种植滇龙胆的传统习惯与积极性。该基地远离城镇及公路干线，空气清新，水为山泉，环境幽美，远离城镇及公路干线，周围 10km 内无污染源，见图 9-2。

图 9-2　贵州省六枝特区堕却乡龙胆规范化种植试验研究与示范基地（2012 年）

二、基地环境质量检（监）测与评价（略）

【种植关键技术研究与推广应用】

一、种质资源与保护抚育

滇龙胆原产中国，野生资源多生长在山坡草灌丛中。其地带性植被为常绿落叶阔叶混交林、针阔叶混交林和灌草丛，主要树种有丝栗、枫香、马尾松、华山松、柳杉，及杉、柏、栎类，盐肤木、楤木、杜鹃、南烛、火棘、悬钩子、斑茅、白茅、蕨类、苔藓等。滇龙胆以野生为主，近年来野生资源破坏严重，在云南、贵州等地有人工种植。

据观察研究，滇龙胆具有种质资源多样性特点，主要表现在叶的形态、茎的颜色、光滑程度，及花的颜色等方面。不同类型的滇龙胆生长速度和生态适应性有差别。在生产实践中，经有目的有意识地选择生长迅速、须根发达、生态适应性强的不同类型的滇龙胆进行培育，则可培育出优质高产的新品种。应对滇龙胆种质资源，特别是贵州黔西北、黔北、黔东北等地难得的野生滇龙胆种质资源切实加强保护与抚育，以求永续利用。

二、良种繁育关键技术

滇龙胆可采用种子繁殖和分株繁殖，目前多采用种子繁殖育苗移栽或仿野生播种抚育。下面重点介绍仿野生种子繁殖抚育的有关问题。

（一）种子来源、鉴定与采集保存

1. 种子来源与鉴定

滇龙胆为多年生宿根植物，播种后第二年可抽薹开花结实，应选择 2 年以上抚育地作留种地。滇龙胆种子主要于贵州六枝规范化抚育基地堕却种子采种基地采种，见图 9-3。采种基地滇龙胆原植物，经贵州省中医药研究院中药研究所何顺志研究员鉴定为龙胆科植物滇龙胆 *Gentiana rigescens* Franch.。

2. 种子采集与保存

滇龙胆果实呈长椭圆形、浅紫色、质嫩、具柄；种子呈褐色、表面蜂窝状、内藏，见图 9-4。六枝滇龙胆基地于 11 月下旬至 12 月下旬，当采种地滇龙胆的花冠萎蔫，果实由白色变黄绿或带浅紫色时，种子成熟，在果壳尚未裂开之前采集。采收加工方法为：割取带花果枝，放在塑料或光滑的瓷盘内，置于通风阴凉处，经 10～15 天后，当花被和果实完全干燥时，果实裂开，用手轻轻揉搓，抖出种子，再用 40 目和 30 目分样筛去花被、果皮和杂质，将种子拌与 30 目细河沙按 1∶200 混合贮藏供来年春天播种用。

图 9-3　六枝特区堕却乡滇龙胆规范化种植试验研究与示范基地采种圃

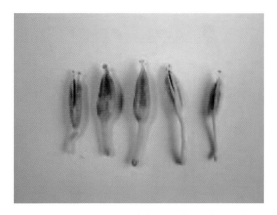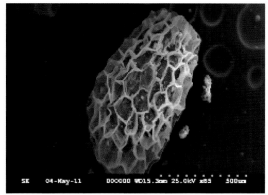

图 9-4　滇龙胆果实及种子（左：成熟果实；右：电子显微镜下的种子）

（二）种子品质检定与种子质量标准制订

1. 种子品质检定

扦样依法对滇龙胆种子进行品质检定，主要有：官能检定、成熟度测定、净度测定、生活力测定、水分测定、千粒重测定、病虫害检验、色泽检验等。同时，尚应依法进行种子发芽率、发芽势及种子适用率等测定与计算。如六枝龙胆基地 3 月春播育苗用滇龙胆种子品质检定的结果，见表 9-1。

表 9-1　滇龙胆种子品质的主要检定结果

外观形状	成熟度/%	净度/%	生活力/%	检测代表样重 /kg
细小，肾形，褐色，表面蜂窝状	90	95	94	
含水量/%	千粒重/g	发芽率/%	病虫感染度/%	1.0
14.3	0.0386	80	0.8	

2. 种子质量鉴别

滇龙胆优劣种子主要鉴别特征，见表 9-2。

表 9-2　滇龙胆优劣种子主要鉴别特征

种子类别	主要外观鉴别特征
成熟新种	种皮黄褐色至栗褐色，有光泽，表面蜂窝状，饱满新鲜，种仁饱满均匀
早采种	种皮浅黄色，种仁不饱满
隔年种	种皮褐色，无光泽，种仁干皱，胚乳浅黑色至黑色
发霉种	闻着有霉味，褐色，少光亮，种子黏结成团，黑色或黑褐色

3. 种子标准制定

经试验研究，将滇龙胆种子分为三级种子标准（试行），见表 9-3。

表 9-3　滇龙胆种子分级表（试行）

项目	一级种子	二级种子	三级种子
成熟度（%）不低于	90	85	80
净度（%）不低于	95	90	90
生活力（%）不低于	85	80	75
含水量（%）不高于	15	15	15
千粒重（g）	≥0.035	0.032～0.035	0.030～0.032
外观形状	近肾形，黄褐色或褐色，有光泽，表面蜂窝状		

（三）种子处理、浸种、拌种与种子育苗技术

1. 种子处理

若冬播可用当年采集的合格鲜种。若来年春播，应将种子与含水量为 20% 的细湿沙（3∶1）混合均匀存放。

2. 浸种

苗床育苗用种子可用 0.5‰ 和 0.2‰ 赤霉素浸泡滇龙胆种子 60min 和 120min，可以提高滇龙胆发芽势。

3. 拌种

苗床用种量为 1g/m²。按用种量 1∶200～1∶300 草木灰或细河沙或细土拌均匀，便于均匀撒播于苗床上。

4. 种子育苗技术

研究认为可采用的育苗方法有：苗床育苗法、穴盘育苗和仿野生撒播育苗法。

（1）苗床育苗法：①育苗地选择：浇灌方便，通风良好，有荫蔽条件。②苗床准备：深翻土地，耙细整平，做成苗床，铺细腐殖土 1～2cm 厚，撒施清粪水。③种子处理及播种：用种量 400g/亩（商品种子），折合苗床 1g/m²。依上法拌种，均匀撒播于苗床上，盖上地膜保湿，用遮阳网等控制温度不低于 15℃不高于 30℃，湿度不低于 25%（以 30%）最适宜。④苗期管理：幼苗出土形成真叶约需 30 天，应及时搭棚遮阴（郁闭度 40%左右，相当于 2 层遮阳网），苗长到 3～4cm，可手工拔去杂草。施清粪水及少量尿素提苗。冬季应防冻害发生。第二年 4 月可移栽。

（2）穴盘育苗法：便于水分管理和除草管理。①育苗地选择：浇灌方便，通风良好，有荫蔽条件。②穴盘准备：以草土灰和腐殖土按 1∶2 混合后为基质。混合均匀的基质装于规格为 40cm×60cm（60 穴）的塑料穴盘中，再放置于深约 6cm 的池中，水深 0.5～1cm，使基质充分吸水。③种子处理及播种：种子按 1∶200～1∶300 草木灰拌均匀，将其点播于穴盘内，盖上地膜保湿，用遮阳网等控制温度不低于 15℃，不高于 30℃，池内水深保持 0.5cm 最适宜。④苗期管理：幼苗出土形成真叶约需 30 天，应及时搭棚遮阴（郁闭度 40%左右，相当于 2 层遮阳网），苗长到 3～4cm，可手工拔去杂草。施清粪水及少量尿素提苗。冬季进行防冻害处理。第二年 4 月可移栽。坚龙胆苗床育苗及穴盘育苗见图 9-5。

图 9-5　滇龙胆育苗（左：苗床育苗；右：穴盘育苗）

（3）仿野生撒播育苗及抚育：①育苗地选择：在海拔 1500～1800m，坡度缓的有野生滇龙胆生长的草坡做播种地。②育苗地准备：于 3～5 月选晴朗天气，用除草剂除去地块中的杂草及杂草种子，15～20 天后即可播种。③种子处理及播种：用种量 200g/亩（商品种子），折合苗床 0.3g/m²。按 1∶200～1∶300 草木灰或细河沙拌均匀。于当地雨季来临前均匀撒播于处理过的草坡地上。④苗期管理：撒播后 30 天幼苗陆续出土，可采取建立围栏等措施防止人畜践踏破坏。及时割除杂草、灌丛。第二年 4 月可移栽。滇龙胆移栽苗见图 9-6。

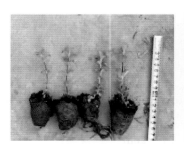

图 9-6　滇龙胆移栽苗（左：实生苗；右：分株苗）

此法省工省力，投入少，但需有适宜的环境，出苗密度、大小不均匀，种子用量大。

（四）种苗标准制定

经试验研究，将滇龙胆移栽苗分为三级种苗标准（试行），见表 9-4。

表 9-4　滇龙胆移栽苗质量标准（试行）

等级	一级	二级	三级
主茎叶片数	≥16	10～16	≤10
苗高（cm）	≥10	5～10	≤5
外观形状		色绿，1～3 茎，根系发达，无病害斑点，无虫咬残缺	

另外，滇龙胆尚可采用分株进行无性繁殖。在每年 5～7 月温和、多雨季节，选择 3 年生具 15～20 个枝条的健壮植株，整株挖出，用锋利剪刀分成 5～6 株，每株保持有 3～4 个枝条，并修剪过长的须根，保持其长度为 4～5cm，按照移栽方法移栽于大田即可。

三、规范化种植关键技术

（一）选地整地与移栽定植

1. 选地整地

海拔 1000m 以上微酸性黄壤，疏林地、林窗或草灌丛抚育。也可与玉米、高粱等高秆作物间种。

2. 移栽定植

（1）栽种模式：粮-药间作，玉米-滇龙胆；林-药间作，核桃（松树）-滇龙胆。

（2）移栽时间和密度：以粮-药间作为例，玉米 2 月下旬或 3 月初早播（春旱可拱棚育苗移栽），玉米宜稀植（2000～2500 株/亩）。4 月下旬 5 月初雨季前移栽滇龙胆苗，穴栽，密度为 8800～11500 株/亩，即 50cm 宽厢沟，100cm 厢面，株行距 20cm×20cm 或

20cm×25cm。疏林下或林间种滇龙胆，林木郁闭度应达 40%左右。根据地形和林木分布情况，可成斑块状，每平方米厢面 20～25 株，株行距 20cm×20cm 或 20cm× 25cm。

（二）田间管理

1. 林-药间作

及时修整林木枝条，控制郁闭度在 40%左右。并对龙胆地块内的灌木、草丛适当清理。每年 3～4 月施一次以农家肥为主的春肥，7～8 月施磷钾肥一次。

2. 粮-药间作

玉米 2 月下旬或 3 月初早播（春旱可拱棚育苗移栽），稀植（2000～2500 株/亩）。及时除草施肥，玉米高约 1m 时即 4 月下旬 5 月初雨季前移栽滇龙胆苗。穴栽，8800～11500 株/亩。

3. 草-药间作

如前原生环境播种育苗。播种后第二年据成苗情况，移密补稀，或挖取成苗大田栽种。密度保留 20～30 株即可。粗放管理，主要防人畜践踏破坏。

（三）合理施肥

滇龙胆移栽成活后，每年 5 月下旬 6 月初可施清粪水（加尿素）提苗，7～8 月施磷钾肥壮根。

（四）主要病虫害防治

1. 主要病害防治

（1）龙胆斑枯病和褐斑病：为害叶片，7～8 月发生，具有毁灭性。

防治方法：雨季注意排水；秋冬枯萎后及时清园；6 月下旬发病前用 50%多菌灵可湿性粉剂 500～1000 倍液或 70%甲基托布津可湿性粉剂 800 倍液喷施。

（2）茎枯病：为害茎秆，可致植株死亡。

防治方法：目前暂无有效防治办法。可有效控制施肥量，防止植株徒长以减少病害发生。

（3）根腐病：为害根，可致植株死亡。

防治方法：目前暂无有效防治办法。土壤消毒和种苗消毒可预防。

（4）猝倒病：苗期病害，多于 5～6 月发生。

防治方法：调节床土水分，一旦发病即停浇水，用 65%代森锌 500 倍液或 40%乙磷铝 300～400 倍液浇灌病区。

2. 主要虫害防治

主要虫害为花蕾食蝇，为害果实，影响结实率。

防治方法：用 40%乐果乳油 1500 倍液或 70%晶体敌百虫 1000 倍液喷施。

上述滇龙胆良种繁育与规范化种植关键技术，可于滇龙胆生产适宜区内，并结合实际因地制宜地进行推广应用。

【药材合理采收、初加工、贮藏与运输】

一、合理采收与批号制定

（一）合理采收

1. 采收时间

每年可于 8 月下旬割地上茎叶供药用；移栽 3～4 年后，可于 10～11 月采挖根。

2. 采收方法

茎叶直接用锋利的镰刀割去，运回晒干即可；根用挖锄带芦头完整挖取，除去泥土及杂质，带回初加工。

（二）批号制定（略）

二、合理初加工与包装

（一）合理初加工

1. 净选

挖回的龙胆，用剪刀剪去过长茎叶，保留长度不超过 0.5cm，清水洗净泥土。

2. 整形及干燥

晾晒至 7 成干，将根条理顺，几小丛捆成小捆，再晾晒或烘（60℃以下）至全干。

3. 烫煮

鲜根于沸水烫后捞出，晒干或烘干。野生及家种滇龙胆药材见图 9-7。

图 9-7　滇龙胆药材（左：野生；右：家种）

（二）合理包装

将干燥滇龙胆，按 30～40kg 打包成袋，用无毒无污染材料（如麻袋或塑料编织袋）严密包装。在包装前应检查是否充分干燥、有无杂质及其他异物，所用包装应符合药用包装标准，并在每件包装上注明品名、规格、等级、毛重、净重、产地、批号、执行标准、生产单位、包装日期及工号等，且应有质量合格的标志。

三、合理储藏养护与运输

（一）合理储藏养护

滇龙胆应储存于干燥通风处，温度 30℃以下，相对湿度 65%～75%。商品安全水分 9%。本品易生霉，变色，虫蛀。采收时，若未充分干燥，在贮藏或运输中易感染霉菌。存放过久，颜色易失，变为浅黄或黄白色。贮藏前，还应严格进行入库质量检查，防止受潮或染霉品掺入。平时应保持环境干燥、整洁。定期检查，发现吸潮或初霉品，应及时通风晾晒等。

（二）合理运输

滇龙胆药材在批量运输中，严禁与有毒货物混装；运输车厢不得有油污与受潮霉变并具有良好防晒及防潮等措施。

【药材质量标准、质量检测与监控】

一、药材商品规格与质量检测

（一）药材商品规格

龙胆药材以无茎叶、杂质、霉变，表面淡黄色或黄棕色，质脆，易折断，断面略平坦，皮部黄白色或淡黄棕色，木部黄白色者为合格。龙胆药材商品规格为统货，现暂未分级。

（二）药材质量检测

按照《中国药典》（2015 年版一部）龙胆药材质量标准进行检测。

1. 来源

本品为龙胆科植物条叶龙胆 *Gentiana manshurica* Kitag.、龙胆 *Gentiana scabra* Bunge.、三花龙胆 *Gentiana triflora* Pall. 或滇龙胆 *Gentiana rigescens* Franch.的干燥根和根茎。前三种习称"龙胆"，后一种习称"坚龙胆"，春、秋二季采挖，洗净，干燥。

2. 性状

龙胆：根茎呈不规则的块状，长 1～3cm，直径 0.3～1cm；表面暗灰棕色或深棕色，上端有茎痕或残留茎基，周围和下端着生多数细长的根。根圆柱形，略扭曲，长 10～20cm，直径 0.2～0.5cm；表面淡黄色或黄棕色，上部多有显著的横皱纹，下部较细，有纵皱纹及支根痕。质脆，易折断，断面略平坦，皮部黄白色或淡黄棕色，木质部色较浅，呈点状环列。气微，味甚苦。

坚龙胆：表面无横皱纹，外皮膜质，易脱落，木质部黄白色，易与皮部分离。

3. 鉴别

（1）显微鉴别：

龙胆：表皮细胞有时残存，外壁较厚。皮层窄；外皮层细胞类方形，壁稍厚，木栓化；内皮层细胞切向延长，每一细胞由纵向壁分隔成数个类方形小细胞。韧皮部宽广，有裂隙。形成层不甚明显。木质部导管 3～10 个群束。髓部明显。薄壁细胞含细小草酸钙针晶。

坚龙胆：内皮层以外组织多已脱落。木质部导管发达，均匀密布。无髓部。粉末淡黄棕色。

龙胆：外皮层细胞表面观类纺锤形，每一细胞由横壁分隔成数个扁方形的小细胞。内皮层细胞表面观类长方形，甚大，平周壁显纤细的横向纹理，每一细胞由纵隔壁分隔成数个栅状小细胞，纵隔壁大多连珠状增厚。薄壁细胞含细小草酸钙针晶。网纹导管及梯纹导管直径约至 45μm。

坚龙胆：无外皮层细胞。内皮层细胞类方形或类长方形，平周壁的横向纹理较粗而密，有的粗达 3μm，每一细胞分隔成多数栅状小细胞，隔壁稍增厚或呈连珠状。

（2）薄层色谱鉴别：取"含量测定"项下的备用滤液，作为供试品溶液。另取龙胆苦苷对照品，加甲醇制成每 1mL 含 1mg 的溶液，作为对照品溶液。照薄层色谱法（《中国药典》2015 年版四部通则 0502）试验，吸取供试品溶液 5μL、对照品溶液 1μL，分别点于同一硅胶 GF$_{254}$ 薄层板上，以乙酸乙酯-甲醇-水（10∶2∶1）为展开剂，展开，取出，晾干，置紫外线灯（254nm）下检视。供试品色谱中，在与对照品色谱相应的位置上，显相同颜色的斑点。

4. 检查

（1）水分：照水分测定法（《中国药典》2015 年版四部通则 0832 第二法）测定，不得超过 9.0%。

（2）总灰分：照总灰分测定法（《中国药典》2015 年版四部通则 2302）测定，不得超过 7.0%。

（3）酸不溶性灰分：照总灰分测定法（《中国药典》2015 年版四部通则 2302）测定，不得超过 3.0%。

5. 浸出物

照水溶性浸出物测定法（《中国药典》2015 年版四部通则 2201）项下热浸法测定，不得少于 36.0%。

6. 含量测定

照高效液相色谱法（《中国药典》2015 年版四部通则 0512）测定。

色谱条件与系统适用性试验：以十八烷基硅烷键合硅胶为填充剂；以甲醇-水（25∶75）为流动相；检测波长为 270nm。理论板数按龙胆苦苷峰计算应不低于 3000。

对照品溶液的制备：取龙胆苦苷对照品适量，精密称定，加甲醇制成每 1mL 含 0.2mg

的溶液，即得。

供试品溶液的制备：取本品粉末（过四号筛）约 0.5g，精密称定，精密加入甲醇 20mL，称定重量，加热回流 15min，放冷，再称定重量，用甲醇补足减失的重量，摇匀，滤过，滤液备用，精密量取续滤液 2mL，置 10mL 量瓶中，加甲醇至刻度，摇匀，即得。

测定法：分别精密吸取对照品溶液与供试品溶液各 10μL，注入液相色谱仪，测定，即得。

本品按干燥品计算，龙胆含龙胆苦苷（$C_{16}H_{20}O_9$）不得少于 3.0%；坚龙胆含龙胆苦苷（$C_{16}H_{20}O_9$）不得少于 1.5%。

二、药材质量标准提升研究与企业内控质量标准（略）

三、药材留样观察与质量监控（略）

【药材生产发展现状与市场前景展望】

一、生产发展现状与主要存在问题

20 世纪 70 年代以前，国内外市场上的北龙胆完全是野生品。1983 年黑龙江省有关部门进行人工驯化和引种试验，试验成功后于 1990 年开始在东北三省进行种植推广。当时，由于北龙胆的市场销售价与收购价较高，亩产效益年均在 2000 元左右，相当于种 10～15 亩玉米或大豆的收入。于是，在东北三省的 40 多个市县，种植北龙胆的面积达到 15 000 亩左右。

坚龙胆的人工种植产业正在兴起，但发展坚龙胆种植产业的相关技术研究还较为薄弱。目前以中成药品种生产来带动种植上游产业，有可能会成为制约产业发展的瓶颈。而今后开发利用相关的物质基础平台（如标准提取物）、研发技术平台（如分析测试技术）、知识产权保护体系（如专利、标准）等前瞻性研究，尚待深入进行。在人工栽培相关技术研究以及大规模推广种植过程中，尚缺乏系统完整的质量分析、质量控制的方法和技术。规模种植的发展，除了药用部位根及根茎外，将会有大量的地上部分残留，目前均作为废弃物处理，其相关研究还是空白，资源的综合利用研究有待深入进行。贵州省坚龙胆家种历史不长，各地坚龙胆栽培及加工才起步。据统计，截至 2013 年，全省坚龙胆种植仍以仿野生种植抚育为主，面积约 6000 余亩，据省扶贫办《贵州省中药材产业发展报告》统计，2014 年，全省龙胆种植面积 1.97 万亩，总产量 200t，总产值 571.20 万元。其中种植面积最大的是六枝特区堕却乡、平寨乡等地，约达 5000 亩。坚龙胆规范化生产基地建设主要由贵州六枝道地药材公司、贵州盘州乌蒙中药材发展有限公司，在承担的贵州省科技厅中药现代化项目课题中，以"政府+企业+科研院所+农户"模式开展。其他地区如威宁、大方、赫章等主要为农户零星种植。

由于坚龙胆药用部位可为根、根状茎及地上茎叶，根及根茎一般均要 3 年以上才能采挖，茎叶入药产值较低，经济效益不能尽快实现，所以有的农民生产积极性受到较大影响，多采用草坡仿野生抚育形式进行，需政府及有关企业进一步加强引导与加大投入力度。

二、市场需求与前景展望

坚龙胆已被列为国家珍稀濒危保护类植物，具有较大的药用价值。坚龙胆在云南省等地曾有极大的野生龙胆药材蕴藏量，但因长期无序采挖野生资源，掠夺式的资源开发导致坚龙胆药物资源受到极大破坏，坚龙胆药材供求矛盾日益突出，开展人工种植变成保持可持续发展的唯一道路。近年来，随着中药产业化的发展，对龙胆药材需求量日益增大，野生资源日益减少，不能满足市场需求，价格不断攀升，2014 年 4 月，综合全国 8 家中药材交易市场价格，其平均价为 45 元/kg。目前，人工栽培（抚育）主要有云南省临沧市、贵州省的六盘水市基地。

坚龙胆中的主要活性成分是龙胆苦苷和龙胆碱，提高坚龙胆原料中龙胆苦苷和龙胆碱的含量，实现高效提取是产业发展关键。通过选育优质种源、种苗，开展优化、规范的人工栽培来提高坚龙胆中有效成分龙胆苦苷和龙胆碱的含量，为工业化规模生产提供原料，发展坚龙胆种植产业大有可为。坚龙胆根含裂环烯醚萜苷类苦味成分：龙胆苦苷（gentiopicroside，gentiopicrin）、当药苦苷（swertiamarin）、当药苷（sweroside）、微量的当药酯苷和苦龙胆酯苷（amarogentin）；苦苷总含量 5.10%，龙胆苦苷含量 5.01%。地上部分含龙胆碱、秦艽碱乙（gentianidine）、秦艽碱丙（gentianal）、β-谷甾醇（β-sitosterol）等。据李智敏等研究报道，龙胆以其保肝、健脾的功效在临床上得以广泛应用，具有长期持续而稳定的市场需求。徐丽华通过实验发现龙胆对不同机制造成的肝损伤均有减轻的作用，对 CCl_4、半乳糖胺和 α-萘异硫氰酸酯（ANIT）诱发大鼠肝损伤能明显降低血清谷丙转氨酶（ALT），利胆退黄效果较好。其作用机制主要是与肝细胞膜起保护作用，抑制在肝脏发生的免疫反应，促进吞噬细胞的吞噬功能，或在肝脏损伤状态下刺激药酶活性而加强对异物的处理等。龙胆苦苷可直接促进胃液分泌，使游离酸增加，显著地增加胆汁分泌量。龙胆煎剂对绿脓杆菌、变形杆菌、伤寒杆菌、金黄色葡萄球菌、石膏样毛线癣菌、星形奴卡菌等有不同程度的抑制作用。江蔚新等通过实验研究表明，在利尿作用方面，龙胆地下部分明显优于地上部分；在抗炎方面，地上部分明显优于地下部分；在抗菌方面，地上部分和地下部分区别不大。龙胆的地上部分同样具有抗炎、抗菌、利尿的药理作用，并且其抗炎作用还强于地下部分。龙胆碱对中枢神经系统有兴奋作用，但较大剂量时出现麻醉作用。龙胆苦苷对苯巴比妥钠所致正常小鼠的睡眠有协同作用，但对 CCl_4 中毒小鼠则可显著缩短苯巴比妥钠睡眠时间及延长反射消失的时间。还有报道称，给大鼠腹腔注射龙胆碱 30min 后其血糖升高，持续 3h，且升血糖作用与剂量成正比，切除肾上腺则升血糖作用消失，肾上腺素能部分或完全阻断龙胆碱的作用。

总之，坚龙胆是常用中药材与重要药源，为医药工业和相关产业的重要原料和传统出口商品，只要采取科学的生产措施，规范化种植，采、育结合，其生产的经济效益、社会效益和生态效益将异常显著。

主要参考文献

关家声. 1987. 赤霉素处理龙胆种子发芽率高[J]. 自然资源研究，（1）26.

罗集鹏，楼之岑.1987. 中药龙胆原植物的调查与鉴定[J]. 药学学报，22（7）：525-532.

谢贤明，韦卡娅，等.2004. 坚龙胆生态调查与引种栽培[J]. 中华现代中西医结合，（2）2：76-77.

张铭远，王素珍，陈克力，等.1991. 龙胆草野生变家植栽培技术[J]. 特产研究，13（2）：63-64.

赵敏.1990. 龙胆草栽培技术[J]. 生物学杂志，7（6）：23-24.

朱宏涛，陈可可，等.2004. 坚龙胆的快速繁殖[J]. 天然产物研究与开发，（3）16：222-224.

（魏升华　熊汇江　王井洪）

10　白　　及

Baiji

BLETILLAE RHIZOMA

【概述】

　　白及原植物为兰科植物白及 *Bletilla striata*（Thunb.）Rchb.f.，别名：冻疮药、连及草、地螺丝、石荸荠、千年棕榈等。以干燥块茎入药，《中国药典》历版均予收载。《中国药典》（2015 年版）称：味苦、甘、涩，性微寒。归肺、肝、胃经。具有收敛止血、消肿生肌功能。用于治疗咯血、吐血、外伤出血、疮疡肿毒、皮肤皲裂。白及又是常用苗药，苗药名："bid nggoub"（近似汉译音："比狗"），性冷，味苦，入热经。具有收敛止血、消肿生肌、止痛敛肺功能。主治肺虚咯血、创伤出血、手足裂口、疮疖肿痛、烫灼伤、肛裂等。此外，白及还为贵州水族、亿佬族、侗族用药。

　　白及药用历史悠久，始载于《神农本草经》，被列为下品。其后历代本草对其多有记述。清代《植物名实图考》也对白及作了描述和绘图。白及是贵州著名珍稀地道特色药材。

【形态特征】

　　白及属兰科多年生地生草本植物，高 15～70cm。块茎（或称假鳞茎）三角状扁球形或不规则菱形，肉质，肥厚，富黏性，常数个相连。茎直立。叶片 3～5 片，披针形或宽披针形，长 8～30cm，宽 1.5～4cm，先端渐尖，基部下延成长鞘状，全缘。总状花序顶生，花 3～8，花序轴长 4～12cm；苞片披针形，长 1.5～2.5cm，早落；花紫色或淡红色，直径 3～4cm；萼片和花瓣等长，狭长圆形，长 2.8～3cm；唇瓣倒卵形，长 2.3～2.8cm，白色或具紫纹，上部 3 裂，中裂片边缘有波状齿，先端内凹，中央具 5 条褶片，侧裂片直立，合抱蕊柱，稍伸向中裂片，但不及中裂片的一半；雄蕊与雌蕊合为蕊柱，两侧有狭翅，柱头顶端着生 1 雄蕊，花药块 4 对，扁而长；子房下位，圆柱状，扭曲。蒴果圆柱形，长 3.5cm，直径约 1cm，两端稍尖，具 6 纵肋。花期 4～5 月。果期 7～9 月。白及植物形态见图 10-1。

(1. 植株；2. 花；3. 唇瓣)

图 10-1　白及植物形态图

（墨线图引自中国植物志编委会，《中国植物志》，第 18 卷，科学出版社，1999）

【生物学特性】

一、生长发育习性

白及种子细小，无胚乳。在自然条件下，其种子萌发率极低，无性繁殖目前为其主要的繁殖方式。

以块茎繁殖的白及一年可以完成整个生长周期，冬季低温块茎基本不萌发，初春 2 月份块茎开始萌动，2～3 月开始萌芽、出苗，3 月下旬少数开始展开第一片叶，到 4 月初，植株叶子已展开完成，呈狭长圆形，叶片 4～5 枚；白及 4 月上旬开始现蕾，5 月盛花期；6～9 月为果期。

白及从 3 月份出苗开始后，株高在 6 月底 7 月初到达最高，之后 7 月至 9 月株高基本不再变化，直到 10 月上旬植株倒苗，一个生长周期完成，地下部分也不再生长。茎粗在整个生长过程中生长很缓慢，从 3 月下旬到 5 月中旬快速生长后，基本不再变化，5 月中旬植株展叶完成后，叶片数为 4～5 片。

白及的营养器官包括地上和地下部分，生长主要集中在 8 月份以前，8 月底后，白及地上部分开始枯萎，10 月初完全倒苗，待第二年 3 月再出苗。

二、生态环境要求

贵州野生白及分布于海拔 400～2200m 的丘陵和高山地区的林下阴湿处、山坡草丛、沟谷及溪边。喜温暖、阴凉湿润的环境，稍耐寒，长江中下游地区能露地栽培。耐阴性强，忌强光直射，夏季高温干旱时叶片容易枯黄。分布地区年平均气温 18～20℃，最低日平均气温 8～10℃，年降水量 1100mm 左右，空气相对湿度为 60%～90%。生长发育要求肥沃、疏松而排水良好的砂质壤土或腐殖质壤土。白及生长环境的具体要求如下。

温度：年平均气温 14.6℃，生长旺盛；低于 12.5℃生长不良。在 0℃以下时和遇到低温霜冻时，常导致裸露在地表外的白及块茎冻伤或冻死。

光照、水分、湿度：白及随着植株年龄的增长需要较充足的阳光，要求土壤含水量25%～30%。水分过多，容易引起假鳞茎及根系腐烂，甚至全株死亡。在年平均降水量1100mm左右、相对湿度75%～85%的地区，生长发育良好。

土壤：白及要求土层厚度30cm左右。具有一定肥力，含钾和有机质较多的微酸性至中性土壤，有利于白及假鳞茎生长，产量高；土层瘦薄，易于板结的土壤，假鳞茎生长不正常，呈干瘪细小状，产量低；过于肥沃的稻田土，含氮量过多的土壤，会引起白及地上植株徒长，影响地下部分假鳞茎产量。

【资源分布与适宜区分析】

一、资源调查与分布

经调查，白及主要分布于我国的浙江、安徽、江苏、江西、福建、广东、广西、湖南、湖北、陕西、甘肃、四川、贵州、云南等地。朝鲜、日本等国家和地区也有分布，生长于海拔100～3200m的常绿阔叶林、栎树林或针叶林下，路边草丛、岩石或石缝中。

二、贵州分布与适宜区分析

经调查，贵州白及主要分布于海拔400～2200m的常绿阔叶林中、灌丛下、草丛中或沟边，在海拔较低（400m左右，如黎平）或海拔较高（2200m左右，如盘州、水城、六枝等）等地亦有白及野生资源分布。白及多生于阳坡，对环境土壤要求不严格，以砂壤土、不积水、较为湿润的生境最为适宜。例如，位于乌江上游河谷地带贵州省清镇市暗流乡铁锁村，海拔850～1350m，河流岸边山坡，经估算，资源蕴藏量较丰富，平均达到3.6株/25m²，其分布面积超过1万亩；江口县及梵净山区域，白及资源蕴藏量亦丰富，平均达到3.5株/25m²。此外，贵州黔南的平塘、独山等地；黔西南的普安、安龙、兴义、晴隆等地；黔东南的施秉、镇远、黎平等地；六盘水市六枝、盘州、水城等地，黔中的清镇、惠水、黔西、关岭等地；黔北赤水、正安等地，每年当地老百姓都会采集白及药材出售。

贵州省白及生产最适宜区为普安、安龙、晴隆、望谟、兴义、都匀、罗甸、惠水、独山、遵义、正安、绥阳、花溪、清镇、乌当、施秉、丹寨、黎平、镇远、雷山、黄平、紫云、关岭、镇宁、江口、沿河、印江、松桃、织金、黔西等县（市、区）。尤其是安龙、正安、施秉、丹寨、普安、乌当、江口等地的老百姓有多年的采挖或种植白及经验，技术基础好，药农积极性高，政府扶持力度大，适宜规模化发展白及生产。

除上述生产最适宜区外，贵州省其他各县（市、区）凡符合白及生长习性与生态环境要求的区域均为其生产适宜区。

【生产基地合理选择与基地环境质量检（监）测评价】

一、生产基地合理选择与基地条件

按照白及生产适宜区优化原则与其生长发育特性要求，选择其最适宜区地道产地建立白及种植基地。例如，贵州省贵阳市金竹镇省农科院现代中药材研究所建立的种质资源圃及白及种植研究基地，见图10-2。该地距贵阳市区12km，年平均气温为15.3℃，年极端最高温度为35.1℃，年极端最低温度为–7.3℃，年平均相对湿度为78%，年平均总降水量为1129.5mm，年平均日照时数为1148.3h，无霜期270天左右。又如在正安县桴焉镇，施秉县牛大场镇、双井镇，安龙县德卧镇、栖凤街道，丹寨县兴仁镇，普安县江西坡镇，贵阳市乌当区新场镇等地建立了白及种植基地和种繁基地，见图10-3～图10-9。

图 10-2　贵州贵阳市花溪区白及种植研究基地（贵州省农科院）

图 10-3　贵州正安县桴焉乡（左）和土坪镇（右）白及基地

图 10-4　贵州丹寨县白及组培繁育种苗生产基地

图 10-5　贵州施秉县双井镇白及种繁基地

图 10-6　贵州施秉县牛大场镇白及基地　　　　图 10-7　贵阳市乌当区新场镇白及种繁基地

图 10-8　普安县江西坡镇白及生产基地　　　　图 10-9　安龙县栖凤街道组培种茎生产基地

二、基地环境质量检（监）测与评价（略）

【种植关键技术研究与推广应用】

一、种质资源保护抚育

在贵州省白及生产适宜区，有意识地选择白及生态适应性强的地域，如正安、清镇、施秉、镇远、安龙等地，采用封禁、补种等措施对白及进行保护与抚育，有效保护白及种质资源，以求可持续利用。白及作为珍稀濒危物种，造成其种群急剧减少的外部因素是不合理的采挖，种群的自然萌发成苗率极低，是制约该种群可持续更新的内在因素，因此，维持现有种群的大小主要靠无性繁殖。白及野生保护抚育组织措施：同基地县镇建立友好协作关系，取得当地县政府的支持，并通过当地县政府，根据《野生药材资源保护管理条例》出台一系列野生白及保护抚育政策，从政策上得到支持，使保护抚育工作顺利进行；成立农民专业技术协会，建立健全野生白及资源的保护抚育体系；利用乡规民约宣传和保护野生白及资源。白及野生保护抚育技术措施：进一步进行资源调查、封山育药、人工更新与试验示范基地建设、白及药材质量与白及种群的动态监测；白及种群自然状态下，在每个白及居群个体数量达到 500 余株以上，可以进行人工封禁，封禁 3 年能保障自然更新；作为药材开发利用，要增加密度，进行人工补种，人工补种 3 年后可以进行轮采。

二、良种繁育关键技术

白及目前既可采用分株繁殖，也可采用种子繁殖，还可采用组织培养的方法进行组培快繁。

（一）分株繁殖

一般在 9～10 月收获时，选择当年生长健壮、无病虫害、无虫蛀、无采挖伤、有老秆和嫩芽的植株作为分株繁殖材料，随挖随栽。挖起的老株需分割假鳞茎进行栽植，每株可分 3～5 株，每株需带顶芽。

（二）种子繁殖

1. 种子来源、鉴定与采集保存

（1）种子来源、鉴定：宜对生长健壮、无病虫害、茎粗壮、直立的植株进行留种。白及种子主要在资源圃内进行采集。圃内的白及原植物，需经专家鉴定为兰科植物白及 *Bletilla striata*（Thunb.）Rchb.f.。

（2）种子采集与保存：于 8～9 月，白及种子由绿色转变为黄色，表明种子已完全成熟。选择尚未裂开、蒴果饱满、水分含量达到贮藏标准含水量以下的蒴果。采集的蒴果用 75%酒精或次氯酸钠（1%）消毒 15s 后，用消毒棉迅速擦干，装入透气性良好的纸袋或信封中，放置在 4℃冰箱中进行保存。

2. 种子播种

种子撒播于做好的苗床上，每天进行管理，待苗生长至形成大米粒大小的假鳞茎时即可进行第一次移栽。

（三）组培快繁育苗

1. 种子无菌播种

用酒精棉球将未裂开的成熟蒴果表面擦拭干净，在超净工作台上用 0.1%的升汞液消

毒 8min，用无菌水冲洗 3～5 次，再用无菌滤纸吸干水分。随后在超净工作台上，用无菌解剖刀将消毒处理好的蒴果切开，用无菌的镊子将白及种子接种在配置并灭菌好的培养基表面。

2. 组培育苗

将播有白及种子的培养瓶置于培养室中培养。培养条件为：温度 25℃±2℃，光照 12h/天，光照强度 1500～2000lx。

白及种子培养 1 周后开始膨大萌发，2 周可见绿色的小圆点，其后逐渐萌发形成黄色的原球茎，原球茎慢慢变绿分化出叶原基，1 个月左右长出叶片，获得小苗。白及种子完全萌发并获得小苗后，即需要对白及小苗进行转接、增殖培养和生根培养，见图 10-10。

3. 组培苗炼苗移栽

将带有种球的白及组培苗从培养室拿出，敞口在炼苗大棚内放置 5～7 天。其后将组培苗从瓶中取出洗净，待用。将白及组培苗移栽到拌有木屑、树皮、腐殖土、堆肥等的基质中，间隔 7～10 天喷施营养液或叶面肥以促进白及组培苗的生长。

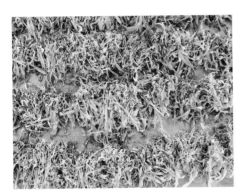

图 10-10　白及组培种苗

三、规范化种植关键技术

（一）选地整地

选择开阔缓坡或平地土层深厚、肥沃疏松、排水良好、富含腐殖质的砂壤土地块种植。新垦地应在头年秋冬翻耕过冬，使其土壤熟化。耕地则在前作收获后翻耕一次，种植时再翻耕 1～2 次，使土层疏松细碎。每亩施腐熟厩肥、草皮灰混合肥 1000～1500kg，施后浅耕 1 次，使肥料充分翻入土内，整细耙平土壤后，起高 10～15cm、宽 1～1.5m 左右高畦，作业道 30～50cm。

（二）移栽定植

选用最大粒径 2～3cm 的白及组培种茎或一至二年生的白及，于 3～6 月、9～12 月进行栽种，按照株行距（20～30）cm×（20～30）cm 进行条播或穴播。

（三）田间管理

1. 排水防涝

白及喜阴怕涝不耐旱，特别是干旱时要及时浇水保持湿润，雨季要注意排水防涝。

2. 中耕除草

白及地易滋生杂草，一般每年除草 3～4 次，第一次在 4 月左右白及苗出齐后，第二次在 6 月白及生长旺盛期，第三次在 8～9 月，第四次可在间种作物收获时结合清洁田园。中耕宜浅，以免伤根。

3. 遮阴

白及 5～9 月应避免阳光直射，应搭建遮阳网进行遮阴处理，进入秋季倒苗后应及时拆除遮阳网。

（四）合理施肥

结合中耕除草，每年追肥 2～3 次。第一次于 3～4 月，每亩撒施复合肥 20～30kg。第二次于 11～12 月，每亩撒施粪杂肥 1000～1500kg。5～6 月生长旺盛期根据苗的情况可以加施一次有机肥。

（五）主要病虫害防治

白及病虫害防治应以"农业防治为主，化学防治为辅"的原则进行，若必须施药防治，应采取"早治、早预防"原则。主要病虫害及其防治如下：

1. 块茎腐烂病

（1）症状：患病块茎呈水渍状黑腐烂至根部变黑死亡；地上部茎叶出现褐变长型枯斑，重者全叶褐变枯死。

（2）病原：检测为丝核菌属（*Rhizoctonia* sp.）真菌。

（3）发病规律：贵阳、遵义、镇远等地于 6 月下旬至 9 月上旬是病害多发时期，田间虫伤或机械损伤可加重该病发生。

（4）防治方法：选用无病健康的块茎作野生抚育补栽。对地下害虫如金针虫等进行防治。发病期，选用 50%多菌灵 500 倍液等药剂灌根窝。

2. 叶褐斑病

（1）症状：患病植株的叶沿叶尖向下呈黄褐色云纹状病斑，一般成叶易受害，初生新叶不易受害。少数患病较重的植株整片叶都受害枯死，但同株相邻叶片仍能生长正常。

（2）病原：该病属于生理性病害。

（3）发病规律：在贵州白及种植地 4 月上旬至 9 月上旬为该病发生期，此病发生较普遍，但仅限于叶尖部。人工栽培地此病发生较普遍。

（4）防治方法：不必防治。

3. 叶斑灰霉病

（1）症状：病菌为害叶片。染病叶片初呈褐色点状或条状病变斑，后扩大呈褐色不规则大型病斑，多个病斑可联合成更大的病斑，或覆盖全叶造成叶片过早枯死。叶背面病斑湿度大时可形成灰色霉层病原孢子。

（2）病原：检测为半知菌亚门葡萄孢属（*Botrytis* sp.）中的一种真菌。

（3）发病规律：病菌以菌核随病残体或在土壤中越冬，翌年 4 月初萌发，产生分生孢子侵染，以后病部又产生孢子，借气流、雨水进行再侵染。适于发病的条件为气温 20℃左右，相对湿度 90%以上。有连续阴雨，病情扩展快。在贵州白及种植地，6～7 月上旬雨季为发病期。

（4）防治方法：发病田，及时清园消灭病原。发病期，可选用 50%甲基硫菌灵可湿性粉剂 900 倍液，或 65%甲霉灵可湿性粉剂 1000 倍液，或 60%防霉宝超微粉剂 600 倍液，或 50%农利灵 1500 倍液等喷施。

4. 菜蚜

（1）为害特点：在白及抽薹开花的嫩梢上为害，造成节间变短、弯曲、畸形卷缩，造成种子瘪小。

（2）生活习性：中国各地菜蚜均以春秋两季发生严重，夏季受高温、大风或降雨的影响发生较少。1 年可发生十余代至数十代。菜蚜对黄色有趋性，对银灰色有负趋性。菜蚜的天敌有瓢虫、草蛉、食蚜蝇和蚜茧蜂等。

（3）防治方法：田间挂黄板涂黏虫胶诱集有翅蚜，或距地面 20cm 架黄色盆，内装 0.1%肥皂水或洗衣粉水诱杀有翅蚜虫。在田间铺设银灰色膜或挂拉银灰色膜条驱避蚜虫。适时进行药剂防治。可选用 10%吡虫啉 4000～6000 倍液喷雾，或 50%抗蚜威（辟蚜雾）可湿性粉剂 2000～3000 倍液，或 2.5%保得乳油 2000～3000 倍液，或 2.5%天王星乳油 2000～3000 倍液，或 10%氯氰菊酯乳油 2500～3000 倍液。

上述白及良种繁育与规范化种植关键技术，可于白及生产适宜区内，并结合实际因地制宜地进行推广应用。

【药材合理采收、初加工与储运养护】

一、合理采收期与批号制定

（一）合理采收

1. 采收时间

白及春种后的第 3 年或秋种后第 4 年的 10～12 月即可采挖。

2. 采收方法

白及假鳞茎数个相连，采挖时用尖锄离植株 30cm 处逐步向茎秆处挖取，摘去须根，除掉地上茎叶，抖掉泥土，运回加工。三年生白及药材鲜品见图 10-11。

图 10-11　三年生白及药材（鲜品）

（二）批号制定（略）

二、合理初加工与包装

（一）合理初加工

将采挖的白及块茎分成单个，放入木盆内，加入清水，将白及浸泡 1h，然后用水洗去泥土，去除须根，剥去粗皮。置开水锅内煮或烫至内无白心，要随时搅动，保证其生熟均匀，随即捞起，用清水淘净白及的浆汁，晒至全干。也可趁鲜切片，干燥即可，见图 10-12。

图 10-12　白及药材（左：干品；右：切片）

（二）合理包装

将干燥白及按 30～40kg 打包装袋，用无毒无污染材料严密包装。在包装前应检查是否充分干燥、有无杂质及其他异物，所用包装应符合药用包装标准，并在每件包装上注明品名、规格、等级、毛重、净重、产地、批号、执行标准、生产单位、包装日期及工号等，并应有质量合格的标志。

三、合理储运养护与运输

（一）合理储运养护

白及含糖量高，易受潮，应置于通风、干燥、阴凉、无异味处，并注意防潮、防虫蛀。

贮藏期间应保持环境清洁，一旦发现受潮、轻度霉变及虫蛀，必须及时进行晾晒。

（二）合理运输

在运输时应选择清洁、干燥、卫生、无污染、无异味、通气性良好的运输工具，运输过程应防止雨淋、曝晒。严禁与其他有毒有害物混存混运。

【药材质量标准、质量检测与监控】

一、药材商品规格与质量检测

（一）药材商品规格

白及药材以无杂质、须根、粗皮、霉变、虫蛀，身干、个大饱满、色黄白、质坚实者为佳品。其药材商品规格为统货，现暂未分级。

（二）药材质量检测

按照《中国药典》（2015 年版一部）白及药材质量标准进行检测。

1. 来源

本品为兰科植物白及 *Bletilla striata*（Thunb.）Rchb.f.的干燥块茎。夏、秋二季采挖，除去须根，洗净，置沸水中煮或蒸至无白心，晒至半干，除去外皮，晒干。

2. 性状

本品呈不规则扁圆形，多有 2～3 个爪状分枝，长 1.5～5cm，厚 0.5～1.5cm。表面灰白色或黄白色，有数圈同心环节和棕色点状须根痕，上面有突起的茎痕，下面有连接另一块茎的痕迹。质坚硬，不易折断，断面类白色，角质样。气微，味苦，嚼之有黏性。

3. 鉴别

（1）粉末鉴别：本品粉末淡黄白色。表皮细胞表面观垂周壁波状弯曲，略增厚，木质化，孔沟明显。草酸钙针晶束存在于大的类圆形黏液细胞中，或随处散在，针晶长 18～88μm。纤维成束，直径 11～30μm，壁木质化，具“人”字形或椭圆形纹孔；含硅质块细胞小，位于纤维周围，排列纵行。梯纹导管、具缘纹孔导管及螺纹导管直径 10～32μm。糊化淀粉粒团块无色。

（2）薄层色谱鉴别：取本品粉末 2g，加 70%甲醇 20mL，超声波处理 30min，滤过，滤液蒸干，残渣加水 10mL 使其溶解，用乙醚振摇提取 2 次，每次 20mL，合并乙醚液，挥至 1mL，作为供试品溶液。另取白及对照药材 1g，同法制成对照药材溶液。照薄层色谱法（《中国药典》2015 年版四部通则 0502）试验，吸取供试品溶液 5～10μL、对照药材溶液 5μL，分别点于同一硅胶 G 薄层板上，以环己烷-乙酸乙酯-甲醇（6∶2.5∶1）混合液为展开剂，展开，取出，晾干，喷以 10%硫酸乙醇溶液，在 105℃加热数分钟，放置 30～60min。供试品色谱中，在与对照药材色谱相应的位置上，显相同颜色的斑点；置紫外线灯（365nm）下检视，显相同的棕红色荧光斑点。

4. 检查

（1）水分：照水分测定法（《中国药典》2015 年版四部通则 0832 第二法）测定，不得超过 15.0%。

（2）总灰分：照总灰分测定法（《中国药典》2015 年版四部通则 2302）测定，不得超过 5.0%。

（3）二氧化硫残留量：照二氧化硫残留量测定法（《中国药典》2015 年版通则 2331）测定，不得超过 400mg/kg。

二、药材质量标准提升研究与企业内控质量标准（略）

三、药材留样观察与质量监控（略）

【药材研究开发与市场前景展望】

一、生产发展现状与主要存在问题

贵州从 2002 年开始，在贵州省中药现代化项目、贵州省重大专项、国家科技支撑计划项目等课题和项目的支持下，开展了贵州白及野生资源调查、白及优良种源筛选、白及组培苗快繁及炼苗、白及种子直播育苗、白及野生抚育、白及规范化种植、白及病虫害防治、白及采收及产地加工等一系列关键技术的攻关和研究，在白及种苗人工繁殖、病虫害防治、仿野生抚育、规范化栽培等方面取得了一系列的技术突破。目前，在贵州安龙、正安、施秉、丹寨、普安、贵阳乌当等县（区）建立了白及育苗基地、种苗组培快繁基地和大田栽植的试验研究基地。例如，贵州昌昊中药发展有限公司承担了国家"十五"科技攻关计划项目"川牛膝等 15 种中药材规范化种植研究"子课题——"何首乌、白及中药材规范化种植研究"，开展了濒危稀缺药材白及的种源收集，有性、无性繁殖技术的研究，开展了紫花白及的种苗繁育技术研究，取得较好成果。又如贵州益佰制药公司及贵州省农科院承担了国家"十一五"科技攻关计划项目"半夏、何首乌、金钗石斛等八种药材规范化种植和野生保护抚育关键技术研究及应用示范"子课题——"白及野生保护抚育关键技术研究与应用示范"，进一步进行了白及药材资源调查，确定适生区，收集白及种质资源，建立种质资源圃，进行了白及组培苗等研究，取得较好成果。同时，贵阳市药用植物园也开展了白及组培苗等研究，也取得较好成果。截至 2014 年，贵州各地均有小规模的白及人工种植，但规模扩大较慢，上百亩的基地比较少，在生产上还存在一些问题没有解决，主要有：种植的成本较高，每亩购买种苗费用投入需 1 万多元；从种植到采收的周期较长，一般需要 4～5 年；白及人工种植关键技术亟待进一步研究探索等。

二、市场需求与前景展望

白及是珍稀濒危物种之一，药材来源还主要是依靠采挖野生资源。白及的主要化学成分是联苄类、菲类及其衍生物，还含有少量挥发油、黏液质、白及甘露聚糖以及淀粉、葡萄糖等，此外，还从白及中分离得到了甾类、萜类、酯类、醚类等化合物。白及具有抗菌、止血、促进伤口愈合、抗肿瘤、抗溃疡、治疗肠粘连等药理作用。白及的市场需求旺盛，研发潜力极大，市场发展前景很好。

主要参考文献

肖培根. 2002. 新编中药志（第一卷）[M]. 北京：化学工业出版社：316-319.

吴明开，刘作易. 2013. 贵州珍稀药材白及[M]. 贵阳：贵州科技出版社：91-97.

周涛，江维克，李玲，等. 2011. 贵州野生白及资源调查和市场利用评价[J].贵州中医学院学报，6（11）：28-30.

中国科学院中国植物志编辑委员会. 1990. 中国植物志（18卷）[M]. 北京：科学出版社：50.

陆科闵，王福荣. 2006. 苗族医学[M]. 贵阳：贵州科技出版社：586-587.

王慧君. 2004. 白及货源不足 党参丰产在望——亳州市场动态[J]. 中药研究与信息，6（8）：1673-4890.

任华忠，何毓敏，杨丽. 2009. 白及化学成分及其药理活性研究进展[J]. 亚太传统医药，5（2）：134-139.

（吴明开　赵　致　张金霞　李　娟　罗　鸣　刘　海）

11　白　术

Baizhu

ATRACTYLODIS MACROCEPHALAE RHIZOMA

【概述】

白术原植物为菊科植物 *Atractylodes macrocephala* Koidz.。别名：冬术、冬白术、于术、山精、山连、山姜、山蓟、天蓟等。以干燥根茎入药，历版《中国药典》均予收载。《中国药典》（2015 年版一部）称：白术味甘、苦，性温。归脾、胃经。具有健脾益气、燥湿利水、止汗、安胎功能。用于治疗脾虚食少、腹胀泄泻、痰饮眩悸、水肿、自汗、胎动不安。

白术，以"术"之名始载于《神农本草经》，被列为上品，无白术、苍术之分，后来才逐渐分开；南北朝名医陶弘景的《本草经集注》曰："术乃有两种，白术叶大有毛而作桠，根甜而少膏，可作丸散用。"明代李时珍《本草纲目》云："白术，枰蓟也，吴越有之。人多取其根栽莳，一年即稠。嫩苗可茹，叶稍大而有毛。根如指大，状如鼓槌，亦有大如拳者。"白术是中医临床著名常用中药，早有"北参南术"之誉；白术应用历史悠久，是中医临床及中药工业常用大宗药材，也是贵州地道特色药材。

【形态特征】

白术为多年生草本，高 30～80cm，根茎粗大，略呈拳状。茎直立，上部分枝，基部木质化，具不明显纵槽。单叶互生；茎下部叶有长柄，叶片 3 深裂，偶为 5 深裂，中间裂片较大，椭圆形或卵状披针形，两侧裂片较小，通常为卵状披针形，基部不对称；茎上部叶的叶柄较短，叶片不分裂，椭圆形或卵状披针形，长 4～10cm，宽 1.5～4cm，先端渐尖，基部渐狭，下延呈柄状，叶缘均有刺状齿，上面绿色，下面淡绿色，叶脉突起显著。头状花序顶生，直径 2～4cm；总苞钟状，总苞片 7～8 层，膜质，覆瓦状排列。基部叶状苞片 1 轮，羽状深裂，包围总苞；花多数，着生于平坦的花托上；花冠管状，下部细，淡黄色，上部稍膨大，紫色，先端 5 裂，裂片披针状，外展或反卷；雄蕊 5，花药线形，花丝离生；雌蕊 1，子房下位，密被淡褐色茸毛，花柱细长，柱头头状，顶端中央有 1 浅裂缝。瘦果长圆状椭圆形，微扁，长约 8mm，径约 2.5mm，被黄白色茸毛，顶端有冠毛残留的圆形痕迹。白术植物形态见图 11-1。

(1. 植株；2. 根茎)

图 11-1　白术植物形态图

（墨线图引自中国药材公司，《中国常用中药材》，科学出版社，1995）

【生物学特性】

一、生长发育习性

白术种子在 15℃以上即能萌发，在贵州黔东南、黔中一带，植株 6～7 月生长较快，当年植株在 7 月底开花，果期 9～10 月，但果实不饱满，11 月以后进入休眠期。次年春季再次萌动发芽，3～5 月生长较快，茎叶茂盛，分枝较多。6～10 月为花期，10～11 月为果期。2 年生白术开花多，种子饱满。茎叶枯萎后即可收获。

育苗移栽白术根茎生长可分为三个阶段。

（一）根茎生长始期

在贵州黔东南、黔南一带，白术自 6 月初孕蕾初期至 8 月中旬，根茎发育较慢，营养物质的运输中心为有性器官，所以生产上多摘除花蕾以提高地下部根茎的产量。

（二）根茎生长盛期

8 月中、下旬花蕾采摘以后到 10 月中旬，此期间的光照、温度比较适宜白术苗生长，根茎生长逐渐加快，8 月下旬至 9 月下旬为膨大最快时期。

（三）根茎生长末期

10 月中旬以后，随着气温下降，根茎生长速度下降，12 月以后进入休眠期。

二、生态环境要求

白术野生于山区丘陵地带，海拔 500～800m。形成了喜凉爽气候，怕高温湿热的特性。白术种子在 15℃以上开始萌发，20℃左右为发芽适温，35℃以上发芽缓慢，并发生霉烂。在 18～21℃，有足够湿度，播种后 15～20 天出苗。出苗后能忍耐短期霜冻。贵州的 5～9 月，在日平均气温低于 29℃情况下，植株的生长速度随着气温升高而逐渐加快；日平均气温在 30℃以上时，生长受抑制。气温在 24～26℃时根茎生长较适宜。所以 8 月下旬至 9 月下旬为根茎膨大最快时期。在这段时期内，昼夜温差大，有利于营养物质的积累，促进根茎迅速增大。

白术种子发芽需要有较多的水分。在一般情况下，吸水量达到种子质量的 3～4 倍时，才能萌动发芽。在出苗期间，如天气干旱、土壤干燥，会出现缺苗，甚至不出苗现象。白术生长对环境的有关要求如下。

水分：在白术生长期间，对水分的要求比较严格，既怕旱又怕涝。土壤含水量为 30%～50%，空气相对湿度为 75%～80%，对白术植株生长有利。如遇连续阴雨，植株生长不良，病害也较严重。如生长后期遇到严重干旱，土壤含水量在 10% 以下，则影响根茎膨大。

光照：白术生长喜光照，但在贵州的 7 月初至 8 月底高温季节适当遮阴，有利于白术生长。

土壤：白术对土壤要求不严，在酸性的黏土或碱性砂质壤土中都能生长，但一般要求在 pH 5.5～6、排水良好、肥沃的砂质壤土栽培，如土壤过黏，土壤透气性差，易发生烂根现象。忌连作，连作时白术病害较重，亦不能与有白绢病的植物如白菜、玄参、花生、甘薯、烟草等轮作，前作以禾本科植物为好。

【资源分布与适宜区分析】

一、资源调查与分布

据报道，目前生产上可利用的白术栽培类型有 7 个（表 11-1），其中大叶单叶型白术的株高、单叶片、分枝数和花蕾数都低于其他类型，而单个鲜重、一级品率均高于其他类型，农艺性状表现良好。

贵州黔东南、黔中一带种植的白术种子主要从湖南、浙江、安徽、河北等省引进，贵州还没有形成自身的种质材料繁育体系，所引进的种子较杂，植株外观形态差异较大。如表 11-1 提及的白术栽培类型在贵州同一种植区域均有发现。

表 11-1　白术 7 个栽培类型性状比较

类型	株高/cm	叶片/张	色泽	分枝数/个	蕾数/个	单个鲜重/g	一级品率/%
大叶单叶型	44.7	132.7	深	10.8	21.9	72.4	54.3
大叶三裂型	46.9	167.8	深	11.4	20.4	50.8	42.7
大叶五裂型	45.8	171.7	浅	15.9	26.9	80.6	30.1

续表

类型	株高/cm	叶片/张	色泽	分枝数/个	蕾数/个	单个鲜重/g	一级品率/%
中叶三裂型	50.7	199.7	深	15.9	26.9	57.6	19.7
中叶五裂型	48.9	189.8	浅	13.8	25.9	65.4	11.6
小叶三裂型	53.3	260.3	深	14.8	21.7	41.6	7.4
小叶五型裂	51.4	234.5	浅	15.2	18.7	53.7	6.8

二、贵州资源分布与适宜区分析

经调查，目前白术在贵州的种植区域主要集中在黔东南的施秉、黄平、凯里，黔中的开阳、清镇、乌当和黔北余庆一带。这些地域年平均气温 22.5℃左右，年平均日照 1542.6h，年平均降水量 1500mm 左右，无霜期 232～310 天，土壤大多呈弱酸性至中性，较适宜白术的生长。由于药材市场价格的波动，种植区域变化较大，近几年，黔东北的松桃、印江、沿河、铜仁一带种植面积逐渐超过了黔东南一带，在黔西北六枝、毕节一带也有少量种植。

根据白术喜凉爽气候，怕高温湿热，对土壤要求不严等习性，其在贵州的适宜种植区较广，海拔为 1000～2200m，土壤为砂质壤土，坡度在 5°～25°，排水良好的地区均适宜种植。如黔东南一带的施秉、黄平、凯里，黔北的余庆等地具有白术在整个生长发育过程中所需的自然条件，有近 20 年的种植历史，种植技术较成熟，生产基础较好，药农自发种植的积极性较高，对市场行情较为熟悉。地方政府在农业产业结构调整方面给予了充分的政策和资金支持，这一带种植白术的发展优势较贵州其他地区强。

除上述各地带外，黔中的开阳、乌当、清镇，黔南的瓮安、都匀，黔西的大方县、黔西县等地带，凡符合白术生长习性与生态环境要求的区域均为其适宜区。

【生产基地合理选择与基地环境质量检（监）测评价】

一、生产基地合理选择

根据白术的生物学特性，在选择生产基地时，尽可能选择新开垦地，其次是前 5 年未种植过白术的地，以坡度为 5°～25°、向阳、土壤肥沃、土层厚度在 40cm 以上、有灌溉条件、土地连片、能实行机械化操作，且方圆 10km 内无化工污染企业为好。例如，余庆县地处贵州省东部，海拔 400～1360m。余庆龙溪镇海拔 860m，属亚热带季风湿润气候，四季较分明，冬无严寒，夏无酷暑，水热同季，水源较为丰富，年均气温 14～16.8℃，全年≥10℃积温为 5187℃，总积温 4851～6500℃，全年降水量 1049～1235mm，年平均相对湿度 70%以上，无霜期 270～300 天。土壤类型为黄壤，质地疏松、土层深厚、肥沃、土壤熟化程度高，pH 6.5～7.0。农田灌溉水主要来自天然降雨及山泉水。基地自然条件良好，山清水秀，交通方便，是种植白术的最适宜区，见图 11-2。

图 11-2 贵州省余庆县白术规范化种植基地

二、生产基地环境质量检（监）测与评价（略）

【种植关键技术与推广应用】

一、种质资源保护

白术种质资源十分丰富，不同品系之间在植株外观形状、根茎质量、抗病性以及光合生理上存在广泛的差异。各白术品系在分子水平上发生了一定程度的遗传分化现象，个别品系之间分化现象严重，多态性位点达到了 82.95%。因此，为了合理开发和利用白术资源，保护抚育其种质资源的多样性就十分必要。同时，开展优株选择，选育含有效成分和产量高、耐病等优良品种进行合理的栽培，并保存优良品种，实现白术种质资源的优良化很有必要。

二、良种繁育关键技术

目前生产上，白术的繁殖以有性繁殖为主。

（一）种株培育

选茎秆健壮、叶片较大、分枝少而花蕾大的无病植株留种。植株顶端生长的花蕾，开花早，结籽多而饱满；侧枝的花蕾，开花晚，结籽少而瘦小，可将侧枝花蕾剪除，每枝只留顶端 5~8 个花蕾，使养分集中，籽粒饱满，有利于培育壮苗。对留种植株要加强管理，增施磷、钾肥，并从初花期开始，进行病虫害防治。

（二）种子采集与保存

贵州的 12 月上、中旬，当白术的头状花序外壳变紫黑色，并开裂现出白茸时，表明种子已充分成熟，择晴天割掉植株地上部分，连秆捆成束，放置于避雨通风处，阴干 7 天以上，再日晒 2~3 天，用棒轻击植株，使白术籽受震脱落，扬去秕子及杂屑，放于透气袋中并置阴凉通风处保存。

（三）种子育苗

1. 选地与整地

选择新开垦地或以前未种过白术的土质疏松肥沃的地块，前茬作物以禾本科作物为宜。以土层深厚、肥沃、坡度在 5°～15° 的砂质壤土较好。冬前深翻，拣出残根，抨细大土块。

2. 播种

贵州大面积播种应在清明前后，雨水来临前进行，最迟不能晚于 5 月中旬。生产中播种的方法主要有撒播和条播两种，黔东南一带主要采用撒播，黔中一带以条播为主。

（1）撒播：播前在整好的地块上，按宽 1.3m 左右开厢，厢高 10cm 左右，厢长视地块而定。根据当地天气预报，在下雨前 1～2 天，在厢面撒施钙镁磷肥 25kg/亩，然后撒播种子 5～6kg/亩，盖土 2～5cm。

（2）条播：按行距 15～20cm，播幅 8～10cm 开浅沟，深 3～5cm，沟底平整，将种子均匀撒入沟内，每亩用种量 4～5kg，覆土厚 2～5cm。

（四）田间管理

1. 除草

5 月中下旬白术开始出苗，这时也是杂草生长的时候，应及时除草。双子叶植物杂草用人工除去，单子叶植物杂草可用除草剂盖草能、高效氟吡甲禾灵、磺草莠去津等去除（浓度按说明书操作）。每隔 15 天除草 1 次，一般除草 4 次。

2. 施肥

在苗高 5cm 左右时，喷施 1 次叶面肥，喷施磷酸二氢钾，浓度为 15kg 水+100g 磷酸二氢钾，以增强抗病性，此项工作单独进行。6 月中旬、7 月初进行第 2、3 次追肥，主要施用西洋复合肥（总养分≥45%，N：P：K=15：15：15），15～30kg/亩。

3. 病虫害预防

白术苗期病虫害较多，出苗后 15 天左右应及时进行预防。预防病害可施用根腐灵、多菌灵、甲基托布津等。预防虫害可用 10% 吡虫啉可湿性粉剂、芽畏仲丁灵等。几种防病、虫剂交替施用，效果更佳。

4. 摘蕾

6 月初，部分白术苗开始现蕾，为翌年能获得高质量的术栽，这时应及时摘去花蕾，以免消耗植株营养。这项工作应在晴天露水干后进行。

5. 术栽采收

进入 10 月下旬后，白术地上部分开始枯萎，这时应及时采收，割去地上部分，及时移栽到未种过白术的地块里。术栽的采收须在 12 月前完成，否则后期会因出现发新芽或霜冻导致操作不便。

三、规范化种植关键技术

（一）选地整地与移栽定植

种植地选择海拔 1000～1600m、雨量充沛、阴坡地块为佳，土壤以排水良好、肥沃、未种植过白术的砂壤土且具有一定坡度，坡度在 5°～15°为宜。在 10 月中下旬，将选好的种植地块翻耕 1 次。

（二）术栽处理及移栽定植

1. 术栽处理

术栽起挖后，将有病虫害、挖伤的术栽深埋或烧毁，留健壮、无病虫害、无挖伤的术栽作种栽，剪去枯萎部分，用多菌灵或百菌清等低毒、低残留杀菌剂浸泡术栽（浓度及浸泡时间按说明书操作），捞出晾干即可移栽。

2. 移栽定植

起垄栽培，每窝栽健壮苗 1～2 株，栽植深度 10cm 左右，以复合肥和钙镁磷肥作底肥，用复合肥 30kg/亩，钙镁磷肥 50kg/亩。株、行距 25cm×40cm。移栽工作应在 12 月中旬前完成，否则后期霜冻会导致操作不便。

（三）田间管理

术栽移栽后一般在翌年的 3 月中旬至 4 月初出苗，随着海拔的升高，出苗期会相应延迟。出苗后应加强田间管理。

1. 间作玉米等高秆作物

白术为喜光照植物，但忌强光直射，尤其在出苗期。因此，生产中应种植高秆作物为其遮阴，贵州地区可用于为其遮阴的作物有玉米、高粱、薏苡、向日葵等，各地区可根据遮阴作物的经济价值合理选择。目前，贵州大部分地区主要用玉米为白术遮阴。玉米的种植时间应在自白术出苗前后，可直播，也可育苗移栽。种植玉米的株距在 70cm 左右，行距 1.3m 左右。

2. 中耕除草及培土

第 1 次中耕除草在清明前后进行。使用盖草能、高效氟吡甲禾灵、磺草莠去津等除草剂除去单子叶杂草，人工去除双子叶杂草。每 15～20 天进行 1 次，一般需除草 4 次。每次结合中耕除草进行培土，最终的培土高度宜在 20～30cm。注意早上露水未干时禁止除草。

3. 追肥

第 1 次追肥应在苗高 10cm 左右结合中耕除草进行，一般追施尿素 10kg/亩，复合肥 15kg/亩。第 2 次追肥应在苗高 15cm 左右，喷施磷酸二氢钾溶液（0.5kg 磷酸二氢钾+水 10kg）。第 3 次追肥在苗高 20cm 左右进行，追肥种类及浓度与第 2 次相同。第 2 次和第 3 次追肥的目的主要是提高白术苗的抗病虫害能力。第 4 次追肥在苗高 25cm 左右时进行，施用复合肥 15～30kg/亩。

4. 摘蕾

为了提高白术产量，生产中出现花蕾就应去掉。目前主要采用剪刀或手工摘蕾。

5. 主要病虫害防治

贵州省白术种植中出现的主要病害是根腐病和猝倒病。白术病害不易防治，一旦发生无法挽救。所以，必须采用综合措施进行预防。其综合措施主要有：

（1）选择健壮、无挖伤术栽作种栽，用杀菌剂浸泡后再下种。

（2）选择未种植过白术的地块进行种植，土壤需选择砂质壤土且有一定坡度，重茬间隔宜在 4 年以上。平地种植，即使是未种植过白术的地块，死亡率也很高，一定要高厢起垄。

（3）结合每次中耕除草，喷施低毒、低残留的杀菌剂（如百菌清、甲基托布津、根腐灵等）进行预防，一般需喷施 6～7 次，每隔 15～20 天进行 1 次。多种杀菌剂农药应交替施用，以免引起病原菌的抗性。

（4）白术出现病害的主要特征是叶片发黄、萎蔫。因此，一旦发现这种植株应及时拔出并深埋或烧毁，并用石灰水灌窝。

白术种植中的主要虫害是蛴螬，它主要咬食白术苗的幼嫩根，在白术的整个生长周期都可为害，尤以植株尚未木质化时为害严重。目前生产中主要采用辛硫磷来防治。结合中耕除草进行，移栽至采收的生长周期内，视蛴螬为害程度施药1～2 次。

贵州白术种植基地大田生长情况，见图 11-3。

图 11-3　白术大田种植生长情况

上述白术良种繁育与规范化种植关键技术，可于白术生产适宜区内，并结合实际因地制宜地进行推广应用。

【药材合理采收、初加工、贮藏与运输】

一、合理采收与批号制定

（一）合理采收

贵州地区一般在 10 月下旬开始采收白术药材。当白术茎秆黄褐色，下部叶片枯黄，上部叶片已硬化，容易折断时则可采收。在采挖时，先割去地上枯萎部分，间作玉米的也应先割去玉米秸秆，选择晴天采挖。采挖后抖去泥土，按根的大小分开堆放，以待初加工。

（二）批号制定（略）

二、合理初加工与包装

（一）合理初加工

白术传统初加工有烘干法和晒干法两种。烘干的称炕术，晒干的叫生晒术。一般以炕术为主。药农多采用烘干法，即将采收的鲜药材堆放在土炕上面，堆放厚度 20cm 左右，以木屑为燃料提供热源，连续烘烤，个头小的一般烘烤 2 天左右，大的需 3 天。烘烤期间，每天早、晚用钉耙各翻动 1 次，以利撞去泥土和须根。烘干的关键，视白术的干湿度灵活掌握火候，既防止高温急干，烘泡烘焦，也不能低温久烘，变成油闷霉枯。烘干后，按大小分级包装，置干燥处。

晒干法，即将鲜白术抖净泥沙，剪去术秆，日晒至足燥为止。在翻晒时，要逐步搓擦去根须，遇雨天，要薄摊通风处晾干，切勿堆高淋雨。也不可晒后再烘，更不能晒晒烘烘，否则将影响生晒术质量。另外，白术还可按外商出口或商家的要求，采用下法初加工：选择壮实似瓶形的白术晒至四成干，用小刀削去少许肉疤和芦头处约 1cm 长的肉，现出 1cm 长的把子（芦茎），将把子削光荡。再经过晒及削的工序后，洗净外附泥土，再烘至外皮带黄色，然后再晒 1～2 天，堆放发汗 1 天，使水分外溢，再经晒干即得，见图 11-4。

图 11-4　白术药材（左：鲜品；右：干品）

（二）合理包装

一般用干净麻袋、药材专用编织袋或纸箱按不同等级分开包装。每件白术包装上应注明品名、规格（等级）、产地、批号、包装日期、生产单位，并附质量合格的标志。

三、合理储藏养护与运输

白术加工方法不同，对其储藏养护也有影响，火烘干燥的水分少，易保存；日晒生晒术的水分含量高，干燥不均匀，贮藏较困难，容易发生"走油"现象。因此，在贮藏过程中，应严格控制含水量，不得超过 14%。不宜多年贮藏，过久易走油或变黑。

白术运输过程中，应有防潮措施，不能与其他有毒、有害、易串味物质混装。

【药材质量标准、质量检测与监控】

一、药材商品规格与质量检测

（一）药材商品规格

白术药材个子货，以无芦头、须根、焦枯、虫蛀、霉变，个大体重，坚实不空，断面黄白色，有放射纹理，外皮细，香气浓，甜味强而辣味少者为佳品。白术药材商品规格分为 4 个等级：

一级：干货，呈不规则团块状，体形完整，表面灰棕色或黄褐色，断面黄白色或灰白色。味甘微辛、苦。每千克 40 只以内，无焦枯、油个。

二级：每千克 100 只以内，其余同一等。

三级：每千克 200 只以内，其余同一等。

四级：体形不计。每千克 200 只以上。间有程度不严重的破碎、油个、焦枯。

（二）药材质量检测

按照《中国药典》（2015 年版一部）白术药材质量标准进行质量检测。

1. 来源

本品为菊科植物白术 *Atractylodes macrocephala* Koidz.的干燥根茎。冬季下部叶枯黄、上部叶变脆时采挖，除去泥沙，烘干或晒干，再除去须根。

2. 性状

本品为不规则的肥厚团块，长 3～13cm，直径 1.5～7cm。表面灰黄色或灰棕色，有瘤状突起及断续的纵皱和沟纹，并有须根痕，顶端有残留茎基和芽痕。质坚硬不易折断，断面不平坦，黄白色至淡棕色，有棕黄色的点状油室散在；烘干者断面角质样，色较深或有裂隙。气清香，味甘、微辛，嚼之略带黏性。

3. 鉴别

（1）显微鉴别：本品粉末淡黄棕色。草酸钙针晶细小，长 10～32μm，存在于薄壁细胞中，少数针晶直径至 4μm。纤维黄色，大多成束，长梭形，直径约至 40μm，壁甚厚，木质化，孔沟明显。石细胞淡黄色，类圆形、多角形、长方形或少数纺锤形，直径 37～64μm。薄壁细胞含菊糖，表面显放射状纹理。导管分子短小，为网纹导管及具缘纹孔导管，直径至 48μm。

（2）薄层色谱鉴别：取本品粉末 0.5g，加正己烷 2mL，超声波处理 15min，滤过，取滤液作为供试品溶液。另取白术对照药材 0.5g，同法制成对照药材溶液。照薄层色谱法（《中国药典》2015 年版四部通则 0502）试验，吸取上述新制备的两种溶液各 10μL，分别点于同一硅胶 G 薄层板上，以石油醚（60～90℃）-乙酸乙酯（50∶1）混合液为展开剂，展开，取出，晾干，喷以 5%香草醛硫酸溶液，加热至斑点显色清晰。供试品色谱中，在与对照药材色谱相应的位置上，显相同颜色的斑点，并应显有一桃红色主斑点（苍术酮）。

4. 检查

（1）水分：照水分测定法（《中国药典》2015 年版四部通则 0832 第二法）测定，不得超过 15.0%。

（2）总灰分：照总灰分测定法（《中国药典》2015 年版四部通则 2302）测定，不得超过 5.0%。

（3）二氧化硫残留量：照二氧化硫残留量测定法（《中国药典》2015 年版四部通则 2331）测定，不得超过 400mg/kg。

（4）色度：取本品最粗粉 1g，精密称定，置具塞锥形瓶中，加 55%乙醇 200mL，用稀盐酸调节 pH 至 2～3，连续振摇 1h，滤过，吸取滤液 10mL，置比色管中，照溶液颜色检查法（《中国药典》2015 年版四部通则 0901 第一法）试验，与黄色 9 号标准比色液比较，不得更深。

5. 浸出物

照醇溶性浸出物测定法（《中国药典》2015 年版四部通则 2201）项下的热浸法测定，用 60%乙醇作溶剂，不得少于 35.0%。

二、药材质量提升研究与企业内控质量标准制定（略）

三、药材留样观察与质量监控（略）

【药材生产发展现状与市场前景展望】

一、生产发展现状与主要存在问题

目前，贵州省已经有多个白术生产基地，尤其在黔东南的施秉、黄平，黔北的余庆，黔东北的松桃、印江、沿河、铜仁等地均有大面积种植。据省扶贫办《贵州省中药材产业发展报告》统计，2013 年，全省白术种植面积达 5.05 万亩，保护抚育面积 2.08 万亩；总产量达 26589.00t，总产值 42358.40 万元。2014 年，全省白术种植面积达 6.24 万亩，保护抚育面积 0.03 万亩；总产量达 15900.00t，总产值达 11490.17 万元。但白术生产中存在的主要问题是病害严重，影响药材产量和品质。近年来，关于白术病害的病原、发生规律以及综合防治等方面的研究较多，并取得了较大进展。同时，品种退化、变异现象也较严重。因此，选育白术抗病品种，稳定药材质量将是今后研究的主要方向。白术资源日益匮乏但需求量日益增长，使白术人工培育及研究工作尤为重要，产地的生态环境是影响白术体内活性物质积累的主要因素，从而影响药材的质量。纵观白术研究的历史和现状，现有的方法很难控制白术成分指标的一致性和稳定性，更难以反映其有效性和安全性。因此，白术质量评价和控制还有大量的研究工作需要系统深入地进行。首先，应阐明白术道地产区生长环境的生态因子，进而对白术种植区加以规范化管理来提高白术药材的质量；其次，应在以往的单一组分含量测定基础上，建立更为系统的白术多指标综合评价体系，客观、有效地评价其质量；再次，应将白术药材体内的活性物质与药效关联研究，从而增加白术药材的临床安全性和有效性。

二、市场需求与前景展望

现代研究表明，白术主要药效成分为挥发油，油中含苍术醇、苍术酮、白术内酯甲、白术内酯乙、3-β-乙酰氧基苍术酮、微量的 3-β-羟基白术酮、杜松脑、白术内酯 A、白术内酯 B、倍半萜、芹烷二烯酮、羟基白术内酯及维生素 A 等。有利尿作用，并能促进电解质，特别是钠的排出；有降低血糖作用，并有增加白蛋白、纠正球蛋白比例的作用；显著延长凝血酶原及凝血时间；缓和胃肠蠕动；对于因化学疗法或放射疗法引起的白细胞下降，有使其升高的作用；白术挥发油、苍术酮、白术内脂 B 对食管癌细胞均有体外抑制作用，将药物与食管癌细胞接触 24～48h 后，可使食管癌细胞脱落、核固缩、染色质浓缩、细胞无分裂或分裂极少；白术还具降血压、镇静、抗凝血、抗菌等药理作用，临床应用广泛，疗效满意。白术尚广泛用于多种中成药的生产，市场用量大。因此，加强白术规范化栽培技术研究及生产基地建设势在必行。生产区可结合当地产量进行白术深加工，拓宽白术产品种类，如保健产品、美容产品、新制剂研制、药膳、兽药，以及结合药材炮制研究，建设深加工工厂。同时，加深白术药理作用研究，提高白术市场价值。当前，白术成分的研究仅仅停留在提取工艺上，而白术的免疫机理和作用机制等方面的研究探讨报道非常少。因此，从分子、受体水平研究白术免疫增强作用，从多途径、多层面上阐述白术的免疫调节机理，对于推进动物饲料"无抗生素化"或尽量少用抗生素的进程，保证畜产品安全和促进我国畜牧业可持续发展具有重大意义。

主要参考文献

陈玉英，张唐颂，钟邱. 2005. 白术不同炮制品的质量比较[J]. 中医药导报：7：86-89.

池玉梅，李伟，文红梅，等. 2001. 白术多糖的分离纯化和化学结构研究[J].中药材，24（9）：647-650.

董海燕，董亚琳，贺浪冲，等. 2007. 白术抗炎活性成分的研究[J].中国药学杂志，42（14）：1055-1059.

杜培凤，聂进红. 2004. 白术研究综述[J].齐鲁药事，13（9）：41-43.

刘胜姿，魏万之，邱细敏，等. 2004. 白术挥发油中苍术酮不同提取方法的薄层对比[J].湖南中医学院学报，4：29-30.

吕圭源，李万里，刘明哲. 1996. 白术抗衰老作用研究[J].现代应用药学，13（5）：26-29.

邱细敏，卢岳华，沈品，等. 2005. 不同产地白术的多糖含量测定[J].中国药业，14（4）：40-41.

吴翰桂，马勇军，马国芳. 2004. 白术对小鼠小肠平滑肌活动的影响[J]. 台州学院学报，26（6）：48-50.

吴素香，吕圭源，李万里，等. 2005. 白术超临界 CO_2 萃取工艺及萃取物的化学成分研究[J].中成药，27（8）：885-887.

张强，李章万. 1997. 白术挥发油成分的分析[J].华西药学杂志，12（2）：119-120.

郑广娟. 2003. 白术对小鼠 S180 肉瘤的抑瘤作用及肿瘤凋亡相关基因 bc1-2 表达的影响[J].生物医学工程研究，22（3）：48-50.

周海虹，徐兆兰，杨瑞琴. 1993. 白术提取物对子宫平滑肌作用的研究[J].安徽中医学院学报，12（4）：39-40.

周枝凤，梁逸曾，邱细敏，等. 2004. 白术挥发油成分分析及其色谱指纹图谱研究[J].中草药，35（1）：9-12.

朱红梅. 2005. 加味参苓白术散治疗慢性肾炎 116 例[J].山东医药，45（20）：65.

朱金照，冷恩仁，张捷，等. 2003. 白术对大鼠肠道乙酰胆碱酯酶及 P 物质分布的影响[J].中国现代应用药学杂志，20（1）：14-16.

（刘红昌　罗启发）

12　白　芍

Baishao

PAEONIAE RADIX ALBA

【概述】

　　白芍原植物为毛茛科植物芍药 *Paeonia lactiflora* Pall.。别名：白芍药、金芍药、犁食、将离、杭白芍、亳芍、川白芍等。以干燥根入药，《中国药典》历版均予收载。《中国药典》（2015 年版一部）称：白芍味苦、酸，性微寒。归肝、脾经。具有养血调经，敛阴止汗，柔肝止痛，平抑肝阳功能。用于治疗血虚萎黄、月经不调、自汗、盗汗、胁痛、腹痛、四肢挛痛、头痛眩晕等。

　　白芍药用历史悠久，以"芍药"之名，始载于《神农本草经》，被列为中品。其载曰："一名白木。味苦，平，有小毒。治邪气腹痛，除血痹，破坚积，寒热，疝瘕，止痛，利小便，益气。生川谷及丘陵。"此后，白芍于诸家本草与中医药典籍多予记述。南北朝梁代陶弘景《本草经集注》始分白芍、赤芍，称"芍药今白山、蒋山、茅山最好，白而长大，余处亦有而多赤，赤者小利。"马志注云："此有两种，赤者利便大气，白者止痛散气。其花亦有赤、白二色。"宋代《本草图经》载："芍药二种，一者金芍药，一者木芍药。……今处处有之，淮南高一二尺。夏开花，有红白紫数种，子似牡丹子而小。秋时采根。"宋代医药兼通的名医陈承所著的《本草别说》（1092 年）尚载：白芍"谨按《本经》芍药，生丘陵川谷，今世所用者多是人家种植。欲其花叶肥大，必加粪壤。每岁八九月取其根分削，因利以为药，遂暴干货卖。"明代贾所学撰《药品化义》（1644 年）尚明确指出："赤芍，味苦能泻，带酸入肝，专泻肝火，……较白芍苦重，但能泻而无补。"综上可见，约于 1000 年前的宋代已广泛采用栽培的芍药药用，历代医家对野生及家种芍药根皆予药用。在区别白芍、赤芍上，两者的原植物虽为同属植物，但其在临床应用功效上是有所不同的，白芍多是家种并经沸水烫及发汗等产地加工而供药用；而赤芍基本为野生品，采挖后直接晒干即供药用，历版《中国药典》对赤芍亦予收载，除收载毛茛科植物芍药 *Paeonia lactiflora* Pall.外，还收载了川赤芍 *Paeonia veitchii* Lynch 的干燥根为赤芍用。故对白芍与赤芍应予分列。白芍应用历史悠久，是中医临床及中药工业常用大宗药材，也是贵州地道特色药材。

【形态特征】

白芍为多年生草本。高 40～70cm，无毛。根粗壮，圆柱形，外表黑褐色。茎直立，圆柱形，上部略分枝，淡绿白，略带淡红色。叶互生，具长柄，叶柄长 6～10cm，位于茎顶部者叶柄较短；茎下部叶为二回三出复叶，上部叶为三出复叶；小叶狭卵形、椭圆形或披针形，长 3～15cm，宽 2～5cm，先端渐尖，基部楔形或偏斜，全缘，边缘具有骨质白色小齿，两面无毛，或仅背面沿叶脉疏生短柔毛。花数朵，生茎顶或叶腋，有时仅顶端一朵开放，直径 8～11cm；苞片 4～5，披针形，大小不等；萼片 4，宽卵形或近圆形，长 1～1.5cm，宽 1～1.7cm，绿色，宿存；花瓣 9～13，倒卵形，长 3.5～6cm，宽 1.5～4.5cm，红色及白色，有时基部具深紫色或粉红色斑块；雄蕊多数，花丝长 0.7～1.2cm，花药黄色；花盘浅杯状，包裹心皮基部；心皮 4～5（～2），离生，无毛。种子黑褐色，椭圆状球形或倒卵形。花期 5～6 月，果期 7～8 月。白芍植物形态见图 12-1。

（1. 根部；2. 带花植株上部；3. 蓇葖果）

图 12-1　白芍植物形态图

（墨线图引自中国中药资源丛书编委会，《中国常用中药材》，科学出版社，1995）

同科同属植物毛果芍药 *Paeonia lactiflora* Pall.var.*trichocarpa*（Bge.）Stern 等亦供药用。

【生物学特性】

一、生长发育习性

白芍属多年生宿根性植物，喜温暖湿润气候，既耐热又耐寒。在 42℃的高温下也能越夏；在-20℃的气温条件下，一般在 10 月下旬霜冻前，于茎离地面 8cm 处剪去枝叶，并于根际适当培土，则可保护越冬。每年早春露红芽，3 月份萌发出土，4 月上旬现蕾，4～6 月为生长旺盛期，4 月至 5 月上旬开花，开花时间比较集中，花期约 7 天。5、6 月根膨大最快，5 月间芍头上已形成新的芽苞，7 月下旬至 8 月上旬种子成熟，8 月高温植株停止生长，10 月白芍地上部分开始逐步枯死。9 月下旬至 11 月为白芍发根期，以 10 月发根最为旺盛，以后随气温下降而发根缓慢。宿根越冬，其药效成分如芍药苷等积累。白芍生长期，一般为 3～4 年。

二、生态环境要求

白芍野生于山地、草坡、山谷或灌木林中，适生范围较广。喜温暖湿润，喜阳光充足，在背阴地或荫蔽度大的环境则生长不良。白芍抗干旱，怕潮湿，若积水则易烂根，根被水淹 6～10h，便会引起全株死亡。白芍根入土较深，以土层深厚、肥沃、疏松，并有一定坡度的砂质壤土为好；黏土或排水不良的低洼地则生长不良，盐碱地也不宜种植。忌连作，一般需隔 3～5 年方可再行种植。

【资源分布与适宜区分析】

一、资源调查与分布

我国芍药（栽培）主要分布于华北、华东、华中及西南等地，如河南、山东、浙江、安徽、四川、贵州、重庆、湖北、湖南、云南等地；尤以浙江东阳、磐安、缙云、临安、安吉等（杭白芍），安徽亳州、涡阳、阜阳、临泉、界首、凤台等（亳白芍），四川中江、广汉、青神、蒲江等（川白芍），贵州湄潭、遵义等（黔白芍）为主产，山东惠民、齐河、阳谷、夏津等，湖北团凤、宜都、江陵、潜江等，湖南凤凰、通道、邵阳、桑植等，云南通海、威信、水富、沾益等地亦有分布。据文献记载，白芍最适生产区域的主要生态因子范围为：≥10℃积温 3362.1～5623.7℃；年平均气温 14.5～22.8℃；1 月平均气温 −10.1～9.1℃；1 月最低气温−15.8℃；7 月平均气温 20.9～28.5℃；7 月最高气温 32.9℃；年平均相对湿度 56.8%～81.4%；年平均日照时数 1070～2743h；年平均降水量 505～1505mm；土壤类型以水稻土、潮土、褐土等为主。符合上述生态环境、自然条件，又具发展药材社会经济条件，并有白芍等药材种植与加工经验的主要分布区域，则为白芍生产适宜区。

二、贵州资源分布与适宜区分析

贵州以黔北（如湄潭、遵义、余庆、凤冈、绥阳、正安、道真等）、黔东南（如凯里、黄平、施秉、岑巩等）、黔东北（如印江、思南、松桃、德江等）、黔南（如龙里、平塘、荔波等）、黔中（如安顺、清镇、修文等）、黔西北（如大方、七星关、六枝等）、黔西南（如安龙、兴仁、兴义等）为白芍生产最适宜区。例如，遵义市湄潭、播州、余庆、绥阳，以及安顺市西秀等县（区），位于贵州北部，地处云贵高原向湖南丘陵和四川盆地过渡的斜坡地带，地貌以山地丘陵为主，海拔一般在 1000～1500m，属于中亚热带高原湿润季风区，其气候特点是：四季分明，雨热同季，无霜期长，多云寡照，≥0℃年活动积温 5500～6070℃，平均气温 12.6～13.1℃，年降水量 1000～1300mm。土壤类型以黄壤土和黄色石灰土为主，多为微酸性、土层深厚而肥沃的砂质壤土，农业生产较发达，当地有种植与加工白芍等药材的习惯和经验。

除上述生产最适宜区外，贵州省其他各县市（区）凡符合白芍生长习性与生态环境要求的区域均为其生产适宜区。

【生产基地合理选择与基地环境质量检（监）测评价】

一、生产基地合理选择与基地条件

按照白芍生产适宜区优化原则与其生长发育特性要求，选择其最适宜区或适宜区并具良好社会经济条件的地区建立规范化生产基地。例如，湄潭县平均海拔 927.7m，属北亚热带季风湿润气候，四季分明，气候平和，多年平均气温 14.9℃，最低的 1 月为 3.8℃，最热的 7 月为 25.1℃，极端最低气温为−7.8℃，极端最高气温为 37.4℃。年无霜期为 284天，年日照时数 1163h，日照百分率为 26%，年总辐射量 3488MJ/m²，多年平均降水量为 1137mm。土壤类型为黄壤，微酸性，土层深厚，肥沃疏松，适宜多种林木植物生长。野生药材主要有黄精、天冬、山银花、何首乌、玉竹等；栽培药材有杜仲、黄柏、厚朴、白芍、吴茱萸、何首乌等，见图 12-2。又如安顺市西秀区亦属北亚热带季风湿润型气候，极端最高温为 34.3℃，极端最低温为−7.6℃，年平均气温为 13.2～15℃。四季分明，全年日照数为 968～1309h，雨量较为充沛。土壤种类多样，适宜多种林木植物生长。野生药材品种较多，主要有山银花、何首乌、独脚莲等；栽培药材有杜仲、天麻、白芍、山药、刺梨等。上述两个白芍规范化种植基地，均远离城镇，周围无污染源，见图 12-3。

图 12-2　贵州遵义市湄潭县白芍基地　　　图 12-3　贵州安顺市西秀区白芍基地

二、生产基地环境质量检（监）测与评价（略）

【种植关键技术研究与推广应用】

一、种质资源保护抚育

白芍种质资源丰富，如在安徽亳州等地栽培白芍的种质资源主要是芍药 *Paeonia lactiflora* Pall.及变种毛果芍药 *Paeonia lactiflora* Pall.var.*trichocarpa*（Bge.）Stern 的混合群体。亳州当地药农根据其根的形态特征，将上述种源分为线条、蒲棒、鸡爪、麻基白芍 4 个品种。以线条白芍（俗称"笨花子"）最优，其根分枝呈圆柱状，根条少而长，粉性足，质地实，色白净，产量高。但此品种生长周期长，4 年以上方可采收；蒲棒白芍（俗称"燥花子"）次之，其根分枝略呈纺锤形，根条较短，质地松，产量亦较高。但此品种生长周期短，2 年零 4 个月可采收；鸡爪、麻基白芍主根不明显，多分枝，外观不好，现很少用于栽培。在四川中江等地栽培的白芍主要为川赤芍 *Paeonia veitchii* Lynch。

据调查，贵州白芍约在 140 多年前由四川引入种植。在湄潭种植的白芍，于 20 世纪 40 年代抗战时期，浙江大学农学院西迁至湄潭时，对白芍种植技术等深有影响。其质量产量俱佳，曾广销上海等地，有"湄潭白芍"或"黔白芍"之称。在贵州省白芍生产最适宜区，如湄潭、遵义、施秉、黄平、兴仁等地，有目的有意识地选择白芍生态适应性强的地带，采用封禁、补种等措施对白芍进行保护与抚育，将有效保护抚育白芍种质资源，以利永续利用。

二、良种繁育关键技术

白芍以无性繁殖（如分根繁殖）为主，目前白芍生产上都采用分根繁殖。

（一）分根繁殖

1. 种根选择

在白芍采收时，先将白芍根部从芽头着生处割下，无芽头根部分加工供药用；有芽头和小根部分，选择形状粗壮、不空心、无病虫害者，按其大小和芽的多少，顺其自然生长状况用刀分切，保持每块种根有健壮芽苞 2～3 个，并切去较长或过老部分（即俗称"二脑壳"者，若实在缺种芽时也可作繁殖用）。一般情况下，种芽下仅留 3cm 长的根为宜；若留根过长，主根则不壮，多分叉，长出的根多而细，质量不佳；若留根过短，则养分不足，生长不良。

2. 种根储藏

白芍种根宜边采收、边选种、边分根、边栽植，当天切下的种根宜当天栽种。若因农忙等故不能马上栽种须暂行储藏者，可采用下法储藏：选择高燥阴凉通风的室内，在地面铺上厚 8～10cm 的湿润细沙或细土，将种根轻轻按序堆放，芽头向上，其堆放高度以 10～20cm 为佳。堆好后，于根堆顶面盖上约 12cm 厚的湿润沙或泥，并在其四周用砖或塑料围护。或者选择地势较高、排水良好的树荫下或竹林边适宜处，挖一宽 70cm、深 20cm 的坑，长度视种根多少及场地而定，先将坑底整平，铺厚约 6cm 的清洁河沙，然后将白芍种根芽头向上、轻轻地依序排放，排放一层种根后再覆盖一层厚约 6cm 的细沙，填严空隙，芽头稍露出土面，再覆盖稻草储藏。在储藏期间，应经常检查，适当洒水，保持湿润，防止芍芽干缩或腐烂。储藏处不能被日晒或遭雨淋，也不能在曾堆放过化肥、农药、石灰或水泥之处作储藏地。种植时，应在取出种根后，边切分边栽种。白芍种根与出苗见图 12-4。

图 12-4　白芍种根与出苗（左：种根；右：出苗）

（二）种子繁殖

白芍种子一般在 8 月中下旬成熟，应及时采集健壮植株上的种子，趁鲜即播。因白芍种子一经干燥，则丧失发芽能力。若采集后暂不播用，可用湿润细沙与种子混拌储藏备用。但由于白芍种子繁殖生长周期太长，除用于育种研究外，目前白芍生产上极少采用种子繁殖。

三、规范化种植关键技术

（一）选地整地

白芍的种植地，选温暖向阳、排水良好、土壤肥沃疏松、耕层深厚且坡度较小的砂质壤土、夹砂黄土及淤积壤土地块为好；忌在土黏质重、瘠薄、地势低洼而易积水，或易被洪水冲击的地带栽培。白芍对种植地土壤酸碱度要求不严，pH 6.5～8 即可；但盐碱地不宜种植。白芍忌连作，可与赤小豆、菊花、红花等药材及豆科作物轮作，前作以玉米为佳，切不能选大白菜等十字花科蔬菜作物地。

选地后，宜于冬季翻犁过冬，或于前作秋季采收后翻犁备用。应先施入腐熟有机肥作基肥，每亩 2000～2500kg，均匀地撒于地面上，再将土深翻 30cm，并让烈日曝晒。栽种前，再翻耕，耙碎，整平。四周均应开好排水沟，以利排灌。再作高畦，一般按南北向作畦，畦宽约 1.5m，畦高约 20cm，畦沟宽深 30～40cm，畦长视地形与方便作业而定。

（二）栽种定植

在南方，栽种定植时间以秋季（9～10 月）为好。于酷暑后气温下降即可种植，以利早发根和生长，最迟不能过 11 月下旬。选择阴天或晴天栽植，并与白芍采收时间衔接。若用储藏种根下种，栽种不宜过迟，否则储藏种根和芽头已发出新根或新芽，下种栽植时易折断，对发根不利，影响翌年生长。

种植时，按种根大小分级，分别栽种，以便管理。栽种密度，一般行距 45cm，株距 35～40cm。在间作时，畦面按 40cm×60cm 株行距开穴，穴径 20cm，穴深约 13cm，每亩用种根 3000 株。穴底铺施农家肥或拌有人畜粪水的火灰，再覆一层薄土，每穴放置白芍种根 1～2 个于正中，芽头向上，用手边覆土边固定芍芽，以芽头在地表以下 3～

5cm 为宜。栽种后再施适量人畜粪水，并覆细土与畦面平齐或覆土堆成馒头状小堆，以利越冬。

（三）中耕除草

白芍种根栽种后翌年春天，要松土保墒，保持土壤湿润，以利出苗。到白芍种根拱土出芽，进入幼苗期，杂草生长相对较快，此时则应及时浅中耕和人工除草。切勿伤及白芍种基和小芽，否则易伤种根或伤芽苗。雨后或土壤过湿不宜除草，一般每年于 4 月、6 月及 8 月除草 3 次即可。

（四）扒土晾根

在白芍种根栽种后的第二、三或四年春季（3 月下旬至 4 月上旬），还要注意适时"亮根"：将白芍根部周围的泥土小心扒开，使白芍根露出一半，晾 5～7 天，使部分须根萎蔫，养分集中于主根。但不能晾晒过久，否则不利于保墒。

（五）追肥摘蕾

白芍是喜肥植物，除施足基肥外，还要注意追肥及其肥料中氮、磷、钾三要素的配比，以免影响其产量与质量。在白芍种根栽种后的第一年开始，每年均需追肥 3 次。一般可结合"亮根"进行第 1 次追肥，穴施，每亩施淡人畜粪水 1200～1400kg；5～7 月，植株生长旺盛期，结合中耕除草进行第 2 次追肥，穴施，每亩施淡人畜粪水 1400～1600kg；11～12 月，于白芍行间开沟，每亩施入拌有饼肥 30kg 的腐熟厩肥或堆肥 2000kg，施后再覆土盖肥并浇透水越冬。

在白芍种根栽种后第一、二年追肥量宜稍少，第三、四年追肥量宜增大。春夏宜追施人畜粪水等速效肥，秋冬宜追施土杂肥及堆肥等磷钾肥。并在春末夏季白芍植株生长旺盛期，尚应以 5% 过磷酸钙或 25% 磷酸二氢钾溶液作根外追肥，以促进其根茎生长与增产。但不宜施用牛粪，因牛粪易引起白芍根部病害。

为使养分集中，促进白芍根部的生长，在每年春季现蕾时，应及时摘除花蕾，并宜于晴天无露水时进行，摘蕾后即喷 1：1：150 波尔多液，以减少病菌感染。

（六）防涝抗旱

因白芍忌积水，故应在雨季到来之前，注意疏通畦沟，以利排水，并应随时做到白芍地与畦沟无积水。一般情况下，白芍不需灌溉，只在严重干旱缺水时，可据实情及时一次灌透即可。

（七）间作培土

在白芍种根栽种后第一、二年内，其植株较矮小，可在行间空隙处间（套）作一些生育期短的作物（如赤小豆、菊花等药材及豆科作物如黄豆与蔬菜等），以降低夏季地温及高温雷雨季节灼伤芍根，并可有效增加当年收益。一般在 11 月上旬前后土壤封冻前，尚应在白芍离地 6～8cm 处，将白芍地上部分萎枯的枝叶剪去，并在其根际进行培土，堆土厚 10～15cm，以保护芍根和芍芽的生长与安全越冬。白芍间（套）作与开花见图 12-5。

图 12-5　白芍间（套）作与开花

（八）主要病虫害防治

1. 主要病害防治

白芍易发生灰霉病、叶斑病、叶霉病、锈病等病害。

（1）灰霉病：又名花腐病。病原为真菌中的一种半知菌 *Botryris paeoniae* Oudem.。多在阴雨连绵、湿度较大时发病，尤以 6、7 月发病为重，且以幼嫩植株易于受害。其主要为害白芍茎、叶及花，一般从下部的叶尖或叶缘开始发生，病斑褐色，近圆形，有不规则的轮纹。在天气潮湿时长出霉状物，即病原菌子实体，茎部被害则出现褐色、梭形病斑，致使茎部腐烂，植株折断，严重时可引起全株倒伏。花蕾、花发病后，颜色变褐腐烂，也生有灰色霉状物。

防治方法：白芍秋后落叶后，应及时清除枯枝落叶，并集中烧毁和深埋；下种前要深翻整地，将表层土翻入下层，以减轻翌年发病；选用健壮无病种根，并用 65% 代森锌 300 倍液浸种 10～15min 消毒后下种；合理密植，使植株间通风透光，使植株生长健壮，提高抗病力；加强田间管理，注意雨后排水防涝；发病初期，以 50% 多菌灵 800～1000 倍液，每隔 10 天喷 1 次，连喷 2～3 次，或以 1∶1∶100 倍波尔多液，每隔 10～14 天喷 1 次，连喷 3～4 次，亦可用以上两药交替喷洒等法防治。

（2）叶斑病：病原为真菌中的一种半知菌 *Cercospora paeoniae* Theon et Deniels。多于 5～7 月天气潮湿时发生，为害叶片，发病初期正面出现褐色近圆形斑，一般从下部叶片开始发病，然后逐步向上部叶片扩展，使褐色斑呈同心轮纹状，病斑多时则相互连接成为大斑，以致叶片焦枯，提早落叶，叶片枯死，植株长势衰弱，严重时，甚至导致全株茎叶死亡，影响白芍质量与产量。

防治方法：同上灰霉病的防治，彻底清园，清除烧毁病叶、病株等残余物，深翻土地，加强疏通水道，降低湿度，严防积水等田间管理；发病初期喷洒 50%多菌灵 800～1000 倍液，或 50%托布津 1000～1300 倍液，或 1∶1∶100 倍波尔多液，每隔 10 天喷 1 次，连喷 2～3 次等消毒处理。

（3）叶霉病：又名红斑病。病原为半知菌亚门的枝孢属，*Cladosporium paeoniae* Pass.。多发生在高温多湿季节，使白芍叶片和绿色茎染病。叶片发病初期，叶背出现绿色针头状小点，并向叶背面突起，然后逐渐扩展成 3～5mm 红色小斑，病斑边缘不明显。随着气温升高，其病斑可扩大到 7～12mm，成为暗红色不规则具轮纹大斑，然后逐渐扩大连接成片，致使叶片枯焦。在高温下可产生暗绿色霉层，故称"叶霉病"。延至茎部发病，初为紫红色小点，后逐渐扩展成 3～5mm 长圆形凹陷病斑，病部产生暗绿色霉层。染病的白芍植株，严重时可致全株枯死。

防治方法：亦同上灰霉病的防治，彻底清园，清除烧毁病叶、病株等残余物，深翻土地，加强疏通水道，降低湿度，严防积水等田间管理；增施农家肥及磷钾肥，促使白芍植株生长健壮，增强抗病力；在芍根发芽至 4 月下旬开花前，用 50%多菌灵 800～1000 倍液，或 50%托布津 1000 倍液，或 65%代森锌 500 倍液喷施，每隔 10 天 1 次，连喷 2～3 次。

（4）锈病：病原为真菌中的一种担子菌，*Cronartium flaccidum*（Alb.et Schw.）Wint.。多在 5 月上旬开花后发病，7～8 月高温多湿季节与地势低洼积水处发病严重，为害叶片，发病初期可使白芍叶片背面出现黄色至黄褐色颗粒状物，即夏孢子堆，后期叶面出现圆形、椭圆形或不规则形灰褐病斑，被害茎叶弯曲、皱缩，植株生长不良，以至引起白芍植株枝叶提前枯死。

防治方法：亦同上灰霉病的防治，彻底清园，清除烧毁病叶、病株等残余物，深翻土地，加强疏通水道，降低湿度，严防积水等田间管理；白芍种植地周围不能栽植松柏类植物；在白芍开花前，用 1∶1∶100 倍波尔多液喷 1 次，开花后再继续喷 2 次，每次隔 10～15 天；发病初期喷以 25%粉锈宁乳剂 1000 倍液，或 65%代森锌 500 倍液，或 0.3～0.4 波美度石硫合剂，或 97%敌锈钠 400 倍液等消毒处理。

另外，还常见有褐斑病、软腐病及根结线虫病等，其多为害叶、种芽或根部，可致叶片枯死、病部流浆水、皱缩弯曲而植株生长不良，甚至干缩焦枯死亡。除清洁田园、及时排渍、加强管理等，以防治为主外，可结合实际于发病初期选用 1∶1∶100 倍波尔多液，或 50%多菌灵 800～1000 倍液，或 50%托布津 1000 倍液，或 65%代森锌 500 倍液等喷施。并应特别注意种根的选择、消毒、与禾本科植物轮作，或用 80%棉隆可湿性粉剂（每亩 1.5～2kg）处理土壤以防治根结线虫病等。

2. 主要虫害防治

白芍常见虫害有蛴螬、小地老虎等。主要为害白芍幼苗和钻洞咬食地下根茎，破坏根部组织，以致倒苗死亡。

防治方法：土壤消毒，在种前用 40%甲基异柳磷乳剂或 50%辛硫磷乳油（每亩用 250～300mL）进行土壤消毒；或者用 Bt 乳剂 300～350mL，加湿润细土 10～15kg，充分拌匀做成毒土，挖穴后将上述毒土直接施入白芍种植穴内，或均匀撒于地表，随即翻入土壤中进行土壤消毒。幼虫防治，可进行 2 次。第 1 次于春季结合晾根施药防治越冬幼虫；第 2 次于夏季 7~8 月施药防治当年孵化的幼虫，具体可采用毒饵法或毒土法。成虫防治，大面积可采用喷药防治。如用 2.5%敌百虫粉 2~2.5kg，加细土 75kg 拌匀后，沿白芍行开沟撒施防治蛴螬，同法亦可防治小地老虎；或者加大敌百虫粉用量，如以 2.5%敌百虫粉 2~2.5kg 与细土 20kg 拌匀后同上法防治。尚可用 90%敌百虫 1000~1500 倍液浇注白芍根部周围土壤；或在 5 月上中旬成虫盛发期，用新鲜杨树枝浸以 500~600 倍氧化乐果药液，插在芍田诱杀；或者人工捕杀处理。

上述白芍良种繁育与规范化种植关键技术，可于白芍生产适宜区内，并结合实际因地制宜地进行推广应用。

【药材合理采收、初加工、储藏养护与运输】

一、药材及种茎合理采收与批号制定

（一）合理采收

白芍药材一般于栽种的第 3~4 年秋季（8 月）采收，并宜选择晴天收获。采收时，先齐地割去茎、叶，然后再用三齿锄细心深入地下达 30~50cm 处，将白芍地下根挖取出，除去泥土及杂质，再将芍根从芍头着生处切下，再将粗根上的侧根剪去，修平凸面，切去头尾，切勿伤损；再按大小分档（一般分为大中小 3 档），在室内堆 2~3 天，每天翻堆 2 次，以使芍根水分蒸发变软，利于加工。

（二）批号制定（略）

二、药材合理初加工与包装

（一）合理初加工

将采挖白芍药材去掉泥土和杂质，再分级煮烫、去皮及干燥处理。先将锅内水加热至 80~90℃，再将洗净芍根放入锅中（浸没芍根为度），保持微沸，煮时不断上下翻动，使其受热均匀。一般小根煮 5~8min，中根煮 8~12min，大根煮 12~15min。注意：芍根既要煮透，又不可煮过；若未煮透则过生，而致芍根内层中心变黑；若煮过久则芍根内空，分量减少，均影响其质量与产量。

将芍根煮后，稍冷即用竹刀、玻璃片仔细刮去芍根外层栓皮，并对虫眼处剔除干净，否则会使芍根变色。亦可将芍根与粗河砂混匀装入滚筒机（滚筒机直径约 1.2m，长约 3m，内部拨齿转速约 30r/min）内，开启电源使芍根与粗河砂随齿轮转动，而上下翻滚在粗河砂摩擦作用下去皮。

去皮薄摊曝晒 1~2h 后，再堆厚曝晒，使其表皮慢慢收缩。这样晒干的白芍药材表皮皱缩细致，色鲜浅黄或表皮红黄，见图 12-6。晾晒时要不断上下翻动，中午太阳过强应用竹席等物遮盖，下午 3~4 时后再摊晒。如此晒 3~5 天后，再于室内堆放 2~3 天"发汗"，促使水分外渗。然后再继续晾晒 3～5 天至干为止。一般每亩可产白芍药材 700～800kg，折干率为 30%。

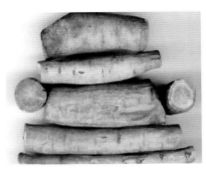

图 12-6　白芍药材

（二）合理包装

将干燥白芍，按 40～50kg 打包，用无毒无污染材料严密包装。在包装前应检查是否充分干燥、有无杂质及其他异物，所用包装应符合药用包装标准，并在每件包装上注明品名、规格、等级、毛重、净重、产地、批号、执行标准、生产单位、包装日期及工号等，并应有质量合格的标志。

三、药材合理储藏养护与运输

（一）合理储藏养护

白芍应储存于干燥通风处，温度 30℃以下，相对湿度 65%～75%。商品安全水分 12%～13%。本品易生霉、虫蛀、变色。吸潮后颜色变暗，表面可见霉斑。储藏前，还应严格入库质量检查，防止受潮或染霉品掺入。平时应保持环境干燥、整洁。定期翻垛检查，若发现吸潮、生霉或虫蛀，则应立即拆垛通风或晾晒。同时，尚应防止鼠害及加强日常养护管理。若有条件，可将白芍药材商品密封抽氧养护或用磷化铝、溴甲烷熏蒸预防仓储虫害。

（二）合理运输

白芍药材在批量运输中，严禁与有毒货物混装并有规范完整运输标识。运输车厢不得有油污与受潮霉变，并具有良好防晒、防雨及防潮等措施。

【药材质量标准、质量检测与监控】

一、药材商品规格与质量检测

（一）药材质量标准与商品规格

白芍药材以两端粗细相似，无外皮、裂口、破皮，无生心、虫蛀、霉变，外表色红黄或浅黄白，以条长、质坚实、切口整齐、色鲜者为佳品。其商品规格分为以下 4 个规格等级。

一级：干货。长 8cm 以上。中部直径 1.7cm 以上。无芦头、花麻点、破皮、裂口、夹生、杂质、虫蛀、霉变。

二级：干货。长 6cm 以上。中部直径 1.3cm 以上。间有花麻点。无芦头、破皮、裂口、夹生、杂质、虫蛀、霉变。

三级：干货。长 4cm 以上。中部直径 0.8cm 以上。间有花麻点。无芦头、破皮、裂口、夹生、杂质、虫蛀、霉变。

四级：干货。长短粗细不分，间有夹生，间有花麻点、头尾碎节。无枯芍、芦头、杂质、虫蛀、霉变。

（二）药材质量检测

按照《中国药典》（2015 年版一部）白芍药材质量标准进行质量检测。

1. 来源

本品为毛茛科植物芍药 *Paeonia lactiflora* Pall.的干燥根。夏、秋二季采挖，洗净，除去头尾和细根，置沸水中煮后除去外皮或去皮后再煮，晒干。

2. 性状

本品呈圆柱形，平直或稍弯曲，两端平截，长 5～18cm，直径 1～2.5cm。表面类白色或淡棕红色，光洁或有纵皱纹及细根痕，偶有残存的棕褐色外皮。质坚实，不易折断，断面较平坦，类白色或微带棕红色，形成层环明显，射线放射状。气微，味微苦、酸。

3. 鉴别

（1）显微鉴别：本品粉末黄白色。糊化淀粉粒团块甚多。草酸钙簇晶直径 11～35μm，存在于薄壁细胞中，常排列成行，或一个细胞中含数个簇晶。具缘纹孔导管和网纹导管直径 20～65μm。纤维长梭形，直径 15～40μm，壁厚，微木质化，具大的圆形纹孔。

（2）薄层色谱鉴别：取本品粉末 0.5g，加乙醇 l0mL，振摇 5min，滤过，滤液蒸干，残渣加乙醇 1mL 使其溶解，作为供试品溶液。另取芍药苷对照品，加乙醇制成每 1mL 含 1mg 溶液，作为对照品溶液。照薄层色谱法（《中国药典》2015 年版四部通则 0502）试验，吸取上述两种溶液各 10μL，分别点于同一硅胶 G 薄层板上，以三氯甲烷-乙酸乙酯-甲醇-甲酸（40∶5∶10∶0.2）混合液为展开剂，展开，取出，晾干，喷以 5%香草醛硫酸溶液，加热至斑点显色清晰。供试品色谱中，在与对照品色谱相应的位置上，显相同的蓝紫色斑点。

4. 检查

（1）水分：照水分测定法（《中国药典》2015 年版四部通则 0832 第二法）测定，不得超过 14.0%。

（2）总灰分：照总灰分测定法（《中国药典》2015 年版四部通则 2302）测定，不得超过 4.0%。

（3）重金属及有害元素：照铅、镉、砷、汞、铜测定法（《中国药典》2015 年版四部通则 2321 原子吸收分光光度法或电感耦合等离子体质谱法）测定，铅不得超过 5mg/kg；镉不得超过 0.3mg/kg；砷不得超过 2mg/kg；汞不得超过 0.2mg/kg；铜不得超过 20mg/kg。

（4）二氧化硫残留量：照二氧化硫残留量测定法（《中国药典》2015 年版四部通则 2331）测定，不得过 400mg/kg。

5. 浸出物

照水溶性浸出物测定法（《中国药典》2015 年版四部通则 2201）项下热浸法测定，不得少于 22.0%。

6. 含量测定

照高效液相色谱法（《中国药典》2015 年版四部通则 0512）测定。

色谱条件与系统适用性试验：以十八烷基硅烷键合硅胶为填充剂；以乙腈-0.1%磷酸溶液（14∶86）为流动相；检测波长为 230nm。理论板数按芍药苷峰计算应不低于 2000。

对照品溶液的制备：取芍药苷对照品适量，精密称定，加甲醇制成每 1mL 含 60μg 的溶液，即得。

供试品溶液的制备：取本品中粉约 0.1g，精密称定，置 50mL 量瓶中，加稀乙醇 35mL，超声波处理（功率 240W，频率 45kHz）30min，放冷，加稀乙醇至刻度，摇匀，滤过，取续滤液，即得。

测定法：分别精密吸取对照品溶液与供试品溶液各 10μL，注入液相色谱仪，测定，即得。

本品按干燥品计算，含芍药苷（$C_{23}H_{28}O_{11}$）不得少于 1.6%。

二、药材质量提升研究与企业内控质量标准制定（略）

三、药材留样观察与质量监控（略）

【药材生产发展现状与市场前景展望】

一、生产发展现状与主要存在问题

贵州具有种植白芍良好自然条件与生产应用历史，并具有良好群众基础。近十多年来，我省白芍种植已有一定发展，并有所成效。但由于白芍家种年限较长，药农种植积极性还不高，以致白芍种植面积还不大，其优质高产关键技术还待深入研究，还未形成优势产业，急需加以大力支持。

二、市场需求与前景展望

白芍是我国著名传统药材，中医临床常用中药。如明代李时珍的名著《本草纲目》则云：“白芍药益脾，能于土中泻木。赤芍药散邪，能行血中之滞。《日华子》言赤补气，白治血，欠审矣”。清代黄宫绣编《本草求真》云：“赤芍与白芍主治略同，但白则有敛阴益营之力，赤则止有散邪行血之意；白则能于土中泻木，赤则能于血中活滞。故凡腹痛坚积，血瘕疝瘕，经闭目赤，因于积热而成者，用此则能凉血逐瘀，与白芍主补无泻，大相远耳。"从上可见，白芍自古就为中医临床治疗瘀滞经闭、血虚萎黄、月经不调、自汗盗汗、胁痛腹痛、四肢挛痛及头痛眩晕之要药。

现代研究表明，白芍含有多种有效成分，如芍药苷、氧化芍药苷、白芍苷、芍药苷元酮、没食子酰芍药苷、芍药内酯、芍药新苷、三萜类、黄酮类、多糖类及挥发油等多种药效成分。白芍具有中枢抑制、机体免疫、扩张血管、增加血流量、抑制血小板聚集、保肝解毒、抗肝纤维化、改善睡眠、降脂、解痉、抗菌、抗炎、镇痛、抗抑郁、抗诱变、抗氧化、抗肿瘤等药理作用。临床上在治疗血崩腹痛、妇女产后血晕、赤白带下、阴虚发热、泄痢腹痛、血小板减少性紫癜、系统性红斑狼疮、强直性脊柱炎、慢性荨麻疹，以及三叉神经痛、习惯性便秘、腓肠肌痉挛等疾患都有较理想疗效。而且白芍还为国家规定的可用于保健食品的药材。白芍还是传统出口商品，主要出口日本、新加坡等多个国家。从上足见，白芍的产业化发展，在中医药、中药材产业和"大健康"产业上均有极大研究开发潜力，其产业化和市场前景极为广阔。

主要参考文献

高崇凯，吴雁，王勇，等. 2002. 白芍总苷粉针剂的抗炎镇痛作用[J]. 中国新药药理与临床药理，13（3）：163-165，199.

关媛媛，刘念，张凌. 2010. 白芍及其炮制品中12种元素次级形态分析研究[J]. 江西中医学院学报 22（3）：60-63.

秦魁杰. 2004. 芍药[M]. 北京：中国林业出版社.

刘瑾，倪嘉纳，刘力，等. 2004. 不同产地白芍质量分析[J]. 时珍国医国药，15（4）：207-208.

王莲英，袁涛. 1999. 中国牡丹与芍药[M]. 北京：金盾出版社.

王晓明，李付彪，吕文伟，等. 2006. 白芍总苷对犬急性心肌缺血的保护作用[J]. 吉林大学学报（医学版），32（3）：393-396.

王永祥，陈敏珠，徐叔云. 1988. 白芍总苷的镇痛作用[J]. 中国药理学及毒理学杂志，2（1）：6-10.

吴晓明，何伯伟，胡红强. 2008. 影响白芍芍药苷含量的几个关键因子初探[J]. 浙江农业科学，4：425-426.

杨珍. 2012. 传统中药白芍原植物分类鉴定及根形态解剖研究[J]. 中国医药科学，2（5）：104-105.

张源潮，孙红胜，潘正伦，等. 2010. 白芍总苷在风湿免疫病中的研究进展[J]. 世界临床药物，8：449-453.

赵亚男，周健，臧景岳. 2002. 不同炮制品的亳白芍质量研究[J]. 基层中药杂志，14（4）：22-24.

郑琳颖，潘竞锵，吕俊华，等. 2011. 白芍总苷的药理作用研究[J]. 广州医药，3：66-69.

周登余，徐星铭，戴宏，等. 2006. 白芍总苷对大鼠系膜增生性肾小球肾炎的保护作用[J]. 安徽医科大学学报，41（2）：146-149.

周强，栗占国. 2003. 白芍总苷的药理作用及其在自身免疫性疾病中的应用[J]. 中国新药与临床杂志，11：687-691.

朱蕾，魏伟，郑咏秋. 2006. 白芍总苷对胶原性关节炎大鼠滑膜细胞的作用及机制[J]. 药学学报，41（2）：166-170.

（叶世芸　冯中宝　周厚琼　冉懋雄）

13　白　芷

Baizhi

ANGELICAE DAHURICAE RADIX

【概述】

白芷原植物为伞形科植物白芷 *Angelica dahurica*（Fisch.ex Hoffm.）Benth. et Hook.

f. ex Franch. et Sav. 或杭白芷 *Angelica dahurica*（Fisch. ex Hoffm.）Benth. et Hook. f. ex Franch. et Sav.‘*Hang bai zhi*’Shah et Yuan。别名：芷、芳香、泽芬、白茝、香白芷、老川白芷等。以干燥根入药，《中国药典》历版均予收载。《中国药典》（2015 年版一部）称其味辛，性温。归胃、大肠、肺经。具有解表散寒，祛风止痛，宣通鼻窍，燥湿止带，消肿排脓功能。用于治疗感冒头痛、眉棱骨痛、鼻塞流涕、鼻鼽、鼻渊、牙痛、带下、疮疡肿痛。

白芷药用历史悠久，于《五十二病方》中首次提出用白芷治痈，因此白芷入药应该始载于《五十二病方》，至今已有 2000 余年的药用历史。《神农本草经》也予以收载，被列为中品，称其"一名芳香，一名茝。味辛，温，无毒。治妇人漏下赤白，血闭，阴肿，寒热，风头侵目泪出，长肌肤，润泽，可作面脂，生川谷下泽。"其后诸家本草多予收录，并予发挥。如晋魏《名医别录》曰："主治风邪，久渴，吐呕，两胁满，风痛，目痒。可作膏药面脂，润颜色。……一名莞，一名苻蓠，一名泽芬，叶名蒿。可作浴汤。生河东下泽。二月、八月采根，暴干。"宋《本草衍义》载：白芷"莸是也。出吴地者良。《经》曰：能蚀脓。今人用治带下，肠有败脓。"宋《本草图经》曰：白芷"生河东川谷下泽，今所在有之，吴地尤多。根长尺余，白色，粗细不等；枝秆去地五寸以上；春生，叶相对婆娑，紫色，阔三指许；花白，微黄；入伏后结子，立秋后苗枯。二月、八月采根，暴干。以黄泽者为佳。楚人谓之药。《九歌》云：辛夷楣兮药房。王逸注云：药，白芷也。"，并附"泽州白芷"图。明《本草纲目》更在"主治"项下，除引用如前人的白芷"解利手阳明头痛，中风寒热，及肺经风热，头面皮肤风痹噪痒"等功效外，还增载了"治鼻渊鼻衄，齿痛，眉棱骨痛，大便风秘，小便去血，妇人血风眩晕，翻胃吐食，解砒毒蛇伤，刀箭金疮"效用。白芷既是传统中医常用药材，也是贵州省盛产大宗并属原卫生部确定的药食两用药材。

【形态特征】

白芷：多年生高大草本，高达 1～2.5m，根属直根系，主根粗大，直径约 2.5cm，圆锥形至圆柱形，外皮土黄色至黄褐色，上部近圆形，皮孔少而散生，有分枝，根分枝上长有细长的吸收根。白芷的根在抽薹之前很充实，含有大量的淀粉、糖类，抽薹之后主根空洞呈海绵状，不能作药用。茎直立，中空，高可达 1.5m 以上，直径 2～5cm，圆柱形，常呈绿紫色或黄绿色，有纵沟纹，近花序处密生柔毛，多分枝，各级分枝上均能抽生花薹。叶互生，抽薹后叶分为上、中、下三部分，茎下部叶卵形至三角形，2～3 回 3 出式羽状全裂，最终裂片披针形至矩圆形，有长柄，叶柄基部扩大成半圆形囊状叶鞘；茎中部叶 2～3 回羽状分裂，叶柄下部为囊状膨大的膜质鞘；茎上部叶无柄，有膨大的囊状鞘。复伞形花序，顶生或腋生，囊状的花，花序梗长 5～20cm，伞幅通常 17～40cm，总苞片通常缺，或有 1～2 枚，长卵形，膨大成鞘状。小总苞片 5～10 枚或更多；花小，无萼齿，花瓣 5 枚，卵状披针形，先端渐尖，向内弯曲；雄蕊 5 枚，与花瓣互生，细长，伸出于花瓣外。子房下位，2 室，花柱 2 个，很短。花小，白色或黄绿色。果实扁平，呈广椭圆形，黄棕色，有时带紫色，长 4～7mm，宽 4～6mm，无毛，分果具 5 棱，侧棱有宽翅，棱果具槽中有油管 1 个，合生面有油管 2 个。花期 7～8 月，果期 8～9 月。白芷植物形态见图 13-1。

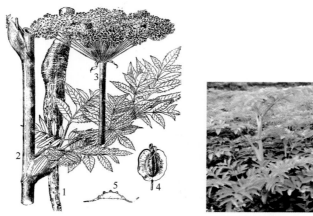

(1. 根部；2. 茎及茎生叶；3. 果序；4. 果实；5. 分生果横剖面)

图 13-1 　白芷植物形态图

（墨线图引自中国植物志编委会，《中国植物志》第 55 卷第 3 分册，科学出版社，1992）

杭白芷：本变种与白芷的植物形态基本一致，但植株高 1～2m；茎和叶鞘均为黄绿色；根圆锥形，具 4 棱，上部近方形，表面灰棕色，有多数较大的皮孔样横向突起，略排列成数行，质硬较重，断面白色，粉性大。

【生物学特性】

一、生长发育习性

白芷为多年生草本，喜温和湿润的气候和阳光充足的环境，较耐寒，适应性较强，在荫蔽的地方生长不良。主要生长于东亚季风气候等地区。在我国，白芷主产于华北平原半湿润、半干旱大陆性季风气候，冬寒少雪、春季多风、夏热多雨、秋高气爽地区以及长江中下游平原和四川盆地亚热带湿润季风气候、温暖湿润、四季分明地区。白芷主要分布于海拔 50～500m。喜生长于土层深厚、疏松肥沃、排水良好的砂质壤土。

白芷种子寿命为 1 年，种子发芽率较低，发芽适温为 10～25℃ 的变温，光有促进种子发芽的作用。春播第一年为营养生长期，不开花结实，第二年才开花结实。

秋播植株第一年为苗期，第二年为营养生长期，第三年才开花结实。但常因种子、肥水等原因，也有少量的植株第二年可开花。白芷抽薹后，根部变空心腐烂，不能作药用。为了控制开花，在栽培时需注意播种时间、调节肥水条件、选用种子等，避免过早抽薹，影响根的产量和质量。在栽培时，必须分清产地种子，不可盲目购买种子而将北方白芷栽种于南方。

二、生态环境要求

白芷主要生长于东亚季风气候区。主产区华北平原属半湿润、半干旱大陆性季风气候，具有冬寒少雪、春季多风、夏热多雨、秋高气爽等特点。长江中下游平原和四川盆地属亚热带湿润季风气候，具有温暖湿润、四季分明的特点。产区海拔多在 50～500m。但不同产地生态环境差异较大，栽培生长环境有所不同。白芷生长环境的有关要求如下。

温湿度：白芷喜温暖气候，亦能耐寒。在北方严冬只要采取简便措施保护根部就能安全越冬。南方秋播的幼苗露天也能安全越冬。但在寒冷而荫蔽的地方生长不良，植株生长及开花结果仍需温暖的气候。白芷对温度的适应范围是比较大的，但白芷要求比较湿润的环境。种子出苗期间，如雨水太多，容易烂种。植株生长后期，又值高温季节，缺水会造成主根木质化或难于伸长形成分叉，品质变劣，而太潮湿或积水也会出现烂根现象。

光照：白芷性喜向阳、日照充足的环境，多栽培在阳光充足的坡地或平地，在阴坡及较荫蔽潮湿的地方栽培，则生长不良。

土壤：白芷生长地要求土壤酸碱度适中，白芷以根入药，适合栽培在土层深厚、疏松肥沃、排水良好而又湿润的砂质壤土中，一般种植白芷的土壤为砂土和油砂土。

水：白芷植株高大，生长快，吸肥力强，是喜水、肥作物。肥水充足，生长最佳，肥水不足，生长不良。水分过多，白芷根系生长不良，地上部分生长迟缓，甚至叶片枯萎，以年降水量 1400～1800mm，阴雨天较多，雨水较均匀，水热同季为宜。但盲目施肥，苗期生长过旺，常导致白芷提前抽薹开花。所以苗期一定要严格控制肥水，一般不施或少施，5 月上旬以后才开始施肥或浇水，以促进其快速生长。

【资源分布与适宜区分析】

一、资源调查与分布

经调查，我国的白芷主要生长于长江中下游平原和四川盆地，产区海拔多在 50～500m。野生资源的种类有兴安白芷、库页白芷、杭白芷、滇白芷等。兴安白芷分布在河南、河北、黑龙江、吉林、辽宁、山西、内蒙古；库页白芷分布在四川、重庆；杭白芷主要分布在浙江、福建、台湾等；滇白芷主要分布于云南、贵州等地。目前，在浙江、福建、台湾、四川、重庆、贵州、云南等省均有栽培。尤以四川、河南、河北、浙江为白芷的四大历史产区，产量大、质量好，为地道药材白芷的主产区。其白芷药材除国内销售外，还供出口。白芷的商品名多依产地而命名，如"川白芷"（四川、重庆、贵州等）、"杭白芷"（浙江、福建等）、"祁白芷"、"禹白芷"（河北、河南等）、"鄂白芷"（湖北）、"徽白芷"（安徽）、"滇白芷"（云南、贵州）等。

二、贵州分布与适宜区分析

白芷在贵州全省均有分布，主要分布于黔北及黔东北的遵义、绥阳、习水、正安、道真、湄潭、余庆、务川、凤岗、铜仁、沿河；黔东南、黔南、黔西北及黔中的黄平、镇远、瓮安及毕节市、贵阳市等地都有零星栽培。

贵州的白芷主产区为遵义市、铜仁市、黔东南州、毕节市、安顺市及贵阳市等地。以上各地具有白芷整个生长发育过程中所需的自然条件。

除上述生产最适宜区外，贵州省其他各县市（区）凡符合白芷生长习性与生态环境要求的区域均为其生产适宜区。

【生产基地合理选择与基地环境质量检（监）测评价】

一、生产基地合理选择与基地条件

按照白芷生产适宜区优化原则与其生长发育特性要求，选择其最适宜区或适宜区并具良好社会经济条件的地区建立规范化生产基地。例如，在贵州省大方县大方镇选建的规范化种植试验示范基地（见图13-2），海拔为1670～1880m，气候温和，雨量充沛，雨热同期，具有冬无严寒，夏无酷暑，夏短冬长，春秋相近，雨雾日多及"十里不同天"的立体气候特点。年平均气温在11.8℃左右，最高气温32.7℃，最低气温零下9.3℃，最冷月（1月）平均气温为1.6℃，最热月（7月）平均气温为20.7℃，属典型的夏凉山区。阴雨天气多，日照少，雨季特别明显，雨量充沛，年平均降水量为1155mm，降水多集中在4～9月，占全年降水量的78.8%。大方属雾多县之一，全年平均雾日为159.2天，占全年日数的43.6%，日照时数为1311.2h，占全年可照时数的30%，无霜期为254～325天，常年相对湿度84%。地带性植被为针叶和落叶阔叶混交林，主要树种有马尾松、华山松、杉、栎类、枫香、杜鹃等；基地生境内有杜仲、天麻、草乌、龙胆、粗毛淫羊藿、桔梗、天冬、黄精、续断、杠板归、苦参、天南星、半夏、鱼腥草等药用植物。

图13-2　贵州大方县大方镇白芷规范化种植基地

二、基地环境质量检（监）测与评价（略）

【白芷种植与管理技术】

一、种质资源保护抚育

白芷具有种质资源多样性特点，由于地域差异，白芷的应用种类有别。北方以兴安白芷为主，东南沿海地区以杭白芷为主，中部以祁白芷为主，西南部（四川、重庆、云南、贵州）以川白芷为主。目前，白芷主要为人工种植，野生资源破坏严重，蕴藏量不大。经调查，当前栽培的白芷因地域不同而主要有祁白芷、禹白芷、杭白芷、川白芷等。传统认为，祁白芷、禹白芷来源于兴安白芷；杭白芷、川白芷是白芷的变种。现经研究表明，祁白芷、禹白芷、杭白芷、川白芷种子在同一地点种植，其植物形态、性状和根的指标性化学成分均相同，采用 RAPD 方法进行检验，结果证明它们乃属同一种群。再经白芷细胞学研究证明，白芷与兴安白芷、台湾白芷的亲缘关系密切，认为台湾白芷是兴安白芷的变种。

在生产实践中，可根据各地实际的气候环境因子，有目的有意识地选择生长迅速、不易抽薹、单产高、适应性强的白芷种质资源进行优选繁育，以培育出生长速度快、优质高产的新品种。在栽培生产的同时，我们还应对贵州白芷种质资源，特别是贵州黔西北、黔北、黔东等地野生白芷种质资源切实加强保护与抚育，以求贵州白芷资源的可持续利用。

二、良种繁育技术

白芷多采用种子繁殖，育苗移栽；也可采用无性繁殖（如种根繁殖等）育苗。下面重点介绍白芷种子繁殖育苗的有关问题。

（一）种子来源、鉴定与采集保存

1. 种子来源与鉴定

白芷种子主要于贵州大方、镇远、遵义、湄潭、沿河县等白芷种植基地采集，经何顺志研究员鉴定为伞形科植物白芷。

2. 种子采集与保存

白芷种子可单独培育，一般在 7 月挖收，选主根直而有大拇指粗的另行栽植作种，按行距 70cm、株距 40cm 开穴，每穴只栽 1 株，当年冬季及翌年春季进行除草施肥精细管理，至 7～9 月种子陆续成熟，种子周边皮呈黄绿色、4 条纵缝线变黑时为最佳采收期，即可连果序分批采收；也可采收 3 年生当年成熟的果实。

白芷种子应随熟随采，采摘过早，种子易瘪；采摘过晚，种子也易瘪并易掉落，过早过晚均影响种子的出苗率。采收之前，将果穗上高出的种子、扭曲弯曲的种子剔除，这两类种子种植后易抽薹。

采收时将一级侧枝上结的种子依成熟先后分批剪下，扎成小束，挂于通风、阴凉干燥处阴干。种子不能久晒、雨淋或烟熏，否则会降低种子的发芽率。10～15 天后，抖落或搓下种子，筛去杂质，用麻袋装好置于通风处贮藏备用。白芷种子不宜久藏，隔年陈种易丧失发芽力，种子应该当年采当年用。

（二）种子品质检定与种子质量标准制订

1. 种子品质检定

扦样依法对白芷种子进行品质检定，主要有：官能检定、成熟度测定、净度测定、生活力测定、水分测定、千粒重测定、病虫害检验、色泽检验等。同时，尚应依法进行种子发芽率、发芽势及种子适用率等测定与计算。例如，白芷基地春播育苗用白芷种子品质检定的结果，见表13-1。

表 13-1　白芷种子品质的主要检定结果

外观形状	成熟度/%	净度/%	生活力/%	检测代表样重/kg
具翅双悬果、长圆形至卵形，扁平	90	50	75	
含水量/%	千粒重/g	发芽率/%	病虫感染度/%	1.2
10.7	3.193	85	0.6	

2. 种子质量鉴别

白芷优劣种子主要鉴别特征：白芷种子形态为具翅双悬果，长圆形至卵圆形，扁平，长 5～8mm，宽 4～6mm，厚 0.7～1.6mm。表面黄绿色或淡黄色，两端钝圆，基部有的带小果柄果实极易分离成 2 个小分果。分果背面有纵棱 5 条，背棱 3 条，明显，侧棱延展成翅，接合面较平坦。横切面可见棱槽中有油管 1 条，合生面有油管 2 条。有特异香气，味微苦、辛。

3. 种子标准制定

经试验研究，将白芷种子分为三级种子标准，见表13-2。

表 13-2　白芷种子的分级标准（试行）

级别	发芽率/%	千粒重/%	生活力/%	含水量/%
1 级	≥54.6	≥3.48	≥69.2	≤10
2 级	38.6～54.6	3.06～3.48	55.7～69.2	≤10
3 级	28.0～38.6	2.70～3.06	45.0～55.7	≤10

（三）种子处理、选种、种子消毒与浸种催芽

1. 种子处理

选择成熟种子，先搓去种皮周围的翅（不可搓伤种子），然后放到清水里浸泡 6～8h，

捞出稍晾即可播种，每亩用种 1～1.5kg。

2. 选种

取 1kg 白芷种子采用"沉水法"选种，经测定饱满率 60% 左右。

3. 种子消毒

用 5% 生石灰水浸泡 1h 消毒。

4. 浸种催芽

消毒后，播前用 20℃ 左右的温水浸种 12h，浸后捞出，摊放在有湿布的凉席上，上面再覆盖一层湿布，放在室内温暖的暗处催芽，每天翻动两次，并用清水淋洗，待部分种子露白时即可播种。

三、规范化种植技术

白芷多采用种子繁殖，且宜大田直播，不宜采用育苗移栽，否则移栽的根部侧根多且多分叉，主根生长不良，以至影响质量和产量。因此，下面重点介绍白芷大田种子直播繁殖的规范化种植技术。

（一）选地整地与种子直播

1. 土地选择与整地准备

白芷喜温和湿润的气候和阳光充足的环境，在荫蔽的地方生长不良。选耕作层深厚、疏松肥沃、排水良好的砂质壤土为好。白芷对前作的选择要求不严格，前作白芷生长好的连作地也可选用。地选好后每亩施充分腐熟的厩肥或堆肥 3000～5000kg，视土壤肥力而定，施匀后深耕 30cm 左右，晒后再深耕 1 次，然后耙细整平，做成宽 1～2m 的高畦或平畦，畦面要整平整细。

良种繁育田应选择土层深厚、疏松肥沃、排灌方便、pH 为 6.3～8.5、向阳通风、远离易发生病虫害的地块作留种园。每亩施腐熟圈肥 2000～3000kg，加饼肥 100～200kg，翻入土中做基肥，均匀撒于地表，深翻 30cm，整平耕细，做成 90cm 宽平畦，播前土壤水分不足时先灌水，待水渗下，表土稍松散时即可播种。

2. 种子播种与直播育苗

一般春播在清明前后，秋播在白露至霜降间播种。气温较高的地区，以秋分至寒露为宜。白芷对播种期要求严格，播种过早，白芷苗当年生长过速，翌年有部分植株会提前抽薹开花，即成为"公白芷"，其根部变空腐烂，影响产量，或根过于木质化不能作药用；若播种过迟，温度下降，往往长期不发芽，对出苗不利，且幼苗易遭冻害，影响生长及产量。

白芷种子播种与直播育苗，可采用穴播或条播。一般多用穴播，按行距 30～33cm、株距 23～27cm 开穴，穴深 7～10cm。每亩用种 500～800g，与草木灰 220kg 及人畜粪水拌和混匀，每穴播 20 粒左右。如用条播，按行距 30～33cm、播幅约 10cm、深 7～10cm 开横沟，沟底宜平，然后将种子撒于沟内，每亩需种子 800～1000g。

无论穴播或条播均无须覆土。播后应立即施稀人畜粪水，每亩需 1000kg 左右，再用人畜粪水拌的草木灰覆盖上面，不使种子露出。一般播种后 10～20 天即可发芽。

若需提前直播育苗，应将种子用 45℃左右温水浸泡 1 夜再播种，如此则可提前 2～3 天发芽。春播尚应采用地膜覆盖，为种子发芽创造良好的温湿度条件，可提前 10 天左右出苗，并可提高出苗率 40%左右。

（二）苗期管理与防病治虫

1. 间苗与定苗

白芷秋播田，年前不间苗。于翌年苗高 6～10cm 时，按株距 10cm 左右定苗，定苗时除去过大苗和弱小苗，留壮苗。一般分 2～3 次进行。

间苗与定苗应特别注意：第 1 次在苗高 5cm 左右时进行，穴播的每穴留苗株，条播的每隔 3～5cm 左右留苗，并应使幼苗分布均匀，通风透光。第 2 次应在苗高 10cm 左右时进行，穴播的每穴留苗 2～3 株，条播的每隔 7～10cm 留 1 株苗。间苗时，可将弱的、过密的、叶柄具青白或黄绿色和叶片距离地面较高的幼苗拔去，因为此类幼苗常会提前抽薹开花，成为根不可药用的"公白芷"，只应保留叶柄呈青紫色的幼苗。留苗时，还应使定苗呈三角形或梅花状，以利通风透光。第 3 次在翌年春季定苗，于 3 月上旬至 4 月下旬定苗。穴播的每穴 2 株，条播的株距留 12～15cm 即可，并应将生长特旺、叶柄具青白色的白芷植株拔掉。春播的间苗也大体相同，但大苗不要除去。

2 中耕除草

当年 9 月出苗，分别于当年的 11 月中旬中耕除草；翌年 2 月、4 月、6 月各中耕除草 1 次。每次间苗都应结合中耕除草。第 1 次人工拔草，如土壤过于板结，杂草又多，可用锄浅锄 10cm 左右，不能过深，以免损伤根系。第 2 次用锄松土，可稍深些。第 3 次中耕除草在定苗时进行，必须彻底除尽杂草，因以后植株迅速郁闭，不便再中耕除草。如发现个别植株提早抽薹，应及时拔除。

3. 水肥管理

播种后若土壤干燥应浇水 1 次，7～8 天后再浇水，保证畦面湿润，以保全苗。以后可根据土壤干湿情况决定是否浇水。秋播的，11 月下旬或 12 月上旬浇 1 次越冬水；3 月中旬施肥后浇 1 次返青水；4 月上旬至中旬浇透 1 次抽薹拔节水，这个时期是繁育良种的需水临界期，水分对花芽的分化点形成起关键作用。5 月上旬至 5 月中旬追肥后浇 1 次保花保果水，该时期如降雨可不浇水，相反，则需注意排水，切勿过涝。

白芷苗期，一般施肥 2 次。第 1、2 次施肥均在间苗中耕后进行，每亩施稀人畜粪水 500～1000kg；第 3 次施肥需在定苗后进行，每亩施稍浓一些的人畜粪水 1000～2000kg，并加入尿素 3kg。

4. 越冬管理

白芷的种植有"湿冻最好，干冻不易活"的说法，即"白芷在冬季只有干死的，没有冻死的"的经验。因此，白芷幼苗越冬前要浇透水 1 次，同时于畦面盖草木灰，以保持土壤湿润和保暖，使白芷苗安全越冬。

5. 留优去劣去杂

翌年 4 月中旬至 5 月中旬植株抽薹时，根据植株的株形和特性剔除杂株、劣株、怀疑株。

6. 防病治虫

苗期病害主要有立枯病。发病初期用 50%石灰水灌注，每 7 天 1 次，连续 3～4 次。

（三）生长期管理与病虫害防治

1. 合理追肥

白芷喜肥，但一般春前少施或不施，以防苗长过旺，提前抽薹开花，科学施肥是提高白芷产量和质量的关键措施之一。白芷施肥应以基肥为主，追肥为辅。肥料以厩肥为主，人粪、化肥为辅。白芷除施足基肥和苗期 3 次追肥外，封垄前的追肥尤为重要，应亩施腐熟圈肥 2000～2500kg 和磷钾肥 25～30kg，施后培土，可防止倒伏，促进生长。追肥次数和施肥量可依据植株的长势而定，如快封垄时长势不旺，可再追肥 1 次。

2. 水分管理

白芷生长期如雨水不足，土壤过干，则主根难于下伸，支根增多，影响产量和品质，故应注意浇水；但如雨水过多，土壤积水时，则须及时排水，否则不但发育不良，而且会引起病害。

3. 拔除抽薹苗

播种后到翌年夏末的在田白芷，本不应抽薹，但可能有极少数植株株形特壮，就会抽薹开花。白芷抽薹开花后，会使主根空心或腐烂，不宜再作药用，所结种子太嫩，不能做种。所以，若发现有个别在田白芷植株提早抽薹，应及时拔除，切勿留在田里，否则会影响周围白芷植株生长。

4. 病虫害及其防治

白芷生长期病害有斑枯病、灰斑病和立枯病等；主要虫害为琉璃丽金龟子、苹果红蜘蛛、黄凤蝶及斑须蝽等，下面对病虫害及其防治予以简述。

（1）白芷斑枯病：本病主要为害叶部。感病初期叶面出现暗绿色斑点，迅速扩展，受叶脉所限形成许多多角形灰白色病斑，最后病斑布满全叶，使叶片萎蔫下垂，很快干枯。后期病斑上密生小黑点，即病原菌的分生孢子器。一般外围老叶首先发病，逐渐向内部叶片蔓延。白芷斑枯病病原属半知菌亚门，壳针孢属真菌。分生孢子器黑色，圆形或扁圆形，着生于表皮下，部分露出。分生孢子细长，多数有 3 个隔膜。

本病 6 月开始发生，直至收获，7～8 月发病重。土壤肥沃、水肥条件好的地块发病轻。土壤瘠薄、水肥条件差、管理粗放的地块，植株生长势弱，抗病性降低，发病重。病菌以分生孢子器随病叶或在留种株上越冬，成为翌年初次侵染来源。条件适宜时，分生孢子器释放分生孢子，在有水滴（露、雨等）的情况下，分生孢子萌发产生芽管，从气孔或直接穿透寄主表皮侵入体内。菌丝在寄主细胞内蔓延和发育，最后表现症状，并在病部产生孢子器和分生孢子，再行侵染。分生孢子器主要靠风雨传播。

防治方法：①清洁田园：白芷收获后，清除田间病株残体，集中烧毁或沤肥，以减少越冬菌源。发病初期，及时摘除病叶，以减少田间菌源。②农业措施：选择肥沃的砂质壤土种植，并注意施足底肥。天气干旱时及时浇水，以促壮苗，增强植株抗病力。③药剂防治：发病初期及时喷药防治，常用的农药有 1∶1∶100 的波尔多液或 65% 代森锌可湿性粉剂 500 倍液，每 7 天 1 次，连喷 3～4 次；也可增施磷、钾肥，提高抗病能力。

（2）白芷灰斑病：本病主要为害叶片，叶柄也可受害。感病初期，叶片上出现小的病斑，受叶脉所限呈多角形，后逐渐扩大不受叶脉限制而呈近圆形大斑，中央灰白色，边缘褐色。叶片上病斑较多时，病斑分布较为均匀。气候潮湿时病斑正面出现淡黑色霉状物，即病菌的分生孢子梗和分生孢子。白芷灰斑病病原属半知菌亚门，尾孢属真菌。分生孢子梗褐色，有分隔。随气候不同大小差异很大，条件适宜时可达 280μm。

本病有明显的发病中心。病菌的生长发育适温为 25～30℃，分生孢子形成的适温为 25～30℃。萌发稳定为 10～35℃，适宜温度为 28℃。病菌喜高温高湿的气候，因此，一般夏秋高温多雨期间容易发病，但在高温干旱天气，夜间有结露的情况下也可发病，特别是在大水漫灌、田间小气候潮湿的条件下发病重。病菌以菌丝体在种子上或病残体上越冬，为翌年田间病害的初次侵染来源。病斑上的分生孢子，可经风吹或雨水等在田间传播，从而可引起病害再次侵染。

防治方法：①清洁田园：白芷收获后，消除田间病株残体，集中烧毁或沤肥，以减少越冬菌源。发病初期，及时摘除病叶，以减少田间病源。②农业防治：选择肥沃的砂质壤土种植，并注意施足底肥。天气干旱时及时浇水，以促壮苗，增强植株抗病力。当开始出现发病中心时，应及时消灭，摘除病叶，并用农药重点防治，以防向周围蔓延，还要加强田间管理，浇水时防止大水漫灌。尤其要注意通风，雨季及时排除积水，尽量不造成局部高温高湿所导致的为害。③药剂防治：发病初期及时喷药防治，常用的农药有 1∶1∶100 的波尔多液或 65% 代森锌可湿性粉剂 500 倍液，每 7 天 1 次，连喷 3～4 次；50% 多菌灵可湿性粉剂 500～600 倍液或 75% 百菌清可湿性粉剂 500～800 倍液，每隔 7～10 天喷雾 1 次，连喷 3～4 次

（3）白芷立枯病：本病为土传病害，主要为害幼苗，发病初期，染病幼苗基部出现黄褐色病斑，以后基部呈褐色环状并干缩凹陷，直至植株死亡。本病病原为真菌中的一种半知菌，即该病多发生于早春阴雨、土壤黏重、透气性较差的环境中。

防治方法：①选砂质壤土种植，并及时排除积水。②发病初期用 5% 石灰水灌注，每

隔 7 天 1 次，连续 3～4 次。

（4）琉璃丽金龟子：琉璃丽金龟子幼虫称为蛴螬。属鞘翅目，丽金龟子科。主要为害白芷、月季的花序及花。成虫取食花粉粒，破坏整个花序，致使白芷种子减产。

琉璃丽金龟子成虫体长 12～15mm，宽 7～8mm。全体暗蓝色，唇基略似新月形，外缘稍翘起，触角 9 节，前胸背板、小盾片常为黑绿色，中胸腹板中央有 1 对纵沟。鞘翅短，暗蓝色，表面有小刻点组成的纵沟，腹部末端外露，臀部有白色毛斑 2 个。卵长椭圆形至椭圆形，表面光滑，随着卵内胚胎发育，卵粒逐渐膨大，至孵化前呈卵圆形。幼虫体长 24～30mm，头部顶端每侧各有侧毛 11～14 根，其中冠缝旁 8～9 根，较短，排列不整齐，肛门横裂。初化蛹为乳白色至黄白色，后变为橙黄色或黄褐色。本虫害发生为害规律为：1 年只发生一代，以 2～3 龄幼虫在土中越冬，翌年 5 月进入蛹期。成虫为害活动盛期在 6 月中旬至 7 月上旬。成虫产卵于肥土后死亡，至 9 月后成虫渐绝迹。成虫白天活动，黄昏潜伏，并具假死性。

防治方法：①深耕土地，将土壤深层的蛴螬翻到地表面消灭。②可适当多浇水或与喜湿性植物轮作，增加土壤含水量，创造一个不利于蛴螬生长发育的生态环境，抑制或消灭蛴螬，还可用黑光灯诱杀成虫。③在地里开沟施用辛硫磷颗粒剂，每亩用量 2kg 左右，以杀灭土壤中的蛴螬。④成虫盛发期，喷撒 2.5% 的敌百虫粉。

（5）苹果红蜘蛛：又名苹果短腿红蜘蛛、苹果全爪螨，属蜱螨目叶螨科。主要为害白芷等植物的叶片，成虫和若虫常群集叶片两面吸取汁液，使叶片变黄脱落。

苹果红蜘蛛成虫雌虫体近半卵圆形，背部显著隆起，长约 0.35mm。红色，取食后变为深红色。体背部有对刚毛，刚毛粗而长，着生在明显的黄白色瘤状突起上，雄虫体长 0.28mm，腹部末端比较尖，初蜕皮时呈浅橘红色，取食后呈深橘红色，卵似洋葱头状，上方稍扁，顶端有 1 根短毛，夏卵橘红色，冬卵深红色。幼虫有足 3 对。冬卵孵化的幼虫，体色淡红，取食后变暗红。夏卵孵化的幼虫体色淡黄色至橘红色，最后呈深绿色。若虫有足 4 对。前期若虫体色较幼虫深，后期若虫与前期若虫极相似。

苹果红蜘蛛 1 年发生 8 代，以卵在枝条上越冬。越冬卵翌年 4 月下旬开始孵化，5 月中下旬第一代成虫大量出现，并产卵繁殖。以后各代重叠发生，7 月中旬至 8 月下旬为发生盛期，以后逐渐衰减。苹果红蜘蛛幼虫、若虫和雄成虫多在叶片背面活动、取食，雌虫多在叶正面活动，天气干旱年份，发生较严重，而降水量大的年份发生相应减轻。

防治方法：①秋末冬初，将被害植株或枯枝残叶深埋或集中烧毁，并用 73% 克螨特乳油 2000 倍液喷雾，每 7～10 天 1 次，对红蜘蛛冬夏虫态都有良好的防治效果。②注意保护瓢虫、草青蛉等天敌，能降低田间虫口密度。

（6）黄凤蝶：黄凤蝶又名茴香凤蝶，属鳞翅目凤蝶科。主要为害伞形科植物，部分地块为害较重，如不及时防治有绝产的危险。幼虫咬食叶片，将叶片食成不规则的缺刻，有的叶片被食光，严重时幼嫩的叶柄、嫩茎均被食光。黄凤蝶成虫体长约 26mm，展翅 93mm。背部有 1 条黑色纵纹，前后翅均为黄色，翅脉及外缘为黑色，形成黄黑相间的斑纹。后翅黑斑上有大小各异的 6 个蓝色斑。卵球形，淡黄色。1 龄幼虫黑色，3 龄后变为绿色，头部有斑纹 7 条，每节有短黑横纹，黑横纹之间为黄绿色。蛹呈黄绿色或淡黄褐色，头部有触角 1 对，胸背及胸侧黄褐色，各有 1 对突起。

黄凤蝶 1 年发生 3 代，以蛹附在杂草及寄主枝条上越冬，翌年 4 月中旬开始羽化。成虫白天活动，卵产于叶正面，单产，幼虫夜间取食，白天潜于叶背面。7～8 月为害较重，老熟后在植株或杂草上化蛹。3 代幼虫 10 月以后老熟开始化蛹越冬。

防治方法：①在部分田块第一代发生后虫口密度较小，再加上幼虫体态明显，行动较慢，在幼虫发生初期，可抓住有利时机人工捕杀。②在虫口密度较大的田块，可喷 90%敌百虫晶体 800～1000 倍液或敌敌畏乳剂 1000～1500 倍液，每 7～10 天喷 1 次，连喷 2～3 次。3 龄以后的幼虫，可喷青虫菌（每克菌粉含孢子 1000 亿个）300 倍液喷雾进行生物防治。

（7）斑须蝽：斑须蝽又名细毛蝽，属半翅目蝽科。食性杂，为害时，以刺吸式口器刺吸植株体液，影响植物的生长发育。斑须蝽成虫体长 8～13.5mm，宽约 6mm，椭圆形，紫褐色或褐色，前胸背板密布橘皮样刻点及细长毛，触角为黑、白两色相间，喙细长，紧贴于头部腹面。小盾片末端钝而光滑，黄白色。

斑须蝽 1 年发生 2～3 代，以成虫在田间杂草中、石缝土块下、枯枝落叶下、栓皮裂缝中及房檐下越冬。翌年 3 月下旬至 4 月上旬开始活动，4 月中旬交尾产卵，5 月下旬至 6 月上旬孵化出第一代若虫。第一代成虫于 6 月上旬羽化，羽化的成虫于 6 月中下旬产卵，7 月上旬孵化出第二代若虫，8 月中旬羽化为第三代成虫。成虫产卵，多将卵产在植物上部叶片正面或花蕾、果实的苞片上，多行整齐排列。初孵若虫群集为害，2 龄以后分散为害，成虫于 10 月上中旬陆续越冬。

防治方法：①冬季或早春清理田园，消灭越冬成虫。②发生严重的年份，可用 80%敌敌畏乳剂 1000～1500 倍液，或 40%菊马乳油 2000～3000 倍液，或 50%辛硫倍液，或磷乳油 1000～2000 倍液等喷雾，每隔 7 天喷 1 次，连续喷 2～3 次。

5. 防止倒伏及越冬管理

白芷植株抽薹后易受牲畜为害，可在其田四周架设围栏防止。如遇大风，白芷植株亦易倒伏，应及时培土。当植株遇风倾斜时，及时在植株附近插与植株等高略粗的竹竿与植株合在一起捆绑扶直。

白芷在冬季遇"湿冻最好，干冻不易活"的情况，幼苗于越冬前，除注意浇透水外，同时应于畦面盖草木灰，保持土壤湿润和保暖，以使白芷苗安全越冬。

白芷大田种植生长发育与开花结果情况，见图 13-3。

图 13-3　白芷生长发育与开花结果

上述白芷良种繁育与规范化种植关键技术，可于白芷生产适宜区内，并结合实际因地制宜地进行推广应用。

【药材合理采收、初加工、储藏养护与运输】

一、药材合理采收与批号确定

（一）合理采收

白芷药材的采收因产地和播种时间不同，收获期各异。一般情况下，春播白芷药材，如河北宜在当年白露后采收；河南宜在霜降前后采收。秋播白芷药材，如四川、贵州等地宜在播种第 2 年小暑至大暑采收；浙江宜在大暑至立秋采收；河南宜在大暑至白露采收；河北宜在处暑前后叶片变黄或茎叶枯萎时收获。若采收过早，白芷植株尚在生长，根条粉质不足；采收过迟，白芷植株易发新芽，影响质量，根部粉性差。

采收时，选晴天进行，先割去地上部分，然后挖出全根，抖去泥土。

（二）批号制定（略）

二、药材合理初加工与包装

（一）合理初加工

挖出白芷全根，除净泥土（不可用水洗），剪去残留叶基、须根，按大、中、小分级堆、晒或烘干，切忌雨淋，晚上收回摊放。白芷含淀粉多，不易干燥。如遇连续阴雨，不能及时干燥，会引起腐烂。防止白芷腐烂措施：收后遇阴雨，可依法适当熏硫（熏硫时，千万勿过量，并应依法检测 SO_2 残留量）。不论日晒或烘干，均不得中断烘晒，以免腐烂或黑心。烘炕时，应通风干燥，大根白芷放中央，小根白芷放四周，头部向下，尾部向上，不能横放。要求火力适中，半干时应翻动 1 次，并将较湿的白芷药材放中央，较干的放周围，直到烘干为止。大量烘炕时可用炕房，大根白芷放下层，中根放中层，小根放上层，支根放顶层，每层厚 5～6cm。烘烤温度控制在 60℃左右，防止炕焦、炕枯。每天翻动 1 次，6～7 天全干。白芷药材鲜品及干品见图 13-4。

图 13-4　白芷药材（左：鲜品；右：干品）

（二）合理包装

将干燥白芷药材，按 40～50kg 打包成捆，用无毒无污染材料严密包装，亦可用麻袋包装或装于内衬白纸的纸（木）箱内。在包装前应检查是否充分干燥、有无杂质及其他异物，所用包装应符合药用包装标准，并在每件包装上注明品名、规格、等级、毛重、净重、产地、批号、执行标准、生产单位、包装日期及工号等，并应有质量合格的标志。

三、药材合理储藏养护与运输

（一）合理储藏养护

白芷药材储藏期间应保持通风干燥，适宜温度 30℃以下，相对湿度 70%～75%，商品安全水分 12%～14%。定期检查，虫情严重时，用磷化铝等药物熏杀。

本品易生霉，变色，虫蛀。若内侧未充分干燥，在贮藏或运输中易感染霉菌，受潮后可见白色或绿色霉斑。存放过久，颜色易失，变为浅黄或黄白色。为害的仓虫有天牛等，蛀蚀品周围常见蛀屑及虫粪。贮藏前，还应严格入库质量检查，防止受潮或染霉品掺入；平时应保持环境干燥、整洁；贮藏期间要经常检查，发现轻度霉变、虫蛀，应及时通风晾晒或翻垛，并筛除虫尸、碎屑，放置待凉后密封保存。霉变、虫蛀严重时，应及时用较大剂量磷化铝（9～12g/m³）或溴甲烷（50～60g/m³）熏杀。或于高温高湿季节前，必要时用塑料薄膜封垛，密封使其自然降氧或抽氧充氮进行养护。

（二）合理运输

白芷药材运输工具必须清洁、干燥、无异味、无污染，运输途中应做好防雨、防潮、防曝晒、防污染，严禁与可污染其品质的货物混装运输，并有规范完整运输标识。运输车厢不得有油污与受潮霉变。

【药材质量标准、质量检测与监控】

一、药材商品规格与质量检测

（一）药材商品规格

白芷药材以无芦头、须根、空泡、焦枯、虫蛀、霉变，根条肥大、表皮淡棕色或黄棕色、柔润、粉性、断面白色或灰白色、有香气者为佳。白芷药材商品规格，可据药材商品规格标准，按白芷根条粗细、体重、质地等因素分为 3 个等级。

一级：干货。呈圆锥形，表面灰白色或黄白色，体坚，断面白色或黄白色，具粉性，有香气，味辛、微苦。1kg 36 支以内。无空心、黑心、芦头、油条、杂质、虫蛀、霉变。

二级：干货。呈圆锥形，表面灰白色或黄白色，体坚，断面白色或黄白色，具粉性，有香气，味辛、微苦。1kg 60 支以内。无空心、黑心、芦头、油条、杂质、虫蛀、霉变。

三级：干货。呈圆锥形，表面灰白色或黄白色，体坚，断面白色或黄白色，具粉性，有香气，味辛、微苦。1kg 60 支以上，顶端直径不得小于 0.7cm。间有白芷尾、黑心、异状油条，但总数不能超过 20%。无杂质、虫蛀、霉变。

（二）药材质量检测

按照现行《中国药典》（2015 年版一部）白芷药材质量标准进行检测。

1. 来源

本品为伞形科植物白芷 *Angelica dahurica*（Fisch. ex Hoffm.）Benth. et Hook. f.或杭白芷 *Angelica dahurica*（Fisch. ex Hoffm.）Benth. et Hook. f. var. *formosana*（Boiss.）Shah et Yuan 的干燥根。夏、秋间叶黄时采挖，除去须根和泥沙，晒干或低温干燥。

2. 性状

本品呈长圆锥形，长 10～25cm，直径 1.5～2.5cm。表面灰棕色或黄棕色，根头部钝四棱形或近圆形，具纵皱纹，支根痕及皮孔样的横向突起，有的排列成四纵行。习称"疙瘩丁"。顶端有凹陷的茎痕。质坚实，断面白色或灰白色，粉性，形成层环棕色，近方形或近圆形，皮部散有多数棕色油点。木质部约占横切面的 1/3。气芳香，味辛、微苦。

3. 鉴别

（1）显微鉴别：本品粉末黄白色。淀粉粒甚多，单粒圆球形、多角形、椭圆形或盔帽形，直径 3～25μm，脐点点状、裂缝状、"十"字状、三叉状、星状或"人"字状；复粒多由 2～12 分粒组成。网纹导管、螺纹导管直径 10～85μm。木栓细胞多角形或类长方形，淡黄棕色。油管多已破碎，含淡黄棕色分泌物。

（2）取本品粉末 0.5g，加乙醚 10mL，浸泡 1h，时时振摇，滤过，滤液挥干，残渣加乙酸乙酯 1mL 使其溶解，作为供试品溶液。另取白芷对照药材 0.5g，同法制成对照药材溶液。再取欧前胡素对照品、异欧前胡素对照品，加乙酸乙酯制成每 1mL 各含 1mg 的混合溶液，作为对照品溶液。照薄层色谱法《中国药典》（2015 年版四部通则 0502》）试验，吸取上述三种溶液各 4μL，分别点于同一硅胶 G 薄层板上，以石油醚（30～60℃）-乙醚（3∶2）为展开剂，在 25℃以下展开，取出，晾干，置紫外线（波长为 365nm）灯下检视。供试品色谱中，在与对照药材色谱和对照品色谱相应的位置上，显相同颜色的荧光斑点。

4. 检查

（1）水分：照水分测定法（《中国药典》2015 年版四部通则 0832 第四法）测定，水分不得超过 14.0%。

（2）总灰分：照总灰分测定法（《中国药典》2015 年版四部通则 2302）测定，不得超过 6.0%。

5. 浸出物

照醇溶性浸出物测定法（《中国药典》2015 年版四部通则 2201 热浸法）测定，用稀乙醇作溶剂，不得少于 15.0%。

6. 含量测定

照高效液相色谱法（《中国药典》2015 年版四部通则 0512）测定。

色谱条件与系统适用性试验：以十八烷基硅烷键合硅胶为填充剂；以甲醇-水（55∶45）为流动相；检测波长为 300nm。理论板数按欧前胡素峰计算应不低于 3000。

对照品溶液的制备：取欧前胡素对照品适量，精密称定，加甲醇制成每 1mL 含 10μg 的溶液，即得。

供试品溶液的制备：取本品粉末（过三号筛）约 0.4g，精密称定，置 50mL 量瓶中，加甲醇 45mL，超声处理（功率 300W，频率 50kHz）1h，取出，放冷，加甲醇至刻度，摇匀，滤过，取续滤液，即得。

测定法：分别精密吸取对照品溶液与供试品溶液各 20μL，注入液相色谱仪，测定，即得。

本品按干燥品计算，含欧前胡素（$C_{16}H_{14}O_4$）不得少于 0.080%。

二、药材质量标准提升研究与企业内控质量标准制定（略）

三、药材留样观察与质量监控（略）

【药材研究开发与市场前景展望】

一、生产发展现状与主要存在问题

据 20 世纪 80 年代第 3 次全国中药资源普查，四川、浙江、河南、河北等地，适宜种植白芷的地区较多，其商品产于浙江者称杭白芷，又名浙白芷、香白芷；产于四川者称川白芷，又名库页白芷；产于河北安国、定县者称祁白芷；产于河南禹州、长葛者称禹白芷，又名会白芷；产于安徽亳州称亳白芷，又名白芷。白芷其余种类在其产地作为白芷使用。贵州也是适宜种植白芷的地区，贵州省白芷种植规模家种也有一定历史，并已取得一定成效。例如，安顺市普定县2013年发展了2000余亩，但由于栽培及加工经验不足，农户种植水平不高，管理较为粗放，导致产量低，效益差。对白芷生产规范化标准化尚需深入研究与实践，在提高质量标准与综合开发利用等方面还须深入研究。

目前，白芷为一年生植物，但市场单价不高，价格波动大，经济效益不稳定，农民生产积极性受到一定影响。白芷产销存在的主要问题是：生产容易出现盲目性，造成产销失调，制约了该种植业的进一步发展。因此，应稳定购销政策，加强宏观指导，使生产稳定发展。需政府及有关企业进一步加强引导并加大投入力度。白芷生长年限较短，药农栽培技术熟练，只要价格合理，生产潜力较大。

二、市场需求与前景展望

现代研究表明，白芷主要有效成分为香豆素类（cou-marins），其中主要为氧化前胡素（oxypeucedanin）、欧前胡素（imperatorin）、异欧前胡素（isoimperatorin）等。其他香豆素类成分有白当归素（byakangelicin）、白当归脑（byakangelicol）、脱水比克白芷素（anhydrobyakanrgelicin）、佛手柑内酯（bergapten）、伞形花内酯（umbelliferone）等。此外，白芷药材还含有挥发油（油中主含3-亚甲基-6-环己烯、十一碳烯-4、榄香烯、十六烷酸、壬烯醇等）、佛手酚（bergaptol）、广金钱草碱（desmodimine）等成分。现代药理研究表明，白芷具有较强的光敏作用以及解热、镇痛、平喘、降压、兴奋运动和呼吸中枢等作用，同时还有抗菌、抑制脂肪细胞合成、清除自由基及抗氧化等多方面的作用。近年来，临床还用于治疗胃及十二指肠疾病、慢性胃炎、白癜风、银屑病和扭挫伤等疾病。

白芷不仅是中医方剂配方常用药，还是解表散寒、祛风止痛、燥湿止带、消肿排脓良药。在疗头痛，通鼻窍，治眉棱骨痛、齿痛、鼻渊、寒湿腹痛、肠风痔漏、赤白带下、痈疽疮疡、皮肤燥痒、疥癣等方面具有良效，临床常用于头痛、牙痛、鼻渊、肠风痔漏、赤白带下、痈疽疮疡、皮肤瘙痒等症，并有明显扩张冠状动脉等作用。白芷还是药食两用品、工业及日用原料，尤其在美容护肤方面具有祛风解表、散寒止痛、除湿通窍、消肿排脓等功效，可改善人体微循环，促进皮肤新陈代谢，消除色素在组织中过度堆积，去除面部色斑瘢痕，有效治疗皮肤疱痍疥癣等。早在《神农本草经》就载白芷："长肌肤。润泽颜色，可作面脂。"无论是"千金面脂方"，或是慈禧太后的驻颜宫廷秘方"玉容散"等，白芷都是制作面脂的主药，称之可有效祛除面部黑斑。现代医学亦证明，白芷对痤疮、黑头、粉刺都有一定的疗效，在美白祛斑、改善微循环、延缓皮肤衰老方面都有独特疗效，在美容产品、药物牙膏添加剂等方面白芷用量大增，使用范围也在日益扩大。同时，白芷香气浓郁，很早就作为轻工业原料和调料，植株还可提取芳香油，用于日化产品的生产。白芷还含有如蛋白质、脂肪、糖、维生素及微量元素等极为丰富的营养成分。

在中药工业方面，以白芷为主要原料生产的中成药有参桂再造丸、都梁丸、上清丸、牛黄上清丸、牛黄清胃丸、清眩丸、木瓜丸等，应用历史悠久，疗效显著。以白芷为主药的不同中药制剂还有显著而持久的降脂、抗菌、抗炎解热、镇痛作用，白芷的用途越来越广。现代开发研究成果，更为白芷的市场需求与市场空间开创了新的前景。总之，白芷是常用中药材，为医药工业和相关产业的重要原料和传统出口商品，国内外市场需求量大，市场前景极为广阔。

主要参考文献

陈郡雯. 2011. 川白芷氮磷钾配施、苗期抗旱性与传粉生物学研究[D]. 四川农业大学.

郭丁丁. 2008. 白芷种质资源调查及其评价的研究[D].成都中医药大学.

李永超，宋杨，齐云. 2007. 白芷的药理作用研究进展[J].国外医药（植物药分册），04：161-164.

刘先华. 2011. 白芷栽培管理技术[J].南方农业，05：30-31.

卢嘉，金丽，金永生，等. 2007. 中药杭白芷化学成分的研究[J]. 第二军医大学学报，03：294-298.

史洋，雷云，许海玉，等. 2015. 白芷中3个主要活性成分含量测定及其质量评价研究[J].中国中药杂志，05：915-919.

王梦月，贾敏如. 2004. 白芷本草考证[J].中药材，05：382-385.

邢作山，苏炳红，刘朝香. 2004. 白芷栽培加工留种技术[J].专业户，02：16-17.

尹平孙，丁春桃. 2010. 白芷规范化栽培[J].特种经济动植物，01：37-38.

苑军，殷霈瑶，李红莉. 2010. 白芷的生物学特性及规范化栽培技术[J].中国林副特产，01：43-44.

张志梅，郭玉海，翟志席，等. 2006. 白芷栽培措施研究[J]. 中药材，11：1127-1128.

郑艳. 2007. 白芷斑枯病（Septoria dearnessii）的研究[D].四川农业大学.

（严福林　魏升华　杨孝明　冉懋雄）

14　玄　参

Xuanshen

SCROPHULARIAE RADIX

【概述】

玄参原植物为玄参科植物玄参 *Scrophularia ningpoensis* Hemsl.。别名：重台、玄台、黑参、山玄参、乌玄参、鹿肠、正马、逐马、馥草、野脂麻、鬼藏等。以干燥根入药，《中国药典》历版均予收载。《中国药典》（2015 年版一部）称：玄参味甘、苦、咸，微寒。归肺、胃、肾经。具有清热凉血，滋阴降火、解毒散结功能。用于热入营血、温毒发斑、热病伤阴、舌绛烦渴、津伤便秘、骨蒸劳嗽、目赤、咽痛、白喉、瘰疬、痈肿疮毒等。

玄参药用历史悠久，始载于《神农本草经》，列为中品，称其："一名'重台'，味苦，微寒，无毒。治腹中寒热积聚，女子产乳余疾。补肾气，令人目明。生川谷。"其后诸家本草与中医药典籍等均多收载。如三国·魏《吴普本草》（约 208～239 年成书）载：玄参"二月生叶，如梅毛，四四相值。似芍药，黑茎，茎方，高四、五尺。花赤，生枝间，四月实黑。"梁代《名医别录》曰："玄参，生河间川谷及冤句，三月、四月采根，曝干。"宋代苏颂《本草图经》云："玄参，生河间及冤句，今处处有之。二月生苗，叶似脂麻，又如槐柳，细茎青紫色；七月开花青碧色；八月结子黑色。亦有白花者，茎方大，紫赤色而有细毛；有节若竹者，高五、六尺；叶如掌大而尖长如锯齿；其根尖长，生青白，干即紫黑，新者润腻，一根可生五、七枚。三月、八月、九月采，曝干。或云蒸过日干。"明代李时珍《本草纲目》释其名曰："玄，黑色也。"并引陶弘景谓："其茎微似人参，故得参名。"因其根色黑而形如参，故名。又云：玄参"花有紫、白二种"，并言玄参能"滋阴降火，解斑毒，利咽喉，通小便血滞。"再者，野生玄参主要分布于云南、贵州、四川等地，而家种于我国南方或西南多产。如民国时期的陈仁山《药物出产辨》（1930 年）称：玄参"产浙江杭州府"，为著名"浙八味"之一；亦为四川著名地道药材，故又有"川玄参"之称。玄参又在《卫生部关于进一步规范保健食品原料管理的通知》（卫法监发〔2002〕51 号 2002 年 2 月 28 日）中，被列入"可用于保健食品的用品名单"。综上可见，玄参为我国中医著名传统大宗常用药材，也是贵州著名地道药材。

【形态特征】

玄参为多年生高大草本，株高 60～120cm。块根肥大，一至数条，呈纺锤形或根圆柱形，长 2～15cm，直径 1.5～4cm，下部常分叉，外皮呈灰黄褐色，干后黑色。茎直立，四棱形，有浅槽，光滑或有腺状柔毛。叶对生而具柄，叶柄长 0.5～2cm；叶片卵形或卵状椭圆形，长 7～20cm，宽 3.5～12cm，先端渐尖，基部圆形或近截形，边缘具钝锯齿，下面有稀疏散生的细毛。聚伞花序顶生，呈圆锥形，大而疏散，轴上有腺毛。花萼卵圆形，先端钝，外面有腺状细毛，裂片边缘膜质，花冠褐紫色，管部斜壶状，长约 8mm，有 5 裂片，上面 2 裂片较长而大，侧面 2 裂片次之，下面 1 裂片最小；雄蕊 4 枚，2 强，另有 1 枚退化的雄蕊，呈鳞片状，贴生在花冠管上；花盘明显；子房上位，2 室，花柱细长。蒴果卵圆形，先端短尖，深绿或暗绿色，长约 8mm，萼宿存。种子细小，黄褐色。花期 7～8 月，果期 8～9 月。玄参植物形态见图 14-1。

另有同科植物北玄参 *Scrophularia buergeriana* Miq［S.oldhami Oliv.］与上种相似，主产东北、华北等地，亦可药用，但非《中国药典》收载品种。

【生物学特性】

一、生长发育习性

玄参系多年生深根植物，生长周期为 1 年。根据其生长发育特性，可分为种苗期和根茎膨大期。3 月中、下旬出苗，以后随气温升高植株生长迅速加快；种苗期约为 50 天（指在春分左右插种到立夏左右移栽）。种苗定植后，一般要经 50 天新苗才出土，再经 25 天左右茎叶才发育完全。7 月上旬开始抽薹，8～9 月开花、结果。抽薹前多为营养生长阶段，抽薹开花为营养生长和生殖生长并进阶段，开花后为生殖生长阶段。玄参地上部分生长发育高峰后，其根部的生长则逐渐加快。7 月以后，地上茎逐渐停止生长，地上部分储藏的养分开始向根茎转移，8～9 月块根迅速膨大，10 月块根充盈；其后气温下降，植株生长速度渐慢，11 月以后地上部分则逐渐枯萎。

（1～2. 着花及花果的植株；3. 根；4. 花冠上部解剖，示雄蕊及退化雄蕊；5. 果实）

图 14-1　玄参植物形态

（墨线图引自任仁安主编，《中药鉴定学》，上海科学技术出版社，1986）

二、生态环境要求

玄参野生在海拔 1700m 以下的山坡、林缘、灌丛、低山、丘陵、溪边或草丛等地。喜温暖湿润、雨量充沛、日照时数短的气候，稍耐寒，忌高温、干旱，气温在 30℃ 以下植株生长随温度升高而加快；气温升至 30℃ 以上，生长则受到抑制。地下块根生长的适宜温度为 20～30℃。生长期要求雨水均匀。对土壤要求不严，适应性较强，在土层深厚、疏松、肥沃、排水良好的砂质壤土种植生长良好，但过黏、易板结土壤生长不良。忌连作，宜与谷类作物轮作；不宜与白术、地黄、乌头及豆科、茄科等易罹白绢病的作物轮作；一般轮作要 3 年以上。凡土质黏重、排水不良、盐碱性重的土壤不宜种植。

【资源分布与适宜区分析】

一、资源调查与分布

经调查，玄参分布于我国长江以南，以华东、西南、华南等地，如浙江、安徽、江苏、江西、四川、重庆、贵州、云南、湖南、湖北、广西、广东、河南、山东、陕西等省（自治区、直辖市）。其中，尤以浙江、四川、重庆、贵州、湖南、江西、山东、河南等地为我国主要分布和生产适宜区。据文献如《中国药材产地生态适宜性区划》记载，玄参最适宜区域的主要生态因子范围为：≥10℃ 积温 2037.0～6101.3℃；年平均气温 13.1～23.6℃；1 月平均气温-4.9～8.4℃；1 月最低气温-9.7℃；7 月平均气温 17.8～29.2℃；7 月最高气温 34.1℃；年平均相对湿度 61.0%～83.2%；年平均日照时数 1112～2527h；年平均降水量 485～1595mm；土壤类型以红壤、黄壤、黄棕壤、棕壤、褐土等为主。符合上述生态环境、自然条件，又具发展药材社会经济条件，并有玄参等药材种植与加工经验的主要分布区域，则为玄参生产最适宜区或适宜区。

二、贵州资源分布与适宜区分析

贵州全省均有玄参分布，以黔北（如道真、正安、遵义、凤冈等）、黔东南（如锦屏、榕江、从江、岑巩、凯里等）、黔南（如都匀、平塘、荔波、龙里等）、黔中（如修文、平坝、惠水等）、黔西北（如大方、七星关、水城等）为玄参生产最适宜区。

除上述玄参最适宜区外，贵州省其他各县（市、区）凡符合玄参生长习性与生态环境要求的区域均为其适宜区。

【生产基地合理选择与基地环境质量检（监）测评价】

按照玄参生产适宜区优化原则与其生长发育特性要求，选择其最适宜区或适宜区并具良好社会经济条件的地区建立规范化生产基地。近年来，已在贵州省遵义市道真、正安县等地选建了玄参规范化种植基地。例如，道真县玄参规范化种植基地（见图14-2），位于贵州东北部，地貌以中山丘陵为主，地处贵州高原向四川盆地过渡的东斜地带，属丘陵山区，海拔为 700～1700m。属亚热带季风性气候，气候温和温凉，≥0℃年积温 5500～6070℃，平均气温为 12～14℃，无霜期 272～315 天，年降水量 1050～1100mm。土壤类型以黄色石灰土和黄壤为主，多为微酸性、土层深厚而肥沃的砂质壤土，农业生产较发达，当地有种植玄参的习惯和经验。

图 14-2 贵州道真县玄参规范化种植基地

【种植关键技术研究与推广应用】

一、种质资源保护抚育

贵州是玄参主要野生分布区，种质资源丰富，特别是黔北、黔西北、黔东南、黔南（如道真、正安、大方、七星关、水城、锦屏、岑巩、平塘、荔波等）等地的野生种质资源十分丰富。在玄参生态最适宜区，有目的有意识地选择玄参生长适宜地带，采用封禁、补种等措施对玄参进行保护与抚育，有效保护玄参种质资源，以求永续利用。

二、良种繁育关键技术

玄参多采用无性繁殖（如子芽、根头、分株、扦插繁殖等），也可种子繁殖，但其生长慢，生产上多以子芽繁殖为主。下面重点介绍子芽繁殖。

（一）子芽繁殖

1. 选种

秋末冬初玄参收获时，选择无病害、粗壮、侧芽少、长 3～4cm 的白色不定芽，从芦头上掰下留作繁殖材料用。将选好的种芽在室内摊放 1～2 天，再依下法储藏，以免窖内发热腐烂，操作过程中要避免损坏芽头。发现芽头呈紫红色、青色、裂开者不用，细芽及病芽亦不用。而应从窖内取出准备好的芽头，挑选无冻害、霉烂、发芽，并已长有根的芽头作种芽。

2. 种芽储藏

芽头选取后，在室外向阳处选地势干燥、排水良好处挖窖储藏。窖深 50cm 左右，大小视种栽量而定。窖底整平先铺上一层厚 10cm 的细沙，将种芽平铺入窖内，厚 30cm 左右，以每亩窖放芽头 150kg 为宜。窖上盖土厚 10cm 左右，呈龟背以防积水。冬季气温下降至 0℃以下时，窖上加盖细土或稻草，以防芽头受冻害。窖四周要挖好排水沟，严防积水腐烂。储藏期间要勤检查，发现芽头腐烂、发芽、长根密，及窖内发热时均应及时翻窖。

玄参尚可采用根头、分株及扦插法等进行无性繁殖。如在玄参采收时，将根头分割成块，每块带子芽 1～2 个，以供玄参根头繁殖用；在玄参种植的第二年春季，于玄参的苑部根茎处萌生许多幼苗，到 5 月其苗高约 30cm 时，每苑除留 2～3 株壮苗外，剩下的其余带根幼苗均可供玄参分株繁殖用；在 5 月时将玄参植株的老枝剪段，或在 7 月时玄参植株生长基本定型后，取其嫩枝供扦插繁殖用。

（二）种子繁殖

玄参种子繁殖可春播或秋播。例如春播，先在苗床上浇水，待水渗透后，进行条播或穴播，并用筛子筛出细土将种子盖严，畦面再覆以一层薄膜或稻草，以保温保湿。出苗后，及时除去薄膜或稻草，注意加强田间管理。待苗高 20cm 左右时，即可定植移栽。

三、规范化种植关键技术

（一）移栽定植

1. 选地整地

玄参对地形要求不严，平原、丘陵、低山、山地、坡地均可。宜选温暖湿润、土壤疏松、肥沃深厚、排水良好的砂质壤土作种植地。土壤过于黏重、易于积水的地块不宜作种植地。切忌与白术连作。玄参为深根性植物，耕作时应深翻，春季栽植的于上一年冬天整地，捡尽杂物，深耕 30cm 以上，施足基肥，每亩施厩肥 1500kg，并配合施入适量磷、钾肥，翻入土中。次年 2～3 月移栽定植前，再翻耕，耙碎，整平，作畦，畦宽 120～140cm，畦高 20～25cm，畦间 25～30cm。

2. 栽种定植

栽种时间，以 2 月中旬为宜。栽种密度，按行株距 40cm×30cm 定植，每亩种植 5500 株左右。栽种方法，在整好的畦面上，子芽、根头繁殖按行株距开穴，每穴放种芽 1～2 个，芽头向上，穴深 8～10cm，盖土杂肥或拌有粪水的细土一把，再盖土 5cm 左右与畦面平齐。种后保持土壤湿润，直到出苗。

种子繁殖苗宜于秋季移栽定植，密度与子芽、根头繁殖相同；分株、扦插繁殖苗，宜于秋季移栽定植，密度与子芽、根头繁殖相同。

（二）田间管理

1. 及时除草

玄参出苗后，及时中耕除草。根据玄参生长情况，一般每年中耕除草 2～3 次，第一次在 4 月中旬齐苗后，第二次在 5 月中旬，第三次在 6 月中旬进行。中耕不宜过深，避免伤根。

2. 分期追肥

结合中耕除草，每年施追肥 3 次。第一次（约 3～4 月）在齐苗期，每亩施腐熟人畜粪尿 2000kg。第二次（约 6 月）生长旺盛期施草木灰亩用 100kg。第三次（约 6 月中下旬）每亩施厩肥或土杂肥 2500kg，撒入畦面，结合中耕除草压入土内。追肥在玄参地于玄参一侧开穴，严防伤及玄参块根。按玄参追肥时间及施肥种类进行追肥，第一次于玄参齐苗后施肥，每亩施入人畜粪水 500～700kg。第二次追肥在苗高 33cm 左右，每亩施人畜粪水 1500～2000kg 加尿素 10kg。第三次追肥于初花期，每亩施入过磷酸钙 50kg 加草木灰 100kg，施后盖土，以促使玄参块根膨大。

3. 培土

培土时间于第三次追肥后进行，将畦沟底部分泥土堆放于玄参植株旁即可。培土与中耕除草、施肥结合进行。可起到固定植株，防止倒伏，保湿抗旱及保肥作用。

4. 间苗

玄参定植后，第二年从根际萌生许多幼苗，选留壮苗 2～3 株，其余的用于补缺或繁殖材料。

5. 摘蕾

当玄参植株上部开花时，应将花序分批剪去，不使其开花结籽，使养分集中于地下块根部位，提高产量和质量。

6. 排灌

玄参生长期，如果长期干旱，要进行灌溉；灌溉一般在早晨或傍晚进行。玄参地面发现有积水时，要及时排除，否则引起烂根。

7. 主要病虫害防治

（1）叶枯病：主要为害叶片，病斑呈多角形或不规则圆形，造成病叶卷缩干枯。一般 4 月中旬开始发病，6～8 月发生较重，直到 10 月止。

防治方法：玄参收获后，及时清除田间残株病叶集中烧毁；选择禾本科作物轮作，尽量避免与白术、甘薯、花生、地黄、白芍等作物轮作；有机肥经腐熟后施用，结合中耕除草，促使植株生长健壮增强抗病能力；注意开沟排水，降低田间湿度，增加通风透光；发病初期及时摘除病叶，每 7～10 天喷施 1∶1∶100 波尔多液进行保护，连续喷 3～4 次。5月中旬可喷施 500～800 倍代森锌液，每 10～14 天一次，连续喷 4～5 次。

（2）白绢病：被害植株根部腐烂，迅速萎蔫，枯死。土壤排水不良，或施用未经腐熟的有机肥料，均能使病害加重。

防治方法：与禾本科作物轮作，忌连作。不与易感染的地黄、附子、白芍、太子参及花生等作物轮作；整地时每亩用 15kg 的 30%菲醌或石灰 50kg 翻入土中，进行土壤消毒；栽前用 50%甲基托布津 1000 倍液浸种 5min 后晾干栽种；加强田间管理，注意开沟排水和通风透光，多雨地区应采用高畦种植；发现病株及时拔除，移去烧毁，去除病穴土壤，并在病穴及四周撒石灰粉消毒。

（3）棉叶螨：为害叶片，先为害下部，随后向上蔓延，最后叶色变褐，干枯脱落。

防治方法：早春和晚秋清除杂草，消灭越冬棉叶螨；7～8 月棉叶螨发生期，在傍晚或清晨喷洒双甲脒 20%乳油 1000～2000 倍液，每隔 5～7 天一次，连喷 2～3 次。

（4）蜗牛：主要为害根部，咬食幼茎，使植株断茎而死。其成虫或幼虫在枯枝落叶或浅土裂缝里越冬，翌年 3 月中下旬开始为害幼苗。7 月以后，在玄参上为害逐渐减少。

防治方法：5 月间蜗牛产卵盛期及时中耕除草，消灭大批卵粒；清除玄参地内杂草诱杀，或撒大麦芒来减轻为害；在清晨日出前人工捕捉；喷洒石灰水或每亩以茶籽饼粉 4～5kg 撒施。

（5）地老虎：以幼虫为害，幼虫多在夜间活动，常于玄参生长期咬食幼芽造成断茎苗，致使植株枯死。

防治方法：清晨人工捕捉幼虫；田间发生期可用 90%敌百虫 1000 倍液浇灌根部进行防治；用糖醋液诱杀成虫。

玄参大田种植生长发育与开花结果情况，见图 14-3。

图 14-3　玄参生长发育与开花结果

上述玄参良种繁育与规范化种植关键技术，可于玄参生产适宜区内，并结合实际因地制宜地进行推广应用。

【药材合理采收、初加工、储藏养护与运输】

一、药材合理采收与批号制定

（一）合理采收

在玄参栽种后于当年 11 月中旬，当玄参地上部分茎叶枯萎时，选择晴天进行采挖。采收时要使用不发生化学反应的洁净的采收工具。玄参采收后，及时把玄参运输到产地加工现场，切忌将鲜品堆积以免发热生霉，影响质量。使用后的各种工具和容器及运输机械立即清理干净，保持不受污染，无其他残留物。

（二）批号制定（略）

二、药材合理初加工与包装

（一）合理初加工

玄参采收后立即用水冲洗干净，摊放在晒场上曝晒 4～6 天，经常翻动，使上下块根受热均匀，每天晚上堆积起来，盖上稻草或其他防冻物，否则块根内会出现空泡。待晒至半干时，修去芦头和须根，堆积 4～5 天，使块根内部逐渐变黑，水分外渗，然后再晒 25～30 天至八成干。如块根内部有白色，需继续堆积，直至发黑。发汗的玄参，要按大小进行分级，使玄参发汗时间均匀，即能达到质量要求。

如遇阴雨天，可烘烤干燥，温度在 50～60℃，其他按日晒方法进行。玄参堆晒至全干需 40～50 天，玄参折干比为 5：1。所有加工设备使用完毕后应及时清理晒干或烘干，以备下一次使用。玄参药材见图 14-4。

图 14-4　玄参药材（左：鲜品；右：干品）

（二）合理包装

将干燥玄参药材按 40～50kg 打包成捆，用无毒无污染材料严密包装；亦可用麻袋包装或装于内衬白纸的木箱内。在包装前应检查是否充分干燥、有无杂质及其他异物，所用包装应符合药用包装标准，并在每件包装上注明品名、规格、等级、毛重、净重、产地、批号、执行标准、生产单位、包装日期及工号等，并应有质量合格的标志。

三、药材合理储藏养护与运输

（一）合理储藏养护

玄参药材储藏期间应保持通风干燥，适宜温度 30℃以下，相对湿度 70%～75%，商品安全水分 14%～15%。忌与黎芦混存。定期检查，发现轻度霉变、虫蛀，及时晾晒或翻垛，虫情严重时，用磷化铝等药物杀虫。

（二）合理运输

运输工具必须清洁、干燥、无异味、无污染，运输途中应防雨、防潮、防曝晒、防污染，严禁与可污染其品质的货物混装运输。

【药材质量标准、质量检测与监控】

一、药材商品规格与质量检测

（一）药材商品规格

玄参以无芦头、须根、空泡、焦枯、虫蛀、霉变，根条肥大、皮细、内部黑褐色或黄褐色、柔润、质坚韧、不易折断、断面黑色、微有光泽、气特异似焦糖者为佳。玄参药材商品规格分为 3 个等级。

一级：干货，呈类纺锤形或长条形，有纵纹及抽沟，断面黑褐色。味甘，微苦咸。每千克 36 只以内。

二级：每千克 72 只以内，余同一等。

三级：每千克 72 只以上，个体最小在 5g 以上，间有破块，余同一等。

（二）药材质量检测

按照现行《中国药典》（2015 年版一部）玄参药材质量标准进行检测。

1. 来源

本品来源于玄参科植物玄参 *Scrophularia ningpoensis* Hemsl.的干燥根。冬季茎叶枯萎时采挖，除去根茎、幼芽、须根及泥沙，晒或烘至半干，堆放 3～6 天，反复数次至干燥。

2. 性状

本品呈类圆柱形，中间略粗或上粗下细，有的微弯曲，长 6～20cm，直径 1～3cm，表面灰黄色或灰褐色，有不规则的纵沟、横长皮孔样突起及稀疏的横裂纹和须根痕。质坚实，不易折断，断面黑色，微有光泽。气味特异似焦糖，味甘、微苦。

3. 鉴别

（1）显微鉴别：本品横切面皮层较宽，石细胞单个散在或 2～5 个成群，多角形、类圆形或类方形，壁较厚，层纹明显。韧皮射线多裂隙。形成层成环。木质部射线宽广，亦多裂隙；导管少数，类多角形，直径约至 113μm，伴有木纤维。薄壁细胞含核状物。

（2）薄层色谱鉴别：取本品粉末 2g，加甲醇 25mL，浸泡 1h，超声处理 30min，滤过，滤液蒸干，残渣加水 25mL 使溶解，用水饱和的正丁醇振摇提取 2 次，每次 30mL，合并正丁醇液，蒸干，残渣加甲醇 5mL 使溶解，作为供试品溶液。另取玄参对照药材 2g，同法制成对照药材溶液。再取哈巴俄苷对照品，加甲醇制成每 1mL 含 1mg 的溶液，作为对照品溶液。照薄层色谱法（《中国药典》2015 年版四部通则 0502）试验，吸取上述三种溶液各 4μL，分别点于同一硅胶 G 薄层板上，以三氯甲烷-甲醇-水（12：4：1）的下层溶液为展开剂，置用展开剂预饱和 15min 的展开缸内，展开，取出，晾干，喷以 5%香草醛硫酸溶液，热风吹至斑点显色清晰。供试品色谱中，在与对照药材色谱和对照品色谱相应的位置上，显相同颜色的斑点。

4. 检查

（1）水分：照水分测定法（《中国药典》2015年版四部通则0832第二法）测定，不超过16%。

（2）总灰分：照灰分测定法（《中国药典》2015年版四部通则2302）测定，不得超过5%。

（3）酸不溶性灰分：照酸不溶性灰分测定法（《中国药典》2015年版四部通则2302）测定，不得超过2.0%。

5. 浸出物

照水溶性浸出物测定法（《中国药典》2015年版四部通则2201）项下的热浸法测定，不得少于60.0%。

6. 含量测定

照高效液相色谱法（《中国药典》2015年版四部通则0512）测定。

色谱条件与系统适用性试验：以十八烷基硅烷键合硅胶为填充剂；以乙腈为流动相A，以0.03%磷酸溶液为流动相B，按表14-1中的规定进行梯度洗脱；检测波长为210nm。理论板数按哈巴俄苷与哈巴苷峰计算均应不低于5000。

表 14-1 梯度洗脱参数表

时间/min	流动相 A/%	流动相 B/%
0～10	3→10	97→90
10～20	10→33	90→67
20～25	33→50	67→50
25～30	50→80	50→20
30～35	80	20
35～37	80→3	20→97

对照品溶液的制备：取哈巴苷对照品、哈巴俄苷对照品适量，精密称定，加30%甲醇制成每1mL含哈巴苷60μg、哈巴俄苷20μg的混合溶液，即得。

供试品溶液的制备：取本品粉末（过三号筛）约0.5g，精密称定，置具塞锥形瓶中，精密加入50%甲醇50mL，密塞，称定重量，浸泡1h，超声处理（功率500W，频率40kHz）45min，放冷，再称定重量，用50%甲醇补足减失的重量，摇匀，滤过，取续滤液，即得。

测定法：分别精密吸取对照品溶液与供试品溶液各10μL，注入液相色谱仪，测定，即得。

本品按干燥品计算，哈巴苷（$C_{15}H_{24}O_{10}$）和哈巴俄苷（$C_{24}H_{30}O_{11}$）的总量不得少于0.45%。

二、药材质量提升研究与企业内控质量标准制定（略）

三、药材留样观察与质量监控（略）

【药材生产发展现状与市场前景展望】

一、生产发展现状与主要存在问题

贵州玄参种植与生产应用历史悠久，具有良好的群众基础，近十多年发展较为迅速。据贵州省扶贫办《贵州省中药材产业发展报告》统计，2013 年，全省玄参种植面积达 2.58 万亩，保护抚育面积 1.03 万亩；总产量达 10864.95t，总产值 10004.50 万元。2014 年，全省玄参种植面积达 3.04 万亩；总产量达 35400.00t，总产值 9716.40 万元。特别是在贵州省道真等地已生产多年，已开展规范化种植研究，并取得了可喜成果。玄参一般每亩可产干货 200kg，高产可达 400kg。贵州省玄参质量虽与浙玄参、川玄参几乎无差异，但与"浙八味"中的浙玄参和川玄参相比，还存在竞争优势较弱等问题。因此，贵州省玄参生产要以市场为导向，不宜盲目发展。

二、市场需求与前景展望

玄参为常用中药，现代研究表明，玄参含有多种有效成分，主要包括环烯醚萜苷类、苯丙素苷类、有机酸类、生物碱类、糖类、氨基酸（如左旋天冬酰胺 L-Asparagine 等）、脂肪酸（主要是油酸、亚麻酸、硬脂酸）、挥发油、胡萝卜素和维生素 A 类物质及微量元素（如铜、锰、铬、钛、锶、钴等）。玄参环烯醚萜苷类化合物主要以根中的哈帕苷（harpagide）、梓醇为母核，为其重要药效成分。玄参对神经及脑组织功能有明显改善作用；对心血管系统有轻微强心、降压、抗心肌缺血、抗血小板聚集作用；具有抗菌、抗肿瘤、抗氧化、抗疲劳、抗炎、解热作用及增强免疫功能与降血糖等药理作用。玄参在临床上广泛用于治疗阴虚火旺症、高血压、血栓病、甲状腺癌、慢性前列腺炎、急性扁桃体炎、咽炎、咳嗽等症。例如，可用于温热病热入营血、口渴舌绛、烦躁、夜寐不安、意识不清或身发斑疹等症。亦可用于温邪入于营血，伤阴劫液则口渴舌绛，内陷心包则烦躁神昏。玄参尚能清热凉血，并有养阴生津作用，常和鲜生地、麦冬、黄连、连翘、金银花、竹叶卷心等同用于以上诸症。玄参对外感风热和阴虚、虚火上炎所引起咽喉肿痛，皆可治疗。若感受风热者须配辛凉解表药如薄荷、牛蒡子等；虚火上炎者配合养阴药如鲜生地、麦冬等同用，故玄参为喉科常用药材，尤以治虚火上炎者为佳。

玄参还是国家规定的可用于保健食品用原料，可供多种保健食品生产。如玄参除为咸寒之品、质润多液、功能滋阴降火、解毒、利咽外，还具滋养肾阴功效，其效与地黄相近，故两药常配合同用。另外尚可与麦冬、牛蒡子等国家规定可用于保健食品的用品配伍，制成多种功能的保健食品。从上可见，玄参不仅在医药而且在"大健康"产业发展上，研究开发潜力均巨大，其产业化发展和市场前景广阔。

主要参考文献

陈少英. 1986. 玄参叶的抗菌和毒性作用[J]. 福建中医药, 17（4）：57.

仇富华. 1987. 玄参丹参饮治疗高血压病 76 例[J]. 湖北中医杂志, 5：20.

方阵, 王康才. 2000. 促进玄参高产栽培技术[J]. 中药材, 23（11）：669-671.

龚维桂, 钱伯初, 许衡钧, 等. 1981. 玄参对心血管系统药理作用的研究[J]. 浙江医学, 3（1）：11-13.

姜守刚, 蒋建勤, 祖元刚. 2008. 玄参的化学成分研究[J]. 植物研究, 28（2）：254-256.

李江陵, 陈兴芳, 尹国萍. 1997. 四川省玄参科药用植物新资源的调查研究[J].中国中药杂志, 22（6）：329-331.

李医明, 蒋山好, 高文远, 等. 1999. 玄参的脂溶性化学成分[J]. 药学学报, 34（6）：448-450.

卢长. 1992. 单味玄参治疗风热头痛有良效[J]. 新中医, 24（2）：16-17.

马广恩, 中雅维. 1997. 玄参的化学和药理研究概况[J]. 国外医学-植物药分册, 12（6）：251-252.

孙奎, 姜华. 2002. 玄参中苯丙素苷对肝细胞损伤保护作用的研究[J]. 药学实践杂志, 20（4）：234-235.

肖冰梅, 裴刚, 曾夷. 2008. HPLC 法测定不同产地玄参的肉桂酸含量[J]. 中华中医药学杂志, 26（1）：117-118.

闫敏. 1991. 清咽茶治疗慢性咽炎 100 疗效观察[J]. 中西医结合杂志, 11（3）：179.

张雯洁. 1994. 中药玄参的化学成分[J]. 云南植物研究, 16（4）：407.

赵仁君, 林先明, 郭杰. 2011. 玄参生产效益的实证评价[J]. 中国医药技术经济与管理, 2：32-34.

浙江药用药植物志编写组. 1980. 浙江药用植物志（下册）[M]. 杭州：浙江科学技术出版社.

周瑞求. 1990. 玄地阿胶汤治疗慢性前列腺炎 86 例报告[J]. 山西中医, 6（2）：20.

（冯中宝　叶世芸　周厚琼　冉懋雄）

15　半　夏

Banxia

PINELLIAE RHIZOMA

【概述】

半夏原植物为天南星科植物半夏 *Pinellia ternata*（Thunb.）Breit.。别名：三叶半夏、半月莲、三步跳、地八豆、药狗丹、守田、水玉、羊眼、白阳、麻王果、燕子尾、地文等。以干燥块茎入药。半夏被历版《中国药典》所收载。《中国药典》（2015 年版一部）称：半夏味辛、性温；有毒。归脾、胃、肺经。具有燥湿化痰、降逆止呕、消痞散结功能。用于湿痰寒痰、咳喘痰多、痰饮眩悸、风痰眩晕、痰厥头痛、呕吐反胃、胸脘痞闷、梅核气；外治痈肿痰核。半夏又是常用苗族药，苗药名："Kod　las"（近似汉译音："科辣"）。性热，味麻、辣，有毒；入冷经药。具有燥湿化痰、降逆止呕、消痞散结功能。主治咳喘痰多、呕吐反胃、胸脘痞满、头痛眩晕、夜卧不安、瘿瘤痰核、痈疽肿毒。在苗族地区广泛用于治疗呕吐不止、胃疼、气管炎咳喘多痰、急性乳腺炎、急慢性化脓性中耳炎及痈肿疮疡等疾患。

半夏药用历史悠久，"半夏"之名始见于《礼记·月令》："仲夏之月，鹿角解，蝉始鸣，半夏生，木堇荣。"《神农本草经》亦载，并云"生川谷"。《吴普本草》亦称半夏"生微丘或生野中，二月始生叶，三三相偶，白花圈上。"《唐本草》载："半夏所在皆有，生泽中者名羊眼半夏。"《图经本草》载："二月生苗一茎，茎端出三叶，浅绿色，颇似竹叶而光，江南者似芍药叶。根下相重，上大下小，皮黄肉白。"《植物名实图考》："所在皆有，有长叶、圆叶两种，同生一处，夏亦开花，如南星而小，其梢上翘似蝎尾。"总之，半夏应用历史悠久，是中医临床及中药工业常用大宗药材，也是贵州著名地道特色药材。

【形态特征】

半夏块茎呈圆球形，直径 1～2cm，具须根。叶 2～5 枚，有时 1 枚。叶柄长 15～20cm，基部具鞘，鞘内、鞘部以上或叶片基部（叶柄顶头）有直径 3～5mm 的珠芽，珠芽在母株上萌发或落地后萌发；幼苗叶片卵状心形至戟形，为全缘单叶，长 2～3cm，宽 2～2.5cm；老株叶片 3 全裂，裂片绿色，背淡，长圆状椭圆形或披针形，两头锐尖，中裂片长 3～10cm，宽 1～3cm；侧裂片稍短；全缘或具不明显的浅波状圆齿，侧脉 8～10 对，细弱，细脉网状，密集，集合脉 23 圈。花序柄长 25～30（35）cm，长于叶柄。佛焰苞绿色或绿白色，管部狭圆柱形，长 1.5～2cm；檐部长圆形，绿色，有时边缘青紫色，长 4～5cm，宽 1.5cm，钝或锐尖。肉穗花序：雌花序长 2cm，雄花序长 5～7mm，其中间隔 3mm；附属器绿色变青紫色，长 6～10cm，直立，有时"S"形弯曲。浆果卵圆形，黄绿色，先端渐狭为明显的花柱。花期 5～7 月，果 8 月成熟。半夏植物形态见图 15-1。

（1. 植株；2. 雌花；3. 肉穗花序纵剖面）

图 15-1　半夏植物形态图

（墨线图引自中国中药资源丛书编委会，《中国常用中药材》，科学出版社，1995）

【生物学特性】

一、生长发育特性

半夏为浅根系植物，每年出苗 2～3 次：第一次 3～4 月出苗，5～6 月倒苗；第二次 6

月出苗，7～8 月倒苗；第三次 9 月出苗，10～11 月倒苗。每次出苗后生长期为 50～60 天。珠芽萌生初期在 4 月初，高峰期在 4 月中旬，成熟期在 4 月下旬至 5 月中旬。每年 6～7 月珠芽增殖数为最多，占总数的 50%以上。5～8 月为地下球茎生长期，此时母球茎与第一批珠芽膨大加快，整个田间个体增加，密度加大，对水肥需要量增加。半夏喜肥，原多野生于山地疏林及半湿润荒地、潮湿而疏松的砂壤土或腐殖土上；喜温和、湿润气候和荫蔽环境，怕干旱，忌高温，夏季宜在半阴半阳环境中生长；半夏的块茎、珠芽、种子均无生理休眠特性，种子寿命为 1 年。

半夏的种子、珠芽、块茎均无休眠特性，只要环境条件适宜均能萌发。一般情况下，半夏以无性繁殖为主。半夏的繁衍和个体的更新主要靠珠芽，珠芽发生在叶柄或叶片基部，不同步发生的珠芽在倒苗时均有生命力，可以萌发成植株。倒苗次数的增加，有利于珠芽个体的形成与繁殖。半夏的块茎主要由珠芽发育而来，珠芽萌动，先长出不定根，再抽叶，原珠芽不断膨大，形成块茎。

半夏具有很强的杂草性和较强的耐受性，当损伤了半夏的地上部分（如刈割或践踏），其地下部分仍能度过不良阶段，在条件适宜时，半夏可再生发新叶。这就是当温度、湿度、光照强度等外界因素发生较大变化时，半夏倒苗以地下部分度过不良环境的原因。此外，尚具有多种繁殖方式和较强的生态适应性。

二、生态环境要求

半夏喜温暖、湿润环境，怕炎热，也怕寒冷，8～10℃萌动生长，15～27℃为生长适宜温度，超过 30℃而又缺水时，或阳光过于强烈，开始出现倒苗现象，秋季凉爽时，苗又复出，继续生长，低于 13℃时开始枯叶。但其地下块茎耐寒能力强，即使 0℃以下在地里也能正常越冬，且不影响第二年发芽能力。

半夏喜湿润环境，不耐干旱。土壤过湿、过旱均会抑制植株生长，但其块茎不死，当土壤湿度适宜时，又能继续生长。半夏畏强光，耐荫蔽，忌烈日直射，但过度荫蔽，植株枯黄瘦小，且数量很少。适宜生长在稀疏灌木丛、落叶阔叶林下，竹林、橘林下，麦地、玉米地中。半夏对土壤要求不严格，但喜肥，在肥沃、疏松、湿润、含水量为 40%～50%的砂质壤土中生长良好，pH 以 6～7 为宜。但土壤过黏或过于积水都会导致生长不良。

【资源分布与适宜区分析】

一、资源调查与分布

经调查，半夏属（*Pinellia*）植物约 9 种，其中 *P. terfnate* Breit.产于朝鲜，*P. tripatita* Schott 产于日本，在中国的 7 种半夏属植物，分别是掌叶半夏（*P. pedatiseta*）、半夏（*P. ternata*）、滴水珠（*P. cordata*）、盾叶半夏（*P. peltata*）、石蜘蛛（*P. intgrifolia*）、三裂叶半夏（*P. pinellia*）及大半夏（*P. polyghylla*）。但诸多品种中，仅半夏（*P. ternata*）被收录于历版《中国药典》。半夏（*P. ternata*）为广布种，我国除新疆、内蒙古、青海、西藏未见野生外，其余各省（自治区、直辖市）均有分布，尤以四川、贵州、重庆、云南、安徽、江苏、山东等省（市）

为主要分布及生产适宜区。

二、贵州资源分布与适宜区分析

半夏在贵州全省均有分布，主要分布于黔北、黔东、黔西北、黔中及黔东南等地。贵州是半夏生产适宜区，其中赫章、大方、威宁等地更是半夏的重要产区和生产最适宜区，半夏野生于高海拔地区的燕麦、苦荞、马铃薯、豆类及玉米等农作物行间。特别是赫章县，是贵州省半夏最著名的主产区，早在20世纪80年代初，赫章县河镇乡就已开始人工种植半夏，是我国目前最大的半夏生产基地之一，在生产实践中摸索出了一套半夏稳产、高产、品质优良的种植技术。在尊重群众的首创精神与生产实践的基础上，研究总结出半夏规范化生产标准操作规程。

大方县半夏的基地主要为该县中部云龙山、西部龙昌平大山、北部青龙山和东部九龙山等高山周边区域。现在，大方县已经建立半夏规范化种植研究基地、半夏产业良种繁育基地与技术中心，开始了半夏产业的初加工、深加工工厂及有关设施的建设。

威宁县海拔高，属亚热带季风湿润区，冬季冷凉，夏季温凉，年温差小，日温差大，冬长夏短，日照多，辐射强，土层深厚，非常适宜半夏生长。

除上述生产最适宜区外，贵州省其他各县市（区）凡符合半夏生长习性与生态环境要求的区域均为其适宜区。但值得注意的是，由于很多适宜区高温高湿，易倒苗腐烂，生产中要注意合理安排季节，适时采收，以避免减产损失。

【生产基地合理选择与基地环境质量检（监）测评价】

一、生产基地合理选择

按照半夏生产适宜区优化原则与其生长发育特性要求，选择半夏最适宜或适宜，并有良好社会经济条件的地区建立规范化种植基地。现已在赫章、大方、威宁等县选建了半夏规范化种植基地,赫章县半夏规范化种植基地见图15-2。其基本条件为海拔1500～2200m，大气无污染，中亚热带湿润气候，年平均温度14～19℃，≥10℃年积温为4000～6000℃，无霜期≥270天，空气相对湿度60%～85%,年均日照时数1100～1500h,年降水量1000～1500mm，雨热同期，水质无污染，有可供灌溉的水源及设施，土壤肥沃、疏松、保水保

图 15-2　贵州赫章县半夏规范化种植基地

肥、耕作层厚 30cm 左右的壤土或砂质壤土，pH 为 6.0～7.5，有机质 2.5%以上。当地政府重视对半夏生产基地的建设，广大农民有种植半夏的积极性和经验，有便利的交通条件和通信条件，有充足的劳动力资源和土地资源。基地周围 1km 以内无生产污染的工矿企业，无"三废"污染和垃圾场等。

二、基地环境质量检（监）测评价（略）

【种植关键技术研究与推广应用】

一、种质资源保护抚育

前已述及，天南星科半夏属植物全世界约 9 种，我国产 7 种，其中 6 种为中国特有。除历版《中国药典》收载的半夏 *Pinellia ternata*（Thunb.）Berit. 外，由于半夏日益减少或因部分地区药用习惯等，目前各地至少有同科 3 属 11 种植物充作半夏使用。例如，大半夏 *Pinellia polyphylla* S.L.Hu（药材名：大半夏，主产地：四川）、掌叶半夏 *Pinellia pedatisceta* Schott（药材名：狗爪半夏，主产地：全国大部分省区）、银南星 *Arisaema bathycoleum* Hand.-Mazt（药材名：半夏，主产地：四川、云南）、滇南星 *Arisaema yunnanense* Buchet（药材名：山珠半夏，主产地：云南、贵州、四川）等。

郭巧生等曾收集研究了江苏、山东等省 13 个地区的半夏不同类型，结果发现其在叶形、块茎大小、形状等方面存在较大差异；进一步田间平行比较试验发现，江苏的一种狭叶半夏的生物产量明显高于其他类型，越冬休眠期也较长；再经对其主要性状采用模糊聚类分析，结果表明半夏种内分化有较为明显的地域性。郭巧生等还通过对在同一生境栽培条件中的不同半夏居群的生长节律进行观测比较，进一步研究了半夏种内遗传多样性。

贵州是半夏主要野生分布区及著名产区，几乎全省均产，种质资源十分丰富。特别是黔西北的赫章、威宁、大方、七星关、水城等地野生种质资源尤为丰富和地道，可在赫章等半夏生长最适宜区，经有目的有意识地选择半夏生态适宜地带，采用封禁、补种等措施对半夏进行保护与抚育，有效保护半夏种质资源，以求永续利用。

二、良种繁育关键技术

繁殖材料是中药材生产和发展的源头，是决定药材质量的内在因素，是发展优质药材和生产的科学依据。对药用植物来说，要占领植物药材市场的制高点，首先要在繁殖材料的应用和研究中取得领先地位。半夏繁殖方法有块茎繁殖、珠芽繁殖、种子繁殖法，但种子和珠芽繁殖当年不能收获，用块茎繁殖当年能收获。现主要靠块茎繁殖，因此，抓好半夏种茎的繁育至关重要。

（一）良种选择依据与选种

1. 植株生长状况

选择叶片大、茎秆粗，生长旺盛，能正常完成整个生长发育过程，没有病虫害或生长期间病虫害相对较少，不受或受外界环境干扰较小，没有遭受人为因素破坏的植株作种。

2. 种茎外观性状

选择无破损、无腐烂，干燥块茎呈圆球形、半圆球形或偏斜状，表面白色，或浅黄色，未去净的外皮呈黄色斑点，上端多圆平，中心有凹陷的黄棕色的茎围密布棕色凹点状须根痕，下面钝圆而光滑，质坚实、致密，纵切面呈肾脏形，洁白，粉性充足的块茎作种。

3. 质量

根据半夏种茎检验管理制度对其外观、净度、纯度、发芽率、杂质、水分进行检测，符合其标准；检测半夏的琥珀酸含量须大于现行《中国药典》质量标准要求。

4. 产量

根据测产，选择产量大于半夏一般产量（每亩300～500kg），连续两年其产量无较大变化的。

5. 种球分级标准（试行）

半夏种茎直径≥1.4cm，为Ⅰ级；1.0cm≤种球直径＜1.4cm，为Ⅱ级；0.6cm≤种球直径＜1.0cm，为Ⅲ级；种球直径＜0.6cm，为Ⅳ级，并均应呈类球形或稍偏斜，无病害，无霉变，无虫蛀等。

6. 选种

采用四级良种选择法：叶形选择；优良单株选择；优质单粒选择；珠芽块茎选择。

（1）叶形选择：桃叶形半夏叶面积大，叶片薄，平展，光合作用强，生长速度快；柳叶形半夏叶面积小，叶厚，表面角质层发达，抗逆性强，耐干旱，抗倒苗，产量高。

（2）优良单株选择：采收时选择植株健壮，抗高温，抗虫害，抗倒伏强的优良单株或地段单收作种。

（3）优质单粒选择：选用质地坚实、芽头饱满、切开后有黏手的乳白色黏液作为优质单粒；质软、有霉变、易挤出臭味的去除。

（4）珠芽块茎选择：珠芽和直径在1.0cm以下的小块茎，可作为前期种茎量的扩繁用；直径在1.0cm以上的，作为栽培种。

（二）种茎来源与贮藏

半夏种茎一般为采挖当年生的小块茎，而不宜使用较大的块茎。半夏种茎一般在采收后于第二年春季播种催芽，所以应保存于通风、干燥、温度低的贮藏处，最好放在湿沙中储存。保存过程中要注意温度和湿度的变化，防止受热、发霉、虫蛀等，以免降低种茎的发芽率和发芽势。

三、规范化种植关键技术

（一）选地整地

1. 选地

半夏生长对土壤要求较严，一般选择土壤肥沃、排水好、不易积水、保水能力强、土壤疏松的砂质壤土，土壤 pH 6～7，前茬以豆科和玉米为宜。对于半夏种源地必须隔离建设，除满足以上选地要求外，还应选有隔离带的地块种植，最好具天然隔离林。

2. 整地

在霜冻来临前，捡净杂草异物，深翻土地达 30cm 以上，晒垡。栽种前 3～5 天，清除地块内杂草、石块等杂物，浅翻地。栽种当天再用锄头打碎土块，整细，使土块小于 3cm。在整好的土地上，开宽 1m，长与土块排水方向一致的厢，留宽为 0.5m 的排水沟，厢面上形成一个槽，四周稍高，中间低，中间土面平整。要疏通排水沟，排水沟宽为 0.5m，以保证种植地内不积水。

（二）播种时间与播种方法

1. 播种时间

半夏种植一般选择在 3 月初或 3 月中旬进行，半夏种植宜早不宜迟，种植过晚造成半夏产量低。

2. 播种方法

①块茎播种法：于春季平均气温 10℃左右时下种，按行距 20cm，开 4～5cm 深的沟，按株距 3cm 将种茎交叉放入沟内，每沟放 2 行，顶芽向上，覆土耧平，稍加镇压，播后盖地膜（或稻草等）。每亩用种 110～125kg。

②珠芽播种法：将附在半夏叶柄上的珠芽，特别是"倒苗"的珠芽收集起来大小分级，置粗沙中放置室内，保湿，到秋分后，将细土拌入粗沙中，洒水少许，在整好的厢内按行距 15cm、株距 3cm 栽于 3cm 深的沟内，覆土与畦平，播后盖地膜（或稻草等）。第二年可收获。

③种子播种法：二年生以上的半夏，自夏初至秋初，陆续开花、结果。当佛焰苞变黄下垂时，即可采收，过熟时则种子脱落。收时将佛焰苞采回，取出种子，藏于湿润细沙中，翌年春 3～4 月在畦上开浅沟播种，行距 10cm，播幅 5～7cm。将种子均匀地撒在沟内，覆土与畦平，盖地膜（或稻草等）。20 天左右开始出苗，除去盖草或地膜，当苗高 6～9cm 时，即可定植。

（三）田间管理

1. 揭地膜

清明以后，待有 50%的苗长出一片叶即可揭去地膜（或稻草等），同时根据栽种深度、当年气温判断揭膜（或稻草等）时间。注意气温的变化对幼苗早期生长的影响，早晚温差大，午间温度过高会引起苗的灼烧，要适度揭开一角通风降温或中午揭开，下午盖上。

2. 中耕除草

揭开地膜（或稻草等）以后，除去小草，注意第一次要除掉全株（特别是根）。不要过于接触到半夏的根茎，严禁使用任何存在高残留的农药除草剂和未经过试验的除草剂。除草要和疏土结合起来，中耕用小锄在行株间松土，出现珠芽的及时培土。工具在使用前后应清洗，避免有妨碍半夏生长的有害物质。

3. 合理施肥

半夏长出三叶或有缺肥症状时，追施速效生物肥，以钾肥居多，其次是氮、磷肥。追肥撒在植株周围，然后覆土，或在植株旁边开沟撒在沟内，或选择吸收良好的叶面肥，用喷雾器喷洒，注意叶正反面全要施用。半夏生长中后期可叶面喷 0.2%的 KH_2PO_4 溶液或 0.5‰的三十烷醇以有利于增产。根据珠芽的生长适时培土。追肥培土前保证无杂草，培土后畦面干燥及时浇水保墒。

4. 降温防倒苗

半夏生长到 6 月中下旬会由于高温而发生部分甚至绝大部分倒苗，采用在畦面上撒 2～4cm 厚当年新麦糠防止地面蒸发过度失水板结，高温倒苗。半夏行间套作高秆作物可给半夏遮阴。覆盖麦糠的厚度随当年的气温而定，温度偏高时多盖。但遇多雨季节时则少盖或不盖，前期盖的，后期雨多时需要去除麦糠，防止湿度过大而烂根。

5. 灌溉和排水

半夏喜湿怕涝，温度低于 20℃土壤含水量保持在 15%～25%，后期温度升高达 20℃ 以上时，特别是高于 30℃时应使土壤的湿度达到 20%～30%，9 月以后，气温下降，湿度要适当降低，防止块茎的腐烂和减少块茎的含水量。培土前使用渗透法，不能漫灌，以免导致土壤板结，培土后采用沟灌浇透即可，严防过量。灌溉时间应选择在 9:00 前或 15:00 以后，灌溉水应符合农田灌溉水质量标准。垄间沟作为灌溉用，同时也作为排水使用，防止雨水多而积水，特别要注意垄间地头的排水通畅。

6. 培土

6 月以后，成熟的珠芽逐渐落地，此时可取畦沟细土撒于畦面，厚 1～2cm，盖住珠芽，用铁锹稍压实。6～8 月培土，可进行 2～3 次。

7. 摘花

对非留种地块或植株应摘除半夏抽出的花苞，以使养分集中于块根，提高质量与产量。

8. 间、套作

可与玉米间作，每隔 1.2～1.3m 种 1 行玉米，穴距 60cm，每穴种 2 株，可作为荫蔽物。半夏为中性喜阴植物，玉米为阳性喜光植物，两者间作兼顾了半夏和玉米生长发育特点和对环境的要求，相得益彰。玉米可调节农田小气候，使温度降低 2℃左右，湿度增加 11% 左右，减少直射光，增加散射光光照，为半夏生长创造良好的生态环境，从而提高产量。

（四）主要病虫害防治

1. 病虫害综合防治原则

（1）遵循"预防为主，综合防治"的植保方针：从半夏种植基地整个生态系统出发，综合运用各种防治措施，创造不利于病虫害滋生和有利于各类天敌繁衍的环境条件，保持半夏种植基地生态系统的平衡和生物多样性，将各类病虫害控制在允许的经济阈值以下。

（2）半夏种植基地必须符合农药残留量的要求：国家对中药材的农药残留量已经做出了限量要求，在半夏种植的整个过程中要求药农施用要严格控制。若药农在半夏种植示范区种植，应培训药农提高认识，切记不得滥用或乱用农药，要告知药农，若半夏种植基地农药残留量超标，产量再高，药材也为劣质品。

（3）经济阈值的设定：半夏种植基地病虫害防治控制指标，以鲜品产量损失率计算（或评估），低于 15% 为优等指标，15%～25% 为合格指标，若高于 25% 以上，今后要作适度调整或对实施的防治技术措施作改进。这些指标建立在农药残留量的规定标准范围内。经济阈值设定在实施过程中若有不妥可做修改。

2. 病虫害防治措施

（1）农业防治：主要农业防治措施如合理轮作，半夏生产地必须轮作 2～3 年，不宜与茄科等易感根腐病的作物轮作，可与豆科、禾本科作物轮作倒茬。鼓励轮作期玉米间套种绿肥生态循环种植培肥土壤，用作生产地。秋末、初春要及时清园，铲除杂草，播种行沟用草木灰等消毒。又如，选用抗性品种，留种种球 10 月至次年 2 月储藏期注意保存环境消毒，防止腐烂，播种种球大小要基本一致，播种时必须用草木灰等消毒。再如推广全程一次性施肥技术，要一次性施用充分腐熟的沤肥，每亩 3000～4000kg，以后视苗情合理追肥，追肥要以钾肥为主，要严格控制氮肥用量。

（2）物理防治：主要物理防治措施有灯光诱杀，利用害虫的趋光性，在其成虫发生期，田间点灯诱杀，减轻田间的发生量。又如人工捕杀，对发生较轻、为害中心明显及有假死性的害虫，应采用人工捕杀，挖出发病中心，减轻危害。

（3）生物防治：主要物理防治措施如保护和利用当地的有益生物及优势种群，控制使用杀虫谱广的农药，以减少虫害发生，以及提倡使用生物农药，如 BT、木霉菌等。

（4）农药防治：农业防治、物理防治、生物防治、农药防治组装配套合理使用称为综合防治。半夏种植基地采用的综合防治措施原则是：优先采用农业措施，通过选用抗性品种、非化学药剂处理种球、培育壮苗、加强田间管理、中耕除草、秋季深翻、晒土、清洁田园、轮作倒茬等一系列措施起到防治病虫的作用。还应尽量利用灯光、色彩诱杀害虫。

机械捕捉害虫等。一般不宜施用农药。特殊情况下，必须使用农药时，应严格遵守中药材规范化生产农药使用原则进行操作。如叶斑病，发病前和初期，可喷施 1∶1∶120 波尔多液或 60%代森锌 500 倍液，每 7～10 天 1 次，连续 2～5 次。红天蛾 7、8 月幼虫为害叶子时，于幼龄期可人工捕杀或喷施 90%敌百虫 800 倍液。

　　贵州赫章县、大方县半夏规范化种植基地大田生长情况，分别见图 15-3、图 15-4。

图 15-3　贵州赫章县平山乡半夏规范化种植基地大田生长情况

图 15-4　贵州大方县羊场镇半夏规范化种植基地大田生长情况

　　上述半夏良种繁育与规范化种植关键技术，可于其生产适宜区内，并结合实际因地制宜地进行推广应用。

【药材合理采收、初加工、贮藏与运输】

一、合理采收与批号制定

（一）合理采收

1. 采收时间

用块茎或珠芽繁殖的，在当年或第 2 年采收；用种子繁殖的，在第 3、4 年采收。春秋两季均可采挖；但若于秋季白露（8～9月）后采收，半夏块茎不易去皮，且影响产品质量。

2. 采收方法

选择阴天或者晴天，用小平铲或者小军工铲从畦的一端开始采挖，采挖时要求小铲插入畦下20cm左右（插入位置应低于半夏块茎分布最底层的分布土）连同半夏块茎和泥土一起铲出土表面，要注意细翻，将直径0.7cm以上的半夏块茎拾起，做药或留种，过小的留于土中，继续培植，次年再收。然后去除泥沙，将半夏块茎放入箩筐内。运回后，按半夏块茎大小直径进行分级，一般块茎直径在1.0cm以上的不宜作为种源用，适于半夏商品药材用，直径小于1.0cm的宜作为种茎用。

（二）批号制定（略）

二、合理初加工与包装

（一）合理初加工

将收获的半夏块茎，堆放室内10～15天（夏天气温高，时间应短），使其外皮稍腐易脱，然后去皮。用筛先将半夏块茎分为大、中、小三级，分别盛入箩筐，每筐只装一半，于流水中洗净泥沙，再装入麻袋内，放置于浅滩流水中，脚穿长筒胶鞋轻踩，除去外皮；也可用半夏专用脱皮机脱皮。然后，再取出晾晒或烘干。操作时，如用手摸半夏，需擦姜汁或菜油，以免中毒。用半夏脱皮机进行加工，工效提高，但应注意操作，勿使块茎破碎。

半夏块茎去皮后，置烈日下晾晒干。晾晒时应清早摊在晒席或晒场上，并在晾晒中做到勤翻动，晚上收回平摊于室内。如等晒席或晒场晒热后再摊放块茎，或未做到勤翻动，有的半夏块茎则易被烫熟，变成"油子"（也称"僵子"，使半夏坚硬变黄）。在半夏块茎水气晒干之前，晚上也应摊在晒席上，不可堆积，否则容易腐烂。

半夏块茎去皮之后，若遇阴雨天，可烘干；也可拌入石灰促使水分外渗，再晒干或烘干。烘干过程中，温度应控制在35～60℃，做到微火勤翻，力求干燥均匀，以免出现"僵子"，见图15-5。

图15-5 半夏药材（左：鲜品；右：干品）

在半夏初加工过程中，必须控制好干燥温度和湿度，保证半夏不受污染，有效成分不被破坏流失，加工场地必须无污染，必须清洁、通风，有与生产规模相适应的有关设施、设备，还必须有遮阳、防雨、防尘、防鼠、防虫及防禽畜等措施。

（二）合理包装

半夏药材传统包装多用篾篓或麻袋等包装，甚为简陋，难保产品质量，对此应当加以改进，宜采用无污染、无破损、干燥、洁净的，内衬防潮纸的塑料编织袋等适宜容器包装，在包装上标明品名、规格、产地、批号、重量、包装日期、包装工号等，并应有质量合格证及有毒的标志。

【药材质量标准、质量检测与监控】

一、药材商品规格与质量检测

（一）药材商品规格

半夏药材以无杂质、油子、花麻、细粉、粗皮、霉变、虫蛀，身干、粒大、色洁白、质坚实者为佳品。其药材商品规格分为 4 个等级。

一级：干货。呈圆球形、半圆球形或偏斜不等，去净外皮。表面白色或浅黄白色，上端圆平，中心凹陷（茎痕），周围有棕色点状根痕，下面钝圆，较平滑。质坚实。断面洁白或白色，粉质细腻。气微，味辛，麻舌而刺喉。每千克 800 粒以内。无包壳、杂质、虫蛀、霉变。

二级：干货。呈圆球形、半圆球形或偏斜不等，去净外皮。表面白色或浅黄白色，上端圆平，中心凹陷（茎痕），周围有棕色点状根痕，下面钝圆，较平滑。质坚实。断面洁白或白色，粉质细腻。气微，味辛，麻舌而刺喉。每千克 1200 粒以内。无包壳、杂质、虫蛀、霉变。

三级：干货。呈圆球形、半圆球形或偏斜不等，去净外皮。表面白色或浅黄白色，上端圆平，中心凹陷（茎痕），周围有棕色点状根痕，下面钝圆，较平滑。质坚实。断面洁白或白色，粉质细腻。气微，味辛，麻舌而刺喉。每千克 3000 粒以内。无包壳、杂质、虫蛀、霉变。

统货：干货。略呈椭圆形、圆锥形或半圆形，去净外皮，大小不分。表面类白色或淡黄色，略有皱纹，并有多数隐约可见的细小根痕。上端类圆形，有凸起的叶痕或芽痕，呈黄棕色；有的下端略尖。质坚实，断面白色，粉性。气微，味辣，麻舌而刺喉。但颗粒不得小于 0.5cm。无包壳、杂质、虫蛀、霉变。

【附】出口半夏商品规格要求：

出口半夏商品规格的要求是：身干，内外色白，体结圆整，无霉粒，无油子，无碎粒，无残皮，无帽。并以半夏颗粒大小常分为：

（1）甲级：每千克 900～1000 粒。

（2）乙级：每千克 1700～1800 粒。

（3）丙级：每千克 2600～2800 粒。

（4）特级：每千克 800 粒以下。

（5）珍珠级：每千克 3000 粒以上。

注：上述出口半夏药材商品规格要求仅供参考；不同进口国家或地区有其相关标准。

（二）药材质量检测

按照《中国药典》（2015 年版一部）半夏药材质量标准进行检测。

1. 来源

本品为天南星科植物半夏 *Pinellia ternata*（Thunb.）Breit.的干燥块茎。夏、秋二季采挖，洗净，除去外皮和须根，晒干。

2. 性状

本品呈类球形，有的稍偏斜，直径 1～1.5cm。表面白色或浅黄色，顶端有凹陷的茎痕，周围密布麻点状根痕；下面钝圆，较光滑。质坚实，断面洁白，富粉性。气微，味辛辣、麻舌而刺喉。

3. 鉴别

（1）粉末鉴别：本品粉末类白色。淀粉粒甚多，单粒类圆形、半圆形或圆多角形，直径 2～20μm，脐点裂缝状、"人"字状或星状；复粒由 2～6 分粒组成。草酸钙针晶束存在于椭圆形黏液细胞中，或随处散在，针晶长 20～144μm。螺纹导管直径 10～24μm。

（2）薄层色谱鉴别 1：取本品粉末 1g，加甲醇 10mL，加热回流 30min，滤过，滤液挥发至约 0.5mL，作为供试品溶液。另取精氨酸对照品、丙氨酸对照品、缬氨酸对照品、亮氨酸对照品，加 70%甲醇制成每 1mL 各含 1mg 的混合溶液，作为对照品溶液。照薄层色谱法（《中国药典》2015 年版四部通则 0502）试验，吸取供试品溶液 5μL、对照品溶液 1μL，分别点于同一以羧甲基纤维素钠为黏合剂的硅胶 G 薄层板上，以正丁醇-冰醋酸-水（8：3：1）为展开剂，展开，取出，晾干，喷以茚三酮试液，在 105℃加热至斑点显色清晰。供试品色谱中，在与对照品色谱相应的位置上，显相同颜色的斑点。

（3）薄层色谱鉴别 2：取本品粉末 1g，加乙醇 10mL，加热回流 1h，滤过，滤液浓缩至 0.5mL，作为供试品溶液。另取半夏对照药材 1g，同法制成对照药材溶液。照薄层色谱法（《中国药典》2015 年版四部通则 0502）试验，吸取上述两种溶液各 5μL，分别点于同一硅胶 G 薄层板上，以石油醚（60～90℃）-乙酸乙酯-丙酮-甲酸（30：6：4：0.5）为展开剂，展开，取出，晾干，喷以 10%硫酸乙醇溶液，在 105℃加热至斑点显色清晰。供试品色谱中，在与对照药材色谱相应的位置上，显相同颜色的斑点。

4. 检查

（1）水分：照水分测定法（《中国药典》2015 年版四部通则 0832 第二法）测定，不得过 14.0%。

（2）总灰分：照总灰分测定法（《中国药典》2015 年版四部通则 2302）测定，不得过4.0%。

5. 浸出物

照水溶性浸出物测定法（《中国药典》2015 年版四部通则 2201）项下的冷浸法测定，不得少于 9.0%。

6. 含量测定

取本品粉末（过四号筛）约 5g，精密称定，置锥形瓶中，加乙醇 50mL，加热回流 1h，同上操作，再重复提取 2 次，放冷，滤过，合并滤液，蒸干，残渣精密加入氢氧化钠滴定液（0.1mol/L）10mL，超声处理（功率 500W，频率 40kHz）30min，转移至 50mL 量瓶中，加新沸过的冷水至刻度，摇匀，精密量取 25mL，照电位滴定法（《中国药典》2015 年版四部通则 0701）测定，用盐酸滴定液（0.1mol/L）滴定，并将滴定的结果用空白实验校正。每 1mL 氢氧化钠滴定液（0.1mol/L）相当于 5.904mg 的琥珀酸（$C_4H_6O_4$）。

本品按干燥品计算，含总酸以琥珀酸（$C_4H_6O_4$）计，不得少于 0.25%。

二、药材质量标准提升研究与企业内控质量标准制定（略）

三、药材留样观察与质量监控（略）

【药材生产发展现状与市场前景展望】

一、半夏生产发展现状与主要存在问题

半夏以野生资源为主，分布零星。据统计，20 世纪 50 年代初期至 60 年代末，全国年平均收购量 2000t 左右。例如，主产区四川的正常年收购量则高达 1000t，野生资源较为丰富，市场供应情况良好，也是重要的出口创汇品种。但 20 世纪 70 年代之后，由于生境变化等因素影响，致使半夏野生资源日益减少，收购量逐步下降。例如在 20 世纪 60~70 年代，湖北省年均收购量为 200t，80 年代下降到 70t；同期，浙江、江苏、云南、安徽等省年均收购量由 300t 下降到 65t，贵州省由 230t 下降到仅 30t 左右，远不能满足市场需求。

由于受生态变化及人为因素影响，半夏野生资源日益减少。为了缓解半夏的供需矛盾，自 20 世纪 70 年代末到 80 年代初，我国开始对旱半夏进行野生变家种研究，并获得成功。但随着旱半夏药用价值的不断开发，需求量日增，目前旱半夏供应仍不能满足市场需求。为了解决药用半夏的供需矛盾，目前国内不少地区正在进行野生变家种，逐步扩大半夏的栽培面积。栽培半夏的产量一般可达 150~200kg/亩，土壤肥沃的土地可达 250kg/亩。据贵州省扶贫办《贵州省中药材产业发展报告》统计，2013 年，全省半夏种植面积达 7.02 万亩；总产量 15824.97t，总产值 118437.41 万元。2014 年，全省半夏参种植面积达 8.68 万亩，保护抚育面积 1.07 万亩；总产量 33800.00t，总产值 49510.78 万元。已取得显著社会效益、经济效益、扶贫效益与生态效益。

随着国内中成药加工业的不断发展，半夏的市场需求量越来越大，价格也越来越高，从

而激发药农对野生半夏进行选择利用和驯化栽培，并且产生了显著的经济效益。但由于半夏种群分布独特，大多栽培方式粗放。半夏产业化发展中存在问题还不少，其主要有：半夏栽培中易受病毒感染，优良品种缺乏，自然繁殖系数低，栽培过程科技含量低，伪品混淆。因此应加强对半夏组织的培养，以利于解决半夏资源逐渐枯竭的现状，注重新品种选育，积极开展半夏中药材生产质量管理规范栽培，强化半夏加工炮制及相关产业的规范化管理。

二、半夏市场需求与前景展望

现代研究表明，半夏块茎含有左旋麻黄碱、胆碱、β-谷甾醇、胡萝卜苷、尿黑酸、原儿茶醛、姜辣烯酮、黄芩苷、黄芩苷元、姜辣醇，以及挥发油（内含主成分为：3-乙酰氨基-5-甲基异唑、丁基乙烯基醚、3-甲基二十烷、十六碳烯二酸、茴香脑、苯甲醛、戊醛肟等 60 多种成分）、天冬氨酸等氨基酸和以钙、铁、铝、镁、锰、铊、磷等为主的无机元素。另含多糖、直链淀粉、半夏蛋白（系 1 种植物凝集素）和胰蛋白酶抑制剂。具有镇咳、抑制腺体分泌、镇吐、催吐、抗生育、对胰蛋白酶抑制、凝血、促细胞分裂、降血压、抗肿瘤等药理作用；并有较强毒性。半夏是一味应用广泛的大宗传统中药材，也是我国药材市场上的主流品种和出口创汇的重要商品之一。

近年来，半夏应用范围进一步扩大，新药、中成药等对半夏需求旺盛，以半夏为原料的中药饮片大量投入市场，半夏药材外贸逐年增大，出口日本、韩国及东南亚等地区。目前，全国半夏年产量据有关资料综合分析，预计野生加种植半夏药材仅能满足需求量的1/4。其供需缺口之大，在常用中药材品种中实属罕见。从目前半夏产销情况来看，半夏商品供求矛盾将会日益突出，且三五年内难以缓解，半夏市场前景广阔。因此，建议贵州省适宜种植半夏、有条件的地域均可因地制宜发展半夏生产，这对于贵州山区经济发展、增加农民收入、脱贫致富都有重要意义。

主要参考文献

高尚峰，韩锦芹. 2006. 半夏遮阴增产效果研究[J]. 现代中药研究与实践，20（3）：23-25.

郭巧生. 2000. 最新常用中药材栽培技术[M]. 北京：中国农业出版社.

胡鹏，宋常美，季祥彪，等. 2008. 贵州珍珠半夏高频再生体系的建立与优化[J]. 种子，27（5）：35-38.

解红娥，解晓红，李江辉，等. 2005. 半夏的病毒为害及脱毒快繁技术研究[J]. 中草药，36（11）：1697-1700.

李西文，马小军，宋经元，等. 2005. 半夏规范化种植采收研究[J].现代中药研究与实践，19（2）：35-38.

李先良，王学明. 2008. 荆半夏叶柄外植体快繁技术研究[J]. 安徽农业科学，36（6）：2247-2248.

梁玉勇. 2005. 珍珠半夏的有性制种新技术[J]. 中国种业，24（10）：59-60.

楼之岑. 1997. 常用中药材品种整理和质量研究（北方编）[M]. 福州：福建科学技术出版社，19-974.

马小军，李西文，杜娟，等. 2006. 加权打分法定量评价半夏种质资源的研究[J]. 中国中药杂志，31（12）：975-977.

冉懋雄. 2002. 名贵中药材绿色栽培技术丛书：半夏 水半夏 附子[M]. 北京：科学技术文献出版社.

任碧轩，白权，王朝莉，等. 2007. 南充地区不同叶型半夏的指纹图谱分析[J]. 中药材，30（11）：1365-1367.

芮正祥，方成武，刘守金，等. 1992. 半夏与颖半夏总生物碱的含量测定[J]. 中国中药杂志，17（10）：594.

王艳华. 2001. 半夏质量评价方法研究[D]. 沈阳：沈阳药科大学硕士学位论文.

王艳华，李莉. 2004. 中药半夏的化学模式识别研究[J]. 黑龙江医药，17（5）：242-243.

文燕，张明，廖志华，等. 2008. 半夏药材 HPLC 指纹图谱研究[J]. 中药材，31（4）：503-506.

吴皓，束建海，蔡宝昌，等. 1995. 半夏姜制对谷甾醇和总生物碱含量影响[J]. 中国中药杂志，20（11）：662-664.

吴皓，谈献和，蔡宝昌，等.1996. 半夏姜制对麻黄碱含量的影响[J]. 中国中药杂志，21（3）：157-158.

吴皓，红梅，郭戎，等.1998. 半夏姜制对鸟苷含量的影响[J]. 中国中药杂志，23（11）：661.

吴皓，唐志坚，邱鲁婴，等.1998. "正交法"与药典法姜半夏中成分含量及对动物作用的比较[J]. 中国中药杂志，23（1）：25.

薛建平，张爱民，盛玮，等.2005. 半夏人工种子贮藏技术的研究[J]. 中国中药杂志，30（23）：1820-1823.

薛建平，王兴，张爱民，等.2008. 遮阴对半夏光合特性的影响[J]. 中国中药杂志，33（24）：2897-2900.

薛梅，陈成彬，马小军，等.2008. 中国不同地理居群半夏遗传多样性分析[J]. 中国中药杂志，33（23）：2849-2851.

伊文仲，张万福，陈科力，等.2006. 鄂半夏1号生态种植技术生产规程[J]. 亚太传统医药，2（11）：82-85.

余惠群.2006. 药用植物资源评价及品种选育[M]. 北京：中国医药科技出版社：300-306.

曾令祥.2007. 贵州地道中药材病虫害识别与防治[M]. 贵阳：贵州科技出版社.

张科卫，吴皓，崔小兵，等.2000. 不同产区半夏药材中鸟苷含量的测定[J]. 中成药，22（11）：769.

张明，钟国跃，马开森，等.2004. 半夏倒苗原因的实验观察[J]. 中国中药杂志，29（3）：273-274.

张小斌，唐养璇.2006. 商洛半夏块茎腐烂病的原因初探及防治对策[J]. 商洛师范专科学校学报，20（2）：37-39.

朱国胜，刘作易，郭巧生，等.2014. 贵州半夏研究[M]. 贵阳：贵州民族出版社.

（朱国胜　曾令祥　李青风　冉懋雄）

16　百　合

Baihe

LILII BULBUS

【概述】

百合原植物为百合科植物卷丹 *Lilium lancifolium* Thunb.、百合 *Lilium brownii* F. E. Brown var. *viridulum* Baker 或细叶百合 *Lilium pumilum* DC.的干燥肉质鳞叶，别名：虎皮、强瞿、番韭、山丹、倒仙等，以干燥肉质鳞叶入药。《中国药典》2005 年版及 2010 年版一部均收载。《中国药典》（2015 年版一部）称：百合味甘，性寒。归心、肺经。具有养阴润肺、清心安神的功效。用于阴虚燥咳、劳嗽咯血、虚烦惊悸、失眠多梦、精神恍惚。百合又是常用苗药，苗药名："Bod gab tid"（近似汉译音："波嘎梯"），味苦、甜，性冷，入热经药。具有养阴润肺、清心安神功能。主治阴虚久咳、痰中带血、热病后期、余热未清、惊悸、失眠多梦、精神恍惚、痈肿、湿疮等。在民族民间用于治疗肺痈、咳嗽、毒疮、十二指肠溃疡及外用止血等症。

百合药用历史悠久，始载于《神农本草经》，列为中品。唐代《新修本草》、宋代《图经本草》收载有两种。明代李时珍指出，本草记载的百合有 3 种，分别是百合、卷丹和山丹。《植物名实图考》对百合、山丹及卷丹考证详细，特别是将卷丹具有的株芽特征表示了出来。但《植物名实图考》中收载的另一野百合是豆科植物，不能作为百合使用。百合在我国分布较广，是较常用的大宗药材。

历史上百合多以野生药用。唐朝医学家孙思邈在《千金翼方》中有百合栽培记述。由此可见，早在 1300 年前古人已将野生百合改为人工栽培，并有丰富的栽培经验。到宋代时种植百合的更多，如陆游利用窗前土丘种上百合花，并咏曰："芳兰移取遍中林，余地何妨种玉簪，更乞两丛香百合，老翁七十尚童心。"时至近代，我国从北（吉林伊通）到南（广东连州、广西东兴），从东（山东沂水）到西（甘肃七里河）均有百合种植，只是根据地域和气候条件不同，种植品种不同罢了。据有关研究资料记载，贵州省最早从事人工种植百合的是普安县青山镇，但有一定种植规模却是近几年的事。百合应用历史悠久，是药食两用大宗药材，也是贵州地道特色药材。

【形态特征】

卷丹：为多年生草本植物。鳞茎近宽球形，高约 3.5cm，直径 4～8cm；鳞片宽卵形，长 2.5～3cm，宽 1.4～2.5cm，白色。茎高 0.8～1.5m，带紫色条纹，具白色绵毛。叶散生，矩圆状披针形或披针形，长 6.5～9cm，宽 1～1.8cm，两面近无毛，先端有白毛，边缘有乳头状突起，有 5～7 条叶脉，上部叶腋有珠芽。花 3～6 朵或更多；苞片叶状，卵状披针形，长 1.5～2cm，宽 2～5mm，先端钝，有白绵毛；花梗长 6.5～9cm，紫色，有白色绵毛；花下垂，花被片披针形，反卷，橙红色，有紫黑色斑点；外轮花被片长 6～10cm，宽 1～2cm；内轮花被片稍宽，蜜腺两边有乳头或流苏状突起；雄蕊四面张开；花丝长 5～7cm，淡红色，无毛，花药矩圆形，长约 2cm；子房圆柱形，长 1.5～2cm，宽 2～3mm；花柱长 4.5～6.5cm，柱头稍膨大，3 裂。蒴果狭长卵形，长 3～4cm。花期 7～8 月，果期 9～10 月。

百合：为多年生草本植物。高 70～150cm。茎上有紫色条纹，无毛。鳞茎球形，直径约 5cm；鳞茎瓣广展，无节，白色。叶散生，具短柄；上部叶小于中部叶，叶片倒披针形至倒卵形，长 7～10cm，宽 2～3cm，先端极尖，基部斜窄，全缘，无毛，有 3～5 条脉。花 1～4 朵，喇叭形，有香味；花被片 6，倒卵形，长 15～20cm，宽 3～4.5cm，多为白色，背面带紫褐色，无斑点，顶端弯而不卷，密腺两边具小乳头突起；雄蕊 6，前弯，花丝长 9.5～11cm，有柔毛，花药椭圆形，"丁"字着生，花粉粒红褐色；子房长柱形，长约 3.5cm，花柱长 11mm，无毛，柱头 3 裂。蒴果长圆形，长约 5cm，宽约 3cm，有棱。种子多数。花果期 6～9 月。百合植物形态见图 16-1。

（1. 花株；2. 雌蕊及雄蕊放大；3. 鳞茎）

图 16-1　百合植物形态图

（墨线图引自中国中药资源丛书编委会，《中国常用中药材》，科学出版社，1995）

【生物学特性】

一、生长发育习性

卷丹百合为多年生宿根草本植物，适应性广，多生长于海拔 400～2500m 的山坡地、草地。

二、生态环境要求

卷丹百合喜半阴半阳环境，过于遮阴或长时间阳光直射下生长受到抑制。鳞茎可在地里越冬，可在低温条件下安全度过休眠期。耐寒能力强，怕水涝。土壤湿度过高容易引起鳞茎腐烂，导致植株死亡。能在多种土壤中生长，但表现差异较大，以土壤深厚、疏松肥沃、水分适宜的土壤为宜，忌黏土。

温湿度：卷丹适宜的温湿度是：年平均气温 11.4～21.5℃，1 月平均气温–15.9～5.2℃，1 月最低气温–22.2℃，7 月平均气温 20.5～29.0℃，7 月最高气温 33.8℃，平均相对湿度 59.1%～82.4%。生长适温：白天 20～25℃，夜间 10～15℃。5℃以下或 28℃以上生长受到影响。

光照：卷丹百合喜较充足的阳光，但略有遮阴的环境对卷丹百合更为合适。年平均日照时数为 1166～2670h 均可。长日照处理可以增加花朵数目并加速生长，光线过弱，花蕾容易脱落。

土壤：喜肥沃、土层较深厚的砂质壤土。种植于砂质土壤中的百合，鳞茎肥大迅速、色泽洁白、品质优良，但鳞茎不紧凑，收获后容易凋萎；壤土中种植的百合，鳞茎紧凑，品质也好，但肥大缓慢，生长受阻，产量偏低；栽种于腐殖质较多的土壤中，鳞茎肥大极快，但鳞片多有污斑，且口味不佳；盐碱地、黏土地中生长不良。排水良好、肥力较好的黄壤土缓坡地最适宜种植，且鳞片白净。

水：喜肥水，土壤缺水或水分过多，均不利于卷丹百合的生长发育。鳞茎盘根系形成期土壤湿润即可，过多不利于根系生长形成，过少影响鳞茎根系生长。年平均降水量 558～1410mm 较为合适。生长后期如遇雨天，须注意清沟排水，预防鳞茎腐烂或造成落花落蕾。

【资源分布与适宜区分析】

一、资源调查与分布

经调查，百合为百合科多年生草本鳞茎植物，全球已发现 80 多个品种，全球主要分布在北半球的温带和寒带地区，少数种类分布在温带高海拔地区。中国有 39 种，南北均有分布，尤以西南和华中最多。卷丹适应性较强，对生长环境的要求相对较低，在我国分布极广，从西南的云贵高原到东北的长白山都有它的踪迹，主要分布区域为江苏、浙江、安徽、江西、湖南、湖北、广西、四川、青海、西藏、甘肃、陕西、山西、河南、河北、山东和吉林等地。百合（*Lilium brownii* F. E. Brown var. *viridulum* Baker）为野百合（*Lilium brownii* F. E. Brown）的变种，主要分布在河北、山西、河南、陕西、湖北、湖南、江西、贵州、安徽和浙江，生长海拔为 300～920m。细叶百合 *Lilium pumilum* DC.主产于中原及西北等地区，如河北、河南、山西、陕西、宁夏、山东、青海、甘肃、内蒙古、黑龙江、辽宁和吉林，生长海拔与卷丹相近。

除《中国药典》（2010 年版一部）收载的 3 种百合品种外，我国尚有几十种百合品种，如云南西北部野生的滇百合、黄绿花滇百合、小百合、紫花百合、玫红百合、淡黄花百合、宝兴百合等，生长海拔最低为玉龙雪山 1900m 处，最高为德钦白茫雪山 4000m 处。其次是长白山二道白河地区生长的轮叶百合、毛百合，它们均分布于海拔 800m 区域。

二、贵州资源分布与适宜区分析

贵州除卷丹外，尚有野生百合 8 种，分别是野百合、淡黄花百合、黄绿花百合、披针叶百合（紫斑百合的变种）、大理百合、湖北百合、南川百合和川百合，生长于海拔 700～1700m 的区域。

卷丹在贵州的最佳适宜区主要有黔西北的黔西、七星关、大方、织金等地；黔北的湄潭、遵义、桐梓、务川等地；黔东的铜仁、石阡、印江、松桃、江口、德江等地；黔东南的丹寨、天柱、剑河、雷山、岑巩、镇远、三穗和黔中的息烽、紫云、普定、安顺等地。但由于药用百合的价值较低，百合在贵州一直没有形成种植规模。

百合除黔东南州的黎平县地坪乡低海拔和赫章县珠市乡韭菜坪高海拔地带不适宜生产外，贵州省其他各县（市、区）凡符合卷丹百合生长习性与生态环境要求的区域均可为百合生产适宜区。

【生产基地合理选择与基地环境质量检（监）测评价】

一、生产基地合理选择与基地条件

按照卷丹百合生产适宜区优化原则与其生长发育特性要求，选择其最适宜区或适宜区并具良好社会经济条件的地区建立规范化生产基地。如：在毕节市七星关区阿市苗族彝族乡修睦村选址建立卷丹百合规范化种植基地（图 16-2），种植区域位于距阿市乡政府约 2km 处，阿市苗族彝族乡高原气候突出，暖湿共济，雨热同期，平均月气温 12～16℃，最冷的 1 月平均气温为 3.8℃，最热的 7 月平均气温 24℃，全年大于 10℃的活动积温 4297℃。年降水量 1100mm 左右，降雨主要集中在 5～9 月，占年降水量的 70%，很适宜农作物生长。全年无霜期 269 天。

毕节七星关区阿市苗族彝族乡，属于贵州省规划的 100 个高效农业园区（中药材产业园区）之一。园区以阿市苗族彝族乡为核心区，延展区为附近的普宜镇和大屯乡。在省市区乡各级有关领导的高度重视下，该基地交通、通信等基础设施条件均较完善，各村寨老百姓种植中药材的积极性很高，目前大力发展的品种有续断、苦参、党参、藁本及牛蒡子等中药材。卷丹百合是近年经研究该乡气候条件而发展的品种。大面积种植基地均远离乡镇及公路干线，无污染源，其空气清新，环境幽美。

另外，贵州省铜仁市松桃县也建有百合规范化种植基地，见图 16-3。

图 16-2　贵州七星关区百合种植基地　　　图 16-3　贵州松桃县百合种植基地

二、基地环境质量检（监）测与评价（略）

【种植关键技术研究与推广应用】

一、种质资源保护抚育

百合为百合科百合属植物，百合属有 80 余种，分布于北温带。我国产 39 种，南北均有分布，尤以西南和华中最多。百合属植物常野生于荒山、灌木林、草地、路边及山地岩石间。近年来野生资源破坏严重，目前不论是药用、食用，还是切花用，都以人工种植为主。

百合具有种质资源多样性特点，主要表现在花瓣颜色、形状、叶型及大小、茎的颜色及有毛和无毛、鳞片的颜色、种球形状及耐寒性等方面。贵州省绝大部分地区气候条件适合百合生长，除贵州省植物园和贵阳市药用植物园于 2006 年、2010 年开展过百合种质资源收集、引种研究外，其余未见报道。贵州省对百合的相关基础研究很少，在国家大力倡导中药材种植的今天，贵州省中药材种植企业的卷丹百合种源绝大部分来源于外省，自己通过培育种源，发展百合产业仍处于低级水平，根本谈不上百合种质资源的保护和抚育，要做好这方面的工作需要国家、企业及有识之士的共同努力。在将来的生产实践中，可采集野生及引种不同百合品种，有目的地选择产量高、植株健康、抗病虫害强、营养及药效成分丰富的品种进行杂交育种，以选育出优质高产的新品种。

二、良种繁育关键技术

百合传统的繁殖方法有种子繁殖、株芽繁殖、鳞片繁殖、种球繁殖和组织培养。在生产实践中，多采用种球繁殖，也常用鳞片和种子繁殖。本书重点介绍鳞片及种球繁殖育苗的有关问题。

（一）鳞片来源、鉴定与采集繁殖

1. 鳞片来源与鉴定

百合种源来源多样，如果是选择以药用为主的百合，先要对种源地植株进行鉴定，确定植株来源符合《中国药典》（2015 年版）关于百合相应要求后，即可选择生长旺盛、无病虫害、产量高、质量优的百合做种源。

2. 鳞片采集与繁殖

每年秋季，当百合地上植株枯黄后，选择健壮无病虫害植株，采挖鳞茎，挖出的鳞茎先剥去其表面质量差或较干瘪的鳞片，再将里层饱满鳞片剥下，选鳞片肥大者在 1：500 的多菌灵或克菌丹水溶液中浸 30min，捞出稍阴干，扦插前将鳞片速蘸 100mg/L 的 NAA 溶液，扦插时使鳞片基部向下，插入预先准备好的肥沃砂壤土苗床中，插入部分为鳞片的 1/2～1/3，鳞片间距为 3～6cm。插后盖草，控制床土不宜过湿，以防鳞片腐烂。种植后第二年秋季，鳞片便会长成如手指或稍大的鳞茎新个体，9～10 月，再从土中挖出，按 6cm×15cm 株行距移栽，栽后管理如同大田，经过两年培育，即可获得直径 3～6cm 的种球，可作为大田栽种，培育商品百合，见图 16-4。

图 16-4　贵州毕节市七星关区阿市乡百合种植基地培育的 2 年百合种球

（二）百合种球品质检定与种球质量标准制定

1. 种球品质检定

用观察法对百合种球进行品质检定，主要项目有：种球大小、净度（带泥多少）、脱水程度、基盘及根系健康程度、鳞茎外层鳞片破损多少。有条件的可对百合种球进行病毒及青霉菌检测。外地引入种球，尚需关心采挖时间、储藏厚度、包装物、运输模式及气温等。

2. 种球质量鉴别

百合种球质量优劣主要鉴别特征如表 16-1 所示。

表 16-1　百合种球质量优劣主要鉴别特征

种球外观	主要外观鉴别特征
颜色	白色或外层鳞片有小部分变为淡紫黄色
种球大小	单个百合种球由 2 个以上籽球抱合而生，单个籽球 15g 以上，直径 3cm 以上
净度	种球附带泥土不超过 5%
脱水程度	外层鳞片及根系较新鲜，无明显干瘪状
基盘及根系健康程度	基盘无霉斑、黑斑，残留根系较粗壮
鳞茎外层鳞片破损程度	外层鳞片少有黑斑、破损者不超过 10%

3. 种球标准制定

百合种球分为三级标准（试行），见表 16-2。

表 16-2　百合种球分级表（试行）

项目	一级种球	二级种球	三级种球
颜色	白色或略带淡紫黄色	籽球均带淡紫黄色	籽球均带紫黄色
籽球大小	直径≥3cm，重量≥25g	直径≥3cm，重量≥20g	直径≥2cm，重量 15～20g
净度	带泥量≤3%	带泥量 3%～5%	带泥量 5%～10%
脱水程度	籽球新鲜，无干瘪状	籽球较新鲜，但外层鳞片略显失水	籽球显萎蔫状，外层鳞片明显失水
基盘及根系健康程度	基盘无霉斑、黑斑，残留根系粗壮且多	基盘无霉斑、黑斑，残留根系粗壮但较少	基盘有少数霉斑、黑斑，残留根系多但细小
鳞茎外层鳞片破损程度	外层鳞片有黑斑、破损者不超过 10%	外层鳞片有黑斑、破损者不超过 20%	外层鳞片有黑斑、破损者不超过 20%～30%

（三）种球处理、选种、浸种消毒

1. 选种

每年秋季百合地上植株枯萎后即可采挖，选择生长饱满、无病虫害、鳞片洁白、抱合紧凑、根系健壮、鳞茎盘无霉烂须根多且粗壮、单个重 15～30g、无异味、无鳞片腐烂的籽球做种。

2. 种球处理

采挖的新鲜籽球如果须根过长，可用修枝剪剪去大部分，只保留 3～5mm 长即可。同时根据籽球大小，至少将籽球分为两级。如有鳞片发黑或霉烂者，必须剔除弃去。选好的籽球放于室内摊开，其厚度不超过 25cm，上面盖草，晾种 5～7 天，让百合籽球表面水分有所挥发，促进后熟，并有利于种植后发根和出苗。

3. 种球浸种消毒

选好的籽球可用 800～1000 倍多菌灵溶液喷雾，或用 500 倍百菌清溶液浸种 15min，或用 1∶200 福尔马林溶液浸种 20min，晾干后即可播种。

（四）苗圃选择、苗床准备、播种育苗与苗期管理

1. 苗圃选择与整地

百合鳞片繁育的苗圃地应选缓坡（半阴半阳地）、灌溉排水方便、肥沃、疏松、无污染的砂质壤土，应充分考虑土壤的保肥、保水、透气、透水等特性。土壤 pH 为 5.5～7.0，前茬以豆科或禾本科作物为好。翻耕前先清除地面杂物、石块，结合整地每亩施入充分腐熟厩肥 1000～1500kg、复合肥 10kg、过磷酸钙 15kg 作基肥并翻入土中。土

层深耕 20～30cm，充分耙细整平，根据地块地形地势做成高畦或平畦。苗床每畦规格（10～20）m×（1.2～1.4）m×0.2m，畦距 0.3～0.5m，四周挖好排水沟，以利下雨天排水。

2. 苗床消毒

整地施基肥时，将 50%地亚农 0.6kg 混入基肥中，同基肥一起翻入土壤中，对土壤进行消毒杀虫（如苹果蠹虫、蛴螬或金针虫等）。

3. 播种育苗

百合用鳞片繁殖一般秋播最好，但百合播期弹性大，百合扦插适宜温度为 10～25℃，通常情况选择 9 月中旬至 10 月下旬之间播种，按本书"鳞片采集与繁殖"的方法进行操作即可。每亩需要百合鳞片 100～130kg，培育出的小籽球可移栽 15 亩，移栽小籽球时同样按照鳞片繁殖方法进行消毒后播种。播种后的第二年春天，百合幼苗陆续出土，即可将畦面盖草除去。经常查看幼苗长势，不定时将病、弱苗或密苗拔除，春季结合间苗不定时拔除杂草并追肥 1 次，每亩每次施稀人畜粪水 1000kg，必要时溶入少量尿素提苗。

4. 苗期管理

来年春天百合出苗后，要加强苗期田间管理，严防草荒和各种病虫害发生，适时供应肥水，确保百合幼苗健壮生长。

（1）间苗定苗：百合苗出齐后，根据土壤墒情，分期去除苗床覆盖物，苗期应保持土壤湿润。幼苗生长期间，加强田间巡查，发现弱苗病苗要及时拔除。如有大面积缺苗，可于其他地块带土移苗补栽，补苗后如土壤较干，应浇定根水，以保证成活。

（2）中耕除草：整土时如果没有对杂草及其宿根进行处理，则在来年春季出苗前根据杂草的种类和多少选择合适的除草剂喷雾除草，以防"草盛药苗稀，气死种药人"的现象发生。后期结合中耕、施肥也进行除草。中耕除草时宜浅不宜深，以不伤百合根系为宜。

（3）追肥：百合为比较喜肥的植物，应施足基肥，适时追肥。如果种植时基肥比较充足，来年春季出苗后看苗的长势确定施肥时间和肥料种类，以保证百合苗生长营养的需要。一般在 5 月前后亩施稀人畜粪水 1500～2000kg，必要时溶入 8～10kg 尿素，或配合沟施 10kg 三元复合肥和生物菌肥 100kg。下半年于 7 月份左右再配合除草沟施 15～20kg 三元复合肥。总之，整个生育期确保 N：P：K=1：0.6：1 施肥，氮肥早施重施，磷、钾肥适时施入，保证百合生长的营养供给。

（4）灌溉：根据百合较喜阴湿，既怕干旱，又怕水渍的特点。百合苗床应选择砂质壤土，并保持湿润，以不积水为好。盖草的苗床较保湿，如果人工洒水需要注意控制水量，做到少量多次。出苗后应逐步撤去盖草，使幼苗渐渐适应生长环境，进入夏季后，环境温度很高，地面容易失水，要注意在早晚给苗床补水。秋季后，种球及丰富根系已经形成，耐旱能力得到增强，只要不是特别干旱可以不浇水。

经过一年的培育，再将一年的小种球挖出，按鳞片繁殖的消毒方法处理小籽球，在要种植的土地上按株行距 6cm×15cm 栽种，再经过一年的培育，绝大多数百合即可成为商品种球，个头较小的分出再培育一年，即可做种球使用。

另外，百合也常用株芽进行繁殖。百合株芽是地上茎的叶腋间生长的圆珠形"气生鳞茎"。于夏季成熟后采收，收后与湿润细沙土混合，贮藏在阴凉通风处，当年 9 月中旬至 10 月下旬之间，在整好的苗床上按行距 12～15cm，开深 3～4cm 的小沟，在沟内每隔 4～6cm 放入株芽一粒，然后覆土 3cm，并盖草保湿，第二年出苗后逐步撤去盖草，其他要求参照鳞片繁殖方法进行耕作实施。

三、规范化种植关键技术

（一）选地整地

根据百合喜凉爽，较耐寒，喜半阴半阳条件，喜干燥，怕水涝，喜肥沃，怕炎热酷暑的生长发育特性，种植基地宜选择海拔 800～1500m 的稍背阴缓坡地，土质为较肥沃的微酸性或近中性的砂质壤土。前茬作物以豆科、禾本科为好，前茬种植茄科、百合科的地不宜选择，以避免病虫害的大量发生。盐碱地、黏性重地、砂质过重地、低洼易涝地不宜选择。

在选好的地块上深翻后，除尽杂草、石块及其他作物的根和根茎。将土块耙细整平，顺坡按 1.2～2.5m 宽作畦，畦面中间高、两边低，成龟背形，并开好作业道（30～40cm）以利排水和田间操作。如果厩肥丰富，先收集发酵，切碎，除尽地面杂物及石块后，每亩撒施 1500～2500kg 以过磷酸钙 25kg 于地面，在翻地的同时将厩肥翻入土中，再作畦待栽种。

（二）种球选择及处理

1. 种球选择

选择生长饱满、无病虫害、鳞片抱合紧凑、根系健壮、鳞茎盘无霉烂、单个重量为 20～30g 且无鳞片腐烂的种球作种。

2. 种球处理

选择好的种球放于室内摊开，其厚度不超过 25cm，上面盖少量草，晾种 5～7 天，让百合种球表面水分有所挥发，促进后熟，并有利于种植后发根和出苗。种植前用 800～1000 倍多菌灵溶液喷雾，或用 500 倍百菌清溶液浸种 15min，或用 1∶200 福尔马林溶液浸种 20min，晾干后即可播种。浸种用药液用 3～4 次即可弃去，重新配制新液浸种。

（三）播种定植

每年的 9 月下旬至 11 月中旬前，在起好垄的畦面上按株距 15～20cm（大种约 20cm，小种约 15cm），行距 25～30cm 开 15～20cm 深沟，将种球置于沟内，长根部位在下，摆正种球，盖土 5～6cm 即可。如果整地时没有施入基肥，在百合下种时于两种球之间施入生物有机肥（250～400kg/亩）和复合肥（25kg/亩）的混合肥，避免混合肥与种球接触，覆土即可。

（四）田间管理

1. 浇水补苗

百合生育期的需水规律：一多两少。即苗期和盛花期需水较少，而花蕾期需水较多。春季百合苗出齐后，如遇春旱，要及时浇水抗旱保苗，但要注意坚持"少量多次"的原则。如果种植户需要留种，在百合现蕾期更要注意百合植株生长的水分供应，防止因水分不足而影响开花结果。春季加强田间巡查，发现死苗缺株的从备用苗床中带土移栽同龄百合苗，补苗时尽量保全苗根际周围土壤，以保证移栽苗的成活率。

2. 中耕（培土）除草

百合地中耕能疏松土壤，提高地温，消除杂草，减少病虫害，增加土壤的通透性，促进土壤微生物活动，加速土壤有机物的分解。在百合不同的生育阶段，中耕的作用和方法各不同。百合种植后的翌年2月上旬至3月上旬（百合苗未出土）进行一次浅锄，以破坏土壳，主要是提高地温，促进出苗，同时铲除越冬杂草。为防止春季杂草生长，在2月或最迟不超过3月中旬前选择合适的除草剂喷施1次。苗出齐后，进行一次中耕，主要是提高地温，促进根系生长，实现苗期生长健壮。在5月上旬，进行一次中耕培土，中耕要适当深些，以不伤及百合鳞茎和根系为原则；培土能增加植株对土壤中养分的利用，防止植株倒伏，以深栽薄培，浅栽厚培为原则。

3. 清沟排水

百合有比较发达的根系，喜干燥，怕水涝。百合生长最旺盛的时期刚好处于多雨季节，为避免地面积水而导致百合鳞茎腐烂或影响生长，春夏季应注意种植基地的清沟排水工作，做到田间地头沟沟相通，雨停水干。

4. 疏苗、摘蕾打顶、除株芽

在4～7月，要做好百合种植的疏苗、摘蕾打顶、除株芽等工作，这不仅能调节百合体内的营养物质和代谢物质的分配，减少养分消耗，还能使养分集中供给鳞茎，改善植株群体间的通风透光条件，减少病虫害的发生，促进百合鳞茎生长发育和优质高产。首先，百合出苗后的3月下旬至4月中旬，当一株百合发出两根以上地上茎时，应选留一棵强壮的地上茎，其余一律剔除，以免地下鳞茎生长后分裂。其次，通过打顶摘蕾，可以控制百合种植生长的顶端优势，减少开花结果而造成的养分消耗，促进光合作用产物和次生代谢产物向地下鳞茎输送。打顶摘蕾（时间大约为6月初至7月上旬，起蕾与海拔、日照时间有关）选择晴天上午无露水后进行，有利于植株的伤口愈合，防止病菌入侵。6月上旬，若百合叶腋间有株芽产生，应及时摘除，如需将株芽作繁殖材料用，应让其充分成熟后再采摘，妥善储存或当商品销售。

（五）合理施肥

1. 生长发育与营养元素相关性

百合在不同的生长发育时期需肥特性不同，应根据其不同时期的需肥特性进行合理施肥。氮肥所含的氮素是植物体内的蛋白质、核酸、叶绿素、维生素、生物碱和激素等的物质基础。为保证百合在营养生长期健康生长，必须保证氮素的足量供应，以促进前期百合根系、茎及叶的健康生长，为后期百合鳞茎增大生长创造有利条件。但氮素不宜过多，否则易引起茎叶徒长，对鳞茎增大、结籽不利，且茎秆木质化程度降低，抗倒伏、抗病虫害能力减弱。

磷肥所含的磷元素是植物生长发育不可缺少的大量营养元素之一，它既是植物体内许多重要有机化合物的组分，如以磷酸桥接所形成的含磷有机化合物核酸、磷脂、核苷酸、三磷酸腺苷等，又以多种方式参与植物体内各种代谢过程，如光合作用过程中的光合磷酸化和光合作用产物的运输都离不开磷的参与。磷对作物的高产和保持品种的优良特性也有明显的作用。缺磷对百合的光合作用、呼吸作用及生物合成和代谢均有影响，生长特征表现为缓慢、矮小、苍老及茎细，叶片小并呈暗绿或灰绿色而无光泽，根系发育差，导致抗逆性下降。磷素过多也会对作物生长发育带来不良影响，如根系非常发达，而茎、叶生长受到抑制，或因竞争性强吸收而导致对植物生长有重要作用的微量营养元素锌、锰等的缺乏。

钾肥所含的钾元素是肥料三要素之一，钾通过参与活化植物体内代谢过程中一系列酶的活性，提高作物对外界环境的适应能力，增强光合作用，提高作物产量和改善作物品质。缺钾时百合光合作用及生物代谢受到影响，表现为茎的木质化程度降低，易倒伏，叶片出现坏死斑点，鳞茎中淀粉、蛋白质含量下降，品质变差。

锰素是植物正常生长发育不可缺少的中量营养元素之一。锰元素直接参与植物的光合作用，属于生物酶的组成部分并调节酶的活性，影响蛋白质、碳水化合物、脂类等的代谢，植物细胞的分裂和生长也需要有锰元素的参与。缺锰可使百合叶片叶脉间绿色褪淡发黄，失绿首先出现在幼嫩叶片和叶芽部分；对卷丹地上和地下部分会产生抑制作用，使植株的根冠比降低。过多的锰元素会阻碍植物对钼和铁的吸收，使植株出现相应的缺钼和缺铁症状。

2. 合理施肥技术

根据百合的生长发育特性，可结合种植地的土壤肥力进行合理施肥，以促进百合植株及鳞茎的健康生长。

（1）基肥：百合种植应以优质腐熟的有机肥（如人畜粪、厩肥）为主，在整地时翻入土中，种植时再配合施用生物菌肥和复合肥，基肥量应占总施肥量的 40%。种植时基肥不能接触种球，避免肥料对种球造成伤害。

（2）追肥：春季百合幼苗出土后，为满足百合幼苗生长发育需要，促进茎叶生长发育，可追施速效肥，一般在第一次松土后用稀人畜粪水溶入适量尿素泼洒百合种植地。第二次施肥结合中耕培土进行，在中耕后的植株行间起 5～8cm 的浅沟，撒入三元复合肥（复合肥的选用视百合植株长势而定，长势良好，复合肥重磷钾肥轻氮肥，如长势较差，叶片有发黄迹象，氮肥要适当多施，总之，追肥一定要结合百合长势而定，做到应施则施），每亩 20～40kg，然后覆土即可。第三次追肥在摘蕾打顶后，时间约在 7 月份前后，此时，植株茎叶长势较缓慢，正是百合鳞茎膨大的关键时期，不失时机进行追肥，方法同第二次施法相同，每亩施入磷钾肥30～40kg，必要时可以采用硫酸钾、磷酸二氢钾和硼酸进行根外追肥，以促进百合鳞茎的增大和充实。

除以上主要施肥措施外，如能测试和了解到种植基地土壤营养元素情况，可在百合不同的生长时期针对植株长势和收获药材的需要，施用一些有利于植株生长和提高药材品质的中量或微量营养元素，如钙镁磷肥、硫酸锰、硫酸锌、氯化锰等。但一定要注意方法、施用量和浓度，以免适得其反。

（六）主要病虫害防治

百合病虫害防治坚持"预防为主，综合防治"的原则，坚持"早发现、早防治、早治早好"，选择农药坚持"高效、低毒、低残留"的原则，对百合植株进行病虫害防治，减少种植发展损失。

1. 主要病害与防治

（1）百合疫病：①症状：百合疫病又称脚腐病，全株（包括花器、叶片、茎基部、鳞茎和根）均可发病。患病花器枯萎、凋谢，其上长出白色霉状物；叶片染病初出现水渍病状，而后枯萎；茎及茎基部组织染病初亦出现水渍病状，而后变褐、坏死，染病处以上部位完全枯萎；鳞茎染病后变褐、坏死；根系染病后变褐、腐败。②病原：疫病病菌属于鞭毛菌亚门的疫霉属真菌恶疫霉。菌丝无色无隔膜，不产生吸器，菌丝直接穿入寄主细胞吸收养分。后期产生菌丝和大量孢子囊，孢囊梗大部分都不分枝，孢子囊顶生，圆形。顶端有乳头状突起。孢子囊萌发时产生多个椭圆形游动孢子。③发病规律：百合疫病病菌恶疫霉以厚垣孢子、卵孢子或以菌丝体随病残株在土壤中越冬，为翌年的初侵染病原。翌年春季条件适宜时，孢子萌发，侵染寄主引起发病，病部产生大量孢子囊，引起再侵染。该病于3月下旬至4月上旬始见。流行期为4月中旬至5月下旬。5月中旬开始进入垂直发展阶段。5月中旬至6月下旬为垂直发展流行期，流行期长，为害严重。7月上旬病情基本稳定。其中以5月下旬至6月上旬为流行高峰期。

防治方法：①土壤的选择与处理：选择土质疏松、土层深厚的砂壤土。播种前用30%恶霉灵AS1500倍液进行地面喷雾。②种球选择与处理：选择海拔较高地区（800m以上）及无病种球，播种前用52.5%杜邦抑快净WG1500倍液或80%多菌灵WP1000倍液浸种5～10min，晾干后选晴天播种。③合理密植：根据种球大小，种植密度为1.2万～1.5万株/亩，株距为10～18cm，行距为30～40cm。④肥水管理：种植地要开好三沟（厢沟、腰沟和围沟），腰沟和围沟要深些，并随时清理保持畅通，做到雨停沟干。重施基肥及充分腐熟的有机肥，切勿偏施氮肥，适当增施磷钾肥。⑤苗后药剂防治：在病害初现症状时期（3月下旬至4月上旬），选用68.75%噁酮·锰锌（杜邦易保）WG1000倍液加芽孢数1000个/克枯草芽孢杆菌（仓美）3000倍液或72%霜脲·锰锌（杜邦克露）WP500倍液加75%百菌清WP500倍液喷雾。7～10天喷一次，连续2～3次，药液用量60kg/亩以上；在5月以后病害流行期用52.5%噁酮·霜脲氰（杜邦抑快净）WG1600倍液加40%王铜·菌核净WP500倍液喷雾，7～10天喷一次，连续2～3次，喷雾要均匀周到，药液用量60kg/亩以上。

（2）百合灰霉病：①症状：主要危害百合幼苗茎叶。发生在茎，使茎的生长点变软、腐败；发生在叶，形成黄色或黄褐色斑点，病斑为圆形至卵圆形，其周围呈水渍状。天气潮湿时，病部产生灰色的霉斑，这是病菌的分生孢子梗和分生孢子。高温干旱季节发病，病斑干且叶片变薄，为褐色。随着病情的发展，病斑逐渐扩大，造成叶片枯死。茎部受害，被害部位变成褐色和缢缩，并可折断。鳞茎染病，引起腐烂。后期病部可见黑色细小颗粒状菌核。②病原：该病由半知菌亚门葡萄孢属真菌引起，病菌以菌丝体在被害寄主病部或以菌核遗留在土壤中越冬。发病规律：第二年春季随着气温的上升，越冬后的菌丝体在病部产生分生孢子梗和分生孢子，通过风雨传播，引起初侵染。田间发病后，病部可再产生分生孢子，造成再次侵染。在气温 15～25℃、相对湿度大于 90%时病情扩展快，故连续阴雨后该病易重发。

防治方法：①农业防治：选用无病种球。保持田间通风透光，避免过分密植，培育健壮植株，增强抗病能力；及时清除病残组织，以减少菌源；实行水旱轮作或隔几年后再在同一地块种植。②药剂防治：发病初期用 500g/L 异菌脲 SC600 倍液喷雾或 50%腐霉利（速克灵）WP1500 倍液喷雾，7～10 天一次，连喷 2～3 次。

（3）百合炭疽病：①症状：该病菌主要侵害叶片、花和鳞茎。叶片发病后，产生椭圆形、淡黄色、周围黑褐色的病斑，病斑中央稍凹。花瓣发病时，产生椭圆形、淡红色的病斑。发病严重时，病叶干枯脱落。在天气潮湿时或下雨后，叶片病斑上会长出很多黑色小粒点，此为病菌的分生孢子盘。鳞茎发病，外侧的鳞片产生淡红色不规则形的病斑，病、健分界明显，以后病斑变成暗褐色并硬化。②病原：该病是由半知菌亚门刺盘孢属真菌引起，病菌主要以菌丝体在病残组织内越冬，留种的鳞茎也可带菌传病。③发病规律：第二年在环境条件适宜时，病部产生分生孢子，通过风雨传播，引起初侵害。田间发病后，病组织上可以形成分生孢子，造成再次侵害。

防治方法：①农业防治：选用无病种球。及时清除病残组织，减少菌源。及时清沟排水。在同一地块实行水旱轮作或隔几年后再种植。②药剂防治：发病初期使用 22.5%啶氧菌酯（杜邦阿砣）1500 倍液或 68.75%噁酮·锰锌（杜邦易保）WG1000 倍液或 70%甲基托布津 WP500 倍液喷雾，隔 7～10 天用药一次，交替使用，共喷 2～3 次。

（4）百合病毒病：①症状：发病后有两种表现，一种是植株能正常生长，叶片轻度花叶。另一种为沿叶脉产生褪绿斑驳，叶片变黄或产生黄色条斑，严重时叶片卷曲，病斑坏死，造成植株矮化，急性落叶，花蕾萎黄，严重者植株枯萎死亡。②病原：病原菌主要为百合潜隐病毒（LSV）、黄瓜花叶病毒（CMV）及郁金香碎色病毒（TUBV）等。③发病规律：百合潜隐病毒在百合体内广泛存在，单独感染时产生轻微花叶或无症状，当与另外几种病毒复合侵染时症状明显严重，生长季节主要靠蚜虫传播，田间操作和土壤也可传播。

防治方法：选育抗病品种或用无病鳞茎繁殖，新产区引种时要注意繁殖材料的无病毒检验，加强田间管理，适当增施磷钾肥，增强植株抗病能力。4 月下旬和 5 月上旬用 40%乐果 1000 倍液或 20%菊马乳油 1500 倍液喷雾防治蚜虫各一次。发病初期可用 1.5%植病灵 1000 倍液喷 1～2 次。

2. 主要虫害与防治

（1）蚜虫：蚜虫又名腻虫、蜜虫等，属鳞翅目，蚜科，学名：Aphis sp.。①症状：以成虫、若虫为害，在百合嫩叶、嫩茎上吸食汁液，可使幼芽畸形，叶片皱缩，严重者可造成新芽萎缩，茎叶发黄、早落死亡。②发生规律：每年5月开始发生，6～8月为危害盛期。

防治方法：发生期可选用40%乐果乳油1000～1500倍液，或50%杀螟松乳油1000～2000倍液，或5%来福灵乳油2000～4000倍喷雾，或50%辛硫磷乳油1000～2000倍喷雾，也可以天王星乳油1000～2000倍液，每隔10～15天喷雾1次，一般连续喷2～3次即可。干旱天及时灌水，可减轻蚜虫发生。种植基地若有蚜虫天敌，如蜘蛛、七星瓢虫、草蛉、食蚜蝇等多种昆虫，应注意保护，少用或不用广谱性杀虫剂。

（2）地老虎：地老虎属夜蛾科，为多食性作物害虫，成虫口器发达。种类很多，对农作物造成为害的有十余种。其中小地老虎、黄地老虎、大地老虎、白边地老虎和警纹地老虎等最为常见，均以幼虫为害。①症状：以幼虫为害；3龄前的幼虫多在土表或植株上活动，昼夜取食叶片、心叶、幼芽等部位，食量较小。3龄后分散入土，白天潜伏土中，夜间活动，常从地表处将茎咬断使植株死亡，造成缺苗断条。②发生规律：每年4月中旬后至5月中旬容易为害百合幼株。

防治方法：一是清洁种植基地。铲除地边、田埂和路边的杂草；实行秋耕冬灌、春耕耙地、结合整地人工铲埂等，可杀灭虫卵、幼虫和蛹。二是种植诱集植物，利用小黄地老虎喜产卵在芝麻幼苗上的习性，种植芝麻诱集产卵植物带，引诱成虫产卵，在卵孵化初期铲除并携出田外集中销毁。三是危害期可用90%晶体敌百虫800～1000倍液、50%辛硫磷乳油800倍液、50%杀螟硫磷1000～2000倍液、20%菊杀乳油1000～1500倍液、2.5%溴氰菊酯（敌杀死）乳油3000倍液喷雾。若虫龄较大、危害严重的种植基地，可用80%敌敌畏乳油或50%辛硫磷乳油，或50%二嗪农乳油1000～1500倍液灌根。

（3）蛴螬：蛴螬即金龟甲幼虫，主要活动在土壤内。能危害多种植物的幼苗及根茎，是重要的地下害虫。蛴螬因其成虫的种类不同，体长也不同，一般为5～30mm，乳白色或乳黄色，头部发达，多为黄褐或赤褐色，身体柔软，皮肤皱折多毛，腹部末节圆形，虫体肥胖向腹部弯曲，常呈"C"字形。尾部腹面刚毛的排列是区别各种成虫的重要依据。①症状：当土壤温度达15℃以上时，蛴螬在10cm以上的表土层活动取食，为害百合幼苗的根部及鳞茎，受害处呈现较整齐的切口，使百合幼苗或植株枯萎变黄而死。②发生规律：每年4月开始发生，5～6月为危害盛期。9、10月也可为害。夏季多雨、土壤湿度大、厩肥施用较多的土中发生严重。

防治方法：栽培百合前，深翻种植地土壤，可增加越冬虫体的死亡率。危害期可浇施50%马拉松乳剂800～1000倍，或马拉硫磷800～1000倍，或25%辛硫磷及25%乙酰甲胺磷1000倍浇灌土壤，均有较好的效果。目前国外用乳状菌生物防治，我国用金龟甲绿僵菌防治阔胸犀金龟甲均有较好的效果，是利用有益菌类防治地下害虫的良好开端。

（4）种蝇：种蝇又名灰地种蝇、菜蛆、根蛆、地蛆。为世界性害虫。①症状：以幼虫在土中为害播下的百合鳞茎，受害鳞茎变褐腐烂，引起地上部植株枯萎死亡。②发生规律：每年春秋季节，地温在12～30℃时，对种蝇卵孵化成幼虫较为有利，因此，在春秋季节一旦发现百合植株有萎蔫，甚至枯死时，一定要挖开土层，检查百合鳞茎及须根是否有种蝇幼虫为害。施用腐熟不够的有机肥时容易发生种蝇虫害。

防治方法：施用充分腐熟的有机肥，防止成虫产卵。用50%辛硫磷乳油每亩200～250g，加水10倍，喷于25～30kg细土上拌匀成毒土，混入厩肥中施用，或结合灌水施入。

上述百合良种繁育与规范化种植关键技术，可于百合生产适宜区内，并结合实际因地制宜地进行推广应用。

【药材合理采收、初加工、贮藏与运输】

一、药材合理采收与批号制定

（一）合理采收

贵州药用百合在9～10月采挖。百合地上植株枯萎后，选择土壤较干燥的晴天，除去地上茎秆，挖起地下鳞茎，稍抖动除去鳞茎表面的绝大部分泥土，剪去鳞茎基部须根即可。

（二）批号制定（略）

二、合理初加工与包装

（一）合理初加工

1. 鲜品初加工

将除去茎秆及基部须根的鲜鳞茎集中到合适场地，去尽鳞茎表面泥土，按大小及表面有无鳞片黑斑分级，剥去有黑斑的鳞片，随即装入具弹性的泡沫袋中，逐层装入纸箱，每箱30～50kg。鲜百合鳞茎光照放置时间不能过长，特别是阳光好的天气更要注意，否则暴露在外层的鳞片容易变为紫红色。暂时不能销售的可以放入冷库中贮藏。作为鲜品销售的百合，如果天气及地理条件许可，最好是现采现装，及时运走。

2. 干品初加工

秋季采挖，除去鳞茎表面泥土，趁鲜剥取鳞片，并将外层有黑点斑的分为一级，中层洁白片大的分为一级，内层洁白小片的分为一级，用饮用水清洗干净，放入沸水中略烫，干燥后即可包装，如图16-5所示。

图16-5　百合药材（左：鲜品；右：干片）

（二）合理包装

将干燥后的百合干片按 40～50kg 每包用无毒无污染材料严密包装。包装前应检查百合干片是否充分干燥、有无杂质及其他异物，所用包装应符合药用包装标准，并在每件包装上注明产品名称、规格、等级、毛重、净重、产地、批号、执行标准、生产单位、包装日期及工号等，并应有醒目的质量合格标志。

三、合理储藏养护与运输

（一）合理储藏养护

百合干片应储存于干燥通风处，温度 30℃ 以下，相对湿度 65%～75%。商品安全水分 10%～13%。本品易生霉、变色、虫蛀。贮藏前，还应严格检查仓储条件，防止仓储温度和湿度过高，导致对待储存商品的危害；商品堆垛应放于垫板上，堆垛不宜过高，以防重量过大压坏百合干片；平时应保持仓储环境干燥、整洁；定期检查，发现有吸潮或初霉品时，应及时拿出通风晾晒。同时，加工好的商品应抓紧销售，防止因储存不当导致商品变坏造成损失。如因市场原因需要较长时间保存，则应采用冷库或抽氧充氮等科学保存措施，加强对商品的保存。

（二）合理运输

运输工具必须清洁、干燥、无异味、无污染，运输途中应防雨、防潮、防曝晒、防污染，严禁与可污染其品质的货物混装运输。

【药材质量标准、质量检测与监控】

一、药材商品规格与质量检测

（一）药材商品规格

百合以无杂质、虫蛀、霉变，肉厚，色白，质坚，半透明，无黑斑鳞片者为佳品。百合药材商品规格分为 2 个等级。

一级：干货。呈长椭圆形，长 3～5cm，宽 1.5～2cm，中部厚 2～4mm。表面类白色、淡黄白色，有数条纵直平行的白色维管束。顶端稍尖，基部较宽，边缘薄，微波状，略向内弯曲。质硬而脆，断面较平坦，角质样。无杂质、虫蛀、霉变、黑斑鳞片。

统货：干货。呈长椭圆形，长 2～5cm，宽 1～2cm，中部厚 1.3～4mm。表面类白色、淡棕黄色或微带紫色，有数条纵直平行的白色维管束。顶端稍尖，基部较宽，边缘薄，微波状，略向内弯曲。质硬而脆，断面较平坦，角质样。无杂质、虫蛀、霉变，少有黑斑鳞片。

（二）药材质量检测

按照现行《中国药典》（2015 年版一部）百合药材质量标准进行检测。

1. 来源

本品为百合科植物卷丹 *Lilium lancifolium* Thunb.、百合 *Lilium brownii* F. E. Brown var. *viridulum* Baker 或细叶百合 *Lilium pumilum* DC.的干燥肉质鳞叶。秋季采挖，洗净，剥取鳞叶，置沸水中略烫，干燥。

2. 性状

本品呈长椭圆形，长 2～5cm，宽 1～2cm，中部厚 1.3～4mm。表面黄白色至淡棕黄色，有的微带紫色，有数条纵直平行的白色维管束。顶端稍尖，基部较宽，边缘薄，微波状，略向内弯曲。质硬而脆，断面较平坦，角质样。气微，味微苦。

3. 鉴别

取本品粉末 1g，加甲醇 10mL，超声处理 20min，滤过，滤液浓缩至 1mL，作为供试品溶液。另取百合对照药材 1g，同法制成对照药材溶液。照薄层色谱法（《中国药典》2015年版四部通则 0502）试验，吸取上述两种溶液各 10μL，分别点于同一硅胶 G 薄层板上，以石油醚（60～90℃）-乙酸乙酯-甲酸（15：5：1）的上层溶液为展开剂，展开，取出，晾干，喷以 10%磷钼酸乙醇溶液，加热至斑点显色清晰。供试品色谱中，在与对照药材色谱相应的位置上，显相同颜色的斑点。

4. 浸出物

照水溶性浸出物测定法（《中国药典》2015 年版四部通则 2201）项下的冷浸法测定，不得少于 18.0%。

二、药材质量提升研究与企业内控质量标准制定（略）
三、药材留样观察与质量监控（略）

【药材生产发展现状与市场前景展望】

一、生产发展现状与主要存在问题

贵州省百合种植目前主要有两个品种，一是卷丹，另一个是野百合 *Lilium brownii* F. E. Brown 的变种百合 *Lilium brownii* F. E. Brown var. *viridulum* Baker。传统种植的变种百合种源主要为本地野生资源，由于销售不好，市场需求不旺，故种植面积很小，并且以农户零星种植为主，无集约化的种植基地。而卷丹的种植，近几年来在市场拉动和国家及地方政策的推动下，贵州省从湖南湘西和湖北主产地区引进栽培品进行种植，并且发展很快。据贵州省扶贫办《贵州省中药材产业发展报告》统计，2013 年，贵州省百合种植面积达5.21 万亩；总产量达 44875.20t；总产值 27064.08 万元。2014 年，贵州省百合种植面积达6.72 万亩，保护抚育面积 0.06 万亩；总产量达 19300.00t；总产值 11224.93 万元。目前，贵州种植比较多的地区有黔东南州施秉县、铜仁市松桃县、毕节市七星关区和威宁县、安顺市西秀区、黔南州罗甸县等地。

贵州省百合种植虽已起步，但效益还未显现出来，大面积种植发展的时机还不成熟，更谈不上规范化种植。目前，规模较大，来源可靠的卷丹百合主要来自湖南的龙山、隆回及湖北利川。不同产地的产量及内在品质数据尚未完全掌握，是否满足药用要求还需要做进一步的研究。同时，鲜品销售市场尚未培育起来，鲜品加工成干品的工厂没有建立。总之，百合种植及相关产业的发展不仅需要国家政策的扶持，更需要有实力的企业和科研院所的介入，以政产学研用的模式组织生产，充分利用山区气候和环境等资源条件，推动贵州省边远山区经济发展。

二、市场需求与前景展望

百合不仅是中医配方常用药材，而且是中药工业与烹调食品的重要原料。卷丹为商品百合的主流来源品种之一。有研究表明：卷丹百合中含有酚性成分、鞣质、生物碱、糖及其皂苷、甾体、萜类成分、黄酮苷、氨基酸、多肽、挥发油及油脂类成分。卷丹与传统食用百合（兰州百合）的氨基酸含量、矿质元素含量及基本营养成分相比较，卷丹中8种人体必需氨基酸含量比兰州百合高7.05%，总氨基酸含量比兰州百合高11.24%；矿质元素中，除磷、钾外，卷丹中钙、铁、铜、锰、锌、镁、硒含量均高于兰州百合；基本营养成分中，除淀粉、果胶、还原糖外，卷丹中蛋白质、脂肪、粗纤维、维生素C、总磷脂含量均高于兰州百合。卷丹百合对大肠杆菌、金黄色葡萄球菌、芽孢枯草杆菌具有一定抑菌作用。

百合含有多种活性成分，具有多种药理作用。百合水煎液具有抗疲劳和常压耐低氧作用。纯化百合多糖（LP-1）具有抗肿瘤和增强荷瘤小鼠免疫功能的作用。多糖类药物具有抗肿瘤活性且对正常细胞没有杀伤作用，免疫调节是其目前公认的主要抗肿瘤作用机制之一。且百合多糖LP-1和LP-2均对四氧嘧啶引起的糖尿病模型小鼠有明显的降血糖作用。百合粗多糖具有抗氧化作用，可使D-半乳糖引起的衰老小鼠血液中超氧化物歧化酶（SOD）、过氧化氢酶和谷胱甘肽酶活力升高，使血浆、脑匀浆和肝脏匀浆中的过氧化脂质（LPO）水平下降，用百合水煎剂配合西医常规治疗阴虚型慢性肺源性心脏病急性发作期，较单纯常规治疗能更有效地改善患者的临床症状，纠正氧化/抗氧化失衡。百合粗多糖还具有免疫促进作用，可显著提高免疫低下小鼠腹腔巨噬细胞的吞噬百分率和吞噬指数，促进溶血素及溶血空斑形成，促进淋巴细胞转化。从现代研究可以看出，卷丹百合在动物药理实验中具有多种药理效果，但把这些基础研究成果转化为临床现实应用，还有大量的研究工作要做。

百合是原卫生部通过的首批药食两用品，不仅在临床上有着广泛的应用，还具有很好的食疗保健作用。在临床方面，如用百合固金汤治小儿秋季干咳，治愈率为82.6%，有效率为95.7%。用百合固金汤加十灰散治疗肺结核出血20例，全部痊愈。用百合丹参香芍散治慢性胃炎194例，总有效率为94.33%。在食疗保健方面，百合是上好的营养滋补保健品，在民间流传着许多治病与养生皆宜的百合膳品。如百合粥，具润肺止咳、宁心安神、补中益气的作用，对中老年人及病后身体虚弱且心烦失眠、低热易怒者尤为适宜，粥内若加些银耳效果更好。综上可见，百合不仅是常用中药材，还是广为人们所熟知的食疗保健品，同时又是我国传统的出口特产，其经济效益和社会效益显著，市场前景广阔。

主要参考文献

郭朝辉, 蒋生祥. 2004. 中药百合的研究和应用[J]. 中医药学报, （32）: 28.

黄燕萍. 2010. 百合的研究现状[J]. 中国药业, 19（8）: 88-89.

彭建波, 李泽森, 吴新权. 2013. 卷丹百合主要病害的发生规律与综合防治[J]. 湖南农业科学, 55.

王旭艳. 2009. 百合的临床作用及其食疗作用[J]. 航空航天医药, 19（8）: 151.

张宏锦, 张天术, 彭顺湘, 等. 2011. 卷丹百合无公害高产栽培技术[J]. 现代农业科技,（6）: 123-124.

张丽萍, 杨春清, 王瑞芳, 等. 2009. 181 种药用植物繁殖技术[M]. 北京: 中国农业出版社: 239, 240.

（李家勇）

17　百　尾　参

Baiweishen

DISPORI RADIX ET RHIZOMA

【概述】

百尾参原植物为百合科植物万寿竹 *Disporum cantoniense*（Lour.）Merr. 或宝铎草 *Disporum Sessile* D. Don.。别名: 百味参、百尾笋、打竹伞、稻谷伞、牛尾参、竹节参等。以根及根茎入药,《贵州省中药材、民族药材质量标准》（2003 年版）收载, 称其味甘、淡, 性平, 具有润肺止咳、健脾消积功能, 用于虚损咳喘、痰中带血、肠风下血、食积胀满。百尾参为苗族习用药材, 苗药名:“Reib nux hlod”（近似汉译音:“锐绿罗”）, 味苦, 性凉。入热经。具有润肺止咳、健脾消积功能。主治咳喘, 痰中带血, 肠风下血, 食积胀满, 体虚遗精, 痛经, 关节、腰腿疼痛, 手足麻痹及风湿麻木等症。

百尾参在《中药大辞典》《全国中草药汇编》《贵州草药》《贵阳民间药草》《云南中草药》《苗族医药学》《贵州苗药研究与开发》《布依族医药》《土家族医药》等中均有记述, 在广大民间和苗、布依族、土家族等少数民族中广泛应用, 是贵州民族医药工业重要原料, 也是贵州省著名特色药材。

【形态特征】

百尾参为多年生草本植物。根状茎横走, 质硬, 呈结节状; 根肉质, 直径 2~4cm, 较长。茎高 50~150cm, 直径约 1cm, 下部节上有棕褐色膜质鞘状叶, 上部有较多呈二叉状分枝。叶纸质, 互生, 披针形, 或椭圆形、卵形至阔披针形, 长 5~15cm, 宽 2~6cm, 先端渐尖, 呈尾状渐尖, 基部近圆形, 弧形脉多条, 有明显的主脉 5~7 条, 下面脉上和边缘粗糙; 有短柄。伞状花序, 花 3~10 朵, 簇生于叶腋而与上部叶对生, 总花梗与叶柄贴生; 花梗长 1~4cm; 总苞片叶状, 有时 2 枚对生; 花紫色、红色或白色, 钟状, 下垂; 花被片 6, 长 1~1.9cm, 倒卵状披针形, 基部有长 1~2mm 的短距; 雄蕊 6 枚, 略高出花被, 花药长 3~4mm, 黄色, 花丝长柱 8~11mm 内藏; 子房上位, 长约 3mm, 花柱细长,高于雄蕊，柱头 2～3 裂，花柱及柱头为子房的 3～4 倍。浆果，球形，直径 5～8mm，成熟时黑色，内有种子 3～6 枚，种子暗深棕色。花期 6～8 月，果期 8～10 月。百尾参植物形态见图 17-1。

图 17-1　百尾参植物形态图

（墨线图引自《中华本草》编委会，《中华本草·苗药卷》，贵州科学技术出版社，2006）

【生物学特性】

一、生长发育习性

百尾参种子具有休眠特性，自然条件下必须经过一个冬季的低温才能打破休眠，而且种子萌发持续时间长，从播种到齐苗需要 2～3 个月时间，种子萌发时胚根先突破种皮，然后在胚根的顶端长出次生根和芽，随着芽的伸长生长，芽顶破覆盖的土层，开始出苗。出苗后百尾参第一年进行营养生长，株高可达 20cm 左右，着生 3～5 条较粗壮的根，在芦头处有休眠芽，第一年单株植株根及根茎干重可达 1～5g。第二年 3 月当温度在 15℃时，休眠芽开始萌芽，至 4 月份齐苗，大多数植株还是进行营养生长，与第一年相比，植株在株高、根数量、根重、茎分枝数、叶片数量等方面都较第一年有明显增加，少数植株会开花结果，单株植株根及根茎干重可达 20～30g。第三年大多数植株能开花结果，并且植株在株高、根数量、根重、茎分枝数、叶片数量等方面都较第二年增加显著，单株植株根及根茎干重可达 80～100g。

百尾参的地上茎具有生根特性，当处于黑暗条件下，给予一定的湿度能够发生不定根。百尾参的地下茎一般横生，茎上生有不定根和休眠芽，可以进行分株。

二、生态环境要求

百尾参野生多分布于林下或山谷，喜疏松肥沃的腐殖质土，土层深厚有利于百尾参根的生长，喜阴怕阳光直射，阳光直射时叶片容易被灼伤，一般最大光照强度不超过 5000lx 较为适宜百尾参的生长。百尾参喜温暖湿润的气候，但忌土壤积水，土壤积水不透气，易导致烂根现象。

【资源分布与适宜区分析】

百尾参野生资源主要分布于福建、安徽、湖北、湖南、广东、广西、云南、四川、陕西等地。

百尾参在贵州各地均有野生分布。贵州最适宜生产区域主要有黔北的赤水、习水、湄潭、遵义、桐梓、务川等地；黔东的石阡、印江、江口、德江等地；黔东南的剑河、雷山、岑巩等地，以及黔西北的赫章、大方，黔西和黔中的息烽、开阳及紫云、关岭、镇宁等地。

除上述生产最适宜区外，贵州省其他各县（市、区）凡符合百尾参生长习性与生态环境要求的区域均为其适宜区。

【生产基地合理选择与基地环境质量检（监）测评价】

一、生产基地合理选择与基地条件

按照百尾参生产适宜区优化原则与其生长发育特性要求，选择其最适宜区或适宜区并具良好社会经济条件的地区建立规范化生产基地。例如，在贵州省安顺市紫云县松山镇城墙脚村浪风关林场选建的百尾参基地（以下简称"紫云百尾参基地"，图 17-2），位于距紫云县城 5km，距惠兴高速紫云站出口 3km 处，此地海拔 1100～1400m，气候属于中亚热带季风湿润气候，年平均气温为 14.4℃，极端最高气温 36.5℃，极端最低气温 -7.6℃，≥10℃积温 3400～5000℃，年无霜期平均 260 天，年均降水量 1100mm，年均相对湿度 80%。

紫云百尾参基地是在吉祥草基地的基础上从 2009 年开始建设的，目前有繁种大棚 3 个，面积 2 亩，在猫营镇有育苗基地 1 个，占地 10 亩，紫云基地林下种植面积达 50 亩。当地政府对百尾参规范化生产基地建设高度重视，交通、通信等社会经济条件良好，当地广大农民也有种植百尾参的积极性。该基地远离城镇及公路干线，周围 10km 内无污染源，空气清新，水为山泉，环境幽美。

图 17-2　贵州紫云县浪风关林场百尾参规范化种植基地（2012 年）

二、基地环境质量检（监）测与评价（略）

【种植关键技术研究与应用】

一、种质资源保护抚育

百尾参具有种质资源多样性特点，主要表现在花的颜色、叶型、果型等方面。在收集的百尾参种质资源中，有红花、紫花、白花等，叶片有大叶、小叶，生长速度有快、慢等差别。在生产实践中，经有目的、有意识地选择生长迅速、药材品质优良的百尾参进行培育，可育出生长速度快、优质、高产的新品种。应对百尾参种质资源，特别是难得的野生种质资源切实加强保护与抚育，以求永续利用。

二、良种繁育关键技术

百尾参可采用种子繁殖，育苗移栽；也可采用无性繁殖（如扦插繁殖、分根繁殖等）进行栽植。下面重点介绍百尾参种子繁殖育苗的有关问题。

（一）种子来源、鉴定与采集保存

1. 种子来源

百尾参种子可从现有种植基地进行购买，也可采集野生的种子进行繁殖育苗。

2. 种子采集与保存

11～12月，当百尾参的果实变为黑色，果皮变软时，种子已完全成熟，可进行采集。采后的果实放在阴凉处晾干，然后装入透气布袋或堆于低温干燥的室内贮藏，供冬播，或贮藏供来年春播用。百尾参果实、种子及育种大棚，见图17-3、图17-4。

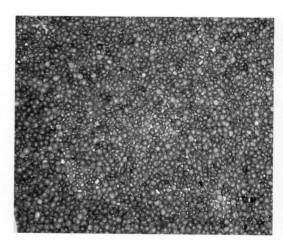

图 17-3　百尾参果实及种子（2014 年 11 月采集于紫云百尾参基地）

图 17-4　贵州省紫云县百尾参规范化种植基地育种大棚

（二）种子品质检定与种子质量标准制定

1. 种子品质检定

扦样依法对百尾参种子进行品质检定，主要有：净度测定、生活力测定、水分测定、千粒重测定、病虫害检验、色泽检验、发芽率等。

2. 种子标准制定

经试验研究，将百尾参种子分为 3 级种子标准（试行），见表 17-1。

表 17-1　百尾参种子质量分级标准（试行）

等级	净度/%	千粒重/g	含水量/%	发芽率/%	外表特征
I	≥90	≥32.50	≤14.00	≥70.00	种子饱满、大小基本一致、种皮完好
II	≥85	≥30.00	≤14.00	≥60.00	种子较饱满、大小较一致、种皮完好
III	≥80	≥27.50	≤14.00	≥50.00	种子饱满程度一般、大小较一致、种皮较完好

（三）种子处理、选种消毒与浸种催芽

1. 种子处理

播种前应对贮藏的果实进行脱粒，去净果皮，除去杂质。

2. 选种消毒

结合浸种，水选种子，去掉漂浮在水面上的种子。

3. 浸种催芽

用浸种液浸种 24h，然后沥干种子水分，准备播种。

（四）苗圃选择与苗床准备

百尾参种苗繁育的苗圃地应选地势平坦、灌溉排水方便、肥沃、疏松、无污染的土壤。早春深耕 20～30cm，充分整细整平。起厢做床，苗床规格 1.2m×1.0m，长度因地制宜。厢上开横沟，沟距 10～15cm，沟深 8～10cm。

（五）播种育苗与苗期管理

1. 播种育苗

百尾参播种可分春播和冬播。在紫云，春播于 4 月中下旬，冬播于种子成熟采收后立即播种。在整好地的苗床畦面上，按行距 10～15cm 开播种沟，深约 10cm，沟内浇足水，将土充分润湿，将处理后的种子均匀地撒到沟中，种子与种子的间距在 1cm 左右即可，然后覆土至平，上面盖上薄薄一层稻草，用于保湿。根据土壤水分情况，在厢面上不定期地淋水，保持土壤湿润。50 天后种子发芽开始出苗。因百尾参种子价格昂贵，不需要间苗。百尾参适宜发芽温度为 20～25℃，当年种子的发芽率一般为 70%～85%。

2. 苗期管理

应加强苗期管理，严防各种病虫害发生，适时肥水灌溉，以促进苗木健壮生长。主要应抓好以下管理环节：

（1）除草：播种后适时进行除草。一般在播种后至出苗前除草 3 次，出苗后除草 1 次，行间郁闭后若无大草，尽量不要除厢面上的草，以免伤根。

（2）追肥：第一次施肥在出苗后 1 个月进行，第二次施肥在苗旺盛生长期进行，一般是 8～9 月份，每亩施氮磷钾三元复合肥 8～10kg，可采取撒施或溶于水中灌溉的方式，施肥时机一般在下雨前进行，若施后没有下雨或降水量太少，要及时浇水灌溉，防止肥料引起烧苗现象。

（3）灌溉：百尾参苗期对缺水反应敏感，出苗期应保持土壤湿润，若土壤干旱应适时浇水。在整个苗期都要保持土壤湿润。

（4）遮阴：百尾参出苗后，要及时进行遮阴，以全光照的 40%～50%为宜。

（5）主要病虫害防治：百尾参病虫害较少，若发生病害可采用 80%代森锰锌可湿性粉剂或 50%多菌灵可湿性粉剂进行喷雾防治，一般每 7 天喷一次，喷 2～3 次。若发生虫害可用杀虫剂，如用 10%吡虫啉 2000 倍液，或 1.8%阿维菌素乳油（虫螨克）6000 倍液，喷雾，每周一次，连续数次。

【附】百尾参分株繁殖与扦插繁殖

1. 分株繁殖

采用分株繁殖可直接定植，分株数量根据地下根茎休眠芽的数量进行分株，保证每个休眠芽上都连有 2～3 条根。分株时间一般选择在秋末地上部分枯萎后进行，分株时用刀在芽与芽间隙切开，切时要注意每个芽上都要连有 2～3 条根，或用手掰开，切开的伤口立即用草木灰包裹或用高锰酸钾溶液浸泡后捞出，并阴干，然后再进行栽植。栽植时按穴定植，穴深 10～15cm，穴距 15～20cm，栽时穴内可先浇水润湿，每穴放 1 株，芽要朝上，然后覆土踏实，上面盖上一层枯枝落叶保湿。次年春季就可出苗。

2. 扦插繁殖

扦插繁殖一般在 6～8 月进行。6 月前，茎秆营养不充足，8 月以后，茎秆营养都供应果实和种子生长，而且休眠芽已老化枯死，不能生芽，也不能发生不定根。扦插时可采用横插的方式进行，也可采用竖插方式。由于百尾参节间较长，一般采用横插法。扦插枝条要选择有活的休眠芽主茎，将两端用石蜡封上，然后用一定浓度的生根粉或萘乙酸浸泡1h。扦插繁殖的土地应选择疏松透气的壤土，整地按种子育苗地进行，在厢面上开 10cm 左右的横沟，用水将沟内浇湿，将处理好的百尾参茎秆平放到沟内，覆土至平，上面盖一层稻草保湿，根据土壤水分状况适时浇水，60 天后，一般就可成苗。

三、规范化种植关键技术

（一）选地整地

1. 选地

百尾参的定植地应选择荫蔽度大、土层深厚、土壤常年潮湿的林下地种植。

2. 整地

定植前翻耕，翻耕时每亩施入农家肥 2000kg 左右，然后耙细整平，起厢，厢面宽 1.2m 左右，厢面高 15～20cm。若定植地无翻耕条件，也可不进行翻耕，但在定植前要彻底除草，防止定植后发生草荒。

（二）移栽定植

1. 移栽季节

移栽定植可在早春或晚秋进行，早春在种根萌芽前，晚秋在地上部枯萎后移栽定植。

2. 种根分级移栽

优选种根进行分级，然后移栽定植，便于实施田间管理。

3. 定植

按穴定植，穴距 15～30cm，穴深 10～12cm，定植时先剪掉过长的根，便于入穴，然后芽头朝上，根茎放到穴中，覆土 10cm 左右，踩实，然后浇足定根水，再盖上一层松土即可。

（三）田间管理

1. 灌溉与排水

百尾参为多年生植物，移栽后返苗期对水分需求较为敏感，应保持土壤湿润。若遇天旱少雨，要及时灌溉，灌水时可采用滴灌或喷灌方式，不可大水漫灌，以免将幼小的种苗连根冲出，灌溉用水要符合国家灌溉用水标准。若遇阴雨连绵，降水量过大，要挖好排水沟，避免田间积水造成烂种、烂根及病害发生。

2. 施肥

因百尾参生长年限较长，在其生长期间需进行多次追肥，追肥以氮磷钾三元复合肥为主，以有机农家肥为辅。第一次施肥在出苗后 1 个月进行。第二次施肥在苗旺盛生长期进行，一般是 8～9 月份，每亩施氮磷钾三元复合肥 8～10kg，可采取撒施或溶于水中灌溉的方式。施肥一般在下雨前进行，若施后没有下雨或降水量太少，要及时浇水灌溉，防止肥料引起烧苗现象。第二年施肥宜早施，一般在 4～5 月份追肥一次，每亩施氮磷钾三元复合肥 10～15kg，施肥方法及要点与前一年相同。

3. 除草

杂草与百尾参竞争阳光、养分等，若杂草是低矮的小草，可以暂缓除草，若杂草生长量大，超过了百尾参的生长，需要及时除草。除草可人工拔除，或在技术人员指导下使用除草剂除草，也可在栽种前覆盖黑色地膜采取覆膜栽培的方法防除杂草。

4. 遮阴

百尾参为喜阴性植物，光照过强，叶片容易被强光灼伤枯死，光照强度在 5000lx 左右最适宜百尾参生长，若种植地最大光照强度大于 10000lx，需要对种植地采取一定措施遮阴。可采用搭盖遮阳网进行遮阴，也可以通过种植高大的乔木或灌木及高秆作物对百尾参遮阴。为了节约种植成本，可选择林下种植，省去遮阴所需的人力和物力。贵州紫云县百尾参规范化种植地大田生长情况见图 17-5。

图 17-5　贵州紫云县百尾参规范化种植地大田生长情况

（四）主要病虫害防治

百尾参病虫害较少发生，若发生病虫害可采取以下方法进行防治。

1. 主要病害防治

百尾参病害一般表现为花叶、萎蔫、枯死、斑点等现象，在发病初期可采用 80%

代森锰锌可湿性粉剂或 50%多菌灵可湿性粉剂进行喷雾防治，一般每 7 天喷一次，喷
2~3 次。

2. 主要虫害防治

百尾参虫害的表现一般有叶片被咬噬出现叶片残缺不全、卷叶等现象，地下害虫还可
以咬噬百尾参根或根茎，导致百尾参植株死亡。一般可用杀虫剂，如用 10%吡虫啉 2000
倍液，或 1.8%阿维菌素乳油（虫螨克）6000 倍液，喷雾，每周一次，连续数次。若有地
下害虫，可用 90%晶体敌百虫 50g/亩或 25%菊乐合酯乳油 2000mL/亩拌细土底施。另外
也可根据害虫的习性采用物理方法或生物方法进行无害化防治。

上述百尾参良种繁育与规范化种植关键技术，可于百尾参生产适宜区内，并结合实际
因地制宜地进行推广应用。

【药材合理采收、初加工、储藏养护与运输】

一、合理采收与批号确定

（一）合理采收

百尾参 3 年以后才可采收，采收在秋末冬初植株枯萎后到冬末春初植株发芽前进行。
采收时，先清理干净地上部分枯萎的茎秆和叶片，再用三齿锄头挖出地下部分，拣净断根，
去净泥土、杂质，见图 17-6。

图 17-6　百尾参药材

（二）批号制定（略）

二、合理初加工与包装

（一）合理初加工

挖出的根及根茎晒干即为药材商品，于干燥通风处储存。

（二）合理包装

百尾参在包装前应再次检查是否已充分干燥，并清除劣质品及异物。所使用的包装材料为瓦楞纸箱、麻袋或尼龙编织袋等，具体可根据购货商要求而定。在每件包装上，应注明品名、规格、产地、批号、包装日期、生产单位，并附有质量合格的标志。

三、合理储藏养护与运输

（一）合理储藏养护

百尾参含糖量高，又易吸潮。干燥后的百尾参如未立即出售，应包装后置于室内干燥的地方贮藏，同时应有专人保管，并定期检查。

（二）合理运输

运输工具或容器应具有较好的通气性，以保持干燥，并应有防潮措施。

【药材质量标准、质量检测与监控】

一、药材商品规格与质量检测

（一）药材商品规格

百尾参药材以无芦头、霉变、焦枯，质硬脆，易断，断面平整，周围浅黄白色，中间有黄色柔韧木心，味淡而黏者为佳品。百尾参药材商品规格为统货，现暂未分级。

（二）药材质量检测

按照《贵州中药材、民族药材质量标准》（2003 年版）百尾参药材质量标准进行质量检测。

1. 来源

本品为百合科植物万寿竹 *Disporum cantoniense*（Lour.）Merr. 的干燥根及根茎。

2. 性状

本品根茎短粗，成结节状，上有残茎痕，下簇生多数细根，表面棕黄色，弯曲，长 15～30cm，直径 0.3cm，质硬脆，易断，断面平整，中间有黄色柔韧的木心，周围浅黄白色，气微，味淡，具黏性。

3. 鉴别

（1）显微鉴别：本品横切面，木栓层为 1～2 列细胞，排列整齐，皮层窄，细胞长圆形；韧皮部宽，有分泌腔，可见分泌物。形成层明显，由 2～3 列细胞组成。木质部导管单个散在或数个相聚，呈放射状排列。薄壁组织中有多数黏液细胞，类圆形；薄壁细胞含淀粉粒。

（2）理化鉴别 I：取本品粉末 4g，加 0.5%盐酸乙醇溶液 50mL 加热回流 15min，滤过。滤液用氨试液调节 pH 至 7，蒸干，残渣加稀盐酸 5mL，滤过，取滤液 1mL 硅钨酸试液数滴，产生乳白色沉淀；另取滤液 1mL 碘化铋钾试液数滴，显红棕色。

（3）理化鉴别 II：取本品粉末 1g，加乙醇 10mL 水浴上加热 10min，滤过，取滤液 1mL 加盐酸 4 滴，镁粉少许，水浴中加热 3min，显樱红色。

4. 浸出物

照水溶性浸出物测定法项下的热浸法（《中国药典》2000 年版一部附录 XA）测定，不得少于 20.0%。

二、药材质量标准提升研究与企业内控质量标准制定（略）

三、药材留样观察与质量监控（略）

【药材生产发展现状与市场前景展望】

一、生产发展现状与主要存在问题

贵州省百尾参家种历史较短，目前只有安顺市紫云县有人工种植，种植面积也不大，由贵州大学承担的贵州省科技厅的中药现代化项目《贵州苗药百尾参野生变家种研究》课题中，突破了百尾参种子繁殖萌发困难的技术瓶颈，解决了百尾参野生变家种过程中的一些关键技术问题，成功地对百尾参进行人工栽培。但由于百尾参药材只有百灵公司一家有成药产品，其市场需求量不是很大，另外由于百尾参药用部位为根及根茎，种子播种一般要 3 年左右方能采收，经济效益不能尽快实现，所以农民生产积极性受到一定影响，亟待政府及有关企业进一步加强引导与加大投入力度。

二、市场需求与前景展望

现代研究表明，百尾参含有生物碱、皂苷、淀粉、多糖化合物等多类化合物，挥发性成分中主要含有芳香酸类、酚类、酯类、萘类、烷烃类等化合物。与百尾参同科同属的山竹花中分离出了乙醇提取物、黄酮苷类化合物、甾体皂苷类化合物等物质，鉴定表明，山竹花体内含有蒲公英赛醇、谷甾醇、胡萝卜苷、2-甲基琥珀酸、水杨醇、木犀草素、芹菜素、金圣草黄素、麦黄酮等化合物。百尾参乙酸乙酯部位对枯草芽孢杆菌和金黄色葡萄球菌有抑菌活性。药理研究表明百尾参具有明显的抗炎、镇痛的作用。

百尾参为常用苗药，具有止咳、补虚、舒筋活血等功效，苗族同胞常将其用于治疗咳嗽。目前，以百尾参为主药的上市复方制剂有贵州百灵企业集团制药股份有限公司生产的咳速停糖浆（胶囊）。2013 年，该公司对百尾参药材的需求量达 600 余吨，2014 年需求量到 750 余吨，而且逐年以 25%左右的幅度递增。市场对百尾参药材的需求量巨大，而且民间有食用百尾参嫩茎的习惯，可进一步将其开发为菜品或其他食品，因此种植百尾参的市场发展前景较好。

主要参考文献

黄楠，王华磊，赵致，等. 2012. 苗药百尾参种子质量标准研究[J]. 种子，10：124-126.

黄楠，王华磊，赵致，等. 2012. 万寿竹种子萌发特性的研究[J]. 中药材，11：1719-1723.

黄楠，王华磊，赵致，等. 2013. 贵州野生百尾参生长土壤的养分特性[J]. 贵州农业科学，08：95-99.

王华磊，黄楠，赵致，等. 2013. 苗药百尾参营养元素 N、P、K 吸收特性初探[J]. 南方农业学报，09：1494-1499.

张雁萍. 2006. 安顺民族药用植物野生百尾参植株形态特征与分布[J]. 贵州农业科学，34（5）：55-57.

张雁萍. 2008. 野生百尾参种子 2 年生植株生长发育特性研究[J]. 安徽农业科学，36（5）：1915-1917.

张雁萍. 2009. 野生药用植物百尾参（万寿竹）种子育成植株开花结实习性研究[J].种子，28（6）：76-79.

张雁萍，向波. 2007. 安顺苗族药野生百尾参根茎移栽-茎叶生长观察初报[J]. 种子，26（5）：59-61.

（王华磊　陈道军　袁　双）

18　何　首　乌

Heshouwu

POLYGONI MULTIFLORI RADIX

【概述】

何首乌原植物为蓼科何首乌 *Polygonum multiflorum* Thunb.。别名：首乌、地精、铁秤砣、红内消等。以根茎入药，地上藤蔓以"首乌藤"名也入药，两者在历版《中国药典》均予收载。《中国药典》（2015 年版）称：何首乌味微苦、甘涩，性微温。归肝、心、肾经。具有解毒、消痈、截疟、润肠通便功能。用于疮痈、瘰疬、风疹瘙痒、久疟体虚、肠燥便秘。首乌藤味甘，性平。归心、肝经。具有养血安神、祛风通络功效，用于失眠多梦、血虚身痛、风湿痹痛、皮肤瘙痒。何首乌又是常用苗药，苗药名："vob hmuk vongx"（近似汉译音："窝朴翁"），味苦、涩，性冷。入热经、快经。具有养血滋阴、截疟、祛风、解毒功能。主治头晕目眩、心悸失眠、血虚发白、遗精、白带、腰膝酸软、疮痈肿毒等症。

何首乌为常用中药，早在唐代李翱就著有《何首乌传》，称何首乌"苗如木藁光泽，形如桃李叶，其背偏，独单，皆生不相对。有雌雄者，雌者苗色黄白，雄者黄赤。"何首乌药用始载于五代末与北宋初的《日华子本草》。宋代《开宝本草》亦载云：何首乌"本出顺州南河县，今岭外江南诸州皆有。蔓紫，花黄白，叶如薯蓣而不光，生必相对，根大如拳。"宋代《图经本草》亦载称：何首乌"今在处有之，……。春生苗叶，叶相对如山芋而不光泽，其茎蔓延竹木墙壁间，夏秋开黄白花，似葛勒花，结子有棱似荞麦而细小，丁如栗大。秋冬取根大者如拳，各有五棱似小甜瓜。"其后诸家本草均有记载，明代李时珍《本草纲目》更进一步指出："何首乌白者入气分，赤者入血分。肾主闭藏，肝走疏泄，此物温味苦涩，苦补肾，温补肝，能收敛精气，所以养血益肝，固精补肾，健筋骨，乌髭发，为滋补良药，不寒不燥，功在地黄、天门冬诸药之上。"何首乌于明代在广东德庆已有人工栽培，应用日益广泛。清代吴其濬《植物名实图考》对何首乌的功效评价亦很确切，其云："何首乌……有红白二种，近时以为服食大药。《救荒本草》云：根可煮食，花可炸食。俚医以治痈疽、毒疮，隐其名曰红内消。《东坡尺牍》，以用枣或黑豆蒸熟，皆损其力，文与可诗亦云：'断以苦竹刀，蒸曝凡九为，夹罗下香屑，石蜜相合洽。'然则世传七宝美髯丹，其功力不专在夜交藤矣……"吴氏不但肯定了何首乌的药效，而且还批评了一些诗文对何首乌功效的夸大其词，并附其绘制的何首乌图（十分真实），和今何首乌 *Polygonum multiflorum* Thunb. 完全相符。贵州是何首乌的地道产区，其资源丰富。何首乌是贵州著名地道特色、常用大宗药材。

【形态特征】

何首乌是多年生草本，块根肥厚，长椭圆形，黑褐色。茎缠绕，长 2～4m，多分枝，具纵棱，无毛，微粗糙，下部木质化。单叶互生，卵形或长卵形，长 3～7cm，宽 2～5cm，顶端渐尖，基部心形或近心形，两面粗糙，边缘全缘；叶柄长 1.5～3cm；托叶鞘膜质，抱茎，无毛，长 3～5mm。花序圆锥状，顶生或腋生，长 10～20cm，分枝开展，具细纵棱，沿棱密被小突起；苞片三角状卵形，具小突起，顶端尖，每苞内具 2～4 花；花梗细弱，长 2～3mm；花被 5 深裂，白色或淡绿色，花被片椭圆形，大小不相等，外面 3 片较大，背部具翅，结果时增大，花被果时外形近圆形，直径 6～7mm；雄蕊 8，花丝下部较宽；花柱 3，极短，柱头头状。瘦果卵形，具 3 棱，长 2.5～3cm，黑褐色，有光泽，包于宿存花被内，花期 8～9 月，果期 9～10 月。何首乌植物形态见图 18-1。

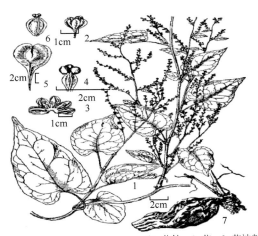

（1. 花枝；2. 花；3. 花被剖开后，示雄蕊着生的状态；4. 雌蕊；
5. 成熟的果实附有具翅的花被；6. 瘦果；7. 块根）

图 18-1　何首乌植物形态图

（墨线图引自中国中药资源丛书编委会，《中国常用中药材》，科学出版社，1995）

【生物学特性】

一、生长发育习性

何首乌为多年生藤本植物，因环境条件不同，何首乌生育时期在时间上存在一定的差异。在贵州贵阳花溪，当 3 月上、中旬气温回升至 14～16℃时，何首乌藤蔓开始生长，随气温上升及 4 月下旬雨季到来，藤蔓生长进入第一个高峰期；7～9 月因高温干旱生长趋于缓慢；9 月中旬至 11 月初，秋雨季节来临，藤蔓生长进入第二个高峰期；11 月中旬至翌年 2 月上旬，藤蔓生长进入休眠期，但茎顶端仍在缓慢生长。

藤蔓具分枝特性，定植后第一年地上部分生长主藤蔓，次年主藤蔓继续生长，并从茎基部及节间抽生新枝。在适当湿度和土壤覆盖条件下，茎节处易生根。何首乌整个生育期都在抽发新枝，生殖生长期中有营养生长期，但以生殖生长期为主，营养生长期的时间要长于生殖生长期。随纬度降低，营养生长期延长，生殖生长期延迟。扦插苗植株 1 年半即可开花结果，但花物候期的特点是蕾期与花期重叠，花期与果期重叠，少量蕾期与果期重叠，生殖生长期持续 3 个多月。

何首乌根系发达，入土可达 50～80cm，随干旱程度加深，根入土越深。扦插苗侧根和不定根均可膨大成纺锤状或团块状块根，一般在根中部发生，逐渐向两端发展。在贵阳花溪清明前后用扦插苗移栽种植的何首乌，4 月何首乌缓苗，5～6 月何首乌苗生长，6 月底何首乌地上部分已经封箱，7～8 月是何首乌地上部分与地下须根部分快速生长期，3 个月之后便开始膨大，膨大的数量较多，第一年栽植的何首乌在 8 月中旬至 11 月中下旬是块根集中膨大期，何首乌块根的重量和体积均增加，8 月中旬至 10 月上旬何首乌块根膨大个数较多，10 月中旬至 11 月下旬何首乌块根膨大个数减少，单个何首乌块根重量和体积增大。次年从 5 月开始块根中干物质开始缓慢增加，最终能形成 2～4 个具有经济价值的膨大块根。

二、生态环境要求

何首乌适宜性较强，在海拔 30～2200m 的区域均有分布。既能在贫瘠的黏质黄壤、红壤中生存，也能在疏松的砂质土及肥沃的砂质壤土中生长。分布的气候区主要为热带、亚热带季风湿润气候区，年均气温在 11.2～23.2℃，最热月均温为 16.5～32.8℃，最冷月均温在 -0.1～15.5℃，年均降水量 670～3219mm。

何首乌生长环境的有关要求如下。

温湿度：年平均温度 11.2～23.2℃，年均无霜期 210～345 天，空气相对湿度 30%～80%，海拔 30～2200m 何首乌均能生长，昼夜温差大地区有利于何首乌块根的生长。

光照：年平均日照 931.5～2327.5h。何首乌为喜光植物，光照不足茎蔓易徒长嫩弱。

土壤：喜深厚、肥沃、疏松的土壤，土层黏性重、瘠薄处虽能生存但生长不良好。

水：何首乌喜土壤湿润。水分不足，影响幼苗生长，发棵缓慢；水分过多，特别是块根膨大期间，会造成通气不良，影响块根膨大，严重时可引起烂根。

【资源分布与适宜区分析】

一、资源调查与分布

经调查，何首乌在全国分布很广，野生资源十分丰富。但何首乌资源分布区域海拔差异较大，在北纬 21°23′～34°54′，东经 102°36′～118°48′，海拔 30～2200m 的区域均有分布。其主要分布于贵州、广东、广西、河南、山东、江西、浙江、湖南、湖北、福建、安徽、陕西、甘肃、四川、云南等地。主产于贵州施秉、湄潭、都匀、镇宁，广东德庆，河南嵩县、卢氏，湖北恩施、巴东、长阳、秭归、建始、咸丰，四川乐山、宜宾，江苏江宁、江浦，广西南丹、靖西等地。

二、贵州资源分布与适宜区分析

（一）资源分布

何首乌在贵州全省均有分布，主要分布于黔北、黔东、黔西北、黔中及黔东南等地。贵州的何首乌主产区为遵义市、黔南州、黔东南州等地。如施秉、湄潭、威宁、剑河、赫章、德江、从江、安龙、都匀、正安、平坝、江口、清镇、镇宁、六枝、花溪、修文、水城、普定、瓮安、道真、盘州、思南、兴仁、册亨、长顺、大方、雷山等地都有野生资源分布。种植何首乌以施秉、湄潭、都匀、罗甸、瓮安、兴仁、三穗等地为主。

（二）适宜区分析

贵州省何首乌生产最适宜区为：黔北的山原、山地如湄潭、遵义等地；黔东的山原、山地如石阡、松桃、德江等地；黔东南的低山丘陵如施秉、三穗等地，以及黔西北的山原、山地如黔西、毕节，黔中的山原、山地如花溪、开阳，黔南的都匀、罗甸等。以上各地不但具有何首乌在整个生长发育过程中所需的自然条件，而且当地党政重视，广大群众种植积极性高，有些地方具有多年种植何首乌的丰富经验，所以列为何首乌生产最适宜区。

除上述生产最适宜区外，贵州省其他各县（市、区）凡符合何首乌生长习性与生态环境要求的区域均为何首乌适宜区。

【生产基地合理选择与基地环境质量检（监）测评价】

一、生产基地合理选择与基地条件

按照何首乌生产适宜区优化原则与其生长发育特性要求，选择其最适宜区或适宜区并具良好社会经济条件的地区建立规范化生产基地。例如，在贵州省黔东南州施秉县牛大场镇山口村选建的何首乌规范化种植试验示范基地（图18-2、图18-3）（以下简称"施秉何首乌基地"），位于距施秉县城30多千米的山口村，海拔1000m左右，属于中亚热带季风湿润气候区。纬度较低，海拔较高，具有较明显的高原性季风气候。夏无酷暑，冬无严寒。最高气温为 27.6℃，最低气温为 24.8℃，年均降水量 1060mm，年均气温 14～16℃，无霜期为 255～294 天。土壤以黄、红壤和黑色石灰土为主，属中性偏微酸性，土质肥沃，富含有机质。又如，都匀市王司镇何首乌基地（图 18-4、图 18-5）亦属于中亚热带季风湿润气候区，为最适宜区域。上述两基地均采用公司+农户的方式运营，当地政府均对生产基地建设高度重视，基地交通、通信等社会经济条件良好，当地广大农民有种植何首乌的经验。该基地均远离城镇及公路干线，无污染源，空气清新，环境幽美，周围 10km 内无污染源。

图 18-2　贵州省施秉何首乌规范化种植基地（2002 年）

图 18-3　贵州省施秉何首乌规范化种植育苗基地（2003 年）

图 18-4　贵州省都匀何首乌规范化种植基地（2013 年）

图 18-5　贵州省都匀何首乌规范化种植育苗基地（2012 年）

二、基地环境质量检（监）测与评价（略）

【种植关键技术研究与推广应用】

一、种质资源保护抚育

何首乌具有种质资源多样性特点,何首乌不同种质外观形态因遗传因子及地域和生境的巨大差异而变化较大。叶的形状主要有卵状心形、心形、卵形、长卵形四种类型;叶顶端形状有渐尖和聚尖两种类型;叶基部形状有心形和箭形两种;叶和茎的颜色变化较大,有浅绿色、绿色、深绿、紫、紫红五种类型。何首乌具有二倍体和三倍体两种倍型，染色体数目 $2n=2x=22$，$2n=3x=33$，染色体基数 $x=11$。何首乌核型类型有 1A、2A 和 1B 三种类型。核型不对称系数 As.K% 为 51.85%～61.52%，核型组成中有中部着丝粒染色体（m）和近中部着丝粒染色体（sm）两种类型。染色体相对长度范围 6.03～12.69μm，以中长和中短染色体为主。平均臂比值范围 1.07～1.62，染色体形态有四种："V"字形、"L"形、棒形和点状。何首乌花粉粒萌发沟长（L）和极轴长（P）在各种质间差异较大，分别在 15.34～33.79μm 和 18.95～39.56μm 的范围变化。

在生产实践中，根据何首乌块根收获时的产量和品质人工选择块根膨大早、节间短、叶片大、叶绿素含量高的何首乌种质资源，可培育出优质高产何首乌新品种。同时，应对何首乌种质资源切实加强保护与抚育，以求可持续利用。

二、良种繁育关键技术

何首乌繁殖方法可分为种子繁殖、扦插繁殖和压条繁殖。由于种子细小，不易采收，而且从播种到收获块根年限较长，生产上一般不采用。压条繁殖与扦插繁殖相比，等量枝条情况下，压条繁殖育苗量较少，生产上也很少采用。目前，生产上广泛使用的是扦插繁殖，下面重点介绍何首乌扦插繁殖育苗的有关问题。另外，对种子繁殖及压条繁殖也予以简介。

（一）扦插繁殖

1. 枝条来源鉴定与采集保存

（1）枝条来源与鉴定：何首乌扦插枝条应从生长良好，经过人工栽培，具有优良性状的何首乌植株母体上剪取，如贵州施秉何首乌种植基地、贵州都匀何首乌种植基地、贵州湄潭何首乌种植基地等。并且要由具有专业知识的人员来鉴定枝条的真伪及作为扦插繁殖材料的应用价值。

（2）枝条采集与保存：何首乌扦插枝条在何首乌生长期和休眠期均可进行采集，生长期采集时选取生长健壮、无病虫害的植株，然后选择植株上一根藤蔓，用枝剪从藤蔓底部地面附近剪断，剪掉藤蔓上部的嫩枝及细小的分枝，留下木质化和半木质化的茎藤。休眠期采集时可用镰刀割取全部藤蔓，再在割取的藤蔓里挑选生长健壮、无病虫害的藤蔓，然后剪掉藤蔓上部的嫩枝及细小的分枝，留下木质化和半木质化的茎藤。将修剪好藤蔓从底部每 3 节剪一段即为扦插枝条，剪时将下端剪成斜面，上端剪成平面，这样在扦插时可以很容易区分形态学上下端，不至于倒插。再将剪下的扦插枝条按照上下端一致原则分级堆放在一起，每 100 根捆成 1 把，并且下端对齐。打捆的枝条置于荫凉处并保湿，或假植于湿润的沙土中备用。采集的藤蔓要及时剪成扦插枝条，整个过程要注意藤蔓和枝条的保湿，防止日晒。

2. 枝条品质检定与枝条质量标准制订

枝条品质可从枝条的粗细、颜色、木质化程度、节数、节间长度、休眠芽有无及饱满程度等方面进行检定。例如，枝条每节都具有休眠芽，并且休眠芽为活的饱满芽，枝条粗细均匀，直径大于 2.5mm，颜色为黄色或褐色，半木质化，节数在 3 个或以上，节间长度较短的枝条为品质较好的枝条。反之，枝条的品质则较差。

3. 扦枝条质量标准制定

经研究，根据枝条节数、枝条直径、腋芽情况、木质化程度及病虫害情况，将扦插枝条分为 3 级，见表 18-1。

表 18-1　扦插枝条质量标准

级别	节数	枝条直径/mm	腋芽情况	病虫害情况	木质化程度
优级	3	大于 5	3	无	半木质化
良级	3	2.5～5	3	无	半木质化
合格	2	2～2.5	2	无	半木质化

4. 枝条处理与促进生根

扦插枝条在扦插前要进行消毒处理，可将扦插枝条用 750 倍 50%可湿性多菌灵溶液浸没 30s 消毒，取出沥干。为防止水分蒸发，扦插枝条上端平口可以用石蜡或其他材料进行封堵。为促进扦插后生根可用萘乙酸、吲哚乙酸、吲哚丁酸或 ABT 生根粉、GGR 生根粉等处理枝条。例如，用 40mg/L 浓度的萘乙酸水溶液浸泡扦插枝条下端 1～2 节 2h，可以促进扦插枝条生根，提高扦插的成活率。也可以用 GGR 生根粉 100mg/L 浓度处理，或者用吲哚丁酸 40mg/L 浓度处理，促进生根的效果也比较好。

5. 苗圃选择与苗床准备

何首乌扦插种苗繁育的苗圃地应选地势平坦、灌溉排水方便、土层较深厚，肥沃、疏松、无污染的壤土或砂质壤土。苗圃所在地应该劳动力资源丰富，交通条件便利。扦插前每亩施入腐熟的农家肥 2000～3000kg，或施入生物有机肥，然后进行深耕（20～30cm），整平耙细，起厢，厢面高度 15～20cm，厢面宽度 80～100cm，厢长度根据地形因地制宜。

6. 扦插与育苗

扦插时两人一组，第一人先在厢面上开横沟，沟深根据扦插枝条长度确定，以扦插后最上端的芽与厢面平为宜，然后向横沟内浇水至透，待水下渗后，另一人将处理好的扦插枝条上端朝上，下端朝下，稍微倾斜地放入沟内，注意此时要选出由于处理、运输等原因造成损伤的枝条弃用，插条间距离 2cm，整齐地摆放在沟内，然后按照沟间距 10cm 的密度挖下一个横沟，并将挖出的土覆盖到第一个横沟内，盖至与厢面平，踏实，如此循环完成整块地的扦插，扦插完毕后，可用小拱棚盖膜或遮阳网保温、保湿。

7. 苗期管理

（1）温度管理：保持厢面温度 18～27℃，若高于 30℃，可揭膜通风降温，搭遮阳网遮阴，若厢面温度仍然高，可喷水降温。

（2）浇水与排水：当厢面土变干，要及时浇水，每次必须浇透厢面土。大棚苗床地浇水可用大棚弥雾设施喷，或用喷壶浇。喷壶离地面苗床高度不得大于 50cm。晴天浇水时，应在上午 10:00 以前和下午 4:00 以后。每次浇水以地表以下 10cm 土层湿润为宜。若长时间阴雨造成田间积水，需开挖排水沟排水。

（3）除草：要及时除草，防止杂草滋生，除草时沟间杂草可用小锄头等工具铲除，若杂草生长在苗间或离苗距离太近，就需人工拔除。拔除时注意防止松动插条根部，以免影响插条生长。同时严禁使用化学药剂除草。

（4）追肥：扦插条新发嫩枝长 15cm 时，视苗长势情况，适时追肥，用尿素按 5kg/亩撒施于两行何首乌苗之间，用小锄头锄入土中，或用 0.2%的磷酸二氢钾溶液用喷雾器喷施。每隔 7 天喷一次，共喷 3～4 次。

（5）打尖：为促进生根，当苗长高至 15cm 以上时，要剪去顶尖，使苗高保持在 15cm 左右，防止苗生长过高互相缠绕。

（6）病虫害防治：何首乌苗期主要发生的病虫害有锈病、蚜虫、蛴螬等。整地时，每亩用 1.5kg 的 50%多菌灵 750 倍液用喷雾器喷洒消毒。发病后可用粉锈宁、阿维菌素等无残留的低毒农药进行病虫害防治。

（7）炼苗：当扦插枝条生根成活后，在起苗前 10 天左右，要控制浇水，降低土壤含水量，并适当揭开遮阳网或膜，加大光照强度，以提高苗的适应能力，为起苗作准备。

8. 起苗

根据苗的生长情况，一般在育苗 60 天后就可起苗移栽，要注意随栽随起，起苗前土壤要湿润，起苗时用锄头从厢的一端开始，避免损伤苗，起苗后要将苗分级，分别装在不同的塑料筐或竹筐中，放在阴凉处，避免日光照晒，并喷水保湿。若需长途运输，要做好苗的保湿和通风处理。

9. 扦插苗质量标准制定

经试验研究，将何首乌扦插苗分为三级种苗标准（试行），见表 18-2。

表 18-2 扦插苗质量标准

级别	性状描述
优级	苗具 3 个节或以上，茎粗 3～5mm，最下面的节上生根，大于 1mm 粗根 2 条，地上分支数 3
良级	苗具 3 个节，茎粗 2～3mm，根生在中间的节位上，大于 1mm 粗根 1 条，地上分支数 2
合格级	苗具 2～3 个节，茎粗小于 2mm，根生在上面的节位上，大于 1mm 粗根 1 条，地上分支数 2

（二）种子繁殖

种子繁殖就是在种子成熟时采集何首乌种子，晾干保存于透气布袋中。翌年 3 月上旬至 4 月上旬播种，条播行距 30～45cm，开 5～10cm 深的浅沟，将种子均匀地撒在沟中，然后覆土 3cm，稍加镇压，保持湿润，20 天左右就可出苗。每亩需种子 1～2kg。

种子繁殖也可撒播，先育苗，再移栽。移栽一般在春季或秋季，选雨后晴天或阴天起苗，在整好的厢面上按株距 30cm、行距 35cm 开穴，每穴 1 株，将苗根系伸展在穴内，回填土，压实，并浇透定根水。

（三）压条繁殖

压条繁殖是在雨季，选择一年生健壮何首乌藤蔓拉于地下，在茎节上压土，每节压一堆土，待其生根成活后，将节剪断，加强管理，促发新枝。次年春天即可进行定植。

三、规范化种植关键技术

（一）选地整地

1. 选地

何首乌移栽定植地宜选择土层深厚，土质肥沃、疏松的砂质壤土或壤土。种植地气候需雨热同期，昼夜温差较大的中高海拔地区有利于何首乌块根的膨大，能够增加块根产量。

2. 整地

在移栽定植何首乌前，土地需施入足量有机肥或农家肥作为基肥，每亩施入有机肥或农家肥 1000～1500kg，并进行翻耕，耙细整平，起厢，厢面宽 70～80cm，厢高 20～30cm。

（二）移栽定植

1. 定植前准备

定植前应对何首乌扦插苗进行精选分级，剔除根损伤严重的苗以及病虫害严重的苗，将生长良好一致的苗分在一起进行定植。去掉部分地上部叶片和枝条以减少水分蒸发。将根部放在由生根粉和多菌灵混合成的水溶液中蘸湿。

2. 定植时间

何首乌定植时间要根据移栽地的气候条件和栽培制度确定，若移栽地具有适宜的光照、水分及温度条件均可移栽。一般可分为春季移栽、夏季移栽、秋季移栽。春季移栽在早春进行，由于春季温度不是很高，水分蒸发也较少，何首乌成活率高；对于春旱而无灌溉条件的地区，可考虑夏季雨季来临时移栽；秋季移栽应在秋初进行，使何首乌在秋季度过返苗期，增强对冬季低温的抵抗能力。

3. 定植密度

何首乌定植时，在做好的厢面上种植两行，行距 35cm，株距 30cm，按穴种植，对于优级苗每穴 1～2 株，对于良级苗每穴 2～3 株。

4. 定植

定植时若土壤湿润，用小锄头开穴，将苗稍倾斜放入穴内，然后填土埋实，再盖一层松土即可；若土壤较干，可用大锄头开穴，然后穴中浇水，待水渗入穴中后，将苗稍倾斜放入穴内，填土埋实即可。

（三）田间管理

1. 浇水补苗

在定植后的半个月内，尤遇干旱时更应及时浇水，抗旱保苗。在雨季应注意排水，以防积水过多，根系生长不良。定植成活后，须全面检查，发现死亡缺株的则应及时补苗，以保证全苗生产。

2. 中耕及除草

通过中耕，松土，改善土壤通气状况，同时铲除杂草，可防止病虫害发生。在何首乌幼苗期可进行 1 次松土除草，松土时要注意何首乌藤蔓，避免除锄断藤蔓。若是搭架栽培，当何首乌上架后仍可进行中耕；若是贴地生长的何首乌，当何首乌藤蔓封厢后，只可手工拔除杂草，不能再进行中耕。除草主要方法有覆盖除草、物理除草和化学除草剂除草。在定植何首乌后，通过覆盖一层黑色地膜，在地膜上面打个小孔，让何首乌苗伸出孔外生长，能起到较好的防草效果。使用化学除草剂除草时要注意除草剂的种类和使用方法。在何首乌定植后杂草出苗前可使用苗前除草剂，如大多数酰胺类和取代脲类除草剂。在杂草出苗后，只能使用杀除单子叶杂草的除草剂，如防除禾本科的芳氧苯氧丙酸类除草剂、防除莎草科杂草的莎扑隆等。

3. 搭架

当何首乌返苗成活后，可进行搭架，搭架材料可根据当地情况就地取材，可选择竹竿或树枝，搭架时可以搭成"人"字架或锥形架，当何首乌藤蔓长至 50cm 左右时，按逆时针方向将茎蔓缠绕到架上，也可用细线或其他绑扎物将茎蔓与架竿系在一起，见图 18-6、图 18-7。

4. 打顶尖

若采用不搭架种植何首乌，要经常打掉何首乌的顶尖，控制藤蔓生长，促进地下块根的膨大，有利于何首乌块根产量增加。

图 18-6　贵州施秉何首乌规范化种植基地

图 18-7　贵州都匀何首乌规范化种植基地

5. 合理施肥

一年生何首乌块根氮磷钾元素含量变化总体呈下降趋势，其中钾元素含量最高，氮元素含量次之，磷元素含量最低。钾元素积累量在 7 月中旬至 8 月中下旬平稳增长，在 9 月初至 10 月末呈现快速增长，11 月中旬至 12 月末先下降，后上升。表明何首乌块根膨大过程中对钾元素需求呈增长趋势，需求量一直较大。氮元素积累量在 8 月下旬之前呈快速增长趋势，在 9 月初至 12 月末呈平稳增长变化，在 11 月中下旬出现一个小下降的波动。表明在何首乌块根膨大过程中氮元素在 8 月下旬之前大量需求，之后缓慢需求。磷元素积累量在 9 月初之前呈缓慢增长趋势，在 9 月中旬至 12 月末呈相对快速增长变化，在 11 月中下旬出现一个小下降的波动。表明在何首乌块根膨大过程中磷元素持续需要，前期需求量相对较小，在 9 月之后需求量较大。

当氮肥施用过多时，何首乌叶片颜色浓绿，叶面积比正常大，叶片下部互相遮阴，茎秆软弱，茎秆出现下垂、倒伏现象，根少，并呈黑褐色。当何首乌植株缺氮时，下部叶片颜色变淡，至颜色发黄，叶片边缘略带红色；地下部须根较多，块根膨大较少。当何首乌植株缺磷时，植株相对正常矮小，直立，有点僵苗，分枝少，中上部叶色暗绿，中下部叶茎基部紫红色，下部叶片从 9 月中旬开始脱落，地下部须根较多，结实不正常，每株有 1～2 个块根，较小。当何首乌植株磷过剩时，植株分枝稍多，叶片颜色浓绿。何首乌钾元素营养缺乏时，首先在下部叶片出现症状，叶尖和叶缘以及脉间失绿黄化，进而焦枯似灼烧状，叶片有斑点，柔软下披，叶片颜色比正常处理淡；根系生长不良，须根较多，色泽黑褐，每株有 1～2 个块根稍有膨大。

（1）基肥：在定植前，定植地需施入足量有机肥或农家肥作为基肥，基肥以农家肥、饼肥为好，也可施入复混肥，每亩施入有机肥或农家肥 1000～1500kg，可采用撒施的方法进行，施后翻耕整地。若肥料不足，可在翻耕整地后进行，定植时按穴施入，每穴施入有机肥或农家肥 250～500g，也可施入氮磷钾三元复合肥，每穴 5～10g，并与穴土混匀，然后定植何首乌。

（2）追肥：春栽何首乌第一年可在 6～7 月追肥一次，肥料以速效氮磷钾三元复合肥为主，第二年应在 4 月份左右追肥一次，肥料以速效磷钾二元复合肥为主。追肥时可采用穴施的方式，每亩施 20kg 左右。秋栽何首乌应在次年 4 月和第三年 4 月份各追肥一次，肥料以速效氮磷钾三元复合肥为主。

6. 灌水与排水

何首乌定植后返苗期需保持土壤湿润，若遇到干旱需及时灌水，灌水可采用喷灌或滴灌方式进行，既节省水资源也不易造成土壤板结。若没有灌水条件，定植后可覆盖一层稻草或松针等覆盖物，防止土壤水分蒸发。何首乌度过返苗期后，根系深入土壤，耐旱能力较强，一般不用灌水，若遇长时间干旱可以适当去掉部分叶片，防止水分蒸发过多。何首乌块根怕积水，土壤水分过多，块根易腐烂，需要及时排水，排水时可以在厢沟开挖排水沟，排水沟一般深 30cm 左右。

7. 越冬管理

何首乌为多年生植物，采挖一般需 2～3 年，冬天温度低，何首乌地上部分枯萎。此时可将何首乌地上部分割去，并进行培土，防止温度过低发生冻害，也可覆盖一层厚厚的稻草或覆盖地膜保温。若定植地冬天温度不是很低，可以不采用保温措施，任其自然越冬。

（四）主要病虫害防治

贵州何首乌主要病虫害种类名录计 15 种，其中病害 7 种，虫害 8 种（表 18-3）。病毒病（花叶状或斑驳状）、煤污病、灰霉病为贵州何首乌首次发现记录。

表 18-3　何首乌主要病虫害、发生地及为害程度

病（虫）名	发生地	为害程度	备注
1. 何首乌叶褐斑病 *Pestalotiopsis* sp.	都匀、施秉、湄潭、罗甸	普遍，较重	已有文献记载
2. 何首乌根腐病 *Fusarium oxysporum*	都匀、施秉	普遍，局部地区发生	已有文献记载
3. 何首乌锈病 *Puccinial* sp.	都匀、施秉、罗甸、湄潭	普遍，较重	已有文献记载
4. 何首乌病毒病（花叶状或斑驳状）	罗甸	普遍，局部地区较重	新记载
5. 何首乌炭疽病 [*Alternaria alternata*（Fr.）Keissl.]	全省各地栽培地	普遍，轻	已有文献记载
6. 煤污病（Sooty mold）	贵阳花溪	轻、极少、零星	新记载
7. 灰霉病（*Botrytis cinerea*）	都匀、施秉	轻、极少、零星	新记载
8. 何首乌黄蚜（*Aphis nerii* Boyer de Fonscolombe）	全省各地栽培地	普遍，重	已有文献记载
9. 何首乌叶甲（*Gallerucida ornatipennis* Duvivier）	都匀、施秉、湄潭	普遍，较重	已有文献记载
10. 红脊长蝽（*Tropidothorax elegans* Distant）	都匀、施秉、湄潭	普遍，局部地区较重	已有文献记载
11. 茶黄蓟马（*Scirtothrips dorsalis* Hood）	都匀、施秉、湄潭	普遍，轻	已有文献记载

病（虫）名	发生地	为害程度	备注
12. 中华摩叶蝉（*Chrysochus chinensis* Baly）	都匀、施秉、湄潭	轻、极少、零星	已有文献记载
13. 小地老虎（*Agrotis ypsilon* Rottemberg）	都匀、施秉	轻、少、零星	已有文献记载
14. 金龟子（*Maladetaorientalis motschulsky*）	都匀、施秉	轻、极少、零星	已有文献记载
15. 红蜘蛛（*Tetranychus cinnbarinus*）	都匀、施秉、贵阳	轻、极少、零星	已有文献记载

1. 主要病害

（1）叶褐斑病：①症状：叶褐斑病多在夏季多雨季节发生，先从叶尖或叶缘产生黄绿色小斑点，后扩大为圆形、椭圆形或不规则形的大型病斑。病斑红褐色，边缘有暗褐色坏死线。后期病斑中央变灰白色，在潮湿条件下出现浓黑色墨汁状小粒点（即为病菌的分生孢子及分生孢子器）。嫩叶上的病斑无晕圈，病斑相互联合，甚至叶片大部分呈褐色枯斑。嫩梢发病变黑枯死，并向下发展，引起枝枯。也有人称其为褐斑病。②病原物：拟盘多毛孢（*Pestalotiopsis* sp.）。③发生规律：病原菌以分生孢子器在病株枯枝落叶及土壤中越冬。翌年春天分生孢子器吸水后释放出大量分生孢子。分生孢子随着风雨引起何首乌初次侵染。初次侵染的病原菌再形成分生孢子，由分生孢子扩散引起再侵染。5月雨水增多、气温上升后开始发病，6～8月为发病盛期。以后随着气温降低，雨水减少，危害程度减轻。

防治方法：及时清除植株病残体及杂草，并集中除害处理。使用生物源农药，如，苦参碱或四霉素可湿性粉剂1000倍液在发病初期喷雾2～3次，也可使用化学农药进行防治，如氟硅唑乳油1000倍液、代森锰锌可湿性粉剂500倍液对何首乌叶褐斑病菌的抑制率为100%，其次是阿米妙收（悬浮剂30mL/亩）菌丝抑制率达为91.33%，世高1000倍液也有较好的抑制效果。

（2）根腐病：①症状：何首乌根腐病是何首乌生长期的主要病害之一，对何首乌产量和品质有很大的影响。发病初期，地上茎叶不表现症状，只是须根变褐腐烂。随着根部腐烂程度的加剧，叶片逐渐变黄，地下病部逐渐向主根扩展。最后导致全根腐烂，植株自下而上逐渐萎蔫、枯死。此病发生在夏秋季，种植地排水不良时发病较重。②病原物：半知菌亚门真菌镰刀菌（*Fusarium oxysporum*）。③发生规律：病原菌主要在土壤内或病残体上越冬，作为翌年的初侵染源。6～7月开始发病，8～9月达到发病高峰，9月后由于气温下降，病势逐渐减轻。据调查，何首乌根腐病在干旱年份发病轻，多雨年份发病重；在灌水条件下，如果灌水量多，田间积水或地势低洼，发病重；无雨或小雨发病轻，大雨或连续阴天发病重，特别是连续阴雨后放晴，温度上升到20℃以上发病重。黏土地、低洼地和排水不良的地块，发病率高。新开垦的荒地一般发病轻，而熟地发病重，坡地较平坦地发病轻。垄栽比厢栽、平栽发病轻。施用腐熟农家肥的发病轻，单纯施用无机肥的田块发病重，且氮肥比重大的更为严重。肥料使用不当也会造成根腐病的发生。增施磷、钾肥的比施氮肥的发病轻。由于增施磷、钾肥，肥料平衡，肥效全面，植株生长势增强，抵抗病害能力也增强，其发病亦轻。施腐熟有机肥比未腐熟有机肥发病轻。腐熟有机肥经过高温发酵处理，避免了病原菌入侵，同时，也增强了植株的生长势，提高植株抗病力，因此发病轻。地下害虫如金针虫、蚂蚁、蛴螬等活动造成的伤口，也有利于发病，连作也会加重病害发生。

防治方法：发病初期用 1∶2∶（250～300）波尔多液，或用 50%多菌灵 500 倍液灌根。

（3）锈病：①症状：发病初期在叶背首先出现如针头状大小突起的黄点，即为病菌的夏孢子堆，疱斑破裂后，散发出红锈色粉末，即病菌的夏孢子。夏孢子散生或聚生，病斑扩大后呈圆形或不规则形，略隆起，边缘不整齐，夏孢子堆一般散生或群生于叶背，黄褐色。夏孢子堆可在藤上、叶缘周围发生，但以叶背为主。后期发病部位长出黑色刺状冬孢子堆。发病严重时，病斑变黄、曲缩、破裂、穿孔，以致脱落，整个植株枯萎。发病率一般为 30%～50%。②病原物：担子菌的柄锈病菌属的真菌（*Puccinial* sp.）。③发生规律：何首乌锈病发病期在 4～9 月。病原菌在病株枯枝落叶上越冬，冬季和早春气温偏高、小雨干旱，有利于病菌越冬存活。翌年 4 月当气候条件适宜时，越冬孢子萌发，病菌孢子随气流传播，侵入寄主表皮内，在何首乌叶片上形成病斑并产生夏孢子，夏孢子借风雨和种苗传播，可多次反复侵染。当气温在 13.6～28.3℃，相对湿度在 70%～85%时，若阴雨天时间持续 5 天以上，病害蔓延迅速。藤蔓、叶片上均可发病，但以叶背为主。常先在叶背出现针头状大小突起的黄点或红棕色小斑点，即夏孢子堆，病斑破裂后，散出黄赤色的粉末（夏孢子），病情也随之加重，在秋冬之间发生暗褐色病斑（冬孢子堆）。高温、高湿有利于锈病的发生，地面不平，存有积水，是诱发锈病的主要原因。地高、垄高、畦高有利于排水，地面不积水，锈病不容易发生。肥料不足时，何首乌生长发育不良，锈病重；有机肥和磷钾肥充足，何首乌生长健壮，抗病能力增强，锈病就轻，甚至可以不发病。通风透光性不好的田块，何首乌锈病容易发生且病情重。故何首乌不宜过密，藤蔓不宜过多，搭架不宜过迟过低，以利于通风透光，促进何首乌健壮生长。

防治方法：发病初期喷 0.3 波美度石硫合剂，或 25%粉锈宁可湿性粉剂 1500 倍液喷雾，每隔 7～10 天喷一次，连续喷 2～3 次。

（4）灰霉病：①症状：该病为害何首乌的叶片和嫩茎，初期多从叶尖向里形成 "V" 形病斑，病斑初呈水渍状，逐渐向叶内扩展，后期形成灰褐色病斑。病叶干枯后在湿度高时可产生灰褐色霉层，茎染病初期呈水渍状小点，后扩展为长椭圆形或长条形斑，病枝易折断，湿度大时也形成霉层，对何首乌的生长造成一定的影响。②病原物：半知菌类葡萄孢属灰葡萄孢菌（*Botrytis cinerea*）。③发生规律：何首乌灰霉病主要以菌核、菌丝及分生孢子在病残体上或在土壤中越冬，条件适宜时产生分生孢子，分生孢子借气流及喷雾等农事操作进行传播，从伤口处侵入植物组织向内发病，病部产生分生孢子进行再侵染。灰霉病的发病程度与环境条件和耕作条件有着密切的关系，降低田间湿度，叶结露时间短，则病情发展缓慢。温度在 15～27℃时都可发病，发病适温 22℃左右，病菌发育的最高温度为 31℃。灰霉病对湿度要求高，相对湿度大于 85%时，发病严重。通过对近几年气候因子的分析，春季阴雨天气多、光照少，灰霉病发生重；而晴天多、光照充足，发病率就低。

防治方法：发病期间喷 50%多菌灵可湿性粉剂 800～1000 倍液或 0.3 波美度石硫合剂防治。

2. 主要虫害

（1）何首乌黄蚜：属同翅目，蚜科，学名：*Aphis nerii* Boyerde Fonscolombe。①症状：以成蚜和若蚜在叶背面、嫩茎和嫩叶上吸食汁液，危害芽、嫩梢、嫩叶，吸食汁液引起嫩叶皱缩卷曲，新梢长势弱，还可诱发煤烟病。②发生规律：黄蚜在黔南地区每年可发生十多代，以卵及无翅成、若虫越冬。3月上、中旬，随何首乌发芽，黄蚜越冬卵开始孵化。据都匀定点调查结果，全年蚜虫有2个发生高峰期：第一个高峰期在5月中旬前后，随气温迅速上升，黄蚜数量进入剧增期；第二个高峰期在7月份，是黔南何首乌种植区黄蚜发生危害最为严重的时期，也是一年当中防治的关键时期。在此期间，由于蚜虫数量剧增，常伴有大量有翅蚜出现并迁飞转移的现象。进入9月份以后，随着降雨天数和降水量均显著增加，黄蚜发生量明显减少，直至9月下旬至10月初，产生有性蚜，交尾后产卵进入越冬。

防治方法：发生期可选用40%乐果乳油1500～2000倍液，或50%杀螟松乳油1000～2000倍液，或5%来福灵乳油2000～4000倍喷雾，或50%辛硫磷乳油1000～2000倍喷雾；也可以天王星乳油1000～2000倍液，每隔10～15天喷雾1次，一般连续喷2～3次即可。

（2）叶甲：鞘翅目，叶甲科，学名：*Gallerucida ornatipennis* Duvivier。①症状：成虫和幼虫均取食植物的生长点和叶片。初龄幼虫咬食叶片成刻点状、网状、缺刻状，危害严重时将叶片咬成仅留叶脉，甚至可将叶片全部吃光。受害植物很难恢复生长。②发生规律：叶甲在贵州省何首乌种植区分布广泛。在贵州一年发生一代，以成虫越冬；土中产卵，土中化蛹；幼虫3龄，活动偏向于叶背面；成虫羽化后需补充营养，5～10天后即进行交配；幼虫和成虫均具有假死性。在黔南（都匀）4月下旬始见，越冬成虫在田埂、地头杂草中取食，然后开始转向农田为害何首乌，为害期可达3个月。

防治方法：可通过整地耕翻，将蛹和虫卵翻出地表，增加被天敌寄生或取食的机会，同时通过日光曝晒将其杀死；通过冬耕破坏成虫的越冬场所，减少越冬虫源。利用叶甲成虫和幼虫的假死性，可进行人工直接捕杀。也可在为害初期采用50%辛硫磷EC1500倍液或25%甲氰·辛2000倍液或2.5%溴氰菊酯乳油2500倍液或2.5%敌杀死1500倍液或2.8%高效氟氯氰菊酯2500倍液喷雾，每隔10～15天喷雾1次，一般连续喷2～3次即可。

（3）红脊长蝽：何首乌红脊长蝽（*Tropidothorax elegans* Distant）。①症状：成虫和若虫群居于嫩茎、嫩芽、嫩叶和嫩荚等部位，刺吸汁液，刺吸处失绿、干燥，严重时枯萎，呈褐色斑点。5～9月为成虫、若虫的主要为害时期。严重时为害株率20%以上，叶片为害率15%以上。②发生规律：是何首乌的主要害虫之一，每年都有发生，在一定程度上影响何首乌的生长发育。贵州一年发生2代，虫态有成虫、卵、若虫，以成虫、若虫刺吸植物汁液为害。以成虫在枯叶杂草下的土穴中越冬，第二年4月中旬开始活动，5月上旬交尾，6月孵化出第一代若虫，8～9月孵化出第二代若虫，7～9月均有各个虫态。

防治方法：为害初期可用90%敌百虫或3%啶虫脒或生物农药阿维菌素进行防治。

（4）红蜘蛛：蛛形纲，蜱螨目，叶螨科，学名：*Tetranychus cinnbarinus*。①症状：该虫以口器刺入叶片内吮吸汁液，使叶绿素受到破坏，叶片呈现灰黄点或斑块，叶片橘黄、脱落，严重者甚至落光。②发生规律：红蜘蛛的发生与气候变化密切相关，夏秋干旱少雨时为害严重。红蜘蛛喜高温干燥条件，当气温在 25～30℃时，连续 15 天干旱无雨，大田相对湿度为 35%～55%就有利于其大发生。短时间的风雨有利于其传播和扩散。气温在 10℃以上时，越冬雌螨开始大量繁殖，6～8 月进入大田盛发期。

防治方法：可喷施螨类专用药剂，如 20%螨死净 2000～3000 倍液或 70%克螨特 3000 倍液。

上述何首乌良种繁育与规范化种植关键技术，可于何首乌生产适宜区内，并结合实际因地制宜地进行推广应用。

【药材合理采收、初加工、储藏养护与运输】

一、合理采收与批号制定

（一）合理采收

1. 采收时间

春栽何首乌一般在次年 12 月份采收，秋栽何首乌一般在第三年 12 月采收。经测产与检验，此时采收的何首乌产量及品质都好，符合《中国药典》规定，经济效益显著，见图 18-8、图 18-9。

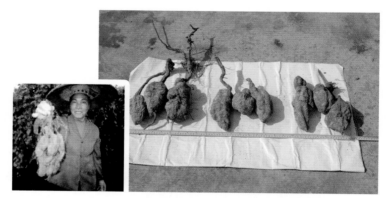

图 18-8　贵州施秉何首乌基地采收的药材

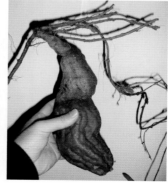

图 18-9　贵州都匀何首乌基地采收的药材

2. 采收方法

（1）人工挖取：何首乌块根入土深，一般采用人工挖取的方法进行采收，在采挖之前一般先割掉何首乌茎蔓，采挖时可用锄头等工具将块根挖出，一般挖 30～50cm，人工挖取较费力费时。

（2）机械挖取：在能够使用机械的地方种植的何首乌可采用机械挖取的方法，采挖时用机械将土壤翻耕，人只需在田中将何首乌块根捡起即可。机械挖取省时，但容易造成块根被掩埋，容易漏捡。

（二）批号制定（略）

二、合理初加工与包装

（一）合理初加工

挖出的何首乌块根，修去两端柴根，洗净，对个大的进行切块，然后晒干，若遇阴雨亦可烘干，见图 18-10。

图 18-10　何首乌初加工品（左：施秉何首乌；右：都匀何首乌）

此外，何首乌地上部分的茎蔓，也可采收并晒（晾）干药用。

（二）合理包装

将干燥何首乌块根，按 40～50kg 打包装袋，用无毒无污染材料包装。在包装前应检查是否充分干燥、有无杂质及其他异物，所用包装应符合药用包装标准，并在每件包装上注明品名、规格、等级、毛重、净重、产地、批号、执行标准、生产单位、包装日期及工号等，并应有质量合格的标志。

三、合理储藏养护与运输

（一）合理储藏养护

何首乌块根应储存于干燥低温通风处，水分含量不得超过 10%。本品易生霉、虫蛀。采收时，若内部未充分干燥，在贮藏或运输中易感染霉菌，受潮后可见白色或绿色霉斑。贮藏前，还应严格进行入库质量检查，防止受潮或染霉品掺入；平时应保持环境干燥、整洁；定期检查，发现吸潮或初霉品时应及时通风晾晒，虫蛀严重时用较大剂量磷化铝（9～12g/m³）或溴甲烷（50～60g/m³）熏杀。高温高湿季节可密封或抽氧充氮进行养护。

（二）合理运输

何首乌药材在批量运输中，严禁与有毒货物混装，并应有规范完整的运输标识，运输车厢不得有污染物。

【药材质量标准、质量检测与监控】

一、药材商品规格与质量检测

（一）药材商品规格

何首乌以无芦头、虫蛀、霉变，红褐色或棕褐色，体重，质坚实，粉性足者为佳品。商品分为统货和级外2个规格。

统货：干货，熟透，纵切或横切片，表面红褐色或棕褐色，断面褐色或黄褐色，粉性足，厚度不超过5mm，中部横宽1cm以上，无根（梗），无虫蛀、霉变。

级外：干货，熟透，纵切或横切片，表面红褐色或黄褐色，断面黄褐色或黄棕色，粉性足，厚度不超过5mm，中部横宽4mm以上，无根（梗），无虫蛀、霉变。

（二）药材质量检测

按照《中国药典》（2015年版一部）何首乌药材质量标准进行检测。

1. 来源

本品为蓼科植物何首乌 *Polygonum multiflorum* Thunb.的干燥块根。秋、冬二季叶枯萎时采挖，削去两端，洗净，个大的切成块，干燥。

2. 性状

本品呈团块状或不规则纺锤形，长6～15cm，直径4～12cm。表面红棕色或红褐色，皱缩不平，有浅沟，并有横长皮孔样突起和细根痕。体重，质坚实，不易折断，断面浅黄棕色或浅红棕色，显粉性，皮部有4～11个类圆形异型维管束环列，形成云锦状花纹，中央木部较大，有的呈木心。气微，味苦而甘涩。

3. 鉴别

（1）显微鉴别：本品横切面木栓层为数列细胞，充满棕色物。韧皮部较宽，散有类圆形异型维管束4～11个，为外韧型，导管稀少。根的中央形成层成环；木质部导管较少，周围有管胞及少数木纤维。薄壁细胞含草酸钙簇晶及淀粉粒。

（2）粉末鉴别：粉末黄棕色。淀粉粒单粒类圆形，直径4～50μm，脐点"人"字形，星状或三叉状，大粒者隐约可见层纹；复粒由 2～9 个分粒组成。草酸钙簇晶直径 10～80（160）μm，偶见簇晶与较大的方形结晶合生。棕色细胞类圆形或椭圆形，壁稍厚，胞腔内充满淡黄棕色、棕色或红棕色物质，并含淀粉粒。具缘纹孔导管直径 17～18μm。棕色块散在，形状、大小及颜色深浅不一。

（3）薄层色谱鉴别：取本品粉末 0.25g，加乙醇 50mL，加热回流 1h，滤过，滤液浓缩至 3mL，作为供试品溶液。另取何首乌对照药材 0.25g，同法制成对照药材溶液。照薄层色谱法（《中国药典》2015 年版四部通则 0502）试验，吸取上述两种溶液各 2μL，分别点于同一以羧甲基纤维素钠为黏合剂的硅胶 H 薄层板上使成条状，以三氯甲烷-甲醇（7：3）为展开剂，展至约 3.5cm，取出，晾干，再以三氯甲烷-甲醇（20：1）为展开剂，展至约 7cm，取出，晾干，置紫外线（365nm）下检视。供试品色谱中，在与对照药材色谱相应的位置上，显相同颜色的荧光斑点。

4. 检查

（1）水分：照水分测定法（《中国药典》2015 年版四部通则 0832 第二法）测定，不得超过 10.0%。

（2）总灰分：照总灰分测定法（《中国药典》2015 年版四部通则 2302）测定，不得超过 5.0%。

5. 含量测定

（1）二苯乙烯苷：避光操作，照高效液相色谱法（《中国药典》2015 年版四部通则 0512）测定。

色谱条件与系统适用性试验：用十八烷基硅烷键合硅胶为填充剂；乙腈-水（25：75）为流动相；检测波长为 320nm。理论板数按 2，3，5，4′-四羟基二苯乙烯-2-O-β-D-葡萄糖苷峰计应不低于 2000。

对照品溶液的制备：精密称取 2，3，5，4′-四羟基二苯乙烯-2-O-β-D-葡萄糖苷对照品适量，加稀乙醇配制成每 1mL 约含 0.2mg 的溶液，即得。

供试品溶液的制备：取本品粉末（过四号筛）0.2g，精密称定，置锥形瓶中，精密加入稀乙醇 25mL，称定重量，加热回流 30min，放冷，再称定重量，用稀乙醇补足减失的重量，摇匀，上清液滤过，即得。

测定法：分别精密吸取对照品溶液与供试品溶液各 10μL，注入液相色谱仪，测定即得。本品含 2，3，5，4′-四羟基二苯乙烯-2-O-β-D-葡萄糖苷（$C_{20}H_{22}O_9$）不得少于 1.0%。

（2）结合蒽醌：照高效液相色谱法（《中国药典》2015 年版四部通则 0512）测定。

色谱条件与系统适用性试验：以十八烷基硅烷键合硅胶为填充剂；以甲醇–0.1%磷酸溶液（80：20）为流动相；检测紫外线波长为 254nm。理论板数按大黄素峰计算应不低于 3000。

对照品溶液的制备：取大黄素对照品、大黄素甲醚对照品适量，精密称定，加甲醇分别制成每 1mL 含大黄素 80μg，大黄素甲醚 40μg 的溶液，即得。

供试品溶液制备：取本品粉末（过四号筛）约 1g，精密称定，置具塞锥形瓶中，精密加入甲醇 50mL，称定重量，加热回流 1h，取出，放冷，再称定重量，用甲醇补足减失的重量，摇匀，滤过，取续滤液 5mL 作为供试品溶液 A（测游离蒽醌用）。另精密量取续滤液 25mL，置具塞锥形瓶中，水浴蒸干，精密加 8%盐酸溶液 20mL，超声处理（功率 100W，频率 40kHz）5min，加三氯甲烷 20mL，水浴中加热回流 1h，取出，立即冷却，置分液漏斗中，用少量三氯甲烷洗涤容器，洗液并入分液漏斗中，分取三氯甲烷液，酸液再用三氯甲烷振摇提取 3 次，每次 15mL，合并三氯甲烷液，回收溶剂至干，残渣加甲醇溶解，转移至 10mL 量瓶中，加甲醇至刻度，摇匀，滤过，取续滤液，作为供试品溶液 B（测总蒽醌用）。

测定法：分别精密吸取对照品溶液与上述两种供试品溶液各 10μL，注入液相色谱仪，测定，即得。

结合蒽醌含量=总蒽醌含量−游离蒽醌含量

本品按干燥品计算，含结合蒽醌以大黄素（$C_{15}H_{10}O_5$）和大黄素甲醚（$C_{16}H_{12}O_5$）的总量计，不得少于 0.10%。

二、药材质量标准提升研究与企业内控质量标准制定（略）

三、药材留样观察与质量监控（略）

【药材生产发展现状与市场前景展望】

一、生产发展现状与主要存在问题

贵州省何首乌原以野生供应药用为主，其家种历史较短，但发展较快，各地群众都有栽培何首乌的积极性。据贵州省扶贫办《贵州省中药材产业发展报告》统计，2013 年全省何首乌种植面积达 2.70 万亩，保护抚育面积 0.21 万亩，总面积达 2.91 万亩；总产量达 53173.80t；总产值达 44289.80 万元。2014 年全省何首乌种植面积达 8.20 万亩；总产量达 4.94 万 t；总产值达 23439.24 万元。种植面积最大的是黔南（都匀、罗甸等）、黔北（湄潭、瓮安等）及黔东南（施秉、凯里等）等地，约占全省何首乌种植面积的 80%以上。2010 年，由贵州信邦制药公司牵头，在承担国家科技部及省科技厅的中药现代化"十一五"科技支撑项目"半夏、何首乌、续断、头花蓼 4 种药材规范化种植关键技术研究及应用示范"等课题中，以"政府+企业+科研院所+农户"模式，成立了专家指导组，在凯里、都匀及罗甸等地开展了贵州何首乌规范化种植研究与试验示范，并已取得较好进展。湄潭也是贵州省何首乌重要主产区，由于其海拔较高，昼夜温差大，适宜何首乌块根膨大，易获得高产。

贵州省何首乌生产虽已取得较好成效，但其综合开发利用尚需深入研究与实践，特别在何首乌地上部嫩芽菜等方面还须深入研究。由于何首乌药用部位为块根，一般均要 2 年左右方能采收，经济效益不能尽快实现，所以有的农民生产积极性受到一定影响，需政府及有关企业进一步加强引导与加大投入力度。

二、市场需求与前景展望

何首乌不仅是中医方剂配方常用药，而且是中药工业与相关产业的重要原料。现代研究表明，何首乌的主要药效成分为蒽醌类、黄酮类、酰胺类、葡萄糖苷类（2，3，5，4′-四羟基二苯乙烯-2-O-β-D-葡萄糖苷）等。如二苯乙烯苷、大黄素、大黄酚，其次为大黄酸、大黄素甲醚、大黄酚蒽酮等。此外还含有多种氨基酸、卵磷脂、粗脂肪、淀粉、鞣质及多种微量元素等。如淀粉45.2%、粗脂肪3.1%、卵磷脂3.7%等。何首乌具有抗炎、抗菌、镇痛、增强免疫、保护肝脏、抗疲劳、耐缺氧、抗衰老、抗癌和延年益寿等药理作用。何首乌对心脑血管尚具有舒张作用，能提高心肌缺血再灌注受损心肌中SOD、CAT的活性，明显减小心肌梗死范围，降低梗死程度。生首乌能解毒、消痈、通便；制首乌具补肝肾、益精血、乌须发、壮筋骨等功效；首乌藤具安神养心、通经络、祛风湿、止汗等功效；其叶尚可治疮肿、疥癣、淋巴结核等。

何首乌不但能药用还可作为保健品的原料用，其所含维生素及矿物质都比一般蔬菜高，并且含有卵磷脂及蒽醌衍生物、大黄酚、大黄素等药用有效成分，是一种很好的营养保健药物。何首乌块根含丰富的淀粉（含量多达45%），可用于制作何首乌精制淀粉和酿酒，目前已有何首乌精制淀粉和首乌酒的生产厂家。在保健方面，何首乌具有较好的滋补功能，可做多种保健品，如首乌三仙益寿酒、首乌黑豆益颜护发酒、首乌益精煮酒、当归首乌酒等。作为饮用的茶类有何首乌茶、首乌益颜美发茶、益血滋阴白肤茶、首乌固精悦色茶等。在日用化工方面，何首乌中含有卵磷脂等营养成分，具有调节神经和内分泌、营养发根、促进头发黑色素生成的作用，故何首乌是制作洗发剂的重要原料。首乌叶还可作为饲料添加剂，据报道，在猪饲料中添加0.5%中药饲料添加剂（麦芽、何首乌、松针、陈皮、蚕皮等）能提高猪的采食量，促进生长，增强抗病能力，提高饲料利用率，增加经济效益。随着何首乌新的药理作用不断被发现和新产品进一步开发研制，何首乌在国内、国际市场十分畅销，出口量逐年增加，何首乌的需求量大幅度增长。

总之，何首乌用途广泛，开发前景极为广阔。只要采取科学的生产措施，规范化种植，何首乌生产的经济效益、社会效益和生态效益将异常显著。

主要参考文献

陈刚，赵致，王华磊，等. 2013. 地膜覆盖对何首乌生长及其田间杂草防控效果的影响[J]. 山地农业生物学报，01：92-94.

陈建军，李金玲，赵致，等. 2014. 钙镁元素缺乏对一年生何首乌块根矿质元素含量的影响[J]. 贵州农业科学，01：33-35.

胡继田，赵致，王华磊，等. 2012. 不同水肥处理对何首乌几个栽培生理指标的影响研究[J]. 时珍国医国药，11：2863-2866.

李金玲，熊寅森，赵致，等. 2012. 钙镁元素缺乏对何首乌生长发育的影响[J]. 贵州农业科学，11：68-70.

李燕，王慧娟，林冰，等. 2012. 贵州何首乌HPLC指纹图谱研究[J]. 中药材，12：1928-1932.

李燕，王慧娟，林冰，等. 2012. 指纹图谱条件下何首乌中二苯乙烯苷的含量测定[J]. 山地农业生物学报，03：264-267.

李宗豫，赵致，王华磊，等. 2012. 覆盖物与萘乙酸对何首乌扦插苗移栽成活率及生长的影响[J]. 贵州农业科学，03：32-3437.

林冰，王莹，周礼青，等. 2012. 何首乌薄层干燥模型及动力学研究[J]. 中成药，11：2089-2094.

刘红昌，胡跃维，柴琨，等. 2013. 何首乌不同种质花粉形态及进化趋势研究[J]. 西北植物学报，07：1353-1367.

刘红昌，罗春丽，李金玲，等. 2013. 何首乌不同种质生境调查及在贵州地域的生物学特性研究[J]. 中药材，06：864-870.

刘红昌，王珍，张素琴，等. 2013. 何首乌种质资源核型分析及进化趋势研究[J]. 西北植物学报，06：1123-1136.

罗春丽，陆翔恩，赵致，等. 2013. 综合评分法优选何首乌的合理采收期[J]. 贵州农业科学，09：66-70.

石洋，王慧娟，赵致，等. 2013. 贵州不同产地何首乌薄层色谱指纹图谱研究[J]. 山地农业生物学报，01：75-78.

王华磊，李宗豫，赵致，等. 2012. 不同栽培密度对何首乌块根及其品质的影响[J]. 贵州农业科学，12：52-54.

王华磊，徐绯，赵致，等. 2012. 何首乌种子发芽试验研究[J]. 农学学报，01：1-3.

王华磊，赵致，李金玲. 2013. 何首乌扦插育苗技术的正交试验研究[J]. 中华中医药杂志，08：2440-2443.

徐秋云，王华磊，赵致，等. 2012. 何首乌组培快繁培养基的优化[J]. 贵州农业科学，10：7-10，14.

徐秋云，王华磊，赵致，等. 2013. 紫外光照射对何首乌愈伤组织二苯乙烯苷的影响[J]. 贵州农业科学，06：82-84.

赵致. 2013. 何首乌研究[M]. 北京：科学出版社.

（王华磊　潘东来　杜武庭　冉光伦　马　俊　冉懋雄）

19　苦　参

Kushen

SOPHORAE FLAVESCENTIS RADIX

【概述】

苦参原植物为豆科槐树植物苦参 *Sophora flavescens* Alt.。别名：凤凰爪、牛苦参，沼水槐等。以干燥根入药，历版《中国药典》均予收载。《中国药典》2015 年版一部称：苦参味苦，性寒。归肝、胆、胃、大肠、膀胱经。具有清热燥湿，杀虫、利尿功能。用于热痢、便血、黄疸尿闭、赤白带下、阴肿阴痒、湿疹、湿疮、皮肤瘙痒、疥癣麻风；外治滴虫性阴道炎。苦参又是常用苗药，苗药名："Jab gongx saib"（近似汉译音："加巩山"），性冷，味苦。入热经。具有清热燥湿、杀虫、利尿功能。主治热痢、便血、黄疸、赤白带下、小便不利、水肿、阴肿、阴痒、疥癣、麻风、皮肤瘙痒、湿毒疮疡等；外治滴虫性阴道炎等。

苦参始载于《神农本草经》，列为中品。称其"一名水槐……。味苦，寒，无毒。治心腹结气，症瘕积聚，黄疸，溺有余沥。逐水，除痈肿，补中，明目，止泪。生山谷及田野。"《大观本草》引陶弘景之言曰："今出近道，处处有。叶极似槐树，故有槐名，花黄，子作荚，根味至苦恶。"苏颂《本草图经》云："苦参，生汝南山谷及田野，今近道处处皆有之。其根黄色，长五、七寸许，两指粗细。三、五茎并生，苗高三、二尺以来。叶碎青色，极似槐叶，故有水槐名。春生冬凋，其花黄白，七月结实如小豆子。"并附图四幅，其中成德军（今河北正定）苦参和秦州（今甘肃天水）苦参图与今之苦参相符。苦参应用历史悠久，是中医临床及中药民族药工业常用大宗药材，也是贵州地道特色药材。

【形态特征】

苦参为多年生亚灌木，高 1～3m，奇数羽状复叶，长 10～25cm，小叶 9～21 片，椭圆状披针形、线状披针形或椭圆形，长 2～5cm，宽 1～1.8cm，互生或近对生，纸质。总状花序顶生，长 10～20cm，花序轴有疏生柔毛或近无毛，花较密生，长 1～1.5cm，花梗细弱；萼钟形，长约 8mm，萼齿不规则；花冠淡黄色或黄白色，旗瓣匙形，长约 1cm，翼瓣无耳；雄蕊 10 枚，花丝分离；下半部被短毛；子房线形，微被毛。荚果圆筒形，具棱，种子间缢缩，呈不明显串珠状。种子 1～5 颗，长圆形，长约 6mm，褐色。花期 5～6 月，果期 8～9 月。苦参植物形态见图 19-1。

（1. 花枝；2. 去花冠的花；3. 雄蕊；4. 花冠的解剖示旗瓣、翼瓣及龙骨瓣；
5. 种子；6. 果实；7～8.叶）

图 19-1　苦参植物形态图

（墨线图引自任仁安主编，《中药鉴定学》，上海科学技术出版社，1986）

【生物学特性】

一、生长发育习性

（一）幼苗生长期

苦参出苗的第一年为幼苗生长期，初生真叶为三出复叶，幼苗仅具有单一的地上茎，高 20～45cm，茎秆直径 0.35cm 左右，总叶片数 14～18 片。

（二）现蕾开花期

苦参的生长周期为 2～3 年，在南方，人工栽植苦参多在第二年秋末或第三年春初采收。1 年生苦参植株一般不开花，2 年及以上植株可开花结实。贵州省苦参的现蕾开花期在 5～6 月，花期持续时间较长，从初花到尾花可持续 30 天以上。

（三）果实成熟期

开花后授粉开始至果实成熟，具体包括从胚珠受精，种子乳熟、种子完熟到种子脱水，成熟期为 7～9 月，此时荚果开始开裂。

（四）枯萎休眠期

从秋季地上茎叶枯黄到第二年新生茎叶返青前，一般从 9 月下旬开始持续到翌年 3 月中旬，这个时期，叶片全部枯黄脱落，茎秆倒伏，逐渐进入越冬休眠期。

二、生态环境要求

苦参喜温和凉爽气候，多生于山坡草地、平原、丘陵、河滩，也生于沙漠湿地、灌丛中；对土壤要求不严，各类型的土壤均可以较好地生长；对水分要求不是很高；对光线要求也不严格，光照强弱对其生长影响不大。由于根系较为发达，种植地以土层深厚、肥沃、排水良好的砂质壤土为佳。

【资源分布与适宜区分析】

一、资源调查与分布

经调查，苦参广泛分布于我国北纬37°～50°、东经75°～134°范围内，全国各地多有分布，主产于山西、陕西、甘肃、湖北、河南、河北、贵州等省。近年来，随着野生资源供给的匮乏，各地纷纷开始引种或人工栽培。苦参产地原来以陕西宝鸡、河南卢氏、河北承德等为主，经过多年的野生变家种研究，目前逐渐形成一些新的产区，如山西长治、甘肃张掖、陕西渭南等地。

二、贵州资源分布与适宜区分析

贵州省是苦参野生资源重要的分布地之一，在全省各地均有分布，以贵州北部、西部资源较为丰富。其主要分布于黔北、黔西北、黔东、黔中及黔东南等地，但目前仅有少数地区零星种植，苦参药材主要来源于野生资源。贵州苦参主产区为毕节市、遵义市、铜仁市、黔东南州、安顺市及贵阳市等地。如仁怀、习水、湄潭、务川、正安、道真、凤冈、赫章、黔西、金沙、大方、七星关、施秉、剑河、镇远、印江、沿河、息烽、修文、乌当、紫云、西秀、关岭、普定、六枝、盘州、安龙等地都有野生分布。种植生产基地主要有毕节市大方、七星关、赫章，遵义市正安，贵阳市修文等地。

贵州省苦参最适宜区为：黔北山原山地如正安、湄潭、遵义、桐梓、务川等地；黔东山原山地如铜仁、石阡、印江、松桃、江口、德江等地；黔东南低山丘陵如剑河、雷山、榕江、岑巩、镇远、三穗等地，以及黔西北山原山地赫章、黔西、七星关区、大方和黔中山原山地的息烽、紫云、普定等。以上各地不但具有苦参在整个生长发育过程中所需的自然条件，而且当地党政重视，广大群众有苦参栽培及加工的丰富经验，所以在该区所收购的苦参质量较好，产量较大。

除上述最适宜区外，贵州省其他各县（市、区）凡符合苦参生长习性与生态环境要求的区域均为其生产适宜区。

【生产基地合理选择与基地环境质量检（监）测评价】

一、生产基地合理选择与基地条件

按照苦参生产适宜区优化原则与其生长发育特性要求，选择其最适宜区或适宜区并具良好社会经济条件的地区建立规范化生产基地。例如，在毕节市七星关区阿市乡建立七星关区现代中药示范产业园区（图19-2）（以下简称"园区"），该园区已经列入贵州省现代高效农业示范园区，苦参是园区内重点发展的中药材品种。

园区所在地属亚热带湿润气候，平均月气温 12～16℃，最冷的 1 月平均气温为 3.8℃，最热的 7 月平均气温 24℃，年降水量 1100mm 左右，全年无霜期 269 天。园区所在区域属于沉积岩地层，是由山地、丘陵、谷地、洼地组合成的典型高原山区地貌，最高海拔 1380m，最低海拔 650m，平均海拔约 1160m，坡耕地面积较大，土壤类型多样，以黄壤、棕壤、黄棕壤为主。园区交通便利，境内民族文化资源丰富，当地村民对苗族、彝族医药有较好的传承。

图 19-2　贵州毕节市七星关区现代中药示范产业园区苦参规范化种植基地（2013 年 8 月）

二、基地环境质量检（监）测与评价（略）

【种植关键技术研究与推广应用】

一、种质资源保护抚育

近年来，苦参的用量逐渐加大，乱采滥挖现象屡禁不止，苦参资源处于严重枯竭状态。苦参是一种多年生药材，一年滥挖十年难恢复。如何合理开发和保护好现有资源，保证苦参野生资源的可持续利用是当前的首要任务。在苦参原生地开展苦参资源野生抚育无疑是最经济、最有效的保护方式之一。野生抚育具有投入较少、药材质量改变较少、病虫害较少等优点，既可达到苦参质量的稳定可控，也是实现资源可持续利用的药材生产的根本措施。同时，变野生为家种也是保护和利用苦参资源的必然。可在苦参的主产区，开展种质资源的调查，大量引进苦参种质资源，进行鉴定与评价，建立优质种源基地，建立种质资源保存库，对收集的苦参种质资源进行长期保护，加强对苦参的生态环境研究，为大面积人工栽培创造条件。

二、良种繁育关键技术

（一）种子来源、鉴定与采集保存

1. 种子来源与鉴定

苦参为多年生宿根植物，宜选 2 年以上的生长快、高产、优质的种植地作采种园。

苦参种子主要于毕节市七星关区现代中药示范产业园区阿市乡种子繁育基地采集。繁育基地的苦参原植物，经贵阳中医学院何顺志研究员鉴定为豆科植物苦参 *Sophora flavescens* Alt。

2. 种子采集与保存

苦参种植二年以上后，当采种圃的苦参果实由绿变黄褐，果壳尚未裂开之前采集。采摘后堆放在通风阴凉处，经 7～20 天后，当果实完全干燥时，用木棍捶打分出种子，除去果皮和杂质，风选出充实的种子贮藏供来年春播用，见图 19-3。

图 19-3　贵州毕节市阿市乡苦参规范化种植基地苦参种子圃及苦参种子（2013 年）

（二）种子检验与种子质量标准制订

1. 种子检验

扦样依法对苦参种子进行品质检定，主要有：官能检定、成熟度测定、净度测定、生活力测定、水分测定、千粒重测定、病虫害检验、色泽检验等。同时，尚应依法进行种子发芽率、发芽势等测定与计算。

例如，七星关区阿市乡苦参规范化种植试验示范基地，3 月春播育苗用苦参种子品质检定的结果，见表 19-1。

表 19-1　苦参种子品质的主要检定结果

外观形状	成熟度/%	净度/%	生活力/%	检测代表样重/kg
近椭球形或卵形，黄绿色至灰绿色	90	95	94	
含水量/%	千粒重/g	发芽率/%	病虫感染度/%	50
13.2	48.5	80	0.3	

2. 种子质量鉴别

苦参优劣种子主要鉴别特征，见表 19-2。

表 19-2　苦参优劣种子主要鉴别特征

种子类别	主要外观鉴别特征
成熟新种子	饱满新鲜，种皮黄褐色或黑色，有光泽，种仁饱满均匀，子叶乳白色
早采种子	种皮干皱，缺乏光泽，种仁不饱满，子叶乳白色
隔年陈种子	种皮褐色或黑褐色，无光泽，种皮干皱，子叶油性
发霉种子	闻着有霉味，种皮黑褐色，少光亮，种仁部分霉变，呈黑色或黑褐色

（三）种子标准制订

经试验研究，建议将苦参种子分为三级种子标准（试行），见表 19-3。

表 19-3　苦参种子质量标准分级（试行）

项目	一级种子	二级种子	三级种子
成熟度（%）不低于	90	85	80
净度（%）不低于	95	95	95
生活力（%）不低于	90	85	70
含水量（%）不高于	14	14	14
千粒重（g）	≥50	≥45.0	≥42.0
外观形状	近球形，种皮黄褐色或黑色，有光泽，种仁饱满均匀，子叶乳白色		

（四）种子准备、选种、种子消毒与浸种催芽

1. 种子准备

用头年采集的合格种子（三级种子质量标准以上）。到春季时即取出播种，每亩备种 1.5～2.5kg。

2. 选种

播种前需再次精选种子，去除杂质，以沉水法筛选饱满种子。

3. 种子消毒

5%新鲜草木灰水浸种 1h 消毒。

4. 种子处理

消毒后的种子，用 40～50℃温热水浸泡 10～12h，取出后稍滤干随即进行沙藏，1:3 混合放在 0～10℃条件下处理 20～30 天即可播种。

三、良种繁育关键技术

（一）选地整地与种植模式

1. 播种地选择

（1）地形：选择海拔 600～1700m 的缓坡耕地，忌选低洼水湿地段及风口处。

（2）土壤：选择土层深厚（最好 60cm 以上），土质肥沃、疏松、湿润的地带，土壤 pH 5～7。忌选煤泥土、黏土、强盐碱地、强酸性土及瘠薄土。

2. 种植模式

苦参种植中既可实施单作（净作）（图 19-4），也可粮药间作，如苦参间玉米种植模式（图 19-5）。春播中先播苦参，再播玉米，苦参与玉米可条（带）状间作，苦参多行，间种少行玉米，玉米与苦参共同组成农田复合系统，不仅充分利用光照、水分、空间等环境因子，又能减少田间病虫害的发生，提高土地的利用效率。

图 19-4　山坡地种苦参（修文，2011 年 6 月）　图 19-5　玉米-苦参套作（七星关，2013 年 8 月）

（二）种子直播与育苗移栽

1. 种子直播

苦参生产中主要是利用种子进行直播，一般 3～4 月播种，按行距 35～40cm、株距 25～30cm 穴播，每穴播种 5～8 粒，细土拌草木灰覆盖 2～3cm，覆平，稍镇压。

经试验研究结果，苦参的发芽温度范围为 15～19℃，发芽所需天数为 25 天，发芽率一般为 70%～90%。

2. 育苗移栽

为了缩短苦参药材的采收年限，生产上也使用育苗移栽。可于冬末育苗，春末移栽；也可于晚春育苗，秋末移栽。苗床按宽 1m 作畦，畦长根据实际育苗数而定。播种时选用经过预先处理过的种子，并加盖地膜以保温保湿，待 60% 以上的幼苗出土后揭去薄膜。起苗时，要保证种根潮湿不风干，地上茎叶不受损，以便缩短缓苗期，移栽后用耙子耙实，轻盖几层细土。

（三）田间管理

应加强苗期管理，严防各种病虫害发生，适时肥水灌溉，以促进苗木健壮生长。主要抓好以下管理环节。

1. 间苗定苗

出苗期应保持土壤湿润。苗齐后生长较密,必须间拔弱苗和过密苗,在苗高 15～16cm 时定苗,每穴留苗 3～4 株。定苗半月以内,应经常浇水,以保证成活。

2. 中耕除草

根据土壤是否板结和杂草的多少,结合间苗进行中耕除草。一般在播种后至出苗前,除草 1 次;出苗后于第一次间苗时中耕除草 1 次;第二次定苗至行间郁闭前中耕除草 1 次。

3. 水肥管理

苦参栽植后,在苗期容易遇到春旱,应及时进行浇灌,以保证小苗的正常生长;当年 6 月上旬进行根部追肥,以氮肥为主,促使小苗早期的营养生长;7 月中下旬再进行 1 次追肥,以磷、钾肥为主,加强复壮,促进根部营养成分的积累及越冬芽的分化。苦参在生长旺盛期,要保证水分供应充足,待秋季植株枯萎后应及时清除干枯的倒苗和杂草,并加盖一层腐熟的畜粪。对于两年或三年生的苦参,有条件的地方可在生长后期进行叶面追肥。在采收之前,每年均重复上一年的管理工作。

(四)主要病虫害防治

1. 主要病害防治

目前未发现严重的病害发生。在温度较高的夏秋季,偶见白粉病 *Oidium* sp.和叶斑病 *Phyllosticcta sophoricola*,主要为害植株的叶片,严重时也为害苦参的嫩茎、叶柄和果荚。在发病初期,可用 50%甲基托布津 1000 倍液或 25%粉锈宁 1500 倍液喷雾防治,同时,应加强大田管理,降低田间湿度。

2. 主要虫害防治

目前发现的主要有野螟 *Uresiphita* sp.,其幼虫主要为害叶片,对于虫害的防治,平时要勤观察,做到早发现、早防治,可采用黑光灯诱杀成虫,在初孵幼虫期可用 90%晶体敌百虫 800～1000 倍液喷雾防治。贵州毕节市七星关区苦参规范化种植基地大田生长情况,见图 19-6。

图 19-6　贵州毕节市七星关区苦参规范化种植基地大田生长情况(2013.8)

上述苦参良种繁育与规范化种植关键技术，可于苦参生产适宜区内，并结合实际因地制宜地进行推广应用。

【药材合理采收、初加工、储藏养护与运输】

一、合理采收与批号制定

（一）合理采收

1. 采收时间

苦参栽种 2 年后，视生长情况合理采收，采收时间以 9 月上旬植株枯萎之后至翌年 3 月下旬植株萌芽前为宜。

2. 采收方法

采收时用机械或人工挖取法均可，现以人工挖取为主。采收时先除去枯枝，再从一端采挖，挖全根系，除净泥土，剪去残茎和细小的侧根，运回加工。

（二）批号制定（略）

二、合理初加工与包装

（一）合理初加工

苦参药材采收后，需趁鲜在产地及时初加工，通过去杂、清洗、整条、脱水、切片、干燥后，可获得合格苦参药材，见图 19-7。

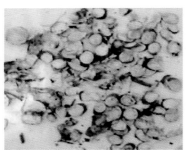

图 19-7　苦参药材野生品（左）及家种 2 年采收品（右）（均产于七星关，2012.10）

（二）合理包装

苦参药材常用的包装材料有布袋、细密麻袋、无毒无污染塑料编织袋（聚酯袋）等。包装之前要再次检验苦参药材质量，达不到苦参药材质量标准的坚决除去。打包时打包压力要达到一定限度，要求扣牢扎紧，缝捆严密。包装后的苦参药材商品装料必须两头平齐，四周踩紧，两边填实，中间紧松持平，分层均匀平放。捆扎的绳索一般不少于 4 道，机械打包包件大小应符合有关规定要求。缝口严密，两端包布应缝牢，药材袋封口要严紧，标识、合格证按要求粘贴牢固清晰。并在每件包装上注明品名、规格、等级、毛重、净重、产地、批号、执行标准、生产单位、包装日期及工号等，并应有质量合格的标志。

三、合理储藏养护与运输

（一）合理储藏养护

包装后的苦参药材，在贮藏（或运输）中易感染霉菌，受潮后可见霉斑。因此贮藏前，还应严格入库质量检查，防止受潮或染霉品掺入；贮藏时应保持环境干燥、整洁并加强仓储养护规范管理，定期检查、翻垛；为防止药材在贮藏过程中出现霉烂、虫蛀、变色、返潮等现象，要有专人对贮藏室内药材定期抽检，以保证其应有质量。若发现苦参药材吸潮或初霉品，应及时进行通风晾晒等处理。

（二）合理运输

在运输过程中要防污染，防雨，防潮，要确保安全。运输车厢不得有油污或被污染，严禁与有毒货物混装，并应有规范完整的运输标识等。

【药材质量检测与监控】

一、药材商品规格与质量检测

（一）药材商品规格

苦参药材以无须根、霉变、焦枯，身干，质硬，不易折断，切断面淡黄色至棕黄色，断面纤维性，气微，味极苦者为佳品。苦参药材商品规格为统货，现暂未分级。

（二）质量检测

按照《中国药典》（2015 年版一部）苦参药材质量标准进行检验。

1. 来源

本品为豆科植物苦参 *Sophora flavescens* Alt.的干燥根。春、秋季采挖，除去根头和小支根，洗净，干燥，或趁鲜切片，干燥。

2. 性状

本品呈长圆柱形，下部常有分枝，长 10～30cm，直径 1～6.5cm。表面灰棕色或棕黄色，具纵皱纹和横长皮孔样突起，外皮薄，多破裂反卷，易剥落，剥落处显黄色，光滑。质硬，不易折断，断面纤维性。苦参切片厚 3～6mm，切面黄白色，具放射状纹理和裂隙，有的具异型维管束呈同心性环列或不规则散在。气微，味极苦。

3. 鉴别

（1）粉末鉴别：本品粉末淡黄色。木栓细胞淡棕色，横断面观呈扁长方形，壁微弯曲；

表面观呈类多角形，平周壁表面有不规则细裂纹，垂周壁有纹孔呈断续状。纤维和晶纤维，多成束；纤维细长，直径 11～27μm，壁厚，非木质化；纤维束周围的细胞含草酸钙方晶，形成晶纤维，含晶细胞的壁不均匀增厚。草酸钙方晶，呈类双锥形、菱形或多面形，直径约至 237μm。淀粉粒，单粒类圆形或长圆形，直径 2～20μm，脐点裂缝状，大粒层纹隐约可见；复粒较多，由 2～12 分粒组成。

（2）显微鉴别：取本品横切片，加氢氧化钠溶液数滴，栓皮即呈橙红色，渐变为血红色，久置后不消失，木质部不呈现颜色反应。

（3）薄层色谱鉴别：①取本品粉末 0.5g，加浓氨试液 0.3mL、三氯甲烷 25mL，放置过夜，滤过，滤液蒸干，残渣加三氯甲烷 0.5mL 使溶解，作为供试品溶液。另取苦参碱对照品、槐定碱对照品，加乙醇制成每 1mL 各含 0.2mg 的混合溶液，作为对照品溶液。照薄层色谱法（《中国药典》2015 年版四部通则 5202）试验，吸取上述两种溶液各 4μL，分别点于同一用 2%氢氧化钠溶液制备的硅胶 G 薄层板上，以甲苯-丙酮-甲醇（8∶3∶0.5）为展开剂，展开，展距 8cm，取出，晾干，再以甲苯-乙酸乙酯-甲醇-水（2∶4∶2∶1）10℃以下放置的上层溶液为展开剂，展开，取出，晾干，依次喷以碘化铋钾试液和亚硝酸钠乙醇试液。供试品色谱中，在与对照品色谱相应的位置上，显相同的橙色斑点。

②取氧化苦参碱对照品，加乙醇制成每 1mL 含 0.2mg 的溶液，作为对照品溶液。照薄层色谱法（《中国药典》2015 年版四部通则 5202）试验，吸取鉴别（3）①项下的供试品溶液和上述对照品溶液各 4μL，分别点于同一用 2%氢氧化钠溶液制备的硅胶 G 薄层板上，以三氯甲烷-甲醇-浓氨试液（5∶0.6∶0.3）10℃以下放置的下层溶液为展开剂，展开，取出，晾干，依次喷以碘化铋钾试液和亚硝酸钠乙醇试液。供试品色谱中，在与对照品色谱相应的位置上，显相同的橙色斑点。

4. 检查

（1）水分：照水分测定法（《中国药典》2015 年版四部通则 0832 第二法）测定，不得过 11.0%。

（2）总灰分：照总灰分测定法（《中国药典》2015 年版四部通则 2302）测定，不得过 8.0%。

5. 浸出物

照水溶性浸出物测定法（《中国药典》2015 年版四部通则 2201）项下冷浸法测定，不得少于 20.0%。

6. 含量测定

照高效液相色谱法（《中国药典》2015 年版四部通则 0512）测定。

色谱条件与系统适用性试验：以氨基键合硅胶为填充剂；以乙腈-无水乙醇-3%磷酸溶液（80∶10∶10）为流动相；检测波长为 220nm。理论板数按氧化苦参碱峰计算应不低于 2000。

对照品溶液的制备：取苦参碱对照品、氧化苦参碱对照品适量，精密称定，加乙腈-

无水乙醇（80∶20）混合溶液分别制成每 1mL 含苦参碱 50μg、氧化苦参碱 0.15mg 的溶液，即得。

供试品溶液的制备：取本品粉末（过三号筛）约 0.3g，精密称定，置具塞锥形瓶中，加浓氨试液 0.5mL，精密加入三氯甲烷 20mL，密塞，称定重量，超声处理（功率 250W，频率 33kHz）30min，放冷，再称定重量，用三氯甲烷补足减失的重量，摇匀，滤过，精密量取续滤液 5mL，加在中性氧化铝柱（100～200 目，5g，内径 1cm）上，依次以三氯甲烷、三氯甲烷-甲醇（7∶3）混合溶液各 20mL 洗脱，合并收集洗脱液，回收溶剂至干，残渣加无水乙醇适量使溶解，转移至 10mL 量瓶中，加无水乙醇至刻度，摇匀，即得。

测定法：分别精密吸取上述两种对照品溶液各 5μL 与供试品溶液 5～10μL，注入液相色谱仪，测定，即得。

本品按干燥品计算，含苦参碱（$C_{15}H_{24}N_2O$）和氧化苦参碱（$C_{15}H_{24}N_2O_2$）的总量不得少于 1.2%。

二、药材质量标准提升研究与企业内控质量标准制定（略）

三、药材留样观察与质量监控（略）

【药材生产发展现状与市场前景展望】

一、生产发展现状与主要存在问题

贵州为苦参的主要产区之一，苦参在贵州分布广，发展潜力大。以毕节市为例，多以适宜栽培苦参的荒坡、荒地及退耕地发展生产。据初步测产，三年生每亩收获干品 600kg，按市场价格 15 元/kg 计算，亩产值可达 9000 元，平均每年为 3000 元。种植苦参对当地农民增收、劳动力就业率提高、地方财政收入增加、满足人民健康品需求及促进全省中药产业化发展具有重要意义。同时，人工栽培苦参还具有良好的生态价值，苦参是改善土壤结构和天然林保护工程、退耕还林工程等国家重点生态建设工程首选的经济型作物之一。据贵州省扶贫办《贵州省中药材产业发展报告》统计，2013 年，全省苦参种植面积达 1.54 万亩，保护抚育面积 0.33 万亩；总产量达 15569.44t；产值达 16210.38 万元。2014 年全省苦参种植面积达 3.79 万亩，保护抚育面积达 0.44 万亩；总产量达 32400.00t；产值 10854.78 万元。其种植基地主要有毕节市七星关区、赫章县、大方县、贵阳市修文县及遵义市正安县等。

贵州省苦参生产主要存在如下问题：缺乏规范化的优良种子种苗基地，栽培种源混杂。对具有本土优势的野生苦参资源研究基础薄弱，栽培种源多从省外引入，且无种繁基地，不能确保种子种苗的质量。种植基地零星分散，目前除七星关区外，其余县区多为农户零星种植，种植技术水平低，管理及销售成本高，收益相对偏低，严重制约着农户生产积极性。

二、市场需求与前景展望

现代研究表明，苦参主要含有苦参碱、氧化苦参碱、槐果碱、槐定碱等。其大多数是喹喏里西啶类生物碱，极少数是双哌啶类生物碱。喹诺里西啶生物碱多数为苦参碱型，另外还有金雀花碱型、无叶豆碱型、羽扇豆碱型。苦参中另一大类化学成分是黄酮类化合物，目前已经从苦参中分离到 80 多种黄酮类化合物，主要为苦参醇、新苦参醇、降苦参醇、苦参醇 A-X、异黄腐醇、降苦参酮、苦参酮、苦参素等。除以上两大类成分外，苦参还含有氨基酸、糖类、脂肪酸、三萜皂苷、甾醇、二烷基色原酮、醌类、香豆素类等。

苦参对多种细菌、滴虫有一定的抑制作用。且具有抗炎、利尿、抗过敏、免疫抑制、镇痛、镇静、催眠、祛痰、平喘、升白细胞、抗肿瘤、抗溃疡、扩张血管、降血压、保护急性心肌缺血、减慢心率、抗心律失常等作用。苦参可用于治湿热蕴结胃与大肠，下痢脓血，或泄泻腹痛，单用有效，但更宜与黄连等清热燥湿、解毒药，或木香等行气药同用，如《种福堂公选良方》香参丸。治湿热黄疸，可配伍其他清泻湿热、利胆退黄药，如《肘后方》将本品与龙胆、牛胆汁同用。治湿热带下，湿疹湿疮，可配伍黄柏、地肤子等清热除湿药，内服与外用皆宜，治湿热下注所致的痔疮疼痛、大便下血、小便下血、小便不利、阴囊湿肿等，如《外科大成》苦参地黄丸，以之与地黄同用，主治痔漏出血、肠风下血等。苦参尚能清热解毒，可治皮肤疮痈肿痛，如《证治准绳》苦参丸，以之与黄连、大黄等药同用。对心、胃火毒上攻的咽部、牙龈红肿疼痛，口舌生疮及水火烫伤，本品亦可选用。苦参局部外用有清热、除湿、杀虫止痒之功，用治皮肤瘙痒，常与解毒杀虫、祛风止痒药同用，以煎汤外洗，如《疡科心得集》苦参汤，以之与蛇床子、地肤子、石菖蒲等药同用。治滴虫性阴痒带下，多煎汤灌洗，或作栓剂外用。本品亦可治滴虫性肠炎、蛲虫等肠道寄生虫病，可单用，也可配伍百部等杀虫药，经口服或用煎液保留灌肠，均有一定作用。

苦参已被广泛用于中药工业，是四味土木香散、消银片、清肺抑火丸等的重要原料。苦参妇科外用洗剂，苦参针剂等一批疗效确切的药品用量，也在逐年增加。随着对苦参素等化学成分研究的深入，苦参素类抗乙肝药物已成为国内市场销售增长最快的中药制剂之一，苦参素类抗乙肝药物等中药新药的开发将成为医药业界竞相开发的对象，其市场潜力极大。伴随着社会对绿色食品的重视程度越来越高，苦参作为中草药饲料添加剂、生物源农药的主要原料，需求量激增。据不完全统计，现在全国医药行业对苦参的年用量已达 5000t 以上。

苦参还是贵州省药企生产药品的重要的原料药之一。省内大型药企如贵州远程制药生产的抗妇炎胶囊，贵州汉方制药生产的苦参栓、疣迪搽剂、日舒安洗液、苦参素注射液以及贵州浩诚药业和贵州顺健制药生产的苦参片，均需要大量的苦参原材料。苦参用途较多，市场需求量大，2010 年仅贵州远程药业、汉方药业两家企业年需求量即达 200 余吨。目前省内苦参药材年产不足，远远无法满足相关药企的需求。为了解决苦参药材供应不足的问题，多家药企已在省内外建立基地开始大面积种植苦参。

从上可见，仅依靠野生苦参资源已难以满足未来生产所需，且资源质量呈下降趋势。随着野生资源的减少，其稀缺性必然推动价格上涨。苦参具备适宜性广、栽培简便等特点，在贵州山区栽培苦参具有很大优势。大力发展苦参人工种植业，不仅能够满足省内药企发展的需要，还可以外销到其他省份，市场前景非常广阔。

主要参考文献

顾关云，肖年生，等. 2009. 苦参的化学成分、生物活性和药理作用[J]. 现代药物与临床，（5）24：265-270.

李安平，王智民. 2014. 中国苦参[M]. 北京：中国医药科技出版社：102.

李南，高艳，李海讯. 2011. 苦参对大鼠慢性酒精性肝损伤肝组织病理学影响的研究[J]. 北方药学，（1）：65-66.

谢宗万. 2008. 中药品种理论与应用[M]. 北京：人民卫生出版社：230.

张庆霞，纪英. 2009. 苦参种子形态特征及萌发规律研究[J]. 中国种业，（11）：54-55.

郑萍，张伟，买淑霞，等. 2014. 苦参碱对慢性心力衰竭大鼠心肌重构的干预作用[J]. 中国现代中药，16（12）：979-984.

（张文龙　魏升华）

20　金　荞　麦

Jinqiaomai

FAGOPYRI DIBOTRYIS RHIZOMA

【概述】

金荞麦原植物为蓼科植物金荞麦 *Fagopyrum dibotrys*（D.Don.）Hara。别名：天荞麦、赤地利、苦荞头、透骨消等。以干燥根茎入药。《中国药典》（2010 年版）始予收载。《中国药典》（2015 年版一部）称：金荞麦微辛、涩，性凉。归肺经。具有清热解毒、排脓祛瘀功能。用于肺痈吐脓、肺热喘咳、乳蛾肿痛。金荞麦又是苗族习用药材，苗药名："Uab baob ved"（近似汉译音："蛙抱有"），味苦，性冷。入热经。具有清热解毒、活血消痈、健脾消积功能。主治肺痈、肺热咳嗽、咽喉肿痛、痢疾、胃脘疼痛、跌仆损伤、痈肿疮毒、蛇虫咬伤等症。民族民间多用于治疗肺脓肿、自汗盗汗、久痢不止、关节酸痛、多发性脓肿、跌打损伤等。

金荞麦以"赤地利"之名始载于唐代《新修本草》，称其"叶似萝摩蔓，生根皮齿黑，肉黄赤。花、叶如荞麦，根紧硬似狗脊，一名五蕺，一名谁蛇冈。"以后如宋代《图经本草》等均予收载。清代吴其濬《植物名实图考》亦载云："江西、湖南通呼为天荞麦，亦曰金荞麦。茎柔披靡，不缠绕，茎赤叶青，花叶俱如荞麦，其根赭硬。"观其附图与现今所药用金荞麦一致。金荞麦为中药民族药工业常用大宗药材，也是贵州特色药材。

【形态特征】

金荞麦为多年生草本植物，高 60～150cm。常具块状根茎，红褐色，近木质，茎直立，分枝或不分枝，中空，无毛。叶片箭形或戟形，长 3～11cm，宽 3.5～12cm（大小差异较大），先端狭渐尖，基部心形，叶耳三角状，具尖头，全缘，两面无毛，基出脉 7 条，纸质，中下部茎生叶和基生叶的叶柄纤细，长可达 15cm，中部以上的茎生叶的叶柄，较短或渐无柄，托叶鞘筒状，先端截形至斜截形，全缘，淡褐色，膜质，无毛。花序伞房状，顶生和腋生，苞片卵圆形，通常内有 2～4 花，花梗细，长约为苞片的 2 倍，近中部有关节，花被 5 裂，裂片长圆形或椭圆状长圆形，白色，雄蕊 8 枚，花药带红色，柱头 3 枚，花盘腺状。瘦果三棱形，角棱锐，淡褐色或黄褐色。花果期 9～11 月。金荞麦植物形态见图 20-1。

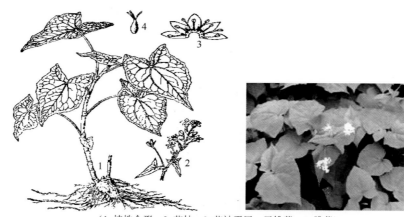

（1. 植株全形；2. 花枝；3. 花被平展，示雄蕊；4. 雌蕊）

图 20-1　金荞麦植物形态图

（引自任仁安主编，《中药鉴定学》，上海科学技术出版社，1986）

【生物学特性】

一、生长发育习性

（一）种子发芽特性

金荞麦果实为瘦果，果皮表面为红棕色或黑褐色，去掉果皮后的种子由种皮、胚乳和胚组成。瘦果千粒重 45～50g。当种子吸收相当于自重 40%的水分，地温达 12℃以上后即开始萌发。其最适宜萌发温度为 20～25℃，播种后 10～15 天出苗。温度低于 8℃或高于 35℃均抑制种子萌发。

（二）营养生长特性

据在龙里县麻芝乡金荞麦试验基地（海拔 1360m）观察，春季播种后，经 10～15 天即出苗，第 20 天左右为出苗盛期。真叶产生至抽薹开花，其营养生长期需 130 天左右，开花前植株高度可达 100cm 以上。

（三）生殖生长特性

当年播种的金荞麦，经 4～5 个月的营养生长，于 8 月下旬抽出多分枝的茎，于叶腋形成花芽，进入生殖生长期。花序抽出后，花序轴上产生花芽，逐渐形成花蕾，约经 15 天开出白色的小花。每个花序上形成 30～40 朵小花。小花开放后，经 20～25 天，于 10～11 月由下向上渐次形成外露于宿存花被的黄褐色的瘦果。瘦果呈卵状三棱形，未成熟时为绿色，成熟时为红棕色至黑褐色，易脱落。

播种当年的生长期约 180 天，结实后在霜降后逐渐枯萎，其老根和根茎宿存于土中，次年春季发芽。在贵州的龙里县试验研究基地（海拔 1350m）和关岭县普利乡种植基地（海拔 1560m），金荞麦地上部分于 12 月中旬枯萎，过冬后第二年 2 月下旬萌出新芽，3 月后随着气温回升迅速生长。

二、生态环境要求

金荞麦的适生地环境条件为海拔 700～3000m 的丘陵、山地、河谷，其中以海拔 1600～2200m 的温暖平坝、丘陵、半山区、山区分布最集中，在湿润的山沟、山箐、山谷生长繁茂，北向的阴坡、山谷生长较好，村头、地埂、路坎、河流阶地偶见生长。

温湿度：金荞麦生长的气候条件主要为亚热带气候，在温暖湿润的气候条件下，气温偏凉更适宜其生长。在贵州，年平均温度 6.6～20℃，≥10℃年积温为 3000～5500℃，年无霜期 230～300 天，空气相对湿度 50%～85% 的区域均茂盛生长。

光照：野生金荞麦在向阳的草坡、背阴的山谷、灌丛均有生长。其药材在阳坡地生长的质量优良。

土壤：对土壤要求不严，但以疏松肥沃的弱酸性到弱碱性的砂质壤土为宜。在河谷平坝冲积土、河谷阶地赤红壤、低山山地红壤、中山山地红壤、黄红壤中均能生长。在 pH6.5～7.5，有机质平均含量 2.7%，速效氮平均含量 51.25mg/kg，速效磷平均含量 2.5mg/kg，速效钾平均含量 145mg/kg 的土壤上生长良好。

水：金荞麦喜湿润环境，但也耐旱。在年降水量为 800～1300mm 的山谷或山坡的混生阔叶林和灌丛、草坡地中均能良好生长。

【资源分布与适宜区分析】

一、资源调查与分布

经调查，目前世界上被认可的蓼科荞麦属（*Fagopyrum sp.*）植物 16 种，我国有 12 种，如金荞麦（*F. dibotrys*）、硬枝万年荞（*F. urophyllum*）、抽葶荞麦（*F. statice*）、细柄野荞麦（*F. gracilipes*）、小野荞麦（*F. leptopodum*）、线叶野荞麦（*F. lineare*）、岩野荞麦（*F. gilesii*）、苦荞麦（*F. tataricum*）等，主要集中分布于中国西南部的云南、贵州、四川、重庆等地。金荞麦的分布区在我国黄河以南各省（自治区、直辖市）：河南、江苏、安徽、浙江、福建、江西、湖北、湖南、广东、广西、陕西、甘肃、云南、四川、重庆、贵州、西藏和长江中下游及珠江流域。在北纬 21°00′～32°30′，东经 97°～121° 区域内，金荞麦主要生长于荒野山坡、沟谷。如在长江中下游平原，江南丘陵、两广丘陵、四川盆地及云贵高原海拔 700～3000m 的地区都有金荞麦生长。

二、贵州资源分布与适宜区分析

（一）资源分布

金荞麦在贵州全省均有分布，主要分布于黔北、黔东、黔西北、黔中及黔东南等地。但主要集中在六枝、盘州、水城、普安、晴隆、关岭、普定、威宁、赫章、七星关、大方、织金等西部和西北部海拔 1400m 以上的区域，这些区域多为石灰岩山地发育的黑色石灰土、黄色石灰土，土壤 pH 为 6.5～7.3。伴生植物中木本植物主要有马尾松、云南松、臭樱、木姜子、桦槁、青冈、构树、鸡桑、马桑、白籁、悬钩子、小铁子、映山红、南烛、茸毛木蓝、西南杭子梢等，草本植物有何首乌、半夏、草玉梅、毛茛、小蓟、白茅、贯众、凤尾蕨等。

（二）适宜区分析

贵州省金荞麦生产最适宜区主要为六盘水市的盘州、水城、六枝，毕节市的赫章、威宁、七星关、纳雍、大方、织金、黔西，安顺市的关岭、普定、紫云，及贵阳市的修文、乌当，遵义市的遵义、道真，黔南州的龙里、贵定，黔西南州的普安、晴隆、安龙等地的海拔 1200m 以上区域，多属农业气候层划分中的暖温层（≥10℃的积温 3000～4000℃，一月平均气温–1～6℃，7 月平均气温 18～25℃，极端最低气温–7～–2℃），其气候温凉多云雾，适宜发展金荞麦的生产。

除上述生产最适宜区外，贵州省其他各县（市、区）凡符合金荞麦生长习性与生态环境要求的区域均为其生产适宜区。

【生产基地合理选择与基地环境质量检（监）测评价】

一、生产基地合理选择与基地条件

根据金荞麦生产适宜区优化原则与其生长发育特性要求，选择其最适宜区或适宜区并具良好社会经济条件的地区建立规范化生产基地。例如，在贵州省安顺市关岭县普利乡选建的金荞麦规范化种植试验示范基地（以下简称"关岭普利乡金荞麦基地"，见图 20-2），位于距关岭县城 46km 的普利乡，基地海拔 1650～1750m，气候属于中亚热带季风湿润气候，年平均气温为 15.6℃，年均降水量 1430mm，成土母岩主要为石灰岩和砂岩，土壤以黄壤和黑色石灰土为主。地带性植被为常绿-落叶阔叶混交林和针-阔叶混交林，主要树种有臭樱、白杨、刺槐、枫香、丝栗、马尾松、华山松、栎类等；该基地生境内的药用植物除金荞麦外，主要有续断、白及、南沙参、桔梗、天冬、黄精、鱼腥草、吉祥草、瓜蒌等。关岭普利乡金荞麦基地始建于 2012 年，在其原建桔梗试验基地基础上，建立了金

图 20-2　贵州关岭县普利乡金荞麦基地（2013.7）

荞麦规范化种植试验示范基地 100 亩，2014 年发展规模已达 1500 亩。普利乡紧邻具有浓厚民族医药传统文化的岗乌镇和花江镇，当地党政对金荞麦规范化生产基地建设高度重视，交通、通信等社会经济条件良好，当地广大农民有采集野生药材加工销售的传统习惯。该基地远离城镇及公路干线，其空气清新，水为山泉，环境幽美，周围 10km 内无污染源。

二、基地环境质量检（监）测与评价（略）

【种植关键技术研究与推广应用】

一、种质资源保护抚育

金荞麦的分布在我国黄河以南各地，野生资源多生长在山坡草灌丛中。其地带性植被为常绿和落叶阔叶混交林，主要植物有臭樱、桦槁、杨树、马尾松、柳杉、麻栎、盐肤木、杜鹃、茅栗、火棘、悬钩子、斑茅、白茅、贯众、凤尾蕨等。据观察研究，野生金荞麦具有种质资源多样性特点，主要表现在其植株形态（茎的颜色、叶的毛绒和叶片大小、叶片厚度、根茎的形态等）、生长速度、果实成熟期等方面。生产上应通过对不同类型种质资源的收集，有目的地选育生态适应性强、药用价值高、果实成熟期一致的高产品种。目前，生产上贵州各地多采用本地野生种源驯化，中国医学科学院药用植物研究所培育的"金荞 1 号"和"金荞 2 号"也在关岭县试验推广。

二、良种繁育关键技术

金荞麦可采用种子繁殖、扦插繁殖和根茎分株繁殖，以下主要介绍种子繁殖。

（一）种子来源、鉴定与采集保存

1. 种子来源与鉴定

金荞麦为多年生宿根植物，播种后当年可开花结实，应选择 1～2 年生种植地做留种地，留种地应与生产基地充分隔离，避免生物混杂。金荞麦种子（瘦果）主要来自蓼科荞麦属植物金荞麦 *Fagopyrum dibotrys*（D.Don.）Hara。

2. 采种圃的建设

选择与生产基地充分隔离的缓坡地，如林地中砍伐出的林窗，根据生产规模确定采种地面积，建立围栏，防止人畜进入，并清除周边野生的金荞麦植株。将土地深耕 25～30cm，做成宽 100cm 的厢面，厢沟宽 40cm，深 10～15cm。每亩施用 2000kg 腐熟的农家肥或 50kg 复合肥做底肥，用选育出的金荞麦种子育苗或用根茎进行栽种。种植密度 50cm×50cm。定植后应加强采种地的管理，苗期及时除杂草，去除混杂和病弱植株。采种地一年生金荞麦每亩可采种约 25kg，二年生约 30kg。

3. 种子采集与保存

在贵州龙里试验地，当年 4 月春播或二年生的金荞麦，7 月开始孕蕾，8 月上旬进入初花期，8 月下旬至 9 月中旬为盛花期，其间有部分果实成熟脱落。10 月下旬至 11 月中旬为果实集中成熟期。采用人工采摘方法分批采收果皮变为红褐色的成熟果实,可采收到12月上旬(图20-3)。此法采收的金荞麦种子(瘦果)饱满,呈卵状三角形,长6～8mm,先端具短尖头,红褐色,平均千粒重45～50g。果实采回后摊放于干燥通风处阴干,除去宿存花被及果梗(图20-4),至含水量低于12%,装入布袋或麻袋于通风干燥处保存,期间注意防潮防鼠害。

图20-3 种子采集(龙里县麻芝乡,2013.11)　　图20-4 种子(瘦果)(2013.11)

(二)种子品质检定与种子质量标准制订

1. 种子品质检定

扦样依法对金荞麦种子(瘦果)进行品质检定,主要有:官能检定、成熟度测定、净度测定、生活力测定、水分测定、千粒重测定、病虫害检验、色泽检验等。同时,尚应依法进行种子发芽率、发芽势及种子适用率等测定与计算。例如,龙里试验基地4月春播育苗移栽金荞麦种子(瘦果)品质检定的结果,见表20-1。

表20-1　金荞麦种子(瘦果)品质的主要检定结果

外观形状	成熟度/%	净度/%	生活力/%	检测代表样重/kg
呈卵状三角形,长6～8mm,先端具短尖头,红褐色	92	96	95	
含水量/%	千粒重/g	发芽率/%	病虫感染度/%	5.0
11.3	46.2	91	0	

2. 种子质量鉴别

金荞麦优劣种子主要鉴别特征,见表20-2。

表20-2　金荞麦优劣种子(瘦果)主要鉴别特征

种子(瘦果)类别	主要外观鉴别特征
成熟新种	果皮红色至红褐色,有光泽,卵状三棱形,饱满新鲜,种仁饱满均匀,胚乳多,粉性,白色
早采种	果皮浅黄色或黄绿色,果实干瘪,种仁不饱满。胚乳少,白色
隔年种	果皮灰色或褐色,无光泽,干皱,胚乳浅灰色
发霉种	闻着有霉味,黑褐色,少光亮,胚乳浅灰色,有虫蛀

3. 种子标准制定

经试验研究，将金荞麦种子（瘦果）分为三级种子标准（试行），见表 20-3。

表 20-3　金荞麦种子（瘦果）分级表（试行）

项目	一级种子	二级种子	三级种子
成熟度（%）不低于	95	90	85
净度（%）不低于	95	90	90
生活力（%）不低于	95	90	80
含水量（%）不高于	12	12	12
发芽率（%）不低于	95	90	75
千粒重/g	≥48	≥45	≥40
外观形状	外形卵状三角形，长 6～8mm，先端具短尖头，红褐色，无虫蛀、霉变		

另外，尚可采用扦插繁殖或根茎分株繁殖。扦插繁殖时，于夏季选取饱满充实的老枝条，剪切为 20cm 的插穗，每穗应有 2～3 个节，可用河沙或腐殖质土为基质做苗床，将插穗按 5cm×5cm 密度插入苗床基质中，穗条露出基质约 1/3，浇水保湿。扦插后约 20 天生根，一般成活率达 85% 以上，约 30 天后可移栽定植。

根茎分株繁殖时，于早春 2 月未萌芽前挖出 2～3 年生的根茎，选用结节状小幼嫩根茎切为小块做种栽，按株行距 30cm×30cm 穴栽，芽头向上，盖土踏紧即可。

三、规范化种植关键技术

（一）栽培地选择与整地

1. 选地

金荞麦种植地可选择海拔 700m 以上的山区，也可在核桃等经果林幼林期进行套作。金荞麦对成土母质要求不高，适应性强，各种土壤类型均能种植，但以排水良好、肥沃的土壤为佳。在贵州关岭普利乡基地以石灰岩山地发育的黑色石灰土、黄色石灰土为主，土壤 pH 为 6.5～7.3，在织金化起镇、修文六屯乡、龙里麻芝乡则为酸性黄色砂壤土，均生长良好。

2. 整地

播种栽种前 10～15 天进行整地，清除杂草，深耕土壤 25～30cm。

（二）播种

金荞麦播种采取春播。3～5 月选取土壤墒情好时播种，尽量减少春旱对出苗的影响。

种子直播采取穴播方式。在深翻好的土地上，顺坡势起宽 120cm 的厢面，厢沟深 10～15cm，沟宽 30cm。然后在厢面上按 30cm×30cm 株行距打穴，穴深 6～8cm，在穴内按 2000～2500kg/亩施腐熟的农家肥做底肥，将 4～6 粒种子播于穴中，覆土 3～5cm，耙平。每亩约 5600 穴，需种子 1.3kg。

（三）田间管理

1. 间苗

播种后 10～15 天可出齐苗，苗齐后生长较密，必须间拔弱苗和过密苗，每穴保留 2～3 株壮苗即可。定苗 10 天以内，应经常浇水，以保证成活。

2. 除草

根据杂草的多少，结合间苗时进行中耕除草。一般在播种后至出苗前，除草 1 次；出苗后于第一次间苗时中耕除草 1 次；第二次定苗至行间郁闭前中耕除草 1 次。以后根据情况及时拔除杂草。

3. 水肥管理

金荞麦耐旱耐瘠薄，当苗高 40～60cm 时可追施尿素，每亩 5kg 即可。若割取其茎叶做饲料，在每次收割后追施尿素 5～6kg。8 月中下旬可进行 1 次追肥，以磷、钾肥为主，加强复壮，促进根部营养成分的积累及越冬芽的分化。在地势低平的地块，要注意挖沟防涝。

（四）主要病虫害防治

在贵州，金荞麦种植目前尚未发现严重的病虫害。但在早春需防治蚜虫吸食嫩茎叶汁液。防治方法是在发生期，用 80% 敌敌畏乳剂 1500 倍液或 40% 乐果乳剂 1500 倍液喷杀。对采种田，其果实成熟后易被鸟和鼠为害，需采取措施防鸟防鼠。

上述金荞麦良种繁育与规范化种植关键技术，可于金荞麦生产适宜区内，并结合实际因地制宜地进行推广应用。

【药材合理采收、初加工、储藏养护与运输】

一、合理采收与批号制定

（一）合理采收

1. 采收时间

据在龙里麻芝乡金荞麦基地的试验结果，一年生金荞麦根茎小，药材产量低，每穴平均鲜重仅约 90g，以 5600 株/亩计，亩产鲜药材 504kg，按平均 30% 折干率计算，亩产药材 151.2kg；二年生根茎每穴平均鲜重达 310g，以 5600 株/亩计，亩产鲜药材达 1680kg，按平均 30% 折干率计算，亩产药材 504kg；栽种 3 年后采收的根茎，每穴鲜重达 620g，但多数根茎中部枯腐不能药用（图 20-5）。为此，建议贵州种植金荞麦应在第二年 12 月地上部分枯萎后到第三年萌芽前进行采收。

图 20-5　金荞麦鲜药材

2. 采收方法

采收时用机械或人工挖取法均可。采收时先割除枯枝，再从一端采挖，挖全根茎，在地里摊晾，抖去泥土，用刀砍去残茎和须根，运回待加工。

（二）批号制定（略）

二、合理初加工与包装

（一）合理初加工

金荞麦根茎挖出运回后，需趁鲜在产地及时初加工。即去杂，清洗，脱水，脱毛，晒干或阴干，50℃内烘干亦可。但需注意干燥时温度不宜过高，不要超过 50℃，若超过这一温度，药材质量就会明显下降。

（二）合理包装

金荞麦切片常用的包装材料有：布袋、细密麻袋、无毒聚氯乙烯袋等。包装之前要再次检验金荞麦质量，达不到金荞麦药材质量标准的坚决除去。装袋后要缝口严密，袋口应缝牢，药材袋封口要严紧。标识、合格证按要求粘贴牢固清晰。并在每件包装上注明品名、规格、等级、毛重、净重、产地、批号、执行标准、生产单位、包装日期及工号等，并应有质量合格的标志。

三、合理储藏养护与运输

（一）合理储藏养护

包装后的金荞麦药材，在贮藏（或运输）中，易感染霉菌，受潮后可见霉斑。因此贮藏前，还应严格入库质量检查，防止受潮或染霉品掺入；贮藏时应保持环境干燥、整洁与加强仓储养护规范管理，定期检查、翻垛；为防止金荞麦药材在贮藏过程中出现霉烂、虫蛀、变色、返潮等现象，要有专人对贮藏室内药材进行定期抽检，以保证其应有质量。若发现金荞麦药材吸潮或初霉品或虫蛀，应及时进行通风晾晒等处理。

（二）合理运输

中药材的运输是药材流通的重要环节,运输过程中首先要保证运输工具清洁干燥无污染，运输过程中还要做好防雨、防潮，确保金荞麦药材安全。

【药材质量标准、质量检测与监控】

一、药材商品规格与质量检测

（一）药材商品规格

金荞麦药材以无须根、霉变、焦枯，身干，质坚硬，不易折断，切断面淡黄白色至黄棕色，有放射状纹理，中央有髓，气微，味微涩者为佳品。金荞麦药材商品规格为统货，现暂未分级。

（二）药材质量检测

按照《中国药典》（2015 年版一部）金荞麦药材质量标准进行检测。

1. 来源

本品为蓼科植物金荞麦 *Fagopyrum dibotrys*（D.Don.）Hara 的干燥根茎。冬季采挖，除去茎和须根，洗净，晒干。

2. 性状

本品呈不规则团块或圆柱状，常有瘤状分枝，顶端有的有茎残基，长 3～15cm，直径 1～4cm。表面棕褐色，有横向环节和纵皱纹，密布点状皮孔，并有凹陷的圆形根痕和残存须根。质坚硬，不易折断，断面淡黄白色或淡棕红色，有放射状纹理，中央髓部色较深。气微，味微涩。

3. 鉴别

（1）粉末鉴别：本品粉末淡棕色。淀粉粒甚多，单粒类球形、椭圆形或卵圆形，直径 5～48μm，脐点点状、星状、裂缝状或飞鸟状，位于中央或偏于一端，大粒可见层纹；复粒由 2～4 分粒组成；半复粒可见。木纤维成束，直径 10～38μm，具单斜纹孔或十字形纹孔。草酸钙簇晶直径 10～62μm。木薄壁细胞类方形或椭圆形，直径 28～37μm，长约至 100μm，壁稍厚，可见稀疏的纹孔。具缘纹孔导管和网纹导管直径 21～83μm。

（2）薄层色谱鉴别：取本品 2.5g，加甲醇 20mL，放置 1h，加热回流 1h，放冷，滤过，滤液浓缩至 5mL，作为供试品溶液。另取金荞麦对照药材 1g，同法制成对照药材溶液。再取表儿茶素对照品，加甲醇制成每 1mL 含 1mg 的溶液，作为对照品溶液。照薄层色谱法（《中国药典》2015 年版四部通则 5202）试验，吸取供试品溶液 5～10μL、对照药材溶液和对照品溶液各 5μL，分别点于同一硅胶 G 薄层板上，以甲苯-乙酸乙酯-甲醇-甲酸（1：2：0.2：0.1）为展开剂，展开，取出，晾干，喷以 25%磷钼酸乙醇溶液，在 110℃加热至斑点显色清晰。供试品色谱中，在与对照药材色谱和对照品色谱相应的位置上，显相同颜色的斑点。

4. 检查

（1）水分：照水分测定法（《中国药典》2015 年版四部通则 0832 第二法）测定，应不超过 15%。

（2）总灰分：照总灰分测定法（《中国药典》2015 年版四部通则 2302）测定，不得超过 5.0%。

5. 浸出物

照醇溶性浸出物测定法（《中国药典》2015 年版四部通则 2201）项下热浸法测定，用稀乙醇作溶剂，不得少于 14.0%。

6. 含量测定

照高效液相色谱法（《中国药典》2015 年版四部通则 0512）测定。（《中国药典》2010 年版一部：附录Ⅵ D）测定。

色谱条件与系统适用性试验：以十八烷基硅烷键合硅胶为填充剂，以乙腈-0.004% 磷酸溶液（10∶90）为流动相，检测波长为 280nm。理论板数按表儿茶素峰计算应不低于 6000。

对照品溶液的制备：取表儿茶素对照品适量，精密称定，加流动相制成每 1mL 含 25μg 的溶液，即得。

供试品溶液的制备：取本品粗粉约 2g，精密称定，置具塞锥形瓶中，精密加入稀乙醇 50mL，密塞，精密称定，放置 1h，加热回流 1h，放冷，再称定重量，用稀乙醇补足减失的重量，摇匀，滤过，精密量取续滤液 25mL，减压浓缩（50～70℃）至近干，残渣加乙腈-水（10∶90）混合溶液分次洗涤，洗液转移至 10mL 量瓶中，加乙腈-水（10∶90）混合溶液至刻度，摇匀，离心（转速为每分钟 3000 转）5min，精密量取上清液 5mL，加于聚酰胺柱（30～60 目，内径为 1.0cm，柱长为 15cm，湿法装柱）上，以水 50mL 洗脱，弃去水液，再用乙醇 100mL 洗脱，收集洗脱液，减压浓缩（50～70℃）至近干，残渣用乙腈-水（10∶90）混合溶液溶解，转移至 10mL 量瓶中，加乙腈-水（10∶90）混合溶液稀释至刻度，摇匀，即得。

测定法：分别精密吸取对照品溶液与供试品溶液各 20μL，注入液相色谱仪，测定，即得。

本品按干燥品计算，含表儿茶素（$C_{15}H_{14}O_6$）不得少于 0.030%。

二、药材质量标准提升研究与企业内控质量标准制定（略）

三、药材留样观察与质量监控（略）

【药材生产发展现状与市场前景展望】

一、生产发展现状与主要存在问题

20 世纪 90 年代开始人们对金荞麦进行研究和开发，造成大量野生资源被破坏。1999

年金荞麦被列入国家 II 级重点保护野生植物。但由于当时金荞麦经济价值低，农户种植积极性不高，产区以采挖野生资源为主，无大规模生产种植。近年来，随着人们"回归自然"和"绿色消费"及现代健康理念的形成，以天然药物为主的民族医药受到越来越多消费者的青睐，再次焕发出其在人们医疗保健中强大的生命力。但是由于土地的过度开发和各种环境污染破坏了金荞麦的生境，对其野生资源造成了极大的破坏，蕴藏量大的种源地区日益减少，许多地区的金荞麦种群已为零星散生状的分布。

金荞麦的人工栽培始于 21 世纪初。2003 年，农业部在重庆市黔江成立了"金荞麦原生境保护区"。金荞麦根茎为太极集团的主打产品"急支糖浆"的主要原料药材，该产品每年需求金荞麦药材 6000t 以上，黑龙江、贵州及韩国、日本等国内外市场也有巨大需求。结合重庆太极集团的原料生产基地建设，杨明宏等首先进行了金荞麦的规范化生产技术研究。2008 年，贵州安泰制药、贵州同济堂制药等企业也开展了相关研究工作，同时在赫章县、织金县、大方县、修文县、龙里县进行了种植。近年来，以金荞麦中的表儿茶素为指标成分，对省内外不同金荞麦样品进行了定量分析与质量标准提升研究。结果表明，贵州修文、龙里、关岭、织金等产金荞麦根茎表儿茶素含量较高，其二年生根茎表儿茶素含量均在 0.030% 以上。2012 年，关岭县普利乡引进北京药用植物所培育的金荞麦 1 号和金荞麦 2 号品种进行试验，目前贵州种植规模已达 2000 亩。在关岭、赫章、七星关、纳雍、织金、大方等有人工栽培（抚育），现面积最大的种植地在关岭县普利乡和织金县化起乡。但需迅速组建和培养金荞麦生产所需的乡土人才队伍，建立优良种子种苗繁育基地，完善农畜产品及药材质量控制基础设施，建立并完善中药材及农畜产品流通和交易体系。

二、市场需求与前景展望

金荞麦根茎是重要的传统中药材，具有较高的药用价值。据最新研究成果表明，金荞麦块根的活性提取物具有显著的抗癌、抑制肿瘤细胞侵袭和转移、消炎抗菌等作用，是多种重要的抗癌药物和癌症预防药物如复方金荞麦颗粒、金荞麦片和威麦宁胶囊、金刺参九正合剂、金荞麦茶、急支糖浆等的主要成分之一。此外还发现金荞麦果实具有很高的营养价值，蛋白质含量丰富，同时还含有具有保健功能的多种矿物质和维生素，具有软化血管、降低人体血脂和胆固醇、抗衰老的作用。近年来，金荞麦用于肺脓肿、肺癌等肺部疾病具有显著的疗效，其提取物具有抗炎作用，因此，金荞麦是一种很有前景的抗炎症和抗肿瘤中药。目前，以金荞麦根茎为主要原料的中成药有急支糖浆、金刺参九正合剂、复方金荞麦颗粒、金荞麦片、威麦宁胶囊等十余种，仅重庆太极集团"急支糖浆"每年就需金荞麦药材 6000t 以上，而贵州同济堂制药、贵州安泰制药及医院配方等需求在 100t 以上。随着非药用大健康产品的开发，金荞麦的市场需求将不断扩大。

金荞麦还是优质的保健品及绿色食品原料。据研究，金荞麦中蛋白质、脂肪、纤维素、维生素及微量元素的含量均较丰富，但受遗传多样性和环境因素影响，不同类型间差异较大。与甜荞和苦荞比较，果实中粗蛋白含量较高，达 12.5% 以上；脂肪含量高达 1.74% 以上且多为不饱和油酸和亚油酸，介于甜荞和苦荞之间；其维生素 B_1 和维生素 PP 含量均高于甜荞和苦荞；维生素 B_2 和维生素 P 含量低于苦荞，高于甜荞；金荞麦果实中含丰富的无机元素，无机元素钠、钙、硒高于甜荞和苦荞，钾、镁、铁、锰、锌含量与甜荞和苦荞相近。金荞麦果实中的 18 种氨基酸有 8 种为人体必需，含量丰富，其含量接近或超过苦荞和栽培甜荞，高于小麦、玉米、水稻。因此，金荞麦在保健食品和功能食品方面有很高的开发利用价值。目前市场上已有金荞麦茶、金荞麦饮料等多种保健食品和功能食品。金荞麦保健品可从金荞麦食品、金荞麦饮料及化妆品等方向发展。

金荞麦除了根茎作药用外，金荞麦茎叶是畜禽的优质饲料。金荞麦具有很好的环境适应性，其繁殖容易、生长速度快、抗逆性强，可作为优质饲料。据试验研究，以 3 年计算，金荞麦每年每亩产干草 850～950kg，年产种子 26～36kg，3 年共产药材 550～650kg。利用金荞麦茎叶生长快的特点，在药材生产中利用茎叶发展生态养殖，生产优质无公害的畜禽产品，同时利用畜禽产生的粪便经无害化处理做肥料，发展山区循环经济，是目前促进金荞麦产区的经济发展的有效途径。另外，目前在关岭县、织金县等地的山区乡镇，正结合核桃、黄柏、杜仲等林木的种植，通过套种金荞麦发展林、果、药、养殖，发展山区生态经济，促进农民增收。

主要参考文献

陈晓峰，等. 2000. 金荞麦抗肿瘤作用研究进展[J]. 中草药，2000，31（9）：715-718.

邓蓉，向清华，等. 2013. 黔金荞麦栽培驯化试验[J]. 种子，（11）32：60-62.

何显忠. 2001. 金荞麦的药理作用及临床应用[J]. 时珍国医国药，12（4）：316-317.

李安仁. 1998. 中国植物志[M]. 北京：科学出版社，25（1）：108-117.

林汝法. 1998. 苦荞的研究与动态[J]. 荞麦动态，（1）：1-7.

刘元德，李名扬，等. 2006. 资源植物野生金荞麦的研究进展[J]. 农业资源与环境科学，（10）22：380-389.

赵刚，唐宁，等. 2001. 中国荞麦资源及其药用价值[J]. 中国野生植物资源，20（2）：1-32.

（魏升华）

21　金　铁　锁

Jintiesuo

PSAMMOSILENES RADIX

【概述】

金铁锁原植物为石竹科植物 *Psammosilene tunicoides* W.C. Wu et C.Y.Wu。别名：独丁子、独定子、小霸王、金丝矮陀、独鹿角姜、土人参等。以根入药，《中国药典》1977 年版及 2010 年版收载。《中国药典》（2015 年版）称：金铁锁味苦、辛，性温；有小毒。归肝经。具有祛风除湿、散瘀止痛、解毒消肿功能。用于风湿痹痛、胃脘冷痛、跌打损伤、外伤出血；外治疮疖、蛇虫咬伤。金铁锁又是常用苗药，苗药名："Jenb tieef sox"（近似汉译音：金铁锁），味苦、辛，性微热；有小毒。入冷经。具有散瘀定痛、止血、消痈排脓功能。主治跌打损伤、风湿痹痛、胃痛、创伤出血等。

金铁锁首载于明代兰茂著《滇南本草》，云："金铁锁，味辛、性大温，有小毒，吃之令人多吐。专治面寒痛、胃气痛、攻疮痛排脓，为末每服五分，烧酒服。"清末吴其濬著《植物名实图考》，对金铁锁亦有较详记述："昆明沙参即金铁锁，生昆明山中，柔曼拖地，对叶如指，厚脆，仅露直纹一缕。夏开小淡红花五瓣，极细，独根横纹，颇似沙参，壮大如萝卜，亦有数根攒生者。"后于 1945 年正式定名为石竹科植物 *Psammosilene tunicoides* W.C. WU et C.Y.Wu。1982 年版《贵州植物志》详细记载了金铁锁原植物形态及其分布。1991 年作为稀有濒危物种被列入《中国植物红皮书》第一册中，1999 年作为国家二级保护植物被列入《国家重点保护野生植物名录（第一批）》中。金铁锁为贵州珍稀名贵地道药材。

【形态特征】

金铁锁为多年生宿根草本植物，根多单生，肉质，粗壮，长圆锥形，长 20～30cm，直径 1～3cm，外皮棕黄色。茎平卧，呈圆柱形，蔓生，中空，2 叉或 3 叉状分枝，长 30～35cm，紫绿色，中、上部节间较长，具细柔毛，茎柔弱易折断。单叶对生，卵形至披针形，稍带肉质，几无柄，长 1.0～2.5cm，宽 0.5～1.5cm，先端渐尖，基部宽楔形至圆形，全缘，上部疏生细柔毛，下部仅沿中脉有柔毛。花为聚伞花序，顶生，花小近于无柄，长 6～9mm，有头状腺毛；花萼筒状钟形，绿色，长 4～6mm，萼齿三角状卵形，约占花萼总长的 1/5，边缘膜质，具 15 条棱线及头状腺毛；花瓣 5 片，狭匙形，长 6～8mm，全缘，内侧类白色，有紫色脉纹，外侧紫红色；雄蕊 5，与萼片对生，花丝长 7～9mm，花药淡紫红色（花粉囊破裂前）或紫红色（破裂后），背着药（花粉囊破裂前）或"丁"字形着生（破裂后），花粉黄色，花丝光滑，长约 6mm，伸出花外；子房上位倒披针形，长 7～8mm，二心皮，一室；花柱线形，2 枚，柱头点状，长约 4mm，先端约 1/3 弯曲并具疣状凸起，倒生胚珠 2 枚。蒴果，长棍棒形，长约 7mm，内有种子 1 粒；种子呈长倒卵形，长 3mm，种皮褐色，种子扁平。花期 6～9 月，果期 7～10 月。金铁锁植物形态见图 21-1。

【生物学特性】

一、生长发育习性

在贵州威宁的金铁锁，一般 4 月下旬开始萌芽，从芦头上萌发出许多幼苗，平卧地面，茎节紫堇色。6～9 月陆续开花，花紫色，最早开花为 6 月上旬，花期较为集中，时间为 7～8 月，停止开花时间为 10 月。花开到花谢后，种子成熟需 30 天左右，10 月开的花所形成的种子不饱满，多数不成熟，7～10 月果实陆续成熟，为蒴果，由绿色转变成黄色，成熟后自然脱落。长棍棒形，内有一粒种子；种子为长倒卵形，扁平，褐色，长 3mm。霜后叶渐由红色变为黄褐色，直至倒苗，植物体进入休眠期。次年春季由根茎顶端发出 2～5 条幼茎。在营养生长期内，如地上部分全部或部分断离，可再发出新的茎叶。经观测，用种子播种的金铁锁当地温大于 15℃时，种子开始萌发出苗，苗期生长缓慢，并具有分枝特性，到夏季进入营养生长旺盛期，秋冬季随温度降低进入休眠期，高海拔地区第一年一般不开花结实，在低海拔区种植第一年可开花结实。

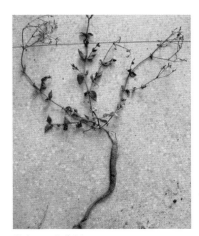

（1. 根；2. 植株一部分；3. 茎中部叶；4. 苞片；5. 花萼剖开；
6. 花；7. 花瓣；8. 雄蕊；9. 雌蕊；10. 带萼的果实）

图 21-1 金铁锁植物形态图

（墨线图引自中国科学院中国植物志编委会，《中国植物志》，26 卷，科学出版社，1996）

二、生态环境要求

金铁锁为喜光植物，分布于沿金沙江各支流诸山中温暖地带，海拔 1500～3800m。可在年日照时数 2081.9h 以上，年降水量 900～1500mm，年平均气温 5.4～21.3℃，极高温不超过 32℃，极低温不低于−25.4℃，年平均空气湿度 61%～72% 的地区生长。

金铁锁的人工栽培，温度、光照、水分等环境因子对金铁锁生长的影响极大。在人工种植时，应选择宽敞、阳光较为充足的地方栽培。幼苗在 10℃ 以上即能缓慢生长，夏秋季 15℃ 以上生长发育迅速。金铁锁耐旱耐强光，在湿度较大的环境中病害较为严重，在肥力较好、有机质含量较高、土壤深厚疏松的壤土中生长较快，忌黏重、排水不良的黄泥土。

【资源分布与适宜区分析】

一、资源调查与分布

经调查，金铁锁是我国西南地区特有的单属种植物，主产于云南、贵州、四川、西藏。在云南省主要分布于德钦、中甸、丽江、永胜、鹤庆、洱源、宾川、保山、富民、昆明、会泽、东川、寻甸、红河，大都沿雅鲁藏布江、金沙江、南盘江等支流河谷分布，且多生于山坡、草坝、松林下、石灰质岩石缝中；在贵州省主要分布于西部地区的威宁、水城北部和赫章西部少数地区；在四川西部、西藏东南部也有分布。由于种群较稀少，人为大量采挖较严重，目前数量急剧减少，是稀有濒危物种，被列为国家二级保护植物。

二、贵州资源分布与适宜区分析

金铁锁在贵州省分布较少，主要分布于毕节市的威宁县。其主产区为毕节市威宁县，其中又以小海镇种植面积最大，在威宁县迤那镇、哲觉镇、黑石头镇、海拉乡、石门乡、玉龙乡等地也有零星种植生产。

贵州省金铁锁的最适宜区为黔西北高原山地的威宁县，威宁县不但具有金铁锁整个生长发育过程中所需的自然条件，而且当地党政重视，群众有金铁锁栽培及加工技术的丰富经验，所以在该区生产的金铁锁质量较好，产量较大。

除威宁县外，与威宁县相邻的赫章县西部及水城县西北部也是金铁锁适宜区。贵州省其他各地均为不适宜区。

【生产基地合理选择与基地环境质量检（监）测评价】

一、生产基地合理选择与基地条件

按照金铁锁生产适宜区优化原则与其生长发育特性要求，选择其最适宜区或适宜区并具良好社会经济条件的地区建立规范化生产基地。例如，在贵州省毕节市威宁县小海镇选建的金铁锁规范化种植与示范基地（以下简称"威宁金铁锁基地"，见图21-2），位于县城西北17km处，平均海拔2221m。处于亚热带季风湿润气候区，具有低纬度高原季风气候特征。其属亚热带高原季风气候，年均气温10.5℃，光能资源丰富，年总辐射为4778.46MJ/m²。年降水量平均为1008.31mm，年无霜期208天左右，凉山地区为180～185天；半凉山地区为195～208天。地貌类型为高原山地丘陵地貌，土壤以红壤土为主。地带性植被为落叶灌木林。

威宁金铁锁基地原建于20世纪80年代，连片种植金铁锁面积约20亩，其中药材生产区18亩，采种区2亩。小海镇党政对金铁锁规范化生产基地建设高度重视，交通、通信等社会经济条件良好，当地农民有种植金铁锁的传统习惯与良好积极性。该基地远离城镇及公路干线，无污染源。其空气清新，环境幽美，周围10km内无污染源。

二、基地环境质量检（监）测与评价（略）

图 21-2 贵州威宁县小海镇金铁锁规范化种植与示范基地

【种植关键技术研究与推广应用】

一、种质资源保护抚育

金铁锁为我国独有的单属种植物，种内具有种质资源多样性特点，主要表现在茎的颜色、果实颜色、花的颜色等方面。如在不同地方生长的金铁锁中，有的茎为绿色，有的茎为紫色。在生产实践中，经有目的地选择生长迅速、根膨大速度快等不同类型的金铁锁进行选育，则可培育出生长速度快而根大高产之新品种。我们应对金铁锁种质资源，特别是贵州威宁县各地的野生种质资源切实加强保护与抚育，以求永续利用。

二、良种繁育关键技术

金铁锁多采用种子繁殖，育苗移栽；也可采用无性繁殖（如扦插繁殖、分根繁殖等）育苗。下面重点介绍金铁锁种子繁殖育苗的有关问题。

（一）种子来源与鉴定

（1）种子来源与鉴定：金铁锁种子主要于贵州威宁金铁锁种植基地采集，也可在种子成熟时到野外采集。

（2）种子采集与保存：于7～10月，当金铁锁的果实由绿变黄褐色时，种子已成熟。在果实尚未脱落前采集。采摘后阴干或晒干，再用筛子去杂质，风选出充实的种子，除去秕种子，装入透气的布袋或塑料袋中贮藏，供来年春播用，也可当年进行秋播。金铁锁的花、果实及种子萌发，以及在威宁县小海镇的育苗基地，见图21-3。

图21-3 金铁锁花、果实及种子萌发与威宁小海镇育苗基地

（二）种子品质检定与种子质量标准制订

1. 种子品质检定

依法扦样对金铁锁种子进行品质检定，主要有：形态检定、净度测定、水分测定、千粒重测定、病虫害检验等。同时，尚应依法进行种子发芽率、发芽势及种子适用率等测定与计算。

例如，金铁锁基地 4 月春播育苗用金铁锁种子品质检定的结果，见表 21-1。

表 21-1　金铁锁种子品质的主要检定结果

形态检定	净度/%	含水量/%	千粒重/g	发芽率/%	病虫感染度/%
黄褐色，饱满	80	9	2.25	80	0

2. 种子标准制定

经试验研究，将金铁锁种子分为三级种子标准（试行），见表 21-2。

表 21-2　金铁锁种子分级表（试行）

项目	一级种子	二级种子	三级种子
净度（%）不低于	90	85	80
含水量（%）不高于	10.86	10.86	10.86
千粒重（g）不低于	2.35	2.20	2.10
发芽率（%）不低于	90	85	70
外观形状	饱满、黄褐色、大小较均匀、无破损		

（三）种子处理、选种、种子消毒

1. 种子处理

若秋播可用当年采集的合格鲜种。若来年春播，应将种子晒干贮藏于透气的布袋中，播种时取出。

2. 选种

播种前需要再次对种子进行精选，去掉杂质。

3. 种子消毒与浸种催芽

用多菌灵溶液浸泡种子数分钟，对种子进行消毒与浸种催芽。

（四）播种育苗与苗期管理

1. 苗圃选择与苗床准备

金铁锁种苗繁育的苗圃地应选地势平坦、灌溉排水方便、肥沃、疏松、无污染的土壤。早春深耕 20~30cm，充分整细整平。起厢做床，苗床规格 1.2m×1.0m，长度因地制宜。厢上开横沟，沟距 15~20cm，沟深 5cm 左右。

2. 播种与育苗

金铁锁播种可分春播和秋播。在威宁，春播于 4 月中下旬，秋播于 9～10 月。在整好地的苗床畦面上，按行距 15～20cm 开播种沟深约 5cm，然后把种子均匀撒播在播种沟内，种子株距 2～3cm，盖土 3～4cm，最后用草或树叶覆盖畦面，保持土壤温湿度。播种 10 天左右，陆续出苗。因金铁锁种子价格昂贵，不需要间苗。金铁锁试验发芽温度为 15～20℃，当年种子的发芽率一般为 70%～85%。

3. 苗期管理

应加强苗期管理，严防各种病虫害发生，适时肥水灌溉，以促进幼苗健壮生长。主要抓好以下管理环节：

（1）中耕除草：根据土壤是否板结和杂草的多少，适时进行中耕除草。一般在播种后至出苗前，除草 1 次；出苗后中耕除草 1 次；行间郁闭后若无大草，尽量不要除草。

（2）追肥：金铁锁耐贫瘠，苗期一般不需要追肥，若幼苗出现缺肥症状，可适当进行追肥。

（3）灌溉：金铁锁幼苗期对缺水反应敏感，出苗期应保持土壤湿润，若土壤干旱应适时浇水。当金铁锁进入营养生长期后，水分过多容易引起茎软腐及苗徒长，控制土壤含水量，有利于金铁锁根的膨大和生长。

（五）种根标准制定

经试验研究，将金铁锁种根分为三级种苗标准（试行），见表 21-3。

表 21-3　金铁锁种根质量标准（试行）

种苗等级	根粗/mm	根长/cm	根重/g	外观形态
一级	>8	11	4.15	棕红色，芦头饱满
二级	≤8，>5.5	9.36	2.30	棕红色，芦头饱满
三级	≤5	7.9	1.51	棕红色，芦头饱满

三、规范化种植关键技术

（一）选地整地

（1）地形：选择海拔 1300～1500m，缓坡，忌选低洼水湿地段及风口处。
（2）土壤：土层深厚、土质疏松的壤土作为定植地。

（二）移栽定植

1. 整地

种植前，在选好的种植地施堆肥 2000kg/亩。由于金铁锁主根特别发达，可深入土内

40cm 左右，所以施肥后要深翻土地，一般是三犁三耙，在阳光下曝晒进行土壤消毒处理，然后开厢，厢面宽 100cm，厢沟深 15cm，厢沟宽 20～40cm；在厢面上整细土壤，每隔 25cm 开横沟，沟深 15～20cm。

2. 定植技术要点

（1）种根分级移栽：优选种根进行分级，然后移栽定植，便于实施田间管理。

（2）移栽季节：移栽定植可在早春或晚秋进行，早春在种根萌芽前，晚秋在地上部枯萎后移栽定植。

（3）定植：定植时芽头朝上，将种根斜放在开好的横沟中，株距 10～15cm，然后覆土盖过芽头 2cm 左右，踩实，然后浇足定根水，盖上一层松土即可。

（三）田间管理

1. 松土除草

通过中耕翻土，改善土壤结构，促进肥力，同时铲除杂草。宜见草就拔，除早除小。当金铁锁进入营养生长旺期，封厢后若杂草不影响金铁锁生长可以不除。

2. 追肥

结合中耕除草追肥 2～3 次，第 1 次在 5 月时每亩可施人粪水 1.5t，第 2 次在 8 月可施堆肥 2000kg/亩，加过磷酸钙 25kg/亩，以促进根系生长。

3. 灌溉排水

金铁锁忌积水，雨季注意排水防涝，以免积水烂根，做到田间地头沟沟相通，雨停水干。出苗期要经常保持土壤湿润，以利出苗。干旱时适时进行浇水，使其生长良好。

4. 摘花蕾

6～7 月金铁锁开始现蕾，不留种的田块在植株现蕾时应及时剪去花蕾，以减少营养消耗，促进植株根部生长。

5. 盖草越冬

冬天倒苗后清除杂草，在厢面上盖一层草或松针，可以起到保温保湿的作用，有利于植株安全越冬，到第二年春天出苗时揭去盖草。

贵州威宁县小海镇金铁锁规范化种植基地大田生长情况，见图 21-4。

（四）主要病虫害防治

在遵循"预防为主，综合防治"的原则下，坚持"早发现、早防治，治早治小治了"，选择高效低毒低残留的农药对症下药地进行金铁锁主要病虫害防治。

图 21-4　贵州威宁县小海镇金铁锁规范化种植基地大田生长情况（2010 年）

1. 主要病害防治

（1）立枯病。①症状：发病初期近土表层基部产生水渍状椭圆形暗褐色斑块，并以失水状萎蔫现象出现，后凹陷扩大绕茎一周，病部溢缩干枯。②发病规律：一般发生在5～6月。

防治方法：播种前用多菌灵或敌克松按种子重量的 0.2%～0.3%拌种；土壤处理：播前用生石灰 200kg/亩进行消毒；发病初期，用 50%多菌灵或 50%甲基托布津可湿性粉剂 500～600 倍液浇灌病区，每隔 5～10 天喷施 1 次，连续 2～5 次。

（2）根腐病。①症状：发病初期根尖顶端感病，并逐渐向根上端扩展，根感病后，早期植株不表现症状，随着根部腐烂程度的加剧，吸收水分和养分的功能逐渐减弱。病情严重时，根皮变褐，并与髓部分离，最后全株死亡。②发病规律：5～11月发生。

防治方法：选择地势高的地块种植，实行轮作。发现病株及时用敌克松或云植 1 号 800～1000 倍液浇灌发病区，连喷 2～3 次，每次间隔 7～10 天。

（3）叶斑病。①症状：发病初期为黄褐色圆斑，后扩展成同心轮状，湿度加大时，病斑的背面产生黑绿色霉状物，最终叶片枯死。②发病规律：一般生长期间发病。

防治方法：发病初期用 50%多菌灵 800～1000 倍液或 50%甲基托布津 1000 倍液喷雾防治，连喷 2～3 次，每隔 7～10 天喷 1 次。

2. 主要虫害防治

现发现金铁锁的虫害主要为地老虎。其主要为害根茎，将根茎咬断，造成整株死亡而缺苗断垄。

防治方法：以综合防治为主，冬季深翻土地，清除杂草，消灭越冬虫卵。在虫害发生时，按如下原料和比例配制毒饵诱杀，能起到很好的效果。毒饵的配制：先将炒黄的油枯或玉米粉与质量百分数为 90%的晶体敌百虫以质量比 100∶（1～3）混合均匀后，在傍晚将毒饵 5～10g 堆放在害虫活动频繁的地方，毒饵要随拌随投。

上述金铁锁良种繁育与规范化种植关键技术，可于金铁锁生产适宜区内，并结合实际因地制宜地进行推广应用。

【药材合理采收、初加工、储藏养护与运输】

一、合理采收与批号制定

（一）合理采收

经实践，金铁锁种根直播 2 年即可采收；育苗移栽的，一般需 3 年采收（育苗 1 年，移栽种植 2 年）。在秋末冬初植株枯萎后到冬末春初植株发芽前都可进行采收。采挖时，先要清理地上枯枝杂草，再用洁净的齿锄将金铁锁根全部挖起，除去根部的泥土即得，见图 21-5。

图 21-5　金铁锁药材采挖

（二）批号制定（略）

二、合理初加工与包装

（一）合理初加工

将挖出的根及时刮去外皮和杂质，晒（晾）干即为药材商品。然后置于干燥通风处储存。也可切片，取原药材蒸 5h 左右，再露放一夜，切片晒（晾）干，或采后浸入淘米水中 1h，去皮切片晒（晾）干，见图 21-6。

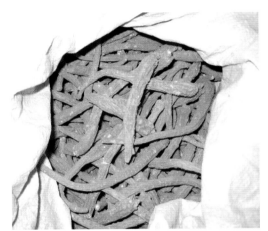

图 21-6　金铁锁药材晒（晾）干

（二）合理包装

金铁锁在包装前应再次检查是否已充分干燥，并清除劣质品及异物。所使用的包装材料为瓦楞纸箱、麻袋或尼龙编织袋等，具体可根据购货商要求而定，所用包装均须符合药材包装质量标准。在每件包装上，应注明品名、规格、产地、批号、包装日期、生产单位，并附有质量合格的标志。

三、合理储藏养护与运输

（一）合理储藏养护

金铁锁为有毒药材，又易吸潮、虫蛀。干燥金铁锁药材应储存于干燥通风处，温度25℃以下，相对湿度65%～75%。初加工时，若未充分干燥，在贮藏（或运输）中易感染霉菌，受潮后可见霉斑。因此贮藏前，还应严格入库质量检查，防止受潮或染霉品掺入；贮藏时应保持环境干燥、整洁与加强仓储养护规范管理；贮藏后定期检查、翻垛，发现吸潮或初霉品或虫蛀，应及时进行通风晾晒等处理。同时应有专人保管，按有毒药材严格管理。

（二）合理运输

运输工具或容器应具有较好的通气性，以保持干燥，应有防潮防虫措施，并在运输过程中按有毒药材严格管理。

【药材质量标准、质量检测与监控】

一、药材商品规格与质量检测

（一）药材商品规格

金铁锁药材以无芦头、无皮壳、无霉变，根条肥大、粗壮、质坚、断面粉质，有黄色菊花心者为佳品。药材商品规格为统货，现暂未分级。

（二）药材质量检测

按照《中国药典》（2015 年版一部）金铁锁药材质量标准进行质量检测。

1. 来源

本品为石竹科植物金铁锁 *Psammosilene tunicoides* W.C. Wu et C.Y.Wu 的干燥根。秋季采挖，除去外皮和杂质，晒干。

2. 性状

本品呈长圆锥形，略扭曲，长 8～25cm，直径 0.6～2cm。表面黄白色，有多数纵皱纹及褐色皮孔。质硬，易折断，断面不平坦，粉性，皮部白色，木部黄色，有放射状纹理。气微，味辛、麻，有刺喉感。

3. 鉴别

（1）显微鉴别：本品粉末类白色。网纹导管多见，偶有螺纹导管或具缘纹孔导管，直径 16～25μm。

（2）薄层色谱鉴别：取本品粉末 1g，加 70%甲醇 30mL，超声处理 1h，滤过，滤液蒸干，残渣加 50%甲醇 1mL 使溶解，作为供试品溶液。另取金铁锁对照药材 1g，同法制成对照药材溶液。照薄层色谱法（通则 0502）试验，吸取上述两种溶液各 2～3μL；分别点于同一硅胶 G 薄层板上，以正丁醇-醋酸-水（3∶1∶1）为展开剂，展开，取出，晾干，喷以茚三酮试液，在 105℃加热至斑点显色清晰。供试品色谱中，在与对照药材色谱相应的位置上，显相同颜色的斑点。

4. 检查

（1）水分：照水分测定法（《中国药典》2015 年版四部通则 0832 第二法）测定，不得过 12.0%。

（2）总灰分：照总灰分测定法（《中国药典》2015 年版四部通则 2302）测定，不得过 6.0%。

5. 浸出物

照醇溶性浸出物测定法（《中国药典》2015 年版四部通则 2201）项下热浸法测定，用

90%乙醇作溶剂，不得少于18.0%。

二、药材质量标准提升研究与企业内控质量标准制定（略）

三、药材留样观察与质量监控（略）

【药材生产发展现状与市场前景展望】

一、生产发展现状与主要存在问题

20世纪80年代，贵州省金铁锁从野生变家种成功。特别是近10年来，人工种植技术不断完善成熟。据贵州省扶贫办《贵州省中药材产业发展报告》统计，2013年，全省金铁锁保护抚育为主与种植结合的面积已达10万亩，其基地主要分布在威宁县各乡镇。威宁县扶贫办介绍，该县金铁锁的野生抚育面积现已达10万亩，2015年人工种植面积450亩左右。其中，威宁县小海镇西冲村农户宋乃学的种植面积最大，种植时间最长，从2004年的0.5亩发展到2015年种植面积达130亩（其中宋乃学种植30亩，合作社农户共种植100亩）。通过不断摸索和实践，已积累较为丰富的经验，以种子育苗与种子直播种植金铁锁已获成功，并获得了显著经济效益。但是，由于金铁锁生产成本较高，种植关键技术还须深入探索，发展规模的扩大速度还较缓慢，因此尚需政府及有关企业进一步加强引导与加大投入力度，尚需进一步科技攻关，以更好推进金铁锁的规范化生产与发展。

二、市场需求与前景展望

现代研究表明，金铁锁根部主要含有三萜皂苷元、三萜皂苷、环肽、内酰胺、糖类、有机酸和氨基酸等药效成分，是治疗跌打损伤、风湿疼痛、胃痛、痈疽疮疖及创伤出血的要药。金铁锁不仅在民间单用或以配方广为应用，而且更是多种中成药如云南白药、百宝丹、金骨莲胶囊、痛血康胶囊等的重要原料。据调查，贵州野生金铁锁1964年收购量为2000多千克，到1984年收购不足300kg。目前，贵州野生金铁锁资源已近绝迹，在市场上几乎无法见到，因而金铁锁在中药材市场的价格连年攀升。金铁锁是珍稀名贵药材，是战略性资源，药用价值高，市场前景好，经济效益显著，可促使广大山区药农增收致富。应特别加强金铁锁科学种植的探索，积极推进金铁锁产业的发展。

主要参考文献

戴住波，朱常成，钱子刚，等.2007.金铁锁种质资源的遗传多样性分析[J].中草药，07：1070-107.

房楠，吴玟萱，明全忠，等.2015.苗药金铁锁质量标准完善研究[J].药物分析杂志，02：344-350.

廖彩丽，刘春生，张园园，等.2013.基于中药系统鉴别法的金铁锁及其混淆品的精确鉴别[J].中国中药杂志，8：1134-1137.

刘家佳，谢晖，陈海丰，等.2014.金铁锁β-香树素合酶cDNA的克隆、原核表达和功能鉴定[J].中草药，10：1456-1460.

吕小梨，王华磊，赵致，等.2011.金铁锁总皂苷提取工艺研究[J].中国农学通报，27（05）：470-474.

吕小梨, 王华磊, 赵致. 2010. 金铁锁种子发芽试验研究[J]. 种子, 29 (6): 84-86.

王华磊, 吕小梨, 赵致, 等. 2010. 不同种苗质量对金铁锁田间出苗和幼苗生长的影响[J]. 种子, 29 (11): 85-86.

夏冰. 2006. 民族植物学和药用植物[M]. 南京: 东南大学出版社: 11.

谢晖, 钱子刚, 杨耀文, 等. 2003. 金铁锁居群繁殖生物学初步研究[J]. 中药材, 10: 702-703.

杨斌, 李林玉, 杨丽英, 等. 2009. 金铁锁种子质量标准研究[J]. 种子, 11: 115-117.

杨卫平, 夏同珩. 2010. 新编中草药图谱及常用配方[M]. 贵阳: 贵州科技出版社.

云南省楚雄彝族自治州食品药品监督管理局, 昆明医学院. 2009. 彝族药材现代研究[M]. 昆明: 云南科技出版社: 04.

赵鑫, 王丹, 朱瑞良, 等. 2006. 金铁锁的化学成分和药理活性研究进展[J]. 中草药, 5: 796-799.

朱兆云. 2006. 云南重要天然药物[M]. 昆明: 云南科学技术出版社.

（王华磊　冉懋雄　李杨胜　宋　彪）

22　南　沙　参

Nanshashen

ADENOPHORAE RADIX

【概述】

南沙参原植物为桔梗科植物轮叶沙参 *Adenophora tetraphylla*（Thunb.）Fisch. 或沙参 *Adenophora stricta* Miq.。别名：白参、泡沙参、白沙参、两杖杆、羊婆奶、铃儿参、泡参、桔参等。以干燥根入药，《中国药典》历版均予收载。《中国药典》（2015 年版一部）称：南沙参味甘，性微寒。归肺、胃经。具有养阴清肺、益胃生津、化痰、益气功能。用于肺热燥咳、阴虚劳嗽、干咳痰黏、胃阴不足、食少呕吐、气阴不足、烦热口干。南沙参又为常用苗药，苗药名："jongx wub mqngb"（近似汉译音："龚务骂"），又名"Ngix ghecib ghod"（近似汉译音："野鸡果"），性微冷，味微甜，入热经、慢经药。具有养阴清热、润肺化痰、益胃生津功能。主治阴虚久咳、痨嗽痰血、燥咳痰少、虚热喉痹，津伤口渴。南沙参还是贵州仡佬族及布依族的常用民族药。

南沙参药用历史悠久，以"沙参"名始载于《神农本草经》，列为上品，并云："一名知母，味苦，微寒，无毒。治血积、惊气，除寒热，补中，益肺气，久服利人。生川谷。"《吴普本草》首载其形态及采收时令："三月生如葵，叶青，实白如芥，根大白如芜青。三月采。"其后诸家本草均予收载，尤以明代李时珍《本草纲目》为详，如引弘景曰："此与人参、玄参、丹参、苦参是为五参，其形不尽相类，而主疗颇同，故皆有参名。又有紫参，乃牡蒙也。"又云："沙参白色，宜于沙地，故名。其根多白汁，俚人呼为羊婆奶。""沙参处处山原有之，二月生苗，叶如初生小葵叶而团扁不光。八、九月抽茎，高一二尺。……霜后苗枯。其根生沙地者长尺余，大一虎口，黄土地者则短而小。根、茎皆有白汁。八、九月采者，白而实；春月采者，微黄而虚。"上述特征与桔梗科沙参属植物一致。《本草纲目》和清代《植物名实图考》的沙参图形态与沙参 *Adenophor stricta* Miq.一致；再参照宋代《本草图经》所附的"淄州沙参"

图，叶轮生，边缘有锯齿，形态与轮叶沙参 *Adenophora tetraphylla*（Thunb.）Fisch. 相似，此与现《中国药典》收载的南沙参相符。沙参在历代本草中都有记载，自清代吴仪洛《本草从新》首次将沙参分为南沙参和北沙参。南沙参是中医临床及民族民间常用药材，也是贵州著名地道特色药材。

【形态特征】

沙参：多年生草本，根表面粗鳞片状，根茎有白汁，2～3 月出苗。茎高 40～80cm，不分枝，常被短硬毛或长柔毛，少无毛。基生叶心形，大而具长柄；茎生叶无柄，或仅下部的叶有极短而带翅的柄；叶片椭圆形、狭卵形，顶端急尖或短渐尖，基部楔形，少为近于圆钝形，边缘有不整齐的锯齿，两面疏生短毛或长硬毛，或近于无毛，长 3～11cm，宽 1.5～5cm。花序常不分枝而成假总状花序，或有短分枝而成极狭的圆锥花序，极少具长分枝而成圆锥花序的；花梗常极短，长不及 5mm；花萼常被短柔毛或粒状毛，少数无毛，筒部常倒卵状，少数为倒卵状圆锥形，裂片 5，狭长，多为钻形，少数为条状披针形，长 6～8mm，宽 1～2mm；花冠宽钟状，蓝色或紫色，长 1.5～2.3cm，外面无毛或仅顶端脉上有几根硬毛，基部合生成短筒，裂片 5，三角状卵形；花盘短筒状，无毛；雄蕊 5，花丝下部扩大成片状，花药细长，边缘有柔毛；雌蕊花柱常略长于花冠，柱头 3 裂，子房下位，3 室；花柱常略长于花冠或近等长。蒴果椭圆状球形，极少或为椭圆状，长 6～10mm。种子多数，棕黄色，稍扁，有 1 条棱，长约 1.5mm。花期 7～8 月，果期 9～10 月，种子成熟期 9～10 月。

轮叶沙参：叶 3～6 轮生，卵圆形或线状披针形。花序分枝也常轮生；花盘较短，长 2～4mm，直径一般不超过 1mm；花冠细小，近于筒状，口部稍收缩，裂片常约 2mm。花期 7～9 月，果期 9～10 月，种子成熟期 9～10 月。轮叶沙参植物形态见图 22-1。

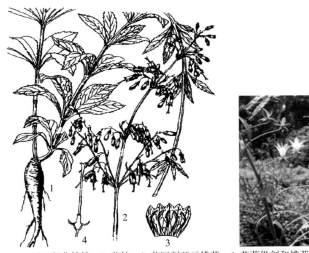

（1. 部分植株；2. 花枝；3. 花冠剖开示雄蕊；4. 花萼纵剖和雄蕊）

图 22-1　轮叶沙参植物形态图

（墨线图引自中国中药资源丛书编委会，《中国常用中药材》，科学出版社，1995）

另外，同属植物杏仁沙参 *Adenophora hunanensis* Nannf.（又名宽裂沙参）、丝裂沙

参 *Adenophora capillaris* Hemsl.（又名泡参、毛鸡腿）、无柄沙参 *Adenophora stricta* Miq. subsp. *sessilifolia* Hong、中华沙参 *Adenophora sinensis* A.DC.〔上述杏仁沙参、丝裂沙参、无柄沙参、中华沙参均于《贵州省中药材、民族药材质量标准（2003 年版）》收载〕、云南沙参 *Adenophora khasiana*（Hook. f.et Thoms.）Coll. et Hemsl.、泡沙参 *Adenophora Potaninii* Korsh.等，也在贵州省或其他地区作为南沙参习用。

【生物学特性】

一、生长发育习性

南沙参为多年生草本植物，适应性广，抗逆性强，能耐阴、耐寒和耐旱。但在其生长期中也需要适量水分，尤在幼苗时期，干旱往往引起死苗。南沙参种子发芽起点温度约为 8℃，萌发适宜温度为 15～18℃，生长发育温度为 15～25℃，温度低于 10℃生长发育不良，高于 25℃时，生茎叶而不利于其根生长。

二、生态环境要求

南沙参喜温暖、凉爽和光照充足的气候条件，常分布于海拔 600～2000m 草地或林木地带，在海拔 3000m 以上的向阳草坡和丛林中也有生长，多见于草地、灌木丛中和岩缝中。南沙参对土壤要求不甚严格，但以潮湿、肥沃的土壤为好，忌积水。南沙参家种时，多栽培于土层厚、肥沃、排水良好的砂质壤土中。尤适在温暖湿润、土层深厚、肥沃疏松、排水良好的砂质壤土中生长与栽培；土质黏重、低洼易积水地不宜种植。

经调查，南沙参在贵州省黔东南、黔南、遵义、铜仁等地的气候适宜、温和湿润或凉爽环境条件下，多生于山地草丛，或林缘沟边，或低山岩缝，更喜在开旷山坡、草地及灌木林中生长。如在黔东南的施秉、剑河等地，大都是在海拔 800m 左右或海拔 1200m 以下的地带，属农业气候区划中的暖温层（≥10℃的积温 3000～4000℃，一月平均气温–1～6℃，7 月平均气温 18～25℃，极端最低气温–2～–7℃）或凉亚热层（≥10℃积温 4000～5000℃）和中亚热层（≥10℃积温 5000～6000℃），年平均日照 1200～1500h。尤其是气候温凉多云雾、湿润、阳光充足、土层深厚、疏松肥沃、富含腐殖质、排灌方便的砂质土壤地带更适南沙参种植；但土层黏性重的瘠薄处，南沙参生长不良。

【资源分布与适宜区分析】

一、资源调查与分布

经调查，南沙参同属植物主要分布于我国亚热带和暖温带地区，南北均有分布，东西部均适于南沙参生长；垂直分布于海拔 300～1800m 的丘陵、山地，并以 800～1200m 分布广泛。轮叶沙参主要分布于贵州、四川、云南、湖南、湖北、安徽、山东、陕西、甘肃、内蒙古、黑龙江、辽宁、河南、江西、江苏及浙江等地；沙参主产于贵州、四川、重庆、云南、湖北、湖南、安徽、陕西、甘肃、江苏及浙江等地。南沙参主要地理分布与适生环境为云贵高原东部及其延伸地带，这也是其家种的主要分布区和主产地；尤以贵州、四川、重庆、云南、湖南、湖北等地为其最适宜区。

二、贵州资源分布与适宜区分析

（一）资源分布

南沙参在贵州全省均有分布，以黔东南（如台江、施秉、黄平、雷山、黎平、锦屏、镇远、榕江、丹寨等）、黔南（如独山、荔波、平塘、都匀、龙里等）、黔北（如务川、凤冈、遵义、湄潭、余庆等）、黔东（如松桃、印江、江口、铜仁等）、黔中（如开阳、黔西、惠水、长顺等）及黔西北（如大方、毕节等）为主产区。

（二）适宜区分析

贵州省南沙参最适宜区为：黔东南低山丘陵，如台江、施秉、黄平等地；黔南低山丘陵，如独山、荔波、平塘等地；黔北山原山地，如务川、凤冈、遵义等地；黔东山原山地，如松桃、印江、江口等地；黔中山原山地，如开阳、黔西、惠水等地。以上各地不但具有南沙参在整个生长发育过程中所需的自然条件，而且当地党政重视，广大群众有南沙参栽培及加工技术的丰富经验。

除上述南沙参最适宜区外，贵州省其他各县（市、区）凡符合南沙参生长习性与生态环境要求的区域均为其生产适宜区。

【生产基地合理选择与基地环境质量检（监）测评价】

一、生产基地合理选择与基地条件

按照南沙参生产适宜区优化原则与其生长发育特性要求，并依照中药材规范化种植相关规定，遵循适于南沙参生长地域性、安全性和可操作性的原则，选择其最适宜区或适宜区并具良好社会经济条件的地区建立规范化生产基地。如在贵州省南沙参生产最适宜区黔东南州的施秉等地选建的南沙参规范化生产基地，见图 22-2。

图 22-2　贵州施秉县南沙参规范化种植基地

二、基地环境质量检（监）测与评价（略）

【种植关键技术与推广应用】

一、种质资源保护抚育

南沙参是地道特色药材，应对南沙参种质资源，特别是贵州黔东南、黔北、黔南等地的野生南沙参种质资源切实加强保护抚育。经有目的地选择南沙参生态适应性强的地带，采用封禁、补种等措施对其进行保护与抚育，则将有效保护南沙参种质资源。同时，在生产上还可通过对不同产地、不同类型等种质资源的收集，有目的地选育生态适应性强、药用价值高、果实成熟期一致的南沙参优质高产新品种，以求永续利用。

二、良种繁育关键技术

南沙参采用种子繁殖，育苗移栽；也可采用无性繁殖（如分根繁殖等）育苗。下面主要介绍其种子繁殖育苗关键技术。

（一）播种

在南沙参种子成熟期9～10月采种，经处理、种子鉴定，于通风低温贮藏，并选择饱满、无病害、无霉变、贮藏期为一年内的种子，供春播和秋播用。

1. 春播

于3月上旬，选地势平坦，排灌方便，土层深厚、肥沃的砂壤土作苗床。清理田园，翻耕耙细。有条件的在其上覆盖一层杂草或稻草，用火焚烧，并于3月中旬再精耕一次，整地施足基肥，每亩施堆肥或厩肥1500～2000kg。起宽1.2m、长10～15m的厢面，沟深30cm，用50%可湿性多菌灵兑水700倍液给土壤消毒，用地膜覆盖。7天后，在厢面上以30cm行距开浅沟（深2～3cm），用经40℃热水泡种后的种子，拌火土灰均匀撒于沟中条播，每亩用种2kg。用细土覆盖，并浇水，保持土壤湿润。

2. 秋播

于10月中旬选土、整地，11月初播种，其整地方法、播种方法同春季播种。

（二）苗期管理

春播20天左右出苗，秋播于次年3～4月出苗，其苗期基本相同。幼苗长出2～3片真叶时，即可间去弱、病苗，并以幼苗叶片不相互重叠为宜；15天后进行第二次间苗，并定苗株行距为5cm×10cm。若有杂草滋生（特别是春播杂草滋生快），即刻人工拔除，并轻轻压实土壤，及时浇水，使幼苗根系不松动。在苗长出2～3片叶时，用沼液或经腐熟的稀粪水浇施一次，每亩1000kg，或以0.2%尿素溶液喷施叶面，每7天1次，共2～3次。

（三）采种地管理

南沙参采种地的种植方式、管理方法与上述南沙参规范化种植基本相同。采种地的南沙参，在开花前追施 1 次花前肥，每次用有机复合肥 50kg/亩，撒施后锄入土中。但采种地南沙参不能打顶，若侧枝过密，通风透光受到影响时，可适当修枝。

（四）采种与贮藏

在南沙参采种地，选择粗壮、无病虫害植株作采种株。于南沙参果实成熟但未开裂时，连同果梗一起剪下，置于室内通风干燥处阴干，或阳光下晒干；脱粒，除去杂质，装入布袋；及时做好相关记录及标签等，贮藏于通风干燥处，见图 22-3。

图 22-3　南沙参开花结果与种子

三、规范化种植关键技术

（一）选地移栽

1. 选地

5～6 月，选阳光充足、土层深厚、疏松肥沃、排水良好的壤土或砂壤土的平地或缓坡地。翻地深耕 30cm 以上。每亩撒施腐熟牛厩肥 2000～2500kg、钙镁磷肥 20kg、有机复合肥 50kg。并起厢，厢宽 1m，长 10～20m，厢沟深 30cm。

2. 移栽

移栽前一天，用水浇润苗床，以利起苗，第二天从苗床中小心挖起带土的健壮植株，放于竹筐内，小心地运至移栽地。种苗要求：健壮、无病虫害，3 片真叶以上，根系发达，未伤苗。

在上述做好的厢面上，按 15cm×30cm 的株行距挖穴移植，每两行南沙参之间成"品"字形。将南沙参种苗放入穴中，使其根部自然伸直，不卷曲，每穴 1 株，回土覆平，稍压实，土壤干时，及时浇透定根水。

（二）田间管理

1. 中耕除草

移栽初期，应见草就人工拔除，并将松动的土压实。进入生长旺盛期后，每两月除草 1 次，除草时，应结合中耕进行。第一年 8 月份中耕一次，锄土要浅。对植株根际杂草或深根性杂草，以及后期生长旺盛的杂草，亦应人工拔除，以免伤及植株。

2. 培土壅根

第一年 8 月中耕时，先追施入肥料，后培土壅根，以促进其生根和防止倒伏。第二年 5～6 月又培土一次，每次培土 2～3cm。

3. 追肥

南沙参生长期长，移栽后第一年 8 月结合中耕培土并追肥，每亩施入有机复合肥 50kg。次年 5～6 月再施一次，每亩用有机复合肥 50kg。

4. 排灌

南沙参苗期和生长旺盛期，如气象干旱，当土壤缺水时，应及时浇水，使土壤湿润。南沙参怕积水，下雨时，应及时疏沟排水。

5. 打顶

南沙参生长茂盛，于第一年 8～9 月开花前打顶尖。第二年 6～7 月，生长迅速时，剪去过多过密的侧枝，并打顶尖。

（三）主要病虫害防治

1. 主要病害防治

（1）根腐病：病原为 *Fusarium* sp.。发病初期，地上茎叶不表现症状，只是须根变褐腐烂。随着根部腐烂程度的加剧，叶片逐渐变黄，地下病部逐渐向主根扩展。最后导致全根腐烂，植株自下而上逐渐枯死。该病危害严重，应加强监控，一旦发现病株应立即挖除烧毁，并在穴内撒生石灰消毒，防止蔓延为害。5～7 月高温、多雨、田间积水易引发病害。

防治方法：雨季及时排干田间积水，及时清除病株，并用生石灰处理病穴。发病初期用 50%可湿性退菌特粉剂 600 倍液或 50%甲基托布津 800 倍液浇灌根部。

（2）叶斑病：病原为 *Mycosphaerella* sp.。发病自近地面叶片开始，初期叶片上呈针头大的褐斑，渐次扩大呈圆形或椭圆形，有明显的边缘，不受叶脉限制，大小为 1～5mm，后期病斑上有小黑点，即为病原菌分生孢子器。病斑多时，连成一片使整片叶变褐枯死。病原菌以分生孢子器在病株枯叶上越冬。翌年 3 月分生孢子器吸水后释放出大量分生孢子。分生孢子随风雨传播，引起初次侵染。入夏后，当雨水增多，气温上升后开始发病，6～8 月为发病盛期，为害加重。以后随气温降低，雨水减少，为害程度减轻。

防治方法：雨后及时疏沟排水，降低田间湿度；及时打顶，剪除侧枝，改善田间通风透光条件；清洁田园，减少田间病原菌的积累和传播；发病初期用 1∶1∶120 波尔多液或 65%代森锌 500～800 倍液喷施。

2. 主要病害防治

（1）红蚜虫：学名：*Delphiniobium yezoense* Miyazaki.。主要集中在南沙参顶部 15cm

内的嫩茎和嫩叶上为害，吸取植株汁液，造成叶片皱缩卷曲，组织退化，新梢生长停滞。尤其在南沙参幼苗期，严重时可造成植株苗势减弱，甚至死苗。红蚜虫不仅吸食南沙参汁液，而且还能传播病毒，导致病毒病的发生和流行。一年可发生多代，温度、湿度是影响该虫发生轻重的主要因素，高温高湿或过于低温对蚜虫繁殖不利。4 月开始为害，5～6月为害严重，以后虫情开始下降或迁飞到其他作物上为害。降雨对红蚜虫有一定的抑制作用，干旱则蚜害加重。

防治方法：利用天敌保护，主要天敌有瓢虫、草蛉等；红蚜虫喜群集于南沙参上部幼嫩部位为害，结合打顶和剪除侧枝，消灭上面的蚜虫；选用 50%辟蚜雾可湿性粉剂 2500倍液或 10%吡虫啉 2000 倍液喷雾防治。

（2）小地老虎：为害南沙参的害虫主要有小地老虎 *Agrotis ypsilon* Rottemberg，属磷翅目，夜蛾科。以春季幼虫咬食或咬断南沙参幼茎，造成缺窝断行，影响南沙参的种植苗数。一年发生 3～4 代，以幼虫和蛹越冬。以 4～5 月第一代幼虫为害幼苗最重。

防治方法：在成虫盛发期采用灯光或糖醋液诱杀成虫；天旱时，若土壤湿度过低，应及时进行灌溉，减轻幼虫为害；结合中耕除草，人工捕捉幼虫；为害严重时，用 90%晶体敌百虫 1000～1500 倍液或 50%辛硫磷乳油 2000 倍液淋灌。

贵州施秉南沙参规范化种植基地大田生长情况，见图 22-4。

图 22-4 贵州施秉南沙参规范化种植基地大田生长情况

上述南沙参良种繁育与规范化种植关键技术，可于南沙参生产适宜区内，并结合实际因地制宜地进行推广应用。

【药材合理采收、初加工、储藏养护与运输】

一、合理采收与批号制定

（一）合理采收

1. 采收时间

于种植后 2～3 年秋季，或春季出苗前采挖。

2. 采收方法

割去地上部分枯枝和杂草，并集中处理。用锄头从厢面一端开始采挖。采挖时，应小心，以防挖伤参根。将挖出的南沙参根，去须根和泥土或杂质后分别装篓，运回待初加工，见图22-5。

图 22-5　采收的南沙参药材

（二）批号制定（略）

二、合理初加工与包装

（一）合理初加工

1. 净制

除去茎叶及须根，将南沙参根放入洗药池中，清水洗净，然后取出沥干，并及时趁鲜用竹刀刮去南沙参根的外皮。

2. 干燥

可采用晒干或烘干法。

（1）晒干法：将沥干南沙参药材置于洗净的竹晒席上或水泥地面等洁净平面上晾晒，并适时轻翻，使药材干燥均匀。晚上将药材堆起盖好，防雨、防露和防风刮散，并及时做好记录等。

（2）烘干法：将沥干南沙参药材均匀铺于烘盘里，每烘盘以2～3cm厚度为宜。上料时，须从烘车顶上依次向下装盘。每烘盘车装好后，则立即将其送入烘房进行干燥。干燥温度以 50～60℃为宜，且随时观察温度的变化情况，当温度过高时，应及时打开排风扇进行调节与降温。

当干燥到一定程度时，应注意及时翻动；当药材干燥至折断面黄白色，表面黄白色或浅棕黄色，体轻质松，易折断时，将烘车拉出，再从最下盘依次向上盘收起，并及时做好温度、时间等记录。南沙参药材见图22-6。

图 22-6　南沙参药材

（二）合理包装

将干燥并检验合格的南沙参药材，按 50kg 打包成捆，用无毒无污染材料严密包装。在包装前，应检查是否充分干燥、有无杂质及其他异物。机压时，包装里面应加支撑物防压。并在每件包装上注明品名、规格、等级、毛重、净重、产地、批号、执行标准、生产单位、包装日期及工号等，并应有质量合格的标志。

三、药材合理储藏养护与运输

（一）合理储藏养护

南沙参药材应储存于干燥通风处，温度 30℃以下，相对湿度 65%～75%。商品安全水分 13%～15%。本品易生霉，变色，虫蛀。若南沙参药材未充分干燥，在贮藏或运输中易感染霉菌，受潮后可见霉斑。贮藏前，还应严格入库质量检查，防止受潮或染霉品掺入；应合理堆码，随时保持仓储环境干燥、整洁；定期检查，发现吸潮或初霉品，应及时通风晾晒；虫蛀严重时用较大剂量磷化铝（9～12g/m³）或溴甲烷（50～60g/m³）熏杀等法进行养护。南沙参药材贮放时间不宜超过 18 个月。

（二）合理运输

南沙参药材在批量运输中，严禁与有毒货物混装并有规范完整运输标识；运输车厢不得有油污与受潮霉变。

【药材质量标准、质量检测与监控】

一、药材商品规格与质量检测

（一）药材商品规格

南沙参药材以无芦头、皮壳、霉变、虫蛀、焦枯，身干，色白，根粗大，条匀饱满，体长无外皮、粗皮、须根，味甜者为佳品。南沙参药材商品规格为统货，现暂未分级。

（二）药材质量检测

按照《中国药典》（2015 年版一部）南沙参药材质量标准进行检测。

1. 来源

本品为桔梗科植物沙参 *Adenophora stricta* Miq. 或轮叶沙参 *Adenophora tetraphylla* (Thunb.) Fisch.的干燥根。春、秋二季采挖，除去须根，洗后趁鲜刮去粗皮，洗净，干燥。

2. 性状

本品呈圆锥形或圆柱形，略弯曲，长 7～27cm，直径 0.8～3cm。表面黄白色或淡棕黄色，凹陷处常有残留粗皮，上部多有深陷横纹，呈断续的环状，下部有纵纹和纵沟。顶端具 1 或 2 个根茎。体轻，质松泡，易折断，断面不平坦，黄白色，多裂隙。气微，味微甘。

3. 鉴别

（1）粉末鉴别：本品粉末灰黄色。木栓石细胞类长方形、长条形、类椭圆形、类多边形，长 18～155μm，宽 18～61μm，有的垂周壁连珠状增厚。有节乳管常连接成网状。菊糖结晶扇形、类圆形或不规则形。

（2）理化鉴别：取本品粗粉 2g，加水 20mL，置水浴中加热 10min，滤过。取滤液 2mL，加 5% a-萘酚乙醇溶液 2～3 滴，摇匀，沿管壁缓缓加入硫酸 0.5mL，两液接界处即显紫红色环。另取滤液 2mL，加碱性酒石酸铜试液 4～5 滴，置水浴中加热 5min，生成红棕色沉淀。

（3）薄层色谱鉴别：取本品粉末 2 加入二氯甲烷 60mL，超声波处理 30min，滤过，滤液蒸干，残渣加二氯甲烷 1mL 使溶解，作为供试品溶液。另取南沙参对照药材 2g，同法制成对照药材溶液。再取蒲公英萜酮对照品，加二氯甲烷制成每 1mL 含 0.2mg 的溶液作为对照品溶液。照薄层色谱法（《中国药典》2015 年版四部通则 0502）试验，吸取上述三种溶液各 5μL，分别点于同一硅胶 G 薄层板上，以正己烷-丙酮-甲酸（25∶1∶0.05）为展开剂，置用展开剂预饱和 20min 的展开缸内，展开，取出，晾干，喷以 2%香草醛硫酸溶液，在 105℃加热至斑点显色清晰。供试品色谱中，在与对照药材色谱和对照品色谱相应的位置上，显相同颜色的斑点。

4. 检查

（1）水分：照水分测定法（《中国药典》2015 年版四部通则 0832 第二法）测定，不得超过 15.0%。

（2）总灰分：照总灰分测定法（《中国药典》2015 年版四部通则 2302）测定，不得超过 6.0%。

（3）酸不溶性灰分：照总灰分测定法（《中国药典》2015 年版四部通则 2302）测定，不得超过 2.0%。

5. 浸出物

照醇溶性浸出物测定法（《中国药典》2015 年版四部通则 2201）项下热浸法测定，用稀乙醇作溶剂，不得少于 30.0%。

二、药材质量标准提升研究与企业内控质量标准制定（略）

三、药材留样观察与质量监控（略）

【药材生产发展现状与市场前景展望】

一、生产发展现状与主要存在问题

20 世纪 90 年代以来，贵州南沙参生产发展较为迅速。南沙参野生资源丰富，特别在黔东南州施秉县牛大场镇、双井镇、杨柳塘镇、城关镇、白垛乡、马溪乡、甘溪乡等地均有分布。并于 1992 年在牛大场镇等乡镇开展了野生变家种与规范化种植基地建设，研究制订其标准操作规程（SOP）。按该规程实施，二年生南沙参亩产鲜参根 600～1000kg（折合干重 200～350kg），其规模最大时曾达 500 余亩。为更好解决南沙参种源和扩大其生产，还开展了南沙参组织培养与快速繁殖研究并获成功，在《植物学生理通信》（2007 年第 2 期）上还发表了《南沙参的组织培养与快速繁殖》论文。但由于受市场价格波动等因素的影响，南沙参种植面积还较小，家种发展尚不能适应市场需要，目前市场交易的南沙参药材还是以野生品为主。南沙参规范化种植、初加工经验与生产基地建设，及其药材质量标准提升与产业化研究开发等均亟待进一步切实加强和研究提高。

二、市场需求与前景展望

南沙参是中医临床配方常用中药，为中医用于阴虚久咳，劳嗽痰血，燥咳痰少，善入上焦而养肺阴、清肺热、润肺燥，且具化痰之功的要药。早在清代名医张秉成的《本草便读》（1887 年）中，就对南沙参、北沙参之性能异同有明论："清养之功，北逊于南；润降之性，南不及北。"从此足见，南沙参在中医临床用药上别具特色，功效独特。南沙参亦为补益药、补阴药，性味、功用与北沙参相似，但效力较北沙参弱。南沙参尚略有祛痰、补气作用，用于肺燥咳嗽及温热病后气液不足较为适宜。尤其在全球性"回归自然""中医药热"，疾病谱发生变化与人口老龄化日盛的今天，南沙参在"大健康"产业发展中，必将愈来愈起到其独特作用。

现代研究表明，南沙参含有沙参苷Ⅰ、Ⅱ、Ⅲ及紫丁香苷、亚麻仁酸、硬脂酸甲酸、β-谷甾醇、β-谷甾醇棕榈酸酯、羽扇豆烯酮、蒲公英萜酮、胡萝卜苷、山梗菜酸-3-氧-异戊酸酯、二十八烷、氨基酸、正辛醛及磷脂等有效成分。南沙参具有明显镇咳、祛痰、免疫、活血、强心、抗肝损伤、抗辐射损伤、抗衰老、清除自由基、抗真菌及改善学习记忆等药理作用；其 1%浸剂对离体蟾蜍心脏就有明显强心作用。南沙参的临床应用也在不断扩展，从主治阴虚久咳、肺热咳嗽、百日咳、慢性气管炎等症，现已用于冠心病、心肌炎及慢性乙型肝炎等疾病。如有报道，以南沙参与党参、丹参伍用的"三参汤"，运用益气养阴活血法治疗老年冠心病和心肌炎患者，结果获得满意疗效，除心绞痛症状基本控制及发作频率减少外，亦觉体力增加，还能有效解除胸闷、心悸等症。从上可见，南沙参确有极大研究开发潜力，其产业化和市场前景都极为广阔。

主要参考文献

四川省中医药研究院南川药物种植研究所，等.1988. 四川中药材栽培技术[M]. 重庆：重庆出版社.

屠鹏飞，徐国钧，徐珞珊，等.1991. 沙参和荠苨的本草考证[J]. 中国中药杂志，16（4）：200-201.

卢尚书.1999. 沙参有南北沙参之别[J]. 中国药业，8（9）：13-14.

许益民，王永珍，陈建楼，等.1990. 南、北沙参磷脂成分的分析[J]. 中国药学杂志，25（6）：330-332.

屠鹏飞，张红彬，徐国钧，等.1995. 中药沙参类研究——Ⅴ. 镇咳祛痰药理作用比较[J]. 中草药，28（1）：22-23.

黄勇其，陈龙珠 2002. 贵州五种南沙参药材中氨基酸含量的比较[J]. 中国药业，4：23-24.

王淑萍，许飞扬，张学伟.2010. 乙醇浸提南沙参挥发油化学成分分析[J]. 分子科学学报，6：56-58.

江佩芬，高增平.1991. 南沙参去皮问题的研究[J]. 中国中药杂志，16（1）：24-27.

（冉懋雄　杜庭武　郑建立）

23 南板蓝根

Nanbanlangen

BAPHICACANTHIS CUSIAE RHIZOMA ET RADIX

【概述】

南板蓝根原植物为爵床科植物马蓝 *Baphicacanthus cusia*（Nees）Bremek.。别名：蓝淀、蓝靛根、马蓝根、青蓝、青靛、靛青根等。以干燥根茎和根入药，叶（大青叶）及其地上部分经传统工艺制成的青黛也供药用。自 2005 年版《中国药典》始，均予收载。《中国药典》（2015 年版）称：南板蓝根味苦，性寒。归心、胃经。具有清热解毒、凉血消斑功能。用于瘟疫时毒、发热咽痛、温毒发斑、丹毒等。青黛味咸，性寒。归肝经。具有清热解毒、凉血消斑、泻火定惊功能，用于温毒发斑、血热吐衄、胸痛咯血、口疮、疮腮、喉痹、小儿惊痫。南板蓝又是常用苗药，苗药名："Reib max lanx dand"（近似汉译音："锐马兰单"），味苦，性冷，入热经、快经药。具有退热、止咳、排毒等功能；主治发热、咳嗽、咽痛、疮痈等。在苗族地区广泛用于治疗感冒发热、腮腺炎、温病发斑、丹毒、流感、流脑等症。

南板蓝药用历史悠久，以"蓝淀"之名，始载于唐代《本草拾遗》（739 年）。其后诸家本草与中医药典籍，如宋代《普济方》等均予收载。尤其是本品及蓼科植物蓼蓝 *Polygonum tinctorium* Ait.或十字花科植物菘蓝 *Isatis indigotica* Fort.的叶或茎叶加石灰经传统工艺加工制得的干燥粉末或团块"青黛"（或名蓝靛、靛花等），在中医临床应用甚为广泛。正如明代李时珍《本草纲目》所云：（青黛）"淀乃蓝与石灰做成，其气味与蓝稍有不同，而其止血拔毒杀虫之功，似胜于蓝。"南板蓝在贵州省各地种植与应用均历史悠久，如黔东南等地早在 400 多年前，随着苗民在清水江沿岸等地的迁入，则将南板蓝带到贵州这片热土种植并应用至今。特别是以南板蓝叶、茎加石灰经传统工艺制成的"蓝靛"，用以染布制作衣裳和治疗腮腺炎等疾患，对于苗族人民乃家喻户晓，非常盛行；南板蓝根及其地上部分，都在贵州省民族民间广为应用。南板蓝根是贵州著名特色药材。

【形态特征】

南板蓝为多年生草本，株高 50～100cm，茎直立，根茎粗壮，断面呈蓝色。茎基部稍木质化，呈圆柱形，节膨大，地上茎基部略带方形，稍分枝，节膨大，幼时被褐色微毛。茎叶干时呈蓝色或黑绿色，断面呈蓝色。单叶对生，叶柄长 1～4cm；叶片倒卵状椭圆形或卵状椭圆形，两片不等大，长 6～15cm，宽 4～8cm；先端急尖，微钝头，基部渐狭细，叶面绿色，叶背灰绿色，边缘有浅锯齿或波状齿或全缘，上面无毛，有稠密狭细的钟乳线条，下面幼时脉上稍生褐色微软毛，侧脉 5～6 对。花无梗，成疏生的穗状花序，顶生或腋生；苞片叶状，狭倒卵形，早落；花萼裂片 5，条形，长 1～1.4cm，通常一片较大，呈匙形，无毛；花生于枝顶，花冠漏斗状，淡紫色，长 4.5～5.5cm，5 裂近相等，长 6～7mm，先端微凹；雄蕊 4，2 强，花粉椭圆形，有带条，带条上具两条波形的脊；子房上位，花柱细长。蒴果为稍狭的匙形，长 1.5～2cm。种子 4 粒，有微毛。花期 6～10 月，果期 7～11 月。南板蓝植物形态见图 23-1。

（1. 植株一部分；2. 花萼裂片；3. 花冠剖面及雄蕊和花柱；4. 花粉粒；5. 蒴果）

图 23-1　南板蓝植物形态图

（墨线图引自中国植物志编委会，《中国植物志》第 70 卷，科学出版社，2002）

【生物学特性】

一、生长发育习性

南板蓝属深根类植物，主要分布于低、中山沟谷阴湿林下或溪旁，逸生。喜温暖潮湿、阳光充足的气候环境，能耐寒，怕水涝。南板蓝种子在温度 16～21℃，且有足够湿度时，播种后 5 天可出苗，生育期 270～300 天。但其栽培当年不开花结籽，需隔年才能开花结籽。

二、生态环境要求

南板蓝对气候适应性很强，生于海拔 200～2100m 的林下、林缘、山坡、路边或溪旁等阴湿地，尤在温和湿润的低海拔气候环境条件下生长良好。2 月份气温回升时，南板蓝开始发芽出苗；霜降后气温下降逐渐枯萎，但若遇长时期的低温凝冻天气，其根系则易受冻害，甚至造成死亡。南板蓝多适宜在水资源丰富、土层深厚、土壤肥沃，有机质含量高的砂壤土家栽；水资源无污染的山区或坝区最适宜南板蓝种植发展。贵州全省，尤其是黔东南清水江沿岸及黔南、黔西南、黔中、黔西北等苗族地区为南板蓝种植最理想的地带。南板蓝生态环境的有关要求如下。

温湿度：年平均温度 18～19℃，≥10℃年积温为 4500～5500℃，无霜期 260～300 天，空气相对湿度 80%，尤以海拔 400～1000m 并在避风山谷最为适宜；而在干热环境中生长不良。

光照：年平均日照 1200～1500h，喜光，但在强烈的阳光和空旷的环境中生长不良。

土壤：喜深厚、肥沃、腐殖质含量较多的土壤，土层黏性重瘠薄处不宜生长，在排水性好、保湿性好，既不怕干旱又不怕水涝的土壤中生长最佳。

水：喜肥水，肥水充足，生长最佳，肥水不足，生长不良；水分过多，根系生长不良，甚至叶片枯萎。以年降水量为 1400～1800mm，阴雨天较多，雨水较均匀，水热同季为佳。

【资源分布与适宜区分析】

一、资源调查与分布

经调查，南板蓝主要分布于我国长江以南，以西南、华南、华中等地，如贵州、四川、云南、广西、广东、福建、台湾、湖南、湖北、浙江等地为其适宜区。其中，以贵州、湖南、广西、四川等地为南板蓝最适宜区。

二、贵州资源分布与适宜区分析

贵州南板蓝主要分布于黔东南、黔南、黔中、黔西南、黔西北等地，尤其是苗族地区野生分布与家种均多，除用其地上部分制作蓝色染料及治病外；叶（大青叶）、根亦为民族民间习用药材。贵州以黔东南（如施秉、台江、雷山、从江、岑巩、凯里等）、黔南（如荔波、独山、龙里等）、黔中（如镇宁、紫云、关岭等）、黔西南（如兴义、册亨、兴仁、安龙等）、黔西北（如黔西、毕节、威宁等）及黔北、黔东的部分地区（如凤冈、石阡等）为南板蓝根生产最适宜区。

除上述南板蓝最适宜区外，贵州省其他各县（市、区）凡符合南板蓝生长习性与生态环境要求的区域均为其适宜区。

【生产基地合理选择与基地环境质量检（监）测评价】

一、生产基地合理选择与基地条件

按照南板蓝生产适宜区优化原则与其生长发育特性要求，选择其最适宜区或适宜区并具良好社会经济条件的地区建立规范化生产基地。现已在荔波、台江县等地选建了南板蓝规范化种植基地。如荔波南板蓝规范化种植基地，海拔 1000m 左右，属亚热带季风性气候，阳光充足，年降水量 1100～1400mm，年均温 15℃，7 月平均气温 25℃，1 月平均气温 4℃；年平均日照 1200～1450h，多年平均年总积温高于 4500℃，无霜期 270天；土壤类型为黄壤，微酸性，土层深厚，肥沃疏松。基地应远离城镇，无污染源，见图 23-2。

图 23-2　贵州荔波县南板蓝规范化种植基地

二、生产基地环境质量检（监）测与评价（略）

【种植关键技术与推广应用】

一、种质资源保护抚育

在贵州省南板蓝生产最适宜区如黔东南、黔南、黔中、黔西南等区域，经有目的有意识地选择南板蓝生态适应性强的地带（如雷山、剑河、台江、荔波、安顺、兴仁等地），与雷公山等自然保护区紧密结合，采用封禁、补种等措施对南板蓝进行保护与抚育，有效保护南板蓝种质资源，以求永续利用。

二、良种繁育关键技术

南板蓝多采用无性繁殖（如扦插繁殖），也可种子繁殖。

（一）扦插繁殖

1. 插条采集

春季育苗在 3～5 月采集；秋季育苗在 8～10 月采集。选择一年生长势良好、健壮、无虫、无病害的南板蓝植株作母株，剔除嫩枝及细小分枝，留下木质化或半木质化枝条；将枝条置于平坦阴凉处，用剪刀剪取 8～10cm 扦插条，要求剪成斜口、切口平、不发毛、无破皮，有 2～3 个节，并保持节芽完好，备用，见图 23-3。

图 23-3　南板蓝扦插条

2. 建圃整地

选半阴半阳、地势平坦、肥沃疏松、水源方便的熟土，或塑料大棚作南板蓝种苗繁育圃。翻耕（深 30cm 左右）整细，拣尽宿根、石块等杂物，均匀撒施腐熟厩肥作基肥，每亩 1000kg 以上。起厢，厢宽 1.2m，长 10～20m 或视地形地势而定，沟深 10cm；用 1∶1∶100 波尔多液进行苗床消毒，5 天后再碎土平畦，备用。

3. 扦插育苗

于霜降前，将上述扦插条用 750 倍 50%可湿性多菌灵溶液消毒，并在 0.05%强力生根粉溶液中浸泡扦插条下半部 1h。在上述整好的厢面上,开横沟,沟深 8cm,按株距 3～5cm、行距 25～30cm,将扦插条芽头朝上,往下插紧,并斜靠在沟壁上,再用细土填平,锤紧压实(注意:当天处理的扦插条当天必须扦插完,以保证成活率)。或将处理的扦插条用湿润细土或细沙集中排种于避风、湿润、荫蔽地块越冬。翌年 2 月底至 3 月初,翻开表土,选择健壮的萌芽插条,供移栽定植。

4. 苗期管理

扦插好后,用水浇透苗床地,使苗床保持湿润。保持温度 18～20℃为宜;高于 20℃时,应揭膜通风降温,持续高温时应搭遮阳网/棚遮阴。扦插条发芽前应保持足够的水分,及时浇水;发芽长叶后,应控制水分,促进根的生长。

一般于扦插后第二个月开始,每半个月中耕除草一次,此后做到见草就除。当扦插条新发嫩枝叶时,可用 0.2%磷酸二氢钾溶液和 0.2%尿素溶液喷施追肥,每隔 7 天一次。在移栽定植前半个月,或新发嫩枝长高至 20cm 时,应通风炼苗。移栽定植前一天,用水浇透苗床,使土湿润,以利第二天起其扦插苗。起苗时,切勿伤根,应保证其完整不损,见图 23-4、图 23-5。

图 23-4　南板蓝大棚育苗　　　　　　图 23-5　南板蓝苗

(二) 种子繁殖

1. 种子准备

由于南板蓝当年不开花结籽,需隔年才能开花结籽,故可于 10 月当地上茎叶枯萎时,采挖全根,选择生长健壮、无病虫害、根粗不分叉的根条留作种根。按行株距 40cm×30cm,移栽到选整好的地块畦上,栽种后及时浇水,以保成活。除整地施足基肥外,尚应多施磷、钾肥,精心管理以促使其抽薹开花,籽粒饱满。

南板蓝也可分期分批播种:如春播,可于采收南板蓝最后一次叶时,选生长良好的地块不挖根,让其越冬;或在挖收板蓝根时,选生长健壮、无病虫害、根粗不分叉的根条,按行株距 50cm×25cm～50cm×30cm 栽种到肥沃疏松的留种田里。如秋播,可在 8 月上旬至 9 月初播种,幼苗在田间越冬。上述两种方法都要加强锄草、灌水、追肥等苗期管理。

南板蓝种子成熟时，分期分批割下花薹晒干，采集成熟种子，晒干，脱粒，依法进行种子检验，置通风干燥处储藏，备用。

2. 播种育苗

春播 4 月上旬，夏播 5 月下旬至 6 月上旬（夏播可于种子成熟时，随采随播，但以春播为佳）。可撒播或条播，以条播为好，便于管理。在选整好的地块畦上，按行距 20～25cm，横向开浅沟，沟深约 2cm，将种子均匀地播入沟内。播种后施入腐熟人畜粪水，覆盖土与畦面齐平，并盖一薄层稻草防止日晒；晴天于傍晚喷水，保持土壤湿润，5～6 天即可发芽出苗。出苗后，立即除去覆盖物。苗高 1～2cm 时，间苗，去弱留强；苗高 3～5cm 时，按 3～4cm 见方单株定苗。一般培育约 30 天即可将种子苗出圃，供移栽定植。

三、规范化种植关键技术

（一）选地整地

宜选温暖向阳、土壤疏松、耕层深厚且坡度小于 15°的地块作种植地。春季栽植，在上一年冬天整地，捡尽杂物，深耕 30cm 以上，晒垡。次年 3～4 月移栽定植前，再翻耕，耙碎，整平。若秋季栽植，在栽前半个月深耕，耙碎，整平，9～10 月移栽定植时，再同法整地一次。

在平坦地块按东西向（坡地按水平方向）开厢。在厢面中间开一条沟，均匀地施入肥料，每亩施腐熟厩肥 2500kg、复合肥 100kg，用土填盖好。并做宽 1.2m、沟深约 30cm 的平畦，备用。

（二）栽种定植

1. 扦插苗栽种

3 月中下旬，将扦插苗穴栽。将扦插苗条以 3～4 个顶芽为一穴，插条按 30°斜倚穴壁，上端芽平行并露出土面（露出部分为插条的 1/4），覆土盖实，使插条与土壤密接；底肥施放于插条倚靠面 6～8cm，用土覆盖。浇足定根水，保温保湿。

2. 种子苗栽种

5 月上中旬，选雨后晴天或阴天起苗穴栽。按株距 35～40cm，行距 60～70cm，或株行距 50cm×50cm 挖穴，每穴用苗 2 株。移栽时，应随起苗随栽种，注意根茎舒展、压实，浇足定根水。穴面稍低于地面，以利蓄水保湿。

也可于 9～10 月，选雨后晴天或阴天，按 32cm×30cm 株行距起苗穴栽。定植时，按种植密度成"品"字形栽种成两排，每穴用苗 1 株，将苗根系伸展在穴内，用腐殖土回填压实，浇足定根水。穴面稍低于地面，以利蓄水保湿。

（三）田间管理

1. 中耕除草

生长前期为幼苗期，杂草生长相对较快，每年的 4～5 月为雨季，土壤容易板结，应及时中耕除草。在苗高 7～12cm 时，第一次结合中耕除草追肥，施适量人畜粪水或尿素，也可加施适量硝酸铵；5 月，第二次中耕除草追肥；6 月下旬，第三次中耕追肥后，割草（或用稻草）平铺于植株根茎四周空隙土面，以达防杂草及保温保湿作用。

2. 合理施肥

南板蓝耐肥性强，肥料三要素中氮、磷、钾都能显著影响南板蓝产量与质量。除中耕除草追肥外，后期可结合浇水与适当施肥，特别是每次收割叶后要及时进行以氮肥为主的施肥和浇水，每亩施尿素 5～10kg 或饼肥 40～50kg，也可施较浓的人畜粪水，以促进南板蓝叶片的再生和生长繁茂。

南板蓝生长期需氮肥较多，如果种植前已按前述标准施足底肥，苗期则不用追肥，也可追施人畜粪水。6 月份南板蓝进入茎叶生长旺盛期，也是准备第一次采收之时，这个时期各种营养的需要量大，应合理追肥。其追肥方法：用锄头在植株旁 3cm 处挖浅窝，深约 7cm，将细干粪、复合肥等混合均匀施入，再施入人畜粪水。一般每亩追施细干粪 600kg、复合肥 15kg、人畜粪水 2000kg。追施时间一般要求第 1 次追施在春季出苗后；第 2 次追肥在 6 月末植株生长封垄前进行；第 3 次追肥在 7 月底进行；11 月底收割最后一次叶、茎时，要培土覆盖植株基部，以利其安全越冬。

3. 合理排灌

南板蓝生长期需水较多，应适当浇水，促使植株生长旺盛。在生长中、后期因枝叶被采收，需水较多，以促进发芽长叶，可结合浇水施入人畜粪尿等，并注意排除积水或防旱。如遇干旱天气时，应据实情及时浇水保苗。如雨水过多时，应做好清沟排涝，防止田间积水。

（四）主要病虫害防治

1. 主要病害防治

（1）根腐病：南板蓝一般病虫害较少，主要易发生根腐病。根腐病多发生在高温多湿季节，使根部腐烂，甚至造成植株成片死亡。

防治方法：应注意田间排除积水；发病初期可用波尔多液每隔 7～10 天选晴天喷施 1 次，连续喷施 3 次；或用 50%多菌灵 1000 倍液，或 70%甲基托布津 1000 倍液浇根；及时拔除病株烧毁；用 70%甲基托布津 1000 倍液，或 25%甲基立枯灵 1000 倍液灌病穴，以防蔓延。如已发生根腐病，应立即拔除病株烧毁，并用石灰液消毒病穴，以防止蔓延。

（2）轮纹斑病：主要为害叶片。初生病斑为黑褐色小点，后扩大为形状大小各异，圆形至不规则形具较明显轮纹状黑褐色病斑。病叶严重时，造成叶枯死早脱落。病菌以菌丝和分生孢子器在病残体上越冬。翌年条件适宜时从分生孢子器中释放分生孢子，借风雨传播进行初侵染。染病组织上再产生分生孢子进行多次再侵染。连阴雨天有利于病害发生和流行。管理粗放地块发生重。7～9 月发生较多。常与穿孔病混合发生。

防治方法：清除病株残余物，加强栽培管理，良好的栽培措施，可有效地减轻病害；轮作；发病期喷洒 70%代森锰锌可湿性粉剂 500～600 倍液，或 75%百菌清可湿性粉剂 700～800 倍液，或 64%杀毒矾可湿性粉剂 500 倍液，隔 10～15 天一次，连续 2～3 次。

（3）穿孔病：为害叶片，叶片病斑褐色小圆点，直径 2～5mm，病斑边缘有明显褐色环纹晖，中心坏死多出现穿孔。8～10 月发生较多，引起叶片黄枯早脱落。干旱，强阳光下发生多而重，背阴地发生极少。

防治方法：同上述轮纹斑病防治方法。

（4）黑斑病：为害叶片。染病叶片病斑为黑色小点，直径约 1mm 或较大，近圆形，或数个病斑愈合成大病斑，不规则，多发生于叶缘。6～7 月雨季较多，但为害不严重，7 月以后干旱，病害受抑制。

防治方法：同上述轮纹斑病防治方法。

（5）炭疽病：为害叶片。染病叶片病斑近圆形，黑色，直径 10～20mm，有明显轮纹状。有的叶病斑上有小黑粒点。后期病斑多时融合成片致叶片干枯死。6～7 月雨水较多，为害不严重，7 月以后干旱，病害受抑制。

防治方法：同上述轮纹斑病防治方法。

（6）霜霉病：主要为害叶片。发病初期病叶背面产生白色或灰白色霉状物，无明显病斑和症状。随着病情的加重，叶面出现淡绿色病斑，严重时叶片枯死。

防治方法：收获后清洁田园，将病枝残叶集中烧毁、深埋，减少越冬病源；降低田间湿度，及时排除积水，改善通风透光条件；发病初期喷 72%普力克 800 倍液，或 25%金雷多米尔 1000 倍液，或 72%安克锰锌 800 倍液，每 7～10 天 1 次，连喷 2～3 次。

2. 主要虫害防治

（1）菜青虫：以其幼虫咬食叶片，造成缺刻、孔洞，严重时仅留叶脉。

防治方法：用 5%锐劲特 1000 倍液喷雾。

（2）小蝗虫：为害嫩茎、叶，以成虫和幼虫群集叶背、嫩叶背和嫩茎上吸取汁液，可使枝叶变黄，生长不良。

防治方法：人工捕杀。

（3）金绿色叶甲：成虫、幼虫均嚼食叶片。成虫嚼食叶肉，把叶片吃成许多透明斑，严重时嫩叶被害后成片枯萎。初孵幼虫先聚集在卵壳四周，潜食叶肉，仅剩表皮，形成透明斑。3 龄后分散为害，高龄幼虫蚕食叶片呈缺刻或大孔洞，并排出黑色粪便于叶片上污染植株。严重时全叶被吃光，仅剩叶脉，甚至整株植株枯死。

防治方法：冬季清园深翻，增加越冬死亡率；在 4 月下旬卵孵盛期，喷施 20%杀铃脲悬浮剂 3000～4000 倍液，抑制卵孵化，并杀死初孵幼虫。

（4）斜纹夜蛾：幼虫食叶，吃成孔洞或缺刻，并排泄粪便污染宿主。7～10 月为害严重。

防治方法：采用黑光灯或糖醋盆等诱杀成虫；3 龄前为点片发生阶段，可结合田间管理进行防治，不必全田喷药；4 龄后夜出活动，在傍晚前后进行施药，可用 15%菜虫净乳油 1500 倍液，或 10%吡虫啉可湿性粉剂 2500 倍液，或 5%来福灵乳油 2000 倍液，或 5%抑太保乳油 2000 倍液等，10 天 1 次，连用 2～3 次。

贵州荔波县、台江县南板蓝规范化种植基地大田生长情况分别见图 23-6、图 23-7。

图 23-6　贵州省荔波县南板蓝规范化种植基地大田生长情况

图 23-7　贵州省台江县南板蓝规范化种植基地大田生长情况

上述南板蓝良种繁育与规范化种植关键技术，可于南板蓝生产适宜区内，并结合实际因地制宜地进行推广应用。

【药材合理采收、初加工、储藏养护与运输】

一、合理采收与批号制定

（一）合理采收

1. 南板蓝根采收

春季种植的南板蓝，可于 10 月中下旬开始收获，当地上部茎叶枯萎时，挖取根部。先在畦沟的一边开 60cm 的深沟，然后顺着向前小心挖取，切勿伤根或断根。

2. 大青叶采收

春季种植的南板蓝，可于 6 月中旬、8 月下旬和 10 月下旬采收 3 次；夏季种植的可于翌年 4～5 月、7～10 月采收 3～4 次。采收大青叶时，从植株基部离地面约 2cm 处割取，以使其可重新萌发新枝叶继续采收。

（二）批号制定（略）

二、合理初加工与包装

（一）合理初加工

1. 南板蓝根

去掉泥土和茎叶，洗净，晒或晾至七八成干时，扎成小捆，再晾晒至全干。连绵阴雨天时，可在 80℃以下烘干，即得。一般每亩产干货 300～500kg，以根粗壮、根长整齐为上等，见图 23-8。

图 23-8　南板蓝根药材

2. 大青叶

晾晒至七八成干时，扎成小把，继续晾晒至全干。遇连绵阴雨天时，可在 60℃以下烘干，即得。以叶大、色墨绿、无杂质者为佳。一般亩产干叶 100～200kg。

3. 青黛（蓝靛、靛花）

（1）清洗：采收的新鲜茎叶要进行筛选和清洗，去除杂草、黄叶、烂叶、杂叶等杂质，并用清水洗净茎叶上所带的泥土。

（2）浸泡发酵：把清洗合格的南板蓝叶或茎切碎倒入浸泡发酵池内（图 23-9），加入适量清水，以高于原料表面 30～50cm 为宜。夏天浸泡发酵 2～4 天，秋天浸泡发酵应根据当时气温高低决定浸泡时间，以池水呈绿色，手摸叶、茎表面有滑腻感，搓之即烂，而又未腐烂，浸出液呈绿色为度。

图 23-9　新鲜南板蓝鲜叶或茎碎切放入浸泡发酵池内

（3）打靛：先将浸泡发酵的茎叶捞出，然后用竹扒在池内充分搅拌，使浸出液在池内成旋涡状，再加入一定比例的优质石灰乳液，继续上下搅动，头次泡沫打散后又会产生第 2 次泡沫（此次泡沫为靛蓝泡沫），再继续将第 2 次泡沫打散，最后顺势将液体搅成旋涡状即可停止搅动，使其自然沉淀。打靛合格的蓝靛液体在沉淀池自然沉淀一定时间后，放去蓝靛池上层清水，再将其浓缩成膏状即为蓝靛，可用于染布，再干燥即得青黛，见图 23-10。

图 23-10　青黛

（二）合理包装

干燥南板蓝根及大青叶，可按 40～50kg 打包成捆，用无毒无污染材料严密包装；青黛宜瓶装，或用无毒无污染的铝箔袋及纸板桶装。在包装前应检查是否充分干燥，有无杂质及其他异物，所用包装应符合包装标准要求，并在每件包装上注明品名、规格、等级、毛重、净重、产地、批号、执行标准、生产单位、包装日期及工号等，并应有质量合格的标志。

三、合理储藏养护与运输

（一）合理储藏养护

南板蓝根及青黛均应储存于干燥通风处，温度 30℃以下，相对湿度 65%～75%。商品安全水分 11%～12%。南板蓝根易生霉，易被虫蛀。初加工时，若未充分干燥，在储藏或运输中易感染霉菌，受潮后可见霉斑。因此在储藏前，还应严格入库质量检查，防止受潮或染霉品掺入。贮藏时，应保持环境干燥、整洁，应加强仓储养护与规范管理，定期检查、翻垛，发现吸潮或初霉品或虫蛀，应及时进行通风、晾晒等处理。

（二）合理运输

南板蓝根及青黛药材在批量运输中，严禁与有毒货物混装，并应有规范完整运输标识；运输车厢不得有油污与受潮霉变。

【药材质量标准、质量检测与监控】

一、药材商品规格与质量检测

（一）药材商品规格

南板蓝根药材以无芦头、霉变、焦枯、黑糊，身干，条长，粗细均匀，质脆，易折断，断面不平坦，略纤维状，中央有髓，根质柔韧者为佳品。南板蓝根药材商品规格为统货，现暂未分级。

（二）药材质量检测

按照《中国药典》（2015 年版一部）南板蓝根药材质量标准进行质量检测。

1. 来源

本品为爵床科植物马蓝 *Baphicacanthus cusia*（Nees）Bremek.的干燥根茎和根。夏、秋二季采挖，除去地上茎，洗净，晒干。

2. 性状

本品根茎呈类圆形，多弯曲，有分枝，长 10～30cm，直径 0.1～1cm。表面灰棕色，具细纵纹；节膨大，节上长有细根或茎残基；外皮易剥落，呈蓝灰色。质硬而脆，易折断，断面不平坦，皮部蓝灰色，木部灰蓝色至淡黄褐色，中央有髓。根粗细不一，弯曲有分枝，细根细长而柔韧。气微，味淡。

3. 鉴别

（1）显微鉴别：本品根茎横切面，木栓层为数列细胞，内含棕色物。皮层宽广，外侧为数列厚角细胞，内皮层明显，可见石细胞。韧皮部较窄，韧皮纤维众多。木质部宽广，细胞均木质化；导管单个或 2～4 个径向排列；木射线宽广。髓部细胞类圆形或多角形，偶见石细胞。薄壁细胞中含有椭圆形的钟乳体。

（2）薄层色谱鉴别：取本品粉末 2g，加三氯甲烷 20mL，加热回流 1h，滤过，滤液浓缩至 2mL，作为供试品溶液。另取靛蓝对照品、靛玉红对照品，加三氯甲烷制成每 1mL 各含 0.1mg 的混合溶液，作为对照品溶液。照薄层色谱法（《中国药典》2015 年版四部通则 0502）试验，吸取上述两种溶液各 20μL，分别点于同一硅胶 G 薄层板上，以石油醚（60～90℃）-三氯甲烷-乙酸乙酯（1:8:1）为展开剂，展开，取出，晾干，立即检视。供试品色谱中，在与对照品色谱相应的位置上，显相同的蓝色和紫红色斑点。

4. 检查

（1）水分：照水分测定法（《中国药典》2015 年版四部通则 0832 第二法）测定，不得过 12.0%。

（2）总灰分：照总灰分测定法（《中国药典》2015 年版四部通则 2302）测定，不得过 10.0%。

5. 浸出物

照醇溶性浸出物测定法（《中国药典》2015 年版四部通则 2201）项下的热浸法测定，用稀乙醇作溶剂，不得少于 13.0%。

青黛应按照《中国药典》（2015 年版一部）质量标准检验，本品按干燥品计算，含靛蓝（$C_{16}H_{10}N_2O_2$）不得少于 2.0%；含靛玉红（$C_{16}H_{10}N_2O_2$）不得少于 0.13%。

二、药材质量标准提升研究与企业内控质量标准制定（略）

三、药材留样观察与质量监控（略）

【药材生产发展现状与市场前景展望】

一、生产发展现状与主要存在问题

贵州南板蓝种植与生产应用靛蓝历史悠久，具有良好群众基础，近十多年发展较为迅速。特别是黔东南州台江、黔南州荔波等地在规范化种植与基地建设，以及大棚育苗和提高质量产量等方面均有所成效。据贵州省扶贫办《贵州省中药材产业发展报告》统计，2013年，全省南板蓝种植面积达 1.78 万亩，保护抚育面积 0.31 万亩；总产量达 98257.40t，总产值达 44289.80 万元。2014 年，全省南板蓝种植面积达 3.11 万亩；总产量达 80000.00t，总产值达 10274.25 万元。南板蓝根一般每亩可产干货 300～500kg，大青叶一般每亩可产干叶 100～200kg。其地上部分一年可采收 2 次，并可用于制作蓝靛。但由于近年来，南板蓝根在应用上与北板蓝根相比，还是受到一定限制，市场价格波动较大，加之随着时代变化与人民生活水平提高，苗族应用蓝靛染布制作衣裳也较之过去大为减少，甚至几乎不用，以及青黛药用深度开发还不够等故，以致南板蓝应用范围缩小，市场需求量大为降低，从而种植面积缩小，这是制约南板蓝种植发展的瓶颈。

二、市场需求与前景展望

南板蓝根、大青叶及青黛都是中医临床常用中药。唐代《本草拾遗》载："敷热疮，解诸毒，滓敷小儿秃疮热肿。"宋代《太平圣惠方》云："治时气热毒，心神烦躁，狂乱欲走：蓝靛半大匙，以新汲水一盏，调分匀，顿服之。"特别是蓝靛，我国和埃及、秘鲁、印度皆为世界上应用植物蓝靛较早的国家。早在《夏小正》则有"五月启灌蓝蓼"的记载，说明公元前 21 世纪至公元前 16 世纪，即有植物蓝靛种植，并应用作为天然染色之重要染料。植物蓝靛的染色技术有缩合染色、自然发酵染色及人工发酵还原染色 3 种。其对于当前减少环境污染，充分利用自然资源和发展传统手工艺品（如蜡纺花布、绞缬花布及其制品）等方面均具有重要意义。因此，南板蓝种植与植物蓝靛等的应用均有着重要地位。

现代研究表明，南板蓝含有靛玉红、靛棕靛黄、鞣酸、β 谷甾醇等药效成分；青黛含靛蓝 5%～8%、靛玉红 0.1%以及靛棕、靛黄、鞣酸、β 谷甾醇、蛋白质等有效成分和大量无机盐。南板蓝，尤其是青黛具有抗病原微生物作用，如青黛醇浸液（0.5g/mL）在体外对炭疽杆菌、肺炎球菌、志贺痢疾杆菌、霍乱弧菌、金黄色葡萄球菌和白色葡萄球菌皆有抑制作用；抗肿瘤作用，如靛玉红对慢性粒细胞白血病有较好疗效（即使合成靛玉红，对肉瘤的活性及试用于慢性粒细胞型白血病亦有效，皆与天然品相似），且对体重、心电图、外周血象、肝肾功能皆无明显影响，对主要脏器的病理形态观察，也未发现特殊病变；治疗剂量的靛玉红还能提高动物单核巨噬细胞系统的吞噬功能；靛玉红对异常增生粒细胞和嗜酸性细胞也有作用，但不引起骨髓抑制；靛蓝还有减轻四氯化碳中毒后小鼠的肝脏损伤作用等。从上足见，南板蓝及青黛的产业化发展，不仅在医药而且在染料工业等方面都有极大研发潜力和广阔前景。

主要参考文献

陈健平，梁月光，潭绮球. 2008. 绿色南板蓝根高产栽培技术[J]. 农技服务，25（6）：79-100.

崔熙. 1992. 南北板蓝根的鉴别和氨基酸含量比较分析[J]. 中药材，15（5）：17-19.

冯毓秀，夏光成，秦秀芹. 1993. 板蓝根与马蓝根的形态组织特征[J]. 基层中药杂志，7（1）：1-3.

梁文法，周业范，卢华，等. 1990. 板蓝根的根、茎、叶中靛玉红与靛蓝的含量测定[J]. 中成药，18（2）：32-33.

魏世勇. 2005. 不同施肥对南板蓝养分含量及产量的影响[J]. 信阳农业高等专科学校学报，15（3）：70-72.

肖元. 2006. 南板蓝根的化学成分药理作用研究进展[J]. 河南中医，26（8）：78.

许华. 2003. 南板蓝根及其混伪品的鉴别[J]. 现代中药研究与实践，17（6）：54-55.

曾令祥，段婷婷，袁洁，等. 2005. 南板蓝病虫种类调查及综合防治[J]. 贵州农业科学，33（6）：45-46.

张丹雁，熊清平，石莹莹，等. 2008. 不同种类肥料对栽培南板蓝根重金属含量的影响[J]. 中药新药与临床药理，19（5）：382-384.

张志伯. 1979. 我国古代植物靛蓝染色的探讨[J]. 上海纺织工学院学报，4：91.

（冉懋雄　龙明文　郑建立　杜武庭）

24　珊　瑚　姜

Shanhujiang

ZINGIBERIS CORALLII RHIZOMA

【概述】

珊瑚姜原植物为姜科植物珊瑚姜 *Zingiber corallinum* Hance。别名阴姜、黄姜、臭姜等。以新鲜或干燥根茎入药。《贵州省中药材、民族药材质量标准》（2003 年版）收载。珊瑚姜味辛，性温。归肺、胃、脾经。具有散风祛湿、消肿解毒功能。用于风寒感冒、疮痛、皮肤癣病等。珊瑚姜又为常用苗药，苗药名："Jab bangx hnaib diel"（近似汉译音："加榜海丢"）。味辛，性热，入冷经药。具有温中散寒、消肿止痛、平喘止咳、解痉功能。主治感冒咳嗽、腹痛、腹泻、皮肤顽癣、脂溢性皮炎、传染性肝炎、风湿骨痛、骨折等。

珊瑚姜在我国西南地区，如贵州、云南、湖南、广西、广东、海南等地的民族民间广为应用，药用历史悠久；尤其是苗族、布依族、傣族、彝族等少数民族常以鲜用或磨汁等法，用于治疗感冒、发烧、肚痛、腹泻等，并具有起效快、疗效好等特点。珊瑚姜尤在皮肤顽癣等外用上别具特色，现以珊瑚姜为重要原料，已研究开发了如"神奇脚癣一次净""九九痤疮灵"等苗药产品。珊瑚姜在贵州民族民间广泛应用，是中药民族药工业的重要原料，也是贵州常用特色药材。

【形态特征】

珊瑚姜为多年生草本植物，株高 1m 左右。根茎肉质，扁圆状或圆柱状，分枝。叶互生，无柄；叶片长圆状披针形或披针形，长 20～30cm，宽 4～6cm；先端渐尖，叶面无毛，叶背及叶鞘被疏柔毛或无毛，叶舌长 2～4cm，膜质。总花梗长 15～20cm，被长 4～5cm 鳞片状鞘；穗状花序长圆锥形，长 15～30cm；苞片卵形，长 3～4cm，顶端急尖，红色，呈叠瓦状排列，紧密近圆形；花萼长 1.5～1.8cm，沿一侧开裂，几达中部；花冠长 2.5cm，裂片具紫红色斑纹，长圆形，长 1.5cm，顶端渐尖；唇瓣中央裂片倒卵形，长 1.5cm，侧裂片长 8cm，顶端尖；花丝缺，花药长 1cm，药隔附属体喙状，长约 5mm，弯曲；子房被绢毛，长 2～2.5cm。种子黑色、光亮，假种皮白色，撕裂状。花期在 5～8 月，果期在 8～10 月。珊瑚姜植物形态见图 24-1。

图 24-1　珊瑚姜植物形态图

（墨线图引自《中华本草》编委会，《中华本草·苗药卷》，贵州科技出版社，2005）

【生物学特性】

一、生长发育习性

珊瑚姜原产于热带或亚热带，生于海拔 500～1200m 的山坡林下、山谷阴湿处或密林中；喜湿热，耐阴；不耐寒，不耐旱。若遇霜冻或干旱，其地上部分即会丧失发芽能力，或者根茎发育瘦小，生长发育不良，甚至可致植株枯萎；萌芽期若遇干旱，幼苗更易枯死。但过度湿润，也会生长不良，或使地上部分徒长，甚至可造成根茎腐烂，影响其产量与质量。

二、生态环境要求

珊瑚姜生长在气候温暖、阳光充足、雨量充沛的地区，生育期随海拔、温度的变化而变化，但忌阳光直射，忌寒冷；在土壤湿润而不积水的平地或坡地均能种植。要求年平均温度 15℃以上，≥10℃年积温为 5000～7000℃，无霜期 260～300 天，年平均日照 1000～1300h，空气相对湿度 80%左右，尤在土质疏松、肥沃、保水保肥能力强，排水良好，pH 5～7 的砂壤土、冲积土等中生长良好，尤喜疏松的腐叶土；而忌干旱，忌瘠薄，在土质瘠薄、干旱或过湿的环境中根系生长不良，地上部分生长迟缓，甚至叶片枯萎；幼苗最忌高温和干旱，但土壤过湿亦生长不良。

【资源分布与适宜区分析】

一、资源调查与分布

经调查，珊瑚姜主要分布于我国亚热带和南亚热带地区，尤在南亚热带地区更适于珊瑚姜生长；垂直分布于海拔 1200m 以下的区域，在海拔 500～800m 分布较为广泛。珊瑚姜主要分布于广东、广西、海南、云南、贵州、湖南及福建等地；珊瑚姜的主要地理分布与适生环境为华南、云贵东南部及其河谷地带，这均是珊瑚姜的主要分布区和生产最适宜区。例如，重庆市荣昌县已将贵州省珊瑚姜引种栽培成功，已建立稳产高产种植基地，并获得了有效成分和含量与原产地一致的珊瑚姜药材，为珊瑚姜精油等产品研究开发和市场推广奠定了基础。

二、贵州资源分布与适宜区分析

（一）资源分布

珊瑚姜在贵州主要分布于黔西南、黔南、黔中等地，并以贵州南、北盘江下游河谷地带，如黔西南（如兴义、安龙、兴仁、望谟、册亨等）、黔南（如三都、独山、荔波、平塘等）、黔中（如清镇、镇宁、紫云、长顺等）等为主要分布及主产区。

（二）适宜区分析

贵州省珊瑚姜生产最适宜区为黔西南低丘河谷地带，如兴义、安龙、兴仁、望谟、册亨等地；黔南低丘河谷地带，如三都、独山、荔波、平塘等地；黔中低丘河谷地带，如镇宁、紫云、长顺、清镇等地。以上各地不但具有珊瑚姜在整个生长发育过程中所需的自然条件，而且当地党政重视，广大群众有珊瑚姜栽培及加工技术的丰富经验，为贵州的珊瑚姜生产最适宜区。

除上述珊瑚姜最适宜区和贵州高海拔高寒山地不适宜区外，贵州其他低山丘陵或河谷地带凡符合珊瑚姜生长习性与生态环境要求的区域均为其生产适宜区。

【生产基地合理选择与基地环境质量检（监）测评价】

一、生产基地合理选择与基地条件

按照珊瑚姜生产适宜区优化原则与其生长发育特性要求，并依照中药材规范化种植相关规定，遵循适于珊瑚姜生长地域性、安全性和可操作性的原则，选择其最适宜或适宜并具良好社会经济条件的地区建立规范化生产基地。经调查，珊瑚姜在黔西南、黔南、黔中等气候温暖湿润、阳光充足的环境条件下，多在山地草丛、林缘沟边、低丘平地、开旷山坡及灌木林中生长。在黔西南州的兴义、册亨及安顺市的镇宁、关岭等地，海拔 800m 或海拔 1200m 以下的地带大都可种植。如地处贵州省西南部的镇宁县，全年平均气温 17.4～

19.7℃，≥10℃积温5443.4～6755.2℃，年无霜期长达297～345天，年日照时数为1142h，辐射能77.79～86.65kcal/cm²，年平均降水量1277mm，下半年的降水量占全年的82.9%，水热同季。尤其是其县域南片区海拔350～800m，以亚热带气候为主，属南亚热带湿润季风气候区，阳光充足、土层深厚、疏松肥沃、富含腐殖质、排灌方便的砂质土壤地带更适珊瑚姜种植，见图24-2。

图24-2　贵州镇宁县珊瑚姜规范化种植基地

二、生产基地环境质量检（监）测与评价（略）

【种植关键技术与推广应用】

一、种质资源保护抚育

珊瑚姜是贵州特色药材。应对珊瑚姜种质资源，特别是贵州黔西南、黔东南、黔南、黔中等地的野生珊瑚姜种质资源，进行切实保护抚育，并采取有效措施（如自然保护区、人工抚育区等）建立其种质资源基地加以重点保护与抚育，并开展良种选育及多方发展人工生产，提高其产量质量，为珊瑚姜这一中药民族药材的应用与深度开发提供丰富优质高产稳定的原料，为中药民族药产业及大健康产业建好"第一车间"，以确保珊瑚姜种质资源的永续利用。

二、良种繁育关键技术

珊瑚姜采用无性繁殖（如根茎繁殖等）为主，下面予以介绍。

（一）选种储藏

在珊瑚姜采收期（10～12月），选择地上茎多、种茎肥壮饱满、无病虫害的根茎为种姜。在采收时，注意不要损伤种姜芽苞及外表皮，不要水洗，轻取轻放，再置于预先在高炕地或林边挖好的姜窖中，一层沙一层种姜地堆妥储藏备用。

（二）催芽处理

开春后，一般于惊蛰前后趁晴天取出姜种催芽，以防止出苗晚，或出苗不齐和烂种等。即将种姜小心取出日晒1～2天后，抖去泥沙，剔除霉烂变质的种姜，放置于竹筐内或特制的框架上，并放于较温暖的室内或炉灶上方，以利珊瑚姜内温度提升，促进种姜尽早发芽。但催芽温度不能过高，且应间隙加温，以免种姜水分丧失过多，或出芽细长不利栽种生长。催芽约 15 天左右，在春分时节待种姜芽苞开始发白，发芽率约 70%时则停止催芽。将催芽后的种姜，按其发芽的生长情况切分成小种块，每块留有 1～2 个壮芽，其重量为 30～50g，以供栽植用。

三、规范化种植关键技术

（一）选地栽植

1. 选地

选择阳光充足、土层深厚、疏松肥沃、排水良好的壤土或砂壤土的平地或缓坡地，于深秋或初冬，翻地深耕 30cm 以上让其越冬，使土壤熟化，减少病虫害。开春后，再次翻地，清除杂草，每亩撒施腐熟厩肥 2000～2500kg、钙镁磷肥 20kg、有机复合肥 50kg。并开好排水沟，作畦，畦宽 1.2m、沟深 40～50cm，畦长依地势而酌定。

2. 栽植

种姜栽植一般在春分至清明时节，在上述做好的畦面上穴栽或沟栽均可。穴栽，以 40cm×30cm 的株行距、深约 18cm 开穴，施入基肥后每穴栽植 1 块种姜；沟栽，以 40cm×50cm 的株行距开沟，沟深约 18cm，施入基肥后按 18～25cm 间距栽植。栽植时，芽头俱向上，覆盖细土与地齐平，再浇适量水或粪水以促生根。一般来说，种姜栽植较深，其根茎生长肥壮，不易露出畦面；反之，栽植较浅，其根茎易长出畦面，而且根茎生得细小而弱。种姜宜按其重量大小、种芽健壮等分级栽植，用种量一般为 100～120kg/亩。种姜栽植后，应注意保墒、保温。

（二）田间管理

1. 中耕除草

种姜栽植后十余天则开始出苗，如有缺苗，应及时用催芽后的种姜补苗。然后，待姜苗出齐则见草就人工拔除，切不能伤及姜苗，并将松动的土压实。进入生长旺盛期后，大约间隔 1 月除草 1 次，整个生长期共除草 3～4 次。除草时，应结合中耕进行。对植株根际杂草或深根性杂草，以及后期生长旺盛的杂草，亦应用人工拔除，以免伤及植株，且不能用化学除草剂除草。

2. 合理追肥

珊瑚姜生长期，应结合中耕培土追肥，每亩施有机复合肥 50kg。次年 5～6 月再施一次，每亩用有机复合肥 50kg。

3. 培土壅根

第一年 8 月份中耕时，先追施肥料，后培土壅根，以促进其生根和防止倒伏。第二年

5～6 月又培土一次，每次培土厚 5～10cm。

4. 排灌防涝

珊瑚姜怕积水，下雨时应及时疏沟排水。但在珊瑚姜苗期和生长旺盛期，如遇严重干旱，当土壤缺水时，应及时浇水灌溉。

（三）主要病虫害防治

1. 主要病害防治

（1）根腐病：7～8 月高温多雨季节，田间积水，尤易发病。在发病初期，地上茎叶多不表现症状，只是其根变褐腐烂。随着根部腐烂程度的加剧，叶片逐渐变黄，甚至全株枯萎下垂，最后导致全根腐烂，植株自下而上逐渐枯死；重则蔓延波及全田。

防治方法：合理轮作，隔 2～3 年轮作 1 次，可与禾本科、豆科等作物轮作；留种时注意选择无病害的种姜，并用 1∶1∶100 波尔多液等浸种消毒；雨季及时排干田间积水，及时清除病株，并用生石灰处理病穴；发病初期用 50%可湿性退菌特粉剂 600 倍液或 50%甲基托布津 800 倍液浇灌根部。

（2）叶斑病：多在入夏后，当雨水增多、气温上升时开始发病，6～8 月为发病盛期，为害加重。发病初期，自近地面叶片及叶片基部或叶缘出现不规则褐斑，后期病斑可连成一片并使整个叶片枯萎，枯萎处周边叶面褪绿，甚至全叶变黄。

防治方法：彻底清除病叶、病株残余物，加强栽培管理，可有效减轻病害；疏通水道，降低湿度，雨后及时疏沟排水，降低田间湿度，改善田间通风透光条件；发病期喷洒 1∶1∶100 波尔多液，或 65%代森锌 500～800 倍液喷施，或以 50%多菌灵 1000 倍液与 1∶1∶100 波尔多液交替喷洒等法防治。

2. 主要虫害防治

（1）玉米螟：多发生在间作的玉米收获后，第三代幼虫转蛀食珊瑚姜茎，致使植株枯萎。

防治方法：玉米收获后全面处理好秸秆与清园，做好预测预报，及早消灭一、二代幼虫；心叶期用 90%晶体敌百虫 1000 倍液灌注心叶或用复方 Bt 乳剂 300 倍液灌注心叶。

（2）小地老虎、蝼蛄等地下害虫：小地老虎、蝼蛄等一年发生 3～4 代，以幼虫和蛹越冬，翌年 4～5 月第一代幼虫咬食或咬断珊瑚姜幼茎，造成缺窝断行。

防治方法：在成虫盛发期采用灯光或糖醋液诱杀成虫；天旱时，若土壤湿度过低，应及时进行灌溉，减轻幼虫为害；结合中耕除草，人工捕捉幼虫；为害严重时，用 90%晶体敌百虫 1000～1500 倍液或 50%辛硫磷乳油 2000 倍液淋灌。

贵州镇宁县珊瑚姜规范化种植基地大田生长情况，见图 24-3。

上述珊瑚姜良种繁育与规范化种植关键技术，可于珊瑚姜生产适宜区内，并结合实际因地制宜地进行推广应用。

图 24-3　贵州镇宁县珊瑚姜规范化种植基地大田生长情况

【药材合理采收、初加工、储藏养护与运输】

一、珊瑚姜药材合理采收与批号制定

（一）合理采收

1. 药材采收

于种植的第 2 年秋季采收。采收时，先割去珊瑚姜地上部分枯枝和杂草，并集中作堆肥处理。再用锄头从畦面一端开始采挖。采挖时应小心，切勿伤损或折断根茎。将挖出的根茎抖去泥土等杂质后装筐，运回待初加工。

2. 种姜采收

在珊瑚姜种植过程中，可优选其健壮植株，连续生长 2~3 年，收获其根茎作种姜用，再依法入窖储藏与催芽处理，见图 24-4。

（二）批号制定（略）

二、药材合理初加工与包装

（一）合理初加工

除去茎叶及杂质，将珊瑚姜根放入洗药池中，清水洗净，然后取出沥干，并及时趁鲜用竹刀刮去珊瑚姜根的外皮。

图 24-4　珊瑚姜的种姜

珊瑚姜多鲜用或提取精油，也可采用阴（晾）干或烘干，见图 24-5。但珊瑚姜根茎肥厚，不易阴干，可用特制烘架将珊瑚姜药材均匀铺于烘盘里（以 2～3cm 厚度为宜）置于烘房（箱）低温干燥。上料时，须从烘车顶上依次向下装盘。每烘盘车装好后，则立即

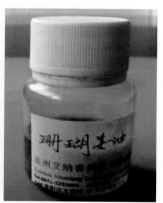

图 24-5　珊瑚姜药材及提取精油

将其送入烘房（箱）进行干燥。干燥温度应控制在 60℃以下，并应注意掌握火候，先大后小，且随时观察温度变化与注意及时翻动；若温度过高时，应及时打开排风扇进行调节降温，并及时做好温度、时间等记录。

（二）合理包装

将干燥珊瑚姜药材，按 30kg 规格，用无毒无污染材料严密包装。在包装前，应检查是否充分干燥、有无杂质等异物，所用包装应符合药用包装标准。并在每件包装上注明品名、规格、等级、毛重、净重、产地、批号，执行标准、生产单位、包装日期及工号等，并应有质量合格的标志。

三、合理储藏养护与运输

（一）合理储藏养护

珊瑚姜药材应储存于阴凉干燥处，温度 30℃以下，相对湿度 65%～75%。商品安全

水分13%~14%。本品易受潮生霉。若珊瑚姜药材未充分干燥，在贮藏或运输中易感染霉菌，受潮后可见霉斑。贮藏时应合理堆码，随时保持仓储环境干燥、整洁；定期检查、翻垛，发现吸潮或初霉品或虫蛀，应及时进行通风晾晒等处理。

（二）合理运输

珊瑚姜药材在批量运输中，严禁与有毒货物混装，并应有规范完整的运输标识；运输车厢不得有油污与受潮霉变。

【药材质量标准、质量检测与监控】

一、药材商品规格与质量检测

（一）药材商品规格

珊瑚姜药材以无芦头、霉变、焦枯，身干，根茎大，色黄棕、质坚，气特异而香，味辛辣者为佳品。珊瑚姜药材商品规格为统货，现暂不分级。

（二）药材质量检测

按照《贵州中药材、民族药材质量标准》（2003年版）珊瑚姜药材质量标准进行检测。

1. 来源

本品为姜科植物珊瑚姜 *Zingiber corallinum* Hance 的新鲜或干燥根茎。秋末采收，除去杂质，洗净，鲜用或阴干。

2. 性状

本品呈扁圆柱形或圆柱形，有分枝，各分枝顶端有凹下的茎痕或芽痕，长2~9cm，直径0.8~3cm。表面灰褐色或浅灰棕色，有纵皱纹及环节，节上有圆形根痕，近顶端有残存的鳞片；质坚硬，折断面呈细颗粒状，黄色或浅棕红色，时有呈纤维状的维管束外露。横切面有明显的内皮层环纹。气特异而香，味辛辣。

3. 鉴别

（1）显微鉴别：本品根茎横切面，木栓层通常为5~10列细胞。皮层较宽广，散在外韧型叶迹维管束；内皮层明显，细胞稍扁小。中柱有多数外韧型维管束，近内层维管束较小，排列密集，几成环状；木质部纤维较薄，微木质化，导管通常2~8个。薄壁细胞中含有大量淀粉粒，油细胞散在，内含黄色或黄绿色挥发油滴；树脂细胞内含棕红色分泌物，少数薄壁细胞中含有细小的草酸钙结晶，呈方形、长方形或柱形。

（2）理化鉴别：①取本品粉末少许置滤纸上，滴加无水乙醇及乙醚各1滴，挥干后，除去粉末，滤纸被染成黄色，加热的（约60℃）硼酸饱和溶液1滴，变成橙红色；再加浓氨水1滴，变成蓝黑色，并渐变成褐色，久置后变为橙红色。

②取本品粉末0.5g，加乙醚 mL，浸渍15min，滤过，滤液挥干，于所得的芳香辛辣的黄色油状物中，加浓硫酸1滴及香草醛结晶1粒，即呈紫红色。

③取本品粉末 0.5g 置试管中，加硫酸-无水乙醇（1∶1）混合液 2mL，摇匀，溶液呈紫红色。

4. 含量测定

照挥发油测定法（《中国药典》2000 年版一部附录ⅩD甲法）测定。本品含挥发油不得少于 2%（g/kg）。

二、药材质量标准提升研究与企业内控质量标准制定（略）

三、药材留样观察与质量监控（略）

【药材生产发展现状与市场前景展望】

一、生产发展现状与主要存在问题

20 世纪 80 年代以来，贵州珊瑚姜生产发展较为迅速。珊瑚姜野生资源丰富，特别在黔西南、黔南及南、北盘江河谷等地均有分布与人工种植。特别是在苗药研发上，先后有贵州神奇制药公司、贵阳舒美达制药公司等，以珊瑚姜为重要原料研制的"脚癣一次净""九九痤疮灵"等上市后，珊瑚姜野生变家种与规范化种植基地建设则日渐兴起。近年来，如在黔南州三都县等地已开展了珊瑚姜规范化种植基地建设，面积已逾千亩。特别是 2011 年 11 月重庆市科委还组织专家，对从贵州引种至该市荣昌县的"珊瑚姜引种驯化及应用开发关键技术研究"项目进行了结题验收。该项目通过与贵州珊瑚姜基地合作，创造性地将苗药珊瑚姜第一次引种到重庆并获成功，完成了 150 亩基地建设及其种植方法研究，珊瑚姜亩产达 1125kg（2 年生），并保证了有效成分和含量与原产地的一致性。该项目还完成了珊瑚姜精油超临界二氧化碳萃取工艺研究，精油提取率达 7.89%。项目还进行了珊瑚姜精油的抑菌及皮肤缺损创面愈合实验，利用珊瑚姜精油开发出珊瑚姜空气清新剂和止痒香波 2 种新产品，申报并获得国家特殊用途化妆品生产批文 7 个，研发出以珊瑚姜精油为原料的化妆品十余种；并申请了《含有珊瑚姜精油的空气清新剂及其制备方法》等国家发明专利。总之，现已为更好解决珊瑚姜种源和扩大其研发生产打下了良好基础，但由于珊瑚姜受市场价格波动等因素的影响，目前珊瑚姜种植面积还较小，其规范化种植、生产基地建设与初加工生产，及其药材质量标准提升与产业化研究开发等均亟待进一步加强和研究提高。

二、市场需求与前景展望

珊瑚姜是贵州特色药材，为苗药工业与"大健康"产业的重要原料。现代研究表明，珊瑚姜的主要有效成分为挥发油；其挥发油又以松油烯-4-醇含量最高，其次为香桧烯和 β-甜没药烯、3-甲氧基羟基肉桂酸甲酯、3，4-二甲氧苯甲醛等。人工种植珊瑚姜含有的挥发油中，经鉴定出萜类化合物香桧烯（47.39%）、松油烯-4-醇（31.54%）、月桂烯（1.29%）、蒎烯（1.04%）等 16 种化合物，占挥发油总量的 93.26%，并发现有一双环单萜类化合物具有独特香气，为制备香皂等日化品的添香原料等有效成分。现研究还表明，人工栽培珊瑚姜块茎还含有锌、铜、硒、锰、铁、钴等 10 种元素。用气相色谱-质谱联用仪（GC-MS）对珊瑚姜油进行分析，从化学组成探讨了珊瑚姜油与 BHT 和维生素 E 对鱼油的抗氧化机理差异。结果表明：珊瑚姜油抗氧化效果优于 BHT 及维生素 E，是一种良好的天然抗氧化剂，珊瑚姜油添加量为 0.03%时对鱼油有很好的保护作用；GC-MS 方法鉴定出珊瑚姜油有 44 种成分（如单萜类化合物 13 种，占 25.12%；含氧单萜类化合物 16 种，占 26.43%；倍半萜类化合物 9 种，占 8.82%；含氧倍半萜、苯系衍生物及其他 6 种，占 39.6 3%）。现代药理证明，珊瑚姜具有抗细菌、抗真菌、抗螨虫、抗阴道毛滴虫、抗炎、抗肝损伤、抗辐射损伤、抗衰老、清除自由基、强心、活血、免疫、镇咳、祛痰及改善学习记忆等药理作用。其临床应用也在不断扩展，从民族民间传统用药主治感冒、咳嗽、腰痛、腹痛、腹泻及顽癣等症，现已发展到用于治疗冠心病、心肌炎、心绞痛、慢性乙型肝炎等疾病。如有报道，以珊瑚姜与党参、丹参伍用的"三参汤"，运用益气养阴活血法治疗老年冠心病和心肌炎患者，结果获得满意疗效，除症状基本控制及发作频率减少外，自觉体力增加，还能有效解除胸闷、心悸等症。特别是近十多年来，应用超临界 CO_2 萃取技术提取珊瑚姜油，从而珊瑚姜油在医用品、保健品、化妆品、日化品、畜用品等方面开拓了珊瑚姜的新用途、新产品及新市场。例如，添加珊瑚姜油的沐浴液、洗发香波、护肤霜、膏霜剂、面霜面膜等，既能防治各种癣疾、痤疮、皮肤瘙痒、黄褐斑等疾患，又可起到化妆和保健的作用。以珊瑚姜精油为主药研发的祛臭露、痘润零等新产品，确有快速渗透皮肤、清洁疏通毛孔，使有效成分直达皮脂腺，分解多余油脂，快速祛臭去痘，使皮肤恢复平滑，调理养护肌肤，防止青春痘再生等作用，疗效奇特，深受市场欢迎。比如，以珊瑚姜为主药研发的"珊瑚癣净""复方珊瑚姜尿素溶液咪康唑软膏复合制"等药品，以及治疗家畜螨病的制品，均已获得很好疗效。如螨病是家畜家禽常见病、多发病，具有传染性强、病情发展快等特点，严重者可致畜群毁灭。而目前国内常用的灭螨药物为有机磷类药物，易在体内蓄积导致人畜中毒及污染环境；国际灭螨新药双甲脒、伊维菌素等虽然高效低毒，但其价格昂贵。以珊瑚姜为主药研发的治疗家畜螨病制品，与目前上述锌硫磷等国内外家畜螨病制品的对比试验研究结果表明，珊瑚姜制品具有疗效显著、价格低廉、高效无毒、使用安全、无毒副作用、不致体内蓄积导致人畜中毒及污染环境等优点。从上可见，珊瑚姜确有极大研究开发潜力，其产业化和市场前景都甚为广阔。

主要参考文献

曹煜，朱润衡. 1989. 野生植物珊瑚姜抗真菌实验研究及临床疗效观察[J]. 中华皮肤科杂志，22（2）：103.

曹煜，张士英. 1990. 珊瑚姜挥发油抗真菌作用的透射电镜观察[J]. 贵阳医学院学报，15（1）：58.

常凤岗，陈祖云. 1986. 珊瑚姜的化学成分研究（I）[J]. 贵阳医学院学报，11（3）：262.

陈根强，冯俊涛，马志卿，等. 2004. 松油烯-4-醇对几种昆虫的熏蒸毒力及其致毒症状[J].西北农林科技大学学报，32（7）：50-52.

董赫，郑旭煦，殷钟意. 2012. 珊瑚姜化学成分及精油研究开发进展[J].重庆工商大学学报（自然科学版），29（9）：98.

蒋燕萍，曹煜，李淑芳. 2006. 珊瑚姜的有效成分对糠秕孢子菌抑制作用的实验研究[J].贵阳中医学院学报，28（5）：57.

李金华，万固存，刘毅，等. 1997. 珊瑚姜精油超临界 CO_2 萃取的化学组分研究[J].中草药，28（12）：716-717.

孙景珠，王宝麟，陈绍国，等. 1993. 复方珊瑚姜酊治疗猪疥螨试验[J]. 贵州畜牧兽医，3：57.

余德顺，李金华，万固存，等. 2003. 珊瑚姜精油的超临界萃取及其抗真菌和细菌活性[J].化学研究与应用，15（5）：678.

中国植物志编委会. 1981. 中国植物志（16卷2分册）[M]．北京：科学出版社.

（周厚琼　冉懋雄　叶世芸　王　沁）

25　重　楼

Chonglou

PARIDIS RHIZOMA

【概述】

重楼原植物为百合科云南重楼 *Paris polyphylla* Smith var. *yunnanensis*（Franch.）Hand.-Mazz.或七叶一枝花 *Paris polyphylla* Smith var. *chinensis*（Franch.）Hara。别名：蚤休、独脚莲、草甘遂、草河车、灯台七、罗汉七等。以干燥根茎入药。2000 年版、2005年版、2010 年版的《中国药典》一部均予收载。《中国药典》2015 年版称：重楼味苦，性微寒；有小毒；归肝经。具有清热解毒、消肿止痛、凉肝定惊功能。用于疗肿痈肿、咽喉肿痛、蛇虫咬伤、跌扑伤痛、惊风抽搐等症。重楼又为常用苗药，苗药名："jab gib liod"（近似汉译音："加格略"），性冷，味微苦；小毒；入热经。具有清热解毒、息风定惊功能。主治痈肿疮毒、咽肿喉痹、乳痈、蛇虫咬伤、跌仆伤痛、惊风抽搐等疾患。重楼还是贵州布依族等常用民族药，广泛用于治疗急性扁桃体炎、流行性腮腺炎、慢性气管炎、无名肿毒、毒蛇咬伤、妇人乳结不通及红肿疼痛等。

重楼药用历史悠久，以"蚤休"之名首载于《神农本草经》曰："蚤休。味苦微寒，治惊痫，摇头，弄舌。热气在腹中，癫疾，痈疮，阴蚀，下三虫，去蛇毒。生山谷"。其后诸家本草多予收录，如魏晋《名医别录》载云："蚤休有毒，生山阳川谷及冤句。""重楼"之名始见于唐代《新修本草》："今谓重楼名是也，一名重台，南人名草甘遂，苗似王孙、鬼臼等，有二三层，根如肥大菖蒲，细肌脆白"并"醋摩疗疽肿，敷蛇毒有效"。《日华子本草》载"重台根冷无毒，治胎风，搐手足，能吐泄瘰疬"。明代茂兰《滇南本草》称重楼为"消诸疮，无名肿痛，利小便"。明代李时珍《本草纲目》亦云："蚤休，根气味苦，微寒，有毒。主治惊痫，摇头弄舌，热气在腹中，癫疾，痈疮阴蚀，下三虫，去蛇毒；生食一升，利水；治胎风手足搐，能吐泄瘰疬。去疾寒热。"重楼是民间常用及中药民族药工业常用原料药，是贵州著名地道特色药材。

【形态特征】

云南重楼：为多年生草本植物。根状茎粗壮，茎高 20～100cm，无毛，常带紫红色，基部有 1～3 片膜质叶鞘抱茎。叶 5～11 枚，绿色，轮生，长 7～17cm，宽 2.2～6cm，为倒卵状长圆形或倒披针形，先端锐尖或渐尖，基部楔形至圆形，全缘，常具一对明显的基出脉，叶柄长 0～2cm。花顶生于叶轮中央，两性，花梗伸长，花被两轮，外轮被片 4～6，绿色，卵形或披针形，内轮花被片与外轮花被片同数，线形或丝状，黄绿色，上部常扩大为宽 2～5mm 的狭匙形。雄蕊 2～4 轮，8～12 枚，花药长 5～10mm，药隔较明显，长 1～2mm。子房近球形，绿色，具棱或翅，1 室。花柱基紫色，增厚，常角盘状。花柱紫色，花时直立，果期外卷。果近球形，绿色，不规则开裂。种子多数，卵球形，有鲜红的外种皮。花期 4～7 月，果期 9～10 月。云南重楼植物形态见图 25-1。

图 25-1　云南重楼植物形态图

（墨线图引自《中华本草》编委会，《中华本草·精选本》，上海科学技术出版社，1998）

　　七叶一枝花：为多年生草本植物。高 50～100cm。根状茎粗壮，圆锥状或圆柱状，粗可达 3cm，具多数环状结节，棕褐色，具多数须根。茎直立，圆柱形，不分枝，基部常带紫色。叶 7～10 片，轮生于茎顶，长圆形、椭圆形或倒卵状披针形，长 7～15cm，宽 2.5～5cm，先端急尖或渐尖，基部圆形，稀楔形，全缘，无毛；叶柄长 2～5cm，通常带紫色。花单生于茎顶，在轮生叶片上端；花梗长 5～16（30）cm；外轮花被片（萼片）4～6，形大，似叶状，椭圆状披针形或卵状披针形，绿色，长 3.5～8cm，内轮花被片（花瓣）退化呈线状，先端常渐尖，等长或长于萼片 2 倍；雄蕊 8～12 枚，花丝与花药近等长，药隔突出部分长 0.5～1（2）mm；子房圆锥状，有 5～6 棱；花柱粗短，4～6 枚，紫色，蒴果近球形，3～6 瓣裂。种子多数。花期 7～8 月，果期 9～10 月。七叶一支花植物形态见图 25-2。

　　七叶一枝花形似中华七叶一枝花，但叶矩圆形或倒披针状矩圆形，基部圆形或罕为急尖；花瓣丝状，近顶端渐变尖，长等于或长于花萼 2 倍，宽约 1mm。

　　另外，同属植物如独脚莲 *Paris polyphylla* Smith、狭叶重楼 *Paris polyphylla* Smith var.*stenophylla* Franch.、长药隔重楼 *Paris polyphylla* Smith var.*pseudothibetica* H.Li.、海南重楼 *Paris dunniana* Levl.、凌云重楼 *Paris cronguistii* H.Li.、南重楼 *Paris vietnamensis* H.Li.、金线重楼 *Paris delavayi* Franch.等，也在我省或其他地区作为重楼习用。

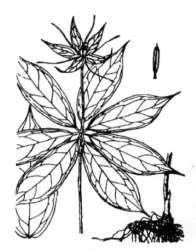

图 25-2　七叶一支花植物形态图

（墨线图引自《中华本草》编委会，《中华本草·苗药卷》，贵州科技出版社，2006）

【生物学特性】

一、生长发育习性

重楼有"宜荫畏晒，喜湿忌燥"的习性，喜湿润、荫蔽的环境，在地势平坦、灌溉方便、排水良好、含腐殖质多、有机质含量较高的疏松肥沃的砂质壤土中生长良好。重楼生长过程中，要求较高的空气湿度和遮蔽度。适宜生长在海拔为 1600～3100m 的地区，年平均气温为 12～13℃，无霜期 270 天以上。年降水量 850～1200mm，降水集中在 6～9月，空气湿度在 75%以上，土壤夜潮，能满足滇重楼生长发育对土壤含水量的需求。在种植滇重楼时，建造的荫棚遮阴度为 60%～70%，散射光能有效促进滇重楼的生长。

二、生态环境要求

重楼属植物为阴生植物，最宜于腐殖质含量丰富的壤土或肥沃的砂质壤土中栽培，喜凉爽阴湿、水分适宜、斜射光或散光的环境，生长的平均气温为 12～15℃。马云淑等调查发现，一般气温较高、潮湿多雨密林下的植株胶质重楼较多，气候温和、比较干燥的地区粉质者较多。苏文华等研究认为重楼最适生长温度为 16～28℃。王丽萍等初步研究表明，重楼生长需要的年日照时数在 1000h 左右，具有营养生长期较短而生殖生长期、越冬期较长的特点，适宜光照度为 15%～50%（光强 1000～3500lx）的生态环境。人工种植滇重楼时应以适当遮阴为好，陈翠等比较了遮阳网、向日葵、玉米、三分三这 4 种不同遮阴方式条件下滇重楼生长情况。结果表明，10g 左右的种苗移栽种植 3 年期间，最佳的重楼遮阴方式是遮阳网，遮阴率在 60%左右。重楼叶片较少，光合面积小，叶片的光合作用能力较低，由于生长的习性及地理因素的限制，其每年的光合作用时间也只有 6～7 个月。因此，在最适环境条件下增加光合作用时间是积累更多有机物质及增加产量的重要途径。毛玉东等研究了土壤 pH 对滇重楼生长状况及根茎总皂苷含量的影响。结果表明，根茎增长率、茎叶鲜重、根数、根系鲜重和根长随 pH 增加呈先增后降的趋势，根茎增长率以 pH 6.54 最高，茎叶鲜重、根数、根系鲜重和根长以 pH 7.42 最高，新老根茎总皂苷含量随土壤 pH 升高而增加。由此可知，光照、温度、湿度以及土壤 pH 等对重楼的生长均有很大的影响。

【资源分布与适宜区分析】

一、资源调查与分布

经调查，云南重楼主要分布于我国西南部的云南、贵州、四川、重庆一带，生长于海拔 1400～3100m 的常绿阔叶林、云南松林、竹林、灌丛或草坡中。七叶一枝花主要分布于四川、贵州、云南、西藏、陕西、湖北、湖南、山西、甘肃、河南、江西、广西等地，主要生长于海拔 1800～3200m 的林地。

上述云南、贵州、四川、重庆、西藏（东南部）、湖北和陕西等省（自治区、直辖市）都是重楼的生产最适宜区；其余如山西、甘肃、河南、江西、广西等省（自治区）均为重楼的生产适宜区。

二、贵州资源分布与适宜区分析

（一）资源分布

贵州省重楼（以云南重楼或七叶一枝花为主）分布在海拔 1000～2800m 的区域，其中在七星关区（分布于海拔 1200m 以上的杂木林下阴湿地）、纳雍（分布于海拔 1300m 以上的针叶混交林或灌木林）、威宁（分布于海拔 1000m 以上的山地林阴湿地）、赫章（分布于海拔 1900～2300m 的灌木林阴湿地）、大方（分布于海拔 1000m 以上的山坡阴湿地）等区县，铜仁市的梵净山区域，六盘水市的水城（分布于海拔 1000m 以上的山地林下），黔南州的贵定、罗甸（分布于海拔 1200m 左右的山地林下阴湿地）、云雾山（分布于海拔 1000m 左右的常绿阔叶林下阴湿地），遵义市的正安、道真、务川、播州（分布于海拔 1700～2200m 的常绿阔叶林、松林或灌木丛中）等县市（区）。部分重楼的资源分布与生态环境情况，见表 25-1。

表 25-1　部分重楼的资源分布与生态环境

序号	植物名	学名	主要分布区域	生态环境
1	金钱重楼	*Paris delavayi* Franch.	贵州的梵净山、正安、水城，以及云南、四川、湖南等	生于海拔 1300～2100m 的杂木林中
2	卵叶重楼	*P. delavayi* Franch. var. petiolata H. Li.	贵州的毕节、水城等	生于海拔 1200～2000m 的杂木林下阴湿处
3	球药隔重楼	*P. fargesii* Franch	贵州的遵义、道真、绥阳、湄潭、罗甸、惠水、梵净山、雷公山、德江、安龙等地，以及四川、广西、湖南、湖北、台湾等	生于海拔 1000～2200m 的常绿阔叶林中
4	宽瓣球药隔重楼	*P. fargesii* Franch. var. latipetala H. Li.	贵州的贵定等	生于山坡林下或灌木丛阴湿处
5	短瓣球药隔重楼	*P. fargesii* Franch. var. brevipetalata H. Li.	贵州的水城，以及四川、云南、广西、广东等	生于山坡林下或灌木丛阴湿处
6	五指莲	*P. axialis* H. Li.	贵州的纳雍，以及四川西部和南部等	生于海拔 1300m 左右的针叶混交林中

续表

序号	植物名	学名	主要分布区域	生态环境
7	红果五指莲	*P. axialisvar*. rubra H. H. Zhou	贵州的水城等	生于海拔1300m左右的针叶混交林中
8	凌云重楼	*P.cronguistii* H. Li.	贵州的安龙等，以及云南东部、广西南部及四川中部至南部	生于海拔900m以上的山谷阴湿地及常绿阔叶林下
9	毛重楼	*P. mairei* Levl.	贵州的纳雍等	生于海拔1900m左右的灌木林中
10	七叶一枝花	*P. polyphylla* Smith	贵州各地	生于山坡林下或沟谷边的草丛阴湿处
11	白花重楼	*P. polyphylla* Smith var. alba H. Li. et R. J. Mitchel.	贵州的龙里等	生于林下及灌木丛阴湿处
12	华重楼	*P. polyphylla* Smith var. *chinensis* (Franch.) Hara	贵州的梵净山、盘州、安顺、册亨、惠水、龙里、清镇、贵阳等地，以及云南、四川、湖北、广西等	生于林下或沟谷草丛中
13	狭叶重楼	*P. polyphylla* Smith var. *stenophylla* Franch.	贵州的梵净山、雷公山、威宁、大方、长顺、惠水、荔波、贵阳等地，以及云南、四川、西藏、湖南等	生于海拔1000m以上的山坡阴湿处
14	云南重楼	*P. polyphylla* Smith var. *yunnanensis* (Franch.) Hand.-Mazz.	贵州的毕节、威宁、安龙、龙里、贵定、水城、贵阳，以及云南、四川、广西等	生于海拔1000m以上的山地林下
15	长药隔重楼	*P. polyphylla* Smith var. *pseudothibetica* H. Li.	贵州的安龙、雷山、望谟等，以及云南、四川及西藏东南部	生于1100～1800m的山坡林中
16	大萼重楼	*P. polyphylla* Smith var.*pseudothibetica* f. macrosepala H. Li.	贵州的遵义等，以及云南、四川、西藏东南部等	生于海拔1700～2200m的常绿阔叶林、松林或灌木丛中
17	黑籽重楼	*P. thibetica* Franch.	贵州的江口、台江、雷山、威宁、大方、正安、遵义等	生于海拔1700～2200m的常绿阔叶林、松林或灌木丛中
18	平伐重楼	*P. variotii* levl	贵州的贵定云雾（平伐）、惠水等，以及四川峨眉山、湖南衡山等	生于海拔1000m左右的常绿阔叶林下阴湿处
19	海南重楼	*P. dunniana* levl	贵州的贵定、罗甸、惠水，以及广东和海南等	生于海拔1200m左右的山地林下阴湿处

（二）适宜区分析

　　毕节市的七星关（分布于海拔1200m以上的杂木林下阴湿地）、纳雍（分布于海拔1300m以上的针叶混交林或灌木林）、威宁（分布于海拔1000m以上的山地林阴湿地）、赫章（分布于海拔1900～2300m的灌木林阴湿地）、大方（分布于海拔1000m以上的山坡阴湿地）等区县，铜仁市的梵净山区域，六盘水市的水城等区县（分布于海拔1000m以上的山地林下），黔南州的贵定、罗甸（分布于海拔1200m左右的山地林下阴湿地）、云雾山（分布于1000m左右的常绿阔叶林下阴湿地），遵义市的正安、道真、务川、播州（分布于海拔1700～2200m的常绿阔叶林、松林或灌木丛中），安顺市的西秀、紫云（分布于1000m左右的常绿阔叶林下或阴湿地）等县（市、区），均为贵州重楼主要分布区域及生长最适宜区。

　　除上述生长最适宜区外，贵州省其他各县（市、区）凡符合重楼生长习性与生态环境要求的区域均为其生产适宜区。

【生产基地合理选择】

一、生产基地合理选择与基地条件

按照重楼生长适宜区优化原则与其生长发育特性要求,选择其生长最适宜区或适宜区并具良好社会经济条件的地区建立规范化生产基地。贵州宜选气候凉爽、雨量适当,并具有良好透水性的微酸性腐殖土或红壤土的区域。例如,毕节市七星关区、铜仁市的梵净山区以及安顺市西秀和紫云等地,均建立了重楼规范化生产基地。贵州安顺市龙宫镇重楼规范化生产基地见图25-3。

图25-3　贵州安顺市龙宫镇重楼规范化生产基地（2012年）

二、基地环境质量检（监）测与评价（略）

【种植关键技术研究与应用】

一、种质资源保护抚育

重楼是贵州地道特色药材,应对全省重楼种质资源,特别是贵州黔西北、黔西、黔北、黔西南、黔南、黔东南、黔中等地的野生重楼种质资源,选择对重楼生态适应性强的地带,采用封禁、补种等措施,对其切实加强保护抚育,有效保护抚育这一濒危的种质资源,以永续利用。

二、良种繁育关键技术

重楼多采用种子和根茎繁殖。种子繁殖技术要求较高,周期较长,但其繁殖系数大,可提供大量种苗;而采用根茎切块繁殖增长较快,种植周期可缩短。其带顶芽切割根茎种植又优于不带顶芽切割根茎种植,但根茎繁殖的种苗繁殖系数低,要消耗大量重楼种源,且易感病,易退化。现分别对种子繁殖、根茎繁殖技术介绍如下。

（一）种子繁育技术

1. 种子采集、处理与保存

重楼种子繁育首先要采集品质优良的种子。重楼果实一般在9～10月成熟,10～11

月开裂。为增强种子萌发力，待蒴果外种皮由红色变成深红色时及时采收。种子采收后，去除果皮，洗净种子，晾干保存。剔去透明发软的细小种子，种子呈光滑的乳白色，颗粒硬度较高，见图 25-4。

图 25-4　重楼的果实与种子

2. 种子催芽

采用沙土催芽方法。将处理好的种子与沙土按一定比例拌匀，装入催苗框中，置于室内，每 15 天检查一次，保持沙子的湿度为 30%～40%（用手抓一把沙子紧握能成团，松开后即散开为宜）。第二年 4 月种子胚萌发后即可播种。

3. 苗圃选择与苗床准备

种子苗床要选择地势较高、排水良好、土壤富含有机质、遮阴较好的林下空地或坡地，旱地则要搭遮阳网。选择晴天，田块较干时翻耕，翻耕时将土块碾碎，并捡去石块和杂草，平整做畦。四周要设排水沟，利于排水。

4. 播种与育苗

处理过的种子可进行点播和条播，也可进行散播。播入后覆盖经过细筛的腐殖土、细沙和草木灰，覆土以不见种子胚根为度，再盖一层松针或碎草以保水分。在此期间要保持苗床湿润、荫蔽的环境；避免土壤板结、干燥和过度日照。

5. 移栽

种子繁育出来的种苗生长缓慢，3 年后，重楼形成明显根茎时方可进行移栽。最佳移栽时间是 10 月中旬至 1 月上旬，此时移栽的重楼根系生长较快。

（二）根茎繁育技术

目前，根茎切割育苗是重楼育苗最常用的一种繁育方式。

1. 带顶芽切割根茎育苗

顶芽是根茎中生活力最强的部位，重楼带顶芽切割部分当年即可作为种栽（图 25-5）。

育苗时选取健壮、无病虫害根状茎，顶芽以下 2cm 处的根状茎横切段作为种苗，切段后伤口用草木灰处理，在苗床中集中培育，使切割伤口充分愈合、稳定，即可移栽，移栽当年开花结实。

图 25-5　重楼根茎繁育用的种栽

2. 不带顶芽切割根茎育苗

于冬季选择健壮、无病虫害的重楼根状茎，切去顶芽后的以下根状茎一次横切成 2cm 切段，每切段保证带 1 芽痕，伤口用草木灰处理。按行株距 2cm×2cm 放置，覆土 5cm，再覆一层松针保湿。

3. 管理

根状茎切割出苗后保持荫蔽环境（可用遮阳网，也可采用树枝或其他方式遮阴），勤除草，苗期主要施基肥。

三、规范化种植关键技术

（一）选地整地

重楼种植对气候和土壤类别的要求不严，但力求有生长发育的特殊小气候。选择日照较短的背阴缓坡地或平地，土层深厚肥沃、质地疏松，保水性、进水性都较强的夜潮地、灰泡土、腐殖土地种植最为理想。厢面宽 1.3～1.5m，长度不限，四周开排水沟。每亩施入 2000kg 腐熟的农家肥作基肥。

（二）移栽定植

1. 种子繁殖

重楼于 9～10 月种子成熟时，可随采随播，条播或撒播，覆土 4～5cm。培育 2～3 年于春季或深秋移植。最好采用直播，但为了节省种子和密植高产，可采用种子育苗移栽。

（1）直播：于 5 月中下旬透雨后，在整好的厢面上以行距 30～35cm、株距 20～25cm，挖 3～5cm 深的穴；1.3m 的窄厢开 4 行，1.5m 的宽厢开 5 行。播种前将种子冷浸 24h 后，拌草木灰播种，每穴下种 2～3 粒，播后覆盖细粪、细土各半的肥土 2～3cm，应及时浇水。一般 7～10 天萌发出苗。

（2）育苗移栽：此法有节省种子和争取节令的优点。于 4 月上旬在有水源的旱地或菜园地中选择苗床。翻挖土地前，最好用 40%五氯硝基苯，以 5～10g/m² 拌细土撒施以进行土壤消毒，然后反复翻挖表土层，把厢面整平整细后，在厢面上按 15cm 的行距开 5cm 左右深的播种沟；在沟中再按株距 5cm 进行播种，然后覆土 3cm，盖细粪土 2cm，浇透水，并覆盖地膜。一般 5～7 天可出苗；育苗 1 月后，再按直播规格把小苗移栽于大田。

2. 根茎繁殖

采收时，及时将根茎切成带 3～5 个芽尖的节段，按行距 30cm、株距 15cm 栽种。亦可于秋、冬季采挖健壮、无病虫害根茎，置于阴凉干燥处沙贮；于翌年 4 月上、中旬取出，再按有萌发能力的芽残茎、芽痕特征，切成小段，每段保证至少要带 1 个芽痕，切好后适当晾干并抹上草木灰，按上述株行距依法栽种于苗床，并覆盖地膜。一般 15～20 天生根长芽后，于 5 月中下旬，按直播规格移栽于大田。

3. 定植

按行距 30cm、株距 15cm 移栽定植，盖土厚度 5cm 左右，再盖上树叶等覆盖物。生长期间要及时除草松土和浇水，追肥可在第二年春季出苗后进行，以氮肥、磷肥为主。

（三）田间管理

1. 间苗补苗

5 月中下旬，对直播地进行间苗，同时查缺补漏。间苗前要先浇水，用木棍撬取种苗，补苗后及时浇定根水。并要注意充分利用小种苗，要保证全苗和足够的密度。

2. 中耕除草

由于重楼根系较浅，而且在秋冬季萌发新根，在中耕时必须注意，并要浅松土，勤中耕，随时注意清除杂草。立春前后苗逐渐长出，发现有杂草应及时进行人工拔除，不能伤及幼苗和地下根茎。9～10 月前后，地下茎生长初期，用小锄头轻轻中耕，不能过深，以免伤害地下茎，影响重楼生长。

3. 排水灌溉

田块四周应开好排水沟，以利排水。排水沟深度应在 35cm 以上，基本达到雨停水干。重楼生长忌积水，土壤含水量不宜过大。在地上茎出苗前不宜浇水，否则易烂根。而出苗后则不能缺水，因此，在雨季来临之前，要及时浇水。而雨季来临时，要注意排水。

4. 追肥培土

重楼通常有上面开花、下面块茎就膨大的生长规律，一般 6 月中下旬到 8 月生长最快。因此，必须在 6 月上旬重施追肥，每亩用腐熟农家肥 2000～3000kg，加普钙 20～30kg。追肥于根部后，还要清沟大培土，培上的土必须松散，保持厢面、沟底无积水。冬季来临前，结合培土，施越冬肥。

5. 遮阴

重楼忌强光，怕高温，移栽定植后应及时搭棚遮阴，或利用藤本作物的茎蔓棚架遮阴。

6. 摘顶

在营养生长结束时，对不留种的植株摘除子房，有利于地下根茎生长。

7. 套作

由于重楼生长期长，为了充分发挥地力，促使重楼生长发育，贵州省安顺市重楼种植合作社在重楼规范化种植基地，还开展了重楼与玉米套作种植模式试验，并已取得良好效果，见图 25-6。

图 25-6　重楼与玉米套作（安顺龙宫镇，2012 年）

（四）合理施肥

重楼栽培以基肥为主，施冬肥一般在 11 月下旬至 12 月上旬进行，首先在表土轻轻中耕一次后，选晴天，每亩施复合肥 10～15kg。然后在上面覆盖厩肥 2000kg，再在上面覆盖一些细泥土。立春前后，幼苗出表土，苗高 3cm 左右时，要及时追肥。春肥一般在苗出齐后施腐熟农家肥 1～2 次，每亩每次 1000～1700kg，其后用叶面肥喷施 2 次。

（五）主要病虫害防治

1. 主要病害与防治

（1）根茎腐烂病（又名"重楼根腐病"）：①症状：为害根茎。染病根茎从尾部开始腐烂，根茎表皮颜色黑褐色，腐烂部位变绵软，解剖根茎，腐烂部位为黄白色的腐烂物，有恶臭。②病原：由腐霉属（*Fythium*）、疫霉属（*Phytophthora*）、丝核属（*Rhizoctonia*）等真菌，加似小杆线虫（*Rhabditis* sp.）为害引起。③发病规律：田间湿度大，积水，气温高及根茎有创伤，易遭受病原物感染所致。6～9 月为发病期。

防治方法：及时防治线虫等地下害虫的为害。发病初期用 50%多菌灵可湿性粉剂 1000 倍液灌施病穴，或 1%硫酸亚铁液或生石灰施在病穴内进行消毒。

（2）猝倒病（又名"重楼立枯病"）：①症状：苗床期病害。为害幼苗茎基部或地下根部，初为椭圆形或不规则的黄褐色水渍状或暗褐色病斑，病部逐渐凹陷、溢缩，有的渐变为黑褐色，最后干枯死亡。症状轻病株仅见褐色凹陷病斑而不枯死。苗床湿度大时，病部可见不甚明显的淡褐色蛛丝状霉。此病在田间一般呈点状分布，常以病苗为中心向四周发展，造成幼苗成片倒伏死亡。②病原：腐霉属（*Fythium*）、疫霉属（*Phytophthora*）、丝核属（*Rhizoctonia*）等真菌。③发病规律：病菌属土壤中栖居菌，条件适宜随时都有可能侵染引起发病。幼苗期 4～5 月低温多雨时发病严重。

防治方法：加强田间管理，注意降低土壤湿度，培育壮苗，雨后注意排水，防止湿气滞留。及时防治地下害虫的为害。发病后及时拔除病株，用 75%百菌清可湿性粉剂 600倍液，或 70%代森锰锌可湿性粉剂 500 倍液等浇灌病区。

（3）茎腐病：①症状：苗床期病害。在茎基部产生黄褐色病斑，后变黑褐色，引起根基组织腐烂。病斑扩大后，叶尖失水下垂，严重时茎基湿腐倒苗。环境潮湿时，病部产生分生孢子器，病部表皮易剥落。环境干燥时，病部表皮凹陷，紧贴茎上，发病部位多在茎基部贴地面。②病原：林腐霉（*Pythium sylvaticum*）属鞭毛菌亚门真菌。③发病规律：病菌以卵孢子或菌丝在土壤中及病残体上越冬。早春苗床温度低、湿度大时利于发病。光照不足、播种过密、幼苗徒长往往发病较重。浇水后积水处或薄膜滴水处，最易发病而成为发病中心。此病苗床期多发生，高湿多雨大田期为害更为严重。

防治方法：采用高畦苗床以利排水，施用腐熟有机肥，增强植株抵抗力。初发现病株，应及早挖除，集中深埋。中耕除草不要碰伤根茎部，以免病菌从伤口侵入。发病期用 70%敌克松原粉 1000 倍液，或 72%杜邦克露可湿性粉剂 800 倍液等浇灌病区。

（4）白霉病：①症状：主要为害叶片。叶片病斑褐色、近圆形或不规则形，潮湿时病斑正反面有灰色或灰白色霉层，叶背更多，后期病斑成黑褐色，病斑覆盖白色霉层，为病菌子实体，有的病斑成溃疡状孔洞，边缘深病斑褐色带明显。②病原：柱隔孢（*Ramularia paris*）属半知菌亚门真菌。③发病规律：该病 7 月底至 8 月初发生，9 月中旬至 10 月下旬发病严重。

防治方法：发病期用 75%百菌清可湿性粉剂 1000 倍液加 70%甲基硫菌灵可湿性粉剂1000 倍液，或 40%多硫悬浮剂 600 倍液、50%速克灵可湿性粉剂 2000 倍液等喷施。

（5）褐斑病：①症状：为害叶片。叶片病斑初呈水渍状，接着失绿变黄，以后变浅褐色，慢慢病斑扩大多病斑互相融合，使叶片边缘枯卷。病斑不规则形，浅褐色或深浅褐色相间，具轮纹，遇雨或高湿条件下病斑中部可出现灰绿或黑色霉点，为病原菌子实体。②病原：细交链孢菌（*Alternaria tenuis* Nees）属半知菌亚门真菌。③发病规律：病菌在土壤中或寄主病残体上越冬及存活。借雨、风及浇水传播，多从生长弱的叶尖侵染为害，高温时植株郁闭、通风不畅条件下发病重。

防治方法：及时清除、销毁病残体。加强管理，注意排水，增施有机肥，通风透光，提高重楼抗病力。发病期可选用 50%托布津 1000 倍液，或 50%多菌灵 1000 倍液等药剂喷施防治。

2. 主要虫害与防治

（1）小地老虎：小地老虎又称黑土蚕、地蚕等，属鳞翅目，夜蛾科，学名：*Agrotis*

ypsilon Rottemberg。①症状：以幼虫为害，是苗圃中常见的地下害虫。幼虫在3龄以前昼夜活动，多群集在叶或茎上为害；3龄以后分散活动，白天潜伏土表层，夜间出土为害咬断幼苗的根或咬食未出土的幼苗，常常将咬断的幼苗拖入穴中，使整株死亡，造成缺苗断垄。②发病规律：幼虫在我省每年发生4～5代，第一代幼虫4～5月为害药材幼苗。成虫白天潜伏于土缝、杂草丛或其他隐蔽处，晚上取食、交尾，具强烈的趋化性。幼虫共6龄，高龄幼虫1夜可咬断多株幼苗。低洼地、杂草丛生、耕作粗放的田块受害严重。田间杂草如小蓟、小旋花、黎、铁苋菜等幼苗上有大量卵和低龄幼虫，可随时转移为害药材幼苗。

防治方法：及时铲除田间杂草，消灭卵及低龄幼虫；高龄幼虫期每天早晨检查，发现新萎蔫的幼苗可扒开表土捕杀幼虫。可选用50%辛硫磷乳油800倍液、90%敌百虫晶体600～800倍液、20%速灭杀丁乳油或2.5%溴氰菊酯2000倍液喷雾；用50%辛硫磷乳油4000mL，拌湿润细土10kg做成毒土；或用90%敌百虫晶体3kg加适量水拌炒香的棉籽饼60kg（或用青草）做成毒饵，于傍晚顺行撒施于幼苗根际。

（2）蚜虫：蚜虫又名腻虫、蜜虫等，属半翅目，蚜科，学名：*Aphidoidea*。①症状：以成虫、若虫为害，在重楼嫩叶、嫩茎上吸食汁液，可使幼芽畸形，叶片皱缩，严重者可造成新芽萎缩、茎叶发黄、早落死亡。②发病规律：每年4月始发生，6～8月为为害盛期。

防治方法：发生期可喷洒50%辟蚜雾超微可湿性粉剂2000倍液，或20%灭多威乳油1500倍液、50%蚜松乳油1000～1500倍液进行防治。

（3）金龟子：属鞘翅目，金龟子亚科；学名：*Scarabaeinae*。金龟子是一种杂食性害虫。成虫为害叶片，影响重楼生长。幼虫（蛴螬）啮食根茎，使之倒伏或成不规则的凹洞。

防治方法：晚间火把诱杀成虫，用蔬菜叶喷敌百虫放于厢面诱杀幼虫；整地作厢时，每亩撒施5%辛硫磷颗粒剂1.5～2kg，或3%呋喃丹颗粒剂2～3kg杀幼虫。

上述重楼良种繁育与规范化种植关键技术，可于重楼生产适宜区内，并结合实际因地制宜地进行推广应用。

【药材合理采收、初加工与储运养护】

一、药材合理采收与批号制定

（一）合理采收

经实践，综合产量和药用成分含量两方面因素，种子繁育种苗的重楼在移栽后第8年采收最宜；带顶芽根茎繁殖的种苗在移栽后第3年采收最宜。10～11月重楼地上茎枯萎后采挖。

采收时，应选择晴天采挖，用洁净的锄头先在畦旁开挖40cm深的沟，然后顺序向前刨挖。采挖时尽量避免损伤根茎，保证重楼根茎完好无损，见图25-7。

图 25-7　采收的重楼根茎（鲜品）

（二）批号制定（略）

二、药材合理初加工与包装

（一）合理初加工

挖取的重楼，去净泥土和茎叶，把带顶芽部分切下留作种苗，其余部分晾晒干或烘干，见图 25-8。

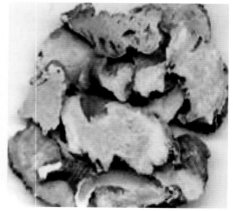

图 25-8　重楼药材

（二）合理包装

重楼药材，按《中国药典》（2015 年版一部）质量标准进行检验，待检验合格后，方可进行包装。将干燥重楼药材，按 30kg 打包成捆，用无毒无污染材料严密包装。在包装前，应检查是否充分干燥、有无杂质及其他异物。并在每件包装上注明品名、规格、等级、毛重、净重、产地、批号、执行标准、生产单位、包装日期及工号等，并应有质量合格的标志。

三、药材合理储藏养护与运输

（一）合理储藏养护

重楼药材应储存于干燥通风处，温度 30℃以下，相对湿度 65%～75%。商品安全水分 10%～12%。本品易生霉、虫蛀。若重楼药材未充分干燥，在贮藏或运输中易感染霉菌，受潮后可见霉斑。贮藏前，还应严格入库质量检查，防止受潮或染霉品掺入；应合理堆码，随时保持仓储环境干燥、整洁；定期检查，发现吸潮或初霉品，应及时进行通风晾晒等处理。

（二）合理运输

重楼药材在批量运输中，严禁与有毒货物混装并应有规范完整运输标识；运输车厢不得有油污与受潮霉变。

【药材质量标准、质量检测与监控】

一、药材商品规格与质量检测

（一）药材商品规格

重楼药材以无杂质、霉变、虫蛀，身干，根条肥大，黄棕色，质坚实，结节明显者为佳品。其药材商品规格为统货，现暂未分级。

（二）药材质量检测

按照《中国药典》（2015 年版一部）重楼药材质量标准进行检测。

1. 来源

本品为百合科植物云南重楼 *Paris polyphylla* Smith var. *yunnanensis*（Franch.）Hand.-Mazz.或七叶一枝花 *Paris polyphylla* Smith var. *chinensis*（Franch.）Hara 的干燥根茎。秋季采挖，除去须根，洗净，晒干。

2. 性状

本品呈结节状扁圆柱形，略弯曲，长 5～12cm，直径 1.0～4.5cm。表面黄棕色或灰棕色，外皮脱落处呈白色；密具层状突起的粗环纹，一面结节明显，结节上具椭圆形凹陷茎痕，另一面有疏生的须根或疣状须根痕。顶端具鳞叶和茎的残基。质坚实，断面平坦，白色至浅棕色，粉性或角质。气微，味微苦、麻。

3. 鉴别

（1）显微鉴别：本品粉末白色。淀粉粒甚多，类圆形、长椭圆形或肾形，直径 3～18μm。草酸钙针晶成束或散在，长 80～250μm。梯纹导管及网纹导管直径 10～25μm。

（2）薄层色谱鉴别：取本品粉末 0.5g，加乙醇 10mL，加热回流 30min，滤过，滤液作为供试品溶液。另取重楼对照药材 0.5g，同法制成对照药材溶液。照薄层色谱法（《中国药典》2015 年版四部通则 0502）试验，吸取供试品溶液和对照药材溶液各 5μL 及〔含量测定〕项下对照品溶液 10μL，分别点于同一硅胶 G 薄层板上，以三氯甲烷-甲醇-水（15：5：1）的下层溶液为展开剂，展开，取出，晾干，喷以 10%硫酸乙醇溶液，在 105℃ 加热至斑点显色清晰，分别置日光和紫外线灯（365nm）下检视。供试品色谱中，在与对照药材色谱和对照品色谱相应的位置上，显相同颜色的斑点或荧光斑点。

4. 检查

（1）水分：照水分测定法（《中国药典》2015 年版四部通则 0832 第二法）测定，不得过 12.0%。

（2）总灰分：照总灰分测定法（《中国药典》2015 年版四部通则 2302）测定，不得过 6.0%。

（3）酸不溶性灰分：照酸不溶性灰分测定法（《中国药典》2015 年版四部通则 2302）测定，不得过 3.0%。

5. 含量测定

照高效液色谱法（《中国药典》2015 年版四部通则 0512）测定。

色谱条件与系统适用性试验：以十八烷基硅烷键合硅胶为填充剂，以乙腈为流动相 A，以水为流动相 B，按下表中的规定进行梯度洗脱，检测波长为 203nm。理论踏板数按重楼皂苷 I 峰计算应不低于 4000（表 25-2）。

表 25-2　梯度洗脱参数表

时间/min	流动相 A/%	流动相 B/%
0～40	30→60	70→40
40～50	60→30	40→70

对照品溶液的制备：取重楼皂苷 I 对照品、重楼皂苷 II 对照品、重楼皂苷 VI 对照品及重楼皂苷 VII 对照品适量，精密称定，加甲醇制成每 1mL 各含 0.4mg 的混合溶液，即得。

供试品溶液的制备：取本品粉末（过三号筛）约 0.5g，精密称定，置具塞锥形瓶中，精密加入乙醇 25mL，称定重量，加热回流 30min，放冷，再称定重量，用乙醇补足减失的重量，摇匀，滤过，取续滤液，即得。

测定法：分别精密吸取对照品溶液与供试品溶液各 10μL，注入液相色谱仪，测定，即得。

本品按干燥品计算，含重楼皂苷 I（$C_{44}H_{70}O_{16}$），重楼皂苷 II（$C_{51}H_{82}O_{20}$），重楼皂苷 VI（$C_{39}H_{62}O_{13}$），重楼皂苷 VII（$C_{51}H_{82}O_{21}$）的总量不得少于 0.60%。

二、药材质量标准提升研究与企业内控质量标准制定（略）

三、药材留样观察与质量监控（略）

【药材研究开发与市场前景展望】

一、重楼生产发展现状与主要存在问题

重楼是贵州地道特色药材，应用广泛。由于生态环境与不合理采挖等，造成重楼野生资源越来越少，甚至濒临灭绝。近几年来，重楼野生资源保护抚育及其野生变家种都引起了人们高度重视。贵州省不少地区（如毕节、安顺等）开展了重楼野生资源保护抚育及其野生变家种工作，并在这一工作中取得一定成效。但重楼野生种质资源保护抚育及其野生变家种工作难度大、时间长，还存在诸如种源缺乏、生长缓慢，以及质量与产量相关性研究不足等问题，亟待深入研究与解决。

二、重楼市场需求与前景展望

现代研究表明，重楼主要化学成分如甾体皂苷具很强的生理和药理活性，有抑菌、抗病毒、止血、镇静、镇痛、止咳、平喘、抗早孕、杀灭精子及抗癌等作用。临床上常应用于治疗功能性子宫出血、神经炎和外科炎症以及治疗骨癌等，都有显著的疗效，是一些重要中成药和新药的主要成分之一。

重楼是一种用途广泛的中药材。据不完全统计，以重楼为原料的制剂约58种，其中：丸剂4种、散剂3种、膏剂7种、片剂6种、胶囊剂9种、颗粒剂7种，其他剂型22种。重楼是中成药夺命丹、总皂苷片、云南白药、宫血宁以及其他制剂等的重要原料。随着中医药产业的快速发展，以重楼为原料的生产企业用量大幅度增加。据调查，近年来对重楼的需求量每年以20%的幅度递增，供需差距逐年扩大。目前，重楼药材仍以采集野生资源为主，且由于多年来人们对重楼过度采挖，使各地野生资源遭到不同程度的破坏，不少原产地呈现稀缺趋势，市场价格逐年攀升，近年来市场上重楼统货价格有时已达450元/kg。为了可持续利用这一宝贵资源，应该切实解决重楼野生资源保护抚育，加强重楼野生变家种工作，缩短发育周期，研究质量与产量相关性等问题，以更好满足广大人民健康用药需要。

主要参考文献

陈翠，杨丽云，吕丽芬，等. 2007. 云南重楼种子育苗技术研究[J]. 中国中药杂志，32（19）：1979-1983.

陈翠，康平德，汤王外，等. 2009. 云南重楼种苗分级栽培生长情况分析[J]. 云南中医学院学报，32（5）：52-54，60.

何良艳，余美荣，陈建真. 2011. 重楼的研究进展[J]. 现代中药研究与实践，25（6）：94-97.

陆科闵，王福荣. 2006. 苗族医学[M]. 贵阳：贵州科技出版社：456.

田振华，许召林. 2010. 贵州省重楼属药用植物资源及分布状况调查[J]. 安徽农业科学，38（14）：7339-7340，7342.

袁理春，陈翠，杨丽云，等. 2004. 滇重楼根状茎繁殖诱导初报[J]. 中药材，27（7）：477

（杨　琳　曾令祥　张翔宇　冉懋雄）

26　前　胡

Qianhu

PEUCEDANI RADIX

【概述】

　　前胡原植物为伞形科植物白花前胡 *Peucedanum praeruptoum* Dunn。别名：鸡脚前胡、姨妈菜、罗鬼菜、山独活、土当归、岩风、官前胡、野香芹等。以根入药。《中国药典》历版均予收载。《中国药典》（2015 年版）称：前胡味苦、辛，微寒。归肺经。具有降气化痰、散风清热功能。用于痰热喘满、咳痰黄稠、风热咳嗽痰多。前胡又为常用苗药，苗药名："Reib ghob meilb"（近似汉译音："锐阿闷"），性热，味麻、辣；入冷经。具有祛风湿、止痛、止咳功能。主治感冒头痛、痰喘咳嗽、虚热痰多、痰黄稠黏、哎逆食少、胸膈满闷等症。

　　前胡始载于《雷公炮炙论》，其后诸家本草多予记载。如北宋初的《日华子本草》云："越、衢、婺、睦（均在浙江省境内）等皆好，七八月采，外黑里白。"宋代的《本草图经》亦载云："春生苗，青白色，似斜蒿，初生时有白芽，长三四寸，味甚香美，又似云蒿，七月内开白花，与葱花相似，八月结果实，根细青紫色。"以后，如《本草纲目》《植物名实图考》等所载前胡，与今所用和《中国药典》收载前胡一致。前胡是中医临床和中药工业常用药材，也是贵州地道常用大宗药材。

【形态特征】

　　白花前胡为多年生草本，高 60～100cm。根颈粗壮，直径 1～1.5cm，灰褐色，存留多数越年枯鞘纤维；根圆锥形，末端细瘦，常分叉。茎圆柱形，下部无毛，上部分枝多有短毛，髓部充实。基生叶具长柄，叶柄长 5～15cm，基部有卵状披针形叶鞘；叶片轮廓宽卵形或三角状卵形，三出式二至三回分裂，第一回羽片具柄，柄长 3.5～6cm，末回裂片菱状倒卵形，先端渐尖，基部楔形至截形，无柄或具短柄，边缘具不整齐的 3～4 粗或圆锯齿，有时下部锯齿呈浅裂或深裂状，长 1.5～6cm，宽 1.2～4cm，下表面叶脉明显突起，两面无毛，或有时在下表面叶脉上以及边缘有稀疏短毛；茎下部叶具短柄，叶片形状与茎生叶相似；茎上部叶无柄，叶鞘稍宽，边缘膜质，叶片三出分裂，裂片狭窄，基部楔形，中间一枚基部下延。复伞形花序多数，顶生或侧生，伞形花序直径 3.5～9cm；花序梗上端多短毛；总苞片无或 1 至数片，线形；伞辐 6～15，不等长，长 0.5～4.5cm，内侧有短毛；小总苞片 8～12，卵状披针形，在同一小伞形花序上，宽度和大小常有差异，比花柄长，与果柄近等长，有短糙毛；小伞形花序有花 15～20；花瓣卵形，小舌片内曲，白色；萼齿不显著；花柱短，弯曲，花柱基圆锥形。果实卵圆形，背部扁压，长约 4mm，宽 3mm，棕色，有稀疏短毛，背棱线形稍突起，侧棱呈翅状，比果体窄，稍厚；棱槽内油管 3～5，合生面油管 6～10；胚乳腹面平直。花期 8～9 月，果期 10～11 月。前胡植物形态见图 26-1。

（1. 根及茎基；2.基生叶；3. 花序；4. 果序；5. 小总苞；6. 花；7. 果实；8. 分生果横剖面）

图 26-1　前胡植物形态图

（墨线图引自任仁安主编，《中药鉴定学》，上海科学技术出版社，1986）

另外，尚有未收入《中国药典》的同属植物如紫花前胡 *Angelica decursiva* Miq.、华中前胡 *Peucedanum medicum* Dunn、岩前胡 *Peucedanum medicum* Dunn var. *gracile* Dunn ex Sheh、长前胡 *Peucedanum turgeniifolium* Wolff、红前胡 *Peucedanum rubricaule* Shan ex Sheh 等，也在我省或其他地区作为前胡习用。

【生物学特性】

一、生长发育习性

白花前胡的生育期分为 3 个阶段。即幼苗期：3 月初至 5 月上旬，白花前胡首先展开的是 2 片长椭圆形子叶，随着幼苗的生长，陆续长出三出式羽状分裂的基生叶，从出苗到盛叶期，一般生长 4~8 片叶。植株生长期：5 月上旬至 8 月中下旬，为植株快速生长阶段，此阶段地上部分及地下部分都生长迅速，至 8 月中下旬地上部分基本达到最大值，不再长高长大，而地下部分的生长也明显减慢或停止。根系生长期：9 月初至 11 月，为根迅速增加的时期。

在第二年 6 月上旬白花前胡开始现蕾，进入花期。其开花习性为：白花前胡属无限花序，是一种边开花边形成花的花序。在开花期，花序的花轴继续向上生长，伸长，不断产生苞片，并在其叶腋内形成花芽。就整个植株而言，开花顺序是从上到下，即顶花序先开，顶花序开花顺序为从下向上，花轴基部的花最先开放，然后向顶端依次开放。小伞形花序花从边缘向中央依次开放。顶花序开完后，侧枝开始开花，其开花顺序与顶花序相同。全株开花所需时间为 35~40 天。结实习性：从展开花蕾到种子成熟需要 3~4 个月，边开花边结实。结实习性与开花习性相似，即顶花序先结实，顶花序结实顺序为从下到上，花轴基部的花最先结果，然后向顶端依次开始结果，小伞形花序从外向内依次结果。顶花序结实完后，侧枝开始结实，其结实顺序与顶花序相同，全株结实所需时间为 30 天左右。种子成熟习性：种子成熟与开花结实顺序相同，植株主杆顶端花序和分枝先端花序先熟，后依次到主杆下部和各级分枝基部花序。10月中下旬至11月中下旬，种子由青逐渐转变为黄褐色和深褐色，逐渐成熟，11月中下旬植株停止生长，种子开始谢落，叶从下部开始向上逐渐枯萎。

二、生态环境要求

白花前胡为适应性强的植物，对气候适应性很强，在温和湿润的气候环境条件下，在高低山地均可生长，尤在海拔800～1500m的气候比较温和湿润的地带生长迅速。

贵州发展白花前胡种植的区域，不论在黔东南州的黄平、剑河，还是在铜仁市的德江、黔西南的安龙和毕节市的大方等地，大都是生长在海拔800m左右或海拔1200m以下的地带，属农业气候层划分中的暖温层（≥10℃的积温3000～4000℃，一月平均气温-1～6℃，7月平均气温18～25℃，极端最低气温-2～-7℃）或凉亚热层（≥10℃积温4000～5000℃）和中亚热层（≥10℃积温5000～6000℃），尤其是暖温层温凉多云雾，适宜发展白花前胡生产。白花前胡生长环境的具体要求如下。

温湿度：年平均温度17～22℃，≥10℃年积温为4500～5500℃，无霜期260～300天，空气相对湿度80%，海拔800～1200m，阳光充足、土壤湿润而不积水的平地或坡地适宜栽种，而在干热的环境中生长不良。

光照：年平均日照1200～1500h。

土壤：土壤以土层深厚、疏松、肥沃、腐殖质含量高的夹砂土，pH为6.5～8.0，中性偏碱最适宜。质地黏重的黄泥土和干燥瘠薄的河沙土不宜栽种。

水：喜肥水，肥水充足，生长最佳，肥水不足，生长不良；水分过多，根系生长不良，地上部分生长迟缓，甚至叶片枯萎，幼苗最忌高温和干旱。

酸碱度：土壤pH为6.5～8.0，中性偏碱最适宜。

【资源分布与适宜区分析】

一、资源调查与分布

经调查，常用作中药的前胡属植物有2种，除《中国药典》历版收载的白花前胡外，还有紫花前胡。白花前胡主要分布于安徽、浙江、贵州、湖南、湖北、广西、江西、江苏、福建、广东、广西等省区。

二、贵州资源分布与适宜区分析

白花前胡在贵州全省均有分布，主要分布于黔东南、黔北、黔西北、黔中及黔南等地。贵州白花前胡的主产区为黔东南州、铜仁市、兴义市、毕节市、遵义市及黔南州等地。如黄平、德江、剑河、安龙、湄潭栽培面积较大。

白花前胡生产最佳适宜区为黔北的遵义、湄潭、凤岗等地；黔东的德江、石阡、玉屏等地；黔东南的黄平、剑河、三穗、岑巩、镇远等地；黔西北的大方、毕节等；黔西南的安龙、兴仁和黔中的息烽、惠水等地。以上各地不但具有白花前胡在整个生长发育过程中所需的自然条件，而且广大群众有白花前胡栽培及加工技术的丰富经验，所以在该区所收购的白花前胡质量较好、产量较大。

除上述生产最适宜区外，贵州省其他各县（市、区）凡符合白花前胡生长习性与生态环境要求的区域均为其生产适宜区。

【生产基地合理选择与基地环境质量检（监）测评价】

一、生产基地合理选择与基地条件

按照白花前胡生产适宜区优化原则与其生长发育特性要求，选择其最适宜区或适宜区并具良好社会经济条件的地区建立规范化生产基地。例如，在贵州省黔东南州黄平县野洞河乡选建的白花前胡规范化种植基地，位于距县城 12km 的野洞河乡龙井村，黄平县野洞河乡海拔 980m，为中亚热带气候，年平均气温 15.8℃，最低平均气温 3.6℃（1 月平均气温），最高平均气温 24.9℃（7 月平均气温），相对湿度 81%，年平均降水量 1360mm，降雨主要集中在 5、6、7、8 月，无霜期 280 天以上，土壤以黄壤为主。又如在贵州省德江县复兴乡选建的白花前胡规范化种植基地，海拔 500m 以下，属亚热带季风性湿润气候，四季分明，气候温和，雨量充沛，阳光充足。全年平均气温为 13～17℃，≥10℃的年积温 5000℃以上，无霜期达 295 天；年降水量 1230.7mm；年均日照时数 1045h，夏半年（4～9 月）735h，冬半年（10 月至次年 3 月）310h；土壤以黄壤为主。黄平县野洞河乡及德江县复兴乡白花前胡基地见图 26-2。

图 26-2 黄平县野洞河乡（左）德江县复兴乡（右）白花前胡基地（2013 年 7 月）

二、基地环境质量检（监）测与评价（略）

【种植关键技术研究与推广应用】

一、种质资源保护抚育

白花前胡原产中国，野生资源多生长于海拔 250～2000m 的山坡林缘、半阴性或路旁的山坡草丛中多有生长。前胡属种质资源主要有芸叶前胡 *Peucedanum angelicoides* Wolff ex Kretschmer、竹节前胡 *Peucedanum dielsianum* Fedde ex Wolff、台湾前胡 *Peucedanum formosanum* Hayata、滨海前胡 *Peucedanum japonicum* Thunb.、南岭前胡 *Peucedanum longshengense* Shan et Sheh、松潘前胡 *Peucedanum songpanense* Shan et Pu、草原前胡 *Peucedanum stepposum* Huang、长前胡 *Peucedanum turgeniifolium* Wolff、武隆前胡 *Peucedanum wulongense* Shan et Sheh 等。而贵州的前胡属种质资源主要为芷叶前胡。前胡是地道特色药材，应对前胡种质资源，特别是黔东南、黔北、黔东、黔南等地的野生前胡种质资源切实加强保护与抚育，以求永续利用。

白花前胡具有种质资源多样性特点，主要表现在叶色、叶型、茎秆颜色、植株高矮、根系粗壮等方面。如在同一片白花前胡中，发现白花前胡叶色不一，有浅绿、深绿，有微红，叶片有大叶、小叶，缺刻有大有小；茎秆颜色有浅绿、深绿，有微红；生长周期有长有短等差别。在生产实践中，有目的地选择生长周期短、植株高大、根系粗壮等的白花前胡进行套袋留种，可筛选研究出优质高产的新品种。

二、良种繁育关键技术

白花前胡多采用种子繁殖，育苗移栽；也可采用无性繁殖（如分根繁殖等）。下面重点介绍白花前胡种子繁殖的相关问题。

（一）种子来源、鉴定与采集保存

1. 种子来源与鉴定

宜选植株高大、茎秆粗壮、未带病斑的植株留种。白花前胡种子主要于白花前胡规范化种植基地采集（如黔东南州黄平县等白花前胡规范化种植基地的种子繁育圃，种源采集于黄平县野外）。例如，黔东南州黄平县白花前胡规范化种植基地的种子繁育圃的白花前胡，经鉴定为伞形科植物白花前胡（*Peucedanum praeruptorum* Dunn）。

2. 种子采集与保存

白花前胡结种子较多，一般 9～10 月霜降后，白花前胡果实呈黄白色时，果实成熟，把成熟的前胡种蓬用剪刀连花梗剪下，放于室内一段时间完成后熟，晒干擦打，搓下果实，使种子脱出蓬壳，然后除去杂质，再过筛扇净作种。白花前胡储藏地要阴凉、通风、干燥，贮藏期间要经常翻动，以免堆积霉变，见图 26-3。

（二）种子品质检定与种子质量标准制订

1. 种子品质检定

扦样依法对白花前胡种子进行品质检定，主要有：官能检定、成熟度测定、净度测定、生活力测定、水分测定、千粒重测定、病虫害检验、色泽检验等。同时，尚依法进行种子发芽率、发芽势及种子适用率等测定与计算。如白花前胡种子为卵状圆形，百粒重 4g 等。

图 26-3　黄平县野洞河乡白花前胡良种繁育基地及其采集种子（2012 年 8～10 月，海拔 950m）

2. 种子质量标准

白花前胡种子分级表（试行）见表 26-1。

表 26-1　白花前胡种子分级表（试行）

项目	一级种子	二级种子	外观形状
成熟度（%）不低于	90	85	
净度（%）不低于	95	90	长圆形至卵状圆形，黄褐色，有光泽，果实饱满
生活力（%）不低于	90	85	
含水量（%）不高于	9	13	
百粒重/g	5.0	4.0	

三、规范化种植关键技术

（一）选地与整地

选择土层深厚、疏松、肥沃、排水较好、坡度在 25°以下的土地种植，以利根系生长，以便生产出根系肥大、木质化低、柔软、商品性好、质量高的前胡。腐殖质土、油砂土、黄砂壤土最为合适。选用熟土，撂荒地草种较多，不易除草，增加劳动力投入。

　　种植地要精细整理，冬前清除田间及四周杂草，铺于田间地面烧毁，深翻土地，炕冬。次年播前铲除四周及田间的杂草，再行翻犁，碎土耙平，清除杂质待播种，见图26-4。

图26-4　德江县复兴乡白花前胡基地的选地整地（2013年1月）

（二）种子处理与播种

1. 种子处理

　　播种前1～2天将种子晒3～4h，播种时进行种子消毒，方法是用种子量的0.5%多菌灵拌种（多菌灵是粉剂），先用适量的水稀释，以能浸湿种子为宜，拌匀后，再加草木灰（过筛，每亩50kg以上），然后拌和均匀，再行播种，随拌随播。

2. 播种

　　（1）散播：每亩用种量 2～3kg，清除厢面杂质，耙细整平。将消毒的种子拌火土灰或细土均匀撒在厢面上，前胡种子小，芽顶土力弱，盖土不宜过深，否则会影响出苗，播后盖一层薄土或火土灰或者用扫把轻轻扫一下，不见种子即可。

　　（2）点播：按行距30cm、窝距20cm，窝深5cm，仍盖薄土或扫把扫一下。

　　（3）条播：按行距30cm开播种沟，沟深5cm，然后将种子撒播在沟内。

（三）田间管理

1. 中耕除草

　　白花前胡栽培管理比较容易，主要是除草。除草的方式主要为人工除草。白花前胡从出苗到倒薹前后生长期共约220天，粗放管理必定造成草荒，因此田间管理措施以勤除草为主，人工中耕除草一般在封行前进行，中耕深度根据地下部生长情况而定。苗期中药材植株小，杂草易滋生，应勤除草。一般需除草2～3次，第一次于4月底至5月中旬幼苗长到5～6cm高时进行，第二次于6月中旬到7月上旬，第三次于7月底至8月初进行。通过3次除草，可保持前胡植株的正常生长。

2. 抗旱和排涝

前胡耐旱，但干旱严重影响产量，灌溉方便的园地，要进行适当的浇水，一般 3～4 次，关键在 8～10 月。前胡怕涝，特别是春夏季节，要随时清沟排水。

（四）合理施肥

1. 生长发育与营养元素相关性

白花前胡生长发育不同时期的需肥特性不同，应据其不同时期的需肥特性进行合理施肥。经研究发现：

氮肥所含的氮素是蛋白质的基础物质，又是构成叶绿素的重要成分。氮素可促进白花前胡营养生长，提高光合效能，提高叶、皮、果产量，当缺氮时，枝条生长细弱，叶片小而薄并易黄化。但氮素过多，易引起枝叶旺盛，对结籽不利。

磷肥所含的磷是构成细胞核的主要成分，又是构成核酸、磷脂、维生素和辅酶的主要物质。磷直接参与呼吸作用、糖发酵过程，参与蛋白质、脂肪的代谢过程，与光合作用有直接关系，磷可提高植株的可溶性糖含量，促进植株发育，增强抗性。缺磷时枝条生长受阻，叶片变小，早期落叶，产量下降。磷肥需要在施足氮肥的基础上才能发挥作用，如磷过多易发生缺铜缺铁症。

钾肥所含的钾在植株内不参与任何稳定的结构物质的形成，但其作用十分重要，它是多种酶的活化剂，蛋白质的合成都需要大量钾。钾能增强光合作用，促进枝条成熟，增强抗性，提高种子千粒重及产量。钾缺乏时造成植株代谢紊乱，蛋白质合成受阻，新梢细弱，叶绿素被破坏，叶边缘枯焦下卷而枯死；钾过多会影响镁、铁、锌的吸收，使叶脉黄化。

2. 合理施肥技术

（1）基肥：以腐熟农家肥和草木灰为主，每亩用基肥 2000kg 和草木灰 150～200kg。

（2）追肥：以复合肥为主，在 5 月底至 6 月初；第二次除草后及时施复合肥 10kg；第三次在白露前后，每亩施复合肥 25～50kg。

（五）病虫害防治

1. 主要病害与防治

（1）白粉病：发病后，叶表面发生粉状病斑，渐次扩大，叶片变黄枯萎。

防治方法：在未发病时用 25%的多菌灵喷施，发现病株及时拔除烧毁，并喷施甲基托布津防治。

（2）根腐病：发病后植株根部组织最初呈褐色，随后根尖或幼根腐烂呈黑色水渍状，后主根腐烂呈黄色，地上部分叶片变黄变软下垂，最终导致整株植株死亡。

防治方法：可选用 50%托布津或 40%根腐宁 800～1000 倍液浇灌病根，并将坏死植株拔除，灌生石灰对土壤进行消毒处理，避免病菌扩散蔓延。同时在田间开深沟、起高垄，减轻因低洼、排涝不易导致的病情。

2. 主要虫害与防治

（1）蚜虫：主要为桃蚜（又叫烟蚜）*Myzus persica* Sulzer，密集于植株新梢和嫩叶的叶背，吸取汁液，使心叶、嫩叶变厚呈拳状卷缩，植株矮化，或为害幼嫩花茎，造成结实不充实等。每年有两个为害高峰，3～6 月为第一峰，9～11 月为第二峰。

防治方法：清洁田园，铲除周围杂草，减少蚜虫迁入机会和越冬虫源。蚜虫发生期可用 40% 乐果乳剂 1500 倍液或 50% 二嗪农乳油 1000 倍液，每 5～7 天喷洒 1 次，连续 2～3次。注意喷施叶背面。

（2）刺蛾类：又名洋辣子、毛辣虫，为害白花前胡的为黄刺蛾 *Monema flavescens* Walher 幼虫。以低龄幼虫在叶背啃食叶肉，形成白色圆形透明小斑；4 龄进入暴食期，分散蚕食叶片，重时将叶片吃光，甚至咬食嫩茎、花蕾及花。每年六七月开始发生，7～8 月为害严重，9 月以后逐渐减少。

防治方法：在幼虫发生初期，因幼虫行动缓慢，可人工捕杀。发生数量较多时也可用 90% 晶体敌百虫 1000 倍液喷施叶背，每隔 10 天喷一次，连喷 2～3 次。

（3）蛴螬：为金龟子幼虫的总称，土名叫"白字虫""白地蚕"，是常见的地下害虫。为害前胡的暗黑鳃金龟 *Holotrinta morosfg* Watech 和铜绿丽金龟 *Anorruda corpulenta* Motsch。蛴螬在前胡苗期咬食嫩茎，7 月中旬后咬食根茎基部，形成麻点或凹凸不平的空洞，使植株逐渐黄萎，严重时枯死。

防治方法：冬季深翻土地，清除杂草，消灭越冬虫卵。施用腐熟的厩肥、堆肥，施后覆土，减少成虫产卵量。蛴螬为害期用 90% 晶体敌百虫 1000～1500 倍液灌根，毒杀幼虫。

贵州黄平县野洞河乡白花前胡规范化种植基地大田生长情况，见图 26-5。

上述白花前胡良种繁育与规范化种植关键技术，可于白花前胡生产适宜区内，并结合实际因地制宜地进行推广应用。

【药材合理采收、初加工、贮藏与运输】

一、药材合理采收与批号制定

（一）合理采收

1. 采收时间

宜在 11～12 月，白花前胡停止生长后进行。

2. 采收方法

主要使用二齿钉锄对白花前胡进行采挖，挖取根兜，除去泥土及地上部分，晒干或低温烘干，也有剪除细尾和侧根后销售，称净前胡或条胡。鲜折干率 3.5∶1～4∶1。前胡每年收获时，挖断的细根须第二年也可萌发新株而且较种子撒播苗健壮，产量高。所以药农在收获时，有意将须根挖断留在土中，待来年播种时，只需播少量种子就可以了，既减少了用种量，又提高了产量。一般亩产鲜前胡达到 600～900kg，高产可达 1000～1200kg，见图 26-6。

图 26-5　贵州黄平县野洞河乡白花前胡基地大田生长情况（2013 年 7～9 月）

图 26-6　贵州黄平县野洞河乡白花前胡基地的药材采收（2013 年 12 月）

（二）批号制定（略）

二、药材合理初加工与包装

（一）合理初加工

将采收回来的白花前胡置于通风处晾 2～3 天，至根部变软时晒干或低温烘干即可。在日晒或烘烤过程中，应除去须根和尾稍。贵州德江县复兴乡白花前胡基地的初加工，见图 26-7。

图 26-7　贵州德江县复兴乡白花前胡基地的初加工（2014 年 1 月）

（二）合理包装

白花前胡药材，按《中国药典》（2010 年版一部）质量标准进行检验，待检验合格后，方可进行包装。

将干燥白花前胡药材，按 50kg 打包成捆，用无毒无污染材料严密包装。在药材包装前，应检查是否充分干燥、有无杂质及其他异物，所用包装应符合标准。机压时，包装里面应加支撑物防压。并在每件包装上注明品名、规格、等级、毛重、净重、产地、批号、执行标准、生产单位、包装日期及工号等，并应有质量合格的标志。

三、药材合理储藏养护与运输

（一）合理储藏养护

白花前胡药材应储存于干燥通风处，温度30℃以下，相对湿度65%～75%。商品安全水分10%～12%。本品易生霉、变色、虫蛀。若前胡药材未充分干燥，在贮藏或运输中易感染霉菌，受潮后可见霉斑。贮藏前，还应严格入库质量检查，防止受潮或染霉品掺入。储存中，应合理堆码，保持仓储环境干燥、整洁；定期检查、翻垛，发现吸潮或初霉品或虫蛀，应及时进行通风晾晒等处理。

（二）合理运输

白花前胡药材在批量运输中，严禁与有毒货物混装并应有规范完整运输标识；运输车厢不得有油污与受潮霉变。

【药材质量标准、质量检测与监控】

一、药材商品规格与质量检测

（一）药材商品规格

前胡药材以无芦头、霉变、焦枯，身干，条粗壮，色黄白，根肉色白，质柔软，香气浓者为佳品。亦可将前胡药材商品按其根条粗细、长短或头子大小各分为3个规格等级。

按条长分级：

一级：肉色白，软，独根，无尾，长10～15cm，头部直径6cm以上，尾部直径2.5cm。

二级：肉色白，软，独根，无尾，长8～10cm，头部直径4.5～6cm以上，尾部直径2～2.5cm。

三级：肉色白，软，独根，无尾，长5～8cm，头部直径3～4.5cm以上，尾部直径1～2cm。

按头子分级：

一级：平头，内坚实，100支以内/kg。

二级：平头，内坚实，100～240支/kg。

三级：平头，内坚实，240～360支/kg。

（二）药材质量检测

按照《中国药典》（2015年版一部）前胡药材质量标准进行质量检测。

1. 来源

本品来源于白花前胡 *Peucedanum praeruptorum* Dunn 的干燥根。冬季至次春茎叶枯萎或未抽花茎时采挖，除去须根，洗净，晒干或低温干燥。

2. 性状

本品呈不规则的圆柱形、圆锥形或纺锤形，稍扭曲，下部常有分枝，长3～15cm，直径

1～2cm。表面黑褐色或灰黄色，根头部多有茎痕及纤维状叶鞘残基，上端有密集的细环纹，下部有纵沟、纵皱纹及横向皮孔样突起。质较柔软，干者质硬，可折断，断面不整齐，淡黄白色，皮部散有多数棕黄色油点，形成层环纹棕色，射线放射状。气芳香，味微苦、辛。

3. 鉴别

（1）显微鉴别：本品横切面木栓层为 10～20 余列扁平细胞。近栓内层处油管稀疏排列成一轮。韧皮部宽广，外侧可见多数大小不等的裂隙；油管较多，类圆形，散在，韧皮射线近皮层处多弯曲。形成层环状。木质部大导管与小导管相间排列；木射线宽 2～10 列细胞，有油管零星散在；木纤维少见。薄壁细胞含淀粉粒。

（2）薄层色谱鉴别：取本品粉末 0.5g，加三氯甲烷 10mL，超声处理 10min，滤过，滤液蒸干，残渣加甲醇 5mL 使溶解，作为供试品溶液。另取白花前胡甲素、白花前胡乙素对照品，加甲醇制成每 1mL 各含 0.5mg 的混合溶液，作为对照品溶液。照薄层色谱法（《中国药典》2015 年版四部通则 0502）试验，吸取上述两种溶液各 5μL，分别点于同一硅胶 G 薄层板上，以石油醚（60～90℃）-乙酸乙酯（3∶1）为展开剂，展开，取出，晾干，置紫外线灯（365nm）下检视。供试品色谱中，在与对照品色谱相应的位置上，显相同颜色的荧光斑点。

4. 检查

（1）水分：照水分测定法（《中国药典》2015 年版四部通则 0832 第二法）测定，水分不得超过 12.0%。

（2）总灰分：照总灰分测定法（《中国药典》2015 年版四部通则 2302）测定，不得超过 8.0%。

（3）酸不溶性灰分：照总灰分测定法（《中国药典》2015 年版四部通则 2302）测定，不得超过 2.0%。

5. 浸出物

照醇溶性浸出物测定法（《中国药典》2015 年版四部通则 2201）项下的冷浸法测定，用稀乙醇作溶剂，不得少于 20.0%。

6. 含量测定

照高效液相色谱法（《中国药典》2015 年版四部通则 0512）测定。

色谱条件与系统适应性试验：以十八烷基硅烷键合硅胶为填充剂；以甲醇-水（75∶25）为流动相；检测波长为 321nm。理论塔板数按白花前胡甲素峰计算应不低于 3000。

对照品溶液的制备：取白花前胡甲素和白花前胡乙素对照品适量，精密称定，加甲醇制成每 1mL 各含 50μg 的混合溶液，即得。

供试品溶液的制备：取本品粉末（过三号筛）约 0.5g，精密称定，置具塞锥形瓶中，精密加入三氯甲烷 25mL，密塞，称定重量，超声处理（功率为 250W，频率为 33kHz）10min，放冷，再称定重量，用三氯甲烷补足减失的重量，摇匀，滤过；精密量取续滤液 5mL，蒸干，残渣加甲醇溶解并转移至 25mL 量瓶中，加甲醇至刻度，摇匀，即得。

测定法：分别精密吸取对照品溶液与供试品溶液各 10μL，注入高效液相色谱仪，测定，即得。

本品按干燥品计算，含白花前胡甲素（$C_{21}H_{22}O_7$）不少于 0.90%，含白花前胡乙素（$C_{24}H_{26}O_7$）不少于 0.24%。

二、药材质量标准提升研究与企业内控质量标准制定（略）

三、药材留样观察与质量监控（略）

【药材生产发展现状与市场前景展望】

一、生产发展现状与主要存在问题

贵州省白花前胡野生变家种的历史虽然不长，但从 2005 年后贵州白花前胡生产发展十分迅速。据统计，截至 2013 年，全省白花前胡种植面积达 14000 余亩。贵州省扶贫办《贵州省中药材产业发展报告》统计，2014 年，全省前胡种植面积 3.55 万亩，总产量达 8300.00t，总产值达 12172.98 万元。其中，种植面积较大的有黔东南（黄平、剑河等）、黔北（德江）、黔西南（安龙）等地，约占全省白花前胡种植面积的 85% 以上。白花前胡规范化种植基地建设主要由黄平县野洞河药材种植专业合作社牵头，在承担的贵州省科技厅中药现代化项目"黄平县白花前胡规范化种植关键技术研究及应用示范"中，以"企业+科研院所+合作社+基地+农户"模式，成立了规范化种植专家指导组，在黄平县等地开展了贵州白花前胡规范化种植研究与试验示范，并已取得较好进展。德江也是贵州省白花前胡重要主产区，在 2007 年开始引种种植，经过多年的发展，逐步形成了优良的白花前胡规范化生产基地，如目前在德江县方圆中药材种植专业合作社的带领下，该县白花前胡的常年种植面积在 3000 亩左右。

当前贵州省白花前胡生产虽得到快速发展，但其规范化标准化尚需深入研究与实践，特别在如何提高白花前胡产量和白花前胡甲素、白花前胡乙素等有效成分含量、提高质量标准与综合开发利用等方面，还需政府及相关企业进一步加大投入力度进行深入研究。

二、市场需求与前景展望

白花前胡不仅是中医方剂配方常用药，而且是中药工业与相关产业的重要原料。现代研究表明，白花前胡的根含香豆精类化合物，如外消旋白花前胡素（praeruptorin）A（Pd-Ia）、B（Pd-Ⅱ），右旋白花前胡素 C、D 及 E，右旋白花前胡素 Ib（Pd-Ib）、Ⅲ（Pd-Ⅲ），北美芹素（pteryxin），白花前胡香豆精（peucedanocoumarin）Ⅰ、Ⅱ、Ⅲ，前胡香豆精（qianhucoumarin）A，补骨脂素（psoralen），5-甲氧基补骨脂素（5-methoxy psoralen），8-甲氧基补骨脂素（8-methoxy psoralen），左旋白花前胡醇（peucedanol）；香豆精糖苷类化合物：紫花前胡苷（nodakenin），印度榅柠苷（marmesinin），茵芋苷（skimmin），芸香呋喃香豆醇葡萄糖苷（rutarin），异芸香呋喃香豆醇葡萄糖苷（isorutarin），东莨菪苷（scoploin），白花前胡苷（praeroside）Ⅰ、Ⅱ、Ⅲ、Ⅳ及Ⅴ，紫花前胡种苷（decuroside）Ⅳ，芨芨芹苷（apterin）、芹菜糖基茵芋苷（apiosylskimmin）；其他：D-甘露醇（D-mannitol），β-谷甾醇（β-sitosterol），半乳糖醇（galactitol），胡萝卜苷（daucosterol）及紫花前胡皂苷 V

（Pd-saponin V）。

经研究以白花前胡为主药的不同制剂具有解热、祛痰作用，对治感冒、咳嗽、支气管炎及疖肿有显著疗效。特别是近年来，天然药物受到人们青睐，白花前胡的用途则越来越宽，尤其在防治伤风、感冒、咳嗽、祛痰等药物方面的白花前胡用量大增。例如，贵州健兴药业有限公司的肺力咳合剂、重庆太极集团的舒肺糖浆、吉林金宝药业股份有限公司的前胡颗粒等都以白花前胡作为重要原料。

随着《中国药典》明确规定只有白花前胡才是正品，这样使本来就供应紧张的白花前胡更趋紧张。白花前胡货源原主要来自野生，由于过度采挖导致资源减少，价格呈稳步上升之势。据产地反映，白花前胡的野生存量与 20 世纪 90 年代初相比，已减少了 50%左右。目前，我国前胡每年的需求量约 5000t，安徽宁国野生和仿野生种植面积在 20000 亩左右，产量 1500t 左右，只能满足市场需求的 1/3。随着市场需求的增大，野生白花前胡资源日渐枯竭，已难以满足市场的需求，因此，白花前胡药材生产有着广阔前景。

主要参考文献

何冬梅，吴斐华，孔令义. 2007. 白花前胡药理作用研究进展[J].药学与临床研究，15（3）：167-169.

田振华. 2003. 白花前胡主要病虫害及防治简报[J].中药材，26（1）：5-6.

王启苗，黄庭武. 2004. 前胡人工栽培技术[J]. 农业科技与信息，（9）：41-42.

王祖文，张玉方，卢进，等. 2007. 白花前胡主要生物学特性及生长发育规律研究[J]. 中国中药杂志，32（2）：145-146.

张村，肖永庆，谷雅彦，等. 2005. 白花前胡化学成分研究（Ⅰ）[J].中国中药杂志，30（9）：675-677.

张村，殷小杰，李丽，等. 2010. 白花前胡蜜炙的药效学比较研究[J]. 中国实验方剂学杂志，15（11）：146-148.

张玉方，王祖文，卢进，等. 2007. 白花前胡主要栽培技术研究（Ⅰ）[J].中国中药杂志，32（2）：147-148.

中国植物志编委会. 1981. 中国植物志. 16 卷第 2 分册[M]. 北京：科学出版社：143.

（王　沁　朱国胜　张简荣　黄德志　沈家国　苏　桢）

27　姜

Jiang

ZINGIBERIS RHIZOMA

【概述】

姜原植物为姜科植物姜 *Zingiber officinale* Rocs.。别名：均姜、辣姜、姜根、白姜等。以干燥根茎入药，其鲜品名"生姜"，干品名"干姜"，均入药，《中国药典》历版均予收载。《中国药典》（2015 年版）称：生姜味辛，性微温，归肺、脾、胃经。具有解表散寒、温中止呕、化痰止咳、解鱼蟹毒功能。用于风寒感冒、胃寒呕吐、寒痰咳嗽、鱼蟹中毒。干姜味辛性热，归脾、胃、肾、心、肺经。具有温中散寒、回阳通脉、温肺化饮功能。用于脘腹冷痛、呕吐泄泻、肢冷脉微、寒饮喘咳。生姜又是常用苗药，苗药名："shand"（近似汉译音："山"），味辣，性热；入冷经。主治冷经作寒、恶心呕吐、风寒感冒、关节疼痛等症。

　　姜药用历史悠久，始载于《神农本草经》，列为中品，曰："干姜味辛，温，无毒。治胸满，欬逆上气。温中，止血，出汗，逐风，湿痹，肠澼下利。生者，尤良。味辛，微温。久服去臭气，通神明。生川谷"。其后如《名医别录》等诸家本草均予收载。例如，宋代《本草图经》云："生姜，生犍为山谷及荆州、扬州，今处处有之，以汉、温、池州者为良。"元代《王祯农书》对姜的用途、栽培技术和贮藏方法等做了更为详细的描述。姜（生姜、干姜）不仅是常用药材，而且还是原卫生部明确规定的"既是食品又是药品"的药材。姜（生姜、干姜）是贵州大宗常用的食药两用特色药材。

【形态特征】

　　姜为多年生植物。株高 0.5～1m；根茎肥厚，多分枝，有芳香及辛辣味。叶片披针形或线状披针形，长 15～30cm，宽 2～2.5cm，无毛，无柄；叶舌膜质，长 2～4mm。总花梗长达 25cm；穗状花序球果状，长 4～5cm；苞片卵形，长约 2.5cm，淡绿色或边缘淡黄色，顶端有小尖头；花萼管长约 1cm；花冠黄绿色，管长 2～2.5cm，裂片披针形，长不及 2cm，唇瓣中央裂片长圆状倒卵形，短于花冠裂片，有紫色条纹及淡黄色斑点，侧裂片卵形，长约 6mm；雄蕊暗紫色，花药长约 9mm；药隔附属体钻状，长约 7mm。花期秋季。姜植物形态见图 27-1。

图 27-1　姜植物形态图

（墨线图引自《中华本草》编委会，《中华本草·苗药卷》，贵州科技出版社，2006）

【生物学特性】

一、生长发育习性

　　从种姜萌芽至收获后贮藏，共经历发芽期、幼苗期、旺盛生长期、根茎休眠期 4 个生育时期。从种姜幼芽萌动开始，到第一片姜叶展开为发芽期，此期主要依靠种姜的养分生长，生长量很小，是整个植株器官发生和旺盛生长的重要基础。从第一片姜叶展开到具有2个较大的侧枝，即俗称"三股杈"期为幼苗期，以主茎和根系生长为主，生长缓慢，生长量较小。从三股杈以后至收获，为茎、叶与根茎旺盛生长期，此期分枝大量发生，叶数剧增，叶面积迅速扩大，根茎加速膨大，前期以茎叶生长为主，后期以根茎膨大为主。姜不耐霜、不耐寒，天气寒冷不能在露地生长，迫使根茎进入休眠期。

二、生态环境要求

温度：姜喜温暖而不耐寒、不耐霜。发芽期适温为22～25℃，发芽始温为16℃，16～20℃时发芽缓慢，高于28℃幼芽徒长，瘦弱。适温条件下生长速度适宜，易培育壮芽。茎叶生长期以20～28℃为宜。在根茎旺盛生长期需要有一定的昼夜温差，以白天25～28℃左右、夜间18℃左右为佳。低于15℃则停止生长。0℃则茎叶枯死。

光照：姜为耐阴性作物，不耐强光，幼苗期在花荫状态下生长良好，因此，不论南方或北方苗期均进行遮阴。姜的光补偿点为500lx，饱和点为35000lx，适宜的光照强度为20000～35000lx。根茎的形成对光周期长短的要求不严格，长、短日照均可形成根茎，但以自然光照条件下根茎产量较高。在每天8h的短日照下，光合时间短，产量降低。

水：姜为浅根性作物，根系不发达，不能充分利用土壤深层的水分，而叶片保护组织不发达，不耐旱，所以对水分供应要求严格。幼苗期，植株生长慢，需水量少，但抗旱力差，为保证幼苗壮旺，应保持土壤湿润。旺盛生长期，生长速度快，生长量大，需要大量的水分，特别是根茎迅速膨大期，更不可使土壤干旱，应及时浇水，保持土壤湿润。

土壤：姜适宜于土层深厚、土质疏松、肥沃、有机质丰富、通气良好且便于排水的土壤栽培。对土壤质地要求不严格，有较广泛的适应性，不论在砂壤土、轻壤土、中壤土或重壤土上都能正常生长。一般黏性土产量较高。姜幼苗对土壤酸碱度的适应性较强，在pH4～9的范围内，幼苗生长差异不明显。在茎叶生长期，适宜的pH为5～7。根茎发育的适宜pH为5～7。土壤过酸、过碱，均影响茎叶的生长和根茎的产量。姜对养分的吸收在幼苗期最少。三股杈后需肥量迅速增加，约占全期总吸收量的87.75%。全生长期吸收氮、磷、钾的比例为1∶0.4∶1。在中等肥水条件下，亩产姜2280kg，约吸收纯氮11.9kg、磷3.01kg、钾11.97kg。

【资源分布与适宜区分析】

一、资源调查与分布

据历史资料，姜原产于我国及东南亚等热带地区，也有人认为姜原产于我国云贵高原和西部广大高原地区，还有人认为姜原产于我国古代的黄河流域和长江流域之间。现已广泛栽培于世界各热带、亚热带地区，但主要以亚洲和非洲为主，欧洲、美洲栽培较少。其中，以中国、印度、日本、塞拉利昂、尼日利亚、牙买加等国为主要栽培国家。

经调查，姜在我国分布很广，除东北、西北等高寒地区外，中部、南部诸省均有种植。四川犍为、贵州水城、山东莱芜、江西兴国、安徽临泉、广西百色、浙江永康、广东梅州、湖北来凤等地为主要著名产区。在河北、山西、河南、陕西等地也有种植。

二、贵州资源分布与适宜区分析

姜在贵州全省均有种植，主要分布于黔北、黔东、黔西北、黔西、黔西南、黔中及黔东南等地。主产于遵义市、六盘水市、毕节市、黔东南州及黔南州等地。如湄潭、水城、盘州、惠水、长顺、贵定、凯里、黔西、关岭等地都有大面积栽培。其中以六盘水市及黔南州面积最大。

贵州省姜的最适宜区为：黔北山原山地如湄潭、凤冈，黔东山原山地如江口、石阡，黔东南低山丘陵如凯里、黄平，以及黔西北山原山地如水城、盘州和黔中山原山地如长顺、惠水等地。以上各地不但具有姜在整个生长发育过程中所需的自然条件，而且当地党政重视，广大群众有姜栽培及加工技术的丰富经验，所以在该区域所出产的姜质量好而产量大。

除上述生产最适宜区外，贵州省其他各县（市、区）凡符合姜生长习性与生态环境要求的区域均为其生产适宜区。

【生产基地合理选择与基地环境质量检（监）测评价】

一、生产基地合理选择与基地条件

按照姜生产适宜区优化原则与其生长发育特性要求，选择其最适宜区或适宜区并具良好社会经济条件的地区建立规范化生产基地。如贵州省长顺县威远镇年种植生姜 6000 亩以上（图 27-2），该镇地处长顺东大门，距县城 11km，全镇平均海拔 970m，年平均气温15.5℃，无霜期 185 天，年均降水量 1380mm。威远镇党政对生姜规范化生产基地建设高度重视，交通、通信等社会经济条件良好，当地广大农民有种植生姜的传统习惯与积极性。该基地远离城镇及公路干线，无污染源，其空气清新，水为山泉，环境幽美。

二、基地环境质量检（监）测与评价（略）

【种植关键技术研究与推广应用】

一、种质资源保护抚育

我国种姜的历史悠久，目前栽培的主要有河南张良姜，其根茎芳馥味浓、纤维细致、久煮不烂、辣味持久，可常年保存；山东莱芜片姜，植株生长势强，分枝性强，叶色翠绿，根茎黄皮、黄肉，姜球数多而排列紧密，节多而节间较短，姜球上部鳞片呈淡红色，根茎肉质细嫩，辛香味浓，品质佳，耐贮运；山东大姜，植株高大，生长势强，叶片大而肥厚，叶色深绿，茎秆粗壮，但分枝数较少，根茎姜球数较少，姜球肥大，节少而稀，外形美观；安徽铜陵生姜，鲜姜乳白色，略呈淡黄色，嫩芽粉红色，粗壮，姜块呈佛手状，纤维少，质地脆嫩，香气浓郁，辣味中等，肉质细腻，品质优良；陕西城固黄姜，姜块扁形，肥大，外皮光滑，淡黄褐色，肉淡黄色，姜丝细，姜汁稠，味辛辣，水分少，品质好；江西兴国生姜，表皮金黄色，色泽鲜艳，肉质肥嫩，粗壮，纤维少，甜辣适口，入菜不馊，久贮不变；广州肉姜，肉质根茎上簇状分枝较疏，表皮浅黄色，肉浅黄白色，嫩芽粉红色，根茎肥大、饱满，肉脆、味辣，纤维较少，品质优良；长沙红瓜姜，根茎耙齿状，表皮浅黄色，肉黄色，嫩芽浅红色。

图 27-2　贵州长顺县威远镇姜规范化种植基地

在生产实践中，经有目的地选择生长迅速、根茎肥厚等不同类型的姜进行抚育，则可培育出生长速度快而优质高产之新品种。应对姜种质资源，特别是野生姜种质资源切实加强保护与抚育，以求永续利用。

二、良种繁育关键技术

生产上，姜采用根茎进行无性繁殖，下面重点介绍姜根茎繁殖的有关问题。

（一）种姜来源、鉴定与采集保存

作种源用的姜应在头年生长健壮、无病、高产的地块选留。收获后选择肥壮，芽头肥圆、饱满，个头大小均匀，颜色鲜亮，无病虫伤疤的姜块贮藏保存。在无霜的华南地区，则在播种前从地里挖出后选择。种姜需经有资质部门及人员进行鉴定。

（二）种姜播种前处理与姜芽培育方法

1. 种姜播种前处理

姜在播种前应先行催芽。幼芽是幼苗生长的基础，只有壮芽才能获得丰产。姜芽健壮与否与以下几个因素有关。

（1）种姜的营养状况：种姜肥胖而鲜亮，营养状况良好，其上所生的幼芽多较肥壮；种姜瘦弱干瘪，营养较差，其上所生的幼芽多较瘦弱。

（2）幼芽着生的位置：种姜的外侧芽和上部芽较肥壮，而内侧芽和基部芽较细弱。

（3）温度的影响：发芽过程中，温度较适宜，则幼芽肥壮；若温度过高，长时间在28℃以上，则幼芽细弱。

2. 姜芽培育方法

（1）晒姜和困姜：播种前 1 个月，在旬平均气温 10℃左右时，从窖内取出种姜，用清水洗净泥土。后平铺在室外草苫或地上晒晾 1～2 天。傍晚收进室内，防止夜间受冻。通过晒种可以提高姜块温度，促使迅速发芽。晒种可减少姜块中的水分，防止姜块腐烂，减少催芽过程中的霉烂现象。晒种后，可使带病的姜块上的病斑更明显，因而便于淘汰带病的姜种。之后再把姜块放在室内堆 3～4 天，姜堆上盖以草帘，促进养分分解，这叫作"困姜"。晒姜和困姜交替进行 2～3 次，即可开始催芽。晒姜时要注意适度，不可过度。尤其是较嫩的姜种，不可曝晒。中午阳光过强时，应用席子遮阴，以免种姜失水太多，姜块干缩，出芽细弱。

（2）选种：在晒姜和困姜过程中，以及在开始催芽前，须进行严格选种，选择肥大、丰满、皮色有光泽、肉色鲜黄、不干缩、质地硬、未受冻、无病虫为害的健康姜块作种。

（3）催芽：最后一次晒姜的中午，趁暖把姜块放入催芽室内催芽。催芽温度应掌握在 22～25℃，25 天左右，芽长 1.5cm 左右，芽粗 1.2cm 左右，即可进行播种。温度过高，发芽迅速，容易造成芽徒长，温度过低，催芽时间变长，影响播种。大芽（芽长大于 2cm）出苗早，幼苗生长迅速，但由于生理年龄老化，后期易早衰；加上播种时易伤根，所以产量不及中芽（芽长 1～2cm）、小芽（芽长 0.5～1cm）。为此，在催芽时，应尽量培育中、小芽。芽的形态上要求幼芽黄色鲜亮，顶部钝圆，芽基部仅见根的突起。

三、规范化种植关键技术

（一）选地整地

1. 选地

姜为浅根系植物，根茎肥厚，怕旱怕涝，忌连作，因此，应选排灌方便、土层深厚、疏松、富有机质的砂壤土或壤土栽培。土质与辣味有关，砂壤土栽培出的姜辣味强，香气浓，但产量低；腐殖质土或壤土栽培，姜的辣味淡，组织柔嫩，水分多；土壤过分黏重，姜生长不良，易积水引起腐烂。姜为忌连作植物，应实行 3～4 年以上的轮作，生过姜瘟病的地块 5 年内不可种姜。

2. 整地

在选好的地块，冬前进行深翻，深翻前要施足基肥，基肥应以有机肥为主，一般每亩施有机肥 2500～3000kg，然后翻耕。若有机肥不足，可在播种时施用氮磷钾三元复合肥作种肥。次年春天将翻耕的土地耙细整平，在南方多雨地区做成高厢，厢面宽 1～1.2m，长因地制宜，高 25～30cm。

（二）播种

当春天地温稳定在 16℃以上时，就可进行播种。播种过早，因地温低，迟迟不能发芽。播种过晚，则生长期短，造成减产。播种时，把已催好芽的大姜块掰成 70～80g 重的小种块，每个种块上保留 1～2 个肥胖的幼芽。把其余的芽全部除掉，使养分集中供应主芽，保证苗旺苗壮。结合掰姜应再进行一次块选和芽选。选具有壮芽的丰满姜块作种，剔除芽基部发黑，或断面变褐的姜块。

穴播在厢面上按穴距 25～30cm 定穴，穴深 5～8cm，每穴放入 1 个小种块，然后覆土至与厢面平。沟播在厢面上开沟，沟距 30cm 左右，沟深 7cm 左右，然后按 20cm 间距将种块放入沟中，覆土与厢面平即可。播种深，地温低，发芽慢；播种过浅，土壤易干燥，影响出苗。姜的种植密度因地区和土壤肥力而异。高肥水田宜稀，低肥水田宜密。生长期长，生长旺，密度宜稀，反之则高。

（三）田间管理

1. 遮阴

姜田株间光照强度为 2.4 万～2.6 万 lx 时生长良好，若夏季种植田光照强度过高，姜叶会被强烈的日光灼伤，需要采用遮阴措施，遮阴能够降低光照强度，还能间接地降低地温和气温，减少土壤水分蒸发，降低叶片蒸腾作用，保持土壤湿度和空气湿度，利用姜叶片进行光合作用。遮阴既可采用遮阳网进行，也可就地取材，采用稻草秸秆和树枝搭成支架进行遮阴。立秋以后，天气转凉，光照减弱，根茎迅速膨大时，要求有充足的光照，要及时撤除遮阴物。

2. 中耕除草

姜为浅根性作物，根系主要分布在土壤表层。因此不宜多次中耕，以免伤根。一般在出苗后结合浇水浅中耕 1～2 次。一方面松土保墒，一方面清除杂草。姜幼苗期很长，正值高温多雨季节，杂草为害十分严重，应及时拔草。由于拔草十分费工，可采用覆盖防草或化学除草剂进行除草。化学除草具有节省劳力、除草及时、经济效益高的特点，使用化学除草剂除草要根据除草时间、杂草种类等多种因素，综合考虑，选用适当的除草剂，达到良好的除草效果，否则易造成药害。

3. 水分管理

姜喜湿润不耐旱，根系又浅，故应适时浇水。苗期应视土壤水分情况，浇提苗水，浇水不宜漫灌，应把握小水勤浇的原则，在出苗前如果土壤干旱，也应酌情补水。浇水后应立即浅中耕保墒。夏季勤浇可降低地温，以早、晚浇水为好。雨季应及时排水防涝，热雨后浇井水降温，以免姜块腐烂。立秋以后，进入旺盛生长期，地上部大量分枝和新叶，地下部根茎迅速膨大。此期植株生长量大，需水量很大。应浇大水，保持土壤湿润状态。收获前 3～4 天，若土壤干旱，可浇 1 次采收水，以便收获时姜块上带潮湿泥土，有利于下窖贮藏。

4. 培土

姜的根茎在土壤里生长，要求黑暗、潮湿，如果根茎露出地面，不仅妨碍肥大，而且日晒后表面变厚，品质不良，因此需要进行培土。根茎膨大初期，结合拔草和大追肥进行第一次培土。沟播者可变沟为垄。以后结合浇水，进行第二、第三次培土。逐渐把垄面加宽、加厚，为根茎发育创造适宜的条件。

（四）合理施肥

姜喜肥，除施足基肥外，应多次追肥。幼苗期很长，在苗高 30cm 左右时可追施壮苗肥一次，肥料以尿素或人粪尿为好，每亩施用尿素 10kg 或人粪尿 1000kg，在浇水时施用。当姜苗进入三股杈期时，进行第二次追肥，肥料以腐熟有机肥和氮磷钾复合肥较为适宜，每亩可开沟施用氮磷钾复合肥 15～20kg。当根茎进入膨大期时，应追施一次根茎膨大肥，此时追肥要以速效氮磷钾复合肥为主，每亩施用 25～30kg。

（五）主要病虫害防治

在遵循"预防为主，综合防治"的原则下，坚持"早发现、早防治，治早治小治了"，选择高效低毒低残留的农药对症下药，进行姜主要病虫害防治。

1. 主要病害与防治

（1）姜腐烂病：病原为青枯假单胞杆菌 *Pseudomonas solanacearum* Smith 属细菌。发病初期，叶片下垂而无光泽，表现萎蔫。而后叶片由下而上变枯黄色，叶缘卷缩，最后全株枯死。茎基部和根茎初呈水渍状，呈黄褐色。继而根茎逐渐变软腐烂，无特殊气味。发病后期，地上部凋萎枯死，并易从茎秆基部折断倒伏，地下根茎腐烂，可能由于土壤中其他腐生菌的再次侵染而具臭味。病菌主要在根茎和土壤中越冬，温度越高，发病越快，高温多雨是本病流行的重要条件，次年由病种姜传播。病株的残枝、落叶、根茎污染了土壤而由土壤传播，带菌的肥料传播，雨水、灌溉水传播，由伤口侵入。

防治方法：发现病株、病姜应立即拔除，在病穴及其周围撒施石灰消毒，病株及病姜集中处理，不要做堆肥。发病初期，可选用硫酸链霉素或农用链霉素 4000～5000 倍液，或 1∶2∶（300～400）波尔多液，每隔 7～10 天喷药一次，连续防治 2～3 次。

（2）姜叶枯病：病原为姜球腔菌 *Mycosphaerella zingiberi* Shirai et Hara.，属子囊菌亚门真菌。主要为害叶片，病叶初生黄褐色枯斑，逐渐向整个叶面扩展，病部生出黑色小粒点。严重时全叶变褐枯萎。病菌在病叶上越冬。翌春产生孢子，借风、雨、昆虫或农事操作传播蔓延。

防治方法：发病初期用 75% 百菌清 600～700 倍液或 65% 多果定 1500 倍液或 50% 苯菌灵 1300～1500 倍液，每 7 天喷一次，连喷 3 次。

（3）姜枯萎病：病原为鞭毛菌亚门结群腐霉 Pythium myriotylum Drechsler。主要为害地下根茎。根茎变褐腐烂，地上部呈枯萎状，姜枯萎病根茎变褐而不带水渍状半透明，潮湿时有菌丝体。病菌随病株残体在土壤中越冬。带菌的肥料、姜种、病土为翌年的初侵染源。翌年借雨水传播。在连作、低洼地、排水不良、土质黏重、有机肥未充分腐熟等情况下易发病。

防治方法：选高燥地块栽培，采用高畦深沟种植，降低田间湿度。有机肥应腐熟，增施磷、钾肥。及时清洁田园，收集病株残体深埋或烧毁。发病初期用 50%多菌灵 500 倍液，或 50%苯菌灵 1500 倍液，或 10%双效灵 200～300 倍液喷淋病穴，每 7 天一次，喷淋 1～2 次。

2. 主要虫害与防治

（1）小地老虎：小地老虎又称黑土蚕、地蚕等，属鳞翅目，夜蛾科，学名：Agrotis ypsilon Rottemberg。以幼虫为害，是苗圃中常见的地下害虫。幼虫在 3 龄以前昼夜活动，多群集在叶或茎上为害；3 龄以后分散活动，白天潜伏土表层，夜间出土为害咬断幼苗的根或咬食未出土的幼苗，常常将咬断的幼苗拖入穴中，使整株死亡，造成缺苗断垄。

幼虫在贵州省每年发生 4～5 代，第一代幼虫 4～5 月为害药材幼苗。成虫白天潜伏于土缝、杂草丛或其他隐蔽处，晚上取食、交尾，具强烈的趋化性。幼虫共 6 龄，高龄幼虫 1 夜可咬断多株幼苗。灌区及低洼地、杂草丛生、耕作粗放的田块受害严重。田间杂草如小蓟、小旋花、藜、铁苋菜等幼苗上有大量卵和低龄幼虫，可随时转移为害药材幼苗。

防治方法：及时铲除田间杂草，消灭卵及低龄幼虫；高龄幼虫期每天早晨检查，发现新萎蔫的幼苗可扒开表土捕杀幼虫。药剂防治：选用 50%辛硫磷乳油 800 倍液、90%敌百虫晶体 600～800 倍液、20%速灭杀丁乳油或 2.5%溴氰菊酯 2000 倍液喷雾；或每公顷用 50%辛硫磷乳油 4000mL，拌湿润细土 10kg 做成毒土；或每公顷用 90%敌百虫晶体 3kg 加适量水拌炒香的棉籽饼 60kg（或用青草）做成毒饵，于傍晚顺行撒施于幼苗根际。

（2）玉米螟：属鳞翅目，螟蛾科，学名：Pyrausta nubilalis Hubern。幼虫咬食嫩茎，造成茎秆空心，使水分运输受阻，姜苗受害，上部枯黄、凋萎或茎秆折断。越冬基数大的年份，被害植株率高。发生受温度、湿度及雨量影响大，在适宜生长发育的温湿度范围内，温度越高，发育历期就越短。

防治方法：在产卵期喷 90%敌百虫 800 倍液，可消灭初孵的幼虫。发现干叶尖或嫩茎上有孔洞时，可灌注 80%敌敌畏 1000 倍液，连灌 2 次即可。

（3）甜菜夜蛾：属鳞翅目，夜蛾科，学名：Spodoptera exigua Hiibner。以蛹在土中、少数未老熟幼虫在杂草上及土缝中越冬，冬暖时仍见少量取食。在温度适宜的地区可周年发生，无越冬休眠现象。该虫属间歇性猖獗为害的害虫，不同年份发生情况差异较大。初孵幼虫群集叶背，吐丝结网，在其内取食叶肉，留下表皮，成透明的小孔。3 龄后可将叶片吃成孔洞或缺刻，严重时仅余叶脉和叶柄，致苗死亡，造成缺苗断垄，甚至毁种。

防治方法：于 3 龄前喷洒 90%晶体敌百虫 1000 倍液或 20%杀灭菊酯乳油 2000 倍液、5%抑太保乳油 3500 倍液，也可喷用每克含孢子 100 亿个以上的杀螟杆菌或青虫菌粉 500～700 倍液。每 7 天喷一次，连续喷 3 次。用性外激素诱杀成虫。

上述姜良种繁育与规范化种植关键技术，可于其生产适宜区内，并结合实际因地制宜地进行推广应用。

【药材合理采收、初加工、储藏养护与运输】

一、合理采收与批号制定

（一）合理采收

姜一般在秋末温度降低，植株大部分茎叶开始枯黄，地下根状茎已充分老熟时采收。采收前 2～3 天应浇一次水，使土壤湿润，土质疏松。采收时，要选晴天挖收，可用手将生姜整株拔出或用镢整株刨出，轻轻抖落根茎上的泥土，剪去地上部茎叶，保留 2cm 左右的地上残茎，摘去根即可，见图 27-3。

图 27-3　生姜药材采收

（二）批号制定（略）

二、合理初加工与包装

（一）合理初加工

收获后的生姜，净选，除去须根和泥沙，晒干或低温干燥为"干姜个"；也可趁鲜切片，然后晒干或低温干燥为"干姜片"。生姜及干姜药材，见图 27-4。

图 27-4　生姜（左）及干姜（右）药材

（二）合理包装

将加工后的干姜按 40~50kg 装入麻包。在包装前应检查是否充分干燥、有无杂质及其他异物，所用包装应符合无毒无污染包装标准要求，如用塑料编织袋（聚酯袋）等。在每件包装上注明品名、规格、等级、毛重、净重、产地、批号、执行标准、生产单位、包装日期及工号等，并应有质量合格的标志。

三、合理储藏养护与运输

（一）合理储藏养护

干姜应储存于干燥通风处，温度 30℃ 以下，相对湿度 65%~75%。商品安全水分 15% 以下。本品易生霉。采收时，若内侧未充分干燥，在贮藏或运输中易感染霉菌，发生霉烂。贮藏前，还应严格入库质量检查，防止受潮或染霉品掺入；平时应保持环境干燥、整洁；定期检查、翻垛，发现吸潮或初霉品，应及时进行通风晾晒等处理。

（二）合理运输

干姜药材在批量运输中，严禁与有毒货物混装并应有规范完整的运输标识；运输车厢不得有油污与受潮霉变。

【药材质量标准、质量检测与监控】

一、干姜药材商品规格与质量检测

（一）干姜药材商品规格

干姜药材以无虫蛀、无霉变、无焦糊、肥壮、饱满、粉性足、纤维少者为佳品。干姜药材商品规格分为"干姜个"及"干姜片"。

干姜个：姜肉饱满，分枝肥厚，无泡皮，表面皮色灰白，断面白色或黄白色，粉性足，气辛香，味辛辣，身干，无沙泥，无虫蛀、霉变。

干姜片：片张大，肉色白，粉性足。

（二）干姜药材质量检测

按照《中国药典》（2015 年版一部）干姜药材质量标准进行检测。

1. 来源

本品为姜科植物姜 *Zingiber officinale* Rosc. 的干燥根茎。秋末或冬季采挖，除去须根和泥沙，晒干或低温干燥。趁鲜切片晒干或低温干燥者称为"干姜片"。

2. 性状

干姜个：呈扁平块状，具指状分枝，长 3~7cm，厚 1~2cm。表面灰黄色或浅灰棕色，粗糙，具纵皱纹和明显的环节。分枝处常有鳞叶残存，分枝顶端有茎痕或芽。质坚实，断面黄白色或灰白色，粉性或颗粒性，内皮层环纹明显，维管束及黄色油点散在。气香、特异，味辛辣。

干姜片：本品呈不规则纵切片或斜切片，具指状分枝，长 1～6cm，宽 1～2cm，厚 0.2～0.4cm。外皮灰黄色或浅黄棕色，粗糙，具纵皱纹及明显的环节。切面灰黄色或灰白色，略显粉性，可见较多的纵向纤维，有的呈毛状。质坚实，断面纤维性，气香、特异，味辛辣。

3. 鉴别

（1）显微鉴别：本品粉末淡黄棕色。淀粉粒众多，长卵圆形、三角状卵形、椭圆形、类圆形或不规则形，直径 5～40μm，脐点点状，位于较小端，也有呈裂缝状者，层纹有的明显。油细胞及树脂细胞散于薄壁组织中，内含淡黄色油滴或暗红棕色物质。纤维成束或散离，先端钝尖，少数分叉，有的一边呈波状或锯齿状，直径 15～40μm，壁稍厚，非木质化，具斜细纹孔，常可见菲薄的横隔。梯纹导管、螺纹导管及网纹导管多见，少数为环纹导管，直径 15～70μm。导管或纤维有时可见内含暗红棕色物的管状细胞，直径 12～20μm。

（2）薄层色谱鉴别：取本品粉末 1g，加乙酸乙酯 20mL，超声波处理 10min，滤过，取滤液作为供试品溶液。另取干姜对照药材 1g，同法制成对照药材溶液。再取 6-姜辣素对照品加乙酸乙酯制成每 1mL 含 0.5mg 的溶液，作为对照品溶液。照薄层色谱法（《中国药典》2015 年版四部通则 0502）试验，吸取上述三种溶液各 6μL，分别点于同一硅胶 G 薄层板上，以石油醚（60～90℃）-三氯甲烷-乙酸乙酯（2：1：1）为展开剂，展开，取出，晾干，喷以香草醛硫酸试液，在 105℃加热至斑点显色清晰。供试品色谱中，在与对照药材色谱和对照品色谱相应的位置上，显相同颜色的斑点。

4. 检查

（1）水分：照水分测定法（《中国药典》2015 年版四部通则 0832 第四法）测定，不得超过 19.0%。

（2）总灰分：照总灰分测定法（《中国药典》2010 年版四部通则 2201）测定，不得超过 6.0%。

5. 浸出物

照水溶性浸出物测定（《中国药典》2015 年版四部通则 2201）项下的热浸法测定，不得少于 22.0%。

6. 含量测定

（1）挥发油：取本品最粗粉适量，加水 700mL，照挥发油测定法（《中国药典》2015 年版四部通测 2204）测定。本品含挥发油不得少于 0.8%（mL/g）。

（2）6-姜辣素：照高效液相色谱法（《中国药典》2015 年版四部通测 0512）测定。

色谱条件与系统适用性试验：以十八烷基硅烷键合硅胶为填充剂；以乙腈-甲醇-水（40：5：55）为流动相；检测波长为 280nm。理论板数按 6-姜辣素峰计算应不低于 5000。

对照品溶液的制备：取 6-姜辣素对照品适量，精密称定，加甲醇制成每 1mL 含 0.1mg 的溶液，即得。

供试品溶液的制备：取本品粉末（过三号筛）约 0.25g，精密称定，置具塞锥形瓶中，精密加入 75%甲醇 20mL，称定重量，超声波处理（功率 100W，频率 40kHz）40min，放冷，再称定重量，用 75%甲醇补足减失的重量，摇匀，滤过，取续滤液，即得。

测定法：分别精密吸取对照品溶液与供试品溶液各 10μL，注入液相色谱仪，测定，即得。本品按干燥品计算，含 6-姜辣素（$C_{17}H_{26}O_4$）不得少于 0.60%。

【注】生姜药材质量的检测，按照《中国药典》2015 年版一部收载的生姜质量标准进行检验，此从略。

二、干姜药材质量标准提升研究与企业内控质量标准制定（略）

三、药材留样观察与质量监控（略）

【药材生产发展现状与市场前景展望】

一、生产发展现状与主要存在问题

贵州省生姜种植历史悠久，各地群众有着生姜栽培的丰富经验。生姜是可药用又可食用的常用药材，据贵州省扶贫办《贵州省中药材产业发展报告》统计，2013 年，全省生姜种植面积达 25.59 万亩，总产量达 43.12 万吨，总产值 168682.86 万元。2014 年，全省生姜种植面积 19.16 万亩，保护抚育面积 0.04 万亩，总产量 34.04 万吨，总产值 133405.08 万元。其中，种植面积最大的是长顺、惠水、六枝等地。姜生产的技术比较简单，但用种量大，成本较高，所以发展速度不是很快。特别是新产区，受姜种制约，不可能突发性地大面积发展，只能在老产区逐渐发展。而姜的老产区虽有充足的种源，但由于姜腐烂病需要 3 年的轮作期，受土地条件的限制，也不可能突发性地大面积发展。所以姜的生产比较稳定，市场价格比较平稳。

二、市场需求与前景展望

现代研究表明，姜的药效成分主要有姜辣素（姜酚）、姜酮和姜烯酚等。姜酚和姜烯酚为油状液体，姜酮是一种结晶。姜的挥发油成分是姜醇、姜烯、水茴香烯、龙脑和桉油精等。随着我国"两高一优"农业及市场经济的发展，姜及其制品在国内的需求愈来愈大，姜的引种和种植越来越受到重视。但是，由于长期进行无性繁殖，造成生姜品种单一，体内侵染和积累了多种植物病毒，导致一些优良性状严重退化，产量下降，品质降低，抗逆性下降，许多地方已开展了脱毒姜种植。实践表明，脱毒姜生长势强，且植株健壮，丰产性和抗病性均可得到显著提高和改善。脱毒姜组比对照组增产 58.9%，始发病期可推迟 5～11 天，病区及病株病情的扩展速度可降低，其生产潜力极大，发展前景广阔。

近年来，在临床上发现生姜能使血液变稀，是一种温和的抗凝剂。最近尚有采用隔盐隔姜灸法治疗中风后排尿障碍等报道。姜的营养价值也很高，含有粗蛋白、脂肪、纤维素、淀粉、维生素等营养物质，还含有一些矿物质和少量的核黄素等。姜既可药用又可食用，是重要的调料，为烹饪必备之品，尚可除腥、去臊、去臭，用生姜嫩化老牛肉等。食用可用于加工成各种姜制品，如糖姜、冰姜、醋姜、糟姜、桂花姜、酱渍姜、干姜、姜粉等。

亦可用于药膳，如生姜大枣粥可治脾胃虚寒型腹泻等。总之，姜无论是在国内市场还是国际市场，都有极大研究开发潜力，市场前景无比广阔。

主要参考文献

李秀，巩彪，徐坤. 2014. 外源 NO 对高温胁迫下姜叶片活性氧代谢的影响[J]. 园艺学报，02：277-284.

刘铭，张敏，戚俊臣，等. 2005. 中国姜瘟病的研究进展[J]. 中国农学通报，06：337-340，357.

任清盛，于广霞，毕于义. 2005. 姜脱毒及增产抗病性研究[J]. 中国植保导刊，7：56-58.

任清盛. 2004. 脱毒姜种性优势及栽培前景[J]. 长江蔬菜，4：23-25.

宋元林，等. 1998. 马铃薯 姜 山药 芋[M]. 北京：科学技术文献出版社.

吴仙桃. 2013. 隔盐隔姜灸治疗中风后排尿障碍[J]. 医学信息，1：26.

战琨友，尹洪宗，张显忠，等. 2009. 老姜与鲜姜超临界提取物的化学成分分析[J]. 食品科学，07：33-35.

张瑞华，徐坤，董灿兴，等. 2008. 光质对姜生长及光能利用特性的影响[J]. 园艺学报，05：673-680.

张永征，李海东，李秀，等. 2013. 光强和水分胁迫对姜叶片光合特性的影响[J]. 园艺学报，11：2255-2262.

赵宏冰，王志辉，何芳，等. 2015. 姜不同炮制品的挥发油成分 GC-MS 分析[J]. 中药材，04：723-726.

（王华磊　张金霞）

28 宽叶缬草

Kuanyexiecao

VALERIANAE RADIX ET RHIZOMA

【概述】

缬草原植物为败酱科植物缬草原变种 *Valeriana officinalis* L. var. *officinalis* 和宽叶变种宽叶缬草 *Valeriana officinalis* L. var.*latifolia* Miq.。别名：穿心排草、满山香、大救驾、七里香、拔地麻、满坡香、五里香等。贵州主产的缬草为宽叶变种，习称"宽叶缬草"。以干燥根及根茎入药。宽叶缬草于《贵州中药材、民族药材质量标准》（2003 年版）收载，称其味辛、苦，性温。归心、肝经。具有理气止痛、祛风除湿、宁心安神功能。用于脘腹胀痛、风湿痹痛、腰膝酸软、失眠。缬草又为常用苗药，苗药名："Vob ghab nail"（近似汉译音："窝嘎勒"）。味麻、涩，性热。具有解表散寒、活血调经、祛风除湿功能。主治风寒感冒、胃气痛、风湿麻木、疝气痛、呕吐泻泄、肺气水肿、月经不调等症。

缬草以"穿心排草"之名，载于明末方以智所著的一部百科全书《物理小识》中。缬草在《科学的民间药草》、《中药大辞典》、《贵州草药》、《中华本草》（第二十卷）、《中华本草·苗药卷》、《现代中药栽培养殖与加工手册》、《贵州中草药资源研究》等中亦均有记述，在广大民间和苗族、侗族、土家族等少数民族中广泛应用，是贵州特色药材。

【形态特征】

缬草：多年生草本。高 150cm。根茎短，簇生多数须根，香味浓烈；茎直立，中空，具纵棱，被有粗白毛，以基节最多，老时毛少。茎生叶对生，均羽状深裂，裂片 2～9，中裂片与侧裂片近同形同大，但常与第 1 对侧裂片联合呈三裂状，裂片披针形或条形，边缘具粗短锯齿。伞房状聚伞圆锥花序顶生，果时疏大；苞片羽裂，小苞片条形，长约 1cm；花萼内卷；花冠淡紫红或白色，筒状，长约 5mm，裂片 5；雄蕊略露出花冠外；子房下位。瘦果长卵形，长约 4mm，顶端具羽毛状宿萼。花期 5～6 月，果期 6～8 月。

宽叶缬草：多年生草本。高达 100cm 以上。根茎短，簇生多数须根；茎直立，中空，具纵棱，被有粗毛，老时毛少。基生叶较茎生叶小，对生，均羽状深裂，裂片常 5～7，其中中裂片较大，常卵圆形或宽卵形，侧裂片较小，卵形或长卵形，边缘具粗短锯齿。聚伞圆锥花序顶生；小苞片片状披针形；花冠淡粉红色，裂片 5；雄蕊略露出花冠外；子房下位。瘦果长卵形，长约 4mm，顶端具羽毛状宿萼。花期 5～6 月，果期 6～7 月。宽叶缬草及缬草植物形态见图 28-1。

(1. 缬草根和茎下部；2. 缬草花序；3. 缬草花；4. 缬草花；5. 宽叶缬草叶)

图 28-1　宽叶缬草和缬草植物形态图

（墨线图引自中国科学院《中国植物志》编委会，《中国植物志》，第 73 卷 1 分册，科学出版社，1986：32-33）

【生物学特性】

一、生长发育习性

据在贵州龙里县（海拔 1100～1200m）和施秉县双井试验基地（海拔 800～900m）的试验观察，宽叶缬草种子（瘦果）于 7～8 月采集后进行秋季播种，10～15 天即可出苗，于 11 月中下旬可形成具有 3～5 叶的实生苗，可以安全过冬。翌年 3 月上旬出土，4～7 月为旺盛生长期，7～10 月植株生长缓慢，实生苗移栽当年只有基生叶，不抽薹开花。第二年 2 月下旬出土，3 月出齐，至 4 月中下旬开始抽茎，4 月下旬出现花蕾，随着植株的生长发育，植株不断长高，而形成疏散的圆锥花序。花序上的小花逐渐开放。据观察，在天气晴朗时，一朵小花从伸展第 1 个裂片到花完全开放平均需要 1.5h，而在阴雨天，开花的历时要延长至 8～16h，宽叶缬草各个繁殖发育阶段包括传粉均受到气候不同程度的影响。花苞初露时呈淡绿或白色，随着植株的不断发育长高，小花苞由粉红或深紫红色逐渐变为淡粉红或淡紫色，直至最后凋落时呈黄褐色，单花期 1～2 天，花序从第一朵花开放到末花凋谢约需 30h。5 月中旬为盛花期，整个开花历时 30～40 天。开花 10～15 天为果熟期，其间果实由绿色变为黄色或褐色，此时白色的冠毛展开，瘦果逐渐脱落。因此，6 月下旬至 7 月下旬为宽叶缬草的果期。

宽叶缬草种子在 5℃以上时即可发芽，其适宜生长温度为 20～30℃。在适宜温度下，种子经 10～15 天出苗，10 天左右即可长出 1～2 片真叶。秋播在 11 月下旬可长成具有 4～5 片真叶的移栽苗，经冬季倒苗，翌年 2 月下旬地温回升后可返青，4 月下旬抽茎，5～8 月开花结实。

二、生态环境要求

宽叶缬草野生多分布于海拔低于 1500m 的石灰岩山地林缘、山谷或山坡草丛，喜疏松肥沃的腐殖质土，土层深厚有利于其根的生长。宽叶缬草喜阳光和凉爽湿润的气候，忌土壤积水和强酸性，土壤积水不透气或在强酸性土壤上夏季易导致烂根。

【资源分布与适宜区分析】

一、资源调查与分布

经调查，宽叶缬草野生资源分布于我国安徽、江苏、浙江、江西、湖北、湖南、贵州等地。常生于林下或沟边，海拔 1500m 以下。湖北、贵州等地已有栽培。

二、贵州资源分布与适宜区分析

贵州宽叶缬草主要分布于黔东北、黔东南和黔南海拔 1500m 以下的区域。其在贵州的栽培最适宜区为黔东北的江口、松桃、碧江、万山、石阡、印江、玉屏，黔东南的凯里、黎平、锦屏、天柱、岑巩、剑河、施秉、镇远，以及黔南的龙里、独山、贵定、福泉等县（市）区。

除上述生产最适宜区外，贵州省其他各县（市）区凡符合宽叶缬草生长习性与生态环境要求的区域均为其适宜区。

【生产基地合理选择与基地环境质量检（监）测评价】

一、生产基地合理选择与基地条件

按照宽叶缬草生产适宜区优化原则与其生长发育特性要求，选择其最适宜区并具良好社会经济条件的地区建立规范化生产基地。例如，在贵州省黔南州龙里县麻芝乡建立宽叶缬草规范化种植基地（以下简称"龙里宽叶缬草基地"，图 28-2），位于距龙里县城 6km 的麻芝乡新民村，海拔 1100～1400m，气候属于中亚热带季风湿润气候，年平均气温为 14.8℃，最冷月（1 月）平均气温 4.6℃，最热月（7 月）均温 23.6℃，年均降水量 1100mm 左右，年日照时数 1160h 左右，无霜期 283h。成土母岩主要为石灰岩和砂岩，土壤以黄壤和黑色石灰土为主。地带性植被为落叶阔叶和针叶混交林，主要树种有马尾松、柳杉、华山松、枥类等；本基地生境内的药用植物主要有续断、白及、绥草、瓶尔小草、桔梗、黄精、重楼、长节耳草、鱼腥草、坚龙胆、金荞麦、白茅根等。

龙里宽叶缬草种植基地是在续断基地基础上于 2009 年开始建设的，目前在龙里县龙山镇建有育苗大棚、采种地。该基地空气清新，水为山泉，远离城镇及公路干线，周围 10km 内无污染源。此外，在江口、施秉县等也建有宽叶缬草种植基地。

图 28-2　贵州省龙里县麻芝乡宽叶缬草规范化种植基地（2013 年 3 月）

二、基地环境质量检（监）测与评价（略）

【种植关键技术研究与推广应用】

一、种质资源保护抚育与良种繁育关键技术

（一）种质资源保护抚育

缬草属全球约有 250 种，《中国植物志》记载有 17 种 2 变种，作为药用或芳香植物的主要有缬草 *Valeriana officinalis* Linn.、宽叶缬草 *V. officinalis* Linn.var.*latifolia* Miq.、黑水缬草 *V. amurensis* Smir.ex Kom.、蜘蛛香 *V. jatamansi* Jones 等数种。宽叶缬草野生资源多生长在山坡草灌丛中。其地带性植被为常绿落叶阔叶混交林、针阔叶混交林和灌草丛中。据观察研究，宽叶缬草具有种质资源多样性特点，主要表现在须根的形态、叶的形态、茎的颜色、光滑程度及花的颜色等方面。不同类型的宽叶缬草生长速度、生态适应性及挥发油含量有差别，可经有目的选择生长迅速、须根发达、生态适应性强、挥发油含量高的不同类型的宽叶缬草培育优质高产的新品种。为此，对宽叶缬草种质资源，特别是贵州黔东北、黔东南、黔南及黔中等地难得的野生种质资源，要切实加强保护与抚育。

（二）良种繁育关键技术

宽叶缬草可采用种子繁殖和分株繁殖，目前多采用分株繁殖或种子繁殖育苗移栽。下面分别介绍种子繁殖育苗和分株繁殖有关问题。

1. 种子来源、鉴定与采集保存

（1）种子来源与鉴定：宽叶缬草为多年生宿根植物，播种后第二年可抽薹开花结实，应选择 2 年以上种植地做留种地。宽叶缬草种子可于现有种植基地采购，也可采集野生种子，但发芽率较低。施秉县双井乡宽叶缬草采种地见图 28-3。

图 28-3　宽叶缬草采种地（施秉县双井乡，2011 年 5 月）

（2）种子采集与保存：宽叶缬草种子为成熟的果实（瘦果），瘦果灰褐色，长卵形，长约 4mm，顶端具羽毛状宿萼，种子千粒重 0.5～0.6g，见图 28-4。在龙里基地于 6 月下旬至 7 月中旬，当采种地宽叶缬草花序上的小花花冠萎蔫脱落，果实由绿色变黄绿或带浅褐色，冠毛开展时，标志着其瘦果已成熟。因其瘦果细小有冠毛，易随风吹落，可采取套袋方法即在 4 月下旬开花授粉后，用透明塑料袋将整个花序套住，到果序基本成熟时小心剪下其成熟果序，放入采集桶或光滑的瓷盆内，置于通风阴凉处，经 5～10 天后果实完成后熟并干燥时，用手轻轻揉搓，除去果梗和冠毛等杂质，装入透气良好的布袋中，放于通风干燥处保存供当年秋播或来年春播用。

图 28-4　宽叶缬草成熟的种子（左：带冠毛的瘦果，右：去掉冠毛的瘦果）

2. 种子品质检定与种子质量标准制订

（1）种子品质检定：扦样依法对宽叶缬草种子（瘦果）进行品质检定，主要有：官能检定、成熟度测定、净度测定、生活力测定、水分测定、千粒重测定、病虫害检验、色泽检验等。同时，尚应依法进行种子发芽率、发芽势及种子适用率等测定与计算。

例如，2013 年 8 月秋播育苗用宽叶缬草种子品质检定的结果，见表 28-1。

表 28-1　宽叶缬草种子品质的主要检定结果

外观形状	成熟度/%	净度/%	生活力/%	检测代表样重/kg
细小，扁，卵形，灰褐色，微弯曲，表面有棱	90	95	90	1.0
含水量/%	千粒重/g	发芽率/%	病虫感染度/%	
9.2	0.52	81	0.2	

（2）种子质量鉴别：宽叶缬草优劣种子主要鉴别特征，见表 28-2。

表 28-2　宽叶缬草优劣种子主要鉴别特征

种子类别	主要外观鉴别特征
成熟新种	有浓香味，果皮灰褐色，新鲜，饱满均匀
早采种	果皮浅黄色，弯曲皱缩，不饱满
陈年种	果皮深褐色，种仁干皱，浅黑色至黑色
发霉种	闻着有霉味，黏结成团，黑色或黑褐色

3. 种子标准制定

经试验研究，将宽叶缬草种子分为三级种子标准（试行），见表 28-3。

表 28-3　宽叶缬草种子分级表（试行）

项目	一级种子	二级种子	三级种子
成熟度（%）不低于	90	85	80
净度（%）不低于	95	90	90
生活力（%）不低于	90	80	75
含水量（%）不高于	10	10	15
千粒重/g	≥0.55	0.50~0.55	0.40~0.50
外观形状	细小，扁，卵形，灰褐色，微弯曲，表面有棱		

4. 种子育苗

研究认为可采用的育苗方法有苗床育苗法和穴盘育苗法。

（1）播种前种子处理：采收的种子可直接播种，但发芽率不高，出苗不齐。在播种前将种子晾晒 2~3 天，每天轻轻搓揉 2h，然后用 50℃温水浸泡 3~4 天后滤干，用新鲜草木灰消毒，按 1∶（50~100）与河沙拌匀后播种。

（2）苗床育苗：

①育苗地选择：浇灌方便，通风良好，有荫蔽条件。

②苗床准备：7 月深翻土地，耙细整平，做成苗床，苗床宽 100cm，铺细腐殖土 1~2cm 厚，撒施清粪水。

③种子处理及播种：用种量为 2~3g/m²。将用河沙拌好的种子均匀撒播于苗床上，不盖土，盖上遮阴网等，注意喷水保湿。

④苗期管理：播种后约 15 天开始出苗，出苗后约 10 天为出苗高峰期，20 天结束，此时应揭去覆盖地表的遮阳网，及时搭棚遮阴，棚高 150cm 左右，四周用遮阴网遮挡以防烈日照射伤苗，苗长到 3~4cm，可手工拔去杂草，并逐渐增加光照。至移栽前 15 天左右去除遮阴网。

（3）穴盘育苗：便于水分管理和除草管理，减少种子用量，增加移栽成活率。

①育苗地选择：浇灌方便，通风良好，有荫蔽条件。

②穴盘准备：以草土灰和腐殖土按 1∶2 混合后为基质。混合均匀的基质装于规格为 40cm×60cm（60 穴）的塑料穴盘中，再放置于深约 6cm 的池中，水深 0.5~1cm，使基质充分吸水。

③种子处理及播种：将种子点播于穴盘内，每穴 3~4 粒，盖上地膜保湿，用遮阳网等控制温度不低于 15℃及不高于 30℃；池内水深保持 0.5cm 最适宜。

④苗期管理：播种后出苗约 15 天，应及时揭膜并搭棚遮阴，苗长到 3~4cm，可手工拔去杂草。施清粪水及少量尿素提苗。秋播的宽叶缬草种苗可在冬季或初春移栽。贵州江口县宽叶缬草种子繁育与规范化种植基地，见图 28-5。

5. 分株繁殖

产区药农采用分株繁殖多为直接定植，分株数量根据地下根茎休眠芽的数量进行分株，保证每个休眠芽上都连有 2~3 条根。分株时间，一般选择在秋末地上部分枯萎后至初春芽萌动前进行。分株时用刀在芽与芽间隙切开，切时要注意每株应有 2~3 芽并连有 3~4 条根，或用手掰开，切开的伤口立即用草木灰包裹或用高锰酸钾溶液浸泡后，捞出并阴干，然后再进行栽植。栽植时按穴定植，穴深 10~15cm，穴距 35~45cm，栽时穴内可先浇水润湿，每穴放 1 株，芽要朝上，然后覆土踏实，上面盖上一层枯枝落叶保湿。次年春季就可出苗。

二、规范化种植关键技术

（一）选池整地与移栽定植

1. 选地

海拔 1500m 以下中性、微酸性或酸性黄壤，疏林地、林窗地，也可与玉米等高秆作物间种。

图 28-5　贵州江口县宽叶缬草规范化种植与种子繁育基地

2. 整地

定植前翻耕，翻耕时每亩施入农家肥 2000kg 左右，然后耙细整平，起厢，厢面宽 1.2m 左右，厢面高 15～20cm，厢沟宽 30～40cm。

3. 移栽定植

（1）栽种模式：净作或玉米-宽叶缬草间作。

（2）净作：每年 11～12 月或早春 1～2 月萌芽前定植。按穴定植，穴按株行距（30～35）cm×（40～45）cm，穴深（10～12）cm，定植时先剪掉过长的根，便于入穴，然后芽头朝上，根茎放到穴中，覆土 10cm 左右，踩实，然后浇足定根水，再盖上一层松土即可。

（3）粮-药间作：玉米 2 月下旬或 3 月初早播。冬季或 2 月下旬移栽宽叶缬草，密度为 2700～3000 株/亩，即 30cm 宽厢沟，120cm 厢面，株行距（30～35）cm×（40～45）cm，春季 3 月播种玉米（春旱可拱棚育苗移栽），玉米定植 2000～2500 株/亩。

（二）田间管理

1. 灌溉与排水

宽叶缬草移栽后返苗期对水分需求较为敏感，一般要保持土壤湿润。若遇天旱少雨，要及时灌溉，灌水时可采用滴灌或喷灌方式，不可大水漫灌，以免将幼小的种苗连根冲出，灌溉用水要符合国家灌溉用水标准。若遇阴雨连绵，降水量过大，要挖好排水沟，避免田间积水造成烂种烂根及病害发生。

2. 施肥

宽叶缬草生长期间需进行 2 次追肥,追肥以有机农家肥为主,化肥为辅。在施足底肥基础上结合中耕除草进行。第一次在春季出苗返青后每亩施腐熟的农家肥(人粪尿 1000kg)或尿素 8～10kg;第二次于 6 月中旬每亩施腐熟的农家肥(人粪尿 1500kg)或叶面施 2%的磷酸二氢钾 2～3 次。

3. 中耕除草

苗期生长缓慢,应及时除草严防草荒。第一次在苗高 3～4cm 时进行,至基生叶封行共进行 3～4 次,中耕应浅,并进行培土。封行后不再中耕,可拔除杂草。

4. 及时打顶

除留种田外,4 月中旬抽花薹应及时打顶,应全部剪去以减少养分消耗,促进根部生长。

(三)主要病虫害防治

1. 主要病害防治

(1)花叶病:为害全株。染病叶常表现为花叶、斑驳花叶、皱缩、扭曲畸变并有上卷曲趋向。病株矮小,须根短,根数明显减少,严重者整株死亡。

防治方法:选用无病毒病的种根留种;及时灭杀传毒虫媒;发病症状出现时若需施药防治,可选用磷酸二氢钾喷施以促叶片转绿、舒展,减轻为害;或选用 20%毒克星可湿性粉剂 500 倍液,或 0.5%抗毒剂 1 号水剂 250～300 倍液,或 20%病毒宁水溶性粉剂 500 倍液等喷施。

(2)根腐病:为害根部。发病初期,先由须根变褐腐烂,逐渐向主根蔓延。主根发病严重时使全根腐烂。7～8 月高温高湿天气发病严重;田间积水,烂根死亡严重。

防治方法:栽种前,分株苗用 25%多菌灵 200 倍液浸种 10min,晾干后下种;收获后彻底清理枯枝残体,集中烧毁;发病期可选用 50%多菌灵,或 50%甲基托布津 1000 倍液,或 75%百菌清可湿性粉剂 500 倍液等药剂灌施;实行轮作。

(3)轮纹病:叶片病斑近圆形,直径 3～10mm,中央部分淡褐色,边缘暗褐色,较大的病斑有明显的轮纹。病斑在干燥的条件下易破裂,后期病斑上生黑色小点,即病原菌的分生孢子器,严重时病斑汇合,使叶片枯死。病菌以分生孢子器在病株上越冬,开春后条件适宜,分生孢子随着气流传播引起侵染。叶片上病斑产生大量的分生孢子,借风雨传播不断引起再侵染。

防治方法:及时清园,秋末做好清园工作,集中处理病株残株,集中烧毁。药剂防治以预防为主,发病前喷施波尔多液(1:1:100)预防,发病后用 65%代森锌 500 倍液或 40%代森铵 1000 倍液或 75%百菌清 500 倍液兑水喷施,也可施 70%甲基托布津可湿性粉剂。

(4)白霉病:叶片的病斑近圆形或圆形,直径 2～4mm,中心部分白色,边缘明显茶褐色,有时病斑稍向上凸起或向下凹陷,病原的子实体肉眼不易发觉。病菌以菌丝体在病株上越冬,翌春条件适宜,分生孢子随气流传播引起侵染。病菌上产生大量的分生孢子借风雨传播不断引起再侵染。

防治方法：及时清园，秋末做好清园工作，集中处理病株残株，集中烧毁。药剂防治以预防为主，发病前喷施波尔多液（1∶1∶100）预防，发病后用 65%代森锌 500 倍液或 40%代森铵 1000 倍液或 75%百菌清 500 倍液兑水喷施，也可施 70%甲基托布津可湿性粉剂。

另外，尚有斑枯病等病害发生，可采用相同的防治方法。

2. 主要虫害防治

（1）蚜虫：为害幼苗和叶片。

防治方法：可用 40%乐果乳剂 1500～2000 倍液或 80%敌敌畏乳剂 1500 倍液，每 10 天喷杀 1 次。

（2）蝼蛄：主要为害幼苗、叶片和根。

防治方法：可用呋喃丹 1.5～2.5kg/亩，点莞防治。

（3）大灰象甲：成虫吃叶，幼甲虫吃根。有的传播植物病。

防治方法：合理安排品种布局，避免与十字花科蔬菜连作，播种前深翻晒地，改变其生存环境，减轻为害。杀幼虫，可用 90%晶体敌百虫 600 倍液，或 50%辛硫磷乳油 500 倍液灌根；杀成虫，可用 50%敌敌畏 800 倍液，或 50%马拉硫磷乳油 1000 倍液，或 25%喹硫磷乳油 3000 倍液喷雾。

上述宽叶缬草种苗繁育与规范化种植关键技术，可于其生产适宜区内，并结合实际因地制宜地进行推广应用。

【药材合理采收、初加工、贮藏与运输】

一、合理采收与批号制定

（一）合理采收

1. 采收时间

在贵州龙里和施秉等产区，宽叶缬草种植后第 3 年采收根及根茎。在前期其根和根茎生长缓慢，8～9 月生长最快，10～11 月仍继续生长，应在第 2 年秋末缬草叶片全部变黄色或第 3 年的早春土壤解冻后采收，见图 28-6。

图 28-6　宽叶缬草药材（左：二年生鲜品；右：干品）

2. 采收方法

采收时可从地表面 3～5cm 处割去地上部分，用三齿钉耙挖出地下部分。直接留种可将地下部分挖取再进行分株后栽植。宽叶缬草的根细条多而长，根系多分布于 23～26cm 的耕作土层，应避免挖断。采收时如是下雨天一定不能挖，等到土干后再挖，晴天土干挖最好，若土壤板结，可提前灌水。挖出的根不能用水洗，湿根或洗过的根油量和油质会降低。不能在太阳下曝晒或烘干，否则缬草的根茎和根部所含油易挥发。因此，挖出的根茎和根应放在阴处摊开晾干。

（二）批号制定（略）

二、合理初加工与包装

（一）合理初加工

1. 净选

挖回的宽叶缬草，用剪刀剪去过长茎叶，保留长度不超过 0.5cm，去除泥土、枯枝叶等杂质。

2. 缬草药材加工

采挖出的根及根茎运回后，经净选去杂，放置于通风阴凉处阴干即可，切不可用水洗及曝晒或烘干。

3. 缬草油制备

将净选好的新鲜缬草根茎及根放入蒸馏容器，按照蒸馏原理采用气化离心冷却原理法提取芳香油。其工艺流程如下：

缬草原料→加热气化→冷凝器（冷却）→油水杂质混合液→过滤分离器→静置→油水分层→分离→缬草油。

将干燥的缬草根茎及根粉碎后，用 80%乙醇浸润膨胀后，装入多功能提取罐中，加热，回流提取 2h，提取 2 次；提取液经过过滤环节，进入单效浓缩装置进行浓缩回收溶剂，回收到无醇味，干燥。一般提取出油率在 0.5%～2.0%。

（二）合理包装

将干燥宽叶缬草药材，按 25～40kg 打包成袋，用无毒无污染材料（如编织袋等）严密包装。在包装前应检查是否充分干燥、有无杂质及其他异物，所用包装应符合药用包装标准，并在每件包装上注明品名、规格、等级、毛重、净重、产地、批号，执行标准、生产单位、包装日期及工号等，并应有质量合格的标志。

三、合理储藏养护与运输

（一）合理储藏养护

宽叶缬草挥发油含量高，气味浓烈，极易虫蛀、发霉及变色。加工干燥的药材应尽快出售。仓储应包装后置于室内干燥的地方储藏，温度 30℃以下，相对湿度 65%～75%。商品安全水分 10%～13%。同时，贮藏前还应严格入库质量检查，防止受潮或染霉品掺入；贮藏时应保持环境干燥、整洁与加强仓储养护规范管理，定期检查、翻垛，发现吸潮或初霉品或虫蛀，应及时进行通风晾晒等处理。

（二）合理运输

宽叶缬草药材在批量运输中，严禁与有毒货物混装；运输车厢不得有油污与受潮霉变。

【药材质量标准、质量检测与监控】

一、药材商品规格与质量检测

（一）药材商品规格

宽叶缬草药材以无杂质、霉变、虫蛀，身干，根须粗长肥大、整齐，外面黄棕色，断面黄白色，气味浓烈者为佳品。其药材商品规格为统货，现暂未分级。

（二）药材质量检测

按照《贵州中药材、民族药材质量标准》（2003 年版）宽叶缬草药材质量标准进行检测。秋季采挖，除去杂质，阴干。

1. 来源

本品为败酱科植物宽叶缬草 *Valeriana officinalis* L. var. *latifolia* Miq.的干燥根及根茎，秋季采挖，除去杂质，阴干。

2. 药材性状

本品根茎极短，根呈圆柱形，稍扭曲，下部渐细，长 10～15cm，直径 0.3～0.6cm，表面灰褐色或棕褐色，有纵皱纹及支根痕。体实，质略软，断面灰白色，气芳香浓烈，味辛凉。

3. 鉴别

（1）显微鉴别：本品根横切面，表皮细胞 1 列，部分脱落，外皮层细胞 1 列，类方形，壁薄。皮层宽广，细胞内充满细小淀粉粒及油滴。内皮层细胞 1 列，明显可见。韧皮部狭窄，细胞多皱缩，木质部导管直径 20～40μm，断续排列成环。髓部明显，细胞壁薄。

（2）理化鉴别：取本品粗粉 1g，加氯仿 10mL，振摇 10min，滤过，滤液置水浴上蒸干，残渣加甲醇 1mL 溶解，加冰醋酸-盐酸（1∶1）混合液 1mL，水浴上加热，溶液呈蓝色。

（3）薄层色谱鉴别：取本品粉末 1g，加石油醚（60～90℃）10mL，密塞，振摇 5min，静置30min，吸取上清液，置水浴上低温挥发至约1mL，作为供试品溶液，另取宽叶缬草对照药材1g，同法制成对照药材溶液。照薄层色谱法（《中国药典》2000年版一部附录ⅥB）试验，吸取上述两种溶液各5μL，分别点于同一硅胶 G 薄层板上，以石油醚（60～90℃）-醋酸乙酯（8∶2）为展开剂，展开，取出，晾干，喷以1%香草醛硫酸乙醇（1→10）溶液，105℃加热至斑点显色清晰。供试品色谱中，在与对照药材色谱相应的位置上，显相同颜色的斑点。

二、药材质量标准提升研究与企业内控质量标准（略）

三、药材留样观察与质量监控（略）

【药材生产发展现状与市场前景展望】

一、生产发展现状与主要存在问题

宽叶缬草主要以根茎和根部入药，在贵州省民间和制药生产中广泛应用，制药企业主要提取其挥发油成分药用。目前应用最为广泛的主要是其精油的提取，提取的精油主要供出口。其市场需求较大，目前野生宽叶缬草已不能满足市场的需求，近年来，在贵州、湖北等地区发展了人工栽培。贵州省宽叶缬草家种历史不长，其规范化生产基地建设主要由贵州同济堂中药材种植有限公司、贵州剑河县科技局、剑河县生物科技开发公司实施，以"政府+企业+科研院所+农户"模式开展。其他地区如岑巩、施秉、松桃等主要为农户零星种植。据资料记载，早在2010年贵州的铜仁、黔东南种植规模即达2万多亩，受种苗供应影响，2014年全省种植面积仅约0.6万亩。

宽叶缬草的人工种植产业还处于发展初期，其相关技术研究还较为薄弱，现阶段其种植产业开发中存在品种严重退化、产量和质量不稳定等问题。随着种植产业发展，产量增加，仅依靠销售药材，以及配方饮片已不能有效促进地方经济发展。目前，仅以中成药品种生产来带动种植上游产业，有可能会成为制约产业发展的瓶颈。而今后开发利用相关的物质基础平台（如标准提取物）、研发技术平台（如分析测试技术）、知识产权保护体系（如专利、标准）等前瞻性研究，尚待深入进行。在人工栽培相关技术研究以及大规模推广种植过程中，尚缺乏系统完整的质量分析、质量控制的方法和技术。规模种植的发展，除了药用部位根及根茎外，有大量的地上部分残留，目前均作为废弃物处理，其资源综合利用等相关研究还是空白，亟待加强。

二、市场需求与前景展望

现代研究表明，缬草主要含挥发油（0.5%～2%），油中主要成分为异戊酸龙脑酯、龙脑、L-莰烯、α-蒎烯、L-柠檬烯、d-松油醇，以及缬草碱、缬草酸、异缬草酸、异阿魏酸等药效成分。具有镇静、安眠、抗抑郁、抗惊厥等药理作用，其抗菌、抗病毒、抗肿瘤作用也在研究之中。缬草是一种温和的镇静剂，可很好改善睡眠，其能加强大脑皮层的抑制过程，减低反射兴奋性，能解除平滑肌痉挛，而其本身不引起动物睡眠，有人称之为"神赐的镇定安眠药"。缬草还能安全地缓解紧张、焦虑、过度兴奋，以及作为镇痛、降压和神经松弛剂等用。

缬草是欧洲官方认可的植物药，欧洲民间饮缬草煎茶用于帮助入眠至少有几百年历史。据分析，在"欧缬草"中含有若干种具有镇静与催眠作用的成分，其中最重要的成分为缬草酸与芳香性挥发油。缬草制剂对人体几无副作用，服后也不会产生"宿醉"等症状。西方多国药典均予收载，如缬草及其制剂已收载于《美国药典》（2000 年版）。缬草在西方多用于治疗抑郁症、癔症等，同时还用于治疗脑血栓、脑梗死、心脏病等。在美国或欧洲市场是治疗轻中度失眠等疾病的天然镇静剂与解痛剂，并是已进入前 10 位的畅销天然药物，深受欢迎。至今欧、美、俄在缬草资源的工业开发与利用上均大获成功，其胶囊剂、酊剂等多种剂型相继上市，创造了巨大的经济效益和社会效益。同时，缬草在卷烟、日用化工、化妆品等工业上，除作定香剂外，其用途也越来越广泛。缬草在国际市场的走俏，必将对国内市场产生积极推动作用。

由于中国西部处于高海拔地区且地域宽广，中国缬草属植物自东而西的分布极广，共 28 个种及 1 个变种。经化学、药理等研究与临床验证，宽叶缬草同样具有良好的镇静、解痉等功效。同时其缬草油等提取物，经分离纯化后的精油，在卷烟、日用化工、化妆品等工业上广为应用。贵州省宽叶缬草储量大、质量优、再生产潜力大是其特点，但在宽叶缬草规范化生产与资源的研究开发与综合利用等方面，与国内先进地区及发达国家差距极大，若能及时吸取国内外成功经验，制定科学发展规划，加大投入，合理开发，发展生产，贵州缬草完全可以形成品牌，贵州缬草产业可做大做强，并更好走向国内外市场。

主要参考文献

陈倩，王跃进，等. 2005. 宽叶缬草繁殖生物学特性研究[J]. 武汉植物学研究，23（2）：169-173.

董燕，韩见宇，孙超. 2007. 宽叶缬草种子繁殖研究[J]. 种子，26（9）：107-108.

谷臣华，谷忠村，张永康. 1998. 缬草属香料植物种类与人工驯化栽培研究[J]. 吉首大学学报（自然科学版），19（2）：20-23.

黄保康，郑汉臣，等. 2004. 国产缬草属药用植物资源的调查[J]. 中药材，27（9）：632-634.

路贵霖，何莉. 2013. 宽叶缬草生物学特性及人工栽培技术研究[J]. 安徽农业科学，41（6），28-30.

路洪顺，刘鑫军. 2002. 缬草的开发利用价值与栽培技术[J]. 中国野生植物资源，21（5）：61-62.

中国科学院《中国植物志》编辑委员会编. 1986. 中国植物志[M]. 北京：科学出版社：27-44.

（魏升华　潘朝泉）

29　桔　　梗

Jiegeng

PLATYCODONIS RADIX

【概述】

药材桔梗为桔梗科植物桔梗 *Platycodon grandiflorus*（Jacq.）A. DC. 的干燥根。别名：利如、梗草、荠苨、包袱花、荠花、铃铛花等。生长于东北辽宁、吉林、内蒙古以及华北地区的野生桔梗习称为"北桔梗"；安徽、江苏、四川、贵州等华东、西南地区所产的野生桔梗习称为"南桔梗"。《中国药典》历版均予收载，《中国药典》（2015 年版一部）称，桔梗味苦、辛，性平。归肺经，以干燥根入药。具有宣肺、利咽、祛痰、排脓功能。用于咳嗽痰多、胸闷不畅、咽痛音哑、肺痈吐脓。

桔梗药用历史悠久，始载于《神农本草经》，列为中品，云："桔梗一名利如，……，一名梗草，一名荠苨。味辛，微温，有小毒。治胸胁痛如刀刺，腹满，肠鸣幽幽，惊恐悸气。生山谷。"其后，诸家本草多予收录。例如，宋代《图经本草》曰："荠苨，旧不载所出州土，今川蜀、江浙皆有之。春生，苗茎都似人参，而叶小异，根似桔梗根，但无心为异。润州尤多，人家收以为果菜，或作脯啖。味甚甘美。二月、八月采根，曝干。古方解五石毒，多生服苨汁，良。"在明代李时珍《本草纲目》中，将桔梗与荠苨分列二条，其性味功能皆不同。李时珍论桔梗曰："此草之根结实而坚直，故名"。综上可见，桔梗药用历史悠久，是中医传统常用大宗药材与中药工业原料药，也是贵州著名地道特色药材。

【形态特征】

桔梗为多年生草本，高 40～120cm，植株全体通常光滑无毛。根肥大肉质，呈长圆锥形或圆柱形，外皮黑色或黄白色。茎直立，单一，上部稍分枝。叶近无柄，对生或 3～4 叶轮生或互生，叶片卵形或卵状披针形，边缘有粗齿。花单朵顶生，或数朵集成假总状花序，或有花序分枝而集成圆锥花序；花萼筒部半圆球形或球状圆锥形，裂片三角形；花冠大，钟形，长 1.5～4cm，蓝紫色或白色，4～5 浅裂；雄蕊 5，子房 5 室。蒴果球形，球状倒圆锥形或卵形，成熟时上部 5 裂，种子多数，黑色或黑褐色，花期 6～9 月，果期 7～10 月。桔梗植物形态见图 29-1。

（1. 花枝；2. 根；3. 雄蕊）

图 29-1　桔梗植物形态图

（中国科学院植物研究所主编，《中国高等植物图鉴》第四卷，图 6162，科学出版社，1985）

【生物学特性】

一、生长发育习性

桔梗为多年生深根性草本宿根植物，冬季地上茎叶枯萎，以地下部分越冬，翌年开春萌发生长迅速，比种子直播出苗快。桔梗种子无休眠特性，据在贵州省龙里县麻芝试验基地（海拔1350m）的试验观察，桔梗3～4月（春播）、6～7月（夏播）和8～9月（秋播）播种均可。当年11月下旬平均株高可达20～50cm，春夏播种于当年7～10月均开花结果；秋播于11月少量开花，霜降后地上茎叶逐渐枯黄，12月中下旬倒苗。翌年2月下旬，二年生桔梗芽开始出土，植株出土芽平均高约2cm，3月上旬达6cm，但此时叶片仍未展开，至3月中旬平均株高达14cm左右时，叶片展开，株平均叶片约23片，最大叶平均长约3cm，宽1.6cm。3月中旬至4月中旬是桔梗营养生长盛期，其间其平均株高增加35cm，平均分枝8.4条，平均叶片数为41片，最大叶片长6.26cm，宽3.67cm。进入4月下旬，主枝顶芽开始形成花蕾，植株不再增高。二年生桔梗的初花期为5月中旬，5月下旬至6月上旬为盛花期，至6月中旬和下旬时，跟踪观察植株花已全凋谢形成幼果。据观察，桔梗花常于上午10:00左右开放，花冠开放时长平均120h左右，随着气温的升高，开放时间缩短。果实幼时呈绿色，花被宿存，随着果实不断膨大，花被脱落，果皮逐渐变为黄绿色，最后呈褐色，此时果皮干皱，顶端裂开散播出种子，此过程需25～30天。桔梗植株上花果的形成时间不一，应分批采收。将果皮变为黄褐色微开裂的果实带果梗采回，放室内阴凉通风处4～5日，待果实自然开裂，抖出种子呈黑褐色或黑色，除去杂质，其千粒重为0.9～1.2g。

二、生态环境要求

桔梗对气候环境条件的要求不甚严格，在我国海拔300～2000m的山区均有不同程度的分布，但家种均以温暖湿润、雨量充沛、排水良好、土层深厚的砂质壤土为好。贵州省主产区关岭县和普定县（家种），多为海拔1000m以上的石灰岩山地或林地，土壤为黑色石灰土或黄色砂砾土（如关岭县沙营镇、普利乡等种植基地）。据调查，贵州发展桔梗种植的区域，不论在关岭县的普利乡、沙营镇、永宁镇，还是在普定县的猫洞乡、化处镇等地，大都是在海拔1000m以上的地带，平均气温为15.1～16.9℃，年平均日照时数1164.9h，无霜期301天，年平均降水1100～1378.2mm，属农业气候层划分中的暖温层和中亚热层。其气候具有春长、夏短、秋早、冬暖的特点，尤其是暖温层温凉多云雾，适宜发展桔梗生产。桔梗生长环境的有关要求如下。

温湿度：桔梗适宜生长的温度为10～30℃，最适温度为20℃，能受零下20℃低温。南方夏季炎热，亦抑制植株生长，所以宜选择海拔较高的凉爽地区种植。在南方，宜在海拔1000m以上，空气相对湿度80%，并宜在通风良好的缓坡地种植，而在干热的环境中则会生长不良。

光照：年平均日照1150h以上。幼苗较耐阴，二年生植株喜阳光，在强烈的阳光和空旷地生长良好，不耐荫蔽。

土壤：喜深厚、肥沃、腐殖质含量较多的土壤，土层黏性重、瘠薄处不宜生长，适宜在排水性好的黑色石灰土或黄色砂砾土中生长。

水：肥水充足，生长最佳，肥水不足，生长不良，二年生植株耐干旱，怕水涝，忌水分过多。幼苗忌干旱，以年降水量800～1400mm、阴雨天较多、雨水较均匀、水热同季为佳。

【资源分布与适宜区分析】

一、资源调查与分布

经调查，桔梗原产于中国，在我国大部分省区均有分布。朝鲜、日本，俄罗斯远东地区也有分布，我国分布范围在东经100°～145°，北纬20°～55°，多生长于向阳山坡、草丛或沟旁的砂石质土壤。野生桔梗主产于内蒙古的莫力达瓦旗、扎兰屯市、牙克石市、鄂伦春旗、科尔沁右翼前旗、扎鲁特旗；吉林的龙井、汪清、辉南、永吉、通化、梅河口、桦甸、东丰；黑龙江的同江、宁安、海林、穆棱、伊春、林口、依兰、齐齐哈尔；辽宁的岫岩、凤城、义县、西丰、宽甸；安徽的怀宁、岳西、桐城；河北的宽城、抚宁；贵州的清镇、都匀、榕江等。野生桔梗以东北地区的产量大且质量佳。

桔梗在我国南北方均有种植。栽培桔梗主产于皖北、皖西，豫南、豫西，川北，黔中，鄂东，鲁中，苏北、苏中，浙西、浙中，河北保定地区，辽南，吉林省长白山地区。例如，安徽的太和、滁县、六安、阜阳、安庆、巢湖；河南的桐柏、鹿邑、南阳、信阳、新县、商城、灵宝；四川的梓潼、巴中、中江、阆中；湖北的蕲春、罗田、大悟、英山、孝感；山东的泗水；辽宁的辽阳、凤城、岫岩；江苏的盱眙、连云港、宜兴；浙江的磐安、嵊州、新昌、东阳；河北的定兴、易县、安国；吉林的东丰、辉南、通化、和龙、安图、汪清、龙井等。栽桔梗培主要集中于华东地区且品质为好。

二、贵州资源分布与适宜区分析

桔梗在贵州全省均有野生分布。贵州的桔梗主产区为安顺市、毕节市、遵义市、黔南州及贵阳市等地，如关岭、普定、西秀、册亨、兴仁、贞丰、威宁、大方、乌当、修文、正安、瓮安等地都有大面积栽培，其中尤以安顺市面积最大。

贵州省桔梗生产最适宜区为：黔北山原山地的如道真、遵义、务川、余庆；黔东南和黔南山原山地的如瓮安、福泉、麻江、丹寨、石阡；黔西北山原山地的赫章、织金、黔西、毕节、大方；黔中山原山地的紫云、普定、关岭；黔西山原山地的威宁、水城、六枝、盘州等地。以上各地均具有桔梗生长发育所需的自然条件，也得到当地党政重视，广大群众有桔梗栽培及加工技术的丰富经验，所以在该区所收购的桔梗质量好，产量较大。

除上述桔梗最适宜区外，贵州省其他凡海拔高于1000m，符合桔梗生长习性与生态环境要求的区域均为其适宜区。

【生产基地合理选择与基地环境质量检（监）测评价】

一、生产基地合理选择与基地条件

按照桔梗生产适宜区优化原则与其生长发育特性要求，选择其最适宜区或适宜区并具良好社会经济条件的地区建立规范化生产基地。例如，在贵州省安顺市关岭县普利乡选建的桔梗规范化种植试验研究与 GAP 示范基地（以下简称"关岭桔梗基地"，图 29-2），位于距关岭县城 46km 的普利乡，基地海拔 1650～1750m，气候属于中亚热带季风湿润气候，年平均气温为 15.6℃，年均降水量 1430mm，成土母岩主要为石灰岩和砂岩，土壤以黄壤和黑色石灰土为主。地带性植被为常绿-落叶阔叶混交林和针-阔叶混交林，主要树种有臭樱、白杨、刺槐、枫香、丝栗、马尾松、华山松、栎类等；该基地生境内的药用植物除桔梗外，主要有续断、白及、头花蓼、南沙参、天冬、黄精、鱼腥草、吉祥草、瓜蒌等。

关岭普利乡桔梗基地始建于 2011 年，由关岭县普利乡人民政府引进当地企业建设。普利乡紧邻具有浓厚民族医药传统文化的岗乌镇和花江镇，乡党政对桔梗规范化生产基地建设高度重视，交通、通信等社会经济条件良好，当地广大农民有采集野生药材加工销售的传统习惯。该基地远离城镇及公路干线，无污染源，其空气清新，水为山泉，环境幽美，周围 10km 内无污染源。

图 29-2 贵州省关岭县普利乡桔梗规范化种植研究与 GAP 试验示范基地（2013 年）

二、基地环境质量检（监）测与评价（略）

【种植关键技术研究与推广应用】

一、种质资源保护抚育

桔梗原产于中国，在俄罗斯远东地区、朝鲜半岛和日本岛也有分布。野生桔梗在我国大部分地区均有分布，以东北地区和内蒙古产量最大。近年来，由于市场需求的不断加大，价格上涨，在利益驱动下，过度采挖导致野生桔梗资源逐年减少。桔梗的人工栽培早在 20 世纪即已开展，现在已越来越普遍。历史上安徽是桔梗的主产区，但河南、河北、四川、贵州、云南、江苏、浙江和内蒙古等省份也广泛种植。目前，在安徽已建立了桔梗规范化栽培体系，安徽省已培育出桔梗新品种"太桔号"；吉林市农业科学院也培育出"九桔兰花"桔梗；山东省农科院于 2007 年选育出"鲁梗 1 号"；温学森在 1995 年还发现新桔梗栽培变种——重瓣桔梗等。各主产地在当地栽培的桔梗中通过系统选育筛选出一些新品系，而在贵州、四川等产区尚未选育有优良品种，主要是驯化的本地野生种源和异地引进的种源。此外，符合中药材种植规范的桔梗良种繁育基地建设也尚处于起步阶段，以致市场上桔梗种子优良品种奇缺、质量参差不齐，加上规范化种植技术和管理水平较低，导致药材产量和质量下降。

桔梗分布范围广，具有种质资源多样性特点，主要表现在植株的根粗、侧根数、茎粗以及株高、主茎叶片数、叶长、叶宽、分枝数、花冠直径、颜色、结果率等农艺性状及药材折干率、浸出物含量、总皂苷含量等质量特性方面。在生产实践中，经有目的地选择主根发达、侧根少、适应性和抗逆性强、总皂苷含量高等不同类型的桔梗进行选育，可培育出优质高产的新品种。应对桔梗种质资源，特别是贵州省内的野生桔梗种质资源切实加强保护以利永续利用。

二、良种繁育关键技术

桔梗采用种子繁殖，多采用直播。桔梗种子资源一般来源于东北。南方地区栽培桔梗生长周期短，产量高，食用、药用均可，以销往我国东北、日、韩作为食材为主，但药用质量不及东北当地品种。四川绵阳地区也有近百年栽培桔梗的历史。近年来，贵州安顺市桔梗种植发展迅速，已成为新兴主产区。下面介绍桔梗种子直播的有关技术问题。

（一）种子来源、鉴定与采集保存

1. 种子来源与鉴定

桔梗为多年生宿根草本植物，播种后当年能开花结果，但不宜做种，宜选二年生的品种或种源明确纯正的桔梗种植圃做采种田，采种地应与生产基地充分隔离，避免生物混杂。推广基地用种子主要于关岭桔梗种植示范基地种子繁育基地采集。例如，关岭桔梗种子繁育基地的桔梗原植物经贵州省贵阳中医学院药学院专家鉴定为桔梗科植物桔梗［*Platycodon grandiflorus*（Jacq.）A. DC.]，采种圃药材经检测各项指标均符合《中国药典》规定质量要求。基地见图 29-3。

2. 采种圃的建设

选择与生产基地充分隔离的向阳缓坡地，如林地中砍伐出的林窗，根据生产规模确定采种地面积，建立围栏，防止人畜进入，并清除周边野生的桔梗植株。将土地深耕 30cm 以上，做成宽 120cm 的厢面，厢沟宽 40cm，深 10～15cm。每亩施用 2000kg 腐熟的农家肥或 50kg 复合肥做底肥，用选育出的桔梗优良品种种子夏播或秋播，可采用条播或撒播，每亩用种 0.75kg，播种后于厢面上盖一层遮阳网，15 天出苗后应加强种植地的管理，苗期及时除杂草，去除混杂和病弱植株。一年生桔梗当年可开花结果，但其种子发芽率低，苗弱，不宜留种，应及时根据花色等特征除去混杂植株，摘除花蕾，霜降后地上部分枯黄时，清除枯枝杂草，并培土过冬。来年出苗后，加强去杂除劣和水肥管理，可追施重磷钾的复合肥，并控制植株顶端优势，防止过高而倒伏以利于种子生产。

3. 种子采集与保存

二年生的留种植株,在8~10月果实陆续成熟,成熟的果实易裂,造成种子散落,故应及时采收。在8月初注意修剪掉弱小枝条或花朵,保留主枝上的花序,每个健壮植株保留15~20个果实;注意观察,当其果实颜色变黄,果顶初裂时,分期分批采收。采收时应连果梗与枝梗一起割下,先置室内通风处后熟3~4天,然后再晒干,抖出种子,除去果柄、果壳等杂质,摊薄晾干至含水量为12%~13%,装入透气良好的种子袋(麻袋或布袋),每袋25kg,置干燥通风处保存备用。

图 29-3 贵州关岭县普利乡桔梗种子繁育基地

(二)种子品质检验及种子质量标准制订

1. 种子品质检定

扦样依法对桔梗种子进行品质检定,主要有:官能检定、成熟度测定、净度测定、生活力测定、水分测定、千粒重测定、病虫害检验、色泽检验等。同时,尚应依法进行种子发芽率、发芽势及种子适用率等测定与计算。

例如,关岭县普利乡桔梗种子繁育基地,2013年春播育苗用桔梗种子品质检验的结果,见表29-1。

表 29-1 桔梗种子品质的主要检定结果(2013年)

外观形状	成熟度/%	净度/%	生活力/%	检测代表样重/kg
卵形,亮黑褐色,一端斜截,一端急尖,侧面有条棱	90	95	94	25
含水量/%	千粒重/g	发芽率/%	病虫感染度/%	
12.5	0.98	75	0.3	

2. 种子质量鉴别

桔梗种子主要鉴别特征，见表29-2。

表 29-2 桔梗种子主要鉴别特征

种子类别	主要外观鉴别特征
成熟新种	种皮黑褐色或黑色，有光泽，饱满新鲜，子叶乳白色，胚乳白色
早采种	种皮浅黄色，缺乏光泽，种仁不饱满，干瘪，子叶乳白色，与胚乳界限不清晰
隔年种	种皮易碎，褐色，无光泽，种仁干皱，胚乳浅黑色至黑色，走油。有虫蛀
发霉种	闻着有霉味，果皮黑褐色，少光亮，种仁部分霉变，呈黑色或黑褐色

3. 种子标准制定

经试验研究，结合生产实际，建议初步制定桔梗种子标准（试行），将桔梗种子分为一级种子、二级种子、三级种子，见表29-3。

表 29-3 桔梗种子分级标准（试行）

项目	一级种子	二级种子	三级种子
成熟度（%）不低于	95	85	75
净度（%）不低于	95	90	90
生活力（%）不低于	90	80	70
含水量（%）不高于	13	13	13
千粒重（g）不低于	1.0	0.9	0.8
外观形状	卵形，种皮黑褐色或黑色，有光泽，饱满新鲜，子叶乳白色，胚乳白色		

注：等级判断指标中，有1项达不到标准则判定为下一级。生产上应使用一、二级种子，不可使用三级以下种子及陈种子。

（三）种子处理、选种、种子消毒与拌种

1. 种子处理

在贵州地区，若秋播可用当年采集的合格鲜种。若来年播种，应将种子晾干至含水量为12%~13%，布袋或麻袋包装后，置干燥通风处保存备用，尤其夏播和秋播，应注意防高温、防潮（可放在5~10℃冷凉库）。

2. 选种

秋播可使用当年采收的种子，春播、夏播采用上年秋季采收的种子，播种前应进行种子检验，根据种子等级确定用种量。三级种子每亩用种量1.5kg，二级1.0kg，一级0.75kg。三级以下种子、一年生植株种子和陈种子不宜播种。

3. 种子消毒

用5%生石灰水或鲜草木灰水浸泡1h消毒。

4. 拌种

消毒后，将种子滤出晾干，按1：200～1：150湿润细土拌种均匀。

（四）播种育苗

1. 选地整地

（1）地形：选择海拔1000m、向阳缓坡耕地，忌选低洼水湿地段及沟谷。

（2）土壤：土层深厚（最好30cm以上），土质肥沃、疏松、偏沙性的壤土或黑色石灰土、黄色石灰土，土壤pH5～7。忌选煤泥土、黏土、强盐碱地、强酸性土及瘠薄土。

（3）整地：应在选好地的同时，按每亩施入1500～2000kg圈肥及20kg过磷酸钙，再深翻，耙细，整平做成100～120cm宽的厢，厢沟深10cm，沟宽30cm即可。

2. 种植模式

桔梗种植收获一季需跨两年，第一年实施粮药间作或单作（净作），第二年为单作。粮药间作在第一年进行，如玉米间种桔梗模式。春播中先播桔梗，再播玉米，玉米与桔梗采用条（带）状间作，玉米宜种于厢面边缘或厢沟中，桔梗沟播或撒播于厢面，玉米与桔梗共同组成农田复合物系统，充分利用玉米对强光的遮挡作用，避免桔梗幼苗被灼伤，提高土地的利用效率。

3. 播种时间与方法

（1）播种时间：桔梗播种可春播、夏播和秋播。在贵州，春播于3月上旬至中下旬进行。由于春季雨水较少且易发生春旱，温度较低，出苗后生长缓慢，应注意预防春旱和草害；夏播在5月下旬雨季到来前进行，出苗快，生长迅速；秋播可于8月下旬至9月中下旬进行，采用的种子应低温贮藏过夏，同时注意预防秋旱的影响。

（2）播种方法：采用直播种植具有产量高于移栽，且根形分权小、质量好的特点。以春播为例，方法有条播、撒播、点播三种，目前生产上多采用条播和撒播。

条播：在整好地的厢面上，按行距18cm，开15～18cm宽的浅沟，沟底要平坦，用细土填平沟中的泥缝，再将用细土拌匀的种子均匀地撒入沟内，盖上0.3～0.6cm厚的细土或草木灰或少量3cm长的稻草段压实即可。

撒播：在整平的厢面上，将用细土拌匀的种子均匀地播撒，然后盖上0.3～0.6cm厚的细土或草木灰或少量3cm长的稻草段压实。为有效防止高温、强光及雨水冲刷对幼苗的为害，可用遮阳网覆盖厢面，待出苗扎根后揭去。

经试验研究，桔梗的发芽温度范围为10～29℃，最佳温度范围20～25℃，发芽所需天数为15天；发芽率一般为70%～90%。

桔梗整地播种与净作一年生桔梗基地分别见图29-4、图29-5。

图 29-4　桔梗整地播种　　　　　　　　图 29-5　净作一年生桔梗

（五）田间管理

应加强苗期管理，严防各种病虫草害发生，适时肥水灌溉、摘蕾打顶，以促进植株健壮生长和根的物质积累。

1. 间苗与补苗

出苗期应经常保持土壤湿润。苗齐后生长较密，苗高 2～3cm 必须间拔弱苗和过密苗，在苗高 3～5cm 时定苗，尽量保持苗株行距（10～15）cm×15cm，即每亩约 30000 株。补苗和间苗可同时进行，桔梗补苗易于成活。

2. 除草

由于桔梗苗期生长缓慢，故应及时除草，根据土壤是否板结和杂草的多少，结合间苗进行除草。一般在播种后至出苗前除草 1 次；出苗后于第一次间苗时除草 1 次；第二次定苗至行间郁闭前除草 1 次。

3. 水肥管理

桔梗为喜肥植物，在生长期间宜多追肥。春季播种后，在苗期容易遇到春旱，应及时进行浇灌，以保证小苗的正常生长；6～9 月是桔梗生长旺季，6 月下旬和 7 月视植株生长情况应适时追肥，肥料以人畜粪为主，配施少量磷肥和尿素。一般亩施稀人粪尿、畜粪1000～1500kg 或磷酸二铵和尿素 10～15kg。开沟施肥，覆土埋严，施后浇水，或借墒追肥。雨季田内积水，桔梗很易烂根，应注意排水。

4. 打顶摘蕾

一年生或二年生的非留种用植株一律打顶除花，以减少养分消耗，促进地下根的生长，一般在植株高 30cm 顶端出现花蕾时进行人工割除，也可在盛花期喷施 1mL/L 的乙烯利 1 次，产量较不喷施者增加45%。2 年生留种植株苗高30～40cm 主枝顶端出现花蕾时进行打顶，控制顶端优势促进分枝，以增加果实数和种子数，促进种子饱满度，提高种子产量。

5. 越冬管理

秋末冬初植株枯萎后应及时清除干枯的倒苗和杂草，并进行培土过冬。
在贵州两年生的桔梗于 2 月下旬芽开始出土，3 月下旬至 4 月下旬为其旺盛生长期，应及时打顶控制株高，避免倒伏，有条件的地方可在生长后期进行叶面追施磷钾肥。

（六）主要病虫草害防治

在遵循"预防为主，综合防治"的原则下，坚持"早发现、早防治，治早治小治了"，选择高效低毒低残留的农药对症下药地进行桔梗主要病虫草害防治。

在贵州，目前发现桔梗主要病害为轮纹病、纹枯病、根腐病、溃疡病，虫害有拟地甲、蚜虫、红蜘蛛、蝼蛄、地老虎和蛴螬等，另外还有菟丝子等杂草为害。

1. 轮纹病

轮纹病主要为害叶片，受害叶片病斑近圆形，褐色，具同心轮纹，上生小黑点；常于6月下旬始发，7～8月盛发。

防治方法：冬季及时清园，集中烧毁枯枝叶，减少病源；雨后及时排水，降低土壤湿度；发病初期可用1∶1∶100波尔多液或50%多菌灵1000倍液喷施或65%代森锌600倍液防治。

2. 纹枯病

纹枯病主要为害叶片，受害叶片病斑近圆形，白色，上生小黑点；发病严重时病斑汇合，叶片枯死。常于6月下旬始发，7～8月盛发。

防治方法：冬季及时清园，集中烧毁枯枝叶，减少病源；雨后及时排水，降低土壤湿度；发病初期可用1∶1∶100波尔多液或50%多菌灵1000倍液喷施或65%代森锌600倍液防治。

3. 根腐病

根腐病为害根部，夏季高温多湿季节高发。

防治方法：选地势高、排水良好的砂壤种植；及时拔除病株，用生石灰封穴；用50%退菌特可湿性粉剂500倍液淋灌。

4. 溃疡病

溃疡病为害茎叶，在潮湿或结露持续时间较长及雨水多时易发生，叶片呈褐色，茎内由上向下变褐。

防治方法：可用75%农用硫酸链霉素可湿性粉剂防治3～4次。

5. 根结线虫病

根结线虫病为害根部。受害后地上茎叶早枯，地下部分出现瘤状凸起。

防治方法：播种前用80%的二溴氯丙烷或生石灰进行土壤消毒；施用100kg/亩茶籽饼肥可减少为害。

6. 拟地甲

拟地甲为害根部。

防治方法：可在5～6月幼虫期用90%敌百虫800倍液或50%辛硫磷1000倍液喷杀。

7. 蚜虫、红蜘蛛

蚜虫、红蜘蛛为害幼苗和叶片。

防治方法：可用 40%乐果乳剂 1500～2000 倍液或 80%敌敌畏乳剂 1500 倍液，每 10 天喷杀 1 次。

此外尚有蝼蛄、地老虎和蛴螬等为害，可用敌百虫毒饵诱杀。

8. 主要草害

（1）菟丝子：寄生植物，在桔梗地里能大面积蔓延。

防治方法：可将菟丝子茎全部拔掉，为害严重时连桔梗植株一起拔掉，并深埋或集中烧毁。

（2）马兰、蒿、空心莲子草、丛枝蓼、马唐等恶性杂草：主要在播种后为害幼苗。在南方，桔梗种子萌发出苗后生长缓慢，而马兰、蒿、空心莲子草、丛枝蓼、马唐等生长迅速，其往往把桔梗苗全部荫蔽，致其因缺水、肥而死亡。

防治方法：播种前及时铲除田间杂草，清除田园中的草根、根茎等，使用农家肥必须经充分的无害化处理；苗期及时拔除幼小杂草。

上述桔梗良种繁育与规范化种植关键技术，可于其生产适宜区内，并结合实际因地制宜地进行推广应用。

【药材合理采收、初加工、储藏养护与运输】

一、合理采收与批号确定

（一）合理采收

桔梗种植二年后即应采收，在贵州关岭种植基地，采收时间以 10 月上旬至 11 月下旬桔梗地上茎叶变黄后为宜。割去茎叶、芦头，仔细挖出全根，抖掉泥土，运回加工，见图 29-6。

图 29-6　二年生新鲜桔梗药材（2013.11，贵州普定县猫洞桔梗基地）

（二）批号确定（略）

二、合理初加工与包装

（一）合理初加工

1. 传统加工方法

桔梗采回后，将根部泥土洗净，浸在清水中，趁鲜用竹片或玻璃片刮去表面粗皮，洗净，晒干或用无烟煤火炕干即成。烘炕温度不宜超过 60℃，以免枯炕影响质量，见图29-7。

（去皮桔梗药材）　　　　　　　　　　（桔梗片）

图 29-7　桔梗初加工品（贵州关岭县桔梗基地，2014.12）

2. 桔梗片加工方法

根据药厂投料要求，采挖出的鲜桔梗将泥土洗净后，晾干水滴，切片，在温度 60℃以下烘干。

（二）包装

将干燥桔梗，按 40～50kg 打包，用无毒无污染材料严密包装。在包装前应检查是否充分干燥、有无杂质及其他异物，所用包装应符合药用包装标准，并在每件包装上注明品名、规格、等级、毛重、净重、产地、批号，执行标准、生产单位、包装日期及工号等，并应有质量合格的标志。

三、合理储藏养护与运输

（一）合理储藏养护

桔梗易生霉，变色，虫蛀。应储存于阴凉、干燥、通风处，库房应具备通风吸湿与熏蒸等设施，温度在25℃以下，相对湿度35%～75%，商品安全水分 12%～15%。若初加工未充分干燥，则在储藏或运输中易感染霉菌和被虫蛀，蛀蚀品周围常见蛀屑及虫粪。储藏前还应严格入库质量检查，防止受潮或染霉品掺入；平时应保持环境干燥、整洁；并应加强仓储养护与规范管理，定期检查、翻垛，发现吸潮或发霉品，应及时处理，通风晾晒。

（二）合理运输

桔梗药材在批量运输中，严禁与有毒货物混装并有规范完整运输标识；运输车厢不得有油污与受潮霉变。

【药材质量标准、质量检测与监控】

一、药材商品规格与质量检测

（一）药材商品规格

桔梗药材以无杂质、油条、皮壳、霉变、虫蛀，身干，根条肥大，色白或略带微黄色，体实，味苦，具菊花纹者为佳品。其药材商品规格根据原国家中医药管理局、原卫生部制订的药材商品规格标准，桔梗药材分南桔梗和北桔梗。通常按以下规格进行拣选分级。

1. 南桔梗

南桔梗药材分为三个等级。

一级：为顺直的长条形，去净粗皮和细梢，上部直径 1.4cm 以上，长 14cm 以上；表面白色，体坚实，断面皮层白色，中间淡黄色；味甘、苦、辛。

二级：上部直径 1.0cm 以上，长 12cm 以上，其余同一等。

三级：上部直径不低于 0.5cm，长 7cm 以上，其余同一等。

2. 北桔梗

北桔梗药材为统货，不分等级，上部直径不低于 0.5cm。

3. 出口规格

分 4 个等级和桔梗碎，共 5 个等级。

一级：身干，洁白，打梢、去岔，长 12.5～25cm，尾部围粗 3～3.8cm，头围粗 4.9～6.5cm。

二级：身干，洁白，打梢、去岔，长 11.5～17cm，尾部围粗 2.6～3.0cm，头围粗 3.5～4.9cm。

三级：身干，洁白，长 9～14cm，尾部围粗 1.8～2.6cm，头围粗 2.8～3.4cm。

四级：身干，洁白，长 8～13cm，尾部围粗 1.2～2.2cm，头围粗 2.8～3.4cm。

桔梗碎：不成枝的身尾破碎段，无泥土、杂质、碎末。

（二）药材质量检测

按照《中国药典》（2015 年版一部）桔梗药材质量标准进行检测。

1. 来源

本品为桔梗科植物桔梗 *Platycodon grandiflorus*（Jacq.）A.DC.的干燥根。春、秋二季

采挖，洗净，除去须根，趁鲜剥去外皮或不去外皮，干燥。

2. 性状

本品呈圆柱形或略呈纺锤形，下部渐细，有的有分枝，略扭曲，长 7~20cm，直径 0.7~2cm。表面白色或淡黄白色，不去外皮者表面黄棕色至灰棕色，具纵扭皱沟，并有横长的皮孔样斑痕及支根痕，上部有横纹。有的顶端有较短的根茎或不明显，其上有数个半月形茎痕。质脆，断面不平坦，形成层环棕色，皮部类白色，有裂隙，木部淡黄白色。气微，味微甜后苦。

3. 鉴别

（1）显微鉴别：本品横切面木栓细胞有时残存，不去外皮者有木栓层，细胞中含草酸钙小棱晶。栓内层窄。韧皮部乳管群散在，乳管壁略厚，内含微细颗粒状黄棕色物。形成层成环。木质部导管单个散在或数个相聚，呈放射状排列。薄壁细胞含菊糖。

取本品，切片，用稀甘油装片，置显微镜下观察，可见扇形或类圆形的菊糖结晶。

（2）薄层色谱鉴别：取本品粉末 1g，加 7%硫酸乙醇-水（1∶3）混合溶液 20mL，加热回流 3h，放冷，用三氯甲烷振摇提取 2 次，每次 20mL，合并三氯甲烷液，加水洗涤 2 次，每次 30mL，弃去洗液，三氯甲烷液用无水硫酸钠脱水，滤过，滤液蒸干，残渣加甲醇 1mL 使溶解，作为供试品溶液。另取桔梗对照药材 1g，同法制成对照药材溶液。照薄层色谱法（《中国药典》2010 年版四部通则 0502）试验，吸取上述两种溶液各 10μL，分别点于同一硅胶 G 薄层板上，以三氯甲烷-乙醚（2∶1）为展开剂，展开，取出，晾干，喷以 10%硫酸乙醇溶液，在 105℃加热至斑点显色清晰。供试品色谱中，在与对照药材色谱相应的位置上，显相同颜色的斑点。

4. 检查

（1）水分：照水分测定法（《中国药典》2010 年版四部通则 0832 第二法）测定，不得超过 15.0%。

（2）总灰分：照总灰分测定法（《中国药典》2015 年版四部通则 2302）测定，不得超过 6.0%。

5. 浸出物

照醇溶性浸出物测定法（《中国药典》2015 年版四部通则 2201）测定，用稀乙醇作溶剂，不得少于 17.0%。

6. 含量测定

照高效液相色谱法（《中国药典》2015 年版四部通则 0512）测定。

色谱条件与系统适用性试验：以十八烷基硅烷键合硅胶为填充剂；以乙腈-水（25∶75）为流动相；蒸发光散射检测器检测。理论板数按桔梗皂苷 D 峰计算应不低于 3000。

对照溶液的制备：取桔梗皂苷 D 对照品适量，精密称定，加甲醇制成每 1mL 含 0.5mg 的溶液，即得。

供试品溶液的制备：取本品粉末（过二号筛）约 2g，精密称定，精密加入 50%甲醇 50mL，称定重量，超声波处理（功率 250W，频率 40kHz）30min，放冷，再称定重量，用 50%甲醇补足减失的重量；摇匀，滤过，精密量取续滤液 25mL，置水浴上蒸干，残渣加水 20mL，微热使溶解，用水饱和的正丁醇振摇提取 3 次，每次 20mL，合并正丁醇液，用氨试液 50mL 洗涤，弃去氨液，再用正丁醇饱和的水 50mL 洗涤，弃去水液，正丁醇液蒸干，残渣加甲醇 3mL 使溶解，加硅胶 0.5g 拌匀，置水浴上蒸干，加于硅胶柱[100～120 目，10g，内径为 2cm，用三氯甲烷-甲醇（9：1）混合溶液湿法装柱]上，以三氯甲烷-甲醇（9：1）混合溶液 50mL 洗脱，弃去洗脱液，再用三氯甲烷-甲醇-水（60：20：3）混合溶液 100mL 洗脱，弃去洗脱液，继用三氯甲烷-甲醇-水（60：29：6）混合溶液 100mL 洗脱，收集洗脱液，蒸干，残渣加甲醇溶解，转移至 5mL 量瓶中，加甲醇至刻度，摇匀，滤过，即得。

测定法：分别精密吸取对照品溶液 5μL、10μL，供试品溶液 10～15μL，注入液相色谱仪，测定，用外标两点法对数方程计算，即得。

本品按干燥品计算，含桔梗皂苷 D（$C_{57}H_{92}O_{28}$）不得少于 0.10%。

二、药材质量标准提升研究与企业内控质量标准制定（略）

三、药材留样观察与质量监控（略）

【药材研究开发与市场前景展望】

一、生产发展现状与主要存在问题

贵州桔梗药材历史上以采集野生加工为主，20 世纪 70 年代末开始野生变家种试验，80 年代初在遵义、毕节、安顺等地进行人工种植。贵州各地群众有着桔梗野生采集、人工栽培及加工的丰富经验。特别是 21 世纪以后，贵州桔梗生产发展迅速。据贵州省扶贫办《贵州省中药材产业发展报告》统计，2013 年，全省桔梗种植面积达 5.77 万亩，保护抚育面积 0.40 万亩；总产量达 71478.50t；总产值达 40060.80 万元。2014 年，全省桔梗种植面积达 13.47 万亩，保护抚育面积 1.13 万亩；总产量达 60000.09t；总产值达 29250.30 万元。其中，种植面积最大的为安顺市关岭县、普定县等地，并已建立了种子繁育基地。如安顺市关岭县、普定县为重点的种植面积即达 46220 亩。另外，在黔西南（册亨、兴仁等）、黔东南（施秉、黄平等）、黔南（瓮安、福泉等）等地均有桔梗规模化种植。桔梗规范化生产与 GAP 生产基地建设主要由贵州百灵制药集团公司牵头，在安顺市的关岭、镇宁和普定以“政府+企业+科研院所+农户”模式，成立了 GAP 专家指导组，开展桔梗规范化种植研究与试验示范，已取得较好进展。特别是关岭，为贵州省桔梗重要产区，当地具有较好的中药材种植群众基础，在 20 世纪 80 年代就开展了桔梗较大规模的种植，目前已建立了优良的桔梗种源基地。同时，结合企业原材料需求，种植基地与有关科研等单位合作，正在开展桔梗规范化种植技术研究及推广应用。但是，贵州省无论在桔梗规范化种植技术，或在种植规模上，与安徽、四川等主产区相比差距很大，尚未选育有优良品种，以驯化的本地野生种源和异地引进的种源为主。此外，桔梗良种繁育基地建设也尚处于起步阶段，以致市场上桔梗种子优良品种奇缺，质量参差不齐，加上规范化种植技术和管理水平较低，导致药材产量和质量不高。

二、市场需求与前景展望

桔梗不仅是中医方剂配方常用药材，也是食品工业与相关产业的原料。现代研究表明，桔梗根含桔梗皂苷（platycodin），远志酸（polygalacic acid），桔梗皂苷酸（platycodin acid），菠菜甾醇（α-spinasterol），α-菠菜甾醇-β-D-葡萄糖苷（α-spinasterol-β-D-glueside），白桦脂醇（belulin），菊糖，桔梗聚糖（platycodin），桔梗酸 A、B、C、（platycogenic acid A、B、C）。桔梗花含飞燕草素-3-260-啡酰芦丁糖-5-葡萄糖苷等。

以桔梗为主药的不同制剂有显著祛痰、降血脂、降血糖和抑菌作用。近年来，国内外对桔梗皂苷的活性进行了深入研究，粗桔梗皂苷还有镇静、镇痛和解热作用。以桔梗为主要原料或与其他镇咳祛痰药配成复方可广泛用于伤风咳嗽，上呼吸道感染，支气管炎症，咳嗽痰多，外感时疫增寒祛热，头痛无汗，口渴咽干，痄腮，大头瘟，风热感冒，头痛发热，咳嗽口干，咽喉疼痛等症。如用桔梗配伍的桔梗散和复方桔梗片，对肺痈可获得满意疗效。另外，桔梗中含有大量的多糖、蛋白质、粗纤维，多种人体必需的氨基酸和矿物元素，具有增强免疫能力，改善内分泌等作用，因而在我国东北地区及日本、韩国、朝鲜等东亚国家均用桔梗根制成菜肴食用。

桔梗除根供药用和食用外，其花大而艳丽，可作观赏用草本花卉；其根的石油醚浸出物具有抗氧化作用，可以制成化妆品用于美容；水浸出物对皮肤癣菌有抑制作用，与桂皮配伍制成水剂或膏剂可用于治疗癣疾和脚气，与当归配伍用作化妆品对面部的色素斑有一定疗效。在桔梗的栽培中，为提高药材产量和质量要进行去花、打顶，其摘除的花及嫩枝叶可作为畜禽的优质饲料，用于发展生态畜牧养殖。

总之，桔梗是常用传统中药材，药用效果明显，为医药工业和相关产业的重要原料和传统出口商品，市场需求量大，但其适应范围广，易于扩大生产规模，市场价格波动大。在桔梗的人工种植中，只要采取科学的生产措施，规范化种植与加工技术，可有效保证药材的产量和质量，实现生产的经济效益、社会效益。

主要参考文献

丁长江，卫永第，安占元，等. 1996. 桔梗中挥发油化学成分分析[J]. 白求恩医科大学学报，22（5）：471-473.

高峻，王应军，等. 2012. 桔梗资源的研究[J]. 中国医药指南，12（10）：421-423.

高云芳，陈超，张海祥，等. 2000. 桔梗总皂苷对大鼠高脂症的影响[J].中草药，31（10）：47-76.

郭丽，张村，李丽，等. 2007. 桔梗的产地加工方法研究[J]. 中国中药杂志，（10）：995-997.

何美莲，程小卫，陈家宽，等. 2005. 桔梗皂苷类成分及其质量分析[J]. 中药新药与临床药理，16（6）：457-460.

李凌军，刘振华，田景奎. 2006. 桔梗的化学成分研究[J]. 中国中药杂志，（18）：1506-1509.

毛一亮. 2001. 桔梗的临床应用[J]. 中国药业，10（10）：65.

王玲，付志文，董其亭，等. 2008. 桔梗配方施肥方法研究[J]. 中国中药杂志，（6）：697-698.

徐国华，陆小松，戴小军. 2001. 桔梗在呼吸系统疾病中的应用近况[J].现代中西医结合杂志，10（2）：2016-2018.

张晓清，庄会德. 2012. 桔梗的经济效益分析及高产栽培技术[J]. 现代园艺，5：40-41.

张岩，刘颖，等. 2013. 传统中药材桔梗的研究进展[J]. 黑龙江医学，37（7）：638-640.

赵进喜，赵帅. 2009. 桔梗前景看好[J]. 中国现代中药，11（5）：51.

中国科学院植物研究所. 1975. 中国高等植物图鉴（第四册）[M]. 北京：科学出版社：374.

（魏升华　王德甫　胡庭坤）

30　党　参

Dangshen

CODONOPSIS RADIX

【概述】

党参原植物为桔梗科植物党参 *Codonopsis pilosula*（Franch.）Nannf.、素花党参 *Codonopsis pilosula*（Franch.）Nannf. var. *modesta*（Nannf.）L.T.Shen 或川党参 *Codonopsis tangshen* Oliv.。别名：白党、红党、黄党、大条党、南山参、狮头参、白皮党参等。以干燥根入药，《中国药典》历版均予收载。《中国药典》（2015 年版）称：党参味甘，性平。归脾、肺经。具有健脾益肺、养血生津功能。用于脾肺气虚、食少倦怠、咳嗽虚喘、气血不足、面色萎黄、心悸气短、津伤口渴、内热消渴。《贵州中药材、民族药材质量标准》（2003 年版）还收载了同科植物贵州党参（管花党参）*Codonopsis tubulosa* Kom.，其味甘，性平。归脾、肺经。具有补中益气、健脾益肺功能。用于脾胃虚弱、气短心悸、食少便溏、虚喘咳嗽、内热消渴。

党参始载于清代吴仪洛撰《本草从新》（1757 年），曰："按古今本草云：参须上党者佳。今真党参久已难得，肆中所卖党参，种类甚多，皆不堪用，唯防风党参，性味平和足贵，根有狮子盘头者真，硬纹者伪也。"此处所指的"真党参""防风党参"者，实为产于山西上党（今山西长治）的五加科植物人参。但由于该地区五加科人参逐渐减少乃至转移至东北生产，而后人们逐用其他形态类似人参药材伪充之，并沿用"上党人参"之名。清代医家已清楚地认识到该伪充品功用与五加科人参不尽相同，并逐渐将形似防风、根有狮子盘头的一类药材独立出来且定名为"党参"，即为今之桔梗科植物党参。其后《本草逢原》《本草拾遗》《百草镜》《植物名实图考》等均予收载。贵州省于 20 世纪 60 年代从山西潞安、长治等地引种的党参（商品名为"潞党"），主要在威宁种植并获成功，此后又有"威宁党参"之称。21 世纪以来，威宁县又从甘肃文县引种了桔梗科植物党参，其断面有独特的菊花状纹理，因而其商品名又为"纹党"。

此外，贵州省尚有地产党参，如"洛龙党参"（川党参）、管花党参（贵州党参）等。党参是我国传统常用大宗药材，在中医临床上是一味重要的补虚药。同时，党参还是原卫生部明确规定可用作保健品的重要原料。长期以来，党参因其功效独特与可用以制备保健品等而受到世人青睐。党参是中医临床常用传统中药与大健康产业重要原料药材，也是贵州著名地道特色药材。

【形态特征】

党参：为多年生宿根缠绕植物，茎基具多数瘤状茎痕，根常肥大呈圆柱形，肉质，上端 5～10cm 部分有细密环纹，而下部则疏生横长皮孔。茎缠绕，有多数分枝。叶在主茎及侧枝上的互生，在小枝上的近于对生，叶柄长 0.5～2.5cm，有疏短刺毛，叶片卵形或狭卵形，长 1～6.5cm，宽 0.8～5cm，基部近于心形，边缘具波状钝锯齿，分枝上叶片渐趋狭窄，叶基圆形或楔形，两面疏或密地被贴伏的长硬毛或柔毛。花单生于枝端，与叶柄互生或近于对生。花萼贴生至子房中部，筒部半球状，裂片宽披针形或狭矩圆形，长 1～2cm，宽 6～8mm。花冠阔钟状，长 1.8～2.3cm，直径 1.8～2.5cm，黄绿色，内面有明显紫斑。柱头有白色刺毛。蒴果下部半球状，上部短圆锥状。种子多数，卵形，细小。花果期 7～10 月。

素花党参：又名"西党参"，与党参非常相似，主要区别仅仅在于本变种全体近于光滑无毛，花萼裂片较小，长约 10mm。

川党参：为多年生宿根缠绕植物，茎基具多数瘤状茎痕，根呈圆柱形，较少分枝或中部以下略有分枝，上端 1～2cm 部分有稀或较密的环纹，肉质。植株除叶片两面密被微柔毛外，全体几近于光滑无毛。茎缠绕，有多数分枝。叶在主茎及侧枝上的互生，在小枝上的近于对生，叶片卵形、狭卵形或披针形，长 2～8cm，宽 0.8～3.5cm，顶端钝或急尖，基部楔形或较圆钝，仅个别叶片偶近于心形，边缘浅钝锯齿。花单生于枝端，与叶柄互生或近于对生。花萼几乎完全不贴生于子房上，几乎全裂，裂片矩圆状披针形，长 1.4～1.7cm，宽 5～7mm。花冠上位，钟状，长 1.5～2cm，直径 2.5～3cm，淡黄绿色而内有紫斑。子房对花冠言为下位，直径 0.5～1.4cm。蒴果下部近于球状，上部短圆锥状，直径 2～2.5cm。种子多数，椭圆状，细小，光滑，棕黄色。花果期 7～10 月。

管花党参：为多年生宿根植物，根不分枝或中部以下略有分枝，长 10～20cm，直径 0.5～2cm，表面灰黄色，上部有稀疏环纹，下部则疏生横长皮孔。茎通常不缠绕，蔓生。叶对生或在茎顶部趋于互生，叶柄长 1～5mm，被柔毛。叶片卵形、卵状披针形或狭卵形，长可达 10cm，宽可达 3cm，顶端急尖或钝，叶基楔形或较圆钝，边缘具浅波状锯齿或近于全缘，上面绿色，疏生短柔毛，下面灰绿色，通常被或密或疏的短柔毛。花顶生，花梗短，长 1～6cm，被柔毛；花萼贴生至子房中部，筒部半球状，密被长柔毛，裂片阔卵形，长约 1.2cm，宽约 8mm；花冠管状，长 2～3.5cm，直径 0.5～1.5cm，黄绿色，全部近于光滑无毛，浅裂，裂片三角形，顶端尖；花丝被毛，基部微扩大，长约 1cm。蒴果下部半球状，上部圆锥状。种子卵状，无翼，细小，棕黄色，光滑无毛。花果期 7～10 月。党参、素花党参、川党参、管花党参植物形态见图 30-1。

1. 根；2. 茎蔓及花

党参 管花党参

素花党参 川党参

图 30-1　党参植物形态图

（墨线图引自中国中药资源丛书编委会，《中国常用中药材》，科学出版社，1995）

【生物学特性】

目前，贵州发展规模最大的是党参，其次为川党参，"贵州党参"主要为野生。党参和川党参的生物学特性比较相似，因此仅对党参的生物学特性进行介绍。

一、生长发育习性

（一）种子特性

党参种子细小，椭球形或近球形，稍弯曲，两端不等大，表面淡棕色，长约 1.2mm，直径约 0.6mm，千粒重约 0.34g，种子萌动吸水量为种子重量的 50%～60%（图 30-2）。土壤含水量在 20%～60%利于种子萌发，低于 10%就不能萌发。种子萌发最低温度为 5℃，最适温度为 20～25℃，高于 30℃则不利于出苗（图 30-3）。

图 30-2　党参种子　　　　　　　　图 30-3　党参幼苗

（二）根的特性

党参种子萌发后，先生出白嫩的胚根，其上着生许多根毛。第 1 对真叶出现后，胚根基部生出 1 级侧根。生长出 4 对真叶时，形成 3 级侧根，胚根开始脱落。1 级侧根逐渐发育成为药用根。党参根入土能力弱，在底土坚硬或有碎石的土壤中，根尖生长点常分裂产生分枝，在土层薄处多斜向或横向生长，在土层深厚、疏松的腐殖土上生长最好。在第 1 年，党参根以伸长生长为主，可长到 30～50cm，直径 2～8mm（图 30-4）；第 2～7 年，党参根以加粗生长为主，特别是 2～5 年加粗最快，二年生根见图 30-5，三年生根见图 30-6；8～9 年进入衰老期，根木质化，质量变差。

（三）地上部分特性

党参苗期比较柔弱，怕强光照射、干旱和大风，需加强管理。一般一年生党参的地上部分可以长到 60～100cm；第 2 年以后可达到 2～3m。低海拔或平原地区种植的一年生党参，部分植株可开花结果，但秕籽率较高。在海拔较高的地区（如威宁、赫章），一年生苗一般不能开花。在威宁等海拔较高的地区，10 月中下旬地上部分就开始枯萎进入休眠期，而贵阳等海拔相对较低的地区，其生长可持续到 11 月中下旬。

党参茎内的机械组织不发达，不能直立，属于蔓生植物。秋季根顶部的芦头上形成越冬芽，一般一年生党参可形成 2～3 个冬芽，第 2 年就长成 2 个茎藤，以后几年可以增加到 15 个茎藤。二年生以上的党参 7～8 月开花，果期为 9～10 月。但海拔、气候等环境因素对党参的生长发育会有影响，因此，党参在不同地区的生长周期会略有不同。

图 30-4　一年生根　　　　　　图 30-5　二年生根　　　　　　图 30-6　三年生根

二、生态环境要求

温度：党参对环境的适应性较强，但最适宜在凉爽、湿润的气候环境条件下生长。气温 20～25℃的时间越长，越有利于其生长发育，低于 5℃和高于 30℃均会导致生长不良，甚至发生地上部分枯死。如果夏季气温过高，植株的茎叶会枯萎，高温过后，大部分植株还能萌发新的茎叶，继续生长，但会严重影响品质与产量。

光照：党参对光照要求严格，幼苗期喜阴，成熟植株喜光，在强烈的阳光下幼苗容易被晒死，或生长不良，所以幼苗期需要遮阴。随着苗龄增长对光的要求逐渐增加，二年生的植株则变得喜光，因此，种植党参需要选择阳光充足的地方。

土壤：党参属于深根植物，栽培宜选择 pH 6.5～7.5、土壤深厚、肥沃和排水良好的土壤，一般以富含腐殖质的山地细砂土和山地夹砂土为好。黏性较重，容易积水的土壤不宜栽培党参。栽培党参不宜连作，否则容易发生病虫害，品质与产量会大大降低。

水：党参幼苗喜湿润，特别是出苗以前，因为种子细小，如表层土壤干燥，种子会因为吸收不到水分而不能出苗，即使出苗也会因为干旱而死，所以播种后应保持土壤湿润，以利于出苗后幼苗生长。但水分过多也不利于党参生长，在多雨季节，如果土壤黏性过大，排水不畅，容易引起烂根，甚至全株死亡。

【资源分布与适宜区分析】

一、资源调查与分布

经调查，党参属植物共 40 余种，我国几乎全产，野生党参主要分布于西南各地，栽培党参则主产于东北、西北和华北。除《中国药典》（2015 年版一部）收载的 3 种外，党参属植物大多数种类的根部具有药用价值。如管花党参 Codonopsis tubulosa Kom.、球花党参 C. subglobosa W. W. Smith、灰毛党参 C. canescens Nannf.、新疆党参 C. clematidea（Schrenk）C. B. Cl. 等在临床上也常作为党参使用。

笔者通过对党参属植物进行多年的调查研究后，发现贵州省党参属植物种类十分丰富,目前已鉴别确定的共有 8 种 5 变种,约占全属总数的 1/3。其主要分布于贵州中、西部地区,如党参主产于毕节市的威宁、七星关、大方等地;川党参主产于道真县的阳溪、洛龙等地;管花党参分布于贵州西部、中部及梵净山等,其中以西北部为主产区;鸡蛋参等主要分布于西部。

贵州省威宁县于 20 世纪 60 年代开始,从山西引种"潞党"成功,此后则成为省内主要种植品种,并习称之"威宁党参"。贵州尚种植有少量素花党参,其多数是与党参混杂栽培,道真县洛龙镇等产川党参,并习称之"洛龙党参"。

20 世纪 60 年代贵州省较大规模引种栽培的党参,其种植地区包括毕节市的威宁、七星关、大方、纳雍,以及遵义市的正安、湄潭、播州等地,但如今由于栽培技术及市场因素等原因,其栽培规模逐渐减小,现仅在威宁、七星关区有较大规模的种植,在大方、六枝等地有较小规模的种植,在一些曾栽培党参的地方尚有零星遗留。近年来,随着党参市场的回暖,加上各级政府的高度重视,威宁党参种植规模逐年扩大,已在全国党参市场形成一定影响,具有较大的发展潜力。

"洛龙党参"主产于贵州省道真县的洛龙镇、阳溪镇等一带,野生、栽培均有。其根粗壮肥大、色白、质地疏松、少渣、含糖量高。近年来,在地方政府的大力支持下,其栽培规模也逐年扩大,已成为当地的特产之一,自销或销往外地,是贵州具有较好发展前景的特色药材之一。

"贵州党参"在贵州中西部地区广泛分布,生于山坡灌木丛或草地。主产于毕节市的七星关、大方、织金、威宁、赫章、水城、纳雍等地。目前,市售"贵州党参"药材主要来自野生资源。其鲜品稍有腥臭味,而干品质地较脆,加上采收加工技术粗放,导致其商品形态较差,其有关化学、药理和品质等研究也还比较滞后,因此市场竞争力弱于其他党参品种。但贵州党参在贵州的野生资源量较大,其适应性强、产量大、含糖量高,商品形态也可通过加工处理得到改善,因此具有很大开发利用价值。

二、贵州资源分布与适宜区分析

贵州境内地势西高东低,自中部向北、东、南三面倾斜,平均海拔在 1100m 左右。气候属于中亚热带东部湿润季风气候,年均气温 12~18℃,夏季平均气温 22~25℃,冬季平均气温 3~6℃,全年平均气温南部和东部高,而西北部较低。贵州全年日照时数从西向东、向北减少,西部和西南部是光照资源最为丰富的地区,年均日照时数在 1400~1700h,日照率达 30%~40%。黔东边缘及黔北地区,年均日照时数不足 1200h,日照率仅为 20%左右,其余地区平均日照时数在 1200~1400h。贵州 80%以上的地区平均年总降水量在 1100~1300mm,总的分布趋势是南部多于北部,东部多于西部。党参适合生长在气候凉爽、湿润和阳光充足的地区,因此,在贵州兴义、安顺、贵阳、凯里至铜仁一线以北地区均可发展党参种植,尤其以贵州西北部、东北部及中部偏北地带最为适宜,为党参最适宜区。

除上述最适宜区外,贵州省其他各县(市)区凡符合党参生长习性与生态环境要求的区域均为党参适宜区。

【生产基地合理选择与基地环境质量检（监）测评价】

一、生产基地合理选择与基地条件

党参种植基地的选择应根据党参对温度、光照、水分和土壤的要求，结合备选地区的自然环境、交通条件、社会经济、地理人文等进行。基地应选择在空气清新、水质纯净、土壤未受污染、农业生态环境质量良好的地区，应尽量避开繁华都市、工业区和交通要道。特别是上风口不得有化工厂、水泥厂等污染源；灌溉水不能含有污染物和有毒有害物质；土壤宜为疏松肥沃、土层深厚、排水良好的砂壤土或黄壤土；基地年均温度在 20℃ 左右；夏季高温不超过 30℃；年日照时数在 1300～1800h，年降水量在 800～1200mm；海拔在1000～2300m。例如，威宁县就是贵州省党参栽培的首选地区。该县位于贵州省西北部，污染少，平均海拔 2200m，年均气温 10～12℃，夏季平均气温 23.2℃，年均降水量 800～900mm，雨季集中在 5～9 月，进入秋季雨量减少，很少有秋风绵雨，利于党参药材的采收和干燥。全年无霜期 208 天，年均日照时数约 1800h，完全可以满足党参对温度和光照的需求。威宁全境土壤以微酸性的黄壤和紫色土为主，土层深厚，质地疏松，非常适合党参等药用根类植物生长。威宁种植党参的历史较长，多年来一直保持着一定的种植面积，药农从党参育苗、栽种到采收、初加工等均有较为成熟的技术和经验。又如，毕节市七星关区也适宜党参种植，也建立了党参规范化种植基地。威宁县小海镇和七星关区党参规范化种植基地见图 30-7。

图 30-7　贵州威宁县小海镇（左）和七星关区（右）党参规范化种植基地

二、生产基地环境质量检（监）测与评价（略）

【种植关键技术研究与推广应用】

一、种质资源保护抚育

我国党参属植物种类众多，栽培使用党参的历史悠久，种植地域也十分辽阔。悠久的栽培历史，以及不同地域的气候环境和栽培技术导致栽培的党参发生许多生态型和基因型变异，也称之为栽培变种或栽培变型。例如，笔者多年来对贵州具有代表性的几种党参（如威宁党参、洛龙党参、管花党参等）资源进行了调查研究，研究发现其在叶片大小、毛被多少、花冠形状和大小，甚至在产量和品质等方面均有较多的变异类型。其变异类型的存在无疑会影响药材产量和质量的稳定，但同时也可为良种选育和新品种的培育提供丰富的种质资源。因此，在对其种源进行提纯复壮的同时，必须注重变异种质资源的保护。又由于党参属植物的传粉方式主要是虫媒，因此，建立种质资源圃时必须充分考虑其杂交问题，应做好隔离工作。

党参是贵州地道特色药材，我们应对其种质资源，特别是贵州黔西北、黔北等地的野生党参种质资源切实加强保护与抚育，以求永续利用。

二、良种繁育关键技术

（一）种质来源、鉴定与采集保存

1. 种质的来源与鉴定

党参由于栽培历史长，不同栽培地域的环境等差异大，因此存在众多的栽培变型，加上近缘物种较多，故引种栽培党参或进行良种选育时，对收集的种质资源进行优良性状鉴定是十分必要的，尤其是物种的准确鉴定是至关重要的。

2. 优良种株的选择及管理

一般以植株健壮、抗逆性强、主根分枝少、产量大、多糖含量高等作为选择依据。选择出来的植株要移植到良种圃进行特殊管理，做好隔离工作，以免发生相互杂交。良种田应选择水利条件好、腐殖土层深厚、土壤肥力高、质地均匀的地块，施肥和管理措施上要高于生产田。

3. 采种与保存技术

党参的果实属于蒴果，成熟后就开裂，因此必须准确把握采收时间，做到分批及时采收，先熟先采，防止其成熟后自然脱落。在贵州大部分地区，10～11 月是党参果实的成熟期，当果实由绿色变为黄白色、种子呈棕褐色时，即可采种。果实采集最好是手工采摘，成熟一个采摘一个，以保证种子质量。如果采用割取藤蔓，晒干，打下种子的方法，则果实成熟度不一，难以保证种子的质量。

采集的党参果实晒干或阴干后进行脱粒，种子除去杂质，存放于布袋内，须置于干燥透风处，有条件的可以用低温保存（5℃）。党参种子寿命短，隔年的种子发芽率会大大降低，甚至失去发芽能力，因此党参种子不宜久存。

（二）种子检验与种子质量标准制订

1. 种子检验

依法对党参种子进行品质检定，包括官能检验、净度测定、生活力测定、水分测定、千粒重测定等。

　　2012 年，笔者对 5 批党参 *Codonopsis pilosula*（Franch.）Nannf.种子的大小、千粒重进行了检验，其中的几项检验结果如表 30-1～表 30-3 所示。

表 30-1　检验种子来源表

地点	收集时间	编号
贵州威宁县小海镇松山村	2012 年 11 月	I 号样
贵州威宁县石门乡	2012 年 11 月	II 号样
贵州威宁县海拉乡	2012 年 11 月	III 号样
甘肃文县引种至威宁县小海镇松山村	2012 年 11 月	IV 号样
黑龙江引种至威宁县小海镇松山村	2012 年 11 月	V 号样

表 30-2　5 批党参种子的大小测定结果表　　　　（单位：mm）

编号	I 长	I 宽	II 长	II 宽	III 长	III 宽	IV 长	IV 宽	V 长	V 宽
1	1.43	0.73	1.20	0.73	1.43	0.68	1.34	0.65	1.42	0.68
2	1.43	0.78	1.48	0.75	1.40	0.75	1.38	0.71	1.46	0.72
3	1.35	0.70	1.45	0.73	1.56	0.75	1.16	0.81	1.51	0.62
4	1.51	0.78	1.33	0.73	1.45	0.73	1.48	0.82	1.18	0.64
5	1.38	0.78	1.28	0.73	1.43	0.84	1.52	0.73	1.26	0.65
6	1.45	0.81	1.28	0.68	1.33	0.68	1.32	0.68	1.24	0.61
7	1.38	0.73	1.45	0.78	1.45	0.64	1.47	0.77	1.35	0.63
8	1.45	0.75	1.43	0.79	1.45	0.73	1.39	0.75	1.42	0.67
9	1.28	0.70	1.23	0.62	1.22	0.75	1.41	0.73	1.33	0.67
10	1.24	0.67	1.12	0.65	1.35	0.70	1.50	0.79	1.60	0.80
平均	1.39	0.74	1.32	0.72	1.41	0.72	1.40	0.74	1.34	0.67

表 30-3　5 批党参种子的千粒重测定结果表　　　　（单位：g）

编号	I 号样品	II 号样品	III 号样品	IV 号样品	V 号样品
1	0.3473	0.3595	0.3443	0.3247	0.3337
2	0.3322	0.3439	0.3575	0.3318	0.3412
3	0.3385	0.3486	0.3302	0.3405	0.3357
4	0.3557	0.3504	0.3489	0.3523	0.3394
5	0.3411	0.3361	0.3434	0.3427	0.3298
6	0.3367	0.3383	0.3267	0.3357	0.3367
7	0.3426	0.3246	0.3447	0.3418	0.3354
8	0.3383	0.3362	0.3514	0.3409	0.3412
9	0.3334	0.3457	0.3313	0.3391	0.3408
10	0.3645	0.3446	0.3446	0.3365	0.3368
平均	0.3412	0.3428	0.3423	0.3386	0.3371

上述结果表明,党参种子呈棕褐色,有光泽,长 1.3~1.4mm,直径约 0.7mm,千粒重约 0.34g。用解剖镜观察呈卵圆形,一端钝圆,另一端较小并在顶端有凹陷。整个种皮比较坚硬,解剖后在解剖镜下观察,种胚位于中间,为直胚胚乳,半透明,富含油性。

2. 种子质量标准制订

经试验研究,将党参种子分为 3 级种子标准(试行),见表 30-4。

表 30-4　党参种子质量标准

级别	净度/%	千粒重/g	发芽率/%	发芽势/%
一级	净度≥95	千粒重≥0.34	发芽率≥95	发芽势≥90
二级	95＞净度≥90	0.34＞千粒重≥0.32	95＞发芽率≥90	90＞发芽势≥85
三级	90＞净度≥85	0.32＞千粒重≥0.30	90＞发芽率≥85	85＞发芽势≥80

(三)种子播种前处理

为了党参种子播种后能尽早发芽,可采用温水浸种处理,即用 40~50℃的温水浸种 10~20min,边搅拌边放入种子,然后将种子装在纱布袋内,用清水洗数次,再放在室温 15~20℃沙堆上催芽,5~6 天种子裂口或露白即可播种。

(四)播种

育苗地要精耕多耙,使土壤细碎疏松。有条件的施腐熟堆肥和草木灰作基肥,无上述肥的,每亩可施 50kg 磷铵或复合肥做基肥。育苗春播和秋播均可,露地育苗的春播在 3 月下旬至 4 月上旬进行,秋播在 9 月中旬至 10 月上旬进行,在贵州以春播为好。大棚育苗,春播可适当提前。播种前在整好的地块上按 1.2m 宽开厢,将种子拌成种子灰,均匀播于厢上,条播和撒播均可,条播亩用种量 1.5~2kg,撒播的亩用种量 2~2.5kg。播后覆盖一层薄土,以盖住种子为度。播后要注意适当浇水并保持土壤湿润,利于种子发芽出苗。党参露地育苗与大棚育苗分别见图 30-8 及图 30-9。

图 30-8　党参露地育苗　　　　　图 30-9　党参大棚育苗

（五）苗期管理

1. 遮阴

无论春播还是秋播，播种后最好盖一层松针或草，出苗后揭去。出苗后要根据党参幼苗期喜湿润，怕旱涝，喜阴，怕强光直射的习性进行荫蔽，可撒松针遮阴，也可用遮阳网遮阴或间作高秆作物遮阴等。

2. 间苗补苗

党参出苗后要精细管理，苗高 5～7cm 时进行间苗，每隔 2cm 留苗 1 株，缺苗较多要及时补苗。

3. 除草施肥

杂草必须及时拔除，间苗匀苗后有草即除，施清淡人畜粪水加适量尿素提苗，后期配合施用氮磷肥。

4. 幼苗期管理

要根据不同地区、土质等自然条件适当浇水保苗，雨季注意排水，防止烂根烂秧。

（六）种苗检验与种苗质量标准制订

1. 种苗检验

党参属于多年生宿根植物，冬季倒苗，春季移植时的种苗主要是种根。党参移栽前，需要对种苗（种根）的质量进行检验，检验内容主要包括外观（是否有破损、霉变、腐烂）、大小（长和直径）等。发生霉变、腐烂的种根不能用作种苗栽培。

2. 种苗质量标准制订

经过对贵州威宁县的党参种苗进行调研，初步制定出威宁党参种苗质量标准（试行），见表 30-5。

表 30-5　威宁党参种苗质量标准（试行）

级别	外观	种根长/cm	种根近芦头处直径/mm
一级	种根整齐均匀，无破损，主根发达，分枝少，根尖细长，折断少，无霉变、腐烂等现象	≥20	≥7
二级	种根较整齐均匀，无破损，主根较发达，分枝较少，根尖少量折断，无霉变、腐烂等现象	12～19	4～6
三级	种根不整齐均匀，无破损，主根有少量分枝，根尖有折断，无霉变、腐烂等现象	8～11	3～4

注：低于三级的党参种根即为不合格种苗，不可用于生产栽种。

三、规范化种植关键技术

（一）选地整地与移栽定植

1. 栽培基地的选择

党参基地的选择必须按照相关要求，选择大气、水质、土壤无污染的地区，周围不得有污染源，空气质量符合大气环境质量标准的二级标准，灌溉水质应符合农田灌溉水质标准，土壤应符合国家土壤环境质量标准。基地应远离主干公路、城市垃圾堆放场、矿山矿渣等地方。育苗地在平原地区宜选择地势平坦、靠近水源、土质疏松肥沃、排水良好的砂质壤土，在山区应选择排水良好、土层深厚、疏松肥沃的砂质壤土，坡度 15°～30°的半阴半阳的山坡地或二荒坡地，地势不宜过高，一般海拔 2500m 以下为宜。移栽地选择不严格，除盐碱地、涝洼地外，生地、熟地、山地、梯田等都可种植，以土层深厚、疏松肥沃、排水良好的砂质壤土为佳。过黏重或过贫瘠的沙土不宜选择，忌连作，前作以玉米、马铃薯为好。

2. 整地

（1）深耕细耙：作为党参栽培的地块，应在头一年秋季清除秸秆和杂草，晒干堆好，或烧成熏肥施于田中，并及时翻耕、碎土，一般深翻土地 20～30cm，秋耕越深越好，以消灭越冬虫卵、病菌。党参的主根能伸入土中 50cm 左右，深耕细耙可以改善土壤理化性状，促使主根生长顺直、光滑，不分叉。

（2）施足基肥：基肥以有机肥为主，每亩施腐熟的农家基肥 1000～1500kg，如有条件可配施 150kg 菜油饼和 100kg 过磷酸钙。基肥撒匀，翻入地内，再深耕细耙。

（3）作畦：一般育苗地需要做畦，畦宽 1.2～1.3m，畦长根据地形地势而定，以便于排水，低洼地做高畦，干旱地做平畦，一般畦高 15cm，畦与畦间距 30cm 左右。移栽地宜垄作，一般垄宽 50～60cm。熟地栽培党参，以秋翻地、秋整地、秋做畦或秋打垄为好，以免春旱不利于出苗。

3. 移栽定植

（1）移栽时间：党参育苗一年即可移栽，高海拔山区可采用育苗 2 年再移栽。春季移栽应在 3 月下旬至 4 月上旬茎芽萌动前进行；秋季移栽在 11 月中下旬倒苗后，土壤结冻前进行，生产上以秋季移栽为好。移栽最好选择阴天或早晚进行。如土壤干旱，应在挖苗前 1～2 天适当浇水，保持土壤潮湿，以免伤苗。就近移栽应随起随栽，如需进行远途运输，须将党参苗用木箱或纸箱包装，装箱时芽苞朝里，根部面向箱壁，以免途中颠簸损伤芽苞，运回后不能当天栽完的要进行假植。如果发生苗干时不要浇水，应埋入湿土中 1～2 天，种根即可复原。

（2）移栽密度：党参移栽行距常为 20～23cm，株距 5～8cm，每亩 2.5 万～3 万株苗为宜。

（3）移栽：在畦面上按行距 20cm 开沟，沟深按苗的大小而定，一般以不窝卷须根为宜，种根最好斜栽，覆土 3～5cm 后稍加镇压。如春栽过晚，党参小苗已出土，移栽时需将茎叶露在土外，栽后及时覆盖山草或稻草、麦秆，然后浇水，待 3～5 天缓苗后再将覆盖物撤除，浅松表土。在较高山区秋季移栽，其芦头应在土面以下 7～8cm，以防冰冻之害。为防止或减少病害，移栽时可用 25% 多菌灵 300 倍液浸根 30min 再移栽。

（二）田间管理

1. 中耕除草

草害是贵州农业生产中耗费人力较大的一个环节，有效防治草害是确保党参增产的重要措施之一，在党参藤蔓封行前要及时除草松土，一般生长期内要除草 3～4 次。也可在移栽前几周适当使用除草剂对杂草进行清除，党参移栽后就不能使用除草剂。

2. 追肥

党参为喜肥植物，移栽地在整地时要施足底肥（土杂肥），春季除草后施人畜粪水加适量尿素提苗，7 月中旬，每亩用尿素 10kg 与过磷酸钙 15kg 混合追施。于行间根部 10cm 处开 6cm 深沟，施入肥料后培土。

3. 清理田园

入秋后党参地上部分枯萎后，要及时清出残株茎叶以及杂草，拔除架设物，用 50% 多菌灵 800～1000 倍液进行田园消毒处理，以减轻病害蔓延发生。

4. 搭架

如有条件，当藤蔓长约 30cm 时即可搭设支架，便于茎蔓攀缘，通风透光，增强光合能力，减少病虫害，从而增加产量。

5. 割蔓

贵州威宁县当地参农在长期种植党参的过程中，总结出了一套提高党参产量的方法，即适当割去藤蔓，具体方法各地稍有不同，但基本方法都是当茎藤长约 80cm 时，将茎藤全部割除，仅留离地 15～20cm 的茎基部分，当茎藤再次长到 80cm 时又再次割除，一般割除 2～3 次，有些甚至 4 次。该方法在威宁县应用时间较长，但其科学性尚需进一步进行研究。

6. 疏花

党参花较多，割过藤蔓的分枝多，从而花更多。党参开花结果会耗费大量营养，导致减产和降低药材品质。因此，留种田需要适当进行疏花处理，以提高种子质量，非留种田及当年收获的参田要在花蕾期及时摘除花蕾，减少养分消耗，以利根部生长，提高产量和质量。

（三）主要病虫害防治

1. 防治原则

"预防为主"，大力提倡运用"综合防治"。在防治工作中，力求少用化学农药，在必须施用时，严格执行中药材规范化生产农药使用原则，慎选药剂种类，严格掌握用药量和用药时间，尽量减少农药残毒影响。

2. 主要病害防治

（1）根腐病：病原为真菌中一种半知菌，分慢性发病和急性发病两种类型。慢性型5月中下旬开始发病。发病初期下部须根或侧根出现暗紫色病斑，然后变黑腐烂。病害扩展到主根后，自下而上逐渐腐烂。剩下没烂部分多为"半截参"，接近腐烂部位呈黑褐色，地上茎叶逐渐变黄，以致枯死。急性型多在6月中下旬开始发病，一经感染，整个参根几乎同时发病，呈水渍状，质地变软。维管束变为浅褐色，几天后全参软腐。腐烂后的部位，可见少量灰白色的霉状物。

防治方法：实行轮作，忌重茬；播种前认真选种，剔除病种，进行种子消毒，用健壮无病虫害的党参植株作移栽种苗；多雨季节做好排水防涝工作；发病期用50%二硝散200倍液喷洒，或用50%退菌特可湿性粉剂1500倍液浇灌。

（2）锈病：锈病主要为害叶、茎及花托部位。病症表现为叶面出现淡褐色病斑，周围有黄色晕圈。叶背病斑处隆起，夏孢子堆橙黄色，后期破裂散出大量夏孢子。茎和花托处的病斑较大。

防治方法：整地时要做好清园工作。发病初期喷粉锈宁300倍液、50%二硝散200倍液或敌锈钠200倍液，每隔7～10天一次，连喷2～3次。

（3）紫纹羽病：该病一般7月上旬开始发病，8月为发病盛期，病害为害的时间较长。发病症状表现为须根先发病，然后感染到主根，病根出现紫红色绒线状菌索，最后布满整个参根，使参根由外向内逐渐腐烂，最后参根变成黑褐色的空壳。

防治方法：培育无病参苗；用40%多菌灵胶悬剂500倍液或25%多菌灵可湿性粉剂300倍处理土壤，每平方米浇灌5kg；移栽前，可用40%多菌灵胶悬剂300倍液浸泡参根30min，稍晾干后栽植。

（4）霜霉病：该病表现为叶面出现不规则褐色病斑，叶背有灰色霉状物，常致植株枯死。

防治方法：清除病株枯残叶集中烧毁；发病期喷40%霜疫灵300倍液或70%百菌清1000倍液，每隔7～10天喷1次，连续2～3次。

3. 主要虫害防治

党参虫害主要是蚜虫、蛴螬和地老虎，蚜虫防治用乐果乳油1500～2000倍液喷杀蚜虫效果较好。蛴螬和地老虎除人工捕杀幼虫外，可用90%晶体敌百虫与炒香的菜籽饼制成毒饵进行诱杀，每亩大田用炒香的饼粉1kg，加敌百虫35g，用水拌匀，撒在畦面畦旁、垄沟或垄台上即可。用50%锌硫磷乳油1000倍液浇灌根际周围也能达到较好防治效果。

　　贵州威宁县小海镇松山党参规范化种植基地大田生长情况，见图 30-10。

图 30-10　贵州威宁县小海镇松山党参规范化种植基地大田生长情况（2013 年）

　　上述党参良种繁育与规范化种植关键技术，可于党参生产适宜区内，并结合实际因地制宜地进行推广应用。

【药材合理采收、初加工、储藏养护与运输】

一、合理采收与批号制定

（一）合理采收

1. 采收期

　　党参直播田 2～3 年采收，移栽田于栽后生长 1～2 年采收。在贵州威宁县和道真县，通常移栽 1 年即可采收。地上部枯萎至结冻前为采收期，但以白露前后半个月内采收品质最佳。

2. 采收方法

　　采收时有支架者先拔除支架，割去茎蔓，再挖取参根，无支架者割去茎蔓，再挖取参根。挖根时注意不要伤根，以防浆汁流失。

（二）批号制定（略）

二、合理初加工与包装

（一）合理初加工

　　采挖的参根去掉残茎，洗净泥土，按大小、长短、粗细分级进行晾晒。晒至半干后，在沸水中略烫，晒（晾）至发软时，顺理根条3～5次，然后捆成小把，放木板上反复压搓，再继续晒（晾）干；也可用炭火炕，炕内温度控制在60℃以下，经常翻动，炕至根条柔软时，取出揉搓，再炕，同样反复数次直至炕干。搓过的党参根皮细、肉紧而饱满绵软，利于贮藏。但理参时次数不宜过多，用力不要过大，否则会变成"油条"，从而降低质量。每次理参或搓参后，必须摊晾，不能堆放，以免发酵，影响品质。一般2kg鲜党参可加工1kg干货，每亩产干货180～300kg，高产者可达400kg。

党参药材采收与初加工，见图30-11。

图30-11　党参药材采收与初加工

（二）合理包装

党参药材含糖量高，容易生霉和虫蛀，因此党参最好应用无毒无污染的真空包装或二氧化碳填充包装，再用纸箱按商品规格要求分类后包装，每件30～40kg。包装前再度检查其是否充分干燥，一般含水量控制在13%～14%，不能超过15%，同时还要注意非药用部位的混入。包装上应注明品名、规格、产地、生产单位、执行标准（附有质量合格标志）、加工厂址等。

三、合理储藏养护与运输

（一）合理储藏养护

党参易受虫蛀、受潮发霉、泛油、变色、散味、吸潮变软，两端及折断面易出现白色或绿色霉斑。泛油品断面颜色加深，溢出油状物，气味散失。初加工时，若未充分干燥，在储藏或运输中易感染霉菌，受潮后可见霉斑。因此在储藏前，还应严格入库质量检查，防止受潮或染霉品掺入。贮藏时，应保持环境干燥、整洁，应加强仓储养护与规范管理，定期检查、翻垛，发现吸潮或初霉品或虫蛀，应及时进行通风、晾晒等处理，安全水分控制在13%～15%。若发现生霉、虫蛀严重，可用溴甲烷熏蒸；应用熏蒸剂必须准确计算单位体积内的用药量,严防过量。必要时,尚须采用软质结构"塑料薄膜罩"或硬质结构"特建密闭库"的"气调养护"技术处理;在密闭条件下,人为地调控空气的组成,造成"低氧、高二氧化碳"环境,以抑制害虫及微生物的生长繁殖及党参药材自身的氧化反应,从而更好地达到杀虫防霉、防止油败变色等养护之效。

（二）合理运输

党参运输中注意运输工具或容器应具有较高的通气性,同时应注意轻拿轻放,不要受潮,定期检查。不应与其他有毒、有害、易串味物质混装。

【药材质量标准、质量检测与监控】

一、药材商品规格与质量检测

（一）药材商品规格

党参药材以无杂质、油条、皮壳、霉变、虫蛀,身干,根条肥大,色黄白,有糖质,油润半透明,质坚实,气味浓,嚼之渣少者为佳品。党参药材商品规格,按不同党参、根条粗细等各分为 3 个等级,见表 30-6。

表 30-6　贵州产党参药材商品规格标准（试行）

商品名称	原植物	产地	等级	标准
威宁党参（潞党或纹党）	党参 *C. pilosula*	威宁、毕节等地	一级	干货。呈圆柱形,芦头较小,表面黄棕色至灰棕色,体结而柔。断面棕黄色或黄白色,糖质多,味甜。芦下直径 1.2cm 以上,无油条、杂质、虫蛀、霉变
			二级	干货。呈圆柱形,芦头较小。表面黄棕色至灰棕色,体结而柔。断面棕黄色或黄白色。糖质多,味甜。芦下直径 0.8～1.1cm,无油条、杂质、虫蛀、霉变
威宁党参（潞党或纹党）	党参 *C. pilosula*	威宁、毕节等地	三级	干货。呈圆柱形,芦头较小。表面黄棕色至灰棕色,体结而柔。断面棕黄色或黄白色。糖质多,味甜。芦下直径 0.4cm～0.7cm,油条不得超过 10%,无杂质、虫蛀、霉变
洛龙党参	川党参 *C. tangshen*	道真县洛龙镇、阳溪镇等地	一级	干货。呈圆锥形,头大尾小,上端多横纹。表面灰黄色或灰褐色。断面黄白色,有放射状纹理。糖质多、味甜。芦下直径 1.5cm 以上,无油条、杂质、虫蛀、霉变
			二级	干货。呈圆锥形,头大尾小,上端多横纹,表面灰黄色或灰褐色。断面黄白色,有放射状纹理。糖质多、味甜。芦下直径 1～1.4cm,无油条、杂质、虫蛀、霉变
			三级	干货。呈圆锥形,头大尾小,上端多横纹。表面灰黄色或灰褐色。断面黄白色,有放射状纹理。糖质多、味甜。芦下直径 0.5～0.9cm,油条不超过 15%。无杂质、虫蛀、霉变
贵州党参	管花党参 *C. tubulosa*	贵州西北部及中部野生	一级	干货。呈圆锥形,具芦头。表面黄褐色或灰褐色。体较硬。断面黄白色,糖质少,味微甜。芦下直径 1.3cm 以上,无杂质、虫蛀、霉变
			二级	干货。呈圆锥形,具芦头。表面黄褐色或灰褐色。体较硬。断面黄白色,糖质少,味微甜,芦下直径 0.8～1.2cm,间有油条,无杂质、虫蛀、霉变
			三级	干货。呈圆锥形,具芦头。表面黄褐色或灰褐色。体较硬。断面黄白色,糖质少,味微甜,芦下直径 0.4～0.7cm,间有油条,无杂质、虫蛀、霉变

（二）药材质量检测

按照《中国药典》（2015 年版一部）党参药材质量标准进行检测。

1. 来源

本品为桔梗科植物党参 *Codonopsis pilosula*（Franch.）Nannf（潞党或纹党）、素花党参（西党参）*Codonopsis pilosula*（Franch.）Nannf.var. *modesta*（Nannf.）L.T.Shen 或川党参 *Codonopsis tangshen* Oliv.的干燥根；管花党参（贵州党参）*Codonopsis tubulosa* Kom. 的干燥根。秋季采挖，洗净，晒干。

2. 性状

党参：呈长圆柱形，稍弯曲，长 10～35cm，直径 0.4～2cm。表面灰黄色、黄棕色至灰棕色，根头部有多数疣状突起的茎痕及芽，每个茎痕的顶端呈凹下的圆点状；根头下有致密的环状横纹，向下渐稀疏，有的达全长的一半，栽培品环状横纹少或无；全体有纵皱纹和散在的横长皮孔样突起，支根断落处常有黑褐色胶状物。质稍柔软或稍硬而略带韧性，断面稍平坦，有裂隙或放射状纹理，皮部淡棕黄色至黄棕色，木部淡黄色至黄色，见图 30-12。有特殊香气，味微甜。

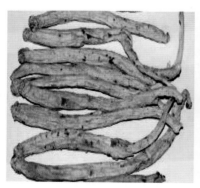

图 30-12 党参药材

素花党参（西党参）：长 10～35cm，直径 0.5～2.5cm。表面黄白色至灰黄色，根头下致密的环状横纹常达全长的一半以上。断面裂隙较多，皮部灰白色至淡棕色，见图 30-13。

川党参：长圆柱形，少有分支，长 10～45cm，直径 0.8～2.0cm。根头部有多数疣状突起的茎痕及芽，颈部略狭缩，多有密集的环纹。全体有多数不规则纵沟槽和细纵纹，以及横长或点状突起的皮孔。外皮黄白色。质较硬，易折断，断面不平坦，皮部乳白色，木部浅黄色。气微香，味微甜，见图 30-14。

3. 鉴别

（1）显微鉴别：本品横切面：木栓细胞数列至十数列，外侧有石细胞，单个或成群。

栓内层窄。韧皮部宽广，外侧常现裂隙，散有淡黄色乳管群，并常与筛管群交互排列。形成层成环。木质部导管单个散在或数个相聚，呈放射状排列。薄壁细胞含菊糖。

图 30-13　素花党参（西党参）药材　　　　　图 30-14　川党参药材

（2）薄层色谱鉴别：取本品粉末 1g，加甲醇 25mL，超声处理 30min，滤过，滤液蒸干，残渣加水 15mL 使溶解，通过 D101 型大孔吸附树脂柱（内径为 1.5cm，柱高为 10cm），用水 50mL 洗脱，弃去水液，再用 50%乙醇 50mL 洗脱，收集洗脱液，蒸干，残渣加甲醇 1mL 使溶解，作为供试品溶液。另取党参炔苷对照品，加甲醇制成每 1mL 含 1mg 的溶液，作为对照品溶液。照薄层色谱法（《中国药典》2015 年版四部通则 5202）试验，吸取供试品溶液 2～4μL、对照品溶液 2μL，分别点于同一高效硅胶 G 薄层板上，以正丁醇-冰醋酸-水（7：1：0.5）为展开剂，展开，取出，晾干，喷以 10%硫酸乙醇溶液，在 100℃加热至斑点显色清晰，分别置日光和紫外线灯（365nm）下检视。供试品色谱中，在与对照品色谱相应的位置上，显相同颜色的斑点或荧光斑点。

4. 检查

（1）水分：照水分测定法（《中国药典》2015 年版四部通则 0832 第二法）测定，不得超过 16.0%。

（2）总灰分：照总灰分测定法（《中国药典》2015 年版四部通则 2302）测定，不得超过 5.0%。

（3）二氧化硫残留量：照二氧化硫残留量测定法（《中国药典》2015 年版四部通则 2331）测定，不得超过 400mg/kg。

5. 浸出物

照醇溶性浸出物测定法（《中国药典》2015 年版四部通则 2201）项下热浸法测定，用 45.0%乙醇作溶剂，不得少于 55.0%。

二、药材质量标准提升研究与企业内控质量标准制定（略）

三、药材留样观察与质量监控（略）

【附 1】贵州党参质量检测

按《贵州省中药材、民族药材质量标准》（2003 年版）贵州党参药材质量标准进行检验。

1. 来源

本品为桔梗科植物管花党参 *Codonopsis tubulosa* Kom.的干燥根。秋季采挖 3 年以上的根，除去泥沙，洗净，干燥。

2. 性状

本品呈长圆柱形，少有分支，长 15～30cm，直径 0.8～1.5cm。根头部有许多密集的小疣瘤呈"狮子盘头"状，颈部略狭缩，多有密集的环纹。全体有多数不规则纵沟槽和细纵纹，以及横长或点状突起的皮孔。外皮黄白色。质较硬，易折断，断面不平坦，皮部乳白色，木部浅黄色。气微香，味微甜，嚼之不化渣。

3. 鉴别

（1）本品横切面：木栓层为 3～7 列细胞，排列整齐。皮层窄。韧皮部宽广，外侧常有裂隙，薄壁细胞间散有淡黄色乳汁管群，环状排列，近皮层处排列散乱，内含淡黄色分泌物。形成层明显。木质部导管单个散在或数个相聚，呈放射状排列。薄壁细胞中含有菊糖及细小的淀粉粒。

（2）取本品粉末 1g，置具塞锥形瓶中，加乙醚 10mL，密塞，振摇数分钟，冷浸 1h，滤过，滤液置蒸发皿中，挥去乙醚，残渣加醋酐 1mL 溶解，取溶液置干燥试管中，沿管壁缓缓加硫酸 1mL，两液交界面呈棕色环，上层先显蓝色并立即变为绿色。木栓层为 3～7 列细胞，排列整齐。皮层窄。韧皮部宽广，外侧常有裂隙，薄壁细胞间散有淡黄色乳汁管群，环状排列，近皮层处排列散乱，内含淡黄色分泌物。形成层明显。木质部导管单个散在或数个相聚，呈放射状排列。薄壁细胞中含有菊糖及细小的淀粉粒。

【附2】贵州产党参药材指纹图谱研究

经研究，采用 HPLC 法对贵州党参（管花党参）药材的指纹图谱进行了研究，并建立了该药材的指纹图谱鉴别和质控方法（威宁党参和洛龙党参的指纹图谱的研究尚在进行中）。下面将贵州党参的指纹图谱研究结果予以简要介绍。

1. 色谱条件

色谱柱为依利特-C_{18}（250mm×4.6mm）；流动相 A 为乙腈，B 为 0.2%冰醋酸水溶液，按 0～10min（A: 2%→5%），10～30min（A: 5%→6%），30～55min（A: 6%→12%），55～65min（A: 12%→16%），65～100min（A: 16%→17%），100～120min（A: 17%→25%），120～165min（A: 25%→80%）进行梯度洗脱，流速为 0.8mL·min^{-1}；检测波长: 270nm；柱温: 30℃；进样体积: 20μL。

2. 对照品溶液的制备

精密称取党参炔苷对照品适量，加甲醇溶解并制成每 1mL 含党参炔苷 0.1mg 的溶液，备用。

3. 供试品溶液的制备

取样品粉末约 5g，精密称定，置具塞锥形瓶中，加甲醇超声提取 3 次（30mL，30mL，30mL），每次 30min，过滤，合并滤液，减压回收溶剂，残渣用水溶解后，用水饱和正丁醇分别萃取 4 次（40mL，30mL，30mL，20mL），合并提取液，挥干正丁醇，残渣用甲醇溶解，转移至 5mL 量瓶中，加甲醇至刻度，摇匀，滤过，取续滤液，即得。

4. 样品测定

将 10 批贵州党参药材样品分别按"3"项下的方法制备供试品溶液，取空白溶剂、党参炔苷对照品溶液及供试品溶液，分别注入液相色谱仪依法测定，记录 190min 的色谱图，即得。

5. 指纹图谱共有峰的确定

将 10 批贵州党参药材样品的 HPLC 图谱导入指纹图谱软件（2004A 版），经设定参照谱及自动匹配，对其峰数、峰值（积分值）和峰位（相对保留时间）等相关参数进行分析、比较，制定优化的指纹图谱。确定 13 个峰为共有峰，根据党参炔苷对照品 HPLC 色谱图与供试品 HPLC 色谱图对应色谱峰的保留时间及 UV 光谱图比较，确认 9 号峰为党参炔苷峰，并设定为参照峰，计算 13 个共有峰峰面积的 RSD 为 49.67%～100.93%，峰面积比值的 RSD 为 40.86%～127.97%；共有峰的相对保留时间从 0.441～1.675，相对保留时间的 RSD 为 0.11%～1.5%。其 HPLC 指纹图谱共有模式及对照图谱，见附图 1。

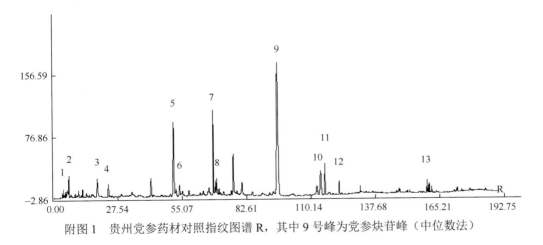

附图 1　贵州党参药材对照指纹图谱 R，其中 9 号峰为党参炔苷峰（中位数法）

【药材生产发展现状与市场前景展望】

一、生产发展现状与主要存在问题

党参的应用和栽培历史悠久，有关党参深度开发和规范化种植的研究也受到国内外重视。贵州省党参的种植发展迅速，据省扶贫办《贵州省中药材产业发展报告》统计，2013

年，全省党参种植面积达 5.12 万亩，保护抚育面积 1.07 万亩；总产量达 8820.50t，总产值达 43459.92 万元。2014 年全省党参种植面积达 12.45 万亩，保护抚育面积 0.03 万亩；总产量达 40000.85 吨，总产值达 30951.35 万元。其中，种植面积最大的是威宁县；威宁党参产量高，品质好，2011 年 8 月已获地理标志产品保护（国家质量检测总局以第 121 号公告）。据威宁县扶贫办介绍，该县党参常年种植面积在 6 万亩左右，主要种植区域为海拉、哲觉、二塘、小海等乡镇，全县其他 31 个乡镇均有种植；其主要品种为"潞党"和"纹党"。特别是由威宁县万源恒种养殖专业合作社，于 2000 年从甘肃文县引进种植的"纹党"，具有品质好、产量高、销售价格高、市场竞争力强等特点。"纹党"的种植面积到 2015 年已发展到 15000 亩，其亩产鲜品可达 400～500kg（鲜品单价 25～30 元/kg，干品 110 元/kg 左右，价格是其他品种的 2 倍以上），亩产值达 15000 元左右，农户种植 1 亩纹党，纯收入可达 3000～4000 元，经济效益十分可观。因此，该县各级政府对威宁党参的发展高度重视，发展势头极其强劲，是威宁县精准扶贫，广大农户发家致富的又一个有效产业。又如主产于贵州道真县洛龙镇的"洛龙党参"，是该县特有的地道特色药材，在当地具有较长的栽培历史。因其产量高，品质好，药用和保健用价值高，以其为主要原料研发出了一系列独具特色的产品。近几年来，"洛龙党参"已被贵州列入重点发展品种之一，其规范化、规模化种植正在逐渐推进，栽培规模已近万亩，已成为当地经济增长和农民脱贫致富的有效途径之一。

但由于党参的栽培品种多，栽培面积特别广阔，各地引种频繁，因此品种混杂和退化极为严重。加上各地生态环境和栽培加工技术不同，从而导致市售党参药材品种混乱，质量参差不齐，严重影响了党参药材质量的稳定和临床疗效。因此，尽快开展党参的良种选育，提纯复壮，规范栽培加工技术，划定地道产区等已是目前党参栽培研究的重点方向。

二、市场需求与前景展望

现代研究表明，党参主要含有糖类（如果糖、菊糖、多糖、杂多糖等）、苷类（如党参苷、丁香苷等）、生物碱类、氨基酸类及微量元素等药效成分。党参具有增强机体免疫、增强造血功能，抗休克、抗应激、强心、调节血压、抗心肌缺血、抑制血小板聚集，以及镇静、催眠、抗惊厥等药理作用。临床常用于脾胃虚弱证、肺气虚弱证、气血两虚或血虚萎黄、心脑血管疾病等的治疗。党参作为我国著名的常用大宗药材，既被大量制成饮片用于中医临床配方，又是医药工业生产中成药和保健品的重要原料。贵州省贵阳德昌祥、贵阳新天药业等制药企业，以党参为原料制成的中成药则有天王补心丸、香砂六君丸、归脾丸、参苏丸、补中益气丸、慢肝养阴胶囊、清火养元胶囊、妇康宁片、生脉颗粒、附桂骨痛胶囊、芪斛楂颗粒、参术胶囊等，其产业化水平较高。

近年来，党参市场需求量激增，已成为用量最大的中药材之一。据不完全统计，国内每年需求党参达 1000 万 kg 以上，年出口量超过了 300 万 kg。特别是随着人们生活水平的不断提高，保健意识的增强，把党参作为保健滋补品食用，对党参的药用需求将越来越大，保健用消耗亦明显加大。加之出口货源，党参市场需求量仍较巨大。虽然党参市场需求不断增大，但党参市场变化仍然较大，价格也曾几经起伏。由于产量减少，库存短缺，前两年市场价格曾高达 100 元/kg 左右。高昂的价格导致党参种植面积急剧增加，产量激增，从而致使其近年的价格大幅下降至 30 元/kg 左右。但随着对党参的研究和开发的不断深入，市场需求量将会不断攀升，其巨大的市场需求量将为党参类药材的规范化种植和相关产业的发展带来良好契机。

总之，贵州省党参属植物种类丰富，其中"威宁党参"、"洛龙党参"和"贵州党参（管花党参）"产量高，品质好，是贵州著名的地道特色药材，享有较高的声誉。威宁党参和洛龙党参在当地已有较长的栽培历史和较大栽培规模。贵州省党参丰富的种质资源和优良品质，将为党参产业的发展和广阔前景提供坚实基础。

主要参考文献

封士兰，胡芳弟，刘欣，等.2005.HPLC 研究甘肃产白条党参指纹图谱[J].中成药，27（7）：745-748.

何敏，伍春，明海霞，等.2013.甘肃党参水煎剂对 D-半乳糖诱导衰老小鼠免疫功能的影响[J].细胞与分子免疫学杂志，1：794-797.

李爱红，孙建民，孙汉文.2003.党参中铜、锰、铁的形态分析[J].河北大学学报（自然科学版），23（2）：147-150.

刘恩荔，秦雪梅.2002.党参研究进展[J].山西医科大学学报，33（6）：567-569.

刘文生，薛霖莉，卫萍.2005.潞党参多糖的提取及含量测定[J].安徽中医学院学报，24（1）：42-43.

孙庆文，何顺志.2009.11 种党参属和金钱豹属（桔梗科）植物种子微形态研究[J].西北植物学报，29（3）：290-292.

孙庆文，何顺志，黄敏.2007.黔产管花党参中党参炔甘的含量测定[J].时珍中医国药，18（8）：1931-1932.

孙庆文，黄敏，何顺志.2009.HPLC 测定 7 种党参类植物中的党参炔苷[J].华西药学杂志，24（3）：290-292.

孙庆文，王悦云，徐文芬，等.2013.道地药材黔党参的 HPLC 指纹图谱研究[J].中国药房，24（7）：628-630.

孙庆文，徐文芬，王悦云，何顺志.2011.贵州党参属药用的植物资源现状及开发前景[J].华西药学杂志，26（5）：501-503.

王爱娜，秦雪梅，张勇，等.2005.高效液相色谱法测定不同产地党参中苍术内酯Ⅲ的含量[J].中国药学杂志，40（8）：1436-1437.

中国科学院《中国植物志》编辑委员会.1983.中国植物志[M].北京：科学出版社：32-69.

朱恩圆，贺庆，王峥涛，等.2001.党参化学成分研究[J].中国药科大学学报，32（2）：14-15.

（孙庆文　徐文芬　李杨胜　唐　勇　冉懋雄）

31　射　干

Shegan

BELAMCANDAE RHIZOMA

【概述】

射干原植物为鸢尾科植物射干 *Belamcanda chinensis*（L.）DC.。别名：乌扇、乌蒲、黄远、扁竹、夜干、鬼扇、蝴蝶花、黄知母等。以干燥根茎入药。《中国药典》历版均予收载。《中国药典》（2015 年版）称：射干味苦，性寒；归肺经。具有清热解毒、消痰、利咽功能。用于热毒痰火郁结、咽喉肿痛、痰涎壅盛、咳嗽气喘。射干又为常用苗药，苗药名："Vob dak dlangd bad"（近似汉译音："窝达赊巴"），性冷，味苦，入热经。具有清热解毒、祛痰利咽、消瘀散结功能。主治咽喉肿痛、痰壅咳喘、瘰疬结核、疝母症瘕、痈肿疮毒、牙龈肿痛、乳糜尿及水田皮炎等症。

射干始载于《神农本草经》，列为下品，称："射干，一名乌扇，一名乌蒲。味苦，平，有毒。治欬逆上气、喉痹、咽痛、不得消息、散结气、腹中邪逆、食饮大热。生川谷田野。"其后，诸家本草多予收载。特别是明代李时珍《本草纲目》，总结前人及当时应用射干经验，曰："射干，即今扁竹也，今人所种多是紫花者，呼为紫蝴蝶，其花三四月开，六出大如萱花，结房大如拇指，颇似泡桐子……陶弘景曰：射干鸢尾是一种；苏恭、陈藏器曰：紫碧花者是鸢尾，红花者是射干；韩保升曰：黄花者是射干；苏颂曰：花红黄者是射干，白花者亦其类；朱震亨曰：紫花者是射干，红花者非；各执一说，何以凭依……。据此则鸢尾射干本是一类，但花色不同，但如牡丹、芍药、菊花之类其色各异，皆是同属也。大抵入药功不相远。"历代本草所指花色红黄的即是射干 *Belamcanda chinensis*（L.）DC.，而色紫碧者即是鸢尾 *Iris tectorum*，后者在四川长期以来作射干药用。目前，市场认为花红或黄色的为好，来源为鸢尾科植物射干的根茎，即《中国药典》收载之品。

射干的产地很多，基本上在全国的大多数地区都有野生或人工栽种。如宋代《本草图经》认为射干"生南阳川谷、田野。今所在有之。道地滁州"；其所指滁州也就是今天安徽省接壤江苏的滁州地区。李时珍《本草纲目》认为射干"多生江南、湖广、川、浙平陆间"。而民国年间的陈仁山在《药物出产辨》中认为"产江浙为正"。而现在，以湖北、河南、江苏、安徽、湖南、贵州、云南、陕西等地所产最为地道，胡世林主编的《中国道地药材》将射干列入"贵药"名下。射干是我国中医传统大宗常用中药，贵州省为射干主产地之一，射干是贵州著名地道特色药材。

【形态特征】

射干：多年生草本，根状茎结节状，横生，外皮鲜黄色。茎秆直立，高 30～80cm，最高可达 150cm。叶互生，聚生茎基部，互相紧密嵌叠状排列，抱茎，排为二列，剑形、扁平，有平行脉多条。花序顶生，二歧分枝；花橘黄色，花被 6 片，二轮，散生暗红色斑点，基部合生成短筒，雄蕊 3，花丝红色，子房下位，3 室，花柱呈棍棒状，3 裂；蒴果三角状倒卵形，每室有种子 3～8 粒；种子圆形，黑色，有光泽。花期 7～9 月，且花期集中，单株 15 天左右；果期 8～10 月，40 天左右，种子成熟较一致。射干植物形态见图 31-1。

【生物学特性】

一、生长发育习性

射干属低温萌发型。根据观察，11 月底至 12 月上旬播种，第二年春季 3 月中旬，随温度和湿度升高，种子开始萌发，4 月中下旬为萌发高峰期。4～5 月当气温为 15～20℃、土壤湿度 50%时，地下种子开始膨大萌动，随后幼芽破土发育成剑叶两片；5～7 月气温

25～35℃，光照时间长，地温增高，雨量充足时，进入生长旺盛期；当株高 30～70cm，叶展出 6～10 片，长约 60cm 时完成营养生长阶段，10 月开始抽薹孕蕾，开花结果。随着气温逐渐下降，雨水减少，植株叶片由尖端开始变黄，进入 11 月，地上部分植株枯萎，地下茎储藏营养，越冬休眠。翌年春，随气温上升重新萌发，生长发育。

（1. 花期全株；2. 蒴果；3. 种子）

图 31-1　射干植物形态图

（墨线图引自中国中药资源丛书编委会，《中国常用中药材》，科学出版社，1995）

二、生态环境要求

　　射干喜阳光充足，气候温暖，生长于光照充足且湿润的荒坡、旷地、沟谷、路旁、草丛、荆棘丛中，能耐旱、耐寒，怕积水，适应性强，对土壤要求不严，但以肥沃、疏松，地势较高、土层深厚、排水良好的中性或微碱性砂质壤土为宜。低洼易积水地不适宜，土壤含水过多，往往引起根系腐烂甚至全株死亡。

【资源分布与适宜区分析】

一、资源调查与分布

　　经调查，射干在我国分布较广。主要分布于湖北、河南、四川、贵州、江苏、浙江、安徽、湖南等；除新疆、西藏外，全国其他地区均有分布。主产于湖北宣恩、神农架；河北平山、卢龙；河南商城、泌阳；四川理县、马尔康；贵州正安、玉屏、石阡、安顺、兴仁、晴隆等地。以河南产量大，湖北、四川、贵州等品质优而闻名于世。目前，全国已有近 10 个省区已野生变家种成功,并有一定规模的种植面积。其中,湖北是射干野生变家种的省份,现在鄂东南(北纬 30°～32°,东经 110°～116°)的广阔地区有大面积生长,其主要种植于丘陵及低、中山地区。

二、贵州资源分布与适宜区分析

(一)资源分布

射干在贵州全省各地均有分布,主产区为黔东、黔北、黔东南、黔中、黔西南、黔西北等,如铜仁市、黔东南州、遵义市、安顺市、毕节市及贵阳市等地均有野生射干资源。贵州射干品质好且产量较大,商品药材主要来自野生,野生射干多生长在向阳山坡的灌木丛或草丛中,海拔为 200～1000m。如玉屏、石阡、正安、务川、开阳、息烽、清镇、平坝、兴仁、晴隆、平塘、凯里、施秉、榕江、黎平等地都有很大蕴藏量。贵州从 20 世纪 70 年代开始进行射干野生变家种试验,人工种植主要在玉屏、兴仁、晴隆、务川、湄潭和贵阳等地;其中以玉屏县面积最大,现有射干 5000 亩左右。

(二)适宜区分析

贵州省射干生产最适宜区以黔东、黔北、黔东南、黔中、黔西南、黔西北等为主,如玉屏、石阡、正安、务川、凯里、施秉、平坝、清镇、紫云、普定、兴仁、晴隆、织金及毕节等地。以上各地不但具有射干在整个生长发育过程中所需的自然条件,而且当地党政重视,广大群众有射干栽培及加工技术的丰富经验,所以在该区域收购的射干质量较好、产量较大。

除上述生产最适宜区外,贵州省其他各县(市)区凡符合射干生长习性与生态环境要求的区域均为射干生产适宜区。

【生产基地合理选择与基地环境质量检(监)测评价】

一、生产基地合理选择与基地条件

按照射干生产适宜区优化原则与其生长发育特性要求,选择其最适宜区或适宜区并具良好社会经济条件的地区建立规范化生产基地。例如,玉屏县选建的射干规范化种植示范基地(以下简称"玉屏射干基地"),位于玉屏县田坪镇,海拔 400～600m,最高 950m,最低 315m。玉屏县地处云贵高原向湘西丘陵倾斜的过渡地带,低山多丘陵,间有平地,位于北纬低纬度地带,属亚热带季风性湿润气候,年平均气温 13.4℃,年极端最高气温 34.3℃,年极端最低气温-10.4℃,七月为最热月,其平均气温 23.9℃;一月为最冷月,其平均气温 2.0℃;年较差 21.9℃。年平均日照 1227.8h,风速 20m/s,风向常年为东北风向,偏东风最多,无霜期平均为 297 天,平均降水量为 1200～1600mm,冬无严寒,夏无酷暑,春秋多低温阴雨,夏季降雨集中,盛夏多伏旱,无霜期较长,雨量充沛,雨热同季。土地肥沃,有黄壤、红壤、石灰土、紫色土、潮土、水稻土 6 个土类。玉屏射干基地生境内的药用药物除射干外,主要有杜仲、银杏、红豆杉、三尖杉、淫羊藿、桔梗、天冬、黄精、续断、鱼腥草等。该基地地理位置优越,与湖南省湘西交界处,系中南—西南出入口,南跨广西、北接重庆、东联湖南，西距贵州省会贵阳300km（全程高速公路），是贵州"东联"发展战略的"桥头堡"，是中南与西南的交通接合部，见图31-2。

又如，兴仁县选建的潘家庄镇射干规范化种植示范基地（以下简称"兴仁射干基地"），其由原王家寨乡、潘家庄镇回族乡合并而成，位于兴仁县城西北部，该镇距县城14km，西北环线从镇境内横穿而过，东与下山镇、城北街道办事处接壤，南同新龙场镇毗邻，西与普安县青山镇、新店乡相连，北与晴隆县大厂镇隔河相望。境内气候宜人，年平均气温15.2℃，年降水量1360mm，平均海拔1347m，全镇粮食作物以水稻、玉米、小麦为主，主要经济作物有烤烟、薏苡仁、油菜、辣椒、马铃薯、芭蕉芋等。其中水土资源是潘家庄走向成功的基础，也是射干种植的基础。当地农民有种植射干等中药材的经验与积极性，现已进行了射干400亩标准化育苗基地与规范化种植基地建设，见图31-3。

图31-2　贵州玉屏县田坪镇射干规范化种植示范基地（2014年）

图31-3　贵州兴仁县潘家庄镇射干规范化种植示范基地（2014年）

二、基地环境质量检（监）测与评价（略）

【种植关键技术研究与推广应用】

一、种质资源保护抚育

野生射干多生长在向阳山坡的灌木丛或草丛中，现野生资源破坏严重，仅于一些深山老林等地尚有野生射干分布。射干种质资源是射干优良品种选育、生物技术研究和农业生产的重要物质基础。近几年来，射干的栽培面积正在逐渐扩大，由于射干资源良莠不齐，品质差异较大，产量高低不一，已严重影响了射干的生产发展及临床应用。因此，急需加强射干种质资源的保护抚育工作，以整合全国射干种质资源，规范射干种质资源的收集、保存、鉴定、评价、研究和利用，实现射干种质资源的充分共享和持续利用，有效地保护和高效地利用现有射干种质资源，充分挖掘其潜在的经济、社会和生态价值，促进射干种质资源的永续利用。

二、良种繁育关键技术

射干可采用有性（种子）繁殖，育苗移栽；也可采用无性繁殖（如扦插繁殖、分根繁殖等）育苗。有性繁殖，繁殖系数大，生命力强，植株生长健壮，生产成本低，但生长周期较长，一般为2～3年；无性繁殖，简便快捷、生长快、周期短、见效快，容易保持品种的典型性状，但长期使用，容易引起种质退化，降低品质和产量。因此，实际生产中，应建立种子田，两者结合进行。

（一）种子繁殖来源、鉴定与采集保存

1. 种子来源与鉴定

射干种子主要于贵州射干规范化种植基地采集。如玉屏县射干种子基地。经贵州省中医药研究院中药研究所何顺志研究员鉴定为鸢尾科多年生草本植物射干 *Belamcanda chinensis*（L.）DC.。

2. 种子采集与保存

于9月下旬至10月上旬，当果皮变黄色将要裂开时，连果柄剪下，置室内通风处晾干后脱粒。脱粒后将种子与3倍量的清洁湿润河沙混合均匀，放入木箱或室内阴凉地面上堆积贮藏，见图31-4。

图31-4　射干种子采集

（二）种子品质检定与种子质量标准制订

1. 种子品质检定

扦样依法对种子进行品质检定，主要有：官能检定、净度测定、生活力测定、水分测

定、千粒重测定、病虫害检验、色泽检验等。同时，尚应依法进行种子发芽率、发芽势及种子适用率等测定与计算。

例如，玉屏射干基地 3 月春播育苗用射干种子品质检测的结果，见表 31-1。

表 31-1　射干种子品质的主要检测结果

外观形状	成熟度/%	净度/%	生活力/%	检测代表样重 /kg
近球形	90	99	96	
含水量/%	千粒重/g	发芽率/%	发芽势/%	2.5
13.2	31.2	55	38.5	

2. 种子质量鉴别

射干种子优劣主要鉴别特征，见表 31-2。

表 31-2　射干种子主要鉴别特征

种子类别	主要外观鉴别特征
成熟新种	外具黑色有光泽的假种皮，种皮污绿色及黑色，坚硬，大小均匀，饱满
早采种	果皮青绿色、青褐色或青黄色，缺乏光泽，种仁不饱满，子叶乳白色，但与胚乳界限不清晰
隔年种	果翅易碎，果皮褐色，无光泽，种仁干瘪，胚乳浅黑色至黑色
发霉种	闻着有霉味，果皮黑，褐色，少光亮，种仁部分霉变，呈黑色或黑褐色

3. 种子标准制定

经试验研究，将射干种子分为 3 级标准，见表 31-3。

表 31-3　射干种子分级表（试行）

项目	一级种子	二级种子	三级种子
发芽率（%）不低于 昼/夜温度（33℃/15℃）	60	58	50
净度（%）不低于	99.3	98	94
生活力（%）不低于	96	94	94
含水量（%）不高于	14	14	14
千粒重（g）不低于	32.9	28	23.6
发芽势（%）不低于 46 天昼夜温度（33℃/15℃）	40	38	32
外观形状	近球形，直径约 5mm，外具黑色有光泽的假种皮，种皮污绿色及黑色，坚硬，大小均匀，饱满、干燥、无杂质	近球形，直径约 5mm，外具黑色有光泽的假种皮，种皮污绿色及黑色，坚硬，大小较均匀，较饱满、干燥、有少数瘪粒及杂质	近球形，直径约 4.5mm，外具黑色有光泽的假种皮，种皮污绿色及黑色，坚硬，大小不太均匀，不甚饱满、干燥，有一些瘪粒，杂质较多

（三）种子处理、选种、种子消毒与浸种催芽

1. 种子处理

冬播可用当年采集的合格鲜种。若来年春播，则需将种子与 3 倍量的清洁湿润河沙混合均匀，放入木箱或室内阴凉地面上堆积贮藏，翌年春取出播种。

2. 选种

取 2.5kg 射干种子采用"沉水法"选种，经初步测定饱满率约为 60%左右。

3. 种子消毒

用 0.5%的多菌灵溶液浸泡 24h，或者用 50%多菌灵可湿性粉剂按种子重量的 0.2%～0.5%拌种，然后播种。

4. 浸种催芽

种子收获后，即用新种播种或将鲜种用湿砂贮藏。晒干的种子发芽慢且不整齐，若用干种播种，播种前要用 40～50℃温水浸种 24h 以上，然后用 35℃高温处理（孵化箱）或 5℃低温处理（冰箱），再行播种。

（四）苗圃选择、播种育苗与苗期管理

1. 苗圃选择与整地

射干种苗繁育的苗圃地应选地势平坦、灌溉排水方便、肥沃、疏松、无污染的土壤。早春深耕 20～30cm，充分整细整平。苗床每畦规格 15m×1.2m×0.2m，畦距 0.5m。畦上开横沟，沟距 25～30cm，沟深 20cm 左右。结合整地每亩施腐熟厩肥 2500～5000kg、复合肥 10kg 作基肥并覆土。

2. 苗床消毒

苗床深翻后，用生石灰 75kg 加硫酸铜配成波尔多液消毒杀虫（如地老虎等）。

3. 播种育苗

射干用种子繁殖可直播或育苗移栽，产区主要采用育苗移栽的方式。播种期为 10～11 月或翌年 3 月，但多于 10～11 月进行。播种时在整好的育苗地上按行距 15～20cm 开横沟，沟宽约 5cm，深约 3cm，将种子均匀地撒入沟内，每亩用种量鲜种子 10～15kg 或干种子 8～10kg。播种后，即行盖土，晴天浇水，上盖稻草，保温保湿。在气温 18℃以上条件下，播种后 20～25 天可出苗，出苗后揭去盖草，并注意淋水、除草，加强苗地管理。出苗后 1 个月，配合浇水，进行追肥，促进幼苗生长。第一次追肥用 0.5%的尿素水，此后每隔 20～30 天施一次，尿素水浓度可加大到 2%。翌春清明节前后，当苗高达 15cm 以上时，便可移栽。

实践证明，射干种子撒播对出苗率的影响因素主要有播种量、播种深度和播种时间。

经过对以上三因素实验证明，种子撒播中最佳播种方案为 10 月底，播种量为 7kg/亩，播种深度为 2cm。同时发现，种子条播不同因素对出苗率的影响也极大。种子条播时，影响种子出苗率的因素主要有播种量、播种行距、播种深度和播种时间。经过对以上四因素实验证明，种子条播中最佳播种方案为 10 月底使用 7kg/亩的播种量、2cm 的播种深度和 10cm 的播种行距为佳。

4. 苗期管理

应加强苗期管理，严防各种病虫害发生，适时肥水灌溉，以促进苗木健壮生长。应主要抓好以下管理环节。

（1）间苗定苗：出苗期应保持土壤湿润。苗齐后生长较密，必须间拔弱苗和过密苗，在苗高 5～8cm 时，每隔 3～4cm 留苗 1 株。定苗半月以内，应经常浇水，以保证成活。

（2）中耕除草：根据土壤是否板结和杂草的多少，结合间苗进行中耕除草。一般在播种后至出苗前，除草 1 次；出苗后于间苗时中耕除草 2 次。

（3）追肥：育苗地施肥对射干生长影响较大。据观察，在同一块育苗地育苗，施足底肥的一年生植株比不施肥的二年生植株高 5～10cm，故育苗地除施足基肥外还应注意追肥。一般每年结合中耕除草进行追肥 1 次，每亩每次施用农家肥或人畜粪水 1500～2000kg 或尿素 8～10kg。

（4）灌溉：播种后应经常注意浇水，使土壤保持湿润状态，以利发芽。幼苗最忌高温干旱，发芽后，气温逐渐升高，在夏季高温时，若遇干旱，常因地表温度升高，地表水分大量蒸发，水分不足，会使幼苗基部失水枯萎而死亡。故应及时浇水、松土或在畦面铺草及铺圈肥。到 7 月底，苗木郁闭后，根系入土较深，耐旱力增强，可以不再浇水。翌春清明节前后，当苗高 15cm 以上时即可移栽定植。

（五）种苗质量标准制定

经试验研究，将射干种苗分为 3 级标准（试行），见表 31-4。

表 31-4　射干种苗质量标准（试行）

等级	一级	二级	三级
性状	叶鲜绿色，嵌叠状排列，剑形、扁平。根状茎横走，呈不规则结节状，外皮鲜黄色。茎直立	叶鲜绿色，嵌叠状排列，剑形、扁平。根状茎横走，呈不规则结节状，外皮鲜黄色。茎直立	叶鲜绿色，嵌叠状排列，剑形、扁平。根状茎横走，呈不规则结节状，外皮鲜黄色。茎直立
苗高/cm	≥15	10～15	5～10
种径/cm	≥0.4	0.3～0.4	0.2～0.3
根系	完全新鲜	完全新鲜	完全新鲜
其他	无病虫害、无机械损伤	无病虫害、无机械损伤	无病虫害、无机械损伤

注：所有种苗不含被检测的病虫害对象。

【附】射干无性繁殖（如根茎繁殖）要点

（1）种茎的选择：选择生长两年以上的实生苗或一年以上根茎繁殖的生长健壮、颜色鲜黄、无病虫害的根茎作为种茎。其质量应符合"射干种茎质量标准"三级或三级以上标准。

（2）种茎的处理：将选择的种茎切断后置通风处稍晾干，待切口干后将种茎浸入 0.05‰ABT4 号生根粉溶液中，浸泡 3h 后再播种。

（3）栽种时间：9～10 月或第二年 3 月收获射干时进行。

（4）栽种密度：同种子繁殖。

（5）栽种方法：在整好的种植地上按行株距 20cm×15cm 开穴，穴深 10cm，每穴栽入种茎一段，芽头向上，覆土厚 6～7cm，稍压紧，浇水。

实践证明，射干根茎繁殖不同因素对其净产率有很大的影响，根茎繁殖时，影响产量的因素主要有种茎大小、栽种深度和栽种时间。经过对以上三因素实验表明，从节约成本考虑，即用根茎繁殖时于 10 月底采用 10g 重的种茎和 8cm 的栽种深度为好。

三、规范化种植关键技术

（一）选地整地与移栽定植

1. 选地

（1）地形：选择海拔 400～600m，地形开阔、地势较高、阳光充足、排灌方便的土地。

（2）土壤：土层深厚（沃土层最好 30cm 以上）、土质肥沃、疏松、地势较高、排水良好的中性或微碱性砂质壤土为宜。忌选煤泥土、黏土、强盐碱地、强酸性土及瘠薄土，低洼易积水地不适宜。

在进行射干规范化种植基地选建时，应注意选地集中连片，规模种植，要求种植基地远离交通干道 1000m 以上。并依据种植地大小和地势，规划灌水渠、排水沟及沤粪池等农田基础设施建设。

2. 整地

深翻土地 20cm 以上，做成高 20cm、宽 1.2m 的畦，畦与畦之间的沟宽 40cm，四周开好排水沟。

3. 重施底肥

射干根系发达，深根性强，充足的底肥主要为其速生期准备必需的土层肥力，是实现其高产稳产的基本条件。底肥主要以长效有机肥为主，如绿肥、厩肥等，通常采用农家厩肥添加适量磷钾肥混合施放。经试验，每亩最佳底肥量为施入腐熟厩肥或土杂肥 500kg、过磷酸钙 50kg、氯化钾 20kg。

4. 移栽定植

（1）苗木分级移栽：优选壮苗移栽定植，或壮、弱苗分片移栽定植，大小苗也要分级分区栽植，以便生长一致，也便于实施管理。

（2）移栽定植季节：清明节前后，当苗高达 15cm 以上时，便可移栽。移栽时应选择阴天或晴天的下午进行，以利成活。

（3）起苗：选择健壮、无病虫害的射干苗备用。由于射干幼苗根系较发达，故在起苗时，应选雨后土壤湿润时起土挖出，尽量少伤根系。移栽定植时，应及时出圃移栽定植。

（4）定植：定植前，用 0.05‰ABT4 号生根粉溶液对苗株进行浸根处理 30min，再在整好的种植地上，按行株距 20cm×15cm 开穴，穴深 8cm，每穴栽苗 1～2 株，覆土 6cm 左右，栽正压紧，浇足定根水后，盖细土与畦面平。

（二）田间管理

1. 中耕除草与培土

幼苗返青后，应勤锄草松土，一年内应除草 3～4 次，做到田间无杂草。第一次除草宜浅，以防伤根，之后每次松土可稍深，但应注意不要伤根。封行后则不宜松土，除草宜用手拔。生长过旺的植株应及时结合除草在根际培土，以防植株倒伏，秋季地上部分枯黄后，也应及时进行除草培土工作，以利安全越冬。

2. 合理排灌

射干虽耐旱，但在苗期及移栽后要保持土壤湿润，以利提高其出苗及移栽成活率。在射干进入生长旺盛期，一般情况下，不需灌水，若天气干旱，则需合理灌水。灌水的方法以沟灌为主，即宜于傍晚进行灌溉，并于次日早上将水排去。射干忌积水，雨季要及时排水，防止根茎腐烂。

3. 摘蕾打顶

射干花期长，开花结果多，需要消耗大量的养分。根茎繁殖的射干在当年 7～8 月开花，种子繁殖在第二年开花。为保证药材产量与质量，除留种地外，其余的均应摘蕾，摘蕾可分期分批进行，选择晴天上午或中午露水干后进行，以利伤口愈合，不受感染。

由于人工种植条件的改善，射干植株生长一般较高，可结合摘蕾避免消耗过多养分，以利其入药部位生长，即将过高的射干植株顶部打掉，以利于集中更多的养分供给根茎生长，提高射干产量与质量。同时，还应及时除去植株基部衰老的叶片，以利通风透光，促使植株生长旺盛。

（三）合理施肥

射干喜肥，除播种前施足基肥外，生长季节应注意及时追肥。根据植株生长情况，在生长期里，每年需追肥 4 次，第一次在 5 月上旬，每亩施入碳酸氢铵 30kg，或尿素 15kg，以利提苗；第二次在 6 月上旬，每亩施入碳酸氢铵 25kg、过磷酸钙 15kg，以利根茎形成；第三次在 7 月上旬，此时正是根茎生长旺盛时期，每亩施入复合肥 15kg；第四次在 8 月上旬，每亩施入复合肥 20kg。施肥时，用小铲将苗株根际周围的土扒开，将肥施下，然后覆土封严。

（四）主要病虫害防治

目前，射干病虫害还较少，但仍应坚持以保护环境，维持生态平衡的环保方针及"预防为主，防治结合"的原则，做好射干病虫害的预测预报和防治等工作。

1. 锈病

1）发病时间：8月上旬至9月上旬。其最佳防治期为发病初期。

（2）症状：发病初期，老叶片或嫩茎上产生微隆起的疮斑。破裂后，散出橙黄色或锈色粉末，这是病菌的夏孢子，后期发芽部位长出黑色粉末状物，这是病菌的冬孢子。发病后叶片干枯脱落，严重的苗株死亡。

（3）防治方法：发病初期喷洒25%粉锈宁1000～1500倍液，或20%萎锈宁200倍液，或65%代森锌500倍液，每周1次，连续2～3次。

射干的其他病害还有根腐病、叶枯病、射干叶斑病、立枯病等，如有发生，可选用多菌宁等药剂喷洒及综合防治。

2. 钻心虫

（1）为害时间：4～8月。其最佳防治期为幼虫期。

（2）症状：幼虫喜食射干嫩叶及叶鞘，寄食在苗株的叶鞘及中、下部叶片上。初期食叶肉，长大后连叶表皮都食。当叶片被食1/3时，叶片就停止生长，一遇干旱，苗株便倒伏枯死。

（3）防治方法：越冬卵孵化盛期喷5%西维因粉剂，每亩用量1.5～2.5kg；幼虫期用50%磷胺乳油2000倍液喷洒，或于根际用90%敌百虫800倍浇灌。

射干的其他虫害还有大青叶蝉、地老虎、蛴螬等，可采用农业防治、物理防治和必要的化学防治等法兼而治之。如大青叶蝉为害时间是4月上旬，其最佳防治期为若虫孵化期。可于4月初大青叶蝉第1代若虫刚刚孵化时，喷洒40%乐果乳油1000倍液、50%杀螟松乳油1000倍液或90%敌百虫1000倍液防治等。

贵州玉屏县田坪镇射干规范化种植基地大田生长情况，见图31-5。

图 31-5　玉屏县田坪镇射干规范化种植基地大田生长情况（2014 年）

上述射干良种繁育与规范化种植关键技术，可于射干生产适宜区内，并结合实际因地制宜地进行推广应用。

【药材合理采收、初加工、贮藏与运输】

一、合理采收与批号制定

（一）合理采收

射干根茎繁殖的于栽后第二年，种子繁殖则在第三年 10 月下旬或 11 月上旬，当射干苗株全部枯死后采收。采收时，先除去茎干，然后挖起地下根茎，除去泥土等杂质即得，见图 31-6。

图 31-6　射干药材采收

（二）批号制定（略）

二、合理初加工与包装

（一）合理初加工

射干药材初加工应配套用于清洗、冲洗、晾晒的设施及烘房等。射干根茎采挖运回后，应净选，冲洗去泥沙，晾晒干或烘干，搓去须根。尤其在阴雨天气，则需及时置烘房内烘干，但温度不超过 70℃。加工场地应清洁通风，并具有防雨、防鼠、防虫等设施，见图 31-7。

图 31-7　射干药材

（二）合理包装

将干燥射干药材，按 1kg 打包成把，用无毒无污染材料严密包装。在包装前应检查是否充分干燥、有无杂质及其他异物，所用包装应符合药用包装标准，并在每件包装上注明品名、规格、等级、毛重、净重、产地、批号、执行标准、生产单位、包装日期及工号等，并应有质量合格的标志。

三、合理储藏养护与运输

（一）合理储藏养护

干燥射干药材应储存在清洁、干燥、通风、阴凉、无异味、无鼠、无虫害的专用仓库中，不得与有毒有害物品混合储存。药材应堆放在货架上，货架与墙壁间应有 50cm 的距离。温度 30℃以下，相对湿度 65%～75%，商品安全水分 10%～13%。储藏前，还应严格入库质量检查，防止受潮或染霉品掺入；平时应保持环境干燥、整洁，应加强仓储养护与规范管理，定期检查、翻垛，发现吸潮或初霉品或虫蛀，应及时进行通风、晾晒等处理。

（二）合理运输

射干药材在批量运输中，严禁与有毒货物混装；运输车厢不得有油污与受潮霉变，应洁净卫生，无异味。药材批量运输时不得与其他有毒有害物品混运。运输途中应注意防止烈日曝晒、雨淋。

【药材质量标准、质量检测与监控】

一、药材商品规格与质量检测

（一）药材商品规格

射干药材以无杂质、须根、霉变、虫蛀、焦枯，身干、粗壮，断面黄色，质坚实者为佳品。射干药材商品规格为统货，现暂未分级。

（二）药材质量检测

按照《中国药典》（2015 年版一部）射干药材质量标准进行检测。

1. 来源

本品为鸢尾科多年生草本植物射干 *Belamcanda chinensis*（L.）DC.的干燥根茎。春初刚发芽或秋末茎叶枯萎时采挖，除去须根和泥沙，干燥。

2. 性状

本品呈不规则结节状，长 3～10cm，直径 1～2cm。表面黄褐色或黑褐色，皱缩，有较密的环纹。上面有数个圆盘状凹陷的茎痕，偶有茎基残存；下面有残留细根及须根。质硬，断面黄色，颗粒性。气微，味苦、微辛。

3. 鉴别

（1）显微鉴别：本品横切面：表皮有时残存。木栓细胞多列。皮层稀有叶迹维管束；内皮层不明显。中柱维管束为周木型和外韧型，靠外侧排列较紧密。薄壁组织中含有草酸钙柱晶、淀粉粒及油滴。

粉末橙黄色。草酸钙柱晶较多，棱柱形，多已破碎，完整者长 49～240（315）μm，直径约至 49μm。淀粉粒单粒圆形或椭圆形，直径 2～17μm，脐点点状；复粒极少，由 2～5 分粒组成。薄壁细胞类圆形或椭圆形，壁稍厚或连珠状增厚，有单纹孔。木栓细胞棕色，垂周壁微波状弯曲，有的含棕色物。

（2）薄层色谱鉴别：取本品粉末 1g，加甲醇 10mL，超声处理 30min，滤过，滤液浓缩至 1.5mL，作为供试品溶液。另取射干对照药材 1g，同法制成对照药材溶液。照薄层色谱法（《中国药典》2015 年版四部通则 5202）试验，吸取上述两种溶液各 1μL，分别点于同一聚酰胺薄膜上，以三氯甲烷-丁酮-甲醇（3∶1∶1）为展开剂，展开，取出，晾干，喷以三氯化铝试液，置紫外线灯（365nm）下检视。供试品色谱中，在与对照药材色谱相应的位置上，显相同颜色的荧光斑点。

4. 检查

（1）水分：照水分测定法（《中国药典》2015 年版四部通则 0832 第二法）测定，不得超过 10.0%。

（2）总灰分：照总灰分测定法（《中国药典》2015 年版四部通则 2302）测定，不得超过 7.0%。

5. 浸出物

照醇溶性浸出物测定法（《中国药典》2015 年版四部通则 2201）项下热浸法测定，用乙醇作溶剂，不得少于 18.0%。

6. 含量测定

照高效液相色谱法（《中国药典》2015 年版四部通则 0512）测定。

色谱条件与系统适用性试验：用十八烷基硅烷键合硅胶为填充剂；甲醇-0.2%磷酸溶液（53：47）为流动相；检测波长为 266nm。理论板数按次野鸢尾黄素峰计算应不低于 8000。

对照品溶液的制备：取次野鸢尾黄素对照品适量，精密称定，加甲醇制成每毫升含 10μg 的溶液，即得。

供试品溶液的制备：取射干粉末（过四号筛）约 0.1g，精密称定，置具塞锥形瓶中，精密加入甲醇 25mL，称定重量，加热回流 1h，放冷，再称定重量，用甲醇补足减失的重量，摇匀，滤过，取续滤液，即得。

测定法：分别精密吸取对照品溶液 10μL 与供试品溶液各 10～20μL，注入液相色谱仪，测定，计算，即得。

本品按干燥品计算，含次野鸢尾黄素（$C_{20}H_{18}O_8$）计，不得小于 0.10%。

二、药材质量标准提升研究与企业内控质量标准制定（略）

三、药材留样观察与质量监控（略）

【药材生产发展现状与市场前景展望】

一、生产发展现状与主要存在问题

自从 20 世纪 70 年代以后，贵州省射干家种发展迅速，目前各地群众对射干栽培及加工有着丰富经验。据贵州省扶贫办《贵州省中药材产业发展报告》统计，2013 年，全省射干种植面积达 0.98 万亩，保护抚育面积 0.30 万亩；总产量达 5564.80t；总产值达 14115.14 万元。2014 年，全省射干种植面积达 4.25 万亩，保护抚育面积 0.67 万亩；总产量达 1.19 万吨；总产值达 14355.38 万元。其中，种植面积最大的是铜仁市（玉屏等）、黔西南州（兴仁等）等地，占全省射干种植面积的 80%以上。射干规范化生产基地建设主要由贵州省玉屏县三湘中药材种植有限公司牵头，以"政府+企业+科研院所+农户"模式，成立了专家指导组，在玉屏县等地开展贵州射干规范化种植研究与试验示范，并已取得较好进展。同时，玉屏县正在建设中药饮片厂及以射干为原料的提取加工厂。

贵州省射干生产虽已取得一定成效，但其规范化标准化尚需深入研究与实践，特别在提高产量、提高质量标准与综合开发利用等方面还须深入研究。由于射干三年采收，经济效益不能尽快实现，所以有的农民生产积极性受到一定影响，更需政府及有关企业进一步加强引导与加大投入力度。

二、市场需求与前景展望

射干不仅是中医方剂配方常用药，而且是中药工业与相关产业的重要原料。现代研究表明，射干主要含有黄酮类化合物，此外还有醌类、酚类、二环三萜类、甾类化合物及其他一些微量成分，其根茎中含有鸢尾型三萜和黄酮类成分，种子中含酚类、苯醌和苯并呋喃类成分。

　　射干在全世界被广泛用作民间药物。该植物的根茎是中药材射干的主要来源，药用历史久远，并被《中国药典》所收载，具有清热解毒、利咽消痰、散血消肿的功效，用于热毒痰火郁结、咽喉肿痛、痰涎壅盛等。

　　近年来国内外对该植物的化学成分、药理活性和临床应用的研究比较多。射干中含多种化合物，包括一系列黄酮类、三萜化合物、醌类、甾类、挥发性成分等。异黄酮类和黄酮类是该植物中重要的化学成分，具有广泛的药理活性。对射干的化学成分研究，国内多集中于异黄酮类化合物，国外则报道了一系列三萜化合物、黄酮、甾类、挥发性成分，已见报道的有野鸢尾黄素（irigenin）等33个黄酮类化合物、15个三萜类化合物、3个醌类与酚类化合物和8个酮类化合物。射干具有重要的医用价值，含有的异黄酮类化合物、三萜类化合物和苯醌类化合物具有显著的抗炎、抑菌、抗病毒、清除自由基、抗过敏等生物活性与药理作用。

　　总之，射干不仅是我国中医传统用药，也是韩国、日本传统医学的常用药。近年来，国外尤其是日本对射干化学成分、药理作用进行了大量深入的研究，进一步阐明了其临床疗效的内在基础，并在此基础上研发新药和保健品，已取得相关专利和成果。这充分说明了射干具有确切的作用，前景乐观，值得进一步深入研究。只要采取科学的生产措施，规范化种植，射干生产的经济效益、社会效益和生态效益将异常显著。

主要参考文献

段锦兰，付宝春，康红梅，等.2011. 射干的栽培技术与园林应用[J]. 山西农业科学，39（6）：562-563.

胡晓兰，徐谧，黄天霞，等.1982. 射干中化学成分的分离与鉴定[J]. 中药通报，7（1）：29-30，41.

黄建军.2012. 玉屏县射干常见病虫害的发生及防治[J]. 植物医生，25（1）：20-21.

吉文亮，秦民坚，王峥涛.2001. 射干的化学成分研究（1）[J]. 中国药科大学学报，32（3）：39-41.

李国信.2008. 中药射干抑菌、抗炎、止咳有效物质基础及相关成分药动物学实验研究[D]. 辽宁中医药大学.

刘合刚，熊鑫，等.2011. 射干规范化生产标准操作规程（SOP）[J]. 现代中药研究与实践，25（5）：15-19.

秦民坚，吉文亮，黄天霞，等.2003. 射干中异黄酮成分清除自由基的作用[J]. 中草药，34（7）：67-68.

申志英，孟祥财，郑平，等.2004. 提高射干种子发芽率的简易方法[J]. 中药材，27（3）：163.

吴泽芳，熊朝敏.1990. 射干与白射干、川射干（鸢尾）的药理作用比较[J]. 中药药理与临床，6（6）：28-30.

辛蕊华，谢家声，郑继方，等.2013. 射干地龙颗粒质量标准[J]. 中国实验方剂学杂志，13：57-60.

叶端炉，吴敏姿.2001. 射干及其伪品鉴别[J]. 时珍国医国药，12（8）：708.

周淑荣.2006. 射干的栽培与加工[J]. 特种经济动植物，7：21-22.

（冉懋雄　王德甫　邓　炜）

32　黄　精

Huangjing

POLYGONATI　RHIZOMA

【概述】

　　黄精原植物为百合科植物滇黄精 *Polygonatum kingianum* Coll. et　Hemsl.、黄精 *Polygon-*

atum sibiricum Red.或多花黄精 *Polygonatum cyrtonema* Hua.。别名：老虎姜、仙人余粮、大阳草、懒姜、鸡头参、鸡头七等。以干燥根茎入药，并按干燥根茎形状不同，将其习称为"大黄精""鸡头黄精""姜形黄精"。历版《中国药典》均予收载。《中国药典》（2015年版）称：黄精味甘，性平。归脾、肺、肾经。具有补气养阴、健脾、润肺、益肾功能。用于脾胃气虚、体倦乏力、胃阴不足、口干食少、肺虚燥咳、劳嗽咯血、精血不足、腰膝酸软、须发早白、内热消渴。黄精又是常用苗药，苗药名："ghok naol jad"（近似汉译音："高朗加"）味甜，性热。入冷经。具有滋阴润燥、补脾益气、滋肾填精功能。主治阴虚劳咳、肺燥咳嗽、脾虚乏力、食少口干、消渴、肾亏腰膝酸软、阳痿遗精、耳鸣目暗、须发早白、体虚羸瘦等。

　　黄精应用历史悠久，黄精始载于《名医别录》，称其 "补中益气，除风湿，安五脏，久服轻身延年不饥。"自南北朝以来，黄精一直被认为是补脾益肺、养阴生津、强筋壮骨之佳品，被列为服食要药，认为它是"草芝之精"，故《名医别录》将黄精列于草部之首。在古代养生学家眼中，黄精是延年益寿之佳品，如西晋张华《博物志》则借黄帝与天老的问答称："黄精，食之可长生"。唐代《日华子本草》载：黄精 "补五劳七伤助筋骨，止饥，时寒暑，益脾胃，润心肺。单服九蒸九暴食之，驻颜断谷。"北宋《证类本草》卷 6 黄精条下引《神仙芝草经》云："黄精宽中益气，使五脏调和，肌肉充盛，骨髓坚强，其力倍增，多年不老，颜色鲜明，发白更黑，齿落更生。"明代李时珍《本草纲目》除引用前人有关黄精的功效外，还特别指出："黄精为服食之药，……仙家以为芝草之类，以其得坤之精粹，故谓之黄精。"并强调黄精具有"补诸虚、止暑热、填精髓，下三尸虫"等功效。从上可见，黄精既是我国中医临床传统常用的补脾益肺、养阴生津、强筋壮骨圣药；是贵州著名地道药材，也是贵州省民族民间常用特色药材。

【形态特征】

　　滇黄精：根状茎近圆柱形或近连珠状，结节有时作不规则菱状，肥厚，直径 1～3cm。茎高 1～3m，顶端作攀缘状。叶轮生，每轮 3～10 枚，条形、条状披针形或披针形，长 6～20（～25）cm，宽 3～30mm，先端拳卷。花序具（1～）2～4（～6）花，总花梗下垂，长 1～2cm，花梗长 0.5～1.5cm，苞片膜质，微小，通常位于花梗下部；花被粉红色，长18～25mm，裂片长 3～5mm；花丝长 3～5mm，丝状或两侧扁，花药长 4～6mm；子房长4～6mm，花柱长（8～）10～14mm。浆果红色，直径 1～1.5cm，具 7～12 颗种子。花期3～6 月，果期 6～10 月。滇黄精植物形态如图 32-1-A 所示。

　　黄精：多年生草本。根状茎圆柱状，由于结节膨大，因此"节间"一头粗、一头细，在粗的一头有短分枝（鸡头黄精），直径 1～2cm。茎高 50～90cm，或可达 1m 以上，有时呈攀缘状。叶轮生，每轮 4～6 枚，条状披针形，长 8～15cm，宽（4～）6～16mm，先端拳卷或弯曲成钩。花序通常具 2～4 朵花，似伞形状，总花梗长 1～2cm，花梗长（2.5～）4～10mm，俯垂；苞片位于花梗基部，膜质，钻形或条状披针形，长 3～5mm，具 1 脉；花被乳白色至淡黄色，全长 9～12mm，花被筒中部稍缢缩，裂片长约 4mm；花丝长 0.5～1mm，花药长 2～3mm；子房长约 3mm，花柱长 5～7mm。浆果直径 7～10mm，黑色，具 4～7 颗种子。花期 4～8 月，果期 7～11 月。黄精植物形态如图 32-1-B 所示。

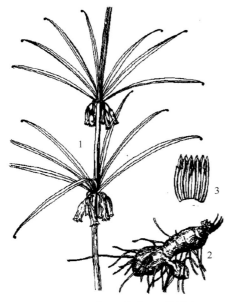

A. 滇黄精 1. 植株；2. 根茎；3. 花剖开

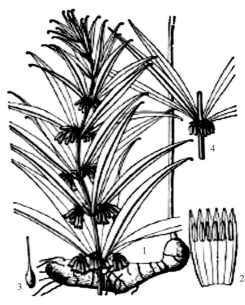

B. 黄精 1. 植株；2. 花被；3. 雌蕊；4. 花叶茎

C. 多花黄精

图 32-1　黄精植物形态图

（墨线图引自中国中药资源丛书编委会，《中国常用中药材》，科学出版社，1995）

多花黄精：多年生草本。根状茎肥厚，通常连珠状或结节成块，少有近圆柱形，直径 1～2cm。茎高 50～100cm，通常具 10～15 枚叶。叶互生，椭圆形、卵状披针形至矩圆状披针形，少有稍作镰状弯曲，长 10～18cm，宽 2～7cm，先端尖至渐尖。花序具（1～）2～

7（～14）花，伞形，总花梗长 1～4（～6）cm，花梗长 0.5～1.5（～3）cm；苞片微小，位于花梗中部以下，或不存在；花被黄绿色，全长 18～25mm，裂片长约 3mm；花丝长 3～4mm，两侧扁或稍扁，具乳头状突起至具短绵毛，顶端稍膨大乃至具囊状突起，花药长 3.5～4mm；子房长 4～8mm，花柱长 12～15mm。浆果黑色，直径约 1cm，具 3～9 颗种子。花期 5～6 月，果期 7～11 月。多花黄精植物形态如图 32-1-C 所示。

【生物学特性】

一、生长发育习性

黄精为多年生草本植物，通过对黄精生长发育规律的研究，初步总结出了遵义、凤冈和湄潭等黔北地区黄精的生长发育规律。其全年生长过程暂分为营养生长期、营养生长和生殖生长并进期、生殖生长期和过渡期。

1. 营养生长期

在该地区黄精从 3 月中下旬黄精顶芽开始萌动出土开始一直到 4 月下旬第一朵花蕾出现以前，称为黄精的营养生长期（萌动期→芽苞期→苗期）。

2. 营养生长和生殖生长并进期

从 4 月下旬第一朵花蕾出现到 6 月初顶部最后一片叶完全展开，这个阶段称为黄精的营养生长和生殖生长并进期（现蕾期→初花期→盛花期），这个时期营养生长和生殖生长旺盛，对养分需求量很大，故应适当增施氮肥和钾肥。

3. 生殖生长期

从 6 月初顶部最后一片叶完全展开到 11 月下旬果实收获称为生殖生长期（盛花期→败花期→结果期→果实成熟期）。盛花期处于并进期和生殖生长期过渡时期，结果期和败花期部分重叠进行。

4. 过渡期

从 11 月末黄精地上部分停止生长到翌年收获称为过渡期，这个时期，黄精地下根状茎需要完成有效成分的积累和转化，对于黄精药材的品质具有重要作用。

据观察，黄精在贵州遵义地区的开花时间从 4 月末开始一直到 7 月中旬才基本结束，而到 8 月下旬还有零星花开，但不结实。本地区多数黄精植株四季不枯萎，保持长绿，只是在越冬期生长缓慢或停止生长。

二、生态环境要求

黄精喜阴湿气候条件，具耐寒、不耐干旱特性。在湿润荫蔽环境，土壤肥沃、土层深厚、表层水分充足，上层透光性充足的林缘、灌丛和草丛或林下开阔地带，以及排水和保水性能良好的地带生长良好。尤以砂质壤土或质地疏松的黄壤土，土壤酸碱度适中（一般中性或偏酸性）为宜。黄精能耐寒冻，幼苗能露地越冬，但黄精适应性较差、生境选择性强，贫瘠干旱及黏重的地块不适宜其植株生长。

【资源分布与适宜区分析】

一、资源调查与分布

经调查，百合科黄精属植物全世界有 40 多种，我国有 30 多种，分布广泛。滇黄精主要分布于我国西南各地，如贵州、云南、四川、广西等地，国外如越南、缅甸也有分布；黄精主要分布于我国北方各省区（如东北三省、内蒙古、河北等），以及西北的甘肃东部、华东的安徽东部、浙江西北部等地，国外如朝鲜、蒙古国和俄罗斯西伯利亚东部地区也有分布；多花黄精主要分布于我国南方各地，如四川、贵州、湖南、湖北、安徽、江苏南部、浙江、福建、广东中北部、广西北部等地。其他非《中国药典》收载的黄精，如卷叶黄精、轮叶黄精、长梗黄精、对叶黄精、热河黄精、湖北黄精、粗毛黄精等也在不同地区作黄精地方习用品。其资源分布也有不少调查与研究，如安徽产药用黄精原植物有11 种之多，集中分布于黄山山系和大别山山系，其中金寨黄精、琅琊黄精和安徽黄精属于安徽特有品种。

从资源的常见度和群集度来看，我国黄精资源分为南、北黄精两大类。"南黄精"以云贵高原和江南丘陵地带为分布中心，其原植物主要为滇黄精和多花黄精；"北黄精"以大兴安岭南部、东北平原、内蒙古高原和贺兰山地为分布中心，其原植物主要为黄精。

二、贵州资源分布与适宜区分析

黄精在贵州全省均有分布，共有多花黄精、滇黄精、黄精、湖北黄精等 7 种，主要为多花黄精、滇黄精。黄精主要分布于黔北、黔西北、黔中、黔东南、黔南、黔西南、黔西等地。如遵义市的凤冈、湄潭、播州、务川等，毕节市的大方、黔西、金沙等，安顺市的普定、紫云等，贵阳市的开阳、息烽等，黔东南州的雷山（雷公山）、榕江（月亮山）等，黔南州的贵定、长顺等，黔西南州的安龙、册亨等；滇黄精主要分布于黔西南、黔西、黔南、黔中等地，如黔西南州的望谟、兴义、贞丰、兴仁等，六盘水市的水城、盘州、六枝等，黔南州的罗甸、独山等，安顺市的关岭、紫云等；多花黄精主要分布于黔北、黔西北、黔西南等地，如遵义市的凤冈、湄潭、道真、务川等，毕节市的威宁、赫章等，六盘水市的水城等。上述各区域均为黄精种植的最适宜区。

除上述黄精种植最适宜区外，贵州省其他各县（市）区凡符合黄精生长习性与生态环境要求的区域均为其种植适宜区。

【生产基地合理选择与基地环境质量检（监）测评价】

一、生产基地合理选择与基地条件

按照黄精生产适宜区优化原则与其生长发育特性要求，选择其最适宜区或适宜区并具良好社会经济条件的地区建立黄精规范化生产基地。例如，贵州省遵义市凤冈县龙泉镇西山位于长江中上游区域；地形主要为石灰岩溶蚀槽谷，黄精主要分布在海拔 700～1000m 地带；土壤类型以地带性黄壤为主，系砂页岩的风化物发育而来；土壤 pH 为 5.5～7.0，有机质含量为 2.13%～3.68%。属中亚热带湿润季风气候区，每年 2 月气温回升较快，4 月中旬进入雨季，每年 5～6 月开始进入梅雨季节，为多阴寡照气候。以后在西南季风控制下，又进入短时间的高温少雨天气；到 9 月中旬，持续的秋雨开始出现，以后多为云低阴沉的小雨天气，这种气候类型非常适宜黄精生长发育。再如，湄潭县洗马乡米山杜仲林下黄精规范化种植基地，杜仲林遮阴环境，对土壤温度和湿度均有影响，光照不强烈；林荫环境对土壤湿度的影响比对温度的影响大，林荫下和露地条件下的土壤温度分别为 19.06℃ 和 20.00℃，而土壤湿度分别为 32.39% 和 26.04%，相差较大。所以，应对杜仲间作黄精所在地块的土壤湿度条件进行定期观测，防止湿度过大对黄精的生长造成不利影响，并应注意及时排水，防止涝害。

　　贵州凤冈县、湄潭县黄精规范化种植基地，凤冈县黄精规范化种植育苗基地和黄精课题研究组成员，以及六枝特区黄精规范化种植基地分别见图 32-2～图 32-6。

图 32-2　贵州凤冈县龙泉镇西山黄精规范化种植基地

图 32-3　贵州湄潭县洗马乡米山杜仲林下黄精规范化种植基地

图 32-4　贵州凤冈县龙泉镇西山黄精
规范化种植育苗基地

图 32-5　黄精课题研究组成员在凤冈
龙泉镇西山基地

图 32-6　贵州六盘水市六枝特区黄精规范化种植基地

二、基地环境质量检（监）测与评价（略）

【种植关键技术研究与推广应用】

一、种质资源保护抚育

20 世纪 80 年代以来，对黄精种质资源进行调查，有的地区早就进行了野生变家种研究并取得较好成效，如贵州省遵义市凤冈县和湄潭县以多花黄精为主的黄精野生资源均非常丰富，其就地野生变家种进行黄精栽培已有 70 多年的历史。但由于黄精属多年生且以根茎药用，市场需求逐年增高，滥采乱挖严重，野生黄精资源日趋减少。为此，我们应切实加强以多花黄精种质资源为重点的黄精资源保护抚育，并大力开展黄精人工种植及优良种源研究，以求黄精的永续利用。

二、良种繁育关键技术

黄精可采用种子繁殖，也可采用无性繁殖（如根茎繁殖等）育种。

（一）种子繁殖育苗

1. 种子采收

黄精种子一般在 10 月上旬至 11 月上旬采收，采收时黄精浆果的果皮呈暗绿色或紫黑色，其果肉变软，由于同一株上的果实成熟度不一致，浆果容易脱落，故应该随熟随收。多花黄精花与果实见图 32-7。

图 32-7　多花黄精花与果实

2. 处理贮藏

将摘下的黄精果实放在塑料袋中进行发酵，一般发酵 10 天左右。或采用直接揉搓漂洗法，将发酵好的果实放在 12 目筛子上揉搓，自来水下冲洗，直到揉搓漂洗干净完全去掉果肉和果皮，将种子摊开，阴干，于干燥处密封保存。经过发酵的黄精果实也采用同法处理，干燥储藏。

实验结果表明，经发酵得到的种子，成熟度好，千粒重为 29.00g，颜色亮黄，种皮质地坚硬，种脐明显，呈深褐色圆点状，发芽率高达 85%，发芽时间较短，仅为 24 天。未经发酵得到的种子成熟度差，千粒重为 21.25g，颜色淡黄发白，种皮相对较软，易破损，发芽率为 71%，发芽时间较长，为 32 天。由于黄精果实经过发酵后，其果皮发生霉烂，容易破除，而且可有效提高黄精种子成熟度、发芽率和千粒重，所以采用发酵漂洗处理法比较可取。

3. 种子标准研究制定

经试验研究，将黄精种子分为三级标准（试行），见表 32-1。

表 32-1　三种黄精的种子标准分级表（试行）

等级		果实形态	1	2	3	千粒重平均值	发芽率 x/%	果实采收日期（月.日）
黄精	一级	墨绿或紫黑，球形	27.60	29.04	27.90	28.18	$x>90$	11.15
	二级	墨绿或少有紫黑，少有扁球形，晒干皱缩	22.35	22.59	20.56	21.83	$80{\leq}x{\leq}90$	10.25
	三级	青绿多扁球形，晒干皱缩	15.55	13.77	14.18	14.37	$x<80$	09.30
多花黄精	一级	黑色，球形	43.14	44.16	45.10	44.13	$x>90$	11.01
	二级	蓝黑，少有扁球	35.00	35.77	36.00	35.59	$80{\leq}x{\leq}90$	10.15
	三级	蓝绿，扁球形，晒干皱缩	29.09	28.88	30.15	29.37	$x<80$	09.30
滇黄精	一级	红紫，球形	43.55	44.18	43.26	43.66	$x>85$	10.25
	二级	粉红，球形，晒干少有皱缩	38.85	37.14	35.05	37.01	$75{\leq}x{\leq}85$	10.15
	三级	粉红，扁球形，晒干皱缩	28.33	29.00	27.56	28.29	$x>75$	09.30

种子育苗时间在 12 月中下旬。根茎育苗时间在 10 月上旬至翌年 3 月上旬。

4. 育苗方法

（1）种子处理：采用变温水浸种法对黄精种子消毒。即干燥种子放入 50℃温水中浸 10min 后，再转浸入 55℃温水中浸 5min，然后再转入冷水中降温。随后再将黄精种子经低温砂藏法处理，即将上述经过消毒的黄精种子拌 3 倍体积的湿砂，放在 5±2℃的温控箱内贮藏，贮藏约 100 天取出。

（2）铺发芽床：选用耙细均匀的砂质壤土铺垫发芽床，按行距 12~15cm 划深 2cm 的细沟，育苗肥按尿素 50~60kg/亩，普钙 85~100kg/亩，硫酸钾 15~20kg/亩均匀拌土施入细沟内。将吸胀 12h 的供试种子分别清水冲洗后均匀植入发芽床细沟内，盖土约 1.5cm，覆平细沟旁侧细土，稍压，用木耙轻排压实，浇 1 次透水，上覆盖一薄层碎小秸秆。

（3）苗期管理：出苗前去掉盖草，苗高 6~9cm 时，过密处可适当间苗，1 年后移栽。为满足黄精需要荫蔽的生长习性，可在畦埂上种植玉米。

若在塑料大棚环境下育苗，应将温度控制在 25±2℃范围内，白天可适当通风，保持充足光照。如逢阴雨天，可打开大棚内日光灯。20 天左右出苗，出苗后，小心揭去秸秆，锄草，待黄精苗高 5~8cm 时间苗，去弱留强，定株留用。

（二）根茎繁殖育苗

1. 重要意义

由于黄精生长周期长，生产上利用种子繁殖需要经过育苗、移栽等过程，其营养体（即根茎，药用部分）需要 3 年以上才能进入产量积累期，生长期长，对黄精药源的生产和供应将带来影响。由于黄精根茎具有较强的繁殖能力，故可采用黄精根茎进行无性繁殖。直接用黄精根茎进行繁殖时，应选择具有顶芽的根茎段做种栽，在栽培措施得当的情况下，可实现黄精苗全苗壮，生长良好，2 年即可采收而达优质丰产目的。

2. 育苗时间

根茎繁殖育苗时间为 10 月上旬至翌年 3 月上旬。

3. 种栽要求

选择同一物种长势良好、大小中等、肥厚饱满、颜色润黄、无伤害痕迹、茎节较多，并具有顶芽的 4 年生黄精地下新鲜根茎为种栽。

4. 育苗方法

播种前一年的 10～12 月，取上述合符要求的黄精种栽，切段，长度 8～10cm，种茎重约 500g，用湿润细土或细沙将根茎集中排植于避风、湿润、荫蔽地块越冬。次年 2～3 月翻开表土，选择健壮萌芽根茎，将根茎切削成段后，用草木灰涂切口，于阳光下曝晒 1～2 天供播栽用。

5. 结果分析

试验结果表明（见表 32-2），三种黄精根茎繁殖的出苗情况良好，黄精和多花黄精的出苗率相对较高，最高达 95.2%；而滇黄精的腐烂段数较多，根茎鲜重净增加量较小，这很可能与滇黄精在遵义市凤冈试验地的生态适应性较差有关（据调查，滇黄精在黔北遵义市分布相对较少，而在黔南罗甸的分布数量则较大）。再从三种黄精根茎鲜重和折干率净增加值可见，黄精和多花黄精增产潜力很大。如果在科学规范的种植条件下，采用 4 年生黄精根茎段作繁殖材料育苗，移栽种植 2 年后采收，亩产量可达 5600kg。经取样测定，单株黄精每年可净增加鲜重 0.2kg 左右，按每亩 4000 株计算（尚可间套作其他作物），每年新增产量可达 800kg；按折干率 36.64% 计算，相当于干品黄精 293.12kg，可见其经济效益相当可观。

表 32-2　三种黄精根茎繁殖及其产量比较表

物种	出苗率/%	平均株高/cm	平均叶片（片数）	腐烂段（段数）	种茎鲜重/g	根茎鲜重（净增量 g）	折干率/%
黄精	95.2	98.1	35.5	1	506.0	208.5	36.64
多花黄精	92.9	56.8	14.3	0	489.5	198.2	35.16
滇黄精	85.5	108.5	25.1	5	500.0	77.8	28.91

三、规范化种植关键技术

（一）选地整地与移栽定植

1. 选地整地

（1）选地：选择土层深厚、肥沃的砂质壤土或黏壤土，有荫蔽条件和排水条件，且上层透光性充足的林下开阔地带或有人工遮阴条件的地块进行栽培。在农田种植时，茬口选择上最好前茬为水稻、绿肥或休闲地块。若是和天冬、玉米间作，最好以水稻和油菜作为前茬。

（2）基肥：移栽前施入充分腐熟的厩肥，结合整地按 3000kg/亩施入，并加入过磷酸钙 20kg。

（3）整地：秋末倒茬后，及时进行深翻，然后耙平耙细，作宽 1.0m、高 0.25～0.30m 的畦，畦沟宽 0.5m。同时，在地块四周通顺沟渠，用于排水防涝。

2. 移栽方法

春季 3 月上旬或秋季 10 月下旬进行移栽。在整好的地块上做宽 1.0m，高 0.25～0.30m 的畦，畦沟宽 0.5m。按深 10～15cm 挖穴，穴底挖松整平，施入 1kg 土杂肥，每穴栽黄精苗一株，覆土压紧，淋透定根水，再盖土与畦面齐平，移栽一周后，再浇水一次。

3. 种植密度

黄精株行距为（28～35）cm×（48～60）cm，即每亩 3200～5000 株为宜，若地力较差可采用高密度，即 5000 株/亩左右，土壤肥沃则以 4000 株/亩为宜，间作其他高秆作物可采用低密度，即 3200 株/亩左右。

（二）田间管理

1. 中耕除草

黄精生长前期为幼苗期，杂草相对生长较快，又遇雨季，土壤容易板结，要及时进行中耕锄草，要求每年的 4、6、7、8、11 月各进行一次，具体锄草时间可酌情选定。勤锄草和松土的同时，注意宜浅不宜深，避免伤根。生长过程中也要经常培土，可以把垄沟内的泥巴培在黄精根部周围，在加快有机肥腐烂的同时，也可以防止根茎吹风或见光。

2. 合理施肥

试验结果表明，合理的施肥方案应该是：底肥，3000kg/亩厩肥；种肥，尿素 50～60kg/亩，普钙 85～100kg/亩，硫酸钾 15～20kg/亩；追肥，土杂肥或人（动物）粪尿 1500kg/亩，或复合肥 45～60kg/亩。

施肥要结合中耕锄草进行，黄精生长前期需肥较多，4、5、6、7 月要保证黄精营养生长阶段有足够的养分吸取，可根据生长情况，每亩施入人粪尿水可控制在 1000～2000kg。11 月重施冬肥，每亩施土杂肥 1000～1500kg，并与过磷酸钙 50kg、饼肥 50kg 混合均匀后，在低温、阴天多云天气，最好是下雨之前，将肥料在行间或株间开小沟施入，之后立即顺行培土盖肥。

3. 合理荫蔽与套作或林下种植

黄精于 3 月下旬即出苗，无荫蔽条件则需搭设荫棚，荫棚高 2m，四周通风，到 10 月中旬左右"秋老虎"基本消退，方可除去荫棚。但在实际生产中，宜与玉米等作物套作，更宜在杜仲、黄柏等适宜树种林下间作，以达既发展林下经济，又使黄精获荫蔽遮阴效果。无论何种荫蔽方式，对黄精均须合理荫蔽，一般以调节其透光率为 30% 最佳。

4. 合理排灌

由于遵义市早春经常出现短暂干旱，黄精的苗期相对缺水，而在 4 月中旬才进入雨季。故在雨季来临之前，应适当采取沟灌或浇灌、滴灌、喷灌等方式保苗，并确保移栽定植时浇足定根水（若碰小雨后移栽最好，可不浇或少浇），保持土壤湿润，以利成活。同时，在进入雨季前要做好清沟排水准备，避免积水造成黄精烂茎。

5. 修剪打顶

黄精的花果期持续时间较长，且每一茎枝节腋生多朵伞形花序，导致大量的营养转移到生殖体上，故应在花蕾形成前及时将花芽除掉，以控制生殖生长，促进营养生长而使根茎迅速增长，以提高药材的产量和质量。

但由于黄精规范化种植的收获目的不同（如为收获其果实以获得种子，或为收获其根状茎以获得其药材），则应根据不同收获目的进行人工控制。遵义市的黄精花期为 5 月上旬至 7 月中旬，5 月下旬至 6 月初开始结果实，茎枝节腋生许多伞形花序和果实，到 11 月果实才开始成熟，漫长的生殖生长阶段对营养造成了大量的耗费，所以对以地下根状茎为收获目标的黄精地，应在花蕾形成前期及时将其摘除（在遵义市一般于 5 月初即可将黄精花蕾剪掉），以阻断养分向生殖器官聚集，从而使养分向地下根茎积累；对收获其果实以获得种子的种子地，则反之，应合理保花。

（三）主要病虫害防治

黄精病虫害防治应遵循预防为主，综合防治，以农业防治、物理防治、生物防治为主，化学防治为辅的无害防治原则。优先采用农业措施，尽量利用灯光、色彩诱杀害虫，以及机械捕杀害虫等措施，尽量不用农药。若必须使用农药才能达到防治效果，也必须严格坚持"早发现、早防治，治早治小治了"，选择高效低毒低残留的农药对症下药地进行黄精主要病虫害防治。

1. 主要病害与防治

目前发现黄精的病害主要是叶斑病和黑斑病。但在合理荫蔽条件下几乎没有发现病害，杜仲等合理林下间作的黄精几乎未发现病害，遮阳网下黄精病害很少；而裸地种植黄精的病害相对较多。

（1）叶斑病：4～5 月开始发病，多发生于夏秋两季，雨季发病较严重。病原为真菌中的一种半知菌。为害叶片，先从叶尖出现椭圆形或不规则形、外缘呈棕褐色、中间淡白色的病斑，从病斑向下蔓延，使叶片枯焦而死。

防治方法：收获后清洁田园，将枯枝病残体集中烧毁，消灭越冬病原；发病前和发病初期喷 1∶1∶100 波尔多液，或 50%退菌特 1000 倍液，每 7～10 天 1 次，连喷 3～4 次，或 65%代森锌可湿性粉剂 500～600 倍液喷洒，每 7～10 天 1 次，连续 2～3 次，注意每个季度最多使用 3 次。

（2）黑斑病：为害叶片，病斑圆形或椭圆形，紫褐色，后变成褐色，严重时多个病斑可连接成枯斑，遍及大半个叶片，病叶枯死成黑褐色，并不脱落，悬挂在茎秆上。

防治方法：收获时清理种植地块，消灭病残体；前期喷施 1∶1∶100 波尔多液，每 7 天 1 次，连续 3 次，注意每个季度最多使用 3 次。

2. 主要虫害与防治

黄精的幼苗期害虫主要以小地老虎、蛴螬为多。

（1）小地老虎：小地老虎主要以幼虫为害，是黄精苗圃中经常发现的害虫。幼虫在三龄以前昼夜活动，多群集在叶或茎上为害；三龄以后分散活动，白天潜伏在土表层，夜间出土为害咬断幼苗的根或咬食未出土的黄精的幼嫩根茎，咬断根茎并将其拖入洞穴中，伤害幼苗，其破坏性不容小视。

经观察，小地老虎在贵州遵义地区每年 4～5 代，第一代幼虫 4～5 月为害黄精幼苗。幼虫共 6 龄，高龄幼虫可一夜咬坏多株黄精幼苗，一般在田间杂草上有低龄幼虫和卵。5月中旬左右到 7 月，随着根状茎的膨大，主要为害的是一种飞虱（待鉴定），此时黄精处于生殖生长的开始阶段，黄精的花器官和幼嫩果实会受到伤害，可导致结实率降低，尤其是树林下套作的黄精受害相对严重。

防治方法：及时铲除田间杂草，消灭卵及低龄幼虫；高龄幼虫期每天早晨检查，发现新萎蔫的幼苗可扒开表土捕杀幼虫；可每亩用 2.5%敌百虫粉 4.0～5.0kg，配细土 20kg 拌匀后沿黄精行开沟撒施防治；可用敌百虫混入香饵里，于傍晚在地里每隔 1m 投放一小堆诱杀；人工捕杀；选用健康无病植株作种栽。

（2）蛴螬：蛴螬是金龟子幼虫的总称，幼虫经常咬断或嚼食苗根，造成断苗或根部空洞，为害严重。一般 4 月上旬开始活动，5～6 月化蛹，成虫发生在 5 月下旬至 8 月上旬，7～9 月为幼虫为害盛期，10 月以 3 龄幼虫越冬。

防治方法：每亩用 2.5%敌百虫粉 2～2.5kg，加细土 75kg 拌匀后，沿黄精行开沟撒施加以防治；亦可用敌百虫混入香饵里，于傍晚在地里每隔 1m 投放一小堆诱杀。设置黑光灯诱杀成虫；人工捕杀；选用健康无病植株作种栽。

上述黄精良种繁育与规范化种植关键技术，可于其生产适宜区内，并结合实际因地制宜地进行推广应用。

【药材合理采收、初加工与储运养护】

一、合理采收与批号制定

（一）合理采收

1. 采收时间与根茎状况

试验研究表明，贵州省遵义地区黄精合理采收时间宜在 12 月到翌年 1 月。种子繁殖的黄精以 4 年生、根繁殖的黄精以 2 年生为合理采收年限。采收时，以黄精根状茎饱满、肥厚、糖性足，表面泛黄，断面呈乳白色或淡棕色，气味浓烈嚼之有黏性，在老根茎先端或两侧未形成或刚刚形成新的顶芽和侧芽，茎节痕明显、凹陷为佳。

2. 采收天气与土壤状况

选择在无烈日、无雨、无霜冻的阴天或多云天气进行采收；如果选择在晴天，宜于下午 2 点以后进行。适宜采收的土壤干湿状况，以土壤湿度在 20%～25% 时收获较好。例如，湄潭县米山黄精规范化基地土壤湿度应在 25%～30% 较好（杜仲林下）。此时，土壤容易与黄精根茎疏松分离，不易伤其根茎；根茎的颜色泛黄，表面无附着水（用滤纸粘贴试其根茎吸附水呈微量吸附）。下雨天或土壤湿度过大，均不宜采收。

3. 采收方法

起挖根茎时，按照黄精种植垄栽的方向，依次将黄精块根带土挖出，去掉地上残存部分，使用竹刀或木条将泥土刮掉，注意不要弄伤块根，须根无须去掉，如有伤根，另行处理。注意：在初加工以前，切不可用水清洗。贵州省六盘水市水城基地黄精药材采收场面如图 32-8 所示。

图 32-8　黄精药材采收（贵州省六盘水市水城基地）

4. 留种栽

对起挖的根茎,选择大小中等、肥厚饱满、颜色润黄、无伤害痕迹、茎节较多者留种栽。

(二)批号制定(略)

二、合理初加工与包装

(一)合理初加工

拣选除去黄精茎叶等地上残存部分,再使用竹刀或木条将根茎上的泥土刮掉,切勿弄伤根茎,须根无须去掉;如有伤根,另行处理。在产地进行加工以前,不可用水清洗。在产地加工时,先用流水洗净泥土,除去须根和病疤,蒸 10~20min(以蒸透为度);取出晾晒,边晒边揉,晾晒 7~10 天即可干燥,见图 32-9。

多花黄精药材(鲜品)   多花黄精药材(干品)

图 32-9 黄精药材

(二)合理包装

将干燥的黄精装入洁净的无毒无污染的包装材料,内衬防潮纸(本品极易吸潮),按 50kg 打包成件。在包装前应检查是否充分干燥、有无杂质及其他异物,所用包装应符合药用包装标准,并在每件包装上注明品名、规格、等级、毛重、净重、产地、批号,执行标准、生产单位、包装日期及工号等,并应有质量合格的标志。

三、合理储藏养护与运输

(一)合理储藏养护

需存放于清洁、阴凉、干燥、通风、无异味的专用仓库中,并具有防潮、防虫设施；温度控制在 25～30℃，相对湿度为 65%～75%；贮藏期间应保持环境清洁，发现受潮及轻度霉变、虫蛀的要及时处理。对于干品黄精采用密封的塑料袋贮藏比较好，能有效地控制其安全水分（＜15%）。同时，亦可将密封塑料袋装好的黄精药材放入密封木箱或铁桶内贮藏，以更好防潮防虫防鼠等。贮藏时，应保持环境干燥、整洁，应加强仓储养护与规范管理，定期检查、翻垛，发现吸潮或初霉品或虫蛀，应及时进行通风、晾晒等处理。

（二）合理运输

黄精的运输应遵循及时、准确、安全、经济的原则。将固定的运输工具清洗干净，不得与有害、有毒、有异味的物品混运；运输时应防止日晒、雨淋、受潮，并不得长时间滞留在外，避免污染。

【药材质量标准、质量检测与监控】

一、药材商品规格与质量检测

（一）药材商品规格

黄精药材以无芦头、干僵皮、霉变、焦枯且身干，色黄，油润，个大，肉实饱满，体重，体质柔软，断面半透明者为佳品。黄精药材商品规格为统货，现暂未分级。

（二）药材质量检测

按照《中国药典》（2015 年版一部）黄精药材质量标准进行检测。

1. 来源

本品为百合科植物滇黄精 *Polygonatum kingianum* Coll.et Hemsl.、黄精 *Polygonatum sibiricum* Red.或多花黄精 *Polygonatum cyrtonema* Hua 的干燥根茎。按形状不同，习称"大黄精""鸡头黄精""姜形黄精"。春、秋二季采挖，除去须根，洗净，置沸水中略烫或蒸至透心，干燥。

2. 性状

大黄精：呈肥厚肉质的结节块状，结节长可达 10cm 以上，宽 3～6cm，厚 2～3cm。表面淡黄色至黄棕色，具环节，有皱纹及须根痕，结节上侧茎痕呈圆盘状，圆周凹入，中部突出。质硬而韧，不易折断，断面角质，淡黄色至黄棕色。气微，味甜，嚼之有黏性。

鸡头黄精：呈结节状弯柱形，长 3～10cm，直径 0.5～1.5cm。结节长 2～4cm，略呈圆锥形，常有分枝。表面黄白色或灰黄色，半透明，有纵皱纹，茎痕圆形，直径 5～8mm。

姜形黄精：呈长条结节块状，长短不等，常数个块状结节相连。表面灰黄色或黄褐色，粗糙，结节上侧有突出的圆盘状茎痕，直径 0.8～1.5cm。

味苦者不可药用。

3. 鉴别

（1）显微鉴别：

大黄精：表皮细胞外壁较厚。薄壁组织间散有多数大的黏液细胞，内含草酸钙针晶束。维管束散列，大多为周木型。

鸡头黄精、姜形黄精：维管束多为外韧型。

（2）薄层色谱鉴别：取本品粉末 1g，加 70%乙醇 20mL，加热回流 1h，抽滤，滤液蒸干，残渣加水 10mL 使溶解，加正丁醇振摇提取 2 次，每次 20mL，合并正丁醇液，蒸干，残渣加甲醇 1mL 使溶解，作为供试品溶液。另取黄精对照药材 1g，同法制成对照药材溶液。照薄层色谱法（《中国药典》2015 年版四部通则 0502）试验，吸取上述两种溶液各 10μL，分别点于同一硅胶 G 薄层板上，以石油醚（60～90℃）乙酸乙酯-甲酸（5∶2∶0.1）为展开剂，展开，取出，晾干，喷 5%香草醛硫酸溶液，在 105℃加热至斑点显色清晰。供试品色谱中，在与对照药材色谱相应的位置上，显相同颜色的斑点。

4. 检查

（1）水分：照水分测定法（《中国药典》2015 年版四部通则 0832 第四法）测定，水分不得超过 18.0%。

（2）总灰分：取本品，80℃干燥 6h，粉碎后，照总灰分测定法（《中国药典》2015 年版四部通则 2302）测定，不得超过 4.0%。

5. 浸出物

照醇溶性浸出物测定法（《中国药典》2015 年版四部通则 2201）项下的热浸法测定，用稀乙醇作溶剂，不得少于 45.0%。

6. 含量测定

对照品溶液的制备：取经 105℃干燥至恒重的无水葡萄糖对照品 33mg，精密称定，置 100mL 量瓶中，加水溶解并稀释至刻度，摇匀，即得（每 1mL 中含无水葡萄糖 0.33mg）。

标准曲线的制备：精密量取对照品溶液 0.1mL、0.2mL、0.3mL、0.4mL、0.5mL、0.6mL，分别置 10mL 具塞刻度试管中，各加水至 2.0mL，摇匀，在冰水浴中缓缓滴加 0.2%蒽酮-硫酸溶液至刻度，混匀，放冷后置水浴中保温 10min，取出，立即置冰水浴中冷却 10min，取出，以相应试剂为空白。照紫外-可见分光光度法（《中国药典》2015 年版四部通则 0401），在 582nm 波长处测定吸光度。以吸光度为纵坐标，浓度为横坐标，绘制标准曲线。

测定法：取 60℃干燥至恒重的本品细粉约 0.25g，精密称定，置圆底烧瓶中，加 80%乙醇 150mL，置水浴中加热回流 1h，趁热滤过，残渣用 80%热乙醇洗涤 3 次，每次 10mL，将残渣及滤纸置烧瓶中，加水 150mL，置沸水浴中加热回流 1h，趁热滤过，残渣及烧瓶用热水洗涤 4 次，每次 10mL，合并滤液与洗液，放冷，转移至 250mL 量瓶中，加水至刻度，摇匀，精密量取 1mL，置 10mL 具塞干燥试管中，照标准曲线的制备项下的方法，自加水至 2.0mL 起，依法测定吸光度，从标准曲线上读出供试品溶液中含无水葡萄糖的重量，计算，即得。

本品按干燥品计算，含黄精多糖以无水葡萄糖（$C_6H_{12}O_6$）计，不得少于 7.0%。

二、药材质量标准提升研究与企业内控质量标准制定（略）

三、药材留样观察与质量监控（略）

【药材生产发展现状与市场前景展望】

一、生产发展现状与主要存在问题

黄精的野生资源正在逐年减少，货源量供不应求，甚至有部分产区实际已是名存实亡。而对于家种资源，由于黄精的生长习性、对光和水的需求条件较高，家种黄精的产量较低，且加工起来费工费时，总体收益不高，农户少有愿意种植，所以前些年家种发展缓慢。但随着黄精价格不断上涨，农户看好其后市。调研显示，近年来，四川广安地区 80% 的货源都销往各地用作种植；云南地区的鲜货加工量也有减少，大部分都用来发展种植，由此可见这两年的种植规模有所扩大。据贵州省扶贫办《贵州省中药材产业发展报告》统计，2014 年，全省黄精种植面积达 2.26 万亩，保护抚育面积 0.11 万亩；总产量达 3300.00t，总产值达 9694.85 万元。但是，贵州省黄精种植业的发展还较滞后，尚待切实加强。

二、市场需求与前景展望

现代研究表明，黄精化学成分主要有黄精多糖、甾体皂苷、蒽醌类化合物、生物碱、木脂素、维生素和多种对人体有用的氨基酸等。具有降血压、降血糖、降血脂、预防动脉粥样硬化、免疫激发、增强免疫、延缓衰老、抗病毒等药理作用。以黄精为主的复方制剂在临床上可用于多种疾病的治疗，如治疗糖尿病、原发性低血压、冠心病、升高白细胞、近视眼、中毒性耳聋、结核及脑功能减退等症。同时，在《卫生部关于进一步规范保健食品原料管理的通知》（2002 年）中，规定黄精为一种药食兼用中药材，列为"既是食品又是药品的物品名单"之内。因而黄精在药食两用、大健康产业发展方面也潜力极大。

近年来，黄精行情一直稳中有升。虽然黄精家种亩产不高、种植过程烦琐，但是随着野生资源的减少，价格不断提高，家种还是会持续发展，只是在野生资源尚可的情况下家种发展速度不会那么快，往年有少量的家种已经有新货应市，可量少难以得到具体统计。供需矛盾之下的黄精，后市还有足够向好的空间。

总之，黄精作为常用中药，药理活性显著，我国黄精资源丰富，但野生资源有限。因此，随着快速繁殖技术以及人工栽培等方面的技术成熟，将有力促进黄精规范化种植与黄精研究开发，发展前景十分广阔。

主要参考文献

毕研文，宫俊华，杨永恒. 2005. 泰山黄精综合栽培技术研究[J]. 中国农学通报，21（12）：280-282.

陈晔，孙晓生. 2010. 黄精的药理研究进展[J]. 中药新药与临床药理，21（3）：328-330.

戴琴，王晓霞，黄勤春，等. 2014. 毛竹林下黄精仿野生栽培技术[J]. 中国现代中药，16（3）：205-207 .

顾正位. 2012. 黄精栽培技术研究进展[J]. 齐鲁药事，31（6）：358-359.

华碧春，马丽娜，宋伟文，等. 2013. 论畲药黄精竹林套种模式的适宜性及研究开发[J]. 中国民族医药杂志，（8）：41-43.

黄志刚，刘志荣，夏泉，等. 2003. 不同产地黄精中多糖含量的比较[J]. 时珍国医国药，14（9）：527.

刘恒. 2013. 黄精栽培技术[J]. 福建农业，（1）：16-17.

刘祥忠. 2012. 多花黄精种植技术[J]. 安徽农学通报，18（9）：216-217，219.

娄帅，李永红，韩光，等. 2005. 黄精研究进展[J]. 中华实用中西医杂志，18（10）：1527-1528.

欧丽雅，李磊. 2008. 遮阴对黄精光合特性和蒸腾速率的影响[J]. 安徽农业科学，36（24）：10326-10327，10331.

庞玉新，赵致，袁媛，等. 2003. 黄精的化学成分及药理作用[J]. 山地农业生物学报，22（6）：547-550.

钱枫，赵宝林，王乐，等. 2009. 安徽药用黄精资源及开发利用[J]. 现代中药研究与实践，23（4）：33-34.

钱涛，王德群. 2014. 影响黄精属常用植物中药加工方法的因子调研[J]. 中国现代中药，16（3）：202-204.

邵红燕，赵致，庞玉新，等. 2009. 贵州黄精适宜采收研究[J]. 安徽农业科学，37（28）：13591-13592.

施大文，王志伟. 1993. 黄精的药源调查及商品鉴定[J]. 中药材，16（6）：20-21.

孙隆儒，李铣. 2001. 黄精化学成分的研究（II）[J]. 中草药，32（7）：386.

田启建，赵致，谷甫刚. 2007. 中药黄精套作玉米立体栽培模式研究初报[J]. 安徽农业科学，35（36）：11881-11882.

王世清，洪迪清，高晨曦. 2009. 黔产黄精的资源调查与品种鉴定[J]. 中国当代医药，16（8）：50-51.

徐显玲. 1996. 安徽药用黄精植物资源及综合利用[J]. 中药材，19（2）：67-68.

郑林森. 2012. 杉木林下多花黄精种植试验研究[J]. 林业勘察设计，（1）：155-157.

中国科学院《中国植物志》编辑委员会. 1978. 中国植物志[M]. 北京：科学出版社：64-78.

周晔，王润玲，陈启蒙，等. 2004. 中药黄精的研究进展[J]. 天津医科大学学报，10（1）：14-16.

（罗春丽　赵　致）

33　续　断

Xuduan

DIPSACI RADIX

【概述】

　　续断的原植物为川续断科植物川续断 *Dipsacus asper* Wall. ex Henry。别名：鼓槌草、接骨草、和尚头、马蓟、川萝卜根、苦小菜根等。以干燥根入药，《中国药典》历版均予收载。《中国药典》（2015 年版一部）称：续断味苦，性辛、微温。归肝、肾经。具有补肝肾、强筋骨、续折伤、止崩漏功能。用于肝肾不足、腰膝酸软、风湿痹痛、跌扑损伤、筋伤骨折、崩漏、胎漏。酒续断多用于风湿痹痛、跌扑损伤、筋伤骨折。盐续断多用于腰膝酸软。续断还是著名苗药，名："Vob qangd niul"（近似汉译音："窝强牛"）。味苦，性冷，入热经。具有补虚止痛、通利血脉、接骨功能。主治体虚腰痛、扭伤及骨折等症。

　　续断药用历史悠久，始载于《神农本草经》，列为上品，称其"味苦，微温，无毒。治伤寒，补不足，金疮，痈疡，折跌，续筋骨，妇人乳难，崩中，漏血，久服益气力。"其后，《本草经集注》《唐本草》《蜀本草》《日华子本草》《本草图经》《本草纲目》《滇南本草》《滇南本草图说》《本草正义》等本草文献均有记载，功效主要为治伤、痈疡、折跌、续筋骨、安胎等。《桐君药录》《名医别录》《雷公炮炙论》等主要医药典籍也有记载，称其主治崩中、漏血、金疮血内漏，可止痛，生肌肉，治踠伤、恶血、腰痛、关节缓急等。现代权威而著名的《中华本草》，对续断从本草考证、原植物、栽培要点、药材及产销、药材鉴别，到化学成分、药理、炮制、药性、功能与主治、应用与配伍、用法用量、使用注意、附方和药论等方面进行记述。续断是中医民族医传统常用药材，也是贵州地道大宗药材。

【形态特征】

续断为多年生草本。高可达 2m，主根一至数条，黄褐色或棕褐色，可木质化，茎 6～8 棱。棱上有稀疏刺毛。基生叶呈丛状，具长柄，叶片羽状深裂，顶裂片卵形或披针形，侧裂 3～5 对，长圆形；茎生叶柄短或近无柄，对生，中央裂片较长，椭圆形或披针形，长可达 12cm，顶端渐尖，有疏粗齿，两侧裂片 2～3 对，较小，两面具短毛或刺毛；上部茎生叶具短柄；头状花序球形，直径 2～3cm，总花梗长可达 55cm；总苞片 5～7 枚，叶状，披针形或线形，被硬毛；小苞片倒卵形，纸质，长 7～11mm，先端稍平截，被短硬毛，顶端有长 3～4mm 尖头状啄，被短毛和刺毛；小总苞片四棱倒卵柱状，长 3～4mm，顶端有微齿，淡褐色，每个侧面具 2 条纵沟；花萼浅盘状，4 裂；花冠白色，基部有较短细筒，向上较宽，顶端 4 裂，裂片 2 大 2 小，外被短毛；雄蕊 4，伸出花冠外；花柱与雄蕊等长；子房包于小苞片内。瘦果小，数粒，四棱柱状，倒卵形，褐色，包藏于小总苞片内，仅顶端外露。瘦果长约 4mm，有光泽，长 3.4～4.6mm，平均 4.1mm，宽 1.1～1.5mm，平均 1.28mm。果内有种子 1 粒，长 2.4～3.5mm，宽 0.8～1.2mm，表面黄白色，胚乳白色，油质，胚小，子叶 2 枚。瘦果平均千粒重为 4.17～4.72g，平均 4.38g。花期 7～9 月，果期 9～11 月。续断植物形态见图 33-1。

图 33-1　续断植物形态图

（墨线图引自《中华本草》编委会，《中华本草·苗药卷》，贵州科学技术出版社，2006）

【生物学特性】

一、生长发育习性

续断种子没有休眠特性，种子成熟后可即采即播，种子繁殖第一年为营养生长期，不会开花结果；第二年开始进入生殖生长期，6 月开始抽薹并逐渐形成花序，以后每年均可开花结果；第一、二年为生长旺盛期，第三年开始衰退，老根木质化严重，部分老根腐烂，新根萌发较少，长势逐年减弱。下面重点对续断的营养生长习性和开花结果习性予以介绍。

（一）营养生长习性

秋季，续断种子播种后，在水分充足和温度适宜（20～25℃）的栽培条件下，露地经10～15 天即可萌发，秋季成苗后能安全过冬，但停止生长，翌年春季（2 月下旬）气温回升继续生长，水热充足条件下迅速生长，至 4 月中下旬小苗基生叶达 4～8 片；2 月中旬播种，3 月上旬即可出现真叶，其后不断形成基生叶片，到 6 月上旬时其通常有 4～6 片基生叶，6 月下旬至 8 月上旬为其第一次生长高峰期，基生叶片数平均达 6～8 片，叶片长 25～30cm，叶片宽 8～12cm，根部开始膨大；8 月中旬至 9 月上旬，由于秋旱的影响，其生长较慢，9 月中旬至 11 月上旬，秋雨来临，续断进入第二次生长高峰期，据 11 月上旬的田间观察，其基生叶片数为 16～20 片，叶片长 35～45cm，叶片宽 12～15cm，主要为营养生长而不抽薹，仅有基生叶，到秋末随着气温降低逐渐进入休眠状态，霜降后大部分叶枯黄，但冬季仍有部分绿叶存在。到次年 3 月又长出新叶（返青），至 4 月中旬，其营养生长旺盛，芦头上生长多个芽，叶片数增加，主芽开始伸长，6 月份开始抽薹进入生殖生长期。

（二）开花结果习性

于 8 月前播种（或秋冬季播种）的续断至第二年 6 月开始抽薹进入生殖生长期（8 月后播种的续断第二年不会抽薹开花，至第三年才开始抽薹开花，进入生殖生长期），7 月有少量头状花序出现，此时植株高度达 200cm。续断头状花序为二歧状，其形成特点为：中部顶枝上的头状花序通常在 7 月下旬即可形成并开放，其花序梗不断延长，使植株不断增高，然后下方对生叶腋内的侧枝伸长形成头状花序，8～10 月为盛花期；一般每个植株可形成花序 30～97 个，平均 59.1 个，但三年生植株则有显著的减少，形成花序为 6～70个，平均每株仅 36.2 个。头状花序开花的特点为：每个花序由 68～158 朵小花组成，平均小花数 132.1 朵，小花在花序上开放的顺序为花序下和顶部小花先开放，花序中部小花后开放，整个花序开放时间 5～6 天，期间不断有蝴蝶、蜜蜂等昆虫对其进行传粉，套袋的果序结实率很低。花序上小花凋萎后进入孕果期，经 15～20 天后，残留花冠脱落，总苞片和小苞片变为黄绿色，此时掰开苞片可见里面的瘦果变为黄褐色，标志果实已经形成。8 月下旬至 9 月上旬，顶端头状花序首先成熟，此时可采收第一批种子进行秋播，在龙里县麻芝乡的良种繁育圃，9 月下旬至 10 月中旬为盛果期，此时果序集中成熟易采摘，到10 月下旬后，仍有部分花序和果序形成，但花序较小，种子饱满度较差。据统计，在正常年份，每个成熟果序可形成瘦果 160 粒左右，其千粒重约 4.5g。

对于续断的授粉方式，通过开花授粉特性试验的初步观察分析表明，以自然授粉为其传粉方式，其中以昆虫授粉为主要方式。

二、生态环境要求

续断是一种适应性较强的植物，具有喜光照、喜凉爽、耐旱、耐低温、不耐阴的特点，对土壤肥力要求不严。从分布区域中的长势及资源分布量看，其喜光照、喜凉爽、喜湿润、好肥沃疏松土壤。常生长于海拔 442～2900m 的草坡、田土埂、林缘、路旁灌草丛、灌木林间及草场边缘灌草丛等地。生长环境坡度 20°～45°；没有坡向选择，在西北坡、北坡、东北坡、东坡、西坡、南坡等均有续断的生长。续断生态环境的有关要求是：

温湿度：续断的适宜年平均温度 11.2～16.7℃，1 月均温 3.0℃，极端低温 -8℃，7 月均温 >24℃，极端高温达 32℃。年均降水量 670～2000mm；年均无霜期 231～298 天。

光照：年均日照时数 1050.2～1800.5h。苗期，喜阴湿环境，强烈阳光及连续高温干旱天气会影响小苗的成活及抑制植株生长。成株后，不耐阴，续断在光照不足的林下种植长势较弱，根系不发达。

水：野生续断分布区年均降水量多为 670～2000mm。续断喜肥水，肥水充足，生长佳，肥水不足，生长不良；怕涝，水分过多，根系生长不良，或根部腐烂；幼苗最忌高温和干旱。以年降水量 1000～2000mm，雨水较均匀，水热同季，年均空气湿度 67%～87% 为佳。

土壤：野生续断分布区土壤类型有黄壤、黄色石灰土、黑色石灰土、水稻土（如松桃盘石乡、施秉双井镇等地）、黄棕壤、灰色土和山地草甸土及黄色砂砾土等，土壤 pH 5.18～7.36。以 pH 5.5～7、保湿性好、土层深厚、肥沃疏松的黄壤、黄色石灰土、黄棕壤、黑色石灰土及黄色砂砾土为佳。

【资源分布与适宜区分析】

一、资源调查与分布

经调查，续断主要分布于我国长江以南的广大区域，北可达甘肃南部的陇南及陕西南部地区。续断资源主要分布于我国长江以南的湖北西部、重庆大部分地区、四川大部分地区、湖南西部地区、广西西部和西北部地区、贵州大部分地区、云南大部分地区及西藏东部和南部地区。选择引种栽培生产区域以云南、四川、贵州、湖南、湖北等一带为宜。

续断主产于四川、贵州、云南、湖北、湖南、广西、西藏等地。如四川的盐源、木理、西昌、康定等地，云南的丽江、大理、玉龙、永胜等地，湖北的鹤峰、十堰等地，湖南的怀化、吉首等地均有分布，在贵州省各县（市）区均有分布。

二、贵州资源分布与适宜区分析

（一）资源分布

据调查，续断在贵州省内分布较多、较集中的主要为黔西及黔西北的盘州、水城、六枝、威宁、赫章、纳雍、七星关、大方、织金等地；黔东南的剑河、台江、雷山、丹寨、麻江等地；黔西南的兴仁、安龙、普安、晴隆等地；黔南的龙里、贵定、福泉、惠水等地；黔北的遵义、正安、道真、余庆等地；黔东北的松桃、印江等地；黔中的关岭、镇宁、普定、平坝以及修文、开阳、息烽等地。其蕴藏量约占全省分布区蕴藏量的 80%，其他各地也有零星分布。

据样地调查和初步测算，续断在全省蕴藏量 5 万 kg 以上的县市区有 17 个，主要有六盘水市的盘州、六枝、水城；毕节市的威宁、赫章、毕节、大方、纳雍、金沙；遵义市的播州、正安、道真；贵阳地区的息烽、开阳；黔南州的龙里、贵定等，其总蕴藏量达 200 万 kg。蕴藏量 2.5 万～5 万 kg 的（县、市）区有 29 个，有松桃、印江、凤冈、湄潭、余庆、施秉、黔西、修文、贵阳（含白云、花溪、乌当等区）、普定、关岭、兴义、安龙等，其总蕴藏量达 180 万 kg。蕴藏量 1.0 万～2.5 万 kg 的县（市、区）有 25 个，如桐梓、仁怀、江口、凯里、黎平、雷山、都匀、惠水、紫云等，其总蕴藏量有 60 万 kg。蕴藏量 1 万 kg 左右的县（市、区）有 7 个，如从江、三都、荔波、罗甸、望谟、册亨等，其总蕴藏量仅 5 万～10 万 kg。

（二）适宜区分析

续断生态适应性较强，分布范围广，但其药材质量仍有很强的地域性。根据对续断分布和生长发育特点的试验观察，结合不同地理居群的续断药材以川续断皂苷 VI 的含量为药材评价指标的分析研究，并考虑自然条件、社会经济条件、药材主产地栽培和采收加工技术，发现续断选择引种栽培研究区域主要以云南西北至北部、贵州中部至西部、四川西部至西南部、重庆西南部、湖北西部较高海拔区域为宜。

在贵州，据近年来的续断资源调查和药材样品质量比较分析，结合续断质量的地域变化性和在龙里、贵定、大方、黔西、水城、盘州、威宁开展的种植适应性试验的结果，以黔西北的威宁、赫章、七星关、水城、盘州、六枝等，黔北的道真、正安、务川、遵义等，黔中的修文、乌当、息烽及黔南的龙里、贵定等地海拔 1000～2700m 的区域为续断最适宜区。上述地区有较集中的野生续断资源分布，当地政府对续断资源保护抚育与规范化生产高度重视，群众有野生续断药材采集、栽培及加工的丰富经验，是贵州省续断最适生产发展区域。

除上述最适宜区外，贵州省其他各县（市、区）凡符合续断生长习性与生态环境要求的区域均为其适宜区。

【生产基地合理选择与基地环境质量检（监）测评价】

一、生产基地合理选择与基地条件

按照续断生产适宜区优化原则与生长发育特性要求，选择其最适宜区或适宜区并具良好社会经济条件的地区建立规范化生产基地。例如，在贵州省龙里县麻芝乡新民村选建的续断规范化种植基地（图 33-2），该基地位于龙里东部，海拔 1100～1200m 的丘陵地带。属北亚热带季风湿润气候。年平均气温 14.8℃，最冷月均温 4.6℃，最热月均温 23.6℃；降水丰沛，年降水量 1100mm 左右，多集中在夏季；热量充足，年日照时数 1160h 左右，无霜期

283 天。气候温暖湿润，无霜期长，日照和水资源十分丰富。土壤以黄壤、黑色石灰土、细沙土、水稻土为主。植被为常绿落叶阔叶混交林、针叶林。区域内分布的野生药用植物有续断、淫羊藿、桔梗、鱼腥草等。

图 33-2　贵州龙里县麻芝乡续断规范化种植示范基地

龙里续断基地建于 2005 年，基地交通、通信等社会经济条件良好，当地广大农民有种植中药材的传统习惯与积极性。该基地远离城镇及公路干线，无污染源，其空气清新，水为山泉，环境幽美，周围 10km 内无污染源。连片续断种植面积约 1000 亩，良种繁育圃 20 亩，原种圃 1 亩，种质资源圃 5 亩。

二、生产基地环境质量检（监）测与评价（略）

【种植关键技术研究与推广应用】

一、种质资源保护抚育

按照中药材 GAP 基地建设的需要和要求，对续断优良种源地的野生续断资源进行保护与抚育，主要采取对野生续断分布地进行封禁保护，并对野生续断植株建立种源保护圃相结合的方式进行续断原种地保护基地。例如同济堂制药公司在威宁县二塘镇艾家坪村及梅花村流转承包土地 100 亩，采用挖大留小法挖取野生续断植株，用分株繁育法进行续断原种采集保护地建设，对贵州川续断这一优良种源进行保护，见图 33-3。同时，还对当地农户进行续断资源保护抚育药材与合理采挖方法等宣传培训，在采挖野生续断药材过程中挖大留小，并只挖取已开始结果的植株，留下未开花结果的植株，便于来年开花结果后的种子掉落地内，以利自然更新与种源保护，起到有效保护抚育续断种质资源的作用。

图 33-3　贵州威宁县二塘镇艾家坪村野生续断种质资源保护基地

（海拔 2352m，2009.8）

二、良种繁育关键技术

续断既可有性（种子）繁殖，也可无性繁殖（如分株繁殖）。下面以种子繁殖为重点对其良种繁育关键技术加以概要介绍。

（一）续断种子采集与处理

续断种子（瘦果）成熟的标志为，组成头状花序的小花花冠萎蔫脱落。果序开始松散，苞片由绿色变成黄色，掰开苞片可见黄色的瘦果，标志着果实基本成熟，此时采收瘦果不会撒落。

续断果序成熟不一致，在海拔较低的地区，9月中旬即有部分果序成熟，10月中下旬为成熟高峰期，以后直到11月下旬仍有少量成熟；海拔较高地区，9月下旬至10月初开始有少量果序成熟。因此，续断种子（瘦果）的采集，应采用分批采收法，即在9月中旬开始进行采收，剪取成熟的果序，留下尚未成熟果序待成熟后再采收。

每次采收的续断果序，放置于室内凉席上于通风处晾干，再用竹棍轻轻拍打果序，种子即可撒出。将种子妥善收集，再簸去脱落的花冠、苞片等杂质及空瘪种子，晾干后装布袋贮藏备用。实践表明，分批采收的续断种子质量好，发芽率高，并有利于秋播使用新鲜种子。

（二）续断种子特性与种子质量标准

1. 续断种子特性

续断种子无休眠特性，容易发芽。可即采即播，在实验室20～25℃、保湿条件下，第4天开始萌发。种子主要集中在前4天里萌发，发芽持续时间为6天。

续断种子的发芽率受贮藏温度影响很大。阴干后含水量为15.3%的续断种子贮藏290天，在温度0～5℃条件下平均发芽率为74.5%，与刚采收加工时的发芽率相近；随着贮藏温度的升高，发芽率降低，于室温（18～25℃）贮藏时发芽率很低；<−20℃贮藏时，可能是因为低温造成细胞内水结晶，破坏了细胞结构，从而使种子失去了发芽率。根据试验结果，续断种子的最适储藏温度为0～5℃，第二年春播的种子也可室温储藏。

2. 续断种子质量标准

根据对续断种子的特性研究和对不同产地种子的质量检测，结合近年来的生产实践，参照农作物种子质量要求初步制订续断种子质量内控标准以供生产基地参考，见表33-1。

表33-1　续断种子质量标准（试行）

级别	纯度/%	净度/%	发芽率/%	千粒重/g	水分/%	外观性状
一级	≥99	≥95	≥90	≥4.3	12～14	黄褐或褐色，色泽均匀，饱满无破损，有光泽，无病害，无虫蛀
二级	≥98	≥90	≥85	≥4.1	12～14	
三级	≥96	≥80	≥75	≥3.8	12～14	

注：即采即播的种子，不控制水分。

按照表 33-1 中各项指标，若检测结果有一项指标不能达到要求，则降为下一级别，即检测达不到一级种子降为二级，达不到二级种子降为三级，达不到三级种子则为不合格种子。禁止使用不合格种子和室温储藏 8 个月以上的种子播种。

（三）良种繁育基地选择、整地育苗与苗期管理

1. 良种繁育基地选择

续断以种子繁殖为主，在续断种植适宜区内，选择周边无野生或种植续断的相对隔离的地块建立良种繁育基地。

2. 良种繁育基地设施

续断良种繁育基地应修建农家肥无害化处理设施（如沼气池、沤粪池等）、灌溉排涝设施（蓄水池、排水沟等），以及田间操作便道和管理房等基础设施。

3. 整地育苗与苗圃管理

（1）整地与育苗：在选好的育苗地块内，深翻土壤 20cm，清除杂草、宿根及较大石砾等杂物，打碎土块；用锄头捞成宽 1m、高 10cm 的苗床；随后按每亩 2000kg 腐熟农家肥和 20kg 复合肥的施肥量，均匀撒施于厢面做底肥，结合整土在肥料上盖厚约 1cm 的细土，刮平厢面。将苗床喷透水，按 10～12g/m^2 的用种量计算，称量种子，将种子与过筛的湿润细土按 1：200 的比例混匀，用手均匀撒于厢面上，撒种时手距地面约 30cm，沿厢面左右撒播，再盖厚约 0.5cm 的细土，然后用地膜覆盖，以保温保湿。在四周深挖排水沟，沟宽 40cm，沟深 10cm，排水防涝。同时清理好育苗地内棚与棚之间的厢沟，使雨水能畅通排入四周水沟内向外引流。

（2）苗期管理：当 80% 的种子出苗后，揭去薄膜。揭膜后，应经常浇水保持厢面湿润（浇水时间为 10:00 前或 17:00 后，中午高温时不宜浇水）。出齐苗后，随时拔除苗床内的杂草，保持苗床的清洁。等小苗长出 2～3 片真叶时，结合拔草，用手拔除苗床内的弱苗（保留密度 2.5cm×2.5cm），最后保留 800～1000 株/m^2。选晴天或阴天的下午（17:00以后），用沤熟的稀粪水或沼液撒施一次以起到提苗作用。

育苗期间的病虫害坚持以防为主的原则，发现病害拔除病株，并用石灰进行土壤消毒。发现少量害虫可人工灭除。移栽前一周，揭去棚的两端，并减少浇水。

大棚育苗需注意棚内通风，当棚内温度达到 30℃时（或晴天中午），揭开棚的两端，加强棚内通风，降低棚内温度及相对湿度，防止高温烧苗及病害的发生。

（四）起苗贮运、种苗批号与种苗质量标准

1. 起苗贮运

3 月下旬至 5 月上旬，视苗情开始进行移栽工作，移栽前一天将苗床喷透水，第二天，先用锄头将床挖松，拔取较大的健壮苗，用湿润的稻草捆成小把，一般每把 50 株左右，然后放在箩筐内运到移栽定植地。应随起随栽，注意不要一次性起苗太多，当天起的苗，

必须当天栽完，不能放置过夜。

2. 种苗批号

（1）种苗批号编制原则：同一种源、同一育苗地（同一原种育苗地）、同一采挖时间、相同处理的种苗为同一批号。

（2）种苗批号编制方法：按种源（育苗用种源的拉丁文第一个字母大写，首一位，如续断为 D）、育苗地编码（同一原种育苗地的汉语拼音缩写，次两位，如龙里基地为 LL）、采挖日期（年、月、日，再次四位为采挖年份，再次两位为月份，最后两位为采挖当日）。例如：DLL20120426。

注意：育苗用种源的采集地应予详细记录备查。如"2009 年 10 月 5 日续断种源采自贵州威宁县二塘镇艾家坪村及梅花村"等。

3. 取样检测

栽种前随机抽取已挖取的种苗，按种苗质量标准进行质量检验。

4. 种苗质量标准

根据试验结果及续断种植基地生产实践，将续断种子育苗的种苗质量标准分为 3 个级别，见表 33-2。

表 33-2　续断种子繁殖苗质量及分级指标（试行）

等级	高度/cm	真叶数/片	根长/cm	病虫害	外观性状
一级	10～12	6～8	5～6	无	整批外观整齐、
二级	8～10	5～8	4～5	无	均匀，根系完整，
三级	6～8	4～6	3～4	无	无萎蔫现象

以上各项指标为划分续断种苗质量级别的依据：每批次抽检样品 3 组，每组 100 株，分别统计其高度、叶片数、主根长及外观性状、病虫害情况，计算出相应数据，评价其等级。检测有一项达不到标准规定项目的降为下一级种苗，达不到二级种苗降为三级种苗，达不到三级种苗即为不合格苗。禁止使用不合格续断苗栽种。

三、规范化种植关键技术

（一）选地整地

1. 选地

种植续断的地块要求土壤肥沃疏松、排水良好，有机质含量丰富、中性偏酸性（pH5.5～7.0）山地黄壤土、黄棕壤土、棕壤土、夹沙土、油沙土等，耕作层 20cm 以上。地块前茬作物应为病虫害较少的禾本科或葱蒜等作物，不宜采用前茬作物为豆科、黄瓜、西红柿等的土地或蔬菜种植地，尽量避免续断连作。地块集中连片，面积不小于50亩，形成规模化、产业化生产。交通便利，有公路（包括乡村公路），并且有当地政府或群众支持。凡黏性重、板结、含水量大的黏土以及瘠薄、地下水位高、低洼易积水之地均不宜种植。

2. 整地

播种或移栽前1周（春种，3月上旬至5月上旬；秋种，9～11月），选晴天整地。将地块周边的杂草割净，深翻土壤30cm左右。捡除翻耕过地中的杂草，就地晒3～4天，晒死杂草。然后根据地形做成宽1.2m、高10cm的畦，畦间距30cm，结合掏沟耙平畦面，同时捡去畦面上各种宿根、杂草及大的石砾等杂物。

（二）移栽定植

1. 起苗

3月下旬至5月上旬，视苗情开始进行移栽工作，移栽前一天将苗床喷透水，第二天，先用锄头将苗床土挖松，拔取较大的健壮苗（带4片以上真叶），用湿润的稻草捆成小把，一般每把50株左右，然后放在箩筐内运到移栽定植地。应随起随栽，注意不要一次性起苗太多，当天起的苗，必须当天栽完不能放置过夜。

2. 移栽时间

3月下旬至5月下旬移栽，最好选阴天移栽，移栽苗应尽量避开晴天。

3. 种植密度

株行距按30cm×30cm进行窝植，每亩栽种约6000窝。

4. 移栽方法

在整好的厢面上按行距30cm拉绳定行，然后沿绳按株距30cm打窝，窝深10～15cm。随后按每亩2000kg腐熟农家肥或20kg复合肥（养分量为45%，硫酸钾型）的施肥量窝施底肥，均匀放于打好的窝内；浅覆土。将苗放入窝中心，四周覆土压紧，每窝1～2株苗。定植当天浇透定根水。

（三）直播种植

续断直播种植可秋播或春播。秋播于9月下旬至12月上旬，春播可在2月下旬至5月上旬。续断种子较小，为使播种均匀并节约种子，将干种子直接与200倍的润湿细土（或草木灰）混匀后播种。点播，在整理好的厢面上按照30cm×30cm的株行距打窝，窝深10～15cm，每亩约6000窝。随后按每亩2000kg腐熟农家肥或20kg复合肥（养分含量45%硫酸，硫酸钾型）的施肥量窝施底肥，均匀施入窝内作底肥，浅覆土。每窝播种5～7粒，播种后，盖约0.5cm厚的土壤。

（四）田间管理

1. 间苗和补苗

随时清除田间的杂草。直播种植的地块在苗长出 2～3 片真叶后，结合拔草进行间苗和补苗。每天查看苗情，及时补齐缺苗，保持每窝有 2～3 株健壮苗。发现因地老虎造成的缺苗时，在补苗前先找出地老虎杀死再补，以防再为害。

2. 中耕锄草

（1）移栽种植的中耕锄草：移栽种植一般需进行 2 次中耕除草，移栽 30 天后，当苗成活恢复生长时，进行第一次中耕除草，7～8 月，续断封行前视地内杂草情况进行第二次中耕除草。所有杂草要集中堆放于腐熟坑内，让其发酵腐熟成肥料。整个生长期禁止使用除草剂。

（2）直播种植的中耕锄草：结合间苗进行第 1 次中耕除草，宜浅锄，勿伤根及叶片，一般进行 3～4 次中耕除草，在 3 月、4 月、5 月各进行 1 次，做到田间无杂草。

3. 排灌水

当连续多天不下雨时，应视土壤墒情，适时进行浇灌，浇水时间宜在 17:00 以后。续断怕涝，在移栽前的整地捞厢时，应顺地势挖好排水沟，保证雨季雨水通畅排出。在整个生长期内，雨季每天要查看田间排水情况，发现积水的地块，应及时疏通，避免积水造成续断烂根。

（五）合理施肥

1. 第一次追肥

（1）施用时间：直播种植于 5 月封行前；育苗移栽于所栽苗返青恢复生长（即移栽约 30 天后）时施肥。

（2）施用量：每亩施复合肥 20kg。

（3）施用方法：结合中耕除草窝施。

2. 第二次追肥

（1）施用时间：次年春季 3～4 月施肥。

（2）施用量：每亩施复合肥 20kg。

（3）施用方法：结合中耕除草窝施。

（六）摘薹去蕾

秋播续断实生植株的第三年、春播第二年开始抽薹开花，应进行打顶摘薹，以免耗费养分，影响根的生长。在 4 月下旬抽出茎秆时，用锋利镰刀自地表 20～25cm 割去上部（留下 3～4 节），以后仍会再形成侧枝，当出现花蕾时，及时摘除。

（七）主要病虫害防治

1. 病虫害防治原则

以"预防为主"，大力提倡运用"综合防治"方法。在防治工作中，力求少用化学农药。在必须施用时要严格执行中药材规范化生产农药使用原则，慎选药剂种类。在发病期选用适量低毒、低残留的农药，严格掌握用药量和用药时期，尽量减少农药残毒影响。最好使用生物防治。

2. 病虫害农业防治措施

采用下列农业防治措施可以有效预防和减少续断叶褐斑病、根腐病、根结线虫等病虫害的发生。

（1）轮作：病区实行 2～3 年以上轮作，一般以选用与禾本科作物，或葱、蒜类作物轮作为宜。在有条件的地区实行水旱轮作效果更为理想。

（2）培育无病壮苗：加强检疫，调运种子种苗，进行检验检疫，不用病苗、弱苗；培育无病壮苗可减少苗期感染，从而减轻根腐病或根节线虫在大田期的为害，苗床土以选用山坡生土为最好，也可应用未栽过续断、未种过易患病蔬菜的大田土，配制营养土的农家肥应已经腐熟且未经易患病蔬菜残体污染。

（3）清除田间病残体及杂草：由于续断生长后期根腐病菌、根结线虫等大量留存在续断植株残体上，在土壤中存活越冬，成为来年的初侵染源，因此在冬季清园管理或续断采收结束后，应彻底清除和销毁病株残体以及田间杂草，可以有效地降低土壤中的根腐病害或根结线虫群体基数，减轻为害。

（4）深耕土壤：根结线虫多分布在 3～9cm 表土层，深翻可减少为害。播前深耕深翻20cm 以上，把可能存在的线虫翻到土壤深处，可减轻为害。

（5）翻晒土壤：上茬收获后，在下茬播种前应翻晒土壤，尤以病地更需要翻晒，使线虫暴露在土表而促使其死亡。根据线虫的致死温度为 55℃（10min）的特点，在线虫病害发生的地块，待作物收获后土表覆盖地膜，曝晒 7 天左右，即可杀死土壤上层的绝大多数线虫。

（6）及时处理病株：发现病株，及时拔除烧毁，并撒石灰消毒。

（7）适时排水：在雨季每天要查看田间排水情况，若发现积水的地块，应及时疏通排水，以免积水造成续断烂根。

（8）加强栽培管理：增施有机肥（包括厩肥、圈肥、坑肥、绿肥等）作基肥，可起到提高寄主抗性和耐性，增加根系发育强度和根表组织韧性，抵制病虫害侵染的作用。施用的农家肥、有机肥必须经过高温发酵等无害化处理。

3. 主要病害与防治

（1）叶褐斑病：主要为害叶片，初发病时叶片上产生铁黑色不规则黑点，斑点逐步扩大，蔓延到全叶枯死，此病由植株下部向上蔓延。4月下旬开始发病，6～8 月为发病盛期，摘蕾后发病最快，直至收获都有发生。

防治方法：注意清洁田园，加强管理，提高植株抗病力。发病期可选用 70%代森锰锌可湿性粉剂 500 倍液，或 75%百菌清可湿性粉剂 500～600 倍液，或 58%甲霜灵·锰锌可湿性粉剂 500 倍液，或 64%杀毒矾可湿性粉剂 500 倍液等药剂喷施。

（2）根腐病：高温高湿季节易发生，患病根部腐烂，植株枯萎。

防治方法：发病期，选用 50%多菌灵 500 倍液等药剂灌根窝。对地下害虫如根结线虫等进行防治。

4. 主要虫害与防治

在野外调查和推广种植的田间调查过程中，发现为害续断的害虫主要有以下几种。

（1）小地老虎：小地老虎 *Agrotis ypsilon* Rottemberg 幼虫俗名土蚕、地蚕、切根虫，为鳞翅目（Lepidoptera）夜蛾科（Noctuidae）害虫。主要在 4～5 月的苗期，4 龄以上幼虫在近地面咬断续断幼苗，拖入土穴内取食，造成缺苗，影响产量。

防治方法：①农业防治：早春清除药园及周围杂草，在清除杂草的时候，把田埂阳面土层铲掉 3cm 左右，可以有效降低化蛹地老虎量。防止地老虎成虫产卵。②物理防治：配制糖醋液诱杀成虫。糖醋液配制方法：糖 6 份、醋 3 份、白酒 1 份、水 10 份、90%万灵可湿性粉剂 1 份调匀，在成虫发生期设置诱杀。亦可利用黑光灯诱杀成虫。在续断苗定植前，可选择地老虎喜食的灰菜、刺儿菜、小旋花、艾蒿、青蒿、白茅、鹅儿草等杂草堆放诱集地老虎幼虫，然后人工捕捉，或拌入药剂毒杀。或清晨在被害苗株的周围，找到潜伏的幼虫，每天捉拿，坚持 10～15 天。③化学防治：在地老虎 1～3 龄幼虫期，采用 48%地蛆灵乳油 1500 倍液、48%乐斯本乳油或 48%天达毒死蜱 2000 倍液、2.5%劲彪乳油 2000 倍液、10%高效灭百可乳油 1500 倍液、21%增效氰·马乳油 3000 倍液、2.5%溴氰菊酯乳油 1500 倍液、20%氰戊菊酯乳油 1500 倍液、20%菊·马乳油 1500 倍液、10%溴·马乳油 2000 倍液等地表喷雾。亦可配制毒饵，播种后即在行间或株间进行撒施。毒饵配制方法：豆饼（麦麸）毒饵，豆饼（麦麸）20～25kg，压碎、过筛成粉状，炒香后均匀拌入 40%辛硫磷乳油 0.5kg，农药可用清水稀释后喷入搅拌，以豆饼（麦麸）粉湿润为好，然后按每亩用量 4～5kg 撒入幼苗周围。亦可配制青草毒饵，即青草切碎，每 50kg 加入农药 0.3～0.5kg，拌匀后成小堆状撒在幼苗周围，每亩用毒草 20kg。还可制成油渣毒饵，油渣炒香后用 90%敌百虫拌匀，洒在幼苗周围可以诱杀地老虎、蝼蛄等多种地下害虫。或用某些发酵变酸的食物，如甘薯、胡萝卜、烂水果等加入适宜适量药剂，也可诱杀成虫。

（2）蛴螬：南方别名老母虫，北方别名核桃虫，其成虫即金龟子。成虫与幼虫都能为害，以幼虫为害最严重。幼虫是常见的地下害虫，以咬食根、地下茎为主，也咬食地上茎。成虫主要为害地上部分。

防治方法：①农业防治：移栽前与秋冬收获后铲除并拣尽田间及周围杂草。②物理防治：晚上用灯光诱杀成虫。③化学防治：发生期间用 90%敌百虫 1000 倍液或 50%的 E605 乳油 1000 倍稀释液浇灌洞穴；或用 25g 氯丹乳油拌炒香的麦麸 5kg 加适量水配成毒饵，于傍晚撒于植株附近诱杀。

（3）蚜虫：4～9 月发生，4～6 月虫情严重，立夏前后，特别是阴雨天蔓延更快。它的种类很多，形态各异，体色有黄、绿、黑、褐、灰等，为害时多聚集于叶、茎顶部柔嫩多汁部位吸食，造成叶子及生长点卷缩，生长停止，叶片变黄、干枯。

防治方法：①农业防治：彻底清除杂草，减少蚜虫迁入的机会。②化学防治：在发生期可用40%乐果1000～1500倍稀释液或灭蚜松（灭蚜灵1000～1500倍稀释液）喷杀，连喷多次，直至杀灭。

（4）钻心虫：全年繁殖4～5代，以幼虫钻入植株叶、根、茎、花蕾中为害，严重影响产量和质量。

防治方法：①农业防治：移栽前与秋冬收获后，铲除并拣尽田间及周围杂草。②物理防治：成虫盛期，选无风天晚上用灯光诱杀。③化学防治：卵期及幼虫初孵化未钻入植株前用90%敌百虫500倍液或40%氧化乐果乳油3000倍液喷杀。

（5）根节线虫：植物病原线虫，体积微小，多数肉眼不能看见。由线虫寄生可引起植物营养不良而生长衰弱、矮缩，甚至死亡。根结线虫造成寄主续断受害根畸形膨大。线虫以胞囊、卵或幼虫等在土壤或种苗中越冬，主要靠种苗、土壤、肥料等传播。

防治方法：在播种、种植时，可选用克线磷10%颗粒剂，穴施和撒施，施在根部附近的土壤中；或米乐尔颗粒剂在播种前撒施并充分与土壤混合，每亩用量4～6kg，米乐尔也可以拌入有机肥，施入土中，或制成毒土撒施后，翻入深3～10cm土壤中。

田间初发病时可选用50%辛硫磷乳油800倍液，或1.8%阿维菌素乳油300～400倍液，喷灌土壤，每亩用量1.5～3kg，处理1～2次，就可杀死地下和根茎线虫。

（八）套种、轮作与连作

续断有喜光照、怕阴的特性，因此续断种植不宜套种，套种会降低续断产量。续断不宜连作，连作会使根结线虫和根腐病等病虫害加重，影响药材产量和质量，因此种植一季续断后要轮作，最好轮作玉米等禾本科的作物。

（九）冬季管理

清园是冬季管理的主要工作，将园中枯枝落叶、杂草及续断干枯的枝叶清除，集中堆沤或烧毁，以减少病虫害的发生。清理厢沟、复垅。

贵州省龙里县麻芝乡续断规范化种植与GAP基地大田生长情况，见图33-4。

上述续断良种繁育与规范化种植关键技术，可于续断生产适宜区内，并结合实际因地制宜地进行推广应用。

【药材合理采收、初加工与储运养护】

一、合理采收与批号制定

（一）合理采收

1. 采收时间

一年生续断，秋播为播种后第二年的11月至第三年3月，春播为播种后当年的11月至第二年3月；两年生续断，秋播为播种后第三年的11月至第四年3月，春播为播种后第二年的11月至第三年的3月。

入冬续断（龙里县麻芝乡，一年生，2010.12.29）

越冬续断（龙里县麻芝乡，一年生，2011.2.25）

抽薹前续断（龙里县麻芝乡，两年生，2011.4.15）

已抽薹续断（龙里县麻芝乡，两年生，2011.6.12）

割薹打顶（龙里县麻芝乡新民村，2011.7）

玉米套种（龙里县麻芝乡新民村，2009.6）

图 33-4　贵州龙里县麻芝乡续断规范化种植与 GAP 基地大田生长情况

2. 采收方法

用镰刀割去地上部分茎秆，用二齿锄将续断整株挖出，抖去泥沙，用砍刀切去芦头。

（二）批号制定（略）

二、合理初加工与包装

（一）合理初加工

1. 净选分级

先除去芦头、泥土、杂草等，再进行初选，净选分级，根据根直径大小分为粗、中、细三级。粗者直径 2.5cm 以上，中者 1.5～2.5cm，细者 1.5cm 以下。

2. 干燥发汗

将拣选分级的续断药材进行干燥加工，以 80℃烘干为宜。如无烘制条件可晒干，晒至半干后集中堆捂发汗，再继续晾晒至干脆，见图 33-5。

续断大棚晾干（龙里县龙山镇，2009.11）

续断拣选分级（龙里县龙山镇，2009.11）

续断药材上坑烘干（龙里县龙山镇，2009.11）

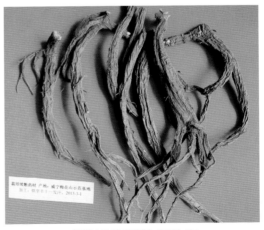

续断上坑烘干药材（2009.12）

图 33-5　续断药材初加工

（二）合理包装

将干燥续断，按 20～30kg 装袋，编织袋口麻线缝合，针距小于 2cm。在包装前应检查是否充分干燥、有无杂质及其他异物，所用包装应符合药用包装标准，并在每件包装上注明品名、规格、等级、毛重、净重、产地、批号，执行标准、生产单位、包装日期及工号等，并应有质量合格的标志。

三、合理储藏养护与运输

（一）合理储藏养护

续断应在避光、通风、阴凉（25℃以下）、干燥（相对湿度 60%以下）条件下储藏。堆放地面应铺垫厚 10cm 左右的木架，堆码高度适中（一般不超 5 层），距离墙壁不小于 20cm。续断在储藏过程中很容易吸潮变软、霉变、生虫，因此贮藏前应严格入库质量检查，防止受潮或染霉品掺入；平时应保持储藏环境干燥、整洁，特别是连续阴雨天气，应进行排湿养护；定期检查、翻垛，如发现吸潮或初霉品，应及时通风晾晒等处理。

（二）合理运输

续断批量运输时，可用装载和运输中药材的集装箱、车厢等运载容器和车辆等工具运输。要求其运载车辆及运载容器应清洁无污染、通气性好、干燥防潮，并禁止与其他有毒、有害、易串味的物质混装、混运。

【药材质量标准、质量检测与监控】

一、药材商品规格与质量检测

（一）药材商品规格

续断药材以无杂质、无霉变、无虫蛀、无焦枯，身干，条大，表面灰褐色，皮部墨绿色，外缘褐色，木部黄褐色者为佳品。其药材商品规格分为 3 个等级。

一级：干货。圆柱形，略扁，微弯曲，长 15～20cm，直径 1.5～2cm，表面灰褐色，皮部墨绿色，外缘褐色，木部黄褐色。气微香，味苦、微甜而后涩。无杂质、无虫蛀、无霉变。

二级：干货。圆柱形，略扁，微弯曲，长 8～15cm，直径 1.0～1.5cm，表面灰褐色至黄褐色，皮部浅墨绿色至棕色，外缘淡褐色。气微香，味苦、微甜而后涩。无虫蛀、无霉变，泥沙少。

三级：干货。圆柱形，弯曲，长 5～8cm，直径 0.5～1cm，表面黄褐色，皮部浅棕色，外缘淡褐色。气微香，味苦、微甜而后涩。无虫蛀、无霉变，带少量泥沙。

（二）药材质量检测

按照《中国药典》（2015 年版一部）续断药材质量标准进行检测。

1. 来源

本品为川续断科植物川续断 *Dipsacus asper* Wall. ex Henry 的干燥根。秋季采挖，除去根头及须根，用微火烘至半干，堆置"发汗"至内部变绿色，再烘干。

2. 性状

本品呈圆柱形，略扁，有的微弯曲，长 5~15cm，直径 0.5~2cm。表面灰褐色或黄褐色，有稍扭曲或明显扭曲的纵皱及沟纹，可见横裂的皮孔样斑痕及少数须根痕。质软，久置后变硬，易折断，断面不平坦，皮部墨绿色或棕色，外缘褐色或淡褐色，木部黄褐色，导管束呈放射状排列。气微香，味苦、微甜而后涩。

3. 鉴别

（1）显微鉴别：本品横切面木栓细胞数列，栓内层较窄。韧皮部筛管群稀疏散在。形成层环明显或不甚明显，木质部射线宽广，导管近形成层处分布较密，向内渐稀少，常单个散在或 2~4 个相聚。髓部小，细根多无髓。薄壁细胞含草酸钙簇晶。

粉末黄棕色。草酸钙簇晶甚多，直径 15~50μm，散在或存在于皱缩的薄壁细胞中，有时数个排列成紧密的条状。纺锤形薄壁细胞壁稍厚，有斜向交错的细纹理。具缘纹孔及网纹导管直径约至 72μm。木栓细胞淡棕色，表面观类长方形、类方形、多角形或长多角形，壁薄。

（2）薄层色谱鉴别：

①取本品粉末 3g，加浓氨试液 4mL，拌匀，放置 1h，加三氯甲烷 30mL，超声处理 30min，滤过，滤液用盐酸溶液（4→100）30mL 分次振摇提取，提取液用浓氨试液调节 pH 至 10，再用三氯甲烷 20mL 分次振摇提取，合并三氯甲烷液，浓缩至约 0.5mL，作为供试品溶液。另取续断对照药材 3g，同法制成对照药材溶液，照薄层色谱法（《中国药典》2015 年版四部通则 5202）试验，吸取上述两种溶液各 5μL，分别点于同一硅胶 G 薄层板上，以乙醚-丙酮（1:1）为展开剂，展开，取出，晾干，喷以改良碘化铋钾试液。供试品色谱中，在与对照药材色谱相应的位置上，显相同颜色的斑点。

②取本品粉末 0.2g，甲醇 15mL，超声处理 30min，滤过，滤液蒸干，残渣加甲醇 2mL 使溶解，作为供试品溶液。另取川续断皂苷Ⅵ对照品，加甲醇制成每 1mL 含 1mg 的溶液，作为对照品溶液。照薄层色谱法（《中国药典》2015 年版四部通则 0502）试验，吸取上述两种溶液各 5μL，分别点于同一硅胶 G 薄层板上，以正丁醇-醋酸-水（4:1:5）的上层溶液为展开剂，展开、取出、晾干，喷以 10%硫酸乙醇溶液，加热至斑点显色清晰。供试品色谱中，在与对照品色谱相应的位置上，显相同颜色的斑点。

4. 检查

（1）水分：照水分测定法（《中国药典》2015 年版四部通则 0832 第二法）测定，不得超过 10.0%。

（2）总灰分：照总灰分测定法（《中国药典》2015 年版四部通则 2302）测定，不得超过 12.0%。

（3）酸不溶性灰分：照酸不溶性测定法（《中国药典》2015 年版四部通则 2302）测定，

不得超过 3.0%。

5. 浸出物

照水溶性浸出物测定法(《中国药典》2015 年版四部通则 2201)项下热浸法测定,不得低于 45.0%。

6. 含量测定

照高效液相色谱法(《中国药典》2015 年版四部通则 2201)测定。

色谱条件与系统适用性试验:以十八烷基硅烷键合硅胶为填充剂,以乙腈-水(30:70)为流动相;检测波长为 212nm。理论板数按川续断皂苷 VI 峰计算应不低于 3000。

对照品溶液的制备:取川续断皂苷 VI 对照品适量,精密称定,加甲醇制成每 1mL 含 1.5mg 的溶液。精密量取 1mL,置 10mL 量瓶中,加流动相稀释至刻度,摇匀,即得。

供试品溶液的制备:取本品细粉约 0.5g,精密称定,置具塞锥形瓶中,精密加入甲醇 25mL,密塞,称定重量,超声处理(功率 100W,频率 40kHz)30min,放冷,再称定重量,用甲醇补足减失的重量,摇匀,滤过。精密量取续滤液 5mL,置 50mL 量瓶中,加流动相稀释至刻度,摇匀,即得。

测定法:分别精密吸取对照品溶液与供试品溶液各 20μL,注入液相色谱仪,测定,即得。

本品按干燥品计算,含川续断皂苷 VI($C_{17}H_{76}O_{18}$)不得少于 2.0%。

【附】续断 HPLC 指纹图谱的研究

1. 续断药材共有指纹峰的研究建立

考察了 24 批续断药材的色谱峰,用"中药色谱指纹图谱相似度评价系统 2004A 版"以龙里县湾寨乡续断(S1)为参照图谱,经过多点校正,自动匹配,以中位数法,生成对照图谱 R,由匹配数据的输出结果得到共有峰共 10 个,经过与对照品 HPLC 图谱比较,确认 10 号峰为川续断皂苷 VI,该峰面积较大,且分离度较好,因此选此峰作为参照色谱峰,计算各样品指纹图谱中共有峰的相对保留时间和相对峰面积,并在此基础上建立续断药材 HPLC 指纹图谱共有模式,见附图 1、附图 2。

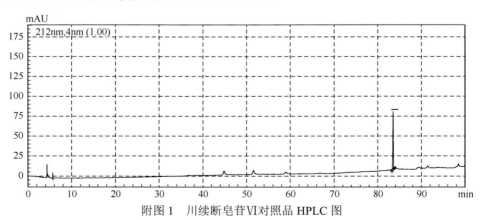

附图 1　川续断皂苷 VI 对照品 HPLC 图

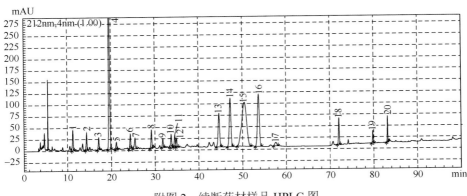

附图 2　续断药材样品 HPLC 图

2. 不同地理种源续断药材的相似度比较

将 24 批续断药材的色谱数据导入《中药色谱指纹图谱相似度评价软件系统》2004A 版软件，考察色谱峰相似度的一致性，进行相似度的评价。药材叠加图见附图 3。结果 24 批药材样品图谱相对于对照指纹图谱的相似度分别为：0.968、0.905、0.934、0.954、0.987、0.938、0.936、0.990、0.944、0.948、0.947、0.829、0.970、0.983、0.970、0.973、0.975、0.974、0.987、0.989、0.974、0.973、0.967、0.989。相似度分析表明，除第 12 批续断药材（江口县德旺乡）相似度略低（0.829）外，其余 23 批相似度均在 0.90 以上，相似度较高，见附表及附图 4。

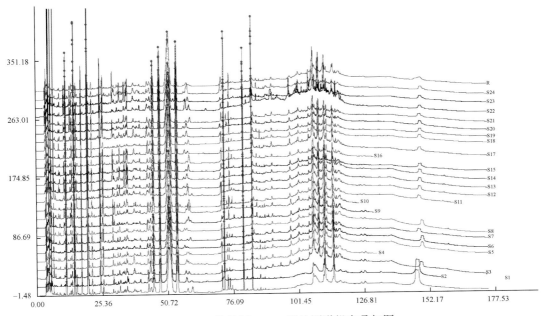

附图 3　24 批续断 HPLC 指纹图谱纵向叠加图

附表　24 批续断药材样品的相似度计算结果表（以对照图谱 R 计算）

编号	相似度	编号	相似度
1	0.968	10	0.948
2	0.905	11	0.947
3	0.934	12	0.829
4	0.954	13	0.97
5	0.987	14	0.983
6	0.938	15	0.97
7	0.936	16	0.973
8	0.990	17	0.975
9	0.944	18	0.974
19	0.987	22	0.973
20	0.989	23	0.967
21	0.974	24	0.989

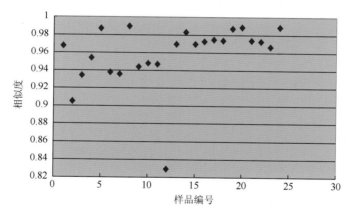

附图 4　24 批续断药材样品的相似度分布图（以对照图谱 R 计算）

【药材生产发展现状与市场前景展望】

一、生产发展现状与主要存在问题

长久以来，续断药材均以使用野生为主。20 世纪 90 年代，随着对续断应用的深入研发利用，续断药材的用量不断增大，贵州、湖北、云南的一些科研院所及企业等开始探索续断野生变家种及规范化种植技术。近年，贵州续断种植技术研究及种植生产发展迅速。据贵州省扶贫办《贵州省中药材产业发展报告》统计，2013 年，全省续断种植面积达 5.92 万亩，保护抚育面积 3.67 万亩；总产量达 7318.30t；总产值达 9584.00 万元。2014 年，续断种植面积达 3.75 万亩，保护抚育面积 1.52 万亩；总产量达 15900.00t；总产值达 9953.60 万元。其中，种植面积最大的有龙里县、威宁县、七星关区等地。续断规范化种植研究与 GAP 基地建设主要由贵州同济堂制药公司牵头，在承担国家"十一五"科技支撑计划"半夏、何首乌等 8 种药材规范化种植关键技术研究及应用示范"、贵州省科技厅重大专项"半夏、淫羊藿、金钗石斛等 7 种药材规范化种植和野生保护抚育关键技术研究及应用示范"中的"续断"子课题等项目后，较深入地进行了续断规范化种植关键技术研究与实践，并采取"农场化"（流转承包农户土地建立基地）和"公司+基地+农户""公司+基地+专业合作社"的模式在龙里县、威宁县等地建立了续断规范化种植基地。

贵州省续断规范化种植与生产基地建设虽已取得较好成效，但由于续断为多年生根类药材，良种繁育、种子种苗、规范化种植及其传统加工发汗处理等关键技术，都需要深入探索与进行技术推广，加强对广大农户的培训，使其更好掌握规范种植与初加工（包括"发汗"）等关键技术，希望政府及有关企业进一步加大投入力度，加强续断相关技术研究及应用培训，进一步解决续断基地有关技术人才、基础设施药材初加工设备与设施等问题，以免制约续断产业的发展。

二、市场需求与前景展望

续断药用历史悠久，为我国常用大宗药材之一，具有促骨伤愈合、抗骨质疏松、抗炎等作用。近 20 年来随着对续断应用的深入研究开发和利用，以续断为原料的中药成方制剂众多，如仙灵骨葆胶囊、骨松宝、万通筋骨片及复方续断接骨丸等数十个品种。随着仙灵骨葆胶囊等产品销量的增加，续断药材市场需求量也不断加大。例如，以续断为主要原料的产品仙灵骨葆胶囊的续断药材用量 2010 年为 413t、2011 年为 628t、2012 年 775t。但续断药材市场流通长期以野生品为主，我们通过调查研究发现，野生续断药材质量差异较大，同一地点采集的不同株药材样品，经依法检测有的样品川续断皂苷Ⅵ含量符合《中国药典》（2010 年版）标准规定（川续断皂苷Ⅵ可高达 7.6%），有的却达不到标准规定（川续断皂苷Ⅵ仅为 0.1%）。因此，采用优良种源发展续断规范化种植，可为市场提供安全有效、质量稳定而可控的续断药材，可有效保障以续断药材为原料的制剂质量，促进我国中药产业的健康发展，续断产业的经济效益、社会效益、扶贫效益和生态效益均将显著提升。

主要参考文献

艾明仙. 2007. 五鹤续断注射液对大鼠学习记忆及抗氧化酶的影响[J].中国老年学杂志，（11）：1044-1046.

曹纬国，陶燕铎，张丹，等. 2011. 重庆产区不同居群续断中总皂苷与川续断皂苷Ⅵ的含量分析[J]. 时珍国医国药，22（2）：332-334.

陈小砖，李福安，曹亚飞. 2004. 续断对大鼠去卵巢骨质疏松的骨形态计量学研究[J]. 中医正骨，（5）：7-9，63.

丁莉，武芸，周吉源. 2005. 五鹤续断的研究概况[J]. 西北药学杂志，20（5）：240-241.

富田尚子. 1996. 汉方药续断的成分研究[J]. 国外医学-中医中药分册，（3）：54.

顾坚毅，汤荣光，罗建中，等. 2001. 新伤续断汤对骨折愈合中胶原影响的实验研究[J]. 中国中医骨伤科杂志，9（4）：25-31.

江维克，周涛，肖承鸿，等. 2014. 基于化学指纹图谱药用植物种质资源多样性评价——以黔产川续断种质资源评价为例[J]. 中国现代中药，16（10）：813-818.

李宝芬，秦晓青，闫国强. 2012. 续断对去势大鼠骨密度的影响[J]. 中国中医骨伤科杂志，（1）：15-16.

刘二伟，吴帅，王家龙. 2010. 川续断 HPLC 指纹图谱研究[J].药物评价研究，33（6）：432-435.

马卫峰，周涛，江维克，等. 2013. 川续断居群主要活性成分的空间结构及地理分布[J]. 中国中药杂志，38（20）：3419-3423.

任红革，等. 2012. 续断对兔骨缺损修复中 BMP-2 基因表达的影响[J]. 延边大学医学学报，35（3）：163.

宋钦兰. 2007. 骨碎补、续断、西洋参对成骨细胞 MC3T3-E1 细胞增殖的影响[J]. 山东中医药大学学报，4（31）：332.

唐乾利，代波，王权胜，等. 2012. 续断种子方治疗免疫性男性不育的疗效观察[J]. 中医药学报，40（5）：69-70.

王晓艳，等. 2001. 川续断对 D-半乳糖所致衰老模型小鼠抗氧化系统影响的实验研究[J]. 黑龙江医药科学，5（24）：14.

吴丰喆，杨中林，李萍. 2008. 不同浓度和纯度川续断皂苷Ⅵ小鼠在体肠吸收比较研究[J]. 药学与临床研究，（4）：249-252.

亚华，徐文芬，高杰，等. 2010. 栽培川续断药材质量的综合考察[J]. 安徽农业科学，38（14）：7336-7338.

杨紫刚，许刚，李龙根，等. 2012. 云南续断药材 HPLC 特征指纹图谱研究[J]. 中药材，35（2）：206-209.

张永文，薛智. 1991. 川续断中的新三萜皂苷[J]. 药学学报，26（12）：911-917.

张玉芝，杨中林. 2008. 续断总皂苷磷脂复合物制备工艺及大鼠在体肠吸收研究[J]. 中成药，（7）：972-975.

郑志永. 2006. 续断苷对人成骨细胞增殖和分化作用研究[J].山东中医药大学学报，（5）：388-389.

（王新村　周　宁　贺　勇　冯中宝　危必路　冉懋雄）

34　葛　根

Gegen

PUERARIAE LOBAMLE RADIX

【概述】

葛根原植物为豆科植物野葛 *Pueraria lobata*（Willd.）Ohwi。别名：葛、白葛、甘葛、粉葛、黄葛根等。以干燥根入药，历版《中国药典》均予收载。《中国药典》（2015 年版一部）称：葛根味甘、辛，性凉。归脾、胃、肺经。具有解肌退热、生津止渴、透疹、升阳止泻、通经活络、解酒毒功能。用于外感发热头痛、项背强痛、口渴、消渴、麻疹不透、热痢、泄泻、眩晕头痛、中风偏瘫、胸痹心痛、酒毒伤中。葛根又是常用苗药，苗药名："Ghab jongx hfib"（近似汉译音："嘎炯非"），性冷，味甜；入热经。具有除烦止渴、补虚、解毒、透疹功能，主治烦热口渴、白口疮、麻疹初起、疹出不透、高烧头痛、久痢及酒毒等疾患。

葛根始载于《神农本草经》，列为中品。其后，诸家本草均予收录。如宋代《图经本草》云："葛根生汶山川谷，今处处有之，江浙尤多。春生苗，引藤蔓长一二丈，紫色。叶颇似楸叶而青，七月著花似豌豆花，不结实，根形如手臂，紫黑色，五月五日午时采根曝干，以入土深者为佳。"明代《本草纲目》将其列为草部蔓草类，并云："葛有野生，有家种。其蔓延长，取治可作缔绤。其根外紫内白，长者七八尺。……其子绿色，扁扁如盐梅子核，生嚼腥气，八九月采之。"葛根已有上千年应用历史，不仅是常用药材，而且还是原卫生部于 2002 年明确规定的"既是食品又是药品"的药材。葛根为我国中医药传统常用中药，也是贵州地道特色药材。

【形态特征】

葛根为多年生草质落叶藤本植物，藤蔓长可达 8m，全体被黄色长硬毛，茎基部木质，有粗厚的块状根。羽状复叶具 3 小叶；托叶背着，卵状长圆形，具线条；小托叶线状披针形，与小叶柄等长或较长；小叶三裂，偶尔全缘，顶生小叶宽卵形或斜卵形，长 7～19cm，宽 5～18cm，先端长渐尖，侧生小叶斜卵形，稍小，上面被淡黄色、平伏的疏柔毛，下面较密；小叶柄被黄褐色绒毛。总状花序长 15～30cm，中部以上有颇密集的花；苞片线状披针形至线形，远比小苞片长，早落；小苞片卵形，长不及 2mm；花 2～3 朵聚生于花序轴的节上；花萼钟形，长 8～10mm，被黄褐色柔毛，裂片披针形，渐尖，比萼管略长；花冠长 10～12mm，紫色，旗瓣倒卵形，基部有两耳及一黄色硬痂状附属体，具短瓣柄，翼瓣镰状，较龙骨瓣为狭，基部有线形、向下的耳，龙骨瓣镰状长圆形，基部有极小、急尖的耳；对旗瓣的一枚雄蕊仅上部离生；子房线形，被毛。荚果长椭圆形，长 5～9cm，宽 8～11mm，扁平，被褐色长硬毛。花期 9～10 月，果期 11～12 月。葛根植物形态见图 34-1。

（1. 花枝；2. 果枝；3. 花冠剖开后，示旗瓣、翼瓣、龙骨瓣；4. 花去花冠后，示花萼，雄蕊和雌蕊）

图 34-1　葛根植物形态图

（墨线图引自任仁安主编，《中药鉴定学》，上海科学技术出版社，1986）

【生物学特性】

葛根适应性强，常野生于海拔 1700m 以下较温暖湿润的山坡、沟谷、向阳的矮小灌木丛中或路边土坎上。喜温暖湿润气候，耐旱、耐寒、耐瘠薄，但怕水涝。葛根对土壤要求不严，在瘠薄的沙土、石砾土、黏土或石缝中均能生长，但以土层深厚、肥沃疏松、保水力强、排水良好、有机质丰富、pH5.5～8 的砂质壤土或壤土为宜。葛根可在最高气温40℃、最低气温－23℃、年降水量329mm 的气候条件下生长，但适宜生长的温度为22～30℃（以27～28℃生长最快），年降水量为800～1000mm，夏季高温多雨尤为有利；气温稳定达到 15℃时新根生长，25～30℃时适于块根形成，15～20℃时有利于块根中淀粉积累，生育期内较低温度有助于提高块根中异黄酮含量。

根据植株生长发育过程中地上各部分形态特征的变化，可将葛根生育期划分为 5 个时期：出苗期、幼苗期、块根第一次生长高峰期、块根第二次生长高峰期（块根迅速膨大期）、块根成熟期，从出苗到块根成熟全生育期为 250 天左右。以春播为例，①出苗期，一般 3 月初播种，3 月中下旬萌芽生长，表现为幼叶出土；②幼苗期，葛根出苗后，幼茎继续伸长，上部两片对生的卵圆形单叶（真叶）展开，此时地上部分生长速度较慢，而地下部根系生长较快，这个阶段持续约 20 天；③块根第一次生长高峰期，在出苗后 40～150 天完成，表现为地下部分从主根生长速度加快到块根形成、迅速伸长、增粗；④块根第二次生长高峰期，块根第一次生长高峰期后约 30 天，块根迅速膨大，此期大约持续 40 天；⑤块根成熟期，地上部分停止生长，地下部分完成同化物质的积累及转化。

【资源分布与适宜区分析】

经调查，我国葛根资源分布较广，除新疆、青海及西藏外，分布几遍全国，主产于河南、湖南、四川、云南、贵州、浙江、安徽、江苏、广西等地。

根据葛根的生物学特性及其对生长环境的要求，贵州境内很多地方适宜种植，尤其是榕江、兴仁、贞丰、纳雍、金沙、息烽、遵义、道真、务川、安顺、平塘等，因其野生资源较为丰富，当地百姓开发利用较早，种植加工基础较好，再加上政府扶持力度较大，企业参与程度较高，产业链形成较为完善，生产发展优势十分明显，是贵州省葛根生产最适宜区。

除上述生产最适宜区外，贵州省其他各县（市）区凡符合葛根生长习性与生态环境要求的区域均为葛根生产适宜区，能满足葛根生长发育与生产发展需要，可根据市场需求适当发展。

【生产基地合理选择与基地环境质量检（监）测评价】

一、生产基地合理选择与基地条件

按照葛根生产适宜区优化原则与生长发育特性要求，选择其最适宜区或适宜区并具良好社会经济条件的地区建立规范化生产基地。例如，在榕江、纳雍、息烽、遵义、道真、务川、安顺、金沙、平塘、兴仁、贞丰等地均可选建葛根规范化种植基地。上述各地不但自然条件适宜葛根生产，而且交通、通信等社会经济条件良好，当地党政大力支持葛根等中药材生产发展，广大农民有种植葛根的传统习惯与积极性，符合葛根生产基地的选择与基地建设条件。

二、生产基地环境质量检（监）测与评价（略）

【种植关键技术研究与推广应用】

一、种质资源保护抚育

葛属植物约 35 种，我国产 8 种及两变种，主要分布于西南、中南至东南部，长江以北少见。其中，野葛 *Pueraria lobata*（Willd.）Ohwi（《中国药典》2010 年版一部收载）和粉葛 *Pueraria lobata*（Willd.）Ohwi var. *thomsonii*（Benth.）Vaniot der Maesen 均为商品"葛根"的主要来源。

按照中药材 GAP 基地建设的需要和要求，对葛根优良种源地的野生葛根资源进行保护与抚育，如采取野生葛根分布地封禁保护以及对野生葛根植株建立种源保护圃相结合的方式进行葛根原种地保护，再配以葛根原种保护地建设。同时，还对野生葛根进行分区轮采、移密补稀等合理抚育措施，以利野生葛根的自然更新与种源保护。

二、良种繁育关键技术

（一）选地

选择土层深厚、疏松肥沃、排水良好、环境无污染、光照充足的缓坡耕地（坡度小于30°）、山地及零星空地作为葛根种植地，以保水力强、pH5.5～8 的砂质壤土或壤土为宜。

（二）整地

冬季及早深翻晒垡（深度 30～50cm），促进土壤熟化。春季种植前，以南北向按行距 1～1.2m 规格开挖种植沟，沟深和沟宽均为 50～60cm，沟长依土地情况而定；清除草根、石块等杂物，捕杀土蚕等害虫。将表土耕作层回填沟底 20～30cm 厚，然后向沟内施入基肥（腐熟厩肥 2000kg/亩、三元复合肥 50kg/亩、过磷酸钙 50kg/亩和适量农作物秸秆碎屑），再回填 10cm 厚表土，并将基肥与土壤拌匀，最后将种植沟理成高塝低埂，塝高 30cm，以确保葛根生长有 70cm 以上深度的松土耕作层。按地形开好围沟、"十"字沟，使排水畅通。

（三）繁殖方法

葛根的繁殖方式有扦插繁殖、压条繁殖、种子繁殖、分根繁殖等，生产上主要采用种子繁殖和扦插繁殖。

1. 种子繁殖

于 3 月下旬至 4 月上旬播种，播种前将种子用 40℃温水浸泡 24～48h，取出稍加晾干后播种。播种时，在整好的塝面上按株距 50～70cm 开穴（行距在整地中开挖种植沟时已定），穴深 3～5cm，每穴播种 4～5 粒，覆细土约 3cm 后浇透水。

2. 扦插繁殖

秋冬季采挖葛根时，选留健壮藤茎，截去头尾，选中间健壮部分剪成长 25～30cm 的插条，每段至少具三个节位，扎成小把假植于阴凉环境的湿沙中。翌年早春取出扦插，扦插前以 500mg/L 的吲哚丁酸溶液浸蘸插条下端 10s，然后在整好的墒面上按株距 50～70cm 开穴，穴深 20～30cm，每穴栽插 3～4 根插条，覆土踏实，每根插条留一个节位露于土面，浇透水，生根前保持土壤湿润。此外，也可按株行距 20cm×20cm 扦插育苗，一年后将幼苗移栽定植；还可采用营养袋育苗移栽。

三、规范化种植关键技术

（一）查缺补苗

播种或扦插后，随时检查葛根苗成活情况，及时补植缺失苗。

（二）中耕除草

中耕除草应根据杂草生长情况进行，一般每年 2～3 次即可。进入雨季后，杂草生长很快，须按照"除早、除小、除净"的原则，适时中耕除草。通常第一年中耕除草三次，第一次在苗齐后，第二次于 6～7 月，第三次在冬季落叶后结合清园进行；第二年起，每年中耕除草两次，第一次为齐苗后，第二次在冬季叶枯后进行。

（三）施肥灌溉

葛根生长速度快，需肥量大，属喜肥植物，应在苗期及时追肥促苗快长，以尿素 3kg/亩、氯化钾 5kg/亩和复合肥 3kg/亩兑水浇施或用沼液肥、清粪水浇施。当茎藤长到 1.5m 以上时，深扎的根系可以充分吸收利用基肥养分，可不再追肥。苗期如遇干旱，应及时灌溉、抗旱保苗；雨季到来前疏通排水沟，以防积水造成涝害。

（四）搭架引蔓

葛根是藤本攀缘植物，需要搭架引蔓攀缘生长才能促进块根膨大、获得高产。当茎藤长到约 50cm 长时，用 2m 左右长的竹竿或木杆斜插于同行相邻两株葛苗中间，使相邻两行的对应插竿交叉成"人"字形，再在上面横放一根长竿，用绳索捆绑固定，即可引蔓上架或缘坡为架，见图 34-2。

图 34-2　葛根搭架引蔓或缘坡为架

（五）整蔓摘蕾

葛根生长过程中应适时修剪整蔓以抑制疯长，减少营养消耗以促进块根膨大。每株葛苗可留 1～2 条藤蔓培养形成主蔓，在主蔓不到 1m 长时不留分枝侧蔓（随时剪除萌发的侧蔓），促进主蔓长粗长壮；主蔓 1m 以上的地方萌生的侧蔓全部留下用于长叶，以形成足够的光合面积。当所有侧蔓生长点距根部的距离达到约 3m 长时，应摘除顶芽，抑制疯长，促进藤蔓长粗长壮和腋芽发育，准备来年育苗的扦插芽节，确保根部膨大所需营养。下一年开春后及早修剪，每株葛根保留 2～3 条藤蔓培养形成主蔓，1m 以内不留分枝侧蔓。花蕾出现时应及时分期分批摘除花序，以防止养分过多消耗，确保块根营养物质积累，提高产量。

（六）扒土修根

如果植株长出的块根过多，将造成光合同化物分散，使块根个头小、产量低、品质差。因此，当块根形成后长至直径 2～3cm 时，可扒开植株四周土壤，选择 2～3 个较粗壮的块根留下，其余的予以去除，以保证营养物质的集中供应。

（七）主要病虫害防治

1. 锈病

（1）症状：主要为害叶片。叶面初现针头大的黄白至浅褐色小疱斑，之后疱斑表皮破裂，散出黄褐色粉状物（病菌夏孢子团）。发病严重时，叶面疱斑密布，撒满锈色粉状物，甚至叶片变形，致植株光合作用受阻，水分蒸腾量剧增，叶片逐渐干枯，影响地下块根膨大而导致减产。

（2）防治方法：锈病发生、流行与湿度密切相关，生产上应增强植株间的通透性，以降低田间湿度。发病初期选用 70%托布津与 75%百菌清按 1∶1 混合 1000～1500 倍液，或 40%三唑酮·多菌灵 1000 倍液，或 50%萎锈灵乳油 1000 倍液等药剂喷施。并注意与炭疽病、白粉病等防治结合进行。

2. 拟锈病

（1）症状：为害叶片、叶柄和茎，在叶片上以沿叶脉处病斑最多。发病初期对光观察可见叶脉周围和叶柄有褪绿黄斑，病斑进一步发展，黄斑呈黄色泡状隆起，用手挤破时有似黄色脓粉状物（原菌孢子囊和游动孢子）溢出；后期泡状物破裂，散出橙黄色粉末，其病斑所散出的粉状物似锈病（暂称拟锈病）。伴随受害细胞膨大而病斑后期呈菌座状肿大，在茎上呈肿瘤状，表面粗糙，划开表皮可见里面充满橙黄色孢子（囊）堆，严重时叶、叶柄呈畸形，最后变黄、萎蔫枯死。

（2）防治方法：高畦宽行种植，增强植株间通透性，降低田间湿度。选用 58%瑞毒霉锰锌 1500 倍液和 64%杀毒矾 1000 倍液交替喷施。

3. 根腐病

（1）症状：为害块根及茎蔓基部，苗期及块根形成期均可染病。苗期染病，在吸收根的尖端或中部表皮出现水渍状褐色病斑，严重者根系褐腐坏死，致地上部分植株矮小、生长缓慢、基部叶片过早变黄脱落、植株上部显现萎蔫症状。块根形成期染病，初期在块根表皮形成红褐色近圆形至不规则形稍凹陷的斑点，后期病斑密集，互相融合，形成大片暗褐色斑块，表面具龟裂纹，皮下组织变褐色干腐；横切块根可见维管束变红褐色，块根后期呈糠心形黑褐色干腐。

（2）防治方法：与其他作物轮作。结合整地，增施石灰调节土壤酸碱度，降低土壤中的病原菌数量。选用 50%复方多菌灵 800 倍液、3%米乐尔颗粒剂或 3%呋喃丹颗粒剂，加适量细土混合均匀制成毒土，施入种植穴内，尽量避免药剂与根系接触，以免发生药害。

4. 褐斑病

（1）症状：为害叶片，使叶褐变、穿孔、枯死。6~8 月发生。

（2）防治方法：用 65%代森锌 500 倍液喷雾防治，并立即剪除病叶。

5. 金龟子

（1）症状：以成虫为害葛根的叶片，常把叶片咬成缺刻，严重时整张叶片被吃光，仅剩叶脉。

（2）防治方法：利用成虫的强趋光性，傍晚在田边地头烧火堆或以黑光灯进行捕杀。用盆装 90%晶体敌百虫 500 倍液放在植株下，震动植株使虫落入盆中、毒杀。

6. 大蟋蟀

（1）症状：以若虫、成虫为害葛根。通常在 3~5 月幼苗期发生较为严重，咬断幼苗，造成缺苗断株；9 月份为其产卵盛期，同时若虫出现，10~11 月若虫常出土为害，12 月若虫开始越冬，但尚未真正休眠，0℃的夜晚仍有若虫为害。

（2）防治方法

毒饵诱杀：以饵料（炒香的麦麸或米糠）16 份、敌百虫 1 份，加适量水充分搅拌成豆渣状毒饵，撒在大蟋蟀活动区域进行诱杀。堆草诱杀：在田间每距 3m 左右堆放 10cm 厚的小草堆，用 90%晶体敌百虫 100 倍液浸蘸诱杀。药液灌洞：用 80%敌敌畏乳油 800 倍液浇灌洞穴；亦可结合浇水用 6%林丹粉 1000g 掺细潮土 10~15kg，拌匀、撒于地表后浇水。人工捕杀：傍晚检查，发现若虫、成虫及时进行人工捕杀；或用水加汽油灌洞，迫使其外逃而捕杀。

7. 地老虎

（1）症状：越冬成虫 2 月底出现，3 月中旬至 4 月中旬为害严重；初龄幼虫多在土表和寄主叶背或心叶里昼夜取食为害，一代幼虫于 5 月中下旬至 6 月上旬为害严重，3 龄幼虫通常在夜间出来为害。成虫有趋化性，对糖醋液趋性强，经常取食花粉。

（2）防治方法：春季进行春耕压草或清除田间杂草，带出田外烧毁或深埋。冬闲时冬耕翻晒，消灭越冬幼虫和蛹；春播前多耕耙，减少土中虫粒。早春用红糖 3 份、醋 3 份、白酒 1 份、水 10 份、90%晶体敌百虫 10g，混合盛于器皿中诱杀，也可用黑光高压诱虫灯诱杀。幼虫 3 龄前尚未入土时，每亩用 2.5%敌百虫粉 2～2.5kg 撒于地面，或用 90%晶体敌百虫 800～1000 倍液喷洒地表。

8. 蚜虫

（1）症状：春夏发生，吸食茎叶汁液，使叶片皱缩。

（2）防治方法：用 40%乐果 1000 倍液喷洒防治。

9. 斑蝥

（1）症状：7～8 月开花时咬吃花朵。

（2）防治方法：于清晨害虫尚未活动时捕杀。

上述葛根良种繁育与规范化种植关键技术，可于葛根生产适宜区内，结合实际因地制宜地进行推广应用。

【药材合理采收、初加工与储运养护】

一、合理采收与批号制定

（一）合理采收

葛根一般种植 3～4 年即可采收，如用根头繁殖，则种植 1～2 年便可采收。于冬季叶片枯黄至次年春季萌动前采收，采收时先拔除支架，割去地上藤蔓，再挖开植株周围土壤，见到块根后小心将其完整挖出，除去泥土，运回加工。

全窝采挖法：将葛根全窝挖出，大块根用作药用，小块根另行种植。

挖大留小法：选挖大块根，留下小块根继续生长，来年再采挖，可如此循环 3～4 年。

（二）批号制定（略）

二、合理初加工与包装

（一）合理初加工

将采收回的块根用清水洗净，刮去粗皮，于水中浸泡约 12h，捞出清洗，置阳光下摊放、曝晒至五成干后，切成 13～17cm 长段，直径 10cm 以上者纵剖成两瓣，也可切成长、宽、厚各为 1～1.5cm 的方块或 0.6～1cm 宽的长形片，继续晒至足干；遇阴雨天则摊放在通风、干燥处晾干，忌用火烘烤，以防表面积聚油脂，影响产品质量。也可采用不锈钢刀片切片机将洗净的块根趁鲜纵切为长方形或小方块，长 5～40cm，厚 1.5～2cm，随切随烘，按不同等级分别装入烘干床中，厚 10cm 左右，进风口温度控制为 60～65℃，出风口温度为 40～46℃，烘干过程中翻动数次，直到含水量为 14%以下时即可。葛根药材的采收、初加工及其药材分别见图 34-3、图 34-4。

（二）合理包装

干燥后的葛根药材应立即分级包装,内包装用无毒无污染塑料袋,外包装用防水纸箱,

25kg/件，封口打包用印有药材生产单位名称的封口胶和打包带。每件包装物上应标明品名、产地、规格、等级、净重、毛重、生产日期或批号、生产者或生产单位、执行标准、包装日期，并附质量检验合格证等。

图 34-3　葛根药材采收与初加工

图 34-4　葛根药材

三、合理储藏养护与运输

（一）合理储藏养护

包装好的药材，应于通风干燥处或专门仓库室温下贮藏。仓储应具备透风、除湿设备及条件，货架与墙壁的距离不得小于 30cm，离地面距离不得小于 20cm。水分超过 14.0% 的药材不得入库。库房应有专人管理，防潮，防霉变，防虫蛀，防鼠害等。贮藏时，应保持环境干燥、整洁，应加强仓储养护与规范管理，定期检查、翻垛，发现吸潮或初霉品或虫蛀，应及时进行通风、晾晒等处理。

（二）合理运输

葛根药材运输时，不得与农药、化肥等其他有毒有害物质或易串味的物质混装。运载容器应具有较好的通气性，以保持干燥，遇阴雨天气应严密防雨防潮。

【药材质量标准、质量检测与监控】

一、药材商品规格与质量检测

（一）药材商品规格

葛根药材以无芦头、杂质、虫蛀、霉变、皮壳、焦枯且身干、色白、筋少、个大者为佳品。葛根药材商品通常分为以下三个等级。

一级：干货。呈圆柱形、近纺锤形或半圆柱形，长 13～17cm，中部直径 5cm 以上，全体粉白，横切面可见由纤维束形成的浅棕色同心环纹，纵切面可见由纤维束形成的纵纹。粉性足，气味甜。

二级：干货。呈圆柱形、近纺锤形或半圆柱形，长 13～17cm，中部直径 3cm 以上，全体粉白，横切面可见由纤维束形成的浅棕色同心环纹，纵切面可见由纤维束形成的纵纹。粉性足，气味甜。

三级：干货。呈圆柱形、近纺锤形或半圆柱形，长 13～17cm，中部直径 1.5cm 以上，全体粉白，横切面可见由纤维束形成的浅棕色同心环纹，纵切面可见由纤维束形成的数条纵纹。粉性足，间有断根、碎根，味微甜。

（二）药材质量检测

按照《中国药典》（2015 年版一部）葛根药材质量标准进行检测。

1. 来源

本品为豆科植物野葛 *Pueraria lobata*（Willd.）Ohwi 的干燥根。秋、冬二季采挖，趁鲜切成厚片或小块；干燥。

2. 性状

本品呈纵切的长方形厚片或小方块，长 5～35cm，厚 0.5～1cm。外皮淡棕色至棕色，有纵皱纹，粗糙。切面黄白色至淡黄棕色，有的纹理明显。质韧，纤维性强。气微，味微甜。

3. 鉴别

（1）显微鉴别：本品粉末淡棕色。淀粉粒单粒球形，直径 3～37μm，脐点点状、裂缝状或星状；复粒由 2～10 分粒组成。纤维多成束，壁厚，木化，周围细胞大多含草酸钙方晶，形成晶纤维，含晶细胞壁木化增厚。石细胞少见，类圆形或多角形，直径 38～70μm。具缘纹孔导管较大，具缘纹孔六角形或椭圆形，排列极为紧密。

（2）薄层色谱鉴别：取本品粉末 0.8g，加甲醇 10mL，放置 2h，滤过，滤液蒸干，残渣加甲醇 0.5mL 使其溶解，作为供试品溶液。另取葛根对照药材 0.8g，同法制成对照药材溶液。再取葛根素对照品，加甲醇制成每 1mL 含 1mg 的溶液，作为对照品溶液。照薄层色谱法（《中国药典》2015 年版四部通则 0502）试验，吸取上述三种溶液各 10μL，分别点于同一硅胶 G 薄层板上，使成条状，以三氯甲烷-甲醇-水（7：2.5：0.25）为展开剂，展开，取出，晾干，置紫外线灯（365nm）下检视。供试品色谱中，在与对照药材色谱和对照品色谱相应的位置上，显相同颜色的荧光条斑。

4. 检查

（1）水分：照水分测定法（《中国药典》2015 年版四部通则 0832 第二法）测定，不得超过 14.0%。

（2）总灰分：照总灰分测定法（《中国药典》2015 年版四部通则 2302）测定，不得超过 7.0%。

（3）浸出物：照醇溶性浸出物测定法（《中国药典》2015 年版四部通则 2201）项下热浸法测定，用稀乙醇作溶剂，不得少于 24.0%。

5. 含量测定

照高效液相色谱法（《中国药典》2015 年版四部通则 0512）测定。

色谱条件与系统适用性试验：以十八烷基硅烷键合硅胶为填充剂；以甲醇-水（25：75）为流动相；检测波长为 250nm。理论板数按葛根素峰计算应不低于 4000。

对照品溶液的制备：取葛根素对照品适量，精密称定，加 30%乙醇制成每 1mL 含 80μg 的溶液，即得。

供试品溶液的制备：取本品粉末（过三号筛）约 0.1g，精密称定，置具塞锥形瓶中，精密加入 30%乙醇 50mL，称定重量，加热回流 30min，放冷，再称定重量，用 30%乙醇补足减失的重量，摇匀，滤过，取续滤液，即得。

测定法：分别精密吸取对照品溶液与供试品溶液各 10μL，注入液相色谱仪，测定，即得。

本品按干燥品计算，含葛根素（$C_{21}H_{20}O_9$）不得少于 2.4%。

二、药材质量标准提升研究与企业内控质量标准制定（略）

三、药材留样观察与质量监控（略）

【药材生产发展现状与市场前景展望】

一、葛根生产发展现状与主要存在问题

葛根是我国著名且常用的中医药药食两用药材。近年来，贵州省葛根种植规模迅速扩大。据贵州省扶贫办《贵州省中药材产业发展报告》统计，2013 年，全省葛根种植面积达 2.38 万亩，保护抚育面积 0.79 万亩；总产量达 40580.90t；总产值达 12763.78 万元。2014 年，全省葛根种植面积达 3.36 万亩，保护抚育面积 0.60 万亩；总产量达 14200.00t；总产值达 7657.88 万元。种植面积较大的是黔东南（榕江等）、黔西南（兴仁、贞丰等）、黔北（务川等）等地。但葛根产业的发展与其他农作物的发展不同，发展成本高、风险大。多数作物的发展是在研究部门经过引种试验，在品种筛选、栽培技术相对成熟的条件下推广应用的，而葛根是在没有前期试验的情况下，由企业根据别人的生产经验引进的，对品种

在当地的适应性研究及配套栽培技术方面没有理论基础，对成品的经济效益估计不足，风险系数增大；没有自己成熟的苗木繁育技术，靠引进苗木生产，使成本增加。葛根产业发展处于起步阶段，产品由企业引进，加之目前，贵州省对葛根本地种植没有进行充分的研究和开发利用，且资源利用率不高，葛根工业的残渣、残料发展食用菌、饲料的生产，葛根优质纤维及其制品均有待开发利用。

二、葛根市场需求与前景展望

近年来，随着我国对葛根研究的不断深入，在理论研究、应用和产品开发方面得到前所未有的发展，为我国葛根产业的生产发展提供了理论依据，为其应用和产品开发奠定了坚实基础。主要表现在以下三个方面：一是葛根的临床应用广泛，葛根含有葛根黄酮、葛根素、大豆黄酮等二十多种成分，具有众多药理作用，能够降低心肌耗氧量，使冠脉、脑血流量增加，具有明显缓解心绞痛、抗心律失常、抗氧化、增强机体免疫力、降血糖等作用。另外，葛根素、葛根苷元在体内分布广且快，消除也快，不易积累，无代谢饱和现象，为临床安全合理用药提供了重要依据。在临床上主要用于心肌梗死及心律失常、高血压及高黏滞血症、慢性单纯性青光眼和脑血栓。二是葛根的食品开发发展很快，葛根科研人员已从多方面开发葛根、利用葛根研制葛根系列食品，人们对葛根食用重视程度空前提高。如今国内外已将葛根开发成葛根口服液、葛根面包、葛根面条、葛根粉丝、葛根冰激淋、葛根饮料、葛冰、葛根罐头、葛根混合精、葛粉红肠等系列保健食品。食品研制到大规模生产、上市销售以及打开国际市场有待各级部门的共同努力和协作。同时，葛根花、葛根种子及葛根叶也可药用，其花入药名为"葛花"，味甘，性凉，具有解酒醒脾功能，用于伤酒发热烦渴，不思饮食，呕逆吐酸，肠风下血及吐血等。其种子入药名为"葛谷"，具有补心、清肺、解酒毒功能，可用于重度急性酒精中毒，伤酒发热烦渴，不思饮食，呕逆吐酸，下痢等。其叶入药名为"葛叶"，主金疮止血，刺伤出血等。三是葛根利于生态环境保护，可利用葛根藤茎具有匍匐、坚韧之性，其茎叶覆盖地面可防干燥，扎根后可防水土流失之特点，在园林景观设计、防洪堤坝和水土流失等方面也得到飞速发展。

总之，我国对葛根的种植、医药、食品、加工等研究开发与应用均取得了较大成绩，但还存在不少薄弱环节。如葛根新品种的选育及配套栽培技术、深加工和相关产品研发、野葛资源应用及其综合利用等。在未来的葛根研发与应用中，还需加大野葛资源的保护和利用、葛根开花结薯等生物学基础、优良基因发掘和品种培育、葛根质量评价、有效成分分离提取与综合利用等；还需要继续加强葛根的医药学、临床应用及其花、种子、叶的深入研究，加强葛根"产、学、研"一体化，开发和培育市场，促进葛根产业化，实现葛根综合利用和经济效益的最大化。

主要参考文献

杜艳秋，赵敏. 2005. 葛根素对敌敌畏中毒大鼠肝脏保护作用的研究[J]. 中国腹部疾病杂志，5（6）：408-409.

令狐路. 2004. 葛根素治疗心律失常疗效观察[J]. 实用医技杂志，11（11）：2425-2426.

刘灿坤，于瑞杰. 1997. 论古今药用葛根的品种[J]. 时珍国药研究，5：36-37.

马佳佳，马恒，王跃民，等. 2013. 葛根素对大鼠腹主动脉的舒张作用及其机制[J]. 第四军医大学学报，24（12）：2231-2234.

倪秀芹,李星,赵玲辉,等.2010. 葛根素对大鼠心肌梗死后梗死部位胆碱能神经支配的影响[J]. 中国新药与临床杂志,24(12): 968-970.

孙霞.2011. 葛根素治疗慢性酒精中毒 68 例疗效观察[J]. 临沂医学专科学校学报,27：291-292.

王晓青,傅静.2009. 葛根的药理作用研究进展[J]. 北京中医药大学学报,17（3）：39.

严晓华,张雪梅,蓝健姿,等.2010. 葛根素注射液对慢性肾炎尿蛋白及肾功能的影响[J]. 中国中西医结合肾病杂志,6（8）：475-476.

张兆志,王利红,李广琪,等.2010. 葛根素治疗重度急性酒精中毒 90 例临床疗效观察[J]. 武警医学院学报,15（2）：143-144.

中国科学院《中国植物志》编辑委员会.1995. 中国植物志（第41卷）[M]. 北京：科学出版社.

（张明生）

35　魔　芋

Moyu

AMORPHOPHALLI RHIZOMA

【概述】

　　魔芋原植物为天南星科植物魔芋 *Amorphophallus rivieri* Durieu。别名：蒟蒻、蒻头、鬼头、鬼芋、虎掌、白蒟蒻、黑芋头、花麻蛇等。块茎入药。魔芋味辛、苦，性寒，有毒。具有清热解毒、化痰消积、行瘀散结、杀虫止痛功能。用于痰嗽、疟疾、积滞、瘰疬、症瘕、跌打损伤、痈肿、疔疮、丹毒、烫火伤、蛇咬伤等。魔芋又是常用布依族药，布依族药名："no53 tsw11 noi53"（近似汉译音："裸七乃"），布依族药用经验主要为外用，如以魔芋、螺蛳、蛇倒退等各适量，捣烂，敷患处，主治九子疡等。

　　魔芋药用与食用历史悠久，以"蒟蒻"之名，始载于宋代《开宝本草》，云："蒟蒻，生吴、蜀。叶似由跋、半夏，根大如碗。生服地，雨（露）滴叶下生子。又有斑杖，苗相似，至秋有花直出，生赤子，其根敷痈肿毒，甚好。"其后诸家本草均予收载。例如，明代李时珍《本草纲目》云："蒟蒻，出蜀中，施州亦有之，呼为鬼头，闽中人亦种之。宜树荫下掘坑积粪，春时生苗，至五月移之，长一二尺，与南星苗相似，但多斑点。宿根亦自生苗，其滴露之说盖不然。经二年者如碗及芋魁，其外理白，味亦麻人。秋后采根，须净擦，或捣，或片段，以酽灰汁煮十余沸，以水淘洗，换水更煮五六遍，即成冻子，切片，以苦酒五味淹食，不以灰汁则不成也。切成细丝，沸汤沦过，五味调食，状如水母丝。马志言苗似半夏，杨慎《丹铅录》言蒟酱即此者，皆误也。"从上足见，魔芋药用食用与人工种植的悠久历史，均与现今相符。魔芋在我国西南地区如四川、贵州、云南、广西等地分布极广，民间广泛食用与药用，并早已人工种植。魔芋是贵州盛产的著名药食两用特色药材。

【形态特征】

　　多年生宿生草木，高达 30～100cm。地下块茎扁球形，肉质，粗壮，直径 8～25cm。

顶部中央多下凹，暗红褐色；颈部周围生多数肉质根及纤维须根。叶从球形块茎中央生出，直立，柄长 45～150cm，基部 3～5cm，叶柄青白色或黄绿色，光滑，有绿褐色或白色斑块；基部膜质鳞片 2～3 片，披针形，长 7.5～20cm；叶片大，绿色，三次羽状分裂，一次裂片具长宽 50cm 的柄，二歧分裂，二次裂片二回羽状分裂，或二回二歧分裂；小裂片互生，大小不等，长 2～8cm，长圆状椭圆形，骤狭渐尖，基部宽楔形，外侧下延成翅状；侧脉多数，纤细，平行，近边缘联结为集合脉。从球形块茎顶端出花序，花序柄长 50～100cm，粗 1.5～2cm，色泽同叶柄，佛焰苞喇叭状，长 20～30cm，基部席卷，管部长 6～8cm，宽 3～4cm，苍绿色，杂以暗绿色斑块；檐部长 15～20cm，宽约 3cm，心状圆形，边缘折波状，外面绿色，内面深紫色；肉穗花序扁平，比佛焰苞约长一倍，花红紫色，有臭味，雌花序圆柱状，长约 6cm，粗约 3cm，紫色；雄花序紧接（有时杂以少数两性花），长约 8cm，粗约 2cm；附属器圆锥形，长 20～25cm，中空，深紫色；雄花花丝长 1mm，花药长 2mm；子房苍绿色或紫红色，2 室，花柱与子房近等长，柱头边缘 3 裂。浆果近球状或扁球形，成熟时黄绿色。花期 4～6 月，果期 8～6 月。

主产于我国华东、华中及西南等地的同科同属植物疏毛魔芋 *Amorphophallus sinensis* Belval（图 35-1）、东川魔芋 *Amorphophallus mairei* Levl. 等，亦可药用及食用。

(1-4. 疏毛魔芋*Amorphophallus sinensis* Belval：1. 佛焰花序，2. 肉穗花序，3. 雌花，4. 雄花；
5-9. 南蛇棒*A. dunnii* Tutcher：5-6. 佛焰花序，7. 肉穗花序，8. 花，9. 雄花；
10-13. 蛇枪头*A.mellit* Engl：10. 佛焰花序，11. 肉穗花序，12. 雌花，13. 雄花。)

图 35-1　魔芋植物形态图

（墨线图引自《中国植物志》编辑委员会，《中国植物志》，第 13 卷第 2 分册，科学出版社，1995）

【生物学特性】

一、生长发育习性

魔芋属热带、亚热带半阴性植物，多生于气候温和的山野疏林、灌丛、林缘或溪谷等阴湿处。其从芽萌发、发根、展叶到新老球茎开始更替（俗称"换头"），完成新球茎迅速膨大、充实和成熟，出现自然倒伏后的全生长发育过程都有特性。魔芋发芽最低温度10℃；15℃以上根生长伸长；18～30℃茎叶生长迅速；土温23～27℃最适球茎生长膨大；气温低于10℃或高于35℃均不利其生长，当气温达35℃时，7天后叶柄开始皱缩，达40℃时，4天后叶片皱缩黄化，球茎长期在0℃以下，细胞结构破坏，失去生活力。在魔芋的整个发育期间，吸收钾肥最多，氮肥次之，磷肥最少，需肥规律氮：磷：钾为6：1：8，但魔芋在不同生育阶段对氮、磷、钾的需求也不同，在生育前期需肥量不大，当魔芋换头后需肥量增加，块茎膨大时达到需肥的高峰期。魔芋抗逆性强，对某些环境胁迫因子（如病虫害、干旱、水涝等）表现出较强抵御能力，以利魔芋生长发育。

二、生态环境要求

魔芋在海拔250～2500m的山间田野均有生长，喜温，喜湿，喜阴，怕严寒，忌高温，不耐旱且不耐涝。低纬度高海拔山区、亚热带湿润季风气候、日照较少、雨量丰富、湿度较大的环境，最适魔芋生长发育。其要求年平均气温为12～20℃，夏季温度38℃以下，≥10℃活动积温2200～6300℃，无霜期240天以上；年降水量800～1200mm或小于1800mm；忌强光照射，要求光照强度较弱且光照时间不宜过长，以多阴少阳环境为佳。魔芋在土层深厚、湿润、肥沃、疏松、通气及排水良好、保水保肥能力强的黄壤、红壤等砂质壤土中生长良好；土壤pH6.5～7.5为最佳，偏酸性土壤pH5.5～6.5或偏碱性土壤pH7.5～8.5也可种植。但酸碱性较强的土壤不适宜魔芋生长，尤其是酸性较强的土壤种植魔芋时较易发生病害。魔芋还是喜肥高产作物，宜在土壤肥沃、有机质含量高的地带种植，并要求氮磷钾肥应合理配比施用。

【资源分布与适宜区分析】

一、资源调查与分布

经调查，魔芋主要分布于东半球热带、亚热带；主产于我国、日本及东南亚的缅甸、越南、印度尼西亚等国和非洲部分国家，目前美洲和欧洲还没有种植记载。从产量和规模上来看，魔芋主要集中分布与主产在中国和日本。魔芋种类很多，据统计全世界有260多个品种，中国有记载的为19种，其中8种为中国特有。我国为魔芋原产地之一，主要分布于西南、华中、华东、华南等地。其主产区为云南、贵州、四川、陕西南部和湖北西部，以四川盆地周围山区等地的魔芋资源最为丰富。

但从农艺学的角度看，迄今魔芋还是一种很原始的作物，东南亚不少产地和中国少数产地还未进入栽培阶段，而仍以挖取野生资源为主。进入栽培行列的，也主要是植物分类学中的"种"，很少是品种。据调查，目前我国魔芋也基本停留在栽培"种"的层次上，主栽的"种"是花魔芋、白魔芋、黄魔芋（含多个种）等。其中花魔芋分布广，占总产量的80%以上；经审定的花魔芋有万源花魔芋、清江花魔芋和渝魔一号等。白魔芋分为三个类型，据其叶柄斑纹可分为青秆、麻秆和粉红秆，其中以青秆和麻秆产量和抗性为好。而黄魔芋实际上是几个黄色球茎种的总称，其有勐海魔芋、西盟魔芋和攸乐魔芋等；目前黄魔芋已开始进行人工栽培，其品种选育的潜力极大。

据调查与药农实践经验表明，花魔芋宜在温暖湿润、云雾多、山峦相互遮阴的环境，如云贵高原海拔1000～2100m的山原山地和海拔800～2100m的大巴山南北山区、汉中平原、四川盆地周围山区、鄂西北山地、湖南山地、南岭山地及苗岭山地等区域种植。白魔芋宜在较为干热、日照较强烈的环境，如金沙江流域海拔600～1600m的干热河谷地带和滇西海拔低于2000m区域种植。四川东部及重庆市的大巴山山区和金沙江河谷地带是全国最重要而著名的白魔芋产区。黄魔芋宜在黔西南、滇南、滇东南和广西等海拔700～2200m区域种植。

二、贵州资源分布与适宜区分析

魔芋在贵州全省均有分布，尤以黔北（如湄潭、凤冈、习水、务川、道真、正安、遵义、绥阳等）、黔东南（如雷山、台江、凯里、丹寨、黄平、施秉、麻江等）、黔东北（如沿河、德江、思南、印江、江口等）、黔南（如都匀、龙里、贵定、平塘、荔波等）、黔中（如修文、开阳、清镇、安顺、平坝、紫云等）、黔西北（如威宁、七星关、大方、织金、金沙等）、黔西（如六枝、水城等）、黔西南（如贞丰、安龙、兴仁、兴义等）为魔芋生产最适宜区。尤其是黔东南州雷山、台江、凯里、丹寨、黄平、施秉、麻江等，遵义市湄潭、习水、务川、道真、正安等以及六盘水市、毕节市等地，位于贵州东南部及北部，地处云贵高原向四川盆地和湖南丘陵过渡的斜坡地带，以及黔西、黔西北等以山地丘陵为主、海拔为900～1500m的地带。上述地区属中亚热带高原湿润季风区，气候温和湿润，夏无酷暑，冬无严寒，四季分明，雨热同季，无霜期长，多云寡照，≥0℃年积温5500～6070℃，平均气温12.6～13.1℃，年降水量1000～1300mm。土壤类型以黄壤、砂壤、石灰土等为主，多为微酸性，土层深厚而肥沃，农业生产较发达，并且当地农户有种植魔芋等药材的习惯和经验。因此，上述区域均为魔芋生产最适宜区。

除上述生产最适宜区外，贵州省其他各县（市）区凡符合上述自然条件，又具发展药材社会经济条件，并有魔芋等药材种植与加工经验的分布区域，均为魔芋生产适宜区。

【生产基地合理选择与基地环境质量检（监）测评价】

一、生产基地合理选择与基地条件

按照魔芋生产适宜区优化原则与其生长发育特性要求，选择其最适宜区或适宜区并具良好社会经济条件的地区建立规范化生产基地。现在雷山、台江、修文、织金等地均有魔芋生产基地。特别是黔东南州已具备较好的发展魔芋产业基础。该州各县历史上均有分散零星种植魔芋的习惯，如雷山县通过多年的实践和探索，一直在最适宜区域保持适度规模和魔芋精粉的加工。台江县近年来在种植基地方面，形成了雏形规模和不同区域的试点。其主要的栽培品种花魔芋品质较好，其葡甘露聚糖含量较高，适宜性好，黏度极高，为魔芋产业的开发奠定了坚实的基础。如在雷山县西江镇脚尧村已建立魔芋规范化生产基地（以下简称："贵州雷山魔芋基地"，见图35-2），该地平均海拔1400m，属中亚热带季风湿润气候，四季分明，气候温和，多年平均气温14℃，最低的1月为3℃，最热的7月为22℃，极端最低气温为-11℃，极端最高气温为32℃，年无霜期为270天，年日照时数960h，年总辐射量 3200MJ/m²，年平均降水量为 1400mm。土壤类型为黄壤，微酸性，土层深厚，肥沃疏松。基地远离城镇，无污染源。当地政府重视，农户有种植魔芋的习惯和积极性，已建立较为集中连片的魔芋基地。

图 35-2　贵州雷山魔芋基地（2014 年）

又如，在贵州省六盘水市六枝特区也建立了魔芋规范化种植与加工基地，见图 35-3。

图 35-3　贵州六盘水市六枝特区魔芋规范化种植基地（2014 年）

二、生产基地环境质量检（监）测与评价（略）

【种植关键技术研究与推广应用】

一、种质资源保护抚育

魔芋是贵州传统药食两用药材，种质资源丰富，但由于生态环境恶化与人们应用魔芋日增，致使魔芋种质资源日趋遭到破坏，在对全省魔芋种质资源，特别是黔东南、黔南、黔西北、黔西、黔北、黔西南等地的野生魔芋种质资源进行调查后发现，要切实加强保护与抚育，并加强其优良品种选育与人工种植，尤其要优选适于贵州种植与生产发展的品种（如花魔芋，因其适应性强，种植面较广，抗病力又较强，品质也好，据有关资料介绍，经 12 个魔芋品种对比试验的结果，贵州花魔芋抗软腐病居第二位），切实保护其优良魔芋种质资源，更好发展魔芋规范化种植与产业化，以满足人民需要，以求永续利用。

二、良种繁育关键技术

（一）选种保种

1. 种芋选择

以花魔芋小球茎作种芋无性繁殖为主，其外尚可用魔芋球茎切块繁殖、根状茎繁殖及顶芽直接繁殖。

（1）小球茎整芋繁殖：本法最为常用，以 2 年生魔芋的小球茎为好。在选种时，首先应注意区别叶芽种芋和花芽种芋。二者的主要区别为：叶芽种芋鳞片的长度一般在 3cm 以下，花芽种芋为 3.5～15cm；叶芽种芋鳞片的颜色、斑纹与原叶柄基本相似，而花芽种芋鳞片为粉红色。其次，在魔芋采挖时，应挑选纵横径基本相似小球茎，芽窝小而浅，球茎充实，顶芽肥壮，叶柄痕较小，芽窝不宜太深，小球茎上部有一圈折断或脱落须根的痕迹，下部和底面光滑，表皮溜圆，皮色嫩黄，无须根、无皱裂、无疤痕、无伤烂，重量在 0.3kg 左右者为种芋（若选种芋过大，成本较高，不经济；若过小，虽较经济，但不易高产）。并应对种芋大小进行分类，基本一致为一级，以便分类分龄栽培。

（2）球茎切块繁殖：一般个体重超出 1000g 的大魔芋，可采用切块繁殖法。魔芋具有顶芽周围有多个侧芽（也称隐芽，魔芋表层突起的疙瘩）的特性，一个侧芽切成一块，以促使侧芽成苗。500～1000g 的魔芋，也可切块繁殖以增加繁殖率（若已形成花芽的球茎必须切块）。具体方法是：将采收后经晾晒风干的魔芋球茎，用薄片利刀果断地从顶芽向下切成块，每块重约 100g（若发现已感病的球茎，则不要切块，以免通过刀片传染给无病球茎），再用草木灰涂抹伤口，并在阳光下晒 1～2 天，有利伤口愈合和防染病患。切块时，应注意切勿沾水，以免葡甘聚糖包裹病菌；必须故意切破顶叶芽或顶花芽，以破坏其顶端优势，促进切块上的侧叶芽萌发成叶。宜在秋收后切块，经半年适当温度和湿度储存后，可促使切块上的芽具备出芽条件，不比整薯芽种的出芽期延误；若在春季栽种前才切块，将会延迟其出芽期，影响产量。

（3）根状茎繁殖：魔芋球茎上，可围绕边缘顶芽生长出十多条如根样的茎，称之为"根状茎"；此根状茎又俗称"芋鞭"，是魔芋繁衍后代的主要器官。其生理年龄小，生活能力强，所带病菌少，加上来源充足，是一种很经济适用的种芋繁殖方法。采用芋鞭进行繁殖，播种后发芽、发根早，增重系数大，在良好的栽培管理条件下可增重 10～15 倍，即一个 10～15g 的芋鞭，经过一年的培育，可长成 100～150g 的商品种芋。利用根状茎作繁殖种芋，可全条繁殖，也可分段繁殖。但分段繁殖用种芋切时必须保留 2～3 个节，以确保有活芽 1～2 个。并于切茎后及时用草木灰抹切口，在阳光下晒 1～2 天，随即分窝播种。若管理得当，一般当年可培育成 100g 以上的小球茎供作种芽用。

（4）顶芽直接繁殖：本法多用于加工芋的再利用。在采挖供加工用魔芋未清洗前，切出带顶芽的一块（或者用洁净手抠出一块），并要求其顶芽带蒂厚实，以利于培育壮苗。且用草木灰涂抹伤口，日晒 1～2 天，防治病菌感染。若管理得当，一般栽后当年可长成 400～500g 的球茎供作种芽用。

2. 种芋保藏

在生产实践中，有如下 5 种方法保种：

（1）就地越冬保种法：即当年不收挖魔芋，将其球茎留在采种地，自然越冬。此法适合在海拔 800m 以下地区使用。具体方法是：在魔芋植株枯萎前施一次腐熟人粪尿，自然倒苗后用稻草或茅草等覆盖采种地全园，并开好排水沟，以利防涝。

（2）地窖贮藏保种法：这是魔芋保种常用方法。一般在魔芋收挖后，按上述选择小球茎，在太阳下晒 2 天后入地窖。入窖前，地窖用草烧 1 次，再撒硫黄粉消毒。窖内贮种量以窖容量的 50%为宜。入窖后，冬季密封窖门，但窖上部要留一小风孔。春季气温回升后要及时打开窖门，注意通风透气，并加强管理，若发现烂种应及时剔出。

（3）沙埋贮藏保种法：在室内干燥地板上，铺一层河沙，放一层种芋，再如法接着层层堆放，但不能堆高，以沙埋 3～4 层为宜，然后于沙埋堆上面及四周皆用稻草或茅草等覆盖，并加强管理，若发现烂种应及时剔出。

（4）谷壳保温贮种法：在室内火坑上面楼板上，铺一层谷壳，放一层种芋，再如法接着堆放 3～4 层，然后于谷壳堆上面及四周皆用稻草或茅草等覆盖，并加强管理，若发现烂种应及时剔出。

（5）竹编箩筐贮种法：在竹编箩筐内铺一层谷壳，再装芋种，再如法接着一层谷壳一层芋种，直至筐满，再盖上一层谷壳，然后将箩筐挂在常生火的灶门口或火炕上的竹楼上，并加强管理，若发现烂种应及时剔出。

（二）种芋处理

应选择晴好天气，将种芋晒 1～2 天，然后依下列方法进行种芋消毒处理。

1. 链霉素液浸种消毒

链霉素是防治细菌性病害的特效药，污染也轻。用 1000 万单位农用链霉素可湿性粉剂，兑水 20kg 浸泡种芋 0.5～1h 后，将种芋取出晒晾 1～2 天即可供播种用。20 世纪 90 年代，市场推出的防治细菌病害的"来菌感"（或称"杀菌王""消毒灵"）可按其说明书使用。

2. 福尔马林或高锰酸钾液浸种消毒

用 40%福尔马林 200～250 倍液，浸泡种芋 20～30min，或用 0.1%高锰酸钾溶液浸泡种芋 10min，然后将种芋取出晒晾 1～2 天即可供播种用。

3. 多菌灵或甲基托布津液浸种消毒

将种芋芽向上摆在地面，用 50%多菌灵水溶剂 500 倍液，按 150mL/m² 均匀喷药于主芽周围，或用 50%甲基托布津 400 倍液，按 150～200mL/m² 同上法消毒处理；上述消毒药液均须临配临用。

4. 多菌灵或甲基托布津粉衣消毒

以石膏或草木灰为辅料，与多菌灵或甲基托布津粉混匀，然后将消毒后的种芋趁湿裹上粉衣进行消毒，其用药量为种芋重量的 2%～3%。

以上 4 法，第一法必用，其余三法用其中一种即可，若能加用第 4 法则更为安全。

三、规范化种植关键技术

（一）选地整地

按照魔芋生长习性与环境要求，选择最适宜或适宜区内气候温和、阴湿、土质深厚的砂质土壤，pH 6.5～7.5，坡度为 5°～10°的低山南坡为宜。重黏土、冷沙土不宜种魔芋。忌重茬地和前茬为辣椒和烟叶地。并结合整地，每亩施腐熟有机肥 2000～2500kg，再深翻整平备用。

冬前深耕炕土，春后深耕细整，开厢理沟。魔芋根系浅，需氧气充足，忌渍水，务使整块地四周及畦间相通，排水顺畅。在雨水充足地区，采用高畦窄厢种植，厢宽 1m 包沟；在夏秋季降水较少，常遭旱灾地区，采用宽厢浅沟种植。若采用间套作方式，应根据间套作物根系分布，适当安排其位置，并对魔芋施肥上给予照顾，如与玉米或高粱间套，应视该地块所需的荫蔽度在每畦或隔畦的畦旁，另开栽种行及施肥窝播玉米或高粱。二者均属深耕作物，且其播种期均早于魔芋，这样就可避免与浅根作物魔芋根系发展和抢肥的矛盾而达粮芋双丰收。若与幼龄经济林木间作，应依该林木的行距决定行间种魔芋行间距，以调节魔芋的荫蔽度达 60%以上；但种植行切勿紧挨树干及其主根，以免有伤树根并与林木争肥。

（二）栽种定植

1. 栽植时间

魔芋栽植必须在芋种的生理休眠期解除后，平均气温回升至 12～14℃、最低气温 10℃左右时。根据环境和气候不同，种芋栽植时间可分为冬季栽种和春季栽种。一般来说，在霜冻轻、地势低、纬度偏南的低海拔地区，宜冬季（11～12月）边采挖边栽植，待翌年春回大地则自然萌芽出土；在寒冷、高海拔、纬度偏高的地区，以春季（清明节前后）待气温回升后栽种为宜。品种不同，栽植时间也不一，如花魔芋球茎解除休眠快于白魔芋，其萌芽所需温度则稍低于白魔芋，因而在同一地区花魔芋可稍早栽植。

2. 芋种催芽

在种芋春季栽植前15～20天，用温床或冷床，或薄膜覆盖等方式，使其床土保持在15℃左右，将上述已进行消毒处理的种芋埋于疏松土壤中并保持湿度，待种芋芽长出1cm即可供栽种。注意：晴天温升应防坏种芋及其种芽，必须及时揭开薄膜或床盖通气降温；阴雨天或晴天午后傍晚温降应及时覆盖。

3. 栽植方法

常用沟栽（条栽）、窝栽（穴栽）、笼栽等法。

小球茎或根状茎作种芋均行沟栽，高畦窄厢，一般每厢开两沟，宽畦浅沟可增多沟数。根状茎可依同一顶芽方向横放沟中；小球茎依其大小以适当距离栽植，一般为15～20cm；250g以上的种芋可窝栽，每穴1个种芋，一般按23～33cm的株行距栽植。栽植密度，可随种芋的大小（重量）的加大，而缩小密度，用种量增加，反之。为了加强通风透气，且便于田间管理，一般采取宽行距、窄株距地栽植；据实践经验，行距可为种芋横径的6倍，株距约4倍为宜。

种芋栽植时，可将其顶芽向上"正植"（多用于倾斜坡地）；也可将其顶芽以45°"斜植"（多用于平地）。平地若采用种芋"正植"，则可能因种芋顶端的芽窝较易积水而引起球茎腐烂，且随着新球茎不断长大后，种芋将处于被压状态，新球茎底部柔嫩的皮层易发生龟裂，并随着新球茎继续增大龟裂也随之加大，严重时发生腐败而产生烂芋现象；如采用种芋"斜植"，则新球茎在种芋的侧面增大，不会形成与种芋的挤压现象，可避免发生底部龟裂，且与种芋脱离的脐痕也小。

栽植后用细土覆盖种芋，土壤潮湿宜较浅，土壤干燥、保水较差宜较深；其覆土深浅依当地温度及降水量而定。覆土浅，日照使土温升高，促进较快萌芽，但若遇寒冻害，种芋及其顶芽易受冻伤；覆土深，发芽出土较慢，但若环境干燥，则利于保水，促进发芽。一般覆土厚6～9cm。

笼栽是培育魔芋大球茎的有效栽植法。本法宜于房屋前后或其左右，有树木或竹林遮阴而肥沃的地块，深挖后将无底的笼篓（如竹筐、背篓或其他笼篓）倒置，接着在笼篓中施入经腐熟的有机底肥至笼篓1/4或1/3处，于底肥上覆盖一层肥泥，再于肥泥面上"正植"0.5kg左右的种芋一个，然后先盖草及草木灰，再薄覆松土；晴天经常适量浇水以利出苗，然后加强管理，一般均可培育出单个重达5～10kg乃至更大球茎的魔芋。

（三）田间管理

1. 中耕除草

魔芋根系分布浅，为防止中耕除草损伤正在发育的幼嫩根系和地下茎，影响植株正常生长，应手工拔除杂草。并应注意的是人只能蹲在垄沟拔草，不能踩在垄面上，以防压伤魔芋地下根茎。在中耕除草时，要求做到"一早、二勤、三彻底"。"一早"，是指除草时间上要早，杂草越小越容易灭除，如遇连续阴雨也要抢晴去除，拔起的杂草要清出田间，否则也会就地"死而复生"；有些杂草生长发育很快，不及时清除，待其种子成熟时，种子已落入土壤中，增加杂草密度。"二勤"，是指除草行动上要勤，不仅要清除土壤表层的杂草，下层的种子翻动遇上适宜的环境条件又可萌发新的杂草，所以要多次中耕除草，一般不少于三次。"三彻底"，是指除草程度上要彻底，中耕除草不彻底，也是杂草丛生的原因之一，有些恶性杂草虽埋入地下，遇适生季节，萌发很快。因此，每次除草要认真彻底，不可马虎，以促进魔芋健壮生长，优质高产。

2. 排灌培土

魔芋栽植的地块，在雨季尤其是暴雨后，要及时田间检查，疏沟排水，保证畅通，并结合清沟，将沟内细土培植到垄面。在魔芋枝叶繁茂时，蒸发量大，若遇天旱则及时灌水，以河水或蓄水为佳，因其水温较高，利于魔芋生长发育。在魔芋生育期，应培土2～3次，以利魔芋球茎的形成、膨大和子芋不外露，并能增强魔芋的防风抗倒伏能力。

3. 套作遮阴

魔芋栽植的地块，既要考虑其自然遮阴，又要注意人工遮阴的创设。尤在缺少自然遮蔽的情况下，宜采用与一些高秆的作物进行套作遮阴。经实践，如魔芋与玉米等高秆作物套作或在松林、果林下种植，均可达魔芋生长期所需的荫蔽度，利于魔芋生长发育，这是其合理套作荫蔽的一种有效方法，见图35-4。

图35-4　魔芋与玉米（上）套作或在松林、果林下（下）种植

4. 合理追肥

魔芋应在重视基肥施用的同时，加强其出苗后的合理追肥。魔芋一般追肥两次，其追肥原则是生育期前半期应供给充足养分以确保地上部分生长旺盛，而后半期（7 月下旬至以后）在维持有效供给必要养分的条件下，应减少施肥，使植株逐渐减少吸肥量，以求获得干物质含量高、肥大而充实的球茎和根状茎。为保证生育期中持续供给营养，保持后期植株健壮，尤其是斜坡地的养分易流失，至少应将肥料总量的 20%～30% 作为追肥分期施用。因此，一般第一次追肥，是在 6 月下旬魔芋展叶后到换头前，或于茎株高 30cm 左右时，追施适量腐熟人畜粪尿清粪水，也可施干猪粪渣于魔芋植株间，经雨水透入土壤为魔芋根吸收利用。为避免烧根，最好选用清粪追肥。对于底肥不足的魔芋地，也可追施复合肥。第二次追肥，是在 10 月前后，魔芋球茎虽然 7 月开始迅速膨大，8～9 月大量吸收养分，但不能在此时大量施肥，不然球茎质量下降，特别对种用球茎不利，故于 10 月前后魔芋枯萎前追施"后劲肥"。

此外，由于魔芋展叶后，田间操作易伤植株，加重病害，所以在病重地区，宁可不施追肥，而在喷药时加入 0.3% 磷酸二氢钾及 0.1% 尿素作叶面追肥。一般来说，在魔芋生长的前期根系不发达，后期根系活力低时，追施叶面肥将起到事半功倍的效果，对提高魔芋产量和改善品质有较好作用。

（四）主要病虫害防治

魔芋是野生性状较强的植物，抗逆性和适应性均较强，野生时几无病虫害，而家种时，目前发现如下主要病虫害，其病害都具有很大为害性，应予高度重视，预防为主，综合防治。

1. 主要病害防治

（1）软腐病：软腐病又称球腐病、倒秆病。其主要影响叶柄、球茎和叶片，受害后组织发黑、软化并散发恶臭，甚至果实成片腐烂、倒伏而造成重大损失。一般情况下，幼嫩多肉的魔芋叶柄和茎叶组织最先遭到病菌入侵，且发病较为迅速。该病可通过雨水、昆虫，或由伤口、水孔处侵入而快速传播，乃至感染整个植株。该病多发生在魔芋正处于换头到球茎膨大的阶段，因这期间魔芋组织柔嫩，易受损，且容易滋生病菌与感染。

防治方法：将预防为主、综合防治贯穿于魔芋整个栽培管理中，从认真选种保种、选地清园，深耕整地、排水通风，到田间管理并切勿连作或套作蔬菜（如茄科作物等）。若发现病株，应立即清除病株。除在冬季翻耕土壤时彻底清除病残体和杂草外，在种芋萌芽出土后，发现有种芋带病株，应立即拔除；7 月后更应随时检查病情，发现病株应立即带土挖除深埋或烧毁，并在病株窝内及周围撒石灰（土壤 pH8），踩紧土壤，以防止雨水带走病菌扩大传染。必要时使用药剂防治，在轻病区可用 25% 多菌灵 800 倍液、0.5% 硫酸铜液，或硫黄粉、鲜草木灰等其中一种药剂涂抹病部或淋篼处理；也可对病株及其土壤周围表土及早撒施生石灰进行消毒。

（2）白绢病：白绢病又称黑瘸病、根瘸病，主要影响魔芋叶柄的基部，从而导致叶柄或球茎受损。当叶柄基部感染白绢病时，将出现暗褐色斑点，并不断地扩大，最终使叶柄长出白色绢丝状的菌丝，并呈现淡红色。这种病菌在高温、空气潮湿以及长日照的环境条件下最易生长传播。

防治方法：针对白绢病应预防为主，综合防治，与上述软腐病相同。必要使用药剂防治时，可用适当比例的波尔多液，在魔芋换头到球茎膨胀期间，对其叶柄与土表接触的四周进行喷洒消毒。

（3）叶枯病：主要为害叶片，该病菌会在土壤中越冬，并可随雨水溅到叶上。此外，还可通过伤口或气孔侵入，可通过风雨进行传播。因此，叶枯病的病菌感染能力极强，可致使魔芋成片地枯萎死亡。

防治方法：叶枯病防治处理措施，与上述软腐病的防治基本相同。

2. 主要虫害防治

魔芋主要有甘薯天蛾、魔芋线虫、豆天蛾等虫害。对这些虫害的防治，须在冬春季清除杂草和枯枝落叶等，并采用魔芋和玉米进行田间套作预防虫害。同时可通过人工捉除或高效低毒杀虫剂杀灭。

上述魔芋良种繁育与规范化种植关键技术，可于魔芋生产适宜区内，结合实际因地制宜地进行推广应用。

【药材合理采收、初加工、储藏养护与运输】

一、合理采收与批号制定

（一）合理采收

魔芋全生育期为 200 天左右，地上植株枯萎时，地下球茎仍能膨大 10%～20%，30 天以后，地下球茎停止生长，此时即可收获。即一般在植株枯萎倒苗 20～30 天后，约于寒露、霜降前后（11 月中下旬）收获为宜。采收时，可随机预选几株拟采收的魔芋植株观察，若离球茎基部 5cm 处的叶柄上硬下软，叶柄易脱落处光滑，则表明已成熟，可予采收。如果挖收过早，环境湿度大，营养物质积累不充分，球茎含水量太多，则易发生腐烂，不利球茎储藏；如果挖收过迟，遇霜、雪或气温过低会造成冻害，也不利球茎储藏。

魔芋采挖应选择晴天和土壤干燥时，用锄头从栽植魔芋垄畦侧面细挖，防止挖烂。挖出后，小心掰去芋鞭（根状茎），去掉泥土和杂质，按球茎大小分开，剔出伤、破的球茎，就地晒 2～3 天。注意：雨天或在地面潮湿时挖收的魔芋，由于含水量大，伤口不易愈合，渗出的黏液容易受到病菌侵染，故不利于储藏。挖收和运输过程中应尽量减少机械损伤。尤其是装种芋时，提倡用框装，若用网袋装种芋，种芋则更易受损伤腐烂。因为当球茎有机械损伤时，病菌很容易从伤口侵入，致使球茎发病腐烂，不利于储藏，更不得选作魔芋种芋用。魔芋药材与加工品见图 35-5。

图 35-4　魔芋药材与加工品

（二）批号制定（略）

二、合理初加工与包装

（一）合理初加工

将采挖魔芋药材去掉泥土和杂质，选晴天上午用水洗净，再用刮刀或竹片、破瓷碗片将魔芋皮等刮去，用清水再次洗净，立即切成片或角（长度依球茎大小酌定，厚度以 4～6cm 为宜），晒（晾）干或 80℃ 以下鼓风烘干，即成魔芋干片或魔芋干角。魔芋药材以色泽雪白、美观完整为佳，要防止干燥温度过高等加工过度，否则切口变色，光泽不佳，色泽变深，甚至变黑，影响质量。

（二）合理包装

将干燥魔芋，按 40~50kg 打包，用无毒无污染材料严密包装。在包装前应检查是否充分干燥、有无杂质及其他异物，所用包装应符合药用包装标准，并在每件包装上注明品名、规格、等级、毛重、净重、产地、批号、执行标准、生产单位、包装日期及工号等，并应有质量合格的标志。

三、合理储藏养护与运输

（一）合理储藏养护

魔芋应储存于干燥通风处，温度 30℃ 以下，相对湿度 65%~75%。商品安全水分15%~16%。本品易生霉或虫蛀。在储藏或运输中易感染霉菌，受潮后可见霉斑。储藏前，还应严格入库质量检查，防止受潮或染霉品掺入；平时应保持环境干燥、整洁；定期翻垛检查，防止吸潮。如有初霉，应及时通风晾晒，或烘干。并应防止鼠害及加强日常养护管理。

（二）合理运输

魔芋药材在批量运输中，严禁与有毒货物混装并应有规范完整的运输标识；运输车厢不得有油污与受潮霉变，并具有良好防晒、防雨及防潮等措施。

【药材质量标准、质量检测与监控】

一、药材商品规格与质量检测

（一）药材商品规格

魔芋药材以无杂质、无焦斑、无霉烂，身干，个大，米黄色或灰白色，黄白，体实，皮薄，肉厚者为佳品。其药材商品归为统货，现暂未分级。

（二）药材质量检测

参照中国魔芋协会提出的《魔芋干质量标准》及四川省（区域性）地方标准《峨眉山雪魔芋》DB511181/T3.4—2010 第 4 部分质量标准进行质量检测。

1. 来源

本品为天南星科植物魔芋 *Amorphophallus rivieri* Durieu 的新鲜球茎，经切制、物理脱水初加工而成。

2. 性状

本品呈片状或角状，米黄色或灰白色，可见少量黑心及黑边。质硬而脆，可折断，断面平整，呈粉质样。具魔芋特有鱼腥气，味甘，嚼之略发黏。

3. 水分

照 GB/T5009.3 规定方法测定，≤16.0%。

4. 碱度测定

照酸碱滴定的方法测定，（以 NaOH 计）≤10%。

5. 淀粉含量测定

照 GB/T5009.9 规定方法测定，≥35.0%。

6. 蛋白质含量测定

照 GB/T5009.5 规定方法测定，≥25.0%。

7. 砷含量测定

照 GB/T5009.11 规定方法测定，（以 As 计）≤0.4mg/kg。

8. 铅含量测定

照 GB/T5009.12 规定方法测定，（以 Pb 计）≤1.0 mg/kg。

9. 铜含量测定

照 GB/T5009.13 规定方法测定，（以 Cu 计）≤5.0mg/kg。

10. 二氧化硫测定

照 GB/T5009.34 规定方法测定，残留量（SO_2）≤0.03g/kg。

11. 霉菌测定

照 GB4789.15 规定方法测定，≤50 个/g。

12. 黄曲霉毒素测定

照 GB/T5009.22 规定方法测定，黄曲霉毒素 B_1≤10μg/kg。

二、药材质量标准提升研究与企业内控质量标准制定（略）

三、药材留样观察与质量监控（略）

【药材生产发展现状与市场前景展望】

一、魔芋生产发展现状与主要存在问题

贵州具有种植魔芋的优良自然条件与生产应用历史，并具有良好的群众基础。近十多年来，贵州省魔芋种植与生产基地建设已有较好发展，并在产业化发展等方面取得较好成效。据《贵州省中药材产业发展报告》统计，2014 年，全省魔芋保护抚育面积 0.25

万亩,种植面积达 9.37 万亩,总面积达 9.62 万亩;总产量达 6.92 万吨;总产值达 132565.44 万元。据调查,黔东南州 2014 年魔芋种植 2 万余亩,亩均产量 1.8 吨,总产量 3.6 万吨,亩均产值达 0.8 万元,总产值达 1.44 亿元。又如据 2014 年《贵州日报》报道,贵州天龙魔芋公司与世邦国际投资融资公司联手打造的贵州"百万亩魔芋种植基地、百万户农民种植魔芋致富"工程,已在修文县芦山村启动,按照规划其将在修文县、长顺县、正安县建立 2 万亩魔芋种植基地,以此带动周围农民发展魔芋产业。金沙县通过组建贵州金沙植森有机魔芋有限责任公司等 4 家农业产业化大型企业,结合已组建的 6 家专业合作社,采取"企业+合作社+农户"的经营模式,全面启动万亩魔芋种植基地的建设,已落实魔芋种植土地 1 万余亩及优质魔芋种子 25 万 kg,种植覆盖禹谟、长坝、岩孔等 9 个乡镇,此项目实施成功后将为当地的群众带来 1 亿元的经济收入。贞丰市珉谷镇发展种植魔芋 1000 亩,预计此项目可增加农户收入共 1000 多万元。望谟县复兴镇三村 350 亩魔芋种植提前完成,其花魔芋采收期为 3 年,亩产量 1250kg,农户每家年纯收入达 1.5 万元。现贵州省已有多家魔芋生产加工企业,如贵州天龙魔芋公司是一家多年致力于魔芋食品研究、开发、生产的企业,拥有多项自主知识产权和发明专利(如魔芋纤维米系列产品等)。此外,如威宁、七星关、湄潭、务川、水城、六枝等地也开展了一些魔芋种植与生产基地建设与加工等。

但贵州省魔芋种植优质高产与产品研发深加工产业化等方面还存在不少问题,主要表现在:一是魔芋种源培育滞后与种植关键技术亟待攻克。随着魔芋种植规模扩大,种子大都靠外地调进。贵州省现几无魔芋优良而健全的种源繁育基地,质量难以保证。新品种选育、质检和科学处理等技术更未全面开展,栽培技术不配套,关键技术与技术难点更未很好解决。如长期以来,魔芋多在农户房前屋后、田坎上小规模种植,基本无病害魔芋,但魔芋若连片规模种植或在非适宜区种植,其病害则易普遍发生并较严重(主要是软腐病和白绢病),以致造成重大损失。二是政府对魔芋产业发展还缺乏科学规划,缺乏真正重视,支持力度小,投入更少,魔芋技术人员严重不足,科学指导和信息服务不到位,以致魔芋产业发展缓慢。三是魔芋加工能力弱和市场占有率低。贵州省魔芋龙头企业少,加工企业规模小,技术设备较差,产品和市场开发能力弱,精加工产品少,其系列产品的开发更较薄弱,甚至有的尚未起步,从而缺乏竞争力,市场占有率低,以致在魔芋种植及产业化发展等方面,与周边如四川、云南等省比较存在较大差距,亟待切实加强贵州魔芋产业化与其市场开拓能力。

二、魔芋市场需求与前景展望

现代研究表明,魔芋含淀粉(约 35%)、蛋白质(约 3%)、多糖(如魔芋多糖,即葡甘露聚糖,高达 30%)、膳食纤维及多种氨基酸、维生素和钾磷硒等矿物质元素等药效成分与营养成分,具有减肥、降脂、降压、开胃、通脉、散毒、润肤,以及增强免疫、抗衰老、抗癌抑瘤(如对 Ese 瘤、S 瘤株、肝癌及 U_{14} 宫颈癌等均有抑制作用)等功能。特别是在药食两用、"大健康"产业发展上开发潜力极大,已成为当今食品、保健品、化妆品及保鲜剂等方面的开发热点。魔芋及其多种制品还在纺织、印染、陶瓷、消防、环保、建筑、化工、军工、石油开采等多个领域都予广泛应用。比如魔芋葡甘聚糖可用作造纸、印刷、橡胶、摄影胶片的黏着添加剂；在纺织工业中用作毛、麻、棉纱的浆料，丝绸双面透印的印染糊料和后处理的柔软剂；烟草加工中用作保香剂；在废水处理中可作杀菌剂的包埋材料，使杀菌剂缓慢释放；在建筑中可作防尘剂，将其与碱和表面活性剂混合后喷洒在将要拆修的建筑物和道路表面，可防止施工中产生灰尘；在化工中通过酯化、成型、皂化、交联后，可作为色谱填料而用于离子交换色谱，经过化学修饰活化，可用于固定化酶或细胞的载体；等等。我国是世界魔芋的主产国，我国产魔芋早已出口到已是世界上最大魔芋食品消费国的日本。魔芋现已被世界卫生组织确定为十大保健食品之一，其出口量日趋增加。魔芋的种植加工、产业化发展和市场前景均甚为广阔。

主要参考文献

白木. 2004. 魔芋的加工[J]. 特种经济动植物, 7：42.

彩霞. 1998. 魔芋的研究进展[J]. 中国野生植物资源, 17（4）：16.

国家质量技术监督局. 魔芋干质量标准（中国魔芋协会提出, 2010）.

黄甫华, 彭金波, 张明海. 2001. 魔芋种植新技术[M]. 武汉：湖北科学技术出版社.

四川省峨眉山市质量技术监督局. 峨眉山雪魔芋地方标准（DB511181/T.4—2010）.

童碧庆, 吴俊铭. 2003. 贵州魔芋栽培生态气候条件分析及适用栽培技术[J]. 耕作与栽培, 6：51.

文张宇. 2002. 魔芋的魔力[J]. 医药与健康, 2：58.

吴道澄, 吴红. 2003. 魔芋超细及纳米粉末的减肥特性研究[J]. 中草药, 34（2）：141.

吴万兴. 1999. 魔芋生产加工技术[M]. 西安：陕西人民教育出版社.

席晓丽, 吴道澄, 吴红. 2002. 魔芋超细粉末的减肥作用[J]. 第四军医大学学报, 24（19）：1812.

秀英, 刘力. 2000. 魔芋精粉对人体糖和脂质代谢影响的研究[J]. 天津医药, 2000, 28（1）：52.

杨湘庆, 沈悦玉. 2004. 魔芋胶的理化性、功能性、流变性及其在食品中的应用[J]. 冷饮与速冻食品工业, 4：29.

杨颖, 王成军. 2007. 魔芋粉与葡甘露聚糖的黏度和密度测定[J]. 中国药物应用与监测, 1：44.

张和义. 2009. 魔芋栽培与加工利用新技术[M]. 北京：金盾出版社.

周扬家. 2008. 魔芋种子的采收及越冬贮藏技术[J]. 陕西农业科学, 6：98.

（李向东　叶世芸　周定生　冯中宝　冉懋雄）

第二章 全草类药材

1 艾 纳 香

Ainaxiang

BLUMEAE BALSAMIFERAE HERBA

【概述】

艾纳香原植物为菊科艾纳香 *Blumea balsamifera*（L.）DC.，及假东风草 *Blumea riparia*（Bl.）DC.。别名：大风艾、大艾、冰片艾、家风艾、大毛药等。以新鲜或干燥地上部分入药者，则为艾纳香；其叶的粗升华物经压榨而得的艾纳香油，《贵州中药材、民族药材质量标准》（2003 年版）予以收载，其中含有左旋龙脑（L-Borneol），经提取加工制成的结晶，即为天然冰片（又名艾片，左旋龙脑），《中国药典》（2015 年版一部）亦予以收载。

艾纳香药用历史悠久，始载于宋代《开宝本草》，称其具去恶气、杀虫功能；主腹冷泄泻。在明清时期，就已是知名药材。清代《生草药性备要》载：祛风消肿，活血除湿。治跌打、敷酒风脚。《岭南采药录》（1923 年）又载：疗四肢骨痛。艾纳香人工种植已有100 多年历史。艾纳香及艾纳香油在《贵州中药材、民族药材质量标准》（2003 年版）均予以收载，艾纳香味辛、微苦，性温。具有祛风除湿、温中止泻、活血解毒功能。用于风寒感冒、头风痛、风湿痹痛、寒湿泻痢、跌仆伤痛。艾纳香和艾纳香油，亦为我省民族用药。艾纳香是贵州常用优势苗药，苗药名："Diangx vob hvid"（近似汉译音："档窝凯"）。味辣，性热，入冷经。具有祛风除湿、温中止泻、活血解毒功能；主治风寒感冒、头风痛、风湿痹痛、寒湿泻痢、毒蛇咬伤、跌仆伤痛等。还用于产后风痛、痛经、疮疖痈肿、湿疹、皮炎等症。从上可见，艾纳香是民族医药和传统常用大宗药材，又是贵州中药工业重要原料药及著名特色药材。

【形态特征】

艾纳香为多年生木质草本，高 1～3m。根为宿根，能萌生新芽（茎）或新苗（根）进行无性繁殖。茎粗壮，直立，多分枝，茎皮灰褐色，有纵条棱，密被黄褐色柔毛，木质部松软，髓部白色。节间长 2～6cm，上部的节间较短。单叶互生，下部叶宽椭圆形或长圆状披针形，长 22～25cm，宽 8～10cm，基部渐狭，具柄，柄两侧有 3～5 对狭线形的附属物，顶端短尖或钝，边缘有细锯齿，上面被柔毛，下面被褐色或黄白色密绢状绵毛，中脉在下面凸起，侧脉 10～15 对，弧状上升，不抵边缘，有不明显的网脉；上部叶片长圆状披针形或卵状披针形，长 7～12cm，宽 1.5～3.5cm，基部略尖，无柄或有短柄，柄的两侧常有 1～3 对狭线形的附属物，顶端渐尖，全缘，具细锯齿或羽状齿裂，侧脉斜向上，通常与中脉成锐角。头状花序多数，径 5～8cm，顶生或腋生，排列成开展具叶的大圆锥状花序；花序梗长 5～8cm，被黄褐色密柔毛；总苞钟形，长约 7cm，稍长于花盘；总苞片 4～6 层，草质，外层长圆形，长 1.5～2.5cm，顶端钝或短尖，背面被密柔毛，中层线形，内层长于外层 4 倍；花托蜂窝状，径 2～3cm，无毛。花黄色或橘黄色。花冠细管状，长约 6cm，檐部 2～4 齿裂，裂片无毛；分两性花和雌花，雌花多数，两性花少数，两性花与雌花几等长，管状，向上渐宽，檐部 5 齿裂，裂片卵形，短尖，被短柔毛，雌蕊呈 2～4 裂伸出于管状花冠之上，雄蕊围生于雌蕊柱头之下，大部束聚于管状花管之内；显微镜观察花粉为圆球状，表面均匀分布小突瘤。瘦果圆柱形，长约 1mm，具 5 条棱，密被柔毛，瘦果的端部有瘤状果脐，另一端带淡黄色 8 条羽状冠毛，冠毛淡褐色或淡白色，糙毛状，长 4～6mm。花期 3～5 月，果期 5～6 月。艾纳香植物形态见图 1-1。

图 1-1　艾纳香植物形态图

（墨线图引自《中华本草》编委会，《中华本草·苗药卷》，贵州科学技术出版社，2006）

【生物学特性】

一、生长发育习性

（一）物候期

艾纳香为多年生植物，3 月宿根可产生新的根蘖苗，4 月新生苗生长加快，6 月叶腋出现侧生分枝，7～9 月为枝叶旺盛生长期，7 月主茎顶端出现第一次等势杈状分枝（2～4 枝），8 月株高达 1～1.5m，9 月出现第二次杈状分枝，下部出现枯叶，10 月生长速度减慢，枯叶大量产生，可出现第三次杈状分枝，11 月生长变缓，12 月缓慢生长，次年元月生长停止或极缓，仅剩顶梢叶片，新生苗第一年不进行花芽分化，无生殖生长。

艾纳香一年及一年以上老枝越冬保持顶梢幼叶并缓慢生长。越冬后，茎生芽和宿根隐芽一般于 2 月中下旬萌发，3 月茎生芽开始抽梢，宿根隐芽产生新根蘗苗，4 月新梢生长加快，6 月叶腋出现侧生分枝，7～9 月为枝叶旺盛生长期，10 月枝叶生长减缓，11 月以后缓慢生长，进入花芽分化阶段，12 月中旬主茎或分枝顶端出现圆球状花芽（一般 3～5 个），12 月底花梢伸长明显，发育成权状分枝的花梢。次年 1～2 月中旬花梢生长极缓或停止。2 月下旬至 3 月上中旬花梢萌动，2 月中下旬花梢快速伸长，出现花序和花蕾，3 月下旬至 4 月进入开花期，花期 1 月余，4 月中旬至 5 月上旬为结实期，5 月上旬花梢枯萎，已有大量种子成熟，随风飞离花盘。艾纳香生殖生长过程中，由于花序发生时间长，不同花序发育状态相差很大，存在蕾期、花期、种子生长和成熟期并存于同一植株的现象。从 2 月新芽萌发至次年 5 月种子成熟，艾纳香全生育期为 15 个月。其中从 11 月花芽分化至 5 月种子成熟，为生殖生长期，约 6 个月；从 2 月新芽萌发至 11 月枝叶停止生长，为营养生长期，约 9 个月。2～5 月为本期的营养生长与上一生育周期的生殖生长重叠阶段。

（二）种子特性

艾纳香种子极小，可育种子比例较低，因此种子发芽率低；常温储藏种子寿命较短，干燥条件下低温储藏，生活力可维持 1 年以上。用于育苗的种子应充分成熟，籽粒饱满，近圆柱形，颜色深褐色，有光泽。

（三）新枝与根蘗苗发生

艾纳香为多年生植物，自然条件下，老枝越冬保持顶梢幼叶并缓慢生长，次年发芽产生新枝；而根系则产生新根蘗苗。栽培条件下，地上部分收获后留宿根，2 月下旬起茎生芽萌动，宿根发生根蘗苗，在整个生长季节陆续有根蘗苗从水平根上萌发出土。人工种植中多用根蘗苗繁殖，4～5 月根蘗苗高 5～20cm，5～10 叶时即可移栽。艾纳香地下根自生能力极强，发育好，形成纵横交错的网状结构，是极好的水土保持的先锋植被。

二、生态环境要求

艾纳香为热带和南亚热带植物，具有喜热、怕霜冻、趋阳、耐瘠、抗旱特性，适宜生长于温暖向阳的环境，温度范围是 10～35℃，最适温度为 25℃，能耐短暂 0℃低温，但在有霜或霜冻地区不能越冬，因此冬季冷冻较重的地区不宜栽种。在贵州最适生长区年平均温度为 18.60～20.35℃，最冷月平均气温为 8.0～10.45℃，≥10℃年积温为 5750～6500℃，无霜期为 335～349.5 天，年总日照数 1297～1600h。

艾纳香适宜生长区域一般不高于海拔 1000m，以海拔 300～600m 最适。在贵州南部海拔 450m 以下地区，艾纳香地上部茎叶能越冬，春后恢复生长；在海拔 500～750m 地区，地表以上茎叶被冻死，地表以下的根茎以宿根方式成活，春后能萌生新芽（茎）或新苗（根）；在海拔 750m 以上的黔中部以北区域不能越冬。

艾纳香对土壤要求不严，能耐旱，耐瘠薄，对立地条件要求不高，在难以绿化的荒坡地上均能生长，可利用荒坡隙地，开荒种植。但在土层深厚、疏松、肥沃、排水良好的夹砂土或壤土中生长较好，可形成大灌木丛。重黏土和涝洼地不利于艾纳香生长，土壤水分过多或积水易引起根腐烂。荫蔽环境下，植株生长细弱。因此，在栽培中以肥沃适中、排水良好、阳光的二荒地为佳。

【资源分布与适宜区分析】

一、资源调查与分布

经调查，艾纳香属植物全世界约 50 种，分布于热带及亚热带的亚洲、非洲和大洋洲，我国有 30 种，产自东南至西南部。野生艾纳香主要分布于中国、印度、泰国、缅甸、巴基斯坦、马来西亚、印度尼西亚和菲律宾。在我国分布于北纬 21°30′～25°50′，东经 97°30′～121°55′，主产于贵州、广西、广东、云南、海南、福建和台湾等省（区），垂直分布于海拔 1000m 以下，在贵州和广西早有种植，人工栽培主要在海拔 600m 以下。艾纳香常生长于山地灌丛、草地。多生长在林缘、林下、河谷、路旁、山坡灌丛中，以及新开挖裸露、不易绿化的斜坡贫瘠砂砾荒地，有时成为生境的优势物种。

江维克等（2010 年）对贵州红水河地区艾纳香植物资源进行了实地走访调查，发现艾纳香主要生长在路边、河谷、新开挖裸露、不易绿化的斜坡贫瘠砂砾荒地，有时成为生境的优势物种，而在土壤肥沃、水热条件良好的环境，或林木茂盛的生境中却少有见到艾纳香的生长。将艾纳香的生境特征分为三种类型：

低海拔山坡草丛、灌木生境：主要位于关岭巴月浪、册亨县者楼镇、望谟县达秧乡等地。该类型生境中，艾纳香分布于山坡半干地灌木林、草丛。旱地坡度 30°～40°，在熟化程度较低或停种的荒地，艾纳香长势较强，植株基部多木质化形成单种优势灌木丛。但艾纳香一旦被采挖后，其他物种迅速侵入，混杂着艾纳香植物生长，逐渐形成杂灌木林。在该类型生境中，艾纳香所处群落形成两层结构：上层是艾纳香为单种优势灌木林，或与马桑科马桑（*Coriaria nepalenqis* Wall.）、五加科刺三甲（*Acanthopanaxtrifo-liatus*）、马鞭草科紫珠（*Callicapra bodinieri* Levl.）、藤黄科狭叶金丝桃（*Hypericum densiflorum*），以及锦葵科、蔷薇科、豆科等植物形成杂灌木林，无明显突出层次，层盖度 40%～60%；下层则以禾本科狗尾草（*Setaria viridis*）、芒鸭嘴草（*Ischaemum aristatum*）、白茅（*Imperata cylindrical* var. major）、芭茅草（*Miscanthus floridulus*）、菊科紫茎泽兰（*Eupatorium adenophora Spreng*）、鬼针草（*Bidens* pilosa）等形成草本层。

公路迹地砂砾生境：主要位于兴义巴结镇坝，册亨县册阳镇冗度、秧坝镇伟棒村、望谟县岩架镇、复兴镇、罗甸县板庚乡等地，海拔 550～800m，样地为公路施工开挖后裸露的砂砾土坎、土坡。在此生境中，艾纳香植株形成低矮草本状，成片状稀疏生长，伴生植物有菊科紫茎泽兰、牛膝菊（*Galinsoga parviflora*）、飞蓬（*Erigeron speciosus*）、鬼针草，毛莨科野棉花（*Anemone vitifolia*）、铁线莲（*Clematic florida* Thunb.）、何首乌，大戟科铁苋菜（*Acalypha autralis*），禾本科狗尾草、白茅、芭茅草，马鞭草科紫珠（*Callicapra bodinieri* Levl.）等植物。

低海拔河谷半湿地生境：主要位于罗甸县的边阳镇、红水河镇、龙坪镇、沫阳镇，海拔 225～550m。这些地区的乔木林在 20 世纪的 50～60 年代被大量砍伐后，丘陵、山坡发生了生态植被的变化，自然生态人为破坏严重，以木兰科、壳斗科、桑科、木樨科、漆树科为主的树种已不复存在，灌木林分布稀疏，水土流失严重、土壤贫瘠。在此生境中，艾纳香多分布于河谷荒地、沙砾河滩或砂砾荒山的斜坡地带，呈低矮草本状，茎基部轻微木化。常见伴生植物如菊科紫茎泽兰、鬼针草、牛膝菊，醉鱼草属黄饭花（*Buddleja officinalis*），海金沙科植物海金沙（*Lygodium japonicum*）、禾本科狗尾草（*Setaria viridis*）、芒鸭嘴草（*Ischaemum aristatum*）等。

另外，艾纳香植株可分为三种生态类型：中海拔裸露干地型，海拔 800～1300m，通常土层较瘠薄，多为砾石砂土，植物体根系发达，植株较矮小，叶片较小、宽；低海拔裸露半干地型，海拔 550～800m，土层多为新开挖土地或荒地，植株较茂盛，茎高叶大，叶片较多；河谷河滩型，海拔 350～650m，土质贫瘠，砾石砂土或黄壤，植株灌木样，茎上分枝较多，叶片较小。

二、贵州资源分布与适宜区分析

艾纳香在贵州主要分布于南、北盘江流域、红水河流域、都柳江流域、清水江流域、乌江、锦江、舞阳河流域等海拔低于 1000m 的具有热带及南亚热带气候的低山干热河谷地带。主要包括黔南及黔西南的罗甸、独山、荔波、望谟、册亨、安龙、兴义，黔东南的黎平、榕江、从江，黔中的紫云、镇宁，以及黔东的江口等地。贵州艾纳香主产于罗甸、独山、望谟、黎平、榕江、从江、江口等，尤以罗甸盛产，主要分布在该县罗苏、罗妥、罗悃、沟亭、班仁、尼坪、凤亭等南部乡镇及红水河流域热带河谷地带。上述各区域均为艾纳香最适宜区。

除上述艾纳香最适宜区外，我省其他各县市（区）凡符合艾纳香生长习性与生态环境要求的区域均为其适宜区。

【生产基地合理选择与基地环境质量检（监）测评价】

一、生产基地合理选择与基地条件

按照适宜区优化原则与其生长发育特性要求，选择其最适宜区或适宜区并具良好社会经济条件的地区建立规范化生产基地。例如，罗甸县是艾纳香生长的最适宜区，适合建立艾纳香生产基地，但在该县北部的边阳、罗沙、栗木、董架等乡镇海拔 700～1100m 的地区，由于最冷月均温低（6.6～8.5℃），≤−5.0℃的极端低温出现概率大（2%～27%），年平均气温低（15.6～17.7℃）、≥10℃积温低（4457.0～5360.6℃），因此这些区域不适合艾纳香生长，不能在这些区域内建立生产基地发展艾纳香种植。而在该县南部的红水河、茂井、八总、罗妥等乡镇海拔 400m 以下的河谷低洼地区，由于具有最冷月均温高（10.3～11.0℃），≤−1.1℃的年极端最低温出现概率小（0%～20%），年平均气温高（20.0～20.8℃），≥10℃活动积温高（6400.3～7000℃），无霜期长（≥350 天），日均温≤0℃的轻霜冻和日均温≤−2℃的重霜冻都不会出现等特点，因此，这些区域最适合艾纳香生长，可建立生产基地发展艾纳香种植。贵州罗甸县及黎平县艾纳香规范化种植基地，见图 1-2、图 1-3。

图 1-2　贵州罗甸县艾纳香规范化种植基地

图 1-3　贵州黎平县艾纳香规范化种植基地

二、基地环境质量检（监）测与评价（略）

【种植关键技术研究与推广应用】

一、种质资源保护抚育

艾纳香人工种植虽已有100余年历史，但一直处于农户自发种植状态，并没有进行过系统的品种选育工作，至今也还没有一个通过正式审定的品种。而只有种植农户根据经验，初选出的一些种质类型，其主要有大艾、小艾、马耳艾等。另外，产区药农还习惯将野生艾纳香作为第4个类型，称之为野艾。各种艾纳香种质类型，在人工种植条件下，2年生植株的生长和产量质量情况，见表1-1。

表 1-1　艾纳香不同类型 2 年生植株的生长和产量质量情况比较表

类型	株高/cm	叶片数/枚	株鲜叶重/g	艾粉产量/g	艾粉提取率/%	艾粉龙脑含量/%
马耳艾	198	96	132	3.25	2.46	72.8
大艾	250	190	294	6.50	2.21	85.6
小艾	281	149	174	2.50	1.44	80.7
野艾	200	150	236	2.25	0.95	71.5

注：本表引自周家维等. 艾纳香品种筛选试验初报[J]. 贵州林业科技，2000，28（4）：26-29.

由表 1-1 可见，野艾和小艾虽然株型高大，叶片产量高，但出粉率低，艾粉产量低，而大艾和马耳艾具有出粉率高、艾粉产量高的特点，栽培中应以大艾和马耳艾为主。艾纳香人工种植可以促进艾叶中艾粉的积累和龙脑含量的提高。人工种植条件下，定植第一年植株比较矮小，叶片较小，产叶量小，艾粉产量低；第 2~3 年，是艾纳香生长的最佳时期，株高可达 200cm 以上，单株叶片数量和鲜叶重量分别可达 90 枚和 130g 以上，艾粉积累增多，是艾粉产量最高的年份，每株根蘖苗可达 4~11 株，使单位面积内株数较定植时大大增加；第三年以后，长势开始衰退，植株复又变得矮小，叶片变小，艾粉产量也随着降低。因此，视其管理强度，艾纳香的种植周期为 3~5 年，3~5 年后应重新栽种，并逐步进行，以确保艾粉产量的持续与稳定。

贵州大学中药材研究所进行艾纳香种质资源收集、保存和品种选育工作，已取得了初步成果。共收集贵州省内南盘江和红水河流域的兴义、安龙、册亨、望谟、罗甸及广西乐业等 28 个居群的艾纳香种质资源 146 份，对艾纳香野生资源的分布特点、立地环境进行分析，建立种质资源圃。目前已实现资源的异地保存，有效保护了艾纳香种质资源，为开展艾纳香种质的评价和优良种质选育打下了良好基础。

二、良种繁育关键技术

艾纳香繁殖方法有分株繁殖、实生苗繁殖和扦插繁殖三种；过去生产上以分株繁殖为主，现在分株繁殖和实生苗繁殖同时使用，扦插繁殖始终使用较少。

（一）选地整地

1. 选地

艾纳香喜温暖，怕霜冻，趋阳，耐瘠，抗旱，适宜生长于温暖向阳环境，其根系发达，横向水平根是重要的无性繁殖器官，水平延伸可达 1.5m 以上，因此应选择海拔 450m 以下地势高、易排水、向阳的缓坡地（<25°），土壤以土层深厚、质地疏松、保水保肥力强、排灌方便的砂质壤土或含砂（砾石）的酸性或中性壤土为好，易积水的涝洼地、光热条件差的阴坡地和坡度太大（25°以上）的陡坡地不宜选用。

2. 整地

冬季将土地深翻 20~30cm，清除杂草残茬及根芽，使其经冬风化。对于未开垦的荒坡地或撂荒地，则先将灌木、荆丛、杂草砍除，同时将其根和其他杂物除净。再沿垂直于坡向的方向，以规划的定植行为中心，成环形带状耕翻土地，垦殖带宽 1.5m，垦殖带间距 0.5~1m，相邻垦殖带之间不耕翻，保持自然植被，做水土流失防护带。

春季或移栽定植前 1 个月，再次翻耕，清除未尽树根、杂草，每亩充分施腐熟厩肥或堆肥 1000~1500kg，整细耙平，开 1.5m 宽的平畦，四周开好排水沟即可。如是旱作平地或水作稻田地，应按深 30~40cm，宽 40~50cm 开畦沟，同时在定植地四周开深沟，沟深 40~60cm，宽 60cm。

（二）分株繁殖

艾纳香生长过程中，其地下根和茎有发生芽点，长出幼苗（根蘖苗）的特性，每株 2～3 年生植株每年可发生 4～10 株根蘖苗，最多可达 20 株以上。生产上将老植株产生的根蘖苗作为幼苗使用，用分株法进行移栽定值，这种繁殖方法称为分株繁殖。一般情况下，每亩 2～3 年生艾纳香可分栽 5～8 亩。

1. 苗源地选择

选择种植 2～3 年，植株生长茂盛、整齐、病虫少、群体纯化率高、产艾粉率高的艾园取苗。

2. 苗质选择

从发生时间来分，艾纳香根蘖苗可分为上年秋季发生的秋生根蘖苗和当年春季发生的春生根蘖苗。未刈割的秋生根蘖苗，春季恢复生长后，较春生苗高大，但茎基老化，发新根能力弱，移栽成活率较低；春生根蘖苗发新根能力强，移栽成活率高。春生根蘖苗又有两种苗质：近蔸苗，生长于水平根中部，靠近主蔸；远蔸苗，长于水平根末端处，离主蔸较远。由于水平根的水平生长特性，其中部很少有须根，而先端则下扎生长，须根较多。所以分株取苗后，近蔸苗只带一段无（少）须根的水平根；远蔸苗除了带有水平根以外，还带有向下生长的母根末端，须根较多，形似主根。因此，远蔸苗优于近蔸苗。

从发生部位来分，艾纳香根蘖苗可分为老桩苗和幼桩苗，老桩苗即由上年主茎（桩）地下部休眠芽点形成的桩上苗；幼桩苗即上年春夏发生的分生茎被刈割后，其残桩上芽点长出的桩上苗。老桩苗和幼桩苗都属于近蔸苗，分株移栽后成活率都较低。

（三）实生苗繁殖

1. 种园设置

选择种植 2～3 年，植株生长茂盛、整齐、病虫少、群体纯化率高、产艾粉率高的艾园作为采种园，入冬后不刈割。

2. 采种

艾纳香种子一般于 4 月下旬至 5 月成熟，由于种子较小，又带有冠毛，极易随风飘落，因此种子成熟时，应及时采收。实际操作中，可根据不同花枝上种子发育进度分批采收。采收时，用剪刀将花枝小心地剪下，放入透气的布袋或尼龙网袋（网孔要小于 0.1mm，以防种子漏出）。采后将花枝置于室内阴干，及时脱粒。尽快播种或于 4℃下低温保存。贵州一合公司艾纳香育苗圃与种子田，见图 1-4；贵州宏宇香药产业公司黎平县水口镇艾纳香种子园，见图 1-5。

3. 苗床准备

最好用砂质壤土作苗床土，按蔬菜育苗精耕细作，将土壤耕翻耙细后，做宽 1m 的高畦，浇透水，备用。

4. 播种育苗

将种子用温水浸泡 10～12h，捞除漂浮在水面的空瘪种子，将饱满种子与草木灰或草木灰与苗床土（2∶1）混合成的基质按 1∶50 的比例拌匀。均匀撒播在苗床上，每平方米床面撒播 20～50g 种子，然后覆盖细腐殖土 0.5～1cm 厚，搭 0.5m 高的小拱棚，覆薄膜保温保湿。

图 1-4　贵州一合公司艾纳香育苗圃与种子田

图 1-5　贵州宏宇香药产业公司黎平县水口镇艾纳香种子园

5. 幼苗管理

播种 15 天后，幼苗长至 2～3 片真叶时，间苗一次。然后按照白天揭膜夜晚覆膜的方法，炼苗 7～10 天，即先揭开拱棚两端的膜 2～3 天，再揭开两边的膜 4～5 天，再白天全部揭膜夜晚覆膜 2～3 天，最后昼夜全部揭膜。育苗期间，应加强管理，及时浇水、勤拔杂草、防治病虫害。

播种 30～40 天后，苗高 2～3cm、4～6 片真叶，5～7 条须根时，选择壮苗，取出，按 20～30cm 的行株距假植于温室高畦。假植成活后勤除草、叶面追肥促其生长,次年 3～5 月移栽于大田。

移栽幼苗分级: Ⅰ级苗高度 10cm 以上、地径 0.30cm 以上, Ⅱ级苗高度 7～10cm、地径 0.2～0.3cm, Ⅲ级苗高度 7cm 以下、地径 0.2cm 以下。

三、规范化种植关键技术

(一)选地整地

艾纳香良种繁育的选地,同前,从略。

(二)移栽定植

1. 起苗

实生繁殖时,起苗前 1 周停止浇水,进行抗旱锻炼,定植当天在育苗圃起苗,分级,剪去中下部叶片和过长的根,捆把(20～50 株/把)后运往大田。分株繁殖时,小面积种植,3 月下旬就可挖取已达移栽规格的小苗移栽。大面积种植最好在 4 月下旬至 5 月有大量成苗和进入雨季时取苗移栽。

取苗时,选择春生远蔸苗,用锄或铲在根蘖苗与母株连接方向,分生苗两侧距离 10cm 处深挖,切断水平母根,挖取分生苗,减少对母根的翻动。取苗后按苗的大小分级,剪去中下部叶片和过长的根,扎把,远距离调苗时应用泥浆沾根。优质分生苗规格为 5～10 叶,株高 5～20cm,根嫩白,带 10cm 以上母根,无病虫害。

2. 移栽定植

最好选阴天或雨后移栽定植,移栽前挖定植穴,穴长×宽×深为 30cm×30cm×30cm。起苗后,一般应在 48h 内栽下。行株距(1～1.5)m×(0.5～1)m,瘦坡地略密,肥地略稀,种植于坡地的,行向应垂直于坡向。栽植时,每穴定植 1 株,苗茎直立居中,根系伸展,覆土 4cm 压实,上盖松土,浇定根水。

3. 抗旱栽植

艾纳香种植地区均是南部低热地区,春夏旱严重,还伴随亢阳高温,且多远水坡地上种植,无灌溉条件。采用抗旱移栽措施可减少死苗,即不用基肥特别是不用化肥作基肥,或基肥撒施,不用窝施;抢阴雨天移栽;将幼苗下部叶片去除,留顶部 3～4 叶,以减少蒸腾失水;深窝半坑盖,让根系深入下层潮土,穴上方留有凹面,有利于保蓄天然降水;苗源充足时,每穴植 2 株,确保成活,成活后定植 1 株。

(三)间作

艾纳香定植一年,生长较慢,萌发根蘖苗少,土地利用率低,可在行间种植黄豆、马铃薯、板蓝根、决明子、葫芦巴、夏枯草、王不留行、车前子、紫苏、益母草、蓖麻、荆芥等矮秆作物或中药材,以提高土地的利用率。也可间作玉米、小米、小麦、棉花作物,但密度不能太大。间作时,需在艾纳香定植行两边各留出 50cm 空置带(即空置带共 100cm 宽),空置带内不能间作作物或中药材,以满足艾纳香幼苗对水肥、光热和空间资源的需求。第二年艾纳香植株生长茂盛则不宜再间作。

(四)田间管理

1. 一年龄艾园管理

(1)查苗补苗:移栽后 7~10 天,检查幼苗成活情况,发现缺窝的应立即补栽。成活植株的上部心叶扩展,未成活植株则全株和心叶枯萎。苗源距离近时,6 月上旬以前均适合取苗补植。6 月下旬以前即使已成活的艾苗还会因病害或地下害虫为害而发生死苗。在无灌溉条件下,由于 6~7 月气温较高,往往补植效果较差,因此,此时发生的缺苗不必异地取苗补植,可于 10 月气温下降或次年用成活植株发生的根蘖苗,就地取苗补植更为经济。

(2)中耕除草:定植当年,艾苗成活后(5 月中旬至 6 月上旬),结合第一次追肥或随间作作物一起中耕除草,近株松窝,距植株 10~15cm 外深中耕,以利根系扩展。6 月下旬至 7 月上旬进入旺盛生长期前,进行第二次中耕除草,这时水平根已串根,应浅松浅锄,保留已发生的根蘖苗,以后视杂草发生情况,随时除草。第一年一般共 2~3 次除草,每次以松表土为宜,以免伤根。

(3)合理施肥:合理追肥,能大幅度提高艾纳香生物产量和改善有效成分含量。追肥应按前轻、中重、后补的原则,全年可结合中耕追肥 2~3 次。第一次为促使新根早生快发,应提高速效氮肥的比例,可用复合肥+尿素或饼肥+尿素按 4:1 混合,追肥 12~15kg/亩;第二次已进入艾苗旺长期,追肥宜重,为不影响有效成分含量,应适当降低氮素比例,一般可每亩窝追复合肥或饼肥 10~20kg;第三次根据植株长势看苗施肥,补充后劲,此时因已进入生长后期,应以速效氮为主,少量补追,即在 8 月下旬至 9 月中旬,每亩施尿素 3~5kg。追肥时用点施或环施法,离植株 8~10cm,结合中耕,覆土翻入土层,也可进行叶面追肥,其他农家肥(如圈肥、火土灰、油枯、土杂肥)亦可结合施用,每亩施用厩肥 1500kg。艾叶收获后,入冬前,应重施农家肥,每亩 2500kg,以促进新根发生和来年茎叶生长。

2. 二年龄以上艾园管理

两年以上的艾园,单株和群体的生长发育较定植第一年不同,不仅生长繁茂,而且根蘖苗也大量发生,因此,管理方式也与第一年有异。

(1)第一次管理:2 月下旬至 3 月中旬,主桩侧生幼芽萌发时进行一次全田以除草为主的浅中耕,松耕不能太深,以免伤及已成网状的水平根,保留已出土的根生苗。对主桩追肥一次,用肥种类和比例与第一年相同,施肥量可增加 1/3~2/3。

(2)第二次管理:5 月下旬至 6 月中旬,植株和群体生长加快,田间根蘖苗分布较多,甚至行间,在进行以除草为主的浅中耕时,可对根蘖苗进行一次间苗,按照留壮去弱、留疏去密的原则,让根蘖苗的分布疏密有致。间掉的幼苗可作为新园的苗源,进行定植。间苗后追肥一次,施肥量较第一年增加 1/2,对主桩进行重点窝施,对根蘖苗辅助撒施,中耕混入土层。

（3）第三次管理：于 8 月下旬至 9 月上旬进行，管理方法同第二次。因多年生艾园生长时间早且长，生长量也大，因此，应该重视第三次管理。铲除后发幼小根蘖苗后，应视母株和幼苗长势确定补（追）肥量，一般较第一年加量。

（五）艾园更新

艾纳香种植第三年，艾叶产量进入高峰期，之后逐年衰退，5～6 年以后需要全园更新，在管理水平较高时，更新年限可推迟。

1. 传统更新法

第 5～6 年，全园挖除原有老化植株，重新耕翻整地后，栽植新苗。

2. 改良更新法

由于传统更新法前后有 2～3 年的产量低谷，采用改良更新法可减小产量波动。即更新前一年，在定植行两侧 10～13cm 处，结合中耕深挖切断行间分生苗与母桩的根系联系，促使分生苗自发新根，同时对行间根蘖苗进行疏苗（去弱留壮，间密护疏）。更新当年耕翻老桩行去掉老桩和行上分生苗，在原老桩行间形成由上年根蘖苗组成的新株行。同时在翻挖后的条带上追施化肥（复合肥+尿素 4∶1 混合），每亩 15～20kg，清理整平，促使新苗快速生长，并向翻挖带延伸新根。

（六）主要病虫害防治

艾纳香常见病害有十余种，主要的有根（茎）腐病 *Fusarium* sp.、斑枯病 *Ascochyta* sp.、红点病 *Phyllasticta* sp.、霜霉病 *Peronospora danica*、灰斑病 *Cercospora* sp.；常见虫害有 40 余种，主要害虫为斜纹夜蛾 *Prodenia litura*（Fabricius）、蛀心虫 *Hypsopygia* sp.、细胸金针虫 *Agriotes subrittatus* Motschulsky、银纹夜蛾 *Argyrogramma agnata* Staudinger、红螨 *Tetranychus cinnabarinus* Bois.、艾枝尺蠖 *Ascotis selenaria* Schliffermuller、跗粗角萤叶甲 *Diorhabola tarsalis* Weise、艾小长管蚜 *Macrosiphoniella yomogifoliae*（stlinji）等 8 种，易暴发成灾。对艾纳香病虫害，应按照 GAP 要求，采取综合防治的措施。

1. 根腐病

（1）病原：*Fusarium* sp.属真菌半知菌镰刀菌属，孢子梗及分生孢子无色或浅色，病菌产生两种分生孢子，最大型分生孢子镰刀形或梭形，无色，多为 3 个隔膜，个别 7 个隔膜；小型分生孢子圆形，单胞，少数有 1 个隔膜，厚恒孢子顶生或间生，球形，黄褐色。

（2）症状：为害根部。患病植株地上部枝叶萎缩，拔出根部可见根部腐烂，有的黑腐，有的腐烂并伴有白色菌丝索。发病严重时，病株干枯死亡。4～5 月刚移栽幼苗受害重，尤其是用上一年秋、冬发生的根蘖苗进行分株移栽的幼苗最为多见，当年春季发生的根蘖苗发生较少。病菌从根部侵入后，沿维管束扩展至全株。病根初呈黄褐色，后期根茎变软皱缩。横切病根，维管束褐色。病害扩展到主根，发病株根部发黑腐烂，基茎部皮层水浸状坏死，致使地上部分凋萎枯死。涝害和地下害虫为害可加重该病发生，连作地、土壤黏重或多雨年份易发病，植株生长衰弱的地块发病重。

（3）发病特点：病菌在土壤中越冬，艾根亦能带病传播，病菌遇到艾根时，主要从虫伤口、机械伤口侵入，亦能直接侵入。多在 4 月下旬至 5 月上旬发病。气温在 16～17℃时开始发病，22～28℃时发病最重；土壤湿度大，雨水多，发病相对严重。

防治方法：①选用健康的当年春发苗作移栽时，注意肥水管理，雨季应及时疏通排水沟，以免积水。②对地下害虫如金针虫等进行防治。③发病期选用 50%多菌灵 500 倍液等药剂灌根窝。

2. 斑枯病

（1）病原：*Ascochyta* sp.属真菌半知菌壳二孢属。分生孢子器可生于病部两面，分生孢子器球形至近球形，暗色，初埋生在寄主表皮下，后突破表皮外露。分生孢子器中产生分生孢子，分生孢子丝状、无色、透明、长椭圆形或卵圆形，多为 2～4 个隔膜，初为单胞，成熟时为双胞。分生孢子梗短。

（2）症状：主要为害叶片。发病初期叶片呈大小不同的紫色或黑褐色多角形或不规则斑点，以后逐渐扩大，后期病斑中心灰白色，病部密生小黑点（分生孢子器），若多个病斑密集造成全叶黑枯死；若叶部以主脉受害很快造成全叶黑枯死，其他部位受害造成大小不等的黑褐色病斑；叶柄受害呈黑色，通常造成全叶枯死，变黑，提早脱落。每年 5～11月均有发生，但以 9～10 月较为严重，可造成叶片大量枯死。叶型不同的单株上发病程度亦有差异（抗病性不同），植株生长不良者容易发病。

（3）发病特点：病菌以菌丝或分生孢子器在病叶残体上越冬，次年产生分生孢子，靠风雨传播。先侵害艾株下部叶片，每年 4～5 月初发病，6～8 月为发病盛期，9 月后大量叶片枯死，可至植株中上部的杈状分枝以上。发病轻重与环境湿度成正比，重茬地和生长不良的地块发病较重。

防治方法：①加强栽培管理，良好的栽培措施可有效减轻病害。②生长季节早期（6月前）发现枯叶植株要及时摘除，6 月后让枯叶保留在植株枝条上，待收获期收获枯叶加工艾粉。③良好的栽培措施一般能控制其为害，通常不必施药防治。若发生量多，可选用发病初期施用 1：1：100 波尔多液，或 75%百菌清可湿性粉剂 600 倍液，或 65%代森锌可湿性粉剂 500 倍液，或 64%杀毒可湿性粉剂 400～500 倍液等药剂喷施。每 7 天喷一次，连续 2～3 次即可。

3. 红点病

（1）病原：*Phyllasticta* sp.属半知菌孢霉属。分生孢子梗深色，3～7 根簇生，不分枝，分生孢子器近球形，壁薄、膜质。分生孢子梗短小，有时全缺，分生孢子小，卵形单胞，无色，或有 1 个隔膜。

（2）症状：为害艾叶，一般自叶尖开始，逐步扩展，严重时可占叶面积的 1/2。叶片发病初期，患病叶片正面出现直径 1～2mm 呈圆形的暗红色病斑，病斑中心红褐色，边缘有黄色晕，病斑近圆形或不规则形，背面病斑色泽较正面病斑淡，有的具白色蜡质于斑点周围。后病斑直径逐渐扩大至 5mm 的暗红色病斑，病斑上有较明显的轮纹，潮湿条件下，病斑正面散生细小黑点，叶背产生黑绿色绒状霉层，有的病斑中心出现穿孔。病害严重时，病斑密布全叶，造成叶早枯死。在早死枯叶上也可见红色斑点。每年 6 月始发病，9～10 月较严重。10 月以后减缓。

（3）发病特点：病菌以菌丝体或分生孢子在病株残体上越冬，亦能在收获艾枝叶时遗留在田间的肉质根上腐生越冬。次年 5 月产生分生孢子，从叶尖开始侵染，6 月中下旬植株叶片上出现明显的红点症状。条件适宜时，病部产生分生孢子，靠风雨传播，反复侵染。伤口利于病菌侵入，6～8 月为发病高峰，湿度越大，发病越重。

防治方法：加强田间管理，及时施肥。

4. 病毒病

由病毒感染引起，主要为害叶片。其症状表现为病叶扭曲畸变并有向下卷曲趋向，叶组织皱缩不平增厚呈花叶状，或呈浓、淡绿色不均匀的斑驳花叶状。该病害通过虫媒、摩擦等方式传播，蚜虫、叶蝉等是该病虫媒。每年 6～10 月均有发生。

防治方法：①对病枝及时清除，防止病原体向其他部位转移、扩散。②防治介体昆虫，及早喷药除虫控病。③必须施药时可选用 20% 病毒 A 可湿性粉剂 400～500 倍液，或 1.5% 植病灵乳剂 1000 倍液，或抗毒丰（0.5% 菇娄蛋白多糖水剂）300 倍液等药剂喷施。

5. 蛀心虫

（1）形态特征：蛀心虫为鞘翅目螟蛾科。①成虫体长 7mm，翅展 15mm，灰褐色；前翅具 3 条白色横波纹，中部有一深褐色肾形斑，镶有白边；后翅灰白色。②卵长约 0.3mm，椭圆形、扁平，表面有不规则网纹，初产淡黄色，以后渐现红色斑点，孵化前橙黄色。③老熟幼虫体长 12～14mm，头部黑色，胴部淡黄色，前胸背板黄褐色，体背有不明显的灰褐色皱纹，各节生有毛瘤，中、后胸各 6 对，腹各节前排 8 个，后排两个。④蛹体长约 7mm，黄褐色，翅芽长达第四腹节后缘，腹部背面 5 条纵线隐约可见，腹部末端生长刺两对，中央一对略短，末端略弯曲。

（2）生活习性：贵州南部一年 8～9 代，以老熟幼虫在地面吐丝缀合土粒、枯叶做成丝囊越冬，少数以蛹越冬。翌春越冬幼虫入土 6～10cm 深作茧化蛹。成虫趋光性不强，飞翔力弱，卵多散产于艾梢嫩叶上，平均每雌虫可产 200 粒左右。卵发育历时 2～5 天，初孵化幼虫潜叶为害，隧道宽短；2 龄后穿出叶面；3 龄叶丝缀合心叶，在内取食，使心叶枯死并且不能再抽出心叶；4～5 龄可由心叶或叶柄蛀入茎髓或根部，蛀孔显著，孔外缀有细丝，并有排出的潮湿虫粪。受害苗死或叶柄腐烂。幼虫可转株为害 4～5 株。幼虫 5 龄老熟，在艾纳香根附近土中化蛹。5～6 月和 10～11 月两个为害虫高峰，受害率达 90% 以上，湿热条件下为害严重。

（3）为害特点：幼虫是钻蛀性害虫，蛀食艾纳香心叶和嫩茎呈孔洞或缺刻，在受害心叶处常有虫粪和为害形成的绒丝状物，成虫取食嫩梢，受害心叶茎生长点被破坏而停止生长，或造成折梢、萎蔫，严重时全株枯死，而造成缺苗断垄。该虫有两个为害盛期，即 5 月下旬至 6 月上旬、8 月下旬至 9 月上旬，以前者为重。

防治方法：于 5～7 月进行捕杀成虫，加强栽培管理，利用艾纳香速生性可有效地减轻为害。5 月下旬至 6 月初，虫口密度大时（虫口密度达百穴 90 头以上）可选用 50%杀螟松乳油，或 90%敌百虫，或 25%杀虫双水剂 200～250 倍液等喷施防治；8 月下旬至 9 月上旬为害时，此时接近艾纳香收获，可不必喷施药剂。

6. 跗粗角萤叶甲

（1）形态特征：①成虫体长 5.4～6.0mm，宽 2.5～3mm，黄褐色，触角 11 节，黑色，头顶及前胸背板中部各具一条黑色条斑，腹部各节基半部黑色，头顶具中沟及较粗的刻点；额瘤长方形，在其之后为较密集的粗刻点，触角达鞘翅基部，前胸背板宽为长的两倍，侧缘具发达的边框，鞘翅基部窄，中间之后变宽，肩角突出，足的腿节粗大，具刻点及网纹。②幼虫胸足不发达，体背具一条黑纹，腹背两则各有 8 个黑腺点，其下为 8 个瘤实并生有短绒毛，身体其他部位有不规则的瘤突。

（2）生活习性：在贵州南部地区年发生 4～5 代，成虫在艾纳香根际及土缝等处越冬，翌年 4 月下旬成虫开始活动，然后产卵。幼虫 4 龄，取食艾纳香叶片叶肉，常残留叶脉和上表皮，成虫取食则只留叶脉和叶柄，虫孔周线不齐，严重时艾株无完整叶片。被害叶片枯黄脱落，影响光合作用，导致植株生长不良，6～8 月为害严重。

（3）为害特点：以成虫与幼虫食艾纳香叶呈孔洞或缺刻，为害严重时仅剩叶脉和叶柄。重者可导致艾纳香植株死亡。

防治方法：越冬前清除田间残枝落叶，并进行冬灌处理，以达到防治目的。在 5～6 月越冬虫口密度较大或在发生盛期时，选用 90%敌百虫晶体 1000 倍液，或 20%溴氰菊酯 2000～3000 倍液，或 20%速灭杀丁 3000 倍液喷雾，防治 2～3 次。

7. 斜纹夜蛾 *Prodenia litura* Fabricius

（1）形态特征：①成虫体长 14～20mm，翅展 35～40mm，头、胸、腹均深褐色，胸部背面有白色丛毛，腹部前数节背面中央具有暗褐色丛毛。前翅灰褐色，斑纹复杂，内横线及外横线灰白色，波浪形，中间有白色条纹，在环状与肾状纹间，自前缘向后缘外方有三条白色斜线。后翅白色，无斑纹。前后翅常有水红色至紫红色闪光。②卵扁半球形，直径 0.4～0.5mm，初产黄白色，后转淡绿，孵化前紫黑色。卵粒集结成 3～4 层的卵块，外覆灰黄色疏松的绒毛。③幼虫体长 35～47mm，头部黑褐色，胴部体色青黄色或暗绿色，背线、亚背线及气门下线均为灰黄色及橙黄色。从中胸至第 9 腹节在亚背线内侧有三角形黑斑一对，其中以第 1、7、8 腹节的最大。胸足近黑色，腹足是暗褐色。④蛹长 15～20mm，赭红色，腹部背面第 4 至第 7 节近前缘处各有一个小刻点。臀棘短，有一对强大而弯曲的刺，刺的基部分开。

（2）生活习性：可终年繁殖，无越冬期，卵多产于茂密艾纳香植株上，以植株中部叶片、背面叶脉分叉处最多，初孵幼虫群集取食，3 龄前仅食叶肉，残留上表皮及叶脉，呈白纱状后转黄，4 龄后进入暴食期，多在夜晚为害，食尽整张叶片。幼虫共 6 龄，老熟幼虫在 1～3mm 表土内做室化蛹，土壤板结则在植枝叶下化蛹，为害严重期皆在 6～10 月。

（3）为害特点：幼虫食叶、花蕾及花，严重时可将全株艾叶食光。

防治方法：①诱杀成虫，可采用黑光灯或糖醋盆等诱杀成虫。②3 龄前为点片发生阶段，可结合田间管理进行防治，不必全田喷药；4 龄后夜出活动，施药应在傍晚前后进行。

可选用 15%菜虫净乳油 1500 倍液，或 10%吡虫啉可湿性粉剂 2500 倍液，或 5%来福灵乳油 2000 倍液等喷施。

8. 银纹夜蛾　*Argyrogramma agnata* Staudinger

（1）形态特征：成虫体长 12～17mm，翅展 32mm，体灰褐色。前翅深褐色，有两条银色横纹，翅中有一显著的 U 形银纹和一个近三角形银斑；后翅暗褐色，有金属光泽。卵半球形，长约 0.5mm，白色至淡黄绿色、表面具网纹。幼虫体长约 30mm，淡绿色，虫体前端较细，后端较粗。头部绿色，两侧有黑斑；胸足及腹足皆绿色，第 1、2 对腹足退化，行走时体背拱曲。体背有纵行的白色细线 6 条位于背中线两侧，体侧具白色纵纹。蛹长约 18mm，初期背面褐色，腹面绿色，末期整体黑褐色，茧薄。

（2）生活习性：在贵州一年 6 代，以蛹越冬。成虫夜间活动，有趋光性，卵产子叶背面，单产。初孵幼虫在叶背取食叶肉，残留上表皮，大龄幼虫则取食全叶及嫩尖，有假死性，幼虫成熟后，在叶背结茧化蛹越冬。

（3）为害特点：幼虫嚼食艾纳香叶片或孔洞缺刻，排泄物污染寄主。

防治方法：与上银纹夜蛾同。

9. 艾小长管蚜　*Macrosiphoniella yomogifoliae*（stlinji）

（1）形态特征：无翅孤雌蚜，体卵圆形，长 3.35mm，宽 1.66mm，活时体绿色，被白粉。玻片标本：头及前胸黑色，胸、腹部淡色，腹节Ⅷ有淡褐色横带横贯全节。触角、喙、足、腹管、尾片、尾板、生殖板均为黑色，体表光滑，节Ⅷ背面微瓦纹。气门圆形，关闭，气门片淡褐色。节间斑不显，中胸腹叉有长柄，体背毛尖顶，头背有毛 12 根，前胸中、侧、缘毛各一对，腹节Ⅷ有毛 5～9 根；头顶毛长为触角节Ⅲ直径的 1.6 倍，腹节Ⅰ毛长为其 1.3 倍，腹节Ⅷ毛长为其 1.9 倍。中额不隆，额瘤隆起。触角长 3.16mm，为体长的 0.94 倍；各节有瓦纹；节Ⅲ长 0.71mm，有毛 20～24 根，毛长为该节直径的 0.94 倍，基部有小圆形次生感觉圈 4～6 个。喙达后足基节，节Ⅳ+Ⅴ长尖锥形，长 0.18mm，为后跗节Ⅱ的 0.97 倍，有毛 5～6 对。足股节有瓦纹，胫节光滑，后股节长为触角节Ⅲ的 1.5 倍；后胫节为体长的 0.59 倍，毛长为该节直径的 1.2 倍；跗节Ⅰ毛序：3，3，3。腹管管状，端部 3/5 有网纹，无缘突，长 0.44mm，为尾片的 0.81 倍。尾片长锥形，基部 2/5 处收缩，由小刺突组成瓦纹，有毛 26～29 根。尾板末端圆，有毛 18～21 根，生殖板有毛 14～19 根。

（2）生活习性：以若虫在艾纳香植株上越冬，一年 10～12 代，春夏聚集新梢、新叶、花蕾和小花上为害，主要为害嫩枝，吸取汁液，使叶片卷曲皱缩，影响艾纳香产量。

（3）为害特点：为害艾纳香嫩枝和花枝，干旱时多发生。发生时先集聚在上部幼嫩茎叶，吸食汁液，造成叶片卷缩，退黄，茎芽畸形停止生长，叶片变黄而干枯。

防治方法：春季松土、除草，消灭迁移蚜虫并清理蚜虫产生的环境。蚜虫暴发时可选用 40%乐果乳剂 2000 倍液或 10%吡虫啉 3000 倍液喷施。

10. 小地老虎（土蚕）

在幼苗期以幼虫取食为害，咬断艾纳香幼苗，造成缺苗断垄乃至毁种。

防治方法：①清除杂草，保持苗圃干净。②清晨日出之前检查，发现新被害苗附近上面有小孔，立即挖土捕杀幼虫。③堆草诱杀，在苗圃堆放用 6% 敌百虫粉拌过的新鲜杂草，草药比 50：1，诱杀地老虎。

贵州罗甸县红水河镇及黎平县水口镇艾纳香基地生长情况，见图 1-6、图 1-7。

图 1-6　贵州罗甸县红水河镇安沙艾纳香种植基地

图 1-7　贵州宏宇香药产业有限公司黎平县水口镇河口艾纳香基地

上述艾纳香良种繁育与规范化种植关键技术，可于艾纳香生产适宜区内，并结合实际因地制宜地进行推广应用。

【药材合理采收、初加工、储藏与运输】

一、合理采收

（一）艾粉原料采收

当叶片呈黄绿色时即可采摘。采收时间不宜太早，否则艾粉提取率低，10 月底至次年 2 月上旬均可采收，主产区罗甸一般于 11 月上旬至次年 1 月上旬采收，边采收边提取艾粉。采收时宜选晴天早上或傍晚进行，最好分期分批采收，最后将嫩枝梢用镰刀割下（15cm 左右），也可一次性采收，摘下成熟叶片，割下嫩枝。如远距离工厂化加工，可离地面留桩 50cm 砍下带叶茎秆，靠于桩上，晾晒至七八成干（2～5天，尚软）即可将叶片和顶梢从茎秆上割下，用加压机压缩，打包运输。生长期间若有落叶可在晴天上午露水未干时，收集受潮软化的枯、落叶，待干燥后，到正式采收期一起加工。

收获毕，应离地留桩 10cm 砍除茎秆，使砍口倾斜平顺，不扯筋牵皮，减少病菌感染。对不能加工艾粉的茎秆进行晒干，可作蒸馏艾粉的补充燃料。

茎叶采收后，应对艾园清桩、清地、去除残枝嫩叶和杂草，并浅松土施肥（最好是有机肥）一次，以减少次年病虫发生，为来年的幼苗健壮萌生创造条件。

（二）直接药用采收

夏秋采收叶、嫩茎，鲜用或阴干药用。

二、合理初加工与批号制定

艾粉提取可用新鲜茎叶或晾晒至七至八成干的茎叶。

（一）传统法产地加工

1. 加工场地

有水源的溪流、河边或井旁，水源最好是有落差的自流水。

2. 器具

地锅一口（直径 75cm 无耳铸铁锅）、天锅一口或两口（直径 65cm 有耳铸铁锅，用前砂磨锅底，去除铁锈）、木甑（下口直径 63cm，上口直径 60cm，高 100cm）、水桶水瓢或塑料换水管两根（两分管）、木塞（可塞入两分管，长 10cm，中部 5cm 处至一端削成斜面）、绑绳两根（长 20cm）、竹编甑底（直径 60cm）、布条 2 根（长>2.5m，宽>0.2m）、橡胶箍圈（直径略小于甑上口直径，用车轮废内胎割取）、灶（或就地挖土灶）、架天锅的三角桩、铁或竹刮刀（刀刃略成凹弧形）、收粉用的瓷盘（直径>20cm）、装料和除废渣用的箩筐、双齿铁钩或钉耙、盛粉用的瓷罐或锌皮桶。

3. 燃料

最好用燃煤，如用木柴应据艾叶加工量决定用柴量（一般从生火到甑底水煮沸需木柴 7.5kg，再每蒸馏一甑约需木柴 6kg）；收获后艾纳香茎秆亦可作燃料。

4. 安装

加工量小，可利用家用灶或近水源挖简易土灶，放上地锅甑底，安上木甑，甑与地锅交接处，用布条或土密封，以免漏气。加工量大时需降低木甑上口的高度，以减少劳动强度。方法是在近水源处选高大于 90cm 的土坎，在土坎上方按地锅直径下挖 50～60cm，再缩小直径 10～20cm，在坑底部中间下挖 30～40cm 作火膛。将地锅放入，安上甑底和木甑（大口朝下），填土密封。木甑上口高出地面 30～40cm。在距灶一侧 1m 留堆放原料艾叶的场地，另一侧 1m 处用木棍三根扎入地下做成倒扣天锅用的三角桩，以方便进出料和收粉操作。将塑料进水管一端与水源连接，另一端定置于天锅上方，出水管一端置于天锅上方，另一端置于地势较低处。

5. 加工操作

将地锅加水至离锅沿 3～4cm，生火将水煮沸后装料，将晾晒至半干的叶片和嫩枝略加水湿润，装进木甑内。先把嫩枝放入，再放叶片，用手压紧踏实，呈中间低、周围高。装料距离甑口 5～10cm，不要装满，每甑每次可装料 20kg 左右。

装料完毕，将胶箍套于甑口下，再将天锅平放于甑口上，锅内装冷水，用布条缠紧天锅与甑口连接处，将胶箍翻上箍紧布条。蒸馏过程中最好用流水对天锅内的水降温冷却，将进水管和出水管用绳绑固于天锅双耳上，进水管口插于锅底，出水管口浮固于水面下 2～3cm 处，使冷水注入锅底，上层热水通过虹吸作用被吸出，形成冷热水更换。按出水管口径准备的削有斜口的木塞，塞于出水管口，通过拉出或塞进调节出水量，达到进出水量的平衡，在流动状态下水面稳定在天锅上沿以下 2～3cm 处。如没有自流水可用人工换水，即水温达 45℃ 以上（手感热烫）就用水瓢将水舀出，换进冷水，加工一甑换水 3～4 次，流水冷却法比分次换水冷却法的艾粉提取率高。

每甑从置放天锅起，需 1h 完成蒸馏。将胶箍下翻套住甑口下，去掉布条，将天锅水排尽，取下天锅，倒扣于三角桩上，置放 10min，待水汽稍干后刮粉，每锅可收艾粉 200～400g。这时可从木甑中除去废渣，检查锅底水量后，换上新料，放置另一口天锅，重复以上操作进行下一甑的蒸馏。下一甑装毕，开始蒸馏时，可对上一甑取下的天锅进行收粉，即将天锅上黄白色结晶物用刮刀刮下，盛于瓷盘中，即为初加工产品（艾粉）。但此法可造成污染环境，应予注意，现多不采用。传统法产地加工提取艾粉见图 1-8。

图 1-8　传统法产地加工提取艾粉

6. 加工后处理

（1）器具处理：每年一度的初加工结束后，将铁锅、木甑和布条拆除、洗净、晾干，铁锅应上油（食用油），防止生锈，放置于干燥清洁处，以备下次加工使用。

（2）残渣处理：艾粉加工的大量残渣经高温蒸煮后可作为栽培食用菌的理想原料，也可沤制成有机肥，应充分利用。

（二）工厂化产地加工

应用蒸馏塔、冷凝塔等现代设备进行工厂化艾粉提制，要求加工厂建在环境清洁无污染、交通便利、场地开阔的地方。加工厂应设有艾粉提取车间、艾片提炼车间、产品仓库、质量检测室，还应有艾叶计量和晾晒场地、残渣回收和处理等辅助设施。

艾粉提取生产线主要由锅炉（以煤或电做能源）、蒸馏塔、冷凝塔等核心设施组成。锅炉产生和供应蒸汽，蒸馏塔装储艾叶，接收锅炉供应的蒸汽，对艾叶进行蒸馏，冷凝塔将来自蒸馏塔的混合蒸汽冷却，根据各组分冷凝和结晶温度的不同，将艾叶粗提物和水蒸气进行分离，见图1-9。每条生产线的加工能力由锅炉、蒸馏塔和冷凝塔的大小决定，根据加工设计需要配置。

艾粉再经精制得天然冰片（艾片），见图1-10。

锅炉

蒸馏塔和冷凝塔

图1-9　工厂化提取艾粉

（三）批号制定（略）

三、合理包装与储藏运输

蒸馏所得艾粉经摊晾减少水分后，装入瓷罐或锌桶，密封。贴上标有品名、产出日期、重量和产地的标签。置于干燥、阴凉、通风处保存，严防受潮。干燥的叶、枝，去除杂物包装，存放在通风干燥处，防潮，防鼠害。

冰片密封，置阴凉处。

图 1-10　艾粉（左）与天然冰片（艾片，右）

药材运输时不能与其他有毒有害、易串味物质混装。运载容器应具有较好的通气性，以保持干燥，遇阴雨天气应严密防雨防潮。

【药材质量标准、质量检测与监控】

一、药材商品规格与质量检测

（一）药材商品规格

艾纳香药材以无杂质、泥沙、霉变、虫蛀，身干，叶肥大，色青绿，气清香，气味浓者为佳品。其药材商品规格为统货，现暂未分级。

艾粉以纯净、黄白色、无杂质，气清香者为佳。

（二）、药材质量检测

按照《贵州中药材、民族药材质量标准》（2003 年版）艾纳香质量标准项下有关规定进行质量检测。

1. 来源

艾纳香为菊科植物艾纳香 *Blumea balsamifera*（L.）DC. 及假东风草 *Blumea riparia*（BI.）DC.的新鲜或干燥地上部分。本品亦为我省民族药。

2. 性状

艾纳香：茎呈圆柱形、粗细不等，表面灰褐色或棕色，有纵条棱，节间明显，具分枝，密生黄褐色柔毛。木质部松软，黄白色，中央有白色的髓，干燥的叶略皱缩或破碎，边缘具细锯齿，上表面灰绿色或黄绿色，略粗糙，被短毛，下表面密被白色长绒毛，嫩叶两面均密被银白色绒毛，叶脉短毛下表面密被白色长绒毛，嫩叶两面均密被银白色绒毛，叶脉带黄色，下表面突出较明显。叶柄短，叶半圆形，两侧有 2～4 对狭线形的小裂片，密被短毛。叶质脆，易碎。气清凉，香，味辛。

假东风草：完整叶片展开后呈卵状长圆形或狭椭圆形，长 5～8cm，宽 2～3.5cm，无柄或有长 0.3～0.5cm 的短柄，两侧无狭线形裂片，两面无毛或被疏柔毛，侧脉 5～7 对。

二、药材质量标准提升研究与企业内控质量标准制定（略）

三、药材留样观察与质量监控（略）

【药材研究开发与市场前景展望】

一、生产发展现状与存在的主要问题

艾纳香是贵州六大苗药之一，也是贵州省重点发展的中药材品种之一。素有"天然温室"之称的罗甸县是艾纳香主产地和野生资源的重要分布区，艾纳香主要分布在红水河、罗苏、罗妥、罗悃、沟亭、班仁、龙坪和凤亭等县域南部乡镇热带河谷。该县已把艾纳香作为特色药材，予以重点发展和扶持，涌现出贵州艾源生态药业开发有限公司、贵州一合生物技术有限公司等以艾纳香种植、艾粉提取和冰片加工为主业的企业和一批专业合作社。如贵州宏宇药业公司的金喉健喷雾剂等年需艾纳香鲜药材约 10 万吨，该公司 2007 年抓住黎平气候和植物资源优势区位和贵州"两高"（厦蓉高速公路和贵广高速铁路）交通机遇，在黎平成立"贵州宏宇香药产业有限公司"，征地 100 亩，建设包括种植科技研发和推广、珍稀资源抚育示范、深加工、民族文化体验、健康养生保健等内容，涵盖科研、种植、生产、营销、旅游等领域，以促进贵州地道药材资源和民族文化的传承与保护。现已在黎平县水口镇河口村建立艾纳香基地，从 2007～2011 年，研究艾纳香、米槁种质资源收集和品种优选以及优化复壮相对抗寒品种；2007～2012 年，实施艾纳香快速繁育种植及实生苗繁育技术；2009～2012 年，中试放大示范艾纳香、米槁、肉桂立体混交栽培，计划年产艾片（天然冰片）500 吨和精制艾纳香精油 160 吨以及大果木姜子油 250 吨，需扩展种植艾纳香、米槁 10 万亩；现已建立高标准核心示范基地 1600 亩，正在向黎平、榕江等县推广。另外，铜仁市江口县苗药科技有限公司，也在江口开展了艾纳香种植与艾片提取精制开发工作。

但是，目前在罗甸等艾纳香产区，人工种植艾纳香主要以微小企业和农户自发种植为主，较为分散，种植水平低，管理粗放，产量和效益极低，不能形成规模效应。特别是加工技术落后，普遍采用土法提炼艾粉，极易污染生态环境。为了操作方便和节约成本，当地一些艾粉提炼企业纷纷在野外建起作坊，进行土法提炼。更多的种植户在艾园附近挖坑建灶，进行土法提炼。土法提炼用柴火熬制，燃料主要靠就地取材、砍伐植被，使本就脆弱的生态环境遭到严重破坏，植被破坏后必将造成水土流失，严重威胁生态安全；提炼过程中不仅有刺鼻难闻的味道充斥在空气中，而且提炼后的残渣又随处丢弃，甚至堆积如山，加上产生的生活垃圾，给环境造成严重污染。另外，土法提炼艾粉提取率极低，产量较小，不能形成规模效应。因此，艾粉提取急需规范，将艾纳香加工做成产业，以电为能源，或引进加工企业，有序带领农民参与种植，才是解决问题的根本所在。

二、市场需求与前景展望

艾纳香是贵州道地药材和优势苗族药物，人工种植已有 100 多年历史，明清时期，就已是知名药材，其叶片、枝可提炼艾粉，艾粉再次提炼后可制得艾片（也称冰片），副产品为冰片油，艾片是中国药典收载的常用中药。艾片味辛、苦，性微寒，归心、脾、肺经，具有开窍醒神、清热止痛功能，用于中风、痰厥、高热等引起的神昏不醒，以及目赤，口疮，咽喉肿痛，耳道流脓等症，常为外科、伤科、眼科、喉科等外用。其毒副作用小，药理效果好，在很多方面有合成冰片所不可代替的效果，具有较高的药用价值。已开发出金喉健喷雾剂等医药产品，艾纳香在香料、日用品等方面也有较广应用。

艾纳香全株含挥发油（L-龙脑、1,8-桉叶素、柠檬烯、L-樟脑、倍半萜烯醇）、艾纳香素、艾纳香素内酯、龙脑、黄酮苷、香豆精、氨基酸、有机酸等成分。艾纳香挥发油（艾油）含量为 2%～3%，主要用于香料、日用品、医药等行业，具有扩张血管、降低血压、抑制交感神经、较强的抗真菌活性等作用。艾纳香的叶和嫩枝是提取天然冰片（即艾片，主要含左旋龙脑）的重要原料，天然冰片是多种中成药及民族药的重要原料，属名贵药材，其味辛、苦，微寒，归心、脾、肺经；具有开窍醒神、清热止痛等功能；用于热病神昏、惊厥、中风痰厥、气郁暴厥、中恶昏迷、目赤、口疮、咽喉肿痛、耳道流脓等，常为外科、伤科、眼科、喉科等外用。如贵州民族制药厂的"金骨莲胶囊"、"心胃止痛胶囊"和中信药业的"咽立爽滴丸"等均是以天然冰片为原料。在马来西亚，艾纳香叶和根煎汤可用于妇女分娩过程中或产后沐浴。

特别是进入 21 世纪以来，随着社会的发展需求，人们对天然的健康环保产品的需求越来越大，而疗效好、毒副作用小或无毒副作用的天然中草药越来越受到世界的青睐。现今国内许多厂家都到罗甸直接采购艾粉或加工好的天然冰片，艾纳香再一次成为市场知名热销的中药材。再加上，2012 年 3 月，罗甸艾纳香通过认证，成为艾纳香国家地理标志保护产品，这对促进艾纳香产业化发展，提升其品牌及品质优势，带动生产企业发展，促进农业增效、农民增收具有重要意义。

主要参考文献

何元农，毛堂芬，冼福荣，等. 2004. 艾纳香繁殖苗类型及移栽性能研究[J]. 贵州农业科学，32（6）：38-40.

何元农，丁映，冼福荣，等. 2005. 艾纳香生长发育特性的初步观测[J]. 贵州农业科学，33（2）：19-23.

何元农，丁映，冼福荣，等. 2005. 肥料种类对艾纳香生物产量和有效成分含量的影响[J]. 贵州农业科学，33（5）：53-57.

何元农，丁映，曾令祥，等. 2005. 影响艾纳香移栽成活率的因素分析及技术对策[J]. 贵州农业科学，33（3）：40-43.

何元农，柴立，丁映，等. 2006. 艾纳香产量和有效成分含量对氮素营养的反应[J]. 贵州农业科学，34（2）：28-30.

何元农，柴立，丁映，等. 2006. 艾纳香母桩与幼桩关系人工干涉初试[J]. 贵州农业科学，34（增刊）：34-35.

何元农，丁映，冼福荣，等. 2006. 艾纳香人工种植的群体密度效应[J]. 贵州农业科学，34（1）：36-39.

胡蒆，周家维. 1999. 贵州省艾纳香植物资源现状及适生区区划初步研究[J]. 贵州林业科技，27（1）：44-48.

江维克，周涛，何平，等. 2010. 贵州红水河地区艾纳香植物资源调查及其保护策略[J]. 贵州农业科学，38（8）：1-4.

江兴龙，司健，潘俊锋. 2000. 艾纳香种质分株移栽试验研究[J]. 林业科技，31（1）：57-59.

江兴龙，潘俊锋，司健. 2005. 艾纳香人工栽培技术[J]. 林业科技开发，19（2）：68-70.

江兴龙，贡双来，潘俊锋，等. 2005. 贵州艾纳香主要病虫害种类及防治对策[J]. 邵阳学院学报（自然科学版），2（3）：96-97.

江兴龙，潘俊锋，司健，等. 2006. 贵州艾纳香产地采收提取艾粉技术研究[J]. 生物质化学工程，40（1）：17-20.

刘朝英，谭清波，顾欣. 2013. 罗甸县艾纳香种植气候适宜性区划[J]. 贵州气象，37（4）：38-40.

孙立军，杨茂发，熊继文，等. 2005. 贵州地道中药材艾纳香害虫名录初报[J].贵州农业科学，33（5）：66-67.

元农，冼福荣，丁映，等. 2007. 艾纳香有性世代的调查研究[J]. 贵州农业科学，35（1）：24-27.

曾令祥，袁洁，李德友，等. 2005. 艾纳香病虫害种类调查及综合防治[J]. 贵州农业科学，33（3）：58-59.

周家维　安和平　胡蕖. 2000. 艾纳香品种筛选试验初报[J]. 贵州林业科技，28（4）：26-29.

（罗夫来　陈　凯　冉懋雄）

2　石　斛

Shihu

DENDROBII CAULIS

【概述】

石斛原植物为兰科植物金钗石斛 *Dendrobium nobile* Lindl.、鼓槌石斛 *Dendrobium chrysotorum* Lindl.或流苏石斛 *Dendrobium fimbriatum* Hook.的栽培品及其同属植物近似种。以新鲜或干燥茎入药，历版《中国药典》均予收载；如《中国药典》（2005 年版一部）收载了 5 种石斛属植物，分别为金钗石斛、环草石斛、流苏石斛、黄草石斛 *Dendrobium chrysanthum* Wall.和铁皮石斛 *Dendrobium officinale* Kimura et Migo。并收载了铁皮石斛的加工品，即将铁皮石斛干燥茎经修治，除去杂质，剪去部分须根后，边炒边扭成螺旋形或弹簧状，烘干而得。其习称"铁皮枫斗"（耳环石斛）。《中国药典》（2010 年版一部）积极倡导绿色标准，力求采用毒害小、污染少、有利于节约资源、保护环境、简便实用的检测方法。在石斛项下明确规定本品为兰科植物金钗石斛、鼓槌石斛或流苏石斛的栽培品及其同属植物近似种的新鲜或干燥茎；并将铁皮石斛单列。

石斛之名，最早见于《山海经》。药用始载于《神农本草经》，列为上品，称："石斛一名林兰。味甘，平，无毒。治伤中，除痹，下气，补五脏虚劳，羸瘦，强阴。久服厚肠胃，轻身，延年。生山谷、水傍石上。"其后，历代诸家本草均予录述。例如，魏晋《名医别录》云：石斛"逐皮肤邪热痱气，腰膝冷痛痹弱"。南北朝梁代陶弘景《本草经集注》谓："今用石斛出始兴，生石上，细实，桑灰汤沃之，色如金，形似蚱蜢髀者为佳。近道亦有，次于宣城。……俗方最以补虚，疗脚膝。"《唐本注》云："今荆襄及汉中江左又有二种：一者似大麦（即指麦斛），累累相连，头生一叶而性冷；一种大如雀髀，名雀髀斛，生酒渍服，乃言胜干者，亦如麦斛叶在茎端，其余斛如竹，节间生叶也。"可见石斛古代应用时种类复杂，自唐代或唐代以前就有如麦斛与雀髀斛之类混用品。在应用上，唐代甄权的《药性论》进一步指出：石斛能"益气除热，主治男子腰肢软弱，健阳，逐皮肌风痹，骨中久冷虚损，补肾，积精，腰痛，养肾气，益力。"仍着重强调其补肾益精、强腰壮膝之功。自宋代开始，石斛的临床应用逐渐扩大，除广泛应用于肾阴虚诸症外，还广泛用于胃中有热诸症的治疗。宋代寇宗奭的《本草衍义》对石斛的形态、真伪、辨识及新的功用作了明确论述：石斛"细若小草，长三四寸，柔韧，折之如肉而实。今人多以木斛浑行，医工亦不能明辨。世又谓之金钗石斛，盖后人取象而言之。然甚不经，将木斛折之，中虚如禾草，长尺余，但色深黄光泽而已。真石斛治胃中虚热有功。"明代张景岳的《本草正》，更加明确地概括石斛的功效特点："用除脾胃之火，去嘈杂善饥及营中蕴热，其性轻清和缓，有从容分解之妙，故能退火，养阴，除烦，清肺下气，亦止消渴热汗"。明代李时珍的《本草纲目》，对石斛的功效也有其识见："石斛气平，味甘、淡、微咸，阴中之阳，降也。乃足太阴脾、足少阴右肾之药。深师云：囊湿精少，小便余沥者，宜加之。一法：每以二钱入生姜一片，水煎代茶饮，甚清肺补脾也。"明代贾所学原撰、清代李延昰补订的《药品化义》，尚补增石斛具有"主治肺热久虚，咳嗽不止"之功。清代赵学敏的《本草纲目拾遗》也谓其"清胃除虚热，生津，已劳损，以之代茶，开胃健脾"。清末周岩的《本草思辨录》也认为"石斛，为肾药，为肺药，为胃肠药。"至今，石斛仍为中医常用的滋阴清肺、生津止渴、养胃除烦要药，并认为鲜石斛清热之力过于滋阴，干石斛滋阴之力过于清热之力。

1990 年，为更好总结我国两千多年来中药学成就，反映 20 世纪中药学发展水平，由国家中医药管理局主持并组织全国数百位中医药专家，经 10 年编纂重修本草并于 2000 年出版的综合性大型本草著作《中华本草》全书，在历代本草基础上将石斛的性味归经与功能主治总结为："味甘、微苦，性微寒。归胃、肺、肾经。具有生津养胃，滋阴清热，润肺益肾，明目强腰功能。主治热病伤津，口干烦渴，胃阴不足，胃痛干呕，肺燥干咳，虚热不退，阴伤目暗，腰膝软弱"。

《中国药典》（2010 年版一部），对石斛与铁皮石斛虽各分列，但两者的性味与归经及功能主治皆同；2015 年版《中国药典》亦将石斛与铁皮石斛各分列，两者的性味与归经及功能主治亦皆同，均为味甘，性微寒。归胃、肾经。具有益胃生津、滋阴清热功能。用于热病津伤、口干烦渴、胃阴不足、食少干呕、病后虚热不退、阴虚火旺、骨蒸劳热、目暗不明、筋骨痿软。

石斛既是我国应用历史悠久的珍稀名贵中药，又是常用苗药，《中华本草·苗药卷》所载石斛的苗药名为"Nangx ghab zat fangx"（近似汉译音："陇嘎宰访"），味甜，性冷，入热经药；具有生津养胃、滋阴清热、润肺益肾、明目强腰功能。主治津伤阴亏、口干烦渴、食少干呕、干咳虚热不退、病后虚热、目暗不明、腰膝软弱等症。同时，石斛还是我国传统保健强身、轻身延年名药，列入 2002 年 4 月国家卫生部为规范保健食品原料管理要求而颁发的"可用于保健食品的用品"中，但为保护其资源，还要求必须提供家种可使用证明。综上可见，石斛既是我国中医临床传统珍稀名贵药食两用中药，也是贵州著名地道特色药材。本书将重点介绍金钗石斛、铁皮石斛及环草石斛。

【形态特征】

石斛（金钗石斛）：茎丛生，直立，粗壮，高 10～60cm，直径达 1.3cm，黄绿色，上部稍扁而略成"之"字形弯曲,具纵槽纹,有节,节略粗,基部收缩,膨大成蛇头或卵球形。单叶互生,3~5片生于茎的上端,叶近革质,狭长椭圆形或近披针形,先端2圆裂,叶脉平行,全缘,叶鞘紧附于节间;无柄;老茎上部常分生侧枝(俗称"龙抱柱"),侧枝基部长有气生根。总状花序,腋生,花大,直径达8cm,1~4朵,下垂,花萼及花瓣白色带紫色或淡紫色,先端紫红色;萼片3,中央1片离生,两侧1对基部斜生于蕊柱足上,几相等,长圆形,先端急尖或钝,萼囊短钝;花瓣椭圆形,与萼片等大,顶端钝;唇瓣宽卵状矩圆形,比萼片略短,宽约2.8cm,具短爪,两面被毛,唇盘上面具1个紫斑;蕊柱长6~7cm,连足部长约12cm;雄蕊呈圆锥状,花药2室,花粉4,蜡质。蒴果,种子多而细小如粉末。花期4~6月,果期6~8月。金钗石斛植物形态见图2-1。

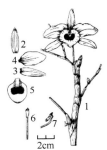

(1.着花植株;2.中央萼片;3.侧生萼片;4.侧生花瓣;5.唇瓣;6、7.合蕊柱)

图2-1 石斛(金钗石斛)植物形态图

(引自冉懋雄主编,《名贵中药材绿色栽培技术丛书——石斛》,科学技术文献出版社,2002)

铁皮石斛:茎丛生,圆柱形,高5~40cm,直径0.2~0.4cm,节间长1~6cm,铁灰色或灰绿色,有明显光泽而黑褐色的小节,故有铁皮石斛或黑节草之名。叶生于茎的上端,纸质,矩圆状披针形,长4~7cm,宽1~1.5cm,先端略钩转,边缘和中脉淡紫色;叶鞘灰白色,膜质,稍带紫色斑点,鞘口开张,抱茎不超过上一节,常与节留下一个环状间隙,节上深铁灰色。总状花序,常生于无叶的茎上端,长2~4cm,呈回折状弯曲,生花2~5朵,淡黄色,稍有香气;花苞片淡白色,花被片黄绿色,长约1.8cm,中萼片和花瓣相似,短圆状披针形,侧萼片镰状三角形,萼囊明显;唇瓣卵状披针形,反折,比萼片略短;不裂或不明显3裂,基部边缘内卷并有一个胼胝体,先端急尖,边缘波状,唇盘被乳突状毛,具紫红色斑点。花期、果期同上。铁皮石斛植物形态见图2-2。

环草石斛:茎圆柱形,高10~45cm,直径2~7mm,柔软,下垂,茎部略细,节上常生不定根。叶近肉质,矩圆状披针形,长2~5cm,宽0.6~1.6cm,顶端急尖。花单生于有叶茎上,淡玫瑰色,花蕾紫红色,开放时为浅紫色;花瓣椭圆形,和中央萼片等长,长1.6~2.1cm,宽0.7~1cm,先端近圆形;唇瓣近圆形,黄色,先端色深,中间有乳状突起,周围有多而细的粉红色带纹,下半部向内卷曲包围蕊柱,基部有短阔的爪,中央被长绒毛,边缘流苏状;蕊柱极短,花药钝头、白色,有细小乳突体。花期、果期同上。环草石斛植物形态见图2-3。

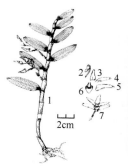

（1. 植株全形；2. 合蕊柱；3. 中央萼片；4. 侧生花瓣；5. 侧生萼片；6. 唇瓣；7. 花）

图 2-2　铁皮石斛植物形态图

（引自冉懋雄主编，《名贵中药材绿色栽培技术丛书——石斛》，科学技术文献出版社，2002）

（1. 植株全形；2. 花；3. 中央萼片；4. 侧生花瓣；5. 侧生萼片；6. 唇瓣；7. 合蕊柱）

图 2-3　环草石斛（粉花石斛、美花石斛）植物形态图

（引自冉懋雄主编，《名贵中药材绿色栽培技术丛书——石斛》，科学技术文献出版社，2002）

除上述金钗石斛等外，贵州还有流苏石斛、束花石斛 *Dendrobium chrysanthum* Wall. ex Lindl.、迭鞘石斛 *Dendrobium denneanum* Kerr.、齿瓣石斛（紫皮石斛）*Dendrobium devonianum* Paxt.、细叶石斛 *Dendrobium hancockii* Rolfe、重唇石斛 *Dendrobium hercoglossum* Rchb. f. 等多种石斛可供药用。

【生物学特性】

一、生长发育习性

金钗石斛、铁皮石斛、环草石斛等石斛属植物为多年生附生性草本植物，野生条件下常附生于树干或岩石上，并常与苔藓植物伴生。石斛的根一部分固着于附主，起固定和支持作用，并吸取附主的水分和养料；另一部分裸露在空气中，吸取空气中的水分。石斛属植物与附主虽不是寄生关系，但附主不仅与石斛属植物的生长发育相关，而且对石斛中所含的化学物质有一定影响，如在杏树、梨树等上栽植的金钗石斛，发现其有效成分石斛生物碱的含量，均比在石缝间野生的石斛含量低。

野生石斛可行种子繁殖和营养繁殖。在石斛果实中，含有上万粒细小种子，种子成熟时，果实裂开，种子随风飞扬，在适宜生长的附主植物树皮或岩石上，可萌发并生长成为原球茎，并逐步生长成苗。一般生长三年后开花，植株不断产生萌蘖，茎的基部或茎节在接触地面时或在适宜的条件下，均能产生不定根而形成新的个体。植株生长过程中，不断产生萌蘖，产生不定根，形成丛生状。石斛在春末夏初开始生长，夏季进入快速生长期，秋季生长速度减慢，秋末冬初进入休眠期。

经观察，野生石斛植株于花后落叶，且一般不萌发新叶而于茎基萌发新枝。花于茎顶或侧枝单生或排成总状花序。植株下部的花发育较早而首先开放。花期 20～30 天，但花序顶端的花 5%～10%发育不正常，还有多种石斛只开花不结果，而仅以营养繁殖。野生石斛繁殖很慢，自然更新能力很差。

野生石斛的生长发育规律大致为：每年春末或夏初期间，在两年生的茎上部的节上抽出花序，开花后从茎基长出新芽并发育成新茎，老茎则逐渐皱缩，不再开花。秋季新茎渐趋成熟，生长减慢，并在凉爽较干燥的气候中进入休眠期，以利于越冬花芽的形成。花期 4～6 月，果期 6～8 月。

近几年来，我们将贵州省赤水市野生石斛引种至种质资源圃内，结合赤水市信天公司石斛试验示范基地和保护抚育基地（如长期镇五七村）对其生长发育习性进行较为系统的观察研究。经观察，在自然野生状态下，石斛既有有性繁殖，又有无性繁殖，但其主要靠无性繁殖。不同生长年限的假鳞茎承担着不同的任务：一年生假鳞茎进行物质积累，二年生假鳞茎进行笋芽萌发及笋芽的养分供给，三年生假鳞茎进行开花结果，四年生假鳞茎进行萌发高位芽苗，随着无性系分株的生长，假鳞茎必须进行自疏或觅养，年限长的假鳞茎将逐渐枯萎死去。

观察还发现，金钗石斛从花芽出现到末花期约需 50 天，一个花序的花期为 10～13 天。挂果可长达近一年的时间。种子成熟期为 11 月至翌年 2 月。而人工条件下，种子从播种到出瓶炼苗，需培养 9～10 个月的时间。金钗石斛的成活根，在一年中有两次明显的生长旺盛期，第一次在 2～4 月，第二次在 9～10 月。

例如，在赤水市旺隆镇金钗石斛试验示范基地定点观察的结果，见表 2-1。

表 2-1　赤水市石斛物候期观察记录表

季节	芽期	分蘖期	花蕾期	开花期	坐果期	果熟期	休眠期
春、夏季	2 月 26 日	3 月 11 日	4 月 14 日	5 月 9 日	7 月 12 日	—	
秋、冬季	9 月 3 日	9 月 24 日	—	—		10 月 23 日	12 月 7 日

注：本表系 2004 年 9 月～2005 年 8 月，在赤水市旺隆镇红花村 GAP 试验示范基地设置定点观察的结果；以后连续多年观察其结果基本一致。

二、生态环境要求

石斛属植物种质资源极其宝贵。石斛野生资源多附生在热带、亚热带原始森林的悬崖峭壁岩石上或高大乔木树干上。独特的生态环境与生物多样性条件下，石斛有着严格

分析法得到金钗石斛主要生长区域生态因子（≥10℃积温、年均温、1月均温及最低温、7月均温及最高温、年均相对湿度、年均日照时间、年均降水量及土壤类型等），利用加权欧氏距离法计算得到金钗石斛90%～100%不同生态相似度的区域分布。结果表明：金钗石斛生态相似度95%～100%的主要区域为云南、四川、广西、湖南、广东、福建、贵州、湖北、浙江等，尤以云南（洱源、石屏、勐海等）、四川（乐山、洪雅、泸州等）、广西（百色、金秀、兴安等）、湖南（沅陵、安化、桃源等）、广东（英德、佛山、韶关等）、福建（龙溪、建瓯、长汀等）、贵州（遵义、望谟等）等为主，经分析其生态相似度95%～100%的区域分别占该省（区）面积的比例为66%、36%、59%、65%、65%、79%、54%。根据上述分析结果，结合金钗石斛生物学特性，并结合自然条件、社会经济条件、药材地道性和种植加工经验等，进行其区划与生产布局。按照上述方法，对铁皮石斛进行区划和分区布局的研究分析，认为铁皮石斛的引种栽培生产区域以云南、贵州、湖南、广西、广东、浙江等为宜；环草石斛的引种栽培生产区域以广西、贵州、云南、福建等为宜。

但对石斛长期过度采挖应用与生态环境破坏等，已造成石斛野生资源严重破坏及枯竭，有些石斛原生种已面临灭绝，因此，石斛有"植物界大熊猫"或"药界大熊猫"之称。为了有效保护石斛野生资源，我国已将其列为国家重点保护物种。如早在1987年10月国务院颁布《野生药材资源保护管理条例》的"国家重点保护野生药材物种名录"中，将金钗石斛、铁皮石斛、环草石斛、黄草石斛、马鞭石斛均列为Ⅲ级保护植物。其后，石斛又先后被列入《中国珍稀濒危植物名录》《濒危野生动植物种国际贸易公约CITES》中的Ⅱ级保护植物。2001年12月，全国野生动植物保护及自然保护区建设工程正式启动，石斛被列入工程建设的重点之一，全部兰科植物均被列入《国家重点保护野生植物名录（第二批）》。国家对石斛野生资源采收、经营、进出口进行严格限制和管理。

二、贵州资源分布与适宜区分析

经调查，贵州石斛曾以野生资源为主，现以金钗石斛、铁皮石斛、环草石斛等为主家种栽培。在1984～1992年贵州省中药资源普查时，重点对全省药用石斛资源进行普查，以及历年来相关研究的结果表明，贵州石斛资源主要有金钗石斛、铁皮石斛、环草石斛、流苏石斛、黄草石斛等石斛属植物及金石斛等金石斛属植物供药用；并有部分地区还将赤唇石豆兰等石豆兰属、小瓜石斛等石仙桃属的部分植物作石斛习用或收购作石斛代用品销售。

贵州药用石斛资源，以金钗石斛、铁皮石斛、环草石斛等为主，其主要分布于黔北的赤水、习水等地，或黔西南、黔南的兴义、安龙、独山等地。其地处云贵高原向四川盆地、湖南丘陵或广西丘陵过渡的斜坡地带，地貌以山地丘陵或河谷为主，海拔一般为500～1200m。该区域属中亚热带或亚热带高原湿润季风气候，四季分明，雨热同季，无霜期长，多云寡照，≥0℃年活动积温5500～6070℃，平均气温10～12℃，年降水量1000～1500mm。土壤类型以黄壤土和黄色石灰土为主，多为微酸性、土层深厚而肥沃的砂质壤土。区域内森林覆盖率高，生物多样性丰富，农业生产较发达，当地有种植石斛等药材的习惯和经验。该区域自然条件最适宜石斛的生长，历来是贵州石斛的主产地。如赤水、习水、兴义、安龙、独山等正在积极建设铁皮石斛规范化生产基地。其他如黔西南、黔南山原山地河谷的册亨、望谟、罗甸、关岭、荔波、平塘、三都等地，以及黔西、黔北的毕节、六盘水等地和梵净山、雷公山、宽阔水等地的低海拔河谷地带均为贵州省石斛资源分布区与较适宜区。

除上述最适宜区外，贵州省其他各县（市、区）凡符合石斛生长习性与生态环境要求的区域均为其生长发育适宜区。

【生产基地合理选择与基地环境质量检（监）测评价】

一、生产基地合理选择与基地条件

石斛种植基地的选择，应根据石斛的生长习性和相关要求，按产地适宜优化原则与其生长发育特性要求，选择其最适宜区或适宜区并具良好社会经济条件的地区，因地制宜、合理布局地建立规范化生产基地。根据石斛属植物为亚热带附生性植物，野生石斛多生长在湿度较大，并有充足散射光的亚热带深山老林中，常附生于树冠茂密且树皮厚、多槽沟、有苔藓蓄纳水分的树干或树枝上，或生长于林中有腐殖质的岩石缝或石槽间的特点，石斛基地应选在较低海拔的热带、亚热带山地河谷，并在有散射光照、通风透气、稍荫蔽、温暖潮湿、半阴半阳、雾气弥漫的岩石上或树林下仿野生栽培。

例如，金钗石斛以贵州赤水市为主的生产最适宜区，见图2-4。其属中亚热带湿润季

图2-4　贵州省赤水市石斛资源生长环境与林下仿野生栽培

风气候区，年均气温 18.1℃，年降水量 1286.8mm，空气相对湿度多年平均 82.4%，无霜期 300～340 天，森林覆盖率 74.2%，光热水资源优，生态环境好，是石斛的天然避难所，是生产石斛药材的最适宜区域。其地处云贵高原向四川盆地递降的斜坡过渡地带，形成河谷丘陵、半高山、高山的立体地貌，具有重峦叠嶂、峡谷幽深、丘陵起伏、河谷开阔平缓的地貌特征。其丹崖绝壁，奇山怪石，为具附生特性的金钗石斛提供了丰富的岩石附主，特别是其含钾量高，保肥保水能力强的丹霞岩石岩壁，与温暖湿润的气候，原始古朴的生态，无污染的水体共同作用，附着于岩石岩壁和丛林树干生长的金钗石斛，生其环境，吸其营养，润其雨露，随着历史变迁和时间推移，久而久之，成就了赤水所产金钗石斛别具根粗茎壮、色泽鲜明、肥满多汁、质优量大等突出特征，贵州省赤水确系金钗石斛著名地道产区。

二、生产基地环境质量检（监）测与评价（略）

【种植关键技术研究与推广应用】

一、种质资源保护抚育

石斛是珍稀名贵药材，应用广泛。随着石斛市场需求量的日益增加，野生石斛的大量采挖，导致野生资源越来越少，应切实加强其种质资源保护抚育，以促使石斛种质资源真正得到永续利用和持续发展。

例如，贵州省赤水市在长期镇建立以金钗石斛为重点的保护抚育（含种源地）基地区域，见图 2-5。为了增大石斛种群，建立石斛产业化基地，对石斛进行一系列的野生变家种研究，并结合赤水无比优越的生态环境条件及广大药农种养石斛的经验，紧紧依靠赤水各级党政和赤水国家级桫椤保护区、世界丹霞地貌非物质文化遗产区等，开展石斛保护抚育和种源基地建设，以及有关保护抚育技术（如严格封山育林及适当移密补稀、除草施肥、分区轮采等）的研究与实践，为珍稀濒危的石斛种质保护抚育及其规范化种植基地建设奠定了坚实基础。

二、良种繁育关键技术

（一）石斛繁殖方法概述

石斛繁殖方法分为有性繁殖和无性繁殖两大类。有性繁殖主要是种子繁殖，由于石斛种子极小，在原生态环境下通常不发芽，故田间生产上多不采用。无性繁殖有分株繁殖、扦插繁殖、高芽繁殖和离体组织培养等繁殖方法。目前，生产上最为常用的是分株繁殖法和离体组织培养繁殖法。

1. 有性繁殖法

有性繁殖即种子繁殖。石斛种子极小，每个蒴果约有 20000 粒，呈黄色粉末状，通常不发芽，只在养分充足、湿度适宜、光照适中的条件下才能萌发生长。尽管石斛有性繁殖的繁殖系数极高，但其成功率极低。

图 2-5　赤水市长期镇金钗石斛保护抚育基地及石斛种源采种圃

2. 无性繁殖法

（1）分株繁殖：在春季或秋季进行，以 3 月底或 4 月初石斛发芽前为好。选择长势良好、无病虫害、根系发达、萌芽多的 1～2 年生植株作为种株，将其连根拔起，除去枯枝和断枝，剪掉过长的须根，老根保留 3cm 左右，按茎数的多少分成若干丛，每丛须有茎 4～5 枝，即可作为种茎。

（2）扦插繁殖：在春季或夏季进行，以 5～6 月为好。选取三年生健壮植株，取其饱满圆润茎段，每段保留 4～5 个节，长 15～25cm，插于蛭石或河沙中，深度以茎不倒为度，待其茎上腋芽萌发，长出白色气生根，即可移栽。一般在选材时，多以上部茎段为主，因其具顶端优势，成活率高，萌芽数多，生长发育快。

（3）高芽繁殖：多在春季或夏季进行，以夏季为主。三年生以上的石斛植株，每年茎上都要萌发腋芽，也叫高芽，并长出气生根，成为小苗，当其长到 5～7cm 时，即可将其割下进行移栽。

（4）离体组织培养繁殖：离体组织培养繁殖的技术含量、对人员和设备的要求均较高，操作复杂，需选择适宜外植体进行石斛离体组织培养繁殖。例如，赤水市信天中药产业开发有限公司对赤水金钗石斛离体组织培养繁殖经多年研究，已建立以蒴果（种子）为外植体的一整套切实可行的组培快繁技术，并建立了金钗石斛规范化仿野生林下栽培 GAP 基地，该基地已通过国家 GAP 认证并于 2014 年 5 月公告。金钗石斛组培快繁技术要点为：赤水金钗石斛蒴果（11 月中旬后采集）中的种子接种在 1/2MS 培养基，培养温度 25℃±1℃，光照强度 1800lx，光照时间为每天 10h。其培养基 pH 5.5，接种密度 12 株/瓶（瓶底直径 7cm）为宜；组培苗的炼苗基质以腐熟锯木屑，炼苗基质的水分含量控制在 45%～75%为宜；炼苗基肥选择饼肥，炼苗期根外追肥以多元素复合肥和磷酸二氢钾套施为宜。通过以上试验成果的应用，已建立石斛种苗繁育基地 60 亩，至 2014 年底累计生产金钗石斛组培苗约 2000 万丛，均达到组培苗质量标准。赤水市旺隆镇新春村金钗石斛组培快繁与种苗繁育基地见图 2-6。

图 2-6　赤水市旺隆镇新春村金钗石斛组培快繁与种苗繁育基地

另外，金钗石斛组培快繁还可采用叶片、根、嫩茎、茎尖及茎节等进行无菌培养，其成功者不少，有的已开始投入实际生产应用。如将金钗石斛的叶片、嫩茎、根经常规消毒后，切成 0.5～1cm 的切段，采用 MS 和维生素 B_5 作为基本培养基，并分别附加植物激素如 NAA（0.05～1.5mg/L）、IAA（0.2～1.0mg/L）、6-BA（1.0～5.0mg/L）等不同激素组合的培养基培养，每瓶接种外植体 2～4 段，培养基 pH5.6～6.0，培养温度 25～28℃，每天光照 9～10h，光强度为 1800～1900lx。19 天后，茎叶处出现小芽点；约 1 个月后，小芽伸长，尖端分叉；2 个月后，小芽长成高 2.0～2.7cm，具 4～8 个叶片的小植株，而叶片和根的切段无变化。在培养基的不同配方组合中，MS 比维生素 B_5 基本培养基对生长速度具有明显优势。

下面再对铁皮石斛、环草石斛的组织培养及仿野生种植技术作简要介绍。

（1）铁皮石斛种子培养（胚培养）。

取人工授粉的铁皮石斛果实，用 75%的酒精表面消毒，30s 后再用 0.1%升汞消毒 8min，无菌水冲洗 4～5 次。在无菌操作下，把果实切成 0.1mm 方块，接种到培养基上，每瓶 3～5 块。研究结果表明，N6 培养基对种子萌发和生长最好，蔗糖浓度2%最佳，NAA 浓度 0.2～0.5mg/L 最适合胚的萌发和生长；种子培养中加入椰乳对胚萌发和萌发后的初期生长起促进作用；而香蕉汁对继代培养中石斛的生根和壮苗起促进作用，生根和壮苗培养中不加入 NAA，只用 N6+10%香蕉汁，苗长得更粗壮。培养温度 25～28℃，光照度 1600～2000lx，每日 10～12h。种子萌发后，转管 3～4次，当幼苗长出 4～5 片真叶并具有 3～4 条 1～2cm 长的根时，可对试管苗进行炼苗后移栽。

在实验中尚发现，不同胚龄培养，其萌发率不同：胚龄 45 天以下，萌发率极低，萌发时间长；60 天胚龄的胚具 34 个细胞，萌发率为 6%；90 天胚龄的胚细胞为 74 个，萌发率为 87%；120 天胚龄的细胞数为 90 个，萌发率 95%以上。实验表明，组织培养的最适胚龄以种子成熟时较好。将萌芽石斛继代培养于 N6+10%香蕉汁生根壮苗培养基中，苗长得更粗壮。

（2）铁皮石斛茎尖培养。

取铁皮石斛当年萌发的嫩茎尖，用 10%次氯酸钠消毒 10min，无菌水冲洗 4～5 次后接种到培养基上。研究结果表明，培养温度为 25～28℃，光照度 1600～2000lx，每日 10～12h。在 MS+NAA 0.2mg/L+6-BA 0.5mg/L 培养基中培养 30 天左右，外植体则可诱导出大小不一的白色颗粒状愈伤组织，再过 20 天形成不定芽，将愈伤组织和不定芽切割开，再接种到 MS+NAA 0.2mg/L+6-BA 0.5mg/L 中，愈伤组织会增殖并产生不定芽，再将不定芽移到 N6+10%香蕉汁中培养 30 天左右，会生根长成植株。

（3）铁皮石斛茎节离体培养。

取铁皮石斛茎去叶、洗净、表面灭菌后，在无菌条件下切成约 5mm 长的小段，每段必具一个茎节，接种于 1/2MS 或努森培养基内，置26℃±1℃光照条件下培养，约两周后腋芽长出，约 1 个月则可形成完整植株的试管苗。当有 4～5 片叶展开，并具 3～4 条 1～2cm 长的根时，即可形成完整植株的试管苗，炼苗后可移栽。

（4）幼苗的出瓶移栽与管理。

经研究表明，铁皮石斛试管苗的出瓶移栽，在 4～6 月温度较高、湿度较大时的成活率最高。移栽基质以碎砖 4 份、碎木炭 1 份、珍珠岩和蕨根适量组合为好，其既能透气，又能排水保水。移栽后的小苗放在阴湿通风处，一周内不浇水以防湿度过大而烂根。以后随植株生长而加强管理，则可确保试管苗的成活。

有关组织培养与石斛组培技术，还可详见本书总论第七章"植物组织培养技术在中药材生产中的应用"及参阅《名贵中药材绿色栽培技术丛书——石斛》（冉懋雄主编，2002 年）、《中药组织培养实用技术》（冉懋雄主编，2004 年）、《名贵中药——铁皮石斛》（张治国、俞巧仙、叶智根主编，2006 年）、《金钗石斛研究》（乙引、陈玲、张习敏主编，2009 年），以及《地道珍稀名贵药材石斛》（廖晓康、冉懋雄主编，2014 年）等专著。

近年来，贵州省铁皮石斛以组培快繁育苗并结合仿野生种植，在独山、遵义、平坝、贵阳乌当及安龙、习水等地都发展极为迅速，在现代高效农业园区建设、精准扶贫和调整农业产业结构等方面均取得了可喜成效（图 2-7）。

另外，我省兴义市在环草石斛组培快繁育苗与仿野生种植，以及在保护抚育和石漠化治理等方面也取得了较好成效（图 2-8）。

独山县铁皮石斛规范化基地

平坝区铁皮石斛规范化基地

遵义市铁皮石斛规范化种植基地

贵阳市乌当区铁皮石斛规范化种植基地

黔西南州安龙县铁皮石斛规范化种植基地

图 2-7 贵州独山县等铁皮石斛规范化种植基地

图 2-8　贵州兴义市环草石斛保护抚育与规范化种植基地

（二）石斛良种繁育主要存在问题与解决措施

目前，石斛良种繁育主要存在的问题是种源混乱、品质不一、以次充好、质量堪忧等问题。不少野生石斛已濒临灭绝，难以寻觅。例如，在各铁皮石斛种植基地较普遍存在种质混乱，变异较大，出现了"软脚铁皮""硬脚铁皮""青秆铁皮"等各种变异类型。有研究表明，其变异类型的性状质地、多糖含量和遗传基因均有差异。其原因一是在培育铁皮石斛种苗（组培苗）时，未能及时明确种子来源和种源特性，同一组培快繁的铁皮石斛种苗以及种植生长的药材形态特征、生长习性和药材质量等出现了较大差异。二是由于野生铁皮石斛的分布范围较广，云南、贵州、浙江、广西和广东等地均有分布，不同的气候条件和地理环境对铁皮石斛药材质量可产生很大影响，甚至不同的栽培模式和技术措施对铁皮石斛质量也会产生一定影响，因此，不同产地外观形态、生长习性和药材质量等都存在差异。更有甚者，为了追求经济效益，以紫皮石斛、水草石斛冒充或胡乱嫁接、施用激素种植铁皮石斛。

因此，要尽快开展石斛种质资源圃和良种选育研究工作，从现有石斛变异类型中，筛选出优质高产品种，并建立优质品种的鉴别和质量评价指标体系。切实加强种源地（或称母种园）建设，若采用石斛茎段进行组培快繁时，应选用无病健壮植株作为种茎；若采用种子进行组培快繁时，在种源地田间应选择优良种源中生长旺盛的、无变异植株在开花时进行人工辅助授粉，授粉后套袋以防串粉，待果实成熟时采收进行组培快繁等，以确保优质品种的稳定性和可靠性。

（三）石斛良种繁殖标准操作规程与质量标准的研究制订

石斛良种繁育工作，要根据石斛良种繁育试验研究的全过程中所获得的成果，并结合生产实践，研究制订有关石斛良种繁育关键技术的标准操作规程及其种子种苗等质量标准。例如，石斛种源地选择与建设、蒴果采收储藏与处理等组织培养标准操作规程；石斛扦插条、蒴果等质量标准；石斛分株种苗、扦插种苗、试管苗及大棚炼苗出圃的组培快繁种苗等质量标准。赤水金钗石斛分株繁殖种苗、试管苗、组培快繁种苗分级及其质量标准，见表2-2～表2-4。

表 2-2　金钗石斛分株繁殖种苗分级及其质量标准（试行）

级别	质量标准
一级	株高30cm以上、31株以上、植株生长健壮、根系发达、无病虫害的种苑，一年生苗8～12株，二年生苗7～12株，三年生苗6株
二级	株高25～30cm、14～20株、植株生长良好、根系发达、无病虫害的种苑，一年生苗5～8株，二年生苗5～8株，三年生苗4株
三级	株高20～25cm、21～30株、植株长势一般、根系较发达、无病虫害的种苑，一年生苗约9株以上，二年生苗约12株以上，三年生苗10株以上

注：株高指一丛石斛种苑中最高植株的高度。

表 2-3　石斛试管苗分级及质量标准（试行）

种苗等级	性状	苗高(h)/cm	茎粗(r)/cm	根数
一级苗		$h \geqslant 6$	$r \geqslant 0.3$	5以上
二级苗	无病斑，无损伤，苗健壮，根齐，发育良好	$4 \leqslant h < 6$	$0.2 \leqslant r < 0.3$	4～5
三级苗		$3 \leqslant h < 4$	$0.15 \leqslant r < 0.2$	3～4

注：一级、二级、三级苗为合格苗；每批试管苗出瓶均应做好有关记录。（下同）

表 2-4　石斛组培快繁种苗分级及质量标准（试行）

种苗等级	性状	苗高/cm	茎粗/cm	根数	分蘖/个
一级苗		≥7.5	0.35～0.7	11以上	≥3
二级苗	无病斑，无损伤，苗健壮，根齐，发育良好	5.5～7.5	0.2～0.35	6～11	≥2
三级苗		4～5.5	≥0.2	6以下	≥1

三、规范化种植关键技术

按照中药材规范化种植要求，切实加强石斛种植全过程关键技术的试验研究，并结合实际开展石斛规范化种植基地建设。

（一）石斛种植附主选择与基质准备

1. 石斛种植的附主选择

石斛为附生植物，附主对其生长影响较大。石斛是靠裸露在外的气生根于空气中吸收养分和水分，其载体是岩石、砾石或树干。也就是说，石斛不能直接种植在地表，须在地面铺设种植基质或搭建种植床畦并覆盖合适基质为附主进行栽种，其基质层才是石斛根系的生长层。石斛种植基质要富含有机质，pH 5.5～6.5，透气，疏水性好。其种植基（场）地应四周开阔，通风良好，地势平坦，道路通畅，并建有水池（或水塘）及排灌防涝防旱等设施。

若选择岩石或砾石为附主（生产地）时，则应选砂质岩石或石壁或乱石头（有药农称之为"石旮旯"）之处，并要相对集中，有一定的面积，而且阴暗湿润，岩石上生长有苔藓（有药农称之为"地简皮"），周围有一定阔叶树作为遮阴树的地块或林下进行石斛驯化栽培。若选择树干为附主时，则应选树冠浓密、叶草质或蜡质、皮厚而多纵沟纹、含水分多并常有苔藓植物生长的阔叶树种为附主进行石斛驯化栽培。若选择树下荫棚栽培石斛时，则应选在较阴湿的阔叶林下，用砖或石块砌成高 15cm 的高厢，将腐殖土、细沙和碎石拌匀填入厢内，整平，厢面上搭 100～120cm 高的荫棚进行石斛驯化栽培。

2. 石斛种植的基质要求

石斛的驯化栽培方法及其生长基质的筛选，对石斛种植与资源恢复相当重要。若将生长在岩石、石壁、石缝、石砾或树干等环境的石斛移到地面驯化栽培时，必须具备其适宜的栽培基质。特以试验研究为例说明。

（1）试验材料：金钗石斛组培苗（采自贵州赤水市长沙镇），栽培基质为洋松锯木屑（A）、木质中药渣（B）、石灰岩颗粒（直径 1cm 以下）（C）、石灰岩颗粒+锯木屑（D）、砂页岩石碎块（直径 5cm 以下）（E）、河沙（F）、碎砖块+锯木屑（G）、稻壳（H）。

（2）试验方法与处理：用高约 20cm 的旧木箱和砖块砌成 1200～1330cm^2 的方格，内盛试验处理的各种基质，于 3 月初各栽种石斛苗 1kg。重复三次（稻谷壳处理重复两次）。管理方法：主要在 4～9 月每半月洒施一次含有 N、P、K、Ca、Mg、S、Fe、Na、Zn、Cu、Mo、Mn、B 等元素的复合营养液。11 月连根拔出，抖掉根部基质后，测定产量，并观察和分析生长情况。

（3）结果与分析：不同栽培基质对石斛产量的影响很大，其统计结果见表 2-5。

表 2-5　不同栽培基质与石斛产量的对比

编号	基质种类	各重复产量/kg			平均产量/kg	显著性差异（$P \leq 0.05$）
A	锯木屑	2.40	2.15	1.95	2.17	A 与 B、E、F、G、H
B	木质中药渣	1.63	1.78	1.65	1.69	B 与 A、D、F、G、H
C	石灰岩颗粒	1.85	1.90	2.05	1.93	C 与 F、G、H
D	石灰岩颗粒+锯木屑	2.25	2.10	1.95	2.10	D 与 B、E、F、G、H
E	砂页岩石碎块	2.05	1.75	1.60	1.80	E 与 A、B、D、F、G、H
F	河沙	1.05	0.90	0.80	0.92	F 与 A、B、C、D、E、G
G	碎砖块+锯木屑	1.40	1.45	1.35	1.40	G 与 A、B、C、D、E、F
H	稻壳	0.78	0.65	—	0.72	H 与 A、B、C、D、E、G

经方差分析表明，不同栽培基质处理大都存在显著差异。与锯木屑栽培的作比较，除石灰岩颗粒、石灰岩颗粒+锯木屑两个处理外，都存在着显著差异。据观察，锯木屑栽培的石斛一直生长旺盛；石灰岩颗粒及其加锯木屑的两个处理也较好；木质中药渣栽培的石斛前期生长较好，但后来随着中药渣的腐烂，出现生长停滞、根系腐烂；砂页岩石碎块基质的石斛根系生长较缓慢，是造成产量低的原因；其他基质栽培的石斛则一直处于生长不良状况。

以上试验研究结果表明，石斛驯化栽培首要因素是必须提供其根系生长的良好环境。锯木屑疏松透气，又能保持水分及肥料，能较好满足根系生长的要求。石灰岩颗粒加适量锯木屑或单纯的石灰岩颗粒也不失为石斛栽培的较好基质，特别是在长江流域禁伐区，锯木屑来源受到严重影响的情况下，石灰岩颗粒则是石斛栽培的良好材料。另外，稻壳虽似与锯木屑差异不大而易得，但其实际保水能力极差；河沙栽培石斛也很难长根，故均不宜作栽培基质。

3. 石斛种植的基质处理与准备使用

基质在使用前要进行消毒处理。若系植物根茎叶的基质，应通过堆制、浸泡和煎煮等法进行消毒处理。如松树皮，首先将松树皮粉碎成适宜细块，然后用筛子分筛，再将大小树皮分开堆放，供分别使用。处理时，先用水将树皮上的泥沙、污物冲洗干净，再与适量杀菌剂、杀虫剂和树皮搅拌均匀，用塑料薄膜覆盖堆腐后供用；也可将松树皮倒入水池中，再加入适量杀菌剂和杀虫剂浸泡，时间为1～2周。

处理好后，将基质再次适当清理后，就可铺在苗床供石斛栽种使用，其厚度一般为4cm左右。试验结果表明，新基质石斛组培苗长势最好，已使用一年的基质中生长的组培苗各项指标和新基质中生长无明显差异，二者比较接近。使用两年的基质组培苗成活率低，长势差，容易感病。考虑节约成本又保证种苗质量，充分、合理利用炼苗基质，故基质选择使用一年。

（二）栽种时间与栽种方法

1. 栽种时间

石斛栽种宜选在春季（3～4月）、秋季（8～9月），尤以春季栽种比秋季栽种更宜。这主要是充分利用阳春三月气候回升，风和日暖，春雨如油，万物复苏的黄金季节，适宜的温湿度、日照、雨水等条件，有利于刺激石斛茎基部的腋芽迅速萌发，同时长出供幼芽吸收养分、水分的气生根，达到先根后芽的生长目的。秋季种植是利用秋天的适宜温度（适宜在小阳春前）引发根系生长，但根的质量、数量、长速都不及春季。在湿润条件满足、遮阴条件较好的地方，夏季亦可生长出一部分根、幼芽。

2. 栽种方法

石斛栽种的方法通常有：

（1）贴石栽种法：选择阴湿林下的石缝、石槽有腐殖质处，将分成小丛的石斛种苗的根部，用牛粪泥浆（牛粪与泥浆拌匀）包住，塞入岩石缝或槽内，塞时应力求稳固，以免掉落。或将小丛石斛种苗直接放入已打好的窝内，然后用打窝时的石花均匀地将基部压实，以使其风吹不倒，将基部和根牢固地固定在石窝内即可。若是在砾石上栽培，其办法是将种苗平放在砾石上，然后用石块压住种苗中下部，基部、顶部裸露在外，仍以风吹不动为度。如栽放种苗的地方有灰尘，应用水冲或湿布擦净，有利于提高成活率。在石面四周种植石斛，可用钻子打一小窝，事前应踩好鲜牛粪，鲜牛粪中可掺入 30∶1 的磷肥，加水踩混，稀湿度以手捏之手指缝中不留水为度，将石斛种苗紧紧贴住小窝，一手抓备好的牛粪搭在石斛种苗茎的中下部，使种苗牢固地贴在石头上，种苗的顶部和基部都要裸露在外。

（2）贴树栽种法：在阔叶林中，选择树干粗大、水分较多、树冠茂盛、树皮疏松、有纵裂沟的常绿树（如黄柏、乌柏、柿子树、油桐、青冈、香樟、楠木、枫杨等），在较平而粗的树干或树枝凹处或每隔 30～50cm 用刀砍一浅裂口，并剥去一些树皮，然后将已备好的石斛种苗，用竹钉或绳索将基部固定在树的裂口处，再用牛粪泥浆涂抹在其根部及周围树皮沟中。为防止风吹动和雨水冲刷，一般应用竹钉钉牢或用竹篾等绳索捆上几圈绑牢，以固定石斛须根和植株于树干或树丫上，使其新根长出后沿树体紧密攀缘生长。在树上栽种时，应从上而下进行。已枯朽的树皮不宜栽种。

（3）大棚（荫棚）栽种法：

①标准化大棚准备：标准化大棚是指阳光板大棚、钢架结构塑料大棚等。其优点是寿命长、保温好和抗风能力强。缺点是造价高、维修难度大。有关标准化大棚设施与制作，详见有关资料或与有关大棚制作企业联系。

②简易大棚准备：简易大棚是指由竹、木等建成的塑料大棚。根据选择的场地条件，一般长 20～30m、宽 6～8m、高 3m 比较合适；棚内设苗床，宽约 1.5m，苗床间的操作道 40cm。苗床距离两侧边缘要各留 20cm 左右间距，每个棚一般安置 3 个苗床为宜。苗床宽 1.5m，苗床长度根据大棚的长度而定。苗床利用木材加工废料（如边板）、竹片、钢材等耐腐蚀性材料做成，离地面高 60～80cm。光照采用双层遮阳网来控制，可选择 70% 遮光率的黑色遮阳网，安装于棚架顶端用于外遮阳，外遮阳网可为固定式或活动式，距离棚架顶端 30～50cm；选择 50% 遮光率的黑色遮阳网，安装于棚架内部用于内遮阳，内遮阳网为活动式，可人工自由收放。

③定植栽种：无论在标准化大棚、简易大棚，还是在荫棚内进行石斛栽种定植时，都应先将经处理熟化好的树皮、锯木屑、小砾石等基质拌匀，再在棚内的苗床作畦（亦可穴盘或盆栽），铺上苗床 3～5cm，将石斛驯化种苗以适宜密度（如株行距为 10cm×15cm 或 20cm×20cm）进行定植。若在荫棚（拱棚）下栽种时，于畦上搭 1.7m 的荫棚，向阳面挂一草帘，以利调节温湿度和通透新鲜空气，并保持畦面的湿润。

石斛种苗定植时，温度宜控制在 25℃ 左右，空气相对湿度保持在 90% 左右。定植后用 50% 多菌灵 1000 倍液进行叶面喷施消毒，这期间要遮阳，并依靠遮阳保持湿度。移栽定植 3 天后喷施一次磷酸二氢钾 500 倍液，目的是促进小苗生根发芽，增加成活率；湿度控制在 80%，水要浇透（或间干间湿），3～5 天后再定期喷施浓度相对比较低的叶面肥。

（4）石斛林下仿野生栽培法：林下仿野生种植石斛是在传统经验的基础上，结合实际与生产需要而开展的林药结合、发展林下经济，社会经济与生态效益均佳的重要石斛栽种法。本法应在适宜石斛生长并有野生石斛（或曾有石斛野生）的阔叶林下进行。其既可采用贴石栽种，又可采用贴树栽种，据所选林下场地的林木密度、山石位置等情况，就地取材，灵活选择，因地适宜，合理布局其贴石或贴树的栽种点，并建必要的水池、排灌设施、荫棚、沤粪池及作业道等。如利用原生态的石旮旯场地，或耸立石头，或适宜树干进行贴石栽或贴树栽，也可垒成适宜大小"石堡"（如用直径 15cm 以上的石块，堆砌成高和直径 120cm 左右的"石堡"依地形而分立）的栽种床或"石阵"（如用大小不一的石块，堆砌成高和直径 50cm 左右的石堆依地形而列阵）的栽种床，然后在"石堡"或"石阵"上栽种石斛（见图 2-9、图 2-10），并适当布置必要的遮阴设施、排灌设施、沤粪池及作业道等。移栽定植时，石斛密度大则单株营养空间小，密度小则单株营养空间大，栽种稀密程度直接影响石斛植株个体发育，产生产量和质量上的差异。因此，在石斛实际栽种中，既需从实际出发，又要考虑生产成本与提高石斛的质量和数量等。石斛林下栽种密度、遮阴等绝不能强求整齐划一，关键在于如何创设真正的石斛野生环境，如何进行石斛的仿野生种植，以达到其原生态下优质高产目的。因此，林下石斛栽种的田间管理、合理施肥及病虫害防治等，与贴石栽种、贴树栽种、大棚（荫棚）栽种等可说基本一致，但又不可硬搬。

贵州省赤水市金钗石斛贴石栽种法、贴树栽种法，以及林下仿野生栽培试验研究和林下仿野生种植的成功经验，值得借鉴与推广。

此外，还可选择适宜基质与场所进行石斛盆栽、墙栽、岩壁栽或其他形式种植。

（三）田间管理与合理施肥

1. 及时排灌与除草

石斛栽种后应保持湿润的环境，要适当浇水，但严防浇水过多，切忌积水烂根。若遇久雨或大雨，还要防涝，以免根烂叶黄。

栽种在岩石或树上等场所的石斛，常常会有杂草滋生，直接与石斛的根部竞争养分，影响石斛的养分吸收及生长。为保证石斛的生长，必须随时将其拔除。一般情况下，石斛种植后每年除草 2 次，第 1 次在 3 月中旬至 4 月上旬，第 2 次在 11 月间。除草时，将长在石斛株周围的杂草及枯枝落叶除去即可。但在夏季高温季节，不宜除草，以免影响石斛正常生长。在高温季节的早晨和傍晚，采用管淋方式浇灌，保持基质湿润。

2. 光照管理与修枝

大棚（荫棚）石斛光照管理，在生产实际上即及时调节荫蔽度而进行遮阴管理。例如，贴树栽培的石斛，随着附主植物的生长，荫蔽度不断增加，每年冬春应适当修剪去除其过密的枝条，以控制荫蔽度为 60% 左右为宜，过于荫蔽不宜石斛的生长。荫棚栽培的石斛，冬季应揭开荫棚，使其透光，以保证石斛植株得到适宜的光照和雨露，利于其更好生长发育。若采用阔叶林木遮阴，荫蔽度在 55%～65% 最为合适，应在春季和夏季，将树上过密的枝叶除去。

金钗石斛林下仿野生贴石栽培与垒石栽培法

金钗石斛林中仿野生贴树栽培法

图 2-9　金钗石斛林下仿野生贴石栽培与贴树栽培法

金钗石斛垒石式"石堡"栽培床　　　　　　　　金钗石斛阶梯式"石阵"栽培床

金钗石斛林下仿野生贴石栽培有关试验及其结果

图 2-10　贵州赤水市金钗石斛林下仿野生栽培研究（长期镇、旺隆镇）

石斛整枝包括修剪及分蔸。石斛栽种后，在每年春季萌发前或冬季采收后，将部分老茎、枯茎或部分生长过密植株剪除，调节其透光程度，以免过度荫蔽而影响石斛正常生长，从而促使石斛茎健壮生长达到优质丰产目的。石斛栽种后，若生长环境好，管理水平高，3～4 年可进入丰产盛期。石斛在 8～14 株时分蘖状况良好，超过 8～14 株时可分蔸繁殖。

3. 合理施肥

栽种石斛时不需施基肥，除定植后适当喷施磷酸二氢钾 500 倍液浓度相对较低叶面肥促生根成活外，在石斛种苗成活以后，还必须注意施肥，以提高石斛的产量和质量。一般于石斛栽种后第二年开始进行施追肥，每年 1～2 次，第 1 次为促芽肥，在春分至清明前后进行，以刺激幼芽发育；第 2 次为保暖肥，在立冬前后进行，使植株能够储存养分，以安全越冬。通常用油饼、豆渣、羊粪、牛粪、猪粪、肥泥加磷肥及少量氮肥，混合调匀后在其根部薄薄地施上一层。由于石斛的根部吸收营养的功能较差，为促进其生长，在其生长期内，每隔 1～2 个月，用 2%的过磷酸钙或 1%的硫酸钾进行根外施肥。下述具体施肥时间、方法可供参考。

（1）贴石栽培石斛的施肥：一年内可追肥 2 次，早春施肥一般在 2～3 月，早秋施肥在 9～10 月，以腐熟的农家肥上清液或多元复合肥水溶液，每亩 1000kg 左右，浓度宜低不宜高，以免造成烧根。如果残渣过多，会使根的伸长受阻，影响石斛的正常生长。在干旱时可结合浇水，在水中按规定放入磷酸二氢钾、赤霉素作叶面喷施，既达到施肥的目的，又可降低岩石温度，增加湿度，使其萌发新根、新芽，提高商品性能和产品质量。

（2）贴树栽培石斛的施肥：可将腐熟农家肥的上清液或磷酸二氢钾、赤霉素溶液采用高压、喷雾方法作根外施肥，施肥时间与次数应视石斛生长状况，结合降雨情况而定，旱时勤施，涝时少施。

（3）大棚（荫棚）石斛的施肥：主要施用腐熟农家肥的上清液，施肥水时间及次数主要根据棚内湿度而定，棚内湿度大时少施，久旱无雨时勤施，涝时少施，要注意棚内温、湿度变化，灵活掌握。一般追肥多选用 600 倍多元素复合肥，或 1000 倍磷酸二氢钾+沼液混合肥叶面喷施。

但不管采用何种方式栽培的石斛，其施肥的时间都要在清晨露水干后进行，严禁在烈日当空的高温下施用肥水，否则将会严重影响石斛的正常生长。若因施用某种肥料造成污染，或者影响石斛生长和质量时，必须停止使用该肥料。

4. 冬季管理与清洁田园

每年 1～2 月，及时锄草、清理田间、修剪病虫害残株及枯枝落叶，结合深耕细作、冬耕晒土，可避免在杂草或枯枝落叶上越冬的病原菌传播进场地，以大大减少病虫害的发生率和为害程度。

石斛栽种后，每年要注意清洁田园，将其根际周围的泥土、枯枝落叶清除干净，特别是多雨季节，大量腐叶、浮泥对石斛根的透气影响很大，必须随时清除。但清除中特别注意：一是高温季节不宜清洁田园除草，以免曝晒，不利生长；二是不要伤根，否则降低石斛的生活力，影响石斛产量和品质。一般于石斛栽种 5 年后，因石斛植株萌发很多，老根死亡，基质腐烂，病菌侵染，致使其植株生长不良，故应根据石斛生长情况进行翻苑，除去枯朽老根，再行分株另行栽培，以促进石斛植株的生长和增产增收。

（四）主要病虫害与综合防治

1. 石斛病虫害的调查

石斛病虫害的调查是为其有效防治提供科学依据的重要工作。调查是在石斛传统生产经验基础上，对石斛良种繁育基地进行实地调查。调查时间应全年进行，但以春季 3～5 月和秋季 8～10 月为重点进行调查。

2. 石斛主要病虫害的防治

经调查，石斛生长发育过程中，一般来说病虫害均较轻，通常出现的病虫害主要有软腐病、炭疽病、黑斑病及蛞蝓、蝗虫、蚜虫等；应对其以综合防治为主，简介如下。

（1）软腐病：软腐病的主要发生期在高温高湿的 6～8 月。该病的病源是一种真菌，以卵孢子在病残组织和污染的基质中越冬，成为翌年的浸染菌源。该病一年四季都可发生，但以高温高湿季节发病严重。

防治方法：以综合防治为主。如果发现已有染病病株，则首先清除其腐烂组织后及时晾根，或者立即拔除；切勿浇水过多或通风不良，应立即通风，降低棚内空气相对湿度，以免石斛继续发病或更为严重。

（2）炭疽病：炭疽病是刺盘孢病菌和盘长孢病菌以菌丝体或分生孢子在残病组织内越冬，借风雨或人工操作传播，从伤口及嫩叶侵入。石斛受害植株叶片出现深褐色或黑色病斑，严重的可感染至茎枝。一年四季均可发病，春季主要感染石斛老叶叶尖，夏季主要感染幼苗新叶，但在高温高湿、通风不良条件下发病最为严重。

防治方法：切勿浇水过多或通风不良，注意通风降温降湿；用 50%多菌灵 1000 倍液或 50%甲基托布津 1000 倍液喷雾，以预防并控制该病对新株的感染。

（3）黑斑病：病害时嫩叶上呈现黑褐色斑点，斑点周围显黄色，逐渐扩散至叶片，严重时黑斑在叶片上互相连接成片，最后枯萎脱落。该病常在 3～5 月发生。

防治方法：用 1∶1∶150 波尔多液或多菌灵 1000 倍液预防和控制其发展。

（4）煤污病：病害时整个植株叶片表面覆盖一层似煤烟灰的黑色粉末状物，严重影响叶片的光合作用，造成植株发育不良。3～5 月为本病害的主要发病期。

防治方法：用 50%多菌灵 1000 倍液或 40%乐果乳剂 1500 倍液喷雾防治。

（5）叶锈病：通常在 7～8 月多雨季节发生。受害茎叶上首先出现淡黄色斑点，后变成向外凸出的粉黄色疙瘩，最后孢子囊破裂而散发出许多粉末状孢子，为害严重时，使石斛茎叶枯萎死亡。

防治方法：石斛种植地不能过湿，要及时排水，并减少覆盖物，促进石斛根系通风透气；严重时用粉锈宁 800 倍液喷洒叶面，每隔 5～7 天喷洒一次，连喷 3 次防治。

（6）疫病：病菌以病株或卵孢子等在病残体及土壤中越冬；通过风雨或水滴滴溅传播。该病潜育期短，为3～5天。该病发生早晚与降雨早晚及次数、温室内空气相对湿度密切相关，多雨、高湿（90%～100%）时易发病且较严重。喷水多、通气差可加重病害发生，在气温低于25℃，连续阴天或阴雨天更易流行。该病使石斛植株幼嫩部分腐烂，使石斛植株上部心叶基部发生水渍状褐色腐烂，并向叶尖端扩展。该病引起石斛茎呈水渍状褐腐，病重时使茎的1/3～1/2烂掉，丧失商品价值。

防治方法：雨后及时排水防涝，苗床切勿积水，湿度控制在80%左右是防治的重要方法；及时清除病残体；病土病盆及时处理，不再利用；石斛应单独以棚种植，不可以与其他寄主相邻种植或同置一室。发病初期喷药，叶心病部涂药，不可以滞留药液。常用药剂有72%克露或霜脲·锰锌可湿性粉剂600倍液、69%安克·锰锌可湿性粉剂500倍液、60%灭克可湿性粉剂1000倍液等。

近几年来，石斛种植区的疫病对石斛种植的为害较大，有的甚至出现整个植株全部感染该病死亡的情况。因此雨季应特别预防，一旦发生及时防治。

（7）蛞蝓：蛞蝓以成虫或幼体在石斛等作物根部湿土下越冬，翌年5～7月在田间大量活动为害。入夏气温升高，活动减弱，秋季气候凉爽后，又活动为害。蛞蝓完成一个世代约250天，5～7月产卵，卵期16～17天，从孵化至成虫性成熟约55天。成虫产卵期可长达160天。蛞蝓雌雄同体，异体受精，亦可同体受精繁殖。卵产于湿度大且隐蔽的土缝中，每隔1～2天产卵1次。蛞蝓怕光，强光下2～3h即死亡，因此均夜间活动；从傍晚开始出动，晚上10:00～11:00达高峰，清晨之前又陆续潜入土中或隐蔽处。蛞蝓耐饥力强，在食物缺乏或不良条件下能不吃不动。阴暗潮湿的环境易于发生，当气温11.5～18.5℃、土壤含水量为20%～30%时，对其生长发育最为有利。

防治方法：以梅塔防治蛞蝓，通过试验发现，使用农药梅塔可使死亡率达到100%，防治效果较好，实际防治蛞蝓时宜首选梅塔，也可与杀灭蜗牛的农药蜗克星联用。或用麸皮拌敌百虫，撒在害虫经常活动的地方进行毒饵诱杀；或在栽培床及周边环境喷洒敌百虫、澳氰菊酯等农药，亦可撒生石灰、饱和食盐水防治。注意栽培场所的清洁卫生，枯枝败叶要及时清除至场外。

（8）蝗虫：蝗虫1年发生1～2次，在24℃左右，蝗虫的卵约21天即可孵化。孵化的若虫自土中匍匐而出，此时其外形和成虫很像，只是没有翅，体色较淡。幼虫在最初的1、2龄长得更像成虫，但头部和身体不成比例，到3龄长出翅芽，4龄时翅芽则很明显，5龄时若虫已将老熟，再取食数日就会爬到植物上，身体悬垂而下，静待一段时间，成虫即羽化而出。蝗虫的成虫及幼虫均能以其发达的咀嚼式口器嚼食石斛等植物的茎、叶。每年7～8月的上午10:00以前和傍晚为害最严重。

防治方法：主要采用人工捕捉法杀灭进行防治。注意石斛栽培场所的清洁卫生，枯枝败叶要及时清除至场外，注意清洁田园防治。

（9）蚜虫：主要为害新芽和叶片，5～6月为蚜虫猖獗为害期。

防治方法：当嫩株茎尖上出现蚜虫时，可选用蚜敏600倍液或者70%吡虫啉2500倍液喷洒，每隔5天喷洒1次，轮换使用，连喷3次。

（10）蜗牛：蜗牛在 1 年内可多次发生，尤以雨季为害严重。蜗牛虫体爬行于石斛植株表面，舐食石斛茎尖、嫩叶，舐磨成孔洞、缺口或将茎苗咬断。

防治方法：选择晴天的傍晚，将蜗克星、梅塔颗粒撒于石斛种植床上下，1～2 天内不宜浇水，药剂用量应根据害虫发生情况合理使用。亦可采用人工捕捉的方法进行预防，并注意栽培场所的清洁卫生，枯枝败叶要及时清除至场外。

（11）石斛菲盾蚧：寄生于石斛叶片边缘或叶背面，吸取汁液，引起植株叶片枯萎，严重时造成石斛整株枯黄死亡。同时还可引发煤污病。

防治方法：5 月下旬是石斛菲盾蚧孵化盛期，可用敌杀死 1000 倍液喷洒或 1：3 的石硫合剂进行喷杀。对已形成盾壳的石斛菲盾蚧虫体，可采取剪去老枝集中烧毁或人工捕杀防治。

（12）地老虎：地老虎为害常年均可发生，以春秋季节为害最重。其在傍晚和清晨咬食石斛的茎基部，造成石斛死亡。

防治方法：可在早春或者初秋使用辛硫磷 2000 倍液灌施预防，或者于清晨露水未干时，采用人工捕杀防治。

（13）鼻涕虫：鼻涕虫俗称旋滴虫，通常在 5～7 月为活动旺期。一般晚上 10:00～11:00 为取食高峰期，早上则入基质隐蔽。

防治方法：发现鼻涕虫时进行人工捕杀，在晚上 9:00～11:00 或在第二天早上 6:00～7:00 用电筒光照，发现后对其进行人工捕杀，并注意栽培场所的清洁卫生，枯枝败叶要及时清除至场外，也可用多聚乙醛颗粒剂防治。

3. 综合防治方案研究与制订

石斛病虫害的防治应遵循预防为主、综合治理的原则。从安全、经济、有效的角度，因地制宜地综合运用农业的、生物的、化学的、物理的防治措施多方位、多角度地控制金钗石斛病虫害发生与流行。要求选择栽培地通风透光条件均符合石斛良好生长发育条件，没有侵染石斛的病源和为害石斛的虫源，远离交通要道和工厂等污染源；石斛种质和繁殖材料必须经过种子的检验检疫，确保种子质量和防止病虫草害的传播。栽培时选择生长健壮、不带任何病源和虫源等传染源的石斛种苗；在石斛的栽培管理等一系列过程中，保证所使用的农具及进入石斛基地的人均不带任何病源和虫源。田间管理对石斛病虫害的发展有较大影响，如可通过水分田间管理调整石斛生长，减少生理性病害发生，增强石斛抵御病原菌的侵害，控制致病微生物繁殖。在石斛生产过程中，应及时摘除病叶，清除病株，集中烧毁或深埋。拔除田间（边）杂草，减少病虫害寄主。在前作收获后，应将残根、落叶、杂物集中烧毁。特别是每年 1～2 月，要切实做好清除田边或沟边，及时锄草、清理田间、修剪病虫害残株及枯枝落叶等冬季管理，并结合深耕细作、冬耕晒土，可避免在杂草或枯枝落叶上越冬的病原菌传播进场地，以降低病虫害的发生率和为害程度。

从林下或大棚种植石斛的病虫害发生规律分析，其病虫害发生的种类与为害均基本相同，只可能在为害程度、初发期和盛发时间上有所差异。因此，林下或大棚种植石斛时的综合防治，亦采用上述综合防治方案。例如，农业防治时应注意加强其林下或大棚田间管理，改善田间生态环境，经常疏通沟渠，雨后清沟，以利排水；注意加强通风，调节田间温湿度，抑制病虫害的滋生和蔓延。并应合理施用肥料，可适量施用氮、磷、钾肥，促使石斛植株生长健壮，增加其植株抗病能力。如发现有土或基质传布病虫害，应及时更换种植基质。同时，还应做好冬季管理，清洁田园，并随时搞好种植场地的环境卫生。又如，在进行必要化学防治时，应特别注意合理选用农药，应根据石斛有害生物的发生与为害实际对症用药，应根据防治对象、农药性能以及抗药性程度而选择最合适的农药施用。能挑治的不普治，并根据防治指标适期防治。同时，应选用合理的施药器械和施药方法，最大限度地发挥药效，尽量减少农药使用次数和用药量，以尽量减少对石斛药材和环境的污染。在必须施用农药时，应严格按照《中华人民共和国农药管理条例》的规定，采用最小有效剂量，选用高效、低毒、低残留量农药。其选用品种、使用次数、使用方法和安全间隔期，应按 GB/T 8321 的规定严格执行。具体施用时，应按照 GB4285—1989 农药安全使用标准及 NY/T 393—2013 生产绿色食品的农药使用准则执行。在遮阳条件下，如毒死蜱（乐斯本）等农药分解比较缓慢，亦不能使用。在石斛种植过程中，严禁使用各类激素、生长素和高毒、剧毒、高残留农药。

　　上述石斛良种繁育与规范化种植关键技术，可于其生产适宜区内，并结合实际因地制宜地进行推广应用。

【药材合理采收、初加工、储藏养护与运输】

一、合理采收与批号制定

（一）合理采收

　　石斛栽后 2～3 年即可采收，生长年限越长，单株产量越高。鲜石斛四季均可采收，但以秋后采者质好。如赤水石斛通常在 11 月采收。主要采收叶片开始变黄落叶的两年生以上的茎枝。铁皮石斛适宜的采收时间为 11 月至第二年的 3 月。

　　采收时，一般采用剪刀从茎基部将老植株剪割下来，留下嫩的植株，让其继续生长，加强管理，来年再采。

（二）批号制定（略）

二、合理初加工与包装

（一）石斛鲜品初加工

　　将采收的石斛，除去须根和叶片后，用湿沙储存，也可平装在竹筐内，盖以蒲席或草席储存于室温阴凉通风处，并应防冻及忌浇水，以免造成腐烂变质。

（二）石斛干品初加工

　　鲜石斛净选后，将石斛放入水中稍浸至叶鞘容易剥离时，用棕刷刷去或用糠壳搓掉茎秆上膜质，晾干水气；干燥时若采用烘烤方式，则火力不宜过大，而且要均匀，烘至

7～8 成干时，再行搓揉一次再烘干；取出喷少许开水，然后顺序堆放，用竹席或草垫覆盖好，使颜色变成金黄，再烘干至全干即成。也可采用沙炒法加工，就是将石斛置于盛有炒热的河沙的锅内，用热沙将石斛压住，经常上下翻动，炒至有微微爆裂声、叶鞘干裂而翘起时，立即取出置于木搓衣板上反复搓揉，以除尽残留叶鞘；再用流水洗净泥沙，在烈日下晒干，夜露之后于次日反复搓揉，如此反复 2～3 次，使其色泽金黄、质地紧密、干燥即可。

　　金钗石斛的采收及初加工品，见图 2-11。铁皮石斛及环草石斛的采收与初加工品见图 2-12。

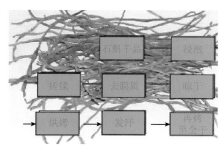

金钗石斛药材采收　　　　金钗石斛药材（鲜品）　　　　　金钗石斛药材（干品）

图 2-11　金钗石斛的采收与初加工品

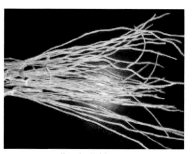

铁皮石斛药材（鲜品）　　　　　　　　　环草石斛药材（干品）

图 2-12　铁皮石斛及环草石斛的采收与初加工品

（三）"枫斗"基本概念与"枫斗"加工

1. "枫斗"基本概念与沿革

　　"枫斗"是石斛类药材经传统工艺初加工而成的别具特色的传统产品。"枫斗"的历史可追溯到清代赵学敏所著的《本草纲目拾遗》，从该书记载的"霍石斛出江南霍山，形似钗斛细小，色黄而形曲不直，有成毬者，彼土人以代茶茗……"，可找到"枫斗"和"耳环石斛"的一些蛛丝马迹。这与现时"枫斗"或"耳环石斛"的性状和应用方式完全吻合。这说明清代虽未见"枫斗"之名，但已有"枫斗"之实。

　　再据云南《文山风物》的"广南西枫斗"的有关记载，又可联系到宋代《本草图经》所载石斛，以"广南者为佳"的记述。虽然这不能完全说明当时的石斛就有"枫斗"这种特殊形式与不同规格的传统产品流通,但至少可理解或追证以广南所产石斛(如铁皮石斛)加工的"广南西枫斗"最为优质。

经调研表明,"枫斗"加工用的石斛原料药材,自 20 世纪 90 年代以来已不限于霍山石斛、铁皮石斛及细茎石斛,可能还包括曲茎石斛等其他类石斛。经对现时"枫斗"的研究表明,除"铁皮枫斗"外,还有"紫皮枫斗""水草枫斗"等(在香港中药市场将"枫斗"大多标为"霍山枫斗"或"霍枫斗")。其涉及的石斛原药材还可能有梳唇石斛、齿瓣石斛、钩状石斛、兜唇石斛等。此外,因石斛植株原药材的长短、粗细、色泽等不一,其加工后所得的"枫斗"产品性状等也大多不同,规格形状多异。

2. "枫斗"加工

《中国药典》(2015 年版一部)"铁皮石斛"项下规定,采收鲜品除去杂质,剪去部分须根,边加热边扭成螺旋形或弹簧状,烘干即得习称的"铁皮枫斗"(耳环石斛)。"枫斗"加工主要有 4 道程序,即整理原料(鲜条)、烘焙软化、卷曲加箍和低温干燥。现结合传统经验与实践体会,将其具体加工方法与注意问题简介如下。

(1)整理鲜条:将适宜鲜石斛药材(如铁皮石斛等),拣净枯草、杂质,去花序梗,去叶片,分出单株,并剥去叶鞘,留下 2 条须根,然后把株茎切成 7~10cm 的短段,再将石斛原药材洗净,晾干水分,备用。

(2)烘焙软化:将上述备用石斛原药材茎条放入干净的铁锅内炒至变软,趁热搓去残留叶鞘,置通风处晾 1~2 天,再放在有细孔眼的铝皮盘内,用炭火加热,低温烘焙,除去水分并软化,以便于卷曲。同时,在软化过程中尚应尽可能除去石斛原药材茎条上的残留叶鞘,备用。

(3)卷曲加箍:加箍,以使"枫斗"卷曲紧密,不致散开,形态美观,均匀一律。加箍用的材料一般是稻草秆或牛皮纸条。操作时,随手将上述已软化的石斛原药材茎条扭成弹簧状或螺旋形,如此多次。

(4)低温干燥:将上述扭成弹簧状或螺旋形的"枫斗"低温(60℃以下)干燥,注意控制温度,切勿高温,以免枯焦,并使表面呈黄绿色或略带金黄色,定形后,烘至足干,即得。

"枫斗"加工后,将带有须根和不带须根的石斛"枫斗"成品分开处置。如"枫斗"加工的原料为铁皮石斛,其商品则称之为"铁皮枫斗"(耳环枫斗)。

经上述加工的铁皮枫斗制品,应呈螺旋形或弹簧状,通常为 2~6 个旋纹,茎拉直后长 3.5~8cm,直径 0.2~0.4cm。表面黄绿色或略带金黄色,有细纵皱纹,节明显,节上有时可见残留的灰白色叶鞘,一端可见茎基部留下的短须根。质坚实,易折断,断面平坦,灰白色至灰绿色,略角质状。气微,味淡,嚼之有黏性。

贵州省兴义市产环草石斛,经采收与上述枫斗相近的传统工艺方法制得的俗称"金耳环"。其形状如环形戒指或耳环,与上述铁皮枫斗不同,但其功效无异,乃贵州省著名地道传统出口药材商品。

"铁皮石斛枫斗"与环草石斛加工的"金耳环",见图 2-13。

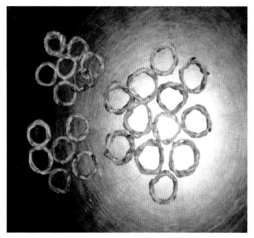

图 2-13　铁皮石斛"枫斗"（左）与环草石斛加工的"金耳环"（右）

（四）合理包装

将干燥石斛药材用无毒无污染材料，如编织袋、纸箱等按规格包装；"枫斗"用无毒无污染材料制成的盒、箱等包装。在包装前应检查是否充分干燥、有无杂质及其他异物，所用包装应符合药用包装标准，并在每件包装上注明品名、规格、等级、毛重、净重、产地、批号、执行标准、生产单位、包装日期及工号等，并应有质量合格的标志。

三、合理储藏养护与运输

（一）合理储藏养护

石斛药材或"枫斗"储藏期间应保持通风干燥，适宜温度 30℃以下，商品安全水分 10%～12%。定期检查，发现轻度霉变、虫蛀，及时晾晒或翻垛（包或盒、箱等），以防霉变等。

（二）合理运输

运输工具必须清洁、干燥、无异味、无污染，运输途中应防雨、防潮、防曝晒、防污染，严禁与可污染其品质的货物混装运输。

【药材质量标准、质量检测与监控】

一、药材商品规格与质量检测

（一）药材商品规格

石斛药材鲜品以有茎有叶，茎色绿或黄绿，叶草质，气清香，折断有黏质，无枯败叶，无腐坏、泥沙、杂质者为合格；干品以无芦头、须根、杂质、霉变、泡秆，无枯朽糊黑，无膜皮，足干，条结实，质柔韧，色金黄或黄，嚼之渣少或有黏质者为佳品。其鲜品药材商品规格为统货，现暂未分级；干品药材商品规格按不同来源（物种）可为统货或分级。

金钗石斛：

统货：足干，色黄，无芦头、须根、杂质，无枯死草，无膜皮，不撞破，无霉坏，嚼之渣少或有黏质。

铁皮石斛：

统货：足干，色褐绿或略黄，无芦头、须根、杂质，无枯死草，无膜皮，不撞破，无霉坏，嚼之有黏质。

环草石斛：

一级：足干，无芦头、须根、杂质，无枯死草，无膜皮，色金黄，身细坚实，柔软，横直纹如蟋蟀翅脉。

二级：足干，其余与一级基本相同，但有部分质地较硬。

三级：足干，色黄，其余与一级基本相同，但条较粗，身较硬。

铁皮枫斗：

特级：呈螺旋团状，环绕紧密，颗粒均匀整齐，多数可见 2～3 个旋环，长 0.8～1.2cm，直径 0.5～0.9cm。质坚硬，多数一端具"龙头"，另一端为切面，少数两端为切面，表面略具角质样光泽，质坚实。嚼之有浓厚黏滞感，渣少。

一级：呈螺旋团状，环绕紧密，颗粒稍不整齐，多数可见 2～4 个旋环，长 0.8～1.3cm，直径 0.4～0.9cm，多数两端均为切面，极少数一端具"龙头"，表面略具角质样光泽，质坚实。嚼之有浓厚黏滞感，渣少。

二级：呈螺旋团状，环绕较松，颗粒不整齐，多数可见 2～5 个旋环，长 0.5～1.0cm，直径 0.4～1.0cm，多数两端均为切面。表面略具角质样光泽，质坚实。嚼之有浓厚黏滞感，渣较多。

（二）药材质量检测

按照《中国药典》（2015 年版一部）石斛药材质量标准进行检测。

1. 来源

本品为兰科植物金钗石斛 *Dendrobium nobile* Lindl.、鼓槌石斛 *Dendrobium chrysotoxum* Lindl.或流苏石斛 *Dendrobium fimbriatum* Hook.的栽培品及其同属植物近似种的新鲜或干燥茎。全年均可采收，鲜用者除去根和泥沙；干用者采收后，除去杂质，用开水略烫或烘软，再边搓边烘晒，至叶鞘搓净，干燥。

2. 性状

鲜石斛呈圆柱形或扁圆柱形，长约 30cm，直径 0.4～1.2cm。表面黄绿色，光滑或有纵纹，节明显，色较深，节上有膜质叶鞘。肉质多汁，易折断。气微，味微苦而回甜，嚼之有黏性。

金钗石斛：呈扁圆柱形，长 20～40cm，直径 0.4～0.6cm，节间长 2.5～3cm。表面金黄色或黄中带绿色，有深纵沟。质硬而脆，断面较平坦而疏松。气微，味苦。

鼓槌石斛：呈粗纺锤形，中部直径 1～3cm，具 3～7 节。表面光滑，金黄色，有明显凸起的棱。质轻而松脆，断面海绵状。气微，味淡，嚼之有黏性。

流苏石斛等：呈长圆柱形，长 20～150cm，直径 0.4～1.2cm，节明显，节间长 2～6cm。表面黄色至暗黄色，有深纵槽，质疏松，断面平坦或呈纤维性。味淡或微苦，嚼之有黏性。

3. 鉴别

（1）显微鉴别（本品横切面）：

金钗石斛：表皮细胞 1 列，扁平，外被鲜黄色角质层。基本组织细胞大小较悬殊，有壁孔，散在多数外韧型维管束，排成 7～8 圈。维管束外侧纤维束新月形或半圆形，其外侧薄壁细胞有的含类圆形硅质块，木质部有 1～3 个导管直径较大。含草酸钙针晶细胞，多见于维管束旁。

鼓槌石斛：表皮细胞扁平，外壁及侧壁增厚，胞腔狭长形；角质层淡黄色。基本组织细胞大小差异较显著。多数外韧型维管束排成 10～12 圈。木质部导管大小近似。有的可见含草酸钙针晶束细胞。

流苏石斛等：表皮细胞扁圆形或类方形，壁增厚或不增厚。基本组织细胞大小相近或有差异，散列多数外韧型维管束，排成数圈。维管束外侧纤维束新月形或呈帽状，其外缘小细胞有的含硅质块；内侧纤维束无或有，有的内外侧纤维束连接成鞘。有的薄壁细胞中含草酸钙针晶束和淀粉粒。

（2）薄层色谱鉴别：

金钗石斛：取本品粉末（鲜品干燥后粉碎）1g，加甲醇 10mL，超声波处理 30min，滤过，滤液作为供试品溶液。另取石斛碱对照品，加甲醇制成每 1mL 含 1mg 的溶液，作为对照品溶液。照法（《中国药典》2015 年版四部通则 5202）试验，吸取供试品溶液 20μL，对照品溶液 5μL，分别点于同一硅胶 G 薄层板上，以石油醚（60～90℃）-丙酮（7：3）为展开剂，展开，取出，晾干，喷以碘化铋钾试液。供试品色谱中，在与对照品色谱相应的位置上，显相同颜色的斑点。

鼓槌石斛：取鼓槌石斛〔含量测定〕项下的滤液 25mL，蒸干，残渣加甲醇 5mL 使其溶解，作为供试品溶液。另取毛兰素对照品，加甲醇制成每 1mL 含 0.2mg 的溶液，作为对照品溶液。照薄层色谱法（《中国药典》2015 年版四部通则 5202）试验，吸取供试品溶液 5～10μL，对照品溶液 5μL，分别点于同一高效硅胶 G 薄层板上，以石油醚（60～90℃）-乙酸乙酯（3：2）为展开剂，展开，展距 8cm，取出，晾干，喷以 10%硫酸乙醇溶液，在 105℃加热至斑点显色清晰。供试品色谱中，在与对照品色谱相应的位置上，显相同颜色的斑点。

流苏石斛等：取本品粉末（鲜品干燥后粉碎）0.5g，加甲醇 25mL，超声波处理 45min，滤过，滤液蒸干，残渣加甲醇 5mL 使其溶解，作为供试品溶液。另取石斛酚对照品，加甲醇制成每 1mL 含 0.2mg 的溶液，作为对照品溶液。照薄层色谱法（《中国药典》

2015 年版四部通则 5202）试验，吸取上述供试品溶液 5～10μL、对照品溶液 5μL，分别点于同一高效硅胶 G 薄层板上，以石油醚（60～90℃）-乙酸乙酯（3：2）为展开剂，展开，展距 8cm，取出，晾干，喷以 10%硫酸乙醇溶液，在 105℃加热至斑点显色清晰。供试品色谱中，在与对照品色谱相应的位置上，显相同颜色的斑点。

4. 检查

（1）水分：

干石斛：照水分测定法（《中国药典》2015 年版四部通则 0832 第二法）测定，不得超过 12.0%。

（2）总灰分：

干石斛：照总灰分测定法（《中国药典》2015 年版四部通则 2302）测定，不得超过 5.0%。

5. 含量测定

金钗石斛：照气相色谱法（《中国药典》2015 年版四部通则 0521）测定。

色谱条件与系统适用性试验：DB-1 毛细管柱（100%二甲基聚硅氧烷为固定相）（柱长为 30m，内径为 0.25mm，膜厚度为 0.25μL），程序升温：初始温度为 80℃，以每分钟 10℃的速率升温至 250℃，保持 5min；进样口温度为 250℃，检测器温度为 250℃。理论板数按石斛碱峰计算应不低于 10000。

校正因子测定：取萘对照品适量，精密称定，加甲醇制成每 1mL 含 25μL 的溶液，作为内标溶液。取石斛碱对照品适量，精密称定，加甲醇制成每 1mL 含 5μg 的溶液，作为对照品溶液。精密量取对照品溶液 2mL，置 5mL 量瓶中，精密加入内标溶液 1mL，加甲醇至刻度，摇匀，吸取 1μL，注入气相色谱仪，计算校正因子。

测定法：取本品粉末（鲜品干燥后粉碎，过三号筛）约 0.25g，精密称定，置圆底烧瓶中，精密加入 0.05%甲酸的甲醇溶液 25mL，称定重量，加热回流 3h，放冷，再称定重量，用 0.05%甲酸的甲醇溶液补足减失的重量，摇匀，滤过。精密量取续滤液 2mL，置 5mL 量瓶中，精密加入内标溶液 1mL，加甲醇至刻度，摇匀，吸取 1μL，注入气相色谱仪，测定，即得。

本品按干燥品计算，含石斛碱（$C_{16}H_{25}NO_2$）不得少于 0.40%。

鼓槌石斛：照高效液相色谱法（《中国药典》2015 年版四部通则 0512）测定。

色谱条件与系统适用性试验：以十八烷基硅烷键合硅胶为填充剂；以乙腈-0.05%磷酸溶液（37：63）为流动相；检测波长为 230nm。理论板数按毛兰素峰计算应不低于 6000。

对照品溶液的制备：取毛兰素对照品适量，精密称定，加甲醇制成每 1mL 含 15μg 的溶液，即得。

供试品溶液的制备：取本品粉末（鲜品干燥后粉碎，过三号筛）约 1g，精密称定，置具塞锥形瓶中，精密加入甲醇 50mL，密塞，称定重量，浸渍 20min，超声波处理（功率 250W，频率 40kHz）45min，放冷，再称定重量，用甲醇补足减失的重量，摇匀，滤过，取续滤液，即得。

测定法：分别精密取对照品溶液与供试品溶液各 20μL，注入液相色谱仪，测定，即得。

本品按干燥品计算，含毛兰素不得少于 0.030%。

按照《中国药典》（2015 年版一部）铁皮石斛药材质量标准进行检测。

（1）来源：

本品为兰科植物铁皮石斛 *Dendrobium officinale* Kimura et Migo 的干燥茎。11 月至翌年 3 月采收，除去杂质，剪去部分须根，边加热边扭成螺旋形或弹簧状，烘干；或切成段，干燥或低温烘干，前者习称"铁皮枫斗"（耳环石斛）；后者习称"铁皮石斛"。

（2）性状：

铁皮枫斗：本品呈螺旋形或弹簧状，通常为 2～6 个旋纹，茎拉直后长 3.5～8cm，直径 0.2～0.4cm。表面黄绿色或略带金黄色，有细纵皱纹，节明显，节上有时可见残留的灰白色叶鞘；一端可见茎基部留下的短须根。质坚实，易折断，断面平坦，灰白色至灰绿色，略角质状。气微，味淡，嚼之有黏性。

铁皮石斛：本品呈圆柱形的段，长短不等。

（3）鉴别：

（1）显微鉴别：本品横切面，表皮细胞 1 列，扁平，外壁及侧壁稍增厚、微木质化，外被黄色角质层，有的外层可见无色的薄壁细胞组成的叶鞘层。基本薄壁组织细胞多角形，大小相似，其间散在多数维管束，略排成 4～5 圈，维管束外韧型，外围排列有厚壁的纤维束，有的外侧小型薄壁细胞中含有硅质块。含草酸钙针晶束的黏液细胞多见于近表皮处。

（2）薄层色谱鉴别：取本品粉末 1g，加三氯甲烷-甲醇（9：1）混合溶液 15mL，超声波处理 20min，滤过，滤液作为供试品溶液。另取铁皮石斛对照药材 1g，同法制成对照药材溶液，照薄层色谱法（《中国药典》2015 年版四部通则 0502）试验，吸取上述两种溶液各 2～5μL，分别点于同一硅胶 G 薄层板上，以甲苯-甲酸乙酯-甲酸（6：3：1）为展开剂，展开，取出，烘干，喷以 10%硫酸乙醇溶液，在 95℃加热约 3min，置紫外线灯（365nm）下检视。供试品色谱中，在与对照药材色谱相应的位置上，显相同颜色的荧光斑点。

（4）检查：

①甘露糖与葡萄糖峰面积比：取葡萄糖对照品适量，精密称定，加水制成每 1mL 含 50μg 的溶液，作为对照品溶液。精密吸取 0.4mL，按〔含量测定〕甘露糖项下方法依法测定。供试品色谱中，甘露糖与葡萄糖的峰面积比应为 2.4～8.0。

②水分：照水分测定法（《中国药典》2015 年版四部通则 0832 第二法）测定，不得超过 12.0%。

③总灰分：照总灰分测定法（《中国药典》2015 年版四部通则 2302）测定，不得超过 6.0%。

（5）浸出物：

照醇溶性浸出物测定法（《中国药典》2015 年版四部通则 2201）项下的热浸法测定，用乙醇作溶剂，不得少于 6.5%。

（6）含量测定：

①多糖：

对照品溶液的制备：取无水葡萄糖对照品适量，精密称定，加水制成每 1mL 含 90μg 的溶液，即得。

标准曲线的制备：精密量取对照品溶液 0.2mL、0.4mL、0.6mL、0.8mL、1.0mL，分别置 10mL 具塞试管中，各加水补至 1.0mL，精密加入 5%苯酚溶液 1mL（临用配制），摇匀，再精密加硫酸 5mL，摇匀，置沸水浴中加热 20min，取出，置冰浴中冷却 5min，以相应试剂为空白，照紫外-可见分光光度法（《中国药典》2015 年版四部通则 0401），在 488nm 的波长处测定吸光度，以吸光度为纵坐标，浓度为横坐标，绘制标准曲线。

供试品溶液的制备：取本品粉末（过三号筛）约 0.3g，精密称定，加水 200mL，加热回流 2h，放冷，转移至 250mL 量瓶中，用少量水分次洗涤容器，洗液并入同一量瓶中，加水至刻度，摇匀，滤过，精密量取续滤液 2mL，置 15mL 离心管中，精密加入无水乙醇 10mL，摇匀，冷藏 1h，取出，离心（转速为每分钟 4000 转）20min，弃去上清液（必要时滤过），沉淀加 80%乙醇洗涤 2 次，每次 8mL，离心，弃去上清液，沉淀加热水溶解，转移至 25mL 量瓶中，放冷，加水至刻度，摇匀，即得。

测定法：精密量取供试品溶液 1mL，置 10mL 具塞试管中，照标准曲线制备项下的方法，自"精密加入 5%苯酚溶液 1mL"起，依法测定吸光度，从标准曲线上读出供试品溶液中无水葡萄糖的量，计算，即得。

本品按干燥品计算，含铁皮石斛多糖以无水葡萄糖（$C_6H_{12}O_6$）计，不得少于 25.0%。

②甘露糖：照高效液相色谱法（《中国药典》2015 年版四部通则 0512）测定。

色谱条件与系统适用性试验：以十八烷基硅烷键合硅胶为填充剂；以乙腈-0.02mol/L 的乙酸铵溶液（20∶80）为流动相；检测波长为 250nm。理论板数按甘露糖峰计算应不低于 4000。

校正因子测定：取盐酸氨基葡萄糖适量，精密称定，加水制成每 1mL 含 12mg 的溶液，作为内标溶液。另取甘露糖对照品约 10mg，精密称定，置 100mL 量瓶中，精密加入内标溶液 1mL，加水适量使溶解并稀释至刻度，摇匀，吸取 400μL，加 0.5mol/L 的 PMP（1-苯基-3-甲基-5-吡唑啉酮）甲醇溶液与 0.3mol/L 的氢氧化钠溶液各 400μL，混匀，70℃ 水浴反应 100min。再加 0.3mol/L 的盐酸溶液 500μL，混匀，用三氯甲烷洗涤 3 次，每次 2mL，弃去三氯甲烷液，水层离心后，取上清液 10μL，注入液相色谱仪，测定，计算校正因子。

测定法：取本品粉末（过三号筛）约 0.12g，精密称定，置索氏提取器中，加 80%乙醇适量，加热回流提取 4h，弃去乙醇液，药渣挥干乙醇，滤纸筒拆开置于烧杯中，加水 100mL，再精密加入内标溶液 2mL，煎煮 1h 并时时搅拌，放冷，加水补至约 100mL，混匀，离心，吸取上清液 1mL，置安瓿瓶或顶空瓶中，加 3.0mol/L 的盐酸溶液 0.5mL，封口，混匀，110℃水解 1h，放冷，用 3.0mol/L 的氢氧化钠溶液调节 pH 至中性，吸取 400μL，照校正因子测定方法，自"加 0.5mol/L 的 PMP 甲醇溶液"起，依法操作，取上清液 10μL 注入液相色谱仪，测定，即得。

本品按干燥品计算，含甘露糖（$C_6H_{12}O_6$）应为 13.0%～38.0%。

二、药材质量标准提升研究与企业内控质量标准制定（略）

三、药材留样观察与质量监控（略）

【药材生产发展现状与市场前景展望】

一、石斛生产发展现状与主要存在问题

贵州石斛生产应用历史悠久，具有良好群众基础，近几十年来的发展尤为迅速。据贵州省扶贫办《贵州省中药材产业发展报告》统计，2013 年，全省石斛（含金钗石斛、铁皮石斛及环草石斛等）种植面积达 5.73 万亩，保护抚育面积 0.18 万亩，总产量达 1225.60t，总产值达 91747.60 万元。2014 年，全省金钗石斛种植面积达 2.75 万亩，总产量达 3600.00t，总产值达 20728.20 万元。全省铁皮石斛种植面积达 1.08 万亩，保护抚育面积 0.06 万亩，总产量达 11500.00t，总产值达 16341.80 万元。其中，赤水、安龙、兴义、独山、习水、遵义、平坝、贵阳乌当等地的石斛，已在种质资源保护抚育、离体组培快繁、仿野生林下栽培等方面均取得可喜成效。特别是赤水市委、市政府于 1997 年开始在农业产业结构调整时，就将金钗石斛产业列为农村经济四大支柱产业（竹、畜、药、果）之一。"九五"期间，与贵州省中药研究所等科研单位及企业合作承担国家中医药管理局、科技部及省市有关部门的赤水金钗石斛规范化生产与基地建设。如 1998 年国家中医药管理局的"贵州省赤水市石斛生产基地"（国中医药生产[1998]17 号）及省科技厅的"石斛种苗繁殖技术研究"和"石斛无土栽培试验研究"等项目；同期，赤水金钗石斛和淫羊藿、杜仲规范化种植与 GAP 基地建设，均被科技部列为"九五"科技攻关项目等。赤水市政府从 2003 年起先后引进和培育信天中药、山宝九和、永斛源、龙泉实业、仙草公司等 10 家企业，有力引领和促进赤水石斛产业的发展。特别是信天中药公司于 2003 年启动了金钗石斛规范化生产与 GAP 基地建设，通过十余年的努力，于 2014 年 5 月通过了国家食品药品监督管理总局 GAP 认证与公告（2014 年第 22 号文件）。赤水按照中药材 GAP 要求，进一步积极开展规范化种植 GAP 基地与林下仿野生基地建设。截至 2014 年底，按照"农场式""公司+专业合作社"等运作模式，在长期镇、旺隆镇、官渡镇、丙安乡、白云乡、复兴镇等 13 个乡镇，建立石斛商品生产基地 6.3 万亩（含保护抚育与仿野生种植基地）；其涉及全市 66 个村、192 个村民组，8000 多户农户直接参与石斛产业生产。其中，1000 亩以上基地 9 个，500 亩以上基地 7 个，200 亩以上基地 16 个，100 亩以上基地 49 个，50 亩以上基地 59 个，并建成现代化石斛种苗组培中心 2 个（信天公司和龙泉公司），占地面积 140 亩，苗床面积 4 万 m^2，设计年生产石斛组培苗 4750 万株，石斛种苗二次炼苗基地 400 亩，苗床 20 万 m^2，设计炼苗能力 2200 万丛。赤水金钗石斛 2006 年已获地理标志产品保护，2013 年又获中国绿色生态金钗石斛之乡称号。并正在研究开发石斛软胶囊、石斛含片、石斛丸等终端产品，逐步打造贵州赤水金钗石斛规范化、标准化、产业化与品牌化。

但贵州省石斛产业在发展中仍存在不少问题。其主要表现：一是种植技术难度较大，

种植技术参差不齐。尽管经过多年的研究和探索，石斛人工种植技术基本成熟。但要想短期内掌握熟练的石斛种植技术还有很大难度，目前各地种植技术各异，产品品质和效益差别也很大。石斛种植各个环节的技术看似简单，其实不然。二是投资大，周期长，风险大。按大棚集约化种植石斛，每亩实际有效种植面积以 400m² 计算，每亩需要种苗 3 万～5 万丛，其种苗、基质、大棚设施等投资，以及从组培苗到种植能采收药用，至少 2 年的人工管理费等每亩需 10 万元左右（石斛种苗，从组织培养到瓶苗驯化，一般需要 15 个月左右；如在气温偏低的一些地区，从组培苗到能采收药用则需 28～30 个月），一旦种植失败，损失惨重。三是石斛种类繁多，品质不一，同名异物难辨，难保石斛质量。我国现可药用石斛种类多达数十种，仅铁皮石斛也有多个不同类型，一般专业人士都难以辨别。加上其基质选择、种植模式、施肥和防治病虫害等因素都会影响石斛的品质，以至出现农残、重金属超标等将影响疗效与市场销售。四是不讲求石斛药材道地性，盲目发展。中药材讲究地道性原则，同样都是石斛，可因种植地不同，其品质差别较大。在当前石斛产业刚起步阶段，消费者还可能不太重视产地，随着市场的拓展，道地性原则就会被重视，一些不适合石斛种植的地方，若盲目发展，仅依靠大棚人工种植的石斛将会失去市场。五是市场混乱，真假难辨，石斛市场行情不稳定。由于道地性及种植品质等多种因素影响，加之非法炒作，不法商人为了眼前的暴利，以伪充真，以次充优，如以低价位水草等冒充铁皮石斛，或以紫皮石斛参杂水草等冒充铁皮石斛或伪制"铁皮枫斗"等；品种多，市场乱，让消费者盲目；市场不稳定，石斛后期效益难料；等等。当令世人警醒，不宜盲目发展。

二、石斛市场需求与前景展望

石斛为我国中医传统滋阴清肺、生津止渴、养胃明目圣药。且属国家规定可用于保健食品的原料用品，可供多种保健食品生产。现代研究表明，石斛含有多种有效成分，如生物碱类（如 6-基石斛碱、石斛次碱、石斛星碱、石斛因碱、石斛宁碱、石斛宁定等）、芳香族类（如联苄类、菲类、芴酮类、香豆素类、木质素类、对羟基肉桂酸类、黄酮类以及蒽醌类等）、多糖类、倍半萜类、甾体类和三萜类、挥发油类、氨基酸类（如谷氨酸、天冬氨酸、缬氨酸、亮氨酸等）、微量元素（如 Ni、Cd、Co、Zn、Fe、Mn、Cu、Mg、Pb 等）和黏液质等。石斛具解热止痛、降低心率、降血压、降血糖，以及调节免疫功能、防癌抗癌等药理作用，对心血管系统、消化系统、呼吸系统和眼科疾患等均有明显疗效。如石斛夜光丸、脉络宁注射液、通塞脉片、清睛粉、清咽宁、石斛散、鲜石斛露、养阴口服液等数十种中成药和保健品，则以金钗石斛、铁皮石斛等为重要原料，其年需求量在万吨以上。仅南京金陵制药厂以石斛为主药生产的"脉络宁注射液"，年需求石斛千吨以上，销售额已超 10 亿元。现在，不仅药用石斛茎，还将其花（含花蕾）、叶或根等也研发为胶囊剂、茶剂等作为保健品使用。

贵州石斛资源丰富、历史悠久，在贵州众多地道特色药材中，石斛是亟待深度开发的一朵奇葩，中成药及"大健康"相关制品研究开发与生产等方面具有较好基础和一定优势。近几十年来，贵州省中医药研究院中药研究所、贵阳中医学院、贵州大学、贵州师范大学、遵义医学院、贵州省农科院、贵阳医学院、贵阳市药用植物园等科研院所，对金钗石斛、铁皮石斛、环草石斛等都进行了基础研究、组培快繁、规范化种植基地建设与仿野生种植及产品研发等，取得了较好成效，并编写出版了有关专著，发表了有关论文，为贵州石斛产业的发展奠定了良好基础。

随着现代科技发展和社会进步，"回归自然"已成当今世界发展热潮，随着人们生活质量不断改善，保健意识逐渐增强，健康长寿已成为 21 世纪乃至今后人们的共同愿望和追求。目前，在全民奔小康和贵州工业强省战略中，我们应进一步充分发挥贵州石斛资源优势，突出特色，以石斛种植业和加工业为重点，提升技术水平与产品研发能力，从产品特征、关键技术、产业规模、技术路线等方面进行研究分析，提出贵州石斛产业发展的技术、产品路线和保障措施。以更好引导石斛创新主体，优化资源配置，增加科技投入，切实加强石斛基础研究，加强创新平台建设，促进技术经济结合，形成贵州石斛产业集群，大力促进贵州石斛品牌化和产业化，为传统优势产业后发赶超和贵州特色中药产业的更好更快发展作贡献。

总之，石斛市场前景广阔，发展潜力极大，开展石斛的精深加工技术研究，将其应用从中药领域拓展至"大健康"产业，将更有利于农业产业结构调整，利于石斛产业经济效益提高，增强其抗风险能力，促进石斛产业更好发展。我们相信，石斛凭借其纯天然特性、中医药"天人合一"辩证医理和满意疗效，将越来越被我国与世界各国人民所认知和接受，石斛产业发展潜力无限，石斛产业必将发展成为我国优势产业之一。

主要参考文献

陈立钻，倪云霞，孙继军，等. 2005. 铁皮石斛传统加工品与机械加工品的多糖含量对比研究[J]. 中药新药与临床药理，16（4）：284-286.

陈晓梅，郭顺星. 2001. 石斛属植物化学成分和药理作用的研究进展[J]. 天然产物研究与开发，13（1）：70-75.

陈照荣，来平凡，林巧. 2002. 不同炮制方法对石斛中石斛碱和多糖溶出率的影响[J]. 浙江中医学院学报，26（4）：79-81.

丁小余，徐珞珊，王峥涛. 2001. 铁皮石斛居群差异的研究（1）——植物体形态结构的差异[J]. 中草药，32（9）：828.

高建平，金若敏，吴耀平，等. 2002. 铁皮石斛原球茎与原药材免疫调节作用的比较研究[J]. 中药材，25（7）：487-489.

何磊. 2001. 金钗石斛饮料的制作[J]. 食品研究与开发，22（增刊）：31-32.

华茉莉，杨洋，沈志伟. 2006. 气相色谱法测定金钗石斛药材中石斛碱的含量[J]. 中药材，29（4）：338-339.

蒋波，詹康庆，黄捷. 2005. 金钗石斛濒危原因及其野生资源保护[J]. 中国野生植物资源，24（5）：353-356.

来平凡，何晓波. 2002. 西枫斗"龙头凤尾"实质探讨[J]. 中药材，25（2）：126.

李妮亚，高培元，王紫. 2004. 海南石斛属和金钗石斛属植物多糖及氨基酸含量分析[J].植物资源与环境学报，13（4）：57-58.

李亚芳，张晓华，孙国明. 2002. 石斛中总生物碱和多糖的含量测定[J]. 中国药事，16（7）：426-428.

刘咏，罗建平. 2005. 中国药用石斛离体培养的研究进展[J]. 时珍国医国药，16（4）：295-297.

王琳，叶庆生，刘伟. 2004. 金钗石斛研究概况（综述）[J]. 亚热带植物科学，33（2）：73-76.

丑敏霞，朱利泉，张明，等. 2001. 金钗石斛对温度的生理反应[J]. 中国药学杂志，26（3）：153.

徐红，刘峻，王峥涛，等. 2001. 鼓槌石斛组织培养研究[J]. 中国中药杂志，26（6）：378.

杨虹，王顺春，王峥涛，等. 2004. 铁皮石斛多糖的研究[J]. 中国药学杂志，39（4）：254-256.

张冬青，廖俊杰. 2005. 铁皮石斛试管培养物多糖含量测定[J]. 中药材，28（6）：450-451.

张铭，黄华荣，廖苏梅，等. 2001. 石斛属 RAPD 分析及鉴定铁皮石斛的特异性引物设计[J]. 中国中药杂志，26（7）：442.

（冉懋雄　廖晓康　徐　波　赵力克　郁建新　龚辽尹）

3　头　花　蓼

Touhualiao

POLYGONI CAPITATI HERBA

【概述】

头花蓼原植物为蓼科植物头花蓼 *Polygonum capitatum* Buch.-Ham. ex D.Don。别名：四季红、水绣球、省丁草、红酸杆、石头花、石头菜、石辣蓼、满地红、火榴草、小红草、草石椒、太阳花等。以干燥地上部分入药，《贵州省中药材质量标准》（1988 年版）、《贵州省中药材、民族药材质量标准》（2003 年版）均予以收载。《贵州省中药材、民族药材质量标准》（2003 年版）称："味苦、辛，性凉。归肾、膀胱经。具有清热利湿、活血散瘀、利尿通淋功能。主治痢疾、肾盂肾炎、膀胱炎、尿路结石、盆腔炎、前列腺炎、风湿痛、跌扑损伤、疮疡湿疹等疾患。"

头花蓼药用历史悠久，始载于《广西中药志》（1963 年，第二册），主要用于治疗风湿痛；1977 年收载于《中药大辞典》（上册），主要用于治疗痢疾、肾炎、膀胱炎、尿路结石等。头花蓼以"四季红"之名，在贵州省多种少数民族药用中，特别以苗医或苗族民间最为常用，并研究开发了不少苗药产品。头花蓼苗药名为"Dlob dongd xok"（汉译音："搜挡索"）。在贵州苗族等少数民族民间多年调研，经研究而编纂出版的《苗族医药学》《贵州苗族医药研究与开发》，以及《中华本草·苗药卷》等专著所载的头花蓼，均言其具有解毒、散瘀、利尿通淋等功能。主用于治疗痢疾、肾炎、膀胱炎、尿路结石、风湿痛、跌打损伤、疮疡湿疹等疾患。苗医或苗族民间口服常用量为 15～30g/日或适当增减；外用，适量，煎汤熏洗，或以鲜品捣烂敷患处。近 20 多年来，对头花蓼在规范化种植 GAP 基地与产业化的深入研究开发，已取得可喜经济社会效益与生态效益。实践证明，头花蓼确是目前贵州苗药中研发应用较为深入并获取显著成效的著名常用特色药材。

【形态特征】

头花蓼为多年生草本。茎匍匐，丛生，先端斜生向上直立，基部木质化，多分枝，节上常生有不定根，节间短于叶片，疏生腺毛和柔毛或近于无毛；一年生枝近直立，具纵棱。叶互生，卵形或椭圆形，长 1.5～3.5cm，宽 1～2.5cm，先端钝尖，基部宽楔形，全缘，边缘具腺毛；两面疏生腺毛和柔毛，上面绿色，有时具红褐色至黑褐色的新月形斑点，下面绿色带紫红色；叶柄长 2～3mm，基部有时具叶耳；托叶鞘筒状，膜质，长 5～8mm，松散，具腺毛和柔毛，顶端截平，有缘毛。头状花序顶生，直径 6～10mm，单生或成对；花序梗具腺毛；苞片长卵形，膜质；花梗极短；花被 5 深裂，粉红色，花被片椭圆形，长 2～3mm；雄蕊 8，短于花被，花丝长约 1.5mm，基部略扩张，并着生有长圆形、黄绿色腺体；花柱与花被近等长，中下部合生，上部 3 裂，柱头头状。瘦果长卵形，具 3 棱，长

1.5～2mm，黑褐色，密生小点，微有光泽，包于宿存的花被内。花期3～9月，果期5～11月，边开花边结果。头花蓼植物形态见图3-1。

（1. 植物全形；2. 花；3. 花剖开后显示花被片、雄蕊和腺体；4. 雄蕊；5. 雌蕊）

图3-1　头花蓼植物形态图

（墨线图引自梁斌，张丽艳，冉懋雄主编，《中国苗药头花蓼》，中国中药出版社，2014）

【生物学特性】

一、生长发育习性

（一）营养生长及其特点

经观察，头花蓼为两年生，在1月下旬即有少数侧芽产生；进入2月上旬后，陆续产生幼芽并发育成枝条；到3月上旬倒春寒（霜冻）前出芽，随着气温回升，新的侧芽逐渐产生，进入稳定生长阶段，并发育成枝条；4月后，主枝向不同方向匍匐生长，并于节上产生不定根和侧芽，而顶芽则分化发育为顶生的头状花序。头花蓼主枝向四周蔓延生长，在生长期里（至8月下旬），其当年主枝平均长度可达40cm以上。当顶芽形成花序后，主枝即不再伸长，形成老枝，而在其下部叶腋的芽开始分化生长。随着新枝的形成，老枝被覆盖，老枝上的叶渐渐枯萎。

头花蓼的叶片从展开到发育成熟，约经28天，其长度为1.3～2.1cm，平均约1.7cm，宽0.8～1.4cm；主枝直径通常为1.6～3.7mm。在栽培条件下，两年生植株从第二年新芽萌发后，经近7个月的生长，单株覆盖面随着主枝的生长而增长，到8月单株覆盖面平均长134.1cm、宽113.2cm；其后生长缓慢，覆盖面亦缓慢增长，到10月中旬头花蓼覆盖面开始萎缩。同时还发现，头花蓼侧芽生长发育成枝条后，向四周匍匐生长，并在节间叶腋分化发育新芽而长成新枝。其枝条在温湿条件较好的5、6、7月生长较快，8～9月枝条生长缓慢。部分枝条在枝顶形成花、果序后停止生长，并被不断萌发的新枝条覆盖后枯死。头花蓼的主根和须根不发达，具有以枝、叶为主的营养生长特性。

（二）生殖生长及其特点

经观察，头花蓼春生苗主枝在 5 月下旬即可形成花序，6 月初开花。对于多年生植株，其分枝在 4 月即已形成，同时也有花序开放。头花蓼边开花边结果，直至 10～11 月（下霜前）均有花果形成。其中，5～6 月，头花蓼花序的初花至尾花时间平均 18.6 天；9～10 月，头花蓼花序的初花至尾花期 29 天左右。据试验及野外观察，其盛花期为 8～10 月。每枝顶生一个头状花序或由 2～5 个头状花序形成的聚伞花序，每个头状花序由 141～295 朵小花（平均数 198）组成。在盛花期，小花通常于上午开放，傍晚闭合，一朵花仅开放一次，开放时间 6～9h。

经观察与实践还发现，头花蓼花期和果期重叠，果实成熟的盛果期集中在 9～11 月，在盛果期头花蓼从开花到果实成熟时间平均为 11 天，成熟后 10 天自然脱落，且花序的结果数平均为 135 粒。因此，头花蓼的最佳采种时间为 9～11 月，此时成熟果实较多，脱落较少。另外，据试验及野外观察初步认为，头花蓼的主要授粉方式为自然授粉，如风媒、虫媒授粉。其同序异花授粉的结实率较低，在良种选育中应加强隔离，防止生物混杂。

二、生态环境要求

经调查，头花蓼具有较强的适应能力，能耐干旱，耐瘠薄，较耐寒。生于高山、丘陵、山麓、河谷及田边地角和村寨路边等地，在陡坡、岩石缝隙、堡坎及地埂、田边等地均能生长。其于贵州境内垂直分布在海拔 350（荔波）～1900m（盘州），周边省（自治区、直辖市）境内垂直分布在海拔 314（湖南古丈）～1931m（云南腾冲）。头花蓼在土壤较疏松肥沃、水热充分、光照良好的环境中生长良好。在主产区，于砂页岩、煤系层、火山岩或高度风化的石灰岩发育的疏松土壤上生长良好，常能成片生长，并可形成较单一的地被植物。头花蓼对气候与土壤环境的具体要求如下。

（一）气候

经调查，贵州头花蓼主要分布区的年平均气温在 12℃以上，1 月平均温度在 2.9℃以上，年平均日照 1200～1500h，年平均总积温高于 3000℃，无霜期在 270 天以上，年平均降水量达 1000mm，生长期相对湿度为 70%～90%。

贵州主要分布区气候特点的资料研究和头花蓼生长发育状况调查结果表明，在南北盘江、红水河流域海拔 600～900m 的地区（属于河谷热带夏湿冬干气候），东南部的都柳江、清水江、舞阳河和东北部的乌江、锦江、赤水河流域海拔 700m 以下地区（属于河谷亚热带湿润气候），以及赫章、纳雍、六枝、罗甸一线以东的广大山原地区（山原亚热带湿润气候）及以西海拔 1000～1900m 的山原地区（山原亚热带夏湿冬干气候）均能良好生长。尤在盘州、兴义、普安、晴隆、水城、六枝、雷山、黔西等山地沟谷地带有成片生长。从周边省份看，其气候分布特点主要为：云南（如腾冲、宝山等）、广西（如田林、玉林、乐业等）等地的南亚热带湿润气候，四川（如叙永、兴文等）等地的北亚热带低热气候。

头花蓼在阳光充足的裸露山坡地或半阴的沟谷地埂均能良好生长，但在向阳的坡地生长的头花蓼，其茎叶颜色较深，药材外观性状优良，折干率也较高；而在半阴的沟谷岩壁和田边地埂上生长的头花蓼，其茎叶颜色较浅，植株生长旺盛，茎长而悬垂，叶片较大，药材外观性状亦良好，但折干率较低。

头花蓼在干旱（3月下旬至4月下旬、9月至10月）或半干旱的季节都能生长，但其种子萌发和幼苗生长期需有较充足水热条件，在气温达到15℃时即开始发芽，在气温20～25℃、空气湿度70%～90%时最适宜。如在施秉和贵阳种植试验地，2月中下旬随着气温的回升，多年生植株和部分种子开始萌发，至3月上旬可见部分幼苗，但易受倒春寒的伤害，因此头花蓼采用大田育苗时，必须注意防止冻害。在4月下旬后，随着气温的稳定和雨季的到来，大量种子萌发。同时，多年生头花蓼植株也进入旺盛的生长期。但头花蓼在生长期中，应注意排水防涝，尤其在高温高湿的雨季。

（二）土壤

经调查，头花蓼对土壤的要求不高，砂页岩、玄武岩、石灰岩及煤层发育的酸性砂砾土均适宜，在有机物含量极低的工矿迹地及施工迹地上亦能良好地生长。但在中性或偏酸性（pH 5～7）、土层深厚、疏松肥沃的砂质壤土或富含腐殖质的黄壤等壤土中生长更为茂盛。

经调查还发现，贵州省内及周边省（区、市）头花蓼生长于低海拔山区丘陵，海拔600m以下的立地土壤类型，主要为石灰岩黄色土、石灰岩黑色土、石灰岩黄色砂砾土和黑色砂砾土及水稻土；中海拔山区，海拔600～1200m，立地土壤类型分别为石灰岩黄土、黄壤、黄色砂砾土、冲积砂砾土、石灰岩黑土、紫色砂土；中高海拔山区，海拔1200～1800m，立地土壤类型主要为黄褐色砂砾土、黄色砂砾土、石灰岩黄色砂砾土、石灰岩黑土；高海拔山区，海拔1900m以上，立地土壤类型主要为石灰岩风化砂砾土。

【资源分布与适宜区分析】

一、资源调查与分布

经调查，头花蓼是蓼科蓼属湿中生性植物，喜阴湿生境。经文献查阅与实地调查，其主要分布于我国贵州、四川、重庆、云南、广西、湖南、西藏、广东、江西、湖北等省（自治区、直辖市）。国外如印度、尼泊尔、不丹、缅甸及越南等，也有头花蓼分布。在我国除贵州外，广西如田林、乐业等，云南如腾冲、保山、师宗、罗平、宜良、文山、西畴、镇雄等，湖南如古丈、张家界等，四川如兴文、叙永等，重庆如南川、秀山等地均为头花蓼资源的主要分布区。

二、贵州资源分布与适宜区分析

头花蓼资源，在贵州几乎全省均有分布。其常于海拔400～1840m的陡坡、岩石缝隙、堡坎及地埂、田边等地生长。经调查和初步测算，头花蓼在贵州88个县（市、区）中，分布较多且较集中的主要为西部的盘州、水城、六枝、普安、晴隆、兴义、关岭、镇宁等和东南部的施秉、剑河、台江、雷山、丹寨等县（市），资源量在100000kg以上的，约占全省分布区资源量的80%；资源量为50000～100000kg的，有兴义、镇宁、毕节、三都、荔波等 21 个县（市）；资源量 10000～50000kg 的，有黎平、从江、紫云、平塘等县（市）；资源量在 5000～10000kg 的有贵阳、遵义、黔西、大方等县（市）。

根据贵州头花蓼资源调查及其自然分布区域的特点，其最适宜区为贵州大部分区域：东部、东南部及北部海拔 600～1000m 的区域，如施秉、雷山、台江、剑河、黄平、玉屏、余庆、湄潭等县；西部、西南部和中部海拔 800～1400m 的区域，如盘州、水城、六枝、普安、晴隆、兴义、西秀、贵阳乌当等县（市、区）。上述区域除具有较集中的野生头花蓼资源分布外，当地群众多有中药材种植习惯和丰富经验。

贵州省其他地域，如贵州高原中南部和西北部的长顺、贵定、都匀、荔波、黔西、大方、金沙、织金，以及贵州北部遵义市的赤水、习水、仁怀、播州、正安等地海拔 1400m 以下的区域，均为头花蓼适宜区。而海拔在 1500m 以上的区域，其气候和土壤虽基本能满足头花蓼生长需要，但由于海拔高，气温低，头花蓼生长期短，因而产量低。在适宜区内有一定量头花蓼野生资源，气候和土壤基本能满足头花蓼生长发育的需要，可根据市场需求适当发展。

除上述最适宜区与适宜区外，贵州省其他各县市（区）凡符合头花蓼生长习性与生态环境要求的区域均为其适宜区。

【生产基地合理选择与基地环境质量检（监）测评价】

一、生产基地合理选择与基地条件

依照中药材 GAP 规定，遵循适于头花蓼生长地域性、安全性和可操作性的原则，在我省头花蓼种植最适宜区或适宜区内，选择无污染源（如化工厂等），空气、土壤、水达中药材 GAP 规定质量标准要求，并有良好自然条件和社会经济环境（如当地党委政府高度重视与大力支持，群众有种植药材积极性及经验，有良好经济状况和投资环境，有较好交通、水电、通信、治安等条件）的地区建设头花蓼野生资源保护抚育、野生变家种与规范化种植基地。

例如，按照头花蓼生产适宜区优化原则与上述要求，在贵州省施秉县牛大场镇建立头花蓼规范化种植与 GAP 基地。施秉县位于贵州省东部，东经 107°52′～108°29′，北纬 26°46′～27°21′。该县主要为低山、低中山和丘陵地貌，群山环抱，空气清新。牛大场镇位于施秉县北部，土地肥沃，土层厚实，森林植被好。基地海拔 800～950m，气候属中亚热带温暖湿润气候，年平均气温 16.4℃，冬季较温和，1 月（最冷月）均温 5.4℃，夏季较热，7 月（最热月）均温 26.3℃，年日照时数 1195.2h，年降水量 1069mm，降水主要集中于夏季，年活动积温 5147.4℃，无霜期 295 天。土壤为酸性黄壤，肥沃、疏松，森林覆盖率达 49% 以上，适应动植物生长。

施秉县以基础农业为主要产业，自 20 世纪 90 年代大力发展中药材生产以来，当地党委政府非常重视，群众种植药材积极性极高，以种植太子参、何首乌、头花蓼等为主，有较好的中药材生产技术基础，是贵州中药材生产发展最好的地区之一。中药材生产已经成为当地经济发展的支柱产业。施秉县牛大场镇辖 9 个行政村 160 个村民小组 5594 户 2.41 万人，其中农业人口 2.16 万人，镇区居民以粮食、烤烟、中药材、畜牧养殖业、个体私营业等非公有制为主要经济来源，全镇种药农户 3100 户，中药材种植面积达 3 万亩。

施秉县头花蓼规范化种植与 GAP 基地环境质量经检（监）测，其大气、土壤均符合国家《空气环境质量标准》和《土壤环境质量标准（旱作）》一级标准或二级标准要求；灌溉用水的水源符合国家《农田灌溉水质标准（旱作）》规定要求。其环境质量优良，适于建立头花蓼规范化种植与 GAP 基地（图 3-2）。

图 3-2　贵州施秉县牛大场镇头花蓼规范化种植与 GAP 示范基地

二、生产基地环境质量检（监）测与评价（略）

【种植关键技术研究与应用】

一、种质资源保护抚育

经调查，头花蓼种质资源主要分布在贵州西部和西南部地区（如六枝、水城、盘州、兴义、普安、晴隆、关岭、紫云等），处于云南高原半湿润性常绿阔叶林与贵州高原湿润性常绿阔叶林带的过渡区，自然植被主要为高原山地半湿润常绿栎林、云南松林、马尾松林等。但受人为活动影响，其大部分地区原生植被已遭破坏，已演化为次生云南松与桦、杨、栎等阔叶混生林，海拔 1800m 以上多为灌木林或草丛。贵州东南部和南部地区（如雷山、台江、丹寨、施秉、罗甸等）的沟谷地带为亚热带湿润性常绿栎林，海拔 1400～1800m 为常绿阔叶落叶混交林，海拔 1800m 以上为山地矮林灌丛。在西北部（如赫章、毕节、大方、纳雍等）和北部（如遵义、桐梓、赤水等）等喀斯特山地，海拔 600～1200m，主要为石灰岩常绿阔叶林。在周边省区，广西（如田林、乐业等）喀斯特山地，云南（如腾冲、保山等）火山岩山地，海拔 500～1200m，主要为南亚热带常绿阔叶林，四川（如兴文、叙永等）低热河谷，海拔 400～800m，主要为北亚热带常绿阔叶林。

经调查还发现，头花蓼的植物群落主要有：分布于海拔 1200m 以上的高、中山地灌草丛-头花蓼群落、农田玉米-草丛-头花蓼群落、喀斯特山地灌草丛-头花蓼群落和其他环境（如公路施工、开山采矿迹地的弃土上，出露地为砂页岩层、煤层等环境）的灌草木-头花蓼群落，在湿润的季节，随雨水冲下的种子在疏松的土表萌发，形成小面积成片生长的地被植物，头花蓼为优势种，长势较强，较少混杂其他植物。而在被采集过的地方，其他草本种类可迅速侵入，并可取代头花蓼成为优势种。我们在上述区域如贵州西部的水城、盘州及普安等地进行头花蓼种质资源的保护与抚育，并采取有效措施（如自然保护区、人工抚育区等）建立其种质资源基地加以重点保护抚育，并切实开展良种选育及多方发展人工生产，提高产量质量，为头花蓼中药民族药应用与深度开发提供丰富、优质、高产、稳定的原料，建好中药民族药产业及大健康产业"第一车间"，以确保头花蓼种质资源的永续利用。

二、良种繁育关键技术

（一）种源地选择与种质资源保存圃建设

根据头花蓼野外资源调查和引种试验研究结果，以头花蓼主要分布区域不同生态环境的野生头花蓼，如贵州盘州（羊场乡、盘关镇）、晴隆县（沙子镇）、普安县（江西坡镇）、关岭县（新铺镇）、六枝特区（堕脚村）、水城县（发耳镇）、镇宁县（丁旗镇）、雷山县（西江镇）、凯里市（三棵树镇）、余庆县（龙溪镇）、黄平县（旧州镇）、施秉县（马号镇）等地作为引种种源采集地，并在此基础上进行头花蓼种质资源异地种植保存圃（简称："种质资源保存圃"）建设与优良种质资源筛选研究等工作。

1. 野生种子采集

在不同地区选择头花蓼生长良好的典型样地，记录其生态环境状况，选择健康无病害、枝叶生长旺盛、色紫红的植株，作为采种植株。用手采集头花蓼的成熟果实，装入透气良好的采种袋（布袋或牛皮纸信封），每样地采种 50～100g，系上编号标签，自然晾干，搓去白色透明的花被片，装入牛皮纸袋，置冰箱内保存。

2. 鲜活植株采集与栽培植株选定

在不同地区选择头花蓼生长良好的典型样地，记录其生态环境状况，并选择健康无病害、枝叶生长旺盛、色紫红的植株带土挖出，每地采集鲜活植株共 30 株，放于采集箱内带回，移入种质资源保存圃。

在施秉县牛大场镇试验示范基地头花蓼种植大田中，选择生长良好的头花蓼植株（健康无病害、枝叶生长旺盛、色紫红）或有稳定变异特征的植株，观察记录其生长和形态特点。将植株带土挖出，放于采集箱内带回，移入种质资源保存圃。

3. 种质资源保存圃建设

在施秉县牛大场镇头花蓼试验示范基地，选从未栽种过头花蓼，并与周围头花蓼试验示范种植地相隔离的地块建立种质资源存圃（海拔 850m）。背风、向阳，有灌溉水源，并将其划分为相互隔离的不同种植小区（每个小区 20m²），将上述采集的鲜活植株根据其原生态环境特点按 30cm×30cm 的株距、行距分别栽植于已翻挖好的种植区内，绘出种质资源保存圃的种植示意图并做好标记，并切实加强管理，及时去除各小区与保护地内杂草，灌溉施肥以及冬季盖土（或草）防冻害等。

4. 制种

需采集种子的种源，为保证种子的原有性状，避免混杂和串粉，应在植株开花前将种质资源存圃内小区与其他小区充分隔离开（采种量少时可采用套袋），也可把小区内的植株部分移出另植于较远的隔离区培植种子。应于4～5月移栽，可整株带土移植、分株或扦插。成活后及时除草施肥。8～11月均可采收种子，干燥去杂后保存备用。

5. 建圃结果与分析

经过几年的调查研究和采集，引进盘州羊场乡、施秉等种源地样品，经鉴定均为蓼科蓼属植物头花蓼 *Polygonum capitatum* Buch.-Ham. ex D.Don（以上样品均已在种质资源圃内种植保存），其头花蓼药材样品产量质量对比检测结果表明：不同地区引进的野生种源，在种质资源保存圃内种植后，其槲皮素含量均较引种时野生品高，其中引自盘州盘关镇老屋基村种源样品含量最高（达0.62%），与施秉马号镇、盘州羊场乡等多个种源样品相比差异极显著（$P<0.01$）。为此，从野生样品和种质资源保存圃的种植样品质量产量的对比分析结果比较，认为头花蓼GAP基地现种植的盘州盘关镇老屋基村种源样品具有较好的栽培适应性，可进一步开展其品比试验研究。

（二）种子特性研究

在头花蓼野生变家种与规范化种植的研究与实践过程中，以有性繁殖（种子繁殖）为主，对头花蓼的种子特性进行如下重点研究。

1. 种子形态与千粒重

经研究结果表明，头花蓼的果实为瘦果，其包于白色透明的花被内，表面黑褐色，有光泽，呈三棱锥形，长0.90～1.32mm，宽0.50～0.72mm。果实内有种子1粒，三棱状卵形，长0.7～0.8mm，宽0.4～0.6mm，表面紫褐色，具种孔，基部具种脐。胚乳白色，粉质，胚小，弯曲，子叶两枚（见图3-3）。8、9、10、11月采收瘦果的种子平均千粒重0.95g；

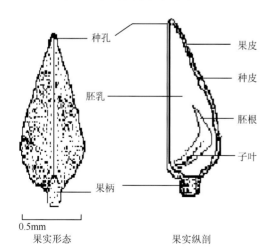

图3-3　头花蓼的果实（瘦果）

11 月采收瘦果的种子平均千粒重 0.96g。从表 3-1 中可以看出 8～11 月采收的头花蓼种子千粒重、始见发芽时间、发芽率、发芽势无显著差异。

表 3-1　不同采收期头花蓼种子的千粒重及萌发情况统计表

采收时间	千粒重/g	始见发芽时间	发芽率/%	发芽势/%
8 月	0.93	第 7 天	78	73
9 月	0.96	第 7 天	77	69
10 月	0.96	第 7 天	75	67
11 月	0.96	第 7 天	82	76
平均	0.95	第 7 天	78	71

注：测发芽率的温度为 15～25℃。

2. 种子储藏与寿命

研究结果表明，头花蓼的种子用透气性良好的棉布袋与用透气性较差的牛皮纸袋包装储藏，其发芽率无显著差异。说明包装材料的透气性差异对头花蓼种子的发芽率无显著影响。

但头花蓼种子储藏环境与时间对其发芽率均有影响。经试验表明，不同储藏环境下，其发芽率随着储藏时间的延长而呈现不同的下降趋势（表 3-2）。

表 3-2　头花蓼种子在不同贮藏环境下的发芽率与 u 测验结果

贮藏时间/月	室温				冰箱				干燥器			
	发芽率/%	$|u|$	$u_{0.05}$	$u_{0.01}$	发芽率/%	$|u|$	$u_{0.05}$	$u_{0.01}$	发芽率/%	$|u|$	$u_{0.05}$	$u_{0.01}$
12	25	0.63	1.96	2.326	28	0.10	1.96	2.326	31	0.53	1.96	2.326
18	13	3.39	1.96	2.326	27	0.35	1.96	2.326	27	0.23	1.96	2.326
24	1	6.62	1.96	2.326	18	2.15	1.96	2.326	22	1.30	1.96	2.326
30	0	7.07	1.96	2.326	18	2.15	1.96	2.326	4	5.75	1.96	2.326

注：种子用棉布袋包装。

综上可见，包装材料的透气性差异对头花蓼种子的发芽率和寿命没有显著的影响，但储藏环境与时间对其发芽率和寿命有显著影响，头花蓼种子在室温环境中的寿命为 30 个月，干燥或低温环境能延长其寿命。

3. 种子萌发特性

研究结果表明，头花蓼的种子无休眠特性，容易发芽。9 月即采即播，第 8 天开始发芽。种子主要集中在前 5 天里萌发，发芽持续时间为 16 天。但头花蓼种子有成熟期不一致的特性，采种时，不宜采收整个果序。野外难见头花蓼幼苗，与自然环境不适有关。要想使其萌发，必须人为创造适宜条件。

影响种子萌发的因素主要有：温度对头花蓼种子的发芽影响较大。其发芽所需时间随温度而变化：头花蓼种子在 5.0℃ 以下未见发芽；达到 10.0℃ 时开始发芽。温度从

10.0℃升高为 15.0℃、20.0℃、25.0℃、30.0℃、35.0℃的发芽所需时间分别为 18 天、11 天、5 天、4 天、4 天、4 天。经方差分析，其差异达到显著水平。说明温度对头花蓼种子的发芽时间有显著的影响：当温度较低（≤15.0℃）时，会显著地推迟头花蓼种子的萌发；而 20.0~35.0℃时，则对其发芽所需时间都没有显著影响，发芽所需时间为 4~5 天。

头花蓼种子的发芽势随温度变化的情况：从 5.0℃升高为 10.0℃、15.0℃、20.0℃、25.0℃、30.0℃、35.0℃的发芽势分别为 0、39%、85%、82%、83%、68%、18%。经方差分析，差异达到显著水平。说明温度变化对头花蓼种子的发芽势有显著影响：温度较低（10.0℃）或较高（≥30.0℃）都能使其发芽势显著下降，不利于头花蓼种子的萌发；温度在 15.0~25.0℃时，则对其发芽势无显著影响，发芽势为 82%~85%（表 3-3）。

表 3-3　温度对头花蓼种子萌发的影响和差异显著性

序号	温度/℃	发芽所需时间/天	发芽持续时间/天	发芽势/%	发芽率/%
1	5	未见发芽			
2	10	18A	11a	39C	88A
3	15	11B	9b	85A	93A
4	20	5D	9b	82A	93A
5	25	4D	9b	83A	93A
6	30	4D	9b	68B	93A
7	35	4D	8b	18D	2

注：数据后 ABCD 的不同大写与小写（如 A 与 a）表示（$\alpha=0.01$ 和 $\alpha=0.05$）水平上的差异显著性。

由上可见，头花蓼种子在 10.0℃和 35.0℃都能萌发，表明其适应性很强。但最适温度为 20.0~25.0℃。发芽所需时间为 4~5 天、发芽持续时间为 9 天、发芽势为 82%~83%、发芽率 93%。

4. 光照对头花蓼种子萌发影响

研究结果表明，光照对头花蓼种子的发芽时间和发芽率无影响，但对发芽持续时间和发芽势有显著影响，分别比黑暗缩短 4 天和高出 50 个百分点。经 u 测验，差异极显著（表 3-4）。

表 3-4　光照对头花蓼种子萌发的影响（25℃）

处理	发芽所需时间/天	发芽持续时间/天	发芽势/%	发芽率/%
光照	4	9	83	93
黑暗	4	13	33	92

5. 注意问题

上述研究表明，头花蓼以有性繁殖（种子繁殖）为主，并在具体生产中应注意如下有关问题：

（1）头花蓼种子(瘦果)较小，通常包被于宿存的花被中，纯净的种子千粒重为0.84～0.95g。

（2）头花蓼种子储藏环境与时间对其发芽率有很大影响，在室内常温下用通气性好的包装袋包装储存，一年内发芽率无显著变化；但到 18 个月时，其发芽率就有十分显著地下降，到 30 个月时则不发芽。若在冰箱冷藏储存（0.0～5.0℃），24 个月时其发芽率仍无显著变化。故建议生产用种可采取普通的种子储藏法，储藏时间为一年，不能用超过 18 个月的陈种播种，原种保存可采用冷藏储存（0.0～5.0℃）。

（3）头花蓼种子小，出土能力弱，播种时宜将种子与细土混合［1∶（100～200）］撒播，播种后不能覆土。

（4）温度是头花蓼种子的萌发中十分关键的因素之一。在 15.0～28.0℃均能正常发芽，其最适宜温度为 20.0～25.0℃，低于 15.0℃或高于 28.0℃均不宜。

（5）湿度也是头花蓼种子的萌发中十分关键的因素之一。头花蓼播种后保持环境湿度尤为重要，在空气湿度达到 80%时，头花蓼种子萌发良好。播种后尚应盖地膜保持苗床土表湿度。

（6）头花蓼种子的萌发对土壤基质要求不严，但疏松、肥沃的砂质壤土有利于幼苗的发育，尤其利于根系的生长。

（三）种子检验方法

1. 扦样

按 GB/T 3543.2 农作物种子检测方法执行。如一批种子的最大重量为 100kg，分装 10 袋，10kg/袋。用单管扦样器每袋都扦样，抽取送验样品 100g，混合均匀，按检验项目要求分样。

2. 净度分析

按 GB/T 3543.3 农作物种子检测方法执行。净度分析试样 10g。

3. 千粒重测定

按 GB/T 3543.7 农作物种子检规程其他项目检验重量测定进行测定。头花蓼种子采用千粒法测定千粒重。

4. 水分测定

按 GB/T 3543.6 农作物种子检测方法执行。头花蓼种子水分测定采用高温烘干法，水分测定试样 15g，分为 3 份（每份约 5g）。

5. 发芽试验

按 GB/T 3543.4 农作物种子检测方法执行。头花蓼的发芽试验以滤纸或吸水纸作纸床，pH 为 6.0～7.5，在温度 20～25℃条件下进行。在混合均匀的净种子中数取 150 粒种子，以 50 粒为一组进行试验，重复三次。

6. 纯度鉴定

按 GB/T 3543.5 农作物种子检测方法项执行。

（四）种子质量标准研究制订

经研究与生产实践，我们结合实际制订头花蓼种子质量企业内控标准（试行），将头花蓼种子分为三个级别（表 3-5）。

表 3-5　头花蓼种子质量标准（试行）（2006 年制订）

级别	外观	纯度/%	净度/%	发芽率/%	千粒重/g	水分/%
一级	整批为褐色、有光泽、饱满、无破损、无病害、无虫蛀	≥99.0	≥95.0	≥90	≥0.90	≤12.0
二级		≥99.0	≥90.0	≥85	≥0.85	≤12.0
三级		≥99.0	≥85.0	≥75	≥0.80	≤12.0

以上各项指标为划分头花蓼种子质量级别的依据。检测结果有一项指标不能达到要求的，则降为下一级别，检测达不到一级种子则降为二级种子，达不到二级种子则降为三级种子，达不到三级种子即为不合格种子。禁止使用不合格种子播种。

（五）良种繁育基地建设与种子育苗

在头花蓼的野生变家种试验示范与规范化种植研究中，以头花蓼有性繁殖物为主进行良种繁育关键技术研究，并研究制订头花蓼种子种苗的质量标准，为建立头花蓼良种繁育基地提供科学实验基础。

1. 良种繁育基地建设

（1）良种异地隔离繁育试验的目的意义：根据头花蓼适应性较强，但不同种源间又易混杂退化的特点，对选育出的优良种源应进行远离主产区隔离繁育，以保证生产用种的纯度，防止种源的快速退化，延长良种使用周期。

（2）良种繁育基地选择：根据头花蓼传粉特点和良种繁育防杂保纯的要求，头花蓼良种繁育地应选择与头花蓼种植地相隔 500m 以上，处于高地、上风位置，没有头花蓼种植史，并有密林能与头花蓼种植地有效隔离，以防混杂和串粉的中心地块。

（3）繁育基地面积确定：根据种植发展计划，按每亩采种田可采收成熟种子约 15kg，每亩大田需移栽苗约 8000 株，以种子千粒重 0.95g、出苗率 90%、成苗率 40%，计算其良种繁育基地的面积。

（4）繁育基地设施要求：

隔离设施：周边乔木林地，小区内玉米隔离带；

灌溉排涝设施：水池、排水沟；

病虫害防治：综合防治设施；

有关设施：设专人管理，对管理员进行培训考核，并有交通道路及农家肥无害化处理沤肥坑等设施。

2. 原种及原种培育及播种育苗

（1）原种及原种培育：在上述观察比较试验的基础上，于种质资源保存圃或种子样品保存库中选择生长健壮、抗逆性强、适应性广、药材质量好以及相对产量较高的种源的植株或种子，在隔离地建立原种圃培植出原种 500～1000g 作为良种圃的原种，并应注意采取措施防止生物混杂和机械混杂。

（2）播种育苗：采用大棚育苗、田间拱棚育苗或穴盘育苗。

①大棚育苗：在塑料大棚内用砖砌成宽 1m、高 20cm、长随棚而定的育苗床。经研究，苗床内应填 15cm 厚的过筛（8 目）的细熟土，然后每亩均匀撒 2000kg 腐熟农家肥和 45% 硫酸钾型复合肥 20kg 作底肥，与床土拌匀后，用刮板刮平床面。育苗时，先将苗床喷透水，按 2g/m² 称量种子，与 200～300 倍的过 8 目筛的细土混合均匀后，均匀撒播在苗床上，撒完后盖一层地膜。

②田间拱棚育苗：在选好地块内，深翻土壤 20.0cm，清除杂草、石块等杂物，打碎土块后，用锄头捞成宽 1m、高 10cm 的苗床，随后每亩均匀撒 2000kg 腐熟农家肥和 45% 硫酸钾型复合肥 20kg 作底肥，并结合整土与床面土壤混匀，然后用刮板刮平床面。育苗时，先将苗床喷透水，按 2g/m² 称量种子，与 200～300 倍的过 8 目筛的细土混合均匀后，均匀撒播在苗床上，撒完后盖一层地膜。最后用竹片做骨架起拱棚。

③穴盘育苗：取熟土的耕作层土壤，过 8 目筛后，拌入腐熟农家肥 15kg/m³ 和 45% 硫酸钾型复合肥 0.15kg/m³。然后填盘（288 穴/盘）压穴，刮平盘面，随后整齐摆列于大棚内。育苗时，用碗盛种子，每穴放一掏耳勺种子（4～8 粒）种子。播完后，必须浇透水。

经研究发现，头花蓼种子播种后覆土厚度不宜超过 0.5cm。由于头花蓼的种子较小，千粒重不到 1g，直接撒播不易撒匀。经实践，用 200～300 倍的细土拌种撒播出苗比较均匀（表 3-6）。

表 3-6　苗床育苗不同播种方法出苗时间与苗质

处理	出苗时间	苗高/cm	真叶数/枚	最大叶片大小/cm²	根长/cm	出苗均匀度
直接撒播	第 7 天	4.8	5	2.6×1.6=4.2	6.7	不均匀
播后浅覆土	第 7 天	4.6	4.3	2.6×1.6=4.2	6.8	不均匀
拌土撒播	第 7 天	5.2	4.6	2.6×1.6=4.2	6.9	均匀

3. 苗期管理要点

（1）揭膜：当出苗率达 70% 以上时，揭去地膜。

（2）喷水保湿：揭膜后，每天 08:00～11:00 或 14:00～18:00 用喷水壶向厢面浇水，中午高温时不宜浇水。出现真叶以后，视表土情况适时浇水。

（3）拔草与间苗：出齐苗后，随时拔除苗床中的杂草，保持苗床的清洁。结合拔草，苗床育苗法按密度 2.0cm×2.0cm 用手拔除弱苗，保留 500～600 株/m²。

（4）通风降温：当棚内温度达到 30℃时，大棚育苗法则打开大门及通风帘或揭棚，大田育苗法的则揭开棚的两端，加强棚内通风，降低棚内温度及相对湿度，防止高温烧苗及病害的发生。

（5）排水防涝：大田育苗时，要在四周深挖排水沟，沟宽 40.0cm，沟深 40.0cm，排水防涝。同时清理好育苗地内棚与棚之间的厢沟，使雨水能畅通排入四周水沟内向外引流。

（6）病虫害防治：育苗期间的病虫害坚持以防为主的原则，注意棚内通风，防止病虫害侵入；发现虫害用人工消除；发现病害及时拔除病株，并用石灰进行土壤消毒。

（7）炼苗：移栽前一周，揭棚或打开大棚的通风帘，增加光照，减少浇水。

（8）起苗：4 月底至 5 月中旬的移栽前一天将苗床喷透水，第二天拔取较大的健壮苗，用水泡过的稻草捆成小把，一般每把 100 株左右，然后放在盛器里，最好盖上湿布，随起随栽。注意：不要一次性起苗太多，当天起的苗，当天必须栽完，不能放置过夜。

实践表明，头花蓼种子播种后平均 15 天开始出苗，育苗地不同海拔对出苗天数的影响较明显，主要是因随着海拔的增加，气温相应降低。在相同的用种量下，播种 30 天后，其平均出苗量为 1366 株/m²，平均成苗时间为 70.9 天，单位面积平均成苗数为 1091 株，苗平均株高 7.5cm，均受育苗期间平均气温和湿度的影响较大。

综上可见，头花蓼育苗水分和温度是决定其种子育苗成败与种苗优质与否的首要因素，种子播种育苗时，应特别注意掌握这一关键因素，注意采取有效措施保持苗床的温度和湿度。

4. 种子繁殖种苗质量标准研究制订

2006 年以来，我们再进一步结合生产实际，研究修订了《头花蓼种子繁育种苗企业内控质量标准（试行）》，见表 3-7。

表 3-7　头花蓼种子繁育种苗企业内控质量标准（试行）

等级	外观性状	苗高/cm	真叶数/片	根系	病虫害
一级种苗		8.0～9.9	7～9	发达	无
二级种苗	整批外观整齐、均匀，根系完整，无萎蔫现象	10.0～12.0	10～11	较发达	无
三级种苗		6.0～7.9	5～6	一般	无

注：以上各项指标为划分头花蓼种苗质量级别的依据。检测有一项达不到标准降为下一级种苗，达不到二级种苗降为三级种苗，达不到三级种苗即为不合格苗。禁止使用不合格头花蓼苗栽种。

三、规范化种植关键技术

（一）种植选地

头花蓼是多年生蔓生性草本植物。喜凉爽气候，较耐寒。要求土质疏松、透水透气性能良好的砂质壤土。土壤以偏酸性（pH 5～7.5）为好。凡黏重板结，含水量大的黏土以及瘠薄、地下水位高、低洼易积水之地均不宜种植。因此要选土壤肥沃、排灌方便的砂壤地，土层厚度 30cm 以上。同时要求其环境质量符合 GAP 要求。在定植前一个月深翻土壤 20～30cm，清除地块内杂草、石块等杂物。

（二）种植整地

1. 整地时间

4月下旬至5月上旬移栽前3～4天，选有太阳的天气整地。

2. 整地方法

先锄去已翻耕过的地中杂草，就地晒3～4天，晒死杂草。移栽前每亩均匀撒2000kg腐熟的农家肥，复合肥20kg/亩，随后翻入土中，然后根据地形做成宽1m、高10cm的畦，畦间距30～40cm，结合掏沟耙平畦面，同时拣去畦面上各种宿根、杂草及石砾等杂物。

（三）移栽

1. 移栽时间

4月下旬至5月上旬移栽，选阴天移栽。

2. 起苗

起苗前一天将苗床喷透水，第二天选茎粗壮、叶片大而厚实、苗高8～10cm、无病虫害的种苗，然后用拇、食、中三指捏住苗基部，一一将苗轻轻拔起，每100株用水泡软的稻草捆成一把，然后装于筐里运至移栽地。注意：要根据需要起苗，当天起的最好当天栽完。

3. 移栽方法

密度：25cm×25cm。方法：在整好的畦面上按行距25cm拉绳定行，然后沿绳按株距25cm用食指和中指挖3～4cm深的穴，将苗放入穴内用手压紧，每穴一苗。定植当天浇透定根水。

（四）田间管理

1. 补苗

移栽后一周内，每天查看苗情，及时补齐缺苗。发现因地老虎造成的缺苗时，在补苗前先找出地老虎杀死再补，以防再为害。

2. 中耕锄草

移栽后，每隔10天锄草一次，直至封行。封行后到采收前，每半个月拔除杂草一次。所有杂草要集中堆放于农家肥腐熟坑内，让其发酵腐熟成肥料供用。

3. 喷灌防旱

连续5天不下雨，每天下午启动喷灌系统喷水一次，每次1h，或进行人工浇水。

4. 排水防涝

头花蓼怕涝，在移栽前的整地起厢时，顺地势挖好排水沟，保证雨季雨水通畅排出。

在整个生长期内，雨季每天要查看田间排水情况，发现积水的地块，应及时疏通，避免积水造成头花蓼烂根。

（五）合理施肥

1. 施肥原则

（1）以农家肥为主，化学肥料为辅：在施用农家肥的基础上，使用化肥，能够取两种肥之长补其短，缓急相济，不断提高土壤供肥能力。同时能提高化学肥料的利用率，克服单纯施用化肥的副作用，以提高中药材的质量。

（2）以基肥为主，追肥为辅：由于头花蓼封行后不易施肥，因此，头花蓼的施肥以基肥为主。其中磷肥全部作基肥一次施用；氮肥40%作基肥，60%作追肥施用；钾肥60%作基肥，40%作追肥施用。对头花蓼进行追肥宜在封行前。封行后，可采用根外追肥的方式。

（3）以氮肥为主，磷钾肥配合施用：氮肥单位养分增产效应最明显，头花蓼栽培时应以氮肥为主，配合磷钾肥平衡施用，取得最佳的增产效果。

2. 施肥措施

（1）氮肥类型选择：以酰胺态氮肥，即选用尿素最佳。

（2）施肥量的确定：农家肥2000～2500kg/亩，氮肥12kg/亩，磷肥10kg/亩，钾肥6kg/亩。根据土壤肥力情况，适当调整施肥量。

（3）肥料分配：农家肥、磷肥全部作基肥一次施用；氮肥40%作基肥，60%于封行前作追肥施用；钾肥60%作基肥，40%于封行前作追肥施用。

3. 注意事项

（1）根据土壤肥力情况施肥：如基地土壤由于富钾、缺磷，实际生产中要增施氮、磷肥，可以少施或不施钾肥。

（2）磷肥施用：普通过磷酸钙、钙镁磷肥的有效磷含量差异较大，在使用两种磷肥时，需要注意其有效磷含量。尽量购买高含量的磷肥品种，一是保证施磷量，二是减少磷肥带来的重金属污染。

（3）施用的农家肥必须充分腐熟：

①腐熟方法：将厩舍的厩肥取出，一层层堆积并压紧，至1.5m高，宽2m。然后外面用塑料薄膜盖严。

②腐熟标准：无堆积前的臭味，看不出原来的形状，颜色呈暗黑褐色，堆积材料柔软腐烂，用手拉捏极易断碎，pH呈中性或微碱性。

③特别注意：严禁施用城市生活垃圾、工业垃圾、医院垃圾和粪便。在低温、干燥的季节和地区，最好施用腐熟的有机肥，以提高地温和保墒能力，而且肥料要早施、深施，以充分发挥肥效。而在高温、多雨季节和地区，肥料分解快，植物分解能力强，故不易施得过早，追肥应量少次多，以减少养分流失。

（六）主要病虫害防治

1. 病虫害防治原则

以"预防为主"，大力提倡运用"综合防治"方法。在防治工作中，力求少用化学农药。在必须施用时，严格执行中药材规范化生产农药使用原则，慎选药剂种类。在发病期选用适量低毒、低残留的农药，严格掌握用药量和用药时期，尽量减少农药残毒影响。最好使用生物防治。目前，应采用以下农业综合防治措施进行预防。

（1）认真选地：应选择比较肥沃的、富含有机质的腐殖土、壤土和砂质土种植。地势低洼、重黏土、盐碱地不宜采用。

（2）实行轮作：实行与旱粮（如马铃薯等）或其他经济作物（如太子参等）进行轮作。轮作年限应在一年以上。

（3）选用和培育健壮无病的种子、种苗：生产用种子、种苗应符合《头花蓼种子质量标准》《头花蓼种苗质量标准》的要求。

（4）及时清除田间杂草与病残植株：对拟种植头花蓼的地块，在秋末作物收获后，进行翻犁耙地以充分曝晒土壤。头花蓼生长期间要注意勤检查，田间生长有杂草和出现发病植株时应及时手工清除。

（5）合理施肥：以基肥为主，基肥以农家肥为主，农家肥必须腐熟达到无害化卫生标准才能施用。

（6）挖沟防涝：在移栽前的整地捞厢时顺地势挖好排水沟，并在阴雨绵绵的季节或暴风雨过后勤查看田间排水情况，应及时疏通积水的地块。

2. 常见病害及其防治

目前发现为害头花蓼的病害主要有以下几种。

（1）立枯病：主要为害刚出土的头花蓼植株幼苗，也可为害成株叶片。植株一般在出土前就可以受害，造成烂种、烂芽。出土后在茎基部近土面处出现淡黄色或黄褐色病斑，后迅速扩展围绕幼茎并变黑褐色，病部逐渐扩大，凹陷，腐烂，使幼苗萎蔫倒伏。叶片受害后，开始时呈现灰白色水渍状，随着温度上升，茎叶呈水煮状变质腐烂，倒伏的茎叶上可以看到白色蛛丝状的菌丝。

防治方法：改进苗床培养土配方：建议用草木灰 20%、谷壳灰 30%、生黄土 15%、发酵腐熟后的猪粪 35%。增加通气性，肥力提高，不仅有利于幼苗健壮生长，而且由于其 pH 偏碱，创造了一个不利于病原真菌生长的环境，可以培养出健壮的幼苗。育苗大棚四周开深的排水沟以降低地下水位；随时擦去棚内塑料薄膜上的水珠，以降低空气湿度；根据天气和温度，适时开棚通风透气和炼苗，以培育壮苗。加强苗床管理，注意提高地温，科学放风，防止苗床或育苗盘高温条件出现。大田种植要选择肥力高、土壤透气好及排水良好的地块。切忌重茬种植。移栽前施足以腐熟有机肥为主的基肥，促使其健壮生长，增加抗病力。一般在有伤口的植株生长细弱时病菌容易侵入，可以进行苗床或育苗盘药土处理。用种子重量 0.2%～0.3% 的 40%～50% 多菌灵拌种。用 36% 甲基硫菌灵悬浮剂 500 倍液或用 72.2% 普力克水剂 800 倍液加 50% 福美双可湿性粉剂 800 倍液喷淋，视病情隔 7～

10 天一次，连续防治 2~3 次，可抑制立枯病的发展。

（2）叶斑病：头花蓼叶斑病主要发生在叶片上，植株下部的叶片先发病。病斑初时较小，以后逐渐扩大。病斑呈圆形、椭圆形，从中心向外扩大，边缘呈褐色，略隆起，病斑外围轮廓明显，发病严重时病斑可互相连接，形成不规则的大斑。后期在病斑上散生稀疏略显同心轮纹的黑色小点。

防治方法：选用抗病品种，及时清除田间病残体，远离大棚集中烧毁，适时放风降湿，增施有机肥和磷钾肥，增强植株抗性。病害发生前主要使用保护杀菌剂喷雾。可以选用75%百菌清可湿性粉剂 600 倍液，或大生 80%代森锰锌可湿性粉剂 600 倍液，或品润 70%代森联悬浮剂 600 倍液。发病初期使用具有治疗效果的杀菌剂及其与保护性杀菌性的混配剂。可以选用世高 10%苯醚甲环唑水分散粒剂 1500 倍液，或阿米西达 250g/L，或 64%杀毒矾可湿性粉剂 400 倍液。隔 7~10 天一次，连续防治 2~3 次。尽量使用小孔径喷片喷雾，以降低叶表面湿度。

（3）细菌性茎腐病：发病初期，头花蓼病株茎基部变黑褐色并从下部逐渐向上蔓延，上部叶片变色萎蔫。严重时，整株茎秆变黑变细，叶片枯死，最后整株全部死亡。

防治方法：种子消毒，播前用种子重量 0.3%的 50%琥胶肥酸铜可湿性粉剂或 50%敌克松可湿性粉剂拌种，可以杀灭种子带菌。施足腐熟农家肥和磷钾肥，培育壮苗、壮株；改良土壤，可调节土壤 PH，抑制细菌繁殖，提高作物抗病力；平整土地，整修排灌系统，防止田间积水，采取高垄或高畦栽培方式，天旱及时浇水，避免裂土伤根，雨后做好排涝准备，预防细菌性茎腐病的发生。发病初期喷洒 50%琥胶肥酸铜可湿性粉剂 500 倍液、14%络氨铜水剂 300 倍液、77%可杀得可湿性微粒粉剂 400~500 倍液、1:1:200 波尔多液或 72%农用硫酸链霉素可溶性粉剂 4000 倍液，中生菌素等，隔 7~10 天一次，连续防治 2~3 次，可以在一定程度上控制该病的扩展。

针对以上三种病害的发生与为害，田间管理时，要求在收获后及时清除病残体集中烧毁，减少次年的病菌来源。

3. 常见虫害及其防治

目前发现为害头花蓼的虫害主要有以下几种。

（1）地老虎：幼虫俗名土蚕、地蚕，鳞翅目夜蛾科害虫，4~5 月移栽季节在近地面咬断头花蓼幼苗，造成缺苗，影响产量。

防治方法：杂草是地下害虫产卵及隐蔽的主要场所，也是幼虫迁向药田为害的桥梁，因此，在移栽前要及时铲除、拣尽田间杂草，减少幼虫食料，消灭部分幼虫和卵。收获后，及时铲尽田间杂草，运出田间，集中堆沤，可消灭大量卵和幼虫，也可减少越冬幼虫和蛹的数量。人工捕杀幼虫：于移栽定植前，以小地老虎喜食的鲜菜叶拌药（如甲氰菊酯、敌百虫等），于傍晚撒入田间地面进行诱杀或移栽后每天早上扒开萎蔫处幼苗的表土捕杀幼虫。4~10 月，田间挂佳多 PS-15Ⅱ频振式杀虫灯，安置 FWS-DBL-2 全自动智能型太阳能灭虫灯、黑光灯或糖醋排排诱杀成虫。移栽定植后，随时检查虫情，田间调查达 0.5 头/m² 以上时，要及早喷药杀虫。可喷 20%的甲氰菊酯乳油 1000~1500 倍液等，一般 6~7 天后，可酌情再喷一次。

（2）双斑莹叶甲：为鞘翅目叶甲科害虫，5～8 月为害头花蓼叶片，常把叶片吃成椭圆形小孔洞，影响头花蓼的生长及药材质量。

防治方法：移栽前与秋冬收获后铲除并拣尽田间及周围杂草。诱杀成虫：5～8 月，田间挂佳多 PS-15Ⅱ频振式杀虫灯或安置 FWS-DBL-2 全自动智能型太阳能灭虫灯诱杀成虫。成虫为害期，用 4.5% 的瓢甲敌乳油稀释 1500 倍均匀喷雾整个头花蓼植株。

（3）黄曲跳甲：为鞘翅目叶甲科害虫，4～7 月为害头花蓼叶片，常把叶片吃成椭圆形小孔洞，影响头花蓼的生长及药材质量。

防治方法：不宜选择种过十字花科植物的田地，特别是上茬种过青菜类植物的地；移栽前与秋冬收获后，铲除并拣尽田间及周围杂草；移栽前深耕晒土，造成不利于幼虫生活的环境并消灭部分蛹。成虫为害期，在田间挂佳多 PS-15Ⅱ频振式杀虫灯或安置 FWS-DBL-2 全自动智能型太阳能灭虫灯诱杀。4～7 月幼虫为害期，用 4.5% 的瓢甲敌乳油稀释 1500 倍均匀喷雾整个头花蓼植株及畦面。

（4）斜纹夜蛾：别名莲纹夜蛾、莲纹夜盗蛾。鳞翅目夜蛾科害虫，6～9 月为害头花蓼叶片，常把叶片吃成缺刻状，严重时，吃光所有叶片，只剩茎，严重影响头花蓼的生长及药材质量。

防治方法：移栽前与秋冬收获后，铲除并拣尽田间及周围杂草。5～10 月，在田间挂佳多 PS-15Ⅱ频振式杀虫灯，安置 FWS-DBL-2 全自动智能型太阳能灭虫灯、黑光灯或糖醋挂排诱杀成虫。6～9 月幼虫为害期，用 20% 的甲氰菊酯乳油稀释 1500～2000 倍均匀喷雾整个头花蓼植株。

（七）套种、轮作与连作

1. 套种

头花蓼（密度为 25.0cm×25.0cm）与黄豆不同密度（在做成宽 1m、高 10.0cm 的畦面两边，按 10.0cm、15.0cm、20.0cm 的株距）套种。经试验表明，头花蓼与套种不同密度黄豆的产量及经济效益比较，套种黄豆的药材产量没有显著差异，而分别按株距 10.0cm、15.0cm、20.0cm 套种黄豆的产量有一定差异，比对分别增收 412 元/亩、444 元/亩、197 元/亩，可以提高土地亩产收入。但黄豆种植密度株距以 15.0cm 为宜。

2. 轮作

头花蓼可与太子参、薄荷、鸢尾等进行轮作，头花蓼的种植密度以 25.0cm×25.0cm 为宜，其他药材以常规种植密度进行。经试验表明，如头花蓼与太子参、薄荷轮作一年，即均可在头花蓼 9 月采收后，于 11 月进行太子参或薄荷种植，太子参于次年的 6 月采收、薄荷于次年的 8 月采收后，第二年再进行头花蓼轮作；又如与鸢尾轮作三年，即在头花蓼 9 月采收后，于 10 月进行鸢尾种植，三年后于 9 月采收，次年再进行头花蓼轮作。由上试验可见，头花蓼在同一地块上连作的产量有呈逐年下降趋势，与太子参、薄荷、鸢尾轮轮作过后不但能提高头花蓼的产量，可达高产稳产目的，而且还可改善其他药材的生长环境，可提高单位面积的经济收入。

3. 连作

试验表明，头花蓼不宜连作，最多连作三年后须换地种植。

上述头花蓼良种繁育与规范化种植关键技术，可于头花蓼生产适宜区内，并结合实际因地制宜地进行推广应用。

【药材合理采收、初加工与储运养护】

一、药材合理采收与批号制定

（一）合理采收

在以总黄酮及槲皮素为指标成分对头花蓼药效成分动态积累研究的基础上，对其合理采收进行研究，并研究确定了头花蓼药材的最适宜采收期。

1. 不同药用部位药效成分的动态积累

不同产地野生或家种头花蓼的不同药用部位的主要有效（指标）成分及浸出物等含量存在相似变化趋势，均以叶的含量最高，全草及花的含量较低，且均符合标准要求。而茎的含量最低，有的不符合标准规定。这为头花蓼药用部位的合理应用、合理采收及商品规格的制订等都提供了实验研究依据。

2. 不同生长期主要药效成分含量的差异

头花蓼的主要有效（指标）成分总黄酮苷和槲皮素含量存在相似变化趋势，每年均以4月含量为最低，7～9月为明显增长期，并以8～9月含量最高，10～12月呈下降趋势，以12月（尤其是霜冻后）含量最低。这提示头花蓼不同生长期主要药效成分含量存在差异，并与气候因素相关。

3. 家种头花蓼一年可采收两次的依据

家种头花蓼的主要有效（指标）成分总黄酮苷、槲皮素与没食子酸含量，在一年生长期中可出现两次高峰期，第一次为8～9月，第二次为10～11月，且总黄酮苷、槲皮素与没食子酸的含量关系呈正相关。采收时，如果保留8.0～10.0cm左右的基部茎枝，11月左右还可进行第二次采收，其产量可达第一次采收量的50%以上。因此，家种头花蓼一年可采收两次，但第二次采收必须在11月霜冻前进行，否则将影响其质量与产量。

4. 采收前的管理与采收方法

（1）采收前的管理：采收前20天，对头花蓼种植地停止使用任何农药，以避免农药污染，确保头花蓼质量。采收前三天停止灌溉，以利采收与初加工干燥。采收前一天应清除头花蓼种植地的杂草异物，以利采收与质量保证。

（2）适宜采收的方法：头花蓼为多年生匍匐生长的草本植物，并以地上部分入药。因此，宜于晴天采收，顺畦面割取地上部分，采割工具为苗族同胞的常用农具如镰刀等。采收后应及时运转，并应及时初加工处理。

（二）批号制定（略）

二、合理初加工与包装

（一）合理初加工

1. 合理清洗方法的研究确定

在施秉牛大场头花蓼 GAP 示范基地采收头花蓼药材，分别采取不洗、不同时间流动水漂洗及用水浸泡洗等三种方法进行清洗，然后检测对比其浸出物、总灰分、水分、槲皮素含量。上述实验研究，为头花蓼适宜清洗方法提供了实验依据。根据生产实际，初加工都应以有效成分含量高、浸出物量高、灰分低、操作简便、节省工时及成本低廉为佳。结合上述实验研究结果表明，以浸泡洗 5min（常温，搅拌一次）或浸泡洗 10 min（常温，不搅拌）为头花蓼的较好清洗法。

2. 合理干燥方法的研究确定

（1）烘干法：采用施秉牛大场基地的热风循环烘房（上海中药机械厂生产），进行烘干工艺条件的放大试验研究。研究不同烘干温度、烘干时间对头花药材质量的影响。从低到高逐渐升温进行烘干，每个温度段设三个持续时间。干燥温度 A：第一次升温至 35.0～40.0℃，第二次升温至 50.0～55.0℃，第三次升温至 70.0～75.0℃；干燥温度 B：第一次升温至 40.0～50.0℃，第二次升温至 55.0～60.0℃，第三次升温至 65.0～70.0℃；根据生产实际，烘干样品的厚度均为 10.0cm。取样，依法检测其水分、浸出物及槲皮素含量，并对比分析。

经对比研究结果表明，使用干燥温度 B 设置进行干燥时，使第一次升温提高并加大排风量，同时延长第二次升温段时间，既有利于药材水蒸气排除，也利于药材迅速干燥，从而比 A 干燥温度设置可缩短烘干时间。但在热风循环烘房烘干的起始阶段，要注意排风除湿，避免样品局部温度过高，以防药材蒸熟而影响其干燥效果及质量。

（2）塑料大棚内阴干与自然阴干、晒干法：在施秉牛大场试验示范基地塑料大棚（育苗后大棚已闲置，头花蓼采收时，将其堆放在铺垫有无污染塑料薄膜及木板上通风阴干，棚内温度一般为 20～25℃，最高不超过 50℃，其实用可行，可兼作阴干与临时储放用），每隔 5 天取大棚内阴干与农户自然阴（晾）干、晒干的样品，依法检测测其水分、浸出物及槲皮素含量并对比分析。

经对比研究结果表明，通过在塑料大棚内阴干与农户传统阴干或晒干法的样品，质量均符合企业内控质量标准，且无显著差异。但发现在塑料大棚内阴干时，其堆放 25 天后堆垛表层的样品外观性状有所变化，其槲皮素含量略有降低（但均符合企业内控质量标准）；其他部位的样品均符合企业内控质量标准规定，且无显著差异。由此可见，头花蓼药材在塑料大棚内阴干后的短期堆放，不宜超过 25 天。

综上可见，头花蓼初加工干燥方法还是以传统的阴干法（也可在塑料大棚内阴干及短期堆放）或晒干法为好，这既符合广大药农的生产实际，操作简易可行，也可大大降低成本；只有当采收季节遇上连绵阴雨时，才宜采用热风循环烘房烘干法干燥。

（二）合理包装

1. 包装前抽样检验与处理

包装前，应按照中药材取样法取样与依法检测，检测结果符合《贵州中药材、民族药材质量标准》（2003 年版）或头花蓼药材企业内控质量标准的性状、水分合格者，方可进入打包工序。包装前，还应将头花蓼药材集中堆放于干净、阴凉、无污染的室内回润（回润时间以情而定，一般以 24h 为宜），以利打包。

2. 包装设备、包装材料与技术要求

以中药材压缩机压缩打包，打包件规格：90（长）cm×60（宽）cm×40（高）cm。包装材料为透气的塑料编织布；捆扎材料使用铁丝。包装材料应清洁、干燥、无污染、无破损，并符合药材质量要求。打包件重量：40kg。药材密度：190kg/m³±10%。包装时必须严格按标准操作规程操作，应做好批包装记录，其内容主要包括药材名称、规格、重量（毛重、净重）、产地、批号、包装工号、包装日期、生产单位等，并应有产品合格证及质量合格等标志。然后，按头花蓼药材批号分别码垛堆放于打包间的临时堆放处，待入库。但每天下班前必须入库。

三、合理储藏养护与运输

（一）合理储藏养护

试验研究结果与结合实际表明，头花蓼药材应在避光、通风、常温（25℃以下）、干燥（相对湿度 60%以下）条件下储藏。在头花蓼药材打好包后，应用无污染的转运工具将其运到库房，堆放于地面铺垫有高 15cm 左右木架的通风、干燥，并具备温湿度计、防火防盗及防鼠、虫、禽畜为害等设施的库房中储藏。要求合理堆放，堆垛高度适中（一般不超 5 层），距离墙壁不小于 30cm。要求整个库房整洁卫生、无缝隙、易清洁。并随时做好台账、记录及定期、不定期检查等仓储养护管理工作。

（二）合理运输

头花蓼药材批量运输时，可用装载和运输中药材的集装箱、车厢等运载容器和车辆等工具运输。要求其运载车辆及运载容器应清洁无污染、通气性好、干燥防潮，并应不与其他有毒、有害、易串味的物质混装混运。其运输货签必须有运输号码、品名、发货件数、到达站、收货单位、发货单位、始发站等。其要采用印刷书写并拴在打包件两端。包装储运标志必须有"怕湿""防潮"等图标。

【药材质量标准、质量检测与监控】

头花蓼为贵州常用苗族药材及民间草药，1988 年已作为地方习用药材收载于《贵州省中药材质量标准》（贵州省卫生厅），但其质量标准仅有性状单项检验控制质量指标。为了更好地控制头花蓼药材质量，贵州威门药业公司（以下简称："威门公司"）曾于 2002

年经研究新增了鉴别及以头花蓼指标成分总黄酮含量测定的《头花蓼药材企业内控质量标准》（Q/WM.js.ZB.006-01）。2003 年，贵州省药品监督管理局颁布的《贵州省中药、民族药材质量标准》（2003 年版），在原《贵州省中药材质量标准》（1988 年版）的基础上，新增了头花蓼指标成分槲皮素的含量测定。2004 年，威门公司又在《贵州省中药、民族药材质量标准》（2003 年版）的基础上，对头花蓼药材质量标准进行了提升研究，新增了水分、总灰分、酸不溶性灰分、重金属、有机氯农药残留量、浸出物及槲皮素等检测项目，并新增了头花蓼指标成分没食子酸的含量测定。2005 年，威门公司将其作为《头花蓼药材企业内控质量标准（试行）》（Q/WM·THL·TS·GAP·006-02）颁布实施。2006 年头花蓼药材 GAP 认证后，威门公司对上述《头花蓼药材企业内控质量标准（试行）》（Q/WM·THL·TS·GAP·006-02）再行研究复核。结果表明，该标准符合生产实际，适用可行，故于 2010 年 10 月再结合《中国药典》（2010 年版一部）的正式实施，对该企业内控质量标准又重新修订后，并将该标准正式作为头花蓼药材企业内控质量标准（Q/WM·THL·TS·GAP·006-03）颁布实施。同时，2008 年以来，还在原头花蓼药材指纹图谱研究基础上，对其指纹图谱又继续进行了较为系统的优化研究。

一、药材商品规格与质量检测

（一）药材商品规格

头花蓼药材以无杂质、枯腐、霉变、虫蛀，身干，茎粗大，红褐色，质坚硬，叶粉红色或浅绿色，厚实，叶多者为佳品。其药材商品规格分为三个等级。

一级：干货。茎呈圆柱形，粗大，红褐色。质坚硬，易折断，先端断面中空。叶粉红色或浅绿色，厚实，叶多。花大，紫红色。无枯腐茎叶，无杂质、虫蛀、霉变。

二级：干货。茎呈圆柱形，细长，浅红褐色。质硬，易折。叶粉红色或浅绿色，欠厚实，叶较多。花较大，浅紫红色。其余与一级基本相同。

三级：干货。茎呈圆柱形，细长，具纵棱，灰褐色。质脆，极易折断。叶黄绿色或黄色，质较薄，叶较少。花较细小，粉红色。其余与一级基本相同。

（二）药材质量检测

按照贵州威门药业公司《头花蓼药材企业内控质量标准》（Q/WM·THL·TS·GAP·006-03）进行质量检测。

1. 来源

本品为蓼科植物头花蓼 *Polygonum capitatum* Buch.-Ham.ex D.Don 的地上部分。

2. 性状

本品茎呈圆柱形，红褐色，节处略膨大并着生柔毛，断面中空。叶互生，多皱缩，完整叶片展开后呈椭圆形，长 1.5～5cm，宽 1.0～2.0cm，先端钝尖，基部楔形；全缘，具红色缘毛，上表面绿色，常有"人"字形红晕，下表面绿色带紫红色，两面均被褐色疏柔毛；叶柄短或近无柄，基部有草质耳状片；托叶鞘筒状，膜质。花序头状，顶生或腋生，花被 5 裂，雄蕊 8。瘦果卵形，3 棱，黑色。气微，味微苦、涩。

3. 鉴别

取本品 2g，加水 30mL，加热煮沸 30min，趁热滤过，滤液蒸干，残渣加丙酮 20mL，回流 1h，滤过，滤液挥干，残渣加甲醇 1mL 使其溶解，作为供试品溶液。另取头花蓼对照药材 2g，同法制成对照药材溶液。照薄层色谱法（《中国药典》2010 版一部附录Ⅵ B）试验，吸取上述两种溶液各 5μL，分别点于同一硅胶 G 薄层板上，以石油醚（60～90℃）-乙酸乙酯-甲酸（30：40：1）为展开剂，展开，取出，晾干，喷以三氯化铁试液。供试品色谱中，在与对照药材色谱相应的位置上，显相同颜色的斑点。

4. 检查

（1）水分：照水分测定法（《中国药典》2010 版一部附录Ⅸ H 第一法）测定，不得超过 12.0%。

（2）总灰分：照总灰分测定法（《中国药典》2010 版一部附录Ⅸ K）测定，不得超过 13.0%。

（3）酸不溶性灰分：照酸不溶性灰分测定法（《中国药典》2010 版一部附录Ⅸ K）测定，不得超过 5.0%。

（4）重金属：照铅、镉、砷、汞测定法（《中国药典》2010 版一部附录Ⅸ B 原子吸收分光光度法或附录Ⅸ D 电感耦合等离子体质谱法）测定，铅不得超过万分之五，镉不得超过千万分之三，砷不得超过百万分之二，汞不得超过千万分之二。

（5）有机氯类农药残留量：照农药残留量测定法（《中国药典》2010 版一部附录Ⅸ Q）有机氯类农药残留量测定，六六六（总 BHC）不得超过千万分之二，滴滴涕（总 DDT）不得超过千万分之二，五氯硝基苯（PCNB）不得超过千万分之一。

（6）微生物限度：照微生物限度检查法（《中国药典》2010 版一部附录ⅩⅢC）检查，应符合规定。

大肠菌群：每 1g 应少于 100 个。

活螨：不得检出活螨。

5. 浸出物

照水溶性浸出物测定法项下的热浸法（《中国药典》2010 版一部附录Ⅹ A）测定，不得低于 17.5%。

6. 含量测定

（1）槲皮素：照高效液相色谱法（《中国药典》2010 版一部附录Ⅵ D）测定。

色谱条件与系统适用性试验：用十八烷基硅烷键合硅胶为填充剂；甲醇-0.4%磷酸溶液（50：50）为流动相；检测波长为 360nm。理论板数按槲皮素峰计算应不低于 1200。

对照品溶液的制备：精密称取经五氧化二磷干燥过夜的槲皮素对照品适量，加甲醇制成每 1mL 含 0.01mg 的溶液，即得。

供试品溶液的制备：取本品细粉约 0.5g（同时另取本品粉末测定水分，《中国药典》

2010 年版一部附录Ⅸh 第一法），精密称定，置 50mL 具塞锥形瓶中，精密加入甲醇-25%盐酸溶液（4：1）混合液 25mL，称定重量（精确至 0.01g），置水浴中加热回流 1h，放冷，称重，用提取液补足减失的重量，摇匀，滤过，精密吸取续滤液 5mL 至 25mL 量瓶中，加甲醇稀释至刻度，摇匀，用微孔滤膜（0.45μm）滤过，取续滤液，即得。

测定法：分别吸取对照品溶液和供试品溶液各 10μL，注入液相色谱仪，测定，即得。

本品按干燥品计算，含槲皮素（$C_{15}H_{10}O_7$）不得低于 0.20%。

（2）没食子酸：照高效液相色谱法（《中国药典》2010 版一部附录Ⅵ D）测定。

色谱条件与系统适用性试验：用十八烷基硅烷键合硅胶为填充剂；甲醇-水-N，N-二甲基甲酰胺-冰醋酸（1：95：3：1）为流动相；柱温为 25℃；检测波长为 272nm，流速为 1.0mL/min；理论板数按没食子酸峰计算，应不低于 2000。

对照品溶液的制备：精密称取没食子酸对照品适量,加 50%甲醇制成每 1mL 含 0.07mg 的溶液，即得。

供试品溶液的制备：取头花蓼药材粉末（过 60 目筛），约 0.4g，精密称定，置 100mL 锥形瓶中，精密加蒸馏水 25mL，称定重量，加热回流 2h，放冷，称定重量，加水补足减失重量，摇匀，静置，滤过，滤液过 0.45μm 的微孔滤膜，即得。

测定法：分别吸取对照品溶液 10μL 和供试品溶液 20μL，注入液相色谱仪，测定，即得。

本品按干燥品计，含没食子酸（$C_7H_6O_5$）不得低于 0.23%。

二、药材质量标准提升研究与企业内控质量标准制定（略）

三、药材留样观察与质量监控（略）

【附】头花蓼药材指纹图谱研究

按照国家食品药品监督管理局《中药注射剂指纹图谱研究的技术要求（暂行）》和国家药典委员会《中药注射剂指纹图谱实验研究的技术指南（试行）》的有关规定要求，对头花蓼药材进行 HPLC 指纹图谱研究。旨在通过对头花蓼药材黄酮类等成分指纹图谱研究，建立该药材指纹图谱，并按照国家药典委员会编制的《中药色谱指纹图谱相似度评价系统（2004 年版）》的有关规定要求，对头花蓼药材指纹图谱进行相似度评价，为更好研究控制头花蓼药材质量，为提高头花蓼药材 GAP 基地产品质量提供科学实验依据，以更好促进贵州山区经济和中药民族药产业的向前发展。

经头花蓼药材 HPLC 指纹图谱的研究建立、辨认、比较与分析，从色谱峰的整体性出发，探求其确能构成指纹特征的色谱峰的峰号、峰位及峰数。结果：本实验共研究检测了 10 批施秉县牛大场镇头花蓼 GAP 基地所产药材的指纹图谱，从整体看，不同采集点头花蓼药材的化学成分的分布较为一致（附图 1）。根据 10 批样品的 HPLC 图谱给出的相关系数及采用软件计算结果，确定了头花蓼的 11 个峰，作为特征组成的指纹图谱；通过对照品实验，考察对照品的保留时间及紫外光谱，鉴别头花蓼药材 HPLC 指纹图谱中 1 号为没食子酸，11 号为槲皮苷（附图 2）。通过它们的光谱图给出各自的光学信息，发现头花蓼色谱中与相应已知参照物色谱峰的紫外光谱吻合。

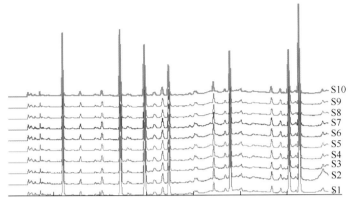

附图1　10批头花蓼样品 HPLC 指纹图谱

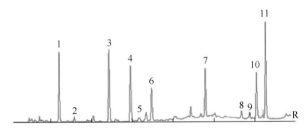

附图2　10批头花蓼药材的共有模式图（取中位数）

采用相似度计算软件对施秉县牛大场镇 GAP 基地 10 批药材指纹图谱的相似度进行分析（取中位数），结果其相似度分别为 S1（0.995）、S2（0.961）、S3（0.967）、S4（0.994）、S5（0.999），S6（0.993），S7（0.970），S8（0.968），S9（0.982），S10（0.993），见附图3。

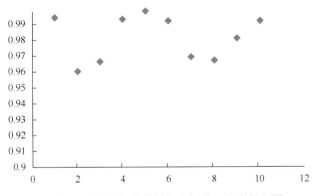

附图3　10批头花蓼药材指纹图谱相似度投影图

上述试验结果表明，10 批施秉县牛大场试验示范基地和示范推广种植基地的头花蓼药材相似性较好，为 0.961～0.999，说明由此得出的指纹图谱的共有模式具有代表性，可以反映头花蓼 GAP 基地药材的指纹特征。因此，头花蓼药材指纹图谱的相似度确定为不得小于 0.90。

上述研究结果与对比分析还表明，头花蓼药材基地（产地）的稳定对其质量的可控与稳定有着重要作用，同一物种同一基地（如贵州施秉基地）头花蓼药材的指纹图谱相似度较高（均大于 0.961）。这充分表明，中药指纹图谱不仅能够达到全面反映中药材所含内在化学成分的种类与数量的目的，而且能够反映中药材的质量（尤其是在现阶段中药材的有效成分绝大多数未很好明确的情况下），采用中药指纹图谱的方式，能有效表示中药材的内在质量。这也进一步说明，实施中药材 GAP，加强中药产业"第一车间"建设的重要意义。

【药材生产发展现状与市场前景展望】

一、生产发展现状与主要存在问题

头花蓼是贵州特色资源，为了满足头花蓼不断增长的市场需求，近十多年来贵州省头花蓼种植发展十分迅速。据贵州省扶贫办《贵州省中药材产业发展报告》统计，2013 年，全省头花蓼种植面积达 3.92 万亩，保护抚育面积 0.35 万亩；总产量达 8139.00t；总产值 6705.20 万元。2014 年，全省头花蓼种植面积达 4.98 万亩，保护抚育面积 0.56 万亩；总产量达 23400.00t；总产值 7830.72 万元。其种植面积较大而集中的主要在施秉、盘州、玉屏及贵阳市乌当等县区。特别是贵州威门药业公司自 2001 年以来，就开展了"苗药头花蓼野生变家种与规范化种植研究"；2002～2005 年在施秉县等地按照中药材 GAP 要求建立了头花蓼规范化种植与 GAP 基地，并于 2006 年通过国家认证与公告（见国家食品药品监督管理局中药材 GAP 检查公告 2006 年第 5 号）。其后，贵州威门药业公司继续在施秉县等地按照中药材 GAP 要求，通过对头花蓼 GAP 基地软硬件设施的进一步研究建立与完善，于 2012 年 5 月，向国家进行了头花蓼 GAP 复认证申请，并于 2012 年 9 月通过了国家食品药品监督管理局的现场认证检查，2013 年 1 月获得正式公告（见国家食品药品监督管理局中药材 GAP 检查公告 2013 年第 20 号）。

贵州头花蓼种植业的发展，适应了头花蓼药材需求量的不断增长，为以头花蓼药材作为主要原料的中成药、苗药产品的开发和产业化生产解决了原药材的质量保障与稳定供应，也为推广头花蓼 GAP 规范化种植技术提供了条件，给种植地区的广大农民带来实惠，增加了劳动致富和就业机会，发展和活跃了县域经济，加快了地方财政收入的增长；并推进了贵州治理生态环境、农村产业结构调整和解决"三农"问题等工作。但在头花蓼产业发展中，还须进一步加强头花蓼优质高产种源与优良品种筛选研究，进一步加强头花蓼新药新产品研发以更好促进其产业化、品牌化。

二、市场需求与前景展望

头花蓼是我国苗族人民的习用药材，药用历史悠久，长久以来以使用野生药材为主。随着近 20 多年来对头花蓼的深入研究开发和利用，已发现其药效成分主要有黄酮类、酚酸类、鞣质类、蒽醌类、萜类等 9 类 37 种。其中，黄酮类化学成分主要有槲皮苷、槲皮素、山柰酚、芦丁等；酚类化学成分主要有儿茶酚、短叶苏木酚等；酚酸及其衍生物主要有没食子酸、原儿茶酸、短叶苏木酚酸、没食子酸乙酯、香草酸等；色酮类化学成分主要有 5，7-二羟基色原酮等；有机酸、醇、酯、醛类化学成分主要有琥珀酸、丁香酸、亚油酸、十六烷酸、二十二烷酸、阿魏酸等；萜类化合物主要有齐墩果酸、乌苏酸等；甾体类化合物主要有 β-谷甾醇等；蒽醌类化合物主要有 1，5，7-三羟基-3-甲基蒽醌等。并有 K、Ca、Mg、Fe、Mn、Na、Rb、Zn、Cu、Sr、Cr、Ni、Co、Pb、P、Li、Cd 等多种宏量元素和微量元素。头花蓼具有良好的抗炎、镇痛、利尿及体内外抗菌作用，并对沙眼衣原体敏感，实验研究还证明，以 0.33%及以上浓度的头花蓼对沙眼衣原体血清型 D、E 和 I 具有明显抑制作用，且未发现细胞毒作用。头花蓼急性毒性及长期毒性试验研究证明几无毒性，小鼠灌服头花蓼药材的最大耐受量大于 249.0g 生药/kg（相当于临床剂量的 285.6 倍，公斤体重计），大鼠灌服头花蓼药材的最大耐受量大于 124.5g 生药/kg（相当于临床剂量的 142.8 倍，公斤体重计）。长期毒性试验结果，其安全剂量为 26.2g 生药/(kg·天$^{-1}$)（相当于临床剂量 30 倍）。从而，头花蓼药材的化学、药效学、毒理学研究结果为头花蓼单方制剂"威门®热淋清颗粒"临床上治疗泌尿系统感染及其复方制剂的研发提供有效的实验研究依据，也为今后头花蓼药材谱效关系的研究及创新药物的研发奠定坚实的前期研究基础。

以头花蓼为主要原料的中成药成方制剂，除贵州威门药业公司的热淋清颗粒外，贵州现在还有新天药业、百祥药业、弘康药业、本草堂药业、联盛药业、和仁堂药业等生产有以头花蓼为主药的宁泌泰胶囊、泌淋胶囊、热淋清胶囊、四季草颗粒、克淋通胶囊、泌淋清胶囊等，销往全国各地。省外正在开发以头花蓼为主药的产品的企业还有珠海天大药业、哈尔滨凯程制药、昆明圣火药业等。贵州威门药业公司以头花蓼为主药组方研制的中药六类新药"花川保列颗粒"与"花菊盆炎颗粒"，现均已获得国家《药物临床试验批件》，正在进行临床试验。

目前，贵州威门药业等企业已拥有健全的营销网络，在全国除台湾、西藏外的 30 个省（自治区、直辖市）的 200 多个大中城市，都建有办事处或销售网点。"热淋清颗粒"作为贵州威门药业公司拳头产品，已广销国内各省市广大地区，仅"热淋清颗粒"年销售收入已逾 1 亿元。苗药头花蓼药材的需求量也在日益增高，而且尚有逐年递增趋势。据不完全统计，贵州省内头花蓼药材年需用量约 1500t。其中，威门药业年需用量约为 800t，其他药业共计年需用量约为 700t。这有力表明，苗药头花蓼确系功能独特、疗效显著并极具群众基础的传统药物，有广阔市场空间和很好开发前景，在贵州中药民族药产业中占有重要地位。同时，头花蓼在贵州喀斯特地貌生长已形成优势种群，长势较好。在施工空地，可形成先锋植物。毋庸置疑，种植头花蓼对于形成头花蓼中药产业链、促进贵州中药产业现代化乃至于促进贵州经济发展，都具有明显的经济效益、社会效益和生态效益。展望未来，贵州特色药材头花蓼开发潜力极大，市场前景广阔。

主要参考文献

董新强，屈淼林. 2010. 热淋清颗粒合独一味胶囊在治疗Ⅲ型前列腺炎的临床观察[J]. 当代医学，16（10）：150-151.

高玉琼，代泽琴，刘建华，等. 2005. 头花蓼挥发性成分研究[J]. 生物技术，15：55-56.

洪锴，袁人培，姜辉，等. 2009. 热淋清联合阿奇霉素治疗非淋菌性尿道炎的临床研究[J]. 中国性科学，1，18（1）：7-9.

李艳芳，夏泉，许风清，等. 2008. HPLC 法同时测定热淋清制剂中没食子酸和槲皮素的含量[J]. 中国实验方剂学杂志，12，14（12）：15-17.

梁斌，张丽艳，冉懋雄. 2014. 中国苗药头花蓼[M]. 北京：中国医药出版社.

茅向军，熊慧林，许乾丽. 2001. 薄层扫描法测定热淋清胶囊及热淋清颗粒中没食子酸的含量[J]. 药物分析杂志，（5）：364-365.

茅向军，鲁静，林瑞超，等. 2002. 高效毛细管电泳法测定 2 种热淋清制剂中没食子酸的含量[J]. 药物分析杂志，22（1）：62-65.

钱书武. 2011. 莫西沙星联合热淋清颗粒治疗非淋菌性尿道炎的临床分析[J]. 吉林医学，2，32（6）：1116.

冉懋雄. 2008. 我国中药材种植的发展现状与建议[J]. 中国现代中药，（3）：3-7.

任光友，常凤岗，卢素琳，等. 1995. 石莽草的药理研究[J]. 中国中药杂志，20（2）：106-109.

季文华，马嵘，张福庆，等. 2010. 联合应用热淋清治疗慢性前列腺炎的疗效观察[J]. 中国医院用药评价与分析，10（2）：161-162.

吴红梅，王祥培，贺祝英，等. 2009. 热淋清颗粒 HPLC 指纹图谱的研究[J]. 中成药，4，31（4）：496-497.

徐英春，张小江，谢秀丽，等. 2001. 热淋清颗粒对淋病奈瑟球菌体外抑菌活性的研究[J]. 临床泌尿外科杂志，6，16（6）：287.

许乾丽，江维克. 2001. 头花蓼及其单方制剂的宏量和微量元素[J]. 微量元素与健康研究，18（1）：36-39.

杨阳，蔡飞，杨琦，等. 2009. 头花蓼化学成分的研究（Ⅰ）[J]. 第二军医大学学报，30（8）：937-940.

杨玉英，许增宝，杨浩. 2010. 热淋清对经尿道前列腺电切术后患者生活质量影响的观察[J]. 护理与康复，1，9（1）：5-7.

张丽娟，廖尚高，詹哲浩，等. 2010. 头花蓼酚酸类化学成分分研究[J]. 时珍国医国药，21（8）：1946-1947.

张武合，胡利发，张蓉. 2011. 热淋清联合加替沙星治疗慢性细菌性前列腺炎疗效观察[J]. 西北国防医学杂志，4.30，32（2）：132-133.

周涛，艾强，王彦君，等. 2011. 基于不同地理种源头花蓼中没食子酸的含量分析[J]. 中国实验方剂学杂志，17（1）：49-52.

（冉懋雄　张丽艳　王尚华　罗　君　陈　华　冯中宝）

4　吉祥草（观音草）

Jixiangcao

REINECKIAE HERBA

【概述】

吉祥草原植物为百合科植物吉祥草 *Reineckia carnea*（Andr.）Kunth。别名：观音草、解晕草、广东万年青、松寿兰、结实兰、竹叶草、佛顶珠、玉带草、紫袍玉带草、九节莲、小青胆、小叶万年青、小九龙盘、软筋藤、竹节伤、竹根七。以干燥全草入药或鲜用。收载于《贵州省中药材、民族药材质量标准（2003 年版）》、《江西省中药材标准》及《广西中药材标准》。《贵州省中药材、民族药材质量标准（2003 年版）》称：吉祥草味苦、甘，性凉。归肺、大肠经。具有滋阴润肺、凉血止血功能。用于治疗肺燥咳喘、阴虚咳嗽、咯血、遗精、跌扑损伤。吉祥草还是贵州苗族习用药材，苗药名："Reib youx sad"（近似汉译音："锐油沙"），味苦、甜。性冷。入热经药。具有滋阴肺、凉血止血、解毒利咽功能。主治肺燥咳嗽、阴虚咳嗽、咽喉肿痛、目赤翳障、吐血、衄血、便血、肺结核、急、慢性支气管炎、哮喘、黄疸型肝炎、慢性肾盂肾炎、遗精、跌扑损伤、骨折、痈肿疔疮等症。

吉祥草在印度自古被视为神圣之草，是宗教仪式中不可缺少的圣物。其梵名"kusa"

（音译："姑奢""矩尸"等；意译："香茅""吉祥茅"等），吉祥草名也由此而来；也有说是释迦牟尼在菩提树下成道时，敷此草而坐；或说是有一吉祥者所献瑞草。吉祥草始载于唐代陈藏器撰《本草拾遗》（739 年），谓：吉祥草"生西国，胡人将来也。"其后诸家本草均有记述，如宋代《天宝本草》载其：清肺止咳化痰。治衄，赤疮，火眼，跌打损伤。明代李时珍著《本草纲目》云："吉祥草，叶如樟兰，四时青翠，夏开紫花成穗，易繁。"清代赵学敏著《本草纲目拾遗》亦载曰："解晕草，今人呼为广东万年青。以其出粤中，故名。《纲目》有名未用吉祥草下，濒湖所引吉祥草，即此也。"并言其"理血，清肺，解火毒"，为治咽喉症要药。清代吴其浚著《植物名实图考》又载云："松寿兰，叶微宽，花六出稍大，终开，盆盘中植之。秋结实如天门冬，实色红紫有尖。""治筋骨痿，用根浸酒，加虎骨胶；治遗精加骨碎补。"广州部队后勤部卫生部主编的《常用中草药手册》称：吉祥草润肺止咳，补肾接骨。治肺结核咳嗽、吐血，哮喘，慢性肾盂肾炎，遗精，跌打，骨折。《四川中药志》称：吉祥草治虚弱干呛咳嗽，可以炖猪心、肺服。《贵阳民间药草》亦称：以吉祥草一两炖猪肺或肉吃，治喘咳等。吉祥草是贵州著名的特色常用苗族药材。

【形态特征】

多年生草本植物。茎匍匐于地上，似根茎，绿色，多节，节上生须根。叶簇生于茎顶或茎节，每簇 3～8 枚；叶片条形至披针形，长 10～38cm，宽 0.5～3.5cm，先端渐尖，向下渐狭成柄。花葶长 5～15cm；穗状花序长 2～6.5cm，上部花有时仅具雄蕊；苞片卵状三角形，膜质，淡褐色或带紫色；花被片合生成短管状，上部 6 裂，裂片长圆形，长 5～7mm，稍肉质，开花时反卷，粉红色，花芳香；雄蕊 6 枚，花丝丝状，花药近长圆形，两端微凹，子房瓶状，3 室，短于花柱，柱头头状，3 裂。浆果球形，直径 6～10mm，熟时鲜红色。花果期 7～11 月。吉祥草植物形态见图 4-1。

（1. 植株；2. 花；3. 花序；4. 果序）

图 4-1　吉祥草植物形态图

（墨线图引自《中国植物志》编委员会编，《中国植物志》，第 15 卷，科学出版社，1978）

【生物学特性】

一、生长发育习性

吉祥草喜温暖、湿润、半阴的环境，对土壤要求不严格，以排水良好的肥沃壤土为宜。为常绿多年生草本。根系发达，根状茎匍匐于地下及地上，带绿色，亦间有紫白色者，一株母株在分株定植一年之后可长 2～4 根带小鳞片的新芽；翌年春新芽上的叶鳞退掉之后便长成根状匍匐茎，茎长可达 5～15cm，茎粗达 2～6mm，偶见最粗茎粗高达 1.2cm 者。新生叶丛生于根状茎顶端，也见生于节部，此时原来的母株叶片老化脱落，形成各根状茎的分叉处。新生叶迅速生长，形成新的分株。新植株再长 2～4 根带小鳞片的新芽，再繁殖成顶端或节间长有新叶的匍匐茎，如此分株繁殖下去。

经观测，贵州省安顺市紫云县浪风关林场吉祥草分株小苗按照正常生长 1.5 年后，单株鲜重可达 35～80g，平均单株重量在 50g 左右。平均株高可达 40cm 左右，平均叶长约 50cm（表 4-1）。

表 4-1　吉祥草生长发育特性观察（$n=10$）

序号	鲜重/g	株高/cm	叶长/cm
1	47.58	36.4	53.8
2	66.72	38.3	48.0
3	47.83	39.6	47.4
4	80.04	43.7	52.9
5	36.22	37.7	47.9
6	40.02	42.3	52.1
7	38.01	42.0	46.5
8	40.98	41.3	52.6
9	34.71	37.8	45.3
10	70.23	44.8	54.7
平均值	50.23	40.39	50.12

注：定植时间：2008 年 3 月 2 日；观测时间：2009 年 9 月 30 日。

二、生态环境要求

吉祥草喜温暖、湿润环境，较耐寒，对土壤的要求不高，适应性强。生于阴湿山坡、山谷或密林下等背阴环境，海拔 170～3200m。对气候适应性很强，较喜阴，在温和湿润的气候环境条件下，多年生常绿，且喜在杂木或灌木林中混生。

吉祥草大都是在海拔 800m 左右或海拔 1500m 以下的地带生长良好。其属农业气候层划分中的暖温层（≥10℃的积温 3000～4000℃，一月平均气温 -1～6℃，7 月平均气温 18～25℃，极端最低气温 -2～-7℃）或凉亚热层（≥10℃积温 4000～5000℃）和中亚热层（≥10℃积温 5000～6000℃），尤以暖温层温凉多云雾，适宜发展吉祥草生产。经观测，我省吉祥草生长发育的主要要求是：

温湿度：吉祥草喜温暖、湿润环境，较耐寒耐阴，在较温暖地区可露地越冬，在寒冷地区的冬季需保护越冬。气温 20～25℃时生长良好，当气温≤10℃停止生长，气温≥30℃生长不良。空气相对湿度 80%。

光照：吉祥草长势强，在全日照处和浓阴处均可生长，但以半阴湿润处为佳。荫蔽度达 80%以上或光照强度在 1200lx 以下，吉祥草生长细弱，不能开花，表现出较严重的发育不良、较弱的生长势（叶片狭长、叶色淡绿、叶肉单薄）。曝晒于夏季太阳光下（光照强度在 70000lx 以上）的吉祥草，植株低矮，叶片焦黄枯萎，叶色褪绿，生长停滞，有的植株整株死亡。在自然的落叶阔叶林下的吉祥草（中午光照强度在 10000lx以下，即使早上及傍晚 30000lx 以上），植株健壮，生长优异，叶肉厚壮，叶色浓绿有光泽。

水：吉祥草喜肥水，肥水充足，生长最佳；肥水不足，生长不良；亦可水培，抗旱能力强。以年降水量为 800～2000mm，阴雨天较多，雨水较均匀，水热同季为宜。

土壤：吉祥草对土壤要求不严格，以排水良好肥沃土壤为宜。在含一定水分的沙质土、黏质土、砾质土、菜园土等质地的土壤中都能生长，以菜园土为优。

【资源分布与适宜区分析】

一、资源调查与分布

据《中国植物志》第 15 卷百合科（Liliaceae）吉祥草属（*Reineckia* Kunth）记载，仅吉祥草［*R.carnea*（Andr.）Kunth］一种。

经调查，吉祥草主产于我国长江流域以南各地区，主要分布于江苏、浙江、安徽、江西、湖南、湖北、河南、陕西（秦岭以南）、四川、云南、贵州、广西和广东。生于阴湿山坡、山谷或密林下，海拔 170～3200m。除药用外也常栽培供观赏。

二、贵州资源分布与适宜区分析

（一）资源分布

根据贵州吉祥草资源调查表明，吉祥草在贵州全省均有不同程度的分布，其中以黔中至黔南、黔东南最盛，黔西北相对较少，这与当地气候、海拔及土壤条件有关。例如，其主要分布在贵州安顺市的西秀、镇宁、普定、紫云、平坝、关岭；黔南州的贵定、独山、平塘、荔波；黔东南州的黎平、榕江、天柱、丹寨；贵阳市的修文、清镇；六盘水的六枝、水城等县（市、区）。目前，贵州的吉祥草主产区为安顺市、六盘水市、贵阳市、黔南州和黔东南州等地，如紫云、六枝、修文、镇宁等地有较大面积栽培。其中以安顺市紫云县栽培面积最大，年产吉祥草干品约 450t。

（二）适宜区分析

贵州省吉祥草最适宜区为黔中山原山地的安顺市紫云县、六盘水市六枝特区、贵阳市修文县等地，黔南州山原山地的龙里、贵定、长顺、独山、荔波等地，黔东南州低山丘陵的黎平、天柱、施秉、从江、榕江、台江、镇远、三穗等地，黔西南的兴义市、黔北的遵义市、黔东铜仁市的部分县及黔西北东部毕节市的黔西、织金、金沙等地也是吉祥草适宜区。

除上述吉祥草适宜区外，贵州省其他各县市（区）凡符合其生长习性与生态环境要求的区域均为其适宜区。

【生产基地合理选择与基地环境质量检（监）测评价】

一、生产基地合理选择与基地条件

按照吉祥草生产适宜区优化原则与其生长发育特性要求，选择其最适宜区或适宜区并具良好社会经济条件的地区建立规范化生产基地。例如，在贵州省安顺市紫云县松山镇城墙脚村浪风关林场选建的吉祥草规范化种植与 GAP 试验示范基地（以下简称"紫云吉祥草基地"），距紫云县城 5km，距惠兴高速紫云站出口 3km。海拔 1100～1400m，气候属于中亚热带季风湿润气候，年平均气温 14.4℃，极端最高气温 36.5℃，极端最低气温−7.6℃，≥10℃积温 3400～5000℃，年无霜期平均 260 天，年均降水量 1100mm，年均相对湿度 80%。

紫云吉祥草基地资源调查和引种栽培试验始于 2000 年，2005 年开始首次进行引种栽培。到 2010 年开始按国家 GAP 和吉祥草基地选择原则与依据的要求分别在紫云县、六枝特区、修文县等地进行示范推广种植，至 2013 年已建立规范化吉祥草种植基地 1509 亩（紫云县 1005 亩、六枝特区 218 亩、修文县 286 亩），其中试验示范基地 1005 亩、示范推广种植基地 504 亩、大棚试验基地 5 亩、种质资源圃 8 亩、原种圃 25 亩、良种繁育基地 200 亩。

紫云吉祥草基地属贵州百灵企业集团制药股份有限公司建设。当地党委政府对吉祥草规范化生产基地建设高度重视，交通、通信等社会经济条件良好，当地广大农民有种植吉祥草的传统习惯与积极性。该基地空气清新，水为山泉，远离城镇及公路干线，周围 10km 内无污染源（图 4-2）。

二、基地环境质量检（监）测与评价（略）

【种植关键技术研究与应用】

一、种质资源保护抚育

吉祥草生长于山沟阴凉处、林边、草坡及疏林下，尤以低山地区为多，混生于杂木或灌木林中，在草丛中一般为优势群体。由于近年来吉祥草药材需求量的剧增，野生资源破坏严重，并在吉祥草生长环境中，发现其叶片形态特征及集散程度、分株数多少、匍匐茎多少及长短、生长速度、耐寒性等方面有不同特点，主要表现为散垂型、直立型、宽叶型、窄叶型；分株（蔸）数有多有少；匍匐茎有多有少、有长有短；生长速度有快有慢等差别。在生产实践中，可经有目的地选择生长迅速、分株（蔸）数多、匍匐茎多而长等不同的吉祥草进行选育，以期培育出优质高产之新品种。我们应对吉祥草种质资源，特别是贵州黔中、黔南、黔东南等地难得的野生吉祥草种质资源切实加强保护与抚育，以求永续利用。

图 4-2　贵州省紫云县吉祥草规范化种植研究与 GAP 试验示范基地（2009 年）

二、良种繁育关键技术

吉祥草可采用种子繁殖，育苗移栽；也可采用分株繁殖育苗。经过试验研究，基地主要选择分株繁殖。下面重点介绍吉祥草分株繁殖育苗的有关问题。

1. 种苗来源、鉴定与保存

（1）种苗来源与鉴定：宜选 1.5 年以上的生长快、无病虫害、高产优质的吉祥草母株作种栽。吉祥草种栽主要在吉祥草规范化种植基地良种繁育圃采集（良种繁育圃的种栽来源于大田驯化而得的优良种源）。如紫云县吉祥草基地大田种植地、种质资源圃、良种繁育圃及野生采集的吉祥草，经贵州省中医药研究院中药研究所何顺志研究员鉴定，均为百合科植物吉祥草 *Reineckea carnea*（Andr.）Kunth。

（2）种栽保存：将野生采集的吉祥草于吉祥草种质资源圃内入圃异地保存，再进一步分株繁殖到良种繁育圃，为大田推广做好准备。

2. 苗圃选择

经在土层深厚、土质肥沃、疏松、湿润的林下种植吉祥草试验，基地宜采用林下郁闭度为 0.4～0.8 的林分进行吉祥草种苗培育。深秋或早春深挖 30cm 以上，充分整细耙平。苗床宽 1m，高 0.1～0.15m 起畦，畦长据地势确定。畦与畦之间留 0.3～0.4m 的排水沟。

3. 分株与育苗

选择拔取大小一致、生长健壮、根系发达、无病虫害的吉祥草植株作为种栽。用生物有机肥作底肥，用量为 120kg/亩。移栽时用小铁锄挖深 5～8cm 的小沟，按株行距 15cm×20cm 放入吉祥草种苗，一位一株，摆放时根系放直，且朝向一致，覆土压实，然后浇定根水。

4. 苗期管理

（1）补苗：定植 20 天左右，即移栽成活之后检查是否有死株缺株断垄，若有则应查明原因后采取相应的处理措施再在对应的位置补上一株吉祥草种苗。

（2）中耕除草：栽植后 20 天左右，即植株成活后，结合中耕去除杂草，为提高工作效率，中耕除草应与追肥相结合进行。平时注意清理育苗区内杂草。

（3）追肥：尿素，用量为 25kg/亩，分 4 次施入。前 3 次分别为定植成活后、第一年 7 月中旬开花前、第二年 2 月下旬新芽萌发前结合中耕除草分别取样地总用量的 1/4 在厢面距横沟苗 5～8cm 处开小沟，将肥料施入沟中，回土覆盖。最后一次于封行时取余下的肥料清水稀释为 2% 均匀施于叶面。

（4）灌溉：定植后，干旱时节，注意连续浇几次透水，以利植株返青出苗。之后的养护管理中，在天气干燥，超过 10 天不下雨时，要适时进行浇水，每次浇水要浇透，一般使土壤耕作层深 20cm 湿润为宜。浇水最好的时间是无风或微风的早晨，夏天或温度过高时，在上午 10:00 以前或下午 4:00 以后浇水，以免高温灼伤叶片，造成"烧苗"现象，影响植株生长。下雨及多雨季节应及时清沟排水，以防洪涝。平时注意清理试验区内杂草。进入冬季，应加强越冬管理。

5. 种苗标准制定

经试验研究，将吉祥草种苗分为三级种苗标准（试行），见表 4-2。

表 4-2　吉祥草种苗质量标准（试行）

项目	一级	二级	三级	外观性状
芽数/个	≥3	2～3	1～2	
芽长/mm	≥20	8～19	5～7	根茎色白或绿色，粗壮无病斑及破裂伤口，
芽直径/mm	≥5.5	4.5～5.5	3～4.5	去根的断面正常，鳞片红色或白色
单株重量/g	≥5.8	3.5～5.8	1.8～3.5	

注：本标准规定的苗芽数、芽长、直径、单株重量指标中，一级指标中一项或以上达不到，降为最低项达到的级别，依次类推。生产上严禁使用三级以下的种苗。

吉祥草幼苗培育 1.5 年后，当培育苗达到种苗质量标准时即可移栽定植（图 4-3）。

三、规范化种植关键技术

2005 年 9 月"苗药吉祥草野生变家种与规范化种植研究"成果由贵州省科学技术厅主持通过省级成果鉴定，与会专家组一致认为："苗药吉祥草野生变家种与规范化种植研究"项目符合我国中药现代化发展和贵州中药现代化的实际需要，研究与企业实际需求结合紧密，经济、社会和生态效益明显。在吉祥草野生变家种的研究基础上，吉祥草的规范化生产实践探索出了两种种植模式，即林-药模式和粮-药模式。林-药模式系利用乔木林作为吉祥草生产的天然遮阴措施，选择适宜郁闭度使吉祥草能正常生长的树林种植吉祥草的模式。此模式能有效利用土地资源，解决耕地少的问题。粮-药模式系在良田里种植吉祥草，同时在种植吉祥草的厢沟之间种植高秆作物以提供遮阴条件的种植模式。此模式有产量高、经济效益高的特点，是农民种植经济作物的首选。林-药模式与上述良种繁育技术中的育苗技术相同，故规范化种植以粮-药模式为重点介绍如下。

图 4-3 贵州紫云吉祥草基地的良种繁育圃（2010 年）

（一）选地整地

1. 选地

选择土质疏松、土层深厚、有机质含量丰富、土壤肥力水平倾斜度相对平行、排灌条件良好的砂质壤土。

2. 整地

翻耕深 25～30cm，按照畦宽 1m、高 0.1～0.15m 起厢，长以土块地势而定，厢与厢之间留 0.3～0.4m 的排水沟。然后用锄头使厢内肥料与床土混匀作基肥，要求做到清除残根、石瓦片及杂草等，犁耕深度基本一致，再耙匀耙平，使土壤疏松，并保证土壤中有充足的水分与空气。

（二）移栽定植

1. 重施底肥

吉祥草根系发达，充足的底肥主要为其速生期准备必需的土层肥力，是实现其高产稳产的基本条件。底肥以长效有机肥为主。经试验，基地采用公司运用腐熟药渣自主研发的生物有机肥作为底肥，能达到吉祥草高产稳产，既能使药渣变废为宝，又能一定程度上节省转运费，可谓一举多得。最佳底肥量为120kg/亩。

2. 定植要点

（1）种苗移栽：选择大小一致、生长健壮、根系发达、无病虫害、两年生以上的吉祥草作为种苗，并除去病株、老株进行栽种。

（2）移栽季节：吉祥草的移栽可选择春秋两季，即以2、3、4月与10、11、12月分别为春秋最适栽期。适时栽种可以使吉祥草各生育期对光、热、水的需要与气候条件相偶合。栽期不同，气候温度不一样，晚秋或早春气温低，发芽慢，但生育期延长，有利于根系的发育，有利于后期植株生长健壮。若春栽过晚，气温高，发芽快，但温差小，光照强，呼吸作用旺盛，干物质积累少，影响产量。

（3）起苗：由于吉祥草根系较发达，在起苗时，应选雨后土壤湿润时起土挖出，尽量少伤根系。栽植前，采用锋利的剪刀，适当修剪根部，叶留6～10cm长，并应及时出圃移栽定植。

（4）定植：采用沟栽定植，用锄头挖起小沟，沟深5～8cm，按株行距15cm×20cm放入吉祥草种苗，一位一株，摆放时根系放直，且朝向一致，覆土压实，然后浇定根水。

（5）密度：合理密植是保证吉祥草高产优质的重要途径之一。在 10cm×20cm、10cm×25cm、15cm×20cm、15cm×25cm、20cm×20cm、20cm×25cm 的密度梯度处理中，产量和品质最佳者的株行距为15cm×20cm。经密度放大试验再次表明，吉祥草合理定植密度的株行距为15cm×20cm，见表4-3。

表4-3　密度放大试验样地产量折合亩产量表（$\bar{x} \pm s$, $n=3$, 实际收获面积为500m²/亩）

密度	鲜重/kg	干重/kg	折干率/%	折合亩产量/(kg/亩)
15cm×10cm	82.7033±2.56	19.8167±0.45	23.96	2067.58
15cm×20cm	89.1767±2.28	22.2933±0.91	25.00	2229.42
15cm×30cm	79.3167±3.01	19.5933±0.56	24.70	1982.92

（三）套作与遮阴

吉祥草为喜阴植物，需遮阴才能保证正常生长。为了充分合理应用地力，发展立体农业，增加农民经济收入，可套种高秆作物或适宜的中药材。例如，在紫云吉祥草基地根据季节性设计了粮药套种遮阴模式（玉米-吉祥草、蚕豆-吉祥草，该套种模式已经申请获得国家专利，专利号为 ZL 200810306717.3）。即于 4 月在吉祥草的厢沟内栽种玉米，每穴播种 2～3 粒。11 月采收玉米后，又可点播蚕豆为其遮阴，株间距均为 60cm，每穴点播种子 2～4 粒。翌年 4 月采收蚕豆之后，又于厢沟内栽种玉米，如此循环反复套种为吉祥草提供遮阴。吉祥草亦可与中药材（如益母草等）及果树（如梨树等）或其他作物套种遮阴（图 4-4）。

图 4-4　吉祥草基地及其与果树、益母草套作（贵阳修文县基地 2013.6.）

（四）田间管理

1. 浇水补苗

在定植后的半个月内，尤遇干旱时更应及时浇水，抗旱保苗。在雨季尚应注意排水，以防积水过多，根系生长不良。定植成活后，须全面检查，发现死亡缺株的应及时补上同龄吉祥草苗，以保证全苗生产。

2. 中耕除草

通过中耕，翻土，改善土壤结构，增加肥力，同时拔除杂草可防止病虫害发生。为了提高工作效率，中耕除草应与追肥配合进行：第一年进行两次，第二年开春进行一次与追肥相结合的中耕除草，其余时间看见杂草疯长时，随时进行人工拔除杂草。

3. 合理灌溉

干旱时节，注意连续浇几次透水，以利植株返青出苗。之后的养护管理中，天气干燥，10天不下雨时，要适时进行浇水，每次浇水要浇透，一般使土壤耕作层深20cm湿润为宜。浇水最好的时间是无风或微风的早晨，夏天或温度过高时，在上午10:00以前和下午4:00以后浇水，以免高温灼伤叶片，造成"烧苗"现象，影响植株生长。下雨及多雨季节应及时清沟排水，以防洪涝。

（五）合理施肥

合理施肥方法：根据吉祥草生长发育与上述主要营养元素的相关性，可结合土壤肥力等进行合理施肥。

（1）基肥：同前述吉祥草须重施底肥一致，均用生物有机肥作底肥，用量为120kg/亩。

（2）追肥：经检测和试验，基地土壤肥力的磷、钾素已基本满足吉祥草生长中对磷、钾素的需求，可不施磷、钾肥。因此，追肥时选用尿素（氮肥）为追肥，粮药模式用量为20kg/亩，分4次施入：前3次分别为定植成活后、第一年7月中旬开花前、第二年2月下旬新芽萌发前结合中耕除草分别取样地总用量的1/4在厢面距横沟苗5～8cm处开小沟，将肥料施入沟中，回土覆盖。最后一次于封行前后取余下的肥料清水稀释为2%均匀施于叶面。林药模式尿素用量为25kg/亩，施肥时间和方法同粮药模式。

（六）主要病虫害防治

截至目前，在种植过程中观察发现，吉祥草病害主要为叶斑病［*Pseudomonas syringae* pv. lachrymans（Smith & Bryan）Young et al.］，害虫以小地老虎（*Agrotis ypsilon* Rottemberg）为常见，但均没有造成严重影响，病虫害的研究观察尚需进一步加强。

1. 叶斑病

病原为假单胞杆菌 *Pseudomonas syringae* pv. lachrymans（Smith & Bryan）Young et al.。叶斑病菌主要在植物病残组织和种子上越冬，成为下一代生长季的初侵染源。病菌多数靠气流、风雨，有时也靠昆虫传播。通常在生长季节不断侵染。叶斑病的流行要求雨量较大、降雨次数较多、温度适宜的气候条件，发病时间集中在8～11月。叶斑病为害叶片，病斑呈现水渍状或黄色晕纹，也有成棕色、黑色、灰色病斑。一般是老叶首先被感染，进而蔓延到整个植株。

防治方法：可采取轮作、抗病育种、加强田间管理、大田内挖沟切断菌源和土壤消毒等措施，以进行综合防治。发现病株则及时除去染病植株，并集中烧毁，防止病害蔓延。并对发病植株土壤进行大范围消毒处理，用50%多菌灵可湿性粉剂800～1000倍液喷雾，隔10～15天重复喷1次，连喷2次，防病效果显著。或每亩用75%百菌清可湿性粉剂800～1000倍液喷雾，隔14天喷1次，每季最多不超过3次。在使用过程中应注意使用的浓度和次数、使用方法、注意事项等。不要长期使用一种药物。对可能感染的农用器具应做好消毒处理。雨后及时排水。

2. 小地老虎

小地老虎又称黑土蚕、地蚕等，属鳞翅目，夜蛾科，学名：*Agrotis ypsilon* Rottemberg。贵州小地老虎每年发生 4～5 代，第一代幼虫 4～5 月为害药材幼苗。成虫白天潜伏于土缝、杂草丛或其他隐蔽处，晚上取食、交尾，具强烈的趋化性。幼虫共 6 龄，高龄幼虫 1 夜可咬断多株幼苗。灌区及低洼地、杂草丛生、耕作粗放的田块受害严重。田间杂草如小蓟、小旋花、黎、铁苋菜等幼苗上有大量卵和低龄幼虫，可随时转移为害药材幼苗。以幼虫为害，是苗圃中常见的地下害虫。幼虫在 3 龄以前昼夜活动，咬食地下根系，使植株倒伏死亡；3 龄以后分散活动，白天潜伏土表层，夜间出土为害咬断幼苗的根或咬食未出土的幼苗，常常将咬断的幼苗拖入穴中，使整株死亡，造成缺苗断垄。

防治方法：防治小地老虎应以第一代为重点，采用农业防治与化学防治相结合的防治措施。秋季、春季翻耕所选种植地，让土壤曝晒，可杀死大量幼虫和蛹。4～10 月，田间挂杀虫灯诱杀成虫。及时铲除田间杂草，消灭卵及低龄幼虫；高龄幼虫期每天早晨检查，发现新萎蔫的幼苗可扒开表土捕杀幼虫。药剂防治：每亩用 20% 的甲氰菊酯乳油 30mL 兑 30kg 水，配成 1000 倍液均匀喷雾整个吉祥草植株，可取得很好的防治效果。

（七）冬季管理

经观察发现，每年进入秋季，吉祥草老叶开始慢慢变黄老化，最终干枯脱落，但是整个过程并不明显，是一个缓慢变化的过程（图 4-5）。直至次年 4 月左右植株发出新芽时，老叶基本脱落完，先后发出的新叶才转入快速生长期。根据此发现，在多年的种植经验中采取在冬季来临老叶开始变黄时，采用锋利的刀具集中斩断吉祥草地上部分的办法，能使来年萌发的新芽数量增多，于生长期为 1 年的吉祥草大田中剪断老叶后来年母株的平均新分蔸达 28 蔸，而没有剪断老叶的母株在第二年新芽萌发时平均新分蔸约为 23 蔸。这可能是因为此操作既能减少吉祥草新陈代谢带来的营养流失，让更多的养分保存在根部，有利于来年有足够的养分供给新芽萌发，这是一条行之有效的增产途径。

另外，亦应适量施以农家肥为主的冬肥，并适当培土，以利吉祥草来年生长。还应注意适时清园，将园林中的枯枝落叶等清除，并除去林间地埂杂草，集中堆沤，以作堆肥并可有效减少来年病虫害的发生。

【药材合理采收、初加工与储运养护】

一、合理采收与批号制定

（一）合理采收

1. 采收时间

经实践表明，吉祥草的生长期需满 18 个月方可采收药用，其最适宜采收期因栽期不同而不一样。春栽吉祥草者，最适采收期为当年 8～12 月（表 4-4）；秋栽吉祥草者，最适采收期为翌年 4～10 月（表 4-5）。

图 4-5　老化的吉祥草叶片

表 4-4　紫云基地吉祥草春栽不同采收期对比试验结果（$\bar{x} \pm s$，$n=3$）

测产/检测时间	采时生产期	产量/(kg/亩)	浸出物/%	总皂苷/%
2010-8-15	6 个月	1185	26.73±1.56	1.30±0.08
2010-9-15	7 个月	1285	27.17±1.41	1.40±0.08
2010-10-15	8 个月	1300	29.97±1.51	1.50±0.08
2010-11-15	9 个月	1285	28.40±1.39	1.50±0.08
2010-12-15	10 个月	1335	26.73±1.22	1.47±0.05
2011-1-15	11 个月	1285	25.60±2.38	1.27±0.05
2011-2-15	12 个月	1435	23.77±1.84	1.47±0.09
2011-3-15	13 个月	1515	27.20±1.56	1.53±0.05
2011-4-15	14 个月	1550	28.43±1.76	1.50±0.08
2011-5-15	15 个月	1665	26.73±1.78	1.57±0.05
2011-6-15	16 个月	1750	25.83±1.99	1.63±0.05
2011-7-15	17 个月	1835	24.60±1.90	1.60±0.08
2011-8-15	18 个月	2000	25.50±1.84	1.83±0.12
2011-9-15	19 个月	2065	26.33±2.30	1.77±0.09
2011-10-15	20 个月	2235	32.50±1.69	2.00±0.08

续表

测产/检测时间	采时生产期	产量/(kg/亩)	浸出物/%	总皂苷/%
2011-11-15	21 个月	2265	29.27±1.77	2.03±0.12
2011-12-15	22 个月	2050	27.23±2.56	1.97±0.09
2012-1-15	23 个月	1900	26.37±1.62	1.90±0.08
2012-2-15	24 个月	1935	26.50±1.34	1.77±0.05
2012-3-15	25 个月	2050	27.20±1.20	1.77±0.05
2012-4-15	26 个月	2200	29.50±1.56	1.87±0.05
2012-5-15	27 个月	2300	27.93±1.59	1.93±0.05
2012-6-15	28 个月	2350	25.33±1.17	1.83±0.09
2012-7-15	29 个月	2385	24.10±1.31	1.77±0.09
2012-8-15	30 个月	2515	26.07±0.82	1.80±0.08

表 4-5　紫云基地吉祥草秋栽不同采收期对比试验结果（$\bar{x} \pm s$, $n=3$）

测产/检测时间	采时生产期	产量/(kg/亩)	浸出物/%	总皂苷/%
2011-4-15	6 个月	1200	27.77±1.55	1.27±0.05
2011-5-15	7 个月	1265	25.93±1.17	1.37±0.12
2011-6-15	8 个月	1365	25.43±1.41	1.43±0.05
2011-7-15	9 个月	1300	23.73±1.15	1.40±0.08
2011-8-15	10 个月	1450	25.40±1.36	1.37±0.12
2011-9-15	11 个月	1565	27.03±1.10	1.40±0.08
2011-10-15	12 个月	1735	27.83±1.10	1.37±0.05
2011-11-15	13 个月	1700	26.00±1.28	1.27±0.09
2011-12-15	14 个月	1665	25.57±1.20	1.33±0.05
2012-1-15	15 个月	1665	24.53±1.28	1.33±0.09
2012-2-15	16 个月	1715	24.70±0.78	1.40±0.08
2012-3-15	17 个月	1815	26.27±1.20	1.63±0.05
2012-4-15	18 个月	2015	28.67±1.30	1.80±0.08
2012-5-15	19 个月	2100	26.43±1.60	1.87±0.05
2012-6-15	20 个月	2265	24.70±0.86	1.90±0.08
2012-7-15	21 个月	2300	25.17±1.09	1.73±0.05
2012-8-15	22 个月	2285	26.23±0.85	1.77±0.05
2012-9-15	23 个月	2335	28.07±0.17	1.90±0.08
2012-10-15	24 个月	2335	30.33±1.15	2.07±0.12
2012-11-15	25 个月	2365	29.13±1.14	1.93±0.12
2012-12-15	26 个月	2300	28.23±1.35	1.97±0.05

续表

测产/检测时间	采时生产期	产量/(kg/亩)	浸出物/%	总皂苷/%
2013-1-15	27 个月	2215	26.83±1.08	1.83±0.05
2013-2-15	28 个月	2285	25.23±1.25	1.73±0.05
2013-3-15	29 个月	2350	27.77±0.58	1.80±0.08
2013-4-15	30 个月	2415	28.30±1.31	1.83±0.12

2. 采收方法

选晴天进行采挖，用锄头连根挖起，因为吉祥草根茎发达，应尽量挖深，取尽地下部分，避免浪费。采收后应及时运转并初加工处理。

（二）批号制定（略）

二、合理初加工与包装

（一）合理初加工

用干净的饮用水在洗药池内将吉祥草地下根洗净，然后就地沥干水分。置烘房或烤棚内烘干 18h（60℃ 2h，70℃ 14h，60℃ 2h）。取出，静置一天回润（表 4-6、图 4-6）。

表 4-6　不同干燥方法的家种吉祥草质量检测结果（$\bar{x} \pm s$, n=3）

序号	采样时间（月/日）	样品来源	干燥时间	性状	水分/%	总皂苷/%
1	5/27	紫云	15 天	须根卷缩。根茎细长，黄绿色。叶多皱，绿褐色。不易碎	11.53±0.46a（A）	1.77±0.12 a b c（A）
2	5/27	紫云	6 天	须根卷缩。根茎粗大，黄棕色。叶多皱，棕褐色。易碎	9.00±0.41b（B）	1.97±0.17 a（A）
3	5/27	紫云	24h	须根卷缩。根茎粗大，浅黄色，易折断。叶棕褐色，极易碎	9.83±0.69 b（AB）	1.60±0.08 bc（A）
4	5/27	紫云	18h	须根卷缩。根茎浅黄色，粗大，易折断。叶浅绿或褐色，易碎	9.60±0.67 b（AB）	1.93±0.21ab（A）
5	5/27	紫云	14h	须根卷缩。根茎粗大，表面焦褐色，横断面黄绿色、质硬，不易折断。叶焦褐色，质脆极易碎	10.07±0.54 b（AB）	1.53±0.08 c（A）

注：（1）表中有不同小写字母表示差异显著（p=0.05）；不同大写字母表示差异极显著（p=0.01）。（2）1 阴干 15 天；2 晒干 6 天；3 烘干 60℃ 24h；4 烘干 60℃ 2h，70℃ 14h，60℃ 2h；5 烘干 80℃ 14h。

（二）合理包装

将干燥吉祥草药材，按 20～60kg 装袋打包，用无毒无污染材料严密包装。在包装前应检查是否充分干燥、有无杂质及其他异物，所用包装应符合药用包装标准，并在每件包装上注明品名、规格（毛重、净重）产地、批号、执行标准、生产单位、包装日期及工号等，并应有质量合格的标志。

图 4-6　吉祥草药材（鲜品、干品）

三、合理储藏养护与运输

（一）合理储藏养护

吉祥草应储存于合格库内的阴凉通风处，与地面保持一定的距离，要保持常温（0～30℃）、干燥（相对湿度 45%～75%），商品安全水分 10%～12%。储藏前，还应严格进行入库质量检查，防止受潮或染霉品掺入；平时应保持环境干燥、整洁；在高温高湿季节，尤要注意定期或不定期检查，发现吸潮或初霉，应及时通风晾晒等处理与养护。

（二）合理运输

吉祥草药材在批量运输中，严禁与有毒货物混装。运输车厢不得有油污，不得受潮霉变。

【药材质量标准、质量检测与监控】

一、药材商品规格与质量检测

（一）药材商品规格

吉祥草药材以无杂质、霉变、虫蛀，身干，根茎粗大、无枯腐，色黄或黄绿，质坚实，叶片绿褐色或棕褐色，宽厚者为佳品。其药材商品规格为统货，现暂未分级。

统货：干货。根茎呈细长圆柱形，长短不等，粗大，直径 0.2～0.5cm，表面黄棕色或黄绿色，体轻、质坚硬。常有残留的膜质鳞叶和弯曲卷缩的须状根，根上密布白色毛状物。叶片绿褐色或棕褐色，宽厚，多皱纹，无明显缺、碎。无枯腐根、茎、叶，无杂质、虫蛀、霉变。

（二）药材质量检测

现行吉祥草法定标准收载于《贵州省中药材、民族药材质量标准》（2003年版正文151页，以下称原标准）。因标准制定年代的限制，原标准仅有性状、鉴别等项。为更好地控制产品质量，2008～2010年，基地研究了吉祥草中总皂苷的测定方法，作为指标成分的控制手段，同时，研究了吉祥草浸出物、水分、总灰分、酸不溶性灰分、重金属、农药残留等情况，制订了《吉祥草药材企业内控质量标准》。《吉祥草药材企业内控质量标准》与原标准相比，增加了"检查"（包括水分、总灰分、酸不溶性灰分）、"浸出物"及"含量测定"项。

1. 来源

本品为百合科植物吉祥草［*Reineckia carnea*（Andr.）Kunth］的干燥全草，全年均可采收，除去杂质，洗净，晒干。

2. 性状

本品根茎呈细长圆柱形，长短不等，直径0.2～0.5cm，表面黄棕色或黄绿色，节明显，节间缩短，有纵皱纹。节稍膨大，常有残留的膜质鳞叶和弯曲卷缩的须根。根上密布白色毛状物。叶簇生于茎顶或节处，叶片绿褐色或棕褐色，多皱纹，润湿展开后呈条状披针形，全缘，无柄，脉平行，中脉明显。气微，味苦。

3. 鉴别

（1）显微鉴别：本品叶片横切面上表皮细胞一列，类长方形。下表皮细胞类方形。叶肉组织等面形，薄壁细胞4～5列，排列较为松散，靠近中央一层细胞形状较大，呈长方形，长37～180μm，宽12～25μm，叶肉组织中草酸钙针晶偶见，常成束散在。中脉维管束为外韧型。

（2）薄层色谱鉴别：取本品粉末2g，加70%乙醇30mL，水浴上回流1.5h，滤过，滤液蒸干，残渣加水20mL微热使其溶解，移至锥形瓶中，再加盐酸8mL，置水浴中加热回流2.5h，放冷，滤过，滤液用氯仿分3次提取（30mL、20mL、10mL），合并氯仿液，蒸干，残渣加甲醇1mL使其溶解，作为供试品溶液。另取吉祥草对照药材粉末2g，同法制成对照药材溶液。照薄层色谱法（《中国药典》2000年版一部附录ⅥB）试验，吸取上述两种溶液各5μL，分别点于同一以羧甲基纤维素钠为黏合剂的硅胶G薄层板上，以氯仿-乙酸乙酯-甲酸（8：5：0.2）为展开剂，展开，取出，晾干，置紫外线灯（365nm）下检视。供试品色谱中，在与对照药材色谱相应的位置上，显相同颜色的荧光斑点。

4. 检查

（1）水分

照水分测定法（《中国药典》2010 年版一部附录 Ⅸ H 第一法）测定，水分应不超过 12.0%。

（2）灰分

总灰分：照灰分测定法（《中国药典》2010 年版一部附录 Ⅸ K）测定，总灰分含量应不超过 15.0%，

酸不溶性灰分：照灰分测定法（《中国药典》2010 年版一部附录 Ⅸ K）测定，酸不溶性灰分不超过 6.0%。

5. 浸出物

照水溶性浸出物测定法（《中国药典》2010 年版一部附录 Ⅹ A）项下的热浸法测定，浸出物不得少于 20.0%。

6. 含量测定

含量照紫外分光光度法（《中国药典》2010 年版一部附录 Ⅴ A）测定。

供试品溶液的制备：取吉祥草药材，粉碎，精密称取药材粉末 2g，用甲醇 100mL 回流提取 4h，提取液回收甲醇后加入蒸馏水溶解，过滤，并转移至 100mL 的容量瓶中加蒸馏水稀释至刻度，摇匀。准确吸取 10mL 置于分液漏斗中，用石油醚分 3 次萃取（15mL、10mL、10mL），弃去石油醚液，水液再用水饱和正丁醇分 3 次萃取（15mL、10mL、10mL），正丁醇萃取液用正丁醇饱和的水 20mL 洗涤，减压回收正丁醇至干，残渣用甲醇溶解并定容于 25mL 容量瓶中，作为供试品溶液。

对照品溶液的制备：精密称取薯蓣皂苷元对照品 5mg，置于 50mL 容量瓶中，加甲醇溶解并定容至刻度，摇匀，作为对照品溶液。

测定法：分别精密吸取对照品溶液、供试品溶液 1mL 置于 10mL 具塞试管中，挥干甲醇，再分别加入 5% 的香草醛冰醋酸溶液 0.2mL 和高氯酸 0.8mL，摇匀，密塞，60℃ 水浴显色 20min，取出后立即用冰水冷却 5min，转移至 5mL 容量瓶中，加冰醋酸稀释至刻度，摇匀，静置 10min，按照分光光度法在 457nm 波长处测定吸收，用标准曲线法计算含量。

本品含总皂苷以薯蓣皂苷元（$C_{27}H_{42}O_3$）计，不得少于 1.0%。

二、药材质量标准提升研究与企业内控质量标准制定（略）

三、药材留样观察与质量监控（略）

【药材生产发展现状与市场前景展望】

一、生产发展现状与主要存在问题

吉祥草为贵州特色民族药材之一。贵州省吉祥草家种研究始于 20 世纪 90 年代，

2005 年开始首次进行较大面积地引种栽培与规范化基地建设。其发展非常迅速，取得了较为理想的成果。吉祥草规范化种植与 GAP 基地建设由贵州百灵企业集团制药股份有限公司牵头，系国家发展和改革委员会办公厅、国家中医药管理局办公室审批的 2010 年现代中药高科技产业发展专题项目 [贵州百灵企业集团制药股份有限公司咳速停糖浆（胶囊）主要原料药材吉祥草产业化示范基地，项目编号：发改办高技〔2011〕51 号]。公司以"野生保护抚育种植""集约化栽培与育苗""政府引导+公司（技术中心）+基地+合作社（种植大户）+农户"的生产运营模式，成立了 GAP 专家指导组，在贵州省安顺市紫云县等地开展贵州吉祥草规范化种植研究与试验示范，并在六枝、修文等地进行了吉祥草栽培。

　　贵州省吉祥草生产虽已取得较好成绩，但其规范化标准化尚需深入研究与实践，特别在有效成分含量研究中提高质量标准与综合开发利用等方面还需深入研究。经研究得出吉祥草最佳采收期为 1.5 年一收，经济效益不能尽快实现。所以有的农民生产积极性受到一定影响，更需政府及有关企业进一步加强引导与加大投入力度。

二、市场需求与前景展望

　　现代研究表明，吉祥草全株含铃兰苦苷元（convallamarogenin）、异万年青皂苷元（isorhodeasapogenin）、异吉祥草皂苷元（isoreineckiagenin）、吉祥草皂苷元（reineckiagenin）、异卡尔嫩皂苷元（isoreineckiagenin）、薯蓣皂苷元（diosgenin）、奇梯皂苷元（kitigenin）、五羟螺皂苷元（pentologenin）、β-谷甾醇（β-sitosterol）及 β-谷甾醇葡萄糖苷（β-sitosterylglucoside）等有效成分，具有润肺止咳、祛风、接骨等功效，用于治疗肺结核、咳嗽咯血、慢性支气管炎、哮喘、风湿性关节炎、外用治跌打损伤、骨折等。吉祥草为贵州百灵企业集团制药股份有限公司的著名苗药制剂"咳速停"糖浆（胶囊）的主要原料，仅 2013 年其年需求量即达 800 余吨，2014 年需求量达 1000 余吨，而且逐年以 25%左右的幅度递增。此外，全国其他一些药业如贵州万才药业公司的"复方吉祥草含片""宜肝乐颗粒"，贵州和仁堂药业公司的"咳清胶囊"，贵州君之堂制药公司的"肝复颗粒"、贵州金桥药业公司的"六味伤复宁酊"，以及江西九华药业公司的"腰疼丸"等都是以吉祥草为主要原料的产品。据不完全统计，2014 年全国范围内吉祥草药材的需求量达 2000 余吨。贵州省以安顺市紫云县吉祥草种植基地为核心基地的吉祥草药材生产基地的年产值约为 680t。这些情况表明，吉祥草的确是功能确实、疗效显著、有产区群众基础的特色药材，有较大的市场空间和很好的开发前景，在贵州中药民族药产业中有着重要地位。根据生产示范基地测产，按规范化技术要求示范推广吉祥草规范化种植基地粮药模式平均每亩产药材 500kg（18 个月采收），收购价 7 元/kg，药材收入 3500 元/亩，加上套种作物（玉米及蚕豆）每亩产 800 元，合计 4300 元/亩，平均每年为 2866 元/亩，与传统种植作物玉米比较，总计平均每年每亩增加产值 1786 元；林药、果药模式平均每亩产药材 375kg（18 个月采收），收购价 7 元/kg，平均每年增加产值达 1750 元/亩。直接带动农户 200 多户，与传统种植比较，户均增加产值达 7778 元以上，农户增收效益显著，推进了贵州退耕还林还草、治理生态环境、农村产业结构调整和解决"三农"问题等工作。资源调查情况显示，吉祥草在贵州喀斯特地貌生长已形成优势种群，长势较好。在施工空地，形成先锋植物。毋庸置疑，种植吉祥草对于形成吉祥草中药产业链、促进贵州中药产业现代化乃至促进贵州经济发展，都具有明显的经济效益、社会效益和生态效益。

主要参考文献

董谨双，罗正潘，王时岳. 2002. 观音草栽培技术要点[J]. 温州农业科技，（1）：35-36.

韩学俭. 2007. 吉祥草的栽培及药用[J]. 四川农业科技，（4）：45.

邱德文，杜江. 2008. 贵州十大苗药研究[M]. 贵阳：中医古籍出版社：509-550.

王艺纯，张春玲，黄婷. 2010. 观音草的化学成分研究[J]. 中国药物化学杂志，20（2）：119-124.

巫小宏，陈道军，宁培洋，等. 2009. 吉祥草病虫害及防治技术[J]. 中国现代药物应用，3（17）：203.

徐宏，杜江. 2006. 苗药观音草在民间的使用及开发应用情况[J]. 中国民族医药杂志，（5）：34.

张元，杜江，邱德文. 2003. 苗药吉祥草的研究概况[J]. 贵阳中医学院学报，（3）：205.

张元，杜江，许建阳. 2006. 吉祥草总皂苷溶血、止咳、化痰、抗炎作用的研究[J]. 武警医学，17（4）：282-284.

张重权. 2007. 云南、贵州吉祥草化学成分研究[D]. 昆明：中国科学院昆明植物研究所.

赵福云. 1996. 吉祥草的栽培管理技术[J]. 江西中医学院学报，（9）：35.

（陈道军　夏　文　袁　双　安斯扬）

<h1 style="text-align:center">5　灯盏细辛（灯盏花）</h1>

Dengzhanxixin

ERIGERONTIS HERBA

【概述】

灯盏细辛原植物为菊科植物短葶飞蓬 *Erigeron breviscapus*（Vant.）Hand-Mazz.。药用部位为干燥全草。别名：灯盏花、灯盏菊、地顶草、地朝阳、双葵花、野菠菜、踏地莲花菜、细药、东菊等。灯盏细辛被《中国药典》收载。《中国药典》（2015 年版）称：灯盏细辛味辛、微苦，性温。归心、肝经。具有活血通络止痛、祛风散寒功能。用于治疗中风偏瘫、胸痹心痛、风湿痹痛、头痛、牙痛。灯盏细辛又是常用苗药，苗药名："Reib gieet weab"（近似汉译音："锐改外"），性热，味辛、微苦，入冷经药。具散寒解表、祛风除湿、活络止痛功能，主治感冒、鼻窍不通、头痛、目眩、胁痛、中风瘫痪、胸痹、风湿痹痛、筋骨疼痛、消炎止痛、胃痛、腹泻、牙痛、小儿疳积、小儿营养不良、水肿、跌仆损伤、骨髓炎等。本品也可外用，如以鲜品捣烂贴敷治疗骨髓炎，或加红糖，敷痛处治疗牙痛等。

灯盏细辛药用历史悠久，以"灯盏花"之名，始载于明代兰茂著《滇南本草》（1436～1449 年）："灯盏花，一名灯盏菊，细辛草。味苦、辛，性温。小儿脓耳，捣汁滴入耳内。左瘫右痪，风湿疼痛，水煎，点水酒服。"又云："灯盏花，治手生疗、手足生管，扯灯盏花一百朵。摘背角地不容，用瓦钟，用石杵捣烂，加砂糖少许，入花捣烂。敷口，二三次即愈。"从上可见，灯盏细辛在我国西南地区及苗族等民族民间已广为应用。例如，今之

《云南中草药选》亦载：灯盏细辛具"散寒解表，止痛，舒筋活血"功能，主治"牙痛，急性胃炎，高热，跌打损伤，风湿痛，胸痛，疟疾，小儿麻痹后遗症，脑炎后遗症之瘫痪，血吸虫病。"《贵州中药资源》载：灯盏细辛"全株入药，能散寒解毒，止痛，舒筋活血，消积。治风寒头痛鼻塞，风湿痹痛，瘫痪，急性胃炎，小儿疳积，跌打损伤。"《广西药植名录》载：灯盏细辛"治小儿头疮。"《昆明民间常用草药》载：以"灯盏细辛，捣烂外敷，治疗毒，疖疮。"特别值得重视的是，兰茂早已指出灯盏细辛可治"左瘫右痪"，这与苗医以灯盏细辛煎服或研末调鸡蛋蒸服用，作为治疗中风药用相一致，更可见灯盏细辛用于治疗脑血管意外引起的瘫痪、小儿麻痹症、脑炎后遗症等历史悠久。清代费伯雄《医醇剩义·火》亦称，灯盏细辛善治"外因之病，风为最多。"从上可见，早在明代《滇南本草》记述及苗族等民族民间治疗"左瘫右痪"等疾病，为现代研究灯盏细辛治疗高血压、糖尿病、冠心病、脑出血、脑栓塞、缺血性中风、中风瘫痪，以及肾病、颈性眩晕等疾病奠定了坚实基础。总之，灯盏细辛是我国苗族等民族民间常用的极其宝贵药材，是贵州著名特色药材。

【形态特征】

灯盏细辛（短葶飞蓬）为多年生草本，全株密被柔毛。主根短缩；须根多数，线状，稍肉质。根状茎，粗厚或扭成块状，斜升或横走；分枝或不分枝，具纤维状根，颈部常被残叶的基部。茎纤细，茎数个或单生，多单一，高5～50cm，直立，或基部略弯，绿色或稀紫色，具有明显条纹，不分枝，或有少数（2～4）分枝，被疏或较密的短硬毛，杂有短贴毛和头状具柄腺毛，上部毛较密；下部具纵棱，上部无棱。叶主要集中于基部，基部叶密集，基生叶有短柄，形成莲座状，花期生存，倒卵状披针形或宽匙形，长1.5～11cm，宽0.5～2.5cm，全缘，顶端钝或圆形，先端短尖，具小尖头基部渐狭或急狭成具翅的柄，具3脉，带红色，两面被密或疏毛，边缘被较密的短硬毛，杂有不明显腺毛，极少近无毛；茎生叶，互生，形同基生叶唯较基生叶小，茎叶少数，2～4个，少有无，无柄，狭长圆状披针形，或狭披针形，长1～4cm，宽0.5～1cm，顶端钝或稍尖，基部半抱茎，两面均被白色短毛，上部叶渐小，线形。头状花序，单生枝顶，或近顶腋生，通常单生于茎或分枝的顶端，直径2～2.8cm，异形；总苞半球形或总苞杯状，长0.5～0.8cm，宽1～1.5cm；总苞片3层，线状披针形，长约8mm，宽约1mm，先端尖，长于花盘或与花盘等长，绿色，或上顶紫红色，外层较短，背面被密或疏短白色硬毛，杂有较密的短贴毛和头状具柄腺毛，内层具狭膜质的边缘，近无毛。外围的雌花舌状，3层，长10～20mm，宽0.8～1mm，舌片开展，蓝色至紫蓝色或粉紫色，2～3层，略反卷，舌状花阔线形，长约2cm，宽约1cm，先端浅3齿裂，基部渐狭成细管状，管长2～2.5mm，上部被短疏毛，顶端全缘；雌蕊1，子房下位，扁圆形，长约2cm，密被平贴粗毛，花柱单一，长约为花冠的1/3，柱头2裂；中央花，黄色，两性，管状，长3.5～4mm，先端5裂，裂片卵状三角形，管部长约1.5mm，檐部窄漏斗形，中部被疏微毛，裂片无毛；雄蕊5，较花冠短，花药合生，花药伸出花冠；花丝丝状，长约为花冠之半；子房下位，形同雌花，花柱较雄蕊稍短，柱头2裂，裂片箭头状。瘦果扁平，狭长圆形，长约2mm，背面常具1肋，有冠毛白色或淡褐色，2 层，刚毛状，外层极短，内层长约 4mm。其边缘花冠除紫色外，还有黄色、蓝色、粉白色。花期 3～10 月。

灯盏细辛（短葶飞蓬）为菊科飞蓬属植物，其与多舌飞蓬 *Erigeron multiradiatus* （Lindl.）Benth.、密叶飞蓬 *Erigeron multifolius* Hand.-Mazz.等同属植物极相似，见图 5-1。

（1-4. 多舌飞蓬：1. 植株，2. 舌状花，3. 管状花，4. 冠毛1根；5-7. 密叶飞蓬：5. 植株，
6. 舌状花，7. 管状花；8-10. 短葶飞蓬：8植株，9. 舌状花，10. 管状花）

图 5-1　灯盏细辛（短葶飞蓬）植物形态图

（墨线图引自中国科学院《中国植物志》编委会，《中国植物志》，74 卷，科学出版社，1996）

【生物学特性】

一、生长发育习性

灯盏细辛属喜光植物，植株无明显冬季休眠现象，即使在冬季偶尔出现短暂的零摄氏度以下的低温，对其植株生长也无多大影响。灯盏细辛种子很小，发芽率低，种子萌发和幼苗生长均需水分充足，而成苗后却具有较强的耐旱和抗旱能力，对恶劣环境有较强适应性。当种苗 6～8 叶时可移栽。灯盏细辛从播种一直到成苗与种子成熟的全生育期为 150 天左右。

二、生态环境要求

灯盏细辛喜向阳坡地，生于海拔 1200～3500m 的山地，尤多生长在中山和亚高山开阔的山坡、疏林下，或在草地、林缘处，具有较为广泛的生态适应性。灯盏细辛植株在 6～25℃的温度下可保持正常生长，而种子出苗的适宜温度为 15～25℃。在幼苗期，水分状况对幼苗生长有较强的调节作用。同时，灯盏细辛较耐高温，夏季高温高热（甚至高达38℃），灯盏细辛的叶也不被日光灼伤。其光合作用在晴天为"双峰"曲线，具明显的"午睡"现象。灯盏细辛在强光下的光抑制现象与空气湿度低、气温高、植物失水有密切关系。因此，灯盏细辛的最适生长环境是光照充足、气温不高、空气湿度大的山坡草地等生态环境。灯盏细辛商品，过去主要来自野生，曾是云贵高原一些地区草地的主要构成物种之一。但灯盏细辛研发为抗高血压、治中风偏瘫、冠心病等防治心脑血管疾病药物以来，其野生资源日趋匮乏，甚至濒临枯竭。幸灯盏细辛野生变家种已获成功，已逐渐解决其供求矛盾。

【资源分布与适宜区分析】

一、资源调查与分布

经文献调查，菊科飞蓬属植物全世界有 300 种以上，主要分布在欧洲、亚洲及北美洲，少数也分布于非洲和大洋洲。我国有飞蓬属植物 35 种，主要分布在西南部山区和新疆等地。飞蓬属植物又分飞蓬亚属 Subgen.Erigeron 及三型花亚属 Subgen.Trimorpha（Cass.）M.Pop.。飞蓬亚属短莛飞蓬主要分布在云南、贵州、四川、重庆、西藏、广西、湖南等省（自治区、直辖市）海拔 1200～3500m 的中山、亚高山开阔山坡、草地和疏林、林缘等向阳处。

据文献《中国药材产地生态适宜性区划》（2011 年）记载，选择云南省泸西县旧城镇、中枢镇、白水镇，弥勒市西一镇，丘北县新店乡，开远市大庄乡，大理市下关镇，贵州省安龙县德卧镇，兴义市七舍镇，重庆市南川区大有镇，四川省会东县野租乡，湖南省通道县独坡乡，广西壮族自治区隆林县金钟山乡共 6 省（自治区、直辖市）11 个县（市、区）13 个乡镇的 106 个样点，根据 GIS 空间分析法得到灯盏细辛（短莛飞蓬）最适宜区域的主要生态因子范围为：≥10℃积温 2253.6～6694.2℃；年平均气温 16.9～24.1℃；1 月平均气温 2.3～9.9℃，1 月最低气温–4.9℃；7 月平均气温 14.8～27.1℃，7 月最高气温 32.0℃；年平均相对湿度 68.7%～82.4%；年平均日照时数 1134～2576h；年平均降水量 1056～1406mm；土壤类型以红壤、黄壤、石灰（岩）土、紫色土等为主。经分析，短莛飞蓬生态相似度为 95%～100% 的区域有云南、贵州、四川、重庆等省市，其中以云南、贵州的生态相似区域面积为最大（分别为 183095.0km^2、145200.6km^2）。故符合上述生态环境、自然条件，又具发展药材社会经济条件，并有灯盏细辛等药材种植与加工经验的区域，如我国西南的云南、贵州、四川、重庆等地为灯盏细辛生产最适宜区或适宜区。

二、贵州资源分布与适宜区分析

经调查，灯盏细辛资源在贵州分布较为广泛，其主要分布于黔西、黔西北、黔北、黔南、黔西南及黔中等地域，如贵州六盘水市的水城、钟山及盘州等，毕节市的威宁、赫章、大方等，遵义市的播州、桐梓等，黔南州的罗甸、平塘等，黔西南州的安龙、望谟等，黔中的安顺、贵阳，以及梵净山、雷公山等中高山、湿度高的开阔向阳坡地、疏林、林缘及草地等为最适宜区。

除上述生产最适宜区外，贵州省其他各县（市）区凡符合灯盏细辛生长习性与生态环境要求的区域均为其生产适宜区。

【生产基地合理选择与基地环境质量检（监）测评价】

一、生产基地合理选择与基地条件

按照灯盏细辛生产适宜区优化原则与其生长发育特性要求，选择其最适宜区或适宜区并具良好社会经济条件的地区建立规范化生产基地。例如，贵州百灵企业集团制药股份有限公司（以下简称"百灵制药"）已在六盘水市水城县南开乡、钟山区汪家寨镇等地，选建灯盏细辛规范化种植与 GAP 基地，见图 5-2。六盘水市位于贵州省西部，与云南省接壤，地处乌江和北盘江的分水岭地带，东邻六枝特区和纳雍县，西接威宁县和云南省宣威市，南抵盘州市和普安县，北与赫章县毗邻，素有贵州"高原明珠"、祖国"西南煤海"之称。由于六盘水市地处云贵高原向黔中山原过渡的梯级状的大斜坡地带，山高、坡陡、谷深，地貌以山地为主，境内地势呈梯级起伏，西北高，东南低，最高海拔 2861m，最低海拔 635m，一般多为 1400～1900m。其属亚热带湿润季风气候，雨量充沛，气候温和，冬无严寒，夏无酷暑，雨热同季，春秋相连，年日照 1300～1500h，年平均气温 12.4℃，年平均降水量 1100mm，无霜期 250 天左右。夏季凉爽、舒适、滋润、清新、紫外线辐射适中，年平均日照时数 1430.7h，属贵州省日照较多地区之一。土壤类型为黄壤、黄棕壤、山地灌丛草甸土、石灰土、紫色土、水稻土、沼泽土等，多微酸性，土层深厚，肥沃疏松。植被种类繁多，展布错杂，地理区域分异明显，地带性植被为中亚热带常绿阔叶林，东部植被为湿润性中亚热带常绿阔叶林，西部植被为中亚热带半湿润阔叶林。但其境内原生植被破坏严重，现存植被多为次生植被。中药资源丰富，有天麻、黄连、何首乌等 390 多种，还有极高经济价值的纤维、淀粉植物，食用、药用真菌等。当地党委政府对灯盏细辛规范化种植与 GAP 基地建设高度重视，基地远离城镇，周围无污染源，交通便利，当地农户有种植药材的经验和积极性。

二、生产基地环境质量检（监）测与评价（略）

【种植关键技术与推广应用】

一、种质资源保护抚育

20 世纪 80 年代以来，我国对灯盏细辛种质资源进行了调查，有的地区对灯盏细辛经

图 5-2　贵州六盘水市灯盏细辛规范化种植 GAP 示范基地

过长期的人工栽培和选育，各地都研究产生过优质高产的品种和类型。例如，云南泸西、丘北、个旧等人工种植基地的灯盏细辛种质资源，系通过采集当地野生灯盏细辛为种源，按形态等性状特征和产量、质量（以指标成分灯盏花素含量为标准），经种植培育筛选而得的灯盏细辛变异类型作为家种种源进行种植，并达其种质资源的保护抚育与利用，见表 5-1。贵州省也在六盘水市灯盏细辛规范化种植基地，采用当地野生灯盏细辛及不同产地的种质资源，同上法切实加强贵州野生灯盏细辛的种质资源优选与保护抚育，并进一步大力开展灯盏细辛人工种植及优良种源研究，以求其种质资源的保护抚育与永续利用。

表 5-1　灯盏细辛不同种源的产量与灯盏花素含量对比表

种源	产量/(kg/hm²)			灯盏花素含量/%	含灯盏花素量/(kg/hm²)
	塑料大棚	露地	平均		
云南泸西（QS-1）	4237.50	2433.60	3335.55	2.70	90.06
云南丘北（QS-3）	3862.50	1991.10	2926.80	2.46	72.00
云南个旧（QS-6）	3225.00	2212.33	2718.68	2.51	68.24

注：（1）本表引自么厉，程惠珍，杨智主编. 中药材种植（养殖）技术指南. 北京：中国农业出版社，2006：783；（2）天气干旱等因素会影响灯盏细辛药材产量，塑料大棚内种植的产量比露地种植增加 68.57%。

二、良种繁育关键技术

灯盏细辛多采用有性繁殖，也可组织培养无性繁殖。由于其种子繁殖遗传性较为稳定，繁殖系数高，能有效解决生产中种苗的需求，并能确保优质丰产，故目前生产上多采用种子繁殖，下面予以重点介绍。

（一）种子采收与处理储存

1. 合理采收

灯盏细辛为异花授粉植物，为了防止不同类型灯盏细辛间的串粉杂交，应选择优良种源并专建其种源基地（或采种圃），并做好隔离确保其种的相对一致性和纯化性。灯盏细辛种子的成熟度不一致，在灯盏细辛瘦果成熟时，即当其果序呈毛茸状半球形时，应注意及时分期采收。灯盏细辛种子见图 5-3。

图 5-3　灯盏细辛种子（2014.5）

2. 处理储存

灯盏细辛种子很小，种子采收后应小心去除种毛，注意剔出其他杂质，并装于透气棉布袋在阳光下曝晒 1~2 天，使其含水量在 12%以下。

经处理后并经检测合格的灯盏细辛种子，可立即用于播种育苗，也可将干燥灯盏细辛种子盛于透气棉布袋内，在低温（0~5℃）下储存备用。

实践表明，以灯盏细辛新采收的种子直接处理播种育苗，其发芽快，发芽率高，长出的苗均匀、健壮，利于管理。而用低温储存备用的隔年陈种子育苗发芽率极低，不利生产。且因灯盏细辛种子的成熟度不一致，繁殖前还应作发芽率试验，其发芽率达 50%以上方可作种用。

（二）播种时间与播种方法

灯盏细辛种子繁殖的播种，可春播、夏播和秋播。春播于 2 月下旬至 3 月上旬播种，种子播后 10~20 天发芽；夏播在 5~6 月雨季进行；秋播在 8~9 月进行。一般情况下，春播可能因干旱而致出苗不齐，而夏播、秋播出苗则较为整齐。

灯盏细辛种子繁殖的播种方法，可采用大棚苗床育苗，其播种方式为撒播、条播或穴播，但以条播为宜（条播播幅 5~10cm，深 1~2cm，行距 10cm）；也可采用漂浮育苗，即穴盘营养液水培育苗，漂浮育苗是灯盏细辛生产育苗方式上的一次革新。下面对大棚苗床育苗与漂浮育苗分别予以介绍。

（三）大棚苗床育苗

1. 大棚选建与苗床准备

（1）大棚选建：灯盏细辛发芽率低，育苗过程需切实加强水肥管理，现多在塑料大棚内进行苗床播种育苗。其大棚应选建于土壤深厚、肥沃疏松、水源方便、水质优良、排水良好，又避风向阳、交通便利之地。前茬作物是蔬菜地或种过菊科植物的地，均不能作苗床。其规模大小，按灯盏细辛种植生产用种需要而依法建立。

（2）苗床准备：将经选择供建大棚内的土地，彻底清除田间杂草及病株残体后深翻，并用秸秆、松毛等燃烧坑土，或以适宜药剂（如用 55%敌克松加 50%多菌灵各 1kg/亩，拌细土 750～900g 处理土壤，若土壤偏酸尚可用适量生石灰处理）有效杀菌、消毒、杀虫后，再耙平、整细、起垄、做畦，畦宽 1～1.2m，开沟，沟宽 40cm，沟深 20cm，并施入腐熟农家肥（1500/亩）、钙肥（30/亩）、磷肥（10/亩）、尿素（5/亩）作基肥。要求苗床为高畦、土细、畦平、低沟、沟直，表土要细，最大块径不超过 3cm。并要求基肥与畦面细土混合均匀，以利育苗。

2. 播种育苗与育苗管理

（1）播种育苗：选用无病健壮的灯盏细辛优良种子，用温水（30～35℃）浸泡 48h，或用 1000 倍液浸泡，再将用细纱布滤水后的种子与细沙均匀混合，然后在经阳光曝晒 3～4h 的畦上，按照畦面每平方米播入种子 1g 的标准均匀撒播（为达撒播均匀目的，撒播时可分 3 次播撒），再用细腐殖土覆盖 0.6cm 左右，最后以稻草或松毛均匀覆盖，再经适量均匀喷水即可。或每亩称种子 1kg 拌 0.08m³ 细土，用福美双 1000 倍液拌湿（手捏成团，撒开散落）。放在阴凉处 12h 处理后播种。亦可用 0.1%高锰酸钾溶液浸种处理 10～15min 后播种。

（2）苗期观察：在灯盏细辛苗床播种繁育过程中，经实践与观察表明，若管理精细，灯盏细辛种子在大棚育苗圃的发芽率可达 40%～50%，出苗率可达 30%～40%。其种子于播种后 9～13 天开始出苗；15～20 天为出苗盛期；30～35 天为出苗终期。其幼苗在 1～3 叶期生长缓慢；3 叶期基部开始出现分枝；4～6 叶期生长迅速；7～8 叶期生长再度缓慢并进入成苗期。从播种到成苗的苗床生育期共为 86～100 天，见表 5-2。

表 5-2　灯盏细辛大棚苗床育苗的种子萌发出苗到成苗的生育期观察表

观察植株编号	发芽所需时间/天	出苗盛期/天	出苗终期/天	成苗期所需时间/天
1	9	18	30	86
2	10	20	32	98
3	12	20	31	89
4	9	19	32	97
5	13	20	34	100
6	11	20	33	88
7	12	15	32	98
8	13	17	33	99
9	9	20	35	100
10	11	19	34	100
平均值	10.9	18.8	32.6	95.5

注：（1）本表系 2014 年 3 月至 2014 年 10 月于贵州水城县南开乡灯盏细辛育苗基地大棚苗床种子播种繁育的观察结果；
（2）大棚温度、湿度分别控制为 20℃、70%左右。

（3）育苗管理：在整个灯盏细辛育苗期内，应特别注意棚内的温湿度管理，适时人工除草，保持合理密度，合理排灌，严防干旱、水涝和病虫害。具体管理与注意事项如下：

①覆盖物管理：灯盏细辛育苗地用的覆盖物，应根据所用材料待出苗后先厚后薄，渐渐揭除。注意：待到3~4真叶时，方予揭完。

②水分管理：在播种前，苗床底水要充足，出苗期间要保持其持水量为80%左右，但又要疏松透气，因此要勤浇轻浇，切忌渍水。注意：生根后期要控水壮根，适时间隔适量浇水，尤在3叶期后，要逐渐控水壮根，间隔供水，一般不旱不浇。成苗期其吸收机能增强，要避免水分过多，否则易引起茎叶徒长。

③苗床施肥：苗床肥料以施足底肥为主，追肥通常在3~5真叶时进行。追肥2~3次，提苗助长。追肥可用腐熟猪粪水，但须先淡后浓喷施，亦可用适量复合化肥。注意：追肥后，应用清水冲淋。成苗期，视苗情亦可酌量施肥。

④间苗除草：间苗是培育壮苗的重要措施，要以早间、勤间、均匀留苗为原则，并结合除草进行间苗。注意：当其出2片真叶时，去除过密苗，苗距2~3cm为宜；3片真叶时，除去过大或过小苗、病苗或弱苗，并结合间苗小心除去杂草（每次间苗的同时拔除杂草，并避免有损幼苗根系）；4片真叶时，定苗或假植，保留大小适中无病虫害壮苗，并应结合浇水进行间苗、定苗或假植。

⑤病虫害防治：以预防为主，综合防治为主。一般情况下，在认真做好育苗前的种子、土壤等消毒处理后，基本可预防或不致有病虫害的发生。注意：如果育苗过程中出现病虫害株，就应及时清除与合理处理，同时对其他未受病虫害的苗株喷施适宜适量防治药剂或以有效物理法防治。例如，飞翔类蚜虫等为害，可以通过设置防虫网、光诱与色诱相结合的阻隔-电击杀法防治。蛞蝓、线虫等为害，可采用土壤电消毒法防治等。

⑥炼苗：当灯盏细辛苗达到成苗标准时，应将大棚膜揭开，在棚两侧昼夜通风。注意：炼苗的程度以灯盏细辛苗中午发生萎蔫，早晚能恢复为度。炼苗时间一般以7~10天为宜。

百灵制药六盘水市灯盏细辛种子繁殖大棚苗床育苗基地，见图5-4。

（四）大棚漂浮育苗

漂浮育苗又叫漂浮种植、浮动园艺（floating garden）。漂浮育苗是一项新的育苗方法，是一种无土育苗技术。它是在温室、塑料大棚或小拱棚里，将轻质育苗基质填充在聚苯乙烯育苗盘或泡沫穴盘中并漂浮于水面上，再播上种子后将育苗盘置于有完全营养液的水槽（池）中，种子能从基质和水床中吸收水分和养分，从而萌发、生长、成苗的一种育苗方法。

1. 育苗场地选择与漂浮池建立消毒

育苗场地应选择在背风向阳、无污染、水源方便、排水顺畅、交通便利、容易平整的地方。一般漂浮池的规格为池长670cm，池宽105~110cm，池深20cm，一个池子可摆放30个育苗盘，池埂可用红砖、空心砖等建成（窄埂30cm，宽埂50cm），池底要用沙子、细土垫平，拱架规格一般为宽120cm，长670cm，拱高60~70cm，拱架用竹条或钢筋建成，也可在大棚中建立漂浮池。

图 5-4　百灵制药六盘水市灯盏细辛种子繁殖大棚苗床育苗基地

2. 育苗操作

（1）育苗盘与基质：采用发泡育苗穴盘进行灯盏细辛漂浮育苗，其规格为长 65.5cm，宽 33.5cm，高 4.5cm，325 穴。第一次使用的漂浮盘不带病菌，使用前可不消毒。使用过的漂浮盘可能带上病菌，使用前必须用 0.1%高锰酸钾或 1∶100 漂白粉溶液浸泡消毒。方法是将漂浮盘放入装有上述消毒液的池子中浸泡 10min 以上，取出集中覆盖薄膜熏蒸 1～2 天，揭膜晾干后即可。

在育苗盘内添加无土栽培固体基质，其质量标准一般为有机质∶泥炭∶珍珠岩=6∶3∶1，基质粒径 1～5mm，孔隙度 70%～95%，容重 0.15～0.35g/cm³，pH 5.5～6.5，有机质含量≥20%，腐殖酸≥15%，电导率≤800μS/cm，水分含量 40%～50%，即手捏成团，落地自然散开。再将基质充分拌匀，播种后放入水床中。注意：育苗盘底部应留有小孔，以利于灯盏细辛植物根部对水分和营养的吸收。

（2）消毒：除对育苗盘用 0.1%高锰酸钾等依上法消毒，育苗盖膜熏蒸 1～2 天，然后用清水冲洗干净备用外，还应注意：育苗棚、池消毒应遵循长期、多次、多种药剂交替使用的消毒原则。例如，育苗棚、池，可采用斯美地熏蒸消毒，熏蒸时间不少于 7 天，也可采用不同的广谱型杀虫剂、杀菌剂分次进行喷洒消毒；育苗盘，可用消毒剂 0.5%或 0.05%～0.1%高锰酸钾溶液浸泡 4h，再用清水清洗干净；育苗基质，可用 1m³ 基质与 75% 的百菌清 400g 充分搅拌消毒。

（3）装盘：先将基质用清水洒湿，湿润程度以手握成团，放开手后轻轻一动可散开为宜，再将基质填满已消毒的育苗盘的孔穴即可。注意：装盘时，不能用手指或木棍压实基质，不能干装，不能空穴。基质装填要充分、均匀，松紧程度要适中，以用手轻压不出现基质下落为度。装好基质的漂浮盘应在当天完成播种，并且当天放入漂浮池，以免因水分散失影响出苗。

（4）播种：根据移栽期确定播种时间，保证在苗期 65～70 天或者出苗后 60～70 天移栽。六盘水市灯盏细辛基地播种期一般在 2 月下旬至 3 月上旬。播种量：每个育苗盘播种 1g。播种深度：1～5mm。注意：将种子播在孔穴内，播种完毕后在种子表面撒一层 1mm 厚的基质则可。

（5）营养液：可采用育苗专用肥（全营养），也可直接使用复合肥。可直接采用氮磷钾比例为 15：7：15 或者 15：15：15 的复合肥，前期用 50mg/kg 的浓度，后期用 150mg/kg 的浓度直接兑水配制即可。营养液的 pH 要求为 6.5～7，否则需进行 pH 校正。营养液 pH 偏高时，可加入适量的 $0.1H_2SO_4$ 校正；pH 偏低时，可加放适量的 0.1NaOH 校正。注意：每添加一次营养液，校正一次 pH，使用高精度 pH 试纸或 pH 计进行测定。

3. 育苗管理

（1）间苗定苗：在 1 叶期进行，拔去穴中多余的苗，空穴补 1 苗。注意：间苗和定苗必须及时，保证每穴 1 苗。

（2）水分管理：灯盏细辛漂浮育苗管理的原则是"先少后多"。从播种至出苗期，由于气温较低，池中水分过多反而使基质中的温度低于气温，因此池中水分要少，一般水深控制在 5～10cm。灯盏细辛苗生长进入后期，气温逐渐升高，水分的蒸发加大，营养池中的水深可加到 10～15cm。注意：原则上使育苗盘与池埂平齐时，池水深度正好合适。

（3）温湿度管理：温湿度通过棚膜的揭盖进行管理。从播种到出苗期间，应使育苗盘表面的温度保持为 20～25℃，以获得最大的出苗率，并保证出苗整齐一致。在出苗初期，以保温为主，但在晴天中午气温高的情况下（棚内温度＞30℃），要通风降温排湿，注意早晚保温。从出苗初期到成苗期，应避免极端高温，随着气温的回升，要特别注意通风，棚内温度最高不能超过 40℃，防止烧苗。注意：塑料棚的密闭性好，因此当温度降低或突然降温时，棚内极易由于湿度过大而结露，在棚顶上形成水滴，水滴落下易击伤幼苗，发现这种情况，即使棚内温度已低于 18℃也必须开门窗通风排湿。

（4）病虫害防治：灯盏细辛漂浮育苗的病虫害防治与上述苗床基本一致，仍应以预防为主，消除病源，控制发病条件。常用的物理防治方法有物理植保技术，如水媒传播的青枯病、猝倒病以及霜霉病等可利用空间电场生物效应中的空间电场防治法予以控制，而飞翔类蚜虫等可以通过设置防虫网、光诱与色诱相结合的阻隔-电击杀法控制。蛞蝓、线虫的为害可以采用土壤电消毒法进行控制。在认真做了育苗前的各项消毒工作后基本不会有病虫害的发生。如果育苗过程中出现病株应及时清除，同时对其他未感病的苗株喷施防治药剂。在漂浮育苗过程中要特别注意病毒病的预防，及时喷施防病毒病的药剂。注意：在灯盏细辛漂浮育苗的整个过程中，要切实加强日常管理，避免非工作人员进入育苗棚，育苗棚只允许 1～2 名操作人员进入。保持棚内环境卫生，操作人员不得在棚内抽烟，不得在营养液中洗手、洗物等，操作人员应用肥皂洗手。每天应注意检查灯盏花苗是否带病，若苗床出现病株，应及时拔除，在远离育苗棚的地方集中处理，并及时对症施药，揭膜通风，切忌延误。

（5）炼苗：与大棚苗床育苗一样，当漂浮育苗的灯盏细辛苗达到成苗标准时，从营养池中取出育苗盘，断肥、断水炼苗，同时，在棚两侧昼夜通风。炼苗的程度以灯盏细辛苗中午发生萎蔫，早晚能恢复为宜。炼苗时间一般为 7～10 天。

百灵制药六盘水市灯盏细辛种子繁殖大棚漂浮育苗基地，见图 5-5。

图 5-5　百灵制药六盘水市灯盏细辛种子繁殖大棚漂浮育苗基地

漂浮育苗始于 20 世纪 80 年代末，美国烟草采用漂浮育苗法进行育苗。与传统育苗法比较，这种方法具有高密度、高湿度，可减少移栽用工，节省育苗用地，便于种苗管理，有利于培育壮苗，提高成苗率等优点。漂浮育苗中生产资料和工具，以及操作过程中均需严格消毒，以保证病原体及害虫没有机会侵染到植株，并可较好保证植物生长的一致性，避免传统栽培方式引起的土壤病虫害等问题，因而被广泛用于温室育苗与种植。对于某些作物，在温室利用漂浮育苗进行植物的栽培生产，可延长收获时间，限制并减少农药的使用量，能带来更好成效。因此，对于病害的管理，尤其是病原体的传播和感染，显得很重要。实践表明，灯盏细辛漂浮育苗是其生产育苗方式上的一次革新，较传统育苗方式具有节省育苗用地、管理方便、移栽成活率高、生长速度快等优点，利于灯盏细辛育苗抓住节令，适时移栽、科学管理，利于灯盏细辛种植能取得更好社会经济效益与精准扶贫效益。

【附】组织培养无性繁殖

为更好筛选培育与获得灯盏细辛优良种质资源，可先通过灯盏细辛叶片的组织培养，在大量获得与其基因型一致的组培苗后，再供灯盏细辛进行种子生产和大田种植。故将灯盏细辛组织培养无性繁殖的程序简介于下：

外植体选择与合理消毒：选取健康无病虫害、生长旺盛的灯盏细辛的幼嫩叶片，经0.1%升汞溶液或其他适宜药液消毒，以及无菌水漂洗后，再依法接种到培养基上诱导愈伤组织、愈伤组织诱导培养基为 MS（Murashige 和 Skoog 培养基）+2，4-D（2，4-二氯苯氧乙酸）0.5～1.0mg/L。

诱导愈伤组织与绿苗分化：愈伤组织诱导采用暗培养，再利用室内自然光进行继代培养和生根培养，培养温度为 28℃±2℃；外植体接种后 20～30 天可诱导出愈伤组织和分化出绿苗。

继代培养与生根培养：将外植体诱导出的愈伤组织或分化出的绿苗，转移到继代培养基上，在 6-BA（6-苄基氨基嘌呤）浓度 0～2.0mg/L 范围内，浓度越高继代增殖倍数越大。单株生长则是在 MS+6-BA0.5mg/L+NAA（萘乙酸）1～2mg/L 培养基上继代培养效果为佳。

不同培养基上的组培苗均具有较高的生长率，而其生根质量以 MS+IBA（吲哚丁酸）1.0mg/L+NAA2.0mg/L 培养基最好，生根培养在接种后 17～21 天完成。

炼苗与移栽：生根试管苗放置在自然光室温下，炼苗 2 天后，即可用清水漂洗干净培养基，再用 0.3%多菌灵溶液浸泡消毒 5min 后假植到苗床上。苗床铺有 2～3cm 厚的细土层，其上搭建小拱棚覆盖塑料薄膜和遮阴网。

在移栽初期，要注意保持床面有较高湿度。10～15 天后可揭开塑料薄膜和遮阴网，并适当追肥；30 天后假植苗即可成苗，并定植于大田。

采用上述方法，假植炼苗成活率可达 95%以上。

三、规范化种植关键技术

（一）选地整地

灯盏细辛的种植地，宜选向阳、排水良好、土壤肥沃疏松、耕层深厚且坡度较小的黄壤、红砂壤等地块；忌在土质黏重、瘠薄、地势低洼而易积水的地带栽培。也可在疏林下或林缘种植。忌连作，以防止病虫害发生。前作以玉米、花生为佳，最好是豆科植物。

选地后，若是生荒地，则于冬季翻犁过冬；若为熟地，则于前作秋季采收后翻犁，并在移栽前 7～10 天烈日曝晒备用。应先施入腐熟有机肥作基肥，每亩 2000～2500kg，均匀地撒于地面上，再将土深翻 30cm。移栽前再翻耕，耙碎，整平，起垄，一般按南北向做高畦，畦宽 1.2m，沟宽 40cm，沟深 20cm，畦长视地形与方便作业而定。

（二）栽种定植

栽种定植时间一般为秋季（10～11 月），亦可为春季（3～5 月）。选择阴天或晴天栽植。种植密度，一般在畦面按 20cm×20cm 株行距，每穴 1～3 株（每亩用种苗 1 万～1.5 万株）。移栽起种苗时，应尽量取壮苗，分级栽，少伤根，多带土，当天取苗当天定植，切勿剩苗供次日再用。移栽定植时，按照株行距离的要求，用 5cm 宽的小锄头进行，移栽深度以灯盏细辛苗的根须不卷曲且栽稳为度。用手适度压实，使土壤与灯盏细辛根系充分接触，并浇定根水以确保成活（图5-6）。

（三）田间管理

1. 查苗补苗与中耕除草

灯盏细辛移栽定植的 7 天内要及时查苗，还要适时适量浇水，保持土壤湿润。发现缺苗或死苗，应及时补苗，做到苗全苗齐，确保其定植成活率达到 90%～95%及以上。

在灯盏细辛定植后苗期内，要注意保持土松草净。由于其植株较小，人工除草与浇水宜相结合进行，大雨后或土壤过湿不宜中耕除草，同时要做好浅耕松土，除草适时，一般 15 天左右可中耕除草 1 次，以达增加土壤透气性，提高土壤温度，利于灯盏细辛植株正常生长。

2. 抗旱防涝与合理追肥

灯盏细辛耐肥性较强，肥料三要素中氮、磷、钾都能显著影响其产量与质量。经观察，灯盏细辛移栽成活后，在其生长到抽薹、再从抽薹到现蕾、从现蕾到开花、从开花到结实期，分别需 35～40 天、7～9 天、5～7 天及 15～20 天。灯盏细辛生长发育过程中，尤其是其前期要注意抗旱防涝，及时排灌，并结合灌溉进行合理追肥。一般于植株成活后，可用尿素（2～3kg/亩）兑清水（100kg/亩）喷施提苗，促进生长，以后每隔 20～25 天追施尿素 1 次，其浓度可逐步适当提高（但尿素用量最多不可超过 5kg/亩）。同时，在上述两次追施氮肥（尿素）期间，应根外追施磷钾肥（如 0.2%磷酸二氢钾或三元复合肥），以促进其健壮生长。

（四）主要病虫害防治

经实践观察，灯盏细辛一般病虫害较少，主要易发生锈病、霜霉病、根结线虫和蚜虫、尺蛾等病虫害，应注意以综合防治措施为主进行有效防治。

1. 锈病

病原为柄锈菌科多夫勒柄锈菌 *Puccinia dourensis* Blytt。该病于灯盏细辛各个生育期均可能发生，尤其在夏季高温多湿季节发生较为严重，侵染植株叶片，有时也在茎上形成孢子堆为害。其发病初期主要使灯盏细辛叶片背面失去绿色，而后出现少量黑褐色粉状物，同时在叶片背面对应的正面出现孢子堆的痕迹。随后其病情加重，叶片粉状物成堆，在叶片正面也同样出现黑褐色粉状物。受害植株叶窄，植株矮小，新老叶片均会受到病染。

防治方法：认真选地，实行轮作；对灯盏细辛应及时采收，减少锈孢子量；彻底清除病株残体及杂草，并集中烧毁；前期用波尔多液保护；发病初期用 50%粉锈清可湿性粉剂 500～800 倍液、15%粉锈宁可湿性粉剂 500～800 倍液喷雾。

2. 霜霉病

病原为直梗霉属真菌。该病主要于高温高湿季节发生，为害叶片，使其表面呈灰白色煤层。

防治方法：认真选地，实行轮作；及时清除病叶并集中烧毁；7～8 月气温较低，连续阴雨多雾时应抓紧用波尔多液保护，每隔 15 天 1 次，连续 2～3 次；发病初期用 58% 甲霜灵锰锌 500～600 倍液、75%百菌清可湿性粉剂 600～800 倍液喷雾。

3. 根结线虫

病原为南方根结线虫 *Meloidogyne incognita*（Kofoid & White）Chitwood。该病感染后，植株根部长有很多根结，沿根呈串珠状着生，根结表面光滑，不长须根，可使植株矮化、发黄，当感病达到一定程度时，灯盏细辛植株在晴天中午开始萎蔫，至晚上又可恢复正常，但随病情加重，萎蔫程度则再难恢复并逐渐枯死。

防治方法：认真选地，实行轮作；及时清除病株并集中烧毁；可用线虫必克在播种或移栽前做土壤处理，每亩用 0.5～1kg 拌土作畦面撒施。

4. 蚜虫

1 年蚜虫可发生 10 余代。多以春、秋两季发生严重，在立夏前后，特别是阴雨天蔓延更快。其主要在枝叶或抽薹开花的嫩梢上为害，造成叶片及生长点卷缩，节间变短、弯曲，以致畸形，甚至生长停止，叶片变黄、干枯，种子瘪小等。蚜虫对黄色有正趋性，对银灰色有负趋性。蚜虫的天敌有瓢虫、草蛉、食蚜蝇和蚜茧蜂等。

防治方法：彻底清除杂草，减少蚜虫迁入的机会，并注意保护其天敌。在田间挂设黄板涂粘虫胶诱集有翅蚜，或距地面 20cm 架黄色盆，内装 0.1%肥皂水或洗衣粉水诱杀有翅蚜虫，在田间铺设银灰色膜或挂拉银灰色膜条驱避蚜虫。适时进行药剂防治，可选用 10% 吡虫啉 4000～6000 倍液喷雾，或以 50%抗蚜威（辟蚜雾）可湿性粉剂 2000～3000 倍液，或 2.5%保得乳油 2000～3000 倍液，2.5%天王星乳油 2000～3000 倍液，或 10%氯氰菊酯乳油 2500～3000 倍液喷雾。还可用灭蚜松（灭蚜灵）1000～1500 倍稀释液喷杀，连喷多次，直至杀灭。

5. 尺蛾

尺蛾为尺蛾科（Geometridae）昆虫。1 年 4～5 代，以蛹在土中越冬，次年 4 月份出现成虫，成虫白天潜伏于枝叶间或其他暗处，夜出交尾、产卵。卵散产于枝干、分枝及叶背等处。每雌产卵 1000～2000 粒，初孵幼虫吐丝随风飘荡。5 月成虫羽化，卵多产于叶背、枝干及缝隙，初孵幼虫常集结为害，啃食叶肉，3 龄后食成缺刻，3～4 代幼虫在 10 月下旬至 11 月中旬入土化蛹越冬。

防治方法：注意增加植物多样性，形成乔木、灌木、花草多层结构；保护天敌，人工筑巢招引益鸟；加强肥水管理，可减轻为害；在 9 月至次年 4 月底之前深翻灭蛹；利用成虫假死性，清晨人工扑杀成虫；灯光诱杀，利用频震式杀虫灯诱杀成虫；每亩用核型多角体病毒可湿性粉剂 100g 兑水 50kg，于第一代幼虫 1～2 龄高峰期喷雾，或用 Bt 乳剂 300～500 倍液喷雾；或在幼虫低龄阶段，虫株率小于 5%时，用 25%灭幼脲 3 号悬浮剂 1500 倍液，或 50%辛硫磷乳油 1000 倍液喷雾。

贵州六盘水市灯盏细辛规范化种植基地大田生长情况，见图 5-7。

图 5-7　贵州六盘水市灯盏细辛规范化种植基地大田生长情况

上述灯盏细辛良种繁育与规范化种植关键技术，可于灯盏细辛生产适宜区内，并结合实际因地制宜地进行推广应用。

【药材合理采收、初加工、储藏养护与运输】

一、合理采收与批号制定

（一）合理采收

1. 合理采收时间

灯盏细辛传统采收，一般于秋季选择晴天采挖全草供用。但经研究发现，灯盏细辛地上部分所含有效成分如野黄芩苷（按《中国药典》2015 年版灯盏细辛药材含量测定法测定）的含量，明显高于其同一体的地下部分（叶含量最高，花和茎次之，根最低），尤其在灯盏细辛现蕾期至盛花期时含量最高，以后逐渐下降。同时发现，在不同生育期灯盏细辛的干物质积累亦有差异，以现蕾期前增长迅速，即其产量在现蕾期前为高。因此，综合上述灯盏细辛有效成分及其生物量积累（即质量与产量）的相关性，其合理采收期确定为现蕾期至盛花期（夏秋季）为佳。灯盏细辛不同药用部位的质量、不同采收时间的质量及产量对比结果，见表 5-3 及表 5-4。

表 5-3　灯盏细辛不同药用部位野黄芩苷的含量对比表（$n=2$）

样品序号	部位	称样量/g	样品峰面积	对照峰面积	对照浓度/(μg/mL)	含量/%	平均含量/%	平均偏差/%
1	根	0.5065	1242.696	2650.357	92.5	0.171	0.17	−0.40
		0.5064	1232.546	2650.357	92.5	0.170		
2	茎	0.5095	2609.374	2650.357	92.5	0.357	0.36	1.23
		0.5093	2673.198	2650.357	92.5	0.366		
3	叶	0.5076	6225.266	2650.357	92.5	0.856	0.86	0.98
		0.5073	6345.075	2650.357	92.5	0.873		
4	花	0.5073	3842.503	2650.357	92.5	0.529	0.52	−1.64
		0.5070	3716.567	2650.357	92.5	0.512		

注：（1）样品取自（取样时间均为 2015 年 11 月）贵州六盘水市水城县顺场乡灯盏细辛规范化种植基地，其地块的海拔为 1450m；（2）经样方测产为 170～200kg/亩（系三次采收的总和）；（3）检测单位为百灵制药质保部（下表同）。

表 5-4　地灯盏细辛药材不同采收时间的质量与产量对比表（$n=3$）

样品序号	采收次数	采收时药材性状	野黄芩苷平均含量/%	产量/(kg/亩)
1	第 1 次	枝叶繁茂，花蕾初现，植株生长良好	1.86	60～70
2	第 2 次	枝叶繁茂，花多开放，植株生长良好	1.43	70～80
3	第 3 次	枝较好，叶不甚多，花较少大多开放	0.99	40～50
	合计		1.43	170～200

注：样品均取自同一基地（贵州六盘水市水城县南开乡灯盏细辛规范化种植基地，其地块海拔 1820m）、同一地块随机样方测产；第 1 次采收时间 2015 年 5 月 25 日，第 2 次采收时间 2015 年 7 月 25 日，第 3 次采收时间 2015 年 11 月 25 日。

从表 5-3 可见，在贵州水城县灯盏花基地同一地块，一年内不同时间可连续采收三次，野黄芩苷平均含量为 1.43%，其每次采收的药材质量均符合中国药典规定，且比药典规定的高 4 倍以上（最高可高 6 倍以上，最低可高 3 倍以上）。三次产量合计170～200kg/亩。

2. 合理采收方法

采收时，先用镰刀小心齐地割收（留基茎 1.5～2cm）灯盏细辛地上部分的茎叶，留下地下根再生，可于秋后期再行采挖；如此多次采收（一般可达三次，最后一次连根采挖），既可保证质量，又能提高产量与经济效益。

灯盏细辛不同产地药材的质量，经贵州百灵制药公司对贵州六盘水市水城县及云南红河州泸西县所产灯盏细辛药材取样（在本公司仓库随机抽取 2015 年 7～9 月入库同时进货样品），按《中国药典》（2015 年版一部）依法进行含量测定对比分析，结果见表 5-5。

表 5-5　不同产地灯盏细辛药材野黄芩苷的含量对比（n=2）

样品序号	产地	称样量/g	样品峰面积	对照峰面积	对照浓度/(μg/ml)	含量/%	平均含量/%	平均偏差/%
1	A	0.5072	10261.700	2650.357	92.5	1.412	1.43	0.90
		0.5073	10450.700	2650.357	92.5	1.438		
2	B	0.5076	7426.672	2650.357	92.5	1.021	1.02	0.28
		0.5075	7466.787	2650.357	92.5	1.027		

注：产地 A 为贵州六盘水市水城县，产地 B 为云南红河州泸西县。

从上可见，贵州省六盘水市灯盏细辛规范化种植基地产灯盏细辛药材，其野黄芩苷的含量均高于《中国药典》（2015 年版一部）规定，本品按干燥品计算，野黄芩苷（$C_{21}H_{18}O_{12}$）不得少于 0.30%；同时其野黄芩苷的含量亦高于云南红河州泸西县产灯盏细辛药材，并均高于《中国药典》（2015 年版一部）规定的 3 倍或 3 倍以上。

（二）批号制定（略）

二、合理初加工与包装

（一）合理初加工

将采收的灯盏细辛药材去掉泥土和杂质，摊开晾晒至干为止。一般晾晒 3～4 天，并在晾晒中随时翻动，拣去枯黄叶片或植株，注意防止堆积发热、发霉变质。若遇连绵阴雨，应及时于室内通风干燥处薄薄摊开晾干；也可及时以 50℃ 左右烘干。否则其药材色泽变深，甚至变成棕褐色或更深，影响质量（图 5-8）。

图 5-8　灯盏细辛药材

（二）合理包装

将干燥灯盏细辛药材，按 30kg 打包，用无毒无污染材料严密包装。在包装前应检查是否充分干燥（含水量不得超过 12%）、有无杂质及其他异物，所用包装应符合药用包装标准，并在每件包装上注明品名、规格、等级、毛重、净重、产地、批号、执行标准、生产单位、包装日期及工号等，并应有质量合格的标志。

三、合理储藏养护与运输

（一）合理储藏养护

灯盏细辛药材应储存于干燥通风处，温度 30℃ 以下，相对湿度 65%～75%。商品安全水分 10%～12%。本品易生霉，或发热变质。采收后初加工时，若未充分干燥，在储藏或运输中则易发霉变质，尤其受潮后更易霉变。储藏前，还应严格入库质量检查，防止受潮或染霉品掺入。平时应保持环境干燥、整洁。定期翻垛检查，若发现吸潮或有初霉品，应及时通风晾晒，迅速烘干或晒干。同时，应防止鼠、虫等为害及加强日常养护管理。

（二）合理运输

灯盏细辛药材在批量运输中，严禁与有毒货物混装并应有规范完整运输标识。运输车厢不得有油污、异味与受潮霉变，并具有良好防晒、防雨及防潮等措施。

【药材质量标准、质量检测与监控】

一、药材商品规格与质量检测

（一）药材商品规格

灯盏细辛药材以无杂质、霉变、虫蛀，色黄绿或浅棕色，质脆，易折，气微香，味辛、微苦者为佳品。其药材商品规格为统货，现暂未分级。

（二）药材质量检测

按照《中国药典》（2015 年版一部）灯盏细辛药材质量标准进行检测。

1. 来源

本品为菊科植物短葶飞蓬 *Erigeron breviscapus*（Vant.）Hand.-Mazz. 的干燥全草。夏、秋二季采挖，除去杂质，晒干。

2. 性状

本品长 15～25cm，根茎长 1～3cm，直径 0.2～0.5cm；表面凹凸不平，着生多数圆柱形细根，直径约 0.1cm，淡褐色至黄褐色。茎圆柱形，长 14～22cm，直径 0.1～0.2cm；黄绿色至淡棕色，具细纵棱线，被白色短柔毛；质脆，断面黄白色，有髓或中空。基生叶皱缩、破碎，完整者展平后呈倒卵状披针形、匙形、阔披针形或阔倒卵形，长 1.5～9cm，宽 0.5～1.3cm；黄绿色，先端钝圆，有短尖，基部渐狭，全缘；茎生叶互生，披针形，基部抱茎。头状花序顶生。瘦果扁倒卵形。气微香，味微苦。

3. 鉴别

（1）本品叶表面观：表皮细胞壁波状弯曲，有角质线纹，气孔不定式。非腺毛 1～8 细胞，长 180～560μm。腺毛头部 1～4 细胞，柄一至多细胞。

（2）取本品，照〔含量测定〕项下的方法试验，供试品色谱，应呈现与对照品色谱保留时间相一致的色谱峰。

4. 检查

（1）水分：照水分测定法（《中国药典》2015 年版四部通则 0832）测定，不得超过 12.0%。

（2）总灰分：照总灰分测定法（《中国药典》2015 年版四部通则 2302）测定，不得超过 15.0%。

（3）酸不溶性灰分：照酸不溶性灰分测定法（《中国药典》2015 年版四部通则 2302）测定，不得超过 8.0%。

5. 浸出物

照醇溶性浸出物测定法（《中国药典》2015 年版四部通则 2201）项下热浸法测定，用乙醇作溶剂，不得少于 7.0%。

6. 含量测定

照高效液相色谱法（《中国药典》2015 年版四部通则 0512）测定。

色谱条件与系统适用性试验：以十八烷基硅烷键合硅胶为填充剂；以甲醇-0.1%磷酸溶液（40∶60）为流动相；检测波长为 335nm。理论板数按野黄芩苷峰计算，应不低于 5000。

对照品溶液的制备：取野黄芩苷对照品适量，精密称定，加甲醇制成每 1mL 含 0.1mg 的溶液，即得。

供试品溶液的制备：取本品粗粉约 0.5g，精密称定，置索氏提取器中，加三氯甲烷适量，加热回流至提取液无绿色，弃去三氯甲烷液，药渣挥去溶剂，连同滤纸筒移入具塞锥形瓶中，精密加入甲醇 50mL，密塞，称定重量，放置 1h，水浴中加热回流 1h，放冷，再称定重量，用甲醇补足减失的重量，摇匀，滤过。精密量取续滤液 25mL，回收溶剂至干，残渣用甲醇溶解并转移至 10mL 量瓶中，加甲醇至刻度，摇匀，滤过，取续滤液，即得。

测定法：分别精密吸取对照品溶液与供试品溶液各 5～10μL，注入液相色谱仪，测定，即得。

本品按干燥品计算，含野黄芩苷（$C_{21}H_{18}O_{12}$）不得少于 0.30%。

二、药材质量标准提升研究与企业内控质量标准（略）

三、药材留样观察与质量监控（略）

【药材生产发展现状与市场前景展望】

一、生产发展现状与主要存在问题

灯盏细辛是我国著名苗族医药与制药工业生产原料药材，是灯盏细辛注射液、银丹心脑通软胶囊、灯盏生脉胶囊、灯盏细辛胶囊、灯盏花素片、灯盏细辛合剂及有关灯盏细辛健康产品的重要原料。贵州具有种植灯盏细辛的良好自然条件，生产应用历史悠久，为我国以苗药为代表的民族药，具有良好的群众基础。近十多年来，贵州省灯盏细辛种植已有较大发展，并获得显著效益。特别是以灯盏细辛为主要原料的"银丹心脑通软胶囊"，是贵州百灵企业集团制药股份有限公司的主打产品，也是贵州省优势中药民族药大品种，该品种已获得国家发明专利。2005 年该品种曾获得贵州省新产品一等奖，2007 年又获贵州省首届十大专利奖。银丹心脑通软胶囊产值，2014 年达 5 亿元，创税利 1.7 亿元；2015 年产值接近 6 亿元，创税利 2.4 亿元。灯盏细辛是"银丹心脑通软胶囊"的主要原料，2014 年、2015 年对灯盏细辛药材的需求量就分别高达 600 吨、800 吨。但长久以来由于使用灯盏细辛系野生药材，随着对其深入研发利用，灯盏细辛野生资源早已不能满足用药需要。自 20 世纪 80 年代灯盏细辛野生变家种取得成功后，其经济效益、扶贫效益与社会效益均十分显著。如百灵制药于 2014 年，在六盘水市水城县南开乡建立了灯盏花种植示范基地及种子种苗繁育基地，并辐射带动了周边的如水城县顺场乡、钟山区汪家寨镇等地种植推广，其生产规模达 1000 亩。2015 年已收获灯盏细辛药材 100 吨，按市场收购价 20 元/kg 计算，已获经济效益 2000 万元，直接带动农户 100 多户、400 余人增收，深受广大农民欢迎。按灯盏细辛规范化种植技术要求，示范推广种植基地平均每亩产药材 170～200kg（1 年可收割 3 次），其药材收入可达 3400～4000 元/亩（仍按市场收购价 20 元/kg 计算），与传统种植玉米套种马铃薯（1600 元/亩）比较，其农户增收 1800～2400 元/亩。这不仅可为百灵制药的"银丹心脑通软胶囊"提供优质稳定原料，而且具有显著社会经济效益与精准扶贫效益。但是，目前灯盏细辛野生变家种及优良种源研究方面还存在一些问题，规范化种植优质高产关键技术有待深入研究，其种植面积、规范化种植基地建设与规模发展等尚须不断扩大与切实加强，灯盏细辛药材生产尚远远不能满足市场需求。

二、市场需求与前景展望

灯盏细辛是我国著名苗族医药与制药工业生产原料药材。现代研究表明，灯盏细辛全草含焦迈康酸（pyromeconic acid）、飞蓬苷（又称灯盏细辛苷）（erigeroside）、灯盏花甲素（apigenin-7-O-glucronide）、灯盏花乙素（又名野黄芩苷, scutellarein-7-O-glucronide）、芹菜素（apigenin）、高山黄芩素（scutellarein）、大波斯菊苷（cosmosiin）、车前黄酮苷（plantaginin）等有效成分。

　　灯盏细辛的药理作用主要有：①对心血管系统的作用。实验表明，灯盏细辛提取液 0.25mg/mL、0.5mg/mL 均可显著增强离体豚鼠心脏冠脉流量，灯盏细辛水溶性部位 4mg（浸膏）/mL 能舒张 15-甲基前列腺素 F2α 所致收缩的猪离体冠状动脉。对冠心病心绞痛有改善，对心肌缺血、缺氧性心电变化也有对抗作用。对心肌梗死模型的心梗范围有显著降低，经电镜观察结果，给药组动物在梗死中央区边缘区病变程度均减轻。灯盏花注射液可促进冠脉侧支循环开放。麻醉犬推注灯盏花注射液 10mg/kg，有减慢心率、降低心肌收缩力、减少心肌耗氧等作用。大鼠全心缺氧及再给氧模型中，灯盏花总黄酮 100mg/L 灌注组心脏磷酸肌酸激酶释放显著降低，再给氧后，释放幅度亦显著低于对照组，提示灯盏花对心脏细胞膜有保护作用。灯盏花黄酮使家兔主动脉血流量和心率有下降的趋势，对血压无明显影响。临床应用灯盏细辛胶囊口服治疗冠心病心绞痛，总有效率高于丹参。患者每分搏出量、心指数等心功能指标均有改善。灯盏花对心肌缺血、缺氧性心电变化也有对抗作用。②具有抗凝血、抗血栓形成及促进纤溶活性的作用。以灯盏花 23mg/mL 浓度，体外对家兔血小板聚集抑制率为 56.5%。灯盏花注射液（含灯盏花黄酮）以 8mL/kg 给家兔静脉注射，注射后 1h、2h、4h，白陶土部分凝血活酶时间延长，而凝血酶原时间无明显变化。注射后 1h，血浆纤维蛋白原减少，球蛋后 1h、2h 外周血小板计数减少，血小板聚集功能降低。药物作用在给药后 2h 溶解时间降低，血清纤维蛋白（原）降解产物增加，提示灯盏花有促进纤溶活性的作用。家兔静脉给药后 2h，体外血栓形成时间延长，长度缩短，血栓湿重及干重均减轻，提示灯盏花可抑制体外血栓形成，且给药后 2h 作用最强。静脉注射灯盏花素 140mg/kg、350mg/kg，可使主动脉血栓模型家兔血栓重量明显减轻，血栓形成受抑制，这种作用与剂量正相关。灯盏花素还减轻血小板破程度，抑制 5-羟色胺释放反应的增强。对血小板和血管内皮细胞的花生四烯酸代谢产物血栓烷 B_2（TXB_2）给药组无明显变化，而对照组却显著升高。灯盏细辛胶对冠心病心绞痛患者血小板聚集率和体外血栓形成均有抑制作用。③对微循环及血液流变学的影响。高分子右旋糖酐所致家兔大脑微循环障碍，豚鼠软脑微循环障碍模型中，静脉注射灯盏花提取物能使家兔大脑皮脑电图明显恢复，改善豚鼠软脑膜微血管流态，对豚鼠红细胞有明显解聚作用，并对抗去甲肾上腺素的缩血管作用。对右旋精酐造成的大鼠肠系膜微循环障碍，预先静注灯盏花提取物，或者在造模后用同样剂量、方法给药，均显著促进微血管开放，改善微循环。可对抗肾上腺素缩血管作用，灯盏花注射液 10mL/kg 静脉注射可使高分子葡聚糖所致微循环障碍家兔的微循环状态得到改善，表现为毛细血管或细静脉恢复流动，流速加快。此外，对全血（比）黏度、血浆（比）黏度、红细电泳及血小板电泳均有所恢复。家兔静脉注射 20mg/kg 灯盏花注射液，全血黏度明显下降；每日肌内注射 10mg/kg，连续 14 天，注射后第 3 天及第 7 天取血测得全血黏度也明显下降。但对血浆黏度却均无明显变化。④扩张脑血管的作用：家兔静脉注射 5% 灯盏花浸膏液 1g/kg，兔脑血管张力、外周血管阻力、外周血压均显著下降，灯盏花黄酮对犬离体大脑中动脉有明显的扩张作用，显著拮抗 5-羟色胺收缩基底动脉和 15-甲基前列腺素 F2α 收缩大脑中动脉的作用。灯盏花对麻醉犬椎动脉流量无明显影响。⑤清除自由基、抗氧化的作用。自由基可使细胞膜产生脂质过氧化反应，从而引起膜结构和功能改变。抗氧化剂可有效地防止自由基对细胞膜脂质的过氧化损伤。缺血再灌注可引发自由基的连锁增殖反应，引起细胞膜脂质过氧化。黄嘌呤（Xan）和黄嘌呤氧化酶（XO）系统、过氧化氢（H_2O_2）、紫外线照射均可导致细胞膜发生脂质过氧化损伤，使硫代巴比妥酸反应物生成增加。灯盏花素可抑制由 Xan-XO、H_2O_2 及紫外线照射诱导的细胞膜脂质过氧化反应，使硫代巴比妥酸反应物生成较对照组减少，且作用呈现剂量依赖性。从此可见灯盏花素能通过阻断自由基形成或直接清除自由基来减轻脂质过氧化反应，这可能与该药物分子中含有酚羟基有关。脑死病人早期超氧化物歧化酶（SOD）明显降低，灯盏花能够使脑死病人血浆中 SOD 活性加强，提高机体抗氧化能力及对 NO 的降解，能明显扩张微细血管，增加脑血流量，改善微循环，清除自由基，对减轻和防止继发性脑损伤、促进神经细胞功能的恢复具有显著作用。⑥抗糖尿病作用。通过建立链脲菌素（STZ）诱导的糖尿病模型的研究，结果显示灯盏花素给药组肝组织 MDA 含量明显降低，SOD，CAT 与 GSH-Px 活性明显增加，提示其对糖尿病肝组织氧化应激增加有明显抑制作用，对糖尿病大鼠肝组织有明显保护作用，其作用机制与抑制肝内脂肪浸润、氧化应激及巨噬细胞浸润有关。用链脲菌素（STZ）诱导糖尿病大鼠模型后，将糖尿病大鼠分为：糖尿病组、灯盏花素组和氨基胍组。在给药 15～17 周后进行与氧化应激相关的各项实验观察，结果表明糖尿病大鼠与正常大鼠相比，肾指数显著增加，肾脏抗氧化能力降低，且氧化应激增强，灯盏花素可显著提高糖尿病大鼠肾脏的抗氧化能力和降低氧化应激，对大鼠糖尿病模型肾脏有明显保护作用。⑦对神经细胞保护作用。采用 TTC 染色、临床神经功能评分、流式细胞分析和原位末端标记等方法，分别对缺血、缺血再灌注及灯盏花素治疗组鼠脑梗死面积、神经功能缺失征象、鼠脑缺血边缘区神经细胞的凋亡进行观察和比较，结果发现，灯盏花素能明显减小实验性大鼠脑缺血后脑梗死面积，减轻脑缺血后神经功能缺损，显著减少缺血边缘区神经细胞凋亡数量，减缓缺血区神经元损害，具有显著的脑保护作用。研究还发现，PKC 激活参与神经元的缺血损伤及细胞凋亡，灯盏花可以阻止脑缺血再灌流导致 PKC 移位激活和抗神经元细胞凋亡等，对脑缺血再灌注导致神经元凋亡具有保护和防治作用。⑧抗炎作用。实验发现，灯盏细辛口服液对大鼠佐剂性关节炎原发性病变，具有较好的抑制作用，高低剂量组对大鼠佐剂性关节炎继发性病变肿胀的预防具有抑制作用。灯盏细辛口服液对大鼠组织胺及 5-羟色胺引起的毛细血管通透性增高具有明显的抑制作用，对小鼠乙酸引起的扭体反应具有抑制作用。⑨其他作用。实验表明，小鼠腹腔注射灯盏花素 20mg/kg，5min 血浆 cAMP 含量逐渐升高，20min 时达高峰，在 1mg/kg～20mg/kg 剂量范围内呈量效正比关系。20%灯盏花浸膏水溶液 60g（生药）/kg 给小鼠灌胃，显著延长小鼠常压缺氧的存活时间。高山黄芩素对蛋白激酶 C（PKC）有抑制作用，这种作用也不因二油酰甘油酯或底物组蛋白的浓度增加而逆转，提示高山黄芩素抑制作用属于非竞争性抑制。灯盏花制剂还能提高血脑屏障通透性，可对抗由二磷酸腺苷引起的血小板聚集以及提高机体巨噬细胞的吞噬免疫功能。⑩体内过程与毒性。小鼠静脉注射 3H-灯盏花乙素 10mg/kg 后，血液中 3H-

灯盏花乙素含量 60min 内呈迅速下降趋势。静注 1h，3H-灯盏花乙素以胆囊、小肠、肝、肾中分布较多，4h 在胆囊、小肠、肝、心肌中较多，脑中分布亦明显增高，24h 后胆囊、小肠及脑中仍有一定的分布。小鼠静注 3H-灯盏花乙素后，从尿中排泄的 24h 总量为注入量的 19.1%，从粪中排泄的 24h 总量为注入量的 24.2%。灯盏细辛的毒性很低，20% 灯盏花浸膏水溶液 0.4mL/kg（相当于生药 80g/kg）给雄性小鼠灌胃后，观察 3 天无死亡。雄性小鼠腹腔注射 5%灯盏花浸膏溶液，按简化几率单位法测得 LD_{50} 为 $13.1 \pm 5.42g/kg$，静脉注射的 LD_{50} 为 $10.02 \pm 1.55g/kg$。亚急性毒性试验证明，灯盏花素对血象、肝、肾功能无影响，内脏器官无实质性变化。

综上可见，灯盏细辛具有很高的药用价值，其活性成分主要为灯盏花素，具有清除自由基、抗氧化、抗心律失常，保护心脏，抗血栓形成，保护脑缺血神经，减少脑组织缺血及再灌注损害，增强肝脏解毒功能，保护糖尿病性肝脏、肾脏等药效作用。灯盏细辛对心、脑、肝、肾等具有明显的保护作用，临床上常用于高血压病、冠心病、心肌梗死、脑梗死、肝炎、糖尿病、肾病等疾病的治疗，具有疗效确切、副作用小、临床应用优势明显的特点。特别是其对心脑血管系统等药效作用明显而毒性又很低，因而在当今世界第四大疾病心脑血管类疾病的治疗上别具特色，疗效显著，极受医药界青睐。在临床应用上，以灯盏花为主并结合中西医疗法，治疗高血压脑出血、脑血栓形成、脑栓塞、多发性神经炎、慢性蛛网膜炎等后遗瘫痪症有较好疗效。例如，经治中风后瘫痪患者 496 例，其中肌肉注射灯盏花素注射液（2～5mg/次，1 日 2 次，10 天 1 疗程）386 例脑血栓形成、脑出血、脑栓塞的中风后瘫痪病人，静脉注射灯盏花素注射液（10～20mg 加入 5%～10%葡萄糖注射液 500mL 静脉滴注，10 天 1 疗程）80 例全系缺血性中风病人。治疗结果：肌肉注射组中 119 例基本治愈，显效 110 例，有效 124 例，无效 40 例，有效率为 89.7%；静脉注射组中 22 例基本治愈，显效 26 例，有效 22 例，无效 10 例，有效率为 87.5%，临床疗效满意。又如，以灯盏花为主要原料生产的银丹心脑通软胶囊，具有活血化瘀、行气止痛、消食化滞的功效，对气滞血瘀引起的胸痹，症见胸痛，胸闷，气短，心悸等；冠心病心绞痛，高脂血症、脑动脉硬化、中风、中风后遗症见上述症状者均具有显著的预防和治疗作用。杨利军等将 101 例冠心病心绞痛患者随机分为两组，对照组 50 例予常规基础治疗，治疗组 51 例，在对照组的基础上加用银丹心脑通软胶囊 3 粒，3 次/日，疗程 8 周。结果：治疗组临床症状、心电图改善总有效率分别为 86.27%、90.20%，显著高于对照组的 60.00%、72.00%。银丹心脑通软胶囊治疗冠心病心绞痛能明显提高临床疗效。为观察银丹心脑通软胶囊治疗心脑血管疾病疗效，矫皑博等用银丹心脑通软胶囊 4 粒，3 次/日，口服；同时使用常规营养心肌药和改善脑神经细胞营养的药物，连续口服 3 年。结果：冠心病显效 23 例，占 41.4%；有效 30 例，占 53.6%；无效 3 例，占 5.4%；总有效率 94.6%。治疗脑血栓显效 5 例，占 31.3%；有效 10 例，占 62.5%；无效 1 例，占 6.3%；总有效率 93.8%。从上可见，银丹心脑通软胶囊是治疗和预防冠心病、脑血管疾病的有效药物。

张薇等在 2013 年发表的《灯盏花种植发展现状及对策》中曾报道：近年来，据不完全统计，全球心脑血管药物销售额达 800 多亿美元，而国内心脑血管类药物销售额约 300 亿元，国内该类药物市场处于中西药品各占 50%的份额，灯盏细辛药材的市场需求量以每年 15%～20%在持续增长。这说明灯盏细辛药材市场需求量之大，并在不断增长。因此，其收购价格已由最初 2 元/kg（干品）节节飙升至 20～30 元/kg。其可观经济效益，既促使农民上山过度采挖，灯盏细辛野生资源环境遭到严重破坏，野生资源日益减少，药材价格不断上涨，又导致其有关制品生产成本增加。综上可见，灯盏细辛药材的市场需求缺口极大，其野生资源保护、野生变家种与大力发展规范化种植非常必要。可以预期，随着人口老龄化与经济社会发展，随着对灯盏细辛研究开发与临床应用的不断深入，灯盏细辛产业化及其在中医药事业发展与人类健康上均有极大潜力，市场前景极为广阔。

主要参考文献

陈庚宁，董为伟.2000. 灯盏花对脑缺血神经元凋亡的防治作用[J]. 中国临床神经科学，8（1）：5-7.

陈小夏，何冰.2001. 灯盏花素对红细胞膜脂质过氧化损伤的保护作用[J]. 中药药理与临床，17（2）：5-6.

矫皑博，刘亚丽，张程.2013. 银丹心脑通治疗心脑血管疾病 72 例[J]. 中国中医药现代远程教育，11（1）：19-20.

马丽，朱邦豪，陈健文，等.2004. 灯盏花素对糖尿病大鼠肾脏氧化应激的影响[J]. 中国药理学通报，20（9）：1030-1033.

盛净，赵佩琪，黄震华，等.1999. 灯盏细辛干预血小板、凝血功能对急性冠状动脉血栓形成后溶栓的影响[J]. 中华心血管病杂志，27（2）：34-36.

苏文华，张光飞，王崇云，等.2001. 短葶飞蓬光合生理生态的初步研究[J]. 云南大学学报（自然科学版），23（2）：142-145.

王恒玺 秦小萍 唐嘉义.2008. 灯盏花漂浮育苗技术新探[J]. 中国农学通报，6：284-286.

王雪松，阮旭中.2002. 灯盏花素对缺血再灌注鼠脑损伤的脑保护作用研究[J]. 中成药，24（12）：45-48.

王影，杨祥良，刘宏，等.2003. 灯盏花素抗凝血作用的研究[J]. 中药材，26（9）：656-658.

王永发，赵淑雯.2000. 灯盏细辛口服液治疗痹症的主要药效学[J]. 云南中医药杂志，21（5）：36-38.

王征，冷辉林.2001. 灯盏花对急性脑梗死病人血浆中 SOD、ET 的影响[J]. 江西中医药，32（6）：18.

杨利军，叶浩.2013. 银丹心脑通软胶囊治疗冠心病心绞痛 51 例临床观察[J]. 中西医结合心脑血管病杂志，11（2）：149-150.

俞宏渊，陈宗莲.2002. 灯盏细辛的家化栽培[J]. 云南植物研究，24（1）：115-120.

张松，沈祥春.2004. 注射用灯盏花素对麻醉犬急性心肌缺血的影响[J]. 中药药理与临床，20（2）：13-14.

张薇，杨生超，张广辉，等.2013. 灯盏花种植发展现状及对策[J]. 中国中药杂志，38（14）：2227-2230.

张卫东，陈万生，孔德云，等.2000. 中药灯盏细辛化学成分的研究（Ⅰ）[J]. 第二军医大学学报，21（02）：143-145.

张卫东，陈万生，王永红，等.2000. 中药灯盏细辛化学成分的研究（Ⅱ）[J]. 第二军医大学学报，36（10）：914-916.

赵珉，吴永贵，林辉，等.2005. 灯盏花素对糖尿病大鼠肝、肾组织氧化应激的影响[J]. 中国病理生理杂志，21（4）：802-807.

中国科学院植物研究所.1985. 中国高等植物图鉴[M]. 第 4 册. 北京：科学出版社.

中国科学院《中国植物志》编委会.1996. 中国植物志[M]. 第 74 卷. 北京：科学出版社.

（陈　培　冉懋雄　滕　焱　李　云　袁　双　陈道军　龙静艳）

6　地　瓜　藤

Diguateng

FICI HERBA

【概述】

地瓜藤原植物为桑科植物地瓜榕 *Ficus tikoua* Bur。别名：地石榴、地枇杷、过江龙、土瓜、野地瓜、地蜈蚣、牛马藤、过石龙等。以新鲜或干燥地上部分入药,《贵州省中药材、民族药材质量标准》(2003 年版)予以收载,称其:味苦,性寒。归肺、大肠经。具有清热利湿、活血通络、解毒消肿功能。用于治疗咳嗽、泄泻、黄疸、小儿消化不良、风湿疼痛、跌打损伤、痔疮肿毒。地瓜藤又是贵州常用苗药,其苗药名为"Bongt nial tid"(近似汉音译:"榜拉梯")。苗医或其他民族民间以地瓜藤地上部分或全草为药用部位,并多鲜用,亦可晒干或阴(晾)干用。其具有清热、解毒、利湿、止泻功能。主治感冒发热、痢疾腹泻、水肿、黄疸、伤口久治不愈、风湿疼痛、痔疮、小儿消化不良、跌打损伤、经闭、无名肿毒等疾患。地瓜藤于《中华本草·苗药卷》(2005 年)也予收载,称地瓜藤味苦,性冷。入热经药。具有清热利湿、活血通络、解毒消肿功能。主治咳嗽、痢疾、泄泻、水肿、黄疸、小儿消化不良、风湿疼痛、经闭、带下、跌扑损伤、痔疮肿毒。

　　地瓜藤民间用药历史悠久,明代兰茂著《滇南本草》(1449 年)以"地石榴"之名收载。清代《天宝本草》(1883 年)以"地蜈蚣"名收载,称其"治红白痢症"。清代《分类草药性》(原名《草药性》,系清代四川地方性草药书,不著撰人,可能经多人将民间草药医生经验汇集而成)以"野地瓜"名收载,用叶"包疮毒"。现代出版的如《贵州民间方药集》称:地瓜藤"有镇静安神,止痛作用。治劳伤痛","可祛风湿麻木,治筋骨疼痛,活血生血,消肿去毒,利尿解热,民间用为跌打损伤止痛药"。《贵州民间药草》载其临床主要作为"清热散毒,祛风除湿"药用。《全国中草药汇编》称:地瓜藤"主治胃和十二指肠溃疡,尿路感染"。《四川中药志》载其"利小便,消湿热黄肿,通月闭,止白带;治痔疮出血及牙龈肿痛"。《云南中草药》称:地瓜藤"收敛止痢。主治痢疾,腹痛,瘰疬,毒蛇咬伤,骨折"。《广西本草选编》载其"消肿止痛。主治跌打肿痛,刀伤出血"。《广西本草药》称:地瓜藤"健脾利湿,清肺止咳。主治小儿消化不良,湿热黄疸,风热咳嗽,风湿骨痛"。《湖南药物志》载其"清肺,解毒,利尿消肿。治水肿,腹水"。《苗族医药学》《中华本草·苗药卷》等著作均予收载,收录民族民间多以地瓜藤单用或与夏枯草、千里光等伍用,煎汤内服,常用量为 15～30g,外用鲜品,适量,捣烂外敷或外包,也可水煎洗患处。地瓜藤为贵州民族民间常用特色药材。

【植物形态】

　　地瓜藤为多年生落叶匍匐草本。全株有乳汁。茎圆柱形,须根黄白色或棕褐色,略扁,分枝多,节略膨大,触地生细长不定根。茎圆柱形或略扁,分枝多,节略膨大,气根须状,攀附于树上或石上,具纵皱纹,幼枝有明显环状托叶痕,质稍硬与断面中央有髓。叶多皱折与破碎,单叶互生,叶柄长 1～2cm。叶片坚纸质,卵形或倒卵状椭圆形,长 1.6～8cm,宽 1～4cm,先端钝尖,基部近圆形或倒心形,边缘有疏浅波状锯齿,上面绿色,被短刺毛,粗糙,下面浅绿色,沿脉被短毛,具三出脉,侧脉 3～4 对。隐头花序,成对或簇生于无叶的短枝上,常埋于土中,球形或卵圆形,直径 1～2cm,成熟时淡红色;基生苞片 3;雌花生于另一花序内。果为瘦果。花期 4～6 月,果期 6～9 月。地瓜藤植物形态见图 6-1。

（1. 果枝；2. 榕果；3. 雌花；4. 雄花；5. 果枝；6-7. 雄花）

图 6-1　地瓜藤植物形态图

（墨线图引自《中国植物志》编委会，《中国植物志》第 23 卷第 1 册，科学出版社，1998）

【生物学特性】

一、生长发育习性

地瓜藤适应性强，喜温和潮湿气候，怕干旱，忌高温闷热，不耐寒，耐肥，各类土壤均适宜种植，对盐碱地、沼泽地的盐害和潮湿的耐受性均较强。

二、生态环境要求

地瓜藤多生于山地、疏林、山坡、沟边、旷野或草丛中。海拔 600～1200m，年均温不低于 15℃，≥10℃的年有效积温 5000℃以上，相对湿度 80%～90% 的环境均适宜于其生长发育。壤土、砂壤土及冲积土等均可种植，但以向阳、肥沃、疏松的夹砂土种植为最佳。

【资源分布与适宜区分析】

据有关文献记载与调查，地瓜藤在我国秦岭以南各省份均有广泛分布，国外如印度东北部、越南北部、老挝也有广泛分布。在我国西南、中南及南部各省份如贵州、云南、重庆、四川、湖南、湖北、广西、广东等地盛产，尤其是贵州、湖南、广西等少数民族地区分布与使用最为广泛。我国上述主要分布区，都是地瓜藤生长发育最适宜区。

贵州是我国地瓜藤主要分布区之一，全省各地均有分布。经调查，地瓜藤野生资源蕴藏量，以黔西南、黔西北、黔中、黔北、黔东南等地为大，尤以黔西南州的兴仁、兴义、安龙、贞丰等，毕节市的七星关、大方、黔西、金沙等，遵义市的务川、湄潭、凤岗、余庆等，贵阳市的清镇、修文、开阳等，黔南州的龙里、都匀、荔波、长顺等，安顺市的镇宁、紫云等地分布较为集中，有成片生长。上述区域为贵州省地瓜藤生长最适宜区。

　　除上述地瓜藤生长最适宜区外，贵州省其他各县（市、区）凡符合地瓜藤生长习性与生态环境要求的区域均为其生长适宜区。

【生产基地合理选择与基地环境质量检（监）测评价】

一、生产基地合理选择与基地条件

　　按照地瓜藤适宜区优化原则与其生长发育特性要求，选择其最适宜区或适宜区并具良好社会经济条件的地区建立规范化生产基地。现已在黔西南州兴仁市等地建立了地瓜藤保护抚育与规范化种植基地（以下简称"兴仁地瓜藤基地"）（图6-2）。兴仁全市16个乡镇（街道）均有野生地瓜藤分布，且长势良好。兴仁地瓜藤基地主建于城北街道办事处，其辖城北、民主两个社区。该区域处于东南暖湿季风、西南干湿风和冬季大陆气团控制的交接处，气候属北亚热带温和湿润季风气候，气候温和，雨量充沛，冬无严寒，夏无酷暑，无霜期长，雨热同季。平均温度15.20℃，7月最热，月均气温为22.10℃；1月最冷，月均气温为6.10℃。年均降水量1319.2mm，年均降水日125天，5～10月降水较集中。年均无霜期281天，年均日照1564h。土壤为夹砂土，疏松、肥沃。其境内野生药用资源种类丰富，主要有何首乌、鱼腥草、地瓜藤、刺梨等上百种中药民族药材，其中以地瓜藤分布最广，几乎随处可见。当地社会经济条件良好，党政重视支持兴仁地瓜藤基地建设，农民有种植中药材的习惯与积极性，符合地瓜藤规范化种植基地建设要求。

图6-2　贵州兴仁市地瓜藤规范化种植基地

二、生产基地环境质量检（监）测与评价（略）

【种植关键技术研究与推广应用】

一、种质资源保护抚育

地瓜藤分布广泛，野生资源丰富。经调研，我们在贵州黔西南州兴仁、安龙等，毕节市七星关、大方等地，按照地瓜藤的自然分布、种群密度，以及生物多样性和环境状况等，确定了地瓜藤封山育药区、补种抚育区、实生苗抚育更新区及实行轮采制度等，并在抚育基地内经有关地瓜藤药材质量与产量等对比研究的基础上，选定一定区域作为"地瓜藤种源地"，并加以重点保护与抚育。

我们还特别发现兴仁市发展地瓜藤产业有着许多有利因素，有着很好发展环境。其优势主要表现在：兴仁市位于贵州省西南部，黔西南州中部，是滇、黔、桂三省结合部的中心。境内交通便捷，晴兴、惠兴两条高速公路贯穿全境，距兴义机场50km，顶效火车站42km，贞丰白层港56km，南北盘江水运码头70余千米，处于黔西南州"兴兴贞安普晴"半小时经济圈的中心。全市辖12个乡镇、4个街道办事处，居住着汉、布依、苗、回、彝、黎、仡佬等16个民族，少数民族人口占总人口的23%。2014年精准扶贫识别贫困人口10.494万人，贫困发生率25%，贫困面广，贫困程度深，扶贫攻坚任务重。而采用地瓜藤资源保护抚育与规范化种植，不但可有力促进其地瓜藤种质资源保护、喀斯特地域生长与生态环境改善，而且可获得农民增收、精准扶贫等多重效益。

贵州兴仁地瓜藤野生分布区域调查及其在喀斯特地域生长状况，见图6-3、图6-4。

图6-3　贵州兴仁地瓜藤野生分布区域状况

图 6-4 贵州兴仁野生地瓜藤在喀斯特地带生长状况

二、良种繁育关键技术

地瓜藤规范化种植与基地建设,由兴仁城北街道办事处及贵州省草喜堂医药有限公司实施,主管单位为兴仁市扶贫办。基地建设过程中,城北街道办事处及政府相关职能部门积极引导,为基地建设做好相关服务,营造良好的建设氛围,保障地瓜藤良种繁育与规范化种植及其基地建设的顺利实施。

(一)种质来源、鉴定与采集保存

在地瓜藤资源调查的基础上,分别从贵州省的兴仁、兴义、大方、纳雍等,以及湖南省的凤凰,四川省的宜宾,重庆市的酉阳,广西壮族自治区的西林等地,进行调查及分别引种了地瓜藤种质资源 20 余个,建立地瓜藤种质资源圃,并进行引种试验及良种选育等工作。所有种质都由贵阳中医学院的何顺志教授鉴定为桑科植物地瓜藤 *Ficus tikoua* Bur。

在地瓜藤种质资源圃内,对引种于不同地区地瓜藤的生长发育、产量及主要药效成分如佛手柑内酯、齐墩果酸含量等进行初步观测研究,以期确定其优良种源。

(二)优良种源与良种繁育

1. 种源

选择野生地瓜藤为种源。要求地瓜藤茎圆柱形或略扁,棕褐色,分枝多,节略膨大,触地生细长不定根,全株有乳汁。单叶互生;叶柄长 1～2cm;叶片坚纸质,卵形或倒卵状椭圆形,长 1.6～8cm,宽 1～4cm,先端钝尖,基部近圆形或浅心形,边缘有疏浅波状锯齿，上面绿色，被短刺毛，粗糙，下面浅绿色，沿脉被短毛；具三出脉，侧脉 3～4 对。隐头花序，成对或簇生于无叶的短枝上，常埋于土内，球形或卵圆形，直径 1～2cm，成熟时淡红色；基生苞片 3；雄花及瘿花生于同一花序托内，花被片 2～6，雄蕊 1～3（6）；雌花生于另一花序托内。果为瘦果。

经考察与对比试验，结果以兴仁优良野生地瓜藤为种源，有性（种子）繁殖或无性（扦插或压条等）繁殖进行了地瓜藤良种繁育。一般采用育苗移栽或直播。

2. 育苗

选择土壤疏松、肥沃、阴凉湿润的地块进行育苗。地瓜藤的种子小，幼苗顶土能力弱，因此要精细整地，才能保障出苗率。在头一年翻地，使土壤充分风化，一般翻 2～3 次，第一、二次 24～35cm，第三次 9～15cm，将杂草晒干焚烧，或翻地时埋入土中，拣去碎石和未烧净的杂草和树根，打碎土块，平整地面。然后作畦，畦宽 100～120cm，高约 25cm，四周开好排水沟，沟宽 18～24cm，深 15cm。再进行育苗，并应注意掌握如下要点。

（1）种子处理：精选种子是保证苗齐、苗匀、苗壮的一项重要措施，并应进行种子处理。播种前应进行浸种处理，使种皮在短时间内吸水软化，增强透性，促进种子发芽。处理方法是将种子放入 25～30℃的温水中浸种 24h，取出晾干，按 1：9 的比例拌入草木灰，保持一定温度于种子裂口露白时播种。

（2）播种时间：育苗播种不能过早或过迟，过早、过迟都会影响成活率。一般宜于 6～7 月播种。

（3）播种方法：育苗播种采用撒播，也可条播，撒播是将种子均匀地撒在苗床上，然后覆盖一层 0.2～2cm 的细肥土。种子小，覆盖的土层不宜过厚，否则影响出苗。播种最好在雨后阴天进行。生产撒播用种量每亩 4～5kg，条播 4kg 上下。

（4）苗期管理：播种后 20 天左右出苗，刚出土的幼苗容易被晒死，盖一些物体遮盖幼苗，一个月后可掀开。

若采用扦插繁殖，可在 2～3 月割取地瓜藤匍匐茎，剪成 20～40cm 长的插条。栽时，翻整土地，按行株距各约 33cm 开穴，每穴扦插 2～3 枝，顶端两节要露出土面，填土压紧，再盖土与地面齐平，浇水即可。

地瓜藤良种繁育的实施单位为贵州草喜堂医药有限公司，并提供了优良的地瓜藤苗。贵州草喜堂医药有限公司地瓜藤良种繁育基地与生长状况，见图 6-5。

三、规范化种植关键技术

（一）选地整地

1. 选地

地瓜藤资源调查结果及其生物学特性观察研究表明，地瓜藤喜生长于海拔 600～1200m 的山地林缘、山地灌草丛等有一定人为活动的地方，其对土壤适应性较强。坡度、坡向、水分及光照对其长势有一定影响。在坡度<45°的田边地头、果林及茶叶林中，在阳光充

足、土壤肥沃的区域，地瓜藤的长势较好，并可成为优势种群。

图 6-5　贵州草喜堂医药有限公司地瓜藤良种繁育基地与生长状况

2. 整地

宜在头年的 10～11 月或翌年的 2～3 月上旬，将所选的种植地土块敲细，翻深 20～30cm，人工除去地块中草根等杂物。起宽 1.2m、高 15cm、沟距 40cm 的厢面，再根据地瓜藤的营养特点及土壤的供肥能力，合理施足基肥（如每亩均匀地撒入 1500kg 腐熟农家肥及复合肥 20kg），与厢面土拌均匀，铺平整，浇透水。选地时，最好选择土层深厚、疏松肥沃、排水良好的熟地，在前作物收获后，及时浅耕，使土壤风化。新开荒的土宜种植一年农作物后再种地瓜藤。种植前再耙细两次。有条件应进行一次冬灌，第二年再翻耙一次并耙细，顺坡做成高 28cm、宽 1.5～2m、畦间距 30～40cm 的高畦或宽 40～50cm、高 27cm 的高畦。不宜连作。

（二）移栽定植

1. 栽植时间

春、秋季节种植，雨后阴天种植最好。移栽用苗要精选，苗根完整，无病虫，根不宜过小或过大。

2. 移栽方法

穴栽，挖穴时表土和底土必须分别堆放在畦上。穴栽是在整好的土地上进行，株行距

50cm×50cm，穴深 18～21cm，穴径 10～12cm，每穴定植 1 株，每亩需苗 2600 多株。移栽后覆土 3～4cm，压实并浇定根水。

（三）田间管理

1. 补苗

根据移栽后幼苗的成活情况，发现缺苗应及时补苗。

2. 中耕除草

在地瓜藤生长旺季，也是杂草生长的旺季，一般 4～6 月的地块，20 天除草 1 次。在郁闭度较高的地块内杂草相对较少，可适当减少除草次数。而 6 月以后，随地瓜藤的长势旺盛杂草生长受到一定抑制而变缓慢，可 30 天左右除草 1 次。除草时结合中耕松土与施追肥，以畦面少有杂草为度。

3. 适时排灌

地瓜藤喜湿润土壤环境，干旱会造成其生长停滞或死苗。在夏季一般连续晴 7～12 天，就必须进行人工浇水，并应于早晚进行。

在种植时，大田四周加开深沟，以利于及时排水。每月检查 1～2 次，发现沟内有积土，应立即排除积土，同时检查厢面是否平整，若不平整，应覆土，使之保持弓背形。大雨过后，要检查四周与厢沟是否排水畅通，若排水不畅通，应及时疏通。同时，检查厢面是否被冲洗，若有则覆土，使之保持弓背形。

4. 合理追肥

地瓜藤种植属于野生变家种的一个驯化过程，一律不施用化肥。

（四）主要病虫害防治

经调查，在地瓜藤野生变家种的实践中，目前尚未发现有明显病害。仅主要有斜纹夜蛾、小地老虎、象甲、蚜虫等虫害，应随时注意观察，加强综合防治。

1. 斜纹夜蛾

鳞翅目夜蛾科害虫，6～9 月为害地瓜藤叶片，常把叶片吃成缺刻状，严重时吃光所有叶片，只剩茎，严重影响地瓜藤的生长及药材质量。

防治方法：移栽前与秋冬收获后，铲除并拣尽田间及周围杂草。5～10 月，在田间挂佳多 PS-15Ⅱ频振式杀虫灯、安置 FWS-DBL-2 全自动智能型太阳能灭虫灯、黑光灯或糖醋挂排诱杀成虫。必要时，在 6～9 月幼虫为害期，用 20%的甲氰菊酯乳油稀释 1500～2000 倍均匀喷雾整个地瓜藤植株。

2. 小地老虎

一年发生多代，以蛹和幼虫越冬，卵散产于低矮杂草叶背或嫩茎上，4 月开始出现幼虫，幼虫以嫩叶为食，常将叶片吃成孔洞或缺刻，成虫以后常咬断地瓜藤幼苗嫩茎，将茎头拖入土穴取食，严重者造成缺苗，影响产量。虫害多发生在 4～5 月。

防治方法：移栽定植后，随时检查虫情，要及早喷药杀虫。可喷 5000 倍的 2.5%溴菊酯乳油水液，或喷 5000 倍的 10%氯氰菊酯乳油水液，或喷 800 倍的 90%敌百虫晶体水溶液等。一般 6～7 天后，可酌情再喷 1 次。

3. 象甲

成虫取食地瓜藤叶片成网眼状，严重者叶片枯黄；幼虫取食嫩芽后钻蛀顶端茎内，在茎秆内继续向下蛀蚀。幼虫对植株的为害比成虫严重。

防治方法：冬前深耕土壤，破坏其生存和越冬环境，立春及时清除地瓜藤种植地枯枝落叶，消灭越冬成虫。

4. 蚜虫

多在 4～6 月虫情稍严重，立夏前后，阴雨天蔓延更快，繁殖能力极强，种类繁多，群集于地瓜藤叶背面、嫩茎上，吸食植株的汁液，破坏细胞组织，造成植株生长失去平衡，叶片向背面卷曲皱缩，心叶生长受阻，严重时植株停止生长，甚至全株萎蔫枯死。蚜虫为害时，还排出大量水分和蜜露，滴落在下部叶片上，引起霉菌病发生，造成叶片生理机能障碍，减少干物质的积累。

防治方法：当田间百株蚜量达 500 头、益害比大于 1∶500 时，喷洒 40%乐果 1500 倍液或灭蚜松 1000～1500 倍液等杀灭蚜虫。

地瓜藤野生保护抚育与野变家种植生长发育状况，见图 6-6。

图 6-6　贵州草喜堂医药有限公司地瓜藤野生保护抚育与野变家生长状况

上述地瓜藤良种繁育与规范化种植关键技术，可于地瓜藤生产适宜区内，结合实际因地制宜地进行推广应用。

【药材合理采收、初加工、储藏养护与运输】

一、合理采收期与批号制定

（一）合理采收

1. 采收时间

经研究表明，贵州省地瓜藤 3～5 月为营养生长期，6～7 月为生长旺盛期，同时进入生殖初期，但种子未成熟，若此时采收，对来年的药材生长产生影响；8～9 月为生殖生长期，果实大量成熟，有些植株下部叶片开始干枯，产量最大。11 月时植株叶片脱落较多，产量低。结合实际与药材质量、产量及更有利于资源保护利用等因素，贵州产地瓜藤药材每年均可采收，但以 8 月上旬至 9 月中旬采收其地上部分入药最为适宜。

2. 采收方法

在地瓜藤采收前 30 天，应停止使用任何农药，以避免农药污染；采收前 3 天内对田间杂草等进行清除，以便于地瓜藤药材采收顺利进行与确保质量。

地瓜藤药材采收时以晴朗天气为宜，用锋利的镰刀沿地面割断连接处根茎，并戴上帆布手套拉取或用铁扒抓取方式进行采收。

（二）批号制定（略）

二、合理初加工与包装

（一）合理初加工

根据实验结果并结合实际生产与药农的经验，地瓜藤的干燥方法为阴（晾）干或晒干方式进行初加工。若连续遇雨则可烘干。

1. 净选

尽量除去地瓜藤药材上残余泥土、杂草等杂质，以保证地瓜藤药材的杂质含量不超标。

2. 阴（晾）干

将地瓜藤药材置干净、无污染、通风干燥的室内或避雨处自然晾干，每天翻动一次，并尽量除去地瓜藤药材根上残余泥土、杂草等杂质，以保证地瓜藤药材的杂质含量不超标。阴干至药材茎叶干脆。

3. 晒干

将采收的地瓜藤均匀撒于干净、无污染的晒坝上晒干。在晒干的过程中，用木棍翻动并尽量除去地瓜藤药材根上残余泥土、杂草等杂质，以保证地瓜藤药材的杂质含量不超标。晒至药材茎叶干脆。

4. 烘干

将采收的地瓜藤均匀铺于干净、无污染的烘房烘架上，50～60℃烘干至茎叶干脆。地瓜藤药材，亦可趁鲜切碎后再干燥供用。

地瓜藤药材的采收与初加工药材，见图6-7。

图6-7　地瓜藤药材采收与切碎药材

（二）合理包装

1. 包装前处理与抽样检验

（1）包装前处理：包装前，应将经初加工合格的地瓜藤药材集中堆放于干净、阴凉、无污染的室内回润（回润时间以情况而定，一般以24h为宜），以利打包。

（2）包装前抽样检验：包装前，应按照中药材取样法取样与依法检测，检测结果符合《贵州省中药、民族药质量标准》（2003 年版）或地瓜藤药材企业内控质量标准者，方可进入打包工序。

2. 包装设备、包装材料与压缩打包方法

（1）设备：中药材压缩机。压缩打包机机箱规格：机箱内径尺寸为 90cm×60cm，打

包件规格为 90cm（长）×60cm（宽）×40（cm）（高）。

（2）包装材料：裹包及缝合材料为透气的塑料编织布；捆扎材料使用铁丝。包装材料应清洁、干燥、无污染、无破损，并符合药材质量要求。

（3）压缩打包方法：

称量：用校正好的磅秤称取已回润的地瓜藤药材 40kg。装料：升起丝杆，取下压盖，将称好的地瓜藤药材装入箱内至满。压料：旋转丝杆，使压盖下降，将药材压实，照此重复 1～2 次，至药材全部装入打包箱压实至 900mm 处。捆扎：取下前后箱板，将压实的包用 4 根铁丝捆紧。随后把突出的铁丝扣用铗钳打入药材里。出箱并拴上质量合格证。

包装时必须严格按标准操作规程操作，并及时做好批包装记录等。

3. 包装技术要求与标志要求

（1）技术要求。打包件重量：40kg。打包件高度：40（cm）±5%。药材密度：190kg/m³±10%。打包件捆扎：捆扎材料横捆 4 圈，一圈结一死扣。裹包材料接缝：麻线缝合，针距小于 2cm。打包件外观：六面平整，八角饱满，药材裹包完好。压缩打包时药材含水量：10%～12%。

（2）标志要求。质量合格证：每个打包件内均附有产品合格证及质量合格的标志。药材标签：必须有药材名称、规格、重量（毛重、净重）、产地、批号、包装日期、包装工号、生产单位等。运输货签：必须有运输号码、品名、发货件数、到达站、收货单位、发货单位、始发站等。采用刷写并拴挂在打包件两端。包装储运标志：必须有"怕湿""防潮"等图标。

（3）临时堆放：将地瓜藤药材包装好后，按批号分别码垛堆放于打包间的临时堆放处，待入库。每天下班前必须入库。

三、合理储藏养护与运输

（一）合理储藏养护

地瓜藤药材以铁丝打捆（裸捆），再用编织袋包装，应于室温（25℃，湿度≤70%）贮藏。按照上述要求将地瓜藤药材包装后，应用无污染的转运工具将其运到库房，堆放于通风、干燥，并具备温湿度计、防火防盗及防鼠、虫、禽畜为害等设施的库房中贮藏。并要求合理堆放，堆码高度适中（一般不超 5 层），距离地面不小于 20cm，距离墙壁不小于 40cm。要求整个库房整洁卫生、无缝隙、易清洁。同时应依法随时做好台账、记录及定期、不定期检查等仓储管理工作。

（二）合理运输

地瓜藤运输过程中可用汽车、火车等交通工具进行运输，与其他运输方式比较，汽车运输可减少运输环节，可减少运输件的破损、散包，从而可减少损失和二次污染等。因此，选用汽车作为地瓜藤药材的主要运输方式与工具，但车厢必须清洁、干燥、透气，无污染，并能防雨、防潮。

【药材质量标准、质量检测与监控】

一、药材商品规格与质量检测

（一）药材商品规格

地瓜藤药材以无杂质、霉变、虫蛀、枯腐茎叶，身干，茎粗，叶多，色黄褐，质坚，易折，断面纤维性者为佳品。其药材商品规格为统货，现暂未分级。

（二）药材质量检测

按照《贵州省中药、民族药质量标准》（2003 年版）地瓜藤药材质量标准进行检测。

1. 来源

本品为桑科植物地瓜榕 *Ficus tikoua* Bur 的新鲜或干燥地上部分。秋季采收，除去杂质，鲜用或晒干。本品亦为贵州省少数民族用药。

2. 性状

本品藤茎呈圆柱形或略扁，外表棕褐色，分枝多，节略膨大，节上附生少数红棕色长须根。叶多卷曲，完整叶片展平后呈倒卵圆形，长 1.6～6cm，宽 2～4cm，先端急尖，基部钝或浅心形，稍呈耳状，边缘有波状疏齿。坚纸质，粗糙，上面被短刺毛，下面网脉明显，脉上有短粗毛，具叶柄。气微，味微涩。

3. 鉴别

（1）理化鉴别：取本品粉末 2g，加水 20mL，回流 1h，滤过，滤液用醋酸乙酯萃取 2 次，每次 10mL，合并醋酸乙酯萃取液，挥干，残渣加甲醇 1mL 使其溶解，滴加 5%α-萘酚乙醇溶液 2 滴，摇匀，沿管壁缓缓滴加硫酸 0.5mL，两液界面产生红棕色环。

（2）薄层色谱鉴别：取本品粉末 1g，加水 30mL，置水浴上加热回流 1h，冷却，滤过，滤液用稀盐酸调节 pH 至 2，用醋酸乙酯提取 2 次，每次 20mL，合并醋酸乙酯液，挥干，残渣加甲醇 1mL 使其溶解，作为供试品溶液。另取地瓜藤对照药材 1g，同法制成对照药材溶液。照薄层色谱法（《中国药典》2000 年版一部附录Ⅵ B）试验，吸取上述两种溶液各 5μL，分别点于同一硅胶 G 薄层板上，以甲苯-醋酸乙酯-甲酸（6：3：0.2）为展开剂，展开，取出，晾干，喷以 2%三氯化铁乙醇溶液，在 105℃加热至斑点显色清晰，置紫外线灯（365nm）下检视。供试品色谱中，在与对照药材色谱相应的位置上，显相同颜色的荧光斑点。

二、药材质量标准提升研究与企业内控质量标准制定（略）

三、药材留样观察与质量监控（略）

【药材生产发展现状与市场前景展望】

一、生产发展现状与主要存在问题

　　地瓜藤野生资源丰富，适应性极强，抗旱、耐涝、固土，对肥水要求不高，易栽种，易成活，漫延迅速，在丘陵、荒山、林下、河堤、护坡、房前屋后闲地等均可种植。地瓜藤在贵州省野生分布广，是贵州省特有优势资源，因其较强的固土性和迅速的漫延性而成为贵州省石漠化治理区域特有的新兴经济植物。因此，地瓜藤野生保护抚育及家栽种植应以石漠化地区、荒山荒坡野生抚育为主，人工育苗春季在石漠化地区、荒山荒坡开穴扦插后野生抚育为辅，一年四季均可栽种，栽种当年 9～10 月可采收，且多年生，藤茎入药，不需要每年重新栽种，只需在春、夏季适时除草，于春季除草或者收获后合理追肥即可。种植一年后可使荒山植被覆盖率达到 80% 以上，老藤亩产可达 500kg，鲜藤亩产 1000kg，每亩产值约达 2000 余元。例如，2014 年由兴仁县城北街道办事处及贵州省草喜堂医药有限公司实施，主管单位为兴仁县扶贫办的"地瓜藤野生抚育与示范种植项目"，其实施面积为 13500 亩（其中，城北办事处锁寨村育苗基地 50 亩，黄土老村 3000 亩，桥边居委会 2500 亩，丰岩村 5000 亩，大桥河居委会 3000 亩），产量达 6000t，以 2 元/kg 计，可获 1200 万元的可观效益。通过该项目的实施，使农业产业结构得到调整，有效解决农村劳动力就业，促进农民增收，2200 户 8420 人受益，促进 117 户贫困农户、447 贫困人口脱贫，增强了贫困群众种植地瓜藤产业的信心和决心，提高了农户发展农业产业的综合生产能力，使项目区贫困面貌得到改善，加快了贫困山区脱贫致富奔小康步伐。

　　但在苗药地瓜藤产业发展中，还存在不少问题。其主要表现在地瓜藤的野生保护抚育与野变家种植尚需进一步探索，生产规模还较小，经济效益还不高，有关基础研究工作还不够，尤其是优质高产种源与优良品种选育、深度开发研究与产业化发展更需进一步加强；与基地配套的有关政策、资金与人才培养、市场开拓等尚需进一步加以支持，否则药农生产积极性将受到影响。

二、市场需求与前景展望

　　现代研究表明，地瓜藤含有 Hydroxyalpinum isoflavone（1）（分子式 $C_{20}H_{16}O_6$）、佛手柑内酯（2）、β-豆甾醇（3）、齐墩果酸（4）、β-谷甾醇（5）、香草酸（6）和 2,6-二甲氧基-1,4-苯醌（7）。其中，化合物（1）、（3）、（6）、（7）为首次从该种植物中分离得到，亦有报道其含有 4-豆甾烯-3-酮、佛手内酯、β-香树脂醇、香豆酸甲酯、咖啡酸甲酯、尿囊素、胡萝卜苷等。尚有报道，地瓜藤提取物（浓度为 $1mg \cdot mL^{-1}$）对酪氨酸酶的激活作用调控最为显著，达 64.58%，较相同浓度的补骨脂阳性对照组激活率高，且发现地瓜藤提取物中含有的活性物对酪氨酸酶，具有非竞争性激活和混合型激活多重激活作用，地瓜藤提取物对酪氨酸酶活性在体外的这一显著激活作用，为色素减退或色素脱失皮肤病（如白癜风）的治疗提供了实验证据。同时，还以地瓜藤为主药开发了调经养颜胶囊等制剂，临床实践证明其疗效满意。

自古以来，地瓜藤就是贵州苗、布依、彝等民族广泛习用的民族药。如黔西南州兴仁、安龙、贞丰、兴义等地民族民间多知其药性凉，味苦、微涩，具有清热利湿，收敛止痢，解毒消肿，活血通络，治跌打损伤等功效，常用于肺热咳嗽、痢疾、泄泻、黄疸、水肿、小儿消化不良、风湿疼痛等症。近年来，兴仁中医院还在研究开发利用地瓜藤全草提取物制成的粘贴剂，其功效有抗炎、促进伤口愈合等。

在实践中，已证明苗药地瓜藤具有较为独特优势，可用荒山荒坡抚育种植，可有效节约耕地，是农民增产增收的好途径。地瓜藤根茎繁多，生长速度快，并且有喜在岩石缝中生长的习性，是改善石漠化，保护水土流失的有效途径，利于生态治理，能有效保护生态环境。通过地瓜藤保护抚育、种植及开发研究，能打破单一性苗家传统用药，使地瓜藤更好走向广阔的药用市场。地瓜藤保护抚育、种植及开发研究建设，符合国家政策要求，对地瓜藤规范化、标准化、规模化种植基地建设具有支撑作用，对于地方经济和产业结构调整具有积极推进作用。

随着国内外回归自然，以及中医药的兴起，必将有力促进地瓜藤这一中药民族药资源的保护抚育、规范化种植及其产业化，并向绿色无污染的中药民族药大健康产业的方向发展，将大力深入开发以地瓜藤为主药的中药民族药新药及其大健康相关产品，更将符合当前国内外人们的消费趋势。同时，地瓜藤还在饲料添加剂等方面广为应用。总之，贵州苗药地瓜藤研究开发潜力极大，市场前景十分广阔。

主要参考文献

蔡毅，郭敏，莫永奎，等. 2006. 地瓜藤的显微鉴别[J]. 中国中药杂志，（23）：1995-1996.

成英，宋九华，刘素君. 2014. 地瓜藤提取物的 GC-MS 成分研究[J]. 乐山师范学院学报，12（12）：52-53.

关永霞，杨小生，佟丽华. 2007. 苗药地瓜藤化学成分的研究[J]. 中草药，38（9）：342-344.

郭良君，谭兴起，郑巍，等. 2011. 地瓜藤化学成分研究[J]. 中草药，29（9）：1709-1711.

何祥养. 2003. 添加新鲜地瓜藤青饲料对母猪繁殖性能的影响[J]. 福建畜牧兽医，4：32-34.

邬家林，谢宗万. 2003. 分类草药性的版本与内容特点[J]. 中药材，1：38-39.

熊丽丹，李利. 2012. 地瓜藤提取物对酪氨酸酶的激活作用[J]. 中国现代中药，14（3）：25-28.

钟小清，徐鸿华. 2000 榕属药用植物研究概况[J]. 中草药，31（9）：84-85

（温玉波　黄琼珠　冉懋雄）

7　杠　板　归

Gangbangui

POLYGONI PERFOLIATI HERBA

【概述】

　　杠板归原植物为蓼科植物杠板归 *Polygonum perfoliatum* L.。别名：犁头刺藤、老虎利、河白草、霹雳木、方胜板、倒金钩、烙铁草、倒挂紫金钩、犁尖草、括耙草、龙仙草、鱼尾花、三木棉、退血草、刺犁头等。以干燥全草入药，《中国药典》（2015 年版）收载，称其味酸，性微寒。归肺、膀胱经。具有清热解毒、利水消肿、止咳功能。用于治疗咽喉肿痛、肺热咳嗽、小儿顿咳、水肿尿少、湿热泻痢、湿疹、疖肿、蛇虫咬伤等。杠板归又是贵州苗药，其苗药名为"Jab eb wal nangl"（近似汉音译："加欧万朗"）。苗医或苗族民间以其地上部分或全草为药用部位，并多鲜用，亦可晒干或阴（晾）干用。杠板归具有清热解毒、利水消肿、散瘀止血功能。主治感冒发热、泻痢、湿疹、水肿、淋浊、带下、吐血、便血、疔疮痈肿、跌仆肿痛、蛇虫咬伤等疾患。

　　杠板归药用历史悠久，始载于明代龚廷贤著《万病回春》（1587 年）。其云："此草（杠板归）四、五月生，至九月见霜即无。叶尖青，如犁头尖样，藤有小刺，有子圆黑如睛。"清代何谏撰《生草药性备要》（1711 年）为一部草药专著，其收载多为民间常用草药，列性味功治，从文中用字（如煲、嚛等）和提及地名（如佛山南泉等），似为广东地方本草。该书收载的杠板归这一草药云："芽梗俱有勒，子蓝色，可食。"清代赵学敏撰《本草纲目拾遗》（1803 年），收载的杠板归名为"雷公藤"，云："雷公藤，生阴山脚下，立夏时萌发，独茎蔓生，茎穿叶心，茎上又发叶，叶下圆上尖如犁靶，又类三角枫，枝梗有刺。"清代吴其浚著《植物名实图考》（1848 年）曰："刺犁头，江西、湖南多有之。蔓生、细茎，微刺茸密，茎叶俱似荞麦。开小粉红花成簇，无瓣，结碧实有棱，不甚圆，每分叉处有圆叶片似蓼。"以上所述形态及《植物名实图考》之附图，特征与今蓼科植物杠板归相一致。从上可见，我国药用杠板归，自有记载以来已有 400 多年的历史。

　　现代医籍对杠板归亦有不少记载。例如，《广西中药志》（1963 年，第二册）收载的杠板归，主要用于治疗湿痛。《全国中草药汇编》（1975 年，上册）收载的杠板归，主要用于治疗上呼吸道感染、气管炎、百日咳、急性扁桃体炎、肠炎、痢疾及肾性水肿等，外用治疗带状疱疹炎、湿疹、痈疖肿痛、蛇咬伤。《苗族医药学》（1992 年）、《贵州苗族医药研究与开发》（包骏、冉懋雄主编，1999 年）及《中华本草·苗药卷》（《中华本草》编委会，2005 年）等专著均载。杠板归既是我国常用中药，也是贵州目前苗药中研究应用较为深入的著名常用特色药材。

【形态特征】

　　杠板归为一年生草本，茎攀缘，多分枝，长可达 8m。茎常带红褐色，具棱角，沿棱有倒生钩刺，无毛。叶片近于正三角形，长 2～10cm，底边宽 3～10cm，先端钝尖，基部截形或微心形，表面绿色，无毛，背面淡绿色，沿叶脉疏生钩刺，叶柄长 2～8cm，有棱线，沿棱疏生钩刺，无毛，与叶片盾状着生，托叶鞘草质叶状，近圆形，全缘，直径 2～3.5cm，抱茎。花序短穗状，顶生或腋生，苞片宽卵形，内有 2～4 花，花被 5 裂，白色或粉红色，果期稍增大，呈肉质，深蓝色；雄蕊 8 枚，略短于花被；花柱 3，柱头头状。瘦果球形，直径 3～4mm，黑色有光泽，包于蓝色、稍肉质的增大花被内。花期 6～8 月，果期 8～9 月。杠板归植物形态见图 7-1。

图 7-1　杠板归植物形态图

（墨线图引自《中华本草》编委会，《中华本草·苗药卷》，贵州科学技术出版社，2005）

【生物学特性】

一、生长发育习性

杠板归为一年生植物。3 月初种子播种，在播种 15～20 天后开始发芽，幼苗多在 30 天后长出土面。3～5 月为其营养生长期，3 月生长速度最慢。6～7 月为生长旺盛期，6 月生长速度最快，并进入生殖初期，在 6 月上旬即开始有花蕾出现，6 月上旬至 6 月下旬为初花期，7 月为盛花期，7 月下旬开始由初花期过渡到初果期。8～9 月为生殖生长期，果实大量成熟，成熟时完全包被于蓝色多汁的肉质花被内，花被容易脱落，有些植株下部叶片开始干枯，10 月下旬植株几乎都已干枯至枯死，结束一个生育周期。

二、生态环境要求

杠板归喜生长于海拔 400～2000m 的山地林缘、果林、茶场、耕地附近、丢荒地、房前屋后、火烧山、墓地、公路边、倒土场、山地灌草丛等有一定人为活动的地方，在人为活动较少的原始森林和茂密的次生林中很少有分布。其在森林覆盖率较大的地区少见，在植被保存较为完好的原始森林还未发现。在生长茂密的次生林或人工林中也很少有分布。经观测，杠板归对生态环境的主要要求是：

气候：杠板归要求年均温在 12～16.5℃，≥10℃的年活动积温在 4000～6000℃，最冷月均温 4～8℃，绝对最低温为-10～-3℃，全年无霜期 225～280 天，冬季一般有降雪和结冰。平均降水量在 775～1400mm，局部地区可达 1400mm 以上。

土壤：杠板归对土壤适应性较强，既能在酸性黄壤、红黄壤中生长，又能发育在石灰岩上的钙质土中，为果林、茶场及田边地头的常见杂草，往往攀附于其他灌乔木或草丛。坡度、坡向、水分及光照对其长势有一定影响。

植被：杠板归主要生长于农田、荒地、退耕还林地、地埂、田边、果林、茶场、村寨、路旁、施工迹地以及石灰岩山地灌草丛和林缘。在该类生态环境中，植被相对比较单一，主要以禾本科、菊科、蓼科、蔷薇科、山茶科、金星蕨科、蕨科、漆树科、桑科等的一些草本或小灌木为其主要地被植物。

【资源分布与适宜区分析】

据文献记载与调查，杠板归在我国除西藏、青海、新疆外，全国各地均有分布。其在不丹、尼泊尔、印度、印度尼西亚、菲律宾、越南、日本、韩国和俄罗斯等亦有分布。

贵州是我国杠板归主要分布区之一，全省各地均有分布。经调查，杠板归野生资源蕴藏量，以黔西北、黔中、黔北、黔西南等地为多，尤以毕节市的七星关区、大方、黔西、金沙等，遵义市的仁怀、湄潭、凤冈等，贵阳市的清镇、修文、开阳、花溪等，黔南州的龙里、惠水、长顺等，安顺市的平坝等地较为集中，往往成片生长。其蕴藏量在 100t 以上。其次为遵义、开阳、息烽、瓮安、福泉、贵定、都匀、黄平、独山、镇宁、普定、纳雍、威宁、水城、六枝等地。

杠板归在贵州省的最适宜区主要包括黔西北（七星关、大方、黔西）、黔北（贵阳市清镇、修文、遵义）等地域。在此区域内，有较为集中的野生杠板归资源分布，气候、土壤等自然条件适宜杠板归的生长发育。经对比检测，其药材质量好而产量高，并具备交通便利、社会经济及人文环境较好等发展药材生产的优良条件，故可规划为杠板归规模化生产的最适宜发展区。杠板归在贵州省的适宜区主要包括黔中（平坝、紫云、开阳）、黔南（龙里、惠水、长顺）等地域。在此区域内，有一定的野生杠板归资源分布，气候、土壤等自然条件基本适宜杠板归的生长发育。

除上述生产适宜区外，贵州省其他各县（市、区）凡符合杠板归生长习性与生态环境要求的区域均为其生产适宜区。

【生产基地合理选择与基地环境质量检（监）测评价】

一、生产基地合理选择与基地条件

按照杠板归生产适宜区优化原则与其生长发育特性要求，选择其最适宜区或适宜区并具有良好社会经济条件的地区建立规范化生产基地。例如，贵州远程制药公司已在贵阳市乌当区水田镇选建了杠板归规范化种植基地，见图 7-2。贵阳市乌当区水田镇地处云贵高原东部向西部高原过渡地带，海拔 1400～1645m，具有明显的北亚热带湿润季风气候特征。全年气候温和，雨量充沛，年平均气温为 15.3℃，年极端最高温度为 35.1℃，年极端最低温度为–7.3℃，年平均日照时数为 1148.3h，平均无霜期 288 天，年平均相对湿度为 78%，年平均总降水量为 1129.5mm，夏季雨水充沛，约 500mm，夜间降水量占全年降水量的 70%。土壤大多为微酸性到中性的黄泥土和黄沙泥土，少部分为石灰土旱地。林地面积 11201.4hm²，森林覆盖率达 48%。乌当区水田镇距省会贵阳约 26km，离区政府所在地新添寨约 16km，当地党政对杠板归规范化种植基地建设高度重视，当地农户有种植药材的经验和积极性，基地远离城镇，周围无污染源，交通便利，社会经济条件良好。

图 7-2　贵州贵阳市乌当区杠板归规范化种植基地

二、生产基地环境质量检（监）测与评价（略）

【种植关键技术研究与推广应用】

一、种质资源保护抚育

杠板归分布广泛，野生资源丰富。经调研，我们在贵州省毕节市七星关区、大方县、黔西县等地选建杠板归保护与抚育基地。按照杠板归的自然分布、种群密度，以及生物多样性和环境状况等，确定杠板归封山育药区、补种抚育区、实生苗抚育更新区及实行轮采制度等，并在抚育基地内经有关杠板归药材质量与产量等对比研究的基础上，选定一定区域作为"杠板归种源地"，加以重点保护与抚育。

在毕节市七星关区、大方县、黔西县建立的杠板归保护与抚育基地，按照中药材野生资源保护抚育的要求，重点进行如下保护抚育工作。

1. 加强组织管理

依靠毕节市七星关区、大方县、黔西县当地党政有关部门及各乡镇的组织协调，在深入杠板归野生资源分布区,调查各村民组及各村民所有自然林地等杠板归的自然分布基础上,得到杠板归分布的第一手资料,依靠当地党政和群众,确定保护区与抚育区,签署共同建立野生保护基地协议,共同创建杠板归野生保护基地。与基地县、镇(乡)、村各级行政机构建立友好协作关系,取得当地党政切实支持,加强宣传教育,按照国家有关野生植物保护的法律法规和相关政策,建立乡规民约,出台护药告示,签订杠板归收购合同及聘请护药员等,切实加强组织管理,做好杠板归保护抚育。

2. 封山抚育技术

按所制订的杠板归药材轮采制度和采收管理规程,实行封山育药,搞好封禁,严禁在杠板归野生保护基地内乱采滥伐。在做到封山育药的同时,对杠板归野生保护基地做好合理分片采收计划与实施,以达杠板归野生资源的可持续利用与自然繁衍的良性循环,保持与增加野生杠板归的种群数量。各个野生保护基地的护药员每月至少巡山护药两次,填写好巡山记录,及时向基地管理员汇报护药情况。巡山护药的主要内容为:巡察杠板归生长地有无乱砍滥伐、乱挖杠板归、山火烧坡、放牧牛羊等人为破坏现象及进行杠板归补种等抚育管理。

3. 实行补种抚育

在划定的保护抚育区内,选择野生杠板归生长不均匀的地块或适合杠板归生长,但又无野生杠板归生长的地块进行补植操作,以增加抚育区内杠板归的种群数量和产量。杠板归补植时间为雨后,补植时按照其技术操作规程(SOP)的栽植方法进行,其株行距结合基地实际灵活掌握,不得损伤野生分布杠板归植株。补植后应对补植苗进行成活检查,如发现有死苗或生长不正常的苗时,应及时补苗。不保湿的地块需要进行适当灌溉。

4. 实行轮采制度

根据杠板归实地考察调研的第一手资料,进行实地抽样调查核实,以确定杠板归在该产区的自然分布情况,确定保护抚育面积,在各保护抚育区的地形图上标明,作为保护抚育基地,并注明其坡度、河流、水源、路径及最近的居民居住点等,以便管理。确定保护抚育基地区域后,抽样调查杠板归的资源类型,包括其种群密度、分布状况,并调查地形、地貌、土壤、气候等环境状况及药材质量等。然后根据杠板归生态环境和群落类型,以最大持续产量原则,确定自然最大持续产量的数量指标,建立合理的轮采制度,以利保护抚育区内杠板归的自我修复。

二、良种繁育关键技术

(一)种质来源、鉴定与采集保存

1. 种质来源与鉴定

在杠板归资源调查的基础上,分别从贵州省黔西、兴仁、大方等地,以及广西壮族自治区的西林,湖南省的古丈,四川省的宜宾,重庆市的秀山等地,引种杠板归种质资源50余个,建立种质资源圃和种子保存库,并进行良种选育等工作。收集的杠板归种质资源，都由贵阳中医学院何顺志教授鉴定为蓼科植物杠板归 *Polygonum perfoliatum* L.。

2. 优良种株的选择及管理

在杠板归种质资源圃内，对引种于不同地区杠板归的生长发育、产量及主要药效成分槲皮素含量等进行品比试验与观测研究，以确定其优良种源。

例如，贵州远程制药有限责任公司通过此项研究，筛选出一个优良种源，并在毕节市七星关区基地建立杠板归优良种源基地，对该基地实行封禁专人抚育管理，并对该优良种源的原产地进行保护（图7-3）。

图 7-3　贵州远程制药公司建立的杠板归良种繁育基地（贵阳市乌当区水田镇）

3. 采种与保存技术

（1）种子采收期：每年8月初至9月初，杠板归穗状果序上宿存花被片变成蓝色，种子呈黑色时方可采收。

（2）种子采收与保存方法：在晴天上午无露水时进行采收。采收时将穗状果序放于掌内，小指、无名指、中指与食指向掌心并拢轻按果序，拇指来回轻捏穗状果序，成熟种子自然落于掌心（未成熟的种子留在果序上成熟后再采集），然后将成熟种子放置于随身携带的竹筐等透气的容器内，带回去除花被片后，可于布袋室温储存或混沙室温储存。使用上法储存一年后，布袋室温储存的发芽率从96.6%下降到94.3%；混沙室温储存的发芽率从96.6%下降到94.2%。

（二）种子品质检验与质量标准

1. 种子质量检验

（1）扦样：按GB/T3543.2农作物种子检测方法执行。种子批最大量为50kg/袋，分装10袋，5kg/袋。用单管扦样器每袋都扦样，抽取送检样品100g。

（2）净度分析：杠板归种子净度是指种子清洁、干净、饱满的程度。用电子分析天平称取等量的杠板归（三组平行），做好记录，去杂质后再次分别称取其重量，记录，用上述计算方法得出各组净度，求其平均值得该种源种子净度。

（3）千粒重测定：按GB/T3543.7农作物种子检测规程其他项目检验重量测定进行测

定。杠板归种子采用千粒法测定千粒重。

（4）成熟度测定：按 GB/T3543.7 农作物种子检测规程其他项目检验生活力检测方法进行测定。随机抽取定量数的杠板归种子（三组平行）检测胚乳发育情况。计算成熟度：种子的成熟度=有胚乳种子粒数/总数×100%。

（5）纯度鉴定：按 GB/T3543.5 农作物种子检测方法执行。

2. 种子质量标准

结合实际制订了杠板归种子企业标准（试行），见表 7-1。

表 7-1　杠板归种子质量标准（试行）

级别	外观	净度/%	千粒重/g	成熟度/%	纯度/%
一级	圆形，黑色，有光泽，饱满，无破损，无霉变，无病虫害	≥90	≥19	≥99	≥99
二级		≥85	≥18	≥90	≥99
三级		≥80	≥17	≥80	≥99

注：低于三级标准的杠板归种子即为不合格种子，不可用于播种。

（三）种子育苗与苗期管理

1. 种子播种前处理

杠板归种子播种前以温水浸泡 24h 后，将种子与含水量为 20% 的湿沙（3：1）混合均匀，用布袋装好，放置在阴凉处，用湿布覆盖以保温保湿进行催芽，当种子有 30% 左右裂口露白时，即可取出播种（图 7-4、图 7-5）。

2. 苗圃选择与苗床准备

（1）种苗地准备：在试验示范基地中选择较为平坦的地块为种苗地。再用旋耕机将所选地块土块敲细，翻深 15～25cm，人工除去地块中草根等杂物。起宽 1.2m、高 15cm、沟距 40cm 的畦面。

（2）苗床准备：每亩均匀地撒入 1500kg 腐熟农家肥及复合肥 20kg 作基肥，与畦面土拌均匀，铺平整后以供育苗播种用。

图 7-4　杠板归种子萌发过程　　　　图 7-5　杠板归种苗

3. 播种

（1）种子选择：根据杠板归种子质量标准（试行），选取净度≥80%、千粒重≥17g、成熟度≥80%、纯度≥99%，有光泽、饱满无破损、无霉变、无病虫害的种子，用水选法进行筛选，将漂浮的空瘪种子去除。

（2）播种时间：杠板归秋播以11月中旬为宜，春播以2月下旬和3月初为好。

（3）播种方法：在准备好的苗床上先浇透水，用撒播的方式，按100～150粒/m²的比例撒入种子，再用细土均匀覆盖种子。

4. 苗期管理

杠板归幼苗期比较脆弱，需要精心管理。天气干燥时，要适时进行浇水。出苗后，随时除去苗床杂草，保持清洁，以保证幼苗正常生长。随时进行观察，发现病害幼苗，及时人工移除，并在植株移除处撒石灰，发现病虫害时要及时进行防治。

5. 起苗转运

选阴雨天，在苗床中带土挖起生长良好的杠板归苗，统一平放入事先铺有透明塑料袋的周转箱内，在根部浇适量水后，转运栽种。将合格的杠板归幼苗按50cm×50cm株行距转运栽种到已施底肥的种植地中。

6. 种苗质量标准

将杠板归种苗划分为三个等级标准（试行），见表7-2。

表7-2　杠板归种苗质量标准（试行）

级别	外观	苗高/cm	真叶数/片	茎径/mm
一级	苗整齐均匀，叶绿质厚，茎多紫红被白霜，脆，根系完整，长多在5～9cm，主根发达，健壮，无病虫害	12～15	≥7	≥1.5
二级	苗整齐均匀，叶绿质厚，茎多紫红被白霜，脆，根系完整，长多在3～8cm，健壮，无病虫害	9～11	≥6	≥1.2
三级	苗整齐均匀，叶绿质厚，茎多紫红被白霜，脆，根系完整，细长，长多在3～7cm，健壮，无病虫害	6～8	≥5	≥1

注：低于三级的杠板归种苗为不合格种苗，不可用于栽种。苗茎径：杠板归种苗与地面连接处茎的直径。

三、规范化种植关键技术

（一）选地整地与移栽定植

1. 选地整地

根据杠板归资源调查结果及其生物学特性观察研究显示，杠板归喜生长于海拔400～2000m的山地林缘、山地灌草丛等有一定人为活动的地方，其对土壤适应性较强。坡度、坡向、水分及光照对其长势有一定影响。在坡度<45°的田边地头、果林及茶叶林中，在阳光充足、土壤肥沃的区域，杠板归的长势较好，往往成为优势种群。

在头年的10～11月或来年的2～3月上旬，用旋耕机将所选的育苗地和种植地土块敲细，翻深 15～25cm，除去地块中草根等杂物。垄宽 1.2m、高 15cm、沟距 40cm 的厢面，再根据杠板归的营养特点及育苗地土壤的供肥能力，合理施足基肥（每亩均匀地撒入 1500kg 腐熟农家肥及复合肥 20kg），与厢面土拌均匀，铺平整，浇透水。

2. 移栽定植

3 月下旬至 4 月下旬，将合格的杠板归幼苗按 50cm×50cm 株行距转运栽种到已施底肥的种植地中。

（二）田间管理

1. 补苗

根据移栽后幼苗的成活情况，发现缺苗应及时补苗。

2. 中耕除草

在杠板归生长旺季，也是杂草生长的旺季，于 4～6 月的一般地块（指裸地），20 天除草一次；在郁闭度较高的地块内杂草相对较少，可适当减少除草次数；而 6 月以后，随杠板归的长势旺盛杂草生长受到一定抑制而变缓慢，可 30 天左右除草一次。除草时结合中耕，以畦面少有杂草为度。

3. 适时灌溉与排水防涝

杠板归喜湿润土壤环境，若干旱则会造成其生长停滞或死苗。在夏季一般连续晴 7～12 天，就必须进行人工浇水，并应于早晚进行。

在种植时，大田四周加开深沟，以利于及时排水。每月检查 1～2 次，发现沟内有积土，应立即排除积土，同时检查厢面是否平整，若不平整，应覆土，使之保持弓背形。大雨过后，要检查四周与厢沟是否排水畅通，若排水不畅通，应及时疏通。同时，检查厢面是否被冲洗，若有则覆土，使之保持弓背形。

4. 搭架

利用保护抚育地的现有树干或灌木作支架，有目的地较规则地牵引搭架，以利其生长；或用竹木作支架于杠板归保护抚育地或种植地中，模仿其野生灌丛攀枝搭架，以利于杠板归的生长（图 7-6）。

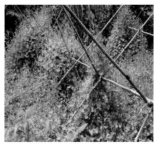

图 7-6　杠板归牵引搭架

5. 主要病虫害防治

在实践中，现发现为害杠板归的常见害虫主要有象甲、小地老虎、蚜虫及尺蛾幼虫等，目前尚未发现有明显病害。但杠板归病虫害的防治，必须遵循"预防为主，综合防治"的原则，要坚持"早发现、早防治，治早治小治了"，要选择高效低毒低残留的农药对症下药地进行防治。

（1）象甲：象甲成虫取食杠板归叶片呈网眼状，严重者叶片枯黄；幼虫取食嫩芽后钻蛀顶端茎秆内，在茎秆内继续向下蛀蚀，直至老熟后钻出茎秆入土为蛹（图 7-7）。幼虫对植株的为害比成虫严重。

防治方法：冬前深耕土壤，破坏其生存和越冬环境，立春及时清除杠板归种植地枯枝落叶，消灭越冬成虫。

（2）小地老虎：一年发生多代，以蛹和幼虫越冬，卵散产于低矮杂草叶背或嫩茎上，4 月开始出现幼虫，幼虫以嫩叶为食，常将叶片吃成洞孔或缺刻，成虫以后常咬断杠板归幼苗嫩茎，将茎头拖入土穴取食，严重者造成缺苗，影响产量。虫害多发生在 4～5 月。其幼虫有假死习性（受惊后缩成环形）、迁移性和相互残杀的习性（图 7-8）。

防治方法：移栽定植后，随时检查虫情，田间调查达 0.5 头/m² 以上时，要及早喷药杀虫。可喷 5000 倍的 2.5%溴菊酯乳油水液，或喷 5000 倍的 10%氯氰菊酯乳油水液，或喷 800 倍的 90%敌百虫晶体水溶液等。一般 6～7 天后，可酌情再喷 1 次。在实践中我们喷 20%的甲氰菊酯乳油 1500 倍液取得了很好的防治效果。

（3）蚜虫：多发生在 4～9 月，4～6 月虫情稍严重，立夏前后，阴雨天蔓延更快，繁殖能力极强，种类繁多，形态各异，群集于杠板归叶背面、嫩茎上，吸食植株的汁液，破坏细胞组织，造成植株生长失去平衡，叶片向背面卷曲皱缩，心叶生长受阻，严重时植株停止生长，甚至全株萎蔫枯死。蚜虫为害时还排出大量水分和蜜露，滴落在下部叶片上，引起霉菌病发生，使叶片生理机能受到障碍，减少干物质的积累（图 7-9）。

防治方法：当田间百株蚜量达 500 头、益害比大于 1∶500 时，喷洒 40%乐果 1500倍液或灭蚜松 1000～1500 倍液等杀灭蚜虫。

图 7-7　象甲为害杠板归

图 7-8　小地老虎为害杠板归幼苗　　图 7-9　蚜虫为害杠板归枝条

上述杠板归良种繁育与规范化种植关键技术，可于杠板归生产适宜区内，并结合实际因地制宜地进行推广应用。

【药材合理采收、初加工、储藏养护与运输】

一、合理采收期与批号制定

（一）合理采收

1. 采收时间

经研究表明，杠板归叶的槲皮素含量高于其茎。贵州省杠板归 3～5 月为营养生长期，6～7 月为生长旺盛期，同时进入生殖初期，但种子未成熟，若此时采收，对来年的药材生长产生影响。8～9 月为生殖生长期，果实大量成熟，有些植株下部叶片开始干枯，产量最大。10 月时植株几乎都已干枯，叶片脱落较多，产量低。结合实际与药材质量、产量及有利于资源保护利用等因素，贵州产杠板归药材每年均可采收，但以 8 月上旬至 9 月中旬，采收其地上部分入药最为适宜。

2. 采收方法

杠板归采收前 30 天，应停止使用任何农药，以避免农药污染；采收前 3 天内对田间杂草等进行清除，以便于杠板归药材采收顺利进行与确保质量。

杠板归药材采收时以晴朗天气为佳，用锋利的镰刀沿地面割断连接处根茎，并戴上帆布手套拉取或用铁扒抓取方式进行采收。

（二）批号制定（略）

二、合理初加工与包装

（一）合理初加工

根据试验结果并结合实际生产与药农的经验，杠板归的干燥方法首选阴（晾）干方式进行初加工。若连续遇雨则可采用烘干方式。

1. 净选

除去杠板归药材上残余泥土、杂草等杂质，以保证杠板归药材的杂质含量不超标。

2. 阴（晾）干

将杠板归药材置干净、无污染、通风干燥的室内或避雨处自然晾干，每天翻动一次，并除去杠板归药材根上残余泥土、杂草等杂质，以保证杠板归药材的杂质含量不超标。阴干至药材茎叶干脆。

3. 晒干

将采收的杠板归均匀撒于干净、无污染的晒坝上晒干。在晒干的过程中，每天用木棍翻动 3 次，并除去杠板归药材根上残余泥土、杂草等杂质，以保证杠板归药材的杂质含量不超标。晒至药材茎叶干脆。

4. 烘干

若遇连续雨天则将采收的杠板归均匀铺于干净、无污染的烘房烘架上 50～60℃烘，在烘干的过程中，每天三次（早、中、晚各一次）打开烘房查看温度及药材干燥程度等，烘干时间为 3.5～8h，药材烘至茎叶干脆（图 7-10）。

图 7-10　杠板归药材（左：干品；右：切段品）

（二）合理包装

1. 包装前处理与抽样检验

（1）包装前处理：包装前，应将经初加工合格的杠板归药材集中堆放于干净、阴凉、无污染的室内回润（回润时间视情况而定，一般以 24h 为宜），以利打包。

（2）包装前抽样检验：包装前，应按照中药材取样法取样与依法检测，检测结果符合《中国药典》（2015 年版一部）或杠板归药材企业内控质量标准者，方可进入打包工序。

2. 包装设备、包装材料与压缩打包方法

（1）设备：中药材压缩机。压缩打包机机箱规格：机箱内径尺寸为 90cm×60cm，打包件规格为 90cm（长）×60cm（宽）×40cm（高）。

（2）包装材料：裹包及缝合材料为透气的塑料编织布；捆扎材料使用铁丝。包装材料

应清洁、干燥、无污染、无破损，并符合药材质量要求。

（3）压缩打包方法：

称量：用校正好的磅秤称取已回润的杠板归药材 40kg。装料：升起丝杆，取下压盖，将称好的杠板归药材装入箱内至满。压料：旋转丝杆，使压盖下降，将药材压实，照此重复 1～2 次，至药材全部装入打包箱压实至 900mm 处。捆扎：取下前后箱板，将压实的包用 4 根铁丝捆紧。随后把突出的铁丝扣用铁钳打入药材里。出箱并拴上质量合格证。

包装时必须严格按标准操作规程操作，并应做好批包装记录，其内容主要包括药材名称、规格、重量（毛重、净重）、产地、批号、包装工号、包装日期、生产单位等。

3. 包装技术要求与标志要求

（1）技术要求：

打包件重量：40kg。打包件高度：40cm±5%。药材密度：190kg/m³±10%。打包件捆扎：捆扎材料横捆 4 圈，一圈结一死扣。裹包材料接缝：麻线缝合，针距小于 2cm。打包件外观：六面平整，八角饱满，药材裹包完好。压缩打包时药材含水量：10%～12%。

（2）标志要求：

质量合格证：每个打包件内应均附有产品合格证及质量合格的标志。药材标签：必须有药材名称、规格、重量（毛重、净重）、产地、批号、包装日期、包装工号、生产单位等。运输货签：必须有运输号码、品名、发货件数、到达站、收货单位、发货单位、始发站等。采用刷写并拴挂在打包件两端。包装储运标志：必须有"怕湿""防潮"等图标。

（3）临时堆放：将杠板归药材包装好后，按批号分别码垛堆放于打包间的临时堆放处，待入库。但每天下班前必须入库。

三、合理储藏养护与运输

（一）合理储藏养护

不同杠板归药材包装方式和不同贮藏条件，对其药材质量均有一定影响。根据上述试验研究结果，并结合多年药材生产实践及经济效益考虑，杠板归药材以铁丝打捆（裸捆），再用编织袋包装，室温贮藏（25℃，湿度≤70%）即可。

按照上述要求将杠板归药材包装后，应用无污染的转运工具将其运到库房，堆放于通风、干燥，并具备温湿度计、防火防盗及防鼠、虫、禽畜为害等设施的库房中贮藏。并要求合理堆放，堆码高度适中（一般不超 5 层），距离地面不小于 20cm，距离墙壁不小于 30cm。要求整个库房整洁卫生、无缝隙、易清洁。同时应依法随时做好台账、记录及定期、不定期检查等仓储管理工作。

（二）合理运输

杠板归运输过程中可用汽车、火车等交通工具进行运输，与其他运输方式比较，汽车运输大大减少了运输环节，减少了运输件的破损、散包，从而减少了损失和二次污染等。因此，选用汽车作为杠板归药材的主要运输方式与工具，但车厢必须清洁、干燥、透气、无污染，并能防雨、防潮。

【药材质量标准、质量检测与监控】

一、药材商品规格与质量检测

（一）药材商品规格

杠板归药材以无杂质、霉变、虫蛀、枯腐茎叶，身干，茎粗，叶多，色黄白，质坚，易折，断面纤维性者为佳品。其药材商品规格分为三个等级。

一级：干货。茎略呈方柱形，有棱角，多分枝，棱角上有倒生钩刺，茎粗，直径达0.2cm 或以上，质坚，易折，断面纤维性，有髓或中空。叶多，互生，有长柄，叶片多皱缩，展平后呈近等边三角形，下表面叶脉和叶柄均有倒生钩刺。气微，茎味淡，叶味酸。无枯腐茎叶，无虫蛀、霉变。

二级：干货。茎略呈方柱形，有棱角，多分枝，棱角上有倒生钩刺，茎较粗，直径小于0.2cm，质坚，易折，断面纤维性，有髓或中空。叶较多，互生，有长柄，叶片多皱缩，展平后呈近等边三角形，下表面叶脉和叶柄均有倒生钩刺。气微，茎味淡，叶味酸。无枯腐茎叶，无杂质、虫蛀、霉变。

三级：干货。茎略呈方柱形，有棱角，多分枝，棱角上有倒生钩刺，茎较纤细，直径小于 0.2cm，质坚，易折，断面纤维性，有髓或中空。叶较少，互生，有长柄，叶片多皱缩，展平后呈近等边三角形，下表面叶脉和叶柄均有倒生钩刺。气微，茎味淡，叶味酸。无枯腐茎叶，无虫蛀、霉变。

（二）药材质量检测

按照《中国药典》（2015 年版一部）杠板归药材质量标准进行检测。

1. 来源

本品为蓼科植物杠板归 *Polygonum perfoliatum* L.的干燥地上部分。夏季开花时采割，晒干。

2. 性状

本品茎略呈方柱形，有棱角，多分枝，直径可达 0.2cm；表面紫红色或紫棕色，棱角上有倒钩刺，节略膨大，节间长 2～6cm，断面纤维性，黄白色，有髓或中空。叶互生，有长柄，盾状着生；叶片多皱缩，展平后呈近等边三角形，灰绿色至红棕色，下表面叶脉及叶柄均有倒生钩刺；托叶鞘包于茎节上或脱落。短穗状花序顶生或生于上部叶腋，苞片圆形，花小，多萎缩或脱落。气微，茎味淡，叶味酸。

3. 鉴别

（1）显微鉴别：本品茎横切面表皮为 1 列细胞。皮层薄，为 3～5 列细胞。中柱鞘纤维束连续成环层，细胞壁厚，木化。韧皮部老茎具韧皮纤维，壁厚，木化。形成层明显。木质部导管大，单个或 3～5 个成群。髓部细胞大，有时成空腔。老茎在皮层、韧皮部、射线及髓部可见多数草酸钙簇晶，嫩茎则少见或无。老茎的表皮和皮层细胞含红棕色物。

叶表面观：上表皮细胞不规则多角形，垂周壁近平直或微弯曲。下表皮细胞垂周壁波状弯曲，气孔不等式。主脉和叶缘疏生由多列斜方形或长方形细胞组成的钩状刺。叶肉细胞含草酸钙簇晶，直径 17～62μm。

（2）薄层色谱鉴别：取本品粉末 2g，加石油醚（60～90℃）50mL，超声波处理 30min，滤过，弃去石油醚液，药渣挥干溶剂，加热水 25mL，置 80℃水浴上热浸 30min，不时振摇，取出，趁热滤过，滤液加稀盐酸 1 滴，用乙酸乙酯振摇提取 2 次，每次 30mL，合并乙酸乙酯液，蒸干，残渣加甲醇 1mL 使溶解，作为供试品溶液。另取咖啡酸对照品，加甲醇制成每 1mL 含 0.5mg 的溶液，作为对照品溶液。照薄层色谱法（《中国药典》2015 年版四部通则 0502）试验，吸取供试品溶液 5～10μL、对照品溶液 5μL，分别点于同一硅胶 G 薄层板上，以甲苯-乙酸乙酯-甲酸（5：3：1）为展开剂，展开，取出，晾干，置紫外线灯（365nm）下检视。供试品色谱中，在与对照品色谱相应的位置上，显相同颜色的荧光斑点。

4. 检查

（1）水分：照水分测定法（《中国药典》2015 年版四部通则 0832 第二法）测定，不得超过 13.0%。

（2）总灰分：照总灰分测定法（《中国药典》2015 年版四部通则 2302）测定，不得超过 10.0%。

5. 浸出物

照醇溶性浸出物测定法（《中国药典》2015 年版四部通则 2201）项下的冷浸法测定，不得少于 15.0%。

6. 含量测定

照高效液相色谱法（《中国药典》2015 年版四部通则 2201）测定。

色谱条件与系统适用性试验：以十八烷基硅烷键合硅胶为填充剂；以甲醇-0.4%磷酸溶液（50：50）为流动相；检测波长为 360nm。理论板数按槲皮素峰计算应不低于 3000。

对照品溶液的制备：取槲皮素对照品适量，精密称定，加甲醇制成每 1mL 含 30μg 的溶液，即得。

供试品溶液的制备：取本品粉末（过三号筛）约 0.7g，精密称定，置具塞锥形瓶中，精密加入甲醇-盐酸（4：1）混合溶液 50mL，称定重量，置 90℃水浴中加热回流 1h，放冷，再称定重量，用甲醇补足减失的重量，摇匀，滤过，取续滤液，即得。

测定法：分别精密吸取对照品溶液与供试品溶液各 10μL，注入液相色谱仪，测定，即得。

本品按干燥品计算，含槲皮素（$C_{15}H_{10}O_7$）不得少于 0.15%。

二、药材质量标准提升研究与企业内控质量标准制定（略）

三、药材留样观察与质量监控（略）

【附】杠板归药材指纹图谱研究：

为了更好地控制杠板归药材质量，可开展其指纹图谱研究，例如贵州远程制药有限责任公司与贵州师范大学合作开展了杠板归药材指纹图谱研究，下面对其研究结果予以摘要简介。

样品来源与鉴定：2010 年至 2012 年，每年 8 月至 9 月，在相同的地点采集杠板归 15 批，有 6 批来自杠板归规范化种植基地，其余均为野生杠板归。将采集后杠板归药材放置通风干燥室内自然阴干（晾干），阴干至茎叶干脆后进行相关实验。三年共采集杠板归样品 45 批（略），并经贵阳中医学院何顺志研究员鉴定为蓼科植物杠板归 *Polygonum perfoliatum* L.的干燥地上部分。

评价软件：中药色谱指纹图谱相似度评价系统软件（国家药典委员会，2004 年 A 版）。

（一）方法与结果

1. 对照品溶液的制备

精密称取槲皮素对照品适量，加甲醇制成每 1mL 含 0.03mg 的溶液，即得。

2. 供试品溶液的制备

取不同批次本品粉末（过 80 目筛）各约 1.0g，精密称定，置于 150mL 具塞锥形瓶中，加入 70% 乙醇 80mL，置于 80℃水浴中加热回流 3h，冷却，滤过，取续滤液，水浴挥干，浸膏用甲醇定容至 25mL 量瓶中，用 0.45μm 滤膜滤过，取续滤液，即得。

（二）2010～2012 年 45 批杠板归药材指纹图谱综合分析

2010～2012 年 45 批杠板归药材 HPLC 指纹图谱的结果导入"中药色谱指纹图谱相似度评价系统 A 版"，采用"平均数法"导出 45 批药材的共有模式，见附图 1、附图 2，并得各批药材的相似度，见附表 1。除大方县百纳乡龙峰村（G-DB-20110825）的样品外，其余样品指纹图谱相似度均在 0.90 以上。

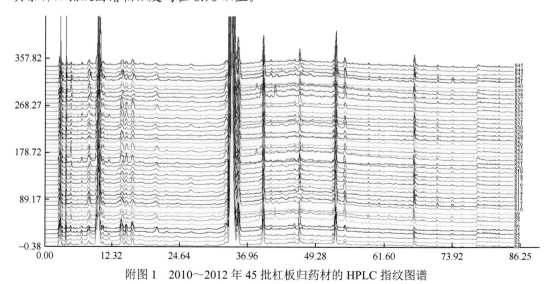

附图 1　2010～2012 年 45 批杠板归药材的 HPLC 指纹图谱

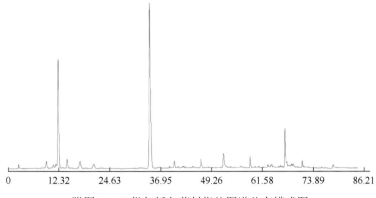

附图 2　45 批杠板归药材指纹图谱共有模式图

附表 1　2010～2012 年 45 批杠板归药材的相似度

2010 年		2011 年		2012 年	
样品编号	相似度	样品编号	相似度	样品编号	相似度
G-DY-20100813	0.971	G-DY-20110825	0.952	G-DY-20120828	0.981
G-DB-20100817	0.986	G-DB-20110825	0.883	G-DB-20120830	0.936
G-QH-20100825	0.982	G-QH-20110825	0.929	G-QH-20120830	0.946
G-QZ-20100821	0.985	G-QZ-20110825	0.911	G-QZ-20120831	0.981
G-ZD-20100822	0.995	G-ZD-20110823	0.990	G-ZD-20120827	0.981
G-HS-20100824	0.962	G-HS-20110824	0.997	G-HS-20120829	0.970
G-ZD-20100824	0.997	G-ZD-20110824	0.992	G-ZD-20120829	0.985
G-WS-20100903	0.988	G-WS-20110901	0.967	G-WS-20120825	0.993
G-WS-20100904	0.947	G-WS-20110902	0.998	G-WS-20120825	0.994
G-LX-20100823	0.999	G-LX-20110903	0.995	G-LX-20120901	0.969
G-GX-20100823	0.948	G-GX-20110903	0.988	G-GX-20120901	0.999
G-XL-20100810	0.963	G-XL-20110826	0.997	G-XL-20120831	0.959
G-XY-20100811	0.992	G-XY-20110826	0.974	G-XY-20120827	0.959
G-LL-20100810	0.990	G-LL-20110904	0.930	G-GC-20120828	0.991
G-GC-20100815	0.946	G-GC-20110904	0.924	G-LL-20120828	0.989

（三）结论与讨论

综上研究表明，2010 年 15 批药材除毕节市七星关区海子街镇尚家寨村（G-HS-20100824）外，其他批次药材指纹图谱相似度均在 0.90 以上；2011 年 15 批药材指纹图谱相似度均在 0.94 以上；2012 年 15 批药材指纹图谱除龙里县醒狮镇鸡场村（G-LX-20120901）外，其他批次样品指纹图谱相似度均在 0.94 以上。连续三年对其相似度进行对比，到 2012 年的相似度更高，由此可以看出，杠板归药材质量趋于一致，表明其药材质量较为稳定。经过三年的杠板归种植，其家种杠板归药材的相似度均在 0.90 以上。

【药材生产发展现状与市场前景展望】

一、生产发展现状与主要存在问题

杠板归野生资源丰富，在贵州民族民间（特别是苗族民间）应用广泛。近十多年来，随着对杠板归药用价值的进一步挖掘，一批以苗药杠板归为主要原料的成方制剂，如贵州省则有抗妇炎胶囊、妇平胶囊、康妇灵胶囊、兰花咳宁片、玫芦消痤膏等，均已投入市场。经调查发现，收购的杠板归药材以野生为主，其市场需求量在急速上升，给杠板归野生资源和环境带来极大压力，野生杠板归的收购难度越来越大。贵州远程制药有限责任公司（以下简称"远程公司"）为保障抗妇炎胶囊原料药材杠板归的质量，2006 年率先在贵阳乌当、毕节及黔西等地开展杠板归野生变家种、规范化种植及野生保护抚育与石漠化等研究，并建立杠板归野生保护抚育试验示范基地及规范化种植基地。特别是通过国家科技部"十一五"重大支撑计划项目的实施，现已建成杠板归野生资源保护抚育基地、杠板归规范化种植基地面积 5219 亩（其中，杠板归野生保护抚育试验示范基地现 4619 亩，石漠化山地种植杠板归试验基地 300 亩，杠板归规范化种植基地 300 亩）。在项目实施中，已形成杠板归合理保护抚育及有效运作模式，并在杠板归抚育试验示范基地进行杠板归抚育关键技术研究等。在杠板归基地实现杠板归药材总产出 900 余吨，杠板归基地提供符合质量标准要求的原料药材，主供远程公司生产"抗妇炎胶囊"需要。

但在苗药杠板归产业发展中，其生产规模还较小，经济效益还不高，有关基础研究工作还不够，尤其是优质高产种源与优良品种筛选研究更需进一步加强，与基地配套的有关政策、种植技术等尚需进一步加以支持，否则药农生产积极性将受到影响。

二、市场需求与前景展望

现代研究表明，特色苗药杠板归含有黄酮、蒽醌、苷类、糖类、酚类、有机酸、生物碱、氨基酸、鞣质、植物甾醇及三萜类等有效成分。如槲皮素、槲皮素-3-O-β-D-葡萄糖苷、槲皮素-3-O-β-D-葡萄糖醛酸甲酯、大黄素、大黄素甲醚、芦荟大黄素、β-谷甾醇、山萘酚、咖啡酸甲酯、咖啡酸、原儿茶酸、对香豆酸、阿魏酸、阿魏酸甲酯、香草酸、熊果酸、白桦脂酸、白桦脂醇、没食子酸、3,3-二甲基并没食子酸，以及靛苷、苦木素、水蓼素、齐墩果酸和熊果酸等。具有抗菌、抗病毒作用，如杠板归水提取液对金黄色葡萄球菌、巴氏杆菌、链球菌、沙门菌、大肠埃希菌等临床常见病原微生物都有较强的抗菌作用。同时，杠板归还具有抗炎、止咳、祛痰等药理作用。如远程公司开发的抗妇炎胶囊，具有活血化瘀、消炎止痛、清热燥湿、止带止血、杀虫功能，用于治疗附件炎、盆腔炎、子宫内膜炎、阴道炎、慢性宫颈炎引起的湿热下注、赤白带下、宫颈糜烂、阴肿阴痒、出血痛经、尿路感染等症。抗妇炎胶囊自 1999 年投入市场以来，2012 年其单品种产值则突破 3 亿元，在临床广为应用，深受广大医生患者好评，获得良好的经济效益和社会效益，已成为远程公司的拳头产品，并带动以杠板归为主药的系列产品如妇研抑菌洗液等的研究与开发。2014 年 8 月，贵州省委、省人民政府出台《贵州省关于加快推进新医药产业发展的指导意见》《贵州省新医药产业发展规划（2014—2017 年）》。《规划》提出，到 2017 年，全省新医药产业总产值突破 800 亿元。要聚焦培育一批有竞争力的大型企业集团。贵州远程制药有限责任公司为 10 亿元级企业培育对象，产品抗妇炎胶囊为 10 亿元培育品种，为实现该目标，贵州远程制药有限责任公司已联合贵州省食品药品检验所、北京权威研究机构，启动抗妇炎胶囊大品种培育工作。拟通过产品质量标准提升，循证医学等研究，将抗妇炎胶囊做大、做强。随着项目实施推进，抗妇炎胶囊市场需求日益增加，对杠板归药材的需求量也在逐年上升。近年来，为保证杠板归药材质量，建好其"第一车间"，以确保抗妇炎胶囊等制品药用安全有效，稳定可控。这既利于生产与研发的有效结合，也为杠板归产业化、深度开发打下了坚实基础，对杠板归药材产业链延伸及贵州中药民族药产业发展有着重要意义。总之，杠板归药材深度开发潜力极大，市场前景极为广阔。

主要参考文献

成焕波，刘新桥，陈科力.2012. 杠板归乙酸乙酯部位化学成分研究[J]. 中药材，35（7）：1088-1090.

黄家宇，李莉，刘青，等.2011.HPLC 法同时测定杠板归中阿魏酸与香草酸的含量[J]. 中国药房，（19）：1783-1784.

李红芳，马青云，刘玉清，等.2009. 杠板归的化学成分[J]. 应用与环境生物学报，15（5）：615-20.

刘青，薛静，王维珍，等.2010. 不同采收期杠板归药草茎叶含量测定[J]. 中国医药指南，8（34）：49-50.

刘玉梅，范文昌.2011. 杠板归药理作用与临床应用研究进展[J]. 亚太传统医药，7（6）：161-162.

龙尚祥，周欣，赵超，等.2011. 杠板归药材薄层色谱检测方法研究[J]. 贵州师范大学学报（自然科学版），29（2）：108-110.

茅向军，鲍家科，许乾丽，等.2010.HPLC 法测定杠板归中绿原酸的含量[J]. 贵阳医学院学报，35（6）：567-569.

谭济苍，刘青，罗天军，等.2013. 苗药杠板归野生资源抚育关键技术研究[J]. 中国现代中药，15（3）：40-42.

谭济苍，孙庆文，魏升华，等.2013. 杠板归野生资源调查与种植适宜区分析研究[J]. 贵州农业科学，41（2）：16-18.

谭济苍，魏升华，孙庆文，等.2013. 搭架方式对杠板归药材产量和质量的影响研究[J]. 贵州农业科学，41（1）：38-40.

田莉，陈华国，周欣，等.2012. 野生保护抚育杠板归药材的品质评价研究[J]. 中国中药杂志，37（9）：13-16.

童奎骅.2011. 杠板归不同部位中齐墩果酸和熊果酸含量的测定研究[J]. 浙江中医杂志，46（4）：294-295.

邢煜君，王海燕，王俊霞，等.2011. 杠板归抗氧化作用及抑制 a-葡萄糖苷酶活性[J]. 中国实验方剂学杂志，17（2）：189-191.

杨碧仙，云雪林.2012. 苗药杠板归的研究进展[J]. 中国民族医药杂志，7（7）：54-56.

赵超，周欣，秦翱，等.2009. 杠板归的化学成分研究[J]. 中成药，31（10）：1610-1611.

赵超，陈华国，龚小见，等.2010. 杠板归的化学成分研究（II）[J]. 中草药，41（3）：365-367.

（谭济苍 杨玉兰 冉懋雄）

8 虎 耳 草

Huercao

SAXIFRAGAE HERBA

【概述】

虎耳草原植物为虎耳草科虎耳草 *Saxifraga stolonifera* Curt.。别名：金丝荷叶、金线吊芙蓉、耳朵红、耳聋草、猪耳草、老虎耳、金丝草、铜钱草等。以新鲜或干燥全草入药，

《贵州省中药材、民族药材质量标准》（2003 年版）予以收载，称其：味辛、苦，性寒，小毒。具有疏风清热、凉血消肿功能。用于治疗风热咳嗽、急性中耳炎、大泡性鼓膜炎、风疹瘙痒，并要求孕妇慎用。

虎耳草药用历史悠久，始载于南宋王介的《履巉岩本草》（1220 年）："治痔疾肿毒，用少些晒干烧熏。"其后诸家本草多予收载。如明代李时珍的《本草纲目》云："治瘟疫，播酒服，生用吐利人，熟用则止吐利，又治聤耳，捣汁滴之。"清代汪绂的《医林纂要》（1758 年）云："凉血渗湿"，均与现今虎耳草相符。虎耳草又是常用苗药，苗药名："Vob bix seib"（汉译音："窝比省"）。味辛、苦，性冷，有小毒。入热经药。《苗族医药学》（贵州省民委文教处、贵州省卫生厅中医处、贵州省中医研究所编，贵州民族出版社，1992 年）、《贵州苗族医药研究与开发》（贵州省卫生厅药政处、贵州省中医研究所包骏、冉懋雄主编，贵州科技出版社，1999 年），以及《中华本草·苗药卷》（《中华本草》编委会编，贵州科学技术出版社，2005 年）等专著均予收载。在贵州省多种少数民族药用中，尤以苗医或民族民间最为常用，以其全草药用，均言其具有清热、止咳、祛风、镇痛、息风、排毒、除湿等功能。主用于治风热咳嗽、百日咳、中耳炎或外耳道湿疹、急性惊风、聤耳流脓、下肢臁疮、外阴瘙痒、风丹热毒、风疹、湿疹、白口疮等疾患。目前已研究开发了不少苗药产品，如咳速停糖浆、经带宁胶囊、胆清胶囊等。虎耳草是贵州著名常用特色药材。

【形态特征】

虎耳草为多年生常绿草本植物，高 14～45cm，全株密被短茸毛，有细长、紫红色的匍匐茎，茎端常生小植株；叶片数枚，基生，肉质，叶通常互生，广卵形或近肾形，基部心形或截形，叶缘浅裂，有不规则的钝锯齿，两面被长柔毛，叶表暗绿色，且具明显的宽灰白色网状脉纹，叶背紫红色或有斑点。叶长 3～10cm，宽 3～7cm；花茎高达 25cm，直立或稍倾斜，有分枝。花两性、稀疏，辐射对称，白色，排成聚伞花序或总状花序、圆锥花序，稀单生，萼片通常 5，下面 2 瓣大于其他 3 瓣，披针形，上面有 3 小瓣卵形；花瓣与萼片互生或缺，周位或稀上位；雄蕊 5～10，着生在花瓣上，花丝分离，花丝棒状，比萼片长约 1 倍，花药紫红色；子房 1～3（4）室，球形，与萼状花托分离或合生；花柱通常分离；胚珠多数生在中轴胎座上或垂生于子房室的顶端；蒴果卵圆形，2 啄。花期 5～8 月，果期 7～11 月。虎耳草植物形态见图 8-1。

【生物学特性】

一、生长发育习性

虎耳草根系短而浅，但植株生长迅速，以匍匐茎顶生，分株繁殖生长迅速，自然成群。经 1 年的种植观测发现，母株在分株定植之后 6 个月可长匍匐茎 15～25 枝,茎长可达 10～50cm，最长者可达 70cm。分蔸顶生于匍匐茎茎端，共长 14～20 蔸分蔸数（大小分蔸总数），随后于匍匐茎顶端新分苑再长新的匍匐茎，匍匐茎再长出新的分苑，如此分株繁殖下去。分株种栽正常生长 6 个月后，单株最大重量可达 78g，平均单株重量 35g 左右。

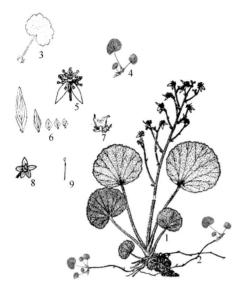

（1.植株全形；2.匍匐茎；3.基生叶；4.匍匐茎茎端小株；5.花外形；6.花瓣；7.蒴果；8.雌蕊及花萼；9.雄蕊）

图 8-1　虎耳草植物形态图

（墨线图引自《中国植物志》编辑委员会，《中国植物志》第 35 卷第 1 分册，北京：科学出版社，1995）

二、生态环境要求

经观测，贵州省虎耳草生长发育的主要要求如下。

温度：虎耳草喜阴凉，忌高温，荫蔽和凉爽的环境对虎耳草的生长有益，其适宜的生长温度为 10～25℃，在一般家庭温室条件下可以生长得很好。温度在 28℃以上高温干燥时，应注意增加空气湿度并注意通风，可向植物周围及地面少量喷水，以降温增湿。虎耳草耐寒性较强，不但能自然安全越冬，而且保持旺盛生长。盛夏季节生长停止，出现休眠，其生长高峰期为冬半年。

光照：光照强度对虎耳草的生长状态和观赏性具有较大的影响，在自然光照下用遮阳网遮阴，中午 13:00 的光照强度能达到 3000～3500lx 的条件下生长最好，过强（露天15000lx 以上）或过弱（150～850lx）均不利于虎耳草的生长。7 月中旬至 11 月中旬全光照培养条件下，虎耳草叶色变淡，甚至枯焦，叶片变薄；而当光照强度不足时，叶片变薄，叶柄变长。因此，光照强度以 3000～3500lx 半遮阴环境最为适宜。

土壤：据调查，虎耳草以中性偏酸，速效磷、钾含量高的黄壤土为宜，无论对虎耳草的根系发育、地上部分生长，还是对新植株的繁衍都有利；高氮、高有机质、中性偏碱的腐叶土次之；容易板结的橘园水稻土最差。

水：在遮阴的温室浇水试验（每天浇水一次，每 3 天浇水一次，每周浇水一次，不浇水），结果表明：不浇水处理 15 天后，叶色开始变淡，20 天左右变软，25 天后恢复浇水，经一天一夜即恢复正常。这可能和虎耳草叶片肉质、肥厚、具有较强的抗旱力有关。其他

3 个处理，除每天浇水一次的处理稍徒长外，其他处理之间差异不显著，可见虎耳草对水分要求并不严格。

【资源分布与适宜区分析】

一、资源调查与分布

经调查，虎耳草科植物约 30 属，500 种，主要分布于北温带。我国有 13 属，308 种，分布极广。贵州现有虎耳草科 16 属 48 种（含变种）。发现部分种类的分布区域广，蕴藏量较大，可开发利用。虎耳草原产我国、日本、朝鲜以及非洲东部。野生虎耳草多长在山谷林下或石隙中，主要分布于我国华东、中南和西南部各地，以及河南、陕西等部分山区阴湿地带。

二、贵州分布与适宜区分析

虎耳草在贵州全省均有分布。其中分布较多、较集中的主要为黔北（如贵州省遵义市湄潭、凤岗、绥阳等地）、黔东南（如岑巩、镇远、黄平等地）、黔西北（如毕节、赫章、黔西、大方等地）、黔中（如镇宁、紫云、普定等地）。

虎耳草的最适宜区主要为：黔北山原山地区域，如湄潭、凤岗、绥阳等地；黔东南低山丘陵区域，如黄平、岑巩、镇远等地；黔西北山原山地区域，如赫章、黔西、毕节、大方；黔中山原山地区域，如镇宁、紫云、普定等。以上各地不但具有虎耳草在整个生长发育过程中所需的自然条件，而且当地党政重视，广大群众有虎耳草栽培及加工的丰富经验，所以在该区所收购的虎耳草质量较好、产量较大。

除上述各地带外，贵州省其他各县市（区）凡符合虎耳草生长发育习性与生态环境要求的区域均为其适宜区，可根据市场需求适当发展。

【生产基地合理选择与基地环境质量检（监）测评价】

一、生产基地合理选择与基地条件

按照虎耳草生产适宜区优化原则与其生长发育特性要求，选择其最适宜区或适宜区并具良好社会经济条件的地区建立规范化生产基地。例如，贵州百灵企业集团制药公司在毕节市赫章县选建的虎耳草规范化种植基地，位于赫章东部，距县城 17km，四面环山，海拔 1450m。属暖温带春干夏湿气候，年均温 10～13.6℃，最高气温 33.6℃，最低气温–3.0℃，年降水量 870～1000mm，日照时数 1260.8～1548.3h，无霜期 210～250 天。该基地交通、通信等社会经济条件良好，当地党政对虎耳草规范化种植基地建设高度重视，农民有种植药材的传统习惯与积极性。该基地远离城镇及公路干线，空气清新，水为山泉，环境幽美，周围 10km 内无污染源。现已建立贵州百灵药材基地中心及虎耳草繁育大棚等设施（图 8-2）。

图 8-2　贵州赫章县虎耳草规范化种植基地

二、基地环境质量检（监）测与评价（略）

【种植关键技术研究与应用】

一、种质资源保护抚育

虎耳草生长于海拔 400～4500m 的林下、灌丛、草甸和阴湿岩隙，是一种常见而实用价值较高的植物，值得开发。随着虎耳草需求量的增加，虎耳草野生资源破坏严重，现仅在西藏东部、四川阿坝以及贵州西北部等深山老林中尚有分布。

虎耳草具有种质资源多样性特点，主要表现在叶型、叶面颜色、叶背颜色、叶斑、匍匐茎、生长速度、耐寒性等方面。如在同一地带中，发现虎耳草植株叶型有广卵形、近肾形、基部心形、截形；叶的颜色有深绿色、绿色及黄绿色；叶背有黄绿色、绿色及红色；叶斑有红褐、白色、红色及无斑；匍匐茎有多、少；生长速度有快、慢等差别。在生产实践中，若有目的有意识地选择生长迅速、叶红紫色、匍匐茎多等不同类型的虎耳草进行选育，则可培育出生长速度快而叶厚优质高产之新品种。我们应对虎耳草种质资源，特别是贵州黔西北、黔北、黔中、黔东南等地难得的野生虎耳草种质资源切实加强保护与抚育，以求永续利用。

二、良种繁育关键技术

（一）种苗来源与育苗方式

1. 种苗来源与采集保存

宜选半年以上的生长快、高产、优质的虎耳草母株。其虎耳草种栽主要取自于贵州虎耳草规范化种植基地良种繁育大棚（如赫章县野马川镇虎耳草种植基地）野生驯化自繁的种苗。

2. 育苗方式

虎耳草可种子育苗或分株繁殖，通过试验研究对比，选择分株育苗，即选择大小一致、生长健壮、无虫病害的虎耳草植株作为种苗。同时将体积比为（2～4）：（2～3）：（1～2）的腐熟药渣、泥炭土和珍珠岩作为混合基质装盘，苗盘摆放于大棚立体架上，苗盘上方设置滴灌带，采用穴栽定植进行分株育苗，每个苗盘按照株行距15cm×20cm定植6穴，每穴一株，定植后4h内浇透定根水。幼苗移栽半年后，当培育苗达到种苗质量标准时，即可移到栽培苗盘定植。贵州赫章基地的虎耳草种子及其种苗繁育，见图8-3。

图8-3　贵州赫章基地的虎耳草种子及其种苗繁育

（二）种苗标准制定

经试验研究，将种苗按照大小不同进行分级，严禁使用等级外种苗。虎耳草种苗分为三级种苗标准（试行），见表 8-1。

表 8-1　虎耳草种苗质量标准（试行）

项目	一级	二级	三级
叶长/cm	7～12	6～9	4～7
叶宽/cm	3～8	3～5	2～3
叶数/片	5～10	3～5	3～4
单株重量/g	6.6～10.5	4.6～6.5	1.5～4.5

注：本标准规定的叶长、叶宽、叶数、单株重量指标中，一级指标中一项或以上达不到标准，降为最低项达到的级别，依次类推。生产上严禁使用三级以下的种苗。

三、规范化种植关键技术

（一）林下种植与大棚种植

1. 不同种植模式的实践与成效

实践证明，虎耳草的种植模式，从按照虎耳草生物学特性与生产实际紧密结合出发，既可采用林下移栽定植种植模式，也可采用大棚无土基质立体移栽定植种植模式。如以大棚培育的分株繁殖苗于杉树林下的林下移栽定植种植，曾在赫章等基地进行；以大棚无土基质为主的立体移栽定植种植，曾在赫章、镇宁、凯里等基地进行，均获得可喜成效，见图 8-4、图 8-5。

对于林下种植和大棚立体种植两种模式，林下种植虽然投入成本低，但由于不好管理，其产量也低。通过采用现代化农业设施大棚立体栽培技术，将影响虎耳草生长的因子进行多方面控制，能够达到高产、优质的目的，因此下面以大棚立体种植模式介绍虎耳草的规范化生产。

2. 大棚种植的设计与基质选择

（1）大棚种植设计：虎耳草在提高土地利用率的同时，须保证足够的光照条件。在了解虎耳草生长习性的基础上，可利用多层立体架开展虎耳草立体种植。试验结果表明，大棚采用 4 层设计，立体架总高度 2.6～2.8m，从下到上第一层与地面之间的距离为 0.2～0.4m，第一层与第二层间隔为 0.9m，第二层与第三层间隔为 0.8m，第三层与第四层间隔为 0.7m。在棚内牵喷、滴灌带成系统连接至水肥中心，立体架的每层牵 4 根滴灌带为虎耳草输送水分和营养液，在立体架的顶部设喷灌以达到增湿、降温的目的。有关虎耳草的生长运行参数，经试验与实践表明，在大棚内，温度控制在 0～30℃，相对湿度宜控制为60%～80%，在阴雨连绵天气棚内缺光，植株嫩叶表现萎蔫皱缩，可在棚内吊挂 100W 灯泡若干，每天补光 5～6h。

图 8-4　虎耳草林下种植（赫章，2009 年）

图 8-5　虎耳草大棚种植（凯里，2009 年）

（2）无土栽培基质选择：根据基质选择三原则，即植物根际的适应性、基质的适用性、基质的经济性，在不同的基质配方对比试验中，虽然配方 4 [腐熟药渣：泥炭土：珍珠岩=（2～4）：（2～4）：（1～2）] 的虎耳草长势好，封盘率最高，但成本过高，不作首选配方。研制出适宜虎耳草的基质配方为：按照体积比为腐熟药渣：泥炭土：珍珠岩=（2～4）：（2～3）：（1～2）混合，加入水充分搅拌，基质 pH 为 6.8～7.0，有机质含量为 15%～20%，容重为 0.300～0.500g/cm^3，见表 8-2。

表 8-2　不同基质对虎耳草生长的影响

基质配方	总盘数/盘	封盘数/盘	封盘率/%
1	200	186	93
2	200	134	67

续表

基质配方	总盘数/盘	封盘数/盘	封盘率/%
3	200	157	78.5
4	200	190	95

注：配方 1：腐熟药渣：泥炭土：珍珠岩=（2~4）：（2~3）：（1~2）；配方 2：腐熟药渣：泥炭土：珍珠岩=（2~4）：（1~2）：（1~2）；配方 3：腐熟药渣：泥炭土：珍珠岩=（2~4）：（2~3）：（2~3）；配方 4：腐熟药渣：泥炭土：珍珠岩=（2~4）：（2~4）：（1~2）。

虎耳草大棚设施与种植，见图 8-6。

图 8-6　虎耳草大棚设施与种植（赫章，2014 年）

（二）移栽定植与田间管理

1. 移栽定植

穴栽定植，每个苗盘按照株行距 15cm×20cm 定植 6 穴，每穴一株。定植植株放直，避免土壤覆盖新叶，覆土不能超过基茎 1cm，覆土时轻压埋在土里的根，定植后 4h 内浇透定根水。

2. 浇水补苗

定植 15 天左右，即移栽成活之后检查是否有死株、缺株，有则及时进行补苗，每穴补苗一株。

3. 拔除杂草

一般来说，采用基质栽培杂草较少，同时，栽种的虎耳草相对其他杂草来说是优势群体，生长势比杂草好。但也要注意除草，定植之后，随时进行观察，若发现杂草应及时拔除。

（三）合理施肥与灌溉

施肥与灌溉的控制：定植成活后（15～20 天），施用尿素、复合肥和叶面肥，采用滴灌系统将尿素、复合肥加水稀释后的肥液通过管路系统供液装置在虎耳草根际附近施入。生长期的后期喷雾叶面肥于虎耳草叶面上。其中，尿素一季生长期施用 6 次，每月 1 次，每季生长期总用量为 20kg/亩，将尿素用清水稀释至质量浓度为 2%的肥液，根际施肥；复合肥，一季生长期施用 6 次，每月 1 次，每季生长期总用量为 20kg/亩，将复合肥用清水稀释至质量浓度为 2%的肥液，根际施肥；叶面肥，生长期的后期每隔半个月施用一次，每季生长期总用量为 800g/亩，将叶面肥用清水稀释至质量浓度为 0.2%，喷雾于叶面。

灌溉视天气状况而定。应随时进行观察，当基质的相对持水量不够时，及时打开滴灌系统进行灌溉。

（四）主要病虫害与防治

目前为止，在种植过程中观察发现，虎耳草病害主要有白粉病和灰霉病，害虫以菜青虫常见。

1. 白粉病

（1）症状：发病部位在叶部，发生前期不明显，不久感病部位出现白色的小粉斑，逐渐扩大为圆形或不规则的白粉斑，严重时白粉斑连成一片，整个叶面出现白色粉状物。以后叶片逐渐枯萎。病害发生严重时，虎耳草地上部分可大量死亡。

（2）病原：病原菌 *Sphaertthear pannese*。

（3）发病规律：病原菌以菌丝体在叶片中越冬，翌年病原菌随芽的萌发而开始活动，侵染幼嫩部位，产生新的病菌孢子，借助风力等方式传播。田间相对湿度大，温度在 16～24℃，此病易流行。密度过大，光照不足，氮肥过多，徒长苗易发病。

（4）防治方法：发病后用 15%粉锈宁 800 倍液或 70%的甲基托布津 800 倍液，每隔 7～10 天喷一次；或用酒精含量为 35%的白酒的 1000 倍液，每 3～6 天喷一次，连续喷 3 至 6 次，冲洗叶片到无白粉为止；或用 75%百菌清可湿性粉剂 800～1000 倍液均匀喷雾，7 天喷雾一次，每个生产季可使用两次；或用 62.25%锰锌·腈菌唑（60%代森锰锌，2.25%腈菌唑）可湿性粉剂 1500～2000 倍液均匀喷雾，间隔 7～10 天喷一次，连续使用

2～3 次；或者将所述粉锈宁、甲基托布津、白酒、百菌清、锰锌·腈菌唑交替使用。

2. 灰霉病

（1）症状：虎耳草灰霉病主要为害叶片。叶斑常沿叶缘发生，半圆形或圆形至不规则形，水渍状，暗绿色至褐色。湿度大时，病部迅速扩展，严重时整个叶片变黑褐色腐烂，病部生出灰色霉层。天气干燥时呈轮纹状褐色枯斑，霉层也不明显。

（2）病原：灰葡萄孢 *Botrytis cinerea* Persoon ex Fr.，属半知菌类真菌。

（3）发病规律：以菌丝体在病残组织上存活或以菌核在土壤中越冬。气温 18～23℃，持续阴雨潮湿天气，有利于分生孢子形成和萌发，易染病。春季低温或寒流侵袭、植株生长衰弱或株丛间郁蔽发病重。

（4）防治方法：发现病株及时清理，养护环境湿度不宜过高并注意通风，养护温度不可低于 15℃。必要时喷洒 30%大力水悬浮剂 900 倍液或 50%灭霉灵可湿性粉剂 800 倍液、40%施佳乐悬浮剂 1200 倍液、28%灰霉克可湿性粉剂 800 倍液。

3. 菜青虫

菜青虫属于鳞翅目，粉蝶科，学名：*Pieris rapae* Linne、*Pieris rapae crucivora*。

（1）症状：幼虫咬食虎耳草叶片，蚕食叶片成孔洞或缺刻，严重时叶片全部被吃光，只残留粗叶脉和叶柄，造成绝产。菜青虫取食时，边取食边排出粪便污染。幼虫共 5 龄，3 龄前多在叶背为害，3 龄后转至叶面蚕食，4～5 龄幼虫的取食量占整个幼虫期取食量的 97%。

（2）发病规律：5～6 月为菜青虫为害盛期，7～8 月份虫口数量显著减少，到 9 月份虫口数量回升，形成第二次为害高峰。成虫白天活动，以晴天中午活动最盛。

（3）防治方法：移栽定植后随时检查虫情，田间调查达 0.5 头/m² 以上时，要及早喷药杀虫。用 4.5%高效氯氰菊酯水乳剂 1500～2000 倍液，均匀喷雾。菜青虫量少的时候多采用物理防治方法，量大（达 0.5 头/m² 以上）时宜采用化学防治方法。

上述虎耳草良种繁育与规范化种植关键技术，可于虎耳草生产适宜区内，并结合实际因地制宜地进行推广应用。

【药材合理采收、初加工与储运养护】

一、合理采收期与采收方法

如大棚种植虎耳草为一年两收，每年 4～6 月、10～12 月分两次进行采收。采收时徒手将苗连根拔起，抖掉泥土。根据需要全部采收或采大留小，采大留小时应留下小苗和匍匐茎。

二、合理初加工方法与批号制定

（一）合理初加工

用干净的饮用水清洗虎耳草植株鲜品，沥干，置烘房的烘盘内，于 50～60℃烘干，亦可晒干或阴（晾）干（图 8-7）。

图 8-7　虎耳草药材（左：鲜品；右：干品）

（二）批号制定（略）

三、合理包装与储运养护

（一）合理包装

将干燥虎耳草植株，按 40～50kg/袋装袋打包，用无毒无污染材料严密包装。在包装前应检查是否充分干燥、有无杂质及其他异物，所用包装应符合药用包装标准，并在每件包装上注明品名、规格、等级、毛重、净重、产地、批号、执行标准、生产单位、包装日期及工号等，并应有质量合格的标志。

（二）合理储运养护

应储存于干燥通风处，与地面保持一定的距离，在室内、通风、常温（0～30℃）、干燥（相对湿度 45%～75%）处保存为宜。商品安全水分 9%～12%。贮藏前，还应严格入库质量检查，防止受潮或染霉品掺入。平时应保持环境干燥、整洁。定期检查，发现吸潮或初霉品，应及时通风晾晒。

虎耳草药材在批量运输中，严禁与有毒货物混装。运输车厢不得有油污与受潮霉变。

【药材质量标准、质量检测与监控】

一、药材商品规格与质量检测

（一）药材商品规格

虎耳草药材以无杂质、霉变、虫蛀，无枯腐根、茎、叶，身干，根茎短，丛生细短，灰褐色，叶柄长 2cm 以上，稍扭曲，有纵皱纹，棕褐色，易折断，叶片宽厚，红棕色或棕褐色，无明显缺、碎者为佳品。其药材商品规格为统货，现暂未分级。

（二）药材质量标准与检测

按照《贵州省中药材、民族药材质量标准》（2003 年版）虎耳草药材质量标准进行检测。

1. 来源

本品为虎耳草科植物虎耳草 *Saxifraga stolonifera* Meerb.的新鲜或干燥全草。春、夏二季采收，除去杂质，洗净，干燥或鲜用。

2. 性状

本品多卷缩成团状，全体被毛。根茎短，丛生细短须状根，灰褐色；匍匐枝线状。基生叶数片，密被黄棕色茸毛；叶柄长 2～10cm，稍扭曲，有纵皱纹，基部鞘状；叶片稍厚，展平后呈圆形或肾形，红棕色或棕褐色，长 2～6cm，宽 3～7cm，边缘具不规则钝齿。狭圆锥花序顶生，花有梗，花瓣 5，其中 2 片较大。无臭，味微苦。

3. 鉴别

（1）显微鉴别：本品叶的表皮细胞为多角形，垂周壁较平直，有的壁孔较明显，或具角质线纹。下表皮气孔不定式，副卫细胞 4～8 个，较表皮细胞为小，垂周壁波状弯曲。腺毛头部有 1～8 个细胞，椭圆形，含棕黄色分泌物。柄有多列和单列两种，多列者长 1300～5600μm，其上部单列，向基部逐渐增粗至 7 列；单列者 1～4 细胞，长 70～110μm。草酸钙簇晶直径 25～56μm，棱角长尖。

（2）薄层色谱鉴别：取本品粉末 2g，加甲醇 20mL，加热回流 2h，滤过，滤液加水 5mL，蒸去甲醇，残液用石油醚（30～60℃）提取 3 次，每次 5mL，弃去石油醚液。提取后的水溶液加稀盐酸 5mL，水浴上加热水解 30min，冷却后用醋酸乙酯 20mL 分 2 次振摇提取，合并提取液，挥干，残渣加甲醇 2mL 使其溶解，作为供试品溶液。另取槲皮素对照品，加甲醇制成每 1mL 含 1mg 的溶液，作为对照品溶液。照薄层色谱法（《中国药典》2000 年版一部附录ⅥB）试验，吸取上述两种溶液各 2μL，分别点于同一硅胶 G 薄层板上，以苯-醋酸乙酯-甲酸（5：2：1.5）为展开剂，展开，取出，晾干，喷以三氯化铝试液，置紫外线灯（365nm）下检视。供试品色谱中，在与对照品色谱相应的位置上，显相同颜色的荧光斑点。

4. 检测

（1）水分：照水分测定法（《中国药典》2000 年版一部附录ⅨH第一法）测定，应不超过 12.0%。

（2）含量测定：照高效液相色谱法（《中国药典》2000 年版一部附录ⅥD）测定。

色谱条件与系统适用性实验：用十八烷基硅烷键合硅胶为填充剂；流动相为甲醇-水（25：75）；检测波长为275nm。理论板数按岩白菜素峰计算应不低于4000。

对照品溶液的制备：精密称取岩白菜素对照品适量，加甲醇制成每 1mL 含 0.1mg 的溶液，即得。

供试品溶液的制备：取本品粗粉约 1g [同时另取本品粉末测定水分（《中国药典》2000 年版一部附录ⅨH第一法）]，精密称定，置具塞锥形瓶中，精密加入甲醇 25mL，称定重量（精确至 0.01g），超声波处理（250W，25kHz）2h，放冷，称重，用甲醇补足减失的重量，摇匀，静置，取上清液用微孔滤膜（0.45μm）滤过，取续滤液，即得。

测定法：分别吸取对照品溶液与供试品溶液各 5μL，注入液相色谱仪，测定，即得。本品按干燥品计算，含岩白菜素（$C_{14}H_{16}O_9$）不得少于 0.080%。

二、药材质量标准提升研究与企业内控质量标准制定（略）

三、药材留样观察与质量监控（略）

【药材生产发展现状与市场前景展望】

一、生产发展现状与主要存在问题

虎耳草集药用、观赏于一身，具有极大的开发利用潜力。因此，近年来对虎耳草的研究正朝着多元化的方向发展。虎耳草具有多种药用功能，在藏药、苗药成方制剂中有 25 个，系贵州百灵企业集团制药股份有限公司咳速停糖浆（胶囊）和经带宁胶囊等苗药产品的主要原料药材。贵州省虎耳草家种研究始于 2008 年，其发展非常迅速，以"野生保护抚育种植""集约化栽培与育苗""政府引导+公司（技术中心）+基地+合作社（种植大户）+农户"的生产运营模式，在贵州省安顺市紫云县、安顺市镇宁县、毕节市赫章县、凯里市等地开展了贵州虎耳草规范化种植研究与试验示范，并已取得较好进展。2011 年，全省范围内已经实现虎耳草种植面积 2000 亩，以紫云、赫章、镇宁等地为主。同时，虎耳草可地栽用作地被，也可盆栽制作盆景，更可以搭建网墙种植成植物墙，这些特点为虎耳草开发利用奠定了良好的基础，为丰富药用植物种类和冬季室内观叶花卉品种提供了良好基础。

虎耳草人工栽培虽已取得一定成果，但因其生产规模较小，虎耳草基地中的大棚立体种植模式需要投入较大的成本，且与之配套的种植技术尚需更进一步的研究。而林药套种模式成本虽小，但产量相对较低，因此有的药农生产积极性受到一定的影响。虎耳草基础研究工作滞后，制约了产品的换代升级与深层次开发，故应大力加强虎耳草的基础研究。

二、市场需求与前景展望

现代研究表明，虎耳草叶中含岩白菜素（bergenin）、槲皮苷（quercitrin）、槲皮素（quercetin）、没食子酸（gallic acid）、原儿茶酸（protocatechuic acid）、琥珀酸（succinic acid）和甲基延胡索酸（mesaconic acid），茎含儿茶酚（catechol），根含挥发油。此外，从虎耳草中还分得熊果酚苷（arbutin）、绿原酸（chlorogenic acid）、槲皮素-5-O-β-D-葡萄糖苷（quercetin-5-O-β-D-glucoside）、去甲岩白菜素（norbergenin）、氨基酸、硝酸钾及氯化钾等有效成分。虎耳草具有疏风清热、凉血解毒等功能，用于治疗风热咳嗽，急性中耳炎，大泡性鼓膜炎，风疹瘙痒等。虎耳草为贵州百灵企业集团制药股份有限公司的著名苗药制剂"咳速停"糖浆（胶囊）的主要原料，亦是该公司苗药制剂"经带宁胶囊"的主要原料。仅 2013 年其年需求量即达 500t 左右，2014 年其年需求量达 600 余吨。此外，贵州圣济堂制药有限公司生产的胆清胶囊也是以虎耳草为主要原料。据不完全统计，近年来，全国虎耳草药材（干品）市场需用量约 1500t/a，以赫章县为核心的虎耳草种植基地，虎耳草药材年产量约为 150t，远远满足不了市场需求，虎耳草药材供需矛盾日益增加。

对虎耳草的研发不断深入，将逐步实现虎耳草种植的产业化，推进贵州苗药虎耳草的规范化种植进程。全国市场需求量不断加大，更具积极的推动作用，能推动其自主知识产权、技术先进、成熟度高的成果产业化，逐步解决当前虎耳草生产规模较小、供销紧缺等问题，引导企业以优质高产为核心建立苗药虎耳草规范化生产基地，以更好地促进贵州中药民族药产业的发展。

主要参考文献

吉醒. 2003. 布满茸毛的虎耳草[J]. 花木盆景，（9）：22-23.

林绍生，陈义增，饶炯. 1999. 虎耳草生长习性及其开发利用[J]. 中国中药杂志，24（5）：318-319.

尚留萍，王宗伟. 2002. 冬季大棚立体式种植技术—樱桃间作[J]. 林业实用技术，12：32-33.

肖向丽，李俊英. 2003. 大棚立体种植模式及配套栽培技术[J]. 河南农业，4：17.

曾苗春，左浪柱，贺安娜. 2013. 虎耳草不同群居状态性状性状遗传多样性研究[J]. 中国民族医药杂志，9（9）：38-39.

张天伦，何顺志. 2005. 贵州虎耳草科、蔷薇科药用植物资源的调查[J]. 贵州科学，23（4）：8-12.

（袁　双　陈道军　陈　培　宁培洋）

9 鱼 腥 草

Yuxingcao

HOUTTUYNIAE HERBA

【概述】

鱼腥草原植物为三白草科植物蕺菜 *Houttuynia cordata* Thunb。别名：蕺、紫蕺、侧耳根、折耳根、猪鼻孔、臭腥草等。以新鲜全草或干燥地上部分入药。《中国药典》2000年版后均予收载。如《中国药典》（2015 年版）收载，称鱼腥草具有清热解毒、消痈排脓、利尿通淋功能。用于治疗肺痈吐脓、痰热喘咳、热痢、热淋、痈肿疮毒等。鱼腥草又是常用苗药，苗药名："Vob diuk"（近似汉译音："窝丢"），性冷，味甜、酸、辛，入热经药，具有清热解毒、消痈排脓、利尿消肿功能。主治肺痈吐脓、痰热喘咳、喉蛾、热痢、痈肿疮毒、热淋等。在苗族地区广泛用于治疗肺结核、肺脓肿、肺炎、慢性支气管炎、盗汗咳嗽、发热、胸痛、消化不良、白浊、白带、血尿、泌尿道感染、痔疮、无名肿毒等症。

鱼腥草药用历史悠久，以"蕺"之名，始载于《名医别录》（约公元 3 世纪）。其后诸家本草与中医药典籍多予收载，并多载可食用。如唐代《新修本草》（659 年）云：鱼腥草"叶似荞麦，肥地亦能蔓生，茎紫赤色，多生湿地、山谷阴处。山南江左人好生食之，关中谓之菹菜，叶有鱼腥气，故俗称鱼草。"至南宋王介著《履巉岩本草》（1220 年）始以"鱼腥草"为名，一直沿用至今。明代兰茂撰《滇南本草》（1436～1449 年）称：鱼腥草"治肺痈咳嗽带脓血，痰有腥臭，大肠热毒，疗痔疮。"明代李时珍《本草纲目》亦云：

"叶似荞，其状三角，一边红，一边青。可以养猪。"并称鱼腥草具"散热毒痈肿，疮痔脱肛"等疗效。鱼腥草不仅在我国传统医药中应用广泛，还是我国原卫生部明确规定的既可药用又可食用的药材，广大民间皆广为食用。鱼腥草在贵州省各地的应用与种植亦历史悠久，一直多以根茎与全草食用或入药，特别是食用，现已推广到国内不少地区，上了寻常百姓家的餐桌，成为食药皆喜用之品。实践表明，种植鱼腥草是贵州广大农民增收致富的有效途径，鱼腥草是贵州著名中药民族药及食药常用的特色药材。

【形态特征】

鱼腥草为多年生草本，株高 15～60cm，根茎发达，圆形，节上轮生小根，节具须根；茎上部直立，茎下部伏地，无毛或被疏毛，或节上被毛。叶互生，叶片心形，长 3～10cm，宽 3～11cm，先端渐尖，基部心形，全缘，薄纸质，有细腺点，叶面多绿色，叶下面常紫红色，两面脉上被柔毛；叶柄 1～4cm，被疏毛；托叶膜质，条形，长约 2.5cm，基部与托叶合生为鞘状，基部扩大，略抱茎，边缘被细毛。穗状花序生于茎的上端，长约 2cm，宽约 5mm，与叶对生；总苞片 4 枚，长圆形或倒卵形，长 1～1.5cm，宽约 0.6cm，白色；花小而密，无花被，具 1 小的披针形苞片；雄蕊 3，花丝长为花药的 3 倍，花丝下部与子房合生；雌蕊 1，由 3 个下部合生的心皮组成，子房上位，花柱 3，分离。蒴果，卵圆形，长 2～3mm，顶端开裂，具宿存花柱。种子多数，卵形。花期 5～6 月，果期 10～11 月。鱼腥草植物形态见图 9-1。

图 9-1　鱼腥草植物形态图

（墨线图引自任仁安主编，《中药鉴定学》，上海科学技术出版社，1986）

【生物学特性】

一、生长发育习性

鱼腥草野生于阴湿或水边低地，主要分布于低、中山沟谷阴湿林下或溪旁，通常鱼腥草以宿根越冬，3 月气温上升到 10～12℃根茎萌芽出苗，3～4 月展叶；5 月中旬现蕾开花，花期 15～20 天，5～7 月生长旺盛，10 月生长减缓，11 月地上部分开始枯萎并进入休眠期。鱼腥草种子在 15～25℃光照变温箱内，经 23 天开始发芽，发芽率达 59%，而在黑暗恒温的 20℃下不能萌发，推测种子萌发时需光。

二、生态环境要求

鱼腥草喜温暖潮湿、阳光充足的气候环境。怕强光直射，忌干旱，怕水涝，耐寒，在 −15℃可越冬。野生鱼腥草在海拔 300～2600m 的沟边、溪边或林下湿地长势尤好。鱼腥草家种宜在海拔 500～1200m，年均日照时数 1000～1600h，年均气温 12～20℃，≥10℃积温 4000～7000℃，年均降水量 1200mm 以上的地带种植。以土层深厚、疏松肥沃、有机质含量丰富、排水良好的酸性或微酸性砂质壤土，pH 5.0～6.5 为宜。每生产 100kg 干鱼腥草全草，约需吸收氮 1.615kg，P_2O_5 0.712kg，K_2O 3.486kg。土壤以肥沃的砂质壤土及腐殖质壤土生长最好，不宜于黏土或碱性土壤栽培。

【资源分布与适宜区分析】

一、资源调查与分布

经调查，鱼腥草主要分布于我国中部、东南部及西南部各地，以西南及长江以南各地为主，如贵州、四川、重庆、云南、湖南、湖北、广西、广东、福建、江苏、浙江、安徽、江苏等地主产。鱼腥草长期以来主要依靠采挖野生资源，其人工栽培作药用历史较短，有三四十年的历史。为适应人们作蔬菜食用和药用需要，目前贵州、四川、重庆、湖南和云南等地均有大面积种植。

二、贵州资源分布与适宜区分析

鱼腥草于贵州全省均有分布，主要分布于黔北、黔东、黔中、黔东南、黔南、黔中、黔西南及黔西北等地。如黔北的遵义、湄潭、凤冈、务川、绥阳、正安、道真等；黔东的铜仁、江口、印江、思南等；黔中的贵阳乌当、修文、清镇、安顺等；黔东南的凯里、台江、施秉、雷山等；黔南的都匀、龙里、独山、荔波等；黔西南的兴义、册亨、兴仁、安龙等；黔西北的黔西、七星关、六枝、水城等地。凡符合上述生态环境、自然条件，又具发展药材社会经济条件，并有鱼腥草等药材种植与加工经验的主要分布区域，则为鱼腥草生产最适宜区或适宜区。

除上述生产最适宜区或适宜区以及贵州省海拔 2300m 以上的部分高寒山区不适宜外，其他各县市（区）均为鱼腥草生产适宜区。

【生产基地合理选择与基地环境质量检（监）测评价】

一、生产基地合理选择与基地条件

按照鱼腥草生产适宜区优化原则与其生长发育特性要求，选择其最适宜区或适宜区并具良好社会经济条件的地区建立规范化生产基地。例如，现已在贵阳市乌当区百宜乡选建鱼腥草规范化种植基地（图 9-2）。乌当区地处贵阳市东北部，海拔 1100～1400m，属亚热带季风性湿润气候，夏无酷暑，冬无严寒，气候温和，年平均气温在 14.6℃左右，阳光充足，年降水量 1100～1400mm，年平均气温为 15.3℃，年极端最高温度为 35.1℃，年极端最低温度为–7.3℃，年平均相对湿度为 78%，年平均总降水量为 1129.5mm，夜间降水量占全年降水量的 70%，年平均日照时数为 1148.3h，年平均阴天日数为 235 天。森林覆盖率达 43.58%，土壤类型以黄壤为主，微酸性，土层深厚，肥沃疏松。基地远离城镇，无污染源。

图 9-2　贵州贵阳市乌当区鱼腥草规范化种植基地

二、生产基地环境质量检（监）测与评价（略）

【种植关键技术研究与推广应用】

一、种质资源种源基地

经研究表明，鱼腥草种质资源遗传多样性非常丰富，属典型的多倍体复合体，并存在 11 种不同的细胞型。在分子水平上，鱼腥草也存在较大差异，其不同居群间产量、质量差异较大。同时，鱼腥草地上部分挥发油成分可分为癸醛型（D 型）和月桂烯型（M 型）两种不同化学型，但不同细胞型，尤其是化学型在药理药效上是否存在显著差异还有待进一步研究。因此，各地在引种栽培鱼腥草时应据当地的自然条件和栽培条件，需注重对其种源的选择，并加强鱼腥草优良品种的选育工作。

目前，鱼腥草在各地栽培多以就近野生驯化为主。应选择管理方便、土壤肥沃、生长势旺盛、无污染、无病虫害的鱼腥草种植地作为种源基地，并切实加强肥水管理，培育鱼腥草优质种栽供种栽用。鱼腥草留种田的面积，可按其翌年种植计划移栽大田面积∶留种田=（8～10）∶1 的比例进行安排。

二、良种繁育关键技术

在鱼腥草良种繁育上，现主要采用无性繁殖，并以根茎繁殖为主。有的于夏季繁育时还采用扦插繁殖。

（一）根茎繁殖

1. 种根准备和处理

春分前，在鱼腥草未萌发新苗时，于种源地新挖种茎，随采随种。播种时选用新鲜、壮实，无霉烂病变、破损、病斑、虫口，芽头饱满壮实，直径大于0.25cm的质脆、易折的根茎，然后用消毒后的刀剪，将其剪成10cm左右的节段，每段必须留有两个以上的节，稍晾干，供作种根。播种前，用50%多菌灵800倍液，浸泡消毒处理种根30min，捞出，滴干水气后则可供播种用。

若采挖选用的鱼腥草根茎不能及时栽种，可用湿砂保存，但贮藏时间不能超过7天。然后再将根茎同上法用刀剪切分、消毒处理种根供用（图9-3）。

图9-3　鱼腥草根茎及其育出小苗（贵阳市乌当区）

2. 播期和用种量

鱼腥草全年可以播种，但四川、贵州等西南地区多在9月下旬至12月播种。经研究表明，秋季不同时期播种栽植对鱼腥草全株的鲜重影响不显著，但播期对地上和地下部分各自鲜重有明显影响，在10月15日播种的鱼腥草，其地上部分的平均鲜重为最重；11月4日播种的地下部分平均鲜重最重（见表9-1）。并发现9月25日播种的鱼腥草，其地上部分甲基正壬酮含量以及单位面积甲基正壬酮总量均普遍较高（见表9-2），故建议在生产上，若以采收地上部分鲜草为主，最好于9月下旬至10月上旬播种；若以培育种根或收获地下部分为主，可适当推迟播期至11月上旬。从经济的角度考虑，其每亩用种量200～250kg为宜。

表9-1　播期用种量互作对鱼腥草新品系产量表现的影响

播期用种量	地上部分鲜重（kg）差异显著性（5%）	全株鲜重（kg）差异显著性（5%）
A1B1	27.97ab	53.17ab
A1B2	30.83a	61.00ab
A1B3	26.93ab	57.77ab

续表

播期用种量	地上部分鲜重（kg）差异显著性（5%）	全株鲜重（kg）差异显著性（5%）
A1B4	27.83ab	56.33ab
A2B1	30.47a	61.63ab
A2B2	26.70ab	61.03ab
A2B3	29.73ab	61.90ab
A2B4	32.67a	64.83a
A3B1	20.80b	54.80b
A3B2	27.30ab	58.80ab
A3B3	24.97ab	59.63ab
A3B4	27.57ab	63.57a

注：试验采用二因素裂区设计，小区面积 10m²（5m×2m），播期为主处理，设 3 个水平：9 月 25（A1）、10 月 15（A2）和 11 月 4 日（A3）。用种量为副处理，设 4 个水平：3kg/小区（B1）、4.5kg/小区（B2）、6kg/小区（B3）、7.5kg/小区（B4）。（吴卫等，2003；转引自郭巧生主编，《药用植物栽培学》，高等教育出版社，2009）

表 9-2　不同播期和用种量鱼腥草植株地上部分甲基正壬酮含量和总量

播期用种量	甲基正壬酮含量 /(μg/g)	甲基正壬酮总量 /(g/小区)	播期用种量	甲基正壬酮含量 /(μg/g)	甲基正壬酮总量 /(g/小区)
A1B1	55.60	1.56	A2B3	22.51	0.67
A1B2	34.23	1.06	A2B4	21.45	0.70
A1B3	64.31	1.73	A3B1	27.81	0.58
A1B4	64.49	1.79	A3B2	31.22	0.85
A2B1	16.45	0.50	A3B3	34.99	0.87
A2B2	21.21	0.57	A3B4	21.97	0.61

注：试验采用二因素裂区设计，小区面积 10m²（5m×2m），播期为主处理，设 3 个水平：9 月 25（A1）、10 月 15（A2）和 11 月 4 日（A3）。用种量为副处理，设 4 个水平：3kg/小区（B1）、4.5kg/小区（B2）、6kg/小区（B3）、7.5kg/小区（B4）。（吴卫等，2003；转引自郭巧生主编，《药用植物栽培学》，高等教育出版社，2009）

（二）扦插繁殖

夏季高温季节，可在备好的露地扦插床内进行鱼腥草扦插繁殖育苗。将符合要求（无霉烂病变、破损、病虫害）的新鲜而粗壮的地上茎，剪成小段（长度以具 3～4 节为宜）作扦插条（图 9-4）。再将其插入备好的露地苗床内，外露 1～2 节。插好后浇透水，并搭棚遮阴，温度以 25～30℃，相对湿度在 90%以上为宜。待插条生根并长出新叶后，逐渐拆去遮阴物，炼苗 10～15 天，便可移植于大田。每亩用扦插苗 100kg。

二、规范化种植关键技术

（一）选地整地

鱼腥草宜选择温暖湿润、水源丰富、排灌方便、土壤疏松、耕层深厚且坡度小于 15°

图9-4 鱼腥草扦插育苗用扦插条的地上部分（贵阳市乌当区）

的砂质壤土或腐殖质壤土，黏性轻、地阴湿而不积水的地块作种植地。黏性重的泥土与干旱地不宜选用，否则不利鱼腥草生长；水稻田或过于肥沃的土壤也不宜选用，因这种地虽利于鱼腥草生长，但其种植所得的鱼腥草药材味淡，缺乏鱼腥草特有风味，会导致鱼腥草地上部分徒长，根茎生长不良。

对春季栽植鱼腥草的地块，应在上一年冬天整地。捡尽杂草杂物等清园后，深耕30cm以上，晒垡，并将土壤施入适量底肥，每亩可施入腐熟厩肥2000kg、复合肥100kg，或油饼40kg或钙磷钾肥40kg，或钾肥10kg或适量草木灰。次年3～4月栽植前，再翻耕，耙碎，整平。再按东西向（坡地按水平方向横坡栽种，以利保水保肥）作畦，畦宽1.2～1.4m，畦高20cm，并四周开沟深约30cm，以利排水。对秋季栽植鱼腥草的地块，应在栽前半个月同上法深耕、耙碎、整平及施底肥，9～10月栽植时，再同上法整地作畦与开沟，备用。

（二）栽种定植

1. 栽植

鱼腥草可开沟条播，在1.2m的畦面上开浅沟，沟深5～8cm，行距20cm，于沟中摆放鱼腥草种根，每沟平行摆两行，连续摆放，然后覆盖农家肥、普钙适量，淋沼液或浇透定根水，并用细土栽种定植，覆土2～3cm。或者将田块耙细整平后，按畦宽1.4m和沟宽30cm划线，刨取畦面表土于畦边一侧沟上，均匀摆放鱼腥草种根于畦面，按行距25～30cm、株距8～10cm同上法栽种定植即可。

2. 覆盖

将鱼腥草栽种定植完毕后，用稻草或玉米秸秆薄盖畦面，并适时适当浇水，以达到保湿和减少杂草等目的，如秸秆腐烂后还可提供一定养分。

3. 套作

鱼腥草全年皆可栽种，一般选择于春季（2～3月）或秋季（10～11月）为佳。若春季栽种，一般套作玉米，在每畦的一侧种植一行玉米，玉米窝距30～40cm，每窝1～2

株。这样既可为鱼腥草生长前期提供一定遮阴环境，又能提高土地利用率，增加经济收入。鱼腥草一般连作 2～3 年后需轮作（图 9-5）。

图 9-5　鱼腥草与玉米套作

（三）田间管理

1. 除草松土

鱼腥草为浅根植物，且根茎匍行生长，不宜中耕除草。尤其是种植前期的幼苗期，其杂草生长相对较快，应及时以手拔除。每年的 4～5 月为雨季，土壤容易板结，还应在人工除草的同时，在其株行间用小锄轻轻松土，且不宜过深。在鱼腥草生长期均要保持土壤疏松，防止牲畜践踏。

2. 合理施肥

鱼腥草喜肥，肥料三要素氮、磷、钾都能显著影响其产量与质量。鱼腥草生长期需氮肥较多，如果栽种时已按前述标准施足底肥，其幼苗期则不用追肥，也可施用稀薄人畜粪水。鱼腥草进入茎叶生长旺盛期后，除结合中耕除草追肥外，后期可结合浇水适当施肥。鱼腥草整个生长期可酌情施肥三次：3 月底 4 月初施一次稀薄人畜粪水提苗，每亩 2000kg，另加 3kg 尿素溶入其中一并施入；5 月中旬每亩追施 2000kg 较浓人畜粪水，另加 7kg 尿素溶入其中一并施入；封行后，叶面喷施 0.1%～0.2% 的磷酸二氢钾，每隔 7 天一次，连续 2～3 次，每亩喷 50kg 左右溶液。鱼腥草特别喜钾，速效钾和速效磷对鱼腥草挥发油共有成分合成与积累的影响较大，因此要注意适当追施磷钾肥，尤其要注意施入钾肥，每亩一般施钾肥 10kg 及钙镁磷肥 40kg，以提高鱼腥草质量，促进有效成分的积累。

3. 合理排灌

鱼腥草喜潮湿，生长期需水较多，应适当浇水，保持土壤湿润，以促使植株生长旺盛。在鱼腥草生长中、后期需水亦较多，为促进发芽长叶及长根茎，除结合浇水施入人畜粪尿外应注意防旱，特别是遇干旱天气时，应据实情早晚适量浇水，可采用浇灌或沟灌等方式灌溉，有条件的地方可采用喷灌。但切忌漫灌，以免土壤板结。而在雨季时，应特别注意清沟排水，防止田间积水，以免土壤积水引起烂根或生长不良。

（四）主要病虫害防治

1. 病害防治

（1）根腐病：一般多从根尖开始发病，初生褐色不规则形小斑点，后变黑色，病斑逐渐扩大，最后根系腐烂枯死，以至地上部分叶片卷缩。

防治方法：应注意清园整地，实行轮作，排除田间积水；栽种时用 50%多菌灵 800 倍液浸泡种茎 30min；发病初期可用波尔多液每隔 7～10 天选晴天喷施一次，连续喷施三次；或用 50%多菌灵 500 倍液，或 70%甲基硫菌灵 1000 倍液浇根；用 70%甲基托布津 1000 倍液，或 25%甲基立枯灵 1000 倍液灌病穴，以防蔓延。如已发生根腐病，应立即拔除病株烧毁，并用石灰液消毒病穴，以防止蔓延。

（2）白绢病：主要为害植株茎基及根茎。受害植株叶片黄化萎蔫，茎基及根茎出现黄褐色至褐色软腐，有明显白色绢丝状菌丝，同时产生很多油菜籽状棕褐色菌核，后期病部表面及附近土中则产生大量油菜籽状菌核，以致病株茎叶迅速凋萎，全株死亡。

防治方法：应注意排水防涝，增施磷钾肥，加强田间管理，提高植株抗病力；选用无病种茎，栽种时用 50%多菌灵 800 倍液浸泡种茎 30min；发现病株，及时带土移出销毁，并用石灰粉消毒病穴，四周植株浇灌 50%多菌灵可湿性粉剂 500 倍液或 70%甲基硫菌灵 1000 倍液；也可用哈茨木霉制剂于病害初期施入土壤。

（3）紫斑病：一般为害叶片，发病初期，病斑圆形、淡紫色、稍凹陷。潮湿时病斑上出现黑霉，并有明显的同心轮纹，以后几个病斑连成不规则形大斑，造成叶片枯死。

防治方法：发病地进行秋季深耕，把表土翻入土内；不连作；仔细搜集病株加以烧毁；播种时和出苗后，利用多抗霉素、抗霉菌素 120 或木霉浸种根和田间喷雾防治；发病初期，喷洒 1∶1∶160 的波尔多液或 70%代森锰锌 500 倍液 2～3 次。

（4）叶斑病：在鱼腥草生长中、后期经常发生，为害叶片。发病时，叶面出现不规则形或圆形病斑，边缘紫红色，中间灰白色，上生浅灰色霉。严重时，几个病斑融合在一起，病斑中心有时穿孔，以致叶片局部或全部枯死。

防治方法：实行轮作，最好水旱轮作；种植前，用 50%多菌灵 800 倍液浸泡种茎 30min，进行消毒；发病时，用 50%托布津 800～1000 倍液或 70%代森锌 400～600 倍液喷治。

2. 虫害防治

主要有小地老虎，以幼虫为害鱼腥草的幼苗。低龄小地老虎阶段咬食嫩叶，呈凹斑、孔洞和缺刻；3 龄以后小地老虎潜入土表，咬断根、地下茎或近地面的嫩茎，为害严重时造成缺苗断垄。

防治方法：每亩可采用幼嫩杂草 30kg 混合 90%晶体敌百虫 150g，傍晚撒于地面诱杀；也可用 50%辛硫磷乳油 800 倍灌根；成虫采用糖∶醋∶白酒∶水∶90%晶体敌百虫 6∶3∶1∶10∶1 液进行田间诱杀；在成虫羽化盛期安装黑光灯诱杀成虫。

上述鱼腥草良种繁育与规范化种植关键技术，可于鱼腥草生产适宜区内，并结合实际因地制宜地进行推广应用。

【药材合理采收、初加工、储藏养护与运输】

一、药材合理采收与批号制定

（一）合理采收

鱼腥草生长期一般为 10～12 个月。野生鱼腥草一般于夏秋季采收；家种鱼腥草地上部分于 6～9 月采收，地下部分 11～12 月或翌年早春采收。尤其是作为蔬菜食用时，切勿过早采挖，否则不仅其根茎不脆嫩，而且风味亦欠佳美。采收时，应选晴天，不宜在土壤潮湿、有露水、下雨、大风或空气湿度特别高的情况下采收。地上部分用刀在齐地面处割取或用手直接拔取；地下部分用三齿锄头挖取，采收设备和工具应清洁。采后除去其他植株、泥沙等杂质后，运回供初加工。

经研究表明，鱼腥草挥发油含量与采收期、初加工等有密切关系。初夏采集的鱼腥草挥发油得率（0.025%）比秋末所采集的得率（0.009%）明显要高，故认为鱼腥草应在生长旺季采集。还有研究表明，鲜鱼腥草挥发油含量以开花期最高，达 0.042%～0.046%。而开花前期采集的挥发油含量仅 0.0042%～0.0045%，干品得率为 0.003%～0.0046%。新鲜鱼腥草全草（5 月下旬采集）挥发油平均得率为 0.022%～0.025%，干品平均得率 0.03%。由于鲜草折干率约 10：1，且鲜草所得挥发油色泽较淡，质量较好，故认为挥发油应尽量以鲜草提取为宜。因此，鱼腥草宜在花期采收，且制备鱼腥草注射液的原料以鲜品为佳。

（二）批号制定（略）

二、药材合理初加工与包装

（一）合理初加工

选择晴天将采收运回的鱼腥草，清洗干净，鲜品既可供食用，又可药用，提取挥发油及作鱼腥草注射液等原料药用，以鲜品为好。若需干燥作为商品，应将鲜草扎成小把，悬挂在清洁、阴凉、通风处阴干，忌曝晒、雨淋等；亦可在清洁通风干燥场所采用 30～40℃烘干（见图 9-6）。

（二）合理包装

将干燥鱼腥草，按 40～50kg 打包成捆，用无毒无污染材料严密包装。在包装前应检查是否充分干燥、有无杂质及其他异物，所用包装应符合药用包装标准，并在每件包装上注明品名、规格、等级、毛重、净重、产地、批号、执行标准、生产单位、包装日期及工号等，并应有质量合格的标志。

三、药材合理储藏养护与运输

（一）合理储藏养护

新鲜鱼腥草一般不需要特殊包装，直接打捆于清洁通风、阴凉干燥处临时存放供用。

鱼腥草干品应储藏于阴凉干燥通风处，温度 30℃以下，相对湿度 65%～75%。商品安全水分 13%～14%。本品易受潮生霉，储藏前，应严格入库质量检查，防止受潮或染霉品掺入。在储藏中易受潮感染霉菌，可见霉斑。应保持储藏环境干燥、整洁。定期检查，发现吸潮或初霉品，应及时翻垛通风晾晒。

图 9-6　鱼腥草药材

（二）合理运输

鱼腥草药材在批量运输中，严禁与有毒、有害、有异味的货物混装并有规范完整运输标识。运输车辆和运载工具应清洁，装运前要消毒，运输途中不要淋雨，尽可能地缩短运输时间，运输车厢不得有油污与受潮霉变。

【药材质量标准、质量检测与监控】

一、药材商品规格与质量检测

（一）药材商品规格

鱼腥草药材以无杂质、霉变，身干，根条肥大，茎叶完整，质坚实，具鱼腥气，味浓者为佳品。其药材商品规格为统货，现暂未分级。

（二）药材质量检测

按照《中国药典》（2015 年版一部）鱼腥草药材质量标准进行质量检验。

1. 来源

本品为三白草科植物蕺菜 *Houttuynia cordata* Thunb 的新鲜全草或干燥地上部分。鲜品全年均可采割，干品夏季茎叶茂盛花穗多时采割，除去杂质，晒干。

2. 性状

鲜鱼腥草：茎呈圆柱形，长 20～45cm，直径 0.25～0.45cm；上部绿色或紫红色，下部白色，节明显，下部节上生有须根，无毛或被疏毛。叶互生，叶片心形，长 3～10cm，宽 3～11cm；先端渐尖，全缘；上表面绿色，密生腺点，下表面常紫红色；叶柄细长，基部与托叶合生成鞘状。穗状花序顶生。具鱼腥气，味涩。

干鱼腥草：茎呈扁圆柱形，扭曲，表面黄棕色，具纵棱数条，质脆，易折断。叶片卷折皱缩，展平后呈心形，上表面暗黄绿色至暗棕色，下表面灰绿色或灰棕色。穗状花序黄棕色。

3. 鉴别

（1）显微鉴别：本品粉末灰绿色至棕色。油细胞类圆形或椭圆形，直径 28～104μm，内含黄色油滴。非腺毛 1～16 细胞，基部直径 12～104μm，表面具线状纹理。腺毛头部 2～5 细胞，内含淡棕色物，直径 9～34μm。叶表皮细胞表面具波状条纹，气孔不定式。草酸钙簇晶直径可达 57μm。

（2）理化鉴别：取干鱼腥草粉末适量，置小试管中，用玻棒压紧，滴加品红亚硫酸试液少量至上层粉末湿润，放置片刻，自侧壁观察，湿粉末显粉红色或红紫色。

（3）理化鉴别：取干鱼腥草 25g（鲜鱼腥草 125g）剪碎，照挥发油测定法（《中国药典》2015 年版四部通则 2204）加乙酸乙酯 1mL，缓缓加热至沸，并保持微沸 4h，放置半小时，取乙酸乙酯液作为供试品溶液。另取甲基正壬酮对照品，加乙酸乙酯制成每 lmL 含 10μL 的溶液，作为对照品溶液。照薄层色谱法（《中国药典》2015 年版四部通则 0502）试验，吸取供试品溶液 5μL、对照品溶液 2μL，分别点于同一硅胶 G 薄层板上，以环己烷-乙酸乙酯（9∶1）为展开剂，展开，取出，晾干，喷以二硝基苯肼试液。供试品色谱中，在与对照品色谱相应的位置上，显相同的黄色斑点。

4. 检查

（1）水分（干鱼腥草）：照水分测定法（《中国药典》2015 年版四部通则 0832 第二法）测定，不得超过 15.0%。

（2）酸不溶性灰分（干鱼腥草）：照酸不溶性灰分测定法（《中国药典》2015 年版四部通则 2302）测定，不得超过 2.5%。

5. 浸出物

干鱼腥草：照醇溶性浸出物测定法（《中国药典》2015 年版四部通则 2201）项下的冷浸法测定，不得少于 10.0%。

二、药材质量标准提升研究与企业内控质量标准制定（略）

三、药材留样观察与质量监控（略）

【药材生产发展现状与市场前景展望】

一、生产发展现状与主要存在问题

贵州具有种植鱼腥草优良自然条件与生产应用历史，并具有良好群众基础。近 30 多年来，贵州省鱼腥草种植与生产基地建设已有较好发展，并在其产业化发展等方面取得较好成效。据贵州省扶贫办《贵州省中药材产业发展报告》统计，2013 年，全省鱼腥草种植面积达 5.58 万亩，保护抚育面积 0.24 万亩；总产量达 69915.80t；总产值 50462.01 万元。2014 年，全省鱼腥草种植面积达 7.84 万亩，保护抚育面积 3.46 万亩；总产量达 93400.00t；总产值 41466.40 万元。其中，以贵阳市、遵义市、安顺市、六盘水市等及其县市城区发展最为突出。例如，据贵阳市及贵阳市乌当区中药办、蔬菜办和贵州农业信息网等介绍，贵阳市乌当区百宜乡等地的鱼腥草种植不仅历史悠久，而且广大群众有着种植鱼腥草的积极性和丰富经验，现已成为致富一方农民的特色产业，并以此带动周围农村产业结构调整和广大农户增收致富。早在 2003 年，贵阳市、乌当区和百宜乡党政及有关部门则按照"立足市场和资源，大力培育主导产业，切实推进农业增产方式转变"的工作思路，确立"实施一个项目，熟化一项技术，创立一个品牌，提升一个企业，致富一方农民"的总体目标，将鱼腥草特色种植的发展与品牌作为重点进行其生产示范基地建设。该项目种植鱼腥草总面积为 5000 亩，核心区为 800 亩，统一按照贵阳市无公害蔬菜生产操作规程，进行规范化种植，结果示范区平均亩产鱼腥草 2250kg，平均亩产值 3600 元以上，投入产出比达 1：3.27；项目区鱼腥草总产量 1168 万 kg，总产值 1869 万元，经济效益十分显著。从此之后，乌当区百宜乡等地一直坚持重点发展鱼腥草特色产业，现已成为广大农民的自觉行动，都将其视为发财致富的"摇钱树"。经多年的实践，现已不断总结出了规范化无公害鱼腥草种植技术，仅百宜乡常年种植鱼腥草面积已达 5000 亩以上，带动种植鱼腥草农户 2100 多户，年产鱼腥草约 1000 万 kg，每天可供应贵阳市场鱼腥草根 5t 以上，每年收获的鱼腥草地上部分和根茎还为有关制药企业提供了生产鱼腥草注射液、复方鱼腥草片、复方吉祥草含片、伤风止咳糖浆及鼻康片等中成药或苗药制品的原料。但贵州省鱼腥草种植现仍以食用及部分苗药制品原料为主，其规范化生产与产业化等方面，还存在不少亟待提高以求更大更好效益的问题。

二、市场需求与前景展望

鱼腥草是贵州别具特色的食药两用药材。现代研究表明，鱼腥草全草含挥发油，其中有效成分为癸酰乙醛（decanoyl acetaldehyde）、月桂醛（lauraldehyde）、2-十一烷酮（2-undecano-ne）、丁香烯（caryophyllene）、芳樟醇（linalool）、乙酸龙脑酯（bornyl acetate）、α-蒎烯、莰烯、月桂烯和 d-柠檬烯、甲基正壬基酮、癸醛、癸酸等。其花、叶、果中均含有槲皮素、槲皮苷、异槲皮苷、瑞诺苷、金丝桃苷、阿夫苷、芸香苷等。且含有绿原酸、棕榈酸、亚油酸、油酸及 β-谷甾醇、蕺菜碱等药效成分。鱼腥草主要药理作用为：①对各种微生物（尤其是酵母菌和霉菌）均有抑制作用，尤对溶血性的链球菌、金黄色葡萄球菌、流感杆菌、卡他球菌、肺炎球菌有明显的抑制作用；②抗病毒作用，鱼腥草煎剂（1：10）对流感亚洲甲型京科 68-1 株有抑制作用，鱼腥草提取物（4g 生药/mL）对复流感病毒感染的小鼠有明显预防保护作用；③防辐射作用，能增强机体免疫功能，增强 WBC 的吞噬能力，且无任何毒副作用；④利尿作用，能使毛细血管扩张，增加血流量及尿液分泌；⑤抗肿瘤作用，并发现其对艾氏腹水癌的抑制效果可能与提高癌细胞中的 cAMP 水平有关；⑥抗炎作用，鱼腥草煎剂对大鼠甲醛性脚肿有显著抗炎作用，能显著抑制巴豆油、二甲苯所致小鼠耳肿胀、皮肤毛细血管通透性增加等；⑦其他，鱼腥草油尚能明显拮抗慢反应物质（SRS-A），能明显抑制致敏豚鼠离体回肠的过敏性收缩，拮抗组胺、乙酰胆碱对豚鼠回肠的收缩，以及对豚鼠过敏性哮喘有明显保护作用等。鱼腥草临床主要用于治疗肺痈咳吐脓血及肺热喘咳，痰黄而稠等症，对肺脓肿、肺炎、急慢性气管炎尤有良效；也常用以治疗尿路感染、热淋小便涩痛、喉蛾、热痢、痈肿疮毒、疟疾、水肿、淋病、白带、痈肿等，外用尚可治疗疥癣、湿疹、痔疮等症，并皆具良效。其主成分癸酰乙醛现虽已能人工合成（定名"鱼腥草素"，乃癸酸乙醛的亚硫酸氢钠的加成物），其为白色鳞片状或针状结晶，能溶于水，可用以制备注射剂或片剂等，但该人工合成品绝不能代替野生或家种鱼腥草，其仍有食药两用优势。

鱼腥草的营养成分，经研究证明除含挥发油、亚油酸（linoleic acid）、油酸（oleic acid）、硬脂酸（stearic acid）等外，每 100g 鱼腥草还含有：碳水化合物 0.3g、膳食纤维 0.3g、维生素 A575μg、胡萝卜素 3450μg、维生素 C70mg、钙 123mg、磷 38mg、钾 718mg、钠 2.6mg、镁 71mg、铁 9.8mg、锌 0.99mg、铜 0.55mg 及锰 1.71mg 等。其食疗功效研究发现有抑制流感、清热、镇痛、止咳、顺气、健胃，以及改善毛细血管脆性、促进头发生长及乌发等效用。因此，鱼腥草不但能很好满足人们"舌尖上"的享受，而且还有其极好营养保健功效。从上足见，鱼腥草特别是在"大健康"产业蓬勃发展的今天，研究开发潜力极大，市场前景无比广阔。

主要参考文献

黄春燕，吴卫，郑有良，等. 2007. 两种化学型鱼腥草不同生育期光合速率和挥发油化学成分的比较研究[J]. 中国农业科学，40（6）：1150-1158.

刘雷，吴卫，郑有良，等. 2007. 峨眉山不同山峪和海拔高度鱼腥草居群挥发油成分的变化[J]. 生态学报，27（6）：2239-2250.

苏金祥，石磊. 2004. 鱼腥草注射液的药理与临床[J]. 现代中西结合杂志，13（7）：236.

吴卫. 2001. 鱼腥草的研究进展[J].中草药，4：276.

吴卫，郑有良，陈黎，等. 2003. 利用 ISSR 标记分析鱼腥草种质资源的遗传多样性[J]. 世界科学技术-中药现代化，5（1）：70-77.

吴卫，郑有良，马勇，等. 2003. 鱼腥草不同居群产量和质量分析[J]. 中国中药杂志，8：718-720.

吴卫，郑有良，杨瑞武，等. 2001. 鱼腥草氮、磷、钾营养吸收和累积特性初探[J]. 中国中药杂志，26（10）：676-678.

吴卫，郑有良，杨瑞武，等. 2003. 不同播期和用种量对鱼腥草新品系产量质量的影响[J]. 中草药，34（9）：859-860.

袁昌齐. 2000. 天然药物资源开发利用[M]. 南京：江苏科学技术出版社.

曾虹艳，蒋丽娟，张英超. 2003. 鱼腥草挥发油的化学成分[J]. 植物资源与环境学报，12（3）：50.

（冉懋雄　刘　玲　刘贤锋　李向东）

10　淫　羊　藿

Yinyanghuo

EPIMEDII FOLIUM

【概述】

　　淫羊藿为小檗科植物淫羊藿 *Epimedium brevicornu* Maxim.、箭叶淫羊藿 *Epimedium sagittatum*（Sieb.et Zucc.）Maxim.、柔毛淫羊藿 *Epimedium pubescens* Maxim.或朝鲜淫羊藿 *Epimedium koreanum* Nakai 的干燥叶。别名：刚前、仙灵脾、牛角花、铜丝草、铁打杵等。以叶片入药，《中国药典》历版均予收载。《中国药典》2015 版一部已将巫山淫羊藿 *Epimedium wushanense* Ying 单列。淫羊藿及巫山淫羊藿均味辛、甘，性温。归肝、肾经。具补肾阳、强筋骨、祛风湿功能。用于治疗肾阳虚衰、阳痿遗精、筋骨痿软、风湿痹痛、麻木拘挛（巫山淫羊藿在主治上比淫羊藿增加了"绝经期眩晕"）。《贵州省中药、民族药材质量标准》（2003 年版）还收载了"黔淫羊藿"，其原植物为小檗科植物粗毛淫羊藿 *Epimedium acuminatum* Franch.、天平山淫羊藿 *Epimedium myrianthum* Stearn、毡毛淫羊藿 *Epimedium coactum* H.R.Liang et W.M.Yan、光叶淫羊藿 *Epimedium sagittatum* var.glabratum T.S.Ying 及黔岭淫羊藿 *Epimedium leptorrhizum* Stearn。黔淫羊藿味辛、甘，性温。归肝、肾经。具有补肾阳、强筋骨、祛风湿功能。用于治疗阳痿遗精、筋骨痿软、风湿痹痛、麻木拘挛。淫羊藿、巫山淫羊藿及黔淫羊藿均为贵州省少数民族用药，其地上部分或全草为药用部位可作苗药用，苗药名为"Jab ngol xid"（近似汉译音："加俄西"），入冷、热经药，具有补肾壮阳、祛风湿功能。主治肾虚腰痛、风湿麻木、虚劳咳嗽等症。本书将以巫山淫羊藿为重点，予以介绍。

　　淫羊藿药用历史悠久，历代本草及苗医药文献均有记载。淫羊藿之名，始载于《神农本草经》，被列为中品，称其"一名刚前。味辛，寒，无毒。治阳痿，绝伤，茎中痛，利小便，益气力，强志。生山谷。"《神农本草经》是我国药学史上第一部药学专著，据现代著名中医药史家马继兴主编的《神农本草经辑注》对该书的辑复与有关研究表明，《神农本草经》的书名，是古人据神农尝百草始创医药的上古传说而托名对其所编之"药书"命名的。《神农本草经》的具体成书并非一时，经历了口头经验传播、逐成文字粗坯、再编纂为全书的过程，其成书经历了从公元前 4～公元前 3 世纪的战国时期至公元 23 年西汉之渐进历程。从上可见，淫羊藿已有两千多年的药用历史。其后，如《名医别录》《本草经集注》《新修本草》《本草纲目》等诸家本草和现代的《中国植物志》（1958 年）、《全国中草药汇编》（1976 年）、《中药大辞典》（1977 年）和《中华本草》（1998 年）等医药著作均予以记述。例如，《名医别录》载淫羊藿"生上郡阳山（今陕西西北部及内蒙古马审旗）山谷"和"西川北部（今四川西北部）。"，称具"坚筋骨，消瘰疬赤痈，下部有疮，洗出虫"功效，并言"丈夫久服，令人有子"。梁代陶弘景《本草经集注》对淫羊藿之名作了进一步诠释：称其"服之使人好为阴阳。西川北部有淫羊，一日百遍合，盖食此藿所致，故名淫羊藿。"对其炮炙药用，在南北朝刘宋时雷敩的《雷公炮炙论》（公元 420～479 年）载："见使时呼仙灵脾，以夹刀夹去叶四畔花枝，每一斤用羊脂四两拌炒，待脂尽为度。"宋代苏颂等编撰的《本草图经》（公元 1061 年）载有附图"永康军（今四川省都江堰市）淫羊藿"以及有关淫羊藿的描述，如从"今江东（今江苏、浙江、江西）、甘陕（今陕西、宁夏、山西、河南、甘肃）、泰山（今山东省泰安）、汉中（今陕西汉中）、湖湘（今湖南）间皆有之。叶青似杏，叶上有刺，茎如粟杆，根紫色，有须。四月花开，白色，亦有紫色，碎小独头子。五月采叶，晒干。湖湘出者，叶如小豆，枝茎紧细，经冬不凋，根似黄连。关中俗呼三枝九叶草，苗高一二尺许，根叶均堪使"等记述可看出，古本草所指的淫羊藿系指小檗科淫羊藿属植物，其中，只有淫羊藿 E. brevicornu Maxim.在陕西、内蒙古有分布，故可判定其为我国古本草最早记载的淫羊藿之一。而其所载"湖湘出者，叶如小豆，枝茎紧细，经冬不凋，根似黄连"的常绿淫羊藿应为盛产于湖南、贵州、四川等地的箭叶淫羊藿 E. sagittatum（Sieb.et Zucc.）Maxim.。明代朱橚撰的《救荒本草》（公元 1406 年）又载："今密县（今河南）山野中亦有，苗高二尺许，茎似小豆茎，极细紧。叶似杏叶，颇长，近蒂皆有一缺。又似绿豆叶，亦长而光。梢间开花，白色，亦有紫色花。"该记述与柔毛淫羊藿 E. pubescens Maxim.的产地、苗高、叶形、花色及花茎数均相符。清代吴继志的《质问本草》载，淫羊藿"四月开白花，亦有紫色者，高一二尺，一茎三桠，一桠三叶。"其附图中距较内轮萼片长由产地、花期、花色、苗高、二回三出复叶及花形可断定为朝鲜淫羊藿 E.koreanum Nakai。从上可见，我国古代药用淫羊藿应为淫羊藿属的多种植物。

特别是明代伟大医药学家李时珍著的《本草纲目》，不仅对淫羊藿之名作了进一步诠释："豆叶曰藿，此叶似之，故亦名藿。仙灵脾、千两金、放杖、刚前，皆言其功力也。鸡筋、黄连祖，皆因其根形也。柳子厚文作仙灵毗，入脐曰毗，此物补下，于理尤通"，而且还对淫羊藿形态特征、生长环境、性味功效及配伍应用等均作了著述。如称淫羊藿"生大山中。一根数茎，茎粗如线，高一二尺。一茎三桠，一桠三叶。叶长二三寸。如杏叶及豆藿，面光背淡，甚薄而细齿，有微刺"。并引五代后蜀韩保昇等撰《蜀本草》言其"生处不闻水声者良。"在功效上指出："淫羊藿味甘气香，性温不寒，能益精气，乃手足阳明、三焦、命门药也。真阳不足者宜之"。进一步收录《日华子本草》所载：淫羊藿可治"丈夫绝阳无子，女子绝阴无子，老人昏耄，中年健忘，一切冷风劳力，筋骨挛急，四肢不仁，补腰膝，强心力。"还在《本草纲目》"发明"项下指出："淫羊藿味甘气香，性温不寒，能益精气，乃于足阳明、三焦、命门药也，真阳不足者宜之。"在"附方"项下还收录了"仙灵脾酒"等方，如称"仙灵脾酒"具有益丈夫兴阳，理腰膝冷（唐代咎殷撰《食医心镜》），偏风不遂仍宜以服"仙灵脾酒"治之（宋代《太平圣惠方》）；三焦咳嗽，宜淫羊藿与覆盆子、五味子伍用以蜜丸用（宋代《圣济总录》）；目昏生翳，宜以淫羊藿与生王瓜子为末茶下用（宋代《圣济总录》）；病后青盲，宜以淫羊藿与淡豆豉伍用治之（宋代王璆撰《百一选方》）；小儿雀目，宜以淫羊藿与晚蚕蛾、炙甘草等伍用（宋代《普济方》）；痘疹入目，宜以淫羊藿与威灵仙伍用米汤服下（张清川《痘疹便览》）；牙齿虚痛，宜以淫羊藿粗末煎汤频漱而大效（明代董宿原撰，方贤编定的《奇效良方》）等。这更进一步说明，淫羊藿药用历史悠久，对于肾阳虚衰，阳痿遗精，筋骨痿软，风湿痹痛，麻木拘挛等多种疾患均有较好疗效。从上可见，淫羊藿是古今中医地道常用中药材，也是贵州地道特色药材。

【形态特征】

巫山淫羊藿：多年生常绿草本植物，植株高 50～80cm。根状茎，结节状，粗短，质地坚硬，表面被褐色鳞片，多须根。一回三出复叶基生和茎生，具长柄，小叶 3 枚，小叶具柄，叶片革质，披针形至狭披针形，长 9～23cm，宽 1.8～4.5cm，先端渐尖或长渐尖，边缘具刺齿，基部心形，顶生小叶基部具均等的圆形裂片，侧生小叶基部的裂片偏斜，内边裂片小，圆形，外边裂片大，三角形，渐尖，上面无毛，背面被绵毛或秃净，叶缘具刺锯齿；花茎具 2 枚对生叶。圆锥花序顶生，长 15～30cm，偶达 50cm，具多数花朵，花序轴无毛；花梗长 1～2cm，疏被腺毛或无毛；花淡黄色，直径达 3.5cm；萼片 2 轮，外萼片近圆形，长 2～5mm，宽 1.5～3mm，内萼片阔椭圆形，长 3～15mm，宽 1.5～8mm，先端钝；花瓣呈角状距，淡黄色，向内弯曲，基部浅杯状，有时基部带紫色，长 0.6～2cm；雄蕊长约 5mm，花丝长约 1mm，花药长约 4mm，瓣裂，裂片外卷；雌蕊长约 5mm，子房斜圆柱状，有长花柱，含胚珠 10～12 枚。蒴果长约 1.5cm，宿存花柱喙状。花期 4～5月，果期 5～6 月。巫山淫羊藿植物形态见图 10-1。

（1. 植株上部；2. 外萼片；3. 内萼片；4. 花瓣；5. 雄蕊；6. 雌蕊）

图 10-1　巫山淫羊藿植物形态

（墨线图引自中国科学院《中国植物志》编辑委员会，《中国植物志》第 29 卷，科学出版社，2001）

淫羊藿：多年生草本，植株高 20～60cm，具 2 枚对生复叶。地下根茎短，质硬，直径约 3cm。叶基生和茎生，二回三出复叶，小叶 9 枚，极少具 5 枚或 3 枚；小叶卵形或阔卵形，先端急尖或短渐尖，叶缘具锯齿状刺齿，基部深心形，侧生小叶基部裂片稍偏斜，急尖或圆形，花期叶小而薄，长约 2cm，宽约 1.5cm，成熟时叶厚纸质，长约 8cm，宽约 6.5cm，叶上表面常有光泽，网脉显著，背面疏生柔毛或几无毛，基出 7 脉。圆锥花序顶生，松散，被腺毛，长 15～30cm，具 20～50 朵花，花梗长 5～20mm；花白色或淡黄色，直径约 1.5cm；外萼片狭卵形，暗绿色，长 1～3mm，内萼片披针形，先端渐尖，白色或淡黄色，长约 10mm，宽约 4mm；花瓣远短于内萼片，具极小的橘黄色瓣片，角状距狭窄，坚挺，白色，长 2～3mm；雄蕊伸出，长 3～4mm，花药长约 2mm，瓣裂。蒴果长约 1cm，宿存花柱长约 3mm。花期 5～6 月，果期 6～8 月。淫羊藿见图 10-2。

箭叶淫羊藿：多年生草本，植株高 25～65cm，具 2 枚复叶对生或 3 枚轮生。地下根茎短，结节状，有时具瘤状突起，直径 3～5mm。一回三出复叶基生和茎生，基生叶偶尔为二回三出复叶，小叶 9 枚；小叶狭卵形至披针形，大小差异很大，通常长 5cm，宽 3cm，而有时长可达 19cm，宽可达 8cm；先端渐尖或急尖，叶缘多呈波状，具刺齿，刺齿长 1～1.5mm，基部深心形或浅心形，基部两侧裂片圆形或急尖，侧生小叶基部高度偏斜，外裂片大，三角形，先端急尖，内裂片较小，圆形，叶成熟时革质，叶上表面无毛，背面被稀疏或稠密的短伏毛。圆锥花序顶生，多数狭而直，通常无毛，有时被少数腺毛，长 10～40cm，宽 2～4cm，具 10～50 朵花，花梗长约 1cm；花直径约 8mm 或更小；外萼片带紫色，外面一对狭卵形，长约 3mm，宽约 1mm，里面一对长圆状卵形，长约 4mm，宽约 2mm，内轮萼片卵状三角形，先端钝圆，白色，长约 4mm，宽约 2mm；花瓣小，棕黄色或黄色，与内萼片几等长，囊状，凸缘长 2～4mm；雄蕊伸出，长约 5mm，花药长约 3mm；雌蕊长约 3mm，花柱长于子房。蒴果长约 13mm，宿存花柱长约 3mm。花期 4～5 月，果期 5～6 月。箭叶淫羊藿见图 10-3。

柔毛淫羊藿：多年生草本，植株高 20～60cm，具 2 枚对生复叶偶 3 枚复叶轮生。地下根茎短，有时伸长，直径 3～4mm。一回三出复叶基生或茎生，有时基生叶为单叶；小叶片卵形、狭卵形或披针形，先端渐尖，偶尔较圆，边缘具锯齿状刺齿，基部深心形或浅心形，基部裂片圆形，侧生小叶基部裂片极不等大，成熟时叶薄革质，韧性极好，叶背被细长、伸展的柔毛，稀疏或稠密，主脉、叶基与叶柄相接处尤明显，叶长 3～15cm，宽 2～8cm。圆锥花序顶生，松散，常被腺毛，长 10～20cm，具花 60 余朵，副花梗上具花 3～5 朵，花梗长 1～2cm；花直径约 1cm；外萼片阔卵形，带紫色，长 2～3mm，内萼片披针形或狭披针形，急尖或渐尖，白色，长 5～7mm，宽 1.5～3.5mm；花瓣远短于内萼片，囊状，褐色，长约 2mm；雄蕊外露，长约 4mm，花药与花丝近等长；雌蕊长约 4mm，花柱长约 2mm。蒴果长约 10mm。花期 4～5 月，果期 5～7 月。柔毛淫羊藿见图 10-4。

天平山淫羊藿：多年生草本。植株高 30～84cm，具 2 枚对生复叶或 3～4 枚轮生。地下根茎粗短，有瘤状突起，直径 5mm。一回三出复叶基生和茎生，基生叶通常卵形，长 5～6cm，宽 3～4cm，先端急尖，有时 3 浅裂，茎生叶通常狭卵形，有时椭圆形或披针形，长 6～15cm，宽 3～7cm，先端长渐尖，有时 3 浅裂；叶缘平展，具 0.8～2mm 的刺齿，基部心形，裂片间凹缺狭窄，居中小叶基部裂片对称，圆形，侧生小叶基部裂片极不对称，圆形或急尖，成熟前叶一般带红色斑点，纸质，成熟后绿色，叶革质，叶上表面具光泽，无毛，背面灰绿色，被长伏毛。圆锥花序顶生，长 20～35cm，宽 5～10cm，花极多，具 100～200 朵，无腺毛，副花梗具 3～5 朵花，花梗长 7～13mm；花小，直径小于 1cm；外萼片早落，紫色或紫红色，长圆形，先端钝，通常不等大，一对长约 2.5mm，一对长约 3.5mm，内萼片白色，狭卵形，先端急尖，长约 4mm；花瓣较内萼片短，椭圆形，红色或橘黄色，浅兜状，先端钝，长约 2.5mm；雄蕊外露，淡黄色，长约 4mm，花药长 2～2.5mm，花丝长 1.5～2mm；雌蕊长约 5mm，花柱长约 3mm。蒴果 1～1.5cm，宿存花柱长约 4mm。花期 4 月，果期 4～5 月。天平山淫羊藿见图 10-5。

　　粗毛淫羊藿：多年生草本，植株高 30～50cm。根状茎有时横走，直径 2～5mm，多须根。一回三出复叶基生和茎生，小叶 3 枚，薄革质，狭卵形或披针形，长 3～18cm，宽 1.5～7cm，先端长渐尖，基部心形，顶生小叶基部裂片圆形，近相等，侧生小叶基部裂片极度偏斜，上面深绿色，无毛，背面灰绿色或灰白色，密被粗短伏毛，后变稀疏，基出脉 7 条，明显隆起，网脉显著，叶缘具细密刺齿；花茎具 2 枚对生叶，有时 3 枚轮生。圆锥花序长 12～25cm，具 10～50 朵花，无总梗，序袖被腺毛；花梗长 1～4cm，密被腺毛；花色变异大，黄色、白色、紫红色或淡青色；萼片 2 轮，外萼片 4 枚，外面 1 对卵状长圆形，长约 3mm，宽约 2mm，内面 1 对阔倒卵形，长约 4.5mm，宽约 4mm，内萼片 4 枚，卵状椭圆形，先端急尖，长 8～12mm，宽 3～7mm；花瓣远较内轮萼片长，具角状距，向外弯曲，基部无瓣片，长 1.5～2.5cm；雄蕊长 3～4mm，花药长 2.5mm，瓣裂，外卷；子房圆柱形，顶端具长花柱。蒴果长约 2cm，宿存花柱长缘状；种子多数。花期 4～5 月，果期 5～6 月。粗毛淫羊藿见图 10-6。

图 10-2　淫羊藿（左：植株全株，右：花）

【生物学特性】

一、生长发育习性

　　淫羊藿属植物多数种为常绿草本植物（除淫羊藿和朝鲜淫羊藿冬季会倒苗外）。种子多具有后熟特性，营养生长周期较长（通常需 2～3 年才能进入生殖生长），花、果生长时期较短（通常 3 月下旬至 4 月中旬完成）。淫羊藿植物的生长周期，如以巫山淫羊藿为例，经对贵州雷山县产巫山淫羊藿的生长发育情况进行研究观察，结果表明，巫山淫羊藿需跨

图 10-3　箭叶淫羊藿（左：植株全株，右：花）

图 10-4　柔毛淫羊藿（左：植株全株，右：花）

图 10-5　天平山淫羊藿（左：植株全株，右：花）

图 10-6　粗毛淫羊藿（左：植株全株，右：花）

年度方能完成一个生长周期：①芽苞（根茎）形成期：通常为 7 月至翌年的 2 月中旬，芽苞的形成和生长在地下完成；②萌芽期：翌年 2~3 月，当气温稳定达 8~10℃时，地下芽苞膨大而出土萌芽；③花期：新芽萌芽后分化成茎叶和花枝，3~4 月，当气温稳定在 10~15℃时，花芽和茎芽开始分化生长，进入花期，至 4 月底茎叶不再生长；④果期：4~6 月是果实生长和成熟时期，即为巫山淫羊藿的果期；⑤展叶生长期：7~8 月是茎叶生长旺盛期，同时翌年地下芽开始形成；⑥休眠期：8 月以后地上茎叶停止生长，转入地下芽的生长发育。见表 10-1、图 10-7。

表 10-1 巫山淫羊藿生长周期的观察结果

生育期	芽苞形成期	萌芽期	花期	果期	展叶生长期	休眠期
特征	地下芽苞形成	芽苞膨大萌发出土	花芽、茎芽快速生长开花	结果	展叶，叶片变长变宽	叶片色变深，停止生长
时间	7 月至翌年 2 月	2~3 月	3~4 月	4~6 月	3~5 月	8 月以后

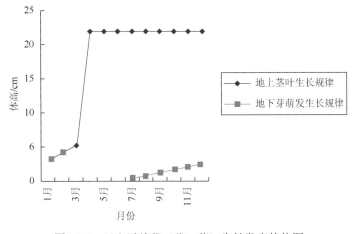

图 10-7 巫山淫羊藿（茎、芽）生长发育趋势图

经观察，淫羊藿种子具有生理后熟特性。如巫山淫羊藿种子，5 月份采集的为形态成熟的种子，没有发芽能力，需对其种子进行胚后熟处理才能发芽。胚后熟可分为 3 个阶段：第一阶段，胚形成期，10~12 月，胚长 0.1~0.15cm；第二阶段，胚生长期，12 月至翌年 1 月，胚长 0.2~0.35cm；第三阶段，种子萌发期，2~3 月，胚生长成熟，开始萌发。

二、生态环境要求

（一）我国主要淫羊藿属植物的生态环境要求

经对我国主要淫羊藿植物生长环境调研表明，其主要生长于林下、灌草丛、林缘、林下、田埂或草坡等地，由于淫羊藿的种类较多，其在国内的分布区域较广，并以北坡、东北坡、西北坡、东坡向生长为主；南坡、东南坡、西南坡向少见或未见生长。我国几种主要淫羊藿属植物的生长环境调查结果，见表 10-2（1、2）。

表 10-2　我国几种主要淫羊藿属植物生长环境的调查结果（1）

种类	海拔/m	经度	纬度
巫山淫羊藿	300~1700	106°~110°	25°~32.5°
淫羊藿	900~2600	102°~113.5°	33°~36.5°
朝鲜淫羊藿	400~1500	123.5°~130.5°	40°~44°
柔毛淫羊藿	300~2000	102.5°~110.5°	28°~33.5°
箭叶淫羊藿	200~1750	111°~119.5°	25°~32°
黔岭淫羊藿	600~1500	105°~119°	25°~31.5°
粗毛淫羊藿	270~2400	102.5°~109°	25°~30.5°
天平山淫羊藿	250~700	105°~110°	24°~29°

表 10-2　我国几种主要淫羊藿属植物生长环境的调查结果（2）

种类	生长环境	坡向	坡度
巫山淫羊藿	灌草丛中，田坎	北坡、东北坡、西北坡、东坡	较陡坡到陡坡，坡度40°~60°
淫羊藿	灌草丛中，林下	北坡、东北坡、西北坡、东坡	平地到陡坡，坡度25°~60°
朝鲜淫羊藿	林下林缘	北坡、东北坡、西北坡、东坡	平地到陡坡，坡度10°~60°
柔毛淫羊藿	灌草丛中	北坡、东北坡、西北坡、东坡	较陡坡到陡坡，坡度40°~60°
箭叶淫羊藿	灌草丛中	北坡、东北坡、西北坡、东坡	较陡坡到陡坡，坡度40°~60°
黔岭淫羊藿	灌草丛中，林下	北坡、东北坡、西北坡、东坡	较陡坡到陡坡，坡度40°~60°
粗毛淫羊藿	灌草丛下，田坎	北坡、东北坡、西北坡、东坡	较陡坡到陡坡，坡度40°~60°
天平山淫羊藿	灌草丛下，田坎	北坡、东北坡、西北坡、东坡	较陡坡到陡坡，坡度40°~60°

（二）贵州省主要淫羊藿属植物的生态环境要求

经调研，贵州产巫山淫羊藿、粗毛淫羊藿、黔岭淫羊藿等几种主要淫羊藿属植物，其分布以林缘、灌草丛、田埂或草坡等居多，海拔 800~1800m，分布坡向以西北坡、北坡、东北坡、东坡，坡度 45°~70°为主；尤以阴坡沟谷、坡度较陡的阴湿坡面分布较多，长势较好，光照度 1030~3850lx。其生长土壤环境通常是腐殖质土、富含腐殖质的潮湿壤土、黄壤、砂壤或岩层土，或着生于富含腐殖质而潮湿的石缝中。土壤 pH 为 4.5~7。

以巫山淫羊藿为例，其有关生态环境的主要要求如下。

地形地貌：巫山淫羊藿对生长的坡向要求很特殊，生于海拔 300~1700m 的林下、林缘、山坡、路边或溪旁等阴湿地的北坡、西北坡和东北坡。尤在阴湿的气候环境条件下生长良好。贵州全省，尤其是黔东南的雷山、独山及黔南都匀、龙里、黔中等苗族地区为巫山淫羊藿种植的最适宜地带。

温度：要求气候温和湿润，雨热同期。每年 2 月气温回升时，开始发芽生长。要求年平均气温 12℃以上，1 月平均温度在 2.9℃以上，年平均年总积温高于 3000℃，要求无霜期在 270 天以上。

光照：要求年均日照时数为 1100~1500h。幼苗喜散射阳光，成年耐阴，但在强烈的阳光和空旷的环境中生长不良。

土壤：要求腐殖质丰富、有机质含量高、肥沃而疏松的壤土或砂质壤土。土壤保水保肥、耕作层厚 30cm 左右，pH 4.5~6 为佳。

水：要求年平均降水量 1000~1500mm，生长期相对湿度为 70%~90%。

【资源分布与适宜区分析】

一、资源调查与分布

经调查，淫羊藿属植物分布范围广泛，本属约 56 种，主要分布于北美、意大利北部至黑海、西喜马拉雅、中国、朝鲜和日本等地。中国约有淫羊藿属植物 47 种，是该属的现代地理分布中心。

我国淫羊藿主要分布于西南、西北、东北、华中、华南等地。其中《中国药典》（2015 年版一部）收载的淫羊藿主要分布于山西、陕西、河南、甘肃、青海、宁夏、四川等地；箭叶淫羊藿主要分布于广西、贵州、广东、福建、浙江、江西、安徽、湖北、湖南等地；柔毛淫羊藿主要分布于陕西、四川、甘肃等地；朝鲜淫羊藿主要分布于辽宁、吉林、黑龙江等地；巫山淫羊藿主要分布于四川、贵州、湖北、广西等地。

二、贵州分布与适宜区分析

贵州约有淫羊藿属植物 15 种。主要有箭叶淫羊藿、淫羊藿、巫山淫羊藿、粗毛淫羊藿、柔毛淫羊藿、天平山淫羊藿、黔岭淫羊藿、四川淫羊藿、川鄂淫羊藿、湖南淫羊藿、长蕊淫羊藿、保靖淫羊藿、星花淫羊藿、茂汶淫羊藿等。

贵州产淫羊藿主要分布于黔西、黔北、黔南、黔东南、黔中等地。如粗毛淫羊藿主要分布于贵阳、六盘水、遵义、铜仁、黔西南州、毕节、安顺、黔东南州、黔南州；天平山淫羊藿主要分布于黔东南州、黔南州、铜仁；毡毛淫羊藿主分布于黔东南州；光叶淫羊藿主要分布于黔西南州望谟；黔岭淫羊藿主要分布于贵阳、遵义、铜仁、黔东南州、黔南州等。

根据资源调查结果得知，淫羊藿多分布于海拔 450~2000m 的低、中山地，其分布坡向主要为东北坡、东坡、北坡、西北坡。为此，从气候相似论的观点看，在淫羊藿自然地理分布区域，腐殖质丰富、阴湿的低中山地的灌丛疏林下或林缘，以及经果林地与一些木本植物种植地等均适宜于淫羊藿的种植，但不同种类的淫羊藿，对其种植环境条件有不同的要求。

淫羊藿为阴生植物，在灌丛、乔木林下或林缘半阴湿的环境分布，并多生于阴坡，以沟谷腐殖质土丰富且阴湿地带生长的淫羊藿植株较为高大而粗壮。淫羊藿种群的伴生植物以葡萄科、禾本科、毛茛科、伞形花科、蓼科及一些蕨类植物为主；灌木以蔷薇科、豆科、芸香科为主；木本植物以杉科、松科为主。淫羊藿又为地下根茎生活型植物，生活能力较强，种群结构较稳定，但淫羊藿群落内植物种类较多，密度大，种间竞争激烈，而淫羊藿种子苗成活较少，越冬芽亦少，繁殖能力相对较弱，很难进入密林深处与蕨类植物密集的地方繁衍。

在贵州的最适宜区主要为：雷山、剑河、台江、榕江、从江、龙里、修文、都匀、独山、荔波、三都、平塘等地。

除上述各地带外，贵州省其他各县市（区）凡符合淫羊藿生长发育习性与生态环境要求的区域均为其适宜区，可根据市场需求适当发展。

【生产基地合理选择与基地环境质量检（监）测评价】

一、生产基地合理选择与基地条件

按照淫羊藿生产适宜区优化原则与其生长发育特性要求，选择其最适宜区或适宜区并具良好社会经济条件的地区建立规范化生产基地。例如，贵州同济堂制药公司在贵州省黔东南州雷山县西江镇等地选建的以巫山淫羊藿为代表的规范化保护抚育与仿野生种植 GAP 试验示范基地（以下简称"雷山淫羊藿 GAP 基地"），位于距雷山县城 20 多 km，海拔 900～1000m，属中亚热带季风湿润气候区，气候温和湿润，年平均气温 14.5～15.4℃，年平均日照 1200～1500h，无霜期 253～265 天，年积温 5075～5410℃，≥10℃积温 4137～4500℃，年降水量 1250～1400mm。土壤为黑壤土或黄壤土，且土层肥沃深厚。该基地交通、通信等社会经济条件良好，并远离城镇及公路干线，空气清新，环境幽美，周围 10km 内无污染源。当地党政重视，农民有种植药材的传统习惯与积极性。在淫羊藿 GAP 基地的选择及建设时，还特别注意基地的经营机制与运行模式（如公司农场式+农户、公司+专业合作社等）、科技支撑与产业链，以及很好发挥当地党政与农民积极性和配套工程（如交通、通信等）等条件，经全面考察，综合平衡，充分论证后在雷山县丹江镇、西江镇、郎德镇、望丰乡等选建了雷山淫羊藿 GAP 基地，见图 10-8。同时，贵州同济堂制药公司还在修文县龙场镇及龙里县湾寨乡等地，选择适宜地进行了淫羊藿林下仿野生种植等 GAP 示范与推广基地建设，见图 10-9、图 10-10。

贵州雷山县西江镇淫羊藿基地远眺及近景（2008.5）

贵州雷山县丹江镇淫羊藿基地远眺及近景（2008.7）

贵州雷山县郎德镇淫羊藿基地远眺及近景（2007.8）

贵州雷山县望丰乡淫羊藿基地远眺及近景（2008.5）

图 10-8　贵州雷山县淫羊藿 GAP 基地

图 10-9　贵州修文县龙场镇淫羊藿 GAP 基地

图 10-10　贵州龙里县湾寨乡淫羊藿 GAP 基地

二、基地环境质量检（监）测与评价（略）

【种植关键技术研究与推广应用】

一、种质资源保护抚育

（一）种质资源收集与种质资源圃建设

淫羊藿种质资源丰富，全面收集全国各地不同淫羊藿种质资源，进行种质资源异地种植保存圃（以下简称"淫羊藿种质资源圃"）建设，建立完善、优质、稳定、可控的淫羊藿种质资源，对于淫羊藿种质资源的有效保存，优良种质资源保护和开发研究提供可靠的良种选育基因，发展淫羊藿产业具有重要意义。我们从 2003 年开始，在贵阳市修文县龙场镇淫羊藿 GAP 基地，建立了淫羊藿种质资源异地种植保存圃（简称："淫羊藿种质资源圃"）。经多年的努力，深入全国各地淫羊藿分布区调研及收集淫羊藿的种质资源，已采集国内各地的野生淫羊藿属植物活体植株共 40 多种，并按照淫羊藿种质资源圃分区设计与观测研究等要求，进行分区种植与观测研究。现该资源圃内异地种植保存的淫羊藿大多生长良好（图 10-11）。

图 10-11　贵州修文县基地淫羊藿种质资源圃

（二）种质资源保护与抚育

淫羊藿为浅根系草本植物，其种群恢复能力较差。为保护淫羊藿野生资源不被毁灭性破坏，我们在贵州雷公山自然保护区淫羊藿野生分布区，进行了封禁、补种、除草、施肥、轮采等淫羊藿野生资源的保护抚育。经大力宣传保护生态环境、保护淫羊藿资源与生物多样性的重要意义，开展与加强淫羊藿野生保护抚育知识培训，签订了淫羊藿收购合同与聘请护药员，并进行了实生苗人工抚育更新与自然更新、仿野生林下环山梯带种植抚育与自然更新、局部除草施肥与不除草施肥、药材采收轮采年限与冬季抚育管理等对比研究。2006 年 4 月后，先后研究制订了"淫羊藿野生资源保护抚育规程"等规范化操作规程（SOP）及管理制度，对淫羊藿野生资源保护与规范化野生抚育全过程进行了监控管理与技术管理，经多年努力已取得较好成效。例如，在雷山县丹江镇固鲁村淫羊藿野生抚育区，对比采收后不轮闲、采收后轮闲 1 年、采收后轮闲 2 年及采收后轮闲 3 年各个不同轮采的淫羊藿药材产量及质量的对比试验，结果表明，淫羊藿采收后应轮闲 3 年后再采割地上部分，这样方利于淫羊藿种群恢复，并可保障淫羊藿药材的产量及质量稳定。同时，在实践中还发现淫羊藿补种后的第一年为定植恢复期，其年生长量变化不大；于第二年结合局部除草施肥后能很好地进入稳定生长期，其植株高度、叶片大小及新萌发枝均明显优于上一年；第三年则进入生长良好期而有利于淫羊藿种群恢复，结合局部除草施肥更利于提高其分布范围与增加淫羊藿药材产量，可促使淫羊藿野生资源恢复，利于淫羊藿野生资源的可持续利用（图 10-12、图 10-13）。

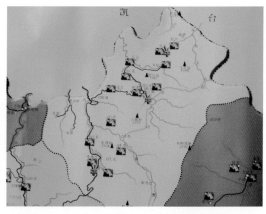

图 10-12　雷山县淫羊藿封山育药告示标牌及雷山县人民政府发布的护药公告（2006.8）

图 10-13　淫羊藿补种除草等抚育前（左）与抚育后（右）的对比（雷山县丹江镇，2008.8）

二、良种繁育关键技术

根据淫羊藿资源调查结果，我们选择在贵州省内产藏量大、品质较好的巫山淫羊藿（*Epimedium wushanense* Ying，以下除另有所指外均简称"淫羊藿"）为重点作为建立淫羊藿规范化种植与 GAP 基地的代表种，并请贵阳中医学院何顺志研究员对野生种源地、育种地及种植地的淫羊藿进行了物种鉴定，结果均符合药典规定。

在淫羊藿野生种源地或种植地内，选择生长三年以上、无病虫害、生长健康的植株作留种植株或种源。淫羊藿良种繁育可采用种子繁殖与无性繁殖，下面以种子繁殖为主加以介绍。

（一）有性繁殖育苗

1. 种子采集与保存

每年的 4～5 月淫羊藿种子陆续成熟，当蓇葖果由绿变黄，并发现少量背裂时，大部分种子即达到成熟，应立即采收，若采收过迟，种子将通过背裂散落损失，若采收过早种子尚未成熟，发芽率低。

采收方法为将果序剪下，置于室内阴凉干燥处，放置 2～3 天，果实干燥裂开后，脱粒，除去杂质保留净种。取洁净湿润的河沙与淫羊藿种子按照 2∶1 的比例混合，混合后的种子装入透气的麻袋内，置于阴凉处保湿沙藏，至 12 月底即可播种育苗。

2. 种子品质检定及其质量标准

（1）种子品质检定：扦样依法对淫羊藿种子按 GB/T 3543 依法进行品质检定，其主要有：净度测定、千粒重测定、生活力测定、水分测定、病虫害检验、色泽检验等，并依法进行种子发芽率、发芽势等测定与计算，结果均应符合规定。例如，巫山淫羊藿的新鲜种子及阴干种子，见图 10-14。

图 10-14　巫山淫羊藿选种及采种（上）和新鲜种子（下左）、阴干种子（下右）

（2）种子质量鉴别与质量标准：经研究，如巫山淫羊藿种子优劣的主要鉴别特征及种子标准（试行），见表 10-3、表 10-4。

表 10-3　巫山淫羊藿优劣种子主要鉴别特征

种子类别	主要外观鉴别特征
成熟新种	种皮黄褐色至栗褐色。种子饱满新鲜，将种子置于清水中，优质种子沉于水下
早采种	种皮黄褐色至栗褐色。种子干瘪，将种子置于清水中，种子浮于水上
发霉种	闻着有霉味，种皮黑，褐色，种仁部分霉变，呈黑色或黑褐色

表 10-4　淫羊藿种子质量标准（试行）

性类	巫山淫羊藿		
	一级种子	二级种子	三级种子
成熟度（%）不低于	90	85	80
净度（%）不低于	95	93	90
含水量（%）不低于	16	16	16
纯度（%）不低于	95	85	80
千粒重（g）	4.0	3.5	3.0
外观形状	肾形，（3.6～3.9）mm×（0.9～1.2）mm 棕褐色或棕黑色，种子有纵皱纹		

注：种子发芽率测试时间为采收后保湿沙贮至翌年 2 月计数萌芽数。

3. 种子处理与选种

（1）种子处理：5 月下旬将采集的淫羊藿种子去杂质、选净准备沙藏。选择清洁无污染的河沙，按照 1∶2 的比例混合，藏于阴湿环境保存即可。

（2）选种：取沙藏的淫羊藿种子采用"沉水法"选种，去掉浮在水面上的不合格种子，选取沉于水下的饱满种子用于育种。

4. 苗圃选择与苗床准备

（1）选址：在北向、西北向、东北向，坡度一般为 0°～5°，滤水效果好，土母岩为板岩的硅铝质砂，黑壤土或砂黄壤土，且腐殖质深厚的地块选作育苗地。

（2）整地：先铺上一层厚 15～20cm 的枯枝落叶，在无风的阴雨天放火从上往下烧。利于增加肥力和减少杂草及病虫害。整地，深翻土 30cm 左右，捡去各种杂草根茎、石块等杂质，整平，每亩施 2t 腐热的牛粪作底肥，按 1.2m 的厢面均匀铺上肥料，掏厢沟的泥土均匀盖在底肥上，厚度约 5cm，厢宽 120cmm，深 20cm，整平苗床。

5. 播种与育苗

12 月下旬至 1 月上旬，取沙藏种子，每亩播种 1～1.5kg，按照 1∶10 的比例与筛好的细土搅拌均匀，将拌好的种子和土均匀撒播于苗床上，再取筛好的腐殖质土、锯末或苔藓均匀盖上，覆盖厚度以不见种子为度，搭上遮阳网。播种后随时确保苗床土壤不干旱，播种后约 1 个月开始发芽出苗，出苗率为 60%～80%。

6. 苗期管理

（1）及时除草与浇水：随时观察苗床内杂草的生长情况，随时除草，并应采用人工拔草的方式进行。除草时，用食指和无名指按住杂草根部，然后拔除杂草，以防拔出杂草的根部带有较多泥土或带出杂草旁边的淫羊藿幼苗。同时，因巫山淫羊藿幼苗抗旱能力较差，如遇干旱更应及时人工浇水，确保苗床不干旱。

（2）幼苗覆土与遮阴：淫羊藿幼苗出苗后到 2～3 月，即为根茎膨大、生长时期，需对其根部进行覆土操作。挖取地块周边的细土，整细、过筛，将处理好的细土均匀覆盖在苗床上，以盖住幼苗根部为度。同时，应搭建棚遮阴。

（3）追肥与起苗：淫羊藿种子出苗后，翌年 3～4 月可对幼苗进行追肥，主要使用沼液和尿素（兑水适量），每亩约 20kg。

待幼苗生长培育两年后，即可进行起苗移栽。起苗时间于阴天或雨后进行。起苗时，应尽可能保留幼苗根上土壤，带土移栽的苗生长恢复期较快，长势较好。

雷山县巫山淫羊藿种苗繁育基地，见图 10-15。

图 10-15　雷山县巫山淫羊藿种苗繁育基地（丹江镇党高村 2014～2015 年）

7. 种苗质量标准

根据淫羊藿两年生种苗的形态特征和便于移栽种植而制定种苗质量标准。经研究与生产实践，如巫山淫羊藿种子苗的分级标准，见表 10-5。

表 10-5　巫山淫羊藿种苗分级标准

等级	宿存茎、叶数/枝	根茎直径/cm	健康程度
一级	3 或 3 以上	4	无病虫害、无任何损伤
二级	2	2	无病虫害、无任何损伤
三级	1	1	无病虫害

注：宿存茎、叶数，即上一年正常生长的茎或叶的分枝数。

（二）无性繁殖育苗

在淫羊藿基地建设过程中，目前其无性繁殖以分株繁殖和根茎繁殖为主。

1. 繁殖材料（种栽）的采集与保存

选择阴天，从良种繁育基地挖取多年生健壮、无病虫害的淫羊藿植株。按其地下根茎的自然生长状况及萌芽情况进行分株，每株带 1～2 个饱满芽头，剪去其地上部分（地上部分应供作药用），留长 5～10cm，剪去过长的须根，留长 3～5cm，去掉干枯枝叶，捆成小把，妥善包装（一般每捆约 50 株），放于阴凉处保存，待遮阴运往种植。供种植的无性繁殖苗采回分株后，应及时种植，如不能及时种植，可假植于阴湿富含腐殖质的土壤里保存，但从起苗到种植以不超过 7 天为宜。

2. 繁殖材料（种栽）的处理

在分株过程中，去弱留强、去病留健，不可强分，以免伤根，不利于植株的萌发。即视其芽或芽眼的多少，分成 2～3cm² 大小的种茎，每个种茎保留 1～3 芽或芽眼，剔除失去活力的根茎，使种栽长 8～10cm。淫羊藿种栽选定后，再用多菌灵 800～1000 倍液浸根消毒处理后种植（图 10-16）。

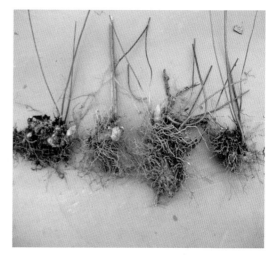

图 10-16　淫羊藿的无性繁殖材料（种栽）

3. 繁殖材料（种栽）的质量标准

经研究与生产实践，现将淫羊藿种栽质量标准暂分为三级试行，见表 10-6。

表 10-6　淫羊藿无性繁殖种栽质量标准（试行）

项目	淫羊藿种苗		
	一级	二级	三级
茎粗/cm	0.20～0.25	0.15～0.20	0.1～0.15
芽头或芽眼/个	4	2～3	1
外观形状	不带叶，茎棕褐色，高 5～8cm；芽头饱满，红白色，圆锥状，出露或部分出露；块茎深褐色，较坚硬，不规则形；须根多数，褐色，细长，3～5cm		

三、规范化种植关键技术

（一）选地整地

在淫羊藿的适宜种植区，选择海拔 500～1700m，坡向为北坡、西北坡或东北坡的区域进行规范化种植。土壤为黑壤土或黄壤土，要求土层深厚而肥沃。种植前，深翻 30～40cm，捡去各种杂草根茎、石块等杂质。每亩施 2000～3000kg 腐熟的牛粪或农家肥作底肥，整平耙细，作畦或打垄。畦高 20～25cm，宽 120cm，作业道 30～40cm，畦长根据地块的地形而定，整平苗床。林下仿野生种植时，应当选择有林木遮阴条件的地块作为种植地，要保留乔木和灌木作为淫羊藿生长的自然遮阴条件，如是无遮阴的裸露地，应适当搭棚遮阴。在整地时，依林地坡向及木本植物生长地实际适度翻土除草，剔除杂草根、部分树根及杂物石块，每亩施入 2000kg 腐熟的农家肥或 15～20kg 复合肥作基肥，并依地形、坡向及林木郁闭度的不同而进行林下种植。

（二）移栽定植

于 10 月中下旬至翌年 1 月上旬，选择阴天或雨后进行移栽定植。在地较为平坦且面积较大的乔木林、经果林或遮阴棚下，可穴栽定植（穴深 10～15cm，每穴 1 苗，覆土 5cm，用手压紧，定植当天必须浇透定根水。下同），参考株行距 25cm×25cm；在林地或保护抚育地仿野生种植，应依其实际选空地开穴栽植或移密补稀，参考株行距 40cm×40cm。

（三）田间管理

1. 浇水补苗

幼苗栽植 3～4 个月后，观察种植地内幼苗的生长情况，除去种植地内的弱苗、病苗和死苗，在阴天或雨后补植健康的长势较好的幼苗，补苗后浇足定根水。

2. 松土除草

在 4～8 月一般地块应经常除草，在郁闭度较高的种植地内杂草相对较少，可适当减少除草次数，除草结合中耕进行，以除尽田间杂草为度。在秋冬季杂草生长缓慢，视草情决定除草次数。采用手拔和锄头相结合的方式，带根除去杂草，不可伤及周边淫羊藿植株。然后，将除去的杂草集中堆积依法处理，沤肥使用。

3. 搭建遮阳网

淫羊藿为阴生植物，生育期忌阳光直射，宜于林下种植。如无自然遮阴条件，应搭棚遮阴。搭棚材料因地制宜选用，可选择木桩加铁丝或水泥桩加铁丝或其他绳索、木条等搭建阴棚，棚高度为 1.2cm；也可搭建成高为 1cm 的拱棚。遮阴材料一般多选市售规格为 70%～75%的遮阴网。

4. 合理施肥

淫羊藿种植地，于整地时每亩施 2000～3000kg 腐熟的牛粪或农家肥作底肥，整平耙细再依法起垄。淫羊藿生长过程中，每年追施两次肥水。其追肥时间可分为两个时期，第一时期：3～4 月新芽出土后是淫羊藿生长的关键时期，应结合除草松土，及时追施提苗肥。第二时期：9～11 月收割后应结合清园松土补施促芽肥。施肥方法为结合松土将肥料施入根部周边。提苗肥以复合肥或沼液为主，复合肥每亩 15kg 或沼液每亩施 1500kg。采收后施促芽肥：每亩施腐熟厩肥 1500～2000kg 或每亩有机复合肥 15kg。

（四）主要病虫害防治

从 1999 年以来，在淫羊藿野生变家种植研究实践中，未发现较严重病虫害发生。曾见叶褐斑枯病、皱缩病毒病、锈病和蝗虫等病虫害。可采用农业综合防治法，以提高植株的抗逆性，减少其病虫害的发生。也就是如发现有较严重病虫害植株，应及时将其连根挖起，置远离种植地的地方集中烧毁，再用生石灰等消毒土壤，并应经常清理种植地内及地块周边的杂草，以减少病虫害发生。下面对常见的主要病虫害防治，予以简要介绍。

1. 叶褐斑枯病

病原经检验为茎点霉属（*Macnophoma* sp.）真菌。此病为害叶片。患病叶病斑初期为褐色斑点，周围有黄色晕圈。扩展后病斑呈不规则状，边缘红褐色至褐色，中部呈灰褐色；后期病斑灰褐色，收缩，出现黑色粒状物，此为病菌的分生孢子器。病菌在淫羊藿苗期和成株期均有发生，以幼苗期发生较多，为害重。该病病原菌以分生孢子器在病残体中越冬，能存活 8～9 个月。翌年春天遇雨或潮湿天气，从孢子器的孔口涌出大量的分生孢子，通过风雨、昆虫媒介传播进行初侵染。以后在适宜的条件下不断进行再侵染。多雨高温季节发病严重，暴风雨过后常导致流行。组织幼嫩，有利于病害感染。病菌发育温度为 15～38℃，最适为 25℃。

防治方法：①及时清除病残体并销毁，减少浸染源。②发病初期可施药防治，常用药剂有 50%代森锌可湿性粉剂 600 倍，50%退菌特可湿性粉剂 800 倍液，1∶1∶160 波尔多液、30%氧氯化铜 600～800 倍液、50%多菌灵可湿性粉剂 500～600 倍液、70%甲基托布津可湿性粉剂 800～1000 倍液、75%百菌清可湿性粉剂 500～600 倍液。上述药剂应交替使用，以免产生抗药性。

2. 皱缩病毒病

病原为病毒感染引起。该病害可通过虫媒等方式传播。其症状表现为：苗床幼苗期染病叶组织皱缩，不平，增厚，畸形呈反卷状。成苗期田间常呈浓淡绿色不均匀的斑驳花叶状，病叶扭曲畸变皱缩不平、增厚，染病叶组织退绿呈黄色花叶斑状。在淫羊藿育苗期此病多发生且较重；成苗期此病田间发生分散，为害较轻。病毒常通过蚜虫、叶蝉、蓟马、飞虱等虫媒或摩擦等方式传播。染病株叶部叶绿素合成受阻，正常光合作用受到影响，影响产量及质量。

防治方法：①选用无病毒病的种苗留种。②在生长期，及时灭杀传毒虫媒。③发病出现症状时，可选用磷酸二氢钾或 20%毒克星可湿性粉剂 500 倍液，或 0.5%抗毒剂 1 号水剂 250～300 倍液，或 20%病毒宁水溶性粉剂 500 倍液等喷洒，隔 7 天一次，连用三次，以促叶片转绿、舒展，减轻为害。

3. 锈病

病原为双胞锈菌属（*Puccinia*）真菌，淫羊藿锈病夏孢子椭圆形，单胞。此病为害叶片、果实等。患病叶初期，叶片上出现不明显的小点，后期叶背面变成橙黄色微突起的小疮斑，即为夏孢子堆。病斑破裂后散发锈黄色的夏孢子，严重时可致叶片枯死。患病果实出现橙黄色微突起的小疮斑，严重时患病果实成僵果。每年 4～5 月有锈病发生，但为害不严重。以冬孢子在病残体上越冬，以夏孢子辗转传播蔓延。高温、高湿条件易诱发锈病。

防治方法：①清洁田园，加强管理，清除转主寄主。②发病期可选用 15%粉锈宁可湿性粉剂 1000～1500 倍液，或 50%萎锈灵乳油 800 倍液，或 50%硫黄悬浮剂 300 倍液等药剂喷施防治。

4. 白粉病

病原为粉孢属（*Oidium. sp.*）真菌。分生孢子被风传播到幼嫩组织上，在适宜的环境条件下萌发，并通过角质层和表皮细胞壁进入表皮细胞而致病为害。为害淫羊藿叶片，发病初期叶片正面或背面产生白色近圆形的小粉斑，逐渐扩大成边缘不明显的大片白粉区，布满叶面，好像撒了层白粉。抹去白粉，可见叶面褪绿，枯黄变脆。发病后无臭味，白粉是其明显病征。发病严重时，叶面布满白粉，变成灰白色，直至整个叶片枯死。白粉病一般在温暖、干燥或湿热环境易发病，降雨则不利于病害发生。若施氮肥过多，土壤缺少钙或钾肥时亦易发病，植株过密，通风透光不良，发病则更为严重。温度变化剧烈，土壤过干等，都将减弱植物的抗病能力，而有利于病害发生。

防治方法：①清洁田园，加强管理。②发病期可选用 50%多菌灵 500 倍液、75%甲基硫菌灵 1000 倍液处理。病害盛发时，可喷 15%粉锈宁 1000 倍液等药剂。

5. 生理性红叶病

此病通常在无遮阴的暴露地出现，此病全年均出现，以苗期受害较重，一些长势差的苗受害后会致枯死亡。叶部退绿变色呈红色状，植株生长受阻，矮小。苗床期受害严重者植株可出现早死亡。成苗期受害植株变色后，虽然一般不会死亡，但新生芽较少，影响产量，减产显著。

防治方法：①遮阴育苗。②选择在杨梅树、松树等林下遮阴栽种。

6. 短额负蝗

若虫和成虫取食叶片，将叶片食成孔洞，影响作物生长发育，降低产品质量。此虫喜栖息在潮湿、双子叶植物茂密或杂草丛生的环境。通常沟渠两边双子叶植物生长茂密时，发生虫害较重。

防治方法：①零星发生，不单独采取防治措施。发生严重时，在秋、春季铲除田埂、地边 5cm 以上的土及杂草，把卵块暴露在地面晒干或冻死，也可重新加厚地埂，增加盖土厚度，使孵化后的蝗蝻不能出土。②在预测预报基础上，抓住初孵蝗蝻在田埂、渠堰集中为害双子叶杂草且扩散能力极弱的特点，选用 20%速灭杀丁乳油喷雾杀灭。③利用麻雀、青蛙、大寄生蝇等天敌进行生物防治。

7. 中华稻蝗

低龄若虫在孵化后有群集的生活习性，取食田埂沟边的禾本科杂草，3 龄以后开始分散，迁入秧田食害秧苗，水稻移栽后再由田边逐步向田内扩散，4、5 龄若虫可扩散到全田为害。7~8 月间，当水稻处于拔节孕穗期，则是稻蝗大量扩散为害期。成虫、若虫食叶成缺刻，严重时可致全叶被吃光，仅残留叶脉。

防治方法：①保护天敌如蜻蜓、螳螂、青蛙、蟾蜍、蜘蛛、鸟类等，可有效抑制该虫害发生。②稻蝗喜在田埂、地头、渠旁产卵，发生重害的地区，应组织人力铲埂、翻埂杀灭蝗卵，具明显效果。③冬春铲除田埂草皮，破坏越冬场所；放鸭啄食；人工连续网捕以及打捞田中浪渣，也利消灭中华稻蝗卵囊。④宜采取秧田联防和大田适期施药，以防蝗害扩散。即于 5 月底至 6 月初，在秧田田埂统一施药，杀死初孵幼虫。6 月上中旬水稻移栽后，由田边向田内 5m 范围内施药，杀死初迁入该田的低龄若虫。其用药指标为：每丛有成虫一头时，可用 25%杀虫双，每亩 200mL，或 20%杀灭菊酯 30~40mL，兑水 50kg 喷雾。

8. 尺蠖

幼虫蚕食嫩叶，严重时整叶被害光秃，片叶不留。

防治方法：①零星发生时人工捕杀。②幼虫发生时，选用 50%辛硫磷 1500~2000 倍液，50%杀螟松、90%敌百虫或 50%杀螟腈 1000 倍液，或拟除虫菊酯类农药 6000~8000 倍液喷施。

9. 舟形毛虫

为害叶，严重时可吃光叶片。

防治方法：①7、8 月份成虫羽化期，设置黑光灯诱杀成虫。②虫量不多时，可摘除虫叶、虫枝和振动树冠杀死落地幼虫。③低龄幼虫期，喷施 1000 倍 20%灰幼虫脲悬剂。虫量大时，可喷 500~1000 倍的每毫升含孢子 100 亿以上的 Bt 乳剂杀较高龄幼虫。虫量过大，必要时可喷 80%敌敌畏乳油 1000 倍液或 90%晶体敌百虫 1500 倍液。

10. 其他害虫

在进行淫羊藿病虫害观察研究过程中，还发现螨虫等为害淫羊藿叶片现象，但只有个别零星为害现象发生，应进一步注意观察与防治。

（五）冬季管理

冬季淫羊藿生长缓慢，应注意适时清园，将园中枯枝落叶清除，除去田间地埂杂草，并集中堆沤或烧毁，以减少病虫害的发生。同时，尚应适当施用沤熟厩肥等农家肥或复合肥，以利淫羊藿来春生长。

淫羊藿在林下或遮阴条件下规范化种植的情况，见图 10-17。

在松林下种植的淫羊藿及检测林下的光照度

在经果(杨梅)林下种植的淫羊藿（左：种植时状况；右：种植3年后长势状况）

在杂木林下种植的淫羊藿（左：种植时状况；右：种植3年后长势状况）

在遮阴条下种植的淫羊藿（左：种植时状况；右：种植3年后长势状况）

图 10-17　淫羊藿在林下或遮阴条件下规范化种植的情况

【药材合理采收、初加工、储藏养护与运输】

一、合理采收与批号确定

（一）合理采收与采收方法

（1）采收期：保护抚育地采收后轮闲三年，林下种植三年后的淫羊藿，便可于夏、秋季茎叶茂盛时采收（通常可于6～10月采收）。

（2）采收方法：齐地面割取淫羊藿地上部分，并应注意护根固土及追施厩肥等田间管理，以确保割取地上茎叶时根茎和幼芽不被损伤，保证翌年植株的正常生长发育。

（二）批号制定（略）

二、合理初加工与包装

（一）合理初加工

将采收的淫羊藿药材及时除去杂质、泥土等，扎成小捆，装入箩筐，运至阴凉通风干燥处（或大棚内）阴干（晾干）或晒干，亦可60℃左右烘干。

（二）合理包装

1. 包装前抽样检验与处理

包装前，应按照中药材取样法取样与依法检测，依法检测结果符合药典或淫羊藿药材企业内控质量标准的性状、水分合格者，方可进入打包工序。包装前，还应将淫羊藿药材集中堆放于干净、阴凉、无污染的室内回润（回润时间以情而定，一般以24h为宜），以利打包。

2. 包装设备、包装材料与技术要求

以中药材压缩机压缩打包，每件30kg，包件规格为100cm（长）×55cm（宽）×60cm（高）。包装材料为透气的塑料编织布；捆扎材料使用铁丝。包装材料应清洁、干燥、无污染、无破损，并符合药材质量要求。药材密度为190kg/m³±10%。包装时必须严格按标准操作规程操作，应做好批包装记录，其内容主要包括药材名称、规格、重量（毛重、净重）、产地、批号、包装工号、包装日期、生产单位等，并应有产品合格证及质量合格等标志。

然后，按淫羊藿药材批号分别码垛堆放于打包间的临时堆放处，待入库。但每天下班前必须入库。

淫羊藿药材采收与初加工药材，见图10-18。

采收（雷山丹江镇）

巫山淫羊藿药材　　　　　　　　　　　粗毛淫羊藿药材

图10-18　淫羊藿药材的采收与初加工药材

三、合理储藏养护与运输

（一）合理储藏养护

淫羊藿药材应在避强光、通风、常温（30℃以下）、干燥（相对湿度60%以下）条件下贮藏。将淫羊藿药材依法打好包后，应用无污染的转运工具将其运到库房，堆放于地面铺垫有厚10cm左右木架的通风、干燥，并具备温湿度计、防火防盗及防鼠、虫、禽畜为害等设施的库房中贮藏，要求合理堆放，堆码高度适中（一般不超5层），距离墙壁不小于20cm，要求整个库房整洁卫生、无缝隙、易清洁。并随时做好台账记录及定期、不定期检查等仓储管理工作。

（二）合理运输

淫羊藿药材批量运输时，可用集装箱、车厢等运载容器和车辆等运输。要求其运载容器及运载车辆应清洁、无污染、通气性好、干燥防潮，并不与其他有毒、有害、易串味的物质混装、混运。

【药材质量标准、质量检测与监控】

一、药材商品规格与质量检测

（一）药材商品规格

淫羊藿药材以梗少，叶多、色黄绿、不破碎，无枯腐茎叶，极少杂质，无虫蛀，无霉变为佳品。淫羊藿药材商品规格为统货，现暂不分级。

（二）药材质量检测

按照《中国药典》（2015 年版一部）巫山淫羊藿、淫羊藿药材进行检测。下面仅对巫山淫羊藿药材的质量检测加以介绍（淫羊藿药材按照《中国药典》2015 年版一部淫羊藿药材、黔淫羊藿药材按照《贵州省中药、民族药材质量标准》2003 年版黔淫羊藿药材质量标准进行检测，从略）。

1. 来源

本品为小檗科植物巫山淫羊藿 *Epimedium wushanense* Ying 的干燥叶。夏、秋季茎叶茂盛时采收，除去杂质，晒干或阴干。

2. 性状

本品为三出复叶，小叶片披针形至狭披针形，长 9～23cm，宽 1.8～4.5cm，先端渐尖或长渐尖，边缘具刺齿，侧生小叶基部的裂片偏斜，内边裂片小，圆形，外边裂片大，三角形，渐尖。下表面被绵毛或秃净。近革质。气微，味微苦。

3. 鉴别

取本品粉末 0.5g，加乙醇 10mL，温浸 30min，滤过，滤液蒸干，残渣加乙醇 1mL 使其溶解，作为供试品溶液。照薄层色谱法（《中国药典》2015 年版四部通则 0502）试验，吸取上述供试品溶液和【含量测定】项下的对照品溶液各 10μL，分别点于同一硅胶 G 薄层板上，以三氯甲烷-甲醇-水（3：1：0.1）为展开剂，展开，取出，晾干，喷以三氯化铝试液，在 105℃加热 5min，置紫外线灯（365nm）下检视。供试品色谱中，在与对照品色谱相应的位置上，显相同的黄绿色荧光斑点。

4. 检查

（1）杂质：照杂质测定法（《中国药典》2015 年版四部通则 2301）测定，不得超过 3%。

（2）水分：照水分测定法（《中国药典》2015 年版四部通则 0832 第二法）测定，不得超过 12.0%。

（3）总灰分：照总灰分测定法（《中国药典》2015 年版四部通则 2302）测定，不得超过 8.0%。

5. 浸出物

照醇溶性浸出物测定法（《中国药典》2015 年版四部通则 2201）项下的冷浸法测定，用稀乙醇作溶剂，不得少于 15.0%。

6. 含量测定

照高效液相色谱法（《中国药典》2015 年版四部通则 0512）测定。

色谱条件与系统适用性试验：以十八烷基硅烷键合硅胶为填充剂；以乙腈为流动相 A，以水为流动相 B，按表 10-7 中的规定进行梯度洗脱，检测波长为 270nm，理论板数按朝藿定 C 峰计算应不低于 2000。

表 10-7　梯度洗脱表

时间/min	流动相 A/%	流动相 B/%
0～5	30	70
5～30	30→27	70→73

对照品溶液的制备：取朝藿定 C 对照品适量，精密称定，加甲醇制成每 1mL 含 0.1mg 的溶液，即得。

供试品溶液的制备：取本品粉末（过三号筛）约 0.2g，精密称定，置具塞锥形瓶中，精密加入 70% 乙醇 50mL，称定重量，超声处理（功率 300W，频率 25kHz）30min，放冷，再称定重量，用 70% 乙醇补足减失的重量，摇匀，滤过，取续滤液，即得。

测定法：分别精密吸取对照品溶液与供试品溶液各 10μL，注入液相色谱仪，测定，即得。

本品按干燥品计算，含朝藿定 C（$C_{39}H_{50}O_{17}$）不得少于 1.0%。

二、药材质量标准提升研究与企业内控质量标准制定（略）

三、药材留样观察与质量监控（略）

【附】淫羊藿药材指纹图谱研究：

按照国家食品药品监督管理局《中药注射剂指纹图谱研究的技术要求（暂行）》和国家药典委员会《中药注射剂指纹图谱实验研究的技术指南（试行）》的有关规定要求，对贵州产淫羊藿药材（以巫山淫羊藿 GAP 基地所产药材为主）的主要有效成分黄酮类，进行了 HPLC 指纹图谱研究。旨在通过对淫羊藿药材黄酮类成分指纹图谱研究，拟建立淫羊藿药材的指纹图谱，并按照国家药典委员会编制的《中药色谱指纹图谱相似度评价系统（2004 年版）》的有关规定要求，对淫羊藿药材指纹图谱进行相似度评价，为更好研究控制淫羊藿药材质量，为提高淫羊藿 GAP 基地产品价值提供科学实验依据，以更好促进贵州山区经济和中医药事业的向前发展。

1. 样品来源：见附表 1。

附表 1　巫山淫羊藿药材样品来源及编号表

编号	来源
1（S1）	雷山县丹江镇固鲁村基地，林下种植（7月采）
2（S2）	雷山县西江镇白碧村基地，野生抚育（海拔 800m）
3（S3）	雷山县西江镇白碧村基地，野生抚育（海拔 850m）
4（S4）	雷山县西江镇黄里村基地，野生抚育（海拔 900m）

编号	来源
5（S5）	雷山县西江镇南贵村基地，野生抚育（海拔 950m）
6（S6）	雷山县西江镇南贵村基地，野生抚育（海拔 1000m）
7（S7）	雷山县西江镇南贵村基地，野生抚育（海拔 1000m）
8（S8）	雷山县西江镇营上村基地，野生抚育（海拔 1050m）
9（S9）	雷山县西江镇营上村基地，野生抚育（海拔 1100m）
10（S10）	雷山县丹江镇固鲁村基地，林下种植（9 月采）

2. 测定结果：经巫山淫羊藿药材 HPLC 指纹图谱的研究建立、辨认、比较与分析，从色谱峰的整体性出发，探求其确能构成指纹特征的色谱峰的峰号、峰位及峰数等。结果：淫羊藿苷和朝藿定 C 对照品 HPLC 图谱、巫山淫羊藿药材 HPLC 图谱，见附图 1、附图 2。各淫羊藿药材 HPLC 图谱导入指纹图谱软件分别进行分析，其原始指纹图谱、共有模式、生成的对照图谱 R、相似度计算结果及相似度分布图（以对照图谱 R 计算），见附图 1～附图 6。

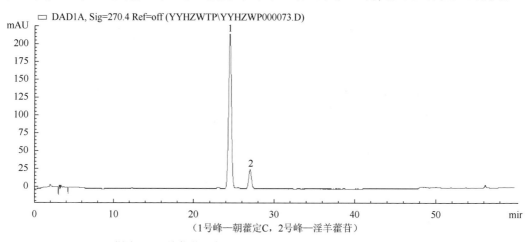

（1号峰—朝藿定C，2号峰—淫羊藿苷）

附图 1　淫羊藿苷和朝藿定 C 对照品混合溶液的 HPLC 图谱

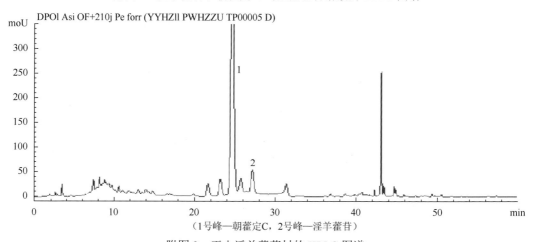

（1号峰—朝藿定C，2号峰—淫羊藿苷）

附图 2　巫山淫羊藿药材的 HPLC 图谱

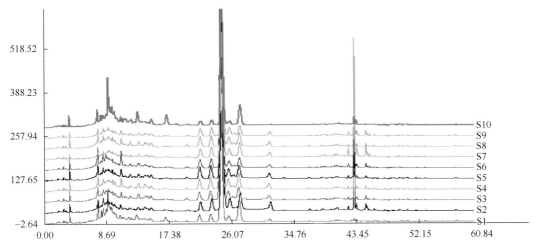

附图 3　10 批巫山淫羊藿药材样品的原始指纹图谱

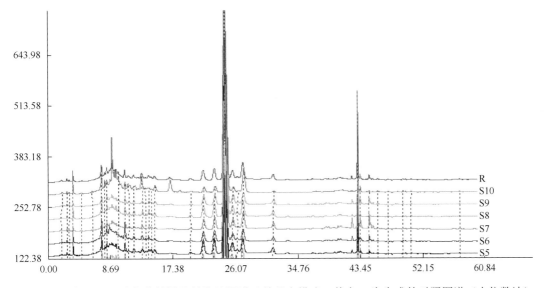

附图 4　10 批巫山淫羊藿药材样品的指纹图谱及其共有模式，其中 R 为生成的对照图谱（中位数法）

　　从上可见，巫山淫羊藿药材样品指纹图谱与巫山淫羊藿对照品指纹图谱共有模式有极其良好的相似性，以《中药色谱指纹图谱相似度评价系统（2004 年版）》计算，其相似度均大于 0.972（最高达 0.999，多为 0.981～0.999，其中有 7 批均为 0.992～0.999）。

【药材研究开发与市场前景展望】

一、生产发展现状与主要存在问题

　　自 20 世纪 90 年代以来，贵州同济堂制药公司率先在国内开展淫羊藿保护抚育、野生变家种研究及规范化种植 GAP 基地建设，已取得可喜成效，于 2009 年已通过国家

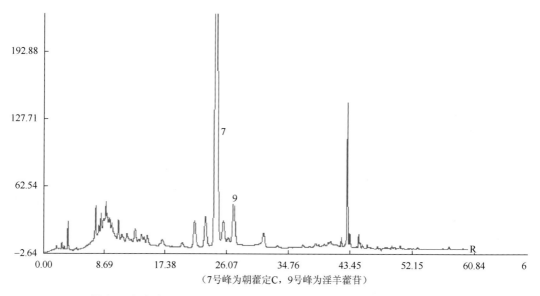

（7号峰为朝藿定C，9号峰为淫羊藿苷）

附图5　相似度评价系统生成的巫山淫羊藿药材对照图谱（中位数法）

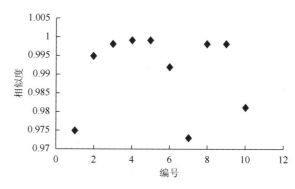

附图6　10批巫山淫羊藿药材样品的相似度分布图（以对照图谱 R 计算）

GAP 现场检查认证并公告。经对淫羊藿保护抚育与林下种植为主的实践表明，保护抚育与种植淫羊藿的生长量，给以适宜的生长条件和优化抚育种植措施，可望获得较好质量与产量；在适生环境下人工种植淫羊藿，第一年生长属定植恢复期，年生长量与上年持平，第二年后则进入稳定生长期，新增生长量明显高于上一年，其枝长度及枝粗度、叶面积大小均与野生环境下接近；在野生资源就地施行淫羊藿人工保护抚育与优化种植措施，既可增加其野生种群数量，增大储量，也有利于淫羊藿规范化种植和野生资源保护抚育与可持续利用；人工种植淫羊藿应充分满足其生长所需的环境条件，尤其是遮阴和湿度条件，并制定合理采收法与采收量和补种等更新措施最为重要，是保护抚育与人工种植成功的关键。据省扶贫办《贵州省中药材产业发展报告》统计，2013 年，全省淫羊藿种植面积达 1.02 万亩，保护抚育面积 0.60 万亩；总产量达 598.00t，总产值达 244.60 万元。2014 年，全省淫羊藿种植面积达 0.70 万亩，保护抚育面积 3.18 万亩；总产量达 360.00t，总产值达 352.80 万元。在对淫羊藿进行保护抚育、野生变家种与林下种植及系统性研究开发并取得一定业绩的同时，高度重视与加强知识产权保护工作。如贵州同济堂制药公司向中华人民共和国国家知识产权局提出了三项专利申请，现已获得两项：《一种淫羊藿种子繁殖方法》专利号：ZL201110082297.7、《淫羊藿药材的加工方法》专利号：ZL200610200024.7。

但在淫羊藿资源和我省淫羊藿保护抚育与药材种植发展中，仍存在不少问题。主要表现在：一是淫羊藿物种多，药材质量不稳定。我国淫羊藿资源约 45 种，分布区域较广，质量差异较大。淫羊藿不同物种、不同分布区域质量差异较大。同一物种不同分布区域质量差异较大，导致市场淫羊藿药材质量差异大且不稳定。目前市场上淫羊藿药材质量较好且相对稳定的为甘肃西和县的淫羊藿和四川北部的柔毛淫羊藿药材。而我省主产及产量较大的只有巫山淫羊藿及粗毛淫羊藿等。二是淫羊藿种植周期长且产量较低。淫羊藿人工种植生长年限最少需要三年才能进行药材采收，野生抚育基地亩产 40～80kg，规范化种植100～120kg，不能满足生产企业的需求，急需开展淫羊藿优质高产研究。

二、市场需求与前景展望

现代研究表明，淫羊藿总黄酮包括淫羊藿苷（icariine）、宝藿苷 I（baohuoside I）、淫羊藿苷 A（epimedoside A）、朝藿定 A（epimedin A）、朝藿定 B（epimedin B）、朝藿定 C（epimedin C）、大花淫羊藿苷 C（ikarisoside C）和大花淫羊藿苷宝藿苷 II（baohuoside II）。黄酮醇类中具有 8-异戊烯基取代的成分是淫羊藿对心血管及免疫促进活性的主要功效成分，且该成分有抗肿瘤活性，以淫羊藿苷为其典型代表，是淫羊藿的主要有效成分之一。经现代有关淫羊藿补肾阳、强筋骨等药效学的研究发现，淫羊藿的主要药效成分淫羊藿苷可显著增加小鼠附睾及精囊腺的重量，促进幼年小鼠附睾及精囊腺的发育及睾酮的分泌增加，有明显雄激素样作用。并发现淫羊藿还含有与男性生殖功能密切相关的人体必需微量元素锌、锰、铁等。炮制后的淫羊藿能促进性机能，升高小鼠血浆睾酮水平，其作用强度与肌注睾酮无差异，且无肌注睾酮后引起的睾丸重量下降现象，能明显促进睾丸组织的增生和分泌。淫羊藿还能明显改善由氢化可的松所致的阳虚症大鼠的体征，使前列腺-贮精囊、提肛肌-海绵球肌、子宫、肾上腺及胸腺重量明显增加，减轻对肾小管及肾间质的损伤。研究还发现，淫羊藿可明显减轻肾脏组织并改变和减少细胞外基质产生，这与其扩张血管、降低血压而使残余肾小球内压力降低，减少高灌注、高压力的为害。并具增强机体免疫力，保护肾功能衰竭的免疫机能，可延缓肾功能衰竭的进程，减少细胞外基质在肾脏的分布等。

从古至今，以淫羊藿组方的成药并流传下来的著名中成药也不少，有的现于临床亦广为应用，有的还收载于《中国药典》（历版）。如《中国药典》（2010 年版一部）收载以淫羊藿组方的著名中成药也不少，现临床亦广为应用。例如："心通口服液"（由黄芪、党参、淫羊藿等组成），其具有养气活血、化痰通络功能。用于治疗胸痹气虚痰瘀交阻征、心痛、心悸、胸闷气短、心烦乏力、脉沉细、弦滑或结代；冠心病心绞痛见上述证候者。"抗骨增生丸"（由熟地黄、肉苁蓉、淫羊藿等组成），其具有补腰肾、强筋骨、活血、利气、止痛功能。用于治疗增生性骨椎炎（肥大性胸椎炎、肥大性腰椎炎）、颈椎综合征、骨刺。"龟鹿补肾丸"〔由菟丝子、淫羊藿、续断（蒸）等组成〕，其具有壮筋骨、益气血、补肾壮阳功能。用于治疗身体虚弱、精神疲乏、腰腿酸软、头晕目眩、肾于精冷、性欲减退、夜多小便、健忘失眠。"龟龄集"（由人参、鹿茸、淫羊藿等组成），其具有强身补脑、固肾补气、增进食欲功能。用于治疗肾亏阳弱、记忆减退、夜梦精溢、腰酸腿软、气虚咳嗽、五更溏泻、食欲不振。"乳疾灵颗粒"（由柴胡、丹参、淫羊藿等组成），其具有舒肝解郁、散结消肿功能。用于治疗肝郁气滞、痰瘀互结引起的乳腺增生症。"调经促孕丸"［由鹿茸（去毛）、淫羊藿（炙）、续断等组成］，其具有补肾健脾、养血调经功能。用于治疗脾肾阳虚引起的经血不调、经期不准、月经过少，久不受孕；继发性闭经，黄体功能欠佳，不孕等属脾肾阳虚证候者。"强阳保肾丸"［由淫羊藿（炙）、阳起石（煅、酒淬）、肉苁蓉（酒养）等组成］，其具有补肾壮阳功能。用于治疗肾阳不足引起的精神疲倦、阳酸遗精、腰酸腿软、腰腹冷痛。

近 20 年来，研究发现淫羊藿具有促进骨生长作用，可使去势大鼠胫骨近端骨小梁骨的吸收下降，同时促进成骨细胞生成等功能，特别能促进钙化骨形成。现代研究对骨髓系统的作用机制更加深入，对多种病因的骨质疏松均有预防和治疗作用。贵州同济堂制药公司生产的"仙灵骨葆"系列产品以淫羊藿为君药，经对去卵巢大鼠骨质疏松症模型预防效果的研究发现，预防性用药可收到确切的效果，在分子代谢水平、骨密度及骨结构等诸多方面产生效应，可有效阻止绝经后高转换型骨质疏松症的发生，停药后药物作用可延续一段时间，骨结构和强度将得以维持。随着科技不断进步与医药不断发展，淫羊藿的药用价值正在不断发掘，现临床上已常用于治疗骨质疏松、更年期综合征、乳房肿块、高血压及冠心病等疾病。这为淫羊藿的临床应用与市场前景开拓了新路。

目前，淫羊藿药材主要用于制药工业（贵州企业使用量居全国之首）、提取物出口以及临床饮片，年需求量 5000～6000t（其中贵州同济堂年需求量达 3000t），并呈现逐年上升的趋势。从资源供应的角度看，全国利用量最大的种类是淫羊藿，以甘肃南部的甘南地区和陇南地区为主；其次是柔毛淫羊藿，以分布于四川为主；再是朝鲜淫羊藿，以分布于辽宁和吉林为主。贵州省的粗毛淫羊藿、巫山淫羊藿、天平山淫羊藿和黔岭淫羊藿，箭叶淫羊藿分布面积广，但是资源数量不大。其余种类为零星使用或者混杂使用。近十余年来淫羊藿的使用量成倍上升，野生资源由于高强度采收，已经对再生形成严重威胁，资源出现满足不了需求的态势，除了价格的攀升，在东北地区已经有 1/3 的资源来自朝鲜进口。陕西、河南等分布量少、品质差的资源产区也在近 5 年被大量采收。国内开展淫羊藿药材种植的区域主要有贵州、吉林、湖南和重庆等地，其中贵州淫羊藿基地最大，但远不能满足市场需求。而以淫羊藿为主要组成成分的新药正在大力研发和即将上市，在未来 5 年将形成新的资源缺口，淫羊藿资源保护抚育与高产优质的人工种植和产业推广将更为紧迫，淫羊藿研究开发潜力极大，市场前景十分广阔。

主要参考文献

樊家乙，郭巧生，等. 2010. 巫山淫羊藿种子休眠特性及破眠方法研究[J]. 中国中药志，35（24）：3242-3245.

郭宝林，黄文华，等. 2010. 淫羊藿药材和饮片市场调查[J]. 中国中药杂志，13：1687-1690.

何顺志，王悦云，等. 2011. 贵州淫羊藿药材种质资源的研究[J]. 种子（Seed），30（5）：69-71.

何顺志，徐文芬，等. 2012. 不同产地加工与贮藏方法对淫羊藿药材中淫羊藿苷及总黄酮含量的影响[J]. 中成药，34（8）：1556-1559.

何顺志，徐文芬，等.2012.淫羊藿药用植物种质资源[J].贵州科学，30（1）：9-14.

何顺志.2014.中国淫羊藿属植物彩色图鉴[M].贵阳：贵州科技出版社.

冉懋雄，等.2002.贵州淫羊藿野生资源与规范化种植及其保护抚育研究[J].中国医学生物技术应用杂志，03：1-14，37.

冉懋雄，等.2002.淫羊藿规范化种植与保护抚育标准操作规程（SOP）[J].中药研究与信息，9：17.

冉懋雄，等.2002.中药材杜仲、石斛、淫羊藿规范化种植研究与示范基地建设[J].现代中药研究与实践，3：12.

冉懋雄.2004.贵州产淫羊藿资源与质量考察研究[J].现代中药研究与实践，18（1）：29.

魏德生，杨相波，等.2010.贵州省雷山县巫山淫羊藿资源及群落调查[J].现代中药研究与实践，01：21-24.

曾令祥，杨琳，等.2013.贵州中药材淫羊藿病虫害种类调查[J].安徽农业科学，02：589-590.

（杨相波　冉懋雄　周　宁　贺　勇　陈德斌　冯中宝）

11　益　母　草

Yimucao

LEONURI HERBA

【概述】

益母草的原植物为唇形科植物益母草 *Leonurus japonicus* Houtt.。别名：坤草、益母、茺蔚、益母蒿、月母草、四棱草等。以地上部分鲜品或干品为益母草；干燥成熟果实入药，为茺蔚子。益母草和茺蔚子历版《中国药典》均予分别收载。《中国药典》（2015 年版一部）称：益母草味苦、辛，性微寒。归肝、心包、膀胱经。具有活血调经、利尿消肿、清热解毒功能。用于治疗月经不调、痛经经闭、恶露不尽、水肿尿少、疮疡肿毒。茺蔚子味辛、苦，性微寒。归心包、肝经。具有活血调经、清肝明目功能。用于月经不调、痛经经闭、目赤翳障、头晕胀痛。益母草还是常用苗药，苗药名为 "Ghaob ned nggab"（近似汉译音："阿奶嘎"），味苦、辛，性微冷。入热经药。具有调经止带、利尿消肿功能。主治月经不调、月经过多、痛经、经闭、水肿尿少、急性肾炎、白带过多、产后出血、经来腹痛、恶露不尽、子宫功能性出血等症。

益母草为妇科良药，其药用历史悠久，始载于《神农本草经》"茺蔚子"条下，被列为上品。称其"味辛，微温。主明目益惊，除水气。久服轻身。茎，主瘾疹痒，可作汤浴。一名益母，一名益明，一名大札。生池泽。"其后，《名医别录》《新修本草》《本草纲目》等诸家本草均有收载。如《新修本草》云："敷丁肿，服汁使丁肿毒内消；又下子死腹中，主产后胀闷，诸杂母肿，丹游等肿；取汁如豆滴耳中，主聤耳；中虺蛇毒，敷之"。《本草纲目》载其具有"活血破血，调经解毒"之功效。益母草是中医著名妇科常用药材，也是贵州常用特色药材。

【形态特征】

一年生或两年生草本，高 60～150cm。茎直立，四棱形，被微毛。叶对生；叶形多种，叶柄长 0.5～8cm。一年生植物基生叶具长柄，叶片略呈圆形，直径 4～8cm，5～9 浅裂，裂片具 2～3 钝齿，基部心形；茎中部叶有短柄，3 全裂，裂片近披针形，中央裂片常再 3 裂，两侧裂片再 1～2 裂，最终小裂片宽度通常在 3mm 以上，先端渐尖，边缘疏生锯齿或近全缘；最上部叶不分裂，线形，近无柄，上表面绿色，被糙伏毛，下面淡绿色，被疏柔毛及腺点。轮伞花序腋生，具花 8～15 朵；小苞片针刺状，无花梗；花萼钟形，外面帖生微柔毛，先端 5 齿裂，具刺尖，下方 2 齿比上方 3 齿长，宿存；花冠唇形，淡红色或紫红色、白色，长 9～12mm，外面被柔毛，上唇与下唇几等长，上唇长圆形，全缘，边缘具纤毛，下唇 3 裂，中央裂片较大，倒心形；雄蕊 4，二强，着生在花冠内面近中部，花丝疏被鳞状毛，花药 2 室；雌蕊 1，子房 4 裂，花柱丝状，略长于雄蕊，柱头 2 裂。小坚果褐色，三棱形，先端较宽面平截，基部楔形，长 2～3mm，直径约 2mm。益母草植物形态见图 11-1。

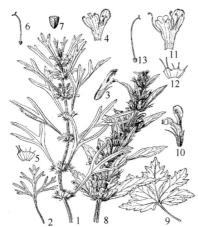

(1-7. 益母草；8-13. 大花益母草)

图 11-1　益母草植物形态图

(墨线图引自《中国植物志》编委会.《中国植物志》第 65 卷第 2 分册，科学出版社，1977)

【生物学特性】

一、生长发育习性

益母草种子在保湿条件下易发芽，春、夏季播种，种子未在地里经历冬季低温，发芽成苗后，大部分植株当年不会抽薹开花；冬季播种，种子在地里经历冬季低温，发芽成苗后，大部分植株会抽薹开花，进入生殖生长期。益母草抗寒能力较弱，大部分植株不能越冬成活。下面再重点对益母草的营养生长习性和开花结果习性予以介绍。

（一）营养生长习性

益母草种子播种后 4～10 天开始出苗，10～20 天后开始出真叶，出苗 30 天后带 6 片真叶，植株不抽薹，若遇冬季低温霜冻天气植株则被冻死。冬季（1 月中旬）播种，保温保湿的塑料拱棚条件下，2 月中旬出苗，2 月下旬大部分出真叶，3 月中旬开始抽薹长高，5 月下旬开始分出侧枝，株高 26～76cm，6～7 月下旬为益母草营养生长旺盛期，至 8 月，植株高 150～195cm，进入生殖生长期。

（二）开花结果习性

益母草平均每株有 30 个分支，7 月上旬至 8 月上旬开始开花，平均每个分支有 116 个花序。单花序从开始形成起至第 6～8 天开始开花，从第一朵花开放至最后一朵花开放历时 32 天，单花序花朵开放最多为第一朵花开放后第 6～18 天，平均每天开花 18.6 朵。刚形成的小花至花朵开放时间为 14 天，阴雨天花朵开放时间为 2～3 天，晴天花朵开放时间为 2 天；花朵形成至果实成熟时间为 45 天，花朵脱落至果实成熟时间为 29 天；从第一个果实形成至大部分果实成熟所用时间为 28 天，平均每个花序有 69 粒种子。益母草的初花期为 7 月上旬至 8 月上旬，盛花期为 8 月中旬至 9 月上旬，尾花期为 8 月下旬至 9 月中旬，盛果期为 9 月下旬至 10 月中旬。

二、生态环境要求

益母草为喜阳植物，对气候适应性很强，喜温暖湿润气候，需阳光充足。常分布于海拔 1500m 以下的地区，多生于路边、河沟边、水塘边、田土埂、河滩草丛及宅旁。益母草喜潮湿，喜肥，怕涝，不耐寒。成年植株及幼苗，遇霜冻结冰天气会冻死。干旱会导致益母草生长不良，水涝会使益母草出现生长缓慢、烂根、倒苗现象。喜肥沃、疏松的砂质壤土。

【资源分布与适宜区分析】

经调查，益母草分布范围广泛，全国各地区均有分布，其主要分布区域有河北、浙江、安徽、甘肃、四川、重庆、贵州等地。

益母草在贵州全省的大部分地区均有野生资源分布。主要分布于贵州贵阳市的修文、花溪、开阳、息烽，安顺市的平坝，黔西南州的关岭，黔南州的龙里、独山，黔东南州的岑巩、施秉，铜仁市的沿河，毕节市的七星关、大方、纳雍等地。修文、独山、岑巩、大方均有栽培益母草，其中以修文益母草种植规模最大。以上各地均为益母草最适宜区。

除上述益母草最适宜区外，贵州省其他各县市（区）凡符合益母草生长习性与生态环境要求的区域均为其适宜区。

【生产基地合理选择与基地环境质量检（监）测评价】

按照益母草生产适宜区优化原则与其生长发育特性要求，选择其最适宜区或适宜区并具良好社会经济条件的地区建立规范化生产基地。例如，在贵州省贵阳市修文县六屯乡独山村、都堡村选建的益母草规范化种植与 GAP 试验示范基地（以下简称"修文益母草基地"）（图 11-2），位于贵阳市正北面，修文县东部。地处东经 106°46′～106°53′，北纬 26°53′～27°00′之间。境内气候属亚热带至暖温带湿润季风气候，季节变化明显，垂直差异较大。年日照时间 1319h，年平均气温 13.5℃，平均降水量 1192mm。冬无严寒，夏无酷暑，气候温和，雨量充沛。境内林木繁茂，动植物资源丰富，森林覆盖率达 45%。该基地连片益母草种植面积约 6000 亩，良种繁育圃 60 亩，原种圃 2 亩，种质资源圃 3 亩。并远离城镇及公路干线，周围 10km 内无污染源，紧邻扎佐林场，其空气清新，水为山泉，环境幽美，交通、通信等条件良好。基地生境内的药用药物主要有益母草、淫羊藿、桔梗、黄精、鱼腥草等。种植基地土壤以黄壤和水稻土、壤土为主。

图 11-2　贵州修文县六屯乡都堡村益母草规范化种植基地

【种植关键技术研究与应用】

一、种质资源保护抚育

按照中药材 GAP 良种繁育基地建设的需要和要求，对益母草种源地的野生资源进行保护，主要采取对野生益母草分布地进行封育及采集野生益母草种子就地撒播抚育相结合的方式进行益母草原种地保护。

二、良种繁育关键技术

（一）种子采收

益母草种子成熟标志为小花花冠萎蔫脱落，果序变成黄色，果实呈黑色或黑褐色，标志着果实基本成熟，此时宜采收果实。

益母草果实成熟不一致，9 月上旬即有部分果实成熟，9 月下旬至 10 月中旬为果实成熟高峰期，以后直到 11 月中旬仍有少量果实成熟。采用集中采集法采收益母草种子，益母草盛果期，将采种田的益母草整株割取，置室外晾席上晾晒，至果序松散，用竹棍拍打果序，将种子抖出。再把种子收集拢，簸去脱落的花冠、苞片等杂质及空瘪种子，晾干后装编织（或棉布）袋备用。

（二）种子特性及种子质量标准

1. 种子特性

经研究发现，益母草种子无休眠特性，容易发芽。可即采即播，在室温、保湿条件下，第三天开始萌发。种子主要集中在前 8 天里萌发，发芽持续时间为 9 天。

种子包装材料、贮藏环境温度及湿度对益母草种子发芽率的影响很大。晒干的益母草种子，开始存放时种子发芽率为 96%。干种子分别用塑料袋、棉布袋、麻袋、编织袋、纸袋包装，存放于室温、干燥阴凉处，存放 7 个月后，塑料袋装种子发芽率为 26%，棉布袋装种子发芽率为 42%，麻袋装种子发芽率为 39%，编织袋装种子发芽率为 45%，纸袋装种子发芽率为 38%。干种子采用编织袋包装，分别存放于不同的温、湿度条件下，贮藏 7 个月后，在室温条件下贮藏的种子发芽率为 41%，30℃恒温条件下贮藏的种子发芽率为 68%，25℃恒温条件下贮藏的种子发芽率为 64%，冰箱冷冻层贮藏种子发芽率为 0，冰箱保鲜层贮藏种子发芽率为 24%，在空气湿度 70%～75%条件下贮藏的种子，存放两个月后种子开始发霉，存放 7 个月后大部分种子霉烂，发芽率仅有 1.5%。种子在保湿室温条件下存放两个月后均发芽。根据试验结果得知，益母草种子宜采用编织袋或棉布袋包装，存放于室内（25～30℃）干燥、通风条件下。

2. 种子质量标准

根据对益母草种子特性进行研究和对不同产地种子质量进行检测，结合近年来的生产实践，我们参照农作物种子质量要求初步制订了益母草种子内控质量标准（表 11-1）。

表 11-1　益母草种子质量标准（试行）

级别	纯度/%	净度/%	发芽率/%	千粒重/g	水分/%	外观性状
一级	≥99	≥95	≥90	≥0.9	12～14	黑色或黑褐色，色泽均匀，饱满无破损，有光泽，无病害，无虫蛀
二级	≥98	≥90	≥85	≥0.8	12～14	
三级	≥96	≥80	≥75	≥0.7	12～14	

注：即采即播种子不控制水分。

表 11-1 中各项指标为划分益母草种子质量级别的依据。检测结果有一项指标不能达到要求，则降为下一级别；即检测如达不到一级种子标准者降为二级，达不到二级种子标准者降为三级种子，达不到三级种子标准者即为不合格种子。禁止使用不合格种子播种。

（三）良种繁育关键技术

1. 良种繁育基地选择

益母草以种子繁殖为主，在益母草种植适宜区内，选择周边无野生或种植益母草、相对隔离的地块建立良种繁育基地，基地的大气、土壤和灌溉水，经检测均符合中药材生产质量管理规范要求。

2. 良种繁育基地设施

益母草良种繁育基地应修建农家肥无害化处理设施（如沼气池、沤粪池等）、灌溉排涝设施（蓄水池、排水沟），以及田间操作便道和管理房等基础设施。

3. 整地育苗与苗圃管理

（1）播种时间：1 月。

（2）整地育苗：在选好的育苗地块内，深翻土壤 20cm，清除杂草、宿根及较大石砾等杂物，打碎土块，用锄头捞成宽 1m、高 10cm 的苗床，随后按每亩 10～20kg 复合肥的施肥量，均匀撒施于厢面做底肥，结合整土将肥料与土壤混匀，在肥料上盖厚约 1cm 的细土，刮平厢面。

先将苗床喷透水，按 2.5kg/亩的用种量计算，称量种子，将种子与过筛的湿润细土按1：200 的比例混匀，用手均匀撒于厢面上，沿厢面左右撒播，再盖厚 0.5～1cm 的细土，每厢做成塑料小拱棚。在四周深挖排水沟，沟宽 40cm，沟深 10cm，排水防涝。同时清理好育苗地内棚与棚之间的厢沟，使雨水能畅通排入四周水沟内向外引流。

（3）苗圃管理：应经常浇水保持厢面湿润（浇水时间以上午 10:00 前或下午 5:00 后，中午高温时不宜浇水）。80%出苗后，随时拔除苗床内的杂草。保持苗床的清洁。等小苗长出 2～3 片真叶时，结合拔草，用手拔除苗床内的弱苗［保留密度（2～2.5）cm×（2～2.5）cm］。

育苗期间的病虫害坚持以防为主的原则，发现病害拔除病株，并用石灰进行土壤消毒。发现少量害虫可人工灭除。移栽前一周，揭去棚的两端，并减少浇水。

高温晴天应注意棚内通风，当棚内温度达到 30℃时（或晴天中午），揭开棚的两端，加强棚内通风，降低棚内温度及相对湿度，防止高温烧苗及病害的发生。当苗高 6～10cm时，揭掉拱棚薄膜，炼苗准备移栽（图 11-3）。

图 11-3　贵州修文县益母草良种繁育基地

4. 起苗及贮运

3 月下旬至 6 月中旬，视苗情开始进行移栽工作，移栽前一天将苗床喷透水，第二天，先用锄头将苗床挖松，拔取较大的健壮苗，用湿润的稻草捆成小把，一般每把 200 株左右，然后放在箩筐内运到移栽定植地。应随起随栽，注意不要一次性起苗太多，当天起的苗，必须当天栽完不能放置过夜。

5. 种苗批号与种苗质量标准

（1）种苗批号：按同一种源、同一育苗地（原种为同一采挖地）、同一采挖时间、相同处理原则的种苗为同一批号。如育苗用种源益母草的拉丁文第一个字母（大写）为 Y；育苗地编码为育苗地汉语拼音缩写（大写）、采挖地编码为原种采挖地汉语拼音缩写，如修文基地为 XW；采挖日期前 4 位为年份、中间两位为月份、后两位为采挖日。

（2）取样检测：栽种前随机抽取已挖取的种苗，按种苗质量标准进行质量检验。

（3）种子苗质量标准：根据试验结果及益母草种植基地生产实践，将益母草种子苗分为以下三个级别（试行），见表 11-2。

表 11-2　益母草种子繁殖苗质量及分级指标

等级	株高/cm	真叶数/片	茎秆周长/cm	病虫害	外观性状
一级种苗	12～18	8～10	0.7～1.5	无	整批外观整齐、均匀，根系完整，无萎蔫现象
二级种苗	9～15	6～8	0.5～1	无	
三级种苗	9～15	4～6	0.5～0.6	无	

表 11-2 所示各项指标为划分益母草种苗质量级别的依据。每批次抽检样品三组，每组 100 株，分别统计其高度、叶片数、主根长及病虫害等外观情况，计算出相应数据，评价其等级。检测有一项达不到标准规定项目的降为下一级种苗，达不到二级种苗降为三级种苗，达不到三级种苗即为不合格苗。禁止使用不合格益母草苗栽种。

三、规范化种植关键技术

（一）选地

种植益母草的地块要求土壤肥沃疏松、保水性好、排水良好、有机质含量丰富、中性偏酸性（pH 为 5.5～7.0）山地黄壤、壤土、水稻土等，耕作层 20cm 以上。地块前茬作物应为病虫害较少的禾本科作物，不宜采用前作作物为蔬菜的种植地，尽量避免益母草连作。地块相对集中连片。交通便利，有公路（包括乡村公路），有当地政府或群众支持。凡黏性重、板结、含水量大的黏土以及瘠薄、地下水位高、低洼易积水之地均不宜种植。

（二）整地

移栽前一周，选晴天整地。将地块周边的杂草割净，深翻土壤 30cm 左右。捡除已翻耕过的地中杂草，就地晒 3～4 天，晒死杂草。然后根据地形做成宽 1m、高 10cm 的畦，畦间距 30cm，结合掏沟耙平畦面，同时捡去畦面上各种宿根、杂草及大的石砾等杂物。

（三）移栽定植

（1）起苗：3 月下旬至 6 月中旬，视苗情开始进行移栽工作，移栽前一天将苗床喷透水，第二天，先用锄头将苗床土挖松，拔取较大的健壮苗（带 5 片以上真叶），用湿润的稻草捆成小把，一般每把 200 株左右，然后放在箩筐内运到移栽定植地。应随起随栽，注意不要一次性起苗太多，当天起的苗，必须当天栽完不能放置过夜。

（2）移栽时间：3 月下旬至 6 月中旬移栽，选阴天移栽，移栽苗应尽量避开晴天。

（3）种植密度：株行距 40cm×40cm，即每排栽 2 行，进行窝植，每亩栽种约 3000 窝。

（4）移栽方法：在整好的厢面上按行距 40cm 拉绳定行，然后沿绳按株距 40cm 打窝，窝深 10～15cm。随后按每亩 50～60kg 复合肥（养分量≥45%）的施肥量窝施底肥，均匀放于打好的窝内，浅覆土。将苗放入窝中心，四周覆土压紧，每窝 2 株苗。定植当天浇透定根水。

（四）田间管理

（1）补苗：随时清除田间的杂草。移栽 15 天后，每天查看苗情，及时补齐缺苗，保持每窝有两株健壮苗。发现因地老虎造成的缺苗时，在补苗前先找出地老虎杀死再补，以防其再为害。

（2）中耕锄草：移栽种植一般需进行 1～2 次中耕除草，移栽 20 天后，当苗成活恢复生长时，进行第一次中耕除草，6～7 月，益母草封行前视地内杂草情况进行第二次中耕除草。所有杂草要集中堆放于腐熟坑内，让其发酵腐熟成肥料。整个生长期禁止使用除草剂。

（3）排灌水：当连续多天干旱时，应视土壤墒情，适时进行浇灌，浇水时间宜在下午 5:00 以后。益母草怕涝，在移栽前的整地捞厢时，应顺地势挖好排水沟，保证雨季雨水通畅排出。在整个生长期内，雨季每天要查看田间排水情况，发现积水的地块，应及时疏通，避免积水造成烂根倒苗。

（五）合理施肥

益母草种植追肥，需视种植地土壤肥力情况及苗的长势情况进行 1～2 次追肥。第一次追肥，于益母草移栽成活返青恢复生长时，结合除草松土，每亩窝施 50kg 尿素。如果益母草种植地土壤肥力较差，第一次追肥后，益母草叶片现黄色，出现缺肥现象时，需要再次追施尿素，每亩追施尿素 40～50kg。

（六）合理套作与连作

（1）套作：益母草生长周期短且植株高大，一般不宜与其他作物套作。例如与玉米套作会影响益母草长势，益母草药材产量低于单独种植地，因此不宜与玉米套作（见图 11-4）。而可在未成林的疏林果树下套作（见图 11-5），以提高土地利用率，但套作产量低于单作产量。

图 11-4　益母草与玉米套作

图 11-5　益母草与桃树套作

（2）连作：益母草是否能连作与土壤情况有关，且连作会使跳甲虫害加重，因此益母草种植尽量避免连作。土壤肥沃的地块可连作 2～3 次，土壤瘠薄的地块不宜连作。

（七）主要病虫害防治

益母草种植过程中病虫害较少，但连作会促使益母草病虫害发生率增加，在益母草种植过程中其主要的病虫害有跳甲、根腐病、地老虎等。

1. 病虫害防治原则

以"预防为主"，大力提倡运用"综合防治"方法。在防治工作中，力求少用化学农药。在必须施用时，严格执行中药材规范化生产农药使用原则，慎选药剂种类。在发病期选用适量低毒、低残留的农药，严格掌握用药量和用药时期，尽量减少农药残毒影响。最好使用生物防治。

2. 病虫害农业防治措施

采用下列农业防治措施可以有效预防和减少益母草病虫害的发生。

（1）轮作：病区实行 2～3 年及以上轮作，一般以选用与禾本科作物或葱、蒜类作物轮作为宜。尽量避免连作，最好生产一季后即换地块种植。

（2）培育无病壮苗：加强检疫，调运种子种苗，进行检验检疫，不用病苗、弱苗，培育无病状苗可减少苗期感染，从而减轻根腐病、跳甲在大田期的为害，苗床土以选用山坡生土为最好，也可用未栽过益母草或未种过易患病蔬菜的大田土，配制营养土的农家肥应已经腐熟且未经易患病蔬菜残体污染。

（3）翻晒土壤：栽种前翻晒土壤，尤以连作地更需要翻晒，使病虫卵暴露在土表而促使其死亡。

（4）及时处理病株：发现病株，及时拔除烧毁，并撒石灰消毒土壤。

（5）适时排水：在雨季每天要查看田间排水情况，若发现积水的地块，应及时疏通排水，以免积水造成益母草烂根。

（6）加强栽培管理：增施有机肥（包括厩肥、圈肥、坑肥、绿肥等）作基肥，可起到提高寄主抗性和耐性，抵制病虫害侵染的作用。施用的农家肥、有机肥必须经过高温发酵等无害化处理。

3. 病虫害防治措施

如根腐病发病期，选用 50%多菌灵 500 倍液等药剂灌根窝。对地下害虫如根结线虫等进行防治。跳甲，可选用 3%跳甲宝乳油 1000 倍液，或 1.8%阿维菌素乳油，或 50%辛硫磷乳油 1500 倍液，于成虫为害盛期喷雾叶片及地表，3～5 天后再第二次依上法用药，喷药时从田边向田内围喷，以防成虫逃窜。也可采用以上农药灌根防治跳甲幼虫。地老虎，4～10 月，田间挂佳多 PS-15Ⅱ频振式杀虫灯、黑光灯或糖醋挂排诱杀成虫。于移栽定植前，以小地老虎喜食的鲜菜叶拌药（如甲氰菊酯、辛硫磷等），于傍晚撒入田间地面进行诱杀。也可人工捕杀地老虎幼虫：移栽定植前，用鲜菜叶等于傍晚堆于田间地面上诱集小地老虎幼虫，次日清晨人工捕捉。移栽后，每天早上进行田间检查，发现断苗立即刨开断苗附近的表土捕杀幼虫，连续捕捉几次，可收到满意效果。亦可于移栽定植前，喷 5000 倍的 2.5%溴菊酯乳油水液，或喷 5000 倍的 10%氯氰菊酯乳油水液，或喷 1000 倍的 50%

辛硫磷乳油。一般 6～7 天后，可酌情再喷 1 次。

【药材合理采收、初加工与储运养护】

一、合理采收与批号制定

（一）合理采收

（1）采收时间：7 月下旬至 9 月上旬，益母草开花前或刚开花时。

（2）采收方法：用镰刀割取地上部分，拣除杂草（图 11-6）。

图 11-6　益母草采收

（二）批号制定（略）

二、合理初加工与包装

（一）合理初加工

（1）切段：将益母草鲜药材切成 5～10cm 的小段。

（2）干燥：将切过的益母草药材，进行干燥加工，其干燥方法为晒干或 60℃烘干（图 11-7）。

图 11-7　益母草药材切段与干燥

（二）合理包装

将干燥益母草药材，按 30～35kg 压缩打包装袋，编织袋口麻线缝合，针距小于 2cm。在包装前应检查是否充分干燥、有无杂质及其他异物，所用包装应无毒无污染，并在每件包装上注明品名、规格、等级、毛重、净重、产地、批号、执行标准、生产单位、包装日期及工号等，并应有质量合格的标志。

三、合理储藏养护与运输

（一）合理储藏养护

益母草药材应在避光、通风、阴凉（25℃以下）、干燥（相对湿度 60%以下）条件下储藏。堆放地面铺垫有厚 10cm 左右的木架，堆码高度适中（一般不超 10 层），距离墙壁不小于 35cm。严格入库质量检查，防止受潮或染霉品掺入，平时应保持储藏环境干燥、整洁，特别是连续阴雨天气，应进行排湿养护，定期检查，发现吸潮或初霉品，应及时通风晾晒或进行除湿处理。

（二）合理运输

益母草批量运输时，可用装载和运输中药材的集装箱、车厢等运载容器和车辆等工具运输。要求其运载车辆及运载容器应清洁无污染、通气性好、干燥防潮，并禁止与其他有毒、有害、易串味的物质混装、混运。

【药材质量标准、质量检测与监控】

一、药材商品规格与质量检测

（一）药材商品规格

益母草药材以无杂质、霉变、虫蛀，身干，茎细，质嫩，叶多，色灰绿者为佳品。种子即茺蔚子以粒大、饱满者为佳品。其药材商品规格为统货，现暂未分级。

（二）药材质量检测

按照《中国药典》（2015 年版一部）益母草药材质量标准进行检测。

1. 来源

本品为唇形科植物益母草 *Leonurus japonicus* Houtt.的新鲜或干燥地上部分。鲜品春季幼苗期至初夏花前期采割；干品夏季茎叶茂盛、花未开或初开时采割，晒干，或切段晒干。

2. 性状

（1）鲜益母草：幼苗期无茎，基生叶圆心形，5～9 浅裂，每裂片有 2～3 钝齿。花前期茎呈方柱形，上部多分枝，四面凹下成纵沟，长 30～60cm，直径 0.2～0.5cm；表面青绿色；质鲜嫩，断面中部有髓。叶交互对生，有柄；叶片青绿色，质鲜嫩，揉之有汁；下部茎生叶掌状 3 裂，上部叶羽状深裂或浅裂成 3 片，裂片全缘或具少数锯齿。气微，味微苦。

（2）干益母草：茎表面灰绿色或黄绿色；体轻，质韧，断面中部有髓。叶片灰绿色，多皱缩、破碎，易脱落。轮伞花序腋生，小花淡紫色，花萼筒状，花冠二唇形。切段者长约 2cm。

3. 鉴别

（1）显微鉴别：

本品茎横切面：表皮细胞外被角质层，有茸毛；腺鳞头部 4、6 细胞或 8 细胞，柄单细胞；非腺毛 1～4 细胞。下皮厚角细胞在棱角处较多。皮层为数列薄壁细胞；内皮层明显。中柱鞘纤维束微木化。韧皮部较窄。木质部在棱角处较发达。髓部薄壁细胞较大。薄壁细胞含细小草酸钙针晶和小方晶。鲜品近表皮部分皮层薄壁细胞含叶绿体。

（2）薄层色谱鉴别：取盐酸水苏碱【含量测定】项下的供试品溶液 10mL，蒸干，残渣加无水乙醇 1mL 使其溶解，离心，取上清液作为供试品溶液（鲜品干燥后粉碎，同法制成）。另取盐酸水苏碱对照品，加无水乙醇制成每 1mL 含 1mg 的溶液，作为对照品溶液。照薄层色谱法（《中国药典》2015 年版四部通则 0502）试验，吸取上述两种溶液各 5～10μL，分别点于同一硅胶 G 薄层板上，以丙酮-无水乙醇-盐酸（10∶6∶1）为展开剂，展开，取出，晾干，在 105℃加热 15min，放冷，喷以稀碘化铋钾试液-三氯化铁试液（10∶1）混合溶液至斑点显色清晰。供试品色谱中，在与对照品色谱相应的位置上，显相同颜色的斑点。

4. 检查

（1）水分：

干益母草：照水分测定法（《中国药典》2015 年版四部通则 0832 第二法）测定，不得超过 13.0%。

（2）总灰分：

干益母草：照总灰分测定法（《中国药典》2015 年版四部通则 2302）测定，不得超过 11.0%。

5. 浸出物

干益母草：照水溶性浸出物测定法（《中国药典》2015 年版四部通则 2201）项下的热浸法测定，不得少于 15.0%。

6. 含量测定：干益母草

（1）盐酸水苏碱：照高效液相色谱法（《中国药典》2015 年版四部通则 0512）测定。

色谱条件与系统适用性试验：以丙基酰胺键合硅胶为填充剂；以乙腈-0.2%冰醋酸溶液（80∶20）为流动相；用蒸发光散射检测器检测。理论板数按盐酸水苏碱峰计算应不低于 6000。

对照品溶液的制备：取盐酸水苏碱对照品适量，精密称定，加 70%乙醇制成每 1mL 含 0.5mg 的溶液，即得。

供试品溶液的制备：取本品粉末（过三号筛）约 1g，精密称定，置具塞锥形瓶中，精密加入 70%乙醇 25mL，称定重量，加热回流 2h，放冷，再称定重量，用 70%乙醇补足减失的重量，摇匀，滤过，取续滤液，即得。

测定法：分别精密吸取对照品溶液 5μL、10μL，供试品溶液 10～20μL，注入液相色谱仪，测定，用外标两点法对数方程计算，即得。

本品按干燥品计算，含盐酸水苏碱（$C_7H_{13}NO_2 \cdot HCl$）不得少于 0.50%。

（2）盐酸益母草碱：照高效液相色谱法（《中国药典》2015 年版一部通则 0512）测定。

色谱条件与系统适用性试验：以十八烷基硅烷键合硅胶为填充剂；以乙腈-0.4%辛烷磺酸钠的 0.1%磷酸溶液（24∶76）为流动相；检测波长为 277nm。理论板数按盐酸益母草碱峰计算应不低于 6000。

对照品溶液的制备：取盐酸益母草碱对照品适量，精密称定，加 70%乙醇制成每 1mL 含 30μg 的溶液，即得。

测定法：分别精密吸取对照品溶液与盐酸水苏碱【含量测定】项下供试品溶液各 10μL，注入液相色谱仪，测定，即得。

本品按干燥品计算，含盐酸益母草碱（$C_{14}H_{21}O_5N_3 \cdot HCl$）不得少于 0.050%。

注：茺蔚子质量按《中国药典》2015 年版一部茺蔚子质量标准依法检测。

二、药材质量标准提升研究与企业内控质量标准制定（略）

三、药材留样观察与质量监控（略）

【药材生产发展现状与市场前景展望】

一、生产发展现状与主要存在问题

随着对益母草应用的深入研发利用，益母草药材的用量不断增大，益母草野生资源主要分布于林缘、草坡及田土埂等地。近年来，由于农业生产普遍使用除草剂，导致田土埂的野生益母草资源分布越来越少。为了满足市场需求，河北、浙江、甘肃、云南、四川、贵州等地均有益母草种植。据贵州省扶贫办《贵州省中药材产业发展报告》统计，2014 年，全省益母草种植面积达 1.80 万亩，保护抚育面积 0.24 万亩；总产量达 5.77 万吨；总产值 5896.21 万元。例如，贵州宣和生物科技有限公司从 2011 年起，开始探索其规范化种植技术，在修文县六屯镇采取"农场化"（流转承包农户土地建立基地）和"公司+基地+农户""公司+基地+专业合作社"等模式建立益母草规范化种植基地。该公司为农户提供种苗、肥料和技术指导，保底价回收农户鲜药材，农户每亩纯收入可达约 2000 元。同时，还于 2014 年在修文县六屯镇修建益母草初加工厂房，采取订单农业模式回收"推广种植农户"或"中药材种植专业合作社"种植的益母草鲜品，统一进行初加工、包装销售，可有力保障基地生产的益母草药材质量。该公司 2014 年在修文县益母草种植 1.1 万亩，药材产量 4500 吨，产值 2538.2 万元，带动农户 1219 户，其中贫困户 149 户。该公司益母草药材主销于贵州百灵、贵州益佰、贵阳德昌祥、济仁堂药业、润丰制药、汇正制药以及广西灵峰药业、安徽亳州盛龙药业等。

贵州省益母草规范化种植与生产基地建设虽已取得较好成效，但由于益母草市场价便宜（约 5.5 元/kg），加上近年劳动力成本上涨，很多药农不再愿意种植，规范化种植基地较少。益母草采收季节，在进行产地初加工时，若缺乏初加工设施，干燥不及时，会导致药材有效成分含量的大幅度降低，影响药材质量。同时，由于贵州省开始种植益母草时间较短，其良种繁育、规范化种植及药材初加工等关键技术，都需要深入探索与进行技术推广，急需加强对广大农户进行技术培训，并进一步解决益母草基地有关技术人才、基础设施等问题，以免制约益母草产业的更好发展。

二、市场需求与前景展望

现代研究表明，益母草全草含益母草碱（leonuri-ne）、水苏碱（stachydrine）、前西班牙夏罗草酮（prehis panolone）、西班牙夏罗草酮（hispanolone）、鼬瓣花二萜（gale-opsin）、前益母草二萜（preleohrin）及益母草二萜（leohete-rin）等药效成分。益母草煎剂、酒精浸膏及所含益母草碱等对兔、猫、犬、豚鼠等多种动物的子宫均呈兴奋作用。用益母草煎剂给予兔离体子宫，无论未孕、早孕、晚期妊娠或产后子宫，均呈兴奋作用，对在位子宫，经快速静脉注射，30min 后即出现兴奋作用，其强度与作用时间随用量加大而增长。益母草碱的作用与剂量有关。浓度为 0.2～1mcg/mL 时，剂量-张力呈线性关系，至 2mcg/mL 以上时达最大张力。有时可见益母草碱对自发性收缩的标本呈双向性作用。益母草尚具抗血小板聚集、凝集作用，可改善冠脉循环和保护心脏，可促进由异丙肾上腺素造成的局部血流微循环障碍的很快恢复，可明显增加冠脉流量，降低冠脉阻力，减慢心律及减少心输出量和右室做功，能增加股动脉血流量和降低血管阻力，对血管壁有直接扩张作用。益母草制剂对心肌超微结构，特别是线粒体有保护作用。非常明显地降低血液黏度，且有较强的升高红细胞聚集指数的作用，能纠正已失调的免疫机能恢复常态平衡。

经研究还发现，益母草对呼吸中枢有直接兴奋作用，其所含的硒、锰等多种微量元素，能抗氧化、防衰老，具有相当不错的益颜美容、抗衰防老功效。临床上用于产褥期，益母草煎剂或益母草膏有收缩子宫作用，与麦角流浸膏相比，从产褥期子宫底下降水平及恶露情况来看，其作用基本相同。益母草可活血调经，去淤生新，能利尿消肿。多用于治疗月经不调、痛经、经闭、恶露不尽、水肿尿少、心脑血管疾病、急性肾炎水肿及治疗中心性视网膜脉络膜炎、雀斑、黑斑、黄褐斑等多种疾患。

总之，益母草药用历史悠久，为我国常用大宗药材之一，新的药理作用及临床效用在不断发现。市场销售的中成药，以益母草为原料的有益母草膏、益母草流浸膏、益母草片、参益母丸等。据不完全统计，全国每年市场需求约 4 万吨，贵州省约需 1000 吨，市场需求量较大。益母草研发潜力极大，市场前景极为广阔。

主要参考文献

安伟建. 2003. 中药益母草有效成分提取和测定方法的研究进展[J]. 天津药学，15（3）：68.

晁志，周秀佳. 1998. 益母草类中药研究概况与进展[J]. 中草药，29（6）：414-417.

丁伯平，熊莺，徐朝阳，等. 2004. 益母草碱对急性血瘀证大鼠血液流变学的影响[J]. 中国中医药科技，11（1）：36.

范美华，王健鑫，李鹏，等. 2006. 益母草的研究进展[J]. 中药药物与临床，6（7）：528.

匡丽君，周晓艳. 2007. 自拟温肾活血汤治疗原发性痛经 40 例疗效观察[J]. 中国中医药信息杂志，14（2）：61-62.

罗远鸿，李敏，俸世洪等. 2015. 川产益母草质量分析研究[J]. 中国现代中药，17（5）：462-465.

吴华振. 2005. 植物多糖的药理作用及应用进展[J]. 实用医技杂志，12（7）：1803-1804.

张娴，彭国平. 2003. 益母草属化学成分研究进展[J]. 天然产物研究与开发，15（2）：162-166.

郑虎占，董泽宏，余靖. 1998. 中药现代研究与应用[M]. 北京：学苑出版社，3803.

（王利平　王新村　冉懋雄）

第三章　叶及皮类药材

1　红　豆　杉

Hongdoushan

TAXI RAMUS ET FOLIUM

【概述】

红豆杉原植物为红豆杉科红豆杉属植物的总称，是第 4 纪冰川遗留下的古老植物，也是我国一级珍稀濒危保护植物。别名：櫾、紫杉、赤杉、红豆树、丹桎木等。以干燥树皮、叶、枝等入药。现代研究认为，红豆杉味甘、微苦，性平，归肺、胃、大肠经。具有解毒散积、活络止痛、利水消肿、化食驱虫功能。用于治疗各种肿瘤、胃脘疼痛、大便秘结、食积纳呆、失眠多梦、胸胁闷痛、头痛、牙疼、痛经、水肿、痔疮肿痛出血、蛔虫病、绦虫病、牛皮癣等疾患。红豆杉各个部分的功效有所侧重，枝、叶侧重于治疗各种肿瘤，根可用于治疗食积、驱虫等。

红豆杉属植物为常绿乔木或灌木，约有 11 种，我国有 4 种 1 变种：红豆杉 *Taxus chinensis*（Pilger）Rehd.、东北红豆杉 *T. cuspidata* S.et Z.、西藏红豆杉 *T. wallichiana* Zucc.、云南红豆杉 *T. yunnanensis* Cheng et L.K.Fu、南方红豆杉 *T. chinensis*（Pilger）Rehd. var. mairei（Lemee et Levl.）Cheng et L. K. Fu。红豆杉为世界珍稀濒危植物，受到各国的保护，限制采伐。人工规模化种植是解决红豆杉原料需求的有效途径。

本属自然杂交种曼地亚红豆杉 *Taxus×media* 具有枝叶中紫杉醇含量高，生长快，适应性强，栽培 3 年以上则可采收等优点，成为红豆杉产业化可持续发展的首选品种。曼地亚红豆杉是美国于 1918 年发现的一个天然杂交种，其母本为东北红豆杉（*T. cuspidata*），父本为欧洲红豆杉（*T. baccata*），与普通红豆杉相比具有以下优势：①全株均可用于提取紫杉醇，植株利用率高，国产红豆杉的紫杉醇主要分布于老树皮中，叶中紫杉醇含量仅是树皮中含量的 1/10。②紫杉醇含量高，一般为 0.04%～0.05%，根、枝、叶可达 0.06%～0.07%，果实达 0.096%，而国产红豆杉的紫杉醇含量平均不足 0.01%，最高不超过 0.02%。③萌发力强，生长快，年生长量为 60～80cm，3 年即有可利用的生物量，5 年树龄时可规模利用，而国产红豆杉生长缓慢，40～60 年树龄时才有采集利用价值。④采集枝叶提取紫杉醇，可反复采收，形成良性循环，而国产红豆杉一般需整株砍伐，剥皮提取紫杉醇，只能采收 1 次。

我国于 1996 年从加拿大引进种植，目前贵州、四川、云南、安徽、浙江、北京、上海、山东等省市都已引种成功，并建立了上万亩曼地亚红豆杉基地。其中，四川试种的曼地亚红豆杉，经权威机构测定，生物特性稳定，没有发生变异，紫杉醇含量接近原产地，部分样品中的含量甚至高于原产地。本书将重点介绍曼地亚红豆杉。

【形态特征】

曼地亚红豆杉：常绿针叶灌木。树皮灰色或赤褐色，有浅裂纹。枝条平展或斜上直立密生，一年生枝绿色，秋后呈淡红褐色，2～3 年生枝呈红褐色或黄褐色。小叶直条形，螺旋状着生于枝上，通常微弯，长 10～30mm，宽 2～3mm，先端渐尖或微急尖，叶柄短，长 1～1.5mm。叶下面有一条绿色中脉带，沿中脉两侧有两条较宽的灰绿色或黄绿色气孔带，绿色边带急窄。雌雄异株，单生于叶腋，早春开放。雄球花圆球形，为基部有鳞片的头状花序，有雄蕊 6～14，盾状，每一雄蕊有花药 4～9 个；雌球花卵圆形，有一顶生胚珠，下部有苞片数枚。种子卵圆形，生于红色肉质的杯状假种皮中，长 0.5～0.7cm，直径 0.35～0.5cm，先端有 3～4 钝棱脊，顶端有小钝尖头，种脐通常四方形或三角形，稀长圆形。2～3 月开花，7～8 月种子成熟。曼地亚红豆杉植物形态见图 1-1。

（1. 种子枝；2. 叶；3. 雄球花；4. 雌球花；5. 带假种皮的种子；6. 去假种皮的种子）

图 1-1 曼地亚红豆杉植物形态图

（墨线图由贵阳中医学院吴向莉绘）

红豆杉：常绿乔木。叶条形，微弯或较直，在枝上呈不规则的二列着生，排列较疏，呈两列状着生于枝上，长 1～3cm，宽 0.2～0.4cm，上部微渐窄，先端常微急尖，叶背面有 1 条中脉带和两条气孔带，两带同色，中脉带密生均匀而微小的圆形角质乳头状突起。种子常呈卵圆形，长 0.5～0.7cm，直径 0.35～0.5cm，上部常具二钝棱脊，先端有突起的短钝尖头，种脐常呈近圆形或椭圆形。红豆杉植物形态见图 1-2：1～5。

南方红豆杉：为红豆杉的变种，主要区别在于叶较宽长，多成弯镰状，排列较疏，长 2～3.5cm，宽 0.3～0.45cm，上部常渐窄，先端渐尖。中脉带无角质乳头状突起点，或局部或零星分布，其色泽与气孔带相异，呈淡黄绿色或绿色，绿色边带亦较宽而明显。种子较大，多呈倒卵圆形，长 0.7～0.8cm，直径 0.5cm，种脐常呈椭圆形。

东北红豆杉：常绿乔木。叶通常直条形，在枝上呈不规则的二列着生，排列较密集，长 1.0～2.5cm，宽 0.25～0.3cm，基部窄，先端凸尖，叶背有两条灰绿色气孔带，中脉带无角质乳头状突起点。种子卵圆形，长约 0.6cm，上部常具 3～4 钝棱脊，顶端有小钝尖头，种脐常呈三角形或四方形。东北红豆杉植物形态见图 1-2：6～7。

云南红豆杉：常绿乔木。小叶条状披针形或披针状条形，常呈弯镰状，质地较薄，在枝上呈不规则的二列着生，排列较疏，长 1.5～4.7cm，宽 0.2～0.3cm，先端渐尖或微急尖，边缘向下反卷或反曲，基部偏歪，中脉带与气孔带上均密生均匀微小角质乳头状突起点。种子卵圆形，长 0.5cm，直径 0.4cm，上部两侧微有钝脊，顶端有钝尖，种脐通常呈椭圆形。云南红豆杉植物形态见图 1-3：4～7。

西藏红豆杉：常绿乔木或大灌木。叶直条形，质地较厚，在枝上呈不规则的二列着生，常呈"V"形，排列较密，重叠，长 1.0～2.5cm，宽 0.25～0.3cm，上下几等宽，先端具凸起的刺状尖头。中脉带与气孔带上均密生均匀细小角质乳头状突起点。种子柱状矩圆形，长 0.65cm，直径 0.45～0.5cm，上部两侧微有钝脊，顶端有钝尖，种脐常呈椭圆形。西藏红豆杉植物形态见图 1-3：1～3。

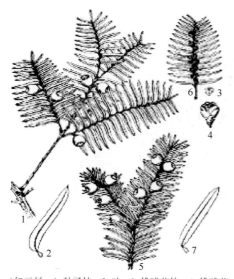 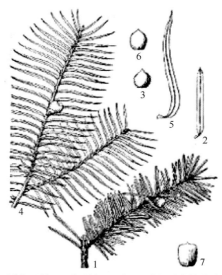

（红豆杉：1. 种子枝；2. 叶；3. 雄球花枝；4. 雄球花；
5. 雌蕊。东北红豆杉：6. 种子枝；7. 叶）

（西藏红豆杉：1. 种子枝；2. 叶；3. 去假种皮的种子。
云南红豆杉：4. 种子枝；5. 叶；6-7. 去假种皮的种子）

图 1-2　红豆杉与东北红豆杉植物形态图　　　　图 1-3　西藏红豆杉与云南红豆杉植物形态图

[引自《中国植物志》（第七卷），科学出版社，1978]

【生物学特性】

一、生长发育习性

（一）营养生长习性

曼地亚红豆杉属多年生常绿灌木，主根不明显，侧根发达。生长快，生长量是国内红豆杉的 3 倍以上。剪枝后，萌发新枝能力很强，即使砍去地上部分，也能从基部萌发新枝，

2 年后形成多枝的灌木树形。在贵阳，曼地亚红豆杉当 3 月温度达到 10℃时开始抽发新梢，4～5 月为生长旺盛期，此间温度为 15～25℃，8 月后新梢停止生长。定植当年生长缓慢，高度平均只增高 2.7cm，为 25.4cm，地径只增粗 0.08cm，为 0.63cm；第二年开始较快生长，平均增高 28.3cm，为 53.7cm，地径增粗 0.35cm，为 0.98cm；第三年平均增高 23.7cm，为 77.4cm，地径增粗 0.49cm，为 1.47cm。南方枝条生长速度最快，其次是东方、西方和北方。经观测，曼地亚红豆杉耐低温，怕干旱，不耐涝，在透气性好的土壤生长良好。

（二）开花结果习性

曼地亚红豆杉为雌雄异株植物，易结实。2～3 月开花，7～8 月种子成熟，此时假种皮呈红色，种子呈黑色。与其他红豆杉植物的种子一样，曼地亚红豆杉种子具有休眠特性，自然条件下需经两冬一夏才能萌发，生产上需经沙藏催芽处理。

二、生态环境要求

海拔：曼地亚红豆杉对海拔的适应范围较宽，在 460～2000m 的范围均能正常生长，其中以海拔 500～1800m 最佳。

温度：曼地亚红豆杉能耐低温（–25℃），但适宜的生长温度为 10～30℃，低于或高于这一温度范围均不利于曼地亚红豆杉的生长发育和紫杉醇积累。

光照：光照强度对曼地亚红豆杉的生长有显著影响，特别是夏季，70%透光率是曼地亚红豆杉生长和紫杉醇积累的最佳条件，低于或高于这一光照强度均会对植株起到抑制作用，不利于曼地亚红豆杉的生长发育和紫杉醇积累。

土壤：曼地亚红豆杉在酸性、中性和碱性土壤条件下均能生存，但以在微酸性、肥沃、疏松、排水良好的砂壤土中生长最好，表现出良好的株型、高生物量和强抗寒性。

水分：曼地亚红豆杉喜潮湿，在年降水量 900mm 以上的地区才能正常生长。土壤含水量维持在田间最大持水量的 80%以上，有利于曼地亚红豆杉光合作用的正常进行，但曼地亚红豆杉不耐涝，植株一旦遭受涝害，即有枯死的可能。

【资源分布与适宜区分析】

一、资源调查与分布

经调查，红豆杉属植物主要分布于北半球，我国大部分地区均有分布。其中，红豆杉 *T. chinensis*（Pilger）Rehd.为我国特有种，分布于甘肃南部、陕西南部、四川、云南东北部及东南部、贵州西部及东南部、湖北西部、湖南东北部、广西北部和安徽南部（黄山），常生于海拔 1000～1200m 及以上的高山上部。东北红豆杉 *T. cuspidata* S.et Z.分布于吉林老爷岭、张广才岭及长白山区等海拔 500～1000m。气候冷湿的酸性土地带，常散生于林中。山东、江苏、江西等省有栽培。西藏红豆杉 *T.wallichiana* Zucc.分布于西藏南部海拔 2500～3000m 地带。云南红豆杉 *T. yunnanensis* Cheng et L.K.Fu 分布于云南西北部及西部（镇康、景东），四川西南部与西藏东南部，生于海拔 2000～3500m 高山地带。南方红豆杉 *T.*

chinensis（Pilger）Rehd. var. *mairei*（Lemee et Levl.）Cheng et L. K. Fu 分布于安徽南部、浙江、台湾、福建、江西、广东北部、广西北部及东北部、湖南、湖北西部、河南西部、陕西南部、甘肃南部、四川、贵州及云南东北部，其垂直分布一般较红豆杉低，常生于海拔 1000～1200m 及以下地方。

二、贵州资源分布与适宜区分析

据调查，在贵州自然分布的红豆杉主要是红豆杉和南方红豆杉，其中红豆杉分布于纳雍、水城等地，常生于海拔 1200～1800m 的山坡，多散生；南方红豆杉分布于凤冈、梵净山、瓮安、雷公山、荔波、镇远、天柱、锦屏、黎平等地，主生于海拔 1300m 以下的山地，多散生。

曼地亚红豆杉，可在多种气候和土壤条件下生长。以气候温和、空气湿度较大，曼地亚红豆杉生长最佳，光照较差的地方也能较好生长；其适宜生长的温度为 10～30℃，年降水量最好达 900～1800mm。并在微酸性、中性、微碱性，排水良好的砂质土壤上适合生长。凡海拔 460～2000m，年最低气温不低于-25℃，夏季无明显酷暑，土壤为中性或酸性、微碱性的地区均能生长。尤在海拔 500～1800m，气候温凉湿润，土壤为排水良好的壤质土、沙壤土的亚热带山区生长最佳。

贵州省位于我国西南东部，冬无严寒，夏无酷暑，气候温和湿润，属中亚热带温暖湿润季风气候区，海拔 137～2900m，平均海拔 1100m 左右。年平均气温 14～18℃，极端低温-8℃，黔西区高原山地可达-14℃，在 1 月平均气温 4～8℃，7 月平均气温 18～28℃，年平均降水量 900～1500mm。除了耕地外，其余均为山地丘陵、河谷地带。土壤类型为黄壤、红壤、黄红壤、石灰土和紫色土，其中黄壤占 49.08%，红壤占 21%，土壤多呈酸性和中性。综上可见，贵州省的地理条件及气候都适应曼地亚红豆杉的生长，但最适宜种植区为海拔 500～1800m，夏无 30℃以上持续高温，土壤为排水良好的沙壤土、壤土地带。

【生产基地合理选择与基地环境质量检（监）测评价】

一、生产基地合理选择与基地条件

按照曼地亚红豆杉生产适宜区优化原则与其生长发育特性要求，选择其最适宜区或适宜区，并有良好社会经济条件的地区建立规范化种植基地。例如，现已在贵州省贵阳市药用植物园建立了红豆杉种质资源保护和曼地亚红豆杉规范化种植研究示范基地（以下简称"贵阳红豆杉基地"），在铜仁市思南县大坝场镇青杠园村建了曼地亚红豆杉规范化种植示范基地（以下简称"思南红豆杉基地"）。

（一）贵阳红豆杉基地

贵阳红豆杉基地始建于 2006 年，面积 5 亩，位于贵阳市区南部 3km 处的贵阳药用植物园内，西临沙冲南路，南接四方河，紧邻南明河，与小河开发区相接。气候属中亚热带温暖湿润季风气候，冬无严寒，夏无酷暑，雨量充沛，温湿相宜，年平均温度 16.3℃，其夏季平均气温 24.6℃，冬季平均气温 4.2℃，极端高温为 35.4℃，极端低温为-7.8℃。全年总积温 5000℃左右，无霜期约 270 天。全年雨量达 1226.2mm，雨日 150～190 天。相对湿度为 80%，平均海拔 1100m 左右。地形为北高南低、两山夹谷的低中山类型。土壤为微酸性砂壤土。基地周围 60%左右的面积为森林所覆盖，主要林木为马尾松、油茶、青冈树等，具有良好生态环境。

目前，该基地收集保存了曼地亚红豆形及我国分布的红豆杉（4 种 1 变种），其中 8～13 年的曼地亚红豆杉母本树有 3000 余株（图 1-4、图 1-5、图 1-6）。

图 1-4　贵阳红豆杉种质资源圃和曼地亚红豆杉规　　　图 1-5　贵阳基地的曼地亚红豆杉种源圃
　　　　范化种植研究示范基地　　　　　　　　　　　　　　　　　（8 年母本树）

图 1-6　贵阳红豆杉基地的曼地亚红豆杉种源圃（13 年母本树）及其种子形态（2008 年 8 月 20）

（二）思南红豆杉基地

铜仁市思南县大坝场镇青杠园村曼地亚红豆杉规范化种植示范基地始建于 2011 年，面积 2000 余亩，位于贵州思南县东南面，毗邻天桥镇、兴隆乡、邵家桥镇、塘头镇，与印江、石阡接壤。地势东南高，西北和西南稍低，由东南向西北倾斜，多丘陵、山地，地形属中丘陵山地类型。气候属亚热带季风湿润气候，年均气温 16.5℃左右。最热月 7、8 月，气温在 28℃左右，极端最高气温 38.7℃；最冷月 1 月，月均气温 6.3℃左右，极端最低气温−7.7℃。年平均日照 1343h 左右。全年无霜期 282 天，年平均降水量 1189mm 左右，平均相对湿度 81.6%，平均海拔 620m。境内水资源较丰富，有瓮腊河、响水洞、毛家堰、龙底江等 4 条河流，有利民、小茶林、筲箕湾、毛家堰、拖船沟等 5 座水库，蓄水量 450 万 m³。境内土地肥沃，森林覆盖率 52%，居全县第一。思南红豆杉基地所在地有"林海茶乡"之美誉（图 1-7）。

图 1-7 贵州思南县红豆杉基地的曼地亚红豆杉育苗情况

二、基地环境质量检（监）测与评价（略）

【种植关键技术研究与推广应用】

一、良种繁殖关键技术

曼地亚红豆杉多采用扦插繁殖法繁殖良种，也可采用组织培养法繁殖良种，但不宜采用种子繁殖。贵阳药用植物园，通过扦插繁殖技术规模化生产曼地亚红豆杉移栽成活率高，达 95% 以上，下面重点介绍营养杯扦插繁殖技术。

（一）母本圃建设

选用 3～5 年生曼地亚红豆杉优良无性系为母本，建立种苗快繁母本圃。母本一般定植密度为（50～80）cm×（50～80）cm。引进母本的数量依据母本植株大小、可采插条数量、计划快繁苗数等综合因素确定。为确保周年快繁对插条的持续需求，母本圃应划分为三个动态循环区：采集区、促长区、复壮区，三区循序递进，周而复始，三区占地面积比为 1：1：1。目前，贵阳药用植物园有上千株 8～13 年生母本树。

（二）营养杯扦插繁殖技术

1. 繁殖场地

具有微喷、遮阳、降温、移动苗床等设施的大棚（图1-8）。

2. 营养袋的准备

用小铲将珍珠岩等扦插基质装入10cm（口径）×12cm（高度）黑色营养杯内，随即将营养杯整齐摆放在大棚内的可移动苗床上。

图1-8　贵阳药用植物园曼地亚红豆杉扦插育苗大棚

3. 插条采集与处理

（1）插条采集：秋季或春季萌芽前，在母本圃用锋利的枝剪剪取1～2年生木质或半木质化、无病虫害、生长健壮的枝条。

（2）插条制作：用锋利的枝剪将枝条剪成长度8～12cm的插条，同时剪去基部1/3的针叶。要求插条上剪口平剪、下剪口斜剪，剪口平滑。扦插枝条按枝粗分为三个等级：1级（枝粗0.4cm以上）、2级（枝粗0.3～0.4cm）、3级（枝粗0.2～0.3cm）。

（3）插条处理：将剪好的各级插条按上剪口朝上、下剪口朝下的顺序理好，按50棵/捆的标准打成捆，随后下剪口朝下，将其直立放入调配好的生根剂IBA 500倍液里浸泡30min，浸泡深度为2～3cm。

4. 扦插方法

用比插条略粗的尖木棍在苗床上的营养杯中间插孔，深6cm左右，然后将经过处理的插条插入袋中，扦插深度以插条长度的1/3为宜。扦插后，及时浇透水。

5. 插后管理

（1）水分管理：从扦插后到成活前，每天至少喷水雾一次，使棚内相对湿度保持为75%～90%。若次日为阴天可不喷雾，喷施叶面肥当日可不喷雾。生根成活后，可视营养杯基质的情况，间隔几天喷一次雾。

（2）温度管理：温度控制在 10～30℃。当温度超过 30℃时，采取遮阳、喷雾、水帘等措施及时降温。

（3）施肥管理：插条生根萌芽后，交替喷施 0.2%尿素和 0.2%磷酸二氢钾液肥，以增强苗木木质化，间隔时间为 7～10 天。

（4）除草：按"除早、除小、除了"原则，人工拔除营养杯里的杂草。

6. 种苗出圃

曼地亚红豆杉春季扦插，一般 40 天左右形成愈伤组织，50 天左右插穗长出新根。营养杯苗可随时出圃，但以秋季至春季出圃最佳。按有关规定，应对培育的曼地亚红豆杉种苗进行病虫害检疫，合格后方可出圃（图1-9）。

图 1-9　贵州省贵阳药用植物园繁殖的曼地亚红豆杉营养杯苗

（1）包装方法：用透气的塑料筐装，即将成活苗按苗龄和等级分别摆放在的塑料筐里，然后盖上框盖，并在框外包装物醒目处系上注明苗木产地、等级、数量、生产单位、生产地点、生产及经营许可证编号等内容的标签。

（2）运输：及时用便捷的交通工具运输，到目的地后，要立即卸放在阴凉处，尽早定植，以确保苗木质量。

7. 种苗质量标准

目前，将一年生曼地亚红豆杉营养杯苗分为三级标准（试行），见表1-1。

表 1-1　曼地亚红豆杉营养杯苗质量标准（试行）

等级	一级	二级	三级
地径/cm	0.4 以上	0.3～0.4	0.2～0.3
苗高/cm	≥20	≥20	≥20
新枝数/枝	≥3	≥3	≥3

二、规范化种植关键技术

（一）选地与整地

1. 选地

根据曼地亚红豆杉生物学特性要求，选择最适宜或适宜生产区域。必须满足以下条件：空气、土壤、灌溉水均达到中药材 GAP 要求；海拔 500～1800m 的平地和缓坡地，低洼积水地、土层浅薄岩溶地、密林下、风口处等地均不宜选用；以土层深厚、土质疏松、肥沃、酸性的壤土和沙壤土，中性或微碱性土壤为佳，黏土、强盐碱土及瘠薄土不宜选用。

2. 整地

对选定的平地、缓坡地最好全垦整地，并清除土壤里的杂草、石块和其他有碍耕作的杂物；起伏不大的坡地最好开垦环山水平带，带面宽度视山坡倾斜度大小而定，一般宽度0.8～1m，如山坡平坦，开垦宽度可为 1.3～1.5m。如条件许可，也可开垦成宽阔的坡地，带面要求成反倾斜，形成带面外高内低，防止雨水冲毁带面造成水土流失；对于起伏较大的坡地宜采用穴状整地。

（二）移栽定植与间作

1. 移栽时间

营养杯苗全年均可移栽定植，苗床或大田扦插苗应在春、秋季的阴天移栽定植。

2. 定植方法

在整好的定植地上，按株、行距（40～50）cm×（40～50）cm 挖穴，穴深 20cm 左右，穴径 20cm 左右，然后将曼地亚红豆杉苗从营养杯里带土完整取出置于穴中，一手扶正苗，一手覆土与穴平，并踏实苗周围的土，随后浇透定根水。

3. 间作

曼地亚红豆杉在幼树期，可间作经济作物，如玉米、向日葵、山毛豆、花生等，既能遮阳，改善生长环境，又能借农作物管理进行除草、施肥，还能合理应用地力，发展立体农业，增加农民的经济收入。

（三）田间管理

1. 补苗浇水

在定植后的一个月内，经常检查成活情况，及时拔除死苗，补栽新苗，保证全苗。成活前遇干旱时，应及时浇水保苗。

2. 遮阳

曼地亚红豆杉在幼树期喜阴。在有条件的地方，采用遮阳网遮阳，使透光率控制在50%～70%，无条件的可间作高秆经济作物，如玉米、向日葵等进行遮阳。

3. 中耕除草

结合除草进行中耕，除草次数、时间视杂草生长情况而定，总的原则是"除早、除小、除了"。对于红豆杉幼苗下的杂草，尽量手工拔除，慎用锄等，以免锄断幼苗。除草时应将歪斜、倒伏的苗木培正，同时对苗木进行培土和扩穴，使穴土疏松，利于根系生长。大面积种植曼地亚红豆杉时，可喷施果尔（其适宜喷施量为 $600～750mL/m^2$）进行除草，能节省大量劳动力和时间。

4. 施肥

据在贵阳的种植结果，根际施肥对种植两年内的曼地亚红豆杉生长量无显著影响，可以不施任何肥料。两年以上最好施复合肥，施用量为 $30～50kg/亩$，时间与方法为：春季萌芽前均匀撒到树冠下的土壤表面，结合中耕除草将肥料翻入土里。在生长旺季（5月）用 0.2%的尿素进行叶面追肥 3 次，促进植株生长，每隔 7 天 1 次。由于农家肥易引来蛴螬和蚂蚁啃食曼地亚红豆杉根皮，造成大批量死亡，因此建议最好不施用农家肥。

5. 排灌水

在雨季，应及时清理、疏通排水沟，做好田间排水，防止积水烂根。在干旱季，应及时浇水，以防生长不良。

6. 修枝整形

种植三年以后，用枝剪剪除顶部 10cm 左右的枝梢。同时，还要修剪掉容易沾土和过分密集的枝条，促使曼地亚红豆杉多发边枝，形成较大的株围。

（四）主要病虫害防治

经数年观察，在贵阳尚未发现对曼地亚红豆杉有严重危害的病虫害。因此，病害防治多以预防为主。目前，危害性虫害主要为两种：蛴螬和东方行军蚁。

1. 蛴螬

蛴螬又名白土蚕、核桃虫、老母虫等，成虫通称为金龟甲或金龟子，为鞘翅目丽金龟科异丽金龟属铜绿丽金龟 *Anomala corpulenta* Motsch.的幼虫。

（1）症状：幼虫啃食曼地亚红豆杉树皮和根皮，破坏或切断输导组织，导致红豆杉生长缓慢或死亡。通常，植株发病症状不易发现，待针叶呈现萎黄症状时，输导组织已被彻底破坏，植株大多难以成活（图 1-10）。

图 1-10 蛴螬为害曼地亚红豆杉（地上和地下部分）

（2）生活习性：蛴螬成虫有假死和趋光性，并对未腐熟的粪肥有趋性，白天藏在土中，晚上 8:00 后出来取食。蛴螬的活动与土壤温湿度关系密切。当土层 10cm 处温度达 5℃时，成虫开始移动至土表活动，13～18℃时，成虫活动最盛，23℃以上，则往深土中移动。成虫交配后 10～15 天开始产卵，通常产在松软湿润的土壤内，每头雌虫可产卵一百粒左右，以水浇地最多。

（3）发生规律：蛴螬年生代数因种、因地而异，一般一年一代，或 2～3 年一代，长者 5～6 年一代。铜绿金龟子 1 年发生一代，以幼虫在土壤中越冬，翌年 5 月上旬出现成虫，5 月下旬达到高峰，春秋两季为害最重。

防治方法：①农业防治：生长期要铲除并拣尽田间及周围杂草，不施用未腐熟的农家肥，创造不利蛴螬发生的环境。②物理防治：在田间设置黑光灯诱杀蛴螬成虫，减少蛴螬发生数量。如发现针叶变黄，应立即刨开树附近的土壤并人工捕杀蛴螬幼虫。③生物防治：中耕时，每亩用绿僵菌粉剂 2kg 与 100kg 有机肥混合，撒入地中，防治蛴螬效果显著。④化学防治：大量发生期，用 40%辛硫磷乳油 1000 倍液或 80%敌百虫可湿性粉剂 800 倍液灌根毒杀蛴螬幼虫，隔 10 天 1 次，连灌 3 次。也可采用毒饵法诱杀蛴螬幼虫：每亩用 25%对硫磷或辛硫磷胶囊剂 150～200g 拌豆饼、麦麸、谷子等饵料 5kg，或用 50%辛硫磷乳油 50～100g 拌饵料 3～4kg 撒于田间。

2. 东方行军蚁

东方行军蚁又称东方矛蚁、黄蚂蚁、黄丝蚁、黄丝蚂等，为膜翅目蚁科行军蚁属东方行军蚁 *Dorylus orientalis* Westwood 的成虫。

（1）症状：类似蛴螬的危害。工蚁咬食红豆杉地下根皮，破坏或切断输导组织，导致红豆杉生长不良或死亡。

（2）发生规律：当外界气温达到 10℃时，东方行军蚁都可以外出正常活动，危害曼地亚红豆杉。若冬季气温高，东方行军蚁食料丰富，虫口数增长快，则来年春天危害就严重。有翅雄蚁有趋光性，工蚁有避光性，极少能在土表及植株表面看到虫体，而在土下形成"隧道"，由隧道迁移、觅食。

防治方法：①农业防治：及时拔除杂草，尤其是小飞蓬、香丝草，这两种杂草是东方行军蚁的重要中间寄主。在农事操作中，发现筑巢的东方行军蚁及孔洞后，要及时整巢捣毁杀灭。②物理防治：利用有翅繁殖蚁的趋光扑灯性，可在 6～7 月在田间用诱杀灯诱杀大量有翅繁殖蚁。利用东方行军蚁嗜甜、香、腥的特点，挖坑放入动物内脏或腐肉、糖等，盖 1～2cm 厚薄土，等大量行军蚁聚集后用开水烫杀。③化学防治：在危害期，尤其是危害高峰期，可选用 40%辛硫磷乳油 800 倍液、90%晶体敌百虫 1500 倍液、80%敌敌畏乳油 2000 倍液或 20%氰戊菊酯 5000 倍液进行灌根，隔 10 天灌 1 次，连灌 3 次。也可采用毒饵法诱杀：用 90%敌百虫或 50%辛硫磷乳油拌炒香的麦麸、米糠，撒于田间诱集东方行军蚁舐食中毒而死。

上述曼地亚红豆杉的良种繁育与规范化种植关键技术，可于其生产适宜区内，并结合实际情况因地制宜地进行推广应用。

【药材合理采收、初加工、贮藏与运输】

一、合理采收与批号制定

（一）合理采收

1. 采收部位

种植三年以上的成株枝叶。

2. 采收时间

在贵阳，8～11 月为曼地亚红豆杉的适宜采收时间。

3. 采收方法

当行全部采收时，则用修枝剪离地面高 20～30cm 截干，并注意保留 3～5 个侧枝，每两年采收一次；当行部分采收时，则应结合整形，用修枝剪剪取 1～2 年生枝叶，每年均可采收。

4. 装运方法

用透气、无毒、无污染的塑料筐等容器装运曼地亚红豆杉鲜枝，切勿挤压或污染等。

（二）批号制定（略）

二、合理初加工与包装

（一）合理初加工

采集后的曼地亚红豆杉枝叶不宜久置，应尽快干燥，否则会导致其紫杉醇含量逐渐降低。研究表明，快速烘干法为曼地亚红豆杉最适宜的干燥方法，其紫杉醇含量与鲜品差异不大；晒干法的含量会降低 20% 以上，阴干法含量会降低 40% 以上。对于不能及时干燥的曼地亚红豆杉枝叶，最好储存在清洁、无污染的低温专用仓库里，防枝叶挤压、发热、发霉、变质。曼地亚红豆杉枝较长，干燥后，叶易脱落，为了便于包装，最好将枝切成长 3cm 左右或粉碎成粗粉。

（二）合理包装

用符合药用包装标准的材料密封包装，50kg/件。在每件包装上注明品名、规格、重量、产地、批号、包装日期及生产单位等，并应有质量合格的标志。

三、合理储藏养护与运输

应储存在清洁、干燥、阴凉、通风、无污染的仓库中，定期检查，保持环境干燥、整洁。有研究表明，红豆杉干燥粉碎的嫩枝和干皮在室温下放置 12~17 个月后，紫杉醇含量减少 40%。因此，用于紫杉醇提取的红豆杉药材不宜存放过久。

红豆杉药材运输时，运输工具应清洁、无污染，严禁与有毒及可能影响其品质的货物混装。运输过程中应防雨、防曝晒、防污染。

【药材质量标准、质量检测与监控】

一、药材商品规格与质量检测

（一）药材商品规格

红豆杉药材如皮、枝、叶等以无杂质、霉变，身干者为佳品；果实、种子以无杂质、霉变、虫蛀，较大而均匀，身干者为佳品。其药材商品规格为统货，现暂未分级。

（二）药材质量检测

参照《中国药典》（2015 年版一部）枝叶类药材质量标准进行检测。

1. 来源

本品为红豆杉科植物曼地亚红豆杉 *Taxus media* Rehd. 的干燥枝叶。

2. 性状

枝外皮粗糙，灰褐色，断面黄白色，质硬，不易折断。叶条形，螺旋状密生于枝上，长 10～30mm，宽 2～3mm，先端渐尖或微急尖，有小尖头，边缘微反卷。中脉两面均凸起，下面叶脉有小乳头状突起。叶柄短，长 1～1.5mm。气特异，味苦。

3. 鉴别

（1）枝横切面特征：整个横切面呈类圆形，表皮细胞 1 列，细胞类圆形，细胞排列整齐，外被角质层。皮层薄壁细胞 3～5 列，排列疏松。韧皮部细胞扁平，排列疏松，石细胞偶见；木质部较宽，约占整个横切面的 3/4，导管放射状排列。木射线细胞多为 1 列，中无红棕色物。髓部薄壁细胞大，易碎。

（2）叶横切面特征：上、下表皮细胞各一列，大小相近，类方形，微波状排列。中脉微向下突出，外被较厚角质层。栅栏组织细胞 1～2 列，过中脉。海绵组织细胞排列疏松，中脉较平直，维管束类圆形，木质部管胞散列。维管束周围的薄壁细胞中的红棕色物草酸钙砂晶稀少。

（3）粉末特征：叶下表皮细胞表面观类多角形，壁略厚，气孔较多，凹陷，保卫细胞较大，呈哑铃型。草酸钙砂晶存在薄壁细胞中或镶嵌于纤维上，较少，颗粒状。上表皮细胞表面观类多角形，垂周壁平直，无气孔。石细胞偶见，较小，类长方形或类圆形，壁稍厚，胞腔小。树脂道较少，红棕色，形状大小不一。管胞螺纹状，直径 12～18μm。纤维成束或单个散在，长梭形，壁厚，具斜点状纹孔。

（4）薄层色谱鉴别：取本品粗粉 4.0g 左右，加入乙醇 50mL 回流 2h，过滤，取滤液放入蒸发皿置水浴上（温度 62℃）浓缩成膏状，然后加入 10mL 蒸馏水溶解，移入分液漏斗中，加入 10mL 氯仿萃取两次，取下层液浓缩至 5mL 作为供试品。另取曼地亚红豆杉对照药材 4.0g，同法制成对照药材溶液。再取紫杉醇对照品，加甲醇制成每 1mL 含 0.5mg 的溶液，作为对照品溶液。参照薄层色谱法（《中国药典》2000年版一部：附录ⅥB）试验，用毛细管吸取供试品各 10μL 分别点于同一硅胶 G 层析板上，以甲醇：三氯甲烷 4.5：95 为展开剂进行展开，然后取出晾干，喷以 5% 的硫酸乙醇，在 105℃ 加热至斑点清晰。供试品与对照品在同一硅胶 G 板相应位置上显相同颜色的斑点。

4. 检查

水分：参照水分测定法（《中国药典》2015 年版四部通则 0832 第二法）测定，不得超过 12%。

5. 含量测定

紫杉醇为红豆杉公认的有效成分，因此，规定紫杉醇为曼地亚红豆杉药材的含量测定成分。经过报道的文献分析，规定曼地亚红豆杉药材中紫杉醇的含量不得低于 0.02%。根据国家中成药工程技术研究中心发表的"HPLC 法测定曼地亚红豆杉中紫杉醇的含量"，初步制定曼地亚红豆杉药材中的紫杉醇含量测定法如下。

色谱条件与系统适用性试验：

色谱柱：C18 色谱柱（250mm×4.6mm，5μm）；柱温：30℃；流动相：甲醇-乙腈-水（34：32：34）；流速：1.0mL/min；检测波长：227nm；理论塔板数按紫杉醇色谱峰计算，不低于 3000，紫杉醇色谱峰与相邻色谱峰的分离度大于 1.5，拖尾因子为 0.95～1.05。

对照品溶液的制备：取紫杉醇对照品适量，精密称定，用甲醇配成 14mg/L 的对照品溶液，进样 10μL。

供试品溶液的制备：取曼地亚红豆杉鲜枝叶于 50℃烘箱中烘干 24h，取出粉碎，过筛，取粉末 1g，精密称定，加乙醇 100mL，浸泡 30min，超声波处理 1h，取出，放冷，过滤，用乙醇清洗残渣 2 次，每次 20mL，合并乙醇液，旋转蒸发至近干，残渣加 50%乙醇 10mL 使溶解，置于已处置好的 D101 型大孔吸附树脂柱上（柱长 20cm），用 50%乙醇洗脱至洗脱液无色，再用 80%乙醇 100mL 洗脱，收集洗脱液，洗脱液旋转蒸发至无醇味，将剩余的少量液体转移至 25mL 容量瓶中，用甲醇洗涤容器，甲醇液并入 25mL 容量瓶中，用甲醇定容至刻度，摇匀，滤过，取续滤液作为供试品溶液。

测定法：分别精密吸取对照品溶液与供试品溶液各 10μL，注入液相色谱仪，测定，计算，即得。本品按干燥品计算，含紫杉醇（$C_{47}H_{51}NO_{14}$）不得小于 0.02%。

二、药材质量标准提升研究与企业内控质量标准制定（略）

三、药材留样观察与质量监控（略）

【药材生产发展现状与市场前景展望】

一、生产发展现状与主要存在问题

天然红豆杉资源已被我国列为珍稀濒危物种加以保护，不能砍伐利用，发展人工种植是利用该资源的唯一途径，又是保护天然红豆杉资源的良好措施。作为原料药，曼地亚红豆杉是发展种植的首选品种。贵州省研究、种植曼地亚红豆杉的历史很短，但发展迅速。2006 年，贵阳药用植物园率先在贵阳开展 "红豆杉种质资源库的建立及曼地亚红豆杉的种植示范研究"，2008 年形成红豆杉种质资源保护及曼地亚红豆杉种源和种植示范基地，并取得较好示范效果，从此带动了曼地亚红豆杉等种植。据贵州省扶贫办《贵州省中药材产业发展报告》统计，2014 年，全省红豆杉种植面积达 6.41 万亩；总产量达 3000.00 吨；总产值达 632.00 万元。其主要在贵阳市、安顺市、六盘水市，以及遵义市的凤冈和余庆、铜仁市的思南和石阡、黔南州的贵定和惠水和黔东南州的施秉等地种植。其中，对于曼地亚红豆杉引种栽培与种繁研究，并获成效的有贵阳市药用植物园；面积最大的是铜仁市思南县曼地亚红豆杉规范化种植基地，有 2000 余亩，是由贵州省思南曼地亚红豆杉科技开发有限公司牵头建立。该公司计划以思南县为中心，采取公司+基地+农户（合作社）的管理运作模式进行种植。另据贵州卫视、六盘水日报、贵州都市报报道，六盘水市大力发展红豆杉，已获 "中国红豆杉之乡" 称号，已将红豆杉列入该市农业 "十大产业" 之一，拟种植 15 万亩。

贵州省发展红豆杉种植已取得了初步成效，但在规模化生产基地建设、生产技术规范、质量标准、紫杉醇提取精制技术及其综合开发利用等方面还须深入研究与实践，还需政府部门大力宣传和引导，同时给予政策和资金的大力支持，特别要重视具有发展前景的曼地亚红豆杉。另外，为了更好地让红豆杉为人类造福，贵州省还需强化红豆杉现有天然资源的保护，通过研究红豆杉种群动态、生物学和生态学特征、生长环境、繁殖特性及与其他生物群落间的关系，以此来积极保护和促进红豆杉天然资源的增长。

二、市场需求与前景展望

目前，红豆杉在中医方剂配方上极少用，但在中药工业上是世界各国提取治疗肿瘤等疾病的重要原料。现代研究表明，红豆杉含有的化学成分复杂多样，主要有紫杉烷类、黄酮类、木脂素类、甾体类、酚酸类、倍半萜及糖苷类化合物等。现代药理学研究表明，红豆杉不但具有广泛的抗肿瘤作用，还具有抗炎、抗菌、保肝、止痛、抗惊厥、降血糖、抗氧化、抗应变性、退热等作用。紫杉醇是红豆杉主要的抗肿瘤成分，其他紫杉烷类化合物也具有抗肿瘤活性。巴卡亭为红豆杉抗炎作用的主要成分，可明显减轻肺泡炎症和肺纤维化，还具有一定的抗肿瘤活性；西藏红豆杉甲醇提取物具有显著的镇痛、抗惊厥和退热作用；从云南红豆杉心木的水溶性成分提物中分离得到一种木脂素异紫杉脂素，能明显促进骨再生，抑制骨质吸收，具有抗骨质疏松作用；从东北红豆杉心木和根中分离得到多酚类成分，具有很强的抗氧化和自由基清除作用，且毒性低，没有副作用；从东北红豆杉嫩枝的甲醇提取物中分离出来两种双黄酮，能明显抑制肝癌细胞的磷酸酶再生，具有保肝作用；西藏红豆杉的醇提物具有抗真菌和抗细菌感染作用，对胃肠炎和皮肤病作用很强；红豆杉中的红杉醇具有显著的抗糖尿病活性，而且无毒，具有良好的研发、应用前景。临床上主要利用红豆杉中的紫杉醇治疗各种癌症（如卵巢癌、乳腺癌、宫颈癌、肺癌、中枢神经系统癌、黑色素瘤、肝癌）白血病、糖尿病等。目前，紫杉醇已成为是继阿霉素和顺铂后国际市场上最热门、销售额最大的新型天然植物抗癌药物。紫杉醇粗品在国际市场上卖价为 2 万～4 万美元/kg，而可供注射剂使用的则高达 26 万美元/kg 以上。

红豆杉原料药的市场需求极大。据世界卫生组织（WHO）不完全统计，全世界每年患癌症死亡约 700 万人，如此推算每年癌症患者不下 2000 万人。根据 1994 年美国 BMS 公司进入我国市场的药物紫杉醇（商品名"泰素浓缩注射液"）的治疗用量为每个患者 60～70 支（每支含紫杉醇 30mg），即每个患者需 1.8～2.1g，每年 2000 万患者，则每年需紫杉醇 4 万 kg 左右，红豆杉中紫杉醇有效提取率按 0.02%计算，每年需红豆杉干药材 2 亿 kg，按 30%的折干率计，需红豆杉鲜药材 6 亿 kg 左右。另外，紫杉醇产品还可用于治疗肺结核病人，药效比"利福平"提高十多倍，而全球肺结核病人有 1.3 亿。

红豆杉有"黄金树"的美称，有较好的种植效益与扶贫效益。从种植曼地亚红豆杉来看，从栽种的第三年起，枝叶中的紫杉醇含量即达到药用提炼标准，从第五年起即可开始大规模采集枝叶，每株平均可采鲜枝叶 1.0kg 以上，按 2000 株/亩计，每年可采鲜枝叶 2000kg/亩以上，按 5 元/kg 计，年产值达 1 万元/亩以上。

红豆杉在改善生态环境方面的前景不可估量。红豆杉属于 CAM 类植物，能有效地吸收苯、甲苯、二氧化碳、一氧化碳、尼古丁和二氧化硫等有毒物质，净化空气。红豆杉根系较发达，四季常青，适应能力强，能有效保持水土、涵养水源、降低空气浮尘，减轻沙尘暴的为害，是生态环境改善建设工程的首选树种之一。另外，红豆杉木材致密坚韧，纹理均匀，韧性强，富弹性，具光泽和香气，防腐性佳，不反翘或开裂，是高级家具和雕刻的用材。

总之，红豆杉用途广泛，既是医药工业的重要原料，又是效益可观的经济林木，还是优良的生态林木，开发前景极为广阔，只要科学规划，采取规范化种植，采、育结合等有效措施，红豆杉开发的经济效益、社会效益和生态效益将异常显著。

主要参考文献

鲍思伟，谈锋. 2009. 不同光强对曼地亚红豆杉生长及生理代谢的影响[J]. 江西林业科技，（1）：11-13.

陈发军. 2013. 果尔除草剂对曼地亚红豆杉苗期杂草的防除试验研究[J]. 现代农业科技，（6）：117.

符德欢，李学芳，赵彩肖，等. 2011. 三种栽培红豆杉的生药学研究[J]. 云南中医学院学报，34（4）：39-43.

《贵州植物志》编委会. 1982. 贵州植物志（第 1 卷）[M]. 贵阳：贵州人民出版社，33-34.

侯元凯，李世东. 2001. 新世纪最有开发价值的树种[M]. 北京：中国环境科学出版社，193-194.

李良松，冯仲科，刘德庆. 2011. 红豆杉名实与功用通考[J]. 中国中药杂志，36（12）：1683-1684.

梁勇智. 2013. 思南县曼地亚红豆杉扦插育苗及栽培技术[J]. 内蒙古林业调查设计，36（1）：77-78.

肖培根. 2002. 新编中药志（第三卷）[M]. 北京：化工出版社，719.

徐არ峰奎. 2011. 国内外紫杉醇原料药生产现状及前景分析[J]. 中国制药信息，27（1）：38-40.

叶家义，秦丽萍，陈江平. 2010. 不同整地方式对曼地亚红豆杉栽培效果的影响[J]. 安徽农学通报，16（19）：146-147.

张学玉，曲玮，梁敬钰. 2011. 红豆杉属植物化学成分及药理作用研究进展[J]. 海峡药学，23（6）：5-8.

张宗勤，刘志明. 2010. 红豆杉[M]. 陕西：西北农林科技大学出版社，77-78.

张佐玉，张喜. 1999. 贵州红豆杉药用原料林区划[J]. 中草药，30（12）：933-936.

赵昌琼，芦站根，庞永珍，等. 2003. 土壤水分胁迫对曼地亚红豆杉光合特性的影响[J]. 西南师范大学学报：自然科学版，28（1）：127-129.

中国科学院《中国植物志》编辑委员会. 1978. 中国植物志（第七卷）[M]. 北京：科学出版社，438-443.

周雪梅，韩晓妮，于金杭，等. 2009. HPLC 法测定曼地亚红豆杉中紫杉醇的含量[J]. 亚太传统医药，5（4）：30-31.

（孙长生）

2　杜　仲

Duzhong

EUCOMMIAE CORTEX

【概述】

杜仲原植物为杜仲科植物杜仲 *Eucommia ulmoides* Oliver。别名：思仙、思仲、木棉、檰绵、石思仙等。传统以干燥树皮入药，现在杜仲叶、花和果实均入药用。杜仲药材《中国药典》历版均予收载，《中国药典》（2010 年版一部）将杜仲树皮和杜仲叶单列，分别命名为"杜仲"和"杜仲叶"。《中国药典》（2015 年版一部）仍将杜仲和杜仲叶单列；称杜仲，味甘，性温，归肝、肾经，具有补肝肾、强筋骨、安胎功能，用于肝肾不足、腰膝酸痛、筋骨无力、头晕目眩、妊娠漏血、胎动不安，杜仲叶，味微辛、性温，归肝、肾经，具有补肝肾、强筋骨功能，用于治疗肝肾不足、头晕目眩、腰膝酸痛、筋骨萎软。本文以杜仲为重点予以介绍。

　　杜仲又是常用苗药，苗药名："Det dens"（近似汉音译："都顿"），味甜，性热，入冷经。具有补肝肾、强筋骨功能。主治腰痛、头晕、胎动不安（《中华本草·苗药卷》）。苗族等民族民间常将杜仲用于治疗头晕目眩（以杜仲伍用芭蕉根，煨水服）、虚劳腰痛（以杜仲研末，蒸羊肾服）、胎动不安（以杜仲伍用黄芩、艾叶、花粉、川芎，煨水服）等疾病等。

　　杜仲乃我国特产，药用历史悠久，始载于《神农本草经》，被列为上品，云："一名思仙。味辛，平，无毒。治腰脊痛，补中，益精气，坚筋骨，强志，除阴下痒湿，小便余沥。久服轻身，耐老。生山谷。"其后，历代本草均予收载。如魏晋《名医别录》亦将杜仲列为上品，在《神农本草经》的基础上增补了新功用："主治脚中酸疼痛，不欲践地。"特别是第一次明确指出其药用部位为树皮，并记述了杜仲的主要产地、采集时间与加工方法："生上虞及上党、汉中。二月、五月、九月采皮，阴干。"宋代《本草图经》载曰："杜仲，生上虞山谷及上党、汉中。今出商州、成州、峡州近处大山中亦有之。木高数丈，叶似辛夷，亦类柘；其皮类厚朴，折之内有白丝相连。二月、五月、六月、九月采皮用。江南人谓之檰。初生叶嫩时，采食，主风毒脚气，及久积风冷、肠痔、下血。亦宜干末作汤，谓之檰芽。花、实苦涩，亦堪入药。木作屐，亦主益脚。《箧中方》主腰痛补肾汤，杜仲一大斤，五味子半大升，二物细切，分十四剂，每夜取一剂，以水一大升，浸至五更，煎三分减一，滤取汁；以羊肾三、四枚，切，下之，再煮三、五沸，如作羹法，空腹顿服。用盐酢和之，亦得，此亦见崔元亮《海上方》，但崔方不用五味子耳。"明代《本草纲目》在考证了杜仲名称的由来："昔有杜仲，服此得道，因以名之"后，对杜仲的生境产地、形态特征、药用价值等的认识则更深入，其对杜仲的著述更全面而具体地反映了当时的认知与实际。还进一步阐明其药用机理："杜仲古方只知滋肾，惟王好古言是肝经气分药，润肝燥，补肝虚，发昔人所未发也。盖肝主筋，肾生骨。肾充则骨强，肝充则筋健。屈伸利用，皆属于筋。杜仲色紫而润，味甘微辛，其气温平。甘温能补，微辛能润。故能入肝而补肾，子能令母实也。"在"附方"项下，列举杜仲所治疾病如肾虚腰痛、风冷伤肾、病后虚汗、频惯堕胎、产后诸疾等，并在各种疾病症下列出含杜仲的药方与其应用等。如风冷伤肾："腰背虚痛。用杜仲一斤切炒，酒二升，渍十日，日服三合。此陶隐居得效方也。三因方，为末，每日以温酒服二钱"等。1937 年，我国树木分类学家陈嵘在《中国树木分类学》中对杜仲形态特征、生产情况作了较详细的记述："……中国特产，但野生者，均因用其皮供药用，多滥行剥皮而尽行枯毙，故今除栽培外，未见之也"。由于杜仲主要以皮部供药用，野生资源多被滥行砍伐剥皮而已枯竭，其栽培以产于贵州、四川、河南、湖北与陕西等者最为驰名。杜仲是中国中医传统常用名药，贵州省杜仲质优量大，贵州杜仲是举世闻名的大宗常用地道药材。

【形态特征】

杜仲为落叶乔木，高可达 20m，胸径约 50cm，枝条斜上；冬芽卵形，外被深褐色鳞片，全株各部分折断后均显白色胶状丝。树皮幼年呈青灰色，不开裂，皮孔显著，成年后皮孔消失，开始发生裂纹，老年树皮变成褐棕色。无顶芽，单叶互生，椭圆形、卵形或矩圆形，薄革质，长 6～18cm，宽 3～7.5cm；先端渐尖，基部宽楔形或近圆形，边缘具锯齿；上面暗绿色，初时有褐色柔毛，之后秃净，老叶微皱，下面淡绿，初时有褐毛，之后仅沿叶脉疏生柔毛；侧脉 6～9 对，网脉在上面下陷，在下面稍突起；叶柄长 1～2cm，上面有槽，被散生长毛，无托叶。花单性，雌雄异株，生于当年小枝基部，无花被，先于叶开放或与叶同时开放；雄花簇生，花梗长约 3mm；苞片倒卵状匙形，长 6～8mm，顶端圆形，边缘有睫毛，早落；雄蕊 5～10 个，长约 1cm，无毛，花丝长约 1mm，药隔突出，花粉囊细长，无退化雌蕊。雌花单生或簇生，苞片倒卵形，花梗长约 8mm，子房上位，无毛，有短柄，1 室，扁而长，由 2 心皮合成，胚珠 2 枚，无花柱，柱头 2 裂，向下反曲。翅果扁平，长椭圆形，长 3～4cm，宽 1～1.5cm，先端 2 裂，基部楔形，周围具薄翅；坚果位于中央，稍突起，子房柄长 2～3mm，与果柄相接处有关节。种子 1 粒，少有 2 粒，扁平，线性，长 1.4～1.5cm，宽 3mm 左右，两端圆形，胚乳丰富。花期 3～5 月，果期 9～11 月。杜仲植物形态见图 2-1。

(1. 果枝；2. 雄花；3. 雌花；4. 种子；5. 树皮)

图 2-1　杜仲植物形态图

（墨线图引自中国中药资源丛书编委会，《中国常用中药材》，科学出版社，1995）

【生物学特性】

一、生长发育习性

（一）营养生长习性

杜仲为多年生深根性落叶乔木，具有明显的垂直根（主根）和庞大的侧根、支根、须根。主根发达，长可达 1.35m；侧根、支根分布范围可达 9m²，主要分布在土壤表层 5～30cm。

一年生幼苗的苗木形态、发育特点及生长速度随着环境条件的变化而有所不同。1 年和 2 年生苗以 7～8 月份生长最快；3 年生幼树以 4 月份为树高生长高峰期，5～7 月份为树径增长高峰期。杜仲树生长初期较慢，在树龄达 10～20 年时生长迅速，年均生长 0.4～0.5m；20～35 年树高生长速度下降，年增长约 0.3m；35～40 年，年平均增长仅达 0.1m。树的胸径的速生期为 15～25 年，年平均增长 0.8cm；25 年后逐渐下降；到 40 年时，年增长 0.5cm；至 50 年仅 0.2cm。贵州遵义林场 21 年生人工林的树高和胸径的增长高峰期均较天然林早 4～6 年。树皮的厚度与重量均随树龄的增长而增加，其生长规律与树干生长一致，即缓慢—迅速—缓慢。据树干解剖分析，25 年生为胸径生长高峰期，树皮厚度为 1cm。树皮产量除随树龄变化而异外，还受环境条件的影响。杜仲树皮过去常采用伐树剥皮法获取，1975 年以后改用活树剥皮。剥皮后 3 年新树皮即可恢复生长至正常厚度。

杜仲具有极强的萌芽力。将一小段根插埋入土壤中，或树干、根际、枝干受到创伤（如采伐、截干、机械损伤等）时，可迅速产生不定芽或休眠芽立即萌动长成萌发条。萌生幼树生长迅速。据在贵州遵义调查，一株 25 年龄杜仲树，冬季砍伐后，由伐桩上萌发出的一株 4 年生萌发幼树的树高和胸径，超过同一立地条件下 12 年生的实生树的树高和胸径。

杜仲具有环状剥皮再生性。树皮是林木养分输供的基本通道，树皮损伤将严重影响林木生长，甚至造成死亡。但经对杜仲树皮再生能力与生长动态相关性等方面的研究，结果表明，杜仲具有极强的树皮再生能力，小至 1～2 年生的幼树，大到 100 年生以上的老树，大面积剥皮后都能迅速愈合再生新皮。主干以下可以全部环剥，剥皮长度可达 5.2m，环剥后剥面愈合率高达 100%，并且环剥部位的树皮再生生长迅速，3 年左右即可恢复生长达到原皮厚度，而且几乎不影响树木的生长发育，这也是杜仲独具的一种生物学特性。这一特性的发现与利用，大大地缩短了杜仲的生长利用周期，为杜仲资源的保护及持续利用提供了良好条件。

（二）开花结果习性

杜仲为风媒花，雌雄异株，一般定植 10 年左右才能开花。雄株花芽萌动早于雌株，雄花先于叶开放，花期较长，雌花与叶同放，花期较短，各地气候条件不一，杜仲花期因产地不同而有差异。以贵阳市的杜仲为例，雄株花芽在 2 月底开始萌动，雌株花芽在 3 月底萌动，于 4 月初与叶同放，8～11 月果实成熟（图 2-2）。

雄花枝　　　雌花枝　　　果实

图 2-2　杜仲植株及其开花结果

二、生态环境要求

杜仲是生长适应性强的喜光性植物，对光照要求较严，耐阴性差，光照时间和光照强度对杜仲生长发育影响显著。杜仲产区横跨中亚热带和北亚热带，生长于山麓、山体中下部和山冲、缓坡地等土层深厚肥沃、湿润、排水性良好的向阳坡地。最佳生长海拔为 300～1500m。杜仲生长环境的有关具体要求如下。

温湿度：年平均气温 11.7～17.1℃，1 月平均气温 0.2～5.5℃，7 月均温 19.9～28.9℃，最高气温 33.5～43.6℃，最低气温–41～–19.1℃。成年树更能耐严寒，在新引种地区能耐受–22.8℃低温，根部能耐受–33.7℃低温，其幼芽易遭受早霜或晚霜危害。如果引种到南亚热带地区，冬季气温较高，缺乏冬季休眠所需的低温条件，则生长发育不良。

光照：喜光，对光照要求较严，耐阴性差。光照时间越长，生长速度越快。就同龄树而言，散生木生长速度大于林缘木及林内木的生长速度。

土壤：在酸性土壤（红壤、黄壤）、中性土壤、微碱性土壤及钙质土壤均能生长，对土壤的适应性强。但在过于贫瘠、薄弱、干燥、酸性过强的土层中栽培时，常会出现顶芽、主梢枯萎，叶片凋落，生长停滞，甚至全株枯黄等病态。所以，应选择土层深厚，肥沃，湿润，排水性良好，阳光充足，pH5.0～7.5 的土壤。

水分：喜湿润，降水量在 1000mm 左右为宜；但忌涝害和田间积水。幼苗期最怕高温和干旱。

【资源分布与适宜区分析】

一、资源调查与分布

据有关文献记载，杜仲是非常古老的树种，为地质史上残留下来的子遗植物。在新近纪以前，杜仲科植物曾广泛分布于欧亚大陆。在地球第四纪（距今200多万年以前）冰川侵袭时，欧亚及北美大陆的众多杜仲科植物相继灭绝，只有我国由于复杂地形对冰川的阻挡，成为世界上杜仲的主要幸存地。因此，人们把我国的杜仲称之为"活化石植物"，列为国家二级保护植物。

经调查，杜仲的地理分布位置在北纬22°～42°，东经100°～121°，东至浙江天目山、安徽黄山、江苏江浦、辽宁大连等地，西到云南云岭、点苍山，南至福建武夷山、广西大苗山、云南西畴等地，北至秦岭以南、山西中条山、河南伏牛山、湖北燕山、辽宁辽阳等地，包括了16个省，260多个县（市）。在自然分布区内杜仲，垂直分布范围在海拔200～2500m，总的分布由东向西逐渐升高，如滇东北可达2500m，中心产区多在200～1300m。

杜仲在我国已有1000多年的栽培历史，并于18世纪末传入欧洲。根据杜仲栽培的发展和分布状况，将其划分为引种区、边缘区、主要栽培区和中心栽培区。引种区包括云南大理、丽江等地，将杜仲栽培向西扩展了两个经度；边缘区紧邻主要栽培区，气候、土壤条件相似，发展杜仲栽培潜力大，主要包括江西、广东、福建等的部分地区；主要栽培区的界线是北纬26°05′～33°30′，东经104°30′～115°50′，包括贵州、湖南的全部，湖北西、南部，四川东、北部，陕西西南部，云南东北部，河南西北部；中心栽培区的界线是北纬27°25′～32°30′，东经105°47′～111°33′，地处湘、黔、川、鄂四省交会的武陵山区。

二、贵州资源分布与适宜区分析

（一）资源分布

杜仲在贵州全省均广泛分布。主要集中于遵义市、毕节市、安顺市、六盘水市、黔南州和黔西南州等地。遵义市被国家林业局命名为"中国杜仲之乡"。贵州杜仲主产区为遵义、湄潭、赤水、正安、绥阳、习水、仁怀、黔西、毕节、金沙、大方、沿河、印江、贵定、务川、水城、瓮安、纳雍、紫云、长顺、关岭、平塘、罗甸、荔波、普安、丹寨、剑河、惠水、开阳、榕江、镇远等。

从贵州杜仲分布地区的气候条件看，包括西北高寒区（平均海拔在1500m以上，如威宁年平均温度11.9℃，绝对最低温度–11.3℃，年平均降水量959.4mm）和北部高温区（赤水）、东部山谷地区（德江、松桃）、东部低地地区（黎平）以及中部丘陵区（遵义、贵阳等）。其中以中部丘陵区分布最广，数量最多，该地区平均海拔为1000～1300m。

（二）适宜区分析

杜仲生产最适宜区为：黔北山原山地的遵义、正安、湄潭、绥阳等地；黔西北山原山地的赫章、大方等地；黔西山原山地的盘州，以及黔南地区的罗甸。以上各地不但具有杜仲在整个生长发育过程中所需的自然条件，而且当地党政重视，广大群众有杜仲栽培及加工技术的丰富经验，所以在该区所收购的杜仲质量较好、产量较大。

除上述杜仲最适宜区外，贵州省内其他凡符合杜仲生长习性与生态环境要求的区域均为其生产适宜区。

【生产基地合理选择与基地环境质量检（监）测评价】

一、生产基地合理选择与基地条件

按照杜仲产地适宜性优化原则及其生态环境要求,选择其最适宜区或适宜区并具有良好社会经济条件的地区建立规范化生产基地。例如，现已在贵州省遵义市遵义县巷口镇、虾子镇、湄潭县鱼泉镇等地选建了杜仲规范化种植基地，并开展杜仲种质资源保护抚育、良种繁育与规范化种植关键技术研究及示范工作（图 2-3、图 2-4、图 2-5）。如遵义巷口镇杜仲规范化基地离遵义城市中心 12km，基地海拔 830～1100m，无霜期 280 天，年均气温 14～15.2℃，1 月平均气温 4～6℃，7 月平均气温 24～26℃，年降水量 1097mm，年日照时数 1154.4h，≥10℃积温 4500～5000℃。基地交通便利，土壤微酸性，是以紫色页岩、砂页岩为主发育的土壤，土层厚度 40cm 以上，pH5～7.5，肥力中上。基地水源主要为大气降水、水库取水及地下水，无有毒有害杂质，周围 10km 无工矿企业。地带性植被为常绿落叶阔叶混交林，上层乔木有红豆杉、枫香和杉木等；第二层有杜仲、青冈和板栗等；第三层有棕榈和槐树等；灌木层有华瓜木、野蔷薇、光叶海桐、菝葜、菝莲属、铁仔属和悬铃子属等；草本地被植物层有黄精、天门冬、狗脊和萨氏铁角蕨等；间层植物有常青藤、野葡萄和青藤等。

图 2-3　贵州遵义巷口镇杜仲规范化种植基地

图 2-4　贵州遵义虾子镇杜仲规范化种植基地

图 2-5　贵州湄潭鱼泉镇杜仲规范化种植基地

二、基地环境质量检（监）测与评价（略）

【种植关键技术研究与推广应用】

一、种质资源保护抚育

据 1984～1994 年全国中药资源普查，现存次生天然杜仲混交林、半野生状态的散生杜仲林已为数不多，仅有秦巴山地、鄂西北山地、豫西山地等地尚有杜仲自然分布区。全国野生蕴藏量约 60 万 kg，以河南、湖北为多。人工杜仲林主要分布于陕西、湖北、贵州、四川（含今重庆市，下同）、湖南、云南、广西、河南、安徽、浙江、福建、广东及甘肃等省区，其中以陕西南部、湖北西部及西南部、贵州大部、四川大部、湖南西部、河南西南部、云南东北部和广西北部为我国杜仲的集中产区；安徽西南部、湖北东部、江苏西南部等地也有杜仲成片分布。

杜仲种质资源具有丰富的多样性，例如表现在树皮光滑程度、果实大小不同等方面。因长期适应环境及自然杂交原因，形成不同的变异类型，如遵义分布的杜仲至少有 3 种类型：粗皮型杜仲、光皮型杜仲和浅裂型杜仲。粗皮型杜仲（青冈皮型）表层栓皮由下至上发生深度纵裂的类型；光皮型杜仲（白杨皮型）表层栓皮不开裂，呈光滑灰白色的类型；浅裂型杜仲（中间类型）介于粗皮型和光皮型之间，主干表层栓皮开裂较浅的类型。在同一林中，可发现粗糙如青冈皮，光滑如白杨皮。

杜仲果实有大有小，千粒重 42～130g，种子为 0.7 万～2 万粒/kg。对杜仲种质资源，特别是野生杜仲种质资源，应切实加强保护与抚育，以求持续利用。

二、良种繁育关键技术

杜仲的繁殖方法可用有性繁殖（如苗床育苗、温床及温室育苗与芽苗移栽等）、无性繁殖（如扦插、埋根、压条、嫁接繁殖等）及组织培养。多年来的实践证明，选用壮苗造林，不但成活率高，生长快，而且对不良环境因子的抵抗力强，下面重点介绍苗床育苗。

（一）种子采集、鉴定与贮藏

1. 种子采集

杜仲种子的采集有比较强的季节性，一般在 10 月下旬至 11 月，种子完全成熟时采集。不同地区种子的成熟期不完全一致，如在温暖的贵州、湖南等地，一般是霜降以后，树叶大部分脱落时种子成熟。采样林分应为成熟林，保证种子正常发育。为保证种子起源的一致性，应混合采种，避免从孤立木上采种。杜仲种子采集后，应放置于阴凉通风处，薄薄地铺成一层让其自然阴干；忌用火烘或烈日曝晒干燥，以免种子骤然失去大量水分而影响生活力，降低发芽率。干燥种子的含水量为 10%～14%。

2. 种子贮藏

杜仲种子阴干后，经过净种（筛除碎土、树叶、碎枝等混杂物），即可装入麻袋或篾篓贮藏于阴凉通风处（切忌温度高于 20℃ 或直接置于日光下）。储存环境 0～15℃，相对湿度 50%～70%。储存期间要经常检查、翻动，预防种子回潮、变质，并宜单包摆开，不能堆积太厚，防止发热。

北方引种区尚采用室外混沙层积贮藏法：选择排水好的地方挖一浅沟，宽 1m，深 40～50cm，沟底铺沙，然后将杜仲种子与沙子相层积，但注意种子不可过密，沙子以半潮湿为好，不必另行浇水，层积至离地面 10～15cm 为止，上盖薄草，最后覆土与地面相平即可。

（二）种子品质检定与种子质量标准制订

1. 种子品质鉴定

应按照有关种子品质鉴定规范，如外观鉴定、净度、发芽试验等进行种子品质鉴定。其关系到播种质量，即指种子播种后与田间出苗有关的质量，可用"净、壮、饱、健、干、强"六个字来概括。

"净"，是指种子清洁干净的程度，以净度表示。种子净度高，表明种子中杂质（无生命杂质及其他作物和杂草种子）含量少，可利用的种子数量多。净度是计算种子用价的指标之一。"壮"，是指种子发芽出苗齐壮的程度，以发芽力、生活力表示。发芽力、生活力高的种子发芽出苗整齐，幼苗健壮，同时可适当减少单位面积的播种量。"饱"，是指种子充实饱满的程度，可用克/千粒重（和容量）表示。种子结实饱满表明种子中储藏物质丰富，有利于种子发芽和幼苗生长。种子粒重也是种子活力指标之一。"健"，是指种子健全完善的程度，通常用病虫感染率表示。种子病虫害直接影响其发芽率和田间出苗率，并影响作物的生长发育和产量。"干"，是指种子干燥耐藏的程度，以种子水分百分率表示。种子水分低，有利于种子安全储藏和保持种子的发芽力和活力。因此，种子水分与种子质量密切相关。"强"，是指种子强健，抗逆性强，增产潜力大，通常用种子活力表示。活力强的种子，可早播，出苗迅速整齐，成苗率高，增产潜力大，产品质量优，经济效益高。具体检测时，应按 GB/T 3543 农作物种子检测方法执行。例如：

（1）扦样：按 GB/T 3543.2 农作物种子检测方法执行。种子批样的最大重量为 50kg，分装 10 袋，5kg/袋。用单管扦样器每袋都扦样，抽取送验样品 50g，混合均匀，按检验项目要求分样。

（2）净度：按 GB/T 3543.3 农作物种子检测方法执行。净度分析试样 10g。

（3）千/百粒重测定：按 GB/T 3543.7 农作物种子检验规程其他项目检验重量测定进行测定。随机数取 1000 粒或 100 粒种子，测定其 1000 粒或 100 粒种子重量。

（4）发芽试验：按 GB/T 3543.4 农作物种子检测方法执行。从混合均匀的净种子中数取 150 粒种子，以 50 粒为一个重复，重复 3 次。分别将种子放于培养皿内用河沙覆盖，置室温条件保湿沙贮，保持河沙湿润，翌年 2 月，观察记数种子发芽数。

（5）纯度鉴定：按 GB/T 3543.5 农作物种子检测方法执行。

杜仲种子外观鉴定指杜仲的果实应为不开裂翅果，果顶浅 2 裂，为近椭圆形，一般含 1 枚种子，个别有 2 枚种子。晾晒后果实光亮，呈黄棕色、黄褐色至栗褐色；种仁饱满，呈米黄色、棕黄色至棕色；子叶乳白色，胚乳米黄色或棕黄色。

杜仲单株之间的果实大小差别较大，杜仲种子千粒重应为 42～130g（0.7 万～2 万粒/kg），杜仲多数种子千粒重在 80g 左右，约 1.3 万粒/kg。

杜仲种子具有胚生理休眠的特性，属浅休眠类，其沙层积贮过程，是杜仲种子完成胚后熟的必备条件。

2. 种子质量鉴别

杜仲种子优劣的主要特征，见表 2-1。

表 2-1　杜仲优劣种子主要鉴别特征

种子类别	主要外观鉴别特征
成熟新种	果皮黄褐色至栗褐色，有光泽。果实饱满新鲜，种仁棕黄色或黄色，种仁饱满均匀，子叶乳白色，胚乳黄或棕黄色
早采种	果皮青绿色、青褐色或青黄色，缺乏光泽，种仁不饱满，子叶乳白色，但与胚乳界限不清晰
隔年种	果翅易碎，果皮褐色，无光泽，种仁干皱，胚乳浅黑色至黑色
剥皮树种子	果实薄，有皱纹，种仁扁平，部分种仁呈黑色或局部黑色
发霉种	闻着有霉味，果皮黑，褐色，少光亮，种仁部分霉变，呈黑色或黑褐色

3. 种子标准制定

根据各地实践和杜仲树种特点，将杜仲种子质量分为三个等级，见表2-2。

表2-2　杜仲种子等级标准表（试行）

项目	一级	二级	三级
净度/%	98	98	98
发芽率/%	>85	75～85	65～75

（三）种子处理

1. 选种

杜仲种子生命力短，一般只能保存半年，隔年种子不能发芽。秋播和冬播应选择当年采集的种子，春播应选上一年秋天所采集的种子。

2. 种子消毒

采用0.1%～0.2%高锰酸钾或0.5%石灰水浸泡消毒，时间1～2h，处理后清水洗净。石灰水处理破坏种壳，有利于种子吸水发芽。

3. 浸种催芽

消毒漂洗后，用30～45℃温水浸种2～3天，每天换水一次，待充分吸胀即可播种。

4. 种子处理

于播种前一个月左右进行。将消毒洗净种子，按1∶10比例混合湿沙，30～50cm厚层摊放于凉爽干燥通风处，再覆盖草或麻片保湿，经常翻动洒水，防止发霉和保持湿润。杜仲种子和种子发芽，见图2-6。

图2-6　杜仲种子和种子发芽

（四）苗圃选择与苗床准备

1. 苗圃选择

选择质地疏松、通气性好、不板结、湿润、肥沃的砂质壤土、轻壤土，酸碱度在pH 5.5～

7.5 为宜。应尽量选择坡度不超过 10°、地势平坦、光照充足、供水排水良好的地带。前茬作物以玉米、谷类、小麦、大豆或水稻为宜。大面积育苗应配套开挖步道、排水沟渠及蓄水蓄粪池，做好场圃规划，然后深耕整地，土壤消毒，施肥作床。

2. 整地

播种前半个月进行细致整地，整地前每亩施腐熟厩肥等有机肥 2000～3000kg、复合肥或磷酸二铵 30kg 作底肥。做床规格宽 1～1.2m、高度 30cm 左右，多雨地区和低洼地要适当增高筑高床，干旱地区则适宜做成低床。

3. 苗床消毒

若有地下害虫的，可用 50%辛硫磷颗粒剂每亩 2.5kg 处理土壤；或用生石灰 75kg 加硫酸铜配成波尔多液消毒杀虫（如地老虎等）。

（五）播种育苗与苗期管理

1. 播种育苗

一般以春播为主，多采用宽幅条播法。在 2～3 月将已处理好的种子按播幅 10cm 左右、25～30cm 的行距条播，开沟深 3～5cm。播种后，覆盖 1～2cm 的疏松肥沃的细土，浇透水后盖一层稻草或盖膜增温保湿。播种量掌握每 20cm 距离播 5～7 粒，每亩用种量 4～5.5kg。

2. 苗期管理

从种子播入圃畦开始到形成一株成苗，其苗木形态、发育特点和生长速度等均会随着气温、水分、日照等的变化表现出一定的规律性。为促进苗木健壮生长，其苗期应注意加强如下管理工作。

（1）幼苗出土前管理：春季播种后，如天气晴朗，温度适宜，7 天后即开始出苗。杜仲最适的发芽温度为 18～26℃，30℃仍可萌发，温度过高易造成胚休眠。苗床盖草的苗圃，幼苗出土后于阴天或晴天下午 4:00 后揭去盖草。盖膜的苗圃，要认真观察苗木出土情况，及时破膜，拱棚气温不高于 35℃，温度过高就打开拱棚两端及时通风，防止灼伤幼苗。多雨季节要清理好排水沟，及时排除积水，防止土壤过湿，影响幼苗生长。

（2）间苗及中耕除草：幼苗出土生长 3～5 片真叶时，应及时间苗，按 6.6～8.5cm 株距匀密补稀，去弱留壮。当苗高 3～4cm 时，则应及时中耕除草。中耕 3～4 次并且本着"除早、除小、除了"的原则，做到随生随除，保持苗圃无杂草和土壤疏松，保持幼苗旺盛生长。

（3）追肥：当幼苗出现 2～4 片真叶时，即可施用第一次追肥，以人粪尿为主，配合追施尿素，进入秋季宜施一次磷钾肥，以促进苗梢木质化。每亩用尿素 1～1.5kg，兑水 200kg 施于沟间。可每 20 天左右追肥一次，每亩每次施用肥量随着苗高粗的增长可由 2kg 增长到 10kg 左右，并同时施过磷酸钙、氯化钾或硫酸钾适量。

（4）灌溉：杜仲幼苗组织幼嫩，根系发育尚不发达，不耐干旱。在苗出齐后将盖草移到行间，并保持土壤湿润。多雨季节要清理好排水沟，及时排除积水，以免土壤过湿，影响幼苗生长。干旱季节需及时掌握旱情浇水抗旱。实践证明，排水不良的苗圃地，幼苗生长停滞，病害严重，当年成苗率降低，不利于杜仲壮苗培育。

（5）主要病虫害防治：杜仲苗圃病害主要有猝倒病、立枯病及顶腐病等；虫害主要是地老虎，应及时观察防治。

杜仲良种繁育苗圃与苗期管理，见图2-7。

图 2-7　杜仲良种繁育苗圃与苗期管理（遵义杜仲基地）

（六）种苗标准制定

经试验研究，将杜仲种苗分为三级种苗标准（试行），见表2-3。

表 2-3　杜仲种苗质量标准（试行）

苗龄	Ⅰ级		Ⅱ级		Ⅲ级	
	一年生	二年生	一年生	二年生	一年生	二年生
苗高/cm	≥100	≥200	80～99	150～199	60～79	120～149
地径/cm	≥0.9	≥1.5	0.7～0.9	1.2～1.5	0.6～0.7	1.0～1.2

注：（1）Ⅰ、Ⅱ级苗为合格苗；Ⅲ级苗应继续培育达到Ⅰ、Ⅱ级苗标准才可出圃。（2）合格苗应具有发达和完整的根系，根系必须保持20～40cm，苗干通直，色泽正常，无机械损伤，无病虫害。（3）向外调苗木要经过检疫部门检疫，发证出境，不立即发送的杜仲苗应及时假植。

【附】杜仲无性繁殖育苗：主要有埋根育苗、压条育苗、嫁接苗培育、余根繁殖及伤根萌芽繁殖等方式。

（1）埋根育苗：每年2月上旬，选采幼嫩根或苗根，萌动期前一个月左右，选择疏松及排水良好土壤做床，适时埋插，埋根粗度最佳为0.5～1.2cm，长10～15cm，剪切时根据须根着生情况调整，须根多则长势好，反之成活率低，长势差，埋插方法采用开沟排栽，高温干旱地区盖土 0.5～1cm，多雨高湿地区露头 0～0.5cm；萌芽长至 1～2cm 时，尽早疏除多余弱芽，选留壮芽。

（2）压条育苗：在 1 月下旬至 2 月上旬，选择疏松肥沃土壤，采用 1 年生杜仲苗斜倒栽植，苗茎压倒埋土，埋压紧压不弹起，通常顶梢厚压、茎部壮芽露出土面，苗茎可用 1000mg/kg 萘乙酸或 1 号生根粉浸泡，以促进生根，当茎芽抽生后随即基部培土。一般夏末秋初季节，抽梢茎部根系基本形成，此时用利铲进行分切，使每梢独自成苗。常用的压条方法有：单枝压条、波状压条及高空压条等。

（3）嫁接苗培育：杜仲嫁接可以秋接和春接，秋季嫁接次年抽梢健壮，但秋冬季时间长，成活率稍低，春季嫁接则愈合抽梢较晚。杜仲嫁接分为芽接或枝接两种方式，一般采用枝接，因其易于操作且省工。苗砧适宜单芽切接，树砧选用劈接或撬皮接。接穗成活期抹除砧桩萌芽，在多风地段采取绑缚支撑措施，避免风折。

（4）余根繁殖：苗木移栽时，从全根下端 2/5 处挖断，再将上面的泥土刨走，使断根的上端稍露出土面，随后平整苗床，余根上会抽出新苗，经过 1 年后可移栽定植。

（5）伤根萌芽繁殖：在成年大树周围，把大树的地下根挖露出土面，砍伤根皮，在砍伤处覆土 1～2cm，再踏紧压实，保持土壤湿润，在根皮伤口处便能萌生出新苗，一年后即可将其挖出移栽。

上述杜仲无性繁殖的种苗，亦应按照前述"杜仲种苗质量标准"（试行）进行种苗质量控制。

三、规范化种植关键技术

（一）选地整地

1. 造林地选择

（1）地形：选择海拔 500～1200m，光照充足，排水良好的地带建造杜仲林。缓坡丘陵优于陡坡山地，阳坡、半阳坡优于阴坡、半阴坡，山中下部优于山脊，忌选低洼水湿地段及风口处。

（2）土壤：土层深厚（最好为 60cm 以上），疏松肥沃或可改良土壤，pH 5～7.5，忌选强酸性土、煤泥土、黏土及强盐碱地。

种植地宜选局部气候温和、利于冬眠地段。同时，还要选择交通方便、能集中连片、群众基础较好的地区建园，也可结合庭院绿化建立庭院杜仲园，在阳光充足、水肥条件好的房前屋后、田边地角等地建立"袖珍"型的杜仲园林。

2. 造林种植设计

应根据杜仲林营造目的、立地条件与植点配置等，选择确定合理的种植密度及植点配置方式的造林种植设计。

（1）造林密度：杜仲造林的种植密度，应根据培育目的和作业方式的不同而有所不同。如培育采种林的头林作业方式，力求早期形成开张树冠，需要充足空间及光照，造林密度宜小，培育材皮兼用乔林，为培育通直主干，初植可适当密些，以后适时间伐调整。一般按行株距 2m×（2～3）m 定点挖穴。

（2）植点配置：配置合理有利于充分透光通风，促进生长发育，同时方便经营管理及抚育作业。一般平缓地段，通风透光均匀，采用株行等距方形配置，而坡地宜顺光进行宽窄行等长形长带配置。此外，为防止陡坡地水土流失，还可进行三角形配置方式。

（二）移栽定植

1. 整地与定植

（1）整地：最好全面炼山，全垦整地，深翻土层，但对于起伏山地，为避免水土流失，一般在全面炼山后进行沿山转梯带或大块状整地。块带大小 1m 左右，力求深翻松土。整地松土后按植点配置要求挖坑，深 60cm，宽 60～80cm，表土层分放，以便在定植苗时回填根际，促使成活与增加根系肥力。

（2）重施底肥：杜仲根系发达，深根性强，充足的底肥主要为速生期准备必需的土层肥力，是实现杜仲高产稳产的基本条件。底肥主要以长效有机肥为主，如垃圾肥、绿肥、酒糟，通常采用农家厩肥添加适量饼肥及磷钾肥混合施放。施肥量以填坑 1/2～3/5 为宜。每株最佳底肥施量为农家肥 5kg 或饼肥 0.25kg。

（3）移栽定植技术要点：

① 苗木分级移栽：苗木进行分级定植，或壮弱苗分片定植以培育整齐林相，需实施抚育管理。

② 移栽造林季节：冬季干旱地区宜春季雨水期到来时造林，其他地区则应于冬季休眠期尽早定植，使其早扎根，缩短缓苗期。

③ 起苗：杜仲苗于 11 月下旬至翌年 1 月均可起苗，具体时间应随造林时间而定，但为了圃地冬耕冻土，最好在 12 月起苗。如贵州遵义杜仲林场苗圃历年于 12 月起苗时，其苗木大都未落叶，叶呈暗绿色或黄绿色，起苗前摘去叶片以减少水分蒸腾，这样既不影响苗木成活，采下的叶片还可利用。杜仲苗木主根很明显，根长一般可达 16～20cm，因此在起苗时不可伤及根部，以免影响苗木成活，若主根过长，根幅过宽，可作适当修剪，但以不影响苗木成活为度。

④ 定植：定植按 3m×2m 的行株距挖穴，穴宽 50cm、深 30cm，穴底施厩肥、饼肥、过磷酸钙等基肥少许，与土搅匀，然后将健壮、根系发育得较好、无严重损伤的苗木置于穴内，使根系舒展，再逐层加土踏实，浇足定根水，最后覆盖一层细土，以减少水分蒸发，以利成活。

2. 间作

在杜仲种植造林期间，可间作耐阴性较强的矮秆作物或适宜的中药材等。如经初步实践表明，在杜仲行间合理套种矮秆经济作物如豆类或中药材天冬、黄精、淫羊藿、鱼腥草等是可行的。但切忌间套间作深根性作物，以免伤害杜仲根系。

（三）田间管理

1. 查苗、补苗

移栽后，要及时查苗、补栽。补栽应在两年内完成。按原种植密度，用同龄树苗进行补栽，使树苗生长高度接近一致，便于管理。

2. 松土除草

松土与除草一般同时进行。造林后 3～4 年内，每年应进行两次松土除草。一般于 4 月上旬以前进行第一次，5 月或 6 月上旬进行第二次。此期间为杜仲的生长高峰期，松土除草更利于其生长发育。在有条件的地区，分别于定植后的第 2 年和第 4 年冬季，对林地进行全面深翻松土抚育一次，对土壤黏重、板结林地上的幼苗生长最为有利。

3. 修枝整形

杜仲萌蘖能力较强，须十分重视修枝整形。在前 3～5 年的幼林期，应及时根据经营培育目的而进行反复修剪整形，直到形成所需理想树形为止。对于乔林，应进行修枝打杈，留直去弯，绑缚扶正，使树体挺直和匀称饱满；对于头林，应矮化截干，选留均匀健壮主枝；对于矮林及丛林，应截干或矮化平刹，促进分枝，尽早郁闭，大量产叶。

4. 抚育间伐

随着林分郁闭，树林营养空间竞争逐渐强烈，部分树林生长衰弱、被压或整体过密，通风透光差，林分生产力下降，易引发病虫害，必须抚育间伐，砍除被压树、衰弱树及病虫树，或按比例隔株隔行间伐，均匀调整，改善林分结构。

（四）合理施肥

1. 生长发育与营养元素相关性

根据杜仲生长发育与上述主要营养元素的相关性，可结合土壤肥力等进行合理施肥。

氮肥所含的氮是蛋白质的基础物质，又是构成叶绿素的重要成分。某些激素、维生素中也含有氮。氮素主要集中在杜仲生长旺盛部位，如茎尖、叶、花、雌株幼果、根尖及形成层等处。氮素具有促进营养生长，提高光合效能，增大果实，提高皮、叶、果产量等作用。当氮素缺乏时，影响光合作用和蛋白质的合成，使枝条生长细弱，叶片小而薄，严重时可造成叶片黄化，提前落叶。氮素过多，可造成花芽分化不良，枝条旺长，产果量降低。

磷肥所含的磷是构成核酸、磷脂、维生素还有某些辅酶的重要物质。磷直接参与呼吸作用和糖酵解过程，参与蛋白质和脂肪的代谢过程，并与光合作用有直接关系。磷在杜仲新梢、新根、种子中含量较多，与细胞分裂有密切关系。磷可提高树体可溶性糖含量，促进雌、雄株花芽分化，增加雌株坐果率，提高产果量，还可促进树体发育，增强树体抗性。磷不足时，枝条生长受阻，叶片变小，积累的糖分转化为花青素，严重时叶片出现紫色或红色斑块，叶缘出现坏死现象。枝条萌芽率降低，花芽分化困难，果实发育不良，种仁部分变黑。树体抗逆性减弱，早期落叶，产量下降。磷肥与氮肥的比例为 1∶3 时植株才能生长健壮，结实率高。磷过多，易发生缺铁、缺铜症。

钾肥所含的钾是多种酶的活化剂。钾能增强叶片光合作用，促进枝条成熟，增强树体抗性，增大杜仲雌株果实，提高千粒重。钾缺乏时会造成杜仲树体代谢紊乱，物质合成受阻，新梢细弱，停止生长早，叶绿素合成受阻，叶色变至青绿色，边缘枯焦或向下反卷而枯死。钾过多会影响镁、铁、锌的吸收，叶脉黄化。

钙肥所含的钙参与细胞壁的形成，保证细胞正常分裂，促进幼根、幼茎生长和根毛形成。钙能保持细胞膜、细胞壁的稳定，调节细胞液酸碱度，还能提高原生质黏性，有利于增强生态抗旱、抗盐碱等作用，还有平衡生理活动和拮抗土壤中其他毒害离子的作用。缺钙时杜仲新梢嫩叶脉失绿，严重时出现叶片组织坏死、枝条枯死。过酸土壤、砂质土、有机质含量过多的土壤都可能缺钙，但钙过量会影响铁的吸收。

除上述元素外，铁、硼、锌、镁等也是杜仲树体生长不可缺少的矿质元素，相互间不可替代，在杜仲施肥中，应多施农家肥，补充多种必需矿质元素，提高杜仲整体产量和质量。

2. 合理施肥技术

（1）基肥：基肥于每年秋季9～11月份施为宜。以利于在晚秋和翌年春季被杜仲吸收利用。基肥有利于根系生长发育，促进叶的光合作用，增加有机物的贮藏积累。基肥以农家肥、人粪尿、饼肥为主，也可施过磷酸钙、复合肥、磷酸二铵等。施肥数量根据杜仲树龄大小而适量增减。施肥方法主要有全园施肥法、放射状沟施法、条状沟施法和穴状施肥法等。

（2）追肥：生长季节对杜仲追施速效肥，能够满足其生长发育的需要，促进枝叶生长和雌株开花结果。每年4月中旬、5月中旬各施一次碳酸氢铵或尿素，7月中旬和8月上旬再施过磷酸钙和氯化钾或硝酸磷和氯化钾。土壤追肥方法可参照施基肥的方法，追肥沟比基肥沟小1/2左右，深度约20cm。追肥要注意分散施用，并与土混合均匀，防止烧根。通常5年生以下幼树每株施尿素50～150g，5年生以上中幼树渐增至150～300g。

（五）林下间（套）作

杜仲林下，特别是其造林前期，可与黄精、天冬、淫羊藿等喜阴植物药，以及蔬菜、豆类等农作物适当地进行间（套）作，以充分利用地力与获取经济效益（图2-8）。

（六）主要病虫害防治

杜仲的抗病虫害能力较强，中心产区的散生木和孤立木均很少发生病虫害。但近几年来，随着杜仲人工林的发展、造林面积的扩大，病虫害时有发生。杜仲病虫害的防治在遵循"预防为主，综合防治"的原则下，坚持"早发现、早防治，治早治小治了"，选择高效低毒低残留的农药对症下药地进行杜仲主要病虫害防治。

1. 根腐病

病原为镰刀菌属（*Fusarium* sp.）半知菌亚门真菌。多在杜仲苗圃和5年生以下的幼树上发生，尤其是以苗圃地较普遍。幼树抽生嫩梢基部褐色缢缩腐烂，继而萎枯折倒；顶梢突生 3～4 短梢，发叶稀少，生长异常；新梢及上层幼叶皱缩卷曲，枝梢生长减弱；病株根部至茎部木质部呈条状不规则紫色条纹；拔出病苗一般根皮留在土壤中。6～8 月为本病害主要发生期。低温多湿，高温干燥均极易发生。如果土壤黏重、透水性差、板结、透气性差，或整地粗放、苗木太低、床面不平，或连续阴雨、排水不良、圃地积水，或苗圃缺乏有机肥、土壤贫瘠、连续育苗的老苗圃地及苗木生长势弱，杜仲均易感病。

图 2-8　杜仲林下间（套）作黄精、天冬（湄潭县鱼泉杜仲林场）

防治方法：在幼苗发病初期用 50%甲基托布津 400～800 倍液、退菌特 500 倍液、25%多菌灵 800 倍液灌根，均有良好的防病效果。

2. 立枯病

立枯病又称猝倒病。病原为立枯丝核菌 *Rhizoctonia solani*，属半知菌亚门真菌。常在 4～9 月多雨天气或因土壤黏重、排水不良、管理不善等条件下发生。主要为害当年实生幼苗。种芽、幼嫩茎基部或子叶遭受病菌浸染，常腐烂而死。幼苗病株在靠近地面的茎秆皱缩、变褐、腐烂，以致倒伏而死。

防治方法：播种前每亩撒 1kg 五氯硝基苯或磨碎过筛的硫酸亚铁 15～20kg，进行土壤消毒。苗圃应轮作、合理浇水、土地平整、排水良好，发病后喷敌克松 500～800 倍液，或多菌灵 600~1000 倍液等。

3. 褐斑病

病原属半知菌亚门黑盘孢目拟盘多毛孢属真菌（*Pestalotia* sp.）。病原菌在病残组织内越冬，翌年春天借风、雨传播为害。4 月上旬至 5 月中旬病害开始发生；7~8 月为发病盛期。据调查，在密度大、阴湿、土壤瘠薄的杜仲林分更易感病。温度高、湿度大有利于病害的扩展蔓延，使病菌不断侵染为害。本病为害叶片，病叶枯死早落。各地均有发生。病斑初为黄褐色斑点，然后扩展成红褐色长块状或椭圆形大斑，有明显的边缘，上生灰黑小颗粒状物，即病菌的子实体。

防治方法：秋后彻底清除田间枯枝落叶，并集中烧毁；加强抚育，增强树势；发病前喷洒 1 次 1∶1∶100 波尔多液进行保护，发病初期喷洒 50% 的扑海因可湿性粉剂 800 倍液或 50% 的多菌灵可湿性粉剂 600 倍液或 65% 的代森锌可湿性粉剂 600 倍液，连喷 2~3 次，每次间隔 10 天。

4. 叶枯病

病原属半知菌亚门球壳孢目球壳孢科壳针孢属真菌（*Septoria* sp.）。病菌以菌丝体和分生孢子器在病残体上越冬。栽培管理粗放，树势生长衰落，林地卫生条件差，通风透光不良等，病害发生重。本病为害成年植株。发病初期叶片出现褐色圆形病斑，随后逐渐扩大，密布全叶，边缘呈褐色，中间灰白色，使叶片穿孔枯死。多发生在郁蔽度大、杂草多、通风条件差的杜仲林中。

防治方法：冬季清除落叶，减少传染病原；初发病时，及时摘除病叶；发病后每隔 7~10 天喷施一次 1∶1∶100 波尔多液，连续 3~5 次。

5. 枝枯病

病原属半知菌亚门球壳孢目球壳孢科大茎点菌属（*Macrophoma* sp.）和茎点菌属（*Phoma* sp.）真菌。病菌是一种弱寄生菌，常在枯枝上越冬。第 2 年借风、雨传播，从枝条上的机械损伤、冻伤、虫伤等伤口或皮孔侵入。在土壤水肥条件差，抚育管理不好，生长衰弱的杜仲林分中蔓延扩展迅速。病害严重时，幼树主枝也可感病枯死。一般是 4~6 月病害开始发生，7~8 月为发病高峰期。本病为害杜仲树枝干，引起叶片早落、枝条枯死。先是侧枝顶梢感病，然后向枝条基部扩展。感病枝的皮层坏死，由灰褐色变为红褐色，后期病部皮层下长有针头样颗粒状物，即病菌的分生孢子器。当病部环切枝梢，引起枝条枯死。

防治方法：促进林木生长健壮，防治各种伤口，是防治本病的重要措施；对感病枯枝，应及时进行修剪，连同健康部剪去一段，伤口用 50% 退菌特 200 倍液喷雾，也可用波尔多液涂抹剪口；在发病初期，喷射 65% 代森锌可湿性粉剂 400~500 倍液，每 10 天喷 1 次。

6. 角斑病

病原的有性世代是子囊菌亚门球腔菌属（*Mycosphaerella* sp.），无性世代是尾孢菌

（*Cercospora* sp.）真菌侵染所致。病菌以子囊孢子进行越冬，是翌年的初次侵染来源。本病于 4～5 月份开始发生，7～8 月份发病较重。据调查，苗木和幼树发病较重，成年树发病轻，立地条件差、树势衰弱的发病重。本病为害杜仲叶，病斑多分布在叶的中间，呈不规则暗褐色多角形斑块。叶背病斑颜色较淡。病斑上长灰黑色霉状物，即病菌的分生孢子梗和分生孢子。到秋后，有的病斑上长有病菌的有性时期，呈散生颗粒状物。最后叶片变黑脱落。

防治方法：加强抚育，增强树势，及时使用 1%波尔多液喷雾保护。

7. 金龟子

金龟子幼虫称为蛴螬，属鞘翅目金龟子科昆虫。春季（3～5 月）为幼虫活动旺盛期，当 10cm 深土温达 15℃以上时，幼虫生长，主要为害杜仲幼苗根部。杜仲苗高 10cm 以下时的根系幼嫩，幼虫啃食幼根并将主根咬断；幼苗高 10～30cm 时，幼虫以啃食幼根皮为主，使其呈不规则缺刻状。夏季气温高，土壤干燥，蛴螬潜入较深土中；秋季温度渐降，虫体再次上升到表土层活动为害。主要以幼虫为害杜仲幼苗。初孵幼虫均以腐殖质为食，以后随着身体的长大逐步咬食杜仲根系或将主根皮啃食 2/3 至 1 周，呈不规则缺刻状，使地上部分叶片萎蔫，顶梢下垂，最后导致幼苗死亡。

防治方法：选择育苗地时充分调查了解虫情，如蛴螬量过大，每公顷用 50%辛硫磷颗粒剂 30～50kg 处理土壤，并可兼治其他地下害虫；适时翻耕土地，采用人工捕杀和放养家禽啄食，可减轻为害；成虫盛发期，利用黑光灯诱捕；苗圃地必须使用充分腐熟的农家肥作肥料，以免滋生蛴螬；幼苗生长期发现幼虫为害，可在被害苗周围 2～10cm 土层用 50%辛硫磷乳油 1000 倍液灌注根际，可取得较好的防治效果。也可采用金龟芽孢杆菌（*Bacillas popilliae*），每亩用每克含 10 亿活孢子的菌粉 100g，均匀撒入土中，使蛴螬感染发生乳状病致死。由于病菌能重复感染，所以病菌可在土壤中保持较长的时间。

8. 地老虎

地老虎又名土蚕、地蚕、切根虫，属鳞翅目夜蛾科昆虫，是苗圃中常见的害虫。地老虎 1 年多代，以第 1 代幼虫 4～5 月为害较重。幼虫共 6 龄，初龄幼虫群集于幼嫩部分取食，高龄幼虫 1 夜可咬断多株幼苗。以幼虫为害，昼夜取食叶、幼芽、茎等部位，常将作物幼苗齐地面处咬断拖入洞内，使整株死亡，造成缺苗断垄。

防治方法：及时清除杂草，减少、消灭幼虫的吃食条件和成虫产卵场所；幼虫为害期间，每天早晨在断苗处将土挖开，捕捉幼虫；在幼虫 3 龄前，用 50%辛硫磷乳油 800～1000 倍液喷施根茎部，或利用地老虎食杂草的习性，在苗圃堆放用 6%敌百虫粉拌过的新鲜杂草诱杀地老虎，草与药的比例为 50：1；用黑光灯诱杀成虫。

9. 蝼蛄

蝼蛄喜食刚发芽的杜仲种子，为害幼苗，不但能将地下嫩苗茎取食成丝丝缕缕状，还能在苗床土表下开掘隧道，使幼苗根部脱离土壤，失水枯死。蝼蛄在砂质壤土苗圃地为害严重，其白天躲在土下，夜间在表土层或地面上活动，21:00～23:00 为其取食高峰期，并有强烈的趋光性、趋湿性和趋厩肥的习性，还对香、甜食物嗜食。蝼蛄主要受土壤温度的支配，当春季气温逐渐上升，为害渐趋，4～5 月在 10cm 表土地温 10～20℃时为害最严重。

防治方法：施用充分腐熟的有机肥料，可减少蝼蛄产卵；做苗床前，每公顷以 50%辛硫磷颗粒剂 37.5kg 用细土拌匀，撒于土表再翻入土内；用 50%辛硫磷乳油 0.3kg 拌种 100kg，可兼治多种地下害虫，不影响发芽率；用 90%敌百虫原药 1kg 加饵料 100kg，充分拌匀后撒于苗床上，可兼治蝼蛄和蛴螬；在闷热天气，在 20:00～22:00 用灯光诱杀。

10. 刺蛾

刺蛾俗称痒辣子、辣毛虫，属鳞翅目刺蛾科昆虫。为害杜仲的刺蛾有黄刺蛾、扁刺蛾、青刺蛾。其 5 月中下旬至 6 月上旬化蛹，6 月上中旬至 7 月中旬为成虫发生期，卵散产在叶背部，1 片叶上只产几粒，幼虫发生期为 7 月中旬至 8 月下旬。初孵幼虫群集叶背取食叶片，稍大后分散为害。该虫可将树叶吃成很多孔洞、缺刻，严重时可将树叶全部吃光，仅留叶柄和主脉。

防治方法：在 6 月中旬至 7 月下旬，喷洒 90%敌百虫 500～1000 倍液，或 50%辛硫磷乳油 1500～2000 倍液，或菊酯类农药 2000～3000 倍液，或 25%西维因可湿性粉剂 300～500 倍液，毒杀刺蛾幼虫。

11. 豹纹木蠹蛾

豹纹木蠹蛾是我国杜仲枝干的主要害虫，属鳞翅目木蠹科。以幼虫为害，幼虫孵化后依次蛀入树皮、韧皮部及形成层，直至木质部，并在蛀道内有上下往返，使蛀道在树干内形成环状，所以被害树易倒折。幼虫在树干内越冬，翌年 3 月继续活动，4～5 月中旬化蛹，6 月中旬成虫羽化，羽化后 5～6 天交尾，17～18 天开始产卵，孵化的幼虫 11 月后逐渐进入越冬阶段，次年仍以幼虫活动。该虫多发生在幼林内，南向山腰以下的疏林、林缘及孤立木受害较严重。一般 2 年发生 1 代。

防治方法：冬季检查清除被害树木，并进行剥皮等处理，以消灭越冬幼虫；于成虫羽化初期，产卵前利用白涂剂涂刷树干，可防产卵，或产卵后使其干燥而不能孵化；幼虫孵化初期，可在树干上喷洒 80%氧化乐果乳剂 400～800 倍液等；当幼虫蛀入木质部后，可根据排出的虫粪找出蛀道，再用废布、废棉花等蘸取敌百虫原液或 50%久效磷等塞入蛀道内，并以黄泥封口。该虫主要发生在湖南省慈利江垭林场。该场采用生物防治方法：于 3 月中旬选择毛细雨或阴天，施用白僵菌，为害率下降 48.4%；林内招引益鸟，捕食害虫。

12. 其他

茶翅椿象，是目前发现的为害杜仲的刺吸类害虫，又名臭大姐。成虫及若虫以刺吸口器刺吸嫩梢和果实的果柄。防治方法：成虫越冬期在集中发生地进行人工捕捉。夏季在炎热的中午前后，该虫多群集于杜仲枝干背阴处，也可采集人工捕杀。必要时进行化学防治，喷施 50%辛硫磷乳油 1000 倍液，具有较好的防治效果。

杜仲梦尼夜蛾，该虫于 1979～1981 年首先在贵州遵义杜仲林场发生，为害面积 71.6hm²，其中 26.6hm² 的树叶全被吃光。防治方法：贵州遵义杜仲林场使用"741"烟雾剂进行大面积防治，收到较好的效果；秋冬季节翻挖林地，以破坏杜仲梦尼夜蛾的越冬场所，消灭越冬卵；毒环毒绳防治，在树干上涂刷毒环或绑毒绳。制作毒绳具体方法是：用20%杀灭菊酯乳油，或20%灭扫利、50%辛硫磷乳油等，稀释剂为机油或废机油，浓度按1∶10将农药、机油混合，以纸绳、草绳、麻绳、线绳、旧布条等绳材，将其成捆浸泡在配制好的药液中浸泡30min，取出装入塑料袋中备用。

（七）增产技术措施

在杜仲生产实践中，为增加杜仲药用皮的产量，除应用上述生产技术增产外，还可在生产实践中试用下述有关传统经验与实际紧密结合适当处理，以求增产。

1. 敲打树皮

在杜仲树的生长季节，用一小木棒在树干任一侧进行适度敲打，使木质部与树皮之间松弛，由于另一侧没有敲打，树木不会枯死。过一段时间，被敲打的一侧又会长出一层皮，使树皮厚度增加。20～30 天后，又可敲打另一侧。如此轮番进行，树干各方向的树皮都会增厚，从而获得良好的增产效果。但应注意：此方法只适用于树干基部直径在 10cm 以上的树木，幼树不能采用。敲打要适度，切忌猛击，否则会适得其反。

2. 剥皮再生

（1）斜割树皮再生法：在杜仲成树（10 年或 10 年以上者，下同）的树干基部离地面30cm 处用刀横向斜砍数刀（砍的深度要略伤及木质部），斜割树皮以促其再生。但刀口之间应留有空隙，可使养分更多地聚积于树皮上，以求增产目的。

（2）环状剥皮再生法：在杜仲成树的树干进行环剥树皮（首次在树干基部离地面 30cm处，此后每次剥位提高 1m 左右），环剥宽度以剥为树干直径的 1/10 为宜。此法亦可使有机养分更好地集于树皮上，以求增产目的。

（3）半边剥皮再生法：在杜仲成树的树干离地面 20cm 处半环割一刀，再在树干上部对准基部割口半环割一刀，然后在上下刀口两端分别对准纵割相连，以剥取其中间的杜仲皮。操作时不得损伤和污染剥面，并要用塑料薄膜围护剥面，其四边用胶带粘牢，这样半边剥皮以利长出新皮。此法只在植株胸径 10cm 以上的成树至伐树剥皮前 2 年间的 6、7月进行。预计第一次剥皮后的第 3 年，可剥留下的树皮；第 5 年可剥第一次剥面的再生皮，这样可循环地进行半边剥皮数次，以求增产目的。

上述杜仲良种繁育与规范化种植关键技术，可于其生产适宜区内，并结合实际因地制宜地进行推广应用。

【药材合理采收、初加工、储藏与运输】

一、合理采收期与批号制定

（一）合理采收

1. 采收时间

经研究与实践表明，杜仲皮内所含药用成分在 10 年龄左右趋于稳定，杜仲皮经济采收年限以 15 年龄以上较为适宜。剥皮时期以 4～6 月树木生长旺盛，树皮容易剥落，也易愈合再生为佳。因为杜仲形成层在 3 月中旬前处于休眠状态，3 月下旬芽开始绽放时形成层开始活动，同时开始产生木质部和韧皮部，4 月中旬至 6 月中旬，未成熟木质部细胞层数最多，7 月底形成层细胞停止分裂进入因高温诱导的第 1 次被动休眠，11 月中旬进入短暂的难以打破的生理休眠，11 月底至 12 月初转入因低温诱导的第 2 次被动休眠。故在 5～6 月剥皮后再生成功率高，与此时的形成层活动旺盛相一致，这说明杜仲在 5～6 月剥皮不仅是生产经验，而且还具有充分的科学依据。

2. 采收方法

杜仲采用一次砍伐法或局部剥皮法采收利用。

（1）一次砍伐采收法：采收时，于齐地面处绕树干锯一环状切口，按商品规格向上再锯第二道切口，在两道切口之间，纵割后环割树皮，然后把树干砍下，如法剥皮。不合长度的和较粗树枝的皮剥下后作碎皮供药用。

（2）局部剥皮采收法：经研究与实践表明，杜仲一般在 8～25 年龄期间，其皮能较好再生，杜仲环剥树龄以控制在 8～20 年龄生为宜。我省如遵义市等地的环剥季节介于 5 月下旬和 7 月上旬之间，选择阴天及雨后晴天进行为宜；忌在持续高温和连续阴雨期间，以及雨天剥皮。局部剥皮法可采取环状剥或带状剥皮方法分次采收，使杜仲剥皮后形成再生新皮而达增产目的。其具体局部剥皮法，主要有如下 4 种。

①"割两刀法"环剥：选取健壮植株，先在树干分叉处的下面环割一圈，再进行垂直纵割（与环割呈"T"字形），环割的深度要掌握得当，只割断韧皮部，不得损伤木质部。然后撬起树皮，沿纵割的刀痕，向两侧撕裂，随撕随割断残留的韧皮部，待绕树干一周全部将树皮剥离后，再向下剥，直剥到离地面 10～20cm 处止。

②"割三刀法"环剥：用弯刀在主干离地面 1.5m 处环割一圈，割断韧皮部，不得伤及木质部，在向上 50cm 处，同样环割一圈，然后在两环割圈间，浅浅纵割一刀使其呈"工"字形，撬起树皮，用手向两旁撕裂剥下。在韧皮部未割断的部分，边撕边剥，但不以手或剥皮工具触碰剥面。此法比山东法更易将皮剥下，也不易触碰剥面。

③"割四刀法"：用弯刀在主干分叉处的下面环割一圈，只割断韧皮部，不得损伤木质部。再在距离地面 10～20cm 处同样环割一圈，然后在两环割圈间，浅浅地垂直纵割一刀（与环割圈呈"工"字形），在树干背部（呈 180°）再浅浅地垂直纵割一刀，先撬起一半树皮，用手向一侧撕，边撕边割断残留的韧皮部，待一半撕完后，再撕另一半。此法比贵州法更易于剥离树皮，不易触碰剥面，但剥下的皮张小了一半，再者刀印多，伤及木质部的危险也相对增加。

④带状剥：按商品需要的规格长度，以接近地面的主干基部为起点，或以梢部适宜位置能开始剥取的部位为起点，由上而下或由下而上量好每带的剥皮长度和宽度（一带宽度或两带宽度的总宽度不宜超过树围的 50%）。在量好的每段长度两端，按确定的剥皮宽度用尖刀各横切一刀，然后再按宽度在其两边各纵切一刀，刀割深度以不得切断韧皮部和伤及木质部为度。再用前端尽量削薄的竹片，从纵切口一端渐次向另一端轻拨，以使杜仲树皮与其木质部分离，边撕边剥，剥下第 1 片（或带）树皮后再剥离第 2 片（或

带），直到剥完为止。此法与环剥法主要区别是：只在树干的某一部位垂直剥皮 1～2 片（或带），保留有部分树皮作营养输送带，基本不影响其生长发育，剥皮后再生新皮成功率高，但剥的皮张较窄小。操作时，要特别防止竹片和手触及与损伤剥面，剥皮片带要相互错开，以利其营养输送与新皮再生。

　　上述几种方法的共同之处在于，剥皮手法要准（不能伤及木质部），动手要轻、快，将树皮整个剥下不要零撕碎剥，更不能用手或剥皮工具触及剥面，否则剥皮极易受到病菌的为害。同时，于剥皮后可用手持小型喷雾器，喷以 100mg/L 的吲哚乙酸（IAA）液，再用略长于剥皮长度的小竹片仔细捆在树干上（防止塑料薄膜接触形成层），然后再用等长的塑料薄膜包裹两层，上下捆好即可。注意：包裹塑料薄膜是形成新皮的关键，在环境卫生条件差或有病虫害的地方，剥皮前应适当除去杂草灌木，并对供剥皮植株树干进行药物消毒处理（图 2-9）。

图 2-9　杜仲环剥（上两图示在贵州湄潭杜仲基地环剥；下图示在遵义基地环剥）

【附】杜仲剥皮再生机理研究简介：

　　（1）杜仲剥皮再生新皮发生的部位：这也就是杜仲剥皮再生新皮的起源问题。大量的研究表明，再生新皮的起源是随着剥皮部位的变化而变化。树皮从形成层带附近剥落时，全部未成熟的木质部细胞都参与新皮的形成。但当树皮从未成熟木质部剥落时，主要是临近表面的射线细胞发生新皮，越靠近成熟木质部，射线细胞的作用越大。这是因为留在表面的未成熟木质部轴向系统细胞分化程度较高，已通过细胞分化的临界期，不能再脱分化，只有射线细胞还没有通过临界期，它们可脱分化形成新的杜仲树皮。

（2）杜仲剥皮后愈伤组织的形成：杜仲剥皮后再生新皮的形成过程，往往要先形成愈伤组织，如果剥皮后包裹塑料薄膜，射线细胞很快进行平周分裂，并向外膨大成喇叭状，进而不断向周围扩大，彼此相连形成一厚层愈伤组织覆盖住整个表面，其他植物也大体如此。这也说明射线细胞的形态需在周围细胞的压力下才得以维持，一旦失去这一压力，就膨大长成近乎等径的愈伤组织（例如突出在暴露的树干表面外的细胞），而且不再进行平周分裂，而是进行各个方向的分裂，从而形成愈伤组织。

但在特殊情况下也可以不经过这一阶段。例如，杜仲剥皮后在高湿的环境中不包塑料薄膜也能形成新皮，其最初不形成愈伤组织，而是表面先形成一胶化层，2 天后其下面的生活细胞——未成熟的木质部细胞就发生分裂，而且多为横向分裂，甚至表面下十几层的细胞也恢复分裂。这里看不到射线细胞的特殊作用，它们与纺锤状细胞始终界线分明，都没有愈伤组织的特征。

（3）杜仲剥皮后周皮的形成：如果剥皮后不包裹塑料薄膜，3～4 天后，表面层细胞就逐步栓质化而死亡，形成封闭层，4 天后就可看到其下的几层细胞陆续恢复平周分裂，开始形成断续的木栓形成层，随后逐步彼此相连成完整的一圈。如果剥皮后包裹透明塑料薄膜，则是剥皮后 7 天左右在愈伤组织表面 3～5 层细胞下分散地出现平周分裂，随后再逐步彼此相连形成完整的一圈。但其外表面的细胞却仍为形状不规则的近乎等径的薄壁组织细胞，其壁很少栓质化。一直到 1 个月后揭去塑料薄膜时，表面细胞才栓质化，此后木栓形成层形成的衍生细胞才是典型的木栓层细胞，形成真正的周皮。

（4）杜仲剥皮后维管形成层的发生发育与活动：杜仲剥皮后，无论是暴露在潮湿的空气中还是包裹在塑料薄膜中，形成层都是由深层的未成熟木质部细胞发生。剥皮后暴露的，在剥皮后 21 天左右，而包裹在塑料薄膜中的，则是在剥皮后 14 天左右，就在表面下 25～30 层处未成熟木质部细胞断续恢复平周分裂，木射线恢复平周分裂的时间较晚，随后它们才逐步彼此相连成完整的一圈，向内形成木质部，向外形成韧皮部。在那里先形成大量的愈伤组织，形成层也在愈伤组织的深层发生。杜仲剥皮后 1～4 年再生新皮逐渐形成，并与未剥树皮结构基本一致，甚至还发现 3～4 年的新皮比其原皮稍厚。由于其木栓层增厚，木栓细胞之间排列较为疏松，细胞壁也较薄，韧皮部周围的石细胞反而不显著，只有个别的散生石细胞。形成层的活动也较为旺盛，形成层带一般较宽，多者可达 10 层以上的细胞，所形成的次生韧皮部也较规则，形成的次生木质部组成的分子则较久地保持其状态。这些活动正体现了杜仲剥皮再生新皮形成的特点。

（二）批号制定（略）

二、合理初加工与包装

（一）合理初加工

树皮采收后用开水烫，然后以稻草垫地，放置于平地，使树皮双双相对重叠，层层压紧，然后用稻草覆盖，使其"发汗"。经过 5～6 天后，内皮呈暗紫色时取出晒干，刮去粗皮，按规格修切整齐（图 2-10）。

据研究证明，新鲜杜仲皮在 40℃放置后，其中的松脂醇葡萄糖苷、京尼平苷酸及京尼平苷的含量显著下降，原因是细胞内的酶催化使其水解。因此，加工时宜将新鲜杜仲皮用沸水烫或用微波发生器处理使酶失活，以保护有效成分。

杜仲皮收购与测量现场（遵义市）

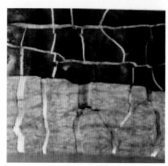

杜仲皮及杜仲胶丝　　　　　　　杜仲叶及杜仲胶丝

图 2-10　杜仲药材及杜仲胶丝

（二）合理包装

对经初加工并分级的杜仲，在包装前应检查是否充分干燥、有无杂质及其他异物，再分别用绳打成扁捆或用清洁无污染麻袋、纸箱包装，置通风、干燥处，防止受潮、发霉、变质与虫蛀。所用包装应符合药用包装标准，并在每件包装上注明品名、规格、等级、毛重、净重、产地、批号、执行标准、生产单位、包装日期及工号等，并应有质量合格的标志。

三、合理储藏养护与运输

（一）合理储藏养护

杜仲应储存于干燥通风处，含水率控制在 10%左右。太干则易成碎片，库房应有防雨、通风、避光及调控温度和湿度的设施，以防发热，保证有效成分不受破坏。干燥器械由于集中在一个季节使用，长时间放置必须在使用前清理干净，无污染，严格按规程操作，码放药材应与墙壁有间隙，定期抽查防虫蛀、霉变腐烂等现象。

（二）合理运输

杜仲药材在批量运输中，严禁与有毒货物混装。运输车厢不得有油污，不得受潮霉变。

【药材质量标准、质量检测与监控】

一、药材商品规格与质量检测

（一）药材商品规格

杜仲药材以无杂质、霉变、卷形，身干，皮张宽大，肉厚，去净粗皮，断面丝多，内面呈褐色者为佳品。其药材商品规格分为 4 个等级。

特级：干货。呈平板状，两端切齐，去净粗皮。表面呈灰褐色，里面黑褐色，质脆。断处有胶丝相连。味微苦。整张长 70～80cm、宽 50cm 以上、厚 0.7cm 以上，碎块不超过 10%。无卷形、无杂质、无霉变。

一级：干货。呈平板状，两端切齐，去净粗皮。表面呈灰褐色，里面黑褐色，质脆。断处有胶丝相连。味微苦。整张长 40cm 以上、宽 40cm 以上、厚 0.5cm 以上，碎块不超过 10%。无卷形、无杂质、无霉变。

二级：干货。呈平板状或卷曲状。表面呈灰褐色，里面黑褐色，质脆。断处有胶丝相连。味微苦。整张长 40cm 以上、宽 30cm 以上，碎块不超过 10%。无杂质、无霉变。

三级：干货。凡不符合特等、一等、二等标准，厚度最薄不得小于 0.2cm，包括枝皮、根皮、碎块均属此等。无杂质、无霉变。

（二）药材质量检测

按照《中国药典》（2015 年版一部）杜仲药材质量标准进行检测。

1. 来源

本品为杜仲科植物杜仲 *Eucommia ulmoides* Oliver 的干燥树皮。4～6 月剥取，刮去粗皮，堆置"发汗"至内皮呈紫褐色，晒干。

2. 性状

本品呈板片状或两边稍向内卷，大小不一，厚 3～7mm。外表面淡棕色或灰褐色，有明显的皱纹或纵裂槽纹，有的树皮较薄，未去粗皮，可见明显的皮孔。内表面暗紫色，光滑。质脆，易折断，断面有细密、银白色、富弹性的胶丝相连。气微，味稍苦。

3. 鉴别

（1）显微鉴别：本品粉末棕色。胶丝成条或扭曲成团，表面显颗粒性。石细胞甚多，大多成群，类长方形、类圆形、长条形或形状不规则，长约 180μm，直径 20～80μm，壁厚，有的胞腔内含橡胶团块。木栓细胞表面观多角形，直径 15～40μm，壁不均匀增厚，木化，有细小纹孔；侧面观长方形，壁三面增厚，一面薄，孔沟明显。

（2）理化鉴别：取本品粉末 1g，加三氯甲烷 10mL，浸渍 2h，滤过滤液挥干，加乙醇 1mL，产生具弹性的胶膜。

4. 检查

浸出物：参照醇溶性浸出物测定法（《中国药典》四部通则 2201）项下的热浸法测定，用 75%乙醇作溶剂，不得少于 11.0%。

5. 含量测定

参照高效液相色谱法《中国药典》四部通则 0512）测定。

色谱条件与系统适用性试验：以十八烷基硅烷键合硅胶为填充剂；以甲醇-水（25：75）为流动相；检测波长为 277nm，理论板数按松脂醇二葡萄糖苷峰计算应不低于 1000。

对照品溶液的制备：取松脂醇二葡萄糖苷对照品适量，精密称定，加甲醇制成每 1mL 含 0.5mg 的溶液，即得。

供试品溶液的制备：取本品约 3g，剪成碎片，揉成絮状，取约 2g，精密称定，置索氏提取器中，加入三氯甲烷适量，加热回流 6h，弃去三氯甲烷液，药渣挥去三氯甲烷再置索氏提取器中，加入甲醇适量，加热回流 6h，提取液回收甲醇至适量，转移至 10mL 量瓶中，加甲醇至刻度，摇匀，滤过，取续滤液，即得。

测定法：分别精密吸取对照品溶液与供试品液各 10μL，注入液相色谱仪，测定，即得。

本品含松脂醇二葡萄糖苷（$C_{32}H_{42}O_{16}$）不得少于 0.10%。

二、药材质量标准提升研究与企业内控质量标准制定（略）

三、药材留样观察与质量监控（略）

【药材生产发展现状与市场前景展望】

一、生产发展现状与主要存在问题

杜仲为我国大宗常用中药材之一，主要分布于海拔 300～2000m 的山野丛林之中。杜仲是贵州道地药材，质优量大。据贵州省扶贫办《贵州省中药材产业发展报告》统计，2013 年全省杜仲种植面积 32.62 万亩，保护抚育面积 1.82 万亩，总产量达 10026.40 吨，总产值达 7495.62 万元；2014 年全省杜仲种植面积达 38.72 万亩，总面积达 38.72 万亩，总产量达 2.20 万吨，总产值达 12900.13 万元。其中，以黔北、黔西北等种植面积较大而集中。如贵州遵义市 2001 年则被国家林业局命名为"中国杜仲之乡"，其杜仲种植总面积居全省之冠。

杜仲产业是贵州省中药现代化产业领域优势产业之一，全省有 20 多家药厂及相关企业以杜仲皮或叶等为主药进行成方制剂的开发，品种达 30 余种，占全国含杜仲的制剂品种总量的 1/3 左右，贵州杜仲生产规模和中成药及其相关制品开发等方面在全国具有一定优势。贵州省科技厅于 2013 年组织相关专家，编制《贵州省杜仲产业技术路线图》，依托已有的杜仲资源、中成药生产技术和产业基础，制定"贵州省杜仲产业发展规划"，引导创新主体优化资源配置，增加科技投入，加强创新平台建设，强化技术研究与开发，促进科技成果转化和产业化，形成杜仲产业集群，培育中药现代化产业新的经济增长点，促进贵州杜仲产业更好更快发展，具有重要意义和指导作用。

贵州省杜仲产业发展面临的主要问题：一是资源利用率不高。虽然贵州杜仲资源面积居全国前列，但是对杜仲种质资源、良种选育和引种以及丰产栽培技术、环剥采收等方面未进行深入的研究。杜仲林管理处于散乱状态，杜仲药材的生产销售处于自由化状态，杜仲资源优势未能得到体现。二是产业链短，关联度小。杜仲胶及其相关产品的开发仍处于初级阶段，杜仲功能食品及相关产品匮乏，杜仲剩余物综合利用尚属空白，虽有丰富的杜仲林木分布，但产地加工环节及饮片炮制工艺环节的研发和生产能力薄弱，大量高附加值的产品在省外生产。三是产业整体技术水平低，创新能力不足。基于杜仲化学成分与功能主治相关的药效物质基础研究能力较弱，以杜仲为主药的新产品及二次开发不足，依据杜仲叶药效研发功能食品及其他制品的关键共性技术研究不够，杜仲化学、制剂、药理、功能食品及日化产品研发的科技人员严重匮乏，创新能力不足。

二、市场需求与前景展望

通过对杜仲的化学分析及药理研究，发现杜仲的化学成分主要是木脂素类和环烯醚萜类、有机酸、萜类、多糖、氨基酸和杜仲胶等有机化合物，并发现杜仲树皮及杜仲叶中含有丰富的维生素 E 及胡萝卜素，还有维生素 B_2 及微量的维生素 B_1，以及人体所需的铜、铁、钙、磷、硼、锌等 13 种元素。据俄罗斯学者实验确定，杜仲有很好的降压作用，无不良副作用，美国研究也同样认为杜仲有良好的降压作用，且确定有效成分是松脂醇二葡萄糖苷，药理学研究表明，杜仲的降压机理是直接作用于血管平滑肌，使血管外周扩张。因此，杜仲的药用价值已超出传统中药的范畴，广为现代医学所接受。

杜仲胶的品质优良，是良好的绝缘材料，耐酸、耐碱，不易酸化或被海水腐蚀，成为制造海底电缆的上等材料。杜仲橡胶硫化制品，质量与天然硬橡胶一样，可以制作轮胎，也可制成黏合剂，用以黏合金属、木材、岩石、皮革等；在骨科治疗上，可以代替石膏，制成小夹板、假肢套，其固定作用与石膏相同，而且经久耐用，不怕跌打；提取橡胶后的渣子，可以做工艺品及摔打不碎的儿童玩具。杜仲种子含有大量脂肪油，主要为亚油酸酯，也可为工业所利用。杜仲树的木材坚硬，色白有光泽，纹理细致，不翘不裂，不遭虫蛀，可做家具、农具、车、船及装饰品，可以广泛用于木材加工制品。

杜仲是园林绿化的优良树种之一，适应性强，病虫害少，对土壤的选择不严格。杜仲的树干笔直，树冠圆头形，树叶密集，遮阴面大，树皮灰白色或灰褐色，叶色浓绿，美观协调。近年来杜仲开始用于行道树的绿化，如北京海淀区万泉河两侧的行道树，选用的就是杜仲；中国科学院植物研究所北京植物园内，在 20 世纪 80 年代初期就选用杜仲作为行道树。在现代园林的植物配置中，以植物造园为主体，设计师们喜欢以 3～5 株 1 组将杜仲栽植于园林之中，使杜仲成为植物园、公园、街道小游园等公共绿地中的乔木绿化树种。

总之，杜仲既是常用中药材与重要药源，为医药工业和制造工业的重要原料，又是优良的园林绿化树种，用途广泛，开发前景极为广阔。只要采取科学的生产措施，规范化种植，采、育结合，杜仲生产的经济效益、社会效益和生态效益将异常显著。

主要参考文献

李荣辉. 1993. 杜仲栽培与加工[M]. 北京：金盾出版社：9, 27.

陆科闵. 1988. 苗族药物集[M]. 贵阳：贵州人民出版社：90-91.

马季荣，张怀礼. 1998. 树皮类中药材增产措施[J]. 山西成人教育，(5)：47.

农业部农民科技教育培训中心组. 2001. 杜仲栽培技术[M]. 北京：中国农业出版社：90-92.

冉懋雄. 2002. 杜仲[M]. 北京：科学技术文献出版社：7, 39-43, 50, 56, 82, 93-96, 169-188.

王俊丽. 2001. 杜仲研究[M]. 保定：河北大学出版社：75-76.

王康才，刘丽. 2003. 杜仲、黄柏高效种植[M]. 郑州：中原农民出版社：55.

王用平. 1982. 杜仲的简介[J]. 特产研究，(1)：8-10.

夏家超. 2008. 棒击杜仲增产提质[J]. 农村百事通，(11)：39.

闫灵玲，韩绍庆. 2004. 杜仲、厚朴、黄柏高效栽培技术[M]. 郑州：河南科学技术出版社：31.

张维涛，刘湘民，沈绍华，等. 1994. 中国杜仲栽培区划初探[J]. 西北林学院学报，9 (4)：36-40.

周政贤. 1958. 贵州遵义杜仲生物学特性及遵义杜仲林场营林问题[J]. 林业科学，(2)：129-148.

周政贤，郭光典. 1980. 我国杜仲类型、分布及引种[J]. 林业科学，(1)：84-91.

（江维克　冉懋雄）

3　枇　杷　叶

Pipaye

ERIOBOTRYAE FOLIUM

【概述】

　　枇杷原植物为蔷薇科植物枇杷 *Eriobotrya japonica*（Thunb.）Lindl.。别名：金丸、芦枝、杷菜、白花木等。以干燥叶（枇杷叶，又名杷叶、巴叶、芭叶、无忧扇、毛枇杷叶、白沙枇杷叶等）入药，其果实（枇杷）、树干韧皮部（枇杷木白皮）、根（枇杷树根）、花（枇杷花）、种子（枇杷核）亦可入药用。枇杷叶于历版《中国药典》收载。如《中国药典》（2015 年版一部）称：枇杷叶味苦，性微寒。归肺、胃经。具有清肺止咳、降逆止呕功能，用于治疗肺热咳嗽、气逆喘急、胃热呕逆、烦热口渴。枇杷果实（枇杷）又是著名药食两用之品，味甘、酸，性凉，无毒。归脾、肺，兼入肝经。具有润肺、止渴、下气功能。用于肺痿咳嗽、吐血、衄血、噪渴、呕逆及小儿惊风发热等症。枇杷树根又为常用苗药，苗药名："Ghab jongx det zend ninx"（近似汉译音："嘎龚豆真加宁"），性微冷，味苦，入热经药，具有清肺止咳、下乳、祛风湿功能。主治虚劳肺咳嗽、乳汁不通、风湿痹痛等症。在苗族地区常以枇杷树根适量与肉类煎汤或同炖服，广泛用于治疗虚劳咳嗽；以枇杷树根、姜黄、青鱼胆草适量与肉类煎汤或同炖服，用于治疗传染性肝炎；亦可用枇杷树根适量煎汤下乳，或以其鲜品捣烂外敷治风湿痹痛等症。本书将重点对枇杷种植与枇杷叶效用予以介绍。

　　枇杷药用历史悠久，以"枇杷叶"之名，始载于《名医别录》，云："枇杷叶，味苦，平，无毒。主治卒呃不止，下气。"其后，如《新修本草》《食疗本草》《本草衍义》《图经本草》《滇南本草》《本草纲目》《本草再新》等诸家本草，以及《医心方》《雷公炮炙论》《圣惠方》等中医药典籍均予以收载，并载可食用。例如，唐代苏敬《新修本草》云：枇杷"用叶须火炙，布拭去毛，不尔射人肺，令咳不已。又主咳逆，不下食。"唐代孟诜著《食疗本草》载：枇杷"利五脏，久食亦发热黄""子，食之润肺热上膲。若和热炙肉及热麵食之，令人患热毒黄病""叶，卒呕哕不止、不欲食。又，煮汁饮之，止渴。偏理肺及肺风疮、胸面上疮。"宋代苏颂《图经本草》曰："枇杷叶，旧不著所出州郡，今襄、汉、吴、蜀、闽、岭皆有之。木高丈余，叶作驴耳形，皆有毛。其木阴密婆娑可爱，四时不凋。盛冬开白花。至三、四月而成实。故谢瞻《枇杷赋》云：'禀金秋之青条，抱东阳之和气，肇寒葩之结霜；成炎果乎纤露，是也。'其实作梂如黄梅，皮肉甚薄，味甘，中核如小栗。四月采叶暴干，治肺气，主渴疾"。宋代寇宗奭《本草衍义》云：枇杷叶"江东、西，湖南、北，二川皆有之。以其形如琵琶，故名之。治肺热嗽有功。花白，最先春也。子大如弹丸，四五月熟，色若黄杏，微有毛，肉薄，性亦平，与叶不同。有妇人患肺热久嗽，身如炙，肌瘦，将成肺痨，以枇杷叶、木通、款冬花、紫苑、杏仁、桑白皮各等分，大黄减半，各如常制，治讫，同为末，蜜丸如樱桃大。食后，夜卧各啥一丸，未终剂而愈。"明代李时珍的《本草纲目》，更具体介绍了枇杷叶、果实、花、木白皮的应用历史与功效等，还提出了自己的不少见解。如在种植与形状上，提出"枇杷易种，叶微似栗，冬花春实。其子簇结有毛，四月熟，大者如鸡子，小者如龙眼，白者为上，黄者次之。无核者名焦子，出广州。"在炮制与功效上，枇杷叶修治去毛除按《新修本草》"或以粟秆作刷刷之，尤易洁净"外，还提出枇杷叶"治胃病以姜汁涂炙，治肺病以蜜水涂炙，乃良。"在"发明"下提出"枇杷叶气薄味厚，阳中之阴。治肺胃之病，大都取其下气之功耳。气下则火降痰顺，而逆者不逆，呕者不呕，咳者不咳矣。"从上可见，枇杷药食应用历史悠久，不仅民间皆广为食用，而且在祖国传统医药中应用广泛，特别是枇杷叶更成为广大民族民间与制药工业常用之品，也是贵州著名中药民族药及食药两用的特色药材。

【形态特征】

枇杷为多年生常绿乔本，高可达 20m；小枝粗壮，黄褐色，密生锈色或灰棕色绒毛。叶片革质，披针形、倒披针形、倒卵形或椭长圆形，长 12～30cm，宽 3～9cm，先端急尖或渐尖，基部楔形或渐狭成叶柄，上部边缘有疏锯齿，基部全缘，上面光亮，多皱，下面密生灰棕色绒毛，侧脉 11～21 对；叶柄短或几无柄，长 6～16mm，有灰棕色绒毛；托叶钻形，长 1～1.5cm，先端急尖，有毛。圆锥花序顶生，长 10～19cm，具多花；总花梗和花梗密生锈色绒毛；花梗长 2～8mm；苞片钻形，长 2～5mm，密生锈色绒毛；花直径 12～20mm；萼筒浅杯状，长 4～5mm，萼片三角卵形，长 2～3mm，先端急尖，萼筒及萼片外面有锈色绒毛；花瓣白色，长圆形或卵形，长 5～9mm，宽 4～6mm，基部具爪，有锈色绒毛；雄蕊 20，远短于花瓣，花丝基部扩展；花柱 5，离生，柱头头状，无毛，子房顶端有锈色柔毛，5 室，每室有 2 胚珠。果实球形或长圆形，直径 2～5cm，黄色或橘黄色，外有锈色柔毛，不久脱落；种子 1～5，球形或扁球形，直径 1～1.5cm，褐色，光亮，种皮纸质。花期 10～12 月，果期翌年 5～6 月。

枇杷为蔷薇科枇杷属植物，其与窄叶枇杷 *Eriobotrya henryi* Nakai 等同属植物极相似，见图 3-1。

（1-5枇杷：1. 花枝，2. 花，3. 花纵剖面，4. 子房横剖面，5. 果实；
6-9窄叶枇杷：6. 花枝，7. 花纵剖面，8. 幼果，9. 幼果横剖面）

图 3-1　枇杷植物形态图

（墨线图引自《中国植物志》编辑委员会，《中国植物志》，第 36 卷，科学出版社，1974）

【生物学特性】

一、生长发育习性

枇杷原产于热带、亚热带，在我国长江以南地区均可生长发育与栽培。一般情况下，在山东、北京、天津、河北等多数北方地区，冬季会出现严寒天气，不宜种植枇杷树。但经过低温驯化过的枇杷树，具有非常好的耐寒性，成活率亦较高，基本没有死苗现象。枇杷树寿命较长，嫁接苗 4～6 年开始结果，15 年左右进入盛果期，40 年后产量减少。但气温或地温在 0℃时，其枝叶和根生长滞缓而不良。枇杷果实在采摘前 7～15 天遇 35℃以上的高温，很容易产生日灼伤害，甚至影响枇杷树生长发育并使其果实失去食用价值。而且枇杷与大多数果树不同，在秋天或初冬开花，果实在春天至初夏成熟，比其他水果早，因此被称为"果木中独备四时之气者"。

二、生态环境要求

枇杷向阳，喜光，喜温暖、湿润环境，较耐寒，稍耐阴，适应性强，但不耐严寒。年平均温度 12～15℃即能正常生长。枇杷树冠整齐美丽，枝叶茂盛，终年常青，是优良的绿化植物，在山坡、路边、住宅、小区、学校、工厂、建筑物前后等处均可种植。因此，枇杷也作为绿化环境林木，常被用作园林、公园或道路景观树和庭院景观栽培。经观察，枇杷树对气候适应性较强，枇杷树花期为冬末春初，冬春低温将影响其开花结果。枇杷冬季不能低于-5℃，其在花期、幼果期不低于0℃的地区都能生长良好；10℃以上花粉开始发芽，20℃左右花粉萌发最合适。而气温在-6℃时对开花，-3℃时对幼果即产生冻害；枇杷对土壤要求不严，适应性较广，一般土壤均能生长并开花结果，但以富含腐殖质、疏松肥沃的土壤为最好。

【资源分布与适宜区分析】

一、资源调查与分布

经调查，蔷薇科枇杷属约有30种，分布在亚洲温带、亚热带，我国约有12种。在我国江苏、安徽、浙江、江西、湖北、湖南、四川、重庆、云南、贵州、广西、广东、福建、台湾、甘肃、陕西、河南等省（自治区、直辖市）均有枇杷资源分布与栽培，尤以我国西南及长江以南各地的枇杷资源分布为主，并在四川、重庆、贵州、云南、湖北等部分地区发现有零星枇杷野生资源分布。此外，日本、印度、越南、缅甸、泰国、印度尼西亚等国家也有枇杷资源分布与栽培。

二、贵州资源分布与适宜区分析

据调查，在贵州各地均有枇杷资源分布与栽培。在黔西南（如兴义、兴仁、安龙、册亨等）、黔南（如都匀、独山、紫云、龙里等）、黔东南（如凯里、麻江、施秉、雷山、锦平、黎平等）、黔北（如仁怀、赤水、遵义、湄潭、凤冈、余庆等）、黔东北（如玉屏、江口、思南、松桃等）及黔中（如开阳、清镇、乌当、修文、西秀等）等地，海拔较低（800～1200m）、温暖、向阳、湿润及土壤疏松而较肥沃的地带，多作园林或庭院林木栽培树种，更常作为经济果林或绿化林培植。枇杷的耐寒性比柑橘强，凡年平均温度在 12～15℃、冬季不低于-6℃、年降水量 1000mm 以上的地区均适宜枇杷生长与栽培，并可在喀斯特地带种植。以上各地皆为枇杷最适宜区。

除上述枇杷最适宜区外，贵州省内其他符合枇杷生长习性与生态环境要求的区域均为其生产适宜区。

【生产基地合理选择与基地环境质量检（监）测评价】

一、生产基地合理选择与基地条件

按照枇杷产地适宜性优化原则及其生态环境要求，选择其最适宜区或适宜区并具良好社会经济条件的地区建立规范化生产基地。例如，贵州省兴仁县佳文生态农业开发有限公司已在贵州省兴仁城北街道办事处锁寨村建立了枇杷规范化种植基地（图3-2）。该基地海拔最高点为丰岩村山顶（1100m），最低点为大桥河（800m），属典型的喀斯特地貌，境内山高谷深，多为残丘坡地。气候属暖温冬干型，因受各种因素影响，表现为高原型北亚热带温和湿润季风气候，冬无严寒，夏无酷暑，雨热同季，常年平均气温 15.2℃，7 月最热，平均气温 22.1℃；1 月最冷，平均气温 6.1℃（极端最高气温34.6℃，最低气温–7.8℃），全年大于 10℃的日数 243 天，大于 10℃的年积温 4588℃，无霜期为 281 天，春季冷暖气团交替出现，夏季受东南面海洋湿空气环流影响，南风多、湿度大、雨水较多，年均降水量为 1180～1250mm。土种以硅铁质黄壤为主，成土母质以黏土及页岩风化物为主，pH 为 5～6.5，耕层较厚，土壤肥沃。其地带性植被为常绿落叶阔叶混交林，主要树种有马尾松、杉、柏、栎、丝栗、枫香等，基地生境内的药用植物主要有杜仲、红豆杉、何首乌、淫羊藿、天冬、黄精、续断、地瓜藤、鱼腥草等。该枇杷基地建设还与生态园区石漠化环境治理紧密结合，当地县乡（镇）等各级党政与相关部门对枇杷规范化生产基地建设均高度重视，交通、通信等社会经济条件良好，广大农民有种植枇杷等经果林及药材的传统习惯与积极性，基地远离城镇及公路干线，周围 10km 内无工矿等污染源，其环境幽美，空气清新，均符合中药材基地环境选择的要求。

图 3-2　贵州兴仁枇杷规范化种植与生态园区建设基地

二、生产基地环境质量检（监）测与评价（略）

【种植关键技术研究与推广应用】

一、种质资源保护抚育

枇杷原产于热带、亚热带，为美丽观赏树木、药用植物和果树。枇杷经野生变家种、保护抚育与良种选育，已培育出不少优良品种。目前，枇杷品种很多，可分为红沙枇杷、白沙枇杷两类，前者寿命长、树势强、产量高，但品质不如后者；白沙枇杷生长、产量等都不如红沙枇杷，但品质优良。在生产实践中，经有目的有意识地选择适合所在种植环境的、不同类型的枇杷进行合理选育，则可培育出树势强、产量高、质量优、寿命长并具特色的新品种。我们应对枇杷种质资源，特别是适宜贵州黔西南、黔南、黔东北等地种植的新品种或引进适宜的种质资源，并切实加强保护抚育与规范种植，以求永续利用。

二、良种繁育关键技术

枇杷的良种繁育，目前主要采用种子繁殖，育苗移栽；也可采用无性繁殖（如嫁接繁殖等）育苗。在生产上，现主要采用种子繁殖及嫁接育苗，亦可高枝压条，用实生苗或石楠作砧木育苗。枇杷良种繁育苗圃，要注意选择背风向阳的地块，并经常保持湿润，排水良好。枇杷繁殖还要特别注意优选培育或引进优良品种，以有效进行其良种繁育与移栽造林（图 3-3）。

（一）优良品种分类

目前，我国已繁育出很多优良枇杷品种。枇杷品种一般依据果肉色泽和果形进行分类。

图 3-3　枇杷良种繁育圃

1. 按枇杷果肉色泽分类

（1）黄肉品种群：果肉带有橙色，包括橙红、浓橙黄和淡橙黄。果肉较紧密，风味浓，果皮较厚，生长强健，抗寒性强。如黄肉北亚热带品种群，主要有浙江的大红袍枇杷，黄岩的洛阳青枇杷，安徽的大红袍枇杷等；黄肉南亚热带品种群，主要有福建的解放钟、早钟 6 号和长红 3 号枇杷，四川成都的五星枇杷等。

（2）白肉品种群：果肉白色或淡黄色，不带有橙色。肉质细嫩，汁多味甜，香气浓郁，果皮较薄，但树势生长较弱，抗寒性较差，且不耐储运。如浙江余杭的软条白沙枇杷，江苏吴中区和相城区的白玉、照种枇杷，福建莆田的白梨枇杷等。

2. 按枇杷果实形状分类

（1）长形品种果实：长形品种果实纵径明显大于横径，有椭圆形、长倒卵形和长梨形等。这类品种果实中含种子较少，可食率较高。如浙江余杭的大夹脚枇杷等。

（2）圆形品种果实：圆形品种果实纵横径无显著差异，有圆形、扁圆形、短倒卵形等。这类品种果实中含种子较多，可食率较低。如浙江的大红袍、宝珠枇杷等。

（二）优良品种选择

目前，我国有如下主要优良枇杷品种可引种选择供用。例如，"白沙枇杷"，是主产于浙江、江苏、上海等地的优良品种。其著名"冠玉"和"翠玉"枇杷，是近年来从白沙枇杷实生系中筛选培育的两个优良白沙枇杷品种，均属优质大果型品种。"冠玉"枇杷，果扁圆形，单果重 43.3～61.5g，果面乳白或乳黄色，果肉厚 0.8～1cm，白色或乳白色，肉质细，果皮厚中等，易剥离，核 3～5 粒，味甜较浓，微香，果实耐储运，抗寒性强，较丰产，成熟期为 5 月底至 6 月初。"翠玉"枇杷，树冠圆头形，生长势及抽枝力均较强，3 月上旬至 4 月初抽发春梢，5 月下旬至 6 月上旬抽发夏梢，8 月中旬至 9 月初抽发秋梢。嫁接苗 4～5 年进入结果期，结果树于 11 月上中旬开花，12 月上中旬进入盛花期，3 月初至 5 月上旬进入幼果迅速膨大期，5 月中下旬进入果实成熟期和采收期。

又如，"五星枇杷"，是四川省成都市龙泉驿区枇杷基地通过从实生树中选种育成的优质大果型枇杷新品种，因其脐部呈大而深的五星状，故命名为"五星枇杷"。由于其品质优、果型大、抗病力强、适应性广，在 1999 年昆明世界园艺博览会上获银奖（枇杷类最高奖）。五星枇杷果实卵圆形，果肉厚，橙红色，易剥皮，质地细嫩，风味浓甜。在当地 5 月中、下旬成熟。经疏果后的五星枇杷，平均果重 81g，最重可达 194g。该果实椭圆形，脐部呈极大而深的五星状，皮橙黄色，绒毛浅，果肉橙红色，柔软多汁，种子 2～3 粒。可溶性固形物 14.6%，糖 12.8%，可食率 78%。在成都地区 9 月下旬至次年 1 月为其花期，果实 5 月上旬成熟。其树势开张，结果早，以夏梢和春梢结果为主，早结丰产，一般栽后第 2 年可试花挂果，密植园（2m×1.5m）第 3 年每亩产量达 500kg 以上；第 4 年进入丰产期，每亩产量达 1000kg 以上。五星枇杷现已在四川、贵州、广西、湖南、湖北等地大面积推广。2003 年，又从大量五星枇杷实生树中筛选育成优良单株，并依法培育成"大五星枇杷"。其果圆形，橙红色，向阳面有锈斑，萼片大开，呈五星状而明显区别于其他闭萼的枇杷品种（如"龙泉一号"），具有果肉厚、汁多、肉软而浓甜等优点，可溶性固形物含量达 13%～15%，籽 3～5 粒。贵州省兴仁枇杷规范化种植基地种植的枇杷，则系从四川成都市龙泉驿区引种的大五星枇杷。

再如，"三潭枇杷"，是主产于安徽歙县的优良品种。安徽歙县是我国主要枇杷产区之一，因其枇杷生长在新安江的漳潭、绵潭、瀹潭 3 个相邻大潭的两岸群山上，故称之为"三潭枇杷"。安徽歙县特有的地理环境，非常适合枇杷生长。三潭枇杷品质优良，具有皮薄、肉厚、汁甜、营养丰富、个大味美等优点。

三、规范化种植关键技术

（一）基地选择与合理建园

枇杷基地应选在自然条件符合枇杷生物学特性要求，交通方便，经济社会良好的地方。基地年平均温度为 12～15℃，冬季不低于-8℃，或此极端最低温的出现年率低于 30%，年降水量 1000mm 左右，土壤深厚肥沃，疏松透气，pH 为 5～6.5 的微酸性砂壤土为最好。在微碱性土壤上（如山区的微碱性石骨子土，pH 7.5～7.8），枇杷虽然仍能生长正常而不黄化，表现出良好的抗性，这一特性明显优于梨、桃、李、柑橘等果树。但应对其土壤加以改造，由于枇杷的根系分布浅，扩展力弱（一般不超过树冠滴水线），抗风力差，所以必须对土壤进行深翻改土或壕沟压绿，或大穴压绿，将苗木定植于沟上或大穴上（土层不足 50cm 的应爆破改土），以后每年向外扩穴，深翻压绿，以提高土壤透气性和肥力，引根深入土中，增强根系生长，扩大根群分布，使植株生长健壮，增加抗风力。必须保证在每年 11 月至翌年 5 月的果园能有便利灌溉条件，不宜选用地势低平、容易积水的土地。对平地或黏性土，应每两行开 40cm 宽、50～60cm 深的通沟排水，以免涝害。若进行较成片枇杷园林的建园，其种植地宜选择较平整坡地、土层深厚、疏松肥沃、富含有机质的历年耕作地块，并于种植前全面深耕 30cm 以上。

（二）定植移栽与合理间作

1. 定植移栽

（1）栽植时间：有灌溉条件的宜在 2～3 月进行枇杷栽植；没有灌溉条件的应在 6 月中旬（雨季初期）栽植；亦可在 9 月至次年 3 月定植。尤宜于冬季温暖时定植枇杷为佳，并以 10 月的秋雨季节栽种为最好。

（2）苗木处理：可不带土取苗，但挖前应先灌透水，以便挖取全根（远距离栽种时，此法优于带土苗）。不带土的苗木，栽植前可用多菌灵等杀菌液浸泡，浸泡苗木根系至嫁接口 10cm 处为宜。枇杷叶大，蒸腾量大，挖取枇杷苗时应剪去所有叶片的 1/2～2/3，嫩梢叶片也应全部剪掉。

（3）栽植密度：在建矮密早果枇杷园时，可按株行距 1m×3m（每亩约需苗 222 株）和 2m×3m（每亩约需苗 111 株）等方式栽植。气候温暖，枇杷树生长快，种植密度宜为 60～70 株/亩，株行距密度为 3m×4m 或 3m×3.5m，定植 3 年后可挂果，一定年限后实行间伐，以有利于管理和获得早期丰产。

（4）栽植方法：在种植前一年的 9～10 月，趁土壤湿润开挖深 60cm、口宽 80cm、底宽 70cm 的定植坑，同时把表土和底土分开堆放。每定植坑施入 30kg 农家肥或糖泥、0.8kg 钙镁磷肥作底肥，与表土混合后施入植穴，再将原底土全部回填。回填工作必须在种植枇杷苗两个月前结束，以使基肥充分腐熟、填土沉实。

移栽苗应无病虫、叶色浓绿、根系发达，嫁接口粗度要在 1cm 以上，接口愈合良好，接口以上 45～50cm 最好是分枝的。栽植时，应将枇杷根系均匀摆布，并用细泥土填根，使所有根系都与细泥土充分接触，以刚盖到根颈部，露出嫁接口为宜。定植的厢面，应高于周围地面 20～30cm。苗株根颈部应以地面平齐，不能过深，应剪去部分叶片、嫩枝，以减少蒸发。栽后浇透定根水，每株浇水 20～25kg（具体依土壤湿度而定），必须浇足浇透，这是提高苗木成活率的关键。待水透入土壤后，用薄膜覆盖树盘 1m² 的范围，但一定要封严薄膜的边口，以真正保持土壤湿度和提高地温。栽后，应注意检查，土壤干燥时应及时浇水，待水渗下后再盖一层细土。

2. 合理间作

幼龄枇杷园的行间，可间作绿肥、豆类作物和蔬菜、草莓等。但以种植绿肥为最好，在 4～6 月将其割下盖于树盘内（应在绿肥产籽前）为佳。在间作时，禁止于幼龄树盘 1m 的范围内间作，并以树盘的土壤覆盖间作作物，并应保持树盘土壤疏松透气，以利幼龄枇杷及间作作物的苗壮成长。

（三）幼苗管理与花枝培育

1. 幼苗管理

定植后第 1 年需施浓度为 10%～30% 的人粪尿 3～4 次；第 2 年每株施农家肥或腐熟塘泥 15kg 和复合肥 0.8kg。注意防治病虫害，酸性土要施适量石灰，促进幼树苗壮成长。幼树当年抽发的枝梢，选 1 枝作主干，留 4～5 枝培养为第 1 层主枝；主干生长距第 1 层主枝 50cm 摘心，促使萌发轮生枝培养第 2 层主枝 3～4 枝。主干生长距第 2 层主枝 50cm 再摘心，促使萌发轮生枝培养第 3 层主枝 3～4 枝；主枝再生长到 70cm 时拉成水平枝并摘心，促进副主枝萌发，使树冠矮化。经两年半的培养，分枝达到 6～7 级。统一定干后，第一次抽发的枝梢为 4～5 个，培养为一级主枝，在每一主枝上抽发第一次梢 3～4 枝，形成第二副主枝，在每条副主枝上再抽发 2～3 个枝梢形成 3 级骨干枝，然后在骨干枝上培养结果枝组。一般幼苗定植 3 年在挂果后，再依实际情况于一定年限后实行间伐，以有利于园林管理和获得早期丰产。

2. 花枝培育

枇杷以夏梢为开花、结果最基本的结果母枝，结果母枝的生长状态，包括长度、粗度、叶量和厚度等，与开花结果关系极为密切，因而培养良好的花枝、结果母枝是取得丰产稳产的关键环节之一。良好的结果母枝，必须具备下列条件。

（1）长度：一次梢长 5～10cm，二次梢长 12～19cm。

（2）粗度：与开花结果的可靠性成正比，秋梢粗度适中（0.5cm），营养积累多，开花结果则可靠。

（3）夏梢：注意培育夏梢，其叶片生长正常，数量多，充分老熟。

（4）果枝：注意培育花枝，其结果母枝的花、叶片面积与结果量成正比。

（四）及时排灌与合理套袋

1. 及时排灌

枇杷在果实成熟期间若降雨过多，易造成果实着色不良和裂果，因此在多雨地区与时节，应注意排水。夏季暴雨和秋季绵雨，易造成死树，湿度过大也不利于夏季（有暴雨地区）枇杷枝梢的停长成花，应加强开沟排水。春旱期间正值幼果发育时期（3～4 月），应适当灌水。而冬季干旱，正值枇杷谢花后的细胞分裂期，是决定枇杷果子大小的关键时期，因此，更应保证整个冬季的土壤湿润。

2. 合理套袋

早熟枇杷于 1 月初，其幼果就约有拇指大，可套袋防冻、防病虫害等，以提高枇杷果实的质量产量，避免或减轻损失。

（1）套袋材料：套袋材料对枇杷果实色泽与品质均有较大影响。如用透明度高的白纸或报纸做纸袋，果实则为深红色，糖度高，但果肉较硬，果汁较少，风味较差；而用透明度较低的纸套袋，果实则为浅红色，果软而多汁，味佳，但糖度较低，成本高。目前，采用最多的是报纸袋，成本低，效果好，农民容易接受。即将报纸做成长方形纸袋（长 20cm×宽 15cm），具体大小尚应依枇杷果穗大小而适当增减。同时，由于枇杷为早熟果品，可在 2～3 月成熟，但那时少有别的水果，故果实易受鸟类、夜蛾和蝙蝠等为害，因此，应采用两层的报纸袋套袋保护果实。

（2）套袋方法：套袋前，先疏去一部分过多的果穗支轴（通常每穗中保留 2～3 个支穗），然后疏去病虫果、冻伤果或机械损伤果，再疏去小果和密生果，保留中部膨大稍圆的果实。树势旺、结果枝强壮、叶片多的树，以及树冠中部和下部适当多留果，相反则少留果。在合理疏果后必须喷一次药（以杀菌和杀虫药剂混合喷用为佳）。喷后，待药水干后才进行套袋。并应遵从由上到下、从里到外、小心轻拿的原则进行套袋。注意：不要用手触摸幼果，防止果面形成果锈，不要碰伤果和防止落果。将袋口充分撑开，手托起袋底，将幼果套入袋中，位置适当，防止果实触及袋面，以减轻日灼。袋的基部提紧后，用尼龙线扎紧，也可用订书钉夹住。每批套袋宜在袋上做出标记，区别成熟期的迟早，以便采收时辨认。套袋中途如出现纸袋破损，要及时补牢，摘果时才予撕袋（图3-4）。

图 3-4　枇杷果实套袋

（五）修剪整形与合理施肥

1. 修剪整形

整形修剪是枇杷密植园成败的关键，是最重要的关键技术环节之一。贵州省与长江流域一样，以夏剪最为适宜。因为夏季气温高、雨水多，而此时的枇杷树已无生殖生长负担，发梢力强，夏剪推迟了枇杷枝梢抽发和停梢期，而增强了树势，并能推迟花期，避开冻害。故夏剪是为了恢复树势，促生健壮的枝梢与树体，为次年枇杷丰产打下良好基础。

1）修剪

重在夏季修剪，即夏剪时，应注意删除密生枝、衰弱枝、病虫枝及枯枝、短截徒长枝、部分多年生弯曲枝和衰弱枝组，删除或短截采果后的结果枝。由于栽培枇杷的开花结果以夏梢为主，而成年树的夏梢，大多在摘果后，由果穗基部的隐芽抽发，且花芽分化属夏秋连续型，故夏剪最好应在摘果后立即进行，并应于 8 月底以前修剪完毕，使枇杷能在 8 月下旬至 9 月初抽发出整齐健壮的夏梢，并尽早分化花芽。这样的夏梢，则有 90%以上能开花结果。

对枇杷进行具体夏剪时，要根据其不同植株、不同树冠形状，不同植株采用不同的修剪方法：①对于生长旺盛开花较多的植株，对已经采过果的结果枝应去弱留壮；对少数使树冠过于郁蔽的小枝组，应进行回缩短截，并剪除病虫枝和枯枝，以增加树冠通透性为重。

②对于生长健壮但开花较少的植株，则可剪去部分衰弱枝，并选取少数密生枝组进行回缩短截，以增加树冠外部通透性和内部绿叶层为重。③对于生长衰弱但开花较多的植株，应将已采果的结果枝剪除；经春季回缩短截后萌发的新梢应留强去弱，以使每个基枝上能保留 1～2 个新梢为重。④对于生长衰弱且开花较少植株，可将衰弱枝组回缩短截；经春季回缩短截后萌发的新梢应去弱留强，以使树冠换上健壮枝梢为重。⑤对于无花或基本无花的植株，应在春季进行更新修剪，而不宜夏剪。

　　2）整形

　　枇杷分枝具有明显的规律性，顶芽生长势强；腋芽小而不明显，生长势弱。萌芽时的顶芽和附近几个腋芽抽生枝梢，而下部的腋芽，均成为隐芽；顶芽为中心枝向上延伸，腋芽则成为侧枝向四周扩展。因此，枇杷主干（或称"中心干"，下同）非常明显，树体表现为明显层性，扇形通风透光好，前期产量高，丰产性好，品质优良，见效快，适合密植园整形。为了适应这一特性，密植园常采用下述整形方式及疏花、保花保果、促花及增大果实等相关措施。

　　（1）小冠主干分层形：此形是由一个中心干与适当主分枝而分层组合形成的树形。该树形产量高，负荷大，适合株行距 2m×3m（每亩栽植 111 株）的枇杷密植园。中心干高 30～40cm，第一层 3～4 主分枝与中心干成 60°～70°夹角；第二层 2～3 个主分枝与中心干成 45°夹角；第三层 2 个主分枝与中心干成 30°夹角，层间距 80～100cm。3～4 年完成整形，成形后树高 2.5m 左右，以后随着树年龄的增大应落头开心，减少主分枝层数。其整形方法为：选择 30～40cm 的苗木定植，栽后不作任何修剪，待其抽生顶芽和侧芽（腋芽），顶芽任其自然向上生长，选留 3～4 个腋芽枝为第一层主分枝，均匀分布在 360°方向，使之与中心干成 70°夹角（可用竹竿、绳索固定），其余枝梢在 7 月上、中旬枝梢停止生长时扭梢、环割、拉平以促进成花。中心干第二次萌发的侧枝，若与第一层相距在 100cm 以下，则进行扭梢；若主分枝距第一层达 100cm 时，则选作第二层主分枝（2～3 个），与中心干成 50°～60°夹角，依同法选留第三层主分枝，与第二层的层间距为 70～80cm（与中心成 30°～45°夹角）。待第三层主枝留好后，剪除中心干，其余枝除主分枝顶芽任其生长外，其他侧枝及其背上枝均在 7 月中旬扭梢、环割、拉平促花。

　　（2）"Y"字形：此形是由两个主枝（中心干）与适当主分枝而组合形成的树形。该树形通风透光好，前期产量高，丰产性好，品质优良，见效快，是生产大果高糖性果实的首选树形，适宜株距 1m、行距 2～3m（每亩栽植 222～333 株）的枇杷密植园。其主要整形步骤为：第一年栽苗时按南北行向栽植，不要中心干，只选两个分枝做主分枝培养，分别斜向上伸向行间呈东南、西北方向，与行间呈 45°夹角（当行距较大时，两主枝可垂直伸向行间），再依上法并结合实际进行整形。

　　注意：①各层主枝应保持较强的生长优势，树形未培养成功之前，不能让各层主枝的顶芽开花结果；②各层内，除主枝以外的枝条暂不宜去掉，应先行促花挂果后，再行回缩修剪，以获得早期产量，这是获得幼树早期产量的关键；③各层主枝，在中心干上，应保持相互错落有致的分布，以利通风透光和促进枇杷树冠内外立体挂果；④夏季修剪必须以通风透光、增强树势为前提条件。修剪疏密生枝、交叉枝、重叠枝、病虫枝、枯枝。对结果枝则要短截，对衰弱结果枝要进行更新，对已萌芽的春梢侧枝，要保留 1～2

个枝梢，疏除过多的弱枝，对徒长枝，则视树冠的空间大小酌情间疏，短截或拉枝保留。对伤口过大的主枝，要及时用石硫合剂涂抹伤口，以防伤口被病菌侵染而影响树势的生长。

（3）相关措施：对坐果量的调节，主要是采取疏花、保花保果、促花及增大果实等措施，使果园达到合理的产量，生产优质商品果与叶，并年年丰产。其疏花疏果措施，是因枇杷春、夏梢都易成花，每个花穗一般有60～100朵花，而只有5%的花形成产量，所以必须疏除过多的花，尤其是大五星枇杷为了生产优质商品果，更需疏除相当部分的花和幼果。其具体措施如下：

疏花：在10月下旬至11月进行，对花穗过多的树，应将部分花穗从基部疏除；中等树可将部分花穗疏除1/2。根据花量确定疏花的多少。适当疏花后，可使花穗得到充足的养分，增加对不良环境的抵抗力，提高坐果率。疏果则在2～3月份春暖后进行为宜。并疏除部分小果和病果，每穗按情况留1～3个果即可。3月中旬疏除过多幼果、小果。

保花保果：对部分坐果率低的品种和花量少的植株，以及冬季有冻害的地区，都应实行保花保果，多余的果则在3月中旬后疏除，以确保丰产。保花保果的主要方法有：头年11月上旬（开花前），12月下旬（花后）和次年1月中旬各喷1次0.8%的枇杷大果灵；在谢花期，用10mg/L的九二〇进行叶面喷施可提高坐果率38.5%；在花开2/3时，用0.25%磷酸二氢钾加0.2%尿素和0.1%硼砂叶面喷施，可提高坐果率34%。

促花：枇杷密植园在当年夏梢停止生长后，对树势较旺的，尤其是抽出春夏二次梢的植株，均应在7～8月采取措施促进花芽分化，使其在秋冬开花结果。主要方法有：7月上旬和8月上旬各喷1次500mg/L的15%多效唑；在7月初，夏梢停止生长时将枝梢拉平，扭梢、环割（割3圈，每圈相距1cm）和环剥倒贴皮等；在7～9月注意排水并保持适当干旱。

增大果实：2月底、3月底至4月中旬用30mg/L吡效隆（CPPV）+500mg/L九二〇（GA）喷幼果，可增大果实；3月底至4月上旬，用枇杷大果灵100倍液浸果2次（10天1次）；末花期（花后5天）和幼果期（花后10～15天内）各喷1次果大多（每小包加水50kg），可提高坐果率和增大果实。

2. 合理施肥

枇杷为常绿果树，叶茂花繁，需肥较多。应以氮、磷、钾配合使用。幼年树以氮磷肥为主，成年树则配合钾肥。施肥时间必须结合枝梢生长而确定，如枇杷的枝梢一年有4次抽梢高峰，主要为：春梢（2～4月）、夏梢（5～6月）、秋梢（8～9月）、冬梢（11～12月），以春、夏、秋梢为主，尤以夏、秋梢生长最长。从枇杷的整个物候期来看，5月份采果期及采果后的夏梢母枝的抽发期；7～8月份枇杷花芽的集中分化期；9～10月份花芽的外部形态表现期及初花期；11月盛花期；12月至翌年1月花后幼果形成期及越冬期；翌年2～4月幼果迅速膨大期。冬干春旱，并伴有冬季偶尔出现的零下低温霜冻；7～8月份的暴雨；9～10月的连绵秋雨。而地下的施肥，必须为地上部的生长服务。因此，在枇杷幼树和成年挂果树时，应依如下方法进行施肥。

（1）幼树施肥：采用薄施勤施的原则合理施肥，从栽植成活至萌芽时施第一次肥，只施清粪水即可。此后，以速效氮肥加速效磷肥和清水粪为主。萌芽时施一次，展叶后再施一次。定植第一年，每次亩施尿素 2.5kg，过磷酸钙 5kg，清粪水 500kg 以上（按 111 株/亩计）。以后根据树体长势，逐月增加。定植第一年保证 8 次以上的肥水，一般当年生长量可达 30～40 分枝以上，次年即可进入试花挂果。

（2）成树施肥：一般每年需施 4 次肥：第一次，施春季壮果肥。2 月上中旬施用，此时根系处于第一次生长高峰，为便于吸收养分，主要作用为促发春梢和增大果实。由于春梢能成为当年的结果母枝和夏秋梢的基枝，因而此次施肥比较重要，以速效 N、P、K 复合肥为主，以促进幼果膨大。每亩可施尿素（氮肥）25～50kg，过磷酸钙（磷肥）50kg，硫酸钾（钾肥）25kg，人畜粪水（清粪水）4000～5000kg。第二次，施夏梢肥。在 5 月中旬至 6 月上旬采果后施用（晚熟品种采果前施）。此时正值根系第二次生长高峰，主要恢复树势和促发夏梢，并促进 7～8 月的花芽分化。由于夏梢抽生多而整齐，且当年多能形成结果母枝，促发夏梢是保证年年丰产的主要措施，因而，此次施肥量应大，以速效化肥结合有机肥施用。一般亩施尿素 50～80kg，磷肥（过磷酸钙）50kg，有机肥（清粪水）4000～5000kg，并适当浇水抗旱，有利于夏梢生长。第三次，施秋肥或花前肥。在 9～10 月上旬抽穗后开花吐蕾前施用，主要促进开花良好，提高坐果率和增加防寒越冬能力，以迟效肥为主。亩施豆饼肥 5kg，复合肥 50kg，清粪水 2000～3000kg。成年树的施肥，应注意参考树势情况来确定，如根据抽枝发叶的多少和叶片色彩的深浅、花、果的多少等，增加或减少用肥量，有针对性地进行施用。第四次，施冬肥。在 12 月中旬，用火烧土及草木灰，或塘泥 100kg，施于根部或环沟内，以促进来年发春梢及提高坐果率等。

注意：①枇杷成熟后，树体营养水平相对较低，采果后必须及时施足肥料，要求重施有机肥和复合肥，施肥量应占全年的 50%左右。特别是丰产园更要加大施肥量，每亩可施农家厩肥 1000～1500kg，速效复合肥 50kg、饼肥（油枯）100～150kg，亦可另加尿素 250g。②施肥时，宜采用树冠下周围环状沟施肥法，即以树冠滴水为界，进行环状沟施，并应注意适时灌水，以利根系吸收营养。

（六）主要病虫害防治

1. 主要病害防治

（1）癌肿病：又名芽枯病，是一种细菌性病害，病菌在树干病部越冬。3～4 月发生。在新梢新芽上产生黑色溃疡，芽枯，或常使侧芽簇生，叶上病斑黑色有明显黄晕。被害果，果面溃疡粗糙，果梗表面纵裂。枝干被害，初为黄褐色不规则斑点，表面粗糙，后生环纹状隆起开裂线，露出黑褐色木质部，呈癌肿状，引起枝干枯死。

防治方法：①加强果园管理，注意排水，增强果树抗病力，对病枝及时剪除，病叶、病果及时收集用火烧掉，清除病源。②发病初期（3 月初）喷 8000 倍大生 M-45 或 1200～1500 倍多霉清 1～2 次。

（2）叶斑病：为害叶片，病斑呈多角形，赤褐色，外有黄晕，后期长黑霉呈点状，以菌丝块及分生孢子越冬，温暖地区周年发病。

防治方法：①加强果园管理，清除落叶，结合修剪除去病枝病叶，在雨季做好排水防涝，并加强园林管理，增强树势。②在新叶长出后，喷 1∶1∶160 的波尔多液或发病初期喷 1200～1500 倍多霉清液等。

（3）灰斑病：为害叶片，病斑圆形或愈合后不规则形，赤褐色，扩大中央为灰黄色，外缘呈灰棕色，后期病斑上生出黑色小点，有时呈轮纹排列，以分生孢子器及菌丝在病叶上越冬。

防治方法：与叶斑病防治方法同。

（4）污叶病：以叶片反面发生较多，初为污褐色圆斑或不规则，后长出煤烟状霉，可布满全叶片，以分生孢子及菌丝在病叶上越冬。

防治方法：与上灰斑病防治方法同。

（5）赤锈病：为害叶片，产生橙黄色至黄褐色锈斑，呈粒状，具外膜，不飞散。

防治方法：与叶斑病防治方法同。

其他常见病害有炭疽病、紫斑病等，可在叶片展开时用 20%甲基托布津 800～1000 倍液或 40%乙磷铝 500 倍液进行喷雾预防，或结合实际加以有效防治。

2. 主要虫害防治

（1）黄毛虫：幼虫黄色，后成橙花黄色，老熟幼虫体长 20cm 左右。其幼虫啃食枇杷的嫩芽嫩叶，发生多时，叶子可几乎被食光。幼树受害时，损失更严重。以蛹在茧中附于树皮裂缝凹陷处或老叶背面越冬，5 月成虫出现，产卵于叶背上。第一代 6～7 月为害叶片，第二代在 7 月至 8 月中旬发生，第三代 8 月中旬至 9 月中旬发生，与枇杷嫩叶长出期相吻合，以 1、2 龄幼虫群集新嫩梢上为害。

防治方法：防治关键在其幼虫期，可用 20%杀灭菊酯 4000～5000 倍液，或 2.5%溴菊酯 3000 倍液，或 2.5%灭幼脲 3 号悬浮剂 1500～2000 倍液喷杀。冬季清园时，清除越冬茧，结合人工捕杀 1～2 龄幼虫。

（2）舟蛾：又名舟形毛虫，是为害枇杷叶片的主要害虫，专食老熟叶片。开始啃食叶肉，仅剩下表皮和主脉。一年发生 1 代，以蛹在枇杷树干附近的土中越冬，7 月分化，在傍晚活动。产卵于叶背，10 粒排成一块，8 月下旬孵化，1～2 龄幼虫群集，头向外整齐排列在一张或数张枇杷叶背上为害。被害叶成纱网状，一树上发生的虫口极多，早晚取食，可很快将整株枇杷树的叶吃尽。幼虫受惊时有吐丝下垂的假死现象。9～10 月老熟幼虫入土越冬。幼虫初为黄褐色，后为紫褐色。

防治方法：冬季中耕，挖除树干周围土中的蛹茧；8 月下旬集中捕杀集群的低龄幼虫；若幼虫已散开取食，可选 20%杀灭菊酯 5000 倍液或灭扫利 3000 倍液喷杀。做好套袋，避免病虫侵入，也不会受天晴下雨天气的影响，能保证枇杷果面光滑整洁。

（3）桑天牛：主要为害枇杷树枝，幼虫先沿树皮啃食，然后进入木质部为害，以致引起枝条枯死。

防治方法：做好套袋，避免病虫侵入，也不会受天晴下雨天气的影响，能保证枇杷果面光滑整洁。可用 40%敌敌畏 50 倍液，蘸入棉花后塞入蛀孔内，再用黄泥封堵洞口杀灭。

（4）刺蛾：又名火辣子、八角丁。其种类多，为害枇杷的主要有扁刺蛾、黄刺蛾等。每年 1～2 代，7 月中旬至 8 月中旬为第一代，9 月初至 10 月底为第二代。

防治方法：做好套袋，避免病虫侵入，也不会受天晴下雨天气的影响，能保证枇杷果面光滑整洁。可用 20%杀灭菊酯 5000 倍液，在防治其他害虫时一并防治。

其他常见虫害有天牛、黄毛虫等，可用人工捕杀或用药剂堵塞虫洞杀灭。如 5～6 月有黄毛虫为害时，可人工捕杀，也可用乐果或敌百虫 100 倍液喷杀，或结合实际加以有效防治。

（七）冬季管理

加强冬园管理，注意适时清园，剪除病虫枝并将园林中的枯枝落叶等一并清除，集中烧毁；刮除枝干病斑裂缝，用石灰水涂树干，减少越冬病虫源；适量施以农家肥为主的冬肥，并适当培土，提高抗病虫害能力，以利来年生长。还应除去林间地埂杂草，集中堆沤作堆肥用或烧毁，可有效减少来年病虫害的发生。

贵州兴仁枇杷规范化种植基地大田生长情况，见图 3-5。

图 3-5　贵州兴仁枇杷规范化种植基地大田生长情况

　　上述枇杷良种繁育与规范化种植关键技术，可于枇杷生产适宜区内，并结合实际因地制宜地进行推广应用。

【药材合理采收、初加工、储藏养护与运输】

一、合理采收与批号制定

（一）合理采收

　　枇杷成树后，枇杷叶全年均可采收；枇杷果实多于 5~6 月采收。枇杷叶应以剪刀等工具，注意将成束成叶剪下并收集放置于干净容器内即可。果实采收，应在果皮充分成熟时分批采收，先成熟的先采，若作长途运输则适当早采。由于枇杷果皮薄，肉嫩汁多，皮上有一层绒毛，所以采摘时要特别小心，宜用手拿果穗或果梗，小心剪下，不要擦伤果面绒毛，碰伤果实。采后轻轻放在垫有棕垫或草垫的果篮中，再收集包装或冷藏，供食用或加工用。

　　枇杷叶或枇杷果实的具体采收时间，以上午、下午或阴天为好，不能在大雨或高温烈日下采收。

　　枇杷果实，见图 3-6。

图 3-6　枇杷果实

（二）批号制定（略）

二、合理初加工与包装

（一）合理初加工

将采集的枇杷叶在阳光下晒至七成干时，扎成小把，再晒干。并重叠压平，待包装。若遇阴雨，应及时依法烘干（60℃以下）（图 3-7）。

有关枇杷果实的加工（略）。

图 3-7　枇杷叶药材（左：干燥全叶；右：去毛切碎）

（二）合理包装

将干燥枇杷叶，按 50kg 打包成捆，用无毒无污染材料严密包装。在包装前应检查是否充分干燥、有无杂质及其他异物，所用包装材料应符合药用包装标准，并在每件包装上注明品名、规格、等级、毛重、净重、产地、批号、执行标准、生产单位、包装日期及工号等，并应有质量合格的标志。

三、合理储藏养护与运输

（一）合理储藏养护

枇杷叶应储存于干燥通风处，温度 30℃以下，相对湿度 60%～70%。商品安全水分 11%～13%。本品易变色，生霉，虫蛀。采收后，若未充分干燥，在贮藏或运输中易感染霉菌，受潮后可见白色或绿色霉斑。存放过久，颜色易失，变为深黄或黄褐色。为害的仓虫有天牛等，蛀蚀品周围常见蛀屑及虫粪。贮藏前，还应严格入库质量检查，防止受潮或染霉品掺入。平时应保持环境干燥、整洁。定期检查，发现吸潮或初霉品，应及时通风晾晒，虫蛀严重时用较大剂量磷化铝（9～12g/m³）或溴甲烷（50～60g/m³）熏杀。

（二）合理运输

枇杷叶药材在批量运输中，严禁与有毒货物混装并有规范完整运输标识。运输车厢不得有油污与受潮霉变。

【药材质量标准、质量检测与监控】

一、药材商品规格与质量检测

（一）药材商品规格

枇杷叶药材以无杂质、霉变、虫蛀，身干，味微苦，上表面灰绿色、黄棕色或红棕色，较光滑，下表面密被黄色绒毛，革质而脆，易折断，皮较厚者为佳品。其药材商品规格为统货，现暂未分级。

（二）药材质量检测

按照《中国药典》（2015 年版一部）枇杷叶药材质量标准进行检测。

1. 来源

本品为蔷薇科植物枇杷 *Eriobotrya japonica*（Thunb.）Lindl .的干燥叶。全年均可采收，晒至七成干时，扎成小把，再晒干。

2. 性状

本品呈长圆形或倒卵形，长 12～30cm，宽 4～9cm。先端尖，基部楔形，边缘有疏锯齿，近基部全缘。上表面灰绿色、黄棕色或红棕色，较光滑；下表面密被黄色绒毛。主脉于下表面显著突起，侧脉羽状；叶柄极短，被棕黄色绒毛。革质而脆，易折断。气微，味微苦。

3. 鉴别

（1）横切面：上表皮细胞扁方形，外被厚角质层；下表皮有多数单细胞非腺毛，常弯曲，近主脉处多弯成"人"字形，气孔可见。栅栏组织为 3～4 列细胞，海绵组织疏松，均含草酸钙方晶和簇晶。主脉维管束外韧型，近环状；束鞘纤维束排列成不连续的环，壁木化，其周围薄壁细胞含草酸钙方晶，形成晶纤维；薄壁组织中散有黏液细胞，并含草酸钙方晶。

（2）理化鉴别：取本品粉末 1g，加甲醇 20mL，超声波处理 20min，滤过，滤液蒸干，残渣加甲醇 5mL 使其溶解，作为供试品溶液。另取枇杷叶对照药材 1g，同法制成对照药材溶液。再取熊果酸对照品，加甲醇制成每 1mL 含 1mg 的溶液，作为对照品溶液。照薄层色谱法（《中国药典》2015 年版四部通则 0502）试验，吸取上述三种溶液各 1μL，分别点于同一硅胶 G 薄层板上，以甲苯-丙酮（5：1）为展开剂，展开，取出，晾干，喷以 10% 硫酸乙醇溶液，在 105℃加热至斑点显色清晰。供试品色谱中，在与对照药材色谱和对照品色谱相应的位置上，显相同颜色的斑点。

4. 检查

（1）水分：参照水分测定法（《中国药典》2015 年版四部通则 0832）测定，不得超过 13.0%。

（2）总灰分：参照总灰分测定法（《中国药典》2015 年版四部通则 2302）测定，不得超过 9.0%。

5. 浸出物

参照醇溶性浸出物测定法（《中国药典》2015 年版四部通则 2201）项下热浸法测定，用 75%乙醇作溶剂，不得少于 18.0%

6. 含量测定

参照高效液相色谱法（《中国药典》2015 年版四部通则 0512）测定。

色谱条件与系统适用性试验：以十八烷基硅烷键合硅胶为填充剂；以乙腈-甲醇-0.5% 醋酸铵溶液（67：12：21）为流动相；检测波长为 210nm。理论板数按熊果酸峰计算应不低于 5000。

对照品溶液的制备：取齐墩果酸对照品、熊果酸对照品适量，精密称定，加乙醇制成每 1mL 含齐墩果酸 50mg、熊果酸 0.2mg 的混合溶液，即得。

供试品溶液的制备：取本品粗粉约 1g，精密称定，置具塞锥形瓶中，精密加入乙醇 50mL，称定重量，超声波处理（功率 250W，频率 50kHz）30min，放冷，再称定重量，加乙醇补足减失的重量，摇匀，滤过，取续滤液，即得。

测定法：分别精密吸取对照品溶液与供试品溶液各 10μL，注入液相色谱仪，测定，即得。

本品按干燥品计算，含齐墩果酸（$C_{30}H_{48}O_3$）和熊果酸（$C_{30}H_{48}O_3$）的总量不得少于 0.70%。

二、药材质量标准提升研究与企业内控质量标准（略）

三、药材留样观察与质量监控（略）

【药材生产发展现状与市场前景展望】

一、生产发展现状与主要存在问题

枇杷属常绿果树，既可作经济林木栽培，又是山区绿化重要树种，并以其叶最为中医药与制药工业常用。20世纪90年代以来，贵州省枇杷种植及其经果园林得到较快发展。特别是在贵州省扶贫办、省林业厅等有关部门与科研单位的大力支持下，贵州省枇杷种植基地与绿化园林等方面得到进一步发展。例如，黔西南州兴仁市的贵州佳文生态农业开发公司，2013年已在兴仁市城关、回龙、下山等地建立枇杷种植规范化基地，开展 "兴仁县1万亩枇杷种植基地及加工建设"项目工作，引进四川成都市龙泉驿的 "大五星枇杷"良种及其新技术，以 "大五星枇杷"经果林基地建设为先导，实施立体农业开发，探索果药结合、荒漠化治理、水土保持与生态农业发展建设新路，以寻找农村土地整合新模式，提高土地利用效率，打造贵州独具特色的生态农业与乡村旅游生态园。该公司在各级党政、有关部门及科研院所等支持帮助下，2014年已在马金河（珠江水系防护林建设区域，含纯寨、鲁地等5个寨子）两岸，完成 "大五星枇杷"种植面积约6000亩。其枇杷叶样品，2016年3月7日经贵州百灵制药集团公司采样，质保部检测结果含齐墩果酸和熊果酸的平均值为：树上采摘样品1.04%，自然脱落样品1.15%，均符合并高于《中国药典》（2015年版一部）规定不得少于0.70%的要求。该公司还开展枇杷及其产品贮藏加工（如气调保鲜库、枇杷罐头加工等）和度假养生生态园等基础设施建设。其果药结合、荒漠化治理、水土保持与生态建设，为精准扶贫及贵州西线旅游增加新的亮点做出贡献。该枇杷生态园建设在恢复山区植被，改善水土流失，喀斯特山区的石漠化治理等方面具有积极作用，对于精准扶贫、山区经济及中药产业发展有着重要意义。又如，贵阳市开阳县也将枇杷种植作为特色农业产业来抓，在该县南江乡龙广村和禾丰乡长红村等地开展了枇杷种植基地（海拔900m）与乡村旅游建设。当地农民在2000年前主要种玉米，效益较差，自2000年调整种植结构，改种枇杷，效益渐渐转好。2008年，专门成立开阳猴场种植业农民专业合作社，枇杷种植逐渐形成规模，效益日益看好，深受广大农民欢迎。长红村的枇杷种植户李勇坦言，种植枇杷树后，3年可挂果，枇杷亩产量在600kg左右，按枇杷的市场均价12元/kg计，除去劳动力、肥料、农药、套袋等成本，1亩枇杷的收入可达6000余元。2014年，李勇种植的4亩枇杷收入达2万多元。现长红村已经成为名副其实的 "枇杷村"，2014年该村的1500亩枇杷供不应求，效益显著。村民富了起来，村里到处是新式楼房，屋内铺了瓷砖，彩电、冰箱、洗衣机等家电一应俱全，有的人家还添置了面包车等。

但是，贵州省枇杷规范化种植基地建设及其产业发展，与江苏、浙江、安徽、四川等省的枇杷产业发展相比，差距还很大，还未很好地形成规范与规模，更未形成产业链与优势。在枇杷种植基础研究、适于贵州省环境的优良品种培育，以及枇杷优质高产规范化关键技术、有关医药及大健康产品研发和综合利用等方面均较差。我们应急起直追，将枇杷种植基地建设及其规范化、产业化，作为精准扶贫、园林绿化、生态建设，以及发展贵州大健康产业的一项重要工作抓紧抓好，落到实处，切实发展。

二、市场需求与前景展望

现代研究表明，鲜枇杷叶含挥发油（0.045%～0.108%），其主要成分为橙花叔醇（nerolidol）、金合欢醇（farnesol）、α-和β-蒎烯、莰烯、月桂烯、对聚伞花素、芳樟醇、α-衣兰烯、α-和β-金合欢烯、樟脑、橙花醇、牻牛儿醇、α-毕澄茄醇及榄香醇等。枇杷叶主要成分为三萜酸类，其以乌苏烷型和齐墩果烷型五环三萜类为多。如乌索酸（又名乌苏酸、熊果酸）占三萜酸成分的47.8%。其外主要含苦杏仁苷、齐墩果酸、酒石酸、枸橼酸、苹果酸、蔷薇酸、绿原酸、2a-羟基熊果酸、6a，19a-二羟基熊果酸、琥珀酸、马斯里酸、金丝桃苷（hyperoside）、枇杷佛林（loguatifolin）A、枇杷呋喃（eriobofuran）、叶黄素（lutein）、顺-叶黄素（cislutein）、异叶黄素（isolutein）、堇黄质（violaxanthin）、菊黄质（crysanthemxanthin）、黄体呋喃素（luteoxanthin）、新黄素（neoxanthin）、环木菠萝烯酮（cycloartenone）、正三十一醇（n-hentriacontanol）以及倍半萜苷、科罗索酸甲酯、山梨糖、维生素 B_1、维生素 C、鞣质、苦杏仁酶、转化梅、氧化酶及淀粉酶等。

枇杷树皮主要成分为白桦脂醛（betulinaldehyde）、白桦脂醇（betulin）、白桦脂酸（betulinicacid）、羽扇豆醇（lupeol）、杨梅树皮素（myricetin）、3β-羟基羽扇烷、13β，28内酯（3β-hydroxylupane-13β，28-lactone）消旋二氢异鼠李素（dihydroisorhamhetin）、山奈酚葡萄糖苷（kaempferolglucoside）以及槲皮素衍生物、β-谷甾醇等。枇杷果实、心材主要成分为白桦脂醇、β-谷甾醇等，果实还含酸性多糖等，果皮主要成分为五桠果素（dillenetin）等。

枇杷的营养成分，主要有糖类、蛋白质、脂肪、纤维素、果胶、胡萝卜素、苹果酸、柠檬酸、鞣质、钾、磷、铁、钙以及维生素A、B、C等。

枇杷叶具有镇咳、祛痰、抗炎、镇痛、抗菌、抗病毒、抗肿瘤、降血糖，以及增加胃肠道蠕动、促进胃液分泌、刺激消化腺分泌、增进食欲、帮助消化吸收、利胆、止渴和解暑等药理作用。尚有研究发现，枇杷叶甲醇提取物还具有延缓皮肤衰老等美容作用。

枇杷叶在临床上，广泛用于治疗慢性气管炎、久咳音哑、痰中带血、肺燥咳嗽、肺癌热性咳嗽、咳脓痰与咯血、肺热鼻赤、温病有热、四时感冒、哕逆不止、饮食不进、衄血、紫癜、小儿急性肾小球肾炎及小儿吐乳不定等。例如，以枇杷叶 15g（鲜品 60g）、粳米100g，冰糖少许，先将枇杷叶用布包入煎，取浓汁去渣；或将鲜枇杷叶，刷尽叶背面绒毛，切细后煎汁去渣，入粳米煮粥；粥成后入冰糖少许，佐膳服用，对于肺癌热性咳嗽、咳脓痰与咯血患者有效。再如，以鲜枇杷叶适量，糯米 250g，将糯米清水浸泡一宿，鲜枇杷叶去净叶上绒毛，洗净后包粽子，蒸熟后食用（每日 1～2 次，连服 3～4 天），对于呕吐呃逆、咳嗽、自汗症患者有效。枇杷叶更是多种中成药，如枇杷止咳露、强力枇杷露、川贝枇杷膏、枇杷叶膏、复方枇杷叶膏、芦根枇杷叶颗粒、枇杷止咳颗粒、枇杷止咳胶囊、枇杷止咳软胶囊等的重要原料。也是我国如广州白云山潘高寿药业股份有限公司的"蜜炼川贝枇杷膏"、京都念慈庵总厂有限公司的"蜜炼川贝枇杷膏"、广州市潘高寿天然保健有限公司的"川贝枇杷糖"等产品的主要原料。特别是贵州百灵企业集团制药股份有限公司的著名苗药"咳速停糖浆""咳速停胶囊""消咳颗粒""强力枇杷露"等产品的主要原料，其需求量极大。"咳速停糖浆""咳速停胶囊"是全国独家产品并独立拥有全部知识产权。咳速停糖浆（含胶囊）既止咳化痰，止痛消炎，又润肺养阴，补气生津。对治疗由感冒及急、慢性支气管炎引起的咳嗽、咽干、咳痰、气喘等症的总有效率，高于急支糖浆7%，临床疗效非常显著。与同类化学药品相比，具有应用面广、药效强、质量好、价格低的优势。该产品以其独具特色苗药品牌优势、良好疗效而深受广大患者欢迎和好评，现已发展成为贵州省民族药产品的范例，取得显著成效，系贵州省首个单品种过亿元的苗药产品。同时，作为国家非处方药，从该药品临床试验和上市以来的不良反应监控中，也未出现不良反应的报道。由于咳速停糖浆（含胶囊）、消咳颗粒、强力枇杷露等产品在全国市场上的走俏，带动枇杷叶的市场需求增长。如2014年，该公司对枇杷叶的需求量达500吨，2015年达600吨，而且逐年以20%左右的幅度在递增。该公司以枇杷叶为原料的咳速停糖浆（含胶囊）等大品种，2014年总产值则达2亿余元，创税利5000余万元，2015年总产值达2.4亿余元，创税利8000万余元。此外，枇杷叶还大量用于提取生产"枇杷叶提取物"，也在制药工业及大健康产业广为应用。

枇杷除其果实为人们喜爱果品外，枇杷种子尚可酿酒及提炼酒精。枇杷木材红棕色，质硬而坚韧，可供特殊木材用及制作工艺品或日用品（如特制手杖、木梳等）等。枇杷还是极好的蜜源植物，"枇杷蜜"在蜂蜜中质量特优，别具特色。从上可见，枇杷真乃全身皆是宝，研究开发潜力极大，综合利用价值广泛，市场前景十分广阔。

主要参考文献

陈发兴，刘星辉，陈华影，等. 2004. 离子交换色谱法测定枇杷果实和叶片中的有机酸[J]. 福建农林大学学报（自然科学版），33（2）：195-199.

陈欢. 2012. 枇杷叶化学成分及抗癌活性的研究[D]. 北京化工大学.

陈玉谊，朱炳麟，林玉霖. 2003. 福建枇杷叶初探[J]. 中药与天然药物，15（10）：42-44.

陈重明，黄胜白，等. 2005. 本草学[M]. 第1版. 南京：东南大学出版社.

郭宇，吴松吉，林惠善. 2006. 枇杷叶的化学成分及药理活性研究进展[J]. 时珍国医国药，17（6）：928-929.

何晓文，满明辉，纵伟，等. 2007. 用分光光度法来测定枇杷叶[J]. 郑州轻工业学院学报（自然科学版），22（1）：39-41.

鞠建华，周亮，林耕，等. 2003. 枇杷叶中三萜酸类成分及其抗炎镇痛活性研究[J]. 中国药学杂志，38（10）：752-757.

李铼，廖雪珍. 1992. 潘高寿蛇胆川贝枇杷膏与进口同类药效学对比[J]. 中成药，5（8）：30-32.

廖咸康. 2004. 陕南枇杷资源及有关栽培技术的研究[D]. 西北农林科技大学.

林玉霖，林文津，林力强. 2006. 枇杷叶的研究现状与开发前景[J]. 中药材；29（10）：1111-1113.

罗晓清，郭小仪，俞学炜. 2004. RP-HPLC法测定枇杷叶中熊果酸和齐墩果酸的含量[J]. 中国野生植物资源，23（5）：50-51.

马翠兰，李舒婕，郝涌泉. 2004. 枇杷叶越冬期光合色素及矿质营养含量的变化 [J]. 福建农林大学学报（自然科学版），33（3）：326-329.

王普形. 2005. 台州市枇杷生产现状及套袋处理对枇杷果实品质的影响[D]. 浙江大学.

吴锦程. 2004. 枇杷的生产与科研[J]. 莆田学院学报，11（3）：31-37.

《中国植物志》编辑委员会. 1974. 中国植物志（第36卷）[M]. 第1版. 北京：科学出版社.

周宁，颜红. 2005. 枇杷叶不同炮制品中熊果酸含量的测定[J]. 广东药学，15（3）：3, 4.

（陈　培　冉懋雄　岑万文　黄琼珠　陈道军　袁　双）

4 黄　柏

Huangbo

PHELLODENDRI CHINENSIS CORTEX

【概述】

黄柏原植物为芸香科植物黄皮树 *Phellodendron chinense* Schneid 或黄檗 *Phellodendron amurense* Rupr.。别名：檗皮、黄柏栗、黄波罗、华黄柏等。以干燥树皮入药，《中国药典》历版均予收载。黄皮树习称为"川黄柏"；黄檗习称为"关黄柏"。《中国药典》（2010年版一部）始将川黄柏单列，并名黄柏；黄檗名"关黄柏"。本书以黄柏为重点予以介绍。

《中国药典》（2015年版一部）称：黄柏味苦，性寒。归肾、膀胱经。具有清热燥湿、泻火除蒸、解毒疗疮功能。用于治疗湿热泻痢、黄疸尿赤、带下阴痒、热淋涩痛、脚气痿躄、骨蒸劳热、盗汗、遗精、疮疡肿毒、湿疹湿疮。其炮制品盐黄柏滋阴降火，用于治疗阴虚火旺、盗汗骨蒸。黄柏又是常用苗药，苗药名："Det ghab lib fanb"（近似汉译音："豆嘎里访"），味苦，性冷。入热经药。主治热痢、泄泻、黄疸、黄白带下、疮疡肿毒等症。

黄柏药用历史悠久，以"檗木"之名，始载于《神农本草经》，被列为中品。其谓："檗木，一名檀桓。味苦，寒，无毒。治五脏肠胃中结热，黄疸，肠痔，止泄利，女子漏下赤白，阴伤，蚀疮。"并言其"生山谷"。其后，《名医别录》《本草经集注》《本草图经》《证类本草》《本草纲目》等诸家本草均予收载。例如，宋代《本草图经》亦以"檗木"之名收载云："檗木，黄檗也。生汉中川谷及永昌，今处处有之，以蜀中者为佳。木高数丈，叶类茱萸及椿、楸叶，经冬不凋，皮外白里深黄色。根如松下茯苓作结块。五月、六月采皮，去皱粗，曝干用。其皮根名檀桓"。《淮南万毕术》曰："檗令面悦。取檗三寸，土瓜三枚，大枣七枚，和膏汤洗面，乃涂药，四、五日光泽矣。"唐代韦宙《独行方》，"主卒消渴小便多，黄檗一斤，水一升，煮三、五沸，渴即饮之，恣意饮，数日便止。"宋代《证类本草》所附"黄檗"及"商州黄檗"图，均与现今黄柏相符。明代《本草纲目》亦以"檗木"之名收载，在"释名"项下曰："檗木名义未详。本经言檗木及根，不言檗皮，岂古时木与皮通用乎？俗作黄柏者，省写之谬也。"在"主治""发明""附方"等项下，对黄柏的药用等引用《神农本草经》《名医别录》等本草及有关医籍加以较为全面阐明，并特别论及黄柏退阴虚之火需配滋阴药："古书言知母佐黄檗滋阴降火，有金水相生之义，黄檗无知母，犹水母之无虾也。盖黄檗能治膀胱命之火，知母能清肺金，滋肾水之化源，故洁古、东垣、丹溪皆以为滋阴降火要药，上古所未言也。"综上可见，诸家本草与医籍对黄柏植物形态、功能、主治、产地质量的描述，与黄柏现代应用基本一致。黄柏为我国中医临床传统常用中药，生产应用历史悠久，效用特实，在国内外药材市场享有盛誉。黄柏是贵州盛产而著名的地道药材，也是贵州省民族民间常用药材。

【形态特征】

黄皮树：落叶乔木，高 4～15m。树皮灰褐色，无加厚的木栓层，小枝紫褐色，粗壮，具长圆形皮孔。奇数羽状复叶对生，小叶 7～15 枚，薄革质，长卵形或披针形，长 7～15cm，宽 3～6.5cm，顶端长渐尖，基部近圆形，两侧不对称，全缘或具稀疏的浅齿，上面深绿色，中脉上见有锈色短毛，下面密被锈色长柔毛，中脉上的毛尤密；小叶厚纸质；叶柄、小叶柄及叶轴均密被锈色短毛。花小，紫色，单性，雌雄异株，聚伞状圆锥花序顶生，花序轴密被短柔毛，萼片 5，卵状三角形，长约 1.5mm；雄花具雄蕊 5～6，长于花瓣，花丝具白色柔毛，花药紫色，退化雌蕊钻形，顶端 5 裂，具柔毛；雌花具退化雄蕊 5～6，呈短小鳞片状，子房上位，5 室，具短柄，花柱粗短，柱头头状，5 线裂；花盘小，垫状。果枝及果序轴粗壮，常被短毛；浆果状核果近球形，直径 8～15mm，近球形，密集成团，熟后紫黑色；果核 5～6；种子 5～6 粒，黑褐色，长卵形。花期 5～7 月，果期 8～11 月。黄皮树植物形态见图 4-1。

黄柏：树皮淡灰褐色，不规则网状纵沟裂，外层木栓发达。冬芽无顶芽，侧芽交互对生，单生于叶序凹陷处，为叶痕所包，具密绒毛，小枝橙黄色或黄褐色，无毛。奇数羽状复叶对生，小叶 5～13 片，卵状披针形或卵形，叶缘有油脂点。花小单性异株，聚圆锥花序顶生，花黄绿色，萼片 5，花瓣 5，雄花的雄蕊 5，雌花子房具短柄，5 心皮，5 室，每室 1 悬垂胚珠，花柱短粗，柱头 5 裂。核果宿存，圆球形，果皮浆质，有特殊气味，熟时紫黑色，果核内外皮黑色，厚骨质，胚乳薄。黄柏植物形态见图 4-1。

（1～5黄檗：1. 果枝，2. 树皮，3. 雄花，4. 雌花，5. 种子；6～9黄皮树：6. 果枝，
7. 叶背面，示茸毛，8. 雄花，9. 除去花被后的雌花，示雌蕊及退化雄蕊）

图 4-1　黄皮树与黄檗植物形态图

（墨线图引自周荣汉主编，《中药资源学》，中国医药科技出版社，1993）

【生物学特性】

一、生长发育习性

（一）营养生长习性

黄柏为多年生深根性落叶乔木，主根发达。黄柏为速生树种，砍伐后树桩的萌生能力虽较弱，但侧枝砍伐后萌生力较强。其萌生枝生长迅速，比繁殖枝快，当年可长70cm，次春于枝端二歧分枝，如此二歧式分枝下去，3年可达135cm，5年可达210cm。黄柏成年树上的繁殖枝，每年增长14～22cm，枝端开花结果后，次年于侧芽对生分枝，3年枝仅长52cm。黄柏不仅木质部增粗快，相应的树皮亦增厚较快。如生长于峨眉山中峰寺的25年树龄的秃叶黄皮树，胸径15.8cm，树皮厚5.0mm，栓皮层厚0.3mm；20年的，胸径12.9cm，树皮厚4.2mm，栓皮层厚0.2mm；10年的，胸径9.96mm，树皮厚2.5mm，栓皮层厚不足0.1mm。

经观测，黄柏幼苗忌高温，怕干旱。贵州省贵阳市息烽西山栽培12年黄柏的平均株高为569cm，茎基直径12.6cm，抽样胸皮厚约2.0cm。与上述黄柏长速相近。另外，黄柏树皮尚具可再生性。黄柏环剥试验观察与测定，剥皮后生长180天的再生新皮，可增厚0.9mm；生长5年的再生皮，皮厚可达1.2mm。

（二）开花结果习性

黄柏是雌雄异株植物，宜选15年以上的生长快、高产、优质的成年雌、雄树作留种树。黄柏花期5～7月，果实密集成团，于10～11月，当果实由绿变黄褐而呈紫黑色则示果实成熟，果核5～6，种子5～6粒，黑褐色，长卵形。果期8～11月。黄柏种子尚具休眠特性，低温存放2～3个月方能打破其休眠。

二、生态环境要求

黄柏为适应性强的较喜阴植物，对气候适应性很强，在温和湿润的气候环境条件下，多生在常绿阔叶林、亚热带常绿阔叶林中或灌木林中，且喜在杂木林中混生。黄柏与关黄柏不同，其喜深厚肥沃土壤，喜潮湿，喜肥，怕涝，喜凉爽气候，耐寒（关黄柏比黄柏更耐严寒及喜阳光），要求避风而稍有荫蔽的山间河谷及溪流附近。但其生态幅度较广，高低山地均可生长，尤在海拔1000～1500m的山区、气候比较湿润的地带生长迅速。

据调查，贵州发展黄柏种植造林的区域，不论在遵义市的赤水、习水、湄潭、务川，还是在贵阳市的息烽，黔东南的剑河等地，大都是在海拔1000m左右或海拔1500m以下的地带，属农业气候层划分中的暖温层（≥10℃的积温3000～4000℃，一月平均气温-1～6℃，7月平均气温18～25℃，极端最低气温-2～-7℃）或凉亚热层（≥10℃积温4000～5000℃）和中亚热层（≥10℃积温5000～6000℃），尤其是暖温层温凉多云雾，适宜发展黄柏生产。

黄柏对生态环境的主要要求如下。

温湿度：年平均温度 18～19℃，≥10℃年积温为 4500～5500℃，无霜期 260～300 天，空气相对湿度 80%，海拔 1000～1500m，并宜在避风山谷或山坡的混生阔叶林中生长，而在干热的环境中生长不良。

光照：年平均日照 1200～1500h。幼苗能耐阴，成年树喜阳光，但在强烈的阳光和空旷的环境中生长不良。

水分：喜肥水，肥水充足，生长最佳，肥水不足，生长不良。水分过多，根系生长不良，地上部分生长迟缓，甚至叶片枯萎，幼苗最忌高温和干旱。以年降水量为 1400～1800mm，阴雨天较多，雨水较均匀，水热同季为佳。

土壤：喜深厚、肥沃、腐殖质含量较多的土壤，在土层黏性重、瘠薄处不宜生长，在排水性好、保湿性良、既不怕干旱又不怕水涝的土壤中生长最佳。

【资源分布与适宜区分析】

一、资源调查与分布

经调查，黄柏属（*Phellodendron* Rupr.）植物为东亚特有树种，我国有黄柏属植物 6 种 4 变种。除《中国药典》历版收载的黄檗（关黄柏）和黄皮树（黄柏）外，关黄柏类有大叶黄檗（*Phellodendron macropyllum*）、法氏黄檗（*Phellodendron* Fargesii）、台湾黄檗（*Phellodendron wilsonii*）、辛氏黄檗（*Phellodendron s1nli*）及 1 变种镰刀叶黄檗（*Phellodendron chinense* var. falcatum）。黄檗主要分布于东北及华北地区，其主要适生环境与生产适宜区最北端可至大兴安岭，南端可至华北燕山山地北部，在北纬39°～52°内。

黄柏类有秃叶黄皮树 *Phellodendron chinense* var. *glabiusculum*、峨眉黄皮树 *Phellodendron chinense* var. *omeiense* 及云南黄皮树 *Phellodendron chinense* var. *yunnanense* 3 变种。

黄柏在我国亚热带和暖温带部分地区，以山西吕梁山为界，以南地区均适于黄柏生长，垂直分布于海拔 300～2000m 的丘陵及低中山区，并以 500～1500m 分布广泛。尤以四川、贵州、重庆、陕西、云南、湖南、湖北等地分布最广。其主要适生环境与生产适宜区为云贵高原东部及其延伸地带，东抵湖北宜昌、枝江、神农架林区南麓及湖南石门、桃源一带；南界湖南新宁、通道与贵州从江、独山等地；西达贵州普定、黔西、赤水及重庆南川、武隆、城口、巫山等地；北至四川雅安、宝兴、峨眉及陕西汉中一带，这也是其家种的主要分布区和主产地，并有较大规模的人工种植。《中国中药区划》将四川都江堰市和贵州遵义市及其周边地区（如川东北、鄂西北、渝东南及贵州大部等）列为黄柏地道药材的中心产区。

二、贵州资源分布与适宜区分析

（一）资源分布

黄柏在贵州全省均有分布，主要分布于黔北、黔东、黔西北、黔中及黔东南等地。

贵州的黄柏主产区为遵义市、铜仁市、黔东南州、毕节市、安顺市及贵阳市等地。赤水、习水、湄潭、务川、正安、道真、凤冈、印江、沿河、赫章、黔西、大方、天柱、镇远、西秀、紫云、息烽等地都有大面积栽培。其中以遵义市、安顺市等面积最大，现年产黄柏苗 100 万株以上的有赤水、西秀等地，其具苗木运距短，又是地方种源，适应性较强，可使造林成活率大大提高等优点。

（二）适宜区分析

贵州省黄柏生产最适宜区为：黔北山原山地的赤水、习水、湄潭、遵义、桐梓、务川等地；黔东山原山地的铜仁、石阡、印江、松桃、江口、德江等地；黔东南低山丘陵的丹寨、天柱、剑河、雷山、榕江、岑巩、镇远、三穗等地，以及黔西北山原山地的赫章、黔西、毕节、大方和黔中山原山地的西秀、紫云、普定、息烽等。以上各地不但具有黄柏在整个生长发育过程中所需的自然条件，而且当地党政重视，广大群众有黄柏栽培及加工技术的丰富经验，所以在该区所收购的黄柏质量较好、产量较大。

除上述黄柏最适宜区外，贵州省内其他凡符合黄柏生长习性与生态环境要求的区域均为其生产适宜区。

【生产基地合理选择与基地环境质量检（监）测评价】

一、生产基地合理选择与基地条件

按照黄柏生产适宜区优化原则与其生长发育特性要求，选择其最适宜区或适宜区并具良好社会经济条件的地区建立规范化生产基地。例如，现已在贵州省贵阳市息烽县西山乡西瓜村母猪塘选建的黄柏规范化种植基地（以下简称"息烽黄柏基地"，图 4-2），位于距息烽县城 15km 的西山山脉上部，海拔 1400～1500m，气候属于中亚热带季风湿润气候，年平均气温为 14.4℃，极端最高气温 36.5℃，极端最低气温−7.6℃，≥10℃积温 3400～5000℃，年无霜期平均 260 天，年均降水量 1100mm，年均相对湿度 80%。成土母岩主要为砂岩和紫色岩，土壤以黄壤和紫壤土为主。地带性植被为常绿落叶阔叶混交林，主要树种有丝栗、枫香、马尾松、华山松、杉、柏、栎等，该基地生境内的药用植物除黄柏外，主要有杜仲、红豆杉、三尖杉、淫羊藿、桔梗、天冬、黄精、续断、鱼腥草等。

息烽黄柏基地原属国有林场，并为西山乡林区的一部分。其建于 1990 年，连片黄柏林区面积约 2000 亩，现在其原建黄柏林基础上，建立了黄柏规范化种植与 GAP 试验示范基地 100 亩，其中林药间作区 60 亩，林茶间作区 20 亩，种子林区 20 亩，还专建黄柏种苗繁育示范园 2 亩。林药间作区内主要间种天冬、黄精、鱼腥草、淫羊藿，林茶间作区内种植西山绿茶，种子林区的母树为树皮光滑、干形好、树冠发育好、有效皮层厚、产量高、品质好、12 年以上的壮年树。

贵州省安顺市西秀区钰霖种养殖农民专业合作社，近年来已在西秀建立 3 万多亩以黄柏为主的规范化种植基地（以下简称"西秀黄柏基地"），其核心集中连片的西秀区旧州镇五翠村、竹林村、旧坡村等黄柏基地和中药材立体套种示范基地，位于距安顺市 15km 的老路坡山脉东南部，海拔 800～1200m，气候属于中亚热带季风湿润气候，年平均气温为 13.2～15℃，极端最高气温 34.3℃，极端最低气温−7.6℃，≥10℃积温 3600～4800℃，年无霜期平均 300 天，年均降水量 968～1309mm，年均相对湿度 80%。成土母岩主要为砂岩，土壤以黄壤土为主。地带性植被为常绿落叶阔叶混交林，主要树种有马尾松、华山松、杉、柏、栎等。

图 4-2　贵州省息烽县西山乡黄柏规范化种植基地

安顺西秀基地原为安顺市西秀区国营老落坡林场的荒山，于 2012 年已将其荒山铺满了黄柏，并向西秀区七眼桥镇、杨武乡、黄蜡乡、蔡官镇及紫云县、普定县等开拓发展种植黄柏达 1.7 万余亩，现建立以黄柏为主的中药材产业示范园区种植面积已达 1.3 万余亩，其中黄柏种苗基地 150 亩，规范化示范种植基地 6500 亩，黄柏林地套种中药材示范基地 3500 亩（主要套种牡丹、芍药、魔芋、鱼腥草、丹参、头花蓼、重楼、黄精、山银花、桔梗等）。

上述黄柏基地的县乡（镇）等各级党政与相关部门，对黄柏规范化生产基地建设均高度重视，交通、通信等社会经济条件良好，当地广大农民有种植黄柏等药材的传统习惯与积极性。基地远离城镇及公路干线，周围 10km 内无工矿等污染源，其环境幽美，空气清新，均符合中药材 GAP 基地环境选择的要求（图 4-3）。

图 4-3　贵州省安顺市西秀区旧州镇黄柏规范化种植基地

二、生产基地环境质量检（监）测与评价（略）

【种植关键技术研究与推广应用】

一、种质资源保护抚育

黄柏原产于中国，野生资源多生长在避风山谷地带。其地带性植被为常绿落叶阔叶混交林，主要混生于阔叶林或针阔叶混交林中，主要树种有丝栗、枫香、马尾松、华山松、杉、柏、栎类等。黄柏以人工种植为主，野生资源破坏严重，现仅于四川凉山、贵州毕节等深山老林中尚有野生黄柏分布。贵州的黄柏属种质资源主要有黄皮树 *Phellodendron chinense*、秃叶黄皮树 *Phellodendron chinense* var. *glabiusculum* 等。

黄柏具有种质资源多样性特点，主要表现在树皮颜色、光滑程度及叶型、果型、生长速度、耐寒性等方面。如在同一林分中，发现黄柏树皮有光滑如桦树皮、粗糙如青冈皮；叶片有大叶、小叶；果实有浅绿、深绿；树冠形状有圆形、圆形顶部突起；果穗果粒有疏松、紧密；小果柄有长有短；生长速度有快有慢等差别。在生产实践中，经有目的有意识地选择生长迅速、树皮较厚等不同类型的黄柏进行选育，则可培育出生长速度快而皮厚优质高产之新品种。我们应对黄柏种质资源，特别是贵州黔西北、黔北、黔东北等地难得的野生黄柏种质资源切实加强保护与抚育，以求永续利用。

二、良种繁育关键技术

黄柏多采用种子繁殖，育苗移栽；也可采用无性繁殖（如扦插繁殖、分根繁殖等）育苗。下面重点介绍黄柏种子繁殖育苗的有关问题。

（一）优良种源与采集贮藏

1. 优良种源与鉴定

黄柏种子主要于贵州黄柏规范化种植基地的种子林采集（如贵阳市息烽县、安顺市西秀区及遵义市湄潭县等黄柏规范化种植基地的种子林）。例如，息烽黄柏基地种子林的黄柏原植物，经贵州省中医药研究院中药研究所何顺志研究员鉴定为芸香科植物黄皮树 *Phellodendron chinense* Schneid。

2. 种子采集与贮藏

于 11～12 月，当黄柏种子林的果实由绿变黄褐而呈黑青色时，种子已完全成熟。在果壳尚未裂开之前采集。采摘后堆放在屋角或放入木桶内，盖上稻草，经 10～15 天后，当果实完全变黑、腐烂、发臭时，用手将种子揉搓分出，再用筛子在清水中漂洗，除去果皮和杂质，捞起种子晒干或阴干，风选出充实的种子即供冬播或贮藏供来年春播用（图 4-4、图 4-5）。

图 4-4　黄柏规范化种植基地黄柏种子林区（左：息烽基地；右：西秀基地）

（二）种子品质检验与质量标准制订

1. 种子品质检定

扦样依法对黄柏种子进行品质检验，主要有：官能检定、成熟度测定、净度测定、生活力测定、水分测定、千粒重测定、病虫害检验、色泽检验等。同时，尚应依法进行种子发芽率、发芽势及种子适用率等测定与计算。

图 4-5　黄柏果实及种子（采自贵州省息烽县西山黄柏基地种子林区）

例如，息烽黄柏基地 3 月春播育苗用黄柏种子品质检验的结果，见表 4-1。

表 4-1　黄柏种子品质的主要检验结果

外观形状	成熟度/%	净度/%	生活力/%	检测代表样重/kg
近半圆形	90	95	94	
含水量/%	千粒重/g	发芽率/%	病虫感染度/%	2.5
15.7	14.0	85	0.6	

2. 种子质量鉴别

黄柏优劣种子主要鉴别特征，见表 4-2。

表 4-2　黄柏优劣种子主要鉴别特征

种子类别	主要外观鉴别特征
成熟新种	果皮黄褐色至栗褐色，有光泽，果实饱满新鲜，种皮棕黄色或黄色，种仁饱满均匀，子叶乳白色，胚乳黄或棕黄色
早采种	果皮青绿色，青褐色或青黄色，缺乏光泽，种仁不饱满，子叶乳白色，但与胚乳界限不清晰
隔年种	果翅易碎，果皮褐色，无光泽，种仁干瘪，胚乳浅黑色至黑色
剥皮树种子	果实薄，有皱纹，种仁扁平，部分种仁呈黑色或局部黑色
发霉种	闻着有霉味，果皮黑，褐色，少光亮，种仁部分霉变，呈黑色或黑褐色

（三）种子质量标准制订

经试验研究，将黄柏种子分为三级种子标准（试行），见表 4-3。

表 4-3　黄柏种子质量标准分级表（试行）

项目	一级种子	二级种子	三级种子
成熟度（%）不低于	90	85	80
净度（%）不低于	95	90	90
生活力（%）不低于	85	80	75
含水量（%）不高于	16	16	16
千粒重/g	16.0	14.0	10.0
外观性状	近半圆形，（3.6～3.9）mm×（0.9～1.2）mm，褐色，饱满，无霉变		

（四）播种前种子合理处理

1. 播种前种子处理

若冬播可用当年采集的合格鲜种。若来年春播，应将种子与含水量为20%的湿沙（3∶1）混合均匀，埋入室外地下约30cm深的坑内，坑上覆土再盖稻草或杂草保温保湿，到春季时当种子有30%左右裂口露白时则取出播种。

2. 选种

取2.5kg黄柏种子采用"沉水法"选种，经初步测定饱满率为60%左右。

3. 种子消毒

用5%生石灰水浸泡1h消毒。

4. 浸种催芽

消毒后，用50℃温热水浸泡3天。浸种后，用常规法催芽10天至种子破口。

（五）种子育苗与苗期管理

1. 苗圃选择与苗床准备

（1）苗圃选择与整地：黄柏种苗繁育的苗圃地应选地势平坦、灌溉排水方便、肥沃、疏松、无污染的土壤。早春深耕20～30cm，充分整细整平。苗床每畦规格15m×1.2m×0.2m，畦距0.5m。畦上开横沟，沟距25～30cm，沟深20cm左右。结合整地每亩施腐熟厩肥2500～5000kg、复合肥10kg作基肥并复土。

（2）苗床消毒：苗床深翻后，用生石灰75kg加硫酸铜配成波尔多液消毒杀虫（如地老虎等）。

2. 播种与育苗

黄柏播种可分春播和冬播。春播于3～4月，冬播于11～12月。在整好地的苗床畦面上，按行距25～30cm开播种沟，深约20cm，播幅10cm，然后把种子均匀撒播在播种沟内，每沟播种子80～100粒，每亩用种子2～3kg，盖土1～1.2cm，最后用草或树叶覆盖畦面，保持土壤温度。播种 15～20 天，幼苗陆续出土时，将畦面盖草揭去。苗高 7～10cm 时进行间苗，把病、弱苗或密苗拔除，每隔 3～4cm 留苗 1 株，苗高 17～20cm 定苗，每隔 7～10cm 留苗 1 株。每次间苗结合中耕除草追肥 1 次，每亩每次施人畜粪水 1000～1500kg，或硫酸铵 8～10kg。

经试验研究结果表明，黄柏的发芽温度范围为 6.7～15℃；发芽所需天数为 34 天；发芽率一般为 60%～80%。

3. 苗期管理

应加强苗期管理，严防各种病虫害发生，适时肥水灌溉，以促进苗木健壮生长。主要抓好以下管理环节：

（1）间苗定苗：出苗期应保持土壤湿润。苗齐后生长较密，必须间拔弱苗和过密苗，第一次间苗在苗高 7～10cm 时，每隔 3～4cm 留苗 1 株，第二次在苗高 17～20cm 时定苗，株距 7～10cm。定苗半月以内应经常浇水，以保证成活。

（2）中耕除草：根据土壤是否板结和杂草的多少，结合间苗时进行中耕除草。一般在播种后至出苗前除草 1 次；出苗后于第一次间苗时中耕除草 1 次；第二次定苗至行间郁闭前中耕除草 1 次。

（3）追肥：育苗地施肥对黄柏生长影响较大。据观察，在同一块育苗地育苗，施足底肥的一年生植株高度为 30～70cm，不施肥的二年生植株高只有 15～35cm，故育苗地除施足基肥外还应注意追肥。一般每年结合中耕除草，进行追肥 2 次，每次每亩施用农家肥或人畜粪水 1500～2000kg 或尿素 8～10kg。

（4）灌溉：播种后应经常注意浇水，使土壤保持湿润状态，以利发芽。黄柏幼苗最忌高温干旱，发芽后，气温逐渐升高，在夏季高温时，若遇干旱，常因地表温度升高，地表水分大量蒸发，水分不足，会使幼苗基部失水枯萎而死亡。故应及时浇水，松土或在畦面铺草及铺圈肥，到 7 月底，苗木郁闭后，根系入土较深，耐旱力增强，可以不再浇水。

幼苗培育 1 年后，当苗高 70～100cm 时即可移到造林地定植。定植时，可用一年生苗直接移栽定植，也可按定苗行穴 1m 间距挖取二年生苗出圃移栽定植。

贵州息烽及西秀黄柏基地的黄柏种苗繁育圃，见图 4-6。

（六）种苗质量标准制订

经试验研究，将黄柏种苗分为三级种苗标准（试行），见表 4-4 及图 4-7。

表 4-4　黄柏种苗质量标准（试行）

等级	一级		二级		三级	
苗龄	一年生	二年生	一年生	二年生	一年生	二年生
苗高/cm	≥90	≥140	70～89	129～139	60～79	50～129
地径/cm	≥0.7	≥1.2	0.6～1.0	0.5～0.9	0.4～0.7	0.3～0.8

图 4-6　黄柏规范化种植基地黄柏种苗繁育（左：息烽基地；右：西秀基地）

　　另外，黄柏尚可采用扦插育苗进行无性繁殖。在每年 6～8 月温和、多雨季节，选择健壮枝条，剪成长约 15cm 的插穗，留 1 片叶，其余剪去，插穗下部削成马蹄形，斜插入苗床，行距 20cm，株距 10cm，地面露 1 节，压实盖土淋透水，以后经常保持湿润，用树枝树叶或莒草遮阴，待生根后去遮阴物。苗期加强施肥培土，促进苗木健壮生长，翌年春、秋移栽。黄柏也可采用分根育苗进行无性繁殖。在休眠期选择直径 1cm 左右的嫩根，窖藏（亦可随刨随插），至春季扒出截成 15～20cm 长的小段，斜插于苗床，上端不能露出地面，插后浇水，促进苗木健壮生长，1 年后即可成苗移栽。黄柏还可采用萌芽更新育苗，在黄柏大树砍伐后，其树根周围即可萌生许多嫩枝，再予培土，生根后截离母树，更新育得的黄柏苗进行移栽即可。上述黄柏无性繁殖的种苗，亦应按照前述"黄柏种苗质量标准"（试行）进行种苗质量控制。

图 4-7　贵州省安顺市西秀基地黄柏规范化种植基地繁育的黄柏种苗

三、规范化种植关键技术

（一）选地与设计

1. 造林地选择

（1）地形地貌：选择海拔 1000～1500m、河谷两侧、山腹中下部湿润的地段营造黄柏林。缓坡丘陵优于陡坡山地，山中下部优于山脊，以半阳坡或半阴坡、背风向阳为宜，忌选低洼水湿地段及风口处。

（2）土壤：土层深厚（最好 60cm 以上）、土质肥沃、疏松、湿润的地带进行带垦或穴垦。pH 5～7。忌选煤泥土、黏土、强盐碱地、强酸性土及瘠薄土。

黄柏种植地，还可结合荒山绿化造林、退耕还林或房前屋后植树造林地进行种植。若大面积造林，最好与其他乔木或灌木混交营造，以借助伴生植物的保护作用，并促进黄柏树干通直。

2. 造林种植设计

应根据黄柏林营造目的、立地条件与植点配置等，选择确定合理的种植密度及植点配置方式的造林种植设计。

（1）造林目的：黄柏造林的种植密度，应据黄柏林营造培育目的与作业方式的不同而有不同的种植密度。如培育种子林（采种林）的作业方式，力求早期形成开张树冠，则需充足空间及光照，造林密度宜小；培育材皮兼用乔林，为培育通直主干，初植则可适当密植，以后适时间伐调整。

（2）立地条件：立地条件好，树体生长快，营养空间需求增长迅速，则应适当稀植，反之，立地条件差，树体生长慢，空间竞争出现较晚，则应适当密植，以充分利用有效空间。

（3）植点配置：在造林密度确定的同时，还须考虑合理的植点配置方式。配置合理有利于充分透光通风，以促进生长发育，并方便经营管理及抚育作业。一般平缓地段，通风透光较均匀一致的，采用株行等距方形植点配置或株行近等距方形植点配置，而坡地宜顺光者则采用宽窄行等长形长带植点配置。此外，为防止陡坡地水土流失，还可采用三角形植点或环山梯带形植点等配置方式进行合理栽植，亦可根据丘陵缓坡地块实际进行其合理株行距设定与植点配置方式进行合理栽植。

根据上述原则，并结合实地进行规划和设计黄柏规范化种植研究与 GAP 试验示范基地的造林种植密度及植点配置。例如：

种子林区：2.50m×2.50m；株行距等于正方形顺光植点配置，每亩栽植 200～250 株。

林药间作区：3.50m×4.00m；株行距近等于正方形顺光植点配置，每亩栽植 150～200 株。

林茶间作区：2.00m×2.50m；株行距近等于正方形植点配置，每亩栽植 220～280 株。

亦可结合实际于房前屋后、路边地角进行顺光植点配置穴栽造林。

（二）整地与移栽定植

1. 整地与重施底肥

（1）整地：对选定的黄柏造林地，最好全垦整地，深翻土层，但对于起伏山地，为避免水土流失，一般在全垦整地后还应进行沿山梯带或大块状整地。块带大小 1～2m，力求深翻及松土。整地松土后，按植点配置要求挖坑，穴深 40～50cm，穴长、宽 50～60cm，表土层分放，以便移栽定植苗时回土填于根际，以促使其成活与增加根系肥力。

（2）重施底肥：黄柏根系发达，深根性强，充足的底肥主要为其速生期准备必需的土层肥力，是实现其高产稳产的基本条件。底肥主要以长效有机肥为主，如绿肥、厩肥等，通常采用农家厩肥添加适量饼肥及磷钾肥混合施放。施肥量以盛填植坑 1/2～3/5 为宜。经试验，最佳底肥量宜为：每窝施放农家肥 5kg+饼肥 0.25kg。

2. 苗木分级与移栽定植

（1）苗木分级移栽：优选壮苗移栽定植，或壮、弱苗分片移栽定植，以培育整齐林相，也便于实施抚育管理。

（2）移栽造林季节：冬季干旱地区，宜于春季雨水期到来时造林，其他地区则应于冬季休眠期尽早移栽定植，以使移栽定植的黄柏苗早扎根，缩短缓苗期。一般多在每年冬末春初，植株尚未萌发新芽前移栽定植。

（3）起苗：选择健壮、无病虫害的黄柏苗备用。由于黄柏幼苗根系较发达（可长达 30～60cm），故在起苗时，应选雨后土壤湿润时起土挖出，尽量少伤根系。移栽定植时，可剪去根部下端过长部分，并应及时出圃移栽定植。

（4）定植：每穴植苗 1 株。将苗固定于穴中央，填回穴土时，将苗轻轻向上提一提，使其在土壤中的根系舒展后再填入表土，并在黄柏苗的四周逐渐把土踩实，然后浇足定根水，盖上一层松土使其略高于地面即可。

（三）间（套）作

黄柏种植造林初期，在不影响黄柏正常生长的原则下，为了充分合理利用地力，发展立体农业，增加农民的经济收入，可间作耐阴性较强的矮秆作物或适宜的中药材等。比如在息烽黄柏基地设计了林药、林茶间作试验。经实践表明，在黄柏行间合理套种矮秆经济作物如茶叶、玉米等，或中药材如天冬、黄精、淫羊藿、鱼腥草等是可行的。又如在西秀黄柏基地，于黄柏林下或林间地块，因地制宜地进行了白芍、牡丹、丹参、魔芋、头花蓼、重楼、黄精、桔梗、山银花等药材间（套）种示范基地，并已有《一种药材套种立体栽培方法》专利（201310290063.0）获得国家授权（图 4-8）。

（四）田间管理

1. 浇水补苗

在定植后的半个月内，尤遇干旱时更应及时浇水，抗旱保苗。在雨季尚应注意排水，以防积水过多，根系生长不良。定植成活后，须全面检查，发现死亡缺株的情况则应及时补上同龄黄柏苗，以保证全苗生产。

2. 松土除草

通过中耕，翻土，改善土壤结构，促进肥力，同时铲除杂草灌木，清洁林地，可防止病虫害发生。在黄柏幼林期每年可进行 2 次松土除草，并与适宜的作物间作，以耕代抚。成林后，每年可于冬季或早春进行 1 次松土除草和林地清理。当黄柏树冠郁闭，可不必每年都中耕除草，但还须每隔 2～3 年于夏、秋季进行抚育 1 次，促进成株生长健壮。

图 4-8　贵州省安顺市西秀黄柏基地间作的牡丹、白芍、丹参及魔芋

3. 修枝整形

定植造林后，在黄柏前 1～3 年的幼林期，应及时根据经营培育造林目的进行反复修剪与定干整形，直到形成所需理想树形。也就是在黄柏生长未成林前，应及时修剪除去多余侧生枝条，保持明显主干；成林后，于每年冬季至春季仍应进行修枝整形，除去枯枝、密生枝、细弱枝及病虫枝，并除去多余萌蘖，以促使黄柏树干粗壮而通直。在具体修枝整形时，尤应注意尽早去掉一些侧枝，促使剩下的另主枝直立生长，尽快形成中心主干，确保用药用材质量。

4. 抚育间伐

随着黄柏林分郁闭，黄柏树林间的营养空间竞争逐渐强烈，部分黄柏树生长会衰弱、被压抑或整体过密而营养不良，通风差，透光弱，以致林分生产力下降，且易引发病虫害，故须适时合理抚育间伐，砍除衰弱树、病虫树及被压抑树，或按原造林设计的间距比例隔株隔行间伐，以调整均匀，改善林分结构。

（五）合理施肥

1. 生长发育与营养元素相关性

黄柏生长发育不同时期的需肥特性不同，应据其不同时期的需肥特性进行合理施肥技术的研究。经研究发现：氮肥所含的氮素是蛋白质的基础物质，又是构成叶绿素的重要成分。氮素具有促进黄柏营养生长，提高光合效能，提高叶、皮、果产量的作用，当缺氮时，枝条生长细弱，叶片小而薄并易黄化。但氮素过多，易引起枝叶旺盛，对结籽不利。

磷肥所含的磷是构成细胞核的主要成分，又是构成核酸、磷脂、维生素和辅酶的主要物质，磷直接参与呼吸作用、糖发酵过程，参与蛋白质、脂肪的代谢过程，与光合作用有直接关系，磷可提高黄柏树体的可溶性糖含量，促进树体发育，增强抗性。缺磷时枝条生长受阻，叶片变小，早期落叶，产量下降。磷肥需要在施足氮肥的基础上才能发挥作用，如磷过多易发生缺铜缺铁症。

钾肥所含的钾在黄柏树体内不参与任何稳定的结构物质的形成，但其作用十分重要，它是多种酶的活化剂，蛋白质的合成需要大量钾。钾能增强光合作用，促进枝条成熟，增强抗性，提高种子千粒重及产量。钾缺乏时造成树体代谢紊乱，蛋白质合成受阻，新梢细弱，叶绿素被破坏，叶边缘枯焦下卷而枯死。钾过多会影响镁、铁、锌的吸收，导致叶脉黄化。

钙肥所含的钙有能保持细胞膜、细胞壁的稳定形成，中和酸性，增强抗旱，平衡生理活动和消除土壤中有害离子的作用。缺钙时可使黄柏新梢嫩叶脉失绿，甚至叶片组织坏死，枝条枯死。过酸土壤、沙质土、有机质含量过多的土壤都可能缺钙，但钙过量会影响铁的吸收。

2. 合理施肥技术

根据黄柏生长发育与上述主要营养元素的相关性，可结合土壤肥力等进行合理施肥。

（1）基肥：除前述黄柏须定植重在基肥外，尚宜于每年秋季9～11月施基肥，以利黄柏在晚秋和明春时吸收。基肥以农家肥、饼肥为主，也可施过磷酸钙、复合肥、磷酸二铵等。施肥方法主要有全园施肥法、环状施肥法、穴状施肥法等。

（2）追肥：生长季节对黄柏追施速效肥，能满足其生长发育需要，促进枝叶生长发育需要，施肥品种与基肥相同外，可再加硫酸钾、氯化钾等。于每年3月中旬、5月中旬、7月、8月施用，并可按不同黄柏树龄期追肥。一般都是结合中耕松土进行，每年1～2次，春季追施人粪尿或与尿素混合追施，秋季主要追施磷钾肥，也可埋施有机肥料，以促进秋梢木质化和营养积累，增加抗性。通常于黄柏苗定植当年和以后的两年，每年入冬前追厩肥，每株环沟施用10～15kg。第4年树长大后，只需每隔2～3年，在夏季中耕除草时，将杂草翻入土内或酌情施农家肥即可。

（六）合理排灌

黄柏定植半月以内，应经常浇水，以保持土壤湿润，夏季高温也应及时浇水降温，以利苗木生长。而多雨积水时应及时排除，以防烂根。因为黄柏和其他苗木一样，若因天气等缺水或水涝，其外观表现是迟于生理受害的，因而在生产实际中，千万不要忽视，及时做好合理排灌，要勤于管理。

（七）主要病虫害防治

在遵循"预防为主，综合防治"的原则下，坚持"早发现、早防治，治早治小治了"，选择高效低毒低残留的农药对症下药地进行黄柏主要病虫害防治。

1. 根腐病

病原为镰刀菌（*Fusariam* sp.），为半知菌亚门真菌。本病菌属土壤中栖居菌，遇到发病条件，随时都有可能侵染引起发病。地下害虫为害可加重该病发生。该病为幼苗病害，病植株地上部枝叶萎蔫，严重者枯死，拔出根部可见根部变黑腐烂。

防治方法：发病初期用1：2：250～300倍式波尔多液，或用50%多菌灵500倍液灌根窝。

2. 锈病

病原为锈菌（*Coleosporium phellodendri* Komarov.），属担子菌一种真菌。在贵州息烽县西山乡黄柏基地于7月中旬始发生，8～9月为害严重。时晴时雨极易发病。本病为害叶片。发病初期叶片上出现不明显的小点，发病后期叶背面变成橙黄色微突起的小疮斑，即为夏孢子堆。病斑破裂后散发锈黄色的夏孢子，严重时叶片枯死（图4-9）。

防治方法：发病初期喷0.3波美度石硫合剂，或25%粉锈宁可湿性粉剂1500倍液喷雾，每隔7～10天喷一次，连续喷2～3次。

3. 煤污病

煤污病又称霉污病、煤烟病，为害树干、树枝或树叶，尤其是叶片和嫩枝等部位常覆盖一层煤烟状铅黑色的霉层，影响光合作用，使植株生长逐渐衰弱，严重时造成叶片萎蔫脱落。本病在荫蔽、潮湿、高温的环境中发病率高，并在有蚜虫、水虱、介壳虫等为害的树干、树枝或树叶上，更易发病。

图 4-9　黄柏锈病

防治方法：冬季加强幼林抚育管理，适当修枝，改善林地通风透光度，降低林地湿度可减轻发病。施药防治害虫，发病期间喷 50%多菌灵可湿性粉剂 800～1000 倍液或 0.3 波美度石硫合剂防治。

4. 褐斑病

本病病原为黄檗尾孢 *Cercospora phellodendri*，属一种半知菌亚门真菌。病菌以菌丝体在病枝叶上越冬，翌春条件适宜时产生分生孢子进行初侵染和再侵染。于 7～9 月发生。本病主要为害叶片。叶面上病斑多角形或不规则长条形。边缘明显，黄褐色至褐色，中央灰褐色至暗褐色，直径 2～4mm，病斑上生灰色霉状物，即病原菌的分生孢子梗和分生孢子。

防治方法：冬前对园内枯枝落叶进行烧毁，减少翌年初侵染源；1～3 年生树苗须喷洒 50%苯菌灵可湿性粉剂 1500 倍液或 50%多菌灵可湿性粉剂 800 倍液、1∶1∶160 倍式波尔多液。

5. 小地老虎

小地老虎又称黑土蚕、地蚕等，属鳞翅目夜蛾科，学名：*Agrotis ypsilon* Rottemberg。幼虫在贵州省每年发生 4～5 代，第一代幼虫 4～5 月为害药材幼苗。成虫白天潜伏于土缝、杂草丛或其他隐蔽处，晚上取食、交尾，具强烈的趋化性。幼虫共 6 龄，高龄幼虫 1 夜可咬断多株幼苗。灌区及低洼地，杂草丛生、耕作粗放的田块受害严重。田间杂草如小蓟、小旋花、黎、铁苋菜等幼苗上有大量卵和低龄幼虫，可随时转移为害药材幼苗。以幼虫为害，是苗圃中常见的地下害虫。幼虫在 3 龄以前昼夜活动，多群集在叶或茎上为害；3 龄以后分散活动，白天潜伏土表层，夜间出土为害咬断幼苗的根或咬食未出土的幼苗，常常将咬断的幼苗拖入穴中，使整株死亡，造成缺苗断垄。

防治方法：及时铲除田间杂草，消灭卵及低龄幼虫。高龄幼虫期每天早晨检查，发现新萎蔫的幼苗可扒开表土捕杀幼虫。药剂防治：选用 50%辛硫磷乳油 800 倍液、90%敌百虫晶体 600～800 倍液、20%速灭杀丁乳油或 2.5%溴氰菊酯 2000 倍液喷雾；或每公顷用 50%辛硫磷乳油 4000mL，拌湿润细土 10kg 做成毒土；或每公顷用 90%敌百虫晶体 3kg 加适量水拌炒香的棉籽饼 60kg（或用青草）做成毒饵，于傍晚顺行撒施于幼苗根际。

6. 凤蝶

凤蝶又名花椒凤蝶，属鳞翅目凤蝶科，学名：*Papilio xuthus* Linnaeus。

凤蝶 1 年 3 代，以蛹附在叶背、枝干或其他隐蔽场所越冬，第二年 4～5 月羽化成虫，交尾产卵。第 1 代幼虫 5～6 月出现；第 2 代幼虫 7～8 月出现；第 3 代幼虫 9～10 月出现。以各代幼虫为害黄柏叶，5～8 月发生。幼虫咬食叶片，食成空洞，影响生长，严重时使树叶大量减少，影响黄柏树木生长发育。

防治方法：在凤蝶的蛹上曾发现大腿小蜂和另一种寄生蜂寄生。因此，在人工捕捉幼虫和采蛹时把蛹放入纱笼内，保护天敌。使寄生蜂羽化后能飞出笼外，继续寄生，抑制凤蝶的发生。在幼虫幼龄时期，喷 90%敌百虫 800 倍液，或 50%杀螟松乳剂 1000 倍液，每隔 5～7 天一次，连续喷 1～2 次。或 Bt 乳剂 300 倍液，每隔 10～15 天一次，连续 2 次。

7. 介壳虫

介壳虫属同翅目蜡蚧科，学名：*Paralepidosaphes tubu1orum* Ferris。

介壳虫雌成虫在寄主上越冬，每年 3～4 月开始若虫大量出现，多聚集在叶片、嫩枝、幼芽、芽腋等处，虫口密度大时相互重叠成堆，一年发生 2～4 代。介壳虫成虫、若虫聚集而相互重叠，以成虫、若虫为害，其紧贴寄主黄柏吸食茎叶汁液，严重时可使植株营养大量丧失而影响其生长，导致新梢畸形，叶片发黄早落，并可引起煤污病。

防治方法：冬季或早春，结合修剪，剪去部分有虫枝，集中烧毁，以减少越冬虫口基数。幼龄期用 40%速扑杀乳油 1500 倍液，每隔 7～10 天喷 1 次，连续 2～3 次。

8. 蚜虫

蚜虫学名：*Aphis* sp.。又名腻虫、蜜虫等，属鳞翅目，蚜科，以成虫、若虫为害，在黄柏嫩叶、嫩茎上吸食汁液，可使幼芽畸形，叶片皱缩，严重者可造成新芽萎缩，茎叶发黄、早落死亡。每年 4 月始发生，6～8 月为盛期。

防治方法：发生期可选用 40%乐果乳油 1500～2000 倍液，或 50%杀螟松乳油 1000～2000 倍液，或 5%来福灵乳油 2000～4000 倍喷雾，或 50%辛硫磷乳油 1000～2000 倍喷雾；也可以天王星乳油 1000～2000 倍液，每隔 10～15 天喷雾 1 次，一般连续喷 2～3 次即可。在干旱天及时灌水，可减轻蚜虫发生。冬季应注意清园，并将枯枝落叶深埋或烧毁。尚应注意保护蚜虫天敌，如蜘蛛、七星瓢虫、草蛉、食蚜蝇等多种昆虫，尽量少用广谱性杀虫剂。

9. 天牛、星天牛、褐天牛、瘦筒天牛等

属天牛科鞘翅目，学名：*Oberea atropunctata* Pic.。以幼虫和成虫越冬。翌年 4 月开始活动，5～10 月为害。以幼虫钻蛀树干蛀食为害，可致植株发育不良，甚至枝干枯死。

防治方法：幼虫蛀入木质部以后，可见新鲜虫粪排出，及时检查蛀道口，往洞孔内灌注敌敌畏乳油 5～10 倍液，然后用棉花或黏土封住洞口，也可用小棉团沾 40%乐果或 50%敌敌畏乳油，塞进蛀道，洞口用黄土堵住，可毒杀孔内幼虫。

10. 其他虫害

蛞蝓：为一种软体动物，以成、幼虫舔食叶、茎、幼芽为害植株。防治方法：用地瓜皮或嫩绿蔬菜诱杀，也可喷 1%～3%石灰水进行防治。

牡蛎蚧：群集于树干、枝的表皮为害，致使植株发育不良。防治方法：可在 4、6、7 月喷 16～18 倍的松脂合剂或 150 倍杀扑磷乳剂或 20～25 倍的机油乳剂。

木蠹蛾：以幼虫在枝条内越冬，春季钻蛀为害树干和新梢，在茎干髓心部形成很大空洞，洞外有黄色虫粪堆积，蛀孔上部叶片或枝条枯萎。防治方法：在春季做好检查，可将受害树（枝）干截至未受害处，再将带虫树（枝）干集中烧毁，截受害树（枝）干处可再生新枝条。较大树干可采用 80%敌敌畏乳油 30 倍液注孔洞后，再用湿泥堵塞封严虫孔。

螨类（如红蜘蛛、黄蜘蛛等）：以成虫、幼虫聚集在叶背为害幼嫩叶片，使叶片呈不规则黄斑，边缘不明显，严重时叶片黄化脱落。螨类一年发生多代，从 5 月开始，一直到 10 月均可为害黄柏，尤以 6 月及 8～9 月最为严重。防治方法：在 5 月螨类发生后，可喷施螨类专用药剂，如 20%螨死净 2000～3000 倍液或 70%克螨特 3000 倍液。

（八）冬季管理

黄柏冬季生长缓慢，应适量施以农家肥为主的冬肥，并适当培土，以利来年生长。还应注意适时清园，将园林中的枯枝落叶等清除，并除去林间地埂杂草，集中堆沤或烧毁，以作堆肥并可有效减少来年病虫害的发生。

（九）增产技术措施

在黄柏生产实践中，为增加黄柏药用皮的产量，亦可采用与本章杜仲相同的敲打树皮及局部剥皮再生措施，以求增产。其具体方法与措施同杜仲，此从略。

上述黄柏良种繁育与规范化种植关键技术，可于其生产适宜区内，并结合实际因地制宜地进行推广应用。

【药材合理采收、初加工、储藏养护与运输】

一、合理采收与批号制定

（一）合理采收

1. 采收时间：对黄柏成树（定植 10～15 年，下同）可采收，采收时间以 5 月上旬至

6月下旬为宜。此时树身水分充足,有黏液,剥皮比较容易。

2. 采收方法

(1)一次砍伐采收法:采收时把成树砍倒,按 80～90cm 的长度依其树茎原大剥皮。由于这种采收法是杀鸡取卵,一般在对黄柏林进行间伐时采用。

(2)局部剥皮采收法:利用剥皮再生机理,采用环剥技术剥取部分黄柏树皮,让原树继续生长,以后再剥。经研究与实践表明,黄柏局部剥皮以 8～15 年生为宜,环剥的适宜季节和天气条件,以夏初阴天为宜,这时树叶刚长齐定型,温湿度利于形成层活动能力增强,树皮易剥,剥后易于再生皮。选择树干直径 10cm 以上、生长正常、枝叶繁茂、叶色深绿、树皮表面皮孔较多、无病虫害的植株为局部剥皮对象。其具体剥皮方法及其机理与杜仲基本相同,可参考本章杜仲项下,此从略。

黄柏剥皮亦可连续进行,第二、三年剥皮所得再生皮的厚度及每 10cm² 产量,约为第一年的一半。但黄柏剥皮后,常会出现虚弱衰退现象,应及时浇水,施肥,增施铁盐,并进行剪枝去花等措施加强树势复壮,黄柏叶子便会由黄变绿,一年生新皮则渐渐增厚。总之,黄柏环剥技术是在杜仲环剥技术基础上,逐步形成与发展起来的,尚须继续观察,深入研究。

(二)批号制定(略)

二、合理初加工与包装

(一)合理初加工

剥下树皮趁鲜刮去粗皮,至黄色为度,在阳光下晒至半干,重叠适量,用石板压平,再晒(晾)干,若遇阴雨亦可烘干(60℃以下)即得(图4-10)。

此外,尚可应用黄柏苗及枝叶、根皮等提取小檗碱等有效成分供药用(略)。

(二)合理包装

将干燥黄柏皮,按 40～50kg 打包成捆,用无毒无污染材料严密包装。在包装前应检查是否充分干燥、有无杂质及其他异物,所用包装应符合药用包装标准,并在每件包装上注明品名、规格、等级、毛重、净重、产地、批号、执行标准、生产单位、包装日期及工号等,并应有质量合格的标志。

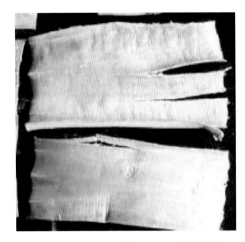

图 4-10　黄柏药材（左：茎皮；右：枝皮）

三、合理储藏养护与运输

（一）合理储藏养护

黄柏应储存于干燥通风处,温度30℃以下,相对湿度60%～70%。商品安全水分10%～12%。本品易生霉,变色,虫蛀。采收时,若内侧未充分干燥,在贮藏或运输中易感染霉菌,受潮后可见白色或绿色霉斑。存放过久,颜色易失,变为浅黄或黄白色。为害的仓虫有天牛等,蛀蚀品周围常见蛀屑及虫粪。贮藏前,还应严格入库质量检查,防止受潮或染霉品掺入。平时应保持环境干燥、整洁。定期检查,发现吸潮或初霉品。应及时通风晾晒,虫蛀严重时用较大剂量磷化铝（9～12g/m³）或溴甲烷（50～60g/m³）熏杀。

（二）合理运输

黄柏药材在批量运输中,严禁与有毒货物混装并有规范完整运输标识。运输车厢不得有油污与受潮霉变。

【药材质量标准、质量检测与监控】

一、药材商品规格与质量检测

（一）药材商品规格

黄柏药材以无杂质、霉变、虫蛀,身干,粗皮去净,鲜黄色,皮厚者为佳品,其药材商品规格分为两个等级。

一等:干货。呈平板状,去净粗栓皮。表面黄褐色或黄棕色,内面暗黄或淡棕色。体轻、质较坚硬。断面鲜黄色。味极苦。长40cm以上,宽15cm以上,无枝皮、粗栓皮、杂质、虫蛀、霉变。

二等:干货。树皮呈板片状或卷筒状。表面黄褐色或黄棕色,内表面暗黄或黄棕色。体轻、质较坚硬。断面鲜黄色。味极苦。长宽大小不分,厚度不得薄于0.2cm。间有枝皮。

无粗栓皮、杂质、虫蛀、霉变。

（二）药材质量检测

按照《中国药典》（2015 年版一部）黄柏药材质量标准进行检测。

1. 来源

本品为芸香科植物黄皮树 *Phellodendron chinense* Schneid 的干燥树皮。习称"川黄柏"。剥取树皮后，除去粗皮，晒干。

2. 性状

本品呈板片状或浅槽状，长宽不一，厚 1～6mm。外表面黄褐色或黄棕色，平坦或具纵沟纹，有的可见皮孔痕及残存的灰褐色粗皮。内表面暗黄色或淡棕色，具细密的纵棱纹。体轻，质硬，断面纤维性，呈裂片状分层，深黄色。气微，味甚苦，嚼之有黏性。

3. 鉴别

（1）粉末：本品粉末为鲜黄色。纤维鲜黄色，直径 16～38μL，常成束，周围细胞含草酸钙方晶，形成晶纤维；含晶细胞壁木化增厚。石细胞鲜黄色，类圆形或纺锤形，直径 35～128μL，有的呈分枝状，枝端锐尖，壁厚，层纹明显；有的可见大型纤维状的石细胞，长可达 900μL。草酸钙方晶众多。

（2）理化鉴别：取本品粉末 0.2g，加 1%醋酸甲醇溶液 40mL，于 60℃超声波处理 20min，滤过，滤液浓缩至 2mL，作为供试品溶液。另取黄柏对照药材 0.1g，加 1%醋酸甲醇 20mL，同法制成对照药材溶液。再取盐酸黄柏碱对照品，加甲醇制成每 1mL 含 0.5mg 的溶液，作为对照品溶液。照薄层色谱法（《中国药典》2015 年版四部通则 0502）试验，吸取上述三种溶液各 3～5μL，分别点于同一硅胶 G 薄层板上，以三氯甲烷-甲醇-水（30：15：4）的下层溶液为展开剂，置氨蒸气饱和的展开缸内，展开，取出，晾干，喷以稀碘化铋钾试液。供试品色谱中，在与对照药材色谱和对照品色谱相应的位置上，显相同颜色的斑点。

4. 检查

（1）水分：参照水分测定法（《中国药典》2015 年版四部通则 0832）测定，不得超过 12.0%。

（2）总灰分：参照总灰分测定法（《中国药典》2015 年版四部通则 2302）测定，不得超过 8.0%。

5. 浸出物

参照醇溶性浸出物测定法（《中国药典》2015 年版四部通则 2201）测定，用稀乙醇作溶剂，不得少于 14.0%。

6. 含量测定

（1）小檗碱：照高效液相色谱法（《中国药典》2015 年版四部通则 0512）测定。

色谱条件与系统适用性试验：以十八烷基硅烷键合硅胶为填充剂；以乙腈-0.1%磷酸溶液（50∶50）（每 100mL 加十二烷基磺酸钠 0.1g）为流动相；检测波长为 265nm。理论板数按盐酸小檗碱峰计算应不低于 4000。

对照品溶液的制备：取盐酸小檗碱对照品适量，精密称定，加流动相制成每 1mL 含 0.1mg 的溶液，即得。

供试品溶液的制备：取本品粉末（过三号筛）约 0.1g，精密称定，置 100mL 量瓶中，加流动相 80mL，超声波处理（功率 250W，频率 40kHz）40min，放冷，用流动相稀释至刻度，摇匀，滤过，取续滤液，即得。

测定法：分别精密吸取对照品溶液 5μL 与供试品溶液 5～20μL，注入液相色谱仪，测定，即得。

本品按干燥品计算，含小檗碱以盐酸小檗碱（$C_{20}H_{17}NO_4 \cdot HCl$）计，不得少于 3.0%。

（2）黄柏碱：照高效液相色谱法（《中国药典》2015 年版四部通则 0512）测定。

色谱条件与系统适用性试验：以十八烷基硅烷键合硅胶为填充剂；以乙腈-0.1%磷酸溶液（每 100mL 加十二烷基磺酸钠 0.2g）（36∶64）为流动相；检测波长为 284nm。理论板数按盐酸黄柏碱峰计算应不低于 6000。

对照品溶液的制备：取盐酸黄柏碱对照品适量，精密称定，加流动相制成每 1mL 含 0.1mg 的溶液，即得。

供试品溶液制备：取本品粉末（过四号筛）约 0.5g，精密称定，置具塞锥形瓶中，精密加入流动相 25mL，称定重量，超声波处理（功率 250W，频率 40kHz）30min，放冷，再称定重量，用流动相补足减失的重量，摇匀，滤过，取续滤液，即得。

测定法：分别精密吸取对照品溶液与供试品溶液各 5μL，注入液相色谱仪，测定，即得。

本品按干燥品计算，含黄柏碱以盐酸黄柏碱（$C_{20}H_{23}NO_4 \cdot HCl$）计，不得少于 0.34%。

二、药材质量标准提升研究与企业内控质量标准制定（略）

三、药材留样观察与质量监控（略）

【药材生产发展现状与市场前景展望】

一、生产发展现状与主要存在问题

贵州省黄柏家种已有百余年历史，各地群众有黄柏栽培及加工的丰富经验。特别是 20 世纪 70 年代以后，贵州黄柏生产发展更为迅速。据贵州省扶贫办《贵州省中药材产业发展报告》统计，2013 年，全省黄柏种植面积达 9.72 万亩，保护抚育面积 0.85 万亩；总产量达 16002.10 吨；总产值达 24457.09 万元。2014 年，全省黄柏种植面积达 11.87 万亩；总产量达 8200.00 吨；总产值 10261.08 万元。其中，种植面积最大的是黔北（如赤水、湄潭等）、黔中（如息烽、西秀等）等地。黄柏规范化种植与 GAP 基地建设，曾由贵州宏宇药业公司牵头，在承担的国家科技部及省科技厅中药现代化"十五"攻关项目《贵州天麻等地道药材规范化生产基地建设》等课题中，以"政府+企业+科研院所+农户"模式，成立了 GAP 专家指导组，在贵阳市息烽县等地开展贵州黄柏规范化种植研究与试验示范，并已取得较好进展。遵义、湄潭、息烽、西秀等是贵州省黄柏重要主产区，在 20 世纪60 年代就开展了黄柏野生变家种与较大规模的种植，形成了优良的黄柏种源基地。同时，湄潭等地尚建有中药饮片厂及以黄柏为原料提取小檗碱的加工厂；西秀等还与有关院校科研等单位合作，开展了黄柏规范化种植研究与 GAP 试验示范基地建设等。

特别是近年来崛起的安顺市西秀区钰霖种养殖农民专业合作社（2011 年成立），被认定为国家级农民合作示范社、贵州省林业产业化经营龙头企业、安顺市扶贫龙头企业、安顺市农业产业化经营龙头企业以及新型农业示范点等。从事中药材种植和销售、苗圃繁育、林下种养殖等，以黄柏为主的连片种植基地面积达 6000 余亩。在黄柏中药材生产与销售中，紧密依靠科技支撑和有关制药等企业来发展中药材生产，已与贵阳中医学院及贵州益佰、威门、德昌祥药业、安徽亳州盛大药业等签订了多个技术协议与药材收购合同。该社以"土地流转、股份合作、合作种植及项目扶持"4 种方式帮助农户致富，带领西秀区旧州、黄腊、蔡官、宁谷、杨武、鸡场、新场、七眼桥、大西桥、刘官等十多个乡镇 3000 多户农户发展中药材种植。该社成立以来，通过带动农户种植、利润分成、带动就业等方式累计带领 1800 多户贫困户实现脱贫致富。目前，该社已向安顺市普定县、紫云县，铜仁市印江县、沿河县及黔西南州、黔东南州等地出售黄柏种苗，协助西秀区、印江县、紫云县成立多家中药材种植合作社和协会，以推广社经验和模式。正由于该社采取了切实可行的与农户利益紧密联结机制，得到了农户的热烈支持，才有了跨越式的发展。

贵州省黄柏规范化生产与基地建设虽已取得较好成效，但其规范化标准化尚需深入研究与实践，特别在提高小檗碱等有效成分含量、改进环剥再生技术与提高产量、提高质量标准与综合开发利用等方面还须深入研究。黄柏药用部位为树皮，一般均要 10 年左右方能剥皮入药，经济效益不能尽快实现，所以有的农民生产积极性受到一定影响，更需政府及有关企业进一步加强引导与加大投入力度。

二、市场需求与前景展望

黄柏不仅是中医方剂配方常用药，而且是中药工业与相关产业的重要原料。现代研究表明，黄柏皮含多种生物碱，主要为小檗碱（berberine），其次为掌叶防己碱（Palmatine）、木兰碱（magnoflorine）、黄柏碱（Phellodendrin）、药根碱（jatrorrhizine）、康迪辛碱（candicine）、蝙蝠葛林（menispermine），尚含苦味质黄柏酮（obakunone）、黄柏内酯（obakulactone）、芸苔甾醇（campesterol）和 β-谷甾醇、脂肪油及黏液质等药用成分。新鲜黄柏叶中含黄柏苷、黄柏素，此外叶中还含 10%黄酮类物质（已知的是黄酮金丝桃苷等）有效成分。黄柏果中挥发油的主要成分为 β-香叶烯，其挥发油含量可达 49.8%和 55.2%。黄柏皮抗菌有效成分主要为小檗碱，其药理作用与黄连大体相似。随着近年来对黄柏研究的深入，发现黄柏在降血糖、降血压、抗癌、抗菌、抗病毒、抗炎、解热、抗溃疡、抗氧化、抗痛风及对免疫系统、前列腺渗透及对肠管的影响等方面均具有良好作用。例如，黄柏皮中含小檗碱，有明显的降血糖作用。Kim SungJin 等研究了黄柏提取物(P55A)对 ERK2 及 PI3 激活性及对糖原合成的影响因素，结果表明，P55A 的丁醇提取物对细胞 IRS1 及 PI3 激酶活性及对糖原合成具有影响，P55A 的丁醇提取物对细胞核及细胞质中的 ERK2 活性皆有刺激作用，而水提物则无上述作用，且 HepG2 细胞经与 P55A 的丁醇提取物（10μg/mL）培养 1h 后，可使糖原的含量比对照组增加 1.8 倍。说明 P55A 的丁醇提取物通过激活 ERK2 及 PI3-激酶，促进肝糖原合成，调节血糖浓度。黄柏胶囊中的小檗碱用于犬的静脉注射后，使其血压显著降低，且不产生快速耐受现象，降压作用可持续 2h 以上。而黄柏的水浸出液有降低麻醉动物血压的作用。黄柏碱对心肌缺血、心律失常有治疗作用。在黄柏抗癌作用研究方面，廖静等以 BGC823 人胃癌细胞为实验材料，研究黄柏在 480nm 和 650nm 光照下对癌细胞的光敏作用。发现黄柏加药照光组对癌细胞生长、癌细胞噻唑蓝代谢活力均有光敏抑制效应。同时，黄柏实验组癌细胞酸性磷酸酶含量明显减少（$P<0.01$），癌细胞质 3H TdR 掺入量显著降低（$P<0.01$），100mL/L 黄柏对染色体并无光敏致粘连畸变作用，但能延缓 S 期细胞周期过程（$P<0.01$）。透射电镜发现：10mL/L 和 100mL/L 黄柏使实验组细胞线粒体、内质网广泛肿胀、扩张，细胞核糖体明显减少。提示黄柏对 BGC823 人胃癌细胞的确具有光敏抑制效应。黄柏水煎剂或醇浸剂体外试验对金黄色葡萄球菌、白色葡萄球菌、柠檬色葡萄球菌、溶血性链球菌、草绿色链球菌、痢疾杆菌、肺炎双球菌、炭疽杆菌、霍乱弧菌、白喉杆菌、枯草杆菌、大肠杆菌、绿脓杆菌、伤寒杆菌、副伤寒杆菌、脑膜炎双球菌等均有抑制作用。黄柏在抗病毒作用方面，对乙型肝炎表面抗原有明显选择性抑制作用。其煎剂还有较强的杀钩端螺旋体作用。黄柏提取物有明显的抗消化道溃疡及促进胰腺分泌作用。对乙型肝炎抗原有抑制功能，对慢性肝炎有一定治疗功效等。另外，黄柏果实有明显的镇咳、祛痰作用，对免疫系统也有一定作用。从上可见黄柏有着极好研究开发前景。

再从黄柏种植效益与扶贫效益来看，黄柏既有伐树剥皮药用，又有材用效益。若不用材，可采取环剥法获皮，又可采收种子以增加效益。从以黄柏为主药生产的中药工业与"大健康"产业来看，如以黄柏配伍的仙茅、淫羊藿、巴戟天、知母、当归等组成的"二仙合剂"，有治疗慢性肾型高血压症的功效。并发现黄连素对心血管疾病尚有显著疗效。特别是近年来，由于天然抗菌消炎等药物受到人们青睐，黄柏提取物的工艺研究与质量检测研究日益深入，其用途亦越来越宽。尤在多种防治咽喉、口腔炎症及肠道炎症等药物和用于药物牙膏添加剂等方面的黄柏用量大增，黄柏及其提取物的使用范围也在扩大，加之黄连及三颗针等资源大幅减少，用黄柏提取物的也就越来越多。比如贵州新天药业公司的黄柏胶囊、武汉健民药厂的咽喉片和国内多家治肠道消化道疾病的止痢片、止泻片、黄柏片、三黄软膏等中成药，以及国内多种化妆品、日用品中都以黄柏或其提取物作为重要原料。另外，还发现黄柏内酯具利尿、降血糖、健胃，外用有促进皮下溢血吸收等作用。上述开发研究成果更为黄柏的市场需求量增加与市场空间开创新的前景。

总之，黄柏既是中医临床传统常用药材，又是医药工业和大健康相关产业的重要原料和传统出口商品，还是重要经济林木，是造林绿化、退耕还林、保持水土等多用的理想树种，其木材质量优良，用途广泛，开发前景极为广阔。只要采取科学的生产措施，规范化种植，采、育结合，黄柏生产的经济效益、社会效益和生态效益则将异常显著。

主要参考文献

蔡宝昌，潘扬，吴皓，等. 1997. 国外天然药物抗病毒研究简况[J]. 国外医学·中药分册，19（3）：48.

刘腾飞，吴移谋，余敏君，等. 1998. 中草药体外抗淋球菌的实验研究[J]. 中国现代医学杂志，8（6）：38.

廖静，鄂征，宁涛，等. 1999. 中药黄柏的光敏抗癌作用研究[J]. 首都医科大学学报，20（3）：153.

李仲兴，王秀华，赵建宏，等.2000. 用新方法进行黄柏对 224 株葡萄球菌的体外抗菌活性研究[J]. 中医药信息，5：33.

王理达，胡迎庆，屠鹏飞，等. 2001. 13 种生药提取物及化学成分的抗真菌活性筛选[J]. 中草药，32（3）：142.

车雅敏，毛舒和，缴稳苓，等. 2001. 人型支原体对药物敏感性的研究[J]. 中华皮肤科杂志，34（6）：420.

孔令东，杨澄，仇熙，等. 2001. 黄柏炮制品清除氧自由基和抗脂质过氧化作用[J]. 中国中药杂志，26（4）：245.

郭志坚，郭书好，何康明，等. 2002. 黄柏叶中黄酮醇苷含量测定及其抑菌实验[J]. 暨南大学学报（自然科学版），23（5）：64.

李峰，贾彦竹. 2004. 黄柏的临床药理作用[J]. 中医药临床杂志，16（2）：191.

王德全，胡俊英.2004. 黄柏胶囊抗炎疗效临床分析[J]. 中华实用中西杂志，4（17）：839.

杨澄，朱继孝，王颖，等. 2005. 盐制对黄柏抗痛风作用的影响[J]. 中国中药杂志，30（2）：145.

董玉琼，何晓红，钟国跃，等. 2007. 黄柏质量研究现状与问题探讨[J]. 现代中药研究与实践，22（3）：58.

杨周平，武志军. 2010. 中药黄柏的药理作用和临床应用研究[J]. 甘肃医药，29（3）：329.

武可泗，王洪涛，王立伦. 1994. 黄柏提制盐酸小檗碱的工艺研究[J]. 山西中医学院学报，17（3）：41.

陈月圆，李典鹏，高江林. 2003. 黄柏中总生物碱的提取及测定方法研究[J]. 广西植物，23（6）：565.

颜继忠，褚建军，金洁.2004. 高速逆流色谱分离黄柏中的小檗碱和巴马亭[J]. 浙江工业大学学报，32（4）：416.

荣华，陆海勤，丘泰球. 2005. 双频超声强化提取黄柏中小檗碱的研究[J]. 天然产物研究与开发，17（6）：769.

徐艳，刘少霞，孙娟. 2007. 超声-酶法提取黄柏中小檗碱的工艺研究[J]. 时珍国医国药，18（6）：1460.

（冉懋雄　任庭周　黄　敏　周厚琼）

5 厚 朴

Houpo

MAGNOLIAE OFFICINALIS CORTEX

【概述】

厚朴原植物为木兰科植物厚朴 *Magnolia officinalis* Rehd. et Wils.或凹叶厚朴 *Magnolia officinalis* Rehd. et Wils. var. biloba Rehd. et Wils.。别名：厚皮、重皮、赤朴、烈朴、川朴、温朴、紫油厚朴（通称）等。以干燥树皮、根皮及枝皮入药。厚朴，《中国药典》历版均予收载。《中国药典》（2015 年版一部）称：厚朴味苦、辛，性温。归脾、胃、肺、大肠经。具有燥湿消痰，下气除满功能。用于治疗湿滞伤中、脘痞吐泻、食积气滞、腹胀便秘、痰饮喘咳。同时，《中国药典》（2015 年版一部）尚将厚朴或凹叶厚朴的干燥花蕾入药，以"厚朴花"名收载。载其味苦，性微温。归脾、胃经。具有芳香化湿、理气宽中功能。用于脾胃湿阻气滞、胸脘痞闷胀满、纳谷不香。

厚朴应用历史悠久，以"厚朴"之名，始载于《神农本草经》，被列为中品，载其"味苦，温，无毒。治中风、伤寒、痛、寒热、惊悸气、血痹、死肌，去三虫。生山谷。"此后，诸家本草如《吴普本草》《名医别录》《本草经集注》《本草图经》等均予收载。如南北朝梁代陶弘景《本草经集注》载云："出建平、宜都（今四川东部、湖北西部），极厚，肉紫色为好。"与今四川、湖北产厚朴紫色而油润相符。宋代苏颂《图经本草》谓："厚朴，出交趾、冤句，今京西、陕西、江淮、湖南、蜀川山谷中，往往有之，而以梓州（今四川三台）、龙州（今四川江油）者为上。木高三、四丈，径一、二尺。春生，叶如槲叶，四季不凋；红花而青实；皮极鳞皱而厚，紫色多润者佳，薄而白者不堪。三月、九月、十月采皮，阴干。《广雅》谓之重皮，方书或作厚皮。张仲景治杂病，厚朴三物汤，主腹胀脉数。厚朴半斤，枳实五枚，以水一斗二升，煎二物取五升，内大黄四两，再煎取三升。温服一升，腹中转动更服，不动勿服。"明代刘文泰《本草品汇精要》收载厚朴，称："蜀川、商州、归州、梓州、龙州最佳"等对厚朴产地等记述亦相符。而明代李时珍《本草纲目》除对厚朴释名为烈朴、赤朴、厚皮等外，其对厚朴"朴树肤白肉紫，叶如槲叶。五、六月开细花，结实如冬青，子生青熟赤，有核。七、八月采之，味甘美"的记述和从附图一幅看，其非木兰科植物之厚朴。在炮制方面，五代末宋初《日华子本草》记载的厚朴"去粗皮，姜汁炙或浸炒用"等炮制方法，仍沿用至今。厚朴在中医临床上广泛应用，为燥湿化痰、下气除满、宽中化滞、平胃温中之传统常用圣药，并为多种常用中成药的重要原料和出口创汇品。厚朴也是贵州盛产"三木"（杜仲、黄柏、厚朴）之一，是贵州著名大宗地道药材。

【形态特征】

厚朴：落叶乔木，高达 20m；树皮厚，褐色，不开裂；小枝粗壮，淡黄色或灰黄色，幼时有绢毛；顶芽大，狭卵状圆锥形，无毛。叶大，近革质，7～9 片聚生于枝端，长圆状倒卵形，长 22～45cm，宽 10～24cm，先端短急夹或圆钝，基部楔形，全缘而微波状，上面绿色，无毛，下面灰绿色，被灰色柔毛，有白粉；叶柄粗壮，长 2.5～4cm，托叶痕长为叶柄的 2/3。花白色，径 10～15cm，芳香；花梗粗短，被长柔毛，离花被片下 1cm 处具包片脱落痕，花被片 9～12（17），厚内质，外轮 3 片淡绿色，长圆状倒卵形，长 8～10cm，宽 4～5cm，盛开时常向外反卷，内两轮白色，倒卵状匙形，长 8～8.5cm，宽 3～4.5cm，基部具爪，最内轮 7～8.5cm，花盛开时中内轮直立；雄蕊约 72 枚，长 2～3cm，花药长 1.2～1.5cm；内向开裂，花丝长 0.4～1.2mm，红色；雌蕊群椭圆状卵圆形，长 2.5～3cm。聚合果长圆状卵圆形，长 9～15cm；蓇葖具长 3～4mm 的喙；种子三角状倒卵形，长约 1cm。花期 5～6 月，果期 8～10 月。厚朴植物形态见图 5-1。

凹叶厚朴：厚朴的亚种，落叶乔木，高达 9m。树皮灰白色，小枝黄绿色或淡绿色，枝上叶痕大而显著，皮孔圆形或椭圆形。叶互生，在新枝上为丛生状，革质，椭圆状倒卵形，长 20～45cm，宽 12～24cm，基部楔形至圆形，先端凹陷，成 2 圆裂，裂口深 2～5cm，全圆或微波状，表面深绿色，背面淡绿色，主脉在下面隆起，表面主脉基部有沟形下陷，羽状脉 12～24 对，于近叶缘处互相连接，网脉隆起，叶柄圆柱状，长 3～5cm，基部稍膨大。花白色，大形，有香味，单生于枝顶，与叶同时开放，花被 9～12 片，或更多，雄蕊多数，螺旋状排列于伸长的花托上，雄蕊多数，螺旋状排列于花托顶端。蓇葖果穗卵状长椭圆形，熟后木质。与厚朴的主要区别是树皮稍薄，叶较小而狭窄，呈狭倒卵形，先端有明显凹缺；聚合果基部较窄；花期 4～5 月，果期 10 月。凹叶厚朴植物形态见图 5-2。

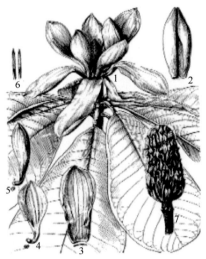

(1. 花枝；2. 佛焰苞状苞片；3. 外轮花被片；4. 中轮花被片；
5. 内轮花被片；6. 雄蕊腹背面；7. 聚合果)

图 5-1　厚朴植物形态图

（墨线图引自《中国植物志》编辑委员会，《中国植物志》，第 31 卷第 1 分册，1996）

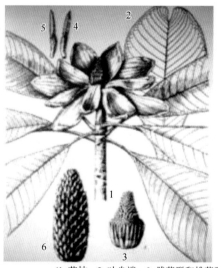

(1. 花枝；2. 叶尖端；3. 雌蕊群和雄蕊群；4-5. 雄蕊；6.聚合果)

图 5-2　凹叶厚朴植物形态墨线图及彩色图

（墨线图引自《中国植物志》编辑委员会，《中国植物志》，第 31 卷第 1 分册，1996）

另外，尚有滇缅厚朴 *Magnolia rostratu* W. W. Smith、滇藏木兰 *Magnolia campbellii* Hook. f. et Thoms、川滇木莲 *Magnolia duclouxii* Finet. et Gagnep.及武当玉兰 *Magnolia sprengeri* Pampan.等多种植物树皮在一些地区作厚朴用。

【生物学特性】

一、生长发育习性

（一）营养生长习性

厚朴，为多年生并生长缓慢的树种，一年生苗高仅 30～40cm，但幼树生长较快。一般 3～4 月平均气温 15℃左右开始萌芽，气温 22～25℃、月降水量 200mm 以上生长量达到高峰，在适宜的海拔范围内，海拔增高生长期延长，有利于厚朴的生长。10 月开始落叶。厚朴侧根发达，萌芽力强，主根不明显，但 10 年生以下很少萌蘖。一般有侧根 9～15 条，90%以上的根系分布在 0～40cm 的土层内，有强烈的趋肥性和好气性。厚朴树 5 年生以前生长较慢，5～6 年生增高长粗最快，15 年后生长不明显；皮重增长以 6～16 年生最快，16 年以后不明显。20 年生高达 15m，胸径达 20cm。栽培适地生长快，10 年以前年高生长量 0.5～1m，以后生长缓慢；8～13 年开始开花结实，15 年左右可间伐剥皮，50 年生厚朴高 15～20m，胸径 30～35cm，在林间能长成直杆良材。

凹叶厚朴，为多年生落叶乔木或灌木，但生长较快，5 年以上就能进入生育期。3 月初萌芽，10 月开始落叶；萌芽力强，10 年生以下萌蘖较多，特别是主干折断后，会形成灌木。

（二）开花结果习性

厚朴一般气温 18～20℃左右花叶同时开放，每朵花开放持续期 15 天左右，花期 5～6 月，果期 8～10 月。树龄 8 年以上才能开花结果，20 年后进入盛果期，寿命可长达 100 余年。

凹叶厚朴生长较快，5 年以上就能进入生育期。花期 4～5 月，果期 10 月。一般 3 月下旬花、叶同时生长、开放。花开放持续 3～4 天，花期 20 天左右。生育期要求年平均气温 16～17℃，最低温度不低于-8℃，年降水量 800～1400mm，相对湿度 70%以上。9 月果实成熟、开裂。种子干燥后会显著降低发芽能力。种子种皮厚硬，含油脂、腊质，水分不易渗入。发芽时间长，发芽率低。低温层积 5 天左右能有效地解除种子的休眠。发芽适温为 20～25℃。

二、生态环境要求

厚朴喜凉爽、湿润、多云雾、相对湿度大、阳光充足，怕严寒、酷暑与积水的气候环境。但幼苗怕强光，幼龄期需萌蔽，高温不利其生长发育，而成年树宜向阳。以选疏松肥沃、富含腐殖质、呈中性或微酸性粉砂质壤土栽培为宜；山地黄壤、黄红壤也可栽种。野生厚朴常混生于阳光充足的落叶阔叶林、毛竹林内，或生于常绿阔叶林缘及向阳山坡，植被多为杂灌木和苦竹。在溪谷、河岸、山麓等湿润、深厚、肥沃林地生长良好。但高温干热的环境不利其生长发育。

厚朴对生态环境的主要要求如下。

温湿度：年平均温度 9～20℃，生育期要求年均气温 16～17℃，1 月份平均温度 2～9℃，最低温度不低于-8℃，≥10℃年积温为 4500～5500℃，无霜期 260～300 天，年降水量 800～1400mm，相对湿度 70%以上。

光照：年平均日照 1200～1500h。成年树喜阳光，但在强烈的阳光和空旷的环境中生长不良。而厚朴幼龄期则需适当遮阴，切忌阳光直照。

水：以多雾、潮湿，年降水量为 800～1800mm（一般多在 1400mm 左右），阴雨天较多，雨水较均匀，水热同季为佳。幼苗亦最忌干旱。但水分又不宜过多，要求排水良好，否则根系生长不良，地上部分生长迟缓，甚至叶片枯萎。

土壤：以结构疏松、土层深厚、肥沃、腐殖质含量高、排水保湿性良好、既不怕干旱又不怕水涝的微酸性或中性的土壤为佳；在海拔 800～1800m 的山地林间肥沃、疏松、腐殖质丰富、排水良好的山地黄壤和石灰岩形成的冲积钙土亦宜。但土层板结、黏性重、瘠薄、凸形坡等组合立地不宜种植厚朴。

凹叶厚朴：喜温暖湿润气候，但其耐炎热能力比厚朴强，生长也较快，又能耐寒。以土壤疏松肥沃，富含腐殖质，呈微酸性或中性疏松、肥沃及排水良好壤土为宜。忌黏重土壤。幼苗期需半阴半阳，成苗期需温暖、湿润及光照充足。生长于海拔 1200m 以下落叶阔叶林、毛竹林内，或常绿阔叶林缘及向阳山坡中，须在海拔 400m 以上之地栽培。

【资源分布与适宜区分析】

一、资源调查与分布

木兰属（*Magnolia* Linn.）植物全世界约 90 种，我国约有 30 种，其中有药用价值的约 20 种。《中国药典》收载的厚朴和凹叶厚朴为我国特有树种。

经调查，厚朴主要分布于大巴山脉、武陵山脉及大渡河两岸，即四川（含重庆市，下同）、贵州北部及东北部、陕西南部、甘肃南部、河南东南部、湖南西南部。其生于海拔 300～1500m 的山地林间。此外，长江流域及以南诸省如江西南部、浙江及广西等有零星小片人工林，野生厚朴罕见。凹叶厚朴主要分布于福建、浙江、江西南部、安徽、江苏、湖南南部、广东北部、广西北部及东北部，生于海拔 300～1200m 的林中。由于滥伐森林和大量剥取树皮药用，导致凹叶厚朴分布范围迅速缩小，成年野生植株极少见，其濒危情况与厚朴相同。现华东及中南、华南等地均有引种，多栽培于山麓和村舍附近。

厚朴、凹叶厚朴多有交叉分布，均有大面积人工栽培。目前，厚朴商品主要为栽培品，主产于重庆开州、南川、城口、黔江、巫溪、酉阳，四川通江、万源、高县、纳溪等；贵州习水、遵义、桐梓、湄潭、开阳、黔西、西秀、普定等；湖北利川、五峰、宣恩、巴东、建始、神农架、兴山等；湖南资兴、安化等；陕西凤县、紫阳等地。四川等产厚朴通称"川朴"或"紫油厚朴"，具有油性足、香气浓郁等特点。凹叶厚朴主产于福建浦城、福安、尤溪、政和、沙县、松溪、崇安、大田、建瓯；浙江龙泉、景宁、云和、松阳、庆元、遂昌；湖南安化、资兴、东安、慈利、桃源；广西贺州、资源、龙胜、兴安、全州、富川等地。福建产凹叶厚朴通称"温朴"，具有色泽佳、产量大等特点。上述各地均为厚朴及凹叶厚朴最适宜区。

二、贵州资源分布与适宜区分析

厚朴及凹叶厚朴在贵州全省均有分布，主要分布于黔北、黔东、黔西北、黔中、黔西南及黔东南等区域，厚朴主要生于海拔800～1500m的疏林或村寨等地；而凹叶厚朴主要生于海拔800～1200m的山坡林间或村寨林缘等地。

厚朴主产于贵州习水、遵义、桐梓、正安、道真、务川、湄潭、凤冈、思南、石阡、松桃、梵净山、兴义、兴仁、普安、盘州、水城、六枝、西秀、紫云、普定、关岭、剑河、雷公山、开阳、息烽、黔西、织金、金沙、赫章等地。凹叶厚朴主产于贵州绥阳、梵净山、施秉、雷公山、榕江等地。

贵州省厚朴生产最适宜区为：黔北山原山地的习水、赤水、湄潭、遵义、桐梓、正安、道真、务川、湄潭、凤冈等；黔东山原山地的思南、石阡、德江、印江、松桃、江口等；黔东南低山丘陵的剑河、雷山、凯里、丹寨、天柱、榕江、岑巩、镇远、三穗等；黔西北山原山地的黔西、织金、赫章、七星关等；黔中山原山地的开阳、息烽、西秀、紫云、普定、关岭等，以及黔西南山原山地的兴义、兴仁、普安、盘州、水城、六枝等。凹叶厚朴生产最适宜区为：绥阳、印江、松桃、江口、施秉、剑河、凯里、榕江等。以上各县（市、区）不但具有厚朴或凹叶厚朴在整个生长发育过程中所需的自然条件，而且当地党政重视，广大群众有其栽培及加工技术的丰富经验，故该区域为厚朴或凹叶厚朴生产的最适宜区。

除上述厚朴或凹叶厚朴生产最适宜区外，贵州省内其他凡符合厚朴或凹叶厚朴生长习性与生态环境要求的区域均为其生产适宜区。

【生产基地合理选择与基地环境质量检（监）测评价】

一、生产基地合理选择与基地条件

按照厚朴产地适宜性优化原则及其生态环境要求，选择其最适宜区或适宜区并具良好社会经济条件的地区建立规范化生产基地（图5-3）。现已在贵州省遵义市的习水县及安顺市等地选建厚朴规范化种植基地，并开展厚朴种质资源保护抚育、良种繁育与规范化种植关键技术研究及示范推广。例如，习水县厚朴规范化基地属亚热带湿润季风气候，四季分明，据1991～2010年气象资料统计，习水县年均气温为13.5℃，年极端最高气温为36℃，年极端最低气温为-6.4℃，≥10℃平均有效积温为4270.0℃，年均无霜期为268天，最长无霜期为303天。年均降水量为1109.9mm，年均雨日为207.9天，年均相对湿度为85%。习水县委、县政府对厚朴种植非常重视，当地农民有丰富的药材种植经验，自20世纪70年代末则开始在双龙、仙源等乡镇进行厚朴种植，现有厚朴平均胸径达16cm的厚朴基地约2万亩。该县生物多样性丰富，据调查，如双龙乡就生长有野生中药资源500多种，除厚朴外，还有天麻、杜仲、黄柏、淫羊藿、续断、黄精、天南星、鱼腥草、佩兰、紫花地丁、千里光、通草、夏枯草等中药材，每年的各类野生中药材产量可达上百吨，常年收购量在50吨左右。原生植被主要为盐肤木、青冈栎、木姜子、水杨梅、杨树、水青冈、山毛榉、冬青等落叶常绿阔叶混交林。人工林主要为松、杉、盐肤木等。

贵州习水县厚朴规范化种植基地远眺

贵州习水县厚朴规范化种植基地

贵州安顺厚朴规范化种植基地

厚朴花

图 5-3　贵州习水、安顺厚朴规范化种植基地

二、生产基地环境质量检（监）测与评价（略）

【种植关键技术研究与推广应用】

一、种质资源保护抚育

厚朴或凹叶厚朴等木兰属植物，是我国北纬 34°以南的别具重要药用与经济价值的林业树种，已有 2000 多年传统药用史。现厚朴或凹叶厚朴野生资源已越来越少，仅于极少深山老林中偶有其野生资源在地带性落叶阔叶林或针阔叶混交林中存在。我们应切实加强厚朴或凹叶厚朴种质资源的保护与抚育，并在切实加强厚朴或凹叶厚朴人工种植的同时，切实对如滇缅厚朴、滇藏木兰、川滇木莲及武当玉兰等厚朴地方习用品进行深入研究，以求永续利用。

二、良种繁育关键技术

厚朴（含凹叶厚朴，下同）多采用种子繁殖育苗；也可采用无性繁殖（如压条繁殖、分蘖繁殖或扦插繁殖等）育苗。下面重点介绍种子繁殖育苗的有关问题。

（一）种子繁殖育苗

1. 采集处理与贮藏

选健壮厚朴母树，在 9～10 月或 10～11 月采收其成熟果实，即可播种，亦可供翌年春季播种。即当厚朴果鳞露出红色种子时，则应及时采收，选果大、种子饱满、无病虫害的种子，并经鉴定合格供作种用。由于厚朴种子外皮含蜡质，水分较难渗入，播后不易发芽，因此应及时进行脱脂处理。其方法为：将厚朴种子放于冷水中浸泡，浸泡至种子表皮由鲜红色变为黑褐色（4～7 天）时捞出，搓去蜡质，晾干备用；或用温水（30～40℃）加 1%～2%烧碱（或 1%草木灰）浸种 1～2h，捞出放在竹箩里，置于浅水里，用脚在箩中踩擦，一边踩擦，一边洗去油蜡物。蜡质除净后，再将种子放在约 50℃温水中洗净，捞出晾干以备播种。亦可在采收种子时，将合格种子立即用粗砂混合，多次揉搓，除去蜡质，搓去外种皮，再将种子放入约 50℃温水中，浸 3～5 天后捞出晾干即可供播种用。

但若种子需外运供用，便不宜在采种后即脱蜡处理，以免降低其发芽能力，而于播种前同上法处理后用。

厚朴种子寿命短，如采收后供翌年春播用，则应将种子与含水量 12%的河沙均匀混合（或用一层种子一层河沙进行贮藏，最上面一层沙的厚度不少于 10cm），置于室内通风处贮藏备用。如在室外挖窖贮藏，应注意覆盖避雨，以防雨水流入窖内造成烂种。翌年早春取出供播种用。

2. 选地整地

厚朴种苗繁育地，应选择土壤肥沃、质地疏松或新开垦的坡向朝东的缓坡地块为宜。菜地或地瓜（甘薯）地不宜种植厚朴。新垦荒地应采取"三翻三耙"作床方法，深翻 30～

40cm，清除草根杂物后，耙平，1周后再翻一次，并施石灰每亩50～100kg、腐熟堆肥或草木灰1000～1500kg，2周后进行第3次翻地，耙细整平后，按东西方向作畦，畦宽1m，高25cm，长度按地形而定。畦床做好后撒少量石灰清毒，覆盖1cm厚的细土，稍压平备用。

3. 播种方法

厚朴种子播种冬、春均可，冬播于11～12月，春播于2～4月，但多春播。播种前，将经前法处理好的厚朴种子放在阳光下晒至种壳开裂70%～80%，用800倍托布津或多菌灵浸泡10min后，晾干再播。在整好的畦床上按行距20～25cm开沟0.5～3cm，每隔3～6cm播种子1粒，将种子播于沟内，并覆草木灰或细土厚约3cm，畦面再盖3cm厚的稻草或麦秆保温。每亩播种量为13～18kg。

4. 苗期管理

厚朴春播30～60天出苗，苗高3cm时揭去盖草，拔除杂草，清沟培土，避免因杂草与幼苗争水、肥、空气、光而影响幼苗生长。在2、5、8至10片真叶时，结合中耕追肥。先稀后浓，亩施淡人粪尿1000kg或尿素1.5～2.5kg掺水施。切忌直接施到苗木上，防止灼伤。厚朴种子育苗前期要经常除草，每年追肥1～2次，多雨季节要防积水，并搭棚遮阴。幼树期每年一般需中耕除草2次。林地郁闭后，一般仅冬季中耕除草、培土1次。并结合中耕除草进行追肥，可施人畜粪肥、厩肥、堆肥等。

厚朴苗期可加施草木灰或火烧土，以促进苗木木质化。雨季注意排水，防止根腐病发生。夏季高温干旱，要适当遮阴，也可套种其他作物遮阴，浇水抗旱。

厚朴育苗期常见病害有叶枯病，喷1∶1∶100波尔多液防治；根腐病、立枯病，可拔除病株，病穴用石灰消毒，还可喷50%托布津1000倍液防治。常见虫害有褐天牛，可捕杀成虫。

5. 种苗出圃

厚朴播种育苗后，当年苗高可达30cm以上。在苗高不低于30、地径不小于0.8cm时，可出圃移栽。不能达到出圃标准的小苗，应按行距33cm、株距18～23cm再植继续培育，直到达出圃标准时则可出圃移植。

（二）无性繁殖育苗

1. 压条繁殖育苗

（1）低压法：选择生长10年左右厚朴，树势旺盛的枝条，于2～3月将除去部分叶片的割伤枝条压入挖好的沟中，使枝梢直立露出土外，盖土踏实，翌年春天当苗高30～60cm时，即可割离母株移栽。

（2）高压法：于2～3月，选1～2年生健壮厚朴枝条，在距枝条基部2～3cm处环剥皮宽4～6cm，剥后3～5天用谷皮灰、火烧土、菜园土、锯屑和适量的过磷酸钙拌和，搓成糊状物（湿度以手捏成团，放下不散为度）包裹住环剥处，并防止松动，3～4月枝条抽梢长出叶片，5月环剥处膨大结瘤，6、7月生根，一般于翌年1～2月可割离母株移栽。

2. 分蘗繁殖育苗

立冬前或早春 1～2 月，选高 0.6～1m，基部粗 3～5cm 的厚朴萌蘗，挖开母树根基部的泥土，沿萌蘗与主干连接处的外侧，用利刀以 35°左右斜割萌蘗至髓心，握住萌蘗中下部，向切口相反的一面施加压力，使苗木切口处向上纵裂，裂口长 5～7cm，然后插入一小石块，将萌条固定于主干，随即培土至萌蘗割口上 15～20cm 处，稍加压实，施入人畜粪尿 3～5kg 促进生根。培育 1 年后，将厚朴苗木从其母树苑部割下移栽。

此外，厚朴还采用扦插繁殖育苗，于 2 月选茎粗 1cm 的 1～2 年生枝条，剪成长约 20cm 的插条，扦插于苗床中培育。还可以在采收厚朴时留下树苑，冬季覆土，第二年春天即长出萌蘗苗，连同母株根部劈开挖起移栽或在苗圃继续培育，即所谓的"劈马蹄"育苗等。

三、规范化种植关键技术

（一）选地整地与种植造林

1. 选地整地

厚朴造林地应选择土壤肥沃、土层深厚、质地疏松的向阳山坡地。于白露后挖穴待种植，一般穴长 60cm，宽 40cm，深 30cm。

2. 种植造林

厚朴繁殖的幼苗，应于 2～3 月或 10～11 月落叶后定植，按株行距 3m×4m 或 3m×3m 开穴，每穴栽苗 1 株。

厚朴苗木出圃后，切除主根，根部充分蘸足泥浆。栽于预先开好的穴内。入土深度较旧土痕深 3～8cm，回表土于穴内，手执苗木根茎，稍上提抖动，使根系自然伸展，填土适度，踏实，使根系与土壤密接，并盖上一些松土，以减少土壤水分蒸发。移栽深度以厚朴苗茎露出地面 5cm 为宜。干旱的地方要浇定根水，再盖上一些松土。厚朴-杉木混交造林，对厚朴、杉木生长均有促进作用，并且可减少病虫为害。

（二）田间管理

1. 补苗

移栽成活后，须全面检查，发现死亡缺株者，应及时补栽同龄苗木，以保证全苗生产。

2. 套种与除草

厚朴幼林郁蔽前可以适当套种豆类、花生、薏苡或玉竹、黄精、淫羊藿等矮秆喜阴作物或药材。并结合对套种作物进行适当除草、松土、施肥等耕作，可促进厚朴幼树生长。未套种的厚朴林地，头 3 年内亦应适当进行除草、松土、施肥等耕作。对郁蔽的厚朴林，每隔 1～2 年，在夏、秋季杂草生长旺盛期，要中耕培土 1 次，并除去基部的萌蘗苗。中耕深度约 10cm，不能过深，否则易伤厚朴根系。

3. 合理施肥

厚朴定植后前几年，应结合中耕培土后立即施肥。一般选择阴天或晴天下午，于距移植厚朴苗 6cm 处挖的小穴内，施入腐熟的农家肥，或施入经粉碎的油饼粉，或施入复合肥，每亩施用农家肥 500kg。特别要加强对厚朴种子林的培育，其种子林应在一般施肥的基础上，每隔 2～3 年尚须亩施过磷酸钙 50kg，以促使其生长苗壮，枝叶繁茂，花多、果大、种子饱满。

4. 合理修剪

厚朴成林后，要不定期地进行修枝整形，修剪弱枝、下垂枝和过密的枝条，以利养分能集中供应主干和主枝，促使其枝叶生长良好，繁茂苗壮。

5. 主要病虫害防治

在厚朴造林过程中，常见的主要病虫害防治方法如下。

（1）根腐病：病原为尖孢镰刀菌 *Fusarium oxysporum* Schlechc。其主要为害厚朴根部，尤多发生在幼苗期和移栽定植期内，使植株根部腐烂，枝茎出现暗黑斑纹，继而造成全株死亡。其发病规律为：病原菌在土壤中和病残体上越冬，发病季节借雨水传播，从苗木根部侵入。病部从 6 月中下旬开始发病，7～8 月为发病盛期，9 月以后随着气温下降、苗木木化程度增高，发病便可停止。

防治办法：选择排水良好、地下水位低、向阳的地段种植，并注意排灌，防止传染；作畦前用硫酸亚铁粉末进行土壤消毒；发病期用石硫合剂喷洒，也可用敌克松 600 倍液浇注病株根部，每隔 10 天 1 次，连续 3 次或及时拔除病株烧毁，在病穴撒生石灰或硫黄粉消毒，并多施草木灰等钾肥，增强抗病力。

（2）叶枯病：病原为壳针孢属真菌（*Septoria* sp.）。其为害叶片，使叶面病斑黑褐色，呈圆形，直径 2～5mm，后逐渐扩大而密布全叶，病斑呈灰白色。发病后期可致病叶干枯死亡。且该病多发生在大面积的人工厚朴纯林中。

防治方法：冬季清除枯枝病叶，集中烧毁，减少越冬菌源；发病初期喷 1：1：120 波尔多液或 65%代森铵 800 倍液，每隔 7～8 天 1 次，连续 2～3 次。

（3）煤污病：病原为真菌中的一种子囊菌。其多发生在海拔 300m 以下通风不良的阴坡林地。

防治方法：合理选择向阳地种植，注意修枝整形，防止通风不良；发生期喷 1：1：120 波尔多液，每隔 10～14 天喷 1 次，连续 2～3 次。

（4）褐天牛：褐天牛（*Nadezhdiella cautori* Hope）成虫咬食厚朴嫩枝皮层，造成枯枝。雌虫喜在五年生以上厚朴植株的树干基部咬破树皮产卵，产卵处皮层常裂开突起。初孵化幼虫在树皮下穿凿不规则的虫道，稍成长后则蛀入树皮在皮下蛀食，约经 6 周向木质部蛀入并排出屑，被害植株逐渐缺水凋萎，终至死亡。

防治方法：夏季检查树干，用钢丝钩杀初孵化幼虫；5～7 月成虫盛发期，在清晨检查有洞孔的树干，捕杀成虫；树干涂抹白剂（按生石灰 1 份，硫黄 1 份，水 40 份混合制成）防止产卵；用药棉浸 80%敌敌畏乳油原液塞入树干蛀孔，用泥封孔，杀死幼虫。

（5）白蚁：白蚁（*Odontotermes tawaniana* Shiraki）常筑巢于温暖、阴暗、潮湿的土中或厚朴树干，为害厚朴根部。

防治方法：用灭蚁灵毒杀，或挖巢灭蚁。

（6）金龟子：越冬成虫在来年 6～7 月夜间出动咬食厚朴叶片，造成缺刻或光杆，闷热无风的晚上更为严重。

防治方法：冬季清除杂草，深翻土地，消灭越冬虫口；施用腐熟的有机肥，施后覆土，减少产卵量；用辛硫磷 1.5kg 拌土 15kg，撒于地面翻入土中，杀死幼虫；为害期用 90% 敌百虫 1000～1500 倍液喷杀。

（三）冬季管理

厚朴冬季生长缓慢，应适量施以农家肥为主的冬肥，并适当培土，以利来年生长。还应注意适时清园，将园林中的枯枝落叶等杂物清除，并除去林间地埂杂草，集中堆沤或烧毁，以作堆肥并可有效减少来年病虫害的发生。

（四）增产技术措施

在厚朴生产实践中，为增加厚朴药用皮的产量，亦可采用与本章杜仲相同的敲打树皮及局部剥皮再生措施，以求增产。其具体方法与措施同杜仲，此从略。

上述厚朴良种繁育与规范化种植关键技术，可于其生产适宜区内，并结合实际因地制宜地进行推广应用。

【药材合理采收、初加工、储藏养护与运输】

一、合理采收与批号制定

（一）合理采收

1. 采收时间

厚朴一般于定植造林 20 年左右开始剥皮采收，剥皮采收时间以 4～8 月最适宜。此时树身水分充足，有黏液，剥皮比较容易。

凹叶厚朴一般于定植造林 15～20 年采皮为好，但年限越长，树皮质量越好。剥皮采收时间与厚朴同。

【附】厚朴花采收：于 4～5 月厚朴花叶同放时，并应在含苞待放时进行采收。

2. 采收方法

（1）一次砍伐采收法：采收时将厚朴树连根挖起，分段剥取茎皮、树皮和根皮，此法对资源破坏严重。由于这种采收法是杀鸡取卵，一般都在对厚朴林进行间伐时采用。

如不做压条繁殖连根挖出，剥下的树皮则称为"根朴"。树干部分按 30cm 割一段，刮去粗皮，一段段地剥下，再剥树枝，大筒套小筒，横放盛器内，防止树液流出，此称为"筒朴"。

（2）局部剥皮采收法：亦可利用剥皮再生机理，采用环剥技术剥取部分厚朴树皮，让原树继续生长，以后再剥。经研究与实践表明，厚朴局部剥皮应选择树干直、生长势强的10～15 年生树为宜，于阴天（相对湿度最好为 70%～80%）进行环剥。先在离地面 6～7cm 处，向上取一段 30～35cm 长的树干，在上下两端用环剥刀绕树干横切，上面的刀口略向下，下面的刀口略向上，深度以接近形成层为度。然后呈"丁"字形纵割一刀，在纵割处将树皮撬起，慢慢剥下。长势好的树，一次可以同时剥 2～3 段，被剥处用透明塑料薄膜包裹，保护幼嫩的形成层，包裹时上紧下松，要尽量减少薄膜与木质部的接触面积，整个环剥操作过程手指切勿触到形成层，避免形成层因此坏死。剥后 25～35 天，被剥皮部位新皮生长，即可逐渐去掉塑料薄膜。第二年，又可按上法在树干其他部位剥皮。

厚朴具体剥皮方法及其机理与杜仲基本相同，可参考本章杜仲项下，此从略。

（二）批号制定（略）

二、合理初加工与包装

（一）合理初加工

1. 阴干法

将厚朴皮置通风干燥处，按皮的大小、厚薄不同分别堆放，经常翻动，大的尽量卷成双筒，小的卷成筒状，然后将两头锯齐，放过三伏天后，一般均可干燥。切忌将皮置阳光下曝晒或直接堆放在地上。

2. 水烫发汗法

将剥下的厚朴皮自然卷成筒状，以大筒套小筒，每 3～5 筒套在一起，再将套筒直立放入开水锅中淋烫至皮变软时取出，用青草塞住两端，竖放在大小桶内或屋角，盖上湿草发汗。待皮内表面及横断面变为紫褐色至棕褐色并呈现油润光泽时，取出套筒，分开单张，用竹片或木棒撑开晾干。亦可用甑子将套筒厚朴蒸软，取出，用稻草捆紧中间，修齐两头，晾干。夜晚可将皮架成"井"字形，易于干燥（图 5-4）。

图 5-4　厚朴药材

3. 传统精加工法

按特殊要求或出口规格要求，分下述 5 步进行：①选料：挑选外观完整、卷紧实未破裂、皮质厚、长度符合要求的卷朴、根朴或脑朴；②刮皮：用刮皮刀刮去表面的地衣及栓皮层，要求下刀轻重适度、刮皮均匀，刮净；③浸润：刮好的厚朴竖放在 5cm 深的水中，一头浸软后调头再浸，浸软后取出；④修头：用月形修头刀将浸润的厚朴两头修平整，然后用红丝线捆紧两头；⑤干燥：将修好的厚朴横放堆在阴凉干燥通风处自然干燥。

【附】厚朴花初加工：将采回的厚朴花剥去花瓣外的叶片和苞片后，置于蒸笼蒸 5～10min，或在沸水中煮 2～3min，取出后文火烘干即可。若量大时，可用烘干机进行烘干，控制在 60℃左右，16～27h 即可烘干。

（二）合理包装

将干燥厚朴皮，按 40～50kg 打包成捆，用无毒无污染材料（一般为麻布袋或聚乙烯编织袋）压缩包装。在包装前应检查是否充分干燥、有无杂质及其他异物，所用包装应符合药用包装标准，并在每件包装上注明品名、规格、等级、毛重、净重、产地、批号、执行标准、生产单位、包装日期及工号等，并应有质量合格的标志。

三、合理储藏养护与运输

（一）合理储藏养护

厚朴易失润、散味，干枯失润品，无辛香气味，指甲划刻痕迹无油质。应储于阴凉、避风处。商品安全水分 9%～14%。储藏期间应保持环境干燥阴凉、整洁卫生。高温高湿季节，可按垛密封保藏，减少不利环境影响。

（二）合理运输

厚朴药材在批量运输中，严禁与有毒有害及易串味物品混装混运，并有规范完整运输标识。运输车厢清洁、干燥、无异味、无污染。待运时，应批次分明，堆码整齐，环境干燥、清洁、通风良好，严禁烈日曝晒和雨淋。

【药材质量标准、质量检测与监控】

一、药材商品规格与质量检测

（一）厚朴商品药材

厚朴因产地不同可分为川朴（四川、贵州、湖北、云南等）和温朴（浙江、福建等）两大类。又因采收部位和初加工方法不同有不同的商品名称。筒朴，干皮长 30～35cm，厚 0.2～0.7cm。将干皮卷成单卷形如古书，称为万卷书、单如意；卷成双卷称为双如意。近根部的干皮一端展开如喇叭口，长 13～25cm，厚 0.3～0.8cm，形如靴状，习称靴朴，又称靴筒朴、靴兜子、兜朴、脑朴。筒朴、靴朴外表面灰棕色或灰褐色，粗糙，有时呈鳞片状，较易剥落，有明显椭圆形皮孔和纵皱纹，刮去粗皮者淡棕色；内表面紫棕色或深紫棕色，较平滑，具细密纵纹，划之显油痕。质坚硬，不易折断。断面颗粒状，外层灰棕色，内层紫褐色或棕色，油性，有的可见多数小亮星。气香，味辛辣、微苦。

根朴，根皮呈筒状或不规则块片，形状如鸡肠的小根皮，又称为鸡肠朴、毛根朴。质硬，较易折断，断面呈纤维性。

耳朴，为靠近根部的地干皮，呈块片状或卷形，多似耳状，故名耳朴。

枝朴，枝皮呈单筒状，长 10～20cm，厚 0.1～0.2cm。质脆，易折断，断面呈纤维性。

厚朴商品历史上以四川产的"紫油厚朴""真正老山油朴"，福建产的"老山紫油贡朴""老山紫油贡根"等质量最好。

（二）药材商品规格

厚朴不同品名的商品药材有不同商品规格。如"筒朴"以无杂质、霉变，身干，无口皮，内表皮色紫棕，油性足，断面有小亮星，香气浓郁者为佳品。其药材商品规格按温朴、川朴、菀朴、耳朴、根朴分为不同等级，见表 5-1。

表 5-1　厚朴商品等规格标准表

品名	规格	等级	标准
川朴	筒朴	一级	干货。卷成单筒或双筒状，两端平齐，表面黄棕色，有细密纵皱纹，内面紫棕色，平滑，划之显油痕，断面外侧黄棕色，内面紫棕色，显油润，纤维少。气香，味苦辛。筒长40cm，不超过43cm，重500g以上，无青苔、杂质、霉变
		二级	干货。卷成单筒或双筒状，两端切平，表面黄棕色，有细密纵皱纹，内面紫棕色，平滑，划之显油痕，断面外侧黄棕色，内侧紫棕色，显油润，具纤维性。气香，味苦辛。筒长40cm，不超过43cm，重200g以上，无青苔、杂质、霉变
		三级	干货。卷成单筒或不规则块片状，表面黄棕色，有细密纵皱纹，内面紫棕色，平滑，划之略显油痕，断面显油润，具纤维性。气香，味苦辛。筒长40cm，不超过43cm，重不小于100g，无青苔、杂质、霉变
		四级	干货。凡不符合以上规格者以及有碎片、枝朴，不分长短大小，均属此等。气香，味苦辛，无青苔、杂质、霉变
温朴	筒朴	一级	干货。卷成单筒或双筒状，两端平齐，表面灰棕色或灰褐色，有纵皱纹，内面深紫色或紫棕色，平滑，质坚硬，断面外侧灰棕色，内侧紫棕色，颗粒状。气香，味苦辛。筒长40cm，重800g以上，无青苔、杂质、霉变
		二级	干货。卷成单筒或双筒状，两端平齐，表面灰棕色或灰褐色，有纵皱纹，内面深紫色或紫棕色，平滑，质坚硬，断面外侧灰棕色，内侧紫棕色，颗粒状。气香，味苦辛。筒长40cm，重500g以上，无青苔、杂质、霉变
		三级	干货。卷成单筒或双筒状，两端平齐，表面灰棕色或灰褐色，有纵皱纹，内面紫棕色，平滑，质坚硬，断面紫棕色。气香，味苦辛。筒长40cm，重200g以上，无青苔、杂质、霉变
		四级	干货。凡不符合以上规格者以及有碎片、枝朴，不分长短大小，均属此等。气香，味苦辛，无青苔、杂质、霉变
菀朴		一级	干货。为靠近根部的干皮和根皮，似靴形，上端呈筒形，表面粗糙，灰棕色或灰褐色，内面深紫色，下端呈喇叭口状，显油润，断面紫棕色颗粒状，纤维性不明显。气香，味苦辛。块长70cm以上，重12000g以上，无青苔、杂质、霉变
		二级	干货。为靠近根部的干皮和根皮，似靴形，上端呈单卷筒形，表面粗糙，灰棕色或灰褐色，内面深紫色，下端呈喇叭口状，显油润，断面紫棕色，纤维性不明显。气香，味苦辛。块长70cm以上，重2000g以下，无青苔、杂质、霉变
		三级	干货。为靠近根部的干皮和根皮，似靴形，上端呈单卷筒形，表面粗糙，棕色或灰褐色，内面深紫色，下端呈喇叭口状，显油润，断面紫棕色，纤维很少。气香，味苦辛。块长70cm，重500g以下，无青苔、杂质、霉变

续表

品名	规格	等级	标准
耳朴		统货	干货。为靠近根部的地干皮，呈块状或半卷形，多似耳状。表面灰棕色或灰褐色，内面淡紫色，断面紫棕色，显油润，断面紫棕色，纤维性少。气香，味苦辛。大小不一，无青苔、杂质、泥土、霉变
根朴		一级	干货。呈卷筒状长条，表面土黄色或灰褐色，内面深紫色，质韧，断面油润。气香，味苦辛。条长70cm，重400g以上，无木心、须根、杂质、泥土、霉变
		二级	干货。呈卷筒状或长条形，形弯曲似盘肠，表面土黄色或灰褐色，内面紫色，质韧，断面略显油润。气香，味苦辛。长短不分，每枝重400g以下，无木心、须根、杂质、泥土、霉变

【附】厚朴花：以无杂质、霉变，无散落花瓣，身干，香气浓郁者为佳品。

（三）药材质量检测

按照《中国药典》（2015年版一部）厚朴药材质量标准进行检测。

1. 来源

本品为木兰科植物厚朴 *Magnolia officinalis* Rehd. et Wils.或凹叶厚朴 *Magnolia officinalis* Rehd. et Wils. var. *biloba* Rehd. et Wils.的干燥干皮、根皮及枝皮。4～6月剥取，根皮及枝皮直接阴干；干皮置沸水中微煮后，堆置阴湿处，"发汗"至内表面变紫褐色或棕褐色时，蒸软，取出，卷成筒状，干燥。

2. 性状

干皮：呈卷筒状或双卷筒状，长30～35cm，厚0.2～0.7cm，习称"筒朴"；近根部的干皮一端展开如喇叭口，长13～25cm，厚0.3～0.8cm，习称"靴朴"。外表面灰棕色或灰褐色，粗糙，有时呈鳞片状，较易剥落，有明显椭圆形皮孔和纵皱纹，刮去粗皮者显黄棕色。内表面紫棕色或深紫褐色，较平滑，具细密纵纹，划之显油痕。质坚硬，不易折断，断面颗粒性，外层灰棕色，内层紫褐色或棕色，有油性，有的可见多数小亮星。气香，味辛辣、微苦。

根皮（根朴）：呈单筒状或不规则块片。有的弯曲似鸡肠，习称"鸡肠朴"。质硬，较易折断，断面纤维性。

枝皮（枝朴）：呈单筒状，长10～20cm，厚0.1～0.2cm，质脆，易折断，断面纤维性。

3. 鉴别

（1）横切面：木栓层为十余列细胞；有的可见落皮层。皮层外侧有石细胞环带，内侧散有多数油细胞及石细胞群。韧皮部射线宽1～3列细胞；纤维多数个成束；亦有油细胞散在。

（2）粉末：粉末棕色，纤维甚多，直径15～32μm，壁甚厚，有的呈波浪形或一边呈锯齿状，木化，孔沟不明显。石细胞类方形、椭圆形、卵圆形或不规则分枝状，直径11～65μm，有时可见层纹。油细胞椭圆形或类圆形，直径50～85μm，含黄棕色油状物。

（3）理化鉴别：取本品粉末0.5g，加甲醇5mL，密塞，振摇30min，滤过，滤液作为供试品溶液。另取厚朴酚对照品、和厚朴酚对照品，加甲醇制成每 1mL 各含 1mg 的混合溶液，作为对照品溶液。照薄层色谱法（《中国药典》2015 年版四部通则 0502）试验，吸取上述两种溶液各 5μL，分别点于同一硅胶 G 薄层板上，以甲苯-甲醇（17∶1）为展开剂，展开，取出，晾干，喷以 1%香草醛硫酸溶液，在 100℃加热至斑点显色清晰。供试品色谱中，在与对照品色谱相应的位置上，显相同颜色的斑点。

4. 检查

（1）水分：参照水分测定法（《中国药典》2015 年版四部通则 0832 第四法）测定，不得超过 15.0%。

（2）总灰分：参照总灰分测定法（《中国药典》2015 年版四部通则 2302 法）测定，不得超过 7.0%。

（3）酸不溶性灰分：参照总灰分测定法（《中国药典》2015 年版四部通则 2302 法）测定，不得超过 3.0%。

5. 含量测定

参照高效液相色谱法（《中国药典》2015 年版四部通则 0512 法）测定。

色谱条件与系统适用性试验：以十八烷基硅烷键合硅胶为填充剂；以甲醇-水（78∶22）为流动相；检测波长为 294nm。理论板数按厚朴酚峰计算应不低于 3800。

对照品溶液的制备：精密称取厚朴酚对照品、和厚朴酚对照品适量，加甲醇分别制成每 1mL 含厚朴酚 40μg 和厚朴酚 24μg 的溶液，即得。

供试品溶液的制备：取本品粉末（过三号筛）约 0.2g，精密称定，置具塞锥形瓶中，精密加入甲醇 25mL，摇匀，密塞，浸渍 24h，滤过，精密量取续滤液 5mL，置 25mL 量瓶中，加甲醇至刻度，摇匀，即得。

测定法：分别精密吸取上述两种对照品溶液各 4μL 与供试品溶液 3～5μL，注入液相色谱仪，测定，即得。

本品按干燥品计算，含厚朴酚（$C_{18}H_{18}O_2$）与和厚朴酚（$C_{18}H_{18}O_2$）的总量不得少于 2.0%。

二、药材质量标准提升研究与企业内控质量标准制定（略）

三、药材留样观察与质量监控（略）

【药材生产发展现状与市场前景展望】

一、生产发展现状与主要存在问题

厚朴为我国大宗常用中药材之一，是贵州著名地道药材，质优量大。厚朴在中药材产业发展中占有重要地位。据贵州省扶贫办《贵州省中药材产业发展报告》统计，2013 年，全省厚朴种植面积达 24.18 万亩，保护抚育面积 0.25 万亩；总产量达 39793.60 吨；总产值达 49466.46 万元。2014 年，全省厚朴种植面积达 27.07 万亩；总产量达 4400.00 吨；总产值 10227.95 万元。尤其是贵州省习水县中药资源丰富，是贵州中药材的重点产区之一，当地农民丰富的种植经验，习水县委县政府看准了退耕还林机遇，因势利导，狠抓厚朴规范化种植与产业化发展，自 20 世纪 70 年代末开始在双龙、仙源等 17 个乡镇的 167 个村乡 9.8 万户农民进行规模种植厚朴，现总面积已约达 20 万亩，并有 2 万亩左右厚朴平均胸径达 16cm，可全面采剥利用，年产厚朴（干品）近千吨，而且其质量上乘，习水厚朴经送样检测厚朴酚含量高达 8.55%，名列全国前茅，深受全国药商青睐。同时，习水尚约有 17 万亩厚朴林已进入抚育间伐期，平均胸径已达 8cm，生长良好，尤以在海拔 1300m 以下的长势最佳，厚朴已成为习水农民脱贫增收的重要产业之一。为进一步推动厚朴产业发展，该县组织编制《习水县 50 万亩厚朴基地建设专项规划》，力争将习水建成为全国厚朴产业大县。近年来，全县已初步形成了林药场、药材公司、中药材专业合作社、种植大户等多种生产发展模式。2014 年 2 月，中国经济林协会已授予习水县"中国厚朴之乡"称号。

但在厚朴生产发展中还存在着以下主要问题：一是厚朴基地建设期一般为 15 年或更长，资金投入与积压大，且产出时间长，短期内看不到效益，部分农户多因资金不足而种植规模小，经营效益尚不明显。二是粗放经营制约厚朴产业的更好发展，部分基地没有及时进行抚育、施肥以及病虫害防治，生产质量管理措施尚须切实加强。三是有的尚未很好建立厚朴优质种源基地，种苗成本较高，且有影响厚朴药材优质高产的风险。四是专业技术人才不足，无法及时提供优良技术服务，影响基地建设的生产质量管理。五是资源利用率低，有的基地没有龙头加工企业带动，存在卖厚朴药材原料，并未将厚朴花、叶及木材等资源充分综合利用。

二、市场需求与前景展望

现代研究表明，厚朴主要药效成分有厚朴酚（magnolol），异厚朴酚（isomagnolol），和厚朴酚（honokiol），四氢厚朴酚（tetrahydromagnolol），厚朴醛（magnaldehyde）B、C、D、E，厚朴木脂素（magnolignan）A、B、C、D、E、F、G、H、I，丁香脂素（syringaresinol），挥发油（油中主要成分为桉叶醇、α-蒎烯、β-蒎烯、对聚伞花烯等），还含有生物碱（如木兰箭毒碱 magnocura-rine）、槲皮苷、芦丁、棕榈酮、花生酸、二十六烷醇、β-谷甾醇、胡萝卜苷、多糖等多种生物活性成分。凹叶厚朴主要含厚朴酚、四氢厚朴酚、异厚朴酚、β-桉叶醇和生物碱等。厚朴花蕾主要含厚朴酚、和厚朴酚和樟脑（camphor）等药效成分。

厚朴主要药理作用：

（1）对胃肠道的作用：厚朴及其挥发油味苦，能刺激味觉，反射性地引起唾液、胃液分泌，使胃肠蠕动加快，有健胃助消化作用等。厚朴生品、姜炙品均有抗胃溃疡作用，姜制后抗胃溃疡作用加强，和厚朴酚、厚朴酚是抑制胃黏膜溃疡的有效活性成分，厚朴酚对幽门结扎、水浸应激性等所致胃溃疡，均有抑制效果，对组胺所致十二指肠痉挛亦有一定的抑制作用。厚朴酚的抗溃疡、抗分泌作用可部分归于它的中枢抑制作用，此与阿托品、西咪替丁、二甲基前列腺素 E_2 的作用不同，厚朴酚的抗溃疡作用，不是通过神经末梢作用，而是通过中枢性（分泌）的抑制作用所产生的。

（2）抑制血小板聚集作用：厚朴酚与和厚朴酚抑制胶原和花生四烯酸诱导的兔富血小板血浆的聚集和 ATP 释放，洗过的血小板聚集比富血小板血浆的聚集更明显被抑制。全血的聚集较少被这两个抑制剂影响。厚朴酚与和厚朴酚在各种情况下抑制血栓烷 B_2 形成，由花生四烯酸或胶原引起的细胞内钙升高也被两者抑制。厚朴酚与和厚朴酚的抗血小板作用是由于对血栓烷 B_2 和细胞内钙流动的抑制。

（3）抗病原微生物作用：实验表明，厚朴煎剂对葡萄球菌、溶血性链球菌、肺炎球菌、百日咳杆菌等革兰阳性菌和炭疽杆菌、痢疾杆菌、伤寒杆菌、副伤寒杆菌、霍乱弧菌、大肠杆菌、变形杆菌、枯草杆菌等革兰阴性杆菌均有抗菌作用。并发现厚朴煎剂对堇色毛癣菌、同心性毛癣菌、红色毛癣菌等皮肤真菌也有抑制作用，对致龋病原菌——变形链球菌的试验表明，厚朴口服毒性小，且有高效快速杀菌作用。厚朴酚对革兰阳性菌、耐酸性菌、类酵母菌和丝状真菌有显著的抗菌活性，其抗枯草杆菌的活性比硫酸链霉素高；抗须发癣菌活性比二性霉素 B 高；抗黑曲霉菌活性与二性霉素 B 相同；抗龋齿菌的活性强于典型的抗菌生物碱小檗碱。但厚朴酚对人体大肠杆菌无明显抑制作用。

（4）松弛骨骼肌作用：实验表明，厚朴碱有明显的骨骼肌松弛作用，且无快速耐受现象。厚朴碱浓度为 30% 时，能使大鼠膈肌收缩幅度减小 40% 左右；当浓度增加为 40% 时，大鼠膈肌的收缩幅度接近于停止状态。有报告指出，厚朴碱静注与筒箭毒碱静注相似，其可能属于非去极化型的肌肉松弛剂。

（5）对中枢神经的作用：厚朴的乙醚浸膏有明显的镇静作用，腹腔注射可抑制小鼠的自发性活动，亦能对抗由于甲基苯丙胺或阿朴吗啡所致的兴奋作用。厚朴酚及和厚朴酚也具有显著的中枢抑制作用，厚朴酚的中枢抑制作用机制是通过抑制多触突反射而引起肌肉松弛作用，抑制脊髓兴奋性传导物质的前体谷氨酸的作用而产生脊髓抑制作用。

（6）对心血管的作用：厚朴煎剂对蟾蜍离体心脏有抑制作用，厚朴碱注射给药，在低于肌松剂量时即有明显降压作用，该作用不能被抗组胺药所拮抗，静注给药的降压维持时间为 10～15min，肌内给药的降压维持时间则可达 1h 以上。厚朴花的酊剂水溶物给麻醉猫、兔静注或肌注均有降压作用，并能使其心率加快。

（7）其他作用：厚朴煎剂对豚鼠支气管平滑肌有兴奋作用；和厚朴酚、厚朴酚对由 ADP、DAF 和纤维蛋白酶等致聚剂诱导的血小板聚集和 ATP 释放有显著抑制作用；厚朴的甲醇提取物和厚朴酚对体内二期致癌试验引起的小鼠皮肤肿瘤有明显的抑制作用；厚朴酚尚有抗变态反应作用；厚朴尚有免疫调节、延缓衰老、降血脂、抗血栓作用等报道。另外，麻醉兔、猫静注或肌注厚朴花的酊剂水溶物都具有降血压作用，并有使其心率加快等药理作用。

从上可见，厚朴的生物活性多样，医药应用广泛。近年来，在对厚朴叶化学成分及其药理活性的研究中也有新的发现，其含有总酚、槲皮素、芦丁、紫丁香苷、丁香脂素-4-4′-双-O-β-D-葡萄糖苷、挥发油、棕榈酮及 Fe、Zn、Cu 等微量元素等活性成分，具降血压等多种活性作用。厚朴、厚朴花、厚朴叶及其木材，在医药、日用化工、植物源杀菌剂及建材家具等方面均极有开发应用价值，厚朴真乃全身都是宝，其研究开发与综合利用前景十分广阔。

主要参考文献

巢志茂. 1992. 厚朴的中新木脂素 Epstein-Barr 病毒激活的抑制作用和抗肿瘤活性[J]. 国外医学·中医中药分册，14（1）：60.
陈马福，刘颖，曾逢良，等. 1991. 厚朴速生丰产技术试验研究[J]. 中草药，22（8）：380.

程畅河，叶锡勇.2010.厚朴酚对大鼠局灶性脑缺血再灌注的保护作用[J].陕西中医，31（4）：501.

董素云，周玉来，周芳，等.2010.厚朴温中汤治疗功能性消化不良疗效观察[J].实用中医药杂志，26（10）：667.

李棣华.2012.厚朴研究进展[J].辽宁中医药大学学报，14（9）：9.

李国权，甄汉深，唐文武，等.1992.厚朴不同炮制品中厚朴酚与和厚朴酚含量的气相色谱测定[J].中药材，17（3）：32.

李元元，封志平，徐长超，等.2009.厚朴总生物碱对豚鼠离体气管平滑肌的影响[J].中草药，40（增刊）：190.

刘飞，黄树模.1993.和厚朴酚对钙调素拮抗的作用[J].中国药理学通报，9（1）：48.

吕江明，陈景，梁剑雄，等.2002.厚朴干皮"发汗"（加工）前后抗菌镇痛作用的对比作用研究[J].内蒙古中医药，17（2）：25.

孟洁，胡迎芬，胡博路，等.2000.厚朴抗氧化作用研究[J].中国油脂，25（4）：30.

杉井善雄、神藤英保.1930.关于日本产和厚朴树皮挥发油的一成分[J].药学杂志，50（8），709-719.

谭文林，等.1985.厚朴环剥方法[J].植物，（1）：19.

汤翠英.2008.厚朴总酚对豚鼠离体气管平滑肌收缩功能的影响[J].中国现代中药，10（2）：26.

王照年.2013.传统中药厚朴主要成分厚朴酚与和厚朴酚的微生物转化[D].中央民族大学硕士论文.

阴健.1992.厚朴中新木脂素类化合物——抑制皮肤肿瘤的促进剂[J].国外医学·中医中药分册，14（3）：52.

赵中振，胡梅，唐晓军，等.1992.厚朴不同树龄二种根皮中厚朴酚与和厚朴酚含量的研究[J].中国中药杂志，17（1）：15.

朱庆亚，喻凯，王明奎，等.2010.厚朴中α-糖苷酶抑制物的筛选及其对糖分吸收的抑制作用[J].华西药学杂志，25（3）：351.

朱自平，张明发，沈雅琴，等.1997.厚朴的镇痛抗炎药理作用[J].中草药，28（10）：613.

（冉懋雄　陈华　周厚琼　黄　敏）

6　银　杏　叶

Yinxingye

GINKGO FOLIUM

【概述】

银杏叶的原植物为银杏科植物银杏 *Ginkgo biloba* L.，别名：公孙树、白果树、鸭掌树、鸭脚树等。以叶、根、树皮、种子入药。银杏叶为通用名，又名白果叶、飞蛾叶、鸭脚等。《中国药典》（2015年版）称：味甘、苦、涩，平。归心、肺经。具有活血化瘀、通络止痛、敛肺平喘、化浊降脂功能，用于治疗瘀血阻络、胸痹心痛、中风偏瘫、肺虚咳喘、高血脂症。银杏又是常用苗药，苗药名："Ndut mlangd"（近似汉译音："都麻"），味甜，性冷。入热经药。具调经止带功能，主治月经不调、白带过多，也可将白果与老鸭炖服治体虚咳嗽等。

银杏始载于宋代王继先等撰集的《绍兴本草》（1159年）云："银杏……诸处皆产，唯宜州形大者佳。七月、八月采实暴干。以色如银，形似小杏，故以名之。乃叶如鸭脚而又谓之鸭脚子。"银杏叶以白果叶之名，始载于明代刘文泰等撰的《本草品汇精要》（1505年），并载有以其"叶为末和面作饼，煨熟食之治泻痢"等。明代李时珍著《本草纲目》曰："银杏生江南，以宣城者为胜。树高二、三丈。叶薄，纵理，俨如鸭掌形，有刻缺，面绿背淡。二月开花成簇，青白色，二更开花，随即卸落，人罕见之。一枝结子百十，状如楝子，经霜乃熟，烂去肉，取核为果，其核两头尖，三棱为雄，二棱为雌。其仁嫩时绿色，久则黄。须雌雄同种，其树相望，乃结实；或雌树临水亦可；或的凿一孔，内雄木一块，泥之，亦结。阴阳相感之妙如此。其树耐久，肌理白腻。"贵州省自古以来盛产银杏，银杏是贵州中医药民族医及民间广为应用的著名地道特色药材。

【形态特征】

乔木，高达 40m，胸径可达 4m。幼树树皮浅纵裂，大树之皮呈灰褐色，深纵裂，粗糙；幼年及壮年树冠圆锥形，老则广卵形；枝近轮生，斜上伸展（雌株的大枝常较雄株开展）；一年生的长枝淡褐黄色，二年生以上变为灰色，并有细纵裂纹；短枝密被叶痕，黑灰色，短枝上亦可长出长枝；冬芽黄褐色，常为卵圆形，先端钝尖。叶扇形，有长柄，淡绿色，无毛，有多数叉状并列细脉，顶端宽 5～8cm，在短枝上常具波状缺刻，在长枝上常 2 裂，基部宽楔形，柄长 3～10（多为 5～8）cm，幼树及萌生枝上的叶常较大而深裂（叶片长达 13cm，宽 15cm），有时裂片再分裂（这与较原始的化石种类之叶相似）。叶在一年生长枝上螺旋状散生，在短枝上 3～8 叶呈簇生状，秋季落叶前变为黄色。球花雌雄异株，单性，生于短枝顶端的鳞片状叶的腋内，呈簇生状。雄球花葇黄花序状，下垂，雄蕊排列疏松，具短梗，花药常 2 个，长椭圆形，药室纵裂，药隔不发；雌球花具长梗，梗端常分两叉，稀 3～5 叉或不分叉，每叉顶生一盘状珠座，胚珠着生其上，通常仅一个叉端的胚珠发育成种子，风媒传粉。种子具长梗，下垂，常为椭圆形、长倒卵形、卵圆形或近圆球形，长 2.5～3.5cm，径为 2cm。外种皮肉质，熟时黄色或橙黄色，外被白粉，有臭味；中种皮白色，骨质，具 2～3 条纵脊；内种皮膜质，淡红褐色；胚乳肉质，味甘略苦；子叶 2 枚，稀 3 枚，发芽时不出土；初生叶 2～5 片，宽条形，长约 5mm，宽约 2mm，先端微凹，第 4 或第 5 片起之后生叶扇形，先端具一深裂及不规则的波状缺刻，叶柄长 0.9～2.5cm，有主根。花期 3～4 月，种子 9～10 月成熟。银杏植物形态见图 6-1。

（1. 雌球花枝；2. 雌球花上端；3. 长短枝及种子；4. 去外种皮的种子；
5. 去外、中种皮的种子纵切面（示胚乳与子叶）；6. 雄球花枝；7. 雄蕊）

图 6-1　银杏植物形态图

（墨线图引自《中国植物志》编辑委员会，《中国植物志》，第 7 卷，科学出版社，1978）

【生物学特性】

一、生长发育习性

银杏为多年生落叶乔木，初期生长较慢，萌蘖性强。一般 3 月下旬至 4 月上旬萌动展叶，4 月上旬至中旬开花，9 月下旬至 10 月上旬种子成熟，10 月下旬至 11 月落叶。雌株一般 20 年左右开始结实，500 年生的大树仍能正常结实。

二、生态环境要求

银杏为喜光树种，深根性，对气候、土壤的适应性较宽，能在高温多雨及雨量稀少、冬季寒冷的地区生长，但生长缓慢或不良；以生于海拔 1000m（云南 1500～2000m）以下，气候温暖湿润，土层深厚、肥沃湿润、排水良好，年均温度 13.2～18.7℃，年降水量 700～1500mm，微酸性土壤或中性土壤及光照适当条件下的地区生长最好。但银杏不耐旱也不耐涝，湿度低于 60% 或高于 80%，均影响银杏正常生长；光照不足或强光曝晒，对银杏生长也不利；银杏尚不耐盐碱土，含盐量不能超过 0.1%，若超过 0.3% 时则明显生长不良或难以存活；土壤瘠薄干燥、多石山坡或过度潮湿的地方亦难成活或生长不良。

实践还发现，定植后 1～6 年生的银杏可作为专供采银杏叶用，其叶片大而厚，银杏黄酮及萜内酯等活性成分含量均较高。

【资源分布与适宜区分析】

一、资源调查与分布

银杏最早出现于 3.45 亿年前的石炭纪，曾广泛分布于北半球的欧州、亚州、美洲。在 2 亿 5000 多万年前侏罗纪恐龙时代，银杏已经是最繁盛的植物之一。中生代侏罗纪银杏亦广泛分布，白垩纪晚期开始衰退。地球生命历经千亿年的变动，至 50 万年前，尤其是发生了第四纪冰川运动，地球突然变冷，绝大多数银杏类植物濒于绝种，在欧洲、北美和亚洲绝大部分地区灭绝，只有中国自然条件优越，银杏仍保持它最原始的面貌，才奇迹般地保存下来。所以，在生物演化学史上，银杏被科学家称为"活化石""植物界的熊猫"。

经调查，银杏为中生代孑遗的稀有树种，自然地理分布范围很广。从水平自然分布状况看，以北纬 30° 线附近的银杏，其东西分布的距离最长，随着这一纬度的增加或减少，银杏分布的东西距离逐渐缩短，纬度愈高银杏的分布愈趋向于东部沿海，纬度愈低银杏的分布愈趋于西南部的高原山区。

银杏系我国特产，为我国最古老而珍稀的树种。我国现尚有 3000 年以上的银杏古树，被誉为地球的"长寿树"。我国银杏资源主要分布在温带和亚热带气候区内，其分布边缘北达辽宁的沈阳，南至广东的广州，东到浙江的舟山普陀岛，东南至台湾的南投，西抵西藏的昌都，跨越北纬 21°30′～41°46′，东经 97°～125°，遍及 22 个省（自治区、直辖市），尤以山东、浙江、安徽、福建、台湾、江西、河北、河南、湖北、江苏、湖南、四川（含重庆）、贵州、广西、广东、云南等省（自治区、直辖市）为银杏最适宜区，分布最为广泛。而各省（自治区、直辖市）银杏资源分布也不均衡，主要集中在江苏的泰兴、新沂、大丰、邳州、吴中区和相城区；山东的郯城、泰安、烟台；浙江的天目山；湖北的宜昌、随州、安陆、神农架、大洪山；四川的峨眉、都江堰、乐山；贵州的盘州、正安、福泉；广西的灵川、兴安等地。许多银杏专家考证后认为，浙江天目山、湖北神农架、云南腾冲等偏僻山区，尚发现自然繁衍的古银杏群。它们是极其珍贵的文化遗产和自然景观，对周围生态环境的改善和研究生物多样性、确保银杏遗传资源的持续利用，具有重要作用。经考察，在湖北和四川的深山谷地发现银杏与水杉、珙桐等孑遗植物相伴而生；浙江天目山的野生银杏，生于海拔 500～1000m、酸性（pH 5～5.5）黄壤、排水良好地带的天然林中，常与柳杉、榧树等针阔叶树种混生且生长旺盛。银杏的垂直分布，也由于所在地区纬度和地貌的不同，分布的海拔也不完全一样。半野生状态的银杏群落，由于个体稀少，雌雄异株，如不严格保护和促进天然更新，残存林亦将被取代。

总的来看，目前银杏大都属于人工栽培，于中国、日本、朝鲜、韩国、加拿大、新西兰、澳大利亚、美国、法国、俄罗斯等国家均有分布，而大量栽培的主要是中国、朝鲜、韩国、日本以及欧洲法国、北美洲美国等，且毫无疑问，国外的银杏都是直接或间接从我国传入的。我国银杏的栽培区域甚广，北抵东北沈阳，南达广州，东起华东海拔 40～1000m 地带，西南至贵州、云南西部（腾冲）。海拔 2000m 以下地带等地均有栽培，其垂直分布跨度也大，低在海拔数米至数十米的东部平原，高可到 3000m 左右的西南山区均有银杏栽培。如江苏泰兴（海拔约 5m）、吴中区和相城区（海拔约 300m）、山东郯城（海拔约 40m）、四川都江堰（海拔约 1600m）、贵州盘州（海拔约 1600m）、云南昆明（海拔约 2000m）、甘肃兰州（海拔约 1500m）、西藏昌都（海拔约 3000m）等地，均有栽培数百年或数千年以上的银杏古树。

二、贵州资源分布与适宜区分析

贵州银杏广泛分布，是我国古银杏最多的省份之一。贵州省 100～4000 年 1～3 级的古银杏树共 2000 株左右，分布较分散，东北、东南、西北以及中部地区数量较多。各地市古银杏分布数量差异较大，遵义市分布的银杏达 1000 多株；六盘水市亦达 1000 多株；贵阳市、毕节市、黔东南州以及黔南州古银杏数量为 100 余株；安顺、铜仁以及黔西南地区均相对较少，不足 20 株。现在贵州全省均有银杏种植，都是银杏种植适宜区。1997 年普定县建立了 5 万亩银杏的规范化种植基地。

特别是盘州的古银杏资源与自然景区最为著名。据考证，自明朝起，现今盘州境内就开始银杏种植并早有古银杏树生长。盘州位于贵州省西部，东邻普安，南接兴义，西连云南省富源、宣威，北邻水城。全境地势西北高，东部和南部较低，中南部降起。北部的牛棚梁子主峰海拔 2865m，东北部的格所河谷海拔 735m，相对高差 2130m，形成了境内层峦叠嶂、山高谷深的高原山地地貌。盘州属亚热带气候，气候温和，雨量充沛，冬无严寒，夏无酷暑，年平均气温为 13.5℃，最热月 7 月均温为 20.2℃，最冷月 1 月均温为 5.1℃，年均无霜期 271 天，日照时数 1593h，年均降水量 1390mm，雨热基本同季。5～10 月的降水量占年降水量的 88%，适宜于动植物的繁衍生长。盘州石桥镇妥乐村等古银杏最集中之区域内，生长着 1000 余株古银杏树，最小的有 300 多岁，年长的达上千岁。整个妥乐村，小径、田坎、屋基下、石阶上，多有古银杏树生长，并都向四面八方伸展掩映。银杏树形奇特，叶片精巧，四季分明，春天青翠，夏日里满是层层叠叠的银杏绿叶，秋天又全变成了金黄色，落叶铺满了石板小径、灰黑瓦屋、收获后的田野……，就连那清澈透明的小溪、溪上的小石桥，也被扇形的银杏叶装点成了一派金色。现该区域已建成为贵州省盘州"古银杏"及其自然保护抚育基地，并被开发成为贵州省著名的"古银杏"省级风景名胜游览景区。该区域总面积 140km²，主要由盘州古银杏自然保护抚育区（如妥乐村千株古银杏等）、风景名胜资源区（如历史文化名胜丹霞山、护国寺、滇黔边关胜境关、火铺平常关杜鹃林等），以及乐民温泉等组成，具有古银杏、天然林、悬岩、陡壁、奇峰、异洞、溪河、温泉等景点。该景区妥乐村又是著名长寿村，当地村民多长寿，平均寿命 70～80 岁，最长寿的老人达106 岁高龄。为了改善古银杏树的生态环境，政府正在进一步切实加强银杏种质资源保护抚育与规范化种植基地建设，切实加强管理，决心将古银杏资源与这一自然奇特景观紧密结合，留传万代（图 6-2）。

除上述银杏生产最适宜区外，贵州省内其他凡符合银杏生长习性与生态环境要求的区域均为其生产适宜区。

贵州省盘州石桥镇古银杏妥乐村远眺

图 6-2　贵州省盘州的古银杏及其自然保护抚育基地

【生产基地合理选择与基地环境质量检（监）测评价】

一、生产基地合理选择与基地条件

　　按照银杏适宜区优化原则与其生长发育特性要求，选择其最适宜区或适宜区并具良好社会经济条件的地区建立规范化生产基地。例如，现已在贵州省盘州、福泉、正安及石阡、松桃等地建立银杏规范化种植基地；盘州、福泉、正安等是贵州早就闻名的古银杏与旅游紧密结合的银杏基地；而铜仁市石阡、松桃等是与贵州省企业——贵州信邦制药股份有限公司紧密合作的银杏基地。因为银杏叶是贵州信邦制药股份有限公司拳头产品银杏叶片的主要原料，该公司于 2012 年在铜仁市松桃县开始选建银杏基地，2013 年在石阡县坪山乡、中坝镇、大沙坝等地发展银杏规范化种植基地。银杏基地应选择海拔 1000m 左右，气候温暖湿润，阳光充足，水量充沛，土层深厚、肥沃湿润、排水良好的地带。铜仁市石阡、松桃的自然条件正符合银杏种植基地条件。例如，石阡县地处湘西丘陵向云贵高原过渡的梯级大斜坡地带，境内山峦起伏，沟谷纵横，东南高、西北低，岩溶地貌明显。石阡县属中亚热带湿润季风气候区，日照充足，气候温和，雨量丰沛，暖湿共节，无霜期长，适于银杏生长。石阡县还是我国第 26 个，也是贵州省第一个"中国长寿之乡"。该县截至 2011 年底人口预期寿命为 75.71 岁，高出全国同期 3.17 岁，80 岁以上老人有 5992 人，占总人口的 1.49%，百岁以上老人有 39 人，占总人口的 9.6/10 万，超出 "中国长寿之乡"7/10 万的标准。同时，石阡县坪山乡、中坝镇、大沙坝等地党政对发展银杏叶基地重视支持，而且交通方便，远离工业污染和生活污染区，有较好的农业设施基础，当地农民尚有种植银杏等中药材的习惯及积极性，并有一定经验，适于发展银杏规范化种植基地。贵州石阡银杏基地，见图 6-3。

图 6-3　贵州省铜仁市石阡银杏基地（左：银杏育苗基地；右：银杏套作基地）

二、基地环境质量检（监）测与评价（略）

【种植关键技术研究与推广应用】

一、种质资源保护抚育

银杏是我国特有珍贵树种，已有上千年的种植史与传统药用史，现尚存有无比丰富的古银杏野生资源。同时，银杏适应力强，其垂直分布跨度比较大，在海拔数米至数十米的东部平原到 3000m 左右的西南山区均发现有生长良好的银杏古树。我们应当高度重视，切实加强其种质资源的保护与抚育，并在切实加强银杏人工种植的同时，合理而有效地应用丰富的银杏种质资源，加强开展银杏优良品种的选育研究，进一步对我国已开展的如"马铃""铁核""大佛手""佛指"等能适应各地环境种植的银杏优良品种进行选育，以求获得更多更新的银杏优良品种，以求永续利用。

二、良种繁育关键技术

（一）种子育苗

1. 优良种源、种子采集与贮藏

（1）优良种源与种子采集：采种以母树品质优良，树体健壮，结实多，树龄在 40 年以上的老树为宜。收集自然成熟脱落的果实，堆沤 2～3 天后用水浸泡，搓去外皮，晾干至种皮呈白色。

若有条件，可试引种我国已优选出的"马铃""铁核""大佛手""佛指"等能适应各地环境的银杏良种，或试引种江苏省邳州市银杏研究所的银杏良种，如从银杏"大马铃"中选育出的优良单株之一，原代号为"大马铃铁富 2 号"，其母树在江苏省邳州市铁富镇冯场村；选育出的优良单株之二，原代号为"大马铃铁富 3 号"，其母树在江苏省邳州市铁富镇后圩村。此两种分别被江苏省农作物品种审定委员会审定命名为"亚甜""宇香"。据介绍，这两个银杏新品种具有幼苗叶片大而厚、产量高、药效成分含量高、成树挂果率亦高、果大且营养丰富的特点，被誉为叶果兼用的优良品种，已在邳州等地推广应用。

（2）种子贮藏：外形成熟的银杏种子，仍需 40～50 天才能达到生理成熟（胚成熟）。银杏种胚的后熟过程乃是种胚生长发育的过程，湿沙贮藏可以调节种胚的生长发育过程。但采后刚处理的种子含水量高，直接贮藏易霉烂，需放在阴凉通风处晾 3～5 天，然后贮藏。

银杏贮藏可用湿沙，沙的含水量以手握成团、手松即散为适度，种和沙的比例为 1∶3（体积）。将沙藏的银杏种子先用 1% 升汞或 0.5% 多菌灵液喷洒消毒，然后将沙和种子分层或混拌堆放室内阴凉处。上面用草覆盖，堆放高度以 60cm 为宜。每隔 15 天左右将种子翻动 1 次，沙干时可适当洒水补充。

2. 种子催芽

银杏种子有空胚现象，为防止播种后缺苗断垄，播种前 20～30 天需进行催芽处理。

（1）做床：播种前，于室外背风向阳、排水良好的地方，开挖窖床，深 20～30cm、宽 1.0～2.0m，窖床长度根据种子多少而定。在窖床底部铺上稻草，上面铺草帘或席子，床上方搭一弧形塑料棚，用于催芽增温。

（2）种子浸泡：种子入床前先用水洗净种子，选掉浮果，然后用 30～40℃温水浸泡 5 天左右，每 2 天换 1 次水，让种子吸足水分，再放在做好的温床内催芽。

（3）温床催芽：将浸泡过的种子均匀地堆放在窖床内，厚度 10～15cm，用麻袋盖上，然后用 40℃温水洒在麻袋上，以后每天早上 8:00～9:00 洒水（40℃）1 次，保持塑料棚内足够湿度和温度进行催芽。在此期间，窖内最佳温度为 20～25℃，超过 30℃需通风降温。湿度保持在抓在手里成团而水分不从手缝里渗出为宜。每隔 2～3 天的中午把种子翻动 1 次，保持受热均匀，温度一致，出芽整齐。催芽 15 天后种子即可萌动发芽，要及时将发芽的种子捡出点播。以后每隔 3～5 天捡种 1 次，直至有胚芽的种子全部发芽为止。

3. 播种

（1）圃地选择：根据银杏的生物学特性，育苗地应选择地势平坦、背风向阳、土壤深厚肥沃呈微酸性或中性的沙壤土、灌水排水良好的圃地。土壤过黏、易积水至涝或盐碱土壤均不可用。

（2）整地做床：圃地应于上年晚秋或初冬全面深翻，深度以 30～40cm 为宜。施充分腐熟的饼肥 150～200kg/亩和 70～100kg/亩磷肥。播种前耙碎整平方可做床，苗床宽120cm，床高 25～30cm，步道沟宽 45cm，边沟宽 60cm。

（3）土壤消毒：在播种前 7 天，床面洒 2%～3%的硫酸亚铁水溶液 30～50kg/亩，或硫酸亚铁粉 40～45kg/亩。为防止地下害虫，作床时可施入 5kg/亩辛硫磷或呋喃丹。

（4）播种：经催芽后的种子，4 月初播种为宜（这时不可用地膜覆盖）。银杏种子发芽不能过长，一般在 1～2mm 即可播种，播种时有的胚根长约 1cm，可切去 1/3 根再进行播种，以提高苗木质量。播种方式采用开沟点播，沟深 3～4cm，采用一宽一窄的行条播法，宽行为 40cm，窄行为 20cm，株距为 15cm。沟内先透水，待水渗下后再点播种子，要把种芽斜放在地面，不得平放，以防出苗时胚根弯曲，覆土 2～3cm，然后用干净稻草覆盖，保温保墒，促进芽苗迅速生长。以后要保持床面湿润。

（二）扦插育苗

1. 硬枝扦插

硬枝扦插主要采用银杏一年生或半木质化的枝条作为插穗进行扦插。

（1）插床准备：扦插场地宜选在管理方便、背风、排水良好的地块。插床应选择疏松、肥沃的砂质壤土为好，低洼积水地不宜作插床。在经过充分深耕细耙后进行，一般床长度视田的大小不限，宽 1m，高 0.3m，步道沟宽 0.3m～0.35m。为保持床面湿润，减少水分蒸发，可用竹片弯成与床同宽弧形，上面盖一层塑料薄膜，最后搭高 1.6m 的荫棚。作床后用 0.1%的高锰酸钾溶液或硫酸亚铁溶化成 30%水溶液进行土壤消毒，每亩用量 10kg。

（2）插穗剪取：自银杏树落叶后到芽萌动前，选择开始结实的 25～40 年生生长健壮、无病虫害、品种优良的母树进行采条。每 100 枝一捆，注明地址、品种名称、采集时间，采集枝条必须是树冠外部或上部的 1 年生枝条。因为银杏扦插的成活率随着母树年龄的增高和枝条的老化程度而降低。暂时不扦插的可以进行低温沙藏或砂壤土储藏备用。

（3）插穗处理：扦插时，插穗长度为 15～20cm，要有 1～2 个饱满芽。插穗上端剪成平口，下端斜剪成马耳状削面，仍然是 100 根一捆，用 50×10^{-6} 的萘乙酸溶液浸泡下端24h 后立即扦插，生根率达 85%以上，也可用 50×10^{-6} 的 ABT 生根粉溶液浸泡 1h，生根率达到 80%以上。

（4）扦插方法：经过处理的插穗，按 5cm×10cm 的株行距扦插。先用比插穗粗的木棍打成直孔，将插穗的 2/3 插入土壤内，并用手将插穗四周的细土压实，使插穗与土壤紧密接触，然后浇透水即可。

2. 嫩枝扦插

嫩枝扦插是指用当年生未木质化的银杏新梢作插穗进行扦插育苗,这种育苗方式具有操作简单、繁殖快、周期短、育苗成本低、成活率高的特点。

(1)插穗剪取:6月上旬至8月上旬,银杏新梢基本封顶,但新梢枝条没有木质化。在树冠中上部外围剪取半木质化的长枝梢作插穗,按一定数量扎成把,注明母树品种、地点。扦插时剪成长 10cm 左右,插穗上部保留 2～3 个叶片,下部叶片去掉,下端剪成马耳形。

(2)插床准备:插床在有条件的地方可以用蛭石或纯细黄沙,山区也可以新挖黄壤土,制床规格与硬枝扦插相同。

(3)扦插方法:扦插前,插穗用 $100×10^{-6}$ 的 ABT 生根粉浸泡 1h。扦插深度,上面留1～2 个芽,其余全部插入土内。株行距6cm×9cm。嫩枝扦插都是在高温天气进行,因此,遮阴更加重要,有条件的地方要搭高棚或者搭高棚加遮光墙篱,在荫棚下覆盖弓形塑料薄膜,防止失水。其余管理措施与硬枝扦插相同。采用绿枝扦插,成活率一般在 80%左右,最高可达 90%。

(三)分株育苗

在早春土壤解冻后,刨开银杏母树根旁的土壤,露出部分根系,在根系上割划一些伤口,使其产生不定芽及新根,新芽形成的植株于第二年从母体分离,进行定植。也可于早春在银杏母树根际周围铺一层厩肥,然后连土壤一起翻耕,并灌上水,促其萌蘖。约在 5月上中旬,对萌蘖进行去劣留优。翌年春即可将小苗与母树分离,移植于苗圃。

(四)嫁接育苗

1. 接穗选择

(1)接穗母本:接穗应从采穗圃中 20～100 年生的优良银杏母树上采集。若母树年龄小,生理上不够成熟,嫁接后结果晚;而母树年龄太大,其生命力弱,嫁接后虽能达到早结果的目的,但树势弱,产量低。

(2)接穗年龄:试验表明,接穗年龄越小,其成活率越高;接穗年龄越大,其成活率越低。一般情况,1～2 年生接穗成活率可达 90%以上;3～4 年生接穗成活率在 80%左右。1 年生接穗成活率高,生长量大,但开花结果迟,一般需 7 年左右。而 4 年生的接穗的植株,开花结果早,一般 2 年结果,极个别带有花芽的接穗当年即开花结果,但树冠开张角度小,产量低,达不到丰产的目的。因此,在实践中选择 2 年生或 3 年生的枝条作接穗为宜。

(3)接穗采集与保存:3月末,将采集的枝条 50 根一捆放在低温窖中,避免机械损伤芽眼。嫁接(4月20日左右)将枝条处理,以 3～4 个芽为一段,剪截成接穗,以备封蜡。将石蜡放入铝、铁等容器内加热熔化,蜡沫熔净后,温度在 90～110℃时即可封蜡。银杏皮层较厚,水分流失轻,只封剪口即可,瞬间封蜡,接穗两头各封 2cm,将封好的接穗用尼龙袋装好,放回窖中存放。

2. 嫁接时间

银杏发叶较晚，每年 5 月上旬，芽苞萌动树皮易剥离时即可嫁接，作业时间不要过于延后，5 月中下旬虽也可嫁接，但接穗不宜存放，而且嫁接后生长量较小，抗寒性差。

3. 嫁接方法

通常采用插皮接。

（1）削接穗：在接穗下端削 4cm 长斜面，在长斜面背部下端削一个长 0.5cm 的短斜面，将长斜面背部蜡层及老皮用刀轻轻刮去，露出绿皮即可，利于伤口愈合。接穗留 2～3 个芽，至少有两个芽是对称的，利于造型。

（2）嫁接：选砧木皮层较为光滑的一面，在锯口处纵切一刀，轻轻活动刀把，使皮层挤压松动，将接穗轻轻插入，上部稍露白 0.3cm，为保证嫁接成功，根据砧木粗细可插入 2～4 个接穗。

不管上述何种嫁接法，都应注意以下技术环节：一是严密绑扎。目前多采用塑料薄膜带绑扎，具有增温、保湿、促进愈伤组织形成的作用，是嫁接成败的关键。二是熟练操作。嫁接过程中，技术要熟练，动作要灵活、迅速，嫁接刀要锋利，以防止接穗失水，影响嫁接成活。三是保持接穗新鲜、湿润不失水、芽饱满、充实且未萌发。嫁接要在无风、无雨的多云天气进行。实践证明，凡雨天嫁接者，成活率都不高，但晴天烈日，蒸发量大，接穗难于保温，成活率也不高。

三、规范化种植关键技术

（一）选地整地与移栽定植

1. 选地整地

银杏寿命长，一次栽植能长期受益，因此土地选择非常重要。银杏属喜光树种，应选择坡度不大的阳坡作为造林地。银杏对土壤条件要求不严，但以土层厚、土壤湿润肥沃、排水良好的中性或微酸性土为好。

2. 移栽定植

（1）移栽时间：银杏以秋季带叶栽植及春季发叶前栽植为主。秋季栽植在 10～11 月进行，可使苗木根系有较长的恢复期。春季发芽前栽植的银杏，由于地上部分很快发芽，根系没有足够的时间恢复，所以生长不如秋季栽植的好。

（2）合理配置：栽植时应根据苗龄和苗木的大小合理密植，银杏早期生长较慢，密植可提高土壤的利用率，增加单位面积的产量。封行后进行移栽，先从株距中隔一行移一行，隔几年又从原来行距里隔一行移一行。

实践发现，采用宽窄行种植模式，可增强通风效果和透光性，以促使银杏的生长发育，有利银杏优质高产。

（3）种植方式：银杏栽植要按设计的株行距挖栽植窝，2～3 年生苗栽植密度株行距平均 30～50cm。窝挖好后要回填表土，施发酵过的含过磷酸钙的肥料。栽植时，将苗木根系自然舒展，与前后左右苗木对齐，然后边填表土边踏实。栽植深度以培土到苗木原土印上 2～3cm 为宜，不要将苗木埋得太深。定植后要及时浇定根水，以提高成活率。

（二）松土除草与整形修剪

1. 松土除草

除草结合松土进行，每年进行 3 次：第一次在 4 月份，第二次在 7 月份，第三次在 10 月下旬或 11 月上旬。在松土前先将杂草铲除，第一次、第二次浅松土，在树苑两侧 30cm 范围内松土深至 10cm 左右，并培土于树苑；第三次深松土，将银杏叶用林全面深翻 30cm，土坯不需打碎，杂草埋于土中。

2. 整形修剪

为了便于叶片采摘和树体管理，采叶树采用矮干、低冠的杯形或圆头形为宜，主干高度控制在 50cm（40cm 为佳）以下，在定干剪口下选择不同方位萌生的 3 个枝做主枝，主枝上再培养多级侧枝；也可采用丛状形，当 1～2 年生的幼苗定植后，均需在距地面 20cm 处截干，促发新枝，新枝长到 10～15cm，按不同方位选留 5 个主枝，其余枝条均剪掉，当主枝长到 30cm 时，再次摘心，促萌侧枝，这样经过 3～5 次的培养，即形成丛状形的树冠，植株总高度应控制在 2m 以内。为了促使采叶树有更多的分枝，在冬季要进行重剪，及时轮换更新枝条，同时疏除一些过密枝、病虫枝和细弱枝等。生长季修剪，主要是在 5 月下旬对 30cm 以上的新梢进行摘心，有效促发二次梢，增加枝叶量，秋季结合采叶注意疏除过密旺长枝，促发更多的侧枝。

（三）合理施肥

银杏喜肥耐肥，叶用银杏更喜肥水，因此必须加强土壤管理和充分的肥水供应。

土壤管理主要是除草保墒，尤其在雨后或浇水之后要及时中耕除草，以减少地表蒸发，保持土壤水分。在每年秋季采叶后至封冻前，可结合土壤翻耕深施有机肥，增加土壤肥力。银杏生长前期（4～5 月）要加大追肥量，追肥以氮肥为主，适当配施磷钾肥，以促进枝叶生长；中后期（7～8 月）要追施磷钾肥，同时在生长期要进行 3～4 次叶面喷肥（可用 0.3% 的尿素和 0.5% 的磷酸二氢钾等），以促叶色浓绿，提高叶片产量和改善叶片的品质。叶用银杏园因叶片多，蒸腾量大，必须有充足的水分供应，尤其在 7～8 月份的高温季节需水量大，但银杏怕涝，雨季要注意及时防涝排水。

（四）主要病虫害防治

1. 茎腐病

此病在各银杏育苗区均有发生，多出现于 1～2 年生银杏实生苗上，尤以一年生苗木最为严重，常造成幼苗大量死亡。发病初期，幼苗基部变褐色，叶片失去正常绿色，并稍向下垂，但不脱落。感病部位迅速向上扩展，以至全株枯死。病苗基部皮层出现皱缩，皮内组织腐烂呈海绵状或粉末状，色灰白，并夹有许多细小黑色的菌核。此病病菌也能侵入幼苗木质部，因而褐色中空的髓部有时也见有小菌核产生。此后病菌逐渐扩展至根，使根皮皮层腐烂。如用手拔病苗，只能拔出木质部，根部皮层则留于土壤中。

防治方法：提早播种，争取在土壤解冻时即进行播种，有利于苗木早期木质化，增强对土表高温的抵御能力；合理密播，有利于发挥苗木的群体效应，增强对外界不良环境的抵抗力；防治地下害虫，苗木受地下害虫为害后极易感染茎腐病菌，因此，播种前后一定要注意消灭地下害虫。另外，可结合灌水喷洒各种杀菌剂，如甲基托布津、多菌灵、波尔多液等。也可在6月中旬追施有机肥料时加入拮抗性放线菌，或追施草木灰/过磷酸钙（1/0.25）并加入拮抗性放线菌。

2. 猝倒病

也称立枯病，在各地银杏苗圃均普遍发生。染病幼苗死亡率很高，尤其在播种较晚的情况下发病率高。其病多于4～6月发生。由于发病期不同，通常出现4种病状：一是种实腐烂。种芽出土前被病菌侵入，引起种子腐烂称为芽腐型猝倒病。二是茎叶腐烂。幼芽出土期间，由于湿度过大或苗木过密等原因被病菌侵入，引起茎叶黏结腐烂，称茎腐型猝倒病。三是幼苗猝倒。幼苗出土后扎根期间，由于苗木木质化程度差，病菌侵入根茎，产生褐色斑点，病斑扩大呈水渍状，由于病菌在苗茎组织内蔓延，引起典型的幼苗猝倒症状。四是苗木立枯病。苗木茎部木质化后，病菌从根部侵入，使根部腐烂，病苗枯死，但不倒伏，称苗木立枯病。上述四种症状均有发生，但以幼苗猝倒最为严重。

防治方法：细致整地，防止圃地积水和土壤板结。有机肥料应充分腐熟，播种前应进行土壤消毒或土壤灭菌；提高播种技术，适时早播，覆土厚度适当，促使苗齐苗旺，提高苗木群体抗性。也可用五氯硝基苯、75%代森锌或25%敌克松进行土壤处理。具体方法是：先将全部药量称好，然后与细土混匀即成药土。播种前将药土在播种行内铺1cm厚，然后播种，并用药土覆种，用量4～6g/m²。或用苏化911每亩施375g，敌克松、稻脚青、开普顿每亩施2.5～3.5kg，用法同上。用2%～3%的硫酸亚铁（黑矾）水溶液，每平方米施9L；雨天或土壤湿度大时用细土混成2%～3%的黑矾药土，每亩施100～150kg。

3. 叶枯病

此病在银杏集中产区均有不同程度的发生，一般老产区比新产区发病更严重。据报道，凡靠近水杉栽培的银杏植株发病明显严重，而且雌株的发病率高于雄株。感病的植株，轻者部分叶片提前枯死脱落，重者叶片全部脱光，从而导致树势衰弱，生长发育不良。其发病初期常见叶片先端变黄，6月间黄色部位逐渐变褐枯死，并由局部扩展到整个叶缘，呈褐色至红褐色的叶缘病斑。其后，病斑逐渐向叶片基部蔓延，直至整个叶片变成褐色或灰褐色，枯焦脱落为止。7～8月病斑与健康组织的交界明显，病斑边缘呈波纹状，颜色较深，其外缘部分还可见较窄或较宽的鲜黄色线带。9月，病斑明显增大，扩散边缘出现参差不齐的现象。9～10月，在苗木或大树基部萌条的叶片上产生若干不规则的褪色斑点，中心褐色，这些斑点虽不明显扩大，但常与延伸的叶缘斑相连合。

防治方法：加强管理，增强树势。如争取冬季施肥，避免积水，杜绝与松树、水杉间作，提高苗木栽植质量，缩短缓苗时间，以增强苗木的抗病性。控制雌株过量结果，防止此病在银杏大树上的蔓延发生。也可在发病前喷施甲基托布津等广谱性杀菌剂，或6月上旬喷施40%多菌灵胶悬剂500倍液或90%疫霜灵1000倍液，每隔20天喷一次，共喷6次。

4. 早期黄化病

此病在银杏集中产区均有不同程度的发生。黄化植株较易感染叶枯病，导致提前落叶，生长显著缓慢，种实产量下降，甚至全株死亡。此病常于5月中旬出现，6月下旬至7月黄化株数逐渐增多，呈小片状发生。发病轻微的叶片仅先端部分黄化，呈鲜黄色，严重时则全部叶片黄化。由于叶片早期黄化，又导致叶枯病的提前发生。8月整个叶片即变褐色干枯而大量脱落。

防治方法：5月下旬，每株苗木施多效锌140g，发病率可降低95%，感病指数也明显降低；及时防治蛴螬、蝼蛄、金针虫等地下害虫；防止土壤积水，加强松土除草，改善土壤通透性能。

5. 桑天牛

我国南北各地均有发生，分布很广。除桑树外，对多种林木和果树形成为害。成虫啃食嫩枝皮层，造成枝枯叶黄，幼虫蛀食枝干木质部。严重受害时，整枝、整株枯死，是银杏常见而较严重的蛀干虫害之一。

防治方法：捕捉成虫，在6、7月间成虫羽化盛期进行人工捕捉；药杀幼虫，在幼虫活动期，寻找有新鲜排泄物的虫孔，将虫粪掏尽，用25%滴滴涕乳剂50倍液或80%敌敌畏乳剂300倍液及柴油、煤油，从倒数第二个排粪孔注入，注药后用泥团封闭最下端蛀孔；刺杀幼虫，在幼虫发生期，用金属丝插入每条蛀道最下蛀孔，刺杀幼虫；保护天敌，未孵化的桑天牛卵，多为啮小蜂寄生，应加以保护。

6. 蛴螬

蛴螬俗称鸡粪虫，各地发生的种类有所不同，发生严重的主要有铜绿丽金龟、华北大黑鳃金龟、黑绒金龟等。大部分为植食性种类，其成虫和幼虫均能对银杏造成为害。蛴螬对银杏幼苗，除咬食侧根和主根外，还能将根皮食尽，造成缺苗断垄。成虫则取食银杏叶片，往往由于个体数量多，可在短期内造成严重为害。

防治方法：精耕细作，合理施肥，粪肥要充分腐熟方可施用。氨水对蛴螬有一定的防治作用；圃地周围或苗木行间种植蓖麻，对多种金龟子类幼虫具诱杀毒杀作用；人工捕杀，当蛴螬在表层土壤活动时，可适时翻土，拾虫消灭，或利用成虫的假死性，在盛发时期人工捕杀；喷洒敌百虫800～1000倍液、1.5%乐果粉、2.5%敌百虫粉或40%乐果800倍液及树干刮除粗皮涂40%氧化乐果1～2倍液等，对成虫防治均有较好效果。

上述银杏良种繁育与规范化种植关键技术，可于其生产适宜区内，并结合实际因地制宜地进行推广应用。

【药材合理采收、初加工、贮藏与运输】

一、合理采收期与采收方法研究确定

（一）采收时间

经对贵州地区银杏叶采收试验的研究结果表明，每年的 8 月中下旬至 9 月下旬是银杏叶的最佳采收时期。

（二）采收方法

因银杏树下部叶片老化快，上部叶片老化较慢，且后期光合速率高，对有效成分的积累和枝条增粗的作用非常明显，故应该分批次进行采收：一次为 8 月下旬，一次为 9 月中下旬。对于专用的采叶园，采摘时一只手固定主干，另一只手自下而上对叶子进行逐片采摘，切不可用手捋采，以免损伤芽子，影响翌年树体生长。采收时，每一枝条上隔三差五地适当保留一些叶片，以保证树木的光合作用，使银杏树能够正常生长发育。

二、合理初加工方法与批号制定

（一）合理初加工

银杏叶采收后，应及时清除掉夹杂在叶子里面的树枝、杂草、泥土、沙石及霉烂叶，然后及时合理干燥。合理干燥方法的应用，是获得高质量银杏叶片的关键。最合理干燥法为：及时以杀青机械设备快速杀青，再以适应的快速干燥机械设施进行干燥，干燥的时间越短，银杏叶的质量则越高。如无上述初加工条件可进行人工晾晒（但切忌太阳强光曝晒，下同），由于人工晾晒可致银杏叶有效成分损失，故第 1 天绝不能直接曝晒（如第 1 天就在水泥地上曝晒，即致叶色变黄，有效成分损失严重），只能晾干至水分蒸发一部分后，再行晾干为止。

银杏雌株一般 20 年左右开始结实（嫁接后 5~8 年可开始结果），500 年生的大树仍能正常结实，种子秋季采收。银杏果实及银杏叶药材，见图 6-4。

干燥后的银杏叶，应及时打包捆严，以免吸湿，且占地面积小。如果装袋打包严密封藏，一般不会发生霉变，但也需经常抽查，以免他虞。

（二）批号制定（略）

三、合理包装与储运养护

（一）合理包装

经干燥的银杏叶应严格分级并尽快包装运输。所用包装应符合药用包装标准，并在每件包装上注明品名、规格、等级、毛重、净重、产地、批号、执行标准、生产单位、包装日期及工号等，并应有质量合格的标志。

若以鲜叶包装储运，应装入通气袋中，不要压紧，运到目的地马上进行干燥处理，或按用户要求进行特殊处理与包装储运。

（二）合理储运养护

银杏叶应储存于阴凉、清凉、干燥、通风、无异味、无污染处，温度 30℃以下，相对湿度 80%以下。商品安全水分不得超过 12.0%。储藏前，还应严格入库质量检查，防止受潮或染霉品掺入。储藏包底部要设放通气木架，以利于通气。同时，应进行严格分级储放，以便使用。储藏环境应保持清洁，要注意防潮、防火、防鼠虫损坏，配备防火消防器材。储藏期间应保持环境干燥、整洁。定期检查，发现吸潮或霉变等，应及时进行通风、翻垛或晾晒等处理。

图 6-4　银杏果实及银杏叶药材

银杏叶的运输工具应清洁、干燥、无异味、无污染、通风条件好。运输中应防雨、防潮、防曝晒、防灰尘污染，严禁与有毒有害、易燃、易爆物质混装，以确保银杏叶质量。

【药材质量标准、质量检测与监控】

一、药材商品规格与质量检测

（一）药材商品规格

银杏叶药材以无杂质、霉变，身干，叶片大，整齐不破，色黄绿者为佳品。其药材商品规格分为两个等级。

一级：叶片色泽黄绿色，无杂质、霉变，身干，叶片大，整齐不破。

二级：叶片色泽浅棕黄色，无杂质、霉变，身干，叶片较大。

（二）药材质量检测

按照现行《中国药典》（2015 年版一部）银杏叶药材质量标准进行检测。

1. 来源

本品为银杏科植物银杏 *Ginkgo biloba* L.的干燥叶。秋季叶尚绿时采收，及时干燥。

2. 性状

本品多皱折或破碎，完整者呈扇形，长 3～12cm，宽 5～15cm。黄绿色或浅棕黄色，上缘呈不规则的波状弯曲，有的中间凹入，深者可达叶长的 4/5。具二叉状平行叶脉，细而密，光滑无毛，易纵向撕裂叶，基部楔形，叶柄长 2～8cm。体轻，气微，味微苦。

3. 鉴别

（1）薄层色谱鉴别 I：取本品粉末 1g，加入 40%乙醇 10mL，加热回流 10min，放冷，滤过，取滤液作为供试品溶液。另取银杏叶对照药材 1g，同法制成对照药材溶液。照薄层色谱法（《中国药典》2015 年版四部通则 0502）试验，吸取上述溶液 6μL，分别点于同一含 4%醋酸钠的羧甲基纤维素钠溶液为黏合剂的硅胶 G 薄层板上，以乙酸乙酯-丁酮-甲酸-水（5：3：1：1）为展开剂，展开、取出、晾干，喷以 3%三氯化铝乙醇溶液，热风吹干，置紫外线灯（365nm）下检视。供试品色谱中在与对照药材色谱相应的位置上，显相同颜色的荧光斑点。

（2）薄层色谱鉴别 II：取本品粉末 1g，加 50%丙酮溶液 40mL，加热回流 3h，滤过，滤液蒸干，残渣加水 20mL 使其溶解，用乙酸乙酯振摇提取 2 次，每次 20mL，合并乙酸乙酯液，蒸干残渣加 15%乙醇 5mL 使其溶解，加入已处理好的聚酰胺柱（30～60 目，1g，内径 1cm，用水湿法装柱），用 5%乙醇 40mL 洗脱，收集洗脱液，置水浴蒸去乙醇，水液用乙酸乙酯振摇提取 2 次，每次 20mL，合并乙酸乙酯液，蒸干，残渣加丙酮 1mL，使其溶解，作为供试品溶液。另取银杏内酯 A 对照品、银杏内酯 B 对照品、银杏内酯 C 对照品及白果内酯对照品，加丙酮制成每 1mL 各含银杏内酯 A 对照品 0.5mg、银杏内酯 B 对照品 0.5mg、银杏内酯 C 对照品 0.5mg 及白果内酯对照品 1mg 的混合液，作为对照品溶液。照薄层色谱法（《中国药典》2015 年版四部通则 0502）试验，吸取上述溶液各 5μL，分别点于同一含 4%醋酸钠的羧甲基纤维素钠溶液为黏合剂的硅胶 G 薄层板上，以甲苯-乙酸乙酯-丙酮-甲醇（10：5：5：0.6）为展开剂，在 15℃以下展开，取出、晾干，在醋酐蒸气中熏 15min，在 140～160℃加热 30min，置紫外线灯（365nm）下检视。供试品色谱中在与对照品色谱相应的位置上，显相同颜色的荧光斑点。

4. 检查

（1）杂质：参照杂质测定法（《中国药典》2015 年版四部通则 2301）测定，不得超过 2.0%。

（2）水分：参照水分测定法（《中国药典》2015 年版四部通则 0832，第二法）测定，不得超过 12.0%。

（3）总灰分：参照总灰分测定法（《中国药典》2015 年版四部通则 2302）测定，不得超过 10.0%。

（4）酸不溶性灰分：参照总灰分测定法（《中国药典》2015 年版四部通则 2302）测定，不得超过 2.0%。

5. 浸出物

参照醇溶性浸出物测定法（《中国药典》2015 年版四部通则 2201）测定，用稀乙醇作溶剂，不得少于 25.0%。

6. 含量测定

（1）总黄酮醇苷：参照高效液相色谱法（《中国药典》2015 年版四部通则 0512）测定。

色谱条件与系统适应性试验：以十八烷基硅烷键合硅胶为填充剂；甲醇-40%磷酸溶液（50∶50）为流动相；检测波长为 360nm。理论塔板数按槲皮素峰计算应不得低于 2500。

对照品溶液的制备：取槲皮素对照品、山柰素对照品、异鼠李素对照品适量，精密称定，加甲醇溶液分别制成每 1mL 各含槲皮素 30μg、山柰素 30μg、异鼠李素 20μg 的混合液。

供试品溶液的制备：取本品中粉 1g，精密称定，置索氏提取器中，加三氯甲烷回流提取 2h，弃去三氯甲烷液，药渣挥干，加甲醇回流提取 4h，提取液挥干，残渣加甲醇-25%盐酸溶液（4∶1）混合溶液 25mL，加热回流 30min，放冷，转移至 50mL 量瓶中，并加甲醇至刻度，摇匀，即得。

测定法：分别精密吸取对照品溶液与供试品溶液各 10μL，注入液相色谱仪，测定，分别计算槲皮素、山柰素、异鼠李素的含量，按下式换算成总黄酮醇苷的含量。

总黄酮醇苷含量=（槲皮素含量+山柰素含量+异鼠李素含量）×2.51

本品按干燥品计算，含总黄酮醇苷不得少于 0.40%。

（2）萜类内酯：照高效液相色谱法（《中国药典》2015 年版一部通则 0512）测定。

色谱条件与系统适用性试验：以十八烷基硅烷键合硅胶为填充剂；以甲醇-四氢呋喃-水（25∶10∶65）为流动相；蒸发光散射检测器检测。理论板数按白果内酯峰计算应不低于 3000。

对照品溶液的制备：取银杏内酯 A 对照品、银杏内酯 B 对照品、银杏内酯 C 对照品、白果内酯对照品适量，精密称定，加 50%甲醇制成每 1mL 含银杏内酯 A 0.18mg、银杏内酯 B 0.08mg、银杏内酯 C 0.10mg、白果内酯 0.20mg 的混合溶液，即得。

供试品溶液的制备：取本品中粉约 1.5g，精密称定，置索氏提取器中，加石油醚（30～60℃）在 70℃水浴上回流提取 1h，弃去石油醚（30～60℃）液，药渣和滤纸筒挥尽石油醚，置于 60℃烘箱中烘干，再加甲醇回流提取 6h，提取液蒸干，残渣加甲醇使其溶解，转移至 10mL 量瓶中，超声波处理（功率 300W，频率 50kHz）30min，取出，放冷，加甲醇至刻度，摇匀，静置，精密量取上清液 5mL，加入酸性氧化铝柱（200～300 目，3g，内径为 1cm，用甲醇湿法装柱）上，用甲醇 25mL 洗脱，收集洗脱液，回收溶剂至干，残渣用甲醇 5mL 分次转移至 10mL 量瓶中，加水约 4.5mL，超声波处理（功率 300W，频率 50kHz）30min，取出，放冷，加甲醇至刻度，摇匀，即得。

测定法：分别精密吸取对照品溶液 10μL、20μL，供试品溶液 10～20μL，注入液相色谱仪，测定，用外标两点法对数方程分别计算银杏内酯 A、银杏内酯 B、银杏内酯 C 和白果内酯的含量，即得。

本品按干燥品计算，含萜类内酯以银杏内酯 A（$C_{20}H_{24}O_9$）、银杏内酯 B（$C_{20}H_{24}O_{10}$）、银杏内酯 C（$C_{20}H_{24}O_{11}$）及白果内酯（$C_{15}H_{18}O_8$）的总量计算，不得少于 0.25%。

二、药材质量标准提升研究与企业内控质量标准制定（略）

三、药材留样观察与质量监控（略）

【药材生产发展现状与市场前景展望】

一、生产发展现状与主要存在问题

我国是举世闻名的银杏之乡，具有最优良的树种和最成功的栽培经验，如得以科学、合理开发利用，则将给数以百万计的农民和生产厂家带来巨大的效益。近 10 年来，我国银杏种植业取得令人瞩目的发展。据不完全统计，1997 年全国银杏种植面积则扩展到 184.5 万亩；种子年产量 7000 吨，年产值 2.8 亿元；干银杏叶年产量 1.10 万～1.30 万吨，年产值 1.65 亿～1.95 亿元。银杏种植业发展较快的有江苏省和山东省。江苏省现种植银杏 2000 万株，建成生产基地 210 万亩，年产种子 3600 吨、干银杏叶 4500 吨，年产量居全国之首。山东省现种植银杏 350 万株，培育银杏苗木 3.5 亿株，年产干银杏叶 2800 吨。安徽、河南、湖北、广西、广东、贵州等地的银杏生产也呈现较好的发展势头。

我国江苏、山东等地对银杏种植多采用良种化集约经营，用大规模农田林网建设生产模式，取代了过去品种良莠不齐、零星散植、粗放管理等落后的生产方式，取得了良好的社会经济效益。江苏省泰兴市目前栽植银杏 115050 亩，年产种子 2000 吨，产值约 8000万元。江苏省邳州市建成集约化银杏林 42995 亩，银杏农田林网 70005 亩，共 265 万株，年产种子 600 吨，干银杏叶 3500 吨。山东省莱州市小草沟园艺场 1993 年以来建立银杏生产基地 13065 亩，每年繁育优良银杏苗木 200 余万株，收入 850 万元；生产良种接穗 100万条，收入 150 万元；生产干银杏叶 100 余吨，收入 150 万元。福建省漳平市建成集约化银杏林 51000 亩，现已投产。广东省南雄市已形成 100500 亩银杏生产基地，仅 1995 年，银杏产值超万元的种植户就有 120 家。

贵州省银杏种植也有较大发展，据《贵州省中药材产业发展报告》统计，2014 年，全省银杏种植面积达 7.32 万亩，总产量达 2600.00 吨，总产值达 8310.26 万元。尤其是贵州信邦制药公司等企业为了建好其拳头产品银杏叶片的"第一车间"，采取"自建基地和合作共建"的经营模式，在黔南州罗甸县、铜仁市松桃县及石阡县等地区先后开展银杏种植基地建设，并已初具规模与成效。例如，2014 年在松桃县长兴镇和黄板镇建成银杏种植基地 1230 亩，累计达 3280 余亩。2014 年采收的银杏叶药材经检测，黄酮醇苷达 0.86%，银杏内酯达 0.51%，均远高于中国药典标准。贵州信邦制药公司现每年银杏叶需求量在 1000 吨以上，该公司在铜仁松桃和石阡还建立银杏繁育基地 200 亩，正在大力发展银杏种植基地建设，以更好满足公司银杏叶原料需求和质量的稳定。

但是，贵州省与上述各省相比，银杏种植发展差距甚大，主要存在以下两个问题：一是农民群众种植银杏积极性不高。由于市场变化，近几年银杏果价格持续下跌，群众种植银杏的积极性受到严重挫伤，对银杏的发展前景产生了怀疑，失去信心；又因银杏树前期生长发育缓慢、结果晚，产生经济效益周期较长，而群众急于求成，见效心切，看到种植的银杏几年均不挂果，就对发展银杏种植管理不重视。二是银杏种植管理不善，种植规范化程度低。部分银杏由于在栽植过程中选用种苗不合格，选地不适宜，栽植不规范等，导致栽植的银杏先天不足，生长发育迟缓，难以产生效益。部分群众对银杏重栽轻管或只栽不管，不浇水、不施肥、不修剪、不锄草、不管护，任其自生自灭；更有部分农户见栽植的银杏迟迟不能见效且影响耕作，便出现砍、挖、烧毁银杏树的现象，使银杏资源受到人为破坏。我们对上述存在问题应予高度重视，切实解决。

二、市场需求与前景展望

现代科学研究表明，银杏叶含有 200 多种药用成分，其中黄酮类活性物质 46 种，微量元素 25 种，氨基酸 8 种。其中以黄酮为主的有效成分，具有保护毛细血管通透性，扩张冠状动脉，恢复动脉血管弹性，降低血清胆固醇，增加冠状动脉血流量，改善心脑血管循环，解除平滑肌痉挛、松弛支气管和抑菌，营养脑细胞及其他器官的作用，而且还有使动脉、末梢血管、毛细血管中的血质与胆固醇维持正常水平的功效。

银杏叶是一种重要的药用资源。其提取物制品是治疗心脑血管及哮喘病的有效药物，同时也是抗核辐射良药。银杏叶制品的销售市场已几乎遍及全球，年销售额约 20 亿美元。预计银杏叶制品的畅销局面，在国际上还将会持续相当长一段时间。同时，随着我国人民生活水平的提高，银杏叶制品的国内市场将会不断扩大。以贵州信邦制药有限公司为例，从 1995 年开始进行银杏叶片的生产，到目前为止，银杏叶片每年的销售额已发展到 1 亿元以上。

银杏树的果实俗称白果，因此银杏又名白果树。银杏树生长较慢，寿命极长，自然条件下从栽种到结银杏果要二十多年，四十年后才能大量结果，因此又有人把它称作"公孙树"，有"公种而孙得食"的含义，是树中的老寿星，具有观赏、经济、药用价值。同时，银杏的垂直分布的跨度比较大，在海拔数米至数十米的东部平原到 3000m 左右的西南山区均发现有生长良好的银杏古树。且其适应能力强，是速生丰产林、农田防护林、护路林、护岸林、护滩林、护村林、林粮间作及"四旁"绿化的理想树种。它不仅可以提供大量的优质木材、叶子和种子，同时还可以绿化环境、净化空气、保持水土、防治虫害、调节气温、调节心理等，是良好的造林、绿化和观赏树种，对中国大江南北农林种植结构调整、平原农区林业的发展具有重要意义。据预测，21 世纪中叶国际银杏市场白果的总需求量约为 6 万吨，而目前产量仅为需求量的 10%；银杏叶的总需求量约为 10 万吨，而目前产量仅为需求量的 20%。可以断言，银杏果及银杏叶制品在今后较长一段时间内，仍有较大市场潜力。根据我国银杏产业的发展现状，目前，银杏科学研究的主要目标是叶用和果用银杏良种的选育；实生树嫁接良种技术；银杏雌、雄株品种的花芽分化和开花习性观察；雄性品种的选择和分类；银杏生长结实与自然条件关系的研究；银杏叶片药用成分分析方法和检测手段研究等。

<h2 style="text-align:center">主要参考文献</h2>

戴兰苏. 2009. 叶用银杏园的营建和栽培管理技术[J]. 宁夏农林科技，（6）：180.

樊卫国，刘进平，等. 2000. 银杏叶黄酮、萜内酯含量的季节性变化及采收期研究[J]. 山地农业生物学报，19（2）：117-120.

郭彩鸽，张素华，等. 2007. 银杏扦插苗技术[J]. 河南林业科技，27（2）.

兰发新，邓正双. 2011. 银杏栽培技术[J]. 中国林业，（17）：46.

林春燕，林江，等. 2012. 银杏的病虫害防治[J]. 中国花卉园艺，（2）：44-46.

刘莉娟，邢世岩，吴岐奎，等. 2013. 贵州省古银杏资源的分布及生长特征研究[J]. 西部林业科学，42（6）：82-87.

史继孔. 1998. 贵州银杏产业现状及开发利用对策[J]. 山地农业生物学报，17（4）：231-234.

孙芳. 2003. 银杏嫁接育苗[J]. 安徽林业，（5）：11.

王开荣. 2006. 银杏种子育苗技术[J]. 现代农业科技，（18）：36.

吴溪琴，艾军，孙荣，等. 2007. 贵州普定银杏 GAP 试验示范基地环境质量评价[J]. 山地农业生物学报，26（3）：220-223.

夏秀华. 2008. 银杏叶的开发与利用[J]. 安徽农学通报，14（15）：182-183.

许鹏. 1995. 银杏育苗及造林技术[J]. 山西林业，（6）：22-23.

燕素琴. 2012. 银杏种子育苗技术[J]. 现代农业科技，（16）：198.

张宝琳，陈炜青. 2003. 银杏种子育苗技术[J]. 甘肃科技，19（7）：132-133.

张玉嵩，陆忠华，等. 2011. 银杏嫁接育苗技术[J]. 新农业，（11）：47.

中国科学院《中国植物志》编辑委员会. 1978. 中国植物志. 第七卷. 裸子植物[M]. 北京：科学出版社：18-23.

（王文渊　赵　君　刘继平　冉懋雄）

第四章　种子及果实类药材

1　大果木姜子

Daguomujiangzi

CINNAMOMI FRUCTUS

【概述】

大果木姜子原植物为樟科植物米槁 *Cinnamomum migao* H. W. Li，别名：麻告、大果樟。以干燥果实入药。大果木姜子收载于《贵州省中药材、民族药材质量标准》（2003 年版），称其"味苦、辛，性温。具有温中散寒，理气止痛功能。用于胃痛，腹痛，以及呕吐，胸闷；外用驱除蚊蝇。"

大果木姜子是著名苗药，苗药名："Mi gao"（近似汉译音："米槁"），性辛，味热。入冷经、慢经药。具有温中散寒、行气止痛功能。主治胃痛、食滞、腹胀、胸痛、风湿性关节痛、呕吐、胸闷等。在苗族民间常用于治疗胸腹痛、胸闷腹胀、哮喘、晕车呕吐及牛马腹胀等人畜疾病；外用于驱除蚊蝇。现以大果木姜子为主药，研究开发出了国家标准民族药（苗药）心胃止痛胶囊等。大果木姜子是贵州著名民族民间常用特色药材。

【形态特征】

常绿乔木，树高可达 25m，胸径可达 1.5m，主干发达，侧枝较细弱，树冠近球形，枝、叶有樟脑味。树皮幼时绿色，老时粗糙、茶褐色，具纵向裂纹，内层及断面棕红色；枝条圆柱形，干时褐色，有纵向细皱纹，幼枝绿色，具棱，被白色微毛；芽鳞多数，芽小，卵珠形；叶纸质，互生，卵形或卵状长圆形，长 4.5～16cm，宽 2～6cm，先端渐尖至尾尖，叶基钝圆或宽楔形，两侧常不对称；叶片坚纸质至革质，鲜绿至黄绿，有光泽，叶背浅绿；嫩叶叶面、叶柄及中脉处具微毛，老叶无毛；叶脉羽状，中脉直贯叶端，主脉两面突起，叶背突起明显，侧脉 4～6 对，细脉网状，脉腋腺窝不明显，鲜时偶见泡状突起；叶柄长 1.2～2.5cm，腹凹背凸。圆锥花序腋生近顶生，长 4.5～10cm，密被极细灰白色柔毛，两性花，花小，淡黄绿色，干时黄褐色；花被两面被毛，裂片 6，长圆形，长约 1mm；能育雄蕊 9 枚，三轮排列，退化雄蕊 3，位于能育雄蕊之内，各轮雄蕊均被小柔毛；子房卵珠形，干时长约 1mm，花柱纤细长约 0.8mm；浆果近球形，顶部略扁，直径 1.2～1.5cm，绿色，成熟时由淡黄绿色变为紫黑色；果托高脚杯状或碗状，幼时被白色微毛，边缘具细齿，绿色，成熟时边缘平齐或呈不规则波状，果托长 1～1.2cm，直径 1cm，外被柔毛，表面有纵向沟纹；外果皮与中果皮愈合，富含油性，内果皮坚硬。种子 1 枚，球形，质坚硬。花期 4 月，果期 5～11 月（果熟 10～12 月）。大果木姜子植物形态见图 1-1。

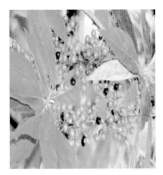

图 1-1　大果木姜子植物形态图

（墨线图引自《中华本草》编委会，《中华本草·苗药卷》，贵州科学技术出版社，2006）

　　贵州民间与本品同名同功入药的种类有猴樟、樟、云南樟等 3 种。易混品种主要有岩樟、八角樟、黄樟等。

【生物学特性】

一、生长发育习性

　　大果木姜子分布规律明显地表现出由亚热带向热带的过渡特性，是适生于热带、南亚热带及水热条件较好、地势较低地段中亚热带环境的植物，具有枝叶稀疏、自然整枝良好、树冠内光照均匀、枝下高长等阳性喜光植物的典型特征，是植被群落的上层树种。地势、海拔、地理位置为其间接影响因素，气候条件可能是影响其分布的主导生态因子，其中尤其与气温、热量条件有关，果实成熟期也受到气候因子的明显影响。同时，该植物的结果，还表现出大小年和不育特性；在种群年龄组成上已反映出一定程度的衰退现象，植株多为数十年以上成年和老年树种，幼树极少。资源生态学研究显示，大果木姜子对气温、热量、全年温度变幅、冬季气候条件有较大的依赖性，在高海拔地带种植这种植物虽能成活，但不能开花结果，这说明大果木姜子生殖器官的生长发育对气候条件有较高的要求。

二、生态环境要求

　　大果木姜子适生于春干夏湿或春半干夏湿的暖热、温凉，年均温 18～22℃、有效积温近于或大于 6000℃，冬无严寒或短暂，或无冬、无霜期接近或大于 300 天，最冷月均温在 10℃左右，年降水量 1200mm 左右的地区，低温界限约在海拔 1000m 左右。

【资源分布与适宜区分析】

　　据调查，大果木姜子主要分布于贵州、广东、广西、湖南、云南、福建南部等地。国外如越南、老挝等也有分布。

　　大果木姜子主要分布于贵州中部、西南部、广西北部及湘黔桂交界，北纬 24°～26.5°、东经 105°～110°，海拔 80～1700m 的地区。如贵州罗甸、册亨、望谟、安龙、贞丰、荔波、平塘、独山、榕江、从江、黎平、三都，广西天峨、乐业、田林，云南富宁等地为其主要分布区。其水平分布区北线限制在黔中、黔西南中亚热带及北亚热带，南线延伸入广西、云南，其西部由滇东南向越南扩伸，东线在平塘、三都一线，或沿至广西北部与贵州东南、湖南西南接壤地带，在贵州、广西交界区呈带状分布；垂直分布范围为海拔 300～850m 的沟谷阔叶林。

　　据抽样调查与样方调查结果表明，大果木姜子主要分布于贵州中部、西南部及湘黔桂交界地区，在贵州省南北盘江、红水河谷地区及平塘、黔南、桂北接壤区一带，为樟科植物中分布最为常见的种类之一，多以单株或数株零散分布，十株至近百株的团块状分布在望谟、册亨等地。大果木姜子在广大中亚热带、北亚热带地区分布受阻，很可能与其繁殖过程的阻碍有关。鉴于该植物对土壤适应性较强的特点，在栽培选地时，可在保证一定的土层厚度基础上选用中性、酸性的不同土质试种。为了扩大种植范围，提高资源量，对"低种高移"可采取矮化和强令在低温季节落叶进入休眠的手段达到目的。

　　根据大果木姜子的资源调查及其野生变家种研究实践表明，贵州黔南、黔东南、黔西南的海拔 80～850m 地带，以及南北盘江、红水河谷地区，如罗甸、平塘、独山、望谟、册亨、榕江、从江、黎平等为大果木姜子的主要最适宜区。而贵州其他高海拔地带，均为不适宜区。

【生产基地合理选择与基地环境质量检（监）测评价】

一、生产基地合理选择与基地条件

　　按照大果木姜子生产适宜区优化原则与其生长发育特性要求，选择其最适宜区或适宜区并具良好社会经济条件的地区建立规范化生产基地。现已在黎平、罗甸选建大果木姜子规范化种植基地。如贵州黎平大果木姜子基地，海拔 1000m 左右，属亚热带季风气候，阳光充足，年降水量 1100～1400mm，年均温 15℃，7 月平均气温 25℃，1 月平均气温 4℃；年平均日照 1200～1450h，年平均年总积温高于 4500℃，无霜期 270 天；土壤类型为黄壤，微酸性，土层深厚，肥沃疏松。基地应远离城镇，无污染源（图 1-2）。

图 1-2　贵州宏宇香药产业公司黎平县水口镇大果木姜子规范化种植基地

二、生产基地环境质量检（监）测与评价（略）

【种植关键技术研究与推广应用】

一、种质资源保护抚育

近年来，大果木姜子野生资源因人为破坏而极度匮乏，开展其种质资源保护抚育迫在眉睫。目前，大果木姜子野生资源中以成年和老年树种居多，幼树极少，种群年龄结构畸形。针对这一现象，研究工作者倡导圈地保护幼树，对成年及老年树以增强其环境适应性，生育时期采取修枝整形、疏花疏果、加强肥力等技术管理手段，提高产量，降低树种伤害。同时，应增强人们对种质资源保护的意识。

二、良种繁育关键技术

大果木姜子多采用种子繁殖，也可无性繁殖（如扦插繁殖等）。

（一）种子采集与种子处理

1. 种子采集

选择生长迅速、健壮，主干明显、通直、分枝多，树冠发达、无病虫害、结实多的 15～40 年生大果木姜子为适宜采种母树。大果木姜子的种子一般于 10 月下旬开始成熟，成熟时果皮由青变紫，且柔软多汁，应及时采摘。若过早采收，大果木姜子果实未充分成熟，种子生活力差、发芽率低；采收过迟，则果实易掉落失散、油化、变质。

2. 种子处理

大果木姜子果实属浆果状核果，容易发霉变质，采收后须及时处理。处理方法：将采收的成熟鲜果浸水 72h，除净果皮，拌草木灰或用洗衣粉溶液浸泡 24h，洗净晾干后储藏。大果木姜子净种千粒重约 384g，每千克种子一般有 2600～2940 粒（图 1-3）。

图 1-3　大果木姜子的花和果实

（二）大田育苗

选择土层深厚肥沃、水源充足、排水良好、较荫蔽的山坡下部的缓坡生荒地或经消毒的农田作苗圃地。圃地深翻，多犁多耙，施足基肥，于 2 月中旬至 3 月下旬进行条播。播种前，将储藏的种子再一次精选，并用 0.5%的高锰酸钾溶液浸种 2h，洗净晾干即播。条距 20cm，播幅 15～20cm，覆土 1.5～3cm。定苗时，以每米播种沟内保留 20～25 株为宜，并适时浇水追肥。种子发芽出土成活率平均可达到 63.7%，平均苗高可达到 46.7cm，平均地径可达到 0.43cm。

（三）容器育苗

采用营养袋育苗，能使造林不受季节限制，提高苗木成活率，加快幼树生长。其方法是：采用阔叶林沟谷地带的腐殖质层表土，每立方米分别加过磷酸钙 20kg、饼肥 7.5kg、代森锌 25g，充分混拌均匀后，用清水拌和营养土至手握成团、落地则散的程度，然后归堆，并用塑料薄膜封闭发酵 15 天后即可填土装袋点种。营养袋规格为 12cm×16cm，厚度 0.5mm，两侧各打 3 个眼，袋底打一直径 0.8cm 的穴。填土装袋时，边装边压实，一次性装填满，按行逐袋摆放靠紧在高于步道 5cm、宽 1m 的平床上，每行摆入 15～18 袋。平床四周用木条或杂竹作护栏固住平床边缘的营养体。点种前对种子进行高锰酸钾消毒处理，每个营养体中植入种子 1 粒，覆土 1.5cm，及时浇水。点种完毕至全苗期，及时查缺补漏，适时除草并加强水肥管理。采用此法，大果木姜子种子发芽出土成活率可达到 78.3%～88.8%。

（四）扦插育苗

选择经营条件较好的阴湿农田为苗圃用地，扦插前先对圃地进行深翻细耙和消毒处理，并按 3kg/m² 施入充分腐熟的圈肥，以 1.2m 宽开厢，使床面宽达 1m，步道宽 0.2m，床面高出步道 10cm，然后在厢面上铺放厚 8cm 的山地碎细黄心土即可进行插穗扦插。于晚秋采集当年生的半木质化枝条为插穗，随采随插。插穗长 8～12cm，带 1 个顶芽和 2 片当年新生叶片。用浓度为 $10×10^{-6}$mg/kg GGR6 浸泡插穗基部。扦插时株行距为 10cm×15cm，即扦插密度为 67 株/m²，插穗插入土中 5～7cm。适时浇水，保持土壤湿润，并用塑料小拱棚保温，及时除草追肥和防治病虫害。采用此方法，幼苗成活率达 71.3%，平均生根数

13 条/株，年平均苗高可达 57.5cm，年平均地径 0.95cm。

三、规范化种植关键技术

（一）造林地选择

大果木姜子性喜土壤肥沃和湿热气候。根据其生态习性，应以板岩、砂岩、砂页岩发育的海拔在 400～600m 的红壤或黄红壤沟谷地带为造林地。造林地块的年均气温应在 17.3～20.5℃，降水量在 1200～1600mm，年均空气相对湿度≥80%为宜。

（二）移苗栽植

对选定的造林地块禁止炼山，以免水土流失。整地时，对原生林木予以保留，以利于造林后增加森林植物的多样性。按 60cm×60cm×40cm 的规格挖坑，表土与心土分开堆放，每穴施入农家肥 25kg 与表土混匀后回填，再覆心土填平。水源条件优越的地方，可进行灌水踏实或待降雨淋溶半个月后即可进行移苗栽植。容器苗植苗不分季节，裸根苗应在冬至至翌年惊蛰前植苗。栽植时剪除部分或全部叶片以及离地面 30cm 以下的侧枝，并适当修剪过长的主根。苗木高度超过 1m 时，可于离地径 50cm 处截去主干，适当修去过长的主根蘸浆栽植。水源条件方便的地方应喷浇定根水，以提高造林成活率。

（三）幼林管理

大果木姜子幼林管理采用 3 年 5 次的方法进行，宜在生长高峰和旱季将到之前进行中耕除草和深翻扩穴。一般第一年 7～8 月进行 1 次；第二、三年分别进行 2 次，即 4～5 月和 7～8 月各进行一次抚育管理。结合中耕除草，施用适量的尿素或复合肥，并将杂草覆盖在树盘上，起到防风保温保湿效果，削弱雨水对树盘的直接打击，使土壤疏松透气和增加有机质含量，提高树盘土壤的地力，以促进大果木姜子幼树旺盛生长。通过矮化研究提高其种植密度，增强其抗逆性。

（四）主要病虫害防治

1. 白粉病

病原为南方钩丝壳菌，以菌源体在病残体上越冬，翌年产生分生孢子，借风雨传播。每年 5 月开始发生，6 月份趋于严重，7～8 月停止或轻微，9～10 月再度严重。主要为害圃地上幼苗叶片及嫩枝，嫩叶背面主脉附近出现灰褐色斑点，以后蔓延至整个叶背，并出现一层白粉，严重时会使嫩枝扭曲变形，病叶脱落，茎干上也有白粉出现。光照不足和通风不良的地段发病较重。

防治方法：注意环境卫生，适当疏苗，当发现少数病株时，立即拔除烧毁。发生时用波美 0.3～0.5 度的石硫合剂，每 10 天喷洒一次，连续 3～4 次即可除治。

2. 灰斑病

病原为腔孢纲黑盘孢目，分生孢子盘埋生于寄主表皮下，主要为害 1～5 年生幼树，病害大部分从叶尖和叶缘开始，病期叶面出现稍隆起的紫黑色小斑，逐步扩展，可联合成片，边缘明显，病斑紫黑色，中部棕黄色，最后变成灰白色，上面散生许多小黑点，此为病原菌的分生孢子盘。高温高湿环境下发病严重。

防治方法：加强管理，适当施肥，增强树势，提高抗病力。冬季收集病叶销毁。发病期间可喷50%托布津可湿性粉剂800倍液或50%六氯苯800倍液。

3. 炭疽病

病原为围小丛壳菌，病斑上的粉红色小点即病原菌的分生孢子盘。主要为害苗木和10年生以下幼树，叶片和果实上的病斑暗褐色至黑色，圆形，可相互连接。受害嫩叶皱缩变形，幼茎上初生病斑圆形或椭圆形，紫褐色，后呈黑褐色，下陷，可相互连接，病枝变黑枯死。若病斑沿主干向下蔓延，可导致整株枯死。潮湿时，病部产生粉红色小点，春夏之交，有时可产生子囊壳。夏季高温高湿和瘠贫土壤条件有利于病害发生。

防治方法：选择肥沃、湿润的土壤造林。清除病枝叶，集中销毁。新叶新梢期喷洒1%波尔多液；发病期喷95%百菌清可湿性粉剂500～600倍液。

4. 黄化病

病原为类菌原体，菌体球形。此种类病毒可由嫁接、剪梢、切枝、汁液摩擦、菟丝子或种子传播。感病树往往先由少数枝条开始而蔓延至全株，是一种全株性病害。初期小枝顶端叶片变小变窄，全叶黄化。随着病情加深，腋芽萌生，形成细小的丛状侧枝，病枝节间缩短，簇生成丛，最后全株叶片黄化，树木生长势衰弱，全株枯死。

防治方法：在严重发病地砍掉病株烧毁，另行栽植其他树种，以清除传染。

5. 枝枯病

病原为枝枯病原菌，病菌在枯枝上越冬，环境适宜时形成分生孢子芽痕或嫩枝皮层穿透侵入为害。主要为害直径5mm以下的侧枝。病部开始为浅栗褐色、椭圆形，似癣斑，病斑逐步扩展，环绕枝条一圈时上部枝条干枯，叶片脱落呈秃枝。病枝上散生或丛生许多小黑点，此为病原菌的分生孢子器。严重时病株秃枝多，易折断。在潮湿、光照不足以及林下卫生状况差时发病严重。

防治方法：加强管理，修剪病枝，清除地下枯枝集中烧毁，并施有机肥料，促进树木生长，提高抗病力。树冠修剪后，喷1.5%波尔多液以防感染。初春树木抽梢后，喷洒0.3～0.5波美度石硫合剂或65%可湿性代森锌600～800倍液。

6. 樟叶蜂

以幼虫为害苗木及幼树的嫩叶、嫩梢，严重时吃光嫩叶嫩梢。1年发生1～5代，以老熟幼虫在土中的茧内越冬。翌年2月上旬至3月上旬陆续化蛹羽化或继续滞育，成虫羽化后，随即产卵于嫩叶组织内。幼虫取食嫩叶，老熟后下地作茧化蛹。

防治方法：使用敌百虫、敌敌畏等农药1000～2000倍液喷洒，可防治第一代1～3龄虫。由于樟叶蜂核型多角体病毒能对3～4龄幼虫造成大量死亡，故将野外自然感病死亡的虫尸采集后研碎，稀释一定倍数后喷到嫩叶上，使健康幼虫取食死亡，以达到防治目的。

7. 樟密缨天牛

幼虫蛀食大果木姜子植株树干、枝条，使被害处膨胀，植株的输导组织受破坏，造成树势衰弱及引起枯枝。该虫通常 1 年 1 代，以老熟幼虫于木质部越冬。翌年 5 月中旬至 6 月下旬羽化。成虫白天交尾、产卵，产卵时先咬破树皮造成浅圆形刻槽，每槽仅产 1 粒卵。成虫环绕树干一周排列产卵，6 月上旬孵化。初孵幼虫先咬食韧皮部，随虫龄增大，幼虫多向上转移及蛀入树干或枝条木质部，通常幼虫在孵化后 1 个月内就钻入木质部，至翌年 4 月下旬老熟幼虫便筑室化蛹。

防治方法：在产卵季节用小刀于刻槽处将卵刺破或杀死刚孵化幼虫。在冬春季节，修剪被害枝条，捕杀老熟幼虫，减少越冬虫口。寻找树干上虫蛀孔，注入 80%敌敌畏乳剂 50~100 倍液，注后用棉花团封闭虫孔。

8. 樟翠尺蛾

幼虫取食叶片，仅留叶柄和叶脉。通常 1 年发生 4 代，以幼虫在枝梢上越冬。翌年 2 月下旬越冬幼虫开始取食，3 月下旬老熟幼虫吐丝缀叶化蛹，4 月中旬成虫出现，4 代分别在 4 月中旬、6 月中旬、8 月上旬和 10 月上旬出现，各世代有重叠现象。1~2 龄幼虫啃食叶肉，留下叶脉；3 龄幼虫食叶成孔洞或缺刻；4~5 龄幼虫食光全叶，仅留叶柄和主脉，常转移为害。老熟幼虫吐丝将大果木姜子叶缀织在一起，在缀叶中化蛹。

防治方法：于 5 月上旬第一代幼虫盛期喷洒白僵菌粉。幼林地和苗圃地可采用 50%辛硫磷乳剂 3000 倍液或 90%敌百虫晶体 1000 倍液喷杀低龄幼虫，大面积林区可施放烟剂。进行人工摘蛹或采用黑光灯诱杀成虫。

上述大果木姜子良种繁育与规范化种植关键技术，可于大果木姜子生产适宜区内结合实际因地制宜地推广应用。

【药材合理采收、初加工、储藏养护与运输】

一、合理采收与批号制定

（一）合理采收

加强科学管理，制定配套的采收制度和规范的采收操作。因时因地灵活制定采收季节，避免过早或过晚采收，造成品质下降问题。大果木姜子的种子一般于 10 月下旬开始成熟，成熟时果皮由青变紫，且柔软多汁，应及时采摘。

（二）批号制定（略）

二、合理初加工与包装

（一）合理初加工

对采收的大果木姜子不是立即进行包装分袋，而是先进行一定的初加工。采收回成熟鲜果浸水 72h，除净果皮，拌草木灰或用洗衣粉溶液浸泡 24h，洗净晾干后储藏。科学的初加工是药材品质安全的可靠保障（图1-4）。

图1-4　大果木姜子药材（左：鲜品；右：干品）

（二）合理包装

大果木姜子药材常用的包装材料有布袋、细密麻袋，无毒聚氯乙烯袋等。包装之前要再次检验大果木姜子药材质量，达不到药材质量标准的坚决除去。打包时要求扣牢扎紧，缝捆严密。包装后的大果木姜子药材商品装料必须紧松持平，分层均匀平放。缝口严密，两端包布应缝牢，大果木姜子药材袋封口要严紧，标识、合格证按要求粘贴牢固清晰。在每件包装上注明品名、规格、等级、毛重、净重、产地、批号，执行标准、生产单位、包装日期及工号等，并应有质量合格的标志。

三、合理储藏养护与运输

（一）合理储藏养护

大果木姜子包装入库后，要采取防鼠、防潮、防虫、防霉变等措施。需将其保存在清洁、通风、干燥、避光和防霉变的地方。

（二）合理运输

大果木姜子运输时，不应与其他有毒、有害、易串味物质混装。运载容器应具有较好的通气性，以保持干燥，并应有防潮措施。

【药材质量标准、质量检测与监控】

一、药材商品规格与质量检测

（一）药材商品规格

大果木姜子药材以无杂质、霉变、虫蛀，身干，外表面棕黄色至深褐色，富含油性；内果皮坚硬、气香浓者为佳品。其药材商品规格为统货，现暂未分级。

（二）药材质量检测

按照《贵州省中药材·民族药材质量标准》（2003 年版）大果木姜子药材质量标准进行检测。

1. 来源

本品为樟科植物米槁 Cinnamomum migao H.W.Li 的干燥果实。秋季采收，除去杂质，干燥。

2. 性状

本品呈球形或类球形，直径 1.2～1.5cm。外表面棕黄色至深褐色，被灰白色微柔毛，有皱缩纵向沟纹；果顶略扁，基部偶见果柄。外果皮与中果皮愈合，富含油性；内果皮坚硬。种子 1 枚，球形，质坚硬。气香浓烈，味苦，辛。

3. 鉴别

（1）本品粉末棕褐色。石细胞成群或散在，类圆形或长方形，直径 10～20μm，长约 50μm，壁厚 4～7μm，细胞腔内具少量方晶或颗粒晶体。纤维多成束，长梭形，无色，长至 100μm，直径 10～15μm，细胞内偶见横隔。油室多破碎，完整者类圆形，直径 50～70μm，分泌细胞中可见黄色油状物。螺纹和孔纹导管，直径 18～23μm。淀粉粒多为单粒，类圆形，直径 2～4μm，脐点不明显。

（2）取本品粉末 1g，加乙醚 20mL，振摇提取 30min，滤过，滤液浓缩至约 1mL，作为供试品溶液。另取大果木姜子对照药材 1g，同法制成对照药材溶液。再取桉油精对照品 0.1mL，加无水乙醇 1mL，振摇溶解，作为对照品溶液。照薄层色谱法（《中国药典》2000 年一部附录VIB）试验，吸取上述三种溶液各 5μL，分别点于同一硅胶 G 薄层板上，以环己烷-醋酸乙酯（8：2）为展开剂，展开，取出，晾干，喷以香草醛硫酸试液，105℃加热至斑点显色清晰。供试品色谱中，在与对照药材及对照品色谱相应的位置上，显相同颜色斑点。

二、药材质量标准提升研究与企业内控质量标准制定（略）

三、药材留样观察与质量监控（略）

【药材生产发展现状与市场前景展望】

一、生产发展现状与主要存在问题

1992 年贵阳中医学院药厂发布"大果木姜子质量标准（Q/GZY001—92）"，同年，贵州省卫生厅批复其质量标准［黔卫药字（92）第 187 号］；1994 年将大果木姜子作为我国中药材新品种载入《贵州省中药材质量标准》，并确定其主要成分是 1,8-桉叶素、香桧烯、柠檬烯和 α-松油醇等；1994 年将其载入《中国常用中草药彩色图谱》，2001 年载入《中药大辞典》。2003 年国家发展和改革委员会以"发改高技[2003]1940 号文件"批准了贵州民族药业股份有限公司实施大果木姜子种植及制剂开发高技术产业化示范工程项目，项目总投资 8200 万元，国家专项补助资金 600 万元，项目建设期 3 年。

在发展的同时，也不断暴露出新问题。①种苗繁育技术研究较薄弱：大果木姜子的种子育苗和扦插育苗技术研究方面取得了一些进展，大田播种育苗成活率达到 63.7%，种子容器育苗成活率达到 78.3%～88.8%，扦插育苗成活率达到 71.3%。但由于大果木姜子种子的生活率极低，种子处理复杂，增大了播种苗的投资成本，无性繁殖也仅在扦插方面取得初步成效，给大果木姜子的早实和大规模基地化种植带来了诸多困难。今后的工作应集中在大果木姜子的生理生态研究和破译大果木姜子嫁接的亲和因子上，进一步提高其种子的生活率和嫁接成活率。此外，还应加强大果木姜子遗传背景、病虫害防治等方面的研究，尤其是菌根技术研究，研制大果木姜子扦插和种子繁殖的菌根剂，推进大果木姜子的种苗繁殖，以缓解种苗供需矛盾。②大果木姜子产业创新性不够：各制药厂家尚未建立起自己的大果木姜子原料生产基地，采取"公司+农户+基地"的运作模式进行订单栽培，或采取风险同担、利益共享的，以土地、资金、劳力和技术等入股的股份制方式进行种植。特别是各级政府林业职能部门，应在其各自退耕还林、江河防护林及石漠化综合治理工程中，将适宜大果木姜子种植的区域或地带规划种植大果木姜子，使之在充分发挥水土保持、美化环境、改善生态的主体功能的同时，扩大其资源总量，进而形成青山常在、民富药兴的支柱产业。③开发与保护未达和谐：近年来，随着大果木姜子干果价位的不断上涨，群众在采收大果木姜子时只顾眼前利益，常采取毁灭性伐倒活立木的掠夺方式采摘果实，这是导致大果木姜子野生资源锐减的主要原因。因此，一方面要加强对农户的正面引导，提高农户对大果木姜子资源永续利用和年年受益的认识，增强农户保护大果木姜子资源的积极性与自觉性，禁止和严厉打击毁灭性掠夺大果木姜子资源的犯罪行为；另一方面，通过积极扩大人工种植面积，使大果木姜子庭园化、基地化、产业化，提高人工大果木姜子产量，满足社会对大果木姜子资源的需求，进而缓解对大果木姜子野生资源保护的压力。同时，必须加强大果木姜子药物化学和药理学的研究，以提高大果木姜子资源的综合利用率。

二、市场需求与前景展望

中国地广人多，医药市场是一个颇具潜力的大市场，随着医疗制度的改革，人民生活水平不断提高，对医药的需求迅猛增长。独具特色的苗族用药理念与当今追求返璞归真的生活趋势相吻合，其独特的疗效、富有竞争力的价位，为越来越多的消费者认同和接受。以大果木姜子干果为主要原料生产的"心胃丹胶囊""大果木姜子心乐滴丸""金喉健喷雾剂""大果木姜子精油滴丸"等药品，近年来在我国口腔疾病用药、胃肠疾病用药、经皮经腔冠状动脉用药和心血管用药销售额中一直居于药品销售总额的前三位，并远销美国、加拿大、日本、韩国和欧洲等国家和地区。

主要参考文献

陈伯钧，张敏州，赵学军. 1999. 中药减轻心肌缺血、缩小心梗范围的实验研究概述[J]. 中医研究，2（2）：54-57.

贺祝英，魏惠芬，邱德文，等. 1995. 大果木姜子无机元素的测定与其精油中无机元素的分析比较[J]. 微量元素与健康研究，

4（2）：38-39.

胡国胜，黄先菊，隋艳华.2000. 米槁精油对猪冠状动脉条的影响[J]. 中药药理与临床，4：18-20.

胡国胜，隋艳华.2001. 米槁精油对豚鼠胆囊收缩的影响[J]. 湖北省卫生职工医学院学报，1：1-3.

隋艳华，邱德文，谢春风，等.1998. 大果木姜子油抗实验性心律失常作用[J]. 中国中药杂志，8：47-49，65.

孙学蕙，隋艳华，邱德文.1995. 大果木姜子油对麻醉猫血流动力学的影响[J]. 中国中药杂志，10：622-624，641

覃仁安，孙学蕙，邱德文，等.1997. 米槁心乐滴丸抗心肌缺血作用的实验研究[J]. 中国药房，6：250-251.

张永萍，邱德文，郑亚玉，等.2003. 大果木姜子挥发油的 GC-MS 分析[J]. 中国医药学报，2 ：119-120.

赵利琴.2006. 木姜子属萜类及其生物活性[J]. 时珍国医国药，6：935-938.

中国科学院《中国植物志》编辑委员会.1983. 中国植物志（第 31 卷）[M]. 北京：科学出版社.

（张明生 陈 凯 冉懋雄）

2 山 苍 子

Shancangzi

LITSEAE FRUCTUS

【概述】

山苍子原植物为樟科植物山鸡椒 *Litsea cubeba*（Lour.）Pers.、毛叶木姜子 *Litsea mollis* Hemsl.、清香木姜子 *Litsea euosma* W. W.Smith、木姜子 *Litsea pungens* Hemsl.及黄丹木姜子 *Litsea elongata*（Wall.ex Nees）Benth.et Hook.f.Gen. 等多种同属植物。别名：山胡椒、野胡椒、山香椒、山姜子、木香子、腊梅柴等。以新鲜或干燥成熟果实入药；其根、茎枝、叶亦供药用。本书重点介绍其果实。山苍子味辛、微苦，性温。归胃、肾经。具有祛寒温中、行气止痛、燥湿健脾、镇痛止泻等功能。用于胃寒腹痛、胃脘冷痛、暑湿吐泻、食滞饱胀、感冒头痛、风湿关节疼痛等。山苍子又为民族民间常用药材，如以"山鸡椒"名收载于《中华本草·苗药卷》。苗药名："bid gangl"（似近汉译音："比杠"），味辛、微苦、性热，入冷经。具有温中止痛、行气活血、平喘、止血、利尿功能。主治脘腹冷痛、食积气胀、反胃呕吐、暑湿吐泻、寒疝腹痛、哮喘、脚肿、乳痈、寒湿水臌、小便不利、便浊不清、牙痛、寒湿痹痛、痈疽肿痛、外伤出血及蛇虫咬伤等。

山苍子药用历史悠久，民族民间应用广泛。如以"山鸡椒"为名，早就收载于唐代《新修本草》；唐开元的陈藏器《本草拾遗》又云："毕澄茄生佛誓国，状似梧桐子及蔓荆子而微大。"其后，如宋代《开宝本草》《图经本草》《证类本草》，明代《滇南本草》《本草纲目》，以及清代《植物名实图考》等均有山鸡椒、毕澄茄等药用之录载。如《图经本草》载曰："毕澄茄，生佛誓国，今广州亦有之。春夏生叶，青滑可爱；结实似梧桐子及蔓荆子，微大。八月、九月采之。今医方脾胃药中多用。又治伤寒咳噫、日夜不定者。其方以荜澄茄三分，高良姜三分，二物捣罗为散，每服二钱，水六分，煎十余沸，入少许醋，搅匀，和滓，如茶热呷。"《证类本草》亦云："荜澄茄，味辛、温，无毒。主下气消食，皮肤风，心腹间气胀，令人能食，疗鬼气。能染发及香身。生佛誓国。似梧桐子及蔓荆子微大，亦名毗陵茄子。"该书尚引："海药（冉注：'海药'指五代前蜀李珣撰《海药本草》)云：谨按《广志》云：生诸海，嫩胡椒也。青时就树采摘造之，有柄粗而蒂圆是也。其味辛、苦，微温，无毒。主心腹猝痛，霍乱吐泻，痰癖冷气。古方偏用染发，不用治病也。雷公（冉注：'雷公'指刘宋雷敩撰《雷公炮炙论》）云：凡使，采得后去柄及皱皮了，用酒浸蒸，从巳至酉出，细杵，任用也。"……从有关本草的记述足证，古代所用的山鸡椒、毕澄茄有两大类型：一类是赖海外进口的胡椒科蔓性藤本毕澄茄 *Piper cubeba* L. 的果实；一类是我国所产樟科木本植物山鸡椒 *Litsea cubeba*（Lour.）Pers.，或其同属植物的果实，即山苍子。我国古用之胡椒科毕澄茄 Cubeba 名，源自阿拉伯语"Kababh"或"Kibaeh"；其主产于印度及印度尼西亚，新中国成立前就早已不进口；而山苍子作毕澄茄用，已有悠久历史，早已取代进口毕澄茄，成为毕澄茄本草史上的新兴品种。综上可见，山苍子系中医临床传统常用中药，又为贵州盛产地道常用特色药材。

【形态特征】

山鸡椒：为落叶灌木或小乔木，高可达 10m；幼树树皮黄绿色，光滑，老树树皮灰褐色。小枝条细长，绿色，无毛，枝、叶具芳香味。顶芽圆锥形，外被柔毛。叶互生，披针形或长圆形，长 4～11cm，宽 1.1～2.4cm，先端突尖，基部楔形，纸质，嫩叶紫红绿色，老叶上面深绿色，一般上表面深绿色，下面粉绿色，两面均无毛；羽状脉，侧脉每边 6～10 条，纤细，中脉、侧脉在叶两面均突起；叶柄长 6～20mm，纤细，无毛。伞状花序单生或簇生；总梗细长，长 6～10mm；苞片边缘有睫毛；每一花序有花 4～6 朵，先叶开放或与叶同时开放；花被裂片 6，宽卵形；能育雄蕊 9，花丝中下部有毛，第 3 轮基部腺体具短柄；退化雌蕊无毛；雌花中退化雄蕊中下部具柔毛；子房卵形，花柱短，柱头头状。果近球形如黄豆大，直径约 5mm，无毛，香辣，果幼时绿色，成熟时黑色，基部有 6 齿状宿存花被；果梗长 2～4mm，先端稍增粗。花期 2～3 月，果期 7～8 月。山鸡椒植物形态见图 2-1。

图 2-1　山鸡椒植物形态图

（墨线图引自谢宗万主编，《全国中草药汇编》，第二版，人民卫生出版社，1996）

　　毛叶木姜子：为落叶灌木或小乔木，一般高 4m 左右，树皮绿色，光滑，有黑斑，撕破有松节气味。顶牙圆锥形，鳞片外面有柔毛。小枝条灰色，开展，有柔毛；小枝搓之，有樟脑味。叶互生或聚生于枝顶，长圆形或椭圆形，长 4～12cm，宽 2～4.8cm，先端突尖，基部楔形，纸质，上表面暗绿色，无毛，下面带绿苍白色，密被白色柔毛；嫩叶紫红绿色，老叶上面深绿色，下面粉绿色；羽状脉，侧脉边 6～9 条，纤细，中脉在叶两面突起，在上面微突，在下面突起；叶柄长 1～1.5cm，被白色柔毛；老时上面无毛，背面被灰白色柔毛，沿叶脉较密；羽状脉，侧脉每边 7～8 条。伞状花序腋生，常 2～3 个簇生于短枝上，短枝长 1～2mm，花序梗长 6mm，有白色短柔毛；每一花序有花 4～6 朵，先叶开放或与叶同时开放；花被裂片 6，黄色，宽倒卵形；能育雄蕊 9，花丝有柔毛，第 3 轮基部腺体盾状心形，黄色；退化雌蕊无。果球形，无小尖头，直径约 5mm，如黄豆大，幼时绿色，成熟时蓝黑色，无毛，香辣，基部有 6 齿状宿存花被；果梗长 5～6mm，有稀疏短柔毛。花期 2～4 月，果期 9～10 月。毛叶木姜子植物形态见图 2-2。

　　清香木姜子：为落叶小乔木，高可达 8m 左右，树皮灰绿色或灰褐色。幼枝有短柔毛；小枝搓之有清淡芳香味。顶芽圆锥形，外被黄褐色柔毛。叶互生，卵状椭圆形或长圆形，长 6.5～14cm，宽 2.2～4.5cm，先端渐尖，基部楔形略圆，纸质，嫩叶紫红绿色，无毛，老叶上面深绿色，下面粉绿色，被疏柔毛，沿中脉稍密；羽状脉，中脉在上面下陷，下面突起，侧脉每边 8～12 条；叶柄长 1.5cm，初时有短柔毛，后渐脱落变为无毛。伞形花序腋生，常 4 个簇生于短枝上，短枝长 2mm；苞片外面无毛，有 5～6 条脉；每一花序有花 4～6 朵，先叶开放或与叶同时开放；花被裂片 6，黄绿或黄白色，椭圆形，长约 2mm，先端圆；能育雄蕊 9，花丝有灰黄色柔毛，第 3 轮基部腺体盾状心形，无柄；退化雌蕊无。果近球形，直径 5～7mm，顶端具小尖，无毛，香辣，果幼时绿色，成熟时黑色，基部有 6 齿状宿存花被；果梗长 4mm，先端不增粗，有稀疏短柔毛。花期 2～3 月，果期 9 月。清香木姜子植物形态见图 2-2。

（1. 毛叶木姜子果枝；2. 清香木姜子果枝；3. 雄花纵剖面；4. 果实）

图 2-2　毛叶木姜子及清香木姜子植物形态图

（墨线图引自《中国植物志》编委会，《中国植物志》，31 卷，科学出版社，1982）

【生物学特性】

山苍子为浅根性落叶灌木或乔木，花先叶开放，雌雄异株；喜温暖湿润气候，喜阳光，稍耐阴，适应性强，生长快，萌芽力强。但用种子繁殖时，种子休眠期长，发芽极为迟缓，播种后需 50 天左右才有个别萌发发芽，且持续时间很长，可达两年之久。

山苍子野生于海拔 3000m 以下的山地、丘陵向阳处，或荒坡、荒地、灌丛中或疏林内、林缘及路边等地。栽培的山苍子多生长在缓坡、丘陵、庭院、路边、田埂旁或疏林内、林缘等阳光充足环境中。山苍子对土壤要求不严，但以砂质壤土或壤土栽培为宜。尤以土层深厚、肥沃疏松、腐殖质含量高、保湿性良、排水良好的中性或微酸性土壤生长良好。

【资源分布与适宜区分析】

一、资源调查分布

经调查，山苍子为木姜子属植物，全世界的同属植物约有 200 种，为广布种，国外主要分布于东南亚、印度、尼泊尔及南欧等地；我国分布有木姜子属植物 72 种，18 变种和 3 变型；药用者约 11 种。山苍子在我国分布较广，野生家种兼有。其主要分布于长江以南至华南、西南各地及西北部分地区，如，江苏、浙江、安徽、江西、福建、台湾、湖北、湖南、广东、广西、陕西、云南、贵州、四川、重庆、西藏等地。尤主产于云南、贵州、四川、湖南、广西、广东、浙江、福建、陕西等省份。

山苍子主要种类，如山鸡椒，主要分于广东、广西、台湾、浙江、江苏、安徽、湖南、湖北、江西、贵州、四川、重庆、云南、西藏等及武陵山、雷公山（海拔 500～3200m 以下）等地。

毛叶木姜子，主要分布于江苏、浙江、安徽南部、江西（庐山海拔 1300m 以下）、福建、台湾（海拔 1300～2100m）、广东、湖北、湖南、广西、贵州、重庆、四川、云南、西藏等及武陵山、大别山区（海拔 2400m 以下）等地。

清香木姜子，主要分布于广东北部、广西、湖南、江西、贵州、四川、重庆、云南、西藏等及武陵山、雷公山区（海拔 2400m 以下）等地。

木姜子，主要分布于湖北、湖南及广东北部、广西、四川、重庆、贵州、云南、西藏、浙江南部、甘肃、陕西、河南、山西南部等及武陵山（海拔 800～2300m）等地。

二、贵州资源分布与适宜区分析

贵州是我国山苍子资源的主要分布区之一，几乎全省均有分布。特别主产于黔东南、黔南、黔西南、黔中、黔东、黔北等地。例如，山鸡椒主要分布于锦屏、丹寨、黎平、天柱、荔波、罗甸、三都、平塘、贵阳、安龙、兴义、兴仁、安顺、大方、盘州等县（市、区）及雷公山、梵净山（海拔 400～2500m）等地；毛叶木姜子主要分布于雷山、丹寨、黎平、榕江、天柱、都匀、荔波、平塘、安顺、紫云、贵阳、绥阳、赤水等县市区及梵净山（海拔 200～1500m）等地；清香木姜子主要分布于榕江、雷山、三都、罗甸、平塘、安龙、兴义、兴仁、毕节、绥阳、赤水等县市区及梵净山（海拔 400～1500m）等地；木姜子主要分布于榕江、黎平、从江、镇远、锦屏、雷山、贵定、三都、罗甸、贵阳、安龙、兴义、兴仁、毕节、大方、赫章、绥阳、松桃等县市区及梵净山（海拔 800～2300m）等地。

此外，还有川木姜子 *Litsea moupinensis* Lee. var.szechuanica（Allen）Yang et P.H.Huang 主要分布于黔北、黔东南、黔南（海拔 800～1000m）等地；滇木姜子 *Litsea rubescens* Lec. var. *yunnanensis* Lec. 主要分布于黔西北（海拔 800～1500m）等地；钝叶木姜子 *Litsea veitchiana* Gamble 主要分布于黔东北、黔东南、黔南、黔中、黔西北及梵净山（海拔 400～1000m）等地；轮叶木姜子 *Litsea elongata* var Subvertilata（Yang.）Yang.et P.H.Huang. 主要分布于黔北、黔东北、黔东南及梵净山（海拔 400～1500m）等地；红叶木姜子 *Litsea rubescens* Lec.主要分布于黔东北、黔北、黔东南、黔南、黔西南、黔中及梵净山（海拔 800～1200m）等地；桂北木姜子 *Litsea subcoriacea* Yang et P.H.Huang 主要分布于黔南、黔东南等地；黄丹木姜子 *Litsea elongata*（Wall.ex Nees）Benth.et Hook.f. 主要分布于黔东、黔北、黔东南、黔南、黔中及梵净山（海拔 400～1500m）等地；宜昌木姜子 *Litsea ichangensis* Gamble 主要分布于黔东、黔北、黔东南（海拔 400～1000m）等地。

上述山鸡椒、毛叶木姜子等各种山苍子产区，都是贵州山苍子最适宜区。

除上述最适宜区外，贵州省其他各县市区凡符合山苍子生长习性与生态环境要求的区域均为其适宜区。

【生产基地合理选择与基地环境质量检（监）测评价】

一、生产基地合理选择与基地条件

按照山苍子适宜区优化原则与其生长发育特性要求，选择其最适宜区或适宜区并具良好社会经济条件的地区建立规范化生产基地。例如，现已在贵州省安顺市、兴义市、铜仁市、雷山县、黎平县及平塘县等地选建了山苍子规范化种植示范基地。如安顺鸿祥绿色产业有限责任公司，在安顺市紫云县松山镇、猴场镇及安顺大西桥镇等地建立了山苍子规范化生产基地（图 2-3）。紫云苗族布依族自治县地处贵州高原向广西丘陵过渡斜坡地带的中低山盆谷区。境内地势南北高而中部平缓，东西两侧向外倾斜，西部山脉属乌蒙山系，其余为苗岭山系。最高点马鬃岭海拔 1681m，最低点喜翁河出口处海拔 623m，平均海拔 1000～1300m。紫云县属亚热带季风湿润气候，为中亚热带与北亚热带的过渡地带，温和宜人，雨水充沛，四季分明，干湿明显，冬无严寒，夏无酷暑。多年平均气温为 15.3℃，年无霜期为 288 天左右，年平均日照时数为 1455h，多年平均降水量为 1337mm，相对湿度平均为 79%。气候垂直差异大，山区小气候突出。基地土壤为黄壤和非地带性石灰土、水稻土、山地黄棕壤、潮土、紫色土和红壤土等。基地远离城镇及公路干线，无污染源，非常适合发展山苍子规范化种植基地建设。

图 2-3　贵州紫云县山苍子规范化种植基地

二、生产基地环境质量检（监）测与评价（略）

【种植关键技术研究与推广应用】

一、种质资源保护抚育

目前，山苍子野生资源虽然比较丰富，但由于山苍子药用及轻化工等广泛应用，特别是山苍子油、柠檬醛、核仁油、山苍子纯露、山苍子精油等化妆品工业的日趋发展，致使其野生资源破坏极为严重，蕴藏量锐减。近年来，山苍子野生变家种、人工种植及仿野生栽培虽有所发展，但现市售山苍子仍以野生为主，野生山苍子资源仍保护不力。为此，我们应对山苍子切实加强保护抚育，特别是贵州黔东、黔东南、黔南、黔西南、黔中等地的野生山苍子种质资源更应严加保护与抚育，建立山苍子自然保护区，并切实加强山苍子基础研究，培育与发展山苍子优良品种，更好适应大健康产业需要，以求永续利用。

二、良种繁育关键技术

山苍子多采用种子繁殖，育苗移栽，也可采用扦插等无性繁殖。下面重点介绍山苍子种子繁殖育苗的有关问题。

（一）种子来源与采集贮藏

1. 种子来源与鉴定

山苍子种子主要于贵州紫云规范化种植基地种子林采集或采自野生山苍子优质林，经鉴定主要为樟科植物毛叶木姜子 *Litsea mollis* Hemsl. 及樟科植物山鸡椒 *Litsea cubeba*（Lour.）Pers.。

2. 种子采集与贮藏

选 5～10 龄母树，8 月底果皮呈紫黑色时采种。及时将采下果实用水浸泡、洗净壳附有的蜡质层，即可新种冬播；亦可在室内用湿沙层积贮藏催芽，供翌年 2 月春播。

（二）选地整地与播种育苗

1. 选地整地

在基地内选择地势较平坦、水源方便，土壤肥沃、疏松的壤土或砂质壤土的地块作育苗床。深翻晒土，深度 30cm 左右，每亩施充分腐熟厩肥 1500～2000kg 作基肥，需将其翻埋于地下，育苗前 5 天用百菌清 600 倍液或多菌灵 750 倍液均匀喷洒（用药量为 1.5kg/亩）进行土壤消毒，消毒后用锄头细碎土块，在平整细碎的地块上起厢作苗床，床宽 1.3m，并开排水沟，备用。

2. 播种育苗

播种前用温水浸种，进行催芽处理，待种子萌动后播种。种子冬播时，翌春出苗，不揭盖草，浇 3 次氮、钾肥，每次每亩各施 15kg。春播时，按 30cm 行距开浅沟条播，盖土 2cm。每亩用种约 5kg。播后喷一次丁草胺，并盖一层厚稻草。

育苗地幼苗出土后，要及时松土除草，防止草荒草害。当苗高 10～13cm 时，进行第 1 次松土除草，以后每年进行 2～3 次中耕除草后各追施人畜粪水 1 次；冬季、夏季要结合松土除草进行根部培土。遇天气干旱时，要及时灌溉，并应注意排水防涝。育苗 1 年，待苗 50～60cm 高即可出圃供移栽。

山苍子亦可扦插育苗：春季选取健壮母树的一年生扦插条，按株距 5cm、行距 15cm 于整好的苗床，依法插条、育苗；育苗 1 年，待苗 50～60cm 高即可出圃。

三、规范化种植关键技术

（一）选地整地与移栽定植

1. 选地整地

按照山苍子生物学特性、生态与经济良性循环要求，选取相对集中连片、交通便利、适宜种植、适宜种源与因地制宜地建立山苍子种植基地的原则，选择土壤深厚、光照良好、有排灌条件的山苍子最适宜区或适宜区为其规范化种植基地。整个规范化种植基地要合理划定小区和道路，修好灌溉（如喷灌、滴灌等）、排涝（如拦水沟、排水沟等）和蓄水池、沤粪坑等设施。并须注意改良土壤，施足底肥，挖定植坑。

2. 移栽定植

山苍子定植时间，一般从上年 11 月到次年 2 月均为其定植适宜期。定植密度可因土地肥沃程度而异，土壤肥沃的株行距宜大些，株行距可为 1.5m×2m，每亩 250 株左右；土壤瘠薄的宜密些，株行距可为 1m×1.5m 或 1m×2m，每亩 350 株左右。每个定植坑用 10kg 有机肥和 1~2kg 迟效磷肥作底肥，然后一层肥一层泥分层填入坑内再定植。同时，尚应注意公母树的配比，一般每亩可平均栽植 300 株，以 1：3 为宜（因山苍子系雌雄异株植物，又以结籽为目的）。

山苍子苗定植方法是否得当、定植后能否加强管理是影响定植成活率、缩短缓苗期、保证植株正常生长的关键。定植时，苗木必须正位定植于植穴内，植穴大小一般挖深、宽 33cm 为宜，要使根部向四面伸展，然后再小心覆土填平。定植后，立即浇定根水；如苗较高还需插绑支杆（架），以防风吹摇动，影响成活。以后视天气情况，每隔 5~7 天浇水 1 次，保持土壤湿润。

（二）中耕除草与合理施肥

山苍子苗木成活后，要注意适时中耕除草、施肥。特别是定植的第 1 年，要重点抓好割除杂草，改善土壤深层的通透性，增强保水、保肥、保温能力，旱季进行树盘覆盖。春、夏、秋梢抽发前 7~10 天都要追速效肥，以氮肥为主，促抽发枝长叶。

第 2 年和第 3 年追肥数量要逐年增加，夏秋梢抽发前每株用 0.05~0.1kg 尿素或 5kg 清粪水追肥。每季梢叶抽发定形后用磷酸二氢钾或其他高效复合肥叶面喷施，促进梢叶成熟。从定植穴的外缘起，在逐年深挖、扩穴中要结合压施绿肥，改良土壤，以园养园，保证山苍子果树的正常生长。同时，尚应注意控制施肥量，忌多施单施。在盛果期还要注意勤除杂草，以减少杂草对水分、养分的消耗。

特别要对山苍子母株合理施肥，一般于 5 月剪除山苍子母株缠藤、杂草后，并施火土灰肥；11~12 月再逐株施磷肥 100g，以促来年开花抽梢；于花盛期，再叶面喷 0.3%尿素和 0.1%磷酸二氢钾混合溶液，以克服大小年结果差异，并提高坐果率。

（三）合理排灌与修枝整形

由于山苍子为浅根性灌木或小乔木，其根系分布较浅，抗旱能力较弱。因此，必须注意加强基地水利设施建设，旱季引水灌溉或树盘覆盖，保持土壤湿润。同时，在雨季还要注意排水防涝。

山苍子又属于丛生性小灌木或小乔木，枝梢多从树冠的中下部抽生，其芽又具有萌发力和发枝力强的特性，树冠多矮小，枝叶繁茂，无明显顶端优势和垂直优势。因此，一般可自然生长，勿强行整形修剪，让其树形近于自然丛生为圆头树，要求其枝梢自下而上斜生，充分布满空间，互相交错勿过密，内部通风透光为好。但其母树一般在树高 1m 时，则须合理打顶，以促分枝，并合理修枝整形，以促果枝繁茂。山苍子修剪时期，以落叶后的冬剪为主，辅之以生长期的适量疏剪。落叶后，只宜剪除病虫枝、枯枝及衰老枝；对衰老的多年生枝进行重剪短截，对衰老枝群要通过回缩促发壮枝，使其基部萌发抽生强枝并成为新结果母枝，并尽量多留健壮的 1~2 年生枝作为结果母枝。对于树冠中、下部的过于衰老的结果母枝亦应适当剪除，树冠基部下垂枝也应酌情剪除，着生部位较高的下垂枝应缩剪枝条上部的下垂衰老部分。对骨干枝每年也应进行轮换更新，对衰弱的枝进行疏剪或缩剪，刺激其抽发优良的结果母枝。同时，对攀缘性、发枝力和成枝力强、年结果量大的山苍子母树，除合理修枝整形外，还要合理设置支架，以便山苍子顺其架而生长，增加通风透光，使植株生长旺盛，提高山苍子产量和质量，达到立体结果的目的。

（四）更新复壮与改良土壤

山苍子和其他果树一样，经过盛果阶段后，都要进入衰老阶段，逐步呈现抽发新梢少、枝叶淡黄、枯枝落叶加重、结果少、果实品质变劣等现象，甚至整枝直接枯干。衰老树管理主要措施是重剪短截，注重骨干枝的更新，改良土壤，重施底肥，达到更新复壮、提高树势、延长结果年限的目的，为延长盛果期和来年丰产稳产打下基础。

凡土壤肥沃、深厚、湿润的丘陵地以及山区阳光充足的南坡、东南坡、西南坡山场均可选作林地，选地时间在 10～11 月。在砍除灌木杂草后，按株行距 1.5m×2m，300 株/亩的密度挖植树穴。植穴规格为 60cm×60cm×40cm，并在栽穴中施足基肥。山苍子雌雄异株，无论公树母树均先开花后长叶。公树在 1～2 月开花、长叶，树皮深绿色。母树 2 月份开花后长叶，树皮为淡绿色。植树时应在圃地留部分苗木不出圃，供调剂公母树种之用，使公树保持在树木总株数的 10% 左右，并分布均匀。将多余、分布不均的公树拔除、移栽，将留圃的母树苗补栽上去。

（五）抚育管理

造林后每年要及时搞好中耕除草等抚育工作。栽后第二年，在幼树长到 0.5～0.6m 高时，摘顶，控制树高，促进树枝萌发，有利增产和采籽。第三年进入盛果期后，要在 2 月、4 月、7 月及时施好花前肥、壮果肥和产后肥，尤其是结果数量大的单株，更应多施壮果肥，以促其早日恢复树势，防止在下年出现小年现象或树木在高产当年出现枯死现象。

（六）主要病虫害防治

在山苍子野生变家种的过程中，目前病虫害还较少发现。仅有时或局部发现有煤烟病及红蜘蛛等病虫害。

1. 煤烟病

为害枝叶，发生黑色霉粉，引起叶片脱落，甚至全株枯死，此病为介壳虫所引起。

防治方法：在介壳虫发生期，喷 40% 乐果乳油 1000～1500 倍液或喷 25% 亚胺硫磷乳油 800～1000 倍液，每 7 天 1 次，连续 2～3 次；煤烟病发生期，喷 1∶1∶150 波尔多液，每 14 天 1 次，连续 2～3 次。

2. 红蜘蛛

为害枝叶，主要吸食叶片液汁致害。

防治方法：可用 40% 乐果乳油 800～1000 倍液防治。

贵州紫云县山苍子种植基地的山苍子生长发育与开花结果情况，见图 2-4。

图 2-4　贵州紫云县山苍子基地生长发育与开花结果情况

上述山苍子良种繁育与规范化种植关键技术，可于其生产适宜区内，并结合实际因地制宜地进行推广应用。

【药材合理采收、初加工、储藏养护与运输】

一、合理采收与批号制定

（一）合理采收

山苍子一般定植苗 3 年进入盛果期，当果实成熟时（一般在 9～10 月）于晴天采收。采收时，将山苍子带果枝一起采摘，然后除去枝、叶，及时运回待初加工；亦可于夏秋时采叶供用。

（二）批号制定（略）

二、合理初加工与包装

（一）合理初加工

将山苍子果实稍蒸或置于沸水中略烫后，晒（晾）干或 60℃ 左右烘干，也可直接晒（晾）干。

山苍子 4 年以上母树单株，一般可年产鲜果 4～8kg，8 年生树产鲜果高达 25kg（单株）。农历立秋后采回鲜果，放入木甑中用锅蒸汽加热，使籽皮内挥发油气化，经导管引出冷凝成山苍子油，出油率 6%～7%。将蒸馏过的核仁晒干粉碎，用榨油机榨取核仁油，出油率约 30%（图 2-5）。

图 2-5　山苍子药材果实（上）与提取精油（下）

（二）合理包装

将干燥山苍子药材用编织袋等透气性较好的无毒无污染材料，按规格（40kg 或 50kg）打包成件。并应在每件包装上注明品名、规格、等级、毛重、净重、产地、批号，执行标准、生产单位、包装日期及工号等，并应有质量合格的标志。

三、合理储藏养护与运输

（一）合理储藏养护

山苍子应储存于干燥通风、温度 30℃以下阴凉干燥处。本品受潮易生霉，较少虫蛀。贮藏前，还应严格入库质量检查，防止受潮或染霉品掺入；贮藏期间，应保持环境干燥、整洁；定期检查、翻垛，发现受潮或少量轻度虫蛀，应及时进行晾晒等处理。

（二）合理运输

山苍子药材在批量运输中，应保持阴凉，严防日晒；严禁与有毒货物混装并有规范完整运输标识；运输车厢不得有油污与受潮霉变。

【药材质量标准、质量检测与监控】

一、药材商品规格与质量检测

（一）药材商品规格

山苍子药材以无杂质、皮壳、霉变、虫蛀，身干，粒大、饱满，果皮表面棕色或棕黄色，气香浓，富油质者为佳品。其药材商品规格为统货，现暂未分级。

（二）药材质量检测

本品《中国药典》及贵州地方药材质量标准均暂未收载，现按照山苍子企业内控质量标准进行检测。

1. 来源

本品为樟科植物毛叶木姜子 *Litsea mollis* Hemsl.、清香木姜子 *Litsea euosma* W.W.Smith、山鸡椒 *Litsea cubeba*（Lour.）Pers.、木姜子 *Litsea pungens* Hemsl.及黄丹木姜子 *Litsea elongata*（Wall.ex Nees）Benth.et Hook.f. 等多种同属植物的果实。秋季采收，除去杂质，干燥。

2. 性状

本品呈类球形或略长圆形，直径 4～6mm。外表黑色，表面果皮皱缩成不规则网状隆起线纹；果实一端有因果柄脱落而留下的疤痕，或偶有短的果柄残留。果皮极富油质。种子圆球形，直径 3～5mm，棕黄色或棕红色，中央有 1 环纹隆起，种皮坚硬而脆，内含肥厚的半圆形子叶 2 枚，亦富油质。具有特异强烈的香气，味辛辣。

3. 鉴别

取本品粉末少许置反应皿，滴加浓硫酸数滴，开始浓硫酸液呈黄棕色（或黄绿色），片刻（约 10min）浓硫酸液转呈血红色，再隔片刻转呈深紫红色。长时间搁置红色消退呈乌黑色。

4. 检查

（1）水分：照水分测定法（《中国药典》2015 年版四部通则 0832 第二法）测定，不得过 10.0%。

（2）总灰分：照总灰分测定法（《中国药典》2015 年版四部通则 2302）测定，不得过 6.0%。

5. 浸出物

照醇溶性浸出物测定法（《中国药典》2015 年版四部通则 2201）项下热浸法测定，用乙醇作溶剂，不得少于 20.0%。

二、药材质量标准提升研究与企业内控质量标准制定（略）

三、药材留样观察与质量监控（略）

【药材研究开发与市场前景展望】

一、生产发展现状与主要存在问题

山苍子在我国原系野生药材，资源丰富，分布较广；贵州省是山苍子最主要产区之一。经初步调查，贵州省山苍子多年来一直处于野生和半野生状态，面积约为 50 万亩（野生系指山苍子树全依靠自然的生态链自生繁育；半野生系指部分生长在农地或林缘周边的山苍子树，经农户或林农种植农作物或护林时对其进行一定管护）。通过以上方式形成了一定的资源，烤油农户利用这一资源用简易的蒸馏设备进行生产，贵州产山苍子油基本上是通过这种传统的方法而获得。20 世纪 80 年代，贵州省山苍子油年产量约为 200t。

20 世纪 90 年代以来，贵州省山苍子野生变家种及其产业化得到较快发展，特别是在第三次全省中药资源普查基础上，贵州农学院林学系、贵州中药研究所等有关单位进一步开展了山苍子野生变家种、良种选择与丰产栽培技术等研究，又与安顺鸿祥绿色产业有限责任公司"产学研"紧密结合，将 1997 年林业部列为推广项目的"山苍子产业化示范基地建设"在紫云县松山镇、猴场镇、安顺大西桥镇等地实施，对贵州山苍子规范化种植及深加工系列产品开发起到了积极作用，山苍子种植面积逐年扩大。据省扶贫办公室《贵州省中药材产业发展报告》统计，2014 年，全省山苍子种植总面积达 4.04 万亩，总产量达 3300 吨，产值 1264.90 万元，并依托山苍子种植基地资源开展了山苍子油提取等加工。如安顺鸿祥绿色产业有限责任公司，已建成山苍子油初加工生产线一条、柠檬醛生产线一条，该公司加工设备及工艺技术已获国家发明专利。

但是，贵州省山苍子种植与加工生产还很滞后，仍以野生资源为主，未很好形成产业链与优势。山苍子种植基础研究、规范化关键技术、医药及大健康产品研究开发及综合利用等均较差。与山苍子主产区如周边的湖南、四川、广西、云南等相比，差距很大，我们应奋起直追；应将山苍子规范化种植基地建设及其产业化，作为发展贵州大健康产业的一项重要工作抓紧抓好，给予扶持，落到实处，持之以恒，形成良好的产业链，并尽快把山苍子产业做大、做优、做强。

二、市场需求与前景展望

现代研究表明，山苍子果实含挥发油（山苍子油）1.1%～9.6%（平均 5%左右），其中主要成分为柠檬醛（含量可达 60%～90%）、柠檬烯（约占 11.6%）、香茅醛（约占 7.6%）、莰烯（约占 3.5%）、甲基庚烯酮（约占 3.1%）等。此外还有对聚伞花素（约占 4.2%）、芳樟醇（约占 3.4%）等。不同产地的山苍子果实所含化学成分大致相同，但各组分的含量不同，某些成分可相差 10 倍以上。新鲜采集的果实含醛量明显高于陈品。山苍子叶含挥发油 0.2%～0.4%，主要含桉油精（含量 20%～35%）、醛类（6%～22%）及醇类（20%～25%）等。山苍子树皮也含柠檬醛及生物碱等成分。山苍子果实尚含脂肪油，果皮含油率约 24.6%、果仁 58.3%；脂肪酸为十二碳酸、软脂酸、油酸等所组成。药理实验表明，山苍子具有抗菌、抗病毒、抗阴道滴虫、抗血栓、抗心律失常、抗过敏及平喘、降解黄曲霉毒素 B_1 等药理作用。

山苍子是我国南方重要芳香油料树种之一。其果实、叶等均可蒸馏提取挥发油（山苍子油），挥发油又可提取紫罗兰酮，而紫罗兰酮又是食品、化妆品的重要香料。山苍子油是我国重要出口产品。据不完全统计，全世界每年香料工业约需要柠檬醛 3000 吨，医药工业约需要 7000 吨，主要消费国有美国、法国、英国、德国、日本、瑞士、荷兰等，而市场上每年仅能提供 3000～5000 吨，市场缺口很大。山苍子油价格也在不断攀升，柠檬醛含量为 70%～90%的山苍子油，目前其售价为 12 万～13 万元/吨；如将山苍子油中柠檬醛含量提纯到 95%以上，其售价可达 24 万～25 万元/吨。中国是世界上山苍子油唯一生产国和出口国，山苍子只产于我国的长江以南的省份，而贵州省的山苍子柠檬醛含量多在 80%以上，质量上乘。如紫云县山苍子油，历年均为国家出口免检传统产品。

山苍子产业是"绿水青山就是金山银山"，经济社会效益与生态效益均佳的发展前景广阔的好产业。山苍子从种植到挂果时间约为 3 年，第 5 年则进入盛产期，按单株产量 10kg 计算，亩产量约达 1000kg，2～3 元/kg，户均种植 2000 株计，再按其 50%产量计算，每户经济收入可达 1 万～1.5 万元，脱贫效益十分显著。同时，山苍子木材耐湿不蛀，可供普通家具和建筑材料用。山苍子叶和果皮等可作提制柠檬醛的原料外，还可入药，有祛风、散寒、理气、止痛之效，主治感冒或预防感冒等。山苍子果及花蕾，可直接作腌菜的原料用。此外，山苍子树与油茶树混植，还可防治油茶树的煤黑病（烟煤病）；山苍子叶水液，再加适量肥皂、煤油及烟油，可制成绿色农药，对各种杂粮害虫有良好防治作用，杀虫率可达 80%。从上可见，山苍子全身皆是宝，研究开发潜力与综合利用价值均极为广泛，市场前景十分广阔。

主要参考文献

鲍家科. 2009. 贵州省中药及民族药材质量标准原植（动）物彩色图鉴（上册）[M]. 第 1 版. 贵阳：贵州科技出版社.

陈幼竹. 2004. 木姜子属主要药用植物的品种品质研究[D]. 成都中医药大学.

程超. 2005. 山苍子油的抗氧化作用[J]. 食品研究与开发，4：155-158.

黄宝祥，邓小梅，符树根. 2006. 山苍子油的开发利用[J]. 中国林副特产，6：81-82.

赖爱云. 2004. 山苍子油乳膏皮肤毒理学及药效学的动物实验研究[D]. 昆明医学院.

李开泉，唐陶. 1986. 山苍子精油抗真菌有效成分的研究[J]. 中国医院药学杂志，11：5-6.

涂新义，张国全. 1995. 山苍子油及柠檬醛对动物皮肤刺激作用的观察[J]. 江西中医学院学报，2：27，33.

谢宗万. 1994. 中药材品种论（中册）[M]. 第 1 版. 上海：上海科学技术出版社.

袁昌齐. 2000. 天然药物资源开发利用[M]. 第 1 版. 南京：江苏科学技术出版社.

张素萍，胡能. 2003. 山苍子油在合成香料中的应用[J]. 贵州化工，3：21-26.

周世富. 2008. 话说鲜山苍子[J]. 四川烹饪，9：40-41.

（冉懋雄　周厚琼　徐文芬）

3　女　贞　子

Nüzhenzi

LIGUSTRI LUCIDI FRUCTUS

【概述】

女贞子原植物为木樨科植物女贞 *Ligustrum lucidum* Ait.。别名：女贞实、冬青子、爆格蚤、白蜡树子、鼠梓子。以干燥成熟果实入药，《中国药典》（1990 年版）开始收载。《中国药典》（2015 年版）称：女贞子味甘、苦，性凉。归肝、肾经。具有滋补肝肾、明目乌发功能。用于肝肾阴虚、眩晕耳鸣、腰膝酸软、须发早白、目暗不明、内热消渴、骨蒸潮热。

女贞子为传统常用中药材，应用历史悠久，以"女贞实"之名，始载于《神农本草经》，列为上品，称其"味苦，平，无毒。主补中，安五脏，养精神，除百疾，久服肥健，轻身，不老，生山谷"。其后，历代本草多予收载。如唐代《新修本草》云："女贞叶似枸骨及冬青树等，其实九月熟，黑似牛李子……叶大，冬茂。"宋代《图经本草》《重修政和经史证类备用本草》、明代《本草纲目》、清代《植物名实图考》等所载女贞及附图均指本种，说明古今用药是一致的。如宋代《图经本草》曰："女贞实，生武陵川谷，今处处有之。《山海经》云：泰山多真木，是此木也。其叶似枸骨及冬青木，极茂盛，凌冬不凋，花细，青白色；九月而实成，似牛李子。立冬采实，暴干。其皮可以浸酒，或云：即今冬青木也。而冬青木肌理白，文如象齿，道家取以为简，其实亦浸酒，祛风补血。其叶烧灰，面膏涂之。治瘅瘊殊效，兼灭瘢疵。又李邕云：五台山冬青，叶似椿，子如郁李，微酸，性热，与此小有同异，当是别有一种耳。又岭南有一种女贞，花极繁茂而深红色，与此殊异，不闻中药品也。枸骨木，多生江、浙间，木体白似骨，故以名。南人取以旋作合器甚佳。《诗·小雅》云：南山有枸。陆机云：山木其状如栌。

一名枸骨，理白可为函板者是此也。皮亦堪浸酒，补腰膝；烧其枝、叶为灰，淋汁，涂白癜风。亦可煎傅之。"再如明代《本草纲目》则对女贞之名释曰："此木凌冬青翠，有贞守之操，故以女贞状之。……近时以放蜡虫，故俗称为蜡树。"清代《本草经疏》对其功效称："女贞子，气味俱阴，正入肾除热补精之要品，肾得补，则五脏自安，精神自足，百病去而身肥健矣。"清代《本草述》又云："女贞实，固入血海益血，而和气以上荣……由肾主肺，并以淫精于上下，下独髭须为然也，即广嗣方中，多用之矣。"清代《本经逢原》在临床治疗应用上还指出："女贞，性禀纯阴，味偏寒滑，脾胃虚人服之，往往减食作泻""当杂保脾胃药及椒红温暖之类同施，否则恐有腹痛作泄之患"。女贞子是中医知名传统常用中药与民间用药，也是贵州地道特色药材。

【形态特征】

女贞：灌木或乔木，一般高 6m 左右，高者可达 25m，树皮灰褐色。枝条开展，光滑无毛。黄褐色、灰色或紫红色，圆柱形，疏生圆形或长圆形皮孔。单叶对生，叶片常绿，革质，卵形、长卵形或椭圆形至宽椭圆形，长 6～17cm，宽 3～8cm，先端锐尖至渐尖或钝，基部圆形或近圆形，有时宽楔形或渐狭，全缘，叶缘平坦，表面深绿色，叶背浅绿色，上面光亮，有光泽，两面无毛，中脉在上面凹入，下面凸起，侧脉 4～9 对，两面稍凸起或有时不明显，叶柄长 1～3cm，上面具沟。圆锥花序顶生，长 8～20cm，宽 8～25cm；花序梗长 0～3cm，花序轴分枝轴无毛，花白色，或紫色或黄棕色，果实具棱，花序基部苞片常与叶同型，小苞片披针形或线形，长 0.5～6cm，宽 0.2～1.5cm，凋落；花无梗或近无梗，长不超过 1mm，花萼无毛，长 1.5～2mm，齿不明显或近截形，花冠长 4～5mm，花冠管长 1.5～3mm，裂片长 2～2.5mm，反折；花丝长 1.5～3mm，花药长圆形，长 1～1.5mm，花柱长 1.5～2mm，柱头棒状。果肾形或近肾形，长 7～10mm，径 4～6mm，深蓝黑色，成熟时呈红黑色，被白粉，果梗长 0～5mm。花期 5～7 月，果期 7 月至翌年 5 月。女贞植物形态如图 3-1 所示。

（1. 果枝；2. 花放大）

图 3-1　女贞植物形态图

（墨线图引自中国药材公司编著，《中国常用中药材》，科学出版社，1995）

【生物学特性】

一、生长发育习性

（一）营养生长习性

女贞为常绿灌木或乔木，为深根性树种，须根发达，适应性强；生长快，萌芽力强，耐修剪，一般经过3～4年即可成形，达到隔离效果，但不耐瘠薄；其播种繁殖育苗容易，还可作为砧木，嫁接桂花、丁香而成色叶植物金叶女贞；一般高6m左右，高者可达25m。

（二）开花结果习性

始花期6月上旬，盛花期7月上旬，末花期8～12月，果期7月至翌年5月，始花至果实成熟200天左右。

二、生态环境要求

野生女贞多分布于海拔200～2900m的山坡、丘陵向阳处疏林或密林中，栽培的多生长在庭园、路边、田埂旁或缓坡等地。女贞喜温暖湿润气候，喜光耐阴，较耐寒，能耐-12℃的低温，但宜在湿润、背风、向阳的地方栽种。女贞适应性强，对土壤要求不严，红、黄壤土亦能生长，但以砂质壤土或壤土栽培为宜；尤以土层深厚、土质肥沃、腐殖质含量高、排水良好的中性或微酸性土壤生长最佳。女贞对大气污染的抗性较强，对二氧化硫、氯气、氟化氢及铅蒸气均有较强抗性，也能忍受较高粉尘、烟尘的污染。女贞对生态环境的主要要求如下。

温湿度：年平均温度18～19℃，≥10℃年积温为4500～5500℃，无霜期260～300天，空气相对湿度80%，最适宜海拔800～1500m，并宜在避风山谷或向阳山地的混生阔叶林中生长，而在干热的环境中生长不良。

光照：年平均日照1200～1500h。幼苗能耐阴，成年树喜阳光，但在强烈的阳光和空旷的环境中生长不良。

水：喜肥水，肥水充足，生长最佳，肥水不足，生长不良；水分过多，根系生长不良，地上部分生长迟缓，甚至叶片枯萎，幼苗最忌高温和干旱。以年降水量为1400～1800mm，阴雨天较多，雨水较均匀，水热同季为佳。

土壤：喜深厚、肥沃、腐殖质含量较多的土壤，土层黏性重瘠薄处不宜生长，在排水性好、保湿性良，既不怕干旱又不怕水涝的土壤中生长最佳。

【资源分布与适宜区分析】

经调查，我国分布木樨科植物12属181个种；贵州分布8属，48个种，女贞属10个种，4个变种。女贞为广布种，在我国分布较广，野生家种兼有，生于海拔2900m以下疏、密林中。其主要分布于长江以南至华南、西南各地及西北部分地区，即河北、河南、山西、山东、江苏、浙江、安徽、江西、福建、台湾、湖北、湖南、广东、广西、陕西、甘肃、云南、贵州、四川、重庆等地。尤主产于云南、贵州、四川、重庆、湖南、广西、广东、浙江、江苏、陕西、甘肃等地区。国外如朝鲜也有分布；印度、尼泊尔有栽培。

贵州是我国女贞资源的主要分布区之一，几乎全省均有分布。特别是黔西南、黔南、黔东南、黔中、黔北等地，如兴义、兴仁、安龙、贞丰、册亨、都匀、独山、平塘、瓮安、荔波、施秉、台江、黄平、剑河、榕江、黎平、息烽、赤水、遵义、习水、绥阳、正安、务川、贵阳、清镇、平坝，以及松桃、铜仁、石阡、沿河、黔西、织金、纳雍等地，生于海拔 350~1700m 的常绿阔叶林或疏林中。上述各地都是贵州女贞最适宜区。

除上述最适宜区外，贵州省其他各县市（区）凡符合女贞生长习性与生态环境要求的区域均为其适宜区。

【生产基地合理选择与基地环境质量检（监）测评价】

一、生产基地合理选择与基地条件

按照女贞适宜区优化原则与其生长发育特性要求，选择其最适宜区或适宜区并具良好社会经济条件的地区建立规范化生产基地。例如，在贵州省兴仁县城关、巴铃、屯脚等地选建女贞规范化种植示范基地，属中亚季风湿润气候，冬无严寒，夏无酷暑，年均气温在 15~16℃，年均日照时数 1553.2h，全年大于 10℃的日数 243 天，大于 10℃的年积温 4588℃，年均降水量 1500~1540mm。基地土壤为黄壤，生境内的药用药物除杜仲、黄檗、厚朴外，主要有青冈栎、细叶青冈等为主的石灰岩常绿阔叶林。基地远离城镇及公路干线，无污染源，适合发展女贞规范化种植基地建设。

二、生产基地环境质量检（监）测与评价（略）

【种植关键技术研究与推广应用】

一、种质资源保护抚育

目前，女贞野生资源虽然比较丰富，但由于女贞子药用及轻化工等广泛应用，女贞野生资源破坏还很严重，蕴藏量锐减。近年来野生变家种、人工种植有所发展，但由于重视不够、经济效益不高、生产周期较长等原因，现市售女贞子仍以野生为主，易导致野生女贞资源破坏。为此，我们应对女贞切实加强保护抚育，特别是对贵州黔西南、黔南、黔东南、黔中等地的野生女贞种质资源更应严加保护与抚育，并切实加强家种栽培，扩大资源，以求永续利用。

二、良种繁育关键技术

女贞多采用种子繁殖，育苗移栽，也可采用扦插、压条繁殖等无性繁殖。下面重点介绍女贞种子繁殖育苗的有关问题。

（一）种子来源与采集贮藏

1. 种子来源与鉴定

女贞种子主要于贵州女贞规范化种植基地种子林采集或采自野生女贞优质林，经鉴定

为木樨科植物女贞 *Ligustrum lucidum* Ait.。

2. 种子采集与贮藏

于秋末冬初果实成熟时采下，剥取种子，随即播种育苗。或在种子采收后，搓擦种皮，洗净，阴干，湿沙层积贮藏。

（二）种子处理与选地整地

1. 种子处理

播种前用温水浸种，进行催芽处理，待种子萌动后播种。

2. 选地整地

在基地内选择地势较平坦、水源方便，土壤肥沃、疏松的壤土或砂质壤土的地块作育苗床。深翻晒土，深度 30cm 左右，每亩施充分腐熟厩肥 1500～2000kg 作基肥，需将其翻埋于地下，育苗前 5 天用百菌清 600 倍液或多菌灵 750 倍液均匀喷洒（用药量为 1.5kg/亩）进行土壤消毒，消毒后用锄头细碎土块，在平整细碎的地块上起厢作苗床，苗床宽 1.3m，并开排水沟，备用。

（三）播种方法与苗期管理

1. 播种方法

条播、撒播均可，以条播为好。一般在 12 月下旬播种，于苗床上开沟，沟距 15cm，沟深 4～6cm，将种子均匀播于沟中，覆土厚 1～1.5cm。每亩用种子量 20～25kg。

2. 苗期管理

育苗地幼苗出土后，要及时松土除草，防止草荒草害。当苗高 10～13cm 时，进行第 1 次松土除草，以后每年进行 2～3 次中耕除草后各追施人畜粪水 1 次；冬季、夏季要结合松土除草进行根部培土。遇天气干旱时，要及时灌溉，并应注意排水防涝。培育 2 年供移栽。

此外，也可采用扦插、压条繁殖方法，一般多在春、秋两季进行。

三、规范化种植关键技术

（一）选地整地

选择向阳坡地，以土质肥沃、质地疏松、土层深厚、排水良好的壤土为宜。选地后，于秋季整地耕翻供用。

（二）移栽定植

移栽定植时间，一般为 2～3 月或 10～11 月。按行、株距 3.5～4m 开穴，穴深 40cm，穴底施基肥，加土 15～20cm，然后取 1～2 年生苗（大苗要带泥土，并剪去部分枝叶，以提高成活率）栽于穴内，覆土压实，浇定根水。

（三）田间管理

1. 中耕除草

在定植成活后，应适时进行中耕除草，以防杂草丛生，影响女贞生长。中耕除草须在晴天或阴天露水干后进行。一般每年进行中耕除草 2～3 次，4～6 月除草一次；7～9 月结合追肥除草一次；11 月至次年 3 月除草一次，可在 10～11 月结合培土与施冬肥进行。

2. 追肥

移栽后每年追肥 2 次，第 1 次于立秋前，第 2 次于立冬前后，以有机肥为好，施肥量视植株生长情况而定。

3. 整枝

幼树成活后的第 2 年开始，在冬末春初进行 1 次修枝，整形，剪去枯枝、弱枝和根部萌生枝。如遇主干弯曲，需用木撑架枝整形，使其逐步形成树冠。成龄树视其生长情况，每年进行 1 次整修，以利定向生长、通风透光和促进果枝发育。

（四）主要病虫害防治

1. 锈病

为害后，叶表面产生黄褐色粉末，引起叶面失水、枯焦死亡。

防治方法：可于发病初期喷 20%萎锈灵乳油 400 倍液，或 50%退菌特可湿性粉剂 800 倍液，或 1：1：200 的波尔多液。发病期间，每 15 天左右喷 1 次 25%粉莠灵可湿性喷雾剂 2500～4000 倍液。

2. 女贞尺蛾

以女贞为寄主，幼虫吐丝结网，在网内取食，虫多时结成大丝网，网罩全树，可将树叶食尽。严重时，可致树木死。

防治方法：随时清除女贞植株上的丝网，消灭蛹、卵及幼虫。在幼虫发生期，喷 90%敌百虫 1000～1500 倍液。

3. 白蜡虫

为害后树势衰弱，枝条枯死。

防治方法：结合修剪，去除部分虫体密集的枝条，用竹片等物刮除密集于枝条的虫体；于若虫孵化后，自母体爬出 60%左右时，可用 25%亚胺硫磷乳油 0.5kg 的 1000 倍混合液喷雾。

4. 云斑天牛

幼虫蛀食韧皮部和木质部，成虫还啃食新枝嫩皮。

防治方法：及时捕杀成虫；在卵、幼虫和成虫期，喷 50%杀螟松乳油 40 倍液塞入虫孔，以毒杀蛀入木质部的幼虫。

　　上述女贞良种繁育与规范化种植关键技术，可于其生产适宜区内，并结合实际因地制宜地进行推广应用。

【药材合理采收、初加工、储藏养护与运输】

一、合理采收与批号制定

（一）合理采收

　　冬季女贞果实成熟时采收，一般在 11～12 月晴天进行。采收时，将女贞带果枝一起采摘，然后除去枝、叶，及时运回待初加工。

（二）批号制定（略）

二、合理初加工与包装

（一）合理初加工

　　将女贞果实稍蒸或置于沸水中略烫后，晒（晾）干或 60℃ 左右烘干，也可直接晒（晾）干（图 3-2）。

图 3-2　女贞果实（左、中）与药材初加工品（右）

（二）合理包装

　　将干燥女贞子药材用麻袋、编织袋等透气性较好的无毒无污染材料打包成件，每件40～50kg。并应在每件包装上注明品名、规格、等级、毛重、净重、产地、批号，执行标准、生产单位、包装日期及工号等，并应有质量合格的标志。

三、合理储藏养护与运输

（一）合理储藏养护

　　女贞子应储存于干燥通风处，温度 30℃ 以下，相对湿度 70%～75%。商品安全水分8%～10%。本品受潮易生霉，较少虫蛀。底部商品较易吸潮霉变，污染品表面可见霉迹。为害的仓虫发现有玉米象、烟草甲、药材甲、粉斑螟、米黑虫等，蛀蚀品表面现细小蛀痕。

贮藏前，还应严格入库质量检查，防止受潮或染霉品掺入；贮藏期间，应保持环境干燥、整洁；定期检查，发现受潮或少量轻度虫蛀，应及时晾晒等。

（二）合理运输

女贞子药材在批量运输中，应保持阴凉，严防日晒；严禁与有毒货物混装并有规范完整运输标识；运输车厢不得有油污与受潮霉变。

【药材质量标准、质量检测与监控】

一、药材商品规格与质量检测

（一）药材商品规格

女贞子药材以无杂质、壳、霉变、虫蛀，身干，粒大、饱满，表面灰褐色或紫黑色，皱缩不平，肉质者为佳品。其药材商品规格为统货，现暂未分级。

（二）药材质量检测

按照《中国药典》（2015 年版一部）女贞子药材质量标准进行检测。

1. 来源

本品为木樨科植物女贞 *Ligustrum lucidum* Ait. 的干燥成熟果实。冬季果实成熟时采收，除去枝叶，稍蒸或置沸水中略烫后，干燥；或直接干燥。

2. 性状

本品呈卵形、椭圆形或肾形，长 6～8.5mm，直径 3.5～5.5mm。表面黑紫色或灰黑色，皱缩不平，基部有果梗痕或具宿萼及短梗。体轻。外果皮薄，中果皮较松软，易剥离，内果皮木质，黄棕色，具纵棱，破开后种子通常为 1 粒，肾形，紫黑色，油性。气微，味甘、微苦涩。

3. 鉴别

（1）显微鉴别：本品粉末灰棕色或黑灰色。果皮表皮细胞（外果皮）断面观略呈扁圆形，外壁及侧壁呈圆拱形增厚，腔内含黄棕色物。内果皮纤维无色或淡黄色，上下数层纵横交错排列，直径 9～35μm。种皮细胞散有类圆形分泌细胞，淡棕色，直径 40～88μm，内含黄棕色分泌物及油滴。外果皮为 1 列细胞，外壁及侧壁加厚，其内常含油滴；中果皮为 12～25 列薄壁细胞，近内果皮处有 7～12 个维管束散在；内果皮为 4～8 列纤维组成棱环。种皮最外为 1 列切向延长的表皮细胞，长 68～108μm，径向 60～80μm，常含油滴；内为薄壁细胞，棕色；胚乳较厚，内有子叶。

（2）薄层色谱鉴别：取本品粉末 0.5g，加三氯甲烷 20mL，超声波处理 30min，滤过，滤液蒸干，残渣加甲醇 1mL 使溶解，作为供试品溶液。另取齐墩果酸对照品，加甲醇制成每 1mL 含 1mg 的溶液，作为对照品溶液。照薄层色谱法（《中国药典》2015 年版四部通则 0502）试验，吸取上述两种溶液各 4μL，分别点于同一硅胶 G 薄层板上，以三氯甲烷-甲醇-甲酸（40：1：1）为展开剂，展开，取出，晾干，喷以 10%硫酸乙醇溶液，在 110℃加热至斑点显色清晰。供试品色谱中，在与对照品色谱相应的位置上，显相同颜色的斑点。

4. 检查

（1）杂质：照杂质测定法（《中国药典》2015 年版四部通则 2301）测定，不得过 3%。

（2）水分：照水分测定法（《中国药典》2015 年版四部通则 0832 第二法）测定，不得过 8.0%。

（3）总灰分：照总灰分测定法（《中国药典》2015 年版四部通则 2302）测定，不得过 5.5%。

5. 浸出物

照醇溶性浸出物测定法（《中国药典》2015 年版四部通则 2201）项下的热浸法测定，用 30%乙醇作溶剂，不得少于 25.0%。

6. 含量测定

照高效液相色谱法（《中国药典》2015 年版四部通则 0512）测定。

色谱条件与系统适应性试验：用十八烷基硅烷键合硅胶为填充剂；甲醇-水（40：60）为流动相；检测波长 224nm。理论板数按特女贞苷峰计算应不低于 4000。

对照品溶液的制备：取特女贞苷对照品适量，精密称定，加甲醇制成每 1mL 含 0.25mg 的溶液，即得。

供试品溶液的制备：取本品粉末（过三号筛）约 0.5g，精密称定，置具塞锥形瓶中，精密加入 50%乙醇 50mL，称定重量，加热回流 1h，放冷，再称定重量，用稀乙醇补足减失的重量，摇匀，滤过，取续滤液，即得。

测定法：分别精密吸取对照品溶液 5μL 和供试品溶液 10μL，注入液相色谱仪，测定，即得。

本品按干燥品计算，含特女贞苷（$C_{31}H_{42}O_{17}$）不得少于 0.70%。

二、药材质量标准提升研究与企业内控质量标准制定（略）

三、药材留样观察与质量监控（略）

【药材研究开发与市场前景展望】

一、生产发展现状与主要存在问题

女贞子在我国原系野生药材，资源丰富，分布较广，主产于西南、华东、中南等地。如四川简阳、安岳，湖南衡阳，浙江金华、兰溪，江苏淮阴、镇江等地。11 中旬开始产新，至 12 月底产新结束。其中以四川简阳、安岳两地女贞子品质较佳，其他产区虽有资源，但采摘加工未形成规模，可供商品较少，各中药材专业市场商品药材 70%左右的货源来自上述产区。但随着女贞作为绿化树种种植数量的增加，女贞子产量逐年递增，而采摘数量则是由女贞子的市场价格所决定。

　　贵州女贞子种植与加工生产还很滞后，未形成规模，仍以野生为主。其种植基础研究、规范化关键技术、医药产品研发及综合开发利用等均不够。因此，医药、林业、园林等部门应密切配合，通力合作，搞好女贞子医药产品研发及综合开发利用，充分发挥资源优势，积极开拓国内外市场。

二、女贞市场需求与前景展望

　　现代研究表明，女贞子主要含有臭蚂蚁醛苷、齐墩果苷、红景天苷、4-羟基-β-苯乙基-β-D-葡萄苷、齐墩果酸、α-甘露醇及脂肪酸。果皮含齐墩果酸、乙酰齐墩果酸、熊果酸。女贞苷、10-羟基女贞苷、10-羟基橄榄苦苷等裂环烯醚萜苷。种子含脂肪油 14.9%，油中棕榈酸与硬脂酸为 19.5%、油酸及亚麻酸等为 80.5%。女贞子中尚含铜、锌、铁、锰等微量元素。女贞子具有升高白细胞、提高免疫功能、降血压、降血脂、降血糖、保肝、抗菌、抗癌、抗衰老等主要药理作用。如给绵羊红细胞免疫的小白鼠女贞子煎剂，连用 4 天，可使腹腔巨噬细胞的吞噬率显著增高，溶血空斑的增加更显著，脾脏的溶血空斑数增加同样显著，血清玫瑰花结形成率也有增加，对环磷酰胺引起的白细胞减少症有治疗作用；用女贞子煎剂，连续给小鼠灌胃 7 天，可使幼鼠胸腺、脾脏的重量明显增加；用女贞素（女贞果实中提得的一种无色棱形晶状体）治疗以阿脲造成的小鼠高血糖模型，用药 3h 后，血糖开始下降，24h 完全降至正常小鼠水平，直至第 6 天，小鼠血糖基本维持在正常水平上；50%煎剂用平板挖沟法，对金黄色葡萄球菌、福氏痢疾杆菌、伤寒杆菌、绿脓杆菌和大肠杆菌均有抑制作用；女贞叶醋酸乙酯总提取物可延长小鼠在急性减压缺氧条件下的存活时间，改善家兔对后叶素引起的急性心肌缺血的心电图；水煎剂可抑制小鼠子宫颈癌等。女贞子的有效成分齐墩果酸有清热、消炎、强心、利尿等作用，并能抑制小鼠 S 180 瘤株的生长。女贞子及齐墩果酸对环磷酰胺及乌拉坦引起的染色体损伤有保护作用。

　　女贞为林、药兼用的经济树种，应用领域广泛，有着很好的发展前景。女贞的种子、叶、树皮、根，都有较高的医疗与开发价值。种子补肾、强腰膝，除配方外，也是中成药如首乌丸、精乌颗粒、精乌胶囊等的主要原料。此外，女贞子油可作润滑剂等轻化工产品；种子淀粉又可用于酿酒和加工酱油；种子炒后还可作咖啡代用品。女贞花提取芳香油，可用作高级香精原料及化妆品等。女贞枝叶上放养的白蜡虫，生产的白蜡可用于医药及其他工业等方面。女贞树又是常见的园林观赏树种，种植容易，生长快，既可绿化、观赏，又可医药等多用，发展潜力很大。女贞产业社会经济效益与生态效益均十分显著，应予高度重视，支持发展。

主要参考文献

程晓芳，何明芳，张颖，等. 2000. 女贞子化学成分的研究[J]. 中国药科大学学报，31（3）：169-170.

戴岳，杭秉茜，孟庆玉，等. 1989. 女贞子的抗炎作用[J]. 中国中药杂志，14（7）：47-49.

彭小英，李晴宇，侯芳，等. 2001. 复方女贞子降血糖作用的实验研究[J]. 上海实验动物科学，21（2）：103-104.

仝会娟，胡魁伟，康琛，等. 2009. 近十五年中药女贞子研究进展[J]. 中国实用医药，36（4）：1-5.

王晓东，刘永忠，刘永刚. 2004. 红景天苷体外抗纤维化的实验研究[J]. 时珍国医国药，15（3）：138.

杨曦, 蒋桂华. 2008. 女贞子研究开发现状与进展[J]. 时珍国医国药, 19 (12): 2987-2990.

张立海, 宋友华, 孙春华, 等. 2001. 反相高效色谱法测定女贞子中红景天苷的含量[J]. 中国中药杂志, 36 (11): 760-761.

张立明. 2007. 女贞子、青果2味中药同名异物情况辨析[J]. 中国中药杂志, 19 (1): 58.

张兴辉, 石力夫. 2004. 中药女贞子化学成分的研究[J]. 第二军医大学学报, 25 (3): 333-334.

（冉懋雄　陈　华　周厚琼）

4　牛　蒡　子

Niubangzi

ARCTII FRUCTUS

【概述】

牛蒡子原植物为菊科植物牛蒡 *Arctium lappa* L., 别名: 恶实、鼠黏草、鼠黏子、黍粘子、夜叉头、大力子、牛子、蝙蝠刺、蒡翁菜、便牵牛、疙瘩菜、象耳朵、老母猪耳朵、鼠见愁、毛锥子、象耳草等。以干燥成熟果实入药, 其根、茎、叶亦可供药用; 历版《中国药典》均予收载。《中国药典》（2015 年版一部）称其味辛、苦, 性寒。归肺、胃经。具有疏散风热、宣肺透疹、解毒利咽功能。用于风热感冒、咳嗽多痰、麻疹、风疹、咽喉肿痛、痄腮、丹毒、痈肿疮毒。牛蒡子又是常用苗药, 苗药名: "vob dliangb dliek"（近似汉译音: "窝相学"）, 味辛、苦, 性冷, 入热经。具有疏散风热、宣肺透疹、散结解毒功能。主治风热感冒、头疼、咽喉肿痛、流行性腮腺炎、癍疹不透、疮疡肿毒等。民族民间常用牛蒡子鲜品炖肉吃, 治久病体虚; 以牛蒡子、蛇莓及蜂蜜水煎内服治小儿发烧咳嗽; 以牛蒡子、青木香水煎内服治便秘等。

牛蒡子以"恶实"名始载于《名医别录》, 列为中品, 云: "生鲁山平泽（今河南）。"其后, 历代本草多予收载, 如唐代《新修本草》云: "其草叶大如芋, 子壳似栗状, 实细长如茺蔚子。"宋代《本草图经》云: "恶实即牛蒡子也。生鲁山平泽, 今处处有之, 叶如芋而长, 实似葡萄核而褐色。外壳如栗球, 小而多刺, 鼠过之则缀惹不可脱, 故谓之鼠黏子, ……根有极大者, 做菜茹尤益人, 秋后采子入药用。"明初朱橚撰《救荒本草》以"夜叉头"名收载, 作为荒年充饥之品。明代李时珍名著《本草纲目》更有较详记述云: "牛蒡古人种之, 以肥壤栽之, ……三月生苗, 起茎高者三四尺。四月开花成丛, 淡紫色。结实如枫球而小, 萼上细刺百十攒簇之, 一球有子数十颗。其根大者如臂, 长者近尺……。七月采子, 十月采根。"牛蒡子为中医临床常用中药, 牛蒡子、牛蒡根皆是保健食品原料, 牛蒡根又习为食用, 也是贵州地道特色民族药材。

【形态特征】

牛蒡为二年生草本植物, 高 1~2m, 根肉质, 圆锥形。茎直立粗壮, 上部分多枝, 带紫褐色, 有微毛和纵条棱。基生叶丛生, 茎生叶互生, 叶片长卵形或广卵形, 长 20~50cm, 宽 15~40cm, 上面绿色或暗绿色, 无毛, 下面密被灰白色绒毛, 全缘或有细锯齿, 先端钝，具刺尖，基部常为心形。头状花序簇生于茎顶或排列成伞房状，直径 2~4cm，花序梗长 3~7cm，有柄；总苞球形，苞片多数披针形，先端钩曲；花小，淡紫色，均为管状花，两性，顶端 5 齿裂，聚药雄蕊 5，与花冠裂片互生，花药黄色；子房下位，1 室，先端圆盘状，着生短刚毛状冠毛；花柱细长，柱头 2 裂；瘦果椭圆形或倒卵形，灰黑色。花期 6~8 月，果期 7~10 月。牛蒡植物形态如图 4-1 所示。

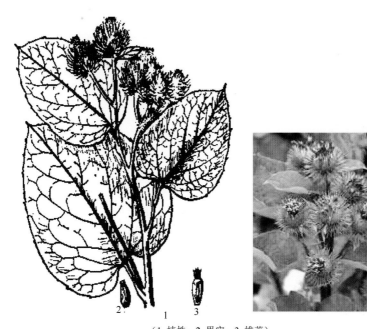

（1. 植株；2. 果实；3. 雄蕊）

图 4-1　牛蒡植物形态图

（墨线图引自任仁安主编，《中药鉴定学》，上海科学技术出版社，1986）

【生物学特性】

一、生长发育习性

牛蒡为二年生深根性草本植物，种子发芽适宜温度 20~25℃，植株生长的适宜温度 18~25℃。性耐寒、耐旱，在东北严寒地区能安全越冬。但地上部分耐寒力较弱，遇 3℃ 低温枯死；直根耐寒性强，可耐–20℃的低温，冬季地上枯死以直根越冬，翌春萌芽生长。播种当年只形成叶簇，第二年才能抽茎开花结果。

二、生态环境要求

牛蒡对生态环境的主要要求如下。

地形地貌：牛蒡适应性强，为广布种，海拔 750~2000m 均有生长，适应性强，高山、低山、丘陵、平地均能生长。尤宜在平原、低山区和海拔较低丘陵地带的最适宜区种植。

温度：牛蒡喜温暖气候条件，既耐热又较耐寒。种子发芽适宜温度 20~25℃，植株生长的适宜温度 20~25℃，地上部分耐寒力弱，遇 3℃低温枯死，直根耐寒性强，可耐–20℃

的低温，冬季地上枯死以直根越冬，翌春萌芽生长。

光照：牛蒡为长日照植物，要求有较强的光照条件，在阳光充足的环境生长良好。

水：牛蒡是需水较多植物。从种子萌芽到幼苗生长，适宜稍高的土壤湿度；生长中后期也要求较湿润的土壤条件，但田间不能积水，夏季若积水时长，直根将发生腐烂。

土壤：牛蒡主根发达，系深根性作物，适宜在土层深厚、疏松肥沃、排水良好、土壤有机质含量丰富的砂质壤土或壤土生长，pH 6.5～7.5 为宜。牛蒡在肥土种植会早开花结果，而种植在贫瘠土壤中，要 3～4 年才能结果。

【资源分布与适宜区分析】

一、资源调查与分布

经调查，牛蒡原产中国；全国各地多有牛蒡野生资源分布与人工种植。其主要分布于东北、华北、华东、中南、华南、西南等地，如黑龙江、吉林、辽宁、河北、山东、山西、江苏、安徽、浙江、江西、四川、贵州、云南、广西等地。野生牛蒡常生于山坡、山谷、林缘、灌木丛中，以及河边湿地、田角路旁等地。

由于牛蒡的瘦果和根等皆可入药，又可食用，全国各地多予栽培。秋季果实成熟时采收果序，晒干，打下果实，除去杂质，再晒干。以干燥果实入药的牛蒡子，东北三省质优量大，称之为"关大力""北大力""关力子""笑力子"；浙江桐乡产者质优，称作"杜大力"；四川一带产者，称作"川大力"；湖北一带产者，称作"汉大力"。贵州省也是野生牛蒡子重要产区之一。

二、贵州资源分布与适宜区分析

贵州全省均有牛蒡分布，黔北、黔西北、黔东南、黔中、黔南、黔西南等地的低中山丘陵及河谷地带，以及路边、沟边或山坡草地、宅前屋后等处均有野生分布，并有人工种植。如遵义、湄潭、务川、大方、金沙、黔西、玉屏、石阡、凯里、黄平、都匀、惠水、安顺、兴仁、安龙等都有野生或家种。上述各区域均为贵州省牛蒡的最适宜区。

除上述牛蒡最适宜区外，贵州省其他各县（市、区）凡符合牛蒡生长习性与生态环境要求的区域均为其适宜区。

【生产基地合理选择与基地环境质量检（监）测评价】

一、生产基地合理选择与基地条件

按照牛蒡适宜区优化原则与其生长发育特性要求，选择其最适宜区或适宜区并具良好社会经济条件的地区建立规范化生产基地。例如，毕节市大方县黄泥塘镇、羊场镇、双山镇等地早有牛蒡种植（图 4-2），并将牛蒡种植基地纳入了该县人民政府 2009 年编制的《贵州省大方县中药产业发展规划（2010—2020 年）》。大方县属亚热带湿润季风气候，具有冬无严寒，夏无酷暑，冬短夏长，春秋相近，雨雾日多及"十里不同天"的立体气候特点。年平均气温 11.8℃左右，最高气温 32.7℃，最低气温零下 9.3℃，最热月平均气温 20.7℃，最冷月（1 月）平均气温 1.6℃；年平均日照时数 1311.2h（占全年可照时数的 30.0%），年总辐射为 3657.17MJ/m²，最多的是 7 月，为 477.18MJ/m²，最少的是 12 月，为 182.54MJ/m²；无霜期 254～325 天，年有效积温为 3334.9℃，≥10℃气温的天数 190.7 天；年平均降水量 1155mm，降水多集中在 4～9 月，占全年的 78.8%；大方是贵州雨雾日最多县之一，年均雾日为 158 天，年均相对湿度为 84%；土壤为黄壤、砂质壤土或壤土，非常适宜牛蒡规范化种植与基地建设。

图 4-2　贵州大方县牛蒡规范化种植基地

二、生产基地环境质量检（监）测与评价（略）

【种植关键技术研究与应用】

一、种质资源保护抚育

牛蒡野生种质资源丰富，应该着重加强就地保护与培育适宜当地的种质资源。我们应特别保护贵州各地的牛蒡野生种质资源，应当在野生牛蒡集中的地区，划出适当面积保护区，保护当地野生种质资源，保护抚育好适应了贵州省气候和土壤等条件的牛蒡原种及其原产地种质资源。并应收集各牛蒡野生区域的种质资源，筛选优良种源或品系，在保持和提高牛蒡良种的种性和生活力的前提下，进行引种驯化、对比试验与良种选育研究，优质种源筛选与良种选育评价，以利牛蒡资源的培育优化和永续利用。

二、良种繁育关键技术

牛蒡采用种子繁殖，且多用种子直播。

（一）种子采收与贮藏

1. 种子选择

选择牛蒡株形整齐、生长健壮、成熟早、无病虫害的优良单株，于 7～9 月当果序总苞呈枯黄色时，摘取上部早熟的总苞，晒干、脱粒；除去瘪种及虫蛀种粒，选取粒状饱满、外观灰褐色、带紫黑色斑点、无霉变、具本品种固有色泽的种子，单收单藏备用。

2. 播前种子处理

用 30～40℃温水浸种，浸泡 24h 后，再行药剂拌种。即用相当于种子重量 0.3%的瑞毒霉（甲霜灵）杀菌剂拌种备用。

（二）播种期

牛蒡春秋播种均可。因牛蒡种子寿命短，隔年陈种发芽率很低，不宜作种用，故宜于 8 月下旬至 9 月初，随采随播，宜早不宜迟，否则第 2 年植株不能开花结果。但在北方宜迟不宜早，否则，种子发芽出土易遭冻害，幼苗不能越冬，最好将种子沙藏至翌年清明节前后春播。贵州省多采用秋播。

春播常在 3～4 月，土壤解冻后；秋播常在 10 月土壤封冻前进行。需注意的是：秋播如果太晚，则第二年不能开花结实。另外，有的地区亦可夏季播种，但如遇干旱，则出苗不易整齐。

（三）播种育苗

1. 直播种植

牛蒡一般多采用直播种植方式进行。播种时，将种子按株行距 70cm×50cm 开穴，穴深 10cm，穴内施腐熟厩肥或堆肥，薄填一层细土，播 5～6 粒种子，浇水，覆土 3～5cm，稍加填压。每亩用种 1～2kg。亦可条播，条播可按行距 50～80cm 开沟播种。即在垄顶开 3cm 深的小沟，浇水，水下渗后，按 5cm 株距播种子，覆土 2cm，每亩用种量 200g。

2. 播种移栽

牛蒡种植亦可采用育苗移栽方式进行，且多选用大棚育苗，或以田间小拱棚育苗方式等进行。其播苗时间以春播为宜，即 3 月上旬育苗，5 月上旬或夏收结束后，及时移栽定植。

三、规范化种植关键技术

（一）选地整地

选择地势向阳、土层深厚、土质肥沃、排水良好的壤土或砂质壤土栽培。忌连作，前茬以禾谷类、油菜、蚕豆等作物为宜，忌选前茬为菊科植物的地块栽培，另不宜选前茬为麻类、甘草、葵花、玉米等深根型植物地块。

在前茬作物收获后及时深翻土壤，一般每亩施优质农家肥 3000～4000kg、过磷酸钙 50kg、尿素 5kg 作基肥。在耕地前将肥料均匀撒施于地表，结合耕地一次翻入土中，耕地深度 30cm 以上，耙平整细。整地时按行距 70～80cm 挖沟，沟宽约 30cm，深约 10cm，沟间形成一条宽 40～50cm、高 15cm 左右的垄，垄两侧拍实，以防下雨塌沟。若以食用

幼苗与植株

花果与根

图 4-3　牛蒡大田种植生长发育与开花结果情况

【药材合理采收、初加工与储运养护】

一、合理采收与批号制定

（一）合理采收

牛蒡子，成熟采收期在 7～8 月。但因牛蒡果实成熟期不一致，要随熟随采。当果序总苞呈枯黄色时，即可分批采摘。如久不采收，果实过分成熟，易被风吹落。采摘宜在早晨和阴天刺软时进行，果实较潮湿，不易抖落，也不易伤手；采摘时严防过分振动植株，若晴天采摘，则应戴上手套。

食用或药用牛蒡根，一般在 10～11 月采挖。采收前应割去茎叶，仅留地面上 10～15cm 长的叶柄，在根的侧面挖至根长的 1/2 时，再用手拔出即可。

（二）批号制定（略）

二、合理初加工与包装

（一）牛蒡子初加工

牛蒡子采收后，应晾晒在通风干燥的地方，以免发霉变质。果枝干燥后可直接用手搓揉或用木棒敲打等方法脱取种子，再用网筛去除枝叶、果柄等杂质，晒干。

（二）牛蒡根

食用或药用牛蒡根，采挖后应除去泥土、残枝。按大小分别进行清洗与干燥。清洗后，可供鲜用，或晒（晾）干、烘干，或趁鲜切片加工干燥（图4-4）。

牛蒡子

牛蒡根

图4-4　牛蒡子与牛蒡根药材

（三）合理包装

将干燥牛蒡子，按40kg/袋打包装袋用无毒无污染材料严密包装。在包装前应检查是否充分干燥、有无杂质及其他异物，所用包装应符合药用包装标准，并在每件包装上注明品名、规格、等级、毛重、净重、产地、批号，执行标准、生产单位、包装日期及工号等，并应有质量合格的标志。

三、合理储藏养护与运输

（一）合理储藏养护

干燥牛蒡子应储存于干燥通风处，温度25℃以下，相对湿度65%～75%。本品易生霉、虫蛀。初加工时，若未充分干燥，在贮藏（或运输）中易感染霉菌，受潮后可见霉斑。因此贮藏前，还应严格进行入库质量检查，防止受潮或染霉品掺入；贮藏时应保持环境干燥、整洁与加强仓储养护规范管理，定期检查、翻垛，发现吸潮或初霉品或虫蛀，应及时进行通风晾晒等处理。

鲜品牛蒡根应依法进行冷库贮藏养护。

（二）合理运输

牛蒡子药材在批量运输中，严禁与有毒货物混装并有规范完整的运输标识；运输车厢不得有油污与受潮霉变。

【药材质量标准、质量检测与监控】

一、药材商品规格与质量检测

（一）药材商品规格

牛蒡子药材以无杂质、焦枯、褐变、霉变、虫蛀，干脆，粒大，饱满，外皮灰褐色者为佳品；牛蒡根药材以无杂质、霉变、虫蛀，身干，根粗，去净黑皮者为佳品。其药材商品规格为统货，现暂未分级。

（二）药材质量检测

按照《中国药典》（2015年版一部）牛蒡子药材质量标准进行检测。

1. 来源

本品为菊科植物牛蒡 *Arctium lappa* L.的干燥成熟果实。秋季果实成熟时采收果序，晒干，打下果实，除去杂质，再晒干。

2. 性状

本品呈长倒卵形，略扁，微弯曲，长5～7mm，宽2～3mm。表面灰褐色，带紫黑色斑点，有数条纵棱，通常中间1～2条较明显。顶端钝圆，稍宽，顶面有圆环，中间具点状花柱残迹；基部略窄，着生面色较淡。果皮较硬，子叶2，淡黄白色，富油性。气微，味苦后微辛而稍麻舌。

3. 鉴别

（1）显微鉴别：本品粉末灰褐色。内果皮石细胞略扁平，表面观呈尖棱形、长圆形或尖卵圆形，长70～224μm，宽13～70μm，壁厚约至20μm，木化，纹孔横长；侧面观类长方形或长条形，侧弯。中果皮网纹细胞横断面观类多角形，垂周壁具细点状增厚；纵断面观细胞延长，壁具细密交叉的网状纹理。草酸钙方晶直径3～9μm，成片存在于黄色的中果皮薄壁细胞中，含晶细胞界限不分明。子叶细胞充满糊粉粒，有的糊粉粒中有细小簇晶，并含脂肪油滴。

（2）薄层色谱鉴别：取本品粉末0.5g，加乙醇20mL，超声波处理30min，滤过，滤液蒸干，残渣加乙醇2mL使溶解，作为供试品溶液。另取牛蒡子对照药材0.5g，同法制成对照药材溶液。再取牛蒡苷对照品，加乙醇制成每1mL含5mg的溶液，作为对照品溶液。照薄层色谱法（《中国药典》2015年版四部通则0502）试验，吸取供试品溶液及对照药材溶液各3μL、对照品溶液5μL，分别点于同一硅胶G薄层板上，以三氯甲烷-甲醇-水（40∶8∶1）为展开剂，展开，取出，晾干，喷以10%硫酸乙醇溶液，在105℃加热至斑点显色清晰。供试品色谱中，在与对照药材色谱和对照品色谱相应的位置上，显示相同颜色的斑点。

4. 检查

（1）水分：照水分测定法（《中国药典》2015 年版四部通则 0832 第二法）测定，不得过 9.0%。

（2）总灰分：照总灰分测定法（《中国药典》2015 年版四部通则 2302）测定，不得过 7.0%。

5. 含量测定

照高效液相色谱法（《中国药典》2015 年版四部通则 0512）测定。

色谱条件与系统适用性试验：以十八烷基硅烷键合硅胶为填充剂；以甲醇-水（1：1.1）为流动相；检测波长为 280nm。理论板数按牛蒡苷峰计算应不低于 1500。

对照品溶液的制备：取牛蒡苷对照品适量，精密称定，加甲醇制成每 1mL 含 0.5mg 的溶液，即得。

供试品溶液的制备：本品粉末（过三号筛）约 0.5g，精密称定，置 50mL 量瓶中，加甲醇约 45mL，超声波处理（功率 150W，频率 20kHz）20min，放冷，加甲醇至刻度，摇匀，滤过，取续滤液，即得。

测定法：精密吸取对照品溶液与供试品溶液各 10μL，注入液相色谱仪，测定，即得。本品含牛蒡苷（$C_{27}H_{34}O_{11}$）不得少于 5.0%

二、药材质量标准提升研究与企业内控质量标准制定（略）

三、药材留样观察与质量监控（略）

【药材生产发展现状与市场前景展望】

一、生产发展现状与主要存在问题

牛蒡原产中国，全身都是宝。《本草经疏》称之为"散风、除热、解毒三要药"。《本草纲目》称其"通十二经脉，洗五脏恶气""久服轻身耐老"。我国东北及四川等省的牛蒡种植，及其产业化发展都非常迅速且成效显著。而目前贵州省对牛蒡种植和产业化发展却较为滞后。据笔者所知，如大方县对牛蒡种植，以公司＋农户或专业合作社、扶贫帮扶合作模式，在羊场镇、黄泥塘镇等进行了有关工作，纳入了《贵州省大方县中药产业发展规划（2010—2020 年）》。建议有关部门与科研院所，对牛蒡规范化种植及其产业化发展予以大力支持，进一步研究其种植关键技术以促使优质丰产，切实加强其产品研发与综合利用，使之尽快成为贵州省中药民族药与大健康产业之新秀。

二、市场需求与前景展望

现代研究表明，牛蒡果实含有牛蒡苷、脂肪油、甾醇、硫胺素、牛蒡酚等多种有效成分，其脂肪油占 25%～30%，碘值为 138.83；其脂肪油主要成分为油酸、亚麻仁油酸、棕榈酸、硬脂酸的甘油酯。种子含有牛蒡酚 A、B、C、D、E、F、H 及微量生物碱、醛类、内酯类化合物等。中医认为牛蒡子有疏风散热、宣肺透疹、解毒利咽等功效。可用于风热感冒、咳嗽痰多、麻疹风疹、咽喉肿痛。研究表明，牛蒡子具有明显抗菌、抗真菌、降血糖、降血脂、降血压、补肾壮阳、润肠通便和抑制癌细胞滋生、扩散及移弃水中重金属等作用。药理实验发现，牛蒡苷具有扩张血管、降低血压、抗菌及抗老年痴呆等作用，能治疗感冒发热、咽喉肿痛、流行性腮腺炎、糖尿病、心脑血管多种疾病，并有防癌、益寿等功效。

牛蒡根民间早已习为食用，享有蔬菜之王的美誉，在日本可与人参媲美，享有蒡翁菜、白肌人参、东洋参、牛菜、牛子等誉称，是一种营养价值极高的保健产品。其富含淀粉、糖、蛋白质、菊糖、纤维素、维生素 A、维生素 B_1、维生素 B_2 等多种维生素及多种人体必需氨基酸等。牛蒡根所含胡萝卜素比胡萝卜高 280 倍。其所含人体必需的氨基酸，不仅种类多而且含量较高，尤其是具有特殊药理作用的氨基酸含量高，如具有健脑作用的天门冬氨酸占总氨基酸的 25%～28%，精氨酸占 18%～20%。尚含有 Ca、Mg、Fe、Mn、P、Zn 等多种人体必需的宏量元素和微量元素。其所含多酚类物质具有抗癌、抗突变作用。因而牛蒡根具有很高的营养价值和较广泛的药理活性。

牛蒡茎、叶含挥发油、鞣质、黏液质、咖啡酸、绿原酸、异绿原酸、多种维生素、菊糖及纤维素等，可促进大肠蠕动，帮助排便，降低体内胆固醇，减少毒素、废物在体内积存，达到预防中风和防治胃癌、子宫癌等功效。其除了具有利尿、消积、祛痰、止泄等药理作用外，还可用于高血压、高胆固醇、便秘等症的辅助食疗。

牛蒡真乃全身都是宝，是非常理想的天然药物及保健食品。2004 年，卫生部将牛蒡子、牛蒡根列入可用于保健食品的药品名单。牛蒡早在公元 940 年前后，由中国传入日本。在日本经过多年选育，出现很多品种。目前，栽培和食用牛蒡的主要为中国、日本和欧美等国家和地区。近年来，随着出口栽培面积扩大，牛蒡已被中国、日本、韩国、欧美等国家和地区公认为营养价值极高的特种保健型蔬菜，享有"蔬菜之王"的美誉。总之，牛蒡研究开发潜力极大，市场前景十分广阔。

主要参考文献

国家中医药管理局《中华本草》编委会. 1999. 中华本草（第 21 卷）[M]. 上海：上海科技出版社：653-655.

李福兵，杨晓东，刘兴文. 2013. 牛蒡子微波加热炒制与传统清炒法的比较试验[J]. 中国药业，22（8）：33-35.

李晓三，朱树宽，牛效清，等. 1997. 专题笔谈牛蒡子[J]. 中医杂志，11：645-647.

李艳芳. 2007. 牛蒡栽培技术[J].甘肃科技纵横，05：67.

宋韶锦，桑媛，方彬. 2004. 牛蒡子的真伪鉴别[J]. 时珍国医国药，15（9）：592.

王军，周炳文. 1994. 牛蒡栽培技术[J]. 蔬菜，06.

王淑静，魏永巨. 2013. 牛蒡子药材牛蒡苷含量的薄层荧光扫描法测定[J]. 时珍国医国药，24（12）：2835-2837.

许艳. 2008. 牛蒡丰产栽培技术[J]. 现代农业科技：24.

中国科学院《中国植物志》编辑委员会. 1987. 中国植物志（第 78 卷第 1 册）[M]. 北京：科学出版社：58.

周贻谋. 2006. 牛蒡子与牛蒡[J]. 家庭医学，（5）：58.

（冉懋雄　陈　华　黄　敏　周厚琼）

5 瓜 蒌

Gualou

TRICHOSANTHIS FRUCTUS

【概述】

瓜蒌原植物为葫芦科植物栝楼 *Trichosanthes kirilowii* Maxim.或双边栝楼 *Trichosanthes rosthornii* Harms。别名：泽姑、柿瓜、蒌实、杜瓜、药瓜、木瓜楼、半边红等。以干燥成熟果实（瓜蒌）、干燥成熟种子（瓜蒌子）、干燥成熟果皮（瓜蒌皮）及干燥根（天花粉）入药，历版《中国药典》均予收载。《中国药典》（2015 年版一部）称，瓜蒌味甘、微苦，性寒。归肺、胃、大肠经。具有清热涤痰、宽胸散结、润燥滑肠功能。用于肺热咳嗽、痰浊黄稠、胸痹心痛、结胸痞满、乳痈、肺痈、肠痈、大便秘结。瓜蒌子味甘，性寒。归肺、胃、大肠经。具有润肺化痰、滑肠通便功能。用于燥咳痰黏、肠滑便秘。瓜蒌皮味甘，性寒。归肺、胃经。具有清热化痰、利气宽胸功能。用于痰热咳嗽、胸闷胁痛。天花粉味甘、微苦，性微寒。归肺、胃经。具有清热泻火、生津止渴、消肿排脓功能。用于热病烦渴、肺热燥咳、内热消渴、疮疡肿毒。本文将以栝楼为重点予以介绍。

瓜蒌又是贵州常用苗族药，苗药名"Zend fab hvub"（近似汉译音："真花休"）。性冷，味甜、苦；入热经。在民族民间应用上，其果实作苗药用时，具有清热化痰、宽胸散结、润燥滑肠功能。主治肺热咳嗽、胸痹、便秘、痈肿疮毒等症；其根、果壳也可作苗药用。如瓜蒌根与葛根、白茅根煎水服治烦渴；瓜蒌果壳与枇杷叶煎水服治咳嗽等症均有良效。

瓜蒌古称栝楼，栝楼始载于《神农本草经》，列为中品。有人认为《神农本草经》中的栝楼，根、实不分。古代方剂中的栝楼有时指根，有时指果。如《金匮要略》中栝楼桂枝汤所用的是栝楼根，而该书中的栝楼薤白白酒汤及栝楼薤白半夏汤所用的栝楼则是果实。古代对药用植物的药用部分要求也不严格。而《名医别录》则分别记载其功效：栝楼根，无毒。主除肠胃中痼热，八疸，身面黄，唇干舌燥，短气，通脉，止小便利。实，治胸痹，悦泽人面。茎叶，治中热伤暑。这也是茎叶单入药最早的记载。《雷公炮炙论》最早记载其皮、子、茎、根，其效各别，但未记载其具体效用。《本草纲目》附方颇多，全用者十之九，李时珍曰：栝楼古方全用，后世乃分子瓤各用。瓜蒌为中医治疗胸痹症要药，也是贵州大宗地道常用药材。

【形态特征】

栝楼：属多年生草质藤本。主茎长 5～10m，块根粗，长柱状，长 0.5～2m，肥厚，稍扭曲，外皮灰黄色，断面白色，肉质，富含淀粉。茎攀缘，多分枝，表面有浅纵沟，光滑无毛，卷须腋生，细长，分 2～5 叉。单叶互生，具粗壮叶柄，叶柄长 3～10cm；叶形多变，叶片近圆形或近心形，边缘有疏齿或浅裂，基部心形，凹入甚深，幼时两面疏生柔毛，老时下面有粗糙斑点。雌雄异株；雄花几朵生于长 10～20cm 的总花梗上部，呈总状花序或稀单生，苞片倒卵形或宽卵形，边缘有齿，花托筒状；花萼裂片 5，披针形，全缘；花冠白色，裂片 5，倒卵形，顶端细裂成流苏状；雄蕊 3；雄花单生，萼、瓣与雄花略同，子房下位。瓠果广椭圆形或近球形，长约 10cm，熟时橙黄色，光滑，种子多数，压扁状，长方卵形或阔卵形，长约 1.5cm，有线状纹形成窄边，熟时黄棕色。花期 5～8 月，果期 8～10 月。栝楼植物形态如图 5-1 所示。

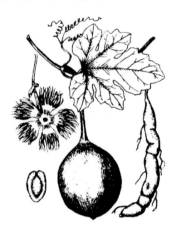

图 5-1　栝楼植物形态图

（墨线图引自《中华本草·苗药卷》编委，《中华本草·苗药卷》，贵州科技出版社，2006）

双边栝楼：双边栝楼与栝楼的主要区别是：叶深裂至全裂，叶裂片近平整，无三角形齿，中裂片线状披针形。雄花小，苞片长 1.4cm 以下；萼片长 1.2cm；花冠裂片三角形、倒卵形。种子长椭圆形，极扁平，深棕色，全缘。花期 5～8 月，果期 8～10 月。双边栝楼植物形态见图 5-2。

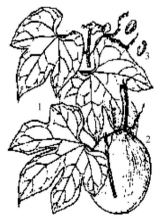

双边栝楼
1. 雄花枝；2. 雌花枝；
3. 果枝；4. 种子

大子栝楼
1. 花枝；2. 果实；3. 种子

南方栝楼
1. 叶；2. 果实；3. 种子

图 5-2　双边栝楼、大子栝楼及南方栝楼植物形态图

（墨线图引自肖培根，《新编中药志》，化学工业出版社，2010）

除《中国药典》收载的瓜蒌及双边瓜蒌外，同属的其他一些植物也常作瓜蒌使用。如大子栝楼 *T. truncata*，在华南地区是一个重要的习惯用药品种（图 5-2）；南方栝楼 *T. damiaoshanensis*（图 5-2），主产于四川、广西、贵州、云南等地；王瓜 *T. cucumeroides* 也是瓜蒌的地方习惯用药品，在江苏、浙江及武汉等地将王瓜作为瓜蒌药用等。

【生物学特性】

一、生长发育习性

栝楼一年的生长发育可分为 4 个时期：生长前期、生长中期、生长后期和休眠期。据观察，地温 13℃时，栝楼地下芽开始萌动，地温 17℃左右出苗，一般于 4 月上、中旬出苗（贵州有的 3 月中旬就出苗），至 6 月初为生长前期。这个时期，茎叶生长缓慢。6～8 月底为生长中期，地上部生长加速，6 月后陆续开花结果。8 月底至 11 月为枯蒌生长后期，茎叶生长趋缓至停止，养分向果实或地下部运转，10 月上旬果熟。从茎叶枯死至次春发芽为休眠期，年生育期为 170～200 天。

栝楼从苗期至开花需 2～3 个月（种子繁殖第二年才开花），6～7 月进入花期。花生叶腋处，单花约 13 天。雌花总花期为 90 天左右，雄花总花期为 105 天左右。花一般黄昏开放，开放时间 15h 左右。花期长共 3～4 个月。

栝楼雌雄异株。异花授粉，花期授粉受温度、阴雨、传粉昆虫等的影响较大。受精后，从子房膨大至果实最大约 18 天，"秋分"前后成熟。全生育期 170 天。分根繁殖当年有 1/3～2/3 植株结果，第 2 年全部结果，第 4～5 年产量最高。其种子的种皮坚硬，不易发芽，需处理。早春播种，20～30 天出苗。栽培当年生长不旺，果少、根小，第 2～3 年大量结果。

栝楼根粗壮肥厚，稍扭曲，脆嫩易折，富含淀粉。由种子繁殖的栝楼，当年根条可伸长膨大；生根可达 70cm，直径 3cm 左右；经 3～5 年的生长，根重可达 162kg。超过 6 年根条生长缓慢，且粉性减少，纤维增多，质量下降。雄株根条粉性重于雌株，质优。立架攀缘有利生长。

栝楼种植寿命较长。在野生条件下，第 2 年初果（多数 1～5 只），第 3 年至第 8 年左右为盛果期；多数寿命 10 年左右，极个别植株的寿命可达 26 年之久。在自然生长与人工栽培条件下，粗放管理的栝楼 70%左右均在 5～8 年衰败死亡。在人为补充养分、防治虫害的情况下，一般其旺盛的生产期可达 10 年左右。

二、生态环境要求

栝楼喜温暖潮湿气候，较耐寒，适宜生长于冬暖夏凉地区，年平均气温 20℃左右，7 月平均气温在 28℃以下，1 月平均气温在 6℃以上，无霜期在 200 天左右。在寒冷地区很容易受冻，如内蒙古生长的栝楼所结果实不能黄熟。栝楼喜阳光，能耐阴，生长中应阳光充足，否则不易开花结实，块根也难于膨大；栝楼适宜在日照达 8h 以上的地方生长。栝楼喜湿润气候，不耐旱，也怕涝；盛花期如遇长期阴雨天气，栝楼将大量减产。对土壤要求不严，一般土壤都可生长，但因其为深根性作物，主根能深入 1～2m 土中，故选向阳地块、土层深厚、疏松肥沃、排水良好的砂质土壤为好。房前屋后、树旁、山坡、沟沿等处亦可栽培。但盐碱地及易积水的洼地不宜栽培。

【资源分布与适宜分析】

一、资源调查与分布

经调查，葫芦科栝楼属植物全世界有 80 余种，大多为雌雄异株，我国有 34 种和 6 变种，分布于全国各地。2015 版《中国药典》收载了本属的 2 种植物，即栝楼及双边栝楼。药材又分为瓜蒌、瓜蒌子及瓜蒌皮，根作为天花粉药用。瓜蒌主流商品明确，为栝楼的果实，以山东长清、肥城及宁阳为道地产地。这些产地所产瓜蒌质佳量大，且有很多栽培品种，如仁瓜蒌和糖瓜蒌，并以生产全瓜蒌为主。双边栝楼主产四川，但产地分散，除北部高原外，中、低山区及平原均多少有产，又以绵阳、德阳、简阳、峨眉及乐山等地产量稍大，有栽培品也有野生品。河南新乡、安阳至河北邯郸、武安一带为天花粉的道地产地，所产天花粉质量最佳，驰名中外，称安阳花粉。

此外，同属的其他一些植物也作瓜蒌使用。如王瓜，其主要分布于江苏、浙江及湖北武汉等地；大子栝楼主要分布在华南地区。还有主产于四川、广西、贵州、云南的南方栝楼 *T. damiaoshanensis*；主产于安徽、湖北、湖南、贵州、四川、广西的尖果栝楼 *T. stylopodifera*；主产于四川、湖北的绵阳栝楼 *T. mianyangensis*，而湖北的糙点栝楼、红花栝楼、长萼栝楼以及马干铃栝楼则为常见非正品；长萼栝楼的块根在两广地区还作天花粉使用，习称广花粉。

二、贵州资源分布与适宜区分析

栝楼的生长适应力强，野生栝楼在贵州各地均有分布。贵州野生品主要有南方栝楼、尖果栝楼和大方油栝楼 *T.dafangensis* 等。

贵州省大多数地区均适宜于栝楼的生长，其最佳适宜区主要为黔东山原山地的铜仁、石阡、印江、松桃、江口、德江、沿河等地；黔西北山原山地的赫章、黔西、毕节、大方和黔中山原山地的息烽、乌当、关岭、紫云、普定等。以上各地不但具有栝楼整个生长发育过程中所需的自然条件，而且因当地政府重视，具有一定栝楼的栽培及加工技术，栝楼的种植具有一定规模。人工栽培的主要以栝楼和双边栝楼为主。上述各地均为栝楼的最适宜区。

除上述栝楼最适宜区外，贵州省其他各县（市、区）凡符合栝楼生长习性与生态环境要求的区域均为其适宜区。

【生产基地合理选择与基地环境质量检测评价】

一、生产基地合理选择

按照栝楼生产适宜区优化原则与其生长发育特性要求，选择其最适宜区或适宜区，并有良好社会经济条件的地区建立规范化种植基地。贵州省现已在贵阳市息烽县、清镇市及乌当区等地建立了栝楼规范化种植基地，有较大面积的栝楼栽培。例如，贵州息烽县鹿窝乡栝楼种植基地（图5-3），地处乌江南岸，最低海拔760m，最高海拔1300m。年平均气温17.8℃，平均降水量950mm，无霜期280天左右。鹿窝乡是一个典型的农业乡，一无工业企业，二无探明的矿产资源，环境周边无污染源。其森林覆盖率53.5%；水质明净无污染；光照充足、气候温和，特别适宜于栝楼的生长。从2009年起进行了栝楼种植，到2013年栝楼的种植面积达1500多亩。

图5-3　贵州息烽县鹿窝乡栝楼种植示范基地

二、基地环境质量检测与评价（略）

【种植关键技术研究与应用】

一、种质资源保护抚育

栝楼不仅野生种质资源丰富，而且在不同产区长期栽培条件下也出现了多种变异类型，这些都为栝楼种质资源保护抚育与优良品种选育提供了良好基础。但由于栝楼种质资源搜集和保护不力以及过度采挖，有些种质几近灭绝，因此尽快建立栝楼种质资源库已经成为亟待解决的突出问题，应加强栝楼种质资源保护抚育与品种选育的研究，提高育种效率，促进研究成果的推广应用。

栝楼雌株用于生产瓜蒌，因此植株性别的早期鉴别在提高产量上具有重要意义，但在植株进行生殖生长之前，雌、雄株难以辨认。经长期自然与人工选择，栝楼种质发生了分化形成了众多地方品种,具有丰富的遗传多样性。栝楼的繁殖有种子繁殖和分根繁殖两种因栝楼为异花传粉植物,采用种子繁殖时遗传性极易发生改变,为保持遗传稳定性,生产中多采用分根繁殖。但分根繁殖的繁殖系数较低,难以满足生产需要。鉴于优良种质在提高药材产量与质量方面所具有的巨大潜力。近年来,有关栝楼优良品种选育工作逐步受到了重视,并取得了一定进展,选育出了数个优良品种,以利栝楼种质资源的永续利用。

二、良种繁育关键技术

栝楼的繁殖方法可用种子、不定根、压条和分根繁殖。种子繁殖容易混杂退化,开花结果晚,难于控制雌雄株,不宜收获瓜蒌,但以收获天花粉为目的可以采用。为了收获瓜蒌药材,可用后 3 种方法。其中,以分根繁殖为主,如贵州省贵阳市乌当区新堡村栝楼种苗示范基地就以分根繁殖为主。

(一)种子繁殖

9～10 月果熟期,选橙黄色、壮实而柄短的果实的种子。4 月上中旬,将选择好的饱满成熟无病虫害的种子,用 40～50℃温水浸泡一昼夜,取出稍晾,用湿沙混匀,放在 20～30℃温度下催芽(也可不催芽直接播种),当大部分种子裂口时即可按 1.5～2.0m 的穴距,挖 5～6cm 深的穴,每穴播种子 5～6 粒,覆土 3～4cm,保持土壤湿润,15～20 天即可出苗。

(二)不定根繁殖

6～7 月将栽培栝楼的土地翻松,选择已结果 3～5 年健壮未坐果的栝楼秧蔓平直铺在整好的地面上用土掩埋 1.5～2cm,叶片露出土外。冬季用土和稻草稍加覆盖。清明前后将栝楼根刨出,选粗壮无病虫害根条作种根。在整好的畦面上,刨 30cm 左右宽浅沟,株距 60cm,斜栽种根于沟内。盖土以能覆盖种根为度。用脚轻踩一遍,再培土 6～10cm,使成垄状。

(三)压条繁殖

根据栝楼易生不定根的特性,耕松土壤,在夏秋季雨水充足、气温高的时候,将生长健壮的茎蔓平铺地表,在叶的基部压土,待根长出后,即可剪断茎部,使其生长新茎,成为新株。加强管理,翌年即可移栽。

(四)分根繁殖

在 10 月下旬至 12 月下旬,将栝楼块根和芦头全部挖出,选择无病虫害、直径 3～6cm、断面白色新鲜者作种栽(断面有黄筋的不易成活)。分成 7～10cm 的小段,注意多选用雌株的栝楼根,适当搭配部分栝楼雄株的根,比例为(80～100):1。按行距 160～200cm 开沟,沟宽 30cm,深 100cm,沟内施圈肥或土杂肥每亩 2500kg 左右,与土混匀,填平沟,随即浇水,等土落实后,按株距 30cm 布穴,将种根小段平放在穴内,覆土 4～5cm,用手压实，再培土 10～15cm，使成小土堆，以利保墒。栽后 20 天左右，待萌芽时，除去上面的保墒土，1 月左右幼苗即可长出。每亩用种根 30～60kg。贵州贵阳市乌当新堡村栝楼种苗基地见图 5-4。

图 5-4　贵州贵阳市乌当区新堡村栝楼种苗基地

三、规范化种植关键技术

（一）选地整地

1. 选地

选择土层深厚、疏松肥沃的向阳地块，土质以壤土或砂质壤土为好。附近无污染源，空气环境好。同时，灌溉水方便，水源质量、土壤环境重金含量和农药残留限量符合国家标准要求。也可利用房前屋后，树旁、沟边等地种植。盐碱地及易积水的洼地不宜栽培。

2. 整地

整地一般冬前完成，有利于冬季低温冻死部分害虫、病菌及有害微生物等。要施足底肥，巧施追肥。不同的栽种地点，具体整地做法不同。整地前，每亩施入农家肥 3000～5000kg 作基肥，配加过磷酸钙 15～20kg/亩，耕翻入土。播前 15～20 天，撒施 75%可湿性棉隆粉剂或生石灰进行土壤消毒。于移栽前一周清除地块内的杂草及杂物，整细土地，顺坡开厢，厢宽 1～2m，厢长因地块而异，厢与厢之间的沟宽为 50cm，沟深 30cm。

（二）移栽定植

1. 种根标准

选择健壮、无损伤、生活力强、断面为白色、新鲜且无病虫害的种根。

2. 栽植

3 月下旬至 4 月下旬，在已整好的厢面按株距 2m，挖穴深 20cm，每穴平放种根 1 段，芽眼向上，覆土后轻轻镇压，浇上水即可。

3. 搭架

移栽之前或移栽完后，按纵横 3m 进行栽桩，桩长 2.5m，桩洞深不低于 50cm，埋好桩柱后，顺向和横向用 14 号铁丝通过桩柱各拉一趟，且固定在每根桩柱上，再从两桩柱中间拉铁丝固定，然后上网（塑料网），网在桩顶用铁丝固定。

（三）田间管理

1. 幼苗管理

栝楼每穴种的是一段苗，每一段上有多处芽眼，会有多根苗出土。当幼苗陆续出土时，每穴选壮苗 1～2 株，其他幼苗用剪刀（用 75% 的酒精消毒，下同）剪去，只保留壮苗。每天进行田间巡视，同时观察壮苗的长势和病虫害有无发生。

2. 修枝打权

当栝楼苗长到 30cm 时，拉引苗绳，引苗上架。保持苗在引苗绳上健康伸长。在上架前，选留壮蔓 1 条，其余的茎蔓全部剪掉。上架的茎蔓要停止打侧枝，当苗茎蔓在架子上长到 1m 长时，摘去顶芽，促进其多生侧枝。上架的茎蔓要及时整理，使其在网架上分布均匀，有利于通风透光，有利于光合作用和通风授粉，提高挂果率，减少病虫害的发生。

3. 中耕除草

栝楼移栽当年 6 月中旬和 8 月中旬各中耕除草 1 次；第二年后于每年 3 月和 8 月各中耕除草 1 次。在栝楼的整个生育期中，视杂草生长情况，适时除草，在茎蔓未上架前，应浅松土，上架后可以深些，但注意勿伤茎蔓。

4. 人工授粉

在栝楼开花期早晨 8～9 时，用新毛笔或棉花蘸取雄花花粉粒，授予雌花柱头；也可将花粉粒浸入水中，装入眼药水瓶内，滴在柱头上。人工授粉可提高坐果率，特别是异花授粉，是非常重要的一项增产措施。

5. 合理排灌

根据天气情况适当浇水。如遇干旱，还需及时浇水，经常保持土壤湿润。

6. 合理施肥

栝楼栽后第 1 年，如底肥不足，可在 6 月追 1 次肥；从第 2 年起，每年追肥 2 次，第 1 次在苗高 30cm 时，第 2 次在 6 月中旬（开花之前）追肥，均以有机肥为主。栝楼喜大肥，土杂肥数量不限，也可追施其他有机肥。在离植株四周约 15cm 远处开沟施入，施后覆土盖平，作畦浇水。

（四）主要病虫害防治

1. 主要病害防治

常见的病害主要有以下几种。

（1）根腐病：由镰刀菌引起，主要为害根，能使主根变黑腐烂，茎髓部变褐色，最后地上部萎霉干枯。5 月初开始发生，尤其雨季最为严重。

防治方法：发现病株及时拔除，并用石灰消毒病穴；选用无病植株留种；每年收获后注意清园，将病、残株集中烧毁。

（2）根结线虫病：为害主根、侧根和须根，生有大小不一的根结（根结也称虫瘿）。

防治方法：晒土，即于早春（开冻后），按种植行挖宽 1m、深 0.8m 的沟，将土翻向两边，待表面的土晒干后填入沟内，再晒剩下的土，如此反复；再用水浇透，晾干后播种。土壤干燥后根结线虫很快就会死亡，因而采取此项措施，可大大减少根结线虫的数量。土壤消毒：播种前进行土壤消毒药剂处理，常用药剂有 5%克线磷颗粒剂，每亩用量 10kg；10%益收宝，每亩 5kg；4%甲基异柳磷乳油，每亩 1kg，可采用 1m 宽行施。颗粒剂拌少许干沙，乳油拌适量沙制成颗粒剂，撒于畦面，立即翻土 30cm 深，使药土混合，然后浇水，晾干后播种。以后每年 5 月中旬，选用上述农药施药一次。亦可从种根进行处理，即选用无线虫的健康种根，先用 25%克线磷乳油 500 倍液或 4%甲基异柳磷乳油 800 倍液浸 15min，晾干后再下种。

（3）炭疽病：炭疽病由刺盘孢菌侵染所致，其发病的最适温度在 24℃左右，是栝楼重要病害之一。栝楼种植面积越大，其为害性越重。8～9 月是主要为害期，其症状表现为叶片发病，首先出现水渍状斑点，逐渐扩大成不规则枯斑，病斑多时会互相融合形成不规则的大斑，病斑中部出现同心轮纹，严重时叶片全部枯死；果实发病，病斑首先出现水渍状斑点，后扩大成圆形凹陷，后期出现龟裂，重发病果失水缩成黑色僵果；果柄发病可迅速导致果实死亡，损失较大。

防治方法：发病初期为重点防治期，发现早期病株除了及时将病残体清理出瓜园深埋烧毁外，还要抢晴天喷药防治。可用 86.2%铜大师 1000～1400 倍液，或多菌灵可湿性粉剂 800 倍液，或 25%百菌清 600 倍液，或 10%世高水分散剂 6000～7000 倍液喷雾防治，隔周喷 1 次，轮换用药品种，连喷 2～3 次。

（4）枯萎病：枯萎病又称蔓割病、萎蔫病。该病是一类幼苗期从根部侵染、维管束内寄生的全株性病害，其病原是尖镰孢菌。该病一般幼苗期较少显症，染病植株多从开花结瓜期，特别是瓜果膨大期开始陆续显症。在晴天的中午，叶片出现似缺水状萎蔫，心叶萎蔫下垂较明显，至傍晚或次日清晨可恢复正常状况，但第 2 日中午萎蔫加重，傍晚、清晨恢复得慢些。如此反复，快的 2～3 天，慢的 5～6 天，病株就不能再恢复，逐渐枯干而死，田间常连片发生。多数病株的根部受损不大，但主蔓茎基部外皮常出现纵裂，湿度大时表面长出一层粉红色霉层。将病株茎基部剖开，可见到维管束变褐色。

防治方法：可采用抗枯宁喷洒、灌根或浸种。药物防治必须在播种前处理土壤或苗期施药才会具有一定防治效果。出苗期为重点防治期，可用 40%杜邦福星乳油 800 倍液进行茎基部喷雾，或 5%菌毒清 300～500 倍液灌根或全田喷雾，隔 4～5 天再防治 1 次，具体情况视病情而定。

2. 虫害防治

主要有以下几种虫害为多见。

（1）瓜蒌透翅蛾：初龄幼虫在茎表面蛀食，3 龄后即蛀入茎内取食，将茎蛀空，茎受害部逐渐膨大，形成虫瘿。此病轻者影响产量，重者造成绝产。

防治方法：冬季封冻前翻土，将越冬虫茧暴露于土表冻死，减少越冬虫口；7月上、中旬或9月下旬，在地面撒施5%西维因粉剂，消灭出土羽化的成虫和入土做茧越冬的幼虫；对一、二龄幼虫，于7月中、下旬用50%磷胺乳剂2000倍液，5%西维因粉剂喷撒；也可用80%敌敌畏乳油1000倍液防治。

（2）蚜虫：若虫吸食茎叶汁液，严重者茎叶变黄，干枯，以至叶片脱落。

防治方法：冬季将枯株和落叶深埋或烧掉；发生期可用40%乐果乳剂1500～2000倍液，每7～10天喷1次，连续2～3次；或用2.5%敌杀死乳剂油，每亩20mL，兑水50kg喷雾；或用20%速灭杀丁乳油，每亩10mL，兑水50kg喷雾于叶背面，连喷2～3次，可控制蚜虫为害。

（3）钻心虫：为害茎蔓。幼虫钻入茎中，造成植株生长不良，严重时茎枯萎或死亡。

防治方法：灯光诱杀成虫；在卵期及幼虫钻入茎之前，用90%敌百虫800倍液或20%乐果200倍液喷雾；如幼虫已钻入根茎部，可用90%敌百虫500倍液浇灌根部，杀死钻入的幼虫。

（4）黄守瓜虫：成虫于5月出现，成群咬食叶片；幼虫为害根部，成长后蛀入主根，使植株枯黄致死。

防治方法：清晨成虫活动时，人工捕捉；用90%晶体敌百虫1000倍液毒杀成虫，并用2000倍液灌根毒杀幼虫；在植株周围撒谷壳、地灰、草木灰防成虫产卵。

（5）黑足黑守瓜虫：属鞘翅目叶甲科，是栝楼的主要害虫，也是栝楼减产的主要原因。成虫有群集为害的习性，常常十几头甚至几十头为害一株栝楼，将叶片食为网状，而相邻植株受害较轻；成虫喜在叶背取食，排出的粪便落在下面叶片的正面，使叶面布满灰绿色的虫粪。幼虫孵化后先食其卵壳，然后为害根表皮，随着虫体长大，逐渐蛀入根内，3龄幼虫蛀食性强。

防治方法：同黄守瓜虫防治。

（6）瓜藤天牛：又名钻藤虫，危害栝楼最为主要的害虫之一，1年发生1代。主要以幼虫钻蛀栝楼的髓部，被蛀食之处有黏液流出，并伴有大量的虫粪排出。蛀孔处瓜藤增生，严重时造成断藤、落瓜，甚至大量藤蔓枯死，以5月上旬至8月上旬为害较甚。

防治方法：冬季清除田间枯藤，集中烧毁或沤肥，可以有效降低瓜藤天牛越冬基数，明显减少来年虫源；并发现藤蔓外挂虫粪时，用尖锐细铁丝斜刺藤蔓3～5次，对在藤蔓中的幼虫，特别是高龄幼虫的刺杀率很高；虫害严重时，用吸足80%敌敌畏乳油10～20倍液的棉球，紧裹外挂虫粪处的藤蔓，可有效防治瓜藤天牛的幼虫。

（五）冬季管理

栝楼收获后，将离地约30cm以上的茎剪下来，将留下的茎段盘在地上，用玉米秸秆或麦秸秆等对田块进行覆盖，厚度要不少于30cm，或将栝楼株间土刨起，堆积在栝楼上，形成30cm左右高的土堆防冻。

栝楼大田生长发育与开花结果情况见图5-5。

图 5-5 栝楼大田生长发育与开花结果情况

上述栝楼良种繁育与规范化种植关键技术,可于栝楼生产适宜区内,并结合实际因地制宜地进行推广应用。

【药材合理采收、初加工与储运养护】

一、合理采收与批号制定

(一)合理采收

1. 瓜蒌采收

秋分前后,在瓜蒌果实外皮由青绿色变为橙黄色,瓜面开始上粉时(此时种子已成实),即可分批采摘。因瓜蒌开花期较长,果实成熟有先后,故需分批及时采摘。如采摘过早,肉皮不厚,糖分少,质量差,种子也不成熟;采摘过晚,水分大,难干燥,且果肉变薄,产量降低。一般 9~10 月果实先后成熟,当果实表皮有白粉,变成浅黄色时,就可采摘。采摘时,将果实带着 30cm 左右的茎蔓割下来,均匀地编成瓣子,以利成串悬挂,但不要让两个果实靠在一起,以防霉烂。操作时应轻拿轻放,不能摇晃碰撞。

2. 天花粉采收

肥力充足地块于瓜蒌栽 2 年后采挖,但以生长 4~5 年为好;若年限过长则粉质减少,质量差。采挖雄株天花粉，霜降期前后较好，而雌株多在瓜蒌采收后刨挖为佳。

（二）批号制定（略）

二、合理初加工与包装

（一）合理初加工

1. 瓜蒌初加工

将采收的瓜蒌果实，悬挂于通风处阴（晾）干，一般阴（晾）干需要 2 个月左右；或以低温烘干，先阴（晾）干至黄色的瓜蒌（约需 1 个月），然后再小心挂在烘房内低温（40～45℃）烘干（约需 10 天），便可加工成瓜蒌（或称"全瓜蒌"，其包括瓜蒌皮、瓜蒌子）。

2. 瓜蒌皮及瓜蒌子初加工

将采收的瓜蒌果实，用刀切 2～4 刀至瓜蒂处，将种子和瓤一起取出，果皮用绳子吊晒或平放晒干，晒时使瓤向外；如遇阴雨天气，可低温烘干，即加工成瓜蒌皮。将瓜瓤和种子放入盆内，加草木灰，或装入编织袋反复搓揉，使籽从瓤中分离，淘去草木灰和瓤，取籽晒干即加工成瓜蒌子。现还研发出专用的洗籽机，也可用洗籽机分离洗籽后，晒干或低温烘干即得。

3. 天花粉初加工

将采收的瓜蒌块根，去净泥土及芦头，刮去粗皮，再将较细的块根切成 10～15cm 长的短节，较粗的块根可再对半纵剖，切成 2～4 瓣，晒干或低温烘干即得（图 5-6）。

瓜蒌果实(左1：鲜品；右2、3：干品)

瓜蒌子

瓜蒌皮

天花粉

图 5-6　瓜蒌、瓜蒌子、瓜蒌皮及天花粉药材

（二）合理包装

将干燥全瓜蒌及天花粉，按相应规格打包，用无毒无污染材料严密包装。在包装前应检查是否充分干燥、有无杂质及其他异物，所用包装应符合药用包装标准，并在每件包装上注明品名、规格、等级、毛重、净重、产地、批号，执行标准、生产单位、包装日期及工号等，并应有质量合格等标志。

一般情况下，烘干的全瓜蒌或天花粉，水分较低，一般可采用密封法，如塑料袋或其他密封容器。晒（晾）干的全瓜蒌或天花粉，水分较高，一般可采用竹筐、竹篓或牛皮纸袋等包装。

三、合理储藏养护与运输

（一）合理储藏养护

干燥瓜蒌、瓜蒌皮、瓜蒌子或天花粉应储存于干燥通风处，温度 25℃以下，相对湿度 65%～75%。本品易生霉、虫蛀。初加工时，若未充分干燥，在贮藏（或运输）中易感染霉菌，受潮后可见霉斑。因此贮藏前，还应严格入库质量检查，防止受潮或染霉品掺入；贮藏时应保持环境干燥、整洁与加强仓储养护规范管理，定期检查、翻垛，发现吸潮或初霉品或虫蛀，应及时进行通风晾晒等处理。

鲜品瓜蒌应依法冷库贮藏养护。

（二）合理运输

药材在批量运输中，严禁与有毒货物混装并有规范完整运输标识；运输车厢不得有油污与受潮霉变。

【药材质量标准、质量检测与监控】

一、药材商品规格

瓜蒌药材以无杂质、霉变、虫蛀，身干，完整无损，个大，皮厚质韧，橘黄色至红黄色，气如焦糖，糖味浓者为佳品；瓜蒌子以无杂质、霉变、虫蛀，身干，籽均匀，饱满，油性足者为佳品；瓜蒌皮以无杂质、霉变、虫蛀，红黄色，内白色，皮厚，无瓤，整齐者为佳品；天花粉以无杂质、霉变、虫蛀，身干，色白，质坚实，粉性足者为佳品。瓜蒌、瓜蒌子和瓜蒌皮药材商品规格为统货，现暂未分级；天花粉分为 3 个规格等级。

一等：长 15cm 以上，中部直径 3.5cm 以上。去外皮，条均匀。表面白色或黄白色，光洁。质坚实，体重。断面白色，粉性足。无黄筋、粗皮、抽沟。无杂质、霉变、虫蛀。

二等：长 15cm 以上，中部直径 2.5cm 以上。去外皮，条均匀。表面白色或黄白色，光洁。质坚实，体重。断面白色，粉性足。无黄筋、粗皮、抽沟。无杂质、霉变、虫蛀。

三等：中部直径不小于 1cm。扭曲不直，表面粉白色、淡黄白色或灰白色，有纵皱纹。断面灰白色，有粉性，少有筋脉。无杂质、霉变、虫蛀。

二、药材质量检测

（一）瓜蒌质量检测

按照《中国药典》（2015 年版一部）瓜蒌药材质量标准进行检测。

1. 来源

本品为葫芦科植物栝楼 *Trichosanthes kirilowii* Maxim. 或双边栝楼 *Trichosanthes rosthornii* Harms 的干燥成熟果实。秋季果实成熟时，连果梗剪下，置通风处阴干。

2. 性状

本品呈类球形或宽椭圆形，长 7～15cm，直径 6～10cm。表面橙红色或橙黄色，皱缩或较光滑，顶端有圆形的花柱残基，基部略尖，具残存的果梗。轻重不一。质脆，易破开，内表面黄白色，有红黄色丝络，果瓤橙黄色，黏稠，与多数种子黏结成团。具焦糖气，味微酸、甜。

3. 鉴别

（1）显微鉴别：本品粉末黄棕色至棕褐色。石细胞较多，数个成群或单个散在，黄绿色或淡黄色，呈类方形、圆多角形，纹孔细密，孔沟细而明显。果皮表皮细胞，表面观类方形或类多角形，垂周壁厚度不一。种皮表皮细胞表面观类多角形或不规则形，平周壁具稍弯曲或平直的角质条纹。厚壁细胞较大，多单个散在，棕色，形状多样。螺纹导管、网纹导管多见。

（2）薄层色谱鉴别：取本品粉末 2g，加甲醇 20mL，超声处理 20min，滤过，滤液挥干，残渣加水 5mL 使溶解，用水饱和的正丁醇振摇提取 4 次，每次 5mL，合并正丁醇液，蒸干，残渣加甲醇 2mL 使溶解，作为供试品溶液。另取瓜蒌对照药材 2g，同法制成对照药材溶液。照薄层色谱法（《中国药典》2015 年版四部通则 0502）试验，吸取上述两种溶液各 4μL，分别点于同一硅胶 G 薄层板上，以乙酸乙酯-甲醇-甲酸-水（12∶1∶0.1∶0.1）为展开剂，展开，取出，晾干，喷以 10% 硫酸乙醇溶液，在 105℃ 加热至斑点显色清晰。分别置日光和紫外线灯（365nm）下检视。供试品色谱中，在与对照药材色谱相应的位置上，显相同颜色的斑点或荧光斑点。

4. 检查

（1）水分：照水分测定法（《中国药典》2015 年版四部通则 0832 第二法）测定，不得过 16.0%。

（2）总灰分：照总灰分测定法（《中国药典》2015 年版四部通则 2302）测定，不得过 7.0%。

5. 浸出物

照水溶性浸出物测定法（《中国药典》2015 年版四部通则 2201）项下的热浸法测定，不得少于 31.0%。

（二）瓜蒌皮、瓜蒌子及天花粉质量检测

按照《中国药典》（2015 年版一部）瓜蒌皮、瓜蒌子及天花粉药材质量标准进行检测，并应符合规定。具体方法与质量要求，此处略。

三、药材质量标准提升研究与企业内控质量标准制定（略）

四、药材留样观察与质量监控（略）

【药材生产发展现状与市场前景展望】

一、生产发展现状与主要存在问题

贵州省瓜蒌药材，以前主要靠野生以及从外省购进。贵州省瓜蒌的种植生产经历了"引种试种、零星种植、迅速发展"三个阶段。2008 年，在贵阳市息烽县小寨坝镇南中村，由贵州仁德绿色产业开发有限公司从安徽引进技术试栽种的 500 多亩中药材"瓜蒌"获得成功。瓜蒌产业的发展，为该县的农业特色产业注入了新的活力，对推动农业生产持续发展、农民收入快速增长起到了积极的作用。瓜蒌生产亩均产值达 3000 元，极大地改变了该县部分地区农业产业结构单一状况，引导广大农户从传统低效的粮食生产模式中解脱出来，走上了发展效益农业的道路。除息烽适合栽种瓜蒌外，贵阳市很多地方土壤、气候条件也适宜栽种。公司＋基地＋农户的方式将更好地带动农户种植，政府从政策及技术、资金上给予积极支持，培育出高品质产品，打造贵阳药业品牌，2010年，贵州仁德绿色产业开发有限公司将瓜蒌的种植生产发展到息烽县鹿窝乡。到 2013年，由息烽县政府立项投资 260 万元，由贵州仁德绿色产业开发有限公司承担瓜蒌的种植基地建设，贵阳中医学院作为技术指导合作单位。2014 年，该瓜蒌标准化生产基地达 1500 亩，到 2015 年标准化生产基地达 2000 亩，将带动周边村寨农户进行瓜蒌的种植，实现"一村一品"示范村，瓜蒌成为当地农业主打产业。另外，在关岭县、乌当区也有一定规模的种植。

贵州省瓜蒌的种植，从无到有，尽管近年来有较大发展，也取得了一定的成绩，但从整体发展态势看，仍处于低层次的缓慢发展的初级阶段，距离农业支柱产业还有相当大的距离，瓜蒌产业发展中存在诸多不足与困难，严重制约着瓜蒌产业的持续、快速、健康发展。主要存在以下问题：一是基地小而散、规模不大、建设质量低，导致产业产出效益低。目前，瓜蒌的生产能力不强，良种覆盖率不高。再加上瓜农采摘时机把握不准，加工制作

水平跟不上，直接影响瓜蒌籽品质和价格的提升。二是龙头企业规模小、实力弱、带动力不强，瓜蒌产销的规模化、组织化、产业化和社会化服务水平不高，尚不能适应产业快速发展的需要。三是品牌知名度不高，目标市场较窄。以作坊式加工为主的分散性生产经营格局依旧，真正能称得上规模瓜蒌产销企业的几乎没有，企业营销能力有限，辐射带动面窄。四是在贵州，瓜蒌从野生到人工大面积栽培时间短，可以借鉴的技术和经验缺乏，技术推广体系投入不足，测报、防治体系不够健全，瓜蒌系列产品开发不够，目前主要以原材料的方式销售，附加值不高。五是资金不足制约瓜蒌的种植进一步发展。大部分发展生产资金主要依靠经营者的自我积累和自有资金投入，少数依赖民间融资增加投入。很少有外部资金注入，资金严重不足，亟待支持。

二、市场需求与前景展望

现代研究表明，瓜蒌果实中含有三萜皂苷、有机酸、树脂、色素、糖类、蛋白质、挥发油、甾醇、氨基酸。瓜蒌果皮中主要含有精氨酸、谷氨酸、丙氨酸、苯丙氨酸、亮氨酸等 17 种氨基酸和钙、铜、铁、铝等十几种无机元素及少量挥发油、饱和脂肪醇等。其中挥发油的酸性部分含有棕榈酸、亚油酸、亚麻酸、肉豆蔻酸、月桂酸、棕榈油酸、癸酸、硬脂酸、壬酸等由 9～18 个碳原子组成的长链脂肪酸。瓜蒌子中主要含有脂肪油、脂肪酸、甾醇、三萜皂苷、氨基酸、蛋白质等化学成分。脂肪油含量约为 26%，其中饱和脂肪酸占 30%，不饱和脂肪酸占 66.5%，以瓜蒌酸为主。天花粉是栝楼植株的干燥粉质块根，主要含有天花粉植物凝集素、天花粉蛋白质、淀粉、皂苷、多糖类、氨基酸类、酶类等化学成分。

瓜蒌具有清热涤痰、宽胸散结、润燥滑肠等功效，用于治疗肺热咳嗽、胸痹心痛、大便秘结等病症；瓜蒌皮功效重在清热化痰、利气宽胸，用于治疗痰热咳嗽、胸闷胁痛等；瓜蒌子具有润肺化痰、滑肠通便的功效，用于治疗燥咳痰黏、肠燥便秘等病症，也可把瓜蒌子去油制霜，以减弱其润肠致泻的功效，适用于年老体弱便溏而又燥咳痰黏的患者；天花粉具有清热泻火、生津止渴、消肿排脓的功效，用于治疗热病烦渴、肺热燥咳、内热消渴、疮疡肿毒等病症。瓜蒌的药理作用为：瓜蒌皮具有扩张心脏冠状动脉、增加冠脉血流量，抑制结扎幽门引起的溃疡，此外还有抗菌、抗肿瘤、抗缺氧等活性；瓜蒌子有降血脂、抗血栓形成、减少动脉粥样硬化和胆固醇的作用，并有瘦身、美容的功效；天花粉中的天花粉蛋白具有引产或终止妊娠的作用，还可抗肿瘤、抗炎、抗病毒，治疗绒毛膜癌，抑制乳腺癌生长，天花粉中的凝集素类化合物是降糖主要活性成分等，天花粉中的多糖组分具有显著的抗肿瘤和细胞毒活性等。

瓜蒌的药食两用是其根本价值所在。瓜蒌能进行系列产品的开发利用，其果实、果皮、果仁、根茎可直接作为中药处方药的配伍和生产多种中成药的原材料。瓜蒌自古以来就是上等的中药材，而且更有价值的是采用现代生物工程技术，提取并纯化其有效组分，制成治疗三高和防止癌症及艾滋病的临床药物。瓜蒌籽风味独特、脆香爽口，营养健身，是特有的风味小吃，被誉为"瓜子之王"，是馈赠待客、旅游休闲的首选食品。瓜蒌籽还能加工成难得的保健食品和压榨成植物油。瓜蒌籽含油量较高，甚至超过油菜籽的含油量，且油质优于油菜籽，若是解决了规模生产问题，作为油料作物开发潜力也非常大。瓜蒌药食同源的生物特性符合现代人的消费理念，是当代生物工程重点开发的方向，可开发成多种保健食品，故而有着巨大的市场需求。

发展瓜蒌产业符合国家农业产业结构调整政策，投资少、见效快、回报高、风险小，具有良好的社会效益、经济效益、生态效益、扶贫效益，对提高人们生活水平，保护人类健康，促进农民增收、企业增效都具有十分重要的意义。因此瓜蒌产业是富民活农兴企的朝阳产业。同时，瓜蒌产业是一个牵动性大的产业，上游的选种、育苗、栽培，中游的收购、加工，下游的销售，既可分工，又可协作，可带动相关的包装业、运输业、服务业的发展。瓜蒌的种植栽培，对环境无污染，通过政策引导，将瓜蒌的种植与退耕还林相结合，可以净化空气、防止水土流失和绿化环境，为生态旅游、观光农业提供了发展的平台。

总之，发展瓜蒌产业具有显著社会经济效益、扶贫效益及生态效益，研发潜力极大，市场前景广阔。

主要参考文献

巢志茂，何波，敖平. 1998. 瓜蒌的化学成分研究进展[J]. 国外医学，中医中药分册，20（2）：7-10.

巢志茂，何波. 1999. 瓜蒌果实的化学成分研究[J]. 中国中药杂志，24（10）：612-613.

丁波泥，陈道瑾，李小荣，等. 2008. 天花粉蛋白抑制乳腺癌生长的实验研究[J]. 实用肿瘤杂志，23（4）：310-316.

李琼，叶小利，陈新，等. 2012. 天花粉降糖作用有效部位的研究[J]. 长春中医药大学学报，28（1）：9-13.

宋振巧，王洪刚，王建华. 2005. 栝楼的研究进展[J]. 山东农业科学，（5）：72-75.

屠婕红，余菁，陈伟光. 2004. 瓜蒌的化学成分和药理作用研究概况[J]. 中国药师，7（7）：562-563.

万德光. 2007. 中药品种品质与药效[M]. 上海：上海科学技术出版社：242-243.

颜军，苟小军，徐光域，等. 2008. 栝楼籽油除自由基作用研究[J]. 食品科学，29（11）：77-79.

药用动植物科学养殖种植编委会. 2003. 药用动植物科学养殖种植与采收加工规范操作手册[M]. 银声音像出版社：2224-2227.

Lei Hetian，Qi Jianjun，Song Jingyuan，et al. 2006. Biosynthesis and bioactivity of ttrichosanthin in cultured crown gall tissues of *Trichosanthes kirilowiicz* Maximowicz[J]. Plant Cell Rep.，（25）：1205-1212.

（冯　果　冉懋雄）

6　花　椒

Huajiao

ZANTHOXYLI PERICARPIUM

【概述】

花椒原植物为芸香科植物青椒 *Zanthoxylum schinifolium* Sieb.et Zucc.或花椒 *Zanthoxylum bungeanum* Maxim.的干燥成熟果皮。别名：山花椒、小花椒、王椒、香椒子、狗椒、崖椒、天椒、野椒、川椒、红椒、红花椒、大红袍、香花椒、青花椒等。以干燥成熟果实入药；其根、茎、叶及种子（椒目）亦供药用。本书重点介绍其果皮药用。花椒历版《中国药典》均予收载。《中国药典》（2015年版）称：花椒味辛，性温。归脾、胃、肾经。具有温中止痛，杀虫止痒功能。用于脘腹冷痛，呕吐泄泻，虫积腹痛；外治湿疹、阴痒。花椒亦为贵州常用苗药，苗药名："zend sob"（近似汉译音："正梭"）。《中华本草·苗药卷》载曰："味麻，性热。入冷经。具有温中止痛、除湿止泻、杀虫止痒功能。主治脘腹冷痛、蛔虫腹痛、呕吐泄泻、咳嗽、龋齿牙痛、阴痒带下、湿疹皮肤瘙痒等病症"。

花椒应用历史非常悠久，早以"椒""椴、大椒"之名分别载于我国古老典籍《诗经》及《尔雅》；又以"秦椒""蜀椒"之名收载于我国既知最古药学典籍《神农本草经》中。其将"秦椒""蜀椒"，分列为中品与下品，称秦椒："味辛，温，有毒。治风邪气，温中，除寒痹、坚齿、长发、明目。久服轻身，好颜色，耐老、增年、通神。生川谷。"称蜀椒："味辛，温，有毒。治邪气，欬逆，温中，逐骨节皮肤死肌，寒湿痹痛，下气，久服之头不白，轻身，增年。生川谷。"我国古籍医书，如《五十二病方》等，亦多收载花椒药用。在马王堆汉墓出土文物中，也有保存良好的花椒。其后有关医籍与本草，对花椒均多录著。例如，唐代《新修本草》云："秦椒树，叶及茎、子都似蜀椒，但味短实细，蓝田南、秦岭间大有也。"《新修本草》又云："今椒出金州西城者，最善。"金州即今陕西省安康县，其乃指秦椒。宋代《本草图经》云："秦椒，初秋生花，秋末结实。九月、十月采。"又在蜀椒条下云："人家多作园圃种之。高四五尺，似茱萸而小，有针刺；叶坚而滑……四月结子，无花，但生于叶间，如小豆颗而圆，皮紫赤色。八月采实，焙干。此椒江淮及北土皆有之，茎、实都相类，但不及蜀中者，皮肉厚，腹里白，气味浓烈耳。"特别是明代伟大医药学家李时珍《本草纲目》更有较详记述："秦椒，花椒也。始产于秦，今处处可种，最易繁衍。其叶对生，尖而有刺。四月生细花。五月结实，生青熟红，大于蜀椒，其目亦不及蜀椒目光黑也。"其蜀椒条下又云："蜀椒肉厚皮皱，其子光黑，如人之瞳仁，故谓之椒目。"综上《诗经》等古籍及诸家本草所述，秦椒和蜀椒的产地、形态特征，其原植物均系花椒 *Zanthoxylum bungeanum* Maxim.。本种分布广泛，大多为栽培种，但因其产地不同而形态、品质各有一定差异。其提及的"椒目"即是花椒的种子；"黄壳"即指花椒的内果皮；"椒红"或"红"则是指花椒的外果皮等。《中国药典》除收载花椒外，还收载了因其果实成熟后为青色而得名的"青椒"。花椒历来又是人们广为应用的调味品，原卫生部文件将其明确列为食药两用。贵州省盛产花椒，应用广泛，并有驰名中外的"贵州顶坛花椒"；花椒是贵州著名地道特色药材。

【形态特征】

花椒：为落叶灌木或小乔木，株高 3～7m，具香气。茎干通常有增大的皮刺，当年生枝具短柔毛。单数羽状复叶互生；叶轴腹面两侧有狭小的叶翼，背面散生向上弯的小皮刺；叶柄两侧常有 1 对扁平基部特宽的皮刺；小叶无柄；叶片 5～11，卵形或卵状长圆形，长1.5～7cm，宽 1～3cm，先端急尖或短渐尖，通常微凹，基部楔尖，边缘具钝锯齿或微波状圆锯齿，齿缝外有大而透明的腺点，上面无刺毛，下面中脉常有斜向上生的小皮刺，基部两侧被一簇锈褐色长柔毛，纸质。聚伞状圆锥花序顶生，长 2～6cm，花轴密被短毛，花枝扩展；苞片细小，早落；花单性，雌雄异株；花被片 4～8，一轮，狭三角形或披针形，长 1～2mm；雄花雄蕊 4～8，通常 5～7；雌花心皮 4～6，通常 3～4，无子房柄，花柱外弯，柱头头状。成熟心皮 2～3，蓇葖果球形，红色或紫色，密生疣状突起的腺体。种子卵圆形，直径约 3.5mm，有光泽。花期 4～6 月，果期 9～10 月。花椒植物形态见图 6-1。

图 6-1　花椒植物形态图

（墨线图引自《中华本草》编委会，《中华本草》，12 卷，科学出版社，1995）

青椒：高 1～2m 的灌木；茎枝有短刺，刺基部两侧压扁状，嫩枝暗紫红色。小叶 7～19 片；小叶纸质，对生，几无柄，位于叶轴基部的常互生，其小叶柄长 1～3mm，宽卵形至披针形，或阔卵状菱形，长 5～10mm，宽 4～6mm，稀长达 70mm，宽 25mm，顶部短至渐尖，基部圆或宽楔形，两侧对称，有时一侧偏斜，油点多或不明显，叶面在放大镜下有可见的细短毛或毛状凸体，叶缘有细裂齿或近于全缘，中脉至少中段以下凹陷。花序顶生，花或多或少；萼片及花瓣均 5 片；花瓣淡黄白色，长约 2mm；雄花的退化雌蕊甚短。2～3 浅裂；雌花有心皮 3 个，很少 4 或 5 个。分果瓣红褐色，干后变暗苍绿或褐黑色，径 4～5mm，顶端几无芒尖，油点小；种子径 3～4mm。花期 8～9 月，果期 10～11 月。

青椒，因其果实成熟后为青色而得名。其与前种的主要区别在于：小叶片 15～21，对生或近对生，呈不对称的卵形至椭圆状披针形，长 1～3.5cm，宽 0.5～1cm；主脉下陷，侧脉不明显。伞房状圆锥花序顶生；花被明显分为花萼和花瓣，排成两轮；无子房柄，蓇葖果表面草绿色、黄绿色至暗绿色，表面有细皱纹，腺点色深，呈点状下陷，先端有极短的喙状尖。青椒植物形态见图 6-2。

图 6-2　青椒植物形态图

（墨线图引自《中华本草》编委会，《中华本草》，12 卷，科学出版社，1995）

【生物学特性】

一、生长发育习性

花椒于 3 月下旬开始萌动生长，4 月初发芽，开花期较晚，5 月初为盛花期。春季发芽情况与栽培品种、立地条件、树势强弱有关。

青椒于一年中有两次生长高峰期，即展叶开始到坐果后和果实停止生长到果实将要成熟。根系一年中具有 3 次生长高峰。3 月下旬现花蕾，4 月上旬花初发，4 月下旬盛花期，立秋前后果实成熟，11 月落叶。据载，大小年结果现象较明显。产地不同，立地环境差异，其物候期略有不同。

二、生态环境要求

花椒多分布于平原至海拔较高的山地，如在青海，见于海拔 2500m 的坡地。青椒多分布于平原至海拔 800m 山地疏林或灌木丛中或岩石旁等多类生境。二者对生态环境的主要要求大致如下。

温湿度：喜温不耐寒的树种，气候温和是花椒生长发育的必要条件。喜生于温暖肥沃处，不耐严寒，在–18℃幼苗枝条即受冻，成年树在–25℃低温亦会冻死。在年平均气温 8～16℃的地区都有其栽培，但以 10～14℃的地区栽培较多。冬季休眠期后，当春季平均气温稳定在 6℃以上时，椒芽开始萌动，10℃左右时发芽抽梢。花期适宜温度为 16～18℃。果实生长发育期的适宜温度为 20～25℃。

光照：喜光照，生育期内需要较多的热量条件，阳光充足才能生长良好而成熟充分，可得到较高的产量。一般以年日照时数不低于 1800h，生长期日照时数不低于 1200h，日照百分率 50%～60%最为适宜。

土壤：对土壤适应性强，在土层深厚、疏松肥沃的砂质壤土中生长良好，但在石灰岩发育的碱性土壤中生长最好。

水：耐旱，较耐阴，不耐水湿，不抗风。

【资源分布与适宜区分析】

一、资源调查与分布

花椒：据《中国植物志》记载，花椒产地北起东北南部，南至五岭北坡，东南至江苏、浙江沿海地带，西南至西藏东南部；台湾、海南及广东不产。各地多栽种。其主要分布于西南的四川、贵州、云南，中南的湖北、湖南，西北的陕西、甘肃，以及辽宁、河北、山东、江苏、安徽、浙江、江西、西藏等。

青椒：据《中国植物志》记载青椒产五岭以北、辽宁以南大多数地区，但不见于云南。其主要分布于四川、贵州、湖北、湖南、陕西、甘肃，以及辽宁、河北、河南、山东、江苏、安徽、浙江、江西、福建、广东及西藏等。随着青椒的广泛使用，现贵州、四川、重庆、昆明、湖南等地均有大量种植。并发现分布于长江以北各地的青椒，其小叶有较多的透明油点，叶面的毛稀疏且短，以至几无毛，小叶较小，尤以山东、江苏一带的较明显。分布于长江以南、五岭以北的，其小叶较大，油点较少；而分布于五岭南坡包括福建、广东、广西三省区南部，其小叶最大，被毛较密，除叶缘齿缝处有油点外其余油点不显。另外，朝鲜、日本也有青椒分布。

二、贵州资源分布与适宜区分析

经调查，贵州花椒属药用植物资源有 21 种。《中国药典》（2015 年版）仅收载花椒、青椒两个品种作为药用花椒植物来源。花椒以贵州的分布最为广泛，全省各地均有栽培，尤以黔北、黔东、黔西北、黔东南、黔南、黔西南等分布最为广泛。而青椒仅在贵州黎平发现有分布。上述贵州各地，均适宜花椒等品种种植。

贵州尚有别具特色的"顶坛花椒"，尤在贞丰等南北盘江一带有大面积的种植。经研究，顶坛花椒为芸香科竹叶椒类群的一个新变种 *Zanthoxylum planispinum* var.*dintanensis*。贵州顶坛花椒，又名"顶坛青花椒"，属常绿灌木或小乔木，高 2～2.5m，稀 4～7m；茎枝多锐刺，刺基部宽扁，红褐色，小枝上刺水平抽出，叶轴无刺，并具有果实硕大、麻味纯正、清香扑鼻、颜色青绿、味久不衰等特点。顶坛青花椒是贵州、四川、重庆、云南、广西、湖南地区特有的经济植物，以贵州贞丰县北盘江镇及关岭县板贵乡等地盛产的顶坛花椒质优量大而闻名海内。另外，贵州省还有贵州花椒 *Zanthoxylum esquirolii* Levl.、荔波花椒 *Zanthoxylum liboense* Huang in Guihaia 等分布，其果皮亦作花椒用。

上述贵州贞丰、关岭等地均为花椒、青椒及顶坛花椒的最适宜区；此外，贵州省其他各县市（区）凡符合花椒等生长习性与生态环境要求的区域均为其适宜区。

【生产基地合理选择与基地环境质量检（监）测评价】

一、生产基地合理选择与基地条件

花椒作为药食两用中药材，在贵州全省各地均有种植，但标准化、规范化、规模化种植还需合理选择生产基地；我们应按照花椒的适宜区优化原则与其生长发育特性要求，选择其最适宜区或适宜区并具良好社会经济条件的地区建立规范化生产基地。贵州是典型的喀斯特山区，石漠化严重，花椒耐旱，又对土壤适应性强，尤其适宜在石灰岩发育的碱性土壤中生长。例如，在贵州省黔西南州的南北盘江、安顺市的关岭花江等峡谷地带，选建贵州顶坛花椒规范化种植基地则最为适宜（图6-3、图6-4）。此区域既能生产出优质的花椒，又能通过种植花椒树有效治理石漠化。如贞丰县南盘江镇顶坛花椒规范化种植基地年均气温18.4℃，年均极端最高温32.4℃，年均极端最低温6.6℃，≥10℃年有效积温达6000℃。年降水量600mm以下，5～8月降雨占全年降水的90%，年均相对湿度60%，年均干燥度1.5，属中亚热带干热河谷气候类型。其处于花江峡谷区内，＞25°的坡耕地占土地总面积的87%，地下水埋深300m，碳酸盐类岩占78.45%，土壤pH大于6.5，水、肥、气、热不平衡，Ca、Mg、Fe含量高，有典型的喀斯特地貌特征，土壤仅存于喀斯特溶隙和洼地中，季节性干旱和临时性干旱频繁，其中伏秋旱对农作物产量威胁大，有的甚至导致颗粒无收。因此，选择耐干旱、瘠薄，喜钙花椒种植，是目前改善喀斯特地区生态环境、发展种植业的最佳选择。

图6-3　贵州贞丰县南盘江镇顶坛花椒规范化种植基地

图 6-4　贵州关岭县板贵乡板贵花椒规范化种植基地

二、生产基地环境质量检（监）测与评价（略）

【种植关键技术研究与推广应用】

一、种质资源保护抚育

花椒在我国有着悠久的栽培历史，种质资源丰富，资源存量大。花椒野生资源多生长在山脚坡度小、土层深厚、肥力和水分条件好的地方，以人工种植为主，野生资源破坏严重，但在贵州偏远地区还有大量野生花椒分布。花椒种质资源多样性主要表现在果皮颜色、果形、生长速度、耐寒性等方面，应对花椒种质资源，特别是贵州贞丰、关岭、遵义、开阳等地的野生花椒种质资源切实加强保护与抚育，使其可持续利用。

二、良种繁育关键技术

花椒多采用种子繁殖，育苗移栽，也可采用无性繁殖（如扦插繁殖）育苗。

（一）种子繁殖

1. 种子采集与保存

应在树势强壮、丰产、品质优良的盛果树上采种，选用当年充分成熟、果实外皮紫红色、种皮呈蓝黑色、种子饱满、无病虫害的种子。分批采摘，及时于室内摊开阴干，待果皮开裂，脱出种子，扬净，除去杂物，放置阴凉处贮藏备用。花椒种子的保存，应置于通风干燥处，或采用泥饼堆积贮藏法、牛粪掺土混种埋藏法，或草木灰拌种埋藏法及混沙埋藏法等方法保存。

2. 种子处理

花椒种子空粒较多，约占 50%以上，处理前要先以水选，在水中捞去漂浮在水面上的空粒，然后对沉底颗粒饱满的种子进行脱油处理。脱油方法有三个步骤：首先配制溶液，将 200g 洗衣粉加适量温水溶化，然后加入 50kg 冷水搅匀，倒入水缸或水盆内；其次搓油，将要处理的种子倒入洗衣粉溶液里，用木棒等反复捣搓或捞出穿上胶鞋反复踩搓，直至搓掉油质外皮露出粗麻的内皮；最后以水清洗至净。由于溶液中因混有搓掉的油质，黏度较大，必须用清水反复冲洗，直至种皮无油质时捞出晾干待播。

3. 选种

选择粒大、饱满、色泽鲜亮的当年采收的花椒种子进行种植。

4. 种子消毒

75%酒精消毒 30s，0.1%次氯酸钠消毒 1min。生产上用 5%多菌灵浸泡 1h 后捞出晾干备用。

5. 浸种催芽

花椒种粒小，皮硬，表面具油脂，不易吸水，如果播种前不做特殊处理，如脱去种子外的油脂，将直接影响出苗率。浸种催芽法主要有三种。

（1）开水烫种法：将种子倒入容器加种子两倍的沸水，搅拌 2～3min 后，用温水浸泡 2～3 天，当有少数种皮开裂时，取出放在温暖处，盖上温布，胚芽露白后即可播种。

（2）碱水或清水液处理法：以碱水（纯碱 25g，加水 2kg 溶解）或清水浸种，浸泡（以盖没种子为度）1～2 天，捞去瘪种，然后将种子装入布袋，用力反复揉搓种子，去净油脂，再用清水淘洗干净备用。

（3）沙藏催芽法：将种子用湿沙层积堆放，每隔 15 天翻动 1 次，保持一定的湿度。于播种前 15 天，将其放在温暖处，用草、湿布或塑料薄膜覆盖，保湿，待种子萌动，即当种子"露白"后则可播种。

6. 苗圃选择与苗床准备

花椒育苗地应选择在土层深厚、土壤肥沃、不易积水且背风向阳的平缓地，土壤质地最好为中性或酸性砂壤土。播前精细整地，打碎土块，做到上虚下实。结合深翻整地，每亩施入腐熟的有机肥 4000～5000kg，尿素 8～10kg，过磷酸钙 30～40kg，草木灰 50kg 或硫酸钾 10～15kg。对于水肥充足之地，可采用大田式进行整地；对于干旱缓坡地带，则可采用传统的苗床式进行，按照南北走向进行床面整修；挖翻整平后用多菌灵 600～800 倍液浇透进行苗床消毒。

7. 播种与育苗

花椒播种主要有条播和撒播。条播：在做好的苗床上进行，每床播 5 行，行距 20cm，覆土以 1～2cm 为宜，轻轻拍实，播种量为 7.5kg/亩左右。撒播：在做好的苗床上进行，先将种子均匀撒入床面，覆土厚 1～2cm 即可；播种量为 1.0kg/亩。

播后是否灌水要依播种季节而定。秋播的苗圃地要进行冬灌，灌水量为田间持水量的 60%～80%，无灌溉条件时，早春解冻后要镇压保墒。春播的苗圃地应尽量少灌水，以防土壤板结，但要保持土壤湿润。将处理好的种子按 $1m^2$ 用种 8g 左右拌细土进行来回撒播，力求播撒均匀，覆土厚 2cm 左右，再适当浇淋水让床面湿润，然后搭拱盖膜，促进保温保湿。

8. 苗期管理

出苗后遇高温天气要注意逐步通风降温和保湿，随时拔除杂草。当幼苗长到 3cm 时开始间苗，苗间距离 10cm 左右。可在苗高 15～35cm 时结合施肥除草，并随时拔除杂草。亦可结合中耕松土和追肥，花椒每年需人工除草 3 次，主要在 5～10 月。例如，在杂草萌新芽至 2～3 片叶时，宜选用 20%百草枯水剂 100mL/亩兑水，10～15kg/亩均匀喷雾，切忌将药剂弄到椒苗上，3 天后杂草则可自然枯死。并及时浇水，视天气和病虫害情况防治病虫害，逐步选择阴雨天或晚间分批揭去覆盖膜炼苗。当年苗高 50cm 左右时可据天气情况出圃定植。

（二）扦插繁殖

1. 扦插选地

花椒扦插应选择肥力中等以上、地势平整、水源条件好的地块，深翻 30～50cm，施用适量底肥，然后扶垄覆膜，垄床顶宽 70cm，高 15cm，垄床上用 0.015mm 的透明农用地膜覆盖。

2. 选条采条

插条应选择生长健壮，组织充实，水分、养分充足，生活力强，无损伤的萌芽条。

3. 插穗处理

先把枝条截成 10cm 左右的扦插穗，上剪口距芽 1cm，呈圆形，下剪口马耳形，过粗者也可剪成马耳形。在扦插前将插穗置于浓度 $200×10^{-6}$mol/L 的萘乙酸溶液中浸泡 5～10min。

4. 扦插时间

2 月上旬至 3 月上旬，在覆膜后的垄床上按行距 10cm、株距 7cm 规格，将芽眼向上，竖直插入土中，使插条上切口与地面平。

5. 抚苗管理

破膜引苗后马上浇水 1 次，以后视干湿情况酌情浇水。进入 6 月中下旬膜下土温与裸地温度已无明显差异时，可将地膜揭除，并清理干净。

三、规范化种植关键技术

（一）选地整地

荒山造林，采用鱼鳞坑反坡阶整地，栽植坑为 50cm×50cm×40cm，外沿高 30cm。退耕地修集雨坑，将梯田隔成小方块。土埂高 30cm，宽 30cm。以栽植点为中心进行挖土，逐步向外扩大，将挖出的熟土集中堆放，用生土堆成外高中心低的漏斗式集流面，在坑穴中心挖 60cm×60cm×50cm 的锅底状植树坑，将熟土回填植树坑内，最后将集流面夯实拍光。

（二）造林模式

花椒栽植造林模式，可采用以下 4 种模式：一是地埂栽植模式。以充分利用山区、丘陵的坡台田和梯田地埂栽植花椒，株距为 3m 左右。二是纯花椒园模式。在平川地带营造栽植纯花椒园，其株、行距分为 3m、2m；在山地丘陵按照梯田的宽窄，据实确定其株行距，复杂的山地丘陵，尚可据实围山转着栽植成园。三是椒林混交模式。花椒可以和其他生长缓慢的树种混合栽植，如混栽核桃、板栗等，可在其株间夹栽一两株花椒，也可隔行混栽。四是"营生篱"模式。用花椒营造生篱，其栽植的密度要比其他模式的密度稍大，如行距 30～40cm，株距 20cm，并宜三角形配置，栽成 2 行或 3 行，以达营造生篱目的。

（三）重施底肥

花椒施肥以有机肥为主。可混施磷肥、复合肥。按椒树需肥规律 N∶P∶K=1∶1∶5，分树龄合理追肥。幼树每株施农家肥 5～10kg，尿素 0.5～0.15kg，磷肥 0.1～0.2kg；6～7 年生树，每株施农家肥 15～20kg，尿素 0.5kg，磷肥 1～2kg。

（四）移栽定植

1. 苗木选择

选用苗高 60cm 以上，地径 0.6cm 以上，具有 3 条以上 10cm 长侧根，无病虫害和机械损伤的优质壮苗。随起苗，随运输，苗木出圃时打捆后用塑料袋包装，运输途中遮篷布，尽可能减少水分散发。经长途运输的苗木抵达后在清水中浸泡 24h，使吸足水分，再用生根粉处理。

2. 起苗

应选择无病虫害、无机械损伤、长势壮硕的优质壮苗移栽，从苗源上保证花椒苗木的高质量。

3. 拉泥条

在地头挖一土坑，填细土，用水搅拌成泥浆，栽植前将苗木根浸泡在泥浆里。

4. 定植

花椒定植前，最好将根系在加入生根粉的水中浸泡 30min，再取出定植，以利于产生新根。栽植时按照"一埋二提三踏实"的栽植方法，先填熟土，后覆生土，提苗舒根后，轻轻踏实，覆土均匀。

5. 覆地膜

以定植苗为中心，将周围耙细做成浅锅状，并覆盖 80～100cm 见方的地膜，从而达到保湿、增温的效果，以利苗木生长。

6. 覆土球

冬栽苗木，在平茬后的剪口上覆细土，使苗木剪口不外露，成土球状。

（五）田间管理

1. 间苗定苗

当幼苗长到 3～4cm 高，有 3～4 片真叶时进行间苗，当苗高达到 10cm 时定苗，苗距 5cm 左右，每亩留苗 2 万～3 万株。

2. 修整树穴

冬季防冻而在主干处堆的土球，气温回升后要及时刨开，并重新修整树盘。适时松土闭墒，保证花椒树苗发后有足够的水分。

3. 清除杂草

花椒树根系浅，杂草与花椒树争肥争水现象相当严重，故有农谚"花椒不锄草，当年就衰老"的说法，特别是在 1～3 年生幼树期，为花椒树定植后的缓苗期，应及时清除杂草，以促进树势健壮生长。

4. 合理排灌

在越冬及萌芽期，均应合理浇水，果实生长期要浇水 3 次。并应配合施肥浇水，以充分发挥肥效，促进植株生长发育。成活后在 5 月和 6 月各浇水 1 次，同时追施少量氮肥。7 月上旬以后应停止施肥、浇水，以免二次生长，影响果实发育和枝条越冬。

5. 合理施肥

果前期，应多施氮肥，适当补充磷钾肥，促使幼树扩大树冠，尽快形成丰产树形；当幼树生长旺盛、结果较多时，应多施用钾肥，用来补充花椒由于结果而消耗的养分。幼树每株施农家肥 5～10kg，尿素 0.5～0.15kg，磷肥 0.1～0.2kg；6～7 年生树，每株施农家肥 15～20kg，尿素 0.5kg，磷肥 1～2kg。花期、果实膨大期要酌情施化肥，以提高坐果率和促进果实生长。施肥时最好在花椒树的树冠垂直投影周围挖沟，深以露出毛细根为宜，将肥料施进沟里，然后盖上土。

（六）修枝整形

1. 修枝整形目的

花椒是重要的经济作物，花椒树适应性强，不择水土，结果早，易栽培，但必须与整形修剪相结合，才能增产增收。通过整形修剪，能够得到合理的树形结构，能充分利用空间、阳光及营养条件，以达到早产、高产、稳产的目的。

2. 修枝整形原则

花椒树栽后当苗木高 50cm 以上时，及时定干 40～50cm，不宜过低或过高，过低不便管理，过高不利于树体生长和树冠扩大。整形以自然开心形为主，一般留主枝 5～7 个，每个主枝上再选留 2～4 个侧枝。结果树修剪，要以疏为主，剪除病虫、交叉、重叠、密生、徒长枝，去强留弱，交错占空，做到树冠内外留枝均匀，通风透光，立体结果。

整形修剪必须与土、肥、水、日照、气温等条件相配合，才能发挥积极的作用。如果片面强调修剪的作用，而忽视其他条件或管理措施，不但达不到优质丰产的目的，而且会造成幼树延迟结果，大树低产以及缩短寿命等不良后果。

花椒树产量的高低，与正确修剪有着密切的关系，过去受传统观念的束缚，误认为花椒树不用修剪，任其自由生长，这是十分不当的。对花椒小树剪枝时，要注意根据枝条的发育状况而定，对营养充足长势较好的枝条可少剪一些，但不应少于 20%，反之要适当多剪，以不超过 50% 为宜。而且要注意树小时少剪，树大时多剪；地肥时少剪，地薄时多剪。这样做的目的是，保证花椒树枝条能够吸收足够的水分和养料，促使枝条复壮，尽快长出斜枝，因为斜枝越多，花椒的产量则越高。对大树修剪时，树中心必须注意内膛通风透光好，否则内部椒果肉薄、果稀，影响产量。假若枝条中出现光秃带，说明树体营养不足，可以进行灌溉，同时追施肥料，或进行深剪。并要注意掌握幼龄树整形和结果并重的原则，栽后第一年按要求高度剪截；第二年在发芽前，可除去树干基部 30～50cm 处的枝条，并均匀保留 5～7 个主枝进行短截，其余枝条应不短截，只疏除拥挤枝、细弱枝、当年生徒长枝、病虫枝等。结果树应逐年、逐步疏除多余大枝，树冠内枝条以疏为主，主要剪除病虫枝、交叉占用空间枝，并结合实际适当截短营养枝；果枝应待结果后，适当截短缩成枝组；有空间生长的旺枝先轻短截，第二年去强留弱，培养成结果枝组。

3. 常见树型

主要有三种花椒树型。首先为"3 主枝开心型"：截头后留 3 个分布在 3 个方向的主枝，最好是北、西南、东南各 1 主枝，基角保持在 60°～70°，每个主枝上配 4～7 个侧枝，结果枝和结果枝组均匀地分布在主侧枝双侧。这种树型光照比较充足，树冠也较大，能优质高产。其次为"丛型"：花椒树栽后从基部截干，再从发出的多个枝条中保留 5～6 个主枝，3～4 年即可成型。这种树型易早丰产，适于早产密植椒园修枝整形。再次为"自然开心型"：花椒树定植后，于树干 30～50cm 处留第 1 侧枝，这种树形一般留 3～4 个侧枝，4～5 年就可以培养成型。这种树形光照好，能丰产稳产。

（七）主要病虫害防治

1. 主要病害防治

（1）花椒锈病：花椒锈病是花椒叶部常见的病害之一。其发病初期，在叶子正面出现 2～3mm 水渍状褪绿斑，并在与病斑相对的叶背面出现黄橘色的疱状物，为夏孢子堆。严重时，花椒提早落叶，直接影响次年的挂果。花椒锈病的发生主要与气候有关。凡是降水量多，特别是在第三季度雨量多，降雨天数多的条件下，其很容易发生为害。

防治方法：在未发病时，可喷波尔多液或 0.1%～0.2% 波美石硫合剂，或在 6 月初至 7 月下旬对花椒树用 200～400 倍萎锈灵进行喷雾保护。对已发病的可喷 15% 的粉锈宁可湿性粉剂 1000 倍液，控制夏孢子堆产生。发病盛期可喷雾 1：2：200 波尔多液，或 0.1%～0.2% 波美石硫合剂，或 15% 可湿性粉锈宁粉 1000～1500 倍液。加强肥水管理，铲除杂草，合理修剪。晚秋及时清除枯枝落叶及杂草并烧毁。

（2）花椒根腐病：花椒根腐病常发生在苗圃和成年椒园中，是由腐皮镰孢菌引起的一种土传病害。受害植株根部变色腐烂，有异臭味，根皮与木质部脱离，木质部呈黑色。地上部分叶形小而色黄，枝条发育不全，严重时全株死亡。

防治方法：合理调整布局，改良排水不畅、环境阴湿的椒园，使其通风干燥。做好苗期管理，严选苗圃，以 15%粉锈宁 500～800 倍液消毒土壤。高床深沟，重施基肥。及时拔除病苗。移苗时用 50%甲基托布津 500 倍液浸根 24h。用生石灰消毒土壤。并用甲基托布津 500～800 倍液，或 15%粉锈宁 500～800 倍液灌根。4 月用 15%粉锈宁 300～800 倍液灌根成年树，能有效阻止发病。夏季灌根能减缓发病的严重程度，冬季灌根能减少病原菌的越冬结构。及时挖除病死根、死树并烧毁，以消除病染原。栽培抗病品种，可以与抗病能力强的花椒品种混栽。

（3）花椒流胶病：花椒流胶病是由真菌引起，具有很强的传染性，能迅速引起树干基部韧皮部坏死、腐烂、流胶液，导致叶片黄化及枝条枯死。

防治方法：清园消毒，在冬季清理应彻底，将病虫枝叶集中烧毁或深埋，同时喷洒"护树将军"进行全园消毒。适时喷药，做好预防，及时增施有机肥，在发病初期应及时喷洒药剂杀菌。在流胶口及时涂抹"护树将军"防治花椒流胶病，可畅通疏导管，提高植株抗逆性；肥水充足，铲除杂草，在花椒花蕾期、幼果期、果实膨大期各喷洒一次花椒"壮蒂灵"，提高花椒树抗病能力，同时可使花椒椒皮厚、椒果壮、色泽艳、天然品味香浓；喷洒针对性药剂加新高脂膜增强药效，防治气传性病菌的侵入。

（4）花椒膏药病：花椒膏药病是花椒的一种常见病，病原为担子菌亚门的隔担耳。其担子果似膏药状，紧贴在花椒树枝干上。轻者使枝干生长不良，挂果少；重者导致枝干枯死。在很多地区，花椒枝干及整株枯死、挂果少、结果小都与膏药病有关。膏药病的发生与树龄、湿度及品种有关。据调查，花椒膏药病主要发生在荫蔽、潮湿的成年椒园。另外，该病发生与介壳虫为害有关，膏药病以介壳虫分泌的蜜露为营养，故介壳虫为害严重的椒园，膏药病发病则严重。

防治方法：加强管理，适当修剪、除去枯枝落叶，降低椒园湿度；控制栽培密度，尤其是盛果期老熟椒园，过于荫蔽应适当间伐；用波美 4～5 度石硫合剂涂抹病斑；加强介壳虫的防治。

2. 主要虫害防治

（1）花椒虎天牛：花椒虎天牛属鞘翅目，天牛科。花椒虎天牛形态特征：成虫体长 19～24mm，体黑色，全身有黄色绒毛。头部细点刻密布，触角 11 节，约为体长的 1/3。足与体色相同。在鞘翅中部有两个黑斑，在翅面 1/3 处有一近圆形黑斑。卵长椭圆形，长 1m，宽 0.5cm，初产时白色，孵化前黄褐色。初孵幼虫头淡黄色，体乳白色，2～3 龄后头黄褐色，大龄幼虫体黄白色，节间青白色。蛹初期乳白色，后渐变为黄色。

花椒虎天牛生活史和习性：花椒虎天牛两年发生一代，多以幼虫越冬。5 月，成虫陆续羽化，6 月下旬成虫爬出树干，咬食健康枝叶。成虫晴天活跃，雨前闷热最活跃。7 月中旬在树干高 1m 处交尾，并产卵于树皮裂缝的深处，每处 1～2 粒，一雌虫一生可产卵 20～30 粒。一般 8～10 月卵孵化，幼虫在树干里越冬。次年 4 月幼虫在树皮部分取食，虫道内流出黄褐色黏液,俗称"花椒油"。5月幼虫钻食木质部并将粪便排出虫道。蛀道一般 0.7cm×1.0cm,扁圆形,向上倾斜与树干呈 45°。幼虫共 5 龄,以老熟幼虫在蛀道内化蛹。6 月,受害椒树开始枯萎。

防治方法:清除虫源,及时收集当年枯萎死亡植株,集中烧毁;人工捕杀,在 7 月的晴天早晨和下午人工捕捉成虫;生物防治,川硬皮肿腿蜂是花椒虎天牛的天敌,在 7 月的晴天,按每受害株投放 5～10 头川硬皮肿腿蜂的标准,将该天敌放于受害植株上。实践证明,应用川硬皮肿腿蜂防治花椒虎天牛效果好。

(2)花椒介壳虫:花椒介壳虫是同翅目蚧总科为害花椒的蚧类统称,有草履蚧、桑盾蚧、杨白片盾蚧、梨园盾蚧等。它们的特点都是依靠其特有的刺吸性口器,吸食植物芽、叶、嫩枝的汁液,造成枯梢、黄叶,树势衰弱,严重时死亡。

花椒介壳虫形态特征及生活习性:体型多较小,雌雄异型,雌虫固定于叶片和枝干上,体表覆盖蜡质分泌物或介壳。一般介壳虫产卵于介壳下,初孵若虫尚无蜡质或介壳覆盖,在叶片、枝条上爬动,寻求适当取食位置。2 龄后,固定不动,开始分泌蜡质或介壳。花椒蚧类一年发生一代或几代,5 月、9 月均可见大量若虫和成虫。

防治方法:由于蚧类成虫体表覆盖蜡质或介壳,药剂难以渗入,防治效果不佳,因此,蚧类防治重点在若虫期。物理防治:冬、春用草把或刷子抹杀主干或枝条上越冬的雌虫和茧内雄蛹。化学防治:可选择内吸性杀虫剂,如氧化乐果 1000 倍;尤以 40%速扑杀 800～1000 倍效果好。生物防治:介壳虫自然界有很多天敌,如一些寄生蜂、瓢虫、草蛉等。

(3)凤蝶:幼虫咬食叶片,食成空洞,影响生长,严重时使树叶大量减少,影响花椒树木生长发育。

防治方法:在凤蝶的蛹上曾发现大腿小蜂和另一种寄生蜂寄生。因此,在人工捕捉幼虫和采蛹时把蛹放入纱笼内,保护天敌。使寄生蜂羽化后能飞出笼外,继续寄生,抑制凤蝶的发生。在幼虫幼龄时期,喷 90%敌百虫 800 倍液,或 50%杀螟松乳剂 1000倍液,每隔 5～7 天一次,连续喷 1～2 次。或 Bt 乳剂 300 倍液,每隔 10～15 天 1 次,连续 2 次。

(4)花椒红蜘蛛:红蜘蛛雌成虫体卵圆形,长 0.55mm,其有越冬型和非越冬型之分,前者鲜红色,后者暗红色。雄成虫体较雌成虫小,约 0.4mm,半透明,表面光滑,有光泽,橙红色,幼虫初孵化乳白色,圆形,有足 3 对,淡绿色。红蜘蛛一年发生 6～9 代,以受精雌成虫越冬。在花椒发芽时开始为害。第一代幼虫在花序伸长期开始出现,盛花期为害最盛。交配后产卵于叶背主脉两侧。花椒红蜘蛛也可孤雌生殖,其后代为雄虫。每年发生的轻重与该地区的温湿度有很大的关系,尤在高温干旱有利于花椒红蜘蛛发生而为害严重。

防治方法:在 4～5 月,害虫盛孵期、高发期用 25%杀螨净 500 倍液、73%克螨特 3000倍液防治;或用内吸性杀虫剂氧化乐果 1000 倍液,40%速扑杀 800～1000 倍液防治。应保护害虫的天敌,如一些捕食螨类、瓢虫等的昆虫,田间尽量少用广谱性杀虫剂,以保护天敌,起到有效防治作用。

(5)花椒瘿蚊:花椒瘿蚊又名椒干瘿蚊。可使受害的花椒嫩枝因受刺激引起组织增生,形成柱状虫瘿,使受害枝生长受阻,后期枯干,而且常致使花椒树势衰老而死亡。

防治方法：及时剪去虫害枝，并在修剪口及时涂抹愈伤防腐膜保护伤口，防治病菌侵入。及时收集花椒虫枝烧掉或深埋，并配合在树体上涂抹"护树将军"阻碍病菌着落于树体繁衍，以减少病菌成活率。亦可在花椒采收后及时喷洒针对性药剂加新高脂膜增强药效，防止气传性病菌的侵入，并用棉花蘸药剂在颗瘤上点搽，全园喷洒"护树将军"进行消毒处理。

（八）越冬管理

1. 加强水肥管理，提高树体营养水平

花椒树进入 7 月份后，应停止追施氮肥，以防后季疯长。同时基肥应尽量早于 9～10 月施入，以有利于提高花椒树体的营养水平及利于顺利越冬。

入冬前，尚应采取有效措施强化花椒树体，以利越冬。例如，以修剪控制树体旺长，于 9～10 月对花椒直立旺枝，采取拉、扭和摘心等措施来削弱旺枝的长势，控制旺树效果明显，并适时喷施"护树将军"保温防冻，阻碍病菌着落于花椒树体繁衍，同时尚可提高花椒树体的抗寒能力。又如在 7～8 月可施硫酸钾等速效钾肥，叶面喷施光合微肥、氨基酸螯合肥等高效微肥+新高脂膜 800 倍液，以提高树体的光合能力；在 9～10 月于花椒叶面喷施 0.5%的磷酸二氢钾+0.5%尿素混合肥液+新高脂膜 800 倍液喷施，每隔 7～10 天连喷 2～3 次，可有效地提高花椒树体营养储备和抗寒能力。

2. 加强越冬保护管理，防止树枝遭受冻害

对花椒树体主干和花椒幼苗整株采用培土等有效防护措施，以加强对树体保护；并在花椒树体主干上涂抹"护树将军"保温防冻或进行树干涂白保护（涂喷生石灰 5 份+硫黄 0.5 份+食盐 2 份+植物油 0.1 份+水 20 份配制而成的保护剂）及培土保护。也可在越冬期间，对花椒树体喷洒 1%～1.25%的"护树将军"溶液，以有效防止花椒树枝遭到冻害。

上述花椒良种繁育与规范化种植关键技术，可于其生产适宜区内，并结合实际因地制宜地进行推广应用。

【药材合理采收、初加工、贮藏与运输】

一、合理采收与批号制定

花椒果实于 8～10 月成熟，当果实外皮由绿色转变为紫红色，果皮缝合线突起，少量开裂，种子黑色光亮，可闻到浓郁的麻香味时即可采收。花椒采收一般是用手摘或剪子剪。采摘椒穗时，一定不要连同腋芽摘掉，以免影响来年产量。

二、合理初加工与包装

（一）合理初加工

传统的花椒干制方法是集中晾晒或在阴凉干燥处阴干，所需时间比较长，通常需

6～10 天，如果碰到阴雨天气就容易涌现霉变。现在多采取人工烘烤方法，用土烘房或烘干机进行干燥，人工烘烤的花椒色泽好，能够很好地保留花椒的特有风味。具体方法是：花椒采收后，先集中晾晒半天到 1 天，此后装烘筛送入烘房烘烤，装筛厚度 3～4cm。在烘烤开始时烘房温度 50～60℃，2～2.5h 后升温到 80℃左右，再烘烤 8～10h，待花椒含水量小于 10%时即可。在烘烤进程中，要注意排湿和翻筛。开始烘烤时，每隔 1h 排湿和翻筛 1 次，之后随着花椒含水量的下降，排湿和翻筛的间隔时间可以适当延长。花椒烘干后，连同烘筛取出，筛除籽粒及枝叶等杂物，按标准装袋即为花椒药材成品（图 6-5）。

图 6-5　花椒与青椒的药材采收和初加工药材

（二）合理包装

过去包装贮藏干花椒，一直采用麻袋盛装。这种包装贮藏的花椒时间一久麻味降低、芳香减少、颜色减退。现采用清洁、无毒、无污染的 0.20～0.24mm 厚的聚乙烯塑料薄膜袋，将干制检验合格后的花椒，按规格严密包装。在包装前，每批药材包装应有记录，应检查是否充分干燥、有无杂质及其他异物；并应在每件包装上注明品名、规格、等级、毛重、净重、产地、批号，执行标准、生产单位、包装日期及工号等，并应有质量合格的标志。

三、合理储藏养护与运输

（一）合理储藏养护

过去包装贮藏干花椒，一直采用麻袋盛装于普通库房贮藏。这种包装贮藏不利花椒的质量保障。近年来，采用"花椒低温低湿密闭贮藏"的新方法，克服了过去贮藏法的缺点。花椒干制后经上法合理包装，密封后贮藏于 1～5℃的低温库房内。同时，要求贮藏的相对湿度保持在 60%～90%。若花椒的数量不多，不足以设专库贮藏，可将花椒装入 0.20～0.24mm 厚的塑料薄膜袋密封，存放于阴凉通风干燥处。贮藏少许花椒，可盛放在有盖的广口玻璃瓶内，盖严，存放于温度较低的室内，随用随取。每次用后要盖严，既可防止花椒的芳香气味挥发，又可防止吸湿受潮。在贮藏时，还应随时保持仓储环境干燥、整洁与加强仓储养护规范管理，定期检查、翻垛，发现吸潮或初霉品或虫蛀，应及时进行通风晾晒等处理。

（二）合理运输

花椒药材在批量运输中，严禁与有毒货物混装并应有规范完整运输标识；运输车厢不得有油污与受潮霉变。

【药材质量标准、质量检测与监控】

一、药材商品规格与质量检测

（一）药材商品规格

花椒药材以无杂质、霉变、虫蛀，身干，果皮肥实，色红鲜，油润，质坚，气香味麻者为佳品。其药材商品规格为统货，现暂未分级。

（二）药材质量检测

按照《中国药典》（2015 年版一部）花椒药材质量标准进行检测。

1. 来源

本品为芸香科植物青椒 *Zanthoxylum schinifolium* Sieb.et Zucc.或花椒 *Zanthoxylum bungeanum* Maxim.的干燥成熟果皮。秋季采收成熟果实，晒干，除去种子和杂质。

2. 性状

青椒：多为 2～3 个上部离生的小蓇葖果，集生于小果梗上，蓇葖果球形，沿腹缝线开裂，直径 3～4mm。外表面灰绿色或暗绿色，散有多数油点和细密的网状隆起皱纹；内表面类白色，光滑。内果皮常由基部与外果皮分离。残存种子呈卵形，长 3～4mm，直径 2～3mm，表面黑色，有光泽。气香，味微甜而辛。

花椒：蓇葖果多单生，直径 4～5mm。外表面紫红色或棕红色，散有多数疣状突起的油点，直径 0.5～1mm，对光观察半透明；内表面淡黄色。香气浓，味麻辣而持久。

3. 鉴别

（1）显微鉴别：青椒，粉末暗棕色。外果皮表皮细胞表面观类多角形，垂周壁平直，外平周壁具较密的角质纹理，细胞内含橙皮苷结晶。内果皮细胞多呈长条形或类长方形，壁增厚，孔沟明显，镶嵌排列或上下交错排列。草酸钙簇晶偶见，直径 15～28μm。

花椒，粉末黄棕色。外果皮表皮细胞垂周壁连珠状增厚。草酸钙簇晶较多见，直径 10～40μm。

（2）薄层色谱鉴别：取本品粉末 2g，加乙醚 10mL，充分振摇，浸渍过夜，滤过，滤液挥至 1mL，作为供试品溶液。另取花椒对照药材 2g，同法制成对照药材溶液。照薄层色谱法（《中国药典》2015 年版四部通则 0502）试验，吸取上述两种溶液各 5μL 分别点于同一硅胶 G 薄层板上，以正己烷-乙酸乙酯（4∶1）为展开剂，展开，取出，晾干，置紫外线灯（365nm）下检视。供试品色谱中，在与对照药材色谱相应的位置上，显相同的红色荧光主斑点。

（3）含量测定：照挥发油测定法（《中国药典》2015 年版四部通则 2204）测定。本品含挥发油不得少于 1.5%（mL/g）。

二、药材质量标准提升研究与企业内控质量标准制定（略）

三、药材留样观察与质量监控（略）

【药材研究开发与市场前景展望】

一、生产发展现状与主要存在问题

花椒在我国栽培历史悠久，分布较为广泛，种植面积和产量以及花椒品种居世界首位，占有绝对的优势。除东北、内蒙古等少数地区外，河南、河北、山西、陕西、甘肃、四川、重庆、湖北、湖南、山东、江苏、浙江、江西、福建、广东、广西、云南、贵州、西藏等地均有种植，并大多栽培于低山丘陵、梯田边缘和庭院周围。花椒具有生长快、结果丰、收益大、用途广、栽培管理简便、适应性强、根系发达、能保持水土等优点。对土壤酸碱度要求不严，在中性或酸性土壤中都能生长良好，在山地钙质土壤上生长更好，不与粮食争地，树干能萌发新枝，根系发达，具有保持水土的作用。贵州具有典型的喀斯特地形地貌，主要以丘陵为主，适宜种植花椒。目前，花椒在贵州省贞丰、关岭、平塘、都匀及毕节市、遵义市等地都有较大规模种植，发展迅速。据贵州省扶贫办公室《贵州省中药材产业发展报告》统计，2013 年，全省花椒保护抚育及种植总面积达 35.97 万亩（其中保护抚育面积 11.59 万亩，种植面积 24.38 万亩），总产量达 24938.60 吨，产值 57763.16 万元；2014 年，全省花椒总面积达 29.30 万亩（其中保护抚育面积 0.00 万亩，种植面积 29.30 万亩），总产量达 1.49 万吨，产值 41504.22 万元。其中，尤以贵州贞丰县北盘江镇及关岭县板贵乡等地盛产的顶坛花椒最为著名。以贞丰县为例，其顶坛花椒种植面积已有 5 万亩以上。贵州可耕地较少，石漠化较为严重，种植花椒可为改善生态环境起到良好的作用。贵州顶坛花椒虽未被《中国药典》收载，但据检测分析，贵州顶坛花椒的麻味成分含量高（挥发油高于《中国药典》规定），富含亚麻酸、亚油酸等多种不饱和脂肪酸及维生素 B_1、维生素 B_2、维生素 E 等维生素和镁、铁、锌、硒等微量元素，具有较高药用价值，并是重要调味品、香料及木本油料。同时，贵州顶坛花椒尚具生长快、易管理、用途广、效益大、适应性强等优点。其在喀斯特地貌生态环境建设与精准扶贫、发展医药卫生事业及大健康产业等方面均具有重要意义。

但是，我国花椒产业还存在不少问题，如在花椒的育种和栽培管理技术方面尚严重滞后，没有专门的育种机构，品种不纯，无专用肥，无专门的栽培技术指导。加上花椒种植大多是在较为偏僻地区，有关信息及技术等均十分落后，有关花椒种植的技术人员极少，致使花椒育苗、栽培、施肥、施药、管理等都由椒农凭经验进行，致使有的产地花椒质量、产量低下（平均亩产 130 斤左右）等。

二、市场需求与前景展望

现代研究表明，花椒果实富含挥发油。挥发油中含柠檬烯（limonene，占总油量的 25.10%）、1，8-桉叶素（1，8-cinede，占 21.79%）、月桂烯（myrcene，占 11.99%），尚含有牻牛儿醇（geraniol）、植物甾醇（phytosterol）及不饱和脂肪酸等。青椒果实含挥发油，油中含异茴香脑（草蒿脑 estragolen，methyl-chavicol）、佛手柑内酯（bergapten）和苯甲酸（benzoic acid）等。两种花椒挥发油中尚含 α-蒎烯、β-蒎烯、香桧萜、β-水芹烯、β-罗勒烯-X、α-萜品醇、樟醇、萜品烯醇-4、α-萜品醇、反式-石竹烯、乙酸萜品醇、荜草烯、β-荜澄茄油烯、橙花椒醇异构体等药效成分。现代药理研究表明，花椒对炭疽杆菌、溶血性链球菌、白喉杆菌、肺炎双球菌、金黄色葡萄球菌、柠檬色及白色葡萄球菌、枯草杆菌等 10 种革兰氏阳性菌，以及大肠杆菌、宋内氏痢疾杆菌、变形杆菌、伤寒及副伤寒杆菌、绿脓杆菌、霍乱弧菌等肠内致病菌均有明显的抑制作用。1：4 的水浸剂对星形奴卡氏菌亦有抑制作用。据动物试验，少量持续服花椒水提液可促进有关新陈代谢的腺体发育，多量则可促进有关生殖的腺体发育。这有力证明了古人对花椒具"温阳补肾"之功的认识。药理实验尚发现花椒醚提物 3.0mL/kg 能显著抑制大鼠盐酸性溃疡形成；花椒水提物 5g/kg 可明显抑制大鼠结扎幽门性溃疡的形成；花椒水提物 5g/kg 或 10g/kg 有对抗小鼠番泻叶所致腹泻作用，其作用产生虽缓慢但却持久。花椒水提物 10g/kg 可明显抑制胃肠推进运动。花椒还具有扩张冠状血管、提高横纹肌张力、加强脊髓反射兴奋性，以及镇痛和驱虫等药理作用，这为花椒的深度研发提供了良好基础。

花椒食用及花椒文化历史悠久，源远流长。花椒之名，早在 2000 多至 3000 年前的《诗经》里便有记载。如以花椒树结实累累，象征子孙繁衍昌盛，故《诗经·唐风》称："椒聊之实，藩衍盈升"。古人认为花椒的香气尚可辟邪，有不少皇宫内廷，用花椒泥涂墙壁，将此房称之为"椒房"。如东汉班固的《西都赋》便有"后宫则有掖庭、椒房，后妃之室"吟咏，并祈子嗣能像花椒树一样结实累累般旺盛。再从花椒地道性来看，如四川汉源花椒，古称"贡椒"，自唐代元和年间就被列为贡品，已有上千年历史；川菜百味，更是"麻"

字当头，正宗川味，其椒必取自汉源。甘肃天水、陇南花椒，自古有名，早有"秦椒出天水，蜀椒出武都"之誉。

　　我国青花椒也远销韩国、日本、东南亚各国及欧美等地。花椒又是药食兼用药材，花椒是我国中华美食烹饪中不可缺少的调味剂，川菜人家，更不可缺！花椒市场需求量较大，具有良好开发前景。种植花椒具有较高的经济效益和生态效益。贵州生态环境脆弱，水土流失严重，有大量的贫瘠坡地、山地，种粮食及其他经济作物产量低，效益差，种植花椒正好可以充分利用这些贫瘠的坡地和山地资源，不仅提高了土地的利用价值，而且推动了生态环境建设，在增加农民收入、改善生态环境等方面具有多重效益。

主要参考文献

陈训，彭惠蓉. 2009. 顶坛花椒果皮及种子形态组织学研究[J]. 种子，03：18-20.

陈训，彭惠蓉，贺瑞坤. 2009. 顶坛花椒种子萌发试验[J]. 安徽农业科学，06：2370-2371.

季祯沛. 2013. 花椒栽培技术[J]. 技术与市场，08：281.

晋相科，李少杰，杨光喜，等. 2013. 花椒栽培及管理技术研究[J]. 绿色科技，09：140-142.

李君，杨洋. 2012. 青花椒栽培管理技术[J]. 云南农业，09：15-16.

李柱军. 2009. 喀斯特地区顶坛花椒速生丰产栽培技术[J]. 林业建设，02：20-22.

刘元生，杨光梅. 2003. 花椒种子萌发及成苗技术的研究[J]. 种子，05：36-38.

阮友剑. 1994. 花椒种子的采收与贮藏[J]. 农村经济与技术，09：44.

施兴学，吴爱华. 2010. 花椒种子贮藏方式及处理技术研究[J]. 河北农业科学，07：15-17.

王丽，李翠萍，刘金凤，等. 2010. 花椒育苗实用技术[J]. 林业实用技术，06：36.

王尧钰，左德川. 2011. 贵州顶坛花椒的特征特性及配套栽培技术[J]. 现代农业科技，6：125-126.

徐如意，熊谱成. 1995. 花椒种子采收、贮藏与播前处理[J]. 云南农业，03：14.

姚佳，蒲彪. 2010. 青花椒的研究进展[J].中国调味品，06：35-39.

赵建民. 1991. 花椒种子的收藏与播前处理[J]. 中国林副特产，01：38-39.

赵建民，张中社，李景侠. 1991. 花椒种子与扦插育苗技术[J]. 中国林副特产，04：36-37.

中国科学院中国植物志编委会. 1997. 中国植物志（第43卷）[M]. 北京：科学出版社：44.

（黄明进　刘红昌　罗春丽　叶世芸　冉懋雄）

7　吴　茱　萸

Wuzhuyu

EVODIAE FRUCTUS

【概述】

　　吴茱萸原植物为芸香科植物吴茱萸 *Evodia rutaecarpa*（Juss.）Benth.、石虎 *Evodia rutaecarpa*（Juss.）Benth.var. *officinalis*（Dode）Huang 或疏毛吴茱萸 *Evodia rutaecarpa*（Juss.）benth.var. *bodinieri*（Dode）Huang 的干燥近成熟果实。别名：米辣子、臭辣子、气辣子、曲药子、茶辣子等，或简称吴萸。历版《中国药典》均予收载，《中国药典》（2015年版一

部）称：吴茱萸味辛、苦，性热；有小毒。归肝、脾、胃、肾经。具有散寒止痛、降逆止
呕、助阳止泻功能。用于厥阴头痛、寒疝腹痛、寒湿脚气、经行腹痛、脘腹胀痛、呕吐吞
酸、五更泄泻。吴茱萸亦为贵州常用苗药，苗药名："det gaf ved"（近似汉译音："豆
卡欧"），在《中华本草·苗药卷》收载："吴茱萸味辣、麻，性热；小毒。入冷经、慢
经。具有散寒止痛、降逆止呕、温中燥湿功能，主治脘腹冷痛、厥阴头痛、疝痛、痛经、
脚气肿痛、呕吐吞酸、寒湿泻泄"。民族民间广泛用于头痛、胃腹冷气疼痛、小儿腹泻、
行经腹痛、呕吐等症。

　　吴茱萸是古老的传统中药植物，其果实早于西汉时已作药用，如《五十二病方》就
有吴茱萸与花椒合用治病的记载。吴茱萸为我国现存最早药学专著《神农本草经》收载，
列为中品，称其"一名藙，味辛，温，有小毒。主温中，下气，止痛，咳逆寒热，除湿，
血痹，逐风邪，开腠理。根，温，杀三虫，久服轻身。生川谷。"其后诸家本草如《本
草经集注》《名医别录》《新修本草》《大观本草》《证类本草》《图经本草》《本草衍义》
及《本草纲目》，以至农书《齐民要术》等均予收载录述。如宋代苏颂在《本草图经》
中所绘的吴茱萸及食茱萸，两图十分相似，并云："吴茱萸，生上谷川谷及冤句，今处
处有之，江浙、蜀汉尤多。木高丈余，皮青绿色，叶似椿而阔浓、紫色，三月开花，红
紫色，七月、八月结实，似椒子，嫩时微黄，至熟则深紫。九月九日采，阴干。《风土
记》曰：俗尚九月九日谓为上九，茱萸到此日气烈塾色赤，可折其房以插头，云辟恶气
御冬。"宋代寇宗奭《本草衍义》载云："吴茱萸，须深汤中浸去苦烈汁，凡六、七过，
始可用。今文与注及注中药法皆不言，亦漏落也。此物下气最速，肠虚人服之愈甚。"
明代李时珍《本草纲目》，在"集解"项下明确指出："茱萸枝柔而肥，叶长而皱，其
实结于梢头，累累成簇而无核，与椒不同，一种粒大，一种粒小，小者入药为胜"。
在"主治"项下除录述《神农本草经》等本草功能主治外，李氏尚提出吴茱萸可"开
郁化滞，治吞酸，厥阴痰涎头痛，阴毒腹痛，疝气血痢，喉舌疮。"李氏在录述吴茱
萸能治"阴毒伤寒""中恶心痛""下痢水泄""老小风疹"等多个"附方"后，还对吴
茱萸叶、枝、根及白皮，以及"食茱萸"（始载于《新修本草》）的功能主治等进行了
收录。综上可证，吴茱萸应用历史悠久，疗效可靠，是中医临床传统常用中药，也是
贵州著名地道药材。

【形态特征】

　　吴茱萸：为多年生常绿灌木或小乔木，高3～6m，树皮青灰褐色，小枝紫褐色；幼枝、
叶轴或花序轴均被锈色长柔毛，裸芽密被褐紫色长绒毛。单数羽状复叶对生，小叶5～9，
椭圆形至卵形，长5～8cm，宽3～4cm，先端急尖，基部楔形，全缘，侧脉不明显，下面
密被长柔毛，淡黄褐色，有粗大腺点。聚伞圆锥花序顶生，雌雄异株，白色，均为5数；
雌花花瓣较雄花大，内面被长柔毛，退化雄蕊鳞片状，子房上位，长圆形，心皮5，花后
增宽成扁圆形，有粗大的腺点，花柱粗短；果实呈蓇葖果状，紫红色，表面有粗大的油腺
点，种子1，卵状球形，黑色，有光泽。花期6～8月，果期9～10月。吴茱萸植物形态
见图7-1。

（1. 果枝；2. 小叶片；3. 心皮；4. 果；5. 种子）

图 7-1　吴茱萸植物形态图

（墨线图引自中国科学院《中国植物志》编辑委员会，《中国植物志》43 卷第 2 分册，科学出版社，1997）

石虎：与吴茱萸种很相似，区别点为变种具有特殊的刺激性气味，小叶 3～11，叶片较狭，长圆形至狭披针形，先端渐尖或长渐尖，各小叶片相距较疏远，侧脉较明显，全缘，两面密被长柔毛，脉上最密，油腺粗大。花序轴常被淡黄色或无色的长柔毛。成熟果序不及吴茱萸密集，种子带蓝黑色。花期 7～8 月，果期 9～10 月。

疏毛吴茱萸：与吴茱萸主要区别是小枝被黄锈色或丝光质的疏长毛，叶轴被长柔毛；小叶 5～11，叶形变化较大，长圆形、披针形、卵圆形至倒卵状披针形，上表面中脉略被疏短毛，背面脉上被短柔毛，侧脉清晰，油腺点小。花期 7～8 月，果期 9～10 月。

【生物学特性】

一、生长发育习性

吴茱萸侧根较发达，其植株分蘖能力强，每年 11～12 月开始落叶，次年 3～4 月返青萌发新芽，一般定植 3 年后开始结果，但第一年产量少，以后逐年产量增加，4～10年为盛果期。种子发芽率与授粉方式及果实内的种子数有关，种子在低温条件下容易萌发，发芽适宜温度 12～16℃，发芽率 50%～60%。吴茱萸植株寿命一般 5～10 年，最长者 30～40 年。

二、生态环境要求

吴茱萸喜在温暖湿润、阳光充足、肥沃疏松、排水良好、土层深厚的酸性土壤（pH6～7）中生长。一般要求海拔在 1000m 以下，若海拔过高、温度过低则生长缓慢，果实成熟不良；冬季严寒多风而过于干燥的地方也生长不良，结果少，产量低，质量也差，且在阴湿环境里病害较多，亦影响其生长发育。吴茱萸以富含腐殖质的油沙地、夹沙土等肥沃疏松的坡地、田边、土坎、地角、宅旁、溪边、疏林下或林缘旷地栽培最为适宜。冉懋雄等曾对贵州吴茱萸主产区铜仁、余庆等地进行深入实地调查，发现当地野生吴茱萸垂直分布于海拔 200～1000m，主要栽培于海拔 300～500m 的山地、村畔、宅旁、路边及疏林下。年平均温度为 16.6℃，全年≥10℃积温为 5302℃，全年降水量平均为 1290.2mm，年平均相对湿度为 78%，年日照时数为 1158.4h，无霜期 305 天。这些气候条件均非常适于吴茱萸生长。如铜仁吴茱萸生长良好的土地类型及土壤类型是：缓坡地(铁铝质黄壤，海拔 270m)；河谷缓坡地（硅铝质粗骨黄壤，海拔 270m）；梯土蔬菜地（黄色石灰土，海拔 330m）；丘陵蔬菜地（黄壤，海拔 490m）；坡脚坝地蔬菜地（硅铝质粗骨黄红壤，海拔 600m）；低山蔬菜地（黄壤，海拔 890m，均非干燥黏重死黄泥土）。

【资源分布与适宜区分析】

一、资源调查与分布

本草文献对吴茱萸产地的记载，最早见于《神农本草经》曰："吴茱萸生上谷、川谷及冤句。"其所指即现在山西与河北交界附近及山东菏泽地区。《重修政和经证类备用本草》引《图经本草》称："吴茱萸生川谷及冤句，今处处有之，江浙蜀汉尤多"；其插图有临江军（即今之江西省樟树市等地）吴茱萸、越州（今之浙江省绍兴一带）吴茱萸，可见宋代时吴茱萸已见于长江流域的江苏、浙江、湖北、湖南、贵州、四川等地；与现今吴茱萸主产地基本相同。

据《中国植物志》43 卷第 2 分册对石虎记述为"小叶纸质，宽稀超过 5cm。叶背密被长毛，油点大；果序上的果较少，彼此密集或较疏松。长江以南、五岭以北的东部及中部各省。生于低海拔地方，浙江、江苏、江西一带多为栽种。"疏毛吴茱萸又名"波氏吴萸（变种）"，其为"小叶薄纸质，叶背仅叶脉被疏柔毛。雌花序上的花彼此疏离，花瓣长约 4mm，内面被疏毛或几无毛；果梗纤细且延长。产于广东北部、广西东北部、湖南西南部、贵州东南部。生于山坡草丛或林缘。有栽种。"根据产地的不同，历史上吴茱萸药材商品名也各异，如"杜吴萸"主产于浙江的缙云、永泰、昌化一带；"常德吴萸"主产于湖南西部与贵州东北部各地，因产品历来云集于常德而得名；"川吴萸"，主产于四川和贵州部分地区；"广西吴萸"，主产于广西与邻接的贵州部分地区。由此可见，黔东、黔东北地区（铜仁、松桃、江口、印江、思南、石阡、德江等）盛产吴茱萸，在各个时期其商品药材来源的历史地位举足轻重。

综上可见，我国吴茱萸属植物约有 22 种，自西南、华南至东北广布，但主要分布于长江流域以南各地，尤集中产于西南及中南各地。《中国药典》收载的吴茱萸主要分布于贵州、重庆、湖南、四川、云南、湖北，以及安徽、浙江、福建、广西、广东、陕西、甘肃南部；石虎主要分布于贵州、重庆、四川、湖北、湖南、浙江、江西及广西；疏毛吴茱萸主要分布于贵州、江西、湖南、广东及广西。全国吴茱萸产区分布见表 7-1。

表 7-1　全国吴茱萸产区分布表

地区	主产区
贵州	铜仁、遵义、安顺、江口、印江、德江、思南、镇远、玉屏、沿河、松桃、习水、务川、石阡、正安、绥阳、湄潭、凤冈、金沙、黔西、纳雍、赤水、织金、威宁、晴隆、普安、望谟、关岭、施秉、都匀、榕江、天柱、凯里、三穗等
湖南	保靖、新晃、湘阴、常德、桃源、永顺、古丈、吉首、花垣、龙山、桑植、慈利等
重庆	酉阳、开州、忠县、黔江、秀山、彭水、南川、武隆等
四川	宜宾、金阳、高县、屏山、乐山、犍为、马边、沐阳、绵阳、平武、旺苍等
云南	富宁、广南、文山、丽江、云龙等
陕西	洋县、石泉、城固、南郑、镇巴等
湖北	利川、阳新等
安徽	广德、贵池等

注：引自冉懋雄主编，《名贵中药材绿色栽培技术茯苓吴茱萸川芎》，2002。

二、贵州吴茱萸资源分布与适宜区分析

（一）贵州吴茱萸资源分布

吴茱萸在贵州全省大部分地区均有分布，其中以黔东、黔北、黔东南、黔南等地最为集中，野生数量多，种植面积大，药材质量佳，是吴茱萸的地道产区。根据我国三次中药资源普查结果，1961～1964 年和 1971～1980 年前后的 14 年间，贵州省所收购的吴茱萸（栽培）达到 123 万 kg，其中以铜仁地区的收购量最高，占到了 40.6%，其次为遵义地区，占 27.1%，第三为黔东南地区，占 18.58%。其次，赤水、习水、正安、绥阳、安顺、黔西、纳雍、织金、威宁、晴隆、普安、望谟、关岭、都匀等地也有分布。可见，吴茱萸在贵州省各地分布广泛。贵州省吴茱萸的栽培历史悠久，现今吴茱萸商品药材主要来源于栽培生产。据调查，贵州铜仁、松桃、江口、思南、德江及遵义、余庆、湄潭等地已有二三百年的栽培历史，所产吴茱萸药材质量上乘，香味浓郁，多行销于国内各地区，并出口东南亚各国。

（二）贵州吴茱萸适宜区分析

吴茱萸最适生长海拔 300～800m，全生育期（从发芽到果实采收）150～180 天，平均气温 16℃，光照 1200～1500h，全年≥10℃积温 4000～5500℃，降水量 800m 以上。黔北、黔东、黔东南、黔南等地的气候及地理条件均符合吴茱萸的生长要求。特别是铜仁、松桃、江口、印江、德江、思南、玉屏、沿河、石阡、余庆、湄潭、遵义、习水、赤水、务川、正安、镇远、凯里、三穗、都匀、三都、晴隆、普安、望谟、关岭等地为吴茱萸的最佳适宜生长区域，该区域产量大，所产吴茱萸占全国产量的 30% 左右。

除上述吴茱萸最适宜区外，贵州省其他各县（市、区）凡符合其生长习性与生态环境要求的区域均为其适宜区。

【生产基地合理选择与基地环境质量检（监）测评价】

一、生产基地合理选择与基地条件

吴茱萸种植环境条件的好坏是生产优质吴茱萸药材的前提和基础，若环境中的有害物质含量高，会加剧植物对有害物质的吸收，严重影响中药材质量。因此，吴茱萸的规范化生产必须按照其适宜区优化原则与其生长发育特性要求，选择最适宜区或适宜区，并具良好社会经济条件的地区建立规范化生产基地。在环境条件（空气、土壤、水）良好的情况下进行，并严格控制农药、化肥、激素的使用，规范各生产环节的管理。建立吴茱萸规范化生产基地，不仅是吴茱萸现代化和产业化发展的要求，也是吴茱萸消费市场的客观需要。贵州省在吴茱萸地道产区余庆和松桃，均已建立了较大规模的吴茱萸规范化生产基地（图 7-2、图 7-3）。例如，余庆县吴茱萸规范化生产基地位于该县龙溪镇红军村、苏羊村、芝州村等地，主栽吴茱萸和疏毛吴茱萸，基地海拔 860m，属亚热带季风湿润气候，四季分明，冬无严寒，夏无酷暑，水热同季，水源较为丰富，年均气温 14～16.8℃，全年≥10℃积温为 5187℃，总积温 4851～6500℃，全年降水量 1049～1235mm，年平均相对湿度 70%以上，无霜期 270～300 天。基地土壤类型为黄壤，质地疏松、肥沃，pH 6.5～7.0，土壤熟化程度高。农田灌溉水主要来自天然降雨及山泉水。施肥以农家肥料为主，化学肥料主要使用复合肥等。基地自然条件与社会经济良好，交通方便，周围无工矿企业"三废"污染。

图 7-2　贵州余庆县吴茱萸规范化种植基地

图 7-3　贵州松桃县吴茱萸规范化种植基地

二、基地环境质量检（监）测与评价（略）

【种植关键技术研究与推广应用】

一、种质资源保护抚育

贵州吴茱萸主要生长在石灰岩山地、中山阔叶林、低山林缘、河谷田野生境中，野生资源分布范围和分布量较好，种质资源的多样性丰富。但野生吴茱萸的种内植物形态变异较大，药性不稳定，一般不作为商品药材使用，商品吴茱萸主要是栽培品种，但对吴茱萸野生资源进行保护，可为吴茱萸的品种选育提供丰富的育种材料。吴茱萸栽培品种经过长期驯化后，形成了无融合生殖，胚珠不能发育成成熟种子，引种必须依赖于扦插、根插、分蘖的无性繁殖方式进行，而有性繁殖一直未获成功，这样的结果使植株的抗虫、抗病能力越来越低，故应加强栽培吴茱萸的有性繁殖研究，提高其有性繁殖能力。同时，应对贵州省黔东、黔北等吴茱萸地道主产区的吴茱萸种质资源，采取封山育林及补栽等有效措施加以保护抚育，以求永续利用。

二、良种繁育关键技术

在生产上，吴茱萸的繁殖方式以无性繁殖（分蘖、扦插、压条、嫁接或组织培养等方法）为主；亦可采用有性繁殖（种子繁殖）。但由于种子繁殖较根蘖繁殖和扦插繁殖等无性繁殖繁杂，生产周期较长，一般情况下很少采用种子繁殖。

（一）无性繁殖

1. 分株繁殖

选 3～4 年生的健壮吴茱萸植株，冬季或春季在距母株约 60cm 左右处，刨开周围表土，露出侧根，用利刀在根上每隔 6～9cm 处切一伤口，覆细土 3～6cm，施以稀薄的腐熟人粪尿，再覆盖 3～6cm 厚的草。第二年春天，吴茱萸植株伤口处便会长出幼苗，再将幼苗从母树侧根上用刀割下分栽。此法繁殖量较大，一般 1 株健壮的母树，可割取幼苗 30～40 株。

2. 插条繁殖

插条在早春尚未抽芽前，剪取 1～2 年生吴茱萸健壮无病虫害枝条，截成 15～25cm 小段，每枝条带有 3～4 个芽，然后插入预先开好的穴内，将土压紧，只露出土面 3cm 左右，土中要留有 1～2 个芽。剪时或插时都要注意不要倒插和弄伤树皮。插后，随时除草，并浇水保持土壤湿度。1 年后移栽。也可以将地做成 40cm 宽的畦面，在畦上横挖 15～21cm 深的小沟，每隔 9cm 略斜插 1 条于土中，插穗要露出土面 6cm 以上，插后压紧浇水，盖上 6～9cm 厚的草，保持土壤湿润。成活后第 2 年年初即可移栽。此法成活率可达 80%～90%。吴茱萸扦插条的剪取与扦插育苗见图 7-4。

图 7-4　吴茱萸扦插条的剪制与扦插育苗

3. 压条繁殖

选 2 年生的枝条，压埋在同园土中 5～10cm 深，枝尖露出地面。埋在土中的枝条，每一叶芽可生出 1 株幼苗，第二年春天即可切苗移栽。

4. 根插繁殖

立春前后，选生长旺盛、地下根系发达的健壮吴茱萸母株，将其树脚周围泥土挖开，取出较粗壮的侧根，切成 15～18cm 长的侧根做插穗。在平整好的畦面上，按行距 15～21cm 开沟，沟深 12～15cm，然后将根每隔 10～12cm 斜插一节，覆土稍镇压，盖草灌水，保持土面湿润，50～60 天可生新芽，第二年春季则可移植。此法成活率可达 90% 左右，生长较快，2～3 年即可开花结果，比其他方法可提前 1 年。

5. 单芽扦插繁殖

在春季 2～3 月，选择健壮吴茱萸枝条，按节切断，每节长 6～9cm，并在节上无芽处削去一部分皮层，现出木质部，然后置于装有糠壳的箩筐中，每日浇以温水，待削伤处出现愈合组织和幼根后，即可取出移入苗床育苗。但在移苗时，每节只留一芽，以免消耗养料。苗床应保持湿润和疏松，当苗长至 30cm 高时即可移植。在繁殖材料比较缺乏的情况下，可以采用此法繁殖。

6. 嫁接

以同科植物黄柏育苗作砧木，砧木也用吴茱萸实生苗（换代），于初春选取吴茱萸成龄树枝芽作接穗，采用柑橘等果树常规嫁接方法进行嫁接育苗。此法成活率可达 90% 以上，次年即可移栽定植，一般两年内就达到开花挂果。吴茱萸嫁接育苗与嫁接后成林观察见图 7-5。

7. 组织培养

利用吴茱萸的嫩叶为外植体，离体培养可实现其无性繁殖、建立再生体系。其诱导培养基为 MS+1.0mg/L BA+0.3mg/L NAA，诱导率可达 74.4%，且幼苗正常，无玻璃化现象；

最佳增殖培养基为 MS+2.0mg/L BA+0.1mg/L KT+0.3mg/L NAA，增殖系数可达 4.61；以 1/2 MS+NAA 2.0mg/L 为培养基进行生根培养，生根率可达 86%。生根培养后移栽 15 天，组培苗有大量新根生出，则移栽到大田。

图 7-5　吴茱萸嫁接育苗与嫁接后成林观察

（二）有性繁殖

1. 种子树培育与开花结果特性

经对贵州省地道产区（如遵义市余庆县、铜仁市松桃县等地）生长 3～5 年或 5 年以上、长势旺盛、无病虫害的健壮吴茱萸作为吴茱萸种子树培育与开花结果特性的研究观察发现，其植株株高、树冠、茎粗的生长速度均以每年 3～5 月增长速度最快；6 月增长速度变缓，7～8 月上旬生长速度有所增长，但增长速度仍没有 3～5 月快。应选择吴茱萸树高 1.8m、树冠 1.9m 及茎粗 8cm 以上，长势繁茂、无病虫害的健壮植株作种子树。如对余庆县龙溪镇红军村吴茱萸规范化种植 GAP 试验基地种子树的生长与开花结果特性观测，一般于吴茱萸栽植后第 3 年才开始开花挂果。当其花蕾形成则孕育着吴茱萸果实，进入始花期；在花蕾开放至盛开时，其草绿色的嫩果即露现并逐渐成熟而进入盛花期；待花瓣脱落时其果实方逐渐饱满，并由绿色转为紫绿色或浅紫红色则逐渐进入终花期，然后其果实则逐近成熟，此近成熟果实应及时采收供药用；当果实呈紫红色或红色时便逐进入成熟期，其果实即可采收供种用。

以上观察结果表明，吴茱萸的始花期多在 6 月中下旬，盛花期多在 7 月下旬至 8 月上旬，终花期多在 8 月下旬至 9 月上旬，果实近成熟期多在 9 月上旬至 10 月上旬，可采收供药用；10 月中下旬成熟果实，可采收供种用。也就是吴茱萸采收时间应在其果实由青红色转为紫红色或红色，有少量果实开裂露出黑亮种子时为充分成熟；同一母树果实成熟时间常相差 3～5 天，应分批将整个果序剪下采收，以便进行种子贮藏前的处理，见图 7-6。

2. 种子来源与鉴定

吴茱萸雌雄异株，选择在贵州地道产区（如铜仁市松桃县、遵义市余庆县等地）生长 5 年以上、长势旺盛、无病虫害的健壮吴茱萸母树植株作为树种采集种子。品种以芸香科

植物吴茱萸 *Evodia rutaecarpa*（Juss.）Benth.或疏毛吴茱萸 *Evodia rutaecarpa*（Juss.）Benth.var. *bodinieri*（Dode）Huang 为主。

吴茱萸的始花期（余庆县龙溪吴茱萸GAP试验示范基地，2007年6月25日）

吴茱萸的盛花期（余庆县龙溪吴茱萸GAP示范基地，2007年8月5日）

吴茱萸终花期后的果实（余庆县龙溪吴茱萸GAP示范基地，2007年9月9日）

吴茱萸成熟期的果实（余庆县龙溪吴茱萸GAP示范基地，2007年9月29日）

图 7-6 吴茱萸开花结果特性观测研究（余庆县龙溪吴茱萸 GAP 试验示范基地）

3. 果实与种子特性观测研究

（1）观测方法：在余庆县龙溪镇红军村吴茱萸 GAP 试验示范基地的吴茱萸种子园，于吴茱萸果实呈紫红色或纯红色进入成熟期时采种。随机采摘其果穗束，分别趁鲜观测记录果实外观性状、计算每束果实颗粒数，并用游标卡尺测量果实的长宽大小（高度、直径）；然后剥去果皮，取出种子，分别趁鲜观测记录种子外观性状、统计每束种子数，并用游标卡尺测量种子的长宽大小（高度、直径）；再将种子于阴凉处干燥，并依法观测计算。

（2）观测结果：吴茱萸的成熟果实为蓇葖果，扁球形，鲜果长 4.68～4.87mm，直径 6.20～6.36mm，紫红色或纯红色，表皮有腺点，每颗果实分为 5 瓣，有极少数果实含 1～2 粒（每瓣中只有 1 粒）；果实干燥后色泽加深，呈黄褐色或酱红色，果皮皱缩，有深浅不同的沟纹，干果长 3.19～3.51.mm，直径 4.28～4.65mm。其鲜种呈卵圆形，紫黑色，具光泽，长 1.215～1.365mm，直径 1.39～1.665mm；干种呈卵圆形，黑色，光泽变暗，籽粒缩小，长 1.11～1.18mm，直径 1.15～1.205mm，阴干种子千粒重 7.3～8.4g。然后再依法检测吴茱萸发芽率等种子特性，并研究制订种子质量标准与分级（试行）。

4. 种子质量标准研究制订

经研究实践并结合药农经验，初步研究制定了吴茱萸种子质量标准（试行），见表 7-2。

表 7-2　吴茱萸种子质量标准（试行）

等级	外观性状	纯度/%	净度/%	发芽率/%	千粒重/g	水分/%
一级	籽粒饱满、大小均匀，高度 1.0mm 以上，直径 1.2mm 以上，籽粒表面呈紫黑色，有光泽，无霉变	≥99	≥95	≥50.0	≥8.0	≤12
二级	籽粒饱满、大小均匀，高度 0.8～1.0mm，直径 1.0～1.2mm，籽粒表面呈紫黑色，有光泽，无霉变	≥99	≥90	≥40.0	≥7.5	≤12
三级	籽粒饱满、大小不等，高度 0.5～0.8mm，直径 0.7～1.0mm，籽粒表面呈黄褐色，几无光泽，无霉变	≥99	≥85	≥30.0	≥7.0	≤12

注：（1）本标准系余庆县龙溪吴茱萸红军村 GAP 试验示范基地研究制订的暂行标准。（2）以上各项指标为划分吴茱萸种子质量级别的依据。检测结果有一项指标不能达到要求，则降为下一级别，检测达不到一级标准降为二级，达不到二级种子降为三级种子，达不到三级种子即为不能作种子用；在生产上均采用一级种子，但鉴于吴茱萸种子发芽率太低等故，在目前生产上实际多未采用有性繁殖方式进行繁殖。

5. 种子包装与贮藏

经不同包装和不同贮藏条件对吴茱萸种子质量影响的研究，结果表明，用透气性良好的棉布袋与用透气性较差的牛皮纸袋包装吴茱萸种子，在室温干燥处贮藏比冰箱（0～5℃）贮藏的效果（外观性状、发芽率等，下同）差；而同一包装的吴茱萸种子，在室温干燥处贮藏比冰箱（0～5℃）贮藏效果差；而在同一贮藏条件下，上述两种包装之间的贮藏效果略有差异。上述试验研究表明，吴茱萸种子以无污染的牛皮纸袋包装、低温（0～5℃）贮藏为好；但随着贮藏时间的延长，吴茱萸种子的活力将逐渐减弱，萌发幼苗的能力逐渐降低，故贮藏时间不宜超过 12 个月。另外，吴茱萸种子采集后，亦可随采随播。

6. 播种与育苗

将吴茱萸一级种子，均匀播种于苗床，再用混匀的草木灰、腐熟堆肥、细土（混合比例 15：15：70）覆盖种子，厚度为 2～3cm，然后在苗床上用竹片和遮阴网制成 60cm 高小拱棚遮阴，温度控制在 12～16℃。待种苗出土后，株高达 10cm 以上移植。

三、规范化种植关键技术

（一）选地整地

选择阳光充足、温和湿润、海拔 1200m 以下、土层深厚、疏松肥沃、排水良好的砂质土壤作吴茱萸种植地。由于吴茱萸是多年生植物，一次种植多年收获受益，除了规模成片规范化种植造林外，农户也可以选择在房前屋后、空置土地、沟边、溪边、稀疏林地等进行种植。

在霜冻来临前，深翻土地 30cm 以上，适量施入草木灰或其他有机肥；一般在整地完毕后，每亩施入充分腐熟无害化并符合卫生标准的农家肥 800～1000kg（按每窝 10kg 计算），或用符合国家标准的复合肥 110kg（按每窝 1.5kg 计算）作底肥。若地形平缓，可直接穴状整地栽培；坡地 15°以下平缓坡地全垦，15°以上等高种植。坡度种植前须进行土壤深翻，熟化土壤。栽植株行距为 3m×4m，挖穴时注意将心土与表土分开堆放。种植穴大小以直径 50cm、深 50cm 为宜。

（二）移栽定植

在吴茱萸落叶至春季萌发前的时间内移栽定植，一般于 9 月底至次年 3 月上旬为吴茱萸最适宜移栽时间，以早春为好；并应选阴、雨天或晴天下午进行移栽定植。成片移栽时，可按行株距 3m×3m 定植，每亩约栽培 100 株左右。定植时，每穴适当施入一定量的农家肥对吴茱萸植株后续生长有利。移栽覆土一半时，将种苗轻轻上提，以利其根系舒展，再覆土压实即可。移栽定植后应立即浇透定根水，以后视气候情况酌情浇水等管理，以保成活。

（三）田间管理

1. 及时补苗

定植栽后 15 天内，成活后要及时每天查看苗情，发现苗木有干枯现象，应及时补苗，并应先找出苗木干枯死亡原因后再补植。

2. 中耕除草

吴茱萸不耐荒芜，故应适时中耕除草。中耕时不宜过深，以免伤根，使表土疏松不板结为宜。一般于移栽 5 周后，用锄进行第一次松土锄草，以后每隔 30 天除草并追肥。所有杂草要集中堆放于农家肥腐熟坑内，让其作为堆肥发酵腐熟成肥料。

3. 及时排灌

吴茱萸怕涝，在移栽前的整地开厢时应顺地势挖好排水沟，保证雨季雨水通畅排出。在整个生长期内，雨季每天要注意查看田间排水情况，若发现积水的地块，应及时疏通排水，严防积水造成吴茱萸烂根死亡。而当连续多天（一般 5 天以上）不下雨时，应及时进行人工灌溉，其时间以早上 11：00 前或下午 17：00 后为宜。

4. 合理套作

在成片种植的吴茱萸造林地的前三四年，可于行株间合理套作其他药用植物或农作物。如吴茱萸＋玉竹、吴茱萸＋射干、吴茱萸＋苦参、吴茱萸＋天冬 4 种套作生产模式。经在余庆县龙溪吴茱萸红军村 GAP 试验示范基地的试验实践结果表明，套作玉竹、射干、天冬、苦参每亩平均产量分别为 500kg、800kg、1200kg、100kg，每亩可增加经济收入分别为 2000 元、1600 元、2160 元、3600 元，平均 2190 元；其中以吴茱萸＋天冬套作生产模式效益最高，每亩可增加经济收入 3600 元，说明在吴茱萸种植地套作玉竹、射干、天冬等中药材是一种很好的生产模式，值得推广应用。另外，尚可套作如除虫菊、菊花、益母草、党参、桔梗、鱼腥草等药材，以及豆类和西瓜等农作物，见图 7-7。

5. 修枝整型

为了保持吴茱萸一定的树型，以减少病虫害，提高结果量，并获得繁殖枝条，必须适时合理修枝整型。

吴茱萸与天冬套作　　　　　　　　　　吴茱萸与苦参套作

吴茱萸与玉竹套作　　　　　　　　　　吴茱萸与射干套作

图 7-7　吴茱萸与天冬等药材套作（贵州余庆县龙溪吴茱萸 GAP 试验示范基地）

在进行修枝整形时，应视吴茱萸植株生长的自然状况而定。吴茱萸生长发育过程中，其植株自然生长形状一般多较为均衡，但为使其更好保持一定树型，应注意修剪，除要注意剪去病枝、弱枝、过密枝、重叠枝等外，还要注意剪去下垂枝、并生枝、徒长枝，整个树型合理定型，特别要注意保留肥大枝梢和芽苞椭圆形枝条，以利于开花结果，增加结果量，减少病虫害的发生，并可获得一部分枝条，增加一定量的扦插繁殖材料。

修枝整型应在冬季落叶后进行。当吴茱萸植株高达 1m 左右时，就应剪去主干顶梢，促其发枝，在向四周生长的侧枝中，选留 3～4 个健壮的枝条，培育成为主枝。第 2 年夏季，在主枝上选留 3～4 个生长发育充实的分枝，培育成为副主枝，以后再在副主枝上长出侧枝，经过几年的修剪整形，使其成为外圆内空、树冠开张、通风透光、矮干低冠的自然开心形的丰产树型。进入盛果期后，每年冬季还要适当地剪除过密枝、重叠枝、徒长枝和病虫枝等。枝条粗壮、芽苞饱满的枝条，应予保留，促其形成结果枝。

在修枝整型时，还应特别注意：一是中心主干明显而生长健壮的，采用疏散分层形；二是无中心主干的，则采用自然开心形；三是对于幼树，在离地面高 80～100cm 处剪枝打顶，使侧枝向四面生长；四是老树修剪时，应剪成里疏外密，并在每次修剪之后追施 1 次肥料，以利恢复树势，见图 7-8。

图 7-8 吴茱萸拉枝整形与冬季修剪（贵州余庆县龙溪吴茱萸 GAP 示范基地）

（四）合理施肥

吴茱萸移栽定植成活后，需及时中耕除草，并结合中耕除草适时施肥。早春萌芽前，可追施 1 次腐熟人畜粪水或沼液粪水，以促进春梢生长。其施入量，如 3 年生幼树一般每株可施 20kg（在离根际 40cm 处开沟环施入）。6～7 月开花结果前，施 1 次磷钾肥，以利坐果。在开花后每株施磷酸钙 1～1.5kg，然后再撒施草木灰 1.5～2.5kg，以利果实增大饱满，减少落果。冬季落叶后，再施 1 次农家肥或草木灰，并于施后培土防冻。

（五）主要病虫害防治

1. 防治原则

贯彻"预防为主，综合防治"的植保方针，以农业控制措施为主，强化实施物理防治措施，优化化学防治方法，杜绝高毒、高残留农药的使用，选择高效、低毒、低残留农药配方，推广精准无害化治理技术。加强植物检疫，选用健壮苗木，加强肥水管理，培育强壮树势，增强树体抗性。

吴茱萸最常见的病虫害，主要有锈病、煤污病、褐天牛、枝天牛、蚜虫、粉虱、柑橘凤蝶等，下予简述。

2. 主要病害防治

（1）锈病（*Coleosporium evodiae* Diet）：是吴茱萸发生很普遍的一种病害。病原为真菌中的一种担子菌。本病主要为害叶片。发病初期叶片出现黄绿色近圆形边缘不明显的小点，后期在叶背形成橙黄色微突起的疮斑（夏孢子堆），疮斑破裂后散出橙黄色的夏孢子，叶片上病斑则增多，以致叶片枯死。本病害多在 5 月中旬发生，6～7 月为害更为严重（图 7-9）。

防治方法：在发病期可选用 25%粉锈宁 1500～2000 倍液，或 50%甲基托布津 1500～2000 倍液、50%代森锰锌 500 倍液、0.2～0.3 波美度的石硫合剂、75%氧化萎锈灵 3000 倍液喷雾防治，每隔 7～10 天施用 1 次，连续 2～3 次。

（2）煤污病（*Fumago vagans* Pers）：简称"煤病"，是吴茱萸最常见的病害。病原为真菌中的一种子囊菌。当蚜虫、长绒棉蚜虫、介壳虫在吴茱萸树上为害时，蚜虫等分泌的甜味分泌物常会诱发该病的发生。在被害处及其下部叶片、嫩梢和树干上就会诱发不规则的黑褐色煤状物；这种煤状物容易剥落，剥落后叶面仍呈绿色，若发病严重则影响光合作用，树势衰弱，开花结果少。病害多在 5 月上旬至 6 月中旬，蚜虫、长绒棉蚜虫、介壳虫等滋生较多的情况下发生。

图 7-9　吴茱萸的锈病为害症状

防治方法：一是治蚜防病，在蚜虫发生期，可用 50%辟蚜雾 2000 倍液或 10%大功臣 2000 倍液，每隔 7 天施用 1 次，连续 2～3 次。二是在发病初期，用 1：0.5：（150～200）的波尔多液喷雾防治，每隔 10 天施用 1 次，连续 2～3 次。

3. 主要虫害防治

（1）褐天牛（*Nade zhdiella* Hope）：又名"蛀心虫""老木虫"，为害树干的是其幼虫。幼虫从吴茱萸树干下部 30～100cm 处或在粗枝上蛀入其茎干中，咬食木质部，形成不规则的弯曲孔道，使内部充满蛀屑；每隔一定距离开通气孔和排泄孔，将蛀屑等排出孔外。

常于 7～10 月在距地面 30cm 以上的主干上出现唾沫胶质分泌物、木屑及虫粪。本虫害严重时，病株可枯死（图 7-10）。

防治方法：一是幼虫蛀入吴茱萸木质部后，可见树干上有新鲜的蛀孔，即可用钢丝钩杀；或用药棉浸渍 80%敌敌畏或 50%辛硫磷塞入蛀孔，用泥封口，毒杀幼虫。二是在成虫产卵期，用硫黄粉 1 份、生石灰 10 份、水 40 份拌成石灰浆，涂刷树干，可防止成虫产卵。

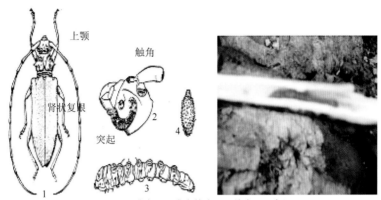

（1. 成虫；2. 成虫的头；3. 幼虫；4. 卵）

图 7-10　褐天牛及其对吴茱萸树枝的为害

（2）凤蝶（*Papilikonidae* Linne）：幼虫常为害吴茱萸幼芽、嫩叶成缺刻或洞孔，以 5～7 月为害最为严重。3 龄后，幼虫食量增大，能将幼枝上大量叶片吃光而成秃枝，从而严重影响吴茱萸的生长发育及开花结果。

防治方法：一是在幼虫低龄期，用 90%晶体敌百虫 1000 倍液，每隔 5～7 天施用 1 次，连续 2～3 次。或在幼虫 3 龄以后，用含菌量 100 亿/g 的青虫菌 300 倍液，每隔 10～15 天施用 1 次，连续 2～3 次。二是人工捕杀，以防其害。

（3）土蚕：又名"地蚕""地老虎""乌地蚕"。主要有小地老虎（*Agrotis ypsilon* Rottemberg）和黄地老虎（*A.segetum* Schiffermiiller）。其幼虫为害幼苗，咬断幼苗根茎处，以 4～5 月对幼苗为害最严重。土蚕 1 年发生 4 代，第 1 代幼虫在单月上旬发生，幼虫经常从地面咬断嫩茎，拖入洞内继续咬食，从而造成吴茱萸断苗缺株。虫龄增大后钻入土内，于晚上、早晨又出土为害幼苗

防治方法：一是清晨日出之前，在田间人工捕杀。二是在为害盛期（4～5 月），用炒香的麦麸或菜籽饼 5kg 与 90%晶体敌百虫 100g 制成的毒饵诱杀，或以 10kg 炒香麦麸或菜籽饼加入 50g 氯丹乳油制成毒饵诱杀。或用 90%敌百虫 1000～1500 倍液，在下午浇穴毒杀。

（4）红蜡介壳虫（*Ceroplastes rubens* Maskell）：为害四季皆可发生，其多聚集在吴茱萸枝、叶、花、果上，使受害叶变黄，落叶，落花，落果。

防治方法：一是在若虫盛孵期，用 25%扑虱灵 800～1000 倍液或 30%硝虫硫磷乳油 750～1000 倍液进行喷雾，间隔 15 天施药一次。二是在春季叶未萌发前，用石硫合剂涂刷树干，或用竹片在树干轻刮除去。

（六）更新

吴茱萸从定植后，一般第 3 年则可开花结果，结果的第 1～2 年数量较少，以后逐年增多。一般结果的第 5～6 年进入盛果期。吴茱萸植株寿命一般为 15～20 年，若管理良好，可延至 30～40 年。

但吴茱萸一般生长到 10～15 年后，其生长势逐渐衰退，产量下降；若管理不好便更为严重，甚至可使树干遭到虫害蛀空而折断死亡。因此，在栽培过程中，要有计划地及时将吴茱萸老树、病树进行砍伐更新，并应对低产树有计划地依法进行嫁接更新等处理，见图 7-11。

图 7-11　吴茱萸低产树嫁接更新（贵州余庆县龙溪红军村吴茱萸 GAP 试验示范基地）

上述吴茱萸良种繁育与规范化种植关键技术，可用于其生产适宜区内，并结合实际因地制宜地进行推广应用。

【药材合理采收、初加工、贮藏与运输】

一、合理采收与批号制定

（一）合理采收

1. 采收时间

定植后 2～3 年开花结果，于 8 月中下旬当果实由绿色变为黄绿色、尚未充分成熟时即可采收。

2. 采收方法

选晴天，在早晨露水未干时，用剪刀将果穗剪下，切不可折断果枝，以免影响翌年产量。

（二）批号制定（略）

二、合理初加工与包装

（一）合理初加工

果实采回后立即薄摊晒干。晚上收回室内切不可堆积，以免发酵。一般连晒 3 天左右即可全干。如遇阴雨天，可用无烟煤、木炭或烘干机烘干，烘时温度不得超过 60℃，否则，吴茱萸所含挥发油会大量损失，降低药材质量。烘、晒时要经常翻动。干后除去枝梗，簸去杂质即成商品，见图 7-12。

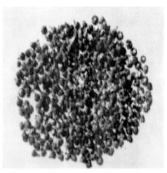

图 7-12　吴茱萸药材

（二）合理包装

将干燥吴茱萸药材按规格严密包装。在包装前，每批药材包装应有记录，应检查是否充分干燥、有无杂质及其他异物；所用包装应是无毒无污染、对环境和人安全的包装材料。如用木桶或竹筐，应套塑料包装，并应注意干燥、清洁、牢固，无异味，防潮，防霉变，防挥发油散失，以不影响药材质量。在每件包装上应注明品名、规格、产地、批号、日期、生产单位，附有质量合格的标志。

三、合理储藏养护与运输

（一）合理储藏养护

干燥吴茱萸药材应储存于干燥通风处，温度 25℃以下，相对湿度 65%～75%。本品易生霉、虫蛀。初加工时，若未充分干燥，在贮藏（或运输）中易感染霉菌，受潮后可见霉斑。因此贮藏前，还应严格进行入库质量检查，防止受潮或染霉品掺入；贮藏时应保持环境干燥、整洁与加强仓储养护规范管理，定期检查、翻垛，发现吸潮或初霉品或虫蛀，应及时进行通风晾晒等处理。

（二）合理运输

吴茱萸药材运输时，其运输工具必须清洁、干燥、无异味、无污染，运输中应防雨、防潮、防曝晒、防污染，严禁与可能污染其品质的货物混装运输，并应有明显防雨、防潮等标志。

【药材质量标准、质量检测与监控】

一、药材商品规格与质量检测

（一）药材商品规格

吴茱萸药材以无杂质、枝梗、霉变、虫蛀，身干，籽粒饱满，色绿褐，质坚实，香气浓郁者为佳品。其药材商品规格按原国家医药管理局、原卫生部制订的《七十六种药材商品规格标准》划分如下。

1. 大粒规格标准

统货：干货。呈五棱扁球形。表面黑褐色、粗糙，有瘤状突起或凹陷的油点。顶点具五瓣，多裂口，气芳香浓郁，味辛辣。无枝梗、杂质、霉变。

2. 小粒规格标准

统货：干货。果实呈圆球形，裂瓣不明显，多闭口，饱满。表面绿色或灰绿色。香气较淡，味辛辣。无枝梗、杂质、霉变。

注：吴茱萸分大粒、小粒两种。大粒者系吴茱萸的果实。小粒者多为石虎及疏毛吴茱萸的果实。

（二）药材质量检测

按照《中国药典》（2015 年版一部）吴茱萸药材质量标准进行检测。

1. 来源

吴茱萸 *Evodia rutaecarpa*（Juss.）Benth.、石虎 *Evodia rutaecarpa*（Juss.）Benth.var. *officinalis*（Dode）Huang 或疏毛吴茱萸 *Evodia rutaecarpa*（Juss.）Benth.var. *bodinieri*（Dode）Huang 的干燥近成熟果实。8～11 月果实尚未开裂时，剪下果枝，晒干或低温干燥，除去枝、叶、果梗等杂质。

2. 性状

本品呈球形或略呈五角状扁球形，直径 2～5mm。表面暗黄绿色至褐色，粗糙，有多数点状突起或凹下的油点。顶端有五角星状的裂隙，基部残留被有黄色茸毛的果梗。质硬而脆，横切面可见子房 5 室，每室有淡黄色种子 1 粒。气芳香浓郁，味辛辣而苦。

3. 鉴别

（1）显微鉴别：本品粉末褐色。非腺毛 2～6 细胞，长 140～350μm，壁疣明显，有的胞腔内含棕黄色至棕红色物。腺毛头部 7～14 细胞，椭圆形，常含黄棕色内含物；柄 2～5 细胞。草酸钙簇晶较多，直径 10～25μm；偶有方晶。石细胞类圆形或长方形，直径 35～70μm，胞腔大。油室碎片有时可见，淡黄色。

（2）薄层色谱鉴别：取本品粉末 0.4g，加乙醇 10mL，静置 30min，超声处理 30min，滤过，取滤液作为供试品溶液。另取吴茱萸次碱对照品、吴茱萸碱对照品，加乙醇分别制成每 1mL 含 0.2mg 和 1.5mg 的溶液，作为对照品溶液。照薄层色谱法（《中国药典》2015 年版四部通则 0502）试验，吸取上述三种溶液各 2μL，分别点于同一硅胶 G 薄层板上，以石油醚（60～90℃）-乙酸乙酯-三乙胺（7：3：0.1）为展开剂，展开，取出，晾干，置紫外线灯（365nm）下检视。供试品色谱中，在与对照品色谱相应的位置上，显相同颜色的荧光斑点。

4. 检查

（1）杂质：照杂质测定法（《中国药典》2015 年版四部通则 2301）测定，不得过 7%。

（2）水分：照水分测定法（《中国药典》2015 年版四部通则 0832 第二法）测定，不得过 15.0%。

（3）总灰分：照总灰分测定法（《中国药典》2015 年版四部通则 2302）测定，不得过 10.0%。

5. 浸出物

照醇溶性浸出物测定法（《中国药典》2015 年版四部通则 2201）项下热浸法测定，用稀乙醇作溶剂，不得少于 30.0%。

6. 含量测定

照高效液相色谱法（《中国药典》2015 年版四部通则 0512）测定。

色谱条件与系统适用性试验：以十八烷基硅烷键合硅胶为填充剂；以 ［乙腈-四氢呋喃（25∶15）］-0.02%磷酸溶液（35∶65）为流动相；检测波长为 215nm。理论板数按柠檬苦素峰计算应不低于 3000。

对照品溶液的制备：取吴茱萸碱对照品、吴茱萸次碱对照品、柠檬苦素对照品适量，精密称定，加甲醇制成每 1mL 含吴茱萸碱 80μg 和吴茱萸次碱 50mg、柠檬苦素 0.1mg 的混合溶液，即得。

供试品溶液的制备：取本品粉末（过三号筛）约 0.3g，精密称定，置具塞锥形瓶中，精密加入 70%乙醇 25mL，称定重量，浸泡 1h，超声处理（功率 300W，频率 40kHz）40min，放冷，再称定重量，用 70%乙醇补足减失的重量，摇匀，滤过，取续滤液，即得。

测定法：分别精密吸取对照品溶液与供试品溶液各 10μL，注入液相色谱仪，测定，即得。本品按干燥品计算，含吴茱萸碱（$C_{19}H_{17}N_3O$）和吴茱萸次碱（$C_{18}H_{13}N_3O$）的总量不得少于 0.15%，含柠檬苦素（$C_{26}H_{30}O_8$）不得少于 0.20%。

二、药材质量标准提升研究与企业内控质量标准制定（略）

三、药材留样观察与质量监控（略）

【药材研究开发与市场前景展望】

一、生产发展现状与主要存在问题

贵州吴茱萸栽培已有上百年历史，尤其是贵州黔东、黔北等地，以铜仁市松桃、江口、印江及遵义市余庆、湄潭等地栽培历史悠久。现今吴茱萸栽培，除松桃、余庆等外，遵义市、黔东南州、贵阳市等地也有较大面积的栽培，建有吴茱萸规范化种植示范基地。贵州吴茱萸以其地道性著称，药材质量佳，销往海内外，在全国的医药市场占有率较高。据贵州省扶贫办公室《贵州省中药材产业发展报告》统计，2013 年，全省吴茱萸种植面积达 0.05 万亩，保护抚育面积 1.02 万亩；总产量达 411.00 吨，产值 1356.90 万元。2014

年，全省吴茱萸种植面积达 1.05 万亩；总产量达 600.00 吨，产值 4221.50 万元。其中，遵义市余庆县吴茱萸规范化种植基地已有较大规模，余庆县黔龙民族药业有限责任公司从 2001 年 12 月成立以来，开展了吴茱萸种植与加工等工作。特别是 2003 年承担贵州省中药现代化科技产业研究专项"余庆县吴茱萸 GAP 生产基地建设"等项目后，在贵州省中医药研究院中药研究所、贵阳中医学院等有关专家指导帮助下，已在该县龙溪镇、构皮滩镇、小腮镇等地共发展吴茱萸种植面积 6980 亩。并在龙溪镇红军村、芝州村、苏羊村按照 GAP 基地建设要求，建立规范化试验示范基地与示范推广基地种植吴茱萸 1980 亩，2007 年则有 1000 多亩吴茱萸逐步进入盛果期，取得了较好的经济社会和生态效益。目前，国家已将吴茱萸列为中药材重点扶持的 33 个品种之一。2014 年 1 月，工信部组织专家组到贵州省余庆县吴茱萸规范化种植与 GAP 基地进行现场专项考察与绩效评价，该基地以综合得分 93 分获得了好评；专家组建议国家对该品种继续作为重点品种扶持。目前，余庆县正在进一步采取公司+农户+基地的模式，由黔龙民族药业公司无偿提供苗木，签订保收合同，已完成新增吴茱萸种植 3152 亩；余庆县吴茱萸规范化种植基地建设正在持续发展，必将获得更佳效益。

吴茱萸在贵州地道药材生产中，虽已具一定规模，取得了较好的经济效益，但其规范化、标准化、规模化生产与产业化发展等尚存在不少问题，还需要进一步提高和深入探索。比如怎样进一步将市场需求与生产结合，如何改善其生产模式，进一步提升贵州吴茱萸地道品牌等，都是我们今后应深入思考和重点解决的问题。

二、市场需求与前景展望

现代研究表明，吴茱萸果实含有挥发油类、吲哚喹唑啉类生物碱及喹诺酮类生物碱等化合物。含挥发油约 0.4%，其组成为吴茱萸烯（evoden）、罗勒烯（ocimen）等；还含有吴茱萸内脂（evodin limonin）、吴茱萸内脂醇（evodol）、吴茱萸酸（goshyuic acid）等。生物碱如吴茱萸碱（evodiamine）、吴茱萸次碱（rutaecarpine）、羟基吴茱萸碱（hydroxyevodiamine）、吴茱萸因碱（wuchuyine）、吴茱萸卡品碱（evocarpine，亦名吴茱萸喹诺酮碱）等。另外，尚含有中性含氮物、吴茱萸啶酮（evodinone）、吴茱萸精（evogin）、吴茱萸苦素（evodine，limunin）、黄酮类、脂肪酸类及甾体类化合物等。实验尚证明，吴茱萸具有镇痛、止呕、利尿、保肝、降血压、抗缺氧及对子宫平滑肌能阻断其收缩子宫等药理作用。在降低血压的同时，能减慢心率，降低舒张压的作用强于收缩压，提示有扩血管药效；其所含的羟福林能使脂质代谢亢进，血糖升高等。在抗菌方面，吴茱萸煎剂对霍乱弧菌、重色毛癣菌、同心性毛癣菌、许兰氏黄癣菌、奥杜盎氏小芽孢癣菌、铁锈色小芽孢癣菌、羊毛状小芽孢癣菌、石膏样小芽孢癣菌、腹股沟表皮癣菌、星形奴卡氏菌等皮肤真菌均有不同程度抑制作用。另外，还发现吴茱萸水提取物可诱生干扰素；吴茱萸乙醇提取物尚有一定抗癌活性等。这些研究成果，为吴茱萸的深度开发与产业化发展奠定了良好基础。

随着医药科技的发展，吴茱萸的功能效用在不断扩大。特别在降压、强心、扩张血管、舒张平滑肌、升血糖、促进脂肪代谢，以及引起子宫组织产生前列腺素，以致引起子宫收缩而用作催产剂开发和治疗头风作痛、偏头痛等，均将前景广阔。吴茱萸及其复方制剂的研究，新用途新剂型及新药的开发，已越来越受到人们关注，已引起国内外高度重视。

　　近几年来，吴茱萸在药材市场上已趋于平稳，其价格由 45 元/kg 左右上升到 80 元/kg，预计吴茱萸市场价格有望突破 100 元/kg。吴茱萸是多年生药材，一次种植多年受益，且有保持水土流失等生态作用，故发展吴茱萸药材栽培，可实现退耕还林，在经济效益和生态效益等方面具有双重价值，其将在人民医药卫生事业、贵州中药民族药产业与大健康产业中发挥重要作用。

主要参考文献

贵州"绿色证书"培训教材编辑委员会.2000. 主要药用植物栽培技术[M]. 贵阳：贵州科技出版社.

侯晓红，于治国，徐替美.2000.34 种吴茱萸中吴茱萸碱和吴茱萸次碱的含量测定[J]. 药阳药科大学学报，17（5）：334.

邱德文，傅文卫.1995. 贵州道地药材吴茱萸的研究[J]. 贵阳中医学院学报，17（3）：11.

冉懋雄.2002. 名贵中药材绿色栽培技术：茯苓、吴茱萸、川芎[M]. 北京：科技文献出版社.

四川省中医药研究院南川药物种植研究所.1988. 四川中药材栽培技术[M]. 重庆：重庆出版社.

吴建平，谭桂山，徐康平.2002. 高效液相法测定吴茱萸提取物中吴茱萸碱、吴茱萸次碱及吴茱萸内酯的含量[J]. 湖南中医药导报，8（5）：227.

徐艳春，魏璐雪，周玉新.2001. 高效液相法测定黄连与吴茱萸配伍前后吴茱萸碱及吴茱萸次碱的含量[J]. 中国中药杂志，26（12）：846.

于治国，侯晓红，马俊凤.1999.HPLC 测定吴茱萸及其制剂中吴茱萸碱和吴茱萸次碱含量[J]. 中国中药杂志，34（10）：691.

甄攀，王治宝，白雪梅.2004. 吴茱萸中吴茱萸碱和吴茱萸次碱的 HPLC 分析[J]. 中成药，26（3）：227.

中国科学院《中国植物志》编辑委员会.1997. 中国植物志（第 43 卷，第 2 分册）[M]. 北京：科学出版社：44.

（黄明进　冉懋雄　杨家林　刘红昌　罗春丽）

8　喜　树　果

Xishuguo

CAMPTOTHECAE ACUMINATAE FRUCTUSSEU RADIX

【概述】

　　喜树原植物为蓝果树科喜树 *Camptotheca acuminata* Decne.，是我国所特有的亚热带阔叶树种，别名：旱莲、旱莲木、水栗子、水冬瓜、秋青树、千张树、天梓树、土八角等。以干燥果实入药，《贵州中药材、民族药材质量标准》（2003 年版）收载，称其味苦、辛，性寒；有毒。归脾、胃、肝经。具有清热解毒、散结消癥功能。用于食道癌、贲门癌、胃癌、肠癌、肺癌、白血病、牛皮癣、疮肿。

　　喜树在古本草中尚无记载，最早见于《浙江民间常用草药》，其喜树果、喜树皮、喜树叶、喜树根及根皮亦均可入药；《中药大辞典》《全国中草药汇编》《贵州草药》《四川植物志》《贵州植物志》《浙江药用植物志》等均予收载，在民族民间应用，主要用于治疖肿、疮痈初起及皮癣等。特别是自发现从喜树果提取喜树碱及其衍生物，用于治疗食道癌等多种癌症获良效后，喜树则备受人们高度重视。喜树在贵州人工种植规模较大，喜树果是贵州医药工业的重要特色药材。

【形态特征】

喜树是多年生落叶乔木，高 20～25m。树皮呈灰色或浅灰色，纵裂成浅沟状。小枝圆柱形，平展，当年生枝紫绿色，有灰色微柔毛，多年生枝淡褐色或浅灰色，无毛，有很稀疏的圆形或卵形皮孔。冬芽腋生，锥状，有 4 对卵形的鳞片，外面有短柔毛。叶互生，纸质，长卵形，长 12～28cm，宽 6～12cm，先端渐尖，基部宽楔形，全缘或微呈波状，上面亮绿色，下面淡绿色，疏生短柔毛，脉上较密，中脉在上面微下凹，在下面凸起，侧脉 11～15 对，在上面显著，在下面略凸起；叶柄长 1.5～3cm，上面扁平或略呈浅沟状，下面圆形，幼时有微柔毛，其后几无毛。花单性同株，头状花序近球形，直径 1.5～2cm，多数排成球形头状花序，常由 2～9 个头状花序组成圆锥花序，顶生或腋生，雌花顶生，雄花腋生；总花梗圆柱形，长 4～6cm，幼时有微柔毛，其后无毛；花杂性，同株；苞片 3 枚，三角状卵形，长 2.5～3mm，内外两面均有短柔毛；花萼杯状，5 浅裂，裂片齿状，边缘睫毛状；花瓣 5 枚，淡绿色，矩圆形或矩圆状卵形，顶端锐尖，长 2mm，外面密被短柔毛，早落；花盘显著，微裂；雄蕊 10，外轮 5 枚较长，常长于花瓣，内轮 5 枚较短，花丝纤细，无毛，花药 4 室；雌花子房下位，花柱 2～3 裂；子房在两性花中发育良好，下位，花柱无毛，长 4mm，顶端通常分 2 枝。翅果矩圆形，长 2～2.5cm，顶端具宿存的花盘，两侧具窄翅，幼时绿色，干燥后黄褐色，着生成近球形的头状果序。瘦果窄长圆形，有窄翅。花期 4～7 月，果期 10～11 月。喜树植物形态见图 8-1。

（1. 花枝；2. 翅果；3. 翅果的内面和外面）

图 8-1　喜树植物形态图

（墨线图引自科学出版社《中国植物志》编辑委员会，《中国植物志》，第 52 卷第 2 册，科学出版社，1983）

【生物学特性】

一、生长发育习性

喜树为多年生高大落叶乔木，属深根性速生树种，萌芽率强。喜树生长较快。2月下旬，当气温达8℃以上，树液开始流动，芽萌动；3月中旬，气温15℃时开始展叶；5中下旬，进入花期。喜树在不同龄期生长速度有一定差异，喜树中、幼龄期生长较快，在16年生以前时，每年平均高生长量达0.7m以上。但在25年生以后生长稍慢，年生长量只有0.5m左右。喜树在29年生以上时，高生长已完全停止，出现枯梢。喜树胸径生长，在8～28年生时，年生长量可达1cm以上，个别情况在30多年生时，还能达到1cm以上的生长势。

喜树4月初开始萌芽，4月初至4月中旬是喜树花芽生理分化期，4月中旬至5月中旬为花芽形态形成期，4月初至5月中旬是喜树春梢抽梢期，喜树花芽分化与新梢抽梢同时进行，5月中旬至7月中旬是喜树新梢生长和花苞膨大期，7月中旬至7月末是喜树花期，8月是喜树旺盛生长期，9月喜树开始进入养分回流期，10～11月是喜树种子成熟期。

二、生态环境要求

喜树属于暖地速生树种，常生于海拔1800m以下的林边或溪边，喜光，不耐严寒干燥。需土层深厚、湿润而肥沃的土壤，在干旱瘠薄地种植，生长瘦长，发育不良。较耐水湿，在酸性、中性、微碱性土壤均能生长，在石灰岩风化土及冲积土中生长良好。

【资源分布与适宜区分析】

一、资源调查与分布

经调查，野生喜树广泛分布于长江流域及南方各地，喜树主要生长于低坝平原、河流两岸、溪旁、林缘、山坡和稻田边，分布区域为东经98°～121°，北纬34°～22°。喜树主要分布在西南及江苏、浙江、福建、江西、湖北、湖南、广东、广西、台湾等地。在贵州人工种植规模较大。

喜树生长快、适应性强，被作为行道树引种栽培。目前，我国的人工栽培喜树绝大部分是在20世纪60～70年代作绿化树种造林形成的。通过文献调查发现，从南向北的海南至陕西，从西向东的云南至浙江，全国约有16个省（自治区、直辖市）（陕西、河南、安徽、湖北、湖南、江西、浙江、江苏、四川、重庆、贵州、云南、福建、广东、广西、海南等）均有喜树栽培的记载。喜树在贵州分布较多。

二、贵州资源分布与适宜区分析

喜树在贵州省各地均有分布，尤以贵阳、安顺、关岭、镇宁、紫云、织金、金沙、瓮安、兴义、兴仁、安龙、荔波、六枝、册亨、晴隆、望谟、都匀、罗甸、长顺、独山、贵定、平塘、凯里、黄平、龙里、施秉、台江、黎平、锦屏、遵义、赤水、习水等资源较丰富，其余各地资源较少。喜树分布最少的是威宁县，偶见个别单株。喜树垂直分布变动在海拔 400～1800m。喜树资源多集中分布在村寨、铁路、公路旁，呈零星散生，少数成片分布。

喜树属于速生树种，具有成林快的优势。喜树主要是行道树，种子繁殖，繁殖率较高，喜树又是地方种源，适应性较强。近几年来，由于退耕还林，人们对林地破坏减少，自然生长的喜树亦在逐年增加。

贵州省喜树生长最适宜区，主要为黔北的遵义、赤水、习水等；黔东北的碧江、玉屏、江口等；黔东南的凯里、天柱、剑河、雷山、锦屏、镇远、施秉等；黔西南的兴义、兴仁、安龙、册亨、晴隆、望谟等；黔南的都匀、长顺、罗甸、瓮安、贵定、荔波等；黔中的安顺、关岭、镇宁、紫云、贵阳、息烽、开阳、修文等；以及黔西、黔西北的六枝、水城、七星关、黔西、大方、织金、金沙等。以上各地均具有喜树整个生长发育过程中所需的自然条件。

除上述喜树生长最适宜区外，贵州省其他各县市（区）凡符合喜树生长习性与生态环境要求的区域均为其生长适宜区。

【生产基地合理选择与基地环境质量检（监）测评价】

一、生产基地合理选择

按照喜树生产适宜区优化原则与其生长发育特性要求，选择其生长最适宜区或适宜区并具良好社会经济条件的地区建立规范化生产基地。例如，喜树主要是在 20 世纪 60～70 年代作绿化树种造林形成的，由于喜树产种子量较多，种子发芽成苗率较高，在成龄喜树生长地区不同树龄的喜树。例如，在贵州省六枝特区建立的喜树规范化种植基地，属中亚热带季风气候，具有气候温和、阳光充足、雨热同季、空气湿润等特点。其年平均降水量为 1198.6mm，且大部分集中在 5～9 月。年平均气温在 14.5℃左右，最热的 7 月份，月平均气温 22℃；元月份最冷，月平均气温 5.2℃。太阳辐射总量多年平均为 86.93kcal/cm^2，多年日照时数平均为 1144.2h，历年平均无霜期 291 天。土壤主要为黄壤、石灰岩风化土及冲积土，十分适宜喜树生长。基地远离城镇，无污染源，当地党政对喜树规范化种植基地建设非常支持，群众又有种植药材的丰富经验和积极性。21 世纪初以来，该地与贵州省中医药研究院贵州省中药研究所、贵州大学农学院及有关企业等协作开展了喜树规范化种植研究与生产基地建设，初步筛选出喜树碱含量较高的优良喜树种源。同时，还开展了缩短喜树结果周期等试验研究，并取得了较好结果和进展。贵州省六枝特区喜树规范化种植基地见图 8-2。

二、基地环境质量检（监）测与评价（略）

图 8-2　贵州省六枝特区喜树规范化种植基地

【种植关键技术研究与推广应用】

一、种质资源保护抚育

喜树是一种暖地速生树种，喜光，不耐严寒干燥。本属仅有 1 种，为我国特产。在生产实践中，还要进一步研究筛选出喜树碱含量高的优良喜树种源，并经有目的、有意识地选择喜树碱含量高、生长速度快、结果率高等不同类型的喜树进行培育，培育出优质高产喜树种源，以用于生产。尚应特别对贵州省喜树主产区如黔北、黔东北、黔东南、黔西南、黔南、黔中及黔西北等较集中地的喜树种质资源，切实加强保护与抚育，切实开展其良种繁育及种植研究，以求喜树种质资源的永续利用。

二、良种繁育关键技术

喜树采用种子繁殖，育苗移栽或直播。

（一）种子来源、鉴定与采集保存

1. 种子来源与鉴定

喜树宜选 15 年以上的生长快、高产、优质的成年树作留种树。喜树种子采于贵州大学农学院，经鉴定为蓝果树科旱莲木属喜树果实。

2. 种子采集与保存

于 11～12 月，当喜树种子林的果实由绿白色变褐时，种子已成熟。在果实尚未脱落时采集。采收的种子用种子袋装好，放在通风干燥处保存。

（二）种子质量检定与鉴别特征

1. 种子品质检定

对采集的种子 2kg，依法进行净度、千粒重、发芽率测定，结果分别为 95%、29.58g、84.4%。

2. 种子质量鉴别特征

喜树优劣种子的主要鉴别特征，见表 7-1。

表 7-1　喜树优劣种子主要鉴别特征

种子类别	主要外观鉴定特征
成熟新种	瘦果窄翅颜色褐色，有光泽。果实饱满新鲜，种仁饱满均匀
早采种	瘦果窄翅颜色绿色或绿白色，缺乏光泽，种仁不饱满
发霉种	闻着有霉味，窄翅黑褐色，少光亮，种仁部分霉变

（三）播种与育苗

选择种子饱满、当年采收的新种，用 500～1000 倍多菌灵液消毒处理，于 2 月底至 3 月中旬播种，播前种子进行层积处理。

种子育苗多用条播，条距 30cm，播后覆土 1～2cm，盖草，保温保湿，8 天左右即可出苗。苗高 10cm 左右间苗，苗距 18～24cm。育苗期适时中耕除草，追肥 3 次，苗高 80～100cm 时，即可出圃定植（图 8-3）。

图 8-3　喜树良种繁育基地

三、规范化种植关键技术

（一）选地整地与重施底肥

1. 选地

选择河谷两侧、山腹中下部的湿润地段营造喜树林。缓坡丘陵优于陡坡山地，山中下部优于山脊，并以半阳坡或半阴坡、背风向阳、土层深厚（最好 60cm 以上）、土质肥沃疏松、pH5～7、湿润的地带进行带垦或穴垦为宜。忌选低洼水湿地及风口处，也忌选煤泥土、强盐碱地、强酸性土及瘠薄土。

喜树种植地，尚可结合荒山绿化造林、退耕还林或房前屋后植树造林进行种植。若大面积造林，最好与其他乔木或灌木混交营造，以借助伴生植物的保护作用，并促进喜树树干通直。

2. 整地

对选定的喜树造林地，最好全垦整地，深翻土层。但对于起伏山地，为避免水土流失，一般在全垦整地后还应进行沿山转梯带或大块状整地。块带大小 1m 左右，力求深翻及松土。整地松土后，按植点配置要求挖坑，穴深 40～50cm，穴长、宽 50～60cm，表土层分放，以便移栽定植苗时回土填于根际，以促使其成活与增加根系肥力。

3. 重施底肥

喜树根系发达，深根性强，充足的底肥主要为其速生期准备必需的土层肥力，是实现其高产稳产的基本条件。底肥主要以长效有机肥为主，如绿肥、厩肥等，通常采用农家厩肥添加适量饼肥及磷钾肥混合施放。施肥量以盛填植坑 1/2～3/5 为宜。经试验，最佳底肥量宜为每窝施放农家肥 5kg+饼肥 0.25kg。

（二）移栽定植与栽培密度

1. 移栽定植

优选壮苗移栽定植，或壮、弱苗分片移栽定植，以培育整齐林相，也便于实施抚育管理；冬季干旱地区，宜于春季雨水期到来时造林，其他地区则应于冬季休眠期尽早移栽定植，以使移栽定植的喜树苗早扎根，缩短缓苗期，一般多在每年冬末春初，植株尚未萌发新芽时移栽定植；选择健壮、无病虫害的喜树苗备用，由于喜树幼苗根系较发达（可长达 30～60cm），故在起苗时，应选雨后土壤湿润时起土挖出，尽量少伤根系。移栽定植时，可剪去根部下端过长部分，并应及时出圃移栽定植；每穴植苗 1 株，将苗固定于穴中央，填回穴土时，将苗轻轻向上提一提，使其在土壤中的根系舒展后再填入表土，并在喜树苗的四周逐渐把土踩实，然后浇足定根水，盖上一层松土使其略高于地面即可。

2. 栽培密度

喜树栽培密度以株行距 1.50m×2.0m 长方形植点配置，每亩栽植约 220 株。

（三）田间管理

1. 中耕除草

一般在幼林期或雨季前后杂草生长旺盛时及时中耕除草。定植后 1～2 年，松土除草 2 次，以后每年 1 次，并结合中耕除草施有机肥、人粪尿，以促进林木速生。成林后，不再单独中耕。

2. 土壤肥力与合理施肥

根据喜树生长发育与主要营养元素的相关性，可结合土壤肥力等进行合理施肥。

（1）基肥：除前述喜树定植重在基肥外，尚宜于每年秋季 9～11 月施基肥，以利喜树在晚秋和来年春天吸收。基肥以农家肥、饼肥为主，也可施过磷酸钙、磷酸二铵等。施肥方法主要有全园施肥法，环状、穴状施肥法等。

（2）追肥：生长季节对喜树追施速效肥，以满足其生长发育，促进枝叶生长发育，施肥品种与基肥相同外，可再加硫酸钾、氯化钾等。每年 3 月中旬、5 月中旬、7 月、8 月施用，并可按喜树不同的树龄期追肥。一般结合中耕松土进行，每年 1～2 次，春季追施人粪尿或与尿素混合追施，秋季主要追施磷钾肥，也可埋施有机肥料，以促进秋梢木质化和营养积累，增加抗性。通常于喜树苗定植当年和以后的两年，每年入冬前追厩肥，每株环沟施用 10～15kg。第 4 年树长大后，只需每隔 2～3 年，在夏季中耕除草时，将杂草翻入土内或酌施农家肥即可。

3. 抹芽除蘖

喜树主根发达，萌发力强，幼龄期应注意抹芽，砍除萌蘖，并用培土掩盖住切口，以保证主干的生长。

（四）主要病虫害防治

1. 病害

喜树病害主要是根腐病。根腐病是喜树苗圃幼苗病害，病植株地上部枝叶萎蔫，严重者枯死，拔出根部可见根部变黑腐烂。根腐病病原为镰刀菌，属一种半知菌亚门真菌。根腐病病菌属土壤中栖居菌，遇到发病条件，随时都有可能侵染引起发病。地下害虫为害可加重该病的发生。

防治方法：发病初期用 1∶2∶（250～300）波尔多液，或用 50%多菌灵 500 倍液灌根窝。

2. 虫害

喜树虫害主要是褐边绿刺蛾，别名青刺蛾、褐缘绿刺蛾、四点刺蛾、曲纹绿刺蛾、洋辣子，属鳞翅目刺蛾科，学名：*Latoia consocia*（Walker）。其幼虫取食叶片。低龄幼虫取食叶肉，仅留表皮，老龄时将叶片吃成孔洞或缺刻，有时仅留叶柄，严重影响树势。发生规律：一年发生 2～3 代。均以蛹于茧内越冬，结茧场所于干基浅土层或枝干上。1代 5 月中下旬开始化蛹，6 月上中旬至 7 月中旬为成虫发生期，幼虫发生期为 6 月下旬至 9 月，8 月为害最重，8 月下旬至 9 月下旬陆续老熟且多入土结茧越冬。2 代 4 月下旬开始化蛹，越冬代成虫 5 月中旬始见。第 1 代幼虫 6 至 7 月发生，第 1 代成虫 8 月中下旬出现；第 2 代幼虫 8 月下旬至 10 月中旬发生。10 月上旬陆续老熟于枝干上或入土结茧越冬。成虫昼伏夜出，有趋光性，卵数十粒呈块作鱼鳞状排列，多产于叶背主脉附近，每个雌虫产卵 150 余粒，卵期 7 天左右。幼虫共 8 龄，少数 9 龄，1 至 3 龄群集，4 龄后渐分散。天敌有紫姬蜂和寄生蝇。

防治方法：在幼虫群集为害期以人工捕杀防治。物理防治是利用成蛾有趋光性的习性，在 6～8 月盛蛾期，利用黑光灯诱杀成虫；同时可结合防治其他害虫。生物防治是秋冬季摘虫茧，放入纱笼，保护和引放寄生蜂；用每克含孢子 100 亿个的白僵菌粉 0.5～1kg，在雨湿条件下防治 1～2 龄幼虫；保护天敌紫姬蜂、寄生蝇等。药剂防治是幼虫发生期，及时喷洒 90%晶体敌百虫或 80%敌敌畏乳油、50%马拉硫磷乳油、25%亚胺硫磷乳油、50%杀螟松乳油、30%乙酰甲胺磷乳油、90%巴丹可湿性粉剂等 900～1000 倍液，每隔 7～10 天喷施一次，一般连喷 1～2 次。此外还可选用 50%辛硫磷乳油 1400 倍液或 10%天王星乳油 5000 倍液、2.5%鱼藤酮 300～400 倍液、52.25%农地乐乳油 1500～2000倍液，每隔 5～7 天喷施一次，一般连喷 2～3 次。农业防治是结合整枝、修剪、除草和冬季清园、松土等，清除枝干上、杂草中的越冬虫体，破坏地下的蛹茧，以减少下代虫源的为害。

（五）间种

喜树种植造林期间，在不影响喜树正常生长的原则下，为了充分合理应用地力，发展立体农业，增加农民的经济收入，可间作耐阴性较强的矮秆作物或适宜的中药材等。例如，间作中药材天冬、黄精、淫羊藿等。

（六）冬季管理

冬季需对喜树进行田间管理，尤其是刚移栽生长的喜树林，要做好如下有关冬季管理：

（1）及时灌水培土：喜树的整个生长过程都离不开水。虽然冬季蒸发量小，需水量相对较少，但却影响到喜树的抗寒能力和翌年的生长发育。因此，应在 11 月初，对喜树尤其是新栽植的喜树灌 1 次水。灌后，在喜树基部培土堆。这样既供应了树本身所需的水分，也提高了树的抗寒力。

（2）施冬肥：秋后树梢停止生长后，根系又出现一次生长高峰。因此，应于秋末冬初视树龄大小和栽植时间的长短，适当施一些有机肥或化肥，且使肥料渗入，以促发新根，增强树势，为翌年的喜树生长打好基础。

（3）整形修剪：根据喜树的生长特性，将枯死枝、衰弱枝、病虫枝等一并剪下，并对生长过旺枝进行适当回缩，以改善树冠内部的通风透光条件，培养理想的树形。对于较大的伤口，用药物进行消毒。

（4）树干涂白：冬季树干涂白既可减少阳面树皮因昼夜温差大引起的伤害，又可消灭在树皮的缝隙中越冬的害虫。涂白剂配方为生石灰 10 份、食盐 1 份、硫黄粉 1 份、水 40 份。

（5）清园：清理杂草、落叶，杂草、落叶不仅是某些病虫害的越冬场所，而且在干燥多风的冬季易发生火灾。因此，应把绿地中的杂草、落叶清理干净，并将其集中处理，既消灭病虫源，也消除火灾隐患。

上述喜树良种繁育与规范化种植关键技术，可于其生产适宜区内，并结合实际因地制宜地进行推广应用。

【药材合理采收、初加工与储运养护】

一、合理采收与批号制定

（一）合理采收

喜树果实、根、根皮、叶片、树皮均可入药。喜树果实于 10～11 月成熟时采收。喜树根及根皮全年可采，但以秋季采剥为好，除去外层粗皮。喜树叶 7～9 月采摘，鲜用。喜树皮全年均可采，剥取树皮，切碎晒干。

（二）批号制定（略）

二、合理初加工与包装

（一）合理初加工

喜树果实和叶片采收后，晒干或烘干；喜树根、根皮及树皮切碎晒干或烘干即可。喜树果见图 8-4。

图 8-4　喜树果

（二）合理包装

将干燥喜树果实，按 40～50kg 打包成捆，用无毒无污染材料严密包装；将干燥喜树叶片按 20～30kg 打包成捆，用无毒无污染材料严密包装。在包装前应检查是否充分干燥、有无杂质及其他异物，所用包装应符合药用包装标准，并在每件包装上注明品名、规格、等级、毛重、净重、产地、批号，执行标准、生产单位、包装日期及工号等，并应有质量合格的标志。

三、合理储藏养护与运输

（一）合理储藏养护

干燥喜树果应储存于干燥通风处，温度 25℃以下，相对湿度 65%～75%。本品易生霉、虫蛀。初加工时，若未充分干燥，在贮藏（或运输）中易感染霉菌，受潮后可见霉斑。因此贮藏前，还应严格入库质量检查，防止受潮或染霉品掺入；贮藏时应保持环境干燥、整洁与加强仓储养护规范管理，定期检查、翻垛，发现吸潮或初霉品或虫蛀，应及时进行通风晾晒等处理。

（二）合理运输

喜树药材在批量运输中，严禁与有毒货物混装；运输车厢不得有油污与受潮霉变。

【药材质量标准、质量检测与监控】

一、药材商品规格与质量检测

（一）药材商品规格

喜树果药材以无杂质、皮壳、霉变、虫蛀，身干，果大，色黄褐者为佳品。其药材商品规格为统货，现暂未分级。

（二）药材质量检测

按照《贵州省中药材、民族药材质量标准》（2003 年版）喜树果药材质量标准进行检测。

1. 来源

本品为蓝果树科喜树 *Camptotheca acuminata* Decne.的干燥果实。秋季采收，干燥。

2. 性状

喜树果呈长椭圆形，长 2～2.5cm，宽 0.5～0.7cm，先端平截，有柱头残基；基部变狭，可见着生在花盘上的椭圆形凹点痕，两边有翅。表面棕色至棕黑色，微有光泽，有纵皱纹，有时可见数条角棱和黑色斑点。质韧，不易折断，断面纤维性，内有种子 1 粒，干缩成细条状。气微，味苦。

3. 鉴别

（1）显微鉴别：本品横切面，外果皮为 1 列扁平细胞；中果皮为多列薄壁细胞，含红棕色物质，维管束十数个，散列，外侧具纤维群，纤维壁厚，木质化；内果皮为数列厚壁细胞。种皮细胞由棕色扁平细胞组成；鲜品的胚乳细胞和子叶细胞内充满内含物，干后萎缩。

（2）薄层色谱鉴别：取本品粉末 2g，用 80%乙醇 30mL 回流 30min，放冷，滤过，滤液减压蒸去乙醇，余液用乙醇-氯仿（1∶9）溶液 20mL 提取，分取氯仿提取液，浓缩至约 1mL，作为对照品溶液。照薄层色谱法（《中国药典》2000 年版一部附录ⅣB）试验，吸取上述三种溶液各 5μL，分别点于同一硅胶 G 薄层板上，以氯仿-丙酮（7∶3）为展开剂，展开，取出，晾干，置紫外线灯（365nm）下检视。供试品色谱中，在与对照品色谱相应的位置上，显相同颜色的荧光斑点。

二、药材质量标准提升研究与企业内控质量标准制定（略）

三、药材留样观察与质量监控（略）

【药材研究开发与市场前景展望】

一、生产发展现状与主要存在问题

喜树不但是国家保护树种，也是贵州省特色药材，保护其种质资源和扩大种群资源与发展喜树生产，是一种必然趋势。而且喜树全年可繁，繁殖系数高，操作简单，成活率高，便于普及和大规模生产，可在短期内得到投资回报。喜树的果、叶、皮、根及根皮均供药用，浑身都是宝，是非常理想的药用、绿化两用的树种。贵州省喜树资源丰富，在种植上也取得了一定成效。据贵州省扶贫办公室《贵州省中药材产业发展报告》统计，2014 年，全省喜树种植面积达 2.55 万亩；总产量达 0.39 万吨，产值 1709.12 万元。但其规范化、标准化等方面，还须进一步提高，更须进一步加强与市场及企业的紧密结合，切勿盲目发展，以更好适应市场及生产发展的需要。

二、市场需求与前景展望

现代研究表明，喜树主要化学成分为喜树碱、喜树次碱、10-羟基喜树碱、10-甲氧基喜树碱、白桦脂酸、长春苷内酰胺等。现代医学研究及临床表明，喜树碱属于拓扑异构酶抑制剂，可强力抑制肿瘤细胞分裂，使肿块体积缩小；对胃癌、结肠癌、直肠癌、口腔颌面部癌、腺样囊性癌（圆柱形腺癌）以及膀胱癌效果较好；对绒毛膜上皮癌、恶性葡萄胎、急性和慢性粒细胞白血病、肺（腺）癌以及肝癌也有一定疗效；临床上用于胃癌、肠癌、直肠癌、食道癌、气管癌、骨髓性白血病等的治疗。10-羟基喜树碱用于胃癌、肝癌、食道癌、头颈部肿瘤、膀胱癌及急性粒细胞性白血病等恶性肿瘤的治疗。由于喜树具有潜在的巨大价值，特别是喜树碱的研究引起科技工作者的高度重视。

我国虽然较早从喜树中分离出 10-羟基喜树碱并应用于临床，但较长时间以来 10-羟基喜树碱的来源，一直是制约该药扩大生产规模的难题。天然植物喜树果中的 10-羟基喜树碱含量很低，采用从植物中分离提取率仅约十万分之一左右。进行 10-羟基喜树碱的全合成虽然可能实现，但由于合成步骤多而复杂，总收率较低，要分离提取所需化学活性的 10-羟基喜树碱仍然是艰难的工作，难以实现规模化。为从根本上解决 10-羟基喜树碱的来源问题，贵州省汉方制药公司早在 1998 年与中国药科大学合作，成功解决了由喜树碱经合成转化为 10-羟基喜树碱的难题。即利用天然植物含量较高的喜树碱为原料，用化学半合成方法，对喜树碱进行定位羟基化合成，制备与喜树中分离提取的天然 10-羟基喜树碱有同样化学活性的 10-羟基喜树碱，并完成了合成转化生产工艺路线的确定，实现转化率达到 20%以上，所得 10-羟基喜树碱产品净含量可达 91%以上。该项工艺设计利用小型实验及纯化设备，每个批次可实现 200g 以上规模的转化，年产 10-羟基喜树碱可达 20kg 以上，该工艺产品经批量生产、技术检测、分析化验，证明生产质量可靠稳定、收率高，从而解决了长期制约 10-羟基喜树碱制剂规模化生产的问题。有关喜树碱的提取、10-羟基喜树碱的合成转化，国外目前还在寻找更新的化合物，但就技术指标而言，我国与国外产品无本质区别。只要解决了 10-羟基喜树碱的原料供给及合成（工艺）问题，喜树碱类产品应有非常良好的市场需求，更会创造良好的经济效益和社会效益。至于注射用盐酸拓扑替康是美国史克公司经过十余年研究，注资 10 亿多美元，在 5000 余个以 10-羟基喜树碱为基础的化学结构中筛选出来的水溶性、具有较强抗癌活性的第三代喜树碱类药物，于 1996 年获美国 FDA 批准上市，并在我国申请行政保护（生效日期始于 2000 年 7 月 10 日）。我国产品为仿制品，截至 2000 年 7 月 10 日，国内通过 SDA 审评获新药证书共有 6 家（由于行政保护已经生效，今后我国不可能再批准其他任何厂家生产此类药品），贵州汉方制药是首家通过 SDA 审评获新药证书的企业。从上可见，贵州省发展喜树医药产业具有无比良好的基础。

喜树为深根性树种，较耐水湿，生长迅速，萌芽更新力和抗病虫害性强，树干高大，通直圆满，树冠宽广，枝叶茂密，可广泛用作河流沿岸、库塘和农田的防护林建设及庭园行道树绿化树种。喜树果实尚含脂肪油 19.53%，可榨油，出油率 16%，可供工业用。此外，喜树还对有害气体如二氧化硫、氟化氢、氮氧化物的抗性较强，可以对其抗性的生理机制进行研究，为环境保护和环境监测提供理论基础。喜树木材呈浅黄褐色，结构细密均匀，材质轻软，可作一般建筑、家具、器具、包装等用材和造纸、火柴杆等的原料。喜树叶又是较好的绿肥，因此喜树具有极大的农用和材用价值。喜树碱也是一种有效的成虫不育剂，是研制开发"绿色农药"的重要原料。总之，喜树应用广泛，研究开发潜力极大，市场前景广阔。

主要参考文献

李金玲. 2006. 喜树的部分重要营养特性研究[D]. 贵州大学.

李星. 2004. 喜树的分布现状、药用价值及发展前景[J]. 陕西师范大学学报（自然科学版），S2：169-173.

马伟，戴绍军，赵昕，等. 2007. 不同土质对喜树幼苗生长和喜树碱质量分数及产量的影响[J]. 东北林业大学学报，08：19-22.

王翠翠，刘文哲，张莹. 2009. 喜树开花特性及繁育系统的研究[J]. 热带亚热带植物学报，03：275-282.

王玲丽. 2008. 喜树的研究进展[J]. 安徽农学通报，01：156-157.

魏焕勇，王洋，王振月，等. 2005. 栽培密度对喜树（*Camptotheca acuminata* Descne）幼苗生物量及喜树碱含量的影响（英文）[J]. Journal of Forestry Research，02：137-139，165.

杨荣和，耿礼祥，龙秀琴，等. 2001. 贵州省喜树资源初步调查[J]. 贵州林业科技，01：32-36.

杨学义，朱立，孙超. 2007. 喜树资源及其开发利用[J]. 资源开发与市场，07：618-619.

张德辉. 2001. 喜树资源生态学的研究[D]. 东北林业大学.

张显强，唐金刚，乙引. 2004. 中国喜树资源及可持续开发对策[J]. 贵州师范大学学报（自然科学版），01：36-39.
张宗勤，撒文清，张睿，等. 2002. 喜树药用林营造[J]. 中药材，02：85-86.
周涛，江维克，梅旋，等. 2010. 贵州喜树的分布特征及群落结构[J]. 贵州农业科学，10：157-159.

（李金玲）

9 刺 梨

Cili

ROSAE ROXBURGHII FRUCTUS

【概述】

刺梨原植物为蔷薇科植物单瓣缫丝花 *Rosa roxburghii* Tratt.f.*normalis* Rehd.et Wils. 及缫丝花 *Rosa roxburghii* Tratt.。别名：茨藜、木梨子、团糖二、送春归、文先果、梨石榴等。以果实入药或食用；刺梨根、刺梨叶亦可药用。刺梨（刺梨果）、刺梨根、刺梨叶均被《贵州省中药材、民族药材质量标准》（2003 年版）收载。其称刺梨（鲜刺梨果）味甘、酸、涩，性平。归脾、胃经。具有消食健脾、收涩止泻功能。用于积食腹胀、泄泻。刺梨叶味酸、涩，性平。归脾、胃经。具有健胃消食功能。用于积食饱胀。刺梨根味苦、涩，性平。归胃、大肠经。具有健胃消食、止痛、涩精、止血功能。用于积食腹痛、牙痛、久咳、泄泻、带下、崩漏、遗精、痔疮。刺梨又是贵州常用苗族药；苗药名为“Jongx xob dol”（近似汉译音：“龚笑多”）。性冷，味酸、涩；入热经。在民族民间应用上，其果实作苗药用时，具有消食健脾、收敛止泻功能，主要用于积食腹胀、痢疾、泄泻等症；其根、叶也可作苗药用，刺梨根具有消食健脾、收涩固精、止血功能；刺梨叶具有消食健胃功能，主要用于积食腹胀、胃痛、遗精、遗尿盗汗、久咳及泄泻等症。

刺梨药用始载于清代赵学敏《本草纲目拾遗》。清代的《分类草药性》、《草木便方》及现代的《贵州民间方药集》、《四川中药志》均有记载。《黔书》（1690 年）则载曰：刺梨“干如蒺藜，花如荼蘼，实如安石榴较小，春深吐艳，密萼毓荚，红紫相间而成色，食之可消积滞。”《滇野纪游》亦记云：“刺梨野生，夏花秋实，干与果多芒刺，味甘酸，食之消闷，煎汁为膏，色同楂梨（笔者注：楂梨即指山楂），四野皆产，移之他境则不生。”《贵州通志》亦载曰：刺梨“干如蒺藜，花如荼，实如小石榴，有刺，味酸，黔属俱有，越境不生。”《戊己编》还载云：“红子（笔者注：红子即指救军粮）刺梨二物，山原之间，妇馌未来，午茶不继，则耕牧之粮也。途左道旁，贩夫肠吼，行者口干，则中路之粮也。”另外，据《草木便方》记载，刺梨的花在民间也作药用，煎汤内服可止泄、止痢；治痢疾、腹泻。这些记述说明，刺梨在民间应用广泛，既可药用，也可作充饥之粮与解渴之果，并对其植物形态、生长环境等作了记述；仅其“黔属俱有，越境不生”之说不确。

刺梨是贵州民族民间、食药两用的地道特色药材。经调研，尚发现刺梨还有两个变种：重瓣缫丝花 *Rosa roxburghii* var. Plena，其花重瓣，深红色，但花后少有结实，多作庭园栽培供观赏；光皮刺梨 *Rosa roxburghii* var.Espina.，其果实较小，暗褐色，表皮光洁无刺。1983 年，贵州省植物园时圣德教授在兴仁县巴铃镇、回龙镇等地（海拔 1500m）发现刺梨的又一变种无籽刺梨 *Rosa sterilis* S.D.Shi，并写成论文《贵州蔷薇属新分类群》于 1985 年《贵州科学》发表（其采于兴仁县原产地的模式标本为 835 号，现存于贵州植物园）。本书特以刺梨及无籽刺梨为重点，予以介绍。

【形态特征】

　　刺梨：为攀缘灌木，高 1～2.5m；树皮灰褐色，成片状剥落；小枝常有成对皮刺。羽状复叶；小叶 9～15，连叶柄长 5～11cm；叶柄和叶轴疏生小皮刺；托叶大部贴生于叶柄；小叶片椭圆形或长圆形，长 1～2cm，宽 0.5～1cm，先端急尖或钝，基部宽楔形，边缘有细锐锯齿，两面无毛。花两性；花 1～3 朵生于短枝顶端；萼裂片 5，通常宽卵形，两面有绒毛，密生针刺；花直径 5～6cm；重瓣至半重瓣，外轮花瓣大，内轮较小，红色或粉红色，微芳香；雄蕊多数，着生在杯状萼筒边缘；心皮多数，花柱离生。果扁球形，直径 3～4cm，绿色，外面密生针刺，宿存的萼裂片直立。花期 5～7 月，果期 8～10 月。刺梨植物形态见图 9-1。

　　无籽刺梨：亦为攀缘灌木，高 4～6m，小枝和叶柄紫红色，具稀少弯曲的皮刺，被灰白色绒毛。羽状复叶，具小叶 7～9 枚，小叶椭圆形或倒卵状椭圆形，长 1.5～3.5cm，宽 1～2.5cm，先端急尖或钝，基部近圆形，两侧不对称，边缘具细锯齿，两面无毛，托叶附生于叶柄上，披针形，边缘具腺毛。花 3～5 朵组成伞房花序，顶生，花梗和花萼密被黄色细刺和具柄的腺体，花径 5cm，萼裂片卵状披针形，两面密被绒毛，花瓣白色，被柔毛。果实扁球形，径约 2cm，灰棕色，疏被刺，瘦果不育。

　　无籽刺梨和缫丝花，近缘，但小叶 7～9 枚，花 3～5 朵组成伞房花序，花瓣白色，果实较小，直径约 2cm，灰棕色，瘦果不育，与之区别。无籽刺梨原植物形态见图 9-2。

图 9-1　刺梨植物形态图

（墨线图引自《中华本草》编委会，《中华本草·苗药卷》，贵州科学技术出版社，2006）

图 9-2　无籽刺梨原植物形态图

（墨线图引自时圣德，《贵州蔷薇属新分类群》，贵州科学，1985）

【生物学特性】

一、生长发育习性

刺梨为浅根性植物，根多分布在 10～30cm 土层中。根系无自然休眠期，冬季仍缓慢生长，当土温升到 10℃ 以上时，根的生长逐渐加强，当土温升到 25℃ 以上时，根生长最旺盛，到秋季 10 月下旬后，土温降到 18℃ 以下，根生长减慢。在一个年周期内根系有 3 次生长高峰：第 1 次出现在 3 月下旬至 4 月初，第 2 次出现在 7 月中下旬，第 3 次出现在 9 月下旬至 10 月中旬。以第 1 次高峰生长的发根量最多，第 3 次次之，第 2 次高峰时间短，发根量最少。

刺梨根系主根不发达，侧根和须根较多，通常幼苗具 4～5 片真叶时，就可生长出多达十多条侧根，其中有些还可发生二次根，此期则为疏苗移栽适宜期。刺梨受到损伤或裸露后，还容易形成不定芽，不定芽易萌生根蘖苗。其枝梢生长具显著的基部优势，而顶端优势和垂直优势则不明显。无论是幼树或是老树，均易从根颈附近抽生出徒长枝条。当地上部分生长衰弱，或受到严重损伤（如重剪等）后，地上部分与地下部分失去平衡，在肥水充足的条件下，常自根颈附近抽生数根徒长枝，使树冠得以更新复壮。刺梨植株的枝条具有自剪现象及易发生不定根习性。枝梢生长快要停止前，其先端几节自行干枯脱落，下次由靠近先端的侧芽萌发抽枝继续向前进行合轴生长。

刺梨花单生或 2～8 朵成不规则的伞状花序；果为蔷薇果，由花发育而成。果扁圆形、纺锤状、圆锥形、圆台形等。成熟时黄或橙黄色，向阳面带有红晕。种子多数，4～50 余粒不等。刺梨种子千粒重 15～16g，无明显的休眠性，不耐贮藏，因种子干燥后易丧失生活力。

刺梨在栽培条件下，经济结果年限为 15 年左右，结果母枝多为一年生枝，并以自基部抽生的徒长性结果母枝为最优良的结果母枝。刺梨果实的生长发育期需 90～

120 天。

二、生态环境要求

刺梨适应性较强，对土壤、肥力要求不高，耐干旱、耐贫瘠。但在不同的生态环境条件下，刺梨的生长发育与开花结果等还是有着明显差异，这说明刺梨仍有其一定海拔、温度等相应的生态环境要求。刺梨对生态环境的主要要求如下。

地形地貌：刺梨除在高寒山区和干热河谷外，其他如中低山丘陵、喀斯特山地和路边、沟边、山坡、草地、宅前屋后等处均有野生分布，或有人工种植。并发现刺梨在海拔 300～1900m 均有分布，但以 800～1700m 地域的刺梨分布较多，枝繁叶茂，开花结实为好。

温度：刺梨是一种喜温植物。其正常的生长发育要求年均温度为 12～15℃，≥10℃年积温 4000～5000℃，无霜期 230 天以上。温度过高，生长发育不良；而年均温度低于 12℃，≥10℃年积温度低于 3500℃的地区，因热量不足，其果实则不能成熟。不过，刺梨的幼苗耐寒力却较强，若遇轻雪覆盖天气，也不至于冻死。

光照度：刺梨又是一种喜光植物。其喜柔和散射光，光照良好时，散射光下刺梨树冠舒展张开，分枝多而生长健壮，花芽也容易形成，花多结实多，其果大肉厚，品质优，产量高。但在强烈的直射光下，刺梨枝条生长虽繁茂，结果多，可是其果实却小而品质差。反之，若光照差，刺梨树冠便舒张较差，分枝少而纤细，花少结实少，产量低，品质差，甚至还可造成枝条或果实干枯死亡。

湿度：刺梨还是一种喜湿植物。刺梨喜湿润，耐旱能力较弱。当土壤含水量较高、空气湿度大时，其植株生长健壮，枝繁叶茂，结果多，果实大，产量高，品质优。而土壤太干燥、空气湿度低，则生长不良，甚至可使刺梨枝梢停止生长，叶片易黄化脱落，花少果实少，严重时即使结果，其果实也干缩，品质极差，还可造成根条木质化，细根易干枯死亡，并使整个植株生长不良。

土壤：刺梨对土壤要求不严，对多种土壤都能适应，在壤土、砂壤土、黄壤、红壤、紫色土等土壤中均能生长。但仍以土层深厚、保水保肥力强的微酸性壤土中生长最为良好，其植株生长强壮，枝叶繁茂，花多果多，且果实大，产量高，品质优；而在灰泡土、沙石土、粉沙土等土壤或保水保肥弱的土壤中，若土壤黏重板结、坡度过大则生长不良，产量较低，品质较差。

【资源分布与适宜区分析】

一、资源调查与分布

经调查，刺梨原产于我国，在贵州山原山地、四川盆地盆周山地、云南滇西北中山盆地及滇东南山原山地，以及湖北鄂西北及鄂西山地、湖南湘西雪峰山及武陵山山地，和广西北山地等地刺梨分布最多。例如贵州、云南、四川、重庆、湖南、湖北、江西、福建、广西、广东、西藏等省（自治区、直辖市）部分地区有野生分布，其中以贵州、四川、云南、陕西、湖北、湖南分布面积大而产量高。如贵州几乎全省，四川省广元、南江、万源、江津、内江等地，陕西省汉中和安康等地，湖南省湘西等地，湖北鄂西等地，广西乐业、南丹等地，云南部分地区有大量野生刺梨资源分布。特别是贵州省野生刺梨资源的分布最多最广。

二、贵州资源分布与适宜区分析

20世纪80～90年代贵州全省中药资源普查的结果表明，贵州除威宁县外，全省东部、南部及西部的边缘地带分布较少；全省其余各地都多有分布，尤以黔南、黔西南、黔西北、黔北、黔中、黔东北等地分布最多，是贵州省刺梨分布最为密集的地区。尤以如龙里、兴仁、兴义、大方、纳雍、黔西、金沙、安顺、普定、开阳、修文、息烽等地的质量产量为高。

贵州刺梨最适宜区主要为黔西南山原山地、黔西北山原山地、黔中山原山地、黔东北山原山地等，其包括黔西南州、毕节市、六盘水市、贵阳市、安顺市、遵义市及铜仁市等。尤其是龙里、兴仁、大方、金沙、纳雍、织金、黔西、盘州、安顺、普定、修文、开阳、息烽等值得重点发展。

除上述生产最适宜区外，贵州省其他各县市（区）凡符合刺梨生长习性与生态环境要求的区域均为其适宜区。但威宁等高寒山区和罗甸等干热河谷地为不适宜区。

【生产基地合理选择与基地环境质量检（监）测评价】

一、生产基地合理选择与基地条件

按照刺梨适宜区优化原则与其生长发育特性要求，选择其最适宜区或适宜区并具良好社会经济条件的地区建立规范化生产基地。现已在龙里、兴仁、大方等地选建了刺梨规范化种植基地。如龙里县地处苗岭山脉中段，长江流域乌江水系与珠江流域红河水系的支流分水岭地区，属黔中南缘。地势西南高，东北低，中部隆起。地貌类型复杂多样，山地、丘陵、盆地、河谷相互交错，自然景观千姿百态。龙里刺梨规范化种植基地海拔在1000m左右，属北亚热带湿润季风气候，全年平均气温15.3℃，最冷月均温4.6℃，最热月均温23.6℃；降水丰沛，年平均降水量1100mm左右，多集中在夏季；热量充足，年日照时数1160h左右，无霜期283天。温和舒适、阳光充足、冬无严寒、夏无酷暑是龙里气候的主要特征。土壤为黄壤土、砂壤土等，土层深厚，保水保肥力强，微酸性，非常适宜刺梨生长。自20世纪80年代以来，龙里与贵州农学院合作开展刺梨优良种源选育，经鉴定以刺梨"贵农5号"为主栽品种，在龙里县谷脚镇等地建立了良种繁育基地，已建立刺梨规范化种植基地6万多亩。又如，兴仁市地处云南高原向广西丘陵过渡的斜坡面上，地貌以低山山地为主，海拔700～1000m。兴仁市建立了以无籽刺梨为主的规范化种植基地，属北亚热带温和湿润季风气候，具冬无严寒、夏无酷暑、四季如春、无霜期长、雨热同季的气候特征。常年平均气温15.2℃。7月最热，平均气温22.1℃。元月最冷，平均气温6.1℃。全年大于10℃的日数243天，大于10℃的年积温4588℃。兴仁的刺梨多于3月底出苗，可造成出苗时间的延迟，一般不会造成大的灾害。全市大多为适宜刺梨栽培的土壤，2013年，刺梨种植面积已突破15000亩。再如，大方县与贵州同济堂制药有限公司等企业及贵州大学农学院合作，引进刺梨"贵农 5 号""贵农 7 号"等良种，在羊场镇、黄泥塘镇建立了刺梨母本园和示范园，并与石漠化荒山改造相结合建立了上万亩刺梨种植基地。龙里、兴仁及大方刺梨规范化种植基地见图9-3。

龙里县刺梨规范化种植基地

兴仁市无籽刺梨规范化种植基地

大方县刺梨规范化种植基地

图 9-3　贵州龙里、兴仁及大方刺梨规范化种植基地

二、生产基地环境质量检（监）测与评价（略）

【种植关键技术研究与推广应用】

一、种质资源保护抚育

贵州是我国野生刺梨的主要分布区，产量、质量均名列前茅。长期以来，野生刺梨（含无籽刺梨等，下同）适应了贵州省的气候和土壤条件，应该是适宜当地的种质资源，应特别保护好各地刺梨的种质资源。例如，对兴仁无籽刺梨原种及其原产地与优质种质

资源的有效保护，可在兴仁刺梨最适宜区（如巴铃镇绿荫河村、回龙镇狮子村等）进行其野生条件下的保护封育及补种抚育等工作，切实促进具天然更新能力的刺梨及共生灌木、药草等良好环境的形成，以更好保护刺梨灌丛群落及其生物多样性，则可达刺梨原种及其原产地种源保护抚育目的。

同时，可收集各野生刺梨区域的种质资源，筛选优良种源或品系，并按照良种选育方法加以优质种源筛选与良种选育评价，利用生物遗传和变异的规律，在保持和提高刺梨良种的种性和生活力的前提下，采用系统育种（或称选择育种）及新技术育种（如诱变育种、基因工程等）方法以达选育刺梨优良种源甚至新品种之目的。从长远看，还应当在野生刺梨集中的地区，划出适当面积的保护区，保护当地野生种质资源，进行引种驯化与良种选育研究和对比试验，以利刺梨资源的培育优化和永续利用。特别可喜的是，贵州大学农学院已培育出了贵农 2 号、贵农 5 号及贵农 7 号等刺梨新品种。

二、良种繁育关键技术

刺梨可多采用种子繁殖，也可无性繁殖（如扦插繁殖等）。目前，已选育了一批优良株系，如贵农 1 号至 8 号等，其中贵农 4 号、贵农 5 号、贵农 6 号是适宜加工的株系；贵农 1 号、贵农 2 号、贵农 3 号、贵农 7 号、贵农 8 号等是鲜食加工均适宜的株系。这些优良株系的特点是长势强、果较大、肉质较脆、纤维和单宁含量较少、果汁多、含糖多、含酸少，有些株系如贵农 8 号还具有香气、无涩味等优良性状。目前，上述株系有的已在长江流域及黄河故道多省引种栽培，性状表现良好。现常用的有刺梨贵农 2 号、贵农 5 号及贵农 7 号等新品种。

下面重点介绍种子繁殖。

（一）种子采集与种子贮藏

1. 种子采集

8～9 月选择刺梨生长健壮、分枝多、树冠发达、无病虫害的采种母树，在刺梨果实充分成熟时，采收第一次春花果。采回后可人工剖开取出种子，但最好是堆放在阴凉室内，让其种子后熟，切忌日晒雨淋。堆放的厚度一般以 20cm 为宜，隔 1～2 天翻动 1 次，1 周左右果肉腐烂后，再取出种子，漂洗干净，去掉果实和其他杂质，立即播种。

2. 种子贮藏

若不能立即播种，应贮藏在温度较低、湿度较高的条件下，以保持其种子的含水量，从而保持种子的生活力。贮藏方法以润湿沙藏或塑料袋保湿贮藏为好。

（二）选地整地与播种

1. 选地整地

选择土层深厚、土壤肥沃、保水保肥能力强、不易积水且背风向阳的平缓地，或山坡下部的缓坡生荒地或经消毒的农田作苗圃地。土壤质地最好为微酸性壤土或砂壤土。土层浅薄、黏重、瘦瘠地不宜选用。播前精细整地，打碎土块，做到上虚下实。结合深翻整地，每亩施入腐熟的有机肥 1000～1500kg，过磷酸钙 10～15kg，草木炭 50kg 或硫酸钾 10～15kg。对于水肥充足之地，可以采用大田式进行整地；对于干旱的缓坡地带，则可以采用传统的苗床式进行，按照南北走向进行床面整修。

2. 播种

播种分春播和秋播。播种时间春播为 3～4 月，秋播为 9～10 月，通常秋播。播种方式可条播或撒播。刺梨种子无明显的休眠期，秋季种子成熟后立即播种，其发芽率及出苗率可达 90%以上。9 月上、中旬刺梨果实成熟后采种，立即播入苗床，10 月中、下旬出苗。第二年 3 月移栽苗圃，年底可出圃。但在冬季严寒地区需要覆盖塑料薄膜防冻。

春播以 2 月下旬至 3 月上旬为宜，4 月上旬出苗，5 月下旬至 6 月上旬移栽到苗圃。但播种前一天，应将种子放入 50～60℃的温水中浸种 12～24h，取出后洗净播种，可提早 5 天发芽，提高发芽率。

（三）苗期管理

1. 间苗定苗

出苗后如遇低温，可用塑料拱棚保温保湿；遇高温天气要注意逐步通风降温和保湿，随时浇水使苗床保持湿润状态，以促进种子发芽。而齐苗后则应减少浇水保湿，以减少病虫害。齐苗后还应除去苗床上的盖草，以免妨碍幼苗正常生长。当幼苗长到 3cm 时开始间苗，苗间距离 10cm 左右。

2. 中耕除草与追肥

苗期应适时除草，使苗床保持无杂草，勿使杂草与刺梨苗争夺养分，并结合中耕松土和追肥。一般每年需人工除草 3 次，主要在 5～10 月。如可在小苗具 2～3 片真叶时，施一道稀薄人畜粪水以提苗；4～5 片真叶时，施一道复合肥以促进苗发根；苗长高后施适量化肥以促进生长。4～5 片真叶时，可移于备好的苗圃地按行株距 20～13cm 开穴种植，栽后浇定根水。培育一年后，于冬季低温潮湿季节，多在 1 月中旬出圃供大田种植造林用。

3. 病虫害防治

以"预防为主，科学防范，依法治理，促进生长"的原则进行，视天气和病虫害情况，综合防治，及时浇水，并注意逐步选择阴雨天或晚间分批揭去覆盖膜炼苗。

【附】无性繁殖

刺梨无性繁殖常用扦插繁殖、压条繁殖等。如扦插繁殖，春、夏、秋三季均可进行，扦插床以壤土或砂质壤土为好。春插时，将冬季修剪下来的 1 年生刺梨枝条，剪成长 10～12cm，下端在芽下方斜剪，上端在芽上方 1cm 处斜剪后为扦条。以 100 根扦条 1 捆藏于湿沙中。次年 2 月上中旬以株行距 9cm×24cm 斜插于苗圃中，露 1 芽在外，踏实插条周围床土。3 月中旬萌芽，成活率 90%以上。夏、秋扦插，取 1～3 年生枝，用 ABT 生根粉处理插条基部，发根成活率 100%。

若以根为插条，扦插时剪长 15cm、直径 0.3～1.2cm 粗的根段为好。直径小于 0.3cm 和大于 1.6cm 的根，扦插后发根慢。小而弱的细根，不宜采用。其春、夏、秋三季亦均可根插，发根率可达 100%。

三、规范化种植关键技术

（一）选地整地

按照生态经济、良性循环、避免重复建设，相对集中连片，交通便利，适宜种植，适宜种源与因地制宜地建立刺梨规范化种植基地的原则，选择土壤深厚，有良好光照、灌溉条件的刺梨最适宜区或适宜区进行其基地建设。为保证刺梨能达到早果、优质、丰产目的，尚必须改良土壤，施足底肥，一般应施有机底肥 5000～6000kg/亩。对整个规范化种植基地，还要合理规划其小区和田间工作道，修好灌溉（如喷灌、滴灌等）、排涝（如拦水沟、排水沟等）和蓄水池、沤粪坑等设施。

（二）移栽定植

刺梨植株较矮小，分枝多，属水平根系。为此，挖定植坑（或沟）以 1m 宽、0.6～0.7m 深为宜。种植密度因土地肥沃程度和品种而异，土壤肥沃或树势强的品种，株行距宜大些，株行距可为 1.5m×2m，每亩 250 株左右；土壤瘠薄或树形矮小的品种宜密些，株行距可为 1m×1.5m 或 1m×2m，每亩 350 株左右。每个定植坑用 10kg 有机肥和 1～2kg 迟效磷肥作底肥，或每亩用 5000～6000kg 迟效磷肥作底肥，然后一层肥一层泥分层填入坑（或沟）内再定植，从 11 月到次年 2 月均为定植适宜期。

刺梨苗定植方法得当、定植后加强管理是提高定植成活率、缩短缓苗期、保证植株正常生长的关键。苗木必须定植在正定植（或沟）顶部的植穴内，植穴大小一般挖深、宽 33cm，能使根部向四面伸展为宜。定植后当天要浇定根水，如苗较高还需插绑支杆（架），以防风吹摇动，影响成活。以后视天气情况，每隔 5～7 天浇水 1 次，保持土壤湿润，如对树盘实行覆盖，浇水间隔时间可稍长些，定植后浇水管理应坚持到雨季才能停止。

（三）田间管理

1. 中耕除草与合理施肥

刺梨苗木成活后，要注意适时中耕除草、施肥。特别是定植的第 1 年，要重点抓好割除杂草，改善土壤深层的通透性，增强保水、保肥、保温能力，旱季进行树盘覆盖。春、夏、秋梢抽发前 7～10 天都要追速效肥，注重以氮肥为主，促抽发枝长叶。第 2 年和第 3 年追肥数量要逐年增加，夏秋梢抽发前每株 0.05～0.1kg 尿素或 5kg 清粪水追肥。每季梢叶抽发定形后用磷酸二氢钾或其他高效复合肥叶面喷施，促进梢叶成熟。从定植穴的外缘起，在逐年深挖、扩穴中要结合压施绿肥，改良土壤，以园养园，保证刺梨果树正常生长。

经研究表明，对刺梨成年树得调节好生长和结果的关系，使刺梨达到稳产高产的目的。在 4～5 月刺梨大量抽梢时，新梢吸收大量的营养元素，是此时的主要营养"库"。在 6 月中旬、7 月初至 7 月下旬这两个阶段，营养"库"向果实转移；果实迅速生长，果实中的 N、P、C、Mg 等营养元素积累迅速。因此，在刺梨开花结实发育期特别要充分保证其营养供应。其施肥一般是 2 月抽梢前以氮肥为主；开花前 15～20 天，每株成年结果树应追施 0.1～0.2kg 尿素，或 15～20kg 清粪水，保证花芽和叶芽正常生长发育；落花后及时用 0.5%尿素液喷施，补充树体养分促使幼果正常发育；6 月下旬至 7 月上旬每株用 0.5%磷酸二氢钾叶面喷施和对每株根部土壤施入 0.25kg 尿素或 30kg 粪水，视树体营养状况再行叶面喷施 0.5%尿素液，每隔 7～10 天进行 1 次，连续 2～3 次，促果膨大，提高产量和品质。但在 6～7 月温度高、湿度大时，若单施氮肥容易诱发白粉病，应控制施肥量并忌单施。在盛果期还要注意勤除杂草，以减少杂草对养分及水分的争耗。

2. 合理排灌与修枝整形

由于刺梨根系分布较浅，抗旱能力较弱，因此必须加强基地水利设施建设，旱季引水灌溉或树盘覆盖，保持土壤湿润，同时，在雨季还要注意排水防涝。

刺梨属于丛生性小灌木，枝梢多从树冠的中下部抽生。自然生长的情况下，结果 4～5 年后树冠则开始衰老，产量、品质开始迅速下降。刺梨的芽具有萌发力和发枝力强的特性，树冠矮小的枝叶繁茂，无明显顶端优势和垂直优势。因此，刺梨不宜强行整形修剪，以自然生长为宜。刺梨的适宜树形是近于自然丛生状的圆头树，要求枝梢自下而上斜生，充分布满空间，互相交错或不过密，内部通风透光为好。修剪以落叶后的冬剪为主，辅之以生长期的适量疏剪。落叶后，只宜剪除病虫枝、枯枝及衰老枝。对衰老的多年生枝进行重剪短截，对衰老枝群要通过回缩促发壮枝，使其基部萌发抽生强枝并成为新结果母枝，并尽量多留健壮的 1～2 年生枝作为结果母枝。对于树冠中、下部的过于衰老的结果母枝要剪除，对于树冠基部下垂枝也应酌情剪除，着生部位较高的下垂枝应缩剪枝条上部的下垂衰老部分。对骨干枝每年也应进行轮换更新，对衰弱的枝进行疏剪或缩剪，刺激其抽发优良的结果母枝。同时，对攀缘性、发枝力和成枝力强、年结果量大的刺梨树，除合理修枝整形外，还要合理设置支架，以便刺梨顺其架生长，增加通风透光，使植株生长旺盛，提高产量和质量，达到立体结果的目的。

3. 更新复壮与改良土壤

刺梨和其他果树一样，经过盛果阶段后，都要进入衰老阶段，逐步呈现抽发新梢少、枝叶淡黄、枯枝落叶加重、结果少、果实品质变劣等现象，甚至整枝直接枯干。衰老树管理主要措施是重剪短截，注重骨干枝的更新，改良土壤，重施底肥，达到更新复壮、提高树势、延长结果年限的目的，为延长盛果期和来年丰产稳产打下基础。

（四）主要病虫害防治

刺梨常见病虫害主要有白粉病、介壳虫、蚜虫、叶蝉及食心虫等。

1. 白粉病

春秋皆有发生，多于 4 月上中旬始发，6～7 月盛发，为害新梢、嫩叶、花蕾、幼果及芽。

防治方法：加强管理，增强树势，适当疏枝，及时排水，降低湿度。于 6 月上旬发病初期及时喷粉锈宁，防效可达 74%～88%；亦可在发生期及时用 50%托布津或甲基托布津可湿性粉剂 1000～1500 倍液防治。

2. 介壳虫

介壳虫主要是成群若虫固定在枝条上吸食为害，造成树势衰弱，枝条枯死，严重则影响产量和质量。

防治方法：加强管理，冬季萌动前，喷波美 3～4 度的石硫合剂，消灭未产卵的越冬雌虫，每 15 天 1 次，连续 2 次；春末夏初，初龄若虫还未分泌蜡质时，每 5 天喷 1 次波美 0.3～0.4 度的石硫合剂，或以乐果乳剂 1000～1200 倍液防治。

3. 蚜虫

蚜虫吸食汁液，主要为害新梢。

防治方法：宜用 80%敌敌畏 2000 倍液喷洒，防效较好，或以乐果乳剂 1000～1200 倍液防治。此外，对叶蝉、刺蛾、卷叶蛾等也有效。

4. 食心虫

食心虫主要以幼虫蛀食为害果实。早期果实被蛀后常引起落果，中后期果实被蛀后则不能食用。果实收后堆放中被为害也可造成腐烂，影响加工品质。

防治方法：冬季严加清园，消灭越冬幼虫。以性引诱剂和糖醋液诱杀成虫，从现蕾开始每亩挂 2～3 罐性引诱剂和糖醋液（配制方法：红糖 5 份、醋 20 份、水 80 份，加适量敌百虫以提高诱导效果；天热时可加适量白酒防止发酵）。

上述刺梨良种繁育与规范化种植关键技术，可于其生产适宜区内，并结合实际因地制宜地进行推广应用。

【药材合理采收、初加工与储运养护】

一、合理采收与批号制定

（一）合理采收

刺梨自 8～9 月底均有果实陆续成熟，以果实深黄色，并有果香味散发时分批采摘。若作为贮藏用的果实，则须在其果呈绿黄色时即采收。采摘时，应选阴天或晴天早晨进行，并应人工剪摘，防碰擦伤，轻放防压，及时运回贮藏与加工。

（二）批号制定（略）

二、合理初加工与包装

（一）合理初加工

刺梨果不耐贮藏，采后鲜果立即出售，亦可将预冷的鲜果用无毒聚乙烯薄膜（厚度 0.07mm）袋等包装，合理包装后，置于 0℃ 以下贮藏，其利于刺梨果保鲜、饱满、失重小与保持商品品质，但贮藏保存期一般不宜过长。

刺梨果或趁鲜切片加工，多以晒（晾）干或适温烘干即可（图 9-4）。

（二）合理包装

干燥刺梨，应按规格严密包装。在包装前，每批药材包装应有记录，应检查是否充分干燥、有无杂质及其他异物；所用包装应符合药用包装标准，应是无毒、无污染、对环境和人安全的包装材料，在每件包装上注明品名、规格、等级、毛重、净重、产地、批号、执行标准、生产单位、包装日期及工号等，并应有质量合格的标志。

贵州省刺梨规范化种植基地的刺梨喜获丰收

刺梨及其果实剖面观（龙里县）

无籽刺梨及其果实剖面观（兴仁市）

刺梨果药材（干品）

无籽刺梨果药材及其趁鲜切片初加工品（干品）

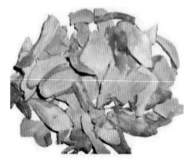

刺梨根药材及其趁鲜切片初加工品（干品）

图9-4　刺梨采收与药材初加工

三、合理储藏养护与运输

（一）合理储藏养护

干燥刺梨（根）应储存于干燥通风处，温度25℃以下，相对湿度65%～75%。本品易生霉、虫蛀。初加工时，若未充分干燥，在贮藏（或运输）中易感染霉菌，受潮后可见霉斑。因此贮藏前，还应严格入库质量检查，防止受潮或染霉品掺入；贮藏时应保持环境干燥、整洁与加强仓储养护规范管理，定期检查、翻垛，发现吸潮或初霉品或虫蛀，应及时进行通风晾晒等处理。

鲜品刺梨应依法冷库贮藏养护。

（二）合理运输

刺梨药材在批量运输中，严禁与有毒货物混装并有规范完整运输标识；运输车厢不得有油污与受潮霉变。

【药材质量标准、质量检测与监控】

一、药材商品规格与质量检测

（一）药材商品规格

刺梨药材鲜品以无杂质、果大、色黄、果鲜、汁多、质脆嫩、香味浓郁者为佳品；干品以无杂质、焦枯、褐变、霉变、虫蛀，干脆，果块完整，色黄褐，具特异香味者为佳品。其药材商品规格为统货，现暂未分级。

（二）药材质量检测

按照《贵州省中药材、民族药材质量标准》（2003 年版）刺梨果药材质量标准进行检测（无籽刺梨药材亦按此标准检测）。

1. 来源

本品来源为蔷薇科植物单瓣缫丝花 *Rosa roxburghii* Tratt.f.normalis Rehd.et Wils.、缫丝花 *Rosa roxburghii* Tratt. 以及无籽刺梨 *Rosa sterilis* S.D.Shi 的新鲜或干燥果实。9～10 月采收，鲜用或晒干。

2. 性状

本品呈扁球形，直径 3～4cm，表面黄绿色或黄褐色，少数带红晕，被有密刺，有的具褐色斑点；顶端有宿萼 5 瓣，黄褐色，密生细刺；纵剖面观，果肉黄白色或深黄色，脆。种子多数，着生于萼筒基凸起的花托上，卵圆形，浅黄色，骨质，直径 0.15～0.3cm。气微香，味酸甜，微涩。鲜果汁呈深棕色，味酸甜、涩。

3. 鉴别

（1）取本品鲜果汁 2mL，加碱性酒石酸铜试液，置水浴上加热数分钟后，产生红色沉淀。
（2）取本品鲜果汁点于滤纸上，滴加茚三酮试液，烘 3～5min，产生蓝紫色。

二、药材质量标准提升研究与企业内控质量标准制定（略）

三、药材留样观察与质量监控（略）

【药材生产发展现状与市场前景展望】

一、生产发展现状与主要存在问题

贵州刺梨应用历史悠久，野生变人工种植虽不长，但近年发展较为迅速。特别是贵州省龙里、兴仁、大方等地在规范化种植与基地建设，并在研究开发产业化等方面均取得了较显著成效。据贵州省扶贫办公室《贵州省中药材产业发展报告》统计，2013 年，全省刺梨种植面积达 15.47 万亩，保护抚育面积 13.47 万亩；总产量达 87474.2 吨，产值 19641.57 万元。2014 年，全省刺梨种植面积达 56.65 万亩；总产量达 4.97 万吨，产值 43091.63 万元。实践证明，刺梨是贵州省特有的民族民间常用药材及平民化的果品，其广泛生长于山坡、沟旁和荒野之间，刺梨对气候、土壤等条件的要求也不甚严格，在生态适宜区内栽培管理容易，只要光照充足，平地、丘陵、山地均可种植。如采用扦插苗种植，第 2 年可开花结果，第 3 年则逐步进入盛产期，并可延续 10～20 年，亩产可保持在 1000～2000kg。经济效益、社会效益、扶贫效益与生态效益均十分显著。但在贵州省刺梨产业发展中，还须在刺梨种植规范化、标准化、规模化、集约化、产业化、品牌化上再狠下功夫，更上一层楼；在刺梨种植与生产基地上要进一步探索有效营运模式以更好形成其发展产业链；要对不同刺梨种源所种植的刺梨果进行深入对比研究，尤须对无籽刺梨加强基础研究与深度开发；要加强刺梨的综合利用，以刺梨叶、刺梨茎枝或根部等为原料，进行其不同产品的研究开发与综合利用研究；要切实加强刺梨不同效用医药产品及大健康产品、生物肥料、日化用品，以及盆景花卉等的研究开发，以求获取更佳效益。

二、市场需求与前景展望

现代研究表明，刺梨除富含维生素 C、维生素 P 外，尚含维生素 A、维生素 B、维生素 E、超氧化物歧化酶（SOD）、果糖、葡萄糖、蔗糖、木糖、刺梨多糖、苹果酸、柠檬酸、多酚类物质、氨基酸（如苏氨酸、丙氨酸、谷氨酸、赖氨酸、亮氨酸、天门冬氨酸、苯丙氨酸、异亮赖氨酸等多种氨基酸）、微量元素（如锌、锰、铜、铁、锶、硒、锗等多种微量元素）、刺梨酸、刺梨苷、野蔷薇苷、原儿茶酸、β-谷甾醇、二十一烷酸等成分，素享"营养珍果""VC 之王"美誉。例如，经送鲜果到国家权威机构农产品质量监督检验测试中心测定分析，其含糖量是普通刺梨的 6 倍，超氧化物歧化酶、赖氨酸、胡萝卜素、维生素 C 含量较高，其中维生素 C 含量高达 1425.0mg/100gFW。维生素 C 含量相当于苹果的 500 倍，柑橘的 50 倍，猕猴桃的 12 倍。其中赖氨酸是人体正常生长发育不可缺少的物质；超氧化物歧化酶 5400 单位/g，具有极强的抗氧化、抗衰老的功能，在西方一些国家被称为"抗衰老水果"。特别是无籽刺梨含有铁、锌、硒、胡萝卜素等多种元素和氨基酸，有望开发成为高级药食两用保健水果。同时，无籽刺梨除了具有普通刺梨能提神、开胃、滋补、降血脂、降血糖功效外，更重要的是能自然辅助肠道消化、提高人体维生素 C 含量的功能，对老弱病患者更是开胃增进食欲、通便促进新陈代谢的补品。

刺梨在助消化、解痉、平喘、抗菌、降血脂、抗高血压、抗心绞痛、预防冠心病与动脉硬化，以及清除自由基、增强机体免疫力、防老抗衰、防治动脉粥样硬化、抗细胞突变和抗肿瘤（如防治皮肤癌和早期宫颈癌等）等方面都有良好作用，对多种疾病有较好疗效。刺梨果实中还含有提高智力、促进生长、增强体质、增进食欲、改善营养不良状况、改善失眠、提高记忆力、帮助钙的吸收、治疗和防止骨质疏松症及有利排铅等效用。

刺梨是中药民族药与大健康医药产品的重要原料，现已研发出不少别具特色的产品。

例如贵州老来福药业公司等企业，早在 1991 年就开始对刺梨医药保健及苗医药品等进行了基础研究与深度开发，先后研发生产了以刺梨为主要原料并具有自主知识产权的刺梨系列保健食品、医药保健药品和苗医药品。如贵州老来福药业公司研发生产有"老来福口服液"［原名老来福 SOD 口服液，卫食健字（2002）第 0004 号，专利号：ZL951061941］、"金刺参九正合剂"（原名爱福宁合剂，国药准字 Z20025506，专利号：ZL02127952.7）、"益肾健胃口服液"（国药准字 B20020486）、"脂本佳胶囊"［卫食健字（2002）第 0341 号］、"来福胶囊"［卫食健字（2003）第 0369 号］等。2008 年，贵州老来福药业公司又自主研发了"金赐力口服液""金赐丽口服液""金智力口服液"等系列医药保健饮品。而且，目前贵州省乃至省外尚有不少企业正在产学研紧密结合地研究开发，相信将有更多更新的以刺梨为主要原料的中药民族药与大健康医药产品问世，刺梨的研发潜力极大，市场前景非常广阔。

主要参考文献

樊卫国，安华明，刘国琴，等. 2004. 刺梨的生物学特性与栽培技术[J]. 林业科技开发，18（4）：45-48.

樊卫国，夏广理. 1997. 贵州刺梨资源开发利用及对策[J]. 西南农业学报，10（3）：109-115.

何照范，熊绿芸，国兴民，等. 1988. 刺梨果实的营养成分[J]. 营养学报，10（3）：262-266.

李端，刘骁，杨春媛，等. 1995. 刺梨超氧化物歧化酶对雄性小鼠生育力的影响[J]. 中国药理学通报，11（1）：80.

梁光义，郑亚玉，田源红. 1984. 刺梨化学成分研究初报[J]. 贵阳中医学院学报，4：41-42.

梁光义. 1986. 刺梨化学成分的研究[J]. 中草药，17（11）：4-6.

罗登义. 1984. 刺梨之生物化学[J]. 贵州农学院丛刊（第三集）：41-45.

石玉成，梁光义，倪红梅. 1991. 刺梨主要成分的淋巴细胞增殖作用[J]. 贵阳中医学院学报，2：60-64.

时京珍，陈秀芬，彭冬. 1996. 两种刺梨对小鼠炎症等的比较研究[J]. 贵州医药，20（5）：268-269.

时圣德. 1985. 贵州蔷薇属新分类群[J]. 贵州科学杂志.

宋圃菊，林东昕，李寅增. 1987. 刺梨汁的抗癌作用[J]. 北京医科大学学报，19（5）：305-307.

王习霞，屠春燕，欧阳平凯. 1994. 不同处理条件对刺梨汁成分的影响[J]. 南京化工学院学报，5，16（增刊）：121-124.

吴明智. 1996. 刺梨对脂质过氧化作用影响的研究[J]. 职业与健康，12（2）：43-44.

张爱华，尤曼海，蒋宪瑶. 1996. 强化刺梨汁的抗突变作用[J]. 中国药学杂志，31（3）：144-147.

（冉懋雄　黄琼珠　陈兰宁　陈昭鹏　周厚琼）

10　榧　　子

Feizi

TORREYAE SEMEN

【概述】

榧子原植物为红豆杉科植物榧 *Torreya grandis* Fort.的干燥成熟种子。别名：中国榧、彼子、香榧、榧树、赤果、玉山果、玉榧、野杉子、细榧、木榧、圆榧、臭榧等。以干燥成熟种子入药或食用。《中国药典》历版对榧子的成熟种子，均以"榧子"之名予以收载。

《中国药典》（2015 年版一部）称榧子味甘，性平。归肺、胃、大肠经。具有杀虫消积、润肺止咳、润燥通便功能。用于钩虫病、蛔虫病、绦虫病、虫积腹痛、小儿疳积、肺燥咳嗽、大便秘结。

榧子是世界上久负盛名、珍稀而名贵的经济树种及药用树种。我国最早的药学专著《神农本草经》则以"彼子"之名予以记述，称其"味甘，温，有毒。治腹中邪气，去三虫，蛇螫，蛊毒，鬼疰，伏尸。生山谷。"其后历代多予收录，如唐代《新修本草》在"彼子"条下特注说明："此彼子当木旁，作柀，柀。木实也。误入虫部。《尔雅》云：柀，一名杉。叶似杉，木如柏，肌软，子名香榧。"从此后则有榧子之名而入本草者。唐代《食疗本草》还认为：榧子"令人能食，消谷，助筋骨，行营卫明目。"尤以明代伟大医药学家李时珍的《本草纲目》记载为详，认为榧子具有清肺、润肠、化痰、止咳、消痔等功能，可"治五痔，去三虫蛊毒，鬼疰恶毒"，"疗寸白虫，消古，助筋骨，行营卫，明目轻身，令人能食"，"治咳嗽白浊，助阳道"等。榧子果衣还可驱蛔虫，故食用时不必细加去衣等。清代《本草新编》还特赞"榧子杀虫最胜……。凡杀虫之物，多伤气血，唯香榧不然。"清代《本草从新》又认为榧子能"治肺火，健脾士，补气化痰，止咳嗽，定咳喘，去瘀生新。"

除作为药用外，榧子是榧属植物中品质最优的一种果实，是我国特产，是世界上著名可食用的健康干果之一。其果实为坚果，其干果亦习称"香榧"（以下皆称"香榧"）。香榧果两头尖，呈椭圆形，果壳较硬，内有黑色果衣包裹淡黄色果肉，成熟后果壳为黄褐色或紫褐色。香榧果实外有坚硬的果皮包裹，其枣核般的种仁，大小如枣，核如橄榄，吃起来香美、松脆，有点像花生仁，但比花生仁更有其别致的香味。我国典籍《尔雅》就是这样描述香榧果实的："结实大小如枣，其核长于橄榄，核有尖者不尖者，无棱而壳薄，其仁黄白色可生啖。"香榧自古以来还是皇室贡品中的宠儿，如在宋代用香榧加工成的椒盐香榧、糖球香榧、香榧酥等被列为朝廷贡品。香榧不仅味美，而且含有丰富的蛋白质和多种微量元素。于 2002 年 4 月 30 日颁布的《卫生部关于进一步规范保健食品原料管理的通知》文件中，将香榧列入"既是食品又是药品的物品名单"，这为香榧保健食品的研究开发提供了重要依据。香榧是著名药食两用药材，也是贵州特色药材。

【植物形态】

香榧为常绿乔木。主干高可达 25m，胸径可达 2m 以上。树皮褐色，小枝近对生或轮生，无毛，褐色。叶螺旋状排列，扭曲成二列状，叶片条状披针形，长 1.2～2.5cm，宽 2～4cm，先端急尖，具刺状短尖头，基部近圆形，质坚硬，上面深绿色，有光泽，中央微凹，下面淡绿色，中肋明显，两侧各有一条与其等宽的黄白色气孔带。花单性，雌雄异株；雄球花单生于叶腋，雄蕊 4～8 轮，每轮 4 枚，每一雄蕊具 4 个药室；雌球花无梗，成对着生于叶腋，只 1 花发育，基部有两对交互对生的苞片，外侧有小苞片 1，胚珠 1，直生。种子核果状，椭圆形或倒卵状长圆形，长 2～4cm，先端有小短尖，熟时假种皮肉质，黄色而略带淡紫褐色，被白粉，种皮革质，淡褐色，具不规则浅槽，胚乳微皱。花期 4～5 月，种子成熟期为翌年 9～10 月。香榧植物形态见图 10-1。

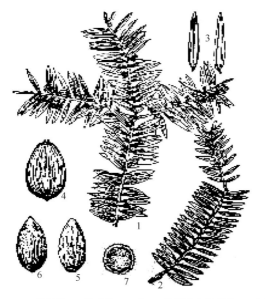

（1. 雄花枝；2. 雌花枝；3. 叶；4. 具假种皮的种子；5. 去假种皮的种子；6. 种仁；7. 种子横切面）

图 10-1　香榧植物形态图

（墨线图引自冉懋雄、周厚琼主编，《现代中药栽培养殖与加工手册》，中国中医药出版社，1999）

【生物学特性】

一、生长发育习性

香榧雌雄异株，靠风传粉。雄花秋季形成，翌年 4 月中旬至 5 月上旬盛开；雌花着生于当年生枝上，4 月中旬至 5 月上旬开放，雌花授粉后，于 6 月可见小如米粒的果实；果实成熟约需 15 个月的时间，即至翌年 9～10 月方能成熟。因此，同一香榧植株上同时可见到头一年的大果和当年的小果。但香榧生长缓慢，其嫁接苗需 10 年以上才能开花结果，20 年方达盛果期；若采用大砧木嫁接，5～6 年便可开花结果。

香榧在栽培条件下，经济结果年限为 15 年左右，结果母枝多为一年生枝，并以自基部抽生的徒长性结果母枝为最优良的结果母枝。

香榧有性繁殖全周期需 29 个月，一代果实从花芽原基形成到果实形态成熟，需经历 3 个年头，每年的 5～9 月，同时有两代果实在树上生长发育，还有新一代果实的花芽原基在分化发育，故人们称之为“三代同树”。香榧树寿命长达四五百年，乃至上千年，故又有“寿星树”之称。

二、生态环境要求

香榧为亚热带树种，喜温暖湿润气候，也比较耐寒，适宜在长江以南地区种植。香榧幼树耐阴，成年树喜光，野生于向阳的凉爽山坡。香榧属浅根性树种，既怕旱又怕涝；其对土壤要求不严，但以肥沃、疏松、土层深厚的砂质壤土和石灰质风化土生长良好；若种植于海拔较高的山坡或丘陵，光照过强，湿度过小，年温差过大则生长不良。栽种地的年平均气温要求在 14～17℃，一年中大于 10℃的积温在 8000℃以上，冬季最低温度高于 –15℃。一年中要求初霜期在 11 月上旬以后，在 3 月中旬前终霜。需日照较多，特别是直射光少，散射光多。一年中雨水应较多，年降水量不少于 1100mm。所栽种土壤以土层深厚、肥沃、疏松的微酸性至中性的砂质壤土为好。应选择种在临风、向阳、多雾的山谷和山坳，土层疏松、排水良好的地方。

香榧适应性虽较强，但在不同的生态环境条件下，香榧的生长发育与开花结果等还是有着明显差异，这说明香榧仍有一定的海拔、温度、光照、土壤等生态环境要求。据调查，目前香榧主产区多分布在海拔 200～800m 的山地、丘陵地带；平原地区也有少量引种，生长尚好。凡生长在阴坡或避风山谷，树势好但结实差；而在温暖迎风的阳坡，不但生长好，而且结实性能好。香榧对土壤的适应性较强，但由于根系好气的特性，以土壤深厚肥沃、通气性好的砂质壤土或石灰质成土为好。黏重的红、黄壤如管理好，土壤结构逐步得到改良，亦能使香榧正常生长。在林地管理时，如对香榧幼树根部一次加土（特别是黄泥土）太厚，会使枝、叶发黄，甚至整株枯死。所以排水、松土、种植绿肥、增施有机肥等措施，能改良土壤结构，增加土壤通气性，将有利于香榧的生长发育。

【资源分布与适宜区布局】

一、资源调查与分布

香榧系我国原产，主产于江苏南部、浙江、福建、江西、安徽、湖南、贵州等地；以浙江诸暨赵家镇、绍兴稽东镇、嵊州谷来镇、东阳、磐安分布最多。尤其是浙江会稽山地，山高岭峻，云雾缭绕，气候凉爽，适宜香榧树生长，是浙江香榧的主产区，已有 1300 多年的栽培历史。

经调查，浙江诸暨的香榧产量最多。香榧壳薄、肉满、松脆、香酥，为稀有的干果，在国内外享有盛名。在福建、江西、安徽、湖南、贵州等地发现也有不少古香榧生长。例如，在湖南宁乡市黄材镇发现了 1000 多棵香榧树，其中最大最古老的一棵树龄已逾千岁，其高达 24m，树冠覆盖面积近百平方米，巨大的树干需要 6 个成年人手拉手才能够合抱，见图 10-2。在严寒下，其周围的树木大多枯黄，唯有这些古香榧仍然郁郁葱葱。在宁乡市黄材镇月山村了解到，这一带的山头上，分布着多棵巨大的香榧树，绝大多数生长期在 300 年以上。当地老人还从家里端出一盘状如核桃、比核桃略小的香榧作为待客食品。村民都知香榧有润肺止咳等药用功效，并反映在 20 世纪 60～70 年代，就有人专门来山里收购香榧。宁乡市林业局负责人也反映，由于这些榧树长在大山深处，交通极为不便，巨大的榧树群落近几十年来才被外界了解。

二、贵州资源分布与生产适宜区

香榧为亚热带树种，喜光也稍耐阴，喜温暖湿润的气候和深厚肥沃的酸性土壤，不耐积水涝洼和干旱瘠薄，也比较耐寒，我国长江以南各地都适宜香榧种植。凡年平均气温在 14～17℃，年≥10℃积温 8000℃以上，冬季最低温度高于−15℃，一年中初霜期在 11 月上旬以后，终霜期在 3 月中旬以前，日照较多，特别是直射光少，散射光多，年降水量不少于 1100mm 的地区均为香榧生产适宜区。根据香榧生物学特性与我国香榧资源地理分布及其社会经济条件，我国香榧生产适宜在我国长江以南各地生产发展。如浙江、湖北、湖南、贵州、四川、广东、广西、云南等地，如浙江会稽山地、湖北鄂西北及鄂西山地、湖南湘西雪峰山及武陵山山地、贵州山原山地、四川盆地盆周山地，以及广东粤北山地和广西北山地、云南滇南盆地山地和滇东南山原山地等地均适宜发展香榧生产。

图 10-2 千年古榧仍然青枝绿叶而郁郁葱葱

贵州为香榧适宜生产区之一。目前古香榧树虽然暂未发现，但贵州省除高寒山区外大多适于香榧栽培。贵州省自然条件优越，为低纬度高海拔地区，属亚热带湿润季风气候，具有"冬无严寒，夏无酷暑""十里不同天"的立体气候特点。贵州凡符合香榧种植气候、土壤的地域，尤其是黔西南、黔南、黔东南及黔东、黔中、黔北等亚热带气候凉爽、温暖湿润的地区，如兴仁、安龙、册亨、望谟、荔波、三都、黎平、锦屏，以及铜仁市、遵义市部分县区，海拔为 200～800m 的山地、丘陵等均为香榧的最适宜种植区域，现已在兴仁引种栽培成功。

除上述香榧最适宜区外，贵州省其他各县市（区）凡符合香榧生长习性与生态环境要求的区域均为其适宜区。

【生产基地合理选择与基地环境质量检（监）测评价】

一、生产基地合理选择与基地条件

按照香榧生产适宜区优化原则与其生长发育特性要求，选择其最适宜区地道产地建立规范化种植基地。例如，在黔西南州兴仁市城北的"兴仁中药材高效农业示范园区"内，已引种建立了较集中连片的香榧规范化种植示范基地。该市位于贵州省西南部，东与贞丰、关岭相望，西与兴义接壤，南与安龙相连，北与晴隆相接，受南、北盘江支流切割，地形起伏不平，属典型的喀斯特地貌。该市属北亚热带温和湿润季风气候，位于云贵高原向广西丘陵过度的斜坡面上，无霜期长，雨热同季。一般情况下，春季冷暖气团交替出现；夏季受东南面海洋湿空气环流影响，南风多，湿度大，雨水较多；秋季持续时间短，降温快，北方冷空气较强时，南下形成秋风；冬季受西北和北方冷空气环流南下控制，多北风，但冷气团南下路径长，影响不严重。常年平均气温为15.4℃，全年大于10℃日数281天；年均日照时数1521.7h，占太阳可照时数（日照百分率）的35%；年均降水量1333.3mm，年均降水日数236.7天。以上可见，兴仁的气候条件适于香榧生长，有非常适宜香榧生长发育与开花结果的条件。在香榧生长时节，兴仁降水量充沛，即使喀斯特石漠化地带的土壤也较湿润，不会影响香榧生长发育，能与喀斯特石漠化治理紧密结合，这既凸显了香榧对于兴仁中药产业发展的突出作用与别具特色，也体现了加快兴仁香榧产业发展的必要性和重要性。在其经果林技术设计中，具体规定设计了立地分类与评价，根据地貌、岩性、石漠化土地类型，按照地域差异，分区分类的原则划分立地类型，以地貌（海拔）划分类型区，以岩性划分类型组，设计1种立地类型，即黄壤中厚层坡耕地类型，其适宜树种有香榧、核桃、板栗、梨、桃、李、藤、柑橘、柳杉等；规定设计了造林类型，在划分立地类型的基础上，根据生态效益、经济效益、社会效益相结合，与产业结构调整、培育新兴支柱产业相结合的原则适地适树，并充分利用田边地角和房前屋后等进行种植，以恢复生态为根本，确保老百姓利益最大化。

在兴仁香榧规范化种植示范基地建设中，还特别得到了浙江省诸暨市、宁波市的大力帮扶。兴仁不但利于也急需发展香榧产业，应开展香榧规模种植与深加工，使其逐步形成为兴仁特色产业。

兴仁香榧规范化种植示范基地与引种试验示范基地见图10-3。

图10-3　兴仁引种试验示范基地（兴仁中药材高效农业示范园区锁寨村）

二、基地环境质量检（监）测与评价（略）

【种植关键技术研究与推广应用】

一、种质资源保护抚育

香榧系子遗植物，国家二级保护树种，是我国特有的珍稀名贵树种，也是世界上稀有的经济树种。特别是浙江等地的香榧种质资源，有不少香榧群落，其中有的香榧树龄已逾数百年，有的栽培历史已上千年。因此，对我国香榧种质资源，应切实加强保护与抚育，以求永续利用。

（一）香榧原种与原产地种源保护抚育

在浙江、江西、湖南、贵州等的香榧原种与原产区及香榧种植最适宜区，其具香榧自然分布中心区的特点，可经过深入调查研究，选择香榧分布较为集中，又经实验研究证明其质量优良的区域，结合自然综合治理工程，选之作为香榧的原产地种源保护区，并建议由当地政府建立"香榧自然保护区"加以有效保护。

香榧原产地及种源保护区应当建立相应保护管理站，建议由当地林业部门、扶贫部门、科技部门或中药材产业发展办公室直接领导，会同公安部门、农林部门、保护区所在乡（镇）政府共同管理。香榧原产地及种源保护区管理站兼有管理与生态环境保护的责任。管理站建制及工作制度由管理站筹备组拟定，县级以上政府批准实施，见图10-4。

图 10-4　香榧自然生长与保护抚育（引自浙江省诸暨香榧保护基地）

在香榧原产地种源保护抚育中，特别要结合普及法律知识教育，根据国家制定的《中华人民共和国自然保护区条例》《野生药材资源保护管理条例》等有关政策，建立有效的封山育林管理制度与加强宣传教育，切实做到有法必依，执法必严。例如，结合兴仁岩溶地区石漠化综合治理工程进行的封山育林，要严格按照有关生态环境保护规定进行技术设计与加强管理。如具体设计其封育面积、封育方式、封育类型、封育年限（建议至少 5 年），以及保护香榧种源与原产地生境为主的技术措施和管护措施。如发布封山育林公告、明确管护人员、建立健全管护组织、发动群众制定和完善村规民约、防火防盗、有奖有惩等管护措施等，以切实促进具天然更新能力的香榧、松杉乔木及灌木等的更好生长发育，更好保护香榧伴生灌丛群落及其生物多样性，以达保护香榧原种及其原产地种源之目的。

（二）香榧种质资源抚育技术研究与应用示范

在做好兴仁香榧种质资源保护的基础上，应做好有关香榧资源抚育工作。如在保护抚育区中，按照香榧自然分布类型，包括其种群密度、分布状况、采集点和居住点的距离等，根据环境状况，包括地形、地貌、土壤、气候和采集点的植被的情况，确定香榧保护抚育区域，并制作保护抚育区分布图。在区域图中详细标出香榧的分布位置，显示出轮采区域、坡度、河流和水系、路径及与最近的居住点的距离等。通过结合保护抚育区香榧资源生态环境和群落类型，以确定香榧采集的最大允采期，最大持续允采量等数量指标，做好香榧种质资源保护抚育与合理利用的规范化技术集成，制定合理的香榧轮采制度和药材合理采收标准操作规程（SOP）等。

同时，应将上述香榧种质资源抚育技术研究的成果，及时而更好地应用示范推广以达香榧种质资源真正的可持续利用与兴仁香榧产业的可持续发展目的。

二、良种繁育关键技术

（一）种质资源圃建设

在香榧原种及其原产地种源保护，香榧引种栽培试验示范与规范化种植基地建设的同时，必须建立与抓好香榧种质资源保护与种质资源圃建设，并做好其资源调查研究、资源保护及其合理利用等工作。建立的香榧种质资源圃应该包括本地香榧的自然继代繁殖圃、栽培香榧种质人工抚育继代繁殖圃和香榧异地种质资源种植圃等。

在建立香榧资源圃时，应做好建圃规划与合理分区布局，应收集各种香榧类型（变型、农家品种、种植中发现的变异类型等），并做好所采集的有关香榧标本（含腊叶标本、浸渍标本、药材标本）与鉴定，做好防止品类间杂交的隔离带，做好有关香榧完整种植观察研究与生长发育习性等研究记录（如香榧自然继代繁殖中的生物学特性观察，包括授粉昆虫习性、开花结果的环境因素，乃至种子萌发等），创造条件进行香榧品比试验，培育优质种源，并特别要重视香榧的良种选育及其繁育研究的复杂性，既要考虑其产量，更要重视其药效成分（包括其营养成分等）的含量变异与高低，及其抗病育种与品质育种等，必须在优质的前提下追求高产地培育良种。同时，要建立完整的香榧档案与做好香榧的档案管理，做好香榧优良品种的合理利用与应用示范等工作，以求更大社会经济效益和生态效益。

（二）种苗繁育

选择向阳、阴凉的种苗繁育苗圃园地，并需深耕，施足底肥后，耙平作畦用。

1. 扦插繁殖

在整好地的畦上，按 20～25cm 行距开小沟，选择健壮、优良母株剪取枝条，剪成 15～18cm 的插穗。将插穗插入已开好的浅沟内，2/3 插入土内，覆土压实；其余 1/3 未插入的插穗露出地面。浇水，保持湿润，并适当遮阴。

2. 嫁接繁殖

砧木选择长势旺盛的 4~5 年生苗；接穗选择优良母株 1~2 年生健壮枝条。于 3 月中下旬，采用破心接或挖骨皮接法，用良种接穗进行嫁接，香榧以春季树液开始流动时嫁接为好，只要操作熟练，接后管理细致，成活率可达 90% 以上；再培育 2 年后，即苗高达 60cm 左右时则可出圃，移栽定植造林。

嫁接时，将砧木离地面 5cm 左右截断，修光切面，再切成 3cm 深刀口，将接穗削好插入，使韧皮部木质部相互紧贴，用尼龙绳带扎好。然后堆培细土，使培土成馒头状；其上面遮盖草帘等物遮阴并注意管理。至 9 月秋分前后揭去遮阴物，扒开培土，对抽出的新梢进行检查、修整，并进行松土、施肥等育苗常规苗圃管理。

但要合理选择砧木，做嫁接用的砧木主要有两种：一种是成年香榧树（如木榧、夹榧、雄榧、芝麻榧等香榧品种），另一种是香榧种子培育起来的香榧树（香榧苗多是这样培育的，种子育苗一般两年就可用于嫁接）。决不能因为香榧属于杉科，以为用杉、红豆杉树也可以嫁接香榧。

上述扦插法、嫁接法育苗的优点是种苗生长较快，可人为地控制雌雄比例，并能较完整地保存母株的优良品系，是目前香榧繁殖育苗最为常用的方法。

3. 种子繁殖

在 9 月上中旬香榧外种皮由青绿色转为黄绿色，微开裂，种衣呈紫红色时即已成熟，采集充分成熟的种子（亦可用细榧或圆榧）备用。香榧种子有休眠期，播种前要去假种皮后进行催芽，即选择向阳的场地或墙角，将种子与湿沙按比例层积堆放进行催芽，浇水保持湿润，上盖凉架遮阴。在播种前的催芽过程中，要经常洒水翻动，保持湿度，以使种子种皮开裂，露芽基本一致，出苗整齐。到 11~12 月即有少量种子萌芽，到翌年 3 月发芽率达 80% 左右时，即可拣出分批播种，取已露芽或种皮开裂的种子条播，条距 40cm，株距 5~10cm。出苗后及时搭棚遮阴，中耕除草，并根据苗期根系分布浅的情况，要特别注意防旱。二年生苗可出圃定植，培育成实生苗。

三、规范化种植关键技术

（一）选地整地

选择向阳、阴凉的山坡地、旷地、屋角、路边、园地等处种植。造林地需全垦，零星地可直接挖穴种植。苗圃地及扦插地均需深耕，施足底肥后，耙平作畦。

（二）移栽定植

1. 移栽定植前准备与雌雄株间栽

栽植前要全垦或水平阶梯或带状整地，坡度较大的山地可块状整地（100cm 见方，60cm 深）。先挖好种植穴，一般挖穴的标准为长 100cm、宽 100cm、深 60cm，密度一般 5m×4m，同时应间栽 2% 的雄株作为授粉树，或者在临风处配种 3%~5% 的授粉雄树。亩栽 30 株左右，土质肥沃的地方可稍稀，土质瘠薄的地方可稍密。定植穴内预先施腐熟厩肥 30～50kg，上覆土一层后栽种。

2. 移栽定植时间与栽种方法

在苗圃培育 2～3 年，苗高 60～100cm 时，将树苗依法连根出圃，移栽定植于已选择并整好的地穴中。移栽定植时间一般在冬季冻前或春季开冻后，选雨后或阴天带泥球移栽，随起苗随定植，如长途运输，须做好枝、叶、根的保温工作，并用钙镁磷肥沾根。若以收获种子为目的者，每亩定植 30 株左右。栽种时，将树苗移入挖好的定植穴中，一人扶苗，一人填土，填土一半时向上稍提苗以理顺根系，再培土踏实，浇足定根水，适当遮阴，以保证成活。栽种后应立即浇透水，使根系和土壤充分密接，上覆松土刚好盖住嫁接口，成馒头状，不宜种得过深，栽后要及时遮阴，可以因地取材如竹枝、松枝等，最好能做防护竹筐，既可遮阴，又可防止人畜损害。

（三）田间管理

1. 中耕除草与水肥管理

香榧根系多分布在 20～60cm 的浅土层中，喜疏松、通气性好而富含有机质的土壤条件，林地除砌坎培土做好水土保持工作外，每年中耕除草 2～3 次，注意适当施肥、适时浇水与排水防涝等管理。一般于每年 1～2 月，需深翻 1 次，消除枯枝、落叶埋入土中，改善通气条件；7～8 月浅锄一次，并割取杂草、嫩柴覆盖根际，以降低地温，减少水分蒸发。但新种植的香榧成活前不能施重肥，可薄肥勤浇；而成活后，特别是产果后应注重施肥，并应以土杂肥为主。

每年施肥 2～3 次，第 1 次结合深翻时施入，亩施腐熟厩肥 2000～2500kg，或株施饼肥 0.5kg；第 2 次在 5 月上中旬，施以磷、钾为主的保果肥，促使种子的充分发育，减少生理落果；第三次在香榧采收后，为了促使翌年花芽的形成和幼果的发育，加快恢复树势，施以氮肥为主的速效肥，争取翌年丰收。

为了促进香榧树的生长，10 年生以内的幼树，除冬季施用迟效性的有机肥外，自春至秋分宜施速效肥 3～4 次。每株每次用尿素 50～150g；成年树除冬季施基肥外，在花前或谢花后和 9 月采收后，应各追肥一次。每株每次尿素加复合肥 1%～2%。

2. 保花保果与人工授粉

香榧的保花保果。首先是设法让其充分授粉，此外有应用激素与微量元素。其方法是：在 4 月中旬树冠喷助壮素 0.4% 或磷酸二氢钾 0.2%，或硼酸 0.04% 防止落果显著，可提高坐果率。

为了提高果树产量，必须采取人工辅助授粉。人工授粉是在雄花不足的情况下，为预防灾害性天气的影响而采取的一项行之有效的增产措施。因为香榧属于雌雄异株树种，而且花期不太一致，进行人工辅助授粉非常必要。其具体方法是，在雄花盛开时及时收集花粉，置于阴凉通风处。晴天时，在雄树上抹取或疏剪成熟未开的花蕾或花枝，薄摊于通风、干燥处，第二天即有少量花粉撒出，3 天后撒尽，便可收集花粉，置于阴凉通风处；然后掺入 5%～10%松花粉拌匀作填充剂，放入撒粉器内，待雌花花柱出现黏液时进行授粉。授粉方法可以将雄花花粉与清水拌匀，用喷雾器打在雌花上，也可以将雄花花粉加入 10 倍淀粉，用毛笔点授或用授粉器授粉。也可在雌花盛开时进行撒粉或把花粉加水（1%～2%）喷雾。在始花后 2～3 天授粉受孕率最高。花粉在常温下可保持生活力 15 天左右，雌花可授期为 12 天左右。选择最佳授粉期，一般以开花后 3～7 天授粉成功率为最高，用粉量一般为每株 50g 左右。

3. 合理间作与修枝整形

由于香榧生长缓慢，为充分利用地力，10 年生以内的幼龄期，可间种豆类等绿肥作物或种植药草，以耕代抚改善土质，增加收益。如大豆、花生、蔬菜及鱼腥草、白芍、白芷等。

香榧果期管理主要是进行疏果，以提高果子品质。香榧枝叶具有自然消长规律，会自然脱落，除疏、剪部分过密枝和枯枝外，一般不必进行修剪。香榧修枝整形时，一般采用多干圆形修枝整形，除修剪删除密生枝、枯枝、虫枝外，可任其自由生长，不必精密修剪。成林后进入开花结实期，应加强施肥和保护，保留适当雄株数量。对雌榧林通过修剪，力求树冠低矮开展，以利于进行人工辅助授粉。野生榧苗多的老榧林区，可采用砍灌除杂草，就地嫁接（劈接、切接都可）改造的方法来提高经济效益。

4. 病虫害防治与越冬管理

香榧的病害主要有立枯病、细菌性褐腐病、紫色根腐病、疫病，虫害主要有金龟子、红蜘蛛、土白蚁、天牛、小卷蛾等，另外还要防绿藻、冻害及鼠害等。

香榧的病虫害防治方法主要如下。

（1）农业防治：销毁病虫枝叶及易滋生害虫的杂草，及时采取除草、松土、修剪和冬季翻土、清园并用晶体石硫合剂等药剂封园等措施，以减少病虫源。

（2）物理防治：利用害虫的趋光性，在其成虫发生期，田间点灯诱杀，减轻田间的发生量。对发生较轻、为害中心明显及有假死性的害虫，利用人工捕捉或使用器械阻止、诱集、震落等手段消灭害虫。对紫色根腐病可采用人工刮除病斑等方法，减轻其发生。

（3）化学防治：必要时可根据不同病害和虫害的生理特性，适当施用不同性质的药物。化学防治一般不主张或极少使用，除非是在病害和虫害大面积发生时方予合理使用。因为频繁使用容易导致药物残留影响果品品质，另外，病害和虫害也会产生抵抗和免疫力。

5. 冬季管理

香榧冬季应适当培土、棚罩保温和施用农家肥等迟效性肥料，以利越冬及来年生长（图 10-5）。

上述香榧良种繁育与规范化种植关键技术，可于其生产适宜区内，并结合实际因地制宜地进行推广应用。

图 10-5　兴仁香榧引种试验示范基地的冬季管理

【药材合理采收、初加工、储藏养护与运输】

香榧的合理采收与产地初加工技术，并不是一项简单技术，直接关系到香榧药材或食用商品及其加工生产制品的质量和价格。香榧产地初加工涉及合理采收（包括采收时间、采收方法等）、保鲜、干燥及合理包装贮运等多个方面。为了将香榧产业建成农民增收和强县富企的特色产业，必须对有关香榧合理采收与产地加工的关键技术及其应用示范，予以高度重视。

一、药材合理采收与批号确定

（一）合理采收

香榧果实的不同成熟度，对其质量产量高低、贮藏时间与运输过程等都有很大影响，一般在秋季白露前后种子成熟时采收；药农经验认为，当有 1/3 香榧果实的种皮由青转黄，有少量榧蒲开裂时采收为好（图 10-6）。

采收时，应人工采摘，应勿伤枝丫。

图 10-6　香榧果实的采收

（二）批号确定（略）

二、合理初加工与包装

（一）合理初加工

香榧的传统加工主要是炒制，由专业炒制工厂用木炭以文火烘焙加工。20世纪70年代曾改用"双炒法"，即先用砂炒一次，入盐水浸后再用砂炒一次。20世纪80年代后期起，香榧炒制加工厂兴起，炒制方法有带壳淡炒、带壳盐炒及脱衣椒盐炒等多种。香榧炒制后清香浓郁，松脆香酥。在剥食香榧子时也有讲究：剥食时无须用牙齿咬开果壳，每颗香榧子上均有两只"眼睛"（亦称"西施眼"），只要用拇指和食指捏着香榧子的"眼睛"一按，其硬壳便会开裂。香榧果实、种子与种仁，见图10-7。

图 10-7　香榧果实、种子与种仁

【注】香榧上有两颗眼睛状的凸起，称之为"西施眼"，据说其来历与西施有关。香榧果壳坚硬不易打开，吴王夫差为了考验大家，便在宫里进行剥香榧比赛。美女郑旦等人或用手剥，或用口咬，剥出的香榧果少有完整的。而西施聪慧，用手轻轻一捏两颗眼睛状的凸起，便剥开果壳，取出的榧肉完完整整。原来她观察发现，只需用拇指和食指轻捏香榧壳上的"眼睛"，就能将壳打开。吴王大喜，为赞西施美貌与聪慧，遂将香榧的"眼睛"命名为"西施眼"，并流传至今。

（二）合理包装

将干燥香榧，按 40kg 规格或 0.5kg 规格，用无毒无污染材料如编织袋等严密包装。在包装前应检查是否充分干燥、有无杂质及其他异物，所用包装应符合药用包装标准，在每件包装上注明品名、规格、等级、毛重、净重、产地、批号、执行标准、生产单位、包装日期及工号等，并应有质量合格的标志。

三、合理储藏养护与运输

（一）合理储藏养护

香榧应储存于干燥通风处，防止受潮或鼠患；平时应保持储存仓库环境干燥、整洁、卫生；定期检查，发现吸潮或初霉品，应及时通风晾晒，同时做好防鼠措施。

香榧果实在贮藏过程中，易受其自身的物理、化学、生理生化等特性，以及温度、湿度、气体成分、微生物、病虫害等环境因素的影响，从而可发生物理变化（如干缩、萎蔫、吸湿、溶化、串味等）、生物化学变化（如氧化酸败、天然色素氧化分解、非酶促褐变、自溶等）、生理学变化（如鲜果呼吸变化、成熟度变化等）和微生物学变化（如霉变、腐败、发酵等）。目前对上述各个方面的研究还较少，应予关注与深入研究。

（二）合理运输

香榧在批量运输中，必须保持车辆卫生，达到药品或食品运输相关要求。运输过程中还要做好防雨、防潮，确保安全，严禁与有毒货物混装并应有规范完整的运输标识；运输车厢不得有油污或污染、受潮霉变等。

【药材质量标准、质量检测与监控】

一、药材商品规格与质量检测

（一）药材商品规格

香榧药材、食品以无杂质、皮壳、油籽、碎屑、霉变、虫蛀，身干，色白，籽粒肥实者为佳品。其药材商品规格为统货，现暂未分级。

（二）药材质量检测

按照《中国药典》（2015 年版一部）榧子药材质量标准进行检测。

1. 来源

本品为红豆杉科植物榧 *Torreya grandis* Fort. 的干燥成熟种子。秋季种子成熟时采收，除去肉质假种皮，洗净，晒干。

2. 性状

本品呈卵圆形或长卵圆形，长 2～3.5cm，直径 1.3～2cm。表面灰黄色或淡黄棕色，有纵皱纹，一端钝圆，可见椭圆形的种脐，另一端稍尖。种皮质硬，厚约 1mm。种仁表面皱缩，外胚乳灰褐色，膜质；内胚乳黄白色，肥大，富油性。气微，味微甜而涩。

3. 鉴别

取本品粉末 3g，加甲醇 30mL，超声处理 30min，滤过，滤液蒸干，残渣加水 20mL 使溶解，用三氯甲烷 30mL 振摇提取，分取三氯甲烷液，蒸干，残渣加乙酸乙酯 2mL 使溶解，作为供试品溶液。另取榧子对照药材 3g，同法制成对照药材溶液。照薄层色谱法（《中国药典》2015 年版四部通则 0502）试验，吸取上述两种溶液各 2μL，分别点于同一硅胶 G 薄层板上，以石油醚（60～90℃）-乙酸乙酯（8∶2）为展开剂，展开，取出，晾干，喷以 10%硫酸乙醇溶液，在 105℃加热至斑点显色清晰，分别置日光和紫外线灯（365nm）下检视。供试品色谱中，在与对照药材色谱相应的位置上，显相同颜色的斑点或荧光斑点。

4. 检查

（1）酸败度：照酸败度测定法（《中国药典》2015 年版四部通则 2303）测定。酸值不得过 30.0。

（2）羰基值：不得过 20.0。

（3）过氧化值：不得过 0.50。

（4）酸值：不得过 30.0。

二、药材质量标准提升研究与企业内控质量标准制定（略）

三、药材留样观察与质量监控（略）

【药材研究开发与市场前景展望】

一、生产发展现状与主要存在问题

贵州是我国野生香榧产区之一，黔西南州兴仁是香榧生产适宜区。特别是浙江省诸暨市、宁波市对兴仁开展对口帮扶以来，从香榧引种栽培、基础设施、人才培养、产业发展等多方面给予大力扶持和帮助，投入了大量的人力、物力和财力，使兴仁中药材高效农业示范园区锁寨村的香榧引种栽种试验示范基地得以顺利实施。该基地实施的技术依托单位为浙江省诸暨市林业科学研究所、浙江省诸暨市香榧研究所。所用香榧苗木系采用 2＋8（砧木 2 年，嫁接后 8 年，已挂果）规格；定植穴规格为 80cm×80cm×80cm；株行距为 5m×6m，每亩种植 22 株，雄株 1 株，雌株 21 株；先定植雄株（定植在风口上）再定植雌株；种源引自浙江诸暨，2 月底前移栽定植结束。在引种栽培试验与推广中，按照有关技术标准与技术资料，切实加强移栽定植、中耕除草、排水灌溉、合理施肥及病虫害等基地管理工作，现已见可喜成效。

在宁波市相关领导和专家的引荐下，宁波市爱心人士胡荒先生，还自愿奉献个人积蓄，帮扶兴仁发展。为了使用好这笔善款，把好事办好，兴仁扶贫开发领导小组召开专题会议，决定将这笔款项作为建立兴仁市香榧引种栽培试验示范基地基金，长期滚动使用，实现胡荒先生的美好心愿，以促使我国香榧这一药用和食用价值很高的特有珍稀果树，达到一人栽树万人受益，一次种树收益千年；让其美名远播，流芳百世。

但是，目前贵州省香榧产业才刚起步，还有不少亟须解决的问题。建议今后必须进一步抓紧抓好以下研究与实践：如不同引种地的香榧种源，或同一引种地的香榧种源，所引种栽培的香榧营养保健、药用功效的对比研究；香榧引种栽培的关键技术、香榧为原料的深加工品（含食品、保健品及医药用品等，下同）的开发研究；香榧为原料深加工品的质量检测分析和质量标准研究；香榧的综合利用研究等。

总之，我们要从香榧种质优势出发，认真做好不同种质来源、不同产地生产的香榧本身的质量对比、功效对比、不同制成品（含食品、保健品、医药用品等）研究及其综合利用等方面的工作。不但要化学、药理与临床相结合地进行香榧不同制品、不同提取物等深加工及其质量分析、质量标准研究制订与质量标准提升研究，而且还特别要从香榧种内遗传多样性、抗病遗传机理关键技术方面入手，深入研究探索影响香榧药材及其不同制成品质量的主要因素，以便为香榧药材及其不同制成品生产规范化、标准化、品牌化研究提供科学依据，以更好进行香榧的种植与深度研究开发与应用示范，切实加强香榧产业的健康发展。

二、市场需求与前景分析

浙江会稽山香榧早已闻名于世。宋代文学家苏轼在任杭州知州时，曾写有赞美会稽山香榧的名诗："彼美玉山果，粲为金盘实。瘴雾脱蛮溪，清樽奉佳客。"南宋《嘉泰会稽志》载："稽山之榧，多佳者。"清朝末年，枫桥镇上致和等 3 家商号收购香榧，加工成"枫桥香榧"，运销沪杭。据民国 23 年（1934 年）《诸暨县物产及农村状况》记载："诸暨县年输出香榧 3400 担（170 吨），用船、火车运销沪杭。"新中国建立后，"枫桥香榧"畅销国内市场，并供应出口。"枫桥香榧"，品质上乘，壳皮特薄，仁肉清香浓郁，誉满中外。

香榧在我国民间应用非常广泛。人们认为香榧富含油脂，味美气香，既可杀虫，又可润肠，主要具有驱除肠道寄生虫和通便等食疗作用。其用法用量为：炒熟（勿焦）香榧，5 岁以上小儿每次吃 2 粒，成人每次 20 粒。香榧还对子宫有收缩作用，民间常用以堕胎。另外，尚有巴山香榧、云南香榧和长叶香榧在其产地民间亦作为药用。

经检测，香榧含脂肪 49.3%～55.7%，蛋白质 7.7%～11.5%，糖 1.0%～2.4%及多种维生素。香榧所含脂肪中有棕榈酸、硬脂酸、油酸、亚油酸、甘油酯、甾醇等。此外，香榧中还含有葡萄糖、多糖、挥发油、草酸、鞣质等。

香榧种子外面有一层很厚的肉质化假种皮，约占种子鲜重的 50%～60%，含有醇、酮、醛、烯等植物芳香物质，是提取高级芳香油和浸膏的天然原料。还从香榧假种皮中分离得到松脂素（I），二氢脱水二聚松柏醇（II），(7, 8-cis-8, 8′-trans)-2′, 4′-二羟基-3, 5-二甲氧基-落叶松脂素（III）等。而长期以来，榧属植物假种皮一直被作为废物丢弃，既浪费了资源，又对环境造成了污染。采用低压柱层析、中压柱层析等色谱技术对香榧假种皮的二氯甲烷萃取部分进行分离，用 1H-NMR、13C-NMR、EI-MS、IR 鉴定化学结构，鉴定出 5 个二萜化合物，分别为香榧酯、18-氧弥罗松酚、18-羟基弥罗松酚、花柏酚、4-epiagathadial。

香榧药理研究表明，从血脂、血清血栓素 A2（TXA2）、前列环素（PGI2）、TXA2/PGI2 比值及内皮素（ET）等方面探索香榧子油对预防动脉粥样硬化形成的可能性，香榧子油实验组大鼠血清总胆固醇、甘油三酯和动脉粥样硬化指数明显低于对照组，而血清高密度脂蛋白胆固醇明显高于高脂对照组；香榧子油实验组大鼠血浆 TXA2、ET 水平及 TXA2/PGI2 比值低于高脂对照组，而血浆 PGI2 水平高于高脂对照组。因此，认为香榧子油对动脉粥样硬化形成有明显的预防作用。近年来经研究表明，从红豆杉科植物中发现了具有强抗癌活性的天然产物紫杉醇，引起了国内外学者的广泛关注。采用活性追踪的方法，对香榧假种皮中的各化学成分进行分离和鉴定，结果发现，榧属植物含有多种黄酮类化合物，其中榧黄素（kayaflavone）是双黄酮类化合物，为该属植物所特有，具有抗病毒活性；托亚埃 II 号、III 号（为多取代黄酮类化合物）有抗肿瘤活性。张虹等对榧属植物叶的提取物经 TLC 法初步分离，再用 HPLC 法检测其中紫杉醇的含量，成功地检测出榧属植物叶中的紫杉醇。

香榧油色泽黄橙，有果香味，并且香榧含油量比油菜籽、棉籽、大豆高且品质好，是优质木本油料植物。

综上可见，香榧化学成分复杂，药理作用与保健价值突出，并已为人们关注，取得共识。特别在增强机体免疫功能、防治心脑血管疾患、防癌抗癌及延缓衰老等方面，为人们重视。因而香榧市场需求日增，销售价格也日趋增长。据调查，2013 年香榧青果收购指导价为 30～40 元/kg，比 2012 年约提高 10 元/kg。例如，浙江省遂昌新路湾镇官溪村香榧基地，从诸暨引进香榧苗种植，经过精心培育管理，最早一批种植的 35 亩香榧林于 2013 年陆续进入盛产期，可采摘青果 2100kg 以上，平均亩产可达 60kg 以上；按照 30～40 元/kg，产量最高的一株树就有 680 元的收入。当地老百姓喜称这些香榧树是他们的"摇钱树"。

香榧全身皆是宝。香榧木材细腻、重实、质坚，在东亚国家，榧木是用于制作棋盘的高级木料；香榧木材纹理直美，弹性适度，不翘不裂，为造船、建筑、枕木、家具及工艺雕刻等的良材。香榧树皮还可提制工业用栲胶等。香榧树干高大，挺拔直立，侧枝发达，树姿优美，枝叶葱绿，四季常青，对烟尘的抗性较强，又很少被病虫害侵染，非常富有观赏价值，是优良的园林和庭院绿化树种及背景树种，具有制作盆景的经济价值与园林美化价值。

特别在大健康产业发展中，食药兼用的香榧市场需求量还将上升，有着广阔发展前景。相信随着人们追求回归自然，追求养生长寿，香榧产业研发潜力极大，市场前景十分广阔。

主要参考文献

胡献国. 2013. 西施与香榧[J]. 药物与人，4：40.

黎章矩，程晓建，戴文圣，等. 2004. 浙江香榧生产历史现状与发展[J]. 浙江林学院学报，2：20-24.

黎章矩，戴文圣. 2007. 中国香榧[M]. 北京：科学出版社.

童品璋. 2003. 诸暨香榧的现状、问题与对策[J]. 经济林研究，4：56-58.

赵敏. 2008. 香榧的栽培技术浅析[J]. 南方农业，（1）：58-59.

朱大海，王俊，张欢喜. 2008. 香榧的栽培与管理技术[J]. 安徽林业科技，（3）：41-42.

朱锦茹，江波，袁位高，等. 2006. 阔叶树容器育苗关键技术研究[J]. 江西农业大学学报，28（5）：728-733.

邹桂霞，任丽华. 2007. 石灰苗床阔叶树容器育苗技术研究[J]. 北华大学学报（自然科学版），8（5）：439-442.

（冉懋雄　黄琼珠　温玉波　陈兰宁　陈昭鹏　熊　亮）

11　薏　苡　仁

Yiyiren

COICIS SEMEN

【概述】

薏苡仁原植物为禾本科植物薏苡 *Coix lacryma-jobi* L.。别名：解蠡、起实、玉秫、薏黍等。以干燥成熟种仁入药，药名称为薏苡仁，又名薏苡子、苡仁米、药王米、六谷米、珠珠米、回回米等。其根也可入药，药名为薏苡根等。薏苡仁历版《中国药典》均予收载。《中国药典》（2015 年版一部）称薏苡仁味甘、淡，性凉。归脾、胃、肺经。具有利水渗湿、健脾止泻、除痹、排脓、解毒散结功能。用于水肿、脚气、小便不利、脾虚泄泻、湿痹拘挛、肺痈、肠痈、赘疣、癌肿。薏苡根被《贵州省中药材、民族药材质量标准》（2003 年版）收载，称薏苡根味苦、甘，性寒。归脾、膀胱经。具有清热利湿、健脾、杀虫功能。用于热淋、血淋、石淋、黄疸、水肿、白带过多、脚气、风湿痹痛、蛔虫病。

薏苡以"解蠡"之名始载于《神农本草经》，列为上品；称其"味甘，微寒，无毒。治筋急拘挛，不可屈伸，风湿痹，下气。久服轻身，益气。其根，下三虫。生平泽及田野。"其后，历代诸家本草与中医典籍对薏苡仁多予收载录述，多称其具有祛风湿、强筋骨、补正气、健脾、利肠胃、消水肿等功效；也多载薏苡根具有下三虫，即杀蛔虫功效（蚘通蛔，蛔，古称蚘、蛟蛕；蛔虫病又称蚘虫病、心虫病。其语出《金匮要略·趺蹶手指臂肿转筋阴狐疝蚘虫病脉证治》；蛔虫病为九虫病之一，是最常见的寄生虫病，多见于小儿）。例如，《名医别录》载：薏苡仁具"补虚劳羸瘦"，可"除筋骨邪气不仁。"宋代寇宗奭《本草衍义》（1116 年）在薏苡仁条下称："拘挛有两等"。《素问》注中："大筋受热则缩而短。缩短，故拘挛不伸，此是因热而拘挛也，故可用薏苡仁。《素问》言：因寒即筋急者，不可更用此也。"也言对因热而拘挛病者方可用薏苡仁治疗筋急拘挛，不可屈伸，风湿痹痛。在《雷公炮炙论》及以后的诸多本草书中都提到薏苡仁有"颗大无味"和"颗小色青味甘，咬着粘人齿"两类，"米"特指薏苡仁中颗大、粗糙、坚硬者。明代名医张景岳《本草正》（1624 年）还进一步阐明："薏苡，味甘淡，气微凉，性微降而渗，故能去湿利水；以其志湿，故能利关节，除脚气，治痿弱拘挛湿痹，消水肿疼痛，利小便热淋；亦杀蛔虫。

以其微降，故亦治咳嗽唾脓，利膈开胃。以其性凉，故能清热，止烦渴、上气。但其功力甚缓，用为佐使宜倍。"清代陈士铎《本草新编》云：薏苡仁"最善利水，不至损耗真阴之气，凡湿盛在下身者，最宜用之，视病之轻重，准用药之多寡，则阴阳不伤，而湿病易去。故凡遇水湿之症，用薏苡仁一、二两为君，而佐之健脾去湿之味，未有不速于奏效者也，倘薄其气味之平和而轻用之，无益也"；等等。

综上可见，薏苡仁药用历史悠久，自古以来又是中国食药皆佳的"粮药"之一。2002 年卫生部颁布的《卫生部关于进一步规范保健食品原料管理的通知》中，已将薏苡仁列入"既是食品又是药品的物品名单"之中。薏苡仁是著名药食两用药材，也是贵州著名特色药材。

【形态特征】

薏苡为一年生粗壮草本，须根黄白色，海绵质，直径约 3mm。秆直立丛生，高 1～2m，具 10 多节，节多分枝。叶鞘短于其节间，无毛；叶舌干膜质，长约 1mm；叶片扁平宽大，开展，10～40cm，宽 1.5～3cm，基部圆形或近心形，中脉粗厚，在下面隆起，边缘粗糙，通常无毛。总状花序腋生成束，长 4～10cm，直立或下垂，具长梗。雌小穗位于花序之下部，外面包以骨质念珠状之总苞，总苞卵圆形，长 7～10mm，直径 6～8mm，珐琅质，坚硬，有光泽；第 1 颖卵圆形，顶端渐尖呈喙状，具 10 余脉，包围着第 2 颖及第一外稃；第 2 外稃短于颖，具 3 脉，第 2 内稃较小；雄蕊常退化；雌蕊具细长之柱头，从总苞之顶端伸出。颖果小，含淀粉少，常不饱满。雄小穗 2～3 对，着生于总状花序上部，长 1～2cm；无柄雄小穗长 6～7cm，第一颖草质，边缘内折成脊，具有不等宽之翼，顶端钝，具多数脉，第 2 颖舟形；外稃与内稃膜质；第 1 及第 2 小花常具雄蕊 3 枚，花药橘黄色，长 4～5mm；有柄雄小穗与无柄者相似，或较小而呈不同程度的退化。花果期 6～12 月。薏苡植物形态见图 11-1。

图 11-1 薏苡植物形态图

（墨线图引自《中华本草·苗药卷》编委会，《中华本草·苗药卷》，贵州科技出版社，2006）

【生物学特性】

一、生长发育习性

薏苡根系发达，适于在湿润土壤生长，抗旱性也较强；分蘖力强，有较多分枝，生长繁茂。成熟期不一致。薏苡宿根有再生能力，隔年仍可生长结实，一般播种 1 次可连收 3 年，以第 2 年产量最高。在生产中当年种植当年采收，在低海拔地区，宜种植矮秆品种，分权多，结籽密，成熟期一致，产量高。薏苡有一定的抗盐能力，在许多作物都不能忍耐的 50～350μL/L 碳酸钠溶液中，发芽率反而略有提高。它的抗盐力仅次于棉花、田菁，比高粱、小麦、玉米都强。薏苡还是很耐瘠薄的近似典型的非光周期敏感性植物，适宜在劣质地里种植与间作套种。

二、生态环境要求

薏苡适应性强，多生于湿润的屋旁、池塘、河沟、山谷、溪涧或易受涝的农田等地方，海拔 30～2000m 处常见野生或栽培。薏苡喜温和潮湿气候，忌高温闷热，不耐寒，忌干旱。苗期、抽穗期和灌浆期要求土壤湿润，如遇干旱，则植株矮小，开花结实少，籽粒不饱满，严重减产。对土壤要求不严，但以肥沃的砂质壤土为好。气温 15℃时开始出苗，高于 25℃、相对湿度 80%～90%时，幼苗生长迅速。贵州省海拔 600～1200m，种植地年均温不低于 15℃，≥10℃的年有效积温 5000℃以上，土质为壤土、砂壤土的坡地、坝地及冲积土均适宜种植，产量高，籽粒饱满。

【资源分布与适宜区布局】

一、资源调查与分布

薏苡属植物主要分布在东南亚地区。我国是世界薏苡的重要起源地之一，我国薏苡分布区域广泛，几乎遍布南北各地；全国各地均有野生资源分布。其主要分布于辽宁、河北、山西、山东、河南、陕西、江苏、安徽、浙江、江西、湖北、湖南、福建、台湾、广东、广西、海南、四川、贵州、云南等地。国外分布于亚洲东南部与太平洋岛屿，热带、亚热带、非洲、美洲的热湿地带均有种植或野生。

二、贵州资源分布与生产适宜区

贵州薏苡主要分布在黔西南州兴仁、晴隆及黔中安顺市紫云等地。其种植区域主要集中在黔西南州、安顺市。根据黔西南州薏苡种植规划布局，在现有薏苡种植基础良好、生产水平较高的区域建设一批薏苡高产优质示范基地，扩建薏苡良种繁育基地，综合原料、交通、物流等因素，在核心发展区建设一批薏苡仁加工企业，打造薏苡现代农业园区。

除上述薏苡最适宜区外，贵州省其他各县市（区）凡符合薏苡生长习性与生态环境要求的区域均为其适宜区。

【生产基地合理选择与基地环境质量检（监）测评价】

一、生产基地合理选择与基地条件

按照薏苡生产适宜区优化原则与其生长发育特性要求，选择其最适宜区地道产地建立规范化种植基地。例如，在黔西南州薏苡集中连片主产区兴仁建立的"兴仁薏苡现代高效农业示范园区"，该区生物多样性丰富，具有种植薏苡的地域优势和悠久种植历史。其位于贵州省西南部，黔西南州中部，东经 104°54′～105°34′，北纬 25°16′～25°47′，东与贞丰、关岭相望，西与兴义接壤，南与安龙相连，北与晴隆相接，受南、北盘江支流切割，地形起伏不平，错综复杂，属典型的喀斯特地貌。全县海拔为 482～2120m，年平均气温 15.2℃，无霜期 288 天，年日照时数 4423h，年降水量 1334mm，属典型的高原亚热带季风湿润气候区，冬无严寒，夏无酷暑，雨量充沛，年季间变化不大，水热同季，降水量较稳定，适合薏苡生长（图 11-2）。

图 11-2　贵州兴仁下山镇薏苡规范化种植核心示范区

二、基地环境质量检（监）测与评价（略）

【种植关键技术研究与推广应用】

一、种质资源保护抚育

薏苡种质资源丰富，能与地理环境、气候及栽培条件的差异和变化相适应；我国的薏苡种质资源丰富多样，形成了南方晚熟、长江中下游中熟、北方早熟的三大生态类型，并在不同的地区形成了不同的地方品种，应建立薏苡种质资源基地。如贵州省已在黔西南州兴仁建立了薏苡种质资源基地，见图 11-3。

在建立薏苡种质资源基地基础上，还应对黔西南州等地的薏苡种质资源，采取有效措施（如自然保护区、人工抚育区等）对其种质资源加以重点保护抚育。同时，还要切实开展薏苡良种选育及多方发展生产，提高产量质量，为薏苡仁的应用与深度开发提供丰富优质而稳定的原料，为中药民族药产业及大健康产业建好"第一车间"，以确保薏苡种质资源的永续利用。

图 11-3　薏苡种质资源基地（贵州兴仁）

二、良种繁育关键技术

（一）品种选择

薏苡在我国栽培历史悠久，各地在长期栽培中已形成不少地方栽培品种，例如四川白壳薏苡、辽宁薄壳早熟薏苡、广西糯薏苡品系等。贵州省黔西南州目前栽培的品种主要是白壳薏苡。

薏苡应选择分蘖多、结实密、成熟期一致的丰产单株作留种株。待种子成熟时，采收留种，并要求薏苡种粒饱满而有光泽。

（二）种子处理

为促进种子萌发和预防黑穗病，对种子应选择如下方法进行处理。

1. 药剂浸种

将选好的种子在 5% 的石灰水或 1∶1∶100 的波尔多液中浸种 24～48h，取出用清水冲洗至无黑水为止，即可播种。

2. 烫种

将选好的种子在沸水中浸泡 5～10s 后，捞出晾干后即可播种。

3. 温水浸种

将选好的种子在 60℃温水中浸种 30min，捞出晾干后即可播种。

4. 药剂拌种

将选好的种子用 75%氯硝基苯，按 5‰计量进行药剂拌种播种。薏苡的种子处理（如药剂拌种）、整地及种子直播，见图 11-4。

图 11-4　薏苡药剂拌种及种子直播（贵州兴仁）

三、规范化种植关键技术

（一）选地整地与育苗移栽

1. 选地整地

选择通风向阳的地块种植，将土地进行中耕、耙细后，每隔 2m 左右开一条沟（20～30cm 深）作为灌排渠道。种子直播以春播和夏播为主：春播在早春 3～4 月，其生育期较长，产量较高；夏播则是在油菜或大、小麦收获以后播种，生育期较短，植株比较矮小，可适当增加密度。可沟播和穴播，沟播要求沟距为 80cm，沟宽 40cm，沟深 20～25cm，株距 30～40cm，每穴下种 3 粒，覆上细土，以覆盖种子为宜；穴播，土地整理好后，不需开沟，行距按 80～100cm 下种，每穴下种 4～5 粒，覆细土，以覆盖种子为宜。底肥施腐熟农家肥 1200～1500kg/亩，复合肥 50kg/亩（或磷肥 25kg/亩、钾肥 20kg/亩）。

2. 育苗移栽

薏苡除种子直播外，也可育苗移栽。育苗移栽须先在整好的薏苡园地上进行苗床整理，厢宽 1.2m，沟宽 0.5m，并制作营养球，每个营养球播种 3～4 粒种子，用细土覆盖并浇足水，幼苗在 3～4 片真叶时移栽在整理好的地块，并浇足水或清粪水即可。

（二）田间管理

1. 间苗与补苗

苗高 5～10cm、长出 3～4 片真叶时间苗、补苗，每穴留壮苗 2～3 株。条播育苗时，当幼苗长出 2～3 片真叶后第 1 次间苗，株距 30～40cm。长出 5～6 片真叶时，按株距 12～15cm 定苗，缺苗及时补苗。

2. 中耕除草

苗高 5～10cm 时，第 1 次中耕除草。要浅中耕，除净杂草，以促进分蘖。第 2 次在苗高 15～20cm 时进行。第 3 次在苗高 30cm 时，结合追肥、培土以促根生长，防止倒伏。

3. 追肥

追肥分 3 次进行，第 1 次在苗高 5～10cm 时结合中耕第 1 次追肥，施粪水 2000kg/亩，或碳酸氢氨 10kg/亩或尿素 10kg/亩，以促分蘖；第 2 次追肥在苗高 30cm 或孕穗期进行，施粪水 2000kg/亩，或碳酸氢氨 15kg/亩或尿素 10kg/亩，加 2%过磷酸钙液作根外追肥，有利于孕穗。第 3 次在开花前，用 1%磷酸二氢钾溶液喷施叶面，促进开花结实，提高产量。

4. 排灌

苗期、拔节期、抽穗期、开花期和灌浆期均要有足够水分，若干旱，傍晚及时浇水，抽穗前后，务必浇透水。雨天要疏沟排水。

5. 摘脚叶

拔节停止后，摘除第 1 分枝以下的脚叶和无效分蘖，促使茎秆粗壮，防止植株倒伏。薏苡的出苗期、灌浆期与开花结果期，见图 11-5、图 11-6、图 11-7。

6. 人工辅助授粉

薏苡为雌雄同株异花植物，以风为媒传粉，在花期每隔 3～4 天可振动植株上部，使花粉飞扬，以提高结果率，增加产量（图 11-8）。

图 11-5　薏苡出苗期（贵州兴仁）

图 11-6　薏苡灌浆期（贵州兴仁）

图 11-7　薏苡开花结果期（贵州兴仁）

图 11-8　薏苡人工辅助授粉、授粉后套袋隔离与硕果累累（贵州兴仁）

（三）病虫害防治

薏苡主要病虫害为黑穗病、叶枯病、玉米螟、黏虫等。

1. 黑穗病

穗部被害后肿大成球形或扁球形的褐包，内部充满黑褐色粉末（病原菌厚垣孢子）。

防治方法：实行轮作；不宜连作，也不宜与禾本科作物轮作，最好与豆类、棉花、蔓性作物轮作。种子处理可预防薏苡黑穗病。

2. 叶枯病

叶和叶鞘初现黄色小斑，不断扩大使叶片枯黄。

防治方法：合理密植，注意通风透光；加强田间管理，增施有机肥料，增强抗病能力。在发病初期可用 100 倍的波尔多液或 65%代森锌可湿性粉剂 500 倍喷施。

3. 虫害防治

播种前清洁田园，在心叶期用 50%西维因粉 0.5kg 加细土 15kg，配成毒 Bt 乳剂 300 倍液灌心叶防治玉米螟；幼虫期用 50%糖醋毒液（糖∶醋∶白酒=3∶4∶27）诱杀成虫、幼虫，化蛹期挖土灭蛹等防治黏虫。

上述薏苡良种繁育与规范化种植关键技术，可于其生产适宜区内，并结合实际因地制宜地进行推广应用。

【药材合理采收、初加工、储藏养护与运输】

一、合理采收与批号确定

（一）合理采收

1. 采收时间

薏苡籽粒成熟不一致，可在田间籽粒 80% 左右成熟变色时收割。割下的植株可集中立放 3～4 天后再进行脱粒。脱粒后种子经 2～3 个晴天晒干即可。用脱壳机械脱去总苞和种皮获得薏苡仁上市出售，一般出米率为 50%～60%。薏苡当年种植当年收获，生育期 160 天左右，采收时间一般集中在十月上旬。

2. 采收方法

薏苡采收方法简单方便，直接收割成熟的薏苡植株用稻谷脱粒机进行脱粒，如果没有机械也可以最为传统粗放的"打斗"进行脱粒，脱粒后装袋晾晒。

（二）批号确定（略）

二、合理初加工与包装

（一）合理初加工

薏苡晾晒 2～3 天后，就可用脱粒机将外壳脱去得到薏苡仁，为了提高商品性还可以抛光除去其他杂质以延长保质期。

（二）合理包装

将脱粒后得到的薏仁米，用无毒无污染材料编制的口袋进行包装。在包装前应检查是否充分干燥、有无杂质及其他异物，所用包装应符合药用或食用包装质量标准，并在每件包装上注明规格、等级、产地、批号，生产单位、包装日期等，并应有质量合格的标志。

三、合理储藏养护与运输

（一）合理储藏养护

薏仁米应储存于干燥通风处，防止受潮或鼠患；平时应保持储存仓库环境干燥、整洁、卫生；定期检查，发现吸潮或初霉品，应及时通风晾晒，同时做好防鼠措施。

（二）合理运输

薏仁米在批量运输中，必须保持车辆卫生，达到药品或食品运输相关要求。运输过程中还要做好防雨、防潮，确保安全，严禁与有毒货物混装并应有规范完整运输标识；运输车厢不得有油污或污染、受潮霉变等。

【药材质量标准、质量检测与监控】

一、药材商品规格与质量检测

（一）药材商品规格

薏苡仁药材以无杂质、皮壳、油籽、碎屑、霉变、虫蛀，身干，色白，籽粒肥实者为佳品。其药材商品规格为统货，现暂未分级。

（二）药材质量检测

按照《中国药典》（2015 年版一部）薏苡仁药材质量标准进行检测。

1. 来源

本品为禾本科植物薏苡 *Coix lacryma-jobi* L.的干燥成熟种仁。秋季果实成熟时采割植株，晒干，打下果实，再晒干，除去外壳、黄褐色种皮和杂质，收集种仁。

2. 性状

本品呈宽卵形或长椭圆形，长 4～8mm，宽 3～6mm。表面乳白色，光滑，偶有残存的黄褐色种皮；一端钝圆，另一端较宽而微凹，有 1 淡棕色点状种脐；背面圆凸，腹面有 1 条较宽而深的纵沟。质坚实，断面白色，粉性。气微，味微甜。

3. 鉴别

（1）显微鉴别：本品粉末类白色。主为淀粉粒，单粒类圆形或多面形，直径 2～20μm，脐点星状；复粒少见，一般由 2～3 分粒组成。

（2）薄层色谱鉴别：取本品粉末 1g，加石油醚（60～90℃）10mL，超声处理 30min，滤过，取滤液，作为供试品溶液。另取薏苡仁油对照提取物，加石油醚（60～90℃）制成每 1mL 含 2mg 的溶液，作对照提取物溶液。照薄层色谱法（《中国药典》2015 年版四部通则 0502）试验，吸取上述两种溶液各 2μL，分别点于同一硅胶 G 薄层板上，以石油醚（60～90℃）-乙醚-冰醋酸（83∶17∶1）为展开剂，展开，取出，晾干，喷以 5%香草醛硫酸溶液，在 105℃加热至斑点显色清晰。供试品色谱中，在与对照药材色谱相应的位置上，显相同颜色的斑点。

（3）色谱鉴别：取薏苡仁油对照提取物、甘油三油酸酯对照品，加【含量测定】项下的流动相分别制成每 1mL 含 1mg、0.14mg 的溶液，作为对照提取物、对照品溶液。照【含量测定】项下的色谱条件试验，分别吸取【含量测定】项下的供试品溶液、对照品溶液和上述对照提取物、对照品溶液各 10μL，注入液相色谱仪。供试品色谱图中，应呈现与对照品色谱峰保留时间一致的色谱峰；并呈现与对照提取物色谱峰保留时间一致的 7 个主要色谱峰。

4. 检查

（1）杂质：照杂质测定法（《中国药典》2015 年版四部通则 2301）测定，不得过 2%。

（2）水分：照水分测定法（《中国药典》2015 年版四部通则 0832 第二法）测定，不得过 15.0%。

（3）总灰分：照总灰分测定法（《中国药典》2015 年版四部通则 2302）测定，不得过 3.0%。

5. 黄曲霉毒素

照黄曲霉毒素测定法（《中国药典》2015 年版四部通则 2351）测定。本品每 1000g 含黄曲霉毒素 B_1 不得过 5μg，含黄曲霉毒素 G_2、黄曲霉毒素 G_1、黄曲霉毒素 B_2 和黄曲霉毒素 B_1 的总量不得过 10μg。

6. 浸出物

照醇溶性浸出物测定法（《中国药典》2015 年版四部通则 2201）项下的热浸法测定，用无水乙醇作溶剂，不得少于 5.5%。

7. 含量测定

照高效液相色谱法（《中国药典》2015 年版四部通则 0512）测定。

色谱条件与系统适用性试验：以十八烷基硅烷键合硅胶为填充剂；以乙腈-二氯甲烷（65∶35）为流动相；蒸发光散射检测器检测。理论板数按甘油三油酸酯峰计算应不低于 5000。

对照品溶液的制备：取甘油三油酸酯对照品适量，精密称定，加流动相制成每 1mL 含 0.14mg 的溶液，即得。

供试品溶液的制备：取本品粉末（过三号筛）约 0.6g，精密称定，置具塞锥形瓶中，精密加入流动相 50mL，称定重量，浸泡 2h，超声处理（功率 300W，频率 50kHz）30min，放冷，再称定重量，用流动相补足减失的重量，摇匀，滤过，取续滤液，即得。

测定法：分别精密吸取对照品溶液 5μL、10μL，供试品溶液 5～10μL，注入液相色谱仪，测定，用外标两点法对数方程计算，即得。

本品按干燥品计算，含甘油三油酸酯（$C_{57}H_{104}O_6$）不得少于 0.50%。

二、药材质量标准提升研究与企业内控质量标准制定（略）

三、药材留样观察与质量监控（略）

【药材研究开发与市场前景展望】

一、生产发展现状与主要存在问题

贵州作为薏苡传统主产区，已有近百年的栽培历史。随着农业产业结构调整，贵州薏苡种植面积不断扩大。据贵州省扶贫办《贵州省中药材产业发展报告》统计，2013年，全省薏苡种植面积达22.26万亩；总产量达80528.00吨，总产值73802.20万元。2014年，全省薏苡种植面积达25.81万亩，抚育面积0.09万亩；总产量达9.36万吨，总产值达43078.43万元。其中，以黔西南州薏苡种植面积最大，特别是兴仁，乃贵州省薏苡种植面积最大最集中的区域，并带动了周边安顺、六盘水、毕节、黔东南等地薏苡种植与加工的发展。

在薏苡加工的发展上，如目前黔西南州上规模的加工企业已有十余家，具万吨以上加工能力的企业有4家，仅兴仁年加工销售量就达到11万吨（含周边云南、泰国、老挝等调入量），实现加工销售收入达9亿元左右。兴仁已成为全国薏苡种植与加工、销售贸易集散地，薏苡初级产品已销往国内各大中城市以及出口到日本、美国、欧洲等国家和地区。到"十二五"末，全省薏苡种植面积100万亩，产量达到25万吨，原料销售收入达到25亿元，仅初级加工的销售收入即达到20.6亿元。薏苡产业实现了新的发展，成为贵州重要的支柱产业和特色优势产业。但是，贵州薏苡种植与加工在蓬勃发展中，还存在不少问题。其主要表现在如下几方面：

一是基础设施薄弱。贵州是典型的喀斯特山区，山地农业所占比重大，实施薏苡规模化种植、形成产业化的立体条件先天不足，投资成本较高。农业基础设施落后，抵御自然灾害的能力极弱。在薏苡仁产业发展过程中，政府虽然投入了一定的资金，但水利、交通等基础设施依然薄弱，没有得到明显改善；土地退化、土壤流失和土壤肥力下降等问题日趋严重，未得到有效治理；"靠天农业"困境依然没有从根本上得到改变，受自然灾害影响巨大，一旦出现较大的自然灾害，薏苡将大量减产甚至造成绝收。

二是基地建设滞后。目前，全省薏苡种植加工基地（合作社）规模小，基础设施不完善，运营管理组织化、集约化程度低，辐射范围小，示范带动作用较小。因此，虽然薏苡种植面积已有很大发展，但种植分散，规模效益还得不到充分发挥。同时，以家庭为单位，种植区域还未很好合理布局，生产管理成本较高，难以很好实现产业化。

三是农民对薏苡种植重视程度不够。薏苡种植农户长期使用单一农家种，缺乏品种更新，品种退化现象非常严重。栽培技术落后，管理粗放。调研中发现，还有一部分农户，没有把薏苡当成增收致富的产业来抓，缺乏高效的栽培技术，未能适期播种，合理密植，栽种后很少进行必要的补苗、中耕除草、合理追肥和病虫害防治等田间管理，形成有收无收靠种，收多收少靠天的恶性循环，致使薏苡品质不稳定，产量参差不齐（高的产量可以达到300多kg，低的不到150kg），经济效益低。

四是科技支撑力度还不够。在薏苡产业发展过程中，科技部门对薏苡研究起步较晚，现主要集中在开展地方种植资源收集、保护，优良品种选育，高产、高效、安全配套栽培技术等研究，研究层次较低。再者从事薏苡种植的劳动者科技文化素质较低，科技应用推广的能力普遍较差。种植观念还较为陈旧，组织化生产能力弱，难以适应农业产业化、现代化的发展。

五是缺乏龙头企业带动。目前薏苡仁加工企业虽不少（如黔西南州就有包括个体户在内的大大小小加工企业上百家），但缺乏龙头企业的有力带动，加工环节尚存在无序竞争，加工技术较落后，产品质量得不到保障。而且90%以上的加工都停留在初级加工层面，使得薏苡仁的更大效益没有得到充分发挥。

六是市场化程度低。薏苡小规模种植和初加工，还不能适应农业产业化发展的要求。目前，贵州省薏苡种植、加工、储运、销售、市场信息、科技服务等服务体系建设还较滞后，还不能更好为农户和加工提供产前、产中、产后服务，薏农不能更好掌握市场信息，受市场冲击较大，薏农的合法利益得不到有效的保障。整个生产、加工、产品销售处于一种无序状态，产业化程度低。

二、市场需求与前景展望

现代研究表明，薏苡仁含蛋白质、脂肪、淀粉、糖类、维生素 B$_1$、薏苡素、薏苡仁酯和亮氨酸、赖氨酸、精氨酸、酪氨酸等氨基酸。薏苡素有解热、镇静、镇痛和抑制骨骼肌收缩的作用。本品的一些提取物对动物艾氏腹水癌、肉瘤 180、子宫颈癌有一定抑制作用，并对细胞免疫、体液免疫有促进作用。可用于脾胃虚弱，便溏腹泻，或妇女带下病，脾虚湿盛水肿，小便不利，或脚气肿痛；湿热痹痛，手足拘挛，酸楚疼痛；肺痈咳唾脓痰，或肠痈拘急腹痛。现又用于消化道肿瘤、子宫颈癌肿瘤以及扁平疣等。

特别在大健康产业发展中，薏苡仁作为药食兼用的多用途作物，有着广阔的发展前景。薏苡仁除作药材外，主要用于食品加工业，从饭、粥、面、酱、醋、酒、茶、饮料、航空食品到美容品和浴用剂等均有产品面市。在我国台湾，薏苡仁是市场上"健康食品柜""自然食品柜"的常年销售商品。在欧洲及东南亚市场也有许多薏苡仁售销售。

随着人们追求回归自然、重视环保、强调食品安全的意识加强，薏苡的保健医疗作用将进一步受到重视，市场需求量将进一步提高。薏苡产业研发潜力极大，市场前景广阔。

主要参考文献

曹国春，梁军，侯亚义. 2007. 薏苡仁油诱导乳腺癌细胞系 MCF-7 细胞的凋亡及机理研究[J]. 实用临床医药杂志，11（2）：1.

杜邵龙，周春山. 2006. 微波辅助提取薏苡仁油的研究[J]. 中国粮油学报，21（2）：79.

杜邵龙，周春山. 2007. 酶法提取薏苡仁油的优化[J]. 天然产物研究与开发，19（5）：847.

冯刚，孔庆志，黄冬生，等. 2004. 薏苡仁注射液对小鼠移植性 S180 肉瘤血管形成抑制的作用[J]. 肿瘤防治研究，31（4）：229.

高岚，张仲一，张莉，等. 2005. 薏苡仁汤镇痛消炎作用的实验研究[J]. 天津中医学院学报，24（1）：17.

胡军，金国梁. 2007. 薏苡仁的营养与药用价值[J]. 中国食物与营养，13（6）：57.

回瑞华，侯冬岩，郭华，等. 2005. 薏米中营养成分的分析[J]. 食品科学，26（8）：375.

李大鹏，吴伯千. 2005. 超临界 CO$_2$ 萃取薏苡仁油工艺条件优化[J]. 中国现代应用药学杂志，22（1）：17.

丘泰球，杨日福，胡爱军，等. 2005. 超声强化超临界流体萃取薏苡仁油和薏苡仁酯的影响因素及效果[J]. 高校化学工程学报，19（1）：30.

宋湛庆. 1958. 我国古老的作物——薏苡[J]. 农业遗产研究集刊，（2）：33-40.

谭煌英，李园，于莉莉，等. 2007. 康莱特对大鼠的镇痛作用及其对促炎细胞因子的影响[J]. 中国中西医结合外科杂志，13（2）：152.

唐明，邵伟，熊泽. 2006. 超临界二氧化碳萃取薏苡仁油的研究[J]. 现代食品科技，22（4）：101.

王振鸿. 2004. 薏苡的药用价值[J]. 医药保健，12：56.

温晓蓉. 2008. 薏苡仁化学成分及抗肿瘤活性研究进展[J]. 辽宁中医药大学学报，10（3）：135.

徐梓辉，周世文，陈卫，等. 2007. 薏苡仁多糖对糖尿病血管并发症大鼠 NO 及主动脉 iNOS 基因表达的影响[J]. 第三军医大学学报，29（17）：1673.

杨红亚，王兴红，彭谦. 2007. 薏苡仁抗肿瘤活性研究进展[J]. 中草药，38（8）：7.

叶敏. 2006. 薏苡仁水提液对免疫抑制小鼠免疫功能的影响[J]. 安徽医药，10（10）：727.

张明发，沈雅琴. 2007. 薏苡仁药理研究进展[J]. 上海医药，28（8）：360.

（敖茂宏　冉懋雄）

12　覆　盆　子

Fupenzi

RUBI FRUCTUS

【概述】

　　覆盆子原植物为蔷薇科植物覆盆子 *Rubus chingii* Hu。别名：覆盆莓、树莓、泡儿、树梅、红莓、桑莓、野莓、木莓、小托盘、掌叶覆盆子、大麦泡、牛奶母等。以干燥果实入药。历版《中国药典》均予收载，《中国药典》（2015 年版一部）称其味甘、酸；性温。归肝、肾、膀胱经。具有益肾固精缩尿、养肝明目功能。用于遗精滑精、遗尿尿频、阳痿早泄、目暗昏花。

　　覆盆子医药保健应用历史悠久，始载于《名医别录》，称其"味甘，平，无毒。主益气轻身，令发不白。五月采实。"其后，历代诸家本草多予录述。如宋代《本草图经》收之录述较详，云："蓬蔂，覆盆苗茎也。生荆山平泽及冤句。覆盆子，旧不著所出州土，今并处处有之，而秦、吴地尤多。苗短不过尺，茎叶皆有刺，花白，子赤黄如半弹丸大，而下有茎承，如柿蒂状，小儿多食。其实五月采，其苗、叶采无时。江南人谓之莓，盖其地所生差晚，三月始有苗，八、九月花开，十月而实成，功用则同。古方多用，亦榨其子取汁，合膏涂发不白；捋叶绞汁滴目中，去肤赤，有虫出如丝线便效。昌容服之，以易颜。其法：四、五月候甘实成采之，暴干。捣筛，水服三钱匕。安五脏，益精，强志，倍力，轻体不老，久久益佳。崔元亮《海上方》著此三名：一名西国草，一名毕楞伽，一名覆盆子。治眼暗不见物，冷泪浸淫不止，及青盲，天行目暗等。取西国草日暴干，捣令极烂，薄绵裹之，以饮男乳汁中浸，如人行八、九里久。用点目中，即仰卧，不过三、四日，视物如少年，禁酒、油面。"但其言"蓬蔂"为"覆盆苗茎"之说有误。北宋末寇宗奭《本草衍义》收载的"蓬蔂"条下，就明确指出："非覆盆也，自别是一种，虽枯败而枝梗不散。今人不见用此。"并在"覆盆子"条下云："覆盆子，长条，四、五月红熟。秦州甚多，永兴、华州亦有。及时，山中人采来卖。其味酸甘，外如荔枝，樱桃许大，软红可爱。失采则就枝生蛆。益肾气，缩小便，服之当覆其溺器，如此取名。食之多热。收时，五、六分熟便可采。烈日曝，仍须薄绵蒙之。今人取汁作煎为果，仍少加蜜，或熬为稀汤，点服，治肺虚热。采时着水则不堪煎。"特别是明代伟大医药学家李时珍的《本草纲目》对收载的"蓬蔂"及"覆盆子"均作了进一步阐释："蓬蔂与覆盆同类，故'本经'（按：指

《神农本草经》）谓一名覆盆。此种生于丘陵之间，藤叶繁衍，蓬蓬累累，异于覆盆，故于覆盆、陵藟，即藤也。其实八月始熟，俚人名割田藨（按：音'苞'）。"并引"本经"等本草的"主治"，言蓬藟具"安五脏，益精气，长阴令坚，强志倍力，有子。久服轻身不老。疗暴中风，身热大惊。益颜色，长发，耐寒湿"等功用。在覆盆子"释名"项下云：覆盆子"五月子熟，其色乌赤，故俗名乌藨、大麦藨、插田藨，亦曰栽秧藨。"在"发明"项下尚云："覆盆、蓬藟，功用大抵相近，虽是二物，其实一类而二种也。一早熟，一晚熟，兼用无妨，其补益与桑椹同功。"还"附方"言将覆盆子焙研为末，酒浸，每旦（按："每旦"指每天早晨）酒服三钱，可治阳事不起。同时，还记述了覆盆叶、根具有牙疼点眼、㿔疮疮烂及痘后目翳功用。覆盆子在食用上，早在唐代孟诜的《食疗本草》则予收录，是历史悠久的著名食药两用药材。《卫生部关于进一步规范保健食品原料管理的通知》文件中，已明文规定覆盆子为"既是食品又是药品的物品"。综上所述，覆盆子为浆果类小果树的果实，尚有"树莓"之称，今多保健食用；覆盆子是中医临床传统常用的补肾益精之男科要药，也是贵州盛产的食药两用特色药材。

【形态特征】

覆盆子为多年生落叶小灌木，高 2～3m。幼枝绿色，有白粉，有少数倒刺。单叶互生；叶柄长 3～4.5cm；托叶线状披针形；叶片近圆形，直径 5～9cm，掌状 5 深裂，中裂片菱状卵形，基部近心形，边缘有重锯齿，两面脉上有白色短柔毛；基生，五出脉。花两性；单生于短枝的顶端，花萼 5，宿存，卵状长圆形，萼裂片两面有短柔毛；花瓣 5，白色，椭圆形或卵状长圆形，先端圆钝；直径 2.5～3.5cm；花梗长 2～3.5cm；雄蕊多数，花丝宽扁；花药"丁"字着生，2 室；雌蕊多数，具柔毛，着生在凸起的花托上。聚合果球形，直径 1.5～2cm，成熟时为红色、金色和黑色，下垂；小核果密生灰白色柔毛。花期 3～4 月，果期 5～8 月。覆盆子植物形态见图 12-1。

图 12-1　覆盆子植物形态图

[墨线图引自谢宗万主编，《全国中草药汇编》（下），第二版，人民卫生出版社，1996 年]

【生物学特性】

一、生长发育习性

覆盆子根属浅根系，主根不明显，侧根及须根发达，有横走根茎。枝为二年生，产果后死亡。在气温低于5℃时，植株常处于休眠状态。早春2月中下旬，气温略回升时，2～3级枝的叶腋混合芽开始萌动，下旬幼叶稍开展。3月中旬初花（属异花授粉），下旬为盛花期，其地下根茎萌发新枝。

3月末至4月初，花期结束，此时叶片已全部开展。4月下旬，幼果径可达1cm，多生于三四级枝的顶端，坐果率约为80%。5月下旬，果实由绿转黄，再转为橘红色，中旬达盛果期，果枝也逐渐枯黄。6月，老枝自上而下逐渐枯萎，至7月完全枯死，被更新枝所替代。6～9月为更新枝营养期。10月，初生叶已逐渐凋落，侧枝上产生三级分枝；10月下旬至11月，二、三级枝上冬芽形成并进行花芽分化。12月叶片全部凋落，处于休眠状态。

二、生态环境要求

覆盆子通常生于山区、半山区的溪旁、山坡灌丛、林缘及乱石堆中，在荒坡上或烧山后在油桐、油茶林下生长茂盛，性喜温暖湿润，要求光照良好的散射光。

覆盆子对土壤要求不严格，适应性强，但以土壤肥沃、保水保肥力强及排水良好的微酸性土壤至中性砂壤土及红壤、紫色土等较好。覆盆子适应性较强，但在不同的生态环境条件下，覆盆子的生长发育与开花结果等况还是有着明显差异，这说明覆盆子仍有其一定的海拔、温度、光照等相应的生态环境要求。

【资源分布与适宜区分析】

一、资源调查与分布

经调查，覆盆子主要分布于我国长江以南，以西南、华南等地为主。如贵州、云南、四川、重庆、湖南、湖北、江苏、浙江、江西、福建、广西、广东等地都有野生分布，生于溪旁或山坡林中。尤其是在我国西南地区，如贵州、四川、云南、重庆、西藏等地分布广，面积大，是覆盆子的最适宜分布区与种植区。

二、贵州资源分布与适宜区分析

经调查，贵州覆盆子资源主要分布于黔东南、黔南、黔中、黔西南、黔西北等地。尤以黔西南（如兴义、兴仁、安龙、贞丰、册亨等）、黔南（如荔波、独山、龙里、瓮安等）、黔东南（如雷山、剑河、从江、岑巩、凯里等）、黔中（如开阳、息烽、镇宁、紫云、关岭等）、黔西北（如黔西、大方、金沙等）及黔北（遵义、湄潭、凤冈、余庆、务川等）、黔东（思南、石阡、江口、松桃等）为覆盆子最适宜区。

除上述覆盆子最适宜区外，贵州省其他各县市（区）凡符合覆盆子生长习性与生态环境要求的区域均为其适宜区。

【生产基地合理选择与基地环境质量检（监）测评价】

一、生产基地合理选择与基地条件

按照覆盆子生产适宜区优化原则与其生长发育特性要求，选择其最适宜区或适宜区并具良好社会经济条件的地区建立规范化生产基地。例如，现已在黔西南州兴仁、兴义选建了覆盆子规范化种植基地。如兴仁覆盆子基地海拔 1000m 左右，属亚热带湿润季风气候。冬无严寒，夏无酷暑，阳光充足，无霜期长，雨热同季。常年平均气温 15.20℃，年均降水量 1320.5mm。绝对最高气温 34.6℃（1952 年 2 月 10 日），最低气温 -7.8℃（1968 年 2 月 14 日）。最热月为 7 月，月平均气温 22.1℃左右，最冷 1 月，平均气温 6.1℃左右。土壤类型为黄壤，微酸性，土层深厚，肥沃疏松。基地远离城镇，无污染源。兴仁属于典型的低纬度地区，全市均有野生覆盆子分布，主要生长于中山、低山地区的溪旁或山坡林中，并在喀斯特地带与山坡脚下或山崖石下的湿润土中常有覆盆子生长。即使喀斯特石漠化地带的土壤也十分适宜覆盆子生长发育，这也体现了黔西南州覆盆子种质资源与环境资源的优势（图 12-2）。

图 12-2　贵州兴仁覆盆子规范化种植基地（2013 年）

二、生产基地环境质量检（监）测与评价（略）

【种植关键技术研究与推广应用】

一、种质资源与保护抚育

贵州省覆盆子种质资源比较丰富，中山、低山地区，乃至喀斯特地带与山坡脚下或山崖石下湿润土中常有生长。但由于覆盆子食用、药用及大健康产业等方面的广泛应用，以至野生资源破坏十分严重，蕴藏量锐减。近年来，覆盆子野生变家种、人工种植还较滞后，现市售覆盆子仍以野生为主，这更易导致野生覆盆子资源被破坏。为此，应对覆盆子种质资源切实加强保护抚育，特别是对贵州黔西南、黔南、黔东南、黔中等地的野生覆盆子种质资源应严加保护与抚育，以求永续利用。

二、良种繁育关键技术

覆盆子多采用无性繁殖（如扦插、压条、压根、根蘖繁殖），也可种子繁殖。由于种子繁殖较慢，现多采用无性繁殖。

（一）无性繁殖

1. 扦插繁殖

（1）插条采集：多在早春（3～4月）采集，或在秋末剪取枝条后翌年扦插。选择1年生、长势良好、优良健壮、无虫、无病害的新鲜覆盆子植株作母株，剔除嫩枝及细小分枝，留下木质化或半木质化枝条；将枝条置于平坦阴凉处，用剪刀按长15～20cm剪取扦插条，要求剪成斜口、切口平、不发毛、无破皮，有2～3个节，并保持节芽完好，备用。

（2）建圃整地：选半阴半阳、地势平坦、肥沃疏松、水源方便的熟土，或塑料大棚覆盆子种苗繁育圃。翻耕（深30cm左右）整细，拣尽宿根、石块等杂物，均匀撒施腐熟厩肥作基肥，每亩1000kg以上。起畦，畦宽1.3m，长10～20cm，沟深10cm；用1∶1∶100波尔多液苗床消毒，5天后再碎土平畦，备用。

（3）扦插育苗：于春季将上述扦插条用750倍50%可湿性多菌灵溶液消毒，并在0.05%强力生根粉溶液中浸泡扦插条下半部1h。在上述整好的畦面上，开横沟，沟深8cm，按株距5cm、行距10cm将扦插条插入苗床，其插条芽头朝上，往下插紧，斜靠在沟壁上，再用细土填平压实，并在苗床上覆树枝落叶或地膜保温保湿，出土后去覆盖物（注意：当天处理的扦插条当天必须扦插完，以保证成活率）。

或将处理的扦插条用湿润细土或细沙集中排种于避风、湿润、荫蔽地块越冬。翌年2月底至3月初，翻开表土，选择健壮的萌芽插条，供移栽定植。

（4）苗期管理：扦插好后，用水浇透苗床地，使苗床保持湿润。保持温度18～20℃为宜；高于20℃时，应揭膜通风降温，持续高温时应搭遮阴棚。扦插条发芽前应保持足够的水分，及时浇水；发芽长叶后，应控制水分，促进根的生长。一般于扦插后第二个月开始，每半个月中耕除草一次，此后做到见草就除。当扦插条新发嫩枝叶时，可用 0.2%磷酸二氢钾溶液和 0.2%尿素溶液喷施追肥，每隔 7 天一次。当苗高 50cm 时，即可出圃定植。但在移栽定植前半个月，或新发嫩枝长高至 20cm 时，应通风炼苗。移栽定植前一天，用水浇透苗床，使土湿润，以利第二天起苗。起苗时，切勿伤根，应保证其完整不损。

2. 压条繁殖

选择 3～5 年生、长势良好、优良健壮、无虫、无病害的，并已开花的覆盆子植株作母株，在 8 月将地面的 1 年生覆盆子枝条压入土中，并将其枝条入土部分割伤，以利其生长出不定根及新梢，待第二年春季可将压条所长出的幼苗截离母体，以备另行栽种定植。

3. 压根繁殖

在挖根蘗苗时修剪下来粗 0.6cm 的侧根，截成 10cm 左右长的根段，插入苗床，当年即可生根发芽。培育 1 年后，连根挖出，以备另行栽种定植。

4. 根蘗繁殖

覆盆子地下茎每年都会萌发出一定数量的根蘗苗，几年以后则由一株变成多株。秋末至早春为覆盆子休眠期，将根系及地上顶部分枝条适当修剪后，分成若干株，以备另行栽种定植。

另外，尚可利用覆盆子母株根茎萌发的幼苗进行分株繁殖移栽；覆盆子在早春根茎上的不定芽还未出土时，挖取根茎，按长 10～15cm 切断，斜插或浅埋，保持土壤湿润，成活后进行分根繁殖移栽等。

（二）种子繁殖

于每年 5～6 月采收成熟果实，洗去果肉，用湿沙层积贮藏到秋天或次年春天播种。春播 3～4 月，秋播 9～10 月（但以春播为佳）。可撒播或条播，以条播为好，便于管理。在选整好的地块畦上，按行距 20～25cm 横向开浅沟，沟深约 2cm，将种子均匀地播入沟内。播种后施入腐熟人畜粪水，覆盖土与畦面齐平，并盖一薄层稻草等覆盖物防止日晒；晴天于傍晚喷水，保持土壤湿润，5～6 天即可出苗。出苗后，立即除去覆盖物。苗高 1～2cm 时，间苗，去弱留强；苗高 3～5cm 时，按 3～4cm 见方单株定苗。一般播种育苗约 1 年即可出圃，供移栽定植。

三、规范化种植关键技术

（一）选地整地与移栽定植

1. 选地整地

宜选向阳湿润、土壤肥沃疏松、耕层深厚、排水良好、坡度小于 15°的地块作种植地，田边地角、房前屋后以及闲置地块等亦可种植。春季栽植，在上一年冬天整地，捡尽杂物，深耕 30cm 以上，晒垡。次年 3～4 月移栽定植前，再翻耕，耙碎，整平。若秋季栽植，在栽前半个月深耕，耙碎，整平，9～10 月移栽定植时，再同法整地一次。

2. 开穴施底肥

在地块合理开穴，每穴宽深 30cm×40cm，每穴均匀地施入腐熟厩肥或土杂肥 5kg 作底肥，备用。

3. 栽种

覆盆子在春、秋季均可起苗穴栽，以落叶前秋植成活率高。栽植方法有单株法及带状法。单株法行株距（1.5～2.0）m×0.5m，每穴栽植壮苗 1 株；带状法行株距（2.0～2.5）m×0.5m，每穴栽植壮苗 2～3 株，使之逐渐形成宽 30～60cm 的带。栽种后覆细土压实，使苗与土壤密接，浇足定苗水。穴面稍低于地面，以利蓄水保湿及成活生长。

（二）田间管理

1. 中耕除草

生长前期为幼苗期，杂草生长相对较快，每年的 4～5 月为雨季，土壤容易板结，应及时中耕除草。一般在成活后的第 1～2 年内，中耕除草 3～4 次，第一次在萌发出新叶时；第二次在 5～6 月，结合中耕松土除草追肥，施适量人畜粪水或尿素，也可加施适量硝酸铵；第三次在 7～8 月，也可结合中耕松土除草适当追肥；第 4 次在秋末冬初进行，并培土施冬追肥。

2. 搭架引缚

覆盆子忌日晒，枝条柔弱，常因果实重压下垂地面，影响生长及果品质量，同时也为避免覆盆子枝叶彼此遮蔽而导致透光透气不良，影响生长及田间管理，应进行合理的搭架引缚。其方法可因地制宜，采用竹木或其他适宜材料，进行单柱、双柱或篱架式的搭架引缚，使覆盆子固定于架上，使之更好透光透气并便于后期的浇水施肥等田间管理，以促进覆盆子生长繁茂、挂果结实和优质丰产。

3. 合理排灌

覆盆子生长期需水较多，应适当浇水，促使植株生长旺盛。但雨水过多又可致落花落果，生长不良。因此，要注意排除积水或防旱。如遇干旱天气时，应据实情及时浇水保苗。如雨水过多时，应做好清沟排涝，防止田间积水。在干旱缺水时，尚可在覆盆子周围覆盖些秸秆、杂草、树叶等有机物，这样既能减少水分蒸发，又可增加土壤肥力。

4. 合理修剪

覆盆子新枝发生侧枝时，摘去顶芽促进侧枝生长，同时对侧枝摘心，促使其发生二次侧枝，枝多叶则茂，增加翌年结果母枝，增加产量。具体说来，第 1 次覆盆子修剪是在早春进行定植修剪，对过密的细弱枝、破损枝要齐地剪除，当年生新梢长到 40～60cm 时，对密度较小的植株可进行 10cm 摘心，以促进侧芽萌发新枝，增加枝量。第 2 次覆盆子修剪是对基生枝（即当年新梢）的修剪，当基生枝超过 1.5m 时要进行修剪，留长 1.3～1.5m。每年每株丛可选留长势壮的基生枝 6～8 株，其余剪掉，这是较为合理的株丛密度。第 3 次覆盆子修剪是在采收结束后，对结果母枝要齐地疏除。

（三）主要病虫害防治

1. 根癌

本病病菌主要通过伤口侵入。从侵入到呈现癌病，时间为几周，有的为 1 年以上。其主要为害根颈部，有时也为害侧根和支根。根癌初生时为乳白色，光滑柔软，以后渐变为褐色到深褐色，质地变硬，表面粗糙，凸凹不平，小的仅皮层一点突起，大的如鸡蛋，形状不规则。受害病株发育受阻，叶片变小变黄，植株矮小，果实变小，产量下降。大田调查，一般发病株率为 5.6%～10.5%，严重的地块发病株率为 34.4%；发病轻的地块造成减产 10% 左右，发病较重的地块减产 30% 以上。本病发病条件是碱性土更易发病。因病原菌在植株癌病皮层内越冬，也可在土地中越冬，一般在土地中能存活 1～2 年。调运病苗，会造成远距离传播；雨水和浇水、病残体随便遗弃，是近距离传播的主要途径。

防治方法：选择健壮苗木栽培，应注意剔除病苗。要加强肥水管理，覆盆子根系多分布在 20～40cm 深的表土中，要做到旱浇涝排，特别要防止土壤积水。适当增施硫酸铵（钾）等酸性肥料，以造成不利于根癌病发生的生态环境。耕作和施肥时，应注意不要伤根，并及时防治地下害虫。要挖除病株，发病后要彻底挖除病株，并集中处理。挖除病株后的土壤用 10%～20% 农用链霉素、1% 波尔多液进行土壤消毒。合理药剂防治，可用 0.2% 硫酸铜、0.2%～0.5% 农用链霉素等灌根，每 10～15 天 1 次，连续 2～3 次。采用 K84 菌悬液浸苗，在定植或发病后浇根，均有一定防治效果。

2. 柳蝙蝠蛾

柳蝙蝠蛾是为害覆盆子的主要害虫，严重影响第二年产量。其幼虫 7 月上旬（部分地区 5 月底至 6 月）开始蛀入新梢为害，蛀入口距地面 40～60cm，多向下蛀食。柳蝙蝠蛾常出来啃食蛀孔外韧皮部，大多环食一周。咬碎的木屑与粪便用丝粘在一起，环树缀连一圈，经久不落，被害枝易折断而干枯死亡。

防治方法：成虫羽化前剪除被害枝集中烧毁；5 月中旬至 8 月上旬初龄幼虫活动期，可喷 2.5% 溴氰菊酯 2000～3000 倍液，能达到较好的防治效果。

（四）园区管理

对于覆盆子规范化种植基地，要切实加强其日常园区管理。例如，每年的中耕除草，要做到松土、除草与追肥紧密结合，要除早、除小、除了。不可使用甲草胺、草甘膦、西马津、利谷隆等化学除草剂。为了提高土地的利用率及经济效益，解决土地有机肥来源，可在覆盆子园中种植一些一年生矮小的绿肥作物，如豆类、薯类、蔬菜等。要切实搞好搭架引缚和合理修剪，尤在覆盆子结果期，在每一植株旁立牢支柱，防止倒伏。并应切实加强果期管理，在覆盆子果实八九分成熟时，要连花萼一起采收包装；在覆盆子浆果成熟后，如鲜食就近销售，需在浆果成熟时采摘，并使用小包装；如果是工业深加工，可待果实完全成熟后采收并依法冷藏等。

　　黔西南州绿宝农业科技公司兴义及兴仁覆盆子规范化基地的大田生长情况，见图 12-3。

图 12-3　贵州兴义及兴仁覆盆子规范化种植基地的大田生长情况

上述覆盆子良种繁育与规范化种植关键技术，可在其生产适宜区内，并结合实际因地制宜地进行推广应用。

【药材合理采收、初加工、储藏养护与运输】

一、药材合理采收与批号确定

（一）合理采收

覆盆子果期长，从立夏起则可开始收获；对已发育近成熟或成熟时的果实，即发育饱满由绿变黄、变红、变紫的果实，均可分批采收，直到秋末（图12-4）。

图 12-4　采收的覆盆子果实（鲜果）

（二）批号确定（略）

二、合理初加工与包装

（一）合理初加工

覆盆子采收后，应及时去除花托、梗叶和其他杂质，洗净。覆盆子除鲜用外，用沸水略烫或略蒸2～3min，取出晒或晾干。若遇连绵阴雨天时，可在80℃以下烘干，即得（图12-5）。

图 12-5　覆盆子果实及药材初加工品（左：鲜品；右：干品）

（二）合理包装

干燥覆盆子，可按 40～50kg 打包成捆，用无毒无污染材料如编织袋等严密包装。在包装前应检查是否充分干燥、有无杂质及其他异物，所用包装应符合药用包装标准，在每件包装上注明品名、规格、等级、毛重、净重、产地、批号，执行标准、生产单位、包装日期及工号等，并应有质量合格的标志。

三、药材合理储藏养护与运输

（一）合理储藏养护

干燥覆盆子应储存于干燥通风处，温度 25℃以下，相对湿度 65%～75%。本品易生霉、虫蛀。初加工时，若未充分干燥，在贮藏（或运输）中易感染霉菌，受潮后可见霉斑。因此贮藏前，还应严格入库质量检查，防止受潮或染霉品掺入；贮藏时应保持环境干燥、整洁与加强仓储规范管理，定期检查、翻垛，发现吸潮或初霉品或虫蛀，应及时进行通风晾晒等处理。

鲜品覆盆子应依法冷库贮藏养护。

（二）合理运输

覆盆子药材在批量运输中，严禁与有毒货物混装并有规范完整运输标识；运输车厢不得有油污与受潮霉变。

【药材质量标准、质量检测与监控】

一、药材商品规格与质量检测

（一）药材商品规格

覆盆子药材鲜品以无杂质、色鲜果大、汁多、质脆嫩、香味浓郁者为佳品；干品以无杂质、焦枯、褐变、霉变、虫蛀，身干，果块完整，色青黄，不散子，不霉心者为佳品。其药材商品规格为统货，现暂未分级。

（二）药材质量检测

按照《中国药典》（2015 年版一部）覆盆子药材质量标准进行检测。

1. 来源

本品为蔷薇科植物覆盆子 *Rubus chingii* Hu 的干燥果实。夏初果实由绿变绿黄时采收，除去梗、叶，置沸水中略烫或略蒸，取出，干燥。

2. 性状

本品为聚合果，由多数小核果聚合而成，呈圆锥形或扁圆锥形，高 0.6～1.3cm，直径 0.5～1.2cm。表面黄绿色或淡棕色，顶端钝圆，基部中心凹入。宿萼棕褐色，下有果梗痕。

小果易剥落，每个小果呈半月形，背面密被灰白色茸毛，两侧有明显的网纹，腹部有突起的棱线。体轻，质硬。气微，味微酸涩。

3. 鉴别

（1）显微鉴别：本品粉末棕黄色。非腺毛单细胞，长 60～450μm，直径 12～20μm，壁甚厚，木质化，大多数具双螺纹，有的体部易脱落，足部残留而埋于表皮层，表面观圆多角形或长圆形，直径约至 23μm，胞腔分枝，似石细胞状。草酸钙簇晶较多见，直径 18～50μm。果皮纤维黄色，上下层纵横或斜向交错排列。

（2）薄层色谱鉴别：取椴树苷对照品，加甲醇制成每 1mL 含 0.1mg 的溶液，作为对照品溶液。照薄层色谱法（《中国药典》2015 年版四部通则 5202）试验，吸取【含量测定】山柰酚-3-0-芸香糖苷项下的供试品溶液 5μL，及上述对照品溶液 2μL，分别点于同一硅胶 G 薄层板上，以乙酸乙酯-甲醇-7K-甲酸（90：4：4：0.5）为展开剂，展开，取出，晾干，喷以三氯化铝试液，在 105℃加热 5min，在紫外线灯（365nm）下检视。供试品色谱中，在与对照品色谱相应的位置上，显相同颜色的荧光斑点。

4. 检查

（1）水分：照水分测定法（《中国药典》2015 年版四部通则 0832 第二法）测定，不得过 12.0%。

（2）总灰分：照总灰分测定法（《中国药典》2015 年版四部通则 2302）测定，不得过 9.0%。

（3）酸不溶性灰分：照总灰分测定法（《中国药典》2015 年版四部通则 2302）测定，不得过 2.0%。

5. 浸出物

照水溶性浸出物测定法（《中国药典》2015 年版四部通则 2201）项下的热浸法测定，不得少于 9.0%。

6. 含量测定

鞣花酸：照高效液相色谱法（《中国药典》2015 年版四部通则 0512）测定。

色谱条件与系统适用性试验：以十八烷基硅烷键合硅胶为填充剂；以乙腈-0.2%磷酸溶液（15：85）为流动相；检测波长为 254nm。理论板数按鞣花酸峰计算应不低于 3000。

对照品溶液的制备：取鞣花酸对照品适量，精密称定，加 70%甲醇制成每 1mL 含 5μg 的溶液，即得。

供试品溶液的制备：取本品粉末（过四号筛）约 0.5g，精密称定，置具塞锥形瓶中，精密加入 70%甲醇 50mL，称定重量，加热回流 1h，放冷，再称定重量，用 70%甲醇补足减失的重量，摇匀，滤过，精密量取续滤液 1mL，置 5mL 量瓶中，用 70%甲醇稀释至刻度，摇匀，滤过，取续滤液，即得。

测定法：分别精密吸取对照品溶液与供试品溶液各 10μL，注入液相色谱仪，测定，即得。

本品按干燥品计算，含鞣花酸（$C_{14}H_6O_8$）不得少于 0.20%。

山柰酚-3-O-芸香糖苷：照高效液相色谱法（《中国药典》2015 年版四部通则 0512）测定。

色谱条件与系统适用性试验：以十八烷基硅烷键合硅胶为填充剂；以乙腈-0.2%磷酸溶液（15∶85）为流动相；检测波长为 344nm。理论板数按山柰酚-3-O-芸香糖苷峰计算应不低于 3000。

对照品溶液的制备：取山柰酚-3-O-芸香糖苷对照品适量，精密称定，加甲醇制成每1mL 含 80μL 的溶液，即得。

供试品溶液的制备：取本品粉末（过四号筛）约 1g，精密称定，置具塞锥形瓶中，精密加入 70%甲醇 50mL，称定重量，加热回流提取 1h，放冷，再称定重量，用 70%甲醇补足减失的重量，摇匀，滤过，精密量取续滤液 25mL，蒸干，残渣加水 20mL 使溶解，用石油醚振摇提取 3 次，每次 20mL，弃去石油醚液，再用水饱和正丁醇振摇提取 3 次，每次 20mL，合并正丁醇液，蒸干，残渣加甲醇适量使溶解，转移至 5mL 量瓶中，加甲醇至刻度，摇匀，滤过，取续滤液，即得。

测定法：分别精密吸取对照品溶液与供试品溶液各 10μL，注入液相色谱仪，测定，即得。

本品按干燥品计算，含山柰酚-3-O-芸香糖苷（$C_{27}H_{30}O_{15}$）不得少于 0.03%。

二、药材质量标准提升研究与企业内控质量标准制定（略）

三、药材留样观察与质量监控（略）

【药材生产发展现状与市场前景展望】

一、生产发展现状与主要存在问题

贵州覆盆子应用历史悠久，人工种植时间虽不长，但近年发展较为迅速。特别是黔西南州兴义、兴仁等地在规范化种植与基地建设等方面均有所成效。例如，黔西南州绿宝农业科技公司于兴义、兴仁等地，在覆盆子规范化种植基地建设、示范推广与产业化中已做了不少工作。到 2014 年年底，该公司在兴仁种植覆盆子 2400 多亩，带动种植农户 501 户 1200 余人。种植覆盆子具有种植周期短，一年种植多年受益、经济效益高等特点。覆盆子种植当年即挂果，并可在覆盆子种植地里套种生姜、花生、黄豆等矮秆作物，以充分利用地力，增加农民收益。其次年亩产可达 500kg，按目前该公司鲜果保底回收价 4 元/kg 计算每亩产值 2000 元；种植第 3 年进入盛果期，亩产可达 1500kg，仍按鲜果保底回收价 4 元/kg 计算每亩产值则达 6000 元。同时，该公司现已在兴仁建立了1800m³大型冷库 1 座，年产 500 吨树莓红酒生产线及年产 1000 吨树莓酵素生产线各 1，可常年解决 200 人的就业，将种植的覆盆子深加工成食药产品，以更好走向市场，带动一方农民脱贫致富。

但总体来看，目前贵州省覆盆子种植与产业化发展尚处于起步阶段，存在的问题还比较多。尤其在覆盆子资源调查、品种选育、苗木繁育、栽培技术、遗传育种等领域还需深入研究与不断实践；在种植与加工技术上，仍然有许多问题需要提高和规范。如种植中，不同环境条件下的合理水肥管理等许多细节，又如合理适时采收加工贮藏与覆盆子内在质量的相关性等，都需要使用现代科学技术来进行研究和规范，并尽快融入生产实际。特别是医药产品或高端精深果品用的相关研究与规范化标准化生产等均亟待研究解决。与英国、美国、德国、日本、新西兰等有关树莓产业化发展相比，差距还很不小，应深入研究，以期进一步研究开发出适合人们需要与市场需求的覆盆子新品种和精深高端产品。

二、市场需求与前景展望

现代研究表明，覆盆子含覆盆子酸（fupenzic acid）、没食子酸（ellagic acid）、β-谷甾醇、糖类及少量维生素 C，具有抑菌、雌激素样等药理作用。如对大鼠、兔的阴道涂片及内膜切片等试验研究表明，覆盆子有雌激素样作用。以覆盆子 100%煎剂用平板打洞法试验研究结果，对葡萄球菌、霍乱弧菌有抑制作用。临床实践证明，肾虚遗尿、小便频数、阳痿早泄、遗精滑精等疾病，如肝肾亏损、精血不足、目视昏花者，可单用久服，亦可与桑椹子、枸杞、怀生地等相配；阳痿早泄、遗精滑精者，可单用研末服，亦可与沙苑子、山茱萸、芡实、龙骨等补肾涩精药配伍服用而获良效。特别是在"大健康"产业上，覆盆子发挥了独特作用。近年来，美、英、日、韩诸国都极其重视这一别具特色和极具开发价值的覆盆子产业的发展，研发了不少覆盆子精深高端产品。由此表明，覆盆子在医药保健与食品等相关产品研究开发与市场中的重要地位。随着时代变化与人民生活水平提高，随着国内外覆盆子医药保健与保健食品等产品向绿色无污染"天然型""高档化"方向的迅速发展，生长在偏远山区的贵州覆盆子，必将是难得的天然绿色产品，必将更加受到人们青睐，更符合当前国内外人们的消费趋势。因此，覆盆子种植加工、研究开发潜力极大，市场前景十分广阔，在精准扶贫与大健康产业发展中将发挥更大作用。

主要参考文献

姜莹. 2010. 红树莓栽培技术及发展前景[J]. 北方园艺，2010（16）：84.

李锋. 2007. 树莓栽培技术[M]. 长春：吉林出版集团有限责任公司.

卢军，张相波，王路勇，等. 2009. 树莓栽培技术[J]. 现代农业科技，（3）：42-44.

王禾，董娟，强亚荣. 2013. 树莓发展现状、前景及两个树莓新品种本地表现初探[J]. 陕西农业科学，3：30.

王泽智. 2011. 黑树莓栽培管理技术[J]. 农技服务，28（5）：707-709.

文永兰，李亚玲. 2009. 覆盆子及其混伪品绵果悬钩子的比较鉴别[J]. 中国中医药现代远程教育，1：6.

熊红，王立新. 2001. 树莓引种及栽培技术初探[J]. 西昌学院学报（自然科学版），15（14）：9-10.

杨婷婷. 2013. 树莓的研究现状及开发利用[J]. 四川林业科技，3：24.

杨正松，和加卫，和志娇，等. 2013. 高海拔地区树莓品种筛选及营养成分研究[J]. 中国农学通报，10：35.

尹智勇，蒲文征，李春晓. 2013. 栽培密度对不同品种树莓产量的影响[J]. 内蒙古林业调查设计，4：24.

（冉懋雄　罗富宇　陈忠权　周厚琼）

第五章 花及藤木类药材

1 山 银 花

Shanyinhua

LONICERAE FLOS

【概述】

山银花原植物为忍冬科植物灰毡毛忍冬 *Lonicera macranthoides* Hand.-Mazz.、红腺忍冬 *Lonicera hypoglauca* Miq.、华南忍冬 *Lonicera confusa* DC.或黄褐毛忍冬 *Lonicera fulvotomentosa* Hsu et S.C.Cheng，以干燥花蕾或带初开的花入药。山银花藤（忍冬藤）亦作药用。《中国药典》（2005 年版一部）开始将金银花与山银花分列收载，现结合贵州实际，以灰毡毛忍冬、黄褐毛忍冬为重点，对其规范化生产技术与基地建设进行介绍。

灰毡毛忍冬、黄褐毛忍冬原植物为忍冬科植物 *Lonicera macranthoides* Hand.-Mazz.、*Lonicera fulvotomentosa* Hsu et S.C.Cheng，别名：银花、二花、大山花、岩银花、石山金银花等，以干燥花蕾或带初开的花入药。《中国药典》（2015 年版一部）将其与金银花分列，作为山银花之一种予以收载，与红腺忍冬、华南忍冬一同列入山银花项下。《中国药典》（2015 年版一部）称：山银花味甘、性寒，归肺、心、胃经。具有清热解毒、疏散风热功能。用于治疗痈肿疔疮、喉痹、丹毒、热毒血痢、风热感冒、温热发病。山银花又为常用苗药，苗药名："Bangx jab hxangd"（近似汉译音："比加枪"），性冷，味涩，入热经、快经、半边经药。具有清热解毒、凉散风热功能。主治痈肿疮毒、热血毒痢、喉痹丹毒、风热感冒、温病发热等。山银花还是贵州布依族及土家族等的常用民族药。

山银花曾以金银花的原植物"忍冬"之名，始载于《名医别录》，云："味甘，温，无毒。主治寒热，身肿。久服轻身，长年，益寿"。其后，诸家本草多予收录。如唐代《新修本草》云："此草藤生，绕覆草木上，苗茎赤黄色，宿者有薄白皮膜之，其微茎有毛。叶似胡豆，亦上下有毛。花白蕊赤"。山银花既为中医临床常用中药，也为贵州省常用民族民间药，并是用以改善喀斯特地貌，特具生态效益、扶贫效益与经济效益的贵州著名特色药材。

【形态特征】

灰毡毛忍冬：木质藤本，幼枝密被柔毛，老枝棕褐色，呈条状剥离，有的被硬毛，中空，外皮易脱落。叶对生，初时两面有毛，后则背面无毛。叶革质，卵状披针形至宽披针形，长 5～14cm，背面被短糙毛组成灰白色或灰黄色毡毛，微有黄色小腺毛，网脉突起呈网格状，脉上被糙毛，花序生于小枝顶端及叶腋；总花梗具短糙毛；苞片被毛，花冠长

3.5～4.5cm，先白色后呈黄色，连同萼齿外面均被倒生糙状伏毛和黄色腺毛，萼筒无毛或有时上半部或全部有毛。萼齿长三角形，外面和边缘均被短糙毛。花蕾呈棒状而稍弯曲，长 3～4cm，上部直径约 2m，下部直径约 1m，表面绿棕色至黄白色。总花梗集结成簇，开放者花冠裂片不及全长之半。质稍硬，手捏稍有弹性，气清香，味微苦甘。花成对腋生，花蕾密集，可达 50 个花蕾左右，花蕾初时为绿色，后变为黄色。在贵州黔北一带的花期为 6～9 月，果期 10～11 月。灰毡毛忍冬植物形态见图 1-1。

(1. 水忍冬；2-3. 西南忍冬；4-6. 灰毡毛忍冬；4. 花枝，5. 花放大，6. 几种叶形，7. 滇西忍冬花放大)

图 1-1　灰毡毛忍冬植物形态图

（墨线图引自中国科学院《中国植物志》编辑委员会，《中国植物志》72 卷，科学出版社，1988）

黄褐毛忍冬：常绿木质藤本，幼枝、叶柄、叶背面、总花梗、苞片、小苞片或萼齿均密被开展或弯状的黄褐色毡毛状糙毛，幼枝和叶两面还散生橘红色短腺毛。冬芽具 4 对鳞片。叶纸质，卵状短圆形至矩圆状披针形，长 3～14cm，宽 1～2.5cm，先端渐尖，基部圆形、浅心形或近截形，上面疏生短糙伏毛，中脉上毛较密；叶柄长 5～7m。双花排成腋生或顶生的短总状花序，花序梗长达 1cm；总花梗花长约 2m，下托有小形叶 1 对，苞片钻形，长 5～7m；小苞片卵形至条状披针形，长为萼筒的 1/2；萼筒倒卵状椭圆形，长约 2m，无毛，萼齿条状披针形，长 2～3m；花冠白色后变黄色，长 3～3.5cm，唇形，筒略短于唇瓣，外面密被黄褐毛倒伏毛和开展的短腺毛，上唇裂片长圆形，长约 8mm，下唇长约 1.8cm；雄蕊和花柱均高出花冠；柱头近圆形，直径约 1m。子房无毛，绿色，3 室，每室有胚珠 2～6。花序着花枝长 34～173cm。果幼时绿色，成熟时黑色，卵形或卵圆形，直径 7～8m，种子扁椭圆形，褐色，长约 3m，宽 1.5～2m，有纵沟 2 条，具光泽和脑状纹饰。在贵州黔西南一带黄褐毛忍冬的花期为 5～7（～11）月，果期 10～11 月至翌年 1 月。黄褐毛忍冬植物形态见图 1-2。

(1. 花枝；2. 花放大；3. 苞片、小苞片和花萼放大；4. 茎放大，示毛)

图 1-2　黄褐毛忍冬植物形态图

（墨线图引自中国科学院《中国植物志》编辑委员会，《中国植物志》72 卷，科学出版社，1988）

本品比较接近锈毛忍冬 *L. ferruginea* Rehd.，但锈毛忍冬双花下面不具苞状叶，苞片和花冠均较短，萼齿短于萼筒，花丝下半部有毛，与黄褐毛忍冬迥然不同。

【生物学特性】

一、生长发育习性

（一）器官建成与生长规律

1. 根

山银花（如灰毡毛忍冬）实生苗的侧根非常发达，主根不明显。扦插苗的须根系庞大，没有主根。扦插苗的新根，首先从茎节处生出，数量居多，而节间和愈合组织处生根却较少。1 年生灰毡毛忍冬枝条扦插，3～4 天即可生根；2～3 年生结果母枝扦插，生根时间较长，需 6～7 天。其差别来自种条皮层的幼嫩程度。1 年生枝的皮层分生细胞活跃，易形成根原基。其生根量是：1 年生枝条生根量＜2 年生枝条生根量＜3 年生枝条生根量；1 年生徒长枝生根量＜1 年生果枝生根量。生根量随着发育成熟程度、种条粗度和年龄增大而增多。生根多则生长旺盛，结蕾早，易丰产。根系生长，在一年里有 2 次高峰期，第 1 次在 4～5 月，第 2 次在 7～9 月，11 月根系停止生长。根的分根生长，1 年能出现 3～5 次，吸收根寿命短，须根易老化死亡。故每年冬季和夏季宜深翻植株周围土壤，以利于根系的更新。

又如黄褐毛忍冬，根系发达，细根多，生根力强。主要根系分布在 10～25cm 深的表土层，须根则多在 5～40cm 的表土层中生长。根以 4 月上旬至 8 月下旬生长最快。根系穿透能力强，能在岩石缝隙中绵延生长，具有很强的水土保持功能和良好的抗干旱、抗瘠薄能力。根木质绳状，粗长，老根近黄褐色，幼根颜色较淡，呈乳白色或乳黄色，根毛密集，网状，近根尖端较多。根从地表至土层越长越深，且与植株生长年限有关。黄褐毛忍冬在营养生长阶段，单株根数、根长、根粗都与植株生长发育时间长短有关。营养生长期生长时间愈长，根愈长亦愈粗。当年生种子育苗植株（7 月移栽，次年 1 月调查）根长 35.4～70.5cm，入土深 28～60cm，一级侧根数 4～10 条，粗 3～7mm。而当年生扦插苗移栽的植株根长 26～40cm，根入土深 16～40cm，一级侧根数 4～6 条，粗 2.4～6mm。由此可以看出，种子育苗与扦插苗相比较，前者根系更发达，长势更好。

2. 茎

山银花（如黄褐毛忍冬）的茎与忍冬属其他植物的茎有显著区别，其表现在它生有黄褐色柔毛。茎细，木质，常绿藤本，多分枝。幼枝绿色，密被黄褐色或黄灰色毡毛状硬毛，具散生橘红色短腺毛。老枝柔毛渐少甚至脱落，皮色也由黄褐色逐渐变为棕褐色，皮呈条状剥裂。冬芽具 4 对鳞片。黄褐毛忍冬种子育苗，种子萌发十余天即可出土，2～4 个月后茎开始分枝，随后分枝较快，8 个月可达 4～6 个头，茎长超过 50cm（实生苗当年可长到 1m 高）即可移栽。移栽成活后，黄褐毛忍冬生长较快。调查资料显示，9 月份移栽的黄褐毛忍冬，次年 1 月新生茎可达 57cm，长势良好者能达到 10～15 个分枝。有报道 10 龄以上黄褐毛忍冬，冠幅最多可达 24m，地径（直径）可达 8cm。

3. 芽

山银花（如灰毡毛忍冬）的枝芽，通常着生在新梢叶腋或多年生枝茎节处，多为混合芽。山银花的花芽分化属无限生长型，只要温度适宜，则可不断地形成花芽，但越冬芽由于气温降低，当年不能萌芽外，一般每年能多次萌发、抽梢、现蕾。花芽形成的枝条主要是新梢，山银花多在当季抽生的新梢上现蕾开花。在多年生结果母枝上亦可萌动新芽，但在数量上远比新梢萌芽少。

4. 叶

山银花（如黄褐毛忍冬）的叶，从苗期至花期有叶态变化。播种 30 天后长出 2 片子叶对生，单茎黄褐色，两面有柔毛。随着茎的生长，子叶逐渐变宽，45 天后长出 2 片真叶，全缘，纸质，卵状椭圆形，对生，颜色由黄褐色逐渐变为绿色。成叶先端渐尖，基部圆形，近截形或浅心形，表面被疏生黄褐色弯状硬毛，中脉毛较密，叶柄密被黄褐色硬毛。其颜色随幼叶到成叶的改变而改变。

5. 枝条

山银花（如黄褐毛忍冬）的每次萌芽，都具有现蕾开花，发育成花（结果）枝的潜在能力，只是由于营养状况和管理水平的不同，而分别发育成花（结果）枝、营养枝、徒长枝或丛叶枝。

（1）花（结果）枝：着生在1～2年生结果母枝的茎节处或多年生骨干枝的分枝处，结果枝有长、中、短之分。一般长果枝长50～100cm，现蕾开花8～14丛；中果枝长30～50cm，现蕾开花8～11丛；短果枝长10～30cm，现蕾开花1～8丛。

（2）营养枝：一般把长度在10～100cm的无蕾新梢叫作营养枝。

（3）徒长枝：多着生于主干基部及骨干枝分枝处，因树种、树龄、营养状况及修剪轻重不同，该类枝条数量有所不同，一般长200cm，最长可达400～500cm。徒长枝节间长，组织不充实，一般不能现蕾开花，或现蕾少。徒长枝着生在植株中、下部，在适宜的条件下，日生长量在10cm以上，消耗营养物质过多。因此，修剪时，无论冬剪或夏剪，徒长枝都要全部疏除。

（4）丛叶枝：长度一般在10cm以下，多生长在植株内膛枝叶稠密处，萌芽期应抹除。

（二）开花结果习性

山银花具有多次抽梢、多次开花的习性。例如，贵州道真县一带灰毡毛忍冬的开花期，从4月中旬到8月底。在不加管理、任其自然生长的情况下，一般第1茬花在4月中、下旬现蕾开放，6月上旬结束，花量大，花期集中。以后只在长壮枝抽生2次枝时形成花蕾，花量小，花期不整齐。若加强管理，经人工修剪，合理施肥和灌水，则每年可控制其花期，使其较集中地开花3～4次。而黄褐毛忍冬在黔西南一带，其花期为5～11月，主花期为5～6月。

山银花从现蕾到花开放的全过程，可分为下述6个阶段：

（1）幼蕾期：花蕾长0.5～3.5cm，开始似米粒，绿色，又称"花米期"，后花蕾直立，又称"青条期"。

（2）三青期：花蕾长3.0～4.5cm，唇部已膨大，微向内弯曲，绿白色。

（3）二白期：花蕾长4～5cm，唇部明显膨大，向内弯曲，绿白色。

（4）大白期：花蕾长5～6cm，唇部绿白色，含苞待放。

（5）银花期：即开花期，花全开放，长5～7cm，花筒状。二唇形，上唇四裂直立，下唇舌状反转。

（6）金花期：花初开放时为白色，后逐渐变黄色。2～3天变为金黄色，经5～7天凋谢。

一般情况下，植株内壮枝花蕾首先开放，外围短果枝开放迟。在同一果枝上，从基部以上4～5丛叶腋处（多茬花常见于2～3丛处）出现花蕾。花蕾自下而上，逐渐开放，每天开放1丛。一条结果枝一般开花6～8丛，最多达14丛。在同一条果枝上，可同时见到从现蕾到开放结束的全过程。大白期、二白期花蕾日生长量达 1cm 以上，三青期日生长量 0.5～0.8cm。开花初期，花丝伸长弯曲，从花蕾腹面开裂，至全开放，约经 2h。但花的开放易受气候影响，当晴天日平均气温在 18～20℃时，花朵开放过程延长 1.0～1.5h；日平均气温下降至 15～18℃时，花朵开放过程可延长 2～3h。同时，随海拔增高，其现蕾和开花期将延迟。

例如，黄褐毛忍冬主要适宜栽培在海拔 1000m 左右的喀斯特温热河谷生态区的石灰性土壤上，3～4 年生黄褐毛忍冬可开花结实，花盛期 6～7 月（贞丰县花江镇河谷地带稍有提前，其 5 月中旬花开最旺）。双花排列成腋生或顶生的短总状花序，总花梗密被黄褐色硬毛，基部有 1 对小形叶，苞片钻形，长 5～6m，密被硬毛，小苞片卵形或条状披针形，长为萼筒的 1/2 至略长，密被黄褐色硬毛，萼筒倒卵状椭圆形，长约 2m，无毛，萼齿条披针形，比萼筒长；花冠由白色后转黄色，长 3～3.5cm，唇形，筒略短于唇瓣，外面密被黄褐色倒伏毛和开展的短腺毛；雄蕊和花柱均高出花冠，有清香，无毛；柱头近圆形。黄褐毛忍冬节间短，开花多（经实地观察，1 个节间可开 10～22 束花，1 株最多开花量达 12.5kg）而且几乎同时开花。花芳香物质含量相当高，药用价值也高，但花期较短（约 15 天左右）。浆果球形，黑色。

二、生态环境要求

（一）灰毡毛忍冬生态环境要求

灰毡毛忍冬常生于海拔 800～1200m 的山谷溪边、坡地或山顶混交林、灌木丛中，多种植于山地丘陵地带。其全年生长发育阶段可分为 6 个时期，即萌芽期、新梢旺长期、现蕾期、开花期、缓慢生长期和越冬期。其中，萌芽期植株枝条茎节处出现米粒状绿色芽体，芽体开始明显膨大，伸长，芽尖端松弛，芽的第 1、2 对叶片伸展。日平均气温达 16℃，进入新梢旺长期，新梢叶腋露出花总梗和苞片，花蕾似米粒状。现蕾期果枝的叶腋随着花总梗伸长，花蕾膨大。

在人工栽培条件下，开花期相对集中，为 4 月中下旬至 8 月底。开放 4 次之后，零星开放终止于 10 月初。第 1 次开花时间在 4 月中旬，花蕾量占整个开花期花蕾总量的 40%；第 2 次开花在 5 月中旬，花蕾量占整个花蕾期总量的 30%；第 3 次开花在 6 月下旬，花蕾量占整个开花期花蕾总量的 20%；第 4 次开花在 8 月初，花蕾量占整个开花期花蕾量的 10%。进入缓慢生长期后，植株生长缓慢，叶片脱落，不再形成新枝，但枝条茎节处出现绿色芽体，主干茎或主枝分枝处形成大量的越冬芽，此期应为贮藏营养回流期。当日平均温度在 3℃时，生长处于极缓慢状态，越冬芽变红褐色，但部分叶片凛冬不凋。

（二）黄褐毛忍冬生态环境要求

黄褐毛忍冬是一种喜光、喜温暖湿润环境的常绿藤本植物，在光照较好的地方生长良好，在光照不足的地方生长较差，藤茎纤细。在年均温 14～20℃生长良好，能忍耐−3℃左右的低温，温度高于 30℃时生长缓慢或停止生长。黄褐毛忍冬自然分布于海拔 850～1300m，常生长于山体的中下部或平坦处光照较好的地方，各种坡向均适宜种植。

黄褐毛忍冬喜温暖湿润环境，但水分过多会引起烂根，水分过少会引起植株严重失水而萎蔫。其自然分布于喀斯特地区属于钙质土的石灰土范围，土壤有黑色石灰土和黄色石灰土等，在人工种植条件下，种植于酸性土地区也可生长良好。

但是，由于各地地貌环境及气候条件不同，灰毡毛忍冬和黄褐毛忍冬的生育期等均有较大差别。即使同一纬度地区，因海拔与气候条件的不同，其生育期也各有差异。一般而言随着海拔的增加，灰毡毛忍冬和黄褐毛忍冬的生育期均可向后延迟，海拔 500m 以下地区，其生育期基本一致。同时，灰毡毛忍冬和黄褐毛忍冬均对土壤要求不严，以红壤、黄壤、黄棕壤、棕壤、暗棕壤等为主。尤适在喀斯特地区以溶沟和岩石发育较好的地带生长较好，在坡度较大的喀斯特地带也能生长。将其植株种植于岩溶沟谷的土壤中，可以把岩石作为攀缘体顺利生长，这对于喀斯特地貌生态环境的改善有着良好作用。比如贵州省黔西南州兴义、安龙、贞丰、兴仁及安顺市关岭、镇宁等喀斯特地区，就以黄褐毛忍冬的种植取得了很好生态环境建设与精准扶贫等多重成效，见图1-3。

(治理前)　　　　　　　　　　(治理后)

(治理前)　　　　　　　　　　(治理后)

图 1-3　贵州兴义、关岭等地以山银花治理石漠化与生态重建成效状况

【资源分布与适宜区分析】

一、资源调查与分布

忍冬科忍冬属植物全世界有 200 多种，主要分布在北美、欧洲、亚洲和非洲北部

温带至热带地区。我国有 98 种，约占世界总数的 50%。而山银花，以我国西南部、中南部为主要分布区。

经调查，灰毡毛忍冬主要生于海拔 500～1800m 的山谷溪流旁、山坡、山顶混交林中，主要分布于湖南、湖北、贵州、四川、重庆、云南、广西、广东、江西、福建等地，尤以湖南（如隆回、溆浦、新化、中方）、四川（如南江、通江、长宁、兴文、合江、叙永、古蔺）、重庆（如秀山、酉阳、黔江、綦江、南川）、贵州（如绥阳、道真、遵义）、广东（如翁源、乳源、连州、阳山）等地为主产区。

黄褐毛忍冬主要生于海拔 300～1300m 的山坡灌林、林缘或疏林中，主要分布于贵州西南部、广西西北部及云南等地，尤以贵州（如兴义、安龙、贞丰、安龙）、广西（如百色、田阳、西林）等地为主产区。

二、贵州资源分布与适宜区分析

贵州全省均有忍冬属植物的分布，据调查统计共有 30 种（含变种和亚种），其中 21 种为藤本植物，分布海拔为 300～2500m，但海拔 700～1400m 是多数种的适生区，分布的大致规律为：从西部向东部、从北部向南部、从高海拔向低海拔，种类出现了从灌木向藤本，从落叶向常绿的过渡。落叶灌木的代表种有袋花忍冬、光枝柳叶忍冬、蕊被忍冬、苦糖果、须蕊忍冬等种类，多分布在海拔 1000m 以上。

（一）灰毡毛忍冬资源分布与适宜区分析

灰毡毛忍冬的主要野生分布区域是黔北、黔东北、黔中、黔南、黔东南等地。人工种植初期，贵州的灰毡毛忍冬植株苗主要从重庆秀山、湖南一带引进，经过十多年的发展，现已具备自身生产灰毡毛忍冬苗的能力。贵州灰毡毛忍冬的种植区域主要集中在黔北的道真、绥阳、遵义、正安、湄潭、赤水一带和黔东南的丹寨等地区，种植规模均在 1000 亩以上，具有十余年的种植历史。毕节地区的大方等地也有零星种植。

灰毡毛忍冬起源于暖温带森林，在其长期的系统发育过程中，形成了喜温暖湿润而又耐寒等特性，适应性广，对环境条件要求不严，适合在荒山、荒地、低度盐碱地种植。贵州省灰毡毛忍冬野变家人工种植始于 20 世纪 70 年代初期，海拔 600～1400m 区域，是其最佳种植区域，海拔低于 600m 生长过快，节间偏长，高于海拔 1400m 则生长缓慢，产量与品质下降。并应选择土层深厚、肥沃、排水良好的土壤才能获优质高产。地形地貌以背风向阳的缓坡地、开阔平地为最好，"四边"地、林间地也适宜种植，而且其收益期可以长达 10～15 年。

（二）黄褐毛忍冬资源分布与适宜区分析

黄褐毛忍冬主要分布在贵州西南部、东南部及西北部等地，野生于由石灰岩发育的喀斯特山区。并在研究与实践中发现，可据黄褐毛忍冬营养器官和繁殖器官的变异情况进行变异类型划分为 4 个类型，即矩叶型、圆叶型、柳叶型、裂叶型（或齿叶形）。这 4 个类型产量差异较大，其各自的特征如下。

（1）矩叶型：叶为矩圆形，长宽比小，叶色较暗，叶厚，先端急尖，基部圆形或心形，着花枝长而密，花枝节间短，着花枝长可达 33～173cm。枝节间短而粗，节间长 10～16cm，粗 4m。花序花多而密集，小花序具花 13～50 朵，苞叶小，植株被毛长而密集，属高产类型。

（2）圆叶型：叶为卵圆形，先端钝圆，基部圆形或心形，叶厚，叶色较暗。着花枝长达 30～50cm，枝节间短，节间长 10～15cm，小花序具花 6～10 朵，植株被毛长而密集，属中产类型。

（3）柳叶型：植株具柳叶和狭矩圆形叶片，叶长宽比大，叶片薄而光亮。开花较少，着花枝长 15～30cm，花序稀疏，开花枝少，小花序具花 11～16 朵，苞叶大而明显，植株被稀疏短毛，属低产类型。

（4）裂叶型（或齿叶型）：植株叶片具 1～2 对齿裂现象。叶片披针形，先端长渐尖，叶狭长。属低产类型。

黄褐毛忍冬野生变家种始于 20 世纪 80 年代初期。贵州省中药研究所与安龙县德卧镇大水井村农民合作，在其喀斯特地带山上利用野生驯化苗木种植成功，并在安龙全县及其周边地带推广。通过 30 多年的努力，在贵州黔西南、黔西等地，特别是在各级党政重视支持下，结合贵州喀斯特地貌改善与石漠化治理的应用实践与发展，黄褐毛忍冬的育苗、栽培及加工等技术已基本成熟。现贵州黄褐毛忍冬的种植区域主要集中在黔西南的安龙、贞丰、兴仁、兴义、册亨、关岭、镇宁等地，全省种植面积已达 30 万亩以上，其中安龙种植面积则达 18.6 万亩。

除以上所述的黔北、黔西南及其周边区域为灰毡毛忍冬和黄褐毛忍冬的最适宜生长区外，贵州省凡符合灰毡毛忍冬和黄褐毛忍冬生长习性与生态环境要求的区域均为其生长适宜区。

【生产基地合理选择与基地环境质量检（监）测评价】

一、灰毡毛忍冬生产基地的合理选择

按照灰毡毛忍冬生产适宜区优化原则与其生长发育特性要求，选择其最适宜区或适宜区并具良好社会经济条件的地区建立规范化生产基地。现已在贵州道真、绥阳等县，建立了规范化生产基地。例如，贵州道真大矸镇灰毡毛忍冬规范化种植基地（以下简称"道真山银花基地"），位于距道真县城 33km 的西山山脉上部，海拔 1250～1400m，气候属于中亚热带季风湿润气候，年平均气温为 14.4℃，极端最高气温 36.5℃，极端最低气温-7.6℃，≥10℃积温 3400～5000℃，年无霜期平均 270 天，年均降水量 800～1400mm，年均相对湿度 80%。成土母岩主要为砂岩和紫色岩，土壤以黄壤和紫壤土为主。地带性植被为常绿落叶和阔叶混交林，主要树种有银杉、珙桐、银杏、红豆杉、华南五针松、香樟、润楠等，本基地生境内的药用药物主要有黄柏、厚朴、杜仲、红豆杉、三尖杉、党参、重楼、半夏、天麻、桔梗、天冬、黄精、续断、鱼腥草、淫羊藿等。

道真山银花基地始建于 1990 年，连片面积约 2000 亩，其中林药间作区 60 亩，林茶间作区 20 亩，种子林区 20 亩，尚专建了灰毡毛忍冬种苗繁育示范园 2 亩。林药间作区内主要间种天冬、半夏、黄精、鱼腥草、淫羊藿等。当地各级党委政府对灰毡毛忍冬规范化生产基地建设高度重视，交通、通信等社会经济条件良好，广大农民有种植灰毡毛忍冬的传统习惯与积极性。该基地远离城镇及公路干线，空气清新，环境幽美，周围 10km 内无污染源（图 1-4）。

图 1-4 贵州道真县大矸镇灰毡毛忍冬规范化种植基地

二、黄褐毛忍冬生产基地的合理选择

按照黄褐毛忍冬生产适宜区优化原则与其生长发育特性要求，选择其最适宜区或适宜区并具良好社会经济条件的地区建立规范化生产基地。现已在贵州安龙、兴义等地，建立了黄褐毛忍冬规范化生产基地。例如，安龙县德卧镇黄褐毛忍冬规范化生产基地（以下简称"安龙山银花基地"）位于贵州省西南部边陲地带，地处云贵高原向广西丘陵过渡的斜坡上，属亚热带岩溶山区，是典型的喀斯特地形地貌地区。安龙县由岩溶地貌发育的面积占全县总面积的 70%，可以种植黄褐毛忍冬的面积在 35 万亩以上，主要分布在该县的中部、东部、西南、中南部及西部地区。该县最低海拔 440m，最高海拔 1966.4m，由于该县不同地区发育的岩溶地貌各异，在地形地貌的影响下，形成了不同的立体小气候。该县属亚热带湿润季风气候，具有气候温和、雨量充沛、冬无严寒、夏无酷暑、雨热同季等特点。全县年平均气温 15.4℃，降水量 1256.1mm，日照时数 1504.7h，积温 5633℃，无霜期 288 天。

安龙县委县政府于 2009 年根据该县实际，把黄褐毛忍冬产业列入安龙县农业产业化发展的重点，发展目标为 20 万亩，到 2013 年 12 月止，全县人工栽培黄褐毛忍冬面积已达 18.6 万亩，涉及 15 个乡镇（街道办事处），76 个村（村级整合后），近 2.5 万余户 10 万余人，基地建设超过万亩的乡镇有 10 个，分别是德卧、龙广、招堤、栖凤、笃山、平乐、钱相、兴隆、新桥、木咱等乡镇（街道办事处）。开花面积 6.5 万亩左右（图 1-5）。

【种植关键技术与推广应用】

一、种质资源保护抚育

山银花野生资源十分丰富，自然分布的格局多呈散生状，群体间没有形成阻止基因流的严重障碍。因此，群体间遗传分化程度低，积累了较丰富的基因资源，并形成较广的遗传基础，其中蕴藏着不少优质高产品系。但由于这部分资源较为分散，因此利用率还很低。一方面，尽管野生山银花种质资源在分子水平上确实存在较大的遗传差异，但人工栽培已成为山银花药材的重要来源，而用于生产的栽培品种长期采用无性繁殖方式，导致所用的亲本材料的遗传背景比较狭窄，在一定程度上造成了种质的不断融合。另一方面，尽管育种学家已选育出了不少花蕾型品种，但现行品种大多侧重于产量，这势必造成某些基因的定向选择，导致优良性状集中于少数材料上，而其他育种目标的多样化性状丢失。因此，在选育过程中要积极引入高质、抗病等外源基因，创造优质种质资源，拓宽种质的遗传基础。

图 1-5　贵州安龙县德卧镇黄褐毛忍冬规范化种植基地

近年来，随着应用范围的扩大和需求量的增加，山银花产业化规模不断扩大，不少人在利益驱使下，掠夺式地采割野生山银花成熟枝条用于扦插以快速扩充种植面积，这不仅严重破坏了野生资源的分布格局，而且加剧了栽培品种的混杂度。为此，对山银花种质资源的保护与抚育应予高度重视，应与合理开发并重。在对野生山银花资源进行全面调查的基础上，应建立野生资源保护区，收集尽可能多的种质资源建立核心种质资源库，并运用现代育种手段改良山银花品种，以提高山银花产量、质量及抗性，以达永续利用目的。

二、良种繁育关键技术

山银花可采用无性繁殖（如扦插、嫁接、压条、分株等），也可采用种子繁育。生产上，一般多采用扦插、嫁接繁殖留种。

（一）扦插繁殖

1. 选地整地与扦插时间

选择肥沃的砂质土壤，翻耕时每亩施过磷酸钙 200kg，厢宽 1.0m 左右，厢距 30～40cm，用 75%的甲基托布津 1000 倍溶液对土壤进行消毒处理。

凡有灌水条件，一年四季都可进行扦插育苗，但一般多冬插、春插和伏雨季节插。冬、春季扦插育的苗,到雨季约半年即可挖出造林;伏雨季节扦插育的苗,冬、春季即可栽植。扦插圃地只要能保持地面湿润,成活率一般可达90%以上。

2. 插穗选用

选1~2年生健壮、充实的枝条,截成长15cm左右的插条,约保留2个节位。摘去下部叶片,剪掉上部2片叶的1/3。将下端削成45°平滑斜面,扎成小捆,用500mg/L IAA水溶液快速浸蘸下端斜面5~10s,同时可用多菌灵等溶液进行药剂处理,稍晾干后立即进行扦插。

3. 扦插与管理

在平整好的苗床上,按行距15cm定线开沟,沟深10cm。沟开好后按株距5cm直埋于沟内,或只松土不挖沟,将插条1/2~2/3插入孔内,压实按紧。待一厢扦插完毕,应及时顺沟浇水,以镇压土壤,使插穗和土壤密接。水渗下后再覆薄土一层,以保墒保温。插穗埋土后上露5cm为宜,以利新芽萌发和管理。

扦插后要切实加强育苗圃地管理,根据土壤墒情,适时浇水、除草以及进行幼苗的病虫害防治。

贵州兴义市黄褐毛忍冬规范化种植基地扦插繁殖育苗见图1-6。

图1-6 贵州黔西南州黄褐毛忍冬规范化种植基地扦插育苗(上:贞丰;下:兴义)

(二)嫁接繁殖

1. 砧木培育

山银花砧木的种子在霜降后果变黑时采收,置清水中揉搓,捞出沉底的饱满种子,阴干贮藏备用，在播种前 40 天用温水浸泡 24h，捞出与 3 倍的湿润细沙土混合均匀进行催芽，有 50%的种子裂口露白时进行播种，盖好稻草 10 天左右出苗，揭开稻草，苗高 15cm 时摘去顶芽，地径达到 0.5cm 时起苗嫁接。嫁接时间为 1～3 月，2 月嫁接成活率最高。

2. 嫁接方法

切砧木：用嫁接刀（刀口锋利不带毛刺为宜）在砧木剪口平滑面沿皮层与木质部交界处纵切一口，切口深度为 1.5cm，厚度为略带木质部，要求切面光洁平直（一刀成功）。

（1）削穗：选与砧木粗细基本相符的接穗，在节下 1.5cm 斜削一刀去掉多余部分，削面成 45°角，再在相对一侧节下 0.5cm 处平削一刀，深浅一致，削面平滑，厚度为略带木质部，削面长度与砧木切口长度基本一致，约为 1.5cm（一刀成功）。

（2）插穗：将接穗长削面对准砧木切口插入砧木中，砧木切口外侧皮层包于接穗背面，要求接穗与砧木的形成层要相对。

（3）包扎：左手紧握砧木，拇指和食指拿捏住砧木和接穗结合部，右手用长 25cm、宽 2cm 带状的聚氯乙烯薄膜平展绕结合部 2 周，固定好接穗，再绕 2～3 周，使其结合部完全密封，然后向上游走密封砧木的剪口平滑处和接穗节上剪口处，最后绕结合部一周加固、打结。要求包扎过程中包扎层数不能超过 8 层，结合部要密闭不透水，接穗稳定牢固不晃动。

（三）种苗标准

经实践，将山银花种苗质量标准暂定为 2 级（试行）。

1 级苗：苗高≥40cm，新发枝直径≥1cm，根系主根长≥8cm，侧根长≥5cm，具 4 条以上侧根。

2 级苗：苗高≥30cm，新发枝直径≥0.5cm，根系主根长≥8cm，侧根长≥5cm，具 3 条以上侧根。

经观察与实践，无性繁殖（扦插苗）与有性繁殖（种子育苗）相比，前者可成活 8～10 年，而后者则长达 18～22 年，植株寿命延长 80%～175%，所以山银花种子育苗有其一定优势。如贵州贞丰县黄褐毛忍冬种子育苗，种子发芽率达 90%，苗高 30cm 以上，地茎粗 0.3cm 以上，须根多，无病虫害，生长健壮者可出圃移栽，成活率较高。

三、规范化种植关键技术

（一）选地整地

1. 选地

山银花栽培对土壤要求不严，抗逆性较强。但从优质高产角度考虑，为便于管理，以平整、有利于灌水、排水的地块较好。选择海拔 600～1400m，土层深厚、肥沃、排水良好的土壤能获优质高产。地形地貌以背风向阳的缓坡地、开阔平地为最好，"四边"地、林间地也适宜种植。

2. 整地

改土方式主要有撩壕施肥改土和培土施肥改土2种。优质高产栽培目标，必须实行撩壕施肥改土，按照种植规划确定的密度3m×3m，一般每亩挖50cm×50cm见方窝74个，每窝施入腐熟猪、牛粪5～10kg（或袋装有机肥1kg），磷肥0.5kg，土肥搅拌均匀再盖15cm厚的熟土壤隔肥，窝基本平于地面。

（二）移栽

于早春萌发前或秋、冬季休眠期进行。在整好的栽植地上，每窝栽壮苗1株，根系要分散，保证主秆枝垂直，填土压紧、踏实，浇透定根水。

（三）施肥

春季松土施肥一般在3月进行，每株施尿素100g+过磷酸钙400g+氯化钾80g+硼肥10g。届时可翻挖松土，深度以20cm左右为宜。通过翻挖，可使土壤通气增温，促进根系活动。施肥方法：以树冠的滴水线为边，开挖深15cm绕树一周的沟进行施肥，然后盖土。

花期追肥，在采花前20天左右，施坑肥0.5～1kg（有机肥+钾肥10%），后盖土。采花后，每株施猪、牛粪或复合肥750g+尿素250g。施肥方法：翻挖深度20cm，以树冠的滴水线为边，开挖深15cm绕树一周的沟进行施肥，然后盖土。

（四）整形修剪

1. 修剪时间

一般在采完花后进行第一次修剪，主要是去掉弱、病枝和干枯枝。农历立冬后进行第二次修剪，定植后两年内要基本完成整形、修剪工作，形成丰产树形。山银花是木质藤本植物，生长快，需修枝、整形成墩式圆头形。修剪后一定要做清园处理。

山银花叶片能凛冬不凋。为充分利用光能，使树体贮藏较多的营养物质，冬剪最好在每年的12月下旬至翌年的早春尚未发出新芽前进行。

2. 修剪方法

定植后应及时进行打顶去尖，新梢萌发后留一条梢作主干培养，其余抹除，主干培养枝长至60cm时打顶促分枝，力争培养出3～4个健壮分枝，50cm以下主干上的萌发枝要全部抹除，促其增粗直立成墩，在前3年培养主干期间，应当依次进行新枝打顶促分枝，向四周分枝扩展，形成上小下大、内空外圆的伞状圆头形树形。

3. 维持修剪

维持修剪是整个投产期内调节植株营养生长与生殖生长关系的基本手段。在一定的栽培条件下，整体修剪，可控制树冠、稳定产量、改善光照、减少病虫、提高品质，维持树体的正常生命活动，最大限度地延长树体经济生长年限。维持修剪的修剪强度以轻剪为主，修剪方式以疏剪为主，删剪为次，适当短截，剪去病虫枯枝、重叠枝、无用大枝，疏除密生枝，短截部分衰老枝。维持修剪的基本原则是去弱留强，去密留稀，去上留下，去内留外。抹芽、疏梢、摘心等根据需要随时进行。

4. 更新修剪

植株生长达到一定年限或受不良栽培条件的影响，出现植株衰老、产量下降、品质变劣等不良状态时，应进行更新修剪。山银花更新修剪以回缩更新为主，将副主枝上的各级枝梢回缩到有自然更新枝出现的节位，无自然更新枝出现的植株回缩到副主枝发侧枝的节位。特别指出，更新修剪必须以良好的肥水管理为前提才能有效，更新修剪后应搞好主干主枝刷白和伤口涂药（用石硫合剂等），加强树体保护，修剪后新梢萌发时应加强疏梢、定梢、摘心等枝梢管理工作，促进新树形的快速形成。

（五）主要病虫害防治

1. 综合防治

在山银花的病虫害防治上，应贯彻预防、生物防治为主的综合防治方针，减少农药施用，禁止使用对人体有害的高毒、高残留农药，禁止花蕾期用药，确保产品达到有机食品标准，尤应具体注意以下 3 点：

（1）加强培土施肥管理，增强树势：这是提高山银花植株抗病虫能力的根本措施。山银花施肥应以腐熟有机肥为主，氮、磷、钾比例协调，禁止偏施氮肥，防止枝叶徒长，抗性降低。

（2）保护利用天敌：山银花害虫主要是蚜虫，蚜虫的天敌种类较多，主要有食蚜蝇、食蚜瓢虫和致病微生物。林园内尽量少用化学杀虫剂、杀菌剂，保护和壮大天敌种群，实现对蚜虫的自然控制。

（3）搞好冬季清园修剪和翻土：剪除和烧毁病虫枯枝、残渣落叶，破坏病虫害越冬场所，减少病虫害越冬基数，并喷洒石硫合剂杀虫杀菌，从而减少全年病虫害发生量。

2. 灰毡毛忍冬主要病虫防治

经调查，贵州黔北一带灰毡毛忍冬主产地多位于半高山地区，其主要病害有白粉病、根腐病；主要虫害为蚜虫等。

（1）白粉病：发病特点为病原物以子囊壳在其病残体上越冬，一般在 5～7 月为害茎和花，初在叶上呈白色小点，后扩展为白色粉状，导致花扭曲，严重时花掉落。

防治方法：在 4～5 月用易宝 68.75%水粉散粒剂 1500 倍，每隔 7～10 天喷一次，连续喷 2～3 次，再用 40%福星 6000 倍液喷雾 2～3 次。禁用其他农药。

（2）根腐病：根腐病一般多发于透水效果不好的土壤，初发期黄叶，根系表层变黑、根部腐烂直至死亡。

防治方法：在初春和秋季用生石灰水灌根 2～3 次，或在下雨前将生石灰洒在主干脚的四周，通过雨水渗透。

（3）蚜虫：蚜虫一般在 4 月发生，使叶变黄、卷曲、皱缩，特别是阴雨天蔓延更快，严重时造成绝收。

防治方法：清除杂草，烧埋枯枝、烂叶，在冬季修剪清园后，用石硫合剂重喷 1 次，在 3～4 月叶片伸展前用石硫合剂间隔 5～7 天喷 1 次。

在黔东南一带，灰毡毛忍冬还出现以下主要病虫害：

（1）枯萎病：活体植株症状为叶片不变色而萎蔫下垂，全株干枯死，或叶枝干枯，或半边萎蔫干枯，刨开病干，可见导管变成深褐色。

防治方法：建立无病苗圃；移栽时用农抗 120 的 500 倍液灌根，发病初期用农抗 120 的 500 倍液灌根。

（2）忍冬细蛾：该虫以幼虫潜入叶内，取食叶肉组织，严重影响光合作用，使花产量和品质降低。

防治方法：重点是在 1、2 代成虫和幼虫前进行防治，可用 25%灭幼脲 3 号 3000 倍液喷雾，在各代卵孵盛期用 1.8%阿维菌素 2000～2500 倍液喷雾。

（3）棉铃虫：该虫主要取食花蕾，每头棉铃虫幼虫一生可食 10～100 个花蕾，不仅影响品质，且易导致花蕾脱落，严重影响产量。该虫每年 4 代，以蛹在 5～15cm 土壤层内越冬。

防治方法：重点是对该虫 1、2 代进行防治。防治时期是幼虫 3 龄以前，因第 1 代数量直接影响以后各代的数量，因而在第 1 代幼虫盛发期前（5 月初），用 Bt 制剂、氰戊菊酯、千虫克、烟碱苦参碱等防治。

（4）铜绿丽金龟：该虫的幼虫称为蛴螬，主要咬食植株根系，造成植株营养不良，植株衰退或枯萎而死。成虫则以花、叶为食。该虫一年 1 代，以幼虫越冬。

防治方法：用蛴螬专用型白僵菌 2～3kg/亩，拌 50kg 细土，于初春或 7 月中旬，开沟埋入根系周围。

3. 黄褐毛忍冬主要病虫防治

黄褐毛忍冬的病虫害较少，在近年的研究工作中主要发现有白粉病、红蜘蛛、白蚁等为害，但都不造成病虫害流行。

贵州山银花规范化种植基地大田生长发育与现蕾开花情况见图 1-7。

灰毡毛忍冬大田生长发育与现蕾开花(道真、绥阳、遵义)

黄褐毛忍冬大田生长发育与现蕾开花(兴仁、兴义、安龙)

图 1-7　贵州山银花规范化种植基地大田生长发育与现蕾开花情况

上述山银花良种繁育与规范化种植关键技术，可于其生产适宜区内，并结合实际因地制宜地进行推广应用。

【药材合理采收、初加工、贮藏与运输】

一、合理采收与批号制定

（一）合理采收

1. 采收时间

山银花采摘时间因海拔不同而异，海拔越低采摘越早，海拔越高采摘越迟。6 月下旬至 7 月上旬陆续采摘。采摘时，要根据花蕾发育的程度及采摘用途合理确定采摘时间。

2. 采收方法

（1）药用花采摘：药用花的采摘标准是当花蕾前上部已膨大，但尚未开放，颜色由青变白，即"头白身青"俗称"二白针"时采摘，最迟在花蕾完全变白，俗称"大白针"时采摘。此期间，产量高，有效成分含量也高，过早采摘，花蕾青绿，嫩小，产量低。过迟采摘，花蕾开放，产量降低，有效成分降低，质量较差。采回后，应尽量减少翻动，避免碰伤花蕾，影响干花色泽。

（2）茶用花采摘：茶用花的采摘标准是银花三青期。此时，花蕾绿带黄色，棒状，上部膨大不明显，长 3~4cm，过早采摘，产量不足，过迟采摘，则花蕾变白或开放，品质下降。应选择晴天从花序基部采下，轻采轻放，不用手压。

山银花药材的采收，见图 1-8。

图 1-8　山银花药材采收

（二）批号制定（略）

二、合理初加工与合理包装

（一）合理初加工

采下的花要及时烘烤、蒸晒或脱水处理。一般当天采的花当天就要进行脱水处理，否则花会变黑变坏。目前，除传统晒晾外，常采用的干燥方法如下。

1. "土炕烘干法"

本法是在自制土炕烘干房内进行加温、通风并结合传统晾晒而将山银花干燥。其具体操作方法为：先将采回的花蕾放在最下层，逐渐上移，直到最上层。烘烤房温度上高下低。底层30～40℃，中层50℃，高层58～60℃。温度过高，烘干过急，花蕾发黑，质量下降；温度太低，烘干时间过长，花色不鲜，变成黄白色，也影响质量。因此，必须注意控制其温度范围：开始烘干时温度为30℃，2h后为40℃，5～10h为45～50℃，10h后为55～58℃，最高60℃，烘干总时间为24h（图1-9）。

图1-9　山银花土炕烘干法并结合传统晾干（安龙）

2. "蒸汽杀青—热风循环烘干法"

本法是在特制设备中，采取蒸汽高温130℃杀青，并以循环热风而将山银花干燥，具有无污染、成色佳、质量好等优点，但成本较高。其具体操作方法为：将采摘的鲜花用蒸汽杀青去叶绿素，以花蕾经过脱水冷却后还原本色为标准，然后进行外表脱水冷却到30～35℃，最后进入连续烘干机，温度控制在80℃左右，时间约为60min左右，冷却后装袋，花蕾失水率约 95%（图 1-10）。

山银花初加工的药材见图 1-11。

图 1-10　山银花蒸汽杀青－热风循环烘干法干燥（安龙）

图 1-11　山银花初加工药材（左：鲜品；右：干品）

（二）合理包装

将山银花药材净选，主要是拣出叶子、杂质、杂花。杂花即指黑条花、黄条花、开头花、炸肚花、煳头花、小青脐等。用簸箕搧出尘土，然后将干燥山银花净选药材，按规格分等级严密包装。在包装前，每批药材包装应有记录，检查是否充分干燥、有无杂质及其他异物，所用包装应是无毒无污染、对环境和人安全的包装材料，在每件包装上，应注明品名、规格、等级、毛重、净重、产地、执行标准、批号、包装日期、生产单位，并附有质量合格的标志。

三、合理储运养护与运输

（一）合理储运养护

山银花药材易吸湿受潮，特别在夏秋季节，空气相对湿度大时，含水量达 10% 以上就会发生霉变或虫蛀。故贮藏前应充分干燥，密封保存。较大量的先装入塑料袋内，再放入密封的纸箱内贮藏。贮藏时应保持环境干燥、整洁与加强仓储养护规范管理，定期检查、翻垛，发现吸潮或初霉品或虫蛀，应及时进行通风晾晒等处理。少量贮藏时，可置于"热坛"中密封保存。据调查，产区群众常把晒干后的山银花药材装入塑料袋中，再把贮缸晒热，将山银花药材塑料袋装入缸内，然后埋于干燥的麦糠中，可储存一年不受虫蛀，并能基本保持山银花药材原品色泽。

（二）合理运输

山银花药材运输时，运输工具或容器需具有较好的通气性，并保持干燥，防止挤压，应有防潮措施。同时，不应与其他有毒、有害、有异味的物质拼装。其运输工具必须清洁、干燥、无异味、无污染，运输中还应防雨、防潮、防曝晒、防污染，并应有明显防雨、防潮等标志。

【药材质量标准、质量检测与监控】

一、药材商品规格与质量检测

（一）药材商品规格

山银花药材以无杂质、枝干、霉变、虫蛀，身干，少花，少托叶，花蕾多，色淡绿或泛白黄，气清香者为佳品。其药材商品规格为统货，现暂未分级。

（二）药材质量检测

按照《中国药典》（2015 年版一部）山银花药材质量标准进行检测。

1. 来源

本品为忍冬科植物灰毡毛忍冬 *Lonicera macranthoides* Hand.-Mazz.和黄褐毛忍冬 *Lonicera fulvotomentosa* Hsu et S.C.Cheng 的干燥花蕾或带初开的花。夏初开放前采收，干燥。

2. 性状

灰毡毛忍冬：呈棒状而稍弯曲，长 3～4.5cm，上部直径约 2mm，下部直径约 1mm。表面绿棕色至黄白色。总花梗集结成簇，开放者花冠裂片不及全长之半。质稍硬，手捏之稍有弹性。气清香，味微苦甘。

黄褐毛忍冬：长 1～3.4cm，直径 1.5～2mm。花冠表面淡黄棕色或黄棕色，密被黄色茸毛。

3. 鉴别

（1）显微鉴别（本品表面制片）：

灰毡毛忍冬：腺毛较少，头部大多圆盘形，顶端平坦或微凹，侧面观 5～16 细胞，直径 37～228μm；柄部 2～5 细胞，与头部相接处常为 2（～3）细胞并列，长 32～240μm，直径 15～51μm。厚壁非腺毛较多，单细胞，似角状，多数甚短，长 21～240（～315）μm，表面微具疣状突起，有的可见螺纹，呈短角状者体部胞腔不明显；基部稍扩大，似三角状。草酸钙簇晶偶见。花粉粒直径 54～82μm。

黄褐毛忍冬：腺毛有两种类型，一种较长大，头部倒圆锥形或倒卵形，侧面观 12～25 细胞，柄部微弯曲，3～5（～6）细胞，长 88～470μm；另一种较短小，头部顶面观 4～10 细胞，柄部 2～5 细胞，长 24～130（～190）μm。厚壁非腺毛平直或稍弯曲，长 33～2000μm，表面疣状突起较稀，有的具菲薄横隔。

（2）薄层色谱鉴别：取本品粉末 0.2g，加甲醇 5mL，放置 12h，滤过，取滤液作为供试品溶液。另取绿原酸对照品，加甲醇制成每毫升含 1mg 的溶液，作为对照品溶液。照薄层色谱法（《中国药典》2015 年版四部通则 0502）试验，吸取供试品溶液 10～20μL、对照品溶液 10μL，分别点于同一硅胶 H 薄层板上，以乙酸丁酯-甲酸-水（7∶2.5∶2.5）的上层溶液为展开剂，展开，取出，晾干，置紫外线灯（365nm）下检视。供试品色谱中，在与对照品色谱相应的位置上，显相同颜色的荧光斑点。

4. 检查

（1）水分：照水分测定法（《中国药典》2015 年版四部通则 0832 第二法）测定，不得超过 15.0%。

（2）总灰分：照灰分测定法（《中国药典》2015 年版四部 2302）测定，不得超过 10.0%。

（3）酸不溶性灰分：照灰分测定法（《中国药典》2015 年版四部通则 2302）测定，不得超过 3.0%。

5. 含量测定

照高效液相色谱法（《中国药典》2015 年版四部通则 0512）测定。

色谱条件与系统适用性试验：以十八烷基硅烷键合硅胶为填充剂；以乙腈为流动相 A，以 0.4%醋酸溶液为流动相 B，按表 1-1 中的规定进行梯度洗脱；绿原酸检测波长为 330nm；皂苷用蒸发光散射检测器检测。理论板数按绿原酸峰计算应不低于 1000。

表 1-1　梯度洗脱参数表

时间/min	流动相 A（15%）	流动相 B/%
0～10	11.6→15	88.5→85
10～12	15→29	85→71
12～18	29→33	71→67
18～30	33→45	67→55

对照品溶液的制备：取绿原酸对照品、灰毡毛忍冬皂苷乙对照品、川续断皂苷乙对照品适量，精密称定，加 50%甲醇制成每 lmL 含绿原酸 0.5mg、灰毡毛忍冬皂苷乙 0.6mg、

川续断皂苷乙 0.2mg 的混合溶液，即得。

供试品溶液的制备：取本品粉末（过四号筛）约 0.5g，精密称定，置具塞锥形瓶中，精密加入 50%甲醇 50mL，称定重量，超声波处理（功率 300W，频率 30kHz）40min，放冷，再称定重量，用 50%甲醇补足减失的重量，摇匀，滤过，取续滤液，即得。

测定法：分别精密吸取对照品溶液 2μL、10μL，供试品溶液 5～10μL，注入液相色谱仪，测定，以外标两点法计算绿原酸的含量，以外标两点法对数方程计算灰毡毛忍冬皂苷乙、川续断皂苷乙的含量，即得。

本品按干燥品计算，含绿原酸（$C_{16}H_{18}O_9$）不得少于 2.0%，含灰毡毛忍冬皂苷乙（$C_{65}H_{106}O_{32}$）和川续断皂苷乙（$C_{53}H_{86}O_{22}$）的总量不得少于 5.0%。

二、药材质量标准提升研究与企业内控质量标准制定（略）

三、药材留样观察与质量监控（略）

【药材研究开发与市场前景展望】

一、生产发展现状与主要存在问题

（一）贵州山银花研究与开发历史

贵州产忍冬科忍冬属植物如黄褐毛忍冬、灰毡毛忍冬等药材，自古以来就被誉为中医民族医最常用之清热解毒良药，也是既利于石漠化治理，又利于农民增收与药食等多用的植物。贵州省地方标准对地产银花也早予收载，《贵州省中药材质量标准》（1965 年版），以"金银花"为正名，收载了忍冬科忍冬属植物忍冬及同属植物若干种。《贵州省中药材质量标准》（1988 年版）以"金银花"为正名，收载了黄褐毛忍冬、灰毡毛忍冬、细毡毛忍冬和细苞忍冬 4 种。《贵州省中药材、民族药材质量标准》（2003 年版），以"银花"为正名，收载了黄褐毛忍冬、灰毡毛忍冬和细毡毛忍冬等 3 种。

特别是黄褐毛忍冬，于 20 世纪 70 年代末由徐炳声教授发现为新种（据中科院植物研究所馆藏贵州安龙 5317 号腊叶标本，并据该植物密生黄褐毡毛而命名为黄褐毛忍冬 *Lonicera fulvotomentosa* Hsu et S.C.Cheng，1979 年发表于《植物分类学报》）后，更得到了学术界与中药行业的高度重视。20 世纪 80 年代中期，贵州省中药研究所与中国医学科学院药用植物研究所合作开展了"银花新资源——黄褐毛忍冬利用研究"。经调研发现，黄褐毛忍冬集中分布在我国贵州、广西和云南，并以贵州中西部和西南部野生资源最多，蕴藏量可达 11 万 kg 以上，单株平均产量为 550g 左右。历史上黄褐毛忍冬长期在民族民间作为金银花入药，具有清热解毒、消炎退肿等功能，多用于治疗上呼吸道感染及各种化脓性疾病。有的药材部门将本种的花和同属其他种金银花收购入药，销省内外。黄褐毛忍冬作为金银花药用，除增加山区农民收入外，还具有改善喀斯特地貌、治理石漠化的效果。贵州省中药研究所对贵州产黄褐毛忍冬的分布、生态环境、蕴藏量等调查研究的结果，如《贵州黄褐毛忍冬的资源调查》曾于 1989 年在《中国中药杂志》发表。中国医学科学院药用植物研究所对贵州黄褐毛忍冬与金银花进行了化学成分及含量的比较研究，结果表明黄褐毛忍冬花所含绿原酸和咖啡酸的含量明显高于金银花,挥发油中所含的双花醇、芳樟醇、香叶醇等抗菌成分含量亦不低于金银花。该研究结果,如《黄褐毛忍冬花与金银花的比较研究》曾于 1990 年在《药物分析杂志》发表。1989 年,"银花新资源——黄褐毛忍冬资源利用研究"课题,通过了卫生部、科技部组织的成果鉴定。该成果主要包括从黄褐毛忍冬资源分布、生物学特性、生态学特性、栽培、产地,到化学成分分析和药理作用等方面。与会专家一致认为,黄褐毛忍冬资源丰富,产量高,质量好,易于栽培。该项目成果于 1989 年获得了卫生部科学技术进步奖三等奖。

20 世纪 90 年代以来,贵州省中医研究所、贵阳中医学院及贵州省药品检验所等,还先后对黄褐毛忍冬的化学成分、药理作用及药材质量等进行了研究。研究表明,贵州产黄褐毛忍冬的绿原酸含量明显高于《中国药典》标准(绿原酸平均含量 2.32%),其抗炎、保肝等药理作用与金银花基本一致,多篇研究论文如《黄褐毛忍冬化学成分的研究》等,曾分别发表于《药学学报》《中国药理学报》《中南药学》《时珍国医国药》等。在上述黄褐毛忍冬基础研究与大力开展黄褐毛忍冬栽培及石漠化治理,取得显著经济社会效益及生态效益基础上,在国家药品监督管理局和民进党等各民主党派的关心支持下,经省委、省政府及省药品监督管理局等部门与药检、科研、企业的共同努力,终于在 21 世纪初,黄褐毛忍冬药材上升为国家药典标准,收载于《中国药典》(2005 年版一部增补版)和《中国药典》(2010 年版一部),这对于贵州省经济社会发展、扶贫致富、生态治理和中药产业的发展都起到极大促进作用。

同时,贵州省有关科研院所对灰毡毛忍冬也做了不少研究并取得可喜成效。例如,20 世纪 80 年代初,贵州省药材公司率先在全国进行了灰毡毛忍冬生物学、药理学(药理学与天津市药物研究所合作)、质量等方面较为系统的研究,多篇论文发表在《中药材》杂志。该成果 1984 年获贵州省科学技术进步奖四等奖。20 世纪 80 年代初贵州省中医研究所又对灰毡毛忍冬进行了化学成分研究,从灰毡毛忍冬花分离得到新化合物灰毡毛忍冬皂苷甲(macranthoidin A,Ⅱ)和灰毡毛忍冬皂苷,以及常春藤皂苷元和川续断皂苷乙(dipsacoside B,Ⅰ)等成分,论文发表于《药学学报》。

贵州山银花的基础研究也为其以苗药为重点进行深度开发打下了良好基础,研发了如强力维生素 C 等多种中成药、苗药产品和保健食品等。特别是黔西南等地的黄褐毛忍冬、黔北等地的灰毡毛忍冬,以分布广泛、质优量大而广为应用。其除满足本省中医临床、医药工业和大健康品使用外,尚广销江苏、浙江、广东、广西、福建、四川、河南、河北、陕西、甘肃、内蒙古等全国各地。

(二)贵州山银花生产发展与存在问题

目前,贵州山银花生产发展迅速,灰毡毛忍冬栽培面积以黔北面积最大,黄褐毛忍冬栽培以黔西南面积最大,因二者产量高、工效高(采摘工效是忍冬 8 倍以上)、产值高,并特具治理石漠化生态效益好、精准扶贫佳等特点,加上近年来又有国家巩固退耕还林成果、石漠化综合治理、水保、扶贫等项目的支持,农户种植积极性较高,从而获得显著成效。据贵州省扶贫办《贵州省中药材产业发展报告》统计,2013 年,全省山银花种植面积达 58.60 万亩,保护抚育面积 12.09 万亩;总产量达 43702.87 吨,总产值达 107474.04 万元。2014 年，全省山（金）银花（以山银花为主）种植面积 45.57 万亩；总产量达 1.17 万吨，总产值达 44460 万元。例如，2013 年安龙县黄褐毛忍冬种植区即使在 20% 左右的面积受到冰雹灾害等严重影响的情况下，产量仍达 1540 吨（干花），年产值为 5852 万元左右（以市场价格药花 38 元/kg，茶花 40 元/kg 计算），种植黄褐毛忍冬的花农仍增收 2320 元左右，收入上万元的花农户在 350 户以上，收入最高的增收约达 5 万元，已经形成一定的产业规模。并已引进 2 家公司、培育 6 个黄褐毛忍冬合作社，参与该县的黄褐毛忍冬种植、加工、销售等工作，为安龙县黄褐毛忍冬产业发展奠定了良好基础。

但贵州省灰毡毛忍冬和黄褐毛忍冬种植仍存在不少问题，主要表现在：一是山银花品种来源多、乱、杂。现山银花苗木主要通过扦插和嫁接获得，插穗、砧木和接穗大小均不一致，导致苗木质量参差不齐，必然造成生产出来的药材质量不稳定。如贵州省目前种植的灰毡毛忍冬种源主要来自湖南、重庆等地，贵州本地种源仅有一部分，且扦插苗和嫁接苗均在生产中使用，苗木质量参差不齐，导致灰毡毛忍冬药材的质量无法保证，稳定性较差。黄褐毛忍冬的种源虽相对较单一，其主要为本地种源，但群体内个体差异也较大，目前已发现的就有 4 个变异种，这也是导致黄褐毛忍冬药材质量稳定性较差的主要原因之一。二是山银花规范化种植基地建设亟待加强。由于贵州省山银花种植区域大多是山区，坡度大，交通极不方便，劳动投入大，加之近年来山区劳动力大量外流，在生产管理上较为粗放，投入管理严重不足，从而导致山银花基地建设投入较大而发展缓慢，产量和质量均不稳定。三是山银花初加工与包装储存方面有待改善。当前，贵州山银花初加工仍沿用传统土法烘干后，直接用塑料制品包装待售，在湿度较大时储存极易霉变，一旦发生霉变后又反复翻晒或烘烤，导致药材质量下降。因此，为保证山银花药材质量，山银花产品在储存等方面亟须改进。四是山银花产业化发展极为滞后，市场亟待大力开拓。这些年来，贵州山银花一直是靠销售原料药材为主，产品深加工产业化发展极为滞后，目前在市面上能见到的产品，主要是山银花茶等较为单一的产品。

二、市场需求与前景展望

贵州山银花生产应用历史悠久，并以地方习用的黄褐毛忍冬、灰毡毛忍冬等为主。在《贵州通志》《兴义府志》《遵义府志》等志书的"物产"等篇中，均有收录。现在，如《贵州省中药材、民族药材质量标准》（2003 年版），已将贵州省地产山银花药材收载，作为地方法定标准予以应用。

现代研究表明，山银花（如灰毡毛忍冬、黄褐毛忍冬等）主要含有绿原酸、异绿原酸、白果醇、β-谷甾醇、豆甾醇、咖啡酸、木樨草素、葡萄糖苷、黄褐毛忍冬皂苷甲、α-常春藤皂苷及挥发油（其中含有芳樟醇、双花醇、α-松油醇、丁香醇等）等药效成分，具有多种抗病原微生物（如伤寒杆菌、大肠杆菌、变形杆菌、绿脓杆菌、百日咳杆菌、霍乱弧菌以及葡萄球菌、链球菌、肺炎双球菌、脑膜炎球菌等）、抗病毒、抗炎、解热、护肝、降血脂、抗生育，以及中枢兴奋和抗肿瘤等药理作用。山银花不但药效显著，而且毒性小，几乎无毒副作用。在现代医学临床上，山银花应用极为广泛，常用于治疗温病发热、热血毒、血痢、肿毒、瘰疬等症。

山银花不仅为大宗常用地道药材，更是一种集药用、保健、食用、观赏及生态功能于一体的经济植物。其功能主治及用法用量与同科同属植物忍冬（详见本章下述"金银花"）相同，而其药材所含绿原酸的含量远高于或略高于忍冬，咖啡酸的含量接近或略高于忍冬药材。在植株形态、品质、产量等方面具有独特优势，深得广大药农的青睐。特别是在改善喀斯特地貌，治理石漠化，精准扶贫，增加山区农民收入等方面更具有重要意义。为了更好发展山银花产业，应采取相应策略及有效措施，如严格控制栽培面积，防止盲目扩大；支持与发展精深加工；争取国家政策支持，完善有关配套法规；提高科学管理水平，切实加强规范化种植基地建设及积极拓展应用领域等。

2015 年版《中国药典》仍将金银花和山银花分列收载，山银花的功能主治仍沿用金银花的功能主治表述。至于中成药处方中金银花变为山银花者，更需要尊重原本研究，原来用的是金银花，还应该使用金银花。若需将金银花更改为山银花，应按照有关规定申报并公示。如 2015 年 1 月 26 日、27 日国家药典委员会在其官方网站上公示了《关于某某药品申请处方中金银花变更为山银花的公示》共 7 则，包含了三九制药、三金制药等几家公司的变更申请。其具体企业与药品名称为：华润三九（郴州）制药有限公司的复方感冒灵片；华润三九（郴州）制药有限公司的复方感冒灵颗粒；桂林三金药业股份有限公司的玉叶解毒糖浆；桂林三金药业股份有限公司的复方红根草片；湖南三金制药有限公司的玉叶解毒颗粒；山东凤凰制药股份有限公司的痔炎消颗粒；广西千伏药业有限公司的咽喉宁喷雾剂等。又如，经调查统计，贵州省不少中药、民族药制药企业以山银花生产的中成药，这为山银花的产业化与市场发展起到了重要作用。

山银花除用于中医临床与中药、民族药制药外，其用途日益广泛，如日化、饮料、美容、保健品等，用量也越来越大。例如，很多提取绿原酸的厂家就指名要灰毡毛忍冬。同时，灰毡毛忍冬在药用新领域研究也有重大进展。如已研究发现灰毡毛忍冬所含大量的三萜皂类成分具有保肝、抗癌活性。相关项目已获得科技部国家科技重大专项"重大新药创制"支持。总之，山银花生产应用历史悠久，既属大宗、常用药材，又为民族民间常用药材、食药两用药材和生态建设与精准扶贫等多用药材。其不但在中医临床、医药工业上广为应用，而且在大健康产业如医疗保健品、食品、饲料添加剂、兽用药、日用化妆品和园林等方面都有广泛应用。山银花市场前景无比广阔，具有显著的社会经济效益与生态效益。

【附1】《贵州省中药材、民族药材质量标准（2003 年版）》以"银花"为正名收载的质量标准

银 花

Yinhua

FLOS LONICERAE

本品为忍冬科植物黄褐毛忍冬 *Lonicera fulvotomentosa* Hsu. et S.C.、灰毡毛忍冬

Lonicera macranthoides Hand.-Mazz. 或细毡毛忍冬 *Lonicera similis* Hemsl. 的干燥花蕾或带初开的花。花开放前采收，干燥。本品亦为我省少数民族用药。

【性状】黄褐毛忍冬：本品呈棒状，上粗下细，略弯曲，长 2~4cm，直径约 0.3cm。表面黄褐色，密被黄褐色毡毛。伞房状聚花序，叶状苞片卵圆形，密被黄褐色毡毛。开放者花冠筒状，先端二唇形；雄蕊 5，附于筒壁，黄色；雌蕊 1，子房无毛。气清香，味淡，微苦。

细毡毛忍冬：长 2~6cm，上部直径约 0.3cm，下部直径 0.1~0.2cm。表面黄绿色、黄褐色或棕黄色，被疏柔毛。偶见伞房状聚花序，叶状苞片条形，花萼绿色，先端 5 裂，裂片无毛。

灰毡毛忍冬：长 2~4.5cm，直径约 0.3cm。表面灰褐色、灰棕色，密被灰色毡毛，有橘黄色腺体。伞房状聚花序，叶状苞片钻形，密被灰色毡毛。

【性味归经】甘，寒。归肺经。

【功能主治】清热解毒，凉血。用于痈肿疔疮，喉痹，丹毒，热血毒痢，风热感冒，温病发热。

【用法用量】6~15g，开水泡饮。

【贮藏】置阴凉干燥处，防潮，防蛀。

注：（1）本标准制定颁布时，灰毡毛忍冬及黄褐毛忍冬尚未被《中国药典》收载。（2）本标准引自贵州省药品监督管理局编.《贵州省中药材、民族药材质量标准（2003 年版）》.贵阳：贵州科技出版社，2003 年 11 月。

【附 2】金银花与山银花的差别

2015 年 6 月 18 日，国家食品药品监督管理总局和国家药典委员会就《中华人民共和国药典》（2015 年版）召开发布会。针对此前争议较大的"双花之争"，新版药典中仍未将山银花列入金银花。国家药典委员会回应，综合分析认为两者在多方面存在差异，因此，在新版药典中继续将"双花"分列收载。

那么，作为药品的金银花和山银花，到底有什么区别呢？

1. 来源不同

金银花为忍冬科植物忍冬的干燥花蕾或带初开的花。山银花为忍冬科植物灰毡毛忍冬、红腺忍冬、华南忍冬或黄褐毛忍冬的干燥花蕾或带初开的花。

2. 植物形态不同

忍冬（金银花）：呈棒状，上粗下细，略弯曲，长 2~3cm，表面黄白色或绿白色，见附图 1。

灰毡毛忍冬：呈棒状而略弯，长 3~4.5cm，表面绿棕色至黄白色，见附图 2。

红腺忍冬：长 2.5~4.5cm，表面黄白色至黄棕色，见附图 3。

华南忍冬：长 1.6~3.5cm，萼筒和花冠密被灰白色毛，子房有毛，见附图 4。

黄褐毛忍冬：长 2~3.5cm，颜色呈黄棕色，见附图 5。

附图 1　忍冬（金银花）

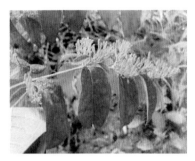

附图 2　灰毡毛忍冬

附图 3　红腺忍冬

附图 4　华南忍冬

附图 5　黄褐毛忍冬

3. 产量不同

忍冬为总状聚伞花序，下面的花开放、凋谢后，上面的花蕾还很小，且花蕾期短，一株金银花前后要采摘多次，一个劳动力每天摘花 5~10kg，费工费时，遇到下雨天，容易沤坏、变质。

灰毡毛忍冬具有花蕾多（忍冬的 1 个叶腋只有 2 朵花，灰毡毛忍冬的花蕾大多簇生，1 个叶腋有 20~50 朵花）、产量高、花蕾期长、采收方便、不受天气限制、药材色浅质优、适应性广、抗病害能力强等特点。一个劳动力每天可摘花 75~100kg

据估算，忍冬的生产综合管理成本比灰毡毛忍冬要高 5 倍以上。

4. 关于二者的功效

国家药典委员会秘书长张伟表示，由于山银花的临床应用历史比较短，文献中缺乏有关性味归经功能主治的相关收载，在当年收载入药典时是以金银花的功能主治进行概括的。目前没有新的临床研究工作，缺乏一些相关的资料，所以建议新版药典山银花的功能主治仍沿用金银花的功能主治表述。

金银花自古被誉为清热解毒的良药。它性甘寒气芳香，甘寒清热而不伤胃，芳香透达又可祛邪。金银花既能宣散风热，还善清解血毒，用于各种热性病，如身热、发疹、发斑、热毒疮痛、咽喉肿痛等症，均效果显著。

注：上述图文资料引自 2015-06-25 16：05 网易健康。

主要参考文献

陈君，许小方，柴兴云，等.2006. 灰毡毛忍冬花蕾的化学成分[J]. 中国天然药物，4（5）：347.

陈敏，雷兴翰，李惠庭，等.1992. 灰毡毛忍冬化学成分研究[J]. 中国医药工业杂志，23（10）：469.

陈敏，吴威巍，沈国强，等.1994. 灰毡毛忍冬化学成分研究.Ⅴ.灰毡毛忍冬素 F 和 G 的结构测定[J]. 药学学报，29（8）：617.

耿世磊，宁熙平，吴鸿，等.2005. 山银花不同发育阶段花结构与绿原酸含量变化关系研究[J]. 云南植物研究，27（3）：279.

苟占平，万德光.2005. 四川忍冬属药用植物资源调查[J]. 华西药学杂志，20（6）：480.

苟占平，万德光.2005. 重庆忍冬属药用植物资源研究[J]. 贵阳中医学院学报，27（4）：10.

黄丽华，陈训.2003. 贵州花江大峡谷黄褐毛忍冬生物学特性初步研究[J]. 贵州师范大学学报（自然科学版），21（3）：8.

雷志君，周日宝，贺又舜，等.2005. 灰毡毛忍冬与正品金银花体内抗菌作用的比较[J]. 中医药学刊，23（9）：8.

雷志君，周日宝，曾嵘，等.2005. 灰毡毛忍冬与正品金银花解热作用的比较研究[J]. 湖南中医学院学报，25（5）：14.

茅青，贾宪生.1989. 黄褐毛忍冬化学成分的研究[J]. 药学学报，24（4）：273.

茅青，贾宪生.1993. 灰褐毛忍冬化学成分的研究[J]. 药学学报，28（4）：269.

潘清平，雷志君，周日宝，等.2004. 灰毡毛忍冬与正品金银花抑菌作用的比较研究[J]. 中医药学刊，22（2）：243.

时京珍，陈秀芬，宛蕾，等.1999. 黄褐毛忍冬和灰毡毛忍冬几种成分对大、小鼠化学性肝损伤的保护作用[J]. 中国中药杂志，24（6）：263.

童巧珍，周日宝，罗跃龙，等.2005. 湖南 3 个产区灰毡毛忍冬花蕾的挥发油成分分析[J]. 中成药，27（1）：52.

王小平，刘雅华.1989. 贵州习用金银花抑菌作用初探[J]. 中国民族民间医药杂志，34（5）：40.

谢学明，钟远声，李熙灿，等.2006.22 种华南地产药材的抗氧化活性研究[J]. 中药药理与临床，22（1）：48.

袁昌齐.2000. 天然药物资源开发利用[M]. 南京：江苏科学技术出版社.

赵成.2006. 山银花不同器官的绿原酸含量及体外抑菌效果比较[J]. 安徽医药，10（8）：584.

（刘红昌　冉懋雄　陇光国　王国虎　张国学）

2　昆明山海棠

Kunmingshanhaitang

TRIPTERYGII HYPOGLAUCI RADIX

【概述】

昆明山海棠的原植物为卫矛科植物昆明山海棠 *Tripterygium hypoglaucum*（Levl.）Hutch，别名：火把花、胖关藤、紫金藤、大方藤、山砒霜等。以根皮、根的木质部入药。昆明山海棠药材收载于《广东省中药材标准》（2004年版第一册），称其味辛、苦、涩，性温，有大毒。归肠、胃经，通行十二经。具有祛风除湿、活血散瘀、续筋接骨、祛瘀通络功能。用于治疗风湿疼痛、跌打损伤、半身不遂，外用治骨折、外伤出血。

昆明山海棠，以"火把花"之名，始载于明代李时珍《本草纲目》草部第十七卷钩吻条下，李氏在"集解"项下云："……生滇南者花红，呼为火把花。此数说皆与吴普、苏恭说相合。陶弘景等别生分辨，并正于下"。然后特立"正误"项对古本草如陶弘景、苏恭等关于钩吻名实进行考释，云："神农本草（按：指我国现既知的最古药学专著《神农本草经》）钩吻一名野葛，一句已明。草木状（按：指西晋《南方草木状》）又名胡蔓草，显是藤生。吴普（按：指魏晋《吴普本草》）、苏恭（按：指唐代《新修本草》）所说正合本文。陶氏（按：指南北朝梁代《本草经集注》）以藤生为野葛，又指小草为钩吻，复疑是毛茛，乃祖雷敩（按：指南北朝刘宋《雷公炮炙论》）之说。诸家遂无定见，不辨其蔓生、草生，相去远也。然陶、雷所说亦是一种有毒小草，但不得指为钩吻尔。昔天姥对黄帝言：黄精益寿，钩吻杀人，乃是以二草善恶比对而言。陶氏不审，疑是相似，遂有此说也。余见黄精下。"至清代吴其浚《植物名实图考》，方始以"昆明山海棠"之名收载云："山海棠生昆明山中。树高丈余，大叶如紫荆而粗纹，夏开五瓣小花，绿心黄蕊，密簇成攒。旋结实如风车，形与山药子相类，色嫩红可爱，山人折以售为瓶供。"按上《植物名实图考》描述及其附图辨之，实为本种无疑。

不同民族对昆明山海棠亦药用，有的用该植物根、根皮或茎枝，其有效成分及含量差异较大。昆明山海棠药用部位名称分别为山海棠根、紫金皮、山海棠（茎）。民间还常以木质藤茎入药，或将根及全株作为金刚藤的习用品，根皮、嫩枝叶在民间还常用作植物性杀虫剂或农药使用。综上可见，昆明山海棠药用历史悠久，各民族广为应用，也是贵州民族民间常用的特色药材。

【形态特征】

昆明山海棠为多年藤本灌木，高1～4m，小枝常具4～5棱形，密被棕红色毡毛状毛，老枝无毛。叶薄革质，长方卵形、阔椭圆形或窄卵形，长6～11cm，宽3～7cm，大小变化较大，先端长渐尖，偶为急尖而钝，基部圆形，平截或微心形，边缘具极浅疏锯齿，稀具密齿，侧脉5～7对，疏离，在近叶缘处结网，三生脉常与侧脉近垂直，小脉网状，叶面绿色偶被厚粉，叶背被白粉呈灰白色，偶为绿色；叶柄长1～1.5cm，常被棕红色密生短毛。圆锥花序着生小枝上部，呈蝎尾状多次分枝，顶生者最大，有花50朵以上，侧生者较小，花序梗、分枝及小花梗均密被锈色毛；苞片及小苞片细小，被锈色毛；花绿色，直径4～5mm；萼片近卵圆形；花瓣长圆形或窄卵形；花盘微4裂，雄蕊着生近边缘处，花丝细长，长2～3mm，花药侧裂；子房具三棱，花柱圆柱状，柱头膨大，椭圆状。翅果多为长方形近圆形，果翅宽大，长1.2～1.8cm，宽1～1.5cm，先端平截，内凹或近圆形，基部心形，果体长仅为总长的1/2，宽近占翅的1/4或1/6，窄椭圆线状，直径3～4mm，中脉明显，侧脉稍短，与中脉密接。昆明山海棠植物形态见图2-1。

(1～6. 雷公藤：1. 花枝；2. 叶；3. 花放大；4、5. 雄蕊；6. 翅果。7～11. 昆明山海棠：7. 花枝；8. 叶；9. 花放大；
10. 雄蕊；11. 翅果。12～16. 东北雷公藤：12. 花序；13. 叶；14. 花放大；15. 雄蕊；16. 翅果)

图 2-1　昆明山海棠植物形态图

（墨线图引自《四川植物志》编辑委员会，《四川植物志》Ⅳ，四川科学技术出版社，1988）

雷公藤同属植物雷公藤 *Tripterygium wilfordlii* Hook.f.、东北雷公藤 *Tripterygium regelii* Sprague et Takeda，亦供药用。

【生物学特性】

一、生长发育习性

昆明山海棠为多年生藤本灌木。在其整个生长发育周期内，前 5 年属于地上茎和枝藤等营养体繁殖及生长健壮时期，于植株基部不断产生新的分株，枝数增加。地上茎不断增粗，藤长延伸。据观察 5 年生昆明山海棠生根蘖枝数可达 12～14 枝，基径 1.2cm，冠幅 1.5～2m，丛高 1.0～1.8m，由此可见，昆明山海棠个体发育相对缓慢。

二、生态环境要求

地形地貌：昆明山海棠在海拔 850～1800m 的丘陵地、山地的灌木丛中、疏林下、绿野空旷地、油茶林间等生长。

温湿度：年平均温度 18～19℃，≥10℃的积温在 5000～5500℃，空气相对湿度约 82%。昆明山海棠幼苗最忌高温和干旱。

光照：年平均日照时数 1100～1500h，幼苗能耐阴，成年树喜阳光，但在强烈的阳光和空旷的环境中生长不良。

水：昆明山海棠喜肥水，肥水充足，生长最佳，肥水不足，生长不良；但水分过多，根系生长不良，地上部分生长迟缓，甚至叶片枯萎。以年降水量为 800～1300mm，阴雨天较多，雨水较均匀，水热同季为佳。

土壤：昆明山海棠喜深厚、肥沃、腐殖质含量较多的壤土或砂质壤土，土壤 pH 5.0～7.0 都能正常生长。

【资源分布与适宜区分析】

一、资源调查与分布

经调查,雷公藤属植物有3种。昆明山海棠主要分布在四川、云南、贵州海拔500～1200m山地，野生资源比较丰富。在贵州的雷山、江西的遂川、云南的大理等地均有连片的野生种群，但其资源破坏十分严重。贵州黔东南州雷山县野生昆明山海棠资源丰富，并在雷山的雀鸟村发现了我国最大的昆明山海棠（其胸径达 12.4cm，高 30m），该株是目前全国生长海拔最高、胸径最大、树高最高的昆明山海棠。但由于近几年来掠夺式的采挖，经几年连续采挖 500 多吨后，蕴藏量已经很少，根粗 5cm 以上的药材已经很少见。

尚有研究认为，昆明山海棠和雷公藤的形态特征和分布是渐变的，昆明山海棠资源分布以海拔 800m 以上为主（在西南地区野生分布则多在海拔 1300m 以上），尤以四川资源量为最大，云、桂、黔次之；而雷公藤广泛分布于福建、安徽、江西、湖北、湖南等省海拔 500m 以下的地区。

二、贵州资源分布与适宜区分析

根据昆明山海棠生长的区域及生境分析，在我国贵州、四川、云南等地的昆明山海棠分布和生长区域，均可以进行昆明山海棠种植，为其种植适宜区。贵州的昆明山海棠主要分布于黔东南州、黔南州、毕节市等地。在雷山、剑河有人工栽培，其中以剑河县面积最大。

通过对贵州省雷公山区（主含雷山、剑河、台江等县）的昆明山海棠资源分布调查尚发现，昆明山海棠的天然分布、生长状况、数量随着海拔的变化而不同，昆明山海棠野生主要分布在海拔 850～1800m 针阔叶混交林或林缘等地。贵州省雷山县、剑河县、台江县等雷公山区是昆明山海棠的最适宜区（图 2-2）。

野生昆明山海棠的生长群落

采集野生昆明山海棠

图 2-2　野生昆明山海棠的生长群落与采集野生昆明山海棠（雷山，2005 年）

除上述生产最适宜区外，我省其他各县市（区）凡符合昆明山海棠生长习性与生态环境要求的区域均为其生产适宜区。

【生产基地合理选择与基地环境质量检（监）测评价】

一、生产基地合理选择与基地条件

按照昆明山海棠最适宜区优化原则与其生长发育特性要求，选择其最适宜区或适宜区并具良好社会经济条件的地区建立规范化生产基地。例如，在贵州省剑河县柳川镇选建的昆明山海棠规范化种植与 GAP 试验示范基地（以下简称"剑河昆明山海棠基地"，图 2-3），距剑河县城革东镇 28km。土壤为黄壤，基地属中亚季风湿润气候，冬无严寒，夏无酷暑，年平均降水量 1200mm，平均气温 16.7℃，平均日照时数 1186.9h，无霜期 317 天左右。基地生境内的药用植物除昆明山海棠外，主要有钩藤、黄柏、厚朴等。基地远离城镇及公路干线，无污染源，适合发展中药材种植。

图 2-3　贵州剑河县柳川镇昆明山海棠规范化种植与 GAP 试验示范基地（2009 年）

二、基地环境质量检（监）测与评价（略）

【种植关键技术研究与推广应用】

一、种质资源保护抚育

昆明山海棠野生资源虽然比较丰富，但破坏十分严重，蕴藏量锐减。近年来大力发展人工种植，由于生产周期长等原因，目前市售昆明山海棠仍以野生为主，更导致野生昆明山海棠资源严重破坏。为此，我们应对昆明山海棠种质资源切实加强保护抚育，特别是对贵州黔东南、黔南等地的野生昆明山海棠种质资源更应严加保护与抚育，以求永续利用。

二、良种繁育关键技术

昆明山海棠多采用扦插繁殖育苗移栽；也可采用有性繁殖育苗。下面重点介绍昆明山海棠的扦插繁殖育苗。

（一）选地整地

在基地内选择地势较平坦、水源方便，土壤肥沃、疏松的壤土或砂质壤土的地块作育苗床。于上年冬天（10～11月）深翻晒土，深度30cm左右，每亩施充分腐熟厩肥1500～2000kg作基肥，需将其翻埋于地下，育苗前5天用百菌清600倍液或多菌灵750倍溶液均匀喷洒（用药量为1.5kg/亩）进行土壤消毒，消毒后用锄头细碎土块，在平整细碎好土块的土地上，按1.5m距离开沟，沟深20cm、宽30cm起厢。实际厢面宽1.2m，厢长不超过20m，每厢接头处开宽50cm、深30cm排水主沟，苗床地周边设宽40cm、深30cm的排水沟。插床要整平，避免积水，在平整好的厢面上，浇透水后用锄头再次细碎土块，使土壤颗粒直径小于2cm。

（二）插穗选择

在昆明山海棠良种圃采集二年生以上、健壮无病虫为害的茎枝，用枝剪从主茎距地面20～30cm处剪断，剔除嫩枝及细小的分枝，选取直径在5～12mm的茎枝，从枝条基部第一个节开始用剪刀直接截成10～15cm长的插穗，每段带有2～4节（或每段带有2～3个节）。将插穗按100段绑成捆，要防止上下头颠倒，捆好后备用。剪口要平，上剪口距上节2～5cm处剪平，下剪口距下节1.5～2cm，下剪口斜平滑。

（三）扦插

扦插时间在3月左右，将剪好的扦插条用750倍50%可湿性多菌灵溶液浸没30s消毒，取出沥干。用生根粉兑水2000倍液浸泡扦插条基部3～5cm处5s取出，在整好的厢面上，开横沟，沟深8～10cm，沟距10cm，然后将扦插条略倾斜靠在沟壁上，下端插紧（倾斜度75°～85°）。株距8cm，行距10cm。插好条后，用小锄头在厢面按沟距10cm挖新沟，用新起的土填平已扦插好枝条的沟，并稍用力压实，盖土压实后，应保证每株扦插条的上节露出地表3cm左右。

（四）苗期管理

应加强苗期管理，严防各种病虫害发生，适时肥水灌溉，以促进苗木健壮生长。主要抓好以下环节。

1. 苗期浇水

注意保持田间土壤湿润，扦插后 3～4 天如天气未下雨，应及时浇水保持土壤湿度。持续高温时搭遮阳网遮阴，当苗床土发白，地表湿度小于 40%时需要浇水，每次必须浇透苗床土，其中在晴天浇水时，时间应在上午 10:00 以前和下午 4:00 以后。

2. 苗期除草

出苗后见草即除。人工除草（禁止用化学除草剂）时，注意防止松动插条根部，以免影响苗的生长。

3. 苗期追肥

扦插出苗后，当新发枝长至 10～15cm 时，视苗长势情况，适时追肥，用尿素按 5kg/亩撒施于两行昆明山海棠苗之间，用小锄头锄入土中，或用 0.2%的磷酸二氢钾溶液用喷雾器喷施，每隔 7 天喷一次，喷 3～4 次。

4. 揭膜通风炼苗及遮阴

扦插后 10 天内，应保证棚内温度在 18～27℃，地温 20～25℃，以利催芽出叶。出芽长叶后如天气持续高温，揭膜通风，如棚内温度仍大于 30℃时，搭遮阳网遮阴，在移栽出圃 15 天前，或扦插苗长至 25cm 以上时，通风炼苗。

5. 打尖

当苗长高至 40cm 以上时，剪去顶尖，使苗高保持在 40cm 左右。

（五）种苗质量标准

经试验研究，将昆明山海棠种苗分为三级种苗标准（试行），见表 2-1。

表 2-1　昆明山海棠种苗质量标准（试行）

项目	一级	二级	三级
株高/cm	30～40	20～30	15～20
最大根茎/mm	≥2	≥2	1～2
根须情况	密生多数根须	密生较多根须	根须较多
侧根长≥12cm 根数	≥3	≥3	2～3
病虫害	无虫蛀、病斑	无虫蛀、病斑	无虫蛀、病斑

三、规范化种植关键技术

（一）选地整地

1. 选地

选肥沃、疏松、保水保肥、耕作层厚 30cm 以上的壤土或砂质壤土，pH 为 6.0～7.5，有机质＞1.0%以上，坡度应小于 15°，大于 15°时，应为梯土。

2. 整地

春季移栽时，于前一年冬季土壤封冻前对种植地清园，按株行距 1m×1m 进行挖穴，亩挖穴数 650 穴左右，穴深 30cm，30cm×30cm，穴施 4～5kg 腐熟牛厩肥和 0.1kg 复合肥作基肥（需拌匀），盖上细土过冬。

（二）移栽定植

在冬季挖好的穴上，利用小挖锄将穴内土壤拍细，挖长宽 20cm×20cm、深 15cm 小穴，选用二级及其以上的昆明山海棠种苗，将小苗根部放入穴中，确保苗根系舒展，然后覆土至苗出圃时所留茎干土痕为基准的以上 5cm 处，将苗轻轻向上提 1～2cm，然后压紧拍实后再培上 10cm 松土。非雨天浇（灌）足定根水。移栽苗成活后，应全面检查大田缺窝或死苗情况，以便及时补苗。

（三）田间管理

1. 中耕除草

在昆明山海棠定植成活后，应适时进行中耕除草防止杂草丛生，抑制昆明山海棠生长。除草应掌握"除早、除小、除了"的原则。

昆明山海棠移栽后每年进行中耕除草 2～4 次，以杂草生长量而定，4～5 月除草一次，6～7 月除草一次，8～9 月结合追肥除草一次，11 月至次年 3 月除草一次，时间在晴天或阴天露水干后进行。注意事项：严禁采用化学除草剂除草。

昆明山海棠营养生长前期，植株小、根系浅，中耕除草时，锄头入土要浅，约 5cm 左右。随着植株的成长，中耕的深度应适当耕深一些，一般以 5～7cm 为度。此时不能用拖拉机进行耕作，应人工用锄头耕作。

2. 追肥

在昆明山海棠定植返青成活后，施尿素 0.05kg/株；在 6～7 月开花前结合中耕除草追施 1 次有机复合肥，用量按 0.1kg/株撒施于植株周围并盖上细土；在 11～12 月施磷肥 0.1kg/株以利植株过冬；第 2 年 3～4 月发芽长叶前和 7～8 月开花前结合中耕除草，追施 1 次有机复合肥，用量按 0.5kg/株撒施于植株周围，盖上细土薤苑；第 3 年后，在 3～4 月发芽长叶前结合中耕除草，追施 1 次有机复合肥，用量按 0.5kg/株撒施于植株周围并盖上细土。

3. 打花序

除预留采种地外，其余的昆明山海棠在现花蕾时，用枝剪剪去带花序的枝条，带出地外。

4. 修枝整形

第 1 年当昆明山海棠茎藤长高至 40cm 以上时，打顶尖，保持植株高度在 40cm 左右，同时侧枝多于 3 枝以上时，剪去长势差和带有病虫害、干枯枝的枝条；第 2 年冬季开始定形，保留植株高度在 100cm 左右，分茎数 3～4 株，其余部分用枝剪剪去，清理植株基部的干枯枝条和病虫害枝条；第 3 年后每年冬季进行修剪，保持植株高度在 150cm，分茎数

3～4 株，其余部分用枝剪剪去，清理植株基部的干枯枝条和病虫害枝条。对于枯枝、病枝，应随时发现，随时修剪，带离大田，集中销毁。

注意事项：修枝整形操作，必须避开雨天或有露水时进行，以免引起伤口腐烂，感染病害。

（四）主要病虫害防治

在遵循"预防为主，综合防治"的原则下，坚持"早发现、早防治，治早治小治了"，选择高效低毒低残留的农药对症下药地进行昆明山海棠主要病虫害防治。

1. 主要病害与防治

（1）根腐病：苗圃幼苗病害，病植株地上部枝叶萎蔫，严重者枯死，拔出根部可见根部变黑腐烂。病原为腐皮镰孢菌。

根腐病主要为害根部，多发生在 6～8 月雨季，该病菌属土壤中栖居菌，遇到发病条件，随时都有可能侵染引起发病。地下害虫为害可加重该病发生。

防治方法：发病初期用 25%代森锌 500 倍液或 70%甲基托布津 1500 倍液浇根，以减轻为害。病轻者也可用 50%多菌灵可湿性粉剂 500～600 倍液灌根防治。

（2）炭疽病：此病主要为害叶片。发病初期，病叶上产生灰绿色圆形病斑，后扩大呈椭圆形、褐色，中部凹陷纵裂并产生黑色小粒点，病斑有间心轮纹，病斑长 10～20mm，宽 7～12mm。病菌主要以菌丝体在树梢病斑中越冬，也可以分生孢子在叶痕和冬芽等处越冬。第二年初夏产生分生孢子，进行初次侵染。分生孢子借风雨传播，侵害新梢。生长期分生孢子可以多次侵染。病菌可从伤口或表皮直接进入，有伤口时更易侵入为害。从伤口侵入时潜育期为 3～6 天，直接侵入时潜育期为 6～10 天。发病一般始于 6 月，直至秋梢。炭疽病菌喜高温高湿，雨后气温升高，易出现发病盛期。夏季多雨年份发病重，干旱年份发病轻。病菌发育最适温度为 25℃左右，低于 9℃或高于 35℃，不利于此病发生蔓延。

防治方法：发病初期喷 1∶1∶200 波尔多液；或选用 80%炭疽福美可湿性粉剂 800 倍液；或 50%多菌灵可湿性粉剂 500 倍液；或 65%代森锌可湿性粉剂 500 倍液；或 75%百菌清可湿性粉剂 600 倍液；或 2%农抗水剂 200 倍液；或用 70%甲基托布津 800～1000 倍或退菌特 1000 倍（混加 0.3%～0.5%尿素避免产生药害）。选择以上 1 种或几种，7～10 天 1 次，连续喷 2～3 次。

2. 主要虫害与防治

（1）卷叶蛾类幼虫：每年 4 月开始发生，6～8 月为为害盛期。主要为害叶片，取食叶肉，时常吐丝将 2～3 张嫩叶卷在一起，在卷叶内取食为害，或吐丝将叶片粘在一起，破坏光合作用，导致叶片卷曲、干枯。该虫具咀嚼式口器，食量大，繁殖能力和抗药性强，往往易暴发成灾。

防治方法：当卵孵化达 50%时或幼虫发生初期喷药防治。药剂可用 80%敌敌畏乳剂 1000 倍液，或 90%晶体敌百虫 800 倍液，或 20%杀灭菊酯乳剂 3000 倍液，或 2.5%溴氰菊酯乳油 4000～5000 倍液，也可用青虫菌粉 2000～3000 倍液加茶籽饼 1～1.5kg，喷施

1～2 次即可。

（2）红蜘蛛：在叶面吸食汁液为害，是一种多食性害虫，被害叶面出现白色小点，严重时变黄枯焦，甚至脱落。一般先为害下部叶片，逐渐向上蔓延，繁殖量大时，常在植株顶尖群集，用丝结团，滚落地面，并向四处扩散。树上有时发生一种红蜘蛛，有时会几种红蜘蛛混合发生。

防治方法：发现红蜘蛛为害时，可喷施 73%克螨特乳油 2500 倍液，或 5%尼索朗乳油 3000 倍液，或 40%乐果 1000 倍液防治，效果很好。

（3）双斑锦天牛：每年 5 月开始发生，6～8 月为为害盛期。主要为害树皮，不食叶片，很少取食叶脉。幼虫为害造成植株枯死或生长衰弱、植株变黄。

防治方法：成虫羽化初期至产卵期 5 月 5～25 日为药杀成虫的最好时期，此时成虫主要在中上部取食树皮及在草丛栖息，可用较高浓度如 80%敌敌畏乳剂 800 倍液喷雾，或当成虫羽化时喷洒"绿色微雷"200～300 倍液，用量以枝干微湿为宜。幼虫为害期宜在 7 月 10 日至 8 月 10 日有木屑排出的树下用敌敌畏乳油 800 倍液浇灌根蔸，在幼虫期，用棉花蘸敌敌畏堵住虫眼。

上述昆明山海棠良种繁育与规范化种植关键技术，可于其生产适宜区内，并结合实际因地制宜地进行推广应用。

【药材合理采收、初加工与储运养护】

一、合理采收与批号制定

（一）合理采收

1. 采收时间

根据对昆明山海棠物候期观测，昆明山海棠植株的生长周期从萌芽至完全落叶为 230～240 天。通过研究发现，历年各个月份昆明山海棠药材的总生物碱、雷公藤甲素含量随生长时间的变化而变化，从头年 10 月至翌年 1 月，总生物碱、雷公藤甲素含量较高且趋于稳定。结合测产生物量的变化因素，综合考虑昆明山海棠的质量产量及结合土地使用、劳动力成本等经济因素，将昆明山海棠的采收年限确定为 4 年，并以采收年度的 10 月至翌年的 1 月，选晴天或阴天采收。

2. 采收方法

用刀砍去植株地上部分，清除杂草，利用锄头人工挖出根部即可。

（二）批号制定（略）

二、合理初加工与包装

（一）合理初加工

1. 拣选、清洗与去皮

昆明山海棠采挖后，去芦头、须根，洗净泥土，人工去除根皮。

2. 切段与干燥

人工或利用机械将去皮后的根木质部切成 5cm 以下的段，晒干或置 55℃烘房内烘干（图 2-4）。

图 2-4　昆明山海棠药材（贵州剑河昆明山海棠基地）

（二）合理包装

在包装前，对每批昆明山海棠药材应有记录，检查是否充分干燥、有无杂质及其他异物，所用包装应是无毒无污染的包装材料，在每件包装上注明品名、规格、等级、毛重、净重、产地、批号、执行标准、生产单位、包装日期及工号等，并应有质量合格证及有毒的标志。

三、合理储藏养护与运输

（一）合理储藏养护

昆明山海棠初加工时，若未充分干燥，在贮藏（或运输）中易感染霉菌，受潮后可见霉斑。因此贮藏前，应严格入库质量检查，防止受潮或染霉品掺入，应储存于干燥通风处，温度 30℃以下，相对湿度 70%以下。贮藏时应保持环境干燥、整洁与加强仓储养护规范管理，定期检查、翻垛，发现吸潮或初霉品或虫蛀，应及时进行通风晾晒等处理。并应按照毒性药材规定进行管理。

（二）合理运输

昆明山海棠药材批量运输时，可用装载和运输中药材的集装箱、车厢等运载容器和车辆等工具运输。要求其运载车辆及运载容器清洁无污染、通气性好、干燥防潮，切勿与其他有毒有害的物质或易串味的物质混装、混运，遇阴雨天气应严密防雨防潮。运输时需附运输货签，其内容包括品名、发货件数、发货单位、收货单位、始发站、到达站及联系方式等。昆明山海棠为毒性药材，应按照毒性药材规定严加管理。

【药材质量标准、质量检测与监控】

一、药材商品规格与质量检测

（一）药材商品规格

昆明山海棠药材以无杂质、霉变、虫蛀，身干，根条肥大，表面淡黄色或浅棕黄色，质硬，不易折断，断面纤维性，木质部可见放射状纹理及环纹，质坚实者为佳品。其药材商品规格为统货，现暂未分级。

（二）药材质量检测

为了更好保证昆明山海棠药材质量，据近几年贵州产地昆明山海棠的生产应用实践，结合《广东省中药材标准》（2004 年版第一册）、《上海市中药材标准》（1994 年版）及《中国药典》（2010 年版一部）等有关规定，以及广州白云山陈李济药厂有限公司生产的"昆仙胶囊"昆明山海棠药材原料标准要求，并参考昆明山海棠有关质量的研究报道，我们以不同产地、不同生境条件等的昆明山海棠药材为研究对象，在现行标准的基础上，研究分析其性状与鉴别特征，以雷公藤甲素为控制指标的含量测定，并进行了重金属、农药残留量等研究，对昆明山海棠的质量标准加以提升研究，制定了企业内控质量标准。

1. 来源

本品为卫矛科植物昆明山海棠 *Tripterygium hypoglaucum*（Levl.）Hutch 的干燥根木质部。

2. 性状

本品略呈圆柱形，常弯曲，长短不等，直径 0.2～2cm；表面淡黄色或浅棕黄色，有明显纵纹。质硬，不易折断，断面纤维性，木质部可见放射状纹理及环纹。气微，味涩，微苦。

3. 鉴别

显微鉴别：本品横切面木栓层为数列细胞，内含橙红色物。皮层薄壁细胞中含有淀粉粒及橘红色物。韧皮部宽广。射线明显，为 2～8 列细胞。皮层及韧皮部有的细胞含草酸钙方晶及棱晶。形成层波浪状连续成环。木质部导管大型，常单个，偶有 2～3 个聚合，木射线由 2～8 列径向延长的细胞组成，有的细胞可见纹孔，木纤维壁厚，木质化。

4. 检查

（1）水分：照《中国药典》2010 年版一部水分测定法（附录Ⅸ H 第一法）测定，不得超过 10.0%。

（2）总灰分：照《中国药典》2010 年版一部灰分测定法（附录Ⅸ K）测定，不得超过 4.0%。

（3）重金属及有害元素：照《中国药典》2010 年版一部铅、镉、砷、汞、铜测定法（附录Ⅸ B 原子吸收分光光度法或附录Ⅺ D 电感耦合等离子体质谱法）测定，铅不得超过百万分之五；镉不得超过千万分之三；砷不得超过百万分之二；汞不得超过千万分之二；铜不得超过百万分之二十。

（4）有机氯农药残留量：照《中国药典》2010 年版一部农药残留量测定法（附录Ⅸ Q 有机氯类农药残留量测定）测定，六六六（总 BHC）不得超过千万分之一；滴滴涕（总 DDT）不得超过千万分之一；五氯硝基苯（PCNB）不得超过千万分之一。

5. 浸出物

照《中国药典》2010 年版一部水溶性浸出物测定法项下的热浸法（附录 X A）测定，不得少于 7.0%。

6. 含量测定

（1）总生物碱：取本品粉末（过 65 目筛）约 15g，精密称定，置索氏提取器内用乙醇回流提取 8h，乙醇液转入蒸发皿中，水浴蒸干，残渣加盐酸溶液（1→100）50mL，研细混溶，置 50mL 锥形瓶中，超声波提取 10min，滤过，取出滤液 40mL 于分液漏斗中，加氨试液使溶液成碱性（pH=9～10），用乙醚振摇提取 4 次，每次 30mL，合并乙醚，用水振摇洗涤 2 次，每次 10mL，乙醚液用滤纸滤过，回收乙醚，残渣用乙醇溶解，置于已恒重的蒸发皿中，水浴蒸干。再于 100℃干燥至恒重，称定重量，计算，即得。

本品含总生物碱不得少于 0.1%。

（2）雷公藤甲素：照《中国药典》2010 年版一部高效液相色谱法（附录Ⅵ D）测定。

色谱条件与系统适用性试验：以十八烷基硅烷键合硅胶为填充剂；以甲醇-水（40∶60）为流动相；检测波长为 225nm。理论板数按雷公藤甲素峰计算，应不低于 5000。

对照品溶液的制备：精密称取雷公藤甲素对照品适量，加甲醇制成每 1mL 含 5.3μg 雷公藤甲素的溶液，即得。

供试品溶液的制备：取本品粉末（过 65 目筛）约 1.5g，精密称定，置索氏提取器内用乙醇回流提取 8h，乙醇液转入蒸发皿中，蒸干，加少量甲醇溶解，拌硅胶（层析用，200～300 目）-中性氧化铝（层析用，200～300 目）（1∶1，2g），蒸干，干法上柱（内径 2cm）。用 1, 2-二氯乙烷 50mL 洗脱，弃去洗脱液，继用 1% 乙醇 1, 2-二氯乙烷 50mL 洗脱，收集洗脱液，蒸干，残渣用甲醇溶解并转移至 5mL 量瓶内，加甲醇稀释至刻度，摇匀，即得。

测定法：分别精密吸取对照品溶液与供试品溶液各 10μL，注入液相色谱仪，测定，即得。

本品按干燥品计算，含雷公藤甲素（$C_{20}H_{24}O_6$）不得少于 0.020‰。

二、药材质量标准提升研究与企业内控质量标准制定（略）

三、药材留样观察与质量监控（略）

【药材研究开发与市场前景展望】

一、生产发展现状与主要存在问题

昆明山海棠应用历史虽然悠久，但栽培历史较短。昆明山海棠分布范围较广，但其生态环境差异却很大，从江西福建的亚热带湿润气候到四川攀枝花市西区和云南、贵州的一些干热河谷气候区域均有分布。经对昆明山海棠的环境生态研究结果显示，气候和环境特殊的雷公山区、四川攀枝花市西区等地，是昆明山海棠的主要地道产区，并研究发现其昆明山海棠的生物积累比其他地区更为有利。

目前，在贵州的雷公山区、四川攀枝花市西区等地已有昆明山海棠规范化种植示范基地约 1500 亩。贵州广药中药材开发有限公司的昆明山海棠无性繁殖等各项试验工作已经取得了可喜进展，尤在种子繁殖和田间管理等关键性技术上取得突破。在贵州剑河县、雷山县等地开展的昆明山海棠规范化种植与 GAP 基地试验示范，已获得《一种昆明山海棠的规范化种植方法》的发明专利。

随着对雷公藤药用价值研究的深入和产品开发，我国目前约有 20 家药厂生产雷公藤制剂，约 1 亿人次使用过雷公藤制剂，雷公藤原料需求量猛增，由于长时间仅依靠野生采挖，加之其自然生长周期长（4～5 年），更新缓慢，野生资源已急剧减少，同时人工种植周期长，导致原料供应匮乏，大量从西南产区收购昆明山海棠充作雷公藤作雷公藤制剂原料，昆明山海棠野生资源受到严重威胁。

雷公藤类制剂疗效与安全性受原料影响很大，雷公藤属植物所含活性成分十分复杂，已分离出的活性单体已有 140 余种，这些成分可大体分为毒性成分、低毒低效成分及高效有毒成分三类，这又因品种、分布、海拔、降水、光照等生态环境、生长年限、采收季节及产地加工方法等不同有很大差异，直接影响成药制剂的质量稳定和安全。只有通过各方面的特定条件的控制进行基地化栽培，方能从源头上保证药材品质的稳定性，才能为药品质量稳定性和安全性提供最根本的保障。雷公藤制剂毒性较昆明山海棠高，可能也是《中国药典》如 2005 年版、2010 年版仅收载昆明山海棠片而未收载雷公藤多苷片的主要原因，这也成为近年来昆明山海棠野生资源加剧消耗的重要原因。因此，筛选昆明山海棠的高效低毒品种和高效低毒药材的生产条件，对实现其可持续利用具有重要价值。

目前，贵州省在昆明山海棠种质资源收集与保存、优良品种选育、引种驯化和人工栽培方面开展了较为系统的工作，昆明山海棠生产已取得较好成效，但其规范化标准化生产，有关系统定位研究和定量分析还需进一步研究与实践。特别在提高质量产量与综合开发利用等方面更须深入。又由于昆明山海棠药用部位为根木质部，一般要 4 年左右才能丰产，经济效益不能尽快实现，所以有的农民生产积极性受到一定影响，更需政府及有关企业进一步加强引导与加大投入力度，以切实推进昆明山海棠规范化标准化生产的发展。

二、市场需求与前景展望

现代研究表明，昆明山海棠根的主要化学成分有生物碱、二萜类、五环三萜类、碳水化合物和矿物质等。其中，生物碱类和二萜类是其主要活性成分。昆明山海棠具有抗炎、抗肿瘤、免疫抑制等作用。临床上常用于治疗类风湿性关节炎、红斑狼疮、慢性肾炎、麻风反应、白血病、肿瘤以及多种皮肤病等，同时还具有抗生育、抗艾滋病毒作用。目前，昆明山海棠已成为治疗类风湿性关节炎、红斑狼疮、风湿热、强直性脊柱炎、甲状腺功能亢进、肾炎等疾病的常规药物。例如，现以昆明山海棠为主药已研发生产上市的中成药产品有"昆明山海棠浸膏""昆明山海棠片""火把花根片""昆明山海棠胶囊""风湿平胶囊"等十多种，涉及制药厂二十余家。另外，昆明山海棠具有抗男性生育作用，且其机理不同于目前主流的女性避孕药。当前市场上口服避孕药主要是针对女性的，若成功开发为男性口服避孕药，则将意义更大。2006 年已获国家批准生产上市的新一代抗风湿复方中药新药"昆仙胶囊"，具有高效低毒的显著特点。"昆仙胶囊"是以昆明山海棠为主药的复方中药，具有显著中医药特色的"昆仙胶囊"是目前国内外类风湿关节炎（RA）治疗药物中疗效及作用机理独特、较为理想的高效低毒的临床用中成药。"昆仙胶囊"疗效高、毒性低，在同类药中达到领先水平。它不仅能显著减轻患者关节疼痛、关节肿胀、关节僵硬的痛苦，而且不存在其同类药物的肝、肾、血液毒性，对睾丸的抑制剂量为免疫抑制剂量的 2～3 倍。"昆仙胶囊"尚具有很好的抗 RA 骨质损伤作用，将突破 RA 临床骨质损伤致残的治疗难点。"昆仙胶囊"还具在强烈抑制抗体生成剂量下，不引起胸腺、脾脏、肾上腺等免疫器官萎缩（而目前 RA 用药除环孢霉素 A 外都存在引起免疫器官萎缩的严重副作用），这也是"昆仙胶囊"所独具的显著特色。

随着现代研究的不断深入，研究还发现昆明山海棠的茎、叶等器官具有与其根同样的效用，同样可以入药，这进一步扩大了昆明山海棠的综合利用，提高了种植昆明山海棠的经济价值与生态效益。还值得特别注意的是，日本已将昆明山海棠所含药效成分研制成针剂，用于节育；美国用昆明山海棠所含药效成分研制的抗癌新药，已进入临床；除应用于人用医药产品研发生产外，昆明山海棠还被利用研制开发为系列生物农药，对于防治蔬菜、药材、瓜果、茶叶及城市绿化害虫具有广泛用途；昆明山海棠的中成药生产或生物农药生产剩余的残渣，还是生产高品质有机肥料的极好原料等。总之，昆明山海棠全身都是宝，其医药应用广泛，综合利用率高，经济社会效益和生态效益突出，研究开发应用潜力极大，市场前景十分广阔。

主要参考文献

《四川植物志》编辑委员会. 1988. 四川植物志 IV[M]. 成都：四川科学技术出版社：343-346.

广东省食品药品监督管理局. 2004. 广东省中药材标准（第一册）[M]. 广州：广东科技出版社：134.

林光美，姜建国，江锦红. 2004. 雷公藤的开发利用与引种驯化栽培技术[J]. 中国野生植物资源，23（1）：60-63.

明·兰茂. 2004. 滇南本草[M]. 昆明：云南科技出版社.

清·吴其濬. 1957. 植物名实图考[M]. 上海：商务印书馆：779.

上海市卫生局. 1993. 上海市中药材标准（1994 年版）[M]. 北京：文物出版社：176.

孙辉，蒋舜媛，邓文龙，等. 2008. 药用植物昆明山海棠研究进展及其资源可持续利用[J]. 世界科技研究与发展，2（1）：69-72.

中国科学院《中国植物志》编辑委员会. 1999. 中国植物志（第 45 卷第三分册）[M]. 北京：科学出版社：177-181.

（兰才武　冉懋雄　贺定翔　屠伦健）

3　金　银　花

Jinyinhua

LONICERAE JAPONICAE FLOS

【概述】

金银花原植物为忍冬科植物忍冬 *Lonicera japonica* Thunb.，别名：金花、银花、双花、鹭鸶花、忍冬花等。以干燥花蕾或带初开的花入药，其藤也以"忍冬藤"之名入药。《中国药典》历版均予收载。2005 年版《中国药典》将其单列。2015 年版《中国药典》称：金银花味甘，性寒。归肺、心、胃经。具有清热解毒、疏散风热功能。用于治疗痈肿疔疮、喉痹、丹毒、热毒血痢、风热感冒、温病发热。忍冬藤味甘，寒。归肺、胃经。具有清热解毒、疏风通络功能。用于温病发热、热毒血痢、痈肿疮疡、风湿热痹、关节红肿热痛。

金银花因其花在夏初开花时，花枝的每对叶腋中生出的 2 个花柄，每个花柄开的 2 个唇形花，1 个白色，1 个黄色，黄白相映如金银一般，故称之为"金银花"或"双花"。

自古以来，金银花是一种最常用的清热解毒良药，金银花尚清香飘逸，沁人心脾，又是人们喜爱的观赏植物及食药两用药材。而其最早以"忍冬"之名药用，乃见于《名医别录》，云：忍冬"十二月采，阴干。"这里虽未指明以藤叶入药，但忍冬开花是在 5～6 月，不可能于 12 月采收药用，而且陶弘景尚注曰："凌冬不凋"，从此可推知其所药用乃带叶的藤。至唐代时，孙思邈的《千金翼方》仍录《名医别录》之说。唐代以"忍冬花"之名，又收载于我国的、也是世界上的第一部国家药典《新修本草》（公元 659 年）中。此后，历代本草与有关医药典籍均多以"忍冬"或"忍冬花"收载。而其以"金银花"为药名者，则最早见于宋代《履岩本草》（下卷）云："鹭鸶藤，性温无毒，治筋骨疼痛，名金银花。"此后"金银花"之名，便为后世延用。在我国的很多文献中，都有金银花及其药效的记载。但在宋代仍然以藤入药，广泛用于临床，如《圣惠方》载：热毒血痢，忍冬藤浓煎饮。《外科精要》中用忍冬藤治痈疽发背，一切恶疮。而明代《本草品汇精要》在"忍冬"项下载："左缠藤、金银花、鹭鸶藤"等，并在 [用] 项下注药为茎、叶、花。明代李时珍名著《本草纲目》（公元 1578 年）称其"三、四月开花，长寸许，一蒂两花两瓣，一大一小，如半边状，长蕊。花初开者，蕊瓣俱色白，经二三日，则色变黄新旧相参，黄白相映，故呼金银花"。亦明确载："茎叶及花，功用皆同"，其所引附方，也是茎叶、花均可入药。明末《景岳全书》云："金银花，一名忍冬"，即以金银花为正名，忍冬为别名，此时期忍冬植物的药用部位是茎、叶和花并用阶段。明代以后，虽然茎叶及花均可入药，但尤其强调用花。

金银花又有"银花"之名，始载于清代医家吴鞠通名著《温病条辨》（公元 1798 年）。此后，便以金银花、银花、双花、二花等名称相用，并沿用至今。从上可见，不同历史时期，金银花是以不同部位入药的。宋代以前用茎（藤）叶，明代则茎（藤）、叶、花同等入药，此后以花为主。如清代《本经逢原》曰："金银花主下痢脓血，为内外痈肿之要药。解毒祛脓，泻中有补，痈疽溃后之圣药"。清代《得配本草》亦云："藤、叶皆可用，花尤佳。""金银花"专指忍冬的花，则在清代。金银花既为中医临床常用大宗药材，又为中药工业与大健康产业等食药多用的著名地道特色药材。

【形态特征】

半常绿藤本；幼枝暗红褐色，密被黄褐色、开展的硬直糙毛、腺毛和短柔毛，下部常无毛。叶纸质，卵形至矩圆状卵形，有时卵状披针形，稀圆卵形或倒卵形，极少有 1 至数个钝缺刻，长 3～5（～9.5）cm，顶端尖或渐尖，少有钝、圆或微凹缺，基部圆或近心形，有糙缘毛，上面深绿色，下面淡绿色，小枝上部叶通常两面均密被短糙毛，下部叶常平滑无毛而下面多少带青灰色；叶柄长 4～8mm，密被短柔毛。总花梗通常单生于小枝上部叶腋，与叶柄等长或稍短，下方者则长达 2～4cm，密被短柔毛，并夹杂腺毛；苞片大，叶状，卵形至椭圆形，长达 2～3cm，两面均有短柔毛或有时近无毛；小苞片顶端圆形或截形，长约 1mm，为萼筒的 1/2～4/5，有短糙毛和腺毛；萼筒长约 2mm，无毛，萼齿卵状三角形或长三角形，顶端尖而有长毛，外面和边缘都有密毛；花冠白色，有时基部向阳面呈微红，后变黄色，长（2～）3～4.5（～6）cm，唇形，筒稍长于唇瓣，很少近等长，外被多少倒生的开展或半开展糙毛和长腺毛，上唇裂片顶端钝形，下唇带状而反曲；雄蕊和花柱均高出花冠。果实圆形，直径 6～7mm，熟时蓝黑色，有光泽；种子 4～7 粒，卵圆形或椭圆形，褐色，长约 3mm，中部有 1 凸起的脊，两侧有浅的横沟纹。花期 4～6 月（秋季亦常开花），果熟期 10～11 月。忍冬植物形态见图 3-1。

【生物学特性】

一、生长发育习性

（一）年生长发育阶段

忍冬，年生长发育阶段可分为 6 个时期：萌芽期、新梢旺长期、现蕾期、开花期、缓慢生长期和越冬期。其中，萌芽期植株枝条茎节处出现米粒状绿色芽体，芽体开始明显膨大，伸长，芽尖端松弛，芽第 1、2 对叶片伸展。如地道产区河南、山东此期在 3 月 7 日至 28 日，日平均气温达 16℃。当其进入新梢旺长期，新梢叶腋露出花总梗和苞片，花蕾似米粒状。现蕾期果枝的叶腋随着花总梗伸长，花蕾膨大。在河南、山东人工栽培条件下，开花期相对集中，为 5 月 14 日至 9 月 8 日，开放 4 次之后，零星开放终止于 9 月 29 日。第 1 次开花：5 月 14 日至 25 日，花蕾量占整个开花期花蕾总量的 40%。第 2 次开花：6 月 22 日至 30 日，花蕾量占整个花蕾期总量的 30%。第 3 次开花：7 月 27 日至 8 月 5 日，花蕾量占整个开花期花蕾总量的 20%。第 4 次开花：9 月 2 日至 8 日，花蕾量占整个开花期花蕾量的 10%。进入缓慢生长期后，植株生长缓慢，叶片脱落，不再形成新枝，但枝条茎节处出现绿色芽体，主干茎或主枝分枝处形成大量的越冬芽，此期应为储藏营养回流期。当日平均温度在 3℃时，生长处于极缓慢状态，越冬芽变红褐色，但部分叶片凛冬不凋。人工栽培忍冬植物分 10 个生育阶段（表 3-1）。

（1. 植株；2. 花；3、4. 雄蕊；5. 雌蕊）

图 3-1　忍冬植物形态图

（墨线图引自中国中药资源丛书编委会，《中国常用中药材》，科学出版社，1995）

表 3-1　人工栽培忍冬植物生育时期的划分

序号	生育时期	起始时间	持续天数/天	日平均气温/℃	生育特点
1	萌芽期	2 月中旬	28～30	>3	腋芽开始分化
2	春梢生长期	3 月中旬至 4 月下旬	45～48	>16	枝条甩出，迅速生长，形成花枝，Ⅰ级枝现蕾
3	春花期（第 1 茬花期）	5 月初至 5 月下旬	28～32	20	Ⅰ级枝花枝节上花蕾逐次生长发育，至大白期采收
4	夏初新梢生长期	6 月初至 6 月中旬	16～20	24	修剪春梢后，Ⅱ级枝迅速生长，现蕾
5	夏初花期（第 2 茬花期）	6 月下旬至 7 月初	10～12	26	Ⅱ级枝花蕾逐次生长发育，至大白期采收

续表

序号	生育时期	起始时间	持续天数/天	日平均气温/℃	生育特点
6	夏末新梢生长期	7月上旬至7月中旬	18～20	27	修剪夏梢后，Ⅲ级枝迅速生长，现蕾
7	夏末花期（第3茬花期）	7月下旬至8月上旬	12～15	26	Ⅲ级枝花蕾逐次生长发育，至大白期采收
8	秋梢生长期	8月上旬至8月下旬	18～20	25	修剪夏梢后，Ⅳ级枝迅速生长，现蕾
9	秋花期（4四茬花期）	8月下旬至10月下旬	42～50	24～12	Ⅳ级枝花蕾逐渐生长发育，至大白期采收。此后不再形成新枝，储藏营养回流
10	冬前与越冬期	10月下旬至翌年2月初	118～120	6～<3	霜降后，进行冬前整形修剪，生理活动变缓，减少养分消耗，并利于营养储藏

注：本表引自张重义等，2004。

由于各地气候条件不同，忍冬的生育期有较大差别。同一纬度地区，由于海拔的不同，不同年份的气候变化不同，其生育期也各有差异。一般随着海拔的增加，忍冬生育期向后延迟。即海拔 500m 以下地区，生育期基本趋于一致。如河南新密尖山乡李家庄海拔 700m，生育期延迟 10 天；海拔高 1000m 以上的新密五指岭主峰，物候期延迟 20 天。

（二）营养器官生长规律

1. 根

金银花实生苗的侧根非常发达，主根不明显。扦插苗的须根系庞大，没有主根。金银花扦插苗新根首先从茎节处生出，数量居多，而节间和愈合组织处生根较少。不同生长状况金银花种条作扦插实验，其成活率、生根时间和根系生长情况，见表 3-2。

表 3-2　不同母条金银花扦插成活生根情况

项目	一年生枝		二年生枝	三年生枝	备注
	徒长枝	果枝			
成活率/%	98.4	96.5	92.3	91.7	
生根时间/天	3	4	6	7	A. 根量指一次根条数 B. 1985 年雨季扦插，根量系插后 3 个月调查
根量/条	16.7	28.3	46.5	58.4	
最长根/cm	17.2	14.3	19	18.5	

注：本表引自李永明等，2002。

从表 3-2 中可见，一年生金银花枝条扦插，3～4 天即可生根；2～3 年生结果母枝扦插，生根时间较长，需 6～7 天。其差别来自种条皮层的幼嫩程度。一年生枝的皮层分生细胞活跃，易形成根原基。其生根量是：一年生枝条生根量<二年生枝条生根量<三年生枝条生根量，一年生徒长枝生根量<一年生果枝生根量。这说明生根量是随着发育成熟程度、种条粗度和年龄增大而增多。生根多则生长旺盛，结蕾早，易丰产。根系生长在一年里有两次高峰期，一次在 4～5 月，另一次在 7～9 月，11 月根系停止生长。根的分枝一年能出现 3～5 次，吸收根寿命短，须根也易老化死亡。故每年冬季和夏季宜深翻植株周围土壤，以利于金银花根系的更新。

2. 芽

芽通常着生在新梢叶腋或多年生枝茎节处，多为混合芽。金银花花芽分化属无限生长型，只要温度适宜，可以不断地形成花芽。除越冬芽由于气温降低，当年不能萌芽外，一般每年能多次萌发、抽梢、现蕾。花芽形成的枝条主要是新梢，金银花多在当季抽生的新梢上现蕾开花。在多年生结果母枝上，亦可萌动新芽，但在数量上远比新梢萌芽少。

3. 叶

叶片是进行光合、呼吸和蒸腾作用等生理活动的重要器官。一般来说，在一定范围内提高植株单位叶面积，使植株大量接受阳光照射，充分利用光能，达到增产的目的。大田栽培金银花，测定 3 年生植株，其单植株叶的总面积可达 $3.057m^2$，叶面积指数为 2.78。在同一新梢上，单叶叶面积由基部到第 1 丛花着生处，由小增大，到现蕾处最大，越过现蕾处到新梢顶端，则又依次减少。

4. 枝条

金银花的每次萌芽，都具有现蕾开花，发育成花（结果）枝的潜在能力，只是由于营养状况和管理水平的不同，而分别发育成花（结果）枝、营养枝、徒长枝或叶丛枝。

（1）花（结果）枝：多分布于植株周围，着生在 1～2 年生结果母枝的茎节处或多年生骨干枝的分枝处，结果枝有长、中、短之分。一般，长果枝长 30～100cm，现蕾开花 8～14 丛；中果枝长 30～50cm，现蕾开花 8～11 丛；短果枝长 10～30cm，现蕾开花 1～8 丛。

（2）营养枝：一般把长度为 10～100cm 的无蕾新梢叫作营养枝。

（3）徒长枝：多着生于主干基部及骨干枝分枝处，因树种、树龄、营养状况及修剪轻重不同，该类枝条数量不同，一般长 200cm，最长可达 400～500cm。徒长枝节间长，组织不充实，一般不能现蕾开花，或现蕾少。徒长枝着生在植株中、下部，在适宜的条件下，日生长量在 10cm 以上，消耗营养物质过多。因此，修剪时，无论冬剪或夏剪，徒长枝都要全部疏除。

（4）丛叶枝：长度一般在 10cm 以下，多生长在植株内膛枝叶稠密处，萌芽期应抹除。

5. 主干茎

主干茎是人为培植老茎的结果。皮为灰色或灰白色，呈长条状剥落，新皮生出，老皮即逐渐撕裂掉落，每年 1 次。一般来说，在土层深厚、肥沃的砂壤土中，栽植后的前 5 年，其主干每年可增粗 1cm 左右。

（三）现蕾开花习性

1. 金银花具有多次抽梢、多次开花的习性

如河南黄淮海平原金银花的开花期，从 5 月中旬到 9 月底。在不加管理、任其自然生长的情况下，一般第一茬花在 5 月中、下旬现蕾开放，6 月上旬结束，花量大，花期集中。以后只在长壮枝抽生二次枝时形成花蕾，花量小，花期不整齐。若加强管理，经人工修剪，合理施肥和灌水，则每年可控制其花期，使其较集中地开花 3～4 次。不同阶段金银花的产量与质量，如表 3-3 所示。

表 3-3　不同阶段金银花产量与质量

项目	第 1 茬花	第 2 茬花	第 3 茬花	第 4 茬花
单株产量/g	495.62	245.29	73.03	56.66
占单株总产的百分比/%	56.93	28.17	8.39	6.51
千蕾重/g	17.15	12.40	13.60	13.85
绿原酸/%	6.59	6.78	5.26	5.81

注：本表引自张重义等，2004。

2. 花蕾生长发育

金银花植株从现蕾到花开放的全过程，可分 6 个阶段：即幼蕾期、三青期、二白期、大白期、银花期、金花期。其形态指标如下：幼蕾期，花蕾长 0.5～3.5cm，开始似米粒，绿色，又称花米期，后花蕾直立，又称青条期；三青期，花蕾长 3.0～4.5cm，唇部已膨大，微向内弯曲，绿白色；二白期，花蕾长 4～5cm，唇部明显膨大，向内弯曲，绿白色；大白期，花蕾长 5～6cm，唇部绿白色，含苞待放；银花期，即开花期，花全开放，长 5～7cm，花筒状，二唇形，上唇四裂直立，下唇舌状反转；金花期：花初开放时为白色，后逐渐变黄色，2～3 天变为金黄色，经 5～7 天凋谢。

3. 花蕾开放过程

金银花植株内膛长壮枝花蕾首先开放，外围短果枝开放迟。在同一果枝上，一般从基部以上 4～5 丛叶腋处（多茬花常见于 2～3 丛处）出现花蕾。花蕾自下而上逐渐开放，每天开放 1 丛。一条果枝一般开花 6～8 丛，最多达 14 丛。在同一条果枝上可同时见到从现蕾到开放结束的全过程。大白期、二白期花蕾日生长量达 1cm 以上，三青期日生长量 0.5～0.8cm。开花初期，花丝伸长弯曲，从花蕾腹面开裂，至全开放，约经 2h。花开放易受气候影响，晴天日平均气温在 18～20℃时，花朵开放过程延长 1.0～1.5h，日平均气温下降至 15～18℃时，花朵开放过程延长 2～3h。随海拔增高，现蕾和开花期延迟。

二、生态环境要求

金银花对气候适应性很强，是忍冬属中自然分布区域最广的一种，其分布北起辽、吉，西至陕、甘，南达湘、赣，西至云、贵。地处北纬 22°～43°、东经 98°～130°。在此范围内又以山东、河南低山丘陵、平原滩地及沿海瘀沙轻盐地带分布较广而集中。金银花的垂直分布差别较大，既能生长在海拔 1000m 以上的高寒地区，也能生长在海拔较低的丘陵地区，海拔 100m 左右的沙区、平原亦能生长良好，但最佳适生区的海拔一般在 1000m 以下，尤以海拔 300～700m 自然分布较多，且质量好，产量高。

金银花生于丘陵、山谷、林边。喜阳光和温和、湿润的环境，生长适温为 20～30℃，耐寒、耐旱，对土壤要求不严，酸性、碱性均能生长，适应性较强。尤其是山东南部的沂蒙山区及河南中部的新密、荥阳等地，光照时间长，是金银花适生的自然环境。

金银花人工栽培，主要分布在山东的平邑、费县，河南的新密、荥阳、巩义和登封四市交界五指岭山区等全国金银花著名产区。近年来，贵州作为金银花的新产区也有较大面积栽培。

【资源分布与适宜区分析】

一、资源调查与分布

《中国植物志》记载，全世界忍冬属植物约 200 种，我国有 98 种，其中可供药用种类约 46 种。2005 年版《中国药典》收载忍冬（*L. japonica* Thunb.）作为金银花药材的唯一植物来源，而灰毡毛忍冬（*L. macranthoides* Hand.-Mazz.）、红腺忍冬（*L. hypoglauca* Miq.）、华南忍冬（*L. confusa* DC.）和黄褐毛忍冬（*L. fulvotomentosa* Hsu et S. C. Cheng）等 4 个种共同作为药材山银花的植物来源。经调查，除黑龙江、内蒙古、宁夏、青海、新疆、海南和西藏无忍冬自然生长外，全国各省均有分布。忍冬多生于山坡灌丛或疏林中、乱石堆、山脚路旁及村庄篱笆边，海拔最高达 1500m，但金银花主产于河南、山东，产山东（平邑、费县等）者称"东银花"；产河南（新密、封丘）者称"南银花"，是我国著名地道药材。

另外，经调查还发现本种最明显的特征在于具有大型的叶状苞片。它在外貌上有些像华南忍冬，但华南忍冬的苞片狭细而非叶状，萼筒密生短柔毛，小枝密生卷曲的短柔毛，与本种明显不同。同时，本种的形态变异非常大，无论在枝、叶的毛被、叶的形状和大小以及花冠的长度、毛被和唇瓣与筒部的长度比例等方面，都有很大的变化。但所有这些变化看来较多地同生态环境相联系，并未显示与地理分布之间的相关性。

二、贵州资源分布与适宜区分析

忍冬对气候适应性很强，耐寒、耐旱，对土壤要求不严，酸性、碱性地中均能生长，既能生长在海拔 1000m 以上的高寒地区，也能生长在海拔较低的河谷地区，但以海拔 300～700m、光热资源丰富的低山河谷地区产量高，质量好。在贵州全境，忍冬均可较好生长，尤以南部、东部、东南部和东北部的低海拔地区最适宜其生长，为贵州省最适宜区。

除上述忍冬最适宜区外，贵州省其他各县市（区）凡符合忍冬生长习性与生态环境要求的区域均为其适宜区。

【生产基地合理选择与基地环境质量检（监）测评价】

一、生产基地合理选择与基地条件

按照忍冬适宜区优化原则与其生长发育特性要求，选择其最适宜区或适宜区并具良好社会经济条件的地区建立金银花规范化生产基地。例如，在黔西南的安龙、兴义、兴仁、晴隆等，黔北的绥阳、道真、务川等，黔西北的织金、大方、黔西等，黔中的息烽、修文等，以及黔东南等地，都建立了金银花规范化生产基地。如遵义市的绥阳县，平均海拔866m，属亚热带季风气候，水热同季。平均气温为 11.5～17.5℃，无霜期在 280 天以上。雨量充沛，年平均降水量 900～1250mm，最多年降水量为 1420.9mm（2002 年），最少年降水量为 800.9mm（1981 年）。年平均日照 1053.1h，日照百分率为 23.5%，全年总辐射量为 3475MJ/m^2。土壤有黄壤、黄棕壤等多种类型，并富含适宜金银花生长的镁、锰、锌等微量元素。该县除已较大规模种植山银花外，近年来还从山东、河南引种金银花，进行了金银花规范化种植基地建设。此外，如织金县也从山东、河南引种金银花进行了规范化种植基地建设（图 3-2）。

绥阳县金银花规范化种植基地

织金县金银花规范化种植基地

图 3-2　贵州绥阳县、织金县金银花规范化种植基地

二、生产基地环境质量检（监）测与评价（略）

【种植关键技术研究与推广应用】

一、种质资源保护抚育

忍冬种质资源分布广泛，但不同生境的种质资源变异较大，再加上长期人工培育，产生了不少类型。如栽培中使用的忍冬多数已不再是藤本，而是成半灌木状。在生产上，河南省根据忍冬的树冠、枝条变异、叶及花的变异，划分出 9 个品种类型，分为两大品系：

线花系和毛花系。主要品种有：大毛花、青毛花、长线花、小毛花、多蕊银花、多花银花、蛆头花、红条银花和线花。经过长期观察研究，依据其生育期、产蕾量，结合其植株果枝节间距、开花丛数、始花丛数、树冠特征与产量相关的形态变异和生物学特征变异，大面积推广的优良品种为：大毛花、青毛花和长线花。山东省将本省栽培的忍冬分为三大品系，即毛花系、鸡爪花系和野生银花系，共有十余个类型，主要有：大毛花、小毛花、大麻叶、大鸡爪花、小鸡爪花、野生银花，其他尚有鹅翎筒、对花子、叶里藏、叶里齐、线花子、紫茎子等。其中，以大毛花与鸡爪花的产量高、质量好，为生产中的优良品种，也是产地栽培面积最大的两个品种。栽培时，应根据栽培地的地理环境条件，综合考虑株型、生育期及产蕾量，选择适宜的品种进行栽种。同时，应切实加强忍冬野生种质资源的保护抚育，以求永续利用。

二、良种繁育关键技术

金银花生产上常用扦插育苗。一般多在冬季、春季和伏雨季节扦插。

1. 插条的选用

选 1～2 年生健壮、充实的枝条，截成长 30cm 左右的插条，约保留 3 个节位。亦可结合夏剪和冬剪采集，采后剪成 25～30cm 的穗段。选用结果母枝作插穗者，上端宜留数个短梗。

2. 扦插

在平整好的苗床上，按行距 30cm 定线开沟，沟深 20cm。开沟后按株距 5～10cm 直插于沟内，或只松土不开沟，将插条 1/2～2/3 插入孔内，压实按紧。扦插完毕，及时顺沟浇水，水渗下后再覆薄土，插条上部露出 5～8cm。

3. 插后管理

根据土壤干旱状况，适时浇水，松土除草。

4. 出圃

冬、春季扦插繁育的种苗，到雨季约半年即可挖出造林，伏雨季节扦插繁育的种苗，冬、春季即可栽植。

金银花扦插育苗，见图 3-3。

三、规范化种植关键技术

（一）选地整地

金银花抗逆性较强，栽培时对土壤要求不严，但应按照生态经济、良性循环、相对集中连片、交通便利、适宜种源与因地制宜地建立金银花规范化种植基地的原则，选择土壤深厚，有良好光照、灌溉条件的最适宜区或适宜区进行其基地建设。尤以海拔 300～700m 最佳，山体中下部优于山脊，阳坡优于阴坡，并以河谷两侧背风向阳的山体中、下部，土质肥沃、疏松、湿润的地带进行带垦或穴垦为宜。忌选煤泥土、黏土、强盐碱地、强酸性土及瘠薄土。为便于管理，以平整、灌排水方便的地块较好。移栽前，每亩施入充分腐熟的农家肥 3000～5000kg，深翻或穴施均可。也可结合荒山绿化造林、退耕还林或房前屋后植树造林地进行金银花种植。同时，尚应对整个规范化种植基地进行合理规划其种植分区和田间工作道，修好灌溉（如喷灌、滴灌等）、排涝（如拦水沟、排水沟等）和蓄水池、沤粪坑等设施。

图 3-3　贵州金银花扦插育苗

（二）移栽定植

金银花移栽定植应于早春萌发前或秋冬季休眠期进行。在整好的栽植地上，按行距 1.5m、株距 1.0m 挖窝，宽深各 30～40cm，把足量的基肥与底土拌匀施入穴中，每穴栽壮苗 1 株，填细土压紧、踏实，浇透定根水。

（三）田间管理

1. 中耕除草

集约经营的金银花规范化种植基地要进行全面中耕除草，如果是山坡、丘陵或山沟栽培者，宜于植株周围实行穴状松土，直径为 60～70cm，近处浅锄，外围深锄并除草。

2. 适时浇水

一般在开春时，浇 1～2 次润根催醒水，以后在每茬花蕾采收前，结合施肥浇 1 次促蕾保花水，每次追肥时都要结合灌水。土壤干旱时要及时浇水。

3. 合理施肥

金银花是多年生、多次现蕾开花的药用植物，应做到一年多次施肥。磷肥和氮肥增产效果最好，平衡施肥和有机肥与无机肥配合更好。根据金银花发育规律和采花蕾的需要，一般至少每年施 2 次肥料。第 1 次在入冬前，多用堆肥或厩肥等农家肥料，每株可用堆肥或厩肥 5kg，同化肥 50～100g 混合施入；第 2 次在头茬花蕾采摘后，每株可施用人粪尿 5～10kg 或化肥 50～100g。以后根据培育多茬花蕾的实际需要，每采摘 1 次花蕾，则施用 1 次速效氮肥。施肥方法：结合深翻松土埋入土中，也可在植株周围 30～35cm 处，开环形沟，沟深 15～20cm，将肥料施入沟中，将沟用土填盖即可，施肥后及时浇水。有条件的地方，最好在植株现蕾后，喷洒 1 次磷酸二氢钾和尿素混合液，浓度为 0.5%。

（四）整形修剪

1. 整形

整形能使树体有良好的立体结构，主次分明，各级枝组配备合理，占有最大的结实空间，使树体呈理想的"伞塔形"。为了方便采摘和管理，树高和冠幅宜控制在 1.3m 左右。整形一般于 2～3 年完成。

（1）单枝扦插植株整形：待新芽刚萌发后，在植株基部留饱满芽 2～3 枚，其余全部除去，并在饱满芽的上方 1～2cm 处剪去老枝。新梢长到 30cm 时，留一直立健壮枝，在15～20cm 处定干。入夏生长速度加快，主干出现 2 次芽后，将下部芽全部抹除，在上、中部的适当距离内留饱满芽 3～4 枚，培养主枝。主枝长到 20cm 时，进行摘心抑制高生长，并在主枝上培养侧枝 3～4 个，当年可长到 8～10cm，次年在侧枝上配备结果母枝后，冠形即可基本形成。加强水肥管理，3 年后，主干高达 15～20cm，粗度达 3～4cm，冠幅和树高均达 1m 以上。

（2）带枝杈扦插植株整形：带枝杈扦插者，因枝体内所含营养物质较为丰富，萌芽力强，发新枝较多，生长旺盛，树冠形成较快，应随树作形。

2. 修剪时间

修剪分冬剪和夏剪，冬剪可重剪，夏剪则轻剪。采用短截、疏剪、缩剪和长放 4 种方法。

（1）冬剪：最好在每年的 12 月下旬至翌年的早春，尚未发出新芽前进行。

（2）夏剪：在每茬花蕾采摘后进行。夏剪以短截为主，疏剪为辅。短截的轻重，要根据枝条的长势，尤其要看新梢腋芽萌发的程度而定。多数新梢以 2～6 茎节处萌发较早，修剪时可留 3～5 个节间，徒长枝和长壮枝要重短截至瘪芽处，使整个树体枝条基本萌发一致。初冬和早春金银花的主干基部和骨干分杈处，常产生不定芽，数枚或数十枚簇生。这类着生在植株中、下部的萌芽，每年早春萌发前即应抹除。

3. 修剪方法

（1）短截：剪去金银花枝条的一部分，称之为"短截"。金银花的短截多为重短截，即剪去枝条的 1/2～2/3。短截的轻重可根据枝条的质量及所处的位置而定。冬剪 1 年生新梢留 3～4 个节间，夏剪留 4～5 个节间。

（2）疏剪：将 1 年生金银花的枝条或多年生枝条，从基部剪除，称之为"疏剪"。金银花萌发和成枝力较强，枝量大。剪枝量应根据树势发育要求而定。一般占植株量的 15%～30%。要疏除病虫枝、干枯枝、纤细枝、交叉枝、缠绕枝、重叠枝等。但疏枝不宜过重，过重则会形成大量徒长枝条，而影响产量。

（3）缩剪：对多年生金银花枝条进行短截，称之为"缩剪"。一般缩剪方法是在结果母枝的分杈处，将顶枝剪除。为了复壮树势，更新骨干枝，控制冠幅和植株高度，防止现蕾部位外移，必须进行缩剪。这样，才能使金银花的各级枝条不断更新，保持树势旺盛。

（4）长放：对 1 年生金银花枝条不加修剪，使枝条延长和加粗生长，而求得扩大树冠者，称之为"长放"。长放因没有剪口，对芽体没有抑制作用，故能减缓顶端优势，使枝条生长势放缓。长放，只限于幼树整形和培养骨干枝。

（五）主要病虫害防治

1. 金银花白粉病

主要为害叶片、茎和花。叶上病斑初为白色小点，后扩展为白色粉状斑，严重时叶发黄变形甚至脱落。温暖湿润或株间郁闭易发病，施氮肥过多，也易发病。

防治方法：发病初期，喷施 15%三唑酮可湿性粉剂 2000 倍液。

2. 枯萎病

叶片不变色而萎蔫下垂，全株茎干枯死，或一枝干，或半边萎蔫干枯，刨开病干，可见导管变成深褐色。

防治方法：建立无病苗圃；移栽时用农抗 120 的 500 倍液灌根，发病初期用农抗 120 的 500 倍液灌根。

2. 蚜虫类

主要是中华金银花圆尾蚜和胡萝卜微管蚜，以成、幼虫刺吸叶片汁液为害叶片，造成叶片卷曲发黄，花蕾畸形，产量降低。

防治方法：在 4 月初蚜虫为害猖獗时，可选用 10%吡虫啉可湿性粉剂 5000 倍液、1.8%阿维菌素乳油 6000 倍液，每隔 7～10 天用药 1 次，喷施 1～2 次即可控制。但采花前 15～20 天应停止用药。

3. 金银花细蛾

以幼虫潜入金银花叶内，取食叶肉组织，使金银花产量和品质降低。

防治方法：防治重点是在 1、2 代成虫和幼虫前进行防治，可用 25%灭幼脲 3 号 3000 倍液喷雾。在各代卵孵盛期用 1.8%阿维菌素 2000～2500 倍液喷雾。

4. 棉铃虫

主要取食金银花花蕾，不仅影响花的品质，而且造成花容易脱落，严重影响产量。该虫每年 4 代，以蛹在 5～15cm 土壤内越冬。

防治方法：防治重点是 1、2 代，防治时期是幼虫 3 龄以前，因第 1 代数量直接影响以后各代的数量，因而在第 1 代幼虫盛发期前，可用 Bt 制剂、氰戊菊酯、苦参碱等防治。

5. 铜绿异丽金龟

其幼虫称为蛴螬，主要咬食金银花的根系，造成营养不良、植株衰退或枯萎而死。成虫则以花、叶为食。该虫 1 年 1 代，以幼虫越冬。

防治方法：用蛴螬专用型白僵菌 2～3kg/亩，拌 50kg 细土，于初春或 7 月中旬，开沟埋入根系周围。

金银花大田种植生长发育与开花结果情况，见图 3-4。

图 3-4　金银花大田种植生长发育与开花结果情况

上述金银花良种繁育与规范化种植关键技术，可于其生产适宜区内，并结合实际因地制宜地进行推广应用。

【药材合理采收、初加工与储运养护】

一、合理采收与批号制定

（一）合理采收

金银花的采收期，一般在4~8月，主要在5~6月。采摘标准是："花蕾由绿色变白，上白下绿，上部膨胀，尚未开放"。采摘时间性很强，黎明至上午9时以前，采摘花蕾为最适时，干燥后呈青绿色或绿白色，色泽鲜艳，折干率高。采摘金银花使用的盛具，必须通风透气，一般使用竹篮或条筐等。采摘的花蕾均轻轻放入盛具内，要做到"轻摘、轻握、轻放"。

（二）批号制定（略）

二、合理初加工与包装

（一）合理初加工

常用日晒、火炕烘干法，或"蒸汽杀青－热风循环烘干法"干燥。

1. 日晒干燥法

将采摘的金银花花蕾，均匀地撒在编制的工具如条筐、苇席上。在编制的工具上晒制时，晒具要架起来，以利通风和防潮。摊晒的花蕾在未干前，不能触动，晒在盛具内的，傍晚后可收回房内。花蕾用手抓，握之有声，一搓即碎，一折即断则可。

2. 火炕烘干法

烘干既能提高干品质量，又比日晒干品制成率高，提高产量，适应大面积发展的需要。

（1）上架：将鲜花蕾均匀撒在花架上的盛具里，厚1cm，每1m² 撒2.5kg，按有效面积计算每层可撒5~6kg。装前，烘房要干燥，新建的烘房必须彻底干燥。

（2）调温和排湿：新鲜花蕾的烘干，历经塌架、缩身、干燥三个阶段。塌架阶段，温度要控制在37~40℃，室内干湿球温度差保持在6~8℃，经历4~5h。这时要打开排气窗和进风口，使室内湿气迅速排出；缩身阶段，塌架后，继续升温到45~49℃，干湿球温度差控制在8~10℃，约经10h后，花体干缩；干燥阶段，使温度继续上升，保持在50~55℃，使干湿球温度差控制在10~15℃，这样历经8~9h后即可干燥。

（3）出炕：整个烘干过程需要22~24h，花蕾干燥阶段后期，用手一捏即碎，一折即断，便可出炕。出炕后装入塑料袋，勿扎口，扎口易使袋壁处花蕾变黑。经3~4h，干品凉透后扎口。停1~2天，选晴朗天气再晾晒1次。

3. 蒸汽杀青–热风循环烘干法

见山银花药材初加工项下，此从略。

金银花初加工前后的药材，见图3-5。

图 3-5　金银花初加工前后药材（左：鲜品；右：干品）

（二）合理包装

将金银花药材，同前述山银花合理包装方法，依法包装，并严格加强管理，以确保金银花商品药材的质量安全有效，此从略。

三、合理储运养护与运输

将金银花药材，同前述山银花合理储运养护方法，依法储藏、养护与运输，并严格加强管理，以确保金银花商品的药材质量安全有效，此从略。

【药材质量标准、质量检测与监控】

一、药材商品规格与质量检测

（一）药材商品规格

金银花药材以无杂质、枝干、霉变、虫蛀，身干，少花，少托叶，花蕾多，花蕾呈棒状，上粗下细，略弯曲，表面色黄白或淡绿白色，气清香而浓郁者为佳品。其药材商品规格分为 6 个等级。

特级：纯花蕾，花蕾长 2cm 以上，无开放花和小托叶。

一级：开放花比例在 10% 以下，小托叶少。

二级：开放花比例在 11%～25%，小托叶少。

三级：开放花比例在 26%～50%，有少量小托叶。

四级：开放花比例在 51%～75%，混有部分小托叶。

五级：开放花比例在 75% 以上至全为开放花。

（二）药材质量检测

按照《中国药典》（2015 年版一部）金银花药材质量标准进行检测。

1. 来源

本品为忍冬科植物忍冬 *Lonicera japonica* Thunb.的干燥花蕾或带初开的花。夏初花开放前采收，干燥。

2. 性状

本品呈棒状，上粗下细，略弯曲，长 2～3cm，上部直径约 3mm，下部直径约 1.5mm。表面黄白色或绿白色（贮久色渐深），密被短柔毛。偶见叶状苞片。花萼绿色，先端 5 裂，裂片有毛，长约 2mm。开放者花冠筒状，先端二唇形；雄蕊 5，附于筒壁，黄色；雌蕊 1，子房无毛。气清香，味淡、微苦。

3. 鉴别

（1）显微鉴别：本品粉末浅黄棕色或黄绿色。腺毛较多，头部倒圆锥形、类圆形或略扁圆形，4～33 细胞，成 2～4 层，直径 30～64～108μm，柄部 1～5 细胞，长可达 70μm。非腺毛有两种：一种为厚壁非腺毛，单细胞，长可达 900μm，表面有微细疣状或泡状突起，有的具螺纹；另一种为薄壁非腺毛，单细胞，甚长，弯曲或皱缩，表面有微细疣状突起。草酸钙簇晶直径 6～45pm。花粉粒类圆形或三角形，表面具细密短刺及细颗粒状雕纹，具 3 孔沟。

（2）薄层色谱鉴别：取本品粉末 0.2g，加甲醇 5mL，放置 12h，滤过，取滤液作为供试品溶液。另取绿原酸对照品，加甲醇制成每 1mL 含 1mg 的溶液，作为对照品溶液。照薄层色谱法（《中国药典》2015 年版四部通则 5202）试验，吸取供试品溶液 10～20μL、对照品溶液 10μL，分别点于同一硅胶 H 薄层板上，以乙酸丁酯-甲酸-水（7∶2.5∶2.5）的上层溶液为展开剂，展开，取出，晾干，置紫外线灯（365nm）下检视。供试品色谱中，在与对照品色谱相应的位置上，显相同颜色的荧光斑点。

4. 检查

（1）水分：照水分测定法（《中国药典》2015 年版四部通则 0832 第四法）测定，不得超过 12.0%。

（2）总灰分：照总灰分测定法（《中国药典》2015 年版四部通则 2302）测定，不得超过 10.0%。

（3）酸不溶性灰分：照总灰分测定法（《中国药典》2015 年版四部通则 2302）测定，不得超过 3.0%。

（4）重金属及有害元素：照铅、镉、砷、汞、铜测定法（《中国药典》2015 年版四部通则 2321 原子吸收分光光度法或电感耦合等离子体质谱法）测定，铅不得超过百万分之五；镉不得超过千万分之三；砷不得超过百万分之二；汞不得超过千万分之二；铜不得超过百万分之二十。

5. 含量测定

（1）绿原酸：照高效液相色谱法（《中国药典》2015 年版四部通则 0512）测定。

色谱条件与系统适用性试验：以十八烷基硅烷键合硅胶为填充剂；以乙腈-0.4%磷酸溶液（13：87）为流动相；检测波长为327nm。理论板数按绿原酸峰计算应不低于1000。

对照品溶液的制备：取绿原酸对照品适量，精密称定，置棕色量瓶中，加50%甲醇制成每1mL含40μg的溶液，即得（10℃以下保存）。

供试品溶液的制备：取本品粉末（过四号筛）约0.5g，精密称定，置具塞锥形瓶中，精密加入50%甲醇50mL，称定重量，超声波处理（功率250W，频率30kHz）30min，放冷，再称定重量，用50%甲醇补足减失的重量，摇匀，滤过，精密量取续滤液5mL，置25mL棕色量瓶中，加50%甲醇至刻度，摇匀，即得。

测定法：分别精密吸取对照品溶液与供试品溶液各5～10μL，注入液相色谱仪，测定，即得。

本品按干燥品计算，含绿原酸（$C_{16}H_{18}O_9$）不得少于1.5%。

（2）木樨草苷：照高效液相色谱法（《中国药典》2015年版四部通则0512）测定。

色谱条件与系统适用性试验：用苯基硅烷键合硅胶为填充剂（Agilent ZORBAX SB-phenyl 4.6mm×250mm，5pm），以乙腈为流动相A，以0.5%冰醋酸溶液为流动相B；按表3-4中的规定进行梯度洗脱；检测波长为350nm。理论板数按木樨草苷峰计算应不低于20000。

表 3-4　梯度洗脱表

时间/min	流动相 A/%	流动相 B/%
0～15	10→20	90→80
15～30	20	80
30～40	20→30	80→70

对照品溶液的制备：取木樨草苷对照品适量，精密称定，加70%乙醇制成每1mL含40μg的溶液，即得。

供试品溶液的制备：取本品细粉末（过四号筛）约2g，精密称定，置具塞锥形瓶中，精密加入70%乙醇50mL，称定重量，超声波处理（功率250W，频率35kHz）1h，放冷，再称定重量，用70%乙醇补足减失的重量，摇匀，滤过。精密量取续滤液10mL，回收溶剂至干，残渣用70%乙醇溶解，转移至5mL量瓶中，加70%乙醇至刻度，即得。

测定法：分别精密吸取对照品溶液与供试品溶液各10μL，注入液相色谱仪，测定，即得。

本品按干燥品计算，含木樨草苷（$C_{21}H_{20}O_{11}$）不得少于0.050%。

二、药材质量标准提升研究与企业内控质量标准制定（略）

三、药材留样观察与质量监控（略）

【药材研究开发与市场前景展望】

一、生产发展现状与主要存在问题

目前，金银花种植区域主要集中在山东、河南、河北、四川、重庆、湖南、湖北等地。其中，以山东省平邑县等种植面积最大，约有 50 万亩。因金银花适应性强，生命力旺盛，栽培方法简单，种植效益较高，适宜大面积推广，在精准扶贫、农民脱贫致富、促进农村产业结构调整等方面均可发挥重要作用，全国许多地方都较重视，其种植面积与规范化基地建设正在逐年扩大，产量、质量、产值与稳定性等方面也在不断提高，并已有山东平邑县等多个金银花基地通过了国家 GAP 认证及公告。

贵州亦有金银花野生资源分布，并在苗族、布依族等民族民间广为应用。近年来，贵州省金银花的引种栽培与规范化基地建设，在各级党政与有关企业的重视支持下，开始从山东等地进行引种栽培，金银花种植面积正在逐步扩大，有可喜发展势头（2014 年贵州省金银花种植面积未单独统计，其包含在山银花项内）。但由于贵州省金银花种植历史较短，主要从外地引种栽培，因此技术水平普遍不高，多数处于粗放栽培管理阶段，在基础研究、规范化种植、对比分析、经营程度和管理水平等方面均存在较大差距。建议要切实抓好下述三个方面工作：一是要进一步切实加强金银花种质资源研究与保护抚育，建立忍冬属植物种质资源基因库。忍冬属植物可供药用的种类较多，但是由于环境的变化，特别是近十多年来，一些地方有人上山大量挖取树根来制作根雕、盆景等，对该属植物自然资源更是造成了毁灭性的破坏，在野外很多地方已很难发现该属野生植物的踪迹。因此，迫切需要建立忍冬属植物种质资源基因库，对有药用价值的种类加以保护抚育，以能长期利用该属药用植物资源。

二是要进一步加强金银花良种选育研究与优良品种繁育。我国以山东、河南等种植历史悠久地区的技术水平良种选育研究为高，不仅选育出了适宜本地栽培的高产优质品种类型，而且形成了完善的配套技术。如河南封丘县金银花已有 1500 多年的种植历史。而"豫封一号"金银花是在封丘金银花大毛花的基础上经优选、复壮、改良而得的最新品种。"豫封一号"金银花特点：属木本树形四季金银花，其树形直立向上，层次分明，从上至下可分 4 至 5 层，花枝间接短，结花密，易采摘，花蕾肥大，花针长，产量高，花期长达 5 个月，且花期不间断，盛花期 4 至 5 茬，丰产田地块干花亩产可达 150kg 以上。

三是要进一步加强金银花人工栽培关键技术研究与规范化生产基地建设。应选用适宜贵州气候环境、优质高产而稳定的金银花品种栽培，加强其人工栽培关键技术研究，并按中药材相关要求进行规范化生产基地建设。切实结合贵州实际，根据当地自然条件、经济社会条件和栽培技术水平，研究出适宜当地实施的金银花优质高产配套技术，将金银花的引种栽培与规范化生产技术提升到一个新的水平，并切实从引进品种及其质量产量相关性、稳定性等方面加以对比研究分析，以获取更佳经济社会效益与生态效益。

二、市场需求与前景展望

现代研究表明，金银花花蕾含黄酮类，为木樨草素及木樨草素-7-葡萄糖苷，并含肌醇、绿原酸、异绿原酸、皂苷及挥发油。金银花除与多种药物配伍，用以治疗呼吸道感染等病症以外，其提取液还被制成多种中成药及相关制剂广泛用于临床，如金银花注射液、银黄注射液、双黄注射液、双黄连粉、金银花流浸膏等。金银花还是我国著名中成药"银翘散""双黄连""脉络宁"等的主要原料。金银花用于中成药生产，据统计含有金银花的中成药达200多种，全国金银花实际年药用需求量在2000万kg左右。金银花除含有药效成分外，还含有丰富的营养物质。其氨基酸含量在8%左右，并且种类齐全，水溶性糖含量在18%以上，还含有锰、铬、镍、铜、锌、钴、硅、铁等人体必需元素，具有重要的营养保健价值，因此，金银花还一直作为食品保健品等而深受人们喜爱。现在更研究开发出了以金银花为主要原料的饮料、冰激淋、保健糖果、保健酒等大健康产业产品，大大拓展了其应用途径与价值。如金银花在化妆品和日用保健品领域也发挥着重要作用，从金银花中提取的芳香性挥发油和其他活性成分，被加入化妆品及日用保健品中，制成如金银花沐浴露、洗发精、花露水、牙膏和金银花香精等大健康产业产品，具有不伤害皮肤、泡沫丰富、香味柔和等特性，受到广大消费者的欢迎。

金银花、果实、枝叶和茎藤还含有大量绿原酸等活性成分。如绿原酸在生化、药化、医学等多方面均具有广泛用途。目前，全国有多个金银花提取物厂家，如仅山东三精制药有限公司年生产金银花提取物就需其原料达300余吨。除金银花花蕾外，金银花枝叶等所含绿原酸抗菌消炎等活性成分，对牛、羊、兔等牲畜疾病有预防治疗作用。因此，将金银花作为青饲料进行生产，用于发展养殖业。金银花植株幼嫩枝叶尚含丰富营养物质，与青玉米茎相比，其粗蛋白高23%、粗脂肪高47%、粗灰分高21%、粗纤维低50.8%，并且适口性较好，牛、羊等牲畜喜食。因此金银花还常被添加到饲料中，用于预防畜禽疾病。另外，金银花植株花期，花朵众多，花期较长，气味芬芳，是蜜蜂喜欢采食的植物之一，可作为蜜源植物开展蜜蜂养殖，所酿蜂蜜有着较高的营养保健价值。金银花植株尚具有发芽早、落叶迟，一年多次开花和藤蔓发达等特性，在园林上可用于攀附绿篱、花廊、花门、花架等，具有较好绿化点缀效果。忍冬的藤条往往长而细软，有韧性，可用于编制各种手工艺品，如种类繁多的花篮、鸟笼等。

总之，金银花浑身是宝，既是常用中药材与重要药源，为医药工业和相关产业的重要原料和传统出口商品，又是造林绿化、退耕还林、保持水土等多用的理想树种，用途广泛，社会效益、经济效益和生态效益显著，其研究开发潜力极大，市场前景极为广阔。

主要参考文献

黄东亮, 耿世磊, 李学松, 等. 2002. 广东省忍冬属药用植物资源研究[J]. 广东药学院学报, 18（3）：177-180.

李昌爱, 姚满生, 郭宏滨. 1993. 金银花产地和类型对其质量的影响[J]. 中药材, 16（5）：5-6.

李永梅, 李莉, 柏川, 等. 2001. 金银花的抗腺病毒作用研究[J]. 华西药学杂志, 16（5）：327.

李永明. 2002. 金银花高效栽培技术[M]. 郑州：河南科学技术出版社.

林云良，孙庆雷，王晓，等. 2005. 山东产金银花乙醇提取物 HPLC 及 NMR 指纹图谱的比较[J]. 中药研究和信息，7（9）：19.

刘佳川，于丽丽. 1989. 金银花的化学成分研究[J]. 渤海大学学报（自然科学版），24（4）：273.

吕世成，吕召. 1997. 药用忍冬属植物的地理分布及其开发建议[J]. 松辽学刊（自然科学版），（3）：20.

牛兆吉，彭国栋，王洪善. 2003. 金银花种质资源特征及栽培模式研究[J]. 林业科技开发，17（4）：39-40.

任俊银，周小峰. 2001. 金银花保健食品的研究[J]. 食品研究与开发，22（1）：63-64.

王发国，叶华谷，叶育石. 2003. 广东省忍冬科药用植物及开发前景[J]. 中药材，26（10）：704-706.

吴世福，张永清. 2003. 影响金银花植株体内绿原酸含量的因素[J]. 山东医药工业，22（2）：32.

杨翠玲. 2006. 易混品金银花与山银花的鉴别[J]. 山西中医学院学报，7（4）：48.

张永清，程炳嵩. 1991. 我国金银花资源及其利用[J].中国野生植物，（3）：10-14.

张重义，李萍，王丰青，等. 2004. 不同树龄忍冬的生长与药材质量关系研究[J]. 中草药，35（2）：195-197.

张重义，李萍，许小方，等. 2004. 河南忍冬的生长特性与金银花药材质量的关系[J]. 中药材，27（3）：157-159.

周凤琴，张永清，张芳，等. 2006. 山东金银花种质资源的调查研究[J]. 山东中医杂志，25（4）：268-271.

Kakuda R，Imai M，Yaoita Y，et al. 2000. Secoiridoid glucosides from the flower buds of *Lonicera japonica*[J]. Phytochemistry，55（8）：879-881.

Tomassini L，Francesca M，Serafini M，et al. 1995. Isolation of secoiridoid artifacts from *Lonicera japonica*[J]. J Nat Prod，58（11）：1756-1758.

（罗夫来　冉懋雄）

4 钩 藤

Gouteng

UNCARIAE RAMULUS CUM UNCIS

【概述】

钩藤原植物为茜草科植物钩藤 *Uncaria rhynchophylla*（Miq.）Miq.ex Havil.、大叶钩藤 *Uncaria macrophylla* Wall.、毛钩藤 *Uncaria hirsuta* Havil.、华钩藤 *Uncaria sinensis*（Oliv.）Havil.或无柄果钩藤 *Uncaria sessilifructus* Roxb.；本书以钩藤为重点予以介绍。别名：钩藤、吊藤、钩藤钩子、钓钩藤、莺爪风、嫩钩钩、金钩藤、金钩莲、挂钩藤，钩丁、倒挂金钩、钩耳等。以干燥的带钩茎枝入药，《中国药典》历版均予收载，《中国药典》（2015年版一部）称：钩藤味甘，性凉。归肝、心包经。具有息风定惊、清热平肝功能。用于治疗肝风内动、惊痫抽搐、高热惊厥、感冒夹惊、小儿惊啼、妊娠子痫、头痛眩晕。钩藤又是常用苗药，苗药名："Mongb ghait ned"（近似汉译音："孟介能"），味甜，性冷。入热经、半边经药。具有息风止痉、清热平肝功能。主治小儿惊风、夜啼、热盛动风、子痫、眩晕、头胀痛等；在苗族地区广泛应用；但脾胃虚寒者慎服。例如以钩藤茎枝、排风藤、五匹风各 9g，大过路黄、山银花、天麻各 6g，水竹叶 20 张，煨水服，每日 3 次，治疗小儿惊风有效（《贵州草药》）。

钩藤以"钓藤"之名，始载于《名医别录》，被列为木部下品，云："钓藤，微寒，无毒。主治小儿寒热，十二惊痫。"后又以"吊藤"之名，载于南北朝梁代《本草经集注》云："出建平。"其后，诸家本草多予收录。如唐代《新修本草》曰："出梁州（今陕西汉中一带），叶细长，茎间有刺若钓钩者是。"宋代《本草衍义》云：钓藤"中空，二《经》不言之。长八九尺或一二丈者。湖南、（湖）北、江南、江西山中皆有。小人有以穴隙间致酒瓮中盗取酒，以气吸之，酒既出，涓涓不断。专治小儿惊热。"明代伟大医药学家李时珍《本草纲目》记述尤详，首先在释名"集解"上曰：钓藤"出建平，亦作吊藤。……其刺曲而吊钓钩，故名。或作吊，从简耳。……状如葡萄藤而有钩、紫色。古方多用皮，后世多用钩，取其力锐尔。"然后在"气味""主治""发明""附方"上，李氏进一步作了阐释：钓藤"甘，微微寒，无毒。"主治增加了"小儿惊啼，瘈疭热壅。大人头旋目眩，平肝风，除心热，小儿内灼腹痛，发斑疹"功用。特别是李氏的"发明"项下提出的"钓藤，手足厥阴药也。足厥阴主风，手厥阴主火。惊痫眩运，皆肝风相火之病。钓藤通心包于肝木，风静火息，则诸证自除"之论，对一直到今天仍有钩藤药用具有重要指导意义。同时，还附有治疗"小儿惊热""卒得痫疾""斑疹不快"之新方三则，并总结记述了民间将钓藤"入数寸于小麦蒸熟，喂马易肥"的功效。综上可见，钩藤应用历史悠久，为中医临床著名传统中药，也是贵州盛产地道药材。

【形态特征】

　　钩藤属多年生常绿木质藤本，茎长可达 10m。小枝四棱柱形，褐色，秃净无毛。生于腋内的变态枝成钩状，向下弯曲，先端尖，长 1～2cm，钩多以单双间隔生长，也有极少数只带双钩或双钩占多数。叶对生，纸质，椭圆形，罕有卵形，长 6～10cm，宽 3～6cm，基部宽楔形，上面光亮，略呈粉白色，于后变褐色；叶柄长 8～12mm；托叶 2 深裂，裂片条状钻形，长 6～12mm。头状花序单个腋生或为顶生的总状花序，直径 2～2.5cm；总花梗纤细，长 2～5cm，中部着生几枚苞片；花 5 数；花萼长约 2mm，被小粗毛，萼檐裂片长不及 1mm；花冠黄色，长 6～7mm，仅裂片外面被粉末状柔毛。蒴果倒圆锥形，长 7～10mm，直径 1.5～2mm，被柔毛，具宿萼。种子两端有翅。花期 5～7 月，果熟期 10～11 月。钩藤植物形态见图 4-1。

（1-3. 钩藤：1. 花枝；2. 花冠展开，示花蕊；3. 果。4-6. 大叶钩藤：4. 叶上面和叶下面；5. 花；6. 果）

图 4-1　钩藤植物形态图

（墨线图引自中国科学院《中国植物志》编辑委员会，《中国植物志》，71 卷第 1 分册，科学出版社，1999 年）

【生物学特性】

一、生长发育习性

钩藤属茜草科多年生木质常绿藤本攀缘状灌木，主根发达。伐后树桩的萌生力较强。其萌生侧枝生长迅速，当年可长 200cm 以上，在侧枝上着生带钩的枝条。不修剪较难产生侧枝。经过修剪的主干次春于枝端二歧对生分枝，部分植株在主茎底部萌生侧枝。

经观测，贵州省剑河县柳川镇种植 3 年的钩藤植株，其分枝可达 8 条以上，可产鲜枝条 1.5kg。

二、生态环境要求

钩藤生长环境适应性强，多生于坡面，喜温暖、湿润，在日照强度相对较弱的环境下生长良好。在海拔 300～2000m 均有生长，多生长在海拔 300～800m 透气良好的松、杉覆盖灌木中或路边杂木林中。在土层深厚、肥沃疏松、排水良好的土壤中生长良好。钩藤对生态环境的主要要求如下。

温湿度：年平均温度 18～19℃，≥10℃年积温为 3100～5500℃，无霜期 260～300 天，空气相对湿度 80%。

光照：年平均日照 1200～1500h。幼苗能耐阴，成年树喜阳光，但在强烈的阳光和空旷的环境中生长不良。

土壤：喜深厚、肥沃、腐殖质含量较多的壤土或砂质壤土。

水：喜肥水，肥水充足，生长最佳，肥水不足，生长不良；水分过多，根系生长不良，地上部分生长迟缓，甚至叶片枯萎，幼苗最忌高温和干旱。以年降水量为 1000～1500mm，阴雨天较多，雨水较均匀，水热同季为佳。

【资源分布与适宜区分析】

一、资源调查与分布

经调查，钩藤属有 34 种，其中 2 种分布于热带美洲，3 种分布于非洲及马达加斯加，29 种分布于亚洲热带和澳大利亚等地。我国有 11 种、1 变型，分布在广东、广西、云南、四川、湖北、湖南、贵州、福建、江西、陕西、甘肃、西藏及台湾等地。

二、贵州资源分布与适宜区分析

钩藤在贵州省大部分地区均有分布，主要分布在黔东南州、黔西南州、黔南州、遵义市、铜仁市、贵阳市等地。其主产区为黔东南州、黔南州、贵阳市等地。如剑河、锦屏、黎平、凯里、开阳等地都有大面积的野生与栽培，其中以剑河县面积最大。现年产钩藤苗 50 万株以上的有剑河、锦屏、凯里等地，其具苗木运距短，又是地方种源，适应性较强，可使造林成活率大大提高等优点。

贵州省钩藤种植最适宜区为：黔东南的剑河、黎平、锦屏、榕江、从江、岑巩、镇远、三穗等地；黔南的三都、独山、长顺等地；黔北的遵义、桐梓、务川等地；黔东的江口、德江等地。以上各地不但具有钩藤在整个生长发育过程中所需的自然条件，而且当地党政重视，广大群众有钩藤栽培及加工的丰富经验，所以在该区所收购的钩藤质量较好，产量较大。

除上述钩藤种植最适宜区外，贵州省其他各县市（区）凡符合钩藤生长习性与生态环境要求的区域均为其种植适宜区。

【生产基地合理选择与基地环境质量检（监）测评价】

一、生产基地合理选择与基地条件

按照钩藤生产适宜区优化原则与其生长发育特性要求，选择其最适宜区或适宜区并具良好社会经济条件的地区建立规范化生产基地。例如，在贵州省剑河县柳川镇关口村选建的钩藤规范化种植与示范基地（以下简称"剑河钩藤基地"，图 4-2），距剑河县城革东镇 28km。土壤为黄壤，基地属中亚季风湿润气候，年平均降水量 1200.1mm，平均气温 16.7℃，年平均日照时数 1186.9h，无霜期 317 天左右。基地生境内的药用植物除钩藤外，主要有昆明山海棠、黄柏、厚朴等。基地远离城镇及公路干线，无污染源，适合发展中药材种植。

图 4-2　贵州省剑河县柳川镇钩藤规范化种植与示范基地（2010 年）

二、基地环境质量检（监）测与评价（略）

【种植关键技术与推广应用】

一、种质资源保护抚育

前已述及，钩藤属有 34 种，我国有 11 种、1 变型，贵州大部分地区有钩藤分布，但主要分布在黔东南、黔西南、黔南、黔北、黔东及黔中等地，钩藤野生资源多生长在山谷、溪边的疏林下。虽然近年来大力发展钩藤人工种植，但由于其生产周期长等原因，目前市售钩藤仍以野生为主，这就导致野生钩藤资源破坏严重。因此，对钩藤种质资源，特别是贵州黔东南、黔南等地的野生钩藤种质资源，应切实加强封山育林保护与补种等抚育，以求永续利用。

二、良种繁育关键技术

钩藤多采用种子繁殖，育苗移栽；也可采用无性繁殖（如扦插繁殖、组培繁育等）育苗。下面重点介绍钩藤种子繁殖育苗的有关问题。

（一）种子来源、鉴定与采集保存

1. 种子来源与鉴定

钩藤种子如源自贵州剑河钩藤基地者，经贵州省中医药研究院中药研究所何顺志研究员鉴定为茜草科植物钩藤 *Uncaria rhynchophylla*（Miq.）Miq. ex Havil.。

2. 种子采集与保存

于 11～12 月，当钩藤蒴果由绿变黄褐而呈黑青色时，种子已完全成熟。在果壳裂开之前采集，用枝剪将果枝剪下，带回室内，去除干瘪种球，选个大、饱满的种球装入麻布袋，置干燥通风处保存。

（二）种子处理

1. 晒种

选晴天地面温度在 20～25℃，无风或风力 3 级以下时晒种，晒种前铺上薄膜，晒种时间为 3～4h。

2. 搓种球和过筛

揉搓种球，使果皮充分破裂，种子脱壳，将揉搓过的种球放入 50 目规格筛子过筛，反复进行揉搓种皮和过筛 3 次，筛选出的种子立即贮藏供来年春播用（图 4-3）。

3. 拌种

按种子：草木灰：细河沙=1：4：10 充分拌匀待播。

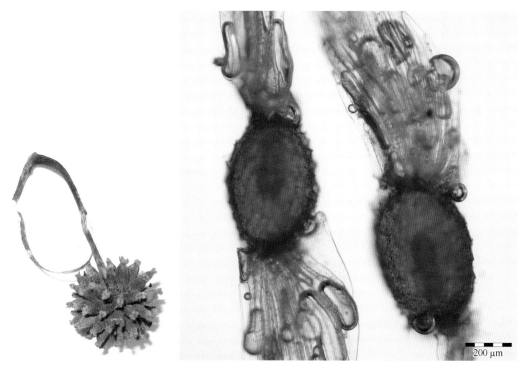

图 4-3　钩藤果实及种子（采自贵州省剑河县柳川镇关口村钩藤种源地）

（三）苗圃选择与苗床准备

1. 苗圃选择与整地

钩藤种苗繁育的苗圃地应选地势平坦、灌溉排水方便、肥沃、疏松、无污染的土壤。早春深耕 20～30cm，充分整细整平。苗床每畦规格厢宽 1.2m、长 10～20m，沟深 10cm、宽 30cm，结合整地每亩施腐熟厩肥 2000～2500kg 作基肥并翻挖整细，耙平。

2. 苗床消毒

用 50%多菌灵 750 倍液喷施厢面，给苗床土壤消毒，5 天后播种。

（四）播种与育苗管理

1. 播种

按 3.75kg/亩拌好的种子、草木灰、细河沙混合物在整好土的厢面上均匀撒播，若露地播种，应盖小拱膜，搭遮阳网遮阴，大棚播种也应盖小拱棚膜，注意保持棚内苗床的湿度和温度。

2. 出苗前管理

（1）温度：育苗保持膜内温度 18～27℃，高于 30℃时，揭膜通风降温。

（2）湿度：发芽前保持足够的水分，及时浇水，保持小拱膜内湿度在 80%～90%。

（3）除草：播种后及时进行人工除草，出苗前进行 1 次或 2 次除草。

3. 苗期管理

应加强苗期管理，严防各种病虫害发生，适时肥水灌溉，以促进苗木健壮生长。主要应抓好以下管理环节。

（1）通风：出苗后注意通风，天气高温时白天应揭小拱棚膜，大棚育苗应启动通风设施保持棚内空气流动，降低棚内温度，夜晚重新覆膜，保持小拱棚膜内温度，确保种子完全萌发出苗。

（2）揭膜：出苗后 30～40 天完全揭膜。

（3）间苗：在苗长高至 5cm 左右时开始间苗，对苗密集的地方进行间苗，密度控制在 100 株/m²，采用"起大苗，留小苗"进行间苗，间苗时，应注意尽量不要损伤未间之苗，以利其继续生长。

（4）假植：对间苗间出来的大苗，按 10cm×10cm 密度在苗床厢面上假植。起厢按上述苗床起厢方法，假植方法是先在厢面上按间距 10cm，开深 5cm 小沟，然后按 10cm 株距把大苗栽入小沟，盖上细土至完全盖住幼苗根部，最后浇足定根水。露地假植时，要搭好遮阳网，以后的管理方法同苗床管理。

（5）除草：完全揭膜前人工除草每 10 天一次，完全揭膜后在杂草生长旺季按 2 次/月除草，10 月份至次年 3 月进行 2～3 次除草。

（6）追肥：苗长高至 5cm 左右时进行追肥，追肥方法是配制 2%尿素和 3%磷酸二氢钾混合溶液用喷雾器喷施，每亩尿素-磷酸二氢钾混合溶液用量为 30kg，此后每隔半个月按上述喷施一次。

（7）灌溉：定期检查苗床湿度，发现苗床土层 1～2cm 土壤干燥时应及时浇水，浇水的水管要带有喷头，切忌用水管直接浇水，避免水流过强而破坏苗床土层，造成钩藤小苗根部裸露而死苗，露地育苗要清理排水沟以保持排水沟畅通，确保苗床无积水。

（8）摘心打叶：当苗长高至 10cm 以上时，剪去顶尖，留 3～4 片无病虫害、叶色新鲜的叶片，打去其余叶片，并抹去腋芽。

贵州凯里市旁海镇钩藤基地的钩藤种苗繁育圃，见图 4-4。

（五）种苗标准研究制定

经试验研究，将钩藤种苗分为三级种苗标准（试行），见表 4-1。

表 4-1　钩藤种苗质量标准（试行）

年生	等级	标准				
		苗高/cm 不低于	根长/cm 不短于	根数/条 不少于	根粗/mm 不小于	茎粗/mm 不小于
1 年生	一级苗	30	15	4	4.00	5.00
	二级苗	25	10	3	3.50	4.00
	三级苗	20	8	2	3.00	3.00
2 年生	一级苗	45	30	5	4.5	10.00
	二级苗	35	25	4	4.0	8.00
	三级苗	30	15	3	3.5	6.00

图 4-4　贵州省凯里市旁海镇钩藤规范化种植示范基地种苗繁育圃

另外，钩藤尚可采用扦插育苗进行无性繁殖。于 3 月上旬至 4 月上旬腋芽萌动时进行，此时气温回升，雨量渐多，扦插苗易于成活。采集二年生、生长健壮、无病虫害的茎枝剪截成 15～25cm 长的插穗，每段带有 2～3 个节，上剪口距芽 1.5cm 处剪平（空气干燥时用蜡封住切口），下剪口在侧芽基部或距节 5cm 处斜剪（保持剪口平滑），长短、大小基本一致的插穗分类捆扎后将其下部浸泡于 100mg/L 的生根粉溶液中 0.5～1h，取出扦插。用锄头在预先整好的苗床上按行距 12cm 横向开沟，沟深约 10cm，将插穗保持顶端向上顺着插床方向按株距 8cm 摆好，插穗与地面成 75°～85°的夹角，覆土深度以插穗入土 2/3、约 1/3 露出地面为宜，压实，浇透水。随即覆盖地膜，搭设荫棚。一般插后 20 天形成愈伤组织，50 天左右生根、发芽，待萌芽长至 1～2cm 时及时疏除弱芽，选留壮芽，芽长5cm 时去除覆盖物，施一次稀薄人畜粪尿，以后根据田间情况适时松土除草、施肥排灌，次年春季扦插苗即可出圃定植。钩藤也可采用分株育苗进行无性繁殖。钩藤根部粗壮发达，根部前端有自然萌发小芽的习性，但数量较少。分株繁殖时可于春季选择生长健壮的钩藤作母株，在根际周围锄伤根部，促其萌发不定芽，增加分株数。加强管理，一年后即可分株定植。上述钩藤无性繁殖的种苗，亦应按照前述"钩藤种苗质量标准"（试行）进行种苗质量控制。

三、规范化种植关键技术

（一）选地整地

1. 地形

选择海拔 300～1500m，河谷两侧、山腹中下部湿润的地段营造钩藤林。缓坡丘陵优于陡坡山地，山中下部优于山脊，以半阳坡或半阴坡、背风向阳为宜，忌选低洼水湿地段及风口处。

2. 土壤

土层深厚（最好 60cm 以上）、土质肥沃、疏松、湿润的地带进行带垦或穴垦。pH5～7。忌选煤泥土、黏土、强盐碱地、强酸性土及瘠薄土。

钩藤种植地，尚可结合荒山绿化造林、退耕还林或房前屋后植树造林进行种植。若大面积造林，最好与其他乔木或灌木混交营造，以借助伴生植物的保护作用，并促进钩藤茎枝攀缘。

（二）移栽定植

1. 整地

对选定的钩藤种植地定植前按行距 2.5～3m、株距 1.5～2m 开穴，穴径约 40cm，穴深约 30cm，每穴施入腐熟厩肥 5kg 和复合肥 0.25kg，与表土拌匀，待栽。

2. 定植

钩藤幼苗高 40～100cm 时即可于早春进行移栽定植，移栽定植前适当节制浇水，进行蹲苗。如遇苗床干燥，须先行浇水，使土壤湿润松软，便于起苗、带土移栽。定植时按每穴 1 株栽入事先挖好的定植穴内，扶正苗木，用熟土覆盖根系，填土至穴深 1/2 时，将苗木轻轻往上提一下，以利根系舒展，再踏实土壤，填土满穴，浇透定根水。移栽苗成活后，应全面检查大田缺窝或死苗情况，以便及时补苗。

钩藤苗出圃合格要求：实生苗苗龄 2 年以上，扦插苗苗龄 1 年即可；地径大于 0.6cm，苗高大于 40cm；根系完整，侧根数不少于 4 条，侧根长度 20cm 以上；无病虫害，无机械损伤。

（三）田间管理

1. 浇水补苗

在定植后的半个月内，尤遇干旱时更应及时浇水，抗旱保苗。在雨季尚应注意排水，以防积水过多，根系生长不良。定植成活后，须全面检查，发现死亡缺株的则应及时补上同龄钩藤苗，以保证全苗生产。

2. 松土除草

通过中耕，翻土，改善土壤结构，促进肥力，同时铲除杂草灌木，清洁林地，可防止病虫害发生。定植后，每年冬末春初中耕 1～2 次，范围为树冠下 20cm 内，中耕深度约 10cm，不漏耕。用宽 15cm 左右的锄头除草，但靠近植株的杂草宜用手拔除。

3. 合理施肥

钩藤苗定植返青成活后，施尿素 30g/株，6～7 月开花前结合中耕除草追施一次微生物菌肥或有机无机复合肥，按 0.5kg/株撒施于植株周围，并覆盖细土，11～12 月施磷肥 0.5kg/株，以利植株安全越冬。

4. 修枝整形

定植第一年，当钩藤茎藤长到 50cm 以上时，及时剪去顶端以保持植株高度在 50cm 以内，侧枝多于 3 枝时，应剪去弱枝、枯枝和病虫枝。第二年冬季开始定型，保留植株高度在 100cm 左右，分茎数 3～4 株，多余部分用枝剪剪去。第三年后，每年冬季进行修剪，保留植株高度在 150cm 左右，剪去其余部分，清除植株基部的枯枝和病虫枝。修剪可结合采收进行，通过剪顶以促使健壮新梢的萌发，提高产量。此外，钩藤定植二年后可搭架以引枝藤攀缘，也可就地利用株旁林木让枝藤攀缘其上。

5. 打花序

除预留采种地外，对其余的钩藤于现花蕾时用枝剪剪去带花序的枝条，以免因养分过度消耗而影响药材产量和品质。

（四）主要病虫害防治

在遵循"预防为主，综合防治"的原则下，坚持"早发现、早防治，治早治小治了"，选择高效低毒低残留的农药对症下药地进行钩藤主要病虫害防治。

1. 根腐病

病原为镰刀菌，属一种半知菌亚门真菌。该病菌属土壤中栖居菌，遇到发病条件，随时都有可能侵染引起发病。地下害虫为害可加重该病发生。

苗圃幼苗病害，病植株地上部枝叶萎蔫，严重者枯死，拔出根部可见根部变黑腐烂。

防治方法：发病初期可选用 25%多菌灵 1000 倍液，或 20%甲基立枯磷乳油 800～1200 倍液，或 75%百菌清可湿性粉剂 600～800 倍液等药剂灌施。

2. 软腐病

软腐病为苗期病害，为害全株。患病叶片呈水烫状软腐而成不规则小斑，严重时全株死亡。在贵州凯里市旁海镇钩藤基地 7～8 月为高发时期，其中苗圃为甚，时晴时雨时更易发病。

防治方法：保持通透性，注意苗圃地不能太湿；发病初期可选用 60%多保链霉素可湿性粉剂，或农用硫酸链霉素 2000 倍液，或兰花茎腐灵（1-4 号）500 倍液等药剂喷施。

3. 蚜虫

蚜虫又名腻虫、蜜虫等，属鳞翅目，蚜科。以成虫、若虫为害，在钩藤嫩叶、嫩茎上吸食汁液，可使幼芽畸形，叶片皱缩，严重者可造成新芽萎缩，茎叶发黄、早落死亡。每年 4 月开始发生，6～8 月为为害盛期（图 4-5）。

防治方法：蚜虫为害期可选用 10%吡虫啉 4000～6000 倍液，或 40%乐果 1200 倍液，或灭蚜松乳剂 1500 倍液等药剂喷雾。

图 4-5　蚜虫为害情况

4. 蛀心虫

幼虫蛀入钩藤茎内咬坏组织，中断水分和养料的运输，致使植株顶部逐渐萎蔫下垂。

防治方法：发现植株顶部有萎蔫现象时及时剪除；从蛀孔中找出幼虫灭之；心叶变黑时或成虫盛发期，选用 95% 敌百虫 1000 倍液喷杀。

上述钩藤良种繁育与规范化种植关键技术，可于钩藤生产适宜区内，并结合实际因地制宜地进行推广应用。

【药材合理采收、初加工、贮藏与运输】

一、合理采收期与批号制定

（一）合理采收

钩藤定植 2 年后即可采收药材。于 11～12 月当钩呈紫红色时，选晴天或阴天采收。采收后，用枝剪剪下或镰刀割下带钩的钩藤枝条，去尽叶片，去除病枝，捆成 3～5kg 的小把，运回待初加工。

（二）批号制定（略）

二、合理初加工与包装

（一）合理初加工

钩藤通过晾干表面水分后，需进行初步拣选，去除夹杂在钩枝中的茎段/藤、叶片及其他杂质。将拣选后的钩藤枝条直接晒（晾）干。或用剪刀从采收的钩藤枝条上剪下带钩茎枝（茎枝与钩约等长，2～3cm），晒（晾）干或蒸片刻（或于沸水中略烫）

后晒（晾）干即可入药，蒸或烫的目的是使其色泽紫红、油润光滑。也可于55℃烘房内烘干即得（图4-6）。

图4-6　钩藤药材（贵州剑河钩藤基地）

（二）合理包装

将干燥钩藤枝条，按 40kg 打包成捆，用无毒无污染材料严密包装。在包装前应检查是否充分干燥、有无杂质及其他异物，所用包装应符合药用包装标准，并在每件包装上注明品名、规格、等级、毛重、净重、产地、批号、执行标准、生产单位、包装日期及工号等，并应有质量合格的标志（图 4-7、图 4-8）。

图 4-7　待打包的钩藤药材

图 4-8　打包完毕的钩藤药材

三、合理储藏养护与运输

（一）合理储藏养护

钩藤应储存于干燥通风处，温度30℃以下，相对湿度65%～75%。商品安全水分8%～10%。本品易生霉，变色，虫蛀。采收时，若内侧未充分干燥，在贮藏或运输中易感染霉菌，受潮后可见白色或绿色霉斑。存放过久，颜色易失，变为浅黄或黄白色。为害的仓虫有天牛等，蛀蚀品周围常见蛀屑及虫粪。贮藏前，还应严格入库质量检查，防止受潮或染霉品掺入。贮藏中，应保持环境干燥、整洁，定期翻垛检查，发现吸潮或初霉品，应及时通风晾晒，虫蛀严重时用较大剂量磷化铝（9～12g/m³）或溴甲烷（50～60g/m³）熏杀。高温高湿季节前，必要时可密封使其自然降氧或抽氧充氮进行养护。

（二）合理运输

钩藤药材在批量运输中，严禁与有毒货物混装。其运输工具必须清洁、干燥、无异味、无污染，运输中应防雨、防潮、防曝晒、防污染，严禁与可能污染其品质的货物混装运输，并应有明显防雨、防潮等标志。

【药材质量标准、质量检测与监控】

一、药材商品规格与质量检测

（一）药材商品规格

钩藤药材以无杂质、霉变、虫蛀，身干，钩如锚状，茎条结实光滑，色红褐或紫褐，无光梗、无枯枝钩，质坚实者为佳品。其药材商品规格分为双钩藤、单钩藤、混钩藤、钩藤枝。

（二）药材商品规格

双钩藤：干货，净钩，无光梗及单钩梗，无枯枝钩，无虫蛀，无霉变。

单钩藤：干货，净钩，无光梗及双钩梗，无枯枝钩，无虫蛀，无霉变。

混钩藤：干货，为双钩藤和单钩藤的混合品，无光梗，无枯枝钩，无虫蛀，无霉变。一等混钩藤单钩不超过1/3，二等混钩藤单钩不超过1/2。

钩藤枝：干货，为无钩茎枝，无杂质，无虫蛀，无霉变。

（三）药材质量标准与检测

照《中国药典》（2015年版一部）钩藤药材质量标准进行检测。

1. 来源

本品为茜草科植物钩藤 *Uncaria rhynchophylla*（Miq.）Miq. ex Havil. 干燥带钩茎枝。秋、冬二季采收，去叶，切段，晒干。

2. 性状

本品剪枝呈圆柱形或类方柱形，长 2～3cm，直径 0.2～0.5cm。表面红棕色至紫红色者具细纵纹，光滑无毛；黄绿色至灰褐色者有的可见白色点状皮孔，被黄褐色柔毛。多数枝节上对生两个向下弯曲的钩（不育花序梗），或仅一侧有钩，另一侧为突起的疤痕；钩略扁或稍圆，末端细尖，基部较阔；钩基部的枝上可见叶柄脱落后的窝点状痕迹和环状的托叶痕。质坚韧，断面黄棕色，皮部纤维性，髓部黄白色或中空。气微，味淡。

3. 鉴别

（1）显微鉴别：

钩藤：粉末淡黄棕色至红棕色。韧皮薄壁细胞成片，细胞延长，界限不明显，次生壁常与初生壁脱离，呈螺旋状或不规则扭曲状。纤维成束或单个散在，多断裂，直径 10～26μm，壁厚 3～11μm。具缘纹孔导管多破碎，直径可达 56μm，纹孔排列较密。表皮细胞棕黄色，表面观呈多角形或稍延长，直径 11～34μm。草酸钙砂晶存在于长圆形的薄壁细胞中，密集，有的含砂晶细胞连接成行。

华钩藤：与钩藤相似。

大叶钩藤：单细胞非腺毛多见，多细胞非腺毛 2～15 细胞。

毛钩藤：非腺毛 1～5 细胞。

无柄果钩藤：少见非腺毛，1～7 细胞。可见厚壁细胞，类长方形，长 41～121μm，直径 17～32μm。

（2）显微鉴别：取本品粉末 2g，加浓氨试液 2mL，浸泡 30min，加入三氯甲烷 50mL，加热回流 2h，放冷，滤过，取滤液 10mL，挥干，残渣加甲醇 1mL 使其溶解，作为供试品溶液。另取异钩藤碱对照品，加甲醇制成每 1mL 含 0.5mg 的溶液，作为对照品溶液。照薄层色谱法（中国药典 2015 年版四部通则 0502）试验，吸取供试品溶液 10～20μL、对照品溶液 5μL，分别点于同一硅胶 G 薄层板上，以石油醚（60～90℃）-丙酮（6：4）为展开剂，展开，取出，晾干，喷以改良碘化铋钾试液。供试品色谱中，在与对照品色谱相应的位置上，显相同颜色的斑点。

4. 检查

（1）水分：照水分测定法（中国药典 2015 年版四部通则 0832 第二法）测定。不得超过 10.0%。

（2）总灰分：照总灰分测定法（中国药典 2015 年版四部通则 2302）测定。不得超过 3.0%

5. 浸出物

照醇溶性浸出物测定法项下的热浸法（中国药典 2015 年版四部通则 2201）项下的热浸法测定，用乙醇作溶剂，不得少于 6.0%。

二、药材质量标准提升研究与企业内控质量标准制定（略）

三、药材留样观察与质量监控（略）

【药材研究开发与市场前景展望】

一、生产发展现状与主要存在问题

贵州钩藤野生变家种从 2003 年开始至今，钩藤生产已取得可喜进展，钩藤保护抚育与种植面积，及其经济社会和生态效益均在逐年上升。据《贵州省中药材产业发展报告》统计，2013 年，全省钩藤保护抚育面积 1.03 万亩，种植面积 11.55 万亩，总面积达 12.58 万亩；总产量达 25336.00 吨；总产值达 21251.38 万元。2014 年，全省钩藤种植面积 6.71 万亩；总产量达 0.30 万吨；总产值达 3685.90 万元。其尤以黔东南（剑河、锦屏、黎平、凯里、丹寨、榕江等）、黔南（长顺等）、黔北（桐梓等）、黔东（碧江等）等地的钩藤保护抚育与种植为主，有的钩藤基地还开展了规范化研究与 GAP 基地建设。例如，贵州昌昊中药发展有限公司于 2003 年率先在剑河开展了钩藤野生变家种与规范化种植研究，其"贵州地道药材钩藤规范化种植技术研究及应用示范"技术成果已于 2011 年 1 月 17 日通过了省级科技成果鉴定，并牵头以"公司+基地+合作社+农户"模式，成立了 GAP 专家指导组，在黔东南剑河县等地开展了贵州钩藤规范化种植研究与试验示范，并已取得较好进展。

贵州省钩藤保护抚育、种植与经济社会和生态效益虽已取得较好成效，但在其规范化标准化等方面尚存在不少问题，还需不断深入研究与实践。特别在提高产量与综合开发利用等方面还须深入研究。且因钩藤药用部位为干燥带钩茎枝，一般均要 3 年左右才能丰产，经济效益不能尽快实现，所以有的农民生产积极性受到一定影响，更需政府及有关企业进一步加强引导与加大投入力度。

二、市场需求与前景展望

现代研究表明，钩藤的钩、茎、叶含有钩藤碱、异钩藤碱、柯诺辛因碱、异柯诺辛因碱、柯楠因碱、二氢柯楠因碱、硬毛帽柱木碱、硬毛帽柱木因碱、异去氢钩藤碱、异钩藤酸甲酯、氢钩藤碱、去氢硬毛钩藤碱、硬毛钩藤碱等。此外还含地榆素、甲基 6-O-没食子酰原矢车菊素、糖脂、己糖胺、脂肪酸和草酸钙等。华钩藤钩茎含有钩藤碱、异钩藤碱、异翅柄钩藤酸、翅柄钩藤酸、帽柱木酸、四氢鸭脚木碱、异翅柄钩藤酸甲酯、异钩藤碱、翅柄钩藤酸甲酯、钩藤碱 A、帽柱木碱、帽柱木碱 N-氧化物等药效成分。

钩藤的主要药理作用为降压作用（钩藤煎剂、乙醇提取物、钩藤总碱和钩藤碱，无论对麻醉动物或不麻醉动物，正常动物或高血压猫、狗、家兔、大鼠动物，也不论静脉注射或灌胃给药均有降压作用，且无快速耐受现象）、镇静作用、抗惊厥作用、抑制平滑肌作用（钩藤煎剂可使离体豚鼠回肠松弛，可缓解支气管平滑肌痉挛，抑制子宫平滑肌收缩；钩藤碱能抑制催产素所致大鼠离体子宫收缩，且随剂量增大而增强）和抗心律失常作用。钩藤碱还可显著抑制血小板聚集和抗血栓形成，对心肌电生理作用随剂量增加而增强，并可降低大脑皮层的兴奋性等。

在钩藤药用时，前人提倡用钩，认为其效较茎枝佳。而现代研究表明，钩藤茎枝与其钩所含成分均相似，具有相似的药效，故临床应用不必局限只用其钩。并经研究发现，钩藤的钩和比较嫩的藤化学成分和药效完全相同，强度一致，但如果生长3～5年或以上（藤直径3～5cm）时，其药效作用则会降低，这也是值得我们深入研究与注意的。

钩藤不仅是中医临床常用中药、中成药重要原料，也是重要的出口药材。

经调查，现全国钩藤市场年需求量在1000吨以上，钩藤主要出口日本等国家和地区。近年来，随着中药产业的发展及出口需要，钩藤的需求量日趋增大，市场供应量远不能满足国内、国际市场需求。其市场前景极为广阔。

应用现代生物学等先进技术进行贵州地道药材钩藤的种质资源鉴定，评价优选及其快繁技术研究，并进行钩藤药材规范化种植研究，对保护这一宝贵的中药材资源及其持续利用具有重要意义。这对保证中医药用药和中成药企业的需要，均具有重要意义。同时对加快山区农民脱贫致富，解决就业，增加地方财政收入，退耕还林，治理和保护环境能起到极大的推动作用，具有明显的经济效益、社会效益及生态效益。

主要参考文献

陈长勋，舍若敏，钟健，等. 1995. 钩藤碱对血小板凝聚作用及红细胞变形运动的影响[J]. 现代应用药学，12（1）：13.

黄彬，吴芹，文国容，等. 2000. 血浆异钩藤碱浓度对大鼠血压和心脏收缩性能的影响[J]. 遵义医学院学报，23（4），299-300.

黄彬，吴芹，文国容，等. 2001. 血浆异钩藤碱浓度对兔心率及希氏束电图的影响[J]. 遵义医学院学报，24（1），10-11.

刘建斌，任江华. 1999. 钩藤对大鼠肺动脉平滑肌细胞钙激活钾通道的影响[J]. 药理学与毒理学杂志，13（1）：33-36.

刘玉德，王桃银，李世玉，等. 2012. 钩藤的规范化栽培研究[J]. 中国现代中药，（7）31-34.

宋纯清，樊懿，黄伟晖，等. 2000. 钩藤中不同成分降压作用的差异[J]. 中草药，31（10），762-764.

唐勇琛. 2008. 贵州产钩藤的品种鉴定及质量研究[D]. 贵阳中医学院.

王克英，郭思好，祝晶. 2012. 黔产钩藤HPLC指纹图谱的研究[J]. 中国医药指南，（12）69-70.

徐淑海，何津岩，林来祥，等. 2001. 钩藤对致痫大鼠海马脑片诱发场电位的影响[J]. 中国应用生理学杂志，17（3）259-261.

余俊先，谢笑龙，吴芹，等. 2001. 异钩藤碱在麻醉猫的心血管药理效应与血药浓度的影响[J]. 四川生理学杂志，23（3）：123.

张慧珠，杨林，刘淑梅，等. 2001. 重要活性成分体外逆转肿瘤细胞多药耐药的研究[J]. 中药材，24（9），655-657.

张君，张有为，宋纯清，等. 2001. 大叶钩藤中非生物碱成分对骨肉瘤细胞增殖的影响[J]. 植物资源与环境学报，10（4），55-56.

中国科学院《中国植物志》编辑委员会. 1999. 中国植物志. 第七十一卷 第一分册[M]. 北京：科学出版社：256.

（兰才武　冉懋雄）

5 菊　花

Juhua

CHRYSANTHEMI FLOS

【概述】

菊花原植物为菊科植物菊 *Chrysanthemum morifolium* Ramat.。别名：节华、白华、女

节、日精、金蕊、治蔷、簪头菊、白茶菊、黄甘菊等。以干燥头状花序入药，历版《中国药典》均予收载。《中国药典》（2015 年版一部）称：菊花味甘、苦，性微寒。归肺、肝经。具有散风清热、平肝明目、清热解毒功能。用于治疗风热感冒、头痛眩晕、目赤肿痛、眼目昏花、疮痈肿毒。其药材按产地和加工方法不同，又可分为"杭菊"、"亳菊"、"滁菊""怀菊"及"贡菊"等。

菊花的药用历史久远，历代医学家对菊花的药用都有很高的评价。始载于我国既知的最古药学专著《神农本草经》，被列为上品，曰："菊花一名节华。味苦，平，无毒。治头风头眩，肿痛，目欲脱，泪出，皮肤死肌，恶风，湿痹。久服利血气，轻身，耐老，延年"。并指出其"生川泽及田野。"其后，诸家本草和医药典籍，对菊花则多予录著。如《名医别录》载云："菊花，味甘，无毒，主治腰痛来去陶陶，除胸中烦热，安肠胃，利五脉，调四肢。"又云：菊花"正月采根，三月采叶，五月采茎，九月采花，十一月采实，皆阴干。"宋代陆佃（1042～1102 年）《埤雅》载："菊花可入药，久服令人长生明目，治头晕，安肠胃，除胸中烦热，四肢游气，久服轻身延年"。元代名医朱丹溪（1281～1358 年）《本草衍义补遗》谓："菊花能补阴"。特别是明代伟大医药学家李时珍《本草纲目》记述尤详，对菊花的名称、品种、形态、生长习性、性味、功效等均进行了详细论述："菊之品凡百种，宿根自生，茎叶花色，品品不同。""其茎有株蔓紫赤青绿之殊，其叶有大小厚薄尖秃之异，其花有千叶单叶、有心无心、有子无子、黄白红紫、间色深浅、大小之别，其味有甘苦辛之辨，又有夏菊秋菊冬菊之分。""菊类自有甘苦两种，食用需用甘菊，入药则诸菊皆可"。"菊之苗可蔬，叶可啜，花可饵，根实可药，囊之可枕，酿之可饮，自本至末，罔不有功"。"菊能利五脉，调四肢，治头目风热，脑骨疼痛，养目血，主治风脑，能令头发不白功效"。明末清初医家陈士铎（约生于明天启年间，卒于清康熙年间）亦云："甘菊花，气味轻清，功亦甚缓，必宜久服始效，不可责以近功"。清初张履祥（1611～1674 年）《补农书》亦云："甘菊性温，久服最有益"。清代徐大椿（1644～1911 年）《神龙本草经百种录》亦载菊花，称："凡芳香之物，皆能治头目肌表之疾。但香则无不辛燥者，惟菊不甚燥烈，故于头目风火之疾，尤宜焉"。

菊花还是我国原卫生部明确规定的既可药用又可食用。菊花在祖国传统医药与广大民间皆广为应用，被广泛用于保健茶饮，在人民群众中尚有"菊花二朵一撮茶，清心明目有寿加""常饮菊花茶，到老眼不花"等民谚流传，这一切都有力说明菊花的应用历史悠久而广泛。菊花也是贵州省常用特色药材。

【形态特征】

菊为多年生草本，株高 60～150cm，全株密被白色绒毛。茎直立，具纵沟棱，基部木质化，上部多分枝，全体密被白色短柔毛，枝略具棱。单叶互生，具叶柄，叶片卵形至卵状披针形，叶缘有短刻锯齿，基部宽楔形至心形。头状花序大小不等，顶生或腋生，直径 2.5～5cm（或更大），总苞半球形，绿色；总苞片 3～4 层，外层绿色，条形，有白色绒毛，边缘膜质；舌状花雌性，着生花序边缘，舌片白色、黄色、淡红色或淡紫色，无雄蕊；雌蕊 1；管状花位于花序中央，两性，黄色，先端 5 裂，聚药雄蕊 5；雌蕊 1，子房下位。瘦果柱状，无冠毛，一般不发育。花期 10～11 月，果期 11～12 月。菊植物形态见图 5-1。

（1. 花枝；2. 舌状花；3. 管状花）

图 5-1　菊植物形态图

（墨线图引自中国中药资源丛书编委会，《中国常用中药材》，科学出版社，1995）

【生物学特性】

一、生长发育习性

　　菊为宿根性短日照植物，以宿根越冬，根状茎仍在土中不断发育。开春后，当气温稳定在 10℃以上时，根生隐芽开始萌动，萌发成芽丛。20～25℃为其生长最适温度范围，在此范围内，生长随着温度的升高逐渐加快。随着芽伸长成茎节，茎基部密生许多须根。苗期生长缓慢，苗高 10cm 以后，生长加快，苗高 50cm 后开始分枝，对日照长短很敏感，在日照短于 13.5h、夜间温度降至 15℃、昼夜温差大于 10℃时，开始从营养生长转入生殖生长，即花芽开始分化，此时植株不再增高和分枝，9 月下旬，当日照短于 12.5h、夜间气温降到 10℃左右，花蕾开始形成，此时，茎叶、花进入旺盛生长时期。10 月中、下旬始花，11 月上、中旬盛花，花期 30～40 天，头状花序花期为 15～20 天，朵花期 5～7 天，开花时自上而下，依次开放，每个花枝，也是自顶循序而下开放。

　　菊的头状花序由许多无柄小花聚宿而成，具体小花总数和组成因栽培类型或栽培条件不同而有很大差异，一般由 200～400 朵小花组成，花序被总苞包围，这些小花就着生在托盘上。外缘小花舌状，一般有 5～10 层，约 50～300 朵，雌性；中央的盘花管状，数量 5～200 朵，两性。从外到内逐层开放，每隔 1～2 天开放 1 层，由于管状小花开放时雄蕊先熟，故不能自花授粉，杂交时也不用去雄。小花开放后 15h 左右，雄蕊花粉最盛，花粉生命力1～2天，雄蕊散粉后2～3天，雌蕊柱头开始展开，一般上午9～10时开始展开，展开后2～3天凋萎。

菊花授粉后种子成熟期50～60天，1～2个月种子成熟。瘦果柱状，黄褐色。种子细小，千粒重仅1g左右。种子无胚乳，寿命不长，能在低温下发芽。通常11～12月采种后，翌年3～5月进行播种，其发芽率较高。自然条件下存放半年就会丧失发芽力，但在密封条件下，种子生命力能维持3～4年。

菊花的无性繁殖能力很强，通常冬季后，在根际周围发出许多丛生小苗，用小苗栽植成活率较高。另外，用茎、叶扦插，压条或嫁接，也能形成新的植株，一般扦插繁殖采用较多。

二、对环境条件的要求

菊喜温暖湿润气候和阳光充足的环境，在20～25℃范围内生长迅速。但亦耐寒、耐旱，芽能耐-5℃，根能耐-17℃的低温，低于-23℃则受冻害。全生育期（从移栽至菊花采收）需150～180天，其间需要光照1200～1800h，积温4500～5000℃，降水量800mm以上。在短日照下能提早开花。阳光充足，植株健壮，开花多，在荫蔽的环境生长不良，开花少。经观测，菊花对生态环境的有关主要要求如下。

温度：菊喜温暖湿润气候，亦能耐寒。植株在0～10℃能生长，并能忍受霜冻，最适生长温度为20～25℃。花能经受微霜，而不致受害，花期能忍耐-4℃的低温。降霜后地上部停止生长。根茎能在地下越冬，能忍受-17℃的低温。但在-23℃时根将受冻害。在幼苗生育期间，分枝至孕蕾期要求较高的气温条件。若气温过低，并且持续时间比较长，部分幼苗的顶芽和叶片就容易遭受冻害，而后又会刺激下部幼芽大量簇生萌发，并多数成为无效苗，徒然消耗地下茎的营养储备。

光照：菊为短日植物，一般要求每天日照10h。在菊株的不同生育阶段，对光照时数有不同的需求。幼苗阶段，光照不足易造成弱苗。栽后至花芽分化前，一般不需要强烈的直射光，每天日照时数6～9h即可满足其生长需求。进入花芽分化阶段，对日照时数与光照强度的要求较为严格。这一时期如果日照时数过长，容易引起菊株无限伸长，碍及花芽的分化和花蕾的形成；日照弱，则易徒长、倒伏，减弱抗逆能力，发生病害，并造成花期推迟，落花增多，品质下降。所以菊喜阳光，忌荫蔽，生长环境应通风透光。

水分：菊较耐旱，怕涝。随着生长发育期的不同，对水分的要求各异。从苗期至孕蕾前，是植株发育最旺盛时期，适宜较湿润的条件，若遇到干旱，则发育迟缓，分枝少，特别是在接近花期的时间段，如果缺水，则影响开花数量和质量。但水分过多，则易造成烂根。花期则以稍干燥的条件为好，若雨水过多，花序就因灌水而腐烂，造成减产，但太旱，花蕾数量也会大大减少。

土壤：要求疏松、肥沃、排水良好的壤土。黏土或低洼积水地不宜种植。菊对土壤盐分的要求比较严格，以中性富含有机质的砂壤土最为适宜。忌连作，连年在同一块土地上种植，病虫害多，产量和品质大幅度下降。

综上所述，可对菊的生物学特性及种植环境作一简要归纳：菊为宿根植物，以宿根越冬，对气候适应性强，耐寒、耐旱，对土壤要求不严，芽能耐-5℃，宿根能耐-17℃低温，既能生长在海拔 1000m 以上的寒冷地区，也能生长在海拔较低的平原及河谷地区，但以生长期气候温暖湿润、阳光充足的地区产量高、质量好。

【资源分布与适宜区分析】

一、资源调查与分布

据《中国植物志》记载，全世界菊属（*Chrysanthemum* L.）植物 30 余种，我国有 17 种，其中可供药用种类约 8 种 3 变种，见表 5-1。

表 5-1　我国菊属药用植物资源种类及分布

序号	原植物名称	主要分布地
1	小红菊 *C. chanetii* Levl.	东北、华北及陕西华山、甘肃东南部、青海东部、山东
2	野菊 *C. indicum* L.	全国除新疆、西藏外，各地均有分布
3	甘菊 *C. lavandulifolium*（Fisch. ex Trautv.）Makino	东北、华北、西北及山东、江苏、浙江、江西、湖北、云南
4	甘野菊 *C. lavandulifolium*（Fisch. ex Trautv.）Ling et Shih var. *seticuspe*（Maxim.）Shih	东北及河北、陕西、甘肃、湖北、湖南、江西、四川、云南
5	毛叶甘菊 *C. lavandulifolium*（Fisch. ex Trautv.）Makino var. *tomentellum* Hand.-Mazz.	云南东川、昆明
6	蒙菊 *C. mongolicum* Ling	内蒙古乌拉山、山西
7	菊花 *C. morifolium* Ramat.	原产我国，世界各地广泛栽培
8	楔叶菊 *C. naktongense* Nakai	东北及内蒙古、河北（功效与蒙菊相似）
9	委陵菊 *C. potentilloides* Hand.-Mazz.	山西南部、陕西东部和西北部
10	毛华菊 *C. sinense* Sabine var. *vestitum* Hemsl.	安徽西部、河南西部、湖北西部
11	紫花野菊 *C. zawadskii* Herb.	东北、华北及陕西、甘肃、安徽

注：本表引自中国中药资源丛书编委会，《中国中药资源志要》，1995。

药用菊是由原产我国长江流域的野生种（毛华菊、野菊和紫花野菊）经自然杂交和人类长期选择演化而来。随着不断的引种、栽培和选育，目前形成了多个栽培类型，并在国内形成其主要产区。药用菊花主要分布于安徽、浙江、河南、河北、湖南、湖北、四川、山东、陕西、广东、天津、山西、江苏、福建、江西、贵州等。杭菊主产于浙江桐乡、海宁、嘉兴、湖州市郊。亳菊主产于安徽亳州。滁菊主产于安徽滁州。贡菊主产于安徽歙县。怀菊产于河南武陟、鹿邑、沁阳、博爱，河北安国、辛集、安平、定州，四川中江、苍溪、仪陇、开江，陕西蒲城、大荔，广东吴川、澄海、连州等。杭菊、亳菊、滁菊、怀菊为我国四大药用名菊。

杭菊：主产于浙江省桐乡市（海拔 10～50m，地形属平原，东经 120.5°、北纬 30.6°，年平均气温为 15.8℃，年降水量为 1176mm，无霜期约 238 天），和江苏省盐城市射阳（海拔 7m，地形属平原，东经 120.4°、北纬 33.6°，年平均气温为 13.6℃，每年低于−5℃的严寒日数不足 10 天，高于 35℃的高温日数不超过 6 天，年降水量 1023.6mm，无霜期 220 天）。

亳菊：主产于安徽省亳州市（海拔 10～50m，地形属平原，东经 115.7°、北纬 33.8°，年平均气温为 14.0℃，年降水量为 793mm，无霜期约 210 天）。

滁菊：主产于安徽省滁州市（海拔 100～150m，地形属丘陵，东经 118.0°、北纬 32.0°，年平均气温为 15.0℃，年降水量为 960mm，无霜期约 223 天）。

怀菊：主产于河南省武陟县（海拔 10～50m，地形属平原，东经 113.3°、北纬 35.0°，年平均气温为 13.5℃，年降水量为 636mm，无霜期约 208 天）。

贡菊：主产于安徽省黄山市歙县（海拔 200～600m，地形属山区，东经 118.4°、北纬 29.8°，年平均气温为 16.0℃，年降水量为 1800mm，无霜期约 230 天）。

济菊：主产于山东省济宁市嘉祥县（海拔 30～80m，地形属丘陵，东经 116.3°、北纬 35.3°，年平均气温为 13.0℃，年降水量为 700mm，无霜期约 210 天）。

祁菊：主产于河北省保定市安国（海拔 36.2m，地形属平原，东经 115°10′～115°29′、北纬 38°15′～38°35′，年平均温度约为 12℃，年降水量为 505mm，无霜期约 190 天）。

川菊：主产四川中江（海拔 500～600m，地形属丘陵，东经 104°26′～105°15′、北纬 30°31′～31°17′，年平均气温 16.7℃，年平均降水量 882.5m，无霜期约 286 天）。

二、贵州资源分布与适宜区分析

贵州全省均有菊花资源分布，是我国菊花分布区之一，如野菊 *C. indicum* L.主要分布于黔北、黔东、黔中、黔东南、黔南、黔西南的各县市区，以及黔西、黔西北的水城、盘州、威宁、赫章、大方、金沙等地。其野生于丘陵、荒地、林缘、路旁和溪畔等处。而栽培菊花在贵州省各地皆可种植（且多属杭菊），尤以黔东南州、黔南州、遵义市、铜仁市、贵阳市、安顺市及毕节市等地均为菊花最适宜区。

除上述菊花最适宜区外，贵州省其他各县市（区）凡符合菊花生长习性与生态环境要求的区域均为其适宜区。

【生产基地合理选择与基地环境质量检（监）测评价】

一、生产基地合理选择与基地条件

按照菊花适宜区优化原则与其生长发育特性要求，选择其最适宜区或适宜区并具良好社会经济条件的地区建立规范化生产基地。例如，在黔北的湄潭、黔东的松桃、黔东南的黎平、黔南的都匀、黔中的清镇等均适宜种菊花。20 世纪 80 年代中期全省中药资源普查时，黔东南州黎平县种植的菊花曾高达 1 万亩以上，为全省之最。黎平地处长江、珠江两大水系的分水岭，是黔、湘、桂三省（区）交界及云贵高原向江南丘陵过渡地区，属中亚热带季风湿润气候。年平均气温为 16.0℃，≥10℃的年活动积温在 4800℃以上，历年平均最低气温为 12.9℃，最冷一月份的月均气温为 4.0℃，历年冬季的极端最低温度为-5.5℃，历年极端最高气温为 36.5℃，从 2 月下旬到 3 月上旬起，日平均气温稳定通过 10℃，4 月下旬起，气温均稳定在 15℃以上。历年年平均日照时数为 1112.7h，日照时数为 25%。全年以 7 月份日照最多，2 月份最少，日照时数 7 月份最高达 218.7h，日照百分率高达 52%。黎平多为中性富含有机质的砂质壤土，肥沃疏松，排水良好，非常适宜菊花种植。目前，黔东南州的施秉、天柱，铜仁市的思南、松桃，黔西南州的兴仁，黔南州的惠水，毕节市的七星关、大方、黔西，以及贵阳市的清镇等地，都有菊花种植基地，为农村经济发展做出了贡献。如贵州惠水县、天柱县菊花种植基地，见图 5-2。

贵州惠水县菊花种植基地　　　　　　　贵州天柱县菊花种植基地

图 5-2　贵州惠水县及天柱县菊花种植基地

二、基地环境质量检（监）测与评价（略）

【种植关键技术研究与推广应用】

一、种质资源保护抚育

药用菊栽培历史悠久，种质资源丰富，栽培地区广泛，迄今在我国已分化成较为稳定的具有明显地方特色的栽培类型。例如，以地区和商品名称就可分为杭菊、滁菊、亳菊、怀菊、贡菊、济菊、祁菊及川菊等；以花的颜色则可分为白菊和黄菊两大类；以花期可分为早熟菊和晚熟菊；以栽培品种分，至少有 20 多个（表 5-1）。如杭菊类型中，主产于浙江桐乡的大洋菊和小洋菊，主产于江苏射阳的小白菊和红心菊等均为当地比较优良的当家品种。贵州省种植的菊花多属杭菊，但未较系统地进行良种选育。因此，应切实加强药用菊种质资源保护抚育，在引种栽培时，应根据当地的自然条件和栽培条件，注重对品种的选择，同时加强对优良品种的选育工作，以求永续利用。

二、良种繁育关键技术

菊花主要用分株繁殖和扦插繁殖，少数地区还沿用压条繁殖或嫁接繁殖。分根繁殖虽然前期容易成活，但因根系后期不太发达，易早衰，进入花期时，叶片大半已枯萎，对开花有一定影响，花少而小，还易引起品种退化。而扦插繁殖虽较费工，但扦插苗移栽后生长势强，抗病性强，产量高，故目前生产上常用。

（一）选种与保种

1. 选种

11 月菊花收获时，选择无病、无虫口、健壮、具本栽培类型特性的菊植株做种株。

2. 保种

对选定的种株，让其继续生长至 12 月中旬枯倒后，割去地上部分残枝，适当铺施 2～3cm 厚的牛粪或猪粪，即可自然越冬保苗。也可待菊花收割后，挖出部分根，放在一处或放在沟内摆开，上盖细土 6cm 左右，再盖些草或树叶等，以保护过冬。

留种田的面积，可按次年计划移栽大田面积的 20∶1 的比例进行安排。

（二）分株繁殖

头年菊花收获时，选择生长健壮的根蔸，留在地里。次年 4 月下旬到 5 月上旬（清明至谷雨之间），待越冬根蔸发出新苗 15～25cm 高时，可进行分株移栽。分株时，一般选择阴天，挖起根蔸，轻轻震落泥土，然后顺菊苗分开，选择粗壮和须根发达的种苗，并将过长的根和老根以及苗的顶端切掉，每株苗应带有白根，根保留 6～7cm 长，地上部保留 15cm 长。一般每亩老菊苗萌发的苗，约可供 15 亩栽种。

（三）扦插育苗

3 月下旬至 4 月上旬，日平均地温在 10℃ 以上时进行。

1. 苗床准备

苗床应选择向阳地，于冬前深翻冻垡，施充分腐熟厩肥 3000～4000kg/亩作基肥，深翻 25cm。育苗前，耙细整平，按宽 1.5～1.8m、长 4～10m 作平畦。

2. 扦插方法

菊花收获后，选择生长健壮、发育良好、无病虫害的田块，作为留种田，盖上一层薄的肥土，第二年从根土发出的新芽，剪取粗壮、无病虫害的枝作插条。也可以在 4～5 月对菊花打顶时，选择无病斑、无虫口、无破伤、无冻害、壮实、直径 0.3～0.4cm 粗的春发嫩茎（萌蘖枝）作为种茎。将所选种茎上部切成 10～15cm 长的插条，去除下部 1/2 的叶片，同时保证上部留有 1～3 片叶子，下端在节下 3mm 处剪成平口，随切随插。或者收剪好的插条，放在阴凉处短时间、集中扦插。扦插时，在畦上按 15cm 的距离横向开沟，将插条按株距 7～10cm，以 75°～85° 的向北夹角斜插放入沟内，插条入土 1/3～1/2，上端露出土面 4cm 左右，然后一边覆土，一边压实，插后立即浇足水分。

3. 苗期管理

扦插后，须加强管理，保持畦面湿润，在苗床上应搭建 40cm 高的荫棚，用以遮阴。荫棚材料可就地取材，常用的如芦帘，透光度控制在 0.3～0.4。正常情况下，晴天 8：00～9：00 至 16：00～17：00 遮阴，其他时间包括晚上和阴雨天应撤去遮阴物。育苗期间要保持苗床土壤湿润，浇水宜用喷淋。15～20 天后待插枝生根后即可拆去荫棚，以利壮苗。一般生根最适温度 15～18℃，生根后浇一次稀薄的人粪尿，苗高 20cm 左右时，即应出圃定植。

4. 出苗移栽

用分株和扦插育苗 20 余天即可开始生根，一般苗龄 40～50 天，苗高 20cm 时，即出苗供移栽用。

三、规范化关键技术

（一）选地整地

菊花对土壤要求不严，一般排水良好的农田均可栽培。但以背风向阳、地势高爽、土质疏松、肥沃、排水良好、土壤有机质含量较高的壤土或砂壤土种植为好。水稻田前茬作物，以种植水稻 3 年以上的绿肥翻耕地为宜，不宜连作，可与蚕豆等轮作，如需套作则以油菜、大麦及蚕豆为前茬最好。例如，浙江省大部分菊花与桑、蚕豆、烟草或油菜间作，四川在肥沃的地方栽培菊花，多与早玉米间作。

前作收获后，深翻土地 20～25cm。选地如是冬闲地，则冬前应进行耕翻，耕深在 20cm 以上，保证立垡过冬，冻融土壤。来年春天结合耕翻整地，每亩施入充分腐熟的厩肥或堆肥 2000～3000kg，并加过磷酸钙 20kg 作基肥，耕翻 20cm 深，然后耙细整平。南方栽培要做高畦，并按南北向做成高 30cm、宽 2m 左右的宽畦，沟深 20cm。整个田块沟系要求做到三沟配套，即应有畦沟、腰沟和田头沟，保证地下水位离畦面 0.6m 以下。

（二）移栽定植

菊花分株苗多在 4～5 月移栽，扦插苗一般苗龄控制在 40～50 天，多在 5～6 月进行移栽。移栽应选阴天或雨天后晴天傍晚，雨天或雨后土壤过湿都不能种植。扦插繁殖时，如遇连续雨天，而苗龄已到，可将菊苗的顶端剪掉，推迟几天再移植。

在移栽前一天，先将苗床浇透水，起苗时最好带土移栽。移栽方法同分根繁殖法。在移栽时，每亩栽 5500 株左右，在整好的畦面上，按行株距各 40cm 挖 6～10cm 深的穴，然后每穴栽一株带土的扦插苗，分株苗每穴栽 1～2 株。移栽时，要使根系舒展，栽后覆土压实，并及时浇水。移栽时尚可将菊苗顶端掐去 3cm 的梢头，可减少养分消耗，提高成活率，促使其生长快，多分枝。

（三）中耕除草

菊是浅根性植物，移栽后经 7～10 天的缓苗期即可进入正常生长。此时应及时中耕除草，中耕不宜过深，只宜浅松表土 3～5cm，使表土干松，底下稍湿润，促使根向下扎，并控制水肥，使地上部生长缓慢，俗称"蹲苗"，利于菊苗生长。一般中耕 2～3 次，第 1 次在移植后 10 天左右；第 2 次在 7 月下旬；第 3 次在 9 月上旬。此外，每次大雨后，为防止土壤板结，可适当进行 1 次浅中耕，对于杂草旺盛的菊田，每月除草 1 次，特别是6～7 月，高温高湿杂草生长很快，要适当增加除草次数，最后 1 次中耕，要结合进行培土，防止植株倒伏。

（四）合理追肥

菊根系较为发达，入土较深且细根多，需肥量大，为喜肥作物。菊对钾的需求量相对较高，不施氮肥或不施磷肥会显著降低花中的可溶性糖和总黄酮含量。因此，应注重平衡施肥，采取氮、磷、钾肥相结合，农家肥与化肥相结合的原则施肥。前期氮肥不宜过多，以防徒长，徒长苗后期容易染病而减产。肥料应集中在中期用，促使发根，增加花枝。合理增施磷肥可使菊结蕾多，早现蕾，早开花。

追肥主要分 3 个时期，分别称促根肥、发棵肥和促花肥。

1. 促根肥

移栽 20 天，缓苗后 10 天左右，幼苗开始生长时，追施第一次肥，以利发根，肥源以氮肥为主。用量为尿素和 42% 的复合肥各 10kg/亩，施肥方法为穴施，穴深 5～6cm。或每亩施稀薄人畜粪水 1000kg。

2. 发棵肥

时间在 7 月中旬第一次打顶后，为促进植株发棵分枝，应追施第二次肥，肥源以氮肥和有机肥为主，用量为尿素 10kg/亩或腐熟的饼肥 50kg/亩，选阴雨天撒施，同时用厩粪水 1000kg/亩，选晴天浇施。

3. 促花肥

时间在 9 月中旬现蕾前，追施第三次肥，以便促进植株现蕾开花，肥源以磷、钾肥为主。用量为 42% 以上的复合肥 20～25kg/亩，于阴雨天撒施。同时每隔 7 天，用 2% 磷酸二氢钾溶液喷施，进行根外追肥，每次 250g/亩，连续 3～4 次。此法对多开花和开大花效果十分明显。

（五）适时打顶

打顶可以促使菊主秆粗壮，分枝增多，减少倒伏，增生花朵，是提高产量的关键措施之一。在菊生长过程中，除移栽时要打 1 次顶外，在大田生长阶段一般要打 3 次顶。第一次在 7 月中旬，应重打，用手摘或用镰刀打去主干和主侧枝 7～10cm，留 30cm 高；第二次在 7 月下旬至 8 月上旬；第三次在 8 月 20～25 日。第二次和第三次则应轻打，摘去分枝顶芽 3～5cm。过迟打顶会影响花蕾形成。打顶宜在晴天植株上露水干后进行。此外，还要疏除徒长枝条。对生长不良的植株，打顶后，反而不利其分枝开花，应少进行打顶。每次打顶或摘除的菊头，应集中后带到田外处理。

（六）及时培土

培土可保持土壤水分，增加抗旱能力，同时还可增强菊根系，防止倒伏。在菊生长过程中，一般在第一次打顶后，结合中耕除草，在根际培土 15～18cm，促使植株多生根，抗倒伏。

（七）抗旱排涝

菊花喜湿润，但怕涝。扦插或移栽时，应灌水以保证幼苗成活，缓苗后要少浇水，防止徒长。6月下旬以后，天旱要经常浇水，保持湿润，特别在孕蕾期（9月下旬），不能缺水。雨季要注意排水，防止烂根。追肥后也要及时浇水。

（八）主要病虫害防治

在遵循"预防为主，综合防治"的原则下，坚持"早发现、早防治，治早治小治了"，选择高效低毒低残留的农药对症下药地进行菊主要病虫害防治。

1. 斑枯病

又名叶枯病，是由真菌引起的叶部病害。一般于4月中、下旬发生，一直为害到菊花收获。植株下部叶片首先被侵染发病，初期叶片上出现圆形或椭圆形紫褐色病斑，大小不一，中心呈灰白色，周围褪绿，呈褐色圈。后期叶片病斑上生小黑点（病原分生孢子器），严重时病斑汇合，叶片变黑干枯，悬挂在茎秆上不脱落，严重时整株叶片干枯。4～9月雨水较多时，发病严重。

防治方法：在最后一次菊花采摘后，即割去地上部植株，集中烧毁，减少越冬菌源；选健壮无病的菊种苗，培育壮苗；适量施用氮肥，雨后开沟排水，降低田间湿度，减轻为害；发病初期，摘除病叶，并交替喷施1∶1∶100波尔多液、50%多菌灵800～1000倍液或50%托布津1000倍液。选晴天，在露水干后喷药，每隔7～10天喷1次，续喷3次以上。

2. 枯萎病

枯萎病俗称"烂根"。于6月上旬至7月上旬始发，直至11月才结束，尤以开花前后发病最重。受害植株，叶片变为紫红色或黄绿色，由下至上蔓延，以致全株枯死，病株根部深褐色呈水渍状腐烂。地下害虫多，地势低洼积水的地块，容易发病。

防治方法：选无病老根留种；轮作，不重茬；作高畦，开深沟，排水降低湿度；选用健壮无病种苗；拔除病株，并在病穴中撒施石灰粉或用50%多菌灵1000倍液浇灌。

3. 霜霉病

该病为害叶片、嫩茎和花蕾。春秋两季均能发病。发病后，被害叶片褪绿，出现一层灰白色的霉状物（病原菌孢囊梗和孢子囊），自下而上变褐干枯而死，此病能使菊花大幅度减产。第一次发病一般于3月中旬菊出芽后开始，到6月上、中旬结束；第二次发病在10月上旬。遇雨，流行迅速，染病植株枯死，不能开花，影响产量和品质。

防治方法：在未发生霜霉病的地块上种植菊；种苗用40%霜疫灵300～400倍液浸10min，晾干后栽种；发病前喷施1∶1∶100的波尔多液，一周一次，连续2～3次；发病期可喷40%疫霜灵200倍液或50%瑞毒霉500倍液喷治；实行轮作，提高田间管理水平。

4. 花叶病毒

发病植株，其叶片呈黄色相间的花叶，对光有透明感。病株矮小或丛枝，枝条细小，开花少，花朵小，产量低，品质差。发生为害时间较长，蚜虫为传毒媒介。

防治方法：选育抗病的优良品种；及时治蚜防病；发病后可喷 25～50mg/L 的农用链霉素溶液。

5. 菊天牛

菊天牛又名菊虎、蛀心虫，5～7 月发生。成虫将茎梢咬成一圈小孔并在圈下 1～2cm 处产卵于茎髓部，致使茎梢部失水下垂，容易折断。卵孵化后幼虫钻入茎内，在茎内向下取食，使枝条甚至整株枯死。有时在被咬的茎秆分枝处折裂，愈合后长成微肿大的结节，被害枝不能开花或整枝枯死。一年发生一代，以成虫在根部潜伏越冬，寄主达 14 种菊科植物。

防治方法：在产卵孔下 3～5cm 处剪除被产卵的枝梢，集中销毁；成虫发生期，于晴天上午在植株和地面喷施 5%西维因粉，5 天喷 1 次，连喷 2 次，清除杂草，并在 7 月间释放肿腿蜂进行生物防治。5～7 月，早晨露水未干前，在植株上捕杀成虫；大量发生时，喷 40%乐果 1000 倍液。

6. 蛴螬

蛴螬为鞘翅目多种金龟甲科昆虫幼虫的总称，其中以华北大黑鳃金龟常见，一般于 4～6 月以若虫（俗称蛴螬）地下钻洞并咬食菊地下部根皮，或蘖芽。其成虫（金龟子）白天潜伏于土中，黄昏时陆续出土咬食菊花茎叶。

防治方法：用 90%敌百虫 1000 倍液喷杀或人工捕杀。

7. 菊小长管蚜

菊小长管蚜一年可发生 20 多代。4～5 月密集嫩梢、叶背，或 9～10 月集中于菊嫩梢、花蕾和叶背为害，吸取汁液，使叶片皱缩，花朵减少或变小。

防治方法：清除杂草，忌与菊科植物连作和间套作；发生期喷施 40%乐果 2000 倍液，每隔 7 天喷 1 次，连续喷 2～3 次。

8. 菊花瘿蚊

一般于 4 月中旬在菊田出现第 1 代幼虫，并形成虫瘿，5 月随着菊苗移栽，把虫瘿带入大田，苗田中发育的成虫也可飞迁到大田产卵，5～6 月在大田菊上发生第 2 代，7～8 月发生第 3 代，8～9 月发生第 4 代，此时正值现蕾期，受害影响最重，10 月上旬发生第 5 代，受害植株虫瘿成串，植株矮小。

防治方法：人工摘剪虫瘿和打顶，从菊育苗田向大田移栽时，应先摘剪虫瘿后再移栽，摘剪下的虫瘿要集中深埋或烧毁，也可用开水烫；菊花瘿蚊的卵及虫瘿主要分布在枝条顶端，田间无成虫时，打顶并带出田间销毁可降低虫瘿量。5～8 月是天敌寄生菊花瘿蚊的高峰期，尤其 7 月第 3 代幼虫被寄生率很高，保护好天敌对抑制瘿蚊的发展有显著效果；

8月中下旬菊花开始现蕾时用40%乐果乳油1000倍液喷雾防治。

另外，还有一些病虫害，如白粉病、棉蚜、术蚜、地老虎、绿盲蝽、斜纹夜蛾、棉大造桥虫、茶小卷叶蛾、管蓟马等，可按其相应常规方法防治。

上述菊的良种繁育与规范化种植关键技术，可在其生产适宜区内，并结合实际因地制宜地进行推广应用。

【药材合理采收、初加工、贮藏与运输】

一、合理采收与批号制定

（一）合理采收

菊花应于10月下旬至11月上旬，在花心散开2/3时采收。选晴天露水干后进行采收，若将露水花采下，则容易腐烂变质。要分期分批采收，一般分3次采摘，种植当年11月上旬第一次采摘，约占总产量的50%～60%；隔5～7天采摘第2次，约占产量的30%；再过7天左右采收第3次。若天气预报要连续下雨，而采花期已到，则要抢在雨前采一批，以免损失。采收后，应将鲜花在通风处晾干，切不能堆放，并应及时初加工。

采收注意：结合实际，适时采收，过早或过晚都会影响产量和品质。采花时，花瓣平直，有80%的花心散开，则花色洁白，如遇早霜，则花色泛紫，加工后可致等级下降。应手工将花小心摘下，置竹篓或竹筐中带回初加工地及时加工，千万不可采露水花，以免露水流入花瓣内不易干燥而引起腐烂。另外，采收时尚应在花枝分枝处将枝条折断，并随手将花枝扎成小把带回初加工地处理。

（二）批号制定（略）

二、合理初加工与包装

（一）合理初加工

以杭菊为例简介如下：采用传统的蒸煮杀青工艺进行初加工。为便于加工，保证商品质量，鲜花采收后，经过选花剔除烂花，然后按花头大小进行分级，大小花朵分开，并将分好的花在芦帘或竹帘上摊晾2～3h，散去花头表面水分（特别是露水花或雨水花，一定更要晾干水分后再加工），方易蒸透和蒸后晒干。

初加工步骤分为上笼、蒸煮、晒干，其方法虽简便，但技术性强，稍有疏忽，就会影响色泽或品质，降低等级，减少收入。

1. 上笼

将已散去表面水分的花头放入直径30cm左右的小蒸笼内，花心向外，拣去枝、叶等杂质，厚度一般以3～4朵花厚（3～4cm）为宜。过厚难以蒸透，且中部花朵易发霉变质，从而降低产品等级。

2. 杀青

将蒸锅水烧开后，上笼蒸煮，保持笼内温度 90℃左右，为保持蒸时火力均匀，应用煤炭或天然气作燃料。蒸 1～2min 后将蒸笼一起取出。时间过长，花太熟；时间过短则花不熟，均会降低商品等级。

3. 晾晒

将蒸煮杀青过的菊花立即倒在竹帘或芦席上晾晒，保持色泽鲜丽，形状完整。晒 1～2 天后翻花 1 次，3～5 天至 7 成干时置通风的室内摊晾。菊花上面不可压其他物品，以免影响品质。经 2～3 天后再置室外晒至干燥即成。花未干时，切忌手捏，叠压，以防影响花的平展与质量。晒后如发现有潮块，要拣出复晒。晒花时要注意卫生，烟灰、尘土飞扬场所或牲畜棚旁等均不宜晒花。

因产地或品种类型不同，所采用的传统加工方法有较大差异。不同的初加工方法对药用菊花外观色泽，药效成分含量均有一定的影响。例如，不同初加工法怀菊中绿原酸、总黄酮和挥发油含量的比较情况，见表 5-2。

表 5-2　不同初加工法怀菊中绿原酸、总黄酮和挥发油含量的比较表

品名	初加工方法	总黄酮/%	绿原酸/‰	挥发油/(mL·kg⁻¹)	挥发油颜色
怀大白菊	蒸晒	5.29±0.04a	4.30±0.14a	1.91±0.07	蓝绿色
	阴干	5.34±0.07a	3.83±0.26b	—	—
	烘干	3.38±0.05b	2.26±0.08c	3.00±0.38	浅绿色
怀小白菊	蒸晒	4.51±0.10a	4.56±0.03a	1.64±0.22	深蓝色
	阴干	4.52±0.04a	2.77±0.32b	—	—
	烘干	1.82±0.04b	1.24±0.27c	2.10±0.19	深蓝色

注：梁迎暖，郭巧生，张重义，等. 气象因子对怀菊品质影响分析[J]. 中国中药杂志，2007，32（23）：2474-2477.

（二）合理包装

将干燥菊花药材，按规格严密包装。在包装前，每批药材包装应有记录，应检查是否充分干燥、有无杂质及其他异物，所用包装应为无毒无污染、对环境和人安全的包装材料或以购货商要求而定。在每件包装上注明品名、规格、等级、毛重、净重、产地、批号、执行标准、生产单位、包装日期及工号等，并应有质量合格的标志。

三、合理储运养护与运输

（一）合理储运养护

干燥后的菊花如不马上出售，包装后应置于室内干燥的地方贮藏，同时应防止老鼠等啮齿类动物的为害。菊花应贮于阴凉、干燥、避光处，温度 30℃以下，相对湿度 65%～

70%，商品安全水分 10%～14%。为保持色泽，还可将干燥的菊花放在密封的聚乙烯塑料袋中贮藏。贮藏期间，应先进早出，不宜久贮。并应定期检查，防止受潮，若货垛发热，应迅速倒垛摊晾。高温高湿季节，可小件密封，置生石灰、木炭、无水氯化钙等吸潮。若发现轻度霉变、虫蛀，及时晾晒。

正常情况下，从冬季至春季可安全贮藏 3～4 个月。但进入次年 5 月后，由于气温升高，菊花应转入具低温条件的地方贮藏。一般在 4～10℃的贮藏条件下可安全越夏。

（二）合理运输

运输工具或容器应具有较好的通气性，以保持干燥，并应有防潮措施，尽可能地缩短运输时间。同时不应与其他有毒、有害、易串味物品混装。

【药材质量标准、质量检测与监控】

一、药材商品规格与质量检测

（一）药材商品规格

菊花药材以无杂质、枝叶、霉变、虫蛀，身干，气清香，味淡，微苦，花朵完整，颜色鲜艳者为佳品。其药材商品规格，以杭菊为例可分为 3 个等级。

一级：干货。蒸花呈压缩状。朵大肥厚，玉白色，花心较大，黄色。气清香，味甘微苦。无霜打花、浦汤花、生花、枝叶、杂质、霉变、虫蛀。

二级：干货。蒸花呈压缩状。花朵厚，较小，玉白色，花心黄色。气清香，味甘微苦。无霜打花、浦汤花、枝叶、杂质、霉变、虫蛀。

三级：干货。蒸花呈压缩状。花朵厚，较小，玉白色，花心黄色。气清香，味甘微苦。间有不严重霜打花、浦汤花，无枝叶、杂质、霉变、虫蛀。

注："浦汤花"其系指杭白菊蒸花时，沸水上漫烫熟的菊花。

（二）药材质量检测

按照《中国药典》（2015 年版一部）菊花药材质量标准进行检测。

1. 来源

本品为菊科植物菊 *Chrysanthemum morifolium* Ramat.的干燥头状花序。9～11 月花盛开时分批采收，阴干或焙干，或熏、蒸后晒干。药材按产地和加工方法不同，分为"杭菊""亳菊""滁菊""贡菊""怀菊"。

2. 性状

杭菊：呈碟形或扁球形，直径 2.5～4cm，常数个相连成片。舌状花类白色或黄色，平展或微折叠，彼此粘连，通常无腺点，管状花多数，外露。

亳菊：呈倒圆锥形或圆筒形，有时稍压扁呈扇形，直径 1.5～3cm，离散。总苞碟状；总苞片 3～4 层，卵形或椭圆形，草质，黄绿色或褐绿色，外面被柔毛，边缘膜质。花托半球形，无托片或托毛。舌状花数层，雌性，位于外围，类白色，劲直，上举，纵向折缩，散生金黄色腺点，管状花多数，两性，位于中央，为舌状花所隐藏，黄色，顶端 5 齿裂。瘦果不发育，无冠毛。体轻，质柔润，干时松脆。气清香，味甘、微苦。

滁菊：呈不规则球形或扁球形，直径 1.5～2.5cm。舌状花类白色，不规则扭曲，内卷，边缘皱缩，有时可见淡褐色腺点，管状花大多隐藏。

贡菊：呈扁球形或不规则球形，直径 1.5～2.5cm。舌状花白色或类白色，斜升，上部反折，边缘稍内卷而皱缩，通常无腺点，管状花少，外露。

怀菊：呈不规则球形或扁球形，直径 1.5～2.5cm。多数为舌状花，舌状花类白色或黄色，不规则扭曲，内卷，边缘皱缩有时可见腺点，管状花大多隐藏。

3. 鉴别

（1）显微鉴别：本品粉末黄白色。花粉粒类球形，直径 32～37μm，表面有网孔纹及短刺，具 3 孔沟。T 形毛较多，顶端细胞长大，两臂近等长，柄 2～4 细胞。腺毛头部鞋底状，6～8 细胞两两相对排列。草酸钙簇晶较多，细小。

（2）薄层色谱鉴别：取本品 1g，剪碎，加石油醚（30～60℃）20mL，超声波处理 10min，弃去石油醚，药渣挥干，加稀盐酸 1mL 与乙酸乙酯 50mL，超声波处理 30min，滤过，滤液蒸干，残渣加甲醇 2mL 使其溶解，作为供试品溶液。另取菊花对照药材 1g，同法制成对照药材溶液。再取绿原酸对照品，加乙醇制成每 1mL 含 0.5mg 的溶液，作为对照品溶液。照薄层色谱法（《中国药典》2010 年版四部通则 0502）试验，吸取上述三种溶液各 0.5～1μL，分别点于同一聚酰胺薄膜上，以甲苯-乙酸乙酯-甲酸-冰醋酸-水（1：15：1：1：2）的上层溶液为展开剂，展开，取出，晾干，置紫外线灯（365nm）下检视。供试品色谱中，在与对照药材色谱和对照品色谱相应的位置上，显相同颜色的荧光斑点。

4. 检查

水分：照水分测定法（《中国药典》2015 年版四部通则 0832 第二法）测定，不得超过 15.0%。

5. 含量测定

照高效液相色谱法（《中国药典》2015 年版四部通则 0502）测定。

色谱条件与系统适用性试验：以十八烷基硅烷键合硅胶为填充剂；以乙腈为流动相 A，以 0.1%磷酸溶液为流动相 B；按表 5-3 中的规定进行梯度洗脱；检测波长为 348nm。理论板数按 3, 5-O-二咖啡酰基奎宁酸峰计算应不低于 8000。

表 5-3　梯度洗脱参数表

时间/min	流动相 A/%	流动相 B/%
0～11	10→18	92→82
11～30	18→20	82→80
30～40	20	80

对照品溶液的制备：取绿原酸对照品、木樨草苷对照品、3, 5-O-二咖啡酰基奎宁酸对照品适量，精密称定，置棕色量瓶中，加 70%甲醇制成每 1mL 含绿原酸 35μg，木樨草苷 25μg，3, 5-O-二咖啡酰基奎宁酸 8μg 的混合溶液，即得（10℃以下保存）。

供试品溶液的制备：取本品粉末（过一号筛）约 0.25g，精密称定，置具塞锥形瓶中，精密加入 70%甲醇 25mL，密塞，称定重量，超声波处理（功率 300W，频率 45kHz）40min，放冷，再称定重量，用 70%甲醇补足减失的重量，摇匀，滤过，取续滤液，即得。

测定法：分别精密吸取对照品溶液与供试品溶液各 5μL，注入液相色谱仪，测定，即得。

本品按干燥品计算，含绿原酸（$C_{16}H_{18}O_9$）不得少于 0.20%，含木樨草苷（$C_{21}H_{20}O_{11}$）不得少于 0.080%，含 3, 5-O-双咖啡酰基奎宁酸（$C_{25}H_{24}O_{12}$）不得少于 0.70%。

二、药材质量标准提升研究与企业内控质量标准制定（略）

三、药材留样观察与质量监控（略）

【药材研究开发与市场前景展望】

一、生产发展现状与主要存在问题

近 20 年来，对药用菊的研究主要集中于不同产地或不同栽培类型之间的品质比较研究和规范化栽培技术的研究，有关药用菊遗传多样性和新品种的选育方面的研究工作亦已取得了较大的进展。因此，如何稳定或保证菊花品质、进一步提高栽培产量及改进传统加工方法将是今后研究的主要方向。

贵州省药用菊的研究及种植，与国内先进省份差距很大，栽培技术粗放，长期无性繁殖导致的种苗带病带毒严重。因此，可以将组织培养技术应用到菊花种苗繁育上，如以茎尖和叶片为外植体诱导其成为完整植株，培养繁育脱毒苗。按照中药材有关规定，在现有菊花规范化种植基地的基础上，逐步实现菊花的规范化生产，保障产品质量，是实现菊花优质高产可持续发展的必由之路。

二、市场需求与前景展望

菊花作为我国大宗和重要出口药材之一，社会需求量较大。而且菊花还能食用和美化环境，具有广阔的发展前景。

作为重要药材，菊花不仅具有疏风、清热、明目、解毒功效，主治头痛、眩晕、目赤、心胸烦热、疔疮、肿毒等症，还具有镇静、抗衰老，甚至降糖作用。将菊花花瓣阴干，放入枕套中制成菊花枕，对高血压、头晕、失眠、目赤有较好的疗效。将菊花、陈艾叶捣碎为粗末，装入纱布袋中做成菊花护膝，可祛风除湿、消肿止痛，也可治疗鹤膝风等关节炎。同时，菊的根（菊花根）、嫩茎叶（菊花苗）、叶（菊花叶），《中国药典》虽未收载，但在民间亦广为药用。

作为食用药材，如菊花与粳米同煮成粥，食之能清心、除烦、悦目。菊花还可酿酒，由菊花加糯米、酒曲酿制而成，古称"长寿酒"。也可制茶，中国古代已认识到菊花有清凉败火、明目养眼、降血脂、利气血、延年益寿的功能，是上佳的保健饮料。制茶的菊花，主要产在浙江的桐乡、海宁等地，素称杭白菊。饮此茶，可消暑、降压、祛风、润喉、养目、醒酒。目前市场上一方面杭菊、滁菊、贡菊等可以直接泡水作茶饮；另一方面随着人们需求的增加，诸多菊花茶饮料纷纷出现。尤其华南地区一直有喝凉茶的习惯，罐装菊花茶饮料既保持了冲沏菊花茶的功用，又比冲沏茶更容易携带和存放，可以满足人们要求方便、口感好、有功能性等各方面的要求。而因其美丽雅致，生于春、长于夏、秀于秋的观赏价值，在园林绿化中，菊花可以应用于盆栽及切花，还可应用于花台、花境及地被栽植等。菊花还可用于制作花篮、花束、花环及壁饰等。

总之，菊花既是常用中药材与重要药源，为医药工业和相关产业的重要原料和传统出口商品，又是重要食用（茶饮等）及观赏植物，用途广泛，开发前景极为广阔。

主要参考文献

陈守江，刘仲君. 2006. 菊花饮料的研制[J]. 食品工业科技，27（3）：112-113，117.

段崇霞，张正竹. 2008. 四大药用菊花功能成分的比较研究[J]. 安徽农业大学学报，35（1）：99-105.

郭巧生，段金廒，刘丽，等. 2002. 药用白菊花标准生产技术规程[J]. GAP研究与实践，2（1）：27-30.

郭巧生，何先元，刘丽，等. 2003. 药用白菊花新品种选育研究[J]. 中国中药杂志，28（1）：28-31.

郭巧生，梁迎暖，张重义. 2008. 土壤因子对怀菊质量影响研究[J]. 中国中药杂志，33（2）：125.

郭巧生，刘德辉，梁珍海，等. 2003. 药用菊花种植基地土壤肥力变化和菊花专用肥的研究[J]. 中国中药杂志，28（2）：121-125.

贾凌云，孙启时，黄顺旺. 2004. 八大品种菊花中不同成分的含量比较[J]. 中草药，35（10）：1180-1183.

梁迎暖，郭巧生，张重义，等. 2007. 气象因子对怀菊品质影响分析[J]. 中国中药杂志，32（23）：2474-2477.

刘鹏，刘金，赵艳红，等. 2005. 菊花的组织培养、脱毒与快繁技术[J]. 内蒙古民族大学学报：自然科学版，20（4）：410-413.

欧阳辉，黄小方，傅国强，等. 2009. 药用菊花四大主流品种的质量研究[J]. 江西中医学院学报，21（4）：36-37.

尚志钧，刘晓龙，刘大培. 1993. 中药菊花的本草考证[J]. 中华医史杂志，23（2）：114-117.

盛蒂，郭亚勤，王旭东，等. 2006. 七种栽培类型菊花的植物学特征、产量及有效成分比较研究[J]. 中草药，37（6）：914-917.

王德群，梁益敏，刘守金. 1999. 中国药用菊花的品种演变[J]. 中国中药杂志，24（10）：584-587.

王德群，刘守金，梁益敏. 2001. 中国菊花药用类群研究[J]. 安徽中医学院学报，20（1）：45-48.

徐文斌，郭巧生，李彦农，等. 2005. 药用菊花不同栽培类型内在质量的比较研究[J]. 中国中药杂志，30（21）：1645-1648.

薛建平，张爱民，赵丰兰. 2002. 安徽药菊茎尖组织培养技术的研究[J]. 中国中药杂志，27（5）：20.

张启明. 2004. 菊花茶饮料品类的市场前景分析[J]. 食品工业（上海），25（5）：43-44.

Fang X L，Wang X T，Huang S R，et al. 2002. Effect of *Chrysanthemum morifoliumon* Ramat on apoptosis of bovineaortic smooth muscle cells[J]. Journal of Zhejiang University Medical sciences，31（5）：347-350.

Kim S J，Hahn E J，Heo J W，et al. 2004. Effects of LEDs on net photosynthetic rate，growth and leaf stomata of chrysanthemum plantlets in vitro[J]. Scientia Horticulturae，101：143-151.

（罗夫来　冉懋雄）

第六章　菌类和其他类药材

1　茯　苓

Fuling

PORIA

【概述】

茯苓原植物为多孔菌科真菌茯苓 *Poria cocos*（Schw.）Wolf。别名：茯菟、茯灵、茯薯、伏苓、伏菟、松腴、松薯、松苓、松木薯、不死面、绛晨伏胎等。以干燥菌核（茯苓）、外皮（茯苓皮）入药，历版《中国药典》均予收载，《中国药典》（2015 年版一部）称：茯苓味甘、淡，性平。归心、肺、脾、肾经。具有利尿渗湿、健脾、宁心功能。用于治疗水肿尿少、痰饮眩悸、脾虚食少、便溏泄泻、心神不安、惊悸失眠。

茯苓以"茯苓"之名，始载于《神农本草经》，被列为上品，云："一名茯菟。味甘，平，无毒。治胸协逆气，忧恚，惊邪，恐悸，心下结痛，寒热，烦满，欬逆，止口焦，舌干，利小便。久服安魂魄，养神，不饥，延年。生山谷大松下。"足见古人于 2000 多年前则对茯苓功效与生境已有充分认识。其后诸家本草多予录著与修补。例如，三国魏《吴普本草》载："通神，甘，无毒。或生益州（今四川省）大松下，入地三尺至一丈。"《名医别录》曰："生太山（今山东省泰山）山谷大松下，二月、八月采，阴干"。南北朝梁代陶弘景《本草经集注》载："茯苓今出郁州（今江苏省灌云县）。自然成干者，大如三四升器，外皮黑细皱，内坚白，形如鸟兽龟鳖者良。其有衔松根对度者，为茯神，是其次茯苓后结一块也。为疗既同，用之亦应无嫌。……彼土人乃假斫松作之，形多小，虚赤不佳。"至唐代《新修本草》云："今太山亦有茯苓，白实而块小，而不复采用。第一出华山，形极粗大。"宋代《本草图经》曰："茯苓，生泰山山谷，今泰、华、嵩山皆有之。出大松下，附根而生，无苗叶花实，作块如拳在土底……。今东人采之法：山中古松久为人斩伐者，其枯折搓篝，枝叶不复上生者，谓之茯苓拨。见之，即于四面丈余地内，以铁头锥刺地；如有茯苓，则锥固不可拔，于是掘土取之。其拨大者，茯苓亦大。皆自作块，不附著根上。其抱根而轻虚者为茯神。"《图经本草》尚载有西京茯苓和兖州茯苓的附图。明代李时珍《本草纲目》，将茯苓列入木部，并有茯苓皮及茯苓木药用等记述。在其"发明"项下，对其功用详加论述，并进行了茯苓用药机理阐释。如其指出："茯苓，本草又言利小便，代肾邪。至李东垣、王海藏乃言小便多者能止，涩者能通，同朱砂能秘真元。而朱丹溪又言阴虚者不宜用，义似相反，何哉？茯苓气味淡而渗，其性上行，生津液，开腠理，滋水之源而下降，利小便。故张洁古谓其属阳，浮而升，言其性也；东垣谓其为阳中之阴，降而下言其功也。"李氏尚提出"后人治心悸必用茯神。故洁古张氏云：风眩心虚，非茯神不能除，然茯苓未尝不治心病也"的观点。另外，唐代著名文学家柳宗元曾挥笔写下了《辨茯神文并序》，宋代文学家苏东坡曾描述茯苓饼的制作与功效为："以酒蒸胡麻，用去皮茯苓少入白蜜为饼食之，日久气力不衰，百病自去，此乃长生要诀"。清代《滇海虞衡志》载："茯苓，天下无不推云南，曰云苓……往往有一枚重二三十斤者，亦不之异，惟以轻重为准。"当时云南每年择两个重 20 余斤的大苓向朝廷进贡，颇受赞赏。从上可见，茯苓用药历史悠久，是中医临床最常用药材，也是贵州著名地道特色药材。

【形态特征】

　　茯苓属多年生真菌，系担子菌纲多孔菌目多孔菌科卧孔菌属茯苓菌的地下菌核。茯苓为兼性寄生真菌，寄主为松属植物。寄生在松树根部或寄生在埋于地下的松树料材（或称"料筒"）上，由菌丝集结而成，为不定形的块状菌核，常见者则为其菌核体。茯苓菌核表面呈瘤状皱缩，多为圆球形、扁球形、长圆形或为不规则的瘤状体，菌核大小不等，直径 10～30cm 或更长。鲜时质地较软，有特异气味，表面略皱，黄褐色，干后质地坚硬。外表皮灰棕色或黑褐色，外皮薄而粗糙，有明显皱缩纹；内部白色或淡棕色，在同一菌核内部，可能部分呈白色，部分呈淡红色，粉粒状，由无数菌丝及贮藏物质聚集组成，切开断面不平，具颗粒状棱角，有裂隙，断面外周淡棕色或淡红色，内部发白或淡红色，切面有黏性，薄片现淡灰色水纹。茯苓子实体平伏产生于菌核表面，形如蜂窝，高 3～8cm，初白色，老后淡棕色，管口多角形，壁薄。孢子近圆柱形。茯苓（菌核，又称为"茯苓个"），见图 1-1。

图 1-1　茯苓（菌核）形态图

（墨线图引自冉懋雄主编，《名贵中药材绿色栽培技术·茯苓、吴茱萸、川芎》，科学技术文献出版社，2002）

【附】经研究观察，茯苓在不同的发育阶段，表现出 **3** 种不同的形态特征，即菌丝体、菌核和子实体。

1. 菌丝体

其菌丝体包括单核及双核 2 种菌丝体。单核菌丝体，又称初生菌丝体，是由茯苓孢子萌发而成，仅在萌发的初期存在。双核菌丝体，又称次生菌丝体，为菌丝体的主要形式，由 2 个不同性别的单核菌丝体相遇，经质配后形成。菌丝指单细胞连接成的管状、透明的丝状体。在光学显微镜下观察，茯苓菌丝由生殖菌丝和骨架菌丝两种菌丝及小囊状体组成，其中生殖菌丝透明，薄壁到厚壁，具简单隔膜，少分枝，直径 3～5μm。荧光显微镜下茯苓菌丝体有隔膜，无锁状联合的多核菌丝，核数目不定，一般为 6～30，同一细胞中往往表现为两个核较为靠近。茯苓菌丝体是茯苓的营养器官，幼嫩时呈白色绒毛状，衰老时呈棕褐色，气生菌丝较多（附图 1）。

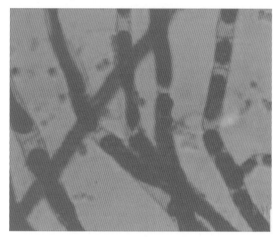

附图 1　茯苓菌丝体
（引自熊杰，《茯苓基本生物学特性研究》，菌物学报，2006）

2. 菌核

菌核是由大量菌丝及营养物质紧密集聚而成的休眠体。球形、椭球形、扁球形或不规则块状；小者重数两，大者数斤、数十斤；新鲜时质软、易拆开，干后坚硬不易破开。菌核外层皮壳状，表面粗糙、有瘤状皱缩，新鲜时淡褐色或棕褐色，干后变为黑褐色；皮内为白色及淡棕色。在显微镜下观察，菌核中白色部分的菌丝多呈藕节状或相互挤压的团块状。近皮处为较细长且排列致密的淡棕色菌丝。菌核是在不良的环境中菌丝在适当位置相互紧密地缠结在一起而形成的。菌核由三部分组成，外层叫作茯苓皮，坚韧皮壳；近皮层处叫作赤茯苓，菌肉淡红棕色，由多糖颗粒和双核菌丝组成；中心叫作白茯苓，多糖积累层，白色，有少量菌丝（附图 2）。

附图 2　茯苓菌核
（贵州黎平县茯苓规范化培植基地，2011.12）

3. 子实体

子实体通常产生在菌核表面，平伏贴生于枯老的茎干或菌核表面，厚 0.3～4cm。偶见于较老化的菌丝体上。子实体大小不定，蜂窝状，大小不一，无柄平卧，厚 0.3～1.0cm。

初时白色，老熟后或干燥后变淡黄白色至淡褐色。菌管长度几乎和厚度相等，管口多角形至不规则，大小不等，孔壁薄，蜂巢状，直径 0.5 ~ 2mm，老时管口渐破裂成齿状。子实层着生在孔管内壁表面，由数量众多的担子组成。成熟的担子各产生 4 个孢子（即担孢子）。茯苓孢子灰白色，长椭圆形或近圆柱形，有一歪尖，6μm×2.5μm ~ 11μm×3.5μm（附图 3、附图 4）。

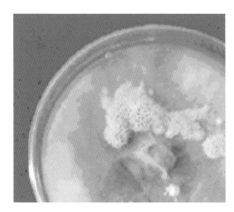

附图 3　茯苓子实体　　　　　　　　　附图 4　茯苓菌核上子实体

（引自熊杰，《茯苓基本生物学特性研究》，菌物学报，2006）

【生物学特性】

一、生长发育习性

（一）生活史

茯苓的生活史是从孢子萌发再到孢子的一个循环过程，茯苓担孢子在适宜条件下开始萌发形成初生菌丝，菌丝内仅有一个细胞核，称为单核菌丝。菌丝进行分裂，不断延伸，历时较短，很快两菌丝开始进行细胞壁融合，但细胞核仍保持独立，形成双核菌丝。双核菌丝通过锁状联合方式进行分裂，生长更为迅速。这些双核菌丝交织在一起形成白色棉绒状菌丝体，分解和利用营养物质的能力更强，同时菌丝不断分枝，以增强与寄主的接触面，提高吸收能力。在适宜的条件下，菌丝体通过自己所具有的酶将木材中的纤维素、半纤维素等分解为相对分子量低的化合物，并繁殖大量的营养菌丝体。营养菌丝体在呼吸过程中产生水分，有些水分凝结成水滴进入周围松软的砂土中，形成潮湿的小穴，菌丝沿着小穴生长形成环状的袋囊。袋囊不断通过菌丝从基质里吸收营养，形成菌核。在适宜的条件下，可以在菌核的表面上产生子实体。

茯苓菌核既是繁殖器官，又是贮藏器官，积累了大量糖类和酸类等营养成分，由大量菌丝及营养物质紧密集聚而成。当菌核在土壤中或松根际发育到一定程度时，则逐渐向上膨大增长而露出土面，进而在露出土面的侧下方产生一层蜂窝状的子实体（子实体也可以从菌丝体直接产生）。子实体成熟后，大量孢子则从子实层内弹射散落到寄主木材上，孢子在适宜条件下便萌发生长形成新的菌丝体，从而开始新的一代生活。这个过程则称为有性繁殖。若直接用菌核繁殖，则称为无性繁殖。另外，茯苓菌丝体可由孢子萌发产生，也可由菌核组织（即菌丝体）直接延伸形成新的菌丝体。茯苓菌的整个生活史，可由图 1-2 表示。

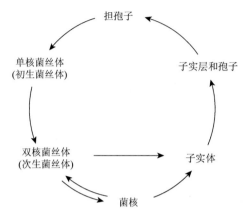

图 1-2　茯苓菌生活史示意图

（引自冉懋雄主编.《名贵中药材绿色栽培技术·茯苓、吴茱萸、川芎》，科学技术文献出版社，2002）

　　茯苓的正常生长发育时间，一般在菌丝接种后 3～4 个月即可开始结苓，早熟的可于 7～10 个月收获；但也有于接种后 6～7 个月才结苓者，从而晚熟的则需 12～15 个月才能收获。这与其营养物质、栽培管理等诸多因素有关，我们在贵州黎平等茯苓产区发现结大茯苓、早熟茯苓的，大多是长在粗大松木或树蔸上，并是经过精心管理所得的结果。茯苓菌的生活物候期，见表 1-1。

表 1-1　茯苓菌的生活物候期

1～2 月	3～4 月	5～6 月初	6 月初～6 月初	6 月中～8 月初	8 月中～9 月初	9 月中～11 月初	9 月中～11 月初
菌丝体及已形成的菌核处于休眠期	菌丝体及菌核恢复生活继续生长发育	菌丝体生长迅速，菌核逐渐膨大增长	菌核进入成熟期，生长迅速。子实体形成，孢子弹射，进入有性繁殖期。孢子萌发及无性繁殖接种形成的菌丝体，正常生长发育	菌丝体生长逐渐缓慢，高温时亦进入休眠期	菌丝体迅速生长发育，逐渐进入菌核形成期，形成菌核	菌丝体及其菌核生长缓慢	菌丝体及菌核进入休眠期

（二）生长结构

　　茯苓在不同发育阶段，表现出菌丝体、菌核和子实体 3 种不同形态结构。这些特殊的形态结构，是与其适应周围环境条件并完成一定生理功能相适应的结果。

　　菌丝体由多数分枝状的菌丝组成。茯苓从营养阶段到菌核、子实体，乃至担子形成之前都是双核菌丝体，这种菌丝体不断分裂和生长，同时又可吸收营养物质。单核菌丝体由担子萌发而成，茯苓的菌丝体在外观上呈白色绒毛状。老时变为浅褐色。菌丝纵横交错，密集地贯穿于基质中或蔓延于基质表面。菌丝细胞的分裂通常以锁状联合的方式进行，且常发生于菌丝的顶端细胞，但菌丝的每一部分都具有潜在的生长和分裂能力。

菌核为茯苓的休眠和贮藏"器官"。当环境不良或繁殖时，菌丝体便在适当的地方相互紧密缠结，并积聚营养物质形成菌核（"结苓"）。菌核常生于土壤中的松木或松根上，有特殊的气味。菌核中的菌丝因相互挤压，在光学显微镜下呈不规则状，通常内部的白色菌丝粗细不匀，多呈藕节状或团块状，而近皮部的则较细长，且排列致密。菌核发育到一定阶段，便产生出有性繁殖"器官"子实体。子实体暴露于空气之中，孢子成熟后即行传播。子实体的形成也不一定经过菌核阶段，它也可以由菌丝体直接产生。利用这一特性，可进行人工有性育种。

茯苓孢子如遇松根的裂缝，在适宜条件下则萌发产生单核菌丝，经结合而发育成双核菌丝，继续侵入松根的木质部，在适宜条件下，菌丝体可将木材中的纤维素、半纤维素分解、吸收转化为所需的营养物质，并繁殖出大量的营养菌丝体。营养菌丝体在呼吸过程中，产生水分和菌丝体分泌的酶酵解纤维素及其产生的葡萄糖溶合在一起，经液化凝成珠状滴入沙土中，从而形成潮湿的小穴，菌丝就沿着小穴生长，形成环状的小囊袋。小囊袋外表为薄薄的白色菌膜，内面有孔状的茯苓浆。由于菌丝体不断分解吸收营养，茯苓聚糖日益增多，菌核则越长越大。

茯苓菌核最初为白色，后渐变为浅棕色，最终变为棕褐色或黑色。菌膜初始柔韧，然后则变成坚硬的皮壳。其内部的糊状物逐渐浓稠，变得黏密紧实，最后变成白色或淡红色的粉状物。与此同时，由于菌核不断膨大生长，而使其上部的覆土出现裂痕，甚至菌核本身也破土而出，药农俗称此种现象为"冒风"。这一特征可帮助寻找野生茯苓。菌核一般在土壤中形成，虽在实验室用菌种也可培育产生，但茯苓皮的形成与土壤有关。在土壤中由于菌核逐渐增大，使其表面的菌膜直接与土壤接触，因而发生了摩擦与破损，使内含物溢出，溢出的内含物和表面的菌丝黏结在一起，逐渐就形成了皮壳状的茯苓皮，行使其保护功能。当茯苓菌核质地坚实，外皮呈现棕褐色时，则说明茯苓菌核已成熟。

（三）菌丝体生长发育习性

茯苓菌丝体呈白色绒毛状，衰老时细胞壁加厚呈棕褐色。菌丝在松木上常形成梯形或网状结构，在松木布满后，菌丝逐渐加厚。在实验室用平板培养时，常形成特殊菌落，菌丝生长初期，紧贴培养基表面呈放射状生长，组成菌落中最稀薄的一环，随着菌丝向前生长，则形成具有较多气生菌丝组成的另一同心环。因此，"同心环环纹菌落"可作为茯苓菌丝体早期鉴别的特征。茯苓菌丝还能分泌色素，其分泌的多寡是筛选菌种的标志之一，有的菌株不分泌色素，产量一般。

（四）菌核生长发育习性

菌核是茯苓的休眠体，由大量双核菌丝和分泌的多糖颗粒（茯苓聚糖）聚结而成，其储存着丰富的营养物质，并有特殊"茯苓香"气味。茯苓喜温暖、干燥、向阳、疏松、排水良好的砂质土壤，忌北风吹刮，适宜隐藏在地下 8～20cm 处，大量的营养菌丝体在呼吸过程中产生水分，其中有些水分和菌丝体分泌的酶酵解纤维素后产生的葡萄糖融合在一起，经液化凝成水珠滴入周围松软的砂土中，形成潮湿的小穴，菌丝就沿着小穴生长，形成环状的袋囊。由于菌丝体不断分解木材，茯苓聚糖积累就日益增多，结果袋囊越来越大，形成菌核。茯苓菌核的形成称为"结苓"。一般用菌核作肉引时，选择表面有纹状裂痕，破裂时浆汁多的菌核，因为表面有裂痕是菌核正在生长或旺盛生长的标志。结苓时间的早晚即苓体大小，除遗传外还决定于营养状况及温湿度环境条件。

（五）子实体生长发育习性

菌核在土壤中发育到一定时期，体积膨大，土表出现龟裂，不久菌核即长出土面，称为其"冒风"。菌核露出土面后，如果遇到适宜的环境，尤其是多雨季节（5~8 月），常在其侧下方产生一层蜂窝状的子实体。子实体的形成会消耗菌核积累的养分，故在茯苓生产中为抑制子实体的产生，以便菌核继续增大，当土面出现龟裂时应进行培土。挖出的个体较大的新鲜菌核，在环境适宜的条件下，也很容易产生子实体。子实体的形成不一定要经过菌核阶段，可由菌丝直接产生。当筒木或树根露出地面时，只要条件适宜，可在基物或地面形成子实体。

二、生态环境要求

（一）环境要求

1. 地形地貌与植被

经调查，野生茯苓的自然分布受到地形地貌、海拔与植被群落类型等的影响。茯苓主要分布在 600~1000m 的坡地（以坡度 15°~30°为宜），凹陷谷地不适宜茯苓生长。茯苓喜寄生于松科松属植物如马尾松（*Pinus massoniana*）、黄山松（*P.taiwanensis*）、云南松（*P.yunnanensis*）等的根际。也能寄生于其他树种，如杉木（*Cunninghamia lanceolata*）、柑橘（*Citrus* spp.）、栎树（*Quercus* spp.）、柏树（*Cupressus funebris*）、大叶桉（*Eucalyptus teraticornis*）、枫杨（*Pterocarya stenoptera*）、桑树（*Morns* spp.）、垂柳（*Salix babylonica*）、荷花玉兰（*Magnolia grandiflora*）、毛竹（*Phyllostachys pubescens*），甚至在玉蜀黍（*Zea mays*）根上等也能寄生。

但作为药用的茯苓，只能为来自寄生于松属植物根际的菌核，并以生长在马尾松根部的茯苓品质最好而产量高，故又有"松茯苓"之称。同时，茯苓既可寄生在活体松树根上，也可在伐下松树的腐木段上生长。但老龄树木心大，松脂多，幼龄树木疏松，均不适宜培育茯苓菌核。

2. 温湿度

茯苓喜温暖、干燥、向阳，忌北风吹刮，寒冷而潮湿的气候不利于茯苓的生长发育。经调研，就海拔来看，野生茯苓主要分布在海拔 700~1000m，并认为家种茯苓也宜栽培在这一海拔范围。但海拔并不是影响茯苓生长发育的直接因素，而是海拔对于温度、日照、水分等气候因子的影响。实验表明，温度在 10~35℃，茯苓的菌丝体虽然均能生长，但其最适温度是 25~28℃。在温度高达 35℃时，茯苓菌丝体易衰老，若高温持续时间较长或温度更高，40℃就会死亡。如温度在 20℃以下，茯苓菌丝体生长缓慢。变温有利于菌核的形成，即白天需较高的温度，而夜晚需较低温度。茯苓孢子在 28℃时，经 24h 即可萌发，菌丝在 10～35℃范围内均可生长，子实体在 20～28℃均能形成，而在 24～26.5℃时发育迅速，并产生大量孢子。在 20℃以下，子实体的生长受影响，不能释放孢子。茯苓子实体的发生属中温型，从子实体出现到孢子成熟约 1 周时间。茯苓菌核对较高温或较低温的适应能力比较强，在自然条件下，菌核暴露于土表的部分也较能耐高温和烈日曝晒而不致灼伤；冬季气温低至零下 10℃时，露出土表的菌核也不会冻伤。但茯苓在 0～4℃时，则处于休眠状态。

同时，茯苓菌丝在含水量 51.7%～66.5%均能生长，在 56.5%时生长最好。空气湿度对子实体的形成的影响尤为明显。相对湿度在 80%～90%时，子实体形成快，发育正常，因此菌核采收后存放在干燥通风的地方，目的在于抑制子实体发生，以减少菌核养分的消耗。总之，茯苓为喜温暖气候，如寒冷、湿度偏大，甚至积水则不利其生长发育。

3. 空气与光照

茯苓为好气性菌类，依靠氧化和分解现成的有机物作为自己的养料，在茯苓生命活动过程中，只有在空气流通情况下，才能保证其呼吸及氧化、分解作用的正常进行。纯培养时，在培养基表面形成大量气生菌丝；液体静置培养时，菌丝也只能在表面和浅层生长。子实体形成需要较充足的氧气，密封过严的菌种瓶内不形成子实体。

一般来说，阳光对于绿色植物的光合作用是必不可少的，而对于不进行光合作用的真菌似乎是不必要的。茯苓菌丝和菌核的生长发育，不需要光线，直射光线对菌丝生长体有一定的抑制作用。子实体则只需要散色光的刺激。实践表明，没有阳光的地方也是不能培植茯苓的。因日照起着间接的作用，即日照可加热提高温度，并可通过温度的上升而促进水分蒸发，使土壤通气性能良好。因此，在选择苓场时还必须重视日照因素。苓场一般选择向阳的场地。

4. 土壤

以选排水良好、疏松通气、沙多泥少的夹沙土（含沙 60%～70%）为好，土层以 50～90cm 深、上松下实、弱酸性的为宜。经研究发现，茯苓菌核的发育，只有在菌丝体大量形成并占满其整个营养基质后才开始在适宜处聚结成团，逐渐形成菌核，由于菌丝体不断地吸收、转化和输送营养物质到菌核中，从而使菌核逐渐增大。对菌核的形成，有人认为与土壤的环境不相关，在实验研究中，茯苓菌种于 500～1000mL 菌种瓶中也能培养产生菌核。但是，这种菌核不能形成皮壳状的外皮（茯苓皮）。因此认为，茯苓菌核的产生不一定要求土壤这一条件，如果其他条件具备，不在土壤中其菌核也可培养产生，但茯苓皮的形成却与土壤环境有一定关系。

茯苓不仅可生长于排水良好、疏松透气的土壤内，还可生长于干燥向阳的松木根上。由于茯苓的碳素营养主要来自松木纤维素的分解，而茯苓分泌的纤维素酶必须在弱酸—酸性条件下才具有最大的活力。实验表明，茯苓菌丝在 pH 3～7 的酸性土壤环境下均能正常生长，但生长的最适 pH 为 3～5，因此，还应注意土壤酸碱度。同时，还必须注意保持土壤中适宜的湿度，其含水量宜保持 50%～60%，这样既能满足茯苓对水分的要求，也能满足茯苓对氧气的要求。

（二）营养要求

1. 碳源

实验证明，茯苓为褐腐型木材腐朽菌，以利用木材中纤维素、半纤维素为主，很少利用木质素。茯苓对松木屑的降解具有一定阶段性，在 45 天前，纤维素和半纤维素的降解较快，45 天左右，基质中有类似菌核物质出现，纤维素和半纤维素的降解速度明显减慢。在培养基中加入一定量的碳源，如葡萄糖、蔗糖、淀粉、纤维素等，菌丝生长更快，活力更强。

2. 氮源与碳氮比

茯苓对氮素营养的需求量并不大，茯苓菌核所含蛋白质仅占干物质重的 0.79%。因此，一般松木中所含氮素即可满足其需求。但添加少量有机氮会使菌丝生长更加旺盛，如蛋白胨、氨基酸、尿素等。茯苓菌丝生长过程中还需要适合的碳氮比，其最适的碳氮比为 20：1～25：1。

3. 无机盐

无机盐在茯苓体内参与许多的化学反应，还可以作为酶和辅酶的组成部分，或维持酶的活性，是酶的激活剂。因此，在茯苓的生长发育过程中需要一定量的无机盐，在茯苓的栽培过程中常加入 0.5%～1.5%的磷酸二氢钾、硫酸镁等无机盐。

4. 维生素

维生素是影响茯苓菌丝生长发育的重要生长因子之一，尤其是 B 族维生素，加入维生素 B_1 使菌丝生长快速，菌丝稠密；加入氨基苯甲酸和肌醇抑制菌丝体生长；加入生物素与维生素 B_2、叶酸、维生素 B_6、维生素 C 等会促进菌丝生长。但与对照相比，菌丝生长速度差异不显著，菌丝密度没有差异。

【资源分布与适宜区分析】

一、资源调查与分布

茯苓适应能力强，野生茯苓分布广。世界上茯苓主要分布于亚洲的中国、日本、东南亚各国，以及美洲、大洋洲等地。我国主要分布在湖北、安徽、云南、贵州、四川、重庆、河南、福建、广西、广东、湖南、浙江、江西、陕西。茯苓经我们祖先长期的临床应用与生产实践，历史上已基本形成了两大传统茯苓药材道地产区。一是以湖北的罗田、英山、麻城，安徽的岳西、霍山、金寨，以及河南的商城等为主的大别山茯苓产区，所产茯苓被誉称为"九资河茯苓"或"安徽茯苓"；另外是以云南的丽江及其周边地区等为主的茯苓产区，以质优量大而闻名，所产茯苓被誉称为"云苓"。四川、贵州、广西、广东、福建、陕西等也是我国茯苓的重要产区，新产区主要为广西的岑溪、苍梧、玉林，广东的信宜、高州、新丰，福建的龙溪、三明、沙县，云南的禄劝、武定等地。其外，湖南的通道、会同、靖州，浙江的庆元、龙泉、景宁、云和，以及台湾等省也有茯苓栽培。

二、贵州资源分布与适宜区分析

贵州茯苓主要分布于黔东南、黔南、黔北和黔东等地，尤其是马尾松集中的黔东南、黔南等为贵州省的茯苓主产区，如黎平、从江、榕江、天柱、锦屏、施秉、三穗和剑河等地培植面积最广，从业人员最多，是贵州省茯苓的最适宜区。近年来，茯苓培植正在向马尾松分布区域发展，规模逐年扩大。据茯苓上述的生长发育习性与生态环境条件要求分析，除黔东南、黔南、黔北和黔东等茯苓最适宜区外，贵州凡能达到茯苓生物学特性要求，并有丰富马尾松林木（含松蔸）资源的区域，均为茯苓最适宜区或适宜区；反之，则为茯苓不适宜区。

【生产基地合理选择与基地环境质量检（监）测评价】

一、基地的合理选择

按照茯苓适宜区优化原则与其生长发育特性要求，选择其最适宜区或适宜区并具良好社会经济条件的地区建立规范化生产基地。贵州省茯苓最适宜区黔东南、黔南、黔北和黔东等地的黎平、从江、榕江、天柱、锦屏等，具有茯苓生长的良好自然环境，可选择其海拔600～900m、通风向阳、干燥坡地，并有丰富马尾松林（含松蔸）分布的区域建立茯苓培育基地。例如，黎平县东南面与湖南靖州县、通道县及广西三江县交界，西南面与贵州省榕江县、从江县毗邻，东北与贵州省剑河县、锦屏县接壤，以中低山、低山和丘陵地貌为主。该县全境属低纬度的中亚热带季风湿润气候，冬无严寒，夏无酷暑，雨量充沛，年均气温16℃左右，一月最冷，平均4.5℃，年均降水量1285mm，绵雨多，湿度大。黎平属贵州省十大林区县之一，森林覆盖率达58%，主要树种有杉木、马尾松、油茶、山核桃、麻栎、楠竹等。全县有松林99.6万亩，年生产加工松脂4000吨，居全省第一位。黎平县土壤偏酸性，多腐殖土而肥沃，林下枯枝落叶层是森林土壤的特有层次，成为土壤有机物的主要来源，为孕育大型真菌茯苓提供了极为重要的条件，为茯苓培植创造了良好生长环境。同时，当地党政非常重视发展茯苓产业，群众有较丰富培植茯苓的经验，且交通便利，有黎平机场通达各地，贵广高速铁路过境，并于2014年12月建成通车。黎平培植茯苓已有近50年历史，早以产学研紧密结合建立了茯苓规范化生产基地，是目前贵州省茯苓生产规模最大的基地之一（图1-3）。

二、生产基地环境质量检（监）测与评价（略）

【培植关键技术研究与推广应用】

一、种质资源保护抚育

贵州野生茯苓和马尾松资源丰富，是我国茯苓主产区之一，尤以质优著名。但由于茯苓药材市场紧缺，乱采滥挖严重，加之其生态环境破坏而致茯苓种质资源和茯苓产藏量锐减。为此，应对茯苓种质资源切实加以保护抚育，特别是对贵州黔东南、黔南、黔北、黔东等地的野生茯苓种质资源更应严加保护与抚育，并切实加强茯苓人工培植，以求更好保护茯苓种质资源，永续利用。

图 1-3　贵州黎平县茯苓规范化生产基地

二、茯苓人工培育历史

我国茯苓野生变家种人工培育历史悠久。过去，人工培植茯苓都是采用传统的"肉引"（即鲜菌核）筒栽法。也就是最常用的"松树段木法"（有的称作"松树料筒法"）或"松树桩蔸法"，因其所用松树段木或松木桩蔸较粗，营养充足，故有稳产、高产的可能，但每年要耗费大量松材，松树桩蔸法又难以扩大生产。

栽培茯苓所用的菌种，历来沿用菌核组织，通称"肉引"。将其压碎成糊状作种用称"浆引"。将"肉引"种于段木，待菌丝充分生长后挖起，锯成小段作种的称"木引"。用"肉引"和"浆引"栽种一窖（松材15kg）约需用茯苓菌核200～500g，其用种量大，不经济，经统计，全国每年要消耗商品数千吨，且鲜种不易保存和运输，故不利于茯苓生产发展。而"木引"操作既烦琐，又难以使菌种质量稳定，难保稳产高产。同时，用此法连续繁殖代数增多则菌种退化，影响质量，甚至发生"温窖"（严重减产或绝收），造成损失。

20世纪70年代后，逐步向菌种筒栽法和菌种菀栽法过渡，即应用微生物分离培养技术，从优质茯苓菌核中分离、培养出茯苓的纯菌丝菌种，用以代替茯苓鲜菌核做种，开始了新法生产茯苓。采用新法生产出的茯苓菌核，其形态、色泽、成分、性味、功效等均与传统生产的茯苓药材商品一致，且具生产方法简便、产量高、质量好等优点。现多采用菌种段木栽法或菌种树菀栽法培植茯苓，且多以段木栽种为主，辅之以松树桩菀栽种。下面对有关茯苓良种繁育及规范化培植等关键技术分别予以介绍。

三、良种繁育关键技术

（一）选择优良菌种传统经验

茯苓在土壤的环境中，由于菌核逐渐增大，使其表面的菌丝直接与土壤砂砾接触，因而发生了摩擦与破损，使茯苓菌核内含物溢出，溢出的内含物和茯苓外表面的菌丝黏结起来，便形成了皮壳状的茯苓皮，以行使其保护作用。但是茯苓皮形成后，由于菌核内部不断增大而将茯苓皮胀破，并形成很多裂痕，而这些裂痕又由于产生新的菌丝和分泌内含物而弥合，这就使得茯苓皮的表面积不断增加，以适应菌核内部的增长。这种方式，在生物界是比较特殊的。对此，药农在选取优良茯苓菌种时积累了许多宝贵的经验，其中最主要的经验就是选择菌核表面有纹状裂痕而浆汁多的作种栽培。因为生长旺盛或正在生长的茯苓，其菌核表皮纹状裂痕和渗出液汁多，茯苓皮通常为淡棕色；反之，茯苓表面光滑，几无裂痕，乳状液渗出又少，茯苓皮渐变为黄褐色、棕褐色乃至黑褐色者，则表示其生长衰退或已停止生长，不宜选作菌种。茯苓表面裂纹多和乳状渗出多及其苓皮色泽浅亮便成为茯苓生长旺盛的主要标记，这可作为茯苓栽培选择优良菌种（种苓）的重要依据。

（二）菌种培养生产工艺流程与培养法

茯苓菌种培养生产工艺流程见图1-4。

1. 母种（一级菌种）培养法

（1）种苓选取：种苓应在苓场的高产片、高产窖中选取，总体质量指标好。采种时间一般在培植前3个月，即茯苓起窖前2个多月进行。种苓选择标准：个体在2.5kg以上的吊苓，菌蒂长30cm最好，小于15cm或贴生于松木上的菌核不宜作种，形态端正，呈球形，表皮较薄，呈淡棕色或淡棕黄色，表面粗糙，裂纹较深，沟纹隐约可见苓肉，浆水足，在切断的蒂头上有乳白带绿色的浆汁成细线或滴状溢出。具有以上特征的茯苓，表明其尚未成熟，且生活力旺盛，种性好。

（2）培养基的配制：母种培养基多采用马铃薯琼脂培养基。其配方是：马铃薯250g，葡萄糖20～25g（或蔗糖50g），磷酸二氢钾1g，碳酸钙2g，琼脂20g，水1000mL。

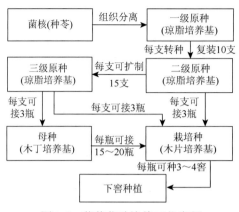

图 1-4　茯苓菌种培养工艺流程

配制方法：称取去皮切成薄片的马铃薯 250g，加水 1000mL 煮沸半小时，用双层纱布过滤去渣，在滤液中加入琼脂煮沸并搅动使其溶化，待琼脂溶化后再加入葡萄糖及其他成分，当葡萄糖等溶解后，补充失去水分至 1000mL。然后分装入试管中，分装的容量以试管高度的 1/5 为宜。分装后，塞上棉塞，放入灭菌器，进行高压蒸气灭菌处理（1kg/m²）约半小时。灭菌后试管趁热斜放，做成斜面培养基。

（3）纯菌种的分离：选取新鲜、皮薄、红褐色、肉白质紧密有特殊香气的成熟茯苓菌核，用清水冲洗干净，以纱布揩干，然后在接种箱或接种室内用 0.1%升汞溶液或 70%酒精进行表面消毒，再用无菌水（蒸馏水）冲洗数次，洗去表面药液。再用灭过菌的接种铲或镊子挑取白色苓肉一小块（黄豆粒大小），接种于试管斜面培养基上，用此法连续接种一批。然后放在 25～30℃恒温箱内培养 5～7 天，当斜面长满白色绒毛状菌丝体时，检查有无杂菌，如有杂菌可用灼热的接种铲将杂菌烫死或挖出，即得纯菌种。

2. 原种（二级菌种）培养法

（1）培养基的配制：原种培养基系用于母种的进一步扩大培养。原种培养基的配方是：松木块（长宽厚约为 30mm×15mm×5mm）55%，松木屑 20%，米糠或麦麸 20%，蔗糖 4%，石膏粉 1%。

配制方法：先将木屑、米糠、石膏粉拌匀，另将蔗糖加水（1.1～1.5 倍）溶化，放入松木块煮沸 30min，待充分吸收蔗糖溶液后捞出，再将上述混匀的木屑等配料加入糖液中，充分搅匀，使含水量在 60%～65%（用手紧握后指缝有水渗出，放开后不散为度），然后拌入松木块，分装于 250mL、500mL 的广口瓶内，装量达 80%即可。然后同上高压蒸气灭菌 1h，冷却后接种。

（2）接种：从母种中挑取一小块（黄豆粒大小），放于上述培养基的中央。

（3）培养：接种后放入 25～30℃的恒温箱或恒温室内，培养 2～3 天，菌丝长满全瓶即得原种，可供进一步扩大培养栽培菌种用。如需暂时保存，必须转移入 5～10℃的冷凉处或冰箱内保存，时间不宜超过 10 天。

3. 栽培菌种（三级菌种）培养法

（1）栽培菌种培养基的配制：

配方：松木块（长宽厚 120mm×20mm×10mm）66%，松木屑 10%，细糠或麦麸 21%，葡萄糖 2%（蔗糖 2.5%），石膏粉 1%，此外也可酌加少量尿素、过磷酸钙。

配制方法：同上述原种（二级菌种）培养基。

（2）接种：将原种中长满菌丝的松木块 1～2 片，松木屑、米糠混合物少许接入瓶内即可。

（3）培养：接种后培养瓶移至培养室内培养，前期 15 天，温度控制在 25～28℃，后期温度控制在 22～24℃，培养 30 天左右，当乳白色菌丝蔓延瓶壁，闻之有特殊香气时，即可供生产接种用。在菌种培养过程中要勤检查，如发现有杂菌污染，应及时淘汰，防止蔓延。一种菌种应用几年之后最好换种，以防菌种退化，引起减产。

【附】母种、原种和栽培菌种尚可采用下述方法培养：

（1）母种培养：茯苓菌种分离和母种培养适用以下培养基：①PDA 培养基；②马铃薯综合培养基；③合成培养基：葡萄糖 30g，蛋白胨 15g，MgSO$_4$·7H$_2$O 0.5g，KH$_2$PO$_4$ 1g，琼脂 20g，H$_2$O 1L，调 PH 至 5.5～6.0，按常规操作，灭菌，接种。每支母种可转接 15～20 支斜面，培养 7～10 天接种生产原种。母种不宜在 0℃低温下长期保存，易冻伤变色，温度越低，变色越快。母种只能扩大培养 1～2 次。转管次数过多，易引起菌种衰老、退化。

（2）原种和栽培种培养：原种培养基：①松木屑 77%～75%，米糠或麦麸 20%，糖 2%～4%，石膏粉 1%。②松木屑或杂木屑 60%，玉米粉 30%，麦麸 10%，用 2%糖水拌料。③木钉菌种：小松木块（约 1cm³）65%，松木屑 11%，米糠 22%，糖 1%，石膏 1%。

栽培种培养基：①松木屑 69.5%～71.3%，米糠或麦麸 25%，过磷酸钙 1%，石灰氮 0.3%，糖 1%～3%，石膏粉 1%～1.5%，尿素 0.4%。②木片菌种：松木片（12cm×2cm×1cm 或 10cm×3cm×0.5cm）66%，松木屑 10%，米糠 21%，糖 2%，石膏粉 1%。③木片菌种：松木片（10cm×1cm×2cm）70%，松木屑 8%，麦麸 18%，糖 1%，石膏粉 1%，过磷酸钙 2%。

上述培养基调 pH 至 6～7，按常规制备，装瓶（栽培种可用袋栽），灭菌，接种。原种培养：每支母种接种 4～5 瓶原种，原种适宜菌龄 25～30 天。栽培种培养：每瓶原种接种 30 瓶（袋）栽培种，栽培种适宜菌龄 30 天。

（三）菌种退化与提纯复壮

纯化的茯苓菌种扩繁次数不宜过多，一般 2～3 次，若扩繁次数过多将导致菌种的老化和退化。采用切取靠近顶端部位菌丝的方法，即可获得生命力较旺盛的菌丝群体，达到恢复退化菌种生活力和其他优良性状的目的。生产上还常用的复壮方法是启用该菌种的原始菌株，配制优良的培养基，给予适宜的保存和生长环境。除此之外还可采取以下措施：菌种提纯、有性杂交、子实体诱导和菌核的生产进行提纯复壮，还可通过有性杂交利用减数分裂过程中的有性基因重组，筛选出优良的杂交组合，从而使退化的菌种得以复壮甚至优化。

例如，子实体诱导法提纯复壮：将菌核置于潮湿沙盘（或水面上 2cm 处）并有散射光的环境中，在 24～28℃，2～3 天菌核长出白色绒毛状菌丝，逐渐发育成蜂窝状子实体。孢子弹射及分离，得到易分化的不纯种。选种：试种多孢菌株培植后的优良菌核，进行组织分离，获得纯种。结苓能力检测：当年制种当年使用，效果好。松木屑培养基上，28～30℃培养 20 天，菌丝满袋，袋上打孔，常温培养 10～15 天，洞口周围出现菌丝扭结，接种 40 天后有白色菌核形成即为优良菌株。

（四）优良菌株特点与菌种质量标准

1. 优良菌株特点

菌丝色白，粗壮浓密，菌丝体尖端可见乳白色露滴状分泌物，有浓郁茯苓香气，在木片长满后形成束状菌丝，呈浅黄色，将木片打断后，在 28～30℃放置 36h，有新生菌丝从断面长出。具有上述特征的，接种后传引快，生命力强。茯苓菌丝生长快，分解纤维能力强，尤其在木屑培养基上，养分一旦被消耗完，菌丝很快便衰老死亡。所以培养好的菌种应尽快用于生产。采用衰老的菌种接种的茯苓菌，在苓场很少结苓或不结苓，或只形成没有商品价值的皮壳状苓块。

2. 菌种质量标准

研究制订的茯苓菌种质量标准（试行），如表 1-2 所示。

表 1-2　茯苓菌种质量标准（试行）

级别	质量标准
一级	菌龄 7～10 天，菌丝色白、均匀、致密、粗壮，茯苓特异香气浓郁，菌丝体表面可见晶莹的露滴状分泌物，菌种试管完整无损，棉塞严密，无杂菌污染
二级	菌龄 15～30 天，菌丝生长旺盛，洁白、均匀、致密，爬壁现象明显，可见根状菌索，菌丝体尖端可见乳白色露滴状分泌物，茯苓特异香气浓郁，菌种瓶完整无损，无杂菌污染
三级	菌龄 30～45 天，菌丝洁白致密，生长均匀，布满菌袋，菌丝体尖端可见乳白色露滴状分泌物，茯苓特异香味浓郁，菌袋完整无破损，无发黄菌丝，无子实体长出，无杂菌污染

四、规范化培植关键技术

（一）选地建场

茯苓培植场地（亦称"苓场"）的好坏直接关系到茯苓的生长发育和质量产量，所以必须认真选场，决不可"以料选场"，看菌材树料在哪里就马马虎虎就近选地建为苓场，而应"以料就场"，严格按茯苓生物学特性要求及社会经济条件，并结合实际选好苓场，再将备好的茯苓培植料材，搬运到苓场，依法进行培植。

选地建场时，应特别注意下述五点：一是苓场地应选择低山丘陵海拔 700～1000m 的马尾松阳坡林下或适宜场地。土质以深厚而疏松的砂质土壤（含沙量 60%～70%）为宜。

要排水良好，肥沃湿润，富含腐殖质，土壤含水量宜保持在 50%～60%，酸碱度以 pH 5～6 的弱酸性为好。麻骨土、油沙土、黄沙土或白沙土都可培植茯苓。一般宜选"七分麻骨三分水"（即含沙量在 70%左右）的场地。而含沙量少、黏性大、透气性差的其他土壤均不能建苓场。二是苓场方向切忌北向，必须无白蚁。以朝南向阳坡地（15°～30°）最好，或背西北，朝东南亦可。因北向阳光不足，气温、土温较低，易藏白蚁，不适宜茯苓生长。三是茯苓地忌连作，栽种茯苓的老苓场至少应轮休 2 年，或于茯苓收获后培植经济林木，经 3～5 年休闲后再作苓场使用。四是苓场选好后应及时挖场建场处理。挖场时间一般在春节前后（12月下旬至次年 3月底），先挖地拍细，拣净草根、树根、杂物、杂木蔸、大石块等，翻挖后经曝晒，干燥备用。五是接种前顺坡挖窖，苓窖之间上下相隔 30～40cm，左右相隔 15～20cm。挖窖要尽量深挖（一般不浅于 50cm），使土壤松泡，并依菌材段木大小、长短挖窖，窖形为长方形，一般窖长 100cm，宽 35～40cm，深 25～30cm，窖要按坡度倾斜，窖底坡度 15°～20°，并清除窖内杂物，挖出的土也要保持清洁。苓场按原坡度自然倾斜，苓场开沟成厢（即垄）时，窖场较大的要分厢，一般厢长 3m，厢宽 1m，厢间留出排水沟位置。苓场两侧及厢场周围还要根据坡度及山势，沿坡顺势开挖 30cm 左右宽的排水沟，以利排水，如坡较陡，要在坡顶筑坝拦水，以便于排灌等苓场管理（图 1-5）。

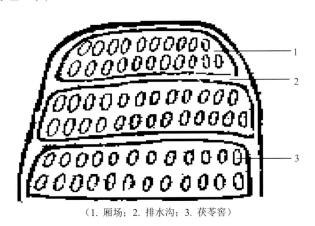

（1. 厢场；2. 排水沟；3. 茯苓窖）

图 1-5 苓场建场示意图

（二）菌核培植生产工艺流程与培植法

茯苓（菌核）栽培工艺流程见图 1-6。

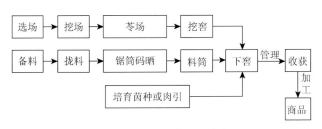

图 1-6 茯苓栽培工艺流程

（三）备料、拢料与下窖接种

1. 备料

备料即准备培植茯苓用的松材段木（料筒）。备料时，应注意备料时间，选用适宜的树种和采用正确的备料方法。

（1）树种选择：传统生产茯苓所用的树种为马尾松，所结茯苓（亦称为"松茯苓"）方可供药用。有些杂树虽也能结苓，但其外部形态与松茯苓略有差异，药效也不清，故备料时应用马尾松或其他松树，不可用杂树。

（2）备料时间：一般在农历 10～12 月中进行。老苓农有句谚语："要得茯苓发，备料十冬腊，正月只能扫尾巴。"冬季备料的好处是：冬季松树生长缓慢，内部积累的营养丰富；气候干燥，再加上风吹冰冻，木料内的水分和油脂容易挥发、干燥；冬季农活较少，有利于劳力的安排。若备料太迟，木料不易干燥，接种后影响成活率，产量不能保证。

（3）备料方法：

①砍树：将选好的松树砍伐放倒，然后挖取树蔸。有的地方将树蔸挖出再砍断树根，使树干和树蔸一起挖出，此法较为省力。因树蔸营养丰富，用于栽培茯苓往往结苓较大。为了正确处理茯苓生产和林业发展与生态环境的关系，砍树时应注意砍弯留直、砍密留稀、砍大留小、利用蔸梢和砍栽相结合等，并严格按照有关规定执行伐木供茯苓生产用。

②削皮留筋：在松树砍倒后，随即用板斧从蔸至梢纵向削去 3～4cm 宽的树皮，即削去形成层以外的栓皮及韧皮部，以见到木质部为度。然后每间隔 3～4cm 再纵向削去树皮，并据松树的粗细削成 4～6 方。

削皮留筋的作用，首先是使树干内的水分和油脂从去皮部位挥发，使材料干燥较快。其次是茯苓菌丝容易在削去树皮的形成层处生长侵入皮下和木质部。同时留筋部分也有保护菌丝抵抗不良环境（如干旱）的作用。削皮留筋一般和砍树同时进行，有的在稍后一些时间（立春前后）进行，但不应拖过长时间，否则靠地部位容易发生霉烂或脱皮，从而影响料筒质量，所以削皮留筋应及时进行。

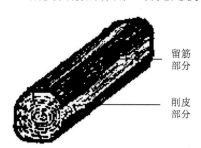

留筋部分

削皮部分

图 1-7 松树段木菌材削皮留筋示意图

松树段木削皮留筋示意图见图 1-7。

2. 拢料与锯筒码晒

苓场选好后，应及时将备好的松树料材集中到苓场，以便于管理，防止散失。此工序称为"拢料"。将集拢的松材锯成 60～70cm 长料筒后，按"井"字形、圆形或顺地形堆码排放，进行日晒干燥。堆码排放的原则是朝阳通风，堆码日晒干燥过程中，要注意上下翻动，以使料筒全部晒干。

锯筒堆码的时间一般在削料半月以后，约在春节前后和挖场同时进行。若锯筒过早，料筒中的油脂溢出糊在截面上，将影响茯苓菌丝的传引，效果不好。

3. 下窖接种

将茯苓种接种在窖厢内的段木上并掩土覆盖，使茯苓菌正常生长的工序称为"下窖接种"（或简称"下窖"）。

（1）下窖时间：一般在芒种前后10天左右，即5月下旬至6月中旬，并多与茯苓的采收同时进行下窖。若系人工培养的茯苓菌种，因人为控制其培植时间，故下窖时间可略放宽，一般可在5月初至6月下旬下窖，但也不应过早或过迟。苓农早有谚语云："种植茯苓没得巧，抓好两干和两好。"即是指要"场干、料干和菌种好、下窖好。"下窖时既要掌握好时间，又须在晴天进行，以保证苓场和段木的干燥。段木料干的标准是：段木周身多有细小晒裂纹，手击发出清脆的"咯咯咯"声响。

（2）种苓要求：中等个型，重2~3.5kg，皮色淡棕色，近球形，裂纹多，苓肉色白浆汁充足，符合优质茯苓菌种的标准。种苓的下种量，应根据段木的大小、多少、粗细、轻泡程度、苓梢比例及引种质量优劣等情况而定。一般每15kg左右松材段木应配接鲜茯苓肉引200~500g，或木片茯苓菌种6~8片。

（3）下窖方法：

①肉引下窖法（肉引）：此法是过去普通应用的方法，当前尚有部分地区应用。根据段木的粗细大小，直径27cm以上的每窖可1根，直径10~27cm的每窖2根，并列平放；直径在10cm以下的，每窖3~5根，上一下二或上二下三排放，并使段木彼此靠紧。用沙土将段木固定后，在段木上端（即坡高端）用下述苋引或贴引的方法肉引。即接种时，将鲜茯苓菌核用刀切或用手掰开分成每块150~250g的肉引块（每块均须保留有部分茯苓皮），再将肉引的白色苓肉部分紧贴在料筒段木截面顶端或削去树皮的部位，贴上后就不能移动，并将苓皮朝外，这样则可防止雨水浸入肉引内部，然后用沙土将肉引填牢，再及时覆盖沙土10~15cm进行封窖，使窖面呈龟背形。

肉引又可分为"苋引法"和"贴引法"：苋引法是将肉引白色苓肉部分紧贴在段木截面顶端，使其大部分贴在较松泡的主料上，小部分贴在次料上，茯苓皮朝外以防止雨水浸入肉引内，见图1-8。贴引法是将肉引块的白色苓肉部分紧贴在主料上端的侧面，并紧靠在两筋之间，茯苓皮朝外以保护肉引，见图1-8。

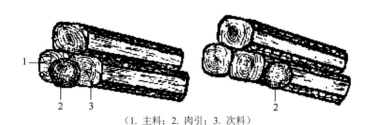

（1. 主料；2. 肉引；3. 次料）

图1-8　肉引的"苋引法"和"贴引法"示意图

②木片菌种下窖法（木引）：在苓场上顺坡挖窖后，将段木在窖底摆一层，使其留筋部位靠紧并用沙土填满四周空隙加以固定，然后将木片菌种按顺排法或聚排法接种在段木间，接种后用另一段木在菌种上面，再用沙土填实封窖。其具本排法：将木片菌种，由上而下顺

排在两根段木接触处，或将木片菌种集中放在两根段木接触处的顶端，见图1-9。

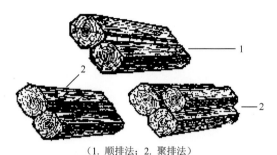

（1. 顺排法；2. 聚排法）

图1-9　木引的顺排法和聚排法

　　另外，尚有应用垫枕法，即将菌丝引木片集中垫放在段木顶端的下面。

　　③培育菌种下窖法（菌丝引）：是以经人工纯培养的菌丝进行接种，现多用此法下窖。将干透心的段木按大小搭配下窖，一般每窖2节，也可多放。细料应垫起与大料一样高，2节段木留皮处紧靠，使削皮呈"V"形，以便于接种。以重量计，每窖2节段木15kg左右，最少不得少于10kg。再用消毒钳将菌种集中放在两段木呈"V"形的上方，然后用鲜松毛或松树皮把菌种盖好即可（一般1瓶菌种可供接种2窖，如段木重超过15kg时，可适当增加菌种量）。接种后及时覆土，厚10～15cm，亦应使窖面呈龟背形。菌丝引、肉引及木引蔸栽法，见图1-10。

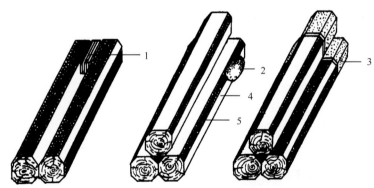

（左：菌丝引聚排接种法；中：肉引贴种法；右：木引蔸栽法）
[1. 菌丝引；2. 肉引（鲜菌核）；3. 木引；4. 段木削皮部分；5. 段木留筋部分]

图1-10　茯苓菌丝引、肉引及木引蔸栽方法示意图

　　（4）下窖须注意：

　　①苓种引接牢实：苓种引接除必须选晴天外，还须将窖内中、细木段的上端削尖，然后将苓种瓶或袋倒插在尖端引接牢实。接种后，要及时覆土3cm。也可把苓种从瓶中或袋中倒出，集中接在木段上端锯口处引接牢实，加盖1层木片及树叶，再覆土。

　　②合理用种用量：接种时用干净刀剖开苓种，将苓肉面紧贴木段，苓皮朝外，边接边

剖。接种量应据不同地区、气候等条件而合理决定，并应从实践中去总结，必须"从实践中来，再到实践中去"。

③合理用种用时：木引接种将选作种用的木段挖出锯成 2 节，一般窖用木引 1～2 节。接种时把木引和木段头对头接拢即可。接种季节随地区而异，气温高的地区 4 月上旬进行，气温低则可于 5 月上旬至 6 月接种。接菌后 3～5 天菌丝萌发生长，蔓延开要 10 天。并应在生产实践和总结。

④珍惜用种用材：在下窖中，要注意珍惜用种用材。如可将专门培养作种用的段木挖出后，锯成 2 节作木引，一般每窖下此专用木引 1 节，放在新段木底层中间一段木的上方，中间一段木可短些，并头对头地接拢排列，再依法覆土即可。这亦须"从实践中来，再到实践中去"。

近年来，茯苓人工培植还发展应用了"树蔸栽苓培植法"、"小松枝及枝丫栽苓接种培植法"和"有性繁殖培植法"等新方法，下面特予专述。

（四）树蔸栽苓接种培植法

树蔸栽苓接种培植法是人们为了保护环境资源，节约日趋减少的木材而在传统的段木栽培茯苓的基础上发展起来的一种培植技术。

1. 备料

利用砍伐松木留下的树蔸头等残留的废料栽培茯苓，选砍伐后有一定坡度、易排水的坡地上留下的直径约 15cm 以上没有虫害、腐烂，新鲜的松树蔸，就地挖去松树蔸的泥土，除净杂物草根，沿蔸坑边约 10cm 处砍断树蔸横根（主直根可不砍去），进行晒蔸、晒坎，并注意排水。

松树蔸选挖好即进行修整，剥去树蔸的粗皮，以能见到栓皮为合适。横根粗大的也要进行适当的剥皮，以加速树蔸干燥。在两剥皮处之间要留下 3cm 左右不剥皮，以利接种传菌。接种前做好消毒及防蚁处理。

2. 下窖方法

树蔸栽苓的具体下窖接种方法有下述几种：

（1）蔸顶接种法：将适量菌种（菌引或肉引的质量要求与用苓种量，同上）集中接种在树蔸顶端边缘，靠传菌线部位（削皮留筋处），上面覆盖松木片或薄松树皮，加以保护。然后用土掩埋，堆成龟背形，四周修挖排水沟。

（2）砍口填引法：对蔸顶凹凸不平或残茎过高的树蔸，在近地面部位砍或锯一个深约 10cm 的"L"形缺口，将菌种填放在缺口内，外用松树皮或干松枝遮盖，然后用土掩埋至接种缺口以上部位，并向外缓缓倾斜，呈圆土堆状。

（3）侧根夹种法：在已干燥的树蔸上，选较粗的侧根一至数个，削去部分外皮，将引种夹放在侧根间隙中。若间隙较大，可用细料筒或干松枝填在侧根中间，再接种。接种后用松木片或树皮遮盖保护，覆土封蔸。

（4）根下垫种法：选较粗的侧根一至数个，将侧根下的土层掏空，并削去根下方的部分根皮，然后将引种垫放在根下，用沙土填紧固定，覆土封蔸。

为了保护生态环境，尚可利用马尾松活立木培育茯苓，也可取得较好效果。贵州省如黎平等地选择地点平均气温15.5℃，极端高温39.7℃，最低温-20℃，年无霜期平均223天，年降水量1182mm，蒸发量128.7mm，相对湿度77%，坡位于山中部，坡向东南至西南，土壤pH6.5，土壤为花岗岩分化的黄棕壤，质地疏松，土层厚度为0.3～0.6m，植被盖度0.8，野生植物有狼尾蒿、美丽胡枝子、麻栎、化香、桔梗等。把马尾松活立木蔸根用大锄松土，深度达30～35cm，但不要挖破树根，以接种栽苓并获良效（图1-11）。

实践表明，本法确系在筒木窖栽种苓传统经验的基础上，对松林砍伐后遗留的树蔸进行综合利用，代替松树段木，节省松木消耗的一种既利保护生态环境、废物利用，又操作简便可行、经济价值高的茯苓培植法。

图1-11　树蔸栽苓接种培植法栽培茯苓（2011.12，贵州黎平县）

（五）小松枝栽苓接种培植法

本法也是贵州省黎平县近年来逐渐得到重视的一种充分利用松枝及松木加工废弃物资源的培植茯苓法。其具体操作方法简述如下。

1. 备料

凡直径8cm以下的小松枝和直径3cm以上的松枝丫均可用作茯苓培植材料。将这些小松枝和枝丫截成50cm长，并根据直径大小分别削皮留筋，大的削皮3方，小的削皮2方。

2. 苓种准备

根据下年度计划培植茯苓规模的大小，来安排相应的苓种培植规模，所培植出来的菌核作为第二个栽培季节的贴接苓种。

3. 苓种选择

选择体形圆满、皮色紫红、有裂纹、肉色洁白细润、健壮而鲜嫩的菌核，也可以选择正在生长的小个茯苓作苓种。表现老化、营养不良的硬头、硬皮或松泡的菌核不能作苓种。

4. 苓种用量

小松枝丫苓窖：一窖贴接一块 100～150g 苓种。

5. 接种

以 15kg 左右的小松枝和松材段木为一窖。窖中心处放置 1 根直径 8cm 左右、长度 50cm 的松材段木，小松枝丫材围绕中心所置段木尽量靠紧，该段木略长于小松枝丫，以便接种，下窖接种与上述方法相同。

苓窖接种上引后 20 天左右，当菌丝传到段木尾端，端头形成绒状菌丝体或菌膜时，为最佳接种时机。小松枝丫贴接口的选择应在苓窖下端的中心段木上已形成白菌丝体处。具体操作步骤是：将苓窖下端的土扒开，选择好贴接口，将苓种外皮削掉，用刀划入肉质少许，然后双手掰成 100～150g 的小块（不能用刀切，以免损伤菌丝体），小苓块应肉质洁白、细润、坚实，以中间泌出褐色露珠者为优，肉质灰黄、松泡者不能用。小苓块掰开后迅速贴在接口上，若接口已形成菌膜，应将菌膜剥掉再接上去。贴接后，用细土垫稳压实，再覆土恢复原状。一般贴接 24h 的苓种就与段木菌丝体连接为一体，48h 后苓种开始生长发育，5～7 天后，在适宜的温度（20～35℃）条件下迅速生长。

利用小松枝栽培茯苓，变废为宝，节约松林资源，为茯苓可持续发展打下了基础。

（六）有性繁殖培植法

在前述应用无性繁殖技术培植茯苓中，常发现利用"肉引"和"菌引"所制备的菌种，在培植过程中有迅速退化或品种混杂、良莠不齐的现象，严重影响了茯苓的产量和质量。为了克服此类现象，经研究与实践发现，可采用茯苓孢子制种。即利用茯苓的孢子，使其在无菌条件下，弹射在适合其生长的培养基上，再萌发菌丝体而获得纯菌种的方法，以有性繁殖法培植茯苓。下面在简介孢子分离的常规操作方法基础上，对茯苓的有性繁殖培植技术加以简介。

1. 多孢分离法

真菌类有性孢子——担孢子的产生有两种类型：由同一个担孢子萌发的两条初生菌丝细胞通过自体结合（质配与核配）能够再产生有性孢子的现象称为"同宗结合"，即为"自交可孕型"；而由同一个担孢子萌发的两条初生菌丝细胞不能结合，只有不同担孢子萌发的菌丝细胞才能结合并再产生有性孢子的现象称为"异宗结合"，即为"自交不孕型"。一般高等真菌的有性孢子都是由性细胞核经核配后形成的，具双亲的遗传性，变异大，生命力强，因此一般为了避免异宗结合型的菌菇发生单孢不孕现象，多采用多孢分离法。首先选择优良子实体为分离材料，然后采集孢子。其方法有以下几种：

（1）涂抹法：将接种针插入菌褶间，抹取成熟的孢子散落在无菌玻璃珠上，再用玻璃珠抹于培养基上。

（2）孢子印法：使大量孢子散落在无菌有色纸或玻璃片上，形成孢子印或孢子堆，再从中挑取移植于培养基上。

（3）空中孢子捕捉法：孢子大量弹射时可形成云雾状，在孢子云上方置培养基，使孢子逆向飞动时正好落在其上。

（4）弹射法：将分离材料置培养基上方，使孢子直接落到培养基上。具体操作有钩悬法：在孢子尚未飞走之前，将成熟子实体切成 $1cm^3$ 的小块，用灭菌后的挂钩悬挂于试管内，待孢子成熟后弹射到培养基上；贴附法：将 $1cm^3$ 的子实体小块贴附于试管壁上，待孢子成熟后再弹射到培养基上。然后，将收集孢子的培养基置于 28～32℃适温培养 3～5 天，孢子即萌发成菌丝。

上述多孢分离法的优点是无不孕现象，操作简便；缺点是无法控制孢子间的交配。

2. 单孢分离法

单孢分离操作较复杂，普遍是用菌液连续稀释法来进行的。原理是最大限度地降低孢子在无菌水中的分布密度，最终使每滴水中只含 1～2 个孢子，然后取孢子悬浮液滴在培养基上培养，选优良菌落纯化。此法多用于杂交育种，对于异宗结合型真菌，无论菌丝如何生长，永远不会形成子实体，所以不能用于生产。

3. 茯苓孢子繁殖

选用新鲜的品系优良的茯苓大菌核较易形成子实体,而干缩的小菌核则不易形成子实体。在室温 20～26℃，空气湿度 85%以上的条件下，将 8～9kg 的鲜茯苓菌核置盛水容器中，离水 2cm，或置菌核于地面的细沙之上，经常洒水，保持足够的湿度，室内光线明亮，通气良好，忌黑暗不通风，1～2 天以后茯苓菌核就出现白色蜂窝状子实体，其由无数的"菌管"组成，在菌管内侧的子实层上产生孢子，10～20 天后可大量弹射孢子，用肉眼则可观察到从子实层散发出来的缕缕轻烟，在 3 天之内每平方厘米的子实体可弹射出 2 亿～3 亿个孢子。孢子在普通光学显微镜下观察为瓜子形或椭圆形，其大小为（6～11）μm×（2.5～3.5）μm，其中一端有弯曲的尖嘴。以无菌操作切取 $1cm^3$ 左右子实体，用钩悬法或贴附法，28℃培养 2h 后培养基上就有淡白色粉状孢子印，2～3 天后孢子萌发成白色菌丝，整齐地沿培养基表面生长，当长至培养基末端再回头生长，直至长满试管，即得茯苓母种。若菌丝稀弱，粗短，分枝明显，或出现棕黄褐色及杂菌污染，应立即淘汰。母种可按照前面介绍过的常规制种方法扩大培养为原种和栽培种，然后则可依法进行段木栽培或树菀栽培、活立木栽培等。

4. 有性繁殖成效

有性繁殖的茯苓菌种，比其无性繁殖菌种的菌丝传引力强，成活率高。经接种后 1 个月抽查，无性繁殖茯苓菌种成活率为 85%左右，而有性繁殖者可高达 90%，用有性繁殖的菌种接种后空窖少，产量高，平均结苓率达 85%左右，而用无性繁殖菌种结苓率低于 80%，有性繁殖的茯苓菌核质地优良，粉红色，浆水多，孢子萌发的菌种在试管里经多次转移不易衰老退化，可连续使用 3～5 年，优良性状可较长期保存下来，而无性繁殖分离的菌种在试管内经转移几次后则易于衰老退化。

（七）田间管理

1. 查窖与补引

茯苓下窖后一般 10 天检查 1 次。在正常情况下，7 天左右即可看到茯苓菌丝延伸生长到段木上（称"上引"）。检查时，若发现没有上引或种引污染杂菌，可将种引取出换上新种引。亦有从未上引的窖内取出段木 1 节，再从上引窖内取出 1 节（已上引的）放在未上引的窖内，将未上引的 1 节放入已上引的窖内，放时要与未动段木靠紧处理之。同时，此期要特别防止白蚁为害。接种后 3～4 个月可结苓，结苓时不要撬动木段，以防折断菌丝。

2. 除草与排水

结苓期茯苓生长快，苓场忌草荒、水淹。杂草丛生，会影响日照，应随时除草。贵州夏、秋雨水较多，特别是下大雨、暴雨之后，苓窖上的泥土容易被雨冲失，使段木外露。雨后应及时修复和疏通排水，不使苓场积水，否则水分过多，土壤板结，透气性差，影响菌丝生长。若下窖后雨水较多，可在窖的上端接种处覆盖薄膜或树皮等，防止种引遭受损害。

3. 培土与浇水

8 月为茯苓生长盛期，由于茯苓菌核的增长，或遇久晴高温天气，常使窖土发白龟裂，甚至菌核裸露，应及时培土填缝。如土层地面干裂，则应及时浇水抗旱。但每次培土不宜过厚，以免影响窖内温度和透气性。

4. 修筑围栏与安全培植

在苓场周围筑栏，严防人畜在窖上践踏，以保证茯苓安全正常生长，确保茯苓优质高产与经济社会效益。

（八）主要病虫害防治

1. 主要病害防治

茯苓的主要病害为腐烂病，多发生在菌核生长旺盛时期，患病的菌核流出黄色汁液，失去药用价值。发病与收获太晚、繁殖材料不清洁、排水不畅、窖底不平、窖面土壤板结、通气不良等有关。

防治方法：段木要清洁、干净。苓场要保持通风通气和排水良好。发现此病要及时采收。下窖前苓窖要用石灰消毒。

2. 主要虫害防治

茯苓生长发育时间较长，容易遭受白蚁为害，此外尚见茯苓虱为害。

（1）白蚁：是茯苓的主要虫害，往往吞食菌种营养物质和钻空蛀食段木，使茯苓生长得不到充足的营养物质，影响茯苓生长，导致茯苓培植失败或严重减产，甚至不结苓，故防治白蚁是一项十分重要的工作。为害茯苓的白蚁，主要是土栖的黑翅土白蚁和黄翅土大白蚁。白蚁喜阴凉、潮湿及北风潴留的场地，多潜在野外山冈腐殖质较多的树林中、杂草丛中或老树蔸内。

防治方法：苓场选向应向南或向东南，地面干燥，并应避开蚁源；整地时注意清除腐烂树根，接种松木（段木）要干燥；清明后和立秋前下窖蚁害发生最重，更应严加防治；下窖接种后苓场周围挖一道深 50cm、宽 40cm 的封闭环形防虫沟，作为驱蚁带和隔离带，并定期在环形沟内撒施石灰，既可防止白蚁进入苓地，又可排水；在发现白蚁时，要及时挖开苓窖，用白蚁药粉杀灭，再重新开窖下料；在苓场附近挖一些诱集坑，坑内放置新鲜松柴、松毛或蔗渣，用石板盖好，每隔 1 个月检查 1 次，发现白蚁时用松节油、灭蚁灵和西维因（每窖用 150～200g 拌土，下料前撒在窖底，驱蚁作用可持续 1 个月）喷杀，或用亚砷酸 60%+滑石粉 40%、亚砷酸 46%+水杨酸 22%+滑石粉 32%配成药粉，沿着蚁路，寻找蚁穴，撒粉毒杀。在接菌种时采用驱避剂，防止白蚁进入苓场，接菌 20 天开始检查接菌处（白蚁繁殖一般由菌种营养物质吸引，苓窖表土有细小如粉末状的土粒），发现白蚁则用松节油喷杀。之后，每隔 20 天检查一次，做到及时发现及时杀灭。另外，尚可引进白蚁新天敌——蚀蚁菌，此菌灭蚁率达 100%，而对啮齿类动物及热血动物和人类均无感染力。并于每年 5～6 月白蚁分群、繁殖出巢时，悬挂黑光灯诱杀。

（2）茯苓虱：为害茯苓的"茯苓虱"为扁蟓科昆虫茯苓喙扁蟓，其成虫、若虫常群集在茯苓栽培采收后的废旧培养料缝隙中越冬，少见于培养料的下面。成虫和若虫群集潜栖在茯苓栽培窖内，刺吸蛀蚀菌种、菌丝层及菌核内的汁液，受害部位出现变色斑块，并携带霉菌，招至病害，影响菌种成活及菌核生长。

防治方法：多用 7%的西维因水剂或 5%的氯丹粉进行驱杀防控；将臭椿枝埋在窖旁，可防白蚁和茯苓虱；另外，还应轮作；也可以在苓场周围插上枫杨（麻柳树）、山麻柳（化香树）等的枝条，以防茯苓虱进入苓场内。

上述茯苓良种繁育与规范化培植关键技术，可于其生产适宜区内，并结合实际因地制宜地进行推广应用。

【药材合理采收、初加工与储运养护】

一、合理采收与批号制定

（一）合理采收

1. 传统经验

在野生环境中自然生长发育、非人工栽培种植的茯苓，则为野生茯苓。野生茯苓一般生活在较老的松树林，或人工栽种茯苓场附近的松林中，一年四季均可寻找采集。我国古代有许多寻找采集野生茯苓的经验。例如，早在西汉时期刘安等著的《淮南子》中则载：茯苓"望松树赤而有之"。明代李时珍巨著《本草纲目》中记述更详："今东人见山中古松久为人所斩伐，其枯折搓蘖，枝叶不复上生者，谓之茯苓拔，即于四面丈余地内，以铁头锥刺地，如有茯苓则锥固不可拔，乃掘取之"等。此法一直沿用至今。有经验的药农仍使用铁制锥状"探试器"，在松林中，用观察松树生长状况和树桩周围地面情况的方法，寻找、采集野生茯苓。

传统经验告诉我们：有野生茯苓生长的周围松树，有明显的枯萎或衰败象征。有的树桩靠近地面处有白色或淡棕色的菌丝，揭开树根皮，可见黄白色浆液渗出。有的树桩兜头烂后有黑褐色的横线裂纹。长有野生茯苓的树桩周围地面，常有白色或淡棕色的菌丝或菌丝膜状物。小雨后该地面干燥较快，并有不长草的地方和不规则的裂隙（俗称"龟裂纹"），敲打此处地面可发出空响声。此时药农用其"探试器"插入地下，若发现土中有芋状块物，或拔出后铁锥顶端沾有茯苓的粉末时，即可挖掘采集得到野生茯苓。

野生茯苓一般比人工培植的茯苓个小，但质坚，体重，浆汁较少。于老产区采集的野生茯苓，多为家种茯苓菌丝蔓延生长遇到适宜的条件而结的菌核，一般可用于扩大生产或做分离茯苓菌种用。

2. 采收时间

人工培植的茯苓采收称"起窖"、"起窑"或"起场"。茯苓因苓场条件不同，种源不同或培植方法不同，同一地区的采收时间也会有所差别。一般可由茯苓的生长期、成熟外观性状等标志来判定其合理采收时间，以做到成熟一批及时采收一批。

经实践，茯苓的生长期一般从种苓下窖经 1 周年的培植生长，即可达成熟而可予采收。如 5～6 月下窖培植，则于翌年 5～6 月成熟。其成熟标志如下。

（1）看窖土外观性状：若发现茯苓窖土地表龟裂，示茯苓正在生长，将窖土地表龟裂裂缝盖上土后，经过一定时间，其凸起龟裂不再增大时，表示窖内茯苓已成熟定形停止生长，可以采收。

（2）看茯苓外观性状：用手扒开窖土，现出茯苓菌核个体，若菌核外皮黄白色，示菌核正在生长，应延一段时间方能采收。若菌核长口已弥合，嫩口呈褐色，外皮呈黄褐色或棕褐色，表面粗糙，裂纹不见白色，皮薄而粗糙，并且菌核靠段木或树兜处呈现轻泡现象，示菌核已成熟，应及时采收。若菌核外皮呈黑色或乌黑色，示菌核已过熟，应立即采收。

（3）看培植茯苓料材：用手扒开窖土，现出培植茯苓料材，若苓窖段木（或树兜或枝丫）已变成棕褐色，脆性，一捏即碎，示其纤维素已耗尽，不能再为茯苓的生长提供营养，此时应及时采收。

另外，有的产区可分 2 次采收，如"菌引窖苓"于 3～4 月下窖，第 1 次在当年 11～12 月采收；第 2 次在翌年 3～4 月采收。总之，要注意观察，掌握好成熟期，随熟随采。若茯苓成熟后不及时采收，则易烂掉而影响产量。

3. 采收方法

选择晴天采收，以保证茯苓色泽质量，不易腐烂；反之，雨天采收，茯苓容易变黑，易腐烂。采收时，先用小锄扒开苓窖表面土层，把握茯苓个体大小和生长位置，然后用锄头小心挖取茯苓，严防苓皮撞伤、锄伤。复式栽培的茯苓，一般生长在段木尾端，个体大而丰满，其他部位零星结苓的极少。取挖时，扒开段木尾端的泥土，确定茯苓位置，起挖茯苓时要小心仔细，尽可能不挖破茯苓，以免断面沾污泥沙，挖出的茯苓不得让太阳直晒。同时，在起挖茯苓时若发现有茯苓抱着树根生长的，切不可剥开，此为药材"茯神"，应单独采收存放，若万一有弄破或剥离树根的，其被抱长的树根，此为"茯神木"，亦要与"茯神"收集在一起存放。

采收时，有的产区在茯苓的起场收获时，常和种植下窖同时进行，随时选取新鲜、优质、无损伤的茯苓菌核做种苓。采收后，段木上若有未成熟的小茯苓，可把段木集中窖成1排（1层或2层），仍盖土约3cm厚，以利用段木上未吸收完的养料，使小茯苓继续生长，再适时采收。

经调查，贵州省以马尾松木人工培植茯苓，一般每窖15～20kg段木可收鲜茯苓1.5～3.5kg，个别高产的可达25～30kg或更高产。贵州黎平县茯苓规范化种植基地采收的茯苓药材（马尾松树蔸法培植），见图1-12。

图1-12 树蔸栽苓接种培植效果

（二）批号制定（略）

二、合理初加工与包装

将采收挖起的鲜茯苓，经净制除去外皮上沙土等杂质并分级后，再依法进行发汗、切制及干燥等初加工处理，即得。

（一）发汗

1. 重要意义

我国中药材长期生产实践和经验积累形成了独具特色、内容丰富的药材加工方法和技术体系。"发汗"是部分根类、皮类、菌核等药材初加工过程的独特方法和重要环节，其影响着药材的性状与品质。药材初加工环节中的"发汗"既有利于药用部位内部水分向外分布易于干燥，又调节和促进着生物组织中的酶系统与微生物群落活力，启动或加速了初生/次生化学产物的生物转化与化学转化过程，直接影响着药材品质的形成。

《中国药典》明确规定，茯苓初加工必须"发汗"。茯苓"发汗"，就是让茯苓所含水分慢慢溢出蒸发的干燥缩身过程。采收挖出的鲜茯苓称为"潮苓"，含水量40%～50%，必须将部分水分逐渐去掉并使之松软后才能进一步初加工。而去掉"潮苓"内部水分不可用曝晒或加温烘烤干燥，因内外失水不均会引起爆裂，而且不可能起到软化的作用，应利用其本身呼吸产生的热量，迫使内部水分均匀散发出来以达"发汗"目的。

2."发汗"方法

（1）一法：选一泥土地面或砖铺的地面，且不通风，能保温保湿的处所或房间，先用竹片或木板垫底，上铺一层竹折帘或小树枝条或稻草或麻袋成垫，搭成高10～15cm的矮折台，中间留一条走道。然后将"潮苓"按不同采挖时间和不同大小，置于矮折台垫上，大的铺放2层，小的铺放3层，草和苓逐层铺放，其上再厚盖稻草或麻袋，四周可用草封严，使其"发汗"。第1周，每天慢慢翻动1次，不能上下对翻，以防止茯苓因出水不匀发生炸裂。此时茯苓外皮上可长出很多白色霉状物，即子实体，俗称"耳菇子"。10天左右待耳菇子变成淡黄色时，用铁针或手轻轻将其剥去，并注意不要撕破苓皮。以后2～3天翻转1次，翻转时动作要轻，每次转动翻半边，不可上下对翻，以免茯苓"发汗"不匀。二、三层叠放的，要上下换位翻转，约15天左右，茯苓表皮长出白色绒毛状菌丝或表面呈现暗褐色，表皮翘起，有鸡皮状裂纹时，取刷拭干净，置凉爽处阴干即可剥皮切制。

如有难以剥除者，可将茯苓堆起并以松毛或稻草等物覆盖闷闭后再剥。剥后随即移至高约100cm的高折台上，使其慢慢干燥。待茯苓变干、松并出现皱纹时，根据干湿程度分批放入"发汗池"内入池发汗（一般干些的先进行发汗）。

发汗池系用砖或水泥砌成，高100～130cm，长130～250cm，宽70cm左右。发汗池底应先铺一层稻草，将大而硬的茯苓放在底部和中间，小或质泡的放在周围。池面盖一层稻草和竹折帘，压上石板。5～6天后，掀开石板观察，若石板上汽水已渐干，即可出池。出池后将茯苓全部摊放在高折台上，并注意不要用手抹掉茯苓上的白茸毛，待茸毛稍变成黄色时，可用竹刷轻刷将其除去。2～3天后，再根据茯苓的干湿程度分批移入矮折台上，单层堆放，每2～3天转动翻身一次。半个月左右，可将体略干的茯苓按3～4层摊放，每3～4天慢慢转动翻身，并相互交换层次，使茯苓体内水分均匀逸出。对个体大而未干的茯苓可进行第 2 次入池发汗，方法与前相同。出池后，再通过摊、刷等程序可同其他茯苓一起摊放处理。个别个体大的茯苓，还需进行第三次入池发汗。此时，大小茯苓混层摊放，其间的转动翻身一定要做到均匀、适度，否则会使茯苓体内半干半湿、半白半黄，甚至霉烂变质。15～20 天后，将茯苓移入高折台摊放敞风 1～2 天，此时茯苓表面出现细微的鸡皮状裂纹，则示发汗已毕，即可进行切制或边切制边保管。其保管方法是：将茯苓移至矮折台上，堆放 3～4 层，并将大的茯苓放在中间，小的放在两旁和上面，并以松毛或稻草等物覆盖以防风吹炸裂。

（2）二法：在不通风的屋角，搭离地高约 15cm 的脚架，上铺竹竿或木板，再垫上适量的松毛或稻草，然后将"潮苓"按不同起挖时间与大小逐个分层堆放于上，有"白口"（伤口）的倾向一边侧着放下，以免伤口黄烂，上盖稻草麻袋，使其发汗，析出水分。待发至外皮结有细小水珠时，取出擦去水珠，并摊晾至表面干时，再如上法堆置发汗，反复 3～4 次即得。

上述两法可视生产规模及实际设施等条件选用。按上法干燥所得的茯苓药材，称为"茯苓个"（亦称"个苓"），其折干率一般为 50%。

（二）切制

茯苓切制时，先将苓皮剥去，尽量不带苓肉，用平口切刀把内部白色肉与近皮处的红褐色苓肉分开，然后按不同规格分别切成所需的大小和形状，若遇茯苓中包有细小松根，应将其留在茯苓块中，切制时，握刀要紧，应同时向前向下用力，使苓块表面平整、光滑而美观。将切好的茯苓片和块平放摊晒（如遇雨天用文火烘干），第 2 天翻面再晒至七八成干，收回让其回潮，稍压平后再复晒，或自然风干便成商品。

茯苓的切片和切块等切制加工，在"发汗"翻身转动时，可陆续检查并及时将发汗完毕的茯苓挑出来进行切制。一般是先切破损茯苓，然后再按由小至大的顺序进行切制。切制前要先将茯苓皮剥去，尽量不带苓肉的苓皮即为药材"茯苓皮"。剥皮后，用平口茯苓切片刀将茯苓内部白色及褐色的苓肉分开（靠苓皮部位或受伤处呈褐色），然后再分别将白色苓肉切成"白苓片"或"白苓块"等不同规格的药材；将褐色苓肉切制成"赤苓片"或"赤苓块"等不同规格的药材。切制时，若发现茯苓内包有细小松根，应将其留在茯苓块中，即为药材"茯神"块。另外，尚可根据所切苓肉的大小边肩余料等实际需要，将其制成"茯苓丝""茯苓丁"等不同规格的药材。

（三）干燥

茯苓切制成片或块等后，随即平摊摆放在簸箕上，放在阳光下晒（晾）干。夜间收回放在房内使其阴凉回润。第 2 天将茯苓片或块等翻面再晒（晾）。用此法晒（晾）1～2 天即可干燥至 70%。当表面出现微细裂纹后，收回在屋内将簸箕摆叠压放，使其内的茯苓片或块等再回润（收汗），1～2 天使裂口合拢，再稍压平复晒（晾）一下，即成为茯苓商品。茯苓折干率一般为 50%。

上已述及，茯苓切制成片或块时，遗留下的边料经切制加工可成茯苓丁（亦称"茯苓塞"或"茯苓块"）；碎片和碎块晒干则为"碎苓"；细小的碎苓可为"苓粉"；剥下的茯苓皮集中晒（晾）干则为"茯苓皮"；茯苓内包进的松根经剥出晒干为"茯神木"；干燥而不进行切制的茯苓则为"茯苓个"等。

茯苓个、块、片等药材的初加工品见图 1-13。

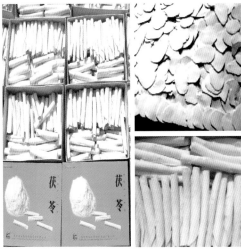

图 1-13　茯苓个、茯苓块、茯苓片等药材

（四）合理包装

将干燥茯苓药材，按规格严密包装（如个苓一般用麻袋包装，每袋 30～40kg，苓片和苓块用木板箱或纸板箱盛装，内衬防潮纸，外捆扎成"井"字形，每箱 20kg）。在包装前，每批药材包装应有记录，应检查是否充分干燥、有无杂质及其他异物，所用包装应符合药用包装标准，应是无毒、无污染、对环境和人安全的包装材料，在每件包装上注明品名、规格、等级、毛重、净重、产地、批号、执行标准、生产单位、包装日期及工号等，并应有质量合格的标志。

三、合理储藏养护与运输

（一）合理储藏养护

干燥茯苓药材应储存于干燥通风处，温度 25℃以下，相对湿度 65%～75%。本品易生霉，虫蛀。初加工时，若未充分干燥，在贮藏（或运输）中易感染霉菌，受潮后可见霉斑。因此贮藏前，还应严格入库质量检查，防止受潮或染霉品掺入，贮藏时应保持环境干燥、整洁与加强仓储养护规范管理，定期检查、翻垛，发现吸潮或初霉品或虫蛀，应及时进行通风晾晒等处理。

茯苓鲜品应在通风阴凉、干燥无害处或冷库依法贮藏养护。

（二）合理运输

茯苓药材批量运输时，运输工具应洁净、干燥、无污染，不与有毒、有害、易串味、易混淆的物质（特别是有毒类药材等）混装运输，并应注意防重压、防破损、防潮湿、防霉变、防虫蛀等。

【药材质量标准、质量检测与监控】

一、药材商品规格与质量检测

（一）药材商品规格

茯苓药材如茯苓个以无杂质、皮壳、霉变、虫蛀，身干，皮色棕褐，皮细皱密，不破不裂，断面色白，质细，嚼之黏牙，质坚实，香气浓者为佳品；茯苓块以无杂质、皮壳、霉变、虫蛀，身干，块状不碎，质坚实，色洁白者为佳品；茯苓皮以无杂质、皮壳、霉变、虫蛀，身干，外皮黑褐色，内面灰白色，质松，略具弹性者为佳品等。其药材商品规格按茯苓个、茯苓块、茯苓皮等茯苓药材不同初加工品类各分为不同等级。

1. 茯苓个商品规格

一等：干货，呈不规则圆球形或块状，表面黑褐色或棕褐色，体坚实、皮细，断面白色，味淡，大小圆扁不分，无杂质、霉变。

二等：干货，呈不规则圆球形或块状，表面黑褐色或棕色，体轻泡、皮粗、质松，断面白色至黄赤色，味淡，间有皮沙、水锈、破伤，无杂质、霉变。

2. 白苓片商品规格

一等：干货，为茯苓去净外皮，切成薄片。白色或灰白色，质细，毛边（不修边），厚度每厘米 7 片，片面长、宽不得小于 3cm，无杂质、霉变。

二等：干货，为茯苓去净外皮，切成薄片。白色或灰白色，质细，毛边（不修边），厚度每厘米 5 片，片面长、宽不得小于 3cm，无杂质、霉变。

3. 白苓块商品规格

统货：干货，为茯苓去净外皮切成扁平方块。白色或灰白色，厚度 0.4～0.6cm，长度 4～5cm，边缘苓块可不成方形，间有 1.5cm 以上的碎块，无杂质、霉变。

4. 赤苓块商品规格

统货：干货，为茯苓去净外皮切成扁平方块。赤黄色，厚度 0.4～0.6cm，长度 4～5cm，边缘可不成方形，间有 1.5cm 以上的碎块，无杂质、霉变。

5. 茯神块商品规格

统货：干货，为茯苓去净外皮切成扁平方形块。色泽不分，每块含有松木心。厚度 0.4～0.6cm，长宽 4～5cm，木心直径不超过 1.5cm。边缘苓块可不成方形，间有 1.5cm 以上的碎块，无杂质、霉变。

6. 白碎苓商品规格

统货：干货，是"潮苓"切制时遗留的边料，经清理、集并、晒干后即为药材碎苓。其中白色苓肉部分为白碎苓。加工茯苓时的白色或灰白色的大小碎块或碎屑，均属此等。无粉末、杂质、虫蛀、霉变。

7. 赤碎苓商品规格

统货：干货，是"潮苓"切制时遗留的边料，经清理、集并、晒干后即为药材碎苓。加工茯苓时的赤黄色大小碎块或碎屑，均属此等。无粉末、杂质、虫蛀、霉变。

8. 茯神木商品规格

统货：干货，是"潮苓"内包进的细小松根，经剥出晒干即为药材茯神木。为茯苓中间生长的松木，多为弯曲不直的松根，似朽木状。色泽不分，质松体轻。每根周围必须带有三分之二的茯苓肉。木杆直径最大不超过 2.5cm。无杂质、霉变。

9. 茯苓皮商品规格

统货：干货，是茯苓加工时剥切下来的茯苓外皮。形态不规则，大小不一，表面棕褐色或黑褐色，里面常附有白色或赤黄色苓肉，质地松软，略具弹性。无粉末、杂质、虫蛀和霉变。

（二）药材质量检测

按照《中国药典》（2015 年版一部）收载的茯苓药材质量标准进行检测。

1. 来源

本品为多孔菌科真菌茯苓 *Poria cocos*（Schw.）Wolf 的干燥菌核。多于 7～9 月采挖，挖出后除去泥沙，堆置"发汗"后，摊开晾至表面干燥，再"发汗"，反复数次至现皱纹、内部水分大部散失后，阴干，称为"茯苓个"；或将鲜茯苓按不同部位切制，阴干，分别称为"茯苓块"和"茯苓片"。

2. 性状

茯苓个：呈类球形、椭圆形、扁圆形或不规则团块，大小不一。外皮薄而粗糙，棕褐色至黑褐色,有明显的皱缩纹理。体重,质坚实,断面颗粒性,有的具裂隙,外层淡棕色,内部白色,少数淡红色,有的中间抱有松根。气微,味淡,嚼之黏牙。

茯苓块:为去皮后切制的茯苓,呈立方块状或方块状厚片,大小不一。白色、淡红色或淡棕色。

茯苓片:为去皮后切制的茯苓,呈不规则厚片,厚薄不一,白色、淡红色或淡棕色。

3. 鉴别

(1)显微鉴别:本品粉末灰白色。不规则颗粒状团块和分枝状团块无色,遇水合氯醛液渐溶化。菌丝无色或淡棕色,细长,稍弯曲,有分枝,直径3~8μm,少数至16μm。

(2)理化鉴别:取本品粉末少量,加碘化钾碘试液1滴,显深红色。

(3)薄层色谱鉴别:取本品粉末1g,加乙醚50mL,超声波处理10min,滤过,滤液蒸干,残渣加甲醇1mL使其溶解,作为供试品溶液。另取茯苓对照药材1g,同法制成对照药材溶液。照薄层色谱法(《中国药典》2015年版四部通则0502)试验,吸取上述两种溶液各2μL,分别点于同一硅胶G薄层板上,以甲苯-乙酸乙酯-甲酸(20:5:0.5)为展开剂,展开,取出,晾干,喷以2%香草醛硫酸溶液-乙醇(4:1)混合溶液,在105℃加热至斑点显色清晰。供试品色谱中,在与对照药材色谱相应的位置上,显相同颜色的主斑点。

4. 检查

(1)水分:照水分测定法(《中国药典》2015年版四部通则0832第二法)测定,不得超过18.0%。

(2)总灰分:照总灰分测定法(《中国药典》2015年版四部通则2302)测定,不得超过2.0%。

5. 浸出物

照醇溶性浸出物测定法(《中国药典》2015年版四部通则2201)项下热浸法测定,用稀乙醇作溶剂,不得少于2.5%。

【附】茯苓皮质量检测

1. 性状

本品呈长条形或不规则块片,大小不一。外表面棕褐色至黑褐色,有疣状突起,内面淡棕色并常带有白色或淡红色的皮下部分。质较松软,略具弹性。气微、味淡,嚼之黏牙。

2. 鉴别

(1)显微鉴别:本品粉末棕褐色。菌丝淡棕色,细长,直径3~8μm,密集交结成团。

(2)薄层色谱鉴别:取本品0.5g,照茯苓项下的"鉴别"(3)薄层色谱鉴别试验,显相同的结果。

3. 检查

(1)水分:照水分测定法(《中国药典》2015年版四部通则0832第二法)测定,不得超过 15.0%。

（2）总灰分：照总灰分测定法（《中国药典》2015 年版四部通则 2302）测定，不得超过 5.5%。

（3）酸不溶性灰分：照总灰分测定法（《中国药典》2015 年版四部通则 2302）测定，不得超过 4.0%。

4. 浸出物

照醇溶性浸出物测定法（《中国药典》2015 年版四部通则 2201）项下的热浸法测定，用稀乙醇作溶剂，不得少于 6.0%。

二、药材质量标准提升研究与企业内控质量标准制定（略）

三、药材留样观察与质量监控（略）

【药材生产发展现状与市场前景展望】

一、生产发展现状与主要存在问题

据记载，我国人工栽培茯苓至少有 1500 年的历史，首见于南北朝梁代道教思想家、医药家、炼丹家陶弘景（456～536 年）编撰的《本草经集注》（约成书于 500 年）：茯苓"今出郁州，彼土人乃故斫松作之，形多小，虚赤不佳"。其后诸家本草多予录述。如唐代苏敬等编撰并由唐王朝正式颁布，也是世界上的第一部国家药典——《新修本草》，原文引录了陶弘景上述茯苓有关记载。到了宋代有详细的栽培方法记载，且其栽培方法明显改进，始用"肉引"种等，使产量和品质大有提高，"肉引"种等技术在一些老茯苓产区一直沿用至今。明代"取新苓之有自根者，名茯苓缆"，此时即提出了由茯苓菌丝栽培结苓的技术。到了清代，茯苓培植方法在《增订伪药条辨》中被更详细记载，其中"种茯苓亦多，其法用本地产鲜茯苓捣碎如泥，种于肥土山叶茂松根上"，与今天的组织分离菌种原理一致，再有"随气息止而结苓"此处的"气息"即为茯苓菌丝。古代中国的茯苓栽培技术为近代茯苓栽培技术的发展奠定了良好基础。随着现代科技的发展，茯苓培植技术日新月异，早期的茯苓生产还是以"肉引"种等技术栽培，主要集中在安徽、湖北、河南及云南。进入 20 世纪 70 年代后，开始推广以纯菌种代替鲜菌核（肉引）为主要特征的新法培植，减少用种消耗、菌种退化、"窖瘟"发生，并传至福建、广东和广西等。如在福建首先形成了松树蔸标准化栽培茯苓的创新技术，提高了茯苓的产量与品质，在很多茯苓主产区均采用此方法栽培茯苓，该技术在湖南、贵州等地得到推广和利用。但这些方法都没有很好地利用松木小径级材、松枝等栽培茯苓，导致木材资源浪费严重。近年来在贵州的黔东南地区，已开始利用松木废枝丫、小径级材培植茯苓，经过几年的摸索研究，已形成了茯苓复式栽培技术，使茯苓栽培达到高产、稳产，解决了木材资源的浪费问题，也实现了茯苓的连片规范化培植。目前，形成了以松树段木窖栽为主，树蔸栽培、松木废枝丫和小径级材栽培的多样化栽培模式共存的人工培植茯苓技术。

经不完全统计，现常年产量 5000 吨以上的茯苓产区主要有：老产区，主要在湖北、安徽和河南交界大别山区，如湖北的罗田、英山、麻城，安徽的金寨、岳西、霍山，河南的商城等地；新产区，主要在广西、贵州、广东等省区，如广西的岑溪、苍梧、玉林，广东的信宜、高州，福建的三明，云南的禄劝、武定等地。据《贵州省中药材产业发展报告》统计，2013 年，全省茯苓种植总面积达 3.15 万亩（其中，保护抚育面积 0.10 万亩，种植面积达 3.05 万亩）；总产量 39314.69t，总产值 16834.24 万元。2014 年，全省茯苓种植总面积达 2.78 万亩（其中，保护抚育面积 0.02 万亩，种植面积达 2.76 万亩）；总产量 6.1 万 t，总产值 8267.66 万元，已取得显著社会效益、经济效益与扶贫效益。

贵州茯苓的产业发展主要是在与湖南靖州毗邻的黔东南地区，形成了以黎平县为中心的常年茯苓产量占湖南靖州市场近一半的产区。茯苓培植遍布黔东南州，以松树资源丰富的东南部黎平、从江、榕江、天柱、锦屏、施秉、三穗和剑河 8 县培植面积最广，从业人员最多。近年来，茯苓培植规模逐年扩大，从业人员超过 1 万人。黎平县的贵州森泰实业有限公司承担实施"贵州茯苓 GAP 规范化栽培基地"建设,编写了《茯苓复式栽培技术》，为 GAP 栽培基地全面推广茯苓复式栽培技术和利用松木小径级材、松枝等高产栽培茯苓技术打下了基础。

但是，贵州省茯苓人工培植现仍存在不少问题，主要有：一是信息匮乏，盲目生产。如 2011 年初全国茯苓价格从 4 元/kg 暴涨至 18 元/kg，由于药农跟风培植，全国培植面积大增，供大于求，2012 年初茯苓价格回落至 5 元/kg，药农收益降低，生产积极性大大受挫。二是茯苓产业发展形势严峻。茯苓种质资源混乱，菌种的母种和原种多来自当地培植大户和湖南、安徽和北京等地，药农自己生产菌种，出售给农户培植。菌种来源混乱导致茯苓的质量参差不齐，影响产品加工及出口。产量下降严重，白蚁侵害是茯苓产量下降主因。据 2011 年调查，白蚁在全州普遍发生，茯苓受害面积在 80% 以上，绝收面积达 20%。白蚁的大面积为害造成茯苓产量锐减，品质降低，制约了茯苓产业的发展。又由于白蚁的普遍发生，为了保证收成，有极少数培植户使用国家禁用农药，导致农药残留高，影响产品出口，这也是价格走低的直接原因。三是专业技术人才缺乏。茯苓规范化培植技术普及不足，缺乏茯苓技术研究、推广和服务人才，在茯苓培植方面存在着诸如菌种提纯复壮、培植技术和病虫害防治等技术问题，影响茯苓产业科学化、标准化水平的提高。四是缺乏科学指导及松材资源利用率低。黔东南松林面积全省最大，每年间伐、砍伐留下大量树兜和枝干废料，由于缺乏科学指导，树兜普遍废弃山林，枝干除少部分用于民用燃料外，大多数废弃腐烂于山林之中，综合利用率低。

二、市场需求与前景展望

现代研究表明，茯苓主要含有三萜类、多糖类、脂肪酸类等药效成分。如三萜类主要有茯苓酸（pachymic acid）、茯苓新酸（poricoic acid）等；多糖类主要有茯苓聚糖（pachyman）、茯苓次聚糖（pachymaran）、β-D 葡萄糖 H11（glucan H_{11}）及木聚糖（xylam）等；脂肪酸类及其他成分如组氨酸（histidine）、麦角甾醇（ergosterol）、胆碱（choline）、腺嘌呤（adenine）、卵磷脂、脂肪、甲壳脂、甾醇、右旋葡萄糖、β-茯苓聚糖酶、脂肪酶及蛋白酶等。尚含有 Mg、P、Fe、Ca、S、Na、K、Mn、Cl 等多种微量元素。茯苓具有多种药理作用，其新的药理效应也不断被发现，尤其因其滋补强壮、增强免疫、防癌抗癌、防老抗衰、健身延年的药理效应，以及在营养保健、食疗药膳等方面的广泛应用，使茯苓成为大健康医药产业的重要原料。

《中国药典》2015 年版一部收载了"茯苓"和"茯苓皮"，各大企业也相继制（修）定了"茯苓片""茯苓糖片""茯苓压片糖果""茯苓三药六珍酒""茯苓糕点"等企业标准。现代中药方剂中约有 80%要用到茯苓。最有效和广泛运用的滋补强壮药中，茯苓排第一名。《中药学》和《内科学》方剂共有不重复处方 735 首，以茯苓为配伍的有 129 首，与茯苓配伍的中草药有 118 味，分为 38 类，占 48 个证类的 79%，协同治疗的病症有 40 多种。《全国中成药产品目录》（1985 年），六味地黄丸、藿香正气丸、茯苓桂枝胶囊和十全大补膏等茯苓生产中成药有 293 种。茯苓也可配制成糕点，是老年人和幼儿的滋补佳品，至今，茯苓饼、茯苓糕仍然是北京地区的地方特产。

茯苓是我国传统的大宗药材，建立具有中医药特色并符合国际标准的中药材质量标准规范体系，加强茯苓规范化培植基地，规范化生产过程已日益受到重视。应用当前先进培植技术，把茯苓规范化生产操作规程制度化，用以规范茯苓基地建设过程，指导生产，控制每个生产环节，从而有效地保证茯苓生产的现代化发展，使茯苓生产基地进入良性发展轨道，茯苓产业市场前景无比广阔。

主要参考文献

安文林，张兰，李雅莉，等. 2001. 茯苓水提取液对叠氮钠原代培养的新生大鼠海马神经细胞线粒体损伤的影响[J]. 中国药学杂志，36（7）：450-453.

陈文东，安文林，楚晋，等. 1998. 茯苓水提取液对新生大鼠神经细胞内钙离子浓度的影响[J]. 中西医结合杂志，18（5）：293-295.

侯安继，陈腾云，彭施萍，等. 2004. 茯苓多糖抗衰老作用研究[J]. 中药药理与临床，20（3）：10-11.

黄年来，林志彬，陈国良，等. 2010. 中国食药用菌学[M]. 上海：上海科学技术出版社：1512-1528.

李洪武，朱文光，夏明玉，等. 2001. 白术及茯苓提取物对豚鼠皮肤酪氨酸 mRNA 基因表达水平的影响[J]. 中华皮肤科杂志，34（2）：134-135.

李益健. 1979. 茯苓生物学特征和特性的研究[J]. 武汉大学学报（自然科学版），3：106-115.

林晓明，冯建英，龙珠，等. 1995. 银耳、茯苓、绞股蓝对小鼠免疫功能和清除自由基的作用[J]. 北京医科大学学报，622.

刘可人，杨雪枫，吴士良，等. 2005. 茯苓多糖对受照白血病 K562 细胞 N-乙酰氨基半乳糖转移酶-9 和自由基等的影响[J]. 中国中西医结合杂志，25（6）：94-95.

刘振武，刘会理，游平，等. 2006. 茯苓旱田立体生态栽培技术研究[J]. 安徽农业科学，4：36-38.

卢建中，喻萍，吕毅斌，等. 2006. 茯苓提取物对铅致记忆损伤及有关抗原表达的影响[J]. 毒理学杂志，20（4）：224-226.

屈直，刘永翔，朱国胜，等. 2009. 贵州茯苓优良菌株的筛选[J]. 菌物学报，28（2）：15-17.

冉懋雄. 2002. 名贵中药材绿色栽培技术丛书：茯苓 吴茱萸 川芎[M]. 北京：科技文献出版社.

孙博光，邱世翠，李波清，等. 2003. 茯苓的体外抑菌作用研究[J]. 时珍国医国药，14（7）：394.

王克勤，傅杰，苏玮，等. 2002. 道地药材茯苓疏[J]. 中药研究与信息，6：33.

熊杰，林芳灿，王克勤，等. 2006. 茯苓基本生物学特性研究[J]. 菌物学报，25（3）：446-453.

徐榕，许津，姚晨，等. 2005. 茯苓中集落刺激因子诱生剂的分离与鉴定[J]. 药学服务与研究，5（4）：378-379.

（桂　阳　朱国胜　冉懋雄　杨　梅　龚光禄）

2 灵 芝

Lingzhi

GANODERMA LUCIDUM

【概述】

灵芝原植物为多孔菌科真菌赤芝 *Ganoderma lucidum*（Leyss.ex Fr.）Karst.或紫芝 *Ganoderma sinnese* Zhao，Xuet Zhang。别名：灵芝草、木灵芝、血灵芝、菌灵芝、丹芝、红芝等。以干燥子实体入药，历版《中国药典》均予收载，2015 年版《中国药典》称，灵芝味甘，性平。归心、肺、肝、肾经。具有补气安神、止咳平喘功能，用于治疗心神不宁、失眠心悸、肺虚咳喘、虚劳短气、不思饮食。灵芝又是常用苗族药，苗药名："Jibd det lul"（近似汉译音："基倒陆"），味辣、麻，性热。入冷经、慢经药。具有益气血、安心神、健脾胃功能，主治虚劳、心悸、失眠、头晕、神疲乏力、便血痔疮、久咳气喘、冠心病及尘肺、肿瘤等。苗家常用以治疗白细胞减少、神经衰弱、萎缩性肌强直、多动症、胃痛、口疮等。

"灵芝"这一家喻户晓的称谓，在药学著作中始见于《神农本草经》，其将灵芝列为上品，并分别收载了"赤芝"、"黑芝"、"青芝"、"白芝"、"黄芝"及"紫芝"。如"赤芝"条下云："赤芝，一名丹芝，味苦，平，无毒。治胸中结，益心气，补中，增智慧，不忘。久食，轻身，不老，延年，神仙。生山谷。"其后，诸家本草多予录述。特别是明代李时珍的《本草纲目》，对前代本草等医药著作进行总结归纳，以"芝"名将《神农本草经》的赤芝等"六芝"归纳收载于菜部二十八卷中。在"释名"项下指出："芝本作'之'，篆文象草生地上之形。后人借之字为语辞，遂加草以别'之'也。"《尔雅》云：茵（按：音"囚"，《尔雅义疏·释草》："茵字不见他书。类聚九十八引尔雅作菌芝。盖菌字破坏作茵耳。"），芝也。注云："一岁三华瑞草。或曰生于刚处曰菌，生于柔处曰芝。"又指出："昔四皓采芝，群仙服食，则芝亦菌属可食者，故移入菜部。"从上述论述可以看出，灵芝具有药食两用的特点。在"芝"药用上，李氏对赤芝等"六芝"一一录述《神农本草经》《新修本草》等所载功效，然后又立"附方"，收录了宋代《圣济总录》的名方"紫芝丸"，其主治虚劳气短、胸胁苦伤、手足逆冷，或时烦躁口干等症，称"此药安神保精也"。

我国人工栽培灵芝历史悠久，最早可追溯到公元 1 世纪。其后，如《隋书·经籍志》尚载有《种神芝书一卷》，证明了当时栽培灵芝已是一门专门的学问。古人种芝的情景，《本草纲目》上也有简要记述："方士以木积湿处，用药敷之，即生五色芝"。在清代陈淏子《花镜》中又有进一步叙述："道家种芝法，每以糯米饭捣烂，加雄黄、鹿头血，包暴干冬笋，俟冬至日堆于土中自出；或灌入老树腐烂处，来年雷雨后，即可得各色灵芝矣"。现代灵芝栽培始于 20 世纪 50 年代，60 年代后，中国、韩国、日本的灵芝人工培植相继成功。目前，人工栽培的种类中，除了灵芝（赤芝）外，还有紫芝、黑芝等。灵芝是中医传统名药，也是贵州地道特色药材。

【形态特征】

　　灵芝为一年生菌类植物。菌盖木栓质。有柄，半圆形至肾形，罕见圆形，直径 10～20cm，盖肉厚 1.5～2cm，柄长，侧生，唯菌盖皮壳黄色至红褐色，菌柄紫褐色，有光泽，表面有环状棱纹和辐射状皱纹；菌肉近白色至淡褐色；菌管硬，管口初期白色，后期褐色。孢子褐色，卵形，内壁具显著小疣。灵芝植物形态见图 2-1。

　　灵芝孢子特征：孢子卵形，或顶端平截，双层壁，外壁透明、平滑，内壁淡褐色，有小刺，（8.5～11.5）μm×（5.5～7）μm（有时宽达 7～8μm），中央含一大油滴。灵芝孢子属厚垣孢子，在自然界中可存活数十年。

　　灵芝菌丝体特征：生殖菌丝透明，薄壁，分枝，直径 3.5～4.5μm；骨架菌丝淡黄褐色，厚壁至实心，树状分枝，骨架干直径 3～5μm，分枝末端形成鞭毛状无色缠绕菌丝；缠绕菌丝厚壁，多弯曲，分枝，直径 1.5～2μm，多形成原基型缠绕菌丝。

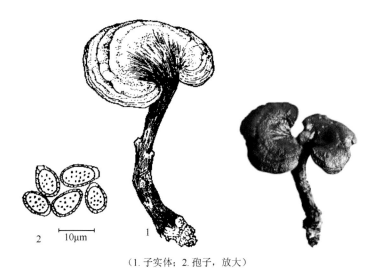

（1. 子实体；2. 孢子，放大）

图 2-1　灵芝植物形态图

（墨线图引自任仁安，《中药鉴定学》，上海科学技术出版社，1986）

　　菌丝是由许多细胞串连成的丝线状物，无色透明，具分隔及分枝，表面常分泌白色的草酸钙结晶。组成灵芝菌丝体的菌丝依其形态和来源可以分为初级菌丝、次级菌丝和三级菌丝三种。初级菌丝的生长是以孢子内储存的营养提供能量的，故其寿命很短。次级菌丝形成的菌丝体的寿命可以达到几年、几十年或几百年。三级菌丝是构成子实体的菌丝，根据其形态及生理功能的不同，又将其分为生殖菌丝、骨架菌丝和联络菌丝三种。菌丝体从营养基物吸取营养，供子实体生长利用。

　　灵芝子实体特征：灵芝子实体一年生或多年生，有柄，木栓质。菌盖肾形、半圆形或近圆形，9.5cm×20cm，厚达 2cm，表面初黄色，渐为淡黄褐色，渐变褐黄色到红褐色，有时趋向边缘渐为淡黄褐色，有同心环棱和环带，并有皱，有似漆样光泽；边缘锐或稍钝，往往稍内卷。菌肉白色至木材色，接近菌管处常呈淡褐色，厚达 1cm。菌管淡白色、淡褐色至褐色，长达 1cm。孔面初期白色，后渐变淡褐色至褐色，有时呈污黄色或淡黄褐色；管口近圆形，每毫米 4～5 个。菌柄近圆柱形，侧生或偏生，长 5～19cm，粗 0.5～4cm，与盖同色，或紫褐色，有光泽。

皮壳构造呈拟子实层型，淡褐色，组成菌丝棍棒状，顶端膨大部分通常宽 6～7.5mm，长 20～30mm（图 2-2）。

【生物学特性】

一、生长发育习性

灵芝是能在多种树木上生长繁殖的一种腐生药用真菌。灵芝喜高温、高湿、通气良好、有散射光的环境。灵芝在 8～35℃均可生长，菌丝体生长发育的适宜温度为 24～26℃，菌盖及子实层形成的适宜温度是 28℃左右。灵芝栽培中，菌丝体繁殖阶段不需要控制湿度，菌盖和子实层分化形成中，空气相对湿度为 70%～90%，还要有足够的氧气，排除过多的二氧化碳和有害气体，还应有一定的散射光，避免阳光直射。

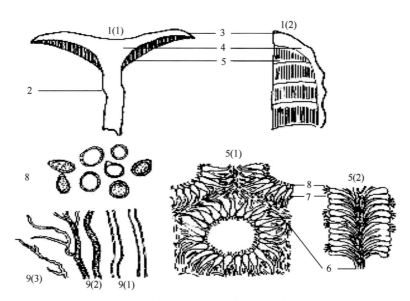

（1. 子实体：(1) 有柄，(2) 无柄；2. 菌柄；3. 皮壳；4. 菌肉；
5. 菌管-子实层：(1) 菌管横切面，(2) 菌管纵切面；6. 菌髓；7. 担子；8. 担孢子；
9. 菌丝：(1) 生殖菌丝，(2) 骨架菌丝；(3) 缠绕菌丝。）

图 2-2　灵芝子实体、菌柄等结构形态图
（墨线图引自张林、张伦，《贵州的灵芝与应用》，光明日报出版社，2007）

灵芝生长发育以碳水化合物与含氮化合物为基础，其中包括淀粉、蔗糖、葡萄糖、纤维素、半纤维素及木质素，还需要一定的钾、镁、钙、铁、磷等微量元素。灵芝在 pH 5～6 生长最好，pH 3～7.5 也能生长繁殖。

二、生态环境要求

灵芝在高温、潮湿条件下产生子实体，属高温型腐生真菌。灵芝的生长有一定的规律，对环境条件要求较高，在适宜的条件下才能生长发育。

灵芝对生态环境的有关主要要求如下。

温度：灵芝孢子萌发温度为 24～30℃，菌丝及子实体生长发育的适温相近，在 12～33℃均能生长，但以 26～28℃最适宜，温度长期低于 20℃或高于 33℃时，则子实体生长不良、僵化，甚至死亡。

湿度：灵芝生长需吸收一定的水分来进行生理活动，培养基的水分多少，对灵芝菌丝生长和子实体的分化、大小均有密切的关系。水分过少，子实体往往不能分化，或者长得瘦小；水分过多，则菌丝生长受到抑制。在人工栽培过程中，菌种瓶塞打开前，基质内保持适宜的水分，保证其湿度对菌丝的生长发育是适宜的；在菌种瓶塞打开后，空气相对湿度应保持在 80%～90%为宜，如湿度不够，可用地面浇水或空间喷雾来提高湿度。但是，静止的高湿会影响子实体的蒸腾速度，从而妨碍营养物质从菌丝体向子实体的输送或转移，影响子实体的发育。

空气：灵芝是好氧性真菌，对氧气的需求量较大，子实体发育时期对 CO_2 浓度极为敏感。在自然界中，新鲜空气中氧气含量约为 21%，CO_2 含量约为 0.03%。实验表明，0.1%浓度的 CO_2 使灵芝子实体不分化菌盖，只生长菌柄，但对已分化的菌柄则能刺激它不断分枝，CO_2 浓度高时，灵芝子实体菌柄增长，并形成多分枝的鹿角芝（图 2-3）。浓度时高时低，灵芝子实体容易畸形（图 2-4）。CO_2 超过 0.3%时，子实体停止生长。当灵芝子实体分化时，栽培场及大棚内要及时增加通风量，进行通风换气。而仿野生栽培的灵芝主要是对湿度和光照的控制。

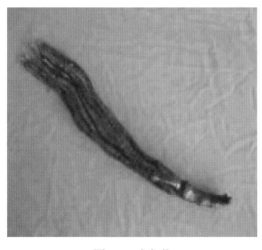

图 2-3　鹿角芝

图 2-4　畸形芝

光照：灵芝菌丝在黑暗中也正常生长，且生长较快。而灵芝子实体生长发育则需要散射光，菌柄和菌盖生长都具有趋光性。试验表明，300 烛光以下的亮度，灵芝菌丝也可生长正常，在相同温度条件下，灵芝菌丝生长速度与光照和黑暗条件有关，光线越强，菌丝生长速度越慢。但全暗环境培养出的菌丝体（菌种），子实体原基不易分化。若菌丝培养过程中经过一段时间的光照再进入黑暗中，原基分化就能产生，但子实体发育畸形，菌柄菌盖薄弱，发育速度很慢。光照度大于 100 烛光，子实体可正常发育，灵芝子实体最适光照度为 300～1500 烛光。光线如果从特定方向射入，菌柄和菌盖呈现出很强的趋光性。5000 烛光以上的强光照度下，子实体无柄或短柄。在完全黑暗的条件下，菌柄可不断生长，菌盖发育停止，从而出现畸形。

酸碱度：灵芝和其他真菌一样，喜在弱酸性环境中生长，pH 为 3～7.5 时，菌丝均能生长；当 pH 为 8 时，菌丝生长速度减慢；pH 大于 9 时，菌丝将停止生长。pH 5～6 最为适宜，菌丝生长最快。

【资源分布与适宜区分析】

一、资源调查与分布

（一）生态习性调查

灵芝是一类大型真菌，在分类系统上它属真菌门（Eumycota），担子菌亚门（Basidiomycotina），担子菌纲（Basidiomycetes），无隔担子菌亚纲（Holobasidiomycetidae），非褶菌目（Aphyllophorales），多孔菌科（Polyporaceae），灵芝亚科（Ganodermoideae）中的灵芝属（Ganoderma）和假芝属（Amauroderma）。中国已有记录报道过的有 60 多种，其中，以灵芝属中的灵芝（Ganoderma lucidum）即红芝或称赤芝为代表种。

在自然界，灵芝生长在雨量适宜、气候温暖、疏密相间的阔叶林中。野生灵芝多在夏秋两季（6～10 月）的雨后，生于栎、梅、桃、麻栎、栲、朱楮、枫等阔叶树的枯木、树苑、木桩上，亦可生长于活树的基部或根部，秋末终止。菌丝潜伏越冬，翌年春暖，再行萌发。

（二）生态分布及适宜区分析

中国灵芝类真菌自然分布的总特点是东南部多而西北部少。如果从东北部的大兴安岭向南方向的西藏东南部画一条斜线，便可将灵芝的分布划分为迥然不同的两大区，正好说明灵芝科种类的分布与我国的地形地貌、生态环境相吻合。目前已知此条线以西由于干旱或高寒等原因，缺乏灵芝繁殖生长的天然条件，只分布有树舌（Ganoderma applanatum）和灵芝（G. lucidum）两种。在青海、新疆和宁夏几乎没有发现常见的灵芝（赤芝）。而赤芝主要分布在江西庐山、安徽霍山一带。将这条线的以东地区根据南北气候及植被类型的变化以及灵芝种类的变化可划分为 3 个分布区。

1. 热带分布区

分布范围大致为南岭以南的两广、福建和台湾南部以及海南、香港地区。还包括云南西双版纳和西藏的东南部地区。在这些地区的热带季雨林区具有代表性的是热带灵芝（Ganoderma tropicum）、喜热灵芝（G. calidophilum）、弯柄灵芝（G. flexipes）、无柄灵芝

（*G. resinaceum*）、薄树芝（*G. capense*）、背柄灵芝（*G. cochlear*）、胶纹灵芝（*G. koningsbergii*）、黄孔灵芝（*G. oroflavum*）、紫光灵芝（*G. valesiaum*）、黑肉假芝（*Amauroderma niger*）、皱盖假芝（*A. ruda*）、咖啡网孢芝（*Humphreya coffeatum*）、长柄鸡冠孢芝（*Haddowia longipes*）。其他的还有海南灵芝（*G. hainanense*）、黑灵芝（*G. atrum*）、黄灵芝（*G. multiplicatum*）、大圆灵芝（*G. rotundatum*）、茶病灵芝（*G. theaecolum*）、黄褐灵芝（*G. fulvellum*）、大孔灵芝（*G. magniporum*）、黄边灵芝（*G. luteomarginatum*）、赭漆灵芝（*G. ochrolaccatum*）、有柄树舌（*G. gibbosum*）、橡胶树舌（*G. philippii*）、三角状树舌（*G. triangulatum*）、南方灵芝（*G. australe*）、大孔假芝（*Amauroderma bataanense*）、黑漆假芝（*A. exile*）、粗柄假芝（*A. elmerianum*）及二孢假芝（*A. subresinosum*）等，共计 66 种，占已知灵芝总数的 66%。在该区还发现了大量的灵芝新种。

2. 亚热带分布区

分布范围大致为南岭以北至秦岭之间的长江中下游地区。在该区常绿阔叶林区具有代表性的是紫芝（*Ganoderma sinneese*）、长孢灵芝（*G. boninense*）、灵芝（*G. lucidum*）、四川灵芝（*G. sichuanense*）、小孔栗褐灵芝（*G. dahlii*）、硬孔灵芝（*G. duropora*）、拱状灵芝（*G. fornicatum*）、无柄紫芝（*G. mastoporum*）、华中灵芝（*G. mediosinense*）、褐树舌（*G. brownii*）、层叠树舌（*G. lobatum*）、福建假芝（*Amauroderma fujianense*）、假芝（*A. rugosum*）、江西赤芝（*A. jiangxiense*）、耳匙状假芝（*A. auriscalpium*）、小孢灵芝（*G. microsporum*）、黑假芝（*A. niger*）等，共计 25 种，占灵芝类总数的 25%。其中以灵芝和紫芝分布较广泛。另外此区域是我国灵芝类南北分布的过渡地带。

3. 温带分布区

分布范围为秦岭向东北至大小兴安岭。其中以辽宁南部及华北落叶阔叶林区又属暖温带，辽宁以北即广大的东北地区为主是中温带，兴安岭区属寒温带针叶林区，目前在区内仅分布灵芝属的松杉树芝（*Ganoderma tsugae*）、灵芝（*G. lucidum*）、树舌（*G. applanatum*）、伞状灵芝（*G. subumbraculum*）和蒙古灵芝（*G. mongolicum*）。树舌和灵芝是我国分布最广泛的两个种，前种分布 27 个省区而后种分布于 19 个省区。蒙古灵芝原发现于河北省北部，在内蒙古北部的大兴安岭和长白山脉亦有分布。目前人工栽培的种类中，除了灵芝（赤芝）外，松杉树芝质量最佳，在韩国、日本及中国台湾人工栽培产量大而普遍。我国目前人工生产最多的主要是以上两种，其次是密纹薄芝（*G. tenue*），紫芝产量低而不广泛。在我国已知的种类中，目前驯化栽培而知其名称的还不到 10%，可见从野生种类中驯化培育优良生产菌种，或具有药效的种潜力很大。

二、贵州资源分布与适宜区分析

贵州地处云贵高原东部，冬无严寒，夏无酷暑，雨量充沛，气候温和，森林茂密，地形复杂，80%的地区年降水量为 1100～1300mm，威宁、毕节一带不足 1000mm，5～10 月的降水量占总量的 3/4 左右，秋末、冬季、初春仅占 1/4，降水最多的时期，是野生灵芝生长的旺盛期，省内各地的年平均空气相对湿度 80%以上，年平均温度 11.8～19℃，灵芝生长的 6～9 月，除西北部外，气温都在 20℃ 以上。由于静止峰的存在，贵州的太阳直接辐射较同纬度地区少，这对于高等真菌子实体的生长非常有利。贵州的灵芝种类丰富，据统计，灵芝科在贵州全省分布 4 属 53 种，占中国灵芝类总数的 53%，这是贵州小气候环境产生的结果。灵芝在贵州全境都有分布，尤以黔南、黔东南、黔西南等分布最广，如黔东南州的凯里、黎平、锦屏等，黔南州的荔波、罗甸、平塘、独山以及黔西南州的兴义、兴仁、安龙、册亨等地均为灵芝最适宜区。

除上述灵芝最适宜区外，贵州省其他各县市（区）凡符合灵芝生长习性与生态环境要求的区域均为其适宜区。

【生产基地合理选择与基地环境质量检（监）测评价】

一、生产基地的合理选择与基地条件

按照灵芝适宜区优化原则与其生长发育特性要求，选择其最适宜区或适宜区并具良好社会经济条件的地区建立规范化生产基地。现已在黔东南州的凯里、黔南州的独山、贵阳市白云区及遵义市的湄潭等地建立了灵芝规范化种植基地。例如，贵州昌昊公司在凯里市建立的灵芝仿野生规范化种植基地，见图 2-5。又如，贵州高山六芝园种植有限公司在贵阳市白云区扁山村、贵阳市白云区"贵州省高效农业展示区"及贵州多个地县（如湄潭县、梵净山生态站等）建立了灵芝规范化种植基地，见图 2-6。

图 2-5　贵州昌昊公司建立的灵芝规范化种植基地（黔东南州凯里市）

图 2-6　贵州高山六芝园种植公司建立的灵芝规范化种植基地（贵阳市白云区）

二、基地环境质量检（监）测评价（略）

【栽培关键技术研究与推广应用】

一、菌种分离和提纯复壮

（一）灵芝组织分离法

组织分离法是用灵芝子实体组织，在适宜的培养基和生长条件下，所进行的无性繁殖培养。组织分离法具有操作简便、菌丝生长快、不易发生变异等优点。其操作方法如下。

1. 选种

供组织分离的子实体必须来源于优良的品系，并选取健壮、颜色及形状正常、无病虫害、刚开伞的子实体，淋雨和吸水后的子实体不宜作为种芝。

2. 消毒

种芝采下后用小刀切去菌柄下部，放在培养皿中，移进经消毒（用紫外线照射 15min，或用高锰酸钾 1 份、甲醛 2 份进行气化熏蒸）的接种箱内或放在开启的超净工作台上。

3. 灭菌

将手用 0.25%的新洁尔灭擦洗后，把种芝浸入 0.15%升汞溶液中 10s，以杀死种芝表面杂菌，然后用无菌水（用蒸馏水或清水装入三角瓶内或盐水瓶的 2/3 处，经高压灭菌而成），冲洗 2～3 次，再用灭菌过的纱布或脱脂棉吸干水分。

4. 接种

点燃酒精灯，用手掰开或剪开种芝，将接种刀或剪在火焰上烧过，拔下试管棉塞，取菌柄和菌盖之间的一小块组织，接入斜面培养基中央。接种要迅速、准确，接入后将棉塞在酒精灯火焰上烧一下，塞上试管。

5. 培养

将接过灵芝组织的试管放在 25℃左右进行培养，选发育生长快、无杂菌污染的斜面试管进行提纯和扩大，便可得到组织分离的母种。

（二）灵芝孢子分离法

孢子是灵芝的基本繁殖单位，用成熟的有性孢子来萌发成菌丝而获得的菌种具有双重遗传性。一朵直径 15cm 左右的灵芝子实体，可弹射 25 亿～30 亿枚孢子，每克孢子粉为 2.5 亿～3 亿枚。灵芝孢子壁双层、鸡蛋状，好似蛋壳、蛋皮、蛋清及蛋黄，蛋黄呈油滴状、透明。灵芝每个完整的孢子，都有着极强的生命力，可在自然界中存活数十年。孢子分离法的步骤如下。

1. 种芝采集

种芝应在子实体八分成熟时选取，将选好的种芝用 0.15%升汞溶液进行消毒。

2. 孢子收集器准备

取直径 15cm 的培养皿，衬上 4 层纱布或垫上 4 张滤纸，上放一只小培养皿，在 2 个培养皿之间罩上玻璃漏斗或分离钟，漏斗或分离钟口挂一铁丝钩，塞上棉塞，其外用纱布和牛皮纸分里外包好，放入灭菌锅高压灭菌备用。

3. 孢子收集和培养

在接种箱内无菌状态下，将已消毒的种芝迅速挂在罩内的铁丝钩上，并在皿中的纱布或滤纸上倒少许 0.15%升汞溶液，以防杂菌浸入，又为孢子弹射提供了一定的湿度。孢子一旦弹射，即轻轻拿出小培养皿，加进 5mL 无菌水，让孢子均匀分布，制成孢子悬浮液。用消毒注射器抽取培养皿底部的孢子液，加无菌水 1～10 倍，然后滴入试管斜面，每支试管内滴 1～2 滴孢子液，或用接种钩蘸取孢子液滴入斜面，并让其在斜面上摊开。随后放于 22～28℃的条件下进行培养。

4. 提纯和扩大

当培养基上出现白色星芒状菌丝丛，经提纯和扩大，即可获得有性繁殖的灵芝纯菌丝母种。

（三）灵芝基质分离法

在冬季或无灵芝子实体的情况下，用灵芝栽培的芝木，取一小块有菌丝的组织，分离提纯，即可获得所需要的菌种。此种分离方法必须做出芝实验。其分离方法和步骤参照上述灵芝组织分离法。

（四）灵芝菌种的老化与复壮

灵芝菌种老化时表现为菌丝萎缩、退菌，出现黄斑，有黄色水珠渗出等。灵芝菌丝出现上述情况，可能是养分差、培养基过松或过紧或含水量过多，或芝龄期过长，或高温高湿引起，这些状况都会直接影响灵芝的生产，使灵芝的产量和质量大打折扣，此时应及时进行转管复壮或重新分离菌株，通过对保存菌种进行移管培养，可使菌株恢复到原菌株的生长状况。

（五）菌种保藏

1. 短期保存

培养好的斜面菌种，用塑料薄膜包好管口，放入 4℃的冰箱内，可保存 3～4 个月。

2. 长期保存

（1）液态石蜡保存法：将两次灭过菌的液态石蜡，在无菌条件下倒入斜面菌种内，以淹过斜面 1cm 为度，试管口包上塑料薄膜，在 4℃左右的冰箱内可存菌种一年。使用时挑取少量菌丝接入斜面，培养至菌丝长满斜面，即用于生产。

（2）麸皮保存法：将麸皮调好水分，装入试管（装入量为管长的 1/5），灭菌后将菌丝菌种接入，培养至菌丝长满，放入 4℃左右冰箱内可存菌种 1 年以上。

二、菌种生产工艺及质量标准

（一）灵芝母种（一级种）、原种（二级种）与栽培种（三级种）的生产

1. 母种

为保持与灵芝生长相宜的水分，防止杂菌侵染，必须用容器将各种培养基同外界相隔绝，并进行灭菌，以维持菌丝的生长发育。在生产中常用的容器有试管、菌种瓶和塑料袋等。

母种培养基：

（1）PDA 培养基：

原料：马铃薯 200g，葡萄糖 20g，琼脂 18～20g，水 1000mL，pH 自然。

制法：将马铃薯洗净，去皮挖眼后切成薄片，称取 200g，加水 1000mL，煮沸 20min 或至酥而不烂时过滤，补足水分，尔后加琼脂和葡萄糖煮溶，装管，灭菌备用。

（2）PDA 综合培养基：

原料：马铃薯煮汁 1000mL，葡萄糖 20g，琼脂 18g，磷酸二氢钾 2g，硫酸镁 1.5g，维生素 B_1 微量，pH 自然。

制法：同上，装管前加入磷酸二氢钾、硫酸镁、维生素 B_1。

（3）黄豆粉培养基：

原料：黄豆粉 50g，蔗糖 20g，琼脂 20g，水 1000mL，pH 自然。

制法：黄豆粉 50g，加少量清水调匀，加水至 1000mL，煮沸 30min，取滤汁，并补

足失水，加琼脂和蔗糖，待溶解趁热分装入试管，进行灭菌。

（4）PCA培养基：

原料：蛋白胨2g，葡萄糖20g，硫酸镁0.5g，磷酸二氢钾1.5g，硫胺素0.5mg，琼脂18g，蒸馏水1000mL，pH5～7。

制法：将琼脂置于蒸馏水煮溶，尔后加进上述化学药剂，搅拌均匀，趁热装管灭菌。

（5）装管母种步骤：把配制好的母种培养基趁热倒入漏斗，将培养基注入试管的1/4处。装管时勿使基质沾附在试管口上。分装完毕塞上棉塞或胶塞，塞子要松紧适度，塞入长度为塞子总长的2/3。这样既利于过滤通气，又能有效地防止杂菌侵染。塞好塞子后，将试管每10支扎成一捆，用牛皮纸或报纸包住整捆试管的塞子部位，以防止灭菌过程中塞子受潮。高压灭菌30min，取出摆成斜面，冷却备用（图2-7）。

2. 原种

原种是由母种扩大而来，主要用于制作栽培种，也可直接播种栽培。其操作步骤如下。

（1）原种培养基与制备：将40%的麦粒用温水浸24h，加温煮至透心，加入33%木屑、25%玉米芯、1%白糖、1%石膏，高温灭菌后备用。

（2）接种：将已灭菌的原种培养基放在接种箱内，经甲醛和高锰酸钾熏蒸。用75%的酒精擦抹用具、菌种表面和接种人员的双手。点燃酒精灯，在火焰旁将瓶塞拔出，把接

装管

塞口

包扎

灭菌

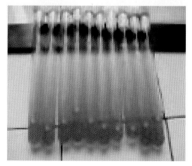
斜面（备用）

图2-7　装管母种步骤

种针用火烧过，待冷却后再挑起母种（菌丝与基质），迅速准确地接进原种培养基中，盖

上棉塞。

（3）培养：接好的灵芝原种应放在 25℃适宜温度条件下培养，一般接种后 5 天应做一次全面检查，以免良莠混杂。

3. 栽培种

栽培种是直接播种的菌种，由原种扩大而成。

（1）栽培种培养基与制备：55%木屑，25%玉米芯，10%甘蔗渣，8%麦麸或米糠，1%白糖，1%石膏粉，含水 65%拌匀。

（2）装瓶：装瓶的原则一般是上紧下松，若过于疏松，培养料出现干缩，使菌种难以萌发；若是过紧，菌丝生长要花较长的时间，容易污染。装瓶的方法是用左手拿住瓶口，作漏斗状按放，右手抓起培养料放在左手中，用右手大拇指捣下，这样多次重复，同时把瓶底放在料中轻轻敲打，一直装到瓶口，待培养料装完，用捣木或铁钩把培养料捣平至瓶肩处，最后用水洗净瓶的外壁和瓶颈内壁，揩干瓶口，塞上棉塞。若是塑料袋，可用编织带做成小环套在袋口，袋长 25cm，直径为 10cm，套上颈环后，袋净长 20cm，培养料装满后，用牛皮纸和聚丙烯薄膜封口，用高温皮筋套口即可。也可采用自动装袋机装袋，用成套双盖套上即可。

（3）灭菌：同多数霉菌和细菌相比，灵芝生长速度较慢，在用马铃薯、米糠、麦粒等原料所做的培养基中，青霉、酵母等极易侵入，为消灭杂菌，让灵芝更好地生长并吸收利用营养，在灭菌中，要根据基质的溶解度和杂菌最大耐热时间来决定。过高的热压，超过溶解度 125℃和时间 1h 以上，培养基被完全分解，灵芝所需的营养成分将被改变和消失，从而影响菌丝的生长发育。耐热能力最强的杂菌（枯草杆菌）在 120℃，经 8min 就完全死光，若只灭菌 8min，培养基未能溶解，菌丝不能利用，在同样温度条件下，要经 30～60min，方能获得良好的效果，最常见的方法如下。

①高压灭菌——利用密闭加压灭菌器加热，使压力增大，沸点上升，穿透力加强，一般试管培养基采用蒸汽温度为 121℃，即 1kg/cm²，保持 30min，可达到一次灭菌的目的。木屑、麦粒等基质的灭菌则为 121℃并维持 1h 即可。

②间歇灭菌——即常温间隔灭菌，在没有高压灭菌设备时，而培养菌种又需要无菌的培养基，这时应采用间歇灭菌法。此种方法是根据杂菌生活史中耐热性最弱的环节，把装有培养基的瓶子或袋子放在普通蒸锅中，加热灭菌 2h，置于 30℃以下，这时，不死的杂菌孢子萌发成芽孢，如此每天灭菌一次，重复 3 次便可达到无菌目的。同时应根据培养灵芝所要求的 pH 范围，适当加高 0.5～1，以避免在灭菌中的酸度积累。灭菌完成后，趁热抬入接种室，并对室内进行消毒，待培养料至室温后接种培养。此法较为费时费力。

③常压灭菌——自制的土蒸灶，有用方油桶的，有用水泥和砖建的，有用蒸笼的，无论何种方式，都必须密封和保温良好，同时要有测温孔和加水孔，将瓶或袋装好培养料后，及时码入土蒸锅内，最好分层摆放，这样灭菌省时省力，同时灭菌比较彻底，及时封闭灶门或盖上盖，加热灭菌（图 2-8）。

培养好的原种　　　　　　　正在培养的栽培种　　　　　　培养好的灵芝栽培种

图 2-8　灵芝栽培种培养

（4）接种：栽培种的接种方法与原种基本相同，但由于栽培用量大、数量多，如在接种箱内接种，有些操作上的困难，而且也没有如此大的接种箱，现介绍一种经济、简便的接种方法，即蒸汽接种法：对接种室或普通房屋进行清扫和消毒处理，在室内用电磁炉烧一锅（壶）开水，要求在沸点以上，不能中途降温，原种表面、用具和手用新洁尔灭擦抹，在沸水上方的蒸汽范围内打开瓶子，进行接种。接种时空气不能对流，人不能走动。

（二）质量标准

灵芝菌种质量标准见表 2-1。

表 2-1　灵芝菌种质量标准

品名	一级菌种	二级菌种	三级菌种
灵芝	菌丝洁白，爬壁力强，菌丝壮、旺，培养基无干缩，气生菌丝不倒伏，反面观察除接种块点外无任何斑点、条纹或阴影	菌丝洁白，上下基本一致，瓶口处气生菌丝旺盛，无任何斑点、条纹或异色	菌丝均匀，无角变、杂菌，无任何斑点、条纹或异色

三、规范化种植关键技术

（一）生段木栽培灵芝

生段木栽培灵芝方法是生产灵芝的主要方式之一，种植 1 亩的灵芝，需要段木 1500～2000 节。段木栽培灵芝，应在冬季 10～12 月砍树，选择树木直径以 8～20cm 为宜，长度为 1～1.2m，为防止污染，两头用生石灰浆涂抹。将段木打孔，其方法是用手电钻或台钻打孔，孔距 5cm，孔深 1.5～2cm，直径 1.2～1.5cm，呈“品”字形，然后锯成 15～20cm 长的短节，表面要求平整、光滑。锯前，为减少污染和堆码方便，利于培养，可将段木用粉笔画上一根直线，并编上号，将锯好的短节段木，及时进行接种，接种后用石蜡封口（石蜡 50%，松香 25%，动物油 25%混合加温融化）。根据芝木的粗细和时间的前后，可将粗段木打孔深至 3～5cm，时间早的可用粗木，后期的用细木或加深加多打孔，并加大接种量，木质紧密的直径可小些，木质疏松的直径可大些，上述方法可使出芝控制在一定的时间范围，便于管理。

将接上菌种的芝木移到培养室内，按编号堆码起来，使之还原成段木原状，加盖塑料薄膜，进行保温保湿培养，将温度控制在 22～28℃，最高温度不得超过 35℃，灵芝属高温性菌类，培养时应遮光，使培养环境处于黑暗或弱光照条件下。菌丝体长满芝木后，再培养 20～30 天，让菌丝体进一步生长和分解木材，同时给芝木散射光，让其充分备足养分，适应大棚生长环境，以利于及早出芝，提高产量。在菌丝长满芝木后，一般于第二年的 2～4 月将培养好的芝木适时移至已准备就绪的大棚内（也可放在林下），进行覆土与出芝管理。

（二）熟段木栽培灵芝

熟段木栽培灵芝，所生产的灵芝盖大、肉厚、质坚、色泽艳丽。熟段木栽培方法是生产灵芝最好的方式之一，种植 1 亩的灵芝，需要段木 1500～2000 节。熟段木栽培灵芝，应在冬季 10～12 月砍树，选择树木直径以 8～20cm 为宜，将树木截成 10～15cm 长的短节，表面要求平整、光滑，以避免刺破塑料袋。将锯好的短节段木装入袋内，较为干燥的段木应在水中浸泡后再装袋，直径较小的段木可劈开用绳扎成小捆，装入袋内，封口后即可灭菌。

灭菌方法有常压灭菌和高压灭菌两种，生产上常用的是常压灭菌，常压灭菌量大，适应大生产的需要。常压灭菌时，首先将装好袋的段木，整齐地码入灶内，密封好灶门，加火烧水，使之产生蒸汽，当灶内温度上升到 98℃以上，即俗称圆气时，维持 16h，灭菌结束后，焖 8h 或一夜，再打开灶门，可增强灭菌效果。蒸料期间，应从加水孔加入开水，以免温度下降，打开灶门后，趁热将灭菌的袋装短段木抬入接种室进行消毒，待冷却后接种。若用高压锅灭菌时，当压力上升到 0.1kg/cm² 时，停止加热或通入蒸汽，打开排气阀，放掉锅内气体，如此进行 2 次，其作用是排掉锅内冷空气，防止出现假压现象。当压力上升到 1kg/cm²，即安全阀门自动放气时，开始计时，维持 3h。灭菌结束后，缓慢打开放气阀门排气，当压力降到"0"时，才能打开锅盖，稍冷取出料袋，搬进接种室进行消毒后接种。接种可用蒸汽接种法，两头敷上菌种，并将袋子重新封口即可。现在多用液体菌种直接接种。

将接上菌种的芝木移到培养室内，堆码起来，保温保湿进行培养，让菌种萌发生长并使菌丝体长满段木。温度应控制在 22～28℃，最高温度不得超过 35℃，遮光，使培养环境处于黑暗或弱光照条件下。菌丝体长满芝木后，再培养 20～30 天，让菌丝体进一步生长，并分解木材，为出芝储备充足的养分，以利于提高产量。

芝木表面出现部分红色和褐色菌被，芝木轻压微软有弹性，劈开芝木，其木质部分呈现浅黄色或米黄色，部分芝木有芝芽形成，这样的芝木发菌达到成熟，可以进棚覆土出芝。

（三）袋栽灵芝

灵芝袋栽是利用碎小的原材料即木屑、粉碎的农作物秸秆等，经配方组合，装入塑料袋内，高压或常压灭菌，接种培养而成。

1. 装袋

装袋前要选择灵芝培养料，生产灵芝的培养料很多，但应因地制宜，选择无污染、容易获得并经济实惠的原材料，其配方如下：①木屑80%，玉米芯18%，石膏粉1%，白糖1%；②木屑60%，甘蔗渣20%，米糠19%，石膏1%；③木屑60%，豆秆、秸秆或油菜秆30%，麦麸8%，白糖1%，石膏1%。加水拌匀，含水量65%。所用塑料袋的规格为20cm×33cm或22cm×42cm。制作塑料袋的材料有聚乙烯薄膜和聚丙烯薄膜两种，采用高压锅灭菌时，要用耐高温的聚丙烯塑料袋，不能使用聚乙烯塑料袋，否则袋子会熔化。

装袋可用手工装袋或机械装袋，手工装袋的方法是：将塑料袋张开呈筒状，抓取培养料放入袋内，边装入料边用手压紧，使培养料上下松紧一致，并且要求松紧度适宜，以手捏料袋有弹性为度。料装得过紧时，会延长菌丝长满袋的时间，易出现灭菌不彻底和引起污染；料装得过松时，当菌丝长满袋后，搬运时易出现断裂，造成子实体因养分供应不足而生长不良。此外，还可用机械装袋，装袋方法是：将一端袋口封好的塑料袋套在出料筒上，左手托着袋底，右手握着出料筒。另一人向机械内加培养料，当培养料进入袋内后，逐渐后退装料袋，通过调整后退速度来调节装入的料量和松紧。装料时，注意不要将尖硬原料装入，以防刺破塑料袋。料袋上出现小孔的，要及时用不干胶布封好，防止被杂菌感染。装好料后，袋口用绳扎好，或者上颈圈，用塑料薄膜封口，及时进行灭菌。

2. 灭菌

灭菌有常压灭菌和高压灭菌两种，生产上常用的是常压灭菌。

3. 接种

接种操作要求在无菌条件下进行，因此，接种前要严格进行消毒，并在接种箱或接种室内进行操作。

（1）料袋与接种场所消毒：趁热抬入接种室的菌包，用甲醛与高锰酸钾混合产生的气体来熏蒸消毒；或者用气雾消毒盒点燃产生的烟雾来熏蒸消毒，后者刺激性较小，也比较安全。

在接种时，还可采取杀菌剂喷雾消毒处理，如喷洒0.25%新洁尔灭消毒；安装有紫外线灯的，要开启灯照射半小时以上，可增强杀菌效果。

（2）菌种准备：所用菌种要求菌丝浓密粗壮，并已长满瓶或袋，没有老化和长出子实体，无杂菌。菌种瓶外壁用0.2%高锰酸钾液或0.25%的新洁尔灭液或75%酒精等擦洗消毒后，放入接种场所内。

（3）接种操作：灭菌的菌包冷却至30℃以下时，待消毒药物刺激性气味减少后，才开始接种操作。钩取菌种的钩要在酒精灯火焰上烧灼灭菌，冷却后再钩取菌种。也可使用蒸汽接种法，即在接种室内用电磁炉烧水至沸，在蒸汽中接种，该方法的优点是菌种萌发快。瓶装菌种的接种方法是：首先去掉表层老菌种和菌皮，取下层菌种使用；然后打开菌包袋口，将菌种从瓶中钩取出来放入袋内，并覆盖于整个袋口处的培养料上；再上颈圈，颈圈可用打包带烧烫而成，直径大小可根据需要而定；最后用灭菌干燥纸封口。用袋装菌种接种时，则用已消毒处理过的匙取菌种直接接入袋内，封口进行培养。

（4）培养发菌：培养发菌应在培养室内进行，培养室要求干燥、清洁卫生、能调节温度和遮光。在培养室内搭建床架，床架用竹竿或木材制作，宽 15～18cm，高 2m，上下层之间相距 50cm。床架与床架之间相距 50cm，作为通道。将菌袋横卧重叠放在床架上，堆满床架，以利于保温，没有床架的，则在地面上堆码发菌。培养期间要保持温度在 22～28℃，温度超过 35℃时，要及时通风散热降温，温度偏低时，覆盖塑料薄膜保温，此外，还要遮光，因有光照的环境下，菌丝生长慢，易长菌皮，空气相对湿度控制在 80% 以下，因湿度增大后，易出现杂菌感染。培养 1 周后，检查菌种生长情况，将感染杂菌的菌袋搬出，防止传染。搬出的污染菌袋，一是倒出培养料，及时与其他原料混合后，重新装袋、灭菌、接种，加以利用；二是在远离生长场地处烧毁或埋入土中。培养 30 天左右，菌袋口开始出现白色块状物时，就要及时将菌袋移入出芝栽培室内，因有的灵芝菌丝体尚未长满菌包，就开始形成原基，将移入出芝的菌袋排放在床架上，横卧重叠放置，床架之间相距 50cm，或者在室内地面上，横卧重叠堆码起来去掉封口纸，或解开袋口，也可将菌袋脱去，移入大棚覆土栽培，进行出芝管理。

（四）选场、建棚与芝木覆土

1. 选场

在进行仿野生栽培时，选择的场地应地势较高、容易排水、接近水源，覆土要求用壤土和腐质土，并具有良好的保水性和通透性。

2. 建棚

建设塑料大棚，或者在菌床上搭建塑料拱棚和遮阳网棚，在塑料棚上再盖遮阳网，以防阳光直射，利于保湿。所用遮阳网的遮光率为 70%～80%，建棚是为了保湿和调节温度，所建大棚应选择高架式，便于管理和收集孢子粉，人为创造适宜灵芝子实体生长的环境条件，也有在林下栽培，采取套袋的方法收集孢子粉。

3. 芝木与覆土

将培养好的芝木移至大棚内或林下。芝木生长成熟的标准为：外表已全部发满灵芝菌丝体，芝木间菌丝连接紧密难以分开，部分出现红色和褐色菌被，轻压芝木微软有弹性，劈开芝木后，其木质部呈现浅黄色或米黄色，部分芝木有芝芽形成，此时应及时覆土出芝。

覆土时应在大棚内地面上挖出 120cm 宽、20cm 深的畦，泥土堆在畦边，沟中浇透水，待水渗干，无积水时，埋入芝木，芝木间距 5cm，行距 10cm 左右，呈"品"字形摆放，可防止长出的灵芝子实体芝盖相互接触，生长时连接为一体，影响质量和产量。边排芝木边覆土，使芝木表面处在一个水平线上，在芝木间填满泥土，泥土高过芝木 2cm 左右，覆土的厚薄与栽培场地的湿度有关，场地湿的覆土适当薄些，场地偏干的覆土要厚些。为了灵芝生长整齐，对不同树种、不同直径的段木，以及生长好差的芝木应分类，分别进行排放，畦与畦之间相距 40～50cm，作为通道，在畦的四周开排水沟，长度因地势而异，方便管理。将培养好的芝木，横或竖立排放在畦内，覆土后，还可再覆盖一层塑料薄膜，待灵芝长出芝芽，及时在出芝处将塑料薄膜开小孔，使灵芝正常生长。保持土壤湿润状态，偏干时，喷水浇土进行管理，还应加强通风换气，使灵芝子实体分化完整，不会出现畸形芝，达到高产稳产的目的。

4. 出芝管理

当气温上升到 20℃以上，灵芝子实体便开始生长，子实体初期为棒状，黄色。此时，主要做好环境调控管理，保持温度在 20～30℃，空气相对湿度在 90%～95%，根据土壤和袋栽水分变化适时喷水保湿，当土壤和袋栽偏干时及时洒水，增加土壤含水量和环境空气湿度。塑料大棚和室内栽培的要敞开两端塑料膜和门窗，以利于通风换气，保持棚内或室内空气新鲜，光照要较强，其强度保持在 300～1500 烛光。

此外，若 1 根段木或袋栽长出的子实体较多时，应去掉相邻的子实体，留下一个健壮的子实体，这样可防止子实体菌盖生长粘连而降低质量，并可提高单株的产量和质量。子实体菌盖形成后，要去掉杂草，防止杂草嵌入菌盖内。子实体生长期间，菌盖中部为褐色，边缘为黄色。在生长过程中会弹射出大量孢子，使菌盖表面形成一层褐色孢子粉末，并在地面和棚上都附着有孢子粉。在此之前，可开始收集灵芝孢子。当子实体菌盖边缘黄色部分消失，完全变为褐色时，防止雨水或喷水直接浇淋子实体，降低子实体含水量并使菌盖表面色泽均匀一致。

（五）主要病虫害防治

在灵芝培植中，可出现多种病虫害，应以综合防治为主，正确适量地使用防治病虫害的药物，并注意保护生态环境。灵芝主要病虫害防治如下。

1. 主要病害防治

（1）链孢霉：又叫脉孢霉、红色面包霉和红霉菌。是夏季生产时常见且为害严重的一种杂菌。为害灵芝的链孢霉有好食脉孢霉和粗糙脉孢霉。其具有生长速度快、传染性强等特点。受链孢霉侵染后，在 5～7 天内菌丝体就可长满袋或瓶，并在瓶口或袋口形成橘红色块状物或孢子粉。

防治方法：首先，在生产场地禁止吃嫩玉米后丢弃玉米芯，以免玉米芯上生长链孢霉污染环境。第二，培养料要求新鲜、干燥，培养料灭菌要彻底，在 100℃左右下须保持 10h 以上进行灭菌；培养期间，加强通风换气，降低温度和湿度，避免出现高温、高湿的环境，遏制链孢霉孢子萌发的条件。第三，培养灵芝菌种 3～4 天后，要及时检查，清理出感染链孢霉的菌种，防止产生孢子后传染，若已形成孢子粉的菌种，要用塑料袋或湿纸包裹住捡出，避免抖落孢子后传播，然后将污染物及时烧毁或深埋入土中。第四，培养室或接种室在使用之前，喷洒 2%甲醛液进行消毒处理。

（2）毛霉：毛霉主要为害灵芝的菌种生产，常见的毛霉有大毛霉和总状毛霉等。培养料上感染毛霉后，长出粗壮致密的菌丝体和黑色孢子囊，会与灵芝菌丝争夺养分，甚至抑制灵芝菌丝的生长。

防治方法：培养室在使用之前，喷洒消毒剂，如 0.1%美帕曲星、0.1%多菌灵溶液等，杀灭环境中毛霉菌孢子；培养期间，加强通风换气和降温，防止出现 40℃以上高温烧死菌种后长出毛霉；保持培养室干燥，避免封口物潮湿；出现毛霉感染后，及时挖出培养料，并拌入新鲜培养料中，经灭菌后，及时加以利用或者烧毁和埋入土中。

（3）根霉：常见侵害灵芝的根霉主要是黑根霉。培养料上感染根霉后，形成网状菌丝体，并产生黑色点状粉孢子，与灵芝竞争养料，造成减产。

防治方法：培养料要求新鲜、干燥，灭菌要彻底，杀灭培养料中根霉孢子；接种时，接种环境要认真消毒，防止接种工具沾上生水；培养菌种期间，加强通风换气，保持培养室内环境干燥；若已经出现根霉侵染，应及时将培养料挖出，混入新鲜培养料中，经灭菌后再利用。

（4）黄曲霉：灵芝菌种感染黄曲霉后，形成大量的孢子，抑制灵芝菌丝生长。在棉塞和麦粒上极易生长黄曲霉。

防治方法：培养菌种期间，要防止出现高温、高湿环境；加强通风换气，降低湿度，防止菌种瓶的棉塞受潮；使用麦粒菌种时，应在冬季接种，不宜在夏天接种，否则易在麦粒上长出黄曲霉；因黄曲霉对人体有严重危害，出现黄曲霉侵染后要及时挖出培养料，直接烧毁或埋入土中。

（5）灰绿曲霉：灰绿曲霉为夏季灵芝菌种生产中为害较严重的杂菌。菌种受灰绿曲霉菌侵染后，形成灰绿色的孢子层，从而抑制灵芝菌丝的生长。

防治方法：在夏季高温、高湿季节，菌种最好不要使用棉花塞，改用化纤棉塞或用三层牛皮纸封口；为避免棉花塞受潮生长灰绿曲霉，最好不要重复使用棉花塞；培养室要保持干燥，加强通风换气，及时清理出已感染灰绿曲霉的菌种。

（6）青霉：为害灵芝的青霉种类较多，主要有绳状青霉、产黄青霉和圆弧状青霉等。青霉的为害方式是在培养料上形成菌落交织在一起，变为一层膜状物覆盖在料面，隔绝空气，同时分泌出毒素，将灵芝菌丝体致死。

防治方法：培养料要求新鲜、干燥；配料时水分要湿透拌匀，不能有干料；培养料需在100℃左右高温下灭菌 10h 以上；接种场所和培养室在使用之前应用气雾消毒盒熏蒸消毒，另外可用甲醛与高锰酸钾或硫黄产生气体进行熏蒸消毒，也可喷洒 0.1%多菌灵液，或 0.25%新洁尔液，杀死环境中的青霉菌孢子；出现青霉感染后，要及时挖出培养料，加入新鲜培养料中混合，经灭菌后再利用，或者烧毁或埋入土中。

（7）木霉：木霉是在制种和栽培过程中常见且为害较大的一种竞争性杂菌，其种类较多，常见的有绿色木霉、康氏木霉、多孢木霉、长梗木霉和哈赤氏木霉等。木霉侵染灵芝后抑制灵芝菌丝体生长，从而造成菌种报废，或在灵芝菌盖下方生长木霉，使灵芝失去利用价值。

防治方法：生产原料要求新鲜、干燥，可以提高 PH，培养料灭菌要彻底，要在 100℃左右灭菌 10h 以上，彻底杀灭菌料中木霉菌孢子；培养菌种期间，加强通风换气，降低湿度，将空气相对湿度控制在 80% 以内；菌种中出现木霉侵染后，挖出培养料，少量地加入新鲜培养料中进行混合，再装袋灭菌后加以利用；也可将培养料烧毁，或深埋土中；仿野生栽培时，可在栽培场地撒上一层石灰，并少量喷撒 1～2 次石灰上清液，子实体成熟后，要及时采收和进行干燥处理。

（8）黏菌：黏菌侵染灵芝子实体后，在灵芝上长出咖啡色线状物，从而使灵芝失去商品价值。该病原菌属黏菌类，即美发网菌。

防治方法：灵芝子实体成熟后及时采收；在高温季节，加强通风换气，降低灵芝表面湿度，避免高温、高湿环境；出现病害后，应及时摘除感染灵芝子实体烧毁或深埋入土中，同时喷洒 0.1% 美帕曲星或 0.1% 多菌灵液进行防治。

（9）僵化病：若感染此病菌，灵芝子实体长成棒状后，不再分化出菌盖，生长停止，变为褐色并出现僵化。这是一种生理性病害。

防治方法：子实体生长期间加强水分管理，使环境空气相对湿度保持在 90%～95%；子实体生长期间，将温度控制在 20～30℃，通过合理安排栽培季节来调节温度，可获得健康灵芝子实体；出现僵化病后，应及时剪去上半部分，留下菌柄，改善环境条件，让其重新生长出芝芽，形成菌盖。

（10）畸形灵芝：感染畸形灵芝病害后，灵芝子实体菌盖不分化，长成棒状或似鹿角状。它是一种非传染性生理病害。

防治方法：加强通风换气，保持出芝场所内空气新鲜；增加光照，使光照强度保持在 1000 烛光以上；出现畸形灵芝后，应及时将上半部分剪去，留下 1cm 长的菌柄，并改善环境条件让其重新长出芝芽。

2. 主要虫害防治

（1）灵芝谷蛾：灵芝谷蛾幼虫在子实体上蛀食，使菌盖出现许多孔道，并排出成串的粪便，严重时将菌盖蛀食成空壳，失去利用价值。此外，还可为害干灵芝。成虫在子实体上产卵，幼虫蛀食子实体。其为害多在第二潮灵芝出现时。

防治方法：灵芝栽培场地应选择新的场所。采收一潮灵芝后，可喷洒杀虫剂消除环境中的害虫；当出现害虫，可采取诱杀或捕杀；干燥灵芝时，在烘烤箱内 60～65℃ 烘至足干，以杀死幼虫和卵，装入塑料袋内密封贮藏，若贮藏期较长可采用辐照杀虫。

（2）蛞蝓：又叫鼻滴虫、悬达子、黏粉虫、软蛭等，为害灵芝的种类主要为野蛞蝓。蛞蝓取食幼芝，并咬出缺口，使灵芝子实体长成畸形或生长停止。它适宜在中温、阴湿的环境下生活，昼栖夜出，白天潜伏在阴暗潮湿的草丛、石块、砖块或土穴中，夜间出来觅食。

防治方法：清除杂草、瓦块和砖块，并在四周撒上石灰粉，形成隔离带等；出现蛞蝓为害后，在菌床上喷洒 10% 的盐水，将石灰粉撒在蛞蝓出入口处，或直接捕杀蛞蝓，在菌床四周放上新鲜蔬菜或青草，引诱蛞蝓聚集取食，集中杀灭。

（3）食菌花蚤：食菌花蚤属鞘翅目花蚤科，群居在灵芝菌管上觅食，在灵芝上形成许多活动痕迹，从而降低灵芝孢子粉发生和产品质量。在温度 20～30℃、湿度 85% 以上、光线较暗的环境条件下群居，受惊后立即跳离。

防治方法：选择上一季没有培育过灵芝的地块做栽培场，或以新场所作为栽培场，可有效地控制花蚤发生；栽培场地在使用之前，应喷洒农药杀灭害虫；出现食菌花蚤为害时，要及时喷洒消毒，用低残留农药杀虫，如敌百虫等。

（4）白蚁：白蚁能将段木表面菌丝和芝芽全部吞噬干净，造成灵芝绝产。防治白蚁一定要根据白蚁的生活习性采取相应的措施，否则防治效果不佳。白蚁是一种营巢穴生活的昆虫，蚁群中有蚁王、蚁后、工蚁、兵蚁，各司其职。白蚁畏光，过着隐蔽生活，它外出采食汲水，在地下或者木材内部穿掘隧道，离开物体后带走食物，对灵芝栽培场地危害极大。

防治方法：清除灵芝栽培场地四周的枝杈、枯叶和各种有机垃圾，并用敌百虫、马拉硫磷、灭蚁灵等农药喷洒，然后翻耕，将农药翻于土中；在灵芝栽培场地四周挖 50cm 深的环沟，沟内喷马拉硫磷、敌百虫等农药，使栽培场外的白蚁不能越过防护沟；每隔 15～20 天就向沟内喷撒一次农药；选场时要远离有白蚁发生的区域，注意观察栽培场地内的白蚁情况，如发现白蚁，应尽快在发生区域喷施上述农药。

（5）毛蕈甲：幼虫取食干灵芝，并将其蚕食殆尽，使灵芝子实体变成空壳或粉末，从而失去食用价值。成虫和幼虫耐干燥，含水量 10%的干灵芝都可受其侵害。在夏季高温期间为害最为严重。

防治方法：将干灵芝在 60～65℃下烘烤 2～3h，杀灭虫卵、幼虫和成虫；干灵芝用较厚的塑料薄膜或复合膜包装密封贮藏；库房在使用之前，用磷化铝密闭熏杀；干灵芝在 0～8℃的低温下贮藏，可防止该虫为害；可采用辐照杀灭虫卵，较长时间保藏灵芝。

上述灵芝良种繁育与规范化培植关键技术，可于其生产适宜区内，并结合实际因地制宜地进行推广应用。

【药材合理采收、初加工、贮藏与运输】

一、合理采收与批号制定

（一）合理采收

当灵芝子实体菌盖由黄色转变成褐色，颜色均匀一致时，表明已完全成熟，全年均可采收。

灵芝子实体采收应选择晴天，采收要及时，以免生长木霉和再生出新的芝盖边缘，将成熟的子实体在距土表约 1cm 处剪下，留下芝柄以利于其再生。采收的方法是：用剪刀剪下，留下芝柄，以利于从芝柄上再生出新的子实体；也可直接摘取子实体，不留芝柄，但要推迟下一潮子实体出芝时间。采摘时，手指握着芝柄取下，不要握着芝盖，以免碰掉芝盖下层附着的孢子粉，从而影响美观或使其色泽不均匀，从而降低商品质量。

（二）批号制定（略）

二、合理初加工与包装

（一）合理初加工

灵芝采收后，整齐平放在竹席上，腹部向下，逐个摊开，并避免手触摸菌盖，造成其色泽不一，影响质量。干燥方法有两种：一是在阳光下晒干，灵芝干燥至菌盖坚硬，含水量低于 12.0%，才能存放时间长久；再是利用烘烤箱烘烤干燥，烘烤温度为 50～65℃，并保持在 3h 左右，排出水分至干（图 2-9）。

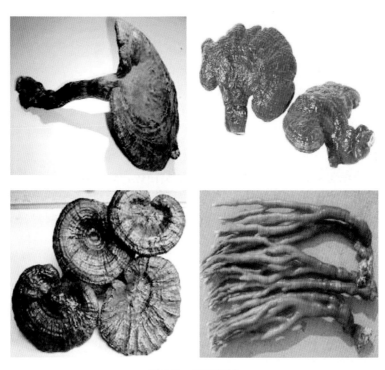

图 2-9　灵芝药材

（二）合理包装

干燥后的灵芝孢子粉、子实体要采用双层袋包装，塑料袋应无污染，清洁、干燥、无破损，或采用其他防潮、防霉容器，最好真空密封，再用硬纸箱进行外包装，长途运输或长久储存还应在袋内置干燥剂或其他防潮剂。同时做好包装记录，其内容应包括品名、规格、产地、批号、重量、包装工号、包装日期等。

三、合理储藏养护与运输

（一）合理储藏养护

经包装的灵芝在通风、低温、干燥（含水量控制在 10%）、避光、地面整洁、无缝隙、易清洁的仓库内保存。贮藏时间过长，常被一种鞘翅目昆虫蛀食，严重时可将灵芝蛀成粉末，且易霉变。一般情况下，贮藏不要超过 1 年。随时检查，防蛀，防霉。

（二）合理运输

灵芝在批量运输时，不应与其他有毒、有异味、易串味物质混装。运载容器应具有良好的通气性，以保持干燥，并应有防潮措施。

【药材质量标准、质量检测与监控】

一、药材商品规格与质量检测

（一）药材商品规格和标准

灵芝药材以无杂质、霉变、斑点、虫蛀，身干，菌盖大小 15cm 以上，菌盖圆整，色泽一致者为佳品。其药材商品规格按菌盖大小、肉质厚薄及色泽等分为 5 个等级。

特级：菌盖最窄面 15cm 以上，中心厚 1.5cm 以上，菌盖圆整，盖表面粘有孢子或有光泽，无连体，边缘整齐，腹面管孔浅褐色或浅黄白色，无斑点，菌柄长小于 1.5cm，含水量在 12%以下，无霉斑，无虫蛀。

一级：菌盖最窄面 10cm 左右，中心厚 1.2cm 以上，菌盖圆整，盖表面粘有孢子或有光泽，无连体，边缘整齐，腹面管孔浅褐色或浅黄白色，无斑点，菌柄长小于 2cm，含水量在 12%以下，无霉斑，无虫蛀。

二级：菌盖最窄面 5cm 以上，中心厚 1cm 以上，菌盖基本圆整，无明显畸形，盖表面粘有孢子或略有光泽，边缘整齐，菌柄长 2cm 以内，含水量在 12%以下，无霉斑，无虫蛀。

三级：菌盖最窄面 3cm 以上，中心厚 0.6cm 以上，菌盖展开，菌柄长不超过 3cm，含水量在 12%以下，无霉变。

等外品：菌盖的大小、厚度，及柄的长短不做要求，含水量在 12%以下，但不得霉变。

（二）药材质量检测

按照《中国药典》（2015 年版一部）灵芝药材质量标准进行检测。

1. 来源

本品为多孔菌科真菌赤芝或紫芝的干燥子实体。全年采收，除去杂质，剪除附有朽木、泥沙或培养基质的下端菌柄，阴干或在 40～50℃烘干。

2. 性状

赤芝：外形呈伞状，菌盖肾形、半圆形或近圆形，直径 10～18cm，厚 1～2cm。皮壳坚硬，黄褐色至红褐色，有光泽，具环状棱纹和辐射状皱纹，边缘薄而平截，常稍内卷。菌肉白色至淡棕色。菌柄圆柱形，侧生，少偏生，长 7～15cm，直径 1～3.5cm，红褐色至紫褐色，光亮。孢子细小，黄褐色。气微香，味苦涩。

紫芝：皮壳紫黑色，有漆样光泽。菌肉锈褐色。菌柄长 17～23cm。

栽培品：子实体较粗壮、肥厚，直径 12～22cm，厚 1.5～4cm。皮壳外常被有大量粉尘样黄褐色孢子。

3. 鉴别

（1）显微鉴别：本品粉末浅棕色、棕褐色至紫褐色。菌丝散在或黏结成团，无色或淡棕色，细长，稍弯曲，有分枝，直径 2.5～6.5μm。孢子褐色，卵形，顶端平截，外壁无色，内壁有疣状突起，长 8～12μm，宽 5～8μm。

（2）薄层色谱鉴别Ⅰ：取本品粉末 2g，加乙醇 30mL，加热回流 30min，滤过，滤液蒸干，残渣加甲醇 2mL 使其溶解，作为供试品溶液。另取灵芝对照药材 2g，同法制成对照药材溶液。按照薄层色谱法（《中国药典》2015 年版四部通则 0502）试验，吸取上述两种溶液各 4μL，分别点于同一硅胶 G 薄层板上，以石油醚（60～90℃）-甲酸乙酯-甲酸（15：5：1）的上层溶液为展开剂，展开，取出，晾干，置紫外线灯（365nm）下检视。供试品色谱中，在与对照药材色谱相应的位置上，显相同颜色的荧光斑点。

（3）薄层色谱鉴别Ⅱ：取本品粉末 1g，加水 50mL，加热回流 1h，趁热滤过，滤液置蒸发皿中，用少量水分次洗涤容器，合并洗液并入蒸发皿中，置水浴上蒸干，残渣用水 5mL 溶解，置 50mL 离心管中，缓缓加入乙醇 25mL，不断搅拌，静置 1h，离心（转速为每分钟 4000 转），取沉淀，用乙醇 10mL 洗涤，离心，取沉淀物，烘干，放冷，加 4mol/L 三氟乙酸溶液 2mL，置 10mL 安瓿瓶或顶空瓶中，封口，混匀，在 120℃水解 3h，放冷，水解液转移至 50mL 烧瓶中，用 2mL 水洗涤容器，洗涤液并入烧瓶中，60℃减压蒸干，用 70%乙醇 2mL 溶解，置离心管中，离心，取上清液作为供试品溶液。另取半乳糖对照品、葡萄糖对照品、甘露糖对照品和木糖对照品适量，精密称定，加 70%乙醇制成每 1mL 各含 0.1mg 的混合溶液，作为对照品溶液。照薄层色谱法（《中国药典》2015 年版四部通则 0502）试验，吸取上述两种溶液各 3μL，分别点于同一高效硅胶 G 薄层板上，以正丁醇-丙酮-水（5：1：1）为展开剂，展开，取出，晾干，喷以对氨基苯甲酸溶液（取 4-氨基苯甲酸 0.5g，溶于冰醋酸 9mL 中，加水 10mL 和 85%磷酸溶液 0.5mL，混匀），在 105℃加热约 10min，在紫外线灯（365nm）下检视。供试品色谱中，在与对照品色谱相应的位置上，显相同颜色的荧光斑点。其中最强荧光斑点为葡萄糖，甘露糖和半乳糖荧光斑点强度相近，位于葡萄糖斑点上、下两侧，木糖斑点在甘露糖上，荧光斑点强度最弱。

4. 检查

（1）水分：照水分测定法（《中国药典》2015 年版四部通则 0832 第二法），测定，不得超过 17.0%。

（2）总灰分：照总灰分测定法（《中国药典》2015 年版四部通则 2302）测定，不得超过 3.2%。

5. 浸出物

照水溶性浸出物测定法（《中国药典》2015 年版四部通则 2201）项下的热浸法测定，

不得少于 3.0%。

6. 含量测定

（1）多糖测定：

对照品溶液的制备：取葡萄糖对照品适量，精密称定，加水制成每 1mL 含 0.12mg 的溶液，即得。

标准曲线的制备：分别精密量取对照品溶液 0.2mL、0.4mL、0.6mL、0.8mL、1.0mL、1.2mL，置 10mL 具塞试管中，加水至 2.0mL，迅速精密加入硫酸蒽酮溶液（精密称取蒽酮 0.1g，加 80% 的硫酸溶液 100mL 使溶解，摇匀）6mL，摇匀，置水浴中加热 15min，取出，放入冰浴中冷却 15min，以相应的试剂为空白，照紫外-可见分光光度法（《中国药典》2015 年版四部通则 0401），在 625nm 波长处测定吸光度，以吸光度为纵坐标，浓度为横坐标，绘制标准曲线。

供试品溶液的制备：取本品粉末约 2g，精密称定，置圆底烧瓶中，加水 60mL，静置 1h，加热器加热回流 4h，趁热滤过，用少量热水洗涤滤器和滤渣，将滤渣及滤纸置烧瓶中，加水 60mL，加热回流 3h，趁热滤过，合并滤液，置水浴上蒸干，残渣用水 5mL 溶解，边搅拌边缓慢滴加乙醇 75mL，摇匀，在 4℃放置 12h，离心，弃去上清液，沉淀物用热水溶解并转移至 50mL 量瓶中，放冷，加水至刻度，摇匀，取溶液适量，离心，精密量取上清液 3mL，置 25mL 量瓶中，加水至刻度，摇匀，即得。

测定法：精密量取供试品溶液 2mL，置 10mL 具塞试管中，照标准曲线的制备项下的方法，自"迅速精密加入硫酸蒽酮溶液 6mL"起，同法操作，测定吸光度，从标准曲线上读出供试品溶液中含葡萄糖的重量（mg），计算，即得。

按干燥品计算，含灵芝多糖以无水葡萄糖（$C_6H_{12}O_6$）计，不得少于 0.90%。

（2）三萜及甾醇：

对照品溶液的制备：取齐墩果酸对照品适量，精密称定，加甲醇制成每 1mL 含 0.2mg 的溶液，即得。

标准曲线的制备：精密量取对照品溶液 0.1mL、0.2mL、0.3mL、0.4mL、0.5mL，分别置 15mL 具塞试管中，挥干，放冷，精密加入新配制的香草醛冰醋酸溶液（精密称取香草醛 0.5g，加冰醋酸使溶解成 10mL，即得）0.2mU、高氯酸 0.8mL，摇匀，在 70℃水浴中加热 15min，立即置冰浴中冷却 5min，取出，精密加入乙酸乙酯 4mL，摇匀，以相应试剂为空白，照紫外-可见分光光度法（《中国药典》2015 年版四部通则 0401），在 546nm 波长处测定吸光度，以吸光度为纵坐标、浓度为横坐标，绘制标准曲线。

供试品溶液的制备：取本品粉末约 2g，精密称定，置具塞锥形瓶中，加乙醇 50mL，超声波处理（功率 140W，频率 42kHz）45min，滤过，滤液置 100mL 量瓶中，用适量乙醇，分次洗涤滤器和滤渣，洗液并入同一量瓶中，加乙醇至刻度，摇匀，即得。

测定法：精密量取供试品溶液 0.2mL，置 15mL 具塞试管中，照标准曲线制备项下的方法，自"挥干"起，同法操作，测定吸光度，从标准曲线上读出供试品溶液中齐墩果酸的含量，计算，即得。

本品按干燥品计算，含三萜及甾醇以齐墩果酸（$C_{30}H_{48}O_3$）计，不得少于 0.50%。

二、药材质量标准提升研究与企业内控质量标准制定（略）

三、药材留样观察与质量监控（略）

【药材生产发展现状与市场前景展望】

一、生产发展现状与主要存在问题

灵芝是药食兼用的大型真菌，有着几千年的应用历史。灵芝自古就有"仙草、瑞草"之称，是我国吉祥文化的标志物，形成了独特的灵芝文化。贵州的灵芝栽培研究始于20世纪50年代。20世纪80年代，由于对灵芝不断深入研究，在众多的成果助推下，实现了灵芝产业化的升级。目前，贵州省凯里、黎平、锦屏、独山、贵阳白云区及湄潭等地，以灵芝等为代表的药用菌产业，也有了较好发展。

贵州省属于经济欠发达地区，虽然有着丰富的自然资源以及优质的灵芝品种，但灵芝的开发与应用是一个系统工程，需要各方面的合作与投入，要开创具有特色的贵州灵芝品牌，还需要做好以下几方面的工作：科技牵头，尽快制定灵芝科技及产业的发展战略和规划；为了有利于开展工作，提高工作效率，应尽快成立灵芝专业分会；充分发挥灵芝多功能的特点，发展不同性能、不同档次的系列产品，服务不同需求的人群；不断用先进工艺提高灵芝产业水平，而市场竞争的核心是科技，生物技术是当代科技发展的重点，灵芝生产必须依赖生物工程技术的发展与突破；发展灵芝产业必须在观念上进行转变，与国际、国内先进观念同步；积极加强信息交流，建立信息交流网络。

二、市场需求与前景展望

中国是最早认识和开发应用灵芝的国家，并赋予灵芝丰富的文化内涵，这是中国对世界的一大贡献。现代研究表明，一般灵芝有生物碱、甾醇、内酯、香豆精、酸性树脂、氨基酸、油脂、还原性物质等反应。灵芝属的化学成分较为复杂，且因所用菌种、菌种产地、栽培方法、提取工艺、制剂方法不同而各异。灵芝属的子实体、菌丝体和孢子中含有多糖类、核苷类、呋喃类衍生物、甾醇类、生物碱类、蛋白质、多肽、氨基酸类、三萜类、倍半萜、有机锗、无机盐等。如灵芝主要含麦角甾醇 0.3%～0.4%，真菌溶菌酶及酸性蛋白酶、L-甘露醇、淀粉。在水溶性提取液中含有水溶性蛋白质，天门冬氨酸、谷氨酸、精氨酸、赖氨酸、亮氨酸、丙氨酸、色氨酸、苏氨酸、脯氨酸、蛋氨酸、苯丙氨酸、丝氨酸等多种氨基酸，多肽及多糖类。尚含树脂、内酯、香豆精等。又如紫芝主要含麦角甾醇，有机酸为顺蓖麻酸、反丁烯二酸。此外，还含氨基酸、葡萄糖、多糖类、树脂及甘露醇等。灵芝多糖是灵芝的主要有效成分之一，具有抗肿瘤、免疫调节、降血糖、抗氧化、降血脂与抗衰老、肌肤祛黑美白作用。灵芝尤适宜治疗以下病患：神经衰弱、心悸头昏、夜寐不宁、失眠多梦者；高血压病、高脂血病、冠心病、心律不齐等心血管疾病患者；慢性支气管炎、支气管哮喘、肺气肿等慢性呼吸疾病患者；慢性肝炎、慢性肾炎、糖尿病等慢性疾病患者；体质虚弱、气血不足、白细胞减少者及小儿特发性血小板减少性紫癜者；癌症及进行性肌营养不良、多发性硬化症、萎缩性肌强直、皮肌炎患者。

随着对灵芝的研究、开发，灵芝已从帝王供品走入了平常百姓家。灵芝作为食品、药品资源，已引起世界的高度重视，美国已承认灵芝药效并将灵芝列入"草药药典"。我国台湾有关专家把灵芝列为2001年可开发的重要资源，日、韩等国以及我国的香港对灵芝也进行了多年的研究，并开发出多种灵芝药品与保健品。随着人们的生活方式、饮食习惯的改变，高血压、高血脂、心脏病、糖尿病等生活方式疾病以及癌症等疾病日益威胁人类的健康，亚健康人群日益增多，人们对健康越来越重视，对保健品的需求日益增大，每年的市场需求以 10%~15%的速度递增。灵芝以其独特的功效、特有的文化，在新特药品、保健食品、养生药膳、健康食品、护肤品、工艺品等众多领域有着广泛的应用。灵芝具有多方面保健和医疗作用，应用范围广泛，发展前景广阔，这是已知药物中少有的。

灵芝的开发是综合性的开发，涉及森林资源、野生灵芝资源的保护与应用，以及灵芝产品的研发、灵芝文化的弘扬等多方面。贵州省具有丰富的灵芝资源，是灵芝的基因库，在灵芝菌种筛选、培育方面有着得天独厚的优势，灵芝产业发展对优质灵芝菌种的需求，促进了野生灵芝资源的保护与开发；众多的科研院所数十年的灵芝研究成果，为灵芝进一步研发奠定了坚实的基础；独特的地理与气候，满足了灵芝无污染、高品质的要求；中国林业学会推荐西南地区种植速生林——桉木，这是种植灵芝很适宜的原材料，对森林资源的保护有着积极的意义。随着人们对灵芝的需求不断增加，贵州灵芝产业将迎来高速发展期，灵芝有着非常广阔的开发应用前景与广阔市场。

主要参考文献

陈昇明，等.2001. 关刀溪大型真菌[M]. 中兴大学生命科学院编印.

《贵州梵净山科学考察集》编辑委员会. 1987. 贵州梵净山科学考察集[M]. 北京：中国环境科学出版社.

何绍昌，等. 1995. 贵州灵芝科III[J]. 真菌学报，14（1）：24-27.

黄年来. 1993. 中国食用菌百科[M]. 北京：中国农业出版社.

林树钱. 2000. 中国药用菌生产与产品开发[M]. 北京：中国农业出版社.

林晓民，等. 2005. 中国大型真菌的多样性[M]. 北京：中国农业出版社.

林志彬. 2001. 灵芝的现代研究[M]. 北京：北京医科大学出版社.

上海农业科学院食用菌研究所. 1991. 中国食用菌志[M]. 上海：上海农业科学院食用菌研究所.

吴兴亮，等. 1997. 灵芝及其他真菌彩色图志[M]. 贵阳：贵州科技出版社.

吴兴亮，等. 2005. 中国灵芝图鉴[M]. 北京：科学出版社.

杨新美. 1989. 中国食用菌栽培学[M]. 北京：农业出版社.

应建浙. 1987. 中国药用真菌图鉴[M]. 北京：科学出版社.

张小青. 2000. 中国真菌志（十八卷 灵芝科）[M]. 北京：科学出版社.

张雪岳. 1991. 贵州食用真菌和毒菌图志[M]. 贵阳：贵州科技出版社.

张雪岳. 2014. 献给祖国和人民的成果和人生：微生物菌学科技成果选集[M]. 贵阳：贵州人民出版社.

（黄 筑 张 林）

3 猪 苓

Zhuling

POLYPORUS

【概述】

猪苓原植物为多孔菌科真菌猪苓 *Polyporus umbellatus*（Pers.）Fries。别名：豕零、猳猪粪、野猪苓、野猪屎、猪屎苓、猪粪菌、猪灵芝、野猪粪、猪茯苓、野猪食、猪苓菌、粉猪苓、朱苓、豕苓、地乌桃等。猪苓以干燥菌核入药，历版《中国药典》均予收载。如《中国药典》（2015 年版一部）称：猪苓味甘、淡，性平。归肾、膀胱经。具有利水渗湿功能。用于治疗小便不利，水肿，泄泻，淋浊，带下。

猪苓始载于《神农本草经》，被列为中品，云："一名猳猪粪。味甘，平，无毒。治痎疟，解毒，蛊疰不祥，币水道。久服轻身，耐老。生山谷"。距今已有 2000 多年的药用历史。其后诸家本草多有记述。如《名医别录》载：猪苓"生衡山（今湖南衡山县）及济阴（今山东曹县）、宛朐（今山东菏泽）"。《本草经集注》云："枫树苓，其皮去黑作块似猪屎，故以名之。肉白而实者佳，用之削去黑皮。"《本草衍义》载："猪苓，行水之功灵，久服必损肾气，昏入目"。《本草求真》载："猪苓，凡四苓、五苓等方，并皆用此，性虽有类泽泻，同入膀胱肾经，解热除湿，行窍利水，然水消则脾必燥，水尽则气必走"等。对猪苓均有药性记述和临床应用。猪苓是中医临床传统常用中药，也是贵州地道特色药材。

【形态特征】

猪苓属菌核体呈块状或不规则形状，呈大小不一的团块状，坚实，表面为紫黑色、棕黑色或黑褐色，有许多凸凹不平的瘤状突起及皱纹。内面近白色或淡黄色，大小一般为（3～5）cm×（3～20）cm；干燥后变硬，整个菌核体由多数白色菌丝交织而成。菌丝中空，直径约 3mm，极细而短。子实体生于菌核上，从埋生于地下的菌核上发出，有柄并有多分枝，形成一丛菌盖，总直径可达 20cm。菌盖圆形，直径 1～4cm，中间脐状，有淡黄色的纤维状鳞片，近白色至浅褐色，无环纹，边缘薄而锐，常内卷，肉质，干后硬而脆。菌肉薄，白色。菌管长约 2mm，与菌肉同色，下延。管口圆形至多局形，每1mm 间 3～4 个。常多数合生，半木质化，呈放射状，孔口微细，近圆形。担孢子广卵圆形至卵圆形，无色，光滑，圆筒状，一端圆形，一端有歪尖，（7～10）μm×（3×4.2）μm。猪苓形态见图 3-1。

图 3-1　猪苓形态图

（墨线图引自中国药材公司，《中国常用中药材》，科学出版社，1995）

【附】经研究观察，猪苓在不同的发育阶段表现出三种不同的形态特征。

1. 菌丝体

猪苓固体培养时，菌丝白色絮状，生长较快，菌落呈圆形，气生菌丝发达。菌丝细胞狭长，多分支，细胞壁薄，直径 $1\sim5\mu m$，菌丝之间有横向融合，插片培养可观察到椭球形的无性孢子和八面体形的草酸钙结晶。猪苓菌丝可分为初生菌丝和次生菌丝。初生菌丝为单核菌丝，细胞壁薄，多分枝，如子实体的结构菌丝和联络菌丝；次生菌丝是双核菌丝，具有锁状联合，如子实体的生殖菌丝。猪苓菌丝见附图 1。

2. 菌核

猪苓菌核是由菌丝聚集而形成的一种球形休眠体，多年生，埋生于地下，长块状或不规则块状，表面有褶皱或突起，菌核有"芽眼"，白色或绿色。从颜色看，由于核龄不同，其菌核有白色、灰色和黑色三种，俗称为"白苓"、"灰苓"和"黑苓"，其系处于不同发育阶段的菌核。即最初为白苓，然后依次为灰苓和黑苓。白苓色白皮薄，无弹性，质地软，含

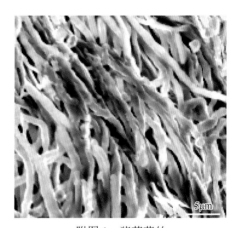

附图 1　猪苓菌丝

（引自邢咏梅等，*Nox Gene Expression and Cytochemical Localization of Hydrogen Peroxide in Polyporus umbellatus Sclerotial Formation*，Int. J. Mol. Sci.，2013）

水分较多，内含物很少，用手捏易烂，烘干后呈米黄色；灰苓表皮灰黄色，有的可见一些黄色斑块，光泽暗，质地松，有一定韧性和弹性，断面菌丝白色；黑苓表皮黑褐色，有光泽，质地密有韧性和弹性，断面菌丝白色或淡黄色。从形状特征上看，猪苓具有 3 种常规的形状，俗称"猪屎苓"、"鸡屎苓"和"铁蛋苓"，也有将其分成 4 种、5 种或更多种的形态类型。现代分子研究表明，上述形状的多态性与种质资源的多态性，并没有直接关系（附图 2、附图 3）。

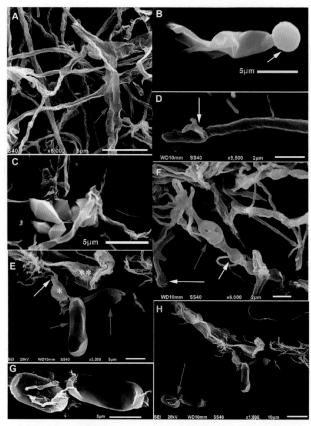

（A. 交互和融合的菌丝；B. 在菌丝一末端菌丝膨大成球形；C. 结晶结构；D. 具有锁状联合的螺旋状纹的菌丝体；
E. 附着孢和菌核；F. 肿胀菌丝；G. 附着孢表面的菌核；H. 具有细长菌丝的附着孢）

附图 2　猪苓菌核形成过程中菌丝形态（电子扫描图）

（引自邢咏梅等，*Sclerotial Formation of Polyporus umbellatus* by *Low Temperature Treatment under Artificial Conditions*，PLOS ONE，2013）

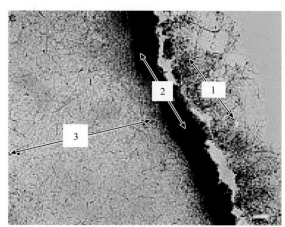

（1. 培养105天的形成的皮层的疏松菌丝；2. 培养120天的形成着色层；
3. 培养150天的形成厚而交织的菌丝层）

附图 3　猪苓菌核形成不同阶段（光学显微图）

（引自邢咏梅等，*Sclerotial Formation of Polyporus umbellatus* by *Low Temperature
Treatment under Artificial Conditions*，PLOS ONE，2013）

3. 子实体

猪苓子实体常发生在每年的 7~9 月，其柄着生在接近土表的菌核上，基部相连成丛或小柄大量分支，菌盖密集重叠，可多达数百个菌盖，故俗称"千层蘑菇"。肉质，多分枝，末端生圆形，白色至浅褐色菌盖。菌盖圆形，中部下凹脐状或近漏斗形，边缘内卷，被深色鳞片，直径 1~4cm，菌肉白色，孔面白色，干后草黄色，孔口圆形或破裂而成不规则齿状，延生。孢子印白色，孢子无色，光滑，圆筒形，一端圆形，一端歪尖，（7~10）μm×（3~4.2）μm。猪苓菌丛大小不等，大的菌丛直径可达 29cm，高 37cm，小的菌丛直径仅 1.6cm，高 2.3cm。

【生物学特性】

一、生长发育习性

（一）生活史

猪苓的生活史分担孢子、菌丝体、菌核、子实体四个阶段。担孢子是子实体产生的有性孢子［长卵状椭圆形，一端有尖，无色，平滑，（7~10）mm×（3~4）mm］，萌发后形成初生菌丝体，初生菌丝体质配后产生双核的次生菌丝，诸多次生菌丝紧密缠结成菌核。菌核主要是储存养分，耐高、低温和干旱。在不适宜的条件下，能够长时间保持休眠状态，遇适宜的温度、湿度和营养条件，即可在菌丝体的任何部分萌发产生新的菌丝。一般在 3月下旬，表土层 5cm 处温度达到 8~9℃时，菌核开始生长，菌核体上萌发出许多白色毛点，随着气温的升高，毛点不断长大变厚，形成肥嫩有光泽的白色菌核，逐渐向地表生长。8、9 月地温达 12~20℃时，菌核生长进入旺盛期，体积、重量迅速增加。菌核色泽从基部到中间由白变黄。此时如遇连阴雨天，空气湿度增高，部分菌核生长出子实体，开放散出孢子。随着地温下降，子实体很快枯烂。10 月以后，当地温降至 8~9℃时，猪苓停止生长，进入冬眠。翌年春又萌发分生新的菌核。如此年得继生，群体合聚形成一窝。土壤肥沃，营养丰富，菌核大而多，分叉少，俗称"猪屎苓"；土质瘠薄，养料不足，结苓小，分叉多，俗称"鸡屎苓"。在外界环境条件极端不利时，猪苓将停止生长，菌核老化，色泽变为深黑色，核体出现大小孔眼，直至腐烂。

猪苓担孢子萌发，形成单核菌丝，后结合成双核菌丝。双核菌丝在一定条件下形成菌核，形成菌核的灰苓后，与合适的蜜环菌接触而共生，再通过蜜环菌向猪苓提供营养，猪苓不断生长，直至长到黑苓（商品苓）。部分黑苓在高湿环境下形成子实体，产生担孢子后再循环萌发成菌丝体。猪苓的生活史，见图 3-2。

（二）菌丝体生长发育习性

猪苓子实体成熟后弹射出孢子，孢子在适宜的条件下萌发形成初生菌丝（单核菌丝），单核，无锁状联合，多细胞，有分枝，菌丝细胞壁薄，较细。当两个具有遗传差异的初生菌丝相遇后经过质融和核融过程，形成次生菌丝（双核菌丝），具有锁状联合，有隔，多数次生菌丝含有两个细胞核，菌丝较初生菌丝粗，有结苓能力。次生丝经过进一步发育、纽结缠绕形成结构菌丝，组成菌核的原基。

（三）菌核生长发育习性

在一定的条件（低温、生物因子等）下，随着培养时间延长，菌核的原基进一步形成小菌核，随着小菌核体积进一步膨大，初生菌核呈白色，然后转为灰白色，表面已有表皮的分化。当猪苓菌丝形成灰苓后与适宜的蜜环菌接触，蜜环菌侵入猪苓菌核，猪苓菌核菌丝在侵染外围形成隔离腔。侵染初期，隔离腔壁中的薄壁细长菌丝侵入邻近的蜜环菌菌索皮层中吸收营养。侵染后期，蜜环菌不断产生新的菌索形态的分枝在菌核中扩散，其营养主要靠其菌丝与蜜环菌细胞的接触吸收蜜环菌的代谢产物。

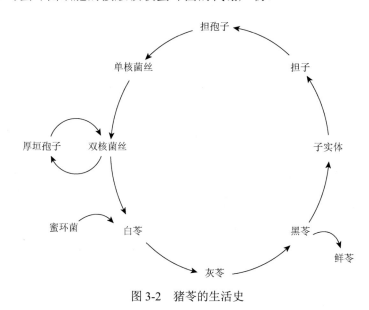

图 3-2　猪苓的生活史

除了猪苓从孢子萌发形成菌丝再形成菌核的途径外，还可直接从原母苓或灰苓上萌发出新白苓，次年新白苓菌核外表变为灰褐色时可被蜜环菌侵染而生长发育形成黑苓。

（四）子实体生长发育习性

在一定的高湿条件下，猪苓菌核上出现子实体。猪苓子实体由三系菌丝组成：生殖菌丝、骨架菌丝和联络菌丝。生殖菌丝在菌柄、菌盖和管孔间的隔膜组织中有分布，具有繁殖和分化骨架菌丝、联络菌丝的功能。骨架菌丝是一种不分枝、有一个狭窄细胞腔的厚壁菌丝，骨架菌丝的主要作用是支持子实体，保持子实体的形态。联络菌丝在子实体中广泛存在，除分枝多外，内壁常内折形成不规则的形态，自身相互交错连接或插入生殖菌丝、骨架菌丝之间固定在一起。

二、生态环境要求

（一）环境要求

野生猪苓多分布于海拔 1000～2000m 的山区。在 1200～1600m 半阴半阳的二阳坡地区生长较多。猪苓在土壤中的分布较浅，一般深40cm左右，最深的距地表1m以上。土壤酸碱度近中性（pH 5.0～6.7），速效磷含量不高，但活性有机质及总氮量较高。菌核在地面下5cm厚的土层，当温度8～9℃时开始生长，在旬平均地温达12℃以上，菌核迅速增长，在22～25℃时生长最快，超过28℃其生长受抑制。土壤含水量在30%～50%条件下，50%～60%时最适于生长，水分低于30%，猪苓停止生长。秋末冬初地温低于8℃，菌核进入休眠期。子实体多在每年伏天连绵阴雨后出现，从接近地表或微突出地表的菌核顶部长出。

猪苓与蜜环菌 *Armillaria mellea*（Vahlex Fr.）Que 营共生生活，故猪苓的伴生植物与蜜环菌腐生和寄生的树种有关，其常见的伴生树种有柞、桦、槭、橡、榆、杨、柳、竹、女贞子等。因而除松林外，阔叶林、混交林、次生林、竹林均有野生猪苓分布，次生林中分布较多，猪苓适宜生长在疏松透气、腐殖质含量高、肥沃的砂质土壤，并生于山林地下的树根周围。

（二）营养要求

猪苓除了生长在山坡中，在室内一定条件下可人工培养。猪苓菌丝生长最适氮源为酵母膏，黄豆粉、玉米糠、蛋白胨、麸皮粉和硫酸铵次之。另外，磷、钾、铜、锌4种元素对猪苓菌丝的生长起到促进作用。

【资源分布与适宜区分析】

一、资源调查与分布

经调查，猪苓主要分布于秦岭—大巴山、祁连山脉、太行—吕梁山脉。在我国黑龙江、吉林、辽宁、河北、山西、陕西、青海、甘肃、四川、贵州、云南等地均有分布。主产于河北赞皇、平山、武安、涉县、阜平、赤城、蔚县、崇礼、平泉；山西阳曲、文水、交城、沁水、武乡、黎城、介休、灵石、五台、应县、霍州、兴县、汾阳、岚县、左权、代县、孟州、吉县、和顺；内蒙古宁城、克什克滕旗、喀喇沁旗；吉林辉南、集安、通化、柳河、长白、抚松、靖宇、延吉、汪清、敦化、龙井、桦甸；黑龙江双鸭山、穆棱、黑河、铁力、宁安；湖南浏阳、平江；四川旺苍、北川、洪雅、峨边、屏山、荥经、理县、金川、沐川、天全、茂县、汶川、小金、美姑、平武、南坪、马边；贵州遵义、习水、德江、印江、赫章、威宁；陕西周至、宝鸡、太白、凤县、宁陕；青海湟中、互助、循化、贵德、兴海；宁夏泾源、隆德等地。其中，产量尤以云南为大，质量以陕西为佳。在国外，猪苓主要分布在欧洲和北美洲各国，亚洲的日本也有猪苓分布。

二、贵州资源分布与适宜区分析

猪苓在贵州境内分布的最适宜区为黔西北乌蒙山区域的赫章、威宁、七星关、大方、黔西等；黔北大娄山区域的遵义、习水、赤水、湄潭等地；黔东武陵山区域的德江、印江、江口、松桃等地；黔东南苗岭区域的台江、天柱、剑河、雷山等地。上述区域海拔较高，气候温和，常年阴雨多雾，降雨充沛，日照短，且资源丰富，蜜环菌分布较广，非常适宜猪苓的生长。如贵州省赫章县就有丰富的野生猪苓资源。上述各地是贵州省野生猪苓的主要分布区域与最适宜区，见图 3-3。

图 3-3　贵州赫章县野生猪苓生长环境与野生猪苓

除上述生产最适宜区外，贵州省其他各县市（区）凡符合猪苓生长习性与生态环境要求的区域均为其生产适宜区。

【生产基地合理选择与基地环境质量检（监）测评价】

一、基地的合理选择

按照猪苓生产适宜区优化原则与其生长发育特性要求，选择其最适宜区或适宜区，并具良好社会经济条件的地区建立规范化生产基地。在贵州省猪苓最适宜区黔西北的赫章、威宁、七星关、大方，以及遵义、德江等地，具有猪苓生长的良好自然环境，可选择其海拔较高（海拔 1200～1600m）、半阴半阳二阳坡（坡度 20°～50°）地，并有枫、槭、杨、柳等阔叶林、富有蜜环菌生长和有良好社会经济条件的地区建立猪苓规范化生产基地。例如，赫章县野马川镇青山村，其地处亚热带，但因海拔高，属暖温带气候区，为南温带—中温带之间所特有的高原山区气候类型。系高原温湿季风气候，四季分明，春干夏湿，具气候温凉等特点。≥10 积温 4374.3℃，温差较大，极端最低气温-9.6℃，极端最高气温 33.0℃，年均温 13.7℃。雨量充沛，年降水量多在 785～1068mm，且雨热同季。年平均日照时数 1260～1548h，光照条件好，无霜期 206～255 天。该地具有猪苓良好生长环境，当地党政重视，群众有较丰富种植猪苓的经验，是目前贵州猪苓生产规模最大的产地之一（图3-4）。同时，猪苓生长需要蜜环菌，与天麻的生长相似，可把猪苓同天麻混种。由于猪苓菌核生长需要较多的水分，缺水会影响其生长，因此，在雨水不充足的基地要具备一定水利电力等设施，在管理中应及时补给其所需水分，以防影响产量与质量。新鲜猪苓菌核含水量高，且具特有芳香气味，若不及时运输和做好贮藏工作，会出现腐烂和长虫。所以便利的交通也是在猪苓基地选择时应考虑和解决的问题。

图3-4　贵州赫章县野马川镇猪苓规范化生产基地

二、生产基地环境质量检（监）测与评价（略）

【种植关键技术研究与推广应用】

一、种质资源保护抚育

贵州虽是我国猪苓野生资源主要分布区之一，但由于猪苓药材市场紧缺，乱采滥挖严重，加之其生态环境破坏而致猪苓蕴藏量锐减。近年来，虽已开展猪苓人工种植，但因其种植技术与菌材等缘故，目前市售猪苓仍以野生为主，导致野生猪苓资源严重破坏。为此，应对猪苓种质资源切实加以保护抚育，特别是对贵州黔西北、黔北、黔东等地的野生猪苓种质资源更应严加保护与抚育，并切实加强猪苓人工培植，以求更好地保护猪苓种质资源，以求永续利用。

二、良种繁育关键技术

（一）菌种分离、提纯复壮和保藏

猪苓菌种，可通过猪苓子实体和菌核经组织培养分离和孢子分离法获得。组织分离法是选取新鲜、个大、壮实、中龄、无病虫害的子实体（或菌核）作为分离材料。取其子实体菌盖或菌柄组织或菌核，然后用75%乙醇溶液表面消毒2min后，用无菌水漂洗数次,洗净残留药液,再切成小块植入盛有PDA培养基（去皮马铃薯200g、葡萄糖 20g、琼脂 20g、水 1000mL，pH 自然）的试管中或培养皿上，24～26℃培养 5～7 天。在分离的菌体组织周围出现白色菌丝时，应及时将菌种移至斜面试管培养基上，24～26℃培养 7～10 天，即得纯菌种。所得的纯菌种保藏或直接扩大培养。然后，再通过尖端脱毒培养法获得纯菌种：将菌种转接到平板培养基上，菌丝萌发后，挑取边缘菌丝转接到另一个平板上，如此重复 2～3 次，直到长出的菌落浓密、菌丝粗壮为止。

当菌种在多次传代培养过程再现衰退时，应采用更替培养基传代培养和保藏方法来保持其菌种的优良性。如采用蛋白胨培养基、马铃薯综合培养基、麦麸培养基三者交替使用，此法则可使菌株的某些优良性状在不同的培养基上表现出来，也可通过诱导子实体的发生，进行组织分离或孢子分离，再从中选优去劣并扩大培养。

菌种保藏常用的保藏方法，有斜面低温保藏法、蒸馏水保藏法、液氮超低温保藏法、砂土保藏法等。

（二）菌种生产

1. 一级种生产工艺

采用 PDA 培养基和 PDA 综合培养基（去皮马铃薯 200g、葡萄糖 20g、磷酸二氢钾 3g、硫酸镁 1.5g、维生素 B1 5～10mg、琼脂 20g、水 1000mL），在 25℃下暗培养，长至试管的 2/3 时，约 7 天后可作为猪苓母种。

2. 二级、三级种生产工艺

猪苓二级种（原种）和三级种（栽培种），在生产工艺上是基本一致的，一般包括：配料、装瓶（袋）、灭菌、接种、培养等生产流程。

一般可选用木屑培养基，其配方为阔叶树木屑 78%、米糠（或麦麸）20%、蔗糖 1%、碳酸钙（或者石膏粉）1%，料：水＝1∶（1.3～1.5），作为猪苓二级和三级菌种的培养基。装好的培养基灭菌有高压蒸汽与常压蒸汽灭菌两种，经高压蒸汽灭菌（121℃，0.14MPa 下保持 1.5～2h）和常压蒸汽灭菌（100℃左右，常压保持 8～10h）后备用。每试管母种接种 5～8 瓶原种，每瓶原种可按 60～80 袋栽培种的接种量进行培养基接种。接种后的猪苓菌丝，放在 23～25℃条件下，避光培养 12h 备用。

（三）菌种质量标准

猪苓母种、原种、生产种菌种的质量标准，见表 3-1。

表 3-1　猪苓母种、原种、生产种菌种质量标准（试行）

品名	母种	原种	生产种
猪苓菌	菌丝呈绒毛状，致密，舒展，无色素，无杂菌。9cm 直径培养皿，25±1℃ 培养，14～18 天长满瓶	菌丝均匀，无角变、杂菌、虫（螨）体、拮抗线、高温抑制线、菌皮，少量的分泌物，无子实体原基。25±1℃培养的条件下，40 天长满瓶	菌丝均匀，无角变、杂菌、虫（螨）体、拮抗线、高温抑制线、菌皮，少量的分泌物，无子实体原基。25±1℃培养的条件下，35 天长满瓶

三、规范化种植关键技术

（一）选地整地

1. 选地

应选择阴坡林下、肥沃湿润、富含腐殖质、排水良好的砂质土壤进行培植。最宜在林荫下或果园内培植；若在裸地或遮阴度严重不足的平地上培植，应采取种植南瓜、丝瓜等长蔓植物遮阴的方式，也可在培植沟表面覆以秸秆、杂草予以遮阴，以尽量减少地表水分蒸发。另外，尚可选地下室、防空洞之类的室内创造适宜条件进行培植。

2. 整地

可在选好的树种下，于近根处挖长 60cm、宽 50cm、深 45cm 的土坑，或将土地耕翻耙平，开穴待种。

（二）备料

每窝用菌材 5 根、蜜环菌 2 瓶、树枝 2kg、猪苓种 0.5kg、阔叶树落叶 2kg，根据栽培规模准备。

1. 树种选择

菌材树种应选择不含油脂、芳香物质、杀菌物质的阔叶树种，如青冈和桦树等。

2. 菌材制作

在树木落叶后到新芽萌动之前，选择直径 6～12cm 的树干做菌材（或称"菌棒"），截成 50cm 短节，晾晒 20～50 天，使其含水量在 55%～60%，同时每隔 4～6cm 斜砍一个鱼鳞口，每节菌棒砍 2～3 排，砍破皮层到木质部，有利于蜜环菌菌丝与菌棒感染，过干菌材需浸泡使用。

3. 树枝准备

选直径 1～3cm 的阔叶树新鲜枝条，斜砍成 5～8cm 短节备用。

4. 树叶和腐殖土准备

选用收集阔叶树叶或腐殖土供用，但应注意松针林叶超过 30%则不能使用。

5. 菌材培养

将上述备好的新菌棒与采集的菌材，于 3、4 月间按 3∶1 的比例相间摆放整齐。然后将切成碎块的幼嫩的密环菌索撒在上面，用腐殖土填空隙覆盖，以不露木段为度，上面再盖一层树叶。按此要求堆积高 1m 左右，并在四周盖土 10cm 左右，上边再盖上树枝、蒿草或树叶即可。天气干旱时应适当洒水保持一定湿度。当年菌材即可培育好，备作翌年使用。

6. 苓种准备

选择生命力旺盛的灰苓和黑苓做种，大小 20～150g，选择具有弹性，断面菌丝白色或浅黄色，新鲜无霉变、无虫害的苓种，较大的苓种可以从细腰或离层处掰开分栽。枯苓和白苓不能做种。

7. 蜜环菌准备

菌丝生长旺盛、粗壮均匀有力，菌丝紧贴每根小菌枝，长满后整个瓶内形成一个菌枝团，剥开菌枝，树皮下有白色蜜环菌菌丝。菌瓶营养液呈透明的棕红色、无浑浊，瓶壁上有淡白色至浅黄色和棕黑色半固体透明菌丝分泌物，黑暗中有荧光，瓶口无杂菌，少量棕红色至浅黑色菌索长出。用手捏菌瓶有硬度，无霉变及其他气味。

（三）选择场地

选择海拔 1000～2000m 的林地或耕地，在次生阔叶林、杂灌林、混交林、坐南朝北的半阳坡栽培，1300m 以上阳坡林间或平地耕地栽培，土质湿润，疏松透气，pH 5.0～7.0，不积水，不板结，泥沙土或腐殖质含量高的微酸性砂质土壤。林地每亩 400～500 窝，耕地每亩 700～900 窝。

（四）培植方法

1. 培植时间

春秋两季均可。春季于 4～5 月，秋季于 9～10 月。

2. 菌核培植法

采用猪苓菌核培植时，一种方法是用蜜环菌菌种、菌棒和猪苓种培植，具体方法如下：根据海拔不同，以高山浅坑、低山深坑的原则挖不同深度的坑（如坑深 10～25cm，宽 70cm，长 60～70cm），坑底挖松填平，铺一层 3～5cm 的湿树叶，5 根菌棒一窝，菌棒之间间隔 5～8cm 空隙，空隙处树枝约 2kg，在菌棒两侧放猪苓种，每窝用种 0.5kg，将 2 瓶蜜环菌菌种均匀放入猪苓种和树枝两边，用腐殖土或沙土把空隙填实，盖住菌棒，厚度 1～3cm，然后撒上树叶和细枝。又用腐殖土或沙土，以高山浅盖、低山厚盖的原则盖 10～15cm。用枯枝落叶或秸秆遮阴，林间不需要遮阴。除了用蜜环菌菌种，也可使用已侵染好的蜜环菌菌材、少量菌棒和猪苓种栽培，栽培方法和上法基本相同，不同之处在于用 3 根培养好的蜜环菌菌材，再加 2 根菌棒即可。

3. 纯菌种培植法

除了用猪苓菌核来栽培猪苓外，还可用猪苓纯菌种培植。其培植方法和上述方法基本相同，不同之处是采用 2 层窖栽，将猪苓纯菌种接种到有孔的菌棒中，培养成感染有猪苓的菌棒。以上用纯菌种栽培猪苓，是只将纯菌种猪苓接种在菌材上，其实还可把蜜环菌和猪苓菌种，同时间隔地接种在同一根菌棒上，栽培方法同上。

（五）田间管理

1. 栽后管理

培植后无须除草、松土和施肥，应保持其野生状态，维持土壤湿度在 40%～60%，切不可经常翻挖，并严防人畜践踏。

2. 温度管理

猪苓作为一种真菌，其与蜜环菌形成的寄生与反寄生关系或称共生关系，基本上确定了它们的习性相仿的特点。一般情况下，当温度达到 12℃以上时，二者开始萌发，达到 14℃时猪苓即开始膨胀长大，蜜环菌才能够进入正常生长代谢阶段，此后随着温度的升高，如达到 26℃以上，二者的生长均受到抑制，达到 30℃时，即进入高温休眠。根据上述特性，应切实加强温度管理，合理调控。比如适量浇水降温、遮阴降温等。实践表明，遮阴降温是对猪苓生长有着极好的促进作用的，所以，野外选择培植地点时必须要在树荫下，若是在荒山或裸地上培植，应采取搭建阴棚、种植长蔓型植物等方式予以遮阴。总之，方法很多，只要根据具体条件合理设计与操作，将猪苓生长的土层中的温度控制在 28℃以下，即可满足其生长需要，这是夏季管理。而冬春季节则应采取适当覆盖草苫、柴草、秸秆类，或在栽培沟上搭盖塑料膜等进行增温，各种方法均可，目的是增温、保温，只要使土层内保持 12℃以上，猪苓即可缓慢生长。注意：尽量不要使温度降至 8℃以下（在-20°虽不会死亡，但仍应注意控制在 8℃以上），以最大限度地延长猪苓的生长时间。

3. 水分管理

苓种或菌种等在运输操作中不可避免地会受到某些外力的撞击、揉搓等，导致其带伤播种。正常条件下，伤口愈合需要 5 天左右，因此，播种后不要即时浇水，约一周后方可浇透水。此后，根据土质状况及气候状况，每 7～10 天浇一次水，使土壤保持湿润。尤在春夏之交，如有干热风、大旱天气等，则应加大浇水频率，每月应至少灌透水 1 次，否则将因过度干燥使蜜环菌菌索生长缓慢、活力降低或死亡。同时，地势较低之地应注意做好排水措施。

4. 保护管理

一是遮阴管理。遮阴主要有降温及防止水分过量蒸发流失等作用，除在室内栽培外，在山坡、裸地等培植时，则必须采取遮阴措施，主要方法是依靠原有的树木遮阴、种植长蔓型植物搭架遮阴、搭架后利用秸秆及杂草等物遮阴。二是蓄水或排水管理。尤在春季干旱时，应将培植坑（沟）下游方向稍加围高，以利保存和利用水分，但当汛期雨水频繁且雨量较大时，则应注意排涝。三是通风管理。其主要针对室内场所，该类场所的最大不足之处是通气性差、湿度高且稳定，因此，应予以定期或不定期通风，尤其夏季高温高湿季节，通风换气不仅可排除其中的二氧化碳等废气，而且还可顺便降低其湿度，从而为猪苓生长创造良好条件。四是安全管理。猪苓生长过程是其菌核的膨大过程，需要相应的土壤通气性，因此，应防止人畜践踏，尤其大牲畜的践踏，避免栽培坑被踏下陷，破坏猪苓的生长微环境，使下凹积水。另亦应注意防火防盗等。

（六）主要病虫害防治

1. 主要病害防治

猪苓如发生腐烂病、黑腐病、青霉、木霉、链孢霉、曲霉、根霉和毛霉、细菌、病毒等主要病害时，一般是将受污染的猪苓菌核捡出烧除，对栽培场地全方位地进行严格消毒，所选用消毒农药应符合中药材相关规定，如发病处喷洒1：500多菌灵液防治。同时，应选用抗杂菌能力强的高产良种。

2. 主要虫害防治

侵害猪苓的虫害主要有蚂蚁、蝼蛄、螨类、跳虫、介壳虫等。选用中药材相关规定可使用的农药喷洒，或选用物理或生物防治。

贵州赫章县野马川镇猪苓规范化基地培植的中药材猪苓，见图3-5。

图3-5　贵州赫章县野马川镇猪苓规范化基地培植的猪苓

上述猪苓良种繁育与规范化种植关键技术，可于其生产适宜区内，并结合实际因地制宜地进行推广应用。

【药材合理采收、初加工、贮藏与运输】

一、合理采收与批号制定

（一）合理采收

猪苓属多年生药用菌，一两年内产量不高，培植3年至4年后才进入繁殖旺盛时期。一般须经过2个生长季节方可采挖。采挖可分春、秋两季进行，最好于休眠期采挖，一般于10月底至翌年4月初的晴天进行。采挖时，应轻挖轻放，将个大、色黑、坚硬的一、二代菌核取出供商品用；色新、质嫩、灰黄色的为第三四代菌核，可当种用，或继续留在窖内，补上新材覆土继续培养。

（二）批号制定（略）

二、合理初加工与包装

（一）合理初加工

猪苓菌核采收后，除去泥沙和菌索，晒（晾）干或适宜温度烘干即可，见图3-6。

图 3-6　猪苓药材

（二）合理包装

将干燥猪苓药材，按规格严密包装。在包装前，每批药材包装应有记录，应检查是否充分干燥、有无杂质及其他异物，所用包装应符合药用包装标准，应是无毒、无污染、对环境和人安全的包装材料，在每件包装上注明品名、规格、等级、毛重、净重、产地、批号、执行标准、生产单位、包装日期及工号等，并应有质量合格的标志。

三、合理储藏养护与运输

（一）合理储藏养护

干燥猪苓药材，应储存于干燥通风处，温度 25℃以下，相对湿度 65%～75%。本品易生霉、虫蛀。初加工时，若未充分干燥，在贮藏（或运输）中易感染霉菌，受潮后可见霉斑。因此贮藏前，还应严格入库质量检查，防止受潮或染霉品掺入，贮藏时应保持环境干燥、整洁与加强仓储养护规范管理，定期检查、翻垛，发现吸潮或初霉品或虫蛀，应及时进行通风晾晒等处理。

（二）合理运输

干燥猪苓药材，运输工具应洁净、干燥、无污染，不与有毒、有害、易串味、易混淆的物质混装。

【药材质量标准、质量检测与监控】

一、药材商品规格与质量检测

（一）药材商品规格

猪苓药材以无杂质、皮壳、霉变、虫蛀，身干，块大，表面光滑、少皱纹、皮色黑，断面类白色或黄白色，体轻质硬者为佳品。其药材商品规格分为四个等级。

一等：每千克不超过 32 个，大小均匀，无杂质、皮壳、霉变、虫蛀。

二等：每千克不超过 80 个，大小均匀，无杂质、皮壳、霉变、虫蛀。

三等：每千克不超过 200 个，无杂质、皮壳、霉变、虫蛀。

四等：每千克 200 个以上，无杂质、皮壳、霉变、虫蛀。

（二）药材质量检测

按照《中国药典》（2015 年版一部）猪苓药材质量标准进行检测。

（三）药材质量标准和检测

1. 来源

本品为多孔菌科真菌猪苓 *Polyporus umbellatus*（Pers.）Fries 的干燥菌核。春、秋二季采挖，除去泥沙，干燥。

2. 性状

本品显条形、类圆形或扁块状，有的有分枝，长 5～25cm，直径 2～6cm。表面黑色、灰黑色或棕黑色，皱褶或有瘤状突起。体轻，质硬，断面类白色或黄白色，略呈颗粒状，气微，味淡。

3. 鉴别

（1）显微鉴别：本品切面全体由菌丝紧密交织而成。外层厚 27～54μm，菌丝棕色，不易分离；内部菌丝无色，弯曲，直径 2～10μm，有的可见横隔，有分枝或呈结节状膨大，菌丝间有众多草酸钙方晶，大多呈正方八面体形、规则的双锥八面体形或不规则多面体，直径 3～60μm，长至 68μm，有时数个结晶集合。

（2）薄层色谱鉴别：取本品粉末 1g，加甲醇 20mL，超声波处理 30min，滤过，去滤液作为供试品溶液，取麦角甾醇对照品，加甲醇制成每 1mL 含 1mg 的溶液，作为对照溶液,照薄层色谱法(《中国药典》2015 年版四部通则 0502)试验,吸取供试品溶液 20μL、对照品溶液 4μL,分别点于同一硅胶 G 薄层板上,以石油醚(60～90℃)-乙酸乙酯(3∶1)为展开剂,展开,取出,晾干,喷以 2%香草醛硫酸溶液,在 105℃加热至斑点显色清晰。供试品色谱中,在与对照品色谱相应的位置上,显相同颜色的斑点。

4. 检查

(1)水分:照水分测定法(《中国药典》2015 年版四部通则 0832 第二法)测定,不得超过 14.0%。

(2)总灰分:照总灰分测定法(《中国药典》2015 年版四部通则 2302)测定,不得超过 12.0%。

(3)酸不溶性灰分:照总灰分测定法(《中国药典》2010 年版四部通则 2302)测定,不得超过 5.0%。

5. 含量测定

照高效液相色谱法(《中国药典》2015 年版四部通则 0512)测定。

色谱条件与系统适用性试验:以十八烷基硅烷键合硅胶为填充剂;以甲醇为流动相;检测波长为 283nm。理论板数按麦角甾醇峰计算应不低于 5000。

对照品溶液的制备:取麦角甾醇对照品适量,精密称定,加甲醇制成每 1mL 含 50μg 的溶液,即得。

供试品溶液的制备:取本品粉末(过四号筛)约 0.5g,精密称定,置具塞锥形瓶中,精密加入甲醇 10mL,称定重量,超声波处理(功率 220W,频率 50kHz)1h,放冷,再称定重量,用甲醇补足减失的重量,摇匀,滤过,取续滤液,即得。

测定法:分别精密吸取对照品溶液与供试品溶液各 20μL,注入液相色谱仪,测定,即得。

本品按干燥品计算,含麦角甾醇($C_{28}H_{44}O$)计,不得少于 0.070%。

二、药材质量标准提升研究与企业内控质量标准制定(略)

三、药材留样观察与质量监控(略)

【药材生产发展现状与市场前景展望】

一、生产发展现状与主要存在问题

早在 20 世纪 70 年代,中国药材总公司组织科研人员,用蜜环菌材伴栽猪苓获得成功,此种方法在全国的猪苓主要产区得到应用与推广。到 20 世纪 80 年代初,徐锦堂等在上述猪苓人工培植基础上,于培植穴中增放大量树叶后,使猪苓产量得到明显的提高,并逐渐形成了一套猪苓半野生培植技术;郭顺星和王学勇等又从猪苓子实体和菌核中分离出猪苓纯菌种,并通过液体、固体培养获得了猪苓菌核,但因猪苓结苓率低,菌核较小,产量和品质低下，该技术还处在实验摸索阶段。20世纪90年代以后，随着猪苓栽培产区的扩大，逐渐形成了适合不同地区推广的多种栽培模式。进入21世纪后，随着猪苓伴生菌蜜环菌的分离成功，伴生菌是菌核形成的关键因子，这为以猪苓纯菌种代替猪苓菌核种的栽培方式的探索提供了理论基础，也是猪苓人工栽培的发展趋势，这一时期进行了大量的猪苓纯菌种出苓的栽培实验，如椴木打眼点种栽培植模式、纯菌种掰块椴木伴栽模式、纯菌种代用料椴木伴栽模式和塑料袋熟料接种培植模式。但纯菌种的培植方法出苓率低，收益差，技术不成熟，不易推广。目前，各大猪苓主产区还是以菌核种栽培植方式生产猪苓，而"椴木－蜜环菌－猪苓菌核"模式，纯菌种培植方法仍然处于试验阶段。

　　贵州猪苓的培植几乎与全国同步，虽有较长历史，但均属于零星培植，还没有形成自己相应的特色和影响。近几年来，随着猪苓培植菌材资源的限制，猪苓产区不断地转移，贵州丰富的资源和适宜的气候条件，吸引了猪苓培植向贵州转移。例如，目前毕节市已将猪苓作为全市第四大重点发展药材，并在赫章县和大方县建立了规范化生产基地，其培植模式主要是利用当地野生猪苓菌核和蜜环菌菌材进行就地移栽与培植，并逐年扩大，因此具有鲜明的贵州地道特色。

　　自古以来，农民对猪苓都现挖现卖现种。但由于过度采挖，野生猪苓资源越来越少。近年来，随着对猪苓利用开发的研究，猪苓需求量也在加大，野生资源满足不了市场需要。因此，利用人工培植猪苓，提高猪苓产量、质量是解决这一问题的关键。现猪苓的仿野生菌核培植技术得以应用与推广，其效益也有所提高。然而，菌核种及菌材需求量大，成本高，森林资源破坏严重，猪苓的人工培植技术将朝着资源节约型、成本低、见效快等方向发展。以纯菌种代替菌核种，以代料代替菌材等将是解决这一矛盾的有效方法。

　　猪苓人工纯菌种种植当年形成的苓块抗逆性差，灰苓越冬后部分消失。建议纯菌种种植时一定要选择适宜的场地，播种时采用优质适龄的菌种，管理上前期保湿防大雨冲淋，夏季防干旱和高温、冬季保温防冻等措施要及时到位。山区纯菌种掰块栽培法田间种植初期，建议采用地膜覆盖栽培模式种植，这样能提高地温，延长猪苓生长时间，还可防雨淋，高温到来时揭去地膜再采取遮阴防晒措施，保证幼苓安全过夏。熟料袋栽是一种有发展潜力的繁种模式，经过接种培养一年后可得到栽培要求的种苓，然后可进行山区扩大种植，是一种可靠的栽培模式。

二、市场需求与前景展望

　　现代研究表明，猪苓含有甾体类药效成分，如麦角甾醇、麦角甾-7，22-二烯-3β，5α，6β-三醇、麦角甾-4，6，8（14），22-四烯-3-酮、麦角甾-7，22-二烯-3酮等。还含有非甾体类（除多糖类外）药效成分，如 α-羟基-二十四烷酸、对羟基苯甲醛、二十八碳酸、α-羟基十四烷酸乙酯、D-甘露醇等。同时尚含有猪苓多糖等成分。猪苓具有利尿、抗菌、抗炎、抑制细胞毒活性、抗肿瘤、抗诱变等药理作用，如药理实验证明，猪苓的醇提取液对金黄色葡萄球菌、大肠杆菌均有抑制作用。现代研究还发现，猪苓多聚糖有抗癌作用。猪苓临床主要用于治疗水肿、小便不利、尿痛、尿血、小腹胀痛等，并可用于肝癌、食道癌、胃癌、肺癌、肠癌、乳腺癌、宫颈癌及白血病等的临床防治。

　　传统中药材猪苓以菌核入药。常用的中药配方有猪苓散和猪苓汤等。据陈士瑜等《蕈菌医方集成》（2000）初步整理，我国古代医籍和民间使用的经验方中，猪苓的单验方和食疗方就有112首，仅次于茯苓和木耳，居药用菌的第三位。如用猪苓15g，水煎服，治疗急性肾炎浮肿疗效良好。与其他中药材配伍，如配茯苓、泽泻、滑石、白茅根，水煎服，治疗泌尿系统感染。

　　由于猪苓具有很高药用价值，目前对猪苓的需求量非常大，据《湖南农业杂志》报道，2011年全国需求猪苓量约2000吨左右，而其产量减至1000吨。因此，猪苓市场有巨大空间。而且随着现代科学研究的深入，猪苓利用价值的不断提升与产品研发，猪苓的需求量将日益增加，市场前景广阔。

主要参考文献

陈德育，李学俊，田广文. 2007. 猪苓菌核代料栽培技术初探[J]. 食用菌，29（5）：43.

陈文强，邓百万，刘开辉，等. 2007. 中低海拔地区猪苓人工栽培技术[J]. 江苏农业科学，（4）：167-169.

丁乡. 2007. 猪苓栽培技术[J]. 农村百事通，（10）：33.

黄年来，林志彬，陈国良，等. 2010. 中国食药用菌学[M]. 上海：上海科学技术文献出版社.

李萍. 2007. 猪苓生物学特性的研究[D]. 西北农林科技大学.

邱兆. 2005. 人工栽培猪苓效益可观[J]. 农村实用技术，（2）：7.

许广波，傅伟杰，李如亮，等. 2004. 长白山区猪苓半人工栽培技术体系的研究[J]. 延边大学农学学报，26（4）：241-244.

周大林，杨长群，衡永，等. 2004. 伏牛山猪苓人工栽培的试验研究[J]. 林业科技开发，18（1）：51-53.

Xing Yong-Mei，Chen Juan，Song Chao，et al. 2013. Nox gene expression and cytochemical localization of hydrogen peroxide in *Polyporus umbellatus* sclerotial formation[J]. Int. J. Mol. Sci，14：22967-22981.

Xing Yong-Mei，Zhang Li-Chun，Liang Han-Qiao，et al. 2013. Sclerotial formation of *Polyporus umbellatus* by low temperature treatment under artificial conditions[J]. PLoS ONE，8（2）：1-14.

（桂　阳　朱国胜　杨　梅　龚光禄）

4　五　倍　子

Wubeizi

GALLA CHINENSIS

【概述】

　　五倍子原植物为漆树科植物盐肤木 *Rhus chinensis* Mill.、青麸杨 *Rhus potaninii* Maxim.或红麸杨 *Rhus punjabensis* Stew.var.*sinica*（Diels）Rehd.et Wils.叶上的虫瘿，主要由五倍子蚜 *Melaphis chinensis*（Bell）Baker 寄生而成。按外形不同，分为"肚倍"和"角倍"。别名：文蛤、百虫仓、木附子、菱倍、花倍、角倍、盐肤木倍子等；《中国药典》历版均予收载。《中国药典》（2015年版）称：五倍子味酸、涩，性寒。归肺、大肠、肾经。具有敛肺降火、涩肠止泻、敛汗、止血、收湿敛疮功能。用于治疗肺虚久咳、肺热咳嗽、久泻久痢、自汗盗汗、消渴、便血痔血、外伤出血、痈肿疮毒、皮肤湿烂。五倍子又是常用苗族药，苗药名："zend ghob pab dlid"（近似汉译音："正哥爬细"），味酸、涩，性冷，入热经药。具有敛肺降火、涩肠止泻、敛汗止血、收湿敛疮、固精、解毒功能，主治肺虚久咳、久泻久痢、盗汗、消渴、脱肛遗精、便血痔疮、外伤出血、痈肿疮毒等症。苗家常用以治疗体虚多汗、腹泻、胃溃疡、消化道出血、糜烂渗出性皮肤病、毛囊肿疖等疾患。

五倍子应用历史悠久，始见于先秦《山海经》，已有 2000 多年的历史。《山海经》云："橐山多榯（按：音倍）木，郭璞注云：榯木出蜀中，七八月吐穗，成时如有盐粉，可以酢羹。即此也。后人讹为五倍矣。"其药用始载于唐代《本草拾遗》，载有"治肠虚泄泻，热汤服"的药用功能。宋代《图经本草》以"五倍子"之名收于草部，被列为下品，云："旧不著所出州土，云在处有之，今以蜀中者为胜。生肤木叶上，七月结实，无花；其木青黄色，其实青，至熟而黄，大者如拳，内多虫。九月采子，暴干。生津液最佳。"宋代《太平广记》载："峡山至蜀有蟆子，色黑，亦能咬人，毒亦不甚，视其生处即麸盐树叶背上，春间生之，叶卷成巢，大如桃李，名为五倍子。"明代《本草品汇精要》亦载："五倍子附木叶而生，其木高丈许，青黄色，叶如冬青，厚而光泽。四月开细黄花，有实如豆，人亦取食之。其叶可以饲猪，故名猪草树，又名肤木。于五、六月露零叶底，凝结成巢，初白渐黄，小者如豆，大者如儿拳，经霜采之，久则其中有虫及白花茸茸，盖禀露气之精华，钟木之脉液而成者也。"明代《本草纲目》以"五倍子"（百药煎）名收载于虫部，在"释名"下云："五倍当作五榯，见《山海经》。其形似海中文蛤，故亦同名。百虫仓，会意也。百药煎，隐名也"。在"集解"下称："五倍子，宋开宝本草收入草部，嘉祐本草移入木部，虽知生于肤木之上，而不知其乃虫所造也。肤木，即盐肤子木也，此木生丛林处者，五、六月有小虫如蚁，食其汁，老者遗种，结小球于叶间，正如蛅蟖之作雀瓮，蜡虫之作蜡子也。初起甚小，渐渐长坚，其大如拳，或小如菱，形状圆长不等。初时青绿，久而细黄，缀于枝叶，宛若结成。其壳坚脆，其中空虚，有细虫如蟣蟆。山人霜降前采取，蒸杀货之。否则虫出必穿坏，而壳薄且腐矣。皮工造为百药煎，以染皂色，大为时用。他树亦有此虫球，不入药用，木性殊也。"所述的正是今角倍类五倍子。在"主治"下除录述前代本草的主治外，李氏尚增加"敛肺降火，化痰饮，止咳嗽，消渴，盗汗，呕吐，失血，久痢，黄病，心腹痛，小儿夜啼，乌须发，治眼赤湿烂，消肿毒，喉痹，敛溃疮，金疮，收脱肛，子肠坠下"。清代《本草求真》亦载云：五倍子"按书既载味酸而涩，气寒能敛肺经浮热，为化痰渗湿、降火收涩之剂"；又言"主于风湿，凡风癣痒瘙，目赤眼痛，用之亦能有效。得非又收又散，又升又降之味乎。讵知火浮肺中，无处不形，在上则有痰结、咳嗽、汗出、口干、吐衄等症；在下则有泄泻、五痔、下血脱肛、脓水湿烂、子肠坠下等症；溢于皮肤，感冒寒邪，则必见有风癣痒瘙，疮口不敛；攻于眼目，则必见有赤肿翳障。用此内以治脏，则能敛肺止嗽，固脱住汗。外以治肤，熏洗，则能祛风除湿杀虫。药虽一味，而分治内外，用各不同，非谓既能入肺收敛，又能浮溢于表，而为驱逐外邪之药耳。书载外感勿用，义实基此。染须皂物最妙。"尚曰：五倍子"生于盐肤木上，乃小虫食汁，遗种结毬于叶间。"同时，该书尚专列"百药煎"条，称"百药煎，系五倍子末同药作饼而成者也。其性稍浮，味酸涩而带余甘。五倍子性主收敛，加以甘、橘同制，则收中有发，缓中有散，凡上焦咳嗽，热渴诸病，用此含化最宜。"综上可见，今角倍类五倍子，与上述五倍子形态及其寄主植物的特性相一致，其功能主治等亦相符。五倍子是我国中医民族医临床常用传统中药，又是贵州盛产并应用极为广泛的著名地道药材。

【形态特征】

1. 五倍子蚜

秋季迁移蚜（有翅孤雌蚜），体长椭圆形，长 2.1mm，宽 0.74mm，灰黑色。体表光滑，头顶有纵纹，头背部有明显横网纹。触角 5 节，第 3 节最长，喙短。足 3 对，有瓦状纹。腹部略呈圆锥形，缺腹管。尾片馒状光滑，尾板半圆形。翅 2 对，透明，前翅有斜脉 4 支，中脉不分叉，翅痣长大，呈镰刀形，伸至翅顶端；后翅有斜脉 2 支。性蚜：雌蚜体椭圆形，淡褐色。初产体长 0.5～0.56mm，宽 0.26～0.27mm。雄蚜体长椭圆形，较雌蚜狭，色淡绿色，初产体长 0.39～0.45mm，宽 0.17～0.21mm。雌、雄蚜的口器皆退化。干母：体长椭圆形，黑褐色，初产体长 0.26～0.38mm，宽 0.13～0.19mm。五倍子蚜虫形态见图 4-1。

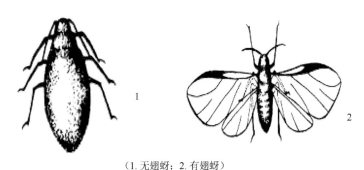

（1. 无翅蚜；2. 有翅蚜）

图 4-1　五倍子蚜虫形态图

（墨线图引自中国中药资源丛书编委会，《中国常用中药材》，科学出版社，1995）

2. 夏寄主植物

（1）盐肤木：为落叶小乔木或灌木，高 2～10m。树皮灰褐色，小枝密被锈色柔毛。具圆形小皮孔。奇数羽状复叶有小叶（2～）3～6 对，互生。叶轴具宽的叶状翅，小叶自下而上逐渐增大，叶轴和叶柄密被锈色柔毛；小叶多形，卵形或椭圆状卵形或长圆形，长 6～12cm，宽 3～7cm，先端急尖，基部圆形，顶生小叶基部楔形，边缘具粗锯齿或圆齿，叶面暗绿色，叶背粉绿色，被白粉，叶面沿中脉疏被柔毛或近无毛，叶背被锈色柔毛，脉上较密，侧脉和细脉在叶面凹陷，在叶背突起；小叶无柄。圆锥花序宽大，多分枝，雄花序长 30～40cm，雌花序较短，密被锈色柔毛；苞片披针形，长约 1mm，被微柔毛，小苞片极小，花白色，花梗长约 1mm，被微柔毛。雄花花萼外面被微柔毛，裂片长卵形，长约 1mm，边缘具细睫毛；花瓣倒卵状长圆形，长约 2mm，开花时外卷；雄蕊伸出，花丝线形，长约 2mm，无毛，花药卵形，长约 0.7mm；子房不育。雌花花萼裂片较短，长约 0.6mm，外面被微柔毛，边缘具细睫毛；花瓣椭圆状卵形，长约 1.6mm，边缘具细睫毛，里面下部被柔毛；雄蕊极短；花盘无毛；子房卵形，长约 1mm，密被白色微柔毛，花柱 3，柱头头状。核果扁球形，略压扁，径 4～

5mm，被具节柔毛和腺毛，成熟时红色，果核径 3～4mm。花期 8～9 月，果期 10 月。盐肤木植物形态见图 4-2。

图 4-2　盐肤木植物形态图

（墨线图引自中国中药资源丛书编委会，《中国常用中药材》，科学出版社，1995）

（2）青麸杨：为落叶乔木，高 5～8m。树皮粗糙，灰褐色，小枝无毛。单数羽状复叶，互生，小叶 7～9 片，圆锥形花序顶生，花白色，果序下垂，核果近球形，成熟时红色。

（3）红麸杨：为落叶乔木或小乔木，树皮灰褐色，小枝被微柔毛。奇数羽状复叶，圆锥状花序顶生，密被细柔毛；花小，白色，花药紫色；花萼 5 裂，花瓣 5，果序下垂，核果近球形，成熟时暗紫红色，密被柔毛，种子小。

3. 冬寄主植物

（1）侧枝匐灯藓：丛生，体短小。茎直立，基部多假根，先端簇生叶。叶片呈椭圆状舌形，具数条横波纹，先端圆钝。雌雄异株，孢子体多数丛出，孢蒴平展或下垂，卵状长椭圆形。蒴盖圆锥形。

（2）湿地匐灯藓：疏松丛生，鲜绿或黄绿色。营养枝匍匐或弯曲，下段被黄棕色假根。叶散生，卵状菱形。生殖枝直立，叶多生于上段，叶狭长，长菱形或披针形。雌雄同株。蒴柄黄红色。孢蒴下垂，卵状圆筒形；蒴盖圆锥形。

（3）密叶尖喙藓：体纤细，黄绿色或浅绿色。茎匍匐，疏生羽状分枝，叶丛生。茎叶与枝叶同型，卵圆形或长卵圆形，雌雄异株。蒴柄细长，红色。孢蒴倾立或平列，卵形或长卵形，略拱曲，蒴盖基部拱圆锥形。

【生物学特性】

一、生长发育习性

（一）五倍子蚜虫

在 1 年中，五倍子蚜虫要经历春季迁移蚜、性蚜、干母、干雌、秋（夏）季迁移蚜、越冬（过夏越冬）若蚜 6 个阶段。其中干雌有 3 个世代。性蚜为五倍子蚜虫生活史唯一进行有性繁殖的世代。其生长发育过程为：上年寄生于冬寄主植物上的越冬若蚜于春季羽化为春季迁移蚜，飞迁至夏寄主植物上，胎生雌雄性蚜。性蚜发育成无翅成虫，交配后雄蚜死亡，雌蚜产下干母。干母在夏寄主嫩叶上刺伤叶面组织吸食营瘿，叶面组织受刺激而增生，将干母包裹，此即为"雏倍"，干母在其中进行无性生殖，产下第 1 代无翅干雌。第 1 代干雌发育成熟后又产下第 2 代无翅干雌，发育成熟的第 2 代干雌产下有翅型第 3 代干雌。倍子也随干雌增殖而膨大。秋季（或夏季）第 3 代干翅羽化为秋季迁移蚜，倍子爆裂后，由夏寄主飞迁到冬寄主上胎生越冬若蚜。越冬若蚜在冬寄主上吸食，并泌蜡将自己包裹，以防寒过冬。翌年初春，发育成有翅春季迁移蚜，又飞移到夏寄主上进行下一周期的生活。在五倍子蚜虫的各个世代中，从干母开始营瘿至倍子自然爆裂前，即是五倍子成长阶段。

越冬若蚜：新生时喜温暖湿润，怕阳光直射及干旱，受水浸即死亡。泌蜡后耐寒抗水能力增强，冬季不休眠。春季如遇低温则难以羽化。

春季迁移蚜：为有翅孤雌蚜，须迁飞至第一寄主上方能营孤雌胎生繁殖。喜温暖晴朗天气及强光照射，具趋光性，怕风吹，飞迁在中午 12：00 至下午 14：00 为盛。飞迁后每只可产性蚜 1～5 只。

性蚜：为有性繁殖世代，无翅型营有性卵胎生繁殖，口器退化，不吸食。对光照、湿度不敏感，发育速度受温度影响大，6℃以下不能生繁。每只雌性蚜可产干母一只。

干母：无翅孤雌蚜，营孤雌胎生。怕水浸及易受瓢虫、螨类等天敌为害。每只干母可胎生 10～20 只第 1 代干雌，结 1 个五倍子。

干雌：为瘿内繁殖世代，营孤雌胎生。共 3 代，第 1、2 代为无翅型，第 3 代为有翅型，羽化后为秋季迁移蚜。

秋季迁移蚜：有翅孤雌蚜，营孤雌胎生。需飞迁到第二寄主上方能产下越冬幼蚜。喜温暖，具趋光性，怕风吹。中午 12：00 至下午 14：00 为飞迁盛期。低温条件（6℃以下）可延长其寿命，但会使产幼蚜数下降。正常时一只秋迁蚜可产幼蚜 20 余只。

（二）第一寄主植物

五倍子第一寄主植物（或称夏寄生植物或简称夏寄主树）为盐肤木、红麸杨、青麸杨，都为阳性木本植物。喜光照，适应性强，耐干旱瘠薄。种子的种皮厚实，含蜡质。

（三）第二寄主植物

五倍子第二寄主植物（或称冬寄生植物或简称冬寄主藓）为苔藓类植物，适应性差，对环境要求严格，喜温暖、凉爽、湿润，怕阳光直射。

二、生态环境要求

（一）五倍子蚜虫

如角倍类蚜虫生活于海拔 500～1600m 的低中山及丘陵地区。年平均温度 16℃左右，年平均降水量为 1200mm 左右，年平均相对湿度 80%左右，年日照时数 1200h，无霜期 200 天以上。

肚倍类蚜虫生活于海拔 300～1500m 的低山丘陵地区。年平均温度 15℃左右，年平均降水量 900mm 左右，年平均相对湿度 73%左右，年日照时数 1750h 左右，无霜期 240 天以上。

（二）第一寄主植物

夏寄主植物盐肤木、红麸杨生于海拔 500～1600m 的向阳或半阴半阳山坡，沟谷、溪边、岩坎等山地疏林或灌丛。适生土壤为偏酸性壤土。常与针、阔叶乔木及灌木组成多种植物群落；青麸杨生于海拔 300～1500m 的山地疏林及灌丛。适生土壤母岩为山地黄壤。植被为北亚热带向温带过渡的湿润常绿、落叶阔叶混交林。

（三）第二寄主植物

冬寄主藓类植物生长于雨量充沛、常年空气湿度大的沟谷地带、林缘或灌木林下。着生基质为岩面薄土层、岩上腐殖质层、润湿岩石、落叶枯枝、树基、树桩、土坡或草地。

【资源分布与适宜区分析】

一、资源调查与分布

经调查，五倍子致瘿蚜虫角倍蚜（五倍子蚜），分布于我国除河北、山东、山西、江苏、西藏外诸省份；地方习用品倍蛋蚜，分布于贵州、四川、云南、湖南、湖北、陕西；圆角倍蚜，分布于贵州、湖南、陕西；肚倍蚜，分布于陕西、湖北；蛋肚倍蚜，分布于陕西、湖北；枣铁倍蚜，分布于贵州、四川、云南、湖南、湖北、陕西；蛋铁倍蚜，分布于贵州、四川、云南、湖南、湖北、陕西等。

我国五倍子的主要产地集中于秦岭、大巴山、武当山、巫山、武陵山、峨眉山、大娄山、大凉山等山区和丘陵地带。垂直分布为海拔 250～1600m，以 500～600m 较为集中。角倍类五倍子主产于贵州的遵义、道真、湄潭、习水、务川、石阡、印江、思南、镇远、施秉、瓮安、福泉；重庆的酉阳、涪陵、武隆、南川、垫江；四川的大竹、峨眉、绵竹；湖北的利川、宣恩、恩施、来凤、咸丰、鹤峰、建始、巴东、长阳；湖南的桑植、大庸、龙山、永顺、慈利、新晃等；云南的盐津、彝良、昭通；广西的龙胜、桂林、柳州等地。肚倍类五倍子主产于湖北的竹山、房县、竹溪、丹江口；陕西的西乡、洋县、城固、旬阳、白河、安康等地。

五倍子蚜的夏寄主植物盐肤木，主要分布于贵州、四川、云南、湖南、湖北、广西、广东、福建、江西、江苏、浙江、安徽、山东、山西、河南、河北、陕西、甘肃、西藏等；青麸杨主要分布于贵州、四川、云南、湖北、湖南、河南、河北、浙江、江西、福建、陕西、甘肃、西藏等；红麸杨主要分布于贵州、四川、云南、西藏、湖南、湖北、陕西等。

五倍子蚜虫的冬寄主苔藓植物在我国分布很广，南北方都有分布，尤以五倍子产区最为丰盛。

二、贵州五倍子资源分布与适宜区分析

我国五倍子产量居世界之冠，贵州五倍子产量又名列前茅，在国内外占有极其重要的地位。五倍子为贵州地道药材、名优大宗多用产品，主要分布于黔北山原山地、黔东山地及黔东南、黔中等区域。尤其以黔北山原山地五倍子资源最为丰富，主产角倍类五倍子，如遵义、桐梓、湄潭、道真、习水、务川、正安、绥阳、凤冈、余庆、仁怀、石阡、松桃、印江、思南、镇远、施秉、瓮安、福泉、都匀、黄平、黎平、岑巩、榕江、金沙等，均为贵州五倍子最适宜区。

除上述五倍子最适宜区外，贵州省其他各县市（区）凡符合五倍子生长习性与生态环境要求的区域均为其适宜区。

【生产基地合理选择与基地环境质量检（监）测评价】

一、生产基地合理选择与基地条件

按照五倍子适宜区优化原则与其生长发育特性要求，选择其最适宜区或适宜区并具良好社会经济条件的地区建立规范化生产基地。根据医药化工对五倍子的需要，贵州省早在遵义市的播州、桐梓、湄潭、道真等地建立了五倍子生产基地，并在遵义市建有以五倍子为原料的医药化工企业，有五倍子鞣质、没食子酸等不少产品广销国内外（图4-3）。

图4-3　贵州遵义市五倍子规范化种植基地

二、生产基地环境质量检（监）测与评价（略）

【种植关键技术研究与推广应用】

一、种质资源保护抚育

五倍子的生长，必须同时具备致瘿蚜虫、夏寄主树和冬寄主藓三个条件。因此，应切实加强致瘿蚜虫、夏寄主树和冬寄主藓种质资源的保护与抚育，方能保证五倍子的顺利生长，以利五倍子的永续利用。

二、良种繁育关键技术

（一）倍林的培育

可用人工造林和在原有倍林中补五倍子树两种方法。盐肤木、青麸杨和红麸杨都可用种子繁殖或根蘖繁殖。人工造林需树苗量大，宜用种子育苗，补植树苗可用根蘖苗。下面主要简述种子育苗。

1. 种子处理

将盐肤木、青麸杨、红麸杨的种子分别装袋并放在流动水中浸泡 6～7 天，取出用手揉去残存果肉和蜡层，再置 50℃ 左右温水中浸种 24h，晾干待播。或用机械打去果肉和蜡层后用草木灰水、碱水或肥皂水洗净，再用 60～70℃ 的热水浸种，晾干待播。

2. 播种

于 3～4 月将苗圃的土耙平整细，按行距 30～40cm 开浅平沟条播，把种子均匀地撒在沟内，覆土，以盖过种子为度，并盖草保湿。苗出齐后，适当间苗。当年冬季或第二年春季，选株高 1～2m 的种苗，以供移植。

三、规范化种植关键技术

（一）选地整地

五倍子林地应选避风、湿度较大的阴山或半阴山中、下部，山腹低地，或田边、地角、溪边沟旁，或房前屋后等地。在选好的地上深耕整平，挖穴并施农家肥作底肥待移植。

（二）营造倍林

于冬、春季阴雨天，按株、行距 1.5m×1.5m 移植营造倍林，以每亩 200～220 株为宜。

（三）倍林管理

1. 补植倍树

在倍林中林木稀疏处，按每亩 200～220 株均匀分布为原则，补植倍树，可育苗补植，也可在倍林中挖取从老倍树根部长出的新树苗新植。在补植时还可砍去不结倍子的老树，以新苗取代，提高结倍林木数量。

2. 打顶修枝

摘掉幼树顶芽，砍去成年树顶部枝条，树高控制在 2m 左右为宜。每年 1～2 月对倍树的枯枝、病虫枝、过密枝及徒长枝进行修剪，适当控制树冠。或在五倍子采摘时，对寄主树的老、弱、病残枝，进行修枝整形，对当年新生枝剪去 1/3。修枝整形可促进寄主树环形增枝，多枝多倍，以达优质增产的目的。

3. 保护植被

以防破坏冬寄主的生长条件，不进行中耕、除草，仅适当砍割长得过高的灌木和高草。

4. 防夏落叶

除摘顶修枝外，还可在结倍子的叶以下枝条上进行环割，控制营养下运，防止落叶。

5. 控制树龄

注意控制夏寄主树适宜树龄，重点抚育 4～10 年龄的倍树，以增加结倍数量。

（四）繁殖冬寄主

1. 选择藓种

五倍子蚜对冬寄主藓有选择性，在确定五倍子地区蚜虫的冬寄主是何种苔藓后才能采藓进行繁殖。

2. 繁殖方法

每年 4～5 月选湿润、背阴、有树木遮阴处，除去杂草，挖净树根，整平做成低床，床面盖 5～10cm 腐殖质土。在倍林中采集苔藓，切成 0.8cm 粗的碎块，按采集面积的 8 倍撒于藓床表面，稍压紧，盖薄草保湿。3 个月后即可长满撒播面积。

3. 移植

在倍林中阴湿处铲出 50cm×50cm 的方块，从藓床上取出相应大小的条块，植于方块上压实即可。一般每亩植藓 30 块左右，并均匀分布于林中。

（五）放养秋季迁移蚜

1. 挂倍放蚜

除采成熟尚未爆裂的五倍子外，应留一定量的五倍子挂于倍树枝上或放于林下苔藓上，让其自然爆裂放蚜，一般应保证每株倍树留有 1～2 个大倍或 4～5 个倍子，以挂倍放蚜。

2. 收虫放蚜

采成熟尚未爆裂的倍子，置木箱或瓦罐内，一层松针或稻草，一层倍子，重叠放置，用尼龙薄膜盖严。每天早晨将爆裂的倍子放入收虫箱内，使蚜虫集于其内，再将虫装入纸袋，置阴暗处 1～2 天，蚜虫活动能力减弱。倒在玻璃板上，用柔软羽毛或毛笔轻轻扫到倍林下苔藓上放蚜（其具体方法下面还将介绍）。

3. 人工养虫

建立养虫室，让秋季迁移蚜在室内培植的苔藓上产越冬幼蚜。室内由人工控制温度、湿度及光照，使越冬幼蚜在最佳条件下生长、发育、羽化。次年春季，由人工收集春季迁移蚜放到倍树上，或让其从养虫室自然飞迁到倍林中去。

4. 合理放养蚜虫

由于五倍子是倍蚜虫寄生在寄主漆树科植物盐肤木、红麸杨、青麸杨叶组织内形成的虫瘿长大后而成的，故寄主树是否能结五倍子或结倍多少的关键，则在于有无倍蚜虫的产生。倍蚜虫少则结倍少，无倍蚜虫则不结倍，这是成败之关键。因此，必须注意合理人工培育与放养蚜虫，这是栽培五倍子优质高产的重要关键技术环节。对于栽培后不久或结倍不多的寄主树，应人为地补充自然界蚜虫的不足或因越冬冻害损失过大的蚜虫。其具体方法是：待自然爆裂的五倍子有羽蚜虫飞出时，用干净柔软的羽毛或毛笔轻轻扫之放入事先培育成活的苔藓内让其自然生长。对刚捕入的倍蚜虫应盖上纱布蒙住，以免蚜虫飞走，20 天后即可揭去纱布，若发现藓叶焦尖干黄，则可适当加盖稻草等覆盖物以保安全越冬。待翌年 2 月中、下旬倍蚜虫即飞迁上树集瘿结倍。

5. 合理采倍留种

五倍子适时采摘留种，也直接影响五倍子的质与量。一般应把握在有 5% 的倍子爆裂（蚜虫羽化）时及时采摘。采摘时，需留 1～2 个大倍或 4～5 个倍子作虫种，让其自然爆裂，使倍蚜虫飞到苔藓上越冬，促进次年多结倍。

（六）主要病虫害防治

1. 主要病害防治

为害寄主树的主要病害有黑斑病，症状为枝尖变黑、枯黄和树身出现黑斑点。

防治方法：及时清除病株，以防传染；用 25% 代森锌乳剂或 25% 多菌灵加水配成 500 倍液于晴天午后喷洒，每隔 10 天喷 1 次，以防蔓延。

2. 主要虫害防治

为害寄主树的主要虫害有褐凹翅萤叶甲、宽肩象、束枝隆蜡、云斑天牛、象甲虫、沫蝉等。

防治方法：以人工捕杀为主；亦可用杀螟松乳油加水配成 500 倍液喷雾，或以乐果或敌敌畏乳剂配成 1∶1∶500 倍液涂刷蛀孔喷雾。

五倍子种植生长发育与开花结果情况，见图 4-4。

图 4-4　五倍子种植生长发育与开花结果

【药材合理采收、初加工、储藏养护与运输】

一、合理采收与批号制定

（一）合理采收

五倍子的采收时间在夏末秋初（如角倍于 9～10 月，肚倍于 6～7 月），当倍子由青绿色转变为黄白色，以五倍子已长成而里面的蚜虫尚未穿过瘿壁时摘取采收为最佳。此时的五倍子形似饱满的橄榄，外表呈棕色或黄色，带有少量灰白色的丝状毛茸，皮壁厚约 1cm，内藏有翅或有翅芽的灰色蚜虫（图 4-5）。

图 4-5　采收的五倍子（角倍，2013 年 9 月，遵义）

（二）批号制定（略）

二、合理初加工与包装

（一）合理初加工

采下的鲜倍要及时用沸水浸烫 2～5min 或放入甑内蒸 10～20min（至表面呈灰色），杀死其内的蚜虫，待五倍子表面由黄褐色转为灰色时，立即捞出晒干或微火烘干。成品含水量不超过 14%，倍壳质硬声脆，手压能破成碎片。其药材，按外形不同，分为"肚倍"和"角倍"（图 4-6）。

（二）合理包装

五倍子一般用麻袋包装，或用内衬席子的树条筐盛装，每件 40kg。在包装前，每批药材包装应有记录，应检查是否充分干燥、有无杂质及其他异物，所用包装应是无毒无污染的包装材料，在每件包装上注明品名、规格、等级、毛重、净重、产地、批号、执行标准、生产单位、包装日期及工号等，并应有质量合格的标志。

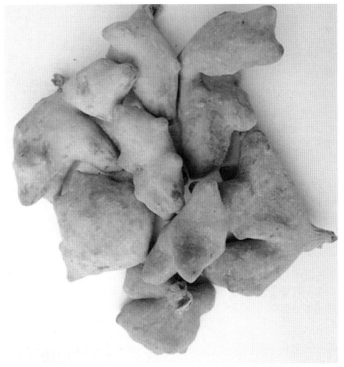

图 4-6 五倍子药材

三、合理储藏养护与运输

（一）合理储藏养护

本品吸潮易霉变。为害的仓虫有小圆皮蠹、花斑皮蠹、黑拟谷盗、赤拟谷盗、药材甲等。贮藏入库前应严格检查，避免易潮的伪品混入，引起霉变及虫蛀。搬运操作应防止破垛，堆码防止重压，减少包装损失，保护商品免受霉菌污染及仓虫侵噬。经常检查，发现虫害，可使用磷化铝或溴甲烷熏蒸。发现霉迹，应及时翻晒、挑拣。

（二）合理运输

五倍子药材在批量运输中，严禁与有毒货物混装并有规范完整运输标识，运输车厢不得有油污与受潮霉变。

【药材质量标准、质量检测与监控】

一、药材商品规格与质量检测

（一）药材商品规格

五倍子药材以无杂质、枝干、倍花（即未长成的五倍子）、霉变、虫蛀，质硬，身干，个大，完整，用手可压成碎块，断面淡黄色，具光泽，色灰褐，纯净者为佳品。其药材商品规格按其外形不同的"肚倍"和"角倍"各分为两个等级。

肚倍：一级，每 500g 54～68 个，夹杂物小于 0.6%；

二级，每 500g 69～90 个，夹杂物小于 1.0%。

角倍：一级，每 500g 68～86 个，夹杂物小于 0.6%；

二级，每 500g 87～120 个，夹杂物小于 1.0%。

【附】五倍子主要混淆品：

1. 倍花

致瘿蚜虫为倍花蚜（*Nurudea shirait* Matsumura），寄主盐肤木。分布于贵州、四川、湖北、湖南、云南、广西、浙江、陕西。基部如树枝状分叉，形如花状，浅黄绿色，表面隆起红色纵行茎纹。大者直径达 200mm，壁薄而脆，厚 0.40mm 左右。

2. 红倍花

致瘿蚜虫红倍花蚜（*Nurudea rosed* Matsumura），寄主盐肤木。分布于贵州、四川、湖北、陕西、湖南、浙江。基部如树枝状分叉，形如花状，分枝尖端有角状突起。红色，鲜艳如玫瑰。倍子小型，直径 80～100mm，壁薄而脆，厚 0.35mm 左右。

3. 铁倍花

致瘿蚜虫铁倍花蚜（*Floraphis meitanensis* Tsai et Tang），寄主红麸杨。分布于贵州、四川、湖北、陕西。形如菊花状，分枝少而长，每一分枝略似蟹爪形。鲜红色。大者直径达 160mm，壁厚 0.61mm 左右。

4. 周氏倍花

致瘿蚜虫周氏倍花蚜（*Floraphis choui* Xaing），寄主青麸杨。分布于陕西。倍子分枝，支为锥形，顶部有多个圆角状突起。绿色。直径可达 250mm。

5. 红小铁枣

致瘿蚜虫红小铁枣蚜（*Meitanaphis elongallis* Tsai et Tang），寄主红麸杨。分布于贵州、四川、陕西。倍子小型，紫红色，表面毛糙，有褐色纵行茎纹隆起，枣形。重 0.35～1.40g。

6. 米倍

致瘿蚜虫米倍蚜（*Meitanaphis microgallis* sp.n.），寄主青麸杨。分布于陕西。倍子小型，绿色，表面密生黄色茸毛，乳头状。成熟时最大长度仅 0.3cm。

（二）药材质量检测

按照《中国药典》（2015 年版一部）五倍子药材质量标准进行检测。

1. 来源

本品为漆树科植物盐肤木（*Rhus chinensis* Mill.）、青麸杨（*Rhus potaninii* Maxim.）或红麸杨（*Rhus punjabensis* Stew. var. *sinica*（Diels）Rehd. et Wils.）叶上的虫瘿，主要由五倍子蚜虫（*Melaphis chinensis*（Bell）Baker）寄生而形成。秋季采摘，置沸水中略煮或蒸至表面呈灰色，杀死蚜虫，取出，干燥。

2. 性状

肚倍：呈长圆形或纺锤形囊状，长 2.5～9cm，直径 1.5～4cm。表面灰褐色或灰棕色，微有柔毛。质硬而脆，易破碎，断面角质样，有光泽，壁厚 0.2～0.3cm，内壁平滑，有黑褐色死蚜虫及灰色粉状排泄物。气特异，味涩。

角倍：呈菱形或卵圆形，具不规则的钝角状分枝，柔毛较明显，壁较薄。

3. 鉴别

取本品粉末 0.5g，加甲醇 5mL，超声波处理 15min，滤过，滤液作为供试品溶液。另取五倍子对照药材 0.5g，同法制成对照药材溶液。再取没食子酸对照品，加甲醇制成每 1mL 含 1mg 的溶液，作为对照品溶液。照薄层色谱法（《中国药典》2015 年版四部通则 0502）试验，吸取上述三种溶液各 2μL，分别点于同一硅胶 GF$_{254}$ 薄层板上，以三氯甲烷-甲酸乙酯-甲酸（5：5：1）为展开剂，展开，取出，晾干，置紫外线灯（254nm）下检视。供试品色谱中，在与对照药材和对照品色谱相应的位置上，显相同颜色的斑点。

4. 检查

（1）水分：照水分测定法（《中国药典》2015 年版四部通则 0832 第二法）测定，不得超过 12.0%。

（2）总灰分：照总灰分测定法（《中国药典》2015 年版四部通则 2302）测定，不得超过 3.5%。

5. 含量测定

（1）鞣质：取本品粉末（过四号筛）0.2g，精密称定，照鞣质含量测定法（《中国药典》2015 年版四部通则 2202）测定，即得。

本品按干燥品计算，含鞣质不得少于 50.0%。

（2）没食子酸：照高效液相色谱法（《中国药典》2015 年版四部通则 0512）测定。

色谱条件与系统适用性试验：以十八烷基硅烷键合硅胶为填充剂；以甲醇-0.1%磷酸溶液（15：85）为流动相；检测波长为 273nm。理论板数按没食子酸峰计算应不低于 3000。

对照品溶液的制备：精密称取没食子酸对照品适量，加 50%甲醇制成每 1mL 含 40μg 的溶液，即得。

供试品溶液的制备：取本品粉末（过四号筛）约 0.5g，精密称定，精密加入 4mol/L 盐酸溶液 50mL，水浴中加热水解 3.5h，放冷，滤过。精密量取续滤液 1mL，置 100mL 量瓶中，加 50%甲醇至刻度，摇匀，即得。

测定法：分别精密吸取对照品溶液与供试品溶液各 10μL，注入液相色谱仪，测定，即得。

本品按干燥品计算，含鞣质以水解的没食子酸（C$_7$H$_6$O$_5$）计不得少于 50.0%。

二、药材质量标准提升研究与企业内控质量标准制定（略）

三、药材留样观察与质量监控（略）

【药材生产发展现状与市场前景展望】

一、生产发展现状与主要存在问题

五倍子商品主要来源于野生资源，属中药行业和化工行业交叉经营的商品。全国有19个省区生产，其中黔、川、鄂、湘、陕、滇6个主产省的产量占全国90%以上。商品中角倍产量约占75%，肚倍约占15%。如贵州省遵义历史上即为国内著名五倍子主产区。目前，遵义市已建立了五倍子生产试验基地12个，面积近2万亩。保护五倍子资源，发展五倍子生产在该市已蔚然成风。据《贵州省中药材产业发展报告》统计，2014年，全省五倍子种植总面积达15.09万亩；总产量0.57万吨，总产值6564.43万元，已取得显著社会效益、经济效益与扶贫效益。

而五倍子的产结，除需具备倍树、蚜虫和苔藓外，还受生态环境和人为活动的严格控制。随着科学技术的不断发展，五倍子的用途已日趋广泛，其产量以及影响产量的各种因素，逐渐引起了有关方面的注意。近年来，五倍子的供需矛盾不断加大，国内市场和国外市场要求增加五倍子供应量的呼声越来越高，价格不断上涨。但是，全国的五倍子产量总是处于徘徊不前的状态，若与20世纪50年代相比，不论产量与质量，均大幅度下降。究其原因，主要是五倍子产区森林大面积被伐，次生林被开垦，其适生环境遭到严重的破坏，使夏、冬寄主资源数量下降，引起五倍子蚜虫、寄主树与寄主藓三要素脱节，从而影响了五倍子生产发展。同时，由于五倍子价格日趋提高，出现了大量采收嫩倍和采倍不留种的现象，这也严重影响了五倍子商品的质量和产量。因此，要加强宣传教育，制定相应的法规，保护和合理利用现有五倍子资源；应采取管理和培育并举的方针，推广科学育林、抚林、育藓、养虫的方法，提高产量和质量；加强购、销价格和商品质量标准管理，以保证五倍子商品的正常流通与产业发展。

二、市场需求与前景展望

现代研究表明，五倍子主要含五倍子鞣质。五倍子鞣质是一种复杂的混合物，平均分子量达1434，主要组成是1, 2, 3, 4, 6-五-O-没食子酰基-β-D-葡萄糖（1, 2, 3, 4, 6-penta-O-galloyl-β-D-glucose）、3-O-二没食子酰基-1, 2, 4, 6-四-O-没食子酰基-β-D-葡萄糖（3-O-digalloyl-1, 2, 4, 6-tetra-O-galloyl-β-D-glucose）、2-O-二没食子酰基-1, 3, 4, 6-四-O-没食子酰基-β-D-葡萄糖（2-O-digalloyl-1, 3, 4, 6-tetra-O-galloyl-β-D-glucose）等，具有抗菌、抗病毒、解毒、收敛、保肝、杀精子、抗肿瘤及抗衰老等药理作用。如五倍子煎剂对金黄色葡萄球菌、乙型溶血性链球菌、肺炎球菌、绿脓杆菌、痢疾杆菌、炭疽杆菌、白喉杆菌、大肠杆菌、伤寒和副伤寒杆菌等均有明显的抑菌和杀菌作用，经用乙醚提出其鞣酸后的五倍子液仍有抑菌作用。五倍子煎剂对接种于鸡胚的流感甲型PR8株病毒有抑制作用。五倍子鞣酸有沉淀蛋白质作用，皮肤溃疡面、黏膜与其接触后，组织蛋白质即被凝固，形成一层保护膜，起收敛作用，同时小血管也被压迫收缩，血液凝结而呈止血作用，腺细胞的蛋白质被凝固引起分泌抑制，使黏膜干燥，神经末梢蛋白质沉淀，可呈微弱的局部麻醉现象等。例如，以五倍子鞣酸为主药研究制备的现代中药制剂"五倍子根管冲洗液"，对牙根管玷污层有较好的清除效果，且不会造成管周牙本质脱矿，是一种安全有效的制品，可有效治疗口腔疾病等。

　　五倍子不仅在中医临床上广为应用，而且其提取物鞣酸等是生产消炎、止血、收敛、驱虫、抗菌、避孕等药物的重要原料。从五倍子中提取的单宁酸、没食子酸、焦性没食子酸，在食品、化工、轻工乃至农业、石油、冶金等领域的应用更加广泛。五倍子是我国传统出口商品，早已远销德国、英国、日本、美国、法国、荷兰、比利时等十多个国家，有广阔的国际市场。贵州省生产五倍子具有得天独厚的自然条件，产区地域辽阔，五倍子品种优良，发展生产的潜力很大。只要对现有资源进行科学管理和保护，产量就可在较短的时间内成倍提高。据有关部门测算，仅在采倍留种一项措施上提高管理技术水平，产量就能提高数倍。如从生产各环节和产品研发加工诸方面进行产业化开发，其发展前景更为广阔。

主要参考文献

陈笳鸿. 2000. 我国没食子单宁化学利用现状与展望[J]. 林产化学与工业, 20（2）：70-82.

陈祥, 孙秀芳. 1986. 高效液相色谱在中国五倍子单宁及倍酸研究中的应用[J]. 林产化学与工业, 6（1）：24-28.

傅乃武, 郭蓉, 刘福成, 等. 1992. 诃子鞣质和五倍子鞣质抑制体内亚硝胺生成和对抗活性氧的作用[J]. 华西药学杂志, 23（11）：585-589.

河南省卢氏县潘河镇尤里卡特种园艺场五倍子课题组. 1994. 五倍子矮化密植高产栽培技术[J]. 果树学报, 2：14-16.

李国义. 1987. "五倍子"应称为"五棓子"的商榷[J]. 北京林业大学学报, 4：5-6.

李秀萍, 李春远, 赖永祺. 2001. 五倍子生态系统的理论与实践[J]. 生态学杂志, 11：42-45.

林余霖, 程惠珍, 陈君, 等. 1997. 五倍子及其寄主植物的单宁酸含量分析[J]. 中国中药杂志, 22（1）：16-17.

刘莉, 苏勤. 2003. 五倍子水提取物对牙周炎症抗炎机理的实验研究[D]. 第四军医大学.

刘莉, 苏勤. 2006. 玷污层和充填技术及材料对根尖微渗透的影响[J]. 国际口腔医学杂志, 33（5）：364-366.

刘应迪, 李菁, 石进校. 1993. 湘西五倍子蚜虫冬寄主藓类植物的筛选与人工培植[J]. 吉首大学学报, 6：16-20.

罗贤全, 赵亮. 1994. 五倍子栽培及丰产技术[J]. 林业科技开发, 1：12-14.

邱建生, 王进, 梅再美, 等. 1994. 紫云县五倍子资源特点及综合区划[J]. 贵州林业科技, 3：24-27.

四川省五倍子科研协作组. 1984. 五倍子不同处理方法对质量的影响[J]. 四川林业科技, 4：15-17.

宋光志, 刘静, 谢道刚. 2004. 五倍子鞣质的质量标准[J]. 华西药学杂志, 19（4）：279-281.

王艳, 唐荣银, 陈强, 等. 2001. 中药五倍子防龋的动物试验研究[J]. 牙体牙髓牙周病学杂志, 11（3）：172-176.

席清平. 2004. 五倍子水提取物对菌斑生物膜影响的体外研究[D]. 第四军医大学.

肖正森, 等. 1990. 贵州角倍产量与气候因子的关系[J]. 贵州林业科技, 423-426.

易盛国, 雷绍荣. 1998. 五倍子油化学成分的研究[J]. 化学研究与应用, 10（2）：192-193.

岳小红, 唐荣银, 王志良, 等. 2004. 五倍子水提取液抑制内毒素诱导人牙龈成纤维细胞 IL-6[J]. 牙体牙髓牙周病学杂志, 14（4）：203-206.

张燕平, 苏建荣, 渠桂荣, 等. 2002. 五倍子的研究概况[J]. 中医药学, 30（3）：72-73.

（冉懋雄　陈　华　黄　敏）

5 水 蛭

Shuizhi

HIRUDO

【概述】

水蛭原动物为水蛭科动物蚂蟥 *Whitmania pigra* Whitman、水蛭 *Hirudo nipponica* Whitman 及柳叶蚂蟥 *Whitmania acranulata* Whitman。别名：至掌、马鳌、马条、内贴子、水麻贴、水蚂蟥等。蚂蟥，又称宽体金线蛭；水蛭，又称医用蛭或日本医蛭；柳叶蚂蟥，又称茶色蛭，俗称牛鳖子或牛蚂蟥。以干燥全体入药，《中国药典》历版均予收载。《中国药典》（2015 年版一部）称：水蛭味咸、苦，性平；有小毒。归肝经。具有破血通经、逐瘀消症功能。用于治疗血瘀经闭、症瘕痞块、中风偏瘫、跌仆损伤。

水蛭药用最早以"水蛭"之名，始载于我国第一部药学专著《神农本草经》，载其"一名至掌。味咸，平，有毒。主逐恶血，瘀血，月闭，破血瘕，积聚，无子，利水道。生池泽。"其后，历代本草多予收载。如唐代《新修本草》云："此物有草蛭、水蛭。大者长尺，名马蛭，一名多马蜞。并能咂牛、马、人血。今俗多取水中小者，用之大效。不必要须食人血满者。"明代《本草纲目》对水蛭的药效、用法作了较全面记述。称其主要用来治疗跌打损伤、漏血不止以及产后血晕等症。

世界上不少国家在古代都用水蛭的吸血习性来给病人放血治病，特别是欧洲国家曾予大量采用"水蛭疗法"。而我国对水蛭的医药应用是全世界最早的，古籍上早已载有将饥饿的蚂蟥装入竹筒，扣在洗净的皮肤上令其吸血，治疗赤白丹肿等。随着时代的进步与科技发展，在我国内陆淡水水域内生长繁殖的水蛭，是我国传统的特种药用水生动物，其所含的水蛭素等有效成分，在治疗血栓病、血管病、瘀血不通，特别在心脑血管疾病治疗等方面功效独特，是活血化瘀圣药，也是贵州省中药工业极为重要而别具特色的原料药材。

【形态特征】

蚂蟥：体宽大，属大型水蛭。身体扁平，略呈纺锤形，长 6～13cm，大的可达 20～25cm，体宽 1.3～2cm。体背部具有 5 条由细密的黄黑斑点组成的纵线，中央一条颜色较深而明显。腹面淡黄色，杂有 7 条断续的纵行的不规则的茶褐色斑纹或斑点，其中中间两条略明显。体环数 107 个，环带明显，占 15 环。雄性生殖孔位于第 33～34 的环沟内，雌性生殖孔位于第 38～39 环沟内。眼 5 对，列成弧形。体前端较尖，前吸盘相对较小，颚齿不发达，上具 2 排钝齿（图 5-1 左）。

水蛭：体狭长稍扁，略呈圆柱形，体长 3～6cm，宽 0.4～0.5cm。背面绿中带黑，有 5 条黄色纵纹，纵纹的两旁有许多黑褐色斑点分布。体分 27 节，环数 103 个，环带不显著，占 15 环。雄性生殖孔位于第 31～32 环沟间，雌性生殖孔位于第 36～37 环沟间。眼 5 对，成弧形排列。前吸盘的口腔内有腭 3 片，半圆形，颚发达，上有一排锐利的细齿。食道内壁具 6 条纵褶。后端腹面有一后吸盘，碗状，朝向腹面，肛门在背侧（图 5-1 中）。

　　柳叶蚂蟥：体比宽体金线蛭略小，呈柳叶形，扁平。背部棕绿色（近于茶色而故名），有 5 条细密的绿黑色斑点组成的纵线，其中以中间一条纹最宽，比医用蛭的背中纹宽得多，此背中纹两侧的黑色素斑点呈新月形，前后连接成两条波浪形斑纹，这是本种外形上最明显的特点。腹面浅黄色，平坦，有不规则的暗绿色斑点散布。其他特征近似于宽体金线蛭（图 5-1 右）。

　　另外，还有如菲牛蛭（*Hirudo manillensis* Lesson）等多种蛭类也可供药用。

图 5-1　蚂蟥（左）、水蛭（中）、柳叶蚂蟥（右）动物形态图
（蚂蟥、水蛭墨线图引自江苏新医学院编，《中药大辞典》，上册，上海人民出版社，1977）
（柳叶蚂蟥墨线图引自肖培根主编，《新编中药志》，第四卷，人民卫生出版社，2002）

【生物学特性】

一、生长发育习性

　　水蛭为雌雄同体，异体交配。一般两年生水蛭，体重在 5g 以上水蛭均达到性成熟（雄性先成熟）。以蚂蟥为例，亲本体重对产卵孵化影响很大，在一定的体重范围内，体重和产卵率呈正相关，单条体重为 20～25g 的亲本产卵效果最好。水蛭产卵对温度有一定的要求，一般于最高气温 20℃以上，晚间气温在 8～10℃即可。

　　水蛭繁殖一般是 3～4 月交配产卵，4～5 月产卵孵化，水蛭交配受孕后一个月产卵，平均每条水蛭能产 4～5 枚卵茧，卵重 2～3g，在自然温度下 25 天可以孵化出水蛭幼苗，单枚卵茧化数为 15～80，平均有 30 条。

　　水蛭是一种半寄生生活的动物，其运动可以分为游泳、尺蠖式运动和蠕动三种方式。游泳时背腹肌收缩、环肌放松，身体平铺如一片柳叶，波浪式向前运动。后两种运动方式通常为水蚂蟥离开水体时及旱蚂蟥所采用，都是前后吸盘交替使用。水蛭以脊椎动物或无脊椎动物的血液为生，即以吸血或吸体腔液为生，可算是一时性的体外寄生虫。吸血的对象包括多种脊椎动物和无脊椎动物。只有少数几种蚂蟥是专门吸食某一类寄主的，大多数水蛭的食谱扩大到某一类或两类动物。以医用蛭的食谱最广，它一般吸食人和耕畜的血液，但也常常侵袭龟、蛇、鱼、蚯蚓，甚至其他的蚂蟥。其取食有三个特点：①能在寄主未察觉的情况下，从寄主处吮吸大量的血液，这是由于它有锐利、精细的切割皮肤的工具——带齿的颚，并在切割时能实行局部麻醉。②吸入的血液不会在水蛭本身的消化道内凝固。这不仅是因为血液一旦凝固，就不利于消化和吸收，更要紧的是，水蛭在运动时，身体忽而短粗，忽而细长，如果体内有一团凝血，势必无法行动。③一系列的研究表明，水蛭的肠道内无任何蛋白水解酶，所以消化的机能可能完全由共生菌承担。

二、生态环境要求

水蛭喜欢在石块较多、池底及池岸较坚硬的水中生活，这些环境利于蛭类吸盘的固着、运动和取食。底质不同，水蛭的密度也不同。一般来说，水蛭在岩石底上较多，其次是石子底、有泥沙碎石的泥沙底，而在深水的淤泥中最少。水草或藻类较丰富的水域，水蛭相对较多，因为有利于其隐蔽和栖息。水蛭有时也爬上潮湿的岸边活动，因为岸边土壤潮湿，草丛丰富有利于水蛭栖息和交配繁殖。经观测，水蛭对生态环境的主要要求如下。

（一）温度

温度对蛭类的活动影响很大。冬季来临，气温低于 10℃时，蛭类开始进入水边较松软的土壤中越冬，潜伏的深度一般为 15～25cm，长江流域浅些，为 7～15cm。开春后，气温回升的快慢以及水田中灌水的先后直接影响水边土壤中水蛭出土的时间早晚。水蛭在平均气温 10～13℃时开始出土。水温也影响水蛭开始繁殖的时间，通常在不到 11℃的水体里水蛭不能繁殖。暖温水流可促进一些水蛭的卵茧孵化。不同的水蛭种类对温度的耐受性不一样。

（二）光照

水蛭对较强的光照表现为负趋性。除眼点外，水蛭的体表还有许多的光感受器分布，对光敏感，呈避光性。白天它一般躲在石块、土壤或草丛中潜伏，有食物时才迅速出来取食。夜间或在光线较暗时游泳或活动。饥饿状态下的水蛭比饱食状态下的水蛭表现出趋光性，这可能是由于探寻食物而改变了它们的避光性。在水蛭养殖过程中，要避免强光照射，并给予适当暗的环境条件。

（三）土壤

水蛭的卵茧通常产在含水量为 30%～40%的不干不湿的土壤中，土壤的透气性要求良好。土壤过湿，易板结不利透气，导致卵茧霉烂；土壤过干，易使水蛭茧失水，不利于其孵化。

（四）水

除了陆栖种类外，水蛭可以分为淡水和海水两大类群。海水中生活的仅鱼蛭科的一部分，如生活在芬兰的尺蠖鱼蛭（*Piccicola geometra*），其耐盐的能力最强，可达 6‰～7‰的盐度。有时淡水中的某些种类也能在海洋的河口部分出现，但多数情况下生活于含盐量较低的淡水湖泊、河流或水田中。盐度较高容易引起水蛭早熟。水蛭对水环境的要求，还应特别注意如下两点。

1. pH 的影响

水蛭对水的 pH 的适应性是很广的。如医用蛭、宽体金线蛭等许多常见的蛭类通常可以同时在 pH 4.5～10.1 这样广的范围内生存。但蛭类是一种广酸性动物，在自然水域里，蛭类一般生活在 pH 变化幅度很小的水域里。如医用蛭、宽体金线蛭一般在 pH6.4～9 的水域生存，所有蛭类一般不生活在 pH 极低的酸性水域中，因为pH 低通常是由于有机质的严重污染，同时，腐殖质的腐败所产生的毒性也不利于蛭类生存。

2. 水体溶氧量的影响

大多数水蛭能长时间忍受缺氧环境。以蚂蟥为例，在氧气完全耗尽的情况下，蚂蟥仍可存活 3 天。这可能是其体内共生菌进行厌氧呼吸的结果。即使没有外界氧的进入，蛭假单孢杆菌也可通过发酵分解蛭类体内储存的血液等营养成分，在短时间内维持蛭类的生命活动。一般情况下，水蛭多生活在含溶解氧 0.7mg/L 的水域里，溶氧度较低时，水蛭就纷纷钻出水面，爬到岸边土壤或草丛中，呼吸空气中的氧气。

【资源分布与适宜区分析】

一、资源调查与分布

全世界有水蛭 500 余种，我国有近百种。有关水蛭的分类系统各国专家的意见不一。根据我国水蛭研究专家杨潼教授等的分类系统（《中国动物志》，1996），将水蛭分为 4 个亚纲：野蛭亚纲（Agriodrilidea）、蛭蚓亚纲（Branthiobdellidea）、棘蛭亚纲（Acanthobdellidea）、真蛭亚纲（Euhirudinea）。

经调查，蚂蟥（宽体金线蛭）在我国大部分地区水田、河流和湖泊中都有分布；水蛭（日本医蛭）在我国各地均有分布；柳叶蚂蟥（茶色蛭）在我国华北地区以南的河流湖泊中有分布。另外，菲牛蛭主要分布在我国广东、广西、云南 3 地，台湾、香港、贵州南部、福建南部热带地区也有少量分布。水蛭在国外如印度尼西亚、印度、孟加拉国、斯里兰卡、越南、老挝、泰国、缅甸、菲律宾、马来西亚、新加坡等国家和地区也有分布，多见于水田、水沟或池塘。

二、贵州资源分布与适宜区分析

经考察调研，在贵州大部分地区均有水蛭生长。例如，贵州省铜仁市川硐镇、正大乡、大兴镇、牛郎镇都有宽体金线蛭和日本医蛭分布；威宁草海有宽体金线蛭、日本医蛭和菲牛蛭分布；荔波县甲良镇、方村乡、播尧乡、朝阳镇、驾欧乡等乡镇有宽体金线蛭、日本医蛭、光润金线蛭分布。

根据上述调查分析，贵州省水蛭养殖最适宜区主要为：黔南的如荔波、三都、罗甸等地；黔北与黔中的如赤水、习水、仁怀、龙里、惠水、乌当等地；黔西与黔西南的如六枝、盘州、水城、兴义等地；黔西北的如威宁、七星关等地，以及黔东与黔东南的如石阡、印江、德江、玉屏、凯里等地。

除上述水蛭最适宜区外，贵州省其他各县市（区）凡符合水蛭生长习性与生态环境要求的区域均为其适宜区。

【生产基地合理选择与基地环境质量检（监）测评价】

一、生产基地合理选择与基地条件

按照水蛭适宜区优化原则与其生长发育特性要求，选择其最适宜区或适宜区并具良好社会经济条件的地区建立规范化生产基地。例如，位于贵阳乌当区羊昌镇的贵福中药材公司水蛭养殖基地、位于德江县长堡镇大宅头村的贵州鸿升水蛭养殖有限公司，不但自然环境保护相对较好，具有水蛭养殖整个生长发育过程中所需的自然条件，而且当地党政高度重视，所养殖的水蛭质量好且产量较大，水蛭养殖已初见成效。以贵州鸿升水蛭养殖有限公司为例，现已建成 1 万多平方米的水蛭养殖池，年产水蛭 30 余万尾（图 5-2、图 5-3）。

图 5-2　贵州贵阳乌当区羊昌镇水蛭养殖　　　图 5-3　贵州德江县长堡镇水蛭养殖

二、生产基地环境质量检（监）测与评价（略）

【养殖关键技术研究与推广应用】

一、种质资源保护抚育

药用水蛭以野生资源为主，我国种质资源丰富，大部分地区的湖泊、池塘以及水田中均有分布。贵州省的水蛭野生种质资源主要是蚂蟥（宽体金线蛭）、水蛭（日本医蛭），也有柳叶蚂蟥（茶色蛭）等。

水蛭具有种类繁多、食性差异大、药用价值不统一的特点。在生产实践中，经有目的有意识地选择生长迅速、药用成分较高等优良特性的水蛭进行选育，则可培育出生长速度快且药用含量优质高产之新品种。应对水蛭种质资源较为丰富、水力资源良好、污染较少的地区，特别是对贵州黔南、黔西南等地难得的野生水蛭种质资源切实加强保护与抚育。

但是，目前我国不少水域环境污染问题严重，江河、湖泊受到工业废水、生活污水和垃圾的污染，水田也受到化肥、农药的残毒污染，水蛭和其他水生动物一样，数量急剧下降，这是导致水蛭种质资源及药用水蛭锐减的主要原因之一。应采取有效措施，切实保护水蛭生态环境，可将水蛭作为评价湖泊、河流水质污染状况的指示动物之一。应同时切实避免人为过度采捕，防止水蛭野生资源急剧下降，避免水蛭遗传多样性指数下降，以求永续利用。

二、良种繁育关键技术

药用水蛭虽有多种，但由于蚂蟥（宽体金线蛭）、水蛭（日本医蛭）体形较大，食性杂，易饲养，生长速度快，又是贵州省主要适生种质资源，故贵州省一般以这两种水蛭为药用水蛭繁育种源。水蛭是雌雄同体、异体交配的环节软体动物，以卵茧孵化育苗为主，但在适宜的环境条件下，某些水蛭种类（如日本医蛭）可在断面长出新的吸盘而形成两条新的个体，且不排除水蛭有"胎生"的现象。下面对水蛭繁殖的卵茧育苗作重点介绍。

（一）种蛭投放

1. 种蛭放养前准备

种蛭放养前的准备工作主要包括水蛭池的建池、消毒、熟化及水质的调节。

大田产卵池是用稻田、荒地改造而成，即在稻田、荒地里开沟。具体操作是：场地四周留 1.5m 宽的平台（俗称垄，又称产茧平台，下同），其余面积为平台与水沟相间（垄沟式），平台与水面的面积为 1:1。水沟的上面宽为 1.5~2.0m，下底宽为 1.5~1.8m，深为 0.6~1m（含淤泥层），平台与水沟成相互倒置的梯形。沟内应人工营造淤泥层 0.2~0.3m，保持水深 0.3~0.5m，平台面（即垄面）宽 1.5~1.8m，且高出水面 0.2~0.3m。平台上应覆盖杂草或稻草，以保持其泥土湿润、松软。每个养殖池应分别设置一个进水口和一个出水口。在养殖场四周防逃墙外应开挖防洪、排洪沟。

水泥产卵池是用红砖、石头和水泥砌成，每池以 40~60m² 为佳，池深 0.6~0.8m，池底淤泥层厚 0.1~0.2m，保持水深 0.3~0.4m。大面积养殖时，可采取多个池联合。池内壁无须批刮，越粗糙越好，池四周靠池壁处用泥土堆成平台，其面积占全池总面积的 1/4，平台应高出水面 0.2～0.3m。每个养殖池应分别设置一个进水口和一个出水口。

一般放水前可用五氯粉处理产卵池，每亩用量为 2～3kg。放水后，池水应消毒，新池一般无须消毒，提前一个月放水熟化、曝晒即可。水泥池需要长时间浸泡去碱。

在消毒后应在池的一端投放适量人畜粪便或绿肥等用以培养浮游生物。也可挖一些经过消毒处理的鱼塘淤泥放入池底，用以调节水质和提高泥面腐殖质，创造适宜的生态环境。

2. 种蛭投放要求

种蛭投放时间应据当年的气温决定，一般于最高气温 20℃，晚间气温 8～10℃时为宜，避免夜间气温低于 0℃，同时避免出现倒春寒的天气。因此宜在每年的 3 月中下旬至 4 月上旬择时投放。

种蛭选取个体大小 20～25g 的为佳，要选择个体健硕、活性强、体表无伤口的水蛭，产卵池种蛭投放密度以 700～750kg/亩为宜，为便于管理和后期育苗，种蛭投放时间应尽可能集中，投放完毕后对各池进行跟踪记录，标记种蛭来源及时间。

3. 种蛭投放后续管理

种蛭投放完毕后开始铺设稻草或塑料薄膜，水面离梗高度控制在 15～20cm。种蛭产卵期间严格控制水位，水面浮动不超过 2cm，避免出现较大波动，一般投放的种蛭在 15～20 天后开始产卵。

（二）卵茧采集

1. 卵茧采集时间

卵茧采集时间根据当地当年气温所决定，一般于 5 月上旬开始第一次采集，选择晴朗天气开展卵茧采集工作。

2. 卵茧采集要求

采用小竹筏在产卵区挖土取卵，要做到轻拿轻放；卵茧严禁接触水；取卵完成后将取出的土重新填回产卵区，整理好之后继续铺平，盖上草帘或薄膜，取卵时适当降低水位 5cm；大雨天气，取卵暂停；卵茧取出后酌情将卵转移到室内，准备放入孵化箱；取卵过程中同时取出产卵后死亡的水蛭。

取卵分两次进行，第一次取卵结束后立即开始第二次取卵，在第二次总量较多且质量稳定的情况下可以酌情考虑第三次取卵。

（三）卵茧孵化

1. 卵茧孵化准备

选用耐用的泡沫箱作为孵化箱，规格为 40cm×60cm×12cm，并且使用前在周转箱的 2 个长边上方分别钻 2 个孔，用于透气。在孵化过程中，要选用过 10 目筛子的、含水量为 30%～40% 的壤土作为孵化基质，要严格控制孵化室内湿度，空气不能过于潮湿，更不能过于干燥，空气湿度以 70%～80% 为宜，并在孵化期间保证 24h 有专业人员值班。

2. 卵茧孵化要求

孵化工作在取卵后 24h 内完成；孵化箱下层土壤厚度约 1cm，经过喷水后，使得土壤带有少量的水分，并混匀土壤水分；铺卵前擦干孵化箱壁上的水分；摆卵前要对卵进行分级，将不同时期的卵按照颜色、外包衣的破裂程度分类，并标记好取卵时间、孵化时间、卵的等级等；将卵均匀地放在每只孵化箱里面，以每只孵化箱摆放 400～450 个卵为宜，其中靠近边缘处不摆放卵，然后在卵上方撒上均匀的土，土层厚度约为 2cm，最后在上层土上再均匀地撒微量水。

（四）分苗养殖

1. 孵化幼苗采集

一般卵茧孵化 20 天左右转移进入幼苗池育苗。一般分两次转移，第一次转移第一批卵茧，待相隔一周后转移第二批卵茧，每次尽可能在当天内完成，不宜超过 2 天时间；水蛭卵放入幼苗池中后一般 5～6 天后开始人工剖取幼苗。育苗密度为每亩 80 万～110 万尾。育苗过程中每周应换水 3～5 次；刚孵化出来的幼苗 3～5 天间隔投喂一次螺蛳和鸡蛋黄，投放量分别为 150kg/亩和 1.6～2.5kg/亩。

2. 分苗养殖

刚孵化出的水蛭幼苗，集中育苗半个月后平均可增长到 1cm 以上，即可转入大池进行成水蛭养殖，密度控制为 5 万尾/亩。首次投苗之前水位不得低于 30cm，均匀投放至养殖池中，苗转移进入商品养殖池前需投喂螺蛳，投喂量为 300kg/亩，此后每 4 天投喂一次螺蛳。

三、规范化养殖技术

（一）养殖池建设

选择避风向阳、排灌方便处建池。池宜小不宜大，一般宽 3m，深 1m，长度不限。对角设进出水口，池底铺放鹅卵石或珊瑚石，在养殖池四周离水面 1.5m 处设细孔围网（防逃网），网基深入土中 25cm 左右，条件允许时应在防逃网外围建造防逃墙，养殖池的一端设防洪溢水口，防止水蛭在下雨天水位上涨时外逃，此外在养殖池中种植水草遮阴降温。利用旧鱼塘和水池养水蛭时，应当事先抽干存水，清杂去污，并用消毒剂消毒池体。整个饲养阶段，应防止肉食性鱼类（如塘角鱼）、水蜈蚣等小动物和水鸟等天敌的进入。

（二）配套设施建设

1. 防逃设施

常用的防逃设施主要有：

（1）防逃墙：在养殖场的四周用砖砌成高于地面 0.5m 的围墙，砌砖时，砖与砖之间不能留有缝隙，以防渗漏水和防止水蛭外逃。

（2）防逃网：进水口和出水口均用规格为 60～100 目的尼龙网隔离。

（3）防逃沟：在距围墙顶部约 0.1m 处砌上一块预制水泥板，板面再加砌上一块砖，把水泥板压牢后作防逃沟，沟宽 0.1m，水泥板上面放置 3～5cm 厚干燥的中粗沙子。围墙的顶部用水泥瓦或水泥板遮盖，保护沙子不被雨淋湿。

2. 防暑降温设施

在养殖池中种植水草，炎热的夏、秋季节，当外界气温高于 32℃时，还应设置遮阳网进行遮盖。

3. 防寒保暖设施

在寒冷的冬、春季节，当外界气温低于 17℃时，应建造塑料大棚进行保温，棚高 2.0～2.5m，棚顶可选用"人"字形或拱形。或用干稻草覆盖养殖沟（养殖沟干燥无水时），厚度为 3～5cm。

4. 防天敌设施

在养殖场、池的四周设置防鼠网、放置灭鼠器械或采用药饵毒杀等方法预防和杀灭蛇、鼠、青蛙、蚂蚁、水蜈蚣等天敌。

（三）日常管理

1. 巡池管理

每天早、晚各巡池检查 1 次，观察水蛭的活动、水质变化等情况，并做好巡池日志。如发现有异常情况，应及时查明原因，并采取相应的措施。

2. 防逃管理

在下雨天增加巡池力度，及时掌握水蛭活动情况，防止养殖池内的水逸出而使水蛭顺水逃走。

3. 水草管理

定期整理养殖场内外生长过盛的杂草，及时清除腐烂或过多的水草。

4. 水质调控管理

养殖池内的水应保持水深 0.3～0.6m，在 6～9 月份高温期间，每隔 3～5 天换水 1 次，每次换水量为全池的 1/5～1/4。换水时，进水口的水温与池内水温温差应控制在 3℃内。

（四）繁殖期管理

水蛭繁殖一般在每年 2～5 月。在繁殖季节，应保持产茧平台的泥土松软、湿润，含水量为 20%～30%。如夏季气温高时，应适当向产茧平台上的泥土洒水，并覆盖一些杂草、稻草。同时，应保持产卵场环境安静，避免在平台上走动，保持池内的水位相对稳定，严禁水位急剧上升或下降，水位升降幅度不宜超过 10cm。4 月中下旬至 5 月中上旬，开始卵茧采集，将不同时期的卵按照颜色、外包衣的破裂程度分类，并标记好取卵时间、孵化时间、卵的体重等级等。

（五）商品蛭养殖期管理

水蛭育苗期结束后，转入商品蛭养殖期，养殖密度调整为 5 万尾/亩。投苗之前，水位不得低于 30cm，均匀投放至养殖池中。商品蛭养殖过程中，每 4 天投喂 1 次螺蛳，投喂量为 300kg/亩，此后投喂量适当增加，以确保水蛭日食量控制为其体重的 5%～10%，水温控制在 20～25℃（水蛭的最适生长温度），超过 32℃时，必须采取有效遮阴降温措施。

（六）越冬管理

在 10 月上、中旬后，当外界气温低于 17℃、水温低于 20℃时，应停止投喂饲料。在停止投料后，也应停止向养殖池内注入新水或换水，养殖沟内的水顺其自然，如干燥的，应在其上面铺盖 3～5cm 厚的干稻草；有条件的可搭建塑料棚进行保温，但当外界气温在 20℃以上时，应及时将棚两端或通气孔的薄膜掀开，加强通风换气，防止棚内温度超过 25℃。傍晚时，应将掀开的薄膜放下，并封住通气孔，以保持棚内温度相对稳定。

（七）主要病虫害防治

在遵循"预防为主，综合防治"的原则下，坚持"早发现、早防治，治早治小治了"，选择高效低毒低残留的农药对症下药地进行水蛭主要病虫害防治。

1. 白点病（又称溃疡病或霉病）

白点病由原生动物多子小瓜虫引起，伤口感染细菌引发。主要症状：体表有白点泡状物和小白斑块，运动不灵活，游动时身体不平衡。

防治方法：28℃水温撒入 0.2%食盐；用 2μL/L 硝酸汞浸洗患病水蛭，每次 30min，每天 1～2 次，浸洗后立即清水洗净；定期用漂白粉消毒池子。

2. 肠胃病

病原：进食腐败变质或难以消化的食物。主要症状：食欲不振、懒于活动、肛门红肿。

防治方法：用 0.4%抗生素（青霉素、链霉素等）加入饲料中均匀混合投喂；多喂新鲜食物，严禁投喂变质饵料。

3. 干枯病

干枯病由养殖环境高温低湿小环境气候引起。主要症状：食欲不振，少活动，消瘦无力，身体干瘪，失水萎缩，全身发黑。

防治方法：用 1%食盐水浸洗 5～10min，每日 1～2 次；用酵母片或土霉素拌饲料投喂，同时增加钙物质，提高抗病能力；做好降温加湿措施。

4. 寄生虫病

寄生虫病由原生动物单房簇虫的寄生而引起。主要症状：身体腹部出现硬性肿块（硬性肿块出现对称排列），经解剖确定为贮精囊或精巢肿大。

防治方法：经研究对比分析，蚯蚓雄性精囊中有大量的单房簇虫寄生，应早发现并消灭病原。

贵州信邦制药公司室内工厂化养殖水蛭的研究情况见图 5-4。

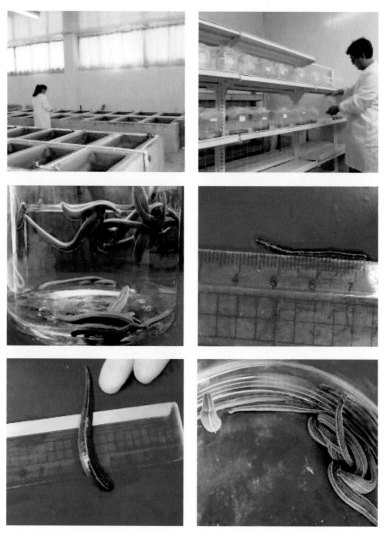

图 5-4　贵州信邦制药公司室内养殖水蛭的研究情况

【药材合理采收、初加工、储藏养护与运输】

一、合理采收与批号制定

（一）合理采收

1. 捕收时间

水蛭捕收时间宜为夏、秋两季。如当年 5 月之前投池的蚂蟥，经水蛭素含量检测 9

月龄的蚂蟥最高，6月龄的蚂蟥次之，同时6月龄的蚂蟥干重最高，因此其最合理采收期为每年的11月（6月龄蚂蟥），即可在当年10～11月进行采收。

2. 捕收方法

（1）直接网捕法：选择晴朗天气，上午10:00以前和下午4:00以后是水蛭活动较为活跃的时段。在养殖池中用木棍搅动水体，趁机用网直接捕捞水蛭。

（2）诱捕法：诱捕方法很多，常用的诱捕方法有，先将稻草扎成两头紧中间松的草把，将动物血注入草把内，横放在水塘进水口处，让水慢慢流入水塘，4～5h后即可取出草把，收取水蛭。

（二）批号制定（略）

二、合理初加工与包装

（一）合理初加工

1. 生晒法

将采集到的新鲜水蛭活体洗净，直接用线绳或铁丝穿起悬挂在阳光下曝晒晒干即可。

2. 处死后晒干或阴干法

（1）水烫法：将采集到的新鲜水蛭活体洗净，置入沸水中烫死后，摊放在太阳下晒干。

（2）碱烧法：将水蛭与食用碱的粉末同时放入器皿内，上下翻动水蛭，边翻边揉搓，待水蛭收缩变小后再洗净晒干。

（3）灰埋法：将水蛭埋入石灰中20min，待水蛭死后筛去石灰，用水冲洗晒干或烘干；还可将水蛭埋入草木灰中30min，待水蛭死后筛去草木灰，水洗后晾干。

（4）烟埋法：将水蛭埋入烟丝中约30min，待其死后再洗净晒干。

（5）酒闷法：将高度酒倒入盛有水蛭的器皿内，将其淹没，加盖封30min，待水蛭醉死后捞出，再用清水洗净晒干。

（6）盐渍法：将水蛭放入器皿内，放一层盐放一层水蛭，直到器皿装满为止，盐渍死的水蛭晒干即可。

3. 冻干法

将采集到的新鲜水蛭活体洗净，装在大小适宜的洁净容器内，放入真空干燥机内冻干即可。

在多种初加工方法里，冻干法水蛭药用成分损耗最低，但成本远高于其他初加工法；烧碱法、灰埋法以及盐渍法等工序烦琐且其残留物不易控制，所以现市场上出售的水蛭商品，采用最普遍的是清水烫死晒干法和生晒法（图5-5）。

（二）合理包装

水蛭干品易吸湿、受潮和虫蛀，应装入布袋，外用塑料袋套住密封，挂在干燥通风处保存，或放石灰缸内，或置干燥处储藏。在包装前应检查是否充分干燥、有无杂质及其他异物，所用包装应符合药用包装标准，并在每件包装上注明品名、规格、等级、毛重、净重、产地、批号、执行标准、生产单位、包装日期及工号等，并应有质量合格的标志。

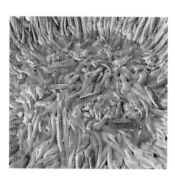

图 5-5　采收水蛭及其药材初加工品（左：鲜品；右：干品）

三、合理储藏养护与运输

（一）合理储藏养护

水蛭干品易吸湿、受潮和虫蛀，贮藏前，还应严格入库质量检查，防止受潮或染霉品掺入。平时应保持环境干燥、整洁。定期检查，发现吸潮或初霉品，应及时通风晾晒，其养护方法可选用晾晒法、密封法、吸潮法或烘烤法。

（二）合理运输

水蛭药材在批量运输中，严禁与有毒货物混装并有规范完整运输标识，运输车厢不得有油污与受潮霉变。亦可加冰运输，即在水蛭加工之前，水蛭活体采用 700mm×400mm×400mm 的泡沫箱运输，泡沫箱底部放整块的冰，冰高度为 60mm，用塑料袋套住，扎紧塑料袋口，不使融化的水外泄，水蛭用 40 目的网袋装好，置于冰上。网袋上覆盖湿布，泡沫箱用胶带封好，四周扎 4 个透气口。

【药材质量标准、质量检测与监控】

一、药材商品规格与质量检测

（一）药材商品规格

水蛭药材以无杂质、霉变、虫蛀，身干，条粗整、黑棕色、断面有光泽者为佳品。药材商品规格分小水蛭、宽水蛭、长条水蛭三种，均为统货，现暂未分级。习惯认为小水蛭为佳。

（二）药材质量检测

照《中国药典》（2015 年版一部）水蛭药材质量标准进行检测。

1. 来源

本品为水蛭科蚂蟥（*Whitmannia pigra* Whitman）、水蛭（*Hirudo nipponica* Whitman）或柳叶蚂蟥（*Whitmania acranulata* Whitman）的干燥全体。夏、秋二季捕捉，用沸水烫死，晒干或低温干燥。

2. 性状

蚂蟥：本品呈扁平纺锤形，有多数环节，长 4～10cm，宽 0.5～2cm。背部黑褐色或黑棕色，稍隆起，用水浸后，可见黑色斑点排成 5 条纵纹；腹部平坦，棕黄色。两侧棕黄色，前端略尖，后端钝圆，两端各具 1 吸盘，前吸盘不显著，后吸盘较大。质脆，易折断，断面胶质状。气微腥。

水蛭：本品扁长圆柱形，体多弯曲扭转，长 2～5cm，宽 0.2～0.3cm。

柳叶蚂蟥：本品狭长而扁，长 5～12cm，宽 0.1～0.5cm。

3. 鉴别

取本品粉末 1g，加乙醇 5mL，超声波处理 15min，过滤，取滤液作为供试品溶液。另取水蛭对照药材 1g，同法制成对照药材溶液。照薄层色谱法（《中国药典》2015 年版四部通则 0502）试验，吸取上述溶液各 5μL，分别点于同一硅胶 G 薄层板上，以环己烷-乙酸乙酯（4：1）为展示剂，展开，取出，晾干，喷以 10%硫酸乙醇溶液，在 105℃加热至斑点显色清晰。供试品色谱中，在与对照药材色谱相应的位置上，显相同的紫红色斑点；紫外线灯（365nm）下显相同的橙红色荧光点。

4. 检查

（1）水分：照水分测定法（《中国药典》2015 年版四部通则 0832 第二法）测定，不得超过 18.0%。

（2）总灰分：照总灰分测定法（《中国药典》2015 年版四部通则 2302）测定，不得超过 8.0%。

（3）酸不溶性灰分：照酸不溶性灰分测定法（《中国药典》2015 年版四部通则 2302）测定，不得超过 2.0%。

（4）酸碱度：取本品粉末（过三号筛）约 1g，加入 0.9%氯化钠溶液 10mL，充分搅拌，浸提 30min，并时时振摇，离心，取上清液，照 pH 测定法（《中国药典》2015 年版四部通则 0631）测定，应为 4.5～6.5。

（5）重金属及有害元素：照铅、镉、砷、汞、铜测定法（《中国药典》2015 年版四部通则 2321 原子吸收分光光度法或电感耦合等离子体质谱法）测定，铅不得超过 10mg/kg，镉不得超过 1mg/kg，砷不得超过 5mg/kg，汞不得超过 1mg/kg。

（6）黄曲霉毒素：照黄曲霉毒素测定法（《中国药典》2015 年版四部通则 2351）测定。

本品每 1000g 含黄曲霉毒素 B_1 不得超过 5μg，黄曲霉毒素 G_2、黄曲霉毒素 G_1、黄曲霉毒素 B_2 和黄曲霉毒素 B_1 的总量不得超过 10μg。

5. 含量测定

取本品粉末（过三号筛）约 1g，精密称定，精密加入 0.9%氯化钠溶液 5mL，充分搅拌，浸提 30min，并时时振摇，离心，精密量取上清液 100μL，置试管（8mm×38mm）中，加入含 0.5%（牛）纤维蛋白原（以凝固物计）的三羟甲基氨基甲烷盐酸缓冲液[注 1]（临用新配）200μL，摇匀，置水浴中（37℃±0.5℃）温浸 5min，滴加每 1mL 中含 40 单位的凝血酶溶液[注 2]（每 4min 滴加 1 次，每次 2μL，边滴加边轻轻摇匀）至凝固，记录消耗凝血酶溶液的体积，按下式计算：

$$U = \frac{C_1 V_1}{C_2 V_2}$$

式中，U——每 1g 含抗凝血酶活性单位，U/g；

C_1——凝血酶溶液的浓度，μg/mL；

C_2——供试品溶液的浓度，g/mL；

V_1——消耗凝血酶溶液的体积，μL；

V_2——供试品溶液的加入量，μL。

中和一个单位的凝血酶的量，为一个抗凝血酶活性单位。

本品每 1g 含抗凝血酶活性水蛭应不低于 16.0U；蚂蟥、柳叶蚂蟥应不低于 3.0U。

注 1：三羟甲基氨基甲烷盐酸缓冲液的配制：取 0.2mol/L 三羟甲基氨基甲烷溶液 25mL 与 0.1mol/L 盐酸溶液约 40mL，加水至 100mL，调节 pH 至 7.4。

注 2：凝血酶溶液的配制：取凝血酶试剂适量，加生理盐水配制成每 1mL 含凝血酶 40 个单位或 10 个单位的溶液（临用配制）。

二、药材质量标准提升研究与企业内控质量标准制定（略）

三、药材留样观察与质量监控（略）

【药材生产发展现状与市场前景展望】

一、生产发展现状与主要存在问题

水蛭在我国大部分地区的湖泊、池塘以及水田中均有生产，主产于山东微山湖、东平湖、南阳湖等湖中，以微山湖产量最大，除供应本省外，还销往东北、河北、山西各地。江苏苏州市郊等地所产亦外销一部分。此外浙江、安徽、湖南、湖北、四川、陕西、河北、辽宁、吉林等处亦产，均自产自销。

贵州省水蛭种质资源较为丰富，适宜养殖区分布较广。近年来，贵州省知名制药企业——贵州信邦制药股份有限公司，以水蛭为原料药材的脉血康胶囊每年需要 80 多吨约合 8000 万元人民币，为了更好地保证原料药材水蛭质量与稳定，建好"第一车间"，"产学研"紧密结合地开展了水蛭养殖研究与基地建设。2012 年起，公司在罗甸县建成水蛭养殖实验基地，致力于工厂化水蛭养殖模式探究，水蛭养殖研究现已获成功。

目前，在水蛭养殖及基地建设发展中还存在不少问题，主要表现在：①观念落后，推广阻力大。不少农户对水蛭养殖还存在较为普遍的恐惧心理和排斥现象，短时间内改变人们观念的难度大，水蛭推广养殖，尤其是吸血水蛭的推广养殖阻力大。因此需要大力而耐心地宣传水蛭知识，提高人们对水蛭养殖的正确认识。②养殖起步晚，技术保障不足。现野生水蛭存量远远不能满足用药需求，人们也没有采收习惯，水蛭养殖起步晚，经验不足，缺乏技术指导。因此还须进一步加强"产学研"合作，强化技术保障，要进一步做好水蛭养殖户的技术培训等服务，特别要在提高抗凝血酶活性单位等有效成分含量、扩宽养殖品种、提高药用价值和经济价值、改进养殖模式、提高产量质量及综合开发等方面深入研究与实践，以求更具成效。③信息不畅，信心不足。水蛭养殖是一个新兴产业，由于贵州省长期没有水蛭养殖的习惯，缺乏水蛭养殖相关信息，对水蛭养殖更没有正确的经济效益评估，这影响了人们对水蛭养殖的投资信心。因此要进一步加强对有关水蛭养殖技术、开发利用与市场供求等信息的宣传，提高人们的投资信心，并希望各级党政加大支持力度。④品种单一，效益不高。贵州省现阶段养殖的水蛭，以蚂蟥（宽体金线蛭）为主，药用价值与经济价值均远不如吸血水蛭。因此，要扩宽水蛭养殖品种，以进一步提高水蛭养殖经济社会效益与扶贫效益。

二、市场需求与前景展望

水蛭素（hirudin）是从动物水蛭中提取的一种抗凝血蛋白质。1884 年 Haycraft 首次发现欧洲水蛭提取物具有抗凝血性质和作用；1904 年 Jacoby 等首次从水蛭中分离出抗凝血物质，并将其正式命名为水蛭素；1954 年 Mark wardt 等从水蛭头部唾液腺分离出水蛭素纯品，开始对其组成、结构和理化性质进行研究，1955 年指出这种抗凝物质为蛋白质；20 世纪 70 年代确认水蛭素是一种天然多肽类化合物，并完成其一级结构分析等。现代研究表明，水蛭含有多肽类、肝素、抗血栓素，水蛭中主要活性成分水蛭素，其抗凝作用可靠。目前，已开发的以水蛭为原料的成品药达 60 多种，对水蛭药理和临床的研究已经大大突破了其传统功效。目前，国内外研究资料已证实，水蛭不仅具有抗凝、溶栓、抗纤维化的作用，而且还可以改善局部血液循环，提高免疫力，对肿瘤细胞也有一定抑制及杀灭作用，临床应用广泛。特别是水蛭素具有强烈的抗凝血作用，能与凝血酶特异结合，是已知的最强的凝血酶天然抑制剂。系列试验表明，水蛭素无毒性、无明显抗原性。作为抗凝剂，它比肝素优越，对动脉血栓及静脉血栓等各种血栓性疾病及弥散性血管内凝血均有很好的预防及治疗效果。

目前，心脑血管疾病已成为国内外常见病、多发病，因此，水蛭的需求量逐年增加，水蛭价格节节上涨。如 2014 年 12 月至 2015 年 11 月全国四大中药材市场水蛭价格经两次较大上调，由 2014 年 12 月底的 900 元/kg 涨至 2015 年 11 月初的 1125 元/kg。造成水蛭供应不足与价格攀升的主要原因有以下两个：一是环境恶化。近年来，水蛭生存环境日益恶化。由于湖泊河水的严重污染、稻田化肥农药的施用，伴随着水面养殖业的发展，水蛭逐渐丧失了自己的生存领域，水蛭资源越来越稀缺。二是滥捕滥捉。长期以来，人们通常是在春、秋两季水蛭上岸产卵时进行捕捉，因这时正值产卵季节，人们捕捉的是未产卵的水蛭，这严重破坏了水蛭的自然繁殖。加之市场缺口大，人们为了获利又开始捕捉幼龄水蛭，这也是造成水蛭资源枯竭的重要原因。另外，按照 2015 年版中国药典规定，药用水蛭仅包括蚂蟥（宽体金线蛭）、水蛭（日本医蛭）和柳叶蚂蟥（茶色蛭），而被壮药地方标准收录的菲牛蛭这一珍贵和稀缺的水蛭资源，也宜加以深入研发与利用。

总之，水蛭生命力强，繁殖极快，较易饲养管理，养殖水蛭有投资少、风险小、见效快、收益高的特点，现已成为较热门的特种养殖项目之一。水蛭既是传统珍贵的中药材，也是现代医药工业和相关产业的重要原料和传统出口商品，应用行业涵盖医药产业、养生保健业和餐饮业等多个行业，用途广泛，研发潜力极大，市场前景极为广阔。只要切实采取有效科学措施，规范养殖，育养结合，水蛭产业的发展必将获取异常显著的经济效益、扶贫效益和生态效益。

主要参考文献

安瑞永，刘书广，李会军，等. 1999. 宽体金线蛭的生活习性与养殖注意事项[J]. 河北渔业，108（6）.

耿亚. 2013. 中药水蛭的药理药效及临床药用价值研究[J]. 中医中药，16（11）.

龚元. 2010. 吸血水蛭高密度绿色生态养殖方法：中华人民共和国，发明专利 CN101766154A[P]. 2010.07.07.

李德智. 2006. 水蛭的采收与加工[J]. 中国渔业报.

刘明山. 2002. 水蛭养殖技术[M]. 北京：金盾出版社：113.

刘婉婷. 2012. 水蛭养殖前景好 学好技术才牢靠[J]. 农村百事通，（3）.

刘玉文，毛洪玉. 2001. 水蛭人工养殖技术[J]. 科学养鱼，（12）.

史红专，郭巧生，李辉，等. 2009. 不同月龄蚂蟥内在品质及最佳采收期[J]. 中国中药杂志，34（23）.

史红专，刘飞，郭巧生. 2005. 宽体金线蛭耗氧率与窒息点的初步研究[J]. 中国中药杂志，30（23）：1817.

孙冠珠. 1998. 水蛭在心血管疾病中的应用及研究现状[J]. 实用中西医结合杂志，11（3）：52.

修霞，聂海燕，韩红霞，等. 2005. 水蛭化学成分及其药理作用探讨综述[J]. 中国热带医学，5（8）：35.

于翔. 2009. 菲牛蛭室内高密度养殖技术研究[D]. 广州：中山大学.

张卫，张瑞贤，李健，等. 2013. 中药水蛭品种考证及资源可持续利用发展探讨[J]. 中国中药杂志，30（6）.

周乐，赵文静，常惟智. 2012. 水蛭的药理作用及临床应用研究进展[J]. 中医药信息，29（1）：16.

周维官，周维海，关键聪，等. 2011. 菲牛蛭规范化养殖标准操作规程（SOP）[J]. 中药材，34.

（王文渊　覃亮基　周厚琼　冉懋雄）

6　斑　蝥

Banmao

MYLABRIS

【概述】

斑蝥原动物为芫菁科斑芫菁属昆虫的统称，其中以南方大斑蝥 *Mylabris phalerata* Pallas 或黄黑小斑蝥 *Mylabris cichorii* Linnaeus 为主要应用的种类。别名：斑猫、斑蚝、花斑毛、花壳虫、黄豆虫等。以干燥虫体入药，历版《中国药典》均予收载。《中国药典》（2015 年版）称：斑蝥味辛，性热，有大毒。归肝、胃、肾经。具有破血逐瘀、散结消癥、攻毒蚀疮功能。用于治疗症瘕、经闭、顽癣、瘰疬、赘疣、痈疽不溃、恶疮死肌。南方大斑蝥习称为"大斑芫菁"；黄黑小斑蝥习称为"眼斑芫菁"。

斑蝥药用历史悠久，在我国现既知最古老的一部药学专著《神农本草经》中，则以"班蝥"之名收载，被列为下品，称其"一名龙尾。味辛，寒，有大毒。治寒热鬼疰，虫毒，鼠瘘，恶疮，死肌，破石癃。生川谷。"此后，历代本草及医籍多予录著。如南北朝梁代陶弘景《本草经集注》曰："此一虫五变，主疗皆相似。二三月在芫花上，即呼为芫菁；四五月在王不留行草上，即呼为王不留行虫；六七月在葛花上，即呼为葛上亭长；八九月在豆花上，即呼为斑豆，甲上有黄黑斑点；芫菁，青黑色；亭长，身黑头赤。曰：芫菁、斑蝥、亭长、赤头四件，样各不同，所居、所食、所效亦不同。芫菁嘴尖，背上有一画黄，在芫花上食汁；斑蝥背上一画黄，一画黑，嘴尖处有一小赤点，在豆叶上食汁；亭长形黄黑，在葛叶上食汁，赤头身黑，额上有大红一点也。"宋代苏颂《图经本草》云："《本经》不载所出州土，今处处有之。……此虫四月、五月、六月为葛上亭长，七月为斑猫（按：即指斑蝥）；九月、十月为地胆。随时变耳。亭长时，头为赤，身黑。若药不快，淋不下，以意为度，更增服之，今医家多只用斑猫、芫菁，而亭长、地胆稀有使者。人亦少采捕，既不得其详，故不备载。"尤在明代李时珍《本草纲目》（公元 1578 年）中，详细地记述了斑蝥、地胆、芫菁和葛上亭长 4 种（按：皆为芫菁科昆虫）同类功效的昆虫形态、生境、采集和炮制方法、主治及附方等，称其"按《本经》《别录》，四虫采取时月，正与陶说相合。《深师方》用亭长，注亦同。自是一类，随其所居、所出之时而命名尔。"并特别指出斑蝥可有效"治疝瘕，解疔毒、狂犬毒、沙虱毒、轻粉毒"。综上可见，历代本草对斑蝥的描述与现今药用基本相同。斑蝥系我国中医传统常用中药，也是中药工业常用原料，为贵州著名地道特色药材。

【形态特征】

南方大斑蝥：体长 24～31mm，体宽 8～11mm。身体和足完全黑色，被黑色毛；头略呈方形，表面密布刻点，黑色，触角短不超过胸部，11 节，棒状，触角末节基部明显窄于第 10 节。前胸背板长稍大于宽，两侧平行，前端 1/3 向前变窄；表面密布刻点，后端中央有两个圆形浅凹洼，一前一后排列。鞘翅底色为黄色或棕红色，每个翅的中部有一条横贯全翅的黑横斑；在翅的基部自小盾片外侧沿肩胛而下至距翅基约 1/4 处向内弯而达到翅缝有一个弧圆形黑斑纹，两个翅的弧形纹在翅缝处汇合成一条横斑纹，在弧形黑斑纹的界限内包着一个黄色或棕红色的方圆形斑，两侧对称，在翅基的外侧还有一个小黄斑或棕红色斑；翅端部完全黑色（图 6-1）。

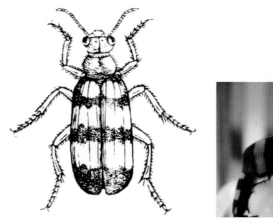

图 6-1 南方大斑蝥（大斑芫菁）动物形态图

（墨线图引自江苏新医学院，《中药大辞典》下册，上海人民出版社，1977）

黄黑小斑蝥：体长为 10～15mm，体宽 3.5～5mm。身体和足完全黑色，被黑色毛；头略呈方形，表面密布刻点，黑色，触角短不超过胸部，11 节，棒状，触角末节的基部与第 10 节约等宽。前胸背板长稍大于宽，两侧平行，前端 1/3 向前变窄；表面密布刻点，后端中央有两个圆形浅凹洼，一前一后排列。鞘翅底色为黄色或棕红色，每个翅的中部有一条横贯全翅的黑横斑；在翅的基部自小盾片外侧沿肩胛而下至距翅基约 1/4 处向内弯而达到翅缝有一个弧圆形黑斑纹，两个翅的弧形纹在翅缝处汇合成一条横斑纹，在弧形黑斑纹的界限内包着一个黄色或棕红色的方圆形斑，两侧对称，在翅基的外侧还有一个小黄斑或棕红色斑；翅端部完全黑色（图 6-2）。

图 6-2 黄黑小斑蝥（眼斑芫菁）动物形态图

【生物学特性】

一、生长发育习性

斑蝥一年 1 代，在人工恒温条件下可以达到 3～4 代。斑蝥一生分为卵、幼虫、蛹、成虫 4 个阶段。斑蝥一生可产 1～3 次卵，眼斑芫菁一次可产卵 40～50 枚，大斑芫菁一次可产卵 70～90 枚。大斑芫菁的卵 9～10 月开始孵化，幼虫共分 7 个阶段，1 龄幼虫被称为三爪蚴，此龄幼虫主要功能是寻找蝗虫卵，可以在不吃东西的情况下存活 30 天，喜欢阳光，在太阳下活跃，其爬行速度较快。当发现蝗虫卵后蜕皮到 2 龄幼虫，一直到 5 龄幼虫，都是在蝗虫卵中居住，6 龄幼虫爬出，寻找合适的土壤挖洞，建立土室，蜕皮为 7 龄幼虫，进行滞育越冬，当温度恒定在 28～30℃时，可以打破滞育。翌年 6 月左右，蜕皮为裸蛹，经过 4～9 天，成虫就会脱离外皮，爬出土室。此时的土壤湿度直接影响其羽化成功与否。土壤较干燥、湿度低，往往致使斑蝥死亡。

成虫在 6、7 月出土，7、8 月份为其活动高峰期。喜阳光，常在日出后活动，飞翔能力较强，在离地 3m 左右高空飞行。气温越高越活跃，喜吃菜豆花、牵牛花、大丽花等花瓣。

【附】

（1）斑蝥卵：长 3mm 左右，橙黄色，一端粗大，向另一端变细，如同"萝卜"型。眼斑芫菁的卵外部特征同大斑芫菁的卵，只是体形略小，长 2.3mm 左右（附图 1）。

（2）1 龄幼虫：此期被称为三爪蚴；体长 3～6mm；体色为黑褐色，只腹部 1～2 节为黄褐色，体色较暗淡；头部与胸部等宽；头部较大，宽于胸部，有 1 对下唇须和 1 对下颚须，具 1 对单眼，在单眼附近有 1 对附肢可能是触角；具 3 对较长的胸足，上具短毛；身体具较长的毛；一对尾须较长，超过体长的 1/2（附图 2）。

（3）2～5 龄幼虫：此段龄期为蛴螬型，幼虫外形似蛴螬，胸足短小，身体柔软乳白色，到五龄后期为乳黄色，头部的体积增大（附图 3）。

（4）6 龄幼虫："象甲型"假蛹，即滞育期幼虫，体色为黄褐色。体壁光滑坚硬。胸足不发达，呈乳突状。身体弯曲成 160° 角，气门明显。此时的幼虫不吃不动如同象甲的蛹，被称为假蛹。在中胸部有一对较大的气门，在腹部有 8 对略小的气门（附图 4）。

（5）7 龄幼虫：体形似蛴螬，体色黄褐色，头为褐色。此时的幼虫同样不取食，它会将土室扩大，后蜕皮化蛹，蜕的外皮被压在尾部。如果此时的幼虫被翻出土壤的表面，其会重新挖掘 1 土室，其爬行方式同其他幼虫，用胸足缓慢爬行（附图 5）。

（6）蛹：裸蛹，体长 15～20mm，嫩白色，触角、足、复眼等已经可见，外形与胡蜂的蛹相似（附图 6）。

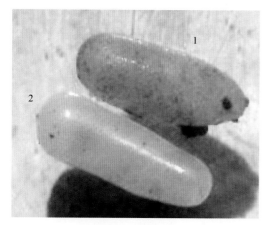
附图1　斑蝥卵

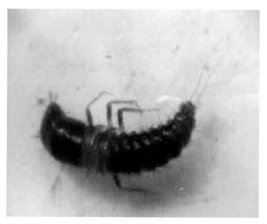
附图2　斑蝥1龄幼虫

附图3　斑蝥蛴螬型幼虫

附图4　斑蝥6龄幼虫

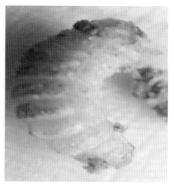
附图5　斑蝥的7龄幼虫

附图6　斑蝥的蛹及土室

二、生态环境要求

斑蝥适应性较强，整个贵州都有分布，以罗甸、望谟、贞丰、从江等海拔较低、气温较高的地方最宜养殖。养殖斑蝥关键是要有合适的蝗虫卵做幼虫的食物，蝗虫以棉蝗为好，但东亚飞蝗较容易养殖，在养殖眼斑芫菁时多以东亚飞蝗的卵为食物。

据调查，斑蝥的发育起点温度一般为 14℃，有效积温为 294℃，发育速率为 $V=T-(14\pm1.7)/294$，最适温度为 27℃，湿度为 75%，在 22～32℃湿度为 55%～75%时卵孵化历期为 28～30 天。斑蝥的卵孵化率最高时的温度、土壤含水量分别为 34.0℃、12%，卵发育速率最快时的温度、土壤含水量分别为 33.2℃、7%。

在海拔 1000m 以下的地带，凡≥10℃的积温 3000～4000℃，1 月平均气温 1～7℃，7 月平均气温 20～27℃，极端最低气温不低于–7℃，均适宜斑蝥生长。斑蝥养殖环境的具体要求如下。

温湿度：年平均温度 18～19℃，≥10℃年积温为 4500～5500℃，无霜期 260～300 天，空气相对湿度 80%，海拔 1000m 以下，并宜在避风平地上。可通过温室大棚来控制温度，夏天当温度高于 32℃时，应增加遮阳网，打开通风口，如果温度太高，还可以通过喷洒水的方式降温。在冬季当温度低于 0℃时，须密封大棚，去除遮阳网，但棚内温度不宜高过 15℃，以免影响幼虫滞育。

光照：年平均日照大于 1200h。幼虫能耐阴，成虫喜阳光，但在过强烈的阳光中存活率不高。

土壤：斑蝥喜欢在透水性好的松软土壤中产卵，最好选用蛭石或沙土来作为产卵的土壤。

水：通过人工洒水，保持土壤含水量在 10%左右。

【资源分布与适宜区分析】

一、斑蝥资源与分布

斑蝥全国均有分布，主产于贵州、广西、河南、安徽、湖南、江苏、新疆、内蒙古等地。

二、贵州斑蝥分布与适宜区分析

贵州斑蝥分布较广，以罗甸、望谟、贞丰、惠水等地产量丰富。实验研究表明，斑蝥的总斑蝥素含量以罗甸、望谟、贞丰等气温高的地方为高，多数能超过 1.5%。养殖斑蝥的关键是蝗卵，只要有合适的蝗卵，对于土壤、气候的条件要求较宽松，只要保持一定的土壤湿度，能遮挡大雨，平均气温不超过 35℃，都适合养殖斑蝥。然而东亚飞蝗在温室大棚中的繁殖代数可以达到 3～5 代，温度较高的地方繁殖代数较多，在罗甸、望谟等温度高的地方最为适宜。

除上述斑蝥最适宜区外，贵州省其他各县市（区）凡符合斑蝥生长习性与生态环境要求的区域均为其适宜区。

【养殖基地合理选择与基地环境质量检（监）测评价】

一、养殖基地合理选择与基地条件

按照斑蝥适宜区优化原则与其生长发育特性要求，选择其最适宜区或适宜区并具良好社会经济条件的地区建立规范化生产基地，如在罗甸、望谟、贞丰等地选建斑蝥规范化养殖基地。但斑蝥对农药特别敏感，所以选择养殖基地时应首先选择远离其他农作物生产的地方，避开农药的喷洒范围。并应选择在向阳、供水方便的地块搭建设施。

二、基地环境质量检（监）测与评价（略）

【养殖关键技术研究与推广应用】

一、种质资源保护抚育

斑蝥的种质资源，来源于野生资源，保护好斑蝥野生资源是可持续发展的重要保证。斑蝥是蝗虫的天敌，应加强斑蝥野外生存环境的保护，不要在其大规模生存的野外环境中喷洒农药，保护其野外喜欢取食的开花植物，有效保护斑蝥的种质资源，以永续利用。

二、良种繁育关键技术

野生斑蝥种源，一般应在清晨露水还未干时采集。此时斑蝥不能飞翔，可用手轻轻握在掌心，放入干燥的矿泉水瓶中即可。为了防止其毒液损害皮肤，可戴上一次性塑料手套捕捉。

采集野生斑蝥种虫后，放入防虫网覆盖的养虫笼中，挑选体强个大的种虫集中养殖，摘取南瓜花、扁豆花、牵牛花等喂养，也可补充饲喂苹果等。在其交配后，放入集卵盒（为深度 15cm 左右的塑料盒，盒中填满蛭石，保持 10% 的含水量），斑蝥雌成虫会挖洞产卵。将产完卵的塑料盒取出，在温室大棚中孵化，保持 10% 的含水量，20 天左右，可见斑蝥 1 龄幼虫。再将斑蝥 1 龄幼虫撒到有东亚飞蝗卵的地方，让其捕食。

三、规范化养殖关键技术

（一）选地整地与良种投放

养殖斑蝥，最好建立温室大棚。其温室大棚，宜采用拱度较大的大棚，在大棚的上层搭遮阳网，通风口处装防虫网（防止斑蝥逃脱），棚内地面最好用水泥硬化（方便收集虫卵），四周建排水设施，在上建立高为 2m 左右的小棚（长和宽依大棚大小而定），小棚四周装防虫网，用 1.5m 左右的拉链作门，以方便管理。

斑蝥养殖区外围，应建立种植区，主要种植扁豆、南瓜、玉米等植物，作为斑蝥成虫和东亚飞蝗的饲料。

（二）饲料昆虫选择和养殖

斑蝥的幼虫喜捕食棉蝗、飞蝗等中大型蝗虫的虫卵，其中以东亚飞蝗的养殖技术比较成熟，加之东亚飞蝗的适应性强，繁殖迅速，是较好的饲料昆虫。东亚飞蝗在温室大棚中饲养一年可以繁殖 3～4 代。养殖东亚飞蝗的温室大棚与养殖斑蝥的温室大棚可以用一样的建筑结构：外面是温室大棚，宜采用拱度较大的大棚，在大棚的上层搭遮阳网，通风口处装防虫网（防止东亚飞蝗逃脱），棚内地面最好用水泥硬化（两个目的：一是防止蚂蚁为害，二是防止蝗虫在地上产卵，方便定点产卵），四周建排水设施，在上建立高为 2m

左右的小棚（长和宽依大棚大小而定），小棚四周装防虫网，用 1.5m 左右的拉链作门，以方便管理。

东亚飞蝗喜食玉米的鲜叶，每天在投喂鲜叶时应尽量把没吃完的玉米叶拣出，以防霉变。当东亚飞蝗到了交配季节，应放入集卵箱，使东亚飞蝗产的卵集中。集卵箱的构造：20cm 左右深度的塑料盒，盒中仅顶端开口，盒中放入杀虫处理过的沙土或蛭石，保持沙土或蛭石的含水量为 10%左右。当东亚飞蝗产完卵，将集卵箱取出，在 10 月之前产的卵用于孵化，继续繁殖，10 月后产的卵用于喂养斑蝥，此时的蝗卵应放到阴凉的地方保存，当斑蝥的卵孵化出 1 龄幼虫时，放入集卵箱中，使幼虫捕食蝗卵。

（三）养殖条件和养殖管理

斑蝥一般是一年一代，冬季靠滞育幼虫越冬，但在斑蝥的各个时期，恒温在 28℃时，可以打破滞育。温室大棚中的温度很难达到恒温状态，更难保持在 28℃，所以在外界条件下，只能采取一年养殖一代的策略。

将选取好的斑蝥种虫投放到养殖棚内，喂养扁豆花或南瓜花，每天在放入新的花时，取出前一天剩的花。此段时期在 7～9 月，气温较高，应拉上遮阳网，打开通风口，白天使大棚的温度不超过 35℃，夜间不必密封大棚升温。看到大量的斑蝥交配后，放入集卵盒，收集斑蝥卵。将收集好的斑蝥卵放置于大棚中孵化，保持 10%的含水量，等到幼虫爬出。

将斑蝥幼虫撒入盛有东亚飞蝗卵的集卵箱中，为了方便斑蝥幼虫寻找蝗卵，可将集卵箱中上层土壤挖去 3～5cm。保持土壤含水量在 10%左右。20～30 天后，斑蝥的幼虫会钻到土壤的表面，此时的幼虫容易自相残杀，为了降低死亡率，可在土壤上放置塑料隔板，把集卵箱隔成多个小空格，减少它们遇到的概率，以降低死亡率。斑蝥幼虫筑好土室准备越冬时，将集卵箱放入温室大棚中，保持棚内温度略高于外界温度，在遇到冬季极端寒冷天气时，应密封大棚升温。到 5～6 月份时斑蝥开始羽化出土为成虫，用扁豆花或南瓜花喂养，约 10 天左右开始采收。

（四）主要病虫害防治

在斑蝥养殖过程中，目前遇到的病害主要是由球孢白僵菌（*Beauveria bassiana*）和曲霉（*Aspergillus* sp.）引起的病害，防治的要点是保持土壤的含水量不超过 20%，在养殖之前喷洒杀菌剂。

土壤中的革螨吸取斑蝥虫卵的体液，致使虫卵不能孵化，影响孵化率。对于土壤中革螨的处理，宜采取土壤杀虫，但因斑蝥对杀虫剂特别敏感，在土壤杀虫时一般采取物理方法，如在投放斑蝥前利用高温杀死土壤中的革螨，或者采用干燥的方法杀虫。在投放斑蝥后，如果发现革螨为害，可将虫卵移出土壤降低虫害的发生。

（五）冬季管理

斑蝥以滞育幼虫阶段越冬，此时期幼虫耐寒耐湿能力很强，一般不用特别管护，只要保持土壤 8%～10%的含水量，在出现极端低温（低于–7℃）时注意保温即可，采取的措施主要是密封好温室大棚。

斑蝥养殖生长发育情况见图6-3。

图6-3 斑蝥养殖生长发育情况

上述斑蝥良种繁育与规范化养殖关键技术，可于其生产适宜区内，并结合实际因地制宜地进行推广应用。

【药材合理采收、初加工与储运养护】

一、合理采收与批号制定

（一）合理采收

为了保证斑蝥素的含量，并减少植物花朵的消耗，在斑蝥成虫羽化后10天内采集，留下部分身体强壮的斑蝥作种虫，其余在清晨露水未干时采集，放入光滑成漏斗型的塑料袋中，因为斑蝥会相互抓扯，无法爬出或飞走，将塑料袋的开口扎死即可。

（二）批号制定（略）

二、合理初加工与包装

（一）合理初加工

将采收有斑蝥的塑料袋放入冰柜中将斑蝥冷冻处死后，取出，置于阳光下晒干或通风干燥处阴干均可（图6-4）。根据斑蝥的用途不同采取不同的初加工法，用于中成药的斑蝥一般要进行炮制加工处理。方法是：取净斑蝥与米拌在炒锅内炒，不断翻动，至米呈浅黄色或浅黄棕色，取出全虫，放置于室温下冷却，在50～60℃烘24h。每100g用米200g。此炮制方法是利用斑蝥素可在120℃时挥发的物理特性，减少斑蝥素的含量，降低毒性。经研究通过炮制可以使斑蝥体内的游离斑蝥素损失27%以上，结合斑蝥素损失60%以上。

但用作斑蝥素提取的斑蝥原料，不能采用上述方法加工处理，以免斑蝥素损耗。

（二）合理包装

将干燥斑蝥药材按规格严密包装。在包装前，每批药材包装应有记录，应检查是否充分干燥、有无杂质及其他异物，所用包装应是无毒无污染、对环境和人安全的包装材料，在每件包装上注明品名、规格、等级、毛重、净重、产地、批号、执行标准、生产单位、包装日期及工号等，并应有质量合格的标志及有毒的标志。

图 6-4　斑蝥药材

三、合理储藏养护与运输

（一）合理储藏养护

干燥斑蝥应储存于干燥通风处，温度 25℃ 以下，相对湿度 65% 左右。本品易生霉、虫蛀。初加工时，若未充分干燥，在贮藏（或运输）中易感染霉菌，受潮后可见黄色霉斑。因此贮藏前，还应严格入库质量检查，防止受潮或染霉品掺入。其为害的仓虫有珍珠螨和药材甲等，它们取食干燥的斑蝥，降低药物质量。如果长时间放置最好放入冷仓中，降低害虫和霉菌的为害。贮藏时应保持环境干燥、整洁与加强仓储养护规范管理，定期检查、翻垛，发现吸潮或初霉品或虫蛀，应及时进行通风晾晒等处理。

（二）合理运输

斑蝥药材在批量运输中，严禁与有毒货物混装并有规范完整运输标识。运输车厢不得有油污与受潮霉变。

【药材质量标准、质量检测与监控】

一、药材商品规格与质量检测

（一）药材商品规格

斑蝥药材以无杂质、霉变、虫蛀，身干，虫体完整，色泽鲜明者为佳品。其药材商品规格为统货，现暂未分级。

（二）药材质量检测

照《中国药典》（2015 年版一部）斑蝥药材质量标准进行检测

1. 来源

本品为芫菁科昆虫南方大斑蝥（*Mylabris phalerata* Pallas）或黄黑小斑蝥（*Mylabris cichorii* Linnaeus）的干燥体。夏、秋二季捕捉，闷死或烫死，晒干。

2. 性状

南方大斑蝥：呈长圆形，长 1.5～2.5cm，宽 0.5～1cm。头及口器向下垂，有较大的复眼及触角各 1 对，触角多已脱落。背部具革质鞘翅 1 对，黑色，有 3 条黄色或棕黄色的横纹；鞘翅下面有棕褐色薄膜状透明的内翅 2 片。胸腹部乌黑色，胸部有足 3 对。有特殊的臭气。

黄黑小斑蝥：体型较小，长 1～1.5cm。

3. 鉴别

取本品粉末 2g，加三氯甲烷 20mL，超声波处理 15min，滤过，滤液蒸干，残渣用石油醚（30～60℃）洗 2 次，每次 5mL，小心倾去上清液，残渣加三氯甲烷 1mL 使其溶解，作为供试品溶液。另取斑蝥素对照品，加三氯甲烷制成每 1mL 含 5mg 的溶液，作为对照品溶液。照薄层色谱法（《中国药典》2015 年版四部通则 0502）试验，吸取上述两种溶液各 5μL，分别点于同一硅胶 G 薄层板上，以三氯甲烷-丙酮（49∶1）为展开剂，展开，取出，晾干，喷以 0.1%溴甲酚绿乙醇溶液，加热至斑点显色清晰。供试品色谱中，在与对照品色谱相应的位置上，显相同颜色的斑点。

4. 含量测定

照高效液相色谱法（《中国药典》2015 年版四部通则 0512）测定。

色谱条件与系统适用性试验：以十八烷基键合硅胶为填充剂；以甲醇-水（23∶77）为流动相；检测波长为 230nm。理论板数按斑蝥素峰计算应不低于 3000。

对照品溶液的制备：取斑蝥素对照品适量，精密称定，加甲醇制成每 1mL 含 1mg 的溶液，即得。

供试品溶液的制备：取本品粗粉约 1g，精密称定，置具塞锥形瓶中，用三氯甲烷作溶剂，超声波处理（功率 400W，频率 40kHz）2 次（每次 30mL，15min），滤过，用少量三氯甲烷分次洗涤容器，滤液和洗涤液一并回收至干，残渣用甲醇溶解，转移至 10mL 量瓶中，加甲醇至刻度，摇匀，即得。

测定法：分别精密吸取对照品溶液和供试品溶液各 10μL，注入液相色谱仪，测定，即得。

本品含斑蝥素（$C_{10}H_{12}O_4$）不得少于 0.35%。

二、药材质量标准提升研究与企业内控质量标准制定（略）

三、药材留样观察与质量监控（略）

【附】斑蝥药材指纹图谱研究

气相色谱仪对斑蝥素具有专属性，笔者采用 GC-MS 对斑蝥进行了初步的指纹图谱分析：色谱条件 HP-5M S（5%苯取代甲基硅酮）色谱柱（30m×0.25mm×0.25μm）；程序升温：50℃保持5min，以3℃·min⁻¹升至150℃，以4℃·min⁻¹升至230℃，保持5min；汽化室温度260℃；载气：高纯He，流速1mL·min⁻¹；进样量2μL；分流比30：1。

质谱条件：电离方式，EI，电子能量70eV；接口温度250℃；四极杆温度180℃；溶剂延迟4min；质量扫描50～500m/z。质谱数据库：美国WILEY7NIST05、NIST05。

贵州贞丰采集的黄黑小斑蝥（眼斑芫菁）和南方大斑蝥（大斑芫菁）的总离子流图，见附图1、附图2。

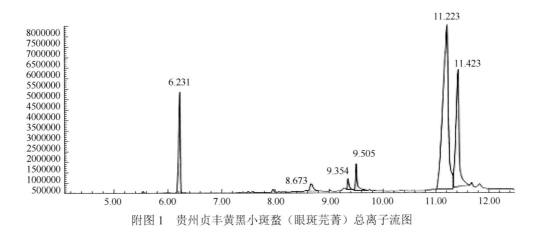

附图1　贵州贞丰黄黑小斑蝥（眼斑芫菁）总离子流图

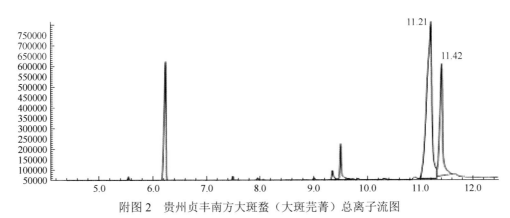

附图2　贵州贞丰南方大斑蝥（大斑芫菁）总离子流图

对不同产地的斑蝥进行了 GC-MS 化学成分分析，结果见附表1。

附表 1　不同种斑蝥化学成分分析结果

序号	时间/min	化合物	分子式	相对百分含量%						
				贞丰（A）	贞丰（B）	广西（A）	广西（B）	云南（A）	云南（B）	海南（B）
1	6.3	*斑蝥素	$C_{10}H_{12}O_4$	11.53	16.41	11.89	8.50	10.08	10.61	14.01
2	7.5	2, 2, 6, 6-四甲基-3, 5-辛二酮	$C_{11}H_{20}O_2$	—	—	—	2.18	—	—	—
3	8.1	十四烷酸	$C_{14}H_{28}O_2$	—	—	—	—	—	—	0.20
4	8.3	十四烷酸乙酯	$C_{16}H_{32}O_2$	—	—	—	—	—	—	0.09
5	8.7	9-十八碳烯酰胺	$C_{18}H_{35}NO$	1.44	—	—	—	—	—	—
6	9.4	11-十六碳烯酸	$C_{16}H_{30}O_2$	1.32	1.30	2.13	1.64	1.25	—	—
7	9.5	*n-十六烷酸	$C_{16}H_{32}O_2$	1.32	3.99	4.95	3.71	5.21	5.26	15.02
8	9.7	十六烷酸乙酯	$C_{18}H_{36}O_2$	—	—	—	—	—	—	3.34
9	11.2	*6-十八碳烯酸	$C_{18}H_{34}O_2$	58.78	55.26	55.40	62.65	61.67	61.04	41.52
10	11.4	*十八碳烷酸	$C_{16}H_{36}O_2$	24.01	23.03	25.63	21.32	21.75	23.09	22.48
11	11.7	硬脂酸乙酯	$C_{20}H_{40}O_2$	—	—	—	—	—	—	3.60
12	11.8	三十烷	$C_{30}H_{62}$	1.54						

注：（A）表示为黄黑小斑蝥（眼斑芜菁）；（B）表示为南方大斑蝥（大斑芜菁）；*表示为共有成分。

由附表 1 可知，不同产地和不同种斑蝥的化学成分种类有一定差别，以海南的南方大斑蝥（大斑芜菁）所含成分最多，云南的南方大斑蝥（大斑芜菁）所含成分最少。但 7 个不同产地的斑蝥均具备斑蝥素等几种主要成分，且从色谱图还可看出，7 个不同产地斑蝥的色谱图相似，说明主要成分的相对含量也比较固定和相似，含量最高的均为 6-十八碳烯酸，其次为十八碳烷酸和斑蝥素。斑蝥素是衡量斑蝥质量最重要的指标，从附表 1 中可以看出，贵州产南方大斑蝥和海南产南方大斑蝥的斑蝥素含量高，品质好。

本研究结果在理论上初步阐明了不同产地和不同种斑蝥的化学成分在含量和组成方面既有彼此间的共性，又有其自身的独特性，表明产地和物种对其化学成分组成具有一定的影响，也从分子水平上反映了不同种斑蝥的亲缘关系。对不同产地和物种斑蝥的化学成分的分析鉴定及比较，为科学选用斑蝥药材提供了一定实验依据。

【药材生产发展现状与市场前景展望】

斑蝥规范化养殖是近几年兴起的养殖技术，但还很不完善，特别是斑蝥幼虫须取食蝗虫卵才能完成生活史，并且自相残杀现象严重，这增加了养殖的困难程度和养殖成本。而且斑蝥养殖技术较为复杂，这提高了进入斑蝥养殖业的门槛，降低了农户的积极性，养殖成本过高降低了企业投资意愿。

一直以来，斑蝥素被认为是斑蝥体内的有效成分，研究表明斑蝥体内除了有斑蝥素外还有大量的斑蝥素盐类衍生物，并且不同种类、不同产地的斑蝥素盐类衍生物种类和含量相差很大。为了便于区分，在斑蝥体内的斑蝥素被定义为游离斑蝥素，其体内的斑蝥素盐类衍生物被定义为结合斑蝥素，两类斑蝥素之和为总斑蝥素。斑蝥体内的结合斑蝥素含量一般高于游离斑蝥素的含量。斑蝥体内的结合斑蝥素抗癌活性高于游离斑蝥素，其存在形式多数是斑蝥素酸镁。在随后的体内外实验均证实了斑蝥素酸镁的抗癌活性要高于斑蝥素，且斑蝥素酸镁具有微溶于水的特性，很适合开发成针剂。同时还发现，与斑蝥属于同一个芫菁科但不同属的豆芫菁属昆虫体内，结合斑蝥素含量要远远高于游离斑蝥素含量，其体内总斑蝥素含量一般高于斑蝥体内总斑蝥素含量。并且豆芫菁属昆虫分布广泛，比斑蝥养殖容易，由此可以看出豆芫菁属昆虫很适合作为提取斑蝥素的材料来源。

随着斑蝥野生资源的减少，药企采购量的增加，斑蝥价格在持续增加，加上养殖技术的不断完善，使养殖斑蝥的收益率持续增加，斑蝥的养殖前景非常乐观。目前，贵州省医药企业开发和销售的斑蝥及斑蝥素产品有贵州益佰制药股份有限公司生产的艾迪注射液、复方斑蝥胶囊，贵州柏强医药有限公司生产的斑蝥酸钠维生素 B_6 注射液，均有很好的市场。市场对斑蝥的需求量增加迅速，斑蝥养殖很适合在贵州大力发展，斑蝥研究开发潜力极大，发展前景广阔。

主要参考文献

李晓飞. 2011. 不同炮制方法对斑蝥体内有效物质的影响[J]. 应用昆虫学报, 48（4）：1107-1110

李晓飞, 陈祥盛, 国兴明. 2004. 昆虫斑蝥素的研究与利用[J]. 山地农业生物学报, 23（2）：169-175

李晓飞, 陈祥盛, 王雪梅, 等. 2007. 芫菁体内斑蝥素的含量及存在形式[J]. 昆虫学报, 50（7）：750-754

李晓飞, 侯晓晖. 2012.9.17. 国家实用新型专利：一种蝗虫产卵的装置, 授权号：ZL201220471937

李晓飞, 娄方明, 晏容, 等. 2013. 芫菁体内斑蝥素和结合斑蝥素抗肿瘤活性的比较研究[J]. 时珍国医国药, 24（3）：535-538

李晓飞, 晏容, 刘云, 等. 2012. 不同产地与品种斑蝥中化学成分的 GC-MS 分析[J]. 湖北农业科学, 51（20）：4621-4623

王雪梅, 陈祥盛, 李晓飞. 2007. 芫菁科昆虫的生物学特性及人工养殖研究概况[J]. 贵州农业科学, 35（2）：140-142

（李晓飞　冉懋雄　周厚琼）

7　乌　梢　蛇

Wushaoshe

ZAOCYS

【概述】

乌梢蛇原动物为游蛇科动物乌梢蛇 *Zaocys dhumnades*（Cantor）。别名：乌蛇、剑脊乌梢、黑花蛇、乌风蛇、青蛇、黄风蛇、三棱子、乌梢鞭、一溜黑、乌药蛇等。以干燥体入药，《中国药典》历版均予收载。《中国药典》（2015 年版一部）称：乌梢蛇味甘，性平。归肝经。具有祛风、通络、止痉功能。用于治疗风湿顽痹、麻木拘挛、中风口眼㖞斜、半身不遂、抽搐痉挛、破伤风、麻风、疥癣。乌梢蛇又是常用苗族药，苗药名："Nagb hxent dliaib"（近似汉译音："郎心沙"），性微热，味咸，入慢经、半边经药，主治风湿顽痹、肌肤不仁、筋脉拘挛、中风、口眼㖞斜、半身不遂、破伤风、麻风疥癣、瘰疬恶疮等症。苗家常用以治疗风湿关节疼痛、痹证日久、小儿惊风、病后或产后虚弱、破伤风项颈紧硬、麻风遍体如癣及白癜风等疾患。

乌梢蛇药用历史悠久，原名"乌蛇"，始载于唐代甄权的《药性论》。其后，诸家本草多予收录。如宋代《开宝本草》云："乌蛇，背有三棱，色黑如漆。性善，不噬物。"并言："主诸风瘙瘾疹，疥癣，皮肤不仁，顽痹。"《朝野金载》曰："商州有人患大麻风，家人恶之。山中为起茅屋，有乌蛇堕酒器中，病人不知，饮酒渐瘥。罂底见有蛇骨，始知其由。""今以乌蛇制成蛇酒服，防治麻风病，取其祛风湿，通经络，解毒；酒还可起到行血脉、行药势的作用。本方也可用来治疗风湿痹痛。"宋代官修医药方书《圣济总录》，也收载有不少乌梢蛇配伍药用的医方，如"治破伤风之抽搐痉挛，多与蕲蛇、蜈蚣配伍，如'定命散'""配枳壳、荷叶，可治干湿癣证，如'三味乌蛇散'"等。宋代寇宗奭《本草衍义》又云："乌蛇，尾细长，能穿小铜钱一百文者佳。有身长一丈余者。蛇类中此蛇入药最多。尝于顺安塘泺堤上，见一乌蛇长一丈余，有鼠狼咬蛇头，曳之而去，是亦相畏伏尔。市者多伪以他蛇，熏黑色货之不可不察也。乌蛇脊高，世谓之剑脊乌梢。"可见古时所用乌蛇与现今所用乌梢蛇一致。乌梢蛇是药食两用佳品，是中医临床传统常用中药，也是贵州省民族民间食药两用的地道特色药材。

【形态特征】

乌梢蛇形较粗大，头颈区分不明显；全身长可达 2m 以上。背面灰褐色或黑褐色，其上有 2 条黑线纵贯全身，老年个体后段色深，黑线不长不明显，背脊黄褐纵线较为醒目；幼蛇背面灰绿色，其上有 4 条明显黑线纵贯全身。乌梢蛇颊鳞 1，偶有 1 小鳞，位于其下，眶前鳞 2，眶后鳞 2（3）；颞鳞 2（1）＋2；上唇鳞 3－2－3 式；背鳞 16－16（14）－14，中央 2－4（6）行起棱。正脊两行棱极强，腹鳞 192～205；肛鳞 2 分，尾下鳞 95～137对。乌梢蛇形态见图 7-1。

图 7-1　乌梢蛇形态图

（墨线图引自冉懋雄、周厚琼，《中国药用动物养殖与开发》，贵州科技出版社，2002）

【生物学特性】

一、生长发育习性与生态环境

乌梢蛇为变温爬行动物，体温随环境气温的变化而变化，气温过高或过低都不利于其生长发育，最适宜的温度为 20～30℃。当气温下降到–10℃左右时即停止活动，入蛰冬眠，不吃不动，冬眠期大约半年左右；当气温上升到 10℃以上时则出蛰活动，以 7～8 月为活动高峰期；当环境温度高至 45℃或低于–15℃时便不能生存。

乌梢蛇性情温和，常主动躲避人畜，一般不主动伤人（和很多蛇类一样，只有在逼急或被捉而过度惊吓时不得已咬人）。其爬行迅速，行动敏捷，晚间活动最为活跃，若稍有惊动则迅速逃窜，行动迅速，反应敏捷，善于逃跑。越冬前后，喜在树上活动，此时活动较为迟缓。其越冬场所因栖息环境而异。例如，有的在树洞中越冬，有的则在泥、石堆中越冬，并尚有与其他蛇种一起越冬的习性。乌梢蛇长势快，适应性强，抗病力高，很适宜人工养殖。乌梢蛇成体具多次蜕皮特性，春秋二季蜕皮频繁，春季开始觅食，生长快，必须蜕下束缚生长的皮膜；秋季蛇体肥胖亦须蜕皮，两次蜕皮之间相隔 70 天左右。蜕皮从头至尾自行脱落，蜕皮后体表光泽鲜艳，纹理清晰。体弱者不易蜕皮，容易死亡。

乌梢蛇生活于丘陵、低山区以及平原田野间，常见于山野、田野、路旁、壕沟或庭院地的草丛中或近水边，并可分为黄乌梢、青乌梢和黑乌梢。

二、繁殖特性

乌梢蛇一般生长 2～3 年性成熟，雌雄异体，体内受精，卵生，春秋两季交配。在交配季节，雌蛇皮肤和尾基部的腺体分泌出一种特有的强烈气味，雄蛇则跟踪其气味寻找雌蛇。春末夏初出蛰后，往往在冬眠场所附近即择偶交配。母蛇每年 5～6 月产卵 1～2 次，每次产卵 7～30 枚，孵化期为 45～50 天。卵多产在石堆隙间，卵壳白色，椭圆形，径长 4～5cm。依靠自然温度孵化，孵化出的幼蛇，生长较快，正常情况下每年蜕皮 3～4 次。

三、食物特性

乌梢蛇是食肉动物，食性广，消化力强，食量大，主要以鼠类、蛙类、蜥蜴、蚯蚓、昆虫、泥鳅、鳝鱼等为食。其捕食与蕲蛇一样，捕食整体的活动物，对较小的动物咬住后直接吞食，往往将动物咬住后用前半身将动物缠往，使其窒息而亡，再慢慢吞食。乌梢蛇的下颌系借可活动的方骨与脑颅间接相连，因此蛇口可张大至 130°，下颌的左右两半之间又是借韧带相连，可以左右展开，从而可吞食比自己头大几倍的动物。

【资源分布与适宜区分析】

一、资源调查与分布

经调查，乌梢蛇生活在中国东部、中部、东南部和西南部海拔 1600m 以下的中低山地带平原、丘陵地带或低山地区、田野、河边、沟渠、山林或灌木丛、坟堆、乱石堆或农舍庭院等处，垂直分布于海拔50～1570m。常在农田（高举头部警视四周）或沿着水田内侧的田埂下爬行，于菜地、河沟附近常有出入，有时在山道边上的草丛旁晒太阳，在村落中也时常发现（生活于中山区房屋边的竹林中）。乌梢蛇主要分布于我国温带和亚热带各地，如广东、海南、广西、云南、贵州、四川、重庆、湖南、湖北、江西、安徽、浙江、江苏、福建、台湾、陕西、甘肃、河南等地，现在广东、海南、广西、云南、贵州、四川、重庆、湖南等地有人工养殖。

二、贵州资源分布与适宜区分析

乌梢蛇在贵州全省均有分布，主要分布于黔北、黔东、黔东南、黔南及黔西南等地，尤以遵义市、铜仁市、黔东南州、黔南州、黔西南州及安顺市等地为主。如赤水、湄潭、余庆、正安、思南、江口、锦屏、丹寨、剑河、龙里、独山、罗甸、兴仁、安龙等地都有分布。上述各地均为乌梢蛇最适宜区。

除上述乌梢蛇最适宜区外，贵州省其他各县（市、区）凡符合乌梢蛇生长习性与生态环境要求的区域均为其生产适宜区。

【养殖基地合理选择与基地环境质量检（监）测评价】

一、养殖基地合理选择与基地条件

按照中药材生产适宜区优化原则与其生长发育特性要求，选择其最适宜区或适宜区并具良好社会经济条件的地区建立规范化乌梢蛇养殖基地。例如，贵州盛世龙方制药公司在龙里县谷脚镇哨堡选建的乌梢蛇养殖基地，其属北亚热带季风湿润气候，年平均气温14.8℃，最冷月均温4.6℃，最热月均温23.6℃，降水丰沛，年降水量1100mm左右，多集中在夏季，热量充足，年日照时数1160h左右，无霜期283天。气候温暖湿润，无霜期长，日照和水资源十分丰富。土壤以黄壤、黑色石灰土、细沙土为主。植被为常绿落叶阔叶混交林、针叶林及灌丛等，有野生乌梢蛇出没，适于乌梢蛇养殖（图7-2）。

图7-2　贵州盛世龙方制药公司在龙里县谷脚镇哨堡建立的乌梢蛇养殖基地

龙里乌梢蛇规范化养殖基地交通、通信等社会经济条件良好，当地党政对乌梢蛇养殖高度重视并大力支持，广大农民有养殖乌梢蛇积极性。该基地远离城镇及公路干线，其空气清新，水为山泉，环境幽美，周围10km内无污染源。

二、基地环境质量检（监）测与评价（略）

【养殖关键技术研究与推广应用】

一、种质资源保护抚育

乌梢蛇的种质资源来源于野生资源，保护与抚育好乌梢蛇野生资源是可持续发展的重要保证。其野生资源多在山林、灌木丛、乱石堆或避风山谷、沟边坟堆等地，以蛙类（主食）、蜥蜴、鱼类、鼠类等为食（狭食性蛇类）。据统计，乌梢蛇母蛇在公母中占 51%，受精卵占产卵数的 91.4%，自然孵化率 64.6%，自然成活率 30%。但是，现因乌梢蛇栖息地环境破坏严重及大量捕杀等，其野外生存数量锐减。对此，我们应在乌梢蛇野生资源地带，划定乌梢蛇种质资源适宜区域作为保护抚育区，采用封禁为主的保护措施，有效保护抚育乌梢蛇种质资源，以求永续利用。

二、良种繁育关键技术

乌梢蛇种蛇目前多靠其野生资源，捕捉行动敏捷、颜色鲜亮、无伤痕并具光泽的乌梢蛇作为种蛇。乌梢蛇种蛇的选择，应在 2～3 年或 3 年以上达到性成熟后的蛇中选择。其雌雄鉴别方法是：用手捏紧蛇的肛门孔后端，雌蛇肛门孔平凹，而雄蛇会从肛门孔伸出一对"半阴茎"。在春秋两季乌梢蛇发情配种前，将雌蛇与雄蛇按 3：1～4：1 的比例放养在一起作为繁殖群，其放养密度一般以每平方米不超过 10 条为宜，雄蛇可与几条雌蛇交配。每年要逐代选择优良个体留种，作为优良种源，其选留种蛇的标准是：体型大、无伤残、无疾病，食欲、发情交配行为正常。这是保障乌梢蛇良种与繁育的关键，应予高度重视，切实做好良种繁育。

三、规范化养殖关键技术

（一）养殖方式

乌梢蛇养殖方式一般分为缸（箱）养殖、室内养殖、室内外相结合养殖，以及如上述的划定自然保护区域养殖 3 种方式，并根据乌梢蛇的养殖数量等决定其养殖方式和养蛇场地的规模。

1. 缸（箱）养殖

在专用陶瓷缸或木箱内设"蛇窝"养殖的方法，称为乌梢蛇缸（箱）养殖。一般蛇缸或蛇箱的长度要超过乌梢蛇成体长，应达 2m 以上，以便蛇自由活动。每只蛇缸或蛇箱只能养一种大小基本一致的蛇，以避免相互咬伤。其地（底）面应无缝隙，底面上铺设 3～5cm 砂子或草皮，并放置"人"字形瓦片等粗糙物或盆栽小灌木，以便于蛇蜕皮时摩擦和戏耍。蛇缸或蛇箱底外要放置水盘。蛇缸或蛇箱的四壁有一面（或顶面）要设置钢丝网或设塑料网，网眼在 0.5cm 以下，使蛇既可呼吸，又不至于逃逸。蛇缸顶或蛇箱顶要有能活动的盖板，以便投食和打扫卫生。蛇缸或蛇箱内要悬挂温湿度计，温度须控制在 25℃左右（不能超过 30℃），湿度在 70%～85% 为宜。冬天须移动蛇缸或蛇箱晒晒太阳，夏天须遮阴退凉。蛇缸或蛇箱最适合于乌梢蛇幼蛇越冬、种蛇产卵等。

2. 室内养殖

在专用房间（"蛇房"）内设置"蛇窝"的养殖方法，称为乌梢蛇室内养殖。蛇房四壁应直平并用水泥抹光滑，不能让蛇爬上去而逃逸；蛇房地面坚实，无缝隙，无鼠洞；蛇房内设专用"蛇床"（以木制架设窝，上覆棉毡等物）或"蛇窝"（以谷草、碎石等设窝，上覆棉毡等物），以供蛇栖息或藏身；室内有水池或水盆，供蛇饮水或洗澡，有投食食槽，并有空房数间，以供蛇分大小、批次和病蛇隔离等用。"蛇房"常作为蛇短期周转用或与室外相结合用。

3. 室内外相结合养殖

将上述"蛇房"养殖与仿照乌梢蛇生活习性的露天环境相结合的"拟态蛇园"养殖方法，称为乌梢蛇室内外相结合养殖（简称"蛇园"）。这是目前较为理想的养蛇方式，下面对乌梢蛇"蛇园"的选场建场予以介绍。

（二）蛇场建设

乌梢蛇的蛇园宜选建在阴凉避风、位置较高并长有适度灌木草丛的斜坡地带。在靠近水源、阳光充足、饲料丰富、环境清静、生态协调、交通方便的地方建园，其场地大小视养殖规模等需要而定，是露天拟态蛇园和蛇房相结合而成，以下将之简称为"蛇场"。

乌梢蛇的蛇场通常采用围墙式建设。其围墙既可用砖石修砌，也可用泥土干打垒筑成。墙高 2～2.5m 较为合适，墙基结构要坚实，深 0.8m，用石块砌牢或用水泥灌注，要避免老鼠打洞等的发生。墙内壁最好要以高标号水泥涂抹光滑，切勿倾斜或有缝隙。而场内地面要有一定斜度，以免积水。场内蛇房的蛇窝，窝的南北侧要各开一个小门，使蛇可自由出入，蛇窝高度与宽度一般均为 0.5m 左右，窝底应高于地面，以防雨水灌入。露天拟态蛇园要建有水沟、水池、饲料池、石堆、草地，并种植有小树或灌丛，模拟乌梢蛇生长自然环境，以利蛇生长繁殖。水池或水沟应建在墙内，以地势高处为进水口，低处为出水口，进出水口均应设钢丝网或设塑料网，其网眼应在 0.5cm 以下，防止乌梢蛇及供所喂养的蛙类等小动物爬出；水沟上宽下窄，深度不超过 30cm（宽度因条件而定，原则是蛇可在沟内洗澡、觅食，但不至于小蛇或体弱蛇爬不上沟而淹死）。水沟或水池的水，必须是清洁可食用饮用水。饲料池内应种植水草，并喂养青蛙、黄鳝、泥鳅等作为乌梢蛇的饲料，以便乌梢蛇自行捕食。

蛇房和露天拟态蛇园相结合，须将蛇窝设在蛇房内，而水沟、水池、饲料池等露天拟态蛇园设在蛇房外的围墙内；蛇房的出入口应通向房外露天活动场地，以利乌梢蛇自由出入和捕食；蛇场进出墙口处，应严设钢丝网或设塑料网挡实，以防乌梢蛇外逃与遭外害。

露天拟态蛇园的草地、小灌丛、小树林和假山等供乌梢蛇活动的场所，占地面积要大而适中，设置合理。小灌丛、小树林可遮阴，但树不能过高，以蛇能爬上活动、蜕皮则可。假山以石块或砖头垒成，要便于打扫和捕蛇，要多空隙或洞穴，以便蛇自由穿梭或栖息，假山也不能过高，石块或砖头表面要粗糙，以方便蛇蜕皮。

蛇窝要在蛇场地势较高处修造，要坐北朝南，避免东西向太阳直晒，并依照乌梢蛇的生活习性，造成隐蔽黑暗、干燥温暖、非高温高湿的场所。蛇窝可做成坟堆式、地洞式、砖瓦塔层式等，既可地上式，也可地下式或半地下式。较常见而普通的是用砖石砌成高10～20cm 的平台，平台上划成若干小格，内放置干草和砂土等，每格间彼此相通，以便蛇穿行。窝上加盖后部可活动的水泥盖，以便观察及清扫。蛇窝建在房内房外均可，若建在蛇房外可与上述露天拟态蛇园的小灌丛、假山等结合组建，如在平台上垒土，土上再栽种小灌丛或种小树等。总之，要结合实际，因地制宜地合理建场。

（三）养殖方法

1. 产卵孵化

在乌梢蛇产卵期注意及时收集蛇卵，切勿使卵在阳光下曝晒，以免影响其孵化率。将收集的蛇卵置于木箱或缸内进行人工孵化。即先在木箱或缸内垫上过半的砂石或细石子，然后再放入含水量15%～18%的黄沙土，厚度15cm 左右，再将蛇卵平放其上，排列整齐，最后在蛇卵上覆盖10cm 厚的鲜青苔或微湿无臭禾草（如稻草）等，并将容器盖严，以防老鼠、蚂蚁、蜈蚣等为害。孵化温度28～30℃，最高不能超过32℃，最低不能低于18℃，空气相对湿度应保持在70%～85%。经40天左右则可孵化出仔蛇。在孵化过程中要勤检查，并及时捡出霉烂变质的蛇卵，严防霉菌感染蔓延；每隔1天或适当时间将卵翻动1次，直到仔蛇孵化出壳，以提高孵化率。

初孵化出的仔蛇应捡出放在底部盛砂的缸中精养。最初因仔蛇体内存在较丰富的营养物质，一般可供10天自给，7～10天后方予喂食。新生仔蛇生长很快，消耗营养多，应供给一些如蚯蚓等高蛋白的饵料和充足的洁净水，使其生长蜕皮，严防饥饿的仔蛇自相残食的现象发生。

2. 幼蛇饲养

出壳后的幼蛇，3天后可用吸管吸取蛋黄、牛奶流汁，慢慢小心地投入新生仔蛇的食道内，以促其开食。幼蛇7天后可逐步投喂蝌蚪、小鱼等活物，训练幼蛇采食。随着幼蛇日龄增长，可投喂幼蛙、乳鼠等活物；再长大则可投放小白鼠、大白鼠、成蛙等活物进行饲养。另外还应特别注意的是，在幼蛇第7天、13天左右便会分别蜕皮1次，蜕皮时易遭敌害侵食，蜕皮后也易感染疾病，这期间尤应加以精心护理。

倘若幼蛇出壳不久便临近冬眠期，稍不慎就会造成幼蛇大量死亡。为了幼蛇安全越冬，必须采取特殊措施精心喂养。因在冬眠前幼蛇捕食能力差，要尽可能填喂鸡蛋、葡萄糖、奶粉等营养液，每周1次；并尽量投喂幼蛇喜食的青蛙、泥鳅、黄鳝及仔鼠等，尽量令其自由捕食以达身体肥壮。冬眠期的越冬地窖要注意保温，随时观察温湿度计，使地窖温度保持在8～10℃；若超过10℃则要注意通风透气，并要力避人工升温，勿使温度忽高忽低，以免引起幼蛇死亡。

3. 成蛇饲养

乌梢蛇进入成蛇阶段后，在非繁殖期间，应按性别、年龄的不同分成不同群体进行饲养，避免因大小不同而互相残杀。要根据乌梢蛇喜食青蛙、蜥蜴、鱼、鼠及其他小动物的特性而适时投喂活食（每周起码投喂 1 次），并注意观察其吃食情况，掌握好投食量。

在秋季乌梢蛇进入冬眠前，可适当增加投喂其喜食食物，使其贮备足够的营养和体脂，以迎冬眠期的到来，使来年更好生长发育。乌梢蛇是否具有良好的身体状况，是其能否安全越冬的前提。在越冬前的 1～2 个月内（9～10 月）应供给充足、多样的饲料，以增加蛇体内的营养物质和脂肪的肥厚度，提高其抗寒、抗病的综合能力。可将大小相近的数条乌梢蛇放在一起冬眠，群集冬眠可提高蛇体周围的温度 1～2℃，同时可有效减少水分散失。蛇窝应干燥、忌潮湿，必须有良好的保湿、保温性能，窝内温度宜保持在 6～10℃，湿度宜在 50%～60%。乌梢蛇冬眠期间除定期检查窝内的温、湿度变化情况外，还应定期检查蛇体的健康状况。如发现病蛇或状态不理想的蛇，应及时隔离治疗，以免相互传染疾病。若见蛇体有咬伤或数量减少时，应彻底检查并找出原因，消灭鼠害和其他天敌，加强安全防范措施，阻止老鼠和天敌的再次入侵。如果窝内情况基本可以时，则无须翻动蛇窝，尽量减少对冬眠蛇的干扰。并可选定几条蛇在冬眠前期、中期、后期称重，若发现重量减少得不是太多，说明越冬场所的管理效果良好；反之，则说明越冬效果不佳，应尽快改进，以免出现死蛇现象。

4. 生态散养

在划定的自然保护区，或在露天拟态蛇园的草地、小灌丛、小树林和假山等供乌梢蛇活动的场所进行生态散放养蛇，在能提供充足食物，又无天敌的情况下，要加强管理，定期观察与合理捕收，切忌人为干扰与环境破坏。

近年来，全世界都提倡保护自然生态系统，保护好自然生态系统是每个公民的职责。露天生态散放养蛇是零排放养殖新模式和园林式自然生态养殖系统。利用自然气候和自然物质，利用园林的动物和园林自然微生物，利用食物链和天然的营养结构，利于源物质循环，适当调控养殖密度，对蛇类养殖的品质提升则比较突出。自然生态养殖法对蛇的病态抵抗也有较好抵抗力，能减少病虫害防治费用，既降低养殖成本又可优质高产。但生态养蛇技术要求很高，占地面积较大，场地建设投资成本较高，生态养蛇密度低，经济效益不能尽快实现，特别是在应对天气变化快的控温、控湿和场地卫生消毒等方面，需要一定的养蛇技术经验和资金支持，所以有的农民生产积极性受到一定影响，更需政府及有关企业进一步加强引导与加大投入力度。

总之，生态散养最利于保护乌梢蛇种质资源，是可获取优质高产高效益的理想饲养方法，应予提倡与大力支持。乌梢蛇的露天生态散养，见图 7-3。

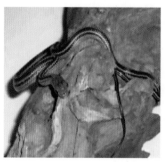

图 7-3　乌梢蛇露天生态散养

（四）养殖管理

在乌梢蛇饲养过程中，应切实加强饲料、环境、卫生管理与病害防治等饲养管理工作。

1. 饲料管理

在乌梢蛇食饵的投料上，可结合当地条件与个体情况进行饲料合理选择，以保证供给营养丰富的食物作为饲料并合理投饲，这是乌梢蛇养殖最为关键的技术措施之一。一般来说，引种乌梢蛇时，要注意挑选活泼爱动、身体圆润丰满、颜色分明、鳞片有光泽、眼睛明亮、能主动捕食、粪便正常的个体。新引种来的乌梢蛇，前三四天不要喂食，先让其适应一下新的环境，并要隔离饲养观察一段时间，以防带有疾病传染其他的蛇。如果发现有问题要及时治疗解决，以免疾病恶化和体质变差引发多种疾病并发。

在人工养殖条件下，乌梢蛇的食物以蛙类为主，小杂鱼、泥鳅、黄鳝为辅（因黄鳝的市价有时稍高，规模养殖时很少投喂）。乌梢蛇消化能力很强，需 4～6 天投饲一次。要尽量结合乌梢蛇的食欲状况，合理选择和搭配饲料。每次的投喂量应依据该蛇的年龄、性别、体质状况、气候条件及两次投喂的间隔时间长短来灵活掌握，以稍有剩余为度。如成蛇在产卵前的 10～15 天或产卵后食欲比较旺盛，应适当增加投喂次数和投喂量；在临近冬眠或出蛰后的 10～15 天内，蛇基本上无进食欲望，可减少投喂次数和投喂量。投喂地点应固定。最佳的投喂时间宜选在上午 8：00～10：00，可以根据具体的季节和投喂当天的气候适当调整。人工饲料配制选择与投喂方式要特别注意，应合理选用。如有试验报道，试验选用的乌梢蛇均为亚成蛇，平均体重 291.79g。试验分两组进行：对照组用活饵投喂；试验组全程均用配方饲料人工填喂。其活饵为蛙类；人工饲料为鱼肉，加明胶、添加剂等配成（粒度 1～1.5cm^3）。各组饲养条件相同，试验期为 45 天。试验结束时，逐组逐个测量体重、体长、尾长，并计算存活率。试验结果表明：人工饲料试验组的增重、体长、尾长虽好于对照组，但人工饲料试验组的存活率低于对照组。

总之，当乌梢蛇的群蛇出动时，一定要及时投喂，只有在确保蛇吃饱、吃好的前提下，才能取得满意的饲养效果。乌梢蛇生性胆小，行动极为敏捷，善攀爬，爱活动，但少具缠绕能力，大多白天活动。久不投食后会发现乌梢蛇有追逐捕食的习性，主要以捕食活食为主，对死的动物通常不太感兴趣。但在食物缺乏时，也可吃部分死食（但必须是刚刚死亡的）。乌梢蛇对腐败变质之物根本不感兴趣。乌梢蛇能吞食大于头部数倍的小动物，如大蟾蜍等，只是吞食速度明显减慢，有时长达 15～25min。乌梢蛇的食量不是很大，一次连吞几只蛙类的情况很少见。

2. 环境管理

乌梢蛇的活动期为每年 4 月中、下旬至 10 月中、下旬。幼蛇需养在一个玻璃箱中，放上食盆和水盆，铺上沙土，并设置一个蛇窝（可用小花盆半埋在土中，并于盆上放置适量树枝），另外还要放上温湿度计。饲养缸的长度应为蛇长的一半，宽为蛇长的 1/3，缸口一定要盖好以防其逃跑。饲养箱要能通风，虽然蛇对通风要求不高，但良好的通风是必须的。蛇箱大小要适中，并配备盛水器皿，一是用来提供饮用水，二是让蛇洗澡，所以盛水器皿要让蛇可以把整个身体浸到水里。

注意温湿度对乌梢蛇的影响，炎夏时应有遮阴设施，必要时还可采用喷水等设施降温；寒冬时应及时加草培土保暖；空气相对湿度保持在 50%为宜。在阴雨闷热天气，温度 30℃以上、相对湿度 80%以上时，乌梢蛇于白天也偶尔出来活动，或栖于洞口等处乘凉；初夏天气晴朗、气温 15℃左右时，乌梢蛇喜在中午出来短时间地晒太阳；其他时间也偶尔出洞的乌梢蛇，多是雄蛇或体质较差、生病的蛇，应及时发现，加强管理。

乌梢蛇有攀爬上树的特点，如蛇场内栽有较大树木，应定期修剪树杈，慎防树枝伸到围墙外，形成蛇外逃的自然天梯。饲养人员应养成随时查看围墙、出水口等处有无破损或缝隙的习惯。因蛇头颈细长，凡头颈能够钻出的地方，身体经不断扭曲、收缩后也会随之逃走，所以一经发现后，要立即修整或处理，避免再次发生逃蛇事件。此外，还要加强安全措施检查，注意防止天敌入场食蛇。乌梢蛇的天敌有黄鼠狼、刺猬、大型老鼠和猫头鹰等。但蛇场内不可盲目设置电子捕鼠器（电猫），慎防在灭及天敌的情况下伤害到场内的蛇。饲养人员应养成每天观察并记录蛇出窝活动的数量、时间、采食、饮水和蜕皮的良好习惯，一旦发现病害要及时处理。必要时，应单独将病蛇拿出做隔离治疗，严防病菌扩散为害健康的蛇群。

农村常见而简易实用的乌梢蛇孵化与室内养殖场所，见图 7-4。

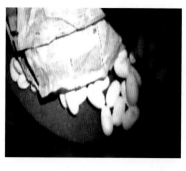

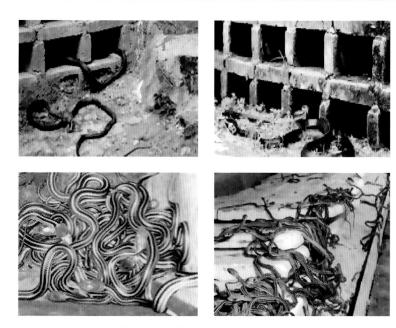

图 7-4　乌梢蛇的孵化与室内养殖

3. 卫生管理

乌梢蛇在养殖过中，应注意保持蛇场（蛇房、蛇窝）环境卫生，经常清除食物残渣或动物尸体，保持池水新鲜洁净，保证蛇场（蛇房、蛇窝）无天敌侵害或造成污染。

4. 病害防治

在遵循"预防为主，综合防治"的原则下，坚持"早发现、早防治，治早治小治了"，选择高效低毒低残留的药物对症下药地进行乌梢蛇主要病虫害防治。

（1）霉斑病：由霉菌引起的一种常见皮肤病，多在梅雨季节发生，蛇场地势低洼、排水不良，在蛇场（蛇房、蛇窝）地面和墙壁潮湿时发病率高。发病蛇的腹部鳞片可产生点块状黑色斑点，严重者向背部延伸并波及全身，若不及时处理，几天内则死亡。

防治方法：发病初期用 1%～2%碘酊涂患处，每天涂药 1～2 次，口灌服克霉唑片，每次 1g，一日 3 次；或用苦参、苍术、龙胆、地肤子、明矾煎水，供病蛇药浴10min。

（2）口腔病：由于进食不清洁或腐败饲料引起，冬眠后更易发病。发病蛇的颊部、两颌根部潮红、肿胀，口腔有脓性分泌物，吞咽困难，口微张而不能闭合，死亡率高。

防治方法：用高锰酸钾或雷佛奴尔溶液冲洗口腔，涂擦结晶紫药水，口灌服牛黄解毒丸 2～3 粒，一日 3 次；口灌服冰硼散亦有良效。

（3）肺炎：由感冒引起，发病及感染率高，死亡率亦高。病蛇常逗留于蛇窝外，口张不闭，不食不饮，不愿活动。

防治方法：发现病蛇要及时隔离，场地彻底消毒，更换沙土和垫草。加强护理，避寒保暖，增加营养。病蛇可口灌服新鲜食物，口灌服土霉素或四环素 1g，一日 3 次，也可于背部肌注青霉素；或用鱼腥草、蒲公英、金银花及黄芩，煎水灌服，用量为成人量的 1/4。

（4）肠炎：由于食用不卫生食物或腐败饲料引起，或由肠道寄生虫引起。病蛇常逗留于蛇窝外，消瘦无神，粪便不成形，排泄次数多。

防治方法：发现病蛇则立即隔离，只喂水不给食，口灌服氯霉素 0.5g 或黄连素 0.2g，一日 3～4 次；或用黄连、苦参煎水，口灌服亦有良效。

（5）寄生虫：因蛇场（蛇房、蛇窝）地面潮湿或食用不洁净食物而致病。乌梢蛇体内常有多种寄生虫。寄生虫病轻则会削弱体质，病蛇消瘦，不爱活动，食量却正常。寄生虫病可引起其他疾病，严重的常直接导致其死亡。常见寄生虫有如下几种：

①裂头蚴：是绦虫的幼虫，蛇类是孟氏裂头绦虫的第二中间宿主。裂头蚴多在皮下寄生，一般对蛇类为害不大。

防治方法：若裂头蚴寄生在蛇体表皮下，可用利刀剖开皮肤取出，然后在伤口涂 1%～2%碘酊。裂头蚴寄生在其他部位，不用专门治疗，可在治其他寄生虫时附带治疗。

②鞭节舌虫：寄生于蛇的肺部和气管中，为害很大，能使蛇窒息而死。

防治方法：对此种寄生虫可用兽用敌百虫溶液灌入胃中，按每千克体重 0.01g 给药，连续灌胃 3 天。

③棒线虫：寄生于肺泡腔内，多时密布患部，使蛇肺部糜烂而死。

防治方法：以四咪唑，每千克体重 0.1～0.2mg 灌服治疗。

④肠道寄生虫：因蛇场（蛇房、蛇窝）地面潮湿或食用不洁净食物而致病。蛇病后逐渐消瘦，不爱活动，而食量却正常。

防治方法：发现病蛇患肠道寄生虫病，应及时用敌百虫或左旋咪唑按蛇体重的十万分之一剂量口灌服驱虫。

另外，还常见异双盘吸虫，寄生于蛇的胆囊中；蜱虱，由笼舍及饲养环境卫生条件差而引起的感染性疾病，应改善环境卫生及加强卫生预防与对症治疗。

上述乌梢蛇良种繁育与规范化养殖关键技术，可于乌梢蛇生产适宜区内，并结合实际因地制宜地进行推广应用。

【药材合理捕收、初加工、贮藏与运输】

一、药材合理捕收与批号制定

（一）合理捕收

乌梢蛇宜于夏、秋季捕收。主要捕收方法有叉蛇法、网兜法、索套法、蒙罩法及徒手捕蛇法等。无经验者多用蛇叉、网兜、索套、蛇钳等器械捕捉，但容易使蛇受伤，特别是内脏器官受伤，不能留作种蛇。徒手捕蛇者熟悉乌梢蛇习性，看准蛇头位置后迅速从蛇的背后抓住蛇的颈部，或迅速捉住蛇尾，倒提起来悬空抖动，使蛇转动不灵。捉蛇时切忌让蛇头靠近人的身体，以免被蛇咬伤（图 7-5）。

图 7-5　乌梢蛇捕收

（二）批号制定（略）

二、合理初加工与包装

（一）合理初加工

1. 蛇干加工

乌梢蛇蛇干初加工主要有下述两种方法：一是"盘蛇"，将乌梢蛇先摔死，再在腹部用利刀从颈至肚门剖开，除去内脏，取竹针串盘成圆形，头置中央，尾端插入腹腔内，置铁丝网架上烘干或晒干，至表面略呈黑色为度即得。二是"蛇棍"，将乌梢蛇先摔死，再依上法剖腹，将蛇体折成长 20～30cm 的回形，并同上法干燥即得。若需剥皮者，则将头、尾的皮保留，以利鉴别（图 7-6）。

图 7-6　乌梢蛇药材

2. 蛇胆加工

乌梢蛇的蛇胆位于蛇体吻端至肛门之间的中点处，胆囊呈椭圆形，以墨绿色为佳；呈淡黄色或灰白色的"水胆""白胆"无药用价值。其蛇胆有活蛇、死蛇取胆及活蛇抽取胆汁法。活蛇（取胆前先禁食几天）、死蛇取胆时，均是依法破腹，取出胆囊，用线扎紧胆管，悬挂阴干或泡于白酒中即得。

活蛇抽取胆汁时，是在活蛇取胆基础上进行。即左脚踏住蛇的头颈，左手握住蛇体中部，摸准胆囊，稍加压力，使其在腹壁微凸，用 70%酒精消毒皮肤后，将注射器针头垂直刺入胆囊，缓缓抽取胆汁。视蛇体大小，每次抽取 0.5～2mL，以不抽尽为宜。将抽取的胆汁装入消毒玻璃瓶中，真空干燥即得。一般于 1 个月后可再次抽取。

（二）合理包装

将干燥乌梢蛇药材，按 20～30kg，以内衬防潮纸的纸箱盛装严密包装。在包装前应检查乌梢蛇药材是否充分干燥、有无杂质及其他异物，所用包装应符合药用包装标准，并在每件包装上注明品名、规格、等级、毛重、净重、产地、批号、执行标准、生产单位、包装日期及工号等，并应有质量合格的标志。

三、合理储藏养护与运输

（一）合理储藏养护

将干燥乌梢蛇药材包装后，贮于低温干燥、通风良好处储藏。本品易虫蛀、受潮、发霉、泛油及遭鼠害。因此贮藏前，还应严格入库质量检查，防止受潮或染霉品掺入，储藏期间，可在包装箱内同放花椒、山苍子或启封的白酒驱虫，贮藏时应保持环境干燥、整洁与加强仓储养护规范管理，定期检查、翻垛，发现吸潮、初霉品或虫蛀，应及时进行通风晾晒等处理。有条件的最好进行抽氧充氮养护。若发现轻度霉变、虫蛀等，应及时晾晒，也可以磷化铝熏杀等处理。

（二）合理运输

乌梢蛇药材在批量运输中，严禁与有毒货物混装并有规范完整运输标识。运输车厢不得有油污与受潮霉变。

【药材质量标准、质量检测与监控】

一、药材商品规格与质量检测

（一）药材商品规格

乌梢蛇药材以无杂质、霉变、虫蛀，身干，头尾齐全，肉色黄白，质坚实者为佳品。其药材商品规格为统货，现暂未分级。

（二）药材质量检测

照《中国药典》（2015 年版一部）乌梢蛇药材质量标准进行检测。

1. 来源

本品为游蛇科动物乌梢蛇 *Zaocys dhumnades*（Cantor）的干燥体。多于夏、秋二季捕捉，剖开腹部或先剥皮留头尾，除去内脏，盘成圆盘状，干燥。

2. 性状

本品呈圆盘状，盘径约 16cm。表面黑褐色或绿黑色，密被菱形鳞片；背鳞行数成双，背中央 2～4 行鳞片强烈起棱，形成两条纵贯全体的黑线。头盘在中间，扁圆形，眼大而下凹陷，有光泽。上唇鳞 8 枚，第 4、5 枚入眶，颊鳞 1 枚，眼前下鳞 1 枚，较小，眼后鳞 2 枚。脊部高耸成屋脊状。腹部剖开边缘向内卷曲，脊肌肉厚，黄白色或淡棕色，可见排列整齐的肋骨。尾部渐细而长，尾下鳞双行。剥皮者仅留头尾之皮鳞，中段较光滑。气腥，味淡。

3. 鉴别

本品粉末萤色或淡棕色。角质鳞片近无色或淡黄色，表面具纵向条纹。表皮表面观密布棕色或棕黑色色素颗粒，常连成网状、分枝状或聚集成团。横纹肌纤维淡黄色或近无色。有明暗相间的细密横纹。骨碎片近无色或淡灰色，呈不规则碎块，骨陷窝长梭形，大多同方向排列，骨小管密而较粗。

4. 浸出物

照醇溶性浸出物测定法（《中国药典》2015 年版四部通则 2201）项下的热浸法测定，用稀乙醇作溶剂，不得少于 12.0%。

二、药材质量标准提升研究与企业内控质量标准制定（略）

三、药材留样观察与质量监控（略）

【附】乌梢蛇药材常见伪品鉴别：

（1）灰鼠蛇：呈盘状，头颈部与蛇身为棕色，上唇鳞 8 片，下唇鳞 2～3 片，背鳞行数为奇数，平滑，尾短。

（2）王锦蛇：呈盘状，头背部鳞中央呈黄色，边缘具黑色斑纹，蛇体背部具黄色横纹，上唇鳞 8 片，鳞缘具黑斑，背鳞行数为奇数，体后尾具有黑色纵线纹，尾稍长。

（3）滑鼠蛇：呈盘状，颈部与蛇身为棕色，上唇鳞 8 片，背鳞行数为奇数，平滑，尾短。

（4）黑眉锦蛇：蛇体背部灰棕色，具有黑色斑纹，头侧眼后具黑眉线，上唇鳞 9 片，颊鳞 1 片，背鳞行数为奇数，体后有 4 条长纹伸至尾端，尾稍长。

（5）玉斑锦蛇：呈盘状，头背部具大块黑色斑纹，蛇体背部中央有一行黑色菱形斑，上唇鳞 7 片，颊鳞 1 片或缺，背鳞行数为奇数，背部鳞片平滑，尾粗短。

（6）赤链蛇：呈盘状，头背部鳞缘具红色斑纹，蛇体背部黑色，具有 60 以上狭窄横斑，上唇鳞 8 片，颊鳞 1 片入眶，背鳞行数为奇数，头顶棕黑色，鳞缘红色，颅顶鳞有黑纹，左右斜向颈侧呈"人"字形，蛇头短而扁平，眼多下陷。尾部渐细。

（7）红点锦蛇：呈盘状，头背部具有不规则的倒"V"形黑斑纹，蛇体背侧具黑色纵线纹，上唇鳞 7 片，颊鳞 1 片，背鳞红棕色，密缀黑色方斑，尾下正中线为黑棕色，两侧呈乳白色。

【药材生产发展现状与市场前景展望】

一、生产发展现状与主要存在问题

我国乌梢蛇等蛇类（包括蕲蛇、眼镜蛇等蛇类，下同）养殖历史虽不长，但在各级党政支持及有关科研单位协作下，乌梢蛇等蛇类规范化养殖基地与广大蛇农均取得了可喜成效，并在实践中积累了不少乌梢蛇等蛇类的养殖及其加工经验。特别是 21 世纪以来，我国乌梢蛇等蛇类养殖业发展更为迅速。例如，2013 年 5 月获得"中国养蛇之乡"的广西灵山县，地属亚热带温和气候，人工驯养繁殖蛇已有 20 多年历史。在当地党政支持和有关科研单位指导下，将发展人工驯养繁殖蛇类，作为开发利用蛇类资源和农民致富的新途径。灵山县大力推进"特色农业提升工程"，把发展人工养蛇特种产业作为林改配套及发展林下经济的重点产业来抓，走出了一条"养殖户＋协会＋专业合作社＋公司"的养蛇产业新路，有力促进了农业增效、农民增收。近 5 年来，灵山县驯养蛇技术取得突破，成活率达到 80% 以上。2011 年，灵山县养蛇产值达 4.9 亿元，农民收入 2.1 亿元。2012 年，灵山县养殖乌梢蛇、眼镜蛇、滑鼠蛇等蛇类年产值达 6.1 亿元，比上年增加 1.2 亿元。

但是，现在还有少数不法养殖企业或养殖户，为了私己利益，滥用或者长期用抗生素、激素等来养殖，对消费者的身体造成危害。近年来，国家对抗生素的使用都有明确的规定，广谱抗生素不能常吃，因为人体需要有正常菌群，这些菌群对人体是必要的。没有正常菌群的抵抗，致病菌很容易泛滥。所以在蛇养殖过程中，不能滥用或者长期多用抗生素。我国已有不少非常重视绿色养蛇的企业与养殖户，如广东省电白区观珠蛇类养殖合作社的养殖理念，即为零排放养殖新模式和园林式自然生态养殖模式，严格遵照国家对抗生素等的使用规定，以保障蛇产品安全让消费者对其蛇产品放心食用。因此，应积极推动养蛇特种产业向"生态养殖组织化，大众养殖科学化，规模经营产业化，产业服务社会化"的方向健康发展。

贵州省乌梢蛇养殖历史虽短，但也取得了一定成效。近年来，特别是贵州盛世龙方制药公司，已在龙里县谷脚镇哨堡建立了较大规模的乌梢蛇露天生态散养场和室内养殖场，并已取得较好进展。但是，贵州省乌梢蛇养殖与广西灵山县等先进养蛇地区的差距还很大，尚须不断努力。特别要将生态绿色养殖摆在首位，要下狠功夫，生态养蛇技术要求高，要切实加强控温、控湿和场地卫生。生态养蛇密度低，占地面积大，场地建设投资成本较高，需要一定养蛇技术经验和资金，以及经济效益不能尽快实现，有的农民生产积极性受到一定影响，更需政府及有关企业进一步加强引导与加大投入力度。

二、市场需求与前景展望

现代研究表明，乌梢蛇全体主要含蛋白质和脂肪。其蛋白质含赖氨酸、亮氨酸、天门冬氨酸、谷氨酸、甘氨酸、丙氨酸、苏氨酸、丝氨酸、胱氨酸、缬氨酸、蛋氨酸、异亮氨酸、酪氨酸、苯丙氨酸、组氨酸、精氨酸及脯氨酸等 17 种氨基酸。肌肉中含有果糖-1, 6-二磷酸酶（fructose1，6-bisphosphase）、原基球蛋白（TM）。其另一入药部位蛇蜕主要含骨胶原（collagen），胆汁主要含胆酸（cholic acid）、胰岛素（insulin）等。乌梢蛇全体具有抗炎、镇痛、抗惊厥、抗蛇毒等药理作用。并经实验证明，蛇血清（包括乌梢蛇、松花蛇及五步蛇血清）对小白鼠次全致死量或二倍致死量五步蛇毒的注入均有明显的保护作用；对注射五步蛇毒的小白鼠给予蛇血清后，可使其凝血时间正常；每毫升五步蛇血清可灭活五步蛇毒 5mg；注射后 10min 再注射蛇血清，对小白鼠亦有保护作用。

临床报道乌梢蛇可用于治疗中风（如黄芪 60g，党参、赤芍、桃仁各 12g，当归、川芎、红花、乌梢蛇、地龙各 10g，丹参 30g，胆南星 6g，川牛膝 15g，水煎两次取 500mL，分 2 次温服，每日 1 剂，治疗 44 例，基本治愈 5 例，显著好转 15 例，好转 17 例，无效 7 例）；治疗痹症（如乌梢蛇、麻黄、白芍、甘草、桃仁、川乌、草乌、地龙各 15g，黄芪 20g，桂枝 25g，红花、细辛各 10g，随征加减，水煎服，治疗 150 例，治愈 92 例，显效 47 例，有效 8 例，无效 3 例）；治疗坐骨神经痛（如乌梢蛇、川芎各 10～15g，白芍或赤芍、熟地、穿山甲片各 15～20g，当归 15～25g，蜈蚣 2～3 条；痛痹加附子 10～15g，肉桂 10～25g；行痹加独活、秦艽各 15～20g，防风 10～15g，治疗 112 例，显效 61 例，有效 44 例，无效 7 例等），止痛效果好，在使用过程中无不良反应。并对治疗风湿痹痛或类风湿关节炎、类风湿性脊柱炎、面神经麻痹、慢性荨麻疹、疥疮、局部溃烂、湿热型银屑病、银屑病性关节炎、跖痛症及破伤风、麻风、皮癣等有良效。

乌梢蛇不仅是中医方剂配方常用药，而且是中药工业与相关产业的重要原料。以乌梢蛇为主药的中成药有复方蛇片、麝香风湿胶囊、止敏片、祛风蛇酒、乌蛇酒及乌蛇胆酒等。乌梢蛇食用价值也很突出，如"乌蛇汤"（乌梢蛇 1 条，切片煮汤，加猪脂、盐、姜少许调味，饮汤吃肉）。乌梢蛇有祛风除湿和解毒作用，对于荨麻疹、湿疹脓疮尤具一定预防或治疗效果，以煮作汤羹，多食有效。又如"定命散"（乌梢蛇、白花蛇各 60g，蜈蚣 2 条，共研为细末，每次服 10g，温酒调服）。本药膳方膳源于《圣济总录》，白花蛇和蜈蚣均有较强的祛风定惊、攻毒的作用，乌梢蛇与二者同用更可协同奏效，温酒调服，可增强辛散祛风的力量。

总之，乌梢蛇既是常用中药材与重要药源，又为中药工业、大健康产业和药膳等的重要原料，其研发潜力极大，市场前景极为广阔。乌梢蛇养殖业是广大山区农民致富门径，经济效益、扶贫效益、社会效益和生态效益都异常显著，值得大力支持和大力发展。

主要参考文献

陈海啸, 陈一奇. 1987. 乌梢蛇夏冬两季部分生化免疫指标动态观察[J]. 动物学杂志, 5：48-51.

黄接棠. 2001. 我国蛇类养殖业的现状与对策[A]. 蛇类资源保护研讨会论文集[C].

李繁荣. 2007. 乌梢蛇的真伪鉴别[J]. 实用中药杂志, 23（7）：471-473.

连莉阳. 2006. 乌蛇败毒胶囊对变应性接触性皮炎小鼠血清 IL2、TNFα 影响的实验研究[D]. 陕西中医学院.

梁海清, 陈钢, 等. 2002. 乌蛇止痒丸治疗急性荨麻疹及皮肤瘙痒症的临床研究[J]. 中药新药与临床药理, 13（3）：141-143.

刘军, 钟福生. 2003. 我国养蛇业存在的问题及发展对策[J]. 中国林副特产, 1：22-24.

刘军, 钟福生, 周剑涛, 等. 2004. 乌梢蛇的人工孵化试验[J]. 蛇志, 4：36-38.

刘军, 钟福生, 周剑涛, 等. 2005. 乌梢蛇的仿生态饲养试验[J]. 中国林副特产, 1：42-44.

毛元圣, 曹晓清, 王建华, 等. 2002. 乌梢蛇的寄生虫和致病微生物研究[A]. 动物学专辑.上海市动物学会 2002 年年会论文集.

宋鸣涛, 方荣盛. 1982. 秦岭南坡两栖爬行动物的利用与蛇类食性分析[J]. 动物学研究, 2：36-38.

王琼霞. 2006. 乌梢蛇雄性生殖系统年周期的组织学和免疫细胞化学研究[D]. 陕西师范大学.

温业棠, 陆含华, 钟骥才. 1982. 广西全州几种蛇类的食性调查[J]. 动物学杂志, 4.

叶红, 唐鑫生, 胡建国, 等. 2005. 乌梢蛇的人工孵化与冬眠前的人工饲养[J]. 四川动物, 2：28-30.

叶红, 唐鑫生. 2007. 乌梢蛇不同生长时期蛇蜕的氨基酸分析[J]. 中国中药杂志, 32（11）：1091-1093.

叶红, 詹松鹤. 2007. 用配合饲料饲喂乌梢蛇的试验研究[J]. 资源开发与市场, 7：56-58.

叶效林, 梁刚. 2008. 乌梢蛇视网膜的显微结构观察[J]. 陕西师范大学学报（自然科学版）, 1：77-80.

张含藻, 陈学康, 胡周强. 1990. 人工养殖乌梢蛇生物学特性观察[J]. 中药材, 13（2）：42-44.

张含藻, 胡周强, 薛震夷, 等. 1989. 乌梢蛇种群动态的初步调查[J]. 中药材, 12（4）：46-48.

张含藻, 胡周强. 1996. 乌梢蛇冬眠习研究[J]. 中药材, 19（10）.

张含藻, 鲜权. 1997. 乌梢蛇养殖技术[J]. 中药材, 20（3）：112-114.

（冉懋雄　潘东来　周厚琼）

主要参考文献

（本书共用古今典籍）

古代典籍类：

陈存仁. 1935；1956. 中国药学大辞典[M]. 上海：世界书局，1935 年（初版）；北京：人民卫生出版社，1956 年（再版）.

陈仁山. 药物出产辨[M]. 1930 年刊.

葛洪. 1997. 抱朴子内篇[M]. 梅全喜，冉懋雄译. 北京：中国中医药出版社.

贵州通志（前事志、土民志）[M]. 贵阳：文通书局，1948.

黄宫绣. 1987. 本草求真[M]. 北京：人民卫生出版社.

江灏，钱宗武. 1990. 今古文尚书全译[M]. 贵阳：贵州人民出版社.

寇宗奭. 1990. 本草衍义[M]. 北京：人民卫生出版社.

兰茂. 1959. 滇南本草[M]. 昆明：云南人民出版社.

雷敩. 1957. 雷公炮炙论（辑自《证类本草》）[M]. 北京：人民卫生出版社影印（据张氏原刻晦明轩本）.

李时珍. 1982. 本草纲目[M]. 刘衡如点校. 北京：人民卫生出版社.

刘安，等. 1995. 淮南子全译[M]. 许匡一译注. 贵阳：贵州人民出版社.

刘善述. 1986. 草木便方今释（一元集）[M]. 杨济中、韦明勤编著. 贵阳：贵州人民出版社.

刘文泰. 1959. 本草汇[M]. 昆明：云南人民出版社.

卢之颐（子繇）. 1986. 本草乘雅半偈（校点本）[M]. 冷方南，王齐南校点. 北京：人民卫生出版社.

马继兴. 1995. 神农本草经辑注[M]. 北京：人民卫生出版社.

孟诜，张鼎. 1984. 食疗本草[M]. 谢海洲等辑. 北京：人民卫生出版社.

苏敬等. 1955. 新修本草[M]. 群联出版社（据汤溪范氏所藏，傅氏纂喜庐丛书影刻）.

孙思邈. 1955. 备急千金要方[M]. 北京：人民卫生出版社影印（北京刻本）.

唐慎微. 1982；1993. 经史证类备急本草（简称：证类本草）[M]. 北京：人民卫生出版社影印，1982；尚志钧等辑点本. 北京：华夏出版社，1993.

陶弘景. 1955. 本草经集注[M]. 群联出版社影印（敦煌石屋藏六朝写书）.

陶宏景. 1986. 名医别录[M]. 尚志钧辑校. 北京：人民卫生出版社.

王好古. 1975. 汤液本草[M]. 北京：人民卫生出版社.

吴其濬. 1957. 植物名实图考、植物名实图考长编[M]. 上海：商务印书馆.

吴谦等. 1994. 医宗金鉴[M]. 闫志安等校注. 北京：中国中医药出版社.

袁珂. 1991. 山海经全译[M]. 贵阳：贵州人民出版社.

张介宾. 1994. 景岳全书[M]. 夏之秋等校注. 北京：中国中医药出版社.

掌禹锡，苏颂. 1994. 本草图经[M]. 尚志钧辑校. 合肥：安徽科学技术出版社.

赵学敏. 1987. 本草纲目拾遗[M]. 北京：人民卫生出版社.

现代典籍类：

《苗族简史》编写组. 1991. 苗族简史[M]. 贵阳：贵州民族出版社.

《全国中草药汇编》编写组. 1975. 全国中草药汇编（上、下册）[M]. 北京：人民卫生出版社.

《中国中药资源丛书》编委会. 1995. 中国常用中药材[M]. 北京：科学出版社.

《中国中药资源丛书》编委会. 1995. 中国中药区划[M]. 北京：科学出版社.

《中国中药资源丛书》编委会. 1995. 中国中药资源[M]. 北京：科学出版社.

《中国中药资源丛书》编委会. 1995. 中国中药资源志要[M]. 北京：科学出版社.

包骏，冉懋雄. 1999. 苗族医药研究与开发[M]. 贵阳：贵州科技出版社.

曾令祥. 2007. 贵州地道中药材病虫害识别与防治[M]. 贵阳：贵州科技出版社.

陈士林，肖培根. 2006. 中药资源可持续利用导论[M]. 第 1 版. 北京：中国医药科技出版社.

陈重明，等. 2004. 民族植物与文化[M]. 南京：东南大学出版社.

陈重明，黄胜白，等. 2005. 本草学[M]. 南京：东南大学出版社.

邓友平. 1994. 市场紧缺中药材种植技术[M]. 北京：北京农业大学出版社.

杜杰慧. 1992. 养颜与减肥自然疗法[M]. 北京：中国中医药出版社.

盖利·J. 马丁. 1998. 民族植物学手册[M]. 裴盛基，贺善安编译. 昆明：云南科技出版社.

贵州"绿色证书"培训教材编辑委员会. 2000. 主要药用植物栽培技术[M]. 贵阳：贵州科技出版社.

贵州省地方志编纂委员会. 2002. 贵州省志民族志[M]. 贵阳：贵州民族出版社.

贵州省医药监督管理局. 2003. 贵州省中药材、民族药材质量标准[M]. 贵阳：贵州科技出版社.

贵州省中药资源普查办公室，贵州省中药研究所. 1992. 贵州中药资源[M]. 北京：中国医药科技出版社.

贵州省中医研究所. 1992. 苗族医药学[M]. 贵阳：贵州民族出版社.

郭巧生. 2000. 最新常用中药材栽培技术[M]. 北京：中国农业出版社.

郭巧生. 2007. 药用植物资源学[M]. 北京：高等教育出版社.

郭巧生. 2009. 药用植物栽培学[M]. 北京：高等教育出版社.

国家药典委员会. 2010. 中华人民共和国药典（2010 年版一部）[M]. 北京：中国医药科技出版社.

国家药典委员会. 2015. 中华人民共和国药典（2015 年版四部）[M]. 北京：中国医药科技出版社.

国家药典委员会. 2015. 中华人民共和国药典（2015 年版一部）[M]. 北京：中国医药科技出版社.

国家医药管理局中药材情报中心站. 1995. 中国药材栽培与养殖[M]. 广州：广东科技出版社.

国家中医药管理局，《中华本草》编委会. 1995. 中华本草·精选本及全卷本[M]. 上海：上海科学技术出版社.

国家中医药管理局，《中华本草》编委会. 2005. 中华本草·苗药卷[M]. 贵阳：贵州科技出版社.

何顺志，徐文芬. 2007. 贵州中草药资源研究[M]. 第 1 版. 贵阳：贵州科技出版社.

胡世林. 1989. 中国道地药材[M]. 哈尔滨：黑龙江科学技术出版社.

黄璐琦，王永炎. 2008. 药用植物种质资源研究[M]. 上海：上海科学技术出版社.

黄璐琦，肖培根，王永炎. 2012. 中国珍稀濒危药用植物资源调查[M]. 上海：上海科学技术出版社.

江苏新医学院. 1977. 中药大辞典（上、下册）[M]. 上海：上海人民出版社.

雷载权，张廷模. 1998. 中华临床中药学（上、下卷）[M]. 北京：人民卫生出版社.

李永康. 1982～1989. 贵州植物志（1～9）[M]. 贵阳：贵州人民出版社，成都：四川民族出版社.

林成谷. 1996. 土壤污染与防治[M]. 北京：中国农业出版社.

龙运光，萧成纹，等. 2011. 中国侗族医药[M]. 北京：中医古籍出版社.

么厉，程惠珍，杨智. 2006. 中药材规范化种植（养殖）技术指南[M]. 北京：中国农业出版社.

潘炉台，赵俊华，张景梅. 2003. 布依族医药[M]. 贵阳：贵州民族出版社.

冉懋雄，郭建民. 2002. 现代中药炮制手册[M]. 北京：中国中医药出版社.

冉懋雄，周厚琼. 1999. 现代中药栽培养殖与加工手册[M]. 北京：中国中医药出版社.

冉懋雄，周厚琼. 2002. 中国药用动物养殖与开发[M]. 贵阳：贵州科技出版社.

冉懋雄. 2002. 名贵中药材绿色栽培技术丛书[M]. 北京：科学技术文献出版社.

冉懋雄. 2004. 中药组织培养实用技术[M]. 北京：科学技术文献出版社.

任德权，周荣汉. 2003. 中药材生产质量管理规范（GAP）实施指南[M]. 北京：中国农业出版社.

任仁安. 1996. 中药鉴定学[M]. 上海：上海科学技术出版社.

任跃英. 2011. 药用植物遗传育种学[M]. 北京：中国农业出版社.

尚志钧，林乾良，郑金生. 1989. 历代中药文献精华[M]. 北京：科学技术文献出版社.

沈国舫. 2001. 森林培育学[M]. 北京：中国林业出版社.

王树进. 2011. 农业园区规划设计[M]. 北京：中国中医药出版社.

王天益. 2000. 药用动物养殖[M]. 成都：四川科学技术出版社.

王献溥，刘玉凯. 1994. 生物多样性与实践[M]. 北京：中国环境科学出版社.

王荫槐. 1992. 土壤肥料学[M]. 北京：中国农业出版社.

魏书琴，陈日曌，赵春莉. 2013. 药用植物保护学[M]. 长春：吉林大学出版社.

邬伦，刘瑜，张晶，等. 2005. 地理信息系统——原理、方法和应用[M]. 北京：科学出版社.

吴振廷. 1995. 药用植物害虫[M]. 北京：中国农业出版社.

吴征镒，周太炎，肖培根. 1990. 新华本草纲要（第1～3册）[M]. 上海：上海科学技术出版社.

武孔云，冉懋雄. 2001. 中药栽培学[M]. 贵阳：贵州科技出版社.

肖培根. 2002. 新编中药志（第1～5卷）[M]. 北京：化学工业出版社.

萧凤回，郭巧生. 2008. 药用植物育种学[M]. 北京：中国林业出版社.

萧盛强，冉懋雄，等. 1994. 中药栽培与加工技术[M]. 贵阳：贵州教育出版社.

谢宗万. 1990，1994. 中药材品种论述（上册、中册）[M]. 上海：上海科学技术出版社.

谢宗万. 2001. 常用中药名与别名手册[M]. 北京：人民卫生出版社.

薛愚. 1984. 中国药学史料[M]. 北京：人民卫生出版社.

姚宗凡，黄英姿. 1993. 常用中药种植技术[M]. 北京：金盾出版社.

阴健，郭力弓. 1999. 中药现代研究与临床应用（Ⅰ～Ⅳ）[M]. 北京：学苑出版社.

袁昌齐，肖正春. 2013. 世界植物药[M]. 南京：东南大学出版社.

张恩迪，郑汉臣. 2000. 中国濒危野生药用动植物资源的保护[M]. 上海：第二军医大学出版社.

张贵君. 2002. 中药材及中药饮片原色图鉴[M]. 哈尔滨：黑龙江科学技术出版社.

张明生. 2013. 贵州主要中药材规范化种植技术[M]. 北京：科学出版社.

张乃明. 2006. 设施农业理论与实践[M]. 北京：化学工业出版社.

张卫明，等. 2005. 植物资源开发研究与应用[M]. 南京：东南大学出版社.

赵杨景. 2002. 药用植物营养与施肥技术[M]. 北京：中国农业出版社.

郑金生. 2007. 药林外史[M]. 桂林：广西师范大学出版社.

中国科学院《中国植物志》编辑委员会. 1963～2004. 中国植物志（全卷）[M]. 北京：科学出版社.

中国科学院植物研究所. 1972～1983. 中国高等植物图鉴（全卷）[M]. 北京：科学出版社.

周秋丽，王涛，王本祥. 2012. 现代中药基础研究与临床[M]. 天津：天津科技翻译出版公司.

周荣汉，段金廒. 2005. 植物化学分类学[M]. 上海：上海科学技术出版社.

周荣汉. 1993. 中药资源学[M]. 北京：中国医药科技出版社.

朱国豪，杜江，张景梅. 2006. 土家族医药[M]. 北京：中医古籍出版社.

附　　录

附录1：12部门联合发布《中药材保护和发展规划（2015—2020年）》

各省、自治区、直辖市人民政府，国务院各部委、各直属机构：

工业和信息化部、中医药局、发展改革委、科技部、财政部、环境保护部、农业部、商务部、卫生计生委、食品药品监管总局、林业局、保监会《中药材保护和发展规划（2015—2020年）》已经国务院同意，现转发给你们，请结合实际认真贯彻执行。

国务院办公厅

2015年4月14日

中药材保护和发展规划（2015—2020年）

工业和信息化部　中医药局　发展改革委　科技部　财政部　环境保护部

农业部　商务部　卫生计生委　食品药品监管总局　林业局　保监会

中药材是中医药事业传承和发展的物质基础，是关系国计民生的战略性资源。保护和发展中药材，对于深化医药卫生体制改革、提高人民健康水平，对于发展战略性新兴产业、增加农民收入、促进生态文明建设，具有十分重要的意义。为加强中药材保护、促进中药产业科学发展，按照国务院决策部署，制定本规划。

一、发展形势

（一）中药材保护和发展具有扎实基础。党和国家一贯重视中药材的保护和发展。在各方面的共同努力下，中药材生产研究应用专业队伍初步建立，生产技术不断进步，标准体系逐步完善，市场监管不断加强，50余种濒危野生中药材实现了种植养殖或替代，200余种常用大宗中药材实现了规模化种植养殖，基本满足了中医药临床用药、中药产业和健康服务业快速发展的需要。

（二）中药材保护和发展具备有利条件。随着全民健康意识不断增强，食品药品安全特别是原料质量保障问题受到全社会高度关注，中药材在中医药事业和健康服务业发展中的基础地位更加突出。大力推进生态文明建设及相关配套政策的实施，对中药材资源保护和绿色生产提出了新的更高要求。现代农业技术、生物技术、信息技术的快速发展和应用，为创新中药材生产和流通方式提供了有力的科技支撑。全面深化农村土地制度和集体林权制度改革，为中药材规模化生产、集约化经营创造了更大的发展空间。

（三）中药材保护和发展仍然面临严峻挑战。一方面，由于土地资源减少、生态环境恶化，部分野生中药材资源流失、枯竭，中药材供应短缺的问题日益突出。另一方面，中药材生产技术相对落后，重产量轻质量，滥用化肥、农药、生长调节剂现象较为普遍，导致中药材品质下降，影响中药质量和临床疗效，损害了中医药信誉。此外，中药材生产经营管理较为粗放，供需信息交流不畅，价格起伏幅度过大，也阻碍了中药产业健康发展。

二、指导思想、基本原则和发展目标

（一）指导思想。

以邓小平理论、"三个代表"重要思想、科学发展观为指导，深入贯彻党的十八大和十八届二中、三中、四中全会精神，按照"四个全面"战略布局，坚持以发展促保护、以保护谋发展，依靠科技支撑，科学发展中药材种植养殖，保护野生中药材资源，推动生产流通现代化和信息化，努力实现中药材优质安全、供应充足、价格平稳，促进中药产业持续健康发展，满足人民群众日益增长的健康需求。

（二）基本原则。

1. 坚持市场主导与政府引导相结合。以市场为导向，整合社会资源，突出企业在中药材保护和发展中的主体作用。发挥政府规划引导、政策激励和组织协调作用，营造规范有序的市场竞争环境。

2. 坚持资源保护与产业发展相结合。大力推动传统技术挖掘、科技创新和转化应用，促进中药材科学种植养殖，切实加强中药材资源保护，减少对野生中药材资源的依赖，实现中药产业持续发展与生态环境保护相协调。

3. 坚持提高产量与提升质量相结合。强化质量优先意识，完善中药材标准体系，提高中药材生产规范化、规模化、产业化水平，确保中药材市场供应和质量。

（三）发展目标。

到 2020 年，中药材资源保护与监测体系基本完善，濒危中药材供需矛盾有效缓解，常用中药材生产稳步发展；中药材科技水平大幅提升，质量持续提高；中药材现代生产流通体系初步建成，产品供应充足，市场价格稳定，中药材保护和发展水平显著提高。

具体指标为：

——中药材资源监测站点和技术信息服务网络覆盖 80% 以上的县级中药材产区；

——100 种《中华人民共和国药典》收载的野生中药材实现种植养殖；

——种植养殖中药材产量年均增长 10%；

——中药生产企业使用产地确定的中药材原料比例达到 50%，百强中药生产企业主要中药材原料基地化率达到 60%；

——流通环节中药材规范化集中仓储率达到 70%；

——100 种中药材质量标准显著提高；

——全国中药材质量监督抽检覆盖率达到 100%。

三、主要任务

（一）实施野生中药材资源保护工程。

开展第四次全国中药资源普查。在全国中药资源普查试点工作基础上，开展第四次全国中药资源普查工作，摸清中药资源家底。

建立全国中药资源动态监测网络。建立覆盖全国中药材主要产区的资源监测网络，掌握资源动态变化，及时提供预警信息。

建立中药种质资源保护体系。建设濒危野生药用动植物保护区、药用动植物园、药用动植物种质资源库，保护药用种质资源及生物多样性。

（二）实施优质中药材生产工程。

建设濒危稀缺中药材种植养殖基地。重点针对资源紧缺、濒危野生中药材，按照相关物种采种规范，加快人工繁育，降低对野生资源的依赖程度。

建设大宗优质中药材生产基地。建设常用大宗中药材规范化、规模化、产业化基地，鼓励野生抚育和利用山地、林地、荒地、沙漠建设中药材种植养殖生态基地，保障中成药大品种和中药饮片的原料供应。

建设中药材良种繁育基地。推广使用优良品种，推动制订中药材种子种苗标准，在适宜产区开展标准化、规模化、产业化的种子种苗繁育，从源头保证优质中药材生产。

发展中药材产区经济。推进中药材产地初加工标准化、规模化、集约化，鼓励中药生产企业向中药材产地延伸产业链，开展趁鲜切制和精深加工。提高中药材资源综合利用水平，发展中药材绿色循环经济。突出区域特色，打造品牌中药材。

（三）实施中药材技术创新行动。

强化中药材基础研究。开展中药材生长发育特性、药效成分形成及其与环境条件的关联性研究，深入分析中药材道地性成因，完善中药材生产的基础理论，指导中药材科学生产。

继承创新传统中药材生产技术。挖掘和继承道地中药材生产和产地加工技术，结合现代农业生物技术创新提升，形成优质中药材标准化生产和产地加工技术规范，加大在适宜地区推广应用的力度。

突破濒危稀缺中药材繁育技术。综合运用传统繁育方法与现代生物技术，突破一批濒危稀缺中药材的繁育瓶颈，支撑濒危稀缺中药材种植养殖基地建设。

发展中药材现代化生产技术。选育优良品种，研发病虫草害绿色防治技术，发展中药材精准作业、生态种植养殖、机械化生产和现代加工等技术，提升中药材现代化生产水平。

促进中药材综合开发利用。充分发挥中药现代化科技产业基地优势，加强协同创新，积极开展中药材功效的科学内涵研究，为开发相关健康产品提供技术支撑。

（四）实施中药材生产组织创新工程。

培育现代中药材生产企业。支持发达地区资本、技术、市场等资源与中药材产区自然禀赋、劳动力等优势有机结合，输入现代生产要素和经营模式，发展中药材产业化生产经营，推动现代中药材生产企业逐步成为市场供应主体。

推进中药材基地共建共享。支持中药生产流通企业、中药材生产企业强强联合，因地制宜，共建跨省（区、市）的集中连片中药材生产基地。

提高中药材生产组织化水平。推动专业大户、家庭农场、合作社发展，实现中药材从分散生产向组织化生产转变。支持中药企业和社会资本积极参与、联合发展，进一步优化组织结构，提高产业化水平。

（五）构建中药材质量保障体系。

提高和完善中药材标准。结合药品标准提高及《中华人民共和国药典》编制工作，规范中药材名称和基原，完善中药材性状、鉴别、检查、含量测定等项目，建立较完善的中药材外源性有害残留物限量标准，健全以药效为核心的中药材质量整体控制模式，提升中药材质量控制水平。

完善中药材生产、经营质量管理规范。修订《中药材生产质量管理规范（试行）》，完善相关配套措施，提升中药材生产质量管理水平。严格实施《药品经营质量管理规范》（GSP），提高中药材经营、仓储、养护、运输等流通环节质量保障水平。

建立覆盖主要中药材品种的全过程追溯体系。建立中药材从种植养殖、加工、收购、储存、运输、销售到使用全过程追溯体系，实现来源可查、去向可追、责任可究。推动中药生产企业使用源头明确的中药材原料。

完善中药材质量检验检测体系。加强药品检验机构人才队伍、设备、设施建设，加大对中药材专业市场经销的中药材、中药生产企业使用的原料中药材、中药饮片的抽样检验力度，鼓励第三方检验检测机构发展。

（六）构建中药材生产服务体系。

建设生产技术服务网络。发挥农业技术推广体系作用，依托科研机构，构建全国性中药材生产技术服务网络，加强中药材生产先进适用技术转化和推广应用，促进中药材基地建设整体水平提高。

建设生产信息服务平台。建设全国性中药材生产信息采集网络，提供全面、准确、及时的中药材生产信息及趋势预测，促进产需有效衔接，防止生产大起大落和价格暴涨暴跌。

加强中药材供应保障。依托中药生产流通企业和中药材生产企业，完善国家中药材应急储备，确保应对重大灾情、疫情及突发事件的用药需求。

（七）构建中药材现代流通体系。

完善中药材流通行业规范。完善常用中药材商品规格等级，建立中药材包装、仓储、养护、运输行业标准，为中药材流通健康发展夯实基础。

建设中药材现代物流体系。规划和建设现代化中药材仓储物流中心，配套建设电子商务交易平台及现代物流配送系统，引导产销双方无缝对接，推进中药材流通体系标准化、现代化发展，初步形成从中药材种植养殖到中药材初加工、包装、仓储和运输一体化的现代物流体系。

四、保障措施

（一）完善相关法律法规制度。

推动完善中药材相关法律法规，强化濒危野生中药材资源管理，规范种植养殖中药材的生产和使用。完善药品注册管理制度，中药、天然药物注册应明确中药材原料产地，使用濒危野生中药材的，必须评估其资源保障情况；鼓励原料来源基地化，保障中药材资源可持续发展和中药质量安全。

（二）完善价格形成机制。

坚持质量优先、价格合理的原则，建立反映生产经营成本、市场供求关系和资源稀缺程度的中药材价格形成机制，完善药品集中采购评价指标和办法，引导中药生产企业建设优质中药材原料生产基地。

（三）加强行业监管工作。

加强中药材质量监管，规范中药材种植养殖种源及过程管理。强化中药材生产投入品管理，严禁滥用农药、化肥、生长调节剂，严厉打击掺杂使假、染色增重等不法行为。维护中药材流通秩序，加大力度查处中药材市场的不正当竞争行为。健全交易管理和质量管理机构，加强中药材专业市场管理，严禁销售假劣中药材，建立长效追责制度。

（四）加大财政金融扶持力度。

加大对中药材保护和发展的扶持力度，加强项目绩效评价，充分发挥财政资金的支持作用。将中药材生产和配套基础设施建设纳入中央和地方相关支农政策支持范围。鼓励发展中药材生产保险，构建市场化的中药材生产风险分散和损失补偿机制。鼓励金融机构改善金融服务，在风险可控和商业可持续的前提下，加大对中药材生产的信贷投放，为集仓储、贸易于一体的中药材供应链提供金融服务。

（五）加快专业人才培养。

加强基层中药材生产流通从业人员培训，提升业务素质和专业水平。培养一支强有力的中药材资源保护、种植养殖、加工、鉴定技术和信息服务队伍。加强中药材高层次和国际化专业技术人才培养，鼓励科技创业，推动中药材技术创新和成果转化。

（六）发挥行业组织作用。

发挥行业组织的桥梁纽带和行业自律作用，宣传贯彻国家法律法规、政策、规划和标准，发布行业信息，推动企业合作，促进市场稳定，按规定开展中药材生产质量管理规范基地、地道中药材基地和物流管理认证。弘扬中医药文化，提高优质中药材的社会认知度，培育中药材知名品牌，推动建立现代中药材生产经营体系和服务网络。

（七）营造良好国际环境。

加强与国际社会的沟通交流，做好中药材保护和发展的宣传工作，按照国际公约主动开展和参与濒危动植物、生物多样性保护活动，合法利用药用动植物资源，促进中药材种植养殖。进一步开展国际合作，推动建立多方认可的中药材标准，促进中药材国际贸易便利化，鼓励优势企业"走出去"建立中药材基地。

（八）加强规划组织实施。

各地区、各有关部门要充分认识中药材保护和发展的重大意义，加强组织领导，完善协调机制，结合实际抓紧制定具体落实方案，确保本规划顺利实施。

附录2：中药材生产质量管理规范（修订草案征求意见稿）

第一章 总 则

第一条（目的依据）为规范中药材生产，保证中药材质量，促进中药材生产标准化、规范化，依据《中华人民共和国药品管理法》和《中华人民共和国中医药法》制定本规范。

第二条（适用范围）本规范是中药材生产和质量管理的基本要求，适用于中药材生产企业（以下简称企业）种植、养殖或野生抚育中药材的全过程。

第三条（发展理念）企业应当严格按照本规范要求组织中药材生产，保护野生中药材资源和生态环境，促进中药材资源的可持续利用与发展。

第四条（诚信原则）企业应当坚持诚实守信，禁止任何虚假、欺骗行为。

第二章 质 量 管 理

第一节 质量保证与质量控制

第五条（风险管理）企业应当根据中药材生产属性开展质量风险评估，明确影响中药材质量的关键环节、质量风险因素，制定有效的生产与质量控制、预防措施。

第六条（规范管理）企业应当对基地规划，种子种苗或种源、农药与兽药等农业投入品，田间或饲养管理措施，采收加工，包装储运和质量检验等各环节实行规范管理。

第七条（基本条件）企业应当配备与生产规模相适应的人员、设施、设备等，确保生产和质量管理顺利实施。

第八条（五统一）结合中药材生产特点，企业应当统一规划基地，统一供应种子种苗与种源、化肥、农药、兽药等农业投入品，统一种养场地管理措施，统一采收与产地初加工方法，统一包装与贮藏方法。

第九条（变更控制）企业应当建立变更控制系统，对影响中药材质量的重大变更进行评估和管理。

第十条（生产批）根据中药材质量一致性和可追溯原则，依据土地分布、种子种苗和种源（种群）、生产过程、采收、产地初加工等情况，确定中药材生产批。

第十一条（文件记录）企业应当建立文件管理系统；生产全过程应有记录，保证关键环节记录完整；批生产、批检验、发运等记录应能够追溯到该批中药材的生产、质量、产地初加工、发运、等情况。

第十二条（追溯体系）企业应当建立中药材追溯体系，保证从生产地块、种子种苗或种源、种植养殖、采收和产地初加工、包装储运到发运的全过程实现可追溯；鼓励企业采用物联网、云计算等现代信息技术建设追溯体系。

第十三条（质量控制体系）企业应当建立质量控制体系，包括相应的组织机构、文件系统以及取样、检验等，确保中药材在放行前完成必要的检验，确认其质量符合要求。

第十四条（自检）对本规范的实施情况，企业应当定期组织进行自检，确认是否符合本规范要求；对影响中药材质量的关键数据定期进行趋势分析和风险评估，根据分析、评估结果，提出必要的改进与完善措施。

第二节　技术规程与标准

第十五条（技术规程）企业应当按照本规范要求结合药材生产实际，根据文献、种植养殖历史及使用反馈，制定相应的中药材生产技术规程：

（一）生产基地选址要求；

（二）种子种苗与种源要求；

（三）种植、养殖技术规程；

（四）采收与产地初加工技术规程；

（五）包装、放行与贮运技术规程；

（六）质量保证与质量检验技术规程。

第十六条（质量标准）企业应当按《中国药典》的规定，根据种植养殖实际情况，制定用于企业内部控制的质量标准和检测方法；《中国药典》未收录的中药材依据部颁标准，其次为地方中药材标准：

（一）种子种苗、动物种源的标准与检测方法；

（二）中药材的质量标准与检测方法，必要时应制定采收、收购等中间环节的中药材质量标准和检测方法；

（三）中药材光谱或色谱指纹图谱质量控制方法；

（四）中药材农药和兽药残留、抗生素残留、重金属及有害元素、真菌毒素等有毒有害物质的控制标准和检测方法。

第三章　机构与人员

第十七条（组织方式）企业可采取多种方式组织生产基地建设，如农场、公司+基地+农户等方式。

第十八条（管理机构）企业应当建立相应的生产和质量管理部门，质量管理部门独立于生产管理部门，行使质量保证和控制职能。

第十九条（管理人员）企业应当配备足够数量并具有和岗位职责相对应资质的生产和质量管理人员，生产、质量的管理负责人应有药学、种植、养殖等相关专业大专以上学历并有中药材生产或质量管理三年以上实践经验，或有中药材生产或质量管理五年以上的实践经验，且经过本规范的培训；生产管理负责人和质量管理负责人不得相互兼任。

第二十条（管理职责）生产管理负责人负责种子种苗与种源繁育、田间管理或动物饲养、农业投入品使用、采收与初加工、包装与贮藏等生产活动；质量管理负责人负责质量标准与技术规程制定、质量保证、检验、产品放行、自检等。

第二十一条（人员培训）企业应当开展人员培训工作，制定培训计划、建立培训档案；对直接从事中药材生产活动的人员应当进行培训并基本掌握种植养殖中药材的生长特性、环境条件要求，以及田间管理/饲养管理、肥料和农药使用、兽用药品使用、采收、产地初加工、储运养护等关键环节的管理要求。

第二十二条（健康管理）企业应当对管理和生产人员的健康进行管理；患有传染病、皮肤病或外伤性疾病等人员不得直接从事养殖、产地初加工、包装等工作；其他人员不得进入中药材养殖控制区域，如确需进入，应确认个人健康状况无污染风险。

第四章　设施、设备与工具

第二十三条（设施类别与分布）设施包括种植或养殖场地、产地初加工工厂、中药材贮藏仓库、质量控制区、临时包装场所、暂存库及环保设施等，可以集中在一个区域建设或分散建设。

第二十四条（投入品存放设施要求）存放农药、化肥或种子种苗、兽用药品、生物制品、饲料及添加剂的场所应当能保证其质量稳定和安全，对库存情况应当及时进行管理。

第二十五条（加工设施）分散和集中的产地初加工设施均应当达到基本要求，可按技术规程实施加工，保证不污染和影响中药材质量。

第二十六条（仓库）暂时性或集中贮藏仓库均应当符合贮藏条件要求，易清理，保证贮藏不会导致中药材品质下降或污染，有避光、遮光、通风、防潮和防虫、鼠禽畜等设施。

第二十七条（质量检验室）质量检验室功能布局应当满足中药材的检验条件要求，应当设置检验、仪器、样品、标本、留样等工作室（柜），并能保证质量检验、留样观察等工作的正常开展。

第二十八条（生产工具与设备管理）生产设备与工具选用与配置应当符合预定用途，便于操作、清洁、维护，并符合以下要求：

（一）化肥、农药施用设备、工具使用前应仔细检查、使用后及时清洗；

（二）采收和清洗、干燥等初加工设备不得对中药材质量产生影响；

（三）大型生产设备、检验检测设备和仪器，应当有明显的状态标识，要有使用日志。

第五章　生　产　基　地

第一节　选　址　要　求

第二十九条（产地选择）中药材生产基地一般应选址于道地产区，在非道地产区选址，应当提供充分文献或科学数据证明其可行性。

第三十条（地块选择）根据种植中药材的生长特性和对生态环境要求，如土壤、海拔、坡向、前茬作物等，确定适宜种植地块；药用动物养殖应当根据其特性，明确养殖场所的环境条件要求。

第三十一条（环境要求）生产基地周围应当无污染源，远离市区。生产基地环境应当符合国家现行标准，空气符合国家《环境空气质量标准》二类区要求，土壤符合国家《土壤环境质量标准》的二级标准，灌溉水符合国家《农田灌溉水质标准》，产地初加工用水和药用动物饮用水符合国家《生活饮用水卫生标准》；确保种植养殖过程的环境持续符合标准要求。

第三十二条（环保要求）生产基地选址和建设应当符合国家和地方环境保护要求。

第三十三条（种植历史）基地选址范围内，企业至少有按本规范管理的二个收获期中药材质量检测数据，并符合企业内控质量标准的相关规定。

第二节　生产基地管理

第三十三条（选址）企业应当按照生产基地选址要求确定产地和地块，明确种植养殖规模、具体地址和地块布局，地址明确至乡级行政区划。

第三十五条（基础设施）基础设施建设应当与中药材种植、养殖规模和条件相适应。

第三十六条（地块更换）种植地块或养殖场所可在基地选址范围内更换。

第三十七条（土地位置）种植土地或养殖场所可成片集中建立，也可以分散设置；分散生产的场所应有明确地块边界和记载，变动时及时更新记录；对已确定的生产基地扩大规模，应符合本规范要求。

第六章　种子种苗与种源

第一节　种子种苗或种源要求

第三十八条（种质要求）企业应当明确使用种子种苗或种源的种质，包括种、亚种、变种或变型、农家品种或选育品种；使用的种植、养殖物种应符合法定标准，优选多基原物种中品质优良、临床与工业制药使用广的物种。

第三十九条（品种选育与嫁接）人工选的多倍体或单倍体品种、人工诱变品种（包括物理、化学、太空诱变等）、种间杂交品种、转基因品种不允许使用；非传统习惯使用的种间嫁接材料不允许使用；如确需使用上述种质，应当提供充分的科学风险评估和实验数据证明其安全、有效、稳定；不包括仅用于单体成分提取的中药材。

第四十条（种子种苗标准与检测方法）中药材种子种苗或种源应当符合国家或行业标准；没有标准的，企业应当制定标准，收集当年、成熟饱满的多份种子制定出包括纯度、净度、重量、发芽率（生活力）、健康度等指标的等级标准，明确基地使用种子种苗或种源的等级，并建立相应检测方法。

第四十一条（繁育加工规程）种子种苗或种源的繁育和加工应当建立技术规程，保证种子种苗或种源符合质量标准。

第四十二条（种子运输与保存）应确定种子种苗或种源运输、长期或短期保存的合适条件，保证种子种苗或种源的质量基本不受影响。

第二节　种子种苗与种源管理

第四十三条（种质使用）一个中药材基地应当只使用一种经鉴定符合要求的种质，防止其他种质的混杂和混入；鼓励企业提纯复壮种质，优先采用经国家有关部门鉴定，性状整齐、稳定、优良的选育新品种。

第四十四条（种质鉴定）企业应当鉴定每批次种子种苗或种源的基原和种质，确保与种子种苗或种源的要求一致。

第四十五天（种子产地）企业应当使用产地明确、固定的种子种苗或种源；鼓励企业自建繁育基地，或使用具有中药材种子种苗生产经营资质单位繁育的种子种苗或种源。

第四十六条（基地规模与种子质量）种子种苗或种源基地规模应当与中药材生产基地规模相匹配；种子种苗或种源应当由供应商或中药材企业检测达到质量标准后，方可使用。

第四十七条（检疫）种子种苗或种源异地调运应按国家要求实施检疫制度，种源动物必须严格检疫，引种后进行一定时间的隔离、观察。

第四十八条（存放）种子种苗或种源的运输、贮藏应在适宜条件下转运与存放；运输、贮藏造成质量不合格的种子种苗或种源不允许使用。

第四十九条（动物种源）应按动物习性进行药用动物种源引进；捕捉和运输时应减免动物机体损伤和应激反应。

第七章　种植与养殖

第一节　种植技术规程

第五十条（范围）企业应当根据药用植物生长特性和对环境条件要求制定种植技术规程，主要包括以下环节：

（一）耕作制度：前茬、间套种、轮作要求等；

（二）农田基础设施建设与维护要去：维护结构、灌排水设施、遮阴设施等；

（三）土地整理要求：土地平整、耕地、做畦等；

（四）繁殖方法：种子种苗处理、育苗定植要求等；

（五）田间管理：间苗、中耕除草、灌排水等；

（六）病虫害草害防治要求：针对主要病虫草害种类、危害规律等采取的防治方法；

（七）肥料、农药使用技术规程。

第五十一条（肥料使用技术规程）企业应当根据种植中药材营养需求特性和土壤肥力科学制定肥料使用技术规程：

（一）施肥的种类、时间、数量与施用方法，有效降低长期使用化肥造成土壤退化的措施；

（二）肥料种类以有机肥为主，化学肥料有限度使用，避免过量施用磷肥造成重金属超标，鼓励使用经国家批准的菌肥及中药材专用肥；

（三）农家肥须经充分腐熟达到无害化卫生标准，避免引入杂草、有害元素等；

（四）禁止施用城市生活垃圾、工业垃圾、医院垃圾和人粪便，禁止使用含有抗生素超标的农家肥。

第五十二条（病虫草害防治要求）病虫草害防治应遵循"预防为主、综合防治"原则，优先采用生物、物理、农业等绿色防控技术；制定突发性病虫草害防治预案。

第五十三条（农药使用技术规程）企业应当根据种植、养殖的中药材实际情况，结合基地的管理模式，制定农药使用技术规程：

（一）农药使用应符合有关规定，尽量避免使用除草剂、杀虫剂和杀菌剂等化学农药，如须使用时，企业应当有文献或科学数据证明对中药材生长、质量和环境无明显影响，优先选用高效、低毒生物农药；

（二）详细规定使用的品种，使用的剂量、次数、时间等，使用安全间隔期或休药期，使用防护措施，尽可能使用最低剂量、降低使用次数。

（三）规定农药施用的设备及保养要求；

（四）禁止使用：国家农业部门禁止使用的剧毒、高毒、高残留农药，限制在中药材上使用的农药；

（五）禁止使用壮根灵、膨大素等生长调节剂；

第五十四条（野生抚育规程）按野生抚育方式生产中药材，应当制定相应抚育技术规程，包括种群补种和更新措施、田间管理措施、病虫草害管理措施等。

第二节　种植管理

第五十五条（按规程管理）企业应当按照制定的技术规程有序开展中药材生产，根据气候变化、植物生长、病虫草害发生等情况，及时实施种植措施；对中药材质量有重大影响的管理措施变更须有充足依据和记录。

第五十六条（基础设施）灌溉、排水、遮阴等田间基础设施应当配套完善，及时维护更新。

第五十七条（田地整理和清理）及时整地、耕地，播种、移栽定植；多年生药材及时做好冬季越冬田地清理。

第五十八条（投入品使用）农药、肥料等农业投入品应当严格管理，采购应当核对供应商资质和产品质量，接收、贮藏、发放、运输应当保证其质量稳定和安全；使用应当符合技术规程要求。

第五十九条（灌溉水污染）灌溉水应当避免受粪便、化学农药或其他有害物质污染。

第六十条（施肥、灌排）科学施肥，鼓励测土配方施肥；及时灌溉和排涝，减轻不利天气影响。

第六十一条（病虫草害防治）根据田间病虫草害发生情况，依技术规程及时防治。

第六十二条（农药施用）严格按照技术规程施用农药；施用农药要做好培训、指导和巡检。

第六十三条（邻地农药影响）注意采取措施避免邻近地块等使用农药对种植中药材的不良影响。

第六十四条（突发性灾害处理）突发病虫草害或异常气象灾害时，根据预案及时采取措施，最大限度降低对中药材生产的不利影响；生长或质量受严重影响地块要做好标记，单独管理。

第六十五条（野生抚育管理）野生抚育中药材应按技术规程管理，坚持"最大持续产量"原则，有计划补种、封育、轮采轮种。

第三节　养殖技术规程

第六十六条（范围）企业应当根据药用动物特性、动物福利与环境要求制定养殖技术规程，主要包括以下环节：

（一）种群管理制度：种群结构、周转等的要求；

（二）养殖场地设施要求：养殖功能区划分，饲料、饮用水设施，防疫设施，其他安全防护设施等；

（三）繁育方法：选种、配种等的要求；

（四）饲养管理要求：饲料、饲喂、饮水、卫生管理等；

（五）疾病防控要求：主要疾病预防、诊断、治疗等；

（六）药物使用技术规程。

第六十七条（饲料要求）严格按国家有关规定使用饲料及添加剂；禁止使用已停用、禁用或淘汰、未经审定公布的饲料添加剂和未经登记的进口饲料与饲料添加剂。

第六十八条（消毒剂要求）按国家相关标准选择养殖场所使用的消毒剂。

第六十九条（疾病防治）动物疾病防治应当以预防为主、治疗为辅，科学使用兽用药品及生物制品；应当制定各种突发性疫病发生的防治预案。

第七十条（药物使用要求）按国家相关标准和规范确定预防和治疗的药物使用技术规程：

（一）遵守国务院兽医行政管理部门制定的兽药安全使用规定；

（二）禁止使用国务院兽医行政管理部门规定禁止使用的药品和其他化合物；

（三）禁止在饲料和动物饮用水中添加激素类药品和国务院兽医行政管理部门规定的其他禁用药品；经批准可以在饲料中添加的兽药，应当由兽药企业制成药物饲料添加剂后方可添加；禁止将原料药直接添加到饲料及动物饮用水中或者直接饲喂动物；

（四）禁止将人用药品用于动物；

（五）禁止滥用抗生素。

第七十一条（患病动物处理要求）制定患病动物处理技术规程，按有关规定处理患病动物、动物尸体及废弃物；禁止将中毒、感染疾病的药用动物加工成中药材。

第四节　养殖管理

第七十二条（按规程管理）企业应当按照制定的技术规程，根据动物生长、病害发生等情况，及时实施养殖措施；对中药材质量有重大影响的管理措施变更须有充足依据和记录。

第七十三条（养殖场所）企业应当及时建设、更新和维护药用动物生活、生长、繁殖的养殖场所，及时调整养殖分区，并确保符合生物安全要求。

第七十四条（卫生管理）养殖场地及设施应当保持清洁卫生，定期清理和消毒，防止人员等带入外源污染。

第七十五条（安全措施）强化安全措施管理，避免药用动物逃逸，以及其他牲畜等的干扰。

第七十六条（引种要求）根据药用动物习性进行药用动物种源引种；捕捉、运输过程中保证动物安全；引种后进行一定时间的隔离、观察。

第七十七条（饲喂）定时定点定量饲喂动物饲料，未食用饲料应当及时清理。

第七十八条（疾病防治）定期接种疫苗；根据动物疾病发生情况，依规程及时确定具体防治方案；突发疫病时，根据预案及时、迅速采取措施并做好记录。

第七十九条（患病动物处理）发现患病动物，应当及时隔离；患传染病动物应当及时处死，并按国家动物尸体处理相关要求进行无害化处理。

第八十条（种群控制）根据养殖计划和育种进行繁育，及时调整养殖种群的结构和数量，适时周转。

第八十一条（废弃物处理）养殖及加工过程中的废弃物处理应当符合国家相关规定。

第八章　采收与产地初加工

第一节　技　术　规　程

第八十二条（范围）企业应当制定种植、养殖和野生抚育中药材的采收与产地初加工技术规程，主要包括以下环节：

（一）采收期：采收年限、采收季节和采收时限等；

（二）采收方法：采收器具、具体采收方法等要求；

（三）采收后中药材临时保存方法；

（四）产地初加工流程和方法：包括拣选、清洗等净制方法，剪切、干燥或保鲜的方法，以及其他特殊加工方法；

（五）清洗和干燥技术规程。

第八十三条（采收期）坚持质量优先兼顾产量原则，参照传统采收经验和现代研究，明确合适的采收年限，确定基于物候期的适宜采收季节和采收时限。

第八十四条（采收方法）采收流程和方法应当科学合理；鼓励采用不影响药材质量和产量的机械化采收方法；避免采收对生态环境造成不良影响。

第八十五条（干燥方法）保证中药材质量前提下，借鉴优良的传统方法，确定适宜的中药材干燥方法；鼓励采用有科学依据并经有效验证的高效干燥技术，以及集约化干燥技术。

第八十六条（鲜中药材保鲜方法）鲜用药材可采用冷藏、砂藏、罐贮、生物保鲜等适宜的方法保存，尽量不使用保鲜剂和防腐剂，如必须使用应当符合国家对食品添加剂有关规定；明确保存条件和保存时限。

第八十七条（毒麻中药材要求）毒性、按麻醉药品管理的中药材的采收、产地加工应当符合国家有关规定。

第八十八条（特殊加工要求）涉及特殊加工要求的中药材，应当根据传统加工方法，充分考虑中药饮片炮制与深加工利用的相应要求进行初加工。

第八十九条（禁止性要求）禁止使用硫磺熏蒸中药材；禁止染色增重、漂白、掺杂使假等。

第二节　采　收　管　理

第九十条（按技术规程采收）根据中药材生长情况、采收时气候情况等，严格按照技术规程要求，在规定期限内，适时、及时完成采收。

第九十一条（采收天气）选择合适的天气采收，避免露水、雨天和高湿天气等对中药材质量的影响。

第九十二条（不正常处理）受病虫草害或气象灾害等影响严重、生长发育不正常的中药材应当单独采收、处理。

第九十三条（净选）采收过程尽可能排除非药用部分、异物和外源污染，及时剔除破损、腐烂变质部分。

第九十四条（直接干燥中药材的采收）不清洗直接干燥使用的中药材，应当保证采收过程中的清洁，药用部位不受土壤或其他物质的污染和破坏。

第九十五条（运输和临时存放措施）中药材采收后应及时运输到加工场地，装载容器和运输工具应当整洁；运输和临时存放措施不应导致中药材品质下降，不产生新污染及杂物混入，严禁淋雨、泡水等。

第三节　产地初加工管理

第九十六条（原则）产地初加工应当严格按照技术规程操作，避免品质下降或外源污染；避免造成生态环境污染。

第九十七条（加工时限与临时保存）在规定时间内加工完毕，加工过程中的临时存放不影响中药材品质。

第九十八条（拣选）拣选时应当采取恰当措施保证合格品和不合格品及异物有效区分。

第九十九条（清洗）清洗用水应符合要求，及时、迅速清洗，防止长时间浸泡。

第一百条（晾晒）采用晾晒干燥的中药材应当及时晾晒，严禁晾晒过程雨淋、雨水浸泡，严禁公路等社会公共场所晾晒药材，严防环境尘土等污染；应当阴干药材严禁暴晒。

第一百零一条（设施设备干燥）采用设施设备干燥的中药材应严格控制干燥温度、湿度和干燥时间。

第一百零二条（设施设备使用要求）初加工场地、容器、设备应当及时清洁，清洗、晾晒和干燥环境、场地、设施和工具不对药材产生污染；注意防冻、防雨、防潮、防鼠、防虫及防禽畜。

第一百零三条（鲜药材保存）格按照鲜用药材的保存方法进行保存，防止生霉变质。

第一百零四条（异常品处置）干燥等初加工异常、品质受到不良影响的中药材应当单独处置。

第九章　包装、放行与储运

第一节　技术规程

第一百零五条（范围）企业应当制定包装、放行和储运技术规程，主要包括以下环节：

（一）包装材料及包装方法：包括采收、加工、贮藏各阶段的包装材料要求与包装方法；

（二）标签要求：标签的样式，标识的内容等；

（三）中药材批准放行制度：放行检查内容，放行程序，放行人等。

（四）贮藏场所及要求：包括采收后临时存放、加工过程中存放、成品存放等对环境条件等；

（五）运输及装卸方法：车辆、工具、覆盖等的设备要求和操作要求。

第一百零六条（包装材料）包装材料应当符合国家相关标准和药材特点，可保持中药材质量；禁止使用包装化肥、农药等二次利用的包装袋；毒性、按麻醉药品管理的中药材等需特殊管理的中药材应当使用有专门标记的特殊包装。

第一百零七条（包装方法）包装方法应当不影响中药材质量，鼓励采用现代包装方法、工具。

第一百零八条（贮藏条件和方法）根据中药材对贮藏温度、湿度、光照、通风等的要求，确定仓储设施条件；鼓励采用现代贮藏保管新技术、新设备。

第一百零九条（养护要求）明确贮藏的避光、遮光、通风、防潮、防虫、防鼠等养护管理措施；使用的熏蒸剂不能带来质量和安全风险，禁用磷化铝等高毒性熏蒸剂；禁止贮藏过程使用硫磺熏蒸。

第二节　包　装　管　理

第一百一十条（按规程包装）企业应当按照制定的包装技术规程，选用包装材料，进行规范包装。

第一百一十一条（包装准备）包装前确保工作场所和包装材料已处于清洁或待用状态，无其他异物。

第一百一十二条（标识）包装袋应当有清晰标识，不易脱落或损坏；标示内容包括品名、批号、规格、产地、数量或重量、采收时间、生产单位等信息。

第一百一十三条（防包装差错）确保包装操作不影响中药材质量，防止混淆和差错。

第三节　放行与储运管理

第一百一十四条（放行要求）应当执行中药材放行制度，对每批药材进行质量评价，审核批生产、检验、产地初加工等相关记录；由质量管理负责人签名批准放行，确保每批中药材生产、检验符合标准和技术规程要求。

第一百一十五条（贮藏条件）按技术规程严格分区存放中药材，保证贮藏所需的洁净、温度、湿度、光照和通风条件。

第一百一十六条（定期检查）建立中药材贮藏定期检查制度，防止虫蛀、霉变、腐烂、泛油等发生。

第一百一十七条（养护）养护工作应当严格按技术规程要求并由专业人员实施。

第一百一十八条（特殊贮藏）有特殊贮藏要求的中药材应当符合国家相关规定。

第一百一十九条（运输）运输时严格按照技术规程装卸、运输；防止发生混淆、污染、异物混入、包装破损、雨雪淋湿等影响质量的不利条件。

第一百二十条（发运）产品发运应当有记录，可追查每批产品销售情况；防止发运过程中的破损、混淆和差错等。

第十章　文　　件

第一百二十一条（范围）文件包括标准、技术规程（要求）、记录、报告、操作规程等。

第一百二十二条（文件过程管理）应当严格规范文件的起草、修订、变更、审核、批准、替换或撤销、保存和存档、发放和使用。

第一百二十三条（变更规定）标准和技术规程的制定、重大修订应当有充分的文献和数据支持，并经过充分的评估。

第一百二十四条（记录原则与要求）记录应当简单易行、清晰明了；不得撕毁和任意涂改；记录更改应签注姓名和日期，并保证原信息清晰可辨；记录重新誊写，原记录不得销毁，作为重新誊写记录的附件保存；记录保存至该批中药材出库后至少三年以上。

第一百二十五条（生产记录）企业根据影响中药材的关键环节，结合管理实际，明确需要的主要记录，附必要照片或图像，保证可追溯；生产记录按基本管理单元进行记录，主要包括地块或场区、种子种苗或种源来源、生产日期、过程、加工方法、包装储运方法、鉴定人、技术负责人等。

（一）生产过程记录主要有：

1. 药用植物种植：种子种苗来源及鉴定，种子处理，播种或移栽、定植时间及面积；肥料种类、施用时间、施用量、施用方法；重大病、虫、草害发生时间、危害程度；施用农药名称、施用量、施用时间、方法和施用人等；灌溉时间、方法及用量；重大天气灾害时间及危害情况；主要物候期。

2. 药用动物养殖：种源及鉴定；饲养起始时间；疾病发生时间、程度及治疗方法；饲料种类及饲喂量。

（二）采收加工主要记录：采收时间，临时存放措施及时间；拣选、清洗、剪切、干燥方法等，如清洗时间、干燥方法和温度等。

（三）包装及储运记录：包装时间，入库时间，库温度、湿度；除虫除霉时间及方法；出库时间及去向；运输条件等。

第一百二十六条（培训记录）培训记录包括培训时间、对象、规模、主要培训内容、培训效果评价等。

第一百二十七条（检验记录）检验记录主要包括检品信息、检验人、复核人、主要检验仪器、检验时间、检验方法和检验结果等。

第一百二十八条（标准操作规程）企业根据实际情况，在技术规程基础上，应当制定标准操作规程如设备操作、维护与清洁、环境控制、取样和检验、贮藏养护等，用于指导具体生产操作活动。

第十一章　质　量　检　验

第一百二十九条（检验报告）企业应当按内控质量标准，对种子种苗实行按批检测并出具质量检验报告书，或备存供应商提供的质量检验报告书；对农药、商品肥料、兽用药品、生物制品、饲料及添加剂应当索取符合规定的合格证或质量检验报告。

第一百三十条（按批检测）企业应当按内控质量标准和检测方法，对中药材按批检测并出具质量检验报告书。

第一百三十一条（检验单位）检验可以在企业或其集团公司的质量检测实验室进行，或委托其它具有检验资质的单位进行检验。

第一百三十二条（实验室要求）质量检测实验室人员、设施、设备应当与产品性质和生产规模相适应；用于中药材生产的主要设备、检验仪器，应当按规定要求进行性能确认和校验。

第一百三十三条（取样和留样）中药材应当按批次进行检验和留样；取样和留样要有充分代表性并做好标识；中药材留样包装和存放环境与中药材贮藏一致，应当保存至药材售卖后一年；中药材种子留样应当保存至中药材收获，种苗或动物种源依实际情况留样。

第一百三十四条（委托检验）委托检验时，委托方可对受托方进行检查或现场质量审计，可调阅或检查记录和样品。

第十二章　自　　检

第一百三十五条（自检计划）企业应当制定自检计划，对质量管理、机构与人员、设施设备与工具、生产基地、种子种苗与种源、种植与养殖、采收与产地初加工、包装放行与储、文件、质量检验等项目进行检查。

第一百三十六条（审计）企业应当指定人员定期进行独立、系统、全面的自检，或由外部人员依据本规范进行独立审计。

第一百三十七条（自检报告）自检应有记录和自检报告；针对影响中药材质量的重大偏差，提出必要的纠正、预防建议及措施。

第十三章　投诉与召回

第一百三十八条（投诉制度）企业应当建立操作规程，规定投诉登记、评价、调查和处理的程序，并规定因可能的中药材缺陷发生投诉时所采取的措施，包括考虑是否有必要从市场召回中药材。

第一百三十九条（投诉记录）投诉调查和处理应当有记录，并注明所调查相关批次中药材的信息。

第一百四十条（召回制度）企业应当建立召回制度，指定专人负责组织协调召回工作，确保召回工作有效实施。

第一百四十一条（召回标识与上报）因质量原因退货和召回的中药材，应当清晰标识，按照规定监督销毁，有证据证明退货中药材质量未受影响的除外；因中药材存在安全隐患决定从市场召回的，应当立即向当地药品监督管理部门报告。

第一百四十二条（召回报告）召回的进展过程应当有记录，并有最终报告；产品发运数量、已召回数量以及数量平衡情况应当在报告中予以说明。

第十四章　附　　则

第一百四十三条（定义）本规范所用下列术语的含义是：

（一）中药材

指药用植物、动物的药用部分采收后经产地初加工形成的原料。

（二）企业

具有一定生产规模、按一定程序进行药用植物种植或动物养殖、产地初加工、包装和贮藏等生产过程，在工商管理部门登记，具备独立法人资质的单位。

（三）技术规程

指为实现中药材生产顺利、有序开展，保证中药材质量，对中药材生产过程的主要行为、使用的设施和设备工具等进行的规定和要求。

（四）道地产区

该产区所产的中药材经过中医临床长期应用优选，与其他地区所产同种中药材相比，品质和疗效更好，且质量稳定，具有全国性知名度。

（五）种子种苗

药用植物的种植材料或者繁殖材料，包括籽粒、果实、根、茎、苗、芽、叶、花等，以及菌物的菌丝、子实体等。

（六）种源

药用动物可供繁殖用的种物、仔、卵等。

（七）农业投入品

生产过程中所使用的农业生产物资，包括种子种苗或种源、肥料、农药、农膜、兽药、饲料及饲料添加剂等。

（八）病虫害综合防治

从生物与环境整体观出发，预防为主，因地制宜合理运用生物、农业、化学等的方法和手段，控制病虫害的发生、发展和危害。

（九）产地初加工

中药材收获后在中药材产地，就地进行拣选、清洗、剪切、干燥及特殊加工等的处理过程。

（十）野生抚育

根据中药材生长特性及对生态环境条件的要求，在其原生或相类似的环境中，通过人工更新或自然更新的方式增加种群数量，使其资源量达到能为人们持续采集利用，并能继续保持群落稳定的中药材生产方式；包括半野生栽培、仿野生栽培栽培、围栏养护等。

（十一）批

种植地或养殖地生态环境条件基本一致、同一生产周期、生产管理措施一致、采收和产地初加工也基本一致、中药材质量基本均一的一批中药材。

（十二）放行

经初加工完成的中药材经过检查、检验可以进行包装的一系列操作。

（十三）发运

指企业将产品发送到经销商或用户的一系列操作，包括配货、运输等。

（十四）标准操作规程

也称标准作业程序，按照技术规程实施中药材生产的作业标准和操作规范，用来指导和规范日常的生产工作。

第一百四十四条本规范由国家食品药品监督管理总局负责解释。

第一百四十五条本规范自发布之日起施行，国家药品监督管理局 2002 年 6 月 1 日施行的《中药材生产质量管理规范（试行）》（国家药品监督管理局局令第 32 号）同时废止。

附录 3：药用植物及制剂外经贸绿色行业标准（WM/T 2—2004）

（中华人民共和国商务部 发布）

前　言

本标准是对 WM 2—2001《药用植物及制剂进出口绿色行业标准》的修订。

本标准是中华人民共和国药用植物及其制剂在对外经济贸易活动中重要的外经贸质量标准之一，它适用于药用植物原料及制剂的品质检验。

本标准由中国医药保健品进出口商会提出。

本标准由中华人民共和国商务部归口。

本标准由中国医药保健品进出口商会负责解释。

本标准由中国医药保健品进出口商会、中国医学科学院药用植物研究所、北京大学公共卫生学院、中国药品生物制品检定所、天津达仁堂制药厂负责起草。

本标准主要起草人：关立忠、陈建民、张宝旭、高天兵、徐晓阳。

本标准所代替标准的历次版本发布情况为：WM 2—2001。

WM/T 2—2004　药用植物及制剂外经贸绿色行业标准

1　范围

本标准规定了药用植物及制剂的外经贸绿色行业标准品质，包括药用植物原料、饮片、提取物、制剂等的质量要求及检验方法。

本标准适用于药用植物原料及制剂的外经贸行业品质检验。

2　规范性引用文件

下列文件中的条款通过本标准的引用而成为本标准的条款。凡是注日期的引用文件，其随后所有的修改单（不包括勘误的内容）或修订版均不适用于本标准，然而，鼓励根据本标准达成协议的各方研究是否可使用这些文件的最新版本。凡是不注日期的引用文件，其最新版本适用于本标准。

　　GB/T 5009.11—2003　食品中总砷及无机砷的测定

　　GB/T 5009.12—2003　食品中铅的测定

　　GB/T 5009.13—2003　食品中铜的测定

　　GB/T 5009.15—2003　食品中镉的测定

　　GB/T 5009.17—2003　食品中总汞及有机汞的测定

　　SN 0339—95　出口茶叶中黄曲霉毒素 B_1 检验方法

《中华人民共和国药典》2000年版一部

3　术语和定义

下列术语和定义适用于本标准。

3.1　绿色药用植物及制剂

经检测符合特定标准的药用植物及其制剂。经专门机构认定，许可使用外经贸绿色行业标志。

3.2　药用植物

用于医疗、保健目的的植物。

3.3　药用植物制剂

经初步加工，以及提取纯化植物原料而成的制剂。

4　限量要求

4.1　重金属及砷盐限量

4.1.1　重金属总量应小于等于20.0mg/kg。

4.1.2　铅（Pb）应小于等于5.0mg/kg。

4.1.3　镉（Cd）应小于等于0.3mg/kg。

4.1.4　汞（Hg）应小于等于0.2mg/kg。

4.1.5　铜（Cu）应小于等于20.0mg/kg。

4.1.6　砷（As）应小于等于2.0mg/kg。

4.2　黄曲霉素限量

4.2.1　黄曲霉毒素B1（Aflatoxin）应小于等于5μg/kg（暂定）。

4.3　农药残留限量

4.3.1　六六六（BHC）应小于等于0.1mg/kg。

4.3.2　DDT应小于等于0.1mg/kg。

4.3.3　五氯硝基苯（PCNB）应小于等于0.1mg/kg。

4.3.4　艾氏剂（Aldrin）应小于等于0.02mg/kg。

4.4　微生物限量

参照《中华人民共和国药典》2000年版一部规定执行（注射剂除外）。微生物限量单位为个/克或个/毫升。

4.5　其他质量要求

除以上要求外，其他质量应符合《中华人民共和国药典》2000年版的规定。

5　检验方法

5.1　指标检验

5.1.1　重金属总量：按《中华人民共和国药典》2000年版一部中附录ⅨE规定的方法进行测定。

5.1.2　铅：按GB/T 5009.12—2003中第一法进行测定。

5.1.3　镉：按GB/T 5009.15—2003中第一法进行测定。

5.1.4 总汞：按 GB/T 5009.17—2003 中第一法进行测定。

5.1.5 铜：按 GB/T 5009.13—2003 中第一法进行测定。

5.1.6 总砷：按 GB/T 5009.11—2003 中第一法进行测定。

5.1.7 黄曲霉毒素 B_1（暂定）：按 SN 0339—1995 中高效液相色谱荧光检测法进行测定。

5.1.8 农药残留限量：按《中华人民共和国药典》2000 年版一部中附录 IX Q 规定的方法进行测定。

5.1.9 微生物限量：按《中华人民共和国药典》2000 年版一部中附录 XIII C 规定的方法进行测定。

5.2 其他理化检验

按《中华人民共和国药典》2000 年版规定执行。

6. 检验规则

6.1 外经贸绿色行业标志的申请

产品需按本标准的要求经指定检验机构检验合格后，方可申请使用药用植物及制剂外经贸绿色行业标志。

6.2 交收检验

6.2.1 交收检验取样方法及取样量参照《中华人民共和国药典》2000 年版有关规定执行。

6.2.2 交收检验项目，除上述指标外，还要检验理化指标（如要求）。

6.3 型式检验

6.3.1 对企业常年经营的外经贸品牌产品和地产植物药材经指定检验机构化验，在规定的时间内药品质量稳定且有规范的药品质量保证体系，型式检验每半年（或一年）进行一次。有下列情况之一应进行复检。

a）更改原料产地；

b）配方及工艺有较大变化时；

c）产品长期停产或停止出口后，恢复生产或出口时。

6.3.2 型式检验项目及取样同 6.2 一致。

6.4 判定原则

检验结果全部符合本标准者为绿色标准产品。否则，应在该批次中随机抽取两份样品复验一次。若复验结果仍有一项不符合本标准规定，则判定该批产品为不符合绿色标准产品。

6.5 检验仲裁

如对检验结果发生争议，应由第三方（国家级检验、检测机构）进行检验仲裁。

7 标志、包装、运输和贮存

7.1 标志

产品标签使用药用植物及制剂外经贸绿色行业标志，具体执行应遵照中国医药保健品进出口商会有关规定。

7.2 包装

包装容器应用干燥、清洁、无异味以及不影响品质的材料制成。包装要牢固、密封、防潮，能保护产品品质。包装材料应易回收、易降解。

7.3 运输

运输工具应清洁、干燥、无异味、无污染，运输中应防雨、防潮、防曝晒、防污染，严禁与可能污染其品质的货物混装运输。

7.4 贮存

产品应贮存在清洁、干燥、阴凉、通风、无异味的专用仓库中。

附录 4：中华人民共和国植物新品种保护条例

（1997 年 3 月 20 日中华人民共和国国务院令第 213 号公布，根据 2013 年 1 月 31 日中华人民共和国国务院令第 635 号《国务院关于修改〈中华人民共和国植物新品种保护条例〉的决定》第一次修正，根据 2014 年 7 月 29 日中华人民共和国国务院令 653 号《国务院关于修改部分行政法规的决定》第二次修正）

第一章　总　则

第一条　为了保护植物新品种权，鼓励培育和使用植物新品种，促进农业、林业的发展，制定本条例。

第二条　本条例所称植物新品种，是指经过人工培育的或者对发现的野生植物加以开发，具备新颖性、特异性、一致性和稳定性并有适当命名的植物品种。

第三条　国务院农业、林业行政部门（以下统称审批机关）按照职责分工共同负责植物新品种权申请的受理和审查并对符合本条例规定的植物新品种授予植物新品种权（以下称品种权）。

第四条　完成关系国家利益或者公共利益并有重大应用价值的植物新品种育种的单位或者个人，由县级以上人民政府或者有关部门给予奖励。

第五条　生产、销售和推广被授予品种权的植物新品种（以下称授权品种），应当按照国家有关种子的法律、法规的规定审定。

第二章　品种权的内容和归属

第六条　完成育种的单位或者个人对其授权品种，享有排他的独占权。任何单位或者个人未经品种权所有人（以下称品种权人）许可，不得为商业目的生产或者销售该授权品种的繁殖材料，不得为商业目的将该授权品种的繁殖材料重复使用于生产另一品种的繁殖材料；但是，本条例另有规定的除外。

第七条　执行本单位的任务或者主要是利用本单位的物质条件所完成的职务育种，植物新品种的申请权属于该单位；非职务育种，植物新品种的申请权属于完成育种的个人。申请被批准后，品种权属于申请人。

委托育种或者合作育种，品种权的归属由当事人在合同中约定；没有合同约定的，品种权属于受委托完成或者共同完成育种的单位或者个人。

第八条　一个植物新品种只能授予一项品种权。两个以上的申请人分别就同一个植物新品种申请品种权的，品种权授予最先申请的人；同时申请的，品种权授予最先完成该植物新品种育种的人。

第九条　植物新品种的申请权和品种权可以依法转让。

中国的单位或者个人就其在国内培育的植物新品种向外国人转让申请权或者品种权的，应当经审批机关批准。国有单位在国内转让申请权或者品种权的，应当按照国家有关规定报经有关行政主管部门批准。转让申请权或者品种权的，当事人应当订立书面合同，并向审批机关登记，由审批机关予以公告。

第十条　在下列情况下使用授权品种的，可以不经品种权人许可，不向其支付使用费，但是不得侵犯品种权人依照本条例享有的其他权利：

（一）利用授权品种进行育种及其他科研活动；

（二）农民自繁自用授权品种的繁殖材料。

第十一条　为了国家利益或者公共利益，审批机关可以作出实施植物新品种强制许可的决定，并予以登记和公告。

取得实施强制许可的单位或者个人应当付给品种权人合理的使用费，其数额由双方商定；双方不能达成协议的，由审批机关裁决。品种权人对强制许可决定或者强制许可使用费的裁决不服的，可以自收到通知之日起 3 个月内向人民法院提起诉讼。

第十二条　不论授权品种的保护期是否届满，销售该授权品种应当使用其注册登记的名称。

第三章　授予品种权的条件

第十三条　申请品种权的植物新品种应当属于国家植物品种保护名录中列举的植物的属或者种。植物品种保护名录由审批机关确定和公布。

第十四条　授予品种权的植物新品种应当具备新颖性。新颖性，是指申请品种权的植物新品种在申请日前该品种繁殖材料未被销售，或者经育种者许可，在中国境内销售该品种繁殖材料未超过 1 年；在中国境外销售藤本植物、林木、果树和观赏树木品种繁殖材料未超过 6 年，销售其他植物品种繁殖材料未超过 4 年。

第十五条　授予品种权的植物新品种应当具备特异性。特异性，是指申请品种权的植物新品种应当明显区别于在递交申请以前已知的植物品种。

第十六条　授予品种权的植物新品种应当具备一致性。一致性，是指申请品种权的植物新品种经过繁殖，除可以预见的变异外，其相关的特征或者特性一致。

第十七条　授予品种权的植物新品种应当具备稳定性。稳定性，是指申请品种权的植物新品种经过反复繁殖后或者在特定繁殖周期结束时，其相关的特征或者特性保持不变。

第十八条　授予品种权的植物新品种应当具备适当的名称，并与相同或者相近的植物属或者种中已知品种的名称相区别。该名称经注册登记后即为该植物新品种的通用名称。

下列名称不得用于品种命名：

（一）仅以数字组成的；

（二）违反社会公德的；

（三）对植物新品种的特征、特性或者育种者的身份等容易引起误解的。

第四章　品种权的申请和受理

第十九条　中国的单位和个人申请品种权的,可以直接或者委托代理机构向审批机关提出申请。

中国的单位和个人申请品种权的植物新品种涉及国家安全或者重大利益需要保密的,应当按照国家有关规定办理。

第二十条　外国人、外国企业或者外国其他组织在中国申请品种权的,应当按其所属国和中华人民共和国签订的协议或者共同参加的国际条约办理,或者根据互惠原则,依照本条例办理。

第二十一条　申请品种权的,应当向审批机关提交符合规定格式要求的请求书、说明书和该品种的照片。申请文件应当使用中文书写。

第二十二条　审批机关收到品种权申请文件之日为申请日,申请文件是邮寄的,以寄出的邮戳日为申请日。

第二十三条　申请人自在外国第一次提出品种权申请之日起 12 个月内,又在中国就该植物新品种提出品种权申请的,依照该外国同中华人民共和国签订的协议或者共同参加的国际条约,或者根据相互承认优先权的原则,可以享有优先权。申请人要求优先权的,应当在申请时提出书面说明,并在 3 个月内提交经原受理机关确认的第一次提出的品种权申请文件的副本,未依照本条例规定提出书面说明或者提交申请文件副本的,视为未要求优先权。

第二十四条　对符合本条例第二十一条规定的品种权申请,审批机关应当予以受理,明确申请日、给予申请号,并自收到申请之日起 1 个月内通知申请人缴纳申请费。对不符合或者经修改仍不符合本条例第二十一条规定的品种权申请,审批机关不予受理,并通知申请人。

第二十五条　申请人可以在品种权授予前修改或者撤回品种权申请。

第二十六条　中国的单位或者个人将国内培育的植物新品种向国外申请品种权的,应当向审批机关登记。

第五章　品种权的审查与批准

第二十七条　申请人缴纳申请费后,审批机关对品种权申请的下列内容进行初步审查:

(一)是否属于植物品种保护名录列举的植物属或者种的范围;

(二)是否符合本条例第二十条的规定;

(三)是否符合新颖性的规定;

(四)植物新品种的命名是否适当。

第二十八条　审批机关应当自受理品种权申请之日起 6 个月内完成初步审查。对经初步审查合格的品种权申请,审批机关予以公告,并通知申请人在 3 个月内缴纳审查费。对经初步审查不合格的品种权申请,审批机关应当通知申请人在 3 个月内陈述意见或者予以修正；逾期未答复或者修正后仍然不合格的，驳回申请。

第二十九条　申请人按照规定缴纳审查费后，审批机关对品种权申请的特异性、一致性和稳定性进行实质审查。申请人未按照规定缴纳审查费的，品种权申请视为撤回。

第三十条　审批机关主要依据申请文件和其他有关书面材料进行实质审查。审批机关认为必要时，可以委托指定的测试机构进行测试或者考察业已完成的种植或者其他试验的结果。因审查需要，申请人应当根据审批机关的要求提供必要的资料和该植物新品种的繁殖材料。

第三十一条　对经实质审查符合本条例规定的品种权申请，审批机关应当作出授予品种权的决定，颁发品种权证书，并予以登记和公告。对经实质审查不符合本条例规定的品种权申请，审批机关予以驳回，并通知申请人。

第三十二条　审批机关设立植物新品种复审委员会。对审批机关驳回品种权申请的决定不服的，申请人可以自收到通知之日起 3 个月内，向植物新品种复审委员会请求复审。植物新品种复审委员会应当自收到复审请求书之日起 6 个月内作出决定，并通知申请人。申请人对植物新品种复审委员会的决定不服的，可以自接到通知之日起 15 日内向人民法院提起诉讼。

第三十三条　品种权被授予后,在自初步审查合格公告之日起至被授予品种权之日止的期间，对未经申请人许可，为商业目的生产或者销售该授权品种的繁殖材料的单位和个人，品种权人享有追偿的权利。

第六章　期限、终止和无效

第三十四条　品种权的保护期限，自授权之日起，藤本植物、林木、果树和观赏树木为 20 年，其他植物为 15 年。

第三十五条　品种权人应当自被授予品种权的当年开始缴纳年费，并且按照审批机关的要求提供用于检测的该授权品种的繁殖材料。

第三十六条　有下列情形之一的，品种权在其保护期限届满前终止：

（一）品种权人以书面声明放弃品种权的；

（二）品种权人未按照规定缴纳年费的；

（三）品种权人来按照审批机关的要求提供检测所需的该授权品种的繁殖材料的；

（四）经检测该授权品种不再符合被授予品种权时的特征和特性的。品种权的终止，由审批机关登记和公告。

第三十七条　自审批机关公告授予品种权之日起，植物新品种复审委员会可以依据职权或者依据任何单位或者个人的书面请求，对不符合本条例第十四条、第十二条、第十六条和第十七条规定的，宣告品种权无效；

对不符合本条例第十八条规定的，予以更名。宣告品种权无效或者更名的决定，由审批机关登记和公告，并通知当事人。对植物新品种复审委员会的决定不服的，可以自收到通知之日起 3 个月内向人民法院提起诉讼。

第三十八条　被宣告无效的品种权视为自始不存在。宣告品种权无效的决定,对在宣告前人民法院作出并已执行的植物新品种侵权的判决、裁定,省级以上人民政府农业、林业行政部门作出并已执行的植物新品种侵权处理决定,以及已经履行的植物新品种实施许可合同和植物新品种权转让合同,不具有追溯力;但是,因品种权人的恶意给他人造成损失的,应当给予合理赔偿。依照前款规定,品种权人或者品种权转让人不向被许可实施人或者受让人返还使用费或者转让费,明显违反公平原则的,品种权人或者品种权转让人应当向被许可实施人或者受让人返还全部或者部分使用费或者转让费。

第七章　罚　　则

第三十九条　未经品种权人许可,以商业目的生产或者销售授权品种的繁殖材料的,品种权人或者利害关系人可以请求省级以上人民政府农业、林业行政部门依据各自的职权进行处理,也可以直接向人民法院提起诉讼。省级以上人民政府农业、林业行政部门依据各自的职权,根据当事人自愿的原则,对侵权所造成的损害赔偿可以进行调解。调解达成协议的,当事人应当履行;调解未达成协议的,品种权人或者利害关系人可以依照民事诉讼程序向人民法院提起诉讼。省级以上人民政府农业、林业行政部门依据各自的职权处理品种权侵权案件时,为维护社会公共利益,可以责令侵权人停止侵权行为,没收违法所得,可以并处违法所得 5 倍以下的罚款。

第四十条　假冒授权品种的,由县级以上人民政府农业、林业行政部门依据各自的职权责令停止假冒行为,没收违法所得和植物品种繁殖材料,并处违法所得 1 倍以上 5 倍以下的罚款;情节严重,构成犯罪的,依法追究刑事责任。

第四十一条　省级以上人民政府农业、林业行政部门依据各自的职权在查处品种权侵权案件和县级以上人民政府农业、林业行政部门依据各自的职权在查处假冒授权品种案件时,根据需要,可以封存或者扣押与案件有关的植物品种的繁殖材料,查阅、复制或者封存与案件有关的合同、账册及有关文件。

第四十二条　销售授权品种未使用其注册登记的名称的,由县级以上人民政府农业、林业行政部门依据各自的职权责令限期改正,可以处 1000 元以下的罚款。

第四十三条　当事人就植物新品种的申请权和品种权的权属发生争议的,可以向人民法院提起诉讼。

第四十四条　县级以上人民政府农业、林业行政部门的及有关部门的工作人员滥用职权、玩忽职守、徇私舞弊、索贿受贿,构成犯罪的,依法追究刑事责任;尚不构成犯罪的,依法给予行政处分。

第八章　附　　则

第四十五条　审批机关可以对本条例施行前首批列入植物品种保护名录的和本条例施行后新列入植物品种保护名录的植物属或者种的新颖性要求作出变通性规定。

第四十六条　本条例自 1997 年 10 月 1 日起施行。

附录 5：地理标志产品保护规定

中华人民共和国国家质量监督检验检疫总局令（第 78 号）

《地理标志产品保护规定》经 2005 年 5 月 16 日国家质量监督检验检疫总局局务会议审议通过，现予公布，自 2005 年 7 月 15 日起施行。

局长　李长江
二〇〇五年六月七日

第一章　总　　则

第一条　为了有效保护我国的地理标志产品，规范地理标志产品名称和专用标志的使用，保证地理标志产品的质量和特色，根据《中华人民共和国产品质量法》、《中华人民共和国标准化法》、《中华人民共和国进出口商品检验法》等有关规定，制定本规定。

第二条　本规定所称地理标志产品，是指产自特定地域，所具有的质量、声誉或其他特性本质上取决于该产地的自然因素和人文因素，经审核批准以地理名称进行命名的产品。地理标志产品包括：

（一）来自本地区的种植、养殖产品。

（二）原材料全部来自本地区或部分来自其他地区，并在本地区按照特定工艺生产和加工的产品。

第三条　本规定适用于对地理标志产品的申请受理、审核批准、地理标志专用标志注册登记和监督管理工作。

第四条　国家质量监督检验检疫总局（以下简称"国家质检总局"）统一管理全国的地理标志产品保护工作。各地出入境检验检疫局和质量技术监督局（以下简称各地质检机构）依照职能开展地理标志产品保护工作。

第五条　申请地理标志产品保护，应依照本规定经审核批准。使用地理标志产品专用标志，必须依照本规定经注册登记，并接受监督管理。

第六条　地理标志产品保护遵循申请自愿，受理及批准公开的原则。

第七条　申请地理标志保护的产品应当符合安全、卫生、环保的要求，对环境、生态、资源可能产生危害的产品，不予受理和保护。

第二章　申请及受理

第八条　地理标志产品保护申请，由当地县级以上人民政府指定的地理标志产品保护申请机构或人民政府认定的协会和企业（以下简称申请人）提出，并征求相关部门意见。

第九条　申请保护的产品在县域范围内的，由县级人民政府提出产地范围的建议；跨县域范围的，由地市级人民政府提出产地范围的建议；跨地市范围的，由省级人民政府提出产地范围的建议。

第十条　申请人应提交以下资料：

（一）有关地方政府关于划定地理标志产品产地范围的建议。

（二）有关地方政府成立申请机构或认定协会、企业作为申请人的文件。

（三）地理标志产品的证明材料，包括：

1. 地理标志产品保护申请书；

2. 产品名称、类别、产地范围及地理特征的说明；

3. 产品的理化、感官等质量特色及其与产地的自然因素和人文因素之间关系的说明；

4. 产品生产技术规范（包括产品加工工艺、安全卫生要求、加工设备的技术要求等）；

5. 产品的知名度，产品生产、销售情况及历史渊源的说明。

（四）拟申请的地理标志产品的技术标准。

第十一条　出口企业的地理标志产品的保护申请向本辖区内出入境检验检疫部门提出；按地域提出的地理标志产品的保护申请和其他地理标志产品的保护申请向当地（县级或县级以上）质量技术监督部门提出。

第十二条　省级质量技术监督局和直属出入境检验检疫局，按照分工，分别负责对拟申报的地理标志产品的保护申请提出初审意见，并将相关文件、资料上报国家质检总局。

第三章　审核及批准

第十三条　国家质检总局对收到的申请进行形式审查。审查合格的，由国家质检总局在国家质检总局公报、政府网站等媒体上向社会发布受理公告；审查不合格的，应书面告知申请人。

第十四条　有关单位和个人对申请有异议的，可在公告后的 2 个月内向国家质检总局提出。

第十五条　国家质检总局按照地理标志产品的特点设立相应的专家审查委员会，负责地理标志产品保护申请的技术审查工作。

第十六条　国家质检总局组织专家审查委员会对没有异议或者有异议但被驳回的申请进行技术审查，审查合格的，由国家质检总局发布批准该产品获得地理标志产品保护的公告。

第四章　标准制订及专用标志使用

第十七条　拟保护的地理标志产品，应根据产品的类别、范围、知名度、产品的生产销售等方面的因素，分别制订相应的国家标准、地方标准或管理规范。

第十八条　国家标准化行政主管部门组织草拟并发布地理标志保护产品的国家标准；省级地方人民政府标准化行政主管部门组织草拟并发布地理标志保护产品的地方标准。

第十九条　地理标志保护产品的质量检验由省级质量技术监督部门、直属出入境检验检疫部门指定的检验机构承担。必要时，国家质检总局将组织予以复检。

第二十条　地理标志产品产地范围内的生产者使用地理标志产品专用标志,应向当地质量技术监督局或出入境检验检疫局提出申请,并提交以下资料：

（一）地理标志产品专用标志使用申请书。

（二）由当地政府主管部门出具的产品产自特定地域的证明。

（三）有关产品质量检验机构出具的检验报告。

上述申请经省级质量技术监督局或直属出入境检验检疫局审核,并经国家质检总局审查合格注册登记后,发布公告,生产者即可在其产品上使用地理标志产品专用标志,获得地理标志产品保护。

第五章　保护和监督

第二十一条　各地质检机构依法对地理标志保护产品实施保护。对于擅自使用或伪造地理标志名称及专用标志的；不符合地理标志产品标准和管理规范要求而使用该地理标志产品的名称的；或者使用与专用标志相近、易产生误解的名称或标识及可能误导消费者的文字或图案标志,使消费者将该产品误认为地理标志保护产品的行为,质量技术监督部门和出入境检验检疫部门将依法进行查处。社会团体、企业和个人可监督、举报。

第二十二条　各地质检机构对地理标志产品的产地范围,产品名称,原材料,生产技术工艺,质量特色,质量等级、数量、包装、标识,产品专用标志的印刷、发放、数量、使用情况,产品生产环境、生产设备,产品的标准符合性等方面进行日常监督管理。

第二十三条　获准使用地理标志产品专用标志资格的生产者,未按相应标准和管理规范组织生产的,或者在 2 年内未在受保护的地理标志产品上使用专用标志的,国家质检总局将注销其地理标志产品专用标志使用注册登记,停止其使用地理标志产品专用标志并对外公告。

第二十四条　违反本规定的,由质量技术监督行政部门和出入境检验检疫部门依据《中华人民共和国产品质量法》、《中华人民共和国标准化法》、《中华人民共和国进出口商品检验法》等有关法律予以行政处罚。

第二十五条　从事地理标志产品保护工作的人员应忠于职守,秉公办事,不得滥用职权、以权谋私,不得泄露技术秘密。违反以上规定的,予以行政纪律处分；构成犯罪的依法追究刑事责任。

第六章　附　　则

第二十六条　国家质检总局接受国外地理标志产品在中华人民共和国的注册并实施保护。具体办法另外规定。

第二十七条　本规定由国家质检总局负责解释。

第二十八条　本规定自 2005 年 7 月 15 日起施行。原国家质量技术监督局公布的《原产地域产品保护规定》同时废止。原国家出入境检验检疫局公布的《原产地标记管理规定》、《原产地标记管理规定实施办法》中关于地理标志的内容与本规定不一致的,以本规定为准。

附录6：关于中药材上禁止和限制使用的农药种类

中华人民共和国农业部公告（第 199 号）

为从源头上解决农产品尤其是蔬菜、水果、茶叶的农药残留超标问题，我部在对甲胺磷等 5 种高毒有机磷农药加强登记管理的基础上，又停止受理一批高毒、剧毒农药的登记申请，撤销一批高毒农药在一些作物上的登记。现公布国家明令禁止使用的农药和不得在蔬菜、果树、茶叶、中草药材上使用的高毒农药品种清单。

一、国家明令禁止使用的农药

六六六（HCH），滴滴涕（DDT），毒杀芬（camphechlor），二溴氯丙烷（dibromochloropane），杀虫脒（chlordimeform），二溴乙烷（EDB），除草醚（nitrofen），艾氏剂（aldrin），狄氏剂（dieldrin），汞制剂（Mercurycompounds），砷（arsena）、铅（acetate）类，敌枯双，氟乙酰胺（fluoroacetamide），甘氟（gliftor），毒鼠强（tetramine），氟乙酸钠（sodiumfluoroacetate），毒鼠硅（silatrane）。

二、在蔬菜、果树、茶叶、中草药材上不得使用和限制使用的农药

甲胺磷（methamidophos），甲基对硫磷（parathion-methyl），对硫磷（parathion），久效磷（monocrotophos），磷胺（phosphamidon），甲拌磷（phorate），甲基异柳磷（isofenphos-methyl），特丁硫磷（terbufos），甲基硫环磷（phosfolan-methyl），治螟磷（sulfotep），内吸磷（demeton），克百威（carbofuran），涕灭威（aldicarb），灭线磷（ethoprophos），硫环磷（phosfolan），蝇毒磷（coumaphos），地虫硫磷（fonofos），氯唑磷（isazofos），苯线磷（fenamiphos）19 种高毒农药不得用于蔬菜、果树、茶叶、中草药材上。三氯杀螨醇（dicofol），氰戊菊酯（fenvalerate）不得用于茶树上。任何农药产品都不得超出农药登记批准的使用范围使用。

各级农业部门要加大对高毒农药的监管力度，按照《农药管理条例》的有关规定，对违法生产、经营国家明令禁止使用的农药的行为，以及违法在果树、蔬菜、茶叶、中草药材上使用不得使用或限用农药的行为，予以严厉打击。各地要做好宣传教育工作，引导农药生产者、经营者和使用者生产、推广和使用安全、高效、经济的农药，促进农药品种结构调整步伐，促进无公害农产品生产发展。

2002 年 6 月 5 日

附录7：2007～2014年贵州省获得国家地理标志产品保护的中药材名单

2007～2014年贵州省获得国家地理标志产品保护的中药材一览表

序号	品种名称	获得年份	批准文号	批准单位	种植面积（亩）	产量（吨）	总产值（万元）
01	德江天麻	2007	2007年81号	国家质检总局	3000	13000	33000
02	大方天麻	2008	2008年122号	国家质检总局	36683	1662	30117
03	连环砂仁	2008	2008年141号	国家质检总局	—	—	—
04	顶坛花椒	2008	2008年141号	国家质检总局	—	—	—
05	赤水金钗石斛	2006	2006年39号	国家质检总局	63000	5000	30000
06	织金竹荪	2010	2010年110号	国家质检总局	—	—	—
07	安顺山药	2010	公告1517号	农业部	4000	7000	10500
08	正安野木瓜	2011	2011年69号	国家质检总局	60000	2000	600
09	剑河钩藤	2011	2011年70号	国家质检总局	93900	8380	8380
10	威宁党参	2011	2011年121号	国家质检总局	5000	2000	12000
11	罗甸艾纳香	2012	2012年37号	国家质检总局	16100	1610	14651
12	龙里刺梨	2012	2012年102号	国家质检总局	11000	5940	2970
13	大方圆珠半夏	2012	2012年102号	国家质检总局	311	45	257
14	安龙金银花	2012	2012年1324号	国家工商总局	—	—	—
15	施秉太子参	2012	7639955	国家工商总局	83500	19098	63695
16	赫章半夏	2013	2013年第26号	国家质检总局	63100	18994	44123
17	施秉头花蓼	2013	10308703	国家工商总局	1976	632	379
18	兴仁薏仁米	2013	2013年第167号	国家质检总局	—	—	—
19	绥阳金银花	2013	2013年167号	国家质检总局	180000	9000	11700
20	正安县白及	2013	2013年167号	国家质检总局	2360	500	5000
21	盘县刺梨果脯	2013	2013年178号	国家质检总局	4923	1100	400
22	织金续断	2014	2014年第39号	国家质检总局	10900	1470	2352
23	织金头花蓼	2014	2014年第39号	国家质检总局	5000	1250	750
24	道真玄参	2014	2014年第39号	国家质检总局	6000	1800	2160
25	道真洛党参	2014	2014年第39号	国家质检总局	9000	1500	3000
26	雷山乌秆天麻	2014	2014年第139号	国家质检总局	4193	419	8386
27	黎平茯苓	2014	2014年第96号	国家质检总局	10300	3000	1800
合计					674246	105400	286220

注：引自我省各市（州）政府上报的《2014年度中药材产业发展情况统计表》和调查统计。

附录8：部分有关中药材重要文件与技术要求文件（列表）

序号	名称
1	无公害农产品管理办法
2	中华人民共和国环境保护法
3	中华人民共和国环境影响评价法
4	"生物多样性公约"序言
5	"濒危野生动植物物种国际贸易公约"说明
6	中华人民共和国野生植物保护条例
7	中华人民共和国野生动物保护法
8	贵州省新医药产业发展规划
9	贵州省人民政府印发《关于支持健康养生产业发展若干政策措施的意见》、《贵州省健康养生产业发展规划（2015—2020年）》的通知
10	GB/T 3543.1—1995 农作物种子检验规程总则
11	GB/T 3543.2—1995 农作物种子检验规程扦样
12	GB/T 3543.3—1995 农作物种子检验规程净度分析
13	GB/T 3543.4—1995 农作物种子检验规程发芽试验
14	GB/T 3543.5—1995 农作物种子检验规程真实性和品种纯度鉴定
15	GB/T 3543.6—1995 农作物种子检验规程　水分测定
16	GB/T 3543.7—1995 农作物种子检验规程　其他项目检验
17	NY 411—2000 固氮菌肥料
18	NY 525—2012 有机肥料
19	NY 884—2012 生物有机肥
20	NY 886—2010 农林保水剂

《贵州地道特色药材规范化生产技术与基地建设》
各论中药材中文索引

《贵州地道特色药材规范化生产技术与基地建设》
各论中药材汉语拼音索引

《贵州地道特色药材规范化生产技术与基地建设》各论中药材拉丁名索引

《贵州地道特色药材规范化生产技术与基地建设》各论中药材植（动）物拉丁学名索引

A

B

C

D

附图：贵州省中药材产业发展剪影

一、贵州省中药材产业发展现场推进大会

贵州省人民政府召开"贵州省中药材产业发展
现场推进会"（黔东南州施秉县2008.5）

贵州省人民政府召开"贵州省中药材产业
发展现场推进会"（毕节市赫章县2011.6）

贵州省人民政府召开"贵州省中药材产业发展
现场推进会"（黔南州都匀市2013.6）

贵州省人民政府召开"贵州省中药材产业发展
现场推进会"（铜仁市2014.6）

贵州省人民政府召开"贵州省中药材产业发展
现场推进会"（安顺市2015.8.）

贵州省人民政府召开"贵州省中药材产业发展
现场推进会"（兴义市2016.6）

二、贵州中药材规范化种植基地（部分）

天麻仿野生种植基地（毕节市大方县）

天麻育种场种源基地（铜仁市德江县）

天麻仿野生种植基地（黔西南州普安县）

太子参育种基地（黔东南州施秉县）

太子参种植基地（黔东南施秉县）

头花蓼种植基地（铜仁市玉屏县）

刺梨种植基地（黔南州龙里县）

党参种植基地（毕节市威宁县）　　　　　　党参种植基地（安顺市平坝区）

何首乌种植基地（黔东南州施秉县)　　　　何首乌种植基地（黔南州都匀市）

续断种植基地（黔南州龙里县）　　　　　　续断种植基地（六盘水市盘州市）

丹参种植基地（贵阳市修文县）　　　　　　丹参种植基地（铜仁市石阡县）

淫羊藿林下种植（黔东南州雷山县）　　　　淫羊藿大田种植基地（黔东南州雷山县）

桔梗种植基地（安顺市普定县）　　　　桔梗种植基地（安顺市关岭县）

金钗石斛组培苗繁育基地（遵义市赤水市）　　　　金钗石斛林下种植基地（遵义市赤水市）

铁皮石斛大棚种植基地（铜仁市松桃县）　　　　铁皮石斛仿野生种植（黔西南州安龙县）

半夏育种基地（毕节市赫章县）　　　　　　半夏种植基地（毕节市大方县）

山银花（黄褐毛忍冬）育苗基地（黔西南州兴义市）　　山银花（灰毡毛忍冬）基地（遵义市绥阳县）

银杏大棚育苗基地　　　　　　　　　　银杏种植基地（安顺市普定县）

艾纳香种植示范基地（黔南州罗甸县）　　　　艾纳香种植基地（黔南州罗甸县）

吉祥草大田种植基地（六盘水市六枝特区）　　　吉祥草林下种植基地（安顺市紫云县）

薏苡种植基地（黔西南州兴仁市）　　　薏苡种植基地（安顺市镇宁县）

吴茱萸种植基地（遵义市余庆县）　　　吴茱萸种植基地（铜仁市思南县）

黄柏育苗基地（六盘水市六枝特区）　　　黄柏种植基地（贵阳市息烽县）

钩藤育苗基地（黔东南州剑河县）　　　　钩藤种植基地（黔东南州剑河县）

大果木姜子种植基地（黔东南州黎平县）　　　杜仲种植基地（遵义市湄潭县）

厚朴种植基地（遵义市习水县）　　　　射干种植基地（铜仁市玉屏县）

白芍种植基地（安顺市西秀区）　　　　益母草种植基地（贵阳市修文县）

黄精种植基地（遵义市凤冈县）

龙胆种植基地（六盘水市六枝特区）

金铁锁种植基地（毕节市威宁县）

百合种植基地（铜仁市江口县）

花椒种植基地（安顺市关岭县）

重楼培育基地（铜仁市江口县）

白术育苗基地（六盘水市盘州市）

山药种植示范基地（安顺市西秀区）

天冬种植基地（黔东南州施秉县）

牛蒡子种植基地（六盘水市六枝特区）

白及育苗基地（黔东南州丹寨县）

金荞麦种植基地（安顺市关岭县）

南板蓝种植基地（黔南州荔波县）

前胡种植基地（毕节市黔西县）

宽叶缬草种繁基地（黔东南州施秉县）

杠板归种植基地（贵阳市乌当区）

红豆杉种植基地（铜仁市思南县）

菊花种植基地（贵阳市乌当区新场镇）

金银花种植基地（遵义市绥阳县）

玄参种植基地（遵义市道真县）

昆明山海棠种植基地（黔东南州剑河县）

灵芝种植基地（黔南州独山县）

山慈菇种植基地（黔东南州雷山县）

玉竹种植基地（黔东南州黄平县）

魔芋种植基地（毕节市赫章县）

喜树种植基地（六盘水市六枝特区）

姜种植基地（安顺市长顺县）

虎耳草种植基地（毕节市赫章县）

瓜蒌种植基地（安顺市关岭县）

苦参种植基地（毕节市七星关区）

山豆根种植基地（安顺市紫云县）

南沙参种植基地（黔东南州施秉县）

百尾参种植基地（安顺市紫云县）

覆盆子种植基地（黔西南州兴义市）

鱼腥草种植基地（贵阳市乌当区）

榧子种植基地（黔西南州兴仁市）

灯盏花种植基地（六盘水市水城县）

灯盏细辛种植基地（六盘水市钟山区）

山苍子种植基地（安顺市紫云县）

地瓜藤种植基地（黔西南州兴仁市）

三、中药材园区（部分）

黔东南州施秉县牛大场中药材园区

安顺市百灵中药材生态园全景

赤水市金钗石斛扶贫示范园区

毕节市七星关区阿普屯现代中药材扶贫示范园区

贵州独山县现代农业示范园区

遵义市绥阳县小关金银花山区特色农业科技扶贫示范园区

铜仁市松桃县长兴中药材产业示范园区

铜仁市松桃县长兴中药材（扶贫）产业园冷链物流加工展示区

罗甸县现代高效农业扶贫示范园区

黔西南州兴仁市中药材种植与养生园区

黔东南州剑河县钩藤产业扶贫示范园区

毕节市金沙县中药材产业示范园区

黔东南州黎平县天香谷芳疗植物现代农业扶贫园区

黔东南州黎平县宏宇天香谷园区

遵义市道真县特色中药材产业科技示范园区

六盘水市六枝特区北部库区生态农业示范园区

黔东南州丹寨贵山灵草园区

黔东南州凯里苗侗百草园区

黔东南州凯里万潮产业园

安顺市关岭产业园区食药园

四、中药材民族药材交易市场（部分）

黔南州龙里西南药都中药材

铜仁市武陵山现代医药物流园

安顺市关岭县岗乌镇苗药市场

安顺市关岭县花江镇苗药市场